2021

潮汐表

第 4 册　太平洋及其邻近海域

国家海洋信息中心　编

海洋出版社

2020 年 · 北京

图书在版编目(CIP)数据

2021潮汐表. 第4册, 太平洋及其邻近海域/国家海洋信息中心编. —北京: 海洋出版社, 2020.8
ISBN 978-7-5210-0625-4

Ⅰ.①2… Ⅱ.①国… Ⅲ.①潮汐表-2021 Ⅳ.①U675.82

中国版本图书馆CIP数据核字(2020)第137962号

责任编辑: 鹿 源
责任印制: 赵麟苏

海洋出版社 出版发行

http://www.oceanpress.com.cn
北京市海淀区大慧寺路8号 邮编:100081
北京朝阳印刷厂有限责任公司印刷 新华书店北京发行所经销
2020年8月第1版 2020年8月第1次印刷
开本:787 mm×1092 mm 1/16 印张:43
字数:820千字 定价:98.00元
发行电话:022-24010847
发行传真:022-24010847
海洋版图书印、装错误可随时退换

目　　录

说　　明

由国家海洋信息中心编制、海洋出版社有限公司出版的《潮汐表》，共 6 册，分为中国沿岸 3 册和世界大洋区域 3 册。

中国沿岸

第 1 册：　鸭绿江口至长江口

第 2 册：　长江口至台湾海峡

第 3 册：　台湾海峡至北部湾

世界大洋区域

第 4 册：　太平洋及其邻近海域

第 5 册：　印度洋沿岸(含地中海)及欧洲水域

第 6 册：　大西洋沿岸及非洲东海岸

内　　容

包括三部分：第一部分是主港的每日逐时潮高和高(低)潮潮时、潮高预报，或只刊载每日高(低)潮潮时、潮高预报；第二部分是潮流预报站点的每日潮流预报(第 5、第 6 两册不含此项内容)；第三部分是附属港有关资料，主要内容是附属港同某一个主港之间的潮时差、潮差比和改正数。为了帮助用户了解港口的潮汐状况，还同时列出了每个港口的潮汐特征数据。

除此之外，还有一些与潮汐表结合使用的专用图表。

主　　港

潮汐表中刊载每日潮汐发生时间和高度的港口称为主港。所选的主港通常是重要港口或者能够代表某类潮汐特征。根据用户的需要也可适当增添新建港口作为主港。

第 1、2、3 册潮汐表包括了中国沿岸的主要港口、航道、渔场、海峡的潮汐、潮流预报。

第 4、5、6 册潮汐表除包括了英国潮汐表第Ⅰ、Ⅱ、Ⅲ卷的主港外，还适当增添了一部分主港。

主港预报的精度，中国沿岸预报误差在 20～30min 之内，潮高在 20～30cm 以内，但是对于一些位于感潮河段中的主港预报潮高与实际水位相差较大。国外主港的预报精度大致和英、美等国潮汐表相当。

主港预报表日期下面注有星期(英文缩写)：

星期日：SU　星期一：M　星期二：TU　星期三：W　星期四：TH　星期五：F　星期六：SA

星期下面的●、☽、○、☾、N、S、E、P、A 符号分别表示月亮的朔、上弦、望、下弦、赤纬最北、赤纬最南、赤纬最小、近地点、远地点。发生时间使用格林尼治时间。

附属港

如果两个港口的潮汐特征类似，则它们之间有着接近于固定不变的潮时差和潮差比(称作差比关系)。在此情况下即可利用其中一个港口的每日高、低潮预报，通过两港之间的差比关系推算另一港口的潮汐。根据这种关系推算潮汐的港口称为附属港。

潮汐表中列出的潮时差和潮差比等数据目前大部分是利用调和常数间接计算的，其质量决定于调和常数的精度以及所选的主港。一般说来，利用差比关系推算的附属港潮汐精度较低。

潮　流

实际流是由天文因素引起的潮流和由其他因素（主要是气象因素）产生的海流之矢量和。应用潮汐表只能得到潮流，但有些地点也包含了平均的海流及其季节变化。在近海潮流远大于海流的区域，潮流可近似地视为实际海流或参照海洋图集等有关出版物作出估计。

中国沿岸3册潮汐表中刊载的潮流预报分为两种情况：一是往复流性质的站点，给出了每日的转流时间（流速为零或很小），最大流发生时刻，流速；二是旋转流性质的站点，给出了潮流回转一周（大约一个潮汐周期）过程中的两个极大值和两个极小值及其对应的时刻。

第4册潮汐表中刊载的潮流预报站点大都属往复流性质，表中只列出每日最大流的时刻和流速以及转流时刻。

使用中应当注意，一个港口的高、低潮发生时刻并不一定是潮流的转流时刻。在开阔岸边，高、低潮时刻与落潮流或涨潮流的开始时刻相近；在狭窄水道及河口内，转流时刻与高、低潮时刻相差可达数小时。

在半日潮流为主的海区，可利用海图上刊载的资料或专用的半日潮流图表，根据某一主港的潮汐预报推算临近水域的潮流。在全日潮流较大的海区则不能采用这种方法。

潮高和水深

潮高基准面是潮汐表中潮高的起算面，与海图深度基准面一致。因此某一时刻的水深等于海图水深加上该时刻的潮高。

附属港潮高的季节改正

中国沿岸3册潮汐表中主、附港的潮高季节改正数，可根据其编号查附录的“平均海面季节改正值”表得出。

第4、5、6册潮汐表第3部分中的各附属港潮高的季节改正数，从“附属港潮高季节改正数表”中查得。它们对应着每月中间日期的数值，可看作是月平均值。这些数值是将主港和附属港海面的季节变化结合考虑后计算出来的，只供由主港潮高推算附属港潮高时使用，而不是各港口海面的季节变化。各港口海面的季节变化另外列在“海面季节变化表”中。

潮　时

中国沿岸各港所采用的时间为北京标准时（东8时）。

第4、5、6册潮汐表中的高、低潮发生时间为当地使用的标准时。表中给出的标准时若为0000，表示该地用格林尼治时间（G.M.T）；若为负值，表示该地在格林尼治以东（例如－0800表示东8时）；若为正值，表示该地在格林尼治以西。

在附属港差比数中，当主、附港标准时不同时，已在它们的潮时差中作了改正，使用者无需考虑时区的不同。

本表不采用某些地区使用的夏季时间。所有港口，在一年当中都采用一个标准时。

潮　信

第1、2、3册潮汐表中的附属港潮信资料分两种情况给出：半日潮港口给出平均高（低）潮间隙、平均大（小）潮升；混合潮港和日潮港分别给出回归潮期间的平均高高（低低）潮间隙和高度及分点潮期间的平均高（低）潮间隙和高度。潮汐类型用主要半日潮振幅和主要日潮振幅的比值给出。

第4、5、6册潮汐表第三部分列出了每个港口的平均潮差、大潮差及潮汐类型。一个港口的潮汐主要由半日潮族和日潮族构成。日潮族可使两个相继的高潮或低潮的潮高产生不等，对潮时也有影响。这种现象称作日潮不等。潮汐类型的划分决定于日潮不等的大小。第4、5、6册潮汐表中，将潮汐类型简单划分为两种：S表示半日潮占优势，日潮不等较小；D表示日潮不等较大或日潮占优势。

在S型港口，表中列出平均潮差和朔、望期间的平均大潮差。

在D型港口，表中列出平均大的潮差和回归潮期间平均大的潮差。“大的潮差”是指一个太阴日内较高的高潮（高高潮）与较低的低潮（低低潮）之间的高度差，如果一天只有一个高潮和一个低潮，则将它们作为高高潮和低低潮。

地　　名

国内港口的地名用汉字和汉语拼音；朝鲜、韩国、日本和越南的地名用该国的拼音和中文译名；其他国家和地区大部分采用英国潮汐表中的英文地名和中文译名，少部分采用该国潮汐表中的外文地名和中文译名。

地名前所注的国家或地区，一般只表示其所在的地理位置，而不是指其政区归属。为了便于查找，在潮汐表的最后刊有地名索引。

使用本表时，遇有错误和不当之处，请通知我中心，以便改正。

通讯地址：天津市河东区六纬路93号

邮政编码：300171

联系单位：国家海洋信息中心海平面中心

电　　话：(022)24309783

电　　传：(022)24010926

E—mail：wanghui@nmdis.org.cn

国家海洋信息中心

附属港潮汐计算方法

本书第 3 部分列出了主、附港之间的潮时差、潮差比和改正数，用以计算附属港潮汐的近似值。

附属港潮时用下式计算：

附属港高(低)潮时＝主港高(低)潮时＋高(低)潮时差

附属港潮高的计算式为：

附属港潮高＝主港潮高×潮差比 ＋改正数 ＋潮高季节改正数

其中潮高的季节改正数列在《附属港潮高季节改正数表》。

例： 求附属港乙港 5 月 15 日的潮汐。

附属港乙港的主港是甲港，它们之间的差比关系如下：

高潮时差＝＋0644

低潮时差＝＋0656　　5 月份乙港潮高的季节改正数为＋0.2m

潮差比　＝1.22

改正数　＝0.0 m

	高	潮			低	潮		
	潮时	潮高	潮时	潮高	潮时	潮高	潮时	潮高
主港甲港 5 月 14～15 日潮汐	2312 (14 日)	2.6	1140 (15 日)	3.4	1723 (14 日)	0.5	0512 (15 日)	0.3
加潮时差和乘潮差比	＋0644	×1.22	＋0644	×1.22	＋0656	×1.22	＋0656	×1.22
	2956 (14 日)	3.2	1824	4.1	2419 (14 日)	0.6	1208	0.4
加改正数		0.0		0.0		0.0		0.0
	0556 (15 日)	3.2	1824	4.1	0019 (15 日)	0.6	1208	0.4
加潮高季节改正数		＋0.2		＋0.2		＋0.2		＋0.2
5 月 15 日乙港潮汐	0556	3.4	1824	4.3	0019	0.8	1208	0.6

任意时潮高计算方法

在两相邻高低潮的潮时和潮高为已知时，可利用本表所附的图卡近似计算它们之间任意时刻的潮高。

例 1：已知某港某日低潮时为 0200，低潮高为 1.0m，高潮时为 0800，高潮高为 4.0m，求在 0200 到 0800 之间任意时刻潮高。

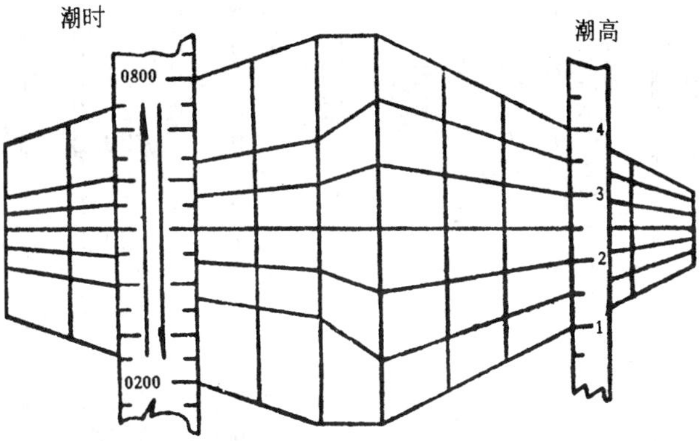

如图所示：使潮时尺上涨潮一边的读数 0200 和 0800 处分别与图卡左侧的上下两斜边相接；使潮高尺上 1.0m 和 4.0m 处分别与图卡右侧上下两斜边相接（潮时尺和潮高尺应与图卡上的垂直线平行）。然后通过图卡中的放射状斜线查得：

0300 的潮高为 1.4m，

0400 的潮高为 1.8m，

0700 的潮高为 3.8m。

例 2：已知某港某日低潮时为 1100，低潮高为 1.0m，高潮时为 2130，高潮高为 3.5m。求在 1100 和 2130 之间任意时刻的潮高。

本例涨潮时间大于 8h，此时应使用潮时尺中缩小了一倍的小比例尺数字，用同样的方法得：

1300 的潮高为 1.2m，

1600 的潮高为 2.2m，

1930 的潮高为 3.3m。

m—ft 换 算 表

m	ft	m	ft	m	ft	m	ft
0.0	0.0	4.0	13.1	8.0	26.2	12.0	39.4
0.1	0.3	4.1	13.5	8.1	26.6	12.1	39.7
0.2	0.7	4.2	13.8	8.2	26.9	12.2	40.0
0.3	1.0	4.3	14.1	8.3	27.2	12.3	40.4
0.4	1.3	4.4	14.4	8.4	27.6	12.4	40.7
0.5	1.6	4.5	14.8	8.5	27.9	12.5	41.0
0.6	2.0	4.6	15.1	8.6	28.2	12.6	41.3
0.7	2.3	4.7	15.4	8.7	28.5	12.7	41.7
0.8	2.6	4.8	15.7	8.8	28.9	12.8	42.0
0.9	3.0	4.9	16.1	8.9	29.2	12.9	42.3
1.0	3.3	5.0	16.4	9.0	29.5	13.0	42.7
1.1	3.6	5.1	16.7	9.1	29.9	13.1	43.0
1.2	3.9	5.2	17.1	9.2	30.2	13.2	43.3
1.3	4.3	5.3	17.4	9.3	30.5	13.3	43.6
1.4	4.6	5.4	17.7	9.4	30.8	13.4	44.0
1.5	4.9	5.5	18.0	9.5	31.2	13.5	44.3
1.6	5.2	5.6	18.4	9.6	31.5	13.6	44.6
1.7	5.6	5.7	18.7	9.7	31.8	13.7	44.9
1.8	5.9	5.8	19.0	9.8	32.2	13.8	45.3
1.9	6.2	5.9	19.4	9.9	32.5	13.9	45.6
2.0	6.6	6.0	19.7	10.0	32.8	14.0	46.0
2.1	6.9	6.1	20.0	10.1	33.1	14.1	46.3
2.2	7.2	6.2	20.3	10.2	33.5	14.2	46.6
2.3	7.6	6.3	20.7	10.3	33.8	14.3	46.9
2.4	7.9	6.4	21.0	10.4	34.1	14.4	47.2
2.5	8.2	6.5	21.3	10.5	34.4	14.5	47.6
2.6	8.5	6.6	21.7	10.6	34.8	14.6	47.9
2.7	8.9	6.7	22.0	10.7	35.1	14.7	48.2
2.8	9.2	6.8	22.3	10.8	35.4	14.8	48.6
2.9	9.5	6.9	22.6	10.9	35.8	14.9	48.9
3.0	9.8	7.0	23.0	11.0	36.1	15.0	49.2
3.1	10.2	7.1	23.3	11.1	36.4	15.1	49.5
3.2	10.5	7.2	23.6	11.2	36.7	15.2	49.9
3.3	10.8	7.3	24.0	11.3	37.1	15.3	50.2
3.4	11.2	7.4	24.3	11.4	37.4	15.4	50.5
3.5	11.5	7.5	24.6	11.5	37.7	15.5	50.9
3.6	11.8	7.6	24.9	11.6	38.1	15.6	51.2
3.7	12.1	7.7	25.3	11.7	38.4	15.7	51.5
3.8	12.5	7.8	25.6	11.8	38.7	15.8	51.8
3.9	12.8	7.9	25.9	11.9	39.0	15.9	52.2

2021年

年 历 表

节 气

节气	月	日	时	分	节气	月	日	时	分	节气	月	日	时	分	节气	月	日	时	分
小寒	1	5	11	23	清明	4	4	21	35	小暑	7	7	05	05	寒露	10	8	09	39
大寒	1	20	04	40	谷雨	4	20	04	33	大暑	7	22	22	26	霜降	10	23	12	51
立春	2	3	22	59	立夏	5	5	14	47	立秋	8	7	14	54	立冬	11	7	12	59
雨水	2	18	18	44	小满	5	21	03	37	处暑	8	23	05	35	小雪	11	22	10	35
惊蛰	3	5	16	54	芒种	6	5	18	52	白露	9	7	17	53	大雪	12	7	05	57
春分	3	20	17	37	夏至	6	21	11	32	秋分	9	23	03	21	冬至	12	21	23	59

月 相

（格林尼治平时）

月份	下弦 ☾			朔 ●			上弦 ☽			望 ○			下弦 ☽			朔 ○		
	日	时	分	日	时	分	日	时	分	日	时	分	日	时	分	日	时	分
1月	6	09	37	13	05	00	20	21	02	28	19	16						
2月	4	17	37	11	19	06	19	18	47	27	08	17						
3月	6	01	30	13	10	21	21	14	40	28	18	48						
4月	4	10	02	12	02	31	20	06	59	27	03	32						
5月	3	19	50	11	19	00	19	19	13	26	11	14						
6月	2	07	24	10	10	53	18	03	54	24	18	40						
7月	1	21	11	10	01	17	17	10	11	24	02	37	31	13	16			
8月				8	13	50	15	15	20	22	12	02	30	07	13			
9月				7	00	52	13	20	39	20	23	55	29	01	57			
10月				6	11	05	13	03	25	20	14	57	28	20	05			
11月				4	21	15	11	12	46	19	08	57	27	12	28			
12月				4	07	43	11	01	36	19	04	35	27	02	24			

节气 太阳在天球上沿着黄道作周年视运动，每移动黄经15°叫做一气，所以一年共有24气。节气表示太阳在天球上的视位置。同一节气在阳历里，每年的日期相差不过一两天。

月相 月相是月亮盈亏的现象，日月黄经相合时叫做朔；相差90°、180°和270°时，分别叫做上弦、望和下弦。

2021 年(格林尼治平时)

格林尼治月中天时刻表

日期 \ 月份	1	2	3	4	5	6	7	8	9	10	11	12
	时 分	时 分	时 分	时 分	时 分	时 分	时 分	时 分	时 分	时 分	时 分	时 分
1	上 01 44	上 03 04	上 01 46	上 03 06	上 03 54	上 05 28	上 05 38	上 06 20	上 07 22	上 07 47	上 08 54	上 09 08
	下 14 11	下 15 28	下 14 11	下 15 35	下 16 24	下 17 53	下 17 59	下 18 42	下 19 47	下 20 13	下 21 18	下 21 34
2	上 02 37	上 03 53	上 02 36	上 04 05	上 04 55	上 06 16	上 06 19	上 07 04	上 08 13	上 08 38	上 09 42	上 10 01
	下 15 03	下 16 17	下 15 02	下 16 35	下 17 24	下 18 38	下 18 40	下 19 27	下 20 40	下 21 03	下 22 07	下 22 29
3	上 03 29	上 04 42	上 03 27	上 05 05	上 05 52	上 07 00	上 07 00	上 07 51	上 09 06	上 09 28	上 10 32	上 10 58
	下 15 54	下 17 07	下 15 54	下 17 35	下 18 19	下 19 21	下 19 21	下 20 15	下 21 32	下 21 53	下 22 58	下 23 29
4	上 04 18	上 05 32	上 04 20	上 06 05	上 06 45	上 07 41	上 07 42	上 08 40	上 09 58	上 10 18	上 11 24	上 12 01
	下 16 43	下 17 58	下 16 48	下 18 34	下 19 10	下 20 02	下 20 03	下 21 05	下 22 24	下 22 42	下 23 52	
5	上 05 07	上 06 25	上 05 15	上 07 02	上 07 33	上 08 22	上 08 25	上 09 31	上 10 50	上 11 06		下 00 33
	下 17 31	下 18 52	下 17 44	下 19 30	下 19 56	下 20 42	下 20 47	下 21 57	下 23 15	下 23 31	上 12 20	上 13 06
6	上 05 55	上 07 20	上 06 13	上 07 57	上 08 18	上 09 02	上 09 09	上 10 23	上 11 40	上 11 56	下 00 49	下 01 39
	下 18 20	下 19 48	下 18 42	下 20 23	下 20 40	下 21 23	下 21 33	下 22 50			上 13 20	上 14 12
7	上 06 44	上 08 17	上 07 11	上 08 48	上 09 01	上 09 44	上 09 57	上 11 16	下 00 04	下 00 21	下 01 51	下 02 44
	下 19 10	下 20 47	下 19 41	下 21 12	下 21 21	下 22 06	下 22 21	下 23 42	上 12 29	上 12 46	上 14 23	上 15 15
8	上 07 36	上 09 17	上 08 10	上 09 35	上 09 42	上 10 28	上 10 47		下 00 53	下 01 13	下 02 55	下 03 45
	下 20 02	下 21 46	下 20 38	下 21 57	下 22 02	下 22 50	下 23 12	上 12 08	上 13 17	上 13 40	上 15 27	上 16 14
9	上 08 30	上 10 16	上 09 06	上 10 19	上 10 22	上 11 13	上 11 38	下 00 33	下 01 41	下 02 07	下 03 59	下 04 41
	下 20 58	下 22 45	下 21 33	下 22 40	下 22 43	下 23 37		上 12 58	上 14 06	上 14 36	上 16 30	上 17 06
10	上 09 27	上 11 13	上 10 00	上 11 01	上 11 03		下 00 05	下 01 23	下 02 30	下 03 05	下 04 59	下 05 31
	下 21 57	下 23 40	下 22 25	下 23 22	下 23 24	上 12 01	上 12 31	上 13 47	上 14 56	上 15 35	上 17 28	上 17 54
11	上 10 27		上 10 50	上 11 42	上 11 46	下 00 26	下 00 57	下 02 11	下 03 22	下 04 05	下 05 56	下 06 17
	下 22 58	上 12 06	下 23 14			上 12 52	上 13 23	上 14 35	上 15 48	上 16 36	上 18 22	上 18 39
12	上 11 29	下 00 31	上 11 37	下 00 03	下 00 07	下 01 18	下 01 49	下 02 58	下 04 16	下 05 07	下 06 47	下 07 00
	下 23 59	上 12 56	下 23 59	上 12 23	上 12 30	上 13 43	上 14 14	上 15 22	上 16 44	上 17 38	上 19 11	上 19 21
13		下 01 19		下 00 44	下 00 53	下 02 09	下 02 38	下 03 46	下 05 13	下 06 08	下 07 34	下 07 42
	上 12 28	上 13 42	上 12 21	上 13 04	上 13 16	上 14 35	上 15 03	上 16 10	上 17 42	上 18 37	上 19 57	上 20 02
14	下 00 57	下 02 04	下 00 42	下 01 26	下 01 40	下 03 01	下 03 27	下 04 35	下 06 12	下 07 06	下 08 19	下 08 23
	上 13 25	上 14 26	上 13 03	上 13 47	上 14 05	上 15 27	上 15 50	上 17 00	上 18 43	上 19 33	上 20 40	上 20 44
15	下 01 52	下 02 47	下 01 24	下 02 10	下 02 30	下 03 52	下 04 14	下 05 26	下 07 13	下 07 59	下 09 01	下 09 05
	上 14 17	上 15 08	上 13 44	上 14 32	上 14 55	上 16 16	上 16 37	上 17 52	上 19 43	上 20 25	上 21 22	上 21 27
16	下 02 42	下 03 28	下 02 05	下 02 56	下 03 21	下 04 41	下 05 00	下 06 20	下 08 13	下 08 49	下 09 42	下 09 49
	上 15 05	上 15 49	上 14 25	上 15 19	上 15 47	上 17 05	上 17 24	上 18 48	上 20 42	上 21 13	上 22 03	上 22 11
17	下 03 28	下 04 09	下 02 46	下 03 44	下 04 13	下 05 28	下 05 48	下 07 18	下 09 10	下 09 35	下 10 24	下 10 34
	上 15 50	上 16 30	上 15 07	上 16 09	上 16 39	上 17 52	上 18 12	上 19 48	上 21 37	上 21 58	上 22 45	上 22 58
18	下 04 11	下 04 51	下 03 29	下 04 34	下 05 04	下 06 16	下 06 37	下 08 18	下 10 03	下 10 19	下 11 07	下 11 22
	上 16 32	上 17 12	上 15 51	上 17 00	上 17 30	上 18 39	上 19 03	上 20 49	上 22 28	上 22 41	上 23 29	上 23 47
19	下 04 53	下 05 34	下 04 13	下 05 26	下 05 55	下 07 03	下 07 30	下 09 20	下 10 52	下 11 02	下 11 51	
	上 17 13	上 17 57	上 16 37	上 17 52	上 18 20	上 19 28	上 19 58	上 21 50	上 23 16	上 23 23		下 12 12
20	下 05 34	下 06 20	下 05 00	下 06 18	下 06 44	下 07 52	下 08 27	下 10 20	下 11 38	下 11 43	上 00 14	上 00 38
	上 17 54	上 18 44	上 17 25	上 18 45	上 19 09	上 20 18	上 20 57	上 22 49	上 00 01		下 12 38	下 13 03
21	下 06 15	下 07 08	下 05 50	下 07 11	下 07 33	下 08 45	下 09 27	下 11 17		上 00 05	上 01 02	上 01 29
	上 18 35	上 19 34	上 18 15	上 19 36	上 19 57	上 21 12	上 21 59	上 23 44	下 12 22	下 12 26	下 13 26	下 13 54
22	下 06 57	下 07 59	下 06 41	下 08 02	下 08 22	下 09 41	下 10 30		上 00 44	上 00 47	上 01 51	上 02 19
	上 19 19	上 20 26	上 19 08	上 20 27	上 20 46	上 22 10	上 23 02	下 12 10	下 13 05	下 13 09	下 14 16	下 14 44
23	下 07 41	下 08 53	下 07 35	下 08 53	下 09 12	下 10 41	下 11 34	上 00 35	上 01 26	上 01 32	上 02 42	上 03 08
	上 20 04	上 21 20	上 20 02	上 21 18	上 21 37	上 23 13		下 12 59	下 13 47	下 13 55	下 15 07	下 15 32
24	下 08 28	下 09 48	下 08 28	下 09 43	下 10 04	下 11 45	上 00 04	上 01 22	上 02 09	上 02 18	上 03 32	上 03 55
	上 20 53	上 22 15	上 20 55	上 22 09	上 22 31		下 12 34	下 13 45	下 14 30	下 14 42	下 15 58	下 16 18
25	下 09 19	下 10 43	下 09 22	下 10 34	下 11 00	上 00 17	上 01 03	上 02 07	上 02 52	上 03 06	上 04 22	上 04 41
	上 21 45	上 23 10	上 21 48	上 23 00	上 23 29	下 12 49	下 13 30	下 14 28	下 15 14	下 15 31	下 16 47	下 17 03
26	下 10 12	下 11 37	下 10 15	下 11 26	下 11 59	上 01 21	上 01 56	上 02 50	上 03 37	上 03 56	上 05 11	上 05 26
	上 22 39		上 22 41	上 23 53		下 13 52	下 14 21	下 15 11	下 16 00	下 16 22	下 17 35	下 17 48
27	下 11 06	上 00 03	下 11 06		上 00 30	上 02 22	上 02 45	上 03 32	上 04 24	上 04 47	上 05 58	上 06 11
	上 23 34	下 12 29	上 23 32	下 12 21	下 13 02	下 14 50	下 15 09	下 15 53	下 16 48	下 17 13	下 18 22	下 18 34
28		上 00 55	下 11 58	上 00 50	上 01 34	上 03 17	上 03 31	上 04 14	上 05 13	上 05 38	上 06 45	上 06 57
	下 12 02	下 13 20		下 13 19	下 14 07	下 15 43	下 15 53	下 16 36	下 17 38	下 18 03	下 19 08	下 19 21
29	上 00 29		上 00 24	上 01 49	上 02 39	上 04 08	上 04 14	上 04 58	上 06 04	上 06 28	上 07 31	上 07 46
	下 12 56		下 12 50	下 14 20	下 15 10	下 16 32	下 16 35	下 17 20	下 18 29	下 18 53	下 19 54	下 20 12
30	上 01 22		上 01 16	上 02 51	上 03 40	上 04 55	上 04 56	上 05 44	上 06 55	上 07 18	上 08 18	上 08 40
	下 13 48		下 13 43	下 15 22	下 16 09	下 17 17	下 17 17	下 18 07	下 19 21	下 19 42	下 20 42	下 21 08
31	上 02 14		上 02 10		上 04 37		上 05 38	上 06 31		上 08 06		上 09 38
	下 14 39		下 14 38		下 17 03		下 17 59	下 18 56		下 20 30		下 22 09

2021年(世界时零时)

月 赤 纬 表

日期 \ 月份	1	2	3	4	5	6	7	8	9	10	11	12
	(°)(′)	(°)(′)	(°)(′)	(°)(′)	(°)(′)	(°)(′)	(°)(′)	(°)(′)	(°)(′)	(°)(′)	(°)(′)	(°)(′)
1	北23 01	北07 20	北03 15	南17 57	南25 27	南17 59	南04 49	北13 56	北25 14	北24 24	北09 58	南05 46
2	20 13	01 29	南02 55	21 56	25 18	13 27	北00 30	18 03	25 52	21 43	04 03	11 54
3	16 18	南04 28	08 56	24 28	23 35	08 28	05 41	21 26	25 15	17 53	南02 16	17 30
4	11 31	10 11	14 26	25 24	20 36	03 16	10 37	23 56	23 21	13 02	08 39	22 05
5	06 05	15 22	19 04	24 46	16 40	北01 57	15 06	25 23	20 12	07 24	14 39	25 08
6	00 17	19 42	22 32	22 44	12 05	07 02	19 01	25 38	15 57	01 14	19 50	26 19
7	南05 35	22 52	24 36	19 33	07 05	11 50	22 10	24 36	10 49	南05 08	23 42	25 34
8	11 14	24 38	25 09	15 30	01 55	16 12	24 23	22 18	05 01	11 18	25 53	23 05
9	16 20	24 51	24 12	10 49	北03 16	19 56	25 31	18 49	南01 07	16 52	26 14	19 16
10	20 30	23 34	21 55	05 47	08 18	22 51	25 24	14 20	07 15	21 25	24 50	14 31
11	23 24	20 57	18 31	00 35	13 00	24 48	24 02	09 05	13 03	24 34	21 56	09 15
12	24 46	17 16	14 17	北04 35	17 13	25 37	21 27	03 20	18 09	26 05	17 55	03 45
13	24 32	12 49	09 29	09 33	20 46	25 13	17 45	南02 39	22 12	25 53	13 08	北01 46
14	22 45	07 54	04 22	14 08	23 27	23 34	13 10	08 34	24 52	24 05	07 52	07 07
15	19 43	02 46	北00 51	18 10	25 07	20 44	07 53	14 07	25 58	20 56	02 24	12 08
16	15 44	北02 23	05 57	21 28	25 38	16 52	02 08	18 56	25 24	16 45	北03 05	16 38
17	11 07	07 22	10 48	23 53	24 56	12 08	南03 48	22 40	23 17	11 51	08 22	20 28
18	06 10	12 02	15 12	25 16	23 00	06 42	09 40	25 02	19 52	06 31	13 18	23 28
19	01 05	16 15	19 01	25 28	19 54	00 49	15 07	25 46	15 27	00 59	17 41	25 27
20	北03 57	19 50	22 04	24 25	15 45	南05 15	19 48	24 48	10 22	北04 30	21 20	26 17
21	08 48	22 37	24 11	22 07	10 43	11 12	23 18	22 18	04 54	09 44	24 06	25 54
22	13 18	24 25	25 14	18 37	04 59	16 38	25 17	18 31	北00 39	14 33	25 48	24 19
23	17 20	25 03	25 03	14 02	南01 11	21 07	25 31	13 49	06 06	18 45	26 20	21 35
24	20 41	24 24	23 33	08 33	07 27	24 12	24 01	08 34	11 13	22 10	25 40	17 51
25	23 11	22 23	20 45	02 27	13 26	25 34	21 01	03 03	15 49	24 38	23 48	13 17
26	24 37	19 03	16 44	南03 57	18 40	25 07	16 51	北02 27	19 46	26 01	20 49	08 03
27	24 49	14 35	11 40	10 15	22 40	22 59	11 57	07 44	22 52	26 14	16 50	02 21
28	23 40	09 12	05 49	15 58	25 03	19 30	06 38	12 38	25 01	25 12	12 00	南03 38
29	21 11		南00 29	20 39	25 37	15 05	01 11	16 59	26 02	22 59	06 28	09 37
30	17 28		06 49	23 54	24 26	10 06	北04 10	20 39	25 51	19 37	00 28	15 16
31	12 46		12 47		21 46		09 15	23 27		15 13		20 12

海面季节变化表

单位:m

序　号	1月	2月	3月	4月	5月	6月	7月	8月	9月	10月	11月	12月
001～004	可忽略不计											
005～009	−0.1	−0.1	−0.1	−0.1	0.0	0.0	0.0	0.0	+0.1	+0.1	+0.1	0.0
010～045	0.0	−0.1	−0.1	−0.1	−0.1	−0.1	−0.1	0.0	+0.1	+0.2	+0.2	+0.1
046～066	−0.1	−0.1	−0.1	−0.1	−0.1	−0.1	−0.1	0.0	+0.1	+0.2	+0.1	0.0
067～076	0.0	−0.1	−0.2	−0.1	−0.1	0.0	0.0	0.0	+0.1	+0.2	+0.2	+0.1
077～093	−0.1	−0.1	−0.1	−0.1	−0.1	−0.1	−0.1	0.0	+0.1	+0.2	+0.1	0.0
094～106	0.0	−0.1	−0.1	−0.1	−0.1	−0.1	−0.1	0.0	+0.1	+0.2	+0.2	+0.1
107～134	−0.1	−0.1	−0.1	−0.1	0.0	0.0	0.0	+0.1	+0.1	+0.1	0.0	0.0
135～143	0.0	0.0	0.0	−0.1	−0.1	−0.2	−0.1	0.0	+0.1	+0.2	+0.2	+0.1
144～173	−0.1	−0.1	−0.1	−0.1	−0.1	−0.1	0.0	+0.1	+0.2	+0.2	+0.1	0.0
174～175	−0.1	−0.1	−0.1	−0.1	0.0	0.0	0.0	+0.1	+0.1	+0.1	+0.1	0.0
176～206	−0.1	−0.2	−0.1	−0.1	−0.1	0.0	+0.1	+0.1	+0.2	+0.2	+0.1	−0.1
207～214	−0.2	−0.2	−0.1	−0.1	0.0	+0.1	+0.1	+0.2	+0.2	+0.1	0.0	−0.1
215～218a	−0.2	−0.2	−0.1	−0.1	0.0	0.0	+0.1	+0.1	+0.2	+0.2	+0.1	−0.1
219～234	−0.3	−0.3	−0.2	−0.1	0.0	+0.1	+0.2	+0.2	+0.3	+0.2	0.0	−0.2
235～241	−0.2	−0.2	−0.1	−0.1	0.0	+0.1	+0.1	+0.2	+0.2	+0.1	0.0	−0.1
242～278	−0.2	−0.2	−0.2	−0.1	0.0	+0.1	+0.2	+0.3	+0.2	+0.1	−0.1	−0.2
279～292	−0.2	−0.2	−0.2	−0.1	0.0	+0.2	+0.3	+0.3	+0.2	0.0	−0.1	−0.2
293～295	−0.3	−0.2	−0.2	−0.1	+0.1	+0.2	+0.3	+0.3	+0.2	0.0	−0.2	−0.3
296～302	−0.3	−0.3	−0.1	0.0	+0.1	+0.2	+0.3	+0.3	+0.2	+0.1	−0.2	−0.3
303～317	−0.2	−0.2	−0.1	−0.1	+0.1	+0.2	+0.3	+0.3	+0.2	0.0	−0.2	−0.3
318～328	−0.2	−0.2	−0.2	−0.1	+0.1	+0.2	+0.3	+0.3	+0.2	0.0	−0.2	−0.2
329～345	−0.2	−0.2	−0.1	−0.1	0.0	+0.2	+0.3	+0.3	+0.2	0.0	−0.1	−0.2
501～560	−0.2	−0.2	−0.1	−0.1	0.0	+0.1	+0.1	+0.2	+0.2	+0.1	0.0	−0.1
561～612	−0.1	−0.1	−0.1	−0.1	0.0	0.0	+0.1	+0.1	+0.1	+0.1	0.0	0.0
613～623	−0.1	0.0	0.0	−0.1	−0.1	−0.1	0.0	+0.2	+0.2	+0.1	−0.1	−0.1
624～644	0.0	0.0	−0.1	−0.2	−0.1	0.0	+0.1	+0.2	+0.1	0.0	0.0	0.0
651～668	−0.1	−0.2	−0.2	−0.1	0.0	0.0	+0.1	+0.1	+0.2	+0.1	0.0	−0.1
669～672	−0.1	−0.1	−0.2	−0.1	−0.1	0.0	+0.1	+0.1	+0.1	+0.1	+0.1	0.0
673～676	−0.1	−0.2	−0.2	−0.1	0.0	0.0	+0.1	+0.1	+0.2	+0.1	0.0	−0.1
677～756	−0.1	−0.1	−0.1	−0.1	−0.1	0.0	+0.1	+0.2	+0.2	+0.1	0.0	−0.1
757～766	−0.1	−0.1	−0.1	−0.1	0.0	0.0	0.0	0.0	+0.1	+0.1	+0.1	0.0
767～771	−0.1	−0.2	−0.2	−0.1	0.0	0.0	+0.1	+0.1	+0.2	+0.1	+0.1	0.0
772～775	−0.1	−0.1	−0.1	−0.1	−0.1	0.0	+0.1	+0.2	+0.2	+0.1	0.0	−0.0
776～780	0.0	0.0	−0.1	−0.1	−0.1	0.0	0.0	+0.1	+0.1	+0.1	0.0	0.1
781～803	−0.1	−0.1	−0.1	−0.1	−0.1	0.0	0.0	+0.1	+0.2	+0.1	+0.1	0.0
804～836	0.0	0.0	−0.1	−0.1	−0.1	0.0	0.0	+0.1	+0.1	+0.1	0.0	0.0
837～869	0.0	−0.1	−0.1	−0.1	−0.1	0.0	0.0	+0.1	+0.1	+0.1	0.0	0.0
870～875	可忽略不计											
876～883	0.0	0.0	−0.1	−0.1	−0.1	0.0	0.0	+0.1	+0.1	0.0	0.0	0.0
884～886	0.0	−0.1	−0.1	−0.1	−0.1	0.0	0.0	+0.1	+0.1	+0.1	0.0	0.0
887～899	0.0	−0.1	−0.1	−0.1	−0.1	0.0	+0.1	+0.1	+0.1	0.0	0.0	0.0
900～906	可忽略不计											
917～920a	0.0	−0.1	−0.1	−0.1	−0.1	0.0	0.0	+0.1	+0.1	+0.1	0.0	0.0
921～935	0.0	0.0	−0.1	−0.2	−0.1	0.0	0.0	+0.1	+0.1	+0.1	0.0	0.0

序　号	1月	2月	3月	4月	5月	6月	7月	8月	9月	10月	11月	12月
936～945	0.0	−0.1	−0.2	−0.2	−0.1	0.0	+0.1	+0.1	+0.1	+0.1	+0.1	0.0
946～966	−0.1	−0.1	−0.2	−0.2	−0.1	0.0	+0.1	+0.2	+0.2	+0.1	0.0	0.0
967～1035	−0.1	−0.1	−0.2	−0.1	−0.1	0.0	+0.1	+0.2	+0.2	+0.1	0.0	−0.1
1036～1041	−0.1	−0.1	−0.2	−0.1	0.0	0.0	+0.1	+0.1	+0.1	+0.1	0.0	0.0
1042～1078	−0.1	−0.1	−0.1	−0.1	0.0	0.0	0.0	+0.1	+0.2	+0.1	+0.1	0.0
1080～1084	0.0	0.0	−0.1	−0.1	0.0	+0.1	+0.1	+0.1	+0.1	0.0	0.0	0.0
1085～1162	可忽略不计											
1163～1168	0.0	−0.1	−0.1	0.0	0.0	0.0	0.0	0.0	+0.1	+0.1	+0.1	+0.1
1169～1212	可忽略不计											
1213～1221	0.0	0.0	0.0	0.0	−0.1	0.0	0.0	0.0	0.0	0.0	+0.1	0.0
1222～1250	0.0	−0.1	−0.1	−0.1	0.0	0.0	0.0	0.0	+0.1	+0.1	+0.1	+0.1
1251～1264	0.0	0.0	0.0	−0.1	−0.1	−0.1	0.0	+0.1	+0.1	+0.1	+0.1	0.0
1265～1352	+0.1	0.0	0.0	0.0	−0.1	−0.1	−0.1	0.0	0.0	+0.1	+0.1	+0.1
1353～1372	+0.1	+0.1	0.0	0.0	0.0	0.0	−0.1	−0.1	0.0	0.0	+0.1	+0.1
1373～1390	+0.1	+0.1	+0.1	0.0	−0.1	−0.1	−0.1	−0.1	0.0	0.0	+0.1	+0.1
1391～1416	+0.1	0.0	0.0	−0.1	0.0	0.0	0.0	0.0	0.0	+0.1	+0.1	+0.1
1417～1458	+0.1	+0.1	0.0	0.0	−0.1	−0.1	−0.1	−0.1	0.0	0.0	+0.1	+0.1
1459～1471	+0.1	+0.1	+0.1	0.0	0.0	0.0	0.0	0.0	−0.1	−0.1	0.0	0.0
1472～1478	+0.1	+0.1	+0.1	0.0	0.0	−0.1	−0.1	−0.1	−0.1	0.0	0.0	+0.1
1479～1505	+0.1	+0.1	0.0	−0.1	−0.1	0.0	0.0	0.0	0.0	0.0	+0.1	+0.1
1506～1529	+0.1	+0.1	0.0	−0.1	0.0	0.0	0.0	0.0	0.0	0.0	0.0	+0.1
1530～1532	+0.1	+0.1	+0.1	0.0	0.0	0.0	−0.1	−0.1	−0.1	0.0	0.0	+0.1
1533～1544	+0.1	+0.1	0.0	0.0	0.0	0.0	0.0	−0.1	0.0	0.0	0.0	+0.1
1545～1552	+0.1	+0.1	+0.1	0.0	0.0	0.0	−0.1	−0.1	−0.1	0.0	0.0	+0.1
1553～1567	+0.1	+0.1	+0.1	0.0	0.0	−0.1	−0.1	−0.1	0.0	0.0	+0.1	+0.1
1568～1579	+0.1	+0.1	+0.1	0.0	0.0	−0.1	−0.1	0.0	0.0	0.0	0.0	+0.1
1580～1587	+0.1	0.0	0.0	0.0	0.0	−0.1	−0.1	0.0	0.0	+0.1	+0.1	+0.1
1588～1616	可忽略不计											
1617～1632	0.0	0.0	0.0	−0.1	−0.1	0.0	+0.1	+0.1	+0.1	0.0	0.0	0.0
1633～1638	0.0	−0.1	−0.1	−0.1	0.0	0.0	+0.1	+0.1	+0.1	+0.1	0.0	0.0
1639～1645	−0.1	−0.2	−0.1	0.0	0.0	+0.1	+0.2	+0.2	+0.2	+0.1	0.0	−0.1
1646～1660	−0.1	−0.1	−0.1	0.0	0.0	+0.1	+0.1	+0.1	+0.1	+0.1	0.0	0.0
1662～1684	0.0	0.0	−0.1	0.0	0.0	+0.1	+0.1	+0.1	0.0	0.0	0.0	0.0
1685～1690	0.0	−0.1	−0.2	−0.1	+0.1	+0.1	+0.1	0.0	+0.1	+0.1	+0.1	+0.1
1691～1697	0.0	−0.1	−0.1	0.0	0.0	0.0	0.0	0.0	+0.1	+0.1	+0.1	0.0
1698～1745	可忽略不计											
1746～1785	+0.1	+0.1	0.0	0.0	0.0	0.0	0.0	0.0	0.0	−0.1	0.0	0.0
1786～1921	可忽略不计											
1992	+0.2	+0.2	+0.2	+0.1	0.0	−0.1	−0.1	−0.2	−0.1	0.0	0.0	+0.1
1926	0.0	0.0	0.0	0.0	0.0	0.0	−0.1	−0.1	0.0	0.0	0.0	0.0
1927～1928	+0.1	0.0	0.0	0.0	0.0	−0.1	−0.1	0.0	0.0	0.0	+0.1	+0.1
1929～1937	+0.1	+0.1	+0.1	0.0	0.0	−0.1	−0.1	−0.1	0.0	0.0	+0.1	+0.1
1938～1941	0.0	0.0	0.0	−0.1	0.0	0.0	0.0	0.0	0.0	0.0	+0.1	+0.1
1942～1949	0.0	−0.1	−0.1	0.0	0.0	+0.1	+0.1	0.0	0.0	0.0	0.0	0.0
1950～1957	0.0	−0.1	0.0	0.0	+0.1	+0.1	+0.1	0.0	0.0	0.0	0.0	0.0

续 表

序 号	1月	2月	3月	4月	5月	6月	7月	8月	9月	10月	11月	12月
1958～1966	－0.1	－0.1	0.0	0.0	＋0.1	＋0.1	＋0.1	0.0	0.0	0.0	0.0	0.0
1967～1979	0.0	－0.1	－0.1	0.0	＋0.1	＋0.1	＋0.1	0.0	0.0	0.0	0.0	0.0
1980～1990	0.0	0.0	－0.1	0.0	0.0	0.0	0.0	0.0	0.0	0.0	＋0.1	0.0
1991～2006	＋0.1	＋0.1	0.0	0.0	0.0	0.0	－0.1	－0.1	0.0	0.0	＋0.1	＋0.1
2007～2017	＋0.1	＋0.1	0.0	－0.1	－0.1	0.0	0.0	0.0	0.0	0.0	0.0	＋0.1
2018～2021	＋0.1	0.0	0.0	0.0	0.0	－0.1	－0.1	－0.1	0.0	0.0	＋0.1	＋0.1
2022～2041	0.0	0.0	0.0	0.0	0.0	0.0	－0.1	－0.1	0.0	0.0	0.0	0.0
2042～2045	＋0.1	＋0.1	0.0	－0.1	－0.1	0.0	0.0	0.0	0.0	0.0	＋0.1	＋0.1
2046～2056	＋0.2	＋0.2	＋0.1	0.0	－0.1	－0.1	－0.1	－0.1	－0.1	0.0	＋0.2	＋0.2
2059～2062	＋0.2	＋0.1	0.0	0.0	－0.1	－0.1	－0.1	－0.1	－0.1	0.0	＋0.2	＋0.2
2063～2078	＋0.3	＋0.1	0.0	－0.1	－0.1	－0.2	－0.2	－0.2	－0.1	＋0.1	＋0.3	＋0.3
2079～2091	＋0.2	＋0.1	0.0	0.0	－0.1	－0.1	－0.2	－0.1	－0.1	0.0	＋0.2	＋0.2
2092～2110	＋0.2	＋0.1	0.0	0.0	0.0	－0.2	－0.3	－0.2	－0.1	＋0.1	＋0.2	＋0.2
2111～2116	＋0.2	＋0.1	0.0	0.0	－0.1	－0.2	－0.2	－0.1	0.0	＋0.2	＋0.3	＋0.3
2117～2127	＋0.1	0.0	－0.1	－0.1	－0.1	－0.2	－0.1	0.0	＋0.1	＋0.2	＋0.2	＋0.2
2128～2135	＋0.1	0.0	－0.1	－0.1	－0.1	－0.1	0.0	0.0	＋0.1	＋0.1	＋0.1	＋0.1
2136～2150	0.0	－0.1	－0.1	－0.1	0.0	0.0	0.0	0.0	＋0.1	＋0.1	＋0.1	＋0.1
2151～2160	0.0	－0.1	－0.1	0.0	0.0	0.0	＋0.1	＋0.1	＋0.1	＋0.1	0.0	0.0
2161～2206	－0.1	－0.1	0.0	0.0	0.0	0.0	＋0.1	＋0.1	＋0.1	＋0.1	0.0	0.0
2207～2223	－0.1	－0.1	－0.1	0.0	0.0	0.0	＋0.1	＋0.1	＋0.1	＋0.1	0.0	0.0
2224～2245	－0.1	0.0	0.0	0.0	0.0	0.0	0.0	＋0.1	＋0.1	＋0.1	0.0	0.0
2246～2261	－0.1	－0.1	0.0	0.0	0.0	0.0	＋0.1	＋0.1	＋0.1	＋0.1	0.0	0.0
2262～2294	可忽略不计											
2295～2301	＋0.1	0.0	0.0	－0.1	－0.1	0.0	0.0	0.0	0.0	＋0.1	＋0.1	＋0.1
2302～2309	＋0.1	0.0	－0.1	－0.1	0.0	0.0	0.0	0.0	0.0	＋0.1	＋0.1	＋0.1
2310～2328	可忽略不计											
2329～2333	＋0.1	0.0	0.0	－0.1	0.0	0.0	0.0	0.0	0.0	0.0	0.0	＋0.1
2336～2351	＋0.1	＋0.1	0.0	0.0	－0.1	－0.1	－0.1	0.0	0.0	＋0.1	＋0.1	＋0.1
2352	＋0.1	＋0.1	0.0	0.0	－0.1	－0.2	－0.2	－0.1	＋0.1	＋0.2	＋0.2	＋0.1
2356～2361	＋0.1	0.0	0.0	0.0	0.0	－0.1	－0.1	－0.1	0.0	＋0.1	＋0.1	＋0.1
2362	＋0.2	＋0.1	0.0	0.0	－0.1	－0.1	－0.1	－0.1	0.0	＋0.1	＋0.2	＋0.2
2364～2386	＋0.1	0.0	0.0	0.0	0.0	－0.1	－0.1	－0.1	0.0	＋0.1	＋0.1	＋0.1
2387～2397	＋0.1	＋0.1	＋0.1	＋0.1	0.0	0.0	－0.1	－0.1	－0.1	0.0	0.0	＋0.1
2398	＋0.2	＋0.2	＋0.1	＋0.1	0.0	0.0	－0.1	－0.2	－0.2	－0.1	＋0.1	＋0.2
2399～2400	＋0.1	＋0.1	＋0.1	＋0.1	0.0	0.0	－0.1	－0.1	－0.1	0.0	0.0	＋0.1
2401～2405	＋0.1	＋0.1	＋0.1	＋0.1	＋0.1	0.0	－0.1	－0.2	－0.1	0.0	0.0	＋0.1
2406～2414	＋0.2	＋0.2	＋0.2	＋0.2	＋0.1	－0.1	－0.2	－0.3	－0.2	0.0	＋0.1	＋0.2
2415～2418	＋0.1	＋0.1	0.0	0.0	0.0	－0.1	－0.1	－0.1	0.0	0.0	＋0.1	＋0.1
2419～2433	可忽略不计											
2434～2439	＋0.1	＋0.1	＋0.1	＋0.1	0.0	0.0	－0.1	－0.1	－0.1	0.0	0.0	＋0.1
2440～2463	＋0.1	＋0.1	＋0.1	0.0	0.0	0.0	－0.1	－0.1	0.0	0.0	0.0	0.0
2464～2471	可忽略不计											
2472～2476	＋0.1	＋0.1	＋0.1	0.0	0.0	0.0	－0.1	－0.1	0.0	0.0	0.0	0.0
2477～2491	可忽略不计											
2492～2495	0.0	0.0	0.0	0.0	0.0	0.0	0.0	－0.1	－0.1	0.0	0.0	0.0

序号	1月	2月	3月	4月	5月	6月	7月	8月	9月	10月	11月	12月
2496～2512	可忽略不计											
2513～2560	+0.1	+0.1	+0.1	0.0	0.0	0.0	−0.1	−0.1	0.0	0.0	0.0	0.0
2561～2597	可忽略不计											
2598～2625	+0.1	+0.1	+0.1	0.0	0.0	0.0	−0.1	−0.1	0.0	0.0	0.0	0.0
2626～2628	+0.2	−0.2	+0.2	+0.1	0.0	−0.1	−0.1	−0.1	−0.1	−0.1	0.0	+0.1
2629～2644	0.0	0.0	+0.1	+0.1	+0.1	+0.1	0.0	−0.1	−0.1	−0.1	0.0	0.0
2645～2790	可忽略不计											
2791～2800	0.0	0.0	+0.1	+0.1	+0.1	0.0	0.0	−0.1	0.0	0.0	0.0	0.0
2801～2804	+0.2	+0.2	+0.2	+0.1	0.0	−0.1	−0.2	−0.1	−0.1	0.0	0.0	+0.1
2805～2807	+0.3	+0.3	+0.2	+0.1	−0.1	−0.3	−0.3	−0.2	−0.1	0.0	+0.1	+0.2
2808～2813	+0.1	+0.1	+0.1	0.0	0.0	−0.1	−0.1	−0.1	0.0	0.0	0.0	+0.1
2814～2819	−0.1	0.0	+0.1	+0.1	+0.1	0.0	0.0	0.0	0.0	0.0	0.0	0.0
2820～2840	0.0	0.0	+0.1	+0.1	+0.1	0.0	0.0	0.0	0.0	0.0	0.0	0.0
2841～2871	+0.1	+0.1	+0.1	+0.1	+0.1	0.0	−0.1	−0.1	−0.1	0.0	0.0	0.0
2872～2887	+0.1	+0.1	+0.1	+0.1	0.0	−0.1	−0.1	−0.1	0.0	0.0	0.0	0.0
2888～2907	+0.1	+0.1	+0.1	+0.1	+0.1	0.0	0.0	0.0	−0.1	−0.1	−0.1	0.0
2908～2910	0.0	0.0	+0.1	+0.1	0.0	0.0	0.0	0.0	0.0	0.0	−0.1	−0.1
2911～2972	可忽略不计											
2973～2997	0.0	0.0	−0.1	0.0	+0.1	+0.1	+0.1	0.0	0.0	0.0	−0.1	0.0
2998～3004	可忽略不计											
3005～3012	−0.1	0.0	0.0	0.0	+0.1	+0.1	+0.1	+0.1	0.0	0.0	−0.1	−0.1
3013	0.0	0.0	0.0	0.0	+0.1	+0.1	+0.1	0.0	0.0	−0.1	0.0	0.0
3016～3020	−0.1	0.0	0.0	+0.1	+0.1	+0.1	+0.1	0.0	0.0	0.0	0.0	0.0
3021～3028	−0.1	−0.1	0.0	+0.1	+0.1	+0.1	+0.1	+0.1	0.0	−0.1	−0.1	−0.1
3031～3037	0.0	0.0	+0.1	+0.1	+0.1	+0.1	0.0	0.0	−0.1	−0.1	−0.1	0.0
3038～3053	0.0	+0.1	+0.1	+0.1	+0.1	+0.1	0.0	−0.1	−0.1	−0.1	0.0	0.0
3054～3062	0.0	0.0	+0.1	+0.1	+0.1	+0.1	0.0	−0.1	−0.1	0.0	0.0	0.0
3063～3079	0.0	+0.1	+0.1	+0.1	+0.1	0.0	−0.1	−0.1	−0.1	0.0	0.0	0.0
3080	+0.1	+0.2	+0.2	+0.1	0.0	−0.1	−0.2	−0.1	−0.1	0.0	0.0	+0.1
3081～3084	0.0	+0.1	+0.1	+0.1	+0.1	0.0	−0.1	−0.1	−0.1	0.0	0.0	0.0
3085～3095	+0.1	+0.2	+0.2	+0.1	0.0	−0.1	−0.2	−0.1	0.0	0.0	0.0	0.0
3096～3110	+0.2	+0.2	+0.2	+0.1	0.0	0.1	−0.2	−0.1	0.0	0.0	+0.1	+0.1
3111～3117	+0.3	+0.3	+0.3	+0.1	−0.1	−0.2	−0.3	−0.3	−0.2	0.0	+0.1	+0.2
3118～3123	可忽略不计											
3124～3126	0.0	0.0	+0.1	+0.1	+0.1	+0.1	0.0	0.0	−0.1	−0.1	0.0	0.0
3127～3135	可忽略不计											
3136～3165	0.0	0.0	0.0	+0.1	+0.1	+0.1	0.0	0.0	−0.1	−0.1	0.0	0.0
3166～3510	可忽略不计											
3512～3528	0.0	0.0	0.0	0.0	−0.1	−0.1	0.0	0.0	+0.1	+0.1	+0.1	+0.1
3530～3566	0.0	−0.1	0.0	0.0	0.0	0.0	0.0	0.0	+0.1	+0.1	+0.1	0.0
3568～3577	0.0	−0.1	−0.1	0.0	0.0	+0.1	+0.1	+0.1	0.0	0.0	0.0	0.0

附属港潮高季节改正数表

单位:m

序号	1月	2月	3月	4月	5月	6月	7月	8月	9月	10月	11月	12月
1～23	可忽略不计											
24	0.0	−0.1	−0.1	−0.1	−0.1	−0.1	−0.1	−0.1	+0.1	+0.2	+0.2	+0.1
25～94	可忽略不计											
96～98	0.0	−0.1	−0.2	−0.1	−0.1	0.0	0.0	0.0	+0.1	+0.2	+0.2	+0.1
99	可忽略不计											
100～106	+0.1	+0.1	+0.1	+0.1	+0.1	+0.1	+0.1	−0.2	−0.1	−0.1	0.0	+0.1
107～108	+0.1	0.0	0.0	0.0	0.0	0.0	−0.1	0.0	−0.2	0.0	0.0	+0.1
109～176	可忽略不计											
177	0.0	−0.1	0.0	0.0	+0.1	0.0	−0.1	−0.2	−0.1	+0.1	+0.1	0.0
178	0.0	−0.1	0.0	0.0	+0.1	0.0	−0.1	−0.1	0.0	+0.1	+0.1	0.0
179～215	可忽略不计											
216	+0.1	+0.1	+0.2	+0.1	0.0	−0.2	−0.2	−0.2	−0.1	−0.1	+0.1	+0.2
218	+0.2	+0.2	+0.3	+0.1	0.0	−0.2	−0.3	−0.3	−0.2	−0.1	+0.1	+0.3
218a	+0.1	+0.1	+0.2	+0.1	0.0	−0.2	−0.2	−0.2	−0.1	−0.1	0.0	+0.2
220～280	可忽略不计											
281	+0.1	0.0	0.0	0.0	−0.1	−0.2	−0.3	−0.3	0.0	+0.2	+0.3	+0.2
282～285	可忽略不计											
286～288	−0.1	−0.1	−0.2	−0.1	0.0	+0.1	+0.2	+0.2	+0.1	0.0	−0.1	−0.1
289	可忽略不计											
290～292	−0.2	−0.1	−0.2	−0.1	+0.1	+0.2	+0.2	+0.2	+0.2	0.0	−0.2	−0.2
293～305	可忽略不计											
306～307	−0.1	−0.1	−0.1	−0.1	+0.1	+0.1	+0.2	+0.2	+0.1	0.0	−0.1	−0.2
308～309	−0.2	−0.3	−0.2	−0.1	+0.1	+0.2	+0.4	+0.4	+0.3	0.0	−0.2	−0.3
310	−0.2	−0.2	−0.1	−0.1	+0.1	+0.2	+0.3	+0.3	+0.2	0.0	−0.2	−0.3
311～313	可忽略不计											
314～316	−0.3	−0.2	−0.1	0.0	+0.2	+0.2	+0.3	+0.3	+0.2	0.0	−0.2	−0.3
317～337	可忽略不计											
338～339	+0.1	+0.1	+0.1	+0.1	0.0	−0.1	−0.2	−0.2	−0.1	0.0	+0.1	+0.1
340	+0.2	+0.2	+0.1	+0.1	0.0	−0.2	−0.3	−0.3	−0.2	0.0	+0.1	+0.2
341～344	可忽略不计											
345	−0.1	−0.1	0.0	0.0	0.0	+0.1	+0.2	+0.2	+0.1	−0.1	−0.1	−0.1
501～523	可忽略不计											
524～527	−0.2	−0.2	−0.1	0.0	0.0	+0.1	+0.2	+0.2	+0.1	0.0	−0.1	−0.2
528～748	可忽略不计											
750～755	0.0	0.0	0.0	−0.1	−0.1	+0.1	+0.1	+0.2	+0.1	0.0	−0.1	−0.1
756	0.0	0.0	0.0	−0.1	−0.1	+0.1	+0.1	+0.2	+0.1	0.0	−0.1	−0.1
757～771	−0.1	−0.1	−0.1	0.0	0.0	+0.1	+0.1	+0.1	+0.1	0.0	0.0	0.0
772～775	−0.1	−0.1	0.0	0.0	0.0	+0.1	+0.1	+0.1	+0.1	0.0	−0.1	−0.1
776～935	可忽略不计											
936～939	0.0	−0.1	−0.2	−0.1	0.0	+0.1	+0.1	+0.1	+0.1	+0.1	+0.1	0.0
940～959	可忽略不计											
960～961	0.0	+0.2	+0.2	0.0	0.0	0.0	0.0	0.0	0.0	−0.1	−0.1	−0.1
977～1020	可忽略不计											
1021～1024	+0.1	+0.1	+0.1	+0.1	+0.1	−0.1	−0.2	−0.2	−0.2	−0.1	+0.1	+0.1
1025～1088	可忽略不计											

续 表

序　号	1月	2月	3月	4月	5月	6月	7月	8月	9月	10月	11月	12月
1088a～1091	+0.1	0.0	+0.1	+0.1	+0.1	+0.1	−0.1	−0.2	−0.2	0.0	+0.1	+0.1
1092	+0.1	0.0	+0.1	+0.1	+0.1	+0.1	−0.1	−0.3	−0.2	0.0	+0.1	+0.1
1093	+0.1	0.0	+0.1	+0.2	+0.2	+0.1	−0.2	−0.4	−0.3	0.0	+0.2	+0.2
1093a～1101	可忽略不计											
1102	+0.1	0.0	+0.1	+0.1	+0.1	+0.1	−0.1	−0.3	−0.2	0.0	+0.1	+0.1
1103～1104	+0.1	0.0	+0.1	+0.2	+0.2	+0.1	−0.2	−0.3	−0.3	0.0	+0.2	+0.2
1105～1107	+0.1	0.0	+0.1	+0.1	+0.1	+0.1	−0.1	−0.2	−0.2	0.0	+0.1	+0.1
1108～1159b	可忽略不计											
1160	−0.1	−0.2	−0.2	−0.2	−0.1	0.0	0.0	+0.1	+0.2	+0.2	+0.2	+0.1
1161	−0.1	−0.3	−0.3	−0.3	−0.1	0.0	0.0	+0.1	+0.3	+0.3	+0.3	+0.1
1162	可忽略不计											
1163	+0.3	+0.2	+0.1	0.0	0.0	−0.1	−0.2	−0.2	−0.2	−0.1	+0.1	+0.2
1164	+0.1	0.0	0.0	+0.1	+0.1	−0.1	−0.2	−0.3	−0.1	0.0	+0.2	+0.2
1165	−0.2	−0.2	−0.1	−0.1	0.0	+0.1	+0.2	+0.2	+0.1	+0.1	0.0	−0.1
1166	可忽略不计											
1167	−0.8	−0.6	−0.3	+0.1	+0.4	+0.4	+0.4	+0.4	+0.4	+0.1	−0.4	−0.7
1168	−1.0	−0.8	−0.3	+0.2	+0.5	+0.5	+0.5	+0.5	+0.5	+0.1	−0.6	−0.9
1169～1184	可忽略不计											
1185	0.0	0.0	0.0	0.0	0.0	0.0	0.0	−0.1	−0.1	0.0	0.0	+0.0
1186	0.0	0.0	0.0	+0.1	+0.1	0.0	−0.1	−0.2	−0.1	0.0	+0.1	+0.1
1187	+0.1	0.0	+0.1	+0.1	+0.1	+0.1	−0.1	−0.3	−0.2	0.0	+0.1	+0.1
1188	+0.1	0.0	+0.1	+0.2	+0.2	+0.1	−0.2	−0.3	−0.2	0.0	+0.2	+0.2
1189	+0.1	0.0	+0.1	+0.1	+0.1	+0.1	−0.1	−0.3	−0.2	0.0	+0.1	+0.1
1190	+0.1	0.0	+0.1	+0.2	+0.2	+0.1	−0.2	−0.4	−0.3	0.0	+0.2	+0.2
1191	+0.1	0.0	+0.1	+0.2	+0.2	+0.1	−0.2	−0.3	−0.3	0.0	+0.2	+0.2
1192	+0.1	0.0	+0.1	+0.2	+0.2	+0.1	−0.2	−0.5	−0.4	0.0	+0.2	+0.2
1193	+0.1	0.0	+0.1	+0.3	+0.3	+0.1	−0.3	−0.5	−0.4	0.0	+0.3	+0.3
1194～1195	0.0	0.0	0.0	+0.1	+0.1	0.0	−0.1	−0.2	−0.1	0.0	+0.1	+0.1
1196～1204	可忽略不计											
1205	−0.2	0.0	0.0	+0.2	+0.4	+0.4	+0.4	+0.2	0.0	−0.2	−0.4	−0.4
1206	可忽略不计											
1207	−0.2	−0.1	0.0	0.0	0.0	0.0	+0.1	+0.2	+0.1	0.0	0.0	−0.1
1208～1221	可忽略不计											
1222	−0.1	−0.2	−0.1	−0.1	0.0	+0.1	+0.1	+0.1	+0.1	+0.1	+0.1	0.0
1234～1238	−0.1	−0.2	−0.1	−0.1	−0.1	0.0	0.0	0.0	+0.1	+0.2	+0.1	+0.1
1239～1242	−0.1	−0.1	−0.1	−0.1	−0.1	0.0	+0.1	+0.1	+0.1	+0.1	+0.1	0.0
1243～1248	−0.1	−0.2	−0.2	−0.1	−0.1	0.0	0.0	+0.1	+0.2	+0.2	+0.2	+0.1
1249～1250	−0.1	−0.1	−0.1	−0.1	−0.1	0.0	+0.1	+0.1	+0.1	+0.1	+0.1	0.0
1251～1253	−0.1	0.0	−0.1	−0.1	−0.1	−0.1	0.0	+0.1	+0.1	+0.1	0.0	−0.1
1254	−0.1	−0.1	−0.1	−0.1	−0.1	0.0	+0.1	+0.2	+0.2	+0.1	0.0	−0.1
1255～1257	−0.2	−0.1	−0.1	−0.1	−0.1	0.0	+0.1	+0.2	+0.2	+0.1	0.0	−0.2
1258～1262	−0.1	−0.1	−0.1	−0.1	−0.1	0.0	+0.1	+0.2	+0.2	+0.1	0.0	−0.1
1263～1264	−0.1	0.0	−0.1	−0.1	−0.1	−0.1	0.0	+0.1	+0.1	+0.1	0.0	−0.1
1265～1282	0.0	−0.1	−0.1	−0.1	−0.1	−0.1	−0.1	0.0	+0.1	+0.2	+0.2	+0.1
1283～1286	0.0	−0.1	−0.1	−0.1	−0.1	−0.1	−0.1	0.0	+0.1	+0.1	+0.1	+0.1

续 表

序 号	1月	2月	3月	4月	5月	6月	7月	8月	9月	10月	11月	12月
1287～1290	0.0	0.0	0.0	−0.1	−0.1	−0.1	+0.1	0.0	0.0	+0.1	+0.1	0.0
1291～1294	−0.1	−0.1	0.0	−0.1	−0.1	0.0	+0.1	+0.1	+0.1	+0.1	0.0	0.0
1295～1297	0.0	0.0	0.0	−0.1	−0.1	−0.1	+0.1	0.0	0.0	+0.1	+0.1	0.0
1298～1303	0.0	−0.1	−0.1	−0.1	−0.1	−0.1	−0.1	0.0	+0.1	+0.2	+0.2	+0.1
1304～1306	0.0	0.0	0.0	−0.1	−0.1	−0.1	0.0	0.0	0.0	+0.1	+0.1	0.0
1307～1308	0.0	−0.1	−0.1	−0.1	−0.1	−0.1	−0.1	0.0	+0.1	+0.2	+0.2	+0.1
1309～1311	0.0	0.0	0.0	−0.1	−0.1	−0.1	0.0	0.0	0.0	+0.1	+0.1	0.0
1312～1318	0.0	−0.1	−0.1	−0.1	−0.1	−0.1	−0.1	0.0	+0.1	+0.2	+0.2	+0.1
1319～1325	0.0	0.0	0.0	−0.1	−0.1	−0.1	0.0	0.0	0.0	+0.1	+0.1	0.0
1326～1328	0.0	−0.1	−0.1	−0.1	−0.1	−0.1	−0.1	0.0	+0.1	+0.2	+0.2	+0.1
1329	0.0	0.0	0.0	−0.1	−0.1	−0.1	0.0	0.0	0.0	+0.1	+0.1	0.0
1330	−0.1	−0.1	0.0	−0.1	−0.1	0.0	0.0	+0.1	+0.1	+0.1	0.0	0.0
1331～1335	0.0	0.0	0.0	−0.1	−0.1	−0.1	0.0	0.0	0.0	+0.1	+0.1	0.0
1336	0.0	−0.1	−0.1	−0.1	−0.1	−0.1	−0.1	0.0	+0.1	+0.2	+0.2	+0.1
1337～1343	0.0	0.0	0.0	+0.1	+0.1	+0.1	0.0	0.0	0.0	+0.1	+0.1	0.0
1344～1450	0.0	−0.1	−0.1	−0.1	−0.1	−0.1	−0.1	0.0	+0.1	+0.2	+0.2	+0.1
1351～1352	0.0	0.0	0.0	−0.1	−0.1	−0.1	0.0	0.0	0.0	+0.1	+0.1	0.0
1353～1371	可 忽 略 不 计											
1373～1376	0.0	+0.1	+0.1	−0.1	−0.1	−0.1	0.0	0.0	0.0	0.0	0.0	0.0
1377～1381	0.0	0.0	0.0	−0.1	−0.1	−0.1	−0.1	0.0	+0.1	+0.1	+0.1	+0.1
1382～1385	0.0	0.0	+0.1	−0.1	−0.1	0.0	0.0	0.0	0.0	0.0	0.0	0.0
1386～1390	0.0	0.0	0.0	−0.1	−0.1	−0.1	−0.1	0.0	+0.1	+0.1	+0.1	+0.1
1391～1396	0.0	0.0	−0.1	−0.1	−0.1	0.0	0.0	0.0	0.0	+0.1	+0.1	0.0
1397	−0.1	−0.1	−0.1	−0.1	−0.1	+0.1	+0.1	+0.1	+0.1	+0.1	0.0	0.0
1398	0.0	0.0	−0.1	−0.1	−0.1	0.0	0.0	0.0	0.0	+0.1	+0.1	0.0
1399～1416	0.0	0.0	−0.1	−0.1	−0.1	0.0	0.0	0.0	0.0	+0.1	+0.1	0.0
1417～1434	0.0	0.0	0.0	−0.1	−0.1	−0.1	0.0	0.0	0.0	0.0	0.0	0.0
1435～1440	0.0	−0.1	−0.1	−0.1	−0.1	−0.1	−0.1	0.0	+0.1	+0.1	+0.1	+0.1
1441～1451	0.0	−0.1	−0.1	−0.1	−0.1	−0.1	−0.1	0.0	+0.1	+0.1	+0.1	+0.1
1452～1454	0.0	0.0	0.0	0.0	−0.1	−0.1	−0.1	−0.1	−0.1	0.0	+0.1	+0.1
1455～1456	0.0	−0.1	−0.1	−0.1	−0.1	−0.1	−0.1	0.0	+0.1	+0.1	+0.1	+0.1
1457～1458	0.0	0.0	0.0	−0.1	−0.1	−0.1	0.0	0.0	0.0	0.0	0.0	0.0
1459～1471	可 忽 略 不 计											
1472～1473	+0.1	0.0	0.0	0.0	−0.1	−0.1	−0.1	−0.1	0.0	0.0	0.0	+0.1
1474～1478	可 忽 略 不 计											
1479～1505	0.0	0.0	0.0	0.0	−0.1	−0.1	0.0	−0.1	−0.1	0.0	+0.1	+0.1
1506～1522	可 忽 略 不 计											
1523	0.0	−0.1	−0.2	−0.2	0.0	+0.1	+0.1	0.0	0.0	+0.1	+0.1	+0.1
1524～1528	可 忽 略 不 计											
1529	0.0	−0.1	−0.2	−0.2	0.0	+0.1	+0.1	0.0	0.0	+0.1	+0.1	+0.1
1530～1638	可 忽 略 不 计											
1639～1641	−0.2	−0.2	−0.1	0.0	+0.1	+0.1	+0.1	+0.1	+0.1	+0.1	−0.1	−0.1
1643	−0.2	−0.3	−0.3	−0.1	0.0	+0.2	+0.3	+0.3	+0.2	+0.1	−0.1	−0.1
1644	−0.2	−0.2	−0.1	0.0	0.0	+0.1	+0.1	+0.2	+0.1	+0.1	−0.1	−0.1
1645～1700	可 忽 略 不 计											

序 号	1月	2月	3月	4月	5月	6月	7月	8月	9月	10月	11月	12月
1701～1702	0.0	+0.1	+0.2	+0.1	0.0	−0.1	0.0	0.0	0.0	−0.1	−0.1	0.0
1703～1709	可忽略不计											
1710～1711	0.0	+0.1	+0.2	+0.1	0.0	−0.1	0.0	0.0	0.0	−0.1	−0.1	0.0
1712～1798	可忽略不计											
1799～1800	−0.1	−0.1	0.0	0.0	0.0	0.0	0.0	0.0	+0.1	+0.2	+0.1	0.0
1801～1918	可忽略不计											
1921	+0.1	+0.1	+0.1	+0.1	+0.1	−0.1	−0.1	−0.2	−0.2	−0.1	+0.1	+0.1
1923～1926	−0.1	−0.2	−0.1	0.0	0.0	+0.1	+0.1	+0.2	+0.1	0.0	0.0	0.0
1927～1929	−0.1	−0.1	0.0	0.0	0.0	+0.1	+0.2	+0.2	+0.1	−0.1	−0.2	−0.2
1930	+0.1	+0.2	+0.2	+0.1	0.0	−0.1	−0.1	−0.1	−0.2	−0.2	−0.1	+0.1
1932～1935	可忽略不计											
1936～1937	+0.1	+0.2	+0.2	+0.1	−0.1	−0.1	−0.1	−0.1	−0.1	0.0	0.0	0.0
1938～2011	可忽略不计											
2012～2013	−0.1	−0.2	−0.3	−0.2	0.0	+0.2	+0.3	+0.3	+0.2	0.0	0.0	0.0
2014～2016	0.0	0.0	−0.1	−0.1	−0.1	0.0	+0.1	+0.1	0.0	0.0	0.0	0.0
2017	−0.1	−0.2	−0.3	−0.2	0.0	+0.2	+0.3	+0.3	+0.2	0.0	0.0	0.0
2018	+0.1	+0.1	+0.1	+0.1	+0.1	0.0	0.0	−0.1	−0.2	−0.2	−0.1	0.0
2019	−0.1	−0.1	−0.1	0.0	0.0	0.0	0.0	+0.1	+0.1	0.0	+0.1	+0.1
2020	−0.1	0.0	0.0	0.0	0.0	+0.1	+0.2	+0.2	+0.1	−0.1	−0.2	−0.1
2021	0.0	+0.1	+0.1	+0.1	+0.1	0.0	0.0	−0.1	−0.1	−0.1	−0.1	0.0
2022～2026	−0.1	−0.2	−0.1	0.0	0.0	0.0	0.0	+0.1	+0.1	0.0	0.0	0.0
2027～2041	可忽略不计											
2042～2043	0.0	0.0	−0.1	−0.1	−0.1	+0.0	+0.1	+0.1	+0.0	0.0	−0.1	0.0
2044～2045	−0.1	−0.1	−0.1	−0.1	0.0	+0.1	+0.1	+0.1	+0.1	0.0	−0.1	−0.1
2046～2056	可忽略不计											
2059～2061	+0.2	+0.1	0.0	0.0	−0.1	−0.1	−0.2	−0.2	−0.1	0.0	+0.1	+0.2
2062	可忽略不计											
2063～2065	+0.3	+0.1	−0.1	−0.1	−0.2	−0.2	−0.3	−0.3	−0.1	+0.1	+0.3	+0.3
2066	+0.3	+0.1	−0.1	−0.1	−0.2	−0.2	−0.3	−0.3	−0.1	+0.1	+0.3	+0.3
2067～2072	可忽略不计											
2073～2076	+0.1	0.0	0.0	0.0	−0.1	−0.1	−0.1	−0.1	0.0	0.0	+0.1	+0.1
2077～2080	+0.2	+0.1	0.0	0.0	0.1	0.2	0.3	0.3	0.1	+0.1	+0.3	+0.3
2081	+0.3	+0.2	+0.1	−0.1	−0.2	−0.3	−0.4	−0.3	−0.2	+0.1	+0.3	+0.4
2082～2085	+0.1	+0.1	0.0	0.0	−0.1	−0.2	−0.2	−0.2	−0.1	0.0	+0.2	+0.2
2086～2087	0.0	0.0	0.0	−0.1	0.0	+0.1	+0.1	+0.1	0.0	−0.1	−0.1	−0.1
2092～2107	可忽略不计											
2111～2112	0.0	0.0	0.0	−0.1	−0.1	0.0	0.0	0.0	+0.1	+0.1	+0.1	+0.1
2113～2116	+0.1	+0.1	+0.1	+0.1	−0.1	−0.2	−0.2	−0.2	0.0	+0.2	+0.3	+0.2
2117～2123	0.0	−0.1	−0.1	0.0	−0.1	−0.2	−0.2	−0.1	+0.1	+0.2	+0.2	+0.1
2124～2127	+0.1	−0.1	−0.1	−0.1	−0.2	−0.2	−0.2	−0.1	+0.1	+0.2	+0.2	+0.2
2128	+0.1	0.0	−0.1	−0.1	−0.1	−0.1	−0.1	0.0	+0.1	+0.1	+0.1	+0.1
2129～2130	0.0	0.0	−0.1	−0.1	−0.1	−0.1	0.0	0.0	0.0	+0.1	+0.1	+0.1
2131～2150	可忽略不计											
2151	−0.1	−0.1	−0.1	−0.1	0.0	0.0	+0.1	+0.1	+0.1	+0.1	0.0	0.0
2152～2154	可忽略不计											

续 表

序 号	1月	2月	3月	4月	5月	6月	7月	8月	9月	10月	11月	12月
2155～2164	−0.1	−0.1	−0.1	0.0	0.0	0.0	+0.1	+0.1	+0.1	+0.1	0.0	0.0
2165～2169	−0.1	−0.1	0.0	+0.1	0.0	0.0	+0.1	+0.1	+0.1	0.0	−0.1	−0.1
2170	−0.2	0.0	+0.1	+0.1	+0.1	0.0	+0.1	+0.2	+0.1	0.0	−0.1	−0.2
2171～2172	−0.1	−0.1	0.0	+0.1	0.0	0.0	+0.1	+0.1	+0.1	0.0	−0.1	−0.1
2173	−0.2	0.0	+0.1	+0.1	+0.1	0.0	+0.1	+0.2	+0.1	0.0	−0.1	−0.2
2174～2181	−0.1	0.0	0.0	0.0	0.0	0.0	+0.1	+0.1	+0.1	0.0	0.0	−0.1
2182～2189						可忽略不计						
2190～2193	−0.1	−0.1	0.0	+0.1	0.0	0.0	+0.1	+0.1	+0.1	0.0	−0.1	−0.1
2194～2196						可忽略不计						
2197～2198	−0.1	−0.1	0.0	+0.1	0.0	0.0	+0.1	+0.1	+0.1	0.0	−0.1	−0.1
2199～2204						可忽略不计						
2205～2206	−0.1	−0.1	0.0	0.0	0.0	0.0	+0.1	+0.1	+0.1	0.0	−0.1	−0.1
2207～2268						可忽略不计						
2269	−0.1	−0.1	−0.1	−0.1	0.0	+0.1	+0.1	+0.2	+0.1	+0.1	0.0	−0.1
2270～2278						可忽略不计						
2279	−0.2	−0.2	−0.2	−0.1	0.0	+0.1	+0.2	+0.2	+0.2	+0.1	0.0	−0.1
2280～2281	0.0	−0.1	−0.1	−0.1	0.0	0.0	+0.1	+0.1	+0.1	0.0	0.0	−0.1
2282	−0.2	−0.2	−0.2	−0.1	0.0	+0.1	+0.2	+0.3	+0.2	+0.1	0.0	−0.1
2284	−0.1	−0.1	−0.1	−0.1	0.0	+0.1	+0.2	+0.2	+0.2	+0.1	0.0	−0.1
2285～2286	+0.1	+0.1	+0.1	0.0	0.0	0.0	0.0	−0.1	−0.1	0.0	0.0	0.0
2287						可忽略不计						
2289	−0.1	−0.1	−0.1	−0.1	0.0	+0.1	+0.2	+0.2	+0.2	+0.1	0.0	−0.1
2290	−0.2	−0.2	−0.2	−0.2	−0.1	+0.1	+0.3	+0.3	+0.3	+0.1	−0.1	−0.2
2291	−0.1	−0.1	−0.1	−0.1	0.0	+0.1	+0.2	+0.2	+0.2	+0.1	0.0	−0.1
2292	+0.1	+0.1	+0.1	0.0	0.0	0.0	0.0	−0.1	−0.1	0.0	0.0	0.0
2293～2294	−0.1	−0.1	−0.1	−0.1	0.0	+0.1	+0.2	+0.2	+0.2	+0.1	0.0	−0.1
2295～2297	+0.1	0.0	−0.1	−0.1	−0.1	−0.1	0.0	0.0	0.0	+0.1	+0.1	+0.1
2298～2301	−0.1	−0.2	−0.2	−0.2	−0.1	0.0	+0.2	+0.2	+0.2	+0.1	+0.1	0.0
2302～2303	+0.1	0.0	−0.1	−0.1	0.0	0.0	−0.1	−0.1	0.0	0.0	+0.1	+0.1
2304～2351						可忽略不计						
2352～2353	+0.1	+0.1	0.0	−0.1	−0.1	−0.2	−0.2	−0.1	+0.1	+0.2	+0.1	+0.1
2354～2371						可忽略不计						
2373～2374	+0.1	+0.1	+0.1	0.0	−0.1	−0.1	−0.1	−0.1	−0.1	+0.1	+0.1	+0.1
2375～2381						可忽略不计						
2382	+0.1	+0.1	0.0	0.0	−0.1	−0.1	−0.1	−0.2	−0.1	0.0	+0.1	+0.1
2383～2386	0.0	−0.1	−0.1	0.0	0.0	−0.1	0.0	0.0	0.0	+0.1	+0.1	+0.1
2387～2389	0.0	+0.1	+0.2	+0.2	+0.1	−0.1	−0.1	−0.1	−0.1	−0.1	0.0	0.0
2390～2399						可忽略不计						
2400	−0.1	−0.1	−0.1	−0.1	0.0	0.0	+0.1	+0.1	+0.1	0.0	0.0	−0.1
2401～2405	−0.1	−0.1	−0.1	−0.1	0.0	+0.1	+0.1	+0.1	+0.1	0.0	−0.1	−0.1
2408～2414						可忽略不计						
2415～2418	−0.1	−0.1	−0.2	−0.1	−0.1	0.0	+0.1	+0.2	+0.2	+0.1	0.0	0.0
2419～2433						可忽略不计						
2434	−0.1	−0.1	−0.1	−0.1	0.0	0.0	+0.1	+0.2	+0.1	0.0	0.0	−0.1
2435～2468						可忽略不计						

续 表

序 号	1月	2月	3月	4月	5月	6月	7月	8月	9月	10月	11月	12月
2469～2470	−0.1	−0.1	−0.1	−0.1	0.0	0.0	+0.1	+0.1	+0.1	+0.1	0.0	−0.1
2471～2512	可忽略不计											
2513～2514	+0.1	+0.1	+0.1	0.0	0.0	−0.1	−0.1	−0.1	−0.1	0.0	0.0	0.0
2515～2516	+0.1	0.0	−0.1	−0.1	−0.1	−0.1	0.0	0.0	+0.1	+0.1	+0.1	0.0
2517～2521	+0.1	+0.1	+0.1	0.0	0.0	−0.1	−0.1	−0.1	−0.1	0.0	0.0	0.0
2522～2523	可忽略不计											
2524～2530	+0.1	0.0	−0.1	−0.1	−0.1	−0.1	0.0	0.0	+0.1	+0.1	+0.1	0.0
2531～2535	可忽略不计											
2536～2537	+0.1	+0.1	0.0	−0.1	−0.1	−0.1	−0.1	0.0	0.0	+0.1	0.0	0.0
2538～2540	可忽略不计											
2541	+0.2	+0.2	+0.1	0.0	−0.1	−0.2	−0.2	−0.2	−0.1	0.0	+0.1	+0.1
2542～2543	可忽略不计											
2544	+0.2	+0.3	+0.2	+0.1	0.0	−0.1	−0.2	−0.3	−0.2	−0.1	0.0	+0.1
2545～2562	可忽略不计											
2563～2566	+0.1	+0.1	+0.1	0.0	0.0	0.0	0.0	−0.1	−0.1	0.0	0.0	+0.1
2567～2573	可忽略不计											
2574～2579	0.0	0.0	+0.1	+0.1	0.0	0.0	0.0	−0.1	−0.1	0.0	0.0	0.0
2580～2586	+0.1	+0.1	+0.1	+0.1	0.0	0.0	−0.1	−0.2	−0.2	−0.1	+0.1	+0.1
2587～2590	可忽略不计											
2591～2596	+0.1	+0.1	+0.1	0.0	0.0	0.0	0.0	−0.1	−0.1	0.0	0.0	+0.1
2597～2607	可忽略不计											
2608～2610	+0.4	+0.3	+0.1	−0.1	−0.2	−0.3	−0.5	−0.4	−0.2	+0.1	+0.3	+0.4
2611	−0.4	−0.1	+0.1	+0.2	+0.3	+0.3	+0.4	+0.4	+0.1	−0.2	−0.5	−0.6
2612	−0.1	0.0	+0.1	+0.1	+0.1	+0.1	0.0	0.0	0.0	−0.1	−0.1	−0.2
2613～2617	可忽略不计											
2618～2619	+0.2	+0.2	+0.1	0.0	0.0	−0.1	−0.2	−0.2	−0.2	−0.1	0.0	+0.1
2620	−0.1	0.0	+0.1	+0.1	+0.1	−0.1	−0.1	−0.1	−0.1	0.0	0.0	−0.1
2621	+0.1	+0.2	+0.2	+0.1	+0.1	+0.1	0.0	−0.1	−0.2	−0.2	−0.2	−0.1
2622～2623	可忽略不计											
2624	0.0	+0.2	+0.2	+0.2	+0.2	+0.1	0.0	−0.1	−0.1	−0.2	−0.2	−0.2
2625	−0.5	−0.1	+0.2	+0.2	+0.3	+0.4	+0.4	+0.4	+0.2	−0.2	−0.5	−0.6
2626～2627	0.2	+0.1	+0.2	+0.1	+0.1	+0.3	+0.5	+0.4	+0.1	−0.3	−0.6	−0.5
2628～2644	可忽略不计											
2645～2648	−0.1	0.0	0.0	0.0	0.0	+0.1	+0.1	+0.1	0.0	0.0	−0.1	−0.1
2650	+0.1	+0.1	+0.1	+0.1	+0.1	−0.1	−0.1	−0.2	−0.2	−0.1	+0.1	+0.1
2653～2686	可忽略不计											
2687～2688	−0.1	−0.1	−0.1	−0.1	0.0	+0.1	+0.2	+0.2	+0.2	+0.1	0.0	−0.1
2689～2712	可忽略不计											
2713	−0.1	−0.1	−0.1	−0.1	0.0	+0.1	+0.2	+0.2	+0.2	+0.1	0.0	−0.1
2714～2794	可忽略不计											
2795	0.0	0.0	0.0	−0.1	−0.1	−0.1	0.0	+0.1	+0.1	+0.2	+0.1	0.0
2796	可忽略不计											
2797	−0.1	−0.2	−0.1	+0.1	+0.1	+0.1	+0.1	0.0	0.0	0.0	0.0	0.0
2798～2799	可忽略不计											
2800	−0.2	−0.2	−0.1	0.0	+0.1	+0.2	+0.2	+0.1	+0.1	+0.1	0.0	−0.1

续 表

序号	1月	2月	3月	4月	5月	6月	7月	8月	9月	10月	11月	12月
2801～2815	可忽略不计											
2816～2817	−0.2	−0.2	−0.1	0.0	0.0	+0.1	+0.1	+0.1	+0.1	+0.1	0.0	−0.1
2819	可忽略不计											
2820～2840	−0.1	−0.1	0.0	0.0	0.0	0.0	+0.1	+0.1	+0.1	0.0	0.0	−0.1
2841～2881	可忽略不计											
2882～2887	0.0	0.0	0.0	−0.1	−0.1	−0.1	−0.1	0.0	+0.1	+0.1	+0.1	+0.1
2889～2963	可忽略不计											
2964～2968	+0.2	+0.5	+0.7	+0.5	+0.2	−0.2	−0.3	−0.3	−0.3	−0.3	−0.2	0.0
2969	+0.1	+0.1	+0.1	0.0	−0.1	−0.2	−0.2	−0.2	−0.1	+0.1	+0.2	+0.2
2970～3003	可忽略不计											
3004	+0.1	+0.1	0.0	0.0	−0.1	−0.1	−0.1	−0.1	0.0	+0.1	+0.1	+0.1
3005～3013	可忽略不计											
3016～3027	−0.1	−0.1	−0.1	+0.1	+0.1	+0.1	+0.1	+0.1	−0.1	−0.1	−0.1	−0.1
3028	−0.1	−0.1	−0.1	+0.1	+0.1	+0.1	+0.1	+0.1	−0.1	−0.1	−0.1	−0.1
3034～3061	可忽略不计											
3062	0.0	0.0	+0.1	+0.1	+0.1	+0.1	−0.1	−0.2	−0.2	−0.1	0.0	0.0
3063～3095	可忽略不计											
3096～3100	+0.1	+0.1	+0.1	+0.1	−0.1	−0.1	−0.1	−0.1	0.0	0.0	+0.1	+0.1
3101～3105	+0.1	+0.1	+0.1	+0.0	0.0	−0.1	−0.1	0.0	0.0	0.0	+0.1	+0.1
3106～3107	+0.2	+0.2	+0.2	+0.0	−0.1	−0.2	−0.3	−0.2	−0.1	0.0	+0.1	+0.2
3108	+0.1	+0.2	+0.2	+0.1	0.0	−0.2	−0.2	−0.2	−0.1	0.0	+0.1	+0.1
3109～3110	可忽略不计											
3111～3112	+0.3	+0.4	+0.4	+0.2	0.0	−0.3	−0.3	−0.4	−0.3	−0.2	−0.1	+0.1
3113～3115	+0.3	+0.4	+0.3	+0.2	−0.1	−0.3	−0.3	−0.3	−0.2	−0.1	0.0	+0.1
3116～3123	可忽略不计											
3124～3126	0.0	0.0	+0.1	+0.1	+0.1	+0.1	0.0	−0.1	−0.1	−0.1	−0.1	0.0
3127～3509	可忽略不计											
3512～3524	0.0	0.0	0.0	−0.1	−0.1	−0.1	−0.1	0.0	+0.1	+0.1	+0.1	+0.1
3525～3528	0.0	0.0	0.0	−0.1	−0.1	−0.1	−0.1	0.0	+0.1	+0.1	+0.1	+0.1
3530～3577	可忽略不计											

主 港 潮 汐 预 报 表

中 国—北 海

CHINA—BEIHAI

2021年潮汐表　　21° 28′ N　　109° 03′ E

1 月

日期	潮时 时分	潮高 cm	日期	潮时 时分	潮高 cm
1 F	0638 1701	476 73	16 SA	0730 1747	478 82
2 SA	0714 1746	476 80	17 SU	0814 1808	466 100
3 SU	0753 1821	476 85	18 M	0857 1820	446 119
4 M	0835 1849	473 93	19 TU E	0940 1828	414 137
5 TU	0922 1909	462 106	20 W ☽	1022 1832	369 154
6 W ☾ E	1016 1923	432 128	21 TH A	0104 0508 1104 1834	267 237 314 170
7 TH	0129 0341 1122 1932	227 220 379 158	22 F	0130 0740 1153 1817	308 230 254 179
8 F	0137 0649 1251 1934	283 216 307 187	23 SA	0202 1045 1339 1748	348 194 199 182
9 SA P	0204 0926 1510 1916	351 171 236 203	24 SU	0234 1218	382 146
10 SU	0242 1129	417 108	25 M	0305 1308	410 108
11 M	0327 1306	468 59	26 TU N	0340 1354	433 82
12 TU S	0416 1422	497 35	27 W	0418 1439	448 69
13 W ●	0506 1528	506 33	28 TH ○	0500 1524	458 65
14 TH	0556 1626	500 45	29 F	0545 1607	464 68
15 F	0644 1713	490 62	30 SA	0630 1641	469 75
			31 SU	0714 1708	474 83

2 月

日期	潮时 时分	潮高 cm	日期	潮时 时分	潮高 cm
1 M	0801 1724	474 97	16 TU	0134 0901 1647 2210	180 402 155 243
2 TU E	0850 1732 2254	461 119 191	17 W	0303 0946 1656 2240	185 359 172 283
3 W P	0146 0943 1744 2302	178 426 146 240	18 TH A	0435 1033 1654 2315	186 309 187 321
4 TH ☾	0358 1044 1753 2332	179 368 176 303	19 F ☽	0606 1128 1644 2353	181 256 194 354
5 F	0557 1204 1750	166 294 199	20 SA	0751 1251 1609	168 208 194
6 SA	0015 0803 1408 1734	368 142 222 203	21 SU	0033 0950	381 144
7 SU	0107 1025	423 104	22 M	0113 1127	402 114
8 M S	0204 1217	459 67	23 TU N	0158 1234	419 92
9 TU	0303 1335	474 49	24 W	0247 1328	431 78
10 W	0402 1437	476 49	25 TH	0341 1415	440 72
11 TH ●	0459 1525	470 59	26 F	0436 1455	448 74
12 F	0553 1603	465 76	27 SA ○	0530 1523	457 81
13 SA	0643 1625	459 95	28 SU	0624 1543	465 95
14 SU	0731 1637	451 115			
15 M E	0816 1642 2155	433 136 206			

3 月

日期	潮时 时分	潮高 cm	日期	潮时 时分	潮高 cm
1 M E	0716 1552 2046	464 116 183	16 TU	0142 0822 1512 2027	155 370 184 288
2 TU P	0033 0810 1558 2043	157 445 144 227	17 W	0249 0913 1520 2054	144 330 203 329
3 W	0222 0909 1609 2101	140 404 176 289	18 TH A	0359 1008 1512 2127	135 286 216 363
4 TH	0347 1020 1618 2140	118 343 208 356	19 F	0511 1112 1446 2201	128 246 221 388
5 F	0515 1152 1619 2231	102 275 226 413	20 SA	0626 2237	121 405
6 SA ☾	0701 2328	90 449	21 SU ☽	0752 2316	113 416
7 SU S	0901	78	22 M N	0919	104
8 M	0031 1058	463 66	23 TU	0001 1046	421 95
9 TU	0138 1222	461 61	24 W	0055 1153	423 88
10 W	0245 1323	452 67	25 TH	0158 1244	425 85
11 TH	0351 1409	444 80	26 F	0304 1321	430 87
12 F	0453 1440	438 98	27 SA	0411 1351	437 96
13 SA ●	0550 1458	433 118	28 SU ○ E	0516 1407 1921 2223	442 115 189 175
14 SU E	0643 1504 2005	423 141 209	29 M	0617 1413 1905	436 142 226
15 M	0019 0733 1507 2009	171 403 163 246	30 TU P	0036 0719 1423 1905	141 410 176 285
			31 W	0155 0832 1430 1928	97 363 210 358

4 月

日期	潮时 时分	潮高 cm	日期	潮时 时分	潮高 cm
1 TH	0311 1005 1447 2010	63 305 239 426	16 F	0429 2035	90 429
2 F	0435 1226 1434 2102	46 253 248 471	17 SA	0532 2106	85 439
3 SA	0611 2159	40 489	18 SU N	0638 2139	85 441
4 SU ☾ S	0754 2258	45 483	19 M	0750 2216	88 437
5 M	0936	53	20 TU ☽	0907 2300	90 431
6 TU	0002 1057	464 64	21 W	1014 2358	91 425
7 W	0112 1156	443 79	22 TH	1104	93
8 TH	0225 1237	425 97	23 F	0109 1141	420 98
9 F	0337 1305	413 117	24 SA	0228 1207	417 110
10 SA	0444 1320 1853 2231	401 141 222 197	25 SU E	0349 1223 1752 2155	411 134 227 194
11 SU E	0546 1325 1845	384 166 255	26 M	0505 1232 1744 2353	395 167 276 139
12 M ●	0006 0644 1330 1852	170 358 191 297	27 TU ○ P	0621 1240 1750	360 203 345
13 TU	0121 0741 1331 1910	140 324 212 341	28 W	0113 0754 1255 1816	79 312 233 420
14 W A	0225 0842 1332 1936	117 288 229 380	29 TH	0233 1048 1255 1858	36 267 255 482
15 TH	0326 0951 1300 2004	100 253 235 410	30 F	0358 1950	14 517

时 区：-0800　　　　潮高基准面：在平均海面下 255 cm

中　国—北　海

CHINA－BEIHAI

2021 年潮汐表　　21° 28′ N　　109° 03′ E

5 月						6 月						7 月						8 月					
日期	潮时 时分	潮高 cm	日期	潮时 时分	潮高 cm	日期	潮时 时分	潮高 cm	日期	潮时 时分	潮高 cm	日期	潮时 时分	潮高 cm	日期	潮时 时分	潮高 cm	日期	潮时 时分	潮高 cm	日期	潮时 时分	潮高 cm
1 SA S	0525 2043	12 523	16 SU	0549 2025	73 459	1 TU	0822 2211	58 468	16 W	0733 2119	91 456	1 TH ☾E	0758 2249	110 423	16 F E	0653 2217	114 438	1 SU	0613 1247 1939	196 335 204	16 M	0533 1139 1941	223 397 131
2 SU	0659 2136	23 506	17 M	0650 2057	80 454	2 W ☾	0906 2307	81 439	17 TH	0803 2208	96 448	2 F	0808 2345	137 373	17 SA ☽	0705 1235 1547 2320	137 230 212 390	2 M A	0043 0551 1325 2154	256 203 377 173	17 TU P	0153 0453 1230 2142	241 226 453 98
3 M ☾	0826 2232	41 479	18 TU	0753 2134	87 447	3 TH	0934	105	18 F ☽	0824 2308	105 426	3 SA	0810 1427 1849	164 277 242	18 SU	0711 1251 1832	170 290 202	3 TU	0244 0458 1403 2342	203 198 411 134	18 W S	1327 2337	489 66
4 TU	0937 2334	60 450	19 W ☽	0849 2219	91 439	4 F E	0009 0951	405 131	19 SA E	0843	124	4 SU	0050 0800 1448 2138	312 186 326 215	19 M	0041 0706 1321 2048	322 200 361 161	4 W	1441	436	19 TH	1428	506
5 W	1029	81	20 TH	0930 2318	95 429	5 SA	0122 0957 1618 2043	362 159 275 241	20 SU	0024 0853 1444 1934	387 154 272 221	5 M A	0222 0739 1514 2338	251 198 372 168	20 TU	0237 0645 1402 2253	250 216 430 106	5 TH N	0051 1520	102 453	20 F	0103 1529	48 508
6 TH	0042 1105	423 103	21 F	1001	102	6 SU	0248 0954 1622 2259	314 185 319 200	21 M	0159 0854 1459 2202	331 189 339 167	6 TU	0439 0655 1544	205 199 409	21 W P	1451	483	6 F	0146 1602	81 465	21 SA	0210 1630	45 505
7 F	0157 1127	398 128	22 SA E	0034 1023	414 118	7 M	0423 0941 1641	268 205 364	22 TU	0357 0846 1528 2347	271 217 412 98	7 W	0056 1613	123 438	22 TH S	0035 1544	59 514	7 SA	0234 1648	72 472	22 SU ○	0303 1729	54 501
8 SA E	0315 1140 1738 2158	372 155 257 220	23 SU	0202 1039 1623 2051	389 146 256 215	8 TU A	0025 0604 0916 1703	152 232 214 404	23 W P	1606	477	8 TH	0153 1645	91 457	23 F	0200 1639	32 525	8 SU ●	0320 1735	71 476	23 M	0342 1825	71 495
9 SU	0433 1144 1736 2341	342 182 296 181	24 M	0338 1045 1625 2303	354 182 314 153	9 W	0130 1728	112 435	24 TH ○	0116 1653	45 520	9 F N	0243 1718	73 468	24 SA ○	0312 1735	26 522	9 M	0401 1822	76 480	24 TU	0409 1917	93 484
10 M	0546 1142 1748	309 205 340	25 TU	0516 1052 1643	310 215 388	10 TH ●	0228 1754	84 456	25 F S	0241 1744	18 537	10 SA ●	0332 1756	67 473	25 SU	0413 1830	35 514	10 TU	0430 1908	85 483	25 W E	0422 0926 1144 2007	120 189 181 461
11 TU ●A	0054 0658 1135 1807	140 275 223 383	26 W ○P	0031 0713 1052 1713	84 263 240 459	11 F	0320 1823	70 467	26 SA	0401 1836	12 534	11 SU	0421 1836	69 474	26 M	0503 1922	52 505	11 W	0454 1954	95 482	26 TH	0427 0921 1343 2057	150 226 181 423
12 W	0159 0815 1058 1831	107 244 231 418	27 TH	0153 1756	33 513	12 SA N	0413 1854	66 471	27 SU	0513 1928	23 520	12 M	0508 1915	76 473	27 TU	0539 2012	73 492	12 TH E	0509 2043	111 469	27 F	0432 0938 1514 2149	179 273 178 371
13 TH	0257 1857	86 442	28 F S	0317 1846	8 538	13 SU	0507 1928	71 468	28 M	0615 2018	41 503	13 TU	0548 1956	83 473	28 W	0603 2101	98 470	13 F	0517 1011 1353 2135	134 212 184 437	28 SA	0437 1008 1642 2245	202 322 174 313
14 F	0354 1925	73 456	29 SA	0444 1937	6 537	14 M	0601 2002	78 464	29 TU	0704 2108	63 484	14 W	0617 2038	90 472	29 TH E	0615 2150	125 434	14 SA	0525 1025 1557 2237	165 264 177 381	29 SU	0426 1047 1815 2353	218 364 166 258
15 SA N	0451 1954	70 461	30 SU	0607 2028	18 518	15 TU	0652 2038	85 460	30 W	0737 2158	86 459	15 TH	0638 2124	99 463	30 F	0620 1147 1529 2240	152 237 212 382	15 SU ☽	0529 1056 1745 2357	199 329 158 310	30 M ☾A	0357 1127 1955	222 398 152
			31 M	0721 2118	37 494										31 SA ☾	0622 1211 1735 2333	177 286 216 320				31 TU	1208 2139	422 132

时　区：－0800　　潮高基准面：在平均海面下 255　cm

中　国—北　海

CHINA—BEIHAI

2021 年潮汐表　　　21° 28′ N　　　109° 03′ E

9 月

日期	潮时 时分	潮高 cm	日期	潮时 时分	潮高 cm
1 W	1251 2312	439 109	16 TH	1259 2351	500 60
2 TH N	1338	450	17 F	1408	491
3 F	0020 1429	92 458	18 SA	0054 1516	65 482
4 SA	0114 1524	82 464	19 SU	0140 1621	78 476
5 SU	0200 1619	80 469	20 M ○	0213 1723	97 469
6 M	0236 1714	84 474	21 TU E	0231 1820	122 454
7 TU ●	0303 1807	94 478	22 W	0240 0743 1211 1913	151 233 183 427
8 W E	0320 1859	110 475	23 TH	0244 0745 1335 2008	181 277 160 386
9 TH	0327 0819 1228 1952	133 212 176 455	24 F	0246 0802 1445 2106	208 328 143 337
10 F	0335 0818 1408 2051	164 259 151 413	25 SA	0245 0831 1559 2209	231 374 131 289
11 SA P	0342 0837 1534 2204	201 324 123 353	26 SU A	0238 0904 1715 2326	242 410 124 247
12 SU	0349 0911 1702 2334	233 392 102 288	27 M	0132 0940 1831	239 434 118
13 M ☽	0342 0959 1842	251 451 86	28 TU	1015 1954	446 112
14 TU	1054 2031	488 75	29 W ☾ N	1054 2119	452 106
15 W S	1154 2224	502 64	30 TH	1139 2238	452 99

10 月

日期	潮时 时分	潮高 cm	日期	潮时 时分	潮高 cm
1 F	1233 2339	450 94	16 SA	1343	457
2 SA	1335	448	17 SU	0009 1458	98 441
3 SU	0023 1441	94 448	18 M	0035 1612	121 424
4 M	0058 1547	98 449	19 TU E	0050 0633 1014 1719	148 247 219 402
5 TU	0122 1653	110 450	20 W ○	0055 0625 1156 1822	178 285 182 369
6 W ●E	0138 0707 1013 1755	131 222 204 441	21 TH	0056 0631 1309 1927	206 332 145 329
7 TH	0146 0649 1218 1857	160 260 165 413	22 F	0059 0648 1416 2034	229 382 117 288
8 F P	0149 0648 1336 2010	195 320 115 366	23 SA	0046 0713 1520	245 423 99
9 SA	0200 0704 1453 2141	228 393 77 310	24 SU A	0743 1625	451 92
10 SU	0209 0741 1620	259 461 54	25 M	0812 1730	466 91
11 M	0833 1753	508 46	26 TU N	0843 1831	471 93
12 TU S	0925 1929	526 48	27 W	0913 1943	469 97
13 W ☽	1020 2111	520 56	28 TH ☾	0948 2057	462 100
14 TH	1120 2232	500 66	29 F	1027 2158	452 101
15 F	1230 2329	477 79	30 SA	1118 2242	441 103
			31 SU	1227 2312	430 109

11 月

日期	潮时 时分	潮高 cm	日期	潮时 时分	潮高 cm
1 M	1347 2335	419 122	16 TU	0518 0946 1602 2303	280 239 342 190
2 TU E	1514 2350	406 146	17 W	0516 1132 1728 2302	324 189 303 214
3 W	0545 0943 1639 2357	258 226 387 180	18 TH	0528 1246 1852 2253	372 141 267 229
4 TH ●	0531 1138 1800	305 164 354	19 F ○	0547 1349	417 105
5 F P	0003 0534 1255 1934	213 372 98 308	20 SA	0611 1449	450 83
6 SA	0015 0551 1412	244 447 48	21 SU A	0638 1545	470 75
7 SU	0630 1535	510 24	22 M N	0704 1640	479 76
8 M S	0718 1703	544 20	23 TU	0732 1731	480 82
9 TU	0808 1833	551 31	24 W	0759 1828	476 90
10 W	0857 2002	535 47	25 TH	0829 1927	469 97
11 TH ☽	0947 2114	508 65	26 F	0900 2019	460 101
12 F	1043 2204	477 84	27 SA ☾	0937 2057	450 104
13 SA	1149 2236	447 107	28 SU	1025 2123	436 110
14 SU	1306 2255	415 133	29 M	1132 2144	413 124
15 M E	1433 2303	380 162	30 TU E	1302 2158	379 150

12 月

日期	潮时 时分	潮高 cm	日期	潮时 时分	潮高 cm
1 W	0414 0831 1455 2202	276 245 336 186	16 TH	0417 1224 1815 2023	386 146 214 208
2 TH	0409 1049 1653 2204	331 177 293 218	17 F	0443 1329	425 104
3 F	0422 1214 1905 2156	401 101 252 238	18 SA A	0510 1424	451 79
4 SA ●P	0448 1332	471 45	19 SU ○	0538 1514	466 69
5 SU	0528 1456	524 15	20 M N	0605 1602	472 69
6 M S	0614 1618	551 11	21 TU	0635 1648	472 76
7 TU	0702 1740	553 22	22 W	0705 1733	469 84
8 W	0750 1854	537 40	23 TH	0738 1816	464 91
9 TH	0837 1954	514 61	24 F	0810 1851	460 96
10 F	0926 2034	488 84	25 SA	0845 1916	456 100
11 SA ☽	1018 2058	457 109	26 SU	0926 1937	445 107
12 SU E	1116 2109	416 136	27 M ☾E	1017 1954	421 124
13 M	1227 2110	363 164	28 TU	1123 2003	377 151
14 TU	0348 0826 1400 2104	288 252 302 187	29 W	0221 0646 1257 2004	276 238 315 183
15 W	0356 1058 1602 2052	338 202 249 203	30 TH	0234 0941 1517 1953	338 186 250 207
			31 F	0301 1129	408 113

时　区：－0800　　　　潮高基准面：在平均海面下 255　cm

中 国—东方(八所)

CHINA－DONGFANG(BASUO)

2021 年潮汐表　　19° 06′ N　　108° 38′ E

1 月

日期	潮时 时分	潮高 cm	日期	潮时 时分	潮高 cm
1 F	0419 1709	288 43	16 SA	0509 1918	286 42
2 SA	0501 1758	287 44	17 SU	0552 2013	273 51
3 SU	0544 1902	284 45	18 M	0629 2105	256 67
4 M	0625 2016	280 50	19 TU E	0657 2156	236 90
5 TU	0706 2124	270 64	20 W ☽	0713 1550 1846 2256	212 119 126 118
6 W ☾ E	0743 2250	250 90	21 TH A	0717 1513 2152	187 116 152
7 TH	0817 1648 2003	219 132 141	22 F	0135 0700 1443 2321	148 163 105 183
8 F	0125 0841 1519 2214	124 178 128 187	23 SA	1404	89
9 SA P	0622 0829 1428 2339	131 134 101 236	24 SU	0007 1357	211 70
10 SU	1419	68	25 M	0044 1408	235 55
11 M	0046 1435	276 41	26 TU N	0122 1428	253 44
12 TU S	0146 1501	301 27	27 W	0202 1455	266 39
13 W ●	0242 1537	310 24	28 TH ○	0244 1535	274 37
14 TH	0335 1628	307 28	29 F	0328 1634	279 38
15 F	0423 1749	298 35	30 SA	0412 1810	280 38
			31 SU	0455 1923	279 39

2 月

日期	潮时 时分	潮高 cm	日期	潮时 时分	潮高 cm
1 M	0537 2025	274 43	16 TU	0558 1401 1602 2209	218 131 135 87
2 TU E	0616 2135	260 58	17 W	0614 1318 1723 2342	193 131 152 109
3 W P	0651 2308	234 82	18 TH A	0619 1252 1850	168 123 170
4 TH ☾	0717 1405 1828	198 143 166	19 F ☽	0201 0614 1205 2018	125 145 106 190
5 F	0140 0728 1246 2024	108 155 122 202	20 SA	1200 2138	85 209
6 SA	1231 2204	86 239	21 SU	1213 2244	68 226
7 SU	1248 2330	55 266	22 M	1232 2341	54 241
8 M S	1316	35	23 TU N	1256	45
9 TU	0043 1352	282 27	24 W	0037 1327	252 41
10 W	0146 1439	287 29	25 TH	0131 1420	260 40
11 TH ●	0242 1553	284 35	26 F	0223 1543	266 41
12 F	0331 1748	278 40	27 SA ○	0312 1741	270 40
13 SA	0416 1854	269 44	28 SU	0358 1855	270 40
14 SU	0457 1953	257 52			
15 M E	0532 2056	240 67			

3 月

日期	潮时 时分	潮高 cm	日期	潮时 时分	潮高 cm
1 M E	0443 2007	261 44	16 TU	0502 1121 1526 2228	192 142 167 88
2 TU P	0524 2138	241 57	17 W	0517 1037 1628	165 135 187
3 W	0602 1229 1606 2336	209 157 174 73	18 TH A	0009 0522 0958 1730	97 140 118 205
4 TH	0629 1050 1727	167 144 208	19 F	0148 0521 0953 1832	102 118 98 219
5 F	0147 0636 1031 1855	85 124 109 237	20 SA	1003 1933	80 230
6 SA ☾	1041 2028	73 259	21 SU ☽	1019 2033	65 238
7 SU S	1106 2155	47 270	22 M N	1030 2138	55 242
8 M	1138 2317	35 273	23 TU	1040 2248	49 246
9 TU	1220	34	24 W	1105 2354	46 250
10 W	0033 1323	270 40	25 TH	1153	48
11 TH	0137 1500	265 49	26 F	0057 1410	254 53
12 F	0231 1705	258 54	27 SA	0155 1633	256 55
13 SA ●	0317 1818	249 58	28 SU ○E	0247 1812	253 55
14 SU E	0359 1930	236 65	29 M	0336 1946	240 57
15 M	0435 1156 1422 2053	216 138 144 76	30 TU P	0422 1048 1415 2143	214 157 174 61
			31 W	0505 0910 1524 2343	175 154 216 63

4 月

日期	潮时 时分	潮高 cm	日期	潮时 时分	潮高 cm
1 TH	0540 0831 1635	130 123 253	16 F	0142 0411 0755 1725	84 92 81 248
2 F	0136 0541 0824 1750	63 88 85 278	17 SA	0808 1815	67 254
3 SA	0835 1909	54 289	18 SU N	0817 1905	57 255
4 SU ☾ S	0905 2027	36 287	19 M	0822 1959	51 254
5 M	0941 2145	31 277	20 TU ☽	0841 2058	47 251
6 TU	1023 2302	37 264	21 W	0918 2205	46 248
7 W	1119	49	22 TH	1007 2312	50 247
8 TH	0014 1325	253 62	23 F	1113	59
9 F	0115 1553	242 73	24 SA	0014 1430	244 72
10 SA	0206 1734	229 80	25 SU E	0112 1712	234 78
11 SU E	0250 1010 1255 1914	211 133 140 86	26 M	0207 0917 1232 1924	213 140 153 77
12 M ●	0328 0932 1355 2106	187 140 169 90	27 TU ○P	0258 0757 1338 2139	180 149 201 69
13 TU	0356 0845 1451 2243	160 135 196 90	28 W	0345 0658 1442 2326	138 128 248 57
14 W A	0409 0808 1544	134 120 219	29 TH	0422 0633 1548	94 92 285
15 TH	0007 0407 0754 1636	88 110 100 236	30 F	0121 1656	46 306

时　区：－0800　　　　潮高基准面：在平均海面下 145　cm

中　国—东方（八所）

CHINA－DONGFANG（BASUO）

2021 年潮汐表　　19° 06′ N　　108° 38′ E

5 月

日期	潮时 时分	潮高 cm	日期	潮时 时分	潮高 cm
1 SA S	0623 1805	31 311	16 SU	0626 1803	46 265
2 SU	1915	302	17 M	0643 1850	43 261
3 M ☾	0757 2024	23 286	18 TU	0715 1939	41 257
4 TU	0850 2132	33 268	19 W ☽	0757 2031	42 253
5 W	0947 2238	47 251	20 TH	0849 2126	46 247
6 TH	1057 2339	65 233	21 F	0956 2223	57 238
7 F	1340	86	22 SA E	1149 2319	78 220
8 SA E	0032 0859 1131 1628	213 115 118 102	23 SU	0813 1037 1544	111 115 97
9 SU	0118 0803 1237 1859	188 126 151 109	24 M	0010 0710 1152 1854	190 131 162 98
10 M	0153 0726 1331 2114	160 125 184 103	25 TU	0057 0545 1257 2121	150 126 215 79
11 TU ● A	0205 0644 1422 2246	131 113 214 93	26 W ○ P	0136 0508 1359 2328	105 97 264 55
12 W	0206 0620 1508	105 95 238	27 TH	0202 0431 1503	64 60 300
13 TH	0604 1552	76 254	28 F S	0439 1606	30 318
14 F	0611 1635	61 263	29 SA	0512 1709	14 319
15 SA N	0622 1718	52 266	30 SU	0555 1811	11 308
			31 M	0647 1913	16 291

6 月

日期	潮时 时分	潮高 cm	日期	潮时 时分	潮高 cm
1 TU	0756 2013	27 273	16 W	0720 1924	38 257
2 W ☾	0908 2109	40 254	17 TH	0825 2006	42 251
3 TH	1012 2158	59 232	18 F ☽	0936 2048	53 237
4 F E	1135 2239	84 205	19 SA E	1114 2130	75 212
5 SA	0703 1101 1410 2308	109 117 113 175	20 SU	0621 0919 1406 2210	113 118 104 176
6 SU	0619 1215 1817 2323	113 152 126 143	21 M	0456 1051 1814 2248	122 166 110 131
7 M	0541 1307	107 188	22 TU	0350 1206	104 219
8 TU A	0508 1353	91 219	23 W P	0319 1311	70 266
9 W	0436 1434	72 243	24 TH ○	0319 1415	37 299
10 TH ●	0431 1512	55 258	25 F S	0340 1516	14 314
11 F	0445 1550	44 267	26 SA	0414 1615	5 314
12 SA N	0501 1631	38 269	27 SU	0501 1713	6 305
13 SU	0520 1713	36 268	28 M	0611 1809	13 291
14 M	0549 1757	36 264	29 TU	0754 1902	22 275
15 TU	0629 1841	36 261	30 W	0855 1949	34 256

7 月

日期	潮时 时分	潮高 cm	日期	潮时 时分	潮高 cm
1 TH ☾ E	0953 2029	52 232	16 F E	0944 1939	52 234
2 F	1059 2055	78 203	17 SA ☽	1109 2009	75 204
3 SA	0516 0833 1237 2100	111 117 111 171	18 SU	0409 0724 1334 2033	126 136 104 164
4 SU	0435 1103 1649 2036	109 151 133 142	19 M	0239 0925 1727 2033	120 180 111 120
5 M A	0356 1214	97 187	20 TU	0148 1053	90 227
6 TU	0318 1303	78 217	21 W P	0148 1210	54 266
7 W	0300 1344	58 240	22 TH S	0208 1318	26 292
8 TH	0310 1422	42 256	23 F	0237 1422	11 304
9 F N	0330 1500	33 265	24 SA ○	0318 1520	7 304
10 SA ●	0356 1541	29 269	25 SU	0417 1614	11 298
11 SU	0430 1623	29 269	26 M	0614 1706	17 287
12 M	0517 1705	31 267	27 TU	0725 1754	24 273
13 TU	0630 1747	33 265	28 W	0825 1837	34 254
14 W	0741 1827	35 262	29 TH E	0927 1910	53 228
15 TH	0840 1905	40 253	30 F	1040 1928	78 198
			31 SA ☾	0307 0629 1221 1928	124 137 108 167

8 月

日期	潮时 时分	潮高 cm	日期	潮时 时分	潮高 cm
1 SU	0223 0840 1531 1909	116 163 129 140	16 M	0753 1647 1902 2358	212 102 107 82
2 M A	0142 1018	98 191	17 TU P	0925	247
3 TU	0115 1128	75 217	18 W S	0017 1050	49 274
4 W	0123 1222	55 238	19 TH	0045 1207	28 290
5 TH N	0143 1310	41 253	20 F	0122 1318	19 296
6 F	0209 1355	33 263	21 SA	0213 1419	20 295
7 SA	0243 1440	30 269	22 SU ○	0331 1513	27 290
8 SU ●	0331 1524	31 272	23 M	0532 1602	32 281
9 M	0446 1607	33 273	24 TU	0644 1647	38 267
10 TU	0619 1649	35 271	25 W E	0750 1727	48 245
11 W	0722 1729	37 265	26 TH	0905 1757	65 217
12 TH E	0823 1806	43 251	27 F	0109 0357 1034 1813	143 152 87 185
13 F	0936 1839	57 225	28 SA	0030 0519 1233 1814 2335	140 174 107 155 124
14 SA	1117 1905	79 189	29 SU	0643 1445 1759 2314	195 119 130 100
15 SU ☽	0118 0611 1346 1919 2359	143 175 99 146 118	30 M ☾ A	0806 2322	215 78
			31 TU	0921 2354	231 61

时　区：－0800　　　　潮高基准面：在平均海面下 145　cm

中　国一东方(八所)

CHINA－DONGFANG(BASUO)

2021 年潮汐表　　19° 06′ N　　108° 38′ E

9 月

日期	潮时 时分	潮高 cm	日期	潮时 时分	潮高 cm
1 W	1026	245	16 TH	1042 2335	295 34
2 TH N	0004 1126	49 256	17 F	1200	292
3 F	0031 1224	43 263	18 SA	0035 1308	40 287
4 SA	0107 1319	41 269	19 SU	0216 1405	51 280
5 SU	0203 1411	44 273	20 M ○	0433 1455	59 269
6 M	0328 1458	47 275	21 TU E	0600 1539	65 252
7 TU ●	0525 1542	50 272	22 W	0721 1617 2310	75 227 153
8 W E	0642 1623	52 262	23 TH	0214 0858 1646 2233	164 87 196 154
9 TH	0757 1702	58 241	24 F	0319 1047 1659 2134	193 98 164 141
10 F	0934 1737 2340	69 208 163	25 SA	0423 1225 1656 2113	218 105 136 119
11 SA P	0356 1134 1803 2207	191 81 166 145	26 SU A	0526 1418 1647 2113	237 107 115 96
12 SU	0512 1341 1811 2155	228 89 123 109	27 M	0627 2126	251 78
13 M ☽	0634 2205	259 73	28 TU	0725 2144	259 66
14 TU	0759 2226	282 47	29 W ☾ N	0824 2158	263 58
15 W S	0921 2256	293 35	30 TH	0927 2214	265 54

10 月

日期	潮时 时分	潮高 cm	日期	潮时 时分	潮高 cm
1 F	1034 2241	267 54	16 SA	1141 2347	281 72
2 SA	1137 2321	268 59	17 SU	1244	268
3 SU	1236	269	18 M	0252 1337	89 251
4 M	0108 1331	68 269	19 TU E	0510 1422 2130	100 228 149
5 TU	0350 1420	76 263	20 W ○	0049 0707 1500 2046	161 108 199 154
6 W ●E	0551 1505 2258	80 247 148	21 TH	0149 0914 1525 1956	197 109 167 145
7 TH	0100 0734 1547 2201	151 83 220 167	22 F	0245 1049 1526 1928	229 106 138 125
8 F P	0208 0936 1625 2029	195 84 181 159	23 SA	0337 1222 1522 1917	254 102 114 103
9 SA	0312 1130 1652 2000	239 81 136 127	24 SU A	0427 1922	271 85
10 SU	0418 1327 1652 1955	278 76 95 90	25 M	0515 1936	280 72
11 M	0528 2004	305 59	26 TU N	0602 1948	283 64
12 TU S	0642 2028	317 41	27 W	0649 1959	282 60
13 W ☽	0757 2103	316 37	28 TH ☾	0740 2020	278 58
14 TH	0912 2143	306 42	29 F	0835 2053	273 60
15 F	1029 2232	293 54	30 SA	0937 2132	268 65
			31 SU	1042 2217	264 76

11 月

日期	潮时 时分	潮高 cm	日期	潮时 时分	潮高 cm
1 M	1140 2312	259 96	16 TU	0352 1236 1923	130 202 142
2 TU E	1233 2136 2342	246 126 128	17 W	0040 0709 1300 1838	177 136 169 137
3 W	0439 1322 2035	112 224 151	18 TH	0129 0927 1306 1801	215 124 138 121
4 TH ●	0037 0714 1408 1914	173 110 189 157	19 F ○	0217 1119 1319 1739	248 108 113 100
5 F P	0131 0932 1448 1824	224 96 147 135	20 SA	0300 1727	272 81
6 SA	0227 1118 1514 1800	273 78 104 99	21 SU A	0341 1740	286 68
7 SU	0328 1314 1520 1741	313 62 68 65	22 M N	0420 1754	292 61
8 M S	0431 1804	335 41	23 TU	0459 1808	292 58
9 TU	0535 1841	340 30	24 W	0540 1829	289 56
10 W	0641 1925	331 32	25 TH	0623 1900	283 56
11 TH ☽	0749 2015	315 41	26 F	0707 1936	277 58
12 F	0856 2108	296 56	27 SA ☾	0752 2016	272 62
13 SA	1002 2202	277 76	28 SU	0838 2056	265 73
14 SU	1102 2252	257 103	29 M	0927 2104	253 95
15 M E	1154 2021 2350	232 131 138	30 TU E	1020 1928	233 122

12 月

日期	潮时 时分	潮高 cm	日期	潮时 时分	潮高 cm
1 W	0004 0211 1113 1827	132 130 202 141	16 TH	0104 1616	217 96
2 TH	0001 0651 1202 1706	180 131 161 133	17 F	0146 1551	249 75
3 F	0049 0924 1244 1626	234 104 116 104	18 SA A	0224 1559	271 60
4 SA ●P	0142 1605	285 68	19 SU ○	0259 1616	283 52
5 SU	0239 1616	323 40	20 M N	0334 1636	288 49
6 M S	0338 1647	342 23	21 TU	0410 1701	287 49
7 TU	0438 1729	344 19	22 W	0448 1734	284 50
8 W	0537 1820	334 24	23 TH	0527 1814	280 51
9 TH	0636 1920	317 34	24 F	0606 1900	276 53
10 F	0734 2029	298 49	25 SA	0643 1951	271 58
11 SA ☽	0828 2128	276 70	26 SU	0717 2048	264 69
12 SU E	0916 2214	251 99	27 M ☾E	0751 2152	250 92
13 M	0952 1822	220 126	28 TU	0825 1743 2111	225 123 130
14 TU	1009 1731	186 128	29 W	0029 0859 1610 2243	127 188 130 178
15 W	0020 0715 0930 1646	178 151 153 115	30 TH	0607 0917 1505 2350	137 144 110 231
			31 F	1442	77

时　区：－0800　　潮高基准面：在平均海面下 145　cm

中　国—海　口

CHINA－HAIKOU

2021 年潮汐表　　　　20° 02′ N　　　　110° 17′ E

1 月

日期	潮时 时分	潮高 cm	日期	潮时 时分	潮高 cm
1 F	0838 1757	241 39	16 SA	0927 1850	244 39
2 SA	0902 1829	241 40	17 SU	0950 1902	233 52
3 SU	0853 1909	241 44	18 M	1002 1927	223 67
4 M	0922 1954	240 52	19 TU E	1035 1954	210 84
5 TU	1011 2041	235 67	20 W ☽	0230 0608 1129 2016	154 144 192 102
6 W ☾ E	1118 2122	219 88	21 TH A	0204 0726 1244 2021	160 138 171 118
7 TH	1253 2152	196 115	22 F	0155 0945 1427 1956	170 128 151 130
8 F	0328 0943 1521 2204	157 136 173 144	23 SA	0159 1135	183 109
9 SA P	0244 1138	176 102	24 SU	0217 1256	196 88
10 SU	0249 1259	204 69	25 M	0249 1414	207 70
11 M	0321 1418	229 43	26 TU N	0337 1528	215 54
12 TU S	0410 1543	244 25	27 W	0527 1625	220 41
13 W ●	0545 1701	249 16	28 TH ○	0654 1704	227 32
14 TH	0743 1802	252 16	29 F	0749 1726	233 28
15 F	0844 1842	250 25	30 SA	0827 1746	235 26
			31 SU	0853 1813	237 29

2 月

日期	潮时 时分	潮高 cm	日期	潮时 时分	潮高 cm
1 M	0924 1844	237 39	16 TU	0024 0442 1041 1833	151 122 209 80
2 TU E	0229 0440 1015 1915	158 153 233 58	17 W	0012 0530 1133 1846	157 110 198 98
3 W P	0147 0529 1124 1940	148 134 222 86	18 TH A	0008 0624 1231 1846	166 104 184 113
4 TH ☾	0119 0627 1245 1951	148 118 204 116	19 F ☽	0007 0726 1333 1841	178 100 167 122
5 F	0054 0743 1417 1942	163 103 180 141	20 SA	0017 0842 1444 1833	191 97 148 130
6 SA	0048 0930 1622 1828	189 88 154 152	21 SU	0038 1017	202 91
7 SU	0107 1125	214 71	22 M	0106 1244	209 82
8 M S	0142 1337	231 53	23 TU N	0135 1448	212 65
9 TU	0231 1527	237 34	24 W	0204 1544	212 48
10 W	0505 1634	235 22	25 TH	0533 1615	214 36
11 TH ●	0652 1717	237 20	26 F	0640 1630	220 28
12 F	0756 1738	237 28	27 SA ○	0730 1646	225 24
13 SA	0847 1739	233 38	28 SU	0032 0237 0816 1710	177 170 230 27
14 SU	0927 1751	226 49			
15 M E	0049 0358 1001 1812	153 139 218 63			

3 月

日期	潮时 时分	潮高 cm	日期	潮时 时分	潮高 cm
1 M E	0029 0320 0909 1737 2358	162 147 235 39 151	16 TU	0403 1038 1721 2242	95 209 91 167
2 TU P	0405 1013 1802 2343	122 235 63 149	17 W	0450 1121 1731 2239	81 203 108 178
3 W	0454 1121 1820 2330	97 230 94 159	18 TH A	0539 1207 1735 2242	72 194 121 191
4 TH	0547 1229 1828 2319	76 216 125 181	19 F	0628 1257 1740 2257	69 181 131 204
5 F	0647 1339 1825 2323	63 193 147 208	20 SA	0711 1357 1746 2321	68 163 139 213
6 SA ☾	0754 1515 1751 2345	57 162 157 229	21 SU ☽	0747 2345	69 216
7 SU S	0915	58	22 M N	0821 2358	70 216
8 M	0019 1220	239 59	23 TU	0907	73
9 TU	0100 1442	236 44	24 W	0000 1433	214 61
10 W	0341 1542	225 34	25 TH	0009 1502 2343	211 49 203
11 TH	0541 1616	222 34	26 F	0219 0447 1518	202 204 40
12 F	0658 1628 2348	220 41 169	27 SA	0604 1536 2312	209 35 175
13 SA ●	0157 0802 1629 2318	164 218 50 157	28 SU ○ E	0149 0724 1601 2242	164 216 39 160
14 SU E	0237 0901 1642 2251	139 216 59 154	29 M	0232 0840 1627 2219	134 225 55 154
15 M	0318 0953 1702 2244	116 213 73 159	30 TU P	0320 0952 1650 2208	100 232 83 158
			31 W	0410 1058 1706 2158	68 233 116 175

4 月

日期	潮时 时分	潮高 cm	日期	潮时 时分	潮高 cm
1 TH	0504 1202 1714 2155	42 223 146 201	16 F	0542 1232 1636 2148	46 185 148 215
2 F	0600 1314 1717 2208	28 201 167 227	17 SA	0620 1345 1649 2219	46 172 157 221
3 SA	0658 2237	25 244	18 SU N	0649 2247	49 222
4 SU ☾ S	0758 2314	34 248	19 M	0715 2239	53 220
5 M	0919 2350	50 239	20 TU ☽	0753 2227	60 219
6 TU	1316	51	21 W	0854 2238	69 216
7 W	0006 1425	224 48	22 TH	1321 2251	62 208
8 TH	0405 1458	210 52	23 F	1347	54
9 F	0545 1508 2219	203 60 166	24 SA	0318 1415 2154	195 52 175
10 SA	0107 0714 1513 2133	157 200 68 159	25 SU E	0051 0559 1444 2111	163 197 60 161
11 SU E	0148 0833 1529 2119	129 201 79 161	26 M	0139 0755 1511 2045	128 208 80 157
12 M ●	0233 0935 1550 2118	102 203 93 168	27 TU ○ P	0230 0914 1532 2029	89 219 110 168
13 TU	0320 1019 1607 2115	79 202 111 178	28 W	0323 1025 1547 2022	51 224 143 191
14 W A	0409 1057 1617 2113	61 200 127 190	29 TH	0417 1138 1558 2029	22 217 170 219
15 TH	0457 1140 1624 2124	50 194 139 203	30 F	0514 1313 1607 2057	5 203 188 242

时　区：－0800　　　　潮高基准面：在平均海面下 150　cm

中　国—海　口

CHINA－HAIKOU

2021 年潮汐表　　20° 02′ N　　110° 17′ E

5　月

日期	潮时 时分	潮高 cm	日期	潮时 时分	潮高 cm
1 SA S	0612 2144	3 254	16 SU	0612 2219	38 226
2 SU	0712 2245	14 254	17 M	0638 2242	43 222
3 M ☾	0827 2344	32 243	18 TU	0716 2134	50 220
4 TU	1122	46	19 W ☽	0823 2203	58 218
5 W	0034 1238	227 55	20 TH	1044 2305	62 211
6 TH	0126 1315	208 65	21 F	1151	61
7 F	0334 1329 2044 2352	190 75 164 156	22 SA E	0102 1236 2037 2328	197 66 170 164
8 SA E	0613 1344 2002	181 86 161	23 SU	0341 1312 1939	184 80 158
9 SU	0050 0801 1405 1951	127 183 99 167	24 M	0034 0646 1340 1856	127 188 105 160
10 M	0143 0906 1427 1946	97 186 115 175	25 TU	0133 0824 1400 1836	85 198 136 177
11 TU ●A	0234 0950 1443 1941	71 187 132 186	26 W ○P	0230 0955 1414 1832	45 203 166 205
12 W	0325 1031 1453 1946	51 187 146 199	27 TH	0328 1135 1429 1856	15 203 189 232
13 TH	0415 1120 1504 2009	39 185 156 212	28 F S	0428 1949	-3 250
14 F	0501 1225 1523 2047	33 181 164 221	29 SA	0532 2109	-6 258
15 SA N	0541 2135	34 226	30 SU	0639 2215	2 257
			31 M	0756 2307	17 248

6　月

日期	潮时 时分	潮高 cm	日期	潮时 时分	潮高 cm
1 TU	0926 2342	34 232	16 W	0755 2218	45 221
2 W ☾	1024	51	17 TH	0856 2300	51 216
3 TH	0001 1054	213 67	18 F ☽	0953	59
4 F E	0039 1121 1901 2138	193 82 158 155	19 SA E	0011 1042	204 73
5 SA	0210 1152 1823 2329	171 97 159 129	20 SU	0157 1119 1721 2304	186 95 151 126
6 SU	0651 1221 1808	164 113 167	21 M	0449 1145 1638	175 124 163
7 M	0043 0816 1242 1756	100 165 130 178	22 TU	0023 0714 1200 1625	87 176 153 189
8 TU A	0142 0911 1254 1755	72 167 145 192	23 W P	0130 0955 1211 1646	49 182 178 218
9 W	0237 1006 1304 1814	51 168 156 206	24 TH ○	0235 1732	20 240
10 TH ●	0331 1111 1322 1854	37 171 164 217	25 F S	0346 1856	2 254
11 F	0422 1953	30 225	26 SA	0500 2024	-5 261
12 SA N	0510 2052	29 230	27 SU	0608 2126	-2 260
13 SU	0550 2140	31 231	28 M	0707 2214	8 252
14 M	0625 2212	35 228	29 TU	0746 2247	24 238
15 TU	0704 2216	40 223	30 W	0811 2309	42 222

7　月

日期	潮时 时分	潮高 cm	日期	潮时 时分	潮高 cm
1 TH ☾E	0842 2343	60 203	16 F E	0813 2341	56 215
2 F	0917 1627 1922	80 148 142	17 SA ☽	0848 1455 1912	79 146 134
3 SA	0043 0949 1549 2126	181 100 155 128	18 SU	0108 0911 1421 2054	197 106 154 115
4 SU	0239 1013 1531 2315	159 120 167 106	19 M	0306 0919 1409 2248	178 135 177 87
5 M A	0559 1021 1535	147 136 182	20 TU	0535 0850 1425	163 158 205
6 TU	0035 1556	81 197	21 W P	0016 1502	58 230
7 W	0141 1636	60 210	22 TH S	0143 1607	34 245
8 TH	0245 1740	44 220	23 F	0316 1803	16 254
9 F N	0347 1855	34 229	24 SA ○	0433 1929	4 261
10 SA ●	0443 1957	29 235	25 SU	0530 2030	3 262
11 SU	0527 2045	27 238	26 M	0604 2118	10 256
12 M	0557 2120	28 236	27 TU	0622 2155	24 245
13 TU	0624 2139	30 233	28 W	0643 2226	40 231
14 W	0657 2159	33 231	29 TH E	0709 1352 1717 2306	59 146 133 215
15 TH	0735 2239	41 227	30 F	0736 1319 1816	81 151 121
			31 SA ☾	0003 0756 1310 1930	196 104 164 114

8　月

日期	潮时 时分	潮高 cm	日期	潮时 时分	潮高 cm
1 SU	0118 0759 1313 2112	175 122 180 105	16 M	0202 0717 1222 2053	192 144 203 77
2 M A	0246 0740 1328 2254	154 133 196 91	17 TU P	0353 0638 1245 2235	165 159 229 64
3 TU	1356	209	18 W S	1324	246
4 W	0025 1440	75 218	19 TH	0049 1423	51 252
5 TH N	0154 1605	60 223	20 F	0254 1655	33 253
6 F	0315 1744	46 230	21 SA	0401 1827	20 257
7 SA	0411 1852	35 237	22 SU ○	0441 1931	18 258
8 SU ●	0446 1942	29 241	23 M	0459 2024	25 254
9 M	0506 2020	27 243	24 TU	0509 1245 1457 2110	35 165 158 247
10 TU	0525 2050	26 243	25 W E	0527 1200 1544 2155	49 156 134 237
11 W	0551 1334 1549 2124	30 166 159 243	26 TH	0550 1137 1632 2243	68 159 114 225
12 TH E	0620 1310 1634 2214	41 156 141 239	27 F	0611 1131 1724 2337	91 170 100 211
13 F	0648 1244 1723 2320	61 152 123 230	28 SA	0622 1129 1822	114 185 93
14 SA	0709 1229 1819	89 158 107	29 SU	0034 0621 1133 1926	193 130 201 90
15 SU ☽	0037 0720 1218 1928	214 119 176 91	30 M ☾A	0136 0614 1150 2041	173 138 216 89
			31 TU	0258 0559 1218 2210	152 144 227 86

时　区：－0800　　　　潮高基准面：在平均海面下 150　cm

中　国—海　口

CHINA—HAIKOU

2021 年潮汐表　　　　20° 02′ N　　　　110° 17′ E

9　月

日期	潮时 时分	潮高 cm	日期	潮时 时分	潮高 cm
1 W	1253	231	16 TH	1232	262
2 TH N	0041 1338	79 230	17 F	0210 1500	48 250
3 F	0232 1603	64 228	18 SA	0309 1710	39 246
4 SA	0323 1728	50 232	19 SU	0341 1830	40 244
5 SU	0350 1827	42 235	20 M ○	0351 1125 1326 1937	48 185 180 242
6 M	0403 1914	37 239	21 TU E	0358 1041 1413 2038	58 171 151 239
7 TU ●	0420 1155 1419 1957	35 183 173 243	22 W	0414 1015 1459 2135	72 171 123 234
8 W E	0443 1136 1503 2049	39 171 150 247	23 TH	0435 1009 1547 2225	91 179 99 228
9 TH	0508 1112 1549 2152	54 165 125 248	24 F	0452 1005 1638 2313	113 191 83 219
10 F	0531 1102 1638 2300	78 168 100 243	25 SA	0500 1000 1729	133 206 74
11 SA P	0546 1050 1731	109 181 79	26 SU A	0001 0502 1006 1820	206 147 223 72
12 SU	0008 0554 1044 1828	230 140 205 64	27 M	0056 0505 1026 1908	189 155 237 74
13 M ☽	0121 0554 1054 1931	206 163 233 57	28 TU	0217 0504 1053 1947	170 161 244 78
14 TU	0315 0522 1119 2044	177 174 255 58	29 W ☾ N	1119 2021	245 83
15 W S	1152 2339	265 63	30 TH	1130	241

10　月

日期	潮时 时分	潮高 cm	日期	潮时 时分	潮高 cm
1 F	0117 1127	82 237	16 SA	0155 1125	57 236
2 SA	0213 1128	70 231	17 SU	0227 1710	63 223
3 SU	0238 1103 1408 1622	61 221 218 220	18 M	0236 1000 1243 1855	74 190 181 219
4 M	0250 1045 1302 1737	56 208 203 222	19 TU E	0243 0908 1327 2019	85 181 148 220
5 TU	0308 1033 1334 1857	54 194 178 228	20 W ○	0300 0852 1414 2123	100 185 116 221
6 W ●E	0332 1006 1416 2016	60 181 148 237	21 TH	0318 0846 1503 2208	119 194 89 220
7 TH	0356 0947 1503 2127	78 177 114 245	22 F	0333 0837 1554 2251	139 206 70 215
8 F P	0415 0930 1552 2235	106 183 82 246	23 SA	0340 0832 1643 2339	156 222 60 206
9 SA	0428 0916 1643 2342	139 203 55 236	24 SU A	0346 0843 1730	167 237 57
10 SU	0437 0913 1737	168 231 39	25 M	0041 0356 0907 1809	195 174 248 60
11 M	0102 0442 0928 1833	215 189 258 36	26 TU N	0936 1836	252 65
12 TU S	0955 1932	275 44	27 W	0952 1900	251 72
13 W ☽	1023 2052	279 60	28 TH ☾	0943 1938	249 80
14 TH	1045	272	29 F	0946	247
15 F	0052 1103	58 257	30 SA	0027 1001	85 242
			31 SU	0059 1012	79 233

11　月

日期	潮时 时分	潮高 cm	日期	潮时 时分	潮高 cm
1 M	0121 0952	74 217	16 TU	0116 0750 1238 2009	107 184 149 195
2 TU E	0147 0926 1248 1656	74 200 185 205	17 W	0135 0730 1329 2107	124 189 114 199
3 W	0214 0856 1328 1938	85 186 149 215	18 TH	0151 0715 1421 2151	143 199 85 199
4 TH ●	0238 0821 1415 2059	107 181 109 227	19 F ○	0202 0656 1512 2235	160 213 63 198
5 F P	0254 0751 1504 2211	137 192 70 233	20 SA	0209 0657 1602 2330	173 228 51 196
6 SA	0306 0730 1556 2329	169 218 40 229	21 SU A	0220 0719 1649	181 241 48
7 SU	0318 0734 1650	195 249 22	22 M N	0755 1729	248 50
8 M S	0118 0325 0758 1746	220 213 272 19	23 TU	0838 1755	250 56
9 TU	0829 1846	284 29	24 W	0851 1815	248 62
10 W	0855 2019	284 46	25 TH	0831 1851	246 69
11 TH ☽	0916 2311	275 55	26 F	0849 2003	245 77
12 F	0942	260	27 SA ☾	0923 2222	243 80
13 SA	0015 1017	65 240	28 SU	1006 2322	234 81
14 SU	0050 1106	78 215	29 M	1057	217
15 M E	0103 0851 1145 1810	93 190 183 192	30 TU E	0006 0839 1139 1405	88 195 189 193

12　月

日期	潮时 时分	潮高 cm	日期	潮时 时分	潮高 cm
1 W	0040 0756 1230 1820	103 179 150 188	16 TH	0456 1335 2137 2357	195 86 172 167
2 TH	0103 0630 1321 2026	129 177 107 200	17 F	0456 1430	212 63
3 F	0118 0540 1414 2202	159 196 66 210	18 SA A	0519 1526	226 50
4 SA ●P	0131 0534 1508	188 227 34	19 SU ○	0559 1622	235 44
5 SU	0557 1607	255 15	20 M N	0705 1713	240 43
6 M S	0633 1712	273 9	21 TU	0818 1752	242 47
7 TU	0716 1826	280 15	22 W	0905 1815	240 51
8 W	0800 2009	276 27	23 TH	0916 1844	237 54
9 TH	0834 2126	267 42	24 F	0849 1928	236 58
10 F	0914 2212	254 60	25 SA	0922 2022	235 64
11 SA ☽	1003 2235	237 79	26 SU	1009 2116	230 73
12 SU E	1101 2255	215 98	27 M ☾ E	1112 2202	217 88
13 M	1224 2321	187 117	28 TU	1252 2236	195 111
14 TU	0618 1119 1925 2343	173 150 168 137	29 W	0452 1047 1536 2255	160 148 175 138
15 W	0534 1236 2037 2355	181 116 170 154	30 TH	0338 1209 1915 2303	172 108 172 166
			31 F	0325 1315	199 70

时　区：－0800　　　　潮高基准面：在平均海面下 150　cm

中　国—硇洲岛

CHINA－NAOZHOUDAO

2021 年潮汐表　　20° 54′ N　　110° 33′ E

1 月

日期		潮时 时分	潮高 cm
1	F	0716 1324 1753	55 235 143
2	SA	0033 0746 1402 1829	382 57 234 144
3	SU	0113 0818 1439 1906	373 65 231 146
4	M	0154 0851 1518 1947	356 77 229 151
5	TU	0235 0928 1600 2040	333 92 230 157
6	W ☾ E	0323 1007 1650 2156	304 107 238 162
7	TH	0421 1051 1747 2345	272 122 256 157
8	F	0539 1142 1849	242 134 282
9	SA P	0134 0715 1242 1949	135 219 143 313
10	SU	0301 0859 1347 2046	104 212 149 346
11	M	0416 1021 1450 2139	72 218 151 374
12	TU S	0518 1122 1547 2230	46 229 148 394
13	W ●	0610 1211 1638 2318	31 239 144 403
14	TH	0654 1253 1723	27 244 138
15	F	0002 0731 1330 1803	401 35 244 133
16	SA	0044 0800 1401 1839	388 51 241 131
17	SU	0122 0818 1427 1912	366 70 236 134
18	M	0156 0832 1451 1947	337 87 233 141
19	TU E	0227 0854 1516 2026	305 101 231 153
20	W ☽	0257 0921 1548 2123	272 115 232 167
21	TH A	0332 0954 1636 2329	239 128 237 174
22	F	0428 1035 1743	206 141 246
23	SA	0200 0612 1139 1856	158 181 153 262
24	SU	0324 0856 1304 1958	131 177 159 285
25	M	0415 1013 1412 2049	103 187 158 310
26	TU N	0456 1055 1506 2136	80 201 153 334
27	W	0532 1129 1552 2221	61 215 144 356
28	TH ○	0603 1201 1634 2305	48 228 133 372
29	F	0632 1233 1712 2347	40 238 122 382
30	SA	0656 1303 1749	39 246 112
31	SU	0028 0719 1332 1824	382 44 250 105

2 月

日期		潮时 时分	潮高 cm
1	M	0106 0741 1401 1900	373 55 252 103
2	TU E	0143 0805 1430 1940	353 70 256 107
3	W P	0220 0830 1504 2027	323 88 262 117
4	TH ☾	0301 0857 1545 2132	286 106 269 130
5	F	0352 0928 1640 2323	244 125 278 138
6	SA	0511 1009 1755	202 145 290
7	SU	0157 0742 1128 1919	122 180 164 309
8	M S	0338 0953 1337 2033	88 194 170 334
9	TU	0437 1047 1457 2134	58 214 160 357
10	W	0523 1126 1553 2226	39 231 144 374
11	TH ●	0601 1200 1638 2312	32 243 127 381
12	F	0631 1229 1715 2354	37 250 112 378
13	SA	0651 1255 1749	48 253 101
14	SU	0030 0659 1317 1820	365 61 255 96
15	M E	0103 0711 1335 1851	345 72 257 98
16	TU	0131 0730 1353 1922	319 82 259 106
17	W	0156 0751 1414 1955	290 93 262 119
18	TH A	0221 0811 1442 2033	259 106 263 135
19	F ☽	0251 0828 1519 2132	226 121 262 152
20	SA	0331 0840 1610	192 136 261
21	SU	0133 0513 0835 1726	151 161 152 262
22	M	0324 1858	123 274
23	TU N	0406 1040 1349 2017	96 189 174 295
24	W	0438 1049 1454 2117	73 206 158 321
25	TH	0505 1111 1541 2208	56 223 138 345
26	F	0529 1136 1621 2253	44 239 115 364
27	SA ○	0550 1202 1658 2336	38 253 94 374
28	SU	0611 1229 1734	40 266 77

3 月

日期		潮时 时分	潮高 cm
1	M E	0015 0633 1255 1811	373 47 278 66
2	TU P	0053 0656 1322 1849	360 60 290 63
3	W	0130 0719 1352 1931	334 75 300 70
4	TH	0208 0743 1426 2020	298 93 307 86
5	F	0251 0808 1507 2125	255 113 308 107
6	SA ☾	0348 0833 1602 2345	210 135 303 119
7	SU S	0540 0856 1721	174 159 298
8	M	0227 1901	101 303
9	TU	0339 1009 1357 2025	74 207 179 319
10	W	0425 1036 1505 2126	56 227 155 336
11	TH	0500 1103 1549 2217	49 242 129 348
12	F	0526 1129 1625 2300	52 253 107 351
13	SA ●	0538 1153 1657 2338	60 262 89 346
14	SU E	0544 1214 1729	67 270 77
15	M	0011 0600 1232 1800	333 72 278 72
16	TU	0041 0621 1250 1831	314 77 286 74
17	W	0108 0643 1310 1902	292 85 293 81
18	TH A	0135 0703 1334 1934	266 96 297 93
19	F	0203 0722 1401 2008	238 109 296 107
20	SA	0238 0739 1436 2055	208 124 291 122
21	SU ☽	0328 0751 1521 2244	179 140 282 134
22	M N	1629	272
23	TU	0237 1809	115 271
24	W	0320 1005 1325 1944	92 199 182 285
25	TH	0348 1012 1433 2053	73 217 156 309
26	F	0410 1033 1519 2147	59 235 126 331
27	SA	0432 1057 1559 2234	51 254 96 346
28	SU ○ E	0455 1123 1638 2317	49 274 68 352
29	M	0520 1150 1717 2358	52 296 47 345
30	TU P	0546 1218 1758	61 318 36
31	W	0040 0613 1250 1841	327 73 336 36

4 月

日期		潮时 时分	潮高 cm
1	TH	0122 0640 1324 1928	298 89 347 46
2	F	0208 0708 1402 2023	261 108 348 66
3	SA	0304 0736 1448 2151	222 130 338 87
4	SU ☾ S	0426 0804 1546	189 153 320
5	M	0015 1708	94 301
6	TU	0206 0903 1151 1846	83 201 194 295
7	W	0307 0931 1400 2008	73 220 172 301
8	TH	0346 0958 1454 2109	69 237 143 310
9	F	0408 1024 1531 2158	72 251 116 314
10	SA	0417 1048 1604 2239	76 264 93 312
11	SU E	0429 1111 1637 2316	78 277 75 304
12	M ●	0450 1132 1710 2351	79 290 64 292
13	TU	0514 1153 1744	82 303 59
14	W A	0023 0539 1214 1817	276 87 314 60
15	TH	0055 0604 1239 1848	258 95 322 65
16	F	0129 0628 1306 1921	238 106 324 73
17	SA	0207 0651 1336 1958	216 119 321 84
18	SU N	0255 0715 1412 2046	194 134 310 96
19	M	0409 0740 1458 2213	176 151 296 106
20	TU ☽	1603	280
21	W	0048 1735	100 272
22	TH	0156 0852 1248 1907	87 205 176 279
23	F	0234 0917 1359 2019	74 224 146 293
24	SA	0304 0943 1449 2116	66 246 111 306
25	SU E	0333 1010 1534 2208	62 271 77 312
26	M	0402 1039 1618 2256	64 299 48 311
27	TU ○ P	0432 1111 1703 2345	69 329 27 300
28	W	0504 1147 1750	78 355 18
29	TH	0034 0537 1225 1840	281 91 373 19
30	F	0127 0612 1307 1937	257 106 379 30

时　区：－0800　　潮高基准面：在平均海面下 190　cm

中 国—硇洲岛

CHINA－NAOZHOUDAO

2021 年潮汐表　　20° 54′ N　　110° 33′ E

5 月

日期	潮时 时分	潮高 cm	日期	潮时 时分	潮高 cm
1 SA S	0225 0647 1351 2053	231 125 372 47	16 SU	0224 0638 1325 1957	204 126 332 63
2 SU	0332 0725 1441 2225	208 144 352 63	17 M	0317 0711 1405 2049	193 139 319 71
3 M ☾	0454 0810 1541 2356	195 164 325 73	18 TU	0422 0750 1452 2205	186 152 302 78
4 TU	0626 0923 1657	196 180 299	19 W ☽	0535 0843 1551 2329	186 164 286 80
5 W	0114 0743 1142 1821	78 208 181 283	20 TH	0643 1013 1707	194 169 274
6 TH	0205 0832 1330 1937	82 223 159 277	21 F	0034 0734 1200 1825	79 208 157 269
7 F	0232 0907 1425 2038	86 239 132 274	22 SA E	0122 0812 1320 1936	76 229 130 269
8 SA E	0250 0937 1506 2128	88 255 107 270	23 SU	0200 0845 1419 2040	76 255 96 269
9 SU	0311 1003 1543 2213	88 272 86 264	24 M	0236 0920 1512 2142	77 288 64 265
10 M	0336 1028 1620 2255	88 288 70 256	25 TU	0312 0958 1604 2243	81 322 37 259
11 TU ●A	0405 1053 1657 2335	89 305 59 247	26 W ○P	0350 1040 1657 2343	88 361 18 251
12 W	0435 1119 1734	92 319 53	27 TH	0431 1124 1753	96 379 9
13 TH	0014 0505 1147 1808	237 98 331 51	28 F S	0041 0513 1210 1857	242 107 392 8
14 F	0055 0535 1217 1842	226 106 338 52	29 SA	0139 0557 1257 2009	232 118 392 16
15 SA N	0137 0606 1250 1917	215 115 338 56	30 SU	0237 0641 1346 2112	222 129 378 29
			31 M	0334 0727 1437 2209	213 140 353 47

6 月

日期	潮时 时分	潮高 cm	日期	潮时 时分	潮高 cm
1 TU	0433 0818 1532 2303	206 151 322 66	16 W	0353 0752 1445 2136	198 133 309 60
2 W ☾	0531 0922 1634 2351	204 158 291 81	17 TH	0441 0842 1535 2228	197 139 291 70
3 TH	0629 1050 1741	209 160 265	18 F ☽	0529 0949 1633 2318	202 141 272 78
4 F E	0031 0722 1235 1849	91 220 149 246	19 SA E	0616 1114 1740	216 135 254
5 SA	0106 0807 1349 1954	96 235 128 232	20 SU	0007 0702 1242 1853	86 239 116 238
6 SU	0141 0844 1443 2054	97 254 106 223	21 M	0054 0749 1357 2011	92 269 89 225
7 M	0216 0916 1530 2149	98 273 86 217	22 TU	0141 0837 1503 2133	98 304 60 218
8 TU A	0251 0947 1614 2241	99 293 70 213	23 W P	0230 0927 1605 2248	104 338 34 217
9 W	0328 1018 1656 2330	101 311 57 211	24 TH ○	0321 1019 1711 2352	110 367 15 222
10 TH ●	0404 1051 1736	105 327 48	25 F S	0412 1111 1822	114 388 3
11 F	0016 0441 1126 1813	210 108 339 43	26 SA	0048 0503 1201 1922	226 116 396 1
12 SA N	0059 0518 1203 1847	210 112 345 40	27 SU	0138 0551 1250 2010	228 117 392 10
13 SU	0142 0555 1242 1921	209 116 345 41	28 M	0224 0636 1337 2049	226 117 375 28
14 M	0224 0632 1321 2001	207 121 338 45	29 TU	0306 0719 1423 2119	221 119 348 49
15 TU	0308 0711 1402 2046	203 127 326 51	30 W	0347 0803 1508 2145	215 124 314 69

7 月

日期	潮时 时分	潮高 cm	日期	潮时 时分	潮高 cm
1 TH ☾ E	0427 0853 1554 2216	212 132 279 85	16 F E	0338 0823 1508 2126	219 111 292 73
2 F	0511 0957 1645 2253	213 140 245 97	17 SA ☽	0416 0920 1556 2203	226 117 263 88
3 SA	0559 1131 1744 2339	220 143 217 106	18 SU	0502 1037 1700 2247	240 120 231 103
4 SU	0652 1317 1858	233 132 195	19 M	0558 1218 1824 2342	262 112 203 118
5 M A	0030 0742 1435 2025	112 251 111 184	20 TU	0702 1359 2015	288 90 188
6 TU	0122 0827 1537 2142	117 272 90 183	21 W P	0052 0808 1526 2155	129 318 61 193
7 W	0212 0908 1629 2242	119 293 70 188	22 TH S	0205 0910 1643 2303	135 347 34 208
8 TH	0259 0948 1715 2331	120 313 54 196	23 F	0312 1009 1743 2355	133 372 14 222
9 F N	0344 1029 1754	119 331 42	24 SA ○	0409 1102 1831	125 388 7
10 SA ●	0013 0427 1111 1825	205 116 344 35	25 SU	0038 0459 1152 1909	233 115 393 12
11 SU	0051 0507 1153 1851	213 112 352 31	26 M	0116 0542 1237 1935	238 105 385 26
12 M	0126 0546 1233 1917	218 108 354 31	27 TU	0150 0622 1319 1950	239 98 366 44
13 TU	0200 0623 1312 1947	219 105 348 36	28 W	0219 0659 1357 2006	237 97 337 61
14 W	0233 0700 1350 2018	218 105 336 45	29 TH E	0246 0737 1431 2029	235 103 303 77
15 TH	0305 0739 1427 2051	217 107 317 58	30 F	0312 0818 1504 2056	234 114 267 91
			31 SA ☾	0340 0909 1540 2127	236 130 232 105

8 月

日期	潮时 时分	潮高 cm	日期	潮时 时分	潮高 cm
1 SU	0419 1027 1631 2203	239 143 198 121	16 M	0404 1015 1638 2133	282 118 205 130
2 M A	0513 1258 1803 2252	245 140 171 136	17 TU P	0509 1235 1843 2225	292 117 177 153
3 TU	0622 1458 2034	256 117 164	18 W S	0631 1457 2114	306 89 185
4 W	0015 0732 1559 2202	148 273 92 176	19 TH	0024 0754 1608 2221	170 328 58 207
5 TH N	0140 0832 1642 2248	150 294 70 191	20 F	0213 0903 1656 2303	165 352 37 227
6 F	0242 0923 1716 2323	145 316 53 206	21 SA	0320 1001 1735 2338	148 372 28 243
7 SA	0332 1011 1743 2354	134 337 42 219	22 SU ○	0409 1052 1805	127 383 32
8 SU ●	0415 1055 1805	121 353 35	23 M	0009 0450 1137 1822	253 108 383 43
9 M	0024 0455 1137 1825	230 108 363 33	24 TU	0038 0527 1217 1831	260 93 372 56
10 TU	0053 0531 1216 1846	238 96 365 36	25 W E	0102 0601 1252 1847	264 86 350 68
11 W	0120 0607 1253 1911	244 87 359 44	26 TH	0123 0635 1323 1908	268 80 323 79
12 TH E	0146 0643 1328 1936	249 83 343 57	27 F	0142 0710 1350 1931	273 94 291 91
13 F	0212 0721 1403 2001	255 85 318 72	28 SA	0203 0746 1417 1953	277 108 258 105
14 SA	0241 0804 1441 2028	263 93 285 90	29 SU	0229 0828 1448 2013	278 126 224 122
15 SU ☽	0316 0858 1528 2058	273 105 245 109	30 M ☾ A	0303 0926 1536 2030	277 143 190 140
			31 TU	0352 1303 1747 2030	274 147 163 158

时　区：－0800　　　　潮高基准面：在平均海面下 190　cm

中　国—硇洲岛

CHINA－NAOZHOUDAO

2021 年潮汐表　　　20° 54′ N　　　110° 33′ E

9 月

日期	潮时 时分	潮高 cm	日期	潮时 时分	潮高 cm
1 W	0504 1509	272 121	16 TH	0618 1510 2149	318 84 218
2 TH N	0637 1551 2224	280 96 197	17 F	0110 0748 1558 2211	203 332 65 239
3 F	0124 0759 1621 2235	184 298 76 214	18 SA	0237 0856 1633 2238	178 350 58 256
4 SA	0234 0900 1645 2256	168 321 62 229	19 SU	0325 0949 1658 2304	150 363 61 269
5 SU	0321 0950 1704 2320	147 343 53 244	20 M ○	0402 1035 1709 2329	124 367 70 281
6 M	0401 1034 1721 2344	124 360 49 258	21 TU E	0436 1115 1719 2351	103 361 78 291
7 TU ●	0437 1115 1741	103 369 50	22 W	0509 1150 1736	89 346 86
8 W E	0008 0513 1153 1804	272 85 369 56	23 TH	0010 0543 1221 1758	302 84 326 93
9 TH	0032 0549 1229 1827	286 73 358 68	24 F	0029 0616 1250 1820	312 86 302 103
10 F	0057 0626 1304 1850	300 69 336 82	25 SA	0050 0649 1318 1841	321 94 275 115
11 SA P	0125 0706 1342 1914	314 73 304 99	26 SU A	0113 0722 1349 1859	325 107 247 129
12 SU	0157 0751 1425 1939	324 86 265 119	27 M	0141 0758 1426 1915	324 122 217 146
13 M ☽	0236 0849 1522 2003	328 105 222 141	28 TU	0214 0846 1525 1922	317 138 188 163
14 TU	0327 1034 1707 2026	324 123 186 167	29 W ☾ N	0258 1220	304 147
15 W S	0440 1349	317 111	30 TH	0405 1428	291 127

10 月

日期	潮时 时分	潮高 cm	日期	潮时 时分	潮高 cm
1 F	0549 1508 2200	286 106 223	16 SA	0144 0737 1521 2137	207 325 88 263
2 SA	0115 0725 1533 2159	208 299 90 238	17 SU	0240 0841 1546 2200	175 333 91 278
3 SU	0221 0832 1553 2214	182 320 79 255	18 M	0318 0931 1557 2222	145 337 98 293
4 M	0304 0923 1611 2234	153 339 73 272	19 TU E	0351 1013 1610 2243	120 333 102 308
5 TU	0341 1007 1631 2256	123 353 73 292	20 W ○	0424 1050 1629 2303	102 323 106 324
6 W ●E	0418 1047 1654 2320	97 357 77 315	21 TH	0458 1124 1652 2324	90 309 111 339
7 TH	0455 1127 1718 2347	75 352 86 339	22 F	0532 1157 1716 2347	86 293 118 351
8 F P	0534 1207 1743	63 337 98	23 SA	0605 1230 1739	88 274 128
9 SA	0017 0616 1249 1809	360 60 311 113	24 SU A	0013 0637 1305 1801	359 94 254 140
10 SU	0051 0701 1336 1835	375 67 278 132	25 M	0041 0709 1344 1821	360 103 233 154
11 M	0129 0753 1432 1900	379 84 240 154	26 TU N	0111 0744 1432 1839	355 114 212 169
12 TU S	0213 0916 1555 1924	370 105 208 178	27 W	0146 0832 1553 1848	342 126 195 184
13 W ☽	0309 1143	351 112	28 TH ☾	0227 1055	323 135
14 TH	0427 1337	330 102	29 F	0328 1255	303 128
15 F	0610 1441 2116	320 91 246	30 SA	0503 1353 2101	290 115 235
			31 SU	0044 0642 1426 2106	216 293 105 251

11 月

日期	潮时 时分	潮高 cm	日期	潮时 时分	潮高 cm
1 M	0154 0753 1451 2122	186 305 99 271	16 TU	0305 0906 1457 2139	142 290 122 306
2 TU E	0240 0847 1516 2142	152 317 97 296	17 W	0342 0949 1521 2201	119 283 123 325
3 W	0320 0935 1540 2207	118 324 99 326	18 TH	0420 1029 1548 2224	102 274 126 343
4 TH ●	0401 1021 1607 2237	89 323 105 357	19 F ○	0458 1109 1616 2250	90 265 131 359
5 F P	0444 1108 1635 2311	66 314 114 386	20 SA	0536 1148 1644 2319	84 255 138 370
6 SA	0529 1158 1706 2349	53 297 127 407	21 SU A	0612 1228 1712 2350	83 246 146 376
7 SU	0619 1251 1738	51 276 142	22 M N	0644 1309 1740	86 236 156
8 M S	0031 0717 1349 1812	415 59 251 161	23 TU	0023 0715 1353 1807	375 91 225 166
9 TU	0115 0840 1459 1847	409 73 229 180	24 W	0057 0750 1443 1834	366 98 215 176
10 W	0205 1007 1632 1925	389 86 217 200	25 TH	0133 0841 1549 1902	351 107 207 188
11 TH ☽	0302 1130	360 97	26 F	0214 1002 1718 1937	331 114 206 200
12 F	0417 1248 1948 2321	329 104 237 222	27 SA ☾	0306 1121 1847 2059	310 118 215 211
13 SA	0549 1344 2024	309 109 253	28 SU	0416 1223 1929 2339	291 118 230 205
14 SU	0126 0711 1418 2052	198 300 115 270	29 M	0542 1309 1955	280 117 250
15 M E	0223 0815 1438 2117	169 296 119 288	30 TU E	0112 0700 1344 2021	179 278 117 278

12 月

日期	潮时 时分	潮高 cm	日期	潮时 时分	潮高 cm
1 W	0212 0806 1415 2050	145 277 120 311	16 TH	0346 0936 1439 2125	117 229 139 324
2 TH	0303 0907 1448 2126	110 276 123 348	17 F	0432 1027 1516 2155	97 227 141 343
3 F	0354 1007 1523 2205	80 272 129 383	18 SA A	0517 1114 1553 2227	83 227 144 359
4 SA ●P	0446 1107 1603 2249	56 266 137 411	19 SU ○	0600 1157 1629 2302	74 228 147 370
5 SU	0545 1207 1645 2335	41 259 147 427	20 M N	0639 1237 1704 2338	69 229 150 376
6 M S	0653 1306 1730	35 251 157	21 TU	0711 1315 1738	69 229 152
7 TU	0023 0800 1405 1815	429 38 242 167	22 W	0015 0736 1351 1810	374 71 226 155
8 W	0111 0858 1505 1901	416 50 234 177	23 TH	0052 0801 1428 1842	366 76 222 159
9 TH	0201 0952 1606 1951	390 69 227 186	24 F	0128 0833 1507 1916	352 84 217 164
10 F	0253 1043 1710 2055	356 90 225 195	25 SA	0204 0912 1549 1955	334 94 215 171
11 SA ☽	0353 1132 1815 2231	319 110 231 198	26 SU	0245 0955 1637 2052	313 105 217 177
12 SU E	0502 1215 1912	286 124 243	27 M ☾E	0335 1040 1729 2226	289 115 229 178
13 M	0035 0619 1253 1955	187 261 133 261	28 TU	0440 1125 1821	265 124 251
14 TU	0158 0733 1328 2029	165 244 137 282	29 W	0020 0601 1214 1912	164 244 132 282
15 W	0257 0839 1403 2057	140 235 138 303	30 TH	0150 0729 1305 2004	136 229 139 318
			31 F	0301 0859 1400 2055	102 223 144 355

时　区：－0800　　　　潮高基准面：在平均海面下 190　cm

中　国—湛江新港

CHINA－ZHANJIANGXINGANG

2021 年潮汐表　　21° 10′ N　　110° 25′ E

1 月

日期	潮时 时分	潮高 cm	日期	潮时 时分	潮高 cm
1 F	0648 1328 1750	54 283 150	16 SA	0043 0720 1358 1836	435 47 290 141
2 SA	0033 0723 1406 1829	433 56 282 151	17 SU	0122 0751 1429 1909	412 65 282 145
3 SU	0115 0800 1443 1908	422 65 278 155	18 M	0158 0820 1457 1941	381 86 274 154
4 M	0159 0836 1521 1949	402 80 273 161	19 TU E	0232 0849 1523 2015	346 106 270 169
5 TU	0244 0914 1602 2036	375 99 273 170	20 W ☽	0307 0916 1554 2057	310 126 270 187
6 W ☾ E	0334 0952 1650 2140	343 119 279 179	21 TH A	0349 0942 1638	274 145 273
7 TH	0433 1035 1746 2341	309 137 296 178	22 F	0015 0445 1011 1738	199 240 162 282
8 F	0544 1131 1847	277 152 322	23 SA	0210 0609 1134 1844	175 213 176 299
9 SA P	0148 0712 1242 1946	150 254 162 354	24 SU	0310 0826 1310 1944	145 205 181 322
10 SU	0300 0849 1351 2043	111 247 166 388	25 M	0353 1007 1409 2038	116 220 177 348
11 M	0357 1011 1452 2137	75 266 165 418	26 TU N	0428 1051 1457 2128	91 239 169 375
12 TU S	0447 1113 1547 2227	48 271 161 439	27 W	0459 1128 1543 2216	69 258 157 400
13 W ●	0531 1202 1637 2316	31 285 155 450	28 TH ○	0529 1202 1627 2301	52 275 142 420
14 TH	0611 1245 1722	27 294 147	29 F	0600 1234 1708 2346	39 288 127 433
15 F	0001 0647 1323 1801	448 33 295 142	30 SA	0632 1305 1748	34 297 115
			31 SU	0028 0704 1336 1827	436 38 301 108

2 月

日期	潮时 时分	潮高 cm	日期	潮时 时分	潮高 cm
1 M	0109 0735 1406 1904	427 50 302 107	16 TU	0135 0734 1402 1922	368 82 303 115
2 TU E	0149 0804 1438 1943	405 69 304 113	17 W	0204 0753 1421 1952	336 100 303 132
3 W P	0230 0829 1513 2026	372 92 306 126	18 TH A	0235 0808 1449 2023	301 118 303 151
4 TH ☾	0314 0853 1556 2120	330 116 310 144	19 F ☽	0311 0822 1527 2104	263 136 301 171
5 F	0406 0918 1650 2259	283 139 317 158	20 SA	0400 0838 1620	225 155 298
6 SA	0518 0953 1800	238 163 329	21 SU	0159 0526 0851 1731	174 194 176 300
7 SU	0159 0720 1119 1917	138 212 186 348	22 M	0305 1853	143 312
8 M S	0315 0935 1336 2029	101 225 190 373	23 TU N	0342 1018 1342 2009	114 223 195 334
9 TU	0406 1033 1454 2130	69 251 177 398	24 W	0408 1042 1443 2112	88 247 175 362
10 W	0446 1114 1550 2224	47 275 157 417	25 TH	0434 1109 1532 2205	65 269 149 390
11 TH ●	0519 1150 1635 2311	37 292 137 428	26 F	0502 1137 1616 2252	47 288 122 414
12 F	0549 1224 1714 2353	36 302 119 427	27 SA ○	0532 1204 1658 2335	35 305 96 428
13 SA	0618 1254 1748	42 305 107	28 SU	0602 1232 1737	32 320 76
14 SU	0031 0645 1321 1821	416 52 305 102			
15 M E	0104 0711 1343 1852	395 66 303 105			

3 月

日期	潮时 时分	潮高 cm	日期	潮时 时分	潮高 cm
1 M E	0016 0632 1259 1816	431 39 332 64	16 TU	0044 0627 1258 1834	368 76 334 78
2 TU P	0056 0659 1329 1855	418 55 343 62	17 W	0114 0647 1316 1905	343 89 339 88
3 W	0136 0724 1400 1934	391 75 350 72	18 TH A	0145 0704 1338 1935	315 104 342 103
4 TH	0217 0745 1435 2018	351 99 353 92	19 F	0219 0722 1407 2007	282 120 340 121
5 F	0304 0806 1517 2113	301 124 350 118	20 SA	0259 0742 1442 2047	246 139 333 140
6 SA ☾	0402 0829 1612 2248	250 150 343 140	21 SU ☽	0357 0804 1529 2156	213 161 321 158
7 SU S	0537 0856 1729	210 180 336	22 M N	0601 0818 1637	192 185 310
8 M	0222 1901	121 340	23 TU	0237 1810	139 308
9 TU	0323 0949 1349 2023	92 241 201 358	24 W	0304 0946 1319 1943	113 236 203 324
10 W	0359 1022 1457 2126	72 268 173 378	25 TH	0326 1009 1425 2053	89 260 172 350
11 TH	0424 1053 1543 2217	61 289 143 394	26 F	0352 1034 1514 2148	68 282 136 377
12 F	0448 1124 1621 2300	56 304 116 401	27 SA	0422 1059 1559 2235	53 304 100 398
13 SA ●	0512 1153 1656 2338	56 315 94 398	28 SU ○ E	0453 1126 1641 2318	46 327 68 408
14 SU E	0538 1218 1730	59 322 80	29 M	0523 1154 1722	47 351 44
15 M	0013 0603 1240 1802	386 66 328 75	30 TU P	0001 0552 1224 1803	405 56 373 31
			31 W	0043 0619 1256 1845	387 71 390 31

4 月

日期	潮时 时分	潮高 cm	日期	潮时 时分	潮高 cm
1 TH	0128 0645 1331 1928	355 92 399 44	16 F	0141 0629 1308 1923	285 113 372 81
2 F	0216 0710 1410 2016	313 115 396 68	17 SA	0224 0655 1339 1959	259 129 367 95
3 SA	0313 0737 1455 2114	269 142 381 98	18 SU N	0318 0724 1414 2044	233 149 354 111
4 SU ☾ S	0428 0807 1554 2251	231 171 359 122	19 M	0431 0757 1500 2148	214 172 336 126
5 M	0619 0849 1717	216 201 338	20 TU ☽	0611 0841 1607 2355	209 195 317 129
6 TU	0215 0821 1145 1851	107 233 219 333	21 W	0751 1027 1740	223 212 309
7 W	0259 0914 1345 2011	93 258 194 342	22 TH	0150 0845 1246 1913	110 244 197 317
8 TH	0321 0948 1442 2111	86 281 161 354	23 F	0227 0917 1357 2024	91 267 161 334
9 F	0339 1020 1523 2159	81 299 128 361	24 SA	0301 0945 1450 2120	77 291 121 352
10 SA	0402 1049 1600 2240	78 314 101 361	25 SU E	0334 1013 1537 2210	68 320 81 364
11 SU E	0427 1115 1636 2318	77 327 80 355	26 M	0407 1043 1622 2259	65 351 48 366
12 M ●	0454 1139 1711 2353	78 339 67 344	27 TU ○ P	0439 1116 1707 2347	69 383 23 357
13 TU	0519 1159 1745	83 351 61	28 W	0511 1152 1752	78 411 11
14 W A	0027 0543 1218 1818	328 91 362 63	29 TH	0038 0543 1230 1838	338 92 428 12
15 TH	0103 0605 1241 1851	308 101 370 70	30 F	0131 0615 1312 1925	313 110 431 27

时　区：−0800　　潮高基准面：在平均海面下 220　cm

中 国—湛江新港

CHINA－ZHANJIANGXINGANG

2021 年潮汐表　　21° 10′ N　　110° 25′ E

5 月

日期	潮时 时分	潮高 cm	日期	潮时 时分	潮高 cm
1 SA S	0229 0649 1356 2015	283 132 419 51	16 SU	0240 0641 1325 1955	251 136 378 71
2 SU	0332 0725 1447 2114	257 156 394 79	17 M	0333 0718 1404 2041	239 152 362 83
3 M ☾	0445 0809 1551 2234	240 181 364 102	18 TU	0432 0800 1453 2138	230 169 342 95
4 TU	0604 0914 1709	237 202 337	19 W ☽	0535 0853 1557 2250	228 184 323 103
5 W	0120 0721 1132 1830	107 246 206 323	20 TH	0637 1011 1715	235 192 311
6 TH	0152 0821 1317 1943	105 264 181 318	21 F	0012 0730 1200 1832	102 249 180 308
7 F	0214 0903 1416 2042	103 283 150 318	22 SA E	0115 0811 1323 1942	96 272 148 311
8 SA E	0241 0938 1500 2132	99 301 120 316	23 SU	0201 0848 1424 2046	90 301 109 314
9 SU	0310 1008 1540 2216	95 318 95 311	24 M	0241 0924 1517 2146	88 336 71 314
10 M	0339 1034 1618 2257	94 335 76 304	25 TU	0319 1003 1607 2246	89 373 38 311
11 TU ●A	0408 1058 1655 2339	95 351 64 296	26 W ○P	0357 1045 1657 2345	93 407 15 305
12 W	0437 1121 1731	99 366 57	27 TH	0436 1129 1746	101 433 3
13 TH	0021 0505 1147 1806	287 104 379 55	28 F S	0043 0516 1214 1834	298 111 445 4
14 F	0105 0534 1217 1840	276 112 386 57	29 SA	0140 0557 1301 1921	289 123 442 17
15 SA N	0151 0606 1249 1916	264 122 386 62	30 SU	0235 0639 1351 2010	279 137 425 38
			31 M	0330 0723 1444 2100	267 152 397 63

6 月

日期	潮时 时分	潮高 cm	日期	潮时 时分	潮高 cm
1 TU	0426 0811 1542 2155	256 166 364 86	16 W	0401 0756 1451 2116	248 147 352 73
2 W ☾	0523 0910 1645 2256	251 179 332 103	17 TH	0446 0844 1544 2206	244 157 332 87
3 TH	0621 1040 1752 2358	252 185 306 112	18 F ☽	0532 0943 1643 2301	247 163 313 98
4 F E	0718 1231 1858	262 173 287	19 SA E	0618 1106 1748 2358	261 160 296 106
5 SA	0052 0807 1348 2000	115 278 149 274	20 SU	0705 1244 1858	284 140 281
6 SU	0137 0847 1441 2058	114 297 123 266	21 M	0053 0753 1402 2016	111 316 107 269
7 M	0216 0920 1526 2153	112 317 100 261	22 TU	0145 0842 1505 2137	115 352 71 264
8 TU A	0252 0950 1606 2246	112 336 81 259	23 W P	0235 0932 1601 2250	118 388 40 267
9 W	0327 1019 1645 2336	113 355 66 259	24 TH ○	0324 1023 1654 2352	121 419 17 277
10 TH ●	0402 1051 1721	115 373 56	25 F S	0413 1114 1743	123 440 5
11 F	0024 0437 1125 1756	261 117 386 49	26 SA	0047 0501 1205 1829	286 124 449 5
12 SA N	0109 0515 1202 1832	263 120 393 45	27 SU	0135 0547 1255 1912	290 124 444 16
13 SU	0152 0553 1241 1909	263 124 393 46	28 M	0221 0632 1343 1953	288 126 425 34
14 M	0235 0632 1321 1949	260 130 385 51	29 TU	0304 0714 1431 2032	280 130 396 56
15 TU	0318 0713 1404 2031	254 138 371 60	30 W	0347 0757 1517 2111	270 139 361 79

7 月

日期	潮时 时分	潮高 cm	日期	潮时 时分	潮高 cm
1 TH ☾ E	0429 0844 1605 2152	262 152 323 99	16 F E	0348 0825 1520 2118	269 127 339 87
2 F	0514 0944 1656 2238	259 166 287 116	17 SA ☽	0427 0915 1610 2155	275 137 309 106
3 SA	0603 1126 1755 2331	264 172 258 128	18 SU	0513 1024 1710 2239	288 145 276 125
4 SU	0654 1324 1905	277 158 236	19 M	0608 1209 1830 2340	308 140 246 142
5 M A	0029 0742 1433 2027	136 294 134 225	20 TU	0709 1359 2016	336 113 231
6 TU	0122 0825 1522 2146	139 315 110 226	21 W P	0055 0812 1511 2154	153 366 79 239
7 W	0210 0906 1603 2247	140 336 89 236	22 TH S	0206 0914 1608 2300	155 397 48 261
8 TH	0254 0947 1640 2336	138 357 71 249	23 F	0309 1012 1656 2350	149 423 27 282
9 F N	0337 1028 1714	134 377 56	24 SA ○	0405 1106 1738	139 441 17
10 SA ●	0018 0419 1110 1748	261 128 392 45	25 SU	0034 0454 1156 1817	297 126 448 18
11 SU	0057 0501 1152 1822	271 122 402 37	26 M	0113 0539 1242 1851	304 115 441 29
12 M	0134 0543 1234 1858	277 116 405 35	27 TU	0150 0620 1325 1924	303 108 421 45
13 TU	0208 0623 1315 1933	277 114 400 40	28 W	0224 0658 1404 1955	297 109 391 64
14 W	0242 0703 1355 2009	274 115 386 52	29 TH E	0255 0735 1440 2024	290 118 354 85
15 TH	0314 0742 1436 2044	270 119 366 68	30 F	0324 0814 1516 2053	284 134 315 106
			31 SA ☾	0354 0858 1556 2122	282 154 276 127

8 月

日期	潮时 时分	潮高 cm	日期	潮时 时分	潮高 cm
1 SU	0431 1003 1648 2155	284 174 240 147	16 M	0418 0959 1652 2130	329 142 250 155
2 M A	0523 1323 1813 2249	289 173 212 167	17 TU P	0523 1201 1842 2228	338 148 220 182
3 TU	0626 1448 2028	300 146 205	18 W S	0639 1437 2058	353 118 227
4 W	0024 0729 1533 2158	178 317 120 222	19 TH	0029 0757 1535 2208	198 375 84 256
5 TH N	0136 0828 1606 2245	177 338 96 242	20 F	0205 0905 1616 2253	189 401 59 283
6 F	0233 0921 1634 2323	168 361 76 262	21 SA	0312 1004 1650 2331	168 424 46 304
7 SA	0322 1010 1702 2357	153 384 59 279	22 SU ○	0404 1055 1721	143 438 42
8 SU ●	0407 1056 1733	136 403 46	23 M	0006 0448 1140 1751	318 121 441 46
9 M	0029 0450 1139 1805	292 119 417 39	24 TU	0038 0527 1220 1820	325 104 430 56
10 TU	0059 0531 1219 1837	300 105 422 39	25 W E	0107 0603 1257 1847	327 96 409 70
11 W	0127 0610 1258 1907	305 95 416 48	26 TH	0133 0638 1330 1912	327 98 379 86
12 TH E	0154 0648 1335 1936	308 93 400 63	27 F	0154 0712 1401 1934	327 109 345 105
13 F	0221 0726 1414 2003	312 97 373 83	28 SA	0213 0746 1433 1953	327 127 307 124
14 SA	0252 0807 1455 2028	317 108 337 105	29 SU	0236 0823 1511 2012	326 148 269 145
15 SU ☽	0330 0854 1545 2055	323 124 294 128	30 M ☾ A	0310 0907 1605 2033	323 171 232 167
			31 TU	0359 1358 1800 2057	317 183 206 192

时　区：－0800　　　　潮高基准面：在平均海面下 220　cm

中　国—湛江新港

CHINA－ZHANJIANGXINGANG

2021 年潮汐表　　　21° 10′ N　　　110° 25′ E

9 月

日期	潮时 时分	潮高 cm	日期	潮时 时分	潮高 cm
1 W	0511 1504	315 153	16 TH	0625 1504 2119	362 113 259
2 TH N	0639 1535 2158	322 127 243	17 F	0059 0751 1539 2155	232 377 91 288
3 F	0117 0756 1554 2226	213 341 104 266	18 SA	0228 0858 1603 2228	203 398 80 311
4 SA	0222 0859 1614 2255	193 366 85 286	19 SU	0319 0951 1626 2259	169 415 76 328
5 SU	0312 0950 1639 2322	167 391 69 303	20 M ○	0400 1037 1650 2328	138 422 76 341
6 M	0356 1036 1707 2348	139 412 59 319	21 TU E	0438 1117 1717 2354	114 418 81 351
7 TU ●	0438 1117 1737	114 426 56	22 W	0514 1153 1742	99 405 90
8 W E	0012 0517 1156 1806	333 93 429 61	23 TH	0017 0548 1226 1806	360 93 384 102
9 TH	0037 0555 1234 1832	348 80 420 73	24 F	0036 0622 1258 1825	368 96 358 116
10 F	0104 0633 1313 1856	362 76 398 91	25 SA	0055 0654 1331 1842	374 107 328 131
11 SA P	0134 0712 1354 1918	373 82 363 112	26 SU A	0118 0725 1406 1900	377 123 295 148
12 SU	0207 0754 1440 1940	379 98 318 136	27 M	0146 0758 1450 1920	374 142 261 168
13 M ☽	0247 0844 1539 2005	378 121 271 163	28 TU	0219 0838 1558 1942	363 162 230 191
14 TU	0338 0954 1711 2035	370 146 232 194	29 W ☾ N	0303 0947	347 180
15 W S	0452 1400	361 144	30 TH	0410 1437	331 158

10 月

日期	潮时 时分	潮高 cm	日期	潮时 时分	潮高 cm
1 F	0552 1501 2131	326 136 266	16 SA	0138 0740 1506 2124	233 366 110 308
2 SA	0110 0726 1518 2151	236 339 116 287	17 SU	0236 0842 1525 2153	195 377 108 328
3 SU	0215 0833 1539 2212	205 362 99 307	18 M	0316 0931 1547 2220	160 384 107 345
4 M	0301 0924 1605 2234	170 386 87 327	19 TU E	0352 1013 1612 2244	131 383 109 362
5 TU	0343 1008 1633 2257	136 405 82 350	20 W ○	0428 1050 1637 2306	109 375 114 377
6 W ●E	0423 1050 1700 2322	105 415 84 376	21 TH	0503 1126 1701 2327	97 362 121 392
7 TH	0503 1130 1727 2351	81 413 93 401	22 F	0538 1201 1721 2349	92 346 132 405
8 F P	0543 1212 1751	66 399 107	23 SA	0611 1237 1740	95 326 143
9 SA	0023 0624 1257 1814	422 63 372 125	24 SU A	0015 0643 1316 1800	412 104 304 155
10 SU	0058 0706 1345 1838	433 72 334 147	25 M	0043 0713 1400 1824	413 115 279 170
11 M	0136 0752 1443 1904	433 91 293 172	26 TU N	0115 0747 1454 1850	404 130 255 188
12 TU S	0220 0848 1557 1932	418 118 256 200	27 W	0150 0829 1610 1918	388 146 237 209
13 W ☽	0315 1014 1750 2004	394 142 241 230	28 TH ☾	0232 0934	365 161
14 TH	0435 1351	369 132	29 F	0333 1315	340 160
15 F	0616 1440 2053	359 118 286	30 SA	0508 1355 2037	325 143 273
			31 SU	0053 0645 1424 2056	240 329 128 294

11 月

日期	潮时 时分	潮高 cm	日期	潮时 时分	潮高 cm
1 M	0159 0755 1452 2116	205 345 117 317	16 TU	0306 0903 1501 2136	152 330 133 350
2 TU E	0245 0848 1520 2139	166 361 111 346	17 W	0345 0946 1529 2159	125 325 134 371
3 W	0328 0936 1548 2207	128 373 111 380	18 TH	0422 1027 1556 2222	106 318 138 390
4 TH ●	0410 1023 1616 2239	94 376 115 415	19 F ○	0459 1108 1619 2248	94 310 145 408
5 F P	0453 1111 1643 2315	68 370 124 445	20 SA	0534 1150 1642 2317	88 302 152 421
6 SA	0537 1201 1712 2354	52 354 137 465	21 SU A	0608 1234 1707 2349	88 293 159 427
7 SU	0622 1254 1742	48 331 154	22 M N	0640 1319 1736	91 282 168
8 M S	0035 0709 1352 1814	471 58 305 174	23 TU	0023 0712 1406 1807	425 98 270 179
9 TU	0119 0801 1456 1849	460 77 279 196	24 W	0058 0748 1456 1841	414 107 258 192
10 W	0207 0902 1611 1928	434 102 262 219	25 TH	0135 0830 1552 1917	395 119 249 207
11 TH ☽	0305 1028 1740 2024	399 124 258 241	26 F	0218 0924 1658 1959	371 132 245 222
12 F	0421 1246 1908 2337	365 131 270 247	27 SA ☾	0313 1037 1808 2108	345 141 251 234
13 SA	0552 1337 2005	343 132 289	28 SU	0426 1206 1902 2351	324 142 266 230
14 SU	0126 0713 1407 2041	218 336 133 309	29 M	0548 1308 1939	314 138 289
15 M E	0223 0814 1433 2110	184 333 133 329	30 TU E	0128 0702 1349 2012	198 314 136 320

12 月

日期	潮时 时分	潮高 cm	日期	潮时 时分	潮高 cm
1 W	0225 0807 1423 2047	158 317 135 358	16 TH	0341 0928 1446 2117	123 264 155 363
2 TH	0314 0907 1455 2126	119 319 137 398	17 F	0422 1021 1518 2148	102 264 157 385
3 F	0402 1006 1530 2208	82 318 142 436	18 SA A	0500 1111 1548 2221	87 267 159 403
4 SA ●P	0450 1106 1607 2251	54 314 148 465	19 SU ○	0535 1157 1620 2257	78 271 160 417
5 SU	0538 1206 1647 2337	36 309 157 481	20 M N	0607 1240 1654 2334	73 274 161 424
6 M S	0627 1304 1729	30 302 167	21 TU	0639 1320 1729	71 275 162
7 TU	0023 0716 1359 1813	480 37 293 178	22 W	0012 0710 1359 1806	423 73 272 164
8 W	0111 0806 1453 1857	463 55 282 190	23 TH	0050 0744 1435 1842	414 79 267 169
9 TH	0201 0857 1549 1944	433 79 271 202	24 F	0129 0820 1512 1919	398 89 260 177
10 F	0255 0951 1647 2043	394 105 264 214	25 SA	0210 0858 1550 1959	376 103 256 186
11 SA ☽	0354 1049 1750 2240	354 127 265 221	26 SU	0256 0938 1634 2048	350 118 258 194
12 SU E	0503 1150 1852	318 141 276	27 M ☾E	0350 1020 1723 2202	324 132 269 199
13 M	0048 0617 1245 1941	205 292 149 295	28 TU	0454 1109 1817	300 143 291
14 TU	0204 0728 1331 2017	178 276 152 317	29 W	0034 0607 1205 1910	186 280 152 323
15 W	0257 0831 1410 2048	149 267 153 340	30 TH	0207 0729 1305 2003	150 266 158 361
			31 F	0309 0854 1402 2055	109 260 161 401

时　区：－0800　　　　潮高基准面：在平均海面下 220　cm

中 国 — 闸 坡

CHINA — ZHAPO

2021 年潮汐表　　21° 35′ N　　111° 49′ E

1 月

日期	潮时 时分	潮高 cm	日期	潮时 时分	潮高 cm
1 F	0627 1301 1711 2318	32 190 143 331	16 SA	0703 1317 1808	32 197 133
2 SA	0707 1326 1751 2359	34 189 144 324	17 SU	0008 0736 1340 1844	317 49 195 134
3 SU	0746 1349 1831	41 189 146	18 M	0046 0807 1403 1921	294 66 196 139
4 M	0041 0827 1420 1916	310 53 191 149	19 TU E	0122 0834 1432 2005	266 82 197 146
5 TU	0125 0907 1503 2015	289 68 196 151	20 W ☽	0159 0859 1514 2107	235 97 200 152
6 W ☾ E	0216 0948 1557 2135	263 84 207 150	21 TH A	0240 0924 1615 2303	204 110 207 151
7 TH	0318 1031 1657 2324	233 100 225 140	22 F	0340 0954 1724	175 123 218
8 F	0440 1118 1755	205 114 249	23 SA	0104 0538 1038 1821	134 154 134 233
9 SA P	0058 0619 1213 1848	115 186 127 276	24 SU	0223 0837 1143 1907	109 152 142 251
10 SU	0216 0810 1311 1938	84 178 136 303	25 M	0309 0957 1254 1948	85 161 146 270
11 M	0320 0950 1408 2027	54 182 142 325	26 TU N	0347 1038 1356 2029	64 171 145 289
12 TU S	0414 1057 1504 2115	30 190 144 340	27 W	0423 1110 1450 2110	46 180 140 306
13 W ●	0502 1144 1557 2201	16 196 142 347	28 TH ○	0458 1136 1540 2151	32 187 133 320
14 TH	0546 1221 1645 2246	13 199 138 345	29 F	0534 1155 1625 2233	23 192 125 329
15 F	0626 1252 1728 2328	19 199 134 335	30 SA	0610 1209 1708 2314	21 197 118 330
			31 SU	0644 1227 1748 2355	25 203 112 323

2 月

日期	潮时 时分	潮高 cm	日期	潮时 时分	潮高 cm
1 M	0718 1252 1830	36 211 109	16 TU	0025 0715 1253 1900	278 72 222 107
2 TU E	0035 0750 1324 1916	305 52 218 109	17 W	0056 0731 1319 1941	252 86 224 114
3 W P	0115 0819 1402 2010	279 72 226 113	18 TH A	0125 0745 1350 2032	223 100 226 122
4 TH ☾	0159 0848 1447 2122	245 93 235 117	19 F ☽	0156 0758 1427 2147	193 113 226 127
5 F	0252 0918 1546 2304	208 113 244 115	20 SA	0235 0807 1515 2343	163 127 226 123
6 SA	0413 0959 1700	172 133 256	21 SU	0407 0609 1630	138 137 229
7 SU	0049 0758 1116 1815	98 155 148 272	22 M	0145 1805	105 240
8 M S	0225 0950 1251 1921	72 170 154 291	23 TU N	0246 1005 1225 1913	83 167 158 257
9 TU	0326 1026 1405 2019	47 183 150 307	24 W	0325 1021 1342 2008	62 178 150 277
10 W	0412 1054 1506 2110	30 193 139 320	25 TH	0400 1037 1442 2056	44 187 137 297
11 TH ●	0452 1118 1557 2156	23 199 126 326	26 F	0434 1047 1532 2141	31 196 120 314
12 F	0528 1138 1640 2238	24 203 115 325	27 SA ○	0508 1059 1617 2223	24 207 103 323
13 SA	0601 1156 1718 2316	32 207 106 316	28 SU	0540 1117 1659 2304	25 221 88 323
14 SU	0630 1213 1753 2352	44 212 103 300			
15 M E	0655 1231 1826	58 217 103			

3 月

日期	潮时 时分	潮高 cm	日期	潮时 时分	潮高 cm
1 M E	0610 1142 1741 2344	34 236 76 312	16 TU	0604 1144 1812	76 249 78
2 TU P	0638 1212 1825	49 250 71	17 W	0003 0618 1209 1847	255 87 255 80
3 W	0023 0704 1245 1913	289 68 262 72	18 TH A	0033 0632 1236 1927	231 99 257 86
4 TH	0103 0728 1323 2010	257 89 268 79	19 F	0102 0645 1304 2014	206 111 257 94
5 F	0147 0750 1405 2122	218 112 270 88	20 SA	0133 0655 1336 2118	180 124 253 102
6 SA ☾	0245 0808 1457 2256	179 133 267 92	21 SU ☽	0214 0643 1417 2242	155 136 247 105
7 SU S	1611	262	22 M N	1515	240
8 M	0047 1749	83 264	23 TU	0026 1650	97 236
9 TU	0222 0946 1302 1911	65 184 164 275	24 W	0154 0936 1213 1837	80 178 167 247
10 W	0314 1003 1414 2013	50 194 146 287	25 TH	0243 0937 1333 1944	63 187 151 266
11 TH	0354 1017 1508 2102	42 202 126 297	26 F	0322 0939 1431 2037	49 198 129 285
12 F	0428 1030 1552 2144	41 209 108 301	27 SA	0356 0949 1519 2123	40 214 104 300
13 SA ●	0458 1044 1630 2222	46 219 94 299	28 SU ○E	0428 1009 1605 2206	39 234 80 306
14 SU E	0525 1101 1705 2257	54 229 84 290	29 M	0458 1035 1649 2248	45 257 59 301
15 M	0547 1121 1738 2331	64 240 79 275	30 TU P	0526 1106 1735 2330	57 278 45 284
			31 W	0553 1140 1823	73 296 39

4 月

日期	潮时 时分	潮高 cm	日期	潮时 时分	潮高 cm
1 TH	0012 0619 1215 1916	257 93 306 41	16 F	0018 0542 1204 1921	206 115 284 64
2 F	0058 0644 1254 2017	224 114 307 51	17 SA	0052 0559 1234 2008	186 125 281 71
3 SA	0154 0705 1338 2127	188 136 299 63	18 SU N	0133 0612 1309 2106	167 137 274 79
4 SU ☾ S	0340 0646 1430 2250	159 155 283 72	19 M	0252 0557 1351 2213	151 147 262 83
5 M	1541	265	20 TU ☽	1447 2332	249 82
6 TU	0032 0859 1141 1728	73 186 176 255	21 W	1609	238
7 W	0153 0908 1309 1856	66 195 158 257	22 TH	0049 0835 1156 1759	73 182 166 240
8 TH	0242 0916 1412 1956	61 202 135 264	23 F	0147 0826 1315 1915	64 193 144 253
9 F	0318 0924 1501 2043	61 212 113 268	24 SA	0229 0836 1413 2011	57 212 116 266
10 SA	0349 0937 1542 2123	64 225 94 269	25 SU E	0305 0858 1503 2100	57 236 86 273
11 SU E	0415 0955 1619 2201	70 240 79 265	26 M	0338 0927 1552 2147	61 265 58 272
12 M ●	0436 1017 1653 2237	77 255 68 256	27 TU ○P	0409 1000 1642 2233	71 292 35 262
13 TU	0453 1042 1728 2311	86 267 61 242	28 W	0439 1035 1733 2320	84 316 20 243
14 W A	0509 1108 1803 2345	96 277 58 225	29 TH	0510 1113 1826	100 331 14
15 TH	0525 1136 1840	105 283 59	30 F	0013 0542 1153 1924	218 118 336 18

时　区：－0800　　　　潮高基准面：在平均海面下 170　cm

中　国—闸　坡

CHINA－ZHAPO

2021 年潮汐表　　21° 35′ N　　111° 49′ E

5月						6月						7月						8月					
日期	潮时 时分	潮高 cm	日期	潮时 时分	潮高 cm	日期	潮时 时分	潮高 cm	日期	潮时 时分	潮高 cm	日期	潮时 时分	潮高 cm	日期	潮时 时分	潮高 cm	日期	潮时 时分	潮高 cm	日期	潮时 时分	潮高 cm
1 SA S	0115 0613 1236 2024	192 136 329 29	16 SU	0112 0533 1217 2008	171 135 294 52	1 TU	0400 0759 1405 2206	171 158 285 52	16 W	0251 0637 1334 2127	167 142 276 49	1 TH ☾ E	0322 0844 1434 2201	181 141 248 74	16 F E	0227 0744 1405 2121	193 124 259 68	1 SU	0330 1042 1536 2123	214 132 176 118	16 M	0306 1020 1537 2106	253 107 181 133
2 SU	0243 0642 1323 2126	172 153 312 44	17 M	0220 0556 1256 2058	163 144 284 58	2 W ☾	0504 0929 1504 2302	173 160 255 67	17 TH	0336 0737 1424 2212	169 146 258 58	2 F	0407 1008 1528 2238	187 142 217 88	17 SA ☽	0311 0853 1456 2154	202 124 232 84	2 M A	0432 1227 1705 2156	220 120 152 130	17 TU P	0408 1202 1745 2202	261 96 156 152
3 M ☾	1417 2236	287 58	18 TU	0349 0613 1341 2153	158 152 270 63	3 TH	0601 1110 1616 2355	180 153 230 78	18 F ☽	0426 0906 1524 2257	177 145 239 68	3 SA	0500 1148 1635 2313	197 134 190 100	18 SU	0404 1026 1601 2231	216 119 203 100	3 TU	0539 1353 2007 2301	231 101 146 141	18 W S	0526 1340 2143	273 75 170
4 TU	1524 2353	262 67	19 W ☽	1436 2253	254 65	4 F E	0635 1229 1735	192 138 212	19 SA E	0515 1047 1637 2341	192 136 220 77	4 SU	0555 1305 1755 2346	211 118 171 109	19 M	0504 1207 1725 2318	235 103 178 115	4 W	0637 1454 2141	246 80 156	19 TH	0005 0641 1456 2211	163 290 51 184
5 W	0803 1139 1658	187 166 243	20 TH	0625 0924 1547 2353	169 165 240 66	5 SA	0039 0705 1334 1844	86 208 119 201	20 SU	0603 1223 1757	214 115 206	5 M A	0643 1412 1919	228 97 160	20 TU	0605 1331 1915	259 78 164	5 TH N	0020 0728 1537 2218	146 262 61 167	20 F	0131 0747 1548 2234	160 308 32 195
6 TH	0100 0809 1256 1824	72 195 147 236	21 F	0646 1123 1718	182 154 233	6 SU	0116 0736 1430 1944	93 226 98 194	21 M	0023 0649 1336 1913	88 243 86 196	6 TU	0023 0725 1507 2037	117 245 76 158	21 W P	0017 0703 1449 2111	128 285 50 166	6 F	0128 0814 1615 2248	146 279 45 177	21 SA	0240 0844 1632 2254	149 323 23 203
7 F	0148 0814 1357 1926	75 206 124 234	22 SA E	0045 0710 1248 1837	67 201 130 233	7 M	0145 0807 1517 2037	99 245 78 188	22 TU	0106 0734 1442 2026	98 274 56 189	7 W	0104 0803 1552 2148	123 263 57 160	22 TH S	0122 0758 1553 2228	136 309 24 175	7 SA	0226 0859 1651 2312	141 296 34 185	22 SU ○	0336 0934 1711 2312	134 333 24 210
8 SA E	0224 0828 1447 2015	79 221 103 233	23 SU	0128 0739 1352 1941	70 227 100 235	8 TU A	0211 0838 1600 2127	106 262 61 184	23 W P	0150 0820 1546 2138	109 303 28 185	8 TH	0148 0841 1632 2244	127 279 42 166	23 F	0227 0851 1646 2314	139 328 7 185	8 SU ●	0318 0941 1725 2331	133 310 26 191	23 M	0423 1019 1745 2330	120 334 32 217
9 SU	0253 0849 1529 2059	83 238 84 229	24 M	0206 0813 1449 2037	76 257 69 233	9 W	0237 0910 1640 2218	112 278 47 180	24 TH ○	0238 0906 1646 2251	119 327 6 184	9 F N	0234 0918 1711 2328	129 293 31 172	24 SA ○	0330 0942 1732 2349	136 340 0 191	9 M	0405 1023 1759 2347	125 319 25 199	24 TU	0504 1100 1816 2350	109 327 46 226
10 M	0317 0914 1608 2139	90 256 69 224	25 TU	0241 0850 1544 2132	85 289 40 226	10 TH ●	0305 0942 1719 2310	118 291 36 177	25 F S	0330 0953 1741 2355	127 343 - 7 185	10 SA ●	0320 0957 1748	129 304 24	25 SU	0426 1031 1815	129 344 3	10 TU	0447 1104 1831	116 323 29	25 W E	0542 1138 1841	103 311 63
11 TU ●A	0338 0941 1645 2220	97 272 56 216	26 W ○P	0318 0929 1641 2228	96 317 17 215	11 F	0338 1016 1758	122 301 31	26 SA	0424 1040 1831	131 349 - 9	11 SU	0003 0406 1037 1825	176 127 311 21	26 M	0018 0515 1117 1854	194 122 338 16	11 W	0007 0527 1143 1901	207 108 318 39	26 TH	0012 0617 1214 1901	234 102 288 80
12 W	0357 1010 1722 2300	105 284 47 205	27 TH	0356 1011 1737 2329	108 338 2 202	12 SA N	0000 0414 1051 1838	175 126 306 29	27 SU	0047 0517 1128 1917	185 134 345 0	12 M	0031 0449 1117 1901	179 125 313 22	27 TU	0044 0559 1200 1929	197 117 323 33	12 TH E	0032 0608 1222 1929	217 103 304 54	27 F	0038 0654 1248 1914	241 106 260 96
13 TH	0418 1039 1800 2341	112 294 43 194	28 F S	0437 1053 1833	121 348 - 3	13 SU	0047 0451 1128 1918	173 130 306 31	28 M	0130 0608 1215 2001	183 134 330 16	13 TU	0055 0529 1158 1938	182 124 309 28	28 W	0108 0638 1240 2000	199 116 300 53	13 F	0103 0652 1301 1953	226 102 281 72	28 SA	0106 0735 1322 1923	245 112 230 111
14 F	0441 1110 1839	119 299 42	29 SA	0036 0520 1138 1927	190 133 347 2	14 M	0129 0526 1208 2000	171 134 301 35	29 TU	0208 0656 1301 2043	180 135 308 36	14 W	0120 0608 1239 2013	184 123 299 38	29 TH E	0135 0718 1320 2026	203 119 271 72	14 SA	0137 0744 1342 2016	235 103 252 92	29 SU	0137 0828 1357 1932	246 120 198 125
15 SA N	0023 0507 1142 1922	182 126 299 46	30 SU	0145 0605 1225 2019	180 144 334 15	15 TU	0209 0559 1249 2043	169 138 290 41	30 W	0244 0746 1347 2123	179 138 279 56	15 TH	0151 0651 1321 2048	187 123 282 52	30 F	0206 0802 1359 2047	207 125 239 90	15 SU ☽	0218 0849 1430 2039	244 107 217 112	30 M ☾ A	0213 0943 1443 1934	245 125 169 138
			31 M	0254 0655 1314 2112	174 152 312 33										31 SA ☾	0243 0903 1442 2104	210 131 207 105				31 TU	0257 1130	243 122

时　区：－0800　　潮高基准面：在平均海面下 170　cm

中 国—闸 坡

CHINA－ZHAPO

2021 年潮汐表　　21° 35′ N　　111° 49′ E

9 月

日期	潮时 时分	潮高 cm	日期	潮时 时分	潮高 cm
1 W	0400 1321	243 108	16 TH	0458 1345 2138	281 76 202
2 TH N	0536 1428 2156	248 88 180	17 F	0034 0632 1445 2150	187 288 61 211
3 F	0009 0652 1510 2206	173 262 70 190	18 SA	0149 0742 1528 2201	169 301 53 218
4 SA	0129 0751 1545 2219	164 280 55 198	19 SU	0246 0836 1604 2210	147 312 53 227
5 SU	0227 0840 1618 2229	151 298 45 207	20 M ○	0332 0921 1636 2222	126 317 59 238
6 M	0315 0924 1650 2240	135 314 40 218	21 TU E	0413 1002 1703 2240	110 315 69 251
7 TU ●	0358 1005 1719 2257	118 323 43 233	22 W	0450 1039 1725 2301	98 305 82 264
8 W E	0439 1045 1747 2321	102 325 51 249	23 TH	0525 1114 1742 2325	92 289 95 275
9 TH	0520 1123 1812 2349	90 316 65 265	24 F	0600 1147 1757 2351	90 268 109 282
10 F	0603 1201 1836	82 296 84	25 SA	0638 1219 1810	93 243 123
11 SA P	0021 0650 1240 1858	279 80 268 104	26 SU A	0017 0719 1250 1822	284 99 216 136
12 SU	0056 0745 1323 1918	288 85 233 126	27 M	0045 0808 1322 1828	283 107 190 149
13 M ☽	0136 0853 1418 1930	292 93 195 148	28 TU	0116 0911 1408 1748	278 115 167 159
14 TU	0223 1020	290 98	29 W ☾ N	0156 1032	270 119
15 W S	0325 1203	284 92	30 TH	0251 1217	260 112

10 月

日期	潮时 时分	潮高 cm	日期	潮时 时分	潮高 cm
1 F	0419 1340 2131	253 97 203	16 SA	0047 0625 1414 2107	190 279 80 229
2 SA	0010 0615 1426 2129	193 260 81 210	17 SU	0152 0732 1452 2111	164 284 81 238
3 SU	0129 0725 1502 2129	176 276 70 219	18 M	0241 0821 1522 2119	138 287 85 251
4 M	0221 0817 1534 2133	154 293 64 233	19 TU E	0323 0903 1548 2135	117 287 92 267
5 TU	0304 0902 1603 2149	130 306 64 252	20 W ○	0401 0942 1610 2156	100 281 102 283
6 W ●E	0346 0943 1631 2212	105 312 71 275	21 TH	0438 1018 1630 2220	88 270 112 297
7 TH	0428 1023 1658 2240	84 308 83 298	22 F	0513 1054 1648 2246	80 255 123 306
8 F P	0513 1103 1724 2312	67 294 99 317	23 SA	0550 1128 1707 2312	76 237 134 312
9 SA	0559 1145 1750 2346	59 270 118 330	24 SU A	0628 1202 1725 2338	78 218 145 313
10 SU	0651 1230 1816	59 239 139	25 M	0709 1234 1742	83 199 157
11 M	0023 0749 1326 1838	334 66 206 161	26 TU N	0007 0755 1314 1748	310 91 181 168
12 TU S	0105 0858	328 78	27 W	0040 0851	301 100
13 W ☽	0155 1017	313 87	28 TH ☾	0119 0955	287 106
14 TH	0300 1153 2051 2308	294 90 214 208	29 F	0212 1112	271 107
15 F	0442 1322 2059	279 84 223	30 SA	0330 1232 2045 2351	256 100 212 199
			31 SU	0528 1327 2029	253 91 219

11 月

日期	潮时 时分	潮高 cm	日期	潮时 时分	潮高 cm
1 M	0111 0651 1407 2026	176 262 86 234	16 TU	0232 0759 1428 2034	129 247 110 266
2 TU E	0203 0748 1440 2039	148 272 86 257	17 W	0315 0844 1453 2056	108 242 117 284
3 W	0249 0836 1511 2103	117 279 91 284	18 TH	0353 0926 1516 2121	90 235 125 300
4 TH ●	0333 0921 1540 2132	87 278 100 313	19 F ○	0430 1009 1540 2147	75 226 133 312
5 F P	0420 1006 1611 2205	62 270 113 338	20 SA	0507 1052 1605 2214	66 216 141 321
6 SA	0508 1053 1643 2242	43 253 128 356	21 SU A	0544 1140 1631 2243	61 205 149 325
7 SU	0600 1147 1717 2320	34 231 146 363	22 M N	0623 1238 1659 2313	61 195 156 325
8 M S	0655 1259 1751	36 209 164	23 TU	0703 1352 1726 2346	65 187 164 319
9 TU	0002 0754 1509 1825	359 45 194 181	24 W	0746 1508 1747	72 182 173
10 W	0048 0855	343 61	25 TH	0021 0833	308 80
11 TH ☽	0142 1001	318 77	26 F	0102 0925	292 88
12 F	0248 1118 1951 2305	290 89 217 201	27 SA ☾	0151 1021	274 93
13 SA	0422 1231 2005	267 95 224	28 SU	0257 1121 1907 2252	255 96 203 189
14 SU	0037 0600 1322 2009	180 256 100 234	29 M	0430 1216 1905	241 98 219
15 M E	0142 0708 1359 2018	154 251 104 249	30 TU E	0036 0603 1301 1923	166 236 101 243

12 月

日期	潮时 时分	潮高 cm	日期	潮时 时分	潮高 cm
1 W	0139 0712 1338 1950	134 236 107 273	16 TH	0310 0837 1355 2024	98 194 134 284
2 TH	0233 0811 1415 2023	100 234 114 305	17 F	0350 0937 1427 2052	78 190 139 299
3 F	0324 0908 1453 2100	67 229 124 335	18 SA A	0427 1038 1501 2122	63 189 143 311
4 SA ●P	0417 1007 1533 2139	40 221 135 358	19 SU ○	0504 1135 1537 2153	52 189 146 319
5 SU	0510 1119 1616 2222	21 212 146 372	20 M N	0540 1223 1614 2226	46 189 148 324
6 M S	0604 1241 1701 2306	12 205 157 373	21 TU	0617 1306 1651 2301	45 188 150 324
7 TU	0657 1357 1747 2353	15 200 166 362	22 W	0654 1343 1725 2337	47 186 153 318
8 W	0748 1502 1835	28 197 173	23 TH	0732 1415 1757	53 183 156
9 TH	0042 0839 1603 1929	341 47 195 180	24 F	0015 0811 1443 1829	307 60 181 160
10 F	0135 0930 1708 2039	312 69 196 184	25 SA	0054 0851 1515 1912	292 70 182 164
11 SA ☽	0232 1024 1807 2220	279 88 203 182	26 SU	0137 0931 1600 2022	272 81 188 167
12 SU E	0342 1118 1837	248 103 215	27 M ☾E	0229 1013 1649 2156	249 92 201 163
13 M	0008 0510 1208 1901	168 224 114 230	28 TU	0337 1056 1736 2350	226 103 222 147
14 TU	0125 0629 1249 1927	146 209 121 249	29 W	0506 1142 1821	206 114 249
15 W	0224 0737 1324 1955	121 199 128 267	30 TH	0115 0636 1232 1906	117 193 124 280
			31 F	0222 0806 1324 1951	83 187 133 311

时　区：－0800　　潮高基准面：在平均海面下 170 cm

中　国—澳　门

CHINA－AOMEN(MACAU)

2021 年潮汐表　　22° 13′ N　　113° 33′ E

1月 日期	潮时 时分	潮高 cm	日期	潮时 时分	潮高 cm	2月 日期	潮时 时分	潮高 cm	日期	潮时 时分	潮高 cm	3月 日期	潮时 时分	潮高 cm	日期	潮时 时分	潮高 cm	4月 日期	潮时 时分	潮高 cm	日期	潮时 时分	潮高 cm
1 F	0601 1302 1645 2240	75 200 181 320	16 SA	0633 1355 1741 2335	71 204 167 304	1 M	0656 1308 1813	84 217 160	16 TU	0001 0703 1330 1858	275 115 226 154	1 M E	0549 1139 1725 2325	87 234 134 302	16 TU	0552 1150 1802 2346	123 246 131 259	1 TH	0024 0616 1151 1902	260 153 296 100	16 F	0011 0549 1129 1912	224 171 287 120
2 SA	0642 1343 1722 2319	77 202 184 315	17 SU	0711 1433 1825	85 207 171	2 TU E	0007 0734 1340 1904	298 101 226 161	17 W	0033 0729 1347 1947	257 132 231 159	2 TU P	0623 1207 1812	103 247 130	17 W	0616 1203 1843	137 254 134	2 F	0131 0645 1229 2001	235 170 300 104	17 SA	0050 0602 1155 2000	211 180 286 125
3 SU	0723 1424 1803	84 205 187	18 M	0015 0748 1511 1914	288 102 211 177	3 W P	0055 0811 1417 2007	277 120 236 161	18 TH A	0105 0753 1408 2046	237 147 237 164	3 W	0013 0656 1238 1904	283 123 259 129	18 TH A	0017 0637 1220 1927	243 152 260 139	3 SA	0304 0711 1313 2113	211 184 296 111	18 SU N	0144 0601 1227 2057	198 186 281 129
4 M	0002 0807 1505 1855	305 95 210 191	19 TU E	0052 0823 1549 2011	268 120 217 182	4 TH ☾	0151 0849 1501 2127	250 140 247 159	19 F ☽	0143 0810 1441 2202	216 160 241 164	4 TH	0105 0727 1314 2005	257 144 268 130	19 F	0050 0653 1243 2019	225 164 263 143	4 SU ☾S	0518 0732 1407 2240	198 195 286 115	19 M	1306 2206	273 130
5 TU	0050 0852 1546 2004	290 109 218 193	20 W ☽	0130 0858 1627 2123	247 136 224 185	5 F	0310 0928 1554 2307	220 158 258 148	20 SA	0237 0814 1531 2336	195 170 244 156	5 F	0210 0757 1357 2120	228 163 273 132	20 SA	0129 0659 1313 2123	206 173 262 146	5 M	1525	273	20 TU ☽	1403 2321	264 127
6 W ☾E	0149 0940 1627 2137	269 124 230 189	21 TH A	0216 0931 1704 2254	225 151 233 181	6 SA	0523 1012 1653	197 172 269	21 SU	0438 0725 1640	178 176 248	6 SA ☾	0359 0826 1452 2255	201 178 274 128	21 SU ☽	0230 0640 1354 2246	189 179 258 144	6 TU	0013 1704	113 264	21 W	1538	258
7 TH	0308 1028 1707 2321	245 140 246 174	22 F	0325 1005 1739	204 163 243	7 SU	0046 0803 1113 1755	128 190 182 280	22 M	0101 1749	140 255	7 SU S	1604	272	22 M N	1500	253	7 W	0122 0910 1230 1831	108 215 198 262	22 TH	0027 0911 1124 1723	120 212 210 260
8 F	0456 1118 1749	223 154 264	23 SA	0028 0517 1043 1813	166 188 172 254	8 M S	0200 0940 1230 1853	105 194 184 290	23 TU N	0200 1848	121 266	8 M	0037 1726	116 272	23 TU	0011 1639	135 253	8 TH	0210 0930 1340 1938	106 221 181 264	23 F	0121 0829 1258 1842	114 219 193 268
9 SA P	0052 0650 1210 1831	148 210 165 283	24 SU	0139 0754 1138 1849	146 182 178 265	9 TU	0254 1029 1340 1948	85 197 179 299	24 W	0244 1042 1332 1939	103 193 185 279	9 TU	0150 0949 1225 1842	102 202 194 276	24 W	0117 1808	121 261	9 F	0247 0948 1431 2030	107 227 164 266	24 SA	0207 0828 1358 1946	111 232 171 277
10 SU	0202 0834 1302 1914	119 204 172 301	25 M	0229 1003 1246 1925	125 185 180 277	10 W	0339 1105 1437 2038	72 200 171 305	25 TH	0324 1039 1429 2026	87 198 175 293	10 W	0241 1012 1341 1945	91 206 182 281	25 TH	0207 0950 1319 1913	107 205 191 274	10 SA	0319 1003 1514 2113	111 235 148 267	25 SU E	0247 0843 1449 2043	113 249 146 281
11 M	0257 0958 1353 1958	92 203 175 315	26 TU N	0310 1043 1348 2002	105 188 179 289	11 TH ●	0418 1135 1526 2125	65 202 161 307	26 F	0402 1043 1515 2111	77 204 164 305	11 TH	0320 1035 1436 2038	85 210 167 286	26 F	0250 0937 1415 2008	96 213 175 288	11 SU E	0348 1015 1554 2152	118 245 136 264	26 M	0325 0900 1538 2140	121 208 121 278
12 TU S	0346 1103 1443 2042	72 202 173 324	27 W	0349 1108 1439 2040	88 192 175 300	12 F	0455 1203 1610 2209	66 205 153 306	27 SA ○	0438 1056 1558 2155	73 213 153 312	12 F	0355 1055 1522 2123	84 215 153 288	27 SA	0328 0941 1503 2058	91 224 156 298	12 M ●	0416 1024 1632 2227	127 255 126 258	27 TU ○P	0400 0934 1626 2237	133 289 99 268
13 W ●	0431 1154 1530 2127	60 202 170 328	28 TH ○	0427 1130 1524 2119	75 195 171 310	13 SA	0530 1229 1652 2249	72 209 148 300	28 SU	0514 1115 1641 2240	76 223 142 311	13 SA ●	0427 1113 1603 2203	89 221 143 287	28 SU ○E	0405 0958 1548 2147	93 238 138 301	13 TU	0442 1034 1710 2302	138 267 119 249	28 W	0434 1005 1715 2340	148 307 83 253
14 TH	0513 1237 1614 2211	56 202 167 325	29 F	0504 1152 1605 2200	68 199 167 316	14 SU	0602 1252 1733 2326	84 214 147 290				14 SU E	0457 1128 1643 2240	97 229 135 282	29 M	0440 1020 1633 2236	102 254 121 296	14 W A	0507 1048 1749 2336	150 277 116 237	29 TH	0506 1040 1805	162 320 76
15 F	0553 1317 1658 2254	60 202 166 317	30 SA	0541 1215 1645 2241	67 204 163 317	15 M E	0634 1313 1814	98 220 149				15 M	0525 1140 1722 2314	109 238 132 272	30 TU P	0513 1047 1720 2328	116 271 108 282	15 TH	0530 1106 1830	161 284 117	30 F	0052 0538 1118 1858	235 175 325 78
			31 SU	0619 1240 1727 2323	72 210 161 311										31 W	0545 1118 1809	134 286 101						

时　区：－0800　　　潮高基准面：在平均海面下 202　cm

中　国—澳　门

CHINA－AOMEN（MACAU）

2021 年潮汐表　　22° 13′ N　　113° 33′ E

5 月

日期	潮时 时分	潮高 cm
1 SA S	0216 0608 1159 1956	218 186 320 85
2 SU	0349 0640 1245 2101	207 195 308 97
3 M ☾	1341 2215	289 107
4 TU	1459 2331	270 114
5 W	0748 1037 1638	218 209 255
6 TH	0035 0815 1220 1807	119 226 196 248
7 F	0122 0837 1329 1916	124 234 179 245
8 SA E	0200 0854 1419 2011	130 244 161 243
9 SU	0232 0906 1502 2057	137 254 144 240
10 M	0302 0916 1542 2139	145 266 129 236
11 TU ●A	0330 0927 1621 2220	153 278 116 230
12 W	0357 0943 1659 2302	162 290 107 223
13 TH	0423 1004 1738 2345	170 298 101 215
14 F	0447 1028 1818	177 303 100
15 SA N	0034 0508 1056 1900	207 183 303 102
16 SU	0137 0525 1126 1945	200 189 299 107
17 M	0312 0530 1202 2036	196 194 293 111
18 TU	1244 2133	284 115
19 W ☽	1339 2235	273 118
20 TH	1501 2335	263 120
21 F	0704 1103 1643	220 207 257
22 SA E	0029 0709 1235 1811	123 234 187 256
23 SU	0117 0726 1341 1926	129 251 160 255
24 M	0200 0752 1438 2034	138 272 130 252
25 TU	0240 0822 1530 2142	149 295 102 245
26 W ○P	0318 0856 1620 2254	160 315 79 235
27 TH	0355 0933 1710	169 330 64
28 F S	0011 0431 1014 1800	225 177 338 59
29 SA	0125 0508 1057 1851	216 183 336 63
30 SU	0235 0547 1143 1944	210 188 325 74
31 M	0342 0630 1232 2040	207 193 307 89

6 月

日期	潮时 时分	潮高 cm
1 TU	0449 0724 1328 2139	208 199 286 104
2 W ☾	0548 0839 1436 2238	214 203 264 118
3 TH	0636 1016 1559 2332	222 202 246 130
4 F E	0710 1152 1723	232 192 232
5 SA	0019 0736 1307 1839	140 243 175 223
6 SU	0059 0754 1403 1945	150 254 157 217
7 M	0135 0809 1449 2045	158 266 138 213
8 TU A	0208 0823 1530 2142	165 278 121 209
9 W	0241 0842 1609 2239	171 290 106 205
10 TH ●	0313 0906 1648 2336	175 300 95 202
11 F	0344 0934 1726	179 306 88
12 SA N	0032 0415 1004 1805	200 182 309 86
13 SU	0124 0445 1037 1846	199 185 308 87
14 M	0213 0515 1113 1928	199 189 305 92
15 TU	0303 0546 1152 2013	200 194 299 98
16 W	0351 0626 1236 2100	203 198 289 106
17 TH	0432 0727 1330 2151	209 203 277 115
18 F ☽	0504 0858 1441 2243	218 203 261 126
19 SA E	0531 1043 1614 2333	231 193 246 138
20 SU	0600 1215 1751	247 172 235
21 M	0022 0633 1330 1920	150 267 143 226
22 TU	0109 0708 1431 2047	161 289 112 220
23 W P	0155 0747 1526 2212	170 309 85 215
24 TH ○	0239 0829 1616 2329	175 325 65 211
25 F S	0323 0913 1704	178 335 54
26 SA	0032 0408 0959 1751	209 178 337 53
27 SU	0126 0452 1047 1838	207 177 332 60
28 M	0214 0538 1135 1923	206 177 319 74
29 TU	0301 0626 1225 2009	208 180 301 91
30 W	0347 0720 1315 2054	211 184 280 110

7 月

日期	潮时 时分	潮高 cm
1 TH ☾E	0432 0824 1408 2138	218 189 258 127
2 F	0516 0943 1510 2221	226 190 236 143
3 SA	0554 1112 1627 2302	236 184 217 156
4 SU	0625 1237 1756 2343	246 170 203 166
5 M A	0650 1343 1933	257 151 195
6 TU	0026 0714 1433 2114	174 268 132 192
7 W	0110 0740 1516 2233	179 280 114 193
8 TH	0155 0809 1555 2325	181 290 98 194
9 F N	0239 0842 1633	181 299 87
10 SA ●	0003 0321 0916 1711	195 180 306 80
11 SU	0033 0401 0953 1748	197 179 310 78
12 M	0100 0439 1030 1826	200 179 311 80
13 TU	0127 0518 1109 1904	203 180 308 87
14 W	0154 0558 1150 1944	208 182 302 97
15 TH	0223 0645 1234 2024	214 184 290 110
16 F E	0255 0742 1326 2105	222 185 272 126
17 SA ☽	0332 0856 1431 2148	233 183 250 143
18 SU	0413 1028 1603 2234	246 173 227 159
19 M	0458 1203 1759 2323	262 153 210 173
20 TU	0546 1325 2002	279 126 203
21 W P	0019 0635 1429 2144	181 296 99 203
22 TH S	0119 0725 1522 2251	185 310 77 204
23 F	0216 0815 1609 2338	183 322 63 205
24 SA ○	0309 0905 1653	177 327 58
25 SU	0017 0358 0954 1735	206 170 327 61
26 M	0052 0445 1043 1815	208 164 321 71
27 TU	0126 0530 1129 1852	212 162 310 87
28 W	0159 0617 1213 1929	216 163 293 105
29 TH E	0232 0706 1255 2003	222 167 273 124
30 F	0305 0800 1337 2035	228 173 251 143
31 SA ☾	0340 0906 1424 2105	234 176 228 159

8 月

日期	潮时 时分	潮高 cm
1 SU	0415 1027 1531 2132	241 174 206 172
2 M A	0455 1159 1729 2154	249 164 190 182
3 TU	0537 1317	257 148
4 W	0621 1413	265 129
5 TH N	0704 1456 2305	275 112 195
6 F	0128 0745 1535 2317	190 286 98 198
7 SA	0225 0826 1611 2328	185 296 87 202
8 SU ●	0312 0906 1647 2339	179 305 81 206
9 M	0354 0946 1723 2353	173 311 81 213
10 TU	0434 1026 1758	168 314 86
11 W	0011 0515 1106 1833	220 165 311 97
12 TH E	0034 0558 1148 1908	229 163 301 113
13 F	0102 0645 1233 1942	239 162 283 132
14 SA	0134 0741 1326 2016	249 161 259 151
15 SU ☽	0213 0850 1436 2050	259 159 232 170
16 M	0301 1019 1639 2126	268 152 208 185
17 TU P	0400 1159 1939 2217	276 136 200 196
18 W S	0507 1323 2130 2345	285 115 204 200
19 TH	0614 1424 2213	294 95 208
20 F	0110 0716 1513 2243	195 303 81 211
21 SA	0214 0812 1555 2309	184 311 75 214
22 SU ○	0307 0904 1633 2334	171 315 76 218
23 M	0353 0952 1708 2357	160 314 83 224
24 TU	0437 1037 1741	152 309 96
25 W E	0019 0520 1118 1813	231 148 298 112
26 TH	0039 0603 1156 1842	238 148 282 130
27 F	0058 0648 1232 1908	245 152 263 148
28 SA	0115 0737 1308 1930	251 157 241 165
29 SU	0135 0833 1350 1945	255 162 219 178
30 M ☾A	0203 0945 1457 1937	258 164 199 188
31 TU	0247 1115	258 159

时　区：－0800　　　　潮高基准面：在平均海面下 202　cm

中　国—澳　门

CHINA－AOMEN（MACAU）

2021 年潮汐表　　22° 13′ N　　113° 33′ E

9　月

日期	潮时 时分	潮高 cm	日期	潮时 时分	潮高 cm
1 W	0358 1242	259 146	16 TH	0439 1314 2131 2353	285 112 220 214
2 TH N	0522 1342	262 131	17 F	0605 1410 2147	287 102 224
3 F	0630 1427 2234	270 116 209	18 SA	0118 0716 1452 2205	200 292 97 229
4 SA	0121 0724 1505 2225	201 282 104 213	19 SU	0217 0814 1529 2223	182 297 98 235
5 SU	0217 0811 1541 2223	189 294 96 219	20 M ○	0304 0902 1602 2239	165 299 103 243
6 M	0302 0854 1616 2229	177 305 93 229	21 TU E	0347 0946 1632 2254	151 297 113 252
7 TU ●	0344 0936 1650 2245	165 312 97 240	22 W	0428 1025 1701 2307	142 291 126 262
8 W E	0425 1018 1724 2306	154 313 107 253	23 TH	0508 1102 1728 2320	136 280 142 271
9 TH	0507 1101 1756 2332	145 306 123 266	24 F	0549 1137 1752 2335	135 265 157 279
10 F	0552 1147 1827	138 290 142	25 SA	0631 1212 1812 2352	137 247 172 284
11 SA P	0001 0641 1238 1856	278 135 267 162	26 SU A	0716 1249 1826	141 228 185
12 SU	0034 0737 1342 1924	288 135 240 181	27 M	0014 0807 1335 1823	285 147 210 194
13 M ☽	0113 0846 1537 1946	292 136 215 197	28 TU	0042 0911	282 151
14 TU	0202 1014	292 134	29 W ☾ N	0118 1031	276 151
15 W S	0310 1154	288 125	30 TH	0215 1155	268 144

10　月

日期	潮时 时分	潮高 cm	日期	潮时 时分	潮高 cm
1 F	0404 1259	262 133	16 SA	0006 0600 1340 2102	218 276 116 241
2 SA	0549 1347 2136	267 122 225	17 SU	0122 0712 1419 2119	198 276 118 249
3 SU	0111 0656 1427 2119	209 279 114 233	18 M	0214 0808 1452 2133	177 277 124 259
4 M	0203 0749 1504 2118	192 291 111 244	19 TU E	0258 0854 1522 2145	159 276 132 270
5 TU	0248 0837 1539 2131	173 300 114 259	20 W ○	0339 0935 1550 2156	143 271 142 281
6 W ●E	0331 0923 1612 2151	153 304 122 276	21 TH	0418 1013 1616 2208	132 264 154 292
7 TH	0414 1010 1644 2216	135 300 136 293	22 F	0457 1050 1641 2223	124 253 167 301
8 F P	0459 1059 1715 2244	121 287 154 309	23 SA	0536 1127 1702 2242	120 241 178 308
9 SA	0546 1154 1744 2316	111 268 172 319	24 SU A	0616 1206 1719 2304	120 227 189 309
10 SU	0637 1302 1811 2352	107 244 189 323	25 M	0659 1252 1727 2330	124 213 197 307
11 M	0734 1447 1834	110 223 203	26 TU N	0747 1445 1652 2359	130 202 201 300
12 TU S	0033 0842	320 116	27 W	0843	135
13 W ☽	0123 1006	308 120	28 TH ☾	0035 0951	290 139
14 TH	0234 1137	293 120	29 F	0124 1103	278 137
15 F	0421 1250 2047	280 117 234	30 SA	0251 1206 2106 2316	267 133 231 229
			31 SU	0455 1258 2023	265 128 238

11　月

日期	潮时 时分	潮高 cm	日期	潮时 时分	潮高 cm
1 M	0048 0619 1341 2014	211 271 126 250	16 TU	0206 0754 1406 2044	169 249 146 275
2 TU E	0145 0722 1420 2023	188 278 129 267	17 W	0250 0844 1436 2056	150 244 155 287
3 W	0233 0818 1456 2042	162 282 137 287	18 TH	0330 0928 1504 2109	133 238 164 298
4 TH ●	0319 0912 1530 2107	136 280 148 308	19 F ○	0408 1011 1531 2125	119 231 172 309
5 F P	0405 1007 1603 2136	112 271 162 327	20 SA	0446 1055 1556 2145	108 223 180 316
6 SA	0453 1108 1634 2210	93 256 177 341	21 SU A	0525 1143 1619 2209	103 214 186 320
7 SU	0542 1222 1704 2246	83 239 189 347	22 M N	0604 1241 1638 2236	102 207 192 319
8 M S	0634 1354 1733 2326	81 224 199 343	23 TU	0645 1409 1648 2305	104 201 197 314
9 TU	0730 1537 1801	87 215 208	24 W	0730 2338	110 306
10 W	0011 0833	331 98	25 TH	0818	116
11 TH ☽	0104 0946	311 109	26 F	0016 0913	295 122
12 F	0217 1101 1928 2202	288 118 231 224	27 SA ☾	0104 1011	283 126
13 SA	0401 1206 1951 2358	269 124 241 211	28 SU	0214 1109 1913 2237	269 129 231 222
14 SU	0540 1255 2012	259 131 252	29 M	0359 1202 1901	259 133 243
15 M E	0114 0655 1333 2030	190 253 138 263	30 TU E	0017 0539 1249 1912	203 254 139 260

12　月

日期	潮时 时分	潮高 cm	日期	潮时 时分	潮高 cm
1 W	0124 0658 1331 1932	175 253 147 281	16 TH	0241 0847 1345 2013	139 210 170 288
2 TH	0220 0807 1411 1959	144 250 157 304	17 F	0321 0948 1418 2032	120 206 175 299
3 F	0311 0914 1448 2032	113 243 168 326	18 SA A	0359 1047 1450 2055	105 202 179 308
4 SA ●P	0400 1024 1524 2108	86 234 177 343	19 SU ○	0437 1143 1522 2122	93 199 181 314
5 SU	0449 1142 1600 2147	68 225 184 352	20 M N	0514 1234 1553 2151	86 197 183 317
6 M S	0538 1300 1637 2230	59 216 188 353	21 TU	0552 1320 1623 2223	85 196 185 316
7 TU	0628 1412 1715 2316	61 210 192 343	22 W	0630 1404 1653 2256	87 196 188 312
8 W	0720 1520 1759	71 208 196	23 TH	0710 1449 1723 2332	92 198 193 305
9 TH	0005 0815 1623 1852	326 86 211 202	24 F	0751 1533 1758	100 202 198
10 F	0059 0912 1721 2005	303 103 218 207	25 SA	0011 0835 1613 1851	295 109 209 204
11 SA ☽	0204 1009 1809 2144	278 119 228 208	26 SU	0056 0821 1643 2014	282 110 218 207
12 SU E	0327 1104 1846 2330	254 133 240 198	27 M ☾ E	0155 1009 1710 2203	265 130 230 202
13 M	0500 1152 1915	236 144 253	28 TU	0319 1059 1738 2346	246 142 246 183
14 TU	0055 0625 1234 1937	180 224 154 265	29 W	0506 1148 1810	230 154 265
15 W	0154 0740 1311 1956	159 216 163 277	30 TH	0108 0648 1236 1846	154 220 165 286
			31 F	0211 0822 1324 1925	121 214 173 308

时　区：－0800　　　　潮高基准面：在平均海面下 202　cm

中 国—黄 埔

CHINA－HUANGPU

2021 年潮汐表　　　　23° 06′ N　　　　113° 28′ E

1 月

日期	潮时 时分	潮高 cm
1 F	0040 0925 1505 1949	293 9 191 86
2 SA	0116 1000 1546 2035	291 8 191 85
3 SU	0158 1042 1628 2117	284 11 191 89
4 M	0243 1118 1714 2209	270 15 194 92
5 TU	0333 1158 1803 2316	251 19 200 96
6 W ☾ E	0434 1243 1854	226 28 209
7 TH	0042 0556 1332 1943	95 199 41 221
8 F	0224 0746 1422 2027	82 178 57 239
9 SA P	0358 0944 1520 2110	58 173 72 259
10 SU	0519 1112 1617 2154	32 179 83 280
11 M	0630 1221 1711 2239	8 189 89 297
12 TU S	0727 1317 1801 2324	-4 196 89 309
13 W ●	0813 1406 1849	-10 199 86
14 TH	0009 0858 1450 1937	313 -8 198 83
15 F	0054 0940 1526 2014	309 0 196 84
16 SA	0136 1007 1602 2053	297 11 195 83
17 SU	0216 1041 1635 2136	281 19 193 87
18 M	0257 1100 1707 2215	260 29 191 96
19 TU E	0339 1128 1740 2309	234 38 188 103
20 W ☽	0427 1149 1815	205 51 187
21 TH A	0031 0531 1216 1857	107 174 67 189
22 F	0211 0703 1254 1947	97 149 85 197
23 SA	0339 0900 1347 2037	75 137 101 211
24 SU	0446 1043 1457 2120	50 143 111 228
25 M	0542 1145 1602 2159	27 156 112 247
26 TU N	0632 1226 1657 2237	11 169 107 263
27 W	0712 1303 1745 2315	1 178 97 276
28 TH ○	0755 1339 1834 2357	-5 185 86 284
29 F	0838 1412 1913	-4 190 78
30 SA	0038 0910 1449 1954	287 1 194 66
31 SU	0120 0949 1523 2041	285 2 199 58

2 月

日期	潮时 时分	潮高 cm
1 M	0205 1021 1557 2128	277 11 206 58
2 TU E	0249 1050 1632 2213	263 13 212 59
3 W P	0337 1123 1703 2313	242 25 218 67
4 TH ☾	0434 1151 1733	215 39 224
5 F	0038 0553 1234 1815	72 185 61 231
6 SA	0216 0751 1327 1916	66 161 88 239
7 SU	0354 1001 1439 2029	46 157 107 252
8 M S	0516 1134 1557 2137	22 169 113 269
9 TU	0628 1232 1707 2233	4 183 107 285
10 W	0721 1315 1802 2321	-6 194 95 295
11 TH ●	0803 1353 1849	-7 199 82
12 F	0007 0843 1422 1935	296 0 201 72
13 SA	0049 0907 1451 2008	291 12 203 67
14 SU	0126 0937 1514 2047	281 18 205 62
15 M E	0205 0951 1537 2122	266 27 207 65
16 TU	0242 1011 1554 2200	249 34 208 68
17 W	0321 1029 1607 2245	227 43 208 75
18 TH A	0405 1046 1621 2342	202 56 210 81
19 F ☽	0500 1101 1645	174 74 210
20 SA	0105 0619 1124 1723	81 149 96 210
21 SU	0240 0817 1152 1832	69 135 118 210
22 M	0358 1035 1331 2009	48 143 135 218
23 TU N	0503 1132 1530 2122	27 160 134 236
24 W	0559 1206 1643 2215	10 176 118 256
25 TH	0649 1237 1740 2302	-1 188 97 272
26 F	0736 1308 1832 2348	-5 198 76 282
27 SA ○	0809 1341 1913	0 205 61
28 SU	0033 0848 1411 1957	285 2 214 44

3 月

日期	潮时 时分	潮高 cm
1 M E	0120 0919 1442 2045	282 15 224 34
2 TU P	0208 0946 1509 2134	273 17 235 32
3 W	0256 1011 1532 2225	258 30 245 40
4 TH	0347 1039 1553 2328	237 42 253 49
5 F	0446 1107 1622	209 66 257
6 SA ☾	0039 0608 1142 1710	54 179 96 253
7 SU S	0206 0816 1236 1825	53 160 125 246
8 M	0345 1028 1426 2007	40 166 140 247
9 TU	0507 1137 1602 2130	22 184 131 260
10 W	0611 1216 1711 2228	9 199 111 273
11 TH	0659 1248 1801 2315	5 207 90 280
12 F	0740 1313 1846 2358	9 213 73 280
13 SA ●	0802 1337 1925	20 216 64
14 SU E	0036 0832 1356 1959	274 27 221 54
15 M	0114 0846 1413 2038	266 35 226 49
16 TU	0153 0903 1429 2113	255 41 232 49
17 W	0230 0921 1441 2152	241 48 238 49
18 TH A	0311 0941 1454 2236	225 55 244 51
19 F	0354 0955 1511 2323	205 69 248 58
20 SA	0446 1012 1534	183 90 246
21 SU ☽	0020 0557 1033 1611	61 162 112 239
22 M N	0140 0747 1053 1711	58 149 136 227
23 TU	0304 1012 1248 1901	46 159 153 221
24 W	0420 1057 1509 2047	30 178 144 233
25 TH	0523 1123 1631 2152	16 195 117 253
26 F	0612 1154 1730 2245	8 209 87 269
27 SA	0655 1224 1818 2335	5 221 64 278
28 SU ○E	0739 1254 1905	9 234 44
29 M	0025 0804 1323 1955	280 21 247 30
30 TU P	0117 0838 1350 2047	276 27 261 22
31 W	0210 0900 1412 2142	267 39 276 19

4 月

日期	潮时 时分	潮高 cm
1 TH	0304 0934 1434 2238	252 50 288 22
2 F	0358 0959 1503 2334	231 72 296 30
3 SA	0501 1032 1542	205 98 290
4 SU ☾ S	0037 0629 1105 1638	40 180 127 272
5 M	0156 0841 1221 1804	44 172 152 252
6 TU	0326 1022 1432 1952	39 187 151 245
7 W	0443 1107 1559 2114	30 204 130 251
8 TH	0540 1137 1700 2212	25 216 104 258
9 F	0620 1202 1749 2300	29 225 82 261
10 SA	0649 1223 1834 2342	33 231 66 260
11 SU E	0714 1242 1910	42 237 56
12 M ●	0022 0737 1258 1950	255 46 244 48
13 TU	0102 0755 1314 2032	249 52 253 42
14 W A	0142 0815 1330 2107	241 58 263 40
15 TH	0222 0840 1348 2147	232 62 272 36
16 F	0303 0856 1407 2229	220 73 278 39
17 SA	0347 0919 1427 2305	207 90 279 40
18 SU N	0437 0940 1458 2358	191 107 274 44
19 M	0546 1001 1538	175 129 260
20 TU ☽	0104 0724 1050 1643	46 168 149 241
21 W	0220 0909 1256 1828	41 178 156 229
22 TH	0336 1001 1451 2012	31 195 135 234
23 F	0438 1033 1605 2123	22 213 105 248
24 SA	0531 1104 1706 2224	19 230 75 259
25 SU E	0606 1135 1802 2322	24 246 52 264
26 M	0645 1204 1857	28 263 35
27 TU ○P	0019 0718 1232 1953	264 41 279 22
28 W	0117 0750 1258 2051	260 48 297 12
29 TH	0215 0826 1325 2147	251 64 314 8
30 F	0311 0856 1359 2241	238 76 324 12

时　区：－0800　　　　潮高基准面：在平均海面下 155　cm

中　国—黄　埔

CHINA－HUANGPU

2021 年潮汐表　　23° 06′ N　　113° 28′ E

5 月

日期	潮时 时分	潮高 cm	日期	潮时 时分	潮高 cm
1	0409	220	16	0343	202
	0934	96		0850	102
SA	1437	321	SU	1407	292
S	2333	21		2256	32
2	0515	200	17	0433	192
	1005	120		0923	118
SU	1524	307	M	1443	283
				2346	34
3	0032	32	18	0537	184
	0643	186		0959	131
M	1058	141	TU	1530	268
☾	1628	281			
4	0141	39	19	0042	35
	0825	187		0655	183
TU	1231	153	W	1109	142
	1753	256	☽	1638	249
5	0252	42	20	0145	34
	0939	200		0808	192
W	1417	144	TH	1251	138
	1925	241		1807	235
6	0355	42	21	0247	32
	1019	215		0901	209
TH	1539	121	F	1426	118
	2045	236		1936	231
7	0445	43	22	0344	30
	1049	226		0940	227
F	1639	97	SA	1542	89
	2147	235	E	2055	233
8	0525	49	23	0435	33
	1111	236		1012	246
SA	1731	77	SU	1648	64
E	2240	234		2207	237
9	0551	53	24	0513	42
	1130	243		1043	265
SU	1817	63	M	1753	43
	2327	232		2315	239
10	0619	61	25	0552	50
	1148	252		1112	285
M	1858	51	TU	1855	26
11	0011	230	26	0020	238
	0645	64		0636	60
TU	1206	263	W	1144	304
●A	1943	41	○P	1955	13
12	0054	226	27	0121	235
	0707	70		0711	75
W	1226	275	TH	1218	322
	2025	39		2052	7
13	0135	221	28	0220	228
	0738	73		0751	83
TH	1250	284	F	1259	333
	2059	34	S	2147	5
14	0216	217	29	0318	219
	0758	81		0836	94
F	1313	292	SA	1342	334
	2141	30		2238	11
15	0258	210	30	0416	208
	0831	89		0913	108
SA	1338	294	SU	1428	326
N	2214	32		2327	21
			31	0517	198
				1000	120
			M	1521	307

6 月

日期	潮时 时分	潮高 cm	日期	潮时 时分	潮高 cm
1	0017	30	16	0518	193
	0625	193		1008	116
TU	1059	132	W	1531	268
	1621	281			
2	0109	40	17	0017	30
	0736	196		0614	196
W	1218	137	TH	1114	118
☾	1730	253		1631	251
3	0202	47	18	0106	31
	0836	205		0709	205
TH	1345	130	F	1234	113
	1848	230	☽	1743	234
4	0252	53	19	0157	35
	0920	216		0758	220
F	1503	113	SA	1356	99
E	2005	214	E	1905	220
5	0339	59	20	0248	42
	0953	226		0839	237
SA	1611	93	SU	1521	81
	2117	206		2032	211
6	0417	67	21	0338	52
	1016	237		0915	257
SU	1710	73	M	1641	57
	2221	202		2200	209
7	0451	73	22	0427	67
	1037	248		0950	278
M	1801	57	TU	1751	35
	2317	202		2318	210
8	0527	81	23	0510	79
	1059	260		1028	299
TU	1849	43	W	1854	18
A			P		
9	0006	202	24	0027	212
	0555	84		0556	88
W	1122	273	TH	1111	317
	1935	35	○	1954	8
10	0050	202	25	0129	212
	0633	86		0645	94
TH	1152	284	F	1159	328
●	2010	32	S	2050	5
11	0131	202	26	0226	210
	0658	91		0736	96
F	1220	292	SA	1247	333
	2051	29		2142	8
12	0212	201	27	0318	207
	0736	93		0820	101
SA	1253	295	SU	1336	329
N	2131	30		2227	18
13	0255	199	28	0408	204
	0802	100		0905	102
SU	1324	295	M	1424	317
	2206	29		2307	24
14	0339	196	29	0456	202
	0841	104		0954	105
M	1401	291	TU	1513	298
	2249	29		2349	33
15	0426	193	30	0543	201
	0921	112		1048	111
TU	1443	282	W	1604	273
	2333	29			

7 月

日期	潮时 时分	潮高 cm	日期	潮时 时分	潮高 cm
1	0026	44	16	0525	214
	0630	203		1106	93
TH	1147	117	F	1618	251
☾E	1659	245	E		
2	0058	53	17	0027	38
	0717	206		0606	222
F	1301	118	SA	1215	94
	1803	217	☽	1721	228
3	0138	64	18	0103	48
	0803	212		0648	233
SA	1426	108	SU	1341	88
	1919	193		1844	205
4	0218	77	19	0150	64
	0842	220		0730	247
SU	1544	90	M	1510	73
	2046	179		2028	190
5	0302	89	20	0244	83
	0914	232		0819	265
M	1649	69	TU	1637	50
A	2208	175		2211	188
6	0348	98	21	0343	99
	0946	246		0912	284
TU	1746	50	W	1749	29
	2313	179	P	2334	194
7	0436	103	22	0443	107
	1017	261		1006	303
W	1836	37	TH	1853	14
			S		
8	0005	184	23	0040	201
	0517	106		0541	109
TH	1051	274	F	1100	317
	1917	30		1951	7
9	0048	190	24	0133	206
	0556	105		0638	104
F	1125	285	SA	1152	325
N	1958	25	○	2043	9
10	0127	194	25	0218	209
	0640	102		0730	97
SA	1203	292	SU	1241	325
●	2041	25		2125	19
11	0206	196	26	0300	210
	0719	102		0812	93
SU	1241	294	M	1327	318
	2116	28		2201	25
12	0245	197	27	0337	212
	0755	97		0857	88
M	1319	294	TU	1412	305
	2155	27		2237	34
13	0323	198	28	0409	214
	0840	93		0943	88
TU	1400	289	W	1456	286
	2235	28		2259	42
14	0403	201	29	0441	216
	0923	93		1026	94
W	1442	281	TH	1538	263
	2307	29	E	2330	52
15	0444	207	30	0510	216
	1009	92		1115	100
TH	1526	269	F	1624	236
	2348	29		2349	63
			31	0538	215
				1220	105
			SA	1721	207
			☾		

8 月

日期	潮时 时分	潮高 cm	日期	潮时 时分	潮高 cm
1	0016	79	16	0011	78
	0613	216		0531	254
SU	1343	102	M	1334	78
	1839	180		1849	193
2	0049	98	17	0055	104
	0700	220		0626	260
M	1505	88	TU	1503	66
A	2020	164	P	2056	181
3	0134	117	18	0159	126
	0758	227		0741	268
TU	1618	68	W	1634	46
	2205	164	S	2243	188
4	0241	129	19	0327	136
	0854	241		0857	283
W	1720	49	TH	1749	27
	2315	174		2351	202
5	0351	132	20	0441	129
	0943	256		1002	300
TH	1811	33	F	1850	15
N					
6	0002	186	21	0038	212
	0451	126		0542	115
F	1025	272	SA	1058	313
	1858	23		1942	13
7	0038	195	22	0116	220
	0543	117		0637	99
SA	1107	285	SU	1147	317
	1943	20	○	2019	22
8	0111	202	23	0150	224
	0632	105		0722	90
SU	1149	293	M	1231	313
●	2020	24		2053	29
9	0145	206	24	0218	228
	0709	96		0801	80
M	1229	296	TU	1314	305
	2056	25		2122	43
10	0217	210	25	0246	232
	0752	84		0845	75
TU	1312	296	W	1355	291
	2136	29	E	2144	47
11	0251	216	26	0308	236
	0830	75		0023	77
W	1354	291	TH	1433	274
	2202	32		2203	57
12	0323	223	27	0328	239
	0920	73		1003	79
TH	1434	281	F	1514	254
E	2239	34		2224	67
13	0355	232	28	0346	240
	1004	71		1049	85
F	1519	267	SA	1600	230
	2302	43		2243	80
14	0425	240	29	0404	240
	1059	75		1143	90
SA	1610	246	SU	1655	204
	2338	54		2259	99
15	0455	248	30	0428	238
	1206	80		1253	92
SU	1714	219	M	1811	179
☽			☾A	2320	123
			31	0509	233
				1416	85
			TU	2003	165
				2353	144

时　区：－0800　　　潮高基准面：在平均海面下 155 cm

中　国—黄　埔

CHINA－HUANGPU

2021 年潮汐表　　23° 06′ N　　113° 28′ E

9 月

日期	星期	潮时 时分	潮高 cm	潮时 时分	潮高 cm	潮时 时分	潮高 cm	潮时 时分	潮高 cm
1	W	0616	229	1537	68	2213	171		
2	TH N	0133	160	0755	234	1645	49	2311	188
3	F	0329	156	0911	249	1742	33	2343	202
4	SA	0439	139	1004	268	1833	23		
5	SU	0010	213	0533	117	1050	284	1910	22
6	M	0040	222	0617	98	1133	294	1950	23
7	TU ●	0108	229	0659	79	1216	298	2027	34
8	W E	0138	237	0746	64	1301	296	2053	36
9	TH	0206	247	0833	55	1346	289	2126	47
10	F	0234	258	0914	55	1431	277	2148	52
11	SA P	0258	269	1003	55	1521	261	2215	68
12	SU	0320	278	1059	59	1617	238	2244	88
13	M ☽	0351	282	1204	64	1730	210	2316	117
14	TU	0434	279	1326	68	1922	189		
15	W S	0006	145	0544	269	1458	59	2140	190
16	TH	0146	161	0724	266	1628	44	2258	207
17	F	0334	152	0856	277	1740	29	2340	223
18	SA	0445	129	1001	292	1834	24		
19	SU	0013	235	0542	105	1053	300	1907	30
20	M ○	0043	242	0631	87	1138	300	1943	36
21	TU E	0107	247	0708	76	1220	295	2003	49
22	W	0130	252	0750	68	1301	286	2031	55
23	TH	0149	257	0831	64	1341	274	2046	63
24	F	0205	262	0907	64	1421	261	2103	71
25	SA	0219	267	0947	63	1503	245	2123	84
26	SU A	0233	270	1033	65	1548	226	2142	98
27	M	0253	271	1112	72	1640	204	2153	119
28	TU	0316	267	1208	75	1751	184	2209	142
29	W ☾ N	0351	255	1323	74	1946	173	2226	164
30	TH	0448	240	1445	64	2215	185		

10 月

日期	星期	潮时 时分	潮高 cm	潮时 时分	潮高 cm	潮时 时分	潮高 cm	潮时 时分	潮高 cm
1	F	0047	180	0645	230	1559	49	2243	203
2	SA	0307	165	0836	240	1659	36	2306	219
3	SU	0418	136	0940	259	1749	28	2331	232
4	M	0510	106	1030	274	1834	28	2359	245
5	TU	0558	79	1119	284	1901	35		
6	W ●E	0026	256	0647	59	1208	287	1938	40
7	TH	0053	269	0738	45	1259	284	2000	52
8	F P	0118	282	0831	37	1351	278	2033	60
9	SA	0141	296	0915	38	1443	267	2057	73
10	SU	0203	308	1005	34	1537	250	2130	95
11	M	0229	316	1100	38	1636	227	2156	117
12	TU S	0308	312	1202	47	1758	203	2236	145
13	W ☽	0402	294	1319	54	2000	193	2342	170
14	TH	0523	271	1447	51	2150	206		
15	F	0156	170	0715	259	1605	44	2237	226
16	SA	0334	145	0847	262	1704	39	2310	242
17	SU	0438	116	0952	268	1749	39	2339	252
18	M	0532	92	1045	271	1824	49		
19	TU E	0003	259	0615	76	1133	269	1846	54
20	W ○	0023	264	0657	64	1217	264	1906	63
21	TH	0040	270	0740	56	1259	258	1933	68
22	F	0055	277	0822	53	1341	251	1950	75
23	SA	0110	284	0855	48	1420	242	2009	85
24	SU A	0125	291	0938	45	1500	231	2035	94
25	M	0144	294	1009	48	1542	218	2048	109
26	TU N	0205	293	1051	49	1629	202	2106	129
27	W	0230	285	1139	55	1734	186	2129	148
28	TH ☾	0307	269	1240	57	1916	179	2200	168
29	F	0403	247	1353	54	2112	190		
30	SA	0031	177	0550	228	1505	47	2153	209
31	SU	0236	154	0751	226	1605	40	2219	227

11 月

日期	星期	潮时 时分	潮高 cm	潮时 时分	潮高 cm	潮时 时分	潮高 cm	潮时 时分	潮高 cm
1	M	0347	120	0910	238	1652	36	2247	244
2	TU E	0445	88	1013	249	1736	38	2313	260
3	W	0541	62	1113	257	1804	46	2340	277
4	TH ●	0639	41	1212	262	1840	52		
5	F P	0004	293	0738	25	1308	263	1909	63
6	SA	0028	310	0831	18	1401	259	1945	72
7	SU	0054	326	0915	14	1455	249	2016	91
8	M S	0124	336	1006	12	1550	232	2050	105
9	TU	0203	335	1100	20	1653	212	2132	127
10	W	0251	320	1159	31	1814	197	2216	150
11	TH ☽	0352	294	1305	40	1956	197	2348	164
12	F	0514	264	1417	45	2114	212		
13	SA	0148	154	0654	243	1523	47	2201	229
14	SU	0313	129	0823	233	1611	49	2233	243
15	M E	0420	102	0937	229	1649	53	2258	253
16	TU	0517	80	1042	228	1723	60	2319	261
17	W	0607	63	1137	227	1748	66	2335	268
18	TH	0652	48	1223	226	1814	75	2351	277
19	F ○	0738	38	1304	224	1842	78		
20	SA	0008	286	0811	35	1343	221	1902	85
21	SU A	0026	294	0849	29	1419	216	1933	89
22	M N	0050	299	0923	32	1457	211	1950	99
23	TU	0113	300	0956	29	1536	202	2017	110
24	W	0140	295	1036	33	1620	193	2042	121
25	TH	0210	285	1114	36	1716	183	2117	136
26	F	0252	268	1205	38	1829	180	2215	149
27	SA ☾	0351	245	1303	40	1950	188		
28	SU	0003	151	0516	222	1404	41	2046	205
29	M	0151	131	0701	209	1500	41	2123	225
30	TU E	0312	101	0837	207	1549	43	2155	245

12 月

日期	星期	潮时 时分	潮高 cm	潮时 时分	潮高 cm	潮时 时分	潮高 cm	潮时 时分	潮高 cm
1	W	0425	72	1002	213	1634	48	2221	265
2	TH	0536	44	1115	221	1711	58	2247	286
3	F	0639	21	1217	229	1751	65	2315	307
4	SA ●P	0737	5	1314	233	1836	72	2348	325
5	SU	0829	-1	1408	230	1911	85		
6	M S	0024	338	0915	-6	1503	222	1951	92
7	TU	0108	340	1006	-3	1558	211	2038	102
8	W	0157	331	1057	6	1658	200	2122	116
9	TH	0249	311	1148	18	1803	194	2219	128
10	F	0348	282	1238	30	1912	195	2337	136
11	SA ☽	0457	250	1328	41	2017	204		
12	SU E	0113	132	0617	220	1415	51	2108	217
13	M	0246	114	0746	197	1501	59	2145	229
14	TU	0401	89	0918	185	1545	68	2210	239
15	W	0506	66	1039	183	1626	77	2230	250
16	TH	0600	46	1140	185	1658	83	2249	262
17	F	0648	30	1228	189	1735	87	2311	273
18	SA A	0732	21	1307	191	1801	91	2335	282
19	SU ○	0802	16	1344	192	1835	90		
20	M N	0003	289	0842	14	1417	192	1901	93
21	TU	0030	291	0910	17	1453	191	1935	93
22	W	0101	290	0947	17	1528	188	2003	98
23	TH	0133	284	1019	20	1608	185	2041	101
24	F	0209	274	1055	21	1653	183	2126	107
25	SA	0252	258	1137	24	1742	184	2219	112
26	SU	0343	237	1216	29	1835	191	2335	113
27	M ☾ E	0450	213	1301	35	1927	203		
28	TU	0108	104	0617	191	1351	44	2013	220
29	W	0245	83	0808	178	1443	56	2050	241
30	TH	0411	56	0955	179	1537	67	2124	264
31	F	0530	30	1116	188	1632	77	2202	288

时　区：－0800　　　　潮高基准面：在平均海面下 155　cm

中　国—广　州

CHINA－GUANGZHOU

2021 年潮汐表　　23° 04′ N　　113° 16′ E

1 月

日期	潮时时分	潮高 cm	日期	潮时时分	潮高 cm
1 F	0135 1047 1556 2100	250 15 157 67	16 SA	0229 1135 1652 2203	254 19 162 67
2 SA	0212 1122 1638 2144	248 18 156 64	17 SU	0310 1159 1726 2245	240 24 160 68
3 SU	0254 1201 1722 2233	242 17 157 64	18 M	0350 1226 1801 2326	220 31 157 74
4 M	0339 1244 1810 2324	229 16 159 68	19 TU E	0430 1244 1836	196 32 154
5 TU	0429 1321 1902	212 19 165	20 W ☽	0014 0519 1300 1909	78 168 40 153
6 W ☾ E	0028 0529 1359 1954	71 189 21 173	21 TH A	0131 0622 1325 1947	81 140 48 155
7 TH	0145 0646 1443 2042	71 163 28 183	22 F	0314 0757 1359 2031	73 116 59 162
8 F	0323 0830 1535 2122	66 143 37 198	23 SA	0449 0957 1449 2121	55 105 71 175
9 SA P	0514 1037 1632 2203	50 137 48 216	24 SU	0559 1135 1557 2207	36 110 79 190
10 SU	0643 1204 1731 2248	28 143 57 234	25 M	0658 1237 1705 2250	20 122 81 206
11 M	0751 1311 1827 2335	10 153 67 251	26 TU N	0750 1318 1802 2330	8 135 78 221
12 TU S	0849 1407 1913	1 160 70	27 W	0838 1357 1852	3 146 72
13 W ●	0019 0941 1456 1958	262 0 164 69	28 TH ○	0010 0914 1432 1942	233 4 152 64
14 TH	0105 1019 1538 2044	267 6 163 67	29 F	0053 0956 1506 2032	240 5 156 55
15 F	0149 1058 1614 2131	264 11 163 65	30 SA	0135 1037 1543 2108	242 9 160 51
			31 SU	0217 1107 1617 2152	240 13 164 43

2 月

日期	潮时时分	潮高 cm	日期	潮时时分	潮高 cm
1 M	0302 1144 1655 2241	232 14 171 39	16 TU	0336 1132 1652 2308	208 31 173 53
2 TU E	0347 1204 1733 2331	220 19 177 41	17 W	0414 1137 1706 2351	188 35 173 58
3 W P	0433 1238 1805	201 20 182	18 TH A	0458 1151 1718	164 42 175
4 TH ☾	0021 0527 1259 1835	50 178 29 186	19 F ☽	0050 0555 1207 1741	63 139 53 176
5 F	0139 0641 1340 1912	58 151 42 192	20 SA	0215 0719 1232 1819	62 117 68 176
6 SA	0332 0842 1432 2009	54 129 61 200	21 SU	0352 0915 1302 1925	52 106 86 176
7 SU	0509 1049 1540 2120	39 125 77 211	22 M	0511 1115 1432 2057	35 112 100 183
8 M S	0639 1220 1658 2231	20 135 84 226	23 TU N	0620 1219 1630 2212	20 128 100 198
9 TU	0749 1321 1815 2330	6 149 82 240	24 W	0719 1258 1746 2308	9 144 88 216
10 W	0846 1406 1911	-1 159 74	25 TH	0807 1331 1845 2358	3 156 72 230
11 TH ●	0018 0930 1445 1957	250 5 164 65	26 F	0853 1403 1940	2 165 56
12 F	0103 1001 1513 2044	252 10 167 57	27 SA ○	0046 0937 1437 2033	238 8 173 43
13 SA	0145 1036 1543 2124	247 19 169 56	28 SU	0132 1004 1508 2112	240 16 181 37
14 SU	0221 1054 1607 2156	238 25 171 51			
15 M E	0300 1109 1633 2235	225 32 173 50			

3 月

日期	潮时时分	潮高 cm	日期	潮时时分	潮高 cm
1 M E	0219 1041 1541 2155	237 21 190 29	16 TU	0247 1017 1527 2223	217 43 196 46
2 TU P	0307 1053 1609 2243	229 26 199 28	17 W	0323 1032 1541 2300	203 42 202 47
3 W	0356 1121 1636 2336	216 32 207 32	18 TH A	0403 1045 1552 2346	188 46 208 47
4 TH	0446 1142 1654	198 35 214	19 F	0447 1059 1606	169 54 212
5 F	0040 0540 1211 1718	41 174 51 219	20 SA	0040 0540 1117 1629	49 149 69 212
6 SA ☾	0152 0700 1244 1804	48 148 72 217	21 SU ☽	0138 0656 1138 1706	52 131 85 206
7 SU S	0324 0905 1336 1917	48 131 95 209	22 M N	0256 0844 1204 1807	48 122 105 194
8 M	0502 1109 1517 2100	36 134 109 210	23 TU	0420 1045 1347 1955	38 129 120 188
9 TU	0632 1222 1702 2226	22 150 102 221	24 W	0539 1143 1609 2142	25 146 113 199
10 W	0738 1307 1818 2325	11 164 87 233	25 TH	0643 1216 1736 2249	15 163 90 216
11 TH	0823 1341 1909	13 174 72	26 F	0737 1249 1837 2343	10 177 67 230
12 F	0013 0857 1406 1953	240 16 180 60	27 SA	0814 1320 1933	16 188 48
13 SA ●	0055 0930 1430 2036	240 29 183 52	28 SU ○E	0034 0852 1352 2021	237 21 200 41
14 SU E	0132 0947 1451 2108	235 33 187 49	29 M	0124 0923 1421 2106	238 35 212 34
15 M	0209 0958 1510 2146	227 40 192 45	30 TU P	0215 0944 1450 2155	235 36 225 30
			31 W	0306 1007 1513 2252	228 44 237 29

4 月

日期	潮时时分	潮高 cm	日期	潮时时分	潮高 cm
1 TH	0357 1038 1534 2352	216 45 249 30	16 F	0350 1002 1502 2344	187 63 243 43
2 F	0449 1103 1559	198 61 258	17 SA	0433 1028 1522	174 74 245
3 SA	0050 0550 1136 1636	35 174 78 254	18 SU N	0021 0525 1044 1551	46 160 85 241
4 SU ☾S	0154 0720 1208 1729	44 152 102 238	19 M	0113 0639 1105 1632	47 146 103 228
5 M	0315 0920 1315 1856	47 144 122 219	20 TU ☽	0222 0816 1153 1738	47 141 119 210
6 TU	0448 1106 1525 2049	40 154 125 212	21 W	0341 0954 1350 1926	41 148 126 198
7 W	0604 1156 1700 2212	32 170 106 218	22 TH	0454 1049 1552 2109	32 165 110 203
8 TH	0659 1228 1805 2310	28 183 86 225	23 F	0555 1125 1711 2220	26 182 86 214
9 F	0743 1254 1856 2357	29 192 69 227	24 SA	0646 1158 1814 2321	25 198 65 223
10 SA	0806 1315 1941	38 198 59	25 SU E	0728 1229 1912	34 213 51
11 SU E	0038 0837 1335 2020	226 43 203 55	26 M	0017 0753 1259 2008	228 38 228 44
12 M ●	0115 0848 1353 2056	222 49 210 51	27 TU ○P	0112 0831 1328 2105	229 45 242 38
13 TU	0154 0906 1410 2140	216 54 218 48	28 W	0207 0855 1355 2203	225 53 259 32
14 W A	0230 0931 1427 2223	207 53 226 50	29 TH	0300 0936 1422 2300	218 58 275 28
15 TH	0309 0947 1445 2258	198 56 235 45	30 F	0354 1002 1454 2355	206 71 286 29

时　区：－0800　　　　潮高基准面：在平均海面下 134　cm

中　国—广　州

CHINA－GUANGZHOU

2021年潮汐表　　23° 04′ N　　113° 16′ E

5　月

日期	潮时 时分	潮高 cm	日期	潮时 时分	潮高 cm
1 SA S	0451 1039 1530	190 82 286	16 SU	0422 0955 1500	173 87 260
2 SU	0050 0559 1111 1616	37 172 102 273	17 M	0009 0516 1029 1536	47 164 98 252
3 M ☾	0151 0726 1156 1719	46 159 119 249	18 TU	0100 0624 1102 1623	47 156 108 237
4 TU	0302 0909 1327 1847	50 158 131 225	19 W ☽	0159 0744 1209 1734	46 155 117 219
5 W	0417 1023 1513 2024	50 169 123 211	20 TH	0304 0857 1350 1904	42 163 114 205
6 TH	0521 1107 1642 2143	48 183 104 207	21 F	0406 0950 1531 2032	39 179 98 201
7 F	0605 1137 1745 2243	47 194 85 206	22 SA E	0459 1030 1646 2149	37 196 78 202
8 SA E	0643 1200 1839 2334	49 203 70 205	23 SU	0546 1103 1755 2258	38 214 63 205
9 SU	0705 1219 1931	55 211 61	24 M	0630 1134 1904	44 231 53
10 M	0018 0735 1239 2009	203 58 219 57	25 TU	0003 0658 1204 2009	207 53 250 44
11 TU ●A	0100 0755 1300 2052	201 62 229 52	26 W ○P	0104 0743 1237 2109	207 60 267 37
12 W	0139 0821 1320 2140	197 67 240 50	27 TH	0203 0824 1311 2205	204 75 284 32
13 TH	0216 0846 1345 2212	192 67 249 51	28 F S	0300 0856 1352 2259	198 80 295 31
14 F	0256 0907 1407 2253	187 73 257 47	29 SA	0356 0941 1434 2353	189 85 298 36
15 SA N	0337 0937 1431 2333	181 77 260 47	30 SU	0455 1024 1519	180 97 291
			31 M	0045 0558 1103 1612	43 170 106 274

6　月

日期	潮时 时分	潮高 cm	日期	潮时 时分	潮高 cm
1 TU	0140 0708 1159 1713	50 165 116 250	16 W	0049 0603 1113 1625	46 164 97 238
2 W ☾	0235 0820 1317 1824	55 167 120 224	17 TH	0138 0701 1220 1726	43 167 99 222
3 TH	0328 0921 1445 1943	58 175 113 203	18 F ☽	0227 0758 1338 1837	43 176 95 205
4 F E	0413 1006 1604 2059	59 185 100 188	19 SA E	0312 0849 1457 1955	42 190 87 192
5 SA	0453 1038 1717 2209	61 195 85 180	20 SU	0357 0929 1624 2118	45 206 77 183
6 SU	0534 1102 1822 2311	64 206 71 176	21 M	0446 1005 1750 2244	50 224 63 180
7 M	0600 1123 1917	69 217 61	22 TU	0535 1041 1905	59 243 49
8 TU A	0005 0637 1149 2003	175 71 229 52	23 W P	0001 0618 1119 2009	181 74 263 39
9 W	0052 0704 1215 2049	175 75 241 49	24 TH ○	0109 0700 1204 2108	182 82 279 34
10 TH ●	0133 0741 1245 2131	175 77 250 49	25 F S	0209 0749 1251 2203	182 86 290 33
11 F	0211 0807 1314 2204	175 82 258 50	26 SA	0305 0840 1339 2256	181 89 295 36
12 SA N	0251 0842 1346 2245	174 83 262 50	27 SU	0357 0932 1426 2346	178 89 292 42
13 SU	0332 0910 1417 2321	171 88 263 51	28 M	0447 1014 1514	176 94 282
14 M	0416 0946 1454	168 90 259	29 TU	0028 0535 1100 1604	50 174 96 266
15 TU	0003 0507 1029 1536	49 165 95 251	30 W	0105 0623 1151 1656	53 174 99 243

7　月

日期	潮时 时分	潮高 cm	日期	潮时 时分	潮高 cm
1 TH ☾E	0144 0713 1250 1751	56 175 102 217	16 F E	0101 0615 1213 1711	42 184 80 220
2 F	0215 0801 1359 1854	61 178 103 190	17 SA ☽	0140 0659 1317 1811	41 192 82 200
3 SA	0249 0845 1525 2009	65 183 96 168	18 SU	0213 0740 1440 1925	49 202 82 178
4 SU	0330 0923 1650 2133	71 192 83 153	19 M	0255 0821 1622 2108	58 215 74 163
5 M A	0405 0958 1801 2257	78 203 67 149	20 TU	0347 0909 1750 2254	71 231 57 160
6 TU	0450 1031 1900	84 216 54	21 W P	0444 1003 1904	83 249 43
7 W	0002 0538 1107 1951	152 87 230 45	22 TH S	0017 0544 1058 2009	165 92 266 34
8 TH	0052 0625 1143 2038	158 90 242 42	23 F	0122 0643 1153 2107	171 94 279 31
9 F N	0133 0702 1218 2114	163 90 252 44	24 SA ○	0215 0741 1245 2158	176 92 286 33
10 SA ●	0211 0745 1256 2156	167 88 258 45	25 SU	0300 0836 1333 2245	179 88 286 40
11 SU	0248 0830 1334 2237	169 87 260 48	26 M	0341 0927 1419 2319	181 88 281 49
12 M	0325 0902 1412 2311	169 86 260 49	27 TU	0416 1005 1504 2352	184 83 270 51
13 TU	0405 0946 1454 2351	170 81 256 46	28 W	0451 1049 1547	186 81 253
14 W	0448 1034 1535	173 78 247	29 TH E	0017 0524 1135 1627	57 188 83 232
15 TH	0030 0532 1122 1620	44 177 79 236	30 F	0043 0555 1221 1713	58 188 88 207
			31 SA ☾	0056 0623 1323 1809	64 188 93 180

8　月

日期	潮时 时分	潮高 cm	日期	潮时 时分	潮高 cm
1 SU	0124 0658 1445 1924	72 189 90 154	16 M	0117 0623 1441 1925	68 221 75 166
2 M A	0149 0743 1613 2111	83 192 79 139	17 TU P	0154 0717 1615 2138	85 227 67 154
3 TU	0232 0841 1732 2252	95 199 64 138	18 W S	0254 0829 1749 2322	103 234 52 158
4 W	0335 0940 1837	104 210 49	19 TH	0422 0949 1905	112 246 39
5 TH N	0002 0448 1032 1932	146 107 225 39	20 F	0034 0542 1056 2007	169 107 262 30
6 F	0049 0551 1117 2015	158 104 239 35	21 SA	0123 0646 1153 2058	181 98 274 29
7 SA	0125 0646 1201 2058	167 97 250 34	22 SU ○	0202 0743 1241 2142	188 87 278 37
8 SU ●	0159 0738 1244 2142	174 88 257 38	23 M	0236 0835 1324 2209	193 78 276 47
9 M	0232 0824 1324 2214	177 84 260 44	24 TU	0303 0912 1406 2243	198 76 268 53
10 TU	0305 0902 1406 2252	181 75 259 45	25 W E	0331 0952 1446 2258	202 71 256 57
11 W	0339 0948 1449 2323	186 66 253 49	26 TH	0357 1036 1524 2321	205 69 241 63
12 TH E	0414 1035 1528 2351	193 61 245 45	27 F	0419 1113 1604 2336	207 73 222 64
13 F	0449 1117 1612	201 64 232	28 SA	0437 1155 1648 2347	208 76 199 72
14 SA	0014 0521 1205 1701	50 208 68 214	29 SU	0456 1251 1742	209 79 174
15 SU ☽	0044 0551 1310 1800	53 214 74 190	30 M ☾A	0003 0520 1401 1902	83 208 80 151
			31 TU	0023 0602 1526 2054	100 204 74 139

时　区：－0800　　　　潮高基准面：在平均海面下 134　cm

中　国一广　州

CHINA－GUANGZHOU

2021 年潮汐表　　23° 04′ N　　113° 16′ E

9　月

日期	潮时 时分	潮高 cm	日期	潮时 时分	潮高 cm
1 W	0055 0707 1648 2249	116 200 61 143	16 TH	0239 0815 1747 2339	131 230 47 173
2 TH N	0223 0843 1758 2354	129 203 47 157	17 F	0433 0952 1858	125 240 35
3 F	0423 1002 1858	127 216 35	18 SA	0027 0549 1058 1952	189 107 254 30
4 SA	0029 0540 1058 1949	171 112 233 28	19 SU	0102 0649 1150 2035	201 89 262 36
5 SU	0101 0639 1146 2035	183 94 247 29	20 M ○	0133 0741 1234 2059	209 75 262 44
6 M	0132 0733 1229 2106	191 78 255 36	21 TU E	0157 0824 1314 2131	214 71 258 54
7 TU ●	0201 0813 1313 2146	198 69 258 42	22 W	0220 0859 1354 2145	218 65 250 58
8 W E	0231 0857 1358 2208	205 58 256 51	23 TH	0241 0941 1431 2157	222 61 239 65
9 TH	0301 0944 1442 2240	213 51 249 52	24 F	0259 1022 1511 2217	226 64 227 69
10 F	0330 1034 1526 2254	222 40 240 57	25 SA	0314 1057 1552 2234	231 62 211 73
11 SA P	0356 1118 1613 2325	232 66 226 66	26 SU A	0327 1146 1637 2247	235 60 193 82
12 SU	0416 1212 1706 2347	240 59 206 75	27 M	0346 1232 1730 2258	237 64 173 97
13 M ☽	0444 1318 1815	245 63 181	28 TU	0409 1321 1845 2315	234 66 155 115
14 TU	0020 0525 1441 2006	96 244 65 161	29 W ☾ N	0445 1438 2031 2339	223 65 145 132
15 W S	0103 0634 1613 2213	118 234 60 159	30 TH	0543 1559 2233	207 56 153

10　月

日期	潮时 时分	潮高 cm	日期	潮时 时分	潮高 cm
1 F	0136 0739 1716 2324	145 197 44 170	16 SA	0438 0946 1834	120 225 37
2 SA	0403 0932 1820 2356	133 205 35 186	17 SU	0000 0547 1050 1910	205 95 231 40
3 SU	0526 1036 1907	109 222 30	18 M	0031 0642 1143 1945	215 77 233 43
4 M	0025 0623 1127 1950	199 85 235 30	19 TU E	0055 0733 1229 2003	222 65 232 54
5 TU	0054 0711 1217 2025	211 66 243 43	20 W ○	0115 0812 1310 2032	227 61 228 57
6 W ●E	0122 0759 1307 2049	221 53 246 47	21 TH	0133 0851 1350 2045	231 55 223 63
7 TH	0150 0850 1356 2113	232 43 245 58	22 F	0149 0939 1428 2103	237 51 215 68
8 F P	0214 0944 1445 2141	243 38 239 59	23 SA	0204 1010 1507 2127	244 52 207 75
9 SA	0239 1038 1535 2204	254 37 230 68	24 SU A	0219 1051 1548 2144	251 45 197 78
10 SU	0259 1129 1626 2237	267 42 216 78	25 M	0238 1130 1630 2155	256 47 184 90
11 M	0324 1217 1724 2302	275 43 195 97	26 TU N	0259 1204 1719 2214	257 47 170 104
12 TU S	0401 1319 1844 2337	274 51 174 118	27 W	0324 1254 1826 2235	249 50 156 117
13 W ☽	0453 1439 2038	257 55 163	28 TH ☾	0401 1356 2004 2309	234 51 148 134
14 TH	0033 0614 1606 2225	138 234 51 172	29 F	0459 1511 2149	212 47 157
15 F	0249 0812 1733 2323	140 222 43 189	30 SA	0123 0648 1628 2238	142 192 40 174
			31 SU	0336 0850 1732 2310	122 191 32 191

11　月

日期	潮时 时分	潮高 cm	日期	潮时 时分	潮高 cm
1 M	0453 1007 1812 2342	94 200 33 207	16 TU	0632 1138 1843	67 192 47
2 TU E	0555 1111 1849	70 209 34	17 W	0010 0733 1231 1905	221 53 191 56
3 W	0009 0653 1212 1925	222 53 217 45	18 TH	0027 0810 1315 1935	228 47 190 59
4 TH ●	0037 0753 1308 1950	237 39 223 48	19 F ○	0044 0853 1354 1954	235 38 189 65
5 F P	0101 0852 1400 2029	251 28 225 59	20 SA	0103 0936 1432 2022	244 36 186 72
6 SA	0124 0948 1452 2053	265 21 222 63	21 SU A	0122 1003 1506 2044	252 35 182 73
7 SU	0150 1040 1544 2134	281 19 213 72	22 M N	0145 1043 1545 2100	257 34 177 81
8 M S	0218 1127 1637 2159	293 24 198 88	23 TU	0207 1111 1623 2132	260 34 169 86
9 TU	0257 1218 1739 2237	294 30 180 103	24 W	0233 1152 1709 2148	257 34 160 95
10 W	0343 1318 1900 2318	280 39 166 122	25 TH	0304 1234 1807 2225	248 38 151 106
11 TH ☽	0444 1401 2039	255 44 164	26 F	0347 1327 1921 2318	231 30 147 116
12 F	0040 0608 1544 2200	134 227 43 176	27 SA ☾	0447 1427 2039	208 35 154
13 SA	0246 0752 1649 2250	127 206 41 192	28 SU	0102 0614 1529 2137	117 185 33 169
14 SU	0417 0920 1740 2324	106 197 40 204	29 M	0252 0757 1622 2217	101 172 32 188
15 M E	0530 1033 1812 2350	84 193 46 214	30 TU E	0416 0930 1704 2250	79 169 33 206

12　月

日期	潮时 时分	潮高 cm	日期	潮时 时分	潮高 cm
1 W	0535 1058 1746 2316	59 174 36 224	16 TH	0725 1236 1810 2341	40 150 62 220
2 TH	0651 1209 1832 2342	40 183 41 242	17 F	0807 1321 1844	28 153 65
3 F	0756 1309 1902	23 191 53	18 SA A	0005 0850 1359 1916	231 21 157 70
4 SA ●P	0010 0854 1404 1945	261 9 196 58	19 SU ○	0030 0925 1434 1945	240 23 158 70
5 SU	0044 0949 1457 2032	278 3 195 65	20 M N	0058 0958 1506 2015	246 20 158 74
6 M S	0119 1040 1551 2102	291 5 188 77	21 TU	0125 1034 1542 2043	249 23 157 73
7 TU	0203 1128 1646 2145	295 13 177 83	22 W	0156 1103 1617 2114	249 23 154 76
8 W	0250 1217 1745 2232	287 19 167 92	23 TH	0226 1142 1659 2148	243 24 151 76
9 TH	0342 1309 1851 2326	269 27 161 104	24 F	0304 1215 1746 2235	234 24 148 78
10 F	0441 1401 2001	242 33 162	25 SA	0348 1258 1838 2329	219 22 150 83
11 SA ☽	0039 0551 1452 2106	109 212 38 169	26 SU	0440 1339 1933	199 22 156
12 SU E	0213 0711 1540 2158	106 184 42 179	27 M ☾E	0041 0546 1421 2025	83 176 26 167
13 M	0347 0839 1624 2236	91 162 47 190	28 TU	0208 0709 1504 2110	79 155 30 182
14 TU	0509 1012 1658 2300	73 150 51 199	29 W	0347 0857 1552 2145	66 141 37 200
15 W	0626 1135 1738 2319	55 147 55 210	30 TH	0533 1049 1644 2217	46 142 46 220
			31 F	0649 1208 1739 2256	25 151 55 242

时　区：－0800　　潮高基准面：在平均海面下 134　cm

中 国—香 港

CHINA－XIANGGANG(HONG KONG)

2021 年潮汐表　　22° 18′ N　　114° 10′ E

1 月

日期	潮时 时分	潮高 cm	日期	潮时 时分	潮高 cm
1 F	0511 1152 1457 2224	40 139 118 237	16 SA	0555 1252 1633 2325	39 139 112 228
2 SA	0547 1241 1540 2258	42 140 120 232	17 SU	0627 1330 1718 2357	51 141 115 211
3 SU	0625 1332 1643 2338	46 143 124 223	18 M	0657 1410 1804	63 144 120
4 M	0707 1423 1754	53 147 128	19 TU E	0027 0725 1452 1856	193 74 149 126
5 TU	0024 0751 1514 1859	209 62 154 131	20 W ☽	0057 0751 1536 2008	173 85 155 129
6 W ☾ E	0120 0838 1603 2017	190 72 165 131	21 TH A	0139 0816 1622 2241	152 94 163 124
7 TH	0234 0927 1650 2233	168 83 178 121	22 F	0255 0839 1708	133 102 172
8 F	0455 1017 1736	149 93 193	23 SA	0033 0509 0903 1750	107 119 108 182
9 SA P	0008 0628 1105 1822	99 139 102 209	24 SU	0135 0659 0943 1830	87 116 113 193
10 SU	0120 0750 1152 1908	74 135 108 224	25 M	0217 0835 1052 1909	70 118 116 204
11 M	0220 0911 1239 1954	52 135 112 237	26 TU N	0253 0924 1151 1947	55 122 116 214
12 TU S	0313 1011 1327 2041	36 136 112 246	27 W	0325 0950 1245 2027	43 126 114 224
13 W ●	0400 1056 1415 2126	27 136 111 250	28 TH ○	0355 1017 1338 2109	36 130 111 231
14 TH	0442 1136 1502 2209	25 137 110 248	29 F	0422 1049 1432 2151	32 135 107 235
15 F	0520 1215 1548 2249	30 137 110 241	30 SA	0451 1124 1526 2233	31 140 103 234
			31 SU	0522 1201 1618 2315	34 145 100 228

2 月

日期	潮时 时分	潮高 cm	日期	潮时 时分	潮高 cm
1 M	0555 1240 1709 2359	41 151 99 215	16 TU	0604 1247 1755	67 155 97
2 TU E	0630 1323 1802	51 157 100	17 W	0012 0627 1313 1842	179 79 158 101
3 W P	0045 0705 1408 1901	195 64 165 103	18 TH A	0047 0647 1344 1941	161 89 162 106
4 TH ☾	0139 0741 1457 2017	172 79 173 105	19 F ☽	0133 0703 1426 2120	142 98 165 106
5 F	0305 0818 1552 2230	147 93 183 98	20 SA	0244 0714 1528 2349	124 105 170 95
6 SA	0503 0858 1649	129 106 193	21 SU	0458 0706 1631	112 110 177
7 SU	0023 0651 0949 1749	79 122 115 205	22 M	0107 1728	78 186
8 M S	0154 0850 1059 1847	59 125 119 216	23 TU N	0154 1822	63 196
9 TU	0243 0937 1221 1942	43 129 118 226	24 W	0229 1913	51 207
10 W	0321 1011 1326 2031	33 132 112 232	25 TH	0259 0940 1252 2004	41 131 117 218
11 TH ●	0353 1041 1419 2117	30 135 104 234	26 F	0325 0949 1355 2054	35 138 106 226
12 F	0422 1109 1506 2159	32 139 97 231	27 SA ○	0350 1013 1447 2142	32 146 95 229
13 SA	0448 1135 1550 2237	37 143 92 223	28 SU	0418 1042 1535 2229	33 155 84 227
14 SU	0514 1159 1631 2310	46 147 91 211			
15 M E	0540 1223 1713 2341	56 151 93 196			

3 月

日期	潮时 时分	潮高 cm	日期	潮时 时分	潮高 cm
1 M E	0448 1114 1623 2316	39 164 76 217	16 TU	0455 1114 1705 2330	71 171 74 180
2 TU P	0520 1148 1712	50 174 72	17 W	0518 1132 1747	81 176 76
3 W	0004 0552 1222 1804	201 64 182 72	18 TH A	0005 0538 1146 1832	165 92 179 79
4 TH	0057 0624 1258 1903	179 80 188 76	19 F	0045 0554 1156 1926	150 102 182 83
5 F	0204 0656 1338 2026	154 96 192 80	20 SA	0135 0605 1218 2041	134 109 183 85
6 SA ☾	0342 0726 1432 2229	133 110 194 77	21 SU ☽	0305 0542 1302 2228	120 115 183 82
7 SU S	1555	197	22 M N	1415	182
8 M	0039 1718	65 201	23 TU	0009 1613	72 184
9 TU	0145 1828	52 206	24 W	0105 1731	61 192
10 W	0225 0925 1236 1927	44 138 122 211	25 TH	0142 0908 1146 1835	52 138 132 200
11 TH	0255 0948 1334 2019	41 142 109 214	26 F	0213 0854 1304 1938	45 145 117 209
12 F	0319 1008 1422 2106	43 147 96 214	27 SA	0241 0905 1358 2037	41 155 99 214
13 SA ●	0342 1024 1505 2147	46 153 85 210	28 SU ○ E	0310 0930 1447 2132	42 167 80 215
14 SU E	0406 1039 1546 2224	52 159 78 203	29 M	0340 0959 1534 2224	46 181 64 210
15 M	0431 1056 1625 2257	61 165 74 192	30 TU P	0411 1030 1622 2315	56 193 52 198
			31 W	0443 1101 1712	69 204 47

4 月

日期	潮时 时分	潮高 cm	日期	潮时 时分	潮高 cm
1 TH	0010 0515 1133 1806	180 85 211 47	16 F	0450 1012 1824	108 203 60
2 F	0115 0547 1207 1909	160 101 214 53	17 SA	0044 0501 1038 1915	138 115 204 64
3 SA	0236 0617 1247 2036	141 116 213 60	18 SU N	0149 0431 1113 2018	128 120 203 67
4 SU ☾ S	0421 0643 1340 2220	129 128 207 61	19 M	1159 2134	199 68
5 M	1500	200	20 TU ☽	1310 2255	193 65
6 TU	0001 1646	58 196	21 W	1447 2359	188 60
7 W	0103 0829 1129 1804	54 148 137 194	22 TH	1636	188
8 TH	0139 0850 1240 1908	54 152 121 193	23 F	0044 0800 1151 1759	55 149 131 191
9 F	0206 0908 1332 2004	56 157 105 192	24 SA	0120 0758 1258 1916	52 160 110 193
10 SA	0232 0920 1417 2052	59 163 89 189	25 SU E	0154 0819 1352 2024	53 174 86 194
11 SU E	0257 0932 1458 2134	64 171 77 185	26 M	0227 0845 1442 2123	57 190 63 191
12 M ●	0323 0947 1538 2211	71 179 67 178	27 TU ○ P	0301 0914 1531 2220	66 207 44 184
13 TU	0348 1001 1618 2246	79 186 61 170	28 W	0334 0943 1620 2319	77 221 31 172
14 W A	0411 1010 1658 2321	89 193 58 160	29 TH	0407 1013 1712	91 231 26
15 TH	0432 0955 1739 2359	99 198 58 150	30 F	0026 0441 1043 1809	158 105 235 28

时　区：－0800　　　　潮高基准面：在平均海面下 138　cm

中 国—香 港

CHINA－XIANGGANG(HONG KONG)

2021 年潮汐表　　22° 18′ N　　114° 10′ E

5月 日期	潮时 时分	潮高 cm	日期	潮时 时分	潮高 cm	6月 日期	潮时 时分	潮高 cm	日期	潮时 时分	潮高 cm	7月 日期	潮时 时分	潮高 cm	日期	潮时 时分	潮高 cm	8月 日期	潮时 时分	潮高 cm	日期	潮时 时分	潮高 cm
1 SA S	0139 0514 1124 1916	144 118 233 36	16 SU	0058 0331 1013 1904	128 121 218 49	1 TU	1257 2113	210 50	16 W	1138 2023	209 49	1 TH ☾ E	0420 0728 1315 2103	144 126 182 69	16 F E	0247 0655 1244 2019	146 117 190 64	1 SU	0404 0955 1439 2039	166 113 133 106	16 M	0248 0942 1635 2034	191 95 139 114
2 SU	0300 0548 1216 2034	134 129 225 45	17 M	1052 1958	214 53	2 W ☾	1350 2208	192 61	17 TH	1238 2113	197 55	2 F	0502 0849 1402 2144	151 126 161 80	17 SA ☽	0329 0803 1352 2101	156 116 170 76	2 M A	0441 1135 1727 2052	173 101 119 114	17 TU P	0346 1121 1830 2118	201 82 132 125
3 M ☾	1314 2154	213 52	18 TU	1141 2059	207 56	3 TH	0617 0919 1458 2257	152 137 173 70	18 F ☽	0440 0803 1349 2203	143 132 182 62	3 SA	0535 1029 1515 2223	159 120 142 90	18 SU	0410 0942 1543 2144	169 108 149 88	3 TU	0514 1250	182 85	18 W S	0450 1248	212 64
4 TU	1424 2306	199 57	19 W ☽	1247 2201	198 58	4 F E	0644 1100 1643 2340	158 127 158 77	19 SA E	0513 0948 1519 2250	154 124 166 70	4 SU	0605 1154 1742 2300	168 106 128 99	19 M	0449 1118 1752 2230	183 91 136 100	4 W	0546 1345	192 69	19 TH	0554 1357 2127 2350	223 48 140 132
5 W	0714 0925 1605	150 146 186	20 TH	1409 2258	189 58	5 SA	0705 1213 1814	166 112 147	20 SU	0544 1125 1738 2335	169 106 153 78	5 M A	0630 1259 1910 2332	177 88 121 105	20 TU	0527 1236 1920 2318	199 69 130 109	5 TH N	0619 1429	202 55	20 F	0657 1446 2202	232 37 144
6 TH	0001 0740 1123 1733	62 156 134 177	21 F	0654 0953 1545 2347	148 139 180 60	6 SU	0018 0725 1310 1924	84 174 94 140	21 M	0615 1237 1905	186 81 146	6 TU	0652 1352 2053	186 71 119	21 W P	0607 1342 2109	215 47 130	6 F	0655 1507	212 45	21 SA	0105 0755 1524 2233	126 239 33 147
7 F	0040 0801 1230 1844	66 162 117 171	22 SA E	0644 1139 1733	159 121 174	7 M	0051 0743 1358 2023	90 183 77 136	22 TU	0017 0644 1338 2019	87 204 56 141	7 W	0002 0705 1437 2205	110 196 55 120	22 TH S	0012 0652 1441 2212	114 229 30 132	7 SA	0734 1541 2250	221 39 130	22 SU ○	0203 0848 1557 2301	116 242 35 151
8 SA E	0113 0816 1322 1944	70 168 100 166	23 SU	0029 0705 1247 1905	63 174 97 171	8 TU A	0121 0759 1443 2117	97 192 61 132	23 W P	0059 0710 1434 2141	95 221 33 138	8 TH	0031 0714 1519 2245	114 206 43 121	23 F	0110 0747 1533 2257	115 240 19 134	8 SU ●	0155 0815 1612 2300	121 228 36 134	23 M	0254 0936 1628 2328	107 240 41 155
9 SU	0143 0830 1408 2037	75 176 83 162	24 M	0108 0732 1344 2016	68 191 70 167	9 W	0147 0758 1524 2205	103 201 48 130	24 TH ○	0141 0737 1529 2255	102 236 17 136	9 F N	0102 0737 1558 2315	115 216 35 122	24 SA ○	0206 0845 1619 2338	114 246 15 135	9 M	0234 0900 1642 2312	116 232 36 140	24 TU	0341 1020 1658 2354	100 232 51 161
10 M	0212 0845 1450 2122	81 185 69 157	25 TU	0145 0758 1436 2120	76 209 46 162	10 TH ●	0210 0755 1605 2248	108 211 39 128	25 F S	0224 0818 1622 2351	107 246 9 134	10 SA ●	0136 0809 1635 2343	116 223 31 123	25 SU	0259 0938 1700	110 247 19	10 TU	0325 0948 1712 2337	111 232 40 147	25 W E	0426 1059 1726	97 220 63
11 TU ● A	0239 0850 1531 2201	88 193 57 152	26 W ○ P	0221 0823 1527 2227	86 226 27 155	11 F	0231 0819 1645 2332	112 219 34 126	26 SA	0309 0926 1714	111 249 9	11 SU	0217 0846 1710	116 227 30	26 M	0015 0349 1026 1738	137 107 241 28	11 W	0414 1038 1743	106 227 47	26 TH	0017 0511 1134 1753	166 97 204 77
12 W	0303 0852 1611 2237	96 201 48 147	27 TH	0257 0840 1620 2339	96 239 15 147	12 SA N	0246 0849 1725	115 224 33	27 SU	0042 0356 1026 1804	132 114 246 16	12 M	0012 0311 0925 1746	125 116 228 32	27 TU	0052 0437 1108 1814	140 106 229 41	12 TH E	0009 0503 1127 1815	155 103 217 57	27 F	0036 0556 1207 1818	170 100 186 91
13 TH	0325 0847 1651 2315	104 210 44 141	28 F S	0334 0909 1714	106 246 12	13 SU	0024 0244 0925 1806	124 118 225 35	28 M	0133 0444 1114 1852	132 116 236 28	13 TU	0045 0410 1007 1823	128 116 225 37	28 W	0129 0525 1145 1848	144 107 213 55	13 F	0044 0554 1217 1849	163 101 200 70	28 SA	0053 0647 1243 1839	175 105 167 104
14 F	0344 0909 1733 2358	111 216 43 134	29 SA	0044 0412 1006 1812	140 114 246 17	14 M	1004 1849	223 39	29 TU	0226 0534 1158 1937	134 119 221 41	14 W	0124 0504 1053 1900	132 117 218 44	29 TH E	0207 0614 1217 1920	148 110 193 69	14 SA	0121 0650 1312 1922	172 101 180 85	29 SU	0113 0749 1329 1854	179 108 148 115
15 SA N	0356 0938 1816	117 219 45	30 SU	0148 0453 1114 1913	134 122 239 27	15 TU	1048 1935	218 44	30 W	0323 0627 1237 2021	138 123 202 56	15 TH	0205 0557 1145 1939	138 117 206 53	30 F	0246 0709 1250 1950	153 114 173 83	15 SU ☽	0201 0759 1428 1957	181 101 157 100	30 M ☾ A	0141 0918 1446 1854	183 107 132 122
			31 M	1207 2014	227 38										31 SA ☾	0325 0818 1331 2017	159 117 152 96				31 TU	0228 1109	187 99

时　区：－0800　　潮高基准面：在平均海面下 138　cm

中　国—香　港

CHINA－XIANGGANG(HONG KONG)

2021 年潮汐表　　22° 18′ N　　114° 10′ E

9 月

日期	潮时 时分	潮高 cm	日期	潮时 时分	潮高 cm
1 W	0344 1230	191 85	16 TH	0428 1300	221 65
2 TH N	0450 1325	198 73	17 F	0548 1350 2105	225 57 160
3 F	0545 1406	207 62	18 SA	0008 0654 1424 2128	145 229 55 164
4 SA	0636 1439 2153	216 55 145	19 SU	0111 0752 1452 2149	130 232 57 169
5 SU	0040 0727 1508 2147	136 224 50 150	20 M ○	0202 0844 1518 2206	116 231 62 175
6 M	0142 0819 1534 2155	125 231 49 159	21 TU E	0248 0930 1545 2223	103 226 69 183
7 TU ●	0233 0911 1601 2218	113 234 51 169	22 W	0331 1011 1611 2241	94 217 79 190
8 W E	0321 1002 1629 2248	102 232 57 180	23 TH	0413 1049 1636 2301	89 206 91 196
9 TH	0408 1051 1659 2319	92 225 67 191	24 F	0455 1125 1659 2320	88 192 103 200
10 F	0456 1141 1729 2352	86 211 81 201	25 SA	0539 1201 1718 2334	90 178 115 204
11 SA P	0547 1234 1801	84 192 97	26 SU A	0626 1242 1731 2336	94 162 125 206
12 SU	0025 0644 1340 1832	208 85 170 113	27 M	0723 1334 1726 2354	97 148 132 206
13 M ☽	0102 0759 1517 1902	214 87 151 128	28 TU	0840	99
14 TU	0147 0947	217 85	29 W ☾ N	0041 1026	205 96
15 W S	0252 1133	218 76	30 TH	0153 1152	203 88

10 月

日期	潮时 时分	潮高 cm	日期	潮时 时分	潮高 cm
1 F	0344 1245	203 80	16 SA	0534 1311 2023	216 73 177
2 SA	0509 1323 2057 2332	207 73 161 155	17 SU	0018 0644 1340 2039	146 214 77 183
3 SU	0614 1353 2042	214 68 167	18 M	0112 0744 1406 2053	128 211 81 191
4 M	0046 0716 1420 2047	141 220 66 177	19 TU E	0159 0836 1432 2111	111 207 87 200
5 TU	0139 0815 1446 2108	123 224 67 189	20 W ○	0241 0921 1458 2131	97 202 95 209
6 W ●E	0227 0910 1514 2136	105 225 72 203	21 TH	0322 1002 1522 2153	86 195 104 216
7 TH	0313 1002 1544 2206	88 222 81 217	22 F	0403 1039 1543 2212	79 186 113 221
8 F P	0400 1053 1614 2238	74 212 94 228	23 SA	0443 1116 1601 2214	76 177 123 224
9 SA	0448 1147 1645 2310	66 198 108 237	24 SU A	0524 1155 1611 2156	77 166 130 227
10 SU	0541 1247 1715 2344	65 180 124 240	25 M	0609 1239 1608 2219	80 156 136 227
11 M	0641 1405 1744	69 162 138	26 TU N	0659 1341 1604 2249	84 147 140 224
12 TU S	0025 0806	239 75	27 W	0803 2328	88 218
13 W ☽	0116 0950	234 77	28 TH ☾	0926	90
14 TH	0226 1127	227 74	29 F	0035 1048	211 88
15 F	0408 1232 2004 2301	220 72 172 163	30 SA	0221 1145	203 84
			31 SU	0418 1224 1942 2335	200 81 174 157

11 月

日期	潮时 时分	潮高 cm	日期	潮时 时分	潮高 cm
1 M	0547 1257 1940	201 80 184	16 TU	0111 0731 1317 2007	120 180 99 205
2 TU E	0040 0703 1327 2000	136 203 81 199	17 W	0157 0825 1344 2030	102 175 105 214
3 W	0131 0808 1357 2027	112 204 85 215	18 TH	0238 0912 1408 2054	87 171 112 222
4 TH ●	0219 0905 1428 2056	88 203 92 231	19 F ○	0318 0952 1427 2116	75 166 118 228
5 F P	0306 0959 1459 2127	68 198 102 245	20 SA	0357 1030 1442 2131	66 162 123 232
6 SA	0354 1054 1530 2200	53 189 114 255	21 SU A	0435 1107 1453 2111	62 157 128 235
7 SU	0444 1153 1601 2237	45 177 126 260	22 M N	0515 1148 1504 2130	62 152 131 236
8 M S	0539 1300 1630 2320	46 164 137 259	23 TU	0555 1236 1518 2157	64 147 134 234
9 TU	0644 1413 1619	53 154 147	24 W	0639 2230	69 229
10 W	0009 0809	251 62	25 TH	0730 2309	74 221
11 TH ☽	0102 0932	239 69	26 F	0831	78
12 F	0205 1045	223 75	27 SA ☾	0000 0934	210 81
13 SA	0333 1139 1915 2308	207 81 178 157	28 SU	0123 1030 1832 2051	198 82 166 161
14 SU	0509 1217 1931	195 87 186	29 M	0309 1117 1821 2320	186 84 178 146
15 M E	0018 0626 1248 1947	139 186 93 195	30 TU E	0520 1156 1847	178 87 193

12 月

日期	潮时 时分	潮高 cm	日期	潮时 时分	潮高 cm
1 W	0030 0651 1232 1916	122 175 93 210	16 TH	0202 0816 1243 1956	90 142 114 214
2 TH	0124 0800 1307 1947	94 173 99 228	17 F	0243 0907 1301 2023	74 140 118 221
3 F	0214 0900 1340 2020	68 171 106 245	18 SA A	0322 0949 1318 2049	61 139 119 227
4 SA ●P	0303 0959 1413 2056	47 167 114 258	19 SU ○	0358 1026 1340 2113	53 138 120 232
5 SU	0353 1100 1447 2139	33 161 121 266	20 M N	0434 1101 1406 2132	48 138 121 234
6 M S	0446 1201 1521 2226	28 154 127 268	21 TU	0509 1140 1434 2146	48 138 122 234
7 TU	0544 1301 1555 2315	31 149 133 262	22 W	0544 1223 1503 2209	50 137 124 230
8 W	0646 1401 1634	40 146 140	23 TH	0619 1314 1535 2239	54 138 127 224
9 TH	0003 0750	250 52	24 F	0658 1407 1612 2314	59 140 132 215
10 F	0051 0849	231 65	25 SA	0739 1500 1707 2356	65 145 139 203
11 SA ☽	0141 0944 1748 2022	209 77 164 155	26 SU	0825 1550 1909	72 153 143
12 SU E	0242 1032 1810 2254	187 87 174 145	27 M ☾E	0055 0912 1635 2038	186 79 164 141
13 M	0420 1114 1833	166 96 184	28 TU	0230 1000 1716 2259	168 86 178 127
14 TU	0015 0558 1149 1900	127 153 103 195	29 W	0505 1044 1755	152 94 194
15 W	0115 0713 1219 1928	108 145 109 205	30 TH	0022 0642 1127 1833	102 145 102 212
			31 F	0123 0757 1208 1912	75 143 108 230

时　区：－0800　　潮高基准面：在平均海面下 138　cm

中 国—汕 尾

CHINA－SHANWEI

2021 年潮汐表　　22° 46′ N　　115° 22′ E

1 月

日期	潮时 时分	潮高 cm	日期	潮时 时分	潮高 cm
1 F	0436 1247 1501 2239	28 97 71 194	16 SA	0504 1334 1553 2311	31 102 70 188
2 SA	0507 1339 1547 2319	29 100 74 189	17 SU	0538 1418 1640 2348	39 105 77 170
3 SU	0544 1428 1634	32 103 79	18 M	0614 1501 1728	47 109 86
4 M	0000 0624 1515 1725	180 36 108 86	19 TU E	0024 0648 1541 1821	151 55 114 95
5 TU	0043 0707 1558 1825	166 41 115 92	20 W ☽	0058 0721 1613 1928	132 62 120 101
6 W ☾ E	0131 0753 1632 1940	148 48 124 96	21 TH A	0135 0745 1630	114 69 127
7 TH	0231 0841 1648	128 55 136	22 F	0009 0234 0736 1650	89 97 74 136
8 F	0115 0401 0930 1708	93 110 63 152	23 SA	0052 0409 0735 1722	70 84 75 146
9 SA P	0209 0549 1019 1750	71 100 69 169	24 SU	0137 1804	53 156
10 SU	0300 0825 1108 1839	50 96 73 185	25 M	0220 1850	38 165
11 M	0352 0938 1156 1928	33 99 75 199	26 TU N	0259 0907 1116 1936	28 83 78 174
12 TU S	0446 1030 1244 2017	22 100 74 208	27 W	0325 0947 1222 2020	23 87 74 182
13 W ●	0328 1118 1332 2103	17 101 71 213	28 TH ○	0333 1032 1318 2102	21 89 69 189
14 TH	0359 1204 1419 2148	18 100 68 211	29 F	0349 1131 1410 2142	19 91 63 192
15 F	0431 1249 1506 2230	23 101 67 203	30 SA	0413 1032 1459 2222	19 94 58 192
			31 SU	0443 1100 1547 2301	20 100 57 186

2 月

日期	潮时 时分	潮高 cm	日期	潮时 时分	潮高 cm
1 M	0515 1136 1636 2342	24 107 59 173	16 TU	0526 1159 1720 2356	45 114 66 136
2 TU E	0550 1216 1727	31 115 64	17 W	0551 1233 1805	54 118 74
3 W P	0026 0625 1302 1823	155 40 123 72	18 TH A	0031 0608 1314 1857	119 61 122 81
4 TH ☾	0114 0703 1358 1930	132 51 133 78	19 F ☽	0113 0619 1435 2327	102 67 127 71
5 F	0219 0744 1511	108 62 144	20 SA	0227 0634 1541	86 70 134
6 SA	0042 0501 0830 1621	65 92 72 157	21 SU	0016 0430 0656 1627	55 77 73 142
7 SU	0141 0706 0924 1721	45 88 80 169	22 M	0106 1718	41 149
8 M S	0236 1820	29 180	23 TU N	0150 1818	30 156
9 TU	0326 0925 1132 1915	20 95 80 188	24 W	0220 1912	23 164
10 W	0250 1012 1233 2004	19 97 73 194	25 TH	0234 0930 1218 1959	19 90 76 172
11 TH ●	0304 1057 1328 2049	19 98 64 194	26 F	0249 1009 1321 2041	16 92 64 179
12 F	0329 1142 1420 2131	21 99 56 190	27 SA ○	0312 0930 1413 2121	14 97 51 182
13 SA	0357 1225 1508 2211	26 101 52 180	28 SU	0340 0951 1501 2202	15 107 42 180
14 SU	0427 1055 1553 2248	31 106 53 167			
15 M E	0458 1127 1637 2323	37 110 59 152			

3 月

日期	潮时 时分	潮高 cm	日期	潮时 时分	潮高 cm
1 M E	0410 1025 1548 2243	18 119 37 171	16 TU	0416 1043 1627 2259	40 126 42 131
2 TU P	0440 1102 1635 2325	25 130 37 156	17 W	0440 1112 1708 2333	49 130 47 118
3 W	0512 1143 1724	35 140 43	18 TH A	0500 1142 1750	57 133 54
4 TH	0011 0544 1227 1818	135 46 146 51	19 F	0011 0518 1215 1836	104 63 135 59
5 F	0104 0618 1318 2315	111 59 151 58	20 SA	0302 0540 1252 2246	89 68 136 54
6 SA ☾	0413 0654 1424	98 72 154	21 SU ☽	0400 0607 1339 2334	84 74 137 43
7 SU S	0012 0526 0735 1545	42 91 83 159	22 M N	1509	138
8 M	0117 1656	30 164	23 TU	0022 1612	35 142
9 TU	0215 1805	23 168	24 W	0100 1724	28 146
10 W	0257 0901 1132 1903	24 100 83 170	25 TH	0120 0830 1057 1840	23 95 88 151
11 TH	0203 0944 1237 1950	26 102 69 170	26 F	0138 0904 1227 1932	19 97 73 157
12 F	0224 1030 1331 2033	26 104 55 167	27 SA	0204 0833 1321 2016	16 101 54 162
13 SA ●	0251 0925 1419 2112	27 108 45 160	28 SU ○E	0232 0845 1410 2059	16 113 38 162
14 SU E	0320 0948 1503 2149	30 114 39 152	29 M	0302 0916 1457 2142	18 129 25 157
15 M	0349 1015 1546 2224	34 120 39 142	30 TU P	0333 0953 1543	23 144 19
			31 W	0047 0403 1033 1630	130 32 156 19

4 月

日期	潮时 时分	潮高 cm	日期	潮时 时分	潮高 cm
1 TH	0138 0435 1115 1720	124 43 164 24	16 F	0143 0419 1104 1737	99 61 147 36
2 F	0225 0507 1159 1814	116 56 167 34	17 SA	0224 0444 0833 1823	95 66 151 41
3 SA	0315 0541 1249 2248	107 69 165 34	18 SU N	0310 0514 0909 2206	92 73 152 40
4 SU ☾S	0411 0617 1355 2351	99 81 161 28	19 M	0953 2247	150 35
5 M	1518	158	20 TU ☽	1058 2321	144 31
6 TU	0102 1632	25 154	21 W	1448 2346	138 27
7 W	0155 0740 1008 1749	28 104 94 150	22 TH	1600	137
8 TH	0052 0822 1136 1847	33 108 79 145	23 F	0013 0755 1109 1745	24 102 85 137
9 F	0111 0902 1234 1933	34 111 63 140	24 SA	0044 0750 1218 1859	21 105 65 138
10 SA	0139 0837 1324 2013	33 115 48 135	25 SU E	0117 0737 1311 1951	21 116 45 137
11 SU E	0210 0849 1410 2051	33 120 37 129	26 M	0149 0807 1401 2038	22 134 26 134
12 M ●	0240 0910 1454 2128	35 127 31 122	27 TU ○P	0222 0845 1450 2125	27 152 12 126
13 TU	0308 0936 1535 2204	40 134 28 115	28 W	0254 0926 1538	33 167 5
14 W A	0333 1003 1616	47 141 28	29 TH	0041 0327 1008 1626	121 42 177 4
15 TH	0108 0356 1033 1656	103 55 145 31	30 F	0128 0401 1053 1717	117 52 182 10

时　区：－0800　　潮高基准面：在平均海面下 100　cm

中　国—汕　尾

CHINA－SHANWEI

2021 年潮汐表　　22° 46′ N　　115° 22′ E

5 月

日期	潮时 时分	潮高 cm	日期	潮时 时分	潮高 cm
1 SA S	0215 0437 1139 1812	111 63 180 20	16 SU	0213 0419 0815 1814	94 68 165 25
2 SU	0305 0515 1230 2233	106 74 172 22	17 M	0855 1904	163 28
3 M ☾	1333 2345	162 25	18 TU	0943 2015	157 30
4 TU	1448	151	19 W ☽	1045 2149	148 28
5 W	0048 0559 0820 1558	30 107 97 139	20 TH	1200 2231	137 27
6 TH	0126 0652 1006 1725 2343	39 112 90 127 39	21 F	0629 0907 1525 2311	104 91 128 26
7 F	0735 1123 1828	117 76 118	22 SA E	0653 1049 1658 2350	108 78 121 28
8 SA E	0017 0800 1221 1914	39 121 60 111	23 SU	0636 1200 1828	118 58 115
9 SU	0052 0758 1313 1955	39 124 46 104	24 M	0027 0657 1300 1930	31 135 37 110
10 M	0126 0810 1401 2300	41 131 34 101	25 TU	0104 0735 1354 2250	35 153 19 107
11 TU ●A	0157 0832 1445 2340	45 138 25 99	26 W ○P	0140 0818 1446 2341	40 170 4 110
12 W	0224 0859 1527	50 146 20	27 TH	0217 0904 1536	45 183 -4
13 TH	0016 0250 0930 1608	97 54 152 18	28 F S	0028 0255 0950 1625	111 51 190 -4
14 F	0053 0317 0710 1648	96 58 157 19	29 SA	0114 0334 1038 1714	109 57 191 2
15 SA N	0131 0346 0741 1729	94 63 163 22	30 SU	0201 0415 1126 1805	106 64 185 12
			31 M	0249 0500 1216 2233	104 71 173 24

6 月

日期	潮时 时分	潮高 cm	日期	潮时 时分	潮高 cm
1 TU	0340 0552 1308 2334	104 80 157 32	16 W	0333 0535 0931 1930	98 78 157 21
2 W ☾	0432 0656 1404 2104	108 87 139 39	17 TH	0420 0631 1023 2021	101 83 146 26
3 TH	0523 0814 1500 2156	113 91 122 42	18 F ☽	0504 0738 1122 2113	105 85 130 30
4 F E	0611 0942 1258 2241	119 87 108 43	19 SA E	0539 0854 1512 2204	110 82 115 35
5 SA	0650 1104 1758 2324	124 75 96 45	20 SU	0549 1021 1650 2251	119 72 103 41
6 SU	0710 1211 1905	127 61 88	21 M	0551 1147 1819 2335	134 54 95 46
7 M	0003 0715 1309 2155	48 132 45 87	22 TU	0626 1300 2137	152 33 94
8 TU A	0038 0732 1400 2240	52 140 32 87	23 W P	0019 0711 1359 2234	51 168 14 98
9 W	0110 0759 1444 2319	56 147 21 87	24 TH ○	0102 0801 1449 2324	54 182 1 102
10 TH ●	0140 0832 1524 2355	58 154 14 88	25 F S	0146 0850 1535	56 192 -5
11 F	0212 0621 1603	60 161 12	26 SA	0011 0230 0939 1619	103 56 196 -4
12 SA N	0032 0246 0651 1640	89 60 167 11	27 SU	0057 0316 1027 1702	104 56 194 3
13 SU	0113 0323 0724 1718	91 63 170 13	28 M	0143 0403 1112 1745	104 59 184 13
14 M	0158 0404 0802 1759	93 67 169 15	29 TU	0229 0453 1156 1828	105 64 168 24
15 TU	0245 0447 0844 1842	96 72 165 18	30 W	0316 0547 1237 1913	109 71 149 33

7 月

日期	潮时 时分	潮高 cm	日期	潮时 时分	潮高 cm
1 TH ☾E	0403 0646 1004 2000	114 79 133 41	16 F E	0347 0625 1254 1932	108 73 137 32
2 F	0448 0751 1056 2048	119 85 116 48	17 SA ☽	0425 0725 1349 2015	114 75 120 41
3 SA	0529 0910 1159 2137	124 86 99 54	18 SU	0452 0834 1520 2100	122 75 103 51
4 SU	0601 1055 1614 2223	128 77 83 60	19 M	0454 0959 1747 2150	135 68 93 60
5 M A	0617 1234 2027 2304	133 60 78 65	20 TU	0518 1301 2005 2243	151 50 90 67
6 TU	0632 1327 2134 2342	140 43 79 68	21 W P	0605 1333 2118 2337	167 30 94 70
7 W	0700 1409 2215	148 29 81	22 TH S	0658 1411 2214	180 14 98
8 TH	0019 0738 1446 2250	69 155 19 83	23 F	0031 0752 1448 2304	69 191 6 101
9 F N	0059 0818 1519 2327	68 161 13 86	24 SA ○	0124 0842 1525 2351	64 197 4 103
10 SA ●	0141 0858 1551	65 165 10	25 SU	0216 0929 1601	58 197 7
11 SU	0009 0225 0633 1623	89 63 170 9	26 M	0036 0306 1013 1637	105 54 191 14
12 M	0053 0310 0708 1658	92 61 171 10	27 TU	0121 0356 1054 1714	108 53 178 22
13 TU	0137 0355 0747 1734	96 62 168 13	28 W	0205 0444 1132 1751	112 57 161 31
14 W	0222 0442 0827 1812	99 65 162 17	29 TH E	0248 0534 1207 1829	117 65 143 41
15 TH	0306 0531 0909 1851	103 68 151 24	30 F	0329 0626 1239 1905	121 75 124 51
			31 SA ☾	0407 0723 1014 1940	125 82 108 61

8 月

日期	潮时 时分	潮高 cm	日期	潮时 时分	潮高 cm
1 SU	0438 0835 1403 2008	129 85 91 70	16 M	0230 1217 1658 2005	141 73 103 74
2 M A	0459 1218 1720 2025	134 71 82 77	17 TU P	0401 1316 1820 2056	154 54 99 84
3 TU	0520 1257	141 54	18 W S	0455 1411 1951 2156	167 37 100 89
4 W	0553 1335	149 40	19 TH	0553 1459 2054 2306	178 28 104 88
5 TH N	0636 1408	156 29	20 F	0651 1407 2147	187 23 107
6 F	0723 1435 2204	162 23 89	21 SA	0014 0744 1431 2237	81 193 21 109
7 SA	0026 0806 1500 2252	79 168 18 92	22 SU ○	0114 0830 1501 2325	70 194 22 112
8 SU ●	0122 0846 1527 2340	72 173 16 95	23 M	0208 0913 1532	59 190 26
9 M	0213 0923 1557	65 176 15	24 TU	0010 0257 0954 1605	115 52 181 31
10 TU	0026 0300 1000 1628	99 59 177 16	25 W E	0054 0344 1032 1638	119 51 169 38
11 W	0110 0347 1037 1701	103 56 173 21	26 TH	0134 0430 1108 1710	123 55 154 47
12 TH E	0153 0433 1117 1734	108 55 165 28	27 F	0212 0515 1143 1739	125 63 138 58
13 F	0232 0520 1159 1809	114 58 151 37	28 SA	0244 0601 1219 1804	128 71 122 69
14 SA	0029 0611 1246 1844	121 63 132 49	29 SU	0307 0653 1303 1823	131 79 106 78
15 SU ☽	0119 0709 1558 1923	130 68 112 62	30 M ☾A	0322 1103 1604 1838	137 78 97 84
			31 TU	0350 1148	143 64

时　区：－0800　　　　潮高基准面：在平均海面下 100　cm

中 国—汕 尾

CHINA－SHANWEI

2021 年潮汐表　　22° 46′ N　　115° 22′ E

9 月

日期	潮时 时分	潮高 cm	日期	潮时 时分	潮高 cm
1 W	0428 1236	150 52	16 TH	0433 1355	177 35
2 TH N	0514 1318	155 42	17 F	0541 1444 2018 2257	181 36 119 102
3 F	0609 1348	160 36	18 SA	0641 1339 2102	184 40 121
4 SA	0701 1406 2113	166 31 104	19 SU	0010 0730 1358 2153	88 184 42 123
5 SU	0011 0745 1427 2157	91 172 29 105	20 M ○	0108 0814 1426 2108	73 180 43 127
6 M	0111 0825 1452 2257	78 177 27 107	21 TU E	0158 0854 1456 2130	61 174 46 134
7 TU ●	0202 0903 1521 2133	66 180 28 115	22 W	0245 0933 1526 2157	54 165 51 142
8 W E	0248 0941 1550 2202	56 179 31 128	23 TH	0330 1010 1555	53 155 58
9 TH	0333 1021 1620	49 173 38	24 F	0045 0412 1048 1620 2258	132 55 144 68 152
10 F	0112 0419 1103 1650	121 47 162 47	25 SA	0454 1126 1641 2330	60 131 77 154
11 SA P	0147 0506 1148 1722	129 50 145 59	26 SU A	0538 1210 1700	66 117 85
12 SU	0000 0557 1502 1755	159 56 127 72	27 M	0003 0625 1500 1722 2109	155 72 110 90 157
13 M ☽	0048 0654 1555 1831	163 63 119 85	28 TU	1025 2148	66 158
14 TU	0148 1145 1657 1913	167 55 113 97	29 W ☾ N	1111	58
15 W S	0319 1252	171 43	30 TH	0333 1158	154 52

10 月

日期	潮时 时分	潮高 cm	日期	潮时 时分	潮高 cm
1 F	0424 1240	156 47	16 SA	0520 1411 1937 2302	172 52 134 106
2 SA	0525 1302 1955 2211	159 44 118 110	17 SU	0624 1249 2000	167 57 138
3 SU	0628 1318 2023	163 42 120	18 M	0006 0713 1314 2007	90 162 58 144
4 M	0003 0717 1341 2021	97 168 41 124	19 TU E	0100 0754 1343 2025	75 155 60 151
5 TU	0058 0800 1408 2028	80 171 41 135	20 W ○	0148 0834 1412 2051	64 149 64 160
6 W ●E	0147 0841 1436 2057	64 172 44 150	21 TH	0234 0913 1438 2122	56 143 69 167
7 TH	0233 0923 1504 2133	51 169 49 166	22 F	0317 0953 1502 2154	53 136 76 173
8 F P	0319 1006 1533 2212	42 161 57 180	23 SA	0358 1034 1524 2228	52 128 82 176
9 SA	0405 1052 1604 2254	39 148 67 188	24 SU A	0438 1120 1546 2302	55 119 87 175
10 SU	0453 1401 1636 2338	42 134 78 192	25 M	0519 1356 1612 2002	59 114 91 177
11 M	0546 1451 1711	49 128 90	26 TU N	0913 2036	59 178
12 TU S	0027 1022 1545 1747	190 46 123 102	27 W	0954 2116	55 175
13 W ☽	0125 1118	186 41	28 TH ☾	1036 2205	52 167
14 TH	0243 1228	181 40	29 F	1114	51
15 F	0401 1329 1857 2121	177 43 129 119	30 SA	0244 1140	154 50
			31 SU	0401 1157 1911 2220	152 50 128 114

11 月

日期	潮时 时分	潮高 cm	日期	潮时 时分	潮高 cm
1 M	0538 1219 1917 2347	151 50 133 96	16 TU	0003 0650 1222 1926	89 131 68 157
2 TU E	0644 1246 1922	152 52 145	17 W	0058 0734 1251 1948	75 125 72 166
3 W	0042 0734 1315 1950	76 153 55 162	18 TH	0148 0817 1319 2019	63 121 76 175
4 TH ●	0132 0821 1344 2027	58 151 59 181	19 F ○	0235 0901 1344 2053	54 117 80 182
5 F P	0220 0908 1416 2108	43 147 64 197	20 SA	0318 0946 1409 2129	48 114 82 187
6 SA	0308 0957 1448 2151	34 138 70 209	21 SU A	0358 1035 1436 2206	46 110 84 188
7 SU	0358 1257 1523 2236	31 131 78 215	22 M N	0436 1244 1506 2244	47 107 85 186
8 M S	0449 1346 1559 2322	34 127 87 214	23 TU	0805 1334 1540 1940	47 107 88 185
9 TU	0910	31	24 W	0847 2018	46 183
10 W	0011 1000	206 31	25 TH	0928 2059	46 177
11 TH ☽	0105 1055	194 36	26 F	1005 2148	48 167
12 F	0206 1157	180 45	27 SA ☾	1029	50
13 SA	0313 1244 1822 2129	164 55 137 119	28 SU	0205 1033 1753 2008	151 52 125 117
14 SU	0433 1130 1858 2300	149 63 143 105	29 M	0314 1048 1810 2201	141 54 131 108
15 M E	0558 1152 1914	139 66 150	30 TU E	0446 1115 1815 2328	133 57 144 90

12 月

日期	潮时 时分	潮高 cm	日期	潮时 时分	潮高 cm
1 W	0611 1146 1841	129 60 162	16 TH	0141 0724 1156 1916	66 96 79 171
2 TH	0031 0714 1220 1919	69 126 64 181	17 F	0227 0818 1224 1952	52 95 81 179
3 F	0128 0810 1256 2003	50 123 68 200	18 SA A	0309 0909 1253 2031	42 95 81 186
4 SA ●P	0223 0905 1333 2048	34 118 71 215	19 SU ○	0349 0959 1325 2112	36 96 79 190
5 SU	0316 1153 1412 2135	24 117 75 224	20 M N	0422 1053 1401 2151	34 96 77 190
6 M S	0407 1242 1452 2221	21 117 78 227	21 TU	0448 1213 1440 2228	36 97 77 188
7 TU	0805 1331 1534 2308	16 115 83 222	22 W	0513 1312 1521 2304	38 98 80 183
8 W	0853 2355	20 209	23 TH	0543 2007	40 175
9 TH	0943	29	24 F	0619 2048	42 168
10 F	0042 1032	191 41	25 SA	0700 2131	45 157
11 SA ☽	0130 1112 1659 1933	168 54 129 115	26 SU	0744 1628 1835	49 114 103
12 SU E	0221 0955 1745 2119	145 64 137 113	27 M ☾E	0145 0829 1655 1958	142 53 122 104
13 M	0320 1022 1818	125 68 145	28 TU	0249 0914 1658 2133	126 58 134 97
14 TU	0125 0448 1055 1830	101 109 72 152	29 W	0420 0959 1723	112 63 152
15 W	0049 0623 1127 1846	83 101 76 161	30 TH	0225 0551 1044 1806	76 104 68 171
			31 F	0313 0713 1130 1854	54 100 72 189

时 区：－0800　　潮高基准面：在平均海面下 100 cm

中 国—汕 头

CHINA－SHANTOU

2021 年潮汐表　　23° 20′ N　　116° 44′ E

1 月

日期	潮时 时分	潮高 cm	日期	潮时 时分	潮高 cm
1	0006	182	16	0052	183
F	0754	36	SA	0841	32
	1619	196		1656	195
	2001	140		2043	128
2	0100	183	17	0327	179
SA	0836	36	SU	0926	43
	1655	197		1729	192
	2045	137		2131	124
3	0211	183	18	0430	179
SU	0915	40	M	1008	56
	1732	196		1800	190
	2130	133		2218	118
4	0332	181	19	0518	171
M	1000	46	TU	1051	70
	1810	194	E	1833	187
	2224	126		2312	112
5	0439	176	20	0613	163
TU	1050	56	W	1127	84
	1855	192	☽	1859	182
	2326	117			
6	0552	167	21	0014	106
W	1135	70	TH	0719	152
☾ E	1940	189	A	1208	98
				1922	178
7	0034	105	22	0129	98
TH	0730	158	F	0842	145
	1225	84		1256	112
	2022	185		1938	174
8	0150	91	23	0245	88
F	0900	154	SA	1013	143
	1317	99		1350	123
	2059	182		1952	172
9	0255	74	24	0339	77
SA	1034	155	SU	1144	147
P	1416	114		1452	133
	2134	179		2013	170
10	0352	58	25	0427	65
SU	1157	163	M	1254	157
	1517	128		1602	139
	2053	178		2045	170
11	0443	45	26	0507	54
M	1306	174	TU	1345	167
	1621	138	N	1704	141
	2114	182		2122	171
12	0531	33	27	0547	44
TU	1404	183	W	1424	177
S	1722	143		1754	141
	2158	184		2207	174
13	0619	25	28	0623	38
W	1454	190	TH	1501	185
●	1817	144	○	1833	139
	2250	186		2255	177
14	0707	23	29	0703	34
TH	1537	193	F	1534	189
	1907	140		1909	135
	2347	185		2346	179
15	0755	25	30	0744	34
F	1617	195	SA	1605	191
	1958	134		1950	130
			31	0048	180
			SU	0820	39
				1639	190
				2029	124

2 月

日期	潮时 时分	潮高 cm	日期	潮时 时分	潮高 cm
1	0243	180	16	0427	181
M	0901	47	TU	0934	75
	1707	189		1709	188
	2112	116		2149	102
2	0358	181	17	0509	179
TU	0943	59	W	1003	89
E	1741	188		1729	186
	2207	107		2234	97
3	0505	178	18	0555	173
W	1019	73	TH	1040	100
P	1811	187	A	1747	185
	2305	96		2315	90
4	0613	172	19	0644	165
TH	1105	87	F	1118	112
☾	1843	187	☽	1759	183
5	0005	85	20	0008	83
F	0727	165	SA	0748	157
	1153	101		1157	121
	1908	184		1812	179
6	0110	72	21	0109	77
SA	0847	160	SU	0909	152
	1248	117		1251	130
	1914	181		1832	176
7	0220	61	22	0215	70
SU	1015	159	M	1043	153
	1352	130		1359	139
	1922	180		1902	172
8	0320	49	23	0316	62
M	1151	164	TU	1209	160
S	1505	140	N	1524	143
	2000	178		1951	168
9	0426	40	24	0421	53
TU	1306	172	W	1307	170
	1623	145		1642	141
	2053	177		2047	168
10	0524	34	25	0516	45
W	1404	180	TH	1354	180
	1730	142		1733	135
	2152	176		2145	170
11	0615	31	26	0604	39
TH	1451	185	F	1433	187
●	1821	136		1814	128
	2252	175		2243	173
12	0703	33	27	0648	39
F	1526	188	SA	1506	190
	1907	128	○	1855	122
	2357	174		2351	175
13	0746	40	28	0725	44
SA	1558	189	SU	1539	190
	1949	122		1932	114
14	0243	177			
SU	0820	49			
	1624	188			
	2025	114			
15	0342	181			
M	0858	61			
E	1647	188			
	2103	108			

3 月

日期	潮时 时分	潮高 cm	日期	潮时 时分	潮高 cm
1	0238	182	16	0346	188
M	0803	54	TU	0829	87
E	1604	188		1559	186
	2011	105		2039	90
2	0335	189	17	0421	191
TU	0842	69	W	0855	99
P	1632	187		1614	187
	2057	94		2114	85
3	0425	191	18	0500	192
W	0912	84	TH	0927	109
	1656	187	A	1636	188
	2149	84		2152	76
4	0519	192	19	0537	189
TH	0955	98	F	0958	118
	1720	188		1649	188
	2240	73		2237	71
5	0616	189	20	0622	183
F	1038	112	SA	1038	126
	1743	188		1703	186
	2330	63		2317	66
6	0716	183	21	0712	176
SA	1121	123	SU	1123	132
☾	1749	187	☽	1721	182
7	0029	54	22	0010	61
SU	0827	175	M	0818	169
S	1225	135	N	1212	138
	1806	184		1743	177
8	0143	50	23	0111	60
M	1002	169	TU	0945	166
	1327	143		1326	142
	1847	179		1822	170
9	0256	47	24	0222	58
TU	1144	170	W	1113	168
	1517	145		1506	141
	1948	172		1922	165
10	0410	45	25	0340	55
W	1259	175	TH	1222	175
	1648	139		1624	134
	2058	167		2029	163
11	0521	45	26	0447	51
TH	1351	181	F	1314	182
	1742	129		1717	123
	2208	164		2137	163
12	0612	46	27	0541	50
F	1430	185	SA	1356	188
	1822	119		1758	112
13	0122	164	28	0050	166
SA	0655	53	SU	0623	55
●	1500	186	○ E	1431	189
	1900	111		1835	102
14	0224	174	29	0203	180
SU	0730	63	M	0707	66
E	1524	186		1459	187
	1930	104		1913	92
15	0305	183	30	0257	192
M	0759	75	TU	0744	81
	1542	186	P	1526	185
	2005	98		1957	81
			31	0346	200
			W	0813	97
				1549	184
				2045	69

4 月

日期	潮时 时分	潮高 cm	日期	潮时 时分	潮高 cm
1	0434	206	16	0453	198
TH	0852	111	F	0905	127
	1607	185		1545	183
	2129	59		2131	59
2	0523	207	17	0529	198
F	0930	123	SA	0940	132
	1637	188		1600	183
	2220	47		2206	54
3	0613	205	18	0608	194
SA	1013	132	SU	1019	135
	1642	189	N	1625	182
	2316	40		2252	50
4	0712	197	19	0656	188
SU	1108	138	M	1104	137
☾ S	1702	188		1642	179
				2338	51
5	0018	40	20	0757	181
M	0825	186	TU	1208	140
	1222	143	☽	1713	173
	1745	181			
6	0127	45	21	0034	53
TU	0953	176	W	0908	174
	1354	144		1324	139
	1846	171		1802	166
7	0245	51	22	0143	57
W	1124	174	TH	1033	173
	1535	136		1456	133
	2003	161		1910	158
8	0405	57	23	0304	61
TH	1235	176	F	1141	176
	1655	122		1604	121
	2123	154		2024	154
9	0512	61	24	0418	64
F	1323	180	SA	1234	180
	1739	110		1654	107
				2354	154
10	0053	160	25	0515	69
SA	0601	68	SU	1314	182
	1359	182	E	1736	93
	1817	99			
11	0154	171	26	0119	169
SU	0641	77	M	0602	79
E	1426	181		1350	181
	1851	93		1817	79
12	0239	181	27	0215	184
M	0710	89	TU	0643	94
●	1444	180	○ P	1417	177
	1919	87		1903	69
13	0314	188	28	0304	195
TU	0741	101	W	0715	109
	1457	179		1442	176
	1944	81		1948	57
14	0347	193	29	0353	205
W	0807	112	TH	0755	122
A	1509	179		1456	175
	2019	73		2029	46
15	0419	196	30	0440	210
TH	0836	120	F	0834	132
	1532	181		1313	178
	2048	66		2116	34

时　区：－0800　　　　潮高基准面：在平均海面下 137　cm

中　国—汕　头

CHINA－SHANTOU

2021 年潮汐表　　23° 20′ N　　116° 44′ E

5 月

日期	潮时 时分	潮高 cm	日期	潮时 时分	潮高 cm
1 SA S	0526 0916 1418 2210	211 137 184 27	16 SU	0529 0929 1443 2153	196 136 173 42
2 SU	0617 1010 1536 2310	208 140 185 28	17 M	0605 1008 1526 2238	194 137 174 42
3 M ☾	0717 1116 1641	199 141 182	18 TU	0651 1056 1604 2318	190 136 172 44
4 TU	0009 0825 1220 1745	36 187 138 172	19 W ☽	0742 1159 1651	183 135 166
5 W	0123 0941 1400 1902	47 178 133 160	20 TH	0014 0843 1312 1751	49 177 130 158
6 TH	0235 1056 1538 2037	59 174 120 149	21 F	0120 0951 1438 1907	59 174 121 149
7 F	0346 1157 1645 2351	70 174 105 151	22 SA E	0230 1053 1542 2204	69 173 106 142
8 SA E	0449 1245 1730	80 174 92	23 SU	0340 1143 1638	79 172 90
9 SU	0107 0537 1318 1811	161 90 173 83	24 M	0010 0439 1225 1723	153 92 170 73
10 M	0201 0618 1343 1845	171 100 171 77	25 TU	0122 0526 1255 1809	167 104 167 60
11 TU ●A	0245 0657 1355 1910	179 111 168 70	26 W ○P	0219 0614 1315 1850	181 118 162 48
12 W	0319 0726 1400 1941	185 121 166 64	27 TH	0311 0656 1108 1936	193 129 170 37
13 TH	0351 0753 1402 2009	190 128 167 58	28 F S	0359 0743 1150 2018	201 138 177 26
14 F	0423 0823 1353 2041	193 133 169 51	29 SA	0446 0825 1242 2109	206 140 182 20
15 SA N	0454 0852 1414 2114	195 136 171 46	30 SU	0533 0919 1346 2207	206 140 183 20
			31 M	0623 1012 1502 2304	203 136 180 25

6 月

日期	潮时 时分	潮高 cm	日期	潮时 时分	潮高 cm
1 TU	0718 1117 1625	195 133 173	16 W	0642 1050 1529 2305	189 131 167 46
2 W ☾	0002 0814 1221 1752	39 186 126 162	17 TH	0722 1141 1635 2357	184 127 161 55
3 TH	0105 0912 1351 1932	54 177 119 150	18 F ☽	0811 1243 1752	179 119 152
4 F E	0206 1011 1516 2156	70 172 107 144	19 SA E	0050 0903 1357 2005	68 174 108 142
5 SA	0313 1103 1628 2344	85 168 95 147	20 SU	0153 0952 1506 2227	83 170 92 144
6 SU	0413 1148 1716	98 165 82	21 M	0255 1037 1606	99 165 76
7 M	0101 0510 1217 1757	155 109 160 73	22 TU	0002 0357 1052 1657	154 114 159 61
8 TU A	0159 0600 1231 1826	165 119 157 64	23 W P	0116 0456 0918 1744	167 128 163 47
9 W	0245 0642 1110 1859	174 127 157 58	24 TH ○	0217 0553 0953 1829	180 138 169 35
10 TH ●	0320 0715 1120 1929	180 133 160 53	25 F S	0311 0646 1038 1915	192 144 174 25
11 F	0356 0749 1145 1955	186 137 163 47	26 SA	0400 0736 1132 2007	200 146 178 19
12 SA N	0425 0819 1215 2028	189 138 166 42	27 SU	0447 0826 1230 2103	204 142 180 18
13 SU	0456 0851 1255 2058	192 138 169 39	28 M	0531 0914 1332 2156	204 135 179 24
14 M	0528 0923 1337 2139	193 138 170 38	29 TU	0614 1011 1443 2245	201 129 174 35
15 TU	0601 1000 1429 2218	192 134 170 40	30 W	0657 1103 1622 2338	194 122 166 51

7 月

日期	潮时 时分	潮高 cm	日期	潮时 时分	潮高 cm
1 TH ☾ E	0737 1208 1833	186 118 158	16 F E	0646 1111 1725 2320	188 115 162 71
2 F	0020 0812 1316 1956	68 178 110 150	17 SA ☽	0720 1212 1853	183 105 157
3 SA	0114 0849 1440 2140	86 171 102 145	18 SU	0008 0751 1314 2036	85 177 93 154
4 SU	0209 0916 1543 2315	102 163 92 146	19 M	0102 0813 1423 2211	103 170 79 157
5 M A	0313 0900 1638	118 159 81	20 TU	0205 0725 1520 2344	120 169 65 165
6 TU	0040 0419 0904 1721	154 129 157 70	21 W P	0313 0748 1617	135 171 52
7 W	0144 0523 0923 1758	164 136 157 62	22 TH S	0101 0426 0830 1715	178 146 172 40
8 TH	0231 0618 0954 1828	174 140 158 54	23 F	0205 0538 0923 1807	190 151 173 31
9 F N	0309 0702 1027 1859	183 141 160 47	24 SA ○	0300 0640 1023 1902	201 149 175 25
10 SA ●	0342 0732 1105 1933	189 142 164 43	25 SU	0347 0724 1125 1954	206 143 178 25
11 SU	0411 0804 1147 2005	194 140 167 40	26 M	0427 0813 1224 2044	208 136 179 30
12 M	0442 0835 1229 2042	196 139 170 39	27 TU	0504 0901 1324 2126	207 129 177 41
13 TU	0509 0905 1318 2118	196 135 172 43	28 W	0538 0945 1634 2207	203 122 174 55
14 W	0542 0943 1414 2156	195 131 171 48	29 TH E	0604 1029 1732 2250	197 116 174 72
15 TH	0611 1024 1524 2241	192 124 167 57	30 F	0632 1115 1821 2335	191 112 169 90
			31 SA ☾	0649 1206 1923	184 106 163

8 月

日期	潮时 时分	潮高 cm	日期	潮时 时分	潮高 cm
1 SU	0012 0653 1307 2042	108 178 100 157	16 M	0630 1225 2009	185 79 180
2 M A	0100 0651 1415 2212	123 173 93 156	17 TU P	0019 0604 1326 2135	128 184 67 180
3 TU	0156 0700 1513 2347	136 169 85 161	18 W S	0119 0624 1430 2311	142 183 58 184
4 W	0309 0724 1606	147 165 75	19 TH	0244 0707 1539	154 179 50
5 TH N	0100 0439 0803 1655	170 151 163 66	20 F	0038 0421 0809 1645	193 156 176 43
6 F	0150 0547 0855 1741	181 150 162 56	21 SA	0142 0534 0920 1749	203 150 175 38
7 SA	0229 0624 0949 1819	192 146 165 49	22 SU ○	0233 0623 1027 1844	210 141 177 38
8 SU ●	0303 0701 1040 1858	200 142 169 44	23 M	0312 0707 1128 1929	214 133 180 43
9 M	0335 0728 1128 1936	204 139 174 44	24 TU	0347 0744 1228 2010	213 126 180 54
10 TU	0402 0759 1219 2012	206 135 178 48	25 W E	0414 0819 1542 2049	210 120 189 68
11 W	0432 0830 1317 2047	204 129 179 55	26 TH	0438 0854 1626 2122	207 114 194 85
12 TH E	0456 0907 1542 2127	201 121 181 67	27 F	0458 0934 1707 2152	203 108 196 101
13 F	0524 0951 1650 2201	198 112 184 81	28 SA	0512 1014 1751 2231	198 103 194 115
14 SA	0549 1039 1753 2244	194 102 184 96	29 SU	0528 1052 1836 2309	193 96 189 128
15 SU ☽	0611 1131 1857 2332	190 90 182 112	30 M ☾ A	0533 1142 1935 2355	190 91 182 140
			31 TU	0537 1224 2051	186 87 177

时　区：－0800　　　　潮高基准面：在平均海面下 137　cm

中 国 — 汕 头

CHINA－SHANTOU

2021 年潮汐表　　23° 20′ N　　116° 44′ E

9 月

日期	潮时 时分	潮高 cm	日期	潮时 时分	潮高 cm
1 W	0054 0551 1323 2217	150 181 81 176	16 TH	0112 0605 1400 2242	157 188 56 200
2 TH N	0210 0622 1434 2346	157 174 76 183	17 F	0248 0709 1519	158 131 54
3 F	0351 0716 1548	158 169 69	18 SA	0002 0417 0826 1636	204 150 176 53
4 SA	0047 0459 0825 1651	192 152 168 61	19 SU	0105 0516 0941 1734	210 136 175 54
5 SU	0133 0535 0928 1741	202 144 172 54	20 M ○	0152 0600 1303 1819	214 125 178 60
6 M	0210 0611 1026 1823	210 135 178 52	21 TU E	0228 0632 1406 1859	214 118 193 70
7 TU ●	0245 0642 1124 1901	214 129 183 57	22 W	0255 0707 1452 1932	213 110 205 85
8 W E	0312 0714 1425 1938	212 122 189 67	23 TH	0316 0728 1530 2006	210 103 212 100
9 TH	0339 0745 1511 2013	210 115 201 81	24 F	0337 0808 1605 2036	207 98 219 113
10 F	0403 0825 1602 2044	206 104 210 94	25 SA	0353 0837 1642 2104	206 92 221 127
11 SA P	0425 0910 1653 2123	202 93 216 109	26 SU A	0408 0917 1718 2138	203 86 220 136
12 SU	0451 0959 1744 2202	202 81 218 124	27 M	0432 0958 1800 2222	201 80 215 145
13 M ☽	0505 1053 1843 2257	198 71 216 136	28 TU	0441 1046 1847 2307	198 76 208 153
14 TU	0506 1143 1950 2355	196 63 210 147	29 W ☾ N	0455 1136 1951	193 75 200
15 W S	0522 1250 2109	194 57 203	30 TH	0011 0520 1233 2107	157 186 74 194

10 月

日期	潮时 时分	潮高 cm	日期	潮时 时分	潮高 cm
1 F	0131 0601 1336 2233	159 179 74 194	16 SA	0250 0741 1507 2331	146 176 66 204
2 SA	0303 0706 1457 2343	154 173 72 200	17 SU	0402 1037 1621	131 172 71
3 SU	0410 0816 1611	144 171 68	18 M	0027 0452 1220 1713	207 116 181 78
4 M	0036 0452 0925 1705	207 131 174 66	19 TU E	0107 0529 1321 1755	209 104 195 88
5 TU	0116 0524 1242 1750	211 118 184 70	20 W ○	0141 0604 1405 1829	208 97 207 102
6 W ●E	0151 0601 1341 1827	213 109 200 80	21 TH	0203 0635 1442 1900	205 90 216 115
7 TH	0220 0634 1427 1858	210 100 214 95	22 F	0222 0703 1515 1930	201 84 223 127
8 F P	0246 0712 1511 1930	207 91 227 111	23 SA	0243 0726 1548 1958	202 77 227 137
9 SA	0307 0749 1556 2009	205 81 235 125	24 SU A	0256 0808 1622 2033	201 72 230 142
10 SU	0339 0839 1641 2045	204 67 241 136	25 M	0327 0840 1658 2109	199 67 229 148
11 M	0355 0938 1732 2132	203 56 241 145	26 TU N	0344 0928 1737 2150	200 63 226 151
12 TU S	0430 1031 1826 2232	204 50 234 154	27 W	0405 1011 1822 2246	196 61 219 153
13 W ☽	0435 1127 1928 2331	202 48 222 157	28 TH ☾	0435 1102 1914 2340	192 62 209 155
14 TH	0517 1224 2047	196 52 210	29 F	0506 1201 2020	185 65 202
15 F	0121 0620 1342 2215	155 186 59 203	30 SA	0119 0557 1306 2138	152 176 70 198
			31 SU	0224 0706 1418 2246	142 169 75 198

11 月

日期	潮时 时分	潮高 cm	日期	潮时 时分	潮高 cm
1 M	0332 0827 1527 2341	128 165 79 201	16 TU	0434 1217 1644	97 181 103
2 TU E	0417 1133 1623	112 174 85	17 W	0022 0513 1313 1721	195 85 191 114
3 W	0022 0456 1241 1709	203 97 190 94	18 TH	0049 0550 1358 1800	193 77 200 126
4 TH ●	0057 0531 1333 1746	203 85 206 107	19 F ○	0105 0621 1436 1833	190 72 207 135
5 F P	0129 0609 1418 1820	200 74 219 121	20 SA	0131 0645 1508 1904	190 66 212 142
6 SA	0153 0653 1501 1856	199 62 230 133	21 SU A	0141 0720 1541 1935	189 59 216 145
7 SU	0216 0740 1547 1940	196 51 238 143	22 M N	0156 0752 1613 2010	189 54 218 148
8 M S	0243 0823 1635 2024	199 41 241 148	23 TU	0234 0832 1648 2047	191 51 218 148
9 TU	0255 0914 1723 2118	200 34 237 150	24 W	0255 0912 1726 2133	190 49 216 147
10 W	0333 1011 1819 2221	202 34 228 152	25 TH	0335 0956 1806 2216	189 49 211 146
11 TH ☽	0429 1119 1922 2324	199 41 216 148	26 F	0410 1045 1856 2319	185 54 204 143
12 F	0533 1224 2033	190 53 204	27 SA ☾	0453 1131 1953	178 61 197
13 SA	0114 0657 1334 2147	142 177 67 198	28 SU	0029 0552 1226 2052	137 169 69 192
14 SU	0233 0906 1442 2251	128 168 80 196	29 M	0151 0714 1330 2151	127 160 80 191
15 M E	0346 1101 1549 2344	111 172 92 197	30 TU E	0256 0938 1433 2243	111 157 91 191

12 月

日期	潮时 时分	潮高 cm	日期	潮时 时分	潮高 cm
1 W	0348 1113 1533 2325	95 165 103 189	16 TH	0508 1307 1654 2331	73 174 129 177
2 TH	0430 1224 1621 2356	77 179 115 189	17 F	0542 1355 1736 2308	64 181 138 176
3 F	0514 1320 1705	62 193 126	18 SA A	0610 1433 1813 2306	56 187 142 178
4 SA ●P	0031 0556 1410 1750 2224	187 50 205 137 187	19 SU ○	0643 1507 1848 2326	50 193 144 180
5 SU	0638 1458 1831 2309	37 215 144 194	20 M N	0714 1542 1923	45 197 144
6 M S	0727 1545 1920	27 220 148	21 TU	0007 0748 1611 1957	181 41 200 143
7 TU	0006 0819 1633 2011	198 21 220 147	22 W	0053 0823 1645 2033	182 41 201 142
8 W	0119 0911 1724 2111	199 20 217 144	23 TH	0153 0859 1717 2116	182 42 199 138
9 TH	0300 1011 1818 2211	196 30 210 139	24 F	0254 0942 1754 2200	180 45 197 134
10 F	0435 1111 1914 2326	190 42 201 133	25 SA	0349 1019 1834 2257	177 53 193 130
11 SA ☽	0556 1208 2011	179 59 194	26 SU	0447 1106 1913 2359	171 61 189 123
12 SU E	0052 0735 1308 2106	125 168 76 189	27 M ☾E	0555 1156 2000	161 72 186
13 M	0215 0910 1409 2157	112 159 92 186	28 TU	0111 0734 1249 2047	112 153 86 184
14 TU	0334 1049 1508 2242	98 159 108 183	29 W	0215 0916 1342 2133	96 149 100 181
15 W	0425 1207 1604 2309	85 165 120 179	30 TH	0315 1052 1438 2157	78 154 115 178
			31 F	0406 1208 1535 2107	61 165 127 178

时　区：－0800　　　　潮高基准面：在平均海面下 137 cm

中　国—澎湖列岛(马公)

CHINA－PENGHULIEDAO(MAGONG)

2021 年潮汐表　　23° 33′ N　　119° 34′ E

1 月

日期	潮时 时分	潮高 cm	日期	潮时 时分	潮高 cm
1 F	0007 0623 1307 1831	263 17 257 121	16 SA	0046 0743 1341 2007	277 9 268 100
2 SA	0044 0704 1342 1917	267 14 259 114	17 SU	0127 0823 1418 2046	270 21 262 94
3 SU	0122 0748 1420 2006	269 14 258 106	18 M	0209 0900 1455 2125	259 36 255 91
4 M	0203 0833 1500 2059	266 20 255 98	19 TU E	0253 0938 1536 2208	243 54 245 89
5 TU	0250 0923 1546 2158	257 32 249 90	20 W ☽	0342 1019 1622 2258	226 72 235 88
6 W ☾ E	0348 1018 1641 2302	242 49 243 80	21 TH A	0445 1107 1719 2353	209 90 227 84
7 TH	0503 1119 1746	228 67 240	22 F	0610 1201 1826	199 104 223
8 F	0009 0635 1223 1856	65 224 82 244	23 SA	0052 0739 1300 1931	76 203 113 225
9 SA P	0115 0801 1326 2000	47 233 92 252	24 SU	0149 0846 1357 2027	66 214 118 231
10 SU	0217 0908 1426 2056	28 247 100 262	25 M	0240 0937 1448 2114	53 226 120 238
11 M	0316 1005 1525 2147	12 259 106 271	26 TU N	0326 1021 1535 2157	42 237 122 246
12 TU S	0413 1054 1624 2234	1 268 111 277	27 W	0408 1101 1618 2237	32 246 122 253
13 W ●	0510 1140 1728 2320	-3 272 113 280	28 TH ○	0450 1138 1702 2316	24 253 120 261
14 TH	0607 1222 1831	-3 273 110	29 F	0533 1214 1746 2355	18 258 114 269
15 F	0004 0658 1302 1923	280 1 271 105	30 SA	0615 1249 1829	14 263 105
			31 SU	0034 0657 1323 1912	276 12 266 92

2 月

日期	潮时 时分	潮高 cm	日期	潮时 时分	潮高 cm
1 M	0113 0737 1358 1955	279 15 266 80	16 TU	0151 0831 1419 2047	264 50 260 71
2 TU E	0155 0818 1434 2042	276 24 264 69	17 W	0229 0900 1452 2122	252 65 253 70
3 W P	0240 0902 1513 2133	266 40 259 62	18 TH A	0311 0932 1528 2202	237 80 244 71
4 TH ☾	0333 0951 1558 2232	250 61 250 57	19 F ☽	0400 1013 1611 2252	220 97 233 72
5 F	0440 1046 1655 2337	231 84 241 51	20 SA	0506 1104 1707 2350	206 112 222 72
6 SA	0609 1150 1807	219 103 236	21 SU	0638 1205 1822	201 124 217
7 SU	0047 0744 1300 1925	43 223 116 239	22 M	0052 0805 1310 1938	66 209 129 221
8 M S	0157 0858 1410 2034	32 236 122 248	23 TU N	0153 0907 1413 2040	56 224 128 232
9 TU	0304 0955 1520 2132	21 250 121 259	24 W	0249 0954 1509 2131	45 239 123 244
10 W	0407 1043 1629 2223	13 260 116 268	25 TH	0340 1036 1559 2217	34 251 116 257
11 TH ●	0506 1126 1733 2310	11 266 109 274	26 F	0428 1114 1647 2301	26 260 106 269
12 F	0601 1205 1826 2353	12 269 100 277	27 SA ○	0515 1151 1732 2343	22 266 94 280
13 SA	0648 1241 1909	17 269 91	28 SU	0600 1225 1816	20 271 80
14 SU	0034 0728 1315 1944	276 26 268 82			
15 M E	0113 0801 1347 2016	271 37 265 76			

3 月

日期	潮时 时分	潮高 cm	日期	潮时 时分	潮高 cm
1 M E	0024 0642 1259 1858	287 22 275 65	16 TU	0058 0735 1314 1943	270 61 265 61
2 TU P	0105 0723 1333 1941	290 29 276 51	17 W	0133 0759 1344 2008	265 72 263 56
3 W	0147 0802 1407 2025	286 42 275 41	18 TH A	0207 0822 1413 2038	257 82 259 53
4 TH	0231 0843 1443 2113	275 59 269 37	19 F	0244 0850 1445 2114	247 93 252 54
5 F	0321 0928 1524 2207	257 81 258 38	20 SA	0326 0926 1521 2200	234 106 242 57
6 SA ☾	0423 1021 1614 2310	236 104 245 42	21 SU ☽	0421 1016 1607 2257	220 119 230 61
7 SU S	0547 1127 1724	221 124 232	22 M N	0538 1120 1713	210 130 220
8 M	0022 0729 1243 1856	45 221 134 228	23 TU	0001 0714 1231 1842	61 213 133 218
9 TU	0138 0846 1406 2018	42 234 133 237	24 W	0107 0827 1339 2003	56 227 127 228
10 W	0252 0941 1526 2122	37 248 123 250	25 TH	0209 0920 1440 2104	47 242 115 244
11 TH	0358 1026 1633 2214	32 259 109 262	26 F	0305 1004 1533 2156	38 256 101 261
12 F	0457 1105 1726 2300	31 265 96 270	27 SA	0357 1043 1621 2244	33 266 85 275
13 SA ●	0547 1141 1810 2342	35 267 85 273	28 SU ○ E	0446 1121 1708 2328	32 273 68 286
14 SU E	0631 1214 1847	42 267 75	29 M	0535 1156 1755	36 278 51
15 M	0021 0707 1245 1917	273 51 267 67	30 TU P	0012 0621 1231 1840	293 43 281 36
			31 W	0055 0705 1306 1925	295 53 283 23

4 月

日期	潮时 时分	潮高 cm	日期	潮时 时分	潮高 cm
1 TH	0138 0746 1341 2010	290 67 281 16	16 F	0148 0746 1339 2001	256 102 259 39
2 F	0222 0828 1417 2057	279 83 274 17	17 SA	0223 0813 1410 2037	250 108 255 38
3 SA	0312 0914 1457 2150	261 102 262 25	18 SU N	0303 0852 1445 2122	242 115 249 41
4 SU ☾ S	0411 1008 1546 2251	242 121 246 36	19 M	0351 0942 1528 2217	232 123 239 46
5 M	0530 1116 1654	226 135 229	20 TU ☽	0456 1046 1627 2320	224 129 227 50
6 TU	0001 0708 1237 1833	47 225 138 220	21 W	0619 1157 1752	222 127 220
7 W	0117 0824 1404 2005	52 236 129 228	22 TH	0026 0738 1306 1923	50 231 117 227
8 TH	0231 0917 1519 2111	52 248 112 242	23 F	0129 0837 1407 2035	47 245 99 242
9 F	0337 1000 1617 2203	52 257 94 254	24 SA	0227 0924 1501 2133	44 258 79 259
10 SA	0434 1037 1704 2248	55 262 80 261	25 SU E	0320 1007 1551 2224	44 267 58 274
11 SU E	0523 1111 1744 2329	61 263 69 264	26 M	0411 1046 1640 2313	49 275 40 284
12 M ●	0606 1143 1818	70 262 61	27 TU ○ P	0502 1125 1730 2359	58 279 24 290
13 TU	0006 0640 1213 1845	264 79 261 55	28 W	0553 1203 1821	68 283 11
14 W A	0041 0706 1242 1908	262 89 260 49	29 TH	0044 0644 1240 1910	291 80 284 2
15 TH	0114 0725 1310 1932	259 96 260 44	30 F	0129 0733 1318 1959	286 92 282 -1

时　区：−0800　　潮高基准面：在平均海面下 160　cm

中　国—澎湖列岛(马公)

CHINA－PENGHULIEDAO(MAGONG)

2021 年潮汐表　　23° 33′ N　　119° 34′ E

5 月

日期	潮时 时分	潮高 cm	日期	潮时 时分	潮高 cm
1 SA S	0214 0821 1356 2047	277 104 275 4	16 SU	0207 0747 1344 2012	250 121 256 26
2 SU	0303 0910 1439 2139	263 115 262 15	17 M	0245 0829 1420 2056	248 121 253 27
3 M ☾	0359 1006 1529 2236	247 125 245 31	18 TU	0330 0921 1503 2148	243 122 246 32
4 TU	0509 1111 1636 2339	235 130 226 47	19 W ☽	0424 1021 1559 2247	237 120 236 39
5 W	0634 1225 1811	231 127 216	20 TH	0531 1127 1715 2349	234 113 227 45
6 TH	0048 0747 1342 1945	59 238 114 221	21 F	0643 1233 1845	238 99 228
7 F	0157 0841 1450 2054	66 246 96 232	22 SA E	0050 0747 1333 2004	49 247 79 239
8 SA E	0301 0924 1545 2146	71 253 79 243	23 SU	0148 0840 1429 2109	54 258 56 254
9 SU	0356 1002 1630 2231	77 256 66 249	24 M	0243 0927 1521 2205	61 267 36 267
10 M	0445 1037 1710 2312	86 256 57 251	25 TU	0335 1011 1613 2257	70 274 19 276
11 TU ●A	0529 1110 1744 2349	96 255 51 251	26 W ○P	0428 1054 1707 2346	83 278 6 281
12 W	0605 1141 1812	106 253 47	27 TH	0525 1136 1804	95 281 -3
13 TH	0024 0631 1211 1836	251 114 253 41	28 F S	0033 0627 1217 1900	282 105 283 -8
14 F	0058 0650 1241 1902	251 118 254 35	29 SA	0119 0726 1259 1952	280 111 281 -7
15 SA N	0131 0714 1311 1934	251 120 256 30	30 SU	0205 0819 1341 2041	275 114 275 0
			31 M	0252 0910 1426 2129	266 117 263 13

6 月

日期	潮时 时分	潮高 cm	日期	潮时 时分	潮高 cm
1 TU	0342 1001 1516 2220	255 118 247 30	16 W	0308 0903 1447 2125	254 115 257 26
2 W ☾	0440 1058 1619 2314	245 116 229 49	17 TH	0355 0958 1540 2218	251 107 248 36
3 TH	0547 1200 1743	239 110 216	18 F ☽	0449 1058 1648 2315	248 96 237 48
4 F E	0013 0655 1305 1914	66 239 99 215	19 SA E	0551 1200 1811	247 81 232
5 SA	0114 0753 1407 2027	79 243 84 223	20 SU	0014 0655 1301 1935	61 251 62 237
6 SU	0212 0841 1502 2123	89 248 70 231	21 M	0112 0755 1359 2047	72 258 42 248
7 M	0305 0923 1549 2210	98 250 59 237	22 TU	0208 0849 1455 2148	84 266 24 259
8 TU A	0353 1001 1630 2252	108 250 52 240	23 W P	0302 0939 1551 2243	96 273 11 268
9 W	0436 1037 1706 2331	118 249 48 242	24 TH ○	0358 1027 1650 2333	108 278 3 274
10 TH ●	0515 1111 1738	127 248 44	25 F S	0502 1113 1752	118 282 -2
11 F	0007 0548 1144 1809	243 133 249 39	26 SA	0021 0616 1159 1852	277 123 284 -3
12 SA N	0042 0618 1216 1841	246 135 252 33	27 SU	0107 0723 1244 1945	278 121 283 -1
13 SU	0117 0652 1250 1916	249 133 257 26	28 M	0150 0815 1328 2031	276 116 279 7
14 M	0151 0730 1325 1955	253 128 261 22	29 TU	0233 0900 1414 2115	272 110 270 21
15 TU	0228 0814 1403 2038	254 122 261 21	30 W	0316 0945 1502 2158	265 105 256 39

7 月

日期	潮时 时分	潮高 cm	日期	潮时 时分	潮高 cm
1 TH ☾ E	0403 1032 1558 2244	257 100 239 59	16 F E	0323 0933 1524 2151	266 91 263 48
2 F	0455 1124 1707 2333	249 96 223 79	17 SA ☽	0409 1028 1625 2243	263 80 250 66
3 SA	0555 1220 1832	244 89 215	18 SU	0502 1128 1743 2340	259 69 238 84
4 SU	0027 0656 1318 1952	95 242 81 218	19 M	0605 1231 1911	257 56 237
5 M A	0121 0753 1413 2055	108 244 71 225	20 TU	0040 0712 1333 2030	101 260 41 245
6 TU	0214 0842 1503 2146	118 246 62 232	21 W P	0140 0816 1435 2135	113 266 28 257
7 W	0302 0926 1548 2231	127 248 56 238	22 TH S	0240 0914 1536 2230	123 274 19 267
8 TH	0346 1006 1628 2311	135 249 51 242	23 F	0342 1007 1639 2320	130 281 14 274
9 F N	0429 1044 1707 2349	141 251 47 246	24 SA ○	0452 1058 1744	132 287 12
10 SA ●	0511 1121 1746	144 254 41	25 SU	0006 0609 1145 1843	279 129 290 14
11 SU	0025 0554 1157 1824	251 143 260 36	26 M	0048 0711 1231 1932	282 120 291 18
12 M	0059 0636 1233 1901	256 137 267 30	27 TU	0128 0758 1315 2015	282 110 288 27
13 TU	0133 0717 1311 1940	262 127 273 26	28 W	0205 0838 1359 2053	280 100 280 41
14 W	0207 0758 1350 2020	266 115 275 27	29 TH E	0243 0917 1443 2130	276 93 268 58
15 TH	0243 0843 1434 2103	267 103 272 35	30 F	0321 0957 1531 2208	269 90 252 78
			31 SA ☾	0404 1041 1628 2251	260 88 235 97

8 月

日期	潮时 时分	潮高 cm	日期	潮时 时分	潮高 cm
1 SU	0453 1132 1741 2339	251 87 222 115	16 M	0419 1100 1721 2312	269 63 244 116
2 M A	0552 1227 1907	244 85 219	17 TU P	0519 1206 1854	261 58 239
3 TU	0034 0657 1324 2022	128 242 79 225	18 W S	0017 0635 1314 2020	132 259 51 248
4 W	0130 0759 1418 2119	137 244 72 235	19 TH	0125 0753 1422 2125	141 264 43 261
5 TH N	0224 0852 1508 2206	142 249 64 244	20 F	0234 0859 1528 2217	143 274 36 273
6 F	0314 0938 1554 2248	145 254 58 252	21 SA	0342 0956 1632 2303	139 285 33 281
7 SA	0401 1021 1638 2325	146 261 52 259	22 SU ○	0452 1047 1733 2344	132 293 34 286
8 SU ●	0447 1101 1721	145 268 47	23 M	0556 1134 1827	121 297 38
9 M	0001 0531 1140 1802	265 139 276 43	24 TU	0022 0648 1218 1913	288 110 298 46
10 TU	0035 0614 1219 1842	270 129 284 40	25 W E	0058 0730 1300 1951	288 98 295 57
11 W	0108 0655 1258 1921	275 115 291 40	26 TH	0132 0806 1340 2025	287 90 289 70
12 TH E	0141 0736 1338 1959	280 100 293 45	27 F	0205 0840 1420 2056	284 84 278 85
13 F	0214 0820 1421 2040	282 85 288 57	28 SA	0239 0915 1502 2128	278 82 264 101
14 SA	0250 0907 1509 2124	281 75 277 74	29 SU	0315 0955 1550 2206	269 84 247 118
15 SU ☽	0331 1000 1607 2214	276 68 260 95	30 M ☾ A	0356 1041 1651 2253	259 87 232 134
			31 TU	0447 1135 1815 2349	247 89 224 146

时　区：－0800　　潮高基准面：在平均海面下 160　cm

中　国—澎湖列岛(马公)

CHINA－PENGHULIEDAO(MAGONG)

2021 年潮汐表　　　　23° 33′ N　　　　119° 34′ E

9 月 日期	潮时 时分	潮高 cm	日期	潮时 时分	潮高 cm	10 月 日期	潮时 时分	潮高 cm	日期	潮时 时分	潮高 cm	11 月 日期	潮时 时分	潮高 cm	日期	潮时 时分	潮高 cm	12 月 日期	潮时 时分	潮高 cm	日期	潮时 时分	潮高 cm
1 W	0556 1235 1944	240 87 229	16 TH	0006 0609 1301 2012	155 252 62 252	1 F	0021 0622 1253 2010	157 236 82 246	16 SA	0132 0733 1401 2051	147 247 68 267	1 M	0152 0815 1408 2102	115 253 64 271	16 TU	0319 0927 1532 2141	81 260 83 273	1 W	0209 0847 1422 2104	64 256 69 271	16 TH	0334 0957 1546 2145	51 247 105 258
2 TH N	0054 0713 1335 2048	152 241 81 242	17 F	0126 0741 1414 2112	155 258 58 267	2 SA	0128 0743 1353 2101	149 245 73 261	17 SU	0245 0845 1505 2134	128 263 67 278	2 TU E	0242 0912 1458 2143	92 271 61 281	17 W	0403 1013 1619 2216	65 268 91 275	2 TH	0258 0943 1511 2147	40 271 76 279	17 F	0416 1039 1629 2221	42 251 114 258
3 F	0156 0818 1431 2137	151 249 72 255	18 SA	0242 0852 1521 2159	145 271 53 279	3 SU	0225 0845 1446 2143	136 261 64 273	18 M	0341 0940 1600 2212	107 277 69 285	3 W	0326 1002 1543 2221	70 286 64 288	18 TH	0442 1054 1700 2249	54 271 102 273	3 F	0346 1033 1558 2228	21 282 86 285	18 SA A	0453 1117 1707 2255	38 251 123 256
4 SA	0251 0912 1521 2218	147 261 63 266	19 SU	0349 0948 1620 2240	130 285 53 287	4 M	0312 0936 1533 2221	120 277 59 283	19 TU E	0427 1027 1649 2247	90 286 76 287	4 TH ●	0410 1049 1628 2259	51 297 73 292	19 F ○	0517 1132 1736 2321	49 269 113 270	4 SA ●P	0435 1121 1647 2309	7 287 98 289	19 SU ○	0525 1152 1737 2328	36 250 130 255
5 SU	0339 0959 1606 2256	140 272 57 274	20 M ○	0445 1038 1714 2317	115 294 57 290	5 TU	0355 1022 1617 2257	104 291 58 289	20 W ○	0508 1109 1733 2320	77 289 86 286	5 F P	0454 1134 1713 2335	35 302 84 295	20 SA	0548 1208 1804 2352	47 266 123 267	5 SU	0526 1207 1740 2350	-2 288 109 290	20 M N	0554 1226 1800	35 249 134
6 M	0422 1042 1651 2331	131 283 53 280	21 TU E	0534 1122 1803 2352	102 299 64 291	6 W ●E	0436 1106 1701 2332	87 302 62 293	21 TH	0546 1148 1811 2352	69 288 98 283	6 SA	0541 1218 1800	23 302 97	21 SU A	0616 1242 1826	45 262 131	6 M S	0620 1253 1838	-5 285 118	21 TU	0000 0623 1259 1826	256 33 250 133
7 TU ●	0504 1123 1734	120 293 52	22 W	0618 1204 1845	91 299 75	7 TH	0519 1149 1744	72 308 70	22 F	0619 1224 1843	64 284 110	7 SU	0012 0630 1303 1848	296 16 297 111	22 M N	0023 0643 1315 1849	265 44 258 134	7 TU	0032 0715 1338 1937	288 -3 279 123	22 W	0032 0654 1332 1900	257 30 250 129
8 W E	0005 0546 1204 1815	284 106 301 55	23 TH	0025 0655 1243 1920	290 83 295 86	8 F P	0006 0603 1231 1827	296 57 310 81	23 SA	0022 0649 1300 1908	280 61 278 120	8 M S	0050 0721 1348 1939	294 14 288 123	23 TU	0053 0714 1349 1920	264 42 255 136	8 W	0114 0808 1424 2034	282 4 270 125	23 TH	0106 0729 1406 1941	259 27 250 123
9 TH	0038 0628 1244 1856	289 91 306 60	24 F	0057 0728 1320 1949	288 77 288 98	9 SA	0040 0648 1314 1909	297 45 306 94	24 SU A	0052 0717 1334 1930	277 59 271 128	9 TU	0128 0813 1436 2033	288 18 275 134	24 W	0125 0750 1426 2001	262 41 251 136	9 TH	0158 0859 1513 2130	271 17 258 125	24 F	0142 0809 1443 2029	259 28 249 116
10 F	0110 0711 1326 1935	292 76 305 70	25 SA	0127 0758 1356 2016	284 73 279 110	10 SU	0114 0735 1358 1953	297 38 297 109	25 M	0122 0747 1409 1958	274 58 263 134	10 W	0210 0908 1530 2134	277 29 259 143	25 TH	0200 0833 1508 2054	258 44 246 137	10 F	0248 0953 1608 2230	255 34 247 122	25 SA	0223 0855 1525 2124	254 33 245 109
11 SA P	0144 0755 1408 2015	293 63 298 85	26 SU A	0158 0830 1434 2044	280 73 268 122	11 M	0150 0824 1445 2040	292 37 281 126	26 TU N	0153 0822 1448 2035	269 60 254 141	11 TH ☽	0258 1008 1637 2244	260 44 246 147	26 F	0241 0924 1559 2158	250 49 239 135	11 SA ☽	0348 1050 1715 2335	235 54 239 114	26 SU	0312 0947 1615 2226	245 43 241 99
12 SU	0218 0843 1456 2059	290 57 283 103	27 M	0230 0906 1516 2120	272 75 254 135	12 TU S	0229 0919 1541 2136	283 43 263 143	27 W	0227 0906 1535 2127	261 64 244 148	12 F	0402 1114 1802	241 59 241	27 SA ☾	0334 1023 1704 2306	239 56 235 127	12 SU E	0511 1152 1828	220 71 238	27 M ☾E	0414 1045 1715 2331	232 55 238 86
13 M ☽	0256 0936 1552 2150	284 56 264 124	28 TU	0306 0951 1608 2208	262 80 241 147	13 W ☽	0315 1021 1654 2246	268 53 247 156	28 TH ☾	0309 1000 1637 2233	250 70 236 152	13 SA	0001 0536 1225 1922	141 228 70 248	28 SU	0447 1127 1818	228 62 238	13 M	0044 0652 1257 1932	101 218 84 243	28 TU	0537 1147 1822	224 67 240
14 TU	0342 1037 1706 2252	273 59 247 144	29 W ☾N	0351 1045 1722 2311	250 85 231 156	14 TH	0417 1131 1832	251 64 243	29 F	0406 1104 1800 2346	237 74 234 148	14 SU	0119 0720 1336 2018	125 232 76 258	29 M	0014 0619 1230 1924	112 228 65 248	14 TU	0150 0812 1401 2023	83 228 92 250	29 W	0035 0707 1248 1927	67 227 77 247
15 W S	0443 1146 1845	260 63 242	30 TH	0454 1148 1857	239 86 233	15 F	0007 0553 1247 1955	158 240 69 254	30 SA	0531 1210 1919	230 74 243	15 M E	0226 0833 1439 2102	103 247 79 268	30 TU E	0115 0742 1329 2017	90 240 66 260	15 W	0246 0910 1457 2106	65 239 98 256	30 TH	0136 0823 1346 2024	45 239 85 257
									31 SU	0054 0704 1313 2017	135 237 69 258										31 F	0232 0926 1441 2115	23 254 93 268

时　区：－0800　　　　潮高基准面：在平均海面下 160　cm

中 国—基 隆

CHINA－JILONG

2021年潮汐表 25° 09′ N 121° 44′ E

1 月

日期	潮时 时分	潮高 cm	日期	潮时 时分	潮高 cm
1 F	0408 1214 1739 2139	-19 84 57 67	16 SA	0509 1301 1824 2240	-15 84 53 67
2 SA	0449 1256 1821 2227	-18 87 57 68	17 SU	0555 1336 1916 2346	-4 82 49 62
3 SU	0535 1339 1916 2324	-14 90 54 66	18 M	0644 1409 2015	8 80 43
4 M	0628 1421 2018	-7 91 47	19 TU E	0121 0736 1441 2122	57 19 78 37
5 TU	0041 0727 1502 2118	63 4 91 38	20 W ☽	0256 0832 1512 2228	54 29 75 29
6 W ☾ E	0242 0830 1542 2214	62 17 87 25	21 TH A	0431 0936 1544 2322	53 38 72 20
7 TH	0413 0945 1621 2306	64 30 83 12	22 F	0637 1051 1616	58 46 67
8 F	0550 1104 1701 2357	69 41 79 0	23 SA	0009 0747 1238 1651	12 64 50 63
9 SA P	0719 1213 1740	75 49 75	24 SU	0050 0839 1358 1730	5 70 51 60
10 SU	0047 0828 1324 1820	-12 82 53 73	25 M	0126 0919 1450 1811	0 74 52 59
11 M	0134 0924 1433 1858	-21 87 56 72	26 TU N	0156 0949 1525 1852	-5 78 53 61
12 TU S	0219 1014 1526 1938	-28 89 57 72	27 W	0221 1014 1548 1930	-9 80 55 64
13 W ●	0302 1100 1611 2018	-31 90 58 73	28 TH ○	0246 1039 1601 2009	-13 83 56 69
14 TH	0344 1144 1653 2101	-30 89 58 72	29 F	0314 1107 1608 2048	-17 87 57 74
15 F	0426 1224 1736 2147	-24 87 56 71	30 SA	0347 1139 1631 2132	-18 89 54 76
			31 SU	0426 1213 1710 2223	-16 91 50 77

2 月

日期	潮时 时分	潮高 cm	日期	潮时 时分	潮高 cm
1 M	0509 1248 1800 2325	-8 90 43 75	16 TU	0556 1242 1842	20 75 35
2 TU E	0558 1324 1903	3 88 34	17 W	0043 0647 1314 1953	62 29 73 29
3 W P	0049 0655 1400 2010	71 17 84 24	18 TH A	0209 0750 1349 2050	59 37 70 24
4 TH ☾	0232 0759 1439 2117	68 31 79 14	19 F ☽	0338 0902 1426 2147	57 44 66 19
5 F	0402 0917 1521 2228	68 44 75 5	20 SA	0521 1021 1507 2247	59 49 62 16
6 SA	0549 1057 1609 2336	70 52 72 -3	21 SU	0716 1218 1553 2350	63 52 58 13
7 SU	0728 1220 1705	76 56 70	22 M	0809 1338 1648	68 52 57
8 M S	0035 0836 1345 1803	-11 83 58 70	23 TU N	0041 0846 1422 1745	9 73 53 59
9 TU	0128 0927 1440 1855	-17 87 58 71	24 W	0117 0913 1449 1836	5 78 55 63
10 W	0213 1009 1518 1940	-20 89 57 73	25 TH	0145 0938 1501 1919	-1 84 56 69
11 TH ●	0253 1046 1548 2022	-20 88 56 75	26 F	0214 1003 1501 2001	-7 88 55 76
12 F	0330 1116 1610 2104	-15 85 54 76	27 SA ○	0246 1028 1519 2045	-10 91 50 81
13 SA	0405 1140 1627 2147	-8 82 50 75	28 SU	0320 1054 1549 2133	-9 91 42 84
14 SU	0439 1157 1652 2235	1 79 45 72			
15 M E	0515 1215 1734 2333	11 77 40 67			

3 月

日期	潮时 时分	潮高 cm	日期	潮时 时分	潮高 cm
1 M E	0358 1120 1626 2229	-3 89 32 85	16 TU	0442 1110 1647 2341	28 73 25 71
2 TU P	0440 1145 1711 2336	8 85 21 83	17 W	0525 1136 1730	35 71 20
3 W	0529 1212 1804	22 81 13	18 TH A	0039 0626 1206 1819	69 41 67 16
4 TH	0100 0630 1243 1912	79 35 76 7	19 F	0147 0741 1239 1916	67 46 63 15
5 F	0227 0747 1321 2027	76 46 72 3	20 SA	0301 0855 1317 2022	66 49 60 16
6 SA ☾	0354 0928 1410 2146	75 54 68 1	21 SU ☽	0410 1011 1401 2125	66 52 57 18
7 SU S	0541 1113 1522 2308	77 57 65 -2	22 M N	0523 1158 1456 2229	67 53 56 18
8 M	0717 1249 1648	82 57 65	23 TU	0649 1312 1606 2329	71 54 57 16
9 TU	0015 0820 1353 1806	-5 87 56 67	24 W	0745 1348 1718	78 55 60
10 W	0111 0907 1433 1909	-6 89 55 70	25 TH	0019 0821 1402 1819	12 84 56 66
11 TH	0157 0943 1501 2001	-4 88 53 73	26 F	0101 0850 1401 1911	6 90 54 74
12 F	0236 1011 1518 2044	0 85 50 76	27 SA	0139 0916 1418 2000	3 92 47 81
13 SA ●	0310 1027 1527 2122	6 81 46 77	28 SU ○E	0215 0938 1444 2049	4 91 36 87
14 SU E	0339 1034 1542 2202	13 77 39 76	29 M	0252 0955 1517 2143	10 88 22 91
15 M	0408 1048 1610 2248	21 75 32 74	30 TU P	0331 1009 1555 2243	19 84 9 91
			31 W	0415 1025 1639 2356	31 81 -1 90

4 月

日期	潮时 时分	潮高 cm	日期	潮时 时分	潮高 cm
1 TH	0508 1049 1730	43 77 -6	16 F	0046 0647 1041 1737	78 54 64 6
2 F	0110 0633 1122 1835	88 53 73 -7	17 SA	0144 0754 1118 1820	77 56 62 8
3 SA	0230 0807 1207 1954	87 59 69 -5	18 SU N	0242 0903 1200 1909	77 56 60 12
4 SU ☾S	0351 1009 1309 2110	87 60 64 -2	19 M	0338 1013 1248 2009	78 57 59 16
5 M	0520 1141 1501 2233	89 58 61 2	20 TU ☽	0437 1139 1344 2125	81 58 59 19
6 TU	0637 1255 1651 2346	91 55 63 6	21 W	0539 1234 1523 2237	85 59 61 19
7 W	0737 1339 1824	92 52 67	22 TH	0636 1248 1701 2335	90 58 65 18
8 TH	0044 0823 1412 1939	10 90 49 72	23 F	0721 1257 1813	94 55 72
9 F	0133 0855 1434 2033	16 87 46 76	24 SA	0025 0754 1318 1914	18 95 46 81
10 SA	0214 0915 1447 2115	23 82 42 79	25 SU E	0108 0818 1345 2008	21 93 33 89
11 SU E	0248 0924 1457 2151	29 78 35 79	26 M	0149 0833 1415 2103	27 89 18 95
12 M ●	0319 0935 1516 2227	35 75 27 79	27 TU ○P	0229 0843 1450 2200	35 86 4 98
13 TU	0352 0947 1544 2307	41 73 18 79	28 W	0311 0859 1531 2301	44 84 -8 99
14 W A	0434 0956 1618 2353	47 70 11 78	29 TH	0400 0922 1618	54 82 -14
15 TH	0536 1013 1657	52 67 7	30 F	0008 0515 0953 1711	98 62 79 -15

时 区：－0800

潮高基准面：在平均海面下 60 cm

中 国—基 隆

CHINA—JILONG

2021 年潮汐表　　25° 09′ N　　121° 44′ E

5 月

日期	潮时 时分	潮高 cm	日期	潮时 时分	潮高 cm
1 SA S	0122 0657 1032 1818	98 67 75 -12	16 SU	0141 0805 1034 1755	89 67 68 9
2 SU	0233 0851 1124 1934	99 68 71 -6	17 M	0230 0914 1119 1846	91 67 68 13
3 M ☾	0341 1029 1249 2044	101 64 66 2	18 TU	0318 1006 1211 1945	94 67 69 17
4 TU	0448 1133 1523 2158	101 59 65 11	19 W ☽	0409 1046 1317 2050	98 67 69 21
5 W	0548 1224 1657 2312	100 55 68 21	20 TH	0459 1116 1531 2159	101 65 71 26
6 TH	0639 1305 1835	97 50 73	21 F	0546 1145 1701 2303	103 59 76 31
7 F	0014 0721 1336 1944	30 93 46 79	22 SA E	0625 1215 1818 2358	101 50 83 38
8 SA E	0108 0752 1400 2038	38 88 41 84	23 SU	0654 1245 1924	98 37 92
9 SU	0156 0814 1419 2121	45 83 34 87	24 M	0046 0714 1318 2024	45 94 22 99
10 M	0241 0828 1436 2200	51 79 26 88	25 TU	0131 0729 1353 2120	53 91 7 104
11 TU ●A	0327 0833 1457 2239	56 75 18 89	26 W ○P	0216 0746 1433 2215	61 89 -4 107
12 W	0417 0832 1524 2319	61 73 10 89	27 TH	0304 0808 1517 2315	68 89 -12 108
13 TH	0513 0848 1556	64 71 5	28 F S	0406 0838 1607	74 88 -14
14 F	0003 0609 0916 1632	89 66 70 4	29 SA	0020 0541 0919 1703	109 78 86 -12
15 SA N	0051 0705 0953 1711	89 66 69 6	30 SU	0124 0700 1013 1809	110 79 83 -6
			31 M	0222 0855 1124 1917	111 76 79 4

6 月

日期	潮时 时分	潮高 cm	日期	潮时 时分	潮高 cm
1 TU	0316 1005 1340 2021	111 71 75 16	16 W	0250 0854 1203 1925	110 79 83 25
2 W ☾	0407 1054 1523 2127	109 64 77 29	17 TH	0332 0941 1344 2025	112 75 82 33
3 TH	0456 1139 1652 2238	106 58 79 41	18 F ☽	0413 1022 1541 2130	112 67 85 42
4 F E	0541 1221 1828 2343	102 51 84 51	19 SA E	0451 1101 1704 2239	110 56 90 53
5 SA	0620 1257 1937	97 45 89	20 SU	0524 1140 1824 2340	105 43 97 62
6 SU	0047 0653 1327 2033	59 92 37 95	21 M	0552 1219 1936	101 30 104
7 M	0153 0717 1354 2120	65 87 30 99	22 TU	0034 0616 1300 2038	70 97 17 110
8 TU A	0256 0728 1418 2203	69 82 22 101	23 W P	0127 0640 1342 2134	76 96 7 114
9 W	0356 0730 1442 2243	72 78 16 102	24 TH ○	0221 0705 1427 2228	81 96 -1 116
10 TH ●	0450 0743 1508 2322	74 77 12 102	25 F S	0320 0737 1513 2324	85 97 -5 118
11 F	0535 0809 1538	76 77 10	26 SA	0424 0822 1601	88 97 -5
12 SA N	0001 0610 0843 1612	101 77 78 11	27 SU	0018 0529 0916 1653	119 89 97 1
13 SU	0042 0640 0925 1652	101 79 80 13	28 M	0109 0630 1018 1752	118 87 94 11
14 M	0125 0716 1011 1737	103 80 81 15	29 TU	0155 0735 1140 1853	117 83 91 23
15 TU	0207 0802 1101 1829	106 81 83 19	30 W	0239 0853 1350 1953	115 77 89 36

7 月

日期	潮时 时分	潮高 cm	日期	潮时 时分	潮高 cm
1 TH ☾E	0320 0959 1511 2055	112 69 89 49	16 F E	0241 0829 1417 2000	117 72 96 50
2 F	0400 1050 1635 2203	109 61 90 60	17 SA ☽	0316 0924 1540 2105	114 61 98 62
3 SA	0440 1135 1813 2316	105 53 93 69	18 SU	0351 1018 1704 2225	109 49 101 73
4 SU	0517 1217 1926	100 45 99	19 M	0425 1110 1829 2335	105 37 106 81
5 M A	0038 0550 1254 2024	75 94 37 104	20 TU	0500 1202 1947	102 27 112
6 TU	0201 0614 1328 2113	78 89 30 109	21 W P	0040 0536 1253 2051	86 100 18 118
7 W	0310 0631 1358 2156	79 85 25 111	22 TH S	0149 0614 1340 2144	90 100 10 122
8 TH	0405 0653 1426 2234	81 84 22 112	23 F	0248 0657 1425 2233	92 101 6 124
9 F N	0443 0723 1451 2307	83 84 20 112	24 SA ○	0332 0743 1508 2318	94 103 5 124
10 SA ●	0503 0757 1520 2339	85 87 19 112	25 SU	0408 0832 1551 2359	93 105 10 122
11 SU	0516 0836 1553	88 90 19	26 M	0443 0924 1636	91 104 18
12 M	0013 0527 0917 1632	113 89 94 20	27 TU	0037 0526 1025 1724	118 87 102 30
13 TU	0050 0549 1005 1715	115 89 96 23	28 W	0113 0625 1157 1818	115 82 99 42
14 W	0127 0634 1102 1805	117 86 96 29	29 TH E	0148 0728 1333 1918	112 75 96 54
15 TH	0204 0732 1220 1900	118 81 95 39	30 F	0222 0829 1450 2021	109 68 95 64
			31 SA ☾	0256 0932 1609 2132	106 60 95 72

8 月

日期	潮时 时分	潮高 cm	日期	潮时 时分	潮高 cm
1 SU	0329 1034 1751 2257	101 52 98 78	16 M	0253 0938 1703 2232	102 37 106 83
2 M A	0403 1128 1908	97 44 102	17 TU P	0336 1047 1834 2351	99 30 110 87
3 TU	0035 0437 1216 2007	82 92 39 107	18 W S	0426 1152 1954	97 23 116
4 W	0156 0514 1258 2055	82 88 34 111	19 TH	0116 0524 1248 2053	89 97 17 121
5 TH N	0252 0555 1333 2135	82 87 31 113	20 F	0217 0622 1336 2140	90 99 13 123
6 F	0331 0637 1402 2206	84 88 29 115	21 SA	0253 0713 1419 2220	91 101 13 123
7 SA	0353 0715 1427 2234	86 91 26 117	22 SU ○	0318 0801 1458 2254	90 104 17 119
8 SU ●	0403 0753 1456 2302	89 95 23 119	23 M	0334 0847 1535 2322	86 105 25 114
9 M	0400 0831 1529 2332	90 100 22 120	24 TU	0352 0938 1611 2345	81 104 35 109
10 TU	0413 0916 1606	88 103 24	25 W E	0421 1041 1650	74 101 45
11 W	0003 0445 1009 1648	120 82 105 31	26 TH	0005 0502 1157 1738	105 67 98 55
12 TH E	0034 0529 1117 1736	118 74 104 41	27 F	0029 0558 1314 1842	102 61 95 64
13 F	0107 0622 1253 1833	114 65 104 54	28 SA	0101 0723 1429 1957	98 54 94 71
14 SA	0140 0725 1417 1938	110 55 104 66	29 SU	0136 0825 1542 2119	95 48 94 75
15 SU ☽	0215 0831 1536 2055	106 45 104 76	30 M ☾A	0215 0920 1704 2250	90 43 96 77
			31 TU	0257 1017 1830	86 40 98

时　区：-0800　　潮高基准面：在平均海面下 60 cm

中 国—基 隆

CHINA-JILONG

2021 年潮汐表 25° 09′ N 121° 44′ E

9 月

日期	潮时 时分	潮高 cm	日期	潮时 时分	潮高 cm
1 W	0022 0343 1117 1932	77 84 38 101	16 TH	0030 0423 1139 1940	80 86 16 115
2 TH N	0127 0436 1210 2018	77 83 36 105	17 F	0131 0539 1237 2033	79 88 15 116
3 F	0211 0533 1252 2055	78 84 33 109	18 SA	0209 0647 1326 2115	77 92 16 115
4 SA	0241 0623 1325 2125	80 87 29 112	19 SU	0236 0746 1408 2148	76 95 21 110
5 SU	0255 0707 1356 2152	82 92 24 116	20 M ○	0251 0840 1445 2212	72 98 29 104
6 M	0253 0749 1428 2218	81 98 22 117	21 TU E	0303 0928 1518 2224	67 98 37 98
7 TU ●	0306 0833 1502 2243	77 102 23 115	22 W	0321 1013 1549 2235	59 96 46 93
8 W E	0333 0923 1539 2308	68 105 30 111	23 TH	0349 1102 1625 2252	50 94 54 89
9 TH	0407 1024 1621 2331	57 106 40 106	24 F	0427 1158 1717 2314	42 91 61 86
10 F	0449 1140 1710 2355	45 106 52 100	25 SA	0513 1303 1838 2344	36 90 66 82
11 SA P	0537 1259 1816	35 106 64	26 SU A	0606 1412 2000	32 89 68
12 SU	0022 0639 1415 1940	96 29 105 73	27 M	0023 0716 1514 2127	78 29 90 68
13 M ☽	0058 0754 1534 2127	92 24 105 78	28 TU	0110 0821 1613 2244	74 29 90 67
14 TU	0150 0909 1701 2301	88 21 107 80	29 W ☾ N	0205 0919 1714 2352	72 31 91 67
15 W S	0303 1028 1829	86 19 111	30 TH	0306 1017 1819	72 32 93

10 月

日期	潮时 时分	潮高 cm	日期	潮时 时分	潮高 cm
1 F	0044 0410 1114 1916	67 73 30 97	16 SA	0110 0604 1220 1952	59 79 16 104
2 SA	0122 0514 1203 1958	68 76 27 102	17 SU	0143 0722 1312 2030	56 84 23 99
3 SU	0143 0612 1246 2031	68 82 23 106	18 M	0208 0822 1357 2057	52 89 31 92
4 M	0150 0704 1324 2059	66 88 21 106	19 TU E	0226 0911 1436 2112	46 90 39 85
5 TU	0206 0753 1402 2123	59 94 23 104	20 W ○	0242 0953 1513 2119	39 90 46 79
6 W ●E	0231 0844 1439 2141	48 99 28 99	21 TH	0302 1033 1551 2122	30 88 53 75
7 TH	0301 0939 1518 2152	34 103 37 94	22 F	0330 1115 1640 2118	21 86 58 72
8 F P	0337 1042 1602 2202	20 104 48 89	23 SA	0405 1204 1748 2136	14 85 61 70
9 SA	0419 1149 1700 2224	10 104 59 85	24 SU A	0444 1301 1900 2210	10 84 62 66
10 SU	0509 1300 1833 2256	4 103 67 81	25 M	0528 1358 2020 2255	9 84 60 63
11 M	0611 1416 2012 2344	2 103 70 77	26 TU N	0617 1447 2132 2354	11 84 58 61
12 TU S	0731 1532 2209	2 104 69	27 W	0715 1535 2225	14 85 57
13 W ☽	0101 0848 1650 2327	73 4 106 66	28 TH ☾	0109 0822 1624 2314	60 18 86 56
14 TH	0308 1007 1802	72 7 107	29 F	0231 0927 1718 2357	61 20 89 56
15 F	0027 0436 1120 1902	63 74 10 107	30 SA	0348 1029 1810	63 21 93
			31 SU	0025 0501 1124 1854	54 68 20 96

11 月

日期	潮时 时分	潮高 cm	日期	潮时 时分	潮高 cm
1 M	0045 0608 1213 1929	50 74 21 95	16 TU	0142 0831 1351 1956	27 83 40 76
2 TU E	0107 0709 1258 1956	41 82 24 92	17 W	0207 0920 1442 2008	19 84 47 70
3 W	0134 0805 1341 2013	28 90 30 87	18 TH	0230 1004 1533 2006	12 85 51 65
4 TH ●	0203 0859 1422 2024	13 95 37 83	19 F ○	0254 1046 1625 2000	4 84 55 63
5 F P	0237 0954 1506 2040	-1 99 46 79	20 SA	0320 1128 1718 2018	-3 82 57 61
6 SA	0316 1051 1600 2103	-13 100 54 77	21 SU A	0351 1212 1811 2050	-7 81 57 60
7 SU	0401 1154 1725 2134	-19 99 61 74	22 M N	0425 1256 1904 2133	-8 80 56 58
8 M S	0453 1304 1851 2216	-21 99 64 70	23 TU	0504 1338 2000 2223	-6 79 55 57
9 TU	0559 1414 2052 2313	-19 101 63 66	24 W	0547 1418 2055 2316	-2 80 54 57
10 W	0715 1520 2214	-14 102 58	25 TH	0638 1500 2142	2 83 53
11 TH ☽	0052 0827 1624 2309	61 -7 102 52	26 F	0017 0735 1544 2224	56 6 86 51
12 F	0313 0942 1722 2356	62 2 100 46	27 SA ☾	0142 0839 1630 2300	56 10 89 47
13 SA	0445 1056 1813	66 13 96	28 SU	0327 0946 1714 2333	58 15 90 40
14 SU	0037 0621 1159 1856	40 72 23 90	29 M	0450 1049 1753	62 21 89
15 M E	0112 0734 1257 1931	33 78 32 83	30 TU E	0004 0608 1145 1824	29 69 27 85

12 月

日期	潮时 时分	潮高 cm	日期	潮时 时分	潮高 cm
1 W	0036 0716 1236 1847	16 78 34 80	16 TH	0151 0929 1458 1904	1 82 51 61
2 TH	0109 0816 1325 1908	2 85 41 76	17 F	0221 1015 1554 1907	-6 83 52 58
3 F	0144 0909 1415 1931	-12 91 47 74	18 SA A	0249 1056 1640 1925	-11 83 53 57
4 SA ●P	0223 1001 1509 1958	-24 94 53 73	19 SU ○	0316 1133 1718 1957	-14 81 54 57
5 SU	0306 1057 1617 2032	-32 96 57 72	20 M N	0342 1205 1748 2038	-15 79 55 59
6 M S	0353 1158 1729 2113	-36 96 61 71	21 TU	0411 1234 1816 2121	-14 78 56 60
7 TU	0447 1300 1839 2204	-35 98 61 68	22 W	0445 1304 1847 2206	-12 79 56 61
8 W	0549 1358 2004 2309	-29 98 59 63	23 TH	0524 1339 1929 2254	-9 81 55 61
9 TH	0656 1452 2134	-19 98 52	24 F	0609 1417 2021 2350	-5 85 53 60
10 F	0113 0801 1542 2227	59 -6 95 44	25 SA	0659 1455 2114	1 87 48
11 SA ☽	0305 0909 1631 2315	59 8 91 35	26 SU	0109 0755 1534 2201	57 9 88 39
12 SU E	0441 1024 1717	62 22 85	27 M ☾E	0307 0856 1610 2245	57 19 86 28
13 M	0000 0623 1133 1758	26 67 34 79	28 TU	0436 1009 1645 2327	60 30 82 15
14 TU	0041 0736 1242 1832	17 73 42 73	29 W	0603 1118 1718	67 39 78
15 W	0118 0837 1352 1855	9 78 48 67	30 TH	0009 0719 1218 1751	1 74 46 74
			31 F	0052 0823 1316 1824	-12 81 51 73

时 区：-0800 潮高基准面：在平均海面下 60 cm

中　国—高　雄

CHINA－GAOXIONG

2021 年潮汐表　　　　22° 36′ N　　　　121° 17′ E

1 月

日期	潮时 时分	潮高 cm	日期	潮时 时分	潮高 cm
1 F	0355 1005 1241 2027	5 38 35 106	16 SA	0444 1022 1344 2116	10 41 32 100
2 SA	0435 1047 1315 2107	6 38 35 103	17 SU	0529 1106 1430 2155	16 42 34 89
3 SU	0517 1137 1358 2152	8 40 37 97	18 M	0611 1158 1524 2232	21 44 38 77
4 M	0600 1235 1509 2246	11 43 41 89	19 TU E	0643 1254 1714 2311	25 48 43 66
5 TU	0645 1334 1723 2355	15 50 46 79	20 W ☽	0656 1348 1901	29 54 44
6 W ☾ E	0728 1427 1930	19 59 45	21 TH A	0002 0704 1435 2053	55 32 61 42
7 TH	0115 0808 1513 2121	69 24 69 40	22 F	0141 0727 1519 2327	46 34 68 34
8 F	0256 0843 1555 2306	60 30 80 30	23 SA	0357 0758 1600	42 36 76
9 SA P	0434 0910 1636	54 35 91	24 SU	0009 0517 0837 1640	26 42 38 84
10 SU	0014 0545 0937 1716	19 51 38 101	25 M	0044 0700 0925 1719	18 43 39 91
11 M	0106 0650 1010 1756	11 47 38 109	26 TU N	0118 0737 1026 1758	12 44 39 98
12 TU S	0151 0744 1048 1836	5 45 37 114	27 W	0151 0803 1124 1835	8 44 38 103
13 W ●	0234 0828 1130 1916	3 43 35 116	28 TH ○	0224 0827 1206 1911	5 43 35 107
14 TH	0317 0906 1215 1957	3 41 33 114	29 F	0256 0853 1245 1947	5 43 33 109
15 F	0400 0943 1300 2037	6 40 32 108	30 SA	0329 0921 1327 2025	6 45 31 107
			31 SU	0402 0952 1415 2107	8 48 31 102

2 月

日期	潮时 时分	潮高 cm	日期	潮时 时分	潮高 cm
1 M	0436 1028 1516 2155	12 52 33 93	16 TU	0443 1019 1556 2206	29 56 34 70
2 TU E	0511 1111 1631 2252	17 57 35 82	17 W	0501 1050 1706 2244	32 59 36 60
3 W P	0548 1206 1757 2359	23 63 37 70	18 TH A	0517 1131 1821 2339	35 63 38 50
4 TH ☾	0623 1308 1940	30 70 37	19 F ☽	0436 1236 2009	38 66 37
5 F	0122 0658 1408 2137	58 36 77 33	20 SA	0130 0440 1356 2258	43 40 70 31
6 SA	0331 0732 1507 2323	51 40 86 24	21 SU	1501 2345	76 24
7 SU	0458 0809 1606	48 43 94	22 M	1601	83
8 M S	0018 0619 0851 1659	16 47 44 101	23 TU N	0023 1653	17 90
9 TU	0103 0707 0945 1746	10 46 42 106	24 W	0056 0743 1039 1737	12 48 45 97
10 W	0141 0739 1045 1829	7 46 39 109	25 TH	0127 0742 1135 1817	8 48 40 103
11 TH ●	0218 0807 1143 1909	7 46 35 109	26 F	0156 0754 1219 1856	7 50 35 106
12 F	0252 0836 1233 1947	9 47 32 106	27 SA ○	0224 0816 1304 1937	8 53 30 107
13 SA	0325 0903 1319 2024	13 48 30 99	28 SU	0252 0842 1353 2022	10 58 27 103
14 SU	0355 0929 1404 2058	18 50 29 91			
15 M E	0421 0953 1453 2132	24 53 31 81			

3 月

日期	潮时 时分	潮高 cm	日期	潮时 时分	潮高 cm
1 M E	0322 0910 1448 2111	15 64 25 95	16 TU	0322 0905 1519 2119	32 68 28 70
2 TU P	0354 0943 1548 2206	21 70 25 84	17 W	0315 0928 1609 2200	36 72 28 62
3 W	0427 1020 1655 2306	28 76 26 72	18 TH A	0302 0956 1702 2249	38 75 29 54
4 TH	0500 1104 1814	35 80 28	19 F	0315 1030 1803 2358	40 76 30 47
5 F	0017 0532 1203 1950	60 41 83 28	20 SA	0326 1115 1942	42 76 31
6 SA ☾	0217 0603 1316 2153	51 46 87 25	21 SU ☽	1222 2204	76 27
7 SU S	1427 2312	90 18	22 M N	1351 2312	78 21
8 M	1539	94	23 TU	1508 2351	83 16
9 TU	0002 1643	14 98	24 W	1613	89
10 W	0042 0704 1014 1735	11 52 47 100	25 TH	0023 0718 1033 1705	13 52 48 96
11 TH	0118 0721 1137 1819	11 53 41 100	26 F	0049 0700 1130 1751	11 55 41 100
12 F	0150 0743 1224 1858	13 55 36 98	27 SA	0113 0716 1221 1838	11 61 34 101
13 SA ●	0219 0806 1307 1935	16 58 32 93	28 SU ○E	0139 0738 1312 1926	14 68 27 99
14 SU E	0245 0826 1349 2009	21 60 29 87	29 M	0207 0804 1406 2019	19 76 21 92
15 M	0307 0845 1432 2043	27 64 28 79	30 TU P	0237 0833 1502 2115	26 84 17 83
			31 W	0308 0907 1602 2215	33 91 16 73

4 月

日期	潮时 时分	潮高 cm	日期	潮时 时分	潮高 cm
1 TH	0336 0944 1708 2319	40 96 17 62	16 F	0208 0911 1657 2304	43 89 24 50
2 F	0355 1028 1827	46 98 19	17 SA	0216 0942 1754	44 88 26
3 SA	0041 0330 1123 1953	53 49 97 20	18 SU N	1024 1929	87 26
4 SU ☾S	1235 2132	95 19	19 M	1129 2057	86 24
5 M	1353 2243	94 16	20 TU ☽	1252 2214	85 21
6 TU	1511 2330	93 15	21 W	1407 2256	87 19
7 W	0627 0917 1622	57 54 92	22 TH	1519 2324	90 17
8 TH	0009 0632 1058 1716	15 60 48 91	23 F	0605 1014 1627 2351	59 51 93 18
9 F	0043 0651 1153 1801	17 63 42 88	24 SA	0614 1121 1725	66 43 94
10 SA	0113 0712 1240 1841	21 67 36 84	25 SU E	0019 0633 1219 1821	21 76 33 92
11 SU E	0137 0731 1324 1918	26 71 32 79	26 M	0049 0657 1316 1918	26 86 24 88
12 M ●	0156 0748 1405 1955	31 75 29 73	27 TU ○P	0119 0725 1412 2017	32 96 17 81
13 TU	0157 0805 1446 2035	36 80 26 67	28 W	0147 0758 1509 2118	39 105 13 72
14 W A	0140 0823 1527 2118	39 84 25 61	29 TH	0210 0835 1608 2219	45 111 12 64
15 TH	0151 0845 1610 2208	41 87 24 55	30 F	0213 0917 1714 2325	49 113 13 56

时　区：－0800　　　　潮高基准面：在平均海面下 60　cm

中 国—高 雄

CHINA－GAOXIONG

2021 年潮汐表 22° 36′ N 121° 17′ E

5 月

日期	潮时 时分	潮高 cm	日期	潮时 时分	潮高 cm
1 SA S	0219 1004 1829	51 112 16	16 SU	0914 1749	101 26
2 SU	1100 1941	108 18	17 M	0958 1911	99 27
3 M ☾	1206 2054	102 19	18 TU	1057 2015	97 26
4 TU	1319 2201	96 20	19 W ☽	1211 2104	95 25
5 W	1439 2250	91 21	20 TH	1324 2144	93 25
6 TH	0531 0939 1553 2328	65 56 86 24	21 F	0503 0806 1435 2220	63 61 91 27
7 F	0552 1059 1649 2359	70 50 82 28	22 SA E	0506 1001 1555 2254	71 54 90 30
8 SA E	0615 1158 1736	75 44 77	23 SU	0524 1116 1707 2327	82 45 87 35
9 SU	0024 0634 1247 1819	33 80 38 73	24 M	0547 1221 1810 2357	93 34 83 41
10 M	0036 0651 1330 1901	38 85 34 68	25 TU	0615 1320 1913	105 25 78
11 TU ●A	0025 0707 1409 1945	41 91 30 64	26 W ○P	0023 0648 1415 2015	47 115 19 72
12 W	0028 0724 1447 2033	44 96 26 60	27 TH	0034 0726 1510 2116	51 123 15 66
13 TH	0044 0746 1526 2123	45 100 24 57	28 F S	0047 0809 1607 2214	53 127 15 60
14 F	0102 0810 1606 2215	47 101 24 53	29 SA	0111 0856 1712 2317	53 127 17 56
15 SA N	0109 0839 1652	49 102 24	30 SU	0139 0947 1817	53 123 20
			31 M	1041 1917	116 23

6 月

日期	潮时 时分	潮高 cm	日期	潮时 时分	潮高 cm
1 TU	1140 2014	107 27	16 W	1039 1922	107 33
2 W ☾	1244 2108	97 30	17 TH	1143 2005	102 34
3 TH	0416 0741 1357 2154	68 63 88 34	18 F ☽	0335 0537 1255 2043	67 66 96 37
4 F E	0443 0926 1518 2229	74 59 80 38	19 SA E	0339 0819 1411 2120	76 64 90 41
5 SA	0509 1059 1619 2252	80 54 74 42	20 SU	0401 0958 1542 2153	87 57 85 46
6 SU	0531 1202 1710 2300	87 48 70 46	21 M	0430 1122 1701 2217	98 47 81 52
7 M	0548 1250 1759 2303	93 42 66 49	22 TU	0503 1229 1808 2232	110 38 76 56
8 TU A	0606 1329 1851 2315	99 37 64 51	23 W P	0540 1325 1913 2256	121 30 72 58
9 W	0626 1406 1947 2335	105 33 62 52	24 TH ○	0620 1416 2013 2327	130 24 68 58
10 TH ●	0651 1442 2040 2355	109 29 60 54	25 F S	0704 1507 2107	136 23 64
11 F	0719 1519 2129	112 28 58	26 SA	0003 0751 1601 2156	57 138 24 62
12 SA N	0010 0750 1600 2217	54 114 28 56	27 SU	0044 0841 1658 2247	56 135 27 61
13 SU	0020 0823 1644	54 113 29	28 M	0129 0931 1755 2344	56 129 31 61
14 M	0901 1734	112 31	29 TU	0219 1021 1847	58 119 35
15 TU	0945 1831	110 32	30 W	0051 0326 1112 1933	64 62 108 40

7 月

日期	潮时 时分	潮高 cm	日期	潮时 时分	潮高 cm
1 TH ☾E	0214 0540 1205 2014	69 66 96 44	16 F E	0044 0439 1133 1850	73 66 103 46
2 F	0309 0728 1306 2048	75 66 85 49	17 SA ☽	0133 0642 1245 1924	81 67 94 51
3 SA	0345 0906 1430 2112	82 64 76 53	18 SU	0219 0831 1408 1957	90 64 85 56
4 SU	0411 1105 1553 2124	89 59 70 55	19 M	0304 1014 1556 2028	101 57 79 61
5 M A	0432 1204 1654 2123	96 52 67 57	20 TU	0348 1141 1713 2100	111 48 75 64
6 TU	0457 1246 1759 2142	103 46 65 59	21 W P	0434 1239 1822 2134	122 39 72 64
7 W	0526 1322 1916 2214	109 40 65 60	22 TH S	0520 1328 1923 2214	131 33 69 63
8 TH	0558 1357 2008 2249	115 36 64 61	23 F	0607 1414 2010 2301	137 30 67 61
9 F N	0632 1433 2049 2321	119 34 63 60	24 SA ○	0654 1459 2049 2351	140 30 66 58
10 SA ●	0707 1509 2124 2351	122 33 62 59	25 SU	0741 1545 2126	140 33 66
11 SU	0741 1547 2157	123 33 61	26 M	0042 0828 1633 2205	57 135 37 67
12 M	0023 0816 1625 2230	58 123 35 61	27 TU	0133 0914 1720 2247	57 127 42 69
13 TU	0100 0855 1702 2309	58 121 37 63	28 W	0229 0958 1802 2334	59 116 48 72
14 W	0147 0938 1738 2355	60 117 39 67	29 TH E	0353 1042 1838	63 103 53
15 TH	0253 1030 1815	63 111 42	30 F	0026 0524 1128 1856	76 66 91 58
			31 SA ☾	0115 0700 1223 1852	82 67 80 61

8 月

日期	潮时 时分	潮高 cm	日期	潮时 时分	潮高 cm
1 SU	0202 0842 1345 1907	88 65 72 62	16 M	0128 0850 1459 1907	101 57 76 67
2 M A	0247 1106 1548 1933	94 59 67 64	17 TU P	0226 1047 1634 1941	109 50 72 69
3 TU	0332 1155	101 52	18 W S	0323 1151	117 42
4 W	0416 1233	107 46	19 TH	0421 1240 1906 2108	124 36 69 67
5 TH N	0459 1308	113 41	20 F	0515 1322 1930 2206	131 33 68 64
6 F	0541 1344 2019 2239	119 37 67 64	21 SA	0604 1402 1956 2307	134 33 68 60
7 SA	0620 1417 2037 2333	124 35 66 62	22 SU ○	0650 1440 2023	134 35 69
8 SU ●	0657 1450 2051	127 35 66	23 M	0003 0734 1516 2051	56 131 39 70
9 M	0017 0733 1521 2112	59 128 36 67	24 TU	0056 0816 1549 2118	54 124 45 73
10 TU	0101 0810 1550 2138	57 127 39 70	25 W E	0149 0857 1617 2143	53 114 51 76
11 W	0150 0853 1621 2208	57 122 42 75	26 TH	0251 0938 1638 2209	55 103 57 80
12 TH E	0250 0941 1652 2245	58 115 46 81	27 F	0401 1018 1654 2239	57 91 61 84
13 F	0405 1038 1726 2331	60 105 51 87	28 SA	0509 1103 1708 2319	59 81 63 87
14 SA	0530 1143 1801	61 95 57	29 SU	0630 1202 1601	60 72 64
15 SU ☽	0028 0708 1259 1834	94 61 84 62	30 M ☾A	0020 0818	91 58
			31 TU	0137 1043	94 52

时 区：－0800 潮高基准面：在平均海面下 60 cm

中 国—高 雄

CHINA－GAOXIONG

2021 年潮汐表　　22° 36′ N　　121° 17′ E

9 月

日期	潮时 时分	潮高 cm	日期	潮时 时分	潮高 cm
1 W	0241 1132	99 46	16 TH	0306 1139	114 31
2 TH N	0342 1212	104 40	17 F	0414 1222 1902 2124	118 29 68 65
3 F	0436 1247	110 35	18 SA	0511 1300 1909 2251	120 29 69 60
4 SA	0522 1319 1954 2304	116 33 66 62	19 SU	0559 1334 1929 2352	120 31 70 54
5 SU	0602 1348 1951 2352	121 32 67 56	20 M ○	0643 1405 1951	117 36 72
6 M	0641 1413 2004	123 34 70	21 TU E	0042 0725 1432 2011	49 111 42 75
7 TU ●	0038 0721 1438 2024	52 122 37 75	22 W	0131 0804 1454 2028	46 102 49 79
8 W E	0128 0806 1504 2050	48 118 41 81	23 TH	0221 0844 1509 2045	44 93 54 84
9 TH	0224 0856 1533 2121	46 111 46 88	24 F	0312 0924 1434 2104	44 83 58 88
10 F	0326 0954 1605 2156	45 101 53 94	25 SA	0404 1008 1428 2131	44 74 58 91
11 SA P	0434 1050 1639 2238	46 90 59 99	26 SU A	0459 1101 1440 2207	45 60 58 92
12 SU	0553 1206 1711 2333	46 79 64 103	27 M	0609 2257	45 92
13 M ☽	0728 1412 1741	45 71 68	28 TU	0758	44
14 TU	0044 0915	106 42	29 W ☾ N	0007 1002	92 39
15 W S	0156 1045	110 36	30 TH	0135 1059	93 34

10 月

日期	潮时 时分	潮高 cm	日期	潮时 时分	潮高 cm
1 F	0255 1139	97 30	16 SA	0359 1149 1818 2226	103 22 67 56
2 SA	0400 1211 1917 2207	101 27 64 60	17 SU	0458 1223 1835 2327	101 25 70 49
3 SU	0451 1236 1852 2306	106 27 65 53	18 M	0547 1253 1855	96 30 74
4 M	0536 1257 1859 2357	109 28 70 46	19 TU E	0020 0632 1317 1913	43 91 37 77
5 TU	0621 1318 1917	109 31 77	20 W ○	0107 0714 1333 1928	38 83 43 82
6 W ●E	0049 0710 1343 1940	38 106 36 85	21 TH	0152 0754 1323 1939	34 76 48 87
7 TH	0144 0804 1410 2007	33 99 42 94	22 F	0236 0836 1302 1950	31 68 49 92
8 F P	0241 0903 1439 2038	28 91 49 101	23 SA	0318 0922 1313 2007	29 61 49 95
9 SA	0342 1005 1505 2116	26 81 55 106	24 SU A	0403 1012 1324 2034	28 55 50 96
10 SU	0449 1113 1509 2200	26 71 60 108	25 M	0451 2108	28 95
11 M	0609 2255	26 108	26 TU N	0556 2153	28 93
12 TU S	0734	26	27 W	0737 2303	28 90
13 W ☽	0006 0906	107 25	28 TH ☾	0858	26
14 TH	0125 1019	106 22	29 F	0029 1004	88 23
15 F	0244 1108 1819 2041	104 21 66 63	30 SA	0146 1040	88 21
			31 SU	0300 1104 1758 2159	89 21 61 52

11 月

日期	潮时 时分	潮高 cm	日期	潮时 时分	潮高 cm
1 M	0411 1127 1757 2303	90 22 67 43	16 TU	0530 1158 1818	70 31 78
2 TU E	0509 1152 1812	90 25 76	17 W	0037 0618 1206 1833	32 64 36 84
3 W	0000 0605 1221 1832	33 88 30 87	18 TH	0122 0704 1148 1845	27 58 39 89
4 TH ●	0057 0702 1249 1857	24 83 36 97	19 F ○	0202 0750 1149 1858	22 53 40 94
5 F P	0154 0804 1315 1927	16 76 42 106	20 SA	0239 0837 1203 1915	18 49 41 98
6 SA	0250 0907 1332 2003	10 68 48 113	21 SU A	0317 0925 1214 1940	16 45 41 100
7 SU	0349 1012 1333 2045	8 60 51 116	22 M N	0357 2010	15 100
8 M S	0455 1128 1337 2134	8 53 51 115	23 TU	0442 2046	15 98
9 TU	0609 2230	10 111	24 W	0540 2128	16 94
10 W	0720 2335	11 105	25 TH	0701 2220	17 90
11 TH ☽	0830	13	26 F	0800 2332	17 86
12 F	0048 0935	97 14	27 SA ☾	0844	16
13 SA	0210 1025 1719 2115	90 16 63 54	28 SU	0050 0920 1711 1957	81 17 54 53
14 SU	0335 1104 1736 2240	83 20 68 46	29 M	0205 0953 1653 2147	77 18 62 45
15 M E	0438 1135 1758 2345	77 25 73 39	30 TU E	0332 1026 1705 2301	74 21 73 35

12 月

日期	潮时 时分	潮高 cm	日期	潮时 时分	潮高 cm
1 W	0451 1057 1725	71 26 85	16 TH	0051 0611 1029 1754	25 46 35 88
2 TH	0007 0555 1126 1752	23 68 32 97	17 F	0129 0709 1036 1812	19 43 36 94
3 F	0105 0658 1149 1823	13 63 37 108	18 SA A	0202 0759 1057 1835	14 41 36 98
4 SA ●P	0200 0803 1200 1900	4 57 40 116	19 SU ○	0235 0843 1121 1902	11 40 36 101
5 SU	0252 0905 1216 1941	-1 51 41 121	20 M N	0309 0924 1141 1931	9 38 36 102
6 M S	0347 1005 1240 2027	-2 46 41 122	21 TU	0347 2003	8 101
7 TU	0448 2117	-1 118	22 W	0427 2038	9 99
8 W	0551 2211	2 110	23 TH	0510 2116	11 96
9 TH	0651 2307	6 99	24 F	0556 2200	13 91
10 F	0747	10	25 SA	0640 2254	15 84
11 SA ☽	0010 0838 1604 1914	87 15 55 50	26 SU	0721	16
12 SU E	0122 0924 1629 2109	74 20 62 47	27 M ☾E	0007 0759 1515 1949	75 19 56 47
13 M	0301 1000 1655 2256	64 25 69 40	28 TU	0132 0834 1538 2138	67 23 67 40
14 TU	0414 1025 1718	56 30 76	29 W	0312 0907 1609 2308	61 28 79 29
15 W	0004 0513 1033 1738	32 50 33 82	30 TH	0445 0935 1644	57 33 92
			31 F	0017 0554 1003 1721	17 53 36 104

时　区：－0800　　　　潮高基准面：在平均海面下 60　cm

中　国—东　山

CHINA－DONGSHAN

2021 年潮汐表　　　23° 45′ N　　　117° 31′ E

1　月

日期	潮时 时分	潮高 cm	日期	潮时 时分	潮高 cm
1 F	0115 0723 1444 1957	350 45 365 160	16 SA	0204 0815 1515 2033	351 40 367 144
2 SA	0157 0803 1521 2037	351 41 364 155	17 SU	0249 0854 1552 2116	344 50 359 138
3 SU	0241 0845 1558 2119	348 41 362 150	18 M	0333 0933 1626 2159	333 64 349 133
4 M	0328 0930 1637 2205	342 47 358 144	19 TU E	0417 1013 1700 2246	319 81 340 131
5 TU	0419 1017 1719 2258	333 59 354 136	20 W ☽	0505 1055 1735 2339	302 103 329 130
6 W ☾ E	0516 1110 1805 2358	323 78 349 126	21 TH A	0558 1142 1814	286 126 318
7 TH	0622 1209 1857	313 102 343	22 F	0040 0703 1240 1900	128 273 150 307
8 F	0106 0740 1317 1955	110 310 127 340	23 SA	0146 0825 1352 1954	122 271 169 299
9 SA P	0213 0903 1427 2056	90 317 146 340	24 SU	0250 0949 1509 2053	112 281 179 297
10 SU	0314 1018 1535 2156	68 334 158 343	25 M	0348 1055 1613 2151	98 301 179 302
11 M	0412 1122 1636 2252	50 353 162 348	26 TU N	0438 1147 1705 2245	82 321 173 313
12 TU S	0507 1218 1731 2344	38 369 162 353	27 W	0521 1232 1748 2334	67 339 165 326
13 W ●	0600 1308 1821	31 377 160	28 TH ○	0600 1312 1827	52 351 155
14 TH	0032 0648 1354 1907	355 29 379 155	29 F	0022 0638 1350 1905	338 41 359 146
15 F	0119 0733 1436 1951	355 32 375 150	30 SA	0108 0715 1426 1942	347 33 364 136
			31 SU	0153 0754 1501 2020	353 30 365 126

2　月

日期	潮时 时分	潮高 cm	日期	潮时 时分	潮高 cm
1 M	0239 0834 1535 2100	354 32 364 116	16 TU	0318 0904 1547 2124	336 68 345 101
2 TU E	0325 0915 1611 2144	351 42 362 105	17 W	0357 0938 1614 2202	326 83 339 98
3 W P	0414 0958 1648 2232	345 60 357 96	18 TH A	0437 1014 1642 2243	314 102 330 100
4 TH ☾	0506 1045 1728 2327	334 85 349 88	19 F ☽	0521 1053 1714 2329	299 125 318 104
5 F	0606 1139 1814	321 115 339	20 SA	0614 1140 1753	285 150 304
6 SA	0031 0719 1244 1910	83 310 145 327	21 SU	0026 0725 1243 1842	108 273 174 291
7 SU	0142 0844 1401 2018	77 308 167 319	22 M	0136 0858 1414 1949	109 273 188 284
8 M S	0255 1008 1524 2132	69 319 175 317	23 TU N	0254 1024 1547 2107	102 288 184 286
9 TU	0405 1117 1634 2242	59 337 170 324	24 W	0404 1123 1645 2220	86 310 170 300
10 W	0508 1213 1729 2341	48 353 159 333	25 TH	0458 1209 1730 2322	67 331 152 319
11 TH ●	0600 1300 1815	41 362 147	26 F	0542 1249 1809	49 348 135
12 F	0033 0643 1341 1857	341 38 364 135	27 SA ○	0015 0621 1326 1846	338 36 359 119
13 SA	0118 0721 1417 1935	346 41 361 124	28 SU	0102 0700 1400 1922	353 29 365 104
14 SU	0200 0756 1449 2012	347 47 356 115			
15 M E	0240 0830 1519 2048	343 56 351 106			

3　月

日期	潮时 时分	潮高 cm	日期	潮时 时分	潮高 cm
1 M E	0148 0738 1433 1959	364 31 367 89	16 TU	0227 0804 1443 2019	346 74 343 79
2 TU P	0233 0816 1506 2038	369 40 366 75	17 W	0302 0836 1506 2051	342 85 339 73
3 W	0319 0856 1540 2120	368 57 363 64	18 TH A	0338 0908 1530 2124	337 98 334 71
4 TH	0406 0938 1615 2207	361 79 357 58	19 F	0415 0942 1557 2159	328 114 327 72
5 F	0456 1024 1653 2300	348 106 346 59	20 SA	0456 1020 1628 2238	315 132 317 78
6 SA ☾	0554 1117 1738	331 135 330	21 SU ☽	0543 1104 1705 2328	300 153 304 88
7 SU S	0003 0705 1223 1836	67 314 163 312	22 M N	0644 1202 1754	285 174 289
8 M	0119 0832 1352 1956	75 306 180 297	23 TU	0034 0809 1330 1902	98 277 186 277
9 TU	0246 1000 1527 2128	77 314 177 296	24 W	0200 0943 1516 2037	99 286 179 276
10 W	0404 1109 1634 2245	70 330 161 308	25 TH	0325 1050 1619 2204	87 306 158 292
11 TH	0504 1201 1723 2345	61 344 142 324	26 F	0427 1138 1705 2310	68 328 134 317
12 F	0550 1244 1804	55 352 124	27 SA	0515 1218 1744	51 346 110
13 SA ●	0033 0628 1319 1841	337 54 353 110	28 SU ○E	0004 0557 1254 1821	342 41 358 88
14 SU E	0114 0701 1350 1915	344 58 350 97	29 M	0053 0637 1328 1858	362 41 364 67
15 M	0151 0733 1418 1947	347 65 347 87	30 TU P	0139 0716 1401 1936	376 51 366 50
			31 W	0224 0756 1434 2016	383 66 365 36

4　月

日期	潮时 时分	潮高 cm	日期	潮时 时分	潮高 cm
1 TH	0310 0837 1508 2100	382 86 361 29	16 F	0323 0845 1453 2053	344 120 327 51
2 F	0358 0921 1545 2147	373 108 352 31	17 SA	0401 0920 1522 2128	336 131 322 53
3 SA	0449 1009 1625 2241	359 130 338 42	18 SU N	0441 0959 1555 2208	325 143 314 58
4 SU ☾ S	0547 1105 1713 2345	339 153 318 59	19 M	0526 1044 1636 2257	311 156 301 69
5 M	0658 1218 1819	321 172 296	20 TU ☽	0621 1143 1727 2359	297 169 286 81
6 TU	0105 0820 1356 1954	76 311 177 281	21 W	0733 1304 1839	289 175 273
7 W	0235 0943 1523 2129	83 314 163 285	22 TH	0121 0853 1439 2018	88 293 164 272
8 TH	0349 1048 1623 2244	80 325 141 302	23 F	0245 1003 1545 2146	83 308 140 290
9 F	0445 1137 1709 2339	76 335 119 320	24 SA	0351 1055 1632 2254	71 326 111 317
10 SA	0528 1216 1747	74 340 100	25 SU E	0443 1138 1714 2349	62 341 82 345
11 SU E	0024 0604 1249 1821	333 76 341 85	26 M	0529 1216 1753	61 352 55
12 M ●	0103 0637 1317 1852	341 82 338 74	27 TU ○P	0039 0612 1252 1832	368 69 358 33
13 TU	0138 0708 1342 1923	346 90 335 65	28 W	0127 0654 1327 1914	382 83 360 17
14 W A	0213 0739 1405 1952	348 99 332 58	29 TH	0215 0736 1404 1957	389 100 359 9
15 TH	0248 0812 1428 2022	347 109 329 53	30 F	0303 0821 1441 2045	387 117 353 9

时　区：－0800　　　潮高基准面：在平均海面下 216　cm

中 国 — 东 山

CHINA－DONGSHAN

2021 年潮汐表　　23° 45′ N　　117° 31′ E

5 月

日期	潮时 时分	潮高 cm	日期	潮时 时分	潮高 cm
1 SA S	0352 0908 1522 2135	378 133 343 18	16 SU	0352 0906 1458 2110	338 143 315 40
2 SU	0445 1001 1608 2231	363 147 327 33	17 M	0431 0947 1537 2152	329 147 308 44
3 M ☾	0542 1102 1703 2334	345 158 307 54	18 TU	0514 1034 1622 2242	319 152 298 52
4 TU	0646 1216 1817	328 165 286	19 W ☽	0604 1130 1718 2340	310 156 285 63
5 W	0049 0757 1345 1949	73 315 160 276	20 TH	0702 1240 1831	304 154 275
6 TH	0210 0910 1503 2116	86 313 143 280	21 F	0050 0807 1357 2000	73 305 140 276
7 F	0317 1012 1600 2226	91 317 120 294	22 SA E	0206 0910 1503 2123	79 312 115 292
8 SA F	0412 1100 1645 2321	93 322 98 310	23 SU	0313 1005 1555 2233	80 323 85 318
9 SU	0457 1139 1724	96 325 81	24 M	0410 1053 1641 2332	83 334 54 344
10 M	0006 0536 1212 1759	324 101 325 67	25 TU	0501 1136 1725	91 343 28
11 TU ● A	0046 0612 1240 1831	335 100 323 57	26 W ○ P	0025 0540 1217 1810	366 102 348 10
12 W	0123 0646 1305 1901	342 116 321 50	27 TH	0117 0635 1257 1856	380 115 351 -1
13 TH	0200 0719 1329 1930	347 124 319 45	28 F S	0207 0722 1339 1945	386 127 349 -3
14 F	0237 0753 1355 2000	348 132 319 41	29 SA	0257 0810 1422 2036	385 137 344 2
15 SA N	0314 0829 1424 2033	345 138 318 39	30 SU	0347 0901 1509 2128	377 143 335 12
			31 M	0437 0954 1601 2221	364 146 321 28

6 月

日期	潮时 时分	潮高 cm	日期	潮时 时分	潮高 cm
1 TU	0529 1052 1700 2318	348 148 304 48	16 W	0459 1020 1620 2229	330 139 301 39
2 W ☾	0623 1159 1809	332 146 287	17 TH	0541 1111 1716 2321	325 135 293 51
3 TH	0020 0720 1314 1926	70 318 138 276	18 F ☽	0629 1210 1822	320 128 286
4 F E	0128 0820 1426 2045	89 309 123 274	19 SA E	0020 0722 1316 1939	67 317 113 287
5 SA	0233 0918 1524 2155	103 306 105 283	20 SU	0127 0818 1420 2058	85 317 90 298
6 SU	0331 1009 1614 2253	113 306 86 297	21 M	0235 0915 1518 2211	100 321 63 318
7 M	0422 1052 1657 2343	120 307 71 313	22 TU	0338 1008 1611 2316	113 327 37 342
8 TU A	0507 1129 1735	126 308 58	23 W P	0436 1059 1703	124 334 17
9 W	0026 0548 1200 1811	327 132 308 49	24 TH ○	0014 0530 1148 1755	362 133 339 4
10 TH ●	0107 0627 1229 1844	338 137 309 43	25 F S	0108 0622 1236 1848	376 139 343 -2
11 F	0147 0703 1259 1915	345 141 311 38	26 SA	0159 0712 1324 1939	382 142 343 -2
12 SA N	0226 0740 1331 1947	347 144 314 35	27 SU	0248 0801 1413 2028	381 141 341 4
13 SU	0304 0817 1407 2022	345 144 315 32	28 M	0335 0849 1503 2115	374 139 334 15
14 M	0342 0855 1447 2100	341 143 314 31	29 TU	0420 0938 1554 2202	363 135 324 30
15 TU	0419 0936 1531 2143	336 141 309 33	30 W	0503 1029 1647 2249	350 130 311 50

7 月

日期	潮时 时分	潮高 cm	日期	潮时 时分	潮高 cm
1 TH ☾ E	0546 1125 1744 2340	336 125 295 74	16 F E	0510 1044 1706 2256	341 112 314 56
2 F	0631 1227 1848	322 119 280	17 SA ☽	0550 1137 1806 2349	336 101 308 80
3 SA	0035 0718 1333 1959	98 310 111 272	18 SU	0636 1237 1915	330 88 304
4 SU	0138 0810 1436 2112	119 300 100 275	19 M	0050 0729 1342 2034	106 324 73 308
5 M A	0243 0903 1532 2219	136 294 87 287	20 TU	0159 0829 1446 2153	131 321 56 322
6 TU	0344 0954 1624 2315	146 292 74 305	21 W P	0312 0931 1549 2303	147 322 39 342
7 W	0439 1040 1711	151 293 62	22 TH S	0420 1033 1651	154 327 25
8 TH	0005 0527 1120 1752	322 152 298 51	23 F	0004 0521 1131 1750	362 153 335 15
9 F N	0050 0609 1159 1829	337 151 305 43	24 SA ○	0059 0614 1225 1842	376 148 342 10
10 SA ●	0131 0648 1237 1903	346 148 313 36	25 SU	0148 0701 1317 1929	382 142 347 11
11 SU	0211 0725 1317 1936	351 145 320 31	26 M	0232 0748 1406 2011	380 135 349 18
12 M	0248 0801 1359 2011	352 140 324 27	27 TU	0312 0829 1453 2052	374 127 345 30
13 TU	0323 0838 1442 2048	351 134 325 26	28 W	0350 0911 1538 2132	364 119 337 46
14 W	0358 0917 1527 2127	348 128 324 29	29 TH E	0425 0955 1623 2212	353 113 325 65
15 TH	0433 0958 1615 2210	345 120 320 39	30 F	0459 1041 1710 2254	342 108 311 88
			31 SA ☾	0534 1132 1802 2340	330 107 295 113

8 月

日期	潮时 时分	潮高 cm	日期	潮时 时分	潮高 cm
1 SU	0611 1229 1904	316 106 283	16 M	0552 1201 1854	342 74 325
2 M A	0035 0654 1332 2018	139 302 105 279	17 TU P	0018 0644 1308 2014	139 330 71 322
3 TU	0144 0746 1438 2138	161 290 100 286	18 W S	0131 0750 1422 2138	165 321 66 330
4 W	0304 0846 1543 2246	173 285 90 303	19 TH	0258 0906 1537 2253	177 319 57 349
5 TH N	0412 0947 1640 2341	174 288 77 323	20 F	0415 1020 1646 2353	172 326 46 367
6 F	0505 1044 1727	168 298 63	21 SA	0514 1125 1742	160 339 36
7 SA	0027 0548 1135 1806	341 158 312 50	22 SU ○	0044 0602 1221 1829	380 146 352 33
8 SU ●	0108 0627 1221 1841	353 148 326 39	23 M	0127 0645 1310 1909	384 133 361 36
9 M	0146 0703 1306 1915	361 138 338 32	24 TU	0205 0723 1354 1945	382 122 364 46
10 TU	0221 0738 1349 1950	365 129 347 30	25 W E	0239 0801 1435 2021	375 112 362 58
11 W	0253 0813 1433 2026	366 120 351 33	26 TH	0310 0838 1515 2056	367 104 355 74
12 TH E	0325 0850 1516 2104	365 109 353 42	27 F	0339 0916 1554 2131	359 98 346 92
13 F	0358 0929 1602 2144	362 98 350 58	28 SA	0407 0954 1635 2208	351 96 334 112
14 SA	0432 1013 1651 2228	358 88 344 81	29 SU	0435 1035 1720 2249	340 98 321 135
15 SU ☽	0509 1103 1747 2318	351 79 335 109	30 M ☾ A	0506 1121 1813 2337	327 104 306 161
			31 TU	0542 1217 1922	312 111 295

时　区：－0800　　潮高基准面：在平均海面下 216　cm

中 国 — 东 山

CHINA－DONGSHAN

2021 年潮汐表　　23° 45′ N　　117° 31′ E

9 月

日期	潮时 时分	潮高 cm	日期	潮时 时分	潮高 cm
1 W	0042	184	16 TH	0117	192
	0630	297		0723	319
	1326	115		1406	87
	2049	294		2125	341
2 TH N	0215	197	17 F	0256	192
	0738	288		0856	317
	1447	111		1529	82
	2211	307		2238	357
3 F	0341	193	18 SA	0409	176
	0859	290		1017	330
	1558	98		1634	72
	2311	327		2334	373
4 SA	0437	178	19 SU	0501	155
	1014	304		1121	349
	1651	80		1724	66
	2357	347			
5 SU	0521	160	20 M ○	0020	382
	1115	325		0544	136
	1733	63		1212	365
				1805	66
6 M	0036	363	21 TU E	0058	384
	0559	143		0622	120
	1205	345		1257	374
	1810	51		1841	72
7 TU ●	0112	374	22 W	0130	381
	0634	127		0657	107
	1250	363		1336	378
	1846	45		1915	82
8 W E	0144	379	23 TH	0200	376
	0708	113		0730	98
	1334	375		1414	377
	1921	48		1947	95
9 TH	0215	381	24 F	0226	370
	0742	99		0803	91
	1417	383		1450	373
	1958	57		2020	109
10 F	0246	380	25 SA	0250	364
	0818	85		0836	87
	1500	386		1526	367
	2036	73		2054	123
11 SA P	0318	378	26 SU A	0315	358
	0858	73		0909	86
	1546	383		1605	358
	2117	94		2130	140
12 SU	0351	373	27 M	0341	350
	0942	66		0945	90
	1634	374		1646	346
	2201	119		2209	159
13 M ☽	0429	364	28 TU	0411	338
	1031	66		1024	98
	1729	361		1734	330
	2252	146		2254	179
14 TU	0512	351	29 W ☾ N	0448	324
	1130	72		1113	109
	1836	346		1834	315
	2355	173		2353	198
15 W S	0606	334	30 TH	0535	308
	1242	82		1217	120
	1958	337		1954	306

10 月

日期	潮时 时分	潮高 cm	日期	潮时 时分	潮高 cm
1 F	0122	209	16 SA	0247	190
	0642	295		0851	316
	1342	124		1510	104
	2123	312		2213	358
2 SA	0302	201	17 SU	0352	166
	0818	294		1010	333
	1506	114		1610	100
	2229	331		2305	369
3 SU	0403	180	18 M	0441	141
	0946	310		1110	352
	1607	97		1657	99
	2317	351		2346	375
4 M	0447	156	19 TU E	0521	120
	1052	335		1158	368
	1654	81		1736	102
	2355	368			
5 TU	0524	132	20 W ○	0021	377
	1144	361		0556	104
	1734	71		1239	377
				1811	110
6 W ●E	0029	380	21 TH	0050	374
	0559	110		0629	92
	1230	383		1316	382
	1813	71		1844	120
7 TH	0101	387	22 F	0117	371
	0633	89		0700	84
	1315	399		1352	383
	1851	79		1917	131
8 F P	0133	390	23 SA	0141	367
	0709	71		0730	79
	1359	408		1428	382
	1929	94		1950	142
9 SA	0205	391	24 SU A	0204	363
	0747	57		0800	77
	1444	411		1504	378
	2009	113		2024	153
10 SU	0239	388	25 M	0230	359
	0828	50		0831	77
	1530	405		1542	370
	2052	133		2100	164
11 M	0315	382	26 TU N	0259	353
	0914	50		0905	80
	1620	394		1621	359
	2139	155		2139	176
12 TU S	0354	371	27 W	0332	344
	1006	59		0944	88
	1716	377		1705	344
	2234	176		2224	188
13 W ☽	0441	353	28 TH ☾	0412	331
	1108	76		1032	99
	1822	359		1757	329
	2342	195		2321	200
14 TH	0542	331	29 F	0501	315
	1222	94		1131	112
	1941	347		1902	320
15 F	0112	202	30 SA	0039	205
	0711	315		0607	300
	1351	104		1248	121
	2104	348		2018	320
			31 SU	0211	195
				0742	296
				1412	120
				2128	332

11 月

日期	潮时 时分	潮高 cm	日期	潮时 时分	潮高 cm
1 M	0318	172	16 TU	0414	125
	0914	310		1050	340
	1520	110		1623	129
	2222	349		2304	358
2 TU E	0405	143	17 W	0454	104
	1024	337		1137	355
	1613	101		1705	135
	2304	365		2339	360
3 W	0445	113	18 TH	0531	90
	1119	365		1219	366
	1658	98		1743	142
	2341	378			
4 TH ●	0522	84	19 F ○	0008	359
	1209	390		0603	80
	1740	103		1257	374
				1818	149
5 F P	0016	386	20 SA	0035	357
	0600	60		0634	74
	1256	408		1334	378
	1821	115		1852	157
6 SA	0052	391	21 SU A	0100	356
	0638	42		0703	70
	1342	417		1411	379
	1902	131		1927	164
7 SU	0128	393	22 M N	0127	355
	0720	33		0732	68
	1430	418		1448	375
	1946	147		2003	170
8 M S	0205	390	23 TU	0157	354
	0805	32		0804	68
	1518	411		1525	368
	2033	162		2040	174
9 TU	0246	382	24 W	0231	350
	0855	40		0840	70
	1609	398		1603	358
	2124	175		2119	179
10 W	0330	368	25 TH	0308	342
	0950	56		0921	75
	1704	381		1643	347
	2222	187		2203	183
11 TH ☽	0423	347	26 F	0351	329
	1052	76		1007	84
	1806	363		1727	338
	2332	194		2255	186
12 F	0530	325	27 SA ☾	0442	315
	1202	97		1101	95
	1914	350		1818	331
				2359	185
13 SA	0057	191	28 SU	0546	301
	0700	310		1206	107
	1323	113		1918	329
	2026	346			
14 SU	0222	174	29 M	0115	175
	0834	310		0709	296
	1436	121		1320	116
	2132	348		2020	334
15 M E	0325	149	30 TU E	0224	152
	0951	323		0837	306
	1535	126		1430	120
	2223	354		2117	344

12 月

日期	潮时 时分	潮高 cm	日期	潮时 时分	潮高 cm
1 W	0318	121	16 TH	0426	95
	0952	329		1115	331
	1530	123		1635	160
	2207	355		2253	335
2 TH	0405	88	17 F	0507	82
	1055	357		1200	346
	1622	128		1719	164
	2252	367		2327	336
3 F	0448	59	18 SA A	0544	73
	1149	382		1241	357
	1710	136		1759	167
	2335	377		2358	338
4 SA ●P	0531	36	19 SU ○	0617	67
	1240	399		1320	364
	1757	145		1836	169
5 SU	0017	383	20 M N	0029	340
	0616	23		0647	63
	1330	408		1359	366
	1843	155		1913	170
6 M S	0059	385	21 TU	0102	343
	0703	18		0718	60
	1420	408		1436	363
	1931	164		1949	169
7 TU	0143	382	22 W	0138	344
	0753	23		0751	58
	1509	402		1512	358
	2021	170		2025	168
8 W	0229	373	23 TH	0217	342
	0846	33		0827	58
	1559	390		1546	353
	2113	173		2103	165
9 TH	0319	359	24 F	0258	336
	0939	49		0907	60
	1649	376		1621	348
	2209	175		2144	162
10 F	0415	340	25 SA	0343	326
	1035	70		0950	66
	1740	361		1658	343
	2312	173		2229	159
11 SA ☽	0520	320	26 SU	0433	316
	1134	94		1037	77
	1834	347		1739	340
				2323	153
12 SU E	0025	166	27 M ☾E	0531	306
	0636	304		1130	93
	1240	116		1826	336
	1932	337			
13 M	0142	152	28 TU	0025	141
	0800	296		0640	300
	1349	134		1232	112
	2031	333		1919	335
14 TU	0247	132	29 W	0132	122
	0918	302		0801	303
	1452	146		1340	131
	2126	332		2017	337
15 W	0340	112	30 TH	0233	96
	1022	315		0922	318
	1547	154		1448	144
	2213	333		2114	343
			31 F	0329	68
				1034	341
				1551	154
				2210	351

时　区：－0800　　　　潮高基准面：在平均海面下 216　cm

中　国—厦　门

CHINA－XIAMEN

2021 年潮汐表　　24° 27′ N　　118° 04′ E

1 月

日期	潮时 时分	潮高 cm	日期	潮时 时分	潮高 cm
1 F	0055 0732 1356 1955	557 52 582 183	16 SA	0141 0815 1439 2040	574 50 587 167
2 SA	0134 0806 1434 2036	561 54 581 180	17 SU	0223 0853 1513 2118	561 68 573 169
3 SU	0212 0846 1511 2115	558 60 579 180	18 M	0304 0932 1549 2157	544 93 558 167
4 M	0256 0929 1553 2201	552 75 573 175	19 TU E	0347 1006 1625 2241	520 121 538 169
5 TU	0347 1012 1639 2254	539 94 562 170	20 W ☽	0435 1047 1704 2328	491 152 517 176
6 W ☾ E	0445 1104 1730 2353	522 119 549 161	21 TH A	0527 1135 1751	461 184 493
7 TH	0552 1204 1826	505 145 536	22 F	0021 0632 1233 1845	180 438 213 471
8 F	0059 0708 1313 1929	146 497 169 528	23 SA	0126 0749 1344 1949	178 429 233 458
9 SA P	0208 0829 1429 2034	121 505 183 529	24 SU	0235 0908 1459 2054	164 442 236 460
10 SU	0314 0943 1540 2136	92 531 184 538	25 M	0337 1014 1605 2153	139 470 226 476
11 M	0416 1048 1645 2233	63 560 180 551	26 TU N	0431 1106 1659 2244	111 504 210 500
12 TU S	0511 1145 1743 2325	40 585 174 563	27 W	0516 1151 1746 2329	84 536 192 524
13 W ●	0603 1235 1835	28 599 171	28 TH ○	0558 1231 1829	60 561 179
14 TH	0012 0651 1318 1918	573 25 603 171	29 F	0008 0640 1307 1904	548 43 581 164
15 F	0057 0736 1400 1959	577 33 599 169	30 SA	0048 0718 1344 1944	567 37 593 152
			31 SU	0129 0755 1419 2023	575 35 597 145

2 月

日期	潮时 时分	潮高 cm	日期	潮时 时分	潮高 cm
1 M	0208 0836 1455 2101	580 44 597 134	16 TU	0246 0900 1511 2124	555 95 562 129
2 TU E	0252 0913 1533 2145	577 62 590 125	17 W	0321 0934 1542 2157	535 118 548 130
3 W P	0340 0955 1611 2232	564 86 576 120	18 TH A	0359 1006 1613 2237	514 147 526 138
4 TH ☾	0433 1043 1655 2322	544 119 557 120	19 F ☽	0443 1045 1651 2319	486 178 499 152
5 F	0532 1138 1746	517 156 532	20 SA	0535 1134 1737	455 212 468
6 SA	0023 0643 1244 1847	120 494 192 508	21 SU	0014 0643 1240 1837	165 431 242 443
7 SU	0136 0806 1403 2000	115 486 213 494	22 M	0128 0810 1405 1954	168 426 253 435
8 M S	0252 0932 1529 2118	102 500 214 498	23 TU N	0246 0935 1528 2114	152 448 240 450
9 TU	0403 1044 1641 2230	80 531 197 517	24 W	0353 1038 1632 2218	122 487 212 483
10 W	0504 1142 1740 2327	59 561 178 541	25 TH	0449 1126 1723 2310	87 528 183 522
11 TH ●	0557 1229 1829	44 580 165	26 F	0538 1208 1805 2355	57 566 155 558
12 F	0013 0644 1308 1907	560 39 589 153	27 SA ○	0620 1247 1847	39 593 130
13 SA	0055 0724 1344 1945	571 48 587 143	28 SU	0039 0659 1322 1927	586 29 606 115
14 SU	0135 0757 1414 2018	573 59 580 139			
15 M E	0209 0833 1444 2050	565 74 573 130			

3 月

日期	潮时 时分	潮高 cm	日期	潮时 时分	潮高 cm
1 M E	0119 0740 1356 2002	600 32 612 98	16 TU	0154 0805 1409 2021	569 97 564 102
2 TU P	0200 0818 1432 2042	608 49 608 83	17 W	0226 0836 1436 2049	560 111 557 96
3 W	0244 0857 1504 2123	604 70 597 79	18 TH A	0257 0903 1501 2121	552 132 545 100
4 TH	0330 0940 1542 2205	587 99 581 77	19 F	0333 0937 1533 2154	534 154 526 107
5 F	0418 1024 1623 2255	562 140 553 86	20 SA	0409 1010 1604 2234	510 184 501 123
6 SA ☾	0514 1115 1712 2355	528 180 520 104	21 SU ☽	0455 1052 1645 2321	480 214 472 144
7 SU S	0624 1224 1817	493 216 486	22 M N	0554 1152 1742	449 242 444
8 M	0110 0752 1353 1943	120 476 233 466	23 TU	0030 0716 1319 1903	158 433 255 429
9 TU	0237 0923 1526 2116	118 487 221 474	24 W	0155 0849 1450 2037	154 447 238 442
10 W	0354 1038 1639 2232	99 520 191 505	25 TH	0313 1000 1559 2152	128 486 203 480
11 TH	0456 1132 1734 2328	78 550 163 534	26 F	0416 1054 1654 2250	95 532 163 527
12 F	0548 1213 1815	63 570 143	27 SA	0508 1139 1741 2339	65 571 125 571
13 SA ●	0010 0631 1249 1851	557 61 577 127	28 SU ○E	0554 1216 1822	46 596 96
14 SU E	0048 0704 1318 1923	570 69 574 118	29 M	0023 0638 1253 1859	601 41 611 70
15 M	0122 0738 1345 1951	570 80 571 107	30 TU P	0105 0719 1328 1940	622 52 609 50
			31 W	0149 0759 1400 2019	629 70 605 42

4 月

日期	潮时 时分	潮高 cm	日期	潮时 时分	潮高 cm
1 TH	0234 0842 1437 2059	622 96 593 37	16 F	0239 0842 1430 2050	555 154 532 78
2 F	0318 0925 1514 2146	603 131 571 47	17 SA	0310 0912 1457 2125	542 174 518 89
3 SA	0408 1009 1558 2237	574 165 544 70	18 SU N	0348 0947 1533 2201	523 192 500 103
4 SU ☾S	0504 1104 1651 2338	535 200 507 100	19 M	0431 1032 1614 2250	497 214 476 122
5 M	0614 1217 1802	498 228 470	20 TU ☽	0526 1128 1711 2354	471 234 452 139
6 TU	0054 0742 1350 1938	125 479 231 452	21 W	0640 1247 1832	456 239 437
7 W	0221 0908 1517 2112	129 488 209 466	22 TH	0113 0803 1412 2002	143 464 221 447
8 TH	0339 1017 1624 2224	115 515 175 497	23 F	0233 0916 1525 2123	126 494 183 483
9 F	0439 1107 1713 2316	99 540 143 529	24 SA	0340 1013 1622 2226	102 533 139 529
10 SA	0529 1147 1753 2357	92 555 119 551	25 SU E	0437 1100 1709 2317	80 567 96 574
11 SU E	0607 1219 1829	92 558 105	26 M	0527 1142 1752	72 589 60
12 M ●	0035 0642 1247 1856	562 99 558 93	27 TU ○P	0004 0612 1218 1835	609 73 596 32
13 TU	0105 0713 1312 1926	566 113 552 86	28 W	0051 0657 1255 1915	629 85 598 17
14 W A	0138 0743 1338 1952	566 124 548 78	29 TH	0137 0742 1334 1957	633 104 592 10
15 TH	0206 0811 1401 2021	563 140 540 78	30 F	0223 0829 1411 2044	624 131 578 16

时　区：－0800　　潮高基准面：在平均海面下 328 cm

中　国—厦　门

CHINA－XIAMEN

2021 年潮汐表　　24° 27′ N　　118° 04′ E

5 月

日期	潮时 时分	潮高 cm	日期	潮时 时分	潮高 cm
1	0310	605	16	0258	541
	0912	157		0856	187
SA	1455	560	SU	1438	512
S	2133	35		2104	76
2	0402	576	17	0335	527
	1002	182		0935	196
SU	1545	533	M	1514	499
	2224	66		2145	87
3	0459	540	18	0417	511
	1100	205		1017	208
M	1643	499	TU	1559	484
☾	2325	98		2234	103
4	0605	508	19	0509	496
	1212	219		1112	214
TU	1756	467	W	1657	467
			☽	2332	118
5	0038	123	20	0611	486
	0721	490		1223	211
W	1336	213	TH	1810	456
	1927	452			
6	0155	134	21	0041	126
	0837	492		0722	489
TH	1451	189	F	1338	190
	2052	463		1935	464
7	0307	133	22	0152	123
	0941	506		0830	507
F	1553	157	SA	1446	154
	2200	488	E	2051	492
8	0406	127	23	0259	115
	1031	521		0929	530
SA	1644	127	SU	1545	111
E	2254	514		2157	532
9	0456	124	24	0400	107
	1109	531		1018	553
SU	1724	106	M	1638	69
	2338	534		2255	572
10	0539	126	25	0456	104
	1144	536		1103	569
M	1757	89	TU	1725	37
				2348	602
11	0013	546	26	0549	109
	0615	135		1146	578
TU	1212	533	W	1809	12
●A	1831	78	○P		
12	0049	555	27	0038	619
	0649	143		0640	121
W	1242	532	TH	1230	577
	1858	71		1856	-1
13	0120	556	28	0126	623
	0722	156		0730	137
TH	1307	526	F	1310	576
	1929	68	S	1944	-1
14	0152	556	29	0215	617
	0752	165		0816	155
F	1336	524	SA	1356	569
	1957	66		2033	12
15	0224	549	30	0304	601
	0825	178		0904	169
SA	1403	518	SU	1446	554
N	2031	68		2122	35
			31	0355	577
				0956	181
			M	1539	532
				2212	61

6 月

日期	潮时 时分	潮高 cm	日期	潮时 时分	潮高 cm
1	0449	549	16	0406	533
	1052	191		1007	187
TU	1638	504	W	1552	503
	2308	92		2219	87
2	0545	523	17	0453	526
	1154	194		1058	184
W	1744	477	TH	1648	492
☾				2310	102
3	0009	120	18	0545	519
	0646	503		1157	175
TH	1301	188	F	1752	484
	1857	459	☽		
4	0115	142	19	0009	117
	0748	493		0643	516
F	1408	172	SA	1301	156
E	2014	456	E	1904	484
5	0221	154	20	0114	129
	0847	493		0743	519
SA	1509	149	SU	1406	128
	2123	468		2020	499
6	0322	159	21	0223	138
	0940	498		0842	526
SU	1601	124	M	1508	92
	2220	488		2132	528
7	0416	160	22	0331	140
	1025	502		0939	537
M	1646	103	TU	1605	57
	2308	510		2235	559
8	0503	161	23	0433	143
	1103	508		1032	549
TU	1726	88	W	1700	27
A	2351	529	P	2333	587
9	0548	163	24	0532	146
	1140	512		1121	557
W	1800	74	TH	1752	8
			○		
10	0029	540	25	0026	605
	0629	170		0626	153
TH	1212	512	F	1210	566
●	1836	65	S	1844	1
11	0104	548	26	0117	613
	0701	175		0717	158
F	1244	516	SA	1259	570
	1907	61		1934	4
12	0140	550	27	0207	611
	0738	179		0805	162
SA	1315	516	SU	1349	569
N	1943	58		2022	19
13	0212	549	28	0255	600
	0809	185		0854	165
SU	1349	519	M	1439	560
	2016	61		2108	37
14	0249	545	29	0341	582
	0845	186		0943	167
M	1427	515	TU	1530	541
	2053	65		2155	63
15	0325	539	30	0424	560
	0925	189		1032	168
TU	1505	511	W	1620	518
	2135	73		2243	92

7 月

日期	潮时 时分	潮高 cm	日期	潮时 时分	潮高 cm
1	0509	539	16	0428	557
	1120	169		1038	150
TH	1715	492	F	1634	527
☾ E	2333	124	E	2247	100
2	0557	517	17	0511	548
	1213	167		1129	143
F	1815	468	SA	1732	515
			☽	2341	124
3	0025	154	18	0600	536
	0648	497		1226	130
SA	1312	162	SU	1838	507
	1923	452			
4	0125	177	19	0042	150
	0743	483		0656	524
SU	1412	151	M	1330	112
	2034	452		1952	507
5	0230	190	20	0151	170
	0840	476		0759	517
M	1510	134	TU	1437	88
A	2140	467		2108	522
6	0333	195	21	0304	179
	0936	477		0904	520
TU	1603	115	W	1543	63
	2237	489	P	2219	549
7	0431	193	22	0416	179
	1025	483		1008	532
W	1650	95	TH	1644	39
	2325	513	S	2322	578
8	0519	190	23	0520	172
	1107	494		1107	549
TH	1734	78	F	1742	22
9	0007	534	24	0017	601
	0602	186		0616	165
F	1147	508	SA	1201	567
N	1811	66	○	1835	15
10	0047	549	25	0107	613
	0643	182		0706	159
SA	1225	518	SU	1252	579
●	1850	55		1922	21
11	0123	558	26	0153	614
	0719	181		0752	154
SU	1300	531	M	1340	582
	1928	53		2006	32
12	0159	565	27	0235	604
	0754	175		0837	151
M	1339	539	TU	1425	573
	2003	52		2049	52
13	0235	566	28	0311	590
	0834	170		0915	150
TU	1416	540	W	1507	560
	2041	55		2129	79
14	0309	566	29	0348	573
	0909	166		0954	146
W	1457	541	TH	1551	540
	2120	66	E	2205	107
15	0348	564	30	0424	552
	0951	158		1037	146
TH	1543	536	F	1638	515
	2200	80		2246	137
			31	0501	530
				1120	152
			SA	1727	486
			☾	2332	170

8 月

日期	潮时 时分	潮高 cm	日期	潮时 时分	潮高 cm
1	0544	505	16	0519	545
	1209	156		1151	111
SU	1825	462	M	1811	525
2	0026	201	17	0014	186
	0635	479		0616	522
M	1308	159	TU	1257	111
A	1935	449	P	1929	512
3	0133	223	18	0131	209
	0735	461		0726	505
TU	1414	154	W	1412	104
	2051	454	S	2054	520
4	0247	230	19	0253	214
	0841	456		0845	507
W	1518	138	TH	1529	86
	2200	476		2210	548
5	0354	224	20	0410	200
	0944	468		0959	526
TH	1614	115	F	1635	62
N	2256	507		2314	581
6	0451	209	21	0514	179
	1038	490		1103	555
F	1703	91	SA	1733	45
	2343	537			
7	0539	193	22	0006	608
	1124	515		0606	160
SA	1748	69	SU	1156	581
			○	1822	40
8	0022	562	23	0051	619
	0619	180		0651	147
SU	1204	541	M	1243	596
●	1830	57		1905	44
9	0100	582	24	0129	616
	0656	165		0733	139
M	1244	562	TU	1324	597
	1906	48		1945	59
10	0136	593	25	0202	608
	0735	154		0806	135
TU	1323	573	W	1402	593
	1944	47	E	2021	82
11	0209	599	26	0234	595
	0810	146		0841	129
W	1401	582	TH	1441	581
	2022	57		2054	105
12	0244	599	27	0302	581
	0847	135		0914	129
TH	1443	583	F	1516	562
E	2058	70		2130	132
13	0317	593	28	0334	564
	0929	128		0949	129
F	1526	575	SA	1556	541
	2140	91		2201	159
14	0354	584	29	0405	541
	1007	119		1028	139
SA	1612	564	SU	1639	515
	2223	121		2242	190
15	0434	568	30	0443	514
	1055	112		1109	152
SU	1707	546	M	1730	485
☽	2312	153	☾ A	2332	224
			31	0528	482
				1203	167
			TU	1835	461

时　区：－0800　　　　潮高基准面：在平均海面下 328　cm

中　国—厦　门

CHINA－XIAMEN

2021 年潮汐表　　24° 27′ N　　118° 04′ E

9 月

日期	潮时 时分	潮高 cm	日期	潮时 时分	潮高 cm
1 W	0037 0627 1312 1957	251 456 174 454	16 TH	0120 0705 1357 2045	243 494 128 523
2 TH N	0159 0744 1430 2118	261 446 164 472	17 F	0251 0839 1518 2201	232 500 112 554
3 F	0317 0901 1537 2222	249 461 138 507	18 SA	0406 0957 1625 2300	203 530 90 588
4 SA	0420 1006 1633 2310	223 493 108 547	19 SU	0505 1058 1719 2346	171 567 75 610
5 SU	0508 1057 1719 2351	193 533 81 583	20 M ○	0552 1146 1804	145 594 71
6 M	0551 1142 1801	165 570 62	21 TU E	0023 0632 1228 1845	616 129 606 79
7 TU ●	0028 0632 1222 1841	606 142 596 53	22 W	0056 0703 1303 1920	614 121 610 98
8 W E	0102 0705 1300 1920	622 127 616 59	23 TH	0124 0736 1339 1950	603 114 605 116
9 TH	0136 0742 1341 1956	625 111 625 71	24 F	0150 0804 1410 2021	594 111 595 138
10 F	0207 0819 1421 2037	621 101 623 90	25 SA	0216 0836 1444 2051	581 109 583 158
11 SA P	0241 0856 1504 2115	613 90 615 120	26 SU A	0244 0905 1518 2126	568 115 564 184
12 SU	0315 0940 1552 2158	597 87 597 152	27 M	0313 0940 1557 2200	547 125 541 211
13 M ☽	0355 1027 1647 2251	577 95 569 189	28 TU	0348 1019 1644 2245	522 144 511 241
14 TU	0443 1122 1752 2355	548 110 537 224	29 W ☾ N	0431 1106 1742 2346	492 165 481 268
15 W S	0544 1234 1914	516 126 517	30 TH	0527 1214 1902	462 183 465

10 月

日期	潮时 时分	潮高 cm	日期	潮时 时分	潮高 cm
1 F	0110 0648 1338 2030	278 448 181 477	16 SA	0244 0834 1503 2141	230 498 137 554
2 SA	0237 0819 1453 2140	260 460 158 512	17 SU	0353 0949 1607 2235	192 532 120 580
3 SU	0344 0934 1555 2232	224 498 126 555	18 M	0447 1046 1659 2315	155 567 110 596
4 M	0437 1030 1646 2312	183 545 97 593	19 TU E	0531 1132 1743 2350	129 591 110 602
5 TU	0519 1114 1732 2349	147 587 78 620	20 W ○	0603 1208 1820	112 602 122
6 W ●E	0557 1156 1811	115 623 74	21 TH	0018 0637 1243 1852	597 101 607 135
7 TH	0022 0635 1238 1851	631 89 645 80	22 F	0045 0703 1314 1923	591 97 604 153
8 F P	0055 0711 1318 1933	635 72 653 96	23 SA	0109 0733 1346 1952	582 93 599 167
9 SA	0128 0748 1401 2012	627 59 652 123	24 SU A	0137 0800 1416 2023	574 95 589 186
10 SU	0201 0831 1447 2054	619 55 639 152	25 M	0202 0832 1451 2054	562 100 576 203
11 M	0240 0913 1536 2142	603 65 613 184	26 TU N	0234 0903 1527 2131	548 112 554 223
12 TU S	0322 1002 1631 2237	576 85 578 219	27 W	0306 0942 1609 2211	527 130 529 246
13 W ☽	0414 1101 1739 2345	543 114 543 247	28 TH ☾	0349 1029 1702 2306	502 154 502 265
14 TH	0524 1217 1901	507 141 522	29 F	0445 1130 1812	475 174 485
15 F	0115 0656 1344 2030	254 487 148 527	30 SA	0025 0602 1247 1935	271 457 181 488
			31 SU	0151 0735 1405 2048	252 464 168 516

11 月

日期	潮时 时分	潮高 cm	日期	潮时 时分	潮高 cm
1 M	0301 0854 1511 2144	214 497 145 552	16 TU	0416 1025 1632 2238	146 541 152 566
2 TU E	0357 0956 1607 2228	168 544 121 584	17 W	0459 1109 1714 2312	118 564 154 570
3 W	0444 1047 1656 2305	122 591 106 610	18 TH	0537 1149 1752 2343	100 580 159 571
4 TH ●	0526 1133 1742 2342	86 627 102 623	19 F ○	0607 1223 1829	90 586 170
5 F P	0603 1216 1827	54 650 113	20 SA	0010 0638 1256 1858	566 83 590 179
6 SA	0015 0644 1300 1909	626 33 661 130	21 SU A	0039 0706 1328 1933	563 82 586 189
7 SU	0051 0726 1346 1952	625 28 657 151	22 M N	0105 0738 1359 2000	558 82 582 200
8 M S	0131 0809 1434 2040	616 32 639 176	23 TU	0136 0808 1432 2035	553 88 570 210
9 TU	0212 0856 1524 2131	598 49 613 204	24 W	0206 0842 1507 2108	543 97 557 222
10 W	0301 0949 1620 2227	572 78 580 230	25 TH	0243 0920 1548 2150	531 113 540 231
11 TH ☽	0359 1049 1725 2336	538 114 547 243	26 F	0326 1002 1635 2243	510 131 522 241
12 F	0512 1159 1840	503 145 527	27 SA ☾	0419 1056 1733 2347	489 149 508 242
13 SA	0057 0643 1319 1957	240 484 161 525	28 SU	0529 1201 1840	471 163 506
14 SU	0218 0814 1435 2103	216 489 162 538	29 M	0101 0650 1313 1948	227 470 167 518
15 M E	0325 0930 1539 2155	180 513 156 554	30 TU E	0212 0812 1424 2048	193 492 160 540

12 月

日期	潮时 时分	潮高 cm	日期	潮时 时分	潮高 cm
1 W	0313 0921 1527 2140	148 529 150 564	16 TH	0425 1046 1643 2236	122 523 191 529
2 TH	0405 1019 1623 2224	101 572 142 582	17 F	0505 1129 1729 2311	102 542 192 533
3 F	0453 1111 1714 2304	59 609 140 599	18 SA A	0543 1207 1805 2345	87 558 192 538
4 SA ●P	0539 1200 1803 2345	28 635 145 608	19 SU ○	0616 1243 1842	80 567 193
5 SU	0624 1249 1851	14 646 155	20 M N	0017 0649 1315 1914	540 73 569 198
6 M S	0028 0709 1338 1941	609 10 642 169	21 TU	0048 0722 1348 1946	545 73 569 199
7 TU	0112 0757 1426 2031	605 18 628 184	22 W	0120 0754 1420 2020	544 74 564 202
8 W	0200 0848 1516 2120	592 39 607 200	23 TH	0154 0831 1454 2054	543 80 559 201
9 TH	0253 0940 1608 2214	569 70 581 210	24 F	0233 0904 1531 2136	536 90 551 201
10 F	0351 1034 1703 2315	539 105 554 215	25 SA	0313 0945 1611 2220	523 104 543 203
11 SA ☽	0457 1134 1803	507 139 531	26 SU	0402 1032 1658 2313	508 122 534 198
12 SU E	0023 0613 1238 1905	212 480 167 517	27 M ☾E	0501 1123 1751	492 143 525
13 M	0135 0736 1347 2007	196 471 185 512	28 TU	0014 0611 1226 1849	186 482 162 521
14 TU	0240 0852 1452 2103	172 480 192 516	29 W	0122 0731 1336 1951	163 487 173 525
15 W	0337 0954 1551 2153	145 500 193 522	30 TH	0229 0847 1446 2050	129 510 177 535
			31 F	0331 0955 1552 2147	88 544 175 551

时　区：－0800　　　　潮高基准面：在平均海面下 328　cm

中　国—崇　武

CHINA－CHONGWU

2021 年潮汐表　　24° 53′ N　　118° 58′ E

1 月

日期	潮时时分	潮高 cm	日期	潮时时分	潮高 cm
1 F	0013 0642 1304 1906	595 54 603 181	16 SA	0056 0727 1349 1950	609 48 608 162
2 SA	0051 0719 1342 1944	597 55 603 179	17 SU	0138 0805 1425 2029	595 69 594 163
3 SU	0132 0759 1422 2026	592 62 599 178	18 M	0219 0843 1501 2109	575 95 578 166
4 M	0216 0842 1505 2113	582 76 592 177	19 TU E	0302 0922 1539 2152	550 125 560 172
5 TU	0306 0929 1553 2205	567 97 583 174	20 W ☽	0349 1004 1621 2241	521 159 539 181
6 W ☾ E	0403 1024 1646 2305	549 124 573 167	21 TH A	0443 1054 1710 2338	493 194 516 189
7 TH	0509 1125 1745	535 153 565	22 F	0548 1154 1808	471 225 497
8 F	0012 0624 1234 1848	154 531 176 564	23 SA	0045 0706 1308 1914	189 465 244 490
9 SA P	0121 0741 1347 1953	130 543 189 571	24 SU	0153 0823 1422 2018	176 480 245 497
10 SU	0227 0852 1456 2053	101 567 190 583	25 M	0255 0926 1524 2113	151 507 231 516
11 M	0329 0955 1558 2149	71 593 183 597	26 TU N	0347 1017 1615 2201	120 538 212 542
12 TU S	0425 1051 1654 2241	46 614 175 609	27 W	0432 1100 1659 2244	89 567 191 567
13 W ●	0516 1142 1744 2329	31 625 168 616	28 TH ○	0513 1139 1738 2324	63 589 173 589
14 TH	0603 1228 1829	27 626 164	29 F	0552 1216 1817	44 605 159
15 F	0014 0647 1310 1911	616 34 619 163	30 SA	0004 0630 1252 1854	604 34 614 147
			31 SU	0044 0709 1328 1933	611 33 617 137

2 月

日期	潮时时分	潮高 cm	日期	潮时时分	潮高 cm
1 M	0124 0748 1405 2012	611 42 616 130	16 TU	0156 0813 1422 2033	583 95 584 126
2 TU E	0207 0828 1443 2054	604 60 610 124	17 W	0233 0846 1454 2108	565 120 569 132
3 W P	0253 0911 1524 2140	589 87 598 121	18 TH A	0312 0921 1528 2148	541 150 547 144
4 TH ☾	0345 0959 1610 2233	568 123 581 123	19 F ☽	0356 1003 1608 2235	512 186 520 162
5 F	0446 1055 1704 2337	544 163 560 127	20 SA	0451 1055 1658 2335	483 224 491 179
6 SA	0558 1204 1810	524 200 540	21 SU	0603 1205 1805	460 254 469
7 SU	0051 0721 1325 1925	127 520 221 532	22 M	0050 0731 1332 1926	183 460 263 467
8 M S	0208 0844 1446 2040	114 537 218 541	23 TU N	0208 0853 1451 2039	166 485 246 490
9 TU	0320 0954 1556 2145	90 565 198 563	24 W	0314 0952 1550 2138	132 524 214 526
10 W	0422 1051 1652 2240	64 592 175 585	25 TH	0407 1039 1638 2227	93 562 180 564
11 TH ●	0513 1138 1739 2327	46 608 156 601	26 F	0453 1118 1719 2311	59 593 149 597
12 F	0557 1218 1819	40 613 144	27 SA ○	0534 1155 1758 2352	36 615 124 619
13 SA	0008 0635 1253 1855	608 45 610 136	28 SU	0614 1231 1836	26 628 105
14 SU	0046 0709 1324 1928	606 57 603 130			
15 M E	0121 0741 1353 2000	597 75 595 126			

3 月

日期	潮时时分	潮高 cm	日期	潮时时分	潮高 cm
1 M E	0033 0653 1305 1913	631 28 632 89	16 TU	0103 0716 1319 1930	597 96 589 97
2 TU P	0113 0731 1340 1952	633 43 630 78	17 W	0134 0744 1346 2000	588 113 581 96
3 W	0155 0810 1416 2032	626 67 621 73	18 TH A	0207 0814 1415 2031	575 133 568 101
4 TH	0240 0851 1455 2116	609 100 605 77	19 F	0242 0847 1446 2106	556 158 549 114
5 F	0330 0937 1539 2207	582 141 580 92	20 SA	0322 0925 1523 2148	531 189 523 135
6 SA ☾	0429 1033 1632 2310	550 185 547 115	21 SU ☽	0410 1012 1608 2241	501 223 494 158
7 SU S	0541 1145 1742	519 225 514	22 M N	0515 1118 1711 2354	473 254 466 175
8 M	0029 0711 1316 1911	133 507 241 500	23 TU	0641 1246 1838	462 266 457
9 TU	0157 0841 1445 2037	131 523 225 515	24 W	0120 0811 1415 2005	169 482 246 478
10 W	0316 0950 1554 2145	109 555 191 546	25 TH	0236 0918 1520 2113	139 521 205 520
11 TH	0416 1042 1645 2238	83 583 159 575	26 F	0336 1008 1610 2206	100 563 161 566
12 F	0504 1123 1726 2320	66 599 135 594	27 SA	0426 1049 1653 2252	66 598 122 604
13 SA ●	0543 1158 1802 2358	62 604 119 602	28 SU ○ E	0510 1126 1733 2335	45 622 89 631
14 SU E	0617 1227 1833	68 602 109	29 M	0551 1202 1812	39 634 63
15 M	0031 0647 1254 1902	602 81 596 102	30 TU P	0017 0631 1237 1850	645 48 637 45
			31 W	0059 0711 1312 1930	647 68 633 35

4 月

日期	潮时时分	潮高 cm	日期	潮时时分	潮高 cm
1 TH	0142 0751 1349 2011	638 96 621 35	16 F	0147 0749 1343 2002	575 157 557 84
2 F	0228 0834 1429 2056	618 130 600 49	17 SA	0221 0822 1414 2037	560 175 543 95
3 SA	0319 0923 1516 2148	588 167 569 77	18 SU N	0259 0900 1451 2117	540 198 523 113
4 SU ☾ S	0419 1022 1613 2253	552 206 530 112	19 M	0345 0947 1537 2208	516 222 499 136
5 M	0533 1138 1729	520 236 495	20 TU ☽	0445 1050 1639 2316	492 245 474 156
6 TU	0015 0703 1311 1904	140 508 239 484	21 W	0602 1212 1802	482 250 463
7 W	0145 0828 1436 2031	143 524 213 505	22 TH	0038 0725 1336 1930	158 495 229 481
8 TH	0301 0931 1539 2136	125 551 174 538	23 F	0156 0834 1443 2042	139 527 187 521
9 F	0359 1019 1626 2225	105 574 141 566	24 SA	0300 0927 1536 2139	109 564 139 566
10 SA	0443 1057 1704 2306	95 587 116 583	25 SU E	0354 1011 1621 2229	84 596 95 605
11 SU E	0520 1128 1737 2341	95 589 101 591	26 M	0441 1051 1704 2315	71 617 58 633
12 M ●	0552 1156 1807	103 586 91	27 TU ○ P	0525 1129 1745 2359	73 628 30 646
13 TU	0013 0622 1222 1834	592 115 581 84	28 W	0608 1206 1826	86 630 13
14 W A	0044 0650 1247 1902	590 128 574 80	29 TH	0045 0651 1245 1909	647 106 624 8
15 TH	0115 0719 1314 1931	584 142 567 79	30 F	0131 0735 1326 1954	637 131 610 16

时　区：－0800　　　　潮高基准面：在平均海面下 351　cm

中 国 — 崇 武

CHINA－CHONGWU

2021 年潮汐表　　24° 53′ N　　118° 58′ E

5 月

日期	潮时 时分	潮高 cm	日期	潮时 时分	潮高 cm
1	0221	615	16	0207	557
	0822	159		0805	190
SA	1411	587	SU	1353	538
S	2042	39		2018	82
2	0314	587	17	0246	544
	0914	186		0845	201
SU	1502	556	M	1433	524
	2137	72		2059	96
3	0414	556	18	0331	529
	1016	211		0932	214
M	1604	521	TU	1521	507
☾	2242	109		2150	114
4	0524	529	19	0426	515
	1130	226		1031	223
TU	1720	492	W	1621	489
	2358	138	☽	2252	132
5	0641	518	20	0531	509
	1253	220		1142	221
W	1848	483	TH	1735	481
6	0119	149	21	0003	140
	0755	525		0641	516
TH	1409	194	F	1256	199
	2009	499		1855	493
7	0230	145	22	0116	136
	0855	541		0746	536
F	1508	161	SA	1402	161
	2113	524	E	2008	524
8	0327	136	23	0222	123
	0942	556		0841	563
SA	1555	130	SU	1458	116
E	2203	547		2110	563
9	0412	131	24	0319	112
	1021	565		0930	587
SU	1634	107	M	1548	72
	2244	564		2204	598
10	0451	133	25	0411	109
	1054	567		1014	604
M	1708	92	TU	1635	36
	2321	574		2255	623
11	0525	140	26	0459	114
	1123	564		1057	614
TU	1739	82	W	1721	11
●A	2355	578	○P	2345	635
12	0557	149	27	0547	126
	1151	560		1140	615
W	1809	76	TH	1807	-1
13	0027	577	28	0034	636
	0628	160		0635	141
TH	1219	556	F	1224	610
	1838	72	S	1854	0
14	0059	574	29	0124	627
	0659	170		0724	156
F	1248	552	SA	1311	598
	1909	71		1943	13
15	0132	567	30	0215	610
	0731	179		0814	171
SA	1319	546	SU	1401	579
N	1942	74		2033	36
			31	0308	588
				0907	184
			M	1455	554
				2127	68

6 月

日期	潮时 时分	潮高 cm	日期	潮时 时分	潮高 cm
1	0403	564	16	0319	549
	1004	196		0920	192
TU	1554	526	W	1511	525
	2225	102		2135	94
2	0501	543	17	0407	542
	1108	201		1013	191
W	1701	501	TH	1606	513
☾	2329	134		2230	112
3	0603	528	18	0500	538
	1217	196		1112	183
TH	1815	487	F	1711	507
			☽	2331	129
4	0037	157	19	0558	539
	0706	522		1216	165
F	1324	180	SA	1822	511
E	1931	489	E		
5	0143	168	20	0037	141
	0804	525		0658	546
SA	1424	156	SU	1321	136
	2037	503		1934	529
6	0243	171	21	0144	147
	0855	531		0756	558
SU	1515	132	M	1422	99
	2131	522		2042	556
7	0334	171	22	0247	150
	0938	537		0851	574
M	1559	110	TU	1518	63
	2218	541		2144	585
8	0419	171	23	0346	151
	1017	541		0943	587
TU	1637	94	W	1612	32
A	2259	555	P	2241	608
9	0458	173	24	0441	153
	1051	542		1034	598
W	1713	81	TH	1704	12
	2337	564	○	2335	622
10	0535	176	25	0534	156
	1124	544		1123	603
TH	1747	72	F	1755	3
●			S		
11	0013	568	26	0027	626
	0609	181		0626	159
F	1156	546	SA	1213	602
	1820	66		1845	5
12	0048	568	27	0117	621
	0643	184		0715	162
SA	1229	547	SU	1302	596
N	1853	63		1933	18
13	0122	565	28	0206	610
	0718	187		0803	165
SU	1304	547	M	1352	584
	1928	64		2021	39
14	0158	561	29	0252	594
	0755	189		0851	168
M	1341	543	TU	1442	565
	2006	69		2108	68
15	0237	555	30	0338	576
	0835	190		0940	171
TU	1423	536	W	1534	542
	2048	79		2157	101

7 月

日期	潮时 时分	潮高 cm	日期	潮时 时分	潮高 cm
1	0424	557	16	0340	573
	1032	173		0948	154
TH	1629	516	F	1548	546
☾ E	2248	136	E	2205	107
2	0513	538	17	0425	566
	1128	174		1040	147
F	1730	494	SA	1646	536
	2344	168	☽	2259	135
3	0606	522	18	0516	558
	1228	171		1139	137
SA	1838	482	SU	1752	529
4	0046	193	19	0002	163
	0702	511		0614	552
SU	1329	162	M	1244	121
	1949	485		1906	533
5	0151	207	20	0112	183
	0800	507		0717	551
M	1428	146	TU	1352	99
A	2054	500		2021	550
6	0252	209	21	0224	192
	0853	510		0822	558
TU	1520	127	W	1458	72
	2149	521	P	2131	575
7	0346	206	22	0332	188
	0940	518		0924	572
W	1607	106	TH	1559	46
	2237	541	S	2234	601
8	0433	199	23	0433	178
	1022	529		1022	589
TH	1648	87	F	1656	26
	2319	558		2329	620
9	0514	192	24	0528	166
	1100	541		1116	602
F	1727	71	SA	1748	17
N	2358	570	○		
10	0552	186	25	0019	628
	1138	553		0617	157
SA	1803	60	SU	1206	610
●				1836	19
11	0034	577	26	0104	626
	0620	181		0702	151
SU	1215	562	M	1252	609
	1840	53		1920	31
12	0109	581	27	0145	618
	0705	176		0745	148
M	1252	567	TU	1337	600
	1916	52		2001	53
13	0144	582	28	0223	605
	0742	171		0825	146
TU	1331	567	W	1420	584
	1954	57		2040	80
14	0220	581	29	0300	589
	0821	166		0905	146
W	1413	564	TH	1503	562
	2034	67	E	2119	112
15	0258	578	30	0337	571
	0902	160		0947	150
TH	1458	556	F	1549	537
	2117	84		2201	146
			31	0416	550
				1033	158
			SA	1640	511
			☾	2248	183

8 月

日期	潮时 时分	潮高 cm	日期	潮时 时分	潮高 cm
1	0501	526	16	0436	571
	1126	167		1105	121
SU	1741	489	M	1728	545
	2345	217		2333	199
2	0554	503	17	0536	552
	1228	174		1214	124
M	1853	478	TU	1846	537
A			P		
3	0054	241	18	0050	225
	0657	489		0649	539
TU	1335	170	W	1331	117
	2011	486	S	2010	548
4	0209	247	19	0214	228
	0804	489		0807	545
W	1440	153	TH	1447	96
	2118	509		2126	576
5	0315	237	20	0328	209
	0904	504		0918	567
TH	1536	127	F	1554	70
N	2213	537		2228	607
6	0408	219	21	0430	183
	0955	527		1018	594
F	1623	99	SA	1651	48
	2257	564		2319	628
7	0453	198	22	0520	159
	1039	553		1110	616
SA	1705	74	SU	1739	38
	2336	586	○		
8	0532	180	23	0002	638
	1120	576		0604	144
SU	1744	56	M	1155	627
●				1821	43
9	0012	601	24	0040	636
	0609	164		0642	134
M	1159	593	TU	1236	626
	1822	46		1858	58
10	0046	610	25	0114	627
	0646	152		0718	129
TU	1237	603	W	1314	618
	1859	45	E	1933	81
11	0120	614	26	0145	615
	0722	142		0752	126
W	1316	606	TH	1351	603
	1936	53		2006	106
12	0154	613	27	0215	602
	0759	133		0825	127
TH	1356	603	F	1428	585
E	2014	69		2039	134
13	0229	610	28	0246	585
	0837	125		0901	132
F	1439	595	SA	1508	562
	2054	93		2115	166
14	0306	602	29	0320	563
	0919	119		0940	145
SA	1526	582	SU	1552	536
	2138	124		2157	201
15	0347	589	30	0359	536
	1007	118		1025	164
SU	1622	563	M	1646	508
☽	2229	161	☾ A	2248	238
			31	0448	506
				1123	183
			TU	1756	486
				2356	268

时　区：－0800　　　　潮高基准面：在平均海面下 351　cm

中　国—崇　武

CHINA－CHONGWU

2021 年潮汐表　　24° 53′ N　　118° 58′ E

9 月

日期	潮时 时分	潮高 cm	日期	潮时 时分	潮高 cm
1	0552	483	16	0040	257
W	1236	192	TH	0633	527
	1921	483		1319	142
				2004	553
2	0122	278	17	0212	244
TH	0712	479	F	0802	539
N	1354	180		1441	123
	2041	506		2118	585
3	0241	262	18	0324	209
F	0827	499	SA	0915	571
	1501	150		1547	95
	2141	541		2214	616
4	0340	230	19	0420	173
SA	0926	534	SU	1012	605
	1554	114		1638	76
	2227	577		2259	636
5	0426	196	20	0504	144
SU	1015	572	M	1059	628
	1638	82	○	1721	71
	2305	608		2336	643
6	0506	165	21	0542	127
M	1057	605	TU	1139	638
	1719	60	E	1758	80
	2340	629			
7	0543	141	22	0008	639
TU	1137	628	W	0616	117
●	1757	51		1215	637
				1831	97
8	0013	641	23	0036	630
W	0619	122	TH	0646	112
E	1216	642		1248	629
	1834	54		1901	118
9	0046	645	24	0103	620
TH	0654	107	F	0716	110
	1255	646		1321	618
	1911	68		1931	140
10	0119	643	25	0130	608
F	0731	96	SA	0746	112
	1335	642		1354	604
	1948	90		2002	163
11	0153	637	26	0159	594
SA	0809	88	SU	0818	119
P	1417	631	A	1430	585
	2028	120		2035	189
12	0230	625	27	0231	574
SU	0850	88	M	0853	134
	1505	611		1511	560
	2112	156		2114	219
13	0312	605	28	0308	548
M	0938	99	TU	0935	155
☽	1601	584		1559	530
	2205	197		2201	252
14	0403	576	29	0354	518
TU	1037	119	W	1027	180
	1710	556	☾ N	1704	503
	2313	236		2306	282
15	0508	545	30	0456	490
W	1152	139	TH	1138	199
S	1834	541		1827	492

10 月

日期	潮时 时分	潮高 cm	日期	潮时 时分	潮高 cm
1	0032	292	16	0201	239
F	0621	480	SA	0754	538
	1302	197		1427	146
	1953	510		2057	587
2	0200	272	17	0308	198
SA	0747	499	SU	0903	572
	1418	170		1528	125
	2058	547		2148	613
3	0304	232	18	0359	159
SU	0853	540	M	0957	603
	1517	133		1616	113
	2146	587		2228	629
4	0352	188	19	0440	130
M	0945	585	TU	1040	623
	1605	100	E	1656	114
	2226	621		2302	633
5	0433	148	20	0515	113
TU	1030	624	W	1118	632
	1647	78	○	1731	124
	2301	646		2331	629
6	0511	115	21	0546	104
W	1111	653	TH	1151	632
●E	1727	72		1802	139
	2335	660		2358	622
7	0547	89	22	0615	100
TH	1151	670	F	1223	628
	1805	80		1831	156
8	0009	664	23	0024	614
F	0624	70	SA	0644	99
P	1231	675		1254	621
	1843	98		1901	172
9	0043	662	24	0051	605
SA	0702	58	SU	0713	101
	1313	669	A	1326	610
	1923	123		1931	189
10	0118	653	25	0121	593
SU	0742	56	M	0744	108
	1358	653		1401	594
	2005	154		2004	207
11	0158	636	26	0153	578
M	0826	66	TU	0818	121
	1448	627	N	1439	573
	2052	190		2041	229
12	0243	608	27	0230	556
TU	0916	90	W	0858	140
S	1546	594		1524	548
	2150	227		2127	253
13	0339	572	28	0315	530
W	1018	124	TH	0947	165
☽	1658	563	☾	1622	523
	2303	257		2227	275
14	0452	537	29	0415	503
TH	1137	153	F	1051	187
	1823	548		1737	510
				2346	282
15	0033	264	30	0535	489
F	0623	521	SA	1210	194
	1306	161		1857	520
	1949	560			
			31	0110	264
			SU	0702	502
				1329	179
				2005	550

11 月

日期	潮时 时分	潮高 cm	日期	潮时 时分	潮高 cm
1	0218	223	16	0328	151
M	0814	539	TU	0934	579
	1434	151		1546	158
	2057	587		2151	602
2	0311	175	17	0410	124
TU	0911	584	W	1017	598
E	1526	125		1627	158
	2141	620		2225	606
3	0355	128	18	0446	107
W	1000	626	TH	1056	609
	1612	108		1703	165
	2219	646		2256	605
4	0436	88	19	0519	97
TH	1044	658	F	1130	613
●	1655	105	○	1736	174
	2256	662		2325	602
5	0515	56	20	0549	92
F	1127	677	SA	1203	613
P	1737	114		1808	184
	2333	668		2353	597
6	0555	36	21	0619	90
SA	1211	682	SU	1235	609
	1818	132	A	1838	194
7	0010	666	22	0023	593
SU	0637	27	M	0649	90
	1256	675	N	1307	602
	1902	154		1909	203
8	0051	655	23	0054	587
M	0721	32	TU	0720	95
S	1344	656		1341	591
	1948	180		1942	213
9	0135	634	24	0128	577
TU	0809	52	W	0755	104
	1437	628		1419	577
	2040	207		2020	224
10	0225	604	25	0206	561
W	0902	83	TH	0834	119
	1536	597		1501	560
	2140	232		2104	237
11	0325	567	26	0251	541
TH	1005	121	F	0920	139
☽	1644	568		1551	544
	2251	249		2158	248
12	0439	534	27	0347	518
F	1119	155	SA	1016	160
	1800	554	☾	1653	533
				2304	250
13	0014	247	28	0456	503
SA	0605	518	SU	1124	174
	1240	172		1801	535
	1916	558			
14	0133	222	29	0017	235
SU	0731	529	M	0615	506
	1355	171		1236	177
	2019	574		1907	551
15	0238	186	30	0126	202
M	0840	554	TU	0730	531
E	1457	163	E	1345	167
	2110	591		2004	577

12 月

日期	潮时 时分	潮高 cm	日期	潮时 时分	潮高 cm
1	0225	157	16	0337	130
W	0834	570	TH	0953	557
	1444	154		1557	198
	2054	604		2150	566
2	0316	109	17	0418	111
TH	0930	609	F	1036	574
	1537	145		1639	196
	2139	628		2226	571
3	0403	66	18	0455	97
F	1020	641	SA	1114	585
	1626	143	A	1716	196
	2222	646		2300	575
4	0449	34	19	0529	87
SA	1109	661	SU	1149	591
●P	1714	148	○	1751	197
	2304	655		2332	579
5	0535	14	20	0602	80
SU	1157	668	M	1223	592
	1801	158	N	1823	198
	2348	655			
6	0621	10	21	0005	582
M	1246	662	TU	0634	77
S	1849	170		1256	590
				1856	199
7	0034	645	22	0039	582
TU	0709	19	W	0706	78
	1336	646		1329	586
	1939	184		1929	200
8	0123	627	23	0114	578
W	0759	41	TH	0741	83
	1428	624		1404	581
	2031	197		2006	201
9	0215	600	24	0153	568
TH	0852	72	F	0818	93
	1523	599		1443	573
	2128	209		2046	203
10	0314	569	25	0235	554
F	0948	109	SA	0900	109
	1620	575		1525	565
	2229	217		2132	205
11	0419	537	26	0324	537
SA	1050	146	SU	0948	129
☽	1721	557		1614	556
	2337	215		2226	203
12	0532	514	27	0423	522
SU	1157	177	M	1043	151
E	1824	547	☾E	1709	551
				2328	193
13	0047	202	28	0532	515
M	0651	508	TU	1147	170
	1307	195		1809	552
	1926	547			
14	0153	180	29	0034	171
TU	0803	518	W	0647	523
	1412	201		1256	182
	2021	553		1911	561
15	0249	154	30	0140	137
W	0903	537	TH	0759	548
	1508	200		1404	185
	2109	560		2010	578
			31	0241	98
			F	0905	580
				1508	181
				2106	598

时　区：－0800　　　　潮高基准面：在平均海面下 351　cm

中　国—闽江口(川石)

CHINA－MIN JIANG ENTRANCE(CHUANSHI)

2021 年潮汐表　　26° 08′ N　　119° 40′ E

1 月

日期	潮时 时分	潮高 cm	日期	潮时 时分	潮高 cm
1 F	0622	84	16 SA	0002	573
	1213	607		0709	69
	1839	176		1253	611
	2352	560		1927	165
2 SA	0659	84	17 SU	0043	564
	1247	605		0742	84
	1918	174		1329	596
				2002	165
3 SU	0031	559	18 M	0125	551
	0737	86		0814	105
	1324	601		1406	577
	1959	170		2037	167
4 M	0116	556	19 TU E	0211	532
	0816	91		0848	131
	1406	594		1447	554
	2042	165		2116	173
5 TU	0208	549	20 W ☽	0303	509
	0900	104		0926	164
	1455	583		1535	527
	2131	161		2204	182
6 W ☾ E	0311	538	21 TH A	0406	485
	0950	126		1015	201
	1552	569		1632	501
	2229	157		2304	190
7 TH	0423	529	22 F	0521	471
	1052	152		1124	233
	1657	558		1738	484
	2337	148			
8 F	0543	531	23 SA	0016	189
	1206	173		0639	474
	1805	555		1246	246
				1844	480
9 SA P	0051	131	24 SU	0126	174
	0700	547		0748	494
	1324	180		1357	238
	1910	558		1943	489
10 SU	0201	108	25 M	0225	151
	0811	571		0846	524
	1435	177		1454	221
	2009	566		2034	505
11 M	0306	84	26 TU N	0317	127
	0914	596		0935	556
	1538	171		1543	201
	2103	573		2119	524
12 TU S	0406	65	27 W	0404	105
	1010	616		1015	583
	1635	166		1628	184
	2153	578		2159	543
13 W ●	0500	55	28 TH ○	0449	88
	1058	626		1051	604
	1725	164		1710	170
	2239	579		2234	559
14 TH	0548	53	29 F	0531	76
	1140	627		1125	616
	1810	164		1751	159
	2322	578		2309	572
15 F	0631	58	30 SA	0611	68
	1218	622		1157	623
	1851	165		1830	149
				2343	582
			31 SU	0649	66
				1229	623
				1909	140

2 月

日期	潮时 时分	潮高 cm	日期	潮时 时分	潮高 cm
1 M	0021	588	16 TU	0100	573
	0726	69		0743	112
	1302	619		1327	583
	1947	132		2001	138
2 TU E	0103	588	17 W	0139	559
	0803	81		0811	133
	1340	609		1401	561
	2026	127		2033	143
3 W P	0152	579	18 TH A	0223	536
	0843	102		0843	163
	1424	592		1440	532
	2109	126		2111	156
4 TH ☾	0249	561	19 F ☽	0314	508
	0929	134		0924	200
	1516	567		1526	500
	2201	132		2158	174
5 F	0359	538	20 SA	0419	480
	1027	173		1018	240
	1620	541		1626	470
	2306	140		2302	191
6 SA	0521	523	21 SU	0540	466
	1143	206		1140	267
	1734	521		1741	453
7 SU	0024	140	22 M	0021	194
	0646	525		0702	476
	1309	218		1310	266
	1849	515		1855	457
8 M S	0144	126	23 TU N	0137	177
	0807	546		0812	506
	1429	207		1422	242
	2000	523		1959	479
9 TU	0259	103	24 W	0242	149
	0916	575		0906	545
	1538	187		1519	210
	2104	539		2053	512
10 W	0404	81	25 TH	0338	118
	1010	601		0949	582
	1634	168		1608	179
	2158	556		2137	546
11 TH ●	0457	66	26 F	0427	90
	1053	616		1025	612
	1721	155		1652	151
	2242	568		2216	577
12 F	0541	62	27 SA ○	0511	70
	1129	619		1059	631
	1801	148		1733	130
	2318	576		2253	602
13 SA	0619	68	28 SU	0553	59
	1200	615		1130	640
	1835	145		1813	113
	2351	579		2329	618
14 SU	0650	80			
	1228	608			
	1905	142			
15 M E	0024	579			
	0717	95			
	1256	597			
	1932	139			

3 月

日期	潮时 时分	潮高 cm	日期	潮时 时分	潮高 cm
1 M E	0631	59	16 TU	0002	596
	1201	640		0647	112
	1850	102		1220	594
				1859	117
2 TU P	0007	625	17 W	0034	594
	0709	68		0711	125
	1233	632		1248	581
	1927	95		1926	116
3 W	0048	621	18 TH A	0110	582
	0745	87		0738	142
	1309	616		1318	561
	2005	94		1957	122
4 TH	0135	606	19 F	0150	561
	0824	117		0809	167
	1351	592		1352	534
	2046	101		2031	135
5 F	0231	579	20 SA	0235	533
	0908	156		0846	200
	1442	558		1432	502
	2136	117		2112	155
6 SA ☾	0339	546	21 SU ☽	0330	502
	1006	199		0933	236
	1548	521		1525	470
	2240	138		2205	178
7 SU S	0503	520	22 M N	0441	479
	1126	233		1043	266
	1710	492		1639	447
				2316	192
8 M	0002	152	23 TU	0604	478
	0634	515		1214	270
	1259	238		1804	447
	1837	485			
9 TU	0131	144	24 W	0039	187
	0801	535		0722	503
	1426	214		1339	244
	1958	501		1919	474
10 W	0252	121	25 TH	0156	161
	0909	567		0822	544
	1532	180		1444	203
	2106	528		2019	517
11 TH	0355	96	26 F	0301	127
	0958	603		0909	580
	1623	152		1537	161
	2156	555		2109	563
12 F	0444	82	27 SA	0356	95
	1036	607		0949	620
	1705	134		1623	125
	2235	573		2152	604
13 SA ●	0524	81	28 SU ○ E	0444	73
	1107	610		1024	642
	1740	127		1706	98
	2306	585		2232	634
14 SU E	0557	89	29 M	0527	63
	1132	607		1056	650
	1809	123		1747	80
	2334	592		2310	651
15 M	0624	101	30 TU P	0608	67
	1155	601		1128	647
	1835	121		1826	69
				2350	654
			31 W	0646	83
				1202	634
				1904	66

4 月

日期	潮时 时分	潮高 cm	日期	潮时 时分	潮高 cm
1 TH	0033	644	16 F	0046	593
	0724	108		0710	154
	1239	613		1242	553
	1943	71		1928	110
2 F	0121	622	17 SA	0124	575
	0804	140		0742	174
	1322	584		1315	531
	2025	84		2002	121
3 SA	0217	590	18 SU N	0206	551
	0851	177		0819	199
	1416	546		1353	505
	2116	108		2041	138
4 SU ☾ S	0325	553	19 M	0255	526
	0951	214		0905	225
	1527	506		1445	479
	2220	136		2130	156
5 M	0446	524	20 TU ☽	0357	506
	1112	239		1007	245
	1655	478		1557	459
	2342	156		2232	171
6 TU	0615	516	21 W	0510	501
	1247	233		1126	247
	1826	475		1720	460
				2348	172
7 W	0112	155	22 TH	0626	519
	0739	532		1249	223
	1409	201		1838	488
	1948	497			
8 TH	0232	136	23 F	0107	155
	0843	558		0731	553
	1510	164		1400	181
	2052	529		1943	533
9 F	0332	117	24 SA	0218	128
	0930	580		0823	591
	1558	135		1457	137
	2139	558		2038	582
10 SA	0418	107	25 SU E	0319	102
	1006	591		0906	622
	1637	118		1548	99
	2215	578		2125	624
11 SU E	0456	107	26 M	0411	85
	1034	594		0945	641
	1709	110		1634	72
	2244	592		2209	652
12 M ●	0526	114	27 TU ○ P	0457	81
	1058	593		1021	646
	1737	107		1718	55
	2312	602		2251	664
13 TU	0552	123	28 W	0541	90
	1121	589		1056	640
	1802	104		1800	48
	2341	606		2335	662
14 W A	0615	131	29 TH	0623	109
	1146	583		1133	625
	1828	102		1842	49
15 TH	0012	604	30 F	0021	648
	0641	140		0705	133
	1213	571		1214	601
	1857	104		1925	57

时　区：－0800　　　　潮高基准面：在平均海面下 353　cm

中　国—闽江口(川石)

CHINA－MIN JIANG ENTRANCE(CHUANSHI)

2021 年潮汐表　　　　26° 08′ N　　　　119° 40′ E

5 月

日期	潮时 时分	潮高 cm	日期	潮时 时分	潮高 cm
1 SA S	0112 0749 1302 2010	623 160 570 74	16 SU	0106 0723 1248 1943	578 181 525 111
2 SU	0208 0839 1401 2102	593 188 535 99	17 M	0146 0802 1330 2023	562 195 508 121
3 M ☾	0312 0940 1513 2204	560 212 501 127	18 TU	0232 0848 1423 2109	547 207 492 131
4 TU	0425 1056 1638 2319	534 223 478 151	19 W ☽	0326 0944 1529 2205	535 213 482 142
5 W	0545 1221 1805	522 213 477	20 TH	0430 1051 1645 2312	531 208 485 148
6 TH	0041 0701 1335 1922	160 528 184 496	21 F	0538 1205 1801	541 187 508
7 F	0156 0802 1434 2023	153 543 152 525	22 SA E	0025 0642 1315 1909	144 563 153 547
8 SA E	0255 0849 1521 2110	143 558 127 552	23 SU	0137 0738 1416 2008	131 590 114 589
9 SU	0342 0926 1600 2148	137 568 110 573	24 M	0241 0826 1511 2101	117 612 81 624
10 M	0419 0957 1634 2220	136 573 100 589	25 TU	0338 0909 1603 2150	109 625 57 646
11 TU ●A	0451 1024 1704 2251	139 574 96 599	26 W ○P	0429 0950 1652 2238	112 626 44 654
12 W	0519 1050 1733 2323	143 571 94 603	27 TH	0518 1030 1739 2325	123 619 40 650
13 TH	0547 1117 1803 2355	149 565 95 600	28 F S	0604 1112 1826	139 603 43
14 F	0617 1145 1835	157 554 98	29 SA	0014 0651 1159 1913	637 156 583 53
15 SA N	0030 0649 1214 1908	591 168 540 104	30 SU	0105 0739 1251 2001	617 171 558 68
			31 M	0158 0829 1350 2051	594 184 532 89

6 月

日期	潮时 时分	潮高 cm	日期	潮时 时分	潮高 cm
1 TU	0255 0926 1457 2145	568 194 505 117	16 W	0211 0837 1405 2054	567 184 513 111
2 W ☾	0357 1030 1612 2247	545 197 487 145	17 TH	0259 0926 1506 2144	560 180 509 122
3 TH	0505 1141 1731 2358	528 191 481 166	18 F ☽	0354 1023 1615 2242	556 171 511 135
4 F E	0612 1249 1844	522 173 492	19 SA E	0457 1128 1729 2351	556 156 524 145
5 SA	0109 0712 1349 1945	175 525 150 512	20 SU	0600 1236 1840	564 132 549
6 SU	0210 0802 1439 2037	174 533 129 536	21 M	0103 0659 1341 1945	149 576 104 578
7 M	0300 0844 1521 2120	169 541 111 558	22 TU	0211 0752 1441 2044	147 587 78 605
8 TU A	0341 0920 1559 2159	165 547 100 576	23 W P	0312 0842 1539 2140	145 594 59 624
9 W	0418 0953 1635 2235	164 550 94 587	24 TH ○	0410 0929 1635 2232	148 595 49 633
10 TH ●	0451 1024 1709 2309	164 549 92 592	25 F S	0504 1015 1728 2322	154 590 45 633
11 F	0525 1055 1744 2343	167 545 93 591	26 SA	0556 1102 1819	161 581 47
12 SA N	0559 1125 1819	173 539 96	27 SU	0010 0644 1151 1906	625 167 569 55
13 SU	0017 0635 1156 1855	587 178 532 99	28 M	0056 0731 1242 1951	613 170 554 68
14 M	0052 0713 1232 1932	580 183 526 102	29 TU	0141 0817 1336 2034	596 171 538 88
15 TU	0129 0753 1314 2011	573 185 519 105	30 W	0228 0904 1433 2118	576 172 519 115

7 月

日期	潮时 时分	潮高 cm	日期	潮时 时分	潮高 cm
1 TH ☾ E	0319 0954 1536 2207	553 174 500 147	16 F E	0228 0906 1442 2123	579 150 539 120
2 F	0415 1050 1646 2305	532 175 487 179	17 SA ☽	0319 0956 1547 2216	569 144 533 144
3 SA	0517 1153 1758	515 171 485	18 SU	0417 1054 1701 2322	557 138 531 169
4 SU	0013 0617 1256 1904	201 506 160 496	19 M	0522 1202 1817	549 129 540
5 M A	0121 0713 1353 2003	209 506 144 515	20 TU	0038 0627 1313 1930	185 548 113 559
6 TU	0219 0803 1443 2055	206 511 127 538	21 W P	0151 0729 1422 2038	187 552 94 582
7 W	0308 0848 1528 2140	198 519 113 559	22 TH S	0300 0827 1528 2139	183 559 76 604
8 TH	0350 0928 1610 2220	190 526 103 576	23 F	0404 0922 1630 2232	176 566 63 620
9 F N	0430 1005 1650 2256	184 532 96 587	24 SA ○	0501 1013 1725 2319	170 571 56 625
10 SA ●	0509 1038 1730 2330	180 536 93 592	25 SU	0552 1101 1814	164 572 57
11 SU	0548 1111 1808	178 539 92	26 M	0000 0637 1146 1856	622 160 570 65
12 M	0003 0626 1144 1846	593 176 541 92	27 TU	0038 0718 1229 1934	613 157 565 80
13 TU	0035 0705 1219 1923	592 172 544 92	28 W	0115 0755 1314 2009	599 155 555 101
14 W	0109 0743 1300 1959	590 166 545 95	29 TH E	0153 0831 1401 2043	581 154 540 128
15 TH	0146 0823 1347 2039	586 158 544 104	30 F	0234 0910 1453 2120	560 157 521 160
			31 SA ☾	0320 0953 1554 2206	534 164 500 196

8 月

日期	潮时 时分	潮高 cm	日期	潮时 时分	潮高 cm
1 SU	0415 1047 1705 2309	509 173 485 228	16 M	0339 1025 1637 2259	548 136 535 206
2 M A	0518 1153 1819	488 178 483	17 TU P	0449 1136 1801	527 141 531
3 TU	0026 0623 1302 1928	246 478 171 496	18 W S	0022 0605 1255 1923	225 517 135 544
4 W	0138 0723 1403 2029	244 481 156 520	19 TH	0145 0718 1414 2038	221 521 117 571
5 TH N	0237 0817 1457 2120	230 493 137 548	20 F	0300 0826 1527 2139	202 537 96 600
6 F	0327 0905 1546 2201	212 511 120 574	21 SA	0404 0926 1628 2227	179 556 78 619
7 SA	0412 0946 1631 2237	194 530 105 594	22 SU ○	0457 1016 1718 2307	161 573 70 626
8 SU ●	0454 1022 1713 2310	179 547 94 606	23 M	0541 1058 1801 2341	149 583 74 622
9 M	0534 1056 1753 2340	167 562 87 612	24 TU	0620 1135 1837	144 587 86
10 TU	0613 1129 1831	157 573 85	25 W E	0011 0653 1210 1908	613 142 587 104
11 W	0010 0650 1203 1908	613 148 581 88	26 TH	0040 0723 1246 1936	601 140 581 124
12 TH E	0041 0727 1242 1943	610 140 584 97	27 F	0111 0753 1326 2003	586 140 568 146
13 F	0114 0803 1326 2020	604 133 581 113	28 SA	0145 0824 1411 2035	565 144 549 174
14 SA	0153 0843 1418 2101	591 128 569 139	29 SU	0225 0901 1504 2114	538 155 523 209
15 SU ☽	0241 0928 1521 2152	572 130 551 172	30 M ☾ A	0313 0946 1608 2207	507 172 497 246
			31 TU	0413 1045 1724 2324	477 190 481 273

时　区：－0800　　　　潮高基准面：在平均海面下 353　cm

中　国—闽江口(川石)

CHINA－MIN JIANG ENTRANCE(CHUANSHI)

2021 年潮汐表　　　26° 08′ N　　　119° 40′ E

9　月

日期	潮时 时分	潮高 cm	日期	潮时 时分	潮高 cm
1 W	0526 1200 1843	458 197 486	16 TH	0014 0554 1243 1917	249 495 155 542
2 TH N	0052 0639 1315 1953	274 459 187 510	17 F	0143 0718 1409 2031	229 508 136 572
3 F	0204 0744 1420 2048	253 478 164 544	18 SA	0257 0830 1520 2127	195 536 111 602
4 SA	0300 0837 1516 2131	222 509 138 579	19 SU	0354 0927 1616 2210	162 566 94 619
5 SU	0347 0921 1605 2207	191 544 113 607	20 M ○	0440 1011 1701 2244	139 588 90 623
6 M	0430 1000 1649 2239	165 575 95 626	21 TU E	0519 1046 1738 2312	129 601 98 619
7 TU ●	0511 1035 1730 2309	143 600 86 635	22 W	0553 1117 1809 2337	126 608 113 611
8 W E	0550 1109 1809 2337	129 618 85 636	23 TH	0621 1147 1835	126 609 130
9 TH	0627 1144 1845	118 627 94	24 F	0002 0647 1219 1859	601 126 605 145
10 F	0007 0703 1222 1921	630 112 626 110	25 SA	0030 0714 1256 1925	588 127 594 163
11 SA P	0039 0739 1306 1958	617 108 616 134	26 SU A	0101 0744 1337 1956	569 132 575 186
12 SU	0118 0818 1357 2039	598 112 594 166	27 M	0137 0818 1423 2033	542 144 548 215
13 M ☽	0205 0904 1501 2132	570 122 565 204	28 TU	0219 0859 1518 2120	510 163 518 249
14 TU	0306 1002 1620 2243	536 140 538 237	29 W ☾ N	0313 0950 1627 2226	478 185 495 276
15 W S	0426 1117 1749	506 155 528	30 TH	0426 1058 1746 2353	455 202 490 282

10　月

日期	潮时 时分	潮高 cm	日期	潮时 时分	潮高 cm
1 F	0548 1216 1901	453 200 510	16 SA	0131 0712 1353 2009	216 510 148 571
2 SA	0118 0702 1332 2002	258 477 180 546	17 SU	0238 0820 1500 2101	176 543 128 594
3 SU	0222 0802 1436 2048	219 518 150 585	18 M	0330 0913 1552 2141	142 574 116 607
4 M	0312 0850 1530 2126	177 564 121 619	19 TU E	0413 0954 1633 2213	121 597 116 610
5 TU	0358 0932 1617 2200	142 606 100 641	20 W ○	0450 1027 1708 2240	112 610 125 608
6 W ● E	0440 1010 1700 2231	115 637 91 651	21 TH	0521 1057 1736 2303	110 617 138 602
7 TH	0520 1047 1741 2301	98 656 94 651	22 F	0548 1126 1801 2328	111 620 150 595
8 F P	0559 1125 1819 2332	88 662 108 641	23 SA	0614 1158 1826 2356	112 617 161 583
9 SA	0637 1205 1857	85 655 130	24 SU A	0642 1233 1854	114 606 174
10 SU	0007 0715 1251 1937	624 88 637 158	25 M	0026 0713 1311 1926	566 120 589 192
11 M	0048 0757 1344 2022	598 97 608 190	26 TU N	0100 0748 1354 2003	543 131 566 214
12 TU S	0139 0846 1449 2118	564 114 575 223	27 W	0140 0827 1442 2048	516 147 541 238
13 W ☽	0246 0946 1607 2233	526 138 545 247	28 TH ☾	0230 0914 1540 2146	489 166 519 257
14 TH	0413 1102 1734	496 158 534	29 F	0337 1012 1649 2301	468 182 511 261
15 F	0005 0546 1230 1900	245 490 162 545	30 SA	0457 1123 1802	465 188 522
			31 SU	0023 0616 1239 1907	241 487 177 552

11　月

日期	潮时 时分	潮高 cm	日期	潮时 时分	潮高 cm
1 M	0133 0721 1349 1959	202 529 154 588	16 TU	0258 0849 1519 2106	133 564 147 582
2 TU E	0231 0816 1450 2042	158 577 129 620	17 W	0341 0931 1601 2140	113 586 147 586
3 W	0320 0903 1542 2120	119 621 112 642	18 TH	0418 1007 1636 2209	103 601 152 586
4 TH ●	0406 0946 1629 2155	90 653 106 651	19 F ○	0451 1040 1705 2236	100 610 159 584
5 F P	0450 1028 1712 2229	72 670 113 649	20 SA	0520 1112 1733 2303	100 613 166 578
6 SA	0532 1110 1755 2305	63 672 129 638	21 SU A	0550 1144 1801 2332	101 611 173 569
7 SU	0614 1155 1837 2344	62 661 151 618	22 M N	0620 1218 1832	104 604 182
8 M S	0658 1244 1922	68 640 175	23 TU	0003 0653 1254 1907	556 109 592 193
9 TU	0030 0744 1339 2011	591 81 613 199	24 W	0036 0728 1333 1945	541 116 577 205
10 W	0126 0836 1440 2110	558 100 583 220	25 TH	0115 0806 1415 2028	524 126 560 217
11 TH ☽	0236 0935 1551 2221	524 125 556 231	26 F	0203 0849 1504 2120	507 138 546 224
12 F	0359 1045 1709 2344	499 149 541 223	27 SA ☾	0302 0940 1602 2221	492 152 538 224
13 SA	0528 1205 1827	493 163 544	28 SU	0413 1040 1707 2331	488 163 540 210
14 SU	0102 0650 1322 1933	196 509 161 557	29 M	0530 1151 1812	501 167 556
15 M E	0206 0756 1427 2025	162 536 153 572	30 TU E	0043 0641 1304 1910	180 533 159 581

12　月

日期	潮时 时分	潮高 cm	日期	潮时 时分	潮高 cm
1 W	0147 0743 1410 1959	142 573 146 604	16 TH	0308 0909 1529 2109	119 559 180 551
2 TH	0243 0837 1508 2044	106 612 136 622	17 F	0349 0951 1608 2144	106 578 177 556
3 F	0335 0928 1601 2125	77 641 133 630	18 SA A	0426 1028 1642 2217	98 591 177 557
4 SA ● P	0425 1016 1650 2206	58 656 140 628	19 SU ○	0501 1102 1714 2248	95 599 178 557
5 SU	0513 1103 1738 2248	49 659 152 619	20 M N	0534 1135 1747 2318	94 601 181 553
6 M S	0602 1152 1826 2333	47 652 166 603	21 TU	0608 1208 1821 2349	95 599 184 549
7 TU	0650 1241 1915	52 636 178	22 W	0642 1240 1856	97 594 186
8 W	0023 0739 1333 2006	582 63 616 189	23 TH	0022 0716 1314 1934	543 100 587 188
9 TH	0120 0828 1427 2100	558 82 592 196	24 F	0058 0752 1351 2014	537 105 579 188
10 F	0224 0920 1526 2200	532 108 568 199	25 SA	0141 0831 1432 2058	530 113 570 186
11 SA ☽	0336 1019 1632 2308	509 138 547 196	26 SU	0233 0914 1520 2148	522 127 560 183
12 SU E	0456 1126 1741	496 166 535	27 M ☾ E	0335 1006 1617 2247	514 145 553 176
13 M	0019 0615 1239 1846	183 499 183 533	28 TU	0447 1109 1721 2356	514 165 552 161
14 TU	0124 0723 1347 1941	161 515 187 538	29 W	0603 1223 1824	528 177 559
15 W	0220 0821 1443 2028	138 537 183 545	30 TH	0106 0714 1337 1922	136 554 177 572
			31 F	0211 0819 1443 2015	106 585 171 584

时　区：－0800　　　　潮高基准面：在平均海面下 353　cm

中　国—温　州

CHINA－WENZHOU

2021 年潮汐表　　28° 02′ N　　120° 39′ E

1 月

日期	潮时 时分	潮高 cm	日期	潮时 时分	潮高 cm
1 F	0633 1156 1827 2340	36 539 128 507	16 SA	0713 1241 1916	38 537 112
2 SA	0700 1231 1858	36 535 120	17 SU	0027 0747 1312 1950	501 43 525 103
3 SU	0016 0743 1309 1943	503 33 536 110	18 M	0104 0809 1346 2031	486 63 511 102
4 M	0059 0818 1352 2033	497 43 533 102	19 TU E	0144 0841 1420 2101	465 71 494 103
5 TU	0149 0859 1437 2125	489 44 527 98	20 W ☽	0229 0907 1503 2147	442 94 471 106
6 W ☾ E	0247 0948 1527 2227	480 57 519 88	21 TH A	0325 0949 1552 2241	418 118 445 114
7 TH	0353 1042 1624 2335	472 77 507 72	22 F	0435 1048 1652 2350	400 147 422 113
8 F	0507 1145 1726	472 97 496	23 SA	0556 1204 1759	400 167 413
9 SA P	0045 0624 1255 1831	59 482 111 489	24 SU	0107 0713 1326 1906	99 421 166 421
10 SU	0155 0741 1410 1936	44 501 116 490	25 M	0218 0817 1435 2004	78 454 149 443
11 M	0305 0849 1523 2037	31 527 114 497	26 TU N	0319 0908 1534 2053	57 490 132 470
12 TU S	0410 0948 1629 2132	21 549 110 507	27 W	0411 0952 1622 2137	41 518 123 493
13 W ●	0507 1040 1718 2221	14 559 108 515	28 TH ○	0458 1030 1702 2216	28 536 113 510
14 TH	0558 1124 1800 2307	11 559 105 518	29 F	0546 1109 1746 2257	23 548 106 519
15 F	0645 1205 1843 2350	19 551 104 513	30 SA	0628 1147 1830 2336	35 550 113 521
			31 SU	0659 1221 1900	28 550 103

2 月

日期	潮时 时分	潮高 cm	日期	潮时 时分	潮高 cm
1 M	0013 0741 1257 1944	521 30 547 87	16 TU	0039 0742 1304 1953	496 66 513 84
2 TU E	0054 0807 1330 2027	517 41 541 86	17 W	0109 0759 1330 2028	485 77 497 85
3 W P	0137 0846 1407 2103	508 44 532 68	18 TH A	0146 0831 1402 2054	467 88 476 81
4 TH ☾	0225 0921 1451 2152	495 70 513 63	19 F ☽	0232 0853 1442 2136	443 114 446 93
5 F	0325 1000 1543 2249	475 93 485 68	20 SA	0330 0936 1534 2228	414 150 411 113
6 SA	0441 1100 1647	455 126 456	21 SU	0448 1043 1646 2356	392 186 386 118
7 SU	0001 0607 1225 1803	74 451 149 438	22 M	0619 1229 1813	396 195 385
8 M S	0133 0734 1355 1923	62 468 143 442	23 TU N	0128 0741 1355 1931	102 429 171 413
9 TU	0252 0848 1518 2034	41 504 125 467	24 W	0241 0841 1503 2030	71 475 140 455
10 W	0402 0946 1627 2130	23 536 106 496	25 TH	0344 0925 1559 2115	43 519 112 497
11 TH ●	0501 1031 1715 2217	14 553 95 517	26 F	0442 1006 1650 2159	23 551 91 529
12 F	0552 1111 1755 2301	12 557 88 524	27 SA ○	0534 1046 1740 2242	18 568 80 547
13 SA	0634 1147 1836 2338	30 548 90 518	28 SU	0608 1122 1817 2321	22 573 87 554
14 SU	0655 1215 1857	46 536 95			
15 M E	0009 0719 1241 1933	509 67 523 91			

3 月

日期	潮时 时分	潮高 cm	日期	潮时 时分	潮高 cm
1 M E	0651 1157 1853	19 570 71	16 TU	0647 1202 1856	71 527 76
2 TU P	0001 0724 1228 1937	554 45 562 61	17 W	0010 0704 1220 1928	517 82 518 72
3 W	0040 0751 1259 2003	545 41 551 55	18 TH A	0038 0734 1243 1949	510 80 506 52
4 TH	0118 0821 1331 2046	534 67 531 40	19 F	0110 0749 1309 2017	499 89 487 56
5 F	0205 0849 1411 2122	514 77 504 52	20 SA	0151 0815 1345 2048	478 111 458 62
6 SA ☾	0303 0930 1502 2209	485 115 465 67	21 SU ☽	0241 0846 1431 2131	446 139 422 90
7 SU S	0416 1024 1612 2332	453 153 423 84	22 M N	0348 0940 1538 2245	415 178 387 116
8 M	0553 1207 1747	439 172 404	23 TU	0517 1127 1717	404 199 376
9 TU	0109 0725 1352 1918	78 461 149 422	24 W	0032 0649 1312 1852	110 429 174 406
10 W	0241 0837 1514 2030	50 501 114 465	25 TH	0155 0759 1434 1959	81 478 131 460
11 TH	0351 0927 1617 2121	27 539 87 508	26 F	0305 0850 1538 2050	52 528 91 514
12 F	0450 1008 1701 2205	16 559 70 533	27 SA	0407 0930 1635 2134	31 562 65 554
13 SA ●	0538 1045 1745 2245	25 559 65 536	28 SU ○ E	0500 1009 1715 2217	14 584 64 579
14 SU E	0600 1114 1808 2316	44 550 80 530	29 M	0551 1047 1756 2301	9 588 46 586
15 M	0633 1141 1840 2346	61 536 77 522	30 TU P	0631 1121 1843 2343	32 582 39 582
			31 W	0656 1154 1909	39 569 42

4 月

日期	潮时 时分	潮高 cm	日期	潮时 时分	潮高 cm
1 TH	0021 0733 1223 1949	572 60 552 20	16 F	0014 0656 1205 1929	531 92 509 42
2 F	0103 0753 1258 2023	557 70 529 31	17 SA	0046 0725 1232 1951	520 101 493 28
3 SA	0150 0830 1341 2056	533 92 494 33	18 SU N	0122 0748 1305 2023	503 105 470 46
4 SU ☾ S	0248 0903 1436 2146	499 125 450 59	19 M	0209 0824 1353 2059	479 130 438 65
5 M	0401 1009 1552 2306	463 160 408 86	20 TU ☽	0309 0912 1459 2206	451 158 405 93
6 TU	0532 1156 1734	446 166 395	21 W	0429 1044 1635 2343	437 174 393 96
7 W	0048 0701 1340 1906	82 466 134 425	22 TH	0556 1232 1808	452 151 421
8 TH	0215 0808 1455 2013	64 503 93 474	23 F	0110 0707 1351 1919	78 491 109 475
9 F	0330 0856 1554 2102	43 535 61 516	24 SA	0233 0801 1457 2014	49 533 70 531
10 SA	0418 0934 1644 2145	44 550 46 537	25 SU E	0339 0846 1556 2104	27 565 40 573
11 SU E	0457 1008 1714 2220	42 553 59 543	26 M	0436 0926 1650 2153	22 581 20 594
12 M ●	0536 1038 1747 2254	57 543 53 541	27 TU ○ P	0511 1006 1741 2240	37 584 17 600
13 TU	0553 1103 1805 2321	71 534 65 537	28 W	0554 1045 1812 2324	37 575 26 596
14 W A	0617 1123 1838 2349	91 525 53 534	29 TH	0636 1119 1854	58 562 5
15 TH	0641 1145 1855	86 517 43	30 F	0007 0659 1156 1937	587 72 545 6

时　区：－0800　　　　潮高基准面：在平均海面下 296　cm

中　国—温　州
CHINA－WENZHOU

2021年潮汐表　　28° 02′ N　　120° 39′ E

5 月

日期	潮时 时分	潮高 cm	日期	潮时 时分	潮高 cm
1	0052	570	16	0030	525
	0740	82		0659	107
SA	1235	519	SU	1209	492
S	2005	13		1939	23
2	0141	544	17	0107	517
	0810	105		0736	108
SU	1321	486	M	1247	475
	2048	23		2005	35
3	0237	512	18	0152	501
	0857	124		0810	123
M	1420	448	TU	1336	452
☾	2137	51		2051	47
4	0346	481	19	0249	484
	1004	145		0905	134
TU	1539	415	W	1441	431
	2248	77	☽	2151	67
5	0504	466	20	0356	476
	1139	142		1026	138
W	1711	407	TH	1603	426
				2309	77
6	0015	86	21	0508	484
	0619	473		1152	116
TH	1306	116	F	1727	449
	1838	430			
7	0137	75	22	0034	67
	0722	494		0613	506
F	1424	85	SA	1312	86
	1944	469	E	1841	492
8	0243	63	23	0146	53
	0812	516		0709	532
SA	1520	60	SU	1429	55
E	2034	504		1942	537
9	0339	57	24	0250	41
	0853	529		0758	553
SU	1602	42	M	1531	23
	2116	530		2037	571
10	0418	69	25	0349	38
	0927	532		0845	563
M	1645	34	TU	1617	19
	2155	542		2130	591
11	0453	69	26	0442	46
	1000	529		0928	662
TU	1711	46	W	1704	6
●A	2229	545	○P	2221	597
12	0529	91	27	0529	74
	1027	522		1011	557
W	1746	36	TH	1754	-6
	2302	545		2310	595
13	0549	91	28	0601	77
	1054	516		1055	546
TH	1807	43	F	1844	-5
	2331	539	S	2358	587
14	0610	106	29	0646	80
	1116	510		1139	531
F	1841	29	SA	1921	9
15	0000	535	30	0045	571
	0639	101		0729	100
SA	1142	503	SU	1221	513
N	1902	28		1958	7
			31	0132	549
				0804	102
			M	1311	490
				2043	22

6 月

日期	潮时 时分	潮高 cm	日期	潮时 时分	潮高 cm
1	0223	525	16	0140	521
	0854	111		0806	115
TU	1410	462	W	1326	473
	2131	47		2046	38
2	0320	501	17	0228	514
	0952	120		0900	111
W	1519	436	TH	1425	464
☾	2223	75		2140	52
3	0423	483	18	0324	509
	1104	121		1005	105
TH	1639	423	F	1537	463
	2332	90	☽	2241	64
4	0529	475	19	0423	509
	1225	108		1122	91
F	1757	431	SA	1652	476
E			E	2348	72
5	0041	97	20	0523	514
	0630	479		1239	60
SA	1336	80	SU	1805	502
	1905	456			
6	0147	94	21	0056	75
	0722	488		0621	522
SU	1436	56	M	1347	33
	2001	488		1912	533
7	0246	89	22	0203	78
	0808	497		0716	530
M	1526	47	TU	1451	12
	2050	516		2015	561
8	0339	85	23	0306	79
	0849	504		0809	536
TU	1604	33	W	1552	-3
A	2131	534	P	2114	581
9	0419	96	24	0404	82
	0923	508		0901	539
W	1647	23	TH	1649	-10
	2209	546	○	2210	592
10	0453	95	25	0457	83
	0957	510		0953	539
TH	1720	35	F	1745	-10
●	2246	546	S	2302	594
11	0530	111	26	0548	84
	1027	508		1042	530
F	1751	26	SA	1833	-1
	2317	543		2351	586
12	0550	110	27	0637	90
	1058	506		1128	529
SA	1824	39	SU	1907	11
N	2350	537			
13	0622	121	28	0035	572
	1127	500		0713	101
SU	1852	28	M	1213	520
				1950	15
14	0021	532	29	0116	556
	0648	114		0754	97
M	1159	494	TU	1301	505
	1929	38		2030	36
15	0058	528	30	0200	538
	0731	113		0841	99
TU	1239	484	W	1353	483
	1959	33		2059	58

7 月

日期	潮时 时分	潮高 cm	日期	潮时 时分	潮高 cm
1	0247	516	16	0203	543
	0929	109		0848	89
TH	1450	458	F	1408	503
☾ E	2143	81	E	2114	61
2	0336	493	17	0249	535
	1019	112		0944	80
F	1555	438	SA	1509	497
	2235	107	☽	2202	77
3	0431	473	18	0341	523
	1123	111		1045	72
SA	1707	431	SU	1620	495
	2337	127		2301	98
4	0531	459	19	0439	509
	1234	96		1152	63
SU	1821	443	M	1738	502
5	0047	135	20	0012	115
	0631	456		0543	500
M	1340	77	TU	1305	51
A	1927	470		1856	524
6	0155	131	21	0133	114
	0725	463		0649	501
TU	1440	54	W	1426	36
	2023	503	P	2006	553
7	0254	121	22	0245	105
	0812	477		0752	511
W	1535	36	TH	1538	9
	2110	531	S	2108	580
8	0346	111	23	0350	94
	0854	493		0850	527
TH	1617	33	F	1641	-3
	2152	548		2203	598
9	0432	108	24	0449	85
	0932	505		0944	541
F	1656	23	SA	1737	-1
N	2227	555	○	2253	603
10	0500	112	25	0542	83
	1007	514		1034	548
SA	1739	25	SU	1814	17
●	2303	558		2337	594
11	0540	111	26	0625	100
	1043	517		1118	548
SU	1805	35	M	1854	20
	2338	554			
12	0606	122	27	0015	581
	1116	516		0656	96
M	1845	32	TU	1202	540
				1932	41
13	0010	553	28	0051	566
	0644	114		0738	95
TU	1153	515	W	1244	524
	1914	43		1953	57
14	0046	550	29	0124	548
	0720	117		0806	101
W	1232	511	TH	1323	505
	1952	36	E	2025	82
15	0122	547	30	0159	529
	0758	103		0845	98
TH	1315	508	F	1409	484
	2037	43		2050	96
			31	0239	503
				0925	109
			SA	1503	461
			☾	2133	125

8 月

日期	潮时 时分	潮高 cm	日期	潮时 时分	潮高 cm
1	0324	473	16	0257	526
	1010	115		1002	73
SU	1609	442	M	1554	509
	2222	160		2216	134
2	0421	444	17	0358	495
	1118	120		1111	81
M	1729	436	TU	1716	501
A	2339	181	P	2337	156
3	0531	427	18	0513	472
	1238	108		1240	71
TU	1850	454	W	1846	516
			S		
4	0103	179	19	0108	155
	0642	432		0636	474
W	1350	84	TH	1401	51
	1957	490		2003	553
5	0217	160	20	0239	125
	0742	455		0749	501
TH	1452	58	F	1525	33
N	2048	528		2103	591
6	0315	137	21	0348	93
	0830	486		0849	538
F	1548	37	SA	1634	11
	2128	559		2153	615
7	0401	117	22	0446	74
	0910	517		0940	566
SA	1640	26	SU	1718	22
	2205	580	○	2236	619
8	0446	102	23	0536	75
	0949	539		1024	577
SU	1715	34	M	1757	22
●	2242	590		2312	609
9	0528	113	24	0602	88
	1026	550		1106	574
M	1754	26	TU	1837	47
	2315	591		2346	593
10	0555	104	25	0641	88
	1104	556		1144	562
TU	1837	35	W	1853	65
	2351	588	E		
11	0638	101	26	0013	576
	1142	556		0701	97
W	1900	43	TH	1216	549
				1916	90
12	0022	582	27	0040	560
	0704	101		0737	89
TH	1219	554	F	1250	536
E	1941	45		1941	90
13	0055	577	28	0106	543
	0746	82		0758	88
F	1301	551	SA	1326	520
	2005	63		2001	110
14	0128	567	29	0138	518
	0833	73		0836	88
SA	1348	542	SU	1412	497
	2045	70		2036	133
15	0208	552	30	0216	484
	0909	71		0905	104
SU	1445	527	M	1510	468
☽	2127	104	☾ A	2110	173
			31	0306	445
				0959	125
			TU	1625	442
				2217	211

时　区：－0800　　　　潮高基准面：在平均海面下 296 cm

中 国—温 州

CHINA－WENZHOU

2021 年潮汐表　　28° 02′ N　　120° 39′ E

9 月

日期	潮时时分	潮高cm	日期	潮时时分	潮高cm
1 W	0419	414	16 TH	0458	449
	1130	135		1219	91
	1757	444		1838	514
2 TH N	0006	216	17 F	0102	167
	0550	412		0634	464
	1257	115		1351	64
	1917	478		1954	557
3 F	0137	186	18 SA	0236	121
	0709	442		0750	511
	1411	86		1507	44
	2015	528		2049	600
4 SA	0244	145	19 SU	0344	79
	0806	491		0845	561
	1513	59		1608	34
	2059	575		2132	622
5 SU	0341	109	20 M ○	0441	59
	0849	539		0930	590
	1605	39		1657	27
	2136	607		2207	626
6 M	0432	90	21 TU E	0511	74
	0927	574		1011	599
	1655	19		1740	46
	2210	625		2242	613
7 TU ●	0502	86	22 W	0548	68
	1006	597		1050	591
	1744	21		1756	70
	2246	629		2310	596
8 W E	0546	72	23 TH	0607	88
	1047	605		1120	580
	1808	43		1823	100
	2319	622		2335	579
9 TH	0620	91	24 F	0640	79
	1125	603		1150	572
	1848	42		1843	95
	2351	613		2356	568
10 F	0652	69	25 SA	0657	75
	1203	599		1218	565
	1909	71		1859	107
11 SA P	0020	600	26 SU A	0018	553
	0736	61		0733	65
	1244	591		1252	554
	1945	68		1932	112
12 SU	0053	584	27 M	0047	532
	0801	54		0753	64
	1328	574		1333	531
	2010	99		1950	132
13 M ☽	0131	557	28 TU	0122	499
	0846	51		0829	83
	1423	550		1422	499
	2048	122		2025	166
14 TU	0220	518	29 W ☾ N	0208	460
	0933	70		0904	107
	1533	517		1527	464
	2144	161		2115	204
15 W S	0328	474	30 TH	0316	421
	1040	91		1020	135
	1703	499		1656	451
	2317	189		2302	222

10 月

日期	潮时时分	潮高cm	日期	潮时时分	潮高cm
1 F	0455	409	16 SA	0053	152
	1200	129		0627	466
	1822	475		1336	76
				1929	550
2 SA	0047	192	17 SU	0219	112
	0629	439		0740	517
	1327	102		1446	56
	1931	525		2020	586
3 SU	0203	146	18 M	0329	80
	0736	497		0832	563
	1438	64		1546	45
	2019	578		2101	606
4 M	0304	105	19 TU E	0409	60
	0821	557		0915	590
	1542	37		1636	55
	2058	619		2138	605
5 TU	0356	69	20 W ○	0452	45
	0903	605		0955	595
	1637	28		1658	72
	2135	640		2209	595
6 W ●E	0449	45	21 TH	0522	71
	0945	631		1030	589
	1707	35		1735	89
	2209	644		2237	579
7 TH	0535	53	22 F	0548	61
	1026	639		1101	584
	1751	33		1749	101
	2244	637		2301	568
8 F P	0559	47	23 SA	0608	71
	1107	636		1129	578
	1820	76		1810	118
	2316	623		2322	558
9 SA	0645	38	24 SU A	0642	53
	1148	627		1158	573
	1850	68		1838	111
	2349	605		2347	548
10 SU	0709	45	25 M	0701	49
	1230	611		1229	561
	1920	101		1856	119
11 M	0023	580	26 TU N	0014	531
	0751	29		0738	46
	1315	591		1306	544
	1950	107		1931	127
12 TU S	0105	548	27 W	0051	506
	0831	43		0759	60
	1411	559		1352	518
	2033	136		1958	150
13 W ☽	0200	504	28 TH ☾	0138	471
	0912	69		0841	82
	1521	522		1450	489
	2130	171		2050	176
14 TH	0314	459	29 F	0241	436
	1029	95		0941	110
	1651	501		1605	473
	2310	184		2216	193
15 F	0453	442	30 SA	0410	421
	1202	95		1110	118
	1818	515		1727	485
				2357	171
			31 SU	0544	445
				1238	98
				1839	521

11 月

日期	潮时时分	潮高cm	日期	潮时时分	潮高cm
1 M	0123	132	16 TU	0251	62
	0656	499		0810	533
	1350	74		1500	82
	1932	564		2026	557
2 TU E	0236	83	17 W	0345	44
	0750	558		0857	557
	1454	54		1549	80
	2015	601		2104	560
3 W	0336	51	18 TH	0425	52
	0837	604		0938	566
	1552	38		1634	91
	2055	621		2140	554
4 TH ●	0419	47	19 F ○	0455	41
	0922	630		1013	570
	1645	41		1656	105
	2134	624		2209	547
5 F P	0500	23	20 SA	0533	49
	1008	638		1048	566
	1717	74		1733	113
	2211	618		2238	538
6 SA	0550	14	21 SU A	0554	44
	1054	635		1117	561
	1752	73		1750	120
	2251	603		2303	533
7 SU	0630	26	22 M N	0627	53
	1140	623		1148	553
	1835	90		1816	129
	2328	581		2330	524
8 M S	0700	18	23 TU	0651	39
	1223	606		1217	545
	1900	106		1843	123
				2359	514
9 TU	0008	558	24 W	0719	50
	0746	19		1254	534
	1312	584		1913	132
	1944	116			
10 W	0057	527	25 TH	0037	495
	0825	42		0751	49
	1409	554		1335	519
	2032	137		1950	136
11 TH ☽	0157	491	26 F	0121	472
	0910	61		0833	64
	1515	524		1426	504
	2134	154		2044	146
12 F	0310	457	27 SA ☾	0221	449
	1018	85		0924	84
	1630	506		1528	493
	2259	154		2152	151
13 SA	0441	445	28 SU	0338	439
	1141	93		1035	92
	1747	509		1638	495
				2317	138
14 SU	0034	128	29 M	0459	453
	0606	463		1149	92
	1256	92		1744	513
	1852	527			
15 M E	0149	92	30 TU E	0040	103
	0715	498		0612	489
	1404	87		1301	86
	1944	546		1842	537

12 月

日期	潮时时分	潮高cm	日期	潮时时分	潮高cm
1 W	0149	67	16 TH	0301	53
	0715	533		0837	506
	1406	81		1510	113
	1931	557		2034	500
2 TH	0252	37	17 F	0351	39
	0811	570		0921	528
	1504	78		1556	111
	2017	572		2112	506
3 F	0351	17	18 SA A	0438	33
	0904	594		1003	539
	1557	78		1640	113
	2103	576		2150	509
4 SA ●P	0446	8	19 SU ○	0508	37
	0957	605		1040	540
	1648	82		1708	124
	2150	571		2222	509
5 SU	0536	11	20 M N	0547	34
	1048	605		1112	538
	1738	92		1741	123
	2236	561		2254	508
6 M S	0614	18	21 TU	0613	46
	1138	596		1144	531
	1816	110		1805	131
	2320	548		2324	502
7 TU	0658	11	22 W	0646	41
	1225	584		1214	527
	1857	111		1839	127
				2356	496
8 W	0007	534	23 TH	0712	50
	0746	15		1248	522
	1314	567		1910	130
	1946	113			
9 TH	0059	513	24 F	0032	486
	0831	31		0747	46
	1405	547		1323	518
	2037	118		1950	123
10 F	0156	489	25 SA	0112	475
	0908	53		0828	58
	1500	525		1407	513
	2133	122		2040	118
11 SA ☽	0300	464	26 SU	0204	464
	0959	76		0906	64
	1559	506		1457	507
	2239	121		2137	112
12 SU E	0413	445	27 M ☾E	0306	456
	1059	96		0959	77
	1701	494		1551	502
	2351	111		2242	101
13 M	0530	442	28 TU	0416	457
	1206	110		1100	91
	1802	489		1650	500
				2351	85
14 TU	0102	92	29 W	0531	469
	0643	456		1208	102
	1314	116		1750	502
	1859	491			
15 W	0206	72	30 TH	0102	65
	0745	481		0645	492
	1416	115		1319	108
	1950	495		1850	506
			31 F	0213	47
				0752	521
				1431	104
				1948	513

时　区：－0800　　潮高基准面：在平均海面下 296 cm

中 国 — 海 门

CHINA－HAIMEN

2021 年潮汐表 28° 41′ N 121° 27′ E

1 月

日期	潮时 时分	潮高 cm	日期	潮时 时分	潮高 cm
1 F	0529 1051 1725 2234	40 524 121 489	16 SA	0608 1130 1808 2326	33 536 118 489
2 SA	0604 1128 1805 2315	44 522 123 486	17 SU	0639 1207 1840	54 521 118
3 SU	0639 1206 1845 2359	48 516 123 479	18 M	0003 0703 1241 1911	473 74 501 121
4 M	0712 1247 1926	54 508 121	19 TU E	0041 0723 1315 1944	452 93 476 126
5 TU	0047 0747 1331 2008	468 65 496 117	20 W ☽	0122 0746 1351 2020	427 114 448 134
6 W ☾ E	0142 0825 1421 2055	452 83 482 113	21 TH A	0214 0819 1434 2107	399 143 417 144
7 TH	0247 0911 1520 2151	437 109 468 108	22 F	0325 0905 1537 2225	377 180 391 150
8 F	0405 1015 1626 2302	431 138 459 101	23 SA	0452 1054 1652 2359	373 210 380 137
9 SA P	0525 1138 1733	442 157 459	24 SU	0617 1226 1802	394 205 390
10 SU	0028 0637 1310 1836	88 466 159 466	25 M	0112 0723 1329 1900	113 430 186 413
11 M	0208 0743 1425 1935	66 496 149 476	26 TU N	0216 0811 1420 1948	88 467 164 441
12 TU S	0313 0840 1522 2031	40 524 137 487	27 W	0310 0850 1507 2031	66 500 145 467
13 W ●	0405 0929 1611 2122	21 543 127 496	28 TH ○	0357 0926 1554 2111	50 525 129 490
14 TH	0451 1012 1654 2206	13 550 121 500	29 F	0439 1002 1638 2151	38 540 117 506
15 F	0532 1052 1732 2247	18 547 118 498	30 SA	0518 1036 1721 2230	31 547 107 516
			31 SU	0554 1111 1801 2310	29 548 99 519

2 月

日期	潮时 时分	潮高 cm	日期	潮时 时分	潮高 cm
1 M	0627 1146 1839 2351	33 543 93 515	16 TU	0629 1200 1845	80 517 101
2 TU E	0659 1222 1916	43 533 90	17 W	0010 0646 1225 1912	487 92 495 104
3 W P	0034 0729 1259 1952	503 62 518 89	18 TH A	0044 0709 1250 1941	465 110 469 112
4 TH ☾	0122 0800 1341 2029	483 90 495 92	19 F ☽	0122 0738 1320 2017	437 140 437 127
5 F	0218 0836 1432 2115	457 127 465 101	20 SA	0214 0814 1358 2102	403 180 402 147
6 SA	0328 0928 1539 2219	432 170 434 112	21 SU	0334 0903 1458 2219	375 222 369 163
7 SU	0456 1111 1700	423 201 417	22 M	0521 1137 1657	377 242 362
8 M S	0005 0628 1259 1820	111 445 196 424	23 TU N	0026 0654 1255 1823	147 415 214 390
9 TU	0157 0741 1416 1932	85 486 171 450	24 W	0143 0747 1355 1926	118 464 181 434
10 W	0303 0834 1513 2030	53 524 144 481	25 TH	0246 0827 1450 2015	87 509 149 478
11 TH ●	0355 0918 1600 2116	31 549 124 505	26 F	0337 0904 1540 2058	58 543 122 515
12 F	0438 0956 1641 2156	24 559 111 517	27 SA ○	0420 0939 1627 2139	37 564 99 541
13 SA	0516 1032 1718 2232	32 557 104 519	28 SU	0459 1013 1709 2218	24 574 80 555
14 SU	0547 1104 1750 2306	48 548 102 513			
15 M E	0612 1134 1819 2338	66 534 101 502			

3 月

日期	潮时 时分	潮高 cm	日期	潮时 时分	潮高 cm
1 M E	0534 1046 1748 2257	22 574 68 558	16 TU	0538 1058 1754 2313	78 540 84 527
2 TU P	0607 1119 1825 2336	30 567 62 552	17 W	0554 1121 1819 2342	86 525 83 516
3 W	0638 1153 1859	48 553 62	18 TH A	0613 1144 1843	95 507 85
4 TH	0017 0706 1227 1931	536 75 532 67	19 F	0013 0638 1209 1909	498 112 484 93
5 F	0101 0733 1305 2005	510 109 499 80	20 SA	0048 0705 1236 1939	472 139 456 110
6 SA ☾	0154 0804 1350 2046	475 152 456 101	21 SU ☽	0132 0738 1311 2017	437 175 421 134
7 SU S	0302 0850 1457 2150	438 200 409 127	22 M N	0237 0822 1401 2112	401 214 384 158
8 M	0435 1105 1637	418 230 385	23 TU	0413 0933 1545 2314	385 245 359 165
9 TU	0006 0625 1257 1820	130 442 205 404	24 W	0605 1214 1744	413 221 385
10 W	0145 0731 1407 1931	99 489 165 449	25 TH	0055 0709 1324 1858	136 465 179 440
11 TH	0249 0818 1459 2021	65 630 130 491	26 F	0211 0753 1427 1952	100 515 138 496
12 F	0337 0858 1543 2102	46 554 106 519	27 SA	0308 0832 1521 2037	66 553 103 541
13 SA ●	0417 0932 1622 2139	43 564 93 533	28 SU ○ E	0353 0908 1609 2120	41 576 73 570
14 SU E	0451 1004 1656 2212	52 562 87 536	29 M	0433 0943 1651 2200	28 586 52 584
15 M	0518 1033 1727 2243	66 552 85 533	30 TU P	0510 1018 1730 2240	28 585 39 584
			31 W	0543 1052 1807 2319	41 575 35 574

4 月

日期	潮时 时分	潮高 cm	日期	潮时 时分	潮高 cm
1 TH	0614 1125 1840	64 556 40	16 F	0547 1112 1820 2351	102 503 72 514
2 F	0000 0642 1200 1913	555 94 527 52	17 SA	0613 1137 1844	116 485 81
3 SA	0045 0710 1238 1946	526 129 488 73	18 SU N	0027 0640 1205 1909	491 138 462 96
4 SU ☾ S	0139 0742 1324 2028	488 170 440 103	19 M	0110 0713 1243 1943	462 165 432 116
5 M	0246 0833 1438 2139	448 214 392 135	20 TU ☽	0209 0759 1340 2038	431 195 398 137
6 TU	0417 1101 1627 2356	425 224 373 136	21 W	0329 0906 1512 2200	413 218 376 151
7 W	0604 1240 1813	446 189 404	22 TH	0503 1126 1707 2354	426 202 397 134
8 TH	0122 0706 1345 1915	110 487 146 452	23 F	0619 1238 1826	467 160 452
9 F	0223 0751 1435 2002	84 521 111 493	24 SA	0117 0710 1352 1923	106 511 120 508
10 SA	0309 0829 1518 2041	71 543 89 521	25 SU E	0227 0753 1454 2012	78 547 83 552
11 SU E	0346 0903 1557 2117	69 550 77 535	26 M	0319 0833 1545 2057	57 569 53 579
12 M ●	0417 0933 1631 2150	75 548 72 541	27 TU ○ P	0403 0911 1630 2140	47 577 32 590
13 TU	0442 1000 1701 2221	83 540 69 541	28 W	0443 0949 1711 2222	50 574 20 589
14 W A	0502 1025 1729 2250	88 529 67 537	29 TH	0519 1026 1749 2305	64 560 18 579
15 TH	0524 1048 1755 2320	93 517 67 529	30 F	0553 1103 1825 2348	85 538 25 560

时 区：－0800 潮高基准面：在平均海面下 290 cm

中 国—海 门

CHINA－HAIMEN

2021 年潮汐表　　28° 41′ N　　121° 27′ E

5 月

日期	潮时 时分	潮高 cm	日期	潮时 时分	潮高 cm
1 SA S	0624 1142 1900	112 508 42	16 SU	0555 1115 1830	123 478 77
2 SU	0037 0656 1225 1938	531 142 471 68	17 M	0014 0626 1150 1856	500 138 462 86
3 M ☾	0132 0735 1318 2022	496 173 429 100	18 TU	0058 0702 1235 1931	480 156 439 98
4 TU	0234 0844 1433 2134	462 201 392 130	19 W ☽	0152 0750 1336 2024	460 172 416 113
5 W	0350 1037 1610 2319	439 195 381 137	20 TH	0257 0856 1456 2132	447 181 403 124
6 TH	0524 1158 1744	446 166 405	21 F	0411 1031 1632 2300	450 167 420 122
7 F	0039 0627 1309 1846	126 472 130 443	22 SA E	0523 1148 1750	472 133 462
8 SA E	0140 0714 1401 1935	112 496 101 479	23 SU	0018 0621 1256 1851	109 503 101 507
9 SU	0227 0754 1446 2016	102 511 80 506	24 M	0136 0710 1417 1944	97 529 73 544
10 M	0305 0829 1526 2054	98 518 68 524	25 TU	0241 0755 1518 2034	86 546 46 568
11 TU ●A	0337 0901 1603 2128	97 517 60 533	26 W ○P	0333 0839 1608 2122	80 551 26 579
12 W	0405 0929 1637 2201	99 512 57 536	27 TH	0417 0922 1653 2209	83 546 15 581
13 TH	0431 0955 1708 2232	101 506 56 534	28 F S	0458 1005 1734 2255	92 533 13 573
14 F	0459 1021 1737 2304	105 498 60 527	29 SA	0537 1048 1814 2341	107 516 21 557
15 SA N	0527 1047 1804 2337	112 490 67 516	30 SU	0614 1132 1853	124 494 39
			31 M	0029 0652 1220 1932	534 141 467 64

6 月

日期	潮时 时分	潮高 cm	日期	潮时 时分	潮高 cm
1 TU	0120 0736 1314 2014	506 158 437 94	16 W	0045 0704 1234 1932	501 145 458 84
2 W ☾	0215 0838 1419 2108	478 170 409 122	17 TH	0131 0750 1330 2015	489 147 445 93
3 TH	0315 0957 1536 2219	455 167 395 141	18 F ☽	0225 0843 1437 2107	478 143 437 106
4 F E	0425 1105 1700 2330	444 151 401 147	19 SA E	0325 0946 1556 2214	474 131 443 120
5 SA	0535 1213 1807	448 129 426	20 SU	0430 1057 1714 2331	478 112 465 127
6 SU	0037 0628 1316 1902	144 459 105 456	21 M	0533 1207 1820	491 91 497
7 M	0134 0714 1408 1950	136 469 84 484	22 TU	0049 0629 1327 1919	128 505 72 527
8 TU A	0219 0753 1453 2031	128 477 68 507	23 W P	0205 0721 1452 2016	123 516 51 552
9 W	0257 0828 1535 2109	122 482 58 521	24 TH ○	0306 0813 1549 2110	118 520 31 569
10 TH ●	0332 0900 1613 2144	119 485 53 528	25 F S	0357 0904 1638 2159	115 520 18 575
11 F	0406 0929 1649 2218	118 486 55 530	26 SA	0443 0953 1723 2245	116 517 17 572
12 SA N	0439 0959 1723 2251	120 486 60 527	27 SU	0526 1039 1804 2330	120 510 26 560
13 SU	0513 1030 1755 2326	124 483 67 521	28 M	0606 1124 1843	125 498 44
14 M	0547 1105 1825	131 478 73	29 TU	0014 0645 1209 1918	541 131 480 68
15 TU	0004 0624 1146 1856	513 139 470 78	30 W	0057 0725 1256 1950	518 137 458 95

7 月

日期	潮时 时分	潮高 cm	日期	潮时 时分	潮高 cm
1 TH ☾ E	0143 0807 1349 2023	492 144 432 122	16 F E	0103 0742 1314 1957	518 120 481 88
2 F	0230 0858 1451 2106	465 150 410 150	17 SA ☽	0147 0824 1412 2038	504 114 469 110
3 SA	0324 1004 1603 2219	441 151 400 174	18 SU	0240 0911 1521 2130	489 110 460 140
4 SU	0426 1114 1720 2337	424 141 408 183	19 M	0342 1011 1639 2250	476 106 463 165
5 M A	0531 1222 1827	420 123 433	20 TU	0450 1130 1754	470 98 483
6 TU	0047 0627 1324 1924	177 427 100 464	21 W P	0022 0556 1257 1904	171 474 83 513
7 W	0141 0715 1418 2011	163 441 80 493	22 TH S	0144 0658 1433 2008	160 485 61 545
8 TH	0226 0757 1508 2052	150 456 67 516	23 F	0249 0759 1536 2102	145 500 38 570
9 F N	0306 0834 1552 2128	140 471 60 531	24 SA ○	0344 0855 1626 2148	131 514 25 582
10 SA ●	0345 0908 1632 2202	133 484 58 540	25 SU	0431 0944 1711 2231	122 524 26 580
11 SU	0425 0943 1710 2236	130 493 60 543	26 M	0514 1028 1750 2310	117 525 39 569
12 M	0505 1019 1744 2311	129 498 62 541	27 TU	0553 1109 1823 2347	116 518 60 551
13 TU	0544 1058 1817 2346	129 500 65 536	28 W	0627 1148 1851	118 503 84
14 W	0624 1140 1849	128 498 68	29 TH E	0022 0659 1228 1911	529 122 483 105
15 TH	0023 0702 1224 1922	528 125 492 75	30 F	0056 0730 1309 1931	503 128 459 127
			31 SA ☾	0131 0803 1358 2000	472 136 432 155

8 月

日期	潮时 时分	潮高 cm	日期	潮时 时分	潮高 cm
1 SU	0210 0843 1502 2040	439 147 409 192	16 M	0154 0840 1450 2049	492 101 471 173
2 M A	0306 0944 1619 2213	407 158 399 229	17 TU P	0255 0934 1609 2215	460 112 458 212
3 TU	0420 1131 1746	388 152 414	18 W S	0415 1105 1739	438 119 470
4 W	0010 0534 1245 1859	223 392 128 448	19 TH	0017 0536 1259 1901	208 440 100 508
5 TH N	0112 0638 1346 1951	200 414 103 487	20 F	0139 0651 1424 2002	178 465 70 549
6 F	0159 0729 1441 2031	174 444 83 521	21 SA	0240 0756 1523 2050	147 499 44 579
7 SA	0243 0811 1530 2107	152 475 69 547	22 SU ○	0331 0848 1611 2131	123 528 35 591
8 SU ●	0328 0851 1613 2141	136 502 60 564	23 M	0417 0932 1652 2208	108 544 41 589
9 M	0412 0929 1652 2214	124 522 55 571	24 TU	0456 1011 1726 2241	102 547 59 576
10 TU	0456 1008 1728 2247	116 534 53 570	25 W E	0531 1047 1753 2312	102 540 81 559
11 W	0537 1046 1801 2320	109 540 55 565	26 TH	0602 1121 1813 2339	104 527 99 538
12 TH E	0615 1126 1832 2354	104 538 63 556	27 F	0629 1154 1828	107 511 113
13 F	0650 1207 1902	99 530 77	28 SA	0004 0655 1228 1849	514 110 490 130
14 SA	0029 0725 1252 1932	542 96 515 100	29 SU	0030 0722 1307 1917	486 117 463 158
15 SU ☽	0108 0800 1345 2005	521 96 494 132	30 M ☾ A	0058 0754 1359 1953	452 131 430 196
			31 TU	0135 0836 1516 2038	414 153 404 239

时 区：－0800　　潮高基准面：在平均海面下 290 cm

中　国—海　门

CHINA－HAIMEN

2021 年潮汐表　　28° 41′ N　　121° 27′ E

9 月

日期	潮时 时分	潮高 cm	日期	潮时 时分	潮高 cm
1 W	0232 0942 1651 2331	378 174 402 260	16 TH	0353 1105 1735	405 138 464
2 TH N	0433 1207 1826	367 160 435	17 F	0021 0532 1301 1854	214 417 110 507
3 F	0042 0600 1314 1922	225 396 129 483	18 SA	0133 0653 1412 1947	167 461 76 550
4 SA	0134 0702 1413 2003	185 442 100 528	19 SU	0228 0750 1506 2029	126 507 55 577
5 SU	0223 0750 1504 2039	150 489 76 563	20 M ○	0315 0835 1549 2106	99 540 51 587
6 M	0311 0832 1549 2113	123 529 58 585	21 TU E	0357 0915 1625 2139	84 556 61 584
7 TU ●	0358 0912 1629 2146	102 558 47 594	22 W	0434 0950 1655 2209	81 558 78 571
8 W E	0441 0951 1705 2218	87 573 45 594	23 TH	0507 1023 1717 2235	82 552 95 555
9 TH	0522 1030 1739 2250	77 578 51 587	24 F	0535 1054 1734 2259	84 543 106 537
10 F	0558 1108 1810 2322	71 573 66 573	25 SA	0600 1124 1753 2322	86 531 114 517
11 SA P	0633 1148 1839 2356	70 560 89 553	26 SU A	0624 1166 1817 2345	88 513 129 494
12 SU	0705 1231 1906	73 539 119	27 M	0648 1231 1845	96 487 154
13 M ☽	0032 0737 1322 1936	523 82 508 156	28 TU	0012 0716 1316 1919	464 113 453 188
14 TU	0115 0814 1428 2018	482 99 474 202	29 W ☾ N	0046 0753 1423 2001	427 138 418 226
15 W S	0216 0908 1550 2210	435 124 452 241	30 TH	0138 0845 1555 2106	387 165 404 257

10 月

日期	潮时 时分	潮高 cm	日期	潮时 时分	潮高 cm
1 F	0321 1050 1736	361 179 427	16 SA	0007 0531 1245 1831	192 410 115 497
2 SA	0003 0522 1231 1842	228 387 146 476	17 SU	0115 0642 1349 1920	142 458 90 531
3 SU	0103 0634 1335 1926	180 442 111 524	18 M	0207 0733 1439 2001	102 501 76 553
4 M	0157 0725 1431 2004	136 500 81 562	19 TU E	0253 0816 1519 2037	76 531 75 561
5 TU	0250 0810 1519 2039	100 547 59 586	20 W ○	0333 0855 1553 2108	64 545 83 557
6 W ●E	0338 0852 1601 2113	73 578 47 597	21 TH	0410 0929 1619 2137	60 549 93 546
7 TH	0423 0932 1640 2147	54 593 46 597	22 F	0442 1002 1642 2202	61 547 102 533
8 F P	0503 1011 1715 2220	43 595 57 587	23 SA	0511 1033 1704 2226	62 542 108 520
9 SA	0541 1050 1747 2254	39 586 76 570	24 SU A	0538 1103 1728 2249	64 532 116 505
10 SU	0615 1131 1817 2328	42 570 103 543	25 M	0603 1135 1754 2313	70 517 128 488
11 M	0649 1217 1846	52 544 135	26 TU N	0626 1211 1823 2340	80 404 147 464
12 TU S	0007 0723 1311 1919	506 70 509 172	27 W	0651 1254 1857	96 465 172
13 W ☽	0053 0801 1417 2005	459 96 473 212	28 TH ☾	0018 0723 1352 1940	432 117 435 200
14 TH	0201 0901 1538 2223	411 129 449 231	29 F	0115 0814 1510 2042	396 141 419 222
15 F	0345 1112 1721	387 140 460	30 SA	0244 0928 1635 2308	370 158 429 209
			31 SU	0442 1128 1749	388 147 464

11 月

日期	潮时 时分	潮高 cm	日期	潮时 时分	潮高 cm
1 M	0017 0600 1243 1841	163 439 118 505	16 TU	0137 0710 1359 1927	92 473 109 508
2 TU E	0120 0656 1349 1923	119 495 92 541	17 W	0224 0755 1441 2005	68 500 106 514
3 W	0221 0744 1444 2002	82 541 73 565	18 TH	0307 0835 1516 2038	55 518 106 513
4 TH ●	0314 0829 1531 2040	53 570 63 576	19 F ○	0345 0912 1546 2109	47 527 109 507
5 F P	0402 0912 1613 2117	32 584 64 575	20 SA	0420 0946 1614 2136	45 529 112 500
6 SA	0445 0955 1652 2154	20 585 75 564	21 SU A	0453 1019 1642 2202	46 526 115 493
7 SU	0525 1038 1728 2232	16 577 93 543	22 M N	0524 1051 1710 2228	52 519 120 484
8 M S	0603 1123 1802 2312	21 561 116 516	23 TU	0552 1125 1740 2256	61 508 129 473
9 TU	0640 1212 1838 2357	35 536 143 481	24 W	0618 1201 1812 2329	72 492 141 457
10 W	0718 1307 1918	58 505 170	25 TH	0644 1242 1848	84 474 157
11 TH ☽	0050 0802 1408 2016	441 87 475 193	26 F	0012 0717 1331 1934	434 97 454 171
12 F	0201 0901 1519 2202	404 117 453 193	27 SA ☾	0110 0802 1431 2031	409 112 441 179
13 SA	0333 1036 1645 2327	388 133 453 163	28 SU	0223 0901 1539 2151	391 126 440 171
14 SU	0509 1204 1754	405 128 472	29 M	0358 1018 1649 2317	397 132 455 141
15 M E	0041 0617 1309 1845	125 440 117 494	30 TU E	0521 1141 1748	432 125 482

12 月

日期	潮时 时分	潮高 cm	日期	潮时 时分	潮高 cm
1 W	0024 0623 1255 1838	107 475 115 508	16 TH	0150 0734 1401 1934	79 462 141 461
2 TH	0139 0717 1405 1924	77 513 105 528	17 F	0238 0820 1442 2013	60 486 134 466
3 F	0248 0807 1502 2008	50 541 97 537	18 SA A	0323 0900 1519 2048	47 503 129 471
4 SA ●P	0342 0857 1551 2052	27 557 96 537	19 SU ○	0403 0937 1553 2119	41 512 126 473
5 SU	0430 0945 1635 2137	12 563 101 528	20 M N	0440 1011 1626 2149	42 515 125 474
6 M S	0514 1032 1717 2222	6 561 110 514	21 TU	0514 1044 1701 2220	48 513 126 473
7 TU	0556 1120 1757 2308	9 550 122 496	22 W	0546 1117 1736 2253	56 508 130 469
8 W	0637 1208 1839 2357	22 532 134 473	23 TH	0616 1151 1813 2330	64 500 135 461
9 TH	0717 1258 1923	44 509 146	24 F	0646 1227 1852	71 490 140
10 F	0050 0758 1351 2015	446 72 484 154	25 SA	0012 0717 1307 1933	450 78 478 141
11 SA ☽	0151 0844 1447 2122	419 101 461 154	26 SU	0102 0754 1352 2019	436 87 467 139
12 SU E	0304 0941 1550 2232	398 128 445 143	27 M ☾E	0200 0837 1446 2112	422 103 457 131
13 M	0427 1050 1700 2343	394 146 441 125	28 TU	0313 0930 1548 2214	414 123 454 119
14 TU	0541 1202 1800	410 152 446	29 W	0435 1041 1654 2327	423 141 459 103
15 W	0053 0641 1310 1850	102 435 149 454	30 TH	0548 1203 1755	448 149 472
			31 F	0044 0652 1327 1850	84 480 147 485

时　区：－0800　　　　潮高基准面：在平均海面下 290　cm

中 国—镇 海

CHINA－ZHENHAI

2021 年潮汐表 29° 59′ N 121° 44′ E

1 月

日期	潮时 时分	潮高 cm	日期	潮时 时分	潮高 cm
1 F	0008 0609 1252 1903	271 11 359 91	16 SA	0049 0653 1328 1941	280 13 356 79
2 SA	0046 0648 1330 1942	271 16 357 92	17 SU	0127 0731 1404 2019	276 32 342 84
3 SU	0127 0729 1409 2024	269 28 352 95	18 M	0205 0807 1440 2057	269 56 326 89
4 M	0211 0811 1450 2109	264 46 343 98	19 TU E	0244 0844 1514 2138	261 84 307 96
5 TU	0258 0857 1533 2200	259 69 329 100	20 W ☽	0329 0924 1549 2224	251 112 286 101
6 W ☾ E	0354 0951 1621 2300	254 96 311 97	21 TH A	0426 1016 1632 2319	243 138 262 105
7 TH	0504 1105 1716	255 121 291	22 F	0553 1146 1739	242 157 240
8 F	0007 0637 1235 1823	88 267 133 273	23 SA	0021 0721 1326 1903	103 253 159 226
9 SA P	0110 0801 1357 1938	72 291 130 261	24 SU	0122 0829 1456 2011	95 273 146 223
10 SU	0209 0904 1510 2053	54 319 115 258	25 M	0219 0922 1550 2109	80 296 127 229
11 M	0304 0956 1609 2154	35 344 98 262	26 TU N	0311 1005 1630 2157	60 318 109 241
12 TU S	0356 1043 1658 2244	18 362 84 268	27 W	0357 1044 1705 2239	40 337 94 255
13 W ●	0445 1127 1742 2329	5 371 75 275	28 TH ○	0440 1121 1738 2318	21 351 81 270
14 TH	0530 1209 1823	0 372 73	29 F	0521 1158 1812 2357	6 360 71 283
15 F	0010 0613 1249 1903	279 2 366 75	30 SA	0600 1234 1846	-3 363 64
			31 SU	0037 0639 1312 1922	291 -3 363 61

2 月

日期	潮时 时分	潮高 cm	日期	潮时 时分	潮高 cm
1 M	0117 0719 1349 1959	293 6 356 60	16 TU	0140 0744 1402 2014	294 50 319 62
2 TU E	0158 0759 1426 2038	291 25 344 60	17 W	0212 0816 1429 2044	287 73 301 69
3 W P	0242 0842 1504 2122	286 52 325 64	18 TH A	0248 0850 1457 2118	278 97 280 78
4 TH ☾	0330 0930 1543 2212	279 85 300 69	19 F ☽	0329 0931 1528 2159	268 123 256 90
5 F	0429 1034 1627 2314	272 119 270 75	20 SA	0424 1034 1608 2257	258 148 230 101
6 SA	0558 1203 1733	272 142 242	21 SU	0604 1215 1731	254 163 206
7 SU	0026 0737 1341 1909	76 286 143 227	22 M	0013 0737 1431 1926	105 267 154 203
8 M S	0138 0849 1512 2041	70 309 125 228	23 TU N	0127 0846 1534 2038	99 288 131 214
9 TU	0249 0947 1609 2151	57 332 101 244	24 W	0241 0939 1613 2139	81 312 108 236
10 W	0351 1034 1654 2240	38 350 81 263	25 TH	0340 1022 1646 2225	56 335 86 262
11 TH ●	0442 1115 1732 2321	20 360 67 280	26 F	0427 1100 1718 2306	30 352 67 287
12 F	0525 1153 1808 2359	9 361 60 292	27 SA ○	0509 1137 1750 2344	7 364 51 307
13 SA	0604 1229 1841	7 356 56	28 SU	0548 1213 1823	-6 368 39
14 SU	0034 0639 1302 1913	298 14 347 56			
15 M E	0108 0712 1333 1943	298 30 334 57			

3 月

日期	潮时 时分	潮高 cm	日期	潮时 时分	潮高 cm
1 M E	0023 0626 1250 1856	320 -8 365 30	16 TU	0046 0651 1302 1907	320 42 321 41
2 TU P	0103 0705 1325 1932	325 3 354 26	17 W	0116 0722 1328 1934	318 58 307 44
3 W	0143 0744 1401 2008	325 25 336 28	18 TH A	0147 0753 1353 2002	313 76 290 52
4 TH	0225 0827 1436 2048	319 56 311 38	19 F	0220 0827 1420 2032	306 97 271 63
5 F	0311 0915 1511 2133	308 92 281 54	20 SA	0258 0908 1450 2106	297 121 249 79
6 SA ☾	0406 1019 1552 2230	295 127 248 75	21 SU ☽	0343 1005 1527 2152	285 144 225 98
7 SU S	0531 1149 1705 2349	286 149 218 93	22 M N	0451 1132 1626 2306	275 159 203 115
8 M	0717 1348 1909	291 146 209	23 TU	0639 1346 1856	276 155 199
9 TU	0119 0837 1510 2048	96 308 122 223	24 W	0041 0801 1501 2015	119 291 132 218
10 W	0247 0936 1600 2150	82 328 97 249	25 TH	0213 0906 1542 2121	104 312 106 247
11 TH	0349 1021 1639 2233	60 343 76 275	26 F	0321 0954 1617 2208	75 334 81 280
12 F	0435 1058 1713 2310	39 350 61 296	27 SA	0409 1034 1649 2248	44 351 58 310
13 SA ●	0514 1133 1745 2343	27 350 50 311	28 SU ○E	0451 1112 1722 2327	19 362 36 333
14 SU E	0549 1205 1814	25 344 44	29 M	0530 1149 1755	6 363 19
15 M	0015 0621 1235 1841	318 31 334 41	30 TU P	0007 0609 1225 1829	349 7 356 7
			31 W	0046 0649 1301 1904	356 20 340 4

4 月

日期	潮时 时分	潮高 cm	日期	潮时 时分	潮高 cm
1 TH	0127 0730 1336 1941	355 44 316 12	16 F	0126 0734 1325 1929	333 91 275 47
2 F	0210 0815 1412 2020	348 74 289 30	17 SA	0200 0811 1354 2000	328 107 259 61
3 SA	0256 0908 1450 2105	335 106 259 57	18 SU N	0237 0855 1427 2035	321 125 242 79
4 SU ☾S	0352 1015 1538 2202	317 134 229 89	19 M	0320 0953 1508 2119	311 142 224 101
5 M	0518 1153 1727 2328	303 147 208 114	20 TU ☽	0418 1111 1612 2224	300 151 208 123
6 TU	0657 1340 1916	302 137 214	21 W	0544 1252 1830	294 147 211
7 W	0112 0818 1449 2048	119 312 116 237	22 TH	0005 0709 1409 1948	132 299 130 234
8 TH	0238 0917 1536 2140	104 324 94 266	23 F	0143 0823 1459 2054	119 313 106 265
9 F	0336 0959 1614 2218	83 333 75 293	24 SA	0254 0919 1538 2143	91 329 80 300
10 SA	0419 1035 1646 2252	66 336 61 313	25 SU E	0345 1004 1614 2226	63 341 53 331
11 SU E	0456 1108 1715 2324	55 333 50 327	26 M	0429 1044 1649 2307	42 347 28 356
12 M ●	0530 1138 1741 2355	52 325 42 334	27 TU ○P	0511 1122 1724 2348	32 343 8 372
13 TU	0601 1207 1807	56 314 38	28 W	0552 1200 1801	35 332 -2
14 W A	0024 0631 1233 1833	337 64 302 37	29 TH	0030 0635 1238 1838	379 48 314 -1
15 TH	0054 0702 1258 1900	336 76 289 40	30 F	0112 0720 1316 1918	377 69 292 13

时 区：－0800

潮高基准面：在平均海面下 207 cm

中 国—镇 海

CHINA－ZHENHAI

2021 年潮汐表　　29° 59′ N　　121° 44′ E

5 月

日期	潮时时分	潮高cm	日期	潮时时分	潮高cm
1	0157	368	16	0144	344
SA	0809	93	SU	0801	117
S	1356	268		1336	253
	2000	38		1938	64
2	0245	353	17	0222	339
SU	0906	116	M	0847	127
	1441	245		1414	242
	2048	70		2017	83
3	0344	335	18	0305	331
M	1016	132	TU	0942	136
☾	1544	225		1502	231
	2149	102		2104	104
4	0501	320	19	0357	322
TU	1147	136	W	1048	140
	1737	220	☽	1609	225
	2315	127		2206	124
5	0624	313	20	0503	313
W	1306	128	TH	1203	136
	1904	231		1753	232
				2335	134
6	0052	135	21	0615	310
TH	0740	311	F	1310	124
	1409	113		1912	254
	2026	254			
7	0213	126	22	0107	127
F	0841	313	SA	0726	312
	1458	97	E	1405	103
	2117	281		2020	283
8	0311	111	23	0219	109
SA	0927	314	SU	0832	316
E	1537	81		1452	78
	2155	305		2115	316
9	0357	96	24	0317	88
SU	1006	313	M	0926	320
	1610	68		1535	51
	2229	324		2203	347
10	0435	86	25	0406	72
M	1040	308	TU	1012	319
	1639	57		1615	26
	2301	337		2247	372
11	0509	81	26	0453	65
TU	1111	300	W	1055	314
●A	1707	49	○P	1655	10
	2332	344		2331	387
12	0541	82	27	0538	66
W	1139	291	TH	1137	304
	1735	43		1736	3
13	0003	347	28	0014	393
TH	0613	88	F	0625	74
	1206	282	S	1219	291
	1803	40		1818	9
14	0035	348	29	0059	390
F	0646	96	SA	0713	86
	1233	272		1301	277
	1832	43		1901	25
15	0109	346	30	0145	380
SA	0721	106	SU	0804	101
N	1302	263		1346	263
	1904	50		1947	49
			31	0234	366
			M	0859	114
				1437	250
				2037	78

6 月

日期	潮时时分	潮高cm	日期	潮时时分	潮高cm
1	0328	349	16	0250	350
TU	1002	123	W	0921	124
	1541	240		1457	253
	2136	108		2054	98
2	0428	333	17	0336	342
W	1112	126	TH	1014	126
☾	1708	239		1554	253
	2248	133		2150	116
3	0533	319	18	0427	331
TH	1217	122	F	1114	123
	1828	249	☽	1706	259
				2302	131
4	0012	148	19	0525	319
F	0639	306	SA	1216	113
E	1314	114	E	1828	275
	1943	266			
5	0131	149	20	0028	136
SA	0744	296	SU	0628	308
	1405	104		1313	97
	2041	288		1944	300
6	0238	140	21	0143	130
SU	0842	290	M	0734	299
	1449	93		1406	76
	2125	310		2048	330
7	0331	127	22	0250	118
M	0929	285	TU	0841	293
	1526	81		1457	55
	2203	328		2142	359
8	0414	115	23	0349	104
TU	1008	281	W	0941	289
A	1600	70	P	1545	37
	2237	341		2230	382
9	0451	108	24	0442	94
W	1042	276	TH	1033	287
	1633	59	○	1632	24
	2311	351		2316	396
10	0526	105	25	0531	88
TH	1112	272	F	1121	286
●	1705	51	S	1718	20
	2344	356			
11	0600	106	26	0002	401
F	1142	268	SA	0619	88
	1737	47		1206	284
				1805	23
12	0018	359	27	0046	398
SA	0635	109	SU	0705	92
N	1213	266		1251	281
	1811	47		1851	35
13	0053	360	28	0131	389
SU	0712	113	M	0752	99
	1247	263		1336	277
	1847	53		1936	54
14	0130	359	29	0216	376
M	0752	117	TU	0839	106
	1326	260		1423	271
	1926	65		2023	79
15	0209	356	30	0301	360
TU	0834	121	W	0928	113
	1409	256		1515	266
	2007	80		2111	107

7 月

日期	潮时时分	潮高cm	日期	潮时时分	潮高cm
1	0346	342	16	0311	357
TH	1020	117	F	0936	108
☾E	1617	262	E	1532	287
	2206	136		2129	109
2	0434	322	17	0353	341
F	1115	119	SA	1026	107
	1730	265	☽	1629	289
	2316	158		2231	133
3	0528	300	18	0440	320
SA	1209	118	SU	1124	103
	1846	274		1744	298
				2352	150
4	0036	169	19	0536	298
SU	0632	281	M	1225	95
	1302	115		1912	316
	1952	290			
5	0156	166	20	0114	154
M	0739	267	TU	0647	279
A	1352	108		1326	85
	2047	309		2025	341
6	0304	154	21	0234	145
TU	0841	260	W	0803	268
	1438	99	P	1425	72
	2133	329		2126	367
7	0356	140	22	0343	128
W	0932	258	TH	0922	268
	1522	86	S	1524	59
	2213	346		2218	389
8	0438	127	23	0439	110
TH	1013	259	F	1023	277
	1602	73		1619	46
	2250	359		2305	402
9	0515	119	24	0526	98
F	1049	263	SA	1112	288
N	1641	61	○	1710	37
	2326	369		2350	407
10	0549	113	25	0609	91
SA	1123	270	SU	1157	297
●	1719	53		1756	35
11	0002	375	26	0032	405
SU	0623	110	M	0650	89
	1159	276		1239	303
	1757	49		1840	42
12	0038	378	27	0112	396
M	0658	108	TU	0729	92
	1237	282		1320	305
	1836	51		1920	58
13	0114	378	28	0150	382
TU	0734	107	W	0808	96
	1317	285		1400	302
	1916	58		2000	81
14	0152	375	29	0227	365
W	0811	107	TH	0846	101
	1359	286	E	1442	297
	1957	70		2039	108
15	0231	369	30	0303	345
TH	0852	108	F	0926	107
	1443	286		1526	291
	2041	88		2122	136
			31	0338	321
			SA	1008	115
			☾	1619	287
				2215	162

8 月

日期	潮时时分	潮高cm	日期	潮时时分	潮高cm
1	0418	296	16	0401	309
SU	1057	122	M	1036	99
	1732	286		1712	321
	2332	180		2327	166
2	0516	269	17	0454	279
M	1153	126	TU	1143	105
A	1854	295	P	1849	331
3	0103	185	18	0100	172
TU	0639	250	W	0625	257
	1250	126	S	1255	107
	2002	311		2010	350
4	0241	174	19	0237	159
W	0750	242	TH	0758	253
	1349	119		1408	100
	2100	331		2116	373
5	0342	156	20	0344	135
TH	0854	244	F	0924	265
N	1446	107		1518	85
	2149	352		2209	392
6	0425	138	21	0433	113
F	0949	255	SA	1021	286
	1538	90		1616	66
	2230	369		2254	405
7	0459	123	22	0514	97
SA	1031	270	SU	1105	307
	1624	73	○	1704	52
	2307	382		2334	408
8	0531	111	23	0551	87
SU	1109	287	M	1145	323
●	1706	58		1746	47
	2343	391			
9	0603	101	24	0012	403
M	1146	302	TU	0626	82
	1746	47		1222	333
				1824	52
10	0018	395	25	0047	392
TU	0635	95	W	0659	81
	1225	314	E	1258	336
	1824	44		1900	67
11	0054	394	26	0120	377
W	0707	00	TH	0730	03
	1303	321		1334	334
	1902	49		1934	87
12	0131	389	27	0152	358
TH	0742	87	F	0801	89
E	1343	325		1409	329
	1942	62		2009	111
13	0207	378	28	0221	337
F	0818	85	SA	0833	97
	1425	325		1445	323
	2023	84		2046	135
14	0243	361	29	0250	314
SA	0858	87	SU	0906	108
	1510	323		1525	315
	2109	112		2130	160
15	0321	337	30	0320	288
SU	0942	91	M	0944	121
☽	1602	321	☾A	1619	308
	2207	142		2236	182
			31	0400	261
			TU	1037	134
				1748	306

时　区：－0800　　　　潮高基准面：在平均海面下 207　cm

中 国—镇 海

CHINA－ZHENHAI

2021 年潮汐表　　29° 59′ N　　121° 44′ E

9 月

日期	潮时 时分	潮高 cm	日期	潮时 时分	潮高 cm
1 W	0014 0529 1148 1913	192 238 143 316	16 TH	0108 0637 1238 2000	175 243 133 354
2 TH N	0220 0715 1302 2023	183 233 141 333	17 F	0239 0813 1408 2107	154 254 124 372
3 F	0322 0826 1418 2121	161 243 129 354	18 SA	0334 0927 1518 2157	129 280 102 387
4 SA	0401 0930 1521 2206	139 263 107 373	19 SU	0416 1014 1610 2238	107 308 80 395
5 SU	0434 1015 1610 2244	120 289 82 388	20 M ○	0452 1052 1652 2314	90 332 66 395
6 M	0504 1053 1652 2320	103 314 60 398	21 TU E	0525 1128 1730 2348	79 349 62 386
7 TU ●	0534 1130 1730 2355	88 335 45 401	22 W	0555 1202 1804	72 358 68
8 W E	0605 1207 1807	76 350 40	23 TH	0020 0624 1235 1837	373 69 360 80
9 TH	0030 0637 1245 1845	398 66 359 47	24 F	0050 0651 1307 1909	356 70 358 96
10 F	0106 0710 1325 1924	387 61 362 64	25 SA	0118 0719 1339 1942	338 75 353 115
11 SA P	0141 0745 1406 2006	370 60 361 91	26 SU A	0144 0746 1413 2018	318 84 346 136
12 SU	0216 0823 1450 2053	345 67 356 122	27 M	0210 0816 1450 2102	297 97 338 157
13 M ☽	0252 0905 1542 2153	316 82 347 154	28 TU	0241 0849 1535 2202	274 114 328 177
14 TU	0332 0956 1652 2318	285 103 339 176	29 W ☾ N	0319 0933 1644 2337	251 134 319 188
15 W S	0434 1109 1835	255 124 340	30 TH	0423 1043 1821	230 152 319

10 月

日期	潮时 时分	潮高 cm	日期	潮时 时分	潮高 cm
1 F	0142 0650 1221 1938	179 230 158 330	16 SA	0219 0818 1406 2049	140 264 134 358
2 SA	0245 0804 1354 2045	158 248 145 347	17 SU	0309 0918 1508 2136	118 295 113 366
3 SU	0326 0908 1502 2135	135 277 118 364	18 M	0349 0959 1556 2214	98 323 95 368
4 M	0359 0953 1550 2215	113 308 88 379	19 TU E	0423 1034 1636 2249	81 346 83 363
5 TU	0430 1031 1631 2252	91 337 63 387	20 W ○	0453 1108 1711 2321	69 361 80 353
6 W ●E	0501 1109 1710 2328	70 361 48 388	21 TH	0522 1140 1744 2352	61 368 83 339
7 TH	0532 1147 1748	52 378 46	22 F	0549 1212 1816	56 369 92
8 F P	0004 0605 1226 1826	380 38 387 56	23 SA	0020 0615 1243 1848	324 56 367 104
9 SA	0039 0639 1307 1907	364 32 390 76	24 SU A	0045 0643 1315 1921	308 60 362 119
10 SU	0115 0715 1349 1952	342 37 386 102	25 M	0111 0711 1349 1958	292 69 355 135
11 M	0152 0753 1435 2043	315 53 375 131	26 TU N	0139 0741 1426 2042	276 83 347 151
12 TU S	0230 0836 1528 2148	286 78 361 157	27 W	0212 0815 1508 2140	259 101 337 166
13 W ☽	0318 0929 1642 2322	258 110 346 170	28 TH ☾	0255 0857 1604 2302	242 124 326 173
14 TH	0449 1050 1820	237 138 342	29 F	0400 0958 1724	227 147 319
15 F	0108 0647 1235 1943	161 242 147 348	30 SA	0045 0619 1139 1844	167 231 160 321
			31 SU	0152 0732 1322 1955	149 252 149 329

11 月

日期	潮时 时分	潮高 cm	日期	潮时 时分	潮高 cm
1 M	0238 0835 1433 2054	127 282 123 341	16 TU	0313 0937 1536 2144	89 321 112 324
2 TU E	0316 0924 1524 2140	102 315 95 352	17 W	0348 1013 1617 2221	73 341 101 318
3 W	0351 1006 1607 2220	75 346 73 357	18 TH	0419 1047 1653 2254	60 354 96 310
4 TH ●	0425 1047 1648 2258	48 372 61 354	19 F ○	0448 1119 1726 2324	50 361 96 301
5 F P	0459 1127 1729 2336	25 390 60 344	20 SA	0517 1152 1759 2351	44 363 100 290
6 SA	0535 1209 1810	11 400 69	21 SU A	0545 1224 1831	41 362 108
7 SU	0013 0612 1251 1854	328 8 400 86	22 M N	0016 0615 1257 1906	281 43 358 117
8 M S	0052 0651 1335 1943	307 19 393 107	23 TU	0043 0646 1331 1944	272 50 353 127
9 TU	0132 0733 1423 2037	285 41 379 129	24 W	0115 0720 1408 2027	262 64 347 137
10 W	0217 0819 1517 2143	263 72 362 146	25 TH	0153 0756 1448 2117	251 82 338 145
11 TH ☽	0315 0915 1627 2313	243 106 345 152	26 F	0239 0839 1536 2219	240 104 327 150
12 F	0453 1036 1749	234 135 334	27 SA ☾	0340 0933 1634 2334	231 127 317 147
13 SA	0037 0631 1218 1906	142 244 147 329	28 SU	0516 1051 1743	233 144 310
14 SU	0141 0756 1343 2013	126 266 141 328	29 M	0044 0644 1234 1851	135 250 144 308
15 M E	0232 0855 1447 2103	107 295 127 327	30 TU E	0139 0755 1352 1957	114 276 128 310

12 月

日期	潮时 时分	潮高 cm	日期	潮时 时分	潮高 cm
1 W	0226 0853 1452 2055	87 309 108 312	16 TH	0308 0950 1600 2151	72 320 118 272
2 TH	0309 0941 1542 2143	57 341 90 313	17 F	0344 1026 1639 2227	58 335 108 269
3 F	0349 1026 1629 2228	29 368 78 310	18 SA A	0418 1101 1714 2259	45 345 102 267
4 SA ●P	0430 1110 1714 2310	7 387 74 304	19 SU ○	0451 1135 1747 2327	35 350 101 266
5 SU	0511 1153 1800 2353	-6 396 77 295	20 M N	0524 1208 1821 2355	28 352 103 266
6 M S	0552 1238 1847	-6 396 86	21 TU	0557 1241 1855	27 351 105
7 TU	0035 0636 1323 1936	284 5 388 99	22 W	0026 0632 1315 1930	265 31 349 108
8 W	0120 0721 1411 2028	271 26 374 112	23 TH	0102 0708 1351 2008	262 41 344 112
9 TH	0208 0809 1501 2126	258 55 357 123	24 F	0142 0746 1429 2050	257 56 338 115
10 F	0304 0903 1556 2232	246 87 338 127	25 SA	0227 0827 1509 2135	251 75 328 118
11 SA ☽	0416 1007 1657 2343	239 119 319 124	26 SU	0317 0913 1554 2229	245 96 316 117
12 SU E	0546 1133 1802	242 142 303	27 M ☾E	0418 1011 1645 2333	243 117 302 111
13 M	0045 0711 1300 1911	114 256 150 289	28 TU	0537 1135 1744	249 133 288
14 TU	0140 0820 1416 2014	101 278 144 280	29 W	0037 0706 1304 1850	96 268 134 277
15 W	0227 0909 1514 2107	87 301 131 275	30 TH	0135 0820 1418 1958	74 296 124 271
			31 F	0228 0918 1522 2104	49 328 108 269

时　区：－0800　　潮高基准面：在平均海面下 207　cm

中　国—绿华山

CHINA－LUHUASHAN

2021 年潮汐表　　30° 49′ N　　122° 36′ E

1 月

日期	潮时 时分	潮高 cm	日期	潮时 时分	潮高 cm
1 F	0513 1130 1806 2327	80 458 130 366	16 SA	0600 1211 1849	69 450 110
2 SA	0549 1205 1845	82 454 133	17 SU	0011 0635 1243 1924	370 84 432 118
3 SU	0004 0627 1242 1926	359 89 444 137	18 M	0048 0708 1315 1957	358 104 410 128
4 M	0044 0708 1323 2010	350 101 428 140	19 TU E	0126 0740 1347 2032	342 128 383 139
5 TU	0132 0754 1409 2059	339 117 407 142	20 W ☽	0209 0817 1422 2111	325 153 354 151
6 W ☾ E	0232 0849 1504 2155	329 136 383 142	21 TH A	0301 0904 1507 2158	310 179 325 160
7 TH	0344 0958 1608 2257	325 156 360 139	22 F	0410 1012 1610 2300	301 202 299 165
8 F	0505 1122 1720	331 169 343	23 SA	0538 1155 1738	305 211 286
9 SA P	0006 0628 1255 1835	129 350 168 337	24 SU	0014 0706 1338 1906	161 325 198 291
10 SU	0114 0742 1413 1943	114 379 153 342	25 M	0124 0806 1438 2007	147 355 175 308
11 M	0216 0842 1514 2041	95 410 134 353	26 TU N	0220 0852 1522 2052	127 386 153 329
12 TU S	0309 0932 1606 2130	78 436 119 364	27 W	0307 0931 1602 2132	105 414 132 350
13 W ●	0358 1017 1651 2214	65 454 109 374	28 TH ○	0349 1007 1639 2209	86 438 116 367
14 TH	0442 1058 1733 2255	59 461 104 378	29 F	0429 1043 1717 2245	70 455 104 380
15 F	0523 1136 1812 2334	60 460 105 377	30 SA	0508 1118 1754 2321	60 464 96 387
			31 SU	0546 1152 1830 2358	56 465 92 387

2 月

日期	潮时 时分	潮高 cm	日期	潮时 时分	潮高 cm
1 M	0624 1227 1907	61 457 93	16 TU	0024 0646 1239 1914	387 94 411 102
2 TU E	0037 0702 1303 1945	383 74 440 98	17 W	0055 0713 1305 1940	375 117 387 115
3 W P	0120 0744 1342 2024	374 96 414 106	18 TH A	0129 0743 1331 2009	359 143 359 130
4 TH ☾	0209 0831 1425 2109	361 125 380 118	19 F ☽	0209 0820 1402 2044	341 171 328 146
5 F	0310 0929 1519 2203	347 157 344 132	20 SA	0301 0913 1446 2134	323 199 296 164
6 SA	0427 1051 1633 2316	336 183 312 141	21 SU	0419 1044 1611 2252	310 219 270 176
7 SU	0605 1244 1811	339 187 297	22 M	0612 1311 1826	315 212 267
8 M S	0048 0736 1416 1940	138 362 165 307	23 TU N	0038 0739 1424 1948	170 341 183 290
9 TU	0207 0840 1515 2043	119 392 137 330	24 W	0157 0831 1507 2038	146 375 152 322
10 W	0307 0929 1601 2131	95 419 112 355	25 TH	0252 0912 1545 2118	116 407 123 354
11 TH ●	0356 1010 1641 2211	74 438 94 376	26 F	0337 0948 1621 2155	86 436 98 383
12 F	0438 1046 1717 2247	60 448 84 390	27 SA ○	0418 1023 1656 2231	62 458 78 405
13 SA	0515 1118 1750 2321	56 450 81 396	28 SU	0457 1058 1732 2308	46 471 64 420
14 SU	0548 1147 1820 2353	62 443 84 395			
15 M E	0618 1214 1848	75 430 92			

3 月

日期	潮时 时分	潮高 cm	日期	潮时 时分	潮高 cm
1 M E	0535 1131 1806 2345	42 473 58 426	16 TU	0556 1141 1810 2358	83 420 80 416
2 TU P	0613 1204 1841	50 462 60	17 W	0623 1204 1833	101 404 90
3 W	0023 0651 1237 1915	423 69 440 69	18 TH A	0026 0649 1227 1856	406 123 383 103
4 TH	0103 0730 1312 1950	412 98 408 86	19 F	0057 0717 1251 1921	392 148 358 119
5 F	0148 0815 1350 2028	393 134 368 109	20 SA	0131 0752 1317 1950	374 175 328 139
6 SA ☾	0243 0911 1439 2117	368 171 324 136	21 SU ☽	0214 0838 1351 2030	352 201 297 161
7 SU S	0359 1038 1559 2233	345 200 285 161	22 M N	0319 1000 1502 2141	330 223 267 183
8 M	0551 1253 1810	337 196 273	23 TU	0509 1236 1743 2346	320 218 259 188
9 TU	0035 0732 1417 1947	164 356 163 297	24 W	0659 1357 1922	338 185 287
10 W	0206 0832 1506 2043	139 383 130 332	25 TH	0129 0759 1440 2014	162 370 150 326
11 TH	0303 0916 1546 2124	108 407 103 364	26 F	0230 0842 1516 2055	126 404 115 367
12 F	0348 0952 1620 2200	83 424 84 390	27 SA	0317 0920 1552 2133	91 434 85 404
13 SA ●	0426 1024 1651 2231	68 433 74 408	28 SU ○ E	0359 0955 1628 2211	64 456 61 433
14 SU E	0459 1052 1720 2301	64 435 71 418	29 M	0439 1030 1703 2249	48 468 45 452
15 M	0529 1117 1746 2329	70 430 73 420	30 TU P	0518 1104 1738 2327	47 467 40 459
			31 W	0557 1137 1811	60 452 45

4 月

日期	潮时 时分	潮高 cm	日期	潮时 时分	潮高 cm
1 TH	0006 0637 1211 1845	455 84 426 61	16 F	0001 0628 1156 1820	429 138 373 103
2 F	0047 0718 1245 1919	441 117 390 84	17 SA	0032 0659 1221 1846	417 159 351 119
3 SA	0132 0805 1324 1956	416 153 349 115	18 SU N	0105 0734 1250 1915	399 182 326 138
4 SU ☾ S	0225 0905 1416 2045	386 187 306 149	19 M	0146 0822 1327 1954	376 203 299 160
5 M	0342 1041 1551 2208	356 206 272 178	20 TU ☽	0245 0938 1440 2102	352 219 273 182
6 TU	0536 1246 1814	342 191 273	21 W	0418 1139 1657 2259	337 214 268 190
7 W	0024 0712 1356 1939	181 354 158 305	22 TH	0603 1306 1838	344 184 295
8 TH	0153 0809 1441 2028	154 374 128 341	23 F	0048 0712 1356 1938	170 369 148 337
9 F	0247 0851 1517 2105	124 392 104 374	24 SA	0156 0802 1438 2024	135 398 113 380
10 SA	0329 0925 1549 2138	102 404 88 400	25 SU E	0248 0843 1516 2106	103 424 81 420
11 SU E	0404 0954 1618 2207	89 411 79 419	26 M	0334 0922 1554 2147	79 443 57 451
12 M ●	0436 1020 1644 2236	86 413 76 431	27 TU ○ P	0417 0959 1631 2228	68 450 43 471
13 TU	0505 1045 1709 2304	92 411 77 436	28 W	0500 1035 1708 2309	70 445 41 478
14 W A	0533 1109 1733 2332	103 403 82 436	29 TH	0542 1112 1744 2351	85 429 49 473
15 TH	0600 1132 1756	119 390 91	30 F	0625 1148 1820	109 403 67

时　区：－0800　　　　潮高基准面：在平均海面下 263　cm

中　国—绿华山

CHINA－LIJHUASHAN

2021 年潮汐表　　　　30° 49′ N　　　　122° 36′ E

5 月

日期	潮时 时分	潮高 cm	日期	潮时 时分	潮高 cm
1 SA S	0034	456	16 SU	0014	432
	0710	137		0648	167
	1227	370		1206	345
	1856	94		1825	124
2 SU	0121	430	17 M	0050	416
	0801	165		0727	183
	1312	335		1240	326
	1938	125		1859	139
3 M ☾	0215	399	18 TU	0131	397
	0905	187		0816	196
	1414	302		1326	307
	2031	158		1944	157
4 TU	0327	369	19 W ☽	0226	376
	1031	195		0923	202
	1550	280		1438	291
	2155	184		2050	173
5 W	0501	351	20 TH	0340	361
	1205	183		1046	196
	1745	286		1617	291
	2349	188		2223	180
6 TH	0628	350	21 F	0504	359
	1312	159		1202	175
	1905	313		1746	313
				2358	170
7 F	0118	170	22 SA E	0617	371
	0728	359		1302	145
	1359	136		1854	349
	1956	344			
8 SA E	0216	148	23 SU	0115	147
	0812	369		0714	388
	1437	117		1352	114
	2035	374		1949	390
9 SU	0300	130	24 M	0216	124
	0848	377		0803	405
	1510	104		1437	87
	2108	399		2038	427
10 M	0337	120	25 TU	0309	107
	0919	384		0848	416
	1539	95		1520	66
	2140	419		2124	457
11 TU ●A	0410	116	26 W ○P	0357	99
	0947	387		0930	419
	1607	91		1602	55
	2210	434		2210	476
12 W	0441	119	27 TH	0444	101
	1014	387		1011	414
	1634	90		1642	54
	2240	443		2255	483
13 TH	0511	127	28 F S	0531	111
	1041	383		1053	401
	1701	93		1723	63
	2311	446		2340	478
14 F	0542	138	29 SA	0617	127
	1108	374		1135	383
	1728	100		1803	80
	2342	442			
15 SA N	0614	152	30 SU	0025	464
	1136	361		0705	144
	1756	110		1220	361
				1845	102
			31 M	0111	441
				0757	160
				1310	337
				1931	128

6 月

日期	潮时 时分	潮高 cm	日期	潮时 时分	潮高 cm
1 TU	0202	414	16 W	0120	420
	0854	171		0809	175
	1411	316		1326	328
	2024	155		1943	145
2 W ☾	0300	385	17 TH	0208	403
	0957	176		0901	175
	1527	303		1427	321
	2131	178		2041	158
3 TH	0408	361	18 F ☽	0306	387
	1104	173		1001	170
	1652	303		1542	322
	2254	191		2152	169
4 F E	0521	346	19 SA E	0413	375
	1208	164		1103	159
	1809	317		1700	336
				2313	172
5 SA	0020	190	20 SU	0521	370
	0627	341		1205	141
	1302	151		1812	361
	1910	340			
6 SU	0131	178	21 M	0034	166
	0721	343		0626	372
	1347	138		1304	121
	1958	366		1918	393
7 M	0224	165	22 TU	0148	153
	0804	348		0725	377
	1425	126		1359	102
	2037	391		2016	426
8 TU A	0307	154	23 W P	0250	140
	0842	355		0820	383
	1459	116		1451	86
	2113	413		2109	453
9 W	0344	147	24 TH ○	0345	130
	0916	361		0910	387
	1532	110		1540	75
	2148	431		2159	472
10 TH ●	0419	144	25 F S	0436	125
	0949	366		0958	388
	1604	106		1626	72
	2221	444		2246	482
11 F	0454	144	26 SA	0525	125
	1021	367		1044	386
	1637	105		1712	76
	2255	450		2331	481
12 SA N	0529	149	27 SU	0611	128
	1053	365		1129	380
	1710	108		1755	86
	2329	450			
13 SU	0604	155	28 M	0014	471
	1126	358		0657	134
	1743	114		1215	370
				1838	103
14 M	0003	445	29 TU	0056	453
	0642	163		0742	141
	1200	349		1302	357
	1818	123		1921	124
15 TU	0039	434	30 W	0138	429
	0723	170		0826	149
	1239	338		1353	343
	1857	133		2006	147

7 月

日期	潮时 时分	潮高 cm	日期	潮时 时分	潮高 cm
1 TH ☾ E	0221	402	16 F E	0145	429
	0912	156		0833	145
	1449	331		1409	358
	2054	172		2025	148
2 F	0308	373	17 SA ☽	0231	408
	1000	162		0919	146
	1552	323		1511	355
	2153	193		2124	167
3 SA	0403	348	18 SU	0326	384
	1052	166		1012	146
	1702	324		1622	358
	2306	208		2236	185
4 SU	0506	329	19 M	0430	362
	1148	165		1113	144
	1815	336		1739	370
5 M A	0032	210	20 TU	0004	193
	0615	320		0544	348
	1245	160		1222	138
	1918	357		1858	392
6 TU	0148	199	21 W P	0134	185
	0718	322		0659	345
	1337	150		1332	126
	2009	382		2007	420
7 W	0242	184	22 TH S	0245	167
	0810	331		0807	354
	1423	139		1435	110
	2052	407		2104	448
8 TH	0325	170	23 F	0342	147
	0853	343		0904	367
	1504	128		1530	96
	2130	429		2153	469
9 F N	0404	159	24 SA ○	0432	131
	0932	354		0954	381
	1544	119		1620	85
	2207	446		2238	481
10 SA ●	0441	151	25 SU	0517	121
	1008	364		1039	392
	1622	112		1706	82
	2242	457		2319	484
11 SU	0518	146	26 M	0558	115
	1043	370		1121	397
	1700	108		1748	87
	2317	463		2357	477
12 M	0555	144	27 TU	0637	116
	1118	372		1202	395
	1737	108		1826	100
	2351	463			
13 TU	0632	144	28 W	0031	462
	1154	371		0713	121
	1815	112		1242	388
				1902	120
14 W	0026	457	29 TH E	0104	441
	0711	144		0747	130
	1233	368		1322	376
	1854	120		1938	144
15 TH	0104	446	30 F	0136	414
	0750	145		0821	141
	1317	363		1405	362
	1936	132		2014	171
			31 SA ☾	0210	384
				0857	154
				1455	348
				2058	198

8 月

日期	潮时 时分	潮高 cm	日期	潮时 时分	潮高 cm
1 SU	0249	354	16 M	0243	379
	0937	166		0926	145
	1555	338		1549	376
	2157	222		2212	208
2 M A	0342	325	17 TU P	0346	344
	1028	177		1027	159
	1712	338		1717	374
	2327	235		2354	220
3 TU	0500	304	18 W S	0516	320
	1134	182		1151	165
	1838	351		1853	389
4 W	0119	227	19 TH	0140	203
	0636	301		0656	322
	1250	177		1322	154
	1946	375		2006	417
5 TH N	0227	206	20 F	0248	174
	0748	315		0810	343
	1354	163		1433	131
	2034	403		2101	445
6 F	0312	183	21 SA	0338	145
	0838	336		0905	371
	1446	145		1529	108
	2114	429		2145	466
7 SA	0350	163	22 SU ○	0420	122
	0918	357		0949	396
	1531	127		1615	91
	2151	451		2224	479
8 SU ●	0426	146	23 M	0459	108
	0955	377		1029	415
	1612	111		1656	84
	2226	468		2259	481
9 M	0502	133	24 TU	0534	101
	1031	393		1106	425
	1651	100		1733	89
	2259	479		2330	475
10 TU	0537	123	25 W E	0606	102
	1106	403		1140	427
	1729	95		1806	102
	2333	482		2359	462
11 W	0612	117	26 TH	0636	108
	1142	409		1214	421
	1806	98		1837	123
12 TH E	0006	478	27 F	0025	442
	0647	114		0703	119
	1219	409		1247	410
	1844	108		1906	149
13 F	0039	465	28 SA	0051	417
	0722	116		0729	133
	1300	405		1322	395
	1923	126		1937	176
14 SA	0115	443	29 SU	0117	388
	0759	122		0757	149
	1346	397		1402	377
	2007	151		2014	205
15 SU ☽	0155	414	30 M ☾A	0147	356
	0839	132		0829	167
	1441	386		1453	360
	2100	180		2105	232
			31 TU	0227	324
				0914	186
				1606	346
				2232	251

时　区：－0800　　　　潮高基准面：在平均海面下 263　cm

中　国—绿华山

CHINA－LUHUASHAN

2021 年潮汐表　　30° 49′ N　　122° 36′ E

9 月

日期	潮时 时分	潮高 cm	日期	潮时 时分	潮高 cm
1 W	0344 1023 1753	294 202 347	16 TH	0007 0518 1140 1853	230 299 192 387
2 TH N	0103 0603 1206 1921	243 287 204 369	17 F	0145 0710 1326 2001	199 317 173 412
3 F	0214 0733 1334 2014	215 309 185 398	18 SA	0240 0814 1433 2049	164 352 142 437
4 SA	0254 0823 1431 2053	185 339 157 427	19 SU	0321 0859 1522 2128	133 388 115 454
5 SU	0328 0902 1517 2129	158 371 129 453	20 M ○	0357 0937 1603 2201	111 417 97 464
6 M	0402 0937 1557 2202	133 401 106 475	21 TU E	0430 1011 1640 2231	98 438 92 465
7 TU ●	0436 1012 1636 2235	113 425 91 488	22 W	0501 1043 1712 2258	93 449 98 459
8 W E	0510 1047 1714 2307	98 442 85 492	23 TH	0529 1114 1742 2323	95 452 113 447
9 TH	0543 1123 1751 2339	90 451 90 485	24 F	0554 1143 1810 2347	103 448 133 430
10 F	0616 1200 1828	89 452 107	25 SA	0618 1213 1838	114 438 157
11 SA P	0011 0650 1239 1907	467 96 445 132	26 SU A	0010 0641 1245 1907	407 128 423 183
12 SU	0044 0723 1323 1951	438 110 431 164	27 M	0034 0705 1319 1941	381 146 404 209
13 M ☽	0121 0800 1415 2044	402 130 410 199	28 TU	0100 0733 1402 2028	351 166 382 234
14 TU	0206 0845 1524 2203	360 155 387 227	29 W ☾ N	0133 0810 1505 2150	320 190 359 253
15 W S	0316 0951 1706	320 181 374	30 TH	0240 0917 1652	289 212 347

10 月

日期	潮时 时分	潮高 cm	日期	潮时 时分	潮高 cm
1 F	0032 0528 1119 1841	246 280 220 361	16 SA	0125 0707 1317 1940	184 323 181 398
2 SA	0144 0709 1307 1941	215 307 198 388	17 SU	0213 0802 1419 2025	152 361 150 415
3 SU	0222 0758 1408 2022	181 345 164 418	18 M	0252 0842 1505 2101	125 396 125 427
4 M	0255 0836 1455 2057	148 384 131 446	19 TU E	0326 0917 1543 2132	106 424 111 432
5 TU	0329 0912 1536 2131	119 421 104 468	20 W ○	0356 0948 1618 2200	96 445 108 433
6 W ●E	0403 0948 1615 2204	94 452 88 481	21 TH	0425 1019 1649 2226	92 457 114 428
7 TH	0437 1024 1654 2237	77 473 85 483	22 F	0451 1048 1718 2250	94 462 127 419
8 F P	0511 1102 1733 2310	70 484 94 471	23 SA	0515 1117 1746 2315	101 461 144 406
9 SA	0544 1140 1812 2343	72 484 115 449	24 SU A	0538 1146 1815 2339	111 453 163 388
10 SU	0618 1220 1854	85 472 144	25 M	0602 1217 1845	124 440 184
11 M	0017 0651 1304 1940	416 105 451 177	26 TU N	0005 0627 1250 1921	366 140 421 205
12 TU S	0055 0728 1357 2039	377 133 422 208	27 W	0033 0655 1329 2007	340 160 397 225
13 W ☽	0144 0815 1508 2207	336 165 392 227	28 TH ☾	0108 0731 1423 2120	314 182 372 239
14 TH	0311 0931 1654	300 195 374	29 F	0214 0832 1550 2318	288 204 353 235
15 F	0007 0530 1136 1836	217 294 204 381	30 SA	0433 1026 1736	280 216 355
			31 SU	0046 0620 1220 1849	207 304 200 375

11 月

日期	潮时 时分	潮高 cm	日期	潮时 时分	潮高 cm
1 M	0134 0719 1332 1938	173 344 168 401	16 TU	0214 0816 1439 2027	126 383 145 385
2 TU E	0213 0803 1424 2018	138 387 136 426	17 W	0249 0852 1519 2100	111 410 133 390
3 W	0251 0844 1510 2056	106 428 111 445	18 TH	0321 0925 1555 2130	101 431 129 392
4 TH ●	0327 0923 1553 2133	80 462 97 455	19 F ○	0350 0957 1627 2158	96 446 131 391
5 F P	0404 1003 1635 2209	63 485 95 453	20 SA	0418 1027 1658 2226	96 455 137 387
6 SA	0440 1044 1717 2245	57 496 106 440	21 SU A	0444 1058 1729 2253	99 457 148 379
7 SU	0516 1125 1800 2322	62 495 125 417	22 M N	0511 1128 1800 2322	105 454 160 367
8 M S	0553 1208 1846	77 481 149	23 TU	0539 1200 1833 2351	115 444 174 351
9 TU	0001 0630 1254 1937	388 100 458 175	24 W	0608 1234 1910	128 428 189
10 W	0045 0712 1347 2039	354 129 428 195	25 TH	0023 0640 1312 1955	333 143 408 201
11 TH ☽	0143 0803 1454 2159	321 160 396 204	26 F	0103 0719 1359 2055	314 160 386 209
12 F	0311 0920 1622 2329	296 188 373 194	27 SA ☾	0203 0815 1503 2212	297 178 367 206
13 SA	0506 1107 1752	297 198 366	28 SU	0336 0940 1625 2329	290 191 357 189
14 SU	0041 0635 1243 1859	171 321 185 371	29 M	0513 1119 1742	304 188 363
15 M E	0133 0733 1350 1948	147 352 164 379	30 TU E	0033 0628 1243 1844	161 337 170 377

12 月

日期	潮时 时分	潮高 cm	日期	潮时 时分	潮高 cm
1 W	0124 0726 1349 1936	130 377 147 393	16 TH	0210 0828 1456 2030	124 381 157 345
2 TH	0210 0816 1444 2022	100 417 127 406	17 F	0248 0906 1535 2106	113 404 147 352
3 F	0254 0903 1534 2105	76 451 114 413	18 SA A	0322 0940 1611 2139	105 424 142 358
4 SA ●P	0336 0948 1621 2147	60 476 110 412	19 SU ○	0354 1014 1645 2212	99 438 140 362
5 SU	0418 1033 1708 2229	53 489 115 404	20 M N	0426 1046 1718 2243	96 446 141 362
6 M S	0459 1118 1755 2312	56 489 125 389	21 TU	0458 1118 1751 2314	96 447 146 358
7 TU	0540 1202 1843 2356	68 479 138 370	22 W	0530 1150 1826 2346	100 443 152 350
8 W	0623 1248 1933	87 459 151	23 TH	0603 1223 1902	107 433 158
9 TH	0044 0708 1337 2027	348 111 432 162	24 F	0019 0638 1259 1942	340 116 419 164
10 F	0140 0758 1430 2127	326 138 402 168	25 SA	0059 0716 1339 2028	329 128 402 167
11 SA ☽	0249 0859 1533 2231	308 164 373 169	26 SU	0148 0804 1428 2121	318 143 384 166
12 SU E	0412 1014 1643 2336	301 184 351 162	27 M ☾E	0254 0906 1527 2222	312 159 366 160
13 M	0537 1142 1755	309 191 338	28 TU	0413 1024 1636 2326	315 172 353 147
14 TU	0037 0649 1305 1858	150 329 184 335	29 W	0534 1151 1747	332 174 349
15 W	0128 0744 1408 1948	137 355 170 338	30 TH	0031 0650 1316 1855	128 361 164 352
			31 F	0132 0755 1426 1955	106 396 147 361

时　区：－0800　　潮高基准面：在平均海面下 263　cm

中　国—上海(吴淞)

CHINA－SHANGHAI(WUSONG)

2021 年潮汐表　　31° 24′ N　　121° 30′ E

1　月

日期	潮时 时分	潮高 cm	日期	潮时 时分	潮高 cm
1 F	0145 0910 1410 2154	295 43 366 67	16 SA	0241 0958 1503 2250	284 39 348 52
2 SA	0221 0944 1441 2240	293 41 361 59	17 SU	0319 1035 1533 2331	279 44 333 51
3 SU	0302 1026 1522 2322	287 52 355 64	18 M	0357 1054 1609 2350	268 57 314 55
4 M	0345 1052 1605 2355	278 57 340 60	19 TU E	0432 1125 1640	256 71 290
5 TU	0432 1139 1651	270 67 321	20 W ☽	0022 0514 1147 1716	62 243 85 265
6 W ☾ E	0043 0529 1233 1747	59 264 82 299	21 TH A	0050 0602 1235 1802	67 231 100 237
7 TH	0136 0636 1338 1853	62 261 96 275	22 F	0130 0702 1344 1907	76 224 115 212
8 F	0235 0754 1501 2009	64 266 102 258	23 SA	0224 0818 1528 2034	85 228 116 199
9 SA P	0341 0912 1635 2126	63 281 93 252	24 SU	0335 0936 1657 2157	86 245 103 205
10 SU	0449 1022 1753 2237	58 304 79 257	25 M	0445 1036 1803 2255	80 272 87 223
11 M	0557 1121 1902 2337	51 327 66 267	26 TU N	0547 1123 1856 2340	68 300 75 245
12 TU S	0658 1214 2002	43 345 57	27 W	0645 1206 1945	55 325 66
13 W ●	0029 0753 1301 2052	277 37 356 49	28 TH ○	0020 0739 1243 2036	268 42 343 57
14 TH	0117 0844 1339 2142	285 32 361 43	29 F	0100 0832 1322 2119	285 32 359 62
15 F	0201 0932 1423 2231	287 30 361 45	30 SA	0137 0909 1402 2150	297 34 363 53
			31 SU	0216 0948 1430 2239	306 29 369 39

2　月

日期	潮时 时分	潮高 cm	日期	潮时 时分	潮高 cm
1 M	0256 1033 1516 2312	308 27 362 48	16 TU	0325 1041 1533 2312	293 50 314 51
2 TU E	0333 1102 1551 2344	307 41 347 41	17 W	0356 1056 1600 2336	283 63 295 52
3 W P	0417 1140 1630	303 49 326	18 TH A	0425 1125 1627 2347	273 77 271 64
4 TH ☾	0026 0504 1220 1718	50 292 72 295	19 F ☽	0501 1149 1703	259 91 240
5 F	0052 0600 1308 1813	56 278 92 259	20 SA	0011 0546 1241 1753	79 244 110 207
6 SA	0138 0711 1432 1931	68 264 106 225	21 SU	0044 0655 1418 1919	94 232 123 182
7 SU	0241 0844 1619 2112	79 261 103 211	22 M	0200 0835 1620 2122	108 234 114 183
8 M S	0415 1015 1751 2242	81 278 83 221	23 TU N	0350 1002 1738 2238	106 258 94 208
9 TU	0541 1121 1902 2346	68 303 64 243	24 W	0515 1058 1836 2324	90 288 77 241
10 W	0650 1214 1958	54 326 51	25 TH	0624 1142 1931	72 318 62
11 TH ●	0032 0750 1258 2046	265 41 341 43	26 F	0005 0723 1223 2015	273 56 345 59
12 F	0115 0841 1331 2135	284 31 348 39	27 SA ○	0043 0813 1304 2052	299 44 361 49
13 SA	0153 0930 1413 2155	294 26 348 48	28 SU	0121 0857 1329 2142	321 34 377 32
14 SU	0225 0950 1440 2235	299 36 339 43			
15 M E	0258 1022 1511 2249	297 46 329 46			

3　月

日期	潮时 时分	潮高 cm	日期	潮时 时分	潮高 cm
1 M E	0201 0942 1416 2232	334 22 379 28	16 TU	0225 0949 1431 2212	325 53 330 52
2 TU P	0230 1032 1450 2247	343 18 368 32	17 W	0252 1016 1458 2235	322 63 319 49
3 W	0315 1053 1525 2331	347 39 355 31	18 TH A	0317 1038 1521 2243	319 66 302 59
4 TH	0351 1133 1607 2343	338 49 324 45	19 F	0342 1056 1548 2254	309 78 276 71
5 F	0431 1200 1648	322 74 285	20 SA	0411 1131 1619 2309	296 91 245 86
6 SA ☾	0004 0523 1248 1742	66 298 98 240	21 SU ☽	0448 1204 1703 2330	277 110 212 104
7 SU S	0039 0631 1416 1909	84 269 115 201	22 M N	0544 1325 1820	256 125 185
8 M	0145 0823 1623 2124	107 255 104 193	23 TU	0027 0723 1532 2047	126 244 121 183
9 TU	0359 1009 1752 2256	108 271 78 219	24 W	0255 0914 1658 2216	133 259 101 215
10 W	0539 1114 1854 2346	86 299 58 253	25 TH	0442 1022 1759 2303	112 291 82 255
11 TH	0646 1201 1945	63 323 46	26 F	0552 1111 1852 2339	88 324 66 293
12 F	0023 0742 1236 2034	283 46 337 39	27 SA	0653 1152 1944	66 352 50
13 SA ●	0059 0832 1314 2055	302 35 344 47	28 SU ○E	0018 0749 1226 2038	328 50 376 33
14 SU E	0128 0859 1340 2134	316 43 342 41	29 M	0056 0841 1311 2123	352 32 385 46
15 M	0200 0935 1412 2148	321 41 338 46	30 TU P	0125 0937 1340 2145	377 19 382 30
			31 W	0212 1005 1420 2233	384 43 378 25

4　月

日期	潮时 时分	潮高 cm	日期	潮时 时分	潮高 cm
1 TH	0239 1042 1502 2243	381 39 351 42	16 F	0241 1026 1451 2205	352 80 307 74
2 F	0323 1120 1540 2301	376 66 317 62	17 SA	0309 1043 1519 2225	346 81 284 84
3 SA	0406 1149 1624 2327	351 82 275 83	18 SU N	0335 1111 1553 2232	332 96 256 96
4 SU ☾ S	0453 1239 1724 2344	318 103 230 108	19 M	0411 1150 1637 2252	312 108 228 115
5 M	0602 1411 1908	282 115 196	20 TU ☽	0502 1253 1750 2344	288 122 206 137
6 TU	0105 0802 1609 2132	134 263 102 203	21 W	0626 1435 1954	270 123 205
7 W	0354 0947 1733 2244	129 277 78 239	22 TH	0205 0817 1606 2131	148 275 108 236
8 TH	0528 1049 1832 2323	101 302 61 276	23 F	0402 0936 1717 2224	129 301 90 279
9 F	0632 1131 1914 2358	74 322 56 304	24 SA	0525 1031 1819 2307	103 332 75 321
10 SA	0721 1209 1946	63 334 50	25 SU E	0633 1117 1909 2343	74 359 64 356
11 SU E	0026 0755 1236 2031	326 56 339 46	26 M	0734 1200 1950	51 376 52
12 M ●	0059 0836 1309 2045	337 52 341 51	27 TU ○P	0021 0834 1229 2040	389 35 389 33
13 TU	0124 0857 1331 2112	349 63 339 59	28 W	0107 0905 1317 2131	403 53 386 31
14 W A	0152 0933 1401 2137	352 62 334 55	29 TH	0127 0946 1359 2145	420 40 368 46
15 TH	0218 0949 1424 2148	356 71 325 65	30 F	0220 1038 1437 2213	416 43 344 63

时　区：－0800　　　　潮高基准面：在平均海面下 202　cm

中　国—上海(吴淞)

CHINA－SHANGHAI(WUSONG)

2021 年潮汐表　　31° 24′ N　　121° 30′ E

5 月

日期	潮时 时分	潮高 cm	日期	潮时 时分	潮高 cm
1 SA S	0304	397	16 SU	0244	372
	1101	71		1037	87
	1522	313		1503	296
	2238	75		2158	95
2 SU	0342	372	17 M	0316	360
	1143	84		1100	97
	1614	275		1538	275
	2250	100		2225	107
3 M ☾	0433	339	18 TU	0352	342
	1239	100		1142	105
	1719	238		1625	256
	2332	124		2251	122
4 TU	0542	303	19 W ☽	0441	321
	1354	110		1236	113
	1859	217		1730	242
				2348	140
5 W	0100	147	20 TH	0552	303
	0724	281		1348	117
	1529	105		1902	243
	2054	228			
6 TH	0323	141	21 F	0135	148
	0902	283		0722	298
	1642	90		1509	112
	2203	259		2030	267
7 F	0448	116	22 SA E	0324	137
	1007	297		0845	310
	1738	77		1627	101
	2245	290		2135	304
8 SA E	0549	94	23 SU	0446	112
	1053	311		0949	330
	1828	73		1732	83
	2320	318		2226	344
9 SU	0641	79	24 M	0555	92
	1129	323		1040	349
	1857	68		1832	69
	2352	338		2315	378
10 M	0731	70	25 TU	0657	77
	1204	330		1125	364
	1937	63		1923	69
				2357	401
11 TU ●A	0022	356	26 W ○P	0751	64
	0757	74		1213	370
	1231	335		1959	64
	2002	71			
12 W	0052	367	27 TH	0027	426
	0838	69		0846	48
	1305	337		1258	366
	2037	67		2041	57
13 TH	0121	378	28 F S	0119	432
	0904	80		0942	43
	1330	335		1339	354
	2055	75		2127	68
14 F	0148	380	29 SA	0207	424
	0940	75		1027	70
	1402	326		1425	339
	2129	82		2149	75
15 SA N	0218	380	30 SU	0243	410
	1001	87		1054	72
	1429	313		1515	316
	2140	84		2228	94
			31 M	0329	390
				1141	80
				1608	290
				2246	109

6 月

日期	潮时 时分	潮高 cm	日期	潮时 时分	潮高 cm
1 TU	0422	360	16 W	0340	369
	1231	94		1138	99
	1709	268		1614	293
	2336	128		2259	121
2 W ☾	0521	328	17 TH	0426	354
	1325	106		1223	106
	1821	255		1710	287
				2353	132
3 TH	0045	144	18 F ☽	0523	336
	0634	301		1314	110
	1429	109		1817	289
	1945	256			
4 F E	0225	148	19 SA E	0109	142
	0756	286		0634	320
	1534	105		1419	113
	2059	272		1932	301
5 SA	0351	135	20 SU	0242	140
	0908	284		0752	313
	1633	99		1531	107
	2155	296		2046	325
6 SU	0500	119	21 M	0409	127
	1005	290		0905	315
	1722	96		1636	100
	2237	320		2150	355
7 M	0558	105	22 TU	0533	106
	1051	299		1009	323
	1802	92		1738	90
	2316	344		2243	383
8 TU A	0647	92	23 W P	0639	87
	1129	310		1106	333
	1844	88		1838	82
	2349	363		2330	409
9 W	0737	83	24 TH ○	0742	70
	1207	319		1158	341
	1929	90		1934	75
10 TH ●	0023	381	25 F S	0021	425
	0815	87		0841	58
	1239	325		1246	344
	1954	87		2020	82
11 F	0056	391	26 SA	0112	430
	0847	82		0936	68
	1313	329		1330	345
	2035	84		2058	82
12 SA N	0126	399	27 SU	0152	426
	0932	83		1005	73
	1344	327		1419	339
	2056	90		2140	84
13 SU	0200	397	28 M	0230	418
	0949	91		1048	69
	1416	323		1508	329
	2133	90		2215	98
14 M	0228	394	29 TU	0321	403
	1031	92		1135	78
	1451	313		1555	316
	2151	100		2250	107
15 TU	0305	383	30 W	0405	378
	1054	97		1202	92
	1527	303		1643	303
	2231	106		2333	121

7 月

日期	潮时 时分	潮高 cm	日期	潮时 时分	潮高 cm
1 TH ☾E	0450	349	16 F E	0408	380
	1242	99		1156	98
	1736	291		1642	331
				2347	123
2 F	0012	139	17 SA ☽	0454	358
	0540	318		1241	102
	1325	109		1737	329
	1835	283			
3 SA	0115	152	18 SU	0045	139
	0640	290		0551	330
	1411	117		1331	110
	1944	283		1845	329
4 SU	0240	155	19 M	0202	149
	0753	270		0702	304
	1508	122		1432	117
	2053	295		2004	336
5 M A	0407	146	20 TU	0339	144
	0909	263		0826	288
	1608	122		1540	119
	2152	316		2122	354
6 TU	0522	128	21 W P	0507	127
	1014	269		0949	288
	1704	118		1653	115
	2240	341		2228	378
7 W	0622	111	22 TH S	0632	101
	1105	282		1058	302
	1754	112		1804	106
	2321	365		2325	402
8 TH	0709	99	23 F	0737	80
	1145	297		1154	319
	1844	103		1907	98
	2359	385			
9 F N	0750	91	24 SA ○	0017	420
	1220	314		0836	66
	1933	95		1241	334
				2001	91
10 SA ●	0031	400	25 SU	0103	428
	0837	86		0918	77
	1256	326		1325	347
	2005	96		2049	85
11 SU	0111	409	26 M	0135	428
	0903	90		0951	70
	1326	335		1411	352
	2044	92		2136	84
12 M	0138	411	27 TU	0221	425
	0942	90		1038	69
	1403	338		1450	349
	2121	98		2203	97
13 TU	0217	412	28 W	0302	407
	1015	99		1057	86
	1436	338		1526	346
	2149	97		2238	102
14 W	0249	405	29 TH E	0332	386
	1046	91		1134	87
	1514	337		1607	335
	2233	100		2300	120
15 TH	0325	397	30 F	0409	360
	1131	90		1152	98
	1556	334		1645	321
	2301	113		2337	134
			31 SA ☾	0444	328
				1218	112
				1728	308

8 月

日期	潮时 时分	潮高 cm	日期	潮时 时分	潮高 cm
1 SU	0014	153	16 M	0017	140
	0527	293		0512	322
	1248	125		1237	116
	1823	297		1801	342
2 M A	0124	168	17 TU P	0134	157
	0629	258		0621	280
	1334	140		1325	135
	1939	293		1926	331
3 TU	0314	166	18 W S	0324	157
	0807	235		0807	253
	1445	149		1451	145
	2104	306		2110	340
4 W	0451	145	19 TH	0506	131
	0947	237		0956	260
	1608	145		1640	135
	2209	331		2228	367
5 TH N	0555	122	20 F	0631	100
	1048	258		1107	289
	1718	133		1757	117
	2256	360		2323	395
6 F	0646	105	21 SA	0735	75
	1126	285		1156	320
	1813	119		1902	100
	2335	386			
7 SA	0736	93	22 SU ○	0011	415
	1203	312		0830	65
	1901	106		1232	344
				1956	88
8 SU ●	0014	406	23 M	0045	424
	0809	96		0852	69
	1232	334		1314	364
	1948	94		2041	80
9 M	0043	418	24 TU	0122	430
	0845	87		0939	62
	1308	352		1349	370
	2035	85		2124	88
10 TU	0120	430	25 W E	0201	417
	0934	81		0953	80
	1340	363		1421	374
	2109	91		2144	91
11 W	0154	427	26 TH	0226	406
	0951	88		1033	77
	1416	372		1453	368
	2144	87		2211	105
12 TH E	0224	429	27 F	0258	385
	1037	77		1043	87
	1452	375		1522	361
	2227	96		2235	112
13 F	0305	414	28 SA	0324	362
	1056	89		1056	100
	1526	378		1553	348
	2253	104		2254	128
14 SA	0338	393	29 SU	0353	330
	1136	87		1116	113
	1612	371		1625	333
	2335	117		2331	143
15 SU ☽	0422	363	30 M ☾A	0425	291
	1157	102		1131	128
	1700	359		1707	314
			31 TU	0016	164
				0512	249
				1145	148
				1812	295

时　区：－0800　　　　潮高基准面：在平均海面下 202　cm

中　国—上海(吴淞)

CHINA—SHANGHAI(WUSONG)

2021 年潮汐表　　31° 24′ N　　121° 30′ E

9 月

日期	潮时 时分	潮高 cm
1 W	0210 0646 1245 2005	173 214 168 292
2 TH N	0421 0929 1517 2137	154 215 170 315
3 F	0530 1036 1646 2231	129 247 147 349
4 SA	0620 1110 1748 2312	111 285 123 380
5 SU	0700 1139 1843 2345	97 321 102 406
6 M	0744 1211 1936	81 354 84
7 TU ●	0019 0836 1240 2030	428 69 376 68
8 W E	0053 0853 1316 2056	433 80 398 77
9 TH	0121 0940 1347 2139	445 59 406 64
10 F	0205 1000 1421 2228	431 82 418 87
11 SA P	0228 1038 1503 2242	419 67 410 91
12 SU	0314 1051 1535 2321	388 87 397 114
13 M ☽	0354 1116 1624 2359	347 105 375 137
14 TU	0443 1137 1723	298 124 342
15 W S	0117 0559 1222 1906	158 248 152 315
16 TH	0332 0826 1443 2112	150 226 167 324
17 F	0512 1021 1647 2228	118 257 143 355
18 SA	0627 1112 1801 2318	91 299 113 385
19 SU	0722 1147 1901 2357	76 335 90 402
20 M ○	0752 1219 1948	65 365 77
21 TU E	0024 0839 1252 2035	415 52 377 64
22 W	0104 0853 1321 2056	408 71 389 82
23 TH	0125 0934 1349 2133	404 64 387 79
24 F	0157 0942 1418 2144	388 74 388 94
25 SA	0221 0953 1440 2211	374 87 381 105
26 SU A	0246 1012 1509 2236	349 96 371 109
27 M	0313 1025 1535 2258	319 109 355 128
28 TU	0345 1027 1609 2342	281 122 332 145
29 W ☾ N	0424 1034 1700	242 140 304
30 TH	0103 0539 1059 1845	162 207 165 283

10 月

日期	潮时 时分	潮高 cm
1 F	0324 0859 1421 2052	153 205 182 297
2 SA	0444 1013 1618 2157	129 245 155 330
3 SU	0540 1044 1729 2240	106 289 125 366
4 M	0634 1114 1829 2318	84 333 99 397
5 TU	0725 1140 1929 2351	80 369 79 415
6 W ●E	0749 1216 2010	65 403 71
7 TH	0020 0841 1241 2044	436 39 418 49
8 F P	0104 0909 1319 2141	428 70 443 32
9 SA	0126 0940 1403 2158	424 45 435 72
10 SU	0215 0959 1427 2242	397 70 434 71
11 M	0255 1032 1518 2315	360 75 409 104
12 TU S	0338 1040 1602 2354	316 99 374 124
13 W ☽	0433 1053 1703	265 128 332
14 TH	0120 0606 1144 1858	140 222 161 300
15 F	0328 0859 1501 2104	129 222 168 308
16 SA	0456 1018 1647 2214	101 265 133 335
17 SU	0556 1057 1754 2300	79 307 101 358
18 M	0644 1126 1848 2331	63 343 78 371
19 TU E	0734 1200 1937	49 364 61
20 W ○	0009 0751 1224 2014	377 60 383 72
21 TH	0030 0832 1256 2039	378 51 386 65
22 F	0105 0843 1322 2102	370 60 395 81
23 SA	0127 0903 1345 2137	363 72 391 75
24 SU A	0156 0931 1415 2152	347 71 389 88
25 M	0221 0937 1437 2228	327 81 379 97
26 TU N	0252 0945 1508 2249	300 93 362 105
27 W	0323 0956 1539 2329	270 108 338 122
28 TH ☾	0406 1012 1626	238 126 310
29 F	0027 0515 1049 1748	134 212 151 285
30 SA	0208 0729 1320 1947	135 207 170 283
31 SU	0342 0918 1538 2110	119 241 148 308

11 月

日期	潮时 时分	潮高 cm
1 M	0448 1005 1651 2205	98 287 117 339
2 TU E	0544 1040 1756 2247	78 332 90 366
3 W	0639 1117 1853 2322	58 374 69 390
4 TH ●	0735 1147 1946	37 401 46
5 F P	0006 0802 1220 2044	396 54 435 20
6 SA	0033 0841 1310 2136	391 30 436 30
7 SU	0120 0930 1328 2153	384 31 442 51
8 M S	0205 0940 1422 2242	357 52 426 56
9 TU	0249 0958 1512 2321	323 74 397 87
10 W	0339 1030 1559	284 91 361
11 TH ☽	0006 0443 1048 1704	101 245 121 321
12 F	0122 0617 1208 1845	110 220 147 292
13 SA	0255 0821 1443 2030	104 227 147 288
14 SU	0415 0940 1623 2140	88 260 121 299
15 M E	0515 1025 1732 2229	73 295 93 311
16 TU	0600 1103 1828 2309	62 323 79 320
17 W	0641 1131 1906 2341	53 344 71 325
18 TH	0721 1207 1943	56 359 64
19 F ○	0014 0744 1229 2030	328 50 373 61
20 SA	0043 0816 1305 2047	327 58 377 67
21 SU A	0113 0839 1328 2131	324 54 383 68
22 M N	0141 0858 1401 2146	314 64 377 74
23 TU	0211 0930 1427 2217	301 64 370 85
24 W	0243 0941 1500 2246	283 75 354 88
25 TH	0318 0959 1534 2326	263 89 335 96
26 F	0404 1032 1619	242 103 313
27 SA ☾	0012 0505 1118 1723	102 226 123 292
28 SU	0121 0628 1248 1848	104 223 136 281
29 M	0240 0804 1443 2013	98 241 130 287
30 TU E	0351 0913 1611 2120	85 278 110 304

12 月

日期	潮时 时分	潮高 cm
1 W	0453 1006 1731 2215	72 318 84 321
2 TH	0551 1049 1836 2303	58 353 62 335
3 F	0645 1127 1938 2347	44 387 43 342
4 SA ●P	0738 1217 2037	29 405 34
5 SU	0029 0831 1302 2113	344 22 409 55
6 M S	0118 0855 1330 2152	335 38 415 46
7 TU	0206 0937 1425 2244	317 41 402 48
8 W	0256 0959 1518 2334	295 60 379 61
9 TH	0349 1039 1609	271 74 350
10 F	0013 0449 1126 1706	75 249 95 318
11 SA ☽	0106 0600 1225 1814	80 234 113 288
12 SU E	0208 0719 1351 1931	81 232 120 266
13 M	0311 0837 1527 2045	77 243 115 256
14 TU	0410 0939 1641 2146	71 263 100 255
15 W	0501 1027 1742 2235	64 285 86 260
16 TH	0548 1109 1836 2317	58 307 74 268
17 F	0635 1143 1927 2356	52 325 71 276
18 SA A	0710 1219 1957	53 342 67
19 SU ○	0029 0746 1251 2039	284 47 352 63
20 M N	0103 0831 1324 2110	288 42 360 72
21 TU	0135 0850 1357 2143	288 48 358 69
22 W	0208 0931 1427 2217	285 48 355 77
23 TH	0242 0948 1502 2246	277 57 345 73
24 F	0318 1022 1535 2329	267 68 333 74
25 SA	0401 1049 1616	256 75 319
26 SU	0002 0450 1135 1704	73 248 87 302
27 M ☾E	0051 0550 1235 1804	74 245 100 285
28 TU	0147 0701 1352 1914	75 251 109 272
29 W	0250 0816 1526 2030	74 268 106 266
30 TH	0358 0926 1648 2141	69 294 93 270
31 F	0506 1027 1803 2244	61 322 79 279

时　区：-0800　　潮高基准面：在平均海面下 202　cm

中 国—连云港

CHINA－LIANYUNGANG

2021 年潮汐表　　34° 47′ N　　119° 26′ E

1 月

日期	潮时时分	潮高 cm	潮时时分	潮高 cm	潮时时分	潮高 cm	潮时时分	潮高 cm
1 F	0151	120	0653	463	1412	38	1956	482
2 SA	0229	121	0730	469	1448	38	2032	484
3 SU	0308	125	0811	469	1526	41	2112	481
4 M	0351	130	0857	461	1608	49	2155	475
5 TU	0438	133	0949	447	1655	62	2244	466
6 W ☾ E	0531	133	1050	430	1748	79	2340	457
7 TH	0632	128	1202	418	1849	97		
8 F	0042	449	0739	114	1321	417	1957	114
9 SA P	0145	446	0848	92	1438	429	2110	123
10 SU	0246	447	0955	66	1548	451	2223	123
11 M	0343	453	1068	41	1648	474	2328	117
12 TU S	0435	461	1157	21	1741	492		
13 W ●	0025	109	0524	470	1251	10	1829	502
14 TH	0114	103	0609	478	1339	7	1913	505
15 F	0158	101	0652	482	1422	14	1953	501
16 SA	0238	104	0735	481	1459	26	2033	492
17 SU	0315	110	0817	472	1532	42	2112	478
18 M	0351	119	0900	455	1604	61	2152	460
19 TU E	0430	129	0947	432	1640	85	2235	440
20 W ☽	0514	138	1039	405	1721	112	2322	417
21 TH A	0604	145	1143	379	1811	143		
22 F	0016	396	0705	147	1301	363	1911	169
23 SA	0119	380	0813	141	1424	363	2022	185
24 SU	0225	376	0921	126	1535	379	2135	186
25 M	0325	382	1020	105	1631	403	2239	174
26 TU N	0415	397	1113	02	1717	430	2332	156
27 W	0456	417	1200	61	1757	455		
28 TH ○	0018	137	0532	440	1243	43	1833	476
29 F	0101	121	0607	462	1324	29	1905	490
30 SA	0141	108	0642	482	1402	21	1937	499
31 SU	0219	100	0719	495	1438	18	2009	504

2 月

日期	潮时时分	潮高 cm	潮时时分	潮高 cm	潮时时分	潮高 cm	潮时时分	潮高 cm
1 M	0256	96	0759	499	1515	21	2043	504
2 TU E	0335	94	0841	494	1553	31	2122	498
3 W P	0416	95	0930	480	1635	49	2206	486
4 TH ☾	0503	96	1026	458	1723	76	2258	467
5 F	0558	98	1135	435	1820	108	2358	445
6 SA	0703	98	1257	420	1930	139		
7 SU S	0106	425	0820	91	1427	422	2052	156
8 M S	0220	416	0938	74	1547	441	2215	154
9 TU	0331	421	1051	53	1651	466	2325	138
10 W	0432	437	1155	33	1743	486		
11 TH ●	0022	120	0522	456	1249	22	1824	498
12 F	0108	104	0604	474	1333	19	1900	503
13 SA	0147	95	0643	487	1409	26	1932	502
14 SU	0220	91	0720	492	1438	36	2003	498
15 M E	0250	91	0757	488	1503	49	2034	489
16 TU	0320	93	0835	476	1531	64	2107	475
17 W	0353	97	0916	457	1602	85	2141	456
18 TH A	0430	106	1001	431	1638	112	2219	432
19 F ☽	0513	119	1054	403	1721	144	2301	406
20 SA	0605	133	1200	378	1815	176	2354	381
21 SU	0709	142	1326	367	1925	200		
22 M	0107	365	0824	139	1456	378	2048	207
23 TU N	0230	366	0937	122	1603	406	2206	193
24 W	0340	386	1040	96	1654	439	2309	168
25 TH	0432	417	1134	68	1735	469	2359	139
26 F	0514	451	1222	44	1809	492		
27 SA ○	0044	113	0551	482	1304	26	1840	509
28 SU	0124	91	0627	507	1343	15	1908	521

3 月

日期	潮时时分	潮高 cm	潮时时分	潮高 cm	潮时时分	潮高 cm	潮时时分	潮高 cm
1 M E	0201	74	0704	524	1420	12	1938	528
2 TU P	0238	64	0742	529	1456	17	2012	528
3 W	0314	58	0824	523	1534	32	2050	520
4 TH	0354	58	0913	507	1615	57	2133	500
5 F	0439	64	1010	481	1702	92	2223	470
6 SA ☾	0532	76	1120	451	1800	134	2323	435
7 SU S	0639	89	1247	429	1916	169		
8 M	0039	405	0802	95	1425	429	2046	182
9 TU	0206	394	0928	86	1546	448	2213	169
10 W	0328	407	1045	68	1646	471	2320	143
11 TH	0430	432	1147	51	1732	489		
12 F	0012	117	0516	457	1236	42	1807	498
13 SA ●	0054	98	0554	477	1315	43	1836	502
14 SU E	0127	86	0629	491	1345	50	1903	503
15 M	0156	77	0702	497	1410	60	1929	501
16 TU	0223	72	0736	496	1434	70	1956	495
17 W	0250	70	0812	487	1501	82	2025	484
18 TH A	0321	74	0850	472	1531	100	2056	467
19 F	0355	84	0932	452	1605	123	2129	445
20 SA	0433	101	1021	428	1645	152	2208	420
21 SU ☽	0518	119	1121	406	1735	183	2257	394
22 M N	0615	135	1238	391	1844	209		
23 TU	0006	373	0728	140	1412	396	2010	217
24 W	0138	368	0848	130	1526	421	2134	200
25 TH	0302	390	0959	106	1619	452	2241	169
26 F	0403	427	1100	79	1701	482	2333	132
27 SA	0449	467	1151	54	1735	506		
28 SU ○ E	0018	98	0530	502	1236	35	1804	525
29 M	0058	70	0607	528	1317	25	1834	539
30 TU P	0137	49	0645	544	1356	23	1905	546
31 W	0214	35	0725	549	1434	32	1941	543

4 月

日期	潮时时分	潮高 cm	潮时时分	潮高 cm	潮时时分	潮高 cm	潮时时分	潮高 cm
1 TH	0252	29	0809	541	1514	52	2020	527
2 F	0333	32	0901	522	1557	82	2105	500
3 SA	0420	44	1002	494	1648	121	2157	463
4 SU ☾ S	0515	65	1116	465	1750	160	2301	424
5 M	0624	88	1245	445	1910	187		
6 TU	0024	395	0750	102	1417	445	2041	188
7 W	0159	390	0915	99	1530	459	2201	166
8 TH	0320	408	1027	88	1626	475	2302	138
9 F	0418	435	1125	78	1707	486	2349	112
10 SA	0502	459	1210	75	1739	492		
11 SU E	0027	92	0539	477	1245	79	1805	494
12 M ●	0059	78	0612	489	1314	86	1830	495
13 TU	0127	67	0645	494	1340	93	1855	494
14 W A	0154	60	0717	494	1406	100	1921	490
15 TH	0223	60	0752	488	1434	109	1948	481
16 F	0254	66	0829	479	1505	122	2018	468
17 SA	0326	77	0911	466	1539	141	2052	451
18 SU N	0401	92	1000	451	1619	165	2133	430
19 M	0442	108	1057	436	1710	191	2224	407
20 TU ☽	0534	123	1205	424	1817	211	2334	388
21 W	0643	132	1325	424	1939	213		
22 TH	0102	384	0801	129	1439	441	2059	193
23 F	0226	405	0914	113	1534	466	2204	158
24 SA	0331	441	1018	92	1617	492	2257	119
25 SU E	0421	480	1113	71	1652	516	2344	83
26 M	0504	514	1202	56	1725	535		
27 TU ○ P	0027	52	0545	539	1248	49	1759	547
28 W	0108	30	0626	554	1331	50	1835	550
29 TH	0150	17	0710	557	1413	62	1913	542
30 F	0232	13	0800	548	1457	83	1956	521

时　区：－0800　　　　潮高基准面：在平均海面下 290　cm

中 国—连云港

CHINA－LIANYUNGANG

2021年潮汐表　　34° 47′ N　　119° 26′ E

5 月

日期	潮时 时分	潮高 cm	日期	潮时 时分	潮高 cm
1	0317	21	16	0303	79
	0855	528		0857	481
SA	1545	113	SU	1521	159
S	2044	491		2027	455
2	0407	39	17	0337	89
	1000	504		0944	474
SU	1639	146	M	1603	176
	2140	456		2111	441
3	0504	65	18	0417	100
	1113	479		1036	465
M	1744	175	TU	1653	194
☾	2249	422		2205	425
4	0612	92	19	0508	112
	1233	463		1134	458
TU	1901	189	W	1756	204
			☽	2312	411
5	0012	400	20	0611	122
	0730	110		1239	456
W	1352	458	TH	1909	199
	2022	183			
6	0141	398	21	0032	409
	0846	116		0721	125
TH	1458	463	F	1344	464
	2132	162		2020	177
7	0258	414	22	0150	425
	0952	117		0831	119
F	1550	470	SA	1440	480
	2228	136	E	2123	143
8	0356	436	23	0256	455
	1047	116		0935	108
SA	1631	475	SU	1527	501
E	2314	112		2218	106
9	0442	456	24	0351	489
	1132	118		1034	97
SU	1703	478	M	1609	520
	2352	92		2308	72
10	0521	472	25	0440	520
	1209	121		1129	88
M	1731	479	TU	1649	535
				2356	43
11	0025	76	26	0526	543
	0556	481		1221	85
TU	1242	124	W	1729	542
●A	1757	480	○P		
12	0057	66	27	0043	23
	0629	486		0613	556
W	1312	128	TH	1310	89
	1823	480		1809	541
13	0128	62	28	0130	13
	0702	488		0702	558
TH	1341	131	F	1358	100
	1849	478	S	1852	531
14	0200	63	29	0217	14
	0737	488		0755	550
F	1412	136	SA	1446	117
	1918	473		1939	513
15	0231	70	30	0306	25
	0815	485		0852	535
SA	1445	145	SU	1536	137
N	1950	466		2030	489
			31	0357	45
				0952	515
			M	1630	159
				2128	462

6 月

日期	潮时 时分	潮高 cm	日期	潮时 时分	潮高 cm
1	0452	71	16	0402	93
	1056	495		1010	494
TU	1730	177	W	1639	188
	2233	435		2148	452
2	0551	98	17	0450	103
	1203	478		1059	489
W	1837	185	TH	1734	189
☾	2348	416		2249	442
3	0654	121	18	0545	114
	1310	466		1154	486
TH	1945	180	F	1836	180
			☽		
4	0108	409	19	0001	438
	0759	139		0647	124
F	1410	461	SA	1252	488
E	2049	164	E	1940	160
5	0223	416	20	0115	447
	0901	152		0752	130
SA	1503	459	SU	1349	495
	2144	143		2042	131
6	0326	431	21	0224	467
	0958	159		0857	132
SU	1547	459	M	1442	505
	2231	120		2141	99
7	0418	449	22	0326	494
	1048	162		1002	131
M	1624	460	TU	1532	515
	2313	100		2238	69
8	0501	463	23	0423	521
	1132	163		1105	128
TU	1657	462	W	1620	523
A	2352	84	P	2332	45
9	0540	475	24	0516	542
	1210	162		1203	127
W	1727	464	TH	1706	527
			○		
10	0029	75	25	0026	29
	0616	483		0608	555
TH	1246	160	F	1257	128
●	1756	467	S	1752	527
11	0105	72	26	0118	23
	0651	490		0700	559
F	1320	158	SA	1348	132
	1825	470		1839	523
12	0140	73	27	0209	26
	0727	496		0750	554
SA	1355	159	SU	1437	140
N	1856	472		1928	514
13	0213	77	28	0258	37
	0804	499		0841	543
SU	1430	164	M	1525	150
	1931	473		2017	500
14	0246	81	29	0344	56
	0844	500		0932	527
M	1508	172	TU	1613	162
	2010	470		2110	481
15	0321	86	30	0429	79
	0925	498		1023	508
TU	1551	181	W	1703	173
	2055	463		2207	458

7 月

日期	潮时 时分	潮高 cm	日期	潮时 时分	潮高 cm
1	0515	106	16	0431	97
	1117	489		1020	516
TH	1757	180	F	1707	167
☾E	2311	436	E	2224	476
2	0605	135	17	0520	112
	1213	471		1109	510
F	1854	180	SA	1801	159
			☽	2330	467
3	0023	421	18	0616	131
	0659	162		1205	504
SA	1309	456	SU	1902	145
	1954	171			
4	0139	417	19	0044	466
	0800	185		0720	150
SU	1405	446	M	1305	498
	2052	155		2007	125
5	0250	425	20	0200	477
	0904	199		0830	165
M	1457	442	TU	1405	495
A	2146	136		2114	100
6	0350	440	21	0312	497
	1004	204		0943	171
TU	1544	442	W	1505	496
	2236	117	P	2218	75
7	0441	458	22	0418	521
	1057	201		1053	169
W	1625	446	TH	1601	502
	2321	101	S	2320	55
8	0524	475	23	0516	543
	1143	194		1156	161
TH	1701	453	F	1654	511
9	0004	90	24	0019	41
	0603	491		0608	557
F	1224	185	SA	1252	153
N	1735	464	○	1744	520
10	0044	83	25	0114	36
	0639	504		0654	562
SA	1303	178	SU	1341	148
●	1807	475		1830	526
11	0122	79	26	0202	40
	0715	514		0737	559
SU	1341	173	M	1426	147
	1841	486		1915	526
12	0158	77	27	0245	52
	0749	520		0818	549
M	1419	171	TU	1507	150
	1917	495		1959	519
13	0233	77	28	0322	70
	0823	523		0858	535
TU	1457	172	W	1546	156
	1956	498		2045	504
14	0309	80	29	0357	91
	0858	522		0938	517
W	1537	172	TH	1625	162
	2039	495	E	2134	482
15	0348	86	30	0433	118
	0936	520		1021	496
TH	1619	171	F	1708	168
	2127	487		2229	458
			31	0514	148
				1108	473
			SA	1756	173
			☾	2334	435

8 月

日期	潮时 时分	潮高 cm	日期	潮时 时分	潮高 cm
1	0602	181	16	0551	148
	1200	451		1124	500
SU	1853	173	M	1830	131
2	0049	422	17	0023	478
	0701	211		0657	179
M	1258	433	TU	1229	481
A	1957	168	P	1942	122
3	0208	421	18	0149	481
	0809	232		0816	199
TU	1400	423	W	1340	469
	2101	155	S	2058	106
4	0319	435	19	0311	498
	0921	237		0939	202
W	1500	423	TH	1451	470
	2159	137		2211	85
5	0417	457	20	0420	523
	1025	229		1052	188
TH	1553	433	F	1556	483
N	2252	119		2317	66
6	0505	482	21	0515	544
	1118	215		1154	169
F	1637	450	SA	1651	502
	2340	101			
7	0545	504	22	0016	54
	1205	198		0601	556
SA	1715	471	SU	1245	153
			○	1738	520
8	0024	87	23	0107	51
	0621	522		0639	559
SU	1247	182	M	1329	141
●	1751	493		1819	532
9	0104	77	24	0148	57
	0653	534		0713	555
M	1326	169	TU	1407	136
	1826	512		1859	536
10	0142	71	25	0222	71
	0723	540		0745	546
TU	1403	160	W	1440	135
	1901	525	E	1938	531
11	0218	70	26	0252	88
	0752	543		0817	534
W	1439	152	TH	1511	136
	1938	531		2018	518
12	0254	73	27	0321	107
	0823	544		0850	517
TH	1516	147	F	1543	139
E	2019	529		2102	498
13	0330	82	28	0353	131
	0858	541		0926	496
F	1555	142	SA	1620	145
	2105	520		2151	474
14	0411	97	29	0430	160
	0940	534		1006	470
SA	1639	138	SU	1703	155
	2159	505		2249	449
15	0456	119	30	0514	193
	1028	519		1051	444
SU	1729	135	M	1755	166
☽	2305	489	☾A		
			31	0000	429
				0608	225
			TU	1147	420
				1859	173

时　区：－0800　　潮高基准面：在平均海面下 290 cm

中 国—连云港

CHINA－LIANYUNGANG

2021 年潮汐表　　34° 47′ N　　119° 26′ E

9 月

日期	潮时 时分	潮高 cm	日期	潮时 时分	潮高 cm
1 W	0123 0719 1258 2012	422 249 404 169	16 TH	0150 0815 1329 2052	480 216 437 111
2 TH N	0243 0841 1414 2121	434 254 405 153	17 F	0312 0941 1450 2208	497 204 447 92
3 F	0348 0955 1521 2220	458 241 422 130	18 SA	0415 1050 1556 2313	519 178 471 75
4 SA	0438 1054 1612 2312	487 218 451 107	19 SU	0504 1144 1647	535 151 496
5 SU	0518 1142 1655 2359	512 191 482 87	20 M ○	0006 0543 1230 1729	67 542 131 516
6 M	0552 1225 1732	530 166 511	21 TU E	0050 0614 1307 1806	69 542 119 528
7 TU ●	0041 0622 1303 1807	73 542 145 534	22 W	0125 0641 1339 1841	78 537 111 532
8 W E	0119 0648 1340 1842	66 550 128 549	23 TH	0153 0707 1407 1916	92 530 107 528
9 TH	0156 0715 1414 1918	65 555 116 556	24 F	0220 0735 1435 1953	107 520 105 517
10 F	0232 0746 1450 1959	70 556 107 553	25 SA	0247 0805 1506 2034	123 505 109 500
11 SA P	0309 0021 1528 2045	82 550 103 541	26 SU A	0318 0837 1540 2120	142 485 118 479
12 SU	0350 0903 1612 2141	103 534 104 520	27 M	0354 0912 1619 2214	167 461 132 456
13 M ☽	0436 0951 1703 2251	133 508 109 497	28 TU	0435 0953 1705 2320	195 434 149 436
14 TU	0533 1051 1807	170 476 117	29 W ☾ N	0526 1045 1803	224 408 164
15 W S	0016 0647 1204 1927	480 203 448 120	30 TH	0039 0636 1200 1916	426 247 390 168

10 月

日期	潮时 时分	潮高 cm	日期	潮时 时分	潮高 cm
1 F	0202 0803 1329 2034	433 251 390 157	16 SA	0259 0932 1448 2156	486 182 430 99
2 SA	0310 0923 1447 2141	454 233 412 135	17 SU	0356 1034 1549 2255	500 151 457 89
3 SU	0402 1024 1545 2238	480 201 447 110	18 M	0440 1123 1637 2344	509 124 481 87
4 M	0442 1112 1631 2327	504 167 484 89	19 TU E	0514 1204 1716	511 104 498
5 TU	0514 1155 1709	523 134 517	20 W ○	0023 0542 1238 1751	92 510 90 507
6 W ● E	0010 0542 1233 1745	73 538 107 541	21 TH	0055 0607 1308 1825	101 506 81 510
7 TH	0051 0609 1310 1821	64 550 85 557	22 F	0123 0633 1336 1859	112 501 76 508
8 F P	0129 0639 1346 1859	63 556 71 563	23 SA	0150 0700 1405 1934	122 494 76 500
9 SA	0208 0712 1424 1941	70 555 62 559	24 SU A	0219 0728 1436 2014	133 483 82 489
10 SU	0248 0750 1505 2031	87 542 62 543	25 M	0250 0759 1509 2058	146 467 94 474
11 M	0331 0833 1551 2132	113 517 69 518	26 TU N	0325 0833 1544 2148	164 448 108 457
12 TU S	0422 0924 1645 2246	147 482 85 491	27 W	0405 0913 1625 2247	186 425 124 441
13 W ☽	0524 1028 1753	182 445 104	28 TH ☾	0455 1005 1716 2356	210 402 139 430
14 TH	0015 0643 1151 1918	474 206 417 115	29 F	0600 1116 1822	229 383 148
15 F	0145 0813 1325 2043	473 206 412 111	30 SA	0112 0722 1246 1939	430 230 381 146
			31 SU	0221 0841 1409 2052	442 209 400 133

11 月

日期	潮时 时分	潮高 cm	日期	潮时 时分	潮高 cm
1 M	0314 0943 1513 2154	462 175 434 113	16 TU	0407 1052 1621 2311	469 106 452 114
2 TU E	0355 1034 1602 2247	484 136 471 94	17 W	0441 1132 1702 2352	470 85 466 118
3 W	0430 1118 1643 2335	505 100 504 78	18 TH	0511 1208 1739	469 69 475
4 TH ●	0501 1200 1722	523 69 530	19 F ○	0026 0538 1240 1813	123 468 60 479
5 F P	0020 0533 1240 1802	69 537 46 547	20 SA	0056 0605 1312 1847	127 466 56 480
6 SA	0103 0607 1321 1844	68 542 31 553	21 SU A	0126 0633 1344 1923	130 463 59 478
7 SU	0146 0645 1403 1931	76 537 24 547	22 M N	0156 0703 1415 2001	134 458 65 474
8 M S	0230 0726 1449 2025	94 521 28 530	23 TU	0229 0734 1447 2042	141 450 74 468
9 TU	0318 0813 1538 2128	119 494 42 506	24 W	0304 0810 1520 2127	153 439 84 458
10 W	0412 0907 1635 2240	148 460 64 481	25 TH	0344 0851 1557 2217	169 425 95 447
11 TH ☽	0515 1014 1742	175 426 88	26 F	0431 0941 1643 2312	186 408 107 436
12 F	0001 0632 1137 1900	464 188 401 105	27 SA ☾	0528 1044 1741	197 391 119
13 SA	0121 0753 1309 2017	457 182 397 112	28 SU	0013 0637 1201 1848	430 197 383 125
14 SU	0229 0905 1430 2125	460 160 411 113	29 M	0117 0748 1322 1958	433 179 392 124
15 M E	0323 1004 1532 2223	466 132 432 112	30 TU E	0214 0853 1432 2103	445 149 417 115

12 月

日期	潮时 时分	潮高 cm	日期	潮时 时分	潮高 cm
1 W	0302 0949 1528 2204	463 112 449 103	16 TH	0408 1058 1648 2318	426 82 431 146
2 TH	0344 1040 1617 2300	482 76 480 91	17 F	0444 1139 1729 2358	428 66 443 143
3 F	0424 1129 1703 2353	499 45 507 83	18 SA A	0517 1218 1805	431 55 453
4 SA ● P	0504 1216 1750	511 21 526	19 SU ○	0034 0548 1255 1841	138 435 51 460
5 SU	0043 0545 1304 1838	81 516 6 533	20 M N	0108 0618 1329 1916	133 440 51 466
6 M S	0131 0627 1352 1929	87 513 2 530	21 TU	0141 0649 1402 1951	131 445 54 469
7 TU	0220 0713 1442 2023	99 501 7 517	22 W	0215 0722 1434 2028	133 447 57 469
8 W	0309 0803 1532 2120	116 482 22 497	23 TH	0250 0757 1506 2105	138 446 62 465
9 TH	0402 0857 1625 2222	134 457 44 475	24 F	0328 0837 1541 2144	147 440 68 458
10 F	0459 0959 1722 2327	151 430 70 455	25 SA	0410 0922 1622 2226	155 429 77 450
11 SA ☽	0603 1110 1823	162 405 95	26 SU	0457 1014 1710 2315	160 414 90 443
12 SU E	0035 0712 1232 1927	439 161 390 117	27 M ☾ E	0553 1117 1806	158 401 103
13 M	0139 0819 1353 2032	431 148 390 133	28 TU	0010 0655 1230 1909	439 147 397 114
14 TU	0237 0919 1503 2135	427 128 401 143	29 W	0109 0800 1346 2016	440 127 407 120
15 W	0326 1012 1600 2231	426 104 416 146	30 TH	0208 0905 1455 2125	446 99 430 119
			31 F	0303 1007 1557 2233	457 67 459 114

时　区：－0800　　　　潮高基准面：在平均海面下 290　cm

中 国 — 青 岛

CHINA－QINGDAO

2021 年潮汐表　　36° 05′ N　　120° 18′ E

1 月

日期	潮时 时分	潮高 cm	日期	潮时 时分	潮高 cm
1	0018	98	16	0059	79
F	0523	376	SA	0608	390
	1238	14		1320	- 1
	1814	393		1852	394
2	0057	98	17	0138	84
SA	0601	381	SU	0648	382
	1315	12		1357	13
	1852	394		1931	381
3	0137	100	18	0217	90
SU	0641	381	M	0729	367
	1355	13		1433	32
	1932	390		2011	364
4	0219	103	19	0256	98
M	0725	374	TU	0812	346
	1437	20	E	1510	55
	2016	381		2054	344
5	0306	105	20	0339	107
TU	0814	361	W	0901	321
	1523	34	☽	1551	83
	2106	370		2142	325
6	0358	106	21	0428	113
W	0912	343	TH	1003	297
☾ E	1615	52	A	1638	112
	2204	359		2242	308
7	0457	101	22	0527	115
TH	1024	329	F	1124	282
	1716	74		1739	138
	2310	353		2351	299
8	0605	89	23	0637	110
F	1147	325	SA	1256	284
	1827	91		1855	153
9	0017	353	24	0058	298
SA	0717	68	SU	0748	96
P	1308	336		1407	298
	1943	100		2011	154
10	0119	357	25	0155	305
SU	0825	43	M	0850	77
	1417	355		1501	319
	2053	100		2113	144
11	0216	364	26	0243	318
M	0925	18	TU	0941	57
	1515	376	N	1543	342
	2154	94		2203	129
12	0309	372	27	0324	335
TU	1020	0	W	1027	38
S	1605	393		1619	364
	2247	87		2247	113
13	0358	380	28	0402	354
W	1111	- 11	TH	1108	22
●	1651	403	○	1652	382
	2335	81		2327	99
14	0444	387	29	0438	374
TH	1158	- 14	F	1147	9
	1733	406		1724	397
15	0018	79	30	0005	86
F	0527	391	SA	0514	391
	1241	- 11		1225	- 1
	1813	403		1757	406
			31	0043	76
			SU	0551	403
				1302	- 6
				1831	411

2 月

日期	潮时 时分	潮高 cm	日期	潮时 时分	潮高 cm
1	0121	69	16	0148	65
M	0630	408	TU	0703	386
	1339	- 5		1401	36
	1907	409		1930	380
2	0201	65	17	0222	69
TU	0711	403	W	0740	367
E	1419	5		1433	58
	1946	402		2002	362
3	0243	65	18	0258	78
W	0757	389	TH	0821	343
P	1501	24	A	1508	85
	2030	388		2037	341
4	0330	67	19	0339	90
TH	0849	366	F	0910	317
☾	1549	52	☽	1549	117
	2120	370		2119	319
5	0424	70	20	0428	102
F	0955	341	SA	1018	294
	1646	86		1641	148
	2221	350		2215	298
6	0530	72	21	0531	110
SA	1120	324	SU	1159	285
	1758	117		1754	171
	2336	334		2340	287
7	0647	66	22	0647	108
SU	1259	326	M	1336	298
	1924	133		1924	176
8	0055	329	23	0110	291
M	0808	50	TU	0807	94
S	1420	344	N	1438	323
	2045	130		2044	164
9	0208	337	24	0216	310
TU	0918	30	W	0912	70
	1519	367		1523	351
	2150	115		2142	142
10	0308	352	25	0305	336
W	1016	13	TH	1004	46
	1605	385		1559	376
	2243	99		2228	116
11	0356	370	26	0346	366
TH	1106	- 1	F	1048	24
●	1643	397		1631	398
	2327	84		2309	92
12	0438	386	27	0423	393
F	1149	- 2	SA	1128	6
	1719	403	○	1701	415
				2347	70
13	0005	74	28	0459	416
SA	0516	397	SU	1205	- 5
	1226	1		1732	427
	1752	405			
14	0041	67			
SU	0552	401			
	1259	8			
	1825	402			
15	0114	64			
M	0627	397			
E	1330	20			
	1857	394			

3 月

日期	潮时 时分	潮高 cm	日期	潮时 时分	潮高 cm
1	0023	51	16	0048	48
M	0536	432	TU	0604	405
E	1242	- 9		1301	42
	1805	433		1822	403
2	0100	38	17	0119	47
TU	0614	437	W	0637	397
P	1319	- 5		1331	57
	1839	433		1850	393
3	0139	31	18	0150	52
W	0655	431	TH	0712	383
	1358	9	A	1402	76
	1917	423		1918	377
4	0220	31	19	0223	62
TH	0739	413	F	0750	364
	1440	36		1435	101
	1958	404		1949	358
5	0305	38	20	0300	76
F	0831	385	SA	0835	342
	1527	73		1513	130
	2046	376		2026	336
6	0358	51	21	0343	93
SA	0936	353	SU	0934	320
☾	1625	114	☽	1602	160
	2145	345		2112	313
7	0504	66	22	0439	107
SU	1111	330	M	1105	306
S	1743	148	N	1711	184
	2307	319		2227	294
8	0629	73	23	0553	113
M	1306	332	TU	1255	314
	1919	159		1844	191
9	0048	314	24	0020	293
TU	0758	65	W	0720	104
	1423	351		1404	338
	2044	146		2013	175
10	0208	328	25	0143	315
W	0912	47	TH	0836	83
	1515	371		1451	365
	2146	123		2115	146
11	0305	351	26	0239	347
TH	1008	31	F	0933	57
	1553	387		1528	391
	2233	100		2202	113
12	0348	373	27	0322	382
F	1054	22	SA	1020	34
	1626	398		1600	414
	2312	81		2243	81
13	0425	391	28	0401	413
SA	1131	21	SU	1101	16
●	1656	405	○E	1631	432
	2346	66		2322	52
14	0459	403	29	0439	438
SU	1203	25	M	1140	6
E	1726	409		1703	446
				2359	29
15	0017	55	30	0517	453
M	0532	408	TU	1218	5
	1232	32	P	1736	452
	1754	409			
			31	0037	13
			W	0556	457
				1257	13
				1812	449

4 月

日期	潮时 时分	潮高 cm	日期	潮时 时分	潮高 cm
1	0117	5	16	0122	47
TH	0638	449	F	0649	393
	1338	34		1336	102
	1850	434		1843	383
2	0159	9	17	0154	58
F	0725	428	SA	0727	381
	1422	65		1410	123
	1932	408		1915	368
3	0245	23	18	0229	71
SA	0820	398	SU	0812	366
	1512	104	N	1449	147
	2020	375		1953	349
4	0340	45	19	0310	85
SU	0929	365	M	0909	349
☾ S	1614	143		1538	171
	2122	339		2040	328
5	0449	69	20	0403	100
M	1115	344	TU	1028	336
	1738	168	☽	1645	190
	2256	313		2151	310
6	0616	83	21	0513	109
TU	1301	348	W	1204	338
	1914	169		1810	192
				2336	307
7	0043	314	22	0634	107
W	0745	80	TH	1317	356
	1409	362		1934	173
	2032	149			
8	0158	332	23	0104	327
TH	0855	68	F	0751	92
	1455	376		1408	378
	2129	122		2038	141
9	0250	356	24	0206	360
F	0948	58	SA	0854	72
	1530	387		1448	402
	2212	98		2128	104
10	0331	376	25	0254	394
SA	1030	54	SU	0945	53
	1600	396	E	1523	424
	2248	77		2212	68
11	0406	391	26	0336	425
SU	1104	55	M	1030	39
E	1628	403		1557	442
	2320	60		2253	37
12	0439	401	27	0416	449
M	1135	60	TU	1113	32
●	1655	407	○P	1632	454
	2351	48		2334	12
13	0511	405	28	0457	463
TU	1205	67	W	1155	34
	1721	407		1708	457
14	0021	42	29	0015	- 3
W	0542	405	TH	0540	465
A	1234	75		1237	46
	1747	403		1746	450
15	0051	42	30	0057	- 6
TH	0615	401	F	0626	456
	1304	87		1321	68
	1814	395		1827	432

时　区：－0800　　　　潮高基准面：在平均海面下 239　cm

中 国—青 岛

CHINA－QINGDAO

2021 年潮汐表　　36° 05′ N　　120° 18′ E

5 月

日期	潮时 时分	潮高 cm	日期	潮时 时分	潮高 cm
1 SA S	0142 0716 1409 1912	2 435 98 404	16 SU	0132 0712 1353 1852	59 396 142 375
2 SU	0232 0814 1503 2005	21 407 130 372	17 M	0208 0757 1434 1934	68 388 159 362
3 M ☾	0328 0925 1607 2111	47 379 158 340	18 TU	0250 0850 1524 2024	78 377 175 347
4 TU	0436 1102 1727 2243	73 361 173 321	19 W ☽	0341 0955 1626 2131	89 367 184 332
5 W	0555 1232 1852	91 360 168	20 TH	0444 1110 1738 2258	99 365 180 329
6 TH	0018 0714 1335 2003	322 98 366 147	21 F	0554 1221 1851	103 374 160
7 F	0132 0822 1420 2057	336 96 375 122	22 SA E	0022 0706 1317 1956	343 99 390 128
8 SA E	0225 0914 1457 2140	354 94 382 97	23 SU	0129 0812 1402 2050	370 90 409 92
9 SU	0308 0957 1528 2217	371 94 389 76	24 M	0224 0909 1444 2139	400 79 427 57
10 M	0345 1033 1556 2251	384 96 394 60	25 TU	0312 1000 1524 2225	428 71 441 27
11 TU ● A	0419 1106 1623 2324	393 00 396 49	26 W ○ P	0358 1040 1603 2311	450 60 449 6
12 W	0451 1138 1649 2355	399 103 397 45	27 TH	0443 1136 1644 2356	462 73 449 -5
13 TH	0524 1210 1716	402 109 395	28 F S	0530 1223 1727	465 84 441
14 F	0027 0557 1242 1745	47 403 117 391	29 SA	0043 0618 1310 1812	-5 457 100 425
15 SA N	0059 0633 1316 1817	52 401 128 385	30 SU	0131 0709 1400 1900	6 440 120 404
			31 M	0222 0805 1453 1954	25 417 141 380

6 月

日期	潮时 时分	潮高 cm	日期	潮时 时分	潮高 cm
1 TU	0316 0908 1552 2056	49 394 158 356	16 W	0237 0827 1510 2011	67 404 165 374
2 W ☾	0415 1022 1658 2211	75 376 167 337	17 TH	0324 0919 1604 2110	77 396 166 362
3 TH	0518 1140 1809 2335	98 367 163 330	18 F ☽	0417 1018 1704 2222	89 391 158 355
4 F E	0625 1244 1917	116 366 148	19 SA E	0518 1123 1809 2341	101 392 141 360
5 SA	0053 0731 1334 2013	335 128 369 125	20 SU	0625 1223 1914	110 399 114
6 SU	0155 0829 1416 2101	348 133 372 102	21 M	0055 0733 1318 2015	377 113 410 82
7 M	0244 0918 1452 2143	362 135 376 82	22 TU	0159 0838 1408 2111	400 113 421 52
8 TU A	0326 1001 1524 2221	375 136 379 67	23 W P	0255 0938 1455 2204	425 110 430 27
9 W	0403 1039 1554 2258	386 136 383 58	24 TH ○	0347 1032 1542 2255	445 109 435 10
10 TH ●	0437 1115 1623 2333	395 136 386 55	25 F S	0436 1124 1629 2345	458 110 437 2
11 F	0511 1151 1653	403 137 389	26 SA	0524 1213 1715	462 114 435
12 SA N	0008 0545 1226 1725	54 409 140 392	27 SU	0034 0611 1301 1802	4 458 120 429
13 SU	0042 0621 1302 1800	56 413 145 393	28 M	0122 0658 1348 1849	13 446 129 417
14 M	0118 0700 1341 1839	58 414 152 390	29 TU	0209 0745 1435 1937	29 428 139 400
15 TU	0155 0741 1423 1922	61 411 160 384	30 W	0255 0835 1524 2030	52 408 149 379

7 月

日期	潮时 时分	潮高 cm	日期	潮时 时分	潮高 cm
1 TH ☾ E	0342 0930 1617 2130	78 388 156 357	16 F E	0303 0841 1537 2046	68 422 140 394
2 F	0431 1033 1715 2242	106 373 156 339	17 SA ☽	0351 0931 1630 2150	85 413 133 380
3 SA	0527 1139 1818	134 363 148	18 SU	0446 1030 1731 2307	107 405 121 373
4 SU	0006 0630 1239 1921	334 157 359 133	19 M	0552 1135 1839	129 400 103
5 M A	0121 0737 1330 2018	341 170 359 114	20 TU	0030 0705 1240 1947	380 145 401 80
6 TU	0222 0838 1414 2108	354 174 361 95	21 W P	0147 0819 1341 2052	398 150 405 55
7 W	0311 0931 1454 2153	370 172 366 80	22 TH S	0251 0926 1439 2152	422 147 412 34
8 TH	0351 1016 1529 2235	385 166 374 69	23 F	0346 1025 1532 2247	443 139 422 19
9 F N	0427 1056 1603 2315	400 160 384 62	24 SA ○	0433 1117 1621 2338	457 131 432 13
10 SA ●	0500 1135 1637 2353	413 154 395 56	25 SU	0516 1204 1707	462 125 440
11 SU	0533 1212 1712	424 150 406	26 M	0025 0557 1247 1750	14 460 122 442
12 M	0029 0606 1249 1749	53 431 147 414	27 TU	0107 0636 1328 1831	23 451 123 437
13 TU	0105 0641 1327 1827	51 435 146 417	28 W	0147 0715 1408 1913	38 438 126 423
14 W	0142 0718 1407 1908	52 434 145 415	29 TH E	0224 0755 1449 1957	59 420 132 401
15 TH	0221 0757 1449 1954	57 429 143 407	30 F	0303 0837 1532 2047	86 400 138 376
			31 SA ☾	0344 0924 1620 2148	117 379 143 351

8 月

日期	潮时 时分	潮高 cm	日期	潮时 时分	潮高 cm
1 SU	0431 1021 1716 2311	150 360 145 335	16 M	0420 0946 1659 2244	126 404 105 379
2 M A	0531 1129 1822	180 347 141	17 TU P	0528 1056 1812	158 386 99
3 TU	0046 0644 1238 1931	337 200 342 129	18 W S	0024 0650 1215 1931	380 177 378 85
4 W	0200 0800 1337 2033	351 204 346 113	19 TH	0151 0814 1331 2045	398 178 383 64
5 TH N	0255 0904 1428 2127	371 197 357 94	20 F	0255 0924 1436 2148	422 164 398 44
6 F	0337 0955 1510 2214	392 185 373 77	21 SA	0343 1020 1529 2242	442 147 417 30
7 SA	0412 1039 1548 2256	412 170 392 63	22 SU ○	0424 1108 1614 2328	454 130 436 24
8 SU ●	0443 1118 1623 2335	428 156 412 52	23 M	0500 1149 1654	459 117 448
9 M	0513 1155 1659	441 142 430	24 TU	0008 0534 1226 1732	28 458 109 452
10 TU	0012 0543 1231 1734	45 450 131 443	25 W E	0044 0607 1302 1809	38 453 104 448
11 W	0047 0614 1307 1811	42 454 122 449	26 TH	0118 0640 1336 1846	54 442 104 435
12 TH E	0123 0648 1344 1850	43 454 115 447	27 F	0151 0713 1412 1925	74 426 107 415
13 F	0200 0723 1424 1933	51 450 110 437	28 SA	0225 0746 1449 2008	100 405 115 390
14 SA	0240 0804 1508 2023	68 439 108 419	29 SU	0301 0822 1531 2100	130 381 126 363
15 SU ☽	0326 0850 1559 2124	93 423 107 397	30 M ☾ A	0344 0904 1620 2214	164 357 137 341
			31 TU	0439 1003 1723	196 335 144

时　区：－0800　　　　潮高基准面：在平均海面下 239　cm

中 国—青 岛

CHINA－QINGDAO

2021 年潮汐表　　36° 05′ N　　120° 18′ E

9 月

日期	潮时 时分	潮高 cm	日期	潮时 时分	潮高 cm
1 W	0006 0554 1134 1839	336 218 325 141	16 TH	0035 0649 1209 1923	379 194 352 90
2 TH N	0131 0723 1300 1956	351 222 331 126	17 F	0156 0815 1334 2040	399 181 366 71
3 F	0229 0838 1402 2059	373 209 349 104	18 SA	0250 0920 1435 2140	418 157 389 53
4 SA	0312 0933 1449 2149	398 187 375 81	19 SU	0330 1009 1521 2229	433 132 413 42
5 SU	0346 1016 1529 2233	420 163 403 62	20 M ○	0404 1051 1601 2309	442 111 432 41
6 M	0416 1055 1605 2311	437 139 429 48	21 TU E	0435 1127 1637 2344	446 95 443 48
7 TU ●	0444 1130 1640 2347	451 118 451 40	22 W	0505 1200 1711	447 83 446
8 W E	0513 1206 1715	461 99 465	23 TH	0016 0534 1232 1745	59 443 77 442
9 TH	0023 0543 1241 1751	37 467 84 472	24 F	0047 0602 1304 1820	73 434 75 432
10 F	0059 0615 1318 1830	41 467 74 468	25 SA	0118 0630 1337 1856	91 419 80 416
11 SA P	0136 0650 1357 1913	54 460 70 455	26 SU A	0151 0659 1411 1936	113 400 90 395
12 SU	0217 0730 1441 2003	77 443 73 431	27 M	0226 0731 1448 2023	140 378 105 371
13 M ☽	0304 0815 1532 2106	110 417 82 401	28 TU	0306 0806 1532 2128	170 354 121 348
14 TU	0400 0911 1634 2235	149 386 93 378	29 W ☾ N	0356 0853 1629 2315	199 330 135 338
15 W S	0515 1028 1754	182 359 99	30 TH	0508 1019 1744	220 312 140

10 月

日期	潮时 时分	潮高 cm	日期	潮时 时分	潮高 cm
1 F	0051 0643 1216 1909	349 223 316 130	16 SA	0142 0805 1327 2025	388 164 351 78
2 SA	0152 0806 1329 2021	370 204 339 109	17 SU	0229 0903 1422 2122	401 135 375 66
3 SU	0235 0902 1421 2116	393 175 370 85	18 M	0306 0948 1506 2206	410 108 396 62
4 M	0310 0946 1503 2201	415 142 403 64	19 TU E	0337 1026 1543 2243	417 85 411 64
5 TU	0340 1024 1541 2241	433 111 432 49	20 W ○	0406 1100 1618 2316	421 68 420 71
6 W ●E	0409 1101 1617 2318	449 83 455 41	21 TH	0434 1132 1651 2347	421 56 422 80
7 TH	0439 1137 1653 2355	461 59 470 39	22 F	0501 1203 1724	418 51 420
8 F P	0510 1214 1731	467 42 476	23 SA	0018 0527 1235 1757	91 411 51 414
9 SA	0034 0544 1252 1812	46 465 32 471	24 SU A	0050 0554 1307 1833	104 400 58 403
10 SU	0114 0621 1333 1858	63 453 32 454	25 M	0122 0623 1339 1912	121 386 69 389
11 M	0158 0702 1419 1950	90 430 41 426	26 TU N	0157 0654 1414 1957	141 368 83 372
12 TU S	0247 0748 1511 2057	125 397 59 394	27 W	0236 0731 1455 2056	164 348 98 353
13 W ☽	0347 0847 1618 2239	162 361 81 371	28 TH ☾	0324 0817 1546 2219	187 327 112 341
14 TH	0508 1016 1742	187 333 94	29 F	0429 0928 1653 2354	204 307 121 344
15 F	0032 0644 1207 1911	374 187 332 91	30 SA	0554 1122 1813	205 305 120
			31 SU	0101 0718 1247 1929	358 185 325 107

11 月

日期	潮时 时分	潮高 cm	日期	潮时 时分	潮高 cm
1 M	0149 0819 1346 2031	377 153 355 89	16 TU	0233 0918 1446 2135	377 89 364 87
2 TU E	0226 0907 1432 2122	397 116 387 70	17 W	0306 0957 1525 2214	382 66 376 90
3 W	0300 0949 1513 2206	417 80 417 56	18 TH	0336 1032 1601 2248	385 49 384 93
4 TH ●	0332 1029 1553 2248	434 48 441 48	19 F ○	0405 1106 1635 2322	386 38 389 97
5 F P	0406 1108 1633 2329	447 22 457 47	20 SA	0432 1139 1708 2354	384 35 391 102
6 SA	0441 1149 1714	452 5 462	21 SU A	0500 1211 1742	381 37 390
7 SU	0012 0518 1231 1759	55 447 -2 456	22 M N	0027 0528 1244 1818	109 376 43 387
8 M S	0056 0558 1315 1848	73 432 2 439	23 TU	0101 0559 1317 1857	119 368 50 381
9 TU	0143 0643 1404 1943	98 408 16 412	24 W	0137 0634 1352 1940	132 359 59 371
10 W	0235 0733 1459 2050	127 377 39 383	25 TH	0216 0713 1431 2030	148 346 69 358
11 TH ☽	0336 0835 1604 2222	154 345 64 361	26 F	0301 0759 1517 2130	163 330 79 346
12 F	0452 1002 1720 2359	169 321 83 358	27 SA ☾	0357 0900 1613 2242	172 314 90 341
13 SA	0619 1142 1841	165 318 91	28 SU	0504 1025 1719 2353	172 305 98 345
14 SU	0107 0735 1301 1953	363 144 331 90	29 M	0617 1152 1830	156 313 98
15 M E	0155 0833 1400 2050	370 116 348 87	30 TU E	0050 0725 1302 1939	358 127 335 91

12 月

日期	潮时 时分	潮高 cm	日期	潮时 时分	潮高 cm
1 W	0136 0822 1358 2039	375 92 363 80	16 TH	0233 0925 1511 2144	344 60 341 115
2 TH	0217 0912 1447 2132	393 56 391 69	17 F	0310 1006 1551 2224	347 45 352 113
3 F	0257 0959 1533 2221	409 24 415 63	18 SA A	0343 1044 1627 2301	350 35 361 110
4 SA ●P	0337 1044 1618 2309	419 -1 432 62	19 SU ○	0414 1120 1701 2336	353 31 368 108
5 SU	0418 1130 1705 2356	424 -17 439 67	20 M N	0444 1156 1734	356 30 374
6 M S	0501 1217 1753	421 -22 435	21 TU	0011 0515 1230 1808	108 360 31 378
7 TU	0044 0546 1305 1843	79 411 -17 422	22 W	0046 0548 1303 1844	111 362 33 379
8 W	0132 0633 1355 1935	95 394 -3 400	23 TH	0122 0624 1338 1921	116 361 35 375
9 TH	0223 0725 1447 2033	113 372 18 376	24 F	0200 0703 1414 2002	122 356 40 368
10 F	0318 0823 1543 2139	129 348 44 354	25 SA	0241 0746 1455 2046	129 346 49 359
11 SA ☽	0420 0932 1643 2258	139 324 69 340	26 SU	0327 0836 1541 2138	132 332 61 350
12 SU E	0529 1055 1748	140 309 91	27 M ☾E	0421 0939 1635 2238	130 319 75 345
13 M	0010 0643 1220 1858	336 128 308 106	28 TU	0522 1055 1738 2342	121 314 89 348
14 TU	0107 0747 1329 2004	337 106 316 114	29 W	0629 1215 1849	101 322 97
15 W	0153 0840 1424 2058	340 82 328 116	30 TH	0042 0737 1326 2000	356 74 342 97
			31 F	0137 0839 1427 2105	366 43 367 92

时　区：－0800　　　　潮高基准面：在平均海面下 239　cm

中 国—石 岛

CHINA－SHIDAO

2021 年潮汐表　　36° 52′ N　　122° 25′ E

1 月

日期	潮时 时分	潮高 cm	日期	潮时 时分	潮高 cm
1 F	0303	239	16 SA	0402	242
	0937	9		1020	-1
	1620	256		1703	253
	2147	87		2237	76
2 SA	0337	238	17 SU	0439	237
	1013	9		1058	9
	1700	254		1737	245
	2227	88		2317	76
3 SU	0413	235	18 M	0514	228
	1051	10		1133	22
	1740	251		1809	237
	2310	88		2357	77
4 M	0456	229	19 TU E	0552	216
	1132	16		1207	38
	1822	245		1841	228
	2357	87			
5 TU	0550	221	20 W ☽	0040	79
	1216	25		0637	203
	1907	239		1243	56
				1916	219
6 W ☾ E	0051	84	21 TH A	0128	81
	0655	211		0731	190
	1306	39		1325	77
	1955	232		1956	209
7 TH	0151	78	22 F	0224	82
	0809	203		0841	180
	1402	56		1418	98
	2048	227		2047	201
8 F	0258	68	23 SA	0333	78
	0929	200		1005	179
	1508	74		1530	115
	2148	224		2152	198
9 SA P	0409	54	24 SU	0448	68
	1054	206		1132	190
	1623	87		1656	122
	2253	225		2302	201
10 SU	0519	36	25 M	0552	53
	1214	221		1238	207
	1739	93		1807	119
	2356	228			
11 M	0622	17	26 TU N	0001	209
	1318	238		0643	30
	1846	93		1328	224
				1859	110
12 TU S	0055	233	27 W	0051	220
	0718	2		0728	25
	1413	253		1411	240
	1942	90		1942	100
13 W ●	0148	238	28 TH ○	0136	230
	0809	-7		0808	14
	1501	261		1450	251
	2031	85		2022	90
14 TH	0237	243	29 F	0219	238
	0856	-11		0847	7
	1545	263		1529	259
	2116	81		2100	81
15 F	0322	244	30 SA	0302	244
	0940	-8		0925	3
	1626	260		1607	263
	2157	78		2139	74
			31 SU	0344	246
				1002	1
				1645	263
				2218	68

2 月

日期	潮时 时分	潮高 cm	日期	潮时 时分	潮高 cm
1 M	0428	246	16 TU	0500	238
	1039	4		1102	30
	1722	260		1729	246
	2258	63		2323	57
2 TU E	0512	242	17 W	0532	230
	1116	11		1130	44
	1758	254		1754	239
	2340	58		2357	59
3 W P	0558	235	18 TH A	0609	220
	1156	24		1159	61
	1835	247		1821	230
4 TH ☾	0026	55	19 F ☽	0035	63
	0649	225		0653	209
	1239	44		1232	82
	1914	238		1852	219
5 F	0118	53	20 SA	0121	69
	0749	213		0748	196
	1329	69		1314	106
	1958	227		1930	208
6 SA	0220	53	21 SU	0220	75
	0905	204		0904	188
	1431	95		1417	129
	2056	217		2028	198
7 SU	0334	50	22 M	0339	76
	1038	204		1041	192
	1555	115		1555	141
	2215	211		2154	195
8 M S	0459	41	23 TU N	0506	67
	1209	218		1209	208
	1730	119		1735	137
	2339	214		2320	203
9 TU	0613	26	24 W	0612	51
	1317	237		1307	229
	1844	110		1838	121
10 W	0049	225	25 TH	0026	217
	0713	12		0703	35
	1409	252		1351	248
	1940	97		1925	104
11 TH ●	0147	236	26 F	0121	233
	0804	3		0747	21
	1453	261		1431	262
	2026	84		2006	86
12 F	0237	245	27 SA ○	0210	247
	0848	0		0828	11
	1532	263		1509	271
	2106	73		2045	71
13 SA	0319	250	28 SU	0257	257
	0927	3		0906	6
	1606	261		1546	275
	2143	64		2123	57
14 SU	0356	249			
	1001	10			
	1636	257			
	2217	59			
15 M E	0429	245			
	1033	19			
	1704	252			
	2250	57			

3 月

日期	潮时 时分	潮高 cm	日期	潮时 时分	潮高 cm
1 M E	0342	264	16 TU	0412	256
	0944	6		1004	39
	1621	275		1627	258
	2200	46		2220	44
2 TU P	0426	266	17 W	0442	253
	1020	12		1030	49
	1656	272		1649	254
	2239	38		2249	44
3 W	0508	263	18 TH A	0513	248
	1057	23		1057	62
	1729	265		1710	248
	2319	33		2321	46
4 TH	0552	256	19 F	0547	241
	1134	41		1124	78
	1802	256		1731	240
				2355	52
5 F	0002	33	20 SA	0626	232
	0638	244		1156	97
	1216	65		1754	231
	1836	244			
6 SA ☾	0052	38	21 SU ☽	0036	61
	0734	229		0714	219
	1305	94		1235	119
	1914	229		1824	220
7 SU S	0151	47	22 M N	0127	72
	0849	216		0819	208
	1410	122		1334	141
	2014	213		1915	207
8 M	0309	55	23 TU	0239	80
	1031	214		0952	206
	1547	139		1511	153
	2153	205		2053	198
9 TU	0446	52	24 W	0412	78
	1206	228		1130	219
	1733	134		1702	146
	2335	212		2240	204
10 W	0605	40	25 TH	0532	65
	1310	245		1234	239
	1843	116		1811	125
11 TH	0049	228	26 F	0001	221
	0704	28		0630	48
	1356	258		1321	258
	1933	95		1900	100
12 F	0144	243	27 SA	0103	241
	0752	21		0718	34
	1434	265		1401	272
	2013	77		1941	77
13 SA ●	0229	253	28 SU ○E	0156	259
	0831	21		0801	24
	1508	267		1439	280
	2049	63		2021	57
14 SU E	0307	258	29 M	0245	273
	0906	25		0841	22
	1537	265		1515	284
	2121	53		2059	40
15 M	0341	258	30 TU P	0330	281
	0936	31		0920	25
	1603	262		1551	283
	2151	47		2137	27
			31 W	0414	285
				0958	34
				1625	279
				2217	19

4 月

日期	潮时 时分	潮高 cm	日期	潮时 时分	潮高 cm
1 TH	0456	283	16 F	0454	264
	1036	49		1029	86
	1658	271		1628	252
	2257	16		2252	41
2 F	0540	276	17 SA	0528	260
	1116	70		1059	99
	1729	260		1647	247
	2342	20		2326	47
3 SA	0628	264	18 SU N	0606	252
	1200	94		1132	115
	1801	246		1710	240
4 SU ☾S	0032	31	19 M	0005	56
	0724	247		0652	241
	1253	120		1215	132
	1841	229		1743	230
5 M	0132	47	20 TU ☽	0052	67
	0841	232		0751	231
	1404	142		1316	148
	1953	213		1835	217
6 TU	0252	62	21 W	0157	78
	1022	229		0912	227
	1549	149		1446	154
	2146	206		2015	206
7 W	0429	64	22 TH	0320	81
	1148	240		1040	235
	1724	134		1624	143
	2329	216		2208	210
8 TH	0545	58	23 F	0443	74
	1245	253		1148	249
	1826	111		1733	119
				2333	228
9 F	0038	233	24 SA	0548	62
	0642	51		1238	264
	1328	262		1824	92
	1911	88			
10 SA	0129	248	25 SU E	0040	249
	0727	48		0641	52
	1403	266		1321	275
	1949	69		1908	66
11 SU E	0211	257	26 M	0136	269
	0805	49		0728	47
	1434	267		1401	282
	2023	55		1950	43
12 M ●	0248	263	27 TU ○P	0226	284
	0838	53		0812	48
	1501	266		1439	284
	2053	46		2031	26
13 TU	0321	265	28 W	0313	294
	0908	59		0854	54
	1526	263		1516	283
	2122	41		2113	13
14 W A	0352	266	29 TH	0359	299
	0935	66		0936	65
	1549	260		1553	278
	2151	38		2156	7
15 TH	0423	266	30 F	0444	298
	1002	75		1018	80
	1609	257		1628	270
	2221	38		2240	8

时 区：-0800　　潮高基准面：在平均海面下 166 cm

中　国—石　岛

CHINA－SHIDAO

2021 年潮汐表　　36° 52′ N　　122° 25′ E

5 月

日期	潮时时分	潮高 cm	日期	潮时时分	潮高 cm
1 SA S	0530 1102 1702 2326	291 99 260 17	16 SU	0513 1041 1617 2306	273 118 252 46
2 SU	0619 1151 1740	278 118 247	17 M	0552 1119 1645 2344	267 128 246 53
3 M ☾	0018 0717 1248 1830	31 262 136 232	18 TU	0637 1206 1725	260 138 237
4 TU	0117 0830 1401 1951	50 249 147 217	19 W ☽	0030 0731 1306 1824	62 252 146 225
5 W	0231 0954 1533 2131	68 243 144 212	20 TH	0128 0837 1422 2000	72 248 145 217
6 TH	0357 1108 1653 2304	77 247 127 219	21 F	0238 0948 1542 2140	79 250 131 220
7 F	0509 1204 1753	79 253 105	22 SA E	0353 1052 1649 2303	81 257 108 235
8 SA E	0012 0606 1246 1839	233 78 258 83	23 SU	0501 1146 1744	79 266 81
9 SU	0104 0653 1322 1918	246 79 261 66	24 M	0015 0600 1234 1833	254 76 273 55
10 M	0147 0733 1353 1952	257 81 262 53	25 TU	0115 0654 1318 1920	274 77 278 34
11 TU ●A	0224 0808 1421 2023	265 84 261 44	26 W ○P	0209 0744 1401 2007	290 80 280 18
12 W	0259 0839 1447 2054	271 89 260 39	27 TH	0259 0832 1443 2053	301 87 278 8
13 TH	0332 0909 1511 2125	275 95 259 37	28 F S	0347 0919 1525 2140	307 96 275 5
14 F	0404 0938 1533 2157	276 101 257 38	29 SA	0434 1006 1606 2227	306 106 269 8
15 SA N	0438 1008 1554 2231	276 109 255 41	30 SU	0522 1053 1648 2315	300 117 262 19
			31 M	0611 1144 1734	288 127 251

6 月

日期	潮时时分	潮高 cm	日期	潮时时分	潮高 cm
1 TU	0005 0705 1240 1829	34 275 135 239	16 W	0624 1158 1724	276 134 246
2 W ☾	0059 0805 1344 1939	53 262 138 226	17 TH	0014 0711 1252 1829	56 270 134 237
3 TH	0159 0908 1456 2058	73 253 133 218	18 F ☽	0105 0803 1354 1951	66 266 128 231
4 F E	0306 1010 1607 2221	89 250 120 219	19 SA E	0203 0859 1459 2115	78 263 115 232
5 SA	0415 1106 1709 2335	101 249 102 228	20 SU	0308 0956 1605 2235	90 264 95 241
6 SU	0517 1152 1800	107 251 84	21 M	0416 1052 1706 2352	99 267 73 257
7 M	0033 0612 1232 1842	241 111 253 68	22 TU	0523 1147 1804	106 270 51
8 TU A	0120 0658 1307 1920	254 113 255 55	23 W P	0058 0627 1239 1858	276 110 273 32
9 W	0201 0738 1339 1956	266 115 257 46	24 TH ○	0157 0725 1330 1951	293 113 275 18
10 TH ●	0239 0814 1410 2031	275 117 259 41	25 F S	0249 0818 1420 2041	305 116 276 10
11 F	0314 0847 1439 2105	281 119 260 39	26 SA	0339 0908 1509 2130	311 118 276 9
12 SA N	0349 0919 1506 2140	284 121 261 39	27 SU	0426 0956 1557 2217	311 120 274 14
13 SU	0425 0953 1534 2215	285 124 260 41	28 M	0512 1044 1643 2303	305 121 270 24
14 M	0502 1030 1603 2251	284 127 258 44	29 TU	0557 1131 1730 2348	296 123 262 39
15 TU	0542 1111 1638 2330	281 131 253 49	30 W	0641 1220 1818	284 124 250

7 月

日期	潮时时分	潮高 cm	日期	潮时时分	潮高 cm
1 TH ☾E	0032 0725 1312 1912	57 272 124 237	16 F E	0646 1230 1834	285 114 254
2 F	0118 0810 1408 2014	78 262 121 226	17 SA ☽	0041 0728 1322 1938	67 279 107 247
3 SA	0208 0858 1509 2126	100 253 116 221	18 SU	0131 0813 1421 2051	85 272 98 243
4 SU	0306 0950 1614 2245	119 246 105 224	19 M	0230 0905 1526 2212	106 267 87 246
5 M A	0416 1045 1714 2358	134 244 91 236	20 TU	0339 1005 1636 2338	126 263 71 259
6 TU	0526 1136 1806	141 245 76	21 W P	0458 1112 1745	138 263 54
7 W	0054 0625 1221 1851	252 143 249 62	22 TH S	0051 0614 1217 1847	278 141 267 37
8 TH	0141 0712 1302 1933	267 141 255 52	23 F	0152 0717 1318 1943	296 137 273 24
9 F N	0221 0752 1340 2012	279 138 261 45	24 SA ○	0244 0812 1414 2034	309 130 279 17
10 SA ●	0259 0829 1416 2049	288 134 266 41	25 SU	0331 0901 1507 2121	315 123 284 17
11 SU	0336 0905 1452 2126	293 130 269 39	26 M	0414 0945 1554 2204	314 117 285 23
12 M	0413 0942 1527 2202	296 127 270 39	27 TU	0454 1028 1636 2244	308 112 281 33
13 TU	0450 1020 1606 2239	296 125 269 41	28 W	0531 1109 1716 2322	300 109 274 48
14 W	0528 1100 1648 2316	294 122 266 45	29 TH E	0604 1149 1756 2358	290 108 263 65
15 TH	0606 1143 1738 2357	290 119 261 53	30 F	0637 1230 1838	279 108 250
			31 SA ☾	0034 0709 1315 1928	86 268 109 238

8 月

日期	潮时时分	潮高 cm	日期	潮时时分	潮高 cm
1 SU	0115 0744 1406 2030	110 256 110 228	16 M	0102 0729 1347 2032	102 273 84 253
2 M A	0204 0828 1508 2150	134 246 108 226	17 TU P	0200 0820 1455 2159	130 261 82 251
3 TU	0309 0926 1621 2319	156 239 101 234	18 W S	0317 0931 1617 2335	153 253 75 262
4 W	0436 1036 1730	167 238 88	19 TH	0453 1057 1737	163 253 61
5 TH N	0030 0555 1140 1825	251 166 244 73	20 F	0051 0615 1216 1843	282 155 262 44
6 F	0122 0650 1233 1912	269 158 255 59	21 SA	0148 0716 1320 1938	300 141 275 32
7 SA	0204 0734 1319 1954	284 147 265 49	22 SU ○	0235 0806 1415 2026	311 125 286 27
8 SU ●	0242 0813 1403 2033	295 135 275 42	23 M	0316 0848 1502 2107	314 111 293 29
9 M	0319 0850 1445 2110	303 125 281 38	24 TU	0352 0927 1543 2145	311 100 293 36
10 TU	0355 0927 1528 2146	307 116 285 37	25 W E	0425 1003 1620 2219	305 93 289 47
11 W	0430 1004 1611 2222	307 108 286 40	26 TH	0455 1038 1655 2250	297 89 282 61
12 TH E	0505 1041 1655 2258	304 101 284 47	27 F	0522 1112 1728 2321	288 88 273 77
13 F	0540 1121 1739 2335	299 95 279 59	28 SA	0547 1146 1805 2352	279 89 263 97
14 SA	0614 1203 1827	292 89 272	29 SU	0611 1224 1847	268 93 252
15 SU ☽	0015 0650 1251 1923	78 283 86 262	30 M ☾A	0027 0639 1309 1940	120 256 99 239
			31 TU	0109 0714 1406 2055	145 244 105 231

时　区：－0800　　　　潮高基准面：在平均海面下 166 cm

中　国—石　岛

CHINA－SHIDAO

2021 年潮汐表　　36° 52′ N　　122° 25′ E

9 月

日期	潮时 时分	潮高 cm	日期	潮时 时分	潮高 cm
1 W	0211 0808 1522 2233	169 234 107 233	16 TH	0313 0916 1608 2334	170 237 78 265
2 TH N	0347 0934 1650	182 229 99	17 F	0501 1101 1732	166 242 65
3 F	0002 0528 1102 1757	249 176 236 83	18 SA	0043 0615 1220 1836	283 146 259 51
4 SA	0058 0629 1209 1848	269 159 251 66	19 SU	0133 0708 1319 1927	296 123 275 42
5 SU	0139 0713 1303 1931	286 140 267 53	20 M ○	0213 0751 1408 2009	303 102 287 41
6 M	0216 0752 1351 2010	299 121 281 43	21 TU E	0249 0828 1449 2046	303 86 292 45
7 TU ●	0252 0828 1437 2047	306 104 291 39	22 W	0320 0902 1526 2118	299 75 292 53
8 W E	0326 0904 1521 2123	310 91 298 39	23 TH	0348 0934 1559 2149	293 68 288 63
9 TH	0401 0940 1604 2159	309 79 300 45	24 F	0413 1004 1630 2217	286 65 284 75
10 F	0434 1016 1646 2235	305 70 299 56	25 SA	0435 1035 1702 2245	279 65 278 90
11 SA P	0507 1055 1729 2312	298 64 293 72	26 SU A	0455 1107 1736 2314	270 67 270 107
12 SU	0539 1137 1815 2352	289 61 284 95	27 M	0513 1142 1815 2347	262 73 260 127
13 M ☽	0610 1224 1909	277 64 271	28 TU	0535 1223 1902	252 82 247
14 TU	0040 0646 1321 2019	123 263 71 257	29 W ☾ N	0027 0605 1314 2007	149 240 94 234
15 W S	0142 0741 1434 2155	151 247 79 253	30 TH	0127 0655 1425 2142	169 227 103 232

10 月

日期	潮时 时分	潮高 cm	日期	潮时 时分	潮高 cm
1 F	0306 0836 1558 2319	179 217 101 244	16 SA	0455 1100 1716	147 230 68
2 SA	0456 1026 1717	169 223 88	17 SU	0019 0600 1212 1816	270 122 248 60
3 SU	0019 0600 1145 1813	262 146 240 71	18 M	0104 0648 1306 1904	279 96 263 56
4 M	0102 0644 1244 1859	279 120 260 56	19 TU E	0141 0727 1351 1944	282 75 273 57
5 TU	0140 0723 1334 1940	291 96 278 47	20 W ○	0213 0802 1429 2018	282 59 278 62
6 W ●E	0215 0759 1421 2018	298 75 292 44	21 TH	0242 0834 1504 2050	278 49 279 68
7 TH	0250 0835 1506 2056	300 58 300 47	22 F	0308 0904 1536 2119	273 44 278 77
8 F P	0324 0912 1549 2133	299 44 304 55	23 SA	0329 0934 1607 2146	268 42 276 86
9 SA	0358 0950 1632 2210	294 36 303 69	24 SU A	0348 1004 1639 2214	263 43 273 97
10 SU	0430 1031 1716 2250	286 32 297 88	25 M	0405 1036 1712 2243	258 46 267 110
11 M	0500 1115 1803 2334	275 34 286 111	26 TU N	0423 1110 1750 2317	252 53 258 125
12 TU S	0530 1204 1859	262 43 270	27 W	0448 1148 1834 2359	244 63 246 141
13 W ☽	0027 0609 1303 2012	135 246 57 255	28 TH ☾	0521 1235 1931	233 75 235
14 TH	0137 0721 1419 2149	157 229 71 250	29 F	0059 0612 1337 2050	156 218 86 229
15 F	0318 0915 1556 2318	163 221 75 258	30 SA	0230 0750 1459 2219	161 205 90 235
			31 SU	0411 0948 1623 2325	148 208 84 248

11 月

日期	潮时 时分	潮高 cm	日期	潮时 时分	潮高 cm
1 M	0517 1113 1727	123 224 72	16 TU	0023 0618 1243 1832	251 73 238 72
2 TU E	0013 0606 1217 1818	261 95 245 61	17 W	0100 0659 1328 1913	254 53 248 74
3 W	0054 0647 1311 1904	272 68 265 55	18 TH	0132 0735 1408 1950	254 39 256 77
4 TH ●	0132 0727 1400 1946	279 45 280 54	19 F ○	0201 0808 1443 2023	253 31 260 81
5 F P	0209 0806 1447 2027	282 26 291 58	20 SA	0227 0839 1515 2052	251 26 262 87
6 SA	0245 0846 1532 2108	281 13 296 68	21 SU A	0250 0910 1547 2121	249 25 262 92
7 SU	0320 0929 1618 2150	276 6 295 81	22 M N	0311 0942 1620 2150	247 26 260 98
8 M S	0354 1013 1704 2234	269 5 289 97	23 TU	0332 1015 1654 2222	245 30 256 106
9 TU	0427 1100 1754 2323	259 12 277 115	24 W	0357 1049 1732 2258	241 36 250 115
10 W	0505 1151 1851	246 24 262	25 TH	0426 1126 1814 2342	234 43 241 124
11 TH ☽	0020 0557 1250 2001	131 231 42 247	26 F	0503 1208 1904	223 52 233
12 F	0132 0721 1402 2123	141 215 59 240	27 SA ☾	0038 0555 1300 2005	131 210 62 227
13 SA	0302 0901 1527 2239	138 208 70 241	28 SU	0151 0721 1406 2114	132 198 70 227
14 SU	0426 1036 1642 2338	121 213 72 247	29 M	0313 0907 1520 2219	121 196 74 232
15 M E	0529 1149 1742	96 225 72	30 TU E	0424 1032 1630 2314	99 208 73 241

12 月

日期	潮时 时分	潮高 cm	日期	潮时 时分	潮高 cm
1 W	0520 1145 1731	73 226 70	16 TH	0012 0628 1304 1842	225 45 222 92
2 TH	0002 0609 1246 1825	249 46 245 68	17 F	0050 0708 1347 1924	227 31 234 93
3 F	0046 0656 1341 1915	256 23 262 69	18 SA A	0124 0745 1424 2000	230 22 242 93
4 SA ●P	0128 0742 1431 2003	259 4 275 73	19 SU ○	0155 0820 1459 2032	233 17 247 93
5 SU	0210 0828 1520 2050	260 -8 282 79	20 M N	0224 0855 1533 2103	235 16 249 93
6 M S	0252 0915 1608 2137	258 -13 282 87	21 TU	0252 0928 1607 2135	237 16 250 93
7 TU	0333 1002 1656 2225	254 -12 277 95	22 W	0319 1002 1641 2209	236 19 248 95
8 W	0417 1051 1745 2315	247 -4 266 103	23 TH	0348 1035 1718 2246	233 22 245 98
9 TH	0505 1142 1838	237 10 252	24 F	0421 1110 1757 2328	228 26 240 101
10 F	0011 0602 1235 1934	110 224 27 239	25 SA	0500 1147 1839	220 32 234
11 SA ☽	0114 0711 1333 2036	112 209 47 228	26 SU	0017 0552 1231 1925	102 210 41 229
12 SU E	0224 0827 1436 2138	108 198 65 223	27 M ☾ E	0113 0703 1323 2016	99 199 53 225
13 M	0337 0949 1546 2237	97 194 79 222	28 TU	0217 0827 1424 2112	91 194 66 224
14 TU	0444 1110 1653 2328	80 199 87 223	29 W	0324 0951 1531 2210	77 198 77 226
15 W	0541 1214 1752	61 210 91	30 TH	0431 1112 1643 2309	57 210 85 230
			31 F	0534 1226 1752	35 228 88

时　区：－0800　　潮高基准面：在平均海面下 166　cm

中 国—烟 台

CHINA－YANTAI

2021 年潮汐表　　37° 33′ N　　121° 24′ E

1 月

日期	潮时 时分	潮高 cm
1 F	0520 1121 1708 2326	22 208 47 237
2 SA	0556 1158 1747	20 210 47
3 SU	0003 0633 1238 1829	236 19 210 49
4 M	0043 0713 1323 1915	232 19 209 52
5 TU	0128 0755 1412 2007	224 20 207 56
6 W ☾ E	0218 0842 1506 2107	213 24 205 59
7 TH	0317 0935 1608 2219	200 31 205 58
8 F	0425 1037 1712 2341	190 39 207 51
9 SA P	0539 1147 1817	185 45 212
10 SU	0054 0653 1256 1920	39 186 48 218
11 M	0159 0803 1359 2020	26 193 46 226
12 TU S	0256 0904 1455 2115	15 201 43 233
13 W ●	0348 0957 1544 2204	8 208 39 238
14 TH	0434 1044 1629 2248	6 212 37 240
15 F	0516 1126 1711 2329	6 213 37 239
16 SA	0556 1206 1751	8 213 39
17 SU	0008 0633 1244 1832	234 11 211 43
18 M	0046 0710 1324 1913	226 15 208 48
19 TU E	0126 0748 1405 1958	215 22 203 54
20 W ☽	0208 0827 1449 2050	201 32 196 61
21 TH A	0256 0910 1539 2153	185 45 188 66
22 F	0353 1002 1637 2314	169 60 183 68
23 SA	0505 1108 1744	157 72 181
24 SU	0032 0631 1221 1854	63 155 78 185
25 M	0141 0748 1328 1954	53 163 77 195
26 TU N	0236 0843 1422 2043	42 175 71 206
27 W	0320 0926 1505 2125	31 188 62 218
28 TH ○	0357 1002 1543 2203	23 199 53 228
29 F	0430 1036 1619 2239	17 207 45 236
30 SA	0503 1110 1656 2315	14 214 39 240
31 SU	0536 1145 1735 2351	11 218 35 241

2 月

日期	潮时 时分	潮高 cm
1 M	0611 1221 1815	8 222 34
2 TU E	0029 0647 1301 1859	239 7 224 34
3 W P	0111 0726 1344 1947	232 9 224 37
4 TH ☾	0157 0808 1431 2040	221 17 222 41
5 F	0251 0857 1525 2146	207 30 216 47
6 SA	0355 0957 1628 2312	191 47 209 49
7 SU	0512 1115 1742	180 62 204
8 M S	0040 0642 1241 1905	43 177 68 206
9 TU	0156 0807 1356 2018	33 186 64 215
10 W	0256 0910 1454 2115	21 198 55 225
11 TH ●	0344 0958 1540 2201	13 207 47 232
12 F	0423 1037 1619 2239	10 214 40 236
13 SA	0458 1111 1656 2314	9 219 36 236
14 SU	0530 1142 1731 2348	10 221 34 234
15 M E	0602 1214 1807	12 223 33
16 TU	0022 0633 1246 1844	229 16 223 35
17 W	0057 0704 1321 1923	221 22 219 40
18 TH A	0134 0736 1357 2005	210 32 213 47
19 F ☽	0214 0810 1436 2054	196 46 205 58
20 SA	0301 0851 1521 2201	180 64 195 68
21 SU	0400 0948 1619 2332	165 82 185 71
22 M	0527 1115 1738	156 94 181
23 TU N	0058 0711 1247 1912	65 162 95 188
24 W	0206 0819 1358 2016	52 178 85 203
25 TH	0254 0905 1447 2104	37 195 70 219
26 F	0332 0942 1526 2144	26 209 56 233
27 SA ○	0405 1016 1602 2221	18 220 43 243
28 SU	0436 1049 1639 2257	12 229 34 248

3 月

日期	潮时 时分	潮高 cm
1 M E	0509 1122 1717 2332	9 237 27 249
2 TU P	0542 1157 1758	6 243 24
3 W	0010 0618 1234 1841	247 7 247 23
4 TH	0051 0657 1315 1927	241 13 247 26
5 F	0137 0739 1400 2020	230 25 241 33
6 SA ☾	0231 0828 1451 2124	215 44 229 44
7 SU S	0335 0930 1554 2256	196 67 214 53
8 M	0500 1100 1719	181 85 201
9 TU	0033 0645 1241 1902	52 181 88 202
10 W	0152 0808 1359 2016	41 192 78 213
11 TH	0248 0904 1451 2108	30 206 65 223
12 F	0329 0945 1531 2149	23 217 54 231
13 SA ●	0403 1017 1605 2223	20 225 44 235
14 SU E	0432 1046 1637 2254	20 230 37 236
15 M	0500 1113 1710 2325	22 235 33 235
16 TU	0528 1141 1743 2356	24 238 31 233
17 W	0556 1211 1818	28 239 32
18 TH A	0028 0625 1243 1853	228 34 238 37
19 F	0102 0655 1316 1931	220 43 233 44
20 SA	0139 0727 1351 2013	209 56 225 55
21 SU ☽	0222 0804 1431 2107	195 73 214 66
22 M N	0316 0854 1521 2231	181 92 201 75
23 TU	0436 1021 1631	171 108 190
24 W	0007 0628 1207 1820	73 174 109 191
25 TH	0124 0743 1328 1943	62 189 95 206
26 F	0218 0833 1421 2036	47 207 76 223
27 SA	0257 0912 1502 2118	34 223 58 238
28 SU ○E	0331 0946 1540 2155	25 237 43 248
29 M	0404 1019 1618 2231	19 249 31 254
30 TU P	0437 1053 1658 2309	15 258 23 256
31 W	0513 1129 1740 2348	15 265 19 255

4 月

日期	潮时 时分	潮高 cm
1 TH	0551 1208 1824	19 268 19
2 F	0033 0632 1250 1912	248 29 265 24
3 SA	0123 0717 1336 2007	237 45 255 35
4 SU ☾S	0219 0808 1429 2115	221 67 239 49
5 M	0328 0918 1532 2246	203 89 219 59
6 TU	0500 1058 1707	192 103 203
7 W	0019 0637 1238 1851	59 194 101 204
8 TH	0133 0751 1350 2000	51 206 88 213
9 F	0225 0842 1437 2050	43 219 73 223
10 SA	0303 0919 1513 2128	38 229 59 230
11 SU E	0334 0949 1545 2201	38 236 48 234
12 M ●	0402 1016 1617 2232	39 242 41 235
13 TU	0429 1043 1649 2301	42 246 37 235
14 W A	0456 1111 1722 2331	45 250 36 234
15 TH	0523 1141 1756	48 252 39
16 F	0003 0552 1211 1830	231 53 251 43
17 SA	0036 0623 1243 1906	227 61 248 49
18 SU N	0113 0657 1317 1947	220 72 241 56
19 M	0157 0736 1356 2037	211 87 230 65
20 TU ☽	0251 0827 1446 2147	200 103 217 74
21 W	0406 0949 1555 2314	191 116 205 76
22 TH	0544 1130 1733	193 114 201
23 F	0031 0657 1251 1900	69 206 100 212
24 SA	0129 0750 1348 1958	58 222 79 227
25 SU E	0214 0832 1433 2044	47 239 60 241
26 M	0252 0909 1515 2125	38 254 43 251
27 TU ○P	0329 0946 1556 2205	32 267 31 257
28 W	0407 1023 1639 2247	31 276 23 260
29 TH	0447 1103 1724 2332	33 281 20 258
30 F	0529 1146 1812	40 281 22

时　区：－0800　　　　潮高基准面：在平均海面下 147　cm

中 国 — 烟 台

CHINA－YANTAI

2021 年潮汐表 37° 33′ N 121° 24′ E

5 月						6 月						7 月						8 月					
日期	潮时时分	潮高cm	日期	潮时时分	潮高cm	日期	潮时时分	潮高cm	日期	潮时时分	潮高cm	日期	潮时时分	潮高cm	日期	潮时时分	潮高cm	日期	潮时时分	潮高cm	日期	潮时时分	潮高cm
1	0021	252	16	0018	234	1	0210	240	16	0130	242	1	0239	249	16	0153	260	1	0322	247	16	0254	273
	0614	52		0601	80		0752	98		0714	102		0827	105		0748	96		0940	104		0915	85
SA	1231	275	SU	1219	258	TU	1402	253	W	1325	258	TH	1431	247	F	1356	265	SU	1539	225	M	1524	248
S	1903	29		1851	54		2047	53		2001	60	☾ E	2102	64	E	2017	59		2147	101		2125	89
2	0115	242	17	0057	231	2	0311	233	17	0219	240	2	0331	243	17	0240	260	2	0415	239	17	0351	265
	0703	68		0638	88		0858	109		0805	106		0928	109		0840	96		1054	107		1031	88
SU	1320	263	M	1255	253	W	1500	235	TH	1414	248	F	1527	231	SA	1448	254	M	1647	211	TU	1637	234
	2001	40		1932	58	☾	2148	63		2048	64		2153	77	☽	2103	67	A	2249	118	P	2236	107
3	0216	229	18	0142	226	3	0417	227	18	0314	238	3	0427	238	18	0332	260	3	0518	233	18	0501	257
	0800	87		0722	98		1014	114		0906	108		1038	109		0942	96		1211	104		1202	86
M	1414	245	TU	1336	244	TH	1609	219	F	1512	238	SA	1632	217	SU	1549	243	TU	1814	205	W	1806	228
☾	2107	52		2020	64		2252	71	☽	2141	69		2251	90		2158	78				S		
4	0326	216	19	0235	219	4	0522	226	19	0415	239	4	0525	235	19	0431	260	4	0003	129	19	0004	117
	0914	104		0817	109		1135	110		1016	105		1151	104		1056	92		0630	233		0624	255
TU	1519	225	W	1427	232	F	1729	211	SA	1621	230	SU	1747	210	M	1700	235	W	1325	96	TH	1324	76
	2225	62	☽	2117	70	E	2357	78	E	2241	73		2353	102		2303	89		1939	212		1937	235
5	0448	209	20	0342	214	5	0623	229	20	0517	245	5	0623	236	20	0534	261	5	0117	132	20	0128	116
	1047	112		0929	115		1243	99		1131	95		1257	94		1215	83		0736	240		0746	262
W	1646	210	TH	1533	221	SA	1842	210	SU	1733	229	M	1902	210	TU	1816	233	TH	1427	84	F	1433	62
	2346	65		2225	73					2343	76	A						N	2039	224		2047	248
6	0607	211	21	0500	216	6	0055	82	21	0615	254	6	0055	109	21	0015	98	6	0219	127	21	0235	107
	1217	107		1052	112		0716	235		1240	80		0719	240		0639	265		0829	251		0849	273
TH	1819	207	F	1655	215	SU	1337	85	M	1841	233	TU	1356	84	W	1326	71	F	1514	73	SA	1525	51
				2334	72		1943	215					2006	216	P	1932	238		2124	237		2139	260
7	0054	64	22	0607	225	7	0144	85	22	0045	77	7	0151	112	22	0126	101	7	0305	119	22	0325	96
	0713	219		1210	99		0801	241		0710	264		0808	246		0745	271		0913	263		0939	283
F	1324	94	SA	1814	220	M	1424	72	TU	1340	64	W	1447	74	TH	1431	58	SA	1552	64	SU	1607	45
	1928	212	E				2034	222		1944	241		2058	225	S	2042	248		2200	249	○	2221	268
8	0147	61	23	0035	67	8	0226	87	23	0142	77	8	0239	112	23	0231	99	8	0341	109	23	0406	87
	0803	229		0702	239		0840	247		0802	274		0851	254		0847	279		0952	274		1021	287
SA	1412	78	SU	1312	80	TU	1505	62	W	1435	51	TH	1531	67	F	1528	48	SU	1625	58	M	1644	43
E	2020	220		1917	231	A	2116	227	P	2042	250		2140	233		2141	258	●	2232	258		2257	272
9	0228	60	24	0127	60	9	0303	89	24	0237	77	9	0320	109	24	0327	94	9	0414	100	24	0444	81
	0842	237		0749	254		0916	253		0853	282		0931	262		0942	287		1028	283		1059	288
SU	1450	64	M	1404	61	W	1544	57	TH	1528	41	F	1610	62	SA	1617	42	M	1656	55	TU	1717	45
	2102	226		2010	242		2153	232	○	2137	257	N	2216	241	○	2231	265		2304	264		2330	274
10	0301	61	25	0213	55	10	0336	90	25	0329	78	10	0355	106	25	0415	89	10	0448	93	25	0521	77
	0915	244		0832	268		0950	259		0944	288		1007	269		1030	291		1103	288		1134	285
M	1524	54	TU	1451	45	TH	1620	56	F	1620	36	SA	1644	59	SU	1701	40	TU	1725	54	W	1750	49
	2138	231		2058	252	●	2227	235	S	2231	261	●	2250	247		2316	268		2336	268	E		
11	0332	63	26	0258	53	11	0408	91	26	0419	79	11	0428	102	26	0459	87	11	0523	87	26	0002	275
	0945	249		0915	279		1023	263		1034	291		1043	274		1114	292		1138	289		0558	70
TU	1558	48	W	1538	34	F	1655	56	SA	1710	35	SU	1717	58	M	1742	41	W	1756	52	TH	1209	280
●A	2210	233	○P	2145	258		2259	238		2323	263		2323	252		2357	270					1822	54
12	0400	66	27	0343	53	12	0439	91	27	0508	81	12	0503	99	27	0541	87	12	0009	272	27	0035	273
	1014	254		0958	286		1056	266		1123	290		1118	278		1155	289		0601	83		0635	76
W	1632	46	TH	1625	28	SA	1729	57	SU	1758	36	M	1749	57	TU	1821	44	TH	1213	288	F	1245	272
	2241	234		2233	261	N	2333	241					2357	256				E	1830	51		1855	62
13	0428	69	28	0428	57	13	0513	92	28	0012	262	13	0539	96	28	0036	269	13	0044	276	28	0109	270
	1044	258		1044	289		1130	268		0555	85		1154	279		0623	88		0642	81		0715	79
TH	1706	47	F	1714	27	SU	1803	57	M	1210	285	TU	1822	56	W	1235	282	F	1251	283	SA	1323	261
	2311	234	S	2324	260					1844	40					1858	49		1906	52		1928	73
14	0457	71	29	0515	64	14	0008	243	29	0101	259	14	0033	258	29	0115	267	14	0122	278	29	0145	263
	1115	260		1131	287		0549	94		0643	91		0618	95		0705	91		0726	80		0759	86
F	1740	49	SA	1805	30	M	1205	267	TU	1256	276	W	1231	278	TH	1315	271	SA	1334	275	SU	1404	246
	2343	234					1839	57		1930	46		1857	55	E	1936	57		1945	59		2004	89
15	0528	75	30	0017	256	15	0047	244	30	0149	255	15	0111	259	30	0155	262	15	0205	277	30	0224	253
	1146	260		0603	73		0629	97		0733	98		0701	95		0750	94		0816	82		0849	95
SA	1814	52	SU	1220	280	TU	1243	264	W	1342	263	TH	1311	273	F	1358	258	SU	1424	263	M	1451	229
N				1857	36		1918	58		2015	54		1935	56		2015	68	☽	2030	71	☾ A	2044	108
			31	0112	249										31	0237	256				31	0307	241
				0655	85											0841	99					0955	104
			M	1309	269										SA	1444	242				TU	1551	212
				1951	44										☾	2057	84					2141	127

时 区：－0800

潮高基准面：在平均海面下 147 cm

中　国—烟　台

CHINA－YANTAI

2021年潮汐表　　37° 33′ N　　121° 24′ E

9　月

日期	潮时 时分	潮高 cm	日期	潮时 时分	潮高 cm
1 W	0402 1120 1722 2310	230 108 202 141	16 TH	0440 1158 1812	242 84 222
2 TH N	0522 1244 1905	223 103 207	17 F	0011 0628 1323 1940	124 239 74 232
3 F	0043 0701 1356 2012	142 228 90 223	18 SA	0135 0749 1426 2040	114 250 60 246
4 SA	0155 0805 1446 2057	131 243 75 239	19 SU	0233 0845 1511 2124	99 261 50 257
5 SU	0243 0852 1524 2133	116 259 63 252	20 M ○	0315 0929 1547 2200	85 270 46 265
6 M	0320 0931 1556 2205	100 273 55 263	21 TU E	0351 1005 1618 2230	74 273 47 269
7 TU ●	0353 1007 1625 2235	87 283 51 271	22 W	0424 1038 1647 2258	66 273 49 271
8 W E	0427 1041 1654 2306	76 288 48 277	23 TH	0458 1109 1716 2326	61 271 53 272
9 TH	0502 1114 1725 2338	68 290 47 283	24 F	0532 1141 1745 2356	59 267 59 272
10 F	0540 1149 1759	63 288 47	25 SA	0608 1214 1815	60 261 66
11 SA P	0012 0621 1228 1836	287 61 283 51	26 SU A	0028 0645 1249 1845	268 65 252 76
12 SU	0051 0706 1313 1917	288 61 274 62	27 M	0102 0724 1327 1918	262 72 240 89
13 M ☽	0134 0756 1404 2004	284 66 260 79	28 TU	0137 0807 1411 1955	253 82 225 106
14 TU	0222 0856 1506 2102	273 75 242 101	29 W ☾ N	0216 0903 1506 2045	240 93 210 125
15 W S	0321 1020 1628 2227	257 84 225 119	30 TH	0305 1025 1632 2219	225 100 199 139

10　月

日期	潮时 时分	潮高 cm	日期	潮时 时分	潮高 cm
1 F	0416 1154 1822	213 99 202	16 SA	0012 0623 1306 1924	115 221 65 225
2 SA	0005 0614 1311 1932	137 213 87 216	17 SU	0127 0736 1403 2018	101 230 55 237
3 SU	0122 0732 1406 2019	122 228 73 233	18 M	0219 0829 1445 2058	83 239 49 247
4 M	0212 0822 1445 2056	102 245 60 248	19 TU E	0257 0910 1518 2130	68 246 48 253
5 TU	0251 0903 1517 2129	83 260 51 260	20 W ○	0331 0944 1547 2158	56 249 49 257
6 W ●E	0326 0938 1547 2200	66 270 45 271	21 TH	0403 1015 1615 2225	48 249 52 259
7 TH	0401 1012 1619 2232	54 275 41 279	22 F	0436 1045 1643 2254	44 247 56 261
8 F P	0439 1047 1653 2305	46 277 40 286	23 SA	0510 1115 1711 2324	44 244 60 261
9 SA	0519 1125 1729 2342	41 276 43 289	24 SU A	0545 1147 1740 2355	47 240 65 258
10 SU	0602 1207 1810	39 271 51	25 M	0620 1220 1811	52 235 73
11 M	0023 0649 1255 1854	286 43 260 65	26 TU N	0027 0657 1258 1844	253 58 227 83
12 TU S	0109 0743 1351 1945	277 51 245 84	27 W	0101 0738 1341 1922	245 65 216 97
13 W ☽	0200 0848 1459 2051	260 63 227 105	28 TH ☾	0140 0827 1434 2013	233 74 204 112
14 TH	0303 1014 1629 2229	240 73 213 118	29 F	0227 0935 1549 2135	218 81 195 123
15 F	0432 1148 1808	223 73 214	30 SA	0334 1057 1729 2318	204 83 195 120
			31 SU	0516 1212 1841	199 77 206

11　月

日期	潮时 时分	潮高 cm	日期	潮时 时分	潮高 cm
1 M	0037 0645 1310 1932	105 208 66 221	16 TU	0153 0801 1408 2023	67 209 51 229
2 TU E	0133 0742 1355 2013	84 223 54 237	17 W	0234 0845 1444 2057	52 215 51 234
3 W	0217 0826 1432 2049	63 236 45 252	18 TH	0310 0922 1516 2128	41 219 52 239
4 TH ●	0257 0905 1508 2124	46 246 38 264	19 F ○	0345 0955 1546 2159	34 220 53 242
5 F P	0336 0943 1545 2159	33 253 34 273	20 SA	0419 1025 1615 2229	32 220 55 244
6 SA	0418 1022 1624 2237	24 256 35 279	21 SU A	0454 1055 1645 2300	34 219 57 245
7 SU	0502 1105 1705 2319	21 255 40 279	22 M N	0529 1126 1715 2332	37 218 60 244
8 M S	0549 1152 1750	22 249 49	23 TU	0604 1200 1747	40 216 65
9 TU	0004 0639 1245 1838	273 27 239 63	24 W	0004 0639 1237 1822	240 43 212 72
10 W	0053 0735 1345 1933	261 36 225 79	25 TH	0039 0718 1320 1903	234 47 207 81
11 TH ☽	0147 0839 1455 2043	244 47 211 95	26 F	0117 0802 1410 1954	224 51 199 90
12 F	0251 0956 1618 2216	223 55 203 103	27 SA ☾	0204 0854 1512 2101	211 57 192 97
13 SA	0415 1117 1740 2350	206 58 204 98	28 SU	0305 0957 1629 2223	198 60 191 96
14 SU	0552 1228 1849	200 56 212	29 M	0424 1104 1740 2344	190 60 198 85
15 M E	0101 0706 1324 1942	84 203 53 221	30 TU E	0545 1206 1837	191 54 210

12　月

日期	潮时 时分	潮高 cm	日期	潮时 时分	潮高 cm
1 W	0049 0651 1259 1925	67 199 47 225	16 TH	0207 0817 1408 2026	44 186 57 214
2 TH	0142 0745 1347 2008	48 211 40 239	17 F	0251 0902 1448 2104	34 191 57 219
3 F	0229 0833 1432 2050	31 221 35 251	18 SA A	0332 0940 1524 2139	28 195 56 224
4 SA ●P	0316 0919 1517 2133	18 229 33 259	19 SU ○	0410 1013 1557 2213	26 198 55 228
5 SU	0403 1005 1603 2218	11 233 33 264	20 M N	0445 1044 1628 2245	27 201 54 231
6 M S	0451 1054 1650 2305	8 232 37 263	21 TU	0519 1115 1659 2318	28 204 54 232
7 TU	0541 1146 1738 2354	10 228 44 257	22 W	0551 1148 1733 2351	29 205 55 231
8 W	0632 1240 1828	14 221 54	23 TH	0624 1224 1809	29 205 57
9 TH	0044 0724 1338 1922	247 20 212 65	24 F	0026 0658 1303 1850	227 30 203 61
10 F	0136 0819 1439 2022	231 28 204 76	25 SA	0104 0736 1347 1937	220 31 200 66
11 SA ☽	0233 0917 1544 2135	213 37 197 83	26 SU	0147 0818 1436 2030	211 34 197 70
12 SU E	0339 1021 1652 2302	195 45 195 81	27 M ☾ E	0238 0906 1533 2134	200 38 196 71
13 M	0456 1128 1756	182 51 197	28 TU	0339 1001 1636 2248	189 42 198 67
14 TU	0017 0615 1229 1854	71 178 55 202	29 W	0450 1103 1738	184 45 205
15 W	0117 0722 1323 1944	58 181 57 208	30 TH	0004 0602 1208 1837	55 185 46 215
			31 F	0110 0709 1310 1933	40 192 45 225

时　区：－0800　　　　潮高基准面：在平均海面下147　cm

中　国—天津新港(塘沽)

CHINA－TIANJIN XINGANG(TANGGU)

2021 年潮汐表　　38° 59′ N　　117° 47′ E

1　月

日期	潮时 时分	潮高 cm	日期	潮时 时分	潮高 cm
1 F	0439 1045 1536 2309	335 161 312 46	16 SA	0508 1130 1627 2356	333 152 311 38
2 SA	0515 1125 1613 2346	338 161 315 48	17 SU	0546 1210 1713	333 145 311
3 SU	0552 1207 1656	338 159 316	18 M	0031 0623 1250 1759	49 333 138 307
4 M	0024 0631 1252 1745	51 338 155 313	19 TU E	0104 0701 1330 1848	62 332 129 299
5 TU	0105 0712 1341 1841	57 336 146 307	20 W ☽	0138 0739 1411 1942	79 327 121 288
6 W ☾ E	0150 0757 1433 1945	68 333 133 297	21 TH A	0215 0820 1456 2045	99 319 114 275
7 TH	0240 0845 1529 2102	84 330 116 289	22 F	0258 0903 1547 2159	123 309 108 266
8 F	0337 0935 1630 2222	106 325 97 286	23 SA	0352 0951 1647 2324	149 297 101 265
9 SA P	0444 1027 1733 2345	129 319 77 291	24 SU	0500 1043 1753	171 288 92
10 SU	0557 1121 1838	148 312 58	25 M	0043 0616 1142 1901	276 184 284 79
11 M	0100 0709 1216 1945	303 160 306 43	26 TU N	0144 0726 1241 2003	293 185 286 66
12 TU S	0204 0815 1312 2048	315 165 303 31	27 W	0232 0823 1334 2055	311 179 293 54
13 W ●	0259 0912 1405 2144	325 165 303 25	28 TH ○	0313 0910 1418 2140	326 170 302 47
14 TH	0346 1002 1455 2233	331 162 306 24	29 F	0350 0954 1458 2221	336 161 311 44
15 F	0429 1047 1541 2317	333 158 309 29	30 SA	0425 1036 1536 2259	342 154 318 44
			31 SU	0500 1118 1616 2337	344 147 323 46

2　月

日期	潮时 时分	潮高 cm	日期	潮时 时分	潮高 cm
1 M	0534 1159 1659	344 140 326	16 TU	0005 0548 1224 1744	66 341 116 323
2 TU E	0014 0608 1241 1746	51 344 129 325	17 W	0034 0619 1256 1825	77 342 107 319
3 W P	0052 0643 1323 1837	60 344 115 322	18 TH A	0103 0650 1330 1910	91 339 99 312
4 TH ☾	0132 0719 1407 1934	75 343 100 315	19 F ☽	0135 0721 1407 2000	110 332 95 301
5 F	0216 0758 1456 2042	97 338 85 305	20 SA	0211 0753 1451 2102	135 321 94 288
6 SA	0305 0842 1552 2200	126 329 75 296	21 SU	0253 0829 1544 2221	163 308 96 279
7 SU	0407 0934 1659 2329	157 316 68 294	22 M	0348 0918 1652 2357	190 295 98 283
8 M S	0527 1037 1815	181 302 62	23 TU N	0511 1028 1809	208 285 95
9 TU	0056 0653 1151 1936	303 189 293 53	24 W	0111 0646 1150 1927	300 208 285 84
10 W	0204 0809 1310 2045	316 183 294 42	25 TH	0204 0800 1309 2030	320 192 297 71
11 TH ●	0258 0909 1414 2140	326 170 303 36	26 F	0248 0853 1406 2120	337 172 313 60
12 F	0340 0957 1505 2225	332 156 312 38	27 SA ○	0326 0939 1451 2202	348 154 327 55
13 SA	0415 1038 1548 2303	335 144 318 45	28 SU	0401 1021 1532 2241	353 140 337 55
14 SU	0447 1116 1626 2336	337 134 322 56			
15 M E	0518 1151 1705	339 125 323			

3　月

日期	潮时 时分	潮高 cm	日期	潮时 时分	潮高 cm
1 M E	0433 1101 1612 2319	353 129 343 60	16 TU	0443 1124 1652 2337	346 108 340 95
2 TU P	0503 1140 1654 2356	352 117 346 69	17 W	0509 1154 1726	348 101 342
3 W	0533 1219 1739	352 103 347	18 TH A	0004 0536 1223 1803	106 347 93 342
4 TH	0033 0604 1258 1828	84 352 87 345	19 F	0032 0603 1253 1843	119 345 87 339
5 F	0112 0637 1340 1924	104 351 73 339	20 SA	0102 0629 1327 1928	137 342 84 330
6 SA ☾	0153 0713 1426 2028	130 345 65 327	21 SU ☽	0134 0656 1406 2023	159 335 87 317
7 SU S	0239 0755 1523 2144	160 332 68 313	22 M N	0212 0728 1454 2133	184 325 96 304
8 M	0341 0850 1636 2321	190 314 75 306	23 TU	0303 0814 1600 2306	207 310 108 302
9 TU	0512 1011 1803	209 296 79	24 W	0426 0935 1724	223 294 113
10 W	0052 0650 1152 1931	314 205 291 72	25 TH	0032 0613 1119 1847	315 217 293 107
11 TH	0157 0808 1324 2038	326 104 302 62	26 F	0129 0734 1249 1958	334 193 309 94
12 F	0244 0901 1424 2127	335 160 318 60	27 SA	0213 0830 1350 2050	349 165 330 83
13 SA ●	0320 0943 1508 2207	341 140 329 65	28 SU ○E	0250 0915 1437 2135	359 141 347 78
14 SU E	0349 1020 1545 2241	343 125 335 75	29 M	0323 0956 1519 2215	361 123 358 81
15 M	0416 1054 1618 2310	345 116 338 86	30 TU P	0353 1036 1600 2255	361 108 364 91
			31 W	0421 1114 1643 2333	359 93 368 105

4　月

日期	潮时 时分	潮高 cm	日期	潮时 时分	潮高 cm
1 TH	0450 1153 1729	358 78 370	16 F	0454 1152 1745	348 87 361
2 F	0012 0522 1233 1819	124 357 65 368	17 SA	0004 0517 1222 1823	155 349 83 361
3 SA	0051 0557 1316 1915	146 355 58 361	18 SU N	0034 0541 1254 1906	170 349 83 355
4 SU ☾S	0133 0636 1405 2018	170 348 61 347	19 M	0107 0611 1331 1956	187 347 89 344
5 M	0222 0723 1504 2133	194 333 74 331	20 TU ☽	0147 0650 1417 2059	204 338 101 333
6 TU	0331 0826 1622 2311	215 312 91 323	21 W	0242 0743 1520 2217	219 321 117 327
7 W	0509 1011 1751	219 296 100	22 TH	0407 0912 1643 2342	224 305 128 334
8 TH	0034 0644 1204 1915	329 202 300 98	23 F	0543 1059 1806	210 306 127
9 F	0131 0752 1324 2016	338 171 318 93	24 SA	0043 0659 1225 1917	347 182 323 119
10 SA	0213 0840 1418 2103	345 142 334 94	25 SU E	0127 0756 1327 2014	359 152 345 112
11 SU E	0246 0920 1459 2140	349 121 344 101	26 M	0204 0842 1416 2103	366 125 363 112
12 M ●	0315 0955 1534 2213	351 108 350 111	27 TU ○P	0236 0925 1501 2147	367 104 375 119
13 TU	0341 1026 1606 2242	350 101 353 121	28 W	0306 1006 1545 2229	366 86 382 132
14 W A	0406 1056 1637 2309	349 97 356 131	29 TH	0337 1047 1631 2311	364 72 387 149
15 TH	0430 1124 1709 2337	348 92 359 142	30 F	0409 1130 1720 2349	362 60 388 166

时　区：－0800　　　　潮高基准面：在平均海面下 241　cm

中　国—天津新港(塘沽)

CHINA－TIANJIN XINGANG(TANGGU)

2021 年潮汐表　　38° 59′ N　　117° 47′ E

5　月

日期	潮时 时分	潮高 cm	日期	潮时 时分	潮高 cm
1 SA S	0445 1214 1812	360 54 386	16 SU	0438 1200 1808	354 86 378
2 SU	0034 0525 1301 1907	184 357 56 377	17 M	0015 0508 1232 1849	198 357 89 375
3 M ☾	0121 0612 1352 2008	200 349 67 364	18 TU	0052 0545 1309 1936	207 355 96 368
4 TU	0216 0708 1452 2119	213 334 86 349	19 W ☽	0138 0632 1355 2031	215 346 108 360
5 W	0330 0826 1604 2242	219 316 107 342	20 TH	0237 0734 1454 2135	218 332 122 355
6 TH	0455 1012 1724 2356	210 306 122 343	21 F	0352 0901 1607 2243	213 320 135 356
7 F	0617 1152 1840	186 313 129	22 SA E	0509 1036 1724 2343	194 322 142 362
8 SA E	0049 0721 1306 1940	349 155 329 131	23 SU	0616 1157 1834	165 336 144
9 SU	0130 0809 1400 2028	353 128 344 134	24 M	0032 0714 1302 1936	368 135 356 146
10 M	0205 0849 1443 2107	355 109 355 140	25 TU	0112 0805 1356 2031	372 107 374 152
11 TU ●A	0236 0925 1520 2142	355 98 361 148	26 W ○P	0148 0853 1445 2120	372 85 387 162
12 W	0304 0958 1552 2214	353 92 366 157	27 TH	0223 0940 1534 2207	371 69 396 174
13 TH	0330 1029 1623 2244	350 90 370 167	28 F S	0259 1027 1623 2252	368 58 401 186
14 F	0353 1100 1656 2313	349 88 374 178	29 SA	0338 1115 1713 2337	367 53 401 197
15 SA N	0414 1130 1731 2343	350 86 377 188	30 SU	0421 1203 1803	366 53 398
			31 M	0024 0509 1251 1855	205 363 61 390

6　月

日期	潮时 时分	潮高 cm	日期	潮时 时分	潮高 cm
1 TU	0113 0602 1341 1951	210 355 76 380	16 W	0047 0536 1259 1915	213 365 101 390
2 W ☾	0209 0705 1433 2051	211 343 97 369	17 TH	0134 0628 1343 2001	211 358 110 385
3 TH	0313 0824 1532 2154	205 328 121 362	18 F ☽	0228 0729 1434 2053	205 349 124 381
4 F E	0422 0953 1639 2256	192 320 143 358	19 SA E	0327 0844 1534 2148	191 340 141 379
5 SA	0531 1121 1747 2351	171 321 159 357	20 SU	0430 1008 1642 2242	171 339 157 378
6 SU	0634 1236 1851	147 333 168	21 M	0532 1127 1752 2332	145 348 172 378
7 M	0038 0727 1335 1946	357 125 347 174	22 TU	0632 1239 1900	118 365 184
8 TU A	0119 0813 1423 2032	357 107 360 179	23 W P	0020 0730 1341 2003	377 93 382 193
9 W	0156 0853 1503 2112	355 96 370 184	24 TH ○	0106 0828 1436 2059	375 74 396 200
10 TH ●	0229 0931 1538 2148	354 89 377 191	25 F S	0151 0923 1528 2151	374 61 405 205
11 F	0257 1008 1611 2221	353 86 383 198	26 SA	0237 1017 1617 2240	374 54 410 207
12 SA N	0321 1042 1644 2254	354 86 388 204	27 SU	0324 1107 1704 2327	375 53 410 208
13 SU	0347 1115 1719 2328	358 87 392 209	28 M	0413 1154 1750	376 58 407
14 M	0417 1147 1755	363 90 394	29 TU	0014 0504 1238 1836	205 375 69 402
15 TU	0005 0453 1221 1833	212 366 94 393	30 W	0101 0558 1321 1922	200 370 86 396

7　月

日期	潮时 时分	潮高 cm	日期	潮时 时分	潮高 cm
1 TH ☾ E	0149 0656 1404 2010	193 359 107 389	16 F E	0121 0621 1328 1927	192 377 113 405
2 F	0240 0801 1450 2059	184 346 133 381	17 SA ☽	0206 0717 1412 2008	179 370 129 402
3 SA	0334 0915 1542 2149	173 334 160 372	18 SU	0256 0823 1502 2054	162 362 152 397
4 SU	0432 1035 1644 2242	160 329 185 363	19 M	0351 0940 1602 2145	143 357 180 389
5 M A	0533 1156 1752 2336	146 334 203 356	20 TU	0452 1102 1714 2239	124 359 205 381
6 TU	0634 1304 1859	130 347 213	21 W P	0558 1224 1831 2337	106 370 221 374
7 W	0028 0731 1400 1956	352 114 362 217	22 TH S	0707 1334 1945	89 386 226
8 TH	0115 0823 1445 2044	352 100 377 218	23 F	0038 0816 1433 2048	372 74 400 222
9 F N	0155 0909 1522 2125	355 91 388 217	24 SA ○	0138 0918 1523 2142	374 63 409 214
10 SA ●	0230 0950 1557 2203	360 86 397 215	25 SU	0233 1011 1608 2231	379 58 413 205
11 SU	0302 1028 1630 2240	366 85 403 212	26 M	0324 1058 1649 2316	385 60 413 196
12 M	0334 1103 1703 2318	372 88 407 210	27 TU	0412 1140 1728 2358	389 69 412 186
13 TU	0409 1137 1737 2358	378 92 408 206	28 W	0459 1218 1805	389 83 410
14 W	0449 1211 1812	381 96 408	29 TH E	0039 0546 1253 1842	176 384 100 407
15 TH	0038 0533 1248 1848	201 381 102 407	30 F	0118 0635 1329 1920	167 376 120 401
			31 SA ☾	0159 0729 1406 1958	158 364 144 392

8　月

日期	潮时 时分	潮高 cm	日期	潮时 时分	潮高 cm
1 SU	0241 0829 1448 2040	151 351 173 379	16 M	0223 0804 1433 2002	126 378 174 401
2 M A	0329 0940 1538 2126	147 339 204 363	17 TU P	0315 0919 1528 2052	115 368 207 387
3 TU	0427 1105 1645 2219	143 335 232 350	18 W S	0419 1045 1645 2155	109 362 235 371
4 W	0534 1229 1805 2321	137 344 247 343	19 TH	0535 1218 1816 2312	104 369 246 360
5 TH N	0646 1333 1920	126 361 248	20 F	0657 1332 1939	94 384 237
6 F	0027 0753 1422 2018	345 111 379 239	21 SA	0034 0813 1429 2043	361 81 397 217
7 SA	0125 0846 1501 2105	354 98 394 225	22 SU ○	0145 0913 1515 2134	372 70 405 197
8 SU ●	0211 0930 1536 2146	366 91 406 211	23 M	0241 1001 1552 2218	384 68 407 179
9 M	0250 1009 1608 2225	378 88 412 200	24 TU	0327 1042 1625 2258	391 76 408 166
10 TU	0327 1045 1640 2303	387 90 414 191	25 W E	0408 1118 1656 2335	394 88 407 155
11 W	0404 1119 1711 2341	393 93 414 182	26 TH	0449 1151 1726	394 103 406
12 TH E	0442 1154 1741	396 99 414	27 F	0009 0529 1222 1757	146 390 118 404
13 F	0019 0524 1229 1812	172 397 108 414	28 SA	0043 0611 1253 1828	137 385 136 398
14 SA	0058 0610 1307 1845	159 394 123 413	29 SU	0117 0655 1325 1859	130 376 158 389
15 SU ☽	0138 0702 1348 1921	142 388 145 409	30 M ☾ A	0154 0746 1400 1931	127 363 186 376
			31 TU	0236 0847 1440 2007	128 348 216 361

时　区：－0800　　　　潮高基准面：在平均海面下 241　cm

中　国—天津新港(塘沽)

CHINA－TIANJIN XINGANG(TANGGU)

2021 年潮汐表　　38° 59′ N　　117° 47′ E

9 月

日期	潮时 时分	潮高 cm	日期	潮时 时分	潮高 cm
1 W	0328 1007 1534 2054	133 335 246 344	16 TH	0357 1036 1632 2128	102 355 247 345
2 TH N	0436 1145 1701 2210	139 337 264 332	17 F	0525 1216 1814 2312	108 360 243 337
3 F	0558 1259 1842 2340	137 353 259 332	18 SA	0655 1325 1937	102 373 217
4 SA	0718 1350 1953	126 373 237	19 SU	0050 0807 1415 2034	348 89 384 185
5 SU	0100 0819 1431 2042	347 111 390 211	20 M ○	0156 0900 1454 2120	366 83 389 158
6 M	0155 0905 1505 2124	366 100 402 188	21 TU E	0245 0943 1525 2159	378 86 391 139
7 TU ●	0238 0944 1537 2202	383 95 407 170	22 W	0325 1020 1552 2234	384 97 390 127
8 W E	0316 1020 1606 2240	393 95 408 157	23 TH	0400 1052 1618 2306	385 110 388 119
9 TH	0352 1056 1634 2316	399 100 407 145	24 F	0434 1121 1645 2337	384 123 386 113
10 F	0430 1131 1701 2353	402 109 406 131	25 SA	0509 1149 1711	383 136 383
11 SA P	0511 1207 1730	402 123 405	26 SU A	0007 0646 1218 1738	107 381 152 379
12 SU	0030 0557 1244 1801	116 400 143 404	27 M	0038 0627 1247 1804	102 375 171 373
13 M ☽	0110 0649 1323 1837	101 394 168 399	28 TU	0111 0712 1319 1832	101 364 193 365
14 TU	0155 0751 1408 1918	92 382 197 387	29 W ☾ N	0149 0806 1355 1904	107 349 217 353
15 W S	0248 0905 1504 2010	93 366 227 367	30 TH	0237 0916 1444 1948	119 333 240 335

10 月

日期	潮时 时分	潮高 cm	日期	潮时 时分	潮高 cm
1 F	0340 1049 1606 2112	134 328 254 316	16 SA	0516 1203 1810 2328	109 344 212 314
2 SA	0506 1214 1802 2307	142 339 243 314	17 SU	0642 1303 1924	108 353 176
3 SU	0633 1310 1922	136 357 213	18 M	0056 0748 1346 2015	331 102 361 141
4 M	0037 0741 1351 2013	332 122 373 180	19 TU E	0155 0837 1421 2057	348 101 364 114
5 TU	0135 0830 1426 2055	354 110 384 152	20 W ○	0240 0917 1449 2134	359 107 364 98
6 W ●E	0220 0912 1456 2133	373 103 388 130	21 TH	0317 0952 1515 2207	363 117 362 90
7 TH	0259 0950 1523 2210	384 105 388 114	22 F	0349 1023 1540 2237	363 128 358 86
8 F P	0336 1028 1549 2247	390 113 386 100	23 SA	0420 1051 1604 2306	364 139 355 83
9 SA	0416 1105 1616 2324	393 126 384 85	24 SU A	0452 1119 1628 2335	365 151 353 80
10 SU	0459 1143 1646	394 144 383	25 M	0526 1146 1651	365 164 352
11 M	0003 0547 1222 1720	72 392 165 381	26 TU N	0004 0605 1215 1716	79 362 177 351
12 TU S	0046 0641 1303 1759	65 384 187 373	27 W	0036 0647 1247 1746	81 354 192 347
13 W ☽	0134 0743 1351 1845	67 369 209 358	28 TH ☾	0111 0736 1326 1823	89 342 206 336
14 TH	0232 0857 1455 1947	80 351 228 335	29 F	0154 0836 1418 1916	102 329 219 317
15 F	0346 1031 1633 2131	98 340 232 314	30 SA	0252 0952 1539 2043	120 321 223 296
			31 SU	0413 1115 1720 2239	134 325 208 293

11 月

日期	潮时 时分	潮高 cm	日期	潮时 时分	潮高 cm
1 M	0539 1217 1837	135 337 177	16 TU	0043 0713 1303 1945	307 119 333 103
2 TU E	0007 0650 1301 1933	310 127 350 143	17 W	0141 0803 1339 2028	321 122 335 81
3 W	0109 0747 1337 2017	332 118 358 114	18 TH	0227 0845 1411 2105	330 127 333 69
4 TH ●	0156 0835 1408 2058	350 115 361 90	19 F ○	0305 0921 1440 2139	335 134 329 63
5 F P	0239 0919 1436 2138	363 119 361 71	20 SA	0337 0954 1507 2212	338 142 326 61
6 SA	0320 1000 1505 2218	371 131 359 57	21 SU A	0408 1024 1530 2243	340 151 324 60
7 SU	0404 1041 1535 2300	375 145 357 46	22 M N	0440 1053 1551 2313	343 160 324 61
8 M S	0451 1122 1609 2345	376 162 355 40	23 TU	0514 1122 1615 2343	344 168 327 63
9 TU	0542 1205 1648	372 177 350	24 W	0550 1154 1645	344 175 328
10 W	0032 0637 1251 1735	42 362 191 341	25 TH	0013 0630 1230 1722	67 340 181 325
11 TH ☽	0124 0737 1345 1832	52 348 201 325	26 F	0046 0714 1313 1807	74 334 187 315
12 F	0223 0848 1455 1948	70 334 205 303	27 SA ☾	0128 0805 1408 1905	86 326 189 298
13 SA	0332 1008 1623 2140	92 325 195 290	28 SU	0221 0904 1518 2026	100 320 185 283
14 SU	0452 1125 1746 2323	108 325 168 293	29 M	0328 1009 1636 2204	114 319 168 279
15 M E	0608 1220 1854	116 330 134	30 TU E	0444 1109 1745 2328	123 323 140 290

12 月

日期	潮时 时分	潮高 cm	日期	潮时 时分	潮高 cm
1 W	0557 1159 1842	127 329 110	16 TH	0116 0719 1253 1951	293 144 307 69
2 TH	0037 0701 1240 1934	307 128 333 81	17 F	0208 0809 1334 2035	305 148 304 57
3 F	0132 0758 1317 2023	325 132 334 57	18 SA A	0251 0851 1410 2115	313 152 302 50
4 SA ●P	0221 0849 1351 2110	340 140 333 40	19 SU ○	0327 0928 1440 2154	320 156 302 47
5 SU	0309 0937 1426 2158	350 150 332 29	20 M N	0359 1002 1506 2229	325 160 303 48
6 M S	0358 1023 1504 2248	354 161 331 23	21 TU	0431 1035 1532 2302	330 163 307 50
7 TU	0448 1108 1547 2338	355 170 329 23	22 W	0504 1108 1601 2333	333 165 311 54
8 W	0539 1156 1636	350 175 325	23 TH	0539 1144 1636	335 165 313
9 TH	0027 0631 1246 1731	30 343 178 317	24 F	0003 0615 1224 1717	59 334 165 311
10 F	0117 0726 1341 1835	43 334 175 304	25 SA	0036 0654 1308 1805	64 333 163 304
11 SA ☽	0209 0824 1444 1953	62 325 168 289	26 SU	0115 0735 1357 1900	71 329 157 295
12 SU E	0304 0924 1552 2124	84 318 153 277	27 M ☾E	0201 0821 1452 2006	82 326 146 284
13 M	0408 1023 1701 2251	107 313 132 275	28 TU	0254 0911 1551 2126	97 323 130 279
14 TU	0515 1118 1805	125 311 108	29 W	0355 1001 1653 2247	115 321 108 282
15 W	0011 0620 1208 1902	282 137 309 86	30 TH	0505 1051 1753	133 319 83
			31 F	0005 0616 1140 1854	294 147 316 60

时　区：－0800　　　　潮高基准面：在平均海面下 241　cm

中　国—秦皇岛

CHINA－QINHUANGDAO

2021 年潮汐表　　39° 54′ N　　119° 36′ E

1　月

日期	潮时 时分	潮高 cm	日期	潮时 时分	潮高 cm
1 F	0813 1926	124 0	16 SA	0901 1948	114 1
2 SA	0859 2004	125 2	17 SU	0950 2024	107 8
3 SU	0947 2040	122 6	18 M	1034 2055	98 17
4 M	1034 2112	116 12	19 TU E	0456 0718 1116 2119	76 70 88 25
5 TU	1122 2139	105 19	20 W ☽	0516 0832 1159 2127	75 65 76 34
6 W ☾ E	0607 0851 1211 2201	83 78 90 29	21 TH A	0521 0951 1246 2108	76 57 62 42
7 TH	0640 1028 1309 2219	80 67 72 40	22 F	0453 1720	80 42
8 F	0357 1224 1439 1815	76 52 53 40	23 SA	0354 1411	89 34
9 SA P	0409 1409	88 33	24 SU	0403 1502	98 23
10 SU	0431 1508	100 15	25 M	0422 1547	106 13
11 M	0500 1602	111 1	26 TU N	0454 1629	113 6
12 TU S	0536 1652	119 -9	27 W	0534 1711	117 3
13 W ●	0620 1740	123 -13	28 TH ○	0619 1752	119 1
14 TH	0709 1825	123 -11	29 F	0709 1831	120 2
15 F	0805 1908	120 -6	30 SA	0802 1907	118 6
			31 SU	0854 1941	114 12

2　月

日期	潮时 时分	潮高 cm	日期	潮时 时分	潮高 cm
1 M	0334 0548 0944 2011	93 83 107 19	16 TU	0346 0649 1038 2008	82 67 84 39
2 TU E	0413 0656 1033 2033	90 78 98 27	17 W	0411 0745 1124 2005	81 61 76 46
3 W P	0449 0806 1126 2047	87 70 86 37	18 TH A	0427 0841 1216 2001	80 54 67 52
4 TH ☾	0523 0914 1227 2054	83 60 72 46	19 F ☽	0131 0940 1749 2003	86 47 60 56
5 F	0158 1026 1337 1630	80 48 56 47	20 SA	0150 1049	97 40
6 SA	0225 1152	94 35	21 SU	0213 1235	107 34
7 SU	0258 1335	108 21	22 M	0246 1408	116 26
8 M S	0335 1451	118 9	23 TU N	0326 1515	123 19
9 TU	0419 1551	124 0	24 W	0411 1606	126 15
10 W	0509 1642	125 -3	25 TH	0503 1649	126 13
11 TH ●	0605 1728	121 -1	26 F	0600 1728	123 15
12 F	0717 1809	114 5	27 SA ○	0706 1804	118 20
13 SA	0826 1847	107 13	28 SU	0155 0413 0812 1836	98 89 112 27
14 SU	0246 0454 0914 1921	84 76 100 22			
15 M E	0317 0551 0956 1949	84 72 92 30			

3　月

日期	潮时 时分	潮高 cm	日期	潮时 时分	潮高 cm
1 M E	0230 0521 0905 1903	98 83 104 37	16 TU	0240 0616 1002 1855	90 65 83 60
2 TU P	0306 0624 0954 1924	97 75 94 47	17 W	0307 0704 1539 1847 2316	89 58 87 67 93
3 W	0342 0722 1047 1935 2335	94 65 84 57 82	18 TH A	0750 1608 1851 2333	52 85 72 102
4 TH	0817 1146 1413 1646 1940	54 73 62 84 66	19 F	0836 1640 1901 2355	45 83 76 113
5 F	0002 0913 1742 1949	95 43 79 73	20 SA	0926	40
6 SA ☾	0036 1015	110 32	21 SU ☽	0026 1021	123 37
7 SU S	0117 1129	123 25	22 M N	0105 1128	132 35
8 M	0204 1303	132 19	23 TU	0151 1306	137 34
9 TU	0256 1430	136 15	24 W	0241 1430	138 32
10 W	0351 1534	132 14	25 TH	0336 1529	135 31
11 TH	0455 1623	124 17	26 F	0439 1614	129 34
12 F	0633 1705	114 24	27 SA	0559 1650	120 40
13 SA ●	0750 1742	106 33	28 SU ○ E	0052 0327 0723 1722	104 94 112 48
14 SU E	0139 0421 0840 1815	90 77 97 42	29 M	0124 0440 0823 1748	104 83 103 59
15 M	0210 0523 0922 1841	91 71 90 51	30 TU P	0200 0541 0914 1809 2143	103 72 93 70 92
			31 W	0634 1504 1820 2203	61 109 82 104

4　月

日期	潮时 时分	潮高 cm	日期	潮时 时分	潮高 cm
1 TH	0724 1548 1825 2227	48 109 92 118	16 F	0744 1542 1755 2226	44 106 99 132
2 F	0814 2259	37 132	17 SA	0827 2256	40 142
3 SA	0906 2341	28 144	18 SU N	0912 2334	38 150
4 SU ☾ S	1003	23	19 M	1000	38
5 M	0030 1109	151 23	20 TU ☽	0018 1052	154 39
6 TU	0125 1231	151 27	21 W	0107 1155	153 43
7 W	0224 1358	144 32	22 TH	0202 1321	147 48
8 TH	0331 1502	131 38	23 F	0304 1430	137 54
9 F	0510 1550	117 45	24 SA	0423 1515 2341	123 61 111
10 SA	0004 0223 0649 1629	96 91 106 54	25 SU E	0234 0609 1551	101 112 70
11 SU E	0028 0345 0752 1702 2055	97 80 97 64 93	26 M	0012 0351 0724 1621 2010	109 86 102 81 105
12 M ●	0448 1336 1727 2114	70 103 74 100	27 TU ○ P	0450 1323 1643 2028	71 118 93 115
13 TU	0537 1411 1734 2133	62 105 83 107	28 W	0541 1406 1657 2046	57 125 105 127
14 W A	0620 1444 1732 2149	55 106 90 114	29 TH	0629 1449 1708 2108	44 129 115 141
15 TH	0702 1513 1742 2205	49 106 95 123	30 F	0717 2139	32 154

时　区：－0800　　　　潮高基准面：在平均海面下 91　cm

中　国—秦皇岛

CHINA－QINHUANGDAO

2021 年潮汐表　　39° 54′ N　　119° 36′ E

5 月

日期	潮时 时分	潮高 cm	日期	潮时 时分	潮高 cm
1 SA S	0806 2221	24 165	16 SU	0816 2218	39 165
2 SU	0856 2310	21 170	17 M	0858 2300	39 169
3 M ☾	0950	23	18 TU	0941 2346	41 168
4 TU	0002 1046	167 31	19 W ☽	1024	46
5 W	0057 1149	157 41	20 TH	0034 1108	160 54
6 TH	0155 1302	142 53	21 F	0127 1154	148 63
7 F	0314 1406 2243	123 63 106	22 SA E	0231 1241 2210	131 74 119
8 SA E	0128 0513 1454 1924	100 107 74 105	23 SU	0125 0418 1328 1840	110 114 86 115
9 SU	0304 1154 1530 1940	85 104 84 112	24 M	0257 0602 0846 1852	91 101 91 125
10 M	0404 1236 1553 2002	71 111 94 120	25 TU	0355 1224 1449 1911	72 123 112 136
11 TU ● A	0449 1314 1603 2022	60 116 103 127	26 W ○ P	0445 1309 1519 1928	55 134 124 148
12 W	0531 1348 1614 2039	52 119 110 134	27 TH	0533 1949	41 161
13 TH	0612 1418 1628 2054	46 122 114 142	28 F S	0621 2025	29 173
14 F	0653 2112	42 150	29 SA	0708 2111	22 181
15 SA N	0735 2140	40 159	30 SU	0756 2202	21 184
			31 M	0844 2254	25 180

6 月

日期	潮时 时分	潮高 cm	日期	潮时 时分	潮高 cm
1 TU	0931 2345	33 170	16 W	0918 2327	49 171
2 W ☾	1017	44	17 TH	0952	57
3 TH	0036 1101	154 57	18 F ☽	0013 1024	159 67
4 F E	0128 1144 2055 2349	135 70 117 112	19 SA E	0104 1054 1957 2339	142 78 129 119
5 SA	0245 1225 1815	115 84 120	20 SU	0212 1127 1708	122 92 130
6 SU	0213 0450 0742 1827	95 99 92 129	21 M	0144 0414 0716 1720	100 103 93 141
7 M	0312 1850	78 137	22 TU	0251 1738	79 153
8 TU A	0356 1912	63 145	23 W P	0344 1759	59 166
9 W	0439 1930	53 151	24 TH ○	0435 1833	43 178
10 TH ●	0520 1945	46 158	25 F S	0524 1916	30 186
11 F	0601 2004	42 165	26 SA	0611 2008	24 191
12 SA N	0642 2034	40 172	27 SU	0658 2104	24 191
13 SU	0723 2113	40 177	28 M	0743 2158	28 186
14 M	0803 2156	41 179	29 TU	0825 2248	37 177
15 TU	0841 2241	44 178	30 W	0905 2335	48 163

7 月

日期	潮时 时分	潮高 cm	日期	潮时 时分	潮高 cm
1 TH ☾ E	0941	60	16 F E	0910 1741 2035	72 140 134
2 F	0022 1012 1816 2146	146 72 128 120	17 SA ☽	0008 0926 1809 2200	149 82 137 122
3 SA	0110 1036 1728	128 86 130	18 SU	0106 0937 1510 2331	131 94 138 106
4 SU	0007 0216 0628 1708	107 109 96 139	19 M	0224 0548 1533	111 97 152
5 M A	0158 1724	89 148	20 TU	0115 1601	87 166
6 TU	0254 1743	73 157	21 W P	0231 1636	67 179
7 W	0341 1800	59 165	22 TH S	0331 1718	49 189
8 TH	0425 1820	50 172	23 F	0424 1808	36 194
9 F N	0507 1852	44 177	24 SA ○	0514 1910	30 194
10 SA ●	0548 1933	42 181	25 SU	0600 2016	30 191
11 SU	0628 2019	42 184	26 M	0643 2112	36 184
12 M	0707 2105	44 184	27 TU	0722 2200	45 175
13 TU	0744 2150	49 181	28 W	0759 1613 1814 2245	55 138 132 163
14 W	0817 2234	55 175	29 TH E	0831 1642 1922 2330	66 135 126 149
15 TH	0847 2319	62 164	30 F	0856 1703 2032	77 133 118
			31 SA ☾	0017 0908 1703 2144	135 89 133 109

8 月

日期	潮时 时分	潮高 cm	日期	潮时 时分	潮高 cm
1 SU	0109 0854 1454 2313	118 99 142 97	16 M	0123 0409 1355 2309	115 103 157 84
2 M A	0214 0450 1516	102 98 153	17 TU P	1430	172
3 TU	0106 1539	83 164	18 W S	0042 1511	69 184
4 W	0222 1606	69 173	19 TH	0210 1600	55 190
5 TH N	0320 1643	58 179	20 F	0317 1656	44 191
6 F	0407 1729	50 182	21 SA	0412 1806	38 187
7 SA	0450 1823	46 184	22 SU ○	0459 1928	39 180
8 SU ●	0531 1925	46 183	23 M	0542 2028	45 17[illegible]
9 M	0609 2021	49 181	24 TU	0619 1430 1643 2116	54 137 128 161
10 TU	0644 2108	54 176	25 W E	0654 1500 1743 2159	64 135 120 150
11 W	0715 1518 1732 2150	62 147 139 168	26 TH	0723 1530 1840 2242	75 132 113 139
12 TH E	0742 1552 1837 2234	70 145 133 158	27 F	0743 1555 1935 2327	85 129 105 128
13 F	0801 1627 1943 2322	80 141 124 146	28 SA	0744 1234 2029	95 132 96
14 SA	0811 1658 2048	90 137 113	29 SU	0017 0740 1259 2126	117 103 142 87
15 SU ☽	0018 0819 1325 2154	131 100 142 99	30 M ☾ A	1322 2233	152 79
			31 TU	1350	163

时　区：－0800　　　　潮高基准面：在平均海面下 91　cm

中 国—秦皇岛

CHINA－QINHUANGDAO

2021 年潮汐表　　39° 54′ N　　119° 36′ E

9 月

日期	潮时 时分	潮高 cm	日期	潮时 时分	潮高 cm
1 W	0006 1425	72 172	16 TH	0017 1431	50 183
2 TH N	0138 1508	64 177	17 F	0148 1533	46 179
3 F	0249 1558	57 178	18 SA	0259 1647	43 169
4 SA	0343 1656	52 176	19 SU	0352 1824	46 158
5 SU	0427 1811	51 172	20 M ○	0436 1254 1456 1934	52 124 118 147
6 M	0505 1926	54 167	21 TU E	0513 1319 1607 2027	61 123 108 136
7 TU ●	0539 1342 1558 2020	60 138 131 160	22 W	0546 1350 1708 2113	71 122 98 126
8 W E	0608 1412 1701 2105	68 138 123 151	23 TH	0613 1006 1800 2155	81 115 89 117
9 TH	0631 1445 1800 2149	78 136 113 141	24 F	0029 0248 0627 1029 1847	102 121 91 122 81
10 F	0648 1518 1856 2237	88 133 103 130	25 SA	0323 0623 1048 1932	119 99 129 73
11 SA P	0657 1109 1950 2332	98 130 91 118	26 SU A	0355 0628 1107 2019	116 105 138 66
12 SU	0156 0419 0706 1134 2044	105 125 107 143 78	27 M	0428 0634 1129 2109	114 108 148 60
13 M ☽	0512 0716 1206 2143	121 114 158 66	28 TU	1200 2205	158 57
14 TU	1247 2252	171 57	29 W ☾ N	1239 2311	165 55
15 W S	1336	180	30 TH	1325	168

10 月

日期	潮时 时分	潮高 cm	日期	潮时 时分	潮高 cm
1 F	0041 1418	54 166	16 SA	0119 1508	39 146
2 SA	0204 1516	53 160	17 SU	0227 1650	45 129
3 SU	0304 1627	53 151	18 M	0317 1141 1412 1822	53 106 98 115
4 M	0348 1803	56 141	19 TU E	0357 1204 1532 1929 2213	62 104 83 103 88
5 TU	0422 1235 1514 1915	62 122 112 132	20 W ○	0035 0430 0823 1632	105 71 103 71
6 W ●E	0450 1303 1619 2010	70 120 99 123	21 TH	0116 0454 0846 1720	109 81 110 61
7 TH	0512 1336 1716 2059 2334	80 118 87 113 97	22 F	0154 0501 0907 1803	110 90 117 52
8 F P	0158 0529 0920 1809	122 90 118 74	23 SA	0228 0504 0924 1845	110 96 123 45
9 SA	0240 0539 0939 1858	125 100 129 61	24 SU A	0300 0516 0940 1927	110 100 131 40
10 SU	0322 0551 1001 1947	126 109 142 49	25 M	1000 2011	140 36
11 M	1031 2039	155 39	26 TU N	1030 2056	148 34
12 TU S	1112 2135	167 32	27 W	1108 2143	154 34
13 W ☽	1200 2238	173 31	28 TH ☾	1150 2234	155 36
14 TH	1255 2353	171 34	29 F	1237 2332	152 40
15 F	1356	161	30 SA	1329	143
			31 SU	0045 1429	45 130

11 月

日期	潮时 时分	潮高 cm	日期	潮时 时分	潮高 cm
1 M	0155 1550	51 115	16 TU	0216 0650 1500 2336	56 88 63 81
2 TU E	0239 1120 1430 1743	58 103 93 101	17 W	0250 0710 1552	66 95 48
3 W	0311 1146 1536 1856 2147	66 100 76 90 77	18 TH	0021 0311 0734 1636	87 75 102 36
4 TH ●	0020 0336 0745 1630	95 76 102 61	19 F ○	0101 0323 0756 1717	91 83 108 27
5 F P	0102 0356 0802 1720	105 86 111 46	20 SA	0136 0338 0812 1758	94 88 114 21
6 SA	0144 0414 0816 1808	113 96 122 32	21 SU A	0823 1839	120 17
7 SU	0226 0434 0835 1856	117 105 135 20	22 M N	0841 1921	127 15
8 M S	0906 1944	148 11	23 TU	0913 2003	134 14
9 TU	0949 2035	158 6	24 W	0951 2044	139 14
10 W	1039 2128	162 7	25 TH	1033 2125	140 16
11 TH ☽	1131 2223	157 14	26 F	1116 2205	137 20
12 F	1226 2322	145 23	27 SA ☾	1200 2244	129 26
13 SA	1323	127	28 SU	1244 2321	116 34
14 SU	0027 1434	35 106	29 M	1329 2359	99 44
15 M E	0128 1019 1326 1638	46 88 82 86	30 TU E	0940 2017 2219	88 55 59

12 月

日期	潮时 时分	潮高 cm	日期	潮时 时分	潮高 cm
1 W	0038 0621 1455 1718 2020	54 86 61 65 54	16 TH	0623 1548	95 22
2 TH	0626 1541	94 42	17 F	0644 1628	101 12
3 F	0637 1628	104 25	18 SA A	0656 1710	107 6
4 SA ●P	0644 1716	115 11	19 SU ○	0703 1751	112 2
5 SU	0709 1804	128 -2	20 M N	0727 1832	117 1
6 M S	0747 1852	139 -9	21 TU	0804 1913	121 2
7 TU	0834 1941	146 -12	22 W	0845 1952	124 3
8 W	0926 2029	147 -10	23 TH	0928 2030	125 6
9 TH	1021 2116	142 -3	24 F	1011 2104	122 9
10 F	1113 2201	130 8	25 SA	1053 2133	116 15
11 SA ☽	1203 2241	113 19	26 SU	1135 2157	105 22
12 SU E	1249 2318	93 31	27 M ☾E	0632 0854 1216 2214	84 82 91 31
13 M	0810 1110 1325 2349	76 72 73 43	28 TU	0700 1938 2232	81 45 41
14 TU	0548 1915	79 45	29 W	0651 1848	79 41
15 W	0559 1508	87 36	30 TH	0444 1441	89 36
			31 F	0452 1530	100 18

时　区：－0800　　潮高基准面：在平均海面下 91　cm

中　国—大　连

CHINA－DALIAN

2021 年潮汐表　　　38° 52′ N　　　121° 41′ E

1 月

日期	潮时 时分	潮高 cm	日期	潮时 时分	潮高 cm
1 F	0533 1108 1709 2331	42 216 3 302	16 SA	0612 1148 1754	25 226 - 6
2 SA	0609 1145 1748	40 218 3	17 SU	0016 0650 1230 1835	291 26 225 6
3 SU	0009 0647 1226 1830	301 38 218 7	18 M	0054 0727 1313 1917	278 27 222 21
4 M	0051 0729 1311 1916	294 36 217 17	19 TU E	0133 0805 1358 2001	262 30 217 40
5 TU	0136 0814 1403 2008	282 33 216 30	20 W ☽	0213 0844 1449 2050	242 35 211 59
6 W ☾ E	0226 0903 1503 2109	265 30 217 45	21 TH A	0257 0927 1549 2150	221 42 207 79
7 TH	0322 0957 1613 2221	246 27 222 58	22 F	0349 1018 1658 2311	199 49 207 92
8 F	0426 1057 1727 2343	227 24 235 63	23 SA	0454 1120 1812	181 54 214
9 SA P	0536 1159 1836	212 19 252	24 SU	0044 0614 1225 1921	93 172 54 229
10 SU	0106 0646 1301 1939	57 205 11 272	25 M	0157 0727 1325 2016	83 174 47 246
11 M	0215 0751 1359 2036	46 204 3 289	26 TU N	0251 0823 1416 2059	70 184 36 264
12 TU S	0313 0847 1453 2127	35 208 - 6 301	27 W	0333 0907 1501 2136	57 196 24 279
13 W ●	0404 0937 1542 2213	28 214 - 13 307	28 TH ○	0409 0945 1541 2210	47 208 12 291
14 TH	0449 1023 1629 2256	25 220 - 15 306	29 F	0443 1020 1620 2244	39 219 2 299
15 F	0532 1106 1712 2337	24 224 - 13 301	30 SA	0515 1055 1658 2318	32 228 - 4 303
			31 SU	0549 1132 1738 2354	26 235 - 6 301

2 月

日期	潮时 时分	潮高 cm	日期	潮时 时分	潮高 cm
1 M	0624 1211 1819	20 241 - 3	16 TU	0023 0647 1243 1851	274 17 248 20
2 TU E	0033 0702 1253 1903	295 14 245 6	17 W	0056 0718 1321 1929	262 19 245 35
3 W P	0113 0742 1341 1952	283 9 247 21	18 TH A	0130 0751 1402 2011	246 25 240 54
4 TH ☾	0158 0826 1435 2048	266 9 247 39	19 F ☽	0207 0825 1448 2100	227 34 233 76
5 F	0248 0914 1538 2156	243 13 246 59	20 SA	0248 0906 1545 2205	204 46 225 96
6 SA	0348 1012 1653 2322	217 21 247 73	21 SU	0342 0959 1659 2347	182 60 222 107
7 SU	0502 1122 1813	195 28 253	22 M	0504 1116 1824	166 70 228
8 M S	0059 0629 1239 1932	72 184 29 205	23 TU N	0123 0649 1242 1941	99 166 67 244
9 TU	0215 0748 1350 2037	60 189 21 279	24 W	0226 0801 1349 2034	81 181 54 264
10 W	0313 0848 1450 2128	46 202 10 289	25 TH	0310 0850 1441 2114	63 201 36 281
11 TH ●	0359 0936 1540 2210	35 216 1 294	26 F	0345 0928 1525 2150	48 220 19 294
12 F	0438 1017 1623 2246	28 229 - 4 293	27 SA ○	0417 1003 1605 2223	35 238 6 302
13 SA	0513 1054 1702 2319	23 238 - 3 289	28 SU	0449 1037 1644 2257	24 252 - 2 304
14 SU	0545 1130 1739 2350	20 244 1 283			
15 M E	0617 1206 1815	18 247 9			

3 月

日期	潮时 时分	潮高 cm	日期	潮时 时分	潮高 cm
1 M E	0521 1113 1724 2332	14 265 - 5 302	16 TU	0541 1140 1754 2352	19 273 22 269
2 TU P	0555 1151 1805	5 276 - 1	17 W	0608 1213 1828	18 276 31
3 W	0009 0631 1233 1849	294 - 1 283 8	18 TH A	0023 0636 1246 1903	259 20 276 43
4 TH	0049 0710 1318 1938	281 - 3 285 24	19 F	0055 0706 1321 1942	246 26 273 60
5 F	0133 0752 1410 2034	262 2 282 45	20 SA	0129 0739 1401 2026	230 35 266 79
6 SA ☾	0223 0840 1512 2143	236 14 272 69	21 SU ☽	0207 0817 1449 2123	211 50 255 99
7 SU S	0323 0938 1629 2316	208 32 261 85	22 M N	0255 0905 1556 2252	191 67 243 112
8 M	0444 1057 1801	185 48 256	23 TU	0413 1015 1724	174 83 239
9 TU	0057 0629 1229 1930	83 180 52 263	24 W	0037 0608 1159 1855	107 173 86 249
10 W	0213 0752 1348 2034	69 194 43 274	25 TH	0147 0733 1320 1958	89 192 71 266
11 TH	0306 0848 1448 2120	52 215 30 281	26 F	0234 0824 1418 2043	69 217 50 282
12 F	0345 0930 1534 2156	40 234 20 283	27 SA	0310 0903 1504 2120	50 242 31 294
13 SA ●	0417 1005 1613 2225	31 249 15 282	28 SU ○E	0343 0938 1545 2155	33 264 17 299
14 SU E	0447 1037 1647 2253	25 260 14 279	29 M	0415 1013 1626 2229	19 284 9 300
15 M	0514 1108 1721 2322	21 267 17 275	30 TU P	0448 1050 1707 2306	7 301 6 296
			31 W	0523 1129 1751 2344	- 1 314 10 287

4 月

日期	潮时 时分	潮高 cm	日期	潮时 时分	潮高 cm
1 TH	0600 1211 1838	- 5 321 20	16 F	0600 1215 1843	31 302 59
2 F	0028 0641 1258 1929	272 - 2 320 37	17 SA	0028 0630 1249 1921	243 36 300 71
3 SA	0114 0725 1351 2029	252 8 311 58	18 SU N	0102 0705 1328 2004	231 45 294 85
4 SU ☾ S	0207 0815 1455 2141	228 27 293 79	19 M	0142 0744 1414 2059	217 58 282 100
5 M	0312 0917 1614 2313	204 50 273 92	20 TU ☽	0232 0833 1516 2215	202 76 268 109
6 TU	0442 1045 1749	188 70 262	21 W	0346 0942 1639 2344	190 92 257 106
7 W	0045 0630 1223 1914	88 193 74 263	22 TH	0527 1120 1806	192 96 258
8 TH	0154 0745 1341 2014	74 213 64 268	23 F	0054 0653 1246 1914	91 211 84 268
9 F	0241 0835 1438 2057	59 236 51 271	24 SA	0145 0748 1348 2004	71 239 65 280
10 SA	0317 0913 1521 2130	46 255 42 271	25 SU E	0226 0831 1438 2044	51 267 47 287
11 SU E	0347 0945 1557 2158	38 269 37 270	26 M	0302 0909 1523 2122	33 293 33 291
12 M ●	0414 1015 1630 2225	33 280 36 268	27 TU ○P	0337 0947 1607 2201	18 315 25 290
13 TU	0440 1044 1702 2254	30 289 38 264	28 W	0414 1026 1652 2241	8 333 24 284
14 W A	0505 1114 1735 2324	29 295 42 259	29 TH	0453 1108 1740 2325	2 345 28 274
15 TH	0531 1144 1808 2355	29 300 49 252	30 F	0534 1153 1830	2 349 38

时　区：－0800　　　　潮高基准面：在平均海面下 163　cm

中 国—大 连

CHINA—DALIAN

2021年潮汐表 38° 52′ N 121° 41′ E

5 月

日期	潮时 时分	潮高 cm	日期	潮时 时分	潮高 cm
1 SA S	0011 0618 1243 1926	260 9 343 53	16 SU	0008 0605 1227 1908	241 49 319 83
2 SU	0102 0706 1339 2027	244 23 328 70	17 M	0045 0642 1307 1951	235 56 314 90
3 M ☾	0159 0800 1444 2136	227 44 306 84	18 TU	0128 0725 1354 2043	227 67 303 97
4 TU	0307 0906 1559 2253	212 68 283 92	19 W ☽	0220 0817 1452 2144	219 81 289 101
5 W	0435 1033 1722	205 86 266	20 TH	0327 0923 1602 2253	214 94 276 97
6 TH	0010 0610 1204 1838	89 215 91 259	21 F	0450 1045 1717 2358	219 100 269 86
7 F	0113 0719 1320 1937	79 234 84 258	22 SA E	0607 1208 1824	237 93 270
8 SA E	0201 0809 1416 2021	67 254 74 258	23 SU	0052 0707 1315 1920	69 264 79 274
9 SU	0239 0848 1500 2056	57 271 66 258	24 M	0139 0756 1412 2008	52 292 64 277
10 M	0310 0921 1538 2128	50 285 61 257	25 TU	0221 0840 1503 2053	36 318 52 278
11 TU ●A	0339 0952 1613 2159	46 296 59 256	26 W ○P	0303 0922 1552 2137	23 340 45 276
12 W	0405 1021 1646 2229	44 305 61 253	27 TH	0345 1006 1642 2223	15 355 44 271
13 TH	0432 1051 1720 2301	43 311 64 250	28 F S	0429 1053 1733 2310	12 362 48 264
14 F	0501 1120 1754 2334	44 317 70 246	29 SA	0515 1142 1826	14 361 56
15 SA N	0531 1152 1829	45 320 76	30 SU	0000 0604 1234 1920	256 22 352 65
			31 M	0053 0655 1330 2016	247 36 335 75

6 月

日期	潮时 时分	潮高 cm	日期	潮时 时分	潮高 cm
1 TU	0150 0749 1429 2115	238 56 314 83	16 W	0116 0714 1339 2023	244 69 319 89
2 W ☾	0253 0852 1531 2215	231 78 290 88	17 TH	0206 0804 1430 2113	242 80 306 88
3 TH	0408 1006 1638 2317	229 97 270 88	18 F ☽	0305 0904 1527 2207	243 92 292 83
4 F E	0529 1127 1745	235 106 256	19 SA E	0414 1014 1630 2305	249 100 279 76
5 SA	0015 0637 1243 1846	84 249 105 248	20 SU	0524 1130 1735	264 101 270
6 SU	0107 0732 1345 1937	78 265 98 245	21 M	0001 0628 1245 1838	66 286 95 265
7 M	0151 0817 1436 2021	72 281 91 244	22 TU	0055 0725 1352 1937	55 310 84 263
8 TU A	0229 0855 1519 2100	66 295 85 245	23 W P	0147 0817 1451 2031	44 333 73 263
9 W	0303 0930 1558 2135	63 306 82 246	24 TH ○	0237 0907 1546 2123	35 351 66 263
10 TH ●	0335 1002 1634 2210	60 315 82 247	25 F S	0327 0957 1638 2213	28 362 63 263
11 F	0406 1033 1709 2244	57 323 83 247	26 SA	0416 1046 1728 2302	25 366 64 263
12 SA N	0439 1104 1744 2319	56 328 85 248	27 SU	0506 1136 1817 2351	27 363 67 263
13 SU	0513 1137 1819 2354	56 332 86 247	28 M	0554 1225 1905	33 353 71
14 M	0550 1214 1856	57 332 88	29 TU	0040 0643 1313 1952	262 46 337 74
15 TU	0033 0630 1254 1937	246 61 328 89	30 W	0131 0733 1401 2039	259 63 318 77

7 月

日期	潮时 时分	潮高 cm	日期	潮时 时分	潮高 cm
1 TH ☾E	0226 0827 1450 2127	255 82 297 81	16 F E	0145 0749 1404 2038	270 75 318 71
2 F	0327 0926 1542 2217	252 102 275 85	17 SA ☽	0238 0843 1453 2125	273 88 301 69
3 SA	0434 1035 1640 2310	253 117 255 88	18 SU	0339 0946 1549 2218	279 101 282 67
4 SU	0542 1153 1744	259 124 240	19 M	0447 1101 1654 2317	288 110 264 66
5 M A	0005 0647 1308 1848	89 270 123 232	20 TU	0556 1225 1806	302 111 251
6 TU	0058 0743 1411 1946	88 284 116 231	21 W P	0022 0704 1344 1918	64 319 103 246
7 W	0147 0831 1502 2035	84 298 108 235	22 TH S	0125 0808 1449 2023	58 336 91 250
8 TH	0231 0912 1545 2117	79 311 100 241	23 F	0226 0905 1545 2119	49 350 81 257
9 F N	0311 0948 1623 2155	73 323 95 247	24 SA ○	0321 0956 1634 2208	41 359 74 266
10 SA ●	0348 1021 1657 2231	67 331 92 253	25 SU	0412 1043 1718 2253	36 360 71 273
11 SU	0425 1053 1731 2305	62 338 90 258	26 M	0459 1126 1800 2337	36 356 69 278
12 M	0502 1127 1804 2341	58 342 87 262	27 TU	0543 1206 1839	41 346 68
13 TU	0539 1202 1839	57 342 84	28 W	0020 0627 1245 1917	281 51 333 68
14 W	0018 0619 1239 1915	265 59 339 80	29 TH E	0104 0710 1324 1955	280 65 318 69
15 TH	0059 0702 1320 1955	268 65 331 76	30 F	0150 0755 1404 2033	277 83 299 74
			31 SA ☾	0240 0844 1447 2114	273 102 277 81

8 月

日期	潮时 时分	潮高 cm	日期	潮时 时分	潮高 cm
1 SU	0336 0941 1535 2200	269 122 254 90	16 M	0307 0926 1516 2139	303 103 272 64
2 M A	0440 1056 1635 2257	267 137 233 99	17 TU P	0416 1044 1624 2243	303 118 248 73
3 TU	0551 1227 1752	270 142 219	18 W S	0535 1222 1749	306 122 232
4 W	0003 0704 1346 1912	103 280 135 218	19 TH	0001 0658 1346 1917	77 315 111 232
5 TH N	0107 0805 1445 2014	101 295 122 227	20 F	0119 0811 1451 2026	71 329 96 245
6 F	0204 0853 1529 2101	92 311 109 240	21 SA	0225 0907 1541 2118	60 341 82 262
7 SA	0252 0931 1605 2140	80 326 98 254	22 SU ○	0320 0953 1622 2201	48 346 72 276
8 SU ●	0333 1005 1638 2215	69 336 90 265	23 M	0407 1031 1658 2240	42 345 65 287
9 M	0411 1037 1708 2248	60 343 83 274	24 TU	0448 1105 1732 2317	41 339 61 294
10 TU	0448 1109 1739 2322	53 346 77 282	25 W E	0527 1138 1804 2354	46 331 59 297
11 W	0525 1142 1811 2358	51 345 70 289	26 TH	0605 1211 1836	54 320 58
12 TH E	0604 1217 1845	53 341 63	27 F	0032 0643 1245 1908	298 65 307 60
13 F	0037 0645 1254 1921	295 59 332 57	28 SA	0111 0723 1320 1940	296 80 290 65
14 SA	0120 0731 1335 2001	300 69 318 54	29 SU	0153 0806 1357 2015	291 98 270 75
15 SU ☽	0209 0823 1421 2046	302 85 297 56	30 M ☾A	0239 0856 1439 2054	284 119 247 87
			31 TU	0336 1003 1532 2145	275 139 225 102

时 区：－0800

潮高基准面：在平均海面下 163 cm

中　国—大　连

CHINA－DALIAN

2021 年潮汐表　　38° 52′ N　　121° 41′ E

9 月

日期	潮时 时分	潮高 cm	日期	潮时 时分	潮高 cm
1 W	0448 1141 1652 2301	269 149 207 113	16 TH	0525 1225 1753 2356	298 118 215 86
2 TH N	0614 1315 1839	272 141 206	17 F	0658 1346 1925	302 103 227
3 F	0029 0732 1419 1953	113 286 124 221	18 SA	0120 0808 1443 2026	77 313 85 249
4 SA	0139 0825 1503 2041	100 304 106 241	19 SU	0225 0859 1525 2111	62 319 70 269
5 SU	0232 0906 1537 2119	82 319 90 260	20 M ○	0315 0937 1559 2148	50 320 59 285
6 M	0315 0940 1607 2152	65 330 77 277	21 TU E	0356 1008 1630 2221	44 317 52 295
7 TU ●	0353 1011 1636 2224	53 336 66 291	22 W	0433 1037 1658 2253	44 311 48 302
8 W E	0430 1042 1705 2257	45 338 57 302	23 TH	0508 1106 1726 2325	47 304 46 307
9 TH	0507 1114 1736 2332	42 335 48 313	24 F	0542 1136 1754 2359	53 295 46 309
10 F	0546 1149 1810	44 328 41	25 SA	0618 1209 1822	62 284 49
11 SA P	0011 0628 1226 1846	321 51 317 37	26 SU A	0033 0655 1242 1852	308 75 270 55
12 SU	0054 0715 1308 1927	326 63 299 39	27 M	0109 0735 1317 1925	303 91 253 65
13 M ☽	0143 0809 1356 2013	325 81 276 48	28 TU	0149 0820 1356 2003	295 109 233 79
14 TU	0241 0915 1453 2108	317 102 249 63	29 W ☾ N	0237 0920 1445 2051	282 127 213 96
15 W S	0355 1043 1609 2222	306 118 224 80	30 TH	0345 1051 1604 2202	269 138 196 112

10 月

日期	潮时 时分	潮高 cm	日期	潮时 时分	潮高 cm
1 F	0515 1229 1800 2348	263 132 196 114	16 SA	0645 1327 1920	280 84 227
2 SA	0645 1337 1923	270 114 215	17 SU	0115 0749 1417 2014	75 283 67 250
3 SU	0109 0746 1422 2012	99 286 93 240	18 M	0216 0835 1456 2055	61 285 52 270
4 M	0205 0830 1456 2050	78 300 73 264	19 TU E	0302 0910 1527 2128	50 283 42 284
5 TU	0250 0905 1526 2123	59 309 56 285	20 W ○	0341 0939 1556 2158	45 279 36 295
6 W ●E	0330 0937 1556 2155	45 314 42 303	21 TH	0415 1007 1622 2228	44 275 34 302
7 TH	0408 1009 1626 2229	36 314 31 319	22 F	0448 1036 1648 2258	46 269 33 307
8 F P	0447 1043 1659 2306	33 310 22 332	23 SA	0522 1106 1715 2328	51 262 34 309
9 SA	0528 1121 1735 2346	35 301 17 340	24 SU A	0557 1138 1743 2359	58 253 37 309
10 SU	0614 1201 1814	42 287 17	25 M	0633 1212 1814	68 242 42
11 M	0031 0705 1247 1858	341 56 268 25	26 TU N	0034 0711 1247 1848	306 80 230 51
12 TU S	0122 0803 1338 1947	333 74 245 40	27 W	0112 0754 1326 1927	297 93 216 64
13 W ☽	0223 0914 1442 2048	316 93 221 61	28 TH ☾	0157 0849 1416 2015	284 105 200 81
14 TH	0342 1043 1608 2212	296 104 204 81	29 F	0257 1002 1529 2122	267 113 188 98
15 F	0516 1215 1759 2352	282 100 206 86	30 SA	0419 1129 1710 2259	254 109 189 104
			31 SU	0546 1237 1837	253 94 208

11 月

日期	潮时 时分	潮高 cm	日期	潮时 时分	潮高 cm
1 M	0028 0655 1327 1932	92 260 73 234	16 TU	0156 0758 1417 2030	62 244 39 261
2 TU E	0131 0744 1406 2014	73 270 52 262	17 W	0243 0836 1450 2105	52 242 31 275
3 W	0220 0824 1441 2050	54 277 33 287	18 TH	0322 0909 1520 2136	46 240 26 285
4 TH ●	0303 0900 1514 2125	38 281 17 310	19 F ○	0359 0940 1548 2206	44 237 23 292
5 F P	0346 0937 1549 2202	29 280 5 329	20 SA	0433 1011 1616 2235	45 234 22 298
6 SA	0429 1016 1626 2242	25 275 -3 341	21 SU A	0507 1043 1645 2305	48 230 22 301
7 SU	0515 1057 1706 2326	27 265 -5 346	22 M N	0542 1116 1715 2336	53 225 24 302
8 M S	0604 1142 1750	35 252 -1	23 TU	0616 1150 1748	59 220 28
9 TU	0014 0659 1232 1838	342 47 236 11	24 W	0010 0653 1226 1824	300 66 213 35
10 W	0108 0759 1328 1932	327 62 219 29	25 TH	0048 0734 1307 1904	293 72 205 46
11 TH ☽	0212 0906 1434 2035	305 75 203 52	26 F	0132 0822 1355 1952	281 78 196 60
12 F	0327 1023 1600 2159	280 80 195 72	27 SA ☾	0225 0919 1458 2053	265 81 189 74
13 SA	0450 1140 1740 2333	261 76 202 79	28 SU	0330 1024 1618 2211	249 79 190 84
14 SU	0609 1246 1855	250 64 222	29 M	0443 1129 1739 2336	239 68 205 81
15 M E	0054 0711 1337 1949	73 246 51 243	30 TU E	0553 1225 1843	236 52 230

12 月

日期	潮时 时分	潮高 cm	日期	潮时 时分	潮高 cm
1 W	0049 0651 1312 1932	68 239 33 258	16 TH	0220 0801 1411 2041	61 205 30 259
2 TH	0148 0741 1355 2016	52 242 15 285	17 F	0306 0842 1448 2118	53 205 25 271
3 F	0240 0826 1437 2058	37 245 0 309	18 SA A	0346 0920 1521 2151	48 207 20 279
4 SA ●P	0329 0911 1519 2141	26 244 -11 327	19 SU ○	0423 0955 1554 2222	47 209 17 286
5 SU	0417 0956 1602 2226	22 241 -18 338	20 M N	0457 1029 1626 2252	47 210 15 291
6 M S	0507 1042 1648 2314	23 236 -20 338	21 TU	0530 1102 1659 2323	48 211 14 293
7 TU	0558 1131 1736	28 228 -15	22 W	0603 1136 1734 2357	49 211 15 293
8 W	0005 0651 1222 1827	330 36 220 -3	23 TH	0637 1212 1811	51 210 19
9 TH	0059 0746 1317 1921	313 44 211 15	24 F	0033 0713 1251 1850	288 51 207 26
10 F	0157 0843 1418 2020	291 51 203 38	25 SA	0113 0753 1335 1935	279 51 204 37
11 SA ☽	0258 0942 1531 2130	266 54 198 59	26 SU	0157 0838 1427 2027	266 50 202 50
12 SU E	0403 1044 1654 2252	242 54 201 73	27 M ☾ E	0248 0928 1530 2131	251 47 204 63
13 M	0512 1145 1810	223 49 213	28 TU	0346 1023 1642 2245	235 41 213 70
14 TU	0014 0617 1241 1911	75 212 43 229	29 W	0451 1122 1751	222 33 232
15 W	0124 0713 1329 2000	69 206 36 245	30 TH	0005 0558 1220 1853	67 214 22 256
			31 F	0120 0703 1316 1949	57 212 10 280

时　区：－0800　　　　潮高基准面：在平均海面下 163　cm

朝　鲜—南　浦

D.P.R.K.—NAMPO

2021年潮汐表　　38° 41′ N　　125° 24′ E

1　月

日期	潮时 时分	潮高 cm	日期	潮时 时分	潮高 cm
1 F	0439 1034 1618 2256	80 410 52 560	16 SA	0526 1129 1712 2349	58 439 49 562
2 SA	0515 1108 1657 2331	74 418 51 560	17 SU	0606 1208 1755	64 438 67
3 SU	0553 1146 1739	72 426 57	18 M	0025 0645 1247 1839	537 74 435 90
4 M	0010 0635 1229 1827	552 73 432 70	19 TU E	0102 0726 1329 1928	508 85 430 117
5 TU	0052 0722 1318 1922	534 77 436 91	20 W ☽	0139 0809 1415 2022	476 96 423 143
6 W ☾ E	0139 0814 1413 2028	507 84 437 113	21 TH A	0221 0858 1509 2125	442 108 418 165
7 TH	0233 0913 1518 2143	474 89 440 130	22 F	0310 0951 1613 2233	410 116 418 176
8 F	0335 1017 1634 2301	439 91 449 134	23 SA	0411 1048 1727 2342	382 120 428 174
9 SA P	0450 1121 1757	412 85 472	24 SU	0527 1144 1838	364 117 449
10 SU	0015 0614 1222 1911	125 399 73 505	25 M	0045 0645 1238 1935	160 362 108 477
11 M	0122 0730 1319 2012	107 402 58 539	26 TU N	0140 0747 1326 2022	140 371 94 505
12 TU S	0221 0831 1411 2104	87 412 45 567	27 W	0228 0835 1411 2102	117 386 79 530
13 W ●	0314 0923 1500 2150	70 423 35 583	28 TH ○	0309 0915 1452 2138	97 402 64 550
14 TH	0402 1008 1546 2232	60 432 32 587	29 F	0347 0951 1531 2212	79 418 50 564
15 F	0446 1050 1630 2312	56 437 37 579	30 SA	0423 1025 1609 2245	65 436 40 570
			31 SU	0458 1059 1649 2319	55 453 35 568

2　月

日期	潮时 时分	潮高 cm	日期	潮时 时分	潮高 cm
1 M	0534 1135 1730 2355	51 467 39 557	16 TU	0607 1216 1812	65 476 83
2 TU E	0611 1214 1815	51 477 53	17 W	0027 0639 1250 1852	506 75 472 107
3 W P	0033 0652 1257 1905	535 59 480 78	18 TH A	0058 0715 1327 1937	478 88 464 134
4 TH ☾	0115 0738 1347 2004	502 72 475 109	19 F ☽	0132 0756 1410 2031	447 104 453 161
5 F	0202 0832 1445 2115	462 89 466 139	20 SA	0213 0846 1503 2138	414 122 442 181
6 SA	0259 0936 1558 2237	419 104 458 156	21 SU	0305 0946 1612 2254	382 136 436 186
7 SU	0413 1047 1730 2359	381 112 464 153	22 M	0417 1054 1737	357 141 444
8 M S	0553 1158 1858	364 106 491	23 TU N	0007 0555 1200 1854	174 351 133 470
9 TU	0113 0724 1304 2005	134 376 91 525	24 W	0109 0718 1258 1952	148 370 113 502
10 W	0214 0828 1401 2057	108 401 71 554	25 TH	0201 0813 1350 2038	119 398 88 533
11 TH ●	0305 0918 1452 2141	84 427 54 572	26 F	0245 0857 1436 2117	90 429 63 557
12 F	0349 1000 1538 2220	67 449 44 577	27 SA ○	0324 0934 1518 2154	67 459 42 572
13 SA	0428 1037 1619 2255	58 464 42 570	28 SU	0400 1009 1558 2228	49 485 27 576
14 SU	0502 1112 1657 2328	55 473 49 554			
15 M E	0535 1144 1735 2358	58 477 63 531			

3　月

日期	潮时 时分	潮高 cm	日期	潮时 时分	潮高 cm
1 M E	0434 1043 1638 2302	39 507 22 569	16 TU	0459 1117 1711 2327	59 515 69 514
2 TU P	0508 1118 1718 2336	35 522 28 552	17 W	0526 1144 1744 2352	64 515 85 493
3 W	0544 1155 1801	39 529 47	18 TH A	0554 1212 1818	73 511 105
4 TH	0012 0622 1236 1849	524 52 525 78	19 F	0018 0625 1245 1858	471 85 504 129
5 F	0052 0704 1322 1944	487 73 511 116	20 SA	0050 0701 1323 1947	446 103 491 154
6 SA ☾	0136 0755 1418 2054	443 100 488 154	21 SU ☽	0129 0747 1411 2050	418 125 475 177
7 SU S	0231 0900 1531 2221	397 128 465 176	22 M N	0219 0848 1513 2209	388 147 460 186
8 M	0350 1021 1711 2349	358 145 459 171	23 TU	0329 1005 1634 2327	363 160 454 175
9 TU	0553 1143 1848	351 141 482	24 W	0509 1123 1805	358 152 470
10 W	0104 0724 1255 1954	147 380 120 515	25 TH	0034 0644 1231 1914	147 384 128 500
11 TH	0202 0822 1354 2044	116 418 94 542	26 F	0127 0745 1327 2007	114 425 96 531
12 F	0249 0907 1444 2126	89 454 71 558	27 SA	0213 0831 1417 2050	82 467 64 554
13 SA ●	0327 0945 1526 2202	71 482 57 560	28 SU ○ E	0253 0911 1501 2130	55 506 38 566
14 SU E	0401 1019 1604 2233	60 500 53 551	29 M	0330 0947 1543 2206	37 538 23 566
15 M	0431 1049 1639 2301	57 510 58 534	30 TU P	0405 1023 1624 2241	28 561 20 555
			31 W	0440 1059 1705 2317	27 573 30 533

4　月

日期	潮时 时分	潮高 cm	日期	潮时 时分	潮高 cm
1 TH	0516 1137 1748 2353	36 573 54 501	16 F	0514 1140 1751 2345	77 542 111 455
2 F	0553 1218 1836	54 561 88	17 SA	0544 1211 1829	87 537 128
3 SA	0032 0636 1304 1932	463 82 537 128	18 SU N	0017 0619 1248 1915	438 103 526 147
4 SU ☾ S	0118 0727 1359 2043	421 116 505 164	19 M	0057 0703 1334 2015	417 125 509 165
5 M	0217 0835 1512 2210	380 151 474 181	20 TU ☽	0149 0802 1432 2129	395 150 490 173
6 TU	0347 1003 1654 2336	351 171 461 172	21 W	0258 0923 1545 2246	379 167 476 163
7 W	0553 1131 1829	361 165 477	22 TH	0429 1047 1711 2353	380 163 477 139
8 TH	0045 0714 1244 1934	146 402 141 503	23 F	0601 1200 1829	409 138 495
9 F	0138 0806 1341 2023	117 447 113 523	24 SA	0048 0709 1301 1929	107 454 105 518
10 SA	0221 0848 1429 2103	92 485 90 532	25 SU E	0136 0800 1354 2019	76 503 72 535
11 SU E	0257 0924 1509 2137	75 513 77 530	26 M	0219 0844 1441 2102	51 545 47 543
12 M ●	0328 0955 1545 2207	67 531 73 519	27 TU ○ P	0258 0924 1526 2142	34 579 34 540
13 TU	0356 1023 1617 2232	64 540 77 503	28 W	0336 1003 1609 2220	27 600 33 526
14 W A	0422 1049 1648 2256	66 543 85 486	29 TH	0413 1042 1653 2258	29 608 46 504
15 TH	0448 1113 1718 2319	70 544 97 471	30 F	0451 1122 1738 2338	41 603 69 475

时　区：－0900　　　　潮高基准面：在平均海面下 305　cm

朝 鲜—南 浦

D.P.R.K. －NAMPO

2021 年潮汐表　　38° 41′ N　　125° 24′ E

5 月

日期	潮时 时分	潮高 cm	日期	潮时 时分	潮高 cm
1 SA S	0531 1204 1827	63 584 101	16 SU	0513 1146 1808 2354	93 562 128 432
2 SU	0020 0615 1252 1924	442 94 556 135	17 M	0549 1223 1853	105 554 138
3 M ☾	0110 0709 1347 2034	408 130 521 161	18 TU	0036 0634 1308 1948	423 123 540 148
4 TU	0214 0819 1456 2152	380 165 487 172	19 W ☽	0129 0733 1401 2053	413 145 521 153
5 W	0344 0947 1625 2308	368 184 468 163	20 TH	0233 0848 1505 2202	407 163 502 148
6 TH	0531 1111 1753	386 180 470	21 F	0351 1010 1620 2308	414 165 489 130
7 F	0010 0646 1222 1900	142 427 160 482	22 SA E	0514 1126 1737	440 149 488
8 SA E	0101 0739 1319 1951	119 470 136 493	23 SU	0005 0628 1232 1846	107 481 123 496
9 SU	0144 0821 1407 2033	99 506 117 497	24 M	0057 0727 1329 1944	82 527 95 504
10 M	0221 0858 1448 2108	86 532 105 492	25 TU	0144 0817 1421 2035	60 569 74 507
11 TU ●A	0253 0930 1524 2139	80 548 101 482	26 W ○P	0228 0903 1510 2120	46 601 62 504
12 W	0321 0958 1557 2205	78 557 103 469	27 TH	0310 0947 1557 2203	39 621 61 494
13 TH	0348 1024 1627 2228	80 560 108 457	28 F S	0351 1029 1644 2246	42 627 70 479
14 F	0414 1048 1658 2252	82 563 114 447	29 SA	0432 1112 1731 2329	54 621 87 460
15 SA N	0442 1115 1731 2320	86 564 120 440	30 SU	0515 1156 1821	74 602 108
			31 M	0014 0603 1243 1915	440 102 574 130

6 月

日期	潮时 时分	潮高 cm	日期	潮时 时分	潮高 cm
1 TU	0106 0658 1334 2016	420 135 540 148	16 W	0022 0617 1248 1922	445 118 568 131
2 W ☾	0206 0804 1433 2121	406 166 507 157	17 TH	0111 0712 1336 2017	447 135 549 134
3 TH	0321 0921 1543 2225	402 187 479 154	18 F ☽	0208 0818 1431 2117	450 154 524 134
4 F E	0446 1038 1659 2324	416 191 463 144	19 SA E	0313 0934 1534 2220	456 166 499 129
5 SA	0602 1148 1811	446 182 458	20 SU	0428 1051 1646 2322	472 165 478 117
6 SU	0016 0701 1248 1909	130 480 167 459	21 M	0545 1202 1802	501 151 468
7 M	0101 0749 1339 1957	117 512 152 459	22 TU	0019 0655 1306 1912	101 538 132 467
8 TU A	0141 0829 1423 2037	108 537 141 455	23 W P	0112 0755 1405 2013	85 575 113 470
9 W	0217 0904 1503 2112	102 554 134 449	24 TH ○	0202 0848 1459 2106	72 607 99 473
10 TH ●	0249 0935 1538 2142	100 565 131 443	25 F S	0249 0936 1549 2154	63 628 92 474
11 F	0319 1003 1610 2209	99 572 129 438	26 SA	0335 1021 1636 2239	62 636 92 473
12 SA N	0349 1030 1643 2235	98 577 128 437	27 SU	0420 1105 1723 2323	69 632 98 468
13 SU	0419 1058 1716 2305	97 582 126 439	28 M	0506 1147 1809	83 616 108
14 M	0453 1130 1753 2341	99 583 126 442	29 TU	0007 0553 1230 1856	463 104 591 121
15 TU	0532 1206 1834	105 579 127	30 W	0054 0644 1314 1945	456 131 560 133

7 月

日期	潮时 时分	潮高 cm	日期	潮时 时分	潮高 cm
1 TH ☾ E	0145 0741 1402 2038	450 159 526 144	16 F E	0051 0654 1311 1940	495 123 565 119
2 F	0242 0845 1454 2133	446 184 491 151	17 SA ☽	0141 0751 1359 2033	499 146 534 128
3 SA	0347 0954 1554 2229	448 201 461 153	18 SU	0238 0900 1453 2134	499 170 498 136
4 SU	0501 1104 1704 2323	459 207 439 151	19 M	0345 1017 1559 2239	500 185 462 138
5 M A	0611 1208 1815	480 202 428	20 TU	0505 1136 1721 2345	510 185 437 133
6 TU	0014 0710 1306 1917	145 506 190 425	21 W P	0630 1249 1849	535 172 432
7 W	0101 0758 1357 2007	138 531 176 427	22 TH S	0047 0741 1354 2002	120 569 151 443
8 TH	0143 0839 1441 2049	131 552 163 430	23 F	0145 0840 1451 2100	105 602 129 460
9 F N	0222 0915 1520 2124	124 569 150 434	24 SA ○	0237 0930 1541 2149	90 625 112 477
10 SA ●	0257 0946 1555 2155	117 582 140 440	25 SU	0326 1014 1627 2232	81 637 102 490
11 SU	0331 1016 1628 2225	110 592 131 449	26 M	0413 1055 1708 2313	79 635 99 499
12 M	0406 1045 1701 2256	103 599 123 461	27 TU	0457 1134 1748 2352	85 622 102 503
13 TU	0442 1116 1735 2330	99 602 116 474	28 W	0540 1211 1827	100 599 110
14 W	0521 1151 1813	99 599 113	29 TH E	0032 0625 1247 1906	502 122 569 121
15 TH	0008 0604 1229 1854	486 107 587 114	30 F	0113 0712 1325 1948	498 150 535 135
			31 SA ☾	0157 0804 1405 2035	490 179 498 150

8 月

日期	潮时 时分	潮高 cm	日期	潮时 时分	潮高 cm
1 SU	0248 0904 1451 2127	481 206 461 163	16 M	0206 0832 1419 2050	530 176 480 147
2 M A	0349 1012 1548 2225	475 224 428 173	17 TU P	0310 0951 1522 2201	516 204 436 163
3 TU	0503 1123 1704 2324	477 228 406 175	18 W S	0434 1118 1653 2318	507 212 405 166
4 W	0620 1230 1830	493 218 401	19 TH	0614 1239 1844	521 196 407
5 TH N	0021 0723 1328 1938	169 518 199 411	20 F	0032 0734 1347 2001	153 554 168 435
6 F	0112 0812 1417 2027	157 544 176 427	21 SA	0136 0833 1442 2056	130 589 139 468
7 SA	0158 0852 1458 2107	142 568 154 445	22 SU ○	0231 0921 1528 2141	106 613 115 498
8 SU ●	0239 0927 1535 2141	125 588 135 464	23 M	0319 1002 1608 2220	89 625 99 521
9 M	0318 0959 1608 2212	109 602 119 483	24 TU	0403 1040 1645 2256	80 622 92 535
10 TU	0354 1030 1640 2242	95 610 107 503	25 W E	0444 1113 1718 2330	82 608 93 542
11 W	0431 1101 1712 2315	86 612 98 522	26 TH	0522 1145 1751	94 505 99
12 TH E	0509 1133 1746 2350	84 605 95 536	27 F	0003 0600 1215 1823	542 113 557 110
13 F	0550 1208 1823	93 588 98	28 SA	0037 0640 1246 1858	536 139 525 125
14 SA	0030 0636 1246 1904	543 112 561 109	29 SU	0113 0723 1319 1937	525 169 491 144
15 SU ☽	0114 0728 1329 1952	541 142 524 126	30 M ☾A	0155 0815 1358 2024	509 199 456 165
			31 TU	0245 0919 1446 2122	492 223 421 184

时　区：－0900　　　　潮高基准面：在平均海面下 305　cm

朝 鲜—南 浦

D.P.R.K.－NAMPO

2021 年潮汐表　　38° 41′ N　　125° 24′ E

9 月

日期	潮时 时分	潮高 cm	日期	潮时 时分	潮高 cm
1 W	0349 1034 1555 2231	480 233 393 194	16 TH	0413 1109 1650 2303	494 215 377 188
2 TH N	0514 1149 1737 2340	480 224 385 189	17 F	0604 1231 1850	502 193 399
3 F	0637 1254 1905	500 200 403	18 SA	0024 0725 1335 1957	169 534 160 442
4 SA	0042 0737 1346 2001	171 530 170 432	19 SU	0129 0820 1425 2045	138 565 128 485
5 SU	0135 0823 1429 2043	146 559 141 464	20 M ○	0223 0905 1506 2126	109 585 103 521
6 M	0220 0901 1506 2119	119 582 116 495	21 TU E	0309 0944 1542 2202	88 591 87 545
7 TU ●	0301 0936 1540 2152	95 597 96 523	22 W	0349 1018 1614 2234	78 585 80 560
8 W E	0340 1009 1613 2223	76 603 82 548	23 TH	0426 1048 1644 2304	79 569 81 565
9 TH	0418 1041 1645 2256	66 600 75 567	24 F	0501 1116 1712 2333	90 546 86 563
10 F	0456 1113 1718 2330	67 587 74 578	25 SA	0534 1142 1741	107 521 96
11 SA P	0536 1147 1753	79 564 82	26 SU A	0002 0609 1209 1811	556 129 495 111
12 SU	0008 0620 1223 1831	578 104 531 99	27 M	0034 0648 1239 1845	544 153 468 129
13 M ☽	0051 0710 1304 1917	566 140 490 125	28 TU	0110 0734 1315 1928	527 179 439 153
14 TU	0141 0813 1353 2014	543 180 444 156	29 W ☾ N	0155 0833 1402 2024	508 202 410 177
15 W S	0244 0935 1459 2133	515 210 401 182	30 TH	0252 0948 1508 2139	488 214 385 194

10 月

日期	潮时 时分	潮高 cm	日期	潮时 时分	潮高 cm
1 F	0407 1105 1643 2259	476 205 377 191	16 SA	0546 1212 1840	481 168 404
2 SA	0537 1212 1822	483 180 400	17 SU	0013 0703 1310 1940	166 503 136 452
3 SU	0009 0651 1306 1926	170 507 148 439	18 M	0117 0757 1356 2026	134 525 107 497
4 M	0107 0745 1351 2012	138 534 116 481	19 TU E	0208 0841 1435 2105	106 537 86 531
5 TU	0157 0829 1431 2051	105 556 88 521	20 W ○	0252 0919 1510 2139	87 537 73 553
6 W ●E	0241 0908 1507 2127	76 569 67 554	21 TH	0331 0952 1540 2210	79 528 68 564
7 TH	0322 0943 1542 2201	57 571 54 580	22 F	0406 1021 1608 2238	81 511 70 567
8 F P	0402 1018 1615 2236	49 562 50 595	23 SA	0439 1047 1635 2305	90 491 75 564
9 SA	0442 1052 1650 2312	53 544 53 600	24 SU A	0511 1111 1702 2332	103 471 83 558
10 SU	0524 1127 1725 2351	70 517 66 592	25 M	0543 1137 1731	118 453 94
11 M	0609 1205 1805	98 483 89	26 TU N	0001 0620 1207 1805	548 134 435 110
12 TU S	0035 0700 1248 1852	570 135 444 121	27 W	0036 0703 1245 1846	535 151 416 130
13 W ☽	0126 0805 1341 1953	539 171 404 158	28 TH ☾	0118 0758 1333 1940	517 167 397 154
14 TH	0230 0928 1458 2118	504 194 371 186	29 F	0211 0905 1436 2054	497 175 382 173
15 F	0400 1058 1700 2253	478 192 367 188	30 SA	0316 1019 1558 2218	480 168 380 175
			31 SU	0435 1125 1729 2332	473 147 403 156

11 月

日期	潮时 时分	潮高 cm	日期	潮时 时分	潮高 cm
1 M	0554 1221 1840	482 118 443	16 TU	0054 0725 1319 1959	132 473 91 494
2 TU E	0035 0658 1310 1934	125 498 89 489	17 W	0147 0811 1359 2039	110 477 75 524
3 W	0129 0751 1353 2020	93 513 63 532	18 TH	0232 0851 1435 2115	95 473 66 543
4 TH ●	0218 0836 1433 2101	66 520 44 567	19 F ○	0312 0926 1507 2147	89 463 63 553
5 F P	0303 0917 1511 2140	48 518 33 591	20 SA	0347 0956 1536 2216	90 449 65 555
6 SA	0347 0956 1548 2219	42 508 30 604	21 SU A	0420 1022 1603 2242	94 435 69 553
7 SU	0430 1034 1626 2259	48 489 37 603	22 M N	0451 1047 1631 2308	101 423 73 550
8 M S	0515 1114 1705 2341	65 465 53 589	23 TU	0523 1113 1702 2337	107 415 80 545
9 TU	0603 1156 1748	91 437 79	24 W	0559 1145 1736	113 408 90
10 W	0026 0657 1244 1839	564 119 407 111	25 TH	0011 0640 1224 1818	538 120 402 104
11 TH ☽	0119 0801 1343 1943	531 145 381 146	26 F	0052 0729 1311 1911	525 126 396 123
12 F	0221 0916 1502 2107	495 158 365 171	27 SA ☾	0140 0826 1409 2018	508 129 393 141
13 SA	0341 1032 1644 2236	468 154 374 173	28 SU	0236 0930 1517 2135	488 126 397 148
14 SU	0511 1138 1811 2352	458 136 410 156	29 M	0342 1034 1634 2252	470 113 415 140
15 M E	0627 1233 1911	464 113 454	30 TU E	0455 1133 1750 2359	460 94 448 120

12 月

日期	潮时 时分	潮高 cm	日期	潮时 时分	潮高 cm
1 W	0606 1226 1854	457 73 488	16 TH	0120 0737 1321 2012	127 418 80 506
2 TH	0101 0710 1315 1949	95 460 52 529	17 F	0209 0822 1401 2052	114 415 73 524
3 F	0156 0805 1400 2038	72 462 35 563	18 SA A	0252 0901 1436 2126	106 410 70 535
4 SA ●P	0247 0854 1444 2124	56 461 25 587	19 SU ○	0330 0935 1509 2157	102 404 69 540
5 SU	0335 0940 1527 2208	49 454 23 599	20 M N	0404 1004 1539 2224	99 398 69 543
6 M S	0422 1024 1609 2251	51 444 29 597	21 TU	0436 1031 1610 2251	98 396 69 545
7 TU	0510 1108 1653 2335	61 431 43 584	22 W	0507 1059 1642 2320	95 399 69 545
8 W	0559 1154 1740	77 416 66	23 TH	0541 1130 1718 2353	92 405 71 543
9 TH	0022 0651 1243 1833	561 94 401 93	24 F	0618 1208 1800	89 412 79
10 F	0111 0748 1340 1935	530 109 390 123	25 SA	0030 0700 1251 1849	535 89 418 92
11 SA ☽	0206 0850 1446 2048	495 119 385 146	26 SU	0113 0748 1341 1947	520 90 423 109
12 SU E	0309 0953 1605 2205	463 120 392 157	27 M ☾ E	0201 0842 1439 2056	497 92 428 125
13 M	0421 1053 1725 2319	438 114 415 154	28 TU	0257 0942 1545 2211	469 91 437 133
14 TU	0536 1148 1832	424 103 447	29 W	0401 1043 1700 2325	442 85 454 128
15 W	0023 0642 1237 1927	141 420 90 479	30 TH	0514 1144 1816	421 75 483
			31 F	0034 0631 1240 1924	113 411 61 517

时　区：－0900　　潮高基准面：在平均海面下 305　cm

韩 国—仁 川

R.O.K.－INCHON

2021 年潮汐表　　37° 28′ N　　126° 36′ E

1 月

日期	潮时 时分	潮高 cm	日期	潮时 时分	潮高 cm
1 F	0031	118	16 SA	0109	91
	0627	722		0714	742
	1228	27		1307	19
	1857	822		1942	829
2 SA	0107	110	17 SU	0146	99
	0707	725		0753	733
	1306	15		1345	41
	1934	828		2015	807
3 SU	0144	99	18 M	0221	109
	0747	729		0830	722
	1345	11		1422	70
	2011	829		2046	781
4 M	0222	92	19 TU E	0254	122
	0828	729		0906	705
	1426	22		1458	111
	2050	820		2117	749
5 TU	0303	92	20 W ☽	0328	142
	0912	722		0944	681
	1512	54		1537	164
	2133	793		2152	707
6 W ☾ E	0349	105	21 TH A	0406	171
	1004	704		1029	650
	1605	108		1625	225
	2224	751		2236	657
7 TH	0444	126	22 F	0453	206
	1108	685		1127	621
	1712	168		1731	283
	2327	704		2336	608
8 F	0553	142	23 SA	0601	234
	1227	682		1245	610
	1836	207		1905	309
9 SA P	0044	672	24 SU	0056	583
	0710	135		0724	235
	1352	714		1410	634
	2004	200		2033	286
10 SU	0204	674	25 M	0217	596
	0823	102		0837	202
	1506	770		1517	683
	2116	162		2135	238
11 M	0313	698	26 TU N	0321	632
	0923	59		0931	154
	1605	824		1608	734
	2213	122		2222	189
12 TU S	0410	726	27 W	0412	673
	1015	23		1016	105
	1655	858		1650	777
	2303	95		2302	148
13 W ●	0500	744	28 TH ○	0455	707
	1102	3		1057	60
	1742	870		1729	810
	2348	84		2339	113
14 TH	0547	750	29 F	0536	734
	1145	-2		1136	21
	1825	864		1806	836
15 F	0030	85	30 SA	0015	84
	0631	748		0616	756
	1227	5		1215	-10
	1905	849		1843	855
			31 SU	0051	56
				0656	775
				1254	-31
				1919	868

2 月

日期	潮时 时分	潮高 cm	日期	潮时 时分	潮高 cm
1 M	0127	33	16 TU	0151	64
	0735	791		0804	773
	1333	-37		1359	56
	1955	871		2013	800
2 TU E	0203	17	17 W	0220	73
	0814	799		0835	761
	1413	-21		1432	93
	2031	857		2041	771
3 W P	0241	16	18 TH A	0248	93
	0855	794		0906	740
	1456	22		1505	144
	2110	822		2111	730
4 TH ☾	0321	37	19 F ☽	0317	126
	0940	771		0940	706
	1544	91		1541	207
	2153	765		2146	677
5 F	0408	78	20 SA	0353	172
	1034	733		1022	662
	1642	175		1628	276
	2247	695		2233	617
6 SA	0508	132	21 SU	0442	228
	1147	694		1128	618
	1804	246		1750	335
				2350	565
7 SU	0002	633	22 M	0605	270
	0627	171		1308	606
	1322	686		1949	337
	1944	262			
8 M S	0138	613	23 TU N	0134	560
	0755	167		0749	259
	1454	725		1443	646
	2107	223		2110	282
9 TU	0303	643	24 W	0256	605
	0909	127		0903	200
	1601	780		1545	712
	2208	168		2201	212
10 W	0406	691	25 TH	0353	668
	1005	79		0955	127
	1651	823		1629	776
	2255	122		2241	146
11 TH ●	0456	732	26 F	0438	726
	1052	41		1038	58
	1733	847		1707	828
	2336	91		2317	89
12 F	0539	759	27 SA ○	0518	776
	1134	18		1118	3
	1810	853		1744	866
				2352	41
13 SA	0013	73	28 SU	0558	815
	0619	773		1158	-36
	1213	11		1820	891
	1844	848			
14 SU	0048	64			
	0656	778			
	1250	16			
	1916	836			
15 M E	0121	61			
	0731	778			
	1325	31			
	1945	821			

3 月

日期	潮时 时分	潮高 cm	日期	潮时 时分	潮高 cm
1 M E	0028	4	16 TU	0050	40
	0637	845		0704	823
	1237	-56		1303	45
	1856	900		1912	820
2 TU P	0103	-23	17 W	0118	44
	0716	865		0735	819
	1318	-53		1335	71
	1932	894		1940	799
3 W	0140	-35	18 TH A	0145	56
	0756	872		0803	806
	1358	-25		1406	106
	2009	870		2008	771
4 TH	0216	-26	19 F	0212	77
	0836	860		0831	785
	1440	30		1437	151
	2046	824		2037	734
5 F	0255	9	20 SA	0240	111
	0918	825		0900	752
	1525	109		1509	207
	2127	759		2108	687
6 SA ☾	0338	69	21 SU ☽	0313	158
	1007	768		0936	706
	1620	203		1548	270
	2217	680		2149	630
7 SU S	0432	147	22 M N	0355	217
	1114	703		1028	652
	1739	285		1652	334
	2331	607		2259	573
8 M	0551	216	23 TU	0505	275
	1256	667		1206	615
	1928	309		1854	355
9 TU	0120	581	24 W	0053	556
	0733	230		0658	285
	1443	695		1358	641
	2059	261		2034	301
10 W	0257	623	25 TH	0226	605
	0856	186		0828	225
	1551	752		1510	710
	2157	193		2130	217
11 TH	0359	689	26 F	0327	682
	0954	125		0927	141
	1637	801		1557	785
	2240	132		2211	134
12 F	0444	746	27 SA	0413	760
	1039	74		1014	61
	1713	832		1637	846
	2316	87		2248	62
13 SA ●	0523	787	28 SU ○ E	0455	826
	1118	41		1056	0
	1745	845		1714	886
	2349	59		2324	5
14 SU E	0558	810	29 M	0534	876
	1154	28		1138	-36
	1815	845		1752	906
15 M	0020	44	30 TU P	0000	-34
	0632	821		0615	909
	1229	30		1219	-46
	1844	835		1830	905
			31 W	0037	-54
				0656	925
				1301	-31
				1908	886

4 月

日期	潮时 时分	潮高 cm	日期	潮时 时分	潮高 cm
1 TH	0115	-52	16 F	0114	67
	0737	922		0735	827
	1343	9		1344	139
	1947	851		1940	751
2 F	0153	-28	17 SA	0143	88
	0818	897		0803	806
	1426	70		1415	175
	2027	800		2011	721
3 SA	0232	20	18 SU N	0213	117
	0901	850		0833	777
	1512	148		1448	217
	2109	736		2044	685
4 SU ☾ S	0315	90	19 M	0247	155
	0949	783		0909	738
	1605	234		1527	264
	2201	664		2127	640
5 M	0407	173	20 TU ☽	0331	204
	1054	711		1000	692
	1722	307		1625	312
	2316	599		2233	595
6 TU	0524	249	21 W	0435	255
	1230	665		1123	656
	1909	325		1804	332
7 W	0103	580	22 TH	0015	580
	0709	270		0613	273
	1416	679		1305	665
	2038	275		1943	289
8 TH	0239	627	23 F	0147	624
	0836	228		0746	230
	1524	729		1422	721
	2133	204		2047	206
9 F	0339	698	24 SA	0254	705
	0934	166		0854	153
	1607	776		1517	789
	2213	137		2133	118
10 SA	0422	762	25 SU E	0344	791
	1018	112		0946	78
	1641	809		1601	845
	2247	87		2214	42
11 SU E	0458	810	26 M	0428	866
	1056	77		1032	23
	1711	826		1642	879
	2318	55		2253	-14
12 M ●	0532	838	27 TU ○ P	0510	919
	1132	62		1117	-5
	1740	827		1722	889
	2348	41		2332	-45
13 TU	0604	851	28 W	0553	948
	1206	65		1201	-5
	1810	817		1804	878
14 W A	0018	41	29 TH	0012	-52
	0636	851		0636	953
	1240	82		1246	19
	1840	799		1846	850
15 TH	0046	51	30 F	0052	-37
	0706	842		0721	937
	1313	108		1330	61
	1910	776		1930	813

时　区：－0900　　　　潮高基准面：在平均海面下 468 cm

韩 国—仁 川

R.O.K.－INCHON

2021年潮汐表　　37° 28′ N　　126° 36′ E

5 月

日期	潮时 时分	潮高 cm
1 SA S	0133	-3
	0805	902
	1415	117
	2014	766
2 SU	0215	49
	0851	851
	1502	181
	2101	715
3 M ☾	0259	115
	0940	790
	1555	246
	2155	660
4 TU	0351	189
	1039	727
	1704	298
	2305	614
5 W	0501	255
	1155	681
	1834	311
6 TH	0034	600
	0634	285
	1322	673
	1956	274
7 F	0201	635
	0800	260
	1433	701
	2054	213
8 SA E	0305	698
	0903	210
	1522	740
	2136	151
9 SU	0351	763
	0950	161
	1559	772
	2212	101
10 M	0429	813
	1030	127
	1632	790
	2244	71
11 TU ●A	0503	845
	1108	111
	1705	794
	2316	59
12 W	0536	857
	1144	114
	1738	784
	2347	62
13 TH	0609	854
	1219	129
	1812	766
14 F	0018	74
	0642	842
	1253	150
	1846	746
15 SA N	0049	89
	0714	827
	1327	172
	1921	726
16 SU	0121	105
	0745	810
	1400	195
	1956	706
17 M	0155	122
	0819	791
	1435	217
	2033	685
18 TU	0233	145
	0858	768
	1516	242
	2119	659
19 W ☽	0317	177
	0947	739
	1609	266
	2219	632
20 TH	0416	215
	1053	713
	1723	276
	2340	624
21 F	0535	239
	1213	707
	1846	248
22 SA E	0104	657
	0703	224
	1330	733
	1957	185
23 SU	0215	727
	0818	173
	1433	777
	2052	110
24 M	0313	810
	0918	115
	1525	819
	2140	42
25 TU	0402	882
	1011	70
	1612	843
	2224	-5
26 W ○P	0449	931
	1059	49
	1657	847
	2307	-27
27 TH	0535	952
	1146	52
	1743	833
	2350	-26
28 F S	0622	948
	1233	74
	1830	808
29 SA	0034	-5
	0710	926
	1319	108
	1919	778
30 SU	0118	28
	0758	892
	1406	147
	2008	747
31 M	0202	72
	0844	850
	1452	188
	2056	714

6 月

日期	潮时 时分	潮高 cm
1 TU	0247	124
	0929	801
	1541	228
	2147	678
2 W ☾	0336	182
	1017	752
	1637	260
	2245	647
3 TH	0434	240
	1111	709
	1743	276
	2353	631
4 F E	0547	281
	1215	681
	1855	264
5 SA	0109	645
	0710	287
	1324	678
	1959	227
6 SU	0218	688
	0822	261
	1424	697
	2050	180
7 M	0313	744
	0918	221
	1513	723
	2133	138
8 TU A	0357	794
	1004	187
	1555	743
	2210	109
9 W	0435	828
	1045	167
	1634	752
	2245	95
10 TH ●	0511	843
	1124	162
	1712	749
	2320	93
11 F	0547	843
	1201	168
	1751	739
	2355	97
12 SA N	0624	835
	1237	177
	1830	727
13 SU	0030	102
	0700	826
	1313	185
	1909	718
14 M	0106	105
	0735	820
	1348	189
	1947	712
15 TU	0143	107
	0811	816
	1424	190
	2027	707
16 W	0222	115
	0849	809
	1503	192
	2110	699
17 TH	0305	134
	0932	794
	1549	197
	2202	689
18 F ☽	0357	167
	1024	771
	1646	203
	2305	683
19 SA E	0503	204
	1127	746
	1754	197
20 SU	0020	698
	0623	224
	1239	736
	1906	169
21 M	0137	743
	0744	209
	1351	747
	2012	121
22 TU	0245	809
	0855	171
	1454	770
	2109	70
23 W P	0342	872
	0954	133
	1549	791
	2200	31
24 TH ○	0434	916
	1046	109
	1641	800
	2248	11
25 F S	0524	934
	1135	103
	1731	796
	2335	10
26 SA	0613	929
	1223	112
	1821	784
27 SU	0020	24
	0701	911
	1309	129
	1911	769
28 M	0105	48
	0747	885
	1353	148
	1959	754
29 TU	0149	78
	0829	855
	1435	167
	2044	737
30 W	0231	116
	0907	820
	1516	188
	2127	716

7 月

日期	潮时 时分	潮高 cm
1 TH ☾ E	0314	163
	0944	781
	1558	209
	2212	693
2 F	0401	216
	1024	740
	1645	230
	2305	671
3 SA	0457	270
	1112	698
	1743	246
4 SU	0008	661
	0611	308
	1213	667
	1850	247
5 M A	0121	675
	0733	313
	1323	657
	1955	227
6 TU	0229	712
	0844	287
	1428	670
	2051	195
7 W	0325	758
	0940	250
	1524	694
	2138	162
8 TH	0411	797
	1026	218
	1611	716
	2220	136
9 F N	0452	821
	1106	197
	1654	729
	2259	117
10 SA ●	0531	834
	1145	184
	1736	735
	2337	104
11 SU	0609	839
	1221	176
	1817	738
12 M	0014	91
	0646	844
	1257	165
	1857	743
13 TU	0052	80
	0722	850
	1332	151
	1935	750
14 W	0129	71
	0756	856
	1406	136
	2013	758
15 TH	0208	73
	0832	856
	1443	125
	2053	763
16 F E	0250	91
	0910	842
	1523	124
	2138	758
17 SA ☽	0337	132
	0953	811
	1610	137
	2232	746
18 SU	0434	188
	1047	766
	1708	158
	2340	735
19 M	0548	241
	1155	722
	1820	171
20 TU	0102	747
	0717	259
	1315	702
	1937	158
21 W P	0223	789
	0839	234
	1432	715
	2046	122
22 TH S	0331	844
	0944	190
	1538	744
	2145	82
23 F	0428	889
	1038	153
	1634	771
	2236	52
24 SA ○	0518	913
	1126	129
	1725	787
	2324	38
25 SU	0604	916
	1211	120
	1813	792
26 M	0008	39
	0648	905
	1253	120
	1858	791
27 TU	0051	52
	0727	886
	1332	124
	1941	785
28 W	0131	74
	0802	863
	1408	131
	2020	776
29 TH E	0209	105
	0834	835
	1442	142
	2057	762
30 F	0247	146
	0905	803
	1515	160
	2134	742
31 SA ☾	0325	198
	0937	762
	1550	187
	2215	715

8 月

日期	潮时 时分	潮高 cm
1 SU	0410	259
	1016	714
	1632	223
	2306	686
2 M A	0509	319
	1109	662
	1730	259
3 TU	0016	666
	0636	357
	1223	625
	1850	277
4 W	0141	676
	0810	346
	1347	624
	2010	258
5 TH N	0256	716
	0919	302
	1459	655
	2111	216
6 F	0352	765
	1009	251
	1554	696
	2200	168
7 SA	0435	808
	1049	207
	1640	733
	2241	124
8 SU ●	0514	840
	1126	172
	1721	760
	2320	88
9 M	0550	862
	1200	143
	1800	780
	2357	60
10 TU	0625	879
	1234	117
	1838	797
11 W	0035	40
	0659	890
	1308	91
	1915	814
12 TH E	0112	31
	0732	896
	1342	69
	1952	828
13 F	0151	39
	0807	890
	1417	58
	2031	834
14 SA	0232	68
	0843	867
	1455	66
	2112	824
15 SU ☽	0316	122
	0923	822
	1537	96
	2201	796
16 M	0409	197
	1012	758
	1630	145
	2305	757
17 TU P	0520	273
	1119	691
	1741	195
18 W S	0034	735
	0658	310
	1251	653
	1910	210
19 TH	0212	758
	0832	283
	1425	670
	2033	179
20 F	0328	814
	0940	223
	1536	720
	2137	126
21 SA	0424	866
	1031	167
	1631	770
	2228	80
22 SU ○	0509	898
	1114	125
	1717	805
	2312	52
23 M	0548	908
	1153	101
	1758	823
	2353	43
24 TU	0624	901
	1229	90
	1838	828
25 W E	0032	51
	0657	885
	1303	88
	1914	826
26 TH	0109	71
	0727	863
	1334	92
	1949	819
27 F	0144	101
	0756	838
	1404	103
	2021	806
28 SA	0218	141
	0825	807
	1433	124
	2053	785
29 SU	0252	191
	0855	767
	1502	156
	2127	754
30 M ☾A	0328	252
	0929	716
	1537	202
	2208	711
31 TU	0414	320
	1014	657
	1623	258
	2310	666

时　区：－0900　　　　潮高基准面：在平均海面下468　cm

韩 国—仁 川

R.O.K. – INCHON

2021 年潮汐表　　37° 28′ N　　126° 36′ E

9 月

日期	潮时 时分	潮高 cm	日期	潮时 时分	潮高 cm
1 W	0531 1127 1739	379 602 306	16 TH	0015 0647 1240 1852	713 341 615 254
2 TH N	0048 0732 1311 1926	646 386 589 306	17 F	0205 0827 1423 2024	729 300 648 218
3 F	0226 0857 1438 2045	679 332 629 252	18 SA	0321 0932 1532 2128	786 226 716 154
4 SA	0329 0948 1537 2138	741 262 691 181	19 SU	0411 1017 1621 2216	841 156 781 98
5 SU	0413 1026 1621 2220	802 195 750 115	20 M ○	0449 1054 1701 2257	876 104 826 62
6 M	0449 1100 1659 2259	852 138 798 62	21 TU E	0522 1128 1737 2334	889 71 852 49
7 TU ●	0522 1133 1736 2336	887 92 835 25	22 W	0552 1200 1812	885 56 861
8 W E	0555 1206 1813	909 54 863	23 TH	0010 0621 1230 1844	56 869 54 859
9 TH	0014 0629 1239 1850	6 917 25 883	24 F	0045 0650 1259 1916	77 847 63 849
10 F	0053 0704 1314 1928	5 913 9 894	25 SA	0118 0719 1327 1946	108 820 79 833
11 SA P	0133 0740 1350 2007	26 804 9 890	26 SU A	0151 0748 1355 2016	147 788 104 809
12 SU	0214 0817 1428 2049	69 857 33 866	27 M	0223 0818 1424 2046	193 750 138 774
13 M ☽	0258 0858 1509 2137	136 801 82 819	28 TU	0256 0851 1457 2123	248 703 185 727
14 TU	0349 0946 1600 2240	220 728 152 758	29 W ☾ N	0335 0933 1538 2216	309 646 243 673
15 W S	0501 1055 1711	304 653 224	30 TH	0437 1042 1644 2350	370 589 301 635

10 月

日期	潮时 时分	潮高 cm	日期	潮时 时分	潮高 cm
1 F	0642 1235 1836	391 569 318	16 SA	0143 0809 1409 2007	701 289 637 237
2 SA	0143 0823 1409 2010	656 336 613 265	17 SU	0257 0910 1516 2110	747 214 709 176
3 SU	0253 0916 1510 2109	720 253 688 183	18 M	0344 0952 1602 2157	796 141 778 120
4 M	0339 0954 1555 2154	791 170 764 105	19 TU E	0419 1027 1639 2236	830 85 829 83
5 TU	0415 1028 1633 2234	851 97 830 44	20 W ○	0450 1058 1712 2312	846 50 860 68
6 W ● E	0450 1101 1710 2314	892 38 881 6	21 TH	0518 1128 1744 2347	845 34 871 73
7 TH	0524 1135 1747 2354	912 -4 915 -8	22 F	0547 1158 1816	832 36 868
8 F P	0600 1211 1826	913 -27 933	23 SA	0022 0618 1227 1847	93 809 49 854
9 SA	0034 0637 1247 1906	3 896 -32 933	24 SU A	0055 0649 1256 1917	122 782 70 833
10 SU	0116 0716 1325 1948	35 864 -16 914	25 M	0128 0720 1326 1947	157 751 95 807
11 M	0159 0757 1405 2032	87 819 23 874	26 TU N	0200 0753 1357 2019	196 718 126 773
12 TU S	0245 0841 1449 2122	156 760 83 814	27 W	0233 0827 1431 2055	238 680 165 733
13 W ☽	0337 0933 1540 2226	236 690 161 746	28 TH ☾	0312 0909 1512 2144	283 635 212 687
14 TH	0449 1046 1651 2359	309 624 237 696	29 F	0406 1013 1611 2304	328 588 262 649
15 F	0634 1230 1833	334 598 271	30 SA	0540 1152 1744	350 568 288
			31 SU	0043 0723 1326 1922	651 312 603 256

11 月

日期	潮时 时分	潮高 cm	日期	潮时 时分	潮高 cm
1 M	0200 0828 1433 2031	699 233 677 185	16 TU	0301 0917 1534 2131	726 143 748 158
2 TU E	0254 0913 1523 2124	763 145 763 109	17 W	0341 0954 1613 2213	758 90 802 121
3 W	0337 0952 1605 2209	822 65 841 48	18 TH	0415 1027 1647 2251	779 54 837 102
4 TH ●	0416 1029 1645 2252	862 2 900 13	19 F ○	0447 1058 1720 2327	784 39 851 101
5 F P	0455 1106 1725 2335	879 -38 935 4	20 SA	0519 1130 1752	777 40 849
6 SA	0534 1145 1807	873 -54 946	21 SU A	0003 0553 1201 1825	115 759 52 834
7 SU	0019 0616 1225 1851	20 850 -48 935	22 M N	0038 0628 1234 1858	137 737 69 814
8 M S	0103 0700 1307 1937	55 815 -23 905	23 TU	0112 0704 1306 1931	162 713 87 791
9 TU	0149 0746 1350 2025	104 772 21 859	24 W	0146 0740 1340 2005	186 690 106 768
10 W	0237 0835 1436 2116	162 722 80 802	25 TH	0220 0817 1416 2043	209 666 128 743
11 TH ☽	0329 0930 1527 2216	223 668 150 741	26 F	0258 0859 1458 2127	232 639 158 715
12 F	0435 1039 1633 2329	275 620 219 691	27 SA ☾	0345 0953 1549 2225	254 610 195 687
13 SA	0601 1205 1801	295 598 261	28 SU	0449 1106 1659 2339	268 593 228 671
14 SU	0053 0728 1334 1932	674 267 622 251	29 M	0610 1230 1827	254 610 230
15 M E	0208 0831 1444 2040	692 207 682 207	30 TU E	0056 0726 1346 1947	684 203 667 192

12 月

日期	潮时 时分	潮高 cm	日期	潮时 时分	潮高 cm
1 W	0203 0825 1447 2052	721 131 747 134	16 TH	0256 0916 1544 2150	674 127 750 176
2 TH	0258 0914 1538 2146	766 58 826 81	17 F	0341 0955 1623 2232	699 92 789 148
3 F	0346 0959 1624 2235	801 -2 887 46	18 SA A	0421 1032 1700 2311	717 69 810 135
4 SA ● P	0432 1043 1709 2322	818 -39 921 36	19 SU ○	0500 1108 1737 2349	722 60 815 134
5 SU	0517 1126 1756	815 -53 928	20 M N	0538 1143 1813	718 60 809
6 M S	0009 0604 1210 1844	46 799 -46 914	21 TU	0025 0617 1219 1849	141 708 63 799
7 TU	0055 0653 1255 1933	70 773 -24 886	22 W	0100 0656 1254 1924	149 698 66 789
8 W	0142 0743 1340 2021	103 744 12 848	23 TH	0134 0733 1329 1957	154 689 69 782
9 TH	0229 0833 1426 2108	139 713 60 802	24 F	0208 0810 1405 2031	156 682 75 774
10 F	0317 0924 1514 2155	176 678 117 751	25 SA	0242 0848 1444 2108	156 674 91 761
11 SA ☽	0409 1019 1608 2246	211 642 180 701	26 SU	0321 0931 1528 2151	160 662 121 738
12 SU E	0510 1123 1715 2346	235 615 236 660	27 M ☾ E	0408 1024 1623 2246	168 649 163 707
13 M	0621 1238 1838	238 613 264	28 TU	0508 1133 1736 2354	176 645 202 681
14 TU	0054 0731 1355 1957	642 214 644 251	29 W	0621 1253 1902	168 668 210
15 W	0201 0829 1456 2100	650 172 697 215	30 TH	0111 0735 1410 2023	677 134 724 180
			31 F	0222 0840 1515 2128	698 81 792 133

时 区：－0900　　潮高基准面：在平均海面下 468 cm

韩　国—群　山

R.O.K.－GUNSAN

2021 年潮汐表　　　35° 59′ N　　　126° 43′ E

1 月

日期	潮时时分	潮高 cm	日期	潮时时分	潮高 cm
1 F	0450 1151 1724	517 39 617	16 SA	0023 0528 1225 1805	59 527 13 611
2 SA	0031 0527 1224 1802	90 518 37 616	17 SU	0101 0610 1302 1844	61 520 26 589
3 SU	0104 0606 1257 1842	88 518 36 608	18 M	0135 0651 1337 1922	67 509 47 562
4 M	0136 0650 1331 1926	86 513 43 589	19 TU E	0208 0735 1411 2001	78 495 76 530
5 TU	0210 0740 1409 2016	88 502 62 560	20 W ☽	0240 0823 1446 2045	93 476 111 493
6 W ☾ E	0249 0841 1457 2115	95 488 95 524	21 TH A	0316 0919 1530 2138	112 457 151 456
7 TH	0339 0955 1602 2224	107 480 134 492	22 F	0403 1025 1639 2242	133 445 188 429
8 F	0449 1114 1741 2336	116 490 157 476	23 SA	0517 1136 1828 2350	146 451 196 419
9 SA P	0617 1228 1918	106 521 142	24 SU	0648 1244 1950	136 476 172
10 SU	0043 0733 1332 2027	479 76 563 112	25 M	0054 0755 1342 2047	430 109 514 141
11 M	0142 0832 1427 2123	493 45 602 86	26 TU N	0150 0848 1431 2135	454 81 553 114
12 TU S	0234 0925 1516 2213	510 22 629 70	27 W	0237 0935 1514 2219	481 58 586 95
13 W ●	0320 1014 1601 2259	523 9 641 62	28 TH ○	0320 1018 1554 2259	505 42 611 81
14 TH	0404 1101 1644 2343	529 4 639 59	29 F	0359 1059 1632 2338	525 29 628 69
15 F	0446 1145 1725	530 6 628	30 SA	0438 1137 1710	541 17 638
			31 SU	0013 0518 1213 1748	58 555 9 640

2 月

日期	潮时时分	潮高 cm	日期	潮时时分	潮高 cm
1 M	0046 0558 1248 1827	47 564 6 632	16 TU	0106 0625 1314 1845	48 545 44 566
2 TU E	0118 0641 1323 1908	39 566 14 611	17 W	0134 0701 1342 1917	54 537 67 540
3 W P	0151 0728 1400 1952	39 558 38 575	18 TH A	0159 0740 1411 1952	65 522 97 507
4 TH ☾	0226 0821 1444 2043	50 539 80 527	19 F ☽	0225 0824 1442 2034	82 499 135 468
5 F	0308 0926 1540 2145	74 515 133 477	20 SA	0255 0921 1525 2131	107 473 178 427
6 SA	0405 1043 1710 2259	104 499 178 439	21 SU	0338 1034 1650 2248	137 456 216 400
7 SU	0535 1204 1903	125 505 178	22 M	0507 1154 1905	163 463 210
8 M S	0018 0712 1318 2020	430 111 531 146	23 TU N	0009 0708 1305 2018	403 151 495 171
9 TU	0128 0822 1419 2116	446 80 565 112	24 W	0118 0818 1402 2109	433 115 540 130
10 W	0226 0917 1509 2203	474 50 593 86	25 TH	0214 0910 1450 2153	475 77 584 95
11 TH ●	0314 1006 1552 2246	502 29 610 68	26 F	0300 0955 1532 2233	517 44 620 67
12 F	0356 1050 1631 2326	523 18 615 56	27 SA ○	0342 1037 1611 2311	555 18 645 43
13 SA	0436 1131 1707	538 15 611	28 SU	0422 1117 1650 2346	586 -1 658 24
14 SU	0002 0513 1209 1741	49 545 18 601			
15 M E	0036 0549 1243 1813	46 548 28 586			

3 月

日期	潮时时分	潮高 cm	日期	潮时时分	潮高 cm
1 M E	0503 1156 1728	609 -13 658	16 TU	0008 0525 1221 1740	39 575 42 576
2 TU P	0021 0544 1233 1806	9 623 -14 645	17 W	0036 0557 1251 1809	41 575 57 560
3 W	0055 0626 1311 1846	1 625 0 617	18 TH A	0101 0629 1317 1838	47 570 76 539
4 TH	0129 0711 1350 1928	4 611 32 574	19 F	0124 0704 1343 1910	56 558 101 513
5 F	0204 0802 1432 2014	23 582 82 519	20 SA	0145 0743 1411 1947	70 537 132 478
6 SA ☾	0243 0902 1525 2112	58 542 143 460	21 SU ☽	0211 0831 1446 2036	91 506 170 437
7 SU S	0335 1019 1650 2231	104 505 197 414	22 M N	0245 0939 1543 2152	123 476 211 401
8 M	0503 1147 1851	144 493 200	23 TU	0344 1106 1800 2327	161 467 227 396
9 TU	0001 0658 1308 2010	402 141 510 163	24 W	0600 1226 1940	177 491 189
10 W	0121 0813 1412 2103	426 105 541 120	25 TH	0046 0740 1330 2036	429 140 536 138
11 TH	0221 0908 1500 2147	467 68 570 86	26 F	0147 0839 1420 2120	484 92 585 90
12 F	0307 0954 1538 2225	507 42 589 62	27 SA	0236 0927 1504 2200	542 48 626 51
13 SA ●	0346 1035 1611 2302	538 29 597 47	28 SU ○E	0320 1011 1545 2239	593 15 653 21
14 SU E	0420 1113 1642 2336	558 26 596 40	29 M	0402 1054 1624 2316	634 -6 664 -1
15 M	0453 1148 1711	570 31 588	30 TU P	0443 1136 1703 2354	661 -16 659 -15
			31 W	0525 1217 1742	674 -11 639

4 月

日期	潮时时分	潮高 cm	日期	潮时时分	潮高 cm
1 TH	0031 0608 1258 1822	-18 669 9 605	16 F	0033 0602 1258 1806	57 589 101 528
2 F	0108 0654 1339 1904	-9 647 46 559	17 SA	0056 0635 1325 1838	65 579 120 508
3 SA	0145 0744 1424 1951	17 607 97 504	18 SU N	0118 0713 1353 1915	76 561 144 481
4 SU ☾ S	0227 0845 1517 2050	58 558 155 448	19 M	0143 0759 1427 2001	92 534 171 448
5 M	0319 1003 1637 2214	110 513 202 406	20 TU ☽	0218 0901 1518 2113	118 504 201 415
6 TU	0444 1131 1829 2349	156 493 204 402	21 W	0312 1024 1653 2249	152 488 219 409
7 W	0639 1251 1948	156 503 165	22 TH	0452 1146 1847	177 502 191
8 TH	0110 0756 1353 2040	433 121 529 119	23 F	0013 0653 1252 1952	444 155 540 138
9 F	0208 0850 1438 2121	479 83 554 81	24 SA	0117 0803 1346 2040	503 107 584 85
10 SA	0251 0933 1513 2157	523 57 572 55	25 SU E	0209 0856 1432 2123	569 61 621 42
11 SU E	0326 1013 1543 2233	556 45 579 42	26 M	0255 0944 1515 2204	627 28 644 11
12 M ●	0358 1050 1612 2306	578 45 577 39	27 TU ○P	0339 1030 1556 2245	671 10 650 -9
13 TU	0429 1126 1640 2338	589 53 569 42	28 W	0422 1116 1636 2327	696 6 640 -18
14 W A	0500 1159 1708	594 67 558	29 TH	0505 1201 1718	702 15 616
15 TH	0007 0530 1230 1736	49 594 83 544	30 F	0009 0551 1246 1800	-16 690 37 582

时　区：－0900　　　　潮高基准面：在平均海面下 341　cm

韩　国—群　山

R.O.K.－GUNSAN

2021年潮汐表　　35° 59′ N　　126° 43′ E

5　月

日期	潮时 时分	潮高 cm	日期	潮时 时分	潮高 cm
1	0050	-2	16	0038	83
SA	0638	661	SU	0615	591
S	1330	70		1316	143
	1844	540		1815	502
2	0132	25	17	0103	89
SU	0731	619	M	0653	578
	1417	112		1346	156
	1934	495		1854	485
3	0216	64	18	0131	99
M	0834	571	TU	0739	560
☾	1510	156		1420	170
	2037	450		1943	463
4	0309	112	19	0207	115
TU	0949	530	W	0836	537
	1619	190	☽	1505	184
	2201	421		2050	442
5	0424	154	20	0257	141
W	1106	507	TH	0949	521
	1750	194		1612	192
	2328	422		2217	440
6	0604	165	21	0413	164
TH	1217	505	F	1105	523
	1909	162		1743	177
				2338	471
7	0042	451	22	0559	161
F	0725	141	SA	1212	544
	1315	519	E	1900	135
	2003	120			
8	0139	493	23	0044	526
SA	0821	109	SU	0724	127
E	1400	536		1309	573
	2046	83		1957	87
9	0223	534	24	0141	589
SU	0906	86	M	0825	89
	1437	551		1359	600
	2124	59		2045	46
10	0259	567	25	0230	646
M	0947	75	TU	0919	61
	1509	557		1445	617
	2200	47		2131	18
11	0332	589	26	0317	686
TU	1026	76	W	1009	48
●A	1539	556	○P	1529	619
	2235	48		2218	3
12	0404	600	27	0402	707
W	1104	85	TH	1059	47
	1609	549		1612	609
	2310	55		2304	-1
13	0435	604	28	0448	707
TH	1140	99	F	1148	56
	1639	538	S	1655	588
	2342	65		2351	3
14	0507	603	29	0535	691
F	1214	114	SA	1236	71
	1710	527		1740	562
15	0011	75	30	0036	15
SA	0540	598	SU	0626	663
N	1246	129		1321	91
	1741	515		1828	532
			31	0121	36
			M	0720	627
				1407	116
				1921	501

6　月

日期	潮时 时分	潮高 cm	日期	潮时 时分	潮高 cm
1	0206	68	16	0126	96
TU	0819	588	W	0724	591
	1455	143		1412	154
	2025	472		1931	494
2	0255	106	17	0201	106
W	0923	552	TH	0815	574
☾	1549	166		1450	156
	2138	454		2032	485
3	0354	146	18	0246	125
TH	1027	524	F	0916	555
	1657	175	☽	1539	158
	2251	452		2146	484
4	0512	172	19	0346	151
F	1127	509	SA	1023	542
E	1813	163	E	1646	154
	2359	468		2302	504
5	0637	170	20	0511	168
SA	1223	506	SU	1130	540
	1915	133		1805	135
6	0057	498	21	0012	544
SU	0743	150	M	0647	157
	1313	514		1232	549
	2005	102		1915	101
7	0146	534	22	0114	595
M	0834	129	TU	0800	131
	1355	524		1328	564
	2047	79		2013	68
8	0228	566	23	0208	643
TU	0919	116	W	0900	108
A	1433	532	P	1419	577
	2127	67		2106	44
9	0305	590	24	0259	677
W	1001	113	TH	0955	95
	1508	535	○	1507	582
	2207	66		2158	30
10	0340	604	25	0347	694
TH	1043	119	F	1047	91
●	1542	532	S	1553	579
	2245	72		2248	25
11	0415	610	26	0434	695
F	1123	128	SA	1137	92
	1616	526		1638	570
	2322	81		2338	26
12	0450	610	27	0523	682
SA	1202	138	SU	1224	95
N	1650	519		1725	557
	2356	88			
13	0525	609	28	0024	32
SU	1237	146	M	0612	661
	1724	514		1308	100
				1814	542
14	0027	92	29	0108	45
M	0602	606	TU	0702	635
	1309	151		1349	109
	1801	509		1906	526
15	0056	94	30	0150	67
TU	0641	601	W	0752	605
	1339	153		1430	122
	1842	503		2001	509

7　月

日期	潮时 时分	潮高 cm	日期	潮时 时分	潮高 cm
1	0232	99	16	0152	88
TH	0843	572	F	0751	606
☾ E	1512	138	E	1428	119
	2100	493		2012	538
2	0317	137	17	0232	110
F	0934	539	SA	0842	579
	1600	153	☽	1508	124
	2202	482		2115	531
3	0414	175	18	0322	144
SA	1027	510	SU	0942	547
	1701	162		1600	135
	2305	482		2228	532
4	0531	199	19	0435	181
SU	1124	492	M	1050	522
	1812	156		1713	141
				2343	549
5	0007	497	20	0617	195
M	0654	197	TU	1159	512
A	1219	487		1840	129
	1916	136			
6	0104	523	21	0052	582
TU	0759	179	W	0745	177
	1312	493	P	1304	519
	2009	114		1953	103
7	0154	554	22	0153	620
W	0852	161	TH	0851	151
	1359	505	S	1401	535
	2057	97		2053	77
8	0239	582	23	0248	652
TH	0939	149	F	0946	130
	1441	517		1453	551
	2141	89		2148	58
9	0319	603	24	0337	671
F	1024	143	SA	1037	115
N	1520	525	○	1541	563
	2224	86		2239	46
10	0358	617	25	0424	676
SA	1106	142	SU	1124	106
●	1558	529		1627	569
	2304	86		2326	40
11	0435	624	26	0509	670
SU	1146	142	M	1207	88
	1635	532		1712	571
	2342	86			
12	0512	629	27	0010	41
M	1222	141	TU	0553	657
	1712	536		1247	95
				1757	568
13	0015	84	28	0051	50
TU	0549	631	W	0634	637
	1254	136		1323	95
	1751	540		1842	561
14	0047	81	29	0128	67
W	0627	631	TH	0714	612
	1324	129	E	1357	101
	1832	544		1926	549
15	0118	80	30	0203	94
TH	0707	624	F	0753	581
	1354	122		1431	113
	1918	544		2012	533
			31	0239	130
			SA	0834	546
			☾	1505	131
				2104	513

8　月

日期	潮时 时分	潮高 cm	日期	潮时 时分	潮高 cm
1	0319	170	16	0303	147
SU	0921	509	M	0905	534
	1547	153		1524	124
	2204	497		2157	545
2	0415	211	17	0410	199
M	1017	477	TU	1013	490
A	1647	172	P	1632	154
	2311	492		2319	538
3	0548	234	18	0602	227
TU	1123	459	W	1133	468
	1813	175	S	1818	161
4	0019	505	19	0039	555
W	0720	224	TH	0741	207
	1228	461		1250	476
	1930	157		1945	134
5	0120	534	20	0147	588
TH	0825	197	F	0846	170
N	1327	479		1355	504
	2028	130		2049	99
6	0213	569	21	0244	622
F	0917	171	SA	0938	137
	1418	504		1449	537
	2118	107		2142	69
7	0259	601	22	0331	645
SA	1002	150	SU	1023	112
	1502	528	○	1535	565
	2203	90		2229	51
8	0339	625	23	0412	655
SU	1044	136	M	1105	95
●	1543	548		1617	585
	2244	78		2312	43
9	0417	643	24	0450	654
M	1123	124	TU	1144	84
	1621	565		1657	595
	2323	68		2352	44
10	0454	653	25	0526	643
TU	1158	113	W	1219	78
	1659	580	E	1735	598
	2358	60			
11	0530	659	26	0029	53
W	1230	101	TH	0600	627
	1738	592		1252	77
				1812	594
12	0032	55	27	0102	69
TH	0606	657	F	0632	605
E	1301	90		1322	82
	1818	601		1848	584
13	0105	57	28	0133	93
F	0644	645	SA	0704	578
	1330	82		1349	94
	1901	601		1926	567
14	0139	71	29	0203	124
SA	0725	620	SU	0738	545
	1402	83		1416	111
	1949	589		2009	543
15	0217	101	30	0235	162
SU	0810	581	M	0818	507
☽	1438	97	☾ A	1445	136
	2047	568		2101	514
			31	0314	204
			TU	0910	466
				1525	167
				2211	490

时　区：－0900　　潮高基准面：在平均海面下 341 cm

韩 国—群 山

R.O.K.—GUNSAN

2021年潮汐表 35° 59′ N 126° 43′ E

9 月

日期	潮时 时分	潮高 cm	日期	潮时 时分	潮高 cm
1 W	0424 1022 1640 2331	245 435 196 487	16 TH	0557 1120 1810	239 430 180
2 TH N	0634 1146 1843	252 430 192	17 F	0033 0737 1248 1943	529 208 449 146
3 F	0045 0757 1258 2000	511 217 455 157	18 SA	0145 0837 1356 2044	561 160 493 101
4 SA	0146 0851 1356 2054	552 176 496 118	19 SU	0238 0923 1446 2132	595 118 539 66
5 SU	0235 0935 1443 2139	594 140 539 85	20 M ○	0319 1003 1527 2214	618 87 577 46
6 M	0316 1015 1524 2220	630 111 578 60	21 TU E	0354 1040 1603 2254	629 68 602 40
7 TU ●	0354 1052 1603 2259	655 90 609 43	22 W	0425 1115 1637 2331	628 59 614 45
8 W E	0430 1127 1641 2336	670 72 633 32	23 TH	0455 1148 1709	618 57 618
9 TH	0506 1200 1720	674 57 650	24 F	0005 0524 1219 1741	57 602 61 614
10 F	0012 0542 1233 1800	29 666 46 656	25 SA	0037 0553 1247 1814	75 583 68 605
11 SA P	0048 0619 1305 1842	37 645 43 649	26 SU A	0106 0622 1311 1847	96 561 80 589
12 SU	0125 0658 1338 1928	60 611 53 625	27 M	0134 0653 1335 1925	123 534 96 564
13 M ☽	0205 0741 1414 2023	100 563 79 587	28 TU	0202 0729 1359 2010	154 499 118 531
14 TU	0251 0833 1459 2134	155 506 120 544	29 W ☾ N	0235 0814 1432 2114	192 458 149 495
15 W S	0359 0946 1608 2304	213 453 165 520	30 TH	0327 0925 1525 2242	232 419 186 476

10 月

日期	潮时 时分	潮高 cm	日期	潮时 时分	潮高 cm
1 F	0528 1103 1734	254 407 207	16 SA	0022 0719 1244 1930	511 188 442 143
2 SA	0006 0720 1227 1924	492 220 437 173	17 SU	0130 0816 1349 2029	536 136 492 99
3 SU	0112 0818 1330 2023	532 168 490 123	18 M	0219 0859 1435 2114	564 91 542 65
4 M	0204 0901 1419 2110	580 120 549 78	19 TU E	0256 0936 1511 2155	583 59 581 47
5 TU	0246 0939 1502 2152	622 80 603 45	20 W ○	0327 1012 1544 2232	592 41 606 44
6 W ●E	0325 1016 1541 2233	651 49 647 23	21 TH	0356 1046 1614 2309	590 36 618 52
7 TH	0402 1053 1620 2313	666 28 677 13	22 F	0424 1118 1644 2343	581 40 621 67
8 F P	0439 1129 1700 2353	666 14 693 14	23 SA	0452 1149 1715	568 49 617
9 SA	0516 1205 1741	651 8 692	24 SU A	0015 0520 1217 1746	85 552 61 608
10 SU	0033 0554 1241 1824	29 623 13 675	25 M	0046 0549 1242 1818	105 534 72 593
11 M	0114 0634 1318 1911	59 583 31 639	26 TU N	0114 0620 1305 1854	126 513 85 572
12 TU S	0157 0718 1358 2007	103 532 65 589	27 W	0142 0655 1330 1936	150 486 103 542
13 W ☽	0247 0812 1446 2121	156 476 113 537	28 TH ☾	0214 0738 1402 2033	177 452 128 506
14 TH	0356 0932 1559 2254	207 426 163 507	29 F	0259 0842 1449 2154	206 416 161 480
15 F	0544 1115 1758	224 412 179	30 SA	0420 1020 1616 2320	226 401 191 483
			31 SU	0620 1150 1829	208 428 178

11 月

日期	潮时 时分	潮高 cm	日期	潮时 时分	潮高 cm
1 M	0030 0732 1257 1944	513 157 485 130	16 TU	0144 0827 1410 2050	521 77 530 80
2 TU E	0126 0820 1350 2037	556 102 552 81	17 W	0223 0906 1448 2131	536 46 567 64
3 W	0212 0901 1436 2123	596 54 615 43	18 TH	0256 0942 1521 2210	545 30 592 60
4 TH ●	0254 0940 1518 2208	625 20 665 21	19 F ○	0326 1017 1552 2248	546 27 605 67
5 F P	0333 1020 1559 2252	638 -3 698 13	20 SA	0356 1052 1622 2325	540 34 609 80
6 SA	0413 1100 1641 2337	635 -14 710 18	21 SU A	0425 1125 1653 2359	530 45 606 96
7 SU	0452 1142 1724	618 -15 703	22 M N	0455 1156 1725	519 57 599
8 M S	0021 0533 1223 1810	34 589 -6 678	23 TU	0032 0526 1224 1759	112 506 68 588
9 TU	0106 0616 1306 1900	62 552 15 638	24 W	0103 0559 1250 1835	127 493 77 573
10 W	0152 0703 1350 1958	98 507 50 588	25 TH	0132 0635 1316 1915	141 476 88 552
11 TH ☽	0242 0802 1440 2111	139 460 95 539	26 F	0203 0718 1348 2005	154 455 104 525
12 F	0344 0923 1547 2233	176 424 142 506	27 SA ☾	0241 0816 1430 2111	168 431 128 499
13 SA	0510 1058 1726 2350	190 416 166 496	28 SU	0335 0938 1533 2228	179 417 156 487
14 SU	0640 1220 1900	165 442 146	29 M	0457 1105 1714 2341	176 435 169 497
15 M E	0054 0741 1323 2003	505 120 485 110	30 TU E	0628 1218 1856	143 483 142

12 月

日期	潮时 时分	潮高 cm	日期	潮时 时分	潮高 cm
1 W	0043 0731 1318 2004	523 95 546 100	16 TH	0143 0832 1419 2107	482 60 539 96
2 TH	0136 0822 1409 2057	553 49 609 63	17 F	0222 0913 1456 2149	493 42 566 87
3 F	0223 0907 1456 2147	578 13 660 40	18 SA A	0258 0952 1531 2230	501 36 584 86
4 SA ●P	0307 0953 1540 2236	591 -9 691 32	19 SU ○	0332 1030 1605 2310	504 38 592 92
5 SU	0350 1039 1625 2325	590 -20 702 34	20 M N	0405 1108 1638 2347	502 45 594 100
6 M S	0433 1126 1711	579 -21 694	21 TU	0438 1142 1712	498 53 592
7 TU	0012 0517 1212 1759	43 559 -14 670	22 W	0022 0512 1214 1746	108 494 60 588
8 W	0058 0604 1257 1851	59 533 2 635	23 TH	0054 0546 1242 1821	114 490 64 581
9 TH	0143 0654 1342 1947	80 503 30 593	24 F	0123 0623 1310 1859	118 486 68 570
10 F	0229 0753 1429 2049	105 472 68 549	25 SA	0150 0705 1339 1942	119 478 76 552
11 SA ☽	0320 0904 1524 2154	130 446 113 509	26 SU	0221 0756 1416 2034	120 467 93 527
12 SU E	0422 1022 1637 2300	148 435 150 482	27 M ☾ E	0300 0901 1505 2137	124 457 121 501
13 M	0538 1136 1809	146 443 160	28 TU	0354 1019 1616 2248	129 460 151 484
14 TU	0001 0651 1241 1925	470 122 469 142	29 W	0510 1136 1802 2358	126 487 158 486
15 W	0056 0747 1335 2021	472 88 504 116	30 TH	0636 1245 1933	102 535 132
			31 F	0101 0745 1345 2038	501 66 588 98

时 区：－0900 潮高基准面：在平均海面下 341 cm

韩 国—济州岛(西归浦)

R.O.K. –JEJU DO(SEOGWI PO)

2021 年潮汐表　　33° 14′ N　　126° 33′ E

1 月

日期	潮时 时分	潮高 cm	日期	潮时 时分	潮高 cm
1 F	0445 1113 1742 2245	7 272 73 210	16 SA	0527 1202 1816 2336	2 266 66 209
2 SA	0522 1150 1820 2325	10 271 76 209	17 SU	0605 1235 1853	18 253 71
3 SU	0601 1230 1901	18 266 78	18 M	0015 0642 1307 1931	202 39 238 76
4 M	0010 0644 1313 1946	204 32 256 79	19 TU E	0059 0721 1339 2011	192 62 222 79
5 TU	0105 0734 1401 2038	198 52 242 77	20 W ☽	0153 0805 1414 2059	183 87 205 81
6 W ☾ E	0218 0835 1456 2139	192 74 226 71	21 TH A	0308 0905 1459 2158	176 110 189 81
7 TH	0351 0955 1558 2246	194 94 212 59	22 F	0444 1035 1600 2306	177 125 175 75
8 F	0523 1127 1704 2351	207 103 201 42	23 SA	0618 1217 1716	188 125 168
9 SA P	0642 1252 1810	228 100 197	24 SU	0013 0724 1333 1828	65 204 114 169
10 SU	0051 0745 1359 1910	24 249 90 198	25 M	0109 0809 1423 1925	50 221 98 176
11 M	0145 0838 1453 2004	7 267 79 203	26 TU N	0157 0845 1502 2011	35 238 83 186
12 TU S	0235 0925 1539 2053	-6 278 70 209	27 W	0239 0918 1538 2050	20 250 70 197
13 W ●	0322 1008 1622 2137	-13 283 64 213	28 TH ○	0319 0951 1613 2127	6 262 59 208
14 TH	0406 1048 1701 2218	-14 282 62 215	29 F	0357 1024 1647 2204	-5 270 52 217
15 F	0447 1126 1739 2258	-9 276 63 214	30 SA	0434 1057 1721 2242	-10 275 47 224
			31 SU	0512 1132 1756 2321	-9 274 44 227

2 月

日期	潮时 时分	潮高 cm	日期	潮时 时分	潮高 cm
1 M	0551 1207 1833	1 267 44	16 TU	0614 1217 1843	32 234 49
2 TU E	0005 0632 1243 1912	226 20 254 45	17 W	0027 0647 1241 1915	212 56 220 55
3 W P	0055 0718 1320 1956	221 46 236 48	18 TH A	0107 0724 1305 1951	202 82 204 64
4 TH ☾	0157 0813 1403 2049	213 77 215 51	19 F ☽	0159 0809 1334 2037	191 108 187 73
5 F	0319 0927 1458 2156	206 105 194 53	20 SA	0315 0923 1414 2143	182 130 169 80
6 SA	0500 1109 1616 2315	209 120 177 48	21 SU	0514 1135 1545 2314	182 137 153 79
7 SU	0637 1254 1750	224 114 171	22 M	0654 1322 1753	196 122 152
8 M S	0032 0748 1404 1910	37 242 98 178	23 TU N	0035 0746 1409 1910	65 214 101 165
9 TU	0137 0839 1453 2010	21 257 80 191	24 W	0134 0822 1444 1958	45 232 80 183
10 W	0230 0921 1533 2057	6 267 65 203	25 TH	0221 0855 1516 2038	22 248 61 202
11 TH ●	0316 0959 1608 2136	-5 270 54 213	26 F	0302 0927 1548 2115	2 261 44 219
12 F	0357 1032 1641 2212	-10 269 46 220	27 SA ○	0341 1000 1620 2153	-13 270 30 235
13 SA	0434 1102 1713 2245	-9 264 43 223	28 SU	0419 1033 1653 2231	-19 273 20 246
14 SU	0508 1129 1743 2318	-1 256 42 222			
15 M E	0541 1154 1813 2351	13 246 44 219			

3 月

日期	潮时 时分	潮高 cm	日期	潮时 时分	潮高 cm
1 M E	0458 1105 1727 2311	-16 270 15 252	16 TU	0517 1111 1734 2327	20 237 25 235
2 TU P	0537 1137 1802 2354	-2 260 14 251	17 W	0549 1133 1801 2359	39 228 31 230
3 W	0618 1210 1839	22 246 19	18 TH A	0621 1154 1829	62 216 40
4 TH	0042 0704 1243 1920	244 53 226 28	19 F	0035 0656 1216 1900	221 86 202 53
5 F	0140 0758 1320 2010	231 87 204 41	20 SA	0117 0738 1240 1937	209 111 186 67
6 SA ☾	0256 0912 1409 2117	218 116 180 55	21 SU ☽	0217 0842 1310 2033	196 132 169 80
7 SU S	0447 1106 1542 2249	213 129 160 61	22 M N	0401 1047 1418 2210	189 140 150 87
8 M	0635 1305 1802	223 117 159	23 TU	0603 1255 1721 2354	198 124 147 76
9 TU	0023 0742 1404 1924	53 238 95 175	24 W	0704 1339 1849	215 100 165
10 W	0133 0829 1442 2015	36 249 74 193	25 TH	0104 0745 1412 1938	53 232 75 188
11 TH	0224 0905 1515 2054	20 255 56 209	26 F	0155 0820 1444 2019	28 247 50 213
12 F	0305 0936 1544 2128	7 256 42 221	27 SA	0239 0854 1516 2058	7 258 29 236
13 SA ●	0341 1003 1612 2158	1 254 32 229	28 SU ○E	0320 0927 1548 2137	-7 264 11 255
14 SU E	0415 1027 1639 2227	1 250 26 235	29 M	0401 1000 1622 2217	-11 264 -1 268
15 M	0446 1049 1706 2256	8 244 23 237	30 TU P	0441 1033 1656 2259	-4 259 -7 274
			31 W	0523 1106 1732 2343	14 249 -5 272

4 月

日期	潮时 时分	潮高 cm	日期	潮时 时分	潮高 cm
1 TH	0606 1138 1810	40 234 4	16 F	0603 1118 1755	77 211 36
2 F	0031 0654 1212 1853	263 70 216 20	17 SA	0012 0641 1142 1825	237 97 199 50
3 SA	0129 0751 1250 1944	246 101 194 42	18 SU N	0053 0726 1209 1902	227 117 186 65
4 SU ☾ S	0247 0908 1342 2054	229 124 171 63	19 M	0149 0829 1245 1956	216 132 170 78
5 M	0439 1108 1552 2232	221 129 153 75	20 TU ☽	0315 1007 1400 2122	208 136 154 87
6 TU	0617 1254 1817	227 112 163	21 W	0459 1154 1646 2306	211 121 153 82
7 W	0011 0718 1343 1923	69 236 89 183	22 TH	0608 1251 1816	223 97 174
8 TH	0119 0801 1416 2006	54 241 68 202	23 F	0026 0656 1330 1910	64 235 69 201
9 F	0207 0834 1445 2040	39 242 49 217	24 SA	0124 0736 1405 1955	43 245 42 228
10 SA	0245 0901 1512 2110	28 241 34 230	25 SU E	0213 0814 1439 2038	26 252 18 253
11 SU E	0320 0924 1538 2138	23 238 23 239	26 M	0258 0850 1514 2120	16 254 0 274
12 M ●	0352 0946 1604 2207	23 235 16 246	27 TU ○P	0342 0925 1550 2203	16 253 -12 287
13 TU	0424 1008 1631 2235	29 232 14 249	28 W	0426 1001 1628 2248	25 247 -16 291
14 W A	0456 1031 1658 2306	41 227 17 249	29 TH	0511 1036 1707 2335	42 238 -11 288
15 TH	0529 1054 1726 2338	57 220 25 245	30 F	0558 1113 1749	64 225 3

时　区：–0900　　　　潮高基准面：在平均海面下 153　cm

韩 国—济州岛(西归浦)

R. O. K. – JEJU DO(SEOGWI PO)

2021 年潮汐表　　33° 14′ N　　126° 33′ E

5 月

日期	潮时 时分	潮高 cm	日期	潮时 时分	潮高 cm
1 SA S	0026 0650 1151 1835	276 88 209 23	16 SU	0000 0634 1122 1807	253 107 200 51
2 SU	0126 0749 1237 1930	260 110 190 48	17 M	0043 0721 1157 1848	246 120 190 63
3 M ☾	0243 0904 1344 2039	243 124 170 71	18 TU	0136 0818 1245 1941	239 127 178 75
4 TU	0417 1044 1609 2209	234 124 162 86	19 W ☽	0245 0930 1407 2052	233 127 168 85
5 W	0537 1212 1758 2342	232 108 174 86	20 TH	0402 1049 1609 2220	231 114 171 87
6 TH	0634 1302 1900	233 88 193	21 F	0509 1152 1738 2344	234 92 190 80
7 F	0050 0716 1337 1943	77 232 68 210	22 SA E	0602 1241 1840	238 66 217
8 SA E	0139 0748 1406 2018	67 230 50 225	23 SU	0051 0649 1323 1932	68 242 40 244
9 SU	0219 0815 1434 2049	59 228 35 237	24 M	0147 0731 1403 2020	58 244 17 269
10 M	0255 0840 1502 2118	55 226 24 247	25 TU	0238 0812 1443 2107	53 244 -1 288
11 TU ●A	0330 0905 1530 2148	55 224 17 255	26 W ○P	0327 0853 1524 2154	53 242 -11 299
12 W	0404 0931 1600 2219	59 222 17 259	27 TH	0415 0933 1606 2241	60 238 -12 302
13 TH	0440 0957 1630 2250	68 219 21 259	28 F S	0503 1015 1650 2331	71 232 -5 298
14 F	0516 1024 1701 2324	79 214 29 257	29 SA	0552 1057 1736	84 224 9
15 SA N	0554 1052 1733	93 208 39	30 SU	0023 0644 1143 1825	287 99 212 30
			31 M	0120 0739 1236 1918	273 111 197 53

6 月

日期	潮时 时分	潮高 cm	日期	潮时 时分	潮高 cm
1 TU	0226 0843 1349 2018	258 119 184 77	16 W	0120 0756 1248 1928	263 117 198 70
2 W ☾	0335 0955 1538 2131	245 119 179 95	17 TH	0213 0851 1401 2027	256 114 193 84
3 TH	0439 1107 1713 2253	236 109 186 105	18 F ☽	0311 0952 1534 2142	249 105 196 97
4 F E	0532 1203 1820	229 94 200	19 SA E	0411 1054 1701 2305	243 89 211 103
5 SA	0006 0616 1246 1911	105 223 76 216	20 SU	0509 1151 1813	238 68 234
6 SU	0103 0652 1322 1952	101 220 60 230	21 M	0022 0602 1242 1914	101 235 46 258
7 M	0151 0726 1355 2027	95 218 46 243	22 TU	0128 0654 1331 2009	96 234 26 280
8 TU A	0232 0758 1428 2101	91 217 36 254	23 W P	0226 0743 1419 2100	91 234 10 296
9 W	0312 0830 1502 2134	89 217 30 261	24 TH ○	0319 0831 1506 2149	88 235 2 306
10 TH ●	0350 0902 1536 2207	89 218 28 267	25 F S	0408 0918 1553 2238	87 236 0 308
11 F	0428 0934 1611 2240	91 218 30 270	26 SA	0456 1004 1640 2326	89 236 6 304
12 SA N	0506 1006 1645 2315	96 216 35 271	27 SU	0542 1050 1727	94 232 18
13 SU	0545 1039 1721 2353	103 214 41 270	28 M	0013 0628 1138 1813	296 100 225 35
14 M	0625 1115 1758	109 210 48	29 TU	0101 0715 1229 1859	283 106 216 57
15 TU	0034 0708 1156 1840	268 114 205 58	30 W	0149 0804 1328 1948	269 111 207 81

7 月

日期	潮时 时分	潮高 cm	日期	潮时 时分	潮高 cm
1 TH ☾ E	0237 0856 1442 2044	253 113 200 104	16 F E	0135 0808 1344 2004	270 99 225 91
2 F	0325 0952 1607 2151	239 110 200 122	17 SA ☽	0221 0900 1501 2111	257 95 225 113
3 SA	0414 1051 1725 2310	226 102 207 133	18 SU	0315 1000 1629 2234	243 87 232 129
4 SU	0503 1146 1832	216 91 219	19 M	0416 1105 1753	230 75 247
5 M A	0024 0552 1235 1926	134 211 78 234	20 TU	0004 0523 1210 1906	134 223 60 267
6 TU	0126 0640 1319 2010	129 209 66 247	21 W P	0122 0629 1311 2007	128 222 44 286
7 W	0216 0725 1401 2048	121 211 55 258	22 TH S	0224 0730 1407 2059	117 227 29 300
8 TH	0259 0806 1441 2122	114 215 47 268	23 F	0315 0825 1458 2146	106 235 18 308
9 F N	0338 0845 1520 2156	107 220 41 275	24 SA ○	0400 0915 1546 2230	98 242 14 310
10 SA ●	0416 0921 1557 2229	103 225 37 281	25 SU	0442 1000 1631 2311	92 247 16 306
11 SU	0452 0957 1634 2303	101 229 35 286	26 M	0522 1043 1713 2349	91 248 25 298
12 M	0528 1033 1710 2338	100 231 36 288	27 TU	0601 1125 1753	91 246 40
13 TU	0605 1111 1748	100 232 42	28 W	0025 0638 1207 1832	286 94 240 61
14 W	0015 0643 1153 1828	286 101 231 53	29 TH E	0059 0716 1252 1912	272 99 232 85
15 TH	0053 0723 1242 1912	280 101 228 69	30 F	0131 0756 1345 1957	256 103 223 111
			31 SA ☾	0204 0840 1451 2052	240 107 216 136

8 月

日期	潮时 时分	潮高 cm	日期	潮时 时分	潮高 cm
1 SU	0243 0933 1617 2208	224 108 214 154	16 M	0221 0914 1606 2218	234 87 246 152
2 M A	0336 1038 1750 2347	210 107 221 160	17 TU P	0328 1029 1748	216 86 255
3 TU	0448 1146 1905	200 100 234	18 W S	0005 0501 1151 1909	154 207 77 272
4 W	0111 0604 1248 1955	152 200 89 248	19 TH	0129 0631 1304 2008	141 212 62 288
5 TH N	0206 0707 1340 2033	139 206 75 261	20 F	0225 0738 1403 2054	122 225 45 299
6 F	0247 0755 1425 2106	125 216 60 273	21 SA	0308 0830 1453 2135	105 240 32 304
7 SA	0322 0835 1505 2137	111 228 47 283	22 SU ○	0345 0914 1537 2211	91 252 25 304
8 SU ●	0356 0911 1542 2209	100 239 36 292	23 M	0420 0953 1616 2243	81 260 25 299
9 M	0429 0947 1619 2241	91 248 29 297	24 TU	0453 1030 1653 2312	76 264 32 291
10 TU	0502 1023 1655 2313	85 256 29 298	25 W E	0525 1105 1728 2339	74 264 46 280
11 W	0536 1101 1732 2345	81 260 36 294	26 TH	0556 1140 1803	76 260 67
12 TH E	0610 1142 1811	79 262 52	27 F	0004 0627 1216 1838	268 81 253 91
13 F	0019 0646 1228 1854	285 79 259 75	28 SA	0028 0700 1258 1916	254 88 244 118
14 SA	0054 0726 1323 1944	271 81 254 103	29 SU	0052 0736 1349 2003	238 98 232 144
15 SU ☽	0133 0814 1434 2048	253 84 247 132	30 M ☾ A	0120 0821 1503 2114	221 108 222 166
			31 TU	0158 0925 1700 2315	204 117 221 173

时　区：－0900　　　　潮高基准面：在平均海面下 153　cm

韩　国—济州岛(西归浦)

R.O.K. —JEJU DO(SEOGWI PO)

2021 年潮汐表　　33° 14′ N　　126° 33′ E

9 月 日期	潮时 时分	潮高 cm	日期	潮时 时分	潮高 cm	10 月 日期	潮时 时分	潮高 cm	日期	潮时 时分	潮高 cm	11 月 日期	潮时 时分	潮高 cm	日期	潮时 时分	潮高 cm	12 月 日期	潮时 时分	潮高 cm	日期	潮时 时分	潮高 cm
1	0325	189	16	0022	155	1	0046	156	16	0115	115	1	0110	91	16	0147	57	1	0058	49	16	0141	39
	1054	118		0516	193		0520	176		0655	209		0654	212		0804	238		0711	235		0823	237
W	1841	232	TH	1144	90	F	1138	112	SA	1250	81	M	1302	72	TU	1403	74	W	1325	72	TH	1425	89
				1907	273		1851	244		1932	270		1913	256		1956	237		1905	234		1947	203
2	0107	161	17	0132	133	2	0125	133	17	0152	91	2	0143	64	17	0216	40	2	0138	24	17	0215	27
	0542	188		0652	209		0639	194		0743	229		0736	239		0837	251		0759	262		0857	248
TH	1218	106	F	1301	74	SA	1247	91	SU	1343	66	TU	1351	55	W	1441	69	TH	1417	63	F	1505	84
N	1932	248		1958	284		1927	258		2008	270	E	1949	262		2022	233		1947	235		2020	203
3	0153	141	18	0215	110	3	0154	108	18	0222	70	3	0216	39	18	0245	28	3	0218	4	18	0250	19
	0658	201		0748	229		0723	217		0821	246		0817	264		0908	260		0845	283		0929	255
F	1318	87	SA	1358	56	SU	1337	68	M	1425	55	W	1435	43	TH	1516	68	F	1506	59	SA	1542	81
	2007	262		2038	290		1959	271		2037	268		2023	264		2048	231		2028	236	A	2053	205
4	0226	121	19	0250	90	4	0223	84	19	0250	54	4	0249	19	19	0314	21	4	0259	-11	19	0324	16
	0744	218		0831	246		0801	240		0853	259		0857	286		0937	266		0931	298		1001	260
SA	1404	66	SU	1442	42	M	1419	47	TU	1501	50	TH	1519	40	F	1551	71	SA	1553	61	SU	1618	80
	2038	275		2111	291		2030	280	E	2102	264	●	2058	263	○	2114	228	●P	2109	235	○	2125	206
5	0257	102	20	0321	73	5	0253	62	20	0317	41	5	0324	5	20	0343	19	5	0342	-17	20	0359	15
	0821	236		0907	260		0837	262		0923	268		0939	301		1008	269		1018	304		1032	262
SU	1444	47	M	1521	35	TU	1459	33	W	1535	51	F	1602	46	SA	1626	78	SU	1641	67	M	1654	82
	2108	287	○	2140	288		2102	286	○	2125	259	P	2132	259		2141	225		2151	231	N	2157	206
6	0327	84	21	0351	62	6	0324	43	21	0344	34	6	0401	-2	21	0414	22	6	0426	-15	21	0433	18
	0856	253		0940	269		0914	281		0952	274		1022	308		1039	269		1105	302		1104	262
M	1522	32	TU	1556	36	W	1538	27	TH	1607	57	SA	1646	59	SU	1702	88	M	1729	77	TU	1731	86
	2138	294	E	2206	282	●E	2133	286		2148	253		2208	252	A	2208	220	S	2234	225		2228	205
7	0358	70	22	0419	55	7	0356	30	22	0412	31	7	0439	0	22	0445	30	7	0512	-4	22	0508	23
	0932	268		1011	273		0952	295		1021	276		1107	306		1112	265		1156	293		1138	260
TU	1559	24	W	1630	43	TH	1617	32	F	1640	68	SU	1733	78	M	1739	100	TU	1818	88	W	1807	91
●	2209	298		2229	275		2205	282		2211	247		2244	241	N	2236	214		2319	215		2302	201
8	0430	60	23	0447	52	8	0429	23	23	0439	34	8	0521	10	23	0518	40	8	0600	13	23	0542	31
	1008	279		1042	275		1032	303		1052	274		1157	297		1147	259		1250	279		1213	257
W	1636	26	TH	1702	56	F	1658	46	SA	1714	83	M	1824	99	TU	1819	112	W	1911	99	TH	1845	95
E	2240	296		2252	267	P	2236	273		2234	239	S	2323	226		2305	205					2338	196
9	0502	54	24	0515	54	9	0503	23	24	0508	43	9	0607	28	24	0552	52	9	0010	202	24	0619	40
	1046	286		1113	272		1115	303		1124	269		1255	281		1226	252		0651	36		1252	251
TH	1714	37	F	1735	75	SA	1741	69	SU	1749	102	TU	1921	119	W	1903	123	TH	1349	262	F	1927	98
	2311	289		2314	256		2308	260	A	2258	229					2338	195		2009	107			
10	0535	52	25	0543	60	10	0540	30	25	0537	55	10	0007	208	25	0629	64	10	0115	187	25	0022	190
	1127	288		1146	266		1202	295		1159	260		0700	51		1314	243		0748	61		0700	53
F	1754	58	SA	1809	98	SU	1828	97	M	1828	122	W	1407	264	TH	1955	130	F	1455	246	SA	1335	242
	2342	277		2336	244		2342	244		2322	218		2031	133					2115	108		2014	97
11	0610	54	26	0612	71	11	0622	43	26	0609	69	11	0108	188	26	0020	183	11	0251	177	26	0120	182
	1213	283		1222	256		1257	281		1240	248		0806	75		0716	77		0856	84		0749	69
SA	1838	86	SU	1845	123	M	1924	125	TU	1914	141	TH	1538	251	F	1415	234	SA	1601	232	SU	1426	232
P			A	2358	231				N	2348	204	☽	2203	135		2101	131	☽	2228	102		2109	92
12	0014	261	27	0644	85	12	0019	224	27	0645	85	12	0316	174	27	0128	171	12	0439	180	27	0241	179
	0649	62		1305	243		0712	63		1334	235		0931	93		0819	89		1018	100		0855	86
SU	1306	273	M	1930	147	TU	1410	264	W	2016	155	F	1702	247	SA	1528	229	SU	1701	221	M	1523	220
	1930	118				S	2037	148					2336	120	☾	2217	121	E	2333	88	☾E	2211	81
13	0050	241	28	0021	215	13	0108	201	28	0020	189	13	0526	184	28	0328	167	13	0559	193	28	0418	187
	0736	73		0722	100		0819	84		0737	100		1108	97		0943	97		1141	105		1021	98
M	1416	260	TU	1406	229	W	1557	253	TH	1500	226	SA	1805	246	SU	1637	229	M	1752	213	TU	1625	211
☽	2038	147		2037	166	☽	2224	156	☾	2151	157					2325	101					2314	64
14	0134	219	29	0048	198	14	0256	181	29	0124	171	14	0035	98	29	0512	183	14	0024	71	29	0542	206
	0839	87		0819	114		0952	98		0858	110		0637	203		1112	94		0659	209		1150	100
TU	1558	252	W	1558	221	TH	1740	256	F	1644	228	SU	1224	91	M	1734	230	TU	1249	101	W	1726	205
	2219	163	☾N	2241	173					2340	143		1851	244					1835	207			
15	0253	198	30	0147	179	15	0018	140	30	0430	167	15	0115	76	30	0016	76	15	0105	54	30	0012	43
	1006	96		0954	122		0541	187		1042	108		0726	222		0619	208		0745	224		0650	231
W	1752	258	TH	1755	229	F	1135	95	SA	1750	237	M	1319	81	TU	1225	83	W	1341	95	TH	1306	93
S							1846	265				E	1927	241	E	1822	233		1913	204		1825	204
									31	0034	118										31	0105	21
										0603	187											0749	255
									SU	1204	92										F	1408	83
										1835	247											1919	206

时　区：－0900　　　　潮高基准面：在平均海面下 153　cm

韩 国—釜 山

R.O.K.－BUSAN

2021 年潮汐表　　35° 06′ N　　129° 02′ E

1 月

日期	潮时 时分	潮高 cm	日期	潮时 时分	潮高 cm
1 F	0314 0951 1540 2210	4 117 5 102	16 SA	0356 1029 1643 2246	4 121 6 109
2 SA	0351 1028 1617 2248	6 116 6 100	17 SU	0433 1105 1722 2323	9 114 11 103
3 SU	0430 1107 1658 2328	9 112 9 97	18 M	0509 1141 1801	15 105 16
4 M	0514 1148 1744	13 107 12	19 TU E	0001 0546 1215 1842	95 21 95 22
5 TU	0011 0606 1232 1837	93 19 101 16	20 W ☽	0040 0625 1249 1929	87 28 85 27
6 W ☾ E	0058 0711 1321 1941	89 24 94 19	21 TH A	0121 0716 1326 2028	80 34 76 31
7 TH	0154 0830 1420 2055	84 27 87 22	22 F	0212 0835 1415 2139	73 39 67 33
8 F	0311 0951 1540 2208	81 28 82 21	23 SA	0334 1008 1619 2249	70 40 63 32
9 SA P	0452 1104 1714 2316	84 24 84 18	24 SU	0526 1127 1813 2349	73 36 68 27
10 SU	0611 1209 1826	93 19 91	25 M	0632 1228 1904	83 29 77
11 M	0016 0706 1306 1921	13 104 12 100	26 TU N	0040 0716 1314 1943	21 94 21 87
12 TU S	0109 0753 1356 2007	8 114 6 108	27 W	0123 0754 1351 2018	14 105 13 97
13 W ●	0156 0834 1441 2049	4 122 2 113	28 TH ○	0201 0829 1426 2052	7 115 6 105
14 TH	0238 0914 1523 2129	1 125 1 115	29 F	0237 0904 1500 2126	2 122 1 111
15 F	0318 0952 1603 2208	2 125 2 113	30 SA	0313 0939 1533 2200	- 1 125 - 2 113
			31 SU	0348 1014 1608 2235	- 1 125 - 2 113

2 月

日期	潮时 时分	潮高 cm	日期	潮时 时分	潮高 cm
1 M	0424 1050 1643 2311	1 121 0 109	16 TU	0437 1108 1709 2326	8 109 10 104
2 TU E	0502 1127 1720 2349	6 115 4 104	17 W	0505 1136 1734 2358	14 99 15 96
3 W P	0544 1206 1801	12 106 10	18 TH A	0533 1203 1800	20 89 21
4 TH ☾	0029 0633 1248 1850	97 20 96 18	19 F ☽	0031 0607 1231 1833	88 27 80 28
5 F	0114 0740 1338 1955	89 28 86 25	20 SA	0111 0653 1306 1935	80 35 70 35
6 SA	0215 0914 1449 2125	81 33 76 31	21 SU	0206 0834 1403 2146	72 42 62 38
7 SU	0409 1048 1652 2257	78 33 74 30	22 M	0405 1049 1748 2320	69 40 62 34
8 M S	0604 1207 1824	86 27 82	23 TU N	0603 1208 1850	79 32 75
9 TU	0012 0704 1308 1919	24 98 18 94	24 W	0023 0656 1258 1928	26 92 21 88
10 W	0110 0748 1356 2002	17 110 10 105	25 TH	0110 0735 1336 2003	16 106 11 102
11 TH ●	0155 0826 1435 2040	10 119 4 113	26 F	0149 0811 1410 2036	6 118 1 113
12 F	0234 0901 1511 2115	4 125 0 118	27 SA ○	0225 0846 1443 2109	- 1 126 - 6 120
13 SA	0308 0935 1544 2149	2 126 - 1 119	28 SU	0300 0920 1515 2142	- 6 131 - 9 124
14 SU	0340 1007 1614 2222	2 124 1 116			
15 M E	0410 1038 1643 2254	4 118 5 111			

3 月

日期	潮时 时分	潮高 cm	日期	潮时 时分	潮高 cm
1 M E	0334 0955 1547 2215	- 7 131 - 10 124	16 TU	0340 1008 1602 2223	2 116 1 116
2 TU P	0409 1030 1620 2250	- 5 126 - 6 119	17 W	0405 1034 1624 2253	5 108 5 109
3 W	0444 1106 1654 2326	0 118 0 112	18 TH A	0430 1100 1645 2322	10 99 10 102
4 TH	0522 1143 1729	9 108 8	19 F	0456 1126 1709 2354	16 90 16 94
5 F	0003 0606 1223 1810	103 19 95 19	20 SA	0528 1155 1738	23 81 24
6 SA ☾	0045 0707 1310 1905	92 30 83 30	21 SU ☽	0032 0609 1231 1820	85 31 72 32
7 SU S	0140 0857 1419 2056	81 38 71 39	22 M N	0123 0729 1329 2037	77 39 63 40
8 M	0342 1048 1653 2257	74 37 69 38	23 TU	0253 1009 1657 2248	72 39 61 37
9 TU	0604 1208 1827	82 29 79	24 W	0517 1134 1822 2356	77 31 75 27
10 W	0016 0659 1304 1914	30 95 20 92	25 TH	0623 1226 1902	91 19 91
11 TH	0109 0738 1345 1951	21 107 11 104	26 F	0045 0707 1306 1938	16 105 7 106
12 F	0148 0811 1419 2024	12 116 4 113	27 SA	0126 0745 1342 2011	5 118 - 3 118
13 SA ●	0220 0843 1448 2055	6 122 0 119	28 SU ○E	0203 0821 1416 2045	- 4 127 - 10 127
14 SU E	0249 0912 1515 2125	2 123 - 2 121	29 M	0239 0856 1449 2119	- 9 132 - 14 131
15 M	0316 0941 1540 2154	1 121 - 1 120	30 TU P	0314 0932 1522 2153	- 11 132 - 13 130
			31 W	0349 1008 1555 2229	- 8 126 - 8 125

4 月

日期	潮时 时分	潮高 cm	日期	潮时 时分	潮高 cm
1 TH	0426 1045 1628 2305	- 1 117 0 116	16 F	0400 1031 1609 2255	11 97 10 105
2 F	0505 1124 1704 2344	9 106 10 105	17 SA	0430 1100 1636 2329	16 89 16 98
3 SA	0551 1206 1743	20 92 22	18 SU N	0504 1135 1709	22 82 23
4 SU ☾ S	0029 0702 1257 1838	93 32 80 35	19 M	0010 0551 1219 1757	91 29 74 32
5 M	0127 0905 1414 2101	82 38 69 43	20 TU ☽	0102 0712 1324 2001	84 36 68 40
6 TU	0334 1043 1653 2256	75 35 69 40	21 W	0219 0928 1537 2209	79 36 67 37
7 W	0547 1152 1814	82 28 80	22 TH	0412 1048 1733 2318	81 28 79 28
8 TH	0005 0640 1242 1857	32 93 20 92	23 F	0536 1143 1825	91 17 94
9 F	0052 0717 1320 1930	24 102 12 103	24 SA	0011 0630 1228 1906	17 104 6 108
10 SA	0128 0749 1350 2001	16 110 6 111	25 SU E	0055 0713 1307 1943	6 116 - 3 121
11 SU E	0157 0818 1417 2030	10 114 2 117	26 M	0135 0753 1345 2019	- 2 125 - 9 130
12 M ●	0223 0845 1441 2058	6 116 0 120	27 TU ○P	0214 0831 1421 2055	- 7 129 - 12 134
13 TU	0247 0912 1503 2126	4 114 0 120	28 W	0252 0909 1456 2132	- 8 129 - 10 133
14 W A	0311 0938 1524 2155	5 110 2 117	29 TH	0331 0948 1532 2210	- 4 124 - 4 128
15 TH	0334 1004 1546 2224	7 104 5 112	30 F	0411 1028 1608 2250	3 115 5 120

时 区：－0900　　潮高基准面：在平均海面下 64 cm

韩 国—釜 山

R.O.K.—BUSAN

2021 年潮汐表　　35° 06′ N　　129° 02′ E

5 月

日期	潮时 时分	潮高 cm	日期	潮时 时分	潮高 cm
1 SA S	0456 1111 1647 2333	13 104 16 109	16 SU	0414 1047 1618 2314	20 92 20 105
2 SU	0552 1158 1732	24 93 28	17 M	0454 1127 1658 2357	25 87 27 100
3 M ☾	0022 0718 1254 1845	98 33 82 39	18 TU	0546 1217 1756	30 82 35
4 TU	0125 0858 1412 2100	87 36 74 44	19 W ☽	0049 0704 1320 1941	94 33 79 40
5 W	0306 1016 1615 2230	81 34 74 41	20 TH	0153 0843 1447 2126	90 33 79 38
6 TH	0504 1117 1740 2333	84 29 82 36	21 F	0314 0959 1629 2236	90 27 86 31
7 F	0605 1205 1826	90 23 92	22 SA E	0440 1057 1739 2333	95 20 98 23
8 SA E	0020 0646 1243 1902	29 97 17 101	23 SU	0546 1147 1830	104 12 111
9 SU	0057 0720 1315 1934	23 102 13 109	24 M	0022 0639 1232 1914	14 113 5 122
10 M	0128 0750 1342 2003	18 106 9 115	25 TU	0108 0725 1314 1955	7 121 0 131
11 TU ●A	0155 0818 1406 2032	14 108 7 118	26 W ○P	0151 0808 1355 2035	3 126 -2 136
12 W	0220 0846 1430 2101	12 108 7 120	27 TH	0234 0850 1434 2115	2 127 0 137
13 TH	0245 0913 1453 2131	12 106 8 118	28 F S	0317 0932 1514 2156	5 124 5 133
14 F	0311 0942 1518 2202	13 102 11 115	29 SA	0403 1016 1555 2239	11 118 13 127
15 SA N	0340 1013 1546 2236	16 97 15 111	30 SU	0454 1101 1640 2325	19 110 23 118
			31 M	0555 1150 1733	27 101 33

6 月

日期	潮时 时分	潮高 cm	日期	潮时 时分	潮高 cm
1 TU	0014 0711 1245 1849	108 33 92 42	16 W	0539 1209 1753	31 97 37
2 W ☾	0110 0827 1350 2027	99 36 86 46	17 TH	0031 0642 1302 1911	109 33 95 41
3 TH	0220 0934 1512 2145	91 36 84 46	18 F ☽	0125 0755 1406 2039	105 34 94 42
4 F E	0351 1031 1641 2248	88 34 86 44	19 SA E	0227 0907 1524 2153	102 32 96 39
5 SA	0513 1120 1744 2340	89 31 93 40	20 SU	0343 1011 1649 2257	101 29 102 34
6 SU	0607 1201 1828	93 28 100	21 M	0502 1108 1756 2354	104 24 112 28
7 M	0022 0648 1237 1905	35 97 25 107	22 TU	0609 1201 1850	111 19 123
8 TU A	0058 0723 1308 1938	31 100 21 114	23 W P	0047 0703 1250 1937	22 119 15 133
9 W	0129 0755 1337 2010	28 104 19 119	24 TH ○	0136 0751 1336 2020	17 125 13 140
10 TH ●	0158 0826 1404 2042	25 106 18 123	25 F S	0223 0837 1420 2103	15 129 14 143
11 F	0227 0857 1432 2114	23 107 18 124	26 SA	0309 0920 1504 2145	16 129 17 142
12 SA N	0257 0929 1502 2148	23 106 20 123	27 SU	0356 1004 1547 2227	19 127 22 138
13 SU	0330 1003 1535 2224	23 105 23 121	28 M	0445 1048 1632 2311	24 121 29 130
14 M	0407 1041 1613 2302	25 102 27 118	29 TU	0538 1134 1722 2355	30 115 37 122
15 TU	0449 1123 1657 2345	28 99 32 114	30 W	0636 1221 1819	36 108 44

7 月

日期	潮时 时分	潮高 cm	日期	潮时 时分	潮高 cm
1 TH ☾E	0040 0738 1312 1929	112 40 101 50	16 F E	0008 0608 1235 1836	123 34 111 44
2 F	0129 0839 1409 2044	103 43 95 54	17 SA ☽	0053 0706 1327 1951	117 37 108 48
3 SA	0227 0936 1522 2153	95 44 93 55	18 SU	0147 0814 1431 2113	110 40 105 50
4 SU	0349 1029 1646 2255	90 44 94 53	19 M	0254 0928 1600 2229	105 41 106 48
5 M A	0519 1118 1751 2349	89 42 100 50	20 TU	0424 1038 1732 2337	104 40 113 43
6 TU	0618 1202 1839	93 39 107	21 W P	0549 1141 1837	109 36 124
7 W	0034 0702 1241 1918	46 98 36 115	22 TH S	0037 0652 1237 1927	36 118 32 135
8 TH	0112 0739 1316 1953	41 104 32 123	23 F	0129 0742 1327 2011	30 127 27 144
9 F N	0146 0813 1350 2027	36 110 29 129	24 SA ○	0217 0827 1413 2052	25 134 24 149
10 SA ●	0218 0846 1423 2100	32 114 27 134	25 SU	0300 0908 1455 2131	23 137 24 150
11 SU	0251 0920 1456 2135	29 117 27 136	26 M	0342 0948 1535 2209	23 137 26 148
12 M	0324 0954 1531 2210	27 119 28 135	27 TU	0423 1028 1615 2247	26 134 31 141
13 TU	0400 1031 1609 2247	27 119 30 133	28 W	0504 1108 1653 2325	31 129 37 132
14 W	0438 1109 1650 2326	28 117 34 129	29 TH E	0546 1147 1733	37 121 44
15 TH	0520 1150 1737	30 114 39	30 F	0002 0631 1228 1817	122 43 113 52
			31 SA ☾	0039 0721 1312 1914	111 49 106 59

8 月

日期	潮时 时分	潮高 cm	日期	潮时 时分	潮高 cm
1 SU	0117 0822 1405 2038	101 54 99 64	16 M	0112 0721 1349 2042	111 47 108 58
2 M A	0207 0930 1523 2208	92 56 95 65	17 TU P	0216 0850 1523 2218	102 53 104 57
3 TU	0357 1036 1710 2322	86 55 98 61	18 W S	0402 1023 1725 2336	98 53 110 51
4 W	0556 1134 1816	90 52 107	19 TH	0547 1137 1833	105 48 122
5 TH N	0019 0649 1223 1900	55 98 46 117	20 F	0037 0649 1236 1920	43 116 41 134
6 F	0102 0727 1304 1937	48 107 40 127	21 SA	0126 0735 1324 2000	34 128 33 144
7 SA	0136 0801 1340 2011	40 117 34 136	22 SU ○	0207 0815 1405 2037	27 137 28 151
8 SU ●	0208 0833 1415 2044	33 125 29 143	23 M	0245 0852 1442 2112	23 142 25 153
9 M	0239 0906 1448 2117	27 131 26 147	24 TU	0319 0927 1516 2145	22 144 25 150
10 TU	0310 0939 1522 2151	24 134 26 147	25 W E	0352 1002 1548 2218	23 142 28 144
11 W	0342 1012 1557 2226	23 134 27 144	26 TH	0422 1036 1618 2250	28 136 33 135
12 TH E	0416 1048 1633 2303	24 132 31 139	27 F	0452 1110 1648 2320	34 128 40 124
13 F	0452 1125 1713 2341	28 128 37 131	28 SA	0520 1145 1718 2351	40 119 48 112
14 SA	0532 1205 1801	33 122 44	29 SU	0549 1222 1752	47 110 56
15 SU ☽	0023 0618 1251 1905	121 40 115 52	30 M ☾A	0022 0625 1305 1845	101 54 102 64
			31 TU	0059 0749 1407 2111	91 61 95 68

时 区：－0900　　潮高基准面：在平均海面下 64 cm

韩 国—釜 山

R.O.K.－BUSAN

2021 年潮汐表　　35° 06′ N　　129° 02′ E

9 月

日期	潮时 时分	潮高 cm	日期	潮时 时分	潮高 cm
1 W	0205 0955 1611 2301	83 62 94 64	16 TH	0405 1028 1727 2338	90 57 104 49
2 TH N	0541 1112 1750	85 57 103	17 F	0552 1142 1827	100 49 117
3 F	0002 0634 1206 1838	55 96 49 115	18 SA	0032 0644 1234 1909	39 112 40 128
4 SA	0043 0710 1248 1915	45 109 40 127	19 SU	0114 0723 1316 1945	30 124 31 138
5 SU	0116 0742 1325 1949	35 121 31 138	20 M ○	0149 0758 1351 2017	23 134 24 143
6 M	0147 0813 1359 2022	26 131 23 146	21 TU E	0221 0831 1422 2048	18 140 20 145
7 TU ●	0217 0845 1432 2055	19 139 19 151	22 W	0250 0902 1451 2118	16 142 20 143
8 W E	0247 0916 1504 2128	14 143 17 151	23 TH	0316 0933 1518 2147	17 140 21 136
9 TH	0318 0949 1538 2202	13 143 19 147	24 F	0341 1004 1544 2215	20 135 26 127
10 F	0350 1024 1612 2238	16 139 24 139	25 SA	0404 1035 1609 2243	25 127 32 117
11 SA P	0423 1100 1649 2316	21 133 31 129	26 SU A	0427 1107 1636 2310	31 118 39 106
12 SU	0458 1138 1732 2357	29 124 41 117	27 M	0450 1142 1707 2340	38 109 47 96
13 M ☽	0539 1223 1833	39 114 52	28 TU	0517 1223 1749	45 100 55
14 TU	0046 0634 1320 2034	105 50 104 59	29 W ☾ N	0018 0558 1319 1935	86 54 92 62
15 W S	0154 0828 1506 2223	94 58 98 57	30 TH	0124 0907 1458 2226	78 59 88 58

10 月

日期	潮时 时分	潮高 cm	日期	潮时 时分	潮高 cm
1 F	0459 1042 1705 2328	78 53 95 48	16 SA	0540 1133 1809	93 43 107
2 SA	0605 1139 1803	91 43 107	17 SU	0013 0628 1220 1849	31 104 34 116
3 SU	0009 0642 1222 1844	36 105 33 120	18 M	0051 0704 1258 1923	23 115 26 123
4 M	0044 0715 1300 1921	25 118 22 131	19 TU E	0124 0737 1330 1954	16 123 20 127
5 TU	0117 0747 1335 1955	14 130 14 140	20 W ○	0153 0808 1359 2023	12 129 16 129
6 W ●E	0149 0820 1410 2030	7 139 8 145	21 TH	0219 0837 1425 2052	9 131 14 126
7 TH	0220 0853 1444 2104	2 143 6 144	22 F	0243 0907 1450 2119	10 130 15 121
8 F P	0252 0926 1518 2140	2 142 8 140	23 SA	0306 0937 1515 2146	12 127 18 114
9 SA	0325 1002 1554 2217	6 138 15 131	24 SU A	0328 1007 1541 2214	16 120 23 106
10 SU	0358 1039 1632 2257	13 130 24 120	25 M	0351 1039 1610 2243	21 113 29 97
11 M	0433 1119 1717 2340	23 119 35 107	26 TU N	0417 1115 1643 2317	27 105 35 88
12 TU S	0513 1206 1827	35 108 46	27 W	0448 1157 1728	34 97 42
13 W ☽	0033 0608 1308 2043	94 47 97 52	28 TH ☾	0002 0533 1251 1853	80 43 90 48
14 TH	0150 0836 1459 2218	84 55 91 48	29 F	0110 0752 1407 2125	74 49 85 46
15 F	0406 1027 1711 2324	83 51 97 40	30 SA	0314 0956 1551 2235	73 45 88 37
			31 SU	0509 1058 1711 2324	83 36 96 26

11 月

日期	潮时 时分	潮高 cm	日期	潮时 时分	潮高 cm
1 M	0601 1147 1805	96 25 108	16 TU	0020 0639 1233 1858	19 101 24 104
2 TU E	0005 0641 1229 1848	15 110 15 118	17 W	0055 0713 1307 1931	14 108 19 107
3 W	0043 0718 1309 1927	5 122 6 127	18 TH	0125 0745 1337 2001	10 114 15 109
4 TH ●	0119 0754 1347 2006	-2 131 0 132	19 F ○	0152 0816 1404 2031	8 117 13 108
5 F P	0154 0831 1424 2044	-6 136 -1 132	20 SA	0217 0846 1431 2059	7 118 13 106
6 SA	0230 0907 1503 2122	-5 136 1 128	21 SU A	0241 0917 1457 2128	8 117 14 102
7 SU	0305 0946 1542 2203	-1 132 7 121	22 M N	0306 0949 1526 2159	10 114 17 96
8 M S	0342 1026 1626 2246	7 124 16 110	23 TU	0333 1022 1558 2232	14 109 20 91
9 TU	0421 1110 1720 2334	17 114 27 99	24 W	0404 1059 1635 2311	19 103 24 85
10 W	0506 1200 1842	28 103 36	25 TH	0441 1141 1723 2357	25 97 29 80
11 TH ☽	0029 0613 1302 2027	88 39 93 39	26 F	0532 1230 1831	31 92 32
12 F	0142 0825 1429 2148	80 45 87 36	27 SA ☾	0054 0659 1328 2008	76 36 87 32
13 SA	0325 0958 1623 2250	78 42 87 31	28 SU	0207 0851 1440 2129	75 35 85 27
14 SU	0502 1103 1735 2339	84 37 93 25	29 M	0343 1006 1602 2229	78 30 88 20
15 M E	0558 1153 1821	92 30 99	30 TU E	0506 1105 1716 2321	87 22 95 12

12 月

日期	潮时 时分	潮高 cm	日期	潮时 时分	潮高 cm
1 W	0603 1156 1813	99 14 103	16 TH	0024 0651 1247 1913	18 94 24 89
2 TH	0007 0650 1243 1901	4 110 6 111	17 F	0100 0728 1323 1947	15 100 20 92
3 F	0051 0733 1328 1946	-2 120 0 117	18 SA A	0132 0801 1354 2019	12 106 16 95
4 SA ●P	0133 0814 1411 2029	-5 127 -2 120	19 SU ○	0201 0833 1423 2050	9 110 14 96
5 SU	0214 0855 1455 2111	-6 129 -2 119	20 M N	0229 0906 1452 2121	8 112 13 96
6 M S	0255 0937 1540 2155	-3 128 3 115	21 TU	0258 0938 1523 2153	8 112 12 95
7 TU	0336 1019 1628 2240	3 123 9 108	22 W	0329 1012 1556 2228	10 110 13 93
8 W	0421 1104 1724 2327	11 115 16 99	23 TH	0403 1048 1632 2305	12 107 14 91
9 TH	0510 1152 1832	20 106 23	24 F	0442 1126 1714 2345	16 103 16 88
10 F	0019 0614 1244 1947	91 29 96 27	25 SA	0527 1207 1804	20 99 18
11 SA ☽	0116 0741 1345 2058	83 35 88 28	26 SU	0030 0625 1253 1904	85 24 94 20
12 SU E	0225 0905 1502 2200	78 36 81 27	27 M ☾E	0122 0742 1347 2015	82 27 88 20
13 M	0352 1015 1635 2255	77 35 79 25	28 TU	0226 0905 1453 2128	81 27 85 19
14 TU	0512 1115 1745 2342	80 32 81 22	29 W	0352 1019 1617 2235	82 25 84 16
15 W	0609 1205 1834	87 28 85	30 TH	0521 1125 1739 2335	89 19 89 11
			31 F	0627 1224 1843	99 12 98

时 区：－0900　　潮高基准面：在平均海面下 64 cm

日 本 — 佐 世 保

JAPAN — SASEBO

2021 年潮汐表　　33° 09′ N　　129° 44′ E

1 月

日期	潮时 时分	潮高 cm	日期	潮时 时分	潮高 cm
1 F	0333 1012 1604 2140	-10 267 86 255	16 SA	0418 1059 1649 2224	-9 263 77 255
2 SA	0412 1050 1643 2220	-8 264 86 250	17 SU	0453 1130 1725 2302	7 252 80 241
3 SU	0452 1129 1724 2304	1 258 88 240	18 M	0526 1159 1802 2342	28 239 84 223
4 M	0535 1211 1811 2354	15 249 90 227	19 TU E	0600 1229 1844	51 227 89
5 TU	0623 1257 1908	35 240 90	20 W ☽	0027 0636 1303 1937	204 75 215 92
6 W ☾ E	0057 0719 1349 2016	212 59 232 85	21 TH A	0127 0721 1347 2044	186 99 204 91
7 TH	0220 0826 1449 2131	201 82 226 72	22 F	0254 0828 1450 2200	175 121 196 84
8 F	0358 0946 1554 2242	201 99 226 52	23 SA	0444 1007 1607 2309	177 134 194 70
9 SA P	0528 1106 1659 2345	215 106 231 30	24 SU	0608 1141 1716	192 132 200
10 SU	0641 1218 1758	235 105 240	25 M	0004 0702 1244 1811	53 211 123 211
11 M	0042 0738 1319 1852	8 254 98 251	26 TU N	0050 0741 1328 1856	34 229 110 226
12 TU S	0132 0827 1410 1941	-10 269 89 261	27 W	0130 0816 1406 1937	15 245 96 241
13 W ●	0219 0911 1454 2026	-21 277 82 267	28 TH ○	0208 0850 1441 2016	-3 259 83 255
14 TH	0301 0950 1535 2107	-25 278 77 268	29 F	0246 0923 1516 2056	-17 269 70 265
15 F	0341 1026 1613 2147	-20 273 75 264	30 SA	0324 0957 1551 2135	-25 275 60 269
			31 SU	0401 1031 1627 2216	-25 276 53 267

2 月

日期	潮时 时分	潮高 cm	日期	潮时 时分	潮高 cm
1 M	0440 1104 1706 2259	-16 271 50 258	16 TU	0454 1109 1720 2315	26 249 52 236
2 TU E	0519 1139 1747 2345	3 261 50 242	17 W	0523 1132 1753 2353	48 237 57 218
3 W P	0601 1215 1834	30 248 53	18 TH A	0552 1157 1830	73 224 65
4 TH ☾	0040 0648 1256 1931	222 62 233 57	19 F ☽	0039 0625 1226 1918	198 98 209 75
5 F	0153 0746 1347 2043	202 95 218 59	20 SA	0143 0709 1305 2026	180 123 193 82
6 SA	0338 0909 1500 2209	192 122 207 54	21 SU	0333 0833 1425 2201	172 144 180 81
7 SU	0534 1056 1630 2332	202 131 206 40	22 M	0539 1117 1627 2326	183 147 181 67
8 M S	0651 1224 1749	224 122 217	23 TU N	0642 1233 1745	204 131 197
9 TU	0038 0743 1323 1850	21 244 105 234	24 W	0025 0721 1314 1839	45 225 111 219
10 W	0130 0825 1407 1938	4 259 88 251	25 TH	0110 0755 1349 1923	21 246 90 243
11 TH ●	0213 0900 1444 2020	-9 269 74 263	26 F	0151 0827 1422 2005	-1 264 69 264
12 F	0251 0931 1518 2058	-15 272 62 270	27 SA ○	0229 0858 1456 2045	-19 278 48 279
13 SA	0325 0959 1550 2133	-13 271 55 270	28 SU	0307 0930 1530 2126	-28 286 31 287
14 SU	0356 1023 1620 2207	-5 266 51 263			
15 M E	0426 1046 1650 2241	8 258 50 252			

3 月

日期	潮时 时分	潮高 cm	日期	潮时 时分	潮高 cm
1 M E	0345 1002 1606 2207	-25 288 19 286	16 TU	0358 1004 1617 2221	26 264 27 261
2 TU P	0422 1033 1643 2250	-12 283 13 275	17 W	0426 1025 1644 2254	42 255 29 248
3 W	0501 1104 1722 2336	13 271 15 256	18 TH A	0453 1047 1712 2329	61 244 35 232
4 TH	0541 1137 1805	45 254 24	19 F	0521 1109 1744	83 230 47
5 F	0030 0625 1212 1856	232 81 234 40	20 SA	0008 0552 1134 1822	214 107 214 61
6 SA ☾	0141 0721 1258 2005	207 116 212 57	21 SU ☽	0101 0631 1205 1917	196 130 197 77
7 SU S	0338 0855 1418 2146	194 143 193 65	22 M N	0229 0740 1304 2047	184 150 181 87
8 M	0543 1114 1623 2320	205 143 191 50	23 TU	0446 1050 1538 2240	189 153 176 70
9 TU	0651 1232 1752	226 124 208	24 W	0602 1209 1719 2352	208 133 195 58
10 W	0034 0734 1317 1849	38 243 101 231	25 TH	0645 1247 1818	231 108 222
11 TH	0121 0807 1353 1933	22 257 81 250	26 F	0043 0719 1321 1905	33 253 81 250
12 F	0159 0836 1424 2010	11 265 63 264	27 SA	0125 0752 1355 1949	10 272 52 275
13 SA ●	0232 0900 1454 2044	6 270 48 272	28 SU ○E	0206 0824 1429 2031	-5 287 26 293
14 SU E	0302 0922 1522 2117	7 271 37 274	29 M	0245 0856 1505 2114	-10 295 4 302
15 M	0330 0943 1549 2149	14 269 30 270	30 TU P	0324 0928 1541 2158	-4 296 -10 300
			31 W	0404 1000 1619 2243	14 289 -13 288

4 月

日期	潮时 时分	潮高 cm	日期	潮时 时分	潮高 cm
1 TH	0444 1032 1659 2331	41 275 -5 267	16 F	0431 1012 1641 2311	84 247 27 245
2 F	0526 1106 1742	73 255 12	17 SA	0501 1037 1713 2350	101 234 40 230
3 SA	0027 0613 1143 1833	241 106 232 37	18 SU N	0535 1105 1751	119 219 56
4 SU ☾S	0143 0716 1233 1944	217 136 208 62	19 M	0040 0619 1141 1843	215 137 203 73
5 M	0341 0909 1408 2132	206 152 189 77	20 TU ☽	0156 0731 1248 2004	204 152 188 86
6 TU	0526 1115 1623 2313	216 141 191 71	21 W	0343 0957 1501 2150	205 152 184 85
7 W	0625 1216 1745	231 119 211	22 TH	0504 1122 1645 2311	220 130 202 69
8 TH	0015 0704 1255 1838	59 245 96 232	23 F	0554 1207 1751	240 102 229
9 F	0058 0733 1327 1918	48 255 74 250	24 SA	0007 0634 1245 1843	50 260 70 258
10 SA	0133 0758 1356 1954	40 262 55 263	25 SU E	0054 0709 1322 1931	34 278 38 282
11 SU E	0205 0820 1425 2028	38 267 39 272	26 M	0138 0744 1400 2017	25 291 9 300
12 M ●	0235 0841 1452 2100	39 270 27 275	27 TU ○P	0221 0819 1438 2103	25 298 -12 309
13 TU	0304 0903 1519 2132	45 269 19 274	28 W	0304 0854 1518 2150	34 298 -23 307
14 W A	0333 0925 1545 2204	55 265 16 268	29 TH	0347 0930 1559 2238	51 290 -22 295
15 TH	0402 0948 1613 2237	68 258 19 258	30 F	0431 1008 1641 2330	74 276 -9 276

时　区：－0900　　潮高基准面：在平均海面下 165 cm

日 本—佐世保

JAPAN—SASEBO

2021 年潮汐表　　　　33° 09′ N　　　　129° 44′ E

5月 日期	潮时 时分	潮高 cm	日期	潮时 时分	潮高 cm	6月 日期	潮时 时分	潮高 cm	日期	潮时 时分	潮高 cm	7月 日期	潮时 时分	潮高 cm	日期	潮时 时分	潮高 cm	8月 日期	潮时 时分	潮高 cm	日期	潮时 时分	潮高 cm
1 SA S	0518 1047 1728	100 256 14	16 SU	0450 1019 1655 2340	116 240 40 247	1 TU	0122 0707 1227 1908	252 139 227 74	16 W	0013 0608 1142 1817	260 133 237 65	1 TH ☾ E	0122 0728 1302 1921	256 131 232 103	16 F E	0026 0636 1228 1847	276 113 251 85	1 SU	0123 0819 1436 2008	245 120 217 160	16 M	0108 0759 1450 2026	262 93 237 159
2 SU	0029 0611 1132 1821	253 125 234 42	17 M	0529 1055 1737	129 228 55	2 W ☾	0227 0823 1342 2019	241 142 214 95	17 TH	0104 0706 1243 1914	254 134 228 80	2 F	0208 0831 1414 2019	246 129 219 124	17 SA ☽	0110 0733 1337 1945	268 109 240 109	2 M A	0217 0930 1620 2139	235 117 217 175	17 TU P	0212 0919 1645 2209	249 93 242 173
3 M ☾	0143 0720 1232 1930	234 144 212 70	18 TU	0029 0617 1141 1829	236 140 216 70	3 TH	0332 0940 1513 2134	236 134 209 108	18 F ☽	0200 0817 1403 2023	251 128 223 94	3 SA	0258 0937 1539 2129	240 121 215 140	18 SU	0201 0840 1504 2056	261 101 235 130	3 TU	0333 1041 1749 2320	230 108 229 176	18 W S	0342 1047 1813 2348	244 83 260 167
4 TU	0317 0903 1407 2106	224 149 197 86	19 W ☽	0133 0726 1251 1939	228 147 204 83	4 F E	0427 1043 1635 2240	237 118 215 113	19 SA E	0300 0929 1532 2137	252 112 227 103	4 SU	0352 1037 1702 2241	238 108 221 149	19 M	0302 0951 1639 2217	257 88 242 144	4 W	0449 1142 1846	233 95 246	19 TH	0510 1202 1912	253 66 281
5 W	0440 1038 1600 2235	227 137 200 89	20 TH	0250 0904 1432 2105	228 143 202 87	5 SA	0511 1132 1740 2335	241 99 226 115	20 SU	0358 1033 1654 2248	257 89 241 108	5 M A	0444 1129 1809 2346	240 92 233 150	20 TU	0409 1100 1801 2338	258 69 259 147	5 TH N	0029 0549 1231 1927	167 244 79 262	20 F	0053 0618 1300 1957	150 271 47 299
6 TH	0536 1137 1719 2336	235 117 214 84	21 F	0401 1025 1608 2224	236 123 215 83	6 SU	0548 1212 1832	247 80 240	21 M	0453 1129 1804 2353	265 61 261 110	6 TU	0532 1214 1900	245 76 248	21 W P	0516 1204 1907	265 49 279	6 F	0115 0637 1313 2001	155 258 63 277	21 SA	0141 0711 1347 2035	132 290 33 310
7 F	0616 1218 1813	244 95 231	22 SA E	0457 1120 1721 2327	250 95 237 75	7 M	0022 0621 1248 1916	115 253 62 253	22 TU	0544 1221 1905	275 35 282	7 W	0040 0616 1254 1942	147 252 62 261	22 TH S	0047 0617 1301 2001	142 276 31 297	7 SA	0151 0719 1351 2033	142 272 47 289	22 SU ○	0221 0757 1428 2108	114 305 26 315
8 SA E	0021 0646 1252 1857	80 252 74 246	23 SU	0543 1206 1820	266 63 262	8 TU A	0104 0653 1322 1955	115 259 47 264	23 W P	0052 0634 1311 2000	110 284 14 298	8 TH	0126 0656 1332 2018	142 260 50 273	23 F	0144 0712 1353 2048	131 289 17 309	8 SU ●	0225 0758 1428 2104	128 286 34 299	23 M	0257 0838 1505 2138	101 313 27 314
9 SU	0059 0711 1323 1935	77 259 55 259	24 M	0022 0625 1249 1914	69 279 31 284	9 W	0143 0724 1354 2031	114 263 36 272	24 TH ○	0148 0722 1400 2052	109 291 -1 308	9 F N	0206 0735 1408 2052	135 267 40 281	24 SA ○	0233 0803 1440 2131	121 299 11 314	9 M	0258 0837 1504 2135	115 297 26 306	24 TU	0331 0917 1539 2204	91 313 36 309
10 M	0134 0736 1353 2011	76 264 38 268	25 TU	0112 0705 1332 2005	67 290 5 301	10 TH ●	0220 0756 1427 2105	114 266 29 277	25 F S	0239 0810 1448 2141	108 295 -6 311	10 SA ●	0242 0812 1444 2126	129 274 33 287	25 SU	0316 0849 1523 2209	112 304 12 312	10 TU	0331 0915 1540 2207	103 302 25 309	25 W E	0403 0953 1610 2228	86 307 51 301
11 TU ● A	0207 0800 1422 2045	77 267 26 273	26 W ○ P	0201 0746 1415 2055	69 296 -13 310	11 F	0255 0828 1459 2139	114 266 26 278	26 SA	0328 0857 1534 2228	109 294 -2 307	11 SU	0317 0849 1520 2159	123 278 29 290	26 M	0357 0932 1603 2245	107 303 22 305	11 W	0405 0955 1617 2239	94 302 31 307	26 TH	0434 1028 1640 2251	84 295 71 290
12 W	0239 0826 1450 2118	81 267 19 275	27 TH	0248 0827 1459 2145	76 296 -20 309	12 SA N	0330 0901 1532 2214	116 265 27 276	27 SU	0414 0943 1620 2313	111 289 11 297	12 M	0351 0926 1557 2234	119 280 29 291	27 TU	0435 1013 1640 2316	106 296 39 294	12 TH E	0442 1036 1655 2311	88 296 47 300	27 F	0506 1105 1710 2314	87 278 95 278
13 TH	0311 0852 1519 2151	87 264 17 273	28 F S	0336 0909 1544 2235	87 290 -16 301	13 SU	0405 0936 1608 2250	118 261 31 272	28 M	0459 1029 1704 2357	116 279 30 283	13 TU	0427 1005 1635 2309	116 278 35 288	28 W	0512 1054 1715 2346	107 283 60 282	13 F	0520 1120 1735 2345	85 284 70 290	28 SA	0539 1144 1741 2339	92 259 120 263
14 F	0343 0920 1549 2224	95 259 21 267	29 SA	0423 0953 1630 2327	100 279 0 286	14 M	0441 1012 1646 2329	123 255 39 266	29 TU	0545 1116 1747	122 264 53	14 W	0505 1047 1715 2347	115 272 46 283	29 TH E	0550 1135 1750	111 266 85	14 SA	0603 1212 1819	86 267 100	29 SU	0616 1231 1815	101 240 145
15 SA N	0416 0948 1620 2300	105 250 28 258	30 SU	0512 1038 1718	115 263 22	15 TU	0521 1053 1728	128 247 51	30 W	0039 0633 1205 1832	269 128 248 79	15 TH	0548 1133 1758	114 262 63	30 F	0014 0631 1220 1826	269 115 247 111	15 SU ☽	0022 0654 1317 1912	276 89 249 131	30 M ☾ A	0007 0703 1338 1901	248 111 223 170
			31 M	0021 0605 1128 1809	268 129 245 48										31 SA ☾	0046 0719 1317 1909	257 118 230 137				31 TU	0047 0811 1530 2032	232 120 216 188

时　区：-0900　　　　潮高基准面：在平均海面下 165　cm

日 本—佐世保

JAPAN－SASEBO

2021 年潮汐表　　33° 09′ N　　129° 44′ E

9 月

日期	潮时 时分	潮高 cm	日期	潮时 时分	潮高 cm
1 W	0208 0945 1728 2314	218 121 226 187	16 TH	0345 1049 1816	228 93 264
2 TH N	0412 1110 1826	219 109 245	17 F	0001 0521 1202 1902	161 245 75 282
3 F	0021 0530 1208 1903	171 235 90 263	18 SA	0049 0622 1253 1938	137 268 58 296
4 SA	0059 0622 1252 1934	153 256 69 281	19 SU	0127 0708 1333 2008	115 289 47 305
5 SU	0130 0704 1330 2004	133 277 50 296	20 M ○	0200 0748 1409 2035	95 304 42 309
6 M	0201 0744 1407 2033	112 297 34 309	21 TU E	0231 0825 1441 2058	79 312 44 309
7 TU ●	0232 0822 1443 2103	92 312 25 318	22 W	0301 0859 1511 2120	67 312 53 305
8 W E	0305 0901 1519 2133	74 320 25 321	23 TH	0330 0932 1540 2142	60 307 67 298
9 TH	0339 0942 1556 2203	60 320 36 317	24 F	0358 1006 1609 2203	57 297 84 289
10 F	0414 1024 1634 2233	52 312 57 307	25 SA	0426 1040 1637 2225	60 282 105 276
11 SA P	0452 1109 1714 2305	51 290 86 292	26 SU A	0455 1116 1707 2249	68 265 127 261
12 SU	0534 1201 1757 2341	58 275 119 273	27 M	0527 1157 1739 2314	81 246 149 244
13 M ☽	0623 1309 1852	72 251 153	28 TU	0607 1254 1821 2346	96 228 170 226
14 TU	0025 0728 1457 2019	252 88 237 178	29 W ☾ N	0703 1433 1944	113 216 188
15 W S	0140 0903 1702 2236	233 99 245 181	30 TH	0053 0839 1644 2304	208 123 223 183

10 月

日期	潮时 时分	潮高 cm	日期	潮时 时分	潮高 cm
1 F	0337 1031 1748 2358	206 115 241 162	16 SA	0520 1147 1835	238 81 274
2 SA	0508 1137 1826	225 95 260	17 SU	0029 0615 1233 1906	116 259 70 284
3 SU	0031 0602 1223 1857	139 250 72 279	18 M	0103 0658 1310 1932	92 278 63 290
4 M	0101 0645 1303 1926	112 276 52 297	19 TU E	0134 0735 1343 1956	71 290 62 294
5 TU	0131 0726 1341 1956	85 299 37 310	20 W ○	0203 0810 1415 2018	54 297 65 294
6 W ●E	0203 0806 1419 2026	59 316 32 318	21 TH	0231 0843 1445 2040	42 299 72 292
7 TH	0237 0848 1457 2057	36 326 36 320	22 F	0259 0916 1515 2103	35 296 82 286
8 F P	0312 0930 1536 2128	20 326 50 315	23 SA	0327 0948 1544 2126	33 289 96 278
9 SA	0349 1014 1616 2201	14 316 73 302	24 SU A	0354 1021 1614 2151	37 278 111 265
10 SU	0428 1102 1658 2235	19 297 102 284	25 M	0423 1056 1646 2217	46 263 127 251
11 M	0512 1158 1747 2314	34 273 133 261	26 TU N	0455 1136 1720 2245	60 247 144 235
12 TU S	0603 1313 1850	58 249 161	27 W	0533 1227 1805 2321	77 231 161 217
13 W ☽	0004 0712 1507 2038	237 83 238 177	28 TH ☾	0625 1345 1921	95 219 173
14 TH	0138 0857 1652 2245	216 99 246 165	29 F	0029 0745 1533 2200	201 109 220 169
15 F	0355 1042 1754 2348	218 94 261 141	30 SA	0249 0934 1649 2311	196 108 234 146
			31 SU	0432 1052 1734 2349	212 93 252 119

11 月

日期	潮时 时分	潮高 cm	日期	潮时 时分	潮高 cm
1 M	0533 1146 1810	238 75 269	16 TU	0033 0641 1240 1851	74 253 84 266
2 TU E	0024 0622 1231 1843	88 264 60 286	17 W	0105 0721 1316 1916	53 265 84 270
3 W	0058 0708 1313 1916	56 288 50 299	18 TH	0136 0757 1351 1941	37 273 86 272
4 TH ●	0134 0752 1355 1950	26 307 48 306	19 F ○	0205 0831 1424 2007	24 277 89 272
5 F P	0210 0837 1437 2024	2 317 54 308	20 SA	0234 0904 1456 2034	17 278 95 268
6 SA	0249 0923 1520 2100	-13 318 68 302	21 SU A	0304 0937 1529 2102	16 275 101 262
7 SU	0330 1010 1604 2138	-15 309 87 289	22 M N	0333 1010 1601 2131	19 267 110 253
8 M S	0413 1102 1652 2219	-5 291 109 271	23 TU	0405 1044 1634 2202	28 258 119 242
9 TU	0500 1201 1745 2305	16 269 132 249	24 W	0439 1123 1711 2237	39 246 129 229
10 W	0554 1314 1853	42 249 150	25 TH	0518 1208 1756 2319	54 234 139 215
11 TH ☽	0005 0702 1445 2031	226 70 238 155	26 F	0606 1307 1859	69 225 146
12 F	0138 0834 1610 2209	209 89 239 143	27 SA ☾	0021 0709 1420 2033	201 83 221 144
13 SA	0334 1006 1709 2312	208 93 246 120	28 SU	0156 0831 1533 2201	194 91 227 126
14 SU	0457 1112 1751 2356	222 90 254 97	29 M	0340 0954 1630 2257	201 90 238 98
15 M E	0556 1200 1824	238 86 261	30 TU E	0457 1100 1716 2343	220 83 252 66

12 月

日期	潮时 时分	潮高 cm	日期	潮时 时分	潮高 cm
1 W	0558 1156 1758	244 76 265	16 TH	0036 0710 1253 1840	47 235 107 242
2 TH	0025 0652 1247 1838	33 268 72 277	17 F	0111 0749 1334 1912	31 246 104 246
3 F	0107 0742 1336 1919	3 287 71 285	18 SA A	0145 0824 1411 1945	18 255 102 250
4 SA ●P	0150 0832 1424 2001	-19 299 74 288	19 SU ○	0217 0858 1446 2017	10 259 100 252
5 SU	0234 0921 1512 2044	-31 303 80 286	20 M N	0250 0930 1519 2050	6 261 99 251
6 M S	0320 1011 1559 2129	-32 297 89 278	21 TU	0322 1002 1552 2123	6 259 99 248
7 TU	0406 1102 1648 2215	-21 285 100 264	22 W	0355 1035 1625 2158	9 255 101 242
8 W	0455 1155 1739 2305	-2 268 112 246	23 TH	0430 1109 1701 2234	16 249 104 234
9 TH	0545 1252 1838	24 250 122	24 F	0508 1147 1741 2316	26 242 108 223
10 F	0001 0641 1355 1948	227 51 236 126	25 SA	0550 1230 1830	40 234 110
11 SA ☽	0112 0747 1459 2107	209 75 227 120	26 SU	0007 0638 1319 1932	210 56 228 108
12 SU E	0241 0902 1559 2217	198 93 225 105	27 M ☾ E	0115 0738 1415 2045	199 74 224 98
13 M	0412 1014 1649 2312	199 103 227 86	28 TU	0244 0852 1516 2156	195 89 225 78
14 TU	0527 1116 1730 2357	209 107 231 65	29 W	0418 1010 1617 2259	204 98 230 52
15 W	0624 1208 1806	222 108 236	30 TH	0538 1123 1714 2355	222 100 239 24
			31 F	0644 1228 1808	245 97 251

时　区：－0900　　　　潮高基准面：在平均海面下 165　cm

日 本—那 霸

JAPAN—NAHA

2021 年潮汐表　　26° 13′ N　　127° 40′ E

1 月

日期	潮时 时分	潮高 cm	日期	潮时 时分	潮高 cm
1 F	0225	-9	16 SA	0311	-7
	0858	174		0943	175
	1428	75		1520	65
	2013	188		2102	184
2 SA	0302	-8	17 SU	0346	6
	0936	173		1016	170
	1509	75		1559	66
	2053	184		2140	172
3 SU	0342	-2	18 M	0417	20
	1016	171		1049	164
	1555	75		1641	66
	2138	176		2221	158
4 M	0424	7	19 TU E	0448	36
	1100	168		1123	158
	1648	74		1727	68
	2230	164		2307	143
5 TU	0510	21	20 W ☽	0521	52
	1148	165		1201	152
	1750	72		1823	68
	2335	152			
6 W ☾ E	0602	37	21 TH A	0006	128
	1241	163		0601	68
	1904	66		1248	147
				1935	67
7 TH	0057	141	22 F	0132	119
	0704	54		0659	84
	1338	163		1349	144
	2023	54		2056	60
8 F	0231	139	23 SA	0325	119
	0818	68		0834	94
	1437	166		1459	145
	2137	38		2207	49
9 SA P	0401	144	24 SU	0456	129
	0934	76		1007	95
	1536	172		1602	150
	2239	20		2302	35
10 SU	0516	155	25 M	0550	142
	1042	78		1109	92
	1632	179		1653	159
	2334	3		2346	21
11 M	0615	167	26 TU N	0630	153
	1140	77		1153	86
	1724	188		1735	169
12 TU S	0024	-9	27 W	0024	8
	0705	176		0703	163
	1230	74		1230	79
	1813	194		1814	179
13 W ●	0110	-17	28 TH ○	0101	-4
	0749	181		0735	171
	1316	70		1305	71
	1859	198		1851	188
14 TH	0154	-19	29 F	0136	-13
	0830	182		0807	176
	1359	68		1341	64
	1942	198		1930	194
15 F	0234	-15	30 SA	0212	-18
	0907	180		0840	180
	1440	66		1419	57
	2023	193		2009	196
			31 SU	0249	-17
				0914	182
				1459	51
				2051	192

2 月

日期	潮时 时分	潮高 cm	日期	潮时 时分	潮高 cm
1 M	0326	-10	16 TU	0340	23
	0949	181		0955	171
	1542	47		1602	42
	2136	183		2156	163
2 TU E	0404	3	17 W	0405	38
	1025	178		1020	166
	1629	44		1638	45
	2226	170		2235	149
3 W P	0444	22	18 TH A	0432	54
	1102	173		1048	159
	1721	43		1721	49
	2323	154		2321	135
4 TH ☾	0527	44	19 F ☽	0501	70
	1144	168		1120	151
	1822	44		1816	55
5 F	0036	139	20 SA	0029	122
	0618	66		0541	87
	1235	162		1206	142
	1940	43		1934	59
6 SA	0214	131	21 SU	0227	117
	0731	85		0700	103
	1341	157		1327	136
	2109	37		2110	56
7 SU	0404	135	22 M	0435	126
	0910	95		0928	107
	1501	158		1510	138
	2229	26		2227	44
8 M S	0525	148	23 TU N	0533	140
	1038	93		1051	99
	1619	165		1623	149
	2332	12		2321	29
9 TU	0619	161	24 W	0610	153
	1141	84		1138	88
	1722	176		1714	164
10 W	0022	0	25 TH	0003	13
	0701	171		0641	165
	1230	73		1214	75
	1813	187		1758	179
11 TH ●	0105	-7	26 F	0040	-2
	0737	178		0711	175
	1311	63		1250	61
	1857	193		1839	192
12 F	0143	-10	27 SA ○	0116	-12
	0810	181		0741	184
	1347	55		1326	47
	1936	196		1921	201
13 SA	0217	-7	28 SU	0152	-16
	0839	181		0812	190
	1422	49		1404	34
	2012	193		2003	204
14 SU	0247	0			
	0906	179			
	1455	45			
	2047	186			
15 M E	0314	10			
	0931	176			
	1528	42			
	2121	176			

3 月

日期	潮时 时分	潮高 cm	日期	潮时 时分	潮高 cm
1 M E	0228	-13	16 TU	0240	25
	0843	193		0846	183
	1443	23		1457	23
	2046	200		2102	178
2 TU P	0304	-2	17 W	0304	37
	0914	193		0908	179
	1523	17		1527	23
	2131	190		2136	169
3 W	0340	15	18 TH A	0329	50
	0946	189		0930	174
	1606	16		1600	27
	2219	175		2212	157
4 TH	0417	37	19 F	0355	64
	1019	182		0954	166
	1654	20		1637	35
	2314	157		2254	145
5 F	0456	61	20 SA	0424	79
	1055	173		1021	157
	1749	29		1722	45
				2351	132
6 SA ☾	0024	140	21 SU ☽	0500	95
	0544	84		1055	147
	1141	161		1826	54
	1904	39			
7 SU S	0214	131	22 M N	0133	125
	0701	102		0605	109
	1252	150		1156	137
	2047	42		2001	59
8 M	0415	137	23 TU	0349	131
	0912	108		0848	114
	1444	147		1410	135
	2221	36		2138	51
9 TU	0525	151	24 W	0455	144
	1048	97		1027	103
	1619	156		1547	146
	2325	24		2243	37
10 W	0608	163	25 TH	0533	158
	1142	81		1114	87
	1722	170		1649	163
				2331	21
11 TH	0012	14	26 F	0604	171
	0642	173		1152	68
	1222	66		1738	180
	1810	181			
12 F	0049	8	27 SA	0011	7
	0711	180		0634	183
	1257	52		1228	47
	1849	189		1824	195
13 SA ●	0121	7	28 SU ○ E	0049	-1
	0738	184		0705	194
	1328	41		1305	27
	1924	192		1908	204
14 SU E	0150	10	29 M	0126	-1
	0802	185		0735	201
	1358	32		1343	10
	1957	191		1953	208
15 M	0216	16	30 TU P	0203	6
	0824	184		0806	204
	1427	26		1423	-2
	2029	186		2038	204
			31 W	0239	20
				0838	203
				1503	-6
				2125	193

4 月

日期	潮时 时分	潮高 cm	日期	潮时 时分	潮高 cm
1 TH	0316	39	16 F	0300	68
	0909	198		0852	179
	1546	-3		1532	19
	2214	178		2157	164
2 F	0354	61	17 SA	0329	80
	0943	189		0917	172
	1633	7		1608	28
	2310	161		2239	154
3 SA	0436	82	18 SU N	0402	92
	1020	176		0946	164
	1728	23		1651	38
				2333	145
4 SU ☾ S	0026	146	19 M	0445	104
	0530	101		1023	154
	1108	161		1748	49
	1842	39			
5 M	0219	140	20 TU ☽	0059	139
	0705	113		0557	114
	1230	147		1124	144
	2026	49		1908	56
6 TU	0400	147	21 W	0246	142
	0924	109		0810	115
	1440	143		1324	140
	2201	47		2042	54
7 W	0458	158	22 TH	0356	153
	1042	93		0946	102
	1613	153		1509	148
	2303	40		2156	44
8 TH	0537	169	23 F	0441	166
	1128	75		1040	81
	1712	165		1620	164
	2347	33		2251	33
9 F	0608	177	24 SA	0518	179
	1203	59		1122	58
	1757	176		1716	181
				2336	25
10 SA	0021	30	25 SU E	0551	192
	0634	183		1202	34
	1234	44		1807	195
	1834	183			
11 SU E	0051	31	26 M	0018	22
	0658	186		0624	202
	1303	32		1241	12
	1908	186		1855	204
12 M ●	0118	34	27 TU ○ P	0058	25
	0720	188		0657	209
	1331	22		1322	-6
	1941	186		1943	207
13 TU	0143	40	28 W	0137	35
	0742	189		0730	212
	1400	15		1403	-15
	2013	184		2031	204
14 W A	0208	48	29 TH	0216	49
	0805	188		0805	211
	1429	12		1446	-16
	2046	179		2120	195
15 TH	0234	57	30 F	0257	66
	0828	185		0841	204
	1500	14		1532	-8
	2121	173		2212	182

时　区：−0900　　　　潮高基准面：在平均海面下 118 cm

日 本—那 霸

JAPAN—NAHA

2021 年潮汐表　　26° 13′ N　　127° 40′ E

5 月

日期	潮时时分	潮高 cm	日期	潮时时分	潮高 cm
1	0340	83	16	0315	93
SA	0919	194	SU	0856	180
S	1621	6		1552	27
	2312	168		2230	165
2	0430	98	17	0354	101
SU	1003	179	M	0931	172
	1718	25		1636	35
				2323	159
3	0027	157	18	0445	108
M	0536	110	TU	1016	164
☾	1100	163		1729	44
	1827	43			
4	0159	154	19	0031	156
TU	0713	114	W	0557	113
	1229	149	☽	1122	155
	1954	55		1834	51
5	0316	158	20	0149	158
W	0901	105	TH	0733	110
	1422	146		1258	151
	2119	59		1951	55
6	0410	165	21	0254	166
TH	1011	89	F	0859	96
	1548	152		1434	155
	2222	59		2105	54
7	0450	173	22	0344	176
F	1057	72	SA	1001	75
	1648	160	E	1551	167
	2307	57		2207	52
8	0522	179	23	0426	187
SA	1134	56	SU	1050	50
E	1735	169		1655	180
	2344	57		2300	50
9	0549	184	24	0505	198
SU	1206	42	M	1135	26
	1815	175		1752	193
				2347	52
10	0015	59	25	0543	207
M	0615	188	TU	1219	6
	1236	30		1845	201
	1852	180			
11	0045	62	26	0031	58
TU	0640	191	W	0622	214
●A	1306	20	○P	1303	-8
	1927	183		1936	205
12	0113	66	27	0115	66
W	0705	192	TH	0701	217
	1336	14		1348	-14
	2001	183		2026	203
13	0141	72	28	0159	76
TH	0731	191	F	0741	216
	1407	13	S	1435	-12
	2035	181		2117	197
14	0210	79	29	0245	86
F	0758	189	SA	0824	209
	1440	14		1523	-3
	2110	177		2210	188
15	0241	86	30	0334	96
SA	0826	185	SU	0910	199
N	1514	19		1614	12
	2148	172		2306	179
			31	0429	103
			M	1000	186
				1706	30

6 月

日期	潮时时分	潮高 cm	日期	潮时时分	潮高 cm
1	0008	172	16	0442	105
TU	0533	108	W	1017	177
	1059	171		1711	41
	1803	47		2359	175
2	0113	168	17	0544	105
W	0648	108	TH	1119	169
☾	1214	158		1805	51
	1906	62			
3	0214	168	18	0055	175
TH	0810	101	F	0657	99
	1342	151	☽	1238	163
	2015	73		1907	61
4	0306	171	19	0152	179
F	0921	89	SA	0814	87
E	1505	150	E	1404	162
	2120	80		2016	70
5	0350	175	20	0245	185
SA	1015	74	SU	0921	69
	1614	155		1526	168
	2215	83		2124	76
6	0428	180	21	0335	192
SU	1059	60	M	1020	48
	1711	162		1639	178
	2301	85		2225	81
7	0502	184	22	0422	201
M	1136	47	TU	1112	28
	1758	170		1743	189
	2340	86		2320	84
8	0535	188	23	0509	209
TU	1211	35	W	1202	11
A	1839	177	P	1840	198
9	0016	88	24	0011	88
W	0606	192	TH	0556	216
	1245	27	○	1251	1
	1916	181		1933	203
10	0049	90	25	0100	90
TH	0637	194	F	0643	220
●	1318	21	S	1340	-4
	1952	184		2022	204
11	0122	92	26	0149	93
F	0708	196	SA	0730	220
	1352	19		1428	-1
	2026	185		2110	202
12	0155	95	27	0237	95
SA	0739	196	SU	0817	216
N	1427	19		1515	7
	2102	184		2157	197
13	0229	98	28	0326	97
SU	0812	194	M	0905	207
	1503	22		1600	20
	2139	182		2243	191
14	0307	101	29	0416	98
M	0848	191	TU	0953	195
	1542	26		1643	36
	2220	179		2328	186
15	0351	103	30	0508	99
TU	0928	185	W	1044	182
	1624	33		1725	53
	2306	176			

7 月

日期	潮时时分	潮高 cm	日期	潮时时分	潮高 cm
1	0013	181	16	0520	89
TH	0605	98	F	1110	182
☾ E	1142	167	E	1732	58
	1809	71			
2	0059	177	17	0003	191
F	0709	96	SA	0621	84
	1250	156	☽	1218	172
	1858	86		1825	75
3	0147	176	18	0052	190
SA	0817	89	SU	0731	77
	1411	150		1341	166
	2000	99		1929	91
4	0238	176	19	0147	190
SU	0923	80	M	0845	66
	1536	151		1512	167
	2111	107		2044	104
5	0328	178	20	0247	193
M	1020	68	TU	0956	52
A	1650	158		1636	175
	2217	110		2200	109
6	0416	182	21	0349	199
TU	1107	57	W	1059	37
	1746	168	P	1745	187
	2311	110		2306	110
7	0500	187	22	0449	208
W	1149	46	TH	1155	23
	1829	177	S	1840	197
	2355	109			
8	0539	192	23	0004	106
TH	1228	37	F	0545	216
	1907	184		1247	13
				1929	205
9	0032	107	24	0055	101
F	0616	198	SA	0637	223
N	1304	30	○	1334	9
	1941	189		2012	209
10	0108	104	25	0141	95
SA	0651	203	SU	0725	225
●	1339	25		1417	10
	2014	192		2052	209
11	0142	102	26	0225	91
SU	0727	206	M	0810	223
	1414	22		1457	18
	2048	194		2129	207
12	0219	99	27	0308	88
M	0803	207	TU	0853	215
	1450	22		1534	30
	2122	195		2203	202
13	0257	97	28	0349	86
TU	0842	205	W	0935	204
	1527	25		1608	45
	2158	195		2235	197
14	0340	95	29	0431	85
W	0925	200	TH	1017	190
	1606	32	E	1639	62
	2237	194		2307	192
15	0427	92	30	0515	86
TH	1013	192	F	1103	175
	1647	43		1711	79
	2318	192		2340	186
			31	0606	87
			SA	1158	161
			☾	1747	97

8 月

日期	潮时时分	潮高 cm	日期	潮时时分	潮高 cm
1	0020	180	16	0654	68
SU	0707	87	M	1328	165
	1314	151		1848	113
	1836	113			
2	0113	175	17	0053	190
M	0822	85	TU	0817	66
A	1457	149	P	1516	165
	1957	125		2018	126
3	0221	173	18	0211	188
TU	0937	78	W	0944	58
	1636	157	S	1647	175
	2139	129		2157	127
4	0332	176	19	0335	192
W	1040	68	TH	1056	46
	1737	168		1749	188
	2252	126		2310	119
5	0431	183	20	0446	203
TH	1129	56	F	1153	33
N	1818	179		1835	200
	2340	120			
6	0518	192	21	0003	107
F	1210	45	SA	0545	214
	1851	188		1240	24
				1914	208
7	0018	113	22	0048	95
SA	0559	202	SU	0634	223
	1246	35	○	1321	20
	1922	195		1948	213
8	0052	105	23	0128	84
SU	0637	211	M	0717	226
●	1321	26		1357	22
	1952	201		2020	214
9	0127	96	24	0205	75
M	0714	217	TU	0757	224
	1355	21		1430	30
	2022	206		2048	212
10	0202	88	25	0240	70
TU	0753	220	W	0835	217
	1430	20	E	1459	42
	2053	209		2114	209
11	0240	80	26	0315	67
W	0833	218	TH	0911	207
	1505	25		1526	56
	2125	210		2139	204
12	0321	74	27	0350	66
TH	0917	212	F	0948	194
E	1541	36		1552	72
	2158	209		2203	198
13	0404	69	28	0427	68
F	1004	201	SA	1028	180
	1618	52		1619	88
	2233	205		2230	191
14	0452	67	29	0509	73
SA	1057	188	SU	1116	166
	1659	72		1649	105
	2311	201		2301	183
15	0547	67	30	0601	80
SU	1202	175	M	1223	154
☽	1746	93	☾ A	1728	121
	2355	195		2343	173
			31	0714	86
			TU	1418	149
				1845	135

时　区：－0900　　　　潮高基准面：在平均海面下 118　cm

日　本—那　霸

JAPAN－NAHA

2021 年潮汐表　　26° 13′ N　　127° 40′ E

9 月

日期	潮时 时分	潮高 cm	日期	潮时 时分	潮高 cm
1 W	0100 0847 1622 2114	166 85 157 139	16 TH	0157 0940 1651 2213	175 62 178 126
2 TH N	0249 1008 1719 2240	166 76 169 131	17 F	0341 1052 1738 2313	182 51 191 110
3 F	0405 1103 1754 2324	176 62 181 120	18 SA	0451 1143 1815 2357	196 41 201 92
4 SA	0458 1145 1823 2359	189 48 191 107	19 SU	0544 1224 1846	208 34 208
5 SU	0541 1221 1851	202 36 201	20 M ○	0034 0627 1258 1914	77 216 33 212
6 M	0032 0620 1256 1919	92 214 26 209	21 TU E	0107 0705 1329 1939	63 219 36 213
7 TU ●	0106 0700 1329 1947	78 223 21 215	22 W	0139 0740 1357 2003	54 217 44 212
8 W E	0141 0740 1403 2016	64 226 23 219	23 TH	0210 0814 1422 2025	47 211 55 209
9 TH	0218 0823 1438 2046	52 224 32 219	24 F	0240 0848 1447 2047	44 203 67 205
10 F	0257 0907 1513 2117	44 216 47 217	25 SA	0312 0923 1512 2110	44 192 80 199
11 SA P	0339 0954 1549 2149	41 204 67 212	26 SU A	0345 1001 1538 2134	49 180 95 190
12 SU	0424 1047 1628 2224	43 188 89 203	27 M	0423 1044 1607 2201	57 167 109 181
13 M ☽	0517 1153 1715 2307	51 172 110 193	28 TU	0509 1144 1645 2235	68 155 123 169
14 TU	0626 1333 1824	60 162 129	29 W ☾ N	0613 1333 1759 2338	78 149 136 158
15 W S	0011 0800 1534 2026	181 66 165 136	30 TH	0747 1543 2051	83 155 137

10 月

日期	潮时 时分	潮高 cm	日期	潮时 时分	潮高 cm
1 F	0200 0922 1640 2217	155 77 167 125	16 SA	0343 1033 1709 2302	171 55 188 90
2 SA	0334 1026 1714 2259	166 63 179 109	17 SU	0447 1120 1741 2340	183 50 196 72
3 SU	0433 1111 1743 2333	181 49 191 90	18 M	0535 1157 1809	193 47 202
4 M	0519 1149 1811	197 37 202	19 TU E	0013 0615 1229 1834	55 200 48 205
5 TU	0007 0602 1225 1839	70 210 29 211	20 W ○	0043 0650 1257 1858	42 203 52 206
6 W ●E	0041 0645 1300 1907	50 220 27 218	21 TH	0113 0725 1324 1920	32 202 58 206
7 TH	0117 0728 1335 1937	32 224 33 222	22 F	0142 0758 1350 1943	26 199 67 203
8 F P	0155 0812 1411 2007	19 221 45 222	23 SA	0212 0831 1415 2007	23 193 76 199
9 SA	0235 0858 1447 2039	12 213 62 218	24 SU A	0242 0906 1442 2031	25 185 87 193
10 SU	0317 0947 1525 2112	13 199 81 210	25 M	0315 0943 1511 2057	31 176 97 185
11 M	0403 1042 1608 2150	22 183 101 198	26 TU N	0352 1025 1544 2125	41 166 108 175
12 TU S	0458 1155 1702 2237	36 168 119 183	27 W	0434 1120 1627 2201	52 156 119 164
13 W ☽	0609 1344 1833 2355	52 161 131 168	28 TH ☾	0531 1247 1744 2300	63 149 127 152
14 TH	0748 1527 2048	63 167 128	29 F	0649 1434 2004	70 153 126
15 F	0204 0926 1628 2212	162 62 177 110	30 SA	0107 0821 1540 2135	146 69 162 112
			31 SU	0254 0935 1621 2224	154 61 174 92

11 月

日期	潮时 时分	潮高 cm	日期	潮时 时分	潮高 cm
1 M	0402 1028 1655 2303	168 50 186 69	16 TU	0520 1124 1728 2349	171 62 189 39
2 TU E	0456 1113 1726 2340	184 42 197 44	17 W	0601 1157 1755	178 63 192
3 W	0545 1153 1757	198 38 207	18 TH	0020 0639 1228 1821	26 182 66 194
4 TH ●	0017 0632 1231 1828	21 208 40 215	19 F ○	0051 0714 1257 1847	17 184 71 194
5 F P	0055 0718 1309 1901	3 213 47 219	20 SA	0121 0748 1326 1913	11 184 76 193
6 SA	0135 0805 1348 1935	-9 211 59 219	21 SU A	0152 0822 1355 1940	10 181 82 190
7 SU	0218 0853 1428 2011	-12 203 74 214	22 M N	0224 0856 1425 2008	12 177 88 186
8 M S	0303 0945 1512 2050	-7 191 89 204	23 TU	0258 0932 1457 2038	17 170 94 179
9 TU	0353 1043 1602 2135	6 177 103 190	24 W	0335 1012 1535 2111	25 163 101 171
10 W	0449 1156 1707 2231	24 166 114 172	25 TH	0416 1101 1623 2152	33 157 107 161
11 TH ☽	0557 1327 1841 2356	42 161 118 157	26 F	0504 1204 1730 2250	43 152 111 150
12 F	0721 1446 2030	56 164 109	27 SA ☾	0604 1320 1906	51 153 108
13 SA	0153 0848 1543 2146	151 61 171 91	28 SU	0023 0718 1427 2037	142 56 158 95
14 SU	0325 0955 1625 2236	155 62 178 72	29 M	0207 0834 1519 2141	143 57 167 74
15 M E	0430 1045 1658 2315	163 62 184 54	30 TU E	0328 0940 1601 2229	153 55 177 50

12 月

日期	潮时 时分	潮高 cm	日期	潮时 时分	潮高 cm
1 W	0434 1034 1639 2313	167 54 188 25	16 TH	0552 1128 1720	156 79 176
2 TH	0531 1121 1717 2355	180 54 198 2	17 F	0001 0633 1206 1753	21 163 79 180
3 F	0623 1206 1755	191 57 206	18 SA A	0035 0709 1240 1825	12 168 80 183
4 SA ●P	0039 0713 1249 1834	-15 197 63 211	19 SU ○	0109 0743 1312 1856	6 171 80 184
5 SU	0123 0802 1333 1915	-24 197 70 212	20 M N	0142 0816 1343 1927	3 172 81 184
6 M S	0210 0852 1418 1958	-26 192 78 208	21 TU	0215 0848 1416 1958	2 170 82 183
7 TU	0258 0943 1507 2044	-19 184 86 198	22 W	0249 0922 1450 2032	5 168 84 179
8 W	0348 1038 1601 2134	-6 175 92 184	23 TH	0324 0958 1529 2108	9 165 85 172
9 TH	0439 1137 1703 2231	11 167 96 168	24 F	0401 1038 1614 2150	15 162 87 164
10 F	0534 1240 1816 2343	30 162 96 152	25 SA	0442 1123 1708 2242	23 159 87 153
11 SA ☽	0634 1342 1940	48 160 89	26 SU	0528 1215 1816 2353	34 157 84 143
12 SU E	0111 0742 1438 2058	140 62 161 77	27 M ☾ E	0624 1311 1934	46 158 75
13 M	0243 0852 1526 2158	137 72 164 62	28 TU	0122 0732 1408 2050	137 58 161 59
14 TU	0402 0955 1608 2245	140 76 168 46	29 W	0254 0846 1502 2154	140 66 167 38
15 W	0503 1046 1645 2325	148 78 172 32	30 TH	0416 0955 1554 2250	150 71 176 16
			31 F	0523 1055 1644 2341	163 73 186 -3

时　区：－0900　　　　潮高基准面：在平均海面下 118　cm

日　本—下　关

JAPAN—SIMONOSEKI

2021年潮汐表　　33° 57′ N　　130° 58′ E

1 月

日期	潮时时分	潮高cm	日期	潮时时分	潮高cm
1 F	0426 1058 1649 2218	-28 202 52 206	16 SA	0507 1145 1733 2309	-24 199 40 202
2 SA	0504 1132 1727 2256	-26 200 52 202	17 SU	0540 1209 1808 2347	-10 193 44 193
3 SU	0543 1206 1808 2339	-19 196 54 196	18 M	0611 1233 1843	7 187 49
4 M	0624 1242 1854	-6 192 55	19 TU E	0026 0641 1259 1923	181 27 181 55
5 TU	0030 0708 1324 1948	186 11 188 55	20 W ☽	0111 0714 1331 2011	167 48 174 60
6 W ☾ E	0131 0759 1413 2053	176 32 184 52	21 TH A	0206 0752 1415 2115	154 70 167 63
7 TH	0244 0902 1511 2208	166 52 181 44	22 F	0317 0848 1520 2233	144 89 160 59
8 F	0410 1020 1619 2323	161 68 181 29	23 SA	0454 1027 1646 2347	143 101 159 48
9 SA P	0551 1146 1731	165 74 185	24 SU	0627 1215 1801	152 98 165
10 SU	0030 0718 1259 1837	11 176 70 192	25 M	0045 0729 1319 1856	32 165 87 175
11 M	0128 0822 1359 1933	-7 189 62 200	26 TU N	0133 0817 1406 1941	15 178 73 186
12 TU S	0220 0916 1451 2023	-22 199 54 207	27 W	0217 0859 1446 2022	-3 188 60 195
13 W ●	0308 1003 1537 2109	-31 204 46 211	28 TH ○	0258 0938 1524 2102	-19 195 47 203
14 TH	0351 1043 1618 2151	-35 205 41 212	29 F	0338 1015 1601 2142	-31 201 36 208
15 F	0431 1117 1656 2231	-32 203 39 209	30 SA	0416 1049 1638 2222	-39 204 27 211
			31 SU	0454 1119 1715 2302	-39 205 21 209

2 月

日期	潮时时分	潮高cm	日期	潮时时分	潮高cm
1 M	0531 1148 1754 2344	-31 204 17 204	16 TU	0542 1147 1806	7 194 22
2 TU E	0609 1216 1835	-16 202 17	17 W	0003 0607 1207 1837	188 25 190 28
3 W P	0029 0648 1247 1921	193 7 197 21	18 TH A	0038 0634 1230 1913	176 46 183 37
4 TH ☾	0119 0730 1324 2015	179 34 190 27	19 F ☽	0120 0704 1259 1958	162 67 173 47
5 F	0220 0821 1412 2124	164 63 180 33	20 SA	0217 0743 1340 2104	149 89 161 57
6 SA	0348 0936 1521 2250	151 87 170 33	21 SU	0352 0847 1509 2241	140 108 149 58
7 SU	0557 1128 1700	152 97 167	22 M	0552 1143 1716	145 112 150
8 M S	0014 0731 1259 1827	24 165 87 175	23 TU N	0010 0710 1307 1830	46 158 96 163
9 TU	0122 0833 1400 1932	8 180 69 187	24 W	0112 0802 1353 1923	27 172 76 178
10 W	0216 0919 1447 2025	-8 192 51 199	25 TH	0200 0844 1431 2010	5 185 55 193
11 TH ●	0302 0957 1527 2110	-20 199 36 207	26 F	0243 0921 1508 2055	-15 195 34 206
12 F	0341 1028 1604 2150	-27 202 25 211	27 SA ○	0322 0955 1544 2138	-31 204 15 215
13 SA	0416 1053 1637 2226	-27 202 19 210	28 SU	0400 1026 1620 2221	-40 210 0 220
14 SU	0447 1113 1708 2259	-21 200 17 206			
15 M E	0516 1130 1737 2330	-9 197 18 198			

3 月

日期	潮时时分	潮高cm	日期	潮时时分	潮高cm
1 M E	0437 1053 1657 2302	-39 213 -11 220	16 TU	0448 1050 1705 2312	5 202 0 203
2 TU P	0514 1119 1734 2343	-27 213 -15 213	17 W	0513 1106 1732 2341	18 200 3 195
3 W	0550 1144 1813	-7 210 -12	18 TH A	0538 1124 1800	35 197 10
4 TH	0024 0627 1211 1854	200 20 204 -2	19 F	0012 0603 1145 1832	185 54 190 21
5 F	0108 0706 1243 1943	182 51 193 14	20 SA	0047 0632 1208 1910	173 74 180 36
6 SA ☾	0205 0752 1324 2047	163 81 178 33	21 SU ☽	0133 0707 1239 2002	159 94 166 52
7 SU S	0348 0910 1436 2225	148 106 161 45	22 M N	0256 0758 1337 2130	146 112 150 63
8 M	0614 1136 1652	151 110 155	23 TU	0508 1104 1627 2328	146 120 145 58
9 TU	0007 0740 1303 1830	39 167 90 167	24 W	0638 1242 1759	158 100 159
10 W	0118 0829 1354 1936	23 182 65 184	25 TH	0044 0732 1327 1900	39 172 74 177
11 TH	0208 0905 1434 2025	7 193 43 199	26 F	0136 0813 1405 1952	15 186 47 196
12 F	0249 0935 1509 2106	-6 199 25 208	27 SA	0219 0848 1442 2041	-6 199 20 213
13 SA ●	0324 0959 1541 2142	-12 202 12 212	28 SU ○E	0300 0920 1519 2128	-21 210 -4 224
14 SU E	0355 1018 1611 2214	-12 203 4 212	29 M	0339 0951 1556 2213	-27 217 -23 230
15 M	0423 1035 1639 2243	-6 202 0 209	30 TU P	0417 1019 1634 2256	-22 221 -34 228
			31 W	0454 1047 1712 2337	-7 221 -35 219

4 月

日期	潮时时分	潮高cm	日期	潮时时分	潮高cm
1 TH	0531 1113 1751	16 216 -27	16 F	0513 1051 1731 2351	52 202 4 194
2 F	0019 0609 1141 1832	205 43 207 -10	17 SA	0542 1113 1803	67 196 16
3 SA	0104 0649 1213 1919	186 72 193 14	18 SU N	0024 0612 1138 1841	184 84 186 31
4 SU ☾ S	0206 0740 1257 2022	167 99 175 39	19 M	0106 0650 1212 1930	171 101 174 48
5 M	0400 0918 1425 2205	155 117 156 56	20 TU ☽	0218 0746 1313 2046	159 115 159 63
6 TU	0603 1135 1649 2352	160 110 155 54	21 W	0411 1009 1539 2237	156 119 153 64
7 W	0716 1248 1823	173 85 169	22 TH	0539 1154 1717	165 99 165
8 TH	0101 0759 1333 1926	40 185 60 186	23 F	0002 0638 1247 1826	49 178 71 183
9 F	0147 0830 1409 2013	26 194 37 200	24 SA	0100 0722 1330 1926	29 192 40 202
10 SA	0225 0856 1442 2051	16 200 20 208	25 SU E	0148 0800 1411 2021	12 206 10 219
11 SU E	0258 0917 1512 2125	12 203 7 212	26 M	0232 0836 1451 2112	2 217 -16 230
12 M ●	0327 0936 1541 2155	13 205 -1 213	27 TU ○P	0314 0910 1531 2201	0 224 -33 234
13 TU	0355 0953 1608 2225	18 206 -6 212	28 W	0355 0943 1611 2246	8 227 -41 232
14 W A	0421 1011 1635 2253	27 207 -7 208	29 TH	0435 1015 1651 2331	23 226 -39 223
15 TH	0447 1030 1702 2321	38 206 -4 203	30 F	0515 1047 1732	44 220 -26

时　区：-0900　　　　潮高基准面：在平均海面下 130 cm

日　本—下　关

JAPAN－SIMONOSEKI

2021年潮汐表　　33° 57′ N　　130° 58′ E

5 月

日期	潮时 时分	潮高 cm	日期	潮时 时分	潮高 cm
1 SA S	0015	209	16 SU	0528	81
	0557	66		1054	203
	1120	210		1747	17
	1815	-6			
2 SU	0105	193	17 M	0010	195
	0643	88		0604	92
	1200	195		1126	195
	1904	20		1827	30
3 M ☾	0210	178	18 TU	0053	185
	0742	106		0647	103
	1255	178		1208	185
	2005	46		1915	45
4 TU	0339	169	19 W ☽	0154	177
	0915	114		0749	111
	1433	164		1318	174
	2134	65		2021	58
5 W	0510	171	20 TH	0314	175
	1059	105		0925	110
	1623	163		1503	170
	2311	69		2146	64
6 TH	0619	179	21 F	0429	180
	1210	84		1056	93
	1750	173		1632	178
				2310	60
7 F	0023	62	22 SA E	0531	190
	0705	188		1200	66
	1257	61		1748	191
	1856	186			
8 SA E	0112	53	23 SU	0018	50
	0738	195		0622	202
	1335	41		1252	36
	1945	197		1857	207
9 SU	0151	47	24 M	0113	41
	0804	201		0708	214
	1408	25		1338	8
	2025	206		1959	221
10 M	0225	43	25 TU	0203	36
	0828	206		0751	224
	1439	12		1423	-14
	2100	211		2055	230
11 TU ●A	0256	44	26 W ○P	0250	37
	0851	210		0832	230
	1509	3		1507	-28
	2133	214		2148	234
12 W	0326	47	27 TH	0335	43
	0914	212		0911	233
	1538	-2		1551	-33
	2205	215		2237	233
13 TH	0356	52	28 F S	0420	53
	0938	213		0951	231
	1608	-3		1635	-28
	2235	213		2325	226
14 F	0426	60	29 SA	0504	66
	1003	212		1030	225
	1639	-1		1719	-15
	2306	209			
15 SA N	0456	70	30 SU	0012	216
	1028	209		0549	79
	1711	6		1112	216
	2337	203		1804	4
			31 M	0100	205
				0638	91
				1200	204
				1851	27

6 月

日期	潮时 时分	潮高 cm	日期	潮时 时分	潮高 cm
1 TU	0153	194	16 W	0042	203
	0734	101		0645	97
	1300	190		1212	201
	1943	50		1903	40
2 W ☾	0251	187	17 TH	0130	199
	0844	105		0740	98
	1416	179		1317	194
	2048	71		1958	54
3 TH	0353	184	18 F ☽	0225	198
	1004	101		0849	94
	1537	174		1435	190
	2206	84		2103	67
4 F E	0455	185	19 SA E	0326	199
	1116	87		1004	82
	1657	177		1554	191
	2323	88		2219	75
5 SA	0549	190	20 SU	0427	204
	1211	70		1114	62
	1810	184		1715	197
				2333	78
6 SU	0024	86	21 M	0526	212
	0632	197		1215	39
	1254	53		1834	207
	1908	194			
7 M	0111	82	22 TU	0040	77
	0708	204		0622	221
	1332	38		1310	17
	1954	203		1944	218
8 TU A	0151	78	23 W P	0139	74
	0740	210		0715	229
	1407	25		1402	0
	2034	210		2045	227
9 W	0227	76	24 TH ○	0232	73
	0812	215		0804	235
	1440	16		1451	-11
	2111	215		2141	233
10 TH ●	0302	75	25 F S	0322	72
	0843	219		0852	238
	1514	9		1539	-15
	2146	218		2232	234
11 F	0336	75	26 SA	0410	73
	0913	220		0938	237
	1548	6		1625	-12
	2221	218		2319	231
12 SA N	0410	78	27 SU	0455	75
	0944	220		1023	234
	1623	6		1708	-3
	2254	217			
13 SU	0445	82	28 M	0002	226
	1014	218		0539	79
	1659	10		1109	228
	2328	213		1750	13
14 M	0521	87	29 TU	0040	219
	1047	214		0623	84
	1737	17		1157	218
				1831	32
15 TU	0003	208	30 W	0115	212
	0600	92		0708	89
	1124	209		1248	207
	1818	27		1911	54

7 月

日期	潮时 时分	潮高 cm	日期	潮时 时分	潮高 cm
1 TH ☾E	0152	205	16 F E	0058	221
	0800	94		0719	79
	1344	195		1307	212
	1956	76		1932	57
2 F	0233	199	17 SA ☽	0140	219
	0900	95		0815	77
	1446	186		1410	203
	2049	97		2025	78
3 SA	0322	196	18 SU	0229	216
	1008	91		0921	72
	1558	181		1524	197
	2159	111		2132	97
4 SU	0421	195	19 M	0330	214
	1114	82		1034	64
	1719	183		1655	196
	2320	117		2255	110
5 M A	0522	199	20 TU	0440	215
	1209	69		1147	50
	1832	191		1829	203
6 TU	0028	115	21 W P	0018	111
	0616	205		0552	220
	1256	56		1253	35
	1927	201		1945	215
7 W	0121	109	22 TH S	0128	105
	0701	213		0656	228
	1338	43		1351	20
	2012	210		2047	225
8 TH	0205	102	23 F	0225	95
	0742	219		0753	236
	1418	32		1444	8
	2053	217		2140	233
9 F N	0245	96	24 SA ○	0315	84
	0820	225		0845	242
	1456	22		1531	1
	2132	222		2226	237
10 SA ●	0322	90	25 SU	0400	76
	0856	229		0934	245
	1534	15		1614	1
	2209	225		2305	237
11 SU	0359	86	26 M	0441	70
	0932	231		1019	244
	1612	11		1654	8
	2245	225		2337	235
12 M	0435	83	27 TU	0519	69
	1007	231		1102	240
	1649	11		1730	21
	2318	225			
13 TU	0512	81	28 W	0004	230
	1045	229		0556	70
	1726	15		1143	231
	2350	224		1803	39
14 W	0550	80	29 TH E	0027	225
	1126	225		0633	74
	1805	24		1223	220
				1834	60
15 TH	0022	223	30 F	0050	219
	0632	79		0712	80
	1213	219		1306	208
	1846	39		1906	83
			31 SA ☾	0119	213
				0757	86
				1357	195
				1942	105

8 月

日期	潮时 时分	潮高 cm	日期	潮时 时分	潮高 cm
1 SU	0157	206	16 M	0138	223
	0853	91		0844	67
	1502	185		1506	194
	2030	125		2053	122
2 M A	0252	199	17 TU P	0238	213
	1004	92		1003	71
	1631	182		1702	191
	2154	140		2234	137
3 TU	0414	196	18 W S	0409	207
	1120	86		1132	66
	1802	188		1846	200
	2351	141			
4 W	0534	201	19 TH	0019	133
	1224	75		0545	213
	1907	199		1248	52
				1958	215
5 TH N	0103	130	20 F	0129	115
	0634	210		0657	225
	1316	60		1348	35
	1956	210		2050	227
6 F	0151	117	21 SA	0221	95
	0721	220		0755	237
	1401	45		1438	21
	2039	219		2133	236
7 SA	0231	104	22 SU ○	0304	77
	0803	229		0845	247
	1442	31		1521	12
	2118	226		2208	240
8 SU ●	0308	91	23 M	0343	64
	0843	236		0930	251
	1521	18		1558	11
	2155	231		2237	241
9 M	0343	80	24 TU	0419	55
	0923	241		1011	251
	1558	10		1632	18
	2228	235		2300	239
10 TU	0419	70	25 W E	0452	51
	1002	244		1047	246
	1634	8		1703	30
	2258	237		2318	236
11 W	0455	62	26 TH	0524	52
	1043	243		1121	237
	1711	13		1731	47
	2326	238		2335	232
12 TH E	0532	56	27 F	0554	56
	1124	240		1154	227
	1747	26		1757	67
	2352	238		2354	228
13 F	0611	54	28 SA	0626	63
	1207	232		1230	214
	1825	45		1823	89
14 SA	0021	236	29 SU	0016	222
	0654	55		0701	73
	1254	221		1312	201
	1905	70		1852	110
15 SU ☽	0055	231	30 M ☾A	0044	212
	0743	60		0745	84
	1350	207		1409	188
	1951	96		1929	131
			31 TU	0125	200
				0847	95
				1545	180
				2030	149

时　区：－0900　　潮高基准面：在平均海面下 130 cm

日　本—下　关

JAPAN－SIMONOSEKI

2021 年潮汐表　　33° 57′ N　　130° 58′ E

9 月

日期	潮时 时分	潮高 cm	日期	潮时 时分	潮高 cm
1 W	0255 1023 1737 2329	188 98 184 154	16 TH	0407 1128 1902	193 75 201
2 TH N	0500 1154 1850	190 89 196	17 F	0028 0553 1246 1957	130 204 60 216
3 F	0053 0612 1256 1940	138 201 72 208	18 SA	0125 0702 1341 2036	104 220 42 227
4 SA	0137 0703 1343 2020	118 216 52 219	19 SU	0208 0756 1425 2108	79 235 29 234
5 SU	0213 0748 1423 2056	98 229 33 228	20 M ○	0246 0842 1502 2136	59 245 22 238
6 M	0247 0831 1501 2128	78 240 17 235	21 TU E	0320 0921 1536 2158	44 249 22 238
7 TU ●	0321 0913 1538 2158	59 248 8 241	22 W	0352 0956 1606 2215	35 247 29 236
8 W E	0356 0955 1614 2226	43 253 8 245	23 TH	0421 1028 1633 2231	31 243 41 235
9 TH	0432 1037 1650 2252	31 252 16 246	24 F	0450 1058 1659 2248	31 235 56 232
10 F	0509 1118 1726 2317	25 247 34 245	25 SA	0517 1127 1723 2306	35 226 74 228
11 SA P	0547 1159 1803 2344	25 236 58 240	26 SU A	0545 1159 1749 2327	43 215 92 221
12 SU	0628 1243 1841	32 221 86	27 M	0617 1235 1817 2352	54 202 111 211
13 M ☽	0015 0714 1338 1925	231 46 203 114	28 TU	0655 1324 1851	69 188 130
14 TU	0054 0813 1511 2032	218 63 187 139	29 W ☾ N	0022 0746 1455 1943	197 85 177 147
15 W S	0159 0942 1730 2247	202 77 187 148	30 TH	0122 0914 1701 2300	180 97 178 152

10 月

日期	潮时 时分	潮高 cm	日期	潮时 时分	潮高 cm
1 F	0418 1112 1821	176 93 189	16 SA	0016 0550 1230 1928	112 193 63 210
2 SA	0029 0543 1225 1910	132 189 75 202	17 SU	0106 0657 1321 2002	84 210 49 220
3 SU	0109 0640 1315 1946	107 206 53 214	18 M	0145 0747 1401 2030	59 223 39 225
4 M	0144 0728 1357 2019	81 223 33 225	19 TU E	0220 0829 1436 2053	39 232 34 228
5 TU	0219 0814 1436 2049	54 237 18 234	20 W ○	0252 0905 1508 2113	24 235 36 229
6 W ●E	0254 0859 1514 2119	30 248 11 241	21 TH	0322 0937 1537 2131	16 234 42 229
7 TH	0330 0944 1551 2148	10 253 14 245	22 F	0351 1008 1604 2150	11 231 52 228
8 F P	0407 1027 1629 2216	-3 252 26 246	23 SA	0418 1037 1631 2210	11 226 63 226
9 SA	0445 1110 1706 2243	-7 244 46 242	24 SU A	0446 1106 1658 2232	15 220 77 222
10 SU	0524 1152 1744 2312	-2 231 71 235	25 M	0515 1136 1725 2255	22 211 91 214
11 M	0606 1238 1825 2345	12 213 97 222	26 TU N	0547 1209 1756 2321	34 200 106 204
12 TU S	0652 1341 1914	33 195 122	27 W	0624 1252 1832 2353	49 187 121 190
13 W ☽	0028 0753 1530 2040	205 57 182 140	28 TH ☾	0711 1405 1928	66 175 134
14 TH	0148 0926 1727 2254	186 75 186 136	29 F	0048 0821 1557 2147	174 81 172 137
15 F	0413 1114 1842	181 76 198	30 SA	0319 1007 1720 2335	166 84 179 118
			31 SU	0457 1135 1815	176 71 192

11 月

日期	潮时 时分	潮高 cm	日期	潮时 时分	潮高 cm
1 M	0026 0604 1235 1855	90 192 53 205	16 TU	0114 0727 1330 1942	44 201 55 209
2 TU E	0107 0701 1323 1931	59 210 37 217	17 W	0150 0809 1406 2007	26 209 52 214
3 W	0146 0753 1406 2005	29 226 25 228	18 TH	0223 0846 1440 2031	12 214 52 216
4 TH ●	0225 0843 1447 2038	2 237 22 236	19 F ○	0254 0919 1511 2055	3 216 55 218
5 F P	0304 0932 1529 2112	-19 242 27 239	20 SA	0324 0950 1541 2120	-3 216 59 218
6 SA	0345 1018 1609 2145	-30 241 39 239	21 SU A	0354 1021 1611 2145	-4 214 66 216
7 SU	0425 1104 1650 2218	-31 233 56 234	22 M N	0424 1051 1641 2212	-2 210 74 212
8 M S	0507 1150 1733 2253	-22 221 75 224	23 TU	0456 1122 1713 2239	4 203 83 205
9 TU	0551 1241 1819 2334	-5 205 95 210	24 W	0530 1155 1747 2309	14 195 92 196
10 W	0640 1346 1917	18 190 111	25 TH	0608 1234 1827 2346	26 186 102 185
11 TH ☽	0027 0738 1511 2040	192 44 181 119	26 F	0652 1328 1922	40 177 109
12 F	0157 0857 1638 2222	175 64 181 112	27 SA ☾	0044 0748 1441 2048	172 54 172 109
13 SA	0349 1032 1748 2340	170 72 187 91	28 SU	0223 0905 1556 2223	164 64 174 95
14 SU	0521 1151 1837	178 69 196	29 M	0359 1031 1659 2333	166 64 182 70
15 M E	0033 0633 1247 1913	66 190 61 203	30 TU E	0519 1145 1752	177 57 194

12 月

日期	潮时 时分	潮高 cm	日期	潮时 时分	潮高 cm
1 W	0026 0631 1244 1839	40 192 48 206	16 TH	0118 0748 1337 1926	24 184 72 196
2 TH	0113 0734 1336 1922	10 207 42 216	17 F	0155 0828 1416 1958	10 192 68 201
3 F	0158 0830 1424 2004	-16 218 40 224	18 SA A	0230 0904 1452 2030	0 198 65 205
4 SA ●P	0243 0923 1511 2044	-34 224 42 228	19 SU ○	0304 0938 1526 2102	-8 201 63 207
5 SU	0328 1014 1557 2125	-43 225 48 227	20 M N	0338 1011 1600 2133	-12 202 62 207
6 M S	0413 1102 1642 2206	-44 221 56 223	21 TU	0412 1043 1633 2203	-14 200 63 205
7 TU	0458 1151 1728 2250	-35 212 66 214	22 W	0446 1114 1706 2234	-12 197 66 200
8 W	0543 1239 1815 2337	-19 202 75 202	23 TH	0520 1145 1742 2308	-6 193 69 194
9 TH	0629 1328 1909	2 191 83	24 F	0557 1218 1821 2348	2 188 72 186
10 F	0033 0718 1421 2012	187 26 182 88	25 SA	0637 1256 1908	14 184 75
11 SA ☽	0144 0816 1519 2127	173 40 176 86	26 SU	0040 0723 1343 2008	176 20 180 73
12 SU E	0303 0925 1621 2244	163 68 175 75	27 M ☾E	0149 0818 1438 2120	167 45 178 66
13 M	0428 1046 1720 2348	160 78 177 58	28 TU	0308 0928 1541 2236	162 59 179 50
14 TU	0552 1158 1810	165 79 183	29 W	0434 1049 1646 2344	164 67 183 28
15 W	0037 0659 1253 1850	40 174 76 189	30 TH	0605 1207 1750	173 68 191
			31 F	0044 0723 1313 1848	5 186 64 200

时　区：－0900　　潮高基准面：在平均海面下 130　cm

日　本 — 吴

JAPAN－KURE

2021年潮汐表　　34° 14′ N　　132° 33′ E

1　月

日期	潮时 时分	潮高 cm	日期	潮时 时分	潮高 cm
1 F	0449 1126 1726 2305	2 357 111 297	16 SA	0533 1204 1806 2355	-4 345 88 305
2 SA	0528 1205 1806 2345	2 354 109 297	17 SU	0612 1239 1843	15 332 89
3 SU	0609 1245 1847	9 345 108	18 M	0033 0648 1312 1919	295 38 316 93
4 M	0028 0651 1326 1932	292 23 333 106	19 TU E	0112 0724 1345 1959	280 66 300 98
5 TU	0115 0737 1410 2023	283 45 317 104	20 W ☽	0154 0801 1420 2044	262 96 283 105
6 W ☾ E	0212 0829 1458 2122	269 73 300 99	21 TH A	0247 0845 1502 2139	244 126 266 109
7 TH	0325 0933 1556 2232	257 103 286 87	22 F	0407 0946 1558 2252	233 152 252 108
8 F	0502 1053 1704 2347	257 126 278 67	23 SA	0555 1126 1714	239 168 244
9 SA P	0634 1223 1813	277 134 278	24 SU	0012 0709 1302 1829	96 262 164 246
10 SU	0055 0741 1336 1914	40 305 129 284	25 M	0113 0800 1402 1927	77 287 151 255
11 M	0151 0835 1433 2008	13 331 119 292	26 TU N	0201 0841 1446 2015	55 311 135 266
12 TU S	0241 0922 1522 2058	-7 350 108 300	27 W	0243 0920 1525 2059	33 331 120 279
13 W ●	0327 1006 1607 2146	-19 359 99 307	28 TH ○	0324 0958 1601 2140	14 346 105 293
14 TH	0411 1048 1649 2232	-22 361 93 310	29 F	0403 1036 1638 2221	-2 355 91 305
15 F	0453 1127 1728 2315	-17 355 89 310	30 SA	0442 1113 1714 2301	-13 360 79 315
			31 SU	0521 1150 1751 2341	-16 359 68 319

2　月

日期	潮时 时分	潮高 cm	日期	潮时 时分	潮高 cm
1 M	0600 1225 1829	-10 352 61	16 TU	0011 0621 1234 1841	310 36 318 57
2 TU E	0021 0639 1301 1908	316 7 339 57	17 W	0043 0650 1300 1912	298 61 304 64
3 W P	0105 0719 1337 1950	305 35 321 58	18 TH A	0118 0720 1327 1947	282 90 288 74
4 TH ☾	0154 0803 1415 2039	288 72 299 62	19 F ☽	0159 0754 1358 2027	264 121 269 88
5 F	0258 0857 1502 2140	267 113 276 68	20 SA	0257 0841 1438 2123	247 152 248 102
6 SA	0432 1015 1607 2303	256 148 255 69	21 SU	0438 1005 1545 2254	239 178 229 108
7 SU	0622 1212 1738	267 161 246	22 M	0631 1241 1739	254 177 224
8 M S	0034 0737 1339 1901	54 293 148 255	23 TU N	0037 0736 1351 1905	94 280 156 237
9 TU	0142 0831 1436 2005	32 318 126 272	24 W	0140 0822 1433 2002	68 306 132 259
10 W	0235 0916 1519 2058	10 337 105 291	25 TH	0228 0901 1509 2048	40 328 107 283
11 TH ●	0321 0956 1558 2144	-5 347 86 307	26 F	0310 0939 1543 2130	13 344 82 306
12 F	0403 1032 1633 2225	-11 349 72 317	27 SA ○	0349 1015 1617 2210	-8 356 59 326
13 SA	0442 1106 1707 2303	-10 346 62 321	28 SU	0428 1050 1652 2249	-21 362 40 339
14 SU	0518 1138 1739 2338	-1 339 56 319			
15 M E	0551 1207 1810	15 330 54			

3　月

日期	潮时 时分	潮高 cm	日期	潮时 时分	潮高 cm
1 M E	0506 1125 1727 2329	-23 361 24 345	16 TU	0524 1130 1736 2345	31 325 29 324
2 TU P	0544 1158 1804	-12 353 15	17 W	0551 1155 1804	50 315 32
3 W	0009 0621 1231 1841	341 12 339 14	18 TH A	0016 0618 1219 1832	315 73 303 40
4 TH	0052 0700 1304 1920	327 46 318 22	19 F	0048 0647 1243 1903	303 98 288 53
5 F	0139 0741 1338 2004	305 88 292 38	20 SA	0126 0720 1311 1939	288 127 270 71
6 SA ☾	0239 0832 1420 2059	279 132 263 61	21 SU ☽	0216 0804 1345 2025	270 157 248 92
7 SU S	0412 0957 1525 2228	260 168 237 79	22 M N	0336 0920 1445 2143	254 182 226 111
8 M	0611 1224 1723	266 171 226	23 TU	0540 1216 1653 2353	258 181 215 107
9 TU	0021 0729 1343 1902	74 289 146 242	24 W	0701 1326 1841	279 154 233
10 W	0135 0820 1429 2006	52 311 117 269	25 TH	0112 0752 1406 1943	80 304 122 264
11 TH	0228 0900 1505 2054	30 327 90 295	26 F	0204 0832 1440 2030	48 326 89 295
12 F	0310 0935 1537 2135	14 336 67 315	27 SA	0247 0908 1514 2111	20 343 57 324
13 SA ●	0348 1007 1608 2211	7 339 50 327	28 SU ○E	0327 0944 1549 2152	0 355 28 347
14 SU E	0423 1037 1638 2244	8 337 38 331	29 M	0406 1019 1624 2233	-10 359 4 361
15 M	0454 1104 1707 2315	17 332 31 329	30 TU P	0445 1053 1700 2314	-6 357 -11 366
			31 W	0523 1127 1737 2356	10 348 -17 361

4　月

日期	潮时 时分	潮高 cm	日期	潮时 时分	潮高 cm
1 TH	0602 1200 1814	38 331 -12	16 F	0552 1141 1759	97 298 30
2 F	0039 0642 1234 1853	345 74 309 5	17 SA	0026 0623 1208 1830	324 118 285 44
3 SA	0127 0725 1310 1937	321 114 282 32	18 SU N	0104 0659 1238 1906	311 140 269 63
4 SU ☾S	0227 0821 1354 2032	293 152 253 65	19 M	0153 0747 1317 1953	294 164 250 86
5 M	0356 1005 1510 2205	272 176 227 92	20 TU ☽	0303 0906 1422 2106	277 181 230 108
6 TU	0548 1219 1721	272 166 223	21 W	0443 1123 1618 2302	272 177 222 112
7 W	0004 0705 1324 1858	93 288 137 246	22 TH	0611 1241 1807	285 148 241
8 TH	0118 0754 1404 1957	75 305 106 277	23 F	0032 0708 1326 1915	91 305 112 274
9 F	0209 0831 1438 2040	56 318 78 303	24 SA	0130 0751 1404 2005	65 324 74 308
10 SA	0249 0903 1508 2117	44 325 54 321	25 SU E	0217 0830 1440 2049	42 340 37 339
11 SU E	0324 0932 1538 2150	39 328 36 332	26 M	0259 0906 1517 2132	28 349 6 362
12 M ●	0356 1000 1606 2221	42 327 25 337	27 TU ○P	0341 0943 1555 2215	25 352 -18 376
13 TU	0426 1026 1634 2251	51 322 19 338	28 W	0422 1019 1634 2259	33 348 -30 380
14 W A	0455 1051 1702 2321	63 316 17 336	29 TH	0504 1056 1713 2343	51 337 -30 374
15 TH	0523 1116 1730 2352	79 308 21 332	30 F	0546 1134 1752	76 321 -17

时　区：－0900　　　　潮高基准面：在平均海面下 200　cm

日 本 一 吴

JAPAN－KURE

2021 年潮汐表　　34° 14′ N　　132° 33′ E

5 月

日期	潮时 时分	潮高 cm	日期	潮时 时分	潮高 cm
1	0029	358	16	0011	341
SA	0630	106	SU	0609	137
S	1212	300		1145	284
	1834	7		1809	44
2	0119	335	17	0052	331
SU	0719	135	M	0650	151
	1254	277		1222	272
	1920	39		1849	61
3	0217	310	18	0140	317
M	0824	159	TU	0742	164
☾	1348	253		1309	259
	2018	74		1939	81
4	0333	289	19	0239	303
TU	0959	169	W	0853	171
	1510	234	☽	1415	246
	2145	103		2046	101
5	0504	281	20	0353	294
W	1139	157	TH	1022	163
	1704	234		1547	241
	2329	111		2215	110
6	0620	287	21	0510	296
TH	1243	130	F	1140	138
	1836	255		1726	255
				2341	105
7	0045	103	22	0613	307
F	0711	298	SA	1237	103
	1327	101	E	1842	284
	1934	281			
8	0138	92	23	0049	92
SA	0750	308	SU	0703	320
E	1403	75		1324	64
	2018	304		1939	317
9	0219	85	24	0143	79
SU	0823	314	M	0746	332
	1435	52		1406	28
	2054	321		2028	347
10	0255	83	25	0231	73
M	0852	316	TU	0827	339
	1505	36		1448	- 2
	2127	333		2115	370
11	0327	86	26	0318	73
TU	0920	315	W	0908	340
●A	1534	26	○P	1530	- 21
	2158	340		2201	383
12	0358	93	27	0403	81
W	0947	312	TH	0949	336
	1603	21		1611	- 28
	2229	345		2247	387
13	0429	102	28	0449	93
TH	1015	307	F	1031	327
	1632	20	S	1654	- 23
	2301	347		2333	381
14	0500	112	29	0535	108
F	1043	300	SA	1115	315
	1703	24		1737	- 8
	2334	346			
15	0533	124	30	0021	368
SA	1113	293	SU	0623	124
N	1735	32		1201	301
				1822	17
			31	0109	349
			M	0715	139
				1250	285
				1911	48

6 月

日期	潮时 时分	潮高 cm	日期	潮时 时分	潮高 cm
1	0201	327	16	0127	339
TU	0814	150	W	0733	150
	1346	268		1306	280
	2006	80		1930	73
2	0259	307	17	0215	327
W	0923	154	TH	0828	149
☾	1455	254		1405	272
	2114	109		2027	93
3	0405	293	18	0309	316
TH	1038	147	F	0932	140
	1624	249	☽	1518	266
	2235	128		2134	111
4	0514	288	19	0410	309
F	1147	129	SA	1040	122
E	1756	259	E	1647	271
	2354	134		2250	124
5	0613	291	20	0513	308
SA	1240	106	SU	1146	95
	1902	279		1812	292
6	0056	133	21	0007	127
SU	0659	296	M	0612	312
	1323	84		1245	63
	1950	300		1919	321
7	0144	131	22	0114	125
M	0736	301	TU	0705	318
	1400	64		1337	32
	2029	318		2013	349
8	0224	130	23	0211	121
TU	0810	304	W	0754	323
A	1433	49	P	1425	7
	2104	332		2103	371
9	0301	130	24	0303	118
W	0842	304	TH	0842	326
	1505	39	○	1511	- 8
	2137	344		2151	384
10	0335	131	25	0352	117
TH	0914	303	F	0930	327
●	1537	33	S	1557	- 13
	2211	352		2238	389
11	0410	134	26	0440	118
F	0947	300	SA	1018	325
	1610	31		1643	- 8
	2246	358		2324	385
12	0446	137	27	0527	120
SA	1021	298	SU	1107	321
N	1645	32		1728	5
	2323	359			
13	0523	141	28	0009	374
SU	1058	295	M	0613	123
	1721	36		1155	315
				1813	26
14	0002	357	29	0052	359
M	0603	144	TU	0659	127
	1136	292		1242	305
	1800	44		1859	52
15	0043	350	30	0134	341
TU	0645	148	W	0745	130
	1218	287		1330	292
	1842	57		1945	82

7 月

日期	潮时 时分	潮高 cm	日期	潮时 时分	潮高 cm
1	0217	323	16	0145	346
TH	0835	133	F	0757	116
☾ E	1424	277	E	1348	301
	2034	113		2003	90
2	0303	306	17	0227	331
F	0930	134	SA	0848	111
	1531	264	☽	1451	290
	2132	141		2058	120
3	0356	292	18	0316	316
SA	1034	129	SU	0947	104
	1659	262		1613	285
	2244	162		2207	148
4	0456	285	19	0415	303
SU	1140	118	M	1057	92
	1822	274		1750	296
				2334	166
5	0003	172	20	0524	297
M	0556	283	TU	1211	72
A	1238	102		1907	321
	1921	294			
6	0109	172	21	0100	166
TU	0648	286	W	0633	298
	1325	86	P	1316	48
	2006	314		2006	348
7	0201	167	22	0206	156
W	0733	289	TH	0735	306
	1405	70	S	1412	27
	2044	333		2057	369
8	0244	160	23	0259	142
TH	0814	293	F	0831	317
	1443	58		1503	11
	2121	348		2144	383
9	0323	154	24	0346	129
F	0853	297	SA	0923	327
N	1520	48	○	1550	4
	2157	360		2228	388
10	0400	147	25	0430	118
SA	0932	301	SU	1013	334
●	1557	41		1635	5
	2234	367		2309	385
11	0437	142	26	0512	109
SU	1012	306	M	1050	338
	1635	36		1718	15
	2312	371		2348	377
12	0514	136	27	0551	104
M	1052	311	TU	1143	337
	1714	34		1758	32
	2350	371			
13	0552	131	28	0025	365
TU	1132	314	W	0629	103
	1753	37		1224	329
				1837	56
14	0028	366	29	0059	350
W	0631	126	TH	0707	104
	1213	314	E	1304	316
	1834	47		1914	85
15	0106	358	30	0131	333
TH	0712	121	F	0745	109
	1258	310		1346	299
	1916	65		1951	117
			31	0205	315
			SA	0827	116
			☾	1437	281
				2032	150

8 月

日期	潮时 时分	潮高 cm	日期	潮时 时分	潮高 cm
1	0242	297	16	0228	311
SU	0916	124	M	0902	88
	1549	268		1548	293
	2127	180		2134	176
2	0330	281	17	0323	289
M	1020	128	TU	1014	94
A	1731	270	P	1738	297
	2259	200		2324	196
3	0440	269	18	0447	274
TU	1141	125	W	1148	89
	1851	288	S	1904	320
4	0045	199	19	0108	186
W	0602	267	TH	0622	277
	1251	111		1308	69
	1944	312		2003	346
5	0150	187	20	0210	163
TH	0707	274	F	0735	295
N	1344	93		1408	46
	2027	334		2051	366
6	0235	171	21	0256	138
F	0759	286	SA	0832	317
	1428	74		1457	28
	2105	352		2132	379
7	0312	154	22	0335	115
SA	0843	299	SU	0921	336
	1508	56	○	1541	18
	2141	366		2210	383
8	0347	139	23	0412	97
SU	0924	313	M	1005	350
●	1546	41		1622	17
	2218	376		2245	381
9	0421	124	24	0447	83
M	1004	326	TU	1045	356
	1624	30		1700	26
	2254	381		2319	373
10	0456	111	25	0521	75
TU	1043	337	W	1123	355
	1702	25	E	1735	43
	2329	381		2349	363
11	0531	98	26	0554	73
W	1122	344	TH	1158	347
	1740	28		1807	66
12	0003	377	27	0018	349
TH	0607	88	F	0625	75
E	1201	345		1232	334
	1818	42		1838	94
13	0037	367	28	0044	334
F	0644	81	SA	0657	83
	1243	339		1308	317
	1856	66		1908	125
14	0111	353	29	0111	317
SA	0724	78	SU	0731	95
	1330	326		1349	298
	1938	100		1942	157
15	0147	334	30	0140	298
SU	0808	81	M	0810	111
☽	1427	308	☾ A	1446	281
	2027	139		2027	188
			31	0217	276
			TU	0901	129
				1623	272
				2152	213

时　区：－0900　　　　潮高基准面：在平均海面下 200　cm

日　本一吴

JAPAN－KURE

2021 年潮汐表　　34° 14′ N　　132° 33′ E

9 月

日期	潮时 时分	潮高 cm	日期	潮时 时分	潮高 cm
1 W	0320 1026 1815	256 140 285	16 TH	0435 1137 1858	252 105 318
2 TH N	0037 0520 1217 1921	211 249 132 309	17 F	0117 0628 1304 1953	180 264 85 341
3 F	0142 0651 1324 2006	188 262 109 333	18 SA	0205 0739 1401 2035	147 293 61 358
4 SA	0221 0748 1411 2043	164 284 82 353	19 SU	0242 0830 1446 2110	116 322 43 368
5 SU	0253 0832 1451 2118	139 307 57 368	20 M ○	0315 0913 1526 2143	89 345 34 372
6 M	0324 0911 1529 2152	115 330 36 379	21 TU E	0347 0951 1602 2214	68 359 35 369
7 TU ●	0356 0949 1606 2226	92 349 23 384	22 W	0418 1026 1635 2243	54 365 45 362
8 W E	0429 1027 1643 2259	71 364 20 384	23 TH	0448 1059 1706 2309	46 362 62 352
9 TH	0503 1106 1720 2332	54 372 29 378	24 F	0517 1131 1735 2335	45 355 83 341
10 F	0538 1146 1757	43 371 49	25 SA	0546 1202 1803 2359	49 345 108 327
11 SA P	0004 0614 1227 1834	365 38 361 80	26 SU A	0615 1235 1832	59 331 134
12 SU	0036 0652 1313 1915	347 43 343 119	27 M	0023 0645 1313 1904	311 75 315 162
13 M ☽	0109 0734 1410 2003	324 58 320 160	28 TU	0049 0720 1401 1947	291 95 297 190
14 TU	0147 0825 1532 2119	296 79 298 197	29 W ☾ N	0122 0804 1520 2107	269 119 281 214
15 W S	0244 0941 1731 2347	268 101 298 205	30 TH	0220 0917 1724	246 140 283

10 月

日期	潮时 时分	潮高 cm	日期	潮时 时分	潮高 cm
1 F	0018 0437 1131 1845	208 235 141 303	16 SA	0100 0627 1248 1928	160 260 97 328
2 SA	0118 0629 1254 1934	180 252 116 326	17 SU	0142 0733 1343 2007	125 293 78 341
3 SU	0152 0729 1345 2012	149 282 86 346	18 M	0216 0819 1426 2040	93 322 64 349
4 M	0223 0812 1426 2046	116 313 59 362	19 TU E	0248 0857 1503 2110	65 343 59 352
5 TU	0253 0851 1504 2119	84 342 39 373	20 W ○	0318 0932 1537 2138	44 355 63 349
6 W ●E	0326 0930 1542 2152	54 365 29 378	21 TH	0347 1005 1608 2204	31 360 73 343
7 TH	0359 1009 1619 2225	29 381 31 376	22 F	0416 1036 1637 2230	25 360 88 335
8 F P	0434 1049 1657 2258	10 388 45 367	23 SA	0444 1107 1706 2255	25 356 105 325
9 SA	0510 1130 1736 2331	2 386 69 352	24 SU A	0513 1138 1734 2320	31 349 123 313
10 SU	0547 1214 1816	4 373 101	25 M	0541 1211 1805 2346	42 340 143 299
11 M	0004 0626 1301 1859	332 18 352 138	26 TU N	0612 1248 1841	58 326 163
12 TU S	0040 0708 1359 1953	307 43 325 173	27 W	0015 0646 1335 1927	282 79 310 184
13 W ☽	0122 0801 1520 2127	278 75 302 198	28 TH ☾	0052 0730 1440 2044	263 103 293 201
14 TH	0230 0922 1710 2348	251 105 297 191	29 F	0152 0837 1617 2308	242 126 285 196
15 F	0438 1122 1835	240 113 310	30 SA	0348 1030 1749	230 134 295
			31 SU	0027 0547 1207 1847	168 245 118 313

11 月

日期	潮时 时分	潮高 cm	日期	潮时 时分	潮高 cm
1 M	0109 0657 1307 1929	132 277 94 331	16 TU	0144 0800 1359 2002	79 308 95 321
2 TU E	0145 0746 1354 2006	94 311 71 346	17 W	0218 0839 1437 2033	53 327 93 323
3 W	0219 0829 1435 2040	55 343 56 356	18 TH	0249 0913 1511 2102	34 340 97 322
4 TH ●	0254 0910 1516 2115	21 368 51 360	19 F ○	0319 0945 1543 2129	22 347 104 318
5 F P	0331 0952 1557 2151	-5 385 56 357	20 SA	0348 1017 1614 2157	17 351 112 312
6 SA	0409 1035 1638 2227	-21 392 71 348	21 SU A	0418 1048 1645 2225	18 351 122 305
7 SU	0447 1119 1720 2305	-25 388 92 333	22 M N	0448 1121 1717 2255	23 349 132 297
8 M S	0527 1204 1804 2344	-16 375 117 314	23 TU	0519 1156 1751 2327	32 343 143 287
9 TU	0609 1254 1853	4 354 143	24 W	0553 1234 1830	45 333 154
10 W	0026 0654 1350 1954	292 33 329 166	25 TH	0002 0630 1319 1918	276 61 320 165
11 TH ☽	0117 0750 1500 2121	268 68 306 177	26 F	0044 0715 1412 2022	263 80 305 172
12 F	0232 0907 1627 2303	246 100 294 167	27 SA ☾	0142 0815 1519 2145	248 100 293 168
13 SA	0420 1048 1748	239 115 296	28 SU	0306 0935 1634 2309	238 115 290 148
14 SU	0017 0605 1214 1846	141 255 112 305	29 M	0449 1104 1742	244 116 297
15 M E	0106 0713 1314 1928	109 282 102 314	30 TU E	0012 0616 1218 1836	115 268 107 309

12 月

日期	潮时 时分	潮高 cm	日期	潮时 时分	潮高 cm
1 W	0101 0718 1317 1921	76 301 96 320	16 TH	0146 0820 1413 1956	56 305 128 290
2 TH	0144 0808 1408 2002	37 333 87 329	17 F	0222 0856 1452 2030	39 320 127 292
3 F	0226 0854 1455 2043	4 359 84 333	18 SA A	0256 0930 1527 2103	28 332 126 292
4 SA ●P	0307 0939 1540 2124	-21 377 86 332	19 SU ○	0328 1003 1601 2137	22 340 126 291
5 SU	0349 1025 1626 2207	-34 385 93 326	20 M N	0401 1036 1635 2211	19 345 127 289
6 M S	0432 1111 1712 2251	-35 383 103 317	21 TU	0435 1111 1710 2246	20 346 127 288
7 TU	0516 1158 1759 2337	-25 372 115 305	22 W	0509 1147 1746 2322	23 344 129 286
8 W	0601 1246 1849	-5 355 127	23 TH	0545 1224 1824 2359	28 338 130 282
9 TH	0025 0649 1336 1944	291 22 333 137	24 F	0624 1304 1906	38 329 131
10 F	0118 0741 1429 2046	274 54 311 142	25 SA	0041 0706 1346 1954	275 53 316 131
11 SA ☽	0220 0841 1529 2157	256 86 292 138	26 SU	0131 0754 1433 2050	265 72 303 126
12 SU E	0340 0955 1637 2312	244 113 281 125	27 M ☾E	0234 0852 1527 2155	254 94 292 115
13 M	0519 1118 1743	246 128 279	28 TU	0356 1003 1629 2305	249 115 284 95
14 TU	0016 0641 1231 1837	103 263 132 282	29 W	0534 1125 1734	261 127 284
15 W	0106 0737 1328 1920	78 285 131 287	30 TH	0014 0653 1244 1835	66 287 127 289
			31 F	0112 0753 1349 1929	33 318 120 296

时　区：－0900　　　　潮高基准面：在平均海面下 200 cm

日 本—舞 鹤

JAPAN—MAIZURU

2021年潮汐表　　35° 29′ N　　135° 24′ E

1 月

日期	潮时 时分	潮高 cm	日期	潮时 时分	潮高 cm
1	0220	28	16	0326	27
F	1013	-4	SA	1105	-9
	1753	22		1734	15
	2203	18		2227	9
2	0258	28	17	0405	23
SA	1054	-4	SU	1147	-6
	1834	22		1811	14
	2250	17		2308	8
3	0339	27	18	0443	19
SU	1138	-3	M	1224	-4
	1910	21		1848	13
	2343	15		2354	6
4	0425	24	19	0523	15
M	1226	-3	TU	1257	-2
	1942	20	E	1924	12
5	0042	13	20	0055	5
TU	0520	21	W	0621	11
	1315	-1	☽	1325	0
	2010	19		2001	12
6	0151	10	21	0213	3
W	0636	17	TH	0809	8
☾ E	1405	1	A	1356	1
	2039	18		2039	12
7	0307	6	22	0333	1
TH	0832	14	F	0942	8
	1453	4		1434	3
	2110	18		2120	13
8	0428	2	23	0451	-1
F	1019	13	SA	1100	8
	1541	7		1524	5
	2147	19		2204	14
9	0541	-3	24	0555	-4
SA	1154	14	SU	1220	10
P	1636	10		1627	8
	2232	21		2250	16
10	0639	-8	25	0645	-6
SU	1317	15	M	1340	12
	1741	12		1741	10
	2322	24		2339	18
11	0728	-12	26	0728	-7
M	1418	17	TU	1443	13
	1845	13	N	1848	11
12	0016	27	27	0026	20
TU	0813	-15	W	0807	-9
S	1503	18		1529	15
	1939	13		1941	11
13	0108	29	28	0109	22
W	0857	-15	TH	0844	-10
●	1542	18	○	1604	16
	2024	13		2026	11
14	0158	30	29	0148	23
TH	0940	-14	F	0921	-10
	1619	18		1633	16
	2107	12		2108	9
15	0244	29	30	0228	23
F	1023	-12	SA	0959	-11
	1656	17		1658	15
	2147	10		2149	7
			31	0308	23
			SU	1038	-11
				1722	14
				2233	5

2 月

日期	潮时 时分	潮高 cm	日期	潮时 时分	潮高 cm
1	0352	21	16	0438	12
M	1118	-9	TU	1117	-8
	1745	13		1723	8
	2319	2		2321	-6
2	0440	17	17	0527	9
TU	1158	-7	W	1138	-6
E	1810	12		1750	8
3	0012	-1	18	0008	-8
W	0541	14	TH	0635	6
P	1238	-5	A	1202	-4
	1838	12		1819	9
4	0114	-4	19	0107	-8
TH	0709	10	F	0759	5
☾	1315	-1	☽	1229	-2
	1912	12		1852	9
5	0229	-6	20	0224	-8
F	0850	8	SA	0914	5
	1351	2		1300	1
	1956	13		1931	10
6	0353	-9	21	0347	-8
SA	1020	7	SU	1027	5
	1429	5		1335	4
	2051	14		2022	11
7	0514	-12	22	0503	-9
SU	1214	8	M	1202	7
	1538	7		1523	6
	2153	16		2125	11
8	0619	-15	23	0604	-10
M	1408	10	TU	1402	8
S	1716	8	N	1725	7
	2301	18		2237	13
9	0712	-17	24	0654	-11
TU	1430	11	W	1436	10
	1838	8		1839	7
				2351	14
10	0008	20	25	0737	-13
W	0759	-17	TH	1500	11
	1450	11		1930	5
	1933	6			
11	0107	21	26	0053	16
TH	0841	-17	F	0818	-14
●	1513	12		1520	11
	2017	4		2013	3
12	0157	22	27	0142	17
F	0921	-16	SA	0857	-15
	1538	11	○	1537	10
	2056	2		2053	-1
13	0240	20	28	0226	18
SA	0957	-14	SU	0936	-14
	1604	10		1552	9
	2131	0		2134	-4
14	0320	18			
SU	1028	-12			
	1630	9			
	2205	-2			
15	0358	15			
M	1055	-10			
E	1657	9			
	2241	-5			

3 月

日期	潮时 时分	潮高 cm	日期	潮时 时分	潮高 cm
1	0311	17	16	0354	9
M	1014	-13	TU	1002	-9
E	1609	8		1557	7
	2216	-8		2219	-14
2	0359	14	17	0440	8
TU	1051	-11	W	1023	-7
P	1628	8		1618	8
	2302	-11		2257	-15
3	0456	11	18	0537	6
W	1126	-7	TH	1046	-5
	1651	9	A	1639	9
	2353	-13		2340	-15
4	0611	8	19	0647	5
TH	1156	-3	F	1111	-2
	1720	10		1659	10
5	0054	-15	20	0032	-14
F	0741	6	SA	0758	5
	1222	0		1137	1
	1756	11		1723	11
6	0208	-15	21	0139	-13
SA	0904	5	SU	0904	6
☾	1231	3	☽	1204	4
	1846	11		1754	11
7	0329	-16	22	0257	-12
SU	1959	11	M	1015	7
S			N	1229	6
				1837	11
8	0449	-16	23	0412	-11
M	2122	11	TU	1332	8
				1533	8
				1051	10
9	0558	-16	24	0516	-12
TU	1415	7	W	1332	9
	1737	5		1724	7
	2247	12		2134	10
10	0653	-17	25	0611	-12
W	1420	7	TH	1352	10
	1856	3		1831	5
				2314	10
11	0009	12	26	0700	-13
TH	0740	-16	F	1410	9
	1423	7		1918	1
	1942	0			
12	0111	13	27	0033	12
F	0820	-15	SA	0745	-14
	1435	7		1423	9
	2017	-3		2000	-3
13	0157	13	28	0132	13
SA	0854	-14	SU	0827	-13
●	1453	7	○E	1435	8
	2047	-6		2040	-7
14	0236	12	29	0223	14
SU	0921	-13	M	0908	-12
E	1514	7		1449	8
	2116	-9		2121	-12
15	0314	11	30	0314	13
M	0943	-11	TU	0945	-9
	1536	7	P	1507	9
	2146	-11		2204	-16
			31	0411	11
			W	1019	-5
				1530	11
				2252	-18

4 月

日期	潮时 时分	潮高 cm	日期	潮时 时分	潮高 cm
1	0521	9	16	0549	9
TH	1049	-1	F	1005	3
	1558	13		1542	15
	2345	-20		2321	-14
2	0643	8	17	0657	10
F	1114	2	SA	1033	6
	1632	14		1602	16
3	0047	-19	18	0010	-12
SA	0805	7	SU	0803	11
	1128	5	N	1103	9
	1712	14		1629	16
4	0159	-18	19	0112	-11
SU	1803	13	M	0906	12
☾ S				1139	11
				1704	16
5	0316	-16	20	0223	-9
M	1921	12	TU	1016	13
			☽	1326	12
				1749	15
6	0431	-14	21	0330	-9
TU	1334	8	W	1137	13
	1613	7		1543	12
	2100	10		1903	13
7	0537	-13	22	0430	-9
W	1346	8	TH	1222	14
	1840	5		1710	10
	2248	9		2100	12
8	0632	-12	23	0525	-9
TH	1353	8	F	1248	13
	1927	1		1813	6
				2240	12
9	0023	9	24	0617	-8
F	0716	-11	SA	1303	13
	1349	8		1901	2
	1957	-2			
10	0116	9	25	0018	13
SA	0751	-10	SU	0707	-7
	1355	8	E	1315	12
	2017	-5		1944	-3
11	0155	9	26	0125	14
SU	0816	-8	M	0753	-5
E	1409	8		1330	13
	2036	-8		2026	-8
12	0231	10	27	0224	15
M	0835	-7	TU	0834	-1
●	1428	9	○P	1351	15
	2059	-11		2109	-13
13	0310	10	28	0324	15
TU	0855	-5	W	0912	2
	1448	10		1419	17
	2127	-13		2155	-16
14	0354	9	29	0430	15
W	0916	-3	TH	0945	6
A	1507	11		1452	20
	2201	-15		2245	-17
15	0446	9	30	0546	14
TH	0940	0	F	1015	9
	1524	13		1530	22
	2239	-15		2342	-17

时　区：－0900　　潮高基准面：在平均海面下 19 cm

日 本—舞 鹤

JAPAN—MAIZURU

2021 年潮汐表　　35° 29′ N　　135° 24′ E

5 月

日期	潮时时分	潮高 cm	日期	潮时时分	潮高 cm
1 SA S	0710 1045 1612	14 12 23	16 SU	0706 1019 1529 2357	19 18 25 -3
2 SU	0044 0844 1113 1701	-14 13 13 22	17 M	0808 1112 1606	21 19 25
3 M ☾	0154 1756	-11 19	18 TU	0055 0901 1231 1652	-2 22 20 24
4 TU	0306 1219 1431 1910	-9 14 14 16	19 W ☽	0157 0948 1402 1749	-1 22 20 23
5 W	0414 1245 1714 2056	-6 14 12 13	20 TH	0256 1028 1523 1912	-1 22 18 21
6 TH	0514 1304 1855 2307	-4 14 8 12	21 F	0349 1101 1634 2100	0 22 15 19
7 F	0603 1306 1931	-2 13 5	22 SA E	0441 1124 1739 2242	1 21 11 19
8 SA E	0027 0639 1300 1950	12 -1 13 2	23 SU	0532 1144 1835	4 21 6
9 SU	0109 0705 1309 2000	12 1 14 0	24 M	0010 0623 1206 1924	20 7 22 1
10 M	0144 0724 1326 2015	13 2 15 -3	25 TU	0123 0711 1233 2011	21 10 24 -4
11 TU ●A	0222 0746 1345 2040	14 4 17 -5	26 W ○P	0229 0756 1308 2058	23 14 28 -7
12 W	0305 0811 1405 2111	15 7 19 -7	27 TH	0333 0836 1348 2146	23 17 31 -9
13 TH	0355 0839 1423 2146	16 10 21 -7	28 F S	0441 0914 1433 2237	24 20 34 -8
14 F	0452 0908 1440 2224	17 13 23 -6	29 SA	0557 0955 1521 2334	24 21 35 -6
15 SA N	0558 0940 1501 2307	18 15 24 -5	30 SU	0718 1040 1611	24 22 34
			31 M	0037 0835 1136 1704	-3 23 22 32

6 月

日期	潮时时分	潮高 cm	日期	潮时时分	潮高 cm
1 TU	0144 0948 1254 1800	1 23 22 28	16 W	0038 0824 1235 1707	10 32 28 34
2 W ☾	0249 1048 1426 1912	4 23 21 24	17 TH	0131 0856 1342 1810	10 32 27 32
3 TH	0347 1125 1609 2100	6 22 19 21	18 F ☽	0222 0923 1448 1936	11 31 24 30
4 F E	0434 1135 1812 2246	8 22 16 20	19 SA E	0310 0946 1554 2115	13 31 21 29
5 SA	0510 1139 1850 2351	10 22 14 20	20 SU	0356 1009 1703 2245	15 31 17 29
6 SU	0534 1154 1906	12 23 11	21 M	0441 1036 1808	19 33 13
7 M	0037 0557 1216 1923	21 14 25 9	22 TU	0007 0528 1111 1905	30 23 35 8
8 TU A	0121 0624 1240 1949	22 16 27 7	23 W P	0122 0619 1153 1956	32 26 39 5
9 W	0208 0656 1305 2021	24 18 29 6	24 TH ○	0230 0712 1242 2044	33 29 43 3
10 TH ●	0258 0732 1328 2056	26 21 31 6	25 F S	0332 0803 1334 2134	34 31 46 2
11 F	0353 0810 1351 2133	27 24 34 6	26 SA	0431 0851 1426 2225	34 31 47 4
12 SA N	0456 0852 1416 2213	29 26 35 7	27 SU	0530 0939 1518 2320	34 31 47 7
13 SU	0603 0938 1449 2257	30 28 36 8	28 M	0630 1029 1609	34 31 45
14 M	0703 1031 1528 2345	31 29 37 9	29 TU	0019 0726 1125 1659	11 33 30 41
15 TU	0747 1130 1615	32 29 36	30 W	0118 0812 1232 1752	14 32 29 37

7 月

日期	潮时时分	潮高 cm	日期	潮时时分	潮高 cm
1 TH ☾E	0212 0848 1347 1901	17 31 28 33	16 F E	0059 0747 1310 1824	21 39 30 40
2 F	0256 0917 1500 2038	19 31 26 31	17 SA ☽	0144 0810 1414 1958	23 39 28 38
3 SA	0327 0945 1610 2157	21 32 24 30	18 SU	0225 0835 1525 2128	26 39 25 37
4 SU	0351 1013 1715 2259	23 33 23 30	19 M	0304 0906 1640 2247	29 41 22 38
5 M A	0414 1045 1805 2356	25 34 21 31	20 TU	0342 0947 1750	33 44 18
6 TU	0443 1119 1846	27 36 19	21 W P	0005 0428 1036 1850	39 36 47 15
7 W	0054 0520 1153 1925	33 29 39 18	22 TH S	0121 0530 1132 1942	40 38 51 13
8 TH	0152 0606 1228 2004	34 32 42 18	23 F	0223 0640 1232 2031	41 39 54 12
9 F N	0252 0658 1302 2042	36 34 44 17	24 SA ○	0312 0739 1329 2119	42 38 55 12
10 SA ●	0351 0750 1337 2120	38 36 46 18	25 SU	0353 0830 1422 2207	41 37 56 15
11 SU	0448 0840 1414 2200	39 36 47 18	26 M	0433 0918 1511 2256	41 36 54 17
12 M	0538 0930 1454 2242	39 36 47 18	27 TU	0512 1005 1557 2344	40 34 51 20
13 TU	0619 1022 1536 2326	40 36 47 19	28 W	0552 1054 1642	39 33 47
14 W	0653 1115 1622	40 34 45	29 TH E	0029 0631 1146 1731	23 38 32 43
15 TH	0013 0722 1210 1715	19 39 33 43	30 F	0107 0708 1247 1837	26 38 31 39
			31 SA ☾	0135 0745 1356 2005	28 38 30 37

8 月

日期	潮时时分	潮高 cm	日期	潮时时分	潮高 cm
1 SU	0156 0822 1507 2117	30 39 29 37	16 M	0130 0723 1509 2135	34 45 25 41
2 M A	0218 0859 1618 2219	31 41 28 37	17 TU P	0201 0814 1629 2250	37 47 23 41
3 TU	0246 0939 1724 2322	33 43 27 38	18 W S	0240 0914 1740	40 50 20
4 W	0323 1022 1818	36 45 26	19 TH	0017 0355 1019 1839	42 41 52 19
5 TH N	0033 0416 1108 1904	39 38 47 25	20 F	0134 0520 1127 1930	43 41 54 17
6 F	0148 0527 1158 1945	41 40 50 24	21 SA	0211 0631 1232 2018	43 40 56 17
7 SA	0250 0635 1246 2025	42 40 52 24	22 SU ○	0240 0726 1328 2102	43 38 57 18
8 SU ●	0334 0732 1329 2103	43 40 53 23	23 M	0309 0814 1417 2144	43 36 56 20
9 M	0408 0823 1410 2141	43 39 54 23	24 TU	0337 0856 1500 2221	42 33 54 22
10 TU	0437 0911 1450 2220	43 38 53 23	25 W E	0406 0937 1541 2253	41 31 50 25
11 W	0503 0958 1532 2301	43 36 52 24	26 TH	0435 1017 1622 2317	41 30 47 27
12 TH E	0526 1047 1619 2341	42 34 49 26	27 F	0504 1059 1711 2335	40 29 43 29
13 F	0548 1139 1716	42 31 46	28 SA	0534 1148 1819 2350	41 28 40 31
14 SA	0020 0612 1238 1839	28 42 29 43	29 SU	0607 1253 1941	41 28 39
15 SU ☽	0056 0642 1349 2016	31 43 27 42	30 M ☾A	0009 0645 1417 2052	33 43 28 39
			31 TU	0032 0732 1540 2156	35 44 28 39

时　区：－0900　　　　潮高基准面：在平均海面下 19　cm

日 本 — 舞 鹤

JAPAN—MAIZURU

2021 年潮汐表　　35° 29′ N　　135° 24′ E

9 月

日期	潮时时分	潮高 cm	日期	潮时时分	潮高 cm
1 W	0058 0826 1654 2305	37 45 28 40	16 TH	0859 1734	48 20
2 TH N	0131 0925 1752	39 47 27	17 F	0144 0422 1020 1831	40 40 49 19
3 F	0045 0354 1030 1840	41 40 49 26	18 SA	0144 0540 1138 1921	40 37 50 19
4 SA	0157 0524 1136 1922	42 40 51 25	19 SU	0149 0640 1243 2005	40 34 50 19
5 SU	0227 0627 1233 2002	42 39 52 23	20 M ○	0205 0726 1332 2043	39 31 50 20
6 M	0251 0719 1320 2040	42 37 53 22	21 TU E	0225 0805 1413 2114	39 28 49 21
7 TU ●	0311 0806 1402 2118	42 35 53 22	22 W	0248 0839 1451 2138	39 26 47 23
8 W E	0327 0850 1443 2155	41 32 52 23	23 TH	0311 0913 1530 2156	38 23 45 25
9 TH	0342 0935 1527 2231	40 29 50 26	24 F	0334 0947 1612 2211	39 22 42 27
10 F	0358 1021 1618 2305	41 27 47 29	25 SA	0356 1024 1704 2226	39 21 40 29
11 SA P	0418 1113 1727 2336	41 25 44 32	26 SU A	0415 1107 1814 2244	40 21 38 32
12 SU	0445 1217 1902	43 23 41	27 M	0435 1201 1931 2305	41 22 37 34
13 M ☽	0001 0521 1336 2030	35 44 23 40	28 TU	0500 1327 2041 2328	42 24 37 36
14 TU	0018 0615 1502 2149	38 46 22 40	29 W ☾ N	0538 1503 2150 2352	42 25 38 37
15 W S	0001 0736 1624	39 47 21	30 TH	0642 1618	43 24

10 月

日期	潮时时分	潮高 cm	日期	潮时时分	潮高 cm
1 F	0823 1718	43 23	16 SA	0108 0513 1046 1821	35 32 39 16
2 SA	0059 0426 0957 1806	39 37 43 22	17 SU	0115 0622 1213 1908	35 28 40 17
3 SU	0118 0534 1121 1851	39 35 44 20	18 M	0117 0706 1303 1947	34 25 40 18
4 M	0139 0627 1225 1933	38 32 46 19	19 TU E	0127 0738 1340 2016	33 21 39 19
5 TU	0156 0713 1314 2013	37 29 46 19	20 W ○	0144 0805 1414 2036	33 18 39 20
6 W ●E	0208 0756 1359 2051	37 25 46 21	21 TH	0203 0830 1449 2051	34 15 38 22
7 TH	0218 0838 1444 2127	36 21 45 23	22 F	0224 0858 1528 2107	34 13 37 24
8 F P	0233 0922 1534 2159	37 18 43 26	23 SA	0242 0929 1614 2123	35 12 36 26
9 SA	0253 1008 1634 2228	39 16 41 30	24 SU A	0258 1003 1710 2142	37 12 35 28
10 SU	0319 1102 1755 2252	41 14 39 33	25 M	0312 1043 1818 2202	38 13 34 30
11 M	0353 1209 1926 2309	42 15 37 35	26 TU N	0330 1131 1931 2225	39 15 34 32
12 TU S	0436 1329	43 16	27 W	0357 1243 2044 2255	39 17 34 33
13 W ☽	0535 1456	42 16	28 TH ☾	0435 1416 2202	38 18 34
14 TH	0712 1617	41 16	29 F	0030 0530 1531 2313	34 36 18 34
15 F	0054 0335 0858 1725	36 35 40 16	30 SA	0328 0719 1630 2352	33 35 17 34
			31 SU	0445 0929 1722	30 34 16

11 月

日期	潮时时分	潮高 cm	日期	潮时时分	潮高 cm
1 M	0020 0541 1110 1810	33 26 34 15	16 TU	0034 0724 1314 1914	27 14 28 15
2 TU E	0040 0629 1221 1857	32 22 35 16	17 W	0047 0745 1344 1934	27 11 28 16
3 W	0052 0712 1315 1940	32 17 36 17	18 TH	0105 0803 1415 1949	28 8 28 18
4 TH ●	0103 0753 1406 2020	32 12 37 20	19 F ○	0125 0825 1451 2007	29 6 29 20
5 F P	0119 0835 1458 2055	33 8 37 23	20 SA	0145 0851 1533 2028	31 4 29 22
6 SA	0143 0919 1555 2126	35 5 36 26	21 SU A	0202 0921 1622 2051	32 4 30 24
7 SU	0213 1007 1702 2155	38 4 34 29	22 M N	0217 0955 1719 2117	34 5 29 26
8 M S	0250 1101 1823 2225	40 4 33 30	23 TU	0234 1033 1824 2150	34 6 29 27
9 TU	0334 1205 2001 2302	40 6 32 31	24 W	0259 1119 1933 2239	35 8 29 28
10 W	0424 1321	39 8	25 TH	0334 1218 2035	34 9 30
11 TH ☽	0526 1442 2325	36 10 30	26 F	0000 0410 1328 2125	28 32 10 30
12 F	0218 0657 1558 2357	29 32 11 30	27 SA ☾	0151 0516 1435 2207	27 29 10 29
13 SA	0421 0911 1704	26 29 12	28 SU	0322 0649 1533 2243	24 26 9 28
14 SU	0019 0604 1139 1759	29 22 28 13	29 M	0435 0908 1627 2309	20 24 10 27
15 M E	0029 0653 1238 1842	28 17 28 14	30 TU E	0535 1059 1719 2328	16 24 11 26

12 月

日期	潮时时分	潮高 cm	日期	潮时时分	潮高 cm
1 W	0623 1219 1811 2344	11 25 14 27	16 TH	0002 0733 1337 1829	22 2 18 13
2 TH	0707 1323 1859	5 27 17	17 F	0027 0753 1414 1857	24 0 20 15
3 F	0007 0749 1421 1943	28 0 28 20	18 SA A	0053 0817 1455 1928	25 -1 21 17
4 SA ●P	0037 0832 1518 2021	31 -4 29 22	19 SU ○	0118 0845 1540 2001	27 -2 23 19
5 SU	0115 0916 1617 2057	34 -6 29 24	20 M N	0142 0916 1628 2038	29 -2 23 20
6 M S	0159 1004 1719 2135	37 -7 28 25	21 TU	0206 0951 1720 2118	30 -2 24 21
7 TU	0247 1057 1828 2219	38 -5 27 24	22 W	0235 1029 1811 2206	30 -1 24 21
8 W	0338 1157 1939 2314	37 -3 25 23	23 TH	0310 1110 1900 2302	29 0 24 20
9 TH	0430 1304 2045	34 1 24	24 F	0351 1158 1943	27 1 23
10 F	0030 0527 1413 2143	22 29 4 23	25 SA	0008 0438 1249 2022	18 25 1 23
11 SA ☽	0209 0642 1518 2227	19 23 6 22	26 SU	0121 0638 1342 2056	16 21 2 22
12 SU E	0406 0910 1615 2256	16 19 8 21	27 M ☾ E	0237 0657 1433 2124	13 18 3 21
13 M	0600 1126 1703 2317	12 18 9 21	28 TU	0351 0902 1523 2148	10 16 6 20
14 TU	0647 1227 1739 2338	8 17 11 21	29 W	0502 1047 1612 2213	5 16 9 21
15 W	0714 1305 1805	5 17 12	30 TH	0602 1217 1706 2245	0 17 12 23
			31 F	0653 1335 1807 2327	-5 19 15 26

时　区：−0900　　　　潮高基准面：在平均海面下 19　cm

日　本—神　户

JAPAN－KOBE

2021年潮汐表　　34° 41′ N　　135° 12′ E

1　月

日期	潮时 时分	潮高 cm	日期	潮时 时分	潮高 cm
1 F	0213 0904 1416 1945	-13 141 91 133	16 SA	0246 0945 1509 2026	-16 136 78 130
2 SA	0249 0945 1454 2018	-11 137 91 129	17 SU	0323 1025 1555 2105	-2 129 77 119
3 SU	0325 1028 1539 2054	-4 131 91 121	18 M	0356 1108 1647 2144	16 121 77 105
4 M	0404 1114 1635 2141	7 126 89 111	19 TU E	0423 1149 1753 2225	36 113 77 91
5 TU	0447 1205 1757 2245	23 121 84 98	20 W ☽	0433 1220 2010 2317	56 107 72 80
6 W ☾ E	0538 1258 2020	42 119 71	21 TH A	0347 1221 2116	72 104 64
7 TH	0045 0648 1349 2123	88 63 118 53	22 F	1154 2153	104 54
8 F	0348 0829 1435 2210	96 80 119 33	23 SA	0952 2221	110 43
9 SA P	0511 0950 1517 2252	111 92 121 15	24 SU	1016 2253	113 30
10 SU	0609 1053 1600 2333	125 99 125 -1	25 M	0718 2328	114 16
11 M	0651 1145 1645	135 101 130	26 TU N	0649 1212 1655	122 105 116
12 TU S	0012 0726 1227 1731	-13 141 99 135	27 W	0006 0707 1227 1745	3 131 97 123
13 W ●	0051 0758 1305 1817	-22 144 93 140	28 TH ○	0044 0736 1258 1828	-9 136 88 130
14 TH	0130 0831 1344 1902	-26 144 86 141	29 F	0121 0809 1331 1908	-17 139 80 135
15 F	0208 0906 1425 1945	-24 141 81 138	30 SA	0157 0842 1405 1945	-20 139 74 137
			31 SU	0233 0917 1442 2024	-17 136 69 135

2　月

日期	潮时 时分	潮高 cm	日期	潮时 时分	潮高 cm
1 M	0309 0951 1525 2106	-8 131 65 128	16 TU	0323 1000 1604 2137	23 124 52 114
2 TU E	0345 1026 1614 2156	8 126 62 117	17 W	0346 1025 1645 2219	42 117 55 102
3 W P	0423 1100 1715 2259	29 122 58 103	18 TH A	0356 1040 1730 2308	62 111 57 91
4 TH ☾	0503 1133 1840	53 118 52	19 F ☽	0330 1031 1828	77 108 58
5 F	0101 0546 1204 2032	92 76 115 41	20 SA	0857 2019	112 55
6 SA	0406 0654 1236 2146	101 97 113 26	21 SU	0901 2136	117 46
7 SU	0544 1010 1324 2240	114 107 111 13	22 M	0911 2223	117 34
8 M S	0632 1151 1530 2327	124 107 112 2	23 TU N	0659 2305	116 20
9 TU	0700 1231 1638	130 102 117	24 W	0625 1329 1651 2345	122 96 107 7
10 W	0007 0722 1248 1730	-6 132 94 123	25 TH	0643 1243 1741	129 87 118
11 TH ●	0043 0742 1307 1817	-11 134 82 130	26 F	0025 0710 1253 1824	-5 134 75 129
12 F	0117 0805 1335 1859	-14 135 70 135	27 SA ○	0103 0740 1319 1905	-12 137 63 138
13 SA	0150 0831 1408 1940	-13 135 60 136	28 SU	0139 0810 1351 1945	-13 137 51 143
14 SU	0223 0900 1445 2019	-6 134 53 133			
15 M E	0255 0931 1524 2058	6 130 51 125			

3　月

日期	潮时 时分	潮高 cm	日期	潮时 时分	潮高 cm
1 M E	0215 0840 1427 2027	-7 136 42 143	16 TU	0224 0841 1454 2050	26 134 28 132
2 TU P	0251 0909 1507 2112	6 134 36 137	17 W	0252 0907 1530 2130	41 129 30 124
3 W	0326 0938 1553 2204	26 130 32 125	18 TH A	0316 0928 1607 2213	59 123 36 114
4 TH	0402 1006 1646 2310	48 127 31 111	19 F	0331 0935 1644 2304	76 116 42 103
5 F	0438 1032 1753	72 122 33	20 SA	0325 0828 1726	90 114 47
6 SA ☾	0150 0514 1053 1946	102 94 117 33	21 SU ☽	0805 1826	118 50
7 SU S	0808 2129	112 26	22 M N	0812 2032	120 47
8 M	0603 2232	122 19	23 TU	0801 2146	118 38
9 TU	0630 1334 1555 2321	126 97 99 14	24 W	0528 2235	120 26
10 W	0646 1302 1657	127 90 106	25 TH	0540 1252 1647 2319	125 86 102 16
11 TH	0000 0658 1256 1741	11 126 79 114	26 F	0605 1224 1735	130 74 116
12 F	0032 0709 1300 1820	9 127 66 123	27 SA	0001 0634 1235 1820	9 134 59 131
13 SA ●	0059 0725 1317 1856	9 130 51 131	28 SU ○ E	0040 0702 1301 1902	6 137 43 142
14 SU E	0127 0747 1345 1933	10 134 38 136	29 M	0118 0730 1333 1945	10 139 27 150
15 M	0155 0813 1418 2011	16 135 30 137	30 TU P	0155 0758 1410 2029	20 140 16 151
			31 W	0230 0826 1450 2117	35 140 8 145

4　月

日期	潮时 时分	潮高 cm	日期	潮时 时分	潮高 cm
1 TH	0306 0853 1535 2212	54 138 7 134	16 F	0251 0839 1538 2209	80 129 24 125
2 F	0343 0920 1625 2326	74 134 12 121	17 SA	0315 0835 1614 2304	93 122 32 117
3 SA	0422 0944 1726	94 127 21	18 SU N	0334 0728 1653	104 121 39
4 SU ☾ S	0219 0505 0948 1916	117 110 118 30	19 M	0723 1743	122 44
5 M	0406 2114	123 30	20 TU ☽	0722 1916	121 46
6 TU	0516 2219	128 29	21 W	0405 2101	123 42
7 W	0550 1304 1630 2308	128 84 94 30	22 TH	0427 1316 1527 2159	127 88 90 36
8 TH	0607 1242 1719 2344	125 76 101 33	23 F	0453 1150 1636 2247	131 79 104 33
9 F	0615 1235 1751	123 65 109	24 SA	0521 1148 1727 2332	134 63 120 33
10 SA	0011 0622 1237 1820	36 125 52 119	25 SU E	0550 1209 1815	136 44 136
11 SU E	0032 0636 1252 1851	39 129 37 129	26 M	0014 0618 1239 1900	36 140 25 149
12 M ●	0055 0658 1319 1925	42 135 24 137	27 TU ○ P	0053 0646 1313 1945	44 143 8 157
13 TU	0122 0725 1351 2002	47 139 16 141	28 W	0131 0714 1352 2031	55 147 -4 158
14 W A	0152 0754 1426 2042	55 139 13 140	29 TH	0209 0744 1434 2120	68 149 -9 153
15 TH	0223 0820 1502 2123	66 135 17 134	30 F	0247 0815 1519 2219	82 147 -7 143

时　区：－0900

潮高基准面：在平均海面下 95　cm

日　本—神　户

JAPAN－KOBE

2021 年潮汐表　　34° 41′ N　　135° 12′ E

5 月

日期	潮时时分	潮高 cm	日期	潮时时分	潮高 cm
1 SA S	0328 0845 1609 2347	97 141 3 132	16 SU	0305 0802 1552 2300	107 129 26 130
2 SU	0415 0914 1709	111 131 18	17 M	0342 0705 1632	115 126 33
3 M ☾	0206 1856	130 33	18 TU	0033 0431 0657 1719	127 120 124 40
4 TU	0325 2052	133 39	19 W ☽	0222 1828	129 46
5 W	0419 1315 1522 2156	133 86 89 44	20 TH	0303 2008	132 50
6 TH	0455 1208 1642 2243	130 78 95 52	21 F	0334 1052 1504 2118	134 90 98 53
7 F	0513 1201 1730 2318	126 69 102 61	22 SA E	0403 1050 1622 2212	136 74 112 58
8 SA E	0520 1200 1756 2339	124 59 110 69	23 SU	0432 1110 1720 2300	138 55 128 65
9 SU	0527 1205 1817 2354	127 46 120 73	24 M	0501 1140 1811 2345	140 35 144 73
10 M	0543 1223 1843	133 32 131	25 TU	0530 1215 1859	145 16 156
11 TU ●A	0015 0608 1251 1917	76 139 20 140	26 W ○P	0027 0601 1254 1944	81 151 0 164
12 W	0045 0639 1326 1954	79 144 12 146	27 TH	0108 0635 1335 2031	89 156 -11 165
13 TH	0120 0711 1402 2034	84 145 10 147	28 F S	0148 0711 1419 2120	97 159 -13 160
14 F	0156 0740 1439 2117	91 141 13 143	29 SA	0231 0749 1505 2219	104 156 -8 152
15 SA N	0231 0802 1515 2203	99 136 19 137	30 SU	0318 0829 1555 2340	111 149 5 143
			31 M	0415 0909 1652	117 136 23

6 月

日期	潮时时分	潮高 cm	日期	潮时时分	潮高 cm
1 TU	0124 1818	139 41	16 W	0434 0858 1657	119 126 42
2 W ☾	0234 2013	138 55	17 TH	0049 1752	138 53
3 TH	0323 1026 1506 2120	136 91 95 67	18 F ☽	0149 0901 1141 1908	138 105 110 66
4 F E	0357 1054 1642 2210	132 80 101 80	19 SA E	0230 0928 1446 2031	139 89 111 78
5 SA	0415 1108 1747 2244	128 71 109 92	20 SU	0304 1000 1614 2136	140 71 125 89
6 SU	0421 1116 1810 2258	127 61 116 101	21 M	0336 1036 1718 2230	142 51 140 99
7 M	0427 1129 1818 2304	131 49 126 106	22 TU	0408 1114 1812 2320	145 32 154 107
8 TU A	0448 1153 1838 2330	137 37 136 108	23 W P	0444 1155 1859	151 15 164
9 W	0521 1225 1908	143 26 145	24 TH ○	0005 0524 1237 1943	112 157 2 169
10 TH ●	0009 0559 1302 1945	108 148 18 152	25 F S	0049 0607 1321 2026	114 163 -5 169
11 F	0052 0639 1341 2024	107 150 15 154	26 SA	0133 0652 1405 2111	114 166 -5 166
12 SA N	0135 0715 1419 2106	108 149 15 152	27 SU	0218 0738 1451 2200	113 164 2 159
13 SU	0216 0746 1456 2151	111 145 19 148	28 M	0308 0823 1537 2258	112 156 15 151
14 M	0256 0812 1533 2241	114 140 25 143	29 TU	0405 0909 1626	113 144 33
15 TU	0340 0833 1613 2339	118 133 32 140	30 W	0009 0526 0955 1720	145 112 130 54

7 月

日期	潮时时分	潮高 cm	日期	潮时时分	潮高 cm
1 TH ☾E	0122 0748 1046 1837	140 106 115 75	16 F E	0518 1035 1718	106 132 69
2 F	0216 0859 1209 2026	137 96 104 93	17 SA ☽	0014 0644 1201 1815	144 98 124 88
3 SA	0252 0944 1842 2131	133 87 111 108	18 SU	0055 0817 1446 1936	143 84 126 106
4 SU	0307 1012 1959 2220	130 78 123 121	19 M	0136 0919 1619 2104	144 67 139 119
5 M A	0304 1032	130 69	20 TU	0222 1010 1725 2215	145 50 152 128
6 TU	0307 1054 1846 2159	134 59 136 132	21 W P	0314 1057 1817 2313	148 35 162 131
7 W	0347 1125 1837 2254	139 47 144 130	22 TH S	0409 1142 1859	153 22 168
8 TH	0441 1202 1900 2348	145 37 152 126	23 F	0001 0504 1226 1935	129 159 13 171
9 F N	0533 1241 1932	150 28 158	24 SA ○	0043 0556 1308 2010	123 165 9 171
10 SA ●	0037 0621 1321 2008	120 154 22 162	25 SU	0124 0645 1350 2046	115 169 10 169
11 SU	0121 0702 1359 2047	116 156 20 161	26 M	0206 0732 1431 2124	107 168 17 164
12 M	0202 0740 1436 2127	113 156 22 159	27 TU	0251 0818 1512 2203	102 164 30 159
13 TU	0243 0816 1513 2207	112 153 27 155	28 W	0339 0902 1551 2244	99 154 48 152
14 W	0326 0853 1551 2249	111 148 37 150	29 TH E	0431 0947 1626 2323	98 142 69 144
15 TH	0416 0938 1632 2331	110 141 51 147	30 F	0530 1036 1650 2355	98 129 91 138
			31 SA ☾	0650 1138 1646	96 118 110

8 月

日期	潮时时分	潮高 cm	日期	潮时时分	潮高 cm
1 SU	0004 0821 2329	134 92 134	16 M	0721 1507 1839 2359	74 139 129 147
2 M A	0915 2053	85 143	17 TU P	0854 1637 2124	63 151 140
3 TU	0952 2128	77 148	18 W S	0035 0958 1738 2307	145 50 160 141
4 W	1027 2136	67 146	19 TH	0226 1051 1820 2359	144 40 165 136
5 TH N	1103 1830	57 151	20 F	0407 1137 1851	147 32 167
6 F	0146 0425 1142 1843	138 142 46 158	21 SA	0024 0507 1218 1916	127 154 27 167
7 SA	0002 0525 1222 1911	130 150 36 163	22 SU ○	0046 0558 1256 1941	115 161 25 167
8 SU ●	0035 0613 1301 1944	120 157 28 166	23 M	0115 0643 1331 2008	102 167 27 167
9 M	0111 0655 1339 2019	111 163 25 167	24 TU	0148 0726 1406 2037	90 169 34 166
10 TU	0147 0734 1415 2053	104 166 27 165	25 W E	0226 0808 1440 2108	81 168 46 163
11 W	0224 0813 1451 2126	98 166 35 162	26 TH	0306 0850 1512 2138	77 161 63 158
12 TH E	0305 0854 1527 2159	94 162 49 158	27 F	0348 0933 1539 2204	78 151 83 151
13 F	0351 0942 1605 2231	90 154 67 154	28 SA	0432 1019 1557 2221	81 139 103 144
14 SA	0444 1042 1646 2301	87 144 89 151	29 SU	0518 1116 1542 2211	85 129 120 140
15 SU ☽	0550 1213 1732 2331	82 135 110 149	30 M ☾A	0614 2003	88 146
			31 TU	0756 2016	87 153

时　区：－0900　　　　潮高基准面：在平均海面下 95 cm

日　本—神　户

JAPAN－KOBE

2021 年潮汐表　　34° 41′ N　　135° 12′ E

9 月

日期	潮时 时分	潮高 cm	日期	潮时 时分	潮高 cm
1 W	0919 2031	80 153	16 TH	0957 1736	49 160
2 TH N	1005 1858	71 150	17 F	0054 0321 1050 1807	129 131 44 160
3 F	1045 1801	60 153	18 SA	0025 0434 1133 1828	120 137 42 159
4 SA	0132 0431 1124 1816	129 136 49 158	19 SU	0029 0523 1209 1844	108 144 42 158
5 SU	0026 0523 1202 1843	120 146 40 163	20 M ○	0038 0603 1239 1902	94 152 43 159
6 M	0030 0607 1240 1913	107 157 33 166	21 TU E	0057 0641 1307 1923	79 160 47 162
7 TU ●	0056 0648 1317 1943	94 166 32 167	22 W	0124 0718 1336 1948	65 165 53 164
8 W E	0128 0728 1353 2013	83 172 37 166	23 TH	0158 0757 1405 2016	56 167 63 163
9 TH	0204 0809 1428 2042	73 174 49 164	24 F	0234 0837 1434 2043	52 163 77 159
10 F	0243 0854 1503 2110	66 170 65 161	25 SA	0312 0919 1501 2105	54 155 94 152
11 SA P	0326 0944 1539 2137	62 161 85 158	26 SU A	0351 1005 1520 2113	60 144 111 144
12 SU	0417 1047 1617 2203	61 150 107 155	27 M	0431 1101 1508 1937	67 133 125 142
13 M ☽	0517 1241 1701 2226	61 140 127 150	28 TU	0515 1924	74 148
14 TU	0644 1530 1804 2238	62 146 142 144	29 W ☾ N	0618 1933	79 149
15 W S	0845 1647	57 155	30 TH	0837 1926	77 147

10 月

日期	潮时 时分	潮高 cm	日期	潮时 时分	潮高 cm
1 F	0939 1717	68 146	16 SA	0008 0403 1043 1735	106 117 48 149
2 SA	1021 1720	59 150	17 SU	0004 0459 1124 1751	95 124 52 146
3 SU	0037 0432 1100 1740	112 126 50 153	18 M	0010 0538 1154 1802	83 131 58 145
4 M	0003 0518 1139 1807	100 139 44 157	19 TU E	0018 0608 1217 1815	69 139 63 148
5 TU	0012 0601 1217 1835	85 153 42 159	20 W ○	0034 0638 1238 1834	54 148 67 153
6 W ●E	0036 0643 1254 1903	68 165 45 161	21 TH	0059 0711 1302 1900	40 156 72 157
7 TH	0108 0725 1330 1930	53 173 53 162	22 F	0130 0747 1331 1928	31 160 79 157
8 F P	0143 0808 1405 1957	41 175 66 162	23 SA	0206 0826 1402 1955	28 159 89 153
9 SA	0223 0854 1440 2023	33 171 82 161	24 SU A	0242 0908 1432 2016	30 153 101 147
10 SU	0306 0947 1517 2050	30 162 100 158	25 M	0320 0955 1458 2010	37 144 113 139
11 M	0355 1055 1557 2115	32 149 118 152	26 TU N	0357 1051 1516 1858	46 134 123 137
12 TU S	0453 1330 1645 2129	40 141 132 143	27 W	0437 1852	55 139
13 W ☽	0620 1524	49 147	28 TH ☾	0526 1851	62 137
14 TH	0839 1627	50 151	29 F	0657 1606	65 137
15 F	0951 1708	48 152	30 SA	0852 1616	62 139
			31 SU	0109 0325 0945 1634 2338	99 102 58 141 92

11 月

日期	潮时 时分	潮高 cm	日期	潮时 时分	潮高 cm
1 M	0424 1030 1658 2330	115 54 143 76	16 TU	0558 1134 1712 2353	118 77 131 47
2 TU E	0512 1111 1724 2347	130 54 146 58	17 W	0619 1150 1724	125 84 136
3 W	0557 1152 1752	145 57 148	18 TH	0009 0640 1204 1746	33 134 88 141
4 TH ●	0015 0641 1231 1819	39 159 63 151	19 F ○	0035 0707 1229 1815	21 143 90 146
5 F P	0048 0724 1308 1846	21 168 72 155	20 SA	0107 0741 1301 1847	12 149 92 147
6 SA	0126 0809 1344 1915	7 171 83 158	21 SU A	0143 0819 1337 1918	8 150 96 145
7 SU	0207 0857 1421 1945	- 1 167 95 158	22 M N	0220 0901 1413 1943	10 147 102 139
8 M S	0251 0951 1501 2017	- 1 157 107 154	23 TU	0256 0946 1448 1952	15 140 108 131
9 TU	0339 1103 1546 2048	6 145 118 144	24 W	0333 1038 1525 1852	23 132 114 126
10 W	0435 1317 1648 2112	19 138 126 131	25 TH	0410 1152 1611 1839	32 126 119 124
11 TH ☽	0556 1449	35 140	26 F	0451 1405	40 126
12 F	0816 1545	44 141	27 SA ☾	0545 1447	49 128
13 SA	0930 1624 2320	50 139 83	28 SU	0719 1515 2303	56 129 87
14 SU	0420 1023 1650 2333	103 57 135 71	29 M	0246 0850 1541 2243	90 60 130 73
15 M E	0521 1105 1704 2343	111 67 131 59	30 TU E	0412 0949 1608 2255	104 64 131 54

12 月

日期	潮时 时分	潮高 cm	日期	潮时 时分	潮高 cm
1 W	0508 1039 1635 2321	121 70 133 33	16 TH	0700 1124 1630 2347	115 104 123 22
2 TH	0558 1125 1704 2354	137 77 137 13	17 F	0657 1128 1659	123 105 129
3 F	0644 1208 1735	151 84 143	18 SA A	0015 0711 1159 1738	11 131 103 134
4 SA ●P	0032 0728 1248 1809	- 6 160 90 149	19 SU ○	0049 0739 1240 1819	1 138 99 137
5 SU	0112 0812 1327 1845	- 19 162 95 153	20 M N	0126 0813 1322 1858	- 4 141 97 137
6 M S	0154 0858 1407 1923	- 25 159 99 153	21 TU	0202 0851 1402 1933	- 5 141 96 133
7 TU	0239 0950 1451 2003	- 23 150 103 147	22 W	0239 0932 1442 2001	- 2 137 97 127
8 W	0326 1054 1543 2045	- 13 140 107 136	23 TH	0313 1016 1523 2025	4 132 99 120
9 TH	0418 1224 1656 2128	4 132 109 119	24 F	0347 1103 1609 2042	12 126 100 112
10 F	0519 1350	25 129	25 SA	0423 1155 1711 2108	23 122 99 102
11 SA ☽	0716 1449 2145	44 127 82	26 SU	0502 1252	36 120
12 SU E	0217 0850 1530 2229	84 58 124 68	27 M ☾E	0553 1343 2118	51 119 76
13 M	0440 0952 1557 2256	91 72 120 56	28 TU	0128 0716 1423 2147	85 66 119 58
14 TU	0616 1043 1610 2313	101 86 117 45	29 W	0404 0853 1500 2221	99 79 120 37
15 W	0655 1118 1615 2328	109 97 118 34	30 TH	0512 1004 1537 2258	116 89 123 16
			31 F	0605 1102 1617 2338	132 96 128 - 4

时　区：－0900

潮高基准面：在平均海面下 95　cm

日　本—横　滨

JAPAN—YOKOHAMA

2021 年潮汐表　　35° 27′ N　　139° 39′ E

1　月

日期	潮时 时分	潮高 cm	日期	潮时 时分	潮高 cm
1	0001	0	16	0047	0
F	0704	181	SA	0740	177
	1215	99		1254	86
	1731	179		1817	180
2	0038	2	17	0121	12
SA	0739	180	SU	0807	173
	1252	100		1331	84
	1805	174		1855	169
3	0118	8	18	0151	27
SU	0815	177	M	0832	169
	1331	100		1409	83
	1844	166		1938	156
4	0159	18	19	0219	43
M	0851	173	TU	0856	164
	1417	99	E	1453	83
	1933	155		2031	141
5	0242	32	20	0247	60
TU	0927	168	W	0922	160
	1513	95	☽	1550	82
	2048	141		2141	128
6	0328	50	21	0317	78
W	1006	164	TH	0954	155
☾ E	1630	87	A	1720	79
	2231	132		2312	120
7	0421	70	22	0356	95
TH	1050	161	F	1038	150
	1809	72		1900	68
8	0022	131	23	0116	121
F	0529	90	SA	0506	111
	1141	160		1143	146
	1926	51		2001	53
9	0203	140	24	0301	132
SA	0658	103	SU	0741	117
P	1242	162		1309	147
	2022	29		2046	38
10	0324	152	25	0358	145
SU	0821	108	M	0858	113
	1346	167		1417	154
	2112	11		2126	25
11	0425	165	26	0438	156
M	0924	107	TU	0944	107
	1444	175	N	1505	162
	2159	-3		2204	13
12	0515	174	27	0513	166
TU	1015	103	W	1022	101
S	1534	182		1545	170
	2244	-10		2241	3
13	0558	179	28	0546	174
W	1059	98	TH	1057	95
●	1619	187	○	1622	176
	2328	-12		2318	-4
14	0636	181	29	0618	179
TH	1140	94	F	1131	89
	1700	189		1659	181
				2356	-7
15	0009	-8	30	0649	182
F	0710	180	SA	1206	84
	1218	89		1736	181
	1739	187			
			31	0033	-5
			SU	0719	182
				1242	78
				1817	178

2　月

日期	潮时 时分	潮高 cm	日期	潮时 时分	潮高 cm
1	0109	3	16	0120	31
M	0747	180	TU	0740	172
	1318	72		1333	55
	1902	170		1930	160
2	0145	17	17	0143	47
TU	0813	176	W	0758	168
E	1358	67		1406	57
	1956	159		2015	148
3	0221	37	18	0206	64
W	0839	171	TH	0818	162
P	1443	63	A	1445	60
	2100	146		2109	135
4	0257	59	19	0230	80
TH	0906	166	F	0841	156
☾	1540	61	☽	1539	66
	2219	134		2218	124
5	0337	82	20	0258	97
F	0939	160	SA	0911	147
	1705	58		1716	68
6	0006	127	21	0005	119
SA	0429	104	SU	0335	113
	1023	155		1000	139
	1855	49		1911	61
7	0226	132	22	0307	128
SU	0623	120	M	0732	123
	1133	150		1141	133
	2013	33		2016	47
8	0352	146	23	0355	142
M	0826	119	TU	0859	114
S	1321	152	N	1351	139
	2110	18		2105	31
9	0439	159	24	0427	154
TU	0929	110	W	0939	104
	1444	161		1454	151
	2159	6		2147	17
10	0515	168	25	0457	165
W	1014	98	TH	1012	93
	1539	173		1539	164
	2243	-2		2227	4
11	0546	174	26	0525	173
TH	1052	87	F	1044	81
●	1622	181		1620	175
	2322	-5		2305	-3
12	0614	177	27	0553	179
F	1126	76	SA	1117	69
	1701	186	○	1701	182
	2357	-2		2342	-5
13	0640	178	28	0619	183
SA	1159	67	SU	1150	56
	1738	185		1744	186
14	0028	5			
SU	0702	177			
	1231	61			
	1814	180			
15	0055	17			
M	0721	175			
E	1301	57			
	1850	171			

3　月

日期	潮时 时分	潮高 cm	日期	潮时 时分	潮高 cm
1	0018	0	16	0026	33
M	0644	183	TU	0633	175
E	1224	45		1232	30
	1829	184		1845	172
2	0053	13	17	0049	46
TU	0707	182	W	0650	173
P	1259	36		1259	30
	1916	177		1922	164
3	0127	31	18	0112	60
W	0729	178	TH	0707	169
	1336	32	A	1328	33
	2007	166		2003	155
4	0159	52	19	0136	74
TH	0751	173	F	0725	163
	1416	33		1400	40
	2103	151		2049	145
5	0231	75	20	0201	88
F	0814	167	SA	0745	155
	1504	39		1440	49
	2212	136		2144	134
6	0304	97	21	0228	102
SA	0841	158	SU	0807	146
☾	1617	49	☽	1543	59
				2307	126
7	0013	126	22	0303	116
SU	0347	117	M	0834	136
S	0918	147	N	1743	62
	1832	51			
8	0304	135	23	0232	130
M	0705	127	TU	0806	124
	1038	136		1007	125
	2006	40		1928	52
9	0356	148	24	0325	143
TU	0848	115	W	0856	111
	1343	138		1323	128
	2105	28		2030	38
10	0426	158	25	0355	155
W	0932	99	TH	0925	97
	1458	153		1439	144
	2151	17		2118	24
11	0453	166	26	0422	165
TH	1006	82	F	0953	80
	1544	166		1529	160
	2230	11		2201	14
12	0517	171	27	0448	173
F	1037	67	SA	1023	61
	1622	176		1614	175
	2304	10		2241	9
13	0538	174	28	0513	179
SA	1107	53	SU	1055	41
●	1658	181	○ E	1700	185
	2334	14		2319	11
14	0558	176	29	0537	183
SU	1136	42	M	1128	23
E	1733	182		1746	190
				2356	20
15	0001	22	30	0600	185
M	0616	176	TU	1202	10
	1204	34	P	1833	189
	1808	179			
			31	0031	35
			W	0623	184
				1237	3
				1921	183

4　月

日期	潮时 时分	潮高 cm	日期	潮时 时分	潮高 cm
1	0105	54	16	0047	76
TH	0646	181	F	0624	169
	1314	4		1300	19
	2011	171		1953	163
2	0139	74	17	0114	87
F	0708	175	SA	0644	163
	1354	13		1331	27
	2105	156		2035	155
3	0212	94	18	0143	97
SA	0732	166	SU	0705	156
	1442	27	N	1410	37
	2215	141		2125	147
4	0250	111	19	0217	109
SU	0759	154	M	0726	147
☾ S	1555	44		1505	47
				2235	139
5	0029	133	20	0309	120
M	0359	125	TU	0750	136
	0835	139	☽	1632	55
	1803	53			
6	0234	141	21	0049	138
TU	0747	121	W	1819	54
	1026	125			
	1941	48			
7	0318	150	22	0221	147
W	0843	103	TH	0825	107
	1356	132		1247	125
	2040	41		1939	46
8	0347	158	23	0300	156
TH	0916	84	F	0853	87
	1454	147		1416	141
	2125	35		2037	30
9	0411	165	24	0329	165
F	0945	65	SA	0923	64
	1536	160		1513	159
	2201	33		2126	34
10	0433	169	25	0356	172
SA	1014	48	SU	0954	39
	1614	169	E	1604	175
	2233	34		2210	34
11	0452	173	26	0422	179
SU	1042	33	M	1028	16
E	1650	175		1653	186
	2302	40		2251	40
12	0511	175	27	0448	184
M	1109	22	TU	1103	-3
●	1726	177	○ P	1743	192
	2329	48		2330	51
13	0529	176	28	0514	187
TU	1137	15	W	1139	-14
	1802	176		1832	192
	2355	57			
14	0547	175	29	0008	64
W	1204	12	TH	0541	187
A	1838	173		1218	-15
				1921	186
15	0021	67	30	0046	79
TH	0605	173	F	0609	184
	1231	14		1258	-8
	1915	169		2012	175

时　区：－0900　　　潮高基准面：在平均海面下 115 cm

日　本—横　滨

JAPAN－YOKOHAMA

2021 年潮汐表　　35° 27′ N　　139° 39′ E

5　月

日期	潮时时分	潮高 cm	日期	潮时时分	潮高 cm
1 SA S	0124 0637 1343 2107	94 177 6 162	16 SU	0100 0616 1316 2025	98 166 22 165
2 SU	0205 0707 1436 2215	107 166 24 150	17 M	0134 0641 1358 2112	106 159 30 159
3 M ☾	0257 0742 1546 2352	118 151 42 144	18 TU	0216 0710 1451 2210	114 151 39 153
4 TU	0436 0836 1718	123 135 55	19 W ☽	0318 0752 1558 2326	120 140 48 150
5 W	0124 0708 1106 1846	146 112 123 59	20 TH	0523 0939 1717	119 129 55
6 TH	0216 0807 1331 1951	152 93 130 60	21 F	0046 0721 1214 1838	152 102 130 58
7 F	0249 0844 1431 2040	158 73 142 60	22 SA E	0141 0807 1347 1948	158 78 144 60
8 SA E	0316 0915 1517 2120	163 54 153 62	23 SU	0220 0845 1453 2046	165 52 160 63
9 SU	0339 0945 1559 2155	167 37 162 65	24 M	0254 0922 1551 2136	172 25 175 68
10 M	0401 1014 1639 2228	171 23 169 70	25 TU	0326 1000 1646 2222	179 3 186 74
11 TU ●A	0422 1043 1717 2259	174 13 173 75	26 W ○P	0359 1040 1739 2306	186 -12 191 82
12 W	0444 1112 1755 2329	175 8 175 81	27 TH	0433 1121 1830 2349	190 -18 191 90
13 TH	0506 1140 1831 2358	176 7 175 86	28 F S	0508 1205 1920	191 -16 187
14 F	0529 1210 1907	174 10 173	29 SA	0031 0544 1251 2009	98 187 -6 180
15 SA N	0028 0553 1241 1945	92 171 15 170	30 SU	0115 0621 1340 2059	104 180 9 171
			31 M	0202 0701 1432 2151	110 168 26 162

6　月

日期	潮时时分	潮高 cm	日期	潮时时分	潮高 cm
1 TU	0258 0748 1527 2249	114 154 43 156	16 W	0213 0714 1440 2140	112 158 37 168
2 W ☾	0413 0857 1625 2350	113 139 58 154	17 TH	0309 0816 1532 2227	112 147 48 164
3 TH	0554 1050 1728	105 130 71	18 F ☽	0426 0958 1631 2317	107 139 62 162
4 F E	0046 0712 1242 1836	154 89 132 81	19 SA E	0601 1149 1739	92 140 76
5 SA	0130 0801 1357 1939	157 70 140 87	20 SU	0009 0713 1322 1855	163 70 149 87
6 SU	0206 0839 1455 2032	161 52 149 92	21 M	0059 0806 1438 2006	166 45 161 95
7 M	0238 0914 1545 2118	165 37 158 95	22 TU	0148 0852 1545 2107	172 23 173 100
8 TU A	0308 0947 1629 2158	169 25 165 97	23 W P	0235 0938 1646 2201	179 5 183 103
9 W	0338 1019 1710 2235	173 17 171 98	24 TH ○	0321 1024 1740 2250	186 -6 189 105
10 TH ●	0407 1051 1749 2309	175 13 175 99	25 F S	0406 1112 1829 2336	191 -9 191 105
11 F	0436 1124 1825 2342	177 12 178 100	26 SA	0451 1200 1915	193 -5 190
12 SA N	0505 1157 1901	177 14 179	27 SU	0021 0534 1248 1956	104 191 3 186
13 SU	0016 0533 1233 1937	102 175 17 178	28 M	0105 0618 1333 2034	103 185 16 180
14 M	0051 0603 1312 2015	105 171 22 176	29 TU	0149 0703 1415 2110	103 175 31 174
15 TU	0129 0635 1354 2056	109 166 28 172	30 W	0236 0754 1455 2144	101 163 48 169

7　月

日期	潮时时分	潮高 cm	日期	潮时时分	潮高 cm
1 TH ☾E	0330 0857 1532 2217	99 150 65 165	16 F E	0247 0838 1506 2132	94 158 59 176
2 F	0437 1016 1613 2254	95 140 82 161	17 SA ☽	0344 1001 1552 2207	87 151 78 173
3 SA	0559 1147 1702 2338	86 136 98 160	18 SU	0457 1131 1647 2249	78 148 98 170
4 SU	0710 1318 1815	72 139 111	19 M	0622 1308 1803 2341	63 151 115 170
5 M A	0031 0802 1436 1944	159 58 147 117	20 TU	0735 1442 1938	46 160 124
6 TU	0128 0845 1537 2050	162 45 156 118	21 W P	0047 0834 1557 2055	171 29 172 125
7 W	0219 0923 1626 2139	166 35 165 116	22 TH S	0159 0929 1655 2153	177 16 182 120
8 TH	0303 1000 1706 2220	171 27 173 113	23 F	0303 1020 1741 2242	184 8 189 113
9 F N	0342 1037 1743 2256	175 22 179 110	24 SA ○	0358 1109 1821 2327	191 4 193 105
10 SA ●	0418 1113 1818 2331	179 19 183 107	25 SU	0447 1155 1856	196 6 194
11 SU	0452 1150 1851	181 18 186	26 M	0008 0533 1236 1927	98 195 13 192
12 M	0006 0526 1227 1924	105 181 19 187	27 TU	0046 0616 1313 1955	92 191 25 189
13 TU	0042 0601 1305 1957	104 179 23 186	28 W	0124 0700 1346 2019	87 182 40 185
14 W	0120 0642 1344 2029	102 174 31 184	29 TH E	0202 0747 1415 2041	84 171 58 180
15 TH	0201 0732 1424 2100	99 166 42 180	30 F	0243 0840 1443 2103	83 159 76 176
			31 SA ☾	0332 0943 1511 2129	82 149 94 171

8　月

日期	潮时时分	潮高 cm	日期	潮时时分	潮高 cm
1 SU	0437 1059 1545 2202	81 141 111 166	16 M	0412 1122 1601 2143	64 151 120 174
2 M A	0607 1238 1639 2251	77 140 126 160	17 TU P	0545 1326 1721 2237	61 151 137 168
3 TU	0723 1431 1901	67 147 135	18 W S	0721 1515 1946	51 162 141
4 W	0007 0818 1540 2042	158 56 158 132	19 TH	0007 0831 1614 2104	165 39 174 132
5 TH N	0139 0903 1624 2132	160 46 168 125	20 F	0157 0928 1654 2154	170 27 184 119
6 F	0242 0945 1659 2211	167 36 177 118	21 SA	0309 1017 1727 2235	181 19 191 105
7 SA	0328 1024 1731 2246	175 28 184 111	22 SU ○	0402 1100 1756 2312	191 16 195 92
8 SU ●	0408 1101 1802 2320	182 23 190 104	23 M	0447 1138 1822 2347	197 18 197 81
9 M	0446 1139 1831 2353	186 20 194 97	24 TU	0528 1212 1846	198 26 196
10 TU	0525 1215 1859	188 21 196	25 W E	0020 0608 1242 1906	72 194 39 194
11 W	0028 0607 1251 1925	89 187 27 195	26 TH	0053 0649 1309 1924	66 186 54 191
12 TH E	0103 0654 1326 1950	82 182 39 193	27 F	0125 0732 1334 1941	63 177 71 188
13 F	0140 0747 1402 2014	75 176 56 189	28 SA	0159 0819 1357 2000	64 166 88 183
14 SA	0220 0847 1437 2039	70 167 76 185	29 SU	0237 0913 1422 2021	67 155 105 176
15 SU ☽	0308 0957 1515 2107	66 158 98 180	30 M ☾A	0327 1018 1449 2049	73 146 120 168
			31 TU	0448 1156 1526 2130	77 142 134 159

时　区：－0900　　　　潮高基准面：在平均海面下 115　cm

日　本—横　滨

JAPAN－YOKOHAMA

2021 年潮汐表　　35° 27′ N　　139° 39′ E

9 月

日期	潮时 时分	潮高 cm	日期	潮时 时分	潮高 cm
1 W	0636	75	16 TH	0719	56
	1442	148		1525	167
	1903	144		2019	139
	2252	152			
2 TH N	0748	65	17 F	0023	154
	1537	160		0828	46
	2046	135		1601	178
				2109	122
3 F	0110	153	18 SA	0220	165
	0840	53		0919	36
	1609	171		1629	186
	2126	125		2145	103
4 SA	0229	163	19 SU	0316	179
	0924	41		1002	31
	1638	181		1654	191
	2159	113		2218	86
5 SU	0318	174	20 M ○	0400	189
	1004	31		1038	30
	1705	189		1717	195
	2230	101		2250	70
6 M	0401	183	21 TU E	0440	195
	1042	25		1111	35
	1731	195		1738	197
	2301	88		2320	57
7 TU ●	0442	191	22 W	0519	195
	1118	24		1140	44
	1757	199		1756	197
	2333	74		2350	47
8 W E	0526	195	23 TH	0557	192
	1154	29		1207	57
	1820	200		1814	195
9 TH	0006	62	24 F	0019	42
	0611	195		0636	187
	1229	39		1232	71
	1843	200		1831	193
10 F	0039	51	25 SA	0049	42
	0700	191		0716	179
	1303	55		1256	85
	1904	197		1848	189
11 SA P	0115	45	26 SU A	0119	46
	0752	183		0759	170
	1337	75		1320	99
	1926	194		1906	184
12 SU	0153	44	27 M	0152	53
	0848	173		0846	161
	1410	96		1345	112
	1948	188		1926	176
13 M ☽	0239	48	28 TU	0234	62
	0954	161		0943	152
	1444	117		1412	125
	2014	181		1949	167
14 TU	0342	56	29 W ☾ N	0338	72
	1132	151		1108	145
	1527	136		1450	137
	2048	171		2016	156
15 W S	0529	62	30 TH	0525	75
	1415	155		1411	150
	1742	149			
	2150	160			

10 月

日期	潮时 时分	潮高 cm	日期	潮时 时分	潮高 cm
1 F	0702	69	16 SA	0110	146
	1504	162		0806	55
	2041	131		1520	176
				2054	102
2 SA	0047	144	17 SU	0224	160
	0804	58		0854	50
	1533	172		1546	182
	2109	116		2125	81
3 SU	0213	156	18 M	0311	172
	0852	46		0933	49
	1559	182		1608	187
	2136	99		2154	62
4 M	0305	170	19 TU E	0352	181
	0934	38		1007	52
	1624	189		1629	190
	2205	80		2223	45
5 TU	0351	183	20 W ○	0431	187
	1014	35		1038	58
	1647	195		1648	192
	2235	61		2252	33
6 W ●E	0436	193	21 TH	0509	189
	1052	37		1107	67
	1710	198		1706	193
	2306	42		2321	25
7 TH	0523	199	22 F	0547	188
	1129	45		1135	77
	1733	201		1725	192
	2339	27		2349	23
8 F P	0610	200	23 SA	0625	184
	1205	59		1201	87
	1756	201		1744	190
9 SA	0014	18	24 SU A	0018	25
	0700	196		0703	179
	1240	76		1227	96
	1819	199		1804	186
10 SU	0051	17	25 M	0047	31
	0751	187		0743	173
	1314	94		1254	106
	1842	195		1825	181
11 M	0132	23	26 TU N	0120	39
	0847	175		0825	166
	1349	112		1323	115
	1907	187		1846	173
12 TU S	0220	35	27 W	0200	49
	0956	161		0916	158
	1428	129		1357	125
	1935	176		1908	163
13 W ☽	0328	51	28 TH ☾	0255	59
	1152	153		1025	152
	1532	143		1450	135
	2010	162		1931	152
14 TH	0517	61	29 F	0415	67
	1358	159		1225	152
	1902	142			
	2139	146			
15 F	0700	60	30 SA	0550	68
	1449	168		1355	160
	2018	123		2013	122
			31 SU	0015	135
				0709	63
				1434	169
				2038	102

11 月

日期	潮时 时分	潮高 cm	日期	潮时 时分	潮高 cm
1 M	0151	148	16 TU	0258	160
	0808	57		0854	74
	1503	176		1515	178
	2105	80		2128	43
2 TU E	0249	165	17 W	0342	168
	0858	53		0932	78
	1529	183		1537	182
	2134	55		2158	28
3 W	0340	180	18 TH	0424	175
	0942	54		1007	83
	1554	189		1559	184
	2206	31		2227	17
4 TH ●	0429	192	19 F ○	0503	179
	1023	59		1039	88
	1619	195		1622	186
	2239	11		2257	12
5 F P	0518	199	20 SA	0542	181
	1103	69		1109	93
	1646	198		1645	187
	2315	-2		2326	11
6 SA	0608	200	21 SU A	0618	180
	1141	81		1139	98
	1713	200		1709	185
	2354	-7		2357	14
7 SU	0659	196	22 M N	0654	178
	1219	94		1209	103
	1741	198		1734	182
8 M S	0035	-2	23 TU	0029	20
	0751	187		0731	175
	1258	107		1240	108
	1811	192		1758	177
9 TU	0121	10	24 W	0103	27
	0847	175		0810	171
	1340	119		1313	114
	1843	182		1823	170
10 W	0214	26	25 TH	0143	35
	0953	164		0854	165
	1432	129		1354	120
	1918	168		1850	160
11 TH ☽	0320	44	26 F	0230	44
	1121	158		0947	160
	1559	134		1450	126
	2009	150		1923	148
12 F	0443	58	27 SA ☾	0329	53
	1251	159		1054	157
	1832	126		1637	127
	2217	135		2044	134
13 SA	0609	65	28 SU	0439	62
	1346	164		1209	158
	1945	105		1905	111
				2336	130
14 SU	0058	138	29 M	0558	68
	0718	69		1308	162
	1423	169		1952	88
	2024	83			
15 M E	0208	149	30 TU E	0122	141
	0811	71		0713	72
	1451	174		1350	168
	2057	62		2027	61

12 月

日期	潮时 时分	潮高 cm	日期	潮时 时分	潮高 cm
1 W	0232	157	16 TH	0339	154
	0816	75		0901	101
	1424	174		1448	170
	2102	34		2136	22
2 TH	0330	173	17 F	0425	162
	0909	80		0943	102
	1458	182		1520	174
	2139	10		2209	13
3 F	0425	185	18 SA A	0505	169
	0956	85		1020	103
	1531	189		1550	178
	2218	-8		2242	8
4 SA ●P	0518	192	19 SU ○	0541	173
	1041	91		1054	102
	1606	195		1620	180
	2259	-18		2314	7
5 SU	0610	194	20 M N	0615	175
	1124	98		1126	102
	1642	197		1649	181
	2343	-19		2347	8
6 M S	0700	192	21 TU	0648	176
	1207	104		1158	102
	1719	196		1718	179
7 TU	0030	-12	22 W	0021	11
	0749	186		0722	176
	1250	109		1231	103
	1757	189		1746	175
8 W	0119	1	23 TH	0055	15
	0839	178		0756	175
	1338	113		1307	106
	1837	178		1815	168
9 TH	0209	18	24 F	0132	22
	0929	169		0832	172
	1432	116		1346	108
	1923	162		1849	159
10 F	0300	36	25 SA	0212	31
	1021	163		0910	168
	1541	115		1435	108
	2025	145		1935	147
11 SA ☽	0353	54	26 SU	0257	43
	1117	159		0951	164
	1718	108		1540	105
	2211	131		2059	135
12 SU E	0450	70	27 M ☾E	0348	57
	1212	158		1036	160
	1850	91		1715	95
				2300	129
13 M	0014	129	28 TU	0449	74
	0556	83		1126	159
	1300	159		1847	75
	1946	72			
14 TU	0142	135	29 W	0050	135
	0707	93		0607	89
	1340	162		1219	160
	2027	52		1947	50
15 W	0246	144	30 TH	0219	147
	0810	99		0731	99
	1416	166		1313	165
	2103	35		2035	25
			31 F	0331	161
				0841	104
				1406	173
				2121	3

时　区：－0900　　　　潮高基准面：在平均海面下 115　cm

日　本一釜　石

JAPAN－KAMAISI

2021 年潮汐表　　39° 16′ N　　141° 53′ E

1　月

日期	潮时 时分	潮高 cm	日期	潮时 时分	潮高 cm
1 F	0555 1038 1554 2319	122 94 141 - 2	16 SA	0627 1120 1645 2354	119 80 140 10
2 SA	0629 1118 1632 2356	123 92 138 3	17 SU	0652 1159 1725	118 75 131
3 SU	0704 1201 1714	123 89 132	18 M	0023 0715 1240 1807	23 118 71 120
4 M	0035 0740 1249 1802	13 123 86 124	19 TU E	0049 0737 1328 1854	36 119 68 109
5 TU	0115 0815 1348 1902	25 123 81 112	20 W ☽	0115 0803 1429 1951	48 119 65 97
6 W ☾ E	0157 0850 1506 2023	40 123 73 101	21 TH A	0141 0832 1552 2116	61 119 60 87
7 TH	0245 0927 1635 2223	56 124 60 93	22 F	0208 0908 1717	72 118 52
8 F	0342 1007 1751	72 126 44	23 SA	0014 0242 0953 1824	84 83 118 41
9 SA P	0046 0449 1055 1852	95 85 130 26	24 SU	1053 1916	117 29
10 SU	0225 0559 1151 1946	104 94 134 11	25 M	0319 0603 1201 2000	100 97 119 18
11 M	0326 0707 1250 2036	111 99 139 - 1	26 TU N	0348 0726 1300 2040	106 98 123 8
12 TU S	0413 0812 1345 2123	116 100 144 - 9	27 W	0414 0828 1348 2119	111 96 128 0
13 W ●	0453 0909 1435 2207	119 97 147 - 11	28 TH ○	0439 0915 1432 2156	115 92 133 - 5
14 TH	0528 0958 1521 2246	120 92 148 - 8	29 F	0505 0955 1515 2232	118 86 137 - 7
15 F	0559 1041 1604 2322	120 86 145 0	30 SA	0531 1034 1558 2308	120 79 138 - 4
			31 SU	0558 1112 1643 2343	122 71 136 4

2　月

日期	潮时 时分	潮高 cm	日期	潮时 时分	潮高 cm
1 M	0624 1151 1730	123 63 130	16 TU	0617 1214 1807	118 45 116
2 TU E	0017 0650 1234 1821	17 124 56 121	17 W	0016 0636 1252 1850	41 119 43 106
3 W P	0050 0717 1322 1918	32 124 50 109	18 TH A	0037 0657 1337 1940	52 119 42 96
4 TH ☾	0121 0744 1423 2031	49 125 45 97	19 F ☽	0055 0720 1436 2048	63 119 43 87
5 F	0149 0813 1542 2224	66 126 39 88	20 SA	0109 0747 1556	73 117 42
6 SA	0212 0850 1711	80 126 31	21 SU	0819 1721	113 37
7 SU	0943 1830	125 21	22 M	0908 1832	110 28
8 M S	1105 1935	125 10	23 TU N	1049 1929	108 18
9 TU	0346 0707 1235 2029	107 100 127 2	24 W	0341 0731 1230 2016	103 95 111 9
10 W	0410 0823 1344 2116	111 93 132 - 3	25 TH	0353 0829 1336 2058	107 88 118 1
11 TH ●	0434 0915 1438 2156	114 84 136 - 4	26 F	0410 0909 1428 2137	111 78 125 - 3
12 F	0458 0956 1525 2231	115 74 138 0	27 SA ○	0430 0945 1517 2214	114 67 131 - 2
13 SA	0521 1032 1607 2302	116 64 136 7	28 SU	0451 1020 1604 2250	117 54 133 4
14 SU	0541 1106 1647 2330	116 56 132 18			
15 M E	0600 1139 1726 2354	117 49 125 29			

3　月

日期	潮时 时分	潮高 cm	日期	潮时 时分	潮高 cm
1 M E	0513 1056 1652 2323	119 41 132 15	16 TU	0508 1116 1727 2325	115 24 119 41
2 TU P	0536 1133 1741 2354	122 30 126 30	17 W	0524 1147 1806 2346	117 20 112 51
3 W	0559 1213 1832	125 23 117	18 TH A	0543 1221 1847	118 20 105
4 TH	0022 0622 1258 1929	46 127 20 105	19 F	0005 0602 1258 1934	61 118 22 97
5 F	0045 0647 1351 2041	62 128 20 93	20 SA	0023 0624 1345 2034	69 117 25 89
6 SA ☾	0100 0715 1504	75 127 23	21 SU ☽	0035 0646 1447	77 114 29
7 SU S	0751 1638	123 24	22 M N	0711 1613	110 31
8 M	0845 1809	116 21	23 TU	0743 1739	104 27
9 TU	0322 0539 1045 1920	99 98 111 15	24 W	0310 0547 0933 1849	97 96 98 20
10 W	0317 0733 1241 2014	103 89 113 10	25 TH	0255 0742 1211 1944	101 87 100 13
11 TH	0333 0829 1350 2057	107 76 119 8	26 F	0305 0818 1328 2029	105 75 109 8
12 F	0353 0908 1442 2135	109 63 124 9	27 SA	0321 0851 1426 2111	109 60 118 8
13 SA ●	0413 0943 1527 2207	111 51 127 14	28 SU ○E	0340 0924 1518 2149	112 43 125 13
14 SU E	0433 1014 1609 2236	113 40 126 21	29 M	0401 0959 1609 2224	116 26 128 22
15 M	0451 1045 1648 2302	114 31 124 31	30 TU P	0423 1035 1659 2257	120 11 127 36
			31 W	0446 1113 1749 2326	125 1 121 50

4　月

日期	潮时 时分	潮高 cm	日期	潮时 时分	潮高 cm
1 TH	0509 1154 1842 2352	129 - 4 112 64	16 F	0456 1155 1845 2340	120 5 105 72
2 F	0535 1238 1941	131 - 2 102	17 SA	0517 1230 1930	120 9 100
3 SA	0013 0602 1330 2059	75 130 6 92	18 SU N	0001 0539 1311 2028	78 118 14 95
4 SU ☾ S	0027 0633 1438	84 125 15	19 M	0021 0602 1404 2157	84 114 21 92
5 M	0712 1608	117 23	20 TU ☽	0040 0627 1518	90 109 26
6 TU	0817 1740	106 26	21 W	0700 1645	101 27
7 W	0203 0621 1053 1850	98 88 98 25	22 TH	0121 0618 0917 1801	99 91 93 26
8 TH	0218 0732 1246 1943	102 74 102 24	23 F	0139 0716 1157 1901	103 78 95 24
9 F	0238 0815 1352 2026	106 59 109 25	24 SA	0159 0750 1321 1951	107 61 104 25
10 SA	0300 0850 1443 2103	109 45 114 28	25 SU E	0219 0823 1424 2035	111 42 114 30
11 SU E	0321 0922 1527 2136	111 32 117 34	26 M	0242 0859 1520 2115	116 22 121 39
12 M ●	0341 0952 1608 2206	113 21 118 41	27 TU ○P	0306 0936 1613 2152	121 4 124 50
13 TU	0400 1022 1648 2233	115 12 117 50	28 W	0331 1015 1705 2226	127 - 9 123 62
14 W A	0418 1052 1727 2257	117 7 115 58	29 TH	0359 1057 1758 2257	133 - 16 118 73
15 TH	0436 1122 1805 2319	118 4 110 66	30 F	0428 1140 1853 2327	136 - 16 111 82

时　区：－0900　　　　潮高基准面：在平均海面下 86　cm

日 本—釜 石

JAPAN－KAMAISI

2021 年潮汐表　　39° 16′ N　　141° 53′ E

5 月

日期	潮时 时分	潮高 cm	日期	潮时 时分	潮高 cm
1 SA S	0459 1226 1956 2356	136 -9 103 88	16 SU	0445 1211 1927 2354	125 5 108 89
2 SU	0533 1318 2112	132 3 98	17 M	0511 1251 2020	122 12 106
3 M ☾	0035 0612 1418 2245	91 124 16 97	18 TU	0033 0541 1339 2124	92 117 19 105
4 TU	0147 0700 1533 2352	93 112 28 99	19 W ☽	0131 0617 1440 2233	95 111 26 105
5 W	0410 0822 1652	90 100 36	20 TH	0316 0721 1554 2329	94 102 33 108
6 TH	0033 0606 1049 1800	102 78 93 41	21 F	0524 0932 1707	85 94 38
7 F	0105 0706 1238 1855	106 64 96 44	22 SA E	0008 0628 1145 1811	110 69 96 44
8 SA E	0134 0748 1346 1942	110 49 102 48	23 SU	0041 0712 1315 1904	114 50 104 51
9 SU	0201 0823 1439 2023	113 35 108 52	24 M	0111 0753 1424 1952	119 29 113 60
10 M	0226 0856 1526 2059	115 23 112 58	25 TU	0141 0834 1524 2036	125 9 119 70
11 TU ● A	0249 0928 1608 2133	118 12 115 65	26 W ○ P	0213 0917 1621 2117	133 -0 122 80
12 W	0311 0959 1648 2202	120 5 116 71	27 TH	0247 1001 1715 2156	139 -16 122 87
13 TH	0333 1031 1726 2229	122 0 115 77	28 F S	0323 1046 1809 2236	144 -18 119 92
14 F	0355 1102 1804 2256	124 -1 113 81	29 SA	0401 1132 1902 2317	146 -14 115 94
15 SA N	0419 1135 1843 2323	125 1 110 85	30 SU	0441 1218 1955	143 -4 111
			31 M	0003 0523 1304 2045	94 136 10 109

6 月

日期	潮时 时分	潮高 cm	日期	潮时 时分	潮高 cm
1 TU	0058 0609 1353 2133	93 125 24 108	16 W	0043 0544 1320 2038	95 124 24 119
2 W ☾	0209 0705 1446 2217	90 113 38 109	17 TH	0140 0636 1409 2121	93 116 34 119
3 TH	0346 0823 1545 2300	85 101 50 112	18 F ☽	0257 0751 1506 2202	88 108 46 120
4 F E	0520 1021 1649 2341	74 94 59 115	19 SA E	0427 0935 1609 2241	77 101 58 122
5 SA	0625 1218 1749	61 95 66	20 SU	0539 1135 1712 2321	61 101 69 125
6 SU	0019 0713 1338 1844	117 47 101 72	21 M	0635 1318 1810	42 107 80
7 M	0055 0754 1438 1933	120 34 107 78	22 TU	0002 0726 1435 1904	131 24 115 90
8 TU A	0128 0830 1526 2018	123 23 112 82	23 W P	0045 0816 1538 1957	137 7 120 97
9 W	0159 0905 1609 2058	125 14 116 87	24 TH ○	0131 0905 1634 2049	144 -4 124 102
10 TH ●	0228 0939 1648 2134	128 7 118 90	25 F S	0218 0953 1724 2141	150 -10 125 103
11 F	0256 1013 1724 2207	131 4 119 92	26 SA	0305 1040 1809 2230	153 -0 124 100
12 SA N	0326 1047 1759 2241	133 3 119 94	27 SU	0352 1124 1848 2316	153 -3 122 96
13 SU	0357 1122 1836 2317	134 5 119 94	28 M	0437 1205 1923	149 8 121
14 M	0429 1158 1914 2357	133 9 119 95	29 TU	0003 0523 1243 1953	92 141 22 120
15 TU	0504 1237 1955	130 15 119	30 W	0051 0611 1319 2022	87 131 36 121

7 月

日期	潮时 时分	潮高 cm	日期	潮时 时分	潮高 cm
1 TH ☾ E	0147 0703 1354 2053	83 119 50 122	16 F E	0121 0653 1337 2016	81 124 48 131
2 F	0256 0808 1432 2126	79 108 63 124	17 SA ☽	0221 0802 1418 2048	74 115 63 132
3 SA	0420 0940 1518 2204	72 99 75 125	18 SU	0335 0933 1505 2123	66 107 79 134
4 SU	0535 1150 1620 2250	62 97 85 125	19 M	0454 1139 1601 2205	54 105 93 136
5 M A	0634 1337 1729 2340	51 102 93 127	20 TU	0605 1347 1709 2300	39 111 104 140
6 TU	0722 1444 1836	39 109 98	21 W P	0709 1506 1824	25 118 111
7 W	0030 0805 1531 1936	129 29 115 101	22 TH S	0006 0806 1558 1939	144 13 124 112
8 TH	0115 0845 1609 2029	132 21 119 103	23 F	0112 0859 1638 2046	150 5 127 109
9 F N	0156 0922 1643 2113	135 14 122 102	24 SA ○	0212 0948 1713 2140	155 2 129 103
10 SA ●	0234 0958 1714 2153	139 10 124 100	25 SU	0305 1031 1742 2225	157 4 129 95
11 SU	0311 1034 1744 2231	142 0 126 98	26 M	0353 1110 1809 2306	157 11 129 87
12 M	0348 1109 1813 2310	143 11 127 94	27 TU	0438 1144 1832 2346	153 22 129 80
13 TU	0428 1144 1843 2349	142 15 129 90	28 W	0522 1214 1854	145 36 130
14 W	0510 1221 1914	138 23 130	29 TH E	0026 0607 1241 1915	74 136 49 131
15 TH	0032 0557 1258 1945	86 132 34 130	30 F	0110 0654 1306 1938	71 125 63 132
			31 SA ☾	0203 0749 1330 2004	69 114 75 133

8 月

日期	潮时 时分	潮高 cm	日期	潮时 时分	潮高 cm
1 SU	0312 0904 1356 2036	67 104 87 132	16 M	0252 0936 1353 2013	52 109 96 141
2 M A	0434 1119 1425 2116	62 100 97 130	17 TU P	0419 2058	47 141
3 TU	0549 2213	55 129	18 W S	0546 2213	40 139
4 W	0650 1508 1737 2333	46 113 111 129	19 TH	0701 1530 1832 2357	31 123 118 141
5 TH N	0741 1536 1913	37 119 111	20 F	0802 1550 1957	22 127 111
6 F	0044 0826 1602 2018	133 28 123 108	21 SA	0118 0853 1612 2052	147 17 129 100
7 SA	0138 0905 1625 2104	138 22 126 103	22 SU ○	0219 0936 1635 2134	153 16 131 89
8 SU ●	0223 0942 1647 2142	143 17 128 97	23 M	0309 1014 1657 2212	156 20 132 77
9 M	0306 1018 1710 2218	147 16 131 89	24 TU	0355 1047 1717 2247	156 27 133 67
10 TU	0348 1052 1734 2254	149 18 133 81	25 W E	0437 1115 1736 2321	152 38 134 60
11 W	0431 1126 1758 2330	149 26 135 73	26 TH	0519 1141 1754 2356	145 50 136 56
12 TH E	0517 1159 1823	146 36 137	27 F	0600 1203 1813	137 63 137
13 F	0009 0606 1231 1848	66 139 50 139	28 SA	0033 0643 1223 1833	54 127 74 137
14 SA	0053 0700 1301 1914	60 130 65 140	29 SU	0115 0733 1242 1856	55 117 85 137
15 SU ☽	0144 0805 1329 1941	55 119 81 141	30 M ☾ A	0209 0838 1256 1922	57 108 94 134
			31 TU	0325 1953	59 131

时　区：－0900　　　　潮高基准面：在平均海面下 86　cm

日　本—釜　石

JAPAN－KAMAISI

2021 年潮汐表　　39° 16′ N　　141° 53′ E

9　月

日期	潮时 时分	潮高 cm
1 W	0456 2039	57 126
2 TH N	0614 2232	51 123
3 F	0714 1520 1930	42 121 112
4 SA	0024 0802 1532 2018	127 34 124 104
5 SU	0128 0843 1547 2053	134 27 128 94
6 M	0218 0920 1605 2125	141 24 131 82
7 TU ●	0304 0955 1624 2158	148 24 134 69
8 W E	0349 1029 1645 2232	151 29 137 57
9 TH	0434 1101 1707 2307	151 39 140 46
10 F	0521 1132 1729 2345	148 53 142 38
11 SA P	0611 1159 1752	140 68 145
12 SU	0026 0705 1223 1816	34 129 83 146
13 M ☽	0115 0812 1240 1843	35 118 96 146
14 TU	0220 1004 1232 1915	40 109 106 142
15 W S	0352 2003	43 136
16 TH	0533 1508 1713 2157	42 121 119 129
17 F	0652 1455 1913	37 124 109
18 SA	0015 0750 1508 2006	131 32 127 95
19 SU	0131 0835 1526 2045	139 30 129 80
20 M ○	0226 0914 1546 2120	145 32 132 66
21 TU E	0312 0947 1605 2153	149 37 133 54
22 W	0355 1017 1624 2224	149 45 135 45
23 TH	0435 1044 1642 2255	146 55 137 38
24 F	0515 1107 1659 2327	141 66 138 35
25 SA	0554 1128 1717 2359	134 76 139 35
26 SU A	0635 1146 1737	126 85 139
27 M	0037 0722 1202 1757	38 118 93 137
28 TU	0121 0822 1212 1819	44 110 100 134
29 W ☾ N	0222 1840	50 128
30 TH	0351 1902	54 122

10　月

日期	潮时 时分	潮高 cm
1 F	0525 1441	52 118
2 SA	0635 1432 1942	46 121 103
3 SU	0009 0727 1441 2007	117 40 125 91
4 M	0121 0811 1455 2034	126 35 128 76
5 TU	0214 0849 1512 2103	135 35 132 59
6 W ● E	0302 0925 1532 2135	143 39 136 42
7 TH	0350 0959 1553 2209	147 47 140 27
8 F P	0437 1031 1615 2246	147 59 144 17
9 SA	0526 1100 1639 2324	143 73 148 11
10 SU	0617 1126 1703	135 86 151
11 M	0007 0715 1146 1730	13 124 98 150
12 TU S	0056 0831 1158 1759	20 115 106 146
13 W ☽	0159 1834	31 137
14 TH	0329 1929	41 125
15 F	0510 1345 1814 2217	45 120 108 116
16 SA	0626 1354 1917	46 123 92
17 SU	0028 0720 1412 1955	120 46 127 75
18 M	0137 0804 1433 2029	127 47 130 59
19 TU E	0228 0841 1454 2101	134 50 133 45
20 W ○	0313 0914 1514 2132	137 56 135 33
21 TH	0355 0944 1534 2203	139 64 137 24
22 F	0435 1011 1553 2233	138 72 138 19
23 SA	0514 1035 1611 2303	134 81 139 17
24 SU A	0552 1057 1631 2335	129 88 140 19
25 M	0632 1116 1651	124 94 139
26 TU N	0009 0716 1135 1712	24 118 99 137
27 W	0048 0813 1151 1732	31 112 104 132
28 TH ☾	0138 0951 1156 1751	39 110 109 125
29 F	0248 1757	46 117
30 SA	0419 1307	50 117
31 SU	0540 1319 1919 2354	49 121 92 107

11　月

日期	潮时 时分	潮高 cm
1 M	0640 1335 1940	48 125 75
2 TU E	0112 0728 1354 2008	116 48 129 56
3 W	0210 0810 1414 2039	127 52 133 36
4 TH ●	0303 0849 1437 2113	135 60 139 17
5 F P	0353 0924 1502 2151	139 70 145 3
6 SA	0443 0957 1529 2230	139 81 151 -6
7 SU	0535 1028 1558 2312	135 92 155 -7
8 M S	0630 1057 1628 2357	128 100 155 0
9 TU	0731 1125 1701	120 106 151
10 W	0047 0849 1159 1738	11 115 109 142
11 TH ☽	0144 1029 1307 1822	26 113 111 129
12 F	0256 1136 1546 1935	40 115 108 114
13 SA	0419 1212 1757 2216	50 118 94 104
14 SU	0533 1241 1854	57 122 76
15 M E	0024 0630 1308 1934	107 61 126 59
16 TU	0136 0718 1335 2008	114 65 130 44
17 W	0230 0759 1401 2041	120 70 133 30
18 TH	0316 0837 1426 2113	125 75 136 19
19 F ○	0358 0911 1449 2144	128 81 138 11
20 SA	0438 0941 1512 2216	129 87 139 7
21 SU A	0516 1008 1534 2247	127 92 140 6
22 M N	0552 1033 1558 2319	125 96 141 9
23 TU	0630 1059 1623 2352	121 99 139 14
24 W	0711 1128 1648	118 102 136
25 TH	0029 0800 1205 1714	21 116 104 130
26 F	0111 0859 1300 1742	29 115 106 121
27 SA ☾	0203 1005 1445 1826	38 116 106 111
28 SU	0312 1101 1730 2037	46 118 96 100
29 M	0430 1142 1826 2321	53 121 79 99
30 TU E	0539 1214 1902	59 125 60

12　月

日期	潮时 时分	潮高 cm
1 W	0102 0635 1243 1938	107 66 129 38
2 TH	0212 0723 1313 2016	117 74 136 17
3 F	0310 0807 1345 2056	125 83 143 0
4 SA ● P	0404 0848 1419 2139	129 92 150 -12
5 SU	0457 0927 1455 2223	130 99 156 -17
6 M S	0549 1007 1534 2308	128 103 158 -15
7 TU	0642 1048 1614 2353	124 104 155 -5
8 W	0733 1134 1655	120 104 148
9 TH	0038 0821 1228 1740	8 117 101 137
10 F	0123 0906 1337 1832	24 116 98 122
11 SA ☽	0210 0947 1514 1944	40 117 92 107
12 SU E	0304 1028 1702 2142	54 119 80 96
13 M	0407 1109 1813	66 122 65
14 TU	0005 0513 1151 1903	95 75 125 50
15 W	0136 0614 1231 1944	101 81 128 35
16 TH	0237 0709 1308 2021	108 86 131 23
17 F	0324 0757 1341 2056	115 90 133 13
18 SA A	0405 0840 1413 2130	119 94 136 6
19 SU ○	0443 0918 1442 2203	121 96 138 2
20 M N	0517 0951 1512 2236	121 97 139 1
21 TU	0550 1024 1542 2308	121 97 140 3
22 W	0621 1057 1612 2341	120 96 138 7
23 TH	0654 1135 1645	120 95 133
24 F	0015 0729 1217 1721	14 120 94 127
25 SA	0051 0807 1309 1806	23 120 92 118
26 SU	0131 0845 1418 1907	33 120 88 107
27 M ☾ E	0219 0924 1552 2042	45 121 79 97
28 TU	0316 1004 1716 2256	58 122 64 94
29 W	0422 1044 1817	71 125 45
30 TH	0104 0528 1127 1908	99 83 130 25
31 F	0229 0629 1214 1957	108 93 136 6

时　区：－0900　　　　潮高基准面：在平均海面下 86　cm

萨哈林岛—科尔萨科夫港(大泊港)

SAKHALIN－PORT KORSAKOV(OTOMARI KO)

2021 年潮汐表　　46° 39′ N　　142° 45′ E

1 月

日期	潮时 时分	潮高 cm	日期	潮时 时分	潮高 cm
1 F	0118 1741	15 148	16 SA	0150 0824 1147 1842	20 81 72 143
2 SA	0155 1821	18 145	17 SU	0221 0847 1248 1925	27 85 70 132
3 SU	0230 1904	23 139	18 M	0248 0913 1348 2006	36 90 70 119
4 M	0305 0953 1249 1951	32 80 75 129	19 TU E	0311 0943 1452 2046	44 96 71 105
5 TU	0336 1008 1406 2044	42 83 73 116	20 W ☽	0330 1015 1607 2130	52 101 71 91
6 W ☾ E	0403 1030 1539 2153	53 90 71 101	21 TH A	0343 1052 1745 2230	58 106 69 78
7 TH	0425 1102 1733 2337	63 99 66 86	22 F	0348 1133 1957	63 111 63
8 F	0438 1145 1939	71 110 55	23 SA	0048 0331 1218 2124	69 67 116 52
9 SA P	0224 0428 1238 2114	77 76 122 41	24 SU	1307 2211	121 42
10 SU	1335 2219	133 28	25 M	1356 2247	127 32
11 M	1432 2311	143 18	26 TU N	1444 2320	133 24
12 TU S	1527 2356	150 13	27 W	1530 2354	138 18
13 W ●	1620	155	28 TH ○	1616	142
14 TH	0037 1709	11 155	29 F	0027 1700	15 144
15 F	0115 0806 1043 1757	14 78 74 151	30 SA	0100 0748 1045 1745	16 80 74 143
			31 SU	0132 0759 1140 1829	20 80 68 139

2 月

日期	潮时 时分	潮高 cm	日期	潮时 时分	潮高 cm
1 M	0201 0812 1234 1914	28 83 63 130	16 TU	0157 0804 1349 1953	40 97 52 104
2 TU E	0227 0826 1331 2001	39 87 58 118	17 W	0211 0829 1439 2028	46 101 52 91
3 W P	0248 0845 1434 2053	50 94 55 102	18 TH A	0221 0855 1535 2103	51 105 54 79
4 TH ☾	0300 0911 1551 2156	59 102 53 85	19 F ☽	0224 0924 1647 2149	55 108 54 67
5 F	0300 0947 1733 2357	66 110 51 70	20 SA	0213 0959 1842	58 110 52
6 SA	0223 1038 1953	69 118 43	21 SU	1045 2053	111 43
7 SU	1147 2134	124 32	22 M	1149 2147	113 34
8 M S	1307 2232	130 22	23 TU N	1306 2223	116 25
9 TU	1422 2315	136 16	24 W	1416 2256	121 19
10 W	1526 2351	140 14	25 TH	1517 2328	126 15
11 TH ●	1622	142	26 F	0627 0911 1611 2359	74 70 130 15
12 F	0023 0657 1013 1712	15 75 67 140	27 SA ○	0624 1017 1701	75 61 131
13 SA	0051 0704 1116 1757	20 79 61 135	28 SU	0028 0633 1110 1748	19 78 52 129
14 SU	0116 0720 1210 1839	26 85 56 126			
15 M E	0138 0741 1300 1917	33 91 53 116			

3 月

日期	潮时 时分	潮高 cm	日期	潮时 时分	潮高 cm
1 M E	0055 0647 1200 1835	26 83 43 122	16 TU	0046 0643 1258 1909	37 97 31 95
2 TU P	0119 0703 1251 1922	35 89 36 112	17 W	0059 0705 1339 1943	42 102 31 84
3 W	0138 0723 1343 2010	45 97 32 98	18 TH A	0109 0727 1422 2018	46 106 32 74
4 TH	0150 0747 1442 2104	54 104 31 81	19 F	0113 0749 1509 2056	50 108 33 64
5 F	0151 0817 1554 2220	60 111 32 65	20 SA	0108 0814 1607 2158	52 109 35 55
6 SA ☾	0126 0856 1736	61 115 33	21 SU ☽	0038 0843 1732	52 109 36
7 SU S	0948 2003	117 29	22 M N	0923 1938	107 32
8 M	1109 2132	116 21	23 TU	1029 2057	105 26
9 TU	1255 2221	116 17	24 W	1217 2141	103 21
10 W	1424 2257	118 15	25 TH	1355 2216	106 19
11 TH	1532 2326	120 17	26 F	0519 0815 1507 2248	68 64 110 19
12 F	0551 0944 1626 2350	71 58 120 21	27 SA	0505 0932 1607 2316	71 52 113 23
13 SA ●	0552 1043 1713	76 48 117	28 SU ○ E	0512 1028 1700 2343	76 39 113 29
14 SU E	0011 0604 1131 1755	27 83 40 112	29 M	0526 1117 1750	84 26 109
15 M	0030 0622 1216 1833	32 90 34 104	30 TU P	0006 0546 1206 1839	36 93 17 101
			31 W	0025 0609 1256 1930	45 102 11 90

4 月

日期	潮时 时分	潮高 cm	日期	潮时 时分	潮高 cm
1 TH	0039 0636 1348 2024	52 110 9 77	16 F	0002 0636 1409 2028	51 113 16 62
2 F	0044 0706 1447 2133	57 116 11 63	17 SA	0001 0658 1452 2128 2341	53 114 18 55 53
3 SA	0033 0741 1558	58 119 15	18 SU N	0723 1543	114 21
4 SU ☾ S	0822 1736	117 19	19 M	0753 1650	112 24
5 M	0917 1937	112 20	20 TU ☽	0833 1818	108 25
6 TU	1048 2057	105 19	21 W	0937 1942	101 26
7 W	1254 2144	101 20	22 TH	1138 2038	95 26
8 TH	1426 2216	100 23	23 F	0424 0629 1335 2118	67 66 94 29
9 F	0443 0913 1533 2240	70 55 100 27	24 SA	0345 0832 1457 2151	71 53 96 33
10 SA	0442 1009 1626 2300	77 42 99 33	25 SU E	0349 0936 1602 2219	79 37 97 39
11 SU E	0453 1054 1711 2317	85 32 95 37	26 M	0406 1029 1700 2243	89 22 96 46
12 M ●	0510 1135 1751 2333	93 24 90 42	27 TU ○ P	0430 1119 1755 2304	101 10 91 52
13 TU	0531 1214 1830 2346	101 19 84 46	28 W	0458 1209 1849 2321	112 1 84 57
14 W A	0553 1252 1907 2356	107 16 77 49	29 TH	0529 1300 1946 2333	121 -3 74 60
15 TH	0614 1329 1945	111 15 69	30 F	0603 1353 2053 2335	127 -3 65 60

时　区：－1200　　潮高基准面：在平均海面下 73 cm

萨哈林岛—科尔萨科夫港(大泊港)

SAKHALIN—PORT KORSAKOV(OTOMARI KO)

2021 年潮汐表　　46° 39′ N　　142° 45′ E

5 月

日期	潮时 时分	潮高 cm	日期	潮时 时分	潮高 cm
1 SA S	0640 1452	130 1	16 SU	0624 1442	126 13
2 SU	0721 1558	127 8	17 M	0653 1528	124 17
3 M ☾	0807 1717	120 15	18 TU	0728 1620	120 22
4 TU	0906 1841	110 22	19 W ☽	0812 1718	113 28
5 W	1040 1951	99 27	20 TH	0918 1818	103 34
6 TH	1242 2038	91 33	21 F	1111 1913	93 41
7 F	0325 0823 1417 2110	75 60 88 39	22 SA E	0210 0655 1315 1956	75 63 88 48
8 SA E	0327 0928 1527 2134	83 47 86 44	23 SU	0219 0831 1449 2031	85 48 86 55
9 SU	0341 1016 1622 2153	92 35 83 49	24 M	0241 0936 1606 2100	97 31 85 61
10 M	0401 1057 1710 2210	101 25 80 53	25 TU	0311 1031 1712 2125	111 16 83 65
11 TU ●A	0423 1135 1754 2225	109 18 77 56	26 W ○P	0345 1123 1814 2147	123 5 79 68
12 W	0446 1211 1837 2237	116 13 73 58	27 TH	0423 1214 1915 2207	134 -2 75 68
13 TH	0510 1247 1922 2246	121 10 69 60	28 F S	0503 1305 2021 2223	142 -4 70 68
14 F	0534 1323 2013 2249	124 10 65 62	29 SA	0545 1357	144 -2
15 SA N	0558 1402	126 10	30 SU	0629 1450	142 4
			31 M	0715 1544	135 13

6 月

日期	潮时 时分	潮高 cm	日期	潮时 时分	潮高 cm
1 TU	0805 1639	125 23	16 W	0725 1548	127 28
2 W ☾	0904 1732	111 33	17 TH	0813 1625 2344	117 38 75
3 TH	1024 1820	98 42	18 F ☽	0222 0916 1701 2357	73 105 48 82
4 F E	0135 0628 1210 1900	82 70 86 50	19 SA E	0439 1051 1735	70 92 57
5 SA	0154 0823 1353 1932	91 59 80 57	20 SU	0023 0650 1258 1805	92 61 82 66
6 SU	0218 0928 1518 1958	100 47 77 62	21 M	0059 0832 1504 1832	104 46 78 72
7 M	0245 1016 1628 2020	109 36 75 65	22 TU	0142 0943 1653 1855	118 31 77 76
8 TU A	0312 1056 1727 2041	118 28 74 68	23 W P	0227 1041	131 18
9 W	0340 1133 1821 2100	125 21 74 70	24 TH ○	0315 1133	142 8
10 TH ●	0409 1208	130 15	25 F S	0403 1221	150 3
11 F	0437 1243	135 12	26 SA	0451 1308	154 3
12 SA N	0506 1319	137 11	27 SU	0540 1352	154 7
13 SU	0537 1355	138 12	28 M	0628 1434 2135 2358	148 14 74 71
14 M	0609 1432	137 15	29 TU	0716 1514 2204	139 24 78
15 TU	0645 1509	133 21	30 W	0109 0805 1549 2235	72 126 34 83

7 月

日期	潮时 时分	潮高 cm	日期	潮时 时分	潮高 cm
1 TH ☾E	0230 0857 1620 2310	73 112 45 90	16 F E	0150 0821 1530 2146	68 115 50 90
2 F	0405 0957 1645 2348	73 96 54 97	17 SA ☽	0307 0918 1546 2214	66 101 60 99
3 SA	0602 1119 1704	69 83 61	18 SU	0443 1038 1552 2255	62 85 68 109
4 SU	0027 0804 1317 1716	105 61 74 67	19 M	0645 1317 1525 2349	55 73 72 119
5 M A	0107 0923	113 50	20 TU	0845	42
6 TU	0147 1014	120 40	21 W P	0053 1000	129 29
7 W	0225 1054	127 31	22 TH S	0158 1055	139 18
8 TH	0303 1129	133 24	23 F	0300 1141	147 12
9 F N	0339 1202	138 18	24 SA ○	0358 1222	152 10
10 SA ●	0416 1235	141 15	25 SU	0452 1259 1947 2228	153 12 76 71
11 SU	0453 1307	144 14	26 M	0542 1333 1959 2336	151 17 79 67
12 M	0530 1340	144 16	27 TU	0630 1404 2018	143 25 84
13 TU	0609 1411 2107 2344	141 21 78 74	28 W	0038 0716 1430 2042	64 133 34 90
14 W	0650 1441 2117	136 29 79	29 TH E	0137 0759 1453 2109	62 119 44 97
15 TH	0044 0734 1508 2129	71 127 39 83	30 F	0239 0842 1509 2141	62 105 52 103
			31 SA ☾	0348 0926 1520 2216	63 90 58 108

8 月

日期	潮时 时分	潮高 cm	日期	潮时 时分	潮高 cm
1 SU	0516 1024 1519 2257	63 76 63 112	16 M	0442 1050 1355 2148	48 70 67 119
2 M A	0723 2346	58 116	17 TU P	0653 2251	44 124
3 TU	0913	49	18 W S	0908	34
4 W	0040 1006	120 40	19 TH	0017 1014	128 24
5 TH N	0136 1042	124 31	20 F	0147 1058	133 17
6 F	0229 1114	129 24	21 SA	0302 1134	137 15
7 SA	0318 1144	134 19	22 SU ○	0404 1206 1836 2157	140 17 75 66
8 SU ●	0404 1214 1925 2140	137 17 80 78	23 M	0457 1234 1839 2303	140 21 79 57
9 M	0449 1244 1926 2241	140 17 80 72	24 TU	0545 1258 1854 2358	135 28 86 50
10 TU	0532 1312 1933 2332	139 22 81 66	25 W E	0629 1320 1914	127 35 94
11 W	0615 1339 1944	136 29 84	26 TH	0049 0710 1338 1937	46 117 42 101
12 TH E	0022 0658 1402 1956	59 128 39 89	27 F	0138 0749 1352 2002	45 104 49 106
13 F	0114 0742 1419 2012	54 117 49 96	28 SA	0228 0826 1401 2030	45 91 54 110
14 SA	0210 0829 1429 2034	50 103 58 104	29 SU	0323 0904 1402 2059	47 78 57 113
15 SU ☽	0316 0923 1427 2105	49 86 65 112	30 M ☾A	0431 0953 1347 2133	50 66 59 114
			31 TU	0614 2215	49 114

时　区：−1200　　　　潮高基准面：在平均海面下 73　cm

萨哈林岛—科尔萨科夫港（大泊港）

SAKHALIN－PORT KORSAKOV（OTOMARI KO）

2021 年潮汐表　　46° 39′ N　　142° 45′ E

9 月

日期	潮时 时分	潮高 cm	日期	潮时 时分	潮高 cm
1 W	0835 2317	43 113	16 TH	0904	25
2 TH N	0936	35	17 F	0002 1000	118 21
3 F	0040 1012	114 28	18 SA	0152 1037	118 20
4 SA	0159 1043	117 23	19 SU	0310 1106 1730 2127	121 22 73 61
5 SU	0303 1112 1810 2107	122 20 77 72	20 M ○	0410 1131 1727 2229	121 27 79 49
6 M	0357 1140 1804 2210	125 21 79 63	21 TU E	0500 1151 1739 2319	119 33 88 39
7 TU ●	0446 1207 1810 2300	127 24 82 52	22 W	0545 1209 1757	114 39 97
8 W E	0533 1232 1822 2347	126 31 87 43	23 TH	0004 0626 1225 1819	32 106 45 105
9 TH	0619 1254 1837	121 39 94	24 F	0048 0704 1238 1842	28 96 49 111
10 F	0034 0704 1311 1855	35 112 49 102	25 SA	0131 0741 1247 1907	27 86 53 115
11 SA P	0123 0751 1321 1917	30 99 57 110	26 SU A	0214 0818 1252 1931	29 76 56 117
12 SU	0217 0842 1320 1944	28 84 62 117	27 M	0301 0901 1245 1957	32 66 57 117
13 M ☽	0322 0950 1257 2019	29 68 63 121	28 TU	0357 2024	35 115
14 TU	0448 2104	32 123	29 W ☾ N	0513 2100	37 112
15 W S	0707 2212	31 120	30 TH	0705 2155	36 108

10 月

日期	潮时 时分	潮高 cm	日期	潮时 时分	潮高 cm
1 F	0831 2338	32 104	16 SA	0005 0916	107 27
2 SA	0918	29	17 SU	0156 0952 1621 2051	105 31 76 61
3 SU	0129 0954 1703 2008	105 27 75 71	18 M	0312 1017 1616 2153	104 37 83 47
4 M	0247 1024 1645 2123	108 28 78 58	19 TU E	0411 1037 1627 2241	103 43 93 35
5 TU	0349 1052 1649 2215	111 32 83 44	20 W ○	0500 1054 1646 2324	99 49 103 26
6 W ●E	0443 1117 1702 2303	112 38 91 31	21 TH	0544 1108 1708	94 53 112
7 TH	0533 1139 1721 2350	109 45 100 21	22 F	0005 0625 1122 1732	20 88 56 119
8 F P	0623 1157 1743	103 53 110	23 SA	0044 0705 1132 1757	17 81 58 123
9 SA	0038 0713 1209 1809	13 93 60 119	24 SU A	0123 0746 1139 1821	17 74 60 125
10 SU	0128 0808 1214 1838	10 81 64 125	25 M	0203 0833 1138 1845	19 67 61 125
11 M	0224 0918 1201 1912	12 69 64 129	26 TU N	0246 1911	22 124
12 TU S	0330 1951	16 128	27 W	0334 1939	25 121
13 W ☽	0455 2040	21 122	28 TH ☾	0432 2014	29 115
14 TH	0649 2155	24 114	29 F	0544 2106	32 108
15 F	0822	25	30 SA	0700 2249	34 101
			31 SU	0800	36

11 月

日期	潮时 时分	潮高 cm	日期	潮时 时分	潮高 cm
1 M	0059 0843 1521 2015	97 40 80 63	16 TU	0308 0904 1513 2200	91 56 101 42
2 TU E	0230 0918 1525 2121	97 45 88 47	17 W	0411 0923 1535 2245	89 62 111 31
3 W	0341 0946 1541 2213	98 51 98 32	18 TH	0505 0940 1600 2326	86 65 121 23
4 TH ●	0442 1010 1604 2303	97 57 110 19	19 F ○	0553 0955 1627	82 67 128
5 F P	0539 1031 1632 2352	94 63 122 9	20 SA	0004 0639 1008 1654	18 78 69 133
6 SA	0636 1048 1703	88 68 132	21 SU A	0042 0727 1019 1721	16 75 70 136
7 SU	0042 0736 1059 1738	3 80 70 139	22 M N	0119 0821 1023 1748	15 72 71 137
8 M S	0135 0848 1058 1816	2 72 70 142	23 TU	0156 1815	17 136
9 TU	0232 1857	5 140	24 W	0234 1843	19 133
10 W	0334 1943	12 133	25 TH	0315 1916	23 128
11 TH ☽	0445 2038	20 123	26 F	0359 1956	29 121
12 F	0602 2200	28 110	27 SA ☾	0446 2051	35 112
13 SA	0712	35	28 SU	0535 2220	42 101
14 SU	0000 0804 1455 1947	100 43 82 69	29 M	0624 1335 1817	50 84 73
15 M E	0147 0839 1457 2107	94 50 91 55	30 TU E	0027 0707 1346 2006	93 57 94 59

12 月

日期	潮时 时分	潮高 cm	日期	潮时 时分	潮高 cm
1 W	0216 0743 1410 2117	89 65 106 43	16 TH	0430 0733 1448 2248	79 75 127 33
2 TH	0344 0814 1441 2214	88 71 119 28	17 F	0542 0751 1521 2327	79 77 134 26
3 F	0500 0840 1517 2307	86 75 132 15	18 SA A	1553	139
4 SA ●P	0608 0903 1557 2358	84 78 143 6	19 SU ○	0004 1625	21 143
5 SU	0716 0923 1639	80 78 151	20 M N	0038 1657	18 145
6 M S	0049 1723	3 155	21 TU	0112 1728	17 145
7 TU	0141 1809	3 154	22 W	0146 1801	18 143
8 W	0232 1856	9 147	23 TH	0219 1836	21 139
9 TH	0323 1948	17 137	24 F	0252 1913	26 133
10 F	0413 2046	27 123	25 SA	0324 1957	34 124
11 SA ☽	0501 1229 1500 2159	38 81 79 109	26 SU	0354 1052 1415 2050	43 83 78 112
12 SU E	0545 1248 1735 2336	49 88 76 95	27 M ☾ E	0423 1110 1602 2203	52 89 75 98
13 M	0622 1314 1945	59 97 66	28 TU	0448 1138 1803 2358	62 98 67 86
14 TU	0124 0651 1343 2107	86 66 108 53	29 W	0509 1216 1958	70 110 55
15 W	0305 0714 1415 2203	81 72 118 42	30 TH	0227 0522 1303 2122	79 76 122 40
			31 F	1353 2224	134 26

时　区：－1200　　　　潮高基准面：在平均海面下 73　cm

千岛群岛—松轮岛

KURIL ISLANDS－MATSUWA TO

2021 年潮汐表　　48° 05′ N　　153° 16′ E

1 月

日期	潮时 时分	潮高 cm	日期	潮时 时分	潮高 cm
1 F	0017 1557	0 128	16 SA	0055 1717	-4 128
2 SA	0052 1639	-1 128	17 SU	0134 0945 1225 1806	4 100 96 121
3 SU	0127 1724	1 125	18 M	0209 0955 1329 1853	14 98 91 112
4 M	0203 1034 1256 1814	6 102 100 118	19 TU E	0241 1006 1440 1941	25 98 85 101
5 TU	0239 1035 1424 1910	14 101 93 108	20 W ☽	0307 1018 1556 2040	38 99 77 89
6 W ☾ E	0313 1042 1605 2024	27 102 83 94	21 TH A	0327 1030 1717 2215	50 101 68 79
7 TH	0344 1055 1745 2226	42 106 68 80	22 F	0337 1043 1839	63 105 56
8 F	0406 1113 1912	60 111 48	23 SA	1058 1948	109 44
9 SA P	1137 2018	118 29	24 SU	1119 2041	113 32
10 SU	1207 2112	125 11	25 M	1149 2126	117 22
11 M	1246 2201	131 -2	26 TU N	1230 2208	120 14
12 TU S	1334 2246	135 -9	27 W	1321 2248	122 8
13 W ●	1428 2331	136 -12	28 TH ○	1417 2326	124 4
14 TH	1526	136	29 F	1513	126
15 F	0013 1623	-9 133	30 SA	0002 1608	2 126
			31 SU	0038 0853 1131 1701	4 101 97 124

2 月

日期	潮时 时分	潮高 cm	日期	潮时 时分	潮高 cm
1 M	0112 0855 1229 1755	8 100 90 119	16 TU	0140 0826 1333 1910	31 97 72 105
2 TU E	0144 0858 1333 1853	17 100 81 110	17 W	0203 0834 1420 2001	42 99 65 96
3 W P	0214 0904 1440 2000	30 103 69 99	18 TH A	0221 0843 1509 2106	53 102 57 88
4 TH ☾	0239 0916 1551 2130	45 108 56 86	19 F ☽	0232 0852 1603 2240	64 105 50 82
5 F	0254 0931 1707	62 114 43	20 SA	0230 0903 1705	75 109 44
6 SA	0003 0226 0952 1828	79 77 121 30	21 SU	0917 1820	113 38
7 SU	1020 1943	126 17	22 M	0939 1935	116 31
8 M S	1100 2048	129 8	23 TU N	1019 2039	117 24
9 TU	1200 2144	129 3	24 W	1124 2133	117 19
10 W	1315 2234	128 1	25 TH	1246 2219	118 14
11 TH ●	1433 2321	126 2	26 F	1410 2301	119 12
12 F	0804 1019 1545	105 102 125	27 SA ○	0731 0957 1525 2339	100 97 120 13
13 SA	0003 0806 1111 1645	7 101 94 122	28 SU	0727 1055 1630	98 88 119
14 SU	0040 0812 1159 1737	13 98 87 118			
15 M E	0113 0819 1246 1823	21 97 80 112			

3 月

日期	潮时 时分	潮高 cm	日期	潮时 时分	潮高 cm
1 M E	0015 0725 1149 1731	18 98 77 117	16 TU	0041 0655 1243 1845	44 99 58 104
2 TU P	0047 0727 1243 1831	27 100 64 111	17 W	0102 0702 1317 1935	53 101 49 100
3 W	0116 0733 1336 1938	40 104 51 103	18 TH A	0120 0709 1353 2032	63 104 42 96
4 TH	0141 0744 1430 2058	56 111 38 94	19 F	0134 0716 1431 2141	73 107 36 92
5 F	0157 0758 1527 2248	71 118 28 88	20 SA	0142 0724 1514 2316	82 111 32 89
6 SA ☾	0151 0816 1631	84 124 21	21 SU ☽	0127 0735 1604	88 114 30
7 SU S	0841 1744	128 17	22 M N	0753 1708	116 30
8 M	0914 1904	128 15	23 TU	0822 1825	116 29
9 TU	1009 2019	124 15	24 W	0910 1941	115 28
10 W	1140 2122	118 16	25 TH	1032 2044	112 26
11 TH	1329 2217	114 18	26 F	1228 2137	109 25
12 F	0640 1002 1504 2303	101 94 113 22	27 SA	0607 0914 1419 2223	98 92 109 28
13 SA ●	0640 1049 1614 2342	98 84 112 28	28 SU ○ E	0557 1012 1547 2304	96 80 110 34
14 SU E	0644 1130 1710	97 75 111	29 M	0552 1104 1700 2341	97 65 110 44
15 M	0015 0649 1207 1758	35 97 66 108	30 TU P	0554 1153 1808	101 48 108
			31 W	0013 0601 1240 1919	57 108 32 105

4 月

日期	潮时 时分	潮高 cm	日期	潮时 时分	潮高 cm
1 TH	0040 0613 1326 2039	71 115 18 102	16 F	0033 0548 1327 2115	85 111 22 100
2 F	0059 0629 1413 2212	85 123 9 99	17 SA	0047 0556 1402 2224	92 114 18 99
3 SA	0103 0649 1504	95 129 5	18 SU N	0051 0608 1441	97 117 17
4 SU ☾ S	0714 1600	132 7	19 M	0626 1526	118 19
5 M	0746 1707	129 12	20 TU ☽	0653 1621	119 22
6 TU	0827 1825	123 19	21 W	0731 1727	116 26
7 W	0938 1942	113 25	22 TH	0825 1836	111 30
8 TH	0537 0832 1150 2048	103 100 104 31	23 F	1002 1941	104 34
9 F	0511 0935 1402 2144	99 88 100 37	24 SA	0433 0825 1233 2039	97 90 97 40
10 SA	0510 1018 1535 2229	98 76 100 44	25 SU E	0415 0925 1445 2131	97 74 96 50
11 SU E	0514 1055 1641 2305	98 64 101 52	26 M	0409 1015 1623 2216	100 55 99 61
12 M ●	0519 1128 1736 2333	100 54 101 61	27 TU ○ P	0414 1101 1748 2256	105 36 102 75
13 TU	0525 1158 1827 2356	102 44 100 69	28 W	0425 1145 1909 2328	113 17 106 88
14 W A	0532 1227 1920	105 35 100	29 TH	0442 1228 2030 2351	122 2 108 99
15 TH	0015 0540 1256 2015	78 108 27 100	30 F	0503 1312	130 -7

时　区：－1100　　　　潮高基准面：在平均海面下 78　cm

千岛群岛—松轮岛

KURIL ISLANDS－MATSUWA TO

2021 年潮汐表　　48° 05′ N　　153° 16′ E

5 月

日期	潮时 时分	潮高 cm	日期	潮时 时分	潮高 cm
1 SA S	0527 1357	136 -10	16 SU	0454 1342	121 7
2 SU	0558 1445	137 -7	17 M	0516 1420	122 9
3 M ☾	0635 1538	134 2	18 TU	0546 1503	122 12
4 TU	0717 1638	126 13	19 W ☽	0624 1550	119 17
5 W	0808 1744	114 25	20 TH	0710 1642	114 24
6 TH	0407 0713 0939 1850	101 100 101 36	21 F	0813 1736	105 33
7 F	0332 0849 1211 1950	99 86 90 46	22 SA E	0227 0711 1013 1830	98 90 92 45
8 SA E	0331 0935 1431 2043	99 71 88 56	23 SU	0210 0827 1310 1925	100 72 85 59
9 SU	0337 1012 1604 2126	101 58 89 66	24 M	0214 0920 1543 2018	104 51 87 74
10 M	0344 1044 1715 2201	104 45 92 75	25 TU	0227 1006 1744 2108	111 29 96 89
11 TU ●A	0353 1113 1819 2230	107 34 96 84	26 W ○P	0246 1050 1921 2150	120 0 105 102
12 W	0403 1140 1919 2255	111 25 99 91	27 TH	0309 1133	129 -6
13 TH	0414 1207 2015 2319	114 17 103 97	28 F S	0338 1215	136 -16
14 F	0425 1236 2109 2340	117 11 105 102	29 SA	0412 1259	141 -19
15 SA N	0438 1308	119 8	30 SU	0452 1344	141 -16
			31 M	0537 1431	137 -7

6 月

日期	潮时 时分	潮高 cm	日期	潮时 时分	潮高 cm
1 TU	0625 1519	129 5	16 W	0541 1444	122 10
2 W ☾	0717 1609	118 18	17 TH	0628 1523	116 18
3 TH	0140 0354 0818 1658	100 100 104 32	18 F ☽	0004 0301 0725 1601 2358	100 98 107 28 101
4 F E	0131 0707 0953 1743	100 88 90 45	19 SA E	0512 0847 1639	88 93 43
5 SA	0138 0828 1227 1823	101 73 80 59	20 SU	0004 0654 1112 1712	103 71 80 59
6 SU	0148 0914 1458 1857	104 58 79 71	21 M	0019 0806 1449 1726	109 51 79 77
7 M	0201 0949 1657 1926	107 44 84 82	22 TU	0038 0901	116 29
8 TU A	0214 1020	111 32	23 W P	0103 0949	124 9
9 W	0229 1049	115 21	24 TH ○	0135 1035	132 -6
10 TH ●	0246 1119	119 13	25 F S	0214 1120	138 -16
11 F	0306 1140	121 7	26 SA	0300 1204	142 -19
12 SA N	0327 1221	123 4	27 SU	0352 1249	142 -17
13 SU	0353 1255	124 2	28 M	0447 1333	138 -10
14 M	0423 1330	125 3	29 TU	0542 1417	132 1
15 TU	0459 1406	124 6	30 W	0638 1458 2311	122 13 100

7 月

日期	潮时 时分	潮高 cm	日期	潮时 时分	潮高 cm
1 TH ☾E	0227 0732 1535 2322	95 109 27 100	16 F E	0207 0701 1452 2209	91 108 28 102
2 F	0418 0835 1606 2335	87 96 41 101	17 SA ☽	0329 0810 1519 2219	80 96 42 106
3 SA	0606 1008 1630 2350	76 82 55 104	18 SU	0453 0952 1538 2233	66 83 59 112
4 SU	0732 1242 1640	62 75 68	19 M	0617 1254 1509 2253	49 77 75 119
5 M A	0006 0828	108 48	20 TU	0732 2319	31 126
6 TU	0025 0910	112 35	21 W P	0835 2357	14 132
7 W	0046 0947	116 24	22 TH S	0930	1
8 TH	0112 1022	120 16	23 F	0048 1020	135 -8
9 F N	0143 1057	122 9	24 SA ○	0150 1108	137 -11
10 SA ●	0220 1133	124 5	25 SU	0257 1154	137 -10
11 SU	0300 1208	125 3	26 M	0404 1238 2114 2317	134 -4 103 101
12 M	0344 1243	125 3	27 TU	0505 1319 2117	129 4 100
13 TU	0429 1316	125 5	28 W	0021 0601 1356 2123	94 122 15 98
14 W	0516 1350 2207	122 9 101	29 TH E	0126 0654 1427 2132	86 113 27 99
15 TH	0051 0605 1422 2206	98 117 17 100	30 F	0232 0748 1453 2143	79 102 41 101
			31 SA ☾	0339 0852 1511 2156	70 90 54 104

8 月

日期	潮时 时分	潮高 cm	日期	潮时 时分	潮高 cm
1 SU	0449 1026 1518 2210	61 80 66 108	16 M	0422 1119 1415 2111	41 82 79 121
2 M A	0603 2226	52 111	17 TU P	0536 2135	29 126
3 TU	0715 2247	42 115	18 W S	0654 2211	19 129
4 W	0816 2317	32 117	19 TH	0807 2310	10 130
5 TH N	0907	24	20 F	0910	4
6 F	0002 0953	119 17	21 SA	0032 1006	128 2
7 SA	0059 1035	120 12	22 SU ○	0202 1056 1941 2200	126 4 105 102
8 SU ●	0201 1114	122 9	23 M	0324 1142 1938 2257	125 9 100 92
9 M	0303 1150	123 9	24 TU	0432 1222 1941 2347	122 16 98 82
10 TU	0359 1224 2030 2318	123 10 99 94	25 W E	0529 1256 1946	118 25 97
11 W	0453 1255 2029	121 14 98	26 TH	0036 0621 1324 1952	73 112 36 99
12 TH E	0014 0545 1325 2029	87 117 22 99	27 F	0123 0711 1347 2001	65 105 48 101
13 F	0113 0640 1352 2033	77 110 34 102	28 SA	0208 0807 1404 2011	57 97 59 104
14 SA	0213 0745 1416 2042	66 100 49 107	29 SU	0254 0915 1414 2022	50 89 70 108
15 SU ☽	0315 0909 1431 2054	53 89 65 114	30 M ☾A	0343 1051 1409 2033	44 84 80 111
			31 TU	0441 2046	40 114

时　区：－1100　　　　潮高基准面：在平均海面下 78　cm

千岛群岛—松轮岛

KURIL ISLANDS－MATSUWA TO

2021 年潮汐表　　48° 05′ N　　153° 16′ E

9 月

日期	潮时 时分	潮高 cm	日期	潮时 时分	潮高 cm
1 W	0552 2108	36 115	16 TH	0619 2115	14 125
2 TH N	0711 2148	31 116	17 F	0739 2250	15 119
3 F	0819 2259	27 115	18 SA	0848 1834 2038	16 106 105
4 SA	0916	23	19 SU	0054 0947 1809 2144	113 20 101 93
5 SU	0032 1003	115 20	20 M ○	0242 1037 1806 2231	112 25 99 81
6 M	0201 1044 1902 2144	115 19 98 94	21 TU E	0401 1119 1808 2314	112 32 98 69
7 TU ●	0317 1121 1857 2239	116 21 96 85	22 W	0501 1153 1813 2353	110 41 99 59
8 W E	0420 1154 1854 2331	116 26 96 73	23 TH	0553 1220 1819	108 50 101
9 TH	0519 1224 1855	114 35 99	24 F	0029 0644 1242 1827	50 104 61 104
10 F	0021 0618 1252 1859	61 109 47 104	25 SA	0103 0736 1259 1836	41 100 71 107
11 SA P	0111 0723 1316 1908	47 103 61 110	26 SU A	0138 0835 1312 1844	35 97 80 110
12 SU	0201 0841 1332 1920	34 97 75 118	27 M	0214 0947 1318 1853	30 94 87 113
13 M ☽	0253 1027 1327 1936	24 92 88 124	28 TU	0255 1903	28 115
14 TU	0351 1957	18 128	29 W ☾ N	0344 1919	28 116
15 W S	0459 2027	15 129	30 TH	0447 1946	29 116

10 月

日期	潮时 时分	潮高 cm	日期	潮时 时分	潮高 cm
1 F	0604 2032	30 113	16 SA	0705 1709 2021 2310	24 104 102 104
2 SA	0721 2201	30 109	17 SU	0815 1639 2117	32 100 87
3 SU	0824	30	18 M	0139 0914 1635 2200	98 39 99 72
4 M	0014 0916 1735 2104	106 31 97 89	19 TU E	0323 1001 1637 2238	99 48 100 58
5 TU	0210 1000 1724 2156	105 34 96 76	20 W ○	0434 1039 1643 2312	100 57 103 46
6 W ●E	0336 1038 1718 2245	106 41 97 61	21 TH	0532 1109 1651 2343	101 67 106 36
7 TH	0447 1114 1719 2331	107 50 102 45	22 F	0626 1132 1700	101 76 110
8 F P	0555 1145 1726	107 63 108	23 SA	0012 0720 1151 1709	27 101 84 113
9 SA	0015 0705 1211 1736	29 105 77 116	24 SU A	0041 0817 1207 1719	21 101 91 115
10 SU	0059 0824 1229 1751	15 104 89 124	25 M	0111 0917 1218 1728	16 101 96 118
11 M	0145 0959 1232 1810	5 102 99 131	26 TU N	0145 1740	15 119
12 TU S	0233 1834	1 134	27 W	0223 1758	15 120
13 W ☽	0326 1904	3 132	28 TH ☾	0308 1823	19 119
14 TH	0430 1942	9 126	29 F	0402 1857	23 116
15 F	0546 2040	17 115	30 SA	0506 1942	28 110
			31 SU	0613 2115	32 101

11 月

日期	潮时 时分	潮高 cm	日期	潮时 时分	潮高 cm
1 M	0715 1605 2018	38 97 88	16 TU	0220 0812 1502 2155	86 59 104 53
2 TU E	0013 0810 1543 2111	94 45 97 72	17 W	0401 0857 1511 2228	89 70 107 39
3 W	0233 0859 1536 2156	93 54 100 53	18 TH	0517 0934 1523 2258	93 80 111 27
4 TH ●	0412 0944 1540 2239	96 66 106 34	19 F ○	0623 1004 1535 2326	97 89 115 18
5 F P	0536 1023 1551 2322	101 79 115 15	20 SA	0723 1029 1549 2353	101 96 118 12
6 SA	0659 1055 1607	105 92 124	21 SU A	0817 1051 1603	104 101 121
7 SU	0004 0821 1117 1627	0 109 103 132	22 M N	0022 0909 1109 1618	7 106 104 122
8 M S	0046 1653	-10 138	23 TU	0053 1635	6 123
9 TU	0130 1724	-14 140	24 W	0127 1658	6 123
10 W	0217 1801	-11 137	25 TH	0205 1727	9 122
11 TH ☽	0309 1843	-3 129	26 F	0246 1802	13 119
12 F	0408 1932	9 117	27 SA ☾	0331 1843	18 113
13 SA	0512 1551 1840 2055	22 103 102 102	28 SU	0418 1935	26 104
14 SU	0618 1500 2030 2344	35 100 85 89	29 M	0507 1402 1855 2123	35 98 89 91
15 M E	0719 1457 2116	47 101 68	30 TU E	0556 1340 2011	47 99 72

12 月

日期	潮时 时分	潮高 cm	日期	潮时 时分	潮高 cm
1 W	0044 0645 1341 2100	82 61 104 51	16 TH	1346 2206	114 26
2 TH	0334 0735 1353 2144	85 77 111 29	17 F	1406 2237	118 17
3 F	0544 0824 1412 2227	95 92 120 9	18 SA A	1427 2307	121 10
4 SA ●P	1436 2309	129 -7	19 SU ○	1451 2338	123 5
5 SU	1506 2352	138 -18	20 M N	1516	125
6 M S	1542	143	21 TU	0010 1545	3 125
7 TU	0035 1624	-22 145	22 W	0043 1616	2 125
8 W	0120 1711	-20 142	23 TH	0117 1651	4 124
9 TH	0207 1802	-12 134	24 F	0152 1730	7 121
10 F	0255 1856	0 122	25 SA	0227 1813	12 116
11 SA ☽	0344 1304 1505 1958	15 100 99 107	26 SU	0301 1132 1422 1905	19 98 96 107
12 SU E	0431 1252 1825 2131	30 100 87 90	27 M ☾E	0335 1124 1628 2015	30 99 87 94
13 M	0513 1259 2002	46 102 70	28 TU	0406 1129 1815 2226	43 102 72 80
14 TU	0013 0550 1312 2054	78 61 106 54	29 W	0431 1142 1935	59 108 53
15 W	0304 0618 1328 2133	78 74 110 39	30 TH	1200 2034	115 31
			31 F	1225 2124	123 11

时　区：－1100　　　　潮高基准面：在平均海面下 78　cm

千岛群岛—幌筵岛

KURIL ISLANDS－OSTROV PARAMUSHIR

2021 年潮汐表　　50° 11′ N　　155° 39′ E

1 月

日期	潮时 时分	潮高 cm	日期	潮时 时分	潮高 cm
1 F	0740 1229 1612	188 154 171	16 SA	0739 1240 1646	185 144 167
2 SA	0013 0812 1315 1706	0 187 146 165	17 SU	0026 0805 1323 1745	12 183 133 162
3 SU	0053 0841 1402 1804	10 184 136 158	18 M	0105 0830 1407 1847	25 180 120 154
4 M	0132 0908 1451 1908	24 180 124 148	19 TU E	0143 0854 1454 1954	42 177 105 146
5 TU	0212 0934 1542 2022	42 177 109 139	20 W ☽	0221 0917 1544 2110	61 175 90 138
6 W ☾ E	0252 1000 1636 2150	62 174 93 131	21 TH A	0258 0940 1636 2241	82 174 75 134
7 TH	0333 1025 1731 2337	83 173 76 129	22 F	0336 1004 1731	103 174 60
8 F	0417 1051 1825	105 172 59	23 SA	0032 0416 1031 1828	135 123 174 46
9 SA P	0136 0508 1119 1917	135 125 173 42	24 SU	0236 0506 1101 1923	144 140 175 32
10 SU	0323 0616 1151 2007	147 142 174 27	25 M	0413 0629 1137 2016	157 154 176 21
11 M	0437 0742 1227 2055	161 164 175 14	26 TU N	0505 0813 1224 2106	168 162 176 12
12 TU S	0527 0907 1310 2140	172 161 176 4	27 W	0542 0938 1320 2153	176 163 174 7
13 W ●	0606 1015 1359 2223	180 162 176 -1	28 TH ○	0612 1038 1423 2237	181 158 173 6
14 TH	0640 1110 1453 2305	185 159 174 -1	29 F	0640 1125 1527 2319	183 151 171 9
15 F	0711 1157 1549 2346	186 153 172 3	30 SA	0705 1206 1628 2359	182 140 169 17
			31 SU	0729 1246 1728	181 128 165

2 月

日期	潮时 时分	潮高 cm	日期	潮时 时分	潮高 cm
1 M	0038 0751 1326 1828	29 178 114 160	16 TU	0049 0732 1328 1907	49 173 92 161
2 TU E	0115 0813 1409 1930	44 176 99 154	17 W	0125 0753 1410 2008	66 172 78 155
3 W P	0152 0834 1454 2037	63 174 85 147	18 TH A	0159 0813 1455 2117	84 172 65 150
4 TH ☾	0227 0856 1543 2155	82 174 72 141	19 F ☽	0233 0835 1544 2238	103 173 55 145
5 F	0302 0919 1637 2331	102 174 59 138	20 SA	0306 0858 1639	121 174 46
6 SA	0337 0944 1734	121 175 48	21 SU	0020 0340 0925 1738	145 137 174 39
7 SU	0131 0414 1012 1833	143 138 175 37	22 M	0958 1841	173 34
8 M S	1047 1932	175 28	23 TU N	0358 0614 1044 1943	161 159 171 29
9 TU	0439 0714 1135 2027	164 161 174 20	24 W	0436 0819 1154 2040	168 159 167 25
10 W	0513 0859 1239 2119	172 162 172 16	25 TH	0504 0933 1320 2133	172 152 165 25
11 TH ●	0541 1006 1353 2206	177 166 170 14	26 F	0528 1021 1441 2220	173 141 165 27
12 F	0606 1052 1504 2250	178 147 169 17	27 SA ○	0550 1059 1551 2303	173 128 166 33
13 SA	0629 1132 1609 2332	178 135 168 24	28 SU	0611 1135 1653 2343	172 113 168 43
14 SU	0651 1210 1710	177 121 167			
15 M E	0011 0712 1248 1809	35 175 106 165			

3 月

日期	潮时 时分	潮高 cm	日期	潮时 时分	潮高 cm
1 M E	0631 1212 1750	171 97 168	16 TU	0608 1213 1826	166 72 171
2 TU P	0022 0651 1249 1846	56 170 82 167	17 W	0031 0627 1250 1921	79 167 58 170
3 W	0058 0710 1328 1943	72 170 68 163	18 TH A	0106 0648 1330 2017	94 168 47 166
4 TH	0132 0730 1410 2045	88 170 57 158	19 F	0140 0709 1412 2120	110 170 39 162
5 F	0206 0751 1456 2155	105 171 48 153	20 SA	0214 0731 1459 2233	124 171 35 158
6 SA ☾	0239 0814 1546 2321	122 172 42 151	21 SU ☽	0250 0755 1551	137 171 34
7 SU S	0313 0839 1643	136 173 38	22 M N	0002 0335 0824 1650	156 147 168 36
8 M	0111 0356 0910 1746	152 148 171 36	23 TU	0140 0453 0902 1756	159 153 164 39
9 TU	0257 0526 0953 1852	158 156 167 35	24 W	0249 0659 1010 1904	162 152 157 42
10 W	0349 0738 1104 1956	164 156 162 34	25 TH	0329 0829 1202 2009	164 143 151 45
11 TH	0420 0001 1244 2054	167 148 158 35	26 F	0358 0017 1348 2107	165 120 152 49
12 F	0445 0949 1416 2146	169 135 159 38	27 SA	0422 0954 1509 2158	164 113 157 56
13 SA ●	0507 1026 1530 2232	168 121 162 44	28 SU ○E	0443 1029 1615 2243	164 95 164 64
14 SU E	0528 1102 1634 2315	167 104 167 53	29 M	0504 1104 1713 2325	163 78 170 75
15 M	0548 1137 1732 2354	167 88 170 65	30 TU P	0524 1139 1807	163 61 173
			31 W	0003 0544 1215 1859	88 165 47 174

4 月

日期	潮时 时分	潮高 cm	日期	潮时 时分	潮高 cm
1 TH	0039 0604 1253 1953	102 166 36 173	16 F	0048 0542 1257 2025	122 167 18 176
2 F	0114 0625 1333 2051	115 168 28 170	17 SA	0125 0606 1338 2122	133 169 15 173
3 SA	0149 0648 1416 2155	128 170 25 166	18 SU N	0205 0631 1422 2225	141 168 18 169
4 SU ☾ S	0227 0712 1504 2309	139 169 27 163	19 M	0253 0700 1510 2333	147 165 24 166
5 M	0313 0741 1557	147 166 31	20 TU ☽	0401 0735 1605	150 159 34
6 TU	0031 0426 0816 1659	162 151 161 38	21 W	0038 0543 0828 1708	165 145 149 45
7 W	0143 0620 0916 1807	162 149 153 45	22 TH	0130 0716 1018 1818	163 134 139 56
8 TH	0232 0754 1113 1917	163 138 145 52	23 F	0208 0809 1233 1928	162 118 136 67
9 F	0305 0844 1314 2022	162 123 144 59	24 SA	0239 0848 1416 2032	160 100 142 76
10 SA	0332 0922 1445 2118	161 106 150 67	25 SU E	0304 0924 1533 2128	159 80 152 86
11 SU E	0355 0057 1555 2208	161 87 159 76	26 M	0328 0050 1634 2217	159 61 163 97
12 M ●	0417 1031 1654 2253	161 69 167 86	27 TU ○P	0350 1034 1729 2301	160 43 171 108
13 TU	0438 1106 1748 2333	161 51 173 98	28 W	0413 1109 1820 2342	162 27 177 119
14 W A	0459 1142 1840	163 36 177	29 TH	0436 1146 1911	165 15 180
15 TH	0011 0520 1219 1931	110 165 25 178	30 F	0021 0459 1224 2002	129 167 8 181

时　区：－1100　　　　潮高基准面：在平均海面下 115　cm

千岛群岛—幌筵岛

KURIL ISLANDS—OSTROV PARAMUSHIR

2021 年潮汐表　　50° 11′ N　　155° 39′ E

5 月

日期	潮时 时分	潮高 cm
1 SA S	0100	138
	0524	169
	1303	5
	2055	179
2 SU	0141	145
	0551	168
	1345	8
	2150	175
3 M ☾	0230	149
	0621	164
	1430	16
	2247	172
4 TU	0335	148
	0657	157
	1519	27
	2342	168
5 W	0503	143
	0749	147
	1615	41
6 TH	0031	165
	0631	131
	0926	135
	1719	56
7 F	0110	162
	0729	114
	1144	129
	1828	70
8 SA E	0143	160
	0812	95
	1341	134
	1937	84
9 SU	0211	159
	0849	75
	1507	145
	2040	95
10 M	0237	159
	0926	54
	1613	157
	2136	107
11 TU ●A	0301	160
	1002	36
	1710	168
	2225	117
12 W	0326	163
	1038	20
	1802	176
	2310	127
13 TH	0350	165
	1115	7
	1852	181
	2352	136
14 F	0416	168
	1153	0
	1940	183
15 SA N	0034	143
	0444	169
	1231	-3
	2029	182
16 SU	0117	148
	0513	168
	1312	0
	2118	180
17 M	0207	149
	0547	164
	1354	7
	2206	176
18 TU	0307	147
	0626	156
	1439	19
	2253	172
19 W ☽	0422	140
	0718	146
	1528	35
	2336	168
20 TH	0541	128
	0842	134
	1624	52
21 F	0014	164
	0643	111
	1049	125
	1727	70
22 SA E	0047	162
	0731	92
	1256	127
	1836	87
23 SU	0117	160
	0812	71
	1436	137
	1944	102
24 M	0144	160
	0851	50
	1551	150
	2048	115
25 TU	0211	161
	0929	31
	1651	162
	2144	126
26 W ○P	0237	164
	1007	15
	1744	172
	2235	135
27 TH	0304	166
	1044	2
	1833	179
	2321	143
28 F S	0333	168
	1123	-7
	1920	183
29 SA	0006	148
	0404	169
	1201	-10
	2005	184
30 SU	0051	150
	0438	168
	1241	-7
	2049	183
31 M	0140	150
	0515	164
	1322	0
	2131	180

6 月

日期	潮时 时分	潮高 cm
1 TU	0236	146
	0558	157
	1404	12
	2211	175
2 W ☾	0340	138
	0652	146
	1449	28
	2248	171
3 TH	0449	125
	0808	134
	1537	47
	2322	167
4 F E	0551	109
	0957	124
	1631	67
	2354	163
5 SA	0644	90
	1203	121
	1732	86
6 SU	0023	162
	0731	69
	1357	129
	1840	104
7 M	0051	161
	0813	48
	1524	142
	1949	120
8 TU A	0119	163
	0854	29
	1631	156
	2055	132
9 W	0147	165
	0934	12
	1727	167
	2154	141
10 TH ●	0218	167
	1014	-1
	1816	176
	2247	148
11 F	0250	169
	1053	-10
	1901	182
	2336	152
12 SA N	0325	170
	1133	-14
	1942	184
13 SU	0024	152
	0403	168
	1212	-12
	2021	183
14 M	0113	150
	0446	164
	1252	-5
	2058	181
15 TU	0204	144
	0534	157
	1333	6
	2133	177
16 W	0259	135
	0631	147
	1415	22
	2205	172
17 TH	0358	122
	0741	136
	1458	41
	2235	168
18 F ☽	0457	106
	0912	125
	1544	62
	2303	165
19 SA E	0552	88
	1105	120
	1635	83
	2331	163
20 SU	0644	68
	1306	123
	1734	103
	2358	163
21 M	0732	48
	1450	135
	1842	121
22 TU	0027	164
	0817	29
	1609	149
	1956	136
23 W P	0057	166
	0900	12
	1709	162
	2107	146
24 TH ○	0130	168
	0942	-1
	1758	172
	2210	152
25 F S	0207	169
	1024	-10
	1840	178
	2305	154
26 SA	0247	169
	1104	-15
	1919	182
	2355	153
27 SU	0332	168
	1144	-14
	1954	182
28 M	0042	149
	0420	164
	1224	-8
	2026	180
29 TU	0130	141
	0513	158
	1304	3
	2056	177
30 W	0218	131
	0611	149
	1344	18
	2124	173

7 月

日期	潮时 时分	潮高 cm
1 TH ☾E	0310	118
	0718	139
	1425	36
	2151	169
2 F	0403	102
	0837	129
	1506	57
	2216	166
3 SA	0458	85
	1013	121
	1549	79
	2242	164
4 SU	0552	67
	1206	121
	1636	100
	2308	164
5 M A	0645	48
	1405	129
	1732	120
	2335	165
6 TU	0735	31
	1543	142
	1844	136
7 W	0006	166
	0823	15
	1651	156
	2008	148
8 TH	0041	168
	0909	2
	1740	167
	2127	154
9 F N	0122	168
	0953	-8
	1820	174
	2231	155
10 SA ●	0209	168
	1036	-13
	1854	178
	2325	152
11 SU	0301	166
	1117	-13
	1925	179
12 M	0011	146
	0356	163
	1158	-7
	1954	177
13 TU	0055	137
	0454	158
	1237	2
	2020	174
14 W	0139	126
	0554	151
	1316	16
	2045	171
15 TH	0225	112
	0657	143
	1355	34
	2109	168
16 F E	0313	97
	0807	134
	1433	54
	2132	165
17 SA ☽	0404	81
	0929	126
	1511	75
	2155	164
18 SU	0457	65
	1107	122
	1550	96
	2220	164
19 M	0552	49
	1305	126
	1633	116
	2246	165
20 TU	0648	33
	1507	137
	1729	134
	2316	166
21 W P	0741	19
	1632	150
	1858	147
	2352	167
22 TH S	0832	7
	1721	161
	2038	154
23 F	0037	167
	0920	-2
	1756	169
	2156	154
24 SA ○	0131	166
	1005	-8
	1827	173
	2253	150
25 SU	0232	164
	1049	-8
	1855	174
	2339	143
26 M	0334	162
	1130	-4
	1920	173
27 TU	0020	132
	0435	158
	1210	5
	1944	171
28 W	0101	119
	0536	153
	1249	18
	2006	168
29 TH E	0143	105
	0637	147
	1327	34
	2028	165
30 F	0226	90
	0741	140
	1403	53
	2049	164
31 SA ☾	0313	76
	0852	133
	1439	73
	2111	163

8 月

日期	潮时 时分	潮高 cm
1 SU	0403	61
	1016	127
	1514	94
	2133	163
2 M A	0458	47
	1200	126
	1549	113
	2157	164
3 TU	0555	34
	1409	133
	1626	131
	2225	165
4 W	0653	23
	2300	165
5 TH N	0750	13
	1659	156
	1939	153
	2347	164
6 F	0843	5
	1730	164
	2118	153
7 SA	0051	162
	0933	0
	1757	168
	2221	147
8 SU ●	0202	160
	1019	-1
	1822	169
	2307	138
9 M	0313	159
	1103	2
	1845	169
	2347	126
10 TU	0418	157
	1144	10
	1906	167
11 W	0024	112
	0519	155
	1223	22
	1927	164
12 TH E	0103	97
	0618	152
	1300	37
	1947	162
13 F	0143	82
	0718	147
	1336	55
	2007	161
14 SA	0226	68
	0822	141
	1410	74
	2027	161
15 SU ☽	0313	55
	0934	135
	1443	93
	2049	162
16 M	0404	44
	1102	131
	1515	112
	2112	163
17 TU P	0500	34
	1257	133
	1547	128
	2138	164
18 W S	0600	26
	2211	163
19 TH	0702	19
	1628	152
	1837	150
	2258	161
20 F	0802	13
	1657	159
	2040	150
21 SA	0008	158
	0857	9
	1722	163
	2149	143
22 SU ○	0132	155
	0947	9
	1745	164
	2235	132
23 M	0250	155
	1033	12
	1806	163
	2313	119
24 TU	0359	156
	1116	18
	1827	162
	2349	104
25 W E	0501	156
	1155	29
	1846	160
26 TH	0026	88
	0559	156
	1233	43
	1906	159
27 F	0104	73
	0657	153
	1309	59
	1925	159
28 SA	0144	59
	0756	149
	1343	77
	1945	160
29 SU	0227	47
	0900	144
	1416	95
	2005	161
30 M ☾A	0314	38
	1015	139
	1448	112
	2027	162
31 TU	0406	31
	1149	137
	1520	127
	2052	162

时　区：－1100　　　　潮高基准面：在平均海面下 115　cm

千岛群岛—幌筵岛

KURIL ISLANDS－OSTROV PARAMUSHIR

2021 年潮汐表　　50° 11′ N　　155° 39′ E

9 月

日期	潮时 时分	潮高 cm	日期	潮时 时分	潮高 cm
1 W	0504 1355 1559 2122	26 141 140 161	16 TH	0512 1422 1703 2115	25 148 146 155
2 TH N	0608 1537 1740 2204	23 149 148 158	17 F	0619 1521 1921 2226	26 153 144 148
3 F	0713 1616 2000 2318	20 155 147 153	18 SA	0727 1553 2046	28 155 135
4 SA	0815 1642 2118	19 158 139	19 SU	0019 0829 1619 2131	143 31 156 121
5 SU	0058 0911 1705 2203	149 19 159 127	20 M ○	0201 0924 1640 2208	144 35 155 105
6 M	0227 1001 1725 2240	150 23 159 112	21 TU E	0320 1013 1701 2242	149 42 154 88
7 TU ●	0341 1046 1745 2315	153 29 158 96	22 W	0425 1057 1720 2317	155 51 154 70
8 W E	0444 1127 1804 2350	156 39 156 79	23 TH	0523 1137 1739 2352	160 63 154 54
9 TH	0541 1206 1823	159 52 156	24 F	0617 1215 1759	163 76 155
10 F	0027 0637 1242 1842	63 159 67 157	25 SA	0029 0710 1250 1818	39 163 91 157
11 SA P	0105 0732 1316 1902	49 167 83 158	26 SU A	0107 0805 1324 1839	28 161 105 159
12 SU	0145 0831 1350 1922	38 153 99 160	27 M	0148 0905 1358 1901	21 157 119 161
13 M ☽	0229 0937 1422 1944	30 148 115 161	28 TU	0232 1013 1434 1925	18 153 131 161
14 TU	0317 1056 1456 2008	25 144 128 161	29 W ☾ N	0321 1134 1520 1953	19 151 139 158
15 W S	0411 1236 1539 2036	24 144 139 159	30 TH	0417 1304 1636 2028	23 151 144 153

10 月

日期	潮时 时分	潮高 cm	日期	潮时 时分	潮高 cm
1 F	0521 1416 1842 2129	29 153 142 145	16 SA	0532 1357 1936 2240	38 156 129 134
2 SA	0631 1459 2013 2332	35 154 131 138	17 SU	0643 1432 2025	49 154 113
3 SU	0740 1528 2059	41 154 116	18 M	0053 0752 1500 2102	132 58 153 94
4 M	0130 0842 1552 2136	138 47 153 99	19 TU E	0231 0853 1524 2137	139 67 153 75
5 TU	0258 0936 1614 2210	144 55 153 80	20 W ○	0345 0946 1546 2211	149 77 153 56
6 W ●E	0406 1024 1634 2244	153 64 152 62	21 TH	0445 1033 1607 2246	159 88 154 38
7 TH	0504 1107 1654 2318	160 75 153 45	22 F	0539 1115 1628 2322	167 100 156 22
8 F P	0558 1146 1714 2354	166 88 155 30	23 SA	0631 1154 1650 2359	172 112 159 11
9 SA	0650 1223 1734	169 101 158	24 SU A	0722 1232 1713	174 123 162
10 SU	0031 0743 1258 1756	19 169 114 160	25 M	0037 0814 1310 1737	4 174 133 163
11 M	0111 0030 1334 1818	12 100 125 162	26 TU N	0117 0908 1350 1803	2 171 140 163
12 TU S	0152 0938 1412 1843	10 163 135 162	27 W	0159 1007 1439 1832	5 168 145 160
13 W ☽	0238 1046 1500 1911	12 159 142 159	28 TH ☾	0245 1107 1547 1908	13 165 145 153
14 TH	0328 1200 1611 1945	19 157 144 153	29 F	0337 1206 1722 1959	25 162 140 143
15 F	0426 1308 1802 2040	28 156 140 143	30 SA	0436 1255 1853 2145	38 159 127 132
			31 SU	0543 1334 1947	52 157 111

11 月

日期	潮时 时分	潮高 cm	日期	潮时 时分	潮高 cm
1 M	0007 0654 1405 2027	127 66 155 91	16 TU	0119 0702 1337 2027	128 86 158 69
2 TU E	0200 0802 1431 2103	133 78 154 71	17 W	0253 0809 1403 2104	139 100 158 49
3 W	0321 0902 1455 2138	145 90 155 51	18 TH	0403 0909 1428 2142	152 113 160 30
4 TH ●	0425 0954 1518 2214	156 101 156 32	19 F ○	0502 1002 1453 2219	164 124 162 14
5 F P	0521 1041 1541 2250	167 112 159 17	20 SA	0555 1050 1519 2256	174 134 166 1
6 SA	0613 1124 1605 2327	174 123 162 5	21 SU A	0644 1135 1546 2334	180 142 168 -6
7 SU	0703 1204 1629	178 133 165	22 M N	0732 1218 1616	184 148 169
8 M S	0005 0752 1244 1656	-2 180 141 166	23 TU	0013 0818 1303 1648	-9 184 151 168
9 TU	0044 0843 1327 1724	-4 179 146 166	24 W	0053 0903 1352 1724	-6 182 151 164
10 W	0125 0934 1416 1756	-1 176 148 162	25 TH	0134 0947 1451 1806	2 179 148 157
11 TH ☽	0208 1025 1519 1834	7 172 146 155	26 F	0218 1029 1559 1901	15 175 140 146
12 F	0254 1114 1640 1927	20 168 140 144	27 SA ☾	0304 1107 1711 2023	32 170 127 134
13 SA	0346 1158 1803 2059	35 165 127 132	28 SU	0355 1142 1812 2220	51 166 110 125
14 SU	0445 1236 1903 2314	53 161 110 124	29 M	0453 1213 1903	70 163 90
15 M E	0552 1308 1947	70 159 90	30 TU E	0029 0557 1242 1947	125 90 162 70

12 月

日期	潮时 时分	潮高 cm	日期	潮时 时分	潮高 cm
1 W	0218 0707 1309 2028	134 107 162 49	16 TH	0310 0709 1243 2032	143 128 168 31
2 TH	0340 0814 1336 2108	148 122 164 29	17 F	0423 0820 1313 2114	157 141 170 15
3 F	0444 0917 1403 2147	161 134 166 13	18 SA A	0521 0927 1344 2155	170 151 173 2
4 SA ●P	0538 1012 1432 2226	173 144 169 0	19 SU ○	0609 1026 1419 2236	179 158 175 -7
5 SU	0627 1103 1503 2305	181 151 172 -8	20 M N	0652 1120 1458 2316	186 160 175 -10
6 M S	0712 1150 1536 2344	186 155 173 -11	21 TU	0732 1209 1541 2356	189 160 174 -9
7 TU	0755 1237 1613	187 156 171	22 W	0808 1257 1628	188 156 170
8 W	0024 0835 1325 1654	-9 187 154 167	23 TH	0036 0841 1345 1721	-2 186 149 163
9 TH	0104 0914 1418 1742	-1 184 149 160	24 F	0116 0911 1436 1820	10 183 138 154
10 F	0146 0949 1517 1839	12 180 139 150	25 SA	0157 0940 1529 1929	26 178 125 143
11 SA ☽	0228 1022 1618 1954	28 175 126 138	26 SU	0238 1007 1624 2054	45 174 109 133
12 SU E	0314 1052 1718 2133	48 171 110 128	27 M ☾E	0321 1033 1719 2237	66 172 91 127
13 M	0402 1121 1813 2333	69 168 91 124	28 TU	0406 1058 1812	88 170 72
14 TU	0457 1148 1902	90 166 71	29 W	0035 0456 1124 1903	129 110 170 53
15 W	0132 0559 1216 1948	130 110 166 51	30 TH	0231 0557 1151 1952	139 130 171 35
			31 F	0401 0713 1221 2038	153 146 173 19

时　区：－1100　　　　潮高基准面：在平均海面下 115　cm

加拿大—鲁珀特王子港

CANADA－PRINCE RUPERT

2021 年潮汐表　　54° 19′ N　　130° 19′ W

1 月

日期	潮时 时分	潮高 cm	日期	潮时 时分	潮高 cm
1 F	0303	595	16 SA	0343	623
	0837	257		0930	219
	1437	656		1528	646
	2119	82		2157	104
2 SA	0341	596	17 SU	0422	608
	0919	255		1015	231
	1518	641		1611	606
	2158	95		2233	144
3 SU	0421	595	18 M	0502	591
	1005	256		1103	246
	1604	617		1655	562
	2239	118		2309	188
4 M	0505	594	19 TU E	0544	573
	1059	256		1156	259
	1657	586		1745	520
	2323	148		2349	233
5 TU	0554	594	20 W ☽	0630	557
	1202	252		1257	266
	1758	553		1845	483
6 W ☾ E	0014	183	21 TH A	0035	275
	0650	598		0724	547
	1312	239		1404	263
	1911	526		1959	461
7 TH	0114	218	22 F	0136	308
	0751	607		0824	546
	1426	213		1512	248
	2032	515		2122	460
8 F	0222	245	23 SA	0250	327
	0853	625		0923	555
	1536	177		1613	222
	2153	524		2236	478
9 SA P	0332	257	24 SU	0402	327
	0953	648		1016	573
	1640	136		1706	188
	2303	549		2333	505
10 SU	0438	256	25 M	0459	314
	1049	672		1104	597
	1738	97		1752	153
11 M	0003	579	26 TU N	0018	535
	0537	245		0547	293
	1141	693		1147	623
	1830	66		1833	118
12 TU S	0055	605	27 W	0056	563
	0629	231		0628	269
	1230	706		1228	648
	1917	47		1912	88
13 W ●	0141	623	28 TH ○	0132	587
	0717	219		0707	245
	1317	710		1308	667
	2001	41		1948	66
14 TH	0223	632	29 F	0207	608
	0802	213		0746	222
	1402	700		1348	678
	2042	50		2024	54
15 F	0304	631	30 SA	0242	624
	0846	213		0826	203
	1445	679		1428	678
	2120	72		2100	56
			31 SU	0317	635
				0907	190
				1510	665
				2136	71

2 月

日期	潮时 时分	潮高 cm	日期	潮时 时分	潮高 cm
1 M	0354	640	16 TU	0414	607
	0952	183		1024	195
	1555	638		1623	569
	2214	101		2223	191
2 TU E	0433	638	17 W	0446	587
	1041	184		1106	214
	1644	601		1704	528
	2255	143		2255	235
3 W P	0518	629	18 TH A	0522	564
	1137	190		1155	234
	1741	559		1753	489
	2341	191		2332	279
4 TH ☾	0609	617	19 F ☽	0606	542
	1242	197		1256	250
	1849	519		1858	457
5 F	0038	240	20 SA	0023	319
	0710	605		0706	524
	1357	196		1410	254
	2013	496		2028	443
6 SA	0152	279	21 SU	0145	347
	0821	601		0822	521
	1516	181		1528	238
	2144	501		2203	457
7 SU	0316	293	22 M	0324	347
	0933	610		0936	537
	1630	153		1634	205
	2301	528		2308	489
8 M S	0433	282	23 TU N	0435	323
	1038	631		1036	567
	1731	120		1725	164
	2359	563		2353	526
9 TU	0534	256	24 W	0526	287
	1135	654		1125	603
	1823	90		1808	122
10 W	0047	594	25 TH	0030	564
	0625	227		0609	246
	1225	673		1210	639
	1907	70		1847	85
11 TH ●	0128	618	26 F	0105	600
	0710	202		0649	204
	1310	683		1252	667
	1946	62		1923	59
12 F	0205	632	27 SA ○	0138	633
	0750	184		0729	166
	1352	681		1334	685
	2022	67		1959	46
13 SA	0239	637	28 SU	0212	659
	0829	175		0809	134
	1431	666		1416	688
	2054	85		2035	51
14 SU	0311	634			
	0907	174			
	1508	641			
	2125	114			
15 M E	0343	623			
	0945	181			
	1545	607			
	2154	150			

3 月

日期	潮时 时分	潮高 cm	日期	潮时 时分	潮高 cm
1 M E	0247	675	16 TU	0301	634
	0851	114		0915	136
	1459	674		1521	598
	2111	74		2117	172
2 TU P	0323	680	17 W	0328	619
	0935	108		0950	150
	1544	645		1556	567
	2148	111		2144	208
3 W	0402	672	18 TH A	0356	598
	1023	116		1027	171
	1632	605		1634	532
	2229	159		2214	247
4 TH	0444	652	19 F	0427	572
	1116	136		1109	198
	1727	558		1718	496
	2315	214		2247	287
5 F	0535	622	20 SA	0505	544
	1218	163		1202	224
	1835	514		1815	463
				2333	324
6 SA ☾	0014	267	21 SU ☽	0559	517
	0638	590		1312	241
	1333	184		1939	444
	2002	488			
7 SU S	0137	304	22 M N	0053	352
	0757	570		0720	502
	1459	186		1436	236
	2139	495		2121	454
8 M	0314	307	23 TU	0245	350
	0921	572		0851	512
	1618	167		1550	209
	2254	527		2230	488
9 TU	0432	280	24 W	0405	317
	1033	593		1002	543
	1720	139		1647	169
	2347	563		2316	530
10 W	0530	242	25 TH	0459	268
	1130	618		1058	583
	1809	114		1732	128
				2354	576
11 TH	0029	595	26 F	0544	212
	0617	205		1147	623
	1218	639		1813	94
	1849	98			
12 F	0105	619	27 SA	0029	621
	0657	174		0626	157
	1259	651		1233	655
	1923	93		1851	71
13 SA ●	0137	635	28 SU ○ E	0104	661
	0733	150		0708	108
	1337	652		1317	674
	1954	99		1929	65
14 SU E	0207	642	29 M	0139	692
	0808	136		0750	71
	1413	642		1401	678
	2022	116		2007	75
15 M	0235	641	30 TU P	0215	709
	0841	131		0833	50
	1447	624		1446	666
	2050	141		2045	101
			31 W	0253	709
				0918	49
				1533	638
				2125	140

4 月

日期	潮时 时分	潮高 cm	日期	潮时 时分	潮高 cm
1 TH	0333	692	16 F	0318	602
	1006	66		0958	141
	1622	599		1613	530
	2208	189		2144	265
2 F	0417	659	17 SA	0350	577
	1059	99		1039	167
	1718	555		1656	501
	2258	240		2220	296
3 SA	0509	617	18 SU N	0428	549
	1200	139		1127	193
	1827	515		1750	475
				2309	325
4 SU ☾ S	0003	286	19 M	0520	522
	0615	573		1229	212
	1314	172		1904	460
	1954	495			
5 M	0134	310	20 TU ☽	0026	344
	0740	545		0635	503
	1439	185		1344	215
	2126	507		2031	470
6 TU	0311	299	21 W	0208	335
	0908	543		0805	504
	1556	177		1457	199
	2234	537		2140	502
7 W	0424	263	22 TH	0328	296
	1020	561		0923	527
	1656	159		1558	172
	2323	570		2229	546
8 TH	0517	221	23 F	0426	240
	1116	582		1026	562
	1742	144		1648	142
				2311	595
9 F	0001	598	24 SA	0515	177
	0600	182		1121	598
	1202	600		1734	119
	1820	136		2349	643
10 SA	0034	620	25 SU E	0601	116
	0637	150		1211	629
	1242	611		1816	106
	1852	136			
11 SU E	0103	635	26 M	0027	684
	0711	125		0646	64
	1319	614		1259	648
	1921	145		1858	105
12 M ●	0130	642	27 TU ○ P	0106	713
	0744	109		0731	28
	1353	610		1347	654
	1949	159		1939	118
13 TU	0157	643	28 W	0145	725
	0816	103		0816	11
	1427	599		1435	645
	2016	180		2022	142
14 W A	0223	637	29 TH	0226	720
	0849	106		0903	16
	1501	581		1523	623
	2044	205		2106	175
15 TH	0250	623	30 F	0310	696
	0922	120		0952	39
	1536	558		1614	592
	2113	234		2153	213

时　区：＋0800　　潮高基准面：在平均海面下 384 cm

加拿大—鲁珀特王子港

CANADA－PRINCE RUPERT

2021 年潮汐表　　54° 19′ N　　130° 19′ W

5 月

日期	潮时 时分	潮高 cm	日期	潮时 时分	潮高 cm
1 SA S	0357	657	16 SU	0327	582
	1045	77		1020	139
	1711	557		1642	511
	2249	254		2207	296
2 SU	0453	609	17 M	0409	558
	1144	120		1105	159
	1818	528		1733	496
	2358	286		2259	312
3 M ☾	0600	563	18 TU	0501	534
	1253	158		1158	175
	1937	515		1834	490
4 TU	0125	297	19 W ☽	0010	318
	0721	531		0608	515
	1408	182		1259	184
	2055	524		1942	501
5 W	0252	279	20 TH	0133	303
	0844	521		0727	508
	1519	188		1404	185
	2158	547		2045	529
6 TH	0400	245	21 F	0249	263
	0955	529		0845	517
	1617	186		1506	177
	2245	573		2139	568
7 F	0452	206	22 SA E	0351	208
	1052	542		0954	539
	1704	184		1602	167
	2323	596		2226	613
8 SA E	0535	170	23 SU	0446	148
	1140	556		1056	567
	1742	184		1654	159
	2356	614		2310	656
9 SU	0612	139	24 M	0536	91
	1221	567		1152	593
	1816	188		1743	154
				2353	691
10 M	0026	627	25 TU	0625	44
	0647	115		1244	613
	1259	574		1830	156
	1847	196			
11 TU ●A	0054	635	26 W ○P	0036	715
	0720	99		0714	12
	1334	576		1335	623
	1918	206		1917	164
12 W	0122	636	27 TH	0120	722
	0754	91		0802	0
	1410	573		1425	623
	1948	220		2004	178
13 TH	0150	631	28 F S	0206	714
	0828	93		0851	6
	1445	563		1514	611
	2019	237		2052	198
14 F	0220	620	29 SA	0254	689
	0903	103		0940	29
	1521	548		1605	592
	2051	256		2143	221
15 SA N	0252	603	30 SU	0344	651
	0940	120		1031	65
	1559	530		1659	570
	2126	276		2240	245
			31 M	0439	606
				1124	106
				1759	549
				2345	264

6 月

日期	潮时 时分	潮高 cm	日期	潮时 时分	潮高 cm
1 TU	0542	561	16 W	0448	552
	1222	147		1129	141
	1904	538		1801	531
				2352	273
2 W ☾	0101	270	17 TH	0547	530
	0652	524		1219	160
	1324	181		1856	541
	2010	539			
3 TH	0217	258	18 F ☽	0102	257
	0807	502		0656	513
	1427	205		1316	179
	2108	550		1954	560
4 F E	0323	233	19 SA E	0213	225
	0918	496		0812	507
	1525	220		1417	194
	2157	566		2051	587
5 SA	0417	202	20 SU	0319	182
	1020	501		0926	515
	1616	230		1519	203
	2238	582		2145	620
6 SU	0503	171	21 M	0419	132
	1113	513		1036	534
	1700	235		1620	206
	2315	597		2236	652
7 M	0544	143	22 TU	0516	85
	1158	527		1138	559
	1740	239		1717	204
	2348	610		2326	680
8 TU A	0622	120	23 W P	0610	46
	1240	539		1234	582
	1817	241		1811	199
9 W	0021	619	24 TH ○	0015	699
	0659	102		0702	19
	1318	549		1326	600
	1852	244		1902	195
10 TH ●	0054	623	25 F S	0104	706
	0735	91		0751	7
	1355	553		1416	609
	1927	248		1952	194
11 F	0127	623	26 SA	0153	700
	0811	87		0839	10
	1432	553		1503	609
	2002	253		2042	198
12 SA N	0201	618	27 SU	0242	679
	0848	90		0925	29
	1509	548		1550	601
	2038	260		2132	207
13 SU	0237	607	28 M	0332	647
	0925	97		1011	60
	1547	541		1638	588
	2117	267		2225	219
14 M	0315	593	29 TU	0422	607
	1003	109		1056	100
	1627	534		1727	572
	2200	273		2322	232
15 TU	0359	574	30 W	0516	562
	1044	123		1142	144
	1711	530		1819	558
	2251	277			

7 月

日期	潮时 时分	潮高 cm	日期	潮时 时分	潮高 cm
1 TH ☾ E	0024	240	16 F E	0528	543
	0615	520		1143	155
	1231	188		1813	578
	1913	549			
2 F	0130	239	17 SA ☽	0032	209
	0720	487		0632	514
	1324	226		1235	190
	2008	546		1908	583
3 SA	0235	228	18 SU	0141	193
	0830	468		0746	494
	1423	256		1336	223
	2101	550		2009	594
4 SU	0334	209	19 M	0252	168
	0941	466		0907	492
	1522	274		1446	245
	2149	559		2111	611
5 M A	0428	185	20 TU	0400	134
	1044	478		1025	508
	1618	281		1558	250
	2234	572		2212	633
6 TU	0515	159	21 W P	0504	97
	1137	496		1132	536
	1708	280		1704	240
	2315	586		2310	656
7 W	0559	134	22 TH S	0601	62
	1223	515		1228	567
	1752	273		1802	222
	2354	600			
8 TH	0639	111	23 F	0004	676
	1303	533		0653	36
	1833	264		1318	592
				1854	202
9 F N	0032	612	24 SA ○	0055	687
	0718	93		0740	22
	1340	547		1403	610
	1911	254		1943	187
10 SA ●	0110	621	25 SU	0144	686
	0755	79		0824	23
	1416	557		1445	618
	1948	245		2029	178
11 SU	0147	625	26 M	0230	671
	0831	72		0904	40
	1451	564		1526	617
	2026	237		2115	177
12 M	0226	623	27 TU	0315	644
	0907	72		0943	69
	1527	569		1605	608
	2106	231		2201	184
13 TU	0305	613	28 W	0400	606
	0942	81		1020	109
	1603	572		1645	593
	2148	227		2249	196
14 W	0348	596	29 TH E	0445	563
	1019	97		1057	155
	1642	574		1725	574
	2236	223		2340	210
15 TH	0435	572	30 F	0534	519
	1059	123		1135	203
	1724	576		1809	555
	2330	218			
			31 SA ☾	0036	222
				0630	480
				1219	249
				1859	539

8 月

日期	潮时 时分	潮高 cm	日期	潮时 时分	潮高 cm
1 SU	0139	228	16 M	0115	175
	0738	453		0730	485
	1314	287		1307	262
	1957	530		1936	586
2 M A	0245	223	17 TU P	0232	169
	0858	444		0859	480
	1426	312		1430	284
	2058	531		2050	589
3 TU	0350	207	18 W S	0349	148
	1017	455		1023	501
	1541	318		1553	278
	2156	543		2201	607
4 W	0447	181	19 TH	0457	116
	1118	479		1128	537
	1643	307		1702	252
	2247	563		2304	632
5 TH N	0536	151	20 F	0553	84
	1205	506		1220	573
	1733	287		1758	219
	2333	586		2359	655
6 F	0619	121	21 SA	0641	60
	1244	533		1303	603
	1815	263		1846	187
7 SA	0014	609	22 SU ○	0048	670
	0657	93		0723	48
	1319	557		1342	624
	1854	238		1930	163
8 SU ●	0054	628	23 M	0132	672
	0733	71		0801	51
	1352	578		1418	634
	1931	214		2011	148
9 M	0133	641	24 TU	0214	660
	0807	59		0836	68
	1424	596		1453	635
	2009	192		2051	143
10 TU	0212	644	25 W E	0254	637
	0841	58		0908	98
	1457	610		1525	627
	2049	176		2131	148
11 W	0252	636	26 TH	0333	604
	0915	69		0939	136
	1531	619		1557	611
	2131	165		2211	162
12 TH E	0334	616	27 F	0413	565
	0950	94		1010	180
	1607	621		1630	589
	2216	161		2254	183
13 F	0420	587	28 SA	0455	524
	1028	130		1043	227
	1647	617		1706	564
	2307	164		2342	206
14 SA	0512	551	29 SU	0544	485
	1110	173		1120	272
	1733	607		1749	537
15 SU ☽	0006	171	30 M ☾ A	0041	227
	0613	513		0647	453
	1201	220		1210	314
	1829	594		1848	516
			31 TU	0152	237
				0814	438
				1331	342
				2004	507

时　区：＋0800

潮高基准面：在平均海面下 384 cm

加拿大—鲁珀特王子港

CANADA—PRINCE RUPERT

2021 年潮汐表　　54° 19′ N　　130° 19′ W

9 月

日期	潮时 时分	潮高 cm	日期	潮时 时分	潮高 cm
1 W	0309 0949 1510 2119	229 449 343 519	16 TH	0340 1019 1558 2158	164 519 282 585
2 TH N	0416 1054 1622 2221	203 478 320 545	17 F	0446 1117 1701 2300	138 557 242 612
3 F	0508 1138 1712 2310	168 512 286 577	18 SA	0539 1202 1751 2352	112 594 199 636
4 SA	0550 1214 1753 2353	132 548 246 610	19 SU	0622 1240 1834	95 623 163
5 SU	0628 1247 1832	99 582 206	20 M ○	0037 0659 1314 1913	650 90 642 136
6 M	0034 0703 1318 1910	637 75 613 168	21 TU E	0118 0733 1345 1949	653 98 652 120
7 TU ●	0114 0737 1350 1948	655 64 640 136	22 W	0156 0803 1414 2025	644 117 652 114
8 W E	0155 0811 1422 2028	661 67 659 113	23 TH	0232 0832 1443 2100	625 145 643 120
9 TH	0236 0846 1456 2110	652 85 668 102	24 F	0308 0900 1511 2135	599 179 627 136
10 F	0320 0922 1533 2155	631 117 665 106	25 SA	0345 0929 1540 2213	568 217 603 161
11 SA P	0406 1000 1613 2245	597 160 649 122	26 SU A	0424 1000 1611 2256	533 258 574 191
12 SU	0459 1044 1700 2344	557 210 624 146	27 M	0509 1035 1650 2349	497 298 543 220
13 M ☽	0602 1139 1759	516 259 593	28 TU	0607 1123 1744	466 335 513
14 TU	0055 0723 1255 1915	169 488 298 570	29 W ☾ N	0058 0732 1246 1906	241 448 361 496
15 W S	0218 0859 1433 2041	177 489 307 567	30 TH	0220 0910 1439 2038	241 459 356 503

10 月

日期	潮时 时分	潮高 cm	日期	潮时 时分	潮高 cm
1 F	0333 1016 1554 2148	220 491 322 531	16 SA	0424 1053 1651 2250	166 584 223 590
2 SA	0428 1059 1645 2242	186 530 275 568	17 SU	0514 1134 1737 2340	153 616 180 609
3 SU	0512 1134 1726 2328	151 573 223 605	18 M	0554 1209 1816	147 640 145
4 M	0550 1207 1806	121 615 170	19 TU E	0022 0629 1240 1852	621 149 656 119
5 TU	0012 0627 1239 1845	636 101 654 121	20 W ○	0101 0701 1309 1926	625 160 663 103
6 W ●E	0055 0703 1312 1925	657 95 685 82	21 TH	0137 0730 1336 1959	622 178 662 98
7 TH	0138 0740 1347 2007	665 103 705 59	22 F	0212 0758 1403 2032	610 200 654 104
8 F P	0222 0817 1423 2051	658 125 709 53	23 SA	0247 0827 1431 2106	593 227 637 121
9 SA	0307 0856 1502 2137	637 159 698 65	24 SU A	0323 0857 1500 2143	570 256 614 145
10 SU	0356 0938 1545 2228	605 201 671 94	25 M	0401 0929 1532 2223	542 287 586 175
11 M	0450 1027 1636 2327	566 248 632 131	26 TU N	0444 1006 1610 2311	514 318 555 204
12 TU S	0556 1130 1740	530 291 589	27 W	0538 1056 1701	488 347 524
13 W ☽	0039 0719 1257 1902	166 509 316 557	28 TH ☾	0011 0651 1215 1815	227 475 364 501
14 TH	0201 0849 1436 2033	184 518 307 551	29 F	0123 0816 1358 1947	235 484 354 499
15 F	0321 1001 1554 2150	181 549 269 567	30 SA	0235 0922 1516 2105	226 514 315 520
			31 SU	0335 1009 1610 2207	204 555 261 552

11 月

日期	潮时 时分	潮高 cm	日期	潮时 时分	潮高 cm
1 M	0424 1048 1656 2300	180 600 200 588	16 TU	0520 1134 1755	209 642 142
2 TU E	0508 1124 1739 2349	160 646 139 619	17 W	0005 0557 1205 1830	584 215 655 118
3 W	0550 1200 1821	148 687 86	18 TH	0045 0630 1235 1905	593 224 661 103
4 TH ●	0036 0630 1237 1905	643 146 718 47	19 F ○	0122 0701 1304 1938	596 236 661 98
5 F P	0123 0711 1316 1949	654 154 735 25	20 SA	0157 0732 1333 2012	593 249 655 101
6 SA	0210 0753 1356 2035	652 173 735 24	21 SU A	0232 0804 1403 2047	585 265 642 113
7 SU	0258 0837 1439 2124	637 200 717 42	22 M N	0308 0837 1435 2123	571 282 623 132
8 M S	0348 0925 1527 2216	613 233 683 76	23 TU	0346 0912 1509 2202	554 302 599 154
9 TU	0444 1020 1621 2313	583 268 638 118	24 W	0427 0952 1549 2244	535 321 573 176
10 W	0548 1127 1726	557 297 590	25 TH	0515 1042 1637 2333	520 337 545 197
11 TH ☽	0019 0703 1253 1846	158 544 309 553	26 F	0611 1149 1740	513 344 521
12 F	0132 0821 1422 2012	187 551 292 538	27 SA ☾	0029 0716 1311 1857	213 520 332 508
13 SA	0245 0926 1534 2129	201 573 255 542	28 SU	0132 0818 1428 2018	221 543 296 512
14 SU	0347 1017 1630 2230	204 600 213 556	29 M	0235 0912 1530 2130	220 578 244 531
15 M E	0438 1059 1715 2322	206 624 174 572	30 TU E	0332 0959 1624 2233	215 620 184 560

12 月

日期	潮时 时分	潮高 cm	日期	潮时 时分	潮高 cm
1 W	0425 1043 1713 2329	208 662 124 590	16 TH	0526 1133 1810	273 635 134
2 TH	0515 1125 1801	203 700 73	17 F	0031 0605 1207 1847	560 275 644 117
3 F	0022 0603 1209 1849	616 200 729 35	18 SA A	0109 0641 1240 1923	571 275 649 106
4 SA ●P	0112 0650 1253 1937	633 202 744 15	19 SU ○	0146 0716 1314 1958	578 276 649 102
5 SU	0201 0737 1338 2025	641 208 742 13	20 M N	0221 0750 1348 2033	580 278 644 104
6 M S	0250 0826 1426 2114	637 220 724 30	21 TU	0256 0825 1422 2108	577 282 633 112
7 TU	0340 0917 1516 2203	625 237 691 61	22 W	0331 0902 1458 2144	571 287 617 125
8 W	0432 1013 1611 2255	607 257 647 102	23 TH	0408 0942 1538 2220	564 293 597 142
9 TH	0529 1117 1711 2350	590 274 599 147	24 F	0447 1027 1622 2300	558 298 572 162
10 F	0631 1230 1820	577 282 554	25 SA	0531 1122 1714 2344	557 298 546 186
11 SA ☽	0050 0736 1348 1936	189 574 272 524	26 SU	0621 1228 1818	560 288 522
12 SU E	0154 0838 1458 2053	223 582 248 512	27 M ☾ E	0036 0717 1339 1934	212 572 264 507
13 M	0256 0932 1558 2202	247 595 217 516	28 TU	0136 0815 1449 2054	235 593 226 509
14 TU	0353 1017 1648 2300	261 610 186 529	29 W	0242 0912 1553 2209	250 622 178 527
15 W	0443 1057 1731 2349	269 623 158 545	30 TH	0347 1007 1652 2315	255 655 127 556
			31 F	0449 1059 1747	250 688 80

时　区：+0800　　　　潮高基准面：在平均海面下 384　cm

加拿大—托菲诺

CANADA－TOFINO

2021 年潮汐表　　49° 09′ N　　125° 55′ W

1 月

日期	潮时 时分	潮高 cm	日期	潮时 时分	潮高 cm
1	0223	321	16	0300	341
F	0741	176	SA	0841	155
	1335	365		1430	351
	2031	47		2109	65
2	0302	322	17	0338	336
SA	0826	173	SU	0926	155
	1419	355		1514	328
	2111	55		2144	89
3	0343	324	18	0417	330
SU	0916	169	M	1015	157
	1507	341		1601	303
	2152	69		2220	114
4	0427	326	19	0457	325
M	1012	164	TU	1110	159
	1602	322	E	1654	279
	2237	88		2258	139
5	0513	331	20	0540	320
TU	1116	156	W	1214	157
	1706	302	☽	1801	260
	2326	110		2343	163
6	0603	338	21	0629	318
W	1229	142	TH	1324	150
☾ E	1821	285	A	1925	251
7	0021	133	22	0040	182
TH	0656	348	F	0721	319
	1343	122		1432	137
	1946	279		2049	254
8	0123	152	23	0146	195
F	0751	359	SA	0815	323
	1452	97		1531	120
	2107	284		2158	265
9	0229	167	24	0251	201
SA	0847	372	SU	0906	331
P	1554	72		1621	102
	2218	297		2251	278
10	0333	173	25	0348	199
SU	0942	383	M	0953	342
	1650	49		1704	83
	2317	313		2333	292
11	0433	174	26	0438	193
M	1035	392	TU	1037	354
	1741	32	N	1744	66
12	0009	327	27	0011	304
TU	0529	170	W	0522	184
S	1126	395		1120	365
	1829	23		1821	51
13	0056	337	28	0047	315
W	0621	165	TH	0605	172
●	1215	394	○	1202	373
	1913	23		1858	41
14	0139	343	29	0122	325
TH	0710	159	F	0647	160
	1302	385		1244	377
	1954	30		1934	38
15	0220	344	30	0157	334
F	0756	156	SA	0730	148
	1346	371		1328	375
	2032	45		2010	41
			31	0233	342
			SU	0815	137
				1413	365
				2047	53

2 月

日期	潮时 时分	潮高 cm	日期	潮时 时分	潮高 cm
1	0310	347	16	0325	337
M	0903	128	TU	0936	128
	1501	348		1532	305
	2126	73		2133	126
2	0349	351	17	0357	330
TU	0955	122	W	1020	132
E	1553	326		1618	283
	2206	98		2205	150
3	0431	353	18	0433	322
W	1054	118	TH	1112	137
P	1654	302	A	1716	264
	2251	126		2243	172
4	0519	352	19	0516	314
TH	1200	114	F	1215	139
☾	1807	282	☽	1833	251
	2345	154		2334	192
5	0614	351	20	0610	308
F	1315	107	SA	1328	136
	1935	272		2005	249
6	0052	176	21	0045	205
SA	0717	350	SU	0715	306
	1432	94		1442	125
	2102	277		2125	258
7	0210	187	22	0209	209
SU	0824	354	M	0822	313
	1542	77		1544	108
	2214	291		2222	272
8	0327	186	23	0320	202
M	0929	361	TU	0921	325
S	1641	60	N	1634	88
	2310	308		2305	287
9	0432	176	24	0417	188
TU	1028	369	W	1014	341
	1732	47		1716	68
	2357	324		2342	304
10	0527	163	25	0504	169
W	1120	375	TH	1102	357
	1816	39		1755	52
11	0038	335	26	0016	320
TH	0614	149	F	0549	148
●	1208	376		1148	369
	1855	40		1831	43
12	0115	342	27	0050	337
F	0657	139	SA	0632	127
	1252	371	○	1233	376
	1931	48		1907	42
13	0150	345	28	0124	352
SA	0737	131	SU	0716	107
	1332	361		1318	374
	2003	62		1943	50
14	0223	345			
SU	0816	127			
	1412	345			
	2034	81			
15	0254	342			
M	0855	127			
E	1451	326			
	2103	103			

3 月

日期	潮时 时分	潮高 cm	日期	潮时 时分	潮高 cm
1	0158	364	16	0209	345
M	0801	91	TU	0826	96
E	1405	364		1431	318
	2020	67		2024	123
2	0234	371	17	0236	341
TU	0848	81	W	0902	98
P	1454	347		1510	302
	2057	91		2052	143
3	0312	372	18	0304	333
W	0938	77	TH	0941	104
	1546	324	A	1554	285
	2138	119		2123	162
4	0353	366	19	0336	323
TH	1033	81	F	1026	111
	1647	300		1646	268
	2224	148		2201	180
5	0441	355	20	0415	311
F	1136	88	SA	1120	120
	1802	280		1754	254
	2322	174		2249	197
6	0540	341	21	0507	299
SA	1251	94	SU	1227	124
☾	1930	273	☽	1920	250
7	0040	191	22	0000	208
SU	0653	330	M	0617	292
S	1413	93	N	1347	121
	2055	279		2042	256
8	0212	193	23	0134	208
M	0811	328	TU	0737	295
	1527	83		1458	107
	2202	294		2141	271
9	0332	181	24	0256	194
TU	0923	334	W	0849	307
	1626	72		1554	90
	2253	310		2225	288
10	0432	161	25	0355	172
W	1024	343	TH	0949	324
	1714	63		1639	73
	2334	324		2302	309
11	0521	142	26	0445	145
TH	1115	350	F	1043	342
	1754	60		1719	61
				2337	331
12	0011	335	27	0530	115
F	0603	126	SA	1132	356
	1159	353		1757	56
	1830	63			
13	0044	342	28	0011	352
SA	0641	113	SU	0614	86
●	1239	351	○ E	1220	363
	1901	73		1835	60
14	0114	346	29	0045	370
SU	0717	104	M	0659	61
E	1317	343		1308	363
	1930	87		1912	73
15	0142	347	30	0121	383
M	0752	98	TU	0745	44
	1354	332	P	1357	354
	1957	105		1951	92
			31	0158	387
			W	0832	37
				1447	338
				2032	116

4 月

日期	潮时 时分	潮高 cm	日期	潮时 时分	潮高 cm
1	0238	382	16	0222	332
TH	0921	40	F	0912	79
	1542	318		1537	283
	2116	142		2053	172
2	0322	367	17	0254	320
F	1016	52	SA	0954	88
	1645	298		1626	270
	2208	166		2133	185
3	0413	346	18	0333	307
SA	1117	68	SU	1043	97
	1758	284	N	1728	259
	2315	185		2224	196
4	0518	324	19	0424	294
SU	1230	83	M	1143	105
☾ S	1920	280		1841	256
				2335	202
5	0044	192	20	0534	284
M	0637	307	TU	1255	106
	1350	90	☽	1953	262
	2036	287			
6	0218	182	21	0106	197
TU	0801	302	W	0657	282
	1502	89		1406	101
	2136	300		2051	276
7	0330	162	22	0229	178
W	0915	307	TH	0816	290
	1559	85		1505	91
	2223	313		2136	296
8	0424	139	23	0330	149
TH	1014	315	F	0923	305
	1645	83		1554	83
	2302	324		2215	319
9	0508	119	24	0422	115
F	1103	322	SA	1022	321
	1724	86		1638	79
	2336	334		2252	343
10	0546	102	25	0509	80
SA	1147	325	SU	1116	334
	1757	93	E	1720	81
				2329	366
11	0006	341	26	0555	48
SU	0622	80	M	1200	342
E	1226	325		1801	90
	1827	104			
12	0034	345	27	0007	384
M	0655	79	TU	0642	24
●	1303	322	○ P	1258	344
	1855	117		1842	103
13	0100	346	28	0046	393
TU	0728	73	W	0729	10
	1339	316		1349	338
	1922	131		1926	120
14	0126	345	29	0127	392
W	0801	71	TH	0817	8
A	1416	307		1442	328
	1950	145		2012	139
15	0153	340	30	0211	380
TH	0835	73	F	0907	16
	1454	296		1538	314
	2020	159		2103	156

时 区：＋0800　　　　潮高基准面：在平均海面下 212 cm

加拿大—托菲诺

CANADA－TOFINO

2021 年潮汐表　　49° 09′ N　　125° 55′ W

5 月

日期	潮时 时分	潮高 cm	日期	潮时 时分	潮高 cm
1	0300	359	16	0227	318
SA	1001	34	SU	0933	68
S	1639	301		1611	273
	2202	171		2117	182
2	0356	333	17	0310	305
SU	1100	55	M	1019	76
	1747	292		1705	267
	2315	180		2211	187
3	0503	307	18	0402	292
M	1206	74	TU	1112	84
☾	1857	290		1804	266
				2320	187
4	0042	177	19	0508	281
TU	0622	288	W	1212	90
	1317	89	☽	1904	274
	2002	295			
5	0206	163	20	0041	176
W	0743	280	TH	0626	274
	1424	97		1315	94
	2057	304		1957	288
6	0312	141	21	0159	154
TH	0856	281	F	0746	276
	1520	102		1414	96
	2143	313		2044	308
7	0404	120	22	0302	122
F	0957	286	SA	0859	285
	1606	107	E	1507	99
	2221	323		2127	331
8	0447	100	23	0357	86
SA	1047	292	SU	1004	298
E	1645	115		1556	104
	2255	331		2209	354
9	0525	84	24	0448	52
SU	1132	298	M	1102	310
	1720	124		1643	111
	2326	337		2251	374
10	0600	71	25	0537	23
M	1212	301	TU	1157	319
	1751	134		1730	120
	2354	341		2334	387
11	0634	62	26	0626	2
TU	1250	302	W	1250	324
●A	1822	143	○P	1818	130
12	0022	342	27	0019	392
W	0707	56	TH	0715	-7
	1327	300		1343	324
	1852	153		1908	140
13	0050	341	28	0105	386
TH	0740	54	F	0805	-5
	1404	296	S	1436	320
	1923	161		2000	148
14	0120	336	29	0154	371
F	0815	56	SA	0855	6
	1442	289		1529	314
	1957	168		2055	156
15	0152	328	30	0246	349
SA	0852	61	SU	0945	25
N	1524	281		1624	307
	2034	176		2156	161
			31	0343	323
			M	1038	47
				1722	301
				2303	162

6 月

日期	潮时 时分	潮高 cm	日期	潮时 时分	潮高 cm
1	0446	297	16	0350	295
TU	1134	70	W	1043	69
	1820	298		1726	284
				2304	162
2	0019	158	17	0451	281
W	0557	275	TH	1133	81
☾	1234	91		1815	292
	1916	300			
3	0135	145	18	0016	149
TH	0713	261	F	0602	270
	1333	108	☽	1227	95
	2008	304		1905	305
4	0241	128	19	0128	127
F	0827	257	SA	0721	264
E	1429	122	E	1325	109
	2054	311		1954	322
5	0334	109	20	0235	98
SA	0933	260	SU	0839	267
	1518	133		1422	122
	2135	318		2043	341
6	0420	91	21	0335	67
SU	1028	267	M	0950	277
	1602	143		1518	132
	2212	324		2132	358
7	0501	75	22	0430	37
M	1116	275	TU	1053	289
	1641	151		1614	140
	2246	330		2221	373
8	0538	62	23	0523	14
TU	1159	282	W	1150	302
A	1718	157	P	1708	144
	2318	334		2311	381
9	0614	53	24	0615	-2
W	1238	287	TH	1244	311
	1753	162	○	1803	145
	2350	336			
10	0649	47	25	0001	382
TH	1315	289	F	0705	-8
●	1828	165	S	1334	317
				1857	144
11	0023	336	26	0052	376
F	0724	44	SA	0752	-5
	1352	289		1423	319
	1904	167		1951	143
12	0057	334	27	0143	362
SA	0759	43	SU	0839	7
N	1430	286		1511	318
	1941	168		2044	142
13	0134	328	28	0234	341
SU	0836	45	M	0924	26
	1510	283		1558	314
	2022	169		2139	142
14	0214	320	29	0327	317
M	0915	50	TU	1009	49
	1552	281		1645	310
	2108	169		2238	141
15	0258	309	30	0422	291
TU	0957	58	W	1054	75
	1638	280		1733	306
	2202	168		2342	139

7 月

日期	潮时 时分	潮高 cm	日期	潮时 时分	潮高 cm
1	0523	267	16	0437	283
TH	1142	101	F	1056	88
☾ E	1821	303	E	1729	313
				2350	119
2	0050	133	17	0545	266
F	0634	249	SA	1145	110
	1233	124	☽	1818	322
	1911	303			
3	0157	121	18	0100	103
SA	0751	241	SU	0704	256
	1328	144		1242	132
	1959	305		1911	331
4	0256	107	19	0211	83
SU	0905	243	M	0827	255
	1424	158		1346	149
	2045	310		2008	342
5	0349	91	20	0317	60
M	1008	251	TU	0944	265
A	1517	167		1453	158
	2129	315		2106	353
6	0434	76	21	0419	37
TU	1100	261	W	1049	280
	1605	172	P	1559	159
	2209	321		2203	362
7	0516	63	22	0514	18
W	1144	271	TH	1144	296
	1649	172	S	1700	154
	2248	327		2259	369
8	0554	52	23	0605	6
TH	1223	279	F	1234	309
	1730	170		1757	145
	2326	333		2352	371
9	0631	43	24	0652	2
F	1259	285	SA	1319	319
N	1809	166	○	1849	135
10	0004	336	25	0043	366
SA	0707	37	SU	0736	6
●	1335	289		1401	324
	1849	161		1939	127
11	0042	337	26	0132	355
SU	0742	34	M	0816	19
	1411	292		1442	326
	1929	156		2027	122
12	0122	334	27	0219	337
M	0818	34	TU	0855	39
	1447	295		1521	324
	2012	150		2114	120
13	0204	328	28	0305	314
TU	0854	40	W	0932	64
	1524	298		1559	319
	2058	145		2204	121
14	0250	316	29	0354	290
W	0932	51	TH	1008	91
	1604	302	E	1639	313
	2148	138		2257	122
15	0340	301	30	0447	266
TH	1012	67	F	1046	118
	1645	307		1720	306
	2246	130		2356	123
			31	0551	246
			SA	1130	144
			☾	1806	301

8 月

日期	潮时 时分	潮高 cm	日期	潮时 时分	潮高 cm
1	0102	119	16	0036	87
SU	0710	235	M	0657	254
	1223	165		1213	159
	1858	298		1837	331
2	0209	112	17	0152	78
M	0834	236	TU	0825	256
A	1328	180	P	1329	173
	1953	299		1945	332
3	0312	100	18	0306	64
TU	0945	244	W	0942	268
	1436	186	S	1450	174
	2048	304		2054	339
4	0405	85	19	0410	47
W	1040	256	TH	1042	285
	1536	185		1601	164
	2138	312		2158	348
5	0451	70	20	0504	33
TH	1123	268	F	1132	303
N	1627	179		1700	148
	2224	322		2255	356
6	0532	56	21	0552	24
F	1201	279	SA	1215	317
	1712	169		1752	131
	2307	332		2347	360
7	0609	44	22	0634	23
SA	1235	289	SU	1254	328
	1753	158	○	1839	117
	2348	340			
8	0644	35	23	0034	357
SU	1308	299	M	0712	30
●	1833	145		1330	334
				1922	106
9	0029	344	24	0118	347
M	0718	32	TU	0747	46
	1341	308		1404	336
	1915	132		2004	101
10	0111	344	25	0201	332
TU	0752	34	W	0819	67
	1414	317	E	1437	334
	1957	120		2045	99
11	0155	337	26	0243	313
W	0827	44	TH	0851	91
	1448	324		1509	329
	2042	110		2127	101
12	0240	325	27	0326	292
TH	0902	61	F	0922	117
E	1524	330		1542	321
	2131	102		2211	106
13	0330	307	28	0415	271
F	0940	84	SA	0955	142
	1603	333		1617	311
	2225	96		2302	112
14	0426	286	29	0513	252
SA	1022	110	SU	1033	165
	1646	333		1700	301
	2326	92			
15	0534	266	30	0002	117
SU	1111	137	M	0629	240
☽	1737	332	☾ A	1125	185
				1753	292
			31	0113	118
			TU	0758	239
				1238	197
				1900	288

时　区：＋0800　　潮高基准面：在平均海面下 212　cm

加拿大—托菲诺

CANADA－TOFINO

2021 年潮汐表　　49° 09′ N　　125° 55′ W

9 月

日期	潮时 时分	潮高 cm	日期	潮时 时分	潮高 cm
1	0227	111	16	0252	75
W	0916	247	TH	0932	284
	1403	200		1501	174
	2008	292		2052	323
2	0330	98	17	0355	64
TH	1011	260	F	1025	302
N	1514	192		1606	153
	2109	302		2157	333
3	0420	82	18	0446	56
F	1052	273	SA	1108	318
	1608	177		1658	131
	2201	316		2252	342
4	0501	66	19	0530	53
SA	1127	288	SU	1146	331
	1653	160		1742	111
	2248	331		2340	347
5	0538	53	20	0608	57
SU	1200	303	M	1221	341
	1734	140	○	1823	96
	2332	343			
6	0613	45	21	0023	345
M	1231	319	TU	0642	68
	1815	119	E	1253	346
				1901	86
7	0015	350	22	0104	338
TU	0647	45	W	0713	85
●	1302	334		1322	348
	1857	99		1938	81
8	0059	351	23	0144	327
W	0721	52	TH	0742	105
E	1335	346		1351	345
	1939	83		2015	80
9	0144	345	24	0223	313
TH	0755	67	F	0811	126
	1408	355		1419	339
	2024	71		2051	84
10	0231	331	25	0304	297
F	0832	89	SA	0840	148
	1444	358		1448	329
	2112	66		2131	91
11	0322	313	26	0349	280
SA	0911	115	SU	0912	167
P	1523	355	A	1520	317
	2204	67		2215	101
12	0421	292	27	0443	265
SU	0955	142	M	0951	185
	1609	346		1559	303
	2304	73		2308	112
13	0531	273	28	0552	253
M	1050	167	TU	1042	200
☽	1705	333		1652	289
14	0015	80	29	0014	119
TU	0656	265	W	0716	250
	1204	184	☾ N	1158	209
	1815	321		1804	281
15	0136	81	30	0132	119
W	0822	270	TH	0833	257
S	1336	187		1335	207
	1936	318		1926	282

10 月

日期	潮时 时分	潮高 cm	日期	潮时 时分	潮高 cm
1	0242	109	16	0329	87
F	0929	270	SA	0954	321
	1452	192		1600	136
	2037	293		2151	317
2	0337	95	17	0418	87
SA	1009	286	SU	1035	334
	1546	170		1647	113
	2136	309		2244	325
3	0420	82	18	0459	91
SU	1044	305	M	1111	345
	1631	144		1727	94
	2227	326		2330	330
4	0459	73	19	0536	100
M	1116	325	TU	1143	353
	1713	116	E	1805	80
	2315	340			
5	0535	70	20	0012	331
TU	1148	345	W	0608	113
	1755	88	○	1213	357
				1840	71
6	0001	349	21	0051	328
W	0611	74	TH	0638	129
● E	1220	363		1241	357
	1837	63		1914	66
7	0047	352	22	0130	322
TH	0647	86	F	0707	145
	1254	377		1308	354
	1920	45		1948	66
8	0135	347	23	0207	314
F	0724	104	SA	0736	160
P	1329	383		1335	347
	2006	36		2022	71
9	0224	336	24	0247	303
SA	0804	125	SU	0807	174
	1408	381	A	1404	337
	2054	36		2059	80
10	0318	320	25	0329	291
SU	0848	148	M	0841	187
	1451	369		1436	324
	2147	46		2140	91
11	0418	302	26	0419	279
M	0939	170	TU	0922	199
	1541	350	N	1514	309
	2247	62		2227	103
12	0529	289	27	0518	270
TU	1045	188	W	1014	209
S	1644	328		1605	294
	2356	77		2325	113
13	0649	286	28	0629	267
W	1211	194	TH	1128	213
☽	1803	310	☾	1715	281
14	0115	87	29	0034	118
TH	0805	293	F	0738	273
	1347	184		1301	207
	1930	304		1840	278
15	0229	89	30	0143	116
F	0906	306	SA	0833	286
	1503	162		1421	187
	2047	308		2000	284
			31	0242	110
			SU	0916	304
				1518	159
				2107	298

11 月

日期	潮时 时分	潮高 cm	日期	潮时 时分	潮高 cm
1	0331	105	16	0423	133
M	0953	325	TU	1032	353
	1606	126		1709	85
	2205	315		2319	311
2	0414	103	17	0501	144
TU	1028	349	W	1105	359
E	1650	92		1746	72
	2257	330			
3	0454	105	18	0001	316
W	1103	371	TH	0535	155
	1733	60		1135	361
	2348	341		1820	64
4	0534	113	19	0041	319
TH	1139	390	F	0607	166
●	1818	34	○	1204	362
				1854	60
5	0037	347	20	0118	318
F	0615	125	SA	0639	175
P	1217	401		1233	359
	1903	18		1927	60
6	0127	346	21	0155	314
SA	0658	140	SU	0710	183
	1258	403	A	1303	353
	1951	13		2001	64
7	0218	339	22	0232	308
SU	0744	156	M	0744	190
	1341	395	N	1335	344
	2040	19		2037	71
8	0313	329	23	0312	301
M	0835	171	TU	0821	196
S	1429	377		1410	333
	2133	34		2115	80
9	0412	318	24	0357	293
TU	0933	183	W	0903	201
	1525	352		1449	319
	2230	55		2158	90
10	0517	310	25	0447	287
W	1044	190	TH	0955	206
	1631	325		1538	304
	2333	77		2246	100
11	0625	309	26	0542	286
TH	1210	188	F	1101	206
☽	1749	303		1640	290
				2342	110
12	0042	94	27	0639	292
F	0730	314	SA	1221	197
	1337	172	☾	1756	280
	1913	292			
13	0151	107	28	0042	118
SA	0827	324	SU	0732	305
	1447	149		1340	176
	2031	291		1919	279
14	0250	115	29	0142	124
SU	0915	335	M	0818	323
	1543	125		1443	146
	2137	297		2036	286
15	0340	124	30	0237	129
M	0956	345	TU	0901	344
E	1629	103	E	1537	110
	2232	304		2143	300

12 月

日期	潮时 时分	潮高 cm	日期	潮时 时分	潮高 cm
1	0327	136	16	0426	179
W	0942	367	TH	1029	355
	1626	75		1727	75
	2242	315		2351	303
2	0415	143	17	0506	185
TH	1023	388	F	1103	359
	1714	43		1803	66
	2337	328			
3	0502	150	18	0030	310
F	1106	404	SA	0542	188
	1802	19	A	1137	361
				1838	61
4	0029	337	19	0106	313
SA	0550	157	SU	0618	189
● P	1150	413	○	1210	360
	1851	6		1912	58
5	0120	342	20	0141	313
SU	0640	163	M	0652	189
	1237	411	N	1244	358
	1939	4		1945	59
6	0211	342	21	0217	312
M	0732	168	TU	0728	189
S	1326	400		1319	352
	2028	12		2020	62
7	0303	339	22	0253	310
TU	0827	172	W	0807	189
	1418	380		1356	344
	2118	29		2055	68
8	0356	334	23	0332	307
W	0927	175	TH	0849	188
	1514	354		1437	332
	2209	52		2133	77
9	0451	330	24	0413	306
TH	1032	176	F	0937	188
	1616	326		1523	317
	2302	78		2213	89
10	0547	328	25	0456	308
F	1146	172	SA	1035	184
	1725	300		1617	301
	2359	103		2258	104
11	0643	328	26	0543	314
SA	1305	160	SU	1142	175
☽	1842	282		1724	286
				2348	121
12	0059	126	27	0631	324
SU	0737	332	M	1255	157
E	1416	143	☾ E	1843	275
	2002	274			
13	0159	144	28	0044	139
M	0827	338	TU	0721	338
	1515	123		1405	131
	2115	277		2007	275
14	0253	159	29	0144	154
TU	0911	344	W	0811	355
	1604	104		1508	100
	2216	285		2124	284
15	0342	170	30	0244	165
W	0952	350	TH	0902	374
	1648	88		1606	68
	2307	295		2231	299
			31	0343	172
			F	0953	391
				1700	40
				2329	315

时　区：＋0800　　　　潮高基准面：在平均海面下 212　cm

加拿大—维多利亚
CANADA－VICTORIA

2021 年潮汐表　　48° 25′ N　　123° 22′ W

1 月

日期	潮时 时分	潮高 cm	日期	潮时 时分	潮高 cm
1 F	1305 2252	286 33	16 SA	0816 1139 1435 2326	267 248 255 64
2 SA	0853 1107 1347 2331	271 264 274 46	17 SU	0831	264
3 SU	0903 1223 1432	269 250 255	18 M	0001 0842	93 263
4 M	0011 0905	68 268	19 TU E	0027 0852	125 262
5 TU	0049 0901	97 270	20 W ☽	0026 0901 1700	155 263 157
6 W ☾ E	0125 0907 1615 2117	131 276 156 178	21 TH A	0904 1723	264 134
7 TH	0139 0922 1704	167 283 117	22 F	0904 1752	267 113
8 F	0943 1750	292 81	23 SA	0912 1822	270 94
9 SA P	1006 1834	300 49	24 SU	0927 1855	274 77
10 SU	1033 1918	307 26	25 M	0950 1929	278 62
11 M	1105 2001	310 11	26 TU N	1021 2004	282 48
12 TU S	1144 2043	308 5	27 W	1101 2040	285 38
13 W ●	1226 2125	302 8	28 TH ○	1147 2117	286 33
14 TH	0729 0930 1311 2207	275 268 291 20	29 F	1238 2153	282 35
15 F	0755 1030 1357 2247	271 259 275 39	30 SA	0710 0950 1337 2230	256 243 273 47
			31 SU	0659 1048 1448 2308	255 224 256 68

2 月

日期	潮时 时分	潮高 cm	日期	潮时 时分	潮高 cm
1 M	0642 1149 1614 2344	259 202 235 98	16 TU	0642 1254 1741 2340	250 173 198 159
2 TU E	0655 1257 1745	265 176 210	17 W	0652 1355 2111 2313	252 157 185 182
3 W P	0018 0718 1407 1944	134 272 147 190	18 TH A	0702 1455	254 141
4 TH ☾	0041 0743 1516	171 277 118	19 F ☽	0713 1551	256 125
5 F	0808 1621	282 91	20 SA	0725 1645	257 111
6 SA	0835 1721	286 68	21 SU	0732 1733	259 96
7 SU	0906 1813	288 50	22 M	0611 1817	262 82
8 M S	0946 1900	289 38	23 TU N	0846 1858	263 69
9 TU	1036 1944	287 31	24 W	0954 1937	265 58
10 W	0538 0741 1139 2026	265 258 283 31	25 TH	1059 2014	266 52
11 TH ●	0603 0830 1323 2107	259 247 277 38	26 F	0513 0803 1214 2051	244 231 265 53
12 F	0622 0918 1430 2146	253 234 268 53	27 SA ○	0428 0849 1344 2128	242 210 261 63
13 SA	0633 1006 1519 2223	249 220 255 74	28 SU	0422 0938 1458 2204	247 185 254 83
14 SU	0635 1058 1603 2258	247 205 237 101			
15 M E	0635 1154 1646 2326	248 190 217 130			

3 月

日期	潮时 时分	潮高 cm	日期	潮时 时分	潮高 cm
1 M E	0440 1028 1602 2241	255 157 241 112	16 TU	0443 1106 1719 2250	243 135 207 174
2 TU P	0506 1122 1710 2317	263 132 224 146	17 W	0501 1148 2027 2249	246 123 201 196
3 W	0533 1220 1843 2350	270 110 207 181	18 TH A	0515 1232	247 115
4 TH	0600 1323	274 93	19 F	0524 1322	247 109
5 F	0625 1430	275 82	20 SA	0507 1419	248 105
6 SA ☾	0647 1539	273 73	21 SU ☽	0414 1524	251 101
7 SU S	0709 1646	269 67	22 M N	0408 1629	253 94
8 M	0755 1746	263 62	23 TU	0354 1727	252 86
9 TU	0333 0614 0910 1837	259 249 256 60	24 W	0327 1816	248 79
10 W	0402 0704 1123 1923	253 236 250 62	25 TH	0309 0652 0950 1859	242 228 236 76
11 TH	0424 0745 1305 2005	245 220 249 68	26 F	0237 0717 1138 1939	239 206 236 79
12 F	0431 0825 1403 2044	238 202 247 81	27 SA	0228 0755 1315 2018	241 177 238 91
13 SA ●	0406 0904 1452 2122	235 184 241 99	28 SU ○E	0240 0837 1422 2056	248 144 240 111
14 SU E	0407 0945 1537 2157	237 166 231 123	29 M	0302 0922 1524 2134	257 110 236 137
15 M	0424 1025 1624 2228	240 149 219 149	30 TU P	0328 1009 1630 2212	267 81 229 167
			31 W	0356 1059 1812 2251	274 60 220 197

4 月

日期	潮时 时分	潮高 cm	日期	潮时 时分	潮高 cm
1 TH	0424 1151	277 49	16 F	0323 1148	246 75
2 F	0447 1248	275 48	17 SA	0254 1232	248 76
3 SA	0504 1351	269 54	18 SU N	0237 1322	251 79
4 SU ☾S	0512 1458	260 63	19 M	0218 1420	252 82
5 M	0121 1607	259 71	20 TU ☽	0128 1523	251 85
6 TU	0154 1711	257 79	21 W	0116 1625	249 87
7 W	0221 0654 1016 1805	249 216 218 87	22 TH	0109 1721	245 93
8 TH	0232 0713 1218 1853	241 195 217 98	23 F	0059 0637 1031 1810	243 189 205 103
9 F	0212 0742 1323 1936	235 173 217 112	24 SA	0058 0704 1220 1855	246 155 210 120
10 SA	0211 0815 1420 2016	235 151 217 131	25 SU E	0109 0741 1334 1937	254 115 216 141
11 SU E	0225 0848 1518 2054	237 129 215 152	26 M	0129 0822 1441 2018	264 76 221 167
12 M ●	0245 0922 1634 2128	240 110 213 175	27 TU ○P	0154 0905 1559 2059	275 42 224 192
13 TU	0304 0956 1836 2156	243 94 213 196	28 W	0221 0951 1856 2141	283 18 229 216
14 W A	0321 1031	245 84	29 TH	0250 1038	286 8
15 TH	0331 1108	246 77	30 F	0318 1128	284 10

时　区：＋0800　　　　潮高基准面：在平均海面下 188　cm

加拿大—维多利亚

CANADA－VICTORIA

2021 年潮汐表　　48° 25′ N　　123° 22′ W

5 月

日期	潮时 时分	潮高 cm	日期	潮时 时分	潮高 cm
1 SA S	0340 1221 2306	276 21 259	16 SU	0142 1202	256 51
2 SU	0110 0356 1318 2347	254 263 39 260	17 M	0152 1247 2335	254 57 253
3 M ☾	1419	59	18 TU	1337 2338	66 251
4 TU	0019 1523	257 79	19 W ☽	1429 2342	78 249
5 W	0041 1625	251 98	20 TH	1524 2338	94 248
6 TH	0044 0659 1101 1722	244 180 189 117	21 F	0610 0859 1618 2335	182 186 115 251
7 F	0039 0705 1230 1813	241 155 189 137	22 SA E	0610 1108 1710 2343	145 186 139 260
8 SA E	0046 0729 1403 1900	241 130 193 158	23 SU	0644 1240 1758	103 193 165
9 SU	0100 0757 1615 1942	243 106 202 180	24 M	0000 0723 1418 1845	271 61 204 192
10 M	0115 0827 1732 2021	245 85 213 200	25 TU	0023 0805 1728 1931	283 25 221 215
11 TU ●A	0128 0858 1842 2054	248 68 223 218	26 W ○P	0050 0849	293 -2
12 W	0134 0931	250 56	27 TH	0120 0934	297 -16
13 TH	0135 1005	252 48	28 F S	0153 1020	295 -17
14 F	0134 1041	254 46	29 SA	0228 1108	287 -6
15 SA N	0135 1120	256 47	30 SU	0300 1157 2216	272 13 259
			31 M	0106 0324 1248 2245	248 253 37 256

6 月

日期	潮时 时分	潮高 cm	日期	潮时 时分	潮高 cm
1 TU	1340 2304	64 252	16 W	1302 2214	64 248
2 W ☾	1434 2312	92 248	17 TH	1345 2210	86 249
3 TH	1528 2317	120 247	18 F ☽	0424 0709 1428 2209	183 183 114 254
4 F E	0623 1107 1621 2327	151 171 148 247	19 SA E	0457 0946 1509 2218	145 174 146 262
5 SA	0640 1506 1712 2339	124 179 175 249	20 SU	0538 1149 1540 2236	104 179 177 274
6 SU	0705 2349	100 251	21 M	0621 2258	64 286
7 M	0733 2352	78 254	22 TU	0705 2326	28 296
8 TU A	0803 2357	59 258	23 W P	0749 2359	0 302
9 W	0835	46	24 TH ○	0834	-16
10 TH ●	0007 0908	261 36	25 F S	0038 0918	302 -22
11 F	0022 0943	263 31	26 SA	0121 1003	296 -16
12 SA N	0041 1020	265 29	27 SU	0210 1048 2047 2311	282 -1 253 244
13 SU	0106 1058	264 31	28 M	0301 1133 2110	264 22 250
14 M	0136 1138	260 37	29 TU	0036 0350 1217 2126	232 240 50 248
15 TU	0209 1220 2209	251 47 250	30 W	0223 0439 1300 2138	212 214 81 247

7 月

日期	潮时 时分	潮高 cm	日期	潮时 时分	潮高 cm
1 TH ☾E	1338 2149	114 248	16 F E	0202 0610 1305 2027	178 194 114 254
2 F	0504 0913 1359 2202	157 167 146 249	17 SA ☽	0310 0819 1333 2046	145 178 149 262
3 SA	0533 2213	131 251	18 SU	0412 2108	109 272
4 SU	0602 2219	106 253	19 M	0507 2134	74 281
5 M A	0633 2223	85 257	20 TU	0559 2205	43 290
6 TU	0704 2236	67 261	21 W P	0647 2243	19 295
7 W	0738 2256	52 265	22 TH S	0734 2328	2 297
8 TH	0812 2322	41 268	23 F	0818	-6
9 F N	0847 2353	32 269	24 SA ○	0021 0902	293 -5
10 SA ●	0923	27	25 SU	0128 0945 1915 2146	283 5 243 230
11 SU	0028 1000	269 25	26 M	0244 1027 1929 2247	269 23 240 218
12 M	0108 1037 2024 2230	265 28 243 237	27 TU	0343 1107 1939 2356	250 48 240 203
13 TU	0153 1114 2027 2336	256 39 242 224	28 W	0434 1145 1948	226 79 242
14 W	0247 1152 2022	240 57 243	29 TH E	0115 0530 1217 2001	184 201 112 244
15 TH	0047 0358 1230 2016	205 218 83 247	30 F	0233 0655 1233 2014	162 179 145 246
			31 SA ☾	0337 2025	140 248

8 月

日期	潮时 时分	潮高 cm	日期	潮时 时分	潮高 cm
1 SU	0429 2035	118 251	16 M	0332 2000	80 273
2 M A	0513 2050	100 254	17 TU P	0436 2035	59 277
3 TU	0554 2112	83 257	18 W S	0536 2122	42 279
4 W	0633 2142	69 260	19 TH	0629 2218	30 278
5 TH N	0711 2218	57 262	20 F	0716 2328	23 275
6 F	0748 2259	46 264	21 SA	0801 1722 1952	22 237 225
7 SA	0825 2346	38 265	22 SU ○	0101 0843 1731 2043	270 29 232 209
8 SU ●	0900	34	23 M	0212 0923 1717 2133	263 44 231 193
9 M	0040 0936 1826 2124	263 36 232 217	24 TU	0306 1002 1713 2225	250 66 234 177
10 TU	0145 1012 1750 2217	256 45 234 199	25 W E	0356 1038 1731 2318	233 94 238 161
11 W	0301 1047 1753 2313	245 64 241 178	26 TH	0446 1111 1753	214 125 242
12 TH E	0413 1123 1814	229 91 249	27 F	0013 0548 1132 1813	146 195 156 245
13 F	0013 0528 1157 1839	154 209 123 256	28 SA	0111 0902 1112 1831	133 184 181 246
14 SA	0118 0702 1226 1905	128 192 158 263	29 SU	0211 1847	120 247
15 SU ☽	0225 1932	103 268	30 M ☾A	0311 1904	110 248
			31 TU	0411 1925	100 248

时　区：＋0800　　潮高基准面：在平均海面下 188 cm

加拿大—维多利亚

CANADA－VICTORIA

2021 年潮汐表　　48° 25′ N　　123° 22′ W

9 月

日期	潮时 时分	潮高 cm	日期	潮时 时分	潮高 cm
1 W	0507 1958	89 248	16 TH	0509 1457 1723 2052	56 250 241 252
2 TH N	0555 2052	78 248	17 F	0605 1520 1823 2242	55 243 226 246
3 F	0639 2152	69 249	18 SA	0654 1532 1911	58 235 207
4 SA	0719 1646 1902 2257	61 234 229 249	19 SU	0032 0738 1504 1954	245 67 231 186
5 SU	0756 1609 1944	57 229 213	20 M ○	0137 0819 1501 2037	243 81 233 164
6 M	0015 0832 1537 2027	250 59 231 192	21 TU E	0230 0858 1520 2119	238 101 237 144
7 TU ●	0138 0907 1546 2113	249 69 237 167	22 W	0321 0935 1544 2201	229 126 241 127
8 W E	0242 0942 1607 2200	245 87 246 140	23 TH	0414 1010 1608 2243	219 153 244 113
9 TH	0341 1018 1632 2250	237 113 255 114	24 F	0524 1037 1629 2325	208 180 246 104
10 F	0444 1053 1659 2344	224 145 262 93	25 SA	0834 1040 1646	206 203 247
11 SA P	0603 1126 1726	210 177 267	26 SU A	0010 1657	99 247
12 SU	0042 1751	77 270	27 M	0059 1644	97 246
13 M ☽	0146 1813	68 269	28 TU	0154 1522	97 247
14 TU	0254 1841	63 266	29 W ☾ N	0258 1500	97 249
15 W S	0404 1933	59 260	30 TH	0403 1454	94 247

10 月

日期	潮时 时分	潮高 cm	日期	潮时 时分	潮高 cm
1 F	0504 1437	90 243	16 SA	0532 1336 1845 2350	91 245 191 215
2 SA	0554 1412 1851 2146	87 239 218 225	17 SU	0623 1324 1918	105 243 166
3 SU	0638 1357 1905 2337	87 238 197 226	18 M	0102 0709 1332 1952	217 123 245 140
4 M	0718 1357 1937	93 241 169	19 TU E	0205 0751 1349 2027	218 144 248 116
5 TU	0102 0755 1410 2016	231 106 247 136	20 W ○	0315 0831 1410 2102	219 168 251 96
6 W ●E	0204 0832 1430 2058	235 125 257 102	21 TH	0515 0910 1429 2138	220 191 253 81
7 TH	0302 0909 1454 2142	236 150 266 72	22 F	0649 0943 1444 2214	226 213 254 72
8 F P	0405 0945 1520 2229	232 177 274 50	23 SA	1448 2251	254 68
9 SA	0530 1023 1545 2319	226 205 279 38	24 SU A	1433 2330	255 69
10 SU	1608	279	25 M	1354	257
11 M	0014 1626	37 275	26 TU N	0013 1304	74 259
12 TU S	0113 1643	45 266	27 W	0100 1300	80 260
13 W ☽	0218 1247	56 262	28 TH ☾	0154 1246	87 259
14 TH	0327 1316	68 259	29 F	0253 1237	94 257
15 F	0433 1337 1819 2129	79 252 215 218	30 SA	0353 1235	101 255
			31 SU	0449 1232 1849 2225	111 253 188 200

11 月

日期	潮时 时分	潮高 cm	日期	潮时 时分	潮高 cm
1 M	0540 1232 1854	124 256 155	16 TU	0308 0630 1228 1942	202 182 262 101
2 TU E	0013 0625 1240 1924	206 143 262 117	17 W	0434 0719 1241 2012	219 206 264 79
3 W	0124 0707 1255 2001	216 165 272 77	18 TH	0544 0805 1249 2044	235 227 266 62
4 TH ●	0232 0748 1316 2042	225 190 283 42	19 F ○	1248 2117	268 52
5 F P	0405 0828 1339 2126	232 215 293 16	20 SA	1246 2151	270 47
6 SA	0659 0909 1404 2212	244 237 298 3	21 SU A	1244 2227	272 47
7 SU	1430 2300	298 3	22 M N	1232 2304	273 51
8 M S	1454 2350	291 15	23 TU	1206 2343	274 57
9 TU	1514	278	24 W	1127	273
10 W	0044 1115	34 274	25 TH	0024 1109	66 271
11 TH ☽	0142 1143	58 272	26 F	0108 1112	78 270
12 F	0244 1201	82 266	27 SA ☾	0153 1116	93 268
13 SA	0345 1205 1858 2242	107 261 181 191	28 SU	0240 1115	113 266
14 SU	0444 1205 1853	131 259 154	29 M	0328 1111 1816 2304	137 269 154 184
15 M E	0026 0539 1214 1914	192 156 260 126	30 TU E	0416 1115 1834	164 276 113

12 月

日期	潮时 时分	潮高 cm	日期	潮时 时分	潮高 cm
1 W	0106 0503 1126 1907	197 193 286 71	16 TH	1115 1953	276 61
2 TH	1144 1946	298 33	17 F	1115 2025	279 49
3 F	1207 2028	309 4	18 SA A	1124 2058	282 41
4 SA ●P	1234 2111	316 -14	19 SU ○	1138 2133	284 38
5 SU	1306 2157	317 -17	20 M N	1154 2208	285 39
6 M S	1339 2243	310 -9	21 TU	1214 2244	283 42
7 TU	1412 2330	295 11	22 W	1238 2320	278 50
8 W	0947 1235 1435	281 270 274	23 TH	0943 2356	274 62
9 TH	0018 1012	37 278	24 F	0948	272
10 F	0107 1029	68 275	25 SA	0032 0952	80 270
11 SA ☽	0156 1039	102 272	26 SU	0107 0949	104 270
12 SU E	0245 1048 1827 2321	136 270 154 176	27 M ☾ E	0136 0942 1716 2121	133 273 162 176
13 M	0331 1059 1835	170 271 126	28 TU	0137 0947 1731	165 280 122
14 TU	1111 1856	272 100	29 W	1001 1807	290 81
15 W	1117 1923	273 78	30 TH	1020 1848	302 44
			31 F	1045 1931	314 14

时　区：＋0800　　　　潮高基准面：在平均海面下 188　cm

加拿大—温哥华港

CANADA－VANCOUVER HARBOUR

2021 年潮汐表　　　　49° 17′ N　　　　123° 07′ W

1 月

日期	潮时 时分	潮高 cm	日期	潮时 时分	潮高 cm
1 F	0048	59	16 SA	0130	78
	0824	485		0849	488
	1345	355		1446	309
	1745	406		1917	381
2 SA	0125	66	17 SU	0207	111
	0859	487		0922	481
	1437	341		1540	288
	1838	390		2013	357
3 SU	0203	83	18 M	0242	151
	0934	488		0954	471
	1535	319		1633	264
	1942	369		2118	336
4 M	0243	113	19 TU	0317	196
	1009	487	E	1024	458
	1636	287		1726	239
	2100	348		2237	323
5 TU	0326	154	20 W	0354	243
	1043	483	☽	1051	445
	1735	247		1816	213
	2230	334			
6 W	0416	204	21 TH	0024	326
☾ E	1118	478	A	0441	289
	1831	201		1118	431
				1904	188
7 TH	0015	337	22 F	0219	349
	0518	257		0553	330
	1154	471		1145	419
	1923	154		1949	165
8 F	0204	363	23 SA	0339	381
	0634	306		0729	356
	1232	464		1216	410
	2014	112		2033	142
9 SA	0333	402	24 SU	0430	411
P	0757	340		0851	368
	1315	457		1256	406
	2104	76		2116	121
10 SU	0438	439	25 M	0509	434
	0914	359		0950	370
	1402	451		1344	406
	2153	50		2157	101
11 M	0530	467	26 TU	0544	450
	1020	365	N	1035	367
	1453	446		1437	410
	2240	35		2238	83
12 TU	0615	485	27 W	0616	462
S	1118	362		1115	360
	1546	440		1529	415
	2326	30		2317	69
13 W	0657	494	28 TH	0648	470
●	1211	354	○	1154	350
	1640	432		1620	419
				2355	61
14 TH	0010	37	29 F	0719	476
	0736	496		1236	336
	1302	342		1711	418
	1732	419			
15 F	0051	53	30 SA	0032	62
	0813	493		0749	482
	1353	327		1322	316
	1824	402		1804	410
			31 SU	0109	76
				0819	485
				1411	290
				1901	396

2 月

日期	潮时 时分	潮高 cm	日期	潮时 时分	潮高 cm
1 M	0146	103	16 TU	0212	190
	0849	486		0851	449
	1502	258		1528	216
	2004	379		2106	355
2 TU	0225	144	17 W	0243	232
E	0919	484		0913	437
	1554	222		1609	199
	2116	362		2215	348
3 W	0308	195	18 TH	0319	275
P	0950	478	A	0934	424
	1648	186		1653	185
	2240	354		2348	350
4 TH	0357	251	19 F	0404	314
☾	1023	468	☽	0956	410
	1744	152		1742	174
5 F	0026	361	20 SA	0137	367
	0459	304		0514	346
	1100	456		1022	399
	1844	124		1837	163
6 SA	0215	388	21 SU	0256	391
	0624	344		0704	364
	1143	442		1100	389
	1944	100		1936	150
7 SU	0334	421	22 M	0349	412
	0800	363		0839	364
	1237	429		1157	383
	2042	83		2033	134
8 M	0430	447	23 TU	0430	429
S	0921	362	N	0934	356
	1343	420		1314	384
	2137	70		2124	115
9 TU	0515	464	24 W	0504	441
	1023	351		1015	344
	1453	417		1430	392
	2227	64		2210	97
10 W	0554	473	25 TH	0536	450
	1114	335		1052	327
	1556	416		1534	403
	2313	64		2253	85
11 TH	0630	475	26 F	0606	457
●	1159	317		1131	304
	1652	415		1630	412
	2356	73		2332	82
12 F	0702	474	27 SA	0633	464
	1242	298	○	1213	276
	1742	409		1725	416
13 SA	0034	91	28 SU	0011	93
	0733	471		0701	469
	1324	277		1256	242
	1830	398		1820	414
14 SU	0108	117			
	0801	466			
	1406	256			
	1918	384			
15 M	0141	151			
E	0827	459			
	1447	235			
	2009	368			

3 月

日期	潮时 时分	潮高 cm	日期	潮时 时分	潮高 cm
1 M	0050	118	16 TU	0116	209
E	0728	472		0724	431
	1342	206		1400	169
	1917	407		2009	387
2 TU	0129	156	17 W	0148	244
P	0756	473		0742	422
	1428	171		1433	156
	2020	398		2102	384
3 W	0211	203	18 TH	0223	278
	0825	468	A	0800	412
	1516	141		1508	148
	2130	390		2202	383
4 TH	0257	253	19 F	0303	309
	0856	457		0818	400
	1606	120		1546	146
	2254	388		2317	385
5 F	0353	301	20 SA	0355	335
	0930	441		0839	387
	1701	109		1629	148
6 SA	0032	398	21 SU	0042	393
☾	0507	338	☽	0511	353
	1011	421		0906	374
	1804	106		1724	151
7 SU	0201	417	22 M	0154	405
S	0649	355	N	0714	355
	1105	400		0954	362
	1911	106		1831	151
8 M	0307	435	23 TU	0250	416
	0827	348		0836	343
	1225	384		1119	354
	2018	106		1940	144
9 TU	0358	447	24 W	0333	426
	0934	328		0917	325
	1358	380		1306	355
	2118	105		2042	133
10 W	0440	452	25 TH	0409	433
	1023	305		0952	301
	1512	385		1433	369
	2210	106		2134	123
11 TH	0516	453	26 F	0441	439
	1103	281		1027	271
	1612	393		1539	387
	2256	113		2221	122
12 F	0547	451	27 SA	0509	445
	1141	257		1106	234
	1703	398		1638	404
	2336	127		2305	132
13 SA	0616	448	28 SU	0536	451
●	1217	233	○E	1146	192
	1750	399		1735	416
				2347	154
14 SU	0012	148	29 M	0603	457
E	0641	444		1229	150
	1252	209		1832	424
	1836	397			
15 M	0045	176	30 TU	0030	188
	0703	438	P	0631	459
	1326	187		1312	112
	1921	392		1931	427
			31 W	0115	227
				0700	457
				1357	84
				2034	428

4 月

日期	潮时 时分	潮高 cm	日期	潮时 时分	潮高 cm
1 TH	0203	270	16 F	0211	318
	0731	447		0650	394
	1442	69		1423	105
	2143	428		2152	418
2 F	0257	307	17 SA	0257	335
	0804	430		0709	383
	1531	69		1459	111
	2300	430		2250	419
3 SA	0404	335	18 SU	0355	347
	0843	407	N	0730	370
	1625	82		1540	120
				2353	421
4 SU	0018	434	19 M	0520	349
☾ S	0536	345		0800	356
	0934	380		1631	132
	1727	102			
5 M	0128	440	20 TU	0054	423
	0728	333	☽	1734	143
	1053	355			
	1838	122			
6 TU	0225	443	21 W	0146	427
	0841	306		0814	316
	1244	343		1110	329
	1949	136		1845	151
7 W	0312	443	22 TH	0229	430
	0929	277		0848	287
	1416	349		1306	334
	2052	147		1953	156
8 TH	0352	441	23 F	0305	433
	1008	248		0922	250
	1525	362		1433	353
	2145	159		2052	164
9 F	0425	436	24 SA	0336	437
	1043	219		0958	206
	1621	377		1542	378
	2231	174		2145	179
10 SA	0454	431	25 SU	0406	442
	1115	192	E	1037	158
	1711	389		1644	403
	2312	194		2235	202
11 SU	0519	426	26 M	0435	447
E	1147	166		1118	110
	1757	398		1743	425
	2348	218		2323	232
12 M	0541	421	27 TU	0504	451
●	1218	143	○P	1201	68
	1842	405		1842	443
13 TU	0023	245	28 W	0013	264
	0600	415		0536	451
	1248	125		1245	39
	1926	409		1942	454
14 W	0057	272	29 TH	0104	295
A	0617	410		0609	444
	1319	112		1329	25
	2012	413		2043	460
15 TH	0132	297	30 F	0159	321
	0633	403		0644	430
	1350	105		1415	28
	2100	416		2146	462

时　区：＋0800　　　　潮高基准面：在平均海面下 306　cm

加拿大—温哥华港

CANADA－VANCOUVER HARBOUR

2021年潮汐表　　49° 17′ N　　123° 07′ W

5月

日期	潮时时分	潮高cm	日期	潮时时分	潮高cm
1 SA S	0302 0724 1503 2249	338 407 45 462	16 SU	0250 0623 1429 2224	348 377 88 443
2 SU	0420 0813 1556 2350	342 378 75 459	17 M	0351 0655 1509 2313	348 363 101 443
3 M ☾	0603 0924 1655	328 348 109	18 TU	0513 0748 1556	339 346 118
4 TU	0046 0729 1106 1801	454 299 326 142	19 W ☽	0000 0637 0925 1652	442 317 327 139
5 W	0135 0823 1252 1911	448 265 321 170	20 TH	0044 0728 1116 1756	441 286 318 163
6 TH	0219 0905 1418 2015	441 232 332 193	21 F	0122 0808 1303 1904	440 246 326 189
7 F	0256 0940 1528 2111	434 200 351 215	22 SA E	0158 0847 1431 2009	440 198 350 217
8 SA E	0328 1013 1627 2200	425 170 372 238	23 SU	0231 0927 1545 2110	442 146 381 246
9 SU	0355 1044 1718 2245	418 142 391 261	24 M	0303 1009 1651 2207	446 96 413 275
10 M	0418 1115 1804 2325	411 118 408 283	25 TU	0337 1052 1752 2303	449 52 441 301
11 TU ●A	0438 1145 1847	407 99 421	26 W ○P	0412 1137 1850 2359	451 21 462 323
12 W	0003 0456 1215 1929	304 404 86 431	27 TH	0449 1223 1946	447 4 475
13 TH	0041 0515 1246 2011	321 400 78 437	28 F S	0055 0530 1309 2040	338 436 4 480
14 F	0119 0534 1318 2053	334 395 76 441	29 SA	0155 0615 1355 2133	344 418 19 480
15 SA N	0201 0557 1352 2137	343 388 80 443	30 SU	0301 0707 1442 2224	341 393 46 476
			31 M	0419 0810 1531 2313	328 364 82 469

6月

日期	潮时时分	潮高cm	日期	潮时时分	潮高cm
1 TU	0545 0929 1624 2359	304 336 123 461	16 W	0437 0815 1531 2309	318 344 117 456
2 W ☾	0654 1102 1721	271 317 164	17 TH	0541 0942 1620 2345	289 327 150 453
3 TH	0042 0745 1240 1824	451 236 314 204	18 F ☽	0635 1120 1716	249 321 191
4 F E	0121 0827 1409 1929	439 202 326 239	19 SA E	0019 0724 1302 1822	450 202 331 233
5 SA	0156 0904 1527 2031	428 171 350 269	20 SU	0054 0810 1435 1933	448 152 359 273
6 SU	0226 0938 1630 2127	417 142 377 294	21 M	0130 0856 1554 2043	448 104 395 306
7 M	0253 1011 1721 2218	409 118 402 314	22 TU	0208 0943 1700 2148	448 61 428 330
8 TU A	0316 1043 1805 2303	404 98 422 330	23 W P	0249 1031 1758 2249	449 30 455 344
9 W	0339 1116 1845 2344	402 82 435 340	24 TH ○	0334 1119 1850 2347	447 10 472 350
10 TH ●	0403 1149 1923	402 72 445	25 F S	0422 1206 1938	441 5 481
11 F	0022 0429 1222 2000	347 401 67 450	26 SA	0045 0514 1253 2023	348 429 12 483
12 SA N	0102 0500 1257 2038	350 397 65 454	27 SU	0144 0609 1338 2107	340 411 32 481
13 SU	0145 0534 1332 2116	351 390 69 456	28 M	0246 0708 1422 2149	325 388 63 476
14 M	0234 0614 1409 2155	347 379 77 457	29 TU	0352 0811 1506 2228	304 362 101 468
15 TU	0332 0705 1448 2233	337 363 93 457	30 W	0458 0922 1550 2306	278 337 145 458

7月

日期	潮时时分	潮高cm	日期	潮时时分	潮高cm
1 TH ☾ E	0559 1044 1637 2342	247 319 193 446	16 F E	0453 0953 1553 2248	242 337 184 458
2 F	0652 1218 1731	216 316 239	17 SA ☽	0547 1125 1646 2321	201 334 235 453
3 SA	0016 0737 1357 1837	432 186 331 281	18 SU	0641 1309 1753 2357	159 349 284 448
4 SU	0047 0818 1522 1949	419 159 359 312	19 M	0735 1448 1911	118 379 322
5 M A	0117 0857 1626 2057	408 135 388 333	20 TU	0038 0829 1603 2031	443 83 413 345
6 TU	0146 0935 1713 2154	401 115 412 345	21 W P	0126 0923 1701 2141	439 55 440 353
7 W	0218 1013 1753 2240	399 98 429 351	22 TH S	0221 1015 1751 2242	436 36 459 351
8 TH	0253 1050 1830 2320	400 84 440 353	23 F	0320 1105 1835 2338	434 26 469 342
9 F N	0331 1127 1905 2358	403 73 447 352	24 SA ○	0420 1152 1915	430 27 473
10 SA ●	0411 1203 1939	404 65 452	25 SU	0031 0518 1237 1953	328 421 39 473
11 SU	0038 0453 1239 2012	347 403 63 456	26 M	0125 0614 1319 2029	310 407 62 470
12 M	0122 0539 1314 2044	339 396 67 460	27 TU	0218 0709 1358 2103	289 388 95 465
13 TU	0211 0629 1350 2115	326 385 79 462	28 W	0311 0807 1436 2135	266 366 135 457
14 W	0304 0727 1427 2146	306 368 103 463	29 TH E	0403 0909 1514 2205	242 345 181 445
15 TH	0358 0835 1507 2216	278 351 139 461	30 F	0454 1022 1553 2233	218 332 229 431
			31 SA ☾	0544 1155 1641 2301	196 330 275 417

8月

日期	潮时时分	潮高cm	日期	潮时时分	潮高cm
1 SU	0633 1341 1747 2328	176 346 314 404	16 M	0601 1324 1745 2308	122 378 328 431
2 M A	0723 1506 1914	158 372 340	17 TU P	0703 1451 1916	101 405 350
3 TU	0000 0811 1605 2035	394 141 397 352	18 W S	0001 0806 1555 2041	420 84 429 352
4 W	0041 0859 1649 2134	389 125 415 353	19 TH	0109 0906 1644 2147	413 71 445 342
5 TH N	0133 0943 1727 2218	389 108 428 350	20 F	0224 1001 1726 2240	412 62 454 325
6 F	0229 1026 1801 2256	393 93 436 344	21 SA	0332 1051 1804 2328	414 60 458 304
7 SA	0323 1105 1833 2333	400 80 442 334	22 SU ○	0432 1137 1838	416 68 458
8 SU ●	0412 1143 1902	406 72 447	23 M	0014 0526 1218 1910	281 413 85 456
9 M	0014 0501 1218 1931	320 407 72 453	24 TU	0059 0618 1256 1939	258 404 112 453
10 TU	0057 0551 1253 1958	302 402 83 457	25 W E	0143 0709 1331 2006	235 390 147 446
11 W	0144 0644 1329 2025	277 392 106 460	26 TH	0226 0801 1405 2032	213 376 188 437
12 TH E	0231 0742 1406 2052	247 379 141 461	27 F	0307 0859 1440 2055	194 364 231 424
13 F	0320 0848 1447 2121	213 366 187 457	28 SA	0348 1006 1519 2117	180 356 272 411
14 SA	0410 1004 1533 2152	179 358 238 451	29 SU	0431 1132 1607 2141	170 358 309 397
15 SU ☽	0503 1137 1630 2226	148 360 287 442	30 M ☾ A	0519 1309 1717 2208	164 370 338 384
			31 TU	0615 1427 1902 2248	160 388 351 374

时　区：＋0800　　潮高基准面：在平均海面下 306 cm

加拿大—温哥华港

CANADA－VANCOUVER HARBOUR

2021 年潮汐表　　49° 17′ N　　123° 07′ W

9 月

日期	潮时时分	潮高 cm	日期	潮时时分	潮高 cm
1 W	0717 1523 2028 2349	152 404 350 369	16 TH	0744 1525 2059	104 439 324
2 TH N	0816 1607 2119	140 416 342	17 F	0126 0848 1609 2150	380 104 445 299
3 F	0110 0909 1644 2157	371 125 424 329	18 SA	0246 0944 1647 2233	387 106 446 272
4 SA	0225 0956 1716 2232	381 110 430 313	19 SU	0349 1033 1720 2313	397 113 445 244
5 SU	0325 1037 1745 2309	393 100 436 292	20 M ○	0444 1116 1749 2351	405 129 442 217
6 M	0418 1116 1811 2348	404 98 441 266	21 TU E	0534 1155 1816	408 152 438
7 TU ●	0509 1153 1836	410 108 447	22 W	0029 0622 1231 1840	192 407 182 433
8 W E	0030 0601 1229 1901	234 411 130 451	23 TH	0105 0710 1305 1902	171 403 216 425
9 TH	0113 0655 1307 1927	199 407 163 454	24 F	0140 0800 1340 1922	154 399 251 415
10 F	0157 0755 1348 1954	165 402 206 452	25 SA	0214 0852 1417 1940	143 395 285 404
11 SA P	0243 0901 1433 2024	136 396 252 445	26 SU A	0250 0952 1459 1959	139 394 314 391
12 SU	0332 1018 1526 2057	115 394 296 433	27 M	0328 1104 1553 2019	141 395 336 378
13 M ☽	0425 1150 1634 2138	104 400 331 417	28 TU	0411 1222 1713 2048	148 399 350 365
14 TU	0525 1320 1807 2232	102 413 349 398	29 W ☾ N	0505 1331 1921 2142	156 407 348 352
15 W S	0634 1431 1948 2351	104 428 344 384	30 TH	0612 1426 2028 2316	161 414 334 345

10 月

日期	潮时时分	潮高 cm	日期	潮时时分	潮高 cm
1 F	0724 1510 2103	158 420 316	16 SA	0149 0823 1521 2139	355 152 445 243
2 SA	0105 0825 1546 2134	350 150 425 293	17 SU	0302 0920 1556 2216	371 167 441 211
3 SU	0225 0917 1617 2207	366 143 429 264	18 M	0402 1009 1626 2250	388 184 436 181
4 M	0327 1002 1644 2242	385 143 433 229	19 TU E	0455 1053 1652 2324	403 207 430 154
5 TU	0422 1044 1709 2320	403 153 439 190	20 W ○	0543 1133 1716 2356	415 233 424 132
6 W ●E	0515 1125 1734 2359	418 174 444 149	21 TH	0630 1210 1736	423 260 417
7 TH	0610 1207 1800	429 205 449	22 F	0028 0715 1246 1754	115 429 287 410
8 F P	0042 0706 1250 1827	112 435 241 449	23 SA	0059 0800 1324 1811	105 432 311 402
9 SA	0125 0807 1337 1857	84 438 279 443	24 SU A	0131 0847 1404 1827	103 433 330 393
10 SU	0211 0913 1430 1930	68 439 313 430	25 M	0204 0938 1451 1845	107 433 344 382
11 M	0259 1026 1534 2009	67 439 338 410	26 TU N	0239 1034 1550 1903	117 432 352 369
12 TU S	0352 1143 1700 2101	79 442 349 386	27 W	0320 1133	131 431
13 W ☽	0452 1253 1850 2222	99 445 337 361	28 TH ☾	0409 1231	147 430
14 TH	0603 1351 2008	121 448 309	29 F	0510 1321 2009 2302	162 431 313 325
15 F	0013 0717 1440 2059	349 139 448 276	30 SA	0621 1403 2035	174 432 284
			31 SU	0059 0730 1438 2104	332 183 433 249

11 月

日期	潮时时分	潮高 cm	日期	潮时时分	潮高 cm
1 M	0222 0830 1508 2137	354 193 435 207	16 TU	0415 0942 1527 2223	390 261 431 133
2 TU E	0328 0923 1536 2212	382 208 439 160	17 W	0508 1030 1552 2254	413 285 423 110
3 W	0427 1012 1603 2251	411 230 445 114	18 TH	0555 1114 1614 2325	433 307 416 93
4 TH ●	0524 1100 1631 2332	437 257 450 72	19 F ○	0637 1155 1633 2356	447 326 411 83
5 F P	0620 1148 1701	457 287 453	20 SA	0718 1233 1652	457 340 407
6 SA	0014 0718 1239 1733	42 471 315 449	21 SU A	0027 0758 1312 1711	79 462 351 402
7 SU	0059 0816 1333 1809	26 478 337 438	22 M N	0059 0838 1353 1733	81 463 357 394
8 M S	0145 0917 1433 1849	27 480 351 419	23 TU	0132 0920 1441 1758	88 462 360 383
9 TU	0233 1018 1548 1939	44 479 353 391	24 W	0207 1004 1542 1826	100 460 357 368
10 W	0325 1117 1726 2051	73 475 339 360	25 TH	0246 1049 1709 1910	116 458 345 348
11 TH ☽	0422 1213 1858 2235	109 470 307 336	26 F	0329 1133 1836 2055	137 455 322 327
12 F	0528 1303 1955	146 464 269	27 SA ☾	0419 1214 1918 2255	162 452 291 316
13 SA	0026 0639 1347 2038	330 180 457 231	28 SU	0520 1251 1952	191 450 251
14 SU	0158 0747 1425 2116	342 209 449 194	29 M	0047 0629 1324 2027	325 221 448 205
15 M E	0313 0848 1458 2150	364 236 440 161	30 TU E	0219 0739 1356 2104	352 251 449 155

12 月

日期	潮时时分	潮高 cm	日期	潮时时分	潮高 cm
1 W	0333 0843 1428 2143	389 281 451 104	16 TH	0518 1011 1451 2226	428 343 417 94
2 TH	0437 0943 1501 2225	426 308 455 60	17 F	0600 1059 1516 2259	450 355 413 82
3 F	0535 1040 1536 2309	459 331 459 26	18 SA A	0637 1141 1542 2333	464 363 411 74
4 SA ●P	0630 1135 1614 2354	483 349 458 6	19 SU ○	0712 1218 1610	471 366 409
5 SU	0723 1230 1655	498 361 451	20 M N	0006 0747 1255 1641	72 475 367 406
6 M S	0040 0815 1329 1741	3 504 364 435	21 TU	0039 0821 1336 1715	73 476 364 398
7 TU	0126 0905 1433 1834	15 505 359 411	22 W	0112 0856 1422 1754	79 476 357 386
8 W	0213 0954 1548 1938	42 500 343 381	23 TH	0146 0930 1517 1842	91 476 346 369
9 TH	0302 1041 1711 2059	80 494 315 350	24 F	0221 1004 1618 1947	109 475 326 349
10 F	0352 1126 1823 2234	125 485 278 327	25 SA	0258 1037 1718 2111	136 472 297 330
11 SA ☽	0448 1208 1919	174 474 238	26 SU	0341 1109 1811 2249	171 468 259 321
12 SU E	0019 0550 1247 2004	322 222 462 199	27 M ☾E	0431 1141 1858	215 463 214
13 M	0158 0659 1323 2043	337 264 448 165	28 TU	0038 0536 1214 1944	331 262 460 166
14 TU	0323 0809 1356 2119	367 299 435 136	29 W	0222 0653 1249 2029	362 306 458 117
15 W	0428 0914 1425 2153	400 325 424 112	30 TH	0344 0812 1328 2116	403 340 458 73
			31 F	0448 0923 1411 2204	442 361 459 38

时　区：＋0800　　　　潮高基准面：在平均海面下 306 cm

美　国—西雅图

U.S.A.－SEATTLE

2021年潮汐表　　47° 36′ N　　122° 20′ W

1 月

日期	潮时时分	潮高cm	日期	潮时时分	潮高cm
1 F	0722	388	16 SA	0029	- 33
	1249	229		0752	390
	1710	312		1335	190
				1822	294
2 SA	0028	- 46	17 SU	0109	0
	0757	391		0827	382
	1336	215		1425	173
	1801	300		1919	273
3 SU	0108	- 28	18 M	0150	39
	0832	393		0901	371
	1428	194		1518	153
	1901	283		2026	253
4 M	0151	2	19 TU E	0232	83
	0907	392		0934	358
	1524	166		1613	131
	2013	264		2147	240
5 TU	0239	42	20 W ☽	0320	128
	0944	389		1007	345
	1622	129		1708	107
	2139	251		2325	239
6 W ☾ E	0332	90	21 TH A	0416	171
	1022	384		1042	332
	1720	87		1802	81
	2318	253			
7 TH	0434	140	22 F	0108	256
	1102	379		0526	208
	1817	42		1118	321
				1852	55
8 F	0058	272	23 SA	0232	283
	0545	185		0646	233
	1144	373		1157	313
	1910	0		1938	30
9 SA P	0225	305	24 SU	0330	310
	0701	217		0801	246
	1229	367		1239	309
	2002	- 37		2021	7
10 SU	0333	339	25 M	0414	333
	0814	235		0901	249
	1317	362		1323	309
	2051	- 63		2101	- 13
11 M	0429	366	26 TU N	0450	351
	0919	241		0948	247
	1408	357		1407	312
	2138	- 79		2139	- 31
12 TU S	0516	385	27 W	0522	365
	1017	238		1028	240
	1459	350		1452	317
	2223	- 83		2216	- 43
13 W ●	0559	395	28 TH ○	0550	375
	1109	230		1106	228
	1549	342		1537	321
	2307	- 76		2253	- 50
14 TH	0639	398	29 F	0618	384
	1158	219		1143	211
	1640	330		1625	322
	2349	- 59		2330	- 47
15 F	0716	396	30 SA	0646	390
	1246	205		1223	189
	1730	314		1715	318
			31 SU	0009	- 32
				0715	393
				1306	163
				1810	310

2 月

日期	潮时时分	潮高cm	日期	潮时时分	潮高cm
1 M	0049	- 6	16 TU	0120	74
	0745	393		0758	352
	1352	133		1420	106
	1911	297		2011	272
2 TU E	0131	33	17 W	0200	114
	0817	390		0825	339
	1442	101		1505	91
	2022	283		2121	263
3 W P	0217	81	18 TH A	0244	154
	0852	384		0855	325
	1537	69		1555	77
	2144	273		2245	260
4 TH ☾	0309	133	19 F ☽	0338	193
	0930	374		0928	311
	1637	39		1650	65
	2320	274			
5 F	0413	183	20 SA	0025	269
	1012	363		0449	225
	1739	11		1008	299
				1749	50
6 SA	0101	292	21 SU	0155	289
	0531	222		0620	243
	1102	351		1056	291
	1841	- 13		1848	34
7 SU	0226	319	22 M	0256	312
	0659	242		0745	247
	1159	341		1154	287
	1941	- 32		1941	16
8 M S	0329	346	23 TU N	0340	331
	0819	243		0845	240
	1301	333		1255	289
	2037	- 46		2028	- 2
9 TU	0418	366	24 W	0413	347
	0923	233		0928	227
	1404	329		1352	297
	2127	- 51		2111	- 17
10 W	0500	378	25 TH	0442	358
	1016	216		1005	208
	1502	326		1446	307
	2212	- 49		2151	- 26
11 TH ●	0536	383	26 F	0507	368
	1101	198		1039	184
	1556	322		1538	317
	2253	- 38		2230	- 26
12 F	0609	383	27 SA ○	0532	375
	1142	178		1115	153
	1645	316		1630	324
	2331	- 19		2309	- 15
13 SA	0638	379	28 SU	0558	380
	1221	159		1153	119
	1733	308		1723	327
				2348	7
14 SU	0007	6			
	0705	372			
	1259	140			
	1821	297			
15 M E	0043	38			
	0731	363			
	1339	122			
	1913	285			

3 月

日期	潮时时分	潮高cm	日期	潮时时分	潮高cm
1 M E	0624	382	16 TU	0019	89
	1233	84		0631	338
	1820	325		1254	62
				1910	302
2 TU P	0030	42	17 W	0056	119
	0654	381		0653	328
	1317	52		1330	50
	1921	318		2002	297
3 W	0114	84	18 TH A	0136	151
	0726	375		0719	316
	1405	26		1410	43
	2030	309		2102	292
4 TH	0202	131	19 F	0222	182
	0801	365		0747	303
	1458	8		1456	40
	2149	301		2213	288
5 F	0258	176	20 SA	0318	211
	0842	351		0821	290
	1558	- 1		1548	39
	2319	301		2337	291
6 SA ☾	0408	214	21 SU ☽	0432	231
	0932	333		0904	277
	1704	- 6		1648	38
7 SU S	0052	313	22 M N	0059	302
	0538	235		0607	238
	1033	315		1004	266
	1814	- 8		1752	34
8 M	0209	331	23 TU	0201	316
	0714	234		0730	230
	1148	302		1120	262
	1922	- 11		1853	25
9 TU	0306	347	24 W	0244	330
	0829	216		0822	212
	1307	297		1237	266
	2021	- 13		1948	16
10 W	0351	359	25 TH	0317	342
	0923	193		0900	187
	1417	298		1344	279
	2112	- 9		2036	10
11 TH	0428	364	26 F	0345	351
	1006	168		0934	155
	1517	302		1445	295
	2156	0		2121	11
12 F	0459	364	27 SA	0410	359
	1044	144		1008	117
	1608	305		1541	313
	2234	16		2203	21
13 SA ●	0526	360	28 SU ○E	0435	365
	1117	120		1044	75
	1654	307		1637	328
	2310	36		2246	41
14 SU E	0549	354	29 M	0502	369
	1149	99		1122	34
	1738	307		1732	339
	2345	61		2329	70
15 M	0610	346	30 TU P	0531	370
	1221	79		1202	- 2
	1823	305		1830	345
			31 W	0013	105
				0602	366
				1246	- 28
				1930	344

4 月

日期	潮时时分	潮高cm	日期	潮时时分	潮高cm
1 TH	0101	143	16 F	0120	189
	0637	357		0619	299
	1334	- 40		1328	- 1
	2036	338		2050	320
2 F	0154	179	17 SA	0209	208
	0716	342		0650	287
	1426	- 39		1412	3
	2150	332		2149	318
3 SA	0257	208	18 SU N	0309	223
	0803	322		0726	273
	1525	- 27		1501	11
	2310	329		2255	318
4 SU ☾ S	0418	225	19 M	0426	230
	0902	298		0814	259
	1633	- 10		1557	20
				2359	323
5 M	0029	333	20 TU ☽	0554	223
	0558	223		0927	246
	1021	276		1659	28
	1746	6			
6 TU	0135	341	21 W	0053	331
	0725	201		0702	203
	1154	265		1057	240
	1856	19		1802	35
7 W	0227	348	22 TH	0135	339
	0825	171		0748	173
	1321	266		1224	246
	1957	30		1901	42
8 TH	0309	351	23 F	0209	345
	0910	140		0825	135
	1432	275		1340	263
	2049	43		1956	52
9 F	0342	350	24 SA	0238	352
	0947	111		0900	91
	1530	285		1446	287
	2133	60		2046	67
10 SA	0409	345	25 SU E	0306	357
	1019	84		0936	42
	1620	296		1547	313
	2211	80		2135	88
11 SU E	0431	338	26 M	0335	361
	1048	60		1014	- 5
	1704	305		1644	337
	2248	101		2222	113
12 M ●	0450	331	27 TU ○P	0406	363
	1116	39		1053	- 45
	1745	313		1741	355
	2323	123		2310	140
13 TU	0509	324	28 W	0439	362
	1145	21		1136	- 73
	1826	319		1837	365
	2359	145		2359	168
14 W A	0529	317	29 TH	0515	356
	1216	7		1220	- 86
	1910	322		1936	368
15 TH	0038	167	30 F	0052	192
	0553	309		0555	342
	1250	0		1309	- 82
	1957	322		2037	364

时　区：＋0800　　潮高基准面：在平均海面下201　cm

美 国—西雅图

U. S. A. – SEATTLE

2021 年潮汐表　　47° 36′ N　　122° 20′ W

5 月						6 月						7 月						8 月					
日期	潮时 时分	潮高 cm	日期	潮时 时分	潮高 cm	日期	潮时 时分	潮高 cm	日期	潮时 时分	潮高 cm	日期	潮时 时分	潮高 cm	日期	潮时 时分	潮高 cm	日期	潮时 时分	潮高 cm	日期	潮时 时分	潮高 cm
1	0151	211	16	0200	225	1	0421	194	16	0339	195	1	0450	136	16	0348	116	1	0536	63	16	0458	3
	0640	322		0608	280		0836	248		0744	247		0955	224		0906	244		1245	247		1214	278
SA	1401	-65	SU	1340	-25	TU	1529	9	W	1443	4	TH	1546	80	F	1504	70	SU	1710	193	M	1653	204
S	2143	358		2126	345		2309	363		2211	367	☾ E	2255	350	E	2151	366		2259	304		2225	335
2	0302	221	17	0301	227	2	0539	164	17	0437	166	2	0549	104	17	0443	77	2	0630	41	17	0601	-19
	0735	296		0651	266		1011	227		0904	232		1134	221		1035	241		1410	270		1344	300
SU	1458	-37	M	1426	-12	W	1630	51	TH	1534	38	F	1645	125	SA	1559	119	M	1830	219	TU	1818	227
	2250	353		2216	346	☾	2356	356		2248	366		2331	338	☽	2228	362	A	2340	295	P	2322	327
3	0431	216	18	0412	220	3	0641	128	18	0532	127	3	0640	73	18	0538	36	3	0720	20	18	0704	-38
	0845	268		0749	249		1153	222		1037	226		1311	235		1212	253		1513	295		1453	325
M	1602	-4	TU	1516	5	TH	1734	91	F	1630	78	SA	1750	164	SU	1704	165	TU	1947	230	W	1941	231
☾	2354	351		2304	348				☽	2324	364					2308	357				S		
4	0603	194	19	0523	200	4	0037	348	19	0622	80	4	0006	326	19	0633	-5	4	0024	290	19	0026	320
	1018	245		0909	233		0730	92		1212	237		0725	43		1345	279		0806	1		0804	-52
TU	1711	27	W	1612	26	F	1325	234	SA	1733	119	SU	1432	261	M	1818	202	W	1600	315	TH	1547	345
			☽	2348	351	E	1838	125	E	2359	363		1859	195		2352	352		2049	233		2050	220
5	0050	351	20	0621	169	5	0113	339	20	0709	30	5	0039	315	20	0727	-41	5	0111	290	20	0133	318
	0714	161		1043	227		0810	58		1341	263		0805	17		1501	310		0848	-17		0858	-59
W	1159	237	TH	1712	50	SA	1441	256	SU	1840	157	M	1534	288	TU	1934	224	TH	1637	331	F	1631	358
	1820	54					1938	154				A	2005	215				N	2137	230		2145	202
6	0137	349	21	0026	354	6	0143	329	21	0036	362	6	0111	308	21	0040	348	6	0157	293	21	0237	318
	0804	125		0707	128		0845	29		0755	-19		0842	-6		0820	-70		0927	-31		0947	-58
TH	1328	245	F	1216	235	SU	1541	281	M	1457	296	TU	1623	311	W	1601	339	F	1709	342	SA	1709	364
	1922	78		1814	76		2032	178		1946	188		2103	227	P	2044	232		2215	222		2233	180
7	0215	345	22	0100	356	7	0208	320	22	0115	362	7	0144	304	22	0133	345	7	0242	298	22	0335	316
	0845	91		0747	79		0916	4		0840	-62		0918	-25		0910	-90		1004	-42		1031	-47
F	1440	261	SA	1338	257	M	1630	304	TU	1601	330	W	1703	329	TH	1651	360	SA	1737	350	SU	1743	366
	2016	101	E	1915	104		2122	197		2049	210		2152	233	S	2146	230		2251	210	○	2316	156
8	0246	339	23	0133	359	8	0232	313	23	0157	360	8	0218	302	23	0228	341	8	0327	302	23	0429	313
	0919	61		0827	28		0946	-17		0926	-94		0952	-40		0959	-98		1040	-46		1112	-27
SA	1539	279	SU	1450	288	TU	1713	322	W	1657	357	TH	1738	342	F	1736	373	SU	1803	357	M	1813	362
E	2104	123		2013	131	A	2207	210	P	2149	222		2235	234		2241	219	●	2326	193		2357	134
9	0311	330	24	0206	361	9	0256	309	24	0242	357	9	0254	303	24	0324	334	9	0413	305	24	0521	306
	0949	34		0906	-22		1017	-33		1012	-113		1027	-51		1045	-94		1116	-43		1151	0
SU	1628	297	M	1554	320	W	1751	337	TH	1748	375	F	1811	352	SA	1817	379	M	1828	362	TU	1842	356
	2146	144		2108	157		2249	220	○	2246	227	N	2314	231	○	2332	204						
10	0331	322	25	0240	363	10	0323	306	25	0330	350	10	0332	303	25	0419	325	10	0003	171	25	0036	113
	1017	11		0947	-65		1048	-46		1058	-118		1102	-58		1130	-79		0501	304		0612	296
M	1711	312	TU	1652	348	TH	1827	347	F	1836	385	SA	1841	359	SU	1855	379	TU	1152	-31	W	1229	33
	2226	164		2202	180	●	2330	226	S	2342	225	●	2353	225					1853	365	E	1909	346
11	0350	316	26	0317	362	11	0353	303	26	0420	338	11	0413	301	26	0021	186	11	0042	145	26	0117	95
	1045	-8		1030	-97		1122	-53		1145	-109		1138	-59		0514	310		0552	298		0705	284
TU	1751	325	W	1747	368	F	1902	354	SA	1922	387	SU	1911	365	M	1213	-54	W	1230	-7	TH	1308	71
●A	2304	180	○P	2255	198											1931	375		1920	366		1936	334
12	0411	311	27	0356	358	12	0012	229	27	0038	218	12	0034	214	27	0111	167	12	0125	116	27	0158	80
	1114	-22		1114	-113		0427	299		0513	320		0458	296		0610	292		0650	289		0804	273
W	1829	335	TH	1841	380	SA	1157	-55	SU	1231	-87	M	1214	-53	TU	1254	-19	TH	1310	27	F	1349	111
	2343	195		2349	212	N	1939	359		2007	385		1942	369		2006	367	E	1949	365		2004	321
13	0434	306	28	0439	348	13	0056	228	28	0136	205	13	0118	199	28	0201	147	13	0211	85	28	0243	68
	1145	-32		1201	-113		0505	292		0610	296		0547	286		0709	271		0755	279		0912	264
TH	1909	341	F	1935	383	SU	1235	-51	M	1318	-54	TU	1252	-37	W	1336	22	F	1353	70	SA	1435	150
			S				2016	363		2051	379		2013	372		2040	357		2021	361		2034	306
14	0024	207	29	0046	219	14	0145	224	29	0239	187	14	0205	178	29	0253	126	14	0301	55	29	0332	59
	0501	300		0526	331		0548	280		0713	269		0643	272		0815	252		0910	270		1033	261
F	1220	-35	SA	1249	-97	M	1315	-41	TU	1405	-13	W	1333	-11	TH	1419	66	SA	1442	118	SU	1531	186
	1951	344		2029	381		2055	365		2134	371		2044	372	E	2113	344		2057	354		2109	292
15	0109	217	30	0149	220	15	0240	214	30	0345	164	15	0255	150	30	0346	106	15	0357	27	30	0427	51
	0532	291		0618	307		0640	265		0827	243		0748	257		0933	238		1037	268		1206	268
SA	1258	-33	SU	1339	-69	TU	1357	-22	W	1454	32	TH	1416	26	F	1507	113	SU	1541	165	M	1644	214
N	2037	345		2123	376		2134	366		2215	361		2117	370		2147	330	☽	2137	345	☾ A	2152	279
			31	0300	212										31	0441	84				31	0528	42
				0720	278											1105	235					1332	284
			M	1432	-32										SA	1602	156				TU	1816	228
				2217	369										☾	2222	316					2245	271

时　区：＋0800　　　　潮高基准面：在平均海面下 201　cm

美 国 — 西雅图

U. S. A. — SEATTLE

2021 年潮汐表　　47° 36′ N　　122° 20′ W

9 月

日期	潮时 时分	潮高 cm	日期	潮时 时分	潮高 cm
1 W	0629 1434 1939 2347	30 303 228 268	16 TH	0644 1429 1956	-16 338 207
2 TH N	0725 1519 2035	16 318 220	17 F	0035 0748 1517 2053	288 -15 349 180
3 F	0050 0814 1554 2116	272 2 331 207	18 SA	0151 0843 1555 2138	292 -11 355 151
4 SA	0147 0857 1622 2149	280 -9 339 188	19 SU	0256 0931 1628 2218	299 0 355 122
5 SU	0238 0936 1646 2221	291 -15 346 164	20 M ○	0352 1013 1657 2253	305 18 352 96
6 M	0327 1013 1709 2254	302 -13 351 135	21 TU E	0442 1052 1721 2327	309 42 345 73
7 TU ●	0416 1050 1732 2329	311 -2 356 103	22 W	0529 1129 1744 2359	310 69 336 54
8 W E	0507 1128 1756	317 19 358	23 TH	0615 1205 1806	310 98 326
9 TH	0006 0600 1208 1823	69 319 49 358	24 F	0034 0703 1244 1829	40 307 129 315
10 F	0047 0657 1250 1853	38 317 87 355	25 SA	0109 0755 1325 1854	31 303 159 302
11 SA P	0132 0802 1337 1926	12 311 129 347	26 SU A	0149 0854 1413 1923	28 298 187 289
12 SU	0222 0915 1430 2006	-5 304 170 336	27 M	0234 1003 1513 1958	29 294 212 274
13 M ☽	0319 1039 1537 2054	-13 302 205 321	28 TU	0326 1122 1632 2045	34 296 227 261
14 TU	0423 1209 1702 2155	-16 309 226 305	29 W ☾ N	0427 1239 1812 2154	38 305 228 250
15 W S	0533 1328 1838 2312	-15 323 225 292	30 TH	0532 1338 1927 2316	38 316 216 247

10 月

日期	潮时 时分	潮高 cm	日期	潮时 时分	潮高 cm
1 F	0635 1422 2012	34 327 197	16 SA	0054 0725 1434 2043	264 35 355 129
2 SA	0033 0731 1454 2046	254 29 335 172	17 SU	0211 0821 1510 2122	276 52 354 95
3 SU	0139 0818 1520 2117	268 27 342 141	18 M	0314 0909 1539 2156	290 71 349 66
4 M	0236 0902 1544 2148	286 31 347 104	19 TU E	0407 0952 1603 2227	304 94 341 41
5 TU	0329 0943 1607 2221	305 43 351 64	20 W ○	0454 1031 1624 2257	315 118 333 20
6 W ●E	0421 1024 1631 2256	323 62 355 24	21 TH	0537 1108 1643 2326	324 141 324 5
7 TH	0513 1105 1657 2334	337 89 357 -11	22 F	0619 1146 1704 2357	331 163 315 -5
8 F P	0607 1149 1727	347 120 356	23 SA	0702 1225 1727	334 184 306
9 SA	0015 0705 1235 1800	-37 349 154 350	24 SU A	0031 0748 1309 1753	-8 334 203 296
10 SU	0101 0808 1327 1838	-51 347 186 338	25 M	0108 0839 1359 1824	-6 332 219 284
11 M	0151 0917 1428 1923	-50 341 212 319	26 TU N	0151 0936 1501 1900	3 329 231 269
12 TU S	0248 1033 1546 2022	-38 338 228 297	27 W	0239 1039 1622 1951	15 329 233 253
13 W ☽	0353 1150 1724 2141	-18 340 224 274	28 TH ☾	0335 1140 1753 2110	28 332 222 238
14 TH	0506 1257 1854 2319	2 346 200 261	29 F	0436 1231 1856 2247	41 337 199 232
15 F	0619 1351 1956	19 352 165	30 SA	0539 1311 1936	53 343 168
			31 SU	0015 0639 1344 2010	240 64 347 131

11 月

日期	潮时 时分	潮高 cm	日期	潮时 时分	潮高 cm
1 M	0130 0734 1411 2041	259 77 351 88	16 TU	0327 0844 1444 2130	293 144 343 25
2 TU E	0234 0824 1437 2114	285 94 355 42	17 W	0419 0930 1507 2200	313 166 334 3
3 W	0332 0912 1504 2149	313 115 359 -4	18 TH	0503 1013 1528 2228	330 186 326 -13
4 TH ●	0427 0958 1533 2227	339 139 362 -45	19 F ○	0544 1053 1549 2258	344 202 319 -25
5 F P	0520 1045 1604 2307	361 164 363 -75	20 SA	0622 1132 1613 2329	353 215 313 -31
6 SA	0615 1133 1639 2351	375 188 360 -90	21 SU A	0700 1213 1640	358 225 307
7 SU	0710 1225 1718	380 209 350	22 M N	0003 0740 1257 1711	-32 360 233 299
8 M S	0037 0809 1322 1803	-89 379 225 333	23 TU	0040 0822 1347 1747	-27 360 237 287
9 TU	0128 0911 1430 1857	-73 374 233 308	24 W	0120 0908 1446 1829	-17 360 237 272
10 W	0224 1016 1555 2006	-44 369 227 278	25 TH	0204 0955 1555 1926	0 359 228 254
11 TH ☽	0326 1118 1729 2140	-9 366 203 253	26 F	0252 1040 1706 2046	21 359 208 237
12 F	0434 1214 1843 2328	28 365 166 242	27 SA ☾	0345 1122 1803 2222	46 360 177 228
13 SA	0545 1302 1937	62 363 125	28 SU	0444 1159 1848 2358	74 361 137 236
14 SU	0106 0653 1343 2021	251 92 359 86	29 M	0545 1232 1927	103 362 91
15 M E	0224 0752 1416 2057	270 119 352 52	30 TU E	0123 0647 1303 2004	259 133 363 41

12 月

日期	潮时 时分	潮高 cm	日期	潮时 时分	潮高 cm
1 W	0235 0747 1335 2042	291 161 365 -9	16 TH	0423 0913 1414 2133	326 221 325 -12
2 TH	0337 0843 1408 2122	326 186 368 -54	17 F	0506 1001 1441 2204	345 232 319 -26
3 F	0434 0938 1444 2203	357 207 370 -88	18 SA A	0543 1043 1509 2236	359 239 316 -36
4 SA ●P	0526 1031 1524 2247	381 223 369 -108	19 SU ○	0617 1123 1540 2308	368 242 314 -41
5 SU	0618 1124 1607 2333	396 233 363 -112	20 M N	0650 1202 1614 2343	373 243 310 -42
6 M S	0709 1219 1654	402 238 350	21 TU	0723 1243 1652	377 240 304
7 TU	0021 0801 1319 1747	-100 401 236 328	22 W	0019 0757 1328 1735	-37 379 233 294
8 W	0110 0852 1426 1849	-73 396 226 300	23 TH	0056 0832 1418 1824	-25 380 222 279
9 TH	0202 0944 1543 2004	-34 390 205 269	24 F	0136 0907 1512 1923	-5 380 204 261
10 F	0257 1034 1701 2138	12 382 174 244	25 SA	0218 0942 1608 2037	24 378 177 244
11 SA ☽	0357 1121 1808 2325	60 374 136 236	26 SU	0304 1016 1702 2207	60 375 142 236
12 SU E	0502 1204 1903	107 365 96	27 M ☾E	0356 1050 1753 2344	102 372 99 244
13 M	0106 0611 1243 1947	248 147 355 60	28 TU	0457 1125 1840	145 369 52
14 TU	0228 0717 1317 2026	273 180 344 30	29 W	0118 0606 1202 1927	268 185 367 4
15 W	0332 0819 1347 2101	301 204 333 6	30 TH	0238 0717 1241 2013	303 217 367 -39
			31 F	0343 0824 1325 2100	339 237 368 -75

时　区：+0800　　　　潮高基准面：在平均海面下 201 cm

美 国—阿斯托里亚

U.S.A.—ASTORIA

2021 年潮汐表　　46° 12′ N　　123° 46′ W

1 月

日期	潮时 时分	潮高 cm	日期	潮时 时分	潮高 cm
1	0323	236	16	0359	251
F	0839	112	SA	0936	88
	1409	285		1510	264
	2122	-18		2204	8
2	0401	242	17	0437	253
SA	0926	107	SU	1022	87
	1452	278		1558	244
	2157	-10		2236	31
3	0440	249	18	0513	253
SU	1016	101	M	1109	86
	1541	264		1649	225
	2235	4		2308	54
4	0521	256	19	0549	252
M	1111	94	TU	1201	85
	1639	244	E	1749	207
	2317	24		2344	76
5	0605	264	20	0628	250
TU	1214	84	W	1301	81
	1750	224	☽	1857	194
6	0007	47	21	0030	95
W	0652	270	TH	0712	248
☾ E	1325	69	A	1409	72
	1912	210		2012	189
7	0106	70	22	0130	109
TH	0742	276	F	0801	247
	1439	47		1517	58
	2038	206		2128	191
8	0214	86	23	0238	116
F	0835	282	SA	0853	248
	1545	22		1617	41
	2200	212		2234	199
9	0321	94	24	0340	118
SA	0930	289	SU	0944	253
P	1645	-1		1709	24
	2308	223		2330	208
10	0421	97	25	0433	117
SU	1024	296	M	1033	261
	1740	-20		1756	8
11	0006	232	26	0018	216
M	0518	97	TU	0523	115
	1116	301	N	1117	270
	1833	-32		1838	-5
12	0058	239	27	0101	223
TU	0612	96	W	0610	111
S	1206	304		1159	278
	1923	-37		1917	-16
13	0147	243	28	0142	231
W	0706	94	TH	0657	106
●	1254	301	○	1239	285
	2009	-36		1953	-23
14	0234	246	29	0219	240
TH	0758	92	F	0744	97
	1340	294		1321	287
	2052	-27		2026	-25
15	0318	249	30	0255	250
F	0848	90	SA	0830	86
	1425	281		1404	285
	2130	-12		2100	-20
			31	0329	260
			SU	0915	74
				1451	276
				2134	-9

2 月

日期	潮时 时分	潮高 cm	日期	潮时 时分	潮高 cm
1	0403	269	16	0417	258
M	1003	63	TU	1034	56
	1542	260		1625	222
	2209	10		2224	54
2	0439	275	17	0447	254
TU	1054	54	W	1115	57
E	1640	240		1716	206
	2249	34		2255	73
3	0518	277	18	0520	247
W	1151	48	TH	1203	60
P	1747	220	A	1816	191
	2336	61		2334	91
4	0604	275	19	0602	240
TH	1259	41	F	1306	60
☾	1904	203	☽	1928	179
5	0033	85	20	0026	107
F	0657	272	SA	0654	235
	1416	31		1423	55
	2030	196		2049	176
6	0144	102	21	0136	117
SA	0758	270	SU	0755	233
	1530	16		1537	42
	2154	200		2205	182
7	0259	108	22	0250	120
SU	0903	271	M	0859	238
	1635	-1		1639	25
	2302	210		2304	194
8	0407	105	23	0357	116
M	1008	276	TU	0959	248
S	1732	-15	N	1728	7
	2357	221		2352	207
9	0509	98	24	0456	107
TU	1107	281	W	1051	260
	1823	-25		1810	-8
10	0045	232	25	0033	221
W	0607	89	TH	0550	96
	1159	284		1139	270
	1909	-28		1847	-18
11	0129	241	26	0110	235
TH	0700	80	F	0641	81
●	1247	282		1226	277
	1950	-25		1923	-23
12	0209	249	27	0145	249
F	0749	72	SA	0728	63
	1332	275	○	1313	279
	2027	-16		1958	-22
13	0246	255	28	0218	263
SA	0835	65	SU	0814	45
	1415	265		1401	276
	2059	-2		2033	-14
14	0319	259			
SU	0916	60			
	1457	252			
	2129	16			
15	0349	260			
M	0955	57			
E	1540	238			
	2156	35			

3 月

日期	潮时 时分	潮高 cm	日期	潮时 时分	潮高 cm
1	0250	274	16	0259	262
M	0900	27	TU	0928	23
E	1451	267		1526	229
	2108	2		2120	45
2	0323	281	17	0324	259
TU	0946	15	W	1001	24
P	1544	253		1607	217
	2146	22		2148	61
3	0359	283	18	0351	253
W	1035	10	TH	1037	27
	1641	234	A	1653	202
	2226	47		2218	76
4	0439	279	19	0422	246
TH	1131	11	F	1119	33
	1746	214		1748	187
	2313	72		2255	91
5	0526	270	20	0502	238
F	1238	16	SA	1214	39
	1900	197		1857	174
				2344	105
6	0011	94	21	0554	230
SA	0623	260	SU	1327	41
☾	1356	18	☽	2017	170
	2024	189			
7	0127	107	22	0052	115
SU	0732	251	M	0700	226
S	1515	12	N	1447	34
	2145	193		2132	177
8	0249	108	23	0213	117
M	0849	249	TU	0814	228
	1623	1		1553	21
	2250	206		2230	192
9	0403	98	24	0329	108
TU	1001	252	W	0923	236
	1718	-9		1645	6
	2340	221		2316	211
10	0507	83	25	0434	92
W	1103	257	TH	1025	246
	1805	-14		1728	-6
				2354	230
11	0022	235	26	0531	71
TH	0602	67	F	1120	255
	1155	259		1808	-12
	1845	-14			
12	0059	247	27	0029	248
F	0651	53	SA	0622	47
	1241	257		1213	262
	1922	-8		1846	-12
13	0133	256	28	0103	264
SA	0735	41	SU	0710	22
●	1324	253	○ E	1305	265
	1955	2		1925	-6
14	0204	262	29	0136	277
SU	0816	32	M	0756	0
E	1406	246		1357	264
	2025	15		2003	6
15	0233	264	30	0210	285
M	0853	26	TU	0842	-18
	1446	239	P	1450	257
	2053	30		2043	22
			31	0246	289
			W	0929	-26
				1544	245
				2124	42

4 月

日期	潮时 时分	潮高 cm	日期	潮时 时分	潮高 cm
1	0324	286	16	0306	254
TH	1019	-26	F	1010	1
	1642	228		1640	199
	2208	63		2151	88
2	0408	277	17	0339	249
F	1115	-16	SA	1050	8
	1745	210		1733	186
	2258	83		2230	99
3	0458	263	18	0418	242
SA	1221	-2	SU	1140	15
	1856	196	N	1837	178
				2322	109
4	0002	99	19	0509	232
SU	0600	246	M	1241	21
☾ S	1337	8		1947	179
	2014	192			
5	0121	106	20	0030	115
M	0716	233	TU	0616	224
	1454	11	☽	1349	22
	2126	200		2053	190
6	0246	100	21	0151	112
TU	0839	227	W	0734	220
	1559	9		1455	17
	2223	215		2145	208
7	0400	82	22	0308	96
W	0954	228	TH	0850	222
	1651	6		1551	11
	2308	231		2229	228
8	0500	61	23	0414	71
TH	1055	232	F	0959	229
	1734	7		1639	6
	2345	246		2307	248
9	0550	41	24	0510	42
F	1146	234	SA	1102	237
	1811	11		1724	7
				2343	266
10	0019	258	25	0601	13
SA	0635	24	SU	1201	245
	1232	234	E	1807	12
	1846	18			
11	0050	265	26	0018	280
SU	0716	11	M	0650	-14
E	1314	234		1257	249
	1919	29		1851	22
12	0119	267	27	0055	290
M	0753	3	TU	0737	-36
●	1355	232	○ P	1352	250
	1950	40		1934	35
13	0146	266	28	0133	295
TU	0829	-2	W	0826	-49
	1435	228		1447	246
	2020	53		2019	49
14	0212	262	29	0214	294
W	0902	-4	TH	0915	-53
A	1515	221		1542	237
	2049	65		2105	64
15	0238	258	30	0257	288
TH	0935	-3	F	1007	-46
	1556	211		1640	225
	2119	77		2155	79

时　区：+0800　　　　潮高基准面：在平均海面下 138　cm

美　国—阿斯托里亚

U. S. A. —ASTORIA

2021 年潮汐表　　46° 12′ N　　123° 46′ W

5 月

日期	潮时 时分	潮高 cm	日期	潮时 时分	潮高 cm
1 SA S	0344 1103 1742 2250	275 -32 212 92	16 SU	0308 1030 1722 2217	254 -12 195 108
2 SU	0439 1203 1848 2357	257 -12 206 100	17 M	0349 1113 1816 2312	247 -5 194 112
3 M ☾	0544 1310 1954	236 6 207	18 TU	0440 1202 1912	235 3 201
4 TU	0115 0702 1418 2053	100 219 19 216	19 W ☽	0019 0546 1257 2005	110 222 11 214
5 W	0236 0823 1520 2143	87 209 26 231	20 TH	0134 0703 1357 2053	100 212 18 231
6 TH	0347 0938 1610 2224	65 208 31 246	21 F	0247 0823 1456 2136	78 208 22 249
7 F	0443 1039 1653 2300	42 210 36 258	22 SA E	0352 0938 1551 2216	49 212 27 266
8 SA E	0530 1131 1731 2333	21 214 41 266	23 SU	0448 1047 1642 2256	17 219 33 280
9 SU	0612 1216 1807	4 218 48	24 M	0540 1150 1730 2337	-13 227 41 291
10 M	0005 0652 1300 1842	269 -7 221 57	25 TU	0631 1249 1819	-37 233 51
11 TU ●A	0036 0729 1342 1916	268 -15 222 68	26 W ○P	0019 0722 1345 1908	297 -54 235 61
12 W	0105 0806 1423 1950	264 -19 219 78	27 TH	0103 0813 1441 1958	300 -63 233 71
13 TH	0134 0841 1505 2023	261 -20 214 88	28 F S	0149 0905 1537 2050	297 -63 229 79
14 F	0203 0916 1547 2056	259 -20 207 96	29 SA	0237 0956 1633 2145	288 -54 223 86
15 SA N	0233 0952 1632 2133	257 -17 200 102	30 SU	0327 1047 1730 2243	272 -37 220 91
			31 M	0424 1139 1826 2345	251 -14 219 93

6 月

日期	潮时 时分	潮高 cm	日期	潮时 时分	潮高 cm
1 TU	0528 1233 1920	228 10 224	16 W	0424 1126 1827	234 -6 224
2 W ☾	0058 0641 1329 2008	88 208 31 232	17 TH	0003 0528 1213 1912	92 217 9 236
3 TH	0213 0757 1426 2053	75 195 47 242	18 F ☽	0112 0643 1308 1957	77 202 25 248
4 F E	0321 0909 1518 2133	54 191 56 252	19 SA E	0223 0803 1408 2043	55 195 39 261
5 SA	0416 1012 1605 2212	32 194 62 259	20 SU	0329 0923 1508 2129	27 196 49 272
6 SU	0503 1107 1647 2248	13 200 67 262	21 M	0428 1036 1606 2217	-2 202 57 282
7 M	0546 1155 1728 2324	-2 206 73 263	22 TU	0523 1141 1700 2305	-27 210 63 290
8 TU A	0627 1241 1807 2358	-12 210 79 262	23 W P	0617 1240 1754 2354	-47 217 70 295
9 W	0708 1326 1845	-20 212 87	24 TH ○	0710 1336 1848	-59 220 75
10 TH ●	0032 0747 1410 1923	260 -25 211 94	25 F S	0043 0803 1431 1944	296 -65 222 78
11 F	0104 0825 1453 2001	260 -28 208 100	26 SA	0132 0853 1525 2039	292 -63 223 79
12 SA N	0137 0900 1536 2040	261 -30 206 104	27 SU	0222 0940 1616 2134	282 -52 224 79
13 SU	0211 0935 1618 2122	260 -29 206 105	28 M	0314 1024 1705 2229	265 -34 227 78
14 M	0249 1009 1701 2209	257 -25 209 103	29 TU	0409 1106 1750 2325	243 -9 229 76
15 TU	0332 1045 1743 2302	248 -18 215 100	30 W	0508 1147 1833	220 17 233

7 月

日期	潮时 时分	潮高 cm	日期	潮时 时分	潮高 cm
1 TH ☾E	0026 0613 1231 1914	72 199 41 236	16 F E	0519 1136 1818	209 16 247
2 F	0133 0721 1321 1956	63 185 60 240	17 SA ☽	0046 0632 1228 1905	47 193 38 253
3 SA	0240 0830 1416 2039	49 179 73 243	18 SU	0156 0752 1329 1956	31 182 56 258
4 SU	0340 0937 1512 2123	32 180 80 245	19 M	0307 0914 1436 2051	10 181 68 264
5 M A	0432 1038 1603 2207	16 186 83 247	20 TU	0412 1030 1541 2148	-12 188 73 271
6 TU	0519 1131 1650 2249	2 193 85 249	21 W P	0511 1134 1641 2245	-32 197 75 278
7 W	0605 1220 1734 2329	-10 198 89 251	22 TH S	0607 1231 1740 2339	-48 205 74 282
8 TH	0648 1307 1818	-20 201 92	23 F	0700 1324 1838	-58 212 72
9 F N	0007 0729 1351 1901	255 -28 203 95	24 SA ○	0031 0750 1414 1935	283 -61 218 68
10 SA ●	0043 0807 1434 1944	258 -33 205 96	25 SU	0122 0835 1501 2028	278 -56 224 63
11 SU	0120 0841 1513 2027	261 -36 209 93	26 M	0212 0915 1544 2119	267 -43 229 57
12 M	0157 0912 1549 2111	260 -36 215 86	27 TU	0302 0952 1623 2207	251 -23 232 53
13 TU	0238 0943 1624 2157	255 -30 223 78	28 W	0352 1026 1659 2255	232 1 234 51
14 W	0324 1016 1659 2246	244 -20 232 69	29 TH E	0444 1059 1735 2345	212 25 233 50
15 TH	0417 1053 1737 2342	228 -4 241 59	30 F	0540 1135 1812	193 47 231
			31 SA ☾	0042 0642 1217 1854	49 178 67 227

8 月

日期	潮时 时分	潮高 cm	日期	潮时 时分	潮高 cm
1 SU	0147 0750 1312 1941	45 169 81 224	16 M	0133 0748 1302 1918	11 173 74 246
2 M A	0256 0901 1416 2033	35 168 89 224	17 TU P	0251 0913 1418 2025	-1 173 83 247
3 TU	0358 1009 1519 2127	22 173 91 227	18 W S	0401 1028 1530 2133	-17 181 82 252
4 W	0454 1107 1615 2217	7 180 90 233	19 TH	0503 1128 1637 2237	-33 194 76 259
5 TH N	0543 1158 1706 2303	-8 187 88 241	20 F	0557 1218 1738 2334	-44 206 66 263
6 F	0626 1243 1755 2345	-21 194 86 249	21 SA	0645 1304 1834	-50 217 55
7 SA	0705 1324 1842	-30 202 81	22 SU ○	0026 0728 1345 1926	264 -47 227 44
8 SU ●	0026 0740 1402 1927	255 -36 210 74	23 M	0115 0807 1424 2014	259 -38 234 34
9 M	0106 0811 1436 2011	257 -37 219 63	24 TU	0203 0842 1458 2059	249 -23 239 27
10 TU	0148 0842 1507 2055	256 -34 229 50	25 W E	0248 0914 1530 2140	236 -4 241 23
11 W	0233 0914 1538 2139	249 -25 239 37	26 TH	0333 0944 1600 2220	221 16 239 23
12 TH E	0321 0947 1610 2226	237 -10 247 27	27 F	0419 1013 1630 2302	206 36 234 27
13 F	0415 1023 1646 2318	220 10 251 21	28 SA	0509 1045 1704 2349	190 55 226 32
14 SA	0516 1106 1728	202 33 251	29 SU	0606 1124 1745	175 73 218
15 SU ☽	0020 0627 1157 1819	17 184 56 249	30 M ☾A	0049 0714 1215 1837	36 163 87 211
			31 TU	0204 0830 1324 1939	35 160 97 208

时　区：+0800　　潮高基准面：在平均海面下 138 cm

美 国—阿斯托里亚

U. S. A. — ASTORIA

2021 年潮汐表　　46° 12′ N　　123° 46′ W

9 月

日期	潮时 时分	潮高 cm	日期	潮时 时分	潮高 cm
1 W	0320 0943 1438 2044	25 165 98 212	16 TH	0350 1021 1533 2129	-14 191 84 233
2 TH N	0422 1043 1545 2144	10 175 93 222	17 F	0448 1113 1640 2236	-23 208 67 239
3 F	0512 1131 1643 2237	-6 188 85 233	18 SA	0537 1155 1737 2333	-29 224 48 244
4 SA	0553 1212 1735 2325	-19 201 73 242	19 SU	0619 1233 1828	-28 237 30
5 SU	0629 1247 1823	-26 214 59	20 M ○	0022 0657 1307 1914	244 -20 248 15
6 M	0010 0702 1320 1909	249 -29 227 42	21 TU E	0109 0732 1339 1956	240 -8 253 5
7 TU ●	0055 0735 1350 1952	251 -26 239 24	22 W	0152 0805 1408 2035	234 7 255 -1
8 W E	0141 0808 1420 2035	250 -18 250 7	23 TH	0235 0835 1436 2112	226 23 253 -2
9 TH	0229 0842 1451 2119	243 -5 258 -6	24 F	0316 0904 1502 2147	216 40 248 1
10 F	0320 0918 1525 2205	232 12 262 -12	25 SA	0358 0934 1530 2224	205 56 240 7
11 SA P	0414 0957 1602 2257	217 33 261 -12	26 SU A	0444 1005 1602 2305	191 71 231 16
12 SU	0516 1042 1647 2359	199 56 254 -6	27 M	0538 1042 1641 2358	177 86 221 25
13 M ☽	0627 1137 1743	182 77 243	28 TU	0646 1132 1733	165 100 212
14 TU	0116 0750 1250 1852	-1 174 92 234	29 W ☾ N	0108 0804 1242 1841	30 163 109 206
15 W S	0237 0913 1414 2011	-4 178 94 230	30 TH	0227 0916 1404 1958	26 171 109 207

10 月

日期	潮时 时分	潮高 cm	日期	潮时 时分	潮高 cm
1 F	0334 1012 1519 2108	16 186 98 214	16 SA	0422 1044 1638 2235	3 234 53 225
2 SA	0425 1055 1622 2209	4 204 80 225	17 SU	0508 1121 1729 2329	5 250 29 230
3 SU	0507 1131 1715 2304	-5 223 58 235	18 M	0547 1154 1814	11 263 9
4 M	0544 1203 1802 2355	-9 239 34 242	19 TU E	0016 0622 1225 1856	232 20 270 -5
5 TU	0620 1234 1847	-7 254 10	20 W ○	0059 0656 1254 1934	232 31 273 -13
6 W ● E	0044 0657 1305 1931	246 0 267 -12	21 TH	0141 0729 1322 2011	230 44 270 -16
7 TH	0134 0734 1337 2015	247 11 276 -29	22 F	0221 0800 1349 2045	226 57 265 -15
8 F P	0225 0812 1411 2100	242 26 281 -30	23 SA	0301 0831 1416 2120	219 70 259 -11
9 SA	0318 0853 1448 2149	233 43 280 -38	24 SU A	0342 0902 1444 2154	210 83 253 -4
10 SU	0414 0936 1529 2242	220 62 273 -30	25 M	0427 0935 1516 2233	199 95 245 5
11 M	0516 1026 1618 2345	204 81 259 -16	26 TU N	0519 1014 1554 2319	188 107 237 15
12 TU S	0628 1128 1719	192 98 242	27 W	0623 1105 1642	180 117 226
13 W ☽	0059 0747 1249 1837	-3 190 106 226	28 TH ☾	0017 0732 1214 1750	24 182 122 214
14 TH	0217 0901 1417 2005	3 199 99 218	29 F	0123 0836 1336 1912	28 193 118 208
15 F	0327 0959 1536 2128	4 215 79 220	30 SA	0229 0926 1454 2032	28 210 101 210
			31 SU	0326 1007 1558 2142	24 230 74 218

11 月

日期	潮时 时分	潮高 cm	日期	潮时 时分	潮高 cm
1 M	0414 1042 1652 2244	22 250 44 228	16 TU	0510 1112 1754	56 279 1
2 TU E	0457 1115 1739 2341	23 267 14 237	17 W	0004 0547 1143 1834	227 62 283 -10
3 W	0539 1149 1825	28 282 -12	18 TH	0046 0622 1214 1912	231 70 282 -16
4 TH ●	0035 0620 1223 1911	244 37 293 -34	19 F ○	0127 0658 1245 1949	232 80 278 -17
5 F P	0127 0703 1300 1958	247 48 299 -47	20 SA	0207 0732 1314 2024	231 90 273 -16
6 SA	0220 0747 1339 2046	245 61 301 -52	21 SU A	0248 0806 1343 2059	226 100 269 -13
7 SU	0314 0833 1422 2137	238 75 297 -48	22 M N	0329 0841 1413 2134	220 109 266 -8
8 M S	0411 0923 1508 2231	229 88 285 -34	23 TU	0413 0917 1446 2209	213 116 261 -1
9 TU	0513 1019 1601 2330	219 101 267 -15	24 W	0501 0959 1525 2248	207 122 253 9
10 W	0620 1126 1705	214 110 245	25 TH	0553 1051 1612 2332	206 126 241 20
11 TH ☽	0034 0728 1245 1827	6 216 110 224	26 F	0647 1154 1715	211 125 225
12 F	0144 0829 1411 1956	24 226 96 212	27 SA ☾	0023 0738 1308 1834	31 222 116 212
13 SA	0249 0920 1526 2119	36 241 72 211	28 SU	0121 0825 1424 1958	42 237 95 207
14 SU	0344 1002 1624 2225	43 257 44 216	29 M	0222 0908 1530 2117	50 255 66 211
15 M E	0430 1038 1712 2319	50 270 19 222	30 TU E	0320 0948 1626 2227	55 272 34 221

12 月

日期	潮时 时分	潮高 cm	日期	潮时 时分	潮高 cm
1 W	0412 1027 1716 2329	60 286 3 232	16 TH	0513 1106 1812	96 279 -1
2 TH	0501 1107 1805	66 299 -22	17 F	0029 0553 1142 1852	230 99 278 -7
3 F	0026 0549 1149 1855	240 73 308 -40	18 SA A	0111 0633 1216 1931	233 104 277 -11
4 SA ● P	0120 0638 1233 1945	245 80 313 -51	19 SU ○	0153 0712 1249 2009	233 111 276 -12
5 SU	0214 0729 1318 2036	246 88 314 -54	20 M N	0235 0750 1322 2043	232 116 275 -12
6 M S	0308 0821 1406 2127	244 96 307 -47	21 TU	0315 0828 1354 2115	230 120 274 -10
7 TU	0404 0916 1456 2217	241 101 294 -30	22 W	0355 0907 1430 2146	229 121 271 -4
8 W	0501 1015 1551 2308	238 105 272 -7	23 TH	0433 0950 1509 2218	230 120 262 5
9 TH	0557 1118 1656 2359	238 106 247 21	24 F	0511 1038 1556 2254	234 116 248 19
10 F	0650 1229 1813	242 101 224	25 SA	0550 1133 1655 2335	241 109 230 36
11 SA ☽	0056 0740 1346 1935	48 249 88 209	26 SU	0632 1237 1808	249 97 213
12 SU E	0155 0827 1458 2055	70 258 67 204	27 M ☾ E	0025 0717 1348 1931	54 259 79 203
13 M	0253 0910 1558 2203	83 266 44 208	28 TU	0125 0804 1458 2056	71 270 54 203
14 TU	0345 0950 1647 2259	90 273 23 216	29 W	0230 0853 1600 2213	83 280 26 211
15 W	0431 1029 1731 2346	93 278 9 224	30 TH	0333 0944 1657 2320	90 291 -1 222
			31 F	0431 1035 1751	94 301 -23

时　区：+0800　　　　潮高基准面：在平均海面下 138 cm

美 国—圣弗朗西斯科(旧金山)

U.S.A.—SAN FRANCISCO

2021 年潮汐表　　37° 48′ N　　122° 28′ W

1 月

日期	潮时时分	潮高 cm
1 F	0201 0613 1211 1904	146 102 187 -26
2 SA	0239 0701 1255 1945	148 99 178 -20
3 SU	0319 0757 1343 2027	151 94 165 -11
4 M	0359 0903 1442 2113	156 86 149 4
5 TU	0441 1018 1555 2203	164 72 132 21
6 W ☾ E	0524 1135 1728 2259	174 53 120 40
7 TH	0608 1244 1908	184 29 117
8 F	0001 0655 1343 2038	57 195 6 124
9 SA P	0104 0743 1437 2151	72 205 -15 136
10 SU	0204 0832 1527 2249	82 212 -30 147
11 M	0301 0921 1614 2339	88 216 -40 155
12 TU S	0355 1009 1700	90 215 -43
13 W ●	0025 0447 1055 1744	159 90 211 -41
14 TH	0108 0537 1140 1826	160 89 202 -34
15 F	0149 0627 1225 1907	159 87 189 -23
16 SA	0229 0719 1309 1946	157 84 173 -9
17 SU	0308 0813 1355 2025	156 81 154 7
18 M	0345 0914 1447 2105	155 76 135 26
19 TU E	0422 1023 1552 2148	157 69 118 45
20 W ☽	0500 1134 1720 2238	159 58 106 63
21 TH A	0539 1238 1911 2338	163 45 104 79
22 F	0620 1332 2047	168 31 112
23 SA	0041 0704 1418 2150	90 174 17 122
24 SU	0139 0748 1459 2234	97 180 4 132
25 M	0230 0832 1537 2310	99 186 -8 139
26 TU N	0315 0915 1614 2344	99 191 -18 143
27 W	0356 0957 1650	96 194 -26
28 TH ○	0016 0435 1039 1727	146 92 195 -30
29 F	0048 0516 1120 1803	149 86 193 -31
30 SA	0120 0559 1203 1840	151 79 186 -26
31 SU	0153 0647 1250 1918	155 71 174 -16

2 月

日期	潮时时分	潮高 cm
1 M	0228 0741 1342 1958	160 62 159 0
2 TU E	0305 0842 1443 2041	166 53 141 21
3 W P	0346 0951 1601 2130	174 42 125 43
4 TH ☾	0433 1107 1741 2229	181 29 116 64
5 F	0525 1221 1926 2341	188 13 119 81
6 SA	0622 1326 2050	194 -2 130
7 SU	0055 0721 1424 2151	90 199 -15 142
8 M S	0201 0817 1516 2239	91 202 -24 151
9 TU	0300 0911 1603 2321	88 204 -30 156
10 W	0352 1001 1645 2359	82 202 -31 158
11 TH ●	0440 1047 1724	75 196 -27
12 F	0035 0525 1131 1801	158 68 186 -20
13 SA	0108 0609 1213 1836	156 63 174 -9
14 SU	0140 0652 1255 1910	154 58 159 6
15 M E	0209 0738 1340 1944	153 55 143 23
16 TU	0238 0827 1429 2018	153 52 127 42
17 W	0309 0922 1530 2055	154 49 114 61
18 TH A	0344 1025 1659 2140	156 45 105 79
19 F ☽	0426 1133 1857 2249	158 38 106 93
20 SA	0517 1237 2030	160 29 115
21 SU	0010 0614 1332 2123	100 164 18 125
22 M	0118 0711 1421 2201	101 169 5 133
23 TU N	0212 0804 1504 2233	96 176 -7 139
24 W	0257 0853 1544 2303	89 181 -18 143
25 TH	0338 0940 1621 2333	79 185 -25 147
26 F	0418 1025 1658	67 186 -27
27 SA ○	0002 0500 1112 1734	151 55 183 -24
28 SU	0032 0544 1200 1811	157 42 176 -14

3 月

日期	潮时时分	潮高 cm
1 M E	0103 0631 1251 1849	163 30 164 2
2 TU P	0137 0723 1349 1930	169 20 150 23
3 W	0215 0821 1456 2014	175 14 135 45
4 TH	0258 0927 1620 2108	179 9 124 67
5 F	0349 1040 1800 2218	181 5 121 85
6 SA ☾	0449 1156 1932 2342	181 0 128 93
7 SU S	0557 1305 2039	181 -6 138
8 M	0101 0705 1406 2130	92 182 -12 147
9 TU	0206 0808 1458 2212	84 183 -16 152
10 W	0301 0904 1542 2249	72 182 -17 155
11 TH	0348 0954 1621 2322	60 178 -15 156
12 F	0431 1041 1656 2353	49 172 -10 155
13 SA ●	0511 1124 1730	40 163 0
14 SU E	0021 0549 1207 1802	154 33 153 12
15 M	0046 0626 1250 1833	153 28 142 28
16 TU	0110 0705 1335 1904	152 25 131 45
17 W	0135 0746 1424 1936	153 24 121 62
18 TH A	0203 0832 1526 2011	153 24 113 78
19 F	0238 0925 1651 2058	153 25 109 91
20 SA	0323 1028 1833 2215	152 24 112 101
21 SU ☽	0421 1136 1949 2348	151 21 119 102
22 M N	0528 1240 2036	151 13 126
23 TU	0059 0635 1335 2112	96 155 3 133
24 W	0152 0735 1423 2143	86 159 -7 139
25 TH	0237 0830 1505 2213	71 164 -15 145
26 F	0319 0923 1545 2242	54 168 -18 151
27 SA	0400 1014 1623 2311	35 169 -15 159
28 SU ○E	0442 1107 1701 2342	16 167 -6 167
29 M	0527 1201 1740	-1 161 10
30 TU P	0016 0615 1258 1821	175 -13 153 29
31 W	0052 0707 1401 1905	181 -20 143 49

4 月

日期	潮时时分	潮高 cm
1 TH	0132 0803 1512 1956	183 -21 134 70
2 F	0219 0906 1636 2059	182 -18 130 86
3 SA	0314 1016 1802 2221	176 -13 132 94
4 SU ☾ S	0422 1129 1914 2350	169 -9 138 92
5 M	0537 1238 2010	164 -7 145
6 TU	0105 0650 1337 2055	81 160 -6 150
7 W	0205 0756 1427 2134	66 158 -5 154
8 TH	0255 0854 1509 2208	50 155 -2 156
9 F	0339 0947 1547 2238	35 151 4 156
10 SA	0418 1036 1621 2305	23 146 13 156
11 SU E	0454 1123 1654 2329	12 140 25 156
12 M ●	0528 1208 1725 2352	5 134 39 156
13 TU	0602 1253 1756	1 129 53
14 W A	0015 0636 1339 1827	156 -1 124 68
15 TH	0041 0714 1430 1901	157 -1 120 81
16 F	0111 0756 1530 1940	156 2 117 92
17 SA	0149 0844 1643 2033	154 5 116 100
18 SU N	0235 0940 1758 2151	150 7 119 104
19 M	0333 1043 1857 2322	145 7 124 100
20 TU ☽	0444 1147 1941	141 4 130
21 W	0033 0557 1245 2016	89 140 -1 137
22 TH	0128 0704 1335 2048	72 142 -5 144
23 F	0214 0808 1421 2119	51 144 -5 153
24 SA	0258 0908 1503 2150	27 147 -1 163
25 SU E	0341 1008 1545 2222	3 149 8 173
26 M	0425 1107 1626 2257	-19 150 22 183
27 TU ○P	0511 1207 1709 2334	-36 149 39 190
28 W	0600 1307 1755	-46 146 57
29 TH	0015 0652 1411 1846	193 -48 143 74
30 F	0100 0747 1520 1944	190 -43 140 87

时　区：+0800　　　　潮高基准面：在平均海面下 91 cm

美　国—圣弗朗西斯科(旧金山)

U.S.A. — SAN FRANCISCO

2021 年潮汐表　　37° 48′ N　　122° 28′ W

5 月

日期	潮时 时分	潮高 cm	日期	潮时 时分	潮高 cm
1 SA S	0150 0847 1633 2056	183 -34 140 95	16 SU	0114 0816 1622 2014	159 -11 125 104
2 SU	0248 0951 1742 2221	171 -23 142 94	17 M	0200 0906 1716 2126	152 -8 128 103
3 M ☾	0357 1057 1840 2345	159 -12 146 84	18 TU	0255 1000 1803 2248	144 -5 133 96
4 TU	0513 1201 1930	147 -4 151	19 W ☽	0403 1057 1843	136 -2 139
5 W	0056 0629 1257 2012	69 139 3 155	20 TH	0002 0519 1153 1918	81 129 1 148
6 TH	0154 0739 1345 2048	51 133 11 158	21 F	0100 0636 1246 1952	59 126 6 158
7 F	0242 0844 1428 2120	33 130 19 160	22 SA E	0151 0751 1335 2026	33 127 14 170
8 SA E	0324 0943 1507 2149	17 128 29 161	23 SU	0237 0902 1422 2102	6 130 25 182
9 SU	0401 1037 1543 2214	4 126 41 163	24 M	0323 1010 1509 2140	-20 135 39 193
10 M	0435 1127 1617 2239	-6 126 53 164	25 TU	0410 1114 1556 2220	-41 141 53 201
11 TU ● A	0507 1214 1650 2303	-13 126 66 165	26 W ○ P	0458 1214 1644 2302	-54 145 67 204
12 W	0540 1300 1723 2330	-16 125 77 166	27 TH	0547 1313 1735 2348	-60 148 79 203
13 TH	0613 1345 1757	-18 125 87	28 F S	0638 1411 1831	-58 148 88
14 F	0001 0650 1433 1835	165 -17 124 95	29 SA	0037 0731 1511 1934	196 -50 148 94
15 SA N	0035 0731 1525 1919	163 -14 124 101	30 SU	0129 0826 1610 2045	184 -38 149 94
			31 M	0226 0922 1705 2205	168 -23 150 88

6 月

日期	潮时 时分	潮高 cm	日期	潮时 时分	潮高 cm
1 TU	0330 1019 1756 2325	150 -9 153 77	16 W	0229 0922 1706 2213	146 -9 144 87
2 W ☾	0444 1115 1841	134 5 157	17 TH	0334 1011 1745 2327	133 1 153 69
3 TH	0035 0602 1208 1920	60 122 19 160	18 F ☽	0453 1104 1823	122 14 163
4 F E	0133 0721 1258 1956	42 114 32 164	19 SA E	0032 0620 1159 1901	46 115 28 175
5 SA	0222 0837 1343 2028	24 113 44 167	20 SU	0128 0748 1254 1941	19 116 42 188
6 SU	0303 0944 1426 2057	9 115 57 170	21 M	0219 0910 1348 2024	-7 123 56 199
7 M	0340 1042 1506 2126	-4 120 68 173	22 TU	0309 1020 1442 2108	-30 133 69 208
8 TU A	0414 1132 1544 2156	-13 124 79 175	23 W P	0357 1120 1534 2155	-47 142 78 213
9 W	0447 1217 1621 2226	-19 128 87 177	24 TH ○	0446 1215 1628 2243	-56 149 85 213
10 TH ●	0520 1258 1658 2259	-23 130 94 177	25 F S	0535 1306 1722 2331	-58 153 89 208
11 F	0555 1338 1735 2335	-25 132 99 176	26 SA	0624 1355 1819	-54 154 90
12 SA N	0632 1419 1816	-25 132 102	27 SU	0021 0713 1444 1919	198 -44 155 89
13 SU	0012 0711 1502 1901	172 -23 133 103	28 M	0111 0801 1532 2023	183 -31 155 86
14 M	0052 0752 1545 1955	166 -20 135 102	29 TU	0205 0848 1618 2134	164 -15 156 79
15 TU	0137 0835 1626 2059	157 -16 139 97	30 W	0304 0935 1702 2249	144 3 158 69

7 月

日期	潮时 时分	潮高 cm	日期	潮时 时分	潮高 cm
1 TH ☾ E	0412 1024 1743 2359	125 22 161 55	16 F E	0322 0930 1648 2254	130 19 167 52
2 F	0535 1115 1821	111 40 164	17 SA ☽	0446 1022 1731	117 38 178
3 SA	0101 0707 1208 1858	39 105 57 168	18 SU	0004 0626 1121 1817	31 112 57 188
4 SU	0152 0836 1300 1934	24 108 71 172	19 M	0107 0803 1226 1906	9 117 72 198
5 M A	0236 0948 1350 2010	10 116 82 177	20 TU	0204 0923 1329 1958	-12 128 83 207
6 TU	0315 1042 1437 2046	-1 124 90 181	21 W P	0257 1024 1429 2050	-29 140 88 212
7 W	0351 1125 1520 2124	-10 131 95 184	22 TH S	0347 1115 1526 2142	-40 149 89 214
8 TH	0426 1203 1601 2201	-17 135 98 186	23 F	0435 1201 1620 2232	-46 155 87 212
9 F N	0501 1238 1640 2240	-22 138 99 187	24 SA ○	0521 1243 1713 2321	-45 158 83 204
10 SA ●	0536 1313 1719 2318	-26 139 98 184	25 SU	0606 1324 1806	-40 159 78
11 SU	0612 1346 1800 2357	-27 140 96 179	26 M	0009 0648 1404 1858	192 -29 158 74
12 M	0648 1421 1844	-25 142 93	27 TU	0057 0729 1442 1954	176 -15 158 69
13 TU	0038 0725 1455 1935	171 -21 145 88	28 W	0146 0809 1520 2053	157 3 158 64
14 W	0123 0804 1531 2034	160 -12 150 80	29 TH E	0241 0849 1557 2159	138 24 159 58
15 TH	0216 0845 1608 2141	145 2 158 68	30 F	0346 0932 1634 2308	120 45 161 50
			31 SA ☾	0512 1022 1714	109 65 163

8 月

日期	潮时 时分	潮高 cm	日期	潮时 时分	潮高 cm
1 SU	0013 0700 1121 1756	40 106 81 167	16 M	0647 1101 1742	118 84 191
2 M A	0110 0836 1226 1842	28 113 93 171	17 TU P	0047 0817 1218 1844	3 128 94 196
3 TU	0159 0939 1326 1929	17 123 99 176	18 W S	0149 0921 1329 1945	-10 140 95 201
4 W	0243 1023 1418 2015	6 132 100 181	19 TH	0245 1011 1431 2042	-21 149 90 204
5 TH N	0323 1059 1504 2100	-3 138 99 186	20 F	0334 1054 1526 2136	-27 156 81 204
6 F	0401 1131 1545 2143	-12 141 95 188	21 SA	0420 1133 1616 2226	-30 160 72 200
7 SA	0437 1201 1624 2224	-19 144 90 189	22 SU ○	0501 1209 1703 2314	-27 161 63 191
8 SU ●	0512 1230 1702 2305	-22 145 83 186	23 M	0540 1243 1749	-19 161 55
9 M	0546 1300 1742 2347	-23 148 76 180	24 TU	0000 0617 1315 1834	178 -7 160 49
10 TU	0620 1330 1826	-18 151 68	25 W E	0046 0653 1346 1921	163 9 159 46
11 W	0031 0655 1401 1915	170 -9 156 59	26 TH	0134 0729 1416 2009	148 29 159 44
12 TH E	0120 0732 1434 2010	157 6 163 50	27 F	0227 0804 1447 2103	133 49 159 42
13 F	0217 0812 1512 2113	142 24 171 40	28 SA	0331 0843 1522 2204	120 69 159 41
14 SA	0328 0856 1555 2224	128 46 178 29	29 SU	0459 0932 1603 2310	112 86 160 37
15 SU ☽	0501 0951 1645 2338	118 67 185 16	30 M ☾ A	0650 1042 1655	114 100 161
			31 TU	0016 0817 1203 1754	31 122 105 164

时　区：+0800　　　　潮高基准面：在平均海面下 91 cm

美 国—圣弗朗西斯科(旧金山)

U.S.A. – SAN FRANCISCO

2021 年潮汐表　　37° 48′ N　　122° 28′ W

9 月

日期	潮时 时分	潮高 cm	日期	潮时 时分	潮高 cm
1 W	0114 0909 1310 1854	23 130 105 168	16 TH	0132 0900 1337 1937	-6 150 90 186
2 TH N	0205 0945 1403 1948	13 136 99 173	17 F	0227 0943 1434 2037	-10 157 76 186
3 F	0249 1016 1448 2038	3 141 90 178	18 SA	0314 1020 1524 2132	-12 161 61 184
4 SA	0328 1045 1527 2125	-6 145 80 181	19 SU	0356 1055 1609 2222	-10 163 47 178
5 SU	0405 1112 1605 2210	-12 148 68 182	20 M ○	0433 1126 1651 2310	-3 164 36 170
6 M	0439 1139 1643 2254	-14 152 55 179	21 TU E	0509 1156 1731 2356	7 164 28 160
7 TU ●	0513 1207 1723 2341	-10 157 42 173	22 W	0543 1223 1810	21 163 22
8 W E	0548 1236 1807	-1 163 30	23 TH	0043 0616 1248 1849	149 38 162 20
9 TH	0031 0623 1307 1855	164 14 170 20	24 F	0131 0649 1314 1930	139 56 161 21
10 F	0126 0701 1342 1949	153 33 177 13	25 SA	0223 0723 1342 2014	130 74 160 23
11 SA P	0229 0743 1422 2049	140 54 182 10	26 SU A	0326 0801 1416 2106	123 90 159 26
12 SU	0347 0833 1510 2159	130 74 184 7	27 M	0450 0851 1500 2207	120 102 157 28
13 M ☽	0524 0938 1609 2314	127 92 184 4	28 TU	0625 1010 1558 2316	122 110 155 28
14 TU	0657 1103 1718	132 101 184	29 W ☾ N	0735 1142 1707	128 110 153
15 W S	0027 0807 1227 1830	0 141 99 184	30 TH	0021 0820 1252 1817	23 134 103 155

10 月

日期	潮时 时分	潮高 cm	日期	潮时 时分	潮高 cm
1 F	0118 0854 1344 1919	15 140 91 159	16 SA	0158 0905 1432 2031	3 164 56 162
2 SA	0205 0923 1427 2014	7 145 76 163	17 SU	0243 0940 1518 2128	7 167 38 159
3 SU	0247 0951 1506 2106	1 150 59 166	18 M	0323 1012 1559 2222	14 170 23 154
4 M	0325 1018 1544 2157	-1 156 40 167	19 TU E	0400 1041 1637 2312	24 170 12 150
5 TU	0401 1045 1623 2248	3 164 21 166	20 W ○	0434 1107 1712 2359	37 170 4 145
6 W ●E	0437 1114 1704 2341	11 172 4 163	21 TH	0508 1131 1747	52 170 0
7 TH	0514 1145 1749	25 180 -9	22 F	0047 0541 1155 1821	140 67 169 -1
8 F P	0036 0553 1220 1837	157 43 187 -17	23 SA	0135 0613 1221 1858	136 82 168 1
9 SA	0136 0635 1258 1931	150 62 191 -19	24 SU A	0225 0648 1251 1939	132 95 166 5
10 SU	0244 0723 1343 2030	143 81 190 -16	25 M	0324 0728 1327 2025	129 105 163 10
11 M	0403 0822 1437 2137	139 96 186 -10	26 TU N	0433 0820 1412 2119	128 112 158 15
12 TU S	0528 0940 1542 2250	140 105 178 -4	27 W	0544 0937 1508 2220	130 114 151 17
13 W ☽	0642 1112 1659	145 103 171	28 TH ☾	0640 1110 1618 2324	134 110 146 17
14 TH	0001 0739 1234 1817	-1 152 92 167	29 F	0721 1223 1733	139 99 142
15 F	0104 0825 1339 1928	1 159 75 164	30 SA	0022 0755 1318 1844	15 145 82 142
			31 SU	0113 0825 1402 1948	13 152 62 144

11 月

日期	潮时 时分	潮高 cm	日期	潮时 时分	潮高 cm
1 M	0158 0854 1442 2050	14 161 38 147	16 TU	0246 0926 1546 2227	42 177 7 136
2 TU E	0240 0923 1523 2149	18 171 14 150	17 W	0324 0954 1622 2320	55 179 -3 137
3 W	0320 0954 1604 2248	27 182 -9 153	18 TH	0401 1021 1655	68 179 -10
4 TH ●	0400 1027 1647 2346	40 192 -28 155	19 F ○	0008 0436 1046 1727	138 80 180 -13
5 F P	0442 1103 1734	56 200 -39	20 SA	0053 0510 1113 1800	138 91 179 -13
6 SA	0045 0526 1143 1823	154 72 204 -44	21 SU A	0137 0545 1143 1836	138 100 178 -11
7 SU	0146 0614 1227 1917	153 86 204 -40	22 M N	0223 0622 1216 1915	136 107 175 -8
8 M S	0251 0709 1317 2014	150 98 198 -32	23 TU	0311 0704 1254 1957	135 112 170 -4
9 TU	0401 0816 1413 2116	150 105 186 -20	24 W	0402 0755 1337 2043	135 114 162 1
10 W	0508 0939 1520 2221	151 105 172 -9	25 TH	0454 0901 1428 2134	137 113 152 6
11 TH ☽	0608 1108 1637 2326	156 96 158 2	26 F	0539 1023 1531 2228	141 107 141 11
12 F	0659 1227 1758	161 80 148	27 SA ☾	0619 1142 1647 2323	147 94 132 17
13 SA	0026 0742 1331 1914	12 166 60 141	28 SU	0653 1244 1808	155 73 127
14 SU	0118 0821 1423 2025	21 171 39 137	29 M	0016 0727 1334 1927	24 165 48 126
15 M E	0204 0855 1507 2129	31 175 21 136	30 TU E	0107 0800 1419 2042	33 176 21 131

12 月

日期	潮时 时分	潮高 cm	日期	潮时 时分	潮高 cm
1 W	0156 0834 1503 2152	44 189 -6 138	16 TH	0252 0911 1605 2326	82 185 -8 136
2 TH	0242 0911 1548 2255	57 201 -29 146	17 F	0333 0942 1638	91 187 -14
3 F	0329 0951 1634 2354	69 211 -46 152	18 SA A	0010 0412 1014 1710	140 99 188 -17
4 SA ●P	0417 1034 1722	81 217 -54	19 SU ○	0049 0449 1047 1744	142 103 188 -19
5 SU	0050 0507 1120 1812	156 91 218 -55	20 M N	0126 0526 1121 1819	142 107 186 -18
6 M S	0145 0601 1208 1904	158 98 213 -49	21 TU	0203 0604 1156 1855	142 108 182 -17
7 TU	0241 0700 1300 1957	158 102 201 -38	22 W	0241 0645 1234 1932	141 108 175 -13
8 W	0337 0807 1356 2051	158 101 185 -23	23 TH	0319 0733 1314 2011	142 107 165 -8
9 TH	0432 0924 1458 2146	160 96 165 -7	24 F	0358 0830 1401 2053	144 103 152 1
10 F	0523 1047 1611 2242	163 85 146 10	25 SA	0436 0938 1458 2137	149 95 138 12
11 SA ☽	0609 1206 1734 2338	167 69 130 27	26 SU	0513 1054 1612 2227	156 81 124 26
12 SU E	0652 1311 1900	172 49 121	27 M ☾E	0551 1204 1744 2322	166 60 115 42
13 M	0031 0731 1406 2024	43 176 30 120	28 TU	0630 1304 1921	177 34 115
14 TU	0122 0806 1451 2137	57 180 14 124	29 W	0020 0711 1356 2050	57 190 8 123
15 W	0208 0840 1530 2236	71 183 1 130	30 TH	0119 0755 1446 2202	71 202 -17 135
			31 F	0215 0841 1535 2301	82 213 -37 146

时　区：+0800　　潮高基准面：在平均海面下 91 cm

美 国—洛杉矶

U.S.A.－LOS ANGELES

2021 年潮汐表　　33° 43′ N　　118° 16′ W

1 月

日期	潮时时分	潮高 cm	日期	潮时时分	潮高 cm
1 F	0334 0946 1709	78 182 -22	16 SA	0438 1044 1753	65 169 -12
2 SA	0001 0421 1028 1749	115 80 172 -15	17 SU	0031 0529 1126 1828	122 70 149 4
3 SU	0046 0518 1117 1831	118 81 158 -4	18 M	0115 0633 1213 1904	124 73 126 21
4 M	0134 0634 1217 1918	124 80 140 9	19 TU E	0202 0802 1314 1942	127 73 104 38
5 TU	0224 0809 1333 2010	132 72 121 23	20 W ☽	0250 0958 1447 2026	131 63 87 53
6 W ☾ E	0315 0948 1508 2107	144 55 107 36	21 TH A	0339 1125 1702 2122	137 46 81 65
7 TH	0405 1108 1649 2207	157 30 101 47	22 F	0426 1218 1844 2227	144 27 87 73
8 F	0455 1210 1815 2306	172 5 104 55	23 SA	0511 1258 1938 2326	153 10 95 77
9 SA P	0543 1302 1921	186 -17 110	24 SU	0553 1332 2013	162 -5 102
10 SU	0001 0630 1350 2015	58 198 -34 115	25 M	0015 0632 1403 2042	76 171 -17 108
11 M	0051 0715 1435 2101	59 206 -44 119	26 TU N	0058 0710 1434 2110	73 180 -27 113
12 TU S	0139 0759 1518 2144	59 210 -48 121	27 W	0137 0747 1504 2137	68 187 -33 118
13 W ●	0224 0842 1559 2226	58 208 -45 121	28 TH ○	0215 0824 1536 2207	63 190 -36 122
14 TH	0308 0924 1638 2307	59 200 -38 121	29 F	0255 0902 1608 2238	58 190 -34 126
15 F	0352 1004 1716 2349	61 187 -26 122	30 SA	0336 0942 1641 2312	54 184 -28 129
			31 SU	0422 1025 1716 2349	51 172 -17 133

2 月

日期	潮时时分	潮高 cm	日期	潮时时分	潮高 cm
1 M	0515 1113 1751	49 153 -1	16 TU	0550 1140 1751	49 117 30
2 TU E	0031 0619 1210 1830	137 48 131 18	17 W	0031 0651 1232 1812	131 51 95 47
3 W P	0118 0742 1324 1915	142 45 107 37	18 TH A	0111 0826 1402 1830	130 50 77 63
4 TH ☾	0214 0925 1509 2014	147 34 91 54	19 F ☽	0203 1032	129 40
5 F	0319 1059 1716 2134	154 16 89 66	20 SA	0310 1146	131 24
6 SA	0427 1208 1844 2257	163 -5 97 70	21 SU	0421 1230 1941 2315	137 8 97 84
7 SU	0529 1302 1938	174 -23 107	22 M	0521 1305 1957	147 -6 105
8 M S	0004 0624 1347 2018	66 185 -35 114	23 TU N	0011 0610 1336 2015	76 159 -19 113
9 TU	0057 0712 1427 2053	60 193 -41 120	24 W	0053 0653 1405 2036	66 171 -28 121
10 W	0143 0755 1504 2125	53 196 -42 124	25 TH	0131 0733 1435 2059	54 180 -34 128
11 TH ●	0224 0835 1537 2156	47 194 -38 128	26 F	0209 0813 1505 2125	42 185 -35 136
12 F	0303 0912 1608 2226	43 187 -30 130	27 SA ○	0248 0853 1536 2154	31 185 -31 143
13 SA	0341 0948 1636 2256	42 174 -18 131	28 SU	0330 0935 1607 2225	22 177 -21 149
14 SU	0420 1023 1703 2326	43 158 -4 132			
15 M E	0502 1059 1728 2357	45 138 13 132			

3 月

日期	潮时时分	潮高 cm	日期	潮时时分	潮高 cm
1 M E	0415 1020 1639 2300	16 162 -6 152	16 TU	0439 1041 1632 2252	20 122 28 143
2 TU P	0507 1110 1713 2339	13 141 13 154	17 W	0520 1123 1649 2319	23 104 43 140
3 W	0607 1210 1748	15 117 34	18 TH A	0609 1218 1701 2351	27 87 58 135
4 TH	0026 0725 1332 1829	152 17 95 54	19 F	0718 1400 1647	31 74 70
5 F	0125 0908 1542 1934	149 14 84 71	20 SA	0034 0910	129 30
6 SA ☾	0243 1047 1755 2136	148 2 92 79	21 SU ☽	0147 1050	124 20
7 SU S	0409 1157 1854 2316	152 -12 103 74	22 M N	0325 1144 1911 2310	125 7 103 86
8 M	0523 1249 1931	160 -24 113	23 TU	0444 1222 1917	134 -5 112
9 TU	0019 0621 1331 2001	63 169 -30 122	24 W	0000 0543 1255 1932	72 147 -16 121
10 W	0105 0708 1406 2028	51 175 -32 128	25 TH	0040 0631 1325 1951	54 159 -23 132
11 TH	0145 0748 1437 2053	40 177 -30 134	26 F	0117 0715 1356 2014	36 168 -25 144
12 F	0221 0824 1504 2117	31 173 -23 138	27 SA	0156 0758 1426 2041	18 172 -23 155
13 SA ●	0255 0858 1529 2140	25 165 -13 142	28 SU ○E	0237 0842 1458 2110	1 170 -15 164
14 SU E	0329 0931 1551 2203	21 154 -1 144	29 M	0320 0928 1530 2143	-11 160 -2 170
15 M	0403 1005 1612 2227	20 139 13 145	30 TU P	0407 1017 1603 2219	-18 145 14 172
			31 W	0459 1113 1637 2259	-18 125 33 169

4 月

日期	潮时时分	潮高 cm	日期	潮时时分	潮高 cm
1 TH	0600 1221 1714 2347	-13 105 52 162	16 F	0546 1229 1607 2256	7 83 70 143
2 F	0716 1358 1800	-6 90 70	17 SA	0645 2336	13 134
3 SA	0051 0852 1618 1931	151 -3 91 83	18 SU N	0806	15
4 SU ☾S	0217 1024 1747 2201	143 -7 102 83	19 M	0045 0936 1826 2054	125 12 101 98
5 M	0353 1131 1830 2327	141 -14 114 69	20 TU ☽	0228 1040 1812 2247	121 5 109 85
6 TU	0511 1220 1901	146 -18 124	21 W	0400 1125 1822 2338	125 -2 120 65
7 W	0021 0609 1300 1928	54 151 -19 132	22 TH	0508 1202 1840	134 -7 133
8 TH	0103 0655 1332 1951	39 153 -16 140	23 F	0020 0605 1237 1903	42 143 -9 147
9 F	0140 0734 1359 2013	27 152 -9 146	24 SA	0101 0656 1310 1929	19 150 -7 162
10 SA	0213 0810 1423 2033	17 147 0 152	25 SU E	0142 0745 1344 1959	-4 152 -1 176
11 SU E	0245 0844 1444 2054	9 139 10 156	26 M	0226 0834 1419 2032	-23 148 9 186
12 M ●	0316 0919 1504 2115	3 130 21 158	27 TU ○P	0312 0925 1454 2108	-36 140 22 191
13 TU	0348 0955 1523 2137	0 118 34 158	28 W	0401 1019 1530 2148	-42 127 36 189
14 W A	0423 1035 1542 2201	0 106 46 155	29 TH	0454 1121 1609 2232	-39 113 52 182
15 TH	0501 1123 1558 2226	2 94 59 150	30 F	0555 1236 1654 2324	-32 102 66 169

时　区：＋0800　　　　潮高基准面：在平均海面下 85 cm

美 国—洛杉矶

U.S.A.—LOS ANGELES

2021 年潮汐表　　33° 43′ N　　118° 16′ W

5 月

日期	潮时 时分	潮高 cm	日期	潮时 时分	潮高 cm
1 SA S	0706 1413 1755	-22 97 80	16 SU	0624 2312	-2 142
2 SU	0029 0828 1557 1949	154 -14 102 88	17 M	0724	2
3 M ☾	0153 0946 1705 2159	140 -11 113 80	18 TU	0016 0830 1636 2025	132 4 107 96
4 TU	0325 1049 1747 2317	133 -9 124 64	19 W ☽	0144 0930 1657 2209	124 4 118 80
5 W	0444 1137 1819	131 -6 134	20 TH	0314 1021 1720 2310	121 5 131 58
6 TH	0010 0546 1215 1846	47 130 0 144	21 F	0433 1105 1746 2359	122 7 147 32
7 F	0053 0636 1246 1909	32 129 7 152	22 SA E	0541 1145 1816	126 11 163
8 SA E	0130 0720 1312 1930	18 125 16 159	23 SU	0045 0641 1225 1848	5 129 17 180
9 SU	0203 0759 1335 1950	7 121 26 164	24 M	0131 0737 1304 1924	-19 130 25 193
10 M	0234 0837 1357 2012	-3 116 35 168	25 TU	0218 0832 1343 2002	-38 128 34 202
11 TU ●A	0305 0916 1419 2034	-9 110 45 170	26 W ○P	0306 0927 1424 2043	-49 124 44 205
12 W	0338 0957 1441 2059	-13 104 55 169	27 TH	0357 1024 1506 2128	-53 117 53 202
13 TH	0412 1043 1503 2126	-14 98 64 166	28 F S	0450 1127 1553 2216	-49 111 63 191
14 F	0450 1137 1524 2155	-12 92 73 160	29 SA	0547 1236 1646 2309	-40 107 73 176
15 SA N	0533 1248 1545 2229	-7 89 81 152	30 SU	0648 1351 1756	-28 107 82
			31 M	0011 0753 1505 1936	159 -17 113 85

6 月

日期	潮时 时分	潮高 cm	日期	潮时 时分	潮高 cm
1 TU	0122 0856 1606 2128	141 -6 122 78	16 W	0001 0735 1500 1950	140 2 117 87
2 W ☾	0242 0953 1652 2252	126 3 132 63	17 TH	0114 0826 1540 2128	127 10 129 72
3 TH	0403 1040 1728 2352	116 13 142 46	18 F ☽	0239 0918 1618 2243	116 19 143 49
4 F E	0516 1120 1757	110 23 152	19 SA E	0407 1008 1656 2343	111 27 159 23
5 SA	0038 0618 1153 1823	29 107 33 160	20 SU	0528 1057 1735	110 36 176
6 SU	0118 0711 1222 1847	14 105 42 167	21 M	0036 0639 1145 1816	-3 113 43 191
7 M	0152 0758 1249 1912	2 104 51 173	22 TU	0126 0741 1232 1900	-25 116 49 203
8 TU A	0225 0841 1316 1938	-8 103 58 177	23 W P	0215 0837 1319 1944	-41 118 54 211
9 W	0257 0923 1344 2006	-15 102 65 179	24 TH ○	0303 0930 1407 2030	-50 118 57 213
10 TH ●	0330 1005 1413 2035	-19 101 70 178	25 F S	0352 1022 1455 2117	-52 118 61 208
11 F	0404 1049 1444 2107	-21 100 76 175	26 SA	0440 1115 1545 2205	-48 117 65 198
12 SA N	0440 1137 1519 2141	-19 100 81 170	27 SU	0529 1209 1640 2254	-38 117 71 182
13 SU	0519 1229 1559 2220	-16 101 86 163	28 M	0618 1305 1742 2347	-25 119 76 162
14 M	0601 1323 1653 2305	-12 103 90 152	29 TU	0707 1401 1900	-10 123 79
15 TU	0646 1415 1810	-5 109 92	30 W	0045 0756 1455 2038	140 6 129 76

7 月

日期	潮时 时分	潮高 cm	日期	潮时 时分	潮高 cm
1 TH ☾E	0153 0844 1543 2214	120 21 137 64	16 F E	0056 0729 1430 2054	126 25 142 59
2 F	0315 0930 1626 2327	104 36 145 48	17 SA ☽	0220 0820 1520 2223	110 40 153 39
3 SA	0448 1015 1703	95 48 153	18 SU	0401 0918 1613 2334	101 53 166 16
4 SU	0021 0611 1057 1736	31 94 59 161	19 M	0538 1022 1706	101 62 181
5 M A	0103 0716 1137 1809	15 96 67 168	20 TU	0033 0654 1124 1758	-7 107 66 194
6 TU	0140 0806 1215 1841	2 100 72 175	21 W P	0124 0751 1221 1849	-25 114 66 205
7 W	0213 0847 1252 1914	-8 104 74 181	22 TH S	0212 0839 1314 1937	-38 120 63 212
8 TH	0245 0923 1329 1948	-16 107 76 184	23 F	0256 0922 1403 2023	-44 124 60 214
9 F N	0317 0957 1406 2023	-21 109 76 186	24 SA ○	0339 1004 1451 2108	-43 127 58 209
10 SA ●	0349 1030 1444 2058	-23 111 76 185	25 SU	0420 1044 1538 2152	-37 129 58 198
11 SU	0421 1105 1523 2134	-22 114 77 181	26 M	0459 1125 1626 2235	-26 131 60 181
12 M	0454 1141 1607 2214	-19 116 77 173	27 TU	0536 1206 1718 2319	-11 132 64 160
13 TU	0529 1219 1659 2258	-12 120 77 160	28 W	0612 1248 1818	6 134 67
14 W	0606 1300 1801 2350	-2 125 76 144	29 TH E	0007 0647 1332 1936	137 25 136 68
15 TH	0645 1343 1921	10 132 71	30 F	0106 0724 1419 2118	114 43 139 63
			31 SA ☾	0232 0805 1509 2253	96 60 143 50

8 月

日期	潮时 时分	潮高 cm	日期	潮时 时分	潮高 cm
1 SU	0441 0858 1601 2358	88 73 148 33	16 M	0431 0844 1542 2330	97 78 167 10
2 M A	0634 1006 1651	93 82 155	17 TU P	0613 1016 1652	105 83 178
3 TU	0044 0732 1112 1737	18 101 86 164	18 W S	0029 0710 1132 1753	-8 115 79 190
4 W	0121 0807 1204 1819	5 108 85 172	19 TH	0118 0751 1231 1846	-22 124 70 200
5 TH N	0153 0834 1247 1858	-5 114 81 180	20 F	0201 0826 1320 1933	-29 131 61 206
6 F	0223 0859 1326 1935	-13 119 76 187	21 SA	0239 0859 1404 2016	-31 137 52 206
7 SA	0252 0923 1403 2011	-18 123 70 191	22 SU ○	0315 0930 1446 2056	-27 141 47 200
8 SU ●	0321 0949 1441 2048	-20 128 64 191	23 M	0347 1001 1526 2135	-19 145 44 187
9 M	0350 1017 1520 2125	-18 132 60 186	24 TU	0418 1032 1608 2213	-6 147 44 170
10 TU	0420 1047 1602 2206	-13 137 56 176	25 W E	0446 1103 1651 2253	10 148 46 150
11 W	0451 1119 1650 2250	-2 141 53 161	26 TH	0512 1134 1739 2336	27 148 50 129
12 TH E	0523 1156 1747 2343	12 145 51 141	27 F	0537 1209 1839	46 146 54
13 F	0558 1238 1859	29 150 49	28 SA	0033 0559 1248 2007	108 63 143 55
14 SA	0050 0637 1329 2031	119 47 154 43	29 SU	0209 0618 1340 2205	92 79 141 48
15 SU ☽	0225 0728 1431 2212	102 65 159 28	30 M ☾A	1449 2325	141 35
			31 TU	0712 0939 1605	104 101 146

时　区：＋0800　　　　潮高基准面：在平均海面下 85　cm

美　国—洛杉矶

U. S. A. —LOS ANGELES

2021 年潮汐表　　　　33° 43′ N　　　　118° 16′ W

9 月

日期	潮时 时分	潮高 cm	日期	潮时 时分	潮高 cm
1	0013	21	16	0016	-8
	0727	113		0700	130
W	1114	97	TH	1152	78
	1708	155		1751	181
2	0050	9	17	0100	-15
	0742	120		0731	139
TH	1205	89	F	1241	63
N	1758	166		1842	188
3	0120	-1	18	0138	-17
	0759	127		0759	147
F	1244	78	SA	1323	50
	1840	176		1926	191
4	0148	-8	19	0211	-14
	0817	134		0825	154
SA	1319	66	SU	1401	39
	1918	184		2005	188
5	0216	-12	20	0240	-6
	0838	141		0850	159
SU	1354	54	M	1438	31
	1956	189	○	2042	179
6	0243	-12	21	0306	5
	0901	149		0915	163
M	1430	43	TU	1514	27
	2034	189	E	2118	167
7	0311	-7	22	0330	18
	0927	156		0939	165
TU	1509	33	W	1550	25
●	2114	182		2154	152
8	0340	2	23	0352	33
	0955	162		1004	165
W	1552	26	TH	1627	27
E	2157	170		2233	135
9	0410	16	24	0412	49
	1026	166		1029	163
TH	1639	22	F	1708	31
	2246	152		2318	117
10	0441	33	25	0430	65
	1102	168		1056	158
F	1735	23	SA	1758	36
	2344	131			
11	0514	52	26	0021	101
	1145	167		0440	79
SA	1845	25	SU	1127	151
P			A	1908	41
12	0102	111	27	1211	144
	0551	71		2057	41
SU	1239	163	M		
	2019	25			
13	0304	100	28	1327	137
	0647	88		2232	33
M	1354	160	TU		
☽	2203	17			
14	0523	107	29	0707	115
	0850	97		0948	113
TU	1525	162	W	1510	136
	2320	4	☾ N	2326	22
15	0624	119	30	0653	123
	1044	92		1115	101
W	1647	171	TH	1631	144
S					

10 月

日期	潮时 时分	潮高 cm	日期	潮时 时分	潮高 cm
1	0004	13	16	0029	-4
	0700	131		0659	153
F	1156	86	SA	1241	51
	1728	155		1832	167
2	0035	5	17	0104	0
	0713	140		0724	162
SA	1230	69	SU	1320	36
	1815	165		1915	166
3	0103	1	18	0133	8
	0730	150		0747	169
SU	1304	51	M	1356	25
	1857	173		1954	160
4	0131	0	19	0158	18
	0750	161		0809	175
M	1339	33	TU	1429	16
	1938	177	E	2030	152
5	0159	3	20	0221	29
	0814	171		0831	179
TU	1417	16	W	1502	10
	2021	175	○	2107	142
6	0228	10	21	0242	42
	0840	181		0853	180
W	1457	3	TH	1535	8
● E	2105	168		2145	130
7	0259	22	22	0301	54
	0910	188		0915	179
TH	1541	-6	F	1610	8
	2153	155		2227	119
8	0330	37	23	0319	67
	0944	190		0939	175
F	1630	-8	SA	1648	12
P	2248	138		2318	107
9	0402	54	24	0335	79
	1022	188		1004	169
SA	1728	-4	SU	1733	18
	2355	120	A		
10	0438	72	25	0032	98
	1107	181		0339	90
SU	1838	3	M	1033	160
				1832	24
11	0129	108	26	1110	149
	0520	89		1952	28
M	1207	170	TU		
	2010	8	N		
12	0347	108	27	1215	138
	0643	102		2119	27
TU	1331	159	W		
S	2144	6			
13	0517	120	28	0614	120
	0924	102		0920	116
W	1512	156	TH	1404	131
☽	2255	0	☾	2220	22
14	0559	132	29	0559	128
	1059	87		1051	101
TH	1637	160	F	1540	133
	2348	-4		2304	17
15	0631	143	30	0607	138
	1157	69		1133	81
F	1741	165	SA	1650	140
				2339	13
			31	0621	150
				1209	59
			SU	1746	147

11 月

日期	潮时 时分	潮高 cm	日期	潮时 时分	潮高 cm
1	0011	13	16	0050	31
	0640	163		0709	178
M	1246	35	TU	1350	12
	1836	153		1948	131
2	0043	16	17	0115	41
	0704	177		0731	184
TU	1324	12	W	1423	3
E	1924	156		2028	125
3	0115	22	18	0137	51
	0731	191		0753	187
W	1404	-9	TH	1454	-3
	2012	154		2107	120
4	0147	31	19	0159	61
	0802	202		0817	188
TH	1448	-24	F	1527	-7
●	2102	148	○	2149	114
5	0221	42	20	0221	70
	0837	208		0841	186
F	1535	-31	SA	1600	-7
P	2155	138		2234	108
6	0257	55	21	0243	78
	0915	208		0908	182
SA	1626	-32	SU	1637	-4
	2256	126	A	2328	103
7	0335	69	22	0305	86
	0958	202		0937	175
SU	1724	-25	M	1719	1
			N		
8	0008	116	23	0038	100
	0418	82		0325	94
M	1048	190	TU	1009	166
S	1832	-15		1806	7
9	0141	111	24	1048	155
	0517	95		1901	12
TU	1151	174	W		
	1950	-6			
10	0322	117	25	1143	142
	0702	103		2002	17
W	1312	158	TH		
	2109	-1			
11	0432	128	26	0425	118
	0922	97		0759	111
TH	1446	147	F	1306	130
☽	2215	2		2101	19
12	0517	140	27	0441	128
	1050	79		0959	95
F	1612	143	SA	1442	123
	2306	6	☾	2151	22
13	0551	152	28	0501	141
	1149	59		1100	73
SA	1722	141	SU	1607	122
	2348	12		2236	25
14	0620	162	29	0524	155
	1235	40		1146	47
SU	1817	139	M	1719	125
				2316	29
15	0021	21	30	0552	171
	0646	171		1229	20
M	1315	25	TU	1821	129
E	1905	135	E	2350	35

12 月

日期	潮时 时分	潮高 cm	日期	潮时 时分	潮高 cm
1	0622	188	16	0036	61
	1312	-6		0659	182
W	1918	132	TH	1418	-7
				2038	109
2	0034	42	17	0104	68
	0657	202		0726	186
TH	1357	-27	F	1450	-13
	2012	132		2119	108
3	0114	49	18	0133	73
	0735	213		0754	188
F	1443	-42	SA	1521	-17
	2106	130	A	2158	108
4	0155	57	19	0202	77
	0816	218		0823	187
SA	1532	-48	SU	1553	-19
● P	2201	126	○	2237	107
5	0238	64	20	0234	81
	0900	217		0855	184
SU	1623	-47	M	1626	-17
	2300	121	N	2319	107
6	0324	72	21	0307	85
	0947	209		0927	179
M	1717	-40	TU	1701	-14
S					
7	0004	117	22	0004	107
	0416	80		0345	89
TU	1039	195	W	1002	170
	1815	-28		1738	-8
8	0113	117	23	0051	109
	0522	87		0431	92
W	1138	176	TH	1041	159
	1917	-15		1817	-1
9	0225	122	24	0139	113
	0652	91		0535	95
TH	1247	155	F	1128	145
	2019	-2		1859	8
10	0329	131	25	0224	119
	0847	86		0706	93
F	1407	136	SA	1230	129
	2119	10		1944	18
11	0420	141	26	0306	129
	1024	71		0852	81
SA	1534	122	SU	1354	114
☽	2211	21		2034	29
12	0501	152	27	0346	141
	1133	52		1020	60
SU	1657	114	M	1531	104
E	2255	33	☾ E	2128	39
13	0536	162	28	0426	156
	1225	33		1124	34
M	1807	111	TU	1704	103
	2333	43		2222	48
14	0605	170	29	0507	172
	1308	17		1218	6
TU	1905	109	W	1822	107
				2314	55
15	0006	53	30	0550	188
	0632	177		1307	-18
W	1345	3	TH	1925	113
	1955	109			
			31	0006	59
				0635	203
			F	1354	-38
				2020	118

时　区：＋0800　　　　潮高基准面：在平均海面下 85　cm

美 国—圣迭戈

U. S. A. —SAN DIEGO

2021 年潮汐表　　32° 43′ N　　117° 10′ W

1 月

日期	潮时 时分	潮高 cm	日期	潮时 时分	潮高 cm
1 F	0330 0945 1705 2342	71 196 -26 118	16 SA	0440 1045 1747	61 175 -12
2 SA	0415 1025 1746	74 185 -18	17 SU	0022 0531 1127 1824	129 66 154 6
3 SU	0031 0510 1111 1830	121 77 170 -8	18 M	0107 0633 1213 1902	129 71 131 23
4 M	0123 0623 1206 1916	127 78 149 4	19 TU E	0155 0752 1313 1943	130 71 109 40
5 TU	0218 0758 1321 2007	136 72 127 18	20 W ☽	0245 0926 1445 2031	134 64 92 54
6 W ☾ E	0311 0936 1500 2102	149 56 109 32	21 TH A	0336 1100 1648 2131	139 50 85 66
7 TH	0402 1058 1642 2202	165 31 103 43	22 F	0425 1202 1832 2236	147 32 91 72
8 F	0451 1203 1809 2301	181 4 106 51	23 SA	0511 1244 1924 2333	157 13 100 73
9 SA P	0539 1255 1915 2358	197 -21 113 55	24 SU	0553 1318 1957	167 -3 107
10 SU	0625 1342 2008	209 -40 120	25 M	0020 0633 1351 2026	71 178 -17 114
11 M	0050 0711 1426 2054	56 217 -51 126	26 TU N	0100 0710 1423 2053	66 189 -28 119
12 TU S	0138 0756 1508 2136	56 220 -54 129	27 W	0137 0747 1456 2122	61 198 -36 124
13 W ●	0224 0840 1549 2217	55 217 -50 130	28 TH ○	0213 0823 1529 2152	55 204 -40 128
14 TH	0309 0923 1629 2258	55 208 -41 130	29 F	0251 0900 1603 2225	51 204 -39 131
15 F	0353 1004 1708 2339	57 194 -27 129	30 SA	0331 0939 1638 2301	48 198 -33 135
			31 SU	0416 1020 1713 2340	47 184 -22 140

2 月

日期	潮时 时分	潮高 cm	日期	潮时 时分	潮高 cm
1 M	0508 1105 1749	47 164 -7	16 TU	0547 1136 1749	47 123 32
2 TU E	0023 0613 1158 1827	145 48 138 12	17 W	0025 0647 1223 1809	136 51 101 50
3 W P	0112 0736 1309 1910	150 45 111 33	18 TH A	0105 0808 1347 1823	134 52 83 66
4 TH ☾	0209 0913 1456 2008	156 34 91 52	19 F ☽	0200 0952	132 45
5 F	0313 1047 1711 2127	163 15 89 65	20 SA	0311 1124 1921 2154	134 31 91 87
6 SA	0420 1159 1841 2252	173 -7 100 70	21 SU	0425 1216 1930 2318	141 13 101 83
7 SU	0524 1253 1933	184 -26 113	22 M	0525 1253 1944	153 -3 110
8 M S	0002 0620 1338 2011	66 194 -40 123	23 TU N	0010 0613 1326 2002	73 168 -18 119
9 TU	0057 0709 1418 2045	58 202 -47 130	24 W	0051 0655 1358 2024	61 182 -30 127
10 W	0143 0753 1454 2117	49 206 -47 136	25 TH	0128 0733 1429 2049	49 193 -38 136
11 TH ●	0225 0834 1528 2148	42 203 -42 139	26 F	0205 0811 1500 2116	37 200 -41 145
12 F	0303 0912 1600 2219	38 195 -32 140	27 SA ○	0243 0850 1532 2146	26 199 -37 153
13 SA	0341 0949 1630 2250	37 182 -19 140	28 SU	0325 0930 1603 2219	19 190 -28 160
14 SU	0420 1024 1658 2320	39 164 -3 139			
15 M E	0501 1059 1725 2351	42 144 15 138			

3 月

日期	潮时 时分	潮高 cm	日期	潮时 时分	潮高 cm
1 M E	0410 1013 1635 2254	14 173 -12 165	16 TU	0436 1038 1628 2246	19 131 29 152
2 TU P	0502 1101 1708 2334	13 149 8 167	17 W	0516 1115 1644 2311	23 113 45 148
3 W	0604 1158 1742	15 122 30	18 TH A	0604 1201 1651 2340	29 95 60 143
4 TH	0019 0721 1316 1821	165 16 97 52	19 F	0710 1326 1636	34 80 73
5 F	0117 0855 1531 1925	162 13 84 72	20 SA	0020 0844	136 35
6 SA ☾	0231 1033 1801 2124	158 2 95 83	21 SU ☽	0138 1023	129 27
7 SU S	0359 1147 1852 2309	160 -13 110 78	22 M N	0329 1130 1904 2301	131 14 107 88
8 M	0517 1240 1925	168 -25 123	23 TU	0451 1213 1909 2354	142 -1 116 72
9 TU	0016 0617 1322 1954	64 178 -33 133	24 W	0547 1249 1923	157 -14 128
10 W	0104 0706 1358 2021	50 185 -35 141	25 TH	0034 0632 1321 1944	54 172 -24 141
11 TH	0144 0747 1429 2047	37 187 -32 147	26 F	0113 0714 1352 2009	35 182 -29 155
12 F	0220 0824 1457 2112	27 184 -25 152	27 SA	0152 0755 1423 2036	16 186 -29 168
13 SA ●	0254 0858 1523 2136	21 175 -15 154	28 SU ○E	0233 0837 1454 2107	0 183 -22 179
14 SU E	0327 0931 1547 2200	17 163 -2 155	29 M	0316 0921 1526 2140	-12 172 -9 187
15 M	0400 1004 1609 2223	17 148 13 155	30 TU P	0404 1009 1558 2216	-18 154 9 190
			31 W	0456 1102 1631 2255	-19 132 30 187

4 月

日期	潮时 时分	潮高 cm	日期	潮时 时分	潮高 cm
1 TH	0556 1207 1706 2341	-14 110 51 178	16 F	0540 1205 1603 2250	10 93 72 155
2 F	0709 1340 1750	-7 94 72	17 SA	0638 1341 1551 2328	17 84 82 145
3 SA	0039 0836 1624 1924	165 -3 94 88	18 SU N	0754	21
4 SU ☾S	0202 1007 1748 2144	153 -5 109 89	19 M	0031 0918 1829 2036	135 20 103 102
5 M	0343 1119 1826 2319	149 -11 123 75	20 TU ☽	0224 1027 1805 2228	130 12 113 89
6 TU	0507 1212 1856	154 -16 136	21 W	0404 1118 1816 2327	135 3 126 69
7 W	0017 0607 1252 1922	57 161 -18 146	22 TH	0511 1159 1835	146 -5 141
8 TH	0100 0654 1325 1946	39 164 -15 154	23 F	0014 0605 1234 1859	46 156 -10 159
9 F	0137 0734 1353 2009	25 163 -10 161	24 SA	0056 0653 1308 1927	21 163 -11 177
10 SA	0210 0809 1418 2030	14 159 -1 167	25 SU E	0139 0740 1342 1957	-3 164 -6 193
11 SU E	0241 0843 1440 2051	6 151 9 170	26 M	0223 0828 1415 2030	-23 160 4 205
12 M ●	0312 0917 1502 2112	1 141 22 171	27 TU ○P	0308 0917 1450 2106	-37 150 18 211
13 TU	0343 0951 1522 2134	-1 130 35 171	28 W	0357 1011 1525 2144	-43 136 34 209
14 W A	0417 1028 1540 2156	-1 117 48 168	29 TH	0450 1110 1604 2227	-41 122 52 201
15 TH	0455 1110 1555 2221	3 105 61 162	30 F	0548 1221 1649 2317	-33 109 69 186

时　区：+0800　　潮高基准面：在平均海面下 91 cm

美　国—圣迭戈

U. S. A. —SAN DIEGO

2021 年潮汐表　　32° 43′ N　　117° 10′ W

5月						6月						7月						8月					
日期	潮时 时分	潮高 cm	日期	潮时 时分	潮高 cm	日期	潮时 时分	潮高 cm	日期	潮时 时分	潮高 cm	日期	潮时 时分	潮高 cm	日期	潮时 时分	潮高 cm	日期	潮时 时分	潮高 cm	日期	潮时 时分	潮高 cm
1	0655	-22	16	0618	2	1	0115	151	16	0731	4	1	0151	128	16	0041	137	1	0426	93	16	0419	97
SA	1357	103	SU	1336	96	TU	0840	-2	W	1446	123	TH	0833	26	F	0725	22	SU	0902	76	M	0833	77
S	1753	85		1616	91		1556	132		1933	90	☾ E	1533	147	E	1425	152		1558	155		1536	179
				2309	157		2111	82					2153	68		2043	63		2343	40		2320	10
2	0018	168	17	0717	7	2	0239	134	17	0100	140	2	0313	111	17	0205	116	2	0629	98	17	0611	106
SU	0811	-13	M	1524	100	W	0938	9	TH	0822	11	F	0921	40	SA	0814	38	M	1011	84	TU	1006	84
	1552	109		1726	99	☾	1643	143		1532	136		1618	154	☽	1517	165	A	1650	162	P	1645	189
	1941	93					2238	68		2111	78		2312	53		2212	44						
3	0140	151	18	0007	146	3	0402	124	18	0229	126	3	0443	102	18	0350	103	3	0031	24	18	0021	-10
M	0928	-6	TU	0821	10	TH	1029	19	F	0913	19	SA	1008	53	SU	0911	52	TU	0722	107	W	0707	119
☾	1700	122		1619	110		1721	153	☽	1614	153		1657	163		1610	180		1116	86	S	1126	81
	2141	87		2001	99		2343	50		2231	55					2327	19		1738	171		1748	201
4	0318	141	19	0132	136	4	0515	119	19	0401	118	4	0010	36	19	0532	103	4	0108	10	19	0110	-25
TU	1035	-3	W	0922	10	F	1112	28	SA	1003	28	SU	0605	102	M	1014	62	W	0755	115	TH	0746	131
	1741	135	☽	1648	123	E	1752	163	E	1654	172		1055	62		1702	195		1207	84		1228	72
	2307	70		2147	86					2336	28		1733	171					1820	181		1842	211
5	0442	140	20	0312	131	5	0031	33	20	0523	116	5	0053	20	20	0027	-7	5	0141	-3	20	0152	-34
W	1127	-1	TH	1015	9	SA	0615	117	SU	1053	36	M	0709	105	TU	0650	111	TH	0820	121	F	0820	141
	1813	147		1715	139		1148	37		1733	191	A	1139	69		1119	67	N	1249	78		1318	60
				2258	64		1819	172					1807	178		1754	208		1859	192		1931	217
6	0005	51	21	0433	133	6	0110	17	21	0032	-1	6	0128	5	21	0118	-28	6	0212	-13	21	0231	-36
TH	0545	140	F	1101	8	SU	0706	116	M	0633	118	TU	0756	110	W	0747	120	F	0845	126	SA	0853	148
	1208	4		1744	157		1221	45		1142	43		1221	72	P	1219	67		1326	72		1403	50
	1840	157		2353	37		1844	180		1814	208		1840	186		1845	220		1935	200		2015	217
7	0048	33	22	0538	136	7	0143	4	22	0122	-26	7	0200	-6	22	0204	-42	7	0244	-20	22	0307	-32
F	0635	140	SA	1143	10	M	0751	116	TU	0735	122	W	0834	114	TH	0834	128	SA	0910	131	SU	0925	153
	1241	10	E	1814	177		1251	52		1230	49		1259	74	S	1313	64		1401	66	○	1445	43
	1904	166					1910	186		1857	221		1914	192		1933	226		2011	206		2056	210
8	0125	19	23	0042	9	8	0214	-7	23	0209	-44	8	0233	-15	23	0248	-49	8	0315	-23	23	0341	-22
SA	0717	137	SU	0637	139	TU	0832	116	W	0831	126	TH	0907	117	F	0916	135	SU	0937	135	M	0957	157
E	1308	17		1222	15	A	1321	59	P	1318	55		1335	74		1404	61	●	1437	60		1527	40
	1927	173		1847	196		1936	190		1941	229		1948	197		2021	227		2046	208		2135	197
9	0157	6	24	0128	-17	9	0246	-15	24	0256	-54	9	0306	-21	24	0330	-48	9	0346	-23	24	0412	-8
SU	0756	134	M	0731	140	W	0911	115	TH	0923	128	F	0940	120	SA	0956	139	M	1006	140	TU	1028	159
	1333	26		1301	23		1350	65	○	1406	59	N	1410	74	○	1452	58		1515	56		1608	41
	1948	179		1922	212		2004	192		2026	230		2022	201		2106	221		2123	203		2214	179
10	0227	-3	25	0215	-38	10	0319	-19	25	0343	-56	10	0340	-24	25	0411	-40	10	0418	-18	25	0442	9
M	0833	129	TU	0825	138	TH	0950	114	F	1014	129	SA	1013	121	SU	1037	141	TU	1038	145	W	1100	158
	1357	36		1340	32	●	1420	71	S	1455	63	●	1445	74		1539	57		1556	54	E	1651	44
	2010	183		2000	222		2034	193		2113	224		2058	201		2151	209		2201	192		2253	158
11	0258	-10	26	0302	-51	11	0354	-21	26	0431	-51	11	0415	-24	26	0451	-28	11	0450	-8	26	0510	28
TU	0910	123	W	0919	133	F	1030	112	SA	1105	129	SU	1048	122	M	1117	143	W	1112	150	TH	1132	157
● A	1420	46	○ P	1421	43		1450	76		1546	67		1522	74		1628	59		1644	53		1739	49
	2033	184		2040	225		2107	191		2201	211		2134	198		2234	191		2243	175		2335	135
12	0330	-14	27	0351	-56	12	0432	-19	27	0519	-39	12	0450	-20	27	0529	-11	12	0522	6	27	0536	47
W	0948	117	TH	1016	127	SA	1114	110	SU	1158	129	M	1124	124	TU	1158	144	TH	1150	156	F	1206	153
	1443	56		1504	55	N	1523	81		1642	72		1603	75		1720	63	E	1742	52		1838	54
	2057	183		2124	220		2141	186		2251	194		2212	190		2319	169		2331	152			
13	0404	-14	28	0442	-52	13	0513	-15	28	0608	-24	13	0527	-14	28	0607	7	13	0556	23	28	0028	114
TH	1029	110	F	1115	121	SU	1202	109	M	1252	131	TU	1204	128	W	1241	145	F	1233	161	SA	0600	65
	1505	66	S	1551	66		1600	85		1745	77		1652	76		1819	67		1855	51		1246	150
	2123	180		2211	208		2219	179		2344	172		2253	177								1954	57
14	0443	-10	29	0537	-42	14	0556	-9	29	0657	-8	14	0604	-5	29	0007	144	14	0034	126	29	0153	97
F	1116	104	SA	1221	117	M	1256	110	TU	1348	134	W	1248	133	TH	0643	26	SA	0633	43	SU	0622	82
	1527	75		1646	77		1649	90		1859	80		1753	77	E	1326	146		1325	166		1339	146
	2153	174		2303	191		2301	169					2340	159		1931	68		2024	44		2130	53
15	0526	-5	30	0636	-28	15	0642	-3	30	0042	149	15	0643	8	30	0104	121	15	0206	104	30	1451	145
SA	1215	98	SU	1336	117	TU	1353	114	W	0745	9	TH	1335	141	F	0722	45	SU	0720	62	M	2301	42
N	1549	83		1758	86		1758	93		1443	139		1911	74		1414	147		1426	171	☾ A		
	2227	167					2353	156		2024	77					2056	65	☽	2159	30			
			31	0003	171										31	0225	102				31	0701	107
			M	0738	-14										SA	0806	62				TU	0947	101
				1452	122										☾	1505	150					1608	150
				1930	88											2228	55					2359	28

时　区：＋0800　　　　潮高基准面：在平均海面下 91　cm

美 国 — 圣迭戈

U. S. A. — SAN DIEGO

2021 年潮汐表 32° 43′ N 117° 10′ W

9月						10月						11月						12月					
日期	潮时 时分	潮高 cm	日期	潮时 时分	潮高 cm	日期	潮时 时分	潮高 cm	日期	潮时 时分	潮高 cm	日期	潮时 时分	潮高 cm	日期	潮时 时分	潮高 cm	日期	潮时 时分	潮高 cm	日期	潮时 时分	潮高 cm
1 W	0716 1109 1712	116 96 161	16 TH	0006 0656 1144 1746	-10 136 80 189	1 F	0650 1143 1732	133 85 164	16 SA	0020 0652 1236 1829	-6 163 49 175	1 M	0008 0635 1238 1832	9 170 34 163	16 TU	0044 0704 1343 1943	28 189 7 138	1 W	0621 1307 1910	199 -8 136	16 TH	0037 0656 1406 2028	58 191 -10 116
2 TH N	0038 0731 1159 1801	14 124 86 175	17 F	0051 0725 1237 1839	-18 147 63 197	2 SA	0028 0703 1220 1816	6 143 67 177	17 SU	0056 0718 1316 1912	-3 173 32 174	2 TU E	0041 0700 1318 1918	9 187 10 165	17 W	0111 0728 1415 2023	38 194 -2 133	2 TH	0032 0655 1352 2003	35 215 -31 136	17 F	0108 0724 1437 2106	64 194 -17 116
3 F	0111 0747 1238 1841	2 131 74 188	18 SA	0130 0753 1320 1924	-21 157 47 200	3 SU	0058 0722 1256 1855	-1 155 48 186	18 M	0126 0743 1352 1952	4 181 19 169	3 W	0113 0729 1400 2004	14 203 -11 162	18 TH	0136 0751 1446 2101	48 197 -9 128	3 F	0111 0732 1438 2056	42 227 -47 134	18 SA A	0138 0752 1508 2142	69 196 -20 115
4 SA	0141 0806 1313 1918	-8 139 62 198	19 SU	0203 0820 1359 2004	-18 165 34 197	4 M	0128 0744 1332 1935	-6 168 30 190	19 TU E	0153 0806 1425 2029	14 187 10 160	4 TH ●	0145 0800 1444 2053	23 216 -27 154	19 F ○	0200 0814 1518 2141	58 197 -11 122	4 SA ●P	0151 0813 1526 2151	51 233 -54 130	19 SU ○	0208 0822 1542 2219	73 196 -21 114
5 SU	0210 0829 1348 1954	-15 147 49 204	20 M ○	0234 0846 1436 2042	-10 171 26 189	5 TU	0157 0809 1411 2015	-5 181 13 187	20 W ○	0217 0829 1458 2105	26 190 5 150	5 F P	0218 0835 1530 2146	35 223 -35 143	20 SA	0224 0839 1552 2222	68 195 -10 116	5 SU	0234 0856 1616 2248	60 231 -53 125	20 M N	0238 0854 1617 2258	76 193 -19 112
6 M	0239 0853 1424 2031	-17 156 39 204	21 TU E	0301 0912 1512 2118	1 175 22 175	6 W ●E	0226 0838 1452 2058	2 192 0 178	21 TH	0240 0851 1530 2142	40 190 3 138	6 SA	0253 0913 1622 2244	49 223 -36 130	21 SU A	0247 0906 1629 2309	77 190 -6 110	6 M S	0321 0943 1709 2350	69 221 -45 122	21 TU	0310 0927 1654 2340	80 189 -14 110
7 TU ●	0309 0921 1504 2109	-14 165 30 196	22 W	0327 0938 1548 2154	16 176 21 159	7 TH	0256 0909 1537 2145	14 201 -8 163	22 F	0300 0913 1605 2222	53 188 5 126	7 SU	0330 0955 1719 2354	65 216 -30 119	22 M N	0309 0935 1711	85 183 0	7 TU	0415 1034 1806	78 205 -32	22 W	0344 1001 1734	83 181 -8
8 W E	0338 0951 1547 2151	-6 172 24 182	23 TH	0350 1002 1625 2232	32 174 24 142	8 F P	0327 0943 1627 2237	30 204 -10 144	23 SA	0319 0936 1643 2308	67 183 10 114	8 M S	0414 1043 1824	81 202 -20	23 TU	0007 0330 1008 1800	105 93 174 8	8 W	0100 0522 1132 1906	122 86 184 -18	23 TH	0027 0426 1039 1815	110 87 170 -1
9 TH	0408 1024 1635 2237	8 178 22 161	24 F	0411 1027 1706 2315	49 170 29 124	9 SA	0358 1020 1725 2341	49 202 -6 124	24 SU A	0334 1001 1728	80 175 17	9 TU	0125 0515 1142 1937	114 95 184 -10	24 W	0128 0355 1047 1856	103 100 163 14	9 TH	0214 0651 1240 2008	126 90 161 -4	24 F	0118 0525 1123 1859	113 90 156 7
10 F	0438 1100 1732 2331	26 180 23 137	25 SA	0428 1053 1756	66 164 36	10 SU	0432 1104 1834	68 194 0	25 M	0010 0340 1029 1825	104 91 166 25	10 W	0315 0700 1301 2053	119 104 165 -3	25 TH	1139 1957	151 18	10 F	0319 0834 1403 2106	136 85 141 9	25 SA	0211 0649 1219 1945	120 91 139 16
11 SA P	0510 1142 1843	46 180 25	26 SU A	0010 0437 1122 1901	108 81 157 42	11 M	0110 0514 1200 1958	109 87 182 5	26 TU N	1106 1939	155 31	11 TH ☽	0426 0905 1439 2200	132 98 153 2	26 F	0403 0737 1257 2056	117 108 139 20	11 SA ☽	0412 1009 1532 2200	147 70 127 21	26 SU	0259 0833 1342 2035	131 82 121 26
12 SU	0044 0545 1235 2011	114 67 176 24	27 M	0152 0410 1203 2030	96 93 148 45	12 TU S	0341 0641 1319 2126	109 103 169 4	27 W	1207 2100	144 31	12 F	0510 1037 1609 2255	146 80 148 6	27 SA ☾	0429 0930 1440 2148	128 96 131 21	12 SU E	0454 1122 1653 2247	159 51 119 32	27 M ☾E	0343 1004 1524 2127	145 62 109 35
13 M ☽	0242 0639 1346 2147	100 86 172 16	28 TU	1324 2203	140 39	13 W ☽	0515 0906 1500 2241	123 105 162 0	28 TH ☾	0601 0849 1405 2206	119 115 137 26	13 SA	0544 1140 1718 2338	160 58 147 11	28 SU	0454 1041 1606 2233	143 74 129 22	13 M	0529 1217 1802 2328	170 31 116 42	28 TU	0425 1114 1656 2220	163 35 106 43
14 TU	0525 0837 1514 2307	107 98 172 3	29 W ☾N	0650 0933 1516 2309	117 112 141 29	14 TH	0554 1046 1631 2337	137 90 166 -5	29 F	0548 1023 1545 2255	128 101 140 19	14 SU	0614 1228 1814	172 38 146	29 M	0521 1135 1715 2315	161 48 132 24	14 TU	0600 1259 1859	179 14 115	29 W	0506 1211 1813 2312	181 6 109 50
15 W S	0621 1031 1640	122 94 179	30 TH	0643 1056 1637 2353	124 100 151 17	15 F	0625 1149 1737	151 69 172	30 SA	0557 1116 1652 2334	139 81 149 12	15 M E	0014 0640 1308 1901	19 182 21 143	30 TU E	0550 1222 1814 2349	180 19 135 28	15 W	0004 0629 1334 1946	51 186 1 116	30 TH	0549 1301 1917	199 -21 115
									31 SU	0614 1158 1745	154 58 157										31 F	0004 0632 1348 2011	54 215 -43 122

时 区：+0800

潮高基准面：在平均海面下 91 cm

萨尔瓦多—拉乌尼翁

SALVADOR－LA UNION

2021 年潮汐表　　13° 20′ N　　87° 49′ W

1 月

日期	潮时 时分	潮高 cm	日期	潮时 时分	潮高 cm
1 F	0425 1024 1659 2242	295 1 275 25	16 SA	0514 1107 1746 2332	304 -9 294 11
2 SA	0508 1104 1740 2325	295 -1 281 20	17 SU	0555 1148 1827	292 1 289
3 SU	0550 1144 1821	292 0 285	18 M	0015 0634 1228 1906	21 277 14 281
4 M	0010 0634 1227 1905	19 286 4 288	19 TU E	0059 0714 1308 1945	33 261 30 271
5 TU	0058 0720 1313 1952	21 277 10 288	20 W ☽	0143 0755 1349 2027	46 246 45 262
6 W ☾ E	0150 0810 1403 2044	24 267 18 288	21 TH A	0230 0839 1434 2112	58 231 60 253
7 TH	0247 0906 1459 2142	28 257 27 288	22 F	0322 0929 1524 2203	67 219 73 247
8 F	0349 1008 1601 2243	30 250 33 289	23 SA	0419 1026 1622 2257	72 211 82 245
9 SA P	0455 1115 1708 2348	28 247 35 292	24 SU	0519 1129 1725 2355	71 209 84 247
10 SU	0601 1224 1815	21 251 32	25 M	0617 1233 1827	63 214 79
11 M	0052 0702 1331 1919	297 11 259 24	26 TU N	0052 0710 1334 1922	254 50 225 68
12 TU S	0153 0759 1433 2017	304 -1 271 15	27 W	0146 0757 1427 2012	265 34 241 52
13 W ●	0250 0851 1529 2111	310 -10 282 8	28 TH ○	0236 0841 1514 2058	278 18 259 35
14 TH	0342 0940 1619 2200	313 -15 291 4	29 F	0322 0922 1557 2143	289 4 276 19
15 F	0430 1025 1704 2247	311 -15 295 5	30 SA	0407 1003 1639 2226	298 -8 291 5
			31 SU	0450 1044 1720 2310	303 -15 302 -3

2 月

日期	潮时 时分	潮高 cm	日期	潮时 时分	潮高 cm
1 M	0533 1125 1802 2355	302 -17 308 -7	16 TU	0604 1158 1831	275 11 286
2 TU E	0617 1208 1846	296 -13 310	17 W	0027 0639 1233 1906	21 262 24 277
3 W P	0042 0702 1254 1932	-4 286 -5 306	18 TH A	0105 0716 1310 1943	33 248 38 267
4 TH ☾	0131 0752 1343 2023	4 272 7 299	19 F ☽	0146 0756 1349 2025	45 234 53 257
5 F	0225 0846 1437 2119	14 258 22 290	20 SA	0231 0842 1434 2112	57 221 68 247
6 SA	0325 0947 1538 2221	25 245 36 281	21 SU	0323 0937 1528 2207	66 210 80 241
7 SU	0431 1056 1647 2328	33 236 45 276	22 M	0423 1041 1634 2308	70 205 85 240
8 M S	0539 1211 1800	34 236 46	23 TU N	0527 1151 1745	67 209 81
9 TU	0038 0646 1324 1908	276 27 245 39	24 W	0013 0629 1259 1851	245 55 222 67
10 W	0143 0746 1427 2008	282 17 260 28	25 TH	0114 0724 1357 1947	257 37 243 46
11 TH ●	0241 0838 1519 2101	289 6 275 16	26 F	0209 0812 1446 2036	272 18 266 23
12 F	0330 0924 1605 2147	294 -2 286 8	27 SA ○	0258 0856 1531 2122	288 -2 289 1
13 SA	0413 1006 1645 2230	296 -6 293 5	28 SU	0344 0939 1614 2207	300 -17 309 -17
14 SU	0453 1045 1722 2310	292 -4 295 6			
15 M E	0529 1122 1757 2349	285 2 292 12			

3 月

日期	潮时 时分	潮高 cm	日期	潮时 时分	潮高 cm
1 M E	0429 1022 1657 2251	308 -27 322 -27	16 TU	0501 1053 1724 2320	276 7 293 7
2 TU P	0513 1105 1740 2337	308 -30 328 -30	17 W	0534 1127 1756 2355	269 14 288 14
3 W	0558 1149 1825	302 -26 326	18 TH A	0608 1200 1829	260 24 280
4 TH	0023 0645 1235 1913	-24 291 -15 317	19 F	0031 0643 1235 1906	24 248 37 271
5 F	0112 0735 1324 2004	-11 274 2 303	20 SA	0109 0723 1313 1946	35 235 51 260
6 SA ☾	0205 0830 1418 2100	6 257 22 286	21 SU ☽	0150 0808 1356 2032	47 223 64 249
7 SU S	0303 0932 1521 2203	24 241 42 270	22 M N	0238 0900 1448 2126	57 214 76 241
8 M	0409 1044 1633 2313	38 231 55 260	23 TU	0334 1002 1553 2228	64 210 82 238
9 TU	0521 1203 1751	44 231 57	24 W	0439 1112 1708 2335	63 215 78 241
10 W	0027 0632 1316 1901	258 40 242 48	25 TH	0546 1221 1819	54 230 62
11 TH	0133 0732 1415 1959	263 30 257 34	26 F	0040 0646 1321 1918	253 36 253 37
12 F	0227 0822 1503 2048	271 19 272 21	27 SA	0138 0738 1413 2010	269 15 280 11
13 SA ●	0313 0905 1543 2130	277 10 284 11	28 SU ○E	0230 0826 1500 2058	286 -6 305 -14
14 SU E	0352 0943 1619 2209	281 4 291 5	29 M	0318 0912 1546 2145	300 -23 326 -33
15 M	0428 1019 1652 2245	280 3 294 4	30 TU P	0405 0957 1631 2230	309 -34 338 -43
			31 W	0452 1043 1717 2317	310 -36 342 -43

4 月

日期	潮时 时分	潮高 cm	日期	潮时 时分	潮高 cm
1 TH	0540 1129 1804	304 -29 336	16 F	0541 1130 1758	256 31 283
2 F	0004 0629 1217 1854	-34 292 -15 322	17 SA	0001 0618 1206 1835	20 247 41 274
3 SA	0053 0721 1307 1946	-17 275 5 302	18 SU N	0038 0658 1244 1916	29 238 52 264
4 SU ☾ S	0145 0818 1403 2043	4 258 28 281	19 M	0118 0743 1328 2002	39 229 63 254
5 M	0243 0921 1507 2146	25 242 49 262	20 TU ☽	0204 0834 1420 2054	48 224 71 246
6 TU	0348 1033 1621 2257	43 234 62 249	21 W	0257 0932 1523 2154	55 224 75 242
7 W	0501 1150 1741	51 235 63	22 TH	0358 1037 1635 2259	55 232 69 244
8 TH	0009 0612 1258 1848	246 49 246 53	23 F	0503 1143 1746	48 248 53
9 F	0112 0710 1352 1942	250 41 259 40	24 SA	0004 0606 1243 1848	254 33 271 30
10 SA	0204 0757 1436 2027	256 31 272 28	25 SU E	0104 0703 1338 1942	268 14 296 4
11 SU E	0247 0838 1514 2106	262 23 282 17	26 M	0159 0755 1428 2033	284 -6 320 -20
12 M ●	0325 0915 1548 2143	266 18 289 11	27 TU ○P	0251 0844 1517 2121	297 -21 338 -37
13 TU	0400 0950 1619 2218	267 16 293 7	28 W	0341 0933 1606 2209	305 -30 348 -46
14 W A	0433 1023 1651 2251	266 18 293 8	29 TH	0432 1021 1655 2256	307 -31 348 -44
15 TH	0506 1057 1723 2326	262 23 289 12	30 F	0523 1110 1745 2344	303 -23 339 -34

时　区：＋0600　　　　潮高基准面：在平均海面下 155 cm

萨尔瓦多—拉乌尼翁

SALVADOR—LA UNION

2021 年潮汐表　　13° 20′ N　　87° 49′ W

5 月

日期	潮时 时分	潮高 cm	日期	潮时 时分	潮高 cm
1	0615	292	16	0600	250
SA	1200	-7	SU	1142	46
S	1836	322		1811	279
2	0034	-16	17	0012	26
SU	0709	279	M	0641	245
	1252	13		1223	53
	1929	301		1853	271
3	0126	6	18	0053	33
M	0806	264	TU	0725	242
☾	1349	35		1308	59
	2025	279		1938	263
4	0222	27	19	0137	40
TU	0907	252	W	0813	242
	1453	54	☽	1400	64
	2125	259		2028	256
5	0325	45	20	0227	44
W	1014	245	TH	0906	246
	1605	66		1459	65
	2232	245		2124	251
6	0434	55	21	0323	45
TH	1123	246	F	1005	255
	1719	67		1606	59
	2339	239		2225	251
7	0540	56	22	0425	40
F	1224	252	SA	1107	270
	1823	60	E	1714	46
				2329	257
8	0039	239	23	0528	30
SA	0636	53	SU	1207	289
E	1316	262		1817	26
	1915	50			
9	0130	242	24	0030	267
SU	0723	46	M	0628	16
	1359	271		1304	309
	1958	39		1914	4
10	0214	247	25	0129	278
M	0805	41	TU	0725	1
	1437	280		1359	328
	2038	29		2007	-15
11	0253	252	26	0225	290
TU	0843	36	W	0818	-11
●A	1512	286	○P	1452	341
	2114	21		2058	-30
12	0330	256	27	0320	298
W	0919	33	TH	0910	-18
	1546	291		1544	347
	2149	16		2148	-37
13	0406	257	28	0415	301
TH	0954	33	F	1002	-18
	1620	292	S	1636	345
	2224	14		2237	-35
14	0443	256	29	0509	300
F	1029	35	SA	1053	-11
	1655	291		1727	336
	2259	15		2326	-26
15	0520	254	30	0602	295
SA	1105	40	SU	1144	2
N	1732	286		1818	320
	2335	20			
			31	0015	-10
			M	0655	286
				1237	20
				1910	300

6 月

日期	潮时 时分	潮高 cm	日期	潮时 时分	潮高 cm
1	0106	9	16	0030	25
TU	0749	275	W	0707	263
	1332	39		1251	49
	2002	279		1917	274
2	0159	28	17	0113	29
W	0845	266	TH	0752	266
☾	1432	55		1342	51
	2057	260		2004	267
3	0255	45	18	0201	33
TH	0943	259	F	0842	271
	1537	67	☽	1437	51
	2156	244		2057	261
4	0355	58	19	0254	35
F	1042	256	SA	0936	278
E	1644	71	E	1539	49
	2255	234		2155	258
5	0456	64	20	0353	35
SA	1138	257	SU	1035	287
	1745	69		1644	41
	2353	230		2257	258
6	0552	65	21	0455	31
SU	1229	262	M	1135	299
	1837	63		1748	28
7	0046	231	22	0000	262
M	0642	63	TU	0559	24
	1315	268		1235	312
	1924	54		1848	13
8	0134	235	23	0104	270
TU	0727	59	W	0659	14
A	1356	275	P	1334	324
	2005	44		1945	-2
9	0219	240	24	0206	279
W	0809	54	TH	0758	5
	1436	282	○	1432	333
	2044	35		2039	-14
10	0301	246	25	0306	289
TH	0849	50	F	0853	-1
●	1514	288	S	1527	338
	2122	27		2130	-21
11	0342	251	26	0402	296
F	0927	47	SA	0946	-3
	1553	292		1620	337
	2158	21		2220	-22
12	0423	255	27	0456	300
SA	1005	45	SU	1038	0
N	1632	293		1711	330
	2235	19		2308	-16
13	0503	258	28	0547	299
SU	1044	45	M	1129	9
	1711	291		1800	317
	2312	19		2355	-4
14	0543	259	29	0636	294
M	1124	45	TU	1219	21
	1751	287		1847	300
	2350	22			
15	0624	261	30	0042	11
TU	1206	47	W	0725	287
	1833	281		1310	37
				1934	281

7 月

日期	潮时 时分	潮高 cm	日期	潮时 时分	潮高 cm
1	0130	28	16	0051	17
TH	0813	277	F	0729	289
☾E	1403	52	E	1322	33
	2022	262		1942	277
2	0218	44	17	0137	22
F	0903	269	SA	0817	291
	1458	66	☽	1415	37
	2112	245		2032	268
3	0310	59	18	0228	28
SA	0954	262	SU	0910	292
	1557	74		1513	40
	2204	232		2129	260
4	0405	70	19	0326	33
SU	1045	258	M	1008	294
	1656	78		1616	40
	2259	225		2231	254
5	0501	76	20	0429	36
M	1137	258	TU	1110	297
A	1752	75		1722	36
	2356	222		2338	254
6	0557	78	21	0536	35
TU	1227	261	W	1215	302
	1844	68	P	1827	27
7	0052	225	22	0048	259
W	0649	75	TH	0642	30
	1315	267	S	1319	310
	1931	58		1927	15
8	0145	231	23	0155	269
TH	0737	69	F	0744	21
	1402	275		1420	318
	2015	47		2023	3
9	0235	240	24	0257	282
F	0821	62	SA	0841	12
N	1446	284	○	1515	324
	2055	35		2115	-6
10	0320	250	25	0352	294
SA	0904	53	SU	0935	6
●	1529	291		1607	325
	2134	26		2203	-10
11	0403	260	26	0441	301
SU	0945	45	M	1024	4
	1611	296		1654	321
	2211	19		2249	-8
12	0444	269	27	0527	303
M	1025	38	TU	1111	9
	1651	298		1738	311
	2249	15		2332	0
13	0524	276	28	0611	300
TU	1107	33	W	1157	18
	1732	297		1820	297
	2328	13			
14	0604	282	29	0015	12
W	1149	31	TH	0653	293
	1813	292	E	1242	31
				1901	280
15	0008	14	30	0056	27
TH	0645	286	F	0735	283
	1234	31		1327	46
	1856	285		1942	263
			31	0139	43
			SA	0817	273
			☾	1414	61
				2025	246

8 月

日期	潮时 时分	潮高 cm	日期	潮时 时分	潮高 cm
1	0223	59	16	0206	24
SU	0903	263	M	0848	296
	1505	73		1450	34
	2113	232		2109	257
2	0312	73	17	0304	36
M	0952	255	TU	0948	289
A	1601	81	P	1553	43
	2207	221		2214	247
3	0408	83	18	0410	45
TU	1044	251	W	1053	285
	1701	84	S	1701	46
	2307	216		2327	244
4	0509	88	19	0522	48
W	1141	252	TH	1203	285
	1801	79		1811	41
5	0011	217	20	0042	250
TH	0611	86	F	0633	42
N	1237	258		1311	292
	1855	69		1915	30
6	0113	225	21	0151	264
F	0707	77	SA	0737	31
	1331	267		1412	301
	1944	55		2011	17
7	0208	238	22	0248	280
SA	0756	64	SU	0833	18
	1420	279	○	1504	308
	2027	40		2101	6
8	0256	254	23	0338	294
SU	0842	49	M	0922	8
●	1506	291		1551	312
	2108	25		2145	0
9	0338	270	24	0422	302
M	0924	34	TU	1007	4
	1548	300		1634	310
	2147	13		2227	-1
10	0419	284	25	0502	305
TU	1006	21	W	1050	5
	1630	305	E	1713	303
	2225	5		2306	4
11	0459	296	26	0540	302
W	1047	12	TH	1130	12
	1711	306		1749	291
	2305	0		2344	13
12	0539	304	27	0617	295
TH	1130	7	F	1210	24
E	1752	302		1825	277
	2346	0			
13	0621	307	28	0021	26
F	1214	8	SA	0654	285
	1835	294		1249	38
				1902	262
14	0029	5	29	0059	42
SA	0705	307	SU	0732	273
	1302	14		1330	53
	1921	283		1942	246
15	0115	13	30	0139	58
SU	0754	302	M	0815	261
☽	1353	24	☾A	1415	67
	2012	270		2028	231
			31	0225	73
			TU	0903	251
				1507	79
				2121	219

时　区：＋0600　　　　潮高基准面：在平均海面下 155 cm

萨尔瓦多—拉乌尼翁
SALVADOR－LA UNION

2021 年潮汐表　　13° 20′ N　　87° 49′ W

9 月

日期	潮时 时分	潮高 cm	日期	潮时 时分	潮高 cm
1 W	0318 0957 1606 2223	85 244 85 213	16 TH	0358 1041 1644 2322	54 270 54 241
2 TH N	0423 1058 1712 2332	92 243 84 214	17 F	0515 1155 1758	56 269 51
3 F	0533 1201 1815	89 248 74	18 SA	0038 0629 1303 1903	250 48 275 40
4 SA	0040 0637 1300 1909	225 77 259 58	19 SU	0141 0730 1401 1956	265 34 284 27
5 SU	0137 0730 1352 1956	242 58 274 40	20 M ○	0233 0821 1449 2042	281 20 292 16
6 M	0225 0817 1439 2038	263 37 289 21	21 TU E	0318 0906 1532 2123	293 9 296 9
7 TU ●	0308 0901 1523 2119	284 16 302 5	22 W	0357 0947 1610 2201	301 3 296 8
8 W E	0349 0943 1605 2159	302 -1 310 -7	23 TH	0433 1025 1645 2237	303 3 291 11
9 TH	0431 1026 1647 2240	316 -12 312 -13	24 F	0507 1101 1718 2312	300 8 283 18
10 F	0513 1109 1730 2323	324 -16 308 -12	25 SA	0540 1137 1752 2347	294 18 272 29
11 SA P	0556 1154 1815	324 -13 299	26 SU A	0614 1213 1828	284 30 259
12 SU	0008 0643 1241 1903	-5 318 -2 285	27 M	0023 0652 1251 1907	43 272 44 245
13 M ☽	0055 0734 1332 1956	8 306 14 269	28 TU	0101 0733 1333 1952	58 260 58 232
14 TU	0148 0829 1428 2056	24 292 31 254	29 W ☾ N	0145 0821 1421 2044	72 249 71 221
15 W S	0248 0932 1532 2205	41 279 46 243	30 TH	0237 0915 1517 2145	84 240 80 216

10 月

日期	潮时 时分	潮高 cm	日期	潮时 时分	潮高 cm
1 F	0341 1017 1621 2253	90 237 81 219	16 SA	0508 1142 1740	59 255 56
2 SA	0454 1122 1729	86 241 73	17 SU	0023 0619 1247 1843	255 50 260 48
3 SU	0001 0603 1224 1828	232 71 253 58	18 M	0121 0716 1341 1934	268 37 267 38
4 M	0059 0700 1319 1919	252 49 269 37	19 TU E	0209 0803 1427 2018	281 24 274 29
5 TU	0149 0749 1408 2005	276 24 285 17	20 W ○	0251 0845 1508 2057	290 14 278 23
6 W ● E	0234 0834 1454 2049	299 0 300 -2	21 TH	0327 0923 1544 2133	296 8 279 21
7 TH	0318 0919 1539 2132	319 -19 310 -15	22 F	0401 0959 1617 2208	298 6 277 22
8 F P	0402 1003 1624 2216	333 -31 313 -21	23 SA	0433 1033 1651 2243	296 9 272 27
9 SA	0447 1048 1710 2301	338 -34 310 -19	24 SU A	0506 1107 1725 2317	291 15 265 36
10 SU	0533 1133 1758 2349	334 -27 301 -9	25 M	0541 1143 1801 2353	283 24 256 46
11 M	0623 1222 1849	323 -13 287	26 TU N	0618 1219 1841	273 36 246
12 TU S	0039 0716 1313 1945	7 306 7 271	27 W	0032 0700 1259 1925	58 261 48 237
13 W ☽	0134 0813 1409 2047	27 287 28 256	28 TH ☾	0115 0746 1344 2015	69 250 59 230
14 TH	0236 0917 1513 2157	45 270 47 247	29 F	0206 0839 1435 2112	78 242 68 228
15 F	0349 1028 1626 2313	58 258 57 246	30 SA	0306 0937 1534 2214	82 237 71 233
			31 SU	0415 1041 1639 2318	77 239 66 246

11 月

日期	潮时 时分	潮高 cm	日期	潮时 时分	潮高 cm
1 M	0524 1144 1742	63 248 53	16 TU	0049 0652 1312 1903	267 44 248 52
2 TU E	0017 0625 1242 1838	265 40 262 35	17 W	0137 0738 1359 1947	275 34 253 45
3 W	0110 0718 1335 1930	288 15 278 15	18 TH	0218 0819 1440 2028	282 25 257 40
4 TH ●	0159 0807 1425 2018	311 -9 293 -3	19 F ○	0255 0857 1518 2105	287 18 261 37
5 F P	0247 0854 1514 2106	330 -28 304 -15	20 SA	0330 0933 1554 2141	289 14 262 36
6 SA	0335 0940 1603 2154	341 -39 309 -21	21 SU A	0404 1007 1629 2217	290 13 262 38
7 SU	0424 1027 1653 2243	344 -41 308 -18	22 M N	0439 1042 1706 2253	287 15 260 42
8 M S	0514 1115 1745 2333	338 -34 302 -8	23 TU	0515 1117 1743 2330	282 20 256 48
9 TU	0606 1204 1839	324 -19 291	24 W	0554 1154 1823	275 28 252
10 W	0025 0700 1255 1935	8 305 2 278	25 TH	0009 0635 1232 1905	54 266 36 248
11 TH ☽	0121 0757 1350 2035	27 284 24 266	26 F	0052 0718 1314 1950	61 257 45 246
12 F	0224 0859 1452 2141	45 265 43 257	27 SA ☾	0141 0807 1401 2040	65 248 51 247
13 SA	0335 1006 1600 2250	57 251 56 255	28 SU	0236 0900 1453 2135	67 243 55 252
14 SU	0450 1115 1710 2354	59 244 60 260	29 M	0339 0959 1553 2235	63 241 54 263
15 M E	0557 1218 1812	54 244 57	30 TU E	0445 1102 1656 2335	52 246 47 278

12 月

日期	潮时 时分	潮高 cm	日期	潮时 时分	潮高 cm
1 W	0548 1203 1758	34 255 34	16 TH	0055 0706 1325 1913	263 49 231 64
2 TH	0032 0646 1302 1856	297 13 267 19	17 F	0141 0750 1411 1958	268 40 237 59
3 F	0127 0739 1358 1951	315 -8 281 4	18 SA A	0222 0830 1454 2039	273 31 244 54
4 SA ● P	0221 0831 1453 2044	329 -25 293 -8	19 SU ○	0301 0908 1534 2118	278 24 251 49
5 SU	0314 0920 1548 2136	338 -36 302 -14	20 M N	0340 0945 1613 2156	282 18 256 45
6 M S	0407 1010 1641 2228	340 -39 306 -14	21 TU	0418 1020 1651 2234	284 16 260 43
7 TU	0459 1058 1734 2320	335 -34 305 -7	22 W	0456 1056 1728 2312	283 16 263 42
8 W	0551 1148 1827	322 -22 299	23 TH	0535 1132 1806 2352	279 18 264 43
9 TH	0013 0644 1237 1920	6 305 -4 290	24 F	0614 1209 1845	273 23 265
10 F	0107 0737 1329 2015	22 284 17 279	25 SA	0033 0655 1248 1926	44 266 28 266
11 SA ☽	0206 0833 1424 2113	38 264 36 269	26 SU	0119 0739 1332 2010	46 258 33 268
12 SU E	0309 0932 1524 2212	52 247 53 263	27 M ☾ E	0209 0827 1420 2100	47 250 38 272
13 M	0416 1034 1627 2311	59 235 63 260	28 TU	0306 0922 1515 2156	46 245 41 277
14 TU	0520 1136 1728	60 229 68	29 W	0408 1023 1617 2257	41 243 41 285
15 W	0006 0616 1233 1824	260 56 228 67	30 TH	0513 1127 1723 2359	32 246 36 295
			31 F	0616 1233 1828	18 255 27

时　区：＋0600　　潮高基准面：在平均海面下 155 cm

巴拿马—巴尔博亚

PANAMA－BALBOA

2021 年潮汐表　　8° 57′ N　　79° 34′ W

1 月

日期	星期	潮时 时分	潮高 cm	潮时 时分	潮高 cm	潮时 时分	潮高 cm	潮时 时分	潮高 cm
1	F	0505	465	1125	4	1739	460	2345	43
2	SA	0547	465	1203	6	1819	465		
3	SU	0026	44	0630	461	1245	15	1900	465
4	M	0111	50	0714	451	1329	29	1943	461
5	TU	0201	57	0802	438	1419	45	2031	453
6	W ☾ E	0256	64	0855	422	1514	61	2125	443
7	TH	0355	67	0958	409	1614	73	2228	437
8	F	0458	65	1109	405	1718	79	2337	438
9	SA P	0604	57	1219	413	1826	76		
10	SU	0043	449	0710	39	1324	429	1932	63
11	M	0143	464	0812	16	1423	448	2033	43
12	TU S	0240	478	0907	-9	1518	466	2126	22
13	W ●	0333	489	0955	-27	1610	480	2214	7
14	TH	0425	493	1040	-36	1700	488	2259	1
15	F	0514	490	1123	-33	1747	490	2343	4
16	SA	0600	480	1205	-20	1830	484		
17	SU	0027	17	0644	462	1247	3	1911	470
18	M	0111	36	0726	438	1330	31	1951	450
19	TU E	0157	59	0807	411	1414	60	2032	427
20	W ☽	0245	81	0850	383	1501	89	2115	403
21	TH A	0335	100	0939	358	1552	113	2204	383
22	F	0429	112	1038	341	1646	130	2302	371
23	SA	0527	117	1147	337	1747	138		
24	SU	0003	370	0628	112	1250	344	1850	135
25	M	0100	379	0728	95	1344	361	1950	119
26	TU N	0150	395	0821	70	1431	383	2041	94
27	W	0237	414	0907	41	1515	407	2127	66
28	TH ○	0321	434	0948	14	1557	432	2208	38
29	F	0406	453	1028	-9	1639	455	2248	15
30	SA	0449	467	1106	-25	1719	474	2328	-1
31	SU	0532	477	1145	-31	1800	487		

2 月

日期	星期	潮时 时分	潮高 cm	潮时 时分	潮高 cm	潮时 时分	潮高 cm	潮时 时分	潮高 cm
1	M	0009	-8	0615	478	1226	-27	1841	491
2	TU E	0052	-6	0659	472	1309	-13	1923	486
3	W P	0139	5	0745	457	1357	8	2009	472
4	TH ☾	0231	20	0835	435	1449	34	2100	451
5	F	0328	38	0933	410	1548	59	2200	429
6	SA	0432	52	1043	391	1653	78	2311	414
7	SU	0541	58	1201	387	1805	86		
8	M S	0026	414	0652	51	1313	398	1917	78
9	TU	0134	425	0758	32	1415	418	2022	57
10	W	0233	440	0855	9	1510	439	2116	32
11	TH ●	0326	454	0943	-12	1559	458	2202	10
12	F	0415	464	1025	-26	1644	471	2244	-4
13	SA	0500	468	1105	-30	1726	478	2324	-9
14	SU	0541	464	1142	-23	1804	477		
15	M E	0003	-3	0619	453	1219	-8	1840	468
16	TU	0041	11	0655	436	1257	15	1915	452
17	W	0120	31	0730	414	1335	43	1949	430
18	TH A	0201	55	0805	389	1416	73	2024	405
19	F ☽	0246	79	0844	363	1502	102	2103	380
20	SA	0335	100	0932	339	1554	126	2154	359
21	SU	0432	113	1038	324	1655	142	2301	348
22	M	0537	116	1159	324	1805	142		
23	TU N	0015	352	0645	105	1308	342	1915	126
24	W	0118	371	0747	79	1401	371	2014	95
25	TH	0211	397	0839	46	1447	404	2103	56
26	F	0259	427	0924	11	1530	438	2146	17
27	SA ○	0344	455	1005	-21	1612	470	2227	-17
28	SU	0429	478	1044	-45	1654	496	2308	-41

3 月

日期	星期	潮时 时分	潮高 cm	潮时 时分	潮高 cm	潮时 时分	潮高 cm	潮时 时分	潮高 cm
1	M E	0513	494	1124	-56	1736	512	2349	-52
2	TU P	0557	499	1205	-54	1819	516		
3	W	0031	-49	0641	493	1248	-38	1902	506
4	TH	0118	-32	0727	474	1335	-10	1948	484
5	F	0208	-6	0817	446	1428	24	2038	453
6	SA ☾	0305	24	0914	413	1527	59	2138	420
7	SU S	0410	50	1025	385	1636	86	2254	395
8	M	0522	66	1149	375	1751	97		
9	TU	0017	389	0636	66	1305	386	1906	89
10	W	0128	400	0744	51	1406	408	2011	67
11	TH	0225	418	0840	29	1457	430	2103	39
12	F	0315	434	0926	9	1541	450	2147	15
13	SA ●	0359	446	1005	-6	1621	465	2225	-3
14	SU E	0439	453	1042	-14	1659	473	2301	-12
15	M	0517	454	1117	-12	1734	474	2336	-11
16	TU	0551	449	1151	-2	1807	467		
17	W	0011	0	0624	437	1225	17	1838	453
18	TH A	0046	18	0656	420	1300	43	1910	434
19	F	0123	42	0729	399	1338	72	1942	411
20	SA	0204	67	0804	375	1420	102	2018	387
21	SU ☽	0250	91	0847	352	1511	128	2103	363
22	M N	0346	110	0945	333	1613	145	2207	346
23	TU	0451	119	1108	329	1726	146	2331	345
24	W	0602	112	1228	347	1839	128		
25	TH	0045	365	0708	89	1326	380	1942	92
26	F	0142	397	0805	55	1414	419	2034	48
27	SA	0232	432	0853	17	1458	458	2120	3
28	SU ○ E	0318	466	0937	-19	1542	493	2203	-36
29	M	0404	494	1019	-46	1626	520	2244	-63
30	TU P	0450	512	1101	-60	1710	534	2327	-74
31	W	0536	518	1144	-58	1756	535		

4 月

日期	星期	潮时 时分	潮高 cm	潮时 时分	潮高 cm	潮时 时分	潮高 cm	潮时 时分	潮高 cm
1	TH	0010	-68	0623	509	1228	-39	1842	520
2	F	0057	-46	0711	488	1316	-6	1930	492
3	SA	0149	-12	0803	457	1410	33	2022	456
4	SU ☾ S	0247	25	0901	422	1512	70	2123	417
5	M	0352	57	1013	393	1623	97	2241	389
6	TU	0504	77	1137	384	1738	107		
7	W	0006	383	0616	81	1250	395	1851	98
8	TH	0115	393	0722	72	1347	415	1953	77
9	F	0210	409	0816	56	1434	434	2043	51
10	SA	0256	424	0901	39	1514	451	2124	28
11	SU E	0336	436	0940	25	1551	464	2201	10
12	M ●	0413	444	1016	16	1626	471	2236	0
13	TU	0448	448	1049	14	1700	472	2309	-2
14	W A	0522	447	1123	21	1732	467	2342	6
15	TH	0555	440	1156	36	1804	456		
16	F	0016	20	0627	427	1231	58	1836	440
17	SA	0052	41	0701	411	1308	84	1909	421
18	SU N	0131	65	0737	392	1350	111	1946	399
19	M	0217	89	0819	374	1441	133	2031	377
20	TU ☽	0311	108	0914	359	1543	146	2132	360
21	W	0414	117	1027	356	1653	143	2252	358
22	TH	0521	114	1144	372	1802	123		
23	F	0009	376	0626	96	1246	404	1905	89
24	SA	0110	408	0726	66	1337	443	2001	45
25	SU E	0201	444	0819	31	1424	481	2051	1
26	M	0250	478	0908	-3	1510	514	2137	-37
27	TU ○ P	0338	505	0954	-30	1557	537	2221	-63
28	W	0427	522	1038	-43	1645	547	2306	-73
29	TH	0517	526	1123	-40	1734	544	2351	-64
30	F	0607	518	1210	-22	1824	527		

时　区：＋0500　　　　潮高基准面：在平均海面下 256　cm

巴拿马—巴尔博亚

PANAMA－BALBOA

2021年潮汐表　　8° 57′ N　　79° 34′ W

5 月

日期	潮时 时分	潮高 cm	日期	潮时 时分	潮高 cm
1 SA S	0039 0658 1300 1915	-40 498 10 497	16 SU	0028 0641 1246 1846	45 424 95 432
2 SU	0131 0751 1355 2009	-6 470 47 461	17 M	0107 0719 1329 1926	64 413 114 415
3 M ☾	0229 0850 1458 2110	32 440 81 424	18 TU	0152 0801 1420 2012	83 402 129 398
4 TU	0333 0958 1607 2225	64 415 104 396	19 W ☽	0244 0851 1519 2109	100 394 136 385
5 W	0440 1114 1718 2344	87 406 112 387	20 TH	0342 0953 1623 2219	109 394 130 382
6 TH	0547 1222 1825	97 411 106	21 F	0443 1101 1726 2332	108 406 112 395
7 F	0051 0649 1316 1924	393 96 424 91	22 SA E	0545 1205 1828	97 432 84
8 SA E	0144 0743 1401 2014	404 87 438 71	23 SU	0035 0647 1300 1927	421 76 463 48
9 SU	0228 0830 1441 2056	416 75 450 51	24 M	0131 0745 1352 2022	452 49 495 10
10 M	0307 0910 1517 2133	427 62 460 34	25 TU	0223 0839 1442 2112	481 21 521 -23
11 TU ●A	0343 0847 1551 2208	435 62 466 23	26 W ○P	0315 0030 1532 2200	504 -3 538 -47
12 W	0419 1022 1626 2243	441 48 468 17	27 TH	0407 1018 1624 2247	518 -16 545 -56
13 TH	0454 1056 1700 2317	443 50 465 20	28 F S	0500 1106 1717 2334	523 -15 540 -50
14 F	0529 1131 1735 2351	440 60 458 29	29 SA	0553 1154 1809	518 -1 524
15 SA N	0604 1207 1810	434 76 446	30 SU	0023 0646 1245 1902	-29 505 24 499
			31 M	0114 0739 1340 1955	1 485 54 468

6 月

日期	潮时 时分	潮高 cm	日期	潮时 时分	潮高 cm
1 TU	0209 0834 1440 2053	35 460 82 434	16 W	0131 0744 1400 1956	68 435 107 423
2 W ☾	0308 0933 1543 2157	67 439 102 406	17 TH	0219 0830 1454 2048	81 432 110 412
3 TH	0409 1037 1646 2308	92 424 113 390	18 F ☽	0312 0922 1552 2149	91 431 107 406
4 F E	0508 1140 1747	108 420 114	19 SA E	0409 1023 1652 2256	95 436 96 410
5 SA	0013 0606 1235 1845	387 116 424 107	20 SU	0509 1127 1754	93 448 78
6 SU	0108 0702 1322 1937	393 115 431 94	21 M	0003 0612 1228 1856	425 84 468 55
7 M	0153 0752 1403 2023	402 108 440 78	22 TU	0104 0715 1325 1956	446 68 489 26
8 TU A	0234 0837 1441 2104	412 98 448 61	23 W P	0201 0815 1420 2052	469 46 509 -2
9 W	0312 0918 1518 2142	421 86 454 46	24 TH ○	0257 0911 1514 2143	489 25 523 -25
10 TH ●	0350 0956 1555 2218	430 78 459 36	25 F S	0352 1002 1609 2232	503 10 529 -37
11 F	0429 1033 1633 2254	437 74 460 31	26 SA	0447 1051 1703 2319	512 4 527 -36
12 SA N	0507 1110 1711 2331	441 74 458 33	27 SU	0540 1139 1756	514 10 517
13 SU	0546 1148 1750	442 80 453	28 M	0006 0631 1228 1847	-22 509 26 498
14 M	0008 0624 1228 1829	41 441 90 445	29 TU	0054 0721 1319 1936	2 495 48 472
15 TU	0048 0703 1312 1911	53 439 100 434	30 W	0144 0809 1413 2027	33 476 72 442

7 月

日期	潮时 时分	潮高 cm	日期	潮时 时分	潮高 cm
1 TH ☾ E	0236 0859 1509 2120	64 454 93 413	16 F E	0154 0806 1428 2026	55 465 76 438
2 F	0329 0951 1605 2219	92 433 109 390	17 SA ☽	0244 0854 1522 2121	70 458 80 425
3 SA	0423 1048 1702 2322	115 418 119 377	18 SU	0339 0950 1621 2225	83 451 81 416
4 SU	0518 1145 1758	130 411 121	19 M	0439 1054 1725 2336	92 449 77 418
5 M A	0022 0614 1237 1854	375 137 412 115	20 TU	0544 1202 1831	94 455 65
6 TU	0115 0710 1324 1946	381 135 418 102	21 W P	0045 0653 1307 1937	430 86 468 45
7 W	0201 0803 1407 2034	391 125 427 84	22 TH S	0148 0759 1407 2037	449 69 484 19
8 TH	0244 0850 1448 2116	405 111 438 64	23 F	0246 0857 1503 2130	470 46 499 -4
9 F N	0325 0933 1529 2156	419 95 448 46	24 SA ○	0342 0950 1558 2218	488 25 509 -20
10 SA ●	0406 1013 1610 2234	433 81 456 33	25 SU	0434 1038 1650 2303	503 12 512 -25
11 SU	0447 1052 1652 2311	445 70 462 25	26 M	0524 1123 1740 2347	511 9 507 -17
12 M	0526 1130 1733 2349	456 64 465 25	27 TU	0611 1208 1827	510 17 494
13 TU	0605 1210 1814	464 63 464	28 W	0030 0655 1253 1911	2 501 34 473
14 W	0027 0643 1252 1855	31 468 65 459	29 TH E	0113 0737 1340 1954	28 483 56 446
15 TH	0109 0723 1338 1938	41 469 70 450	30 F	0158 0818 1428 2037	59 460 81 417
			31 SA ☾	0245 0901 1518 2124	90 435 104 389

8 月

日期	潮时 时分	潮高 cm	日期	潮时 时分	潮高 cm
1 SU	0335 0949 1611 2220	118 411 122 367	16 M	0314 0922 1556 2201	77 454 74 416
2 M A	0428 1044 1707 2327	140 394 132 357	17 TU P	0416 1030 1703 2318	97 437 83 407
3 TU	0526 1146 1807	153 388 133	18 W S	0526 1146 1814	108 433 80
4 W	0033 0629 1245 1908	359 155 392 122	19 TH	0035 0640 1259 1924	415 103 443 63
5 TH N	0129 0730 1336 2003	373 145 405 101	20 F	0142 0749 1402 2025	435 84 461 38
6 F	0217 0824 1423 2051	392 124 422 76	21 SA	0239 0848 1457 2117	460 57 479 14
7 SA	0301 0911 1507 2133	414 99 440 50	22 SU ○	0331 0938 1548 2203	482 31 493 -5
8 SU ●	0342 0952 1549 2212	437 73 458 27	23 M	0418 1022 1636 2244	500 12 501 -13
9 M	0422 1032 1631 2249	459 50 473 11	24 TU	0503 1104 1720 2324	509 4 500 -9
10 TU	0501 1110 1713 2327	478 32 483 3	25 W E	0544 1144 1801	510 7 490
11 W	0539 1149 1754	492 23 488	26 TH	0002 0623 1223 1840	5 502 21 473
12 TH E	0005 0618 1229 1835	4 500 22 486	27 F	0040 0700 1303 1917	29 485 44 449
13 F	0045 0658 1313 1918	14 499 29 476	28 SA	0120 0736 1345 1954	59 462 71 422
14 SA	0129 0741 1401 2005	31 491 43 459	29 SU	0201 0812 1430 2033	91 435 98 393
15 SU ☽	0218 0828 1455 2057	54 474 59 437	30 M ☾ A	0247 0852 1520 2121	122 407 123 368
			31 TU	0340 0942 1617 2226	149 384 140 349

时　区：＋0500　　　　潮高基准面：在平均海面下 256　cm

巴拿马—巴尔博亚

PANAMA－BALBOA

2021 年潮汐表　　8° 57′ N　　79° 34′ W

9 月

日期	潮时 时分	潮高 cm	日期	潮时 时分	潮高 cm
1	0441	166	16	0516	120
W	1049	369	TH	1140	416
	1721	146		1802	93
	2348	347			
2	0550	170	17	0031	413
TH	1205	372	F	0633	113
N	1829	137		1257	428
				1912	79
3	0058	363	18	0135	436
F	0658	156	SA	0740	91
	1308	388		1357	449
	1930	116		2012	56
4	0149	389	19	0228	462
SA	0757	129	SU	0836	61
	1358	413		1448	468
	2022	86		2101	34
5	0232	420	20	0314	484
SU	0846	94	M	0923	34
	1443	441	○	1534	483
	2106	53		2144	16
6	0312	451	21	0356	499
M	0928	57	TU	1004	14
	1525	467	E	1616	491
	2146	24		2222	7
7	0351	481	22	0435	508
TU	1008	24	W	1041	4
●	1607	490		1656	492
	2224	0		2258	8
8	0430	505	23	0513	508
W	1046	-1	TH	1117	6
E	1648	506		1733	485
	2302	-14		2333	19
9	0510	522	24	0548	500
TH	1125	-14	F	1153	18
	1730	514		1808	471
	2341	-16			
10	0551	529	25	0008	38
F	1205	-15	SA	0622	484
	1813	512		1229	38
				1842	452
11	0022	-5	26	0044	65
SA	0633	525	SU	0655	462
P	1249	-2	A	1306	65
	1858	498		1916	429
12	0106	18	27	0122	97
SU	0717	508	M	0729	436
	1337	21		1347	94
	1946	474		1952	403
13	0156	49	28	0205	129
M	0806	482	TU	0806	409
☽	1432	49		1434	121
	2040	445		2035	377
14	0254	82	29	0257	157
TU	0903	451	W	0851	383
	1535	76	☾ N	1531	142
	2146	417		2133	357
15	0401	108	30	0401	175
W	1014	425	TH	0956	364
S	1647	92		1637	152
	2309	403		2258	351

10 月

日期	潮时 时分	潮高 cm	日期	潮时 时分	潮高 cm
1	0513	177	16	0018	423
F	1122	362	SA	0621	115
	1747	147		1247	422
				1853	93
2	0018	367	17	0119	443
SA	0624	160	SU	0725	93
	1235	382		1345	440
	1851	127		1951	77
3	0113	397	18	0208	465
SU	0724	128	M	0818	67
	1329	412		1433	458
	1946	96		2039	59
4	0157	433	19	0251	482
M	0815	87	TU	0903	43
	1414	446	E	1515	470
	2033	61		2120	44
5	0237	470	20	0329	494
TU	0859	44	W	0941	25
	1457	478	○	1553	477
	2116	27		2157	35
6	0317	504	21	0405	500
W	0940	5	TH	1017	15
●E	1539	506		1629	479
	2156	-1		2232	33
7	0358	530	22	0440	499
TH	1021	-23	F	1051	14
	1623	525		1704	475
	2237	-19		2306	39
8	0441	546	23	0514	492
F	1101	-38	SA	1125	22
P	1707	533		1738	466
	2317	-22		2339	54
9	0525	550	24	0547	479
SA	1143	-37	SU	1159	39
	1753	529	A	1812	452
10	0000	-9	25	0014	76
SU	0611	540	M	0620	460
	1228	-20		1234	61
	1841	513		1846	434
11	0047	17	26	0051	104
M	0658	517	TU	0654	438
	1317	10	N	1313	87
	1931	486		1923	413
12	0139	52	27	0134	132
TU	0750	485	W	0732	414
S	1414	45		1358	113
	2028	454		2004	393
13	0240	88	28	0225	156
W	0850	448	TH	0816	390
☽	1519	77	☾	1452	135
	2137	426		2057	376
14	0351	115	29	0327	171
TH	1005	419	F	0915	371
	1631	98		1555	147
	2300	413		2208	369
15	0507	125	30	0437	170
F	1133	410	SA	1035	366
	1745	102		1702	146
				2327	381
			31	0544	152
			SU	1153	382
				1806	131

11 月

日期	潮时 时分	潮高 cm	日期	潮时 时分	潮高 cm
1	0028	409	16	0140	456
M	0645	121	TU	0752	78
	1252	411		1409	436
	1904	105		2010	87
2	0116	445	17	0221	467
TU	0739	80	W	0837	59
E	1341	447		1450	446
	1956	71		2053	74
3	0201	482	18	0259	475
W	0827	37	TH	0916	43
	1427	481		1527	453
	2044	37		2131	65
4	0244	516	19	0335	480
TH	0913	-2	F	0952	31
●	1512	510	○	1603	457
	2129	7		2207	59
5	0329	541	20	0410	480
F	0956	-31	SA	1027	26
P	1559	529		1638	458
	2213	-12		2241	60
6	0415	554	21	0444	476
SA	1040	-47	SU	1101	28
	1647	537	A	1714	454
	2257	-17		2316	68
7	0504	555	22	0519	467
SU	1124	-46	M	1135	37
	1736	534	N	1749	447
	2343	-6		2352	82
8	0553	543	23	0554	454
M	1211	-29	TU	1211	52
S	1828	519		1826	437
9	0031	19	24	0030	100
TU	0645	519	W	0631	438
	1301	1		1249	72
	1921	496		1903	424
10	0125	52	25	0112	120
W	0739	486	TH	0709	420
	1358	37		1332	93
	2019	467		1943	411
11	0227	84	26	0200	138
TH	0839	450	F	0753	401
☽	1502	70		1421	112
	2124	442		2030	400
12	0336	108	27	0257	147
F	0952	420	SA	0845	385
	1610	94	☾	1517	125
	2239	428		2126	395
13	0448	117	28	0358	145
SA	1113	408	SU	0951	378
	1718	105		1617	129
	2351	430		2231	400
14	0557	112	29	0500	131
SU	1225	412	M	1104	385
	1823	106		1718	122
				2336	419
15	0051	442	30	0601	107
M	0659	97	TU	1210	407
E	1322	424	E	1819	104
	1920	98			

12 月

日期	潮时 时分	潮高 cm	日期	潮时 时分	潮高 cm
1	0033	447	16	0148	435
W	0700	74	TH	0806	78
	1306	436		1422	410
	1918	79		2022	101
2	0125	479	17	0228	442
TH	0755	37	F	0849	62
	1358	467		1502	419
	2013	49		2105	89
3	0214	507	18	0306	447
F	0847	1	SA	0928	47
	1448	494	A	1540	427
	2104	20		2144	78
4	0304	529	19	0344	452
SA	0935	-29	SU	1005	35
●P	1539	514	○	1618	434
	2153	-1		2221	71
5	0355	541	20	0421	453
SU	1022	-47	M	1041	27
	1631	525	N	1656	439
	2241	-10		2258	68
6	0448	543	21	0459	452
M	1109	-50	TU	1116	27
S	1724	526		1733	441
	2329	-6		2335	71
7	0541	533	22	0537	447
TU	1157	-38	W	1153	33
	1817	519		1810	441
8	0019	11	23	0013	78
W	0634	513	TH	0614	439
	1247	-14		1230	44
	1910	503		1846	437
9	0112	36	24	0053	88
TH	0728	485	F	0653	428
	1340	19		1310	59
	2005	481		1923	432
10	0210	63	25	0138	97
F	0824	453	SA	0734	415
	1438	52		1353	75
	2102	457		2004	426
11	0313	86	26	0227	103
SA	0927	422	SU	0820	403
☽	1539	80		1442	89
	2204	437		2050	420
12	0417	100	27	0321	105
SU	1036	400	M	0914	392
E	1641	101	☾E	1536	99
	2310	426		2144	418
13	0520	105	28	0419	99
M	1147	392	TU	1018	389
	1742	113		1634	102
				2247	423
14	0011	424	29	0520	87
TU	0621	102	W	1127	396
	1248	394		1737	97
	1840	116		2352	436
15	0103	429	30	0623	67
W	0717	92	TH	1233	414
	1339	401		1842	83
	1934	111			
			31	0054	457
			F	0726	40
				1333	439
				1946	60

时　区：＋0500　　　　潮高基准面：在平均海面下 256 cm

智　利—瓦尔帕莱索

CHILE－VALPARAISO

2021 年潮汐表　　33° 02′ S　　71° 38′ W

1 月

日期	潮时 时分	潮高 cm	日期	潮时 时分	潮高 cm
1 F	0621 1207 1730	36 115 50	16 SA	0011 0656 1248 1828	178 29 122 44
2 SA	0009 0702 1252 1815	172 37 114 52	17 SU	0053 0737 1332 1914	168 34 120 51
3 SU	0051 0743 1338 1902	168 38 114 56	18 M	0133 0818 1418 2001	155 41 118 59
4 M	0134 0826 1429 1955	162 39 115 60	19 TU E	0213 0859 1508 2053	141 48 116 68
5 TU	0221 0912 1525 2054	154 41 118 65	20 W ☽	0256 0944 1611 2206	127 54 116 75
6 W ☾ E	0313 1003 1630 2208	145 42 124 68	21 TH A	0348 1038 1725 2347	115 58 119 77
7 TH	0416 1100 1738 2342	135 43 134 67	22 F	0505 1136 1828	107 61 126
8 F	0531 1158 1839	127 42 146	23 SA	0104 0628 1230 1918	73 103 61 134
9 SA P	0104 0645 1253 1934	59 123 41 158	24 SU	0203 0731 1317 2002	65 104 59 143
10 SU	0208 0750 1343 2023	49 121 40 170	25 M	0251 0824 1400 2043	57 106 56 152
11 M	0304 0040 1431 2111	39 121 38 179	26 TU N	0332 0910 1440 2121	48 109 53 161
12 TU S	0356 0942 1519 2158	31 122 37 185	27 W	0411 0951 1520 2159	41 113 48 168
13 W ●	0445 1032 1607 2244	26 123 36 187	28 TH ○	0446 1030 1559 2236	35 116 44 173
14 TH	0531 1120 1654 2328	24 123 37 184	29 F	0521 1108 1639 2314	31 119 40 176
15 F	0615 1205 1742	25 123 39	30 SA	0556 1146 1721 2352	28 123 38 175
			31 SU	0631 1225 1804	26 126 38

2 月

日期	潮时 时分	潮高 cm	日期	潮时 时分	潮高 cm
1 M	0030 0707 1307 1850	171 27 128 41	16 TU	0057 0724 1328 1928	145 40 126 52
2 TU E	0111 0746 1353 1940	163 29 130 47	17 W	0129 0755 1406 2011	132 47 123 61
3 W P	0154 0828 1445 2038	151 34 131 55	18 TH A	0203 0827 1451 2110	119 54 120 70
4 TH ☾	0244 0917 1549 2156	136 40 133 62	19 F ☽	0244 0905 1555 2253	107 60 119 74
5 F	0348 1015 1706 2338	121 46 137 63	20 SA	0355 1005 1720	97 66 121
6 SA	0519 1124 1819	111 49 145	21 SU	0031 0554 1131 1832	71 93 68 127
7 SU	0104 0645 1231 1921	57 107 50 154	22 M	0143 0714 1241 1929	63 95 67 136
8 M S	0211 0753 1330 2015	47 109 47 164	23 TU N	0235 0813 1336 2017	54 100 61 145
9 TU	0306 0851 1424 2105	38 113 43 171	24 W	0314 0857 1423 2059	45 106 54 155
10 W	0351 0939 1514 2150	30 118 38 176	25 TH	0347 0934 1505 2137	36 113 46 164
11 TH ●	0432 1022 1601 2232	25 123 34 177	26 F	0418 1007 1545 2214	29 121 37 170
12 F	0510 1102 1645 2311	23 127 32 174	27 SA ○	0448 1041 1625 2250	23 128 30 173
13 SA	0546 1139 1728 2349	24 129 32 167	28 SU	0520 1117 1707 2328	19 136 25 172
14 SU	0620 1216 1808	28 129 37			
15 M E	0024 0653 1251 1848	157 33 128 43			

3 月

日期	潮时 时分	潮高 cm	日期	潮时 时分	潮高 cm
1 M E	0553 1155 1751	17 142 24	16 TU	0605 1213 1825	34 138 39
2 TU P	0006 0629 1236 1838	165 18 146 28	17 W	0023 0631 1244 1902	132 40 137 47
3 W	0047 0707 1321 1930	154 24 147 36	18 TH A	0052 0656 1317 1943	121 47 134 55
4 TH	0132 0748 1412 2033	138 32 145 46	19 F	0125 0722 1355 2038	110 54 130 62
5 F	0225 0837 1517 2159	121 42 142 54	20 SA	0206 0754 1445 2209	99 61 125 67
6 SA ☾	0345 0939 1639 2338	105 52 140 55	21 SU ☽	0324 0841 1606 2354	90 69 122 66
7 SU S	0530 1100 1759	98 58 143	22 M N	0537 1021 1737	87 75 124
8 M	0103 0655 1218 1907	49 100 57 149	23 TU	0115 0704 1202 1847	59 92 73 131
9 TU	0207 0800 1325 2004	41 106 52 155	24 W	0206 0757 1310 1942	50 100 66 140
10 W	0254 0849 1422 2053	34 114 45 161	25 TH	0241 0833 1402 2026	41 109 56 149
11 TH	0332 0928 1510 2135	28 122 37 163	26 F	0310 0904 1445 2105	33 119 44 158
12 F	0407 1004 1554 2214	25 129 31 163	27 SA	0338 0936 1526 2143	25 131 32 164
13 SA ●	0439 1038 1634 2249	24 134 29 159	28 SU ○E	0408 1010 1608 2222	18 143 23 166
14 SU E	0509 1111 1712 2322	25 138 29 152	29 M	0440 1047 1652 2302	14 153 17 162
15 M	0538 1142 1749 2353	29 139 33 142	30 TU P	0515 1127 1738 2343	13 161 17 153
			31 W	0552 1209 1829	17 164 22

4 月

日期	潮时 时分	潮高 cm	日期	潮时 时分	潮高 cm
1 TH	0028 0631 1255 1926	140 25 163 30	16 F	0026 0609 1242 1928	112 49 145 50
2 F	0118 0714 1348 2036	123 36 158 39	17 SA	0103 0637 1319 2025	104 56 140 56
3 SA	0223 0806 1453 2201	107 49 150 46	18 SU N	0154 0710 1408 2142	95 64 134 60
4 SU ☾ S	0400 0916 1614 2329	97 59 145 47	19 M	0325 0757 1518 2309	88 72 129 60
5 M	0537 1042 1734	96 64 143	20 TU ☽	0513 0929 1642	88 78 127
6 TU	0047 0655 1206 1845	43 102 62 145	21 W	0028 0633 1113 1756	56 94 77 131
7 W	0144 0750 1318 1944	38 111 55 147	22 TH	0118 0720 1233 1855	48 104 69 137
8 TH	0227 0832 1414 2032	33 121 47 149	23 F	0153 0755 1332 1944	40 115 58 145
9 F	0302 0907 1501 2113	30 129 39 149	24 SA	0223 0827 1420 2028	32 129 44 151
10 SA	0333 0940 1541 2150	29 137 34 147	25 SU E	0254 0902 1505 2111	24 144 32 155
11 SU E	0402 1011 1619 2223	29 143 31 142	26 M	0326 0939 1550 2154	19 158 22 154
12 M ●	0429 1041 1655 2254	31 147 32 136	27 TU ○P	0401 1019 1638 2238	16 170 16 149
13 TU	0455 1110 1730 2324	34 149 35 129	28 W	0439 1101 1728 2324	17 177 16 140
14 W A	0519 1139 1806 2354	38 149 39 121	29 TH	0519 1146 1823	23 179 20
15 TH	0544 1209 1844	43 148 44	30 F	0015 0602 1235 1926	127 32 175 27

时　区：＋0400　　潮高基准面：在平均海面下 90　cm

智 利—瓦尔帕莱索

CHILE－VALPARAISO

2021 年潮汐表　　33° 02′ S　　71° 38′ W

5 月

日期	潮时 时分	潮高 cm	日期	潮时 时分	潮高 cm
1 SA S	0114 0651 1330 2035	114 43 168 34	16 SU	0057 0613 1301 2014	102 59 149 51
2 SU	0229 0749 1435 2147	103 54 158 40	17 M	0155 0654 1350 2114	96 66 144 54
3 M ☾	0355 0901 1548 2301	99 63 150 42	18 TU	0309 0749 1449 2219	93 72 138 55
4 TU	0518 1021 1702	102 67 144	19 W ☽	0425 0903 1555 2323	94 76 135 53
5 W	0011 0629 1145 1812	42 109 65 140	20 TH	0534 1026 1701	100 76 135
6 TH	0106 0722 1301 1913	40 118 59 139	21 F	0015 0627 1149 1804	47 111 70 137
7 F	0149 0804 1359 2003	38 127 52 137	22 SA E	0057 0710 1259 1901	41 124 60 140
8 SA E	0224 0840 1445 2045	36 136 45 135	23 SU	0134 0750 1356 1953	34 140 47 142
9 SU	0254 0912 1525 2122	36 143 41 132	24 M	0211 0831 1447 2042	28 156 35 143
10 M	0322 0943 1602 2155	37 150 38 128	25 TU	0249 0913 1537 2131	24 170 26 141
11 TU ●A	0349 1012 1638 2227	38 154 37 124	26 W ○P	0328 0956 1628 2220	23 181 20 136
12 W	0415 1041 1714 2300	41 157 38 120	27 TH	0410 1042 1722 2312	25 187 19 128
13 TH	0441 1111 1751 2334	44 158 40 115	28 F S	0455 1130 1819	30 187 21
14 F	0509 1144 1833	48 158 43	29 SA	0008 0543 1221 1919	120 37 182 25
15 SA N	0012 0539 1220 1920	109 53 154 47	30 SU	0109 0637 1316 2018	113 46 174 31
			31 M	0215 0737 1415 2118	108 53 164 37

6 月

日期	潮时 时分	潮高 cm	日期	潮时 时分	潮高 cm
1 TU	0323 0841 1516 2220	106 60 152 41	16 W	0235 0743 1423 2127	102 65 147 48
2 W ☾	0435 0951 1621 2323	108 65 142 44	17 TH	0332 0842 1515 2218	104 69 141 47
3 TH	0544 1112 1729	114 67 134	18 F ☽	0433 0949 1613 2310	109 70 137 45
4 F E	0018 0643 1234 1834	45 121 64 128	19 SA E	0534 1111 1718	119 68 133
5 SA	0104 0729 1336 1928	45 130 59 124	20 SU	0001 0629 1234 1825	41 132 61 131
6 SU	0141 0808 1425 2013	45 138 54 121	21 M	0049 0719 1339 1926	37 147 50 129
7 M	0214 0843 1507 2052	45 145 49 119	22 TU	0134 0806 1436 2023	33 162 39 128
8 TU A	0244 0914 1546 2129	45 152 45 118	23 W P	0219 0853 1530 2117	31 175 30 127
9 W	0313 0946 1623 2205	45 158 42 117	24 TH ○	0304 0940 1623 2210	30 184 23 125
10 TH ●	0343 1018 1701 2243	46 162 40 115	25 F S	0351 1028 1716 2304	31 188 20 122
11 F	0415 1052 1741 2322	48 164 40 112	26 SA	0440 1118 1809 2358	33 188 20 120
12 SA N	0449 1128 1823	50 163 40	27 SU	0531 1208 1900	37 184 23
13 SU	0005 0525 1207 1907	109 54 161 42	28 M	0052 0625 1258 1950	117 41 175 28
14 M	0051 0606 1249 1952	105 57 157 45	29 TU	0145 0719 1347 2039	115 47 163 35
15 TU	0141 0651 1334 2039	102 62 152 47	30 W	0239 0814 1438 2130	114 54 150 41

7 月

日期	潮时 时分	潮高 cm	日期	潮时 时分	潮高 cm
1 TH ☾E	0339 0915 1531 2223	114 62 136 47	16 F E	0247 0822 1440 2123	116 58 141 40
2 F	0447 1031 1633 2319	116 68 123 50	17 SA ☽	0344 0925 1534 2214	121 62 131 42
3 SA	0553 1200 1744	121 69 115	18 SU	0450 1051 1643 2313	128 64 122 43
4 SU	0010 0648 1310 1847	52 128 65 110	19 M	0557 1223 1803	138 59 116
5 M A	0054 0733 1404 1940	53 135 60 108	20 TU	0012 0657 1334 1915	42 150 50 114
6 TU	0133 0812 1449 2026	52 143 54 109	21 W P	0108 0750 1434 2016	40 162 39 115
7 W	0209 0848 1531 2109	51 150 48 110	22 TH S	0200 0841 1528 2112	37 173 30 117
8 TH	0245 0924 1610 2150	50 157 42 111	23 F	0250 0930 1617 2204	34 180 22 119
9 F N	0321 1000 1649 2231	48 162 38 112	24 SA ○	0340 1018 1704 2253	32 185 18 122
10 SA ●	0358 1037 1727 2311	47 165 36 112	25 SU	0430 1104 1748 2340	30 184 18 123
11 SU	0437 1115 1805 2351	47 167 34 112	26 M	0520 1149 1831	31 179 20
12 M	0517 1153 1842	47 166 35	27 TU	0024 0608 1232 1912	124 34 169 26
13 TU	0031 0558 1232 1920	112 48 163 35	28 W	0108 0656 1314 1952	123 40 156 33
14 W	0113 0642 1312 1958	112 50 157 37	29 TH E	0153 0744 1355 2033	121 48 140 41
15 TH	0157 0729 1353 2038	114 54 150 38	30 F	0241 0837 1437 2115	119 58 125 48
			31 SA ☾	0338 0945 1527 2203	118 66 111 54

8 月

日期	潮时 时分	潮高 cm	日期	潮时 时分	潮高 cm
1 SU	0448 1120 1641 2302	119 70 101 58	16 M	0417 1051 1631 2235	135 59 106 47
2 M A	0557 1242 1808	123 67 97	17 TU P	0534 1224 1805 2348	140 55 101 49
3 TU	0001 0653 1344 1914	59 130 61 97	18 W S	0642 1337 1919	149 45 103
4 W	0054 0741 1434 2008	58 138 53 100	19 TH	0054 0740 1434 2019	47 159 35 108
5 TH N	0141 0824 1517 2055	55 146 45 105	20 F	0152 0832 1521 2110	41 167 26 115
6 F	0225 0905 1555 2137	51 154 38 109	21 SA	0245 0920 1603 2154	35 173 20 121
7 SA	0306 0943 1630 2215	47 160 33 113	22 SU ○	0334 1004 1642 2236	29 176 16 127
8 SU ●	0345 1020 1703 2251	43 165 29 116	23 M	0421 1046 1719 2315	25 174 17 131
9 M	0424 1056 1735 2326	39 167 26 120	24 TU	0506 1126 1754 2353	25 167 20 132
10 TU	0503 1131 1807	36 167 25	25 W E	0549 1203 1829	28 156 26
11 W	0002 0544 1207 1840	123 35 164 25	26 TH	0030 0631 1239 1901	132 35 143 33
12 TH E	0040 0627 1245 1915	127 37 156 26	27 F	0108 0714 1313 1932	130 44 128 41
13 F	0122 0713 1325 1953	129 41 146 30	28 SA	0146 0801 1347 2004	126 54 114 49
14 SA	0209 0807 1410 2037	131 48 132 36	29 SU	0231 0903 1429 2041	123 63 102 56
15 SU ☽	0305 0915 1506 2129	132 56 118 42	30 M ☾A	0330 1038 1542 2138	120 68 92 63
			31 TU	0453 1211 1740 2305	121 66 88 66

时　区：＋0400　　　　潮高基准面：在平均海面下 90　cm

智　利—瓦尔帕莱索

CHILE－VALPARAISO

2021 年潮汐表　　33° 02′ S　　71° 38′ W

9 月

日期	潮时 时分	潮高 cm	日期	潮时 时分	潮高 cm
1	0608	125	16	0628	148
	1323	59		1332	39
W	1900	92	TH	1926	103
2	0021	65	17	0049	51
	0708	132		0729	154
TH	1416	50	F	1422	31
N	1958	97		2017	112
3	0120	60	18	0150	43
	0759	141		0821	160
F	1456	42	SA	1503	24
	2042	104		2059	121
4	0208	53	19	0241	34
	0841	149		0906	164
SA	1530	34	SU	1538	20
	2118	111		2137	130
5	0250	45	20	0327	28
	0919	157		0947	163
SU	1559	28	M	1612	19
	2150	118	○	2213	136
6	0329	37	21	0410	24
	0954	162		1025	159
M	1627	23	TU	1644	20
	2221	126	E	2247	141
7	0407	30	22	0451	24
	1029	165		1100	151
TU	1656	19	W	1714	24
●	2254	133		2321	143
8	0446	25	23	0530	28
	1104	164		1133	141
W	1727	17	TH	1743	30
E	2330	140		2354	143
9	0527	23	24	0609	35
	1140	159		1205	130
TH	1759	17	F	1810	37
10	0008	146	25	0026	140
	0612	26		0649	43
F	1219	149	SA	1237	118
	1835	21		1836	44
11	0051	148	26	0100	137
	0702	32		0734	51
SA	1301	135	SU	1311	107
P	1914	28	A	1903	52
12	0138	147	27	0139	132
	0801	41		0833	59
SU	1350	119	M	1354	96
	1958	38		1937	60
13	0237	144	28	0230	127
	0919	50		1000	63
M	1500	103	TU	1520	88
☽	2055	48		2028	68
14	0354	141	29	0350	123
	1057	52		1134	62
TU	1648	95	W	1724	87
	2214	55	☾ N	2210	74
15	0517	143	30	0518	124
	1225	47		1253	56
W	1818	96	TH	1849	92
S	2338	56		2348	72

10 月

日期	潮时 时分	潮高 cm	日期	潮时 时分	潮高 cm
1	0629	129	16	0044	55
	1347	48		0710	150
F	1942	100	SA	1356	31
				2002	122
2	0057	66	17	0145	46
	0725	137		0802	151
SA	1423	41	SU	1433	28
	2017	109		2040	132
3	0148	56	18	0235	38
	0808	145		0846	151
SU	1452	34	M	1506	26
	2047	118		2115	141
4	0229	45	19	0318	32
	0846	152		0926	148
M	1518	27	TU	1537	27
	2116	129	E	2148	147
5	0308	34	20	0358	29
	0922	158		1002	143
TU	1545	21	W	1606	29
	2148	141	○	2220	152
6	0347	25	21	0437	29
	0958	160		1035	136
W	1614	17	TH	1633	33
●E	2222	152		2251	154
7	0428	19	22	0514	32
	1036	157		1107	128
TH	1646	16	F	1659	38
	2300	161		2321	154
8	0513	18	23	0552	37
	1116	150		1139	120
F	1721	18	SA	1725	44
P	2340	166		2352	152
9	0601	21	24	0632	43
	1159	138		1213	112
SA	1759	24	SU	1752	50
			A		
10	0025	166	25	0026	149
	0657	28		0718	49
SU	1247	124	M	1252	103
	1841	34		1822	58
11	0115	162	26	0105	143
	0803	37		0816	55
M	1348	108	TU	1347	96
	1932	46	N	1859	66
12	0217	155	27	0154	136
	0924	43		0928	59
TU	1519	98	W	1516	90
S	2038	57		1952	74
13	0335	149	28	0303	130
	1049	45		1049	59
W	1658	96	TH	1657	91
☽	2203	63	☾	2124	79
14	0456	146	29	0424	128
	1208	41		1206	56
TH	1818	103	F	1817	97
	2328	62		2300	79
15	0608	147	30	0537	130
	1310	36		1259	50
F	1917	112	SA	1905	106
			31	0020	72
				0637	135
			SU	1335	43
				1939	116

11 月

日期	潮时 时分	潮高 cm	日期	潮时 时分	潮高 cm
1	0117	61	16	0224	46
	0725	141		0823	136
M	1404	37	TU	1431	37
	2009	129		2052	149
2	0203	49	17	0308	41
	0808	146		0903	133
TU	1432	30	W	1501	38
E	2041	143		2124	155
3	0246	37	18	0347	39
	0849	150		0939	128
W	1502	24	TH	1530	40
	2116	158		2155	160
4	0329	27	19	0425	38
	0930	150		1013	124
TH	1535	21	F	1557	43
●	2154	171	○	2226	162
5	0414	20	20	0502	38
	1013	147		1047	120
F	1611	21	SA	1625	46
P	2234	179		2257	163
6	0503	18	21	0541	40
	1058	139		1123	115
SA	1650	25	SU	1654	51
	2319	183	A	2330	162
7	0556	20	22	0623	43
	1147	128		1202	110
SU	1732	32	M	1727	56
			N		
8	0007	181	23	0007	158
	0656	26		0709	47
M	1245	117	TU	1248	105
S	1821	42		1802	62
9	0101	175	24	0048	153
	0803	32		0800	51
TU	1356	107	W	1345	100
	1919	52		1845	68
10	0203	166	25	0135	147
	0913	37		0856	54
W	1518	103	TH	1453	97
	2029	61		1939	75
11	0314	157	26	0230	141
	1024	40		0956	56
TH	1640	105	F	1604	97
☽	2147	65		2047	79
12	0426	150	27	0331	136
	1134	40		1058	55
F	1753	112	SA	1714	102
	2309	65	☾	2202	80
13	0538	145	28	0435	134
	1233	39		1152	52
SA	1851	121	SU	1809	112
				2325	76
14	0029	60	29	0538	134
	0643	142		1234	47
SU	1320	37	M	1851	124
	1937	131			
15	0133	53	30	0040	67
	0737	139		0636	135
M	1358	36	TU	1311	41
E	2016	141	E	1930	139

12 月

日期	潮时 时分	潮高 cm	日期	潮时 时分	潮高 cm
1	0138	55	16	0257	52
	0729	137		0840	118
W	1346	35	TH	1427	48
	2009	155		2103	157
2	0228	43	17	0338	47
	0819	138		0919	117
TH	1423	31	F	1459	49
	2049	170		2135	162
3	0316	33	18	0417	44
	0907	137		0957	116
F	1502	29	SA	1531	50
	2132	182	A	2208	166
4	0406	25	19	0455	42
	0957	134		1035	115
SA	1543	29	SU	1604	51
●P	2217	190	○	2243	167
5	0459	21	20	0534	41
	1048	129		1115	114
SU	1628	32	M	1639	53
	2305	193	N	2319	167
6	0555	21	21	0614	41
	1143	123		1157	112
M	1717	38	TU	1717	56
S	2356	191		2357	165
7	0652	23	22	0655	43
	1243	118		1241	109
TU	1811	44	W	1756	59
8	0050	184	23	0036	161
	0750	27		0737	45
W	1346	114	TH	1326	107
	1910	51		1838	63
9	0147	174	24	0117	156
	0847	33		0819	48
TH	1451	112	F	1414	106
	2013	58		1924	67
10	0246	162	25	0200	149
	0946	38		0902	50
F	1559	114	SA	1506	106
	2120	64		2016	71
11	0348	150	26	0246	143
	1047	42		0047	51
SA	1710	118	SU	1602	110
☽	2238	67		2116	75
12	0456	139	27	0338	136
	1146	45		1036	50
SU	1815	126	M	1704	118
E			☾ E	2234	75
13	0005	66	28	0439	130
	0606	131		1128	48
M	1237	46	TU	1803	130
	1907	134			
14	0116	62	29	0006	70
	0706	125		0550	126
TU	1319	47	W	1219	45
	1951	143		1856	144
15	0211	57	30	0119	60
	0757	121		0658	124
W	1355	47	TH	1307	42
	2029	150		1944	159
			31	0217	49
				0759	124
			F	1353	38
				2031	173

时　区：＋0400　　潮高基准面：在平均海面下 90 cm

智 利—蒙特港

CHILE－PUERTO MONTT

2021年潮汐表　　41° 29′ S　　72° 58′ W

1 月

日期	潮时 时分	潮高 cm	日期	潮时 时分	潮高 cm
1 F	0237 0905 1511 2105	636 141 556 187	16 SA	0332 0959 1600 2159	640 137 572 188
2 SA	0316 0944 1551 2147	628 148 548 194	17 SU	0406 1035 1637 2236	608 167 544 218
3 SU	0358 1026 1635 2232	614 158 540 203	18 M	0442 1112 1717 2317	571 200 515 250
4 M	0444 1111 1723 2323	596 171 532 214	19 TU E	0522 1155 1804	531 234 490
5 TU	0535 1202 1819	573 187 526	20 W ☽	0009 0611 1249 1906	282 492 264 473
6 W ☾ E	0022 0636 1300 1924	225 549 202 525	21 TH A	0120 0720 1358 2022	305 461 286 470
7 TH	0133 0748 1409 2036	233 530 214 535	22 F	0253 0849 1514 2135	309 448 291 486
8 F	0255 0908 1526 2150	230 525 214 557	23 SA	0414 1011 1617 2233	291 456 283 512
9 SA P	0419 1026 1639 2258	208 536 200 589	24 SU	0510 1110 1706 2318	261 476 266 543
10 SU	0530 1135 1743 2358	173 560 178 625	25 M	0552 1156 1747 2358	228 500 245 576
11 M	0628 1233 1837	137 586 156	26 TU N	0630 1235 1825	195 526 221
12 TU S	0051 0719 1323 1925	654 110 606 141	27 W	0035 0706 1311 1902	608 163 551 196
13 W ●	0137 0804 1408 2007	672 97 615 137	28 TH ○	0112 0741 1348 1940	637 135 572 174
14 TH	0219 0845 1447 2047	675 98 611 145	29 F	0150 0818 1424 2019	659 113 589 156
15 F	0257 0923 1524 2123	664 113 595 163	30 SA	0228 0855 1501 2059	671 100 599 146
			31 SU	0307 0933 1539 2139	672 97 602 145

2 月

日期	潮时 时分	潮高 cm	日期	潮时 时分	潮高 cm
1 M	0346 1011 1618 2221	660 106 597 155	16 TU	0409 1030 1635 2238	580 187 539 232
2 TU E	0426 1050 1700 2307	634 126 584 176	17 W	0439 1059 1709 2314	538 225 510 269
3 W P	0510 1133 1748 2359	596 158 564 207	18 TH A	0513 1133 1751	494 264 483
4 TH ☾	0603 1223 1848	549 196 541	19 F ☽	0002 0559 1218 1851	304 452 301 462
5 F	0106 0713 1330 2009	240 503 235 526	20 SA	0122 0719 1338 2021	330 420 328 457
6 SA	0241 0852 1504 2144	259 477 256 536	21 SU	0333 0928 1530 2152	327 415 329 475
7 SU	0427 1035 1640 2306	239 492 240 573	22 M	0453 1054 1643 2254	295 441 305 511
8 M S	0543 1148 1749	193 533 204	23 TU N	0538 1142 1730 2338	252 478 269 555
9 TU	0007 0637 1241 1840	619 145 576 166	24 W	0614 1219 1810	205 519 226
10 W	0054 0720 1324 1923	657 109 609 139	25 TH	0018 0649 1254 1849	601 157 561 180
11 TH ●	0134 0758 1401 2001	680 90 626 126	26 F	0056 0723 1329 1927	645 112 601 139
12 F	0210 0832 1434 2035	685 87 628 128	27 SA ○	0134 0759 1404 2006	680 77 632 106
13 SA	0242 0904 1505 2106	674 99 616 142	28 SU	0212 0835 1440 2046	701 57 653 88
14 SU	0312 0933 1535 2136	651 121 595 167			
15 M E	0340 1002 1604 2206	618 152 568 197			

3 月

日期	潮时 时分	潮高 cm	日期	潮时 时分	潮高 cm
1 M E	0250 0911 1516 2125	703 55 659 87	16 TU	0314 0926 1531 2139	612 146 592 171
2 TU P	0328 0947 1554 2207	684 71 650 106	17 W	0340 0950 1557 2207	574 181 564 206
3 W	0408 1025 1634 2251	646 105 626 142	18 TH A	0407 1014 1624 2237	534 220 534 243
4 TH	0451 1106 1720 2343	592 153 589 190	19 F	0437 1039 1656 2313	492 259 503 279
5 F	0543 1155 1820	530 209 547	20 SA	0512 1110 1738	452 296 474
6 SA ☾	0053 0700 1308 1953	239 473 261 516	21 SU ☽	0005 0612 1201 1853	312 417 330 452
7 SU S	0243 0904 1504 2147	262 454 280 527	22 M N	0157 0824 1411 2048	329 403 347 455
8 M	0434 1047 1646 2307	231 490 247 572	23 TU	0410 1017 1609 2213	303 431 318 490
9 TU	0539 1147 1746	179 544 196	24 W	0503 1107 1704 2306	255 476 267 541
10 W	0000 0625 1230 1831	620 131 592 150	25 TH	0541 1145 1746 2349	200 529 208 597
11 TH	0042 0703 1307 1909	657 97 626 119	26 F	0617 1221 1826	142 584 148
12 F	0117 0736 1339 1943	677 79 644 104	27 SA	0030 0653 1257 1905	650 91 635 94
13 SA ●	0149 0807 1409 2014	680 78 646 105	28 SU ○E	0109 0729 1334 1945	690 53 674 55
14 SU E	0219 0835 1437 2043	668 91 636 119	29 M	0149 0806 1411 2026	711 35 697 37
15 M	0247 0901 1504 2111	644 115 617 142	30 TU P	0229 0844 1449 2107	708 39 701 43
			31 W	0309 0922 1528 2150	680 66 684 71

4 月

日期	潮时 时分	潮高 cm	日期	潮时 时分	潮高 cm
1 TH	0351 1001 1609 2237	633 110 649 118	16 F	0343 0939 1550 2212	526 218 558 216
2 F	0437 1044 1657 2332	573 167 600 173	17 SA	0413 1005 1620 2246	490 252 527 249
3 SA	0535 1138 1802	511 226 549	18 SU N	0450 1037 1659 2332	456 286 497 279
4 SU ☾ S	0047 0704 1300 1941	223 464 274 515	19 M	0547 1127 1803	428 315 470
5 M	0234 0903 1459 2129	239 465 278 526	20 TU ☽	0049 0728 1305 1944	297 417 331 464
6 TU	0410 1027 1628 2242	210 507 237 565	21 W	0244 0910 1507 2116	286 441 308 491
7 W	0510 1121 1724 2333	166 558 185 605	22 TH	0402 1012 1618 2219	244 488 253 540
8 TH	0553 1201 1807	127 601 141	23 F	0451 1058 1708 2310	189 545 188 595
9 F	0014 0630 1236 1843	636 99 632 111	24 SA	0534 1140 1753 2356	133 604 124 645
10 SA	0049 0702 1308 1916	652 86 649 96	25 SU E	0615 1220 1836	85 657 70
11 SU E	0121 0732 1337 1947	654 87 654 95	26 M	0040 0655 1301 1920	681 54 697 34
12 M ●	0151 0759 1405 2016	643 100 648 105	27 TU ○P	0123 0736 1342 2004	695 43 717 21
13 TU	0219 0825 1431 2045	622 122 633 124	28 W	0206 0816 1423 2048	686 54 716 33
14 W A	0247 0850 1457 2113	595 150 613 151	29 TH	0251 0857 1505 2135	656 85 694 64
15 TH	0315 0914 1523 2142	562 183 588 182	30 F	0337 0940 1551 2225	611 130 655 110

时　区：＋0400　　　　潮高基准面：在平均海面下 360 cm

智 利—蒙特港

CHILE－PUERTO MONTT

2021 年潮汐表　　41° 29′ S　　72° 58′ W

5 月

日期	潮时 时分	潮高 cm	日期	潮时 时分	潮高 cm
1	0428	558	16	0356	496
SA	1028	182	SU	0943	242
S	1642	607		1559	555
	2322	160		2229	221
2	0530	509	17	0437	471
SU	1127	232	M	1022	267
	1746	558		1642	529
				2316	242
3	0034	200	18	0532	453
M	0653	479	TU	1114	287
☾	1246	266		1740	508
	1913	526			
4	0202	215	19	0018	254
TU	0829	482	W	0647	449
	1426	268	☽	1230	295
	2046	525		1858	501
5	0324	200	20	0137	248
W	0945	513	TH	0807	468
	1548	237		1401	278
	2159	547		2019	516
6	0424	172	21	0254	221
TH	1039	553	F	0914	508
	1646	196		1520	237
	2253	574		2129	549
7	0511	145	22	0356	181
F	1122	590	SA	1009	559
	1731	159	E	1623	183
	2336	597		2228	590
8	0549	125	23	0449	139
SA	1159	619	SU	1059	612
E	1810	131		1717	128
				2321	626
9	0014	610	24	0537	104
SU	0623	115	M	1146	659
	1232	638		1808	83
	1845	114			
10	0048	614	25	0011	650
M	0653	115	TU	0623	83
	1302	647		1232	692
	1917	108		1857	54
11	0120	608	26	0100	659
TU	0722	124	W	0709	77
●A	1331	648	○P	1318	709
	1948	112		1946	45
12	0151	595	27	0149	650
W	0749	140	TH	0754	89
	1359	641		1404	707
	2019	125		2034	54
13	0221	575	28	0237	628
TH	0816	162	F	0839	113
	1426	627	S	1450	689
	2049	144		2123	79
14	0251	550	29	0326	595
F	0844	188	SA	0925	147
	1455	607		1538	657
	2120	169		2213	113
15	0322	523	30	0417	559
SA	0912	215	SU	1014	185
N	1525	582		1628	618
	2152	196		2307	151
			31	0514	525
			M	1110	221
				1724	577

6 月

日期	潮时 时分	潮高 cm	日期	潮时 时分	潮高 cm
1	0008	183	16	0513	493
TU	0620	501	W	1102	248
	1216	250		1721	555
	1831	543		2352	209
2	0116	203	17	0611	493
W	0735	494	TH	1203	252
☾	1334	262		1822	544
	1947	524			
3	0227	207	18	0052	209
TH	0848	506	F	0716	504
	1453	253	☽	1314	246
	2101	524		1931	542
4	0330	198	19	0157	202
F	0949	532	SA	0822	529
E	1559	229	E	1429	228
	2203	535		2042	551
5	0422	183	20	0304	187
SA	1038	561	SU	0925	563
	1652	200		1542	197
	2254	550		2150	568
6	0506	170	21	0408	167
SU	1119	589	M	1025	601
	1735	174		1649	160
	2337	563		2253	587
7	0543	160	22	0507	146
M	1155	612	TU	1121	638
	1814	154		1749	124
				2353	606
8	0016	571	23	0602	130
TU	0617	157	W	1215	669
A	1228	629	P	1845	97
	1849	141			
9	0051	573	24	0048	618
W	0648	159	TH	0653	121
	1300	639	○	1307	688
	1922	136		1937	82
10	0125	569	25	0140	621
TH	0718	166	F	0742	121
●	1331	641	S	1356	693
	1955	138		2026	81
11	0158	560	26	0229	614
F	0749	177	SA	0829	131
	1402	636		1442	685
	2028	147		2112	93
12	0231	547	27	0315	598
SA	0821	191	SU	0914	150
N	1434	625		1526	663
	2102	161		2158	116
13	0306	531	28	0400	575
SU	0854	207	M	0958	175
	1508	608		1609	632
	2137	176		2243	145
14	0343	515	29	0446	549
M	0930	223	TU	1044	204
	1546	590		1654	595
	2216	191		2330	175
15	0425	501	30	0536	523
TU	1012	238	W	1135	234
	1629	571		1743	556
	2301	202			

7 月

日期	潮时 时分	潮高 cm	日期	潮时 时分	潮高 cm
1	0023	203	16	0537	542
TH	0633	504	F	1139	214
☾ E	1236	259	E	1750	570
	1843	522			
2	0123	225	17	0013	185
F	0740	497	SA	0633	539
	1349	273	☽	1240	225
	1954	500		1851	546
3	0228	236	18	0112	201
SA	0849	505	SU	0739	542
	1506	268		1353	232
	2108	494		2006	527
4	0331	235	19	0222	214
SU	0950	526	M	0852	553
	1612	248		1518	225
	2213	502		2128	525
5	0424	226	20	0341	213
M	1040	553	TU	1007	578
A	1705	222		1640	198
	2306	516		2246	541
6	0508	216	21	0455	196
TU	1122	580	W	1115	612
	1748	197	P	1749	159
	2350	532		2353	569
7	0546	205	22	0558	170
W	1159	604	TH	1214	648
	1826	175	S	1845	122
8	0029	544	23	0050	597
TH	0621	196	F	0651	145
	1234	624		1306	676
	1901	158		1934	96
9	0105	554	24	0138	617
F	0656	189	SA	0738	130
N	1308	637	○	1351	690
	1936	147		2018	86
10	0141	559	25	0221	624
SA	0730	185	SU	0821	127
●	1343	644		1431	688
	2010	142		2058	91
11	0216	560	26	0300	617
SU	0806	184	M	0900	136
	1418	644		1509	670
	2046	141		2135	109
12	0252	558	27	0336	599
M	0843	186	TU	0937	157
	1455	638		1544	640
	2122	144		2211	137
13	0328	554	28	0412	575
TU	0921	190	W	1014	186
	1533	628		1619	601
	2200	149		2247	171
14	0407	550	29	0450	546
W	1003	196	TH	1054	220
	1613	613	E	1657	559
	2240	158		2326	207
15	0449	546	30	0534	519
TH	1048	204	F	1141	254
	1658	593		1742	515
	2323	170			
			31	0013	242
			SA	0628	496
			☾	1243	284
				1843	477

8 月

日期	潮时 时分	潮高 cm	日期	潮时 时分	潮高 cm
1	0115	272	16	0036	220
SU	0738	486	M	0707	541
	1407	298		1337	245
	2008	455		1949	484
2	0231	286	17	0157	252
M	0856	493	TU	0839	535
A	1536	287	P	1522	245
	2138	458		2136	483
3	0344	283	18	0340	253
TU	1003	517	W	1011	559
	1642	259	S	1654	207
	2245	478		2302	520
4	0440	267	19	0503	219
W	1054	547	TH	1123	604
	1729	226		1756	156
	2334	503			
5	0525	245	20	0002	568
TH	1136	579	F	0603	174
N	1808	194		1217	648
				1844	111
6	0014	529	21	0049	610
F	0603	221	SA	0650	135
	1214	609		1301	680
	1843	163		1925	82
7	0049	554	22	0129	637
SA	0640	197	SU	0730	111
	1250	635	○	1339	694
	1917	137		2001	71
8	0124	576	23	0204	647
SU	0716	174	M	0807	105
●	1326	655		1414	689
	1951	116		2034	78
9	0158	593	24	0237	642
M	0753	156	TU	0841	114
	1402	667		1446	669
	2026	102		2105	99
10	0233	605	25	0307	624
TU	0831	144	W	0912	136
	1438	670	E	1516	636
	2101	98		2134	129
11	0308	611	26	0337	598
W	0910	140	TH	0944	167
	1515	661		1546	596
	2137	103		2203	166
12	0344	610	27	0408	567
TH	0950	145	F	1017	204
E	1554	640		1617	551
	2214	118		2233	207
13	0423	601	28	0442	535
F	1032	160	SA	1054	243
	1635	608		1653	505
	2254	145		2307	250
14	0506	585	29	0524	504
SA	1120	186	SU	1144	281
	1722	566		1742	460
	2339	180		2355	291
15	0558	563	30	0624	478
SU	1218	218	M	1303	309
☽	1823	520	☾ A	1906	426
			31	0116	321
			TU	0753	468
				1500	309
				2110	425

时　区：＋0400　　潮高基准面：在平均海面下 360　cm

智 利—蒙特港

CHILE－PUERTO MONTT

2021 年潮汐表　　41° 29′ S　　72° 58′ W

9 月

日期	潮时 时分	潮高 cm	日期	潮时 时分	潮高 cm
1 W	0306 0925 1624 2232	324 484 279 452	16 TH	0355 1019 1657 2306	257 560 184 534
2 TH N	0420 1029 1711 2319	300 517 239 488	17 F	0507 1120 1748 2354	203 611 131 588
3 F	0508 1114 1747 2354	263 557 196 527	18 SA	0556 1206 1828	149 654 91
4 SA	0547 1152 1820	222 599 153	19 SU	0033 0637 1245 1904	630 109 681 67
5 SU	0027 0623 1228 1853	567 179 638 113	20 M ○	0108 0713 1319 1936	655 86 690 61
6 M	0059 0659 1304 1926	604 139 670 81	21 TU E	0139 0746 1351 2005	663 83 681 72
7 TU ●	0133 0736 1340 2001	635 107 690 60	22 W	0209 0817 1420 2033	656 94 657 95
8 W E	0207 0814 1417 2035	657 87 695 55	23 TH	0237 0846 1448 2059	638 118 624 127
9 TH	0242 0853 1455 2111	667 82 680 68	24 F	0304 0915 1516 2124	612 150 585 165
10 F	0318 0933 1533 2148	662 96 648 96	25 SA	0332 0945 1545 2150	582 187 542 206
11 SA P	0356 1016 1615 2227	643 125 600 139	26 SU A	0401 1018 1617 2219	549 227 497 249
12 SU	0439 1105 1703 2313	610 168 542 192	27 M	0436 1058 1658 2255	514 268 453 291
13 M ☽	0533 1208 1811	568 216 485	28 TU	0524 1200 1809 2358	480 303 416 327
14 TU	0017 0653 1341 2003	246 529 249 453	29 W ☾ N	0647 1400 2026	456 317 408
15 W S	0159 0847 1539 2157	278 523 234 479	30 TH	0212 0840 1552 2200	339 461 290 437

10 月

日期	潮时 时分	潮高 cm	日期	潮时 时分	潮高 cm
1 F	0351 0955 1641 2245	309 496 246 480	16 SA	0448 1100 1722 2329	181 608 124 596
2 SA	0441 1043 1716 2320	261 542 196 528	17 SU	0534 1144 1801	133 643 92
3 SU	0520 1123 1749 2353	207 593 145 579	18 M	0006 0613 1221 1835	632 98 663 75
4 M	0557 1200 1822	150 642 97	19 TU E	0040 0648 1255 1906	653 80 667 73
5 TU	0026 0634 1238 1857	627 99 680 59	20 W ○	0111 0721 1326 1935	660 79 658 85
6 W ●E	0101 0712 1316 1932	668 60 703 39	21 TH	0140 0751 1355 2002	655 90 637 107
7 TH	0137 0752 1355 2009	694 40 703 39	22 F	0208 0821 1424 2028	640 112 608 137
8 F P	0214 0832 1434 2046	702 41 681 60	23 SA	0235 0850 1452 2054	618 141 573 171
9 SA	0253 0915 1516 2125	690 65 639 99	24 SU A	0302 0919 1522 2120	590 176 535 208
10 SU	0334 1001 1601 2208	660 107 583 150	25 M	0331 0951 1554 2149	558 214 496 245
11 M	0421 1055 1656 2300	615 160 522 208	26 TU N	0404 1028 1632 2223	524 252 458 281
12 TU S	0522 1206 1816	564 210 470	27 W	0448 1118 1731 2317	490 286 425 312
13 W ☽	0015 0654 1346 2013	257 524 235 459	28 TH ☾	0557 1242 1914	463 306 412
14 TH	0207 0845 1529 2146	271 527 212 496	29 F	0057 0739 1439 2053	327 459 294 433
15 F	0346 1005 1636 2245	235 565 167 548	30 SA	0250 0903 1547 2150	303 487 254 475
			31 SU	0354 0959 1631 2232	254 533 204 527

11 月

日期	潮时 时分	潮高 cm	日期	潮时 时分	潮高 cm
1 M	0441 1045 1709 2311	195 585 152 582	16 TU	0547 1154 1805	122 621 114
2 TU E	0523 1127 1747 2350	135 634 104 635	17 W	0011 0624 1230 1837	631 106 626 113
3 W	0604 1209 1825	83 672 69	18 TH	0044 0658 1303 1907	641 102 621 121
4 TH ●	0029 0647 1252 1905	677 46 691 53	19 F ○	0114 0730 1335 1936	641 108 608 137
5 F P	0109 0730 1335 1945	702 29 687 57	20 SA	0143 0801 1406 2004	634 123 587 158
6 SA	0151 0815 1419 2027	707 36 663 80	21 SU A	0212 0831 1436 2032	619 145 562 184
7 SU	0234 0902 1505 2111	692 63 622 118	22 M N	0242 0902 1508 2101	597 173 532 212
8 M S	0321 0953 1556 2159	659 105 572 164	23 TU	0313 0935 1541 2132	571 204 502 240
9 TU	0413 1050 1656 2257	615 153 523 210	24 W	0347 1011 1619 2208	542 234 473 265
10 W	0518 1200 1813	569 195 487	25 TH	0429 1055 1708 2257	514 259 450 286
11 TH ☽	0013 0642 1327 1947	244 536 215 481	26 F	0524 1154 1816	492 275 440
12 F	0146 0815 1452 2108	251 533 205 506	27 SA ☾	0006 0638 1312 1935	296 484 275 450
13 SA	0312 0931 1557 2208	226 553 178 543	28 SU	0132 0757 1429 2043	285 497 253 481
14 SU	0416 1028 1647 2255	187 581 149 580	29 M	0250 0904 1531 2139	251 528 217 525
15 M E	0505 1114 1728 2335	150 605 126 610	30 TU E	0353 1001 1623 2229	204 567 176 575

12 月

日期	潮时 时分	潮高 cm	日期	潮时 时分	潮高 cm
1 W	0447 1053 1710 2316	153 605 139 623	16 TH	0604 1211 1812	155 572 168
2 TH	0538 1144 1757	107 634 111	17 F	0022 0642 1248 1845	615 143 577 169
3 F	0003 0628 1233 1844	661 74 650 97	18 SA A	0055 0716 1323 1916	625 139 575 174
4 SA ●P	0051 0717 1323 1930	685 58 650 98	19 SU ○	0127 0749 1356 1947	627 142 567 184
5 SU	0139 0807 1413 2017	693 59 635 111	20 M N	0158 0821 1428 2018	622 153 553 196
6 M S	0227 0858 1503 2105	684 77 610 135	21 TU	0230 0853 1501 2050	610 168 536 212
7 TU	0317 0949 1554 2155	661 106 578 164	22 W	0303 0927 1534 2123	594 186 518 227
8 W	0409 1044 1649 2250	628 140 545 195	23 TH	0337 1001 1610 2159	574 204 502 241
9 TH	0505 1143 1751 2353	591 173 518 223	24 F	0414 1039 1650 2241	555 219 489 253
10 F	0609 1248 1901	556 199 502	25 SA	0458 1123 1738 2332	538 229 483 260
11 SA ☽	0105 0723 1359 2015	240 532 211 504	26 SU	0550 1216 1836	525 235 486
12 SU E	0223 0839 1507 2123	240 525 208 522	27 M ☾E	0034 0654 1317 1941	260 518 235 499
13 M	0335 0947 1605 2219	224 533 197 548	28 TU	0147 0805 1426 2048	252 520 228 524
14 TU	0434 1043 1654 2306	200 547 184 575	29 W	0305 0917 1535 2152	231 532 213 558
15 W	0523 1130 1735 2346	175 562 173 598	30 TH	0419 1026 1641 2254	198 552 191 596
			31 F	0525 1130 1741 2353	160 576 167 633

时　区：＋0400　　　　潮高基准面：在平均海面下 360　cm

智　利—合恩角(奥兰治湾)

CHILE－CAPE HORN(ORANGE BAY)

2021 年潮汐表　　55° 31′ S　　68° 05′ W

1 月

日期	潮时 时分	潮高 cm	日期	潮时 时分	潮高 cm
1 F	0526 1233 1850 2345	221 40 158 100	16 SA	0006 0625 1322 1935	85 232 34 173
2 SA	0609 1313 1930	222 40 161	17 SU	0058 0714 1406 2020	88 221 43 174
3 SU	0031 0654 1354 2011	98 220 43 164	18 M	0151 0802 1447 2104	90 207 54 176
4 M	0123 0743 1436 2054	95 215 47 170	19 TU E	0246 0851 1527 2148	92 193 64 178
5 TU	0220 0837 1520 2139	90 208 53 178	20 W ☽	0343 0941 1606 2231	93 180 74 181
6 W ☾ E	0323 0936 1606 2228	85 199 59 188	21 TH A	0443 1035 1645 2315	92 168 82 185
7 TH	0431 1040 1656 2320	77 189 66 199	22 F	0543 1133 1725 2358	89 159 89 190
8 F	0542 1149 1748	68 181 71	23 SA	0643 1233 1808	84 154 95
9 SA P	0014 0653 1258 1842	211 57 175 76	24 SU	0042 0738 1334 1852	195 76 151 99
10 SU	0110 0800 1406 1937	222 46 171 79	25 M	0126 0829 1431 1938	202 67 151 101
11 M	0205 0903 1511 2032	233 35 170 81	26 TU N	0209 0916 1523 2024	208 59 153 102
12 TU S	0300 1001 1611 2127	240 27 169 82	27 W	0252 1000 1610 2109	214 51 156 101
13 W ●	0353 1056 1706 2221	245 23 170 83	28 TH ○	0336 1042 1654 2155	220 45 159 98
14 TH	0445 1147 1758 2314	245 23 171 84	29 F	0420 1123 1735 2242	224 41 163 95
15 F	0536 1236 1848	241 27 172	30 SA	0505 1203 1815 2330	226 41 168 90
			31 SU	0552 1244 1855	225 42 173

2 月

日期	潮时 时分	潮高 cm	日期	潮时 时分	潮高 cm
1 M	0021 0641 1325 1937	84 221 47 179	16 TU	0128 0736 1402 2017	86 195 70 183
2 TU E	0116 0733 1407 2021	79 214 53 187	17 W	0219 0822 1438 2056	87 183 79 185
3 W P	0215 0829 1452 2109	74 204 61 195	18 TH A	0312 0911 1513 2138	88 171 88 187
4 TH ☾	0319 0930 1539 2200	69 193 69 204	19 F ☽	0408 1005 1551 2221	87 162 95 190
5 F	0427 1036 1630 2255	64 182 76 212	20 SA	0506 1103 1632 2306	85 155 101 194
6 SA	0537 1145 1725 2353	57 174 82 220	21 SU	0603 1204 1718 2353	80 152 105 198
7 SU	0647 1255 1822	50 168 86	22 M	0658 1304 1808	73 151 107
8 M S	0051 0752 1401 1920	228 42 166 88	23 TU N	0041 0749 1359 1900	204 65 154 106
9 TU	0149 0853 1502 2018	234 36 166 88	24 W	0129 0836 1448 1951	211 58 158 103
10 W	0244 0948 1557 2113	238 33 168 87	25 TH	0218 0920 1532 2042	217 52 163 97
11 TH ●	0338 1039 1647 2207	239 33 171 85	26 F	0306 1003 1613 2132	222 47 170 90
12 F	0429 1125 1733 2258	236 36 173 84	27 SA ○	0355 1045 1653 2223	226 46 177 82
13 SA	0517 1208 1816 2349	229 43 176 84	28 SU	0444 1126 1734 2315	227 47 184 74
14 SU	0604 1249 1857	220 51 178			
15 M E	0038 0650 1327 1937	84 208 60 181			

3 月

日期	潮时 时分	潮高 cm	日期	潮时 时分	潮高 cm
1 M E	0535 1208 1816	224 51 192	16 TU	0017 0626 1239 1849	80 194 79 191
2 TU P	0009 0628 1251 1901	67 218 57 200	17 W	0103 0710 1312 1926	81 183 88 192
3 W	0107 0724 1336 1949	62 209 65 207	18 TH A	0151 0756 1344 2003	82 173 96 193
4 TH	0208 0823 1424 2040	58 198 74 213	19 F	0241 0846 1419 2044	82 164 103 194
5 F	0313 0928 1515 2135	55 186 82 218	20 SA	0334 0942 1457 2128	82 157 109 195
6 SA ☾	0422 1036 1611 2234	52 177 89 222	21 SU ☽	0430 1041 1543 2215	80 153 113 198
7 SU S	0532 1146 1710 2335	49 171 94 226	22 M N	0526 1142 1636 2307	75 153 115 201
8 M	0639 1254 1812	45 169 95	23 TU	0619 1237 1733	70 156 114
9 TU	0036 0741 1355 1913	230 42 170 94	24 W	0000 0708 1326 1831	206 64 161 109
10 W	0135 0837 1449 2011	231 41 172 91	25 TH	0054 0754 1409 1927	212 59 168 101
11 TH	0230 0927 1537 2105	231 42 176 87	26 F	0147 0830 1450 2021	218 55 177 90
12 F	0322 1013 1620 2156	228 46 180 84	27 SA	0240 0921 1531 2114	222 52 187 78
13 SA ●	0411 1054 1700 2244	223 53 183 81	28 SU ○E	0332 1004 1612 2207	225 53 197 67
14 SU E	0458 1131 1737 2331	215 61 186 80	29 M	0425 1046 1655 2301	224 56 207 57
15 M	0542 1206 1814	205 70 189	30 TU P	0519 1130 1740 2358	219 61 216 50
			31 W	0615 1216 1827	211 69 222

4 月

日期	潮时 时分	潮高 cm	日期	潮时 时分	潮高 cm
1 TH	0057 0714 1304 1918	46 201 78 226	16 F	0125 0734 1249 1913	75 164 109 203
2 F	0159 0817 1355 2013	44 190 87 228	17 SA	0212 0826 1324 1953	76 158 115 202
3 SA	0306 0925 1452 2113	44 181 95 229	18 SU N	0303 0922 1405 2038	75 154 121 202
4 SU ☾ S	0414 1035 1554 2215	44 175 101 228	19 M	0355 1021 1457 2129	74 153 123 202
5 M	0522 1144 1700 2319	44 173 103 227	20 TU ☽	0448 1117 1558 2225	71 156 123 203
6 TU	0626 1247 1807	44 175 102	21 W	0539 1206 1704 2324	68 162 118 206
7 W	0022 0723 1341 1909	226 45 179 97	22 TH	0627 1250 1808	65 170 108
8 TH	0121 0814 1429 2005	224 49 183 91	23 F	0023 0713 1331 1807	210 62 181 05
9 F	0215 0859 1510 2057	220 54 188 86	24 SA	0121 0757 1412 2004	214 60 194 80
10 SA	0306 0939 1548 2145	215 61 193 81	25 SU E	0217 0841 1453 2059	217 60 207 65
11 SU E	0352 1015 1623 2230	207 69 197 77	26 M	0312 0924 1537 2154	217 61 220 52
12 M ●	0437 1048 1656 2313	199 77 200 75	27 TU ○P	0408 1009 1622 2249	215 65 231 42
13 TU	0520 1119 1729 2356	190 86 202 75	28 W	0504 1054 1709 2347	209 71 239 36
14 W A	0602 1149 1803	181 94 203	29 TH	0602 1142 1759	201 79 243
15 TH	0040 0647 1218 1837	75 172 102 203	30 F	0046 0703 1233 1852	33 192 88 243

时　区：＋0400　　　　潮高基准面：在平均海面下 135　cm

智　利—合恩角（奥兰治湾）

CHILE－CAPE HORN（ORANGE BAY）

2021 年潮汐表　　55° 31′ S　　68° 05′ W

5月						6月						7月						8月					
日期	潮时 时分	潮高 cm	日期	潮时 时分	潮高 cm	日期	潮时 时分	潮高 cm	日期	潮时 时分	潮高 cm	日期	潮时 时分	潮高 cm	日期	潮时 时分	潮高 cm	日期	潮时 时分	潮高 cm	日期	潮时 时分	潮高 cm
1	0149	34	16	0145	68	1	0335	43	16	0242	65	1	0353	62	16	0247	70	1	0431	95	16	0347	91
	0808	183		0805	156		1001	178		0908	161		1018	184		0907	180		1102	193		1016	212
SA	1328	97	SU	1239	122	TU	1517	110	W	1355	120	TH	1600	106	F	1447	101	SU	1742	96	M	1704	70
S	1949	240		1911	211		2130	224		2020	210	☾ E	2201	199	E	2101	200		2332	163		2313	171
2	0254	37	17	0231	68	2	0434	51	17	0327	69	2	0444	72	17	0333	77	2	0517	102	17	0446	97
	0917	178		0858	154		1102	181		0955	168		1111	188		0957	189		1151	198		1118	220
SU	1430	104	M	1323	125	W	1630	109	TH	1503	116	F	1712	103	SA	1600	94	M	1846	90	TU	1819	61
	2050	235		1956	209	☾	2234	212		2121	204		2305	187	☽	2208	190	A			P		
3	0400	40	18	0319	69	3	0530	59	18	0415	72	3	0532	81	18	0423	83	3	0039	158	18	0030	168
	1025	176		0951	156		1156	187		1042	177		1159	194		1051	201		0605	107		0549	99
M	1538	108	TU	1419	126	TH	1740	105	F	1617	108	SA	1819	98	SU	1715	84	TU	1238	204	W	1222	230
☾	2154	228		2049	206		2338	203	☽	2227	198					2321	182		1942	81	S	1928	50
4	0504	44	19	0409	69	4	0620	67	19	0504	75	4	0008	177	19	0517	87	4	0140	157	19	0140	169
	1131	178		1041	160		1244	193		1130	190		0616	89		1146	214		0652	110		0654	98
TU	1649	108	W	1527	124	F	1844	98	SA	1730	95	SU	1244	201	M	1828	71	W	1322	210	TH	1323	239
	2300	222	☽	2149	205	E			E	2335	195		1919	90					2029	72		2029	41
5	0603	49	20	0458	69	5	0039	194	20	0553	77	5	0109	171	20	0033	178	5	0234	159	20	0240	173
	1228	182		1127	169		0704	74		1219	206		0658	95		0613	89		0738	110		0755	94
W	1758	104	TH	1639	116	SA	1326	200	SU	1838	79	M	1325	208	TU	1242	229	TH	1405	217	F	1421	247
				2253	204		1941	89				A	2011	81		1935	56	N	2112	63		2123	34
6	0004	216	21	0546	68	6	0135	188	21	0043	192	6	0204	168	21	0141	178	6	0320	163	21	0333	178
	0656	54		1211	180		0744	81		0643	78		0737	99		0709	90		0822	109		0852	88
TH	1318	188	F	1748	104	SU	1404	207	M	1308	222	TU	1403	215	W	1338	242	F	1445	223	SA	1515	251
	1900	98		2357	204		2031	81		1941	62		2056	72	P	2036	42		2150	56		2212	31
7	0103	211	22	0633	68	7	0226	182	22	0147	191	7	0254	166	22	0244	179	7	0401	166	22	0421	183
	0743	60		1254	194		0819	87		0733	79		0814	102		0804	88		0903	107		0945	83
F	1401	194	SA	1851	88	M	1439	213	TU	1357	238	W	1439	221	TH	1432	253	SA	1525	228	SU	1606	250
	1956	90	E				2116	74		2041	47		2138	65	S	2132	32		2228	50	○	2258	34
8	0157	205	23	0059	205	8	0313	178	23	0248	190	8	0340	166	23	0341	181	8	0438	169	23	0505	187
	0824	67		0718	68		0852	93		0823	80		0851	105		0858	86		0944	104		1036	79
SA	1439	200	SU	1337	210	TU	1512	219	W	1447	251	TH	1515	226	F	1524	260	SU	1605	232	M	1655	245
E	2046	83		1951	71	A	2158	68	P	2138	34		2217	58		2225	26	●	2304	48		2340	40
9	0246	199	24	0159	206	9	0358	173	24	0346	189	9	0424	166	24	0434	182	9	0514	173	24	0546	191
	0900	75		0804	68		0924	98		0913	81		0926	107		0951	85		1024	99		1125	77
SU	1514	205	M	1422	226	W	1545	222	TH	1537	261	F	1551	229	SA	1616	262	M	1645	233	TU	1741	235
	2132	77		2048	54		2238	63	○	2233	26	N	2255	54	○	2315	25		2339	48			
10	0332	192	25	0257	205	10	0441	170	25	0443	187	10	0505	166	25	0524	184	10	0549	176	25	0020	49
	0933	82		0850	70		0955	103		1003	83		1002	108		1043	84		1106	95		0627	193
M	1546	210	TU	1508	240	TH	1618	225	F	1628	265	SA	1627	231	SU	1706	259	TU	1727	231	W	1213	78
	2215	73		2144	41	●	2317	60	S	2327	22	●	2332	51							E	1827	221
11	0416	185	26	0355	202	11	0525	166	26	0539	185	11	0545	166	26	0003	29	11	0015	52	26	0057	61
	1003	89		0937	74		1026	108		1054	87		1038	109		0613	185		0624	180		0706	194
TU	1618	213	W	1556	250	F	1651	226	SA	1720	263	SU	1703	231	M	1135	86	W	1151	90	TH	1302	81
●A	2256	70	○P	2240	31		2356	58								1756	250		1811	226		1912	205
12	0459	178	27	0452	197	12	0608	163	27	0021	24	12	0009	51	27	0050	37	12	0051	58	27	0133	73
	1033	97		1024	79		1058	113		0634	182		0623	166		0700	185		0701	185		0746	194
W	1650	215	TH	1645	257	SA	1726	225	SU	1148	91	M	1117	110	TU	1227	88	TH	1240	86	F	1353	85
	2337	68		2337	26	N				1812	256		1742	229		1846	236	E	1858	217		1959	189
13	0542	171	28	0551	191	13	0036	58	28	0115	30	13	0047	54	28	0135	49	13	0129	65	28	0208	84
	1102	104		1114	85		0652	160		0730	180		0702	166		0747	185		0741	190		0827	194
TH	1723	216	F	1736	258	SU	1133	117	M	1244	96	TU	1159	109	W	1322	92	F	1334	83	SA	1448	89
			S				1802	223		1906	245		1824	225		1936	220		1950	205		2049	174
14	0018	67	29	0035	26	14	0116	59	29	0208	39	14	0125	58	29	0219	61	14	0210	74	29	0244	95
	0627	165		0651	185		0737	158		0826	180		0741	168		0835	186		0827	197		0910	193
F	1131	110	SA	1207	93	M	1211	120	TU	1344	101	W	1247	107	TH	1421	96	SA	1437	80	SU	1548	91
	1756	215		1830	254		1842	220		2001	230		1910	218	E	2028	202		2050	192		2146	161
15	0100	67	30	0134	29	15	0158	62	30	0301	50	15	0205	64	30	0303	74	15	0256	83	30	0323	104
	0715	160		0753	180		0822	158		0923	181		0822	173		0923	187		0918	204		0957	194
SA	1203	117	SU	1304	100	TU	1258	121	W	1450	105	TH	1342	105	F	1524	99	SU	1548	77	M	1654	91
N	1832	213		1927	246		1928	215		2100	214		2002	210		2124	186	☽	2158	180	☾ A	2252	153
			31	0235	35										31	0347	85				31	0408	111
				0857	177											1012	189					1048	195
			M	1407	106										SA	1632	99				TU	1801	87
				2027	235										☾	2225	172						

时　区：＋0400　　　　潮高基准面：在平均海面下 135　cm

智　利—合恩角(奥兰治湾)

CHILE－CAPE HORN(ORANGE BAY)

2021 年潮汐表　　　55° 31′ S　　　68° 05′ W

9　月

日期	潮时 时分	潮高 cm	日期	潮时 时分	潮高 cm
1 W	0003 0502 1142 1900	150 116 198 80	16 TH	0026 0535 1204 1916	164 104 227 47
2 TH N	0111 0602 1235 1951	151 118 203 71	17 F	0133 0646 1309 2015	167 101 230 42
3 F	0206 0700 1325 2036	156 116 209 63	18 SA	0230 0751 1410 2107	174 94 233 41
4 SA	0250 0753 1413 2115	162 111 216 56	19 SU	0318 0849 1505 2153	181 86 233 42
5 SU	0328 0841 1458 2153	168 103 222 52	20 M ○	0401 0941 1555 2234	188 78 230 47
6 M	0403 0926 1543 2229	175 94 226 50	21 TU E	0440 1030 1643 2311	194 72 223 54
7 TU ●	0438 1010 1627 2305	183 85 228 51	22 W	0517 1116 1727 2346	198 69 213 63
8 W E	0512 1055 1712 2341	190 76 226 55	23 TH	0552 1201 1810	201 68 201
9 TH	0548 1143 1800	198 68 220	24 F	0018 0627 1245 1852	73 203 70 188
10 F	0018 0627 1233 1850	61 205 62 210	25 SA	0048 0701 1330 1935	83 203 73 176
11 SA P	0057 0709 1329 1944	69 211 59 198	26 SU A	0118 0737 1418 2022	93 202 76 164
12 SU	0139 0756 1430 2045	79 215 58 184	27 M	0148 0815 1509 2115	101 200 79 154
13 M ☽	0226 0849 1539 2154	88 218 58 172	28 TU	0222 0858 1607 2217	109 197 80 148
14 TU	0320 0949 1654 2310	97 221 56 165	29 W ☾ N	0305 0946 1707 2326	116 196 79 146
15 W S	0424 1055 1808	103 223 52	30 TH	0401 1042 1807	120 195 75

10　月

日期	潮时 时分	潮高 cm	日期	潮时 时分	潮高 cm
1 F	0031 0509 1141 1901	149 121 197 70	16 SA	0115 0639 1253 1951	171 99 217 48
2 SA	0124 0618 1240 1948	155 117 201 65	17 SU	0208 0745 1355 2040	178 91 215 51
3 SU	0207 0720 1336 2031	163 108 206 60	18 M	0253 0843 1451 2124	186 81 211 56
4 M	0245 0815 1429 2110	172 96 211 57	19 TU E	0334 0935 1542 2202	193 73 206 63
5 TU	0322 0905 1519 2149	183 82 215 56	20 W ○	0411 1022 1629 2237	200 66 199 70
6 W ●E	0358 0954 1609 2227	195 68 216 58	21 TH	0445 1107 1713 2308	205 62 190 78
7 TH	0436 1044 1659 2306	206 56 214 61	22 F	0518 1149 1755 2338	208 60 181 85
8 F P	0515 1134 1750 2346	216 46 208 67	23 SA	0551 1230 1837	210 60 172
9 SA	0557 1227 1843	225 40 199	24 SU A	0007 0624 1312 1919	93 210 61 164
10 SU	0028 0643 1324 1940	74 230 37 188	25 M	0035 0657 1354 2004	99 208 63 156
11 M	0114 0733 1425 2042	83 232 38 177	26 TU N	0105 0733 1439 2054	106 205 66 150
12 TU S	0204 0828 1531 2150	91 231 41 169	27 W	0140 0813 1527 2148	112 202 67 147
13 W ☽	0302 0929 1640 2303	99 227 43 165	28 TH ☾	0222 0858 1619 2246	116 199 69 147
14 TH	0410 1036 1749	104 223 45	29 F	0317 0951 1711 2341	119 196 69 151
15 F	0013 0525 1145 1854	166 104 220 46	30 SA	0426 1051 1803	118 194 68
			31 SU	0030 0538 1155 1852	158 112 194 67

11　月

日期	潮时 时分	潮高 cm	日期	潮时 时分	潮高 cm
1 M	0114 0646 1258 1938	167 101 195 65	16 TU	0220 0831 1433 2045	191 76 188 71
2 TU E	0156 0747 1358 2022	180 86 198 65	17 W	0300 0924 1525 2123	198 68 181 78
3 W	0237 0844 1455 2105	194 69 200 65	18 TH	0337 1011 1614 2157	204 62 175 84
4 TH ●	0318 0938 1551 2148	208 53 200 66	19 F ○	0412 1055 1659 2229	209 57 170 90
5 F P	0402 1032 1646 2232	222 39 198 69	20 SA	0445 1136 1742 2300	212 54 164 95
6 SA	0447 1126 1741 2317	233 28 193 73	21 SU A	0519 1216 1825 2330	214 52 160 100
7 SU	0534 1221 1837	241 22 187	22 M N	0552 1255 1907	214 52 156
8 M S	0004 0623 1318 1935	78 244 21 180	23 TU	0002 0626 1334 1950	105 212 53 152
9 TU	0054 0716 1417 2036	85 243 23 174	24 W	0035 0702 1414 2035	109 209 55 150
10 W	0150 0812 1519 2140	91 238 28 170	25 TH	0113 0741 1455 2120	112 206 57 150
11 TH ☽	0251 0913 1621 2245	96 228 35 169	26 F	0158 0825 1538 2205	113 202 60 152
12 F	0400 1018 1723 2348	99 219 42 172	27 SA ☾	0252 0916 1622 2250	113 197 63 157
13 SA	0514 1125 1822	98 210 49	28 SU	0357 1014 1709 2335	109 192 66 165
14 SU	0045 0626 1232 1915	177 93 201 56	29 M	0507 1118 1756	101 188 68
15 M E	0135 0732 1335 2003	184 85 194 64	30 TU E	0021 0616 1224 1844	177 89 185 70

12　月

日期	潮时 时分	潮高 cm	日期	潮时 时分	潮高 cm
1 W	0107 0722 1330 1933	191 74 184 72	16 TH	0220 0906 1504 2037	201 66 162 90
2 TH	0154 0825 1433 2022	206 57 183 73	17 F	0259 0953 1555 2114	207 60 158 95
3 F	0243 0924 1534 2111	221 41 183 74	18 SA A	0337 1037 1643 2150	211 54 156 98
4 SA ●P	0332 1021 1633 2201	235 28 182 76	19 SU ○	0413 1118 1727 2225	214 50 155 102
5 SU	0423 1117 1731 2252	245 18 180 78	20 M N	0449 1157 1810 2301	215 48 154 105
6 M S	0514 1213 1828 2345	251 13 178 80	21 TU	0524 1234 1851 2337	215 46 153 107
7 TU	0607 1309 1926	252 13 176	22 W	0601 1311 1930	214 47 153
8 W	0040 0702 1405 2023	84 247 17 174	23 TH	0015 0638 1348 2008	108 212 49 154
9 TH	0138 0758 1500 2121	87 238 25 174	24 F	0056 0719 1424 2045	107 208 53 156
10 F	0240 0857 1556 2218	90 226 35 176	25 SA	0143 0803 1502 2123	106 202 57 161
11 SA ☽	0347 0958 1650 2313	91 212 46 179	26 SU	0237 0853 1541 2204	102 196 62 168
12 SU E	0457 1101 1742	90 198 57	27 M ☾E	0338 0949 1623 2248	96 189 67 178
13 M	0005 0606 1206 1831	184 87 186 67	28 TU	0445 1052 1709 2336	88 181 72 190
14 TU	0054 0712 1309 1917	189 81 175 76	29 W	0555 1200 1758	77 175 76
15 W	0139 0812 1409 1959	195 73 168 84	30 TH	0027 0703 1309 1850	204 63 171 78
			31 F	0120 0809 1416 1945	218 48 170 80

时　区：＋0400　　　　潮高基准面：在平均海面下 135　cm

苏门答腊—穆西河(外拦门沙)

SUMATERA－AIR MUSI(OUTER BAR)

2021 年潮汐表　　2° 14′ S　　104° 56′ E

1 月

日期	潮时 时分	潮高 cm	日期	潮时 时分	潮高 cm
1 F	0906 2342	402 33	16 SA	0007 0953	39 397
2 SA	0943	409	17 SU	0041 1025	60 374
3 SU	0014 1024	33 405	18 M	0108 1051	87 348
4 M	0051 1107	44 389	19 TU E	0119 1110 2259	118 322 147
5 TU	0128 1151	67 362	20 W ☽	1122 2049	299 147
6 W ☾ E	0205 1232	102 326	21 TH A	1121 2034	280 139
7 TH	0216 1307 2124	148 286 161	22 F	1058 2034	265 131
8 F	0426 0648 1326 2053	202 199 246 149	23 SA	0728 2038	264 122
9 SA P	0446 2050	256 122	24 SU	0625 2042	287 111
10 SU	0528 2104	309 91	25 M	0627 2051	312 99
11 M	0614 2132	354 61	26 TU N	0643 2108	338 85
12 TU S	0702 2208	388 39	27 W	0706 2135	364 70
13 W ●	0749 2248	410 28	28 TH ○	0735 2210	386 58
14 TH	0834 2328	417 28	29 F	0808 2252	401 51
15 F	0915	412	30 SA	0844 2339	408 51
			31 SU	0922	402

2 月

日期	潮时 时分	潮高 cm	日期	潮时 时分	潮高 cm
1 M	0028 1001	61 383	16 TU	0128 0953 1806 2202	139 308 169 182
2 TU E	0121 1038	82 353	17 W	0158 1001 1756 2357	168 286 161 198
3 W P	0221 1111 1931 2201	115 314 184 189	18 TH A	0212 0958 1757	196 267 151
4 TH ☾	0341 1135 1848	155 273 178	19 F ☽	0933 1801	253 142
5 F	0030 0555 1137 1836	221 197 235 156	20 SA	0604 1807	252 133
6 SA	0238 1845	264 126	21 SU	0437 1818	277 123
7 SU	0401 1911	311 96	22 M	0457 1835	303 111
8 M S	0503 1952	351 72	23 TU N	0522 1902	328 99
9 TU	0559 2042	381 56	24 W	0552 1942	352 89
10 W	0649 2137	399 50	25 TH	0625 2040	371 81
11 TH ●	0735 2232	404 54	26 F	0701 2149	384 78
12 F	0815 2324	397 66	27 SA ○	0739 2258	387 79
13 SA	0848	380	28 SU	0817	378
14 SU	0010 0916	85 357			
15 M E	0051 0938	110 332			

3 月

日期	潮时 时分	潮高 cm	日期	潮时 时分	潮高 cm
1 M E	0005 0854	87 357	16 TU	0128 0834 1533 2123	160 278 158 222
2 TU P	0110 0927 1654 2007	103 324 190 203	17 W	0221 0840 1534 2216	182 258 147 237
3 W	0222 0954 1628 2130	128 284 186 233	18 TH A	0320 0832 1539 2311	203 241 137 252
4 TH	0347 1009 1614 2251	158 243 168 263	19 F	0443 0756 1544	221 228 128
5 F	0540 0955 1615	188 210 141	20 SA	0013 1549	267 119
6 SA ☾	0019 1631	292 112	21 SU ☽	0124 1555	284 110
7 SU S	0156 1702	321 89	22 M N	0228 1604	303 100
8 M	0323 1745	348 74	23 TU	0322 1620	322 92
9 TU	0434 1839	368 70	24 W	0410 1649	340 89
10 W	0533 1949	379 76	25 TH	0456 1735	354 93
11 TH	0623 2116	378 87	26 F	0540 1946	360 104
12 F	0704 2234	367 102	27 SA	0623 2204	357 111
13 SA ●	0736 2339	348 119	28 SU ○E	0704 1529 1755 2334	343 159 164 117
14 SU E	0802 1602 1923	325 171 183	29 M	0740 1457 1902	317 172 200
15 M	0035 0821 1539 2029	139 301 167 203	30 TU P	0053 0811 1436 1957	127 282 173 239
			31 W	0215 0833 1422 2052	141 243 160 275

4 月

日期	潮时 时分	潮高 cm	日期	潮时 时分	潮高 cm
1 TH	0345 0838 1418 2151	159 205 135 307	16 F	1401 2238	97 302
2 F	0550 0756 1425 2255	175 178 105 331	17 SA	1404 2319	87 314
3 SA	1444	79	18 SU N	1407	77
4 SU ☾ S	0008 1512	348 61	19 M	0007 1415	326 67
5 M	0128 1547	359 56	20 TU ☽	0103 1429	336 62
6 TU	0246 1625	363 64	21 W	0203 1448	344 64
7 W	0355 1707	361 83	22 TH	0303 1508	347 75
8 TH	0452 1758	351 110	23 F	0400 1511	343 97
9 F	0536 1510 1800 2113	334 138 142 138	24 SA	0452 1415	330 122
10 SA	0610 1420 1850 2258	312 149 175 155	25 SU E	0537 1336 1828 2252	308 142 175 146
11 SU E	0635 1356 1931	288 148 206	26 M	0615 1311 1851	277 149 220
12 M ●	0014 0653 1347 2009	169 265 139 233	27 TU ○P	0032 0643 1253 1929	150 240 142 265
13 TU	0122 0704 1347 2046	182 244 128 255	28 W	0207 0658 1246 2014	154 202 121 307
14 W A	0230 0704 1352 2123	193 225 116 273	29 TH	0350 0648 1249 2103	158 170 92 341
15 TH	0348 0645 1357 2200	202 211 106 288	30 F	1303 2156	63 365

时　区：－0700　　　　潮高基准面：在平均海面下 190　cm

苏门答腊—穆西河(外拦门沙)

SUMATERA－AIR MUSI(OUTER BAR)

2021 年潮汐表　　2° 14′ S　　104° 56′ E

5 月

日期	潮时 时分	潮高 cm	日期	潮时 时分	潮高 cm
1 SA S	1325 2254	39 377	16 SU	1254 2248	42 353
2 SU	1353 2357	26 378	17 M	1306 2331	33 359
3 M ☾	1422	27	18 TU	1322	30
4 TU	0102 1449	371 41	19 W ☽	0019 1341	359 35
5 W	0206 1505	356 66	20 TH	0114 1359	352 51
6 TH	0303 1432	335 96	21 F	0211 1356	337 77
7 F	0350 1323	310 117	22 SA E	0306 1259	314 106
8 SA E	0424 1245 1935 2146	284 124 187 184	23 SU	0355 1212 1824 2142	283 125 178 167
9 SU	0449 1225 1925 2342	259 119 220 196	24 M	0433 1142 1824	247 127 227
10 M	0504 1220 1945	237 108 250	25 TU	0005 0457 1125 1854	169 208 113 278
11 TU ● A	0117 0508 1224 2011	201 210 95 275	26 W ○ P	0209 0450 1124 1934	163 173 87 324
12 W	1230 2040	84 296	27 TH	1134 2019	56 360
13 TH	1236 2109	74 313	28 F S	1155 2107	27 384
14 F	1241 2139	64 329	29 SA	1223 2158	6 395
15 SA N	1246 2212	53 342	30 SU	1253 2249	-3 393
			31 M	1323 2344	2 379

6 月

日期	潮时 时分	潮高 cm	日期	潮时 时分	潮高 cm
1 TU	1350	20	16 W	1301 2350	18 358
2 W ☾	0031 1405	357 48	17 TH	1326	37
3 TH	0116 1340	329 80	18 F ☽	0037 1340	335 68
4 F E	0155 1218	299 102	19 SA E	0124 1222	304 104
5 SA	0223 1129	270 107	20 SU	0206 1051	267 122
6 SU	0239 1107 1933 2246	245 100 223 215	21 M	0238 1011 1741 2338	226 118 223 181
7 M	0234 1104 1923	224 87 252	22 TU	0245 0956 1809	189 98 277
8 TU A	1109 1938	75 279	23 W P	1001 1849	67 324
9 W	1116 2000	63 302	24 TH ○	1020 1933	34 362
10 TH ●	1123 2023	53 322	25 F S	1049 2020	7 387
11 F	1130 2049	42 340	26 SA	1124 2107	-11 398
12 SA N	1140 2117	31 356	27 SU	1201 2152	-17 394
13 SU	1154 2149	20 368	28 M	1237 2236	-9 378
14 M	1213 2225	12 374	29 TU	1310 2315	11 353
15 TU	1236 2306	10 371	30 W	1334 2349	41 323

7 月

日期	潮时 时分	潮高 cm	日期	潮时 时分	潮高 cm
1 TH ☾ E	1337	76	16 F E	1357 2357	69 291
2 F	0014 1138	292 105	17 SA ☽	1438	111
3 SA	0029 1005	263 108	18 SU	0028 0847	250 135
4 SU	0025 0940 2331	240 99 225	19 M	0042 0811 1617	209 122 216
5 M A	0939 1908	85 244	20 TU	0805 1703	94 269
6 TU	0946 1904	73 270	21 W P	0821 1752	62 316
7 W	0954 1917	61 294	22 TH S	0853 1840	31 353
8 TH	1003 1936	50 316	23 F	0934 1929	7 376
9 F N	1015 1959	39 336	24 SA ○	1022 2015	-7 386
10 SA ●	1032 2024	27 353	25 SU	1109 2057	-9 381
11 SU	1056 2054	16 367	26 M	1155 2135	0 364
12 M	1125 2127	8 373	27 TU	1238 2208	21 338
13 TU	1159 2203	8 369	28 W	1315 2234	50 307
14 W	1236 2241	17 353	29 TH E	1344 2252	84 277
15 TH	1316 2320	37 326	30 F	1352 2259	120 251
			31 SA ☾	0739 2250	121 231

8 月

日期	潮时 时分	潮高 cm	日期	潮时 时分	潮高 cm
1 SU	0731 2202	109 219	16 M	0539 1331	119 226
2 M A	0736 1840	96 230	17 TU P	0546 1516	89 268
3 TU	0745 1811	84 255	18 W S	0613 1630	59 308
4 W	0757 1820	73 279	19 TH	0657 1732	36 340
5 TH N	0813 1838	62 301	20 F	0753 1826	21 359
6 F	0835 1900	51 321	21 SA	0900 1914	15 365
7 SA	0905 1925	40 339	22 SU ○	1009 1956	19 357
8 SU ●	0944 1955	31 353	23 M	1112 2032	30 338
9 M	1031 2027	25 358	24 TU	1208 2101	48 312
10 TU	1122 2101	25 352	25 W E	1259 2122	74 283
11 W	1215 2137	33 335	26 TH	0526 0813 1346 2136	143 150 103 255
12 TH E	1310 2211	51 305	27 F	0458 0943 1431 2139	136 165 134 231
13 F	1412 2241	78 268	28 SA	0452 1106 1517 2127	122 181 165 213
14 SA	0625 0934 1530 2302	150 160 114 226	29 SU	0455 1300 1619 2039	109 198 194 204
15 SU ☽	0551 1131 1727 2258	142 189 152 189	30 M ☾ A	0503 1510	97 222
			31 TU	0515 1606	88 245

时　区：－0700　　　　潮高基准面：在平均海面下 190　cm

苏门答腊—穆西河(外拦门沙)

SUMATERA－AIR MUSI(OUTER BAR)

2021 年潮汐表　　2° 14′ S　　104° 56′ E

9 月

日期	潮时 时分	潮高 cm	日期	潮时 时分	潮高 cm
1 W	0527 1641	79 268	16 TH	0449 1559	33 335
2 TH N	0543 1711	71 288	17 F	0541 1705	32 345
3 F	0605 1741	64 307	18 SA	0650 1800	42 344
4 SA	0640 1812	59 323	19 SU	0838 1844	58 331
5 SU	0740 1845	57 334	20 M ○	1020 1919	73 309
6 M	0912 1920	57 336	21 TU E	1136 1946	90 283
7 TU ●	1038 1955	59 327	22 W	0318 0718 1241 2004	141 163 110 255
8 W E	1150 2030	65 307	23 TH	0256 0817 1342 2015	135 190 131 230
9 TH	1259 2101	77 276	24 F	0249 0908 1443 2015	122 211 154 209
10 F	0407 0803 1412 2126	150 175 96 238	25 SA	0251 0959 1552 1955	107 228 175 194
11 SA P	0344 0910 1536 2138	146 208 122 198	26 SU A	0258 1052	94 242
12 SU	0329 1019 1727 2117	128 239 148 165	27 M	0305 1151	84 253
13 M ☽	0327 1136	100 267	28 TU	0312 1259	76 265
14 TU	0340 1306	71 293	29 W ☾ N	0318 1406	69 278
15 W S	0409 1439	47 317	30 TH	0323 1503	63 293

10 月

日期	潮时 时分	潮高 cm	日期	潮时 时分	潮高 cm
1 F	0333 1552	58 306	16 SA	0421 1625	52 333
2 SA	0351 1636	58 317	17 SU	0448 1714	84 313
3 SU	0413 1719	65 321	18 M	0246 0618 0849 1750	116 122 120 288
4 M	0434 1800	81 318	19 TU E	0153 0638 1053 1816	130 161 138 260
5 TU	0355 0630 0930 1839	105 107 101 304	20 W ○	0125 0715 1217 1833	129 198 152 234
6 W ●E	0253 0630 1117 1914	126 139 106 280	21 TH	0114 0753 1334 1839	119 230 166 211
7 TH	0226 0704 1241 1944	139 178 112 247	22 F	0114 0832 1451 1830	103 256 177 194
8 F P	0205 0747 1404 2004	141 219 122 209	23 SA	0120 0911	88 275
9 SA	0150 0835 1536 2005	128 258 135 172	24 SU A	0128 0950	76 290
10 SU	0144 0928	103 293	25 M	0135 1030	67 301
11 M	0150 1027	73 319	26 TU N	0140 1111	59 310
12 TU S	0207 1135	46 337	27 W	0145 1156	52 317
13 W ☽	0234 1251	27 347	28 TH ☾	0151 1246	46 324
14 TH	0308 1410	22 349	29 F	0201 1341	44 328
15 F	0344 1524	31 345	30 SA	0215 1438	48 329
			31 SU	0229 1532	60 324

11 月

日期	潮时 时分	潮高 cm	日期	潮时 时分	潮高 cm
1 M	0227 1623	80 311	16 TU	0021 0704 0937 1626 2356	125 187 183 251 120
2 TU E	0149 1707	105 290	17 W	0701 1143 1637 2349	227 196 226 106
3 W	0113 0641 1027 1744	125 167 149 260	18 TH	0725 1337 1629 2353	262 200 207 90
4 TH ●	0047 0647 1217 1811	134 212 151 225	19 F ○	0756	290
5 F P	0027 0717 1357 1823	128 259 152 188	20 SA	0002 0828	76 313
6 SA	0018 0757 1548 1806	108 303 152 157	21 SU A	0011 0901	64 329
7 SU	0020 0843	79 340	22 M N	0020 0933	55 342
8 M S	0034 0934	49 368	23 TU	0028 1006	48 352
9 TU	0057 1030	24 383	24 W	0036 1040	41 360
10 W	0125 1131	10 386	25 TH	0047 1118	36 364
11 TH ☽	0156 1234	10 378	26 F	0100 1201	35 363
12 F	0226 1338	25 361	27 SA ☾	0116 1249	42 355
13 SA	0248 1437	53 338	28 SU	0130 1341	58 340
14 SU	0232 1526	88 310	29 M	0128 1432	83 318
15 M E	0108 1602	116 280	30 TU E	0038 1519 2348	111 288 130

12 月

日期	潮时 时分	潮高 cm	日期	潮时 时分	潮高 cm
1 W	0634 0857 1556 2317	188 184 253 134	16 TH	0656 2235	279 89
2 TH	0615 1147 1616 2258	235 187 216 121	17 F	0719 2247	309 75
3 F	0638 1406 1610 2255	287 179 182 95	18 SA A	0746 2258	333 64
4 SA ●P	0715 2305	335 64	19 SU ○	0814 2310	352 55
5 SU	0759 2327	374 34	20 M N	0842 2322	367 48
6 M S	0846 2356	403 12	21 TU	0910 2337	380 41
7 TU	0937	417	22 W	0940 2355	388 37
8 W	0029 1028	2 417	23 TH	1013	392
9 TH	0103 1120	7 404	24 F	0016 1049	38 389
10 F	0135 1210	26 381	25 SA	0040 1128	47 378
11 SA ☽	0159 1255	57 351	26 SU	0103 1210	66 356
12 SU E	0154 1333	95 317	27 M ☾E	0115 1252 2359	95 327 130
13 M	0003 1400 2257	125 285 131	28 TU	1330 2221	291 148
14 TU	1413 2231	257 122	29 W	1357 2140	252 145
15 W	0651 1050 1351 2228	244 231 235 106	30 TH	0522 1114 1354 2124	246 212 216 125
			31 F	0547 2128	300 94

时　区：－0700　　　　潮高基准面：在平均海面下 190　cm

西马来西亚—槟 城

WEST MALAYSIA－PINANG

2021 年潮汐表　　5° 25′ N　　100° 21′ E

1 月

日期		潮时 时分	潮高 cm
1	F	0158 0909 1444 2054	267 53 229 98
2	SA	0229 0943 1519 2130	267 52 229 103
3	SU	0301 1017 1557 2208	264 57 226 113
4	M	0336 1054 1641 2249	256 65 220 124
5	TU	0415 1135 1738 2342	243 76 215 137
6	W ☾ E	0504 1225 1855	225 89 212
7	TH	0101 0615 1332 2017	147 205 100 216
8	F	0253 0758 1454 2128	144 190 106 226
9	SA P	0434 0939 1612 2229	125 187 106 237
10	SU	0541 1104 1718 2321	101 193 102 249
11	M	0634 1200 1814	78 202 98
12	TU S	0006 0719 1259 1904	258 58 213 93
13	W ●	0048 0800 1340 1949	265 43 222 90
14	TH	0126 0837 1416 2029	269 34 229 88
15	F	0200 0911 1449 2106	269 32 234 90
16	SA	0233 0941 1522 2139	265 36 234 96
17	SU	0303 1009 1554 2210	257 46 230 106
18	M	0332 1035 1628 2240	244 60 222 119
19	TU E	0400 1059 1707 2312	228 76 212 132
20	W ☽	0428 1124 1757 2355	209 93 202 145
21	TH A	0501 1154 1909	190 109 195
22	F	0123 0602 1249 2031	154 171 123 195
23	SA	0408 0828 1440 2143	146 160 130 202
24	SU	0519 1020 1611 2243	128 165 126 212
25	M	0559 1133 1714 2330	108 177 118 224
26	TU N	0636 1210 1806	89 101 108
27	W	0011 0713 1257 1853	237 71 205 97
28	TH ○	0047 0750 1331 1936	249 54 218 87
29	F	0121 0824 1403 2016	259 41 229 79
30	SA	0153 0858 1435 2054	267 31 238 75
31	SU	0224 0930 1506 2130	271 27 242 76

2 月

日期		潮时 时分	潮高 cm
1	M	0255 1001 1540 2205	270 30 242 82
2	TU E	0327 1033 1617 2242	261 39 236 93
3	W P	0402 1106 1701 2324	246 55 227 108
4	TH ☾	0442 1142 1758	223 76 216
5	F	0022 0534 1230 1914	124 196 99 208
6	SA	0205 0710 1357 2042	133 170 118 206
7	SU	0427 0937 1553 2211	121 161 124 213
8	M S	0545 1155 1719 2322	97 175 117 225
9	TU	0634 1239 1819	74 192 107
10	W	0009 0714 1308 1906	237 55 208 95
11	TH ●	0045 0750 1335 1946	248 41 222 84
12	F	0118 0821 1401 2022	257 31 234 76
13	SA	0148 0850 1428 2054	262 27 243 72
14	SU	0217 0916 1455 2123	262 29 247 73
15	M E	0245 0939 1522 2149	257 35 246 79
16	TU	0311 0959 1548 2214	247 47 239 89
17	W	0335 1017 1614 2237	233 61 228 103
18	TH A	0357 1032 1641 2302	215 78 215 118
19	F ☽	0419 1046 1715 2336	196 95 202 133
20	SA	0442 1101 1816	176 112 190
21	SU	0117 0524 1123 2014	145 155 130 186
22	M	0505 0959 1514 2205	133 150 141 195
23	TU N	0545 1147 1700 2315	111 170 129 212
24	W	0620 1216 1758 2357	89 190 113 230
25	TH	0655 1245 1845	67 210 96
26	F	0032 0729 1314 1927	248 48 229 80
27	SA ○	0105 0803 1343 2006	262 31 245 66
28	SU	0136 0836 1413 2043	273 20 257 57

3 月

日期		潮时 时分	潮高 cm
1	M E	0208 0907 1444 2118	278 15 263 54
2	TU P	0240 0938 1516 2153	275 20 263 59
3	W	0312 1007 1549 2229	263 33 256 71
4	TH	0347 1036 1626 2308	244 55 243 88
5	F	0424 1104 1710 2358	217 82 225 109
6	SA ☾	0511 1133 1814	186 112 207
7	SU S	0133 0651 1240 1956	126 158 140 195
8	M	0431 1208 1614 2212	118 165 145 198
9	TU	0542 1228 1736 2329	95 186 130 214
10	W	0622 1244 1823	76 204 112
11	TH	0005 0656 1257 1901	229 60 220 96
12	F	0034 0727 1314 1934	242 49 235 82
13	SA ●	0101 0755 1335 2005	253 42 249 70
14	SU E	0129 0820 1358 2034	259 37 259 63
15	M	0156 0843 1423 2101	261 38 264 62
16	TU	0222 0904 1447 2126	257 43 263 66
17	W	0247 0923 1509 2149	249 52 257 75
18	TH A	0310 0938 1530 2210	236 65 247 88
19	F	0331 0951 1550 2232	220 81 235 103
20	SA	0352 1002 1612 2259	202 98 222 120
21	SU ☽	0415 1012 1644 2355	183 116 207 137
22	M N	0453 1020 1812	162 136 192
23	TU	0346 2108	139 193
24	W	0508 1140 1648 2241	116 181 144 212
25	TH	0545 1154 1743 2327	94 205 123 233
26	F	0621 1218 1827	72 228 102
27	SA	0004 0657 1245 1909	252 52 250 82
28	SU ○E	0038 0732 1315 1948	268 36 267 65
29	M	0113 0806 1346 2026	277 26 280 53
30	TU P	0147 0840 1417 2103	280 24 286 47
31	W	0222 0911 1449 2140	274 32 284 50

4 月

日期		潮时 时分	潮高 cm
1	TH	0258 0941 1522 2216	260 49 275 62
2	F	0335 1009 1556 2256	238 75 259 81
3	SA	0417 1034 1634 2347	212 105 238 105
4	SU ☾ S	0512 1049 1725	183 136 215
5	M	0118 1912	124 196
6	TU	0406 1203 1642 2204	121 189 161 197
7	W	0514 1212 1735 2313	103 207 140 213
8	TH	0553 1220 1811 2344	89 223 121 228
9	F	0624 1228 1842	78 238 104
10	SA	0010 0652 1243 1912	241 70 253 89
11	SU E	0036 0719 1303 1941	251 64 265 77
12	M ●	0103 0744 1326 2010	257 61 274 70
13	TU	0131 0807 1350 2037	258 61 278 67
14	W A	0158 0829 1413 2103	255 65 277 69
15	TH	0224 0849 1434 2127	247 73 272 76
16	F	0248 0906 1454 2151	236 84 263 87
17	SA	0312 0921 1515 2217	222 99 253 102
18	SU N	0338 0934 1538 2249	207 115 241 118
19	M	0413 0947 1611 2351	190 133 226 133
20	TU ☽	0530 1001 1719	174 153 210
21	W	0208 1124 1340 2002	138 176 174 205
22	TH	0401 1050 1615 2146	122 200 159 219
23	F	0454 1113 1714 2244	102 225 137 238
24	SA	0537 1140 1801 2328	82 249 114 255
25	SU E	0617 1210 1845	66 270 93
26	M	0008 0656 1243 1928	267 54 286 74
27	TU ○P	0048 0734 1316 2009	274 48 297 59
28	W	0127 0811 1351 2049	274 49 301 52
29	TH	0208 0846 1425 2128	266 59 298 53
30	F	0249 0919 1500 2207	253 78 287 63

时　区：－0800　　　　潮高基准面：在平均海面下 169　cm

西马来西亚—槟 城

WEST MALAYSIA－PINANG

2021年潮汐表　　5° 25′ N　　100° 21′ E

5 月

日期	潮时 时分	潮高 cm	日期	潮时 时分	潮高 cm
1 SA S	0333	233	16 SU	0307	223
	0951	103		0906	118
	1535	270		1457	264
	2250	81		2214	102
2 SU	0422	212	17 M	0341	212
	1020	131		0927	132
	1612	249		1527	254
	2342	103		2254	114
3 M ☾	0531	191	18 TU	0430	201
	1049	159		0954	149
	1659	226		1607	242
				2353	125
4 TU	0100	121	19 W ☽	0553	193
	1052	185		1044	167
	1253	183		1713	229
	1832	206			
5 W	0302	125	20 TH	0118	128
	1118	205		0759	197
	1618	173		1311	178
	2100	201		1904	221
6 TH	0422	117	21 F	0246	121
	1130	222		0932	216
	1709	153		1520	168
	2228	213		2044	226
7 F	0507	107	22 SA E	0354	107
	1138	236		1019	239
	1744	135		1636	148
	2306	225		2155	237
8 SA E	0540	100	23 SU	0447	94
	1149	250		1058	260
	1815	118		1732	126
	2336	236		2250	248
9 SU	0609	94	24 M	0535	82
	1206	263		1135	278
	1844	104		1822	104
				2339	255
10 M	0006	244	25 TU	0620	76
	0637	90		1212	292
	1228	272		1909	84
	1915	92			
11 TU ●A	0036	249	26 W ○P	0027	258
	0704	87		0704	74
	1253	279		1250	300
	1945	84		1954	68
12 W	0106	249	27 TH	0114	258
	0731	87		0747	77
	1318	282		1329	302
	2015	79		2038	58
13 TH	0137	247	28 F S	0201	253
	0757	90		0827	86
	1344	281		1407	299
	2044	79		2119	56
14 F	0207	241	29 SA	0247	244
	0821	96		0906	101
	1408	277		1445	289
	2113	83		2201	63
15 SA N	0236	233	30 SU	0335	233
	0844	106		0943	120
	1432	271		1522	275
	2142	91		2243	77
			31 M	0425	220
				1022	142
				1600	256
				2329	95

6 月

日期	潮时 时分	潮高 cm	日期	潮时 时分	潮高 cm
1 TU	0528	207	16 W	0433	216
	1109	163		1023	146
	1645	236		1608	254
				2339	106
2 W ☾	0027	113	17 TH	0536	212
	0703	201		1118	159
	1231	180		1701	243
	1749	217			
3 TH	0143	125	18 F ☽	0036	111
	0927	208		0700	214
	1455	180		1239	167
	1935	205		1816	231
4 F E	0305	127	19 SA E	0143	112
	1017	222		0822	225
	1621	165		1422	165
	2113	207		1947	225
5 SA	0404	124	20 SU	0254	109
	1041	235		0925	240
	1707	148		1555	151
	2214	214		2109	225
6 SU	0446	119	21 M	0359	104
	1103	247		1017	256
	1742	132		1706	130
	2257	221		2219	228
7 M	0521	114	22 TU	0457	99
	1127	257		1104	270
	1816	118		1805	108
	2335	228		2321	232
8 TU A	0554	110	23 W P	0551	96
	1155	265		1149	281
	1849	106		1857	87
9 W	0011	232	24 TH ○	0019	235
	0627	107		0643	95
	1224	270		1233	288
	1923	96		1945	70
10 TH ●	0048	234	25 F S	0112	239
	0700	106		0732	96
	1254	273		1316	291
	1958	89		2030	58
11 F	0124	234	26 SA	0201	241
	0733	107		0818	100
	1325	275		1356	290
	2032	85		2111	53
12 SA N	0159	233	27 SU	0245	241
	0806	110		0900	107
	1354	274		1434	285
	2106	84		2150	56
13 SU	0234	230	28 M	0328	237
	0838	115		0940	118
	1424	272		1511	275
	2139	87		2227	66
14 M	0309	226	29 TU	0410	231
	0910	123		1019	131
	1454	268		1546	260
	2214	92		2304	81
15 TU	0347	221	30 W	0455	223
	0943	134		1059	146
	1528	263		1623	243
	2253	99		2342	98

7 月

日期	潮时 时分	潮高 cm	日期	潮时 时分	潮高 cm
1 TH ☾E	0552	216	16 F E	0503	228
	1148	160		1112	136
	1706	224		1640	248
				2354	93
2 F	0026	115	17 SA ☽	0605	225
	0706	212		1209	146
	1300	169		1736	230
	1809	207			
3 SA	0123	127	18 SU	0048	104
	0823	214		0722	225
	1449	168		1334	152
	1943	196		1858	212
4 SU	0234	133	19 M	0159	113
	0924	221		0836	231
	1618	156		1523	146
	2110	195		2036	202
5 M A	0340	133	20 TU	0320	117
	1010	230		0943	240
	1710	141		1654	127
	2217	199		2208	201
6 TU	0431	129	21 W P	0435	116
	1050	238		1044	251
	1751	126		1800	104
	2311	205		2328	209
7 W	0516	124	22 TH S	0540	112
	1128	247		1138	262
	1830	112		1853	82
	2358	212			
8 TH	0558	119	23 F	0029	219
	1205	254		0637	107
	1908	99		1226	271
				1939	65
9 F N	0040	219	24 SA ○	0116	230
	0641	114		0728	102
	1241	261		1308	277
	1946	88		2020	52
10 SA ●	0119	226	25 SU	0156	240
	0723	110		0814	97
	1316	266		1346	281
	2023	79		2057	46
11 SU	0155	231	26 M	0232	246
	0803	107		0854	96
	1349	271		1421	279
	2057	73		2130	47
12 M	0229	234	27 TU	0306	248
	0840	107		0930	99
	1420	273		1453	273
	2131	70		2200	55
13 TU	0302	236	28 W	0338	246
	0916	110		1003	107
	1450	273		1524	262
	2203	71		2227	68
14 W	0336	235	29 TH E	0412	240
	0951	116		1034	118
	1522	270		1554	246
	2236	76		2253	84
15 TH	0415	233	30 F	0448	230
	1028	125		1106	132
	1558	261		1625	228
	2312	83		2317	102
			31 SA ☾	0532	219
				1143	146
				1700	208
				2345	119

8 月

日期	潮时 时分	潮高 cm	日期	潮时 时分	潮高 cm
1 SU	0633	210	16 M	0623	223
	1243	157		1301	139
	1755	189		1822	194
2 M A	0026	134	17 TU P	0105	128
	0751	206		0751	218
	1451	158		1510	139
	1953	177		2031	180
3 TU	0203	144	18 W S	0302	138
	0908	208		0922	221
	1645	145		1700	119
	2146	178		2300	187
4 W	0346	143	19 TH	0442	133
	1017	217		1045	232
	1737	127		1801	96
	2310	188			
5 TH N	0454	135	20 F	0006	205
	1112	228		0550	122
	1817	110		1142	246
	2359	202		1846	75
6 F	0547	124	21 SA	0042	222
	1156	241		0642	109
	1854	94		1223	259
				1925	60
7 SA	0038	216	22 SU ○	0111	237
	0634	114		0726	96
	1233	253		1259	269
	1931	79		2000	50
8 SU ●	0111	229	23 M	0139	250
	0718	103		0804	86
	1306	264		1331	275
	2006	66		2032	45
9 M	0142	239	24 TU	0207	260
	0758	94		0839	80
	1337	273		1401	276
	2039	57		2100	45
10 TU	0213	248	25 W E	0234	265
	0835	88		0910	79
	1407	279		1430	271
	2111	51		2124	52
11 W	0242	253	26 TH	0301	264
	0910	87		0938	84
	1436	280		1458	261
	2141	51		2146	63
12 TH E	0313	255	27 F	0328	258
	0944	90		1004	94
	1507	275		1524	247
	2210	57		2204	78
13 F	0347	252	28 SA	0354	247
	1018	98		1028	107
	1540	263		1549	229
	2241	69		2219	95
14 SA	0425	244	29 SU	0419	233
	1056	110		1053	122
	1617	244		1613	209
	2314	86		2231	113
15 SU ☽	0514	234	30 M ☾A	0447	218
	1144	125		1123	138
	1705	220		1639	189
	2356	107		2243	131
			31 TU	0534	203
				1241	153
				1742	169
				2256	150

时　区：－0800　　　　潮高基准面：在平均海面下 169　cm

西马来西亚—槟　城

WEST MALAYSIA－PINANG

2021 年潮汐表　　5° 25′ N　　100° 21′ E

9 月

日期	潮时 时分	潮高 cm
1 W	0744 1634 2324	194 147 168
2 TH N	0318 0949 1724 2336	160 201 127 188
3 F	0457 1102 1758 2359	146 218 108 207
4 SA	0545 1143 1832	128 236 89
5 SU	0024 0627 1216 1905	226 111 253 72
6 M	0051 0707 1246 1939	243 95 268 58
7 TU ●	0118 0744 1316 2011	258 82 279 47
8 W E	0146 0821 1346 2042	269 72 284 42
9 TH	0215 0855 1417 2112	276 67 284 44
10 F	0245 0929 1449 2142	277 68 275 53
11 SA P	0317 1004 1523 2210	272 77 259 71
12 SU	0351 1041 1600 2239	260 92 236 95
13 M ☽	0431 1127 1646 2309	244 111 207 123
14 TU	0526 1243 1816	224 131 180
15 W S	0007 0707 1515 2327	152 208 133 179
16 TH	0335 0921 1701 2357	161 207 112 202
17 F	0511 1100 1750	144 223 92
18 SA	0016 0600 1143 1828	222 124 239 76
19 SU	0033 0639 1214 1901	239 106 253 65
20 M ○	0051 0714 1242 1931	254 91 264 58
21 TU E	0112 0747 1310 1959	267 78 270 55
22 W	0135 0817 1338 2024	277 70 272 56
23 TH	0200 0845 1406 2046	282 68 268 61
24 F	0224 0912 1432 2105	281 71 259 71
25 SA	0247 0936 1457 2121	274 79 246 85
26 SU A	0308 0958 1521 2133	263 92 229 101
27 M	0326 1019 1543 2142	249 108 211 118
28 TU	0343 1043 1607 2148	233 125 191 136
29 W ☾ N	0403 1127 1647 2146	217 144 172 155
30 TH	0434 1521	198 150

10 月

日期	潮时 时分	潮高 cm
1 F	0022 0337 0905 1649 2332	181 177 195 130 200
2 SA	0457 1036 1723 2339	156 214 110 222
3 SU	0533 1115 1756 2357	134 235 91 243
4 M	0609 1147 1830	113 254 74
5 TU	0021 0647 1219 1904	262 94 270 60
6 W ●E	0048 0724 1251 1938	278 77 280 50
7 TH	0117 0802 1324 2012	290 64 284 47
8 F P	0147 0838 1358 2044	296 56 281 52
9 SA	0218 0915 1434 2115	296 56 269 66
10 SU	0250 0952 1512 2145	288 65 251 88
11 M	0323 1031 1554 2213	273 81 226 116
12 TU S	0359 1119 1650 2239	252 103 200 146
13 W ☽	0444 1236 1858 2143	227 124 179 175
14 TH	0624 1503 2328	204 128 201
15 F	0420 0926 1637 2344	171 202 113 222
16 SA	0515 1053 1723 2356	147 218 98 239
17 SU	0552 1128 1758	126 234 87
18 M	0007 0624 1155 1828	254 107 247 80
19 TU E	0022 0654 1221 1856	267 91 256 75
20 W ○	0041 0724 1248 1922	279 79 261 74
21 TH	0103 0753 1315 1947	287 70 263 74
22 F	0127 0821 1344 2010	290 67 259 79
23 SA	0151 0847 1411 2030	288 68 252 87
24 SU A	0213 0912 1438 2048	281 75 241 99
25 M	0233 0936 1504 2103	271 86 227 113
26 TU N	0252 1000 1531 2115	259 101 212 129
27 W	0310 1028 1604 2124	245 117 195 147
28 TH ☾	0332 1117 1721 2127	230 135 180 166
29 F	0404 1329 2343	211 144 189
30 SA	0152 0732 1537 2247	187 198 133 209
31 SU	0424 0936 1630 2258	167 211 115 231

11 月

日期	潮时 时分	潮高 cm
1 M	0504 1031 1711 2320	143 230 97 253
2 TU E	0543 1111 1749 2346	120 248 81 273
3 W	0623 1148 1827	98 261 69
4 TH ●	0016 0703 1226 1906	289 78 269 63
5 F P	0048 0744 1306 1944	300 62 272 62
6 SA	0122 0824 1346 2020	304 52 267 70
7 SU	0157 0904 1428 2056	302 50 257 84
8 M S	0232 0944 1513 2131	293 57 241 106
9 TU	0307 1027 1603 2206	277 72 222 132
10 W	0344 1116 1709 2248	255 92 202 160
11 TH ☽	0427 1224 1920	231 112 192
12 F	0035 0545 1408 2240	182 207 123 210
13 SA	0353 0826 1545 2305	174 197 119 227
14 SU	0453 1015 1640 2320	152 207 110 242
15 M E	0530 1058 1718 2333	131 220 103 255
16 TU	0601 1128 1750 2349	113 230 98 266
17 W	0632 1157 1819	97 238 95
18 TH	0010 0701 1226 1846	275 85 242 93
19 F ○	0034 0731 1257 1914	281 76 244 93
20 SA	0100 0801 1328 1940	283 70 243 96
21 SU A	0126 0830 1400 2006	281 69 239 101
22 M N	0151 0858 1431 2030	276 73 232 110
23 TU	0215 0927 1502 2053	269 80 223 121
24 W	0239 0957 1535 2115	260 91 213 135
25 TH	0304 1031 1617 2139	249 104 202 150
26 F	0335 1118 1724 2218	237 117 193 167
27 SA ☾	0420 1230 1924	222 125 194
28 SU	0029 0557 1401 2109	179 208 125 210
29 M	0301 0808 1519 2158	171 207 115 230
30 TU E	0420 0931 1616 2235	150 216 102 251

12 月

日期	潮时 时分	潮高 cm
1 W	0513 1030 1705 2311	125 228 90 269
2 TH	0601 1121 1752 2348	101 238 82 283
3 F	0647 1209 1838	79 244 78
4 SA ●P	0026 0732 1257 1923	292 60 247 78
5 SU	0105 0816 1345 2006	296 47 247 84
6 M S	0145 0859 1433 2048	295 41 243 95
7 TU	0223 0940 1520 2129	287 44 235 111
8 W	0301 1022 1608 2211	274 55 224 129
9 TH	0339 1106 1704 2259	256 72 213 149
10 F	0420 1155 1821	235 92 204
11 SA ☽	0009 0511 1258 2022	166 213 110 204
12 SU E	0210 0643 1419 2148	171 194 120 215
13 M	0405 0849 1535 2225	157 188 121 226
14 TU	0500 1008 1628 2251	138 194 118 237
15 W	0538 1056 1708 2316	120 201 114 247
16 TH	0611 1135 1742 2343	105 209 110 254
17 F	0643 1211 1816	91 215 107
18 SA A	0012 0716 1248 1850	260 80 220 104
19 SU ○	0043 0749 1323 1924	263 72 224 103
20 M N	0115 0821 1358 1957	264 66 225 104
21 TU	0145 0853 1432 2030	264 65 225 107
22 W	0213 0925 1504 2101	262 67 222 114
23 TH	0241 0956 1536 2133	258 72 218 122
24 F	0309 1028 1613 2207	252 79 213 133
25 SA	0341 1104 1659 2249	244 88 208 144
26 SU	0420 1148 1806 2351	232 96 205 155
27 M ☾E	0515 1245 1931	217 103 209
28 TU	0127 0641 1358 2046	158 203 106 221
29 W	0321 0825 1516 2146	148 197 105 235
30 TH	0445 0952 1625 2239	126 199 100 250
31 F	0547 1105 1726 2328	101 205 95 262

时　区：－0800　　　　潮高基准面：在平均海面下 169 cm

西马来西亚—巴生港
WEST MALAYSIA－PORT KELANG

2021年潮汐表　　3° 02′ N　　101° 21′ E

1 月

日期	星期	潮时时分	潮高cm	潮时时分	潮高cm	潮时时分	潮高cm	潮时时分	潮高cm
1	F	0109	145	0727	489	1336	97	1948	503
2	SA	0144	150	0800	483	1407	102	2024	504
3	SU	0219	162	0832	472	1439	112	2100	499
4	M	0257	178	0905	457	1513	126	2139	488
5	TU	0342	196	0943	437	1554	144	2226	475
6	W ☾ E	0436	213	1031	414	1645	163	2324	462
7	TH	0542	222	1137	392	1747	181		
8	F	0034	455	0703	221	1303	382	1902	193
9	SA P	0151	458	0843	201	1433	391	2035	193
10	SU	0302	469	1005	164	1546	414	2202	178
11	M	0405	482	1104	124	1646	441	2308	157
12	TU S	0502	492	1154	92	1740	467		
13	W ●	0004	138	0555	499	1238	71	1828	488
14	TH	0052	126	0642	501	1318	64	1909	502
15	F	0135	123	0722	497	1354	72	1944	507
16	SA	0212	131	0755	485	1424	91	2014	504
17	SU	0243	147	0823	469	1449	117	2041	495
18	M	0310	169	0848	449	1509	144	2108	480
19	TU E	0335	192	0913	427	1527	169	2139	461
20	W ☽	0405	214	0942	402	1551	191	2217	438
21	TH A	0447	234	1022	376	1632	211	2309	414
22	F	0550	247	1123	351	1738	228		
23	SA	0029	397	0718	248	1318	340	1905	235
24	SU	0215	400	0901	228	1501	359	2042	224
25	M	0326	418	1008	196	1600	389	2157	202
26	TU N	0421	438	1057	161	1650	420	2254	177
27	W	0510	457	1140	129	1736	451	2343	153
28	TH ○	0557	474	1220	101	1820	479		
29	F	0028	133	0640	489	1257	79	1902	504
30	SA	0109	118	0719	498	1331	65	1940	522
31	SU	0146	112	0754	501	1403	62	2016	531

2 月

日期	星期	潮时时分	潮高cm	潮时时分	潮高cm	潮时时分	潮高cm	潮时时分	潮高cm
1	M	0221	114	0826	495	1434	68	2050	529
2	TU E	0256	126	0857	481	1505	84	2124	517
3	W P	0332	145	0929	460	1538	108	2201	498
4	TH ☾	0413	168	1006	432	1616	138	2245	471
5	F	0502	193	1056	398	1705	173	2342	443
6	SA	0609	214	1213	366	1812	207		
7	SU	0108	423	0804	218	1415	362	2004	226
8	M S	0245	425	0955	186	1541	389	2200	209
9	TU	0358	442	1059	142	1642	425	2311	175
10	W	0458	462	1149	103	1733	458		
11	TH ●	0004	141	0550	480	1231	76	1817	485
12	F	0049	116	0634	492	1308	64	1854	503
13	SA	0126	102	0711	497	1340	67	1925	512
14	SU	0157	101	0740	493	1406	81	1952	514
15	M E	0223	111	0805	484	1426	101	2017	509
16	TU	0243	129	0827	471	1440	122	2041	497
17	W	0259	149	0849	454	1452	141	2107	479
18	TH A	0318	172	0913	433	1510	161	2137	454
19	F ☽	0345	198	0943	406	1539	184	2214	424
20	SA	0426	225	1022	375	1625	212	2306	393
21	SU	0536	249	1127	343	1741	238		
22	M	0048	371	0757	252	1418	338	1956	244
23	TU N	0300	385	0941	220	1537	373	2138	219
24	W	0402	414	1038	177	1630	413	2242	184
25	TH	0453	443	1124	134	1718	453	2334	147
26	F	0540	471	1204	94	1803	491		
27	SA ○	0019	113	0624	496	1241	61	1845	523
28	SU	0100	86	0704	514	1316	39	1924	546

3 月

日期	星期	潮时时分	潮高cm	潮时时分	潮高cm	潮时时分	潮高cm	潮时时分	潮高cm
1	M E	0137	70	0740	522	1349	32	2000	556
2	TU P	0211	69	0812	518	1419	40	2032	553
3	W	0243	81	0842	504	1449	63	2103	535
4	TH	0316	105	0912	478	1519	98	2135	507
5	F	0350	138	0944	444	1551	141	2211	470
6	SA ☾	0432	176	1026	402	1632	190	2258	427
7	SU S	0531	213	1137	360	1739	237		
8	M	0032	390	0735	232	1418	356	2014	257
9	TU	0242	393	0948	202	1540	392	2213	222
10	W	0356	420	1051	156	1635	433	2313	176
11	TH	0451	450	1137	116	1719	468	2357	135
12	F	0538	474	1215	89	1757	493		
13	SA ●	0034	105	0617	491	1249	76	1830	509
14	SU E	0106	88	0650	500	1318	76	1900	518
15	M	0133	84	0717	501	1341	86	1927	519
16	TU	0156	91	0742	497	1358	101	1952	515
17	W	0213	106	0804	488	1411	117	2016	504
18	TH A	0228	126	0826	474	1422	133	2041	486
19	F	0244	149	0850	455	1439	152	2107	461
20	SA	0306	177	0916	429	1503	178	2138	431
21	SU ☽	0338	208	0950	397	1541	211	2218	397
22	M N	0429	241	1041	362	1643	246	2329	365
23	TU	0633	262	1325	342	1924	263		
24	W	0226	368	0900	236	1509	379	2121	233
25	TH	0335	402	1007	189	1604	425	2226	188
26	F	0427	439	1055	140	1651	470	2317	142
27	SA	0514	473	1138	94	1736	510		
28	SU ○E	0001	99	0559	503	1217	58	1820	542
29	M	0041	65	0640	524	1254	35	1900	563
30	TU P	0118	46	0718	534	1328	29	1937	570
31	W	0153	44	0753	532	1400	42	2010	561

4 月

日期	星期	潮时时分	潮高cm	潮时时分	潮高cm	潮时时分	潮高cm	潮时时分	潮高cm
1	TH	0226	59	0824	516	1431	73	2041	538
2	F	0258	88	0855	489	1501	117	2111	504
3	SA	0332	127	0928	453	1533	168	2144	461
4	SU ☾S	0411	172	1009	410	1615	223	2226	412
5	M	0509	216	1128	369	1740	270		
6	TU	0012	369	0708	240	1414	375	2035	271
7	W	0234	378	0919	218	1526	413	2211	226
8	TH	0343	410	1026	179	1612	451	2259	179
9	F	0432	442	1110	144	1650	480	2336	139
10	SA	0513	467	1147	120	1725	500		
11	SU E	0009	110	0548	485	1219	107	1758	512
12	M ●	0038	94	0620	496	1246	104	1829	517
13	TU	0104	88	0649	501	1309	108	1859	518
14	W A	0126	93	0716	500	1327	117	1927	513
15	TH	0145	105	0742	495	1342	129	1954	502
16	F	0202	123	0807	484	1357	144	2019	485
17	SA	0220	146	0832	467	1415	164	2045	462
18	SU N	0242	172	0859	445	1441	191	2113	435
19	M	0312	201	0934	417	1517	225	2150	404
20	TU ☽	0358	231	1027	387	1618	260	2255	374
21	W	0534	254	1234	371	1857	273		
22	TH	0129	369	0756	239	1427	403	2048	242
23	F	0253	400	0916	199	1526	448	2156	195
24	SA	0348	437	1014	152	1614	490	2249	146
25	SU E	0438	471	1102	109	1701	525	2335	101
26	M	0526	500	1146	76	1747	550		
27	TU ○P	0017	66	0611	521	1227	57	1831	565
28	W	0057	47	0654	532	1305	55	1912	566
29	TH	0134	44	0732	531	1341	72	1948	554
30	F	0210	60	0808	518	1416	105	2022	528

时　区：－0800　　　　潮高基准面：在平均海面下 321 cm

西马来西亚—巴生港

WEST MALAYSIA—PORT KELANG

2021 年潮汐表　　3° 02′ N　　101° 21′ E

5 月

日期	潮时 时分	潮高 cm	日期	潮时 时分	潮高 cm
1 SA S	0244 0843 1450 2053	90 495 150 493	16 SU	0206 0821 1402 2032	150 476 183 461
2 SU	0319 0919 1528 2126	129 464 200 451	17 M	0231 0852 1431 2102	170 460 208 440
3 M ☾	0400 1003 1621 2209	173 428 249 405	18 TU	0303 0931 1512 2140	193 440 236 416
4 TU	0457 1125 1759 2350	215 397 281 367	19 W ☽	0350 1027 1620 2243	215 420 263 394
5 W	0628 1338 2005	240 401 274	20 TH	0509 1159 1819	230 414 268
6 TH	0202 0812 1448 2137	371 237 429 236	21 F	0027 0648 1333 1956	386 224 434 244
7 F	0310 0934 1533 2225	398 213 458 196	22 SA E	0157 0810 1438 2113	404 199 468 204
8 SA F	0357 1026 1611 2301	426 186 481 161	23 SU	0302 0920 1532 2214	432 167 501 160
9 SU	0436 1105 1646 2334	450 164 496 135	24 M	0358 1020 1623 2306	461 135 526 118
10 M	0512 1139 1721	468 150 504	25 TU	0451 1113 1713 2353	485 110 542 86
11 TU ●A	0004 0547 1208 1757	117 481 141 508	26 W ○P	0542 1200 1802	504 96 549
12 W	0032 0620 1234 1832	109 490 139 508	27 TH	0037 0631 1245 1848	66 516 96 547
13 TH	0058 0652 1257 1905	110 494 142 504	28 F S	0118 0715 1327 1930	61 520 110 535
14 F	0122 0722 1318 1936	118 493 150 494	29 SA	0157 0756 1408 2008	73 516 136 513
15 SA N	0144 0752 1339 2005	132 487 164 480	30 SU	0235 0834 1449 2043	97 502 172 484
			31 M	0312 0912 1533 2118	131 481 211 449

6 月

日期	潮时 时分	潮高 cm	日期	潮时 时分	潮高 cm
1 TU	0352 0955 1628 2159	169 456 246 412	16 W	0304 0931 1522 2138	173 470 227 437
2 W ☾	0439 1054 1738 2305	205 432 267 380	17 TH	0348 1021 1623 2230	186 460 243 420
3 TH	0540 1222 1857	232 422 270	18 F ☽	0446 1125 1740 2340	196 455 248 409
4 F E	0050 0651 1343 2020	367 243 431 252	19 SA E	0555 1238 1859	199 461 237
5 SA	0213 0805 1439 2128	380 239 449 224	20 SU	0059 0708 1348 2020	409 194 477 214
6 SU	0309 0914 1524 2215	402 224 466 194	21 M	0215 0823 1450 2138	422 182 495 181
7 M	0354 1007 1606 2253	424 205 479 169	22 TU	0322 0938 1549 2241	441 167 509 145
8 TU A	0435 1050 1647 2320	443 188 487 140	23 W P	0423 1044 1645 2335	461 151 519 113
9 W	0514 1127 1728	459 175 491	24 TH ○	0521 1141 1741	481 138 523
10 TH ●	0003 0553 1202 1809	137 472 166 493	25 F S	0024 0614 1234 1833	90 498 132 523
11 F	0035 0631 1234 1848	131 482 164 491	26 SA	0108 0703 1322 1920	79 511 134 518
12 SA N	0105 0708 1304 1925	132 489 167 487	27 SU	0150 0746 1407 2000	83 517 146 505
13 SU	0134 0742 1333 1958	137 491 176 479	28 M	0228 0824 1449 2036	99 514 166 484
14 M	0201 0816 1403 2029	147 488 190 467	29 TU	0303 0859 1529 2108	126 502 192 459
15 TU	0230 0851 1437 2100	160 481 208 453	30 W	0336 0933 1609 2140	158 484 218 432

7 月

日期	潮时 时分	潮高 cm	日期	潮时 时分	潮高 cm
1 TH ☾E	0409 1012 1654 2219	190 464 240 404	16 F E	0337 1003 1609 2210	152 494 207 446
2 F	0448 1101 1746 2315	217 444 254 381	17 SA ☽	0421 1052 1703 2302	166 483 220 427
3 SA	0537 1207 1848	236 430 257	18 SU	0513 1150 1808	181 472 226
4 SU	0037 0638 1326 2001	369 245 429 248	19 M	0009 0616 1300 1930	411 195 467 224
5 M A	0207 0748 1434 2116	376 243 438 228	20 TU	0135 0734 1416 2110	405 205 470 204
6 TU	0311 0901 1529 2213	396 231 450 203	21 W P	0300 0909 1527 2227	417 203 479 170
7 W	0402 1003 1619 2259	417 214 461 180	22 TH S	0410 1031 1631 2326	440 186 490 134
8 TH	0448 1054 1707 2340	438 197 471 180	23 F	0510 1136 1731	467 164 501
9 F N	0532 1139 1753	458 182 479	24 SA ○	0016 0604 1232 1825	104 493 144 509
10 SA ●	0019 0615 1221 1837	144 476 172 485	25 SU	0101 0652 1320 1912	87 513 131 513
11 SU	0055 0656 1259 1917	134 492 166 489	26 M	0141 0733 1401 1950	84 525 129 508
12 M	0128 0734 1335 1953	128 503 165 489	27 TU	0216 0807 1437 2021	95 527 139 495
13 TU	0159 0810 1409 2025	128 509 170 485	28 W	0246 0836 1508 2048	118 520 159 477
14 W	0229 0846 1445 2056	132 509 180 476	29 TH E	0311 0903 1535 2113	146 505 183 456
15 TH	0301 0922 1524 2130	140 504 193 463	30 F	0332 0931 1603 2140	175 486 208 432
			31 SA ☾	0355 1005 1637 2214	200 462 231 408

8 月

日期	潮时 时分	潮高 cm	日期	潮时 时分	潮高 cm
1 SU	0427 1047 1724 2302	222 437 250 382	16 M	0437 1107 1727 2330	182 467 219 405
2 M A	0518 1150 1834	242 414 261	17 TU P	0536 1217 1851	215 441 236
3 TU	0027 0633 1335 2014	364 254 405 256	18 W S	0115 0707 1400 2100	386 241 433 223
4 W	0231 0810 1503 2140	372 251 417 232	19 TH	0301 0914 1524 2223	404 235 447 184
5 TH N	0337 0934 1601 2237	398 233 436 202	20 F	0409 1039 1629 2321	439 203 470 142
6 F	0428 1036 1652 2323	427 208 456 172	21 SA	0505 1139 1726	474 165 492
7 SA	0515 1128 1740	456 184 474	22 SU ○	0008 0553 1228 1816	108 504 132 509
8 SU ●	0005 0559 1213 1824	145 483 161 490	23 M	0049 0635 1309 1858	88 526 110 518
9 M	0042 0642 1254 1905	122 507 143 503	24 TU	0125 0711 1344 1931	84 536 103 517
10 TU	0116 0722 1331 1941	106 526 132 510	25 W E	0155 0741 1413 1958	95 537 111 508
11 W	0148 0758 1405 2014	98 537 129 510	26 TH	0220 0806 1437 2021	116 530 129 495
12 TH E	0218 0832 1438 2044	99 539 136 502	27 F	0238 0830 1457 2043	141 517 153 477
13 F	0248 0905 1511 2114	109 532 151 487	28 SA	0252 0855 1514 2106	165 497 179 457
14 SA	0319 0939 1548 2147	127 516 171 465	29 SU	0305 0922 1535 2133	188 472 207 432
15 SU ☽	0354 1018 1631 2230	152 494 195 436	30 M ☾A	0327 0954 1608 2208	212 442 236 402
			31 TU	0407 1039 1705 2304	240 408 264 371

时　区：－0800　　　　潮高基准面：在平均海面下 321　cm

西马来西亚—巴生港

WEST MALAYSIA－PORT KELANG

2021 年潮汐表　　3° 02′ N　　101° 21′ E

9 月

日期	潮时 时分	潮高 cm	日期	潮时 时分	潮高 cm
1 W	0518 1203 1913	267 379 278	16 TH	0130 0726 1405 2056	382 276 401 233
2 TH N	0155 0745 1444 2114	359 273 389 254	17 F	0308 0940 1527 2216	416 246 429 190
3 F	0319 0925 1547 2216	393 246 418 216	18 SA	0406 1046 1626 2308	458 197 462 148
4 SA	0410 1027 1636 2303	431 211 448 176	19 SU	0452 1134 1715 2351	495 151 490 116
5 SU	0455 1117 1721 2344	468 174 476 138	20 M ○	0532 1213 1757	521 115 510
6 M	0539 1200 1805	502 140 501	21 TU E	0028 0609 1248 1833	99 537 94 520
7 TU ●	0021 0621 1240 1845	106 530 112 520	22 W	0100 0641 1318 1904	96 542 88 521
8 W E	0056 0701 1316 1922	83 552 93 531	23 TH	0127 0710 1344 1930	106 540 95 515
9 TH	0129 0737 1350 1955	72 562 88 532	24 F	0148 0736 1404 1953	124 532 112 505
10 F	0159 0811 1422 2025	76 561 95 522	25 SA	0203 0800 1420 2015	144 518 135 491
11 SA P	0228 0842 1453 2054	93 547 115 502	26 SU A	0213 0823 1434 2038	164 498 161 472
12 SU	0258 0913 1526 2126	122 523 145 474	27 M	0225 0848 1451 2103	185 473 190 448
13 M ☽	0329 0947 1604 2205	160 490 180 438	28 TU	0245 0915 1516 2134	211 441 222 419
14 TU	0409 1029 1655 2304	205 450 218 398	29 W ☾N	0318 0951 1558 2221	243 405 256 385
15 W S	0510 1142 1829	251 410 246	30 TH	0417 1052 1743	279 369 284

10 月

日期	潮时 时分	潮高 cm	日期	潮时 时分	潮高 cm
1 F	0104 0736 1416 2034	363 290 368 266	16 SA	0258 0944 1518 2151	437 241 415 202
2 SA	0254 0915 1523 2143	400 255 404 223	17 SU	0347 1035 1610 2242	476 190 450 165
3 SU	0344 1011 1610 2231	444 210 442 178	18 M	0427 1114 1652 2322	506 146 479 139
4 M	0428 1057 1654 2313	486 164 476 134	19 TU E	0502 1149 1730 2357	525 114 498 125
5 TU	0510 1138 1736 2352	521 122 505 99	20 W ○	0536 1220 1803	535 95 508
6 W ●E	0552 1217 1817	549 88 527	21 TH	0028 0608 1248 1833	122 536 89 512
7 TH	0029 0633 1254 1856	74 568 67 540	22 F	0054 0639 1313 1901	128 532 95 510
8 F P	0104 0711 1329 1931	65 574 60 541	23 SA	0114 0707 1333 1927	139 523 109 505
9 SA	0137 0746 1402 2005	73 568 70 530	24 SU A	0130 0734 1350 1952	154 509 129 495
10 SU	0208 0818 1435 2037	98 548 94 509	25 M	0143 0759 1405 2017	170 491 153 479
11 M	0239 0849 1508 2110	136 517 129 478	26 TU N	0158 0824 1423 2044	190 467 178 459
12 TU S	0312 0921 1545 2151	184 477 172 441	27 W	0220 0850 1448 2116	215 438 207 433
13 W ☽	0354 1000 1637 2259	236 431 215 402	28 TH ☾	0252 0922 1525 2204	247 406 238 403
14 TH	0515 1120 1816	283 384 247	29 F	0347 1015 1640 2356	282 373 267 384
15 F	0137 0801 1402 2029	399 286 383 238	30 SA	0655 1305 1924	296 359 262
			31 SU	0207 0840 1437 2047	411 260 390 226

11 月

日期	潮时 时分	潮高 cm	日期	潮时 时分	潮高 cm
1 M	0305 0939 1530 2145	454 213 429 182	16 TU	0351 1044 1621 2243	493 161 448 176
2 TU E	0351 1027 1617 2234	495 164 464 140	17 W	0427 1118 1657 2320	507 132 468 161
3 W	0435 1110 1702 2318	528 119 494 106	18 TH	0502 1150 1732 2352	514 113 481 153
4 TH ●	0519 1152 1746 2359	552 83 517 85	19 F ○	0537 1219 1805	515 105 489
5 F P	0603 1231 1829	565 59 530	20 SA	0020 0612 1246 1837	152 512 106 494
6 SA	0039 0644 1309 1910	78 567 52 534	21 SU A	0044 0645 1310 1907	155 505 114 495
7 SU	0116 0723 1346 1948	89 557 60 528	22 M N	0105 0716 1331 1936	163 494 128 491
8 M S	0152 0758 1421 2024	115 535 84 511	23 TU	0125 0745 1351 2005	175 479 146 482
9 TU	0228 0832 1456 2102	155 503 119 485	24 W	0146 0813 1412 2036	192 460 166 468
10 W	0308 0906 1536 2146	202 463 160 453	25 TH	0212 0840 1438 2111	213 438 187 449
11 TH ☽	0400 0946 1627 2256	249 418 202 422	26 F	0247 0913 1516 2159	239 414 209 429
12 F	0531 1104 1748	283 375 234	27 SA ☾	0345 1003 1619 2316	267 388 230 415
13 SA	0100 0733 1327 1927	418 280 367 241	28 SU	0543 1137 1802	279 370 235
14 SU	0221 0914 1448 2058	442 243 392 223	29 M	0057 0730 1325 1932	425 259 380 217
15 M E	0312 1006 1540 2159	471 199 422 198	30 TU E	0211 0849 1437 2045	455 220 408 187

12 月

日期	潮时 时分	潮高 cm	日期	潮时 时分	潮高 cm
1 W	0307 0950 1535 2148	488 175 438 155	16 TH	0351 1045 1625 2239	469 163 425 195
2 TH	0357 1041 1627 2243	515 131 466 128	17 F	0432 1121 1704 2318	478 141 444 180
3 F	0446 1128 1718 2332	533 94 489 110	18 SA A	0513 1155 1742 2353	483 126 460 170
4 SA ●P	0535 1213 1807	543 68 507	19 SU ○	0553 1226 1818	485 119 473
5 SU	0019 0623 1255 1854	103 543 55 518	20 M N	0025 0632 1255 1854	164 484 118 483
6 M S	0103 0707 1335 1937	109 535 57 521	21 TU	0054 0708 1322 1927	163 481 122 488
7 TU	0146 0747 1413 2017	128 518 74 514	22 W	0121 0740 1347 2000	168 473 130 488
8 W	0229 0824 1451 2056	157 491 102 499	23 TH	0149 0810 1412 2032	178 462 141 483
9 TH	0314 0900 1529 2138	192 458 138 476	24 F	0219 0839 1440 2108	193 448 153 473
10 F	0405 0939 1612 2230	226 421 176 451	25 SA	0255 0912 1515 2150	210 431 167 460
11 SA ☽	0509 1032 1706 2342	252 384 210 432	26 SU	0345 0953 1602 2244	228 412 180 448
12 SU E	0624 1202 1812	262 359 233	27 M ☾E	0453 1051 1705 2352	241 394 191 443
13 M	0109 0752 1345 1928	429 252 360 239	28 TU	0614 1208 1819	240 382 195
14 TU	0217 0914 1454 2048	441 224 380 230	29 W	0107 0740 1334 1937	450 224 386 190
15 W	0307 1005 1543 2152	456 191 404 213	30 TH	0218 0908 1454 2100	466 193 404 177
			31 F	0322 1017 1600 2214	483 153 429 158

时　区：－0800　　　　潮高基准面：在平均海面下 321　cm

西马来西亚—波德申
WEST MALAYSIA－PORT DICKSON

2021 年潮汐表　　2° 31′ N　　101° 47′ E

1 月

日期	潮时 时分	潮高 cm	日期	潮时 时分	潮高 cm
1	0216	33	16	0313	27
F	0757	267	SA	0847	257
	1455	56		1541	49
	2021	241		2115	251
2	0254	35	17	0348	33
SA	0833	267	SU	0921	248
	1525	55		1558	52
	2056	245		2147	248
3	0332	39	18	0419	41
SU	0911	262	M	0953	234
	1553	56		1613	57
	2135	248		2219	242
4	0413	45	19	0451	52
M	0951	249	TU	1025	216
	1623	59	E	1633	63
	2219	250		2254	232
5	0500	55	20	0527	67
TU	1036	230	W	1059	194
	1658	63	☽	1701	71
	2311	249		2337	219
6	0555	67	21	0612	85
W	1128	206	TH	1140	171
☾ E	1746	69	A	1744	82
7	0017	245	22	0040	205
TH	0703	80	F	0716	103
	1237	185		1242	153
	1850	73		1858	91
8	0136	244	23	0208	196
F	0828	88	SA	0909	112
	1409	174		1432	146
	2012	72		2053	88
9	0257	248	24	0340	200
SA	1008	86	SU	1054	105
P	1540	180		1614	157
	2140	63		2221	71
10	0408	255	25	0446	211
SU	1127	78	M	1145	94
	1648	196		1708	175
	2255	49		2317	52
11	0509	262	26	0531	223
M	1227	69	TU	1224	83
	1744	214	N	1749	194
	2359	36			
12	0602	265	27	0003	37
TU	1319	61	W	0608	236
S	1834	230		1301	71
				1826	211
13	0056	27	28	0048	28
W	0649	266	TH	0642	249
●	1405	55	○	1337	58
	1919	242		1901	227
14	0148	23	29	0132	24
TH	0732	265	F	0715	261
	1444	50		1413	46
	2001	249		1936	241
15	0234	24	30	0216	22
F	0811	262	SA	0749	269
	1516	48		1446	35
	2040	252		2012	255
			31	0259	21
			SU	0824	272
				1517	28
				2047	266

2 月

日期	潮时 时分	潮高 cm	日期	潮时 时分	潮高 cm
1	0340	23	16	0358	29
M	0859	266	TU	0921	240
	1544	25		1538	29
	2124	273		2142	258
2	0419	28	17	0424	39
TU	0936	253	W	0948	225
E	1610	27		1559	33
	2203	273		2210	247
3	0458	39	18	0450	54
W	1014	232	TH	1014	206
P	1638	32	A	1623	42
	2248	265		2243	228
4	0539	55	19	0519	75
TH	1056	207	F	1040	185
☾	1713	42	☽	1653	56
	2342	250		2328	204
5	0628	75	20	0556	99
F	1148	182	SA	1108	165
	1803	56		1738	73
6	0052	230	21	0042	181
SA	0739	95	SU	0700	121
	1303	161		1151	147
	1926	69		1918	86
7	0224	216	22	0248	172
SU	0939	102	M	1009	126
	1505	157		1435	138
	2122	68		2137	78
8	0401	216	23	0433	187
M	1125	92	TU	1131	110
S	1643	174	N	1639	157
	2255	53		2252	59
9	0514	226	24	0520	208
TU	1229	78	W	1206	92
	1744	199		1728	184
				2346	42
10	0004	36	25	0554	230
W	0607	238	TH	1239	71
	1318	64		1806	212
	1831	222			
11	0101	24	26	0036	30
TH	0649	247	F	0626	249
●	1357	52		1314	51
	1912	240		1843	239
12	0150	19	27	0125	21
F	0724	253	SA	0659	265
	1428	43	○	1349	32
	1947	252		1918	264
13	0230	17	28	0213	15
SA	0756	256	SU	0733	274
	1452	37		1424	17
	2019	260		1954	283
14	0304	19			
SU	0826	255			
	1508	32			
	2049	264			
15	0332	23			
M	0854	250			
E	1522	30			
	2116	264			

3 月

日期	潮时 时分	潮高 cm	日期	潮时 时分	潮高 cm
1	0257	12	16	0310	25
M	0807	275	TU	0824	252
E	1455	8		1446	18
	2029	295		2041	279
2	0337	13	17	0334	30
TU	0842	268	W	0850	246
P	1523	5		1508	17
	2104	298		2106	272
3	0413	20	18	0356	40
W	0917	254	TH	0915	234
	1550	9	A	1531	22
	2142	291		2131	257
4	0446	34	19	0418	55
TH	0953	234	F	0938	218
	1617	18		1555	32
	2222	274		2200	236
5	0519	54	20	0439	75
F	1031	210	SA	0959	201
	1649	33		1621	46
	2310	247		2235	211
6	0558	79	21	0459	98
SA	1115	185	SU	1019	183
☾	1733	53	☽	1653	63
				2332	184
7	0016	215	22	0535	122
SU	0658	105	M	1042	166
S	1218	161	N	1800	82
	1856	75			
8	0203	191	23	0133	167
M	0931	117	TU	0742	138
	1444	150		1210	148
	2123	77		2026	87
9	0415	194	24	0400	181
TU	1130	101	W	1041	124
	1644	172		1549	160
	2305	58		2216	71
10	0524	212	25	0452	206
W	1223	82	TH	1122	99
	1739	202		1654	195
				2323	53
11	0009	39	26	0527	231
TH	0605	229	F	1157	73
	1300	66		1737	233
	1819	230			
12	0059	26	27	0020	38
F	0637	241	SA	0601	253
	1330	53		1235	48
	1853	251		1816	267
13	0141	21	28	0113	27
SA	0705	249	SU	0635	268
●	1353	42	○E	1313	27
	1923	266		1853	295
14	0215	20	29	0202	19
SU	0732	253	M	0710	275
E	1410	33		1351	12
	1950	276		1929	312
15	0245	22	30	0245	15
M	0758	255	TU	0746	275
	1427	24	P	1427	4
	2016	281		2005	319
			31	0324	17
			W	0822	268
				1500	3
				2042	314

4 月

日期	潮时 时分	潮高 cm	日期	潮时 时分	潮高 cm
1	0358	26	16	0330	53
TH	0858	255	F	0848	240
	1531	9		1511	27
	2120	298		2100	261
2	0430	42	17	0350	66
F	0936	238	SA	0911	228
	1602	21		1536	37
	2201	272		2129	242
3	0501	65	18	0408	84
SA	1015	217	SU	0933	214
	1637	40	N	1602	49
	2249	240		2206	221
4	0536	91	19	0426	103
SU	1101	193	M	0958	200
☾ S	1724	63		1635	64
	2356	205		2259	199
5	0637	117	20	0502	123
M	1208	170	TU	1037	184
	1853	85	☽	1736	81
6	0159	182	21	0037	182
TU	0928	127	W	0645	137
	1434	162		1222	171
	2130	85		1931	91
7	0421	192	22	0252	187
W	1106	110	TH	0858	128
	1626	186		1452	185
	2301	65		2128	82
8	0514	211	23	0407	209
TH	1150	92	F	1013	102
	1717	217		1611	222
	2357	47		2251	66
9	0546	227	24	0452	233
F	1220	76	SA	1102	75
	1752	245		1702	262
				2356	51
10	0041	37	25	0531	252
SA	0613	238	SU	1147	50
	1244	62	E	1744	295
	1823	267			
11	0118	34	26	0052	40
SU	0638	246	M	0600	265
E	1304	49		1233	30
	1851	281		1824	318
12	0150	34	27	0142	33
M	0704	251	TU	0647	272
●	1325	36	○P	1317	18
	1917	289		1903	327
13	0218	36	28	0226	31
TU	0730	254	W	0725	273
	1350	26		1400	12
	1943	290		1942	324
14	0244	38	29	0306	34
W	0756	254	TH	0805	268
A	1417	21		1440	13
	2008	286		2022	311
15	0308	44	30	0342	44
TH	0823	249	F	0845	258
	1444	22		1518	21
	2034	275		2104	291

时　区：－0800　　　　潮高基准面：在平均海面下 150　cm

西马来西亚—波德申

WEST MALAYSIA－PORT DICKSON

2021 年潮汐表　　2° 31′ N　　101° 47′ E

5 月

日期	潮时 时分	潮高 cm	日期	潮时 时分	潮高 cm
1 SA S	0415	59	16 SU	0330	80
	0927	244		0855	233
	1556	34		1525	46
	2149	264		2114	248
2 SU	0448	79	17 M	0351	92
	1012	226		0923	224
	1637	52		1555	55
	2241	234		2155	234
3 M ☾	0528	102	18 TU	0416	105
	1103	207		0959	215
	1730	73		1634	67
	2350	206		2248	218
4 TU	0633	124	19 W ☽	0459	117
	1213	190		1054	207
	1857	90		1735	80
5 W	0138	187	20 TH	0003	204
	0841	132		0618	124
	1400	186		1223	204
	2105	90		1904	89
6 TH	0348	193	21 F	0143	199
	1009	121		0750	118
	1541	204		1407	219
	2232	76		2043	88
7 F	0442	207	22 SA E	0313	209
	1055	106		0907	99
	1637	231		1527	249
	2328	63		2213	77
8 SA E	0515	220	23 SU	0412	226
	1125	90		1008	76
	1715	255		1625	281
				2325	66
9 SU	0010	55	24 M	0500	242
	0542	230		1103	54
	1150	73		1713	306
	1747	274			
10 M	0046	53	25 TU	0025	58
	0609	239		0543	255
	1217	57		1157	38
	1816	285		1758	318
11 TU ●A	0118	53	26 W ○P	0117	54
	0636	247		0625	263
	1248	43		1250	28
	1845	289		1841	319
12 W	0147	55	27 TH	0204	53
	0704	252		0708	267
	1322	35		1341	24
	1913	286		1925	310
13 TH	0216	58	28 F S	0248	56
	0732	253		0753	266
	1356	32		1428	26
	1941	279		2010	295
14 F	0242	63	29 SA	0328	62
	0801	249		0838	260
	1428	34		1513	32
	2010	269		2056	278
15 SA N	0308	70	30 SU	0405	72
	0828	242		0924	251
	1458	39		1556	43
	2040	259		2144	258
			31 M	0442	86
				1011	240
				1641	57
				2235	237

6 月

日期	潮时 时分	潮高 cm	日期	潮时 时分	潮高 cm
1 TU	0522	103	16 W	0415	95
	1101	227		1004	237
	1733	73		1639	65
	2333	215		2235	236
2 W ☾	0611	119	17 TH	0454	100
	1158	216		1056	236
	1840	87		1735	75
				2333	220
3 TH	0046	196	18 F ☽	0549	103
	0719	129		1204	238
	1310	211		1844	85
	2008	93			
4 F E	0228	188	19 SA E	0046	206
	0839	128		0657	101
	1435	218		1326	246
	2137	90		2004	90
5 SA	0348	194	20 SU	0213	202
	0940	116		0811	91
	1543	235		1445	262
	2243	83		2131	89
6 SU	0434	204	21 M	0329	210
	1025	99		0924	76
	1631	252		1551	279
	2331	77		2251	84
7 M	0508	216	22 TU	0429	224
	1104	80		1031	59
	1711	265		1648	291
				2357	79
8 TU A	0010	75	23 W P	0521	239
	0540	227		1134	45
	1143	63		1740	296
	1746	272			
9 W	0044	74	24 TH ○	0055	75
	0611	237		0611	251
	1223	50		1234	36
	1820	272		1829	293
10 TH ●	0118	75	25 F S	0147	72
	0643	244		0659	259
	1302	42		1331	32
	1852	269		1918	287
11 F	0150	76	26 SA	0235	71
	0715	247		0747	264
	1340	40		1425	32
	1925	265		2005	279
12 SA N	0222	78	27 SU	0319	71
	0746	246		0834	264
	1416	42		1513	36
	1957	262		2050	270
13 SU	0251	81	28 M	0357	74
	0817	243		0918	261
	1450	46		1557	43
	2032	260		2134	259
14 M	0319	85	29 TU	0430	81
	0849	240		1000	255
	1522	51		1638	53
	2108	256		2216	244
15 TU	0346	90	30 W	0457	92
	0923	238		1040	247
	1557	57		1719	65
	2149	248		2259	226

7 月

日期	潮时 时分	潮高 cm	日期	潮时 时分	潮高 cm
1 TH ☾E	0524	103	16 F E	0437	76
	1123	238		1039	265
	1805	78		1728	68
	2347	205		2301	229
2 F	0557	112	17 SA ☽	0516	79
	1215	230		1135	261
	1900	91		1821	81
				2357	209
3 SA	0048	187	18 SU	0610	83
	0648	118		1245	256
	1321	225		1926	94
	2014	101			
4 SU	0213	179	19 M	0112	195
	0805	116		0723	84
	1439	226		1406	253
	2141	103		2049	103
5 M A	0336	183	20 TU	0242	193
	0928	104		0851	79
	1549	233		1526	255
	2249	100		2223	103
6 TU	0432	196	21 W P	0404	205
	1030	84		1016	65
	1644	241		1636	261
	2337	97		2340	97
7 W	0514	210	22 TH S	0510	223
	1120	66		1128	50
	1729	246		1736	266
8 TH	0016	94	23 F	0044	90
	0551	223		0605	241
	1205	52		1232	39
	1807	250		1829	270
9 F N	0053	91	24 SA ○	0139	81
	0627	234		0655	257
	1247	44		1331	33
	1843	254		1916	272
10 SA ●	0130	87	25 SU	0226	73
	0701	241		0741	267
	1328	42		1425	31
	1916	258		1958	272
11 SU	0206	82	26 M	0305	68
	0735	246		0822	273
	1408	43		1510	33
	1949	263		2036	270
12 M	0240	78	27 TU	0336	67
	0808	250		0859	274
	1446	45		1548	38
	2023	267		2111	263
13 TU	0311	75	28 W	0358	69
	0841	255		0933	271
	1523	48		1620	46
	2058	267		2145	252
14 W	0339	73	29 TH E	0414	74
	0916	260		1005	265
	1601	52		1651	56
	2135	261		2218	235
15 TH	0407	74	30 F	0431	80
	0954	264		1038	255
	1642	58		1722	70
	2215	247		2253	216
			31 SA ☾	0455	88
				1118	241
				1800	87
				2333	195

8 月

日期	潮时 时分	潮高 cm	日期	潮时 时分	潮高 cm
1 SU	0533	97	16 M	0532	72
	1212	224		1206	249
	1849	107		1847	103
2 M A	0027	178	17 TU P	0019	192
	0637	106		0645	84
	1331	209		1333	230
	2009	123		2015	120
3 TU	0156	169	18 W S	0200	182
	0827	106		0838	86
	1513	205		1519	224
	2206	126		2217	121
4 W	0347	176	19 TH	0356	193
	1004	89		1021	71
	1634	213		1645	234
	2314	119		2342	108
5 TH N	0451	193	20 F	0510	219
	1104	68		1136	51
	1725	225		1745	248
	2357	110			
6 F	0535	211	21 SA	0041	94
	1151	53		0603	244
	1802	238		1238	37
				1829	261
7 SA	0035	99	22 SU ○	0127	80
	0611	229		0646	265
	1234	44		1332	30
	1833	251		1907	269
8 SU ●	0111	87	23 M	0205	70
	0645	244		0725	279
	1317	40		1418	28
	1904	263		1941	272
9 M	0147	75	24 TU	0235	63
	0718	258		0759	287
	1400	39		1455	30
	1935	273		2012	272
10 TU	0222	64	25 W E	0256	59
	0751	271		0829	290
	1442	39		1526	35
	2007	279		2041	268
11 W	0253	57	26 TH	0312	57
	0823	281		0857	288
	1522	39		1552	42
	2040	278		2110	259
12 TH E	0321	53	27 F	0327	57
	0857	289		0924	281
	1559	43		1616	51
	2115	269		2138	245
13 F	0346	52	28 SA	0347	61
	0933	291		0952	268
	1635	51		1640	66
	2151	253		2207	228
14 SA	0413	55	29 SU	0412	68
	1014	285		1023	248
	1712	64		1707	86
	2230	233		2235	208
15 SU ☽	0445	61	30 M ☾A	0444	80
	1102	271		1104	221
	1753	82		1739	110
	2317	212		2306	189
			31 TU	0533	96
				1216	193
				1832	135
				2357	172

时　区：－0800　　　　潮高基准面：在平均海面下 150 cm

西马来西亚—波德申

WEST MALAYSIA—PORT DICKSON

2021 年潮汐表　　2° 31′ N　　101° 47′ E

9 月

日期	潮时 时分	潮高 cm	日期	潮时 时分	潮高 cm
1 W	0714 1440 2054	108 180 149	16 TH	0143 0849 1542 2231	181 94 204 130
2 TH N	0219 0936 1642 2301	165 97 196 137	17 F	0401 1038 1701 2339	198 72 224 111
3 F	0424 1047 1721 2338	183 75 216 120	18 SA	0507 1145 1745	229 50 244
4 SA	0512 1135 1748	209 57 237	19 SU	0023 0551 1237 1819	93 258 35 258
5 SU	0009 0548 1219 1814	101 236 45 256	20 M ○	0058 0627 1322 1848	79 281 29 267
6 M	0042 0621 1305 1843	82 261 38 273	21 TU E	0126 0659 1359 1916	68 296 29 271
7 TU ●	0116 0654 1350 1914	64 284 34 283	22 W	0148 0727 1430 1944	60 303 33 272
8 W E	0151 0727 1433 1946	51 301 32 287	23 TH	0207 0754 1457 2011	54 305 37 270
9 TH	0224 0800 1512 2019	42 313 33 283	24 F	0227 0819 1519 2038	49 301 44 264
10 F	0255 0833 1548 2053	38 316 38 273	25 SA	0250 0844 1541 2104	47 291 53 253
11 SA P	0323 0908 1620 2128	39 310 49 257	26 SU A	0315 0910 1601 2129	50 274 68 238
12 SU	0351 0947 1651 2205	45 294 67 238	27 M	0343 0938 1621 2152	59 250 88 221
13 M ☽	0424 1033 1725 2248	56 267 90 216	28 TU	0412 1011 1639 2212	73 222 112 204
14 TU	0509 1134 1813 2347	73 234 116 194	29 W ☾ N	0450 1102 1702 2236	90 191 137 187
15 W S	0628 1315 2000	91 205 136	30 TH	0607 1325 1859	107 170 158

10 月

日期	潮时 时分	潮高 cm	日期	潮时 时分	潮高 cm
1 F	0022 0841 1625 2216	171 107 187 148	16 SA	0349 1039 1655 2311	212 73 219 112
2 SA	0336 1019 1653 2255	185 86 212 124	17 SU	0447 1136 1729 2347	243 52 237 95
3 SU	0436 1113 1719 2327	218 66 237 99	18 M	0527 1222 1757	271 40 249
4 M	0515 1200 1747	254 51 258	19 TU E	0015 0559 1300 1824	81 292 36 258
5 TU	0000 0551 1247 1817	75 287 40 275	20 W ○	0039 0628 1332 1850	69 305 37 263
6 W ●E	0037 0625 1333 1849	56 313 34 285	21 TH	0101 0655 1400 1916	58 311 40 266
7 TH	0115 0700 1416 1923	41 329 31 287	22 F	0127 0721 1425 1943	50 309 45 267
8 F P	0153 0734 1455 1958	33 335 33 283	23 SA	0155 0747 1448 2011	44 301 51 263
9 SA	0229 0810 1530 2034	31 330 41 273	24 SU A	0225 0813 1510 2037	44 288 60 254
10 SU	0303 0846 1602 2111	35 315 55 259	25 M	0255 0840 1529 2102	48 271 73 242
11 M	0337 0927 1632 2151	44 289 75 241	26 TU N	0323 0909 1547 2125	57 250 90 228
12 TU S	0415 1014 1704 2237	59 256 100 220	27 W	0353 0942 1602 2149	69 226 110 214
13 W ☽	0506 1118 1756 2344	80 219 126 200	28 TH ☾	0428 1028 1623 2225	85 201 130 199
14 TH	0636 1312 2009	99 192 142	29 F	0529 1201 1749	102 180 147
15 F	0147 0905 1556 2216	191 97 198 131	30 SA	0005 0727 1443 2024	187 110 181 145
			31 SU	0230 0927 1559 2146	199 97 203 122

11 月

日期	潮时 时分	潮高 cm	日期	潮时 时分	潮高 cm
1 M	0349 1040 1639 2233	233 77 227 95	16 TU	0453 1155 1730 2328	269 53 228 83
2 TU E	0438 1135 1714 2315	271 60 248 69	17 W	0527 1232 1757 2357	287 49 238 67
3 W	0518 1225 1749 2358	305 48 264 49	18 TH	0557 1303 1825	296 50 246
4 TH ●	0557 1312 1825	328 41 273	19 F ○	0027 0627 1331 1853	54 298 52 252
5 F P	0042 0634 1356 1902	36 338 39 277	20 SA	0101 0656 1357 1923	45 294 56 255
6 SA	0127 0713 1436 1941	29 336 42 275	21 SU A	0136 0725 1423 1952	40 285 60 253
7 SU	0210 0752 1513 2021	29 323 49 268	22 M N	0210 0755 1447 2021	41 274 66 247
8 M S	0252 0833 1548 2103	34 303 62 257	23 TU	0242 0825 1510 2048	46 261 75 238
9 TU	0333 0918 1622 2150	45 276 80 243	24 W	0312 0857 1531 2116	53 248 86 229
10 W	0418 1009 1701 2243	61 245 101 226	25 TH	0342 0933 1553 2148	64 234 98 220
11 TH ☽	0515 1114 1758 2351	80 214 122 211	26 F	0419 1017 1625 2235	76 217 110 212
12 F	0642 1249 1943	96 190 134	27 SA ☾	0513 1119 1726 2352	89 199 121 208
13 SA	0127 0843 1516 2124	207 96 189 128	28 SU	0637 1252 1900	100 186 121
14 SU	0309 1014 1624 2221	221 79 203 114	29 M	0131 0818 1438 2027	217 99 189 108
15 M E	0411 1112 1700 2259	246 63 217 99	30 TU E	0257 0953 1548 2135	243 87 205 86

12 月

日期	潮时 时分	潮高 cm	日期	潮时 时分	潮高 cm
1 W	0358 1103 1637 2232	274 72 222 63	16 TH	0456 1203 1732 2327	260 68 209 63
2 TH	0447 1200 1721 2325	300 61 238 44	17 F	0535 1237 1804	267 66 221
3 F	0532 1250 1803	316 54 251	18 SA A	0007 0610 1308 1837	47 268 66 231
4 SA ●P	0018 0616 1337 1846	31 320 51 258	19 SU ○	0046 0644 1338 1910	38 265 65 237
5 SU	0110 0700 1421 1931	25 314 51 262	20 M N	0124 0717 1408 1942	34 261 65 238
6 M S	0201 0745 1503 2017	25 301 54 260	21 TU	0201 0748 1437 2013	35 258 65 237
7 TU	0250 0831 1543 2105	30 284 61 255	22 W	0235 0820 1504 2043	39 256 66 235
8 W	0338 0918 1622 2152	39 265 71 247	23 TH	0308 0852 1529 2113	45 252 69 233
9 TH	0426 1007 1701 2242	53 243 85 237	24 F	0340 0926 1553 2148	52 245 73 232
10 F	0519 1059 1743 2336	68 219 100 226	25 SA	0417 1004 1622 2230	61 232 78 232
11 SA ☽	0622 1201 1837	82 195 113	26 SU	0504 1040 1702 2326	71 214 83 231
12 SU E	0042 0744 1329 1949	219 91 177 119	27 M ☾E	0604 1147 1759	83 195 86
13 M	0203 0917 1517 2104	221 89 175 114	28 TU	0041 0719 1308 1913	233 92 180 84
14 TU	0318 1032 1618 2201	233 80 185 100	29 W	0204 0851 1441 2036	243 93 179 74
15 W	0413 1124 1658 2246	248 72 196 81	30 TH	0319 1024 1557 2155	258 87 190 58
			31 F	0421 1136 1656 2304	273 77 207 41

时　区：－0800　　潮高基准面：在平均海面下 150　cm

西马来西亚—瓜拉巴株巴辖

WEST MALAYSIA—KUALA BATU PAHAT

2021 年潮汐表　　1° 46′ N　　102° 53′ E

1 月

日期	潮时 时分	潮高 cm	日期	潮时 时分	潮高 cm
1 F	0522 1123 1841 2355	42 288 47 209	16 SA	0002 0609 1207 1919	214 42 276 45
2 SA	0600 1159 1915	43 289 46	17 SU	0034 0643 1240 1944	214 44 267 53
3 SU	0030 0638 1238 1949	211 43 285 48	18 M	0103 0715 1312 2005	214 47 254 61
4 M	0107 0720 1321 2024	213 46 275 54	19 TU E	0132 0749 1345 2026	213 53 237 68
5 TU	0149 0808 1410 2102	216 51 256 62	20 W ☽	0207 0830 1423 2053	212 63 212 74
6 W ☾ E	0238 0908 1507 2147	220 61 230 71	21 TH A	0252 0926 1511 2131	210 78 184 80
7 TH	0340 1024 1618 2242	225 69 203 77	22 F	0356 1049 1621 2228	208 92 157 85
8 F	0454 1159 1745 2348	235 71 184 78	23 SA	0527 1247 1815 2347	213 94 142 84
9 SA P	0613 1333 1911	251 61 178	24 SU	0655 1423 1944	228 81 145
10 SU	0057 0723 1449 2019	73 271 47 182	25 M	0104 0758 1523 2039	74 245 69 156
11 M	0202 0823 1550 2114	63 286 36 191	26 TU N	0207 0847 1607 2121	61 260 59 170
12 TU S	0301 0916 1644 2203	53 294 31 199	27 W	0301 0927 1645 2158	49 270 52 185
13 W ●	0355 1005 1731 2247	46 295 30 207	28 TH ○	0350 1005 1721 2234	40 277 45 199
14 TH	0445 1050 1813 2327	42 291 33 212	29 F	0437 1041 1755 2310	33 282 38 212
15 F	0530 1131 1849	41 284 38	30 SA	0522 1117 1828 2344	28 285 32 223
			31 SU	0605 1154 1859	24 286 28

2 月

日期	潮时 时分	潮高 cm	日期	潮时 时分	潮高 cm
1 M	0019 0646 1232 1930	232 21 281 30	16 TU	0032 0702 1244 1921	237 30 250 44
2 TU E	0053 0727 1311 1959	240 22 268 35	17 W	0059 0732 1313 1940	240 35 235 45
3 W P	0130 0810 1352 2029	245 28 246 44	18 TH A	0128 0807 1343 2001	240 46 211 50
4 TH ☾	0211 0859 1438 2102	247 40 216 55	19 F ☽	0204 0849 1414 2028	235 64 182 58
5 F	0302 1000 1534 2144	245 57 183 67	20 SA	0251 0948 1449 2103	225 87 152 69
6 SA	0410 1127 1659 2246	240 71 155 78	21 SU	0403 1132 1552 2203	214 104 124 81
7 SU	0539 1322 1854	240 71 146	22 M	0555 1423 1904 2352	213 97 119 86
8 M S	0016 0709 1454 2018	81 249 58 157	23 TU N	0726 1522 2020	227 80 136
9 TU	0147 0822 1556 2115	72 262 44 174	24 W	0133 0824 1556 2104	75 244 66 161
10 W	0300 0920 1644 2200	57 271 36 192	25 TH	0244 0909 1627 2141	58 260 53 187
11 TH ●	0358 1007 1724 2238	43 275 33 206	26 F	0342 0949 1659 2216	41 271 41 211
12 F	0447 1047 1758 2312	34 274 34 218	27 SA ○	0433 1027 1731 2251	27 279 31 233
13 SA	0528 1121 1826 2341	30 270 38 226	28 SU	0520 1105 1803 2326	16 282 23 250
14 SU	0603 1150 1847	29 265 41			
15 M E	0007 0633 1217 1905	232 29 260 43			

3 月

日期	潮时 时分	潮高 cm	日期	潮时 时分	潮高 cm
1 M E	0604 1143 1834 2359	8 280 20 263	16 TU	0619 1152 1825	25 252 37
2 TU P	0644 1220 1902	5 272 22	17 W	0003 0647 1218 1843	262 27 243 35
3 W	0033 0724 1256 1929	271 7 256 29	18 TH A	0029 0716 1245 1902	265 33 228 36
4 TH	0107 0804 1334 1956	274 17 232 39	19 F	0056 0748 1311 1922	263 46 207 41
5 F	0146 0848 1414 2024	270 35 202 51	20 SA	0127 0824 1335 1943	256 65 181 50
6 SA ☾	0232 0943 1503 2059	259 58 168 67	21 SU ☽	0205 0909 1357 2008	243 88 154 61
7 SU S	0337 1111 1628 2155	242 80 138 85	22 M N	0301 1028 1419 2045	227 110 130 77
8 M	0521 1332 1857 2355	230 81 133 95	23 TU	0444 1420 1743 2223	215 109 113 94
9 TU	0711 1502 2025	235 63 153	24 W	0642 1455 1947	222 91 137
10 W	0156 0828 1552 2115	82 249 49 178	25 TH	0102 0753 1522 2035	90 239 74 170
11 TH	0308 0922 1630 2151	59 259 41 201	26 F	0230 0843 1552 2113	67 256 58 206
12 F	0400 1002 1702 2222	41 264 40 221	27 SA	0331 0926 1623 2149	43 269 43 238
13 SA ●	0443 1034 1728 2249	30 263 41 236	28 SU ○E	0423 1007 1656 2225	24 275 32 264
14 SU E	0519 1101 1750 2315	25 260 41 248	29 M	0510 1046 1729 2301	10 275 25 283
15 M	0550 1126 1808 2339	24 256 40 256	30 TU P	0554 1125 1801 2336	3 270 23 294
			31 W	0635 1203 1831	2 259 26

4 月

日期	潮时 时分	潮高 cm	日期	潮时 时分	潮高 cm
1 TH	0010 0715 1240 1859	298 8 241 33	16 F	0003 0702 1221 1832	281 45 220 38
2 F	0046 0755 1318 1927	296 22 219 43	17 SA	0030 0732 1246 1852	277 57 201 44
3 SA	0126 0839 1358 1955	286 43 191 57	18 SU N	0100 0806 1309 1913	270 74 181 51
4 SU ☾ S	0214 0936 1449 2029	267 69 162 75	19 M	0136 0848 1335 1938	260 93 161 62
5 M	0323 1112 1623 2127	244 91 137 96	20 TU ☽	0228 0954 1414 2017	244 110 143 78
6 TU	0517 1332 1852 2358	227 88 139 107	21 W	0356 1201 1630 2149	229 115 132 97
7 W	0709 1446 2014	231 73 164	22 TH	0550 1339 1847	228 101 155
8 TH	0158 0822 1527 2056	87 243 61 192	23 F	0032 0712 1424 1950	96 239 83 193
9 F	0301 0908 1558 2127	62 252 56 219	24 SA	0208 0810 1501 2035	72 252 66 233
10 SA	0347 0942 1624 2154	44 254 53 241	25 SU E	0312 0857 1538 2115	46 261 51 268
11 SU E	0426 1009 1645 2220	33 252 50 259	26 M	0405 0941 1614 2154	27 264 40 293
12 M ●	0500 1035 1706 2245	30 250 46 271	27 TU ○P	0454 1022 1651 2232	15 261 34 309
13 TU	0532 1101 1726 2311	30 247 40 279	28 W	0539 1104 1726 2311	11 254 32 315
14 W A	0602 1128 1748 2337	32 243 36 281	29 TH	0622 1145 1801 2350	13 244 35 314
15 TH	0632 1155 1810	37 234 36	30 F	0705 1226 1834	21 230 41

时　区：−0800　　　　潮高基准面：在平均海面下 150　cm

西马来西亚—瓜拉巴株巴辖

WEST MALAYSIA－KUALA BATU PAHAT

2021 年潮汐表　　1° 46′ N　　102° 53′ E

5 月

日期	潮时时分	潮高 cm	日期	潮时时分	潮高 cm
1 SA S	0030	306	16 SU	0011	283
	0748	36		0722	69
	1307	211		1231	198
	1906	51		1832	50
2 SU	0115	291	17 M	0044	279
	0835	56		0757	79
	1352	189		1300	185
	1939	65		1858	56
3 M ☾	0207	271	18 TU	0123	272
	0934	78		0838	90
	1446	168		1336	173
	2019	82		1931	64
4 TU	0319	247	19 W ☽	0216	259
	1101	96		0934	101
	1608	152		1431	165
	2124	102		2022	78
5 W	0459	230	20 TH	0329	244
	1249	98		1050	106
	1802	154		1603	165
	2342	109		2154	93
6 TH	0640	228	21 F	0501	235
	1359	90		1210	100
	1927	176		1742	185
7 F	0131	92	22 SA E	0000	91
	0750	233		0625	234
	1439	82		1312	88
	2014	204		1856	220
8 SA E	0234	70	23 SU	0137	72
	0835	237		0731	238
	1508	75		1401	73
	2047	233		1951	257
9 SU	0320	53	24 M	0245	50
	0908	238		0825	242
	1532	67		1446	59
	2117	258		2038	288
10 M	0400	44	25 TU	0343	35
	0937	238		0913	242
	1555	57		1529	49
	2147	276		2122	309
11 TU ●A	0436	41	26 W ○P	0435	27
	1006	237		0959	240
	1620	48		1612	43
	2216	286		2206	319
12 W	0511	43	27 TH	0524	25
	1035	234		1044	236
	1647	42		1654	40
	2246	290		2250	320
13 TH	0545	47	28 F S	0611	28
	1106	230		1129	230
	1715	39		1736	42
	2315	289		2335	314
14 F	0618	53	29 SA	0657	36
	1136	222		1214	221
	1743	41		1815	47
	2343	286			
15 SA N	0650	60	30 SU	0021	303
	1204	211		0742	47
	1808	45		1259	210
				1854	55
			31 M	0109	289
				0829	63
				1343	197
				1933	66

6 月

日期	潮时时分	潮高 cm	日期	潮时时分	潮高 cm
1 TU	0201	271	16 W	0117	279
	0921	81		0827	78
	1431	183		1337	195
	2017	79		1940	60
2 W ☾	0300	250	17 TH	0205	268
	1020	97		0910	84
	1528	173		1427	196
	2117	93		2035	69
3 TH	0412	230	18 F ☽	0305	252
	1129	107		1001	89
	1643	173		1533	202
	2251	101		2153	79
4 F E	0536	217	19 SA E	0417	233
	1235	107		1059	90
	1806	187		1649	217
				2328	80
5 SA	0035	95	20 SU	0536	219
	0653	212		1201	85
	1324	101		1805	241
	1911	212			
6 SU	0151	80	21 M	0102	71
	0747	212		0651	213
	1400	89		1301	76
	1958	240		1910	269
7 M	0246	66	22 TU	0219	58
	0829	213		0755	212
	1432	74		1356	65
	2039	264		2006	293
8 TU A	0332	58	23 W P	0323	47
	0905	215		0850	214
	1505	60		1450	55
	2116	280		2058	307
9 W	0414	55	24 TH ○	0421	41
	0939	216		0941	217
	1539	49		1542	48
	2151	288		2149	312
10 TH ●	0453	57	25 F S	0514	40
	1014	217		1030	219
	1614	43		1633	44
	2225	288		2238	310
11 F	0531	61	26 SA	0604	41
	1048	215		1118	220
	1649	43		1721	44
	2257	286		2327	304
12 SA N	0607	65	27 SU	0651	45
	1121	212		1203	219
	1722	45		1807	46
	2328	284			
13 SU	0642	67	28 M	0014	295
	1152	207		0733	53
	1754	48		1245	215
				1849	51
14 M	0000	284	29 TU	0058	284
	0716	70		0812	64
	1224	202		1323	209
	1825	51		1928	58
15 TU	0036	283	30 W	0140	269
	0750	73		0847	77
	1257	197		1400	203
	1858	54		2007	66

7 月

日期	潮时时分	潮高 cm	日期	潮时时分	潮高 cm
1 TH ☾E	0223	251	16 F E	0149	270
	0922	91		0840	67
	1440	199		1407	228
	2054	77		2038	55
2 F	0312	229	17 SA ☽	0238	249
	0959	101		0917	73
	1530	198		1500	234
	2156	88		2140	65
3 SA	0412	206	18 SU	0335	222
	1044	106		1002	78
	1639	203		1605	240
	2322	94		2258	75
4 SU	0529	189	19 M	0447	198
	1140	103		1058	81
	1800	217		1721	251
5 M A	0057	91	20 TU	0032	77
	0648	181		0613	184
	1239	93		1207	79
	1910	238		1840	266
6 TU	0214	82	21 W P	0203	70
	0750	182		0733	183
	1333	78		1319	71
	2006	258		1949	282
7 W	0311	74	22 TH S	0318	61
	0837	187		0838	190
	1421	63		1427	61
	2052	272		2050	294
8 TH	0400	70	23 F	0419	53
	0918	193		0933	201
	1506	52		1529	51
	2133	280		2145	299
9 F N	0443	69	24 SA ○	0512	48
	0956	199		1022	212
	1549	45		1626	44
	2210	282		2236	298
10 SA ●	0522	69	25 SU	0558	47
	1032	204		1106	220
	1631	43		1718	40
	2245	283		2322	294
11 SU	0558	67	26 M	0638	50
	1107	208		1146	226
	1711	44		1802	40
	2318	284			
12 M	0632	64	27 TU	0002	287
	1141	211		0712	55
	1749	44		1221	227
	2352	287		1840	42
13 TU	0704	61	28 W	0037	278
	1214	214		0739	63
	1827	44		1252	227
				1914	46
14 W	0028	287	29 TH E	0109	266
	0736	60		0802	71
	1248	218		1321	227
	1906	45		1947	52
15 TH	0107	283	30 F	0142	250
	0807	62		0822	78
	1325	223		1352	226
	1948	48		2024	61
			31 SA ☾	0217	229
				0844	84
				1432	224
				2110	76

8 月

日期	潮时时分	潮高 cm	日期	潮时时分	潮高 cm
1 SU	0258	202	16 M	0258	208
	0915	89		0913	73
	1527	221		1527	253
	2216	93		2234	80
2 M A	0355	175	17 TU P	0404	178
	1002	93		1006	82
	1650	220		1651	249
	2358	105			
3 TU	0531	155	18 W S	0019	91
	1113	93		0550	160
	1827	229		1127	88
				1829	254
4 W	0154	100	19 TH	0212	84
	0713	152		0732	165
	1236	85		1306	82
	1942	245		1952	268
5 TH N	0308	90	20 F	0326	69
	0816	161		0840	182
	1346	72		1429	66
	2036	261		2057	282
6 F	0356	81	21 SA	0419	58
	0902	175		0931	202
	1443	58		1534	49
	2119	272		2149	289
7 SA	0434	75	22 SU ○	0503	53
	0940	190		1013	220
	1533	48		1628	38
	2157	279		2233	290
8 SU ●	0508	69	23 M	0540	52
	1016	205		1050	233
	1621	41		1714	32
	2231	284		2310	286
9 M	0541	62	24 TU	0611	55
	1050	218		1122	241
	1706	37		1752	32
	2305	288		2341	280
10 TU	0612	55	25 W E	0637	59
	1123	229		1150	246
	1748	34		1825	34
	2340	291			
11 W	0643	50	26 TH	0009	273
	1156	230		0058	68
	1828	31		1216	250
				1854	38
12 TH E	0015	289	27 F	0036	263
	0712	49		0713	65
	1229	246		1242	253
	1907	31		1923	44
13 F	0051	280	28 SA	0104	249
	0739	51		0730	66
	1303	253		1310	252
	1946	35		1955	55
14 SA	0129	263	29 SU	0133	228
	0807	57		0750	69
	1341	257		1344	247
	2030	45		2033	73
15 SU ☽	0210	238	30 M ☾A	0203	201
	0836	64		0815	74
	1427	257		1429	236
	2122	62		2125	97
			31 TU	0236	171
				0849	83
				1540	222
				2256	119

时　区：－0800　　　　潮高基准面：在平均海面下 150　cm

西马来西亚—瓜拉巴株巴辖

WEST MALAYSIA－KUALA BATU PAHAT

2021 年潮汐表　　1° 46′ N　　102° 53′ E

9 月

日期	潮时 时分	潮高 cm	日期	潮时 时分	潮高 cm
1 W	0325 0945 1743	144 94 219	16 TH	0033 0555 1115 1841	104 151 104 245
2 TH N	0211 0634 1132 1921	118 133 98 234	17 F	0226 0742 1324 2005	90 167 91 261
3 F	0314 0759 1319 2020	102 149 86 252	18 SA	0323 0840 1442 2103	73 193 65 276
4 SA	0344 0844 1429 2102	89 173 67 268	19 SU	0405 0922 1538 2146	63 219 44 283
5 SU	0412 0920 1525 2139	78 199 50 280	20 M ○	0439 0955 1623 2220	60 240 31 282
6 M	0441 0953 1613 2213	68 223 37 288	21 TU E	0508 1025 1701 2249	61 255 27 278
7 TU ●	0511 1026 1659 2248	58 244 27 291	22 W	0532 1051 1735 2315	63 266 28 272
8 W E	0541 1059 1741 2322	50 260 22 291	23 TH	0552 1116 1805 2340	63 272 32 266
9 TH	0611 1131 1821 2357	46 271 20 284	24 F	0610 1141 1833	62 276 37
10 F	0640 1204 1859	46 279 23	25 SA	0006 0628 1207 1901	257 60 277 45
11 SA P	0032 0707 1237 1937	271 50 283 31	26 SU A	0032 0647 1234 1931	244 60 273 58
12 SU	0108 0733 1314 2019	251 56 281 47	27 M	0058 0707 1305 2004	224 63 265 78
13 M ☽	0146 0800 1358 2108	225 65 272 69	28 TU	0122 0730 1343 2047	199 70 250 103
14 TU	0230 0835 1459 2222	195 77 256 94	29 W ☾ N	0144 0755 1437 2159	173 80 231 128
15 W S	0338 0928 1639	165 93 241	30 TH	0202 0835 1636	150 95 217

10 月

日期	潮时 时分	潮高 cm	日期	潮时 时分	潮高 cm
1 F	0245 0517 1017 1844	130 132 110 226	16 SA	0208 0734 1334 2003	94 182 91 254
2 SA	0245 0728 1256 1950	113 153 101 245	17 SU	0256 0824 1439 2053	82 211 63 265
3 SU	0306 0814 1416 2035	97 185 75 263	18 M	0331 0859 1527 2128	74 238 42 268
4 M	0330 0850 1512 2113	82 220 51 276	19 TU E	0359 0928 1607 2157	71 261 30 266
5 TU	0359 0923 1600 2149	69 252 32 283	20 W ○	0423 0955 1642 2222	69 278 28 262
6 W ● E	0430 0957 1645 2225	58 277 21 285	21 TH	0445 1020 1714 2248	66 289 30 258
7 TH	0502 1030 1728 2302	51 294 15 281	22 F	0506 1046 1744 2314	62 294 35 253
8 F P	0534 1104 1809 2338	48 304 16 271	23 SA	0527 1112 1814 2341	58 295 43 245
9 SA	0605 1138 1848	49 308 22	24 SU A	0550 1139 1843	56 292 52
10 SU	0014 0634 1213 1927	257 53 306 34	25 M	0008 0613 1207 1913	232 58 286 65
11 M	0052 0703 1253 2010	238 60 296 54	26 TU N	0034 0635 1237 1945	215 62 276 82
12 TU S	0132 0734 1340 2103	213 71 279 78	27 W	0058 0658 1312 2023	196 69 263 102
13 W ☽	0221 0811 1447 2226	187 87 255 102	28 TH ☾	0123 0724 1400 2122	176 80 244 122
14 TH	0342 0912 1643	163 105 236	29 F	0159 0803 1527 2323	159 95 226 131
15 F	0038 0559 1133 1846	108 160 114 240	30 SA	0359 0936 1736	148 112 222
			31 SU	0113 0623 1223 1902	120 167 107 234

11 月

日期	潮时 时分	潮高 cm	日期	潮时 时分	潮高 cm
1 M	0158 0727 1353 1957	103 204 80 248	16 TU	0241 0823 1504 2058	88 248 48 238
2 TU E	0233 0810 1451 2041	86 244 52 258	17 W	0308 0854 1544 2127	80 272 37 238
3 W	0308 0848 1541 2121	71 279 32 263	18 TH	0332 0924 1621 2155	71 290 35 237
4 TH ●	0343 0924 1628 2200	59 305 20 263	19 F ○	0358 0954 1655 2224	62 299 37 235
5 F P	0419 1001 1712 2240	52 320 16 259	20 SA	0425 1023 1728 2253	55 302 43 232
6 SA	0455 1038 1755 2320	49 326 18 251	21 SU A	0453 1052 1800 2324	51 299 50 226
7 SU	0531 1117 1838	49 325 26	22 M N	0522 1121 1831 2353	52 293 58 217
8 M S	0001 0607 1158 1921	239 54 316 39	23 TU	0549 1150 1903	55 287 67
9 TU	0043 0643 1243 2008	225 62 301 57	24 W	0021 0615 1221 1935	206 60 281 77
10 W	0129 0720 1335 2104	207 74 279 79	25 TH	0050 0642 1258 2012	194 66 271 89
11 TH ☽	0223 0806 1444 2219	188 90 254 98	26 F	0123 0714 1344 2100	183 74 257 101
12 F	0338 0916 1625 2357	173 107 233 107	27 SA ☾	0211 0801 1449 2206	175 87 238 109
13 SA	0522 1124 1816	173 111 227	28 SU	0329 0926 1621 2325	174 101 222 109
14 SU	0118 0652 1312 1935	103 192 92 232	29 M	0508 1135 1755	189 101 217
15 M E	0207 0746 1417 2024	95 219 67 237	30 TU E	0033 0627 1315 1908	99 221 80 220

12 月

日期	潮时 时分	潮高 cm	日期	潮时 时分	潮高 cm
1 W	0126 0724 1424 2004	85 258 56 225	16 TH	0208 0820 1523 2058	82 266 50 200
2 TH	0212 0811 1520 2052	70 291 37 229	17 F	0243 0858 1604 2132	67 283 46 204
3 F	0255 0854 1610 2137	58 314 26 230	18 SA A	0318 0935 1642 2206	54 291 47 207
4 SA ● P	0339 0937 1659 2221	50 326 22 230	19 SU ○	0354 1009 1719 2239	46 292 50 209
5 SU	0423 1021 1746 2307	45 328 23 228	20 M N	0430 1041 1753 2312	44 289 54 208
6 M S	0508 1106 1833 2353	45 323 29 224	21 TU	0504 1112 1826 2344	45 286 56 206
7 TU	0552 1153 1919	48 312 38	22 W	0537 1143 1857	48 283 58
8 W	0039 0635 1241 2005	217 55 296 51	23 TH	0014 0609 1215 1928	203 51 281 61
9 TH	0125 0719 1332 2053	208 65 276 68	24 F	0045 0642 1251 2000	200 55 275 66
10 F	0212 0807 1428 2145	197 77 253 86	25 SA	0119 0720 1333 2036	198 60 263 72
11 SA ☽	0306 0908 1536 2245	189 91 228 101	26 SU	0201 0809 1423 2117	199 68 244 79
12 SU E	0413 1034 1701 2350	186 99 208 108	27 M ☾ E	0256 0917 1526 2208	204 79 220 84
13 M	0533 1217 1831	195 93 198	28 TU	0406 1048 1644 2308	214 84 198 84
14 TU	0048 0645 1338 1936	105 216 77 196	29 W	0524 1229 1811	233 78 186
15 W	0132 0737 1436 2021	96 242 61 197	30 TH	0013 0636 1355 1926	79 259 62 185
			31 F	0115 0737 1502 2027	68 284 46 190

时　区：－0800　　　　潮高基准面：在平均海面下 150　cm

新加坡—克佩尔港

SINGAPORE－KEPPEL HARBOUR

2021 年潮汐表　　1° 16′ N　　103° 51′ E

1 月

日期	潮时 时分	潮高 cm	日期	潮时 时分	潮高 cm
1	0116	276	16	0200	282
F	0613	159	SA	0700	152
	1156	299		1248	308
	1839	33		1942	33
2	0151	276	17	0231	275
SA	0649	157	SU	0737	145
	1234	302		1329	302
	1920	33		2022	47
3	0226	275	18	0258	266
SU	0728	154	M	0815	139
	1315	302		1409	289
	2004	39		2057	66
4	0303	271	19	0325	258
M	0811	150	TU	0855	135
	1400	296	E	1451	270
	2052	49		2130	87
5	0342	266	20	0355	250
TU	0902	146	W	0941	134
	1452	282	☽	1538	246
	2141	66		2203	110
6	0427	262	21	0429	243
W	1005	140	TH	1040	134
☾ E	1555	262	A	1638	221
	2234	88		2241	134
7	0516	260	22	0511	238
TH	1121	130	F	1204	130
	1720	242		1806	199
	2335	113		2338	156
8	0610	261	23	0603	235
F	1243	112	SA	1332	117
	1900	231		2028	196
9	0047	135	24	0112	171
SA	0706	266	SU	0705	238
P	1359	87		1439	98
	2036	235		2205	213
10	0200	151	25	0229	176
SU	0802	273	M	0811	246
	1459	61		1527	79
	2203	251		2249	232
11	0306	160	26	0329	175
M	0857	282	TU	0910	268
	1551	40	N	1606	61
	2307	268		2324	249
12	0405	164	27	0414	170
TU	0949	292	W	0956	270
S	1638	26		1641	48
	2358	280		2357	262
13	0456	165	28	0451	165
W	1037	300	TH	1035	282
●	1725	19	○	1716	38
14	0043	286	29	0029	272
TH	0541	163	F	0525	158
	1123	306		1113	294
	1812	18		1754	31
15	0124	286	30	0100	277
F	0622	159	SA	0600	150
	1206	309		1151	304
	1858	23		1835	28
			31	0129	280
			SU	0636	139
				1231	311
				1916	30

2 月

日期	潮时 时分	潮高 cm	日期	潮时 时分	潮高 cm
1	0157	279	16	0205	267
M	0715	127	TU	0747	102
	1314	313		1353	288
	1957	37		2022	71
2	0226	278	17	0228	263
TU	0757	115	W	0821	97
E	1359	305		1430	271
	2037	52		2045	90
3	0259	276	18	0251	258
W	0845	105	TH	0857	96
P	1450	288	A	1511	248
	2117	74		2108	110
4	0335	272	19	0317	251
TH	0941	99	F	0940	100
☾	1550	264	☽	1558	222
	2159	101		2131	132
5	0419	267	20	0350	244
F	1047	94	SA	1038	104
	1707	237		1704	196
	2251	131		2159	155
6	0511	260	21	0436	235
SA	1206	88	SU	1201	106
	1848	218		1951	183
				2303	178
7	0008	159	22	0543	227
SU	0613	254	M	1336	98
	1333	76		2202	203
	2102	222			
8	0143	175	23	0145	186
M	0728	253	TU	0707	227
S	1448	59	N	1447	81
	2223	242		2236	225
9	0307	177	24	0302	180
TU	0848	262	W	0840	238
	1549	43		1539	63
	2315	260		2305	244
10	0415	170	25	0355	167
W	0950	276	TH	0940	257
	1642	31		1623	46
	2357	271		2333	259
11	0500	160	26	0433	153
TH	1030	200	F	1024	277
●	1729	26		1704	34
12	0032	276	27	0000	269
F	0536	148	SA	0507	136
	1121	300	○	1104	296
	1811	27		1744	27
13	0101	276	28	0025	276
SA	0609	136	SU	0543	119
	1201	306		1143	309
	1850	33		1824	27
14	0124	273			
SU	0641	123			
	1239	306			
	1925	43			
15	0144	270			
M	0714	111			
E	1316	300			
	1955	56			

3 月

日期	潮时 时分	潮高 cm	日期	潮时 时分	潮高 cm
1	0049	280	16	0054	268
M	0620	100	TU	0653	74
E	1224	317		1301	289
	1903	33		1924	68
2	0114	283	17	0114	269
TU	0700	82	W	0723	66
P	1308	315		1336	278
	1940	46		1945	81
3	0142	285	18	0135	268
W	0743	67	TH	0753	62
	1355	304	A	1412	263
	2015	65		2006	96
4	0214	285	19	0158	265
TH	0830	57	F	0824	61
	1448	283		1450	242
	2051	90		2026	113
5	0249	279	20	0222	260
F	0922	55	SA	0900	66
	1550	256		1533	219
	2129	119		2048	132
6	0330	269	21	0249	251
SA	1024	59	SU	0947	74
☾	1705	227	☽	1631	196
	2219	149		2113	153
7	0422	255	22	0322	239
SU	1139	66	M	1053	84
S	1905	209	N	1837	181
	2352	175		2158	175
8	0531	240	23	0420	224
M	1313	67	TU	1226	88
	2116	220		2118	199
9	0141	182	24	0106	185
TU	0711	234	W	0610	215
	1445	58		1400	78
	2219	239		2157	220
10	0324	171	25	0231	172
W	0853	247	TH	0809	225
	1555	45		1507	61
	2302	253		2225	239
11	0419	153	26	0328	151
TH	0953	200	F	0919	249
	1645	37		1559	45
	2334	261		2251	254
12	0454	134	27	0409	127
F	1037	282	SA	1006	273
	1726	35		1642	35
				2315	266
13	0000	265	28	0446	102
SA	0524	116	SU	1049	294
●	1116	292	○E	1722	32
	1801	38		2337	276
14	0019	266	29	0524	77
SU	0553	100	M	1131	307
E	1152	296		1801	36
	1832	46			
15	0036	267	30	0002	284
M	0622	86	TU	0604	54
	1226	295	P	1214	311
	1900	56		1838	48
			31	0030	291
			W	0645	35
				1302	306
				1915	65

4 月

日期	潮时 时分	潮高 cm	日期	潮时 时分	潮高 cm
1	0100	294	16	0052	273
TH	0729	22	F	0730	36
	1354	292		1358	249
	1951	86		1935	107
2	0135	292	17	0117	272
F	0817	16	SA	0800	36
	1452	271		1437	234
	2029	110		1959	121
3	0212	284	18	0143	267
SA	0910	21	SU	0835	40
	1557	246	N	1522	217
	2112	136		2026	136
4	0255	270	19	0212	258
SU	1010	33	M	0919	50
☾ S	1716	221		1619	201
	2209	160		2103	153
5	0350	250	20	0247	244
M	1122	49	TU	1020	61
	1919	211	☽	1754	191
	2348	176		2206	169
6	0506	231	21	0342	227
TU	1255	60	W	1140	70
	2053	221		2004	200
7	0133	174	22	0025	173
W	0706	222	TH	0529	214
	1437	57		1311	69
	2149	234		2056	218
8	0315	153	23	0153	156
TH	0847	237	F	0732	220
	1544	50		1427	59
	2226	244		2130	236
9	0402	128	24	0255	129
F	0944	254	SA	0850	242
	1629	47		1522	49
	2254	251		2157	252
10	0436	104	25	0342	97
SA	1028	267	SU	0943	265
	1705	49	E	1608	45
	2314	256		2222	267
11	0505	83	26	0423	66
SU	1105	275	M	1030	283
E	1735	55		1649	48
	2331	261		2248	281
12	0534	67	27	0503	38
M	1139	277	TU	1116	293
●	1802	64	○P	1728	58
	2348	265		2318	291
13	0604	54	28	0545	15
TU	1212	275	W	1205	294
	1827	73		1808	72
				2351	298
14	0008	269	29	0629	-1
W	0632	45	TH	1259	288
A	1247	270		1849	90
	1850	83			
15	0030	272	30	0027	300
TH	0701	39	F	0716	-10
	1322	261		1359	276
	1912	94		1932	109

时　区：－0800　　　潮高基准面：在平均海面下 180 cm

新加坡—克佩尔港

SINGAPORE－KEPPEL HARBOUR

2021 年潮汐表　　1° 16′ N　　103° 51′ E

5 月

日期	潮时 时分	潮高 cm	日期	潮时 时分	潮高 cm
1 SA S	0105 0807 1501 2016	295 -9 259 128	16 SU	0047 0743 1433 1944	275 20 229 128
2 SU	0148 0901 1606 2105	286 0 240 145	17 M	0118 0821 1517 2019	271 24 219 138
3 M ☾	0236 1000 1724 2207	270 17 223 159	18 TU	0153 0907 1611 2103	263 32 210 147
4 TU	0334 1106 1854 2329	250 38 215 165	19 W ☽	0236 1004 1720 2209	251 42 205 155
5 W	0451 1229 2006	229 55 218	20 TH	0338 1111 1840 2344	234 53 209 153
6 TH	0101 0643 1402 2059	158 217 62 226	21 F	0508 1227 1940	221 60 220
7 F	0237 0821 1508 2137	135 223 64 234	22 SA E	0112 0656 1339 2022	134 220 62 236
8 SA E	0331 0923 1553 2203	107 235 67 242	23 SU	0220 0818 1438 2057	104 234 62 253
9 SU	0409 1010 1629 2224	81 244 72 250	24 M	0313 0919 1528 2131	69 250 66 269
10 M	0442 1050 1700 2243	60 250 78 258	25 TU	0359 1013 1614 2205	37 264 75 283
11 TU ●A	0513 1125 1727 2304	45 252 85 265	26 W ○P	0442 1107 1658 2242	9 271 87 293
12 W	0542 1201 1754 2328	34 252 92 270	27 TH	0526 1204 1744 2320	-10 273 101 298
13 TH	0612 1237 1819 2352	27 249 101 274	28 F S	0614 1306 1831	-21 270 114
14 F	0641 1314 1846	22 244 110	29 SA	0002 0705 1407 1919	298 -24 263 125
15 SA N	0019 0711 1353 1913	275 20 237 119	30 SU	0046 0758 1506 2006	295 -20 253 134
			31 M	0134 0852 1604 2055	286 -8 239 140

6 月

日期	潮时 时分	潮高 cm	日期	潮时 时分	潮高 cm
1 TU	0225 0947 1704 2150	272 10 226 144	16 W	0147 0900 1549 2058	270 20 222 131
2 W ☾	0322 1044 1805 2256	253 33 217 144	17 TH	0235 0949 1639 2156	260 30 220 130
3 TH	0430 1149 1903	231 56 213	18 F ☽	0334 1044 1733 2309	245 44 221 123
4 F E	0015 0601 1301 1953	136 213 74 215	19 SA E	0452 1144 1827	228 60 228
5 SA	0142 0738 1409 2033	118 206 86 222	20 SU	0030 0627 1251 1917	106 219 74 239
6 SU	0250 0851 1503 2104	93 210 93 231	21 M	0144 0752 1355 2003	78 222 86 252
7 M	0337 0950 1546 2132	69 217 98 242	22 TU	0245 0903 1453 2048	47 231 97 266
8 TU A	0415 1038 1622 2158	48 224 103 252	23 W P	0337 1010 1547 2131	18 242 108 277
9 W	0448 1119 1654 2226	33 229 108 261	24 TH ○	0424 1115 1639 2216	-5 252 117 286
10 TH ●	0519 1157 1725 2254	23 233 113 267	25 F S	0513 1217 1730 2302	-19 257 124 292
11 F	0550 1235 1755 2323	17 235 118 272	26 SA	0604 1314 1819 2349	-26 259 127 294
12 SA N	0622 1312 1827 2355	13 235 122 274	27 SU	0657 1408 1906	-25 256 128
13 SU	0656 1349 1900	11 233 126	28 M	0036 0749 1456 1951	293 -18 248 125
14 M	0028 0733 1426 1934	276 11 230 128	29 TU	0125 0839 1538 2036	288 -5 238 121
15 TU	0105 0814 1505 2013	275 14 226 130	30 W	0214 0927 1616 2123	276 14 227 118

7 月

日期	潮时 时分	潮高 cm	日期	潮时 时分	潮高 cm
1 TH ☾E	0306 1013 1652 2217	257 38 218 115	16 F E	0232 0929 1550 2138	269 32 235 95
2 F	0404 1100 1730 2323	234 64 212 112	17 SA ☽	0328 1013 1635 2241	251 51 235 87
3 SA	0515 1154 1813	210 89 210	18 SU	0440 1103 1726 2353	230 74 237 75
4 SU	0042 0643 1255 1901	102 192 108 213	19 M	0607 1205 1821	213 98 241
5 M A	0159 0816 1359 1949	85 188 120 221	20 TU	0111 0739 1319 1917	57 207 118 247
6 TU	0259 0940 1457 2035	65 195 126 231	21 W P	0222 0913 1431 2016	34 215 130 256
7 W	0344 1037 1546 2117	46 206 128 243	22 TH S	0322 1032 1535 2113	12 230 134 266
8 TH	0422 1119 1627 2155	31 216 129 253	23 F	0416 1132 1632 2207	-5 243 134 277
9 F N	0457 1156 1703 2231	20 224 128 262	24 SA ○	0508 1223 1722 2257	-15 251 130 287
10 SA ●	0531 1230 1737 2306	14 231 127 269	25 SU	0600 1308 1807 2345	-17 253 122 293
11 SU	0607 1303 1811 2342	10 235 125 275	26 M	0650 1347 1849	-14 251 113
12 M	0645 1334 1846	8 237 121	27 TU	0030 0736 1419 1930	294 -4 245 102
13 TU	0020 0725 1405 1922	280 7 237 115	28 W	0115 0819 1444 2010	289 11 239 93
14 W	0100 0806 1436 2002	282 11 236 109	29 TH E	0159 0857 1508 2052	277 30 232 87
15 TH	0144 0847 1510 2046	279 18 236 102	30 F	0245 0932 1535 2137	258 53 227 85
			31 SA ☾	0334 1005 1606 2229	234 78 222 86

8 月

日期	潮时 时分	潮高 cm	日期	潮时 时分	潮高 cm
1 SU	0432 1040 1645 2336	208 104 218 87	16 M	0432 1024 1631 2324	226 100 246 53
2 M A	0547 1129 1733	184 127 215	17 TU P	0600 1127 1732	205 129 240
3 TU	0057 0744 1249 1831	81 173 144 216	18 W S	0046 0759 1300 1844	47 199 148 238
4 W	0213 0945 1408 1937	68 183 150 222	19 TH	0208 0943 1426 2004	35 214 153 244
5 TH N	0312 1036 1515 2044	52 199 148 233	20 F	0318 1043 1538 2116	19 232 145 259
6 F	0357 1111 1604 2137	36 214 141 247	21 SA	0417 1129 1631 2212	7 245 132 276
7 SA	0437 1141 1643 2219	25 226 133 260	22 SU ○	0509 1207 1713 2259	0 251 118 288
8 SU ●	0515 1210 1718 2258	16 235 124 272	23 M	0555 1237 1751 2341	1 252 102 295
9 M	0553 1236 1753 2335	11 242 113 283	24 TU	0637 1300 1828	8 251 87
10 TU	0632 1301 1828	9 246 102	25 W E	0021 0715 1319 1905	295 20 249 75
11 W	0014 0711 1325 1906	290 11 249 90	26 TH	0101 0749 1340 1942	288 36 248 65
12 TH E	0054 0749 1352 1946	292 18 252 77	27 F	0141 0818 1402 2019	276 54 247 61
13 F	0138 0825 1422 2029	287 30 254 67	28 SA	0222 0844 1427 2057	258 74 245 61
14 SA	0226 0901 1458 2119	273 48 254 59	29 SU	0305 0909 1455 2140	235 95 240 66
15 SU ☽	0322 0939 1540 2216	252 72 252 56	30 M ☾A	0355 0934 1529 2233	209 117 233 74
			31 TU	0500 1004 1616 2349	184 139 224 80

时　区：－0800　　　　潮高基准面：在平均海面下 180　cm

新加坡—克佩尔港

SINGAPORE－KEPPEL HARBOUR

2021 年潮汐表　　1° 16′ N　　103° 51′ E

9 月

日期	潮时 时分	潮高 cm	日期	潮时 时分	潮高 cm
1 W	0718 1105 1724	169 159 216	16 TH	0029 0827 1257 1829	51 208 168 232
2 TH N	0117 0937 1326 1847	78 184 167 215	17 F	0205 0940 1432 2017	47 225 159 241
3 F	0235 1016 1445 2023	65 203 159 225	18 SA	0324 1028 1541 2126	36 240 139 262
4 SA	0332 1044 1541 2126	50 220 144 245	19 SU	0420 1103 1625 2215	27 250 117 280
5 SU	0417 1109 1621 2209	36 235 127 264	20 M ○	0504 1130 1700 2256	25 255 96 290
6 M	0456 1133 1656 2248	26 246 110 281	21 TU E	0541 1150 1734 2334	31 258 78 294
7 TU ●	0534 1155 1731 2325	21 255 92 294	22 W	0615 1207 1807	40 261 64
8 W E	0611 1217 1807	21 262 75	23 TH	0010 0645 1226 1840	292 53 264 53
9 TH	0004 0647 1240 1845	301 27 269 59	24 F	0046 0711 1248 1913	284 66 267 47
10 F	0045 0721 1307 1926	300 39 274 45	25 SA	0122 0735 1312 1946	273 81 267 45
11 SA P	0130 0755 1339 2009	291 56 277 35	26 SU A	0201 0758 1337 2019	257 96 266 48
12 SU	0220 0829 1415 2058	274 78 275 32	27 M	0241 0821 1403 2056	237 113 260 55
13 M ☽	0320 0907 1455 2155	250 103 267 37	28 TU	0327 0846 1432 2142	215 131 251 67
14 TU	0434 0954 1546 2303	224 131 254 45	29 W ☾ N	0426 0915 1507 2245	194 150 237 80
15 W S	0616 1109 1657	204 157 239	30 TH	0625 1009 1611	180 169 222

10 月

日期	潮时 时分	潮高 cm	日期	潮时 时分	潮高 cm
1 F	0012 0848 1246 1800	88 193 176 213	16 SA	0201 0910 1432 2019	65 237 155 244
2 SA	0147 0931 1414 2000	82 213 163 222	17 SU	0316 0952 1532 2123	60 248 127 263
3 SU	0258 1000 1514 2108	68 232 141 246	18 M	0406 1023 1611 2210	58 257 101 277
4 M	0348 1025 1555 2153	54 248 116 269	19 TU E	0444 1045 1644 2250	61 264 79 284
5 TU	0428 1047 1631 2232	45 262 92 288	20 W ○	0515 1104 1715 2325	69 270 62 286
6 W ●E	0504 1108 1706 2311	43 274 69 301	21 TH	0543 1123 1745 2359	78 276 51 284
7 TH	0538 1132 1743 2352	47 284 48 306	22 F	0608 1145 1815	88 280 44
8 F P	0613 1159 1821	57 293 31	23 SA	0033 0632 1208 1844	278 99 283 41
9 SA	0036 0647 1230 1903	303 72 298 20	24 SU A	0109 0656 1234 1914	270 109 283 41
10 SU	0125 0723 1304 1948	292 91 298 15	25 M	0147 0721 1300 1945	258 121 281 44
11 M	0223 0802 1342 2040	274 113 292 19	26 TU N	0227 0748 1327 2020	244 134 275 51
12 TU S	0329 0846 1424 2139	253 136 278 31	27 W	0312 0818 1356 2102	229 147 265 63
13 W ☽	0446 0941 1518 2248	231 159 260 48	28 TH ☾	0407 0856 1430 2200	214 162 251 78
14 TH	0634 1110 1638	219 175 241	29 F	0531 0958 1522 2316	204 176 233 91
15 F	0015 0810 1252 1830	63 225 174 232	30 SA	0733 1202 1711	210 180 219
			31 SU	0047 0830 1335 1919	94 226 164 223

11 月

日期	潮时 时分	潮高 cm	日期	潮时 时分	潮高 cm
1 M	0206 0905 1439 2038	87 244 137 244	16 TU	0332 0936 1552 2201	97 261 92 261
2 TU E	0302 0932 1525 2129	79 261 107 268	17 W	0411 1001 1625 2243	103 270 71 268
3 W	0346 0957 1604 2214	74 277 77 286	18 TH	0442 1023 1655 2320	110 278 57 271
4 TH ●	0423 1022 1640 2258	76 292 50 299	19 F ○	0509 1046 1724 2355	117 285 48 273
5 F P	0500 1051 1718 2344	84 303 28 303	20 SA	0535 1112 1751	123 289 43
6 SA	0537 1124 1757	97 311 13	21 SU A	0030 0600 1138 1819	271 130 291 41
7 SU	0035 0617 1159 1841	301 113 313 5	22 M N	0107 0628 1205 1848	268 138 291 41
8 M S	0132 0700 1238 1931	292 130 310 6	23 TU	0145 0657 1233 1919	262 145 289 43
9 TU	0234 0746 1320 2027	279 146 302 16	24 W	0223 0728 1303 1955	255 153 285 49
10 W	0338 0837 1408 2128	263 161 288 33	25 TH	0304 0803 1336 2037	246 160 277 59
11 TH ☽	0451 0938 1508 2234	248 173 269 54	26 F	0351 0845 1416 2129	237 168 265 72
12 F	0614 1059 1626 2353	238 178 248 75	27 SA ☾	0449 0943 1509 2233	231 175 249 86
13 SA	0727 1232 1815	238 171 235	28 SU	0600 1111 1632 2346	231 175 232 97
14 SU	0128 0823 1409 2000	87 244 148 239	29 M	0705 1246 1827	239 159 227
15 M E	0242 0905 1510 2109	92 253 119 251	30 TU E	0102 0753 1359 2000	103 252 131 239

12 月

日期	潮时 时分	潮高 cm	日期	潮时 时分	潮高 cm
1 W	0205 0831 1451 2104	106 268 98 257	16 TH	0329 0915 1603 2243	142 265 73 248
2 TH	0257 0906 1534 2200	109 285 65 274	17 F	0408 0947 1634 2323	146 274 60 257
3 F	0342 0941 1614 2253	116 299 37 287	18 SA A	0441 1018 1703 2358	149 282 51 263
4 SA ●P	0426 1018 1655 2348	126 309 17 295	19 SU ○	0511 1048 1731	153 287 45
5 SU	0511 1057 1738	138 315 4	20 M N	0033 0540 1118 1801	267 155 290 42
6 M S	0046 0558 1138 1827	297 149 318 1	21 TU	0107 0610 1149 1832	269 158 292 41
7 TU	0143 0646 1223 1921	295 159 316 5	22 W	0141 0641 1220 1906	268 159 293 43
8 W	0239 0736 1311 2019	287 165 309 17	23 TH	0215 0714 1253 1942	265 160 292 47
9 TH	0334 0828 1403 2116	276 168 298 36	24 F	0249 0749 1331 2022	261 159 288 54
10 F	0430 0924 1500 2213	263 169 280 59	25 SA	0324 0829 1412 2106	256 159 279 65
11 SA ☽	0526 1031 1607 2315	252 167 257 85	26 SU	0405 0919 1503 2156	252 158 265 80
12 SU E	0621 1152 1735	245 159 236	27 M ☾E	0452 1026 1608 2252	250 154 246 98
13 M	0026 0714 1322 1917	109 244 141 226	28 TU	0544 1148 1741 2357	251 141 231 117
14 TU	0139 0802 1435 2045	125 248 117 229	29 W	0638 1309 1922	258 118 229
15 W	0240 0841 1525 2154	136 256 93 238	30 TH	0108 0729 1414 2047	132 268 88 240
			31 F	0214 0819 1507 2203	144 280 57 258

时　区：－0800　　潮高基准面：在平均海面下 180　cm

新加坡海峡—霍斯伯格灯塔

SINGAPORE STRAIT－HORSBURGH LIGHTHOUSE

2021 年潮汐表　　1° 20′ N　　104° 24′ E

1 月

日期	潮时 时分	潮高 cm	日期	潮时 时分	潮高 cm
1 F	0100 0616 1111 1803	271 188 252 64	16 SA	0140 0658 1210 1853	275 172 257 62
2 SA	0136 0656 1153 1843	274 185 251 63	17 SU	0213 0736 1256 1932	271 165 253 77
3 SU	0213 0738 1240 1926	276 180 250 69	18 M	0243 0814 1343 2011	265 159 248 96
4 M	0250 0821 1331 2012	274 173 249 80	19 TU E	0313 0852 1432 2051	257 155 241 118
5 TU	0328 0905 1429 2102	270 165 246 98	20 W ☽	0344 0934 1528 2135	248 152 232 142
6 W ☾ E	0407 0954 1536 2159	263 156 243 121	21 TH A	0416 1022 1639 2227	239 149 224 165
7 TH	0449 1051 1659 2308	255 145 242 145	22 F	0452 1125 1809 2347	230 145 218 184
8 F	0533 1158 1833	249 130 244	23 SA	0533 1237 1953	224 137 220
9 SA P	0032 0622 1307 2004	166 245 113 251	24 SU	0128 0622 1342 2138	195 221 125 229
10 SU	0154 0712 1411 2129	179 245 93 261	25 M	0248 0713 1434 2235	198 222 109 239
11 M	0305 0803 1508 2241	186 248 73 271	26 TU N	0341 0803 1518 2311	197 225 93 247
12 TU S	0403 0853 1600 2338	189 252 58 277	27 W	0419 0850 1557 2342	193 230 78 255
13 W ●	0452 0944 1647	188 256 49	28 TH ○	0454 0937 1634	187 235 66
14 TH	0025 0537 1034 1731	279 184 258 47	29 F	0012 0527 1023 1713	262 179 241 58
15 F	0105 0618 1122 1813	278 179 259 52	30 SA	0041 0601 1110 1752	267 170 247 55
			31 SU	0111 0635 1158 1833	270 160 254 58

2 月

日期	潮时 时分	潮高 cm	日期	潮时 时分	潮高 cm
1 M	0142 0710 1247 1915	271 149 260 67	16 TU	0149 0729 1332 1944	254 128 257 104
2 TU E	0211 0747 1337 1958	268 138 263 84	17 W	0214 0801 1415 2019	248 124 252 124
3 W P	0241 0826 1430 2043	262 127 262 107	18 TH A	0238 0835 1500 2053	242 123 243 144
4 TH ☾	0312 0910 1531 2133	255 118 256 133	19 F ☽	0302 0913 1553 2127	235 123 231 165
5 F	0346 1004 1646 2234	248 112 246 161	20 SA	0325 1001 1703 2209	227 125 218 183
6 SA	0425 1114 1819	240 107 239	21 SU	0350 1111 1840 2353	220 125 211 198
7 SU	0001 0515 1236 2011	183 233 98 239	22 M	0426 1236 2118	214 118 216
8 M S	0143 0619 1354 2152	194 229 85 249	23 TU N	0203 0538 1348 2213	200 208 106 229
9 TU	0306 0732 1459 2251	192 229 71 258	24 W	0320 0710 1445 2242	192 208 90 240
10 W	0404 0845 1552 2332	185 233 60 262	25 TH	0400 0830 1532 2309	182 214 75 250
11 TH ●	0446 0947 1638	175 240 55	26 F	0432 0933 1616 2336	169 226 63 258
12 F	0005 0522 1039 1718	264 164 247 56	27 SA ○	0502 1026 1657	156 240 57
13 SA	0033 0555 1126 1756	262 153 253 62	28 SU	0003 0532 1113 1738	262 141 255 57
14 SU	0059 0627 1209 1832	260 142 257 73			
15 M E	0124 0658 1250 1908	258 134 259 87			

3 月

日期	潮时 时分	潮高 cm	日期	潮时 时分	潮高 cm
1 M E	0030 0603 1159 1819	263 126 269 64	16 TU	0032 0620 1239 1846	248 105 268 104
2 TU P	0057 0636 1246 1900	262 110 278 79	17 W	0056 0649 1317 1919	246 100 267 118
3 W	0125 0712 1335 1942	260 97 281 99	18 TH A	0120 0719 1356 1950	244 97 261 134
4 TH	0153 0752 1427 2025	256 87 276 124	19 F	0143 0751 1436 2020	240 97 251 150
5 F	0222 0837 1527 2113	251 83 263 150	20 SA	0206 0825 1522 2051	235 99 237 165
6 SA ☾	0254 0931 1640 2214	244 84 247 175	21 SU ☽	0227 0907 1619 2129	229 102 223 180
7 SU S	0332 1044 1816 2348	235 89 234 192	22 M N	0251 1005 1743 2256	221 106 214 192
8 M	0423 1213 2023	224 90 233	23 TU	0323 1130 1947	211 107 215
9 TU	0141 0542 1338 2143	194 214 85 241	24 W	0112 0432 1258 2110	193 201 101 227
10 W	0304 0728 1447 2227	183 212 78 247	25 TH	0241 0639 1409 2149	181 198 90 239
11 TH	0352 0858 1540 2259	167 221 73 249	26 F	0324 0823 1506 2220	166 210 78 248
12 F	0426 0958 1623 2324	152 233 72 249	27 SA	0356 0929 1554 2248	148 230 70 254
13 SA ●	0455 1043 1701 2347	137 246 75 249	28 SU ○E	0426 1020 1638 2315	129 252 68 256
14 SU E	0523 1123 1737	124 256 82	29 M	0457 1106 1721 2342	110 272 73 257
15 M	0009 0551 1201 1812	248 113 264 92	30 TU P	0530 1152 1802	91 286 85
			31 W	0010 0606 1240 1844	257 74 292 102

4 月

日期	潮时 时分	潮高 cm	日期	潮时 时分	潮高 cm
1 TH	0039 0645 1331 1926	256 61 290 123	16 F	0035 0648 1340 1925	242 78 260 146
2 F	0110 0728 1427 2011	255 56 279 146	17 SA	0100 0720 1420 1957	240 78 251 157
3 SA	0143 0816 1529 2103	250 58 263 167	18 SU N	0124 0756 1505 2033	236 79 240 168
4 SU ☾ S	0219 0914 1644 2211	242 67 245 183	19 M	0150 0837 1601 2125	229 83 229 178
5 M	0300 1026 1818 2343	230 78 234 189	20 TU ☽	0220 0932 1716 2250	220 89 223 184
6 TU	0358 1152 1959	215 88 232	21 W	0303 1047 1848	208 95 223
7 W	0126 0534 1316 2103	183 203 91 235	22 TH	0031 0422 1214 2002	181 197 96 231
8 TH	0239 0741 1426 2142	166 205 92 237	23 F	0149 0629 1333 2050	167 198 92 238
9 F	0322 0903 1520 2211	148 218 92 238	24 SA	0237 0809 1437 2126	149 215 88 244
10 SA	0355 0955 1604 2235	131 234 95 239	25 SU E	0314 0913 1530 2157	128 240 86 247
11 SU E	0423 1037 1643 2258	116 249 99 240	26 M	0348 1005 1617 2226	105 263 90 249
12 M ●	0450 1114 1718 2321	103 261 106 241	27 TU ○P	0424 1054 1701 2255	82 280 99 251
13 TU	0518 1150 1752 2345	93 268 115 242	28 W	0502 1145 1744 2326	61 290 114 253
14 W A	0547 1226 1824	85 270 125	29 TH	0543 1238 1828 2359	46 290 131 255
15 TH	0010 0617 1303 1855	242 81 267 136	30 F	0627 1334 1914	37 284 148

时　区：－0800　　　　潮高基准面：在平均海面下 180　cm

新加坡海峡—霍斯伯格灯塔

SINGAPORE STRAIT－HORSBURGH LIGHTHOUSE

2021 年潮汐表　　1° 20′ N　　104° 24′ E

5 月

日期			潮时时分	潮高 cm	潮时时分	潮高 cm	潮时时分	潮高 cm	潮时时分	潮高 cm
1	SA	S	0035	253	0714	37	1434	272	2004	163
2	SU		0115	248	0806	44	1538	258	2102	174
3	M	☾	0158	238	0905	57	1646	245	2209	179
4	TU		0248	224	1011	73	1800	236	2327	177
5	W		0354	208	1125	89	1911	231		
6	TH		0049	166	0537	198	1244	101	2005	229
7	F		0156	150	0735	203	1357	109	2046	228
8	SA	E	0243	133	0851	218	1456	114	2118	228
9	SU		0319	117	0943	234	1544	119	2146	229
10	M		0351	102	1025	247	1624	124	2211	231
11	TU	● A	0421	90	1104	256	1700	130	2237	233
12	W		0451	80	1141	260	1733	138	2302	236
13	TH		0521	73	1218	259	1803	145	2329	237
14	F		0552	67	1255	255	1834	152	2356	237
15	SA	N	0625	64	1334	250	1907	157		
16	SU		0024	235	0700	63	1415	245	1944	163
17	M		0054	231	0738	64	1501	239	2030	168
18	TU		0127	224	0821	68	1554	235	2127	171
19	W	☽	0207	215	0914	76	1656	231	2235	170
20	TH		0303	205	1020	85	1802	230	2347	164
21	F		0427	199	1137	94	1902	231		
22	SA	E	0053	150	0616	205	1256	100	1949	233
23	SU		0146	130	0746	222	1406	104	2028	234
24	M		0232	107	0853	243	1504	110	2103	237
25	TU		0315	82	0951	261	1556	118	2136	240
26	W	○ P	0358	59	1040	272	1643	130	2211	244
27	TH		0442	40	1147	276	1730	143	2248	248
28	F	S	0528	27	1247	275	1818	154	2328	249
29	SA		0617	22	1346	270	1908	162		
30	SU		0012	247	0707	25	1442	262	2000	167
31	M		0059	240	0758	36	1536	253	2055	167

6 月

日期			潮时时分	潮高 cm	潮时时分	潮高 cm	潮时时分	潮高 cm	潮时时分	潮高 cm
1	TU		0150	230	0852	52	1629	243	2153	163
2	W	☾	0245	217	0947	72	1721	234	2254	157
3	TH		0354	205	1049	93	1811	226	2359	148
4	F	E	0526	198	1201	112	1859	220		
5	SA		0104	136	0708	201	1319	126	1943	217
6	SU		0158	122	0828	212	1428	135	2021	216
7	M		0243	107	0928	225	1523	141	2055	216
8	TU	A	0321	93	1018	235	1607	146	2125	219
9	W		0356	81	1102	240	1643	151	2153	222
10	TH	●	0429	70	1142	242	1715	156	2222	225
11	F		0501	62	1221	242	1747	159	2252	227
12	SA	N	0534	56	1259	241	1820	161	2324	227
13	SU		0609	51	1337	240	1857	161	2358	225
14	M		0645	50	1415	240	1939	160		
15	TU		0036	222	0725	51	1456	240	2023	158
16	W		0119	217	0809	57	1538	238	2111	154
17	TH		0209	213	0858	66	1623	235	2202	149
18	F	☽	0309	209	0954	80	1710	230	2257	140
19	SA	E	0425	208	1101	97	1758	226	2357	127
20	SU		0556	213	1217	113	1843	222		
21	M		0057	108	0723	224	1333	126	1927	222
22	TU		0155	86	0839	236	1440	137	2008	224
23	W	P	0249	62	0951	247	1539	147	2050	229
24	TH	○	0341	41	1100	255	1633	155	2133	234
25	F	S	0431	25	1203	259	1723	160	2220	237
26	SA		0521	16	1259	260	1813	161	2310	238
27	SU		0609	15	1348	257	1900	159		
28	M		0001	237	0657	22	1432	253	1947	154
29	TU		0054	232	0743	35	1512	246	2033	147
30	W		0146	225	0829	54	1549	238	2119	141

7 月

日期			潮时时分	潮高 cm	潮时时分	潮高 cm	潮时时分	潮高 cm	潮时时分	潮高 cm
1	TH	☾ E	0241	216	0916	76	1626	229	2207	135
2	F		0342	207	1007	100	1704	220	2301	129
3	SA		0458	200	1108	124	1745	211		
4	SU		0002	123	0628	198	1228	143	1829	205
5	M	A	0106	113	0758	203	1352	155	1912	202
6	TU		0203	101	0920	211	1501	161	1954	202
7	W		0251	88	1025	219	1551	164	2032	205
8	TH		0331	74	1113	225	1630	166	2109	209
9	F	N	0408	63	1151	228	1703	165	2146	213
10	SA	●	0443	53	1225	231	1735	163	2224	215
11	SU		0518	46	1257	234	1810	158	2305	217
12	M		0555	42	1328	238	1846	152	2348	218
13	TU		0632	41	1359	240	1923	145		
14	W		0034	220	0712	45	1431	241	2000	138
15	TH		0121	221	0754	53	1503	239	2038	130
16	F	E	0212	223	0839	67	1536	234	2120	121
17	SA	☽	0309	222	0928	87	1611	228	2208	111
18	SU		0417	220	1026	110	1650	221	2307	101
19	M		0538	218	1138	134	1733	216		
20	TU		0016	87	0709	220	1304	152	1822	213
21	W	P	0128	70	0845	226	1426	163	1917	214
22	TH	S	0233	51	1013	236	1535	166	2014	218
23	F		0332	34	1119	244	1631	165	2113	223
24	SA	○	0424	22	1208	249	1718	159	2211	227
25	SU		0513	18	1249	250	1801	151	2308	231
26	M		0557	21	1325	248	1840	142		
27	TU		0000	233	0640	31	1357	245	1918	132
28	W		0050	233	0720	46	1426	240	1956	124
29	TH	E	0138	230	0801	66	1455	234	2033	118
30	F		0227	225	0841	88	1523	226	2113	115
31	SA	☾	0320	217	0923	112	1553	217	2157	113

8 月

日期			潮时时分	潮高 cm	潮时时分	潮高 cm	潮时时分	潮高 cm	潮时时分	潮高 cm
1	SU		0422	208	1011	136	1624	208	2252	112
2	M	A	0539	200	1117	158	1658	201		
3	TU		0002	108	0717	197	1255	173	1741	196
4	W		0113	100	0928	202	1431	178	1834	194
5	TH	N	0214	87	1035	212	1537	176	1933	195
6	F		0304	74	1111	220	1617	172	2030	199
7	SA		0346	61	1138	226	1648	165	2125	205
8	SU	●	0424	51	1204	232	1718	156	2215	212
9	M		0501	45	1229	237	1748	146	2303	220
10	TU		0539	42	1255	241	1819	135	2348	228
11	W		0617	44	1322	244	1851	124		
12	TH	E	0033	236	0656	51	1349	243	1924	113
13	F		0119	243	0736	65	1416	241	2000	102
14	SA		0208	245	0818	83	1444	236	2040	92
15	SU	☽	0303	242	0904	107	1514	230	2127	85
16	M		0408	234	0956	134	1548	224	2228	81
17	TU	P	0530	224	1108	159	1630	217	2347	76
18	W	S	0714	219	1249	176	1728	211		
19	TH		0111	66	0912	226	1426	178	1843	209
20	F		0224	53	1024	236	1535	171	2005	212
21	SA		0325	42	1109	243	1623	160	2119	220
22	SU	○	0415	36	1144	245	1701	147	2220	229
23	M		0500	37	1214	245	1735	133	2311	238
24	TU		0540	44	1240	244	1808	121	2356	244
25	W	E	0618	56	1306	242	1840	112		
26	TH		0040	248	0655	71	1331	239	1913	105
27	F		0123	248	0732	89	1356	236	1946	101
28	SA		0207	243	0808	109	1422	230	2021	100
29	SU		0253	235	0844	130	1446	224	2059	102
30	M	☾ A	0346	222	0920	152	1509	217	2146	104
31	TU		0452	209	1004	171	1532	209	2252	106

时　区：－0800　　潮高基准面：在平均海面下 180　cm

新加坡海峡—霍斯伯格灯塔

SINGAPORE STRAIT—HORSBURGH LIGHTHOUSE

2021 年潮汐表　　　　1° 20′ N　　　　104° 24′ E

9 月

日期	潮时 时分	潮高 cm	日期	潮时 时分	潮高 cm
1 W	0625 1134 1601	200 186 203	16 TH	0733 1252 1659	229 190 213
2 TH N	0014 0917 1345 1701	103 204 190 196	17 F	0100 0908 1426 1843	76 236 181 209
3 F	0130 1007 1512 1843	94 215 183 193	18 SA	0215 0958 1522 2026	70 243 166 217
4 SA	0230 1033 1551 2014	82 225 172 199	19 SU	0314 1033 1600 2134	66 246 148 231
5 SU	0319 1056 1619 2122	71 234 159 211	20 M ○	0402 1100 1632 2224	67 247 132 245
6 M	0402 1119 1646 2214	62 241 145 226	21 TU E	0442 1124 1702 2307	72 247 118 257
7 TU ●	0441 1143 1714 2259	57 246 130 242	22 W	0520 1148 1732 2347	80 247 107 266
8 W E	0520 1208 1743 2342	57 249 116 256	23 TH	0556 1212 1802	91 247 99
9 TH	0559 1233 1814	63 250 101	24 F	0026 0631 1237 1833	270 105 247 94
10 F	0026 0638 1259 1848	267 75 250 88	25 SA	0105 0706 1302 1905	269 120 245 92
11 SA P	0112 0718 1326 1925	273 93 248 77	26 SU A	0146 0739 1327 1938	263 137 241 93
12 SU	0202 0759 1355 2008	271 115 246 71	27 M	0229 0812 1351 2014	253 154 237 96
13 M ☽	0258 0844 1426 2059	261 140 241 71	28 TU	0317 0845 1413 2056	239 170 231 101
14 TU	0407 0940 1502 2206	246 165 233 75	29 W ☾ N	0417 0926 1436 2154	225 185 223 106
15 W S	0536 1102 1548 2331	233 184 223 78	30 TH	0541 1053 1507 2316	216 196 214 110

10 月

日期	潮时 时分	潮高 cm	日期	潮时 时分	潮高 cm
1 F	0745 1258 1610	218 196 203	16 SA	0044 0829 1405 1909	96 248 176 217
2 SA	0042 0857 1428 1824	107 228 185 199	17 SU	0158 0912 1454 2039	100 250 157 232
3 SU	0153 0932 1509 2012	99 238 169 211	18 M	0257 0944 1530 2135	102 251 139 249
4 M	0250 1000 1539 2116	90 247 152 231	19 TU E	0344 1010 1601 2219	107 252 122 264
5 TU	0337 1026 1606 2203	84 254 134 253	20 W ○	0425 1034 1631 2258	113 253 109 276
6 W ●E	0419 1052 1635 2247	83 257 116 273	21 TH	0502 1058 1700 2336	121 254 100 283
7 TH	0459 1117 1706 2330	87 259 97 288	22 F	0536 1123 1730	131 256 93
8 F P	0539 1143 1741	97 261 81	23 SA	0013 0610 1149 1801	284 142 256 89
9 SA	0016 0619 1211 1818	296 113 261 68	24 SU A	0051 0643 1215 1833	281 154 255 88
10 SU	0106 0700 1241 1901	296 133 261 60	25 M	0131 0715 1241 1906	274 166 253 89
11 M	0201 0745 1314 1948	288 154 259 60	26 TU N	0214 0748 1306 1943	264 178 249 92
12 TU S	0304 0836 1350 2044	274 175 253 67	27 W	0301 0826 1332 2024	253 188 242 98
13 W ☽	0417 0942 1433 2154	259 191 242 79	28 TH ☾	0357 0920 1402 2116	243 197 233 106
14 TH	0546 1110 1530 2318	248 198 229 90	29 F	0510 1042 1443 2228	237 201 221 115
15 F	0722 1248 1702	246 192 217	30 SA	0636 1219 1602 2353	238 196 210 120
			31 SU	0744 1334 1817	245 183 210

11 月

日期	潮时 时分	潮高 cm	日期	潮时 时分	潮高 cm
1 M	0112 0828 1420 1957	119 252 165 228	16 TU	0235 0851 1459 2128	140 253 133 258
2 TU E	0217 0902 1455 2057	116 258 145 252	17 W	0326 0921 1533 2213	146 253 118 271
3 W	0309 0932 1527 2146	114 262 123 275	18 TH	0409 0948 1605 2253	152 255 106 280
4 TH ●	0355 0959 1601 2233	117 264 101 293	19 F ○	0446 1014 1636 2332	159 257 97 284
5 F P	0438 1026 1637 2321	126 267 80 304	20 SA	0520 1040 1707	167 259 90
6 SA	0520 1055 1717	139 270 63	21 SU A	0010 0552 1107 1738	283 175 260 85
7 SU	0014 0603 1128 1800	307 156 272 52	22 M N	0049 0624 1134 1811	279 182 260 83
8 M S	0111 0649 1203 1847	303 173 272 50	23 TU	0128 0657 1203 1845	274 188 257 84
9 TU	0212 0739 1243 1939	294 187 268 55	24 W	0209 0735 1233 1922	268 193 252 87
10 W	0317 0838 1328 2036	282 197 259 68	25 TH	0253 0819 1306 2003	262 196 245 94
11 TH ☽	0424 0945 1421 2142	271 201 246 86	26 F	0343 0914 1346 2051	258 197 236 103
12 F	0534 1102 1531 2255	263 197 231 104	27 SA ☾	0439 1018 1439 2150	255 196 226 115
13 SA	0640 1221 1715	257 185 222	28 SU	0539 1128 1601 2304	254 189 219 127
14 SU	0015 0734 1328 1913	121 254 168 227	29 M	0636 1233 1753	254 176 222
15 M E	0131 0817 1419 2033	132 253 150 242	30 TU E	0025 0722 1326 1927	136 256 157 239

12 月

日期	潮时 时分	潮高 cm	日期	潮时 时分	潮高 cm
1 W	0139 0801 1410 2034	141 257 135 261	16 TH	0309 0831 1508 2214	176 245 115 263
2 TH	0240 0835 1452 2132	147 260 110 280	17 F	0356 0903 1544 2300	181 246 103 269
3 F	0332 0907 1534 2228	154 263 85 293	18 SA A	0435 0933 1618 2341	185 249 92 272
4 SA ●P	0420 0939 1617 2326	165 268 63 300	19 SU ○	0509 1002 1650	189 252 84
5 SU	0507 1015 1703	176 272 47	20 M N	0019 0540 1032 1722	271 192 254 78
6 M S	0026 0555 1055 1751	302 187 274 40	21 TU	0055 0612 1105 1756	270 193 254 75
7 TU	0126 0645 1139 1840	299 195 273 42	22 W	0129 0647 1139 1830	268 192 252 76
8 W	0222 0737 1228 1932	293 198 267 52	23 TH	0203 0724 1217 1907	267 190 248 80
9 TH	0316 0832 1322 2025	285 196 258 70	24 F	0238 0805 1259 1946	267 186 243 87
10 F	0406 0929 1422 2120	276 190 246 92	25 SA	0316 0849 1345 2030	265 182 238 98
11 SA ☽	0455 1028 1533 2220	267 182 234 117	26 SU	0355 0935 1441 2120	262 177 234 113
12 SU E	0542 1133 1706 2331	258 171 226 141	27 M ☾E	0437 1026 1551 2219	257 169 231 131
13 M	0629 1239 1850	251 158 229	28 TU	0522 1124 1720 2333	252 158 233 149
14 TU	0052 0714 1338 2015	159 247 144 240	29 W	0607 1227 1853	248 141 242
15 W	0208 0754 1427 2121	169 245 129 252	30 TH	0055 0651 1327 2015	164 247 119 256
			31 F	0211 0734 1423 2130	175 249 94 269

时　区：－0800　　　　潮高基准面：在平均海面下 180　cm

西马来西亚—宜兰角

WEST MALAYSIA－TANJUNG GELANG

2021 年潮汐表　　3° 58′ N　　103° 26′ E

1 月

日期	潮时 时分	潮高 cm	日期	潮时 时分	潮高 cm
1 F	0610 0818 1522 2346	201 207 64 348	16 SA	0644 0944 1615	187 206 76
2 SA	0641 0907 1605	199 208 67	17 SU	0026 0719 1045 1657	338 181 206 96
3 SU	0024 0717 1001 1651	345 195 207 78	18 M	0059 0754 1152 1738	321 174 206 119
4 M	0104 0756 1107 1739	338 188 206 97	19 TU E	0129 0829 1305 1821	302 166 207 146
5 TU	0144 0838 1239 1830	326 179 205 123	20 W ☽	0156 0904 1423 1908	284 157 212 173
6 W ☾ E	0224 0921 1428 1931	311 166 212 154	21 TH A	0222 0939 1552 2017	267 147 221 199
7 TH	0302 1002 1606 2103	293 149 229 186	22 F	0246 1013 1748 2240	250 138 237 218
8 F	0338 1042 1744 2313	275 130 254 206	23 SA	0305 1046 1910	236 128 258
9 SA P	0413 1121 1906	257 109 284	24 SU	0106 0308 1117 2000	223 223 117 280
10 SU	0052 0448 1200 2008	215 242 89 313	25 M	1150 2039	105 299
11 M	0226 0526 1240 2100	215 229 72 337	26 TU N	1225 2113	93 316
12 TU S	0343 0609 1322 2147	210 220 59 353	27 W	1304 2145	81 328
13 W ●	0441 0658 1405 2230	204 213 53 361	28 TH ○	1348 2217	71 338
14 TH	0527 0751 1449 2312	199 209 54 360	29 F	0508 0730 1433 2250	198 206 64 343
15 F	0607 0847 1532 2350	193 207 61 351	30 SA	0523 0836 1520 2324	192 212 63 343
			31 SU	0547 0941 1608 2358	184 219 69 337

2 月

日期	潮时 时分	潮高 cm	日期	潮时 时分	潮高 cm
1 M	0616 1046 1656	174 226 84	16 TU	0010 0633 1202 1735	293 148 237 131
2 TU E	0033 0649 1157 1745	325 162 232 108	17 W	0034 0659 1255 1819	278 140 240 154
3 W P	0107 0725 1311 1837	309 150 239 138	18 TH A	0057 0727 1351 1908	261 134 242 177
4 TH ☾	0139 0805 1427 1942	289 136 247 172	19 F ☽	0117 0758 1453 2025	245 129 244 200
5 F	0209 0849 1551 2133	269 121 258 202	20 SA	0128 0832 1612 2243	230 124 249 215
6 SA	0237 0938 1730 2336	250 107 274 218	21 SU	0102 0910 1813	218 119 261
7 SU	0303 1028 1901	233 94 297	22 M	0957 1925	112 279
8 M S	1121 2005	83 318	23 TU N	1051 2009	104 296
9 TU	1213 2055	75 333	24 W	1146 2043	94 310
10 W	1305 2137	70 340	25 TH	1242 2115	84 320
11 TH ●	0435 0701 1355 2215	192 201 70 340	26 F	0407 0643 1336 2146	187 195 76 326
12 F	0500 0817 1443 2248	183 206 74 333	27 SA ○	0409 0806 1429 2217	178 209 72 327
13 SA	0523 0920 1528 2317	175 214 83 322	28 SU	0427 0914 1520 2248	165 227 74 322
14 SU	0546 1017 1612 2344	166 223 95 309			
15 M E	0609 1110 1654	157 231 112			

3 月

日期	潮时 时分	潮高 cm	日期	潮时 时分	潮高 cm
1 M E	0451 1015 1611 2320	150 245 84 310	16 TU	0501 1111 1656 2318	123 264 130 258
2 TU P	0520 1113 1702 2350	134 261 102 294	17 W	0522 1154 1740 2339	114 271 145 243
3 W	0551 1212 1756	119 273 128	18 TH A	0545 1238 1830 2358	109 273 162 228
4 TH	0019 0625 1313 1858	274 106 280 157	19 F	0608 1324 1933	106 273 179
5 F	0046 0702 1419 2025	253 96 284 186	20 SA	0009 0632 1415 2109 2359	213 104 271 194 202
6 SA ☾	0108 0744 1536 2218	234 90 287 204	21 SU ☽	0659 1515	104 269
7 SU S	0124 0834 1713	218 88 293	22 M N	0734 1634	105 271
8 M	0935 1843	88 303	23 TU	0829 1813	106 279
9 TU	1046 1946	91 312	24 W	0950 1912	106 289
10 W	1155 2033	93 315	25 TH	1115 1953	103 297
11 TH	0340 0831 1258 2111	176 186 95 313	26 F	0304 0551 1226 2027	172 180 97 302
12 F	0354 0759 1354 2142	167 201 98 305	27 SA	0255 0730 1328 2100	162 201 92 302
13 SA ●	0410 0856 1444 2209	157 219 102 295	28 SU ○ E	0310 0837 1425 2131	146 229 92 297
14 SU E	0426 0944 1529 2233	146 237 109 283	29 M	0334 0933 1521 2202	127 257 97 286
15 M	0442 1028 1613 2255	134 252 118 271	30 TU P	0401 1026 1617 2231	106 282 109 271
			31 W	0431 1118 1715 2259	87 301 127 252

4 月

日期	潮时 时分	潮高 cm	日期	潮时 时分	潮高 cm
1 TH	0503 1211 1819 2324	72 314 149 233	16 F	0445 1219 1855 2255	81 297 165 195
2 F	0537 1307 1937 2346	63 318 170 215	17 SA	0506 1302 2009 2256	79 295 174 185
3 SA	0614 1409 2109	60 315 185	18 SU N	0528 1348	80 291
4 SU ☾ S	0002 0655 1523	199 66 308	19 M	0555 1440	83 286
5 M	0743 1652	78 303	20 TU ☽	0633 1543	90 283
6 TU	0848 1811	94 299	21 W	0733 1652	100 281
7 W	1019 1910	109 294	22 TH	0906 1757	111 281
8 TH	0239 0619 1147 1955	158 171 118 287	23 F	0152 0442 1053 1847	159 165 116 281
9 F	0247 0735 1259 2029	150 194 123 276	24 SA	0137 0638 1215 1928	148 189 116 277
10 SA	0259 0824 1358 2057	140 219 126 265	25 SU E	0153 0748 1322 2003	131 221 115 270
11 SU E	0311 0906 1448 2120	128 242 129 254	26 M	0217 0843 1425 2036	110 255 118 260
12 M ●	0326 0945 1534 2142	115 262 133 243	27 TU ○ P	0245 0934 1526 2107	86 287 125 246
13 TU	0343 1023 1619 2203	102 278 138 232	28 W	0315 1024 1628 2136	64 313 135 231
14 W A	0403 1101 1706 2224	91 289 146 220	29 TH	0348 1114 1735 2203	45 331 148 215
15 TH	0424 1139 1756 2243	84 295 155 207	30 F	0423 1206 1847 2229	34 340 160 199

时　区：－0800　　　　潮高基准面：在平均海面下 188 cm

西马来西亚—宜兰角

WEST MALAYSIA－TANJUNG GELANG

2021 年潮汐表　　3° 58′ N　　103° 26′ E

5 月

日期	潮时 时分	潮高 cm
1 SA S	0459 1301 2006 2251	31 339 169 185
2 SU	0538 1401	39 330
3 M ☾	0620 1510	55 316
4 TU	0709 1623	79 301
5 W	0815 1729	106 285
6 TH	0126 0521 1000 1821	145 156 129 270
7 F	0132 0649 1142 1902	137 183 141 255
8 SA E	0144 0740 1258 1934	127 211 146 241
9 SU	0158 0821 1401 2000	115 237 148 229
10 M	0212 0859 1454 2023	102 259 150 218
11 TU ●A	0230 0936 1544 2045	89 277 151 209
12 W	0250 1012 1633 2106	77 291 153 199
13 TH	0312 1048 1724 2126	69 300 156 189
14 F	0334 1126 1818 2141	63 306 159 180
15 SA N	0357 1205 1919 2151	60 307 163 172
16 SU	0422 1246	59 305
17 M	0452 1330	62 301
18 TU	0528 1418	69 295
19 W ☽	0614 1510	82 288
20 TH	0718 1603 2359	99 280 151
21 F	0308 0846 1654	156 117 272
22 SA E	0010 0514 1037 1740	139 176 130 262
23 SU	0032 0641 1206 1821	122 207 136 251
24 M	0059 0744 1320 1858	100 242 141 239
25 TU	0128 0838 1429 1933	76 276 145 226
26 W ○P	0201 0929 1538 2007	52 307 150 213
27 TH	0236 1019 1647 2040	31 330 155 200
28 F S	0313 1110 1756 2112	17 344 159 188
29 SA	0352 1201 1904 2144	12 348 161 177
30 SU	0433 1255 2015 2216	17 342 161 167
31 M	0515 1351	33 328

6 月

日期	潮时 时分	潮高 cm
1 TU	0600 1448	57 310
2 W ☾	0650 1543 2329	86 288 140
3 TH	0245 0754 1632 2354	148 117 266 130
4 F E	0520 0937 1714	168 143 246
5 SA	0016 0633 1125 1748	119 195 158 228
6 SU	0036 0725 1248 1816	107 221 164 213
7 M	0056 0809 1401 1842	94 244 165 202
8 TU A	0117 0848 1505 1908	82 264 165 192
9 W	0140 0926 1601 1934	71 280 163 183
10 TH ●	0204 1002 1654 1959	62 292 161 176
11 F	0229 1039 1744 2022	54 301 160 170
12 SA N	0257 1116 1832 2044	49 306 159 166
13 SU	0328 1154	46 309
14 M	0402 1233	46 308
15 TU	0442 1314	52 303
16 W	0526 1357 2127 2334	63 296 153 157
17 TH	0617 1439 2201	80 286 145
18 F ☽	0140 0717 1521 2232	159 102 273 132
19 SA E	0333 0836 1601 2303	172 126 259 115
20 SU	0507 1027 1639 2335	196 146 243 95
21 M	0630 1203 1716	226 158 228
22 TU	0009 0737 1325 1753	72 259 165 213
23 W P	0045 0835 1445 1832	48 291 167 201
24 TH ○	0123 0927 1600 1912	28 317 166 190
25 F S	0204 1017 1706 1954	13 335 163 181
26 SA	0247 1106 1805 2039	7 343 159 173
27 SU	0332 1154 1859 2128	9 342 155 167
28 M	0417 1242 1949 2224	21 332 150 162
29 TU	0503 1327 2035 2334	40 315 144 158
30 W	0549 1409 2118	66 293 136

7 月

日期	潮时 时分	潮高 cm
1 TH ☾E	0105 0638 1446 2155	158 96 270 126
2 F	0247 0736 1518 2229	166 127 248 115
3 SA	0432 0904 1545 2259	182 154 228 103
4 SU	0559 1057 1611 2328	204 171 211 91
5 M A	0704 1235 1637 2356	226 178 197 80
6 TU	0755 1417 1704	247 177 185
7 W	0024 0838	71 265
8 TH	0053 0917	62 280
9 F N	0124 0953	54 292
10 SA ●	0157 1029	47 301
11 SU	0234 1103 1815 2021	42 306 158 163
12 M	0315 1138 1838 2114	39 308 155 165
13 TU	0358 1214 1904 2212	41 306 152 168
14 W	0443 1250 1933 2320	49 300 146 172
15 TH	0530 1326 2006	64 289 137
16 F E	0041 0620 1401 2042	178 86 275 125
17 SA ☽	0205 0717 1435 2119	187 113 259 109
18 SU	0326 0835 1507 2159	202 143 241 91
19 M	0451 1032 1540 2240	222 167 223 71
20 TU	0619 1215 1613 2323	248 179 207 52
21 W P	0734 1353 1651	276 181 194
22 TH S	0008 0833 1521 1737	35 301 175 183
23 F	0055 0924 1623 1833	23 320 167 175
24 SA ○	0143 1011 1709 1937	17 331 159 171
25 SU	0232 1054 1748 2044	18 332 152 170
26 M	0321 1135 1823 2150	25 325 145 173
27 TU	0408 1212 1856 2255	40 311 137 178
28 W	0455 1246 1928	60 292 129
29 TH E	0000 0541 1315 1959	183 84 272 120
30 F	0107 0628 1341 2031	189 111 251 111
31 SA ☾	0216 0722 1405 2105	196 139 232 101

8 月

日期	潮时 时分	潮高 cm
1 SU	0332 0843 1427 2140	205 164 215 93
2 M A	0504 1040 1446 2216	217 181 200 85
3 TU	0634 2253	234 78
4 W	0737 2331	253 72
5 TH N	0824	269
6 F	0010 0902	65 283
7 SA	0052 0935	58 294
8 SU ●	0136 1007 1711 1934	51 301 158 165
9 M	0222 1038 1717 2043	46 304 153 174
10 TU	0308 1109 1733 2147	45 303 146 186
11 W	0356 1141 1755 2248	50 298 136 198
12 TH E	0443 1212 1822 2350	61 287 124 210
13 F	0532 1243 1853	81 273 111
14 SA	0054 0624 1313 1928	220 107 256 98
15 SU ☽	0200 0726 1341 2008	230 137 237 84
16 M	0313 0903 1407 2053	241 166 219 71
17 TU P	0437 1059 1433 2145	253 184 203 60
18 W S	0612 2242	271 52
19 TH	0729 2340	291 46
20 F	0826	307
21 SA	0038 0912 1614 1845	43 316 159 169
22 SU ○	0134 0953 1639 2010	44 317 150 177
23 M	0227 1028 1703 2117	49 310 141 190
24 TU	0317 1100 1726 2214	59 298 131 204
25 W E	0404 1127 1749 2307	72 283 121 216
26 TH	0450 1152 1812 2358	89 266 111 226
27 F	0535 1215 1837	110 249 103
28 SA	0049 0623 1238 1904	232 132 232 96
29 SU	0143 0722 1258 1934	235 155 216 92
30 M ☾A	0242 0851 1311 2009	237 176 200 91
31 TU	0355 2048	239 90

时　区：－0800　　　　潮高基准面：在平均海面下 188　cm

西马来西亚—宜兰角

WEST MALAYSIA－TANJUNG GELANG

2021年潮汐表　　3° 58′ N　　103° 26′ E

9 月

日期	潮时 时分	潮高 cm
1 W	0543 2136	248 89
2 TH N	0703 2232	261 87
3 F	0752 2331	275 82
4 SA	0829	285
5 SU	0027 0901 1606 1848	76 293 159 168
6 M	0121 0930 1558 2009	70 296 153 185
7 TU ●	0213 0959 1608 2111	66 295 142 207
8 W F	0304 1027 1627 2205	67 290 128 229
9 TH	0354 1056 1652 2258	75 280 112 248
10 F	0445 1124 1720 2352	90 266 96 264
11 SA P	0538 1150 1752	112 249 82
12 SU	0048 0639 1215 1827	274 138 231 71
13 M ☽	0149 0800 1238 1907	280 165 214 66
14 TU	0259 0946 1255 1955	282 184 200 65
15 W S	0424 2053	285 69
16 TH	0559 2207	292 75
17 F	0711 2325	300 80
18 SA	0804 1517 1816	304 159 170
19 SU	0035 0846 1531 1947	84 301 151 188
20 M ○	0136 0920 1548 2045	88 293 141 210
21 TU E	0230 0948 1604 2133	93 281 129 231
22 W	0319 1012 1621 2217	101 268 117 250
23 TH	0405 1034 1639 2259	112 254 105 264
24 F	0450 1055 1700 2342	125 240 95 273
25 SA	0538 1116 1723	140 227 89
26 SU A	0025 0632 1134 1747	277 156 212 87
27 M	0111 0741 1146 1811	276 171 199 89
28 TU	0202 0918 1136 1838	272 183 188 93
29 W ☾ N	0302 1909	269 98
30 TH	0421 1959	267 105

10 月

日期	潮时 时分	潮高 cm
1 F	0559 2123	272 110
2 SA	0657 2256	279 111
3 SU	0738 1502 1759	284 163 171
4 M	0010 0810 1439 1929	107 286 156 195
5 TU	0111 0839 1446 2026	102 284 143 225
6 W ● E	0207 0907 1505 2116	101 279 124 255
7 TH	0301 0934 1529 2205	105 270 104 282
8 F P	0356 1000 1558 2254	114 257 84 304
9 SA	0452 1026 1629 2345	130 242 67 319
10 SU	0555 1050 1703	149 227 56
11 M	0039 0710 1113 1739	325 169 212 54
12 TU S	0138 0840 1130 1820	324 183 198 60
13 W ☽	0247 1908	317 74
14 TH	0411 2009	310 93
15 F	0535 2141	304 113
16 SA	0640 1417 1800 2323	299 159 173 125
17 SU	0728 1423 1919	290 152 199
18 M	0042 0806 1435 2009	131 278 143 227
19 TU E	0145 0835 1448 2051	135 265 131 253
20 W ○	0238 0857 1501 2130	139 252 117 275
21 TH	0326 0917 1517 2208	144 241 104 292
22 F	0412 0936 1537 2245	150 231 92 304
23 SA	0459 0956 1559 2324	158 220 85 310
24 SU A	0551 1014 1621	166 209 82
25 M	0003 0651 1027 1642	311 175 198 83
26 TU N	0045 0807 1027 1703	308 183 189 87
27 W	0131 1726	302 94
28 TH ☾	0222 1756	296 104
29 F	0323 1844	289 117
30 SA	0432 2019	285 133
31 SU	0535 1409 1635 2223	283 168 172 142

11 月

日期	潮时 时分	潮高 cm
1 M	0623 1319 1832 2354	280 162 199 142
2 TU E	0700 1327 1933	276 147 232
3 W	0102 0732 1346 2023	141 269 126 267
4 TH ●	0203 0801 1411 2111	143 260 102 300
5 F P	0303 0830 1440 2159	148 250 78 328
6 SA	0404 0858 1513 2247	157 238 58 349
7 SU	0509 0925 1548 2338	168 225 45 360
8 M S	0620 0952 1625	179 213 41
9 TU	0032 0738 1015 1705	361 188 202 48
10 W	0131 1747	353 66
11 TH ☽	0237 1835	339 91
12 F	0350 1935	323 122
13 SA	0458 1312 1653 2116	306 164 172 150
14 SU	0553 1311 1832 2322	288 156 202 166
15 M E	0637 1322 1925	271 146 233
16 TU	0048 0709 1334 2007	173 255 134 261
17 W	0155 0733 1348 2045	176 241 120 284
18 TH	0251 0753 1405 2121	178 231 106 303
19 F ○	0340 0812 1424 2157	179 223 94 317
20 SA	0428 0832 1447 2233	181 216 85 326
21 SU A	0517 0853 1510 2310	183 208 80 331
22 M N	0610 0910 1534 2348	186 201 79 331
23 TU	0711 0920 1558	189 194 81
24 W	0027 1625	328 86
25 TH	0110 1656	322 95
26 F	0155 1736	315 109
27 SA ☾	0244 1830	306 127
28 SU	0333 1949	297 149
29 M	0420 1150 1647 2147	288 169 195 167
30 TU E	0502 1205 1820 2336	278 153 227 176

12 月

日期	潮时 时分	潮高 cm
1 W	0540 1226 1923	267 131 262
2 TH	0055 0616 1254 2016	180 256 106 298
3 F	0205 0650 1326 2106	184 246 80 331
4 SA ● P	0313 0724 1401 2155	188 236 57 356
5 SU	0422 0758 1439 2244	191 226 40 373
6 M S	0530 0833 1519 2335	194 217 33 380
7 TU	0638 0906 1601	196 209 37
8 W	0028 1645	376 52
9 TH	0123 1730	363 77
10 F	0219 1818	344 109
11 SA ☽	0313 1107 1349 1914	321 174 178 143
12 SU E	0402 1132 1650 2040	297 163 195 176
13 M	0442 1154 1818 2303	274 151 224 197
14 TU	0513 1214 1915	254 138 252
15 W	0042 0537 1233 2000	204 238 124 277
16 TH	0206 0559 1254 2039	206 227 111 297
17 F	0311 0624 1317 2116	204 219 99 313
18 SA A	0405 0652 1342 2151	202 213 89 325
19 SU ○	0454 0721 1409 2227	199 207 83 333
20 M N	0540 0749 1438 2302	197 203 79 337
21 TU	1508 2338	77 338
22 W	1541	79
23 TH	0014 1618	336 85
24 F	0052 1658	331 95
25 SA	0130 1743	323 112
26 SU	0208 0931 1222 1834	312 185 193 134
27 M ☾ E	0245 0959 1442 1937	300 173 201 160
28 TU	0321 1027 1623 2115	286 157 221 187
29 W	0355 1058 1757 2323	272 135 249 204
30 TH	0430 1132 1913	258 111 283
31 F	0056 0506 1210 2013	211 245 85 316

时　区：－0800　　　　潮高基准面：在平均海面下 188　cm

西马来西亚—丁加奴

WEST MALAYSIA－TRENGGANU

2021 年潮汐表　　5° 21′ N　　103° 08′ E

1 月

日期	潮时 时分	潮高 cm	日期	潮时 时分	潮高 cm
1 F	1423 2313	19 246	16 SA	1510 2339	33 232
2 SA	1456 2347	22 242	17 SU	1547	49
3 SU	1533	32	18 M	0007 0837 1118 1621	217 95 101 68
4 M	0021 1612	234 46	19 TU E	0032 0848 1239 1649	201 91 105 88
5 TU	0056 1655	221 67	20 W ☽	0050 0901 1424 1703	186 86 112 108
6 W ☾ E	0129 1003 1356 1743	206 93 107 93	21 TH A	0102 0919	173 78
7 TH	0200 1003 1610 1854	188 84 126 122	22 F	0102 0942	162 70
8 F	0226 1015 1759 2241	170 70 155 146	23 SA	0017 1009 2001	155 62 167
9 SA P	0237 1037 1901	153 54 184	24 SU	1039 2007	53 184
10 SU	1108 1950	39 211	25 M	1112 2027	44 199
11 M	1145 2034	26 233	26 TU N	1147 2051	36 214
12 TU S	1226 2115	16 247	27 W	1224 2118	28 226
13 W ●	1308 2155	12 253	28 TH ○	1302 2147	22 233
14 TH	1349 2232	14 252	29 F	1341 2217	19 236
15 F	1430 2307	21 244	30 SA	1421 2248	20 234
			31 SU	1502 2319	27 225

2 月

日期	潮时 时分	潮高 cm	日期	潮时 时分	潮高 cm
1 M	0728 0958 1544 2350	101 106 40 212	16 TU	0627 1126 1630 2341	85 120 77 171
2 TU E	0729 1113 1628	97 113 59	17 W	0638 1220 1704 2353	79 124 94 159
3 W P	0018 0736 1229 1716	196 90 121 82	18 TH A	0656 1323 1737 2358	72 128 112 149
4 TH ☾	0044 0749 1354 1815	177 79 132 109	19 F ☽	0720 1500 1814 2343	66 132 129 141
5 F	0102 0812 1543 2005	159 66 147 135	20 SA	0748 1802	60 145
6 SA	0055 0844 1734	143 53 170	21 SU	0823 1847	54 161
7 SU	0925 1847	42 193	22 M	0906 1917	48 176
8 M S	1015 1938	32 212	23 TU N	0959 1946	42 190
9 TU	1110 2022	26 224	24 W	1057 2015	36 201
10 W	1206 2101	22 230	25 TH	1155 2044	30 209
11 TH ●	1259 2136	22 229	26 F	1249 2114	26 212
12 F	1349 2208	26 223	27 SA ○	1339 2144	25 210
13 SA	0618 0840 1434 2237	94 99 34 212	28 SU	0515 0832 1427 2214	92 105 29 202
14 SU	0619 0940 1516 2303	94 107 46 199			
15 M E	0622 1034 1554 2324	90 115 60 185			

3 月

日期	潮时 时分	潮高 cm	日期	潮时 时分	潮高 cm
1 M E	0517 0934 1516 2242	89 117 39 190	16 TU	0438 1037 1610 2231	68 135 74 147
2 TU P	0525 1031 1605 2309	82 129 54 174	17 W	0449 1119 1652 2244	61 141 87 136
3 W	0536 1130 1700 2333	72 141 74 156	18 TH A	0505 1202 1738 2250	54 144 100 127
4 TH	0552 1232 1806 2349	61 150 96 138	19 F	0524 1251 1844 2238	49 147 112 120
5 F	0615 1345 2010 2341	50 158 117 123	20 SA	0545 1351	44 149
6 SA ☾	0646 1517	41 167	21 SU ☽	0609 1518	41 152
7 SU S	0724 1657	35 179	22 M N	0640 1655	39 160
8 M	0813 1812	32 191	23 TU	0725 1757	39 170
9 TU	0917 1908	34 199	24 W	0831 1842	40 178
10 W	1036 1952	36 202	25 TH	1000 1919	41 183
11 TH	1155 2030	39 199	26 F	1126 1954	41 184
12 F	0443 0726 1301 2102	80 88 41 192	27 SA	0340 0658 1239 2026	80 91 40 181
13 SA ●	0438 0823 1357 2130	81 101 46 182	28 SU ○E	0333 0801 1343 2057	76 108 42 174
14 SU E	0435 0911 1445 2154	80 115 53 170	29 M	0336 0855 1443 2127	70 127 48 162
15 M	0434 0955 1529 2215	75 126 63 158	30 TU P	0345 0947 1543 2154	59 145 59 147
			31 W	0358 1039 1648 2218	47 161 72 130

4 月

日期	潮时 时分	潮高 cm	日期	潮时 时分	潮高 cm
1 TH	0417 1132 1807 2234	35 173 87 114	16 F	0354 1148	27 166
2 F	0440 1229 2020 2225	25 181 98 100	17 SA	0412 1230	23 169
3 SA	0507 1334	18 184	18 SU N	0431 1319	21 170
4 SU ☾ S	0539 1450	17 186	19 M	0454 1416	21 170
5 M	0615 1611	21 186	20 TU ☽	0524 1522	23 170
6 TU	0700 1721	30 185	21 W	0605 1627	30 170
7 W	0808 1817	43 181	22 TH	0711 1722	40 169
8 TH	0328 0612 0958 1903	60 66 56 174	23 F	0902 1808	52 165
9 F	0313 0718 1151 1939	64 84 63 164	24 SA	0212 0623 1100 1848	65 83 60 159
10 SA	0308 0804 1314 2010	64 102 67 153	25 SU E	0203 0722 1238 1924	60 107 64 149
11 SU E	0304 0843 1417 2035	61 120 71 142	26 M	0205 0813 1401 1957	50 132 68 137
12 M ●	0303 0920 1510 2055	55 135 76 131	27 TU ○P	0215 0902 1517 2026	37 156 72 123
13 TU	0308 0956 1559 2112	47 147 81 121	28 W	0232 0950 1634 2052	23 178 78 107
14 W A	0320 1033 1650 2124	39 156 88 112	29 TH	0254 1039 1804 2108	10 194 83 93
15 TH	0336 1109 1752 2127	32 162 94 105	30 F	0320 1129	0 204

时　区：－0800　　　　潮高基准面：在平均海面下 103　cm

西马来西亚—丁加奴

WEST MALAYSIA－TRENGGANU

2021 年潮汐表　　5° 21′ N　　103° 08′ E

5月 日期	潮时 时分	潮高 cm	日期	潮时 时分	潮高 cm	6月 日期	潮时 时分	潮高 cm	日期	潮时 时分	潮高 cm	7月 日期	潮时 时分	潮高 cm	日期	潮时 时分	潮高 cm	8月 日期	潮时 时分	潮高 cm	日期	潮时 时分	潮高 cm
1 SA S	0348 1222	-5 207	16 SU	0320 1214	1 189	1 TU	0420 1343	4 197	16 W	0353 1308	1 189	1 TH ☾E	0029 0445 1333 2222	52 37 164 47	16 F E	0437 1303 2123	27 163 57	1 SU	1237 2058	118 31	16 M	0252 0750 1225 1957	118 99 108 21
2 SU	0418 1319	-4 205	17 M	0343 1255	2 188	2 W ☾	0448 1428	24 180	17 TH	0430 1345	15 178	2 F	1356 2231	146 41	17 SA ☽	0117 0525 1331 2119	71 51 147 47	2 M A	0715 2128	116 24	17 TU P	0441 2040	138 9
3 M ☾	0449 1419	4 197	18 TU	0410 1339	6 185	3 TH	0039 1509	44 162	18 F ☽	0514 1422 2326	35 165 52	3 SA	1406 2242	131 34	18 SU	0310 0629 1353 2130	87 78 130 32	3 TU	0716 2203	133 16	18 W S	0604 2132	159 1
4 TU	0519 1521	18 187	19 W ☽	0442 1427	14 179	4 F E	0014 1544	44 145	19 SA E	0320 0611 1458 2312	64 59 150 44	4 SU	1350 2256	120 25	19 M	0509 0848 1400 2154	111 104 114 16	4 W	0741 2241	149 9	19 TH	0702 2231	178 -4
5 W	0546 1619	36 175	20 TH	0523 1517	27 172	5 SA	0012 1611	40 129	20 SU	0529 0802 1531 2314	89 86 133 31	5 M A	0756 2316	128 15	20 TU	0626 2228	140 0	5 TH N	0807 2321	163 3	20 F	0749 2333	191 -7
6 TH	0205 1710	48 162	21 F	0621 1605	46 162	6 SU	0016 0800 1237 1626	34 119 110 116	21 M	0637 1135 1600 2329	120 103 117 14	6 TU	0812 2339	146 7	21 W P	0720 2309	167 -14	6 F	0834	175	21 SA	0831	197
7 F	0147 1752	50 148	22 SA E	0052 0529 0818 1650	55 72 68 150	7 M	0023 0821	26 138	22 TU	0728 2354	150 -3	7 W	0836	161	22 TH S	0807 2354	189 -23	7 SA	0002 0901	-3 184	22 SU ○	0032 0909	-5 197
8 SA E	0141 0748 1157 1826	48 102 90 134	23 SU	0039 0638 1046 1731	48 99 83 136	8 TU A	0035 0848	16 155	23 W P	0814	178	8 TH	0006 0902	-1 175	23 F	0851	205	8 SU ●	0043 0930	-7 191	23 M	0127 0943 1739 2029	-1 190 66 75
9 SU	0139 0818 1344 1853	44 122 93 122	24 M	0040 0729 1306 1808	36 129 89 122	9 W	0053 0916	8 169	24 TH ○	0026 0900	-18 201	9 F N	0034 0929	-8 186	24 SA ○	0040 0932	-28 213	9 M	0123 0959	-9 193	24 TU	0218 1014 1740 2130	8 178 65 85
10 M	0141 0849 1501 1914	37 140 93 112	25 TU	0052 0816 1451 1840	21 158 89 107	10 TH ●	0114 0945	0 181	25 F S	0102 0944	-29 217	10 SA ●	0104 0958	-13 195	25 SU	0127 1011	-26 213	10 TU	0203 1028	-7 190	25 W E	0304 1041 1742 2225	21 164 61 95
11 TU ●A	0149 0921 1607 1929	28 155 93 103	26 W ○P	0112 0902 1627 1905	5 184 86 93	11 F	0136 1016	-6 190	26 SA	0140 1027	-33 224	11 SU	0135 1028	-16 200	26 M	0212 1047	-19 206	11 W	0244 1057 1851 2143	0 182 68 75	26 TH	0348 1103 1746 2318	37 148 55 103
12 W	0203 0953 1719 1936	20 167 92 95	27 TH	0139 0949	-10 204	12 SA N	0200 1047	-10 197	27 SU	0219 1109	-30 223	12 M	0207 1059	-16 201	27 TU	0256 1121 1950 2201	-6 193 60 64	12 TH E	0326 1126 1849 2253	11 170 65 84	27 F	0430 1120 1757	55 134 48
13 TH	0221 1026	12 176	28 F S	0209 1035	-20 217	13 SU	0224 1120	-12 200	28 M	0258 1150	-21 214	13 TU	0241 1131	-13 198	28 W	0338 1151 1957 2317	11 176 58 70	13 F	0410 1152 1852	29 155 58	28 SA	0012 0513 1130 1815	109 74 122 41
14 F	0240 1100	7 183	29 SA	0241 1122	-24 222	14 M	0251 1155	-12 200	29 TU	0336 1228	-6 200	14 W	0317 1202	-5 190	29 TH E	0418 1216 2007	31 159 54	14 SA	0002 0458 1215 1903	94 50 138 47	29 SU	0114 0603 1128 1839	114 92 113 36
15 SA N	0300 1135	3 187	30 SU	0314 1210	-21 220	15 TU	0320 1231	-7 196	30 W	0413 1303 2223	14 183 50	15 TH	0356 1234	9 178	30 F	0033 0454 1235 2019	76 53 143 47	15 SU ☽	0119 0558 1232 1925	105 75 122 34	30 M ☾A	0239 0759 1013 1909	118 107 108 31
			31 M	0348 1257	-12 211										31 SA ☾	0202 0527 1244 2036	84 75 129 40				31 TU	0447 1945	128 28

时　区：－0800　　　　潮高基准面：在平均海面下 103　cm

西马来西亚—丁加奴

WEST MALAYSIA－TRENGGANU

2021 年潮汐表　　5° 21′ N　　103° 08′ E

9 月

日期	潮时 时分	潮高 cm	日期	潮时 时分	潮高 cm
1 W	0601 2029	141 25	16 TH	0527 2031	179 18
2 TH N	0644 2125	154 23	17 F	0627 2154	186 24
3 F	0718 2229	165 20	18 SA	0715 2322	188 29
4 SA	0749 2331	173 17	19 SU	0756 1600 1914	184 65 78
5 SU	0819	179	20 M ○	0037 0831 1556 2010	34 176 67 95
6 M	0027 0849 1646 1916	15 181 70 75	21 TU E	0140 0901 1554 2058	40 164 65 111
7 TU ●	0118 0918 1637 2020	15 179 70 87	22 W	0235 0927 1552 2143	48 151 59 126
8 W E	0207 0946 1638 2117	19 171 67 101	23 TH	0324 0948 1556 2226	59 138 52 137
9 TH	0256 1013 1643 2211	28 160 61 115	24 F	0412 1003 1608 2308	71 126 44 144
10 F	0346 1039 1651 2306	42 145 51 128	25 SA	0503 1011 1625 2353	85 116 37 149
11 SA P	0442 1100 1707	60 129 40	26 SU A	0606 1009 1645	97 108 33
12 SU	0005 0554 1114 1729	140 81 113 29	27 M	0041 1707	151 31
13 M ☽	0112 0824 1056 1800	149 98 100 20	28 TU	0139 1731	152 31
14 TU	0234 1839	158 15	29 W ☾ N	0255 1759	155 32
15 W S	0408 1927	168 15	30 TH	0419 1837	160 36

10 月

日期	潮时 时分	潮高 cm	日期	潮时 时分	潮高 cm
1 F	0523 1941	166 41	16 SA	0538 1447 1804 2112	190 62 71 65
2 SA	0609 2121	172 47	17 SU	0625 1434 1906 2322	181 66 93 76
3 SU	0648 1533 1747 2258	175 70 73 49	18 M	0705 1430 1950	170 66 115
4 M	0723 1502 1859	175 72 89	19 TU E	0059 0737 1427 2030	82 157 63 136
5 TU	0016 0755 1456 1951	50 171 70 109	20 W ○	0212 0803 1426 2108	86 144 57 154
6 W ●E	0122 0825 1458 2040	53 163 64 130	21 TH	0313 0823 1432 2145	91 132 48 169
7 TH	0223 0853 1505 2128	58 152 54 150	22 F	0411 0837 1445 2221	97 122 39 179
8 F P	0325 0918 1517 2217	67 138 42 168	23 SA	0513 0842 1502 2258	103 114 33 186
9 SA	0433 0939 1536 2308	79 123 30 182	24 SU A	1522 2337	28 190
10 SU	0558 0951 1559	92 109 19	25 M	1542	27
11 M	0003 1627	192 13	26 TU N	0018 1601	191 28
12 TU S	0103 1658	197 13	27 W	0103 1621	191 31
13 W ☽	0213 1734	198 19	28 TH ☾	0154 1644	190 36
14 TH	0329 1816	198 31	29 F	0253 1713	188 46
15 F	0439 1917	195 47	30 SA	0353 1753	186 59
			31 SU	0446 1426 1729 1952	183 74 77 75

11 月

日期	潮时 时分	潮高 cm	日期	潮时 时分	潮高 cm
1 M	0532 1344 1833 2222	179 76 99 87	16 TU	0552 1310 2006	158 64 154
2 TU E	0612 1334 1917	171 72 124	17 W	0150 0619 1312 2038	123 144 56 175
3 W	0013 0647 1334 2000	93 161 63 151	18 TH	0319 0637 1321 2110	123 132 47 191
4 TH ●	0143 0718 1342 2045	96 149 50 177	19 F ○	1336 2143	38 204
5 F P	0302 0746 1358 2130	100 136 35 201	20 SA	1355 2216	31 214
6 SA	0422 0808 1420 2217	104 123 21 219	21 SU A	1417 2249	26 220
7 SU	0600 0817 1447 2306	106 110 11 232	22 M N	1439 2323	24 223
8 M S	1516 2357	6 237	23 TU	1501 2359	25 224
9 TU	1547	8	24 W	1523	28
10 W	0051 1619	236 18	25 TH	0037 1547	222 34
11 TH ☽	0147 1650	229 33	26 F	0117 1613	218 44
12 F	0245 1715	218 54	27 SA ☾	0159 1643	211 58
13 SA	0342 1332	205 68	28 SU	0243 1714	202 77
14 SU	0433 1314	189 70	29 M	0327 1233	192 83
15 M E	0517 1311 1936 2345	173 68 131 121	30 TU E	0409 1218 1840 2150	180 78 129 122

12 月

日期	潮时 时分	潮高 cm	日期	潮时 时分	潮高 cm
1 W	0447 1215 1920	166 66 159	16 TH	1212 2040	49 198
2 TH	0045 0522 1224 2002	130 152 51 189	17 F	1231 2109	40 213
3 F	0242 0551 1244 2045	129 138 33 217	18 SA A	1254 2138	32 224
4 SA ●P	1311 2130	18 239	19 SU ○	1320 2207	27 233
5 SU	1342 2215	7 255	20 M N	1347 2237	24 238
6 M S	1416 2300	2 263	21 TU	1414 2308	24 240
7 TU	1452 2346	5 262	22 W	1441 2339	26 239
8 W	1528	15	23 TH	1509	31
9 TH	0032 1603	254 31	24 F	0012 1539	235 40
10 F	0117 1636	239 53	25 SA	0045 1612	227 53
11 SA ☽	0159 1204 1418 1657	221 80 82 79	26 SU	0117 1648	216 71
12 SU E	0239 1143	202 79	27 M ☾E	0149 1103 1423 1729	202 93 100 94
13 M	0312 1145	182 75	28 TU	0219 1045	187 85
14 TU	0336 1150 1952	164 68 158	29 W	0245 1044 1830 2207	172 72 152 147
15 W	0109 0326 1158 2012	149 150 59 180	30 TH	0302 1059 1916	156 55 183
			31 F	1126 2000	37 213

时　区：－0800　　　　潮高基准面：在平均海面下 103　cm

泰 国—曼谷沙渚

THAILAND—BANGKOK BAR

2021 年潮汐表　　13° 27′ N　　100° 36′ E

1 月

日期	潮时 时分	潮高 cm	日期	潮时 时分	潮高 cm
1 F	0008 0820 1403 1640	70 396 306 319	16 SA	0042 0829 1433 1757	73 413 269 301
2 SA	0039 0846 1426 1727	70 395 302 323	17 SU	0116 0851 1458 1851	90 404 255 300
3 SU	0114 0910 1451 1818	76 391 294 324	18 M	0147 0910 1526 1945	113 394 239 296
4 M	0151 0934 1522 1916	91 384 280 320	19 TU E	0218 0927 1558 2042	141 384 223 289
5 TU	0231 0959 1601 2023	116 374 261 310	20 W ☽	0247 0945 1635 2147	171 374 208 280
6 W ☾ E	0315 1026 1649 2148	149 363 238 298	21 TH A	0315 1002 1718 2313	203 363 194 270
7 TH	0403 1054 1744 2343	190 350 212 290	22 F	0340 1018 1809	236 352 181
8 F	0459 1122 1848	234 338 183	23 SA	0139 0348 1032 1911	271 269 341 166
9 SA P	0214 0617 1149 1954	301 277 326 152	24 SU	1035 2017	330 150
10 SU	0417 0858 1214 2058	333 308 317 121	25 M	0623 2116	332 131
11 M	0529 2155	366 94	26 TU N	0624 2205	356 113
12 TU S	0619 2244	393 75	27 W	0645 2245	375 97
13 W ●	0700 2327	410 64	28 TH ○	0708 2322	388 84
14 TH	0735 1350 1602	418 291 300	29 F	0729 1320 1605 2357	394 293 309 77
15 F	0006 0804 1411 1702	64 418 282 301	30 SA	0748 1330 1704	394 284 321
			31 SU	0033 0806 1347 1800	78 390 269 331

2 月

日期	潮时 时分	潮高 cm	日期	潮时 时分	潮高 cm
1 M	0110 0824 1410 1855	87 384 250 338	16 TU	0133 0812 1435 2003	146 380 192 317
2 TU E	0148 0843 1439 1952	108 375 228 339	17 W	0200 0825 1502 2049	170 372 179 312
3 W P	0226 0902 1514 2054	138 364 205 332	18 TH A	0226 0838 1531 2140	196 364 170 302
4 TH ☾	0305 0921 1555 2208	178 353 184 319	19 F ☽	0250 0850 1604 2247	225 354 165 291
5 F	0345 0937 1643 2350	223 342 166 308	20 SA	0308 0859 1642	255 345 162
6 SA	0425 0946 1743	269 333 152	21 SU	0053 0254 0859 1731	286 283 336 160
7 SU	0254 0522 0925 1900	317 313 327 139	22 M	0822 1845	332 157
8 M S	0506 2028	351 124	23 TU N	0619 2018	345 148
9 TU	0548 2142	379 108	24 W	0606 2129	363 133
10 W	0619 2238	397 97	25 TH	0616 2221	375 117
11 TH ●	0646 1317 1528 2322	405 276 283 93	26 F	0630 1235 1522 2305	382 281 295 105
12 F	0708 1318 1645	406 262 292	27 SA ○	0644 1233 1634 2345	382 267 316 100
13 SA	0000 0727 1331 1743	97 402 244 303	28 SU	0658 1244 1731	379 245 338
14 SU	0034 0743 1350 1833	108 395 226 312			
15 M E	0104 0758 1411 1919	125 387 208 317			

3 月

日期	潮时 时分	潮高 cm	日期	潮时 时分	潮高 cm
1 M E	0024 0713 1304 1824	104 373 219 356	16 TU	0049 0658 1326 1928	168 364 157 339
2 TU P	0102 0729 1329 1916	118 365 191 366	17 W	0117 0711 1349 2007	186 359 144 338
3 W	0140 0746 1359 2010	144 356 165 366	18 TH A	0144 0723 1413 2048	206 352 136 333
4 TH	0218 0802 1433 2109	180 347 145 357	19 F	0211 0735 1437 2135	229 345 133 324
5 F	0255 0816 1511 2219	221 340 131 342	20 SA	0235 0744 1502 2236	254 337 133 313
6 SA ☾	0332 0823 1554	264 334 127	21 SU ☽	0254 0748 1530	280 331 137
7 SU S	0003 0412 0814 1648	329 305 331 130	22 M N	0025 0249 0736 1607	308 304 328 144
8 M	0335 1805	340 138	23 TU	0613 1705	331 153
9 TU	0449 1955	364 142	24 W	0506 1852	345 160
10 W	0519 2126	379 138	25 TH	0506 2041	355 154
11 TH	0543 1241 1453 2226	385 259 264 135	26 F	0516 1200 1412 2151	360 267 272 144
12 F	0602 1223 1628 2310	385 242 283 136	27 SA	0528 1133 1552 2243	361 250 299 136
13 SA ●	0618 1230 1724 2347	381 220 304 143	28 SU ○ E	0542 1140 1654 2329	357 222 331 136
14 SU E	0632 1245 1809	375 197 321	29 M	0557 1159 1747	352 189 359
15 M	0019 0645 1305 1849	154 370 175 333	30 TU P	0012 0613 1224 1838	145 345 156 378
			31 W	0053 0631 1253 1929	164 338 125 388

4 月

日期	潮时 时分	潮高 cm	日期	潮时 时分	潮高 cm
1 TH	0133 0647 1324 2022	193 332 101 386	16 F	0137 0622 1331 2052	240 324 95 345
2 F	0214 0702 1359 2121	227 327 88 375	17 SA	0209 0634 1353 2139	258 318 95 338
3 SA	0256 0712 1435 2233	263 323 86 360	18 SU N	0241 0641 1416 2237	278 314 100 331
4 SU ☾ S	0344 0713 1516	296 321 96	19 M	0318 0639 1442 2358	297 312 108 327
5 M	0012 1605	349 116	20 TU ☽	1518	121
6 TU	0228 1715	351 141	21 W	0152 1612	329 139
7 W	0339 1908	358 163	22 TH	0300 1746	334 159
8 TH	0415 2051	360 173	23 F	0328 1943	336 169
9 F	0438 1124 1557 2158	357 224 265 178	24 SA	0349 1027 1446 2112	334 233 269 170
10 SA	0455 1125 1654 2247	352 198 293 183	25 SU E	0408 1030 1606 2217	330 201 304 171
11 SU E	0510 1140 1737 2326	347 170 317 189	26 M	0428 1051 1705 2312	325 168 339 178
12 M ●	0525 1200 1816	343 144 334	27 TU ○ P	0448 1118 1757	319 124 367
13 TU	0000 0539 1222 1854	198 340 123 345	28 W	0001 0509 1149 1848	191 313 89 385
14 W A	0033 0554 1246 1931	210 335 108 350	29 TH	0049 0529 1223 1940	212 309 62 393
15 TH	0105 0609 1309 2010	223 330 98 349	30 F	0135 0548 1258 2035	236 306 46 391

时　区：−0700　　潮高基准面：在平均海面下 246 cm

泰　国—曼谷沙渚

THAILAND－BANGKOK BAR

2021 年潮汐表　　13° 27′ N　　100° 36′ E

5　月

日期	潮时 时分	潮高 cm	日期	潮时 时分	潮高 cm
1 SA S	0224 0603 1334 2135	262 304 43 382	16 SU	0232 0535 1323 2145	272 290 62 346
2 SU	0319 0614 1411 2241	284 302 54 370	17 M	0322 0543 1349 2231	282 289 69 341
3 M ☾	1452 2352	76 359	18 TU	1420 2319	81 336
4 TU	1537	106	19 W ☽	1500	100
5 W	0103 1637	349 142	20 TH	0006 1555	330 124
6 TH	0159 1805	340 175	21 F	0050 1712	323 152
7 F	0237 1014 1440 1945	332 210 234 198	22 SA E	0130 0848 1243 1849	316 221 238 177
8 SA E	0304 1010 1607 2108	325 181 265 212	23 SU	0205 0904 1456 2027	309 185 265 195
9 SU	0326 1027 1657 2210	320 150 293 221	24 M	0237 0934 1614 2151	301 145 301 208
10 M	0347 1051 1739 2300	316 120 315 227	25 TU	0308 1008 1715 2302	294 103 334 220
11 TU ●A	0408 1118 1819 2345	312 96 332 233	26 W ○P	0337 1045 1810	289 66 361
12 W	0429 1145 1858	308 77 343	27 TH	0003 0404 1123 1904	233 285 36 378
13 TH	0026 0449 1211 1938	240 303 65 349	28 F S	0100 0429 1202 1956	246 282 17 386
14 F	0107 0508 1236 2019	249 298 59 350	29 SA	0155 0454 1241 2049	259 281 11 386
15 SA N	0149 0523 1300 2101	260 293 58 349	30 SU	0252 0517 1320 2139	267 279 18 380
			31 M	1359 2226	38 368

6　月

日期	潮时 时分	潮高 cm	日期	潮时 时分	潮高 cm
1 TU	1440 2309	67 354	16 W	0411 0613 1415 2230	260 265 66 333
2 W ☾	1521 2345	102 338	17 TH	0444 0711 1457 2257	249 257 89 324
3 TH	1608	140	18 F ☽	0524 0831 1547 2326	231 245 119 313
4 F E	0016 0748 1135 1704	325 202 214 177	19 SA E	0610 1031 1647 2358	205 234 154 302
5 SA	0044 0819 1421 1818	314 172 227 209	20 SU	0701 1254 1802	173 238 191
6 SU	0113 0854 1559 1948	305 141 255 233	21 M	0031 0754 1504 1940	291 136 263 224
7 M	0142 0930 1656 2122	298 111 281 247	22 TU	0107 0845 1631 2141	282 98 297 245
8 TU A	0214 1006 1743 2242	292 84 304 253	23 W P	0142 0936 1736 2324	274 62 330 253
9 W	0246 1041 1826 2346	286 63 322 255	24 TH ○	0219 1024 1832	268 32 355
10 TH ●	0317 1114 1907	280 47 336	25 F S	0039 0257 1110 1921	255 264 12 372
11 F	0042 0344 1145 1948	256 274 38 345	26 SA	0136 0338 1153 2006	255 262 2 379
12 SA N	0133 0409 1214 2026	258 270 34 350	27 SU	0221 0424 1235 2045	253 260 5 378
13 SU	0219 0432 1241 2102	260 268 35 350	28 M	0259 0513 1315 2120	247 256 19 369
14 M	1309 2135	40 347	29 TU	0332 0608 1352 2148	238 251 43 356
15 TU	1339 2203	50 341	30 W	0404 0708 1429 2212	224 243 74 342

7　月

日期	潮时 时分	潮高 cm	日期	潮时 时分	潮高 cm
1 TH ☾ E	0438 0819 1504 2232	206 234 109 328	16 F E	0337 0809 1453 2154	206 263 100 316
2 F	0516 0944 1539 2251	185 225 145 317	17 SA ☽	0413 0923 1535 2215	183 257 136 305
3 SA	0559 1127 1615 2310	162 220 180 307	18 SU	0458 1056 1622 2238	157 249 178 295
4 SU	0647 1336 1657 2331	139 226 214 298	19 M	0552 1301 1720 2259	131 251 222 285
5 M A	0739 1557 1803 2355	116 248 245 289	20 TU	0656 1533 1904 2312	105 275 261 277
6 TU	0833 1714 2036	94 276 267	21 W P	0806 1706	79 310
7 W	0023 0924 1800	279 73 301	22 TH S	0914 1802	54 340
8 TH	1010 1838	56 322	23 F	1014 1844	35 361
9 F N	1050 1913	43 337	24 SA ○	1106 1920	23 372
10 SA ●	1126 1946	35 347	25 SU	1151 1950	22 373
11 SU	1159 2014	31 350	26 M	0201 0452 1231 2016	232 251 31 366
12 M	0217 0424 1230 2038	249 256 32 348	27 TU	0220 0555 1308 2037	218 255 49 355
13 TU	0233 0515 1302 2059	246 260 39 342	28 W	0242 0653 1341 2054	202 258 73 343
14 W	0249 0609 1336 2116	238 264 51 334	29 TH E	0307 0749 1412 2108	184 259 103 332
15 TH	0310 0705 1413 2134	225 266 72 325	30 F	0335 0845 1442 2121	165 256 134 324
			31 SA ☾	0407 0947 1510 2134	148 250 166 316

8　月

日期	潮时 时分	潮高 cm	日期	潮时 时分	潮高 cm
1 SU	0444 1102 1537 2147	133 243 199 308	16 M	0405 1108 1601 2117	119 281 226 299
2 M A	0528 1252 1558 2159	121 241 231 300	17 TU P	0458 1327 1650 2112	106 281 269 294
3 TU	0623 2200	111 290	18 W S	0606 1623	98 309
4 W	0729 1802	101 292	19 TH	0734 1720	90 339
5 TH N	0839 1806	90 316	20 F	0902 1755	80 359
6 F	0940 1830	77 334	21 SA	1011 1824	71 369
7 SA	1028 1855	66 346	22 SU ○	0103 0309 1103 1848	240 246 67 370
8 SU ●	1109 1917	57 351	23 M	0101 0436 1145 1908	225 258 72 364
9 M	0122 0354 1145 1935	244 255 53 349	24 TU	0113 0538 1222 1925	207 273 85 355
10 TU	0127 0455 1219 1950	237 268 55 344	25 W E	0131 0629 1255 1938	186 286 104 346
11 W	0137 0549 1254 2004	224 282 64 336	26 TH	0151 0715 1324 1949	166 294 127 338
12 TH E	0153 0642 1329 2017	205 293 81 328	27 F	0214 0800 1352 2000	148 297 152 332
13 F	0216 0736 1406 2033	183 300 107 320	28 SA	0239 0847 1419 2011	133 295 179 327
14 SA	0246 0834 1443 2050	159 299 142 313	29 SU	0307 0938 1446 2023	122 288 208 321
15 SU ☽	0322 0941 1521 2106	137 291 182 306	30 M ☾ A	0339 1043 1510 2034	117 279 237 314
			31 TU	0416 1226 1525 2036	117 274 266 306

时　区：－0700　　　　潮高基准面：在平均海面下 246　cm

泰 国—曼谷沙渚

THAILAND－BANGKOK BAR

2021 年潮汐表　　13° 27′ N　　100° 36′ E

9 月

日期	潮时 时分	潮高 cm	日期	潮时 时分	潮高 cm
1 W	0502 1949	120 302	16 TH	0523 1602	112 347
2 TH N	0608 1721	124 319	17 F	0706 1644	124 363
3 F	0740 1732	124 338	18 SA	0849 1713	127 370
4 SA	0903 1751	117 350	19 SU	0019 0236 1000 1736	241 247 127 369
5 SU	1001 1809	107 354	20 M ○	0002 0417 1050 1754	224 269 132 363
6 M	0030 0314 1046 1824	246 258 100 353	21 TU E	0009 0515 1131 1808	201 294 141 355
7 TU ●	0022 0425 1126 1836	235 281 97 347	22 W	0024 0600 1205 1820	176 314 155 348
8 W E	0029 0520 1204 1848	217 305 101 341	23 TH	0042 0641 1236 1830	153 328 172 343
9 TH	0044 0610 1241 1900	192 326 114 334	24 F	0104 0721 1305 1842	132 336 191 339
10 F	0105 0700 1318 1915	164 341 137 328	25 SA	0127 0801 1334 1854	117 338 212 336
11 SA P	0132 0751 1350 1931	137 347 168 323	26 SU A	0151 0844 1403 1907	108 335 234 331
12 SU	0204 0848 1434 1945	115 343 206 319	27 M	0217 0933 1433 1918	105 328 258 326
13 M ☽	0241 0955 1513 1956	100 332 246 315	28 TU	0244 1036 1504 1923	108 320 283 319
14 TU	0323 1126 1559 1954	95 322 285 313	29 W ☾ N	0314 1214 1543 1903	117 317 307 316
15 W S	0414 1406	100 326	30 TH	0350 1517	129 328

10 月

日期	潮时 时分	潮高 cm	日期	潮时 时分	潮高 cm
1 F	0442 1606	143 345	16 SA	0632 1542	163 370
2 SA	0617 1630	157 354	17 SU	0817 1609 2301	180 366 227
3 SU	0808 1648 2357	160 357 252	18 M	0341 0932 1628 2303	272 190 359 201
4 M	0202 0922 1702 2322	256 156 355 239	19 TU E	0441 1025 1643 2318	302 200 352 172
5 TU	0342 1017 1714 2323	284 152 350 215	20 W ○	0526 1107 1656 2337	328 211 347 144
6 W ●E	0441 1103 1726 2337	317 153 344 184	21 TH	0606 1144 1709	347 223 344
7 TH	0531 1146 1741 2359	347 162 339 150	22 F	0000 0644 1218 1723	120 360 236 342
8 F P	0620 1228 1757	370 180 334	23 SA	0024 0723 1251 1739	103 367 250 340
9 SA	0026 0709 1309 1814	118 384 206 331	24 SU A	0049 0803 1326 1755	93 368 265 336
10 SU	0058 0802 1350 1831	93 387 237 329	25 M	0114 0847 1403 1809	89 366 282 331
11 M	0132 0901 1434 1844	78 382 271 328	26 TU N	0139 0937 1446 1817	93 362 300 325
12 TU S	0210 1012 1527 1850	75 372 302 326	27 W	0204 1036 1545 1810	101 357 316 322
13 W ☽	0252 1145	85 364	28 TH ☾	0230 1151	114 355
14 TH	0342 1341	107 364	29 F	0303 1318	131 355
15 F	0450 1500	135 370	30 SA	0349 1423	152 357
			31 SU	0508 1458	175 356

11 月

日期	潮时 时分	潮高 cm	日期	潮时 时分	潮高 cm
1 M	0658 1520 2222	192 353 247	16 TU	0350 0840 1457 2206	291 245 345 174
2 TU E	0226 0831 1537 2214	273 200 348 218	17 W	0445 0947 1516 2230	320 259 341 143
3 W	0349 0942 1554 2229	308 205 342 182	18 TH	0529 1041 1537 2257	344 268 339 116
4 TH ●	0447 1040 1614 2254	344 213 338 142	19 F ○	0609 1128 1559 2326	362 276 338 95
5 F P	0539 1132 1635 2324	374 226 335 105	20 SA	0649 1211 1621 2354	375 283 335 82
6 SA	0629 1221 1656 2358	397 245 333 76	21 SU A	0730 1255 1643	383 290 331
7 SU	0722 1309 1718	409 268 333	22 M N	0022 0811 1340 1703	76 388 298 326
8 M S	0034 0817 1400 1737	57 413 291 332	23 TU	0049 0854 1430 1719	77 388 306 322
9 TU	0113 0918 1457 1753	53 409 311 331	24 W	0115 0938 1527 1727	84 386 314 319
10 W	0153 1023	62 401	25 TH	0140 1023	95 382
11 TH ☽	0236 1132	85 392	26 F	0209 1107	110 376
12 F	0324 1238	118 382	27 SA ☾	0243 1148	130 369
13 SA	0424 1333	156 372	28 SU	0328 1224	154 361
14 SU	0542 1411 2149	194 361 237	29 M	0430 1257 2043 2337	183 352 259 264
15 M E	0209 0715 1437 2148	260 224 352 207	30 TU E	0555 1328 2044	212 344 226

12 月

日期	潮时 时分	潮高 cm	日期	潮时 时分	潮高 cm
1 W	0224 0731 1359 2110	285 236 338 186	16 TH	0452 0854 1335 2145	323 300 333 124
2 TH	0354 0906 1430 2144	320 255 332 144	17 F	0539 1028 1411 2223	347 307 329 101
3 F	0457 1026 1500 2221	356 268 329 104	18 SA A	0621 1138 1448 2300	367 307 324 84
4 SA ●P	0553 1134 1531 2301	386 281 327 71	19 SU ○	0700 1235 1525 2334	383 305 319 74
5 SU	0647 1234 1601 2342	409 293 327 49	20 M N	0738 1324 1558	394 303 315
6 M S	0739 1331 1631	422 303 327	21 TU	0006 0815 1409 1628	71 400 302 311
7 TU	0023 0831 1426 1702	39 427 310 325	22 W	0035 0849 1450 1657	74 401 302 309
8 W	0105 0921 1522 1735	45 423 312 320	23 TH	0102 0920 1525 1729	81 397 302 308
9 TH	0147 1008	63 413	24 F	0130 0947 1554 1809	93 390 300 307
10 F	0229 1049	94 398	25 SA	0201 1009 1620 1858	109 380 292 302
11 SA ☽	0311 1124	131 381	26 SU	0235 1020 1650 2003	131 370 277 293
12 SU E	0356 1153 1903 2258	173 365 246 261	27 M ☾ E	0316 1051 1729 2135	159 360 255 281
13 M	0444 1217 1945	214 352 216	28 TU	0403 1116 1818 2350	193 349 226 276
14 TU	0145 0545 1240 2026	269 251 343 184	29 W	0503 1145 1913	231 340 192
15 W	0347 0709 1305 2106	295 281 337 153	30 TH	0226 0626 1218 2011	293 270 331 155
			31 F	0415 0841 1255 2107	328 300 323 117

时 区：－0700　　潮高基准面：在平均海面下 246 cm

越　南—头顿角

VIETNAM－MUIVUNG TAU

2021 年潮汐表　　10° 20′ N　　107° 04′ E

1 月

日期	潮时 时分	潮高 cm	日期	潮时 时分	潮高 cm
1 F	0120 0855 1619 2113	386 30 377 285	16 SA	0212 0941 1711 2205	379 43 363 260
2 SA	0155 0934 1704 2156	385 33 377 285	17 SU	0256 1020 1747 2252	363 71 356 251
3 SU	0234 1015 1748 2245	378 48 373 282	18 M	0344 1059 1821 2343	342 105 348 242
4 M	0318 1100 1831 2342	364 72 368 272	19 TU E	0440 1138 1854	319 140 341
5 TU	0412 1149 1914	343 103 363	20 W ☽	0037 0555 1216 1925	230 296 175 335
6 W ☾ E	0046 0534 1242 1956	254 319 140 360	21 TH A	0135 0725 1256 1956	216 280 207 331
7 TH	0154 0730 1339 2038	227 301 178 359	22 F	0237 0908 1339 2029	199 275 235 330
8 F	0306 0928 1442 2120	193 301 214 362	23 SA	0344 1049 1432 2105	178 285 258 330
9 SA P	0418 1106 1558 2202	151 317 244 368	24 SU	0444 1155 1550 2145	152 301 275 334
10 SU	0519 1218 1718 2244	108 338 263 376	25 M	0530 1244 1727 2227	123 319 282 340
11 M	0609 1317 1820 2326	69 355 273 385	26 TU N	0611 1325 1826 2309	95 336 282 348
12 TU S	0655 1412 1911	38 366 277	27 W	0649 1403 1910 2352	68 350 278 358
13 W ●	0007 0739 1502 1955	391 20 372 277	28 TH ○	0727 1440 1948	47 362 272
14 TH	0048 0820 1549 2038	393 15 372 273	29 F	0034 0805 1517 2026	368 32 370 264
15 F	0130 0901 1632 2120	389 23 369 267	30 SA	0117 0844 1553 2104	375 28 373 253
			31 SU	0201 0923 1629 2145	378 34 372 240

2 月

日期	潮时 时分	潮高 cm	日期	潮时 时分	潮高 cm
1 M	0248 1004 1703 2228	375 53 368 225	16 TU	0359 1035 1712 2304	341 126 339 185
2 TU E	0341 1046 1737 2317	364 83 363 208	17 W	0449 1106 1732 2345	324 158 333 178
3 W P	0442 1130 1811	346 120 357	18 TH A	0544 1137 1750	307 188 328
4 TH ☾	0010 0559 1216 1846	189 325 162 351	19 F ☽	0028 0649 1208 1809	172 291 217 323
5 F	0109 0732 1305 1925	168 307 204 348	20 SA	0116 0811 1242 1832	165 280 243 319
6 SA	0215 0923 1401 2009	145 301 242 346	21 SU	0211 1007 1327 1908	156 282 266 315
7 SU	0330 1111 1515 2102	121 312 272 347	22 M	0317 1139 1435 2008	143 297 285 312
8 M S	0448 1227 1706 2202	93 330 286 350	23 TU N	0432 1231 1716 2126	124 315 290 314
9 TU	0552 1325 1822 2303	66 345 284 356	24 W	0535 1308 1825 2241	100 332 280 323
10 W	0645 1412 1913 2359	46 354 273 362	25 TH	0625 1341 1905 2342	76 347 265 338
11 TH ●	0730 1452 1955	36 358 257	26 F	0709 1412 1939	57 358 246
12 F	0050 0812 1527 2033	367 37 358 240	27 SA ○	0035 0750 1442 2014	354 46 365 223
13 SA	0138 0851 1557 2111	368 48 355 222	28 SU	0125 0830 1511 2049	368 45 368 199
14 SU	0225 0928 1625 2148	364 69 350 207			
15 M E	0311 1002 1650 2225	354 96 345 195			

3 月

日期	潮时 时分	潮高 cm	日期	潮时 时分	潮高 cm
1 M E	0214 0909 1540 2126	377 58 368 175	16 TU	0319 0938 1543 2154	354 132 341 137
2 TU P	0304 0949 1609 2206	378 81 365 153	17 W	0401 1007 1558 2226	346 158 337 129
3 W	0358 1028 1637 2249	370 114 360 134	18 TH A	0444 1034 1612 2259	335 184 334 125
4 TH	0458 1108 1706 2337	355 154 355 120	19 F	0530 1101 1625 2335	321 210 331 124
5 F	0609 1149 1736	334 196 349	20 SA	0625 1129 1639	306 235 327
6 SA ☾	0031 0732 1234 1810	111 314 236 342	21 SU ☽	0016 0736 1202 1654	125 294 258 322
7 SU S	0132 0924 1328 1854	106 305 269 332	22 M N	0106 0925 1249 1712	127 292 279 314
8 M	0246 1118 1454 2001	102 315 292 323	23 TU	0208 1113 1412 1730	127 305 293 303
9 TU	0416 1227 1737 2135	95 330 289 318	24 W	0326 1202 1802 2031	123 321 286 291
10 W	0536 1314 1837 2303	82 341 268 324	25 TH	0453 1235 1825 2232	111 336 264 301
11 TH	0634 1349 1915	72 347 243	26 F	0557 1303 1852 2345	94 348 236 323
12 F	0009 0720 1418 1949	336 70 349 216	27 SA	0647 1330 1922	82 357 204
13 SA ●	0103 0800 1443 2021	348 76 348 190	28 SU ○E	0042 0731 1356 1954	347 78 363 169
14 SU E	0151 0835 1506 2052	355 89 346 168	29 M	0133 0811 1422 2028	367 84 367 135
15 M	0236 0908 1526 2123	358 109 344 150	30 TU P	0222 0850 1449 2104	380 101 368 104
			31 W	0313 0928 1515 2142	383 128 368 80

4 月

日期	潮时 时分	潮高 cm	日期	潮时 时分	潮高 cm
1 TH	0408 1006 1540 2224	376 162 366 65	16 F	0436 1003 1510 2222	341 215 340 78
2 F	0508 1044 1607 2309	361 199 361 61	17 SA	0521 1030 1525 2255	331 236 338 80
3 SA	0616 1125 1633	341 235 352	18 SU N	0614 1101 1542 2335	320 257 333 87
4 SU ☾S	0000 0737 1211 1701	67 323 266 339	19 M	0722 1141 1600	311 275 325
5 M	0059 0927 1315 1732	80 316 289 320	20 TU ☽	0023 0852 1245 1618	97 309 289 313
6 TU	0209 1107 1602 1901	96 324 295 297	21 W	0123 1024	108 317
7 W	0341 1201 1804 2138	108 333 267 288	22 TH	0237 1114 1757 2018	118 328 268 272
8 TH	0514 1237 1835 2318	110 339 235 301	23 F	0405 1146 1801 2235	122 339 235 287
9 F	0615 1305 1904	110 342 201	24 SA	0522 1214 1827 2349	119 348 196 314
10 SA	0022 0701 1329 1932	319 115 343 169	25 SU E	0619 1240 1857	118 356 153
11 SU E	0113 0739 1350 2000	336 124 343 140	26 M	0045 0706 1306 1930	342 123 362 109
12 M ●	0157 0812 1408 2027	348 138 343 116	27 TU ○P	0137 0748 1332 2005	363 135 368 70
13 TU	0238 0842 1424 2055	353 155 343 98	28 W	0227 0827 1359 2042	376 155 372 39
14 W A	0317 0910 1440 2123	353 174 343 86	29 TH	0320 0905 1425 2121	378 181 374 19
15 TH	0356 0937 1455 2152	349 195 342 79	30 F	0416 0943 1453 2203	371 210 371 13

时　区：－0700　　　　潮高基准面：在平均海面下 241　cm

越 南—头顿角

VIETNAM－MUIVUNG TAU

2021 年潮汐表　　10° 20′ N　　107° 04′ E

5 月

日期	潮时 时分	潮高 cm	日期	潮时 时分	潮高 cm
1 SA S	0517 1022 1519 2247	358 239 364 20	16 SU	0518 1008 1444 2229	334 256 339 42
2 SU	0624 1107 1547 2337	343 263 350 39	17 M	0611 1047 1508 2309	328 269 332 54
3 M ☾	0740 1204 1614	330 281 329	18 TU	0711 1140 1533 2358	323 280 319 71
4 TU	0033 0910 1328 1637	66 324 288 302	19 W ☽	0818 1255 1604	321 281 301
5 W	0138 1026	96 327	20 TH	0055 0922 1431 1654	91 324 269 274
6 TH	0300 1113 1746 2154	123 330 233 266	21 F	0202 1011 1628 2035	112 329 238 259
7 F	0435 1146 1812 2326	140 333 195 284	22 SA E	0318 1048 1715 2234	131 335 196 277
8 SA E	0543 1212 1839	150 335 159	23 SU	0438 1119 1752 2348	145 342 148 304
9 SU	0025 0631 1234 1906	305 160 336 126	24 M	0544 1148 1829	156 350 99
10 M	0112 0709 1253 1933	322 171 338 97	25 TU	0046 0636 1216 1906	330 169 358 54
11 TU ●A	0153 0741 1311 1959	334 183 340 74	26 W ○P	0139 0721 1245 1944	348 185 366 16
12 W	0232 0811 1328 2026	341 196 342 56	27 TH	0232 0803 1314 2024	359 203 371 -11
13 TH	0310 0839 1346 2054	344 210 343 44	28 F S	0327 0843 1345 2104	361 223 372 -22
14 F	0349 0907 1404 2123	343 225 344 38	29 SA	0425 0924 1416 2147	357 241 367 -19
15 SA N	0431 0936 1423 2154	340 240 342 37	30 SU	0525 1008 1449 2232	348 256 355 -1
			31 M	0625 1100 1523 2320	338 266 335 27

6 月

日期	潮时 时分	潮高 cm	日期	潮时 时分	潮高 cm
1 TU	0727 1206 1559	329 269 308	16 W	0647 1139 1537 2342	326 259 306 54
2 W ☾	0012 0829 1331 1655	62 323 260 275	17 TH	0734 1245 1633	323 248 283
3 TH	0110 0925 1538 1937	100 320 235 249	18 F ☽	0035 0819 1356 1825	82 321 226 260
4 F E	0215 1010 1655 2151	135 319 198 250	19 SA E	0134 0902 1510 2041	112 321 193 254
5 SA	0332 1044 1732 2318	163 320 161 266	20 SU	0237 0941 1619 2229	143 324 150 268
6 SU	0450 1112 1804	182 321 126	21 M	0349 1018 1713 2346	170 330 102 291
7 M	0016 0548 1135 1834	285 196 324 94	22 TU	0503 1053 1801	193 338 55
8 TU A	0103 0630 1157 1902	301 206 327 67	23 W P	0048 0606 1128 1845	312 209 347 13
9 W	0144 0707 1217 1931	313 215 330 44	24 TH ○	0145 0657 1204 1927	328 223 356 -18
10 TH ●	0224 0739 1239 1959	321 224 333 27	25 F S	0240 0744 1240 2010	337 233 360 -35
11 F	0303 0811 1301 2029	328 232 336 14	26 SA	0336 0828 1318 2052	341 241 360 -38
12 SA N	0344 0843 1326 2101	331 241 337 7	27 SU	0430 0912 1357 2135	339 244 352 -27
13 SU	0427 0918 1353 2135	333 249 336 7	28 M	0520 1000 1438 2220	335 244 337 -2
14 M	0513 0956 1423 2212	332 256 331 15	29 TU	0607 1054 1524 2305	328 240 314 31
15 TU	0559 1042 1456 2254	330 260 322 31	30 W	0651 1154 1620 2352	320 230 287 69

7 月

日期	潮时 时分	潮高 cm	日期	潮时 时分	潮高 cm
1 TH ☾ E	0734 1301 1746	312 215 260	16 F E	0640 1216 1714	319 196 280
2 F	0039 0814 1413 1936	108 307 194 242	17 SA ☽	0015 0716 1315 1851	90 315 171 263
3 SA	0129 0853 1530 2125	145 303 167 239	18 SU	0105 0753 1418 2038	128 313 141 256
4 SU	0222 0928 1633 2257	178 302 137 250	19 M	0200 0832 1526 2226	166 314 107 265
5 M A	0326 1000 1718	203 302 108	20 TU	0303 0915 1635 2350	200 318 68 283
6 TU	0001 0443 1030 1756	265 220 305 80	21 W P	0423 1000 1735	226 324 31
7 W	0051 0547 1058 1830	280 230 308 55	22 TH S	0055 0545 1048 1828	301 240 332 0
8 TH	0134 0634 1128 1902	293 235 313 32	23 F	0153 0646 1136 1915	315 244 339 -22
9 F N	0214 0714 1158 1935	305 238 318 14	24 SA ○	0245 0736 1223 2000	324 241 343 -30
10 SA ●	0253 0751 1230 2008	314 239 323 0	25 SU	0333 0822 1310 2043	327 233 342 -25
11 SU	0332 0828 1305 2044	322 240 327 -7	26 M	0414 0000 1358 2125	326 222 335 -8
12 M	0411 0905 1342 2121	326 238 327 -5	27 TU	0452 0950 1448 2206	322 209 323 20
13 TU	0450 0946 1422 2200	328 234 324 6	28 W	0526 1037 1542 2246	316 195 305 54
14 W	0527 1030 1508 2242	326 226 315 27	29 TH E	0558 1125 1643 2326	309 182 285 91
15 TH	0604 1120 1602 2327	323 214 300 55	30 F	0628 1216 1755	303 169 265
			31 SA ☾	0004 0657 1309 1915	129 297 155 249

8 月

日期	潮时 时分	潮高 cm	日期	潮时 时分	潮高 cm
1 SU	0043 0726 1406 2046	163 292 141 240	16 M	0036 0642 1334 2037	166 313 99 269
2 M A	0122 0756 1508 2229	194 288 125 245	17 TU P	0125 0722 1441 2233	205 311 80 275
3 TU	0208 0829 1612 2346	220 287 106 258	18 W S	0226 0812 1559	238 310 59
4 W	0312 0910 1708	239 287 84	19 TH	0000 0406 0914 1715	291 259 311 36
5 TH N	0039 0507 0957 1754	274 249 290 61	20 F	0102 0554 1024 1815	308 259 315 17
6 F	0121 0618 1045 1835	289 248 296 40	21 SA	0150 0652 1130 1906	319 246 322 6
7 SA	0157 0702 1132 1913	303 243 304 21	22 SU ○	0230 0737 1228 1951	325 227 330 6
8 SU ●	0231 0740 1218 1950	314 234 314 8	23 M	0304 0816 1321 2033	326 206 334 17
9 M	0303 0815 1302 2028	323 223 323 4	24 TU	0334 0854 1412 2111	324 184 334 38
10 TU	0335 0851 1348 2106	328 210 329 9	25 W E	0401 0931 1503 2147	321 164 328 66
11 W	0406 0928 1435 2146	329 194 330 24	26 TH	0426 1009 1554 2222	316 148 317 98
12 TH E	0436 1008 1526 2226	327 176 325 50	27 F	0449 1048 1647 2255	311 137 302 132
13 F	0507 1052 1625 2307	324 157 313 85	28 SA	0509 1129 1744 2326	306 129 286 165
14 SA	0537 1141 1735 2350	320 138 296 124	29 SU	0527 1212 1848 2357	301 125 270 196
15 SU ☽	0608 1235 1858	316 118 279	30 M ☾ A	0544 1258 2007	296 123 259
			31 TU	0030 0601 1350 2158	222 292 119 259

时　区：－0700　　　　潮高基准面：在平均海面下 241　cm

越 南—头顿角

VIETNAM－MUIVUNG TAU

2021 年潮汐表　　10° 20′ N　　107° 04′ E

9 月

日期	潮时 时分	潮高 cm	日期	潮时 时分	潮高 cm
1 W	0111 0626 1451 2333	245 287 113 273	16 TH	0213 0704 1528	280 309 74
2 TH N	0216 0719 1605	263 281 102	17 F	0001 0507 0844 1657	317 282 300 68
3 F	0023 0528 0850 1714	289 268 279 85	18 SA	0048 0617 1029 1804	329 259 304 61
4 SA	0057 0624 1018 1806	305 256 285 67	19 SU	0122 0656 1145 1855	336 231 317 59
5 SU	0125 0657 1126 1850	318 240 300 51	20 M ○	0151 0730 1244 1938	338 201 332 67
6 M	0152 0727 1220 1931	329 220 318 41	21 TU E	0217 0802 1336 2016	338 171 344 82
7 TU ●	0219 0758 1310 2010	337 196 335 41	22 W	0239 0834 1423 2050	337 145 349 104
8 W E	0245 0830 1358 2048	341 171 348 51	23 TH	0300 0906 1509 2122	336 124 348 130
9 TH	0312 0905 1447 2126	343 145 354 73	24 F	0318 0938 1554 2152	334 109 340 158
10 F	0338 0942 1539 2204	343 121 351 103	25 SA	0334 1011 1640 2220	331 102 329 187
11 SA P	0404 1023 1636 2243	341 101 340 141	26 SU A	0348 1044 1729 2247	328 101 315 214
12 SU	0431 1108 1744 2323	338 86 322 182	27 M	0401 1120 1826 2314	325 104 301 239
13 M ☽	0458 1159 1903	334 78 305	28 TU	0413 1201 1938 2346	321 109 290 261
14 TU	0006 0528 1257 2046	221 329 74 294	29 W ☾ N	0424 1248 2129	315 116 290
15 W S	0058 0605 1405 2247	256 320 75 302	30 TH	0036 0433 1347 2308	281 308 122 303

10 月

日期	潮时 时分	潮高 cm	日期	潮时 时分	潮高 cm
1 F	0208 0424 1500 2350	293 297 123 319	16 SA	0551 0853 1634	279 292 114
2 SA	1625	117	17 SU	0011 0616 1051 1745	352 244 304 119
3 SU	0017 0623 1014 1733	332 258 285 106	18 M	0039 0644 1201 1836	356 207 325 126
4 M	0041 0640 1130 1824	344 231 308 97	19 TU E	0103 0712 1255 1916	357 171 345 138
5 TU	0105 0705 1226 1907	353 199 335 94	20 W ○	0124 0741 1342 1951	358 139 359 155
6 W ●E	0129 0734 1315 1947	360 164 358 100	21 TH	0143 0810 1425 2023	359 112 365 175
7 TH	0153 0806 1403 2025	366 128 374 117	22 F	0200 0839 1506 2052	360 93 366 196
8 F P	0218 0840 1452 2102	369 96 381 142	23 SA	0217 0908 1548 2119	360 82 361 218
9 SA	0243 0917 1545 2139	372 71 377 174	24 SU A	0232 0937 1631 2145	359 78 352 240
10 SU	0308 0957 1644 2217	372 54 366 210	25 M	0247 1007 1718 2212	357 80 342 261
11 M	0333 1041 1752 2256	369 49 349 246	26 TU N	0302 1040 1813 2241	354 87 332 281
12 TU S	0358 1131 1913 2342	363 54 334 277	27 W	0317 1118 1921 2321	349 98 325 298
13 W ☽	0424 1228 2057	351 69 327	28 TH ☾	0332 1203 2052	340 112 326
14 TH	0048 0449 1335 2240	301 333 88 335	29 F	0031 0344 1301 2215	311 328 127 335
15 F	0252 0456 1459 2336	308 309 105 346	30 SA	1411 2257	139 346
			31 SU	1533 2326	147 356

11 月

日期	潮时 时分	潮高 cm	日期	潮时 时分	潮高 cm
1 M	0552 1016 1652 2350	251 293 149 365	16 TU	0618 1206 1807	182 331 190
2 TU E	0610 1131 1751	213 322 150	17 W	0011 0647 1256 1848	369 145 350 204
3 W	0014 0637 1226 1839	374 171 351 156	18 TH	0032 0716 1340 1922	372 114 363 218
4 TH ●	0038 0708 1316 1921	382 127 375 169	19 F ○	0051 0744 1421 1953	375 90 369 234
5 F P	0103 0742 1405 2000	390 86 390 188	20 SA	0109 0812 1501 2022	377 73 371 249
6 SA	0129 0818 1456 2037	397 52 396 213	21 SU A	0127 0841 1541 2049	379 63 369 264
7 SU	0155 0856 1551 2115	401 30 392 241	22 M N	0145 0910 1624 2118	378 60 365 278
8 M S	0222 0937 1653 2153	401 22 382 269	23 TU	0204 0940 1711 2148	376 63 360 292
9 TU	0249 1021 1802 2237	396 28 369 294	24 W	0224 1013 1803 2225	372 72 355 305
10 W	0317 1110 1918 2334	384 46 358 312	25 TH	0246 1051 1900 2317	364 86 351 314
11 TH ☽	0344 1206 2044	364 75 354	26 F	0310 1136 2002	352 105 351
12 F	0058 0410 1310 2200	319 336 107 357	27 SA ☾	0033 0337 1230 2101	316 334 127 354
13 SA	1426 2248	138 361	28 SU	0208 0414 1334 2147	304 308 149 359
14 SU	0524 0918 1557 2322	263 290 161 364	29 M	0406 0756 1445 2222	274 286 170 365
15 M E	0550 1102 1714 2348	222 308 176 367	30 TU E	0453 1009 1602 2252	233 301 187 373

12 月

日期	潮时 时分	潮高 cm	日期	潮时 时分	潮高 cm
1 W	0529 1127 1711 2320	186 328 201 382	16 TH	0617 1252 1814 2340	128 341 251 369
2 TH	0605 1225 1807 2348	137 355 215 392	17 F	0649 1336 1852	100 352 262
3 F	0643 1318 1853	90 376 231	18 SA A	0002 0719 1417 1926	372 78 360 270
4 SA ●P	0017 0721 1410 1936	402 50 389 248	19 SU ○	0024 0748 1456 1957	376 62 364 278
5 SU	0047 0800 1504 2016	410 20 394 266	20 M N	0048 0818 1536 2029	378 52 367 284
6 M S	0118 0841 1601 2056	415 5 392 283	21 TU	0112 0849 1617 2102	379 48 368 291
7 TU	0150 0923 1702 2140	413 5 386 297	22 W	0139 0921 1658 2138	377 51 367 296
8 W	0224 1008 1802 2230	403 21 377 306	23 TH	0208 0957 1741 2219	373 60 365 298
9 TH	0259 1056 1902 2334	384 49 369 308	24 F	0241 1035 1823 2311	364 76 362 296
10 F	0339 1148 2001	358 86 363	25 SA	0320 1119 1906	350 98 359
11 SA ☽	0055 0434 1245 2056	300 324 126 359	26 SU	0013 0410 1208 1947	287 329 126 357
12 SU E	0237 0658 1349 2142	277 294 164 359	27 M ☾ E	0120 0539 1303 2028	268 305 156 357
13 M	0418 0918 1501 2219	240 290 198 359	28 TU	0230 0758 1402 2107	238 293 188 359
14 TU	0507 1056 1622 2250	199 305 222 362	29 W	0340 0956 1508 2145	199 302 217 365
15 W	0544 1201 1726 2316	161 325 239 365	30 TH	0442 1122 1624 2222	153 324 242 374
			31 F	0534 1227 1734 2300	106 346 260 385

时　区：－0700　　潮高基准面：在平均海面下 241　cm

越 南一宇 岛

VIETNAM－HON NIEU

2021 年潮汐表　　18° 48′ N　　105° 46′ E

1 月

日期	潮时 时分	潮高 cm	日期	潮时 时分	潮高 cm
1 F	0356 1930	311 25	16 SA	0442 2028	292 50
2 SA	0434 2018	309 28	17 SU	0512 2112	275 72
3 SU	0512 2110	299 40	18 M	0533 2154	257 97
4 M	0549 2206	282 61	19 TU E	0544 1157 1529 2233	239 187 200 124
5 TU	0620 1217 1512 2306	260 207 215 90	20 W ☽	0545 1209 1659 2310	225 168 196 152
6 W ☾ E	0644 1223 1705	235 184 215	21 TH A	0538 1230 1858 2347	216 148 198 179
7 TH	0011 0657 1248 1917	125 213 155 221	22 F	0524 1259 2118	213 129 209
8 F	0133 0651 1326 2122	162 197 125 240	23 SA	0030 0450 1335 2320	204 215 111 229
9 SA P	1416 2308	95 264	24 SU	1418	94
10 SU	1513	68	25 M	0034 1508	249 78
11 M	0036 1613	288 47	26 TU N	0116 1600	268 63
12 TU S	0144 1709	305 31	27 W	0153 1653	284 50
13 W ●	0238 1802	314 24	28 TH ○	0229 1746	295 40
14 TH	0325 1853	313 25	29 F	0305 1838	300 34
15 F	0406 1941	305 34	30 SA	0340 1931	298 36
			31 SU	0413 2026	287 46

2 月

日期	潮时 时分	潮高 cm	日期	潮时 时分	潮高 cm
1 M	0443 1026 1324 2122	270 217 226 65	16 TU	0424 1002 1507 2155	227 176 217 129
2 TU E	0506 1023 1454 2219	247 197 231 92	17 W	0423 1019 1614 2233	215 156 218 153
3 W P	0521 1039 1620 2318	224 171 236 125	18 TH A	0417 1042 1727 2310	209 137 219 176
4 TH ☾	0525 1108 1757	205 141 240	19 F ☽	0406 1110 1851 2351	207 120 223 199
5 F	0025 0511 1148 1945	161 195 112 249	20 SA	0344 1144 2030	211 105 231
6 SA	0206 0417 1237 2135	195 198 87 262	21 SU	1226 2222	92 243
7 SU	1337 2324	67 278	22 M	1318 2352	81 258
8 M S	1444	53	23 TU N	1420	73
9 TU	0049 1553	291 44	24 W	0046 1528	272 65
10 W	0148 1658	298 40	25 TH	0128 1636	281 58
11 TH ●	0234 1757	297 43	26 F	0205 1740	283 54
12 F	0312 1852	288 51	27 SA ○	0239 1842	279 55
13 SA	0342 1943	275 65	28 SU	0309 0850 1130 1942	267 219 225 63
14 SU	0404 1000 1235 2030	258 210 216 83			
15 M E	0418 0952 1358 2114	242 195 216 105			

3 月

日期	潮时 时分	潮高 cm	日期	潮时 时分	潮高 cm
1 M E	0334 0834 1307 2041	248 204 238 78	16 TU	0300 0827 1439 2121	209 157 234 142
2 TU P	0352 0843 1425 2139	226 179 250 102	17 W	0259 0847 1535 2203	200 137 240 161
3 W	0400 0906 1539 2238	205 150 260 131	18 TH A	0252 0910 1631 2246	196 119 245 180
4 TH	0358 0938 1657 2342	191 120 266 163	19 F	0240 0937 1729 2335	197 103 248 198
5 F	0342 1018 1821	187 93 270	20 SA	0215 1009 1834	203 90 251
6 SA ☾	1105 1954	73 272	21 SU ☽	1047 1951	80 254
7 SU S	1200 2140	61 275	22 M N	1133 2126	74 258
8 M	1305 2327	57 280	23 TU	1231 2257	73 265
9 TU	1420	58	24 W	1342 2359	74 269
10 W	0041 1538	282 61	25 TH	1504	75
11 TH	0131 1650	278 68	26 F	0045 1626	267 78
12 F	0206 1756	267 77	27 SA	0122 1743	259 81
13 SA ●	0231 0834 1040 1855	253 210 213 89	28 SU ○E	0152 0703 1112 1854	243 204 226 89
14 SU E	0248 0806 1227 1948	237 196 219 105	29 M	0213 0700 1239 2000	224 183 247 102
15 M	0258 0812 1338 2037	222 177 227 123	30 TU P	0226 0717 1352 2103	203 155 266 121
			31 W	0229 0745 1501 2206	185 124 282 144

4 月

日期	潮时 时分	潮高 cm	日期	潮时 时分	潮高 cm
1 TH	0222 0820 1609 2318	176 94 292 171	16 F	0820 1636	81 272
2 F	0201 0900 1718	179 69 295	17 SA	0850 1726	69 276
3 SA	0944 1833	53 292	18 SU N	0926 1821	61 276
4 SU ☾S	1034 1957	47 286	19 M	1007 1926	58 274
5 M	1130 2135	50 279	20 TU ☽	1057 2043	61 271
6 TU	1236 2303	61 273	21 W	1158 2159	70 267
7 W	1354	76	22 TH	1316 2258	82 258
8 TH	0001 1519	263 91	23 F	1446 2341	96 244
9 F	0038 1642	250 106	24 SA	1623	108
10 SA	0101 0652 1030 1757	234 195 205 120	25 SU E	0011 0529 1036 1755	225 187 223 119
11 SU E	0114 0639 1207 1902	218 176 219 133	26 M	0030 0536 1205 1916	204 161 249 131
12 M ●	0120 0650 1314 2000	204 155 234 147	27 TU ○P	0038 0600 1318 2031	185 130 276 146
13 TU	0120 0708 1411 2052	193 134 247 162	28 W	0036 0633 1424 2149	172 98 297 163
14 W A	0115 0729 1502 2145	187 115 258 176	29 TH	0020 0711 1527	170 68 311
15 TH	0102 0753 1549	186 97 267	30 F	0752 1629	45 316

时　区：－0700　　　　潮高基准面：在平均海面下 182　cm

越 南一宇 岛

VIETNAM－HON NIEU

2021 年潮汐表　　18° 48′ N　　105° 46′ E

5 月

日期	潮时 时分	潮高 cm	日期	潮时 时分	潮高 cm
1 SA S	0835 1731	31 313	16 SU	0819 1721	42 296
2 SU	0922 1838	29 303	17 M	0858 1810	40 294
3 M ☾	1012 1951	37 289	18 TU	0944 1904	45 286
4 TU	1107 2105	54 274	19 W ☽	1037 2003	57 275
5 W	1209 2205	77 258	20 TH	1141 2057	76 259
6 TH	1322 2244	103 241	21 F	1300 2140	100 239
7 F	1450 2306	128 224	22 SA E	0413 0641 1436 2209	196 198 125 217
8 SA E	0528 0955 1629 2317	181 194 148 208	23 SU	0351 0941 1632 2225	174 216 146 196
9 SU	0521 1140 1804 2319	160 214 163 196	24 M	0410 1120 1828 2227	144 246 160 180
10 M	0536 1249 1924 2311	137 235 175 188	25 TU	0443 1238	111 276
11 TU ●A	0556 1344 2044 2244	115 253 184 186	26 W ○P	0523 1346	78 302
12 W	0619 1431	95 268	27 TH	0606 1448	49 319
13 TH	0645 1514	78 280	28 F S	0650 1545	27 327
14 F	0713 1555	62 289	29 SA	0735 1641	15 325
15 SA N	0744 1637	50 295	30 SU	0821 1736	15 315
			31 M	0908 1831	25 300

6 月

日期	潮时 时分	潮高 cm	日期	潮时 时分	潮高 cm
1 TU	0957 1926	43 281	16 W	0937 1837	46 282
2 W ☾	1048 2012	70 261	17 TH	1034 1916	67 262
3 TH	1143 2044	100 241	18 F ☽	1139 1948	95 239
4 F E	1245 2101	132 222	19 SA E	0148 0531 1256 2009	191 202 127 215
5 SA	0346 0833 1405 2103	173 185 163 208	20 SU	0202 0818 1437 2016	164 214 160 196
6 SU	0353 1059 1616 2047	151 206 186 199	21 M	0235 1016 1725 1955	133 241 182 186
7 M	0415 1219	127 229	22 TU	0319 1148	100 270
8 TU A	0441 1316	105 251	23 W P	0408 1304	69 297
9 W	0509 1402	85 269	24 TH ○	0459 1408	42 316
10 TH ●	0539 1441	68 284	25 F S	0549 1504	22 326
11 F	0611 1518	52 296	26 SA	0638 1555	11 325
12 SA N	0645 1555	40 304	27 SU	0727 1643	11 317
13 SU	0722 1633	32 307	28 M	0815 1727	20 301
14 M	0802 1713	29 304	29 TU	0903 1806	39 282
15 TU	0847 1754	34 296	30 W	0951 1837	65 261

7 月

日期	潮时 时分	潮高 cm	日期	潮时 时分	潮高 cm
1 TH ☾E	1038 1857	95 240	16 F E	0255 1043 1816 2351	218 90 234 184
2 F	0127 0346 1124 1901	192 196 128 223	17 SA ☽	0441 1147 1827	218 124 212
3 SA	0136 0613 1211 1850	171 188 160 212	18 SU	0015 0643 1303 1820	155 225 160 197
4 SU	0200 0925 1308 1820	148 199 190 208	19 M	0053 0845 1514 1721	124 241 193 195
5 M A	0232 1127	126 220	20 TU	0142 1034	94 263
6 TU	0307 1245	105 243	21 W P	0240 1209	67 286
7 W	0346 1331	86 262	22 TH S	0343 1322	45 304
8 TH	0425 1406	70 279	23 F	0443 1420	29 314
9 F N	0505 1440	55 291	24 SA ○	0541 1509	20 314
10 SA ●	0545 1513	42 301	25 SU	0635 1552	20 305
11 SU	0628 1547	33 305	26 M	0727 1628	29 291
12 M	0712 1621	30 303	27 TU	0817 1658	46 272
13 TU	0759 1655	33 294	28 W	0905 1718 2308	69 252 206
14 W	0850 1727	44 278	29 TH E	0207 0951 1728 2315	215 96 233 186
15 TH	0945 1756 2345	63 257 207	30 F	0331 1034 1726 2334	209 126 219 164
			31 SA ☾	0459 1113 1715	205 156 211

8 月

日期	潮时 时分	潮高 cm	日期	潮时 时分	潮高 cm
1 SU	0003 0655 1151 1653	142 206 185 210	16 M	0709 1336 1558	255 193 197
2 M A	0034 0909 1232 1609	123 216 210 216	17 TU P	0004 0855	84 265
3 TU	0112 1124	106 233	18 W S	0102 1047	65 278
4 W	0157 1246	91 252	19 TH	0210 1222	51 291
5 TH N	0248 1323	78 268	20 F	0323 1328	43 298
6 F	0342 1354	66 280	21 SA	0433 1417	39 296
7 SA	0436 1425	55 289	22 SU ○	0537 1456	41 286
8 SU ●	0528 1456	47 292	23 M	0637 1526	50 271
9 M	0621 1527	42 290	24 TU	0732 1548 2109	65 253 212
10 TU	0714 1556	44 280	25 W E	0035 0824 1601 2112	224 84 234 192
11 W	0808 1622 2152	53 263 216	26 TH	0156 0911 1605 2128	226 108 218 170
12 TH E	0109 0903 1642 2151	228 69 243 196	27 F	0305 0956 1601 2151	228 133 207 148
13 F	0236 1000 1655 2207	235 94 221 169	28 SA	0414 1036 1552 2218	228 159 203 129
14 SA	0359 1059 1658 2236	241 125 202 139	29 SU	0526 1115 1535 2248	229 183 204 112
15 SU ☽	0529 1204 1645 2315	247 159 193 109	30 M ☾A	0648 1157 1504 2323	231 205 212 98
			31 TU	0824	236

时 区：－0700　　潮高基准面：在平均海面下 182 cm

越　南一宇　岛

VIETNAM－HON NIEU

2021 年潮汐表　　18° 48′ N　　105° 46′ E

9月 日期	潮时 时分	潮高 cm	日期	潮时 时分	潮高 cm	10月 日期	潮时 时分	潮高 cm	日期	潮时 时分	潮高 cm	11月 日期	潮时 时分	潮高 cm	日期	潮时 时分	潮高 cm	12月 日期	潮时 时分	潮高 cm	日期	潮时 时分	潮高 cm
1 W	0006 1023	88 246	16 TH	0032 1050	50 284	1 F	0005 1042	71 264	16 SA	0120 1130	68 266	1 M	0201 1103	101 241	16 TU	0357 1038 1647 2328	152 204 156 217	1 W	0341 0934 1537 2258	154 196 142 240	16 TH	0012 1614	234 99
2 TH N	0054 1156	80 258	17 F	0145 1214	52 284	2 SA	0109 1140	76 265	17 SU	0243 1210	88 249	2 TU E	0339 1131 1706 2214	118 223 184 215	17 W	0552 1035 1709	171 192 130	2 TH	0605 0931 1613	171 181 109	17 F	0119 1649	256 79
3 F	0154 1244	75 268	18 SA	0305 1309	59 278	3 SU	0228 1223	82 262	18 M	0412 1232 1818 2214	108 231 194 206	3 W	0523 1149 1711 2349	132 202 158 243	18 TH	0046 0738 1012 1736	239 183 187 106	3 F	0022 1655	271 76	18 SA A	0208 1724	274 63
4 SA	0302 1320	70 275	19 SU	0424 1346	68 266	4 M	0352 1256	88 253	19 TU E	0538 1244 1810 2359	125 213 172 223	4 TH ●	0656 1155 1736	144 184 126	19 F ○	0147 1804	259 86	4 SA ●P	0133 1741	299 46	19 SU ○	0247 1758	288 50
5 SU	0412 1352	67 276	20 M ○	0536 1411 1950 2236	79 249 211 216	5 TU	0515 1323 1842 2255	94 238 200 221	20 W ○	0653 1247 1826	141 198 147	5 F P	0105 0820 1149 1810	272 156 172 93	20 SA	0237 1833	275 68	5 SU	0236 1828	320 22	20 M N	0322 1833	298 40
6 M	0519 1422	64 271	21 TU E	0642 1427 1931	93 231 193	6 W ●E	0632 1342 1837	102 218 178	21 TH	0112 0759 1245 1848	240 156 188 124	6 SA	0212 1848	297 62	21 SU A	0321 1902	286 55	6 M S	0333 1915	331 8	21 TU	0356 1910	303 34
7 TU ●	0622 1448 2022 2315	66 259 216 223	22 W	0021 0741 1434 1942	226 110 214 170	7 TH	0026 0741 1353 1854	243 113 198 149	22 F	0213 0902 1234 1913	255 171 184 103	7 SU	0315 1931	315 37	22 M N	0401 1934	294 45	7 TU	0427 2003	332 5	22 W	0429 1950	305 33
8 W E	0724 1510 2006	73 241 200	23 TH	0135 0834 1435 2002	236 129 201 147	8 F P	0139 0847 1355 1921	266 130 182 118	23 SA	0306 1940	267 85	8 M S	0415 2015	323 21	23 TU	0439 2007	298 39	8 W	0519 2053	324 14	23 TH	0503 2033	302 37
9 TH	0053 0823 1525 2016	237 87 221 175	24 F	0239 0923 1430 2026	244 149 193 126	9 SA	0248 0954 1346 1956	285 151 174 87	24 SU A	0355 2008	275 71	9 TU	0515 2102	323 16	24 W	0519 2045	298 38	9 TH	0611 2143	307 33	24 F	0537 2120	293 49
10 F	0210 0922 1532 2038	253 107 201 145	25 SA	0338 1011 1419 2052	250 170 192 107	10 SU	0354 1114 1319 2036	298 175 178 60	25 M	0441 2038	279 60	10 W	0618 2152	314 23	25 TH	0601 2127	295 44	10 F	0700 2236	286 60	25 SA	0611 2213	279 69
11 SA P	0322 1022 1529 2110	265 134 188 114	26 SU A	0434 1101 1357 2121	254 189 196 92	11 M	0501 2120	304 43	26 TU N	0528 2112	281 54	11 TH ☽	0724 2246	300 41	26 F	0646 2216	287 56	11 SA ☽	0741 2330	263 93	26 SU	0642 2313	260 95
12 SU	0437 1127 1513 2150	274 164 185 87	27 M	0531 2152	256 81	12 TU S	0611 2209	303 35	27 W	0618 2150	280 53	12 F	0832 2346	282 66	27 SA ☾	0733 2313	275 75	12 SU E	0809	240	27 M ☾E	0707 1304 1710	238 187 205
13 M ☽	0555 2236	279 66	28 TU	0632 2229	257 74	13 W ☽	0728 2304	297 38	28 TH ☾	0715 2235	278 58	13 SA	0930	263	28 SU	0818	259	13 M	0029 0822 1441 1954	128 220 172 191	28 TU	0021 0723 1321 1937	127 216 161 214
14 TU	0722 2329	281 53	29 W ☾N	0745 2311	258 71	14 TH	0858	288	29 F	0821 2330	273 68	14 SU	0054 1009	95 242	29 M	0022 0855 1527 1752	100 239 194 197	14 TU	0140 0816 1506 2234	163 205 147 210	29 W	0149 0725 1354 2142	161 198 131 237
15 W S	0901	282	30 TH	0915	260	15 F	0007 1026	50 279	30 SA	0928	266	15 M E	0215 1030 1642 2127	126 222 181 196	30 TU E	0147 0922 1515 2108	128 217 172 210	15 W	0349 0739 1539	192 199 122	30 TH	1439 2322	99 266
									31 SU	0038 1022	83 256										31 F	1532	69

时　区：－0700　　　　潮高基准面：在平均海面下 182　cm

越 南—哑门附近(昏瑶岛)

VIETNAM－CUA CAM APPROACHES (HON DAU)

2021 年潮汐表　　20° 40′ N　　106° 49′ E

1 月

日期	潮时 时分	潮高 cm	日期	潮时 时分	潮高 cm
1 F	0536 1822	360 20	16 SA	0616 1933	346 37
2 SA	0613 1914	363 23	17 SU	0655 2027	323 62
3 SU	0653 2009	357 36	18 M	0729 2117	295 93
4 M	0734 2105	340 60	19 TU E	0751 2158	265 125
5 TU	0815 2201	312 94	20 W ☽	0751 2211	235 158
6 W ☾ E	0850 2258	274 134	21 TH A	0642 1535	211 169
7 TH	0910	230	22 F	0450 1405	208 151
8 F	0001 0642 1412	180 192 171	23 SA	0235 1348	226 126
9 SA P	0027 1322	228 128	24 SU	0216 1354	254 100
10 SU	0128 1347	273 86	25 M	0238 1416	280 76
11 M	0220 1433	311 51	26 TU N	0304 1449	303 54
12 TU S	0310 1530	341 26	27 W	0333 1533	324 37
13 W ●	0359 1633	360 13	28 TH ○	0404 1628	339 25
14 TH	0446 1736	366 11	29 F	0438 1730	349 21
15 F	0532 1837	361 19	30 SA	0516 1833	350 26
			31 SU	0556 1935	340 40

2 月

日期	潮时 时分	潮高 cm	日期	潮时 时分	潮高 cm
1 M	0638 2038	320 64	16 TU	0651 2157	242 131
2 TU E	0720 2145	289 97	17 W	0656 2304	212 160
3 W P	0759 2311	250 136	18 TH A	0525 1136 1925	188 172 196
4 TH ☾	0821 1324 1708	204 196 200	19 F ☽	0037 0253 1058 2314	189 191 146 219
5 F	1051 2155	155 232	20 SA	1109	119
6 SA	1115 2359	111 271	21 SU	0017 1138	246 94
7 SU	1159	72	22 M	0100 1214	270 72
8 M S	0109 1254	305 44	23 TU N	0138 1258	292 55
9 TU	0207 1357	331 26	24 W	0213 1352	311 42
10 W	0300 1510	345 19	25 TH	0249 1459	325 36
11 TH ●	0349 1626	348 22	26 F	0327 1619	332 37
12 F	0435 1739	339 33	27 SA ○	0408 1740	330 45
13 SA	0517 1847	322 51	28 SU	0451 1900	318 61
14 SU	0555 1952	299 75			
15 M E	0627 2055	271 102			

3 月

日期	潮时 时分	潮高 cm	日期	潮时 时分	潮高 cm
1 M E	0537 2024	294 82	16 TU	0536 2202	214 148
2 TU P	0625 2201	261 109	17 W	0541 0926 1516 2333	187 179 209 169
3 W	0715	221	18 TH A	0145 0848 1749	172 155 225
4 TH	0001 1639	138 231	19 F	0856 1926	129 240
5 F	0836 1940	133 255	20 SA	0922 2118	106 257
6 SA ☾	0930 2155	93 281	21 SU ☽	0956 2241	84 275
7 SU S	1023 2330	62 305	22 M N	1035 2338	67 292
8 M	1118	42	23 TU	1120	55
9 TU	0041 1221	323 33	24 W	0025 1213	306 50
10 W	0142 1334	330 35	25 TH	0109 1320	315 52
11 TH	0237 1456	327 46	26 F	0154 1442	317 61
12 F	0325 1621	315 62	27 SA	0240 1619	310 76
13 SA ●	0408 1748	295 82	28 SU ○E	0329 1817	292 95
14 SU E	0444 1917	270 104	29 M	0420 2021	264 112
15 M	0514 2042	242 126	30 TU P	0515 1014 1233 2210	228 209 213 129
			31 W	1436	241

4 月

日期	潮时 时分	潮高 cm	日期	潮时 时分	潮高 cm
1 TH	0257 1634	137 268	16 F	0733 1824	105 274
2 F	0651 1827	104 291	17 SA	0756 1924	84 288
3 SA	0805 2006	72 309	18 SU N	0829 2026	67 300
4 SU ☾ S	0901 2139	49 321	19 M	0908 2126	55 309
5 M	0955 2257	38 326	20 TU ☽	0953 2222	49 316
6 TU	1053	39	21 W	1043 2313	51 316
7 W	0003 1159	323 50	22 TH	1144	61
8 TH	0101 1315	312 70	23 F	0002 1257	310 79
9 F	0151 1439	293 94	24 SA	0050 1427	294 105
10 SA	0233 1616	268 120	25 SU E	0139 1659	269 133
11 SU E	0304 1837	241 143	26 M	0229 0913 1135 2010	235 194 196 147
12 M ●	0324 0921 1317 2031	213 187 193 159	27 TU ○P	0323 0714 1331	194 186 234
13 TU	0320 0800 1502	186 173 217	28 W	0016 1501	148 271
14 W A	0728 1621	151 239	29 TH	0506 1627	109 302
15 TH	0722 1725	128 258	30 F	0606 1744	73 327

时　区：－0700　　　　潮高基准面：在平均海面下 191　cm

越　南—哑门附近(昏瑶岛)

VIETNAM－CUA CAM APPROACHES (HON DAU)

2021 年潮汐表　　20° 40′ N　　106° 49′ E

5 月

日期	潮时 时分	潮高 cm	日期	潮时 时分	潮高 cm
1 SA S	0700 1857	45 342	16 SU	0714 1911	44 329
2 SU	0753 2008	30 346	17 M	0752 1955	36 335
3 M ☾	0845 2116	27 341	18 TU	0836 2041	35 335
4 TU	0940 2219	36 327	19 W ☽	0926 2128	43 327
5 W	1037 2312	56 306	20 TH	1021 2214	60 311
6 TH	1138 2356	83 279	21 F	1122 2257	86 286
7 F	1243	115	22 SA E	1233 2337	120 252
8 SA E	0026 1357	250 149	23 SU	1414	160
9 SU	0032 0831 1312 1724 2320	220 175 183 180 195	24 M	0004 0636 1231	212 179 209
10 M	0648 1441	166 214	25 TU	0506 1356	156 253
11 TU ● A	0616 1638	145 243	26 W ○ P	0427 1500	116 295
12 W	0611 1625	121 267	27 TH	0442 1608	76 329
13 TH	0617 1707	99 288	28 F S	0521 1707	42 354
14 F	0627 1748	77 305	29 SA	0608 1805	20 367
15 SA N	0646 1828	59 319	30 SU	0659 1902	10 367
			31 M	0751 1957	13 356

6 月

日期	潮时 时分	潮高 cm	日期	潮时 时分	潮高 cm
1 TU	0843 2049	28 336	16 W	0826 2010	34 336
2 W ☾	0935 2133	54 308	17 TH	0920 2048	56 313
3 TH	1025 2205	86 276	18 F ☽	1014 2122	87 281
4 F E	1106 2212	122 242	19 SA E	1108 2144	126 241
5 SA	0821 2108	156 215	20 SU	0703 2038	170 201
6 SU	0605 1902	164 207	21 M	0435 1313	167 220
7 M	0504 1521	147 233	22 TU	0307 1356	133 267
8 TU A	0448 1535	123 262	23 W P	0306 1446	90 310
9 W	0456 1605	98 288	24 TH ○	0336 1536	52 345
10 TH ●	0510 1637	75 309	25 F S	0422 1626	22 368
11 F	0525 1709	55 327	26 SA	0514 1716	3 379
12 SA N	0545 1742	38 341	27 SU	0610 1806	-3 377
13 SU	0612 1816	25 350	28 M	0705 1854	5 363
14 M	0650 1853	19 353	29 TU	0758 1938	24 339
15 TU	0735 1931	21 349	30 W	0851 2015	52 308

7 月

日期	潮时 时分	潮高 cm	日期	潮时 时分	潮高 cm
1 TH ☾ E	0940 2038	87 273	16 F E	0937 2013	92 273
2 F	1018 2032	125 239	17 SA ☽	1032 2022	133 231
3 SA	0632 1907	158 216	18 SU	0454 0817 1129 1815	182 183 180 195
4 SU	0424 1716	161 216	19 M	0148 1211	164 229
5 M A	0318 1458	140 241	20 TU	0110 1307	121 276
6 TU	0312 1459	114 270	21 W P	0132 1358	78 317
7 W	0327 1524	88 297	22 TH S	0215 1448	43 350
8 TH	0348 1552	66 319	23 F	0308 1537	17 371
9 F N	0413 1621	46 337	24 SA ○	0409 1625	4 378
10 SA ●	0441 1651	30 350	25 SU	0513 1712	2 373
11 SU	0517 1723	19 359	26 M	0615 1756	12 357
12 M	0601 1757	14 361	27 TU	0716 1837	33 332
13 TU	0652 1832	19 354	28 W	0814 1911	61 300
14 W	0746 1909	34 337	29 TH E	0909 1932	95 266
15 TH	0841 1944	58 310	30 F	1000 1927	132 233
			31 SA ☾	1033 1755	169 209

8 月

日期	潮时 时分	潮高 cm	日期	潮时 时分	潮高 cm
1 SU	0144 1551	172 214	16 M	0921 2314	245 116
2 M A	0106 1327	145 240	17 TU P	1128 2352	285 76
3 TU	0112 1348	117 270	18 W S	1240	322
4 W	0134 1419	92 296	19 TH	0043 1340	47 349
5 TH N	0204 1450	70 318	20 F	0142 1434	28 365
6 F	0240 1520	51 336	21 SA	0250 1525	21 368
7 SA	0322 1550	37 349	22 SU ○	0401 1613	25 359
8 SU ●	0411 1622	29 357	23 M	0514 1656	39 340
9 M	0508 1656	28 356	24 TU	0626 1735	60 314
10 TU	0608 1733	34 347	25 W E	0737 1807	87 282
11 W	0710 1811	50 327	26 TH	0848 1828	117 249
12 TH E	0814 1848	74 297	27 F	1000 1824 2339	149 218 200
13 F	0921 1919	107 258	28 SA	0308 1120 1551 2241	206 180 197 175
14 SA	1049 1929	146 215	29 SU	0728 2239	224 147
15 SU ☽	0025 0507 2258	200 212 160	30 M ☾ A	1025 2302	247 121
			31 TU	1146 2334	272 98

时　区：－0700　　　　潮高基准面：在平均海面下 191　cm

越　南—哑门附近（昏瑶岛）

VIETNAM－CUA CAM APPROACHES（HON DAU）

2021 年潮汐表　　20° 40′ N　　106° 49′ E

9 月

日期		潮时 时分	潮高 cm
1	W	1237	295
2	TH N	0011 1319	79 315
3	F	0055 1355	64 331
4	SA	0146 1430	55 342
5	SU	0245 1505	52 347
6	M	0353 1543	55 344
7	TU ●	0509 1623	65 331
8	W E	0630 1704	82 307
9	TH	0757 1746	105 275
10	F	0939 1824 2245	133 235 222
11	SA P	0206 1138 1842 2053	231 160 191 188
12	SU	0435 2055	253 145
13	M ☽	0721 2131	280 105
14	TU	0922 2217	308 73
15	W S	1056 2310	333 52
16	TH	1208	351
17	F	0010 1310	43 358
18	SA	0119 1407	45 354
19	SU	0234 1458	58 339
20	M ○	0354 1543	78 316
21	TU E	0521 1621	102 287
22	W	0659 1648	127 255
23	TH	0835 1702 2133	152 224 210
24	F	0147 1005 1639 2036	223 175 195 186
25	SA	0421 2031	241 159
26	SU A	0606 2049	260 134
27	M	0735 2117	276 112
28	TU	0908 2151	291 94
29	W ☾ N	1021 2230	306 81
30	TH	1116 2314	320 72

10 月

日期		潮时 时分	潮高 cm
1	F	1201	330
2	SA	0005 1243	69 336
3	SU	0105 1324	73 336
4	M	0216 1406	84 327
5	TU	0339 1450	102 308
6	W ●E	0531 1536	124 280
7	TH	0754 1623 2119	144 243 222
8	F P	0047 0951 1706 1936	233 160 202 198
9	SA	0235 1859	265 158
10	SU	0434 1920	295 117
11	M	0617 2004	322 84
12	TU S	0745 2053	343 60
13	W ☽	0909 2145	356 49
14	TH	1024 2242	361 50
15	F	1129 2347	356 62
16	SA	1227	342
17	SU	0058 1318	84 318
18	M	0215 1401	112 289
19	TU E	0344 1430	143 257
20	W ○	0618 1435 2006	171 225 206
21	TH	0122 0835 1236 1905	224 189 198 183
22	F	0309 1856	251 156
23	SA	0429 1908	275 131
24	SU A	0533 1927	295 109
25	M	0630 1952	310 91
26	TU N	0725 2023	322 77
27	W	0819 2100	331 68
28	TH ☾	0911 2143	338 65
29	F	0959 2231	340 70
30	SA	1044 2327	338 81
31	SU	1128	329

11 月

日期		潮时 时分	潮高 cm
1	M	0032 1210	101 311
2	TU E	0147 1251	127 285
3	W	0337 1330 2014 2344	159 250 207 214
4	TH ●	0746 1356 1851	178 209 195
5	F P	0130 1749	254 160
6	SA	0303 1742	293 119
7	SU	0424 1810	329 82
8	M S	0534 1854	356 53
9	TU	0641 1943	374 37
10	W	0747 2035	380 34
11	TH ☽	0851 2129	375 44
12	F	0951 2227	359 65
13	SA	1044 2328	334 95
14	SU	1128	302
15	M E	0032 1156	130 267
16	TU	0141 1150 1925	168 233 195
17	W	0041 0531 0914 1752	207 204 210 178
18	TH	0231 1728	241 150
19	F ○	0332 1739	272 123
20	SA	0421 1758	298 99
21	SU A	0505 1818	319 79
22	M N	0547 1840	334 63
23	TU	0627 1908	345 52
24	W	0706 1943	352 46
25	TH	0745 2025	355 48
26	F	0825 2113	352 58
27	SA ☾	0905 2205	342 75
28	SU	0944 2301	324 101
29	M	1021	299
30	TU E	0002 1052	135 265

12 月

日期		潮时 时分	潮高 cm
1	W	0115 1101 1803	175 225 187
2	TH	0028 1646	221 162
3	F	0158 1614	267 122
4	SA ●P	0302 1629	310 82
5	SU	0359 1706	347 47
6	M S	0455 1754	374 23
7	TU	0550 1846	389 12
8	W	0645 1940	391 15
9	TH	0739 2035	379 32
10	F	0831 2130	357 58
11	SA ☽	0917 2225	325 93
12	SU E	0951 2315	288 132
13	M	1000 2343	250 172
14	TU	0827 1718	218 179
15	W	0446 1600	217 155
16	TH	0249 1555	249 124
17	F	0317 1616	281 97
18	SA A	0352 1642	307 74
19	SU ○	0428 1708	327 55
20	M N	0502 1734	342 41
21	TU	0536 1804	353 32
22	W	0609 1841	358 28
23	TH	0643 1926	358 32
24	F	0718 2016	352 45
25	SA	0753 2110	338 66
26	SU	0827 2203	314 96
27	M ☾E	0856 2255	283 133
28	TU	0911 2342	244 176
29	W	0749 1553	206 173
30	TH	0111 1427	223 137
31	F	0141 1430	270 94

时　区：－0700　　　　潮高基准面：在平均海面下 191　cm

菲律宾—宿　务

PHILIPPINE－CEBU

2021 年潮汐表　　　　10° 18′ N　　　　123° 55′ E

1 月

日期	潮时 时分	潮高 cm	日期	潮时 时分	潮高 cm
1 F	0713 1349 1723	-39 68 43	16 SA	0019 0757 1411 1812	175 -32 68 32
2 SA	0008 0750 1420 1759	179 -38 68 41	17 SU	0058 0827 1438 1858	162 -22 73 32
3 SU	0047 0826 1450 1844	176 -33 71 39	18 M	0136 0853 1505 1951	146 -10 80 34
4 M	0131 0902 1521 1941	167 -24 76 38	19 TU E	0214 0915 1534 2048	129 0 87 36
5 TU	0219 0937 1556 2052	153 -13 85 37	20 W ☽	0252 0937 1607 2148	110 10 94 40
6 W ☾ E	0313 1011 1636 2209	134 1 95 36	21 TH A	0332 0959 1646 2256	92 19 100 42
7 TH	0413 1047 1726 2337	110 15 107 33	22 F	0418 1023 1737	73 28 105
8 F	0524 1125 1827	85 29 121	23 SA	0112 0523 1050 1847	41 55 37 112
9 SA P	0152 0731 1209 1937	21 65 40 138	24 SU	0306 0923 1123 2002	26 49 46 122
10 SU	0320 0938 1312 2038	-1 61 47 156	25 M	0401 2057	8 134
11 M	0421 1053 1430 2129	-21 61 48 171	26 TU N	0444 1142 1458 2140	-9 61 55 147
12 TU S	0513 1152 1526 2215	-36 62 46 182	27 W	0522 1213 1544 2217	-23 66 51 158
13 W ●	0600 1237 1610 2258	-44 62 41 186	28 TH ○	0557 1239 1620 2253	-33 69 46 167
14 TH	0643 1313 1650 2339	-45 63 37 183	29 F	0630 1301 1655 2330	-39 70 39 173
15 F	0722 1344 1730	-41 64 34	30 SA	0702 1322 1731	-40 73 31
			31 SU	0007 0731 1342 1812	174 -37 78 23

2 月

日期	潮时 时分	潮高 cm	日期	潮时 时分	潮高 cm
1 M	0047 0800 1405 1859	170 -29 86 16	16 TU	0124 0803 1406 1945	136 -3 101 11
2 TU E	0130 0827 1432 1953	159 -18 96 12	17 W	0155 0819 1431 2029	120 5 108 14
3 W P	0215 0854 1504 2053	142 -5 107 10	18 TH A	0226 0835 1500 2115	104 13 112 19
4 TH ☾	0302 0919 1542 2157	119 8 117 12	19 F ☽	0259 0850 1533 2208	87 20 114 26
5 F	0354 0944 1628 2316	92 21 126 16	20 SA	0337 0900 1615 2321	69 29 114 33
6 SA	0458 1008 1726	65 33 132	21 SU	0429 0829 1709	50 37 113
7 SU	0148 1845	12 139	22 M	0252 1833	25 114
8 M S	0326 2015	-6 149	23 TU N	0353 2023	7 123
9 TU	0427 1148 1411 2123	-24 58 56 161	24 W	0434 1225 1457 2124	-9 69 65 137
10 W	0514 1201 1533 2215	-35 63 47 170	25 TH	0508 1201 1547 2209	-22 73 54 150
11 TH ●	0555 1221 1622 2300	-40 68 36 173	26 F	0538 1208 1624 2248	-30 77 40 161
12 F	0629 1243 1704 2340	-39 74 26 170	27 SA ○	0606 1220 1659 2326	-33 83 25 166
13 SA	0659 1303 1743	-32 79 18	28 SU	0632 1234 1736	-29 90 11
14 SU	0017 0724 1324 1823	162 -23 86 13			
15 M E	0052 0745 1344 1904	150 -13 94 11			

3 月

日期	潮时 时分	潮高 cm	日期	潮时 时分	潮高 cm
1 M E	0004 0657 1252 1817	166 -22 100 -2	16 TU	0037 0653 1251 1855	136 1 121 -8
2 TU P	0043 0720 1315 1902	158 -12 112 -10	17 W	0106 0708 1312 1930	124 8 128 -7
3 W	0123 0741 1342 1951	144 -1 125 -13	18 TH A	0134 0722 1336 2008	110 14 133 -3
4 TH	0206 0802 1414 2046	123 10 135 -10	19 F	0204 0735 1402 2049	96 21 135 4
5 F	0251 0821 1453 2146	99 20 142 -3	20 SA	0238 0745 1432 2137	80 27 133 13
6 SA ☾	0341 0834 1540 2302	73 30 143 7	21 SU ☽	0318 0741 1509 2241	64 35 129 22
7 SU S	0446 0815 1639	48 37 140	22 M N	0418 0704 1558	47 40 123
8 M	0158 1802	7 135	23 TU	0216 1714	23 116
9 TU	0325 2004	-8 138	24 W	0323 1933	8 117
10 W	0417 1129 1450 2121	-20 69 60 148	25 TH	0402 1126 1500 2104	-5 78 69 130
11 TH	0456 1127 1549 2214	-26 77 42 155	26 F	0434 1110 1544 2155	-14 85 50 143
12 F	0529 1141 1632 2257	-27 86 25 158	27 SA	0502 1116 1620 2238	-17 93 28 152
13 SA ●	0556 1158 1710 2334	-23 95 11 154	28 SU ○E	0527 1128 1656 2317	-15 104 8 154
14 SU E	0618 1215 1745	-15 104 1	29 M	0550 1145 1734 2355	-8 118 -10 150
15 M	0007 0637 1232 1820	147 -7 113 -5	30 TU P	0611 1205 1815	1 133 -22
			31 W	0035 0630 1230 1859	138 10 147 -28

4 月

日期	潮时 时分	潮高 cm	日期	潮时 时分	潮高 cm
1 TH	0115 0648 1259 1948	120 19 158 -28	16 F	0118 0630 1252 1952	98 26 157 -12
2 F	0158 0705 1333 2040	99 26 164 -21	17 SA	0152 0643 1319 2033	85 32 157 -6
3 SA	0246 0717 1413 2140	77 33 164 -9	18 SU N	0234 0652 1348 2122	72 38 153 3
4 SU ☾ S	0342 0716 1500 2300	56 38 156 4	19 M	0327 0649 1424 2223	60 44 146 12
5 M	1602	144	20 TU ☽	1514	136
6 TU	0149 1729	6 130	21 W	0033 1631	18 124
7 W	0301 1954	-2 126	22 TH	0227 1827	11 117
8 TH	0345 1032 1505 2113	-8 84 57 133	23 F	0312 1008 1440 2033	5 87 67 123
9 F	0419 1040 1552 2204	-9 96 35 138	24 SA	0346 1010 1529 2135	3 100 42 132
10 SA	0447 1054 1631 2245	-6 109 15 139	25 SU E	0415 1022 1610 2222	4 115 16 136
11 SU E	0510 1111 1705 2319	-2 121 0 136	26 M	0439 1040 1650 2305	9 132 -7 134
12 M ●	0529 1128 1737 2350	4 133 -10 129	27 TU ○P	0501 1101 1730 2347	16 150 -24 125
13 TU	0545 1147 1809	10 142 -16	28 W	0521 1127 1813	23 166 -34
14 W A	0019 0601 1207 1841	120 16 150 -18	29 TH	0029 0540 1156 1859	112 30 179 -36
15 TH	0048 0616 1229 1915	109 21 155 -17	30 F	0113 0558 1228 1948	95 34 185 -32

时　区：－0800　　　　潮高基准面：在平均海面下 70　cm

菲律宾—宿　务

PHILIPPINE－CEBU

2021 年潮汐表　　　　10° 18′ N　　　　123° 55′ E

5 月

日期	潮时 时分	潮高 cm	日期	潮时 时分	潮高 cm
1 SA S	0202 0613 1304 2041	77 38 185 -23	16 SU	0159 0605 1251 2028	76 44 174 -13
2 SU	0257 0625 1345 2141	62 42 177 -10	17 M	0249 0620 1325 2116	68 49 168 -6
3 M ☾	0405 0621 1435 2259	52 47 162 3	18 TU	0347 0631 1406 2210	63 54 160 2
4 TU	1538	143	19 W ☽	1500 2318	147 11
5 W	0104 1701	9 124	20 TH	1612	132
6 TH	0214 0930 1340 1922	10 85 76 113	21 F	0051 0842 1110 1744	17 82 76 118
7 F	0257 0934 1458 2053	11 99 53 115	22 SA E	0201 0846 1400 1948	20 97 60 112
8 SA E	0330 0949 1543 2145	13 114 31 117	23 SU	0245 0906 1509 2111	24 115 33 114
9 SU	0356 1008 1620 2225	16 130 12 117	24 M	0319 0930 1559 2208	29 136 7 113
10 M	0419 1028 1654 2300	20 143 -3 114	25 TU	0347 0957 1645 2258	34 158 -15 107
11 TU ● A	0439 1048 1726 2332	23 155 -13 108	26 W ○ P	0411 1027 1730 2346	38 177 -29 98
12 W	0457 1110 1758	26 165 -19	27 TH	0434 1059 1816	41 191 -37
13 TH	0004 0515 1132 1832	101 30 171 -21	28 F S	0035 0456 1133 1904	86 43 200 -37
14 F	0038 0532 1156 1907	93 34 175 -21	29 SA	0126 0519 1210 1953	75 44 200 -31
15 SA N	0116 0549 1223 1945	85 39 176 -18	30 SU	0219 0543 1250 2045	67 46 193 -21
			31 M	0313 0607 1334 2137	62 50 179 -9

6 月

日期	潮时 时分	潮高 cm	日期	潮时 时分	潮高 cm
1 TU	0412 0631 1424 2234	61 56 161 4	16 W	0334 0658 1403 2147	74 57 167 -3
2 W ☾	1522 2339	139 16	17 TH	0415 0758 1456 2230	78 60 153 8
3 TH	0741 0947 1631	77 75 118	18 F ☽	0500 0929 1558 2315	84 63 135 21
4 F E	0050 0803 1250 1807	25 92 72 100	19 SA E	0554 1105 1711	95 60 115
5 SA	0145 0829 1435 2015	31 108 52 94	20 SU	0005 0656 1312 1854	34 111 49 97
6 SU	0226 0856 1526 2120	35 124 33 93	21 M	0102 0753 1453 2054	44 131 26 90
7 M	0258 0922 1607 2206	38 140 15 93	22 TU	0200 0841 1555 2209	51 153 2 87
8 TU A	0326 0949 1643 2247	39 155 1 92	23 W P	0246 0923 1647 2309	54 174 -17 83
9 W	0352 1015 1718 2326	40 166 -9 89	24 TH ○	0325 1004 1736	54 191 -30
10 TH ●	0416 1041 1753	42 175 -17	25 F S	0004 0359 1044 1824	78 52 202 -35
11 F	0005 0439 1108 1828	86 44 181 -21	26 SA	0055 0433 1124 1910	74 50 205 -34
12 SA N	0047 0501 1136 1905	82 46 185 -23	27 SU	0140 0508 1205 1955	71 49 201 -28
13 SU	0130 0524 1206 1944	78 49 185 -22	28 M	0220 0545 1248 2037	71 49 190 -18
14 M	0213 0549 1239 2024	75 52 183 -18	29 TU	0257 0628 1332 2115	73 50 174 -5
15 TU	0255 0619 1318 2105	74 54 177 -12	30 W	0332 0722 1417 2150	78 54 155 9

7 月

日期	潮时 时分	潮高 cm	日期	潮时 时分	潮高 cm
1 TH ☾ E	0408 0833 1505 2221	84 59 134 22	16 F E	0322 0824 1448 2140	99 42 151 14
2 F	0449 0953 1555 2251	93 62 112 34	17 SA ☽	0357 0932 1541 2210	109 41 129 28
3 SA	0539 1123 1654 2324	102 63 92 43	18 SU	0439 1047 1642 2241	120 41 103 41
4 SU	0643 1353 1831	113 54 76	19 M	0532 1233 1807 2313	132 38 78 53
5 M A	0006 0746 1508 2100	51 126 38 72	20 TU	0640 1448 2116 2353	145 21 68 62
6 TU	0113 0834 1557 2206	56 140 22 74	21 W P	0757 1600 2248	160 0 71
7 W	0225 0913 1638 2257	57 153 7 77	22 TH S	0111 0901 1654 2346	67 177 -18 74
8 TH	0311 0948 1716 2343	57 165 -5 79	23 F	0257 0954 1743	65 191 -28
9 F N	0347 1021 1752	56 174 -15	24 SA ○	0024 0353 1041 1826	76 58 198 -32
10 SA ●	0024 0419 1053 1827	81 56 181 -21	25 SU	0054 0438 1125 1905	78 50 199 -28
11 SU	0100 0449 1126 1902	81 54 186 -24	26 M	0122 0521 1208 1939	81 44 193 -20
12 M	0131 0520 1200 1935	82 52 188 -23	27 TU	0148 0604 1248 2009	86 40 181 -8
13 TU	0159 0554 1236 2008	83 49 186 -19	28 W	0213 0650 1327 2034	92 38 165 4
14 W	0225 0635 1316 2040	86 46 180 -11	29 TH E	0238 0740 1405 2055	99 38 146 17
15 TH	0252 0724 1400 2110	91 43 168 0	30 F	0304 0833 1441 2113	107 40 126 27
			31 SA ☾	0334 0928 1517 2130	113 45 107 36

8 月

日期	潮时 时分	潮高 cm	日期	潮时 时分	潮高 cm
1 SU	0410 1028 1558 2147	119 50 87 44	16 M	0343 1029 1619 2123	145 24 85 47
2 M A	0455 1159 1651 2202	123 53 69 52	17 TU P	0435 1214 1743 2101	150 29 59 56
3 TU	0556 1453	126 43	18 W S	0543 1456	153 16
4 W	0724 1554	132 26	19 TH	0723 1604	158 -3
5 TH N	0839 1636 2359	143 10 77	20 F	0853 1654 2352	170 -16 80
6 F	0248 0929 1712	73 155 -4	21 SA	0314 0955 1734	68 181 -22
7 SA	0006 0341 1010 1745	83 68 167 -14	22 SU ○	0003 0409 1044 1809	86 53 186 -22
8 SU ●	0024 0418 1046 1816	87 60 176 -20	23 M	0021 0453 1127 1839	93 39 185 -15
9 M	0043 0451 1121 1844	90 52 183 -21	24 TU	0040 0534 1206 1904	100 28 178 -5
10 TU	0100 0525 1156 1911	93 43 185 -17	25 W E	0100 0614 1242 1925	108 20 166 6
11 W	0118 0602 1233 1937	98 33 183 -10	26 TH	0119 0653 1314 1941	116 17 151 16
12 TH E	0137 0643 1311 2001	105 25 174 0	27 F	0140 0733 1345 1955	124 17 134 25
13 F	0200 0730 1352 2024	115 19 159 12	28 SA	0203 0815 1415 2007	131 20 117 32
14 SA	0228 0823 1436 2046	127 17 138 25	29 SU	0229 0858 1445 2017	136 26 99 38
15 SU ☽	0302 0922 1523 2106	137 19 113 36	30 M ☾ A	0300 0947 1518 2020	137 35 82 45
			31 TU	0339 1050 1604 1947	135 44 64 50

时　区：－0800　　　　潮高基准面：在平均海面下 70 cm

菲律宾—宿　务

PHILIPPINE－CEBU

2021 年潮汐表　　10° 18′ N　　123° 55′ E

9 月

日期	潮时 时分	潮高 cm	日期	潮时 时分	潮高 cm
1 W	0429 1437	131 43	16 TH	0504 1454	153 10
2 TH N	0543 1542	127 26	17 F	0703 1551 2336	148 -2 84
3 F	0757 1621	130 11	18 SA	0220 0853 1632 2308	81 155 -9 93
4 SA	0027 0257 0912 1652 2345	87 83 143 -2 92	19 SU	0333 0954 1705 2319	60 164 -10 103
5 SU	0345 0959 1721 2349	70 157 -9 97	20 M ○	0419 1041 1734 2335	38 168 -6 114
6 M	0419 1037 1747 2359	55 167 -12 103	21 TU E	0459 1121 1757 2352	21 165 2 125
7 TU ●	0451 1113 1811	39 174 -9	22 W	0535 1156 1816	8 157 11
8 W E	0011 0525 1149 1833	110 23 175 -2	23 TH	0010 0610 1227 1831	134 0 146 20
9 TH	0027 0601 1225 1853	120 9 169 7	24 F	0028 0644 1256 1844	143 -3 132 26
10 F	0046 0641 1302 1912	133 -1 157 18	25 SA	0048 0719 1324 1856	150 -2 118 32
11 SA P	0110 0726 1342 1930	146 -6 138 27	26 SU A	0111 0755 1353 1907	155 3 103 36
12 SU	0139 0817 1425 1946	157 -5 115 36	27 M	0136 0834 1424 1915	156 10 88 41
13 M ☽	0214 0913 1512 1956	164 2 90 44	28 TU	0204 0919 1503 1914	153 20 73 47
14 TU	0257 1019 1611 1944	166 13 66 50	29 W ☾ N	0237 1017 1601 1848	147 30 59 52
15 W S	0351 1222	161 22	30 TH	0322 1331	137 37

10 月

日期	潮时 时分	潮高 cm	日期	潮时 时分	潮高 cm
1 F	0432 1501	127 24	16 SA	0648 1515 2208	132 5 93
2 SA	0637 1541 2311	121 12 93	17 SU	0242 0845 1552 2215	70 135 4 107
3 SU	0256 0846 1613 2251	84 131 5 100	18 M	0336 0944 1622 2231	45 140 7 121
4 M	0337 0940 1640 2256	63 143 2 109	19 TU E	0417 1029 1647 2249	22 141 12 135
5 TU	0410 1022 1704 2306	41 153 4 119	20 W ○	0453 1107 1707 2307	4 137 19 147
6 W ●E	0443 1100 1726 2321	19 156 9 133	21 TH	0527 1140 1723 2326	-8 130 24 157
7 TH	0518 1137 1745 2339	0 153 18 148	22 F	0559 1210 1738 2346	-15 120 29 165
8 F P	0556 1215 1802	-15 143 26	23 SA	0632 1239 1752	-17 109 33
9 SA	0002 0638 1254 1819	162 -23 128 33	24 SU A	0008 0706 1310 1806	170 -15 97 37
10 SU	0029 0723 1337 1834	175 -24 108 39	25 M	0032 0741 1344 1819	171 -10 86 41
11 M	0101 0814 1424 1847	182 -19 87 44	26 TU N	0058 0821 1426 1830	169 -4 75 46
12 TU S	0138 0911 1520 1851	183 -9 68 48	27 W	0127 0906 1520 1833	164 5 65 52
13 W ☽	0223 1020	176 4	28 TH ☾	0200 1002	155 14
14 TH	0321 1235	162 13	29 F	0245 1125	143 21
15 F	0439 1424	145 9	30 SA	0355 1347	128 20
			31 SU	0536 1442 2146	117 16 94

11 月

日期	潮时 时分	潮高 cm	日期	潮时 时分	潮高 cm
1 M	0224 0758 1519 2148	76 117 15 105	16 TU	0326 0926 1530 2143	32 110 24 133
2 TU E	0315 0913 1548 2159	50 124 17 120	17 W	0407 1012 1554 2206	11 109 28 148
3 W	0355 1003 1613 2215	24 129 22 137	18 TH	0443 1051 1615 2228	-5 105 31 160
4 TH ●	0433 1047 1634 2236	0 128 28 155	19 F ○	0518 1126 1634 2251	-16 99 33 170
5 F P	0513 1129 1653 2301	-19 121 34 172	20 SA	0551 1200 1652 2315	-22 92 35 176
6 SA	0554 1211 1711 2329	-31 109 39 186	21 SU A	0625 1235 1710 2340	-25 84 38 178
7 SU	0639 1257 1729	-37 93 42	22 M N	0700 1314 1729	-24 77 41
8 M S	0001 0727 1347 1746	195 -35 78 44	23 TU	0007 0737 1358 1748	178 -22 71 45
9 TU	0037 0819 1444 1803	195 -28 65 47	24 W	0036 0818 1448 1808	174 -17 67 50
10 W	0118 0916 1550 1812	188 -17 57 51	25 TH	0109 0902 1541 1826	167 -11 64 55
11 TH ☽	0207 1023	173 -5	26 F	0148 0950 1641 1842	157 -4 64 61
12 F	0308 1155	153 6	27 SA ☾	0237 1044	144 5
13 SA	0425 1327 2054 2349	131 12 85 79	28 SU	0342 1148 1955 2242	129 14 79 73
14 SU	0616 1421 2103	114 15 100	29 M	0501 1302 2010	113 21 93
15 M E	0233 0822 1459 2122	56 110 19 117	30 TU E	0116 0648 1401 2034	61 101 27 110

12 月

日期	潮时 时分	潮高 cm	日期	潮时 时分	潮高 cm
1 W	0246 0840 1441 2100	36 98 33 130	16 TH	0356 0958 1456 2127	7 76 39 149
2 TH	0340 0947 1512 2129	10 97 39 151	17 F	0436 1044 1525 2156	-7 75 40 161
3 F	0427 1041 1539 2200	-13 93 43 171	18 SA A	0513 1126 1553 2225	-18 73 40 169
4 SA ●P	0513 1133 1603 2234	-31 85 45 187	19 SU ○	0548 1208 1619 2254	-26 70 40 174
5 SU	0600 1225 1627 2309	-42 76 45 197	20 M N	0624 1250 1645 2324	-30 69 41 177
6 M S	0647 1319 1653 2347	-45 67 44 200	21 TU	0700 1331 1712 2355	-32 67 43 176
7 TU	0737 1413 1722	-43 61 44	22 W	0736 1411 1742	-32 67 45
8 W	0029 0827 1503 1755	194 -35 58 46	23 TH	0028 0813 1447 1815	173 -29 68 47
9 TH	0115 0917 1553 1835	181 -24 60 51	24 F	0106 0850 1521 1857	166 -24 70 48
10 F	0206 1007 1646 1942	163 -11 65 59	25 SA	0147 0926 1555 1954	157 -16 74 50
11 SA ☽	0303 1058 1751 2138	140 3 74 64	26 SU	0235 1002 1631 2111	143 -5 80 50
12 SU E	0407 1152 1900 2344	117 16 87 62	27 M ☾ E	0330 1038 1713 2233	126 8 89 48
13 M	0525 1250 1946	95 26 102	28 TU	0433 1116 1803	105 21 102
14 TU	0206 0733 1341 2023	46 82 33 119	29 W	0011 0551 1156 1902	41 84 34 118
15 W	0309 0902 1422 2056	25 78 37 135	30 TH	0221 0808 1242 2001	23 70 43 137
			31 F	0334 0952 1339 2051	-1 66 49 157

时　区：－0800　　潮高基准面：在平均海面下 70 cm

菲律宾—马尼拉

PHILIPPINE—MANILA

2021 年潮汐表　　14° 35′ N　　120° 58′ E

1 月

日期	潮时 时分	潮高 cm	日期	潮时 时分	潮高 cm
1 F	0704 2301	-36 118	16 SA	0745 2355	-36 107
2 SA	0746 2345	-35 115	17 SU	0823	-28
3 SU	0827	-30	18 M	0037 0859	95 -18
4 M	0030 0905	108 -22	19 TU E	0119 0929 1608 1909	80 -8 31 27
5 TU	0119 0940	96 -12	20 W ☽	0201 0951 1627 2122	64 2 39 28
6 W ☾ E	0214 1010 1705 2050	81 -1 39 33	21 TH A	0246 1001 1650 2326	47 10 48 23
7 TH	0324 1035 1727 2338	63 9 52 25	22 F	0346 0957 1718	32 15 59
8 F	0509 1056 1759	45 18 67	23 SA	0116 0546 0932 1750	13 19 17 70
9 SA P	0133 0734 1111 1839	10 32 24 82	24 SU	0238 1827	1 81
10 SU	0259 1923	-8 96	25 M	0329 1908	-11 91
11 M	0402 2009	-23 108	26 TU N	0410 1953	-22 100
12 TU S	0454 2055	-35 117	27 W	0449 2040	-31 108
13 W ●	0541 2142	-42 121	28 TH ○	0527 2128	-37 113
14 TH	0624 2227	-44 121	29 F	0604 2217	-39 115
15 F	0706 2311	-42 116	30 SA	0641 2304	-38 113
			31 SU	0716 2353	-32 106

2 月

日期	潮时 时分	潮高 cm	日期	潮时 时分	潮高 cm
1 M	0747 1407 1700	-23 24 17	16 TU	0030 0751 1344 1838	77 -3 38 15
2 TU E	0038 0814 1423 1818	95 -12 31 17	17 W	0109 0806 1408 1953	63 5 45 15
3 W P	0127 0836 1445 1951	79 -1 42 17	18 TH A	0148 0808 1435 2119	48 12 53 13
4 TH ☾	0223 0852 1515 2152	60 9 53 15	19 F ☽	0232 0752 1506 2257	33 16 61 10
5 F	0338 0902 1556	40 17 66	20 SA	0337 0655 1541	20 16 69
6 SA	0003 0614 0856 1647	7 23 21 78	21 SU	0053 1625	2 77
7 SU	0204 1745	-8 89	22 M	0217 1716	-8 85
8 M S	0318 1848	-22 98	23 TU N	0306 1814	-18 92
9 TU	0408 1949	-32 104	24 W	0345 1917	-26 99
10 W	0450 2044	-37 108	25 TH	0421 2019	-32 105
11 TH ●	0527 2135	-38 109	26 F	0456 2118	-33 108
12 F	0602 2222	-35 106	27 SA ○	0530 1206 1425 2214	-31 27 23 107
13 SA	0633 1256 1515 2307	-29 21 18 99	28 SU	0601 1216 1543 2306	-25 30 17 102
14 SU	0703 1305 1626 2350	-22 25 16 90			
15 M E	0730 1322 1731	-13 31 15			

3 月

日期	潮时 时分	潮高 cm	日期	潮时 时分	潮高 cm
1 M E	0628 1230 1651 2358	-15 37 11 92	16 TU	0617 1212 1803	10 54 7
2 TU P	0651 1248 1800	-4 46 7	17 W	0027 0625 1234 1901	60 16 62 4
3 W	0050 0708 1310 1915	77 7 57 3	18 TH A	0108 0621 1258 2002	47 21 68 2
4 TH	0145 0718 1337 2040	59 16 69 1	19 F	0152 0600 1323 2109	35 22 75 1
5 F	0253 0720 1412 2221	39 21 79 -3	20 SA	0251 0522 1351 2229	23 20 80 -2
6 SA ☾	1455	87	21 SU ☽	1426	85
7 SU S	0024 1549	-9 92	22 M N	0007 1512	-6 89
8 M	0205 1656	-19 94	23 TU	0126 1610	-13 92
9 TU	0305 1815	-26 96	24 W	0218 1722	-18 95
10 W	0348 1932	-28 97	25 TH	0259 1843	-21 97
11 TH	0423 2036	-27 96	26 F	0335 2000	-21 99
12 F	0454 1132 1339 2130	-22 29 27 94	27 SA	0407 1047 1359 2109	-17 40 31 98
13 SA ●	0520 1127 1502 2219	-15 33 21 89	28 SU ○E	0437 1053 1516 2212	-10 46 21 94
14 SU E	0543 1136 1606 2304	-6 39 15 81	29 M	0502 1107 1624 2312	0 55 10 86
15 M	0603 1152 1705 2346	2 47 10 71	30 TU P	0523 1127 1730	11 67 0
			31 W	0011 0538 1150 1837	73 20 79 -8

4 月

日期	潮时 时分	潮高 cm	日期	潮时 时分	潮高 cm
1 TH	0112 0546 1218 1948	57 27 91 -13	16 F	0123 0416 1201 2002	36 30 93 -8
2 F	0223 0544 1251 2106	40 30 100 -15	17 SA	1226 2059	98 -9
3 SA	1330 2237	105 -17	18 SU N	1255 2204	101 -10
4 SU ☾ S	1415	106	19 M	1332 2319	102 -11
5 M	0015 1508	-19 103	20 TU ☽	1420	102
6 TU	0131 1614	-21 98	21 W	0025 1523	-12 99
7 W	0225 1741	-19 91	22 TH	0116 1644	-11 96
8 TH	0305 1913	-14 87	23 F	0158 1817	-8 92
9 F	0336 1023 1315 2026	-7 42 38 82	24 SA	0232 0932 1311 1946	-2 52 42 89
10 SA	0400 1014 1436 2126	2 48 29 77	25 SU E	0302 0931 1435 2105	7 61 27 84
11 SU E	0418 1020 1538 2218	11 56 19 71	26 M	0327 0944 1545 2219	16 73 12 76
12 M ●	0431 1034 1633 2305	19 64 11 63	27 TU ○P	0347 1006 1651 2328	26 87 -2 66
13 TU	0439 1052 1726 2349	25 73 4 54	28 W	0402 1033 1755	34 101 -14
14 W A	0440 1114 1818	29 81 -1	29 TH	0036 0411 1105 1859	54 38 113 -22
15 TH	0034 0433 1137 1909	45 31 88 -5	30 F	0155 0406 1141 2005	42 39 122 -26

时　区：－0800　　　　潮高基准面：在平均海面下 48 cm

菲律宾—马尼拉

PHILIPPINE－MANILA

2021 年潮汐表　　　　14° 35′ N　　　　120° 58′ E

5月						6月						7月						8月					
日期	潮时 时分	潮高 cm	日期	潮时 时分	潮高 cm	日期	潮时 时分	潮高 cm	日期	潮时 时分	潮高 cm	日期	潮时 时分	潮高 cm	日期	潮时 时分	潮高 cm	日期	潮时 时分	潮高 cm	日期	潮时 时分	潮高 cm
1 SA S	1220 2115	126 -27	16 SU	1147 2049	116 -14	1 TU	1334 2257	122 -13	16 W	1259 2159	119 -4	1 TH ☾ E	1416 2243	101 13	16 F E	0403 0615 1359 2140	53 51 104 21	1 SU	0422 1112 1606 2141	79 43 57 43	16 M	0323 1120 1738 2034	96 32 54 51
2 SU	1302 2230	125 -24	17 M	1221 2142	116 -14	2 W ☾	1426 2343	107 -2	17 TH	1352 2236	111 5	2 F	0615 0853 1511 2309	59 57 84 24	17 SA ☽	0413 0825 1502 2201	63 52 88 32	2 M A	0454 1254	89 35	17 TU P	0411 1318	108 20
3 M ☾	1348 2340	119 -20	18 TU	1303 2237	114 -11	3 TH	1526	92	18 F ☽	1456 2308	98 15	3 SA	0615 1121 1620 2322	68 51 67 34	18 SU	0436 1051 1631 2218	76 46 70 41	3 TU	0529 1420	100 24	18 W S	0509 1442	119 6
4 TU	1441	109	19 W ☽	1355 2328	109 -6	4 F E	0020 0809 1100 1644	10 59 56 77	19 SA E	0626 1001 1619 2336	61 56 84 26	4 SU	0626 1258 1800 2323	78 41 54 40	19 M	0509 1247 1844 2231	91 33 56 47	4 W	0608 1517	109 14	19 TH	0614 1540	128 -4
5 W	0040 1545	-14 97	20 TH	1500	102	5 SA	0047 0753 1256 1824	21 66 46 64	20 SU	0627 1225 1804 2359	73 44 70 35	5 M A	0643 1419 2023 2311	90 30 45 42	20 TU	0552 1425	107 17	5 TH N	0651 1600	118 5	20 F	0720 1626	134 -9
6 TH	0126 1711	-6 85	21 F	0011 1624	0 93	6 SU	0101 0756 1412 2006	31 76 34 55	21 M	0649 1359 2003	89 27 59	6 TU	0706 1522	101 18	21 W P	0640 1537	121 1	6 F	0737 1638	126 -1	21 SA	0822 1706	138 -10
7 F	0202 0919 1229 1851	4 53 48 75	22 SA E	0048 0813 1156 1803	9 59 51 83	7 M	0105 0807 1514 2129	38 87 22 48	22 TU	0018 0720 1517 2153	43 106 10 53	7 W	0735 1611	111 8	22 TH S	0733 1634	134 -11	7 SA	0825 1715	132 -5	22 SU ○	0918 1742	139 -6
8 SA E	0227 0906 1358 2015	15 60 37 68	23 SU	0118 0805 1339 1942	19 70 36 75	8 TU A	0059 0824 1607 2237	41 98 12 43	23 W P	0031 0759 1624	47 122 -7	8 TH	0809 1654	121 0	23 F	0827 1723	143 -19	8 SU ●	0914 1751	135 -7	23 M	1010 1816	136 1
9 SU	0243 0909 1502 2123	24 69 26 61	24 M	0144 0819 1456 2116	29 84 19 67	9 W	0050 0848 1655	41 108 3	24 TH ○	0842 1722	135 -19	9 F N	0846 1735	128 -7	24 SA ○	0920 1808	147 -21	9 M	1003 1826	137 -5	24 TU	0029 0314 1058 1847	51 45 129 10
10 M	0251 0920 1557 2221	32 79 15 55	25 TU	0204 0844 1606 2241	37 100 2 59	10 TH ●	0916 1740	116 -5	25 F S	0929 1816	144 -27	10 SA ●	0926 1816	132 -11	25 SU	1011 1850	148 -18	10 TU	1050 1900	135 0	25 W E	0042 0425 1145 1914	56 42 119 19
11 TU ● A	0252 0937 1648 2313	36 89 6 48	26 W ○ P	0220 0916 1710	43 115 -13	11 F	0947 1824	122 -11	26 SA	1017 1908	149 -29	11 SU	1008 1855	135 -13	26 M	1100 1930	143 -12	11 W	0129 0334 1138 1929	49 46 130 9	26 TH	0101 0631 1230 1937	62 40 105 29
12 W	0248 0959 1736	38 98 -1	27 TH	0000 0227 0953 1811	51 45 129 -24	12 SA N	1021 1908	126 -14	27 SU	1105 1957	148 -27	12 M	1050 1934	135 -11	27 TU	1148 2008	135 -3	12 TH E	0141 0450 1226 1954	54 45 120 19	27 F	0125 0641 1314 1953	70 39 90 38
13 TH	0004 0240 1024 1824	41 37 105 -7	28 F S	1034 1910	138 -30	13 SU	1055 1951	128 -16	28 M	1152 2044	142 -20	13 TU	1134 2011	133 -7	28 W	1234 2042	122 8	13 F	0157 0606 1316 2014	61 44 106 30	28 SA	0152 0758 1401 1958	77 38 74 45
14 F	1051 1910	111 -11	29 SA	1117 2008	142 -31	14 M	1132 2035	128 -14	29 TU	1239 2128	132 -11	14 W	1219 2045	127 1	29 TH E	0309 0559 1320 2111	53 49 107 19	14 SA	0217 0735 1413 2029	71 42 89 39	29 SU	0221 0922 1457 1943	85 36 59 48
15 SA N	1118 1958	114 -14	30 SU	1201 2107	140 -28	15 TU	1213 2118	125 -10	30 W	1327 2209	118 1	15 TH	1306 2114	117 11	30 F	0329 0735 1407 2134	61 50 90 29	15 SU ☽	0245 0923 1527 2038	83 39 70 47	30 M ☾ A	0255 1055	92 32
			31 M	1246 2204	133 -22										31 SA ☾	0354 0926 1459 2145	69 48 73 38				31 TU	0333 1240	99 25

时　区：－0800　　　　潮高基准面：在平均海面下 48　cm

菲律宾—马尼拉

PHILIPPINE－MANILA

2021 年潮汐表　　　14° 35′ N　　　120° 58′ E

9 月

日期	潮时 时分	潮高 cm	日期	潮时 时分	潮高 cm
1 W	0418 1359	106 17	16 TH	0434 1431	122 -1
2 TH N	0509 1449	112 9	17 F	0555 1519	124 -3
3 F	0606 1529	118 4	18 SA	0713 1558	124 -1
4 SA	0706 1604	123 0	19 SU	0820 1630 2254	123 5 56
5 SU	0806 1638	128 0	20 M ○	0141 0917 1659 2257	51 120 13 60
6 M	0902 1710 2334	130 3 54	21 TU E	0255 1009 1723 2310	43 114 22 67
7 TU ●	0215 0957 1739 2345	49 130 9 59	22 W	0358 1057 1742 2327	36 106 31 74
8 W E	0328 1050 1806	43 125 18	23 TH	0457 1143 1757 2348	30 95 39 82
9 TH	0001 0435 1142 1827	65 37 116 29	24 F	0556 1228 1805	26 82 45
10 F	0019 0542 1236 1843	74 32 102 39	25 SA	0013 0656 1314 1800	89 23 69 49
11 SA P	0041 0655 1334 1852	85 27 85 47	26 SU A	0039 0800 1408 1728	95 21 56 50
12 SU	0109 0818 1446 1853	96 24 67 52	27 M	0108 0910	100 19
13 M ☽	0144 0953	107 20	28 TU	0141 1034	104 17
14 TU	0229 1147	115 14	29 W ☾ N	0219 1206	107 13
15 W S	0325 1326	120 5	30 TH	0307 1315	109 8

10 月

日期	潮时 时分	潮高 cm	日期	潮时 时分	潮高 cm
1 F	0406 1403	110 5	16 SA	0534 1438	110 1
2 SA	0518 1441	112 3	17 SU	0704 1511 2147	104 10 60
3 SU	0634 1514	114 5	18 M	0116 0816 1536 2146	51 99 19 66
4 M	0746 1544 2213	115 9 61	19 TU E	0228 0917 1555 2154	40 93 29 74
5 TU	0150 0851 1611 2219	50 114 17 68	20 W ○	0327 1010 1607 2208	30 86 37 83
6 W ●E	0300 0953 1634 2233	38 110 26 77	21 TH	0421 1059 1614 2227	20 77 43 91
7 TH	0405 1053 1653 2253	27 102 36 88	22 F	0514 1145 1614 2249	13 66 46 99
8 F P	0509 1153 1706 2316	17 90 44 100	23 SA	0607 1234 1601 2314	8 56 47 105
9 SA	0615 1257 1713 2346	9 75 50 111	24 SU A	0700 1331 1533 2341	4 46 44 109
10 SU	0725 1413 1709	3 59 52	25 M	0755	2
11 M	0021 0842	120 0	26 TU N	0009 0856	111 1
12 TU S	0102 1012	125 -3	27 W	0040 1006	112 0
13 W ☽	0151 1146	126 -5	28 TH ☾	0117 1118	111 -1
14 TH	0249 1301	122 -6	29 F	0206 1217	108 -1
15 F	0402 1356	116 -4	30 SA	0310 1303	104 1
			31 SU	0433 1339	100 4

11 月

日期	潮时 时分	潮高 cm	日期	潮时 时分	潮高 cm
1 M	0604 1410 2104	97 11 62	16 TU	0150 0811 1423 2049	37 70 27 74
2 TU E	0103 0727 1435 2100	49 93 19 70	17 W	0252 0919 1430 2100	24 63 35 84
3 W	0219 0844 1457 2112	34 89 28 82	18 TH	0347 1017 1429 2117	12 55 39 93
4 TH ●	0325 0957 1515 2132	18 81 37 96	19 F ○	0437 1109 1422 2139	3 47 39 102
5 F P	0429 1107 1528 2159	4 71 43 110	20 SA	0525 1202 1408 2205	-5 39 37 109
6 SA	0533 1218 1535 2232	-9 60 47 122	21 SU A	0613 2233	-11 113
7 SU	0637 2310	-18 131	22 M N	0700 2302	-15 115
8 M S	0742 2352	-23 135	23 TU	0749 2332	-16 115
9 TU	0853	-24	24 W	0840	-16
10 W	0037 1007	133 -23	25 TH	0005 0934	113 -15
11 TH ☽	0127 1118	126 -18	26 F	0045 1027	109 -12
12 F	0223 1217	115 -12	27 SA ☾	0133 1114	103 -8
13 SA	0333 1305	102 -3	28 SU	0236 1153	94 -1
14 SU	0507 1341 2050	89 7 58	29 M	0358 1226 1959 2339	84 6 53 47
15 M E	0028 0648 1407 2043	50 78 18 65	30 TU E	0538 1252 1940	75 15 64

12 月

日期	潮时 时分	潮高 cm	日期	潮时 时分	潮高 cm
1 W	0122 0717 1314 1950	31 66 24 78	16 TH	0311 0937 1237 2011	7 35 29 88
2 TH	0238 0853 1332 2014	13 58 32 94	17 F	0403 2035	-4 98
3 F	0346 1020 1347 2046	-5 50 37 110	18 SA A	0449 2104	-14 106
4 SA ●P	0449 1141 1354 2124	-21 42 38 124	19 SU ○	0532 2136	-21 111
5 SU	0549 2206	-33 134	20 M N	0614 2209	-26 114
6 M S	0648 2251	-41 138	21 TU	0655 2244	-29 114
7 TU	0746 2338	-43 137	22 W	0737 2319	-29 112
8 W	0845	-40	23 TH	0818 2357	-27 108
9 TH	0025 0942	129 -33	24 F	0858	-23
10 F	0114 1035	117 -24	25 SA	0038 0935	102 -17
11 SA ☽	0207 1121	101 -12	26 SU	0126 1008	92 -9
12 SU E	0308 1200 1947 2240	83 0 48 45	27 M ☾ E	0223 1037 1752 2046	80 1 40 38
13 M	0431 1227 1934	65 11 56	28 TU	0338 1102 1751 2354	65 10 53 28
14 TU	0046 0623 1242 1940	33 51 21 66	29 W	0524 1123 1813	50 19 69
15 W	0207 0813 1245 1953	20 42 27 77	30 TH	0137 0736 1141 1848	11 38 25 86
			31 F	0300 0939 1153 1929	-8 32 29 102

时　区：－0800　　　　潮高基准面：在平均海面下 48 cm

菲律宾—达　沃

PHILIPPINE－DAVAO

2021 年潮汐表　　7° 05′ N　　125° 38′ E

1　月

日期	潮时 时分	潮高 cm	日期	潮时 时分	潮高 cm
1 F	0115 0727 1258 1915	-31 122 4 171	16 SA	0151 0759 1342 1954	-35 130 -5 170
2 SA	0149 0800 1335 1951	-30 122 6 168	17 SU	0223 0832 1421 2030	-26 129 1 157
3 SU	0224 0836 1415 2028	-25 122 9 160	18 M	0255 0906 1500 2105	-14 127 9 142
4 M	0300 0914 1459 2109	-16 121 15 148	19 TU E	0327 0943 1542 2141	0 123 21 125
5 TU	0339 0957 1550 2155	-5 121 22 133	20 W ☽	0400 1024 1630 2220	14 118 33 108
6 W ☾ E	0425 1050 1656 2253	8 121 29 116	21 TH A	0440 1116 1735 2312	27 112 43 91
7 TH	0522 1157 1822	20 122 32	22 F	0535 1231 1906	39 108 47
8 F	0017 0638 1317 1955	102 28 127 25	23 SA	0058 0659 1358 2048	79 46 110 41
9 SA P	0206 0756 1431 2116	96 29 138 10	24 SU	0303 0824 1508 2203	79 45 118 27
10 SU	0333 0905 1534 2220	101 24 151 -7	25 M	0417 0930 1601 2250	88 39 131 11
11 M	0438 1004 1628 2313	109 16 164 -24	26 TU N	0503 1021 1644 2328	98 29 145 -6
12 TU S	0529 1055 1716 2359	117 7 175 -35	27 W	0539 1103 1722	109 19 160
13 W ●	0612 1141 1759	124 -1 182	28 TH ○	0001 0612 1141 1758	-21 119 8 172
14 TH	0039 0650 1223 1839	-41 128 -5 183	29 F	0033 0642 1218 1833	-31 127 0 181
15 F	0116 0726 1303 1917	-41 130 -7 179	30 SA	0104 0713 1253 1907	-37 135 -7 184
			31 SU	0135 0743 1329 1942	-37 140 -10 182

2　月

日期	潮时 时分	潮高 cm	日期	潮时 时分	潮高 cm
1 M	0206 0814 1407 2017	-32 144 -8 173	16 TU	0218 0828 1432 2035	-13 149 0 151
2 TU E	0237 0848 1447 2054	-23 146 -3 159	17 W	0243 0855 1504 2102	-1 144 11 135
3 W P	0310 0925 1531 2133	-10 144 6 141	18 TH A	0307 0924 1538 2128	12 137 24 118
4 TH ☾	0347 1008 1626 2220	5 139 19 119	19 F ☽	0331 0957 1619 2157	25 127 38 100
5 F	0431 1104 1740 2329	21 133 30 97	20 SA	0357 1040 1725 2239	38 117 50 82
6 SA	0534 1227 1925	36 128 33	21 SU	0432 1203 1933	52 109 54
7 SU	0142 0710 1405 2115	84 45 131 22	22 M	0211 0640 1413 2148	71 63 113 39
8 M S	0339 0848 1525 2228	89 43 142 4	23 TU N	0413 0853 1529 2236	83 59 128 19
9 TU	0446 1003 1625 2317	102 32 156 -12	24 W	0452 1003 1620 2308	99 45 146 0
10 W	0531 1057 1713 2355	115 18 169 -25	25 TH	0521 1048 1701 2339	115 28 165 -16
11 TH ●	0606 1141 1754	127 5 178	26 F	0549 1127 1739	131 12 180
12 F	0028 0637 1219 1831	-32 137 -5 182	27 SA ○	0008 0617 1203 1814	-28 146 -3 190
13 SA	0058 0706 1255 1905	-33 144 -11 181	28 SU	0037 0646 1238 1849	-34 158 -14 194
14 SU	0126 0734 1328 1936	-30 149 -12 175			
15 M E	0153 0801 1400 2006	-23 151 -8 164			

3　月

日期	潮时 时分	潮高 cm	日期	潮时 时分	潮高 cm
1 M E	0107 0715 1314 1924	-35 168 -20 191	16 TU	0116 0724 1333 1939	-11 171 -10 166
2 TU P	0137 0746 1350 1959	-30 173 -20 180	17 W	0139 0748 1401 2004	-4 168 -3 154
3 W	0207 0818 1429 2035	-20 173 -13 164	18 TH A	0200 0811 1428 2028	6 163 7 140
4 TH	0239 0854 1512 2113	-7 168 0 142	19 F	0221 0835 1457 2052	17 155 19 125
5 F	0312 0934 1603 2156	10 158 16 118	20 SA	0241 0902 1533 2118	29 145 32 108
6 SA ☾	0349 1024 1712 2259	29 145 33 94	21 SU ☽	0303 0936 1625 2157	42 134 46 90
7 SU S	0438 1142 1905	48 131 42	22 M N	0328 1032 1812	56 123 55
8 M	0143 0627 1344 2121	81 63 128 32	23 TU	0036 0419 1248 2051	76 71 117 46
9 TU	0351 0850 1517 2224	93 60 138 15	24 W	0336 0810 1443 2151	90 73 129 28
10 W	0443 1007 1618 2303	110 43 152 1	25 TH	0413 0936 1545 2228	109 55 147 10
11 TH	0517 1055 1703 2335	126 25 165 -10	26 F	0442 1023 1631 2300	129 34 166 -6
12 F	0545 1132 1741	141 9 174	27 SA	0511 1103 1711 2330	149 13 181 -17
13 SA ●	0002 0611 1205 1814	-16 154 -3 179	28 SU ○E	0540 1140 1750	167 -6 190
14 SU E	0028 0636 1236 1844	-18 163 -11 179	29 M	0001 0610 1216 1827	-23 182 -20 193
15 M	0053 0700 1305 1912	-17 169 -13 175	30 TU P	0032 0642 1254 1903	-25 193 -27 188
			31 W	0104 0715 1332 1940	-20 197 -26 177

4　月

日期	潮时 时分	潮高 cm	日期	潮时 时分	潮高 cm
1 TH	0136 0749 1412 2018	-10 194 -18 159	16 F	0123 0733 1358 2003	17 172 3 138
2 F	0208 0826 1455 2057	4 185 -3 137	17 SA	0145 0758 1429 2030	26 165 13 125
3 SA	0242 0906 1546 2144	21 170 16 114	18 SU N	0208 0827 1506 2105	36 156 25 111
4 SU ☾ S	0319 0955 1654 2257	41 151 35 94	19 M	0236 0904 1558 2200	48 144 38 97
5 M	0409 1111 1849	60 133 46	20 TU ☽	0315 1001 1725	62 132 48
6 TU	0144 0616 1323 2057	89 74 126 39	21 W	0004 0441 1147 1928	90 75 124 47
7 W	0327 0851 1500 2154	104 65 134 27	22 TH	0216 0730 1350 2046	102 73 129 35
8 TH	0411 0956 1600 2230	122 46 147 16	23 F	0310 0857 1503 2134	121 54 143 20
9 F	0442 1038 1644 2259	139 27 158 8	24 SA	0348 0949 1556 2213	143 31 159 7
10 SA	0509 1112 1719 2326	154 11 166 2	25 SU E	0423 1033 1642 2248	164 8 171 -3
11 SU E	0534 1142 1751 2351	167 -1 171 -1	26 M	0458 1113 1724 2323	182 -11 179 -10
12 M ●	0559 1211 1819	175 -9 171	27 TU ○P	0534 1153 1805 2358	197 -25 180 -11
13 TU	0015 0623 1238 1846	0 180 -11 167	28 W	0610 1233 1845	206 -32 175
14 W A	0038 0646 1304 1912	3 180 -10 160	29 TH	0033 0647 1314 1925	-7 207 -30 164
15 TH	0101 0709 1330 1937	9 177 -5 150	30 F	0108 0724 1357 2006	1 201 -20 148

时　区：－0800　　潮高基准面：在平均海面下 76　cm

菲律宾—达　沃

PHILIPPINE－DAVAO

2021 年潮汐表　　7° 05′ N　　125° 38′ E

5 月

日期	潮时 时分	潮高 cm	日期	潮时 时分	潮高 cm
1 SA S	0144 0804 1442 2050	15 189 -4 129	16 SU	0122 0736 1413 2024	32 165 7 121
2 SU	0223 0847 1534 2144	31 171 15 112	17 M	0153 0811 1454 2108	41 157 17 113
3 M ☾	0307 0938 1640 2305	48 150 33 100	18 TU	0233 0854 1546 2207	51 147 28 107
4 TU	0414 1054 1816	64 131 45	19 W ☽	0329 0954 1654 2331	61 136 37 107
5 W	0106 0623 1255 2001	102 71 122 44	20 TH	0459 1117 1821	67 127 41
6 TH	0229 0825 1430 2102	115 60 127 38	21 F	0100 0652 1258 1939	117 62 127 37
7 F	0318 0926 1531 2143	131 42 136 30	22 SA E	0205 0815 1421 2038	133 45 134 28
8 SA E	0354 1008 1616 2216	146 25 145 23	23 SU	0254 0914 1523 2126	152 24 144 18
9 SU	0425 1042 1653 2245	159 12 151 18	24 M	0339 1003 1615 2208	171 2 153 9
10 M	0454 1113 1725 2313	169 1 155 14	25 TU	0421 1049 1703 2249	187 -16 159 3
11 TU ●A	0521 1142 1754 2339	175 -5 155 14	26 W ○P	0502 1134 1748 2329	199 -28 160 1
12 W	0547 1210 1823	178 -8 152	27 TH	0544 1218 1832	205 -33 156
13 TH	0004 0613 1238 1851	15 178 -9 147	28 F S	0009 0625 1302 1916	4 205 -31 147
14 F	0029 0639 1307 1919	19 175 -6 139	29 SA	0049 0707 1347 2000	10 197 -22 137
15 SA N	0055 0706 1338 1950	25 171 -1 131	30 SU	0130 0750 1433 2046	20 184 -8 126
			31 M	0215 0835 1522 2139	33 167 9 117

6 月

日期	潮时 时分	潮高 cm	日期	潮时 时分	潮高 cm
1 TU	0309 0927 1618 2247	46 147 26 112	16 W	0238 0851 1531 2153	43 150 17 120
2 W ☾	0421 1035 1728	56 129 39	17 TH	0335 0944 1622 2252	49 140 27 123
3 TH	0010 0559 1210 1849	114 60 118 45	18 F ☽	0447 1048 1725 2359	51 129 34 130
4 F E	0124 0738 1344 1958	122 52 116 44	19 SA E	0614 1210 1838	48 122 37
5 SA	0220 0844 1452 2049	134 40 121 40	20 SU	0108 0737 1340 1946	141 36 121 35
6 SU	0304 0932 1543 2129	145 27 126 35	21 M	0209 0844 1456 2044	155 20 125 29
7 M	0342 1011 1624 2205	154 16 131 30	22 TU	0304 0942 1558 2136	169 2 131 22
8 TU A	0417 1046 1700 2237	161 7 135 26	23 W P	0354 1034 1651 2224	183 -14 137 16
9 W	0449 1118 1734 2308	166 0 136 24	24 TH ○	0442 1123 1740 2310	193 -26 140 12
10 TH ●	0520 1149 1806 2338	169 -5 136 23	25 F S	0528 1210 1826 2355	198 -31 140 11
11 F	0551 1221 1838	171 -8 133	26 SA	0613 1255 1909	197 -30 138
12 SA N	0008 0622 1255 1911	25 171 -8 130	27 SU	0039 0656 1338 1951	14 191 -23 134
13 SU	0040 0654 1330 1945	28 170 -6 126	28 M	0124 0739 1419 2034	19 180 -12 130
14 M	0114 0729 1407 2023	32 166 0 123	29 TU	0212 0823 1501 2119	26 165 3 127
15 TU	0153 0807 1447 2105	37 159 8 121	30 W	0303 0910 1544 2208	35 147 18 125

7 月

日期	潮时 时分	潮高 cm	日期	潮时 时分	潮高 cm
1 TH ☾ E	0402 1003 1632 2307	43 130 32 125	16 F E	0322 0924 1546 2211	33 145 19 139
2 F	0514 1108 1731	49 115 43	17 SA ☽	0422 1017 1635 2308	37 130 30 141
3 SA	0014 0637 1235 1840	127 50 105 49	18 SU	0538 1127 1739	40 115 40
4 SU	0120 0754 1401 1946	131 44 103 49	19 M	0019 0705 1307 1858	144 35 106 45
5 M A	0216 0856 1509 2041	137 36 106 46	20 TU	0135 0826 1444 2012	152 23 107 43
6 TU	0305 0946 1601 2127	144 26 111 41	21 W P	0243 0935 1556 2117	162 8 115 36
7 W	0348 1028 1644 2208	150 16 116 36	22 TH S	0342 1033 1653 2213	174 -8 123 28
8 TH	0427 1105 1722 2246	157 6 121 32	23 F	0434 1123 1739 2305	184 -20 132 20
9 F N	0503 1141 1757 2323	164 -3 125 28	24 SA ○	0522 1206 1820 2352	190 -27 138 14
10 SA ●	0538 1215 1830 2358	170 -10 128 25	25 SU	0606 1245 1858	192 -28 142
11 SU	0613 1249 1903	174 -14 131	26 M	0036 0647 1322 1933	11 189 -23 144
12 M	0034 0648 1322 1936	23 175 -13 132	27 TU	0118 0727 1356 2008	11 180 -13 145
13 TU	0111 0724 1356 2009	24 173 -9 134	28 W	0200 0805 1428 2043	15 167 -1 144
14 W	0151 0801 1430 2045	25 167 -1 136	29 TH E	0242 0844 1501 2120	22 151 13 142
15 TH	0233 0840 1506 2124	28 157 8 138	30 F	0327 0922 1534 2201	31 133 27 137
			31 SA ☾	0419 1005 1611 2252	42 116 41 132

8 月

日期	潮时 时分	潮高 cm	日期	潮时 时分	潮高 cm
1 SU	0525 1100 1701 2359	50 100 52 127	16 M	0506 1053 1644 2335	37 107 48 145
2 M A	0650 1245 1819	54 89 60	17 TU P	0642 1256 1814	40 94 59
3 TU	0122 0822 1442 1947	127 49 90 61	18 W S	0111 0826 1459 1958	144 31 98 60
4 W	0232 0933 1554 2058	132 37 98 56	19 TH	0236 0944 1609 2120	153 14 112 50
5 TH N	0327 1021 1639 2152	142 23 108 48	20 F	0341 1037 1656 2221	165 -2 126 36
6 F	0412 1059 1715 2236	153 8 119 38	21 SA	0433 1118 1733 2309	176 -14 139 22
7 SA	0451 1132 1746 2315	165 -5 129 29	22 SU ○	0518 1154 1806 2350	184 -20 150 11
8 SU ●	0527 1203 1816 2352	175 -14 137 20	23 M	0558 1226 1836	188 -22 158
9 M	0602 1234 1845	183 -19 145	24 TU	0028 0635 1255 1905	3 186 -18 164
10 TU	0027 0637 1303 1913	13 186 -19 151	25 W E	0104 0710 1323 1933	0 179 -10 166
11 W	0102 0711 1333 1943	9 184 -14 156	26 TH	0139 0742 1350 2001	2 168 1 165
12 TH E	0139 0746 1403 2014	9 176 -6 159	27 F	0213 0814 1415 2030	9 153 14 159
13 F	0218 0822 1434 2050	11 164 5 159	28 SA	0248 0843 1439 2100	20 136 27 151
14 SA	0302 0902 1508 2131	18 147 18 156	29 SU	0326 0913 1503 2134	34 119 40 140
15 SU ☽	0355 0948 1549 2223	27 127 33 150	30 M ☾ A	0412 0948 1529 2219	47 101 54 129
			31 TU	0526 1049 1604 2347	57 85 67 120

时　区：－0800　　　　潮高基准面：在平均海面下 76　cm

菲律宾—达　沃

PHILIPPINE－DAVAO

2021 年潮汐表　　7° 05′ N　　125° 38′ E

9 月

日期	潮时 时分	潮高 cm	日期	潮时 时分	潮高 cm
1 W	0737 1447 1835	58 83 78	16 TH	0058 0835 1520 2019	134 34 104 71
2 TH N	0151 0924 1600 2045	122 43 97 71	17 F	0237 0943 1610 2139	142 19 121 53
3 F	0304 1008 1630 2147	135 26 112 57	18 SA	0342 1026 1644 2228	155 5 138 33
4 SA	0354 1040 1657 2229	150 9 128 41	19 SU	0431 1100 1713 2307	167 -5 154 15
5 SU	0434 1109 1722 2305	166 -4 142 25	20 M ○	0511 1130 1740 2342	176 -10 167 1
6 M	0511 1137 1748 2338	179 -14 156 10	21 TU E	0547 1157 1806	180 -12 176
7 TU ●	0546 1206 1815	188 -19 167	22 W	0014 0620 1223 1832	-9 179 -9 182
8 W E	0012 0620 1234 1842	-1 191 -19 176	23 TH	0045 0651 1248 1857	-12 173 -3 183
9 TH	0046 0654 1302 1911	-8 188 -15 182	24 F	0115 0719 1311 1921	-10 163 6 179
10 F	0122 0729 1332 1943	-10 178 -6 183	25 SA	0143 0746 1334 1946	-2 149 17 171
11 SA P	0200 0805 1402 2017	-5 163 7 179	26 SU A	0212 0812 1355 2010	8 134 29 161
12 SU	0243 0844 1435 2056	5 143 22 169	27 M	0243 0839 1415 2036	21 118 41 149
13 M ☽	0333 0929 1511 2144	19 121 40 156	28 TU	0320 0910 1434 2108	35 102 55 135
14 TU	0442 1038 1558 2256	34 99 59 141	29 W ☾ N	0416 1005 1454 2204	49 86 69 120
15 W S	0629 1324 1748	42 90 75	30 TH	0618	56

10 月

日期	潮时 时分	潮高 cm	日期	潮时 时分	潮高 cm
1 F	0044 0840 1535 2037	114 45 102 78	16 SA	0231 0919 1544 2138	130 23 130 44
2 SA	0231 0929 1558 2133	125 29 120 58	17 SU	0335 0959 1615 2219	142 13 147 22
3 SU	0328 1003 1621 2211	142 13 138 37	18 M	0421 1031 1643 2254	153 5 163 4
4 M	0411 1033 1646 2245	159 0 156 16	19 TU E	0459 1100 1710 2326	161 1 175 -9
5 TU	0449 1102 1713 2319	172 -9 173 -3	20 W ○	0533 1127 1736 2355	164 -1 183 -18
6 W ●E	0525 1132 1741 2353	181 -15 187 -17	21 TH	0604 1152 1801	164 0 186
7 TH	0601 1202 1811	184 -16 197	22 F	0024 0633 1217 1825	-21 159 4 185
8 F P	0029 0638 1232 1843	-26 180 -12 201	23 SA	0051 0700 1240 1850	-19 150 11 180
9 SA	0106 0715 1304 1916	-28 170 -3 198	24 SU A	0119 0727 1303 1914	-13 139 19 172
10 SU	0146 0753 1336 1952	-21 153 10 189	25 M	0147 0754 1325 1938	-4 127 30 162
11 M	0229 0835 1410 2032	-8 133 27 174	26 TU N	0217 0824 1348 2006	7 114 41 150
12 TU S	0320 0926 1448 2119	9 112 46 154	27 W	0254 0903 1415 2039	20 101 54 136
13 W ☽	0427 1051 1542 2231	27 95 66 134	28 TH ☾	0345 1008 1452 2131	33 89 68 122
14 TH	0615 1333 1805	38 95 79	29 F	0512 1252 1641 2324	43 89 81 111
15 F	0046 0817 1501 2037	123 34 111 66	30 SA	0715 1422 1949	41 103 73
			31 SU	0138 0829 1502 2057	115 31 122 52

11 月

日期	潮时 时分	潮高 cm	日期	潮时 时分	潮高 cm
1 M	0250 0914 1534 2140	128 19 141 29	16 TU	0403 0957 1610 2233	133 15 158 0
2 TU E	0341 0951 1605 2219	143 7 161 6	17 W	0443 1029 1641 2306	139 10 167 -12
3 W	0425 1025 1637 2256	155 -2 179 -15	18 TH	0518 1059 1710 2337	142 7 173 -19
4 TH ●	0506 1059 1710 2335	163 -9 193 -31	19 F ○	0550 1127 1738	142 6 175
5 F P	0546 1133 1746	165 -11 203	20 SA	0006 0619 1154 1805	-22 139 8 174
6 SA	0014 0626 1208 1822	-40 162 -9 205	21 SU A	0035 0648 1220 1832	-22 133 12 170
7 SU	0055 0707 1244 1900	-41 152 -2 200	22 M N	0104 0718 1247 1900	-19 126 18 164
8 M S	0138 0750 1321 1940	-34 139 10 188	23 TU	0135 0749 1315 1929	-14 118 25 157
9 TU	0223 0836 1401 2023	-21 123 26 170	24 W	0209 0824 1345 2002	-6 109 35 147
10 W	0315 0932 1448 2113	-3 108 43 149	25 TH	0247 0906 1423 2040	4 102 44 136
11 TH ☽	0417 1054 1557 2223	15 98 59 128	26 F	0333 1001 1514 2131	15 97 54 124
12 F	0544 1246 1803	28 100 66	27 SA ☾	0432 1117 1635 2243	25 96 61 113
13 SA	0018 0726 1408 2008	115 32 113 53	28 SU	0551 1244 1830	31 104 58
14 SU	0204 0835 1459 2112	116 27 129 34	29 M	0023 0713 1350 2000	108 30 118 43
15 M E	0313 0921 1537 2157	124 21 144 15	30 TU E	0158 0816 1440 2101	112 24 136 23

12 月

日期	潮时 时分	潮高 cm	日期	潮时 时分	潮高 cm
1 W	0306 0905 1524 2151	121 16 154 1	16 TH	0425 1000 1618 2251	113 19 149 -3
2 TH	0401 0950 1606 2237	130 6 171 -19	17 F	0505 1036 1653 2326	117 15 155 -11
3 F	0451 1031 1648 2322	137 -2 186 -35	18 SA A	0540 1110 1726 2359	120 11 159 -18
4 SA ●P	0537 1112 1730	140 -6 195	19 SU ○	0613 1142 1758	121 10 161
5 SU	0007 0621 1154 1812	-45 140 -7 198	20 M N	0031 0645 1213 1829	-22 120 10 162
6 M S	0051 0706 1235 1855	-47 136 -4 194	21 TU	0103 0716 1245 1900	-23 118 12 161
7 TU	0136 0750 1318 1938	-43 128 4 184	22 W	0135 0748 1317 1932	-22 116 15 158
8 W	0222 0836 1404 2023	-32 120 15 168	23 TH	0208 0821 1352 2006	-18 113 19 152
9 TH	0309 0927 1456 2112	-17 112 27 149	24 F	0242 0856 1430 2042	-11 111 25 144
10 F	0400 1026 1559 2210	0 107 38 128	25 SA	0318 0935 1514 2123	-1 110 30 134
11 SA ☽	0500 1139 1723 2329	16 106 45 112	26 SU	0358 1021 1609 2212	9 110 36 122
12 SU E	0614 1256 1904	27 111 42	27 M ☾ E	0447 1117 1723 2316	19 112 39 109
13 M	0109 0730 1401 2027	103 31 121 32	28 TU	0552 1228 1854	27 118 35
14 TU	0233 0831 1454 2126	104 29 132 19	29 W	0048 0708 1341 2019	100 29 129 23
15 W	0336 0919 1538 2212	108 25 141 7	30 TH	0228 0818 1447 2128	99 26 143 5
			31 F	0344 0919 1544 2227	105 18 159 -14

时　区：－0800　　　　潮高基准面：在平均海面下 76 cm

菲律宾—霍洛岛(和乐)

PHILIPPINE－JOLO

2021 年潮汐表　　　　6° 04′ N　　　　121° 00′ E

1 月

日期	潮时 时分	潮高 cm	日期	潮时 时分	潮高 cm
1 F	0521 0907 1255 2145	-7 3 -11 113	16 SA	0633 0954 1431 2219	2 10 -12 105
2 SA	0555 0936 1331 2222	-4 4 -12 111	17 SU	0642 1023 1528 2254	9 18 -4 94
3 SU	0631 1013 1408 2259	-1 8 -9 106	18 M	0645 1100 1629 2327	14 25 6 81
4 M	0706 1100 1451 2338	4 13 -2 96	19 TU E	0652 1145 1731 2358	18 33 17 67
5 TU	0735 1201 1545	9 21 9	20 W ☽	0702 1243 1846	20 40 28
6 W ☾ E	0019 0758 1320 1743	81 13 32 23	21 TH A	0024 0706 1411 2111	53 21 48 35
7 TH	0102 0815 1501 2100	62 15 48 31	22 F	0038 0649 1551	40 20 59
8 F	0151 0828 1621	42 14 67	23 SA	0617 1650	16 70
9 SA P	0048 0334 0841 1717	20 22 11 87	24 SU	0557 1739	10 79
10 SU	0248 0603 0902 1807	3 8 5 103	25 M	0433 1824	4 88
11 M	0339 0749 0950 1855	-9 0 -2 115	26 TU N	0354 1906	-2 96
12 TU S	0424 0828 1054 1940	-16 -5 -8 121	27 W	0405 1945	-6 103
13 W ●	0506 0849 1152 2023	-17 -6 -13 123	28 TH ○	0421 0837 1129 2023	-8 3 -2 109
14 TH	0542 0908 1246 2104	-13 -3 -16 121	29 F	0440 0845 1220 2059	-8 6 -7 112
15 F	0612 0929 1338 2142	-6 3 -16 114	30 SA	0459 0907 1304 2134	-6 11 -10 111
			31 SU	0518 0935 1347 2209	-2 18 -10 106

2 月

日期	潮时 时分	潮高 cm	日期	潮时 时分	潮高 cm
1 M	0535 1007 1436 2243	3 27 -5 95	16 TU	0508 1031 1652 2258	15 47 7 67
2 TU E	0549 1046 1539 2317	8 37 3 80	17 W	0518 1103 1736 2320	17 54 16 53
3 W P	0600 1132 1711 2348	12 48 14 60	18 TH A	0520 1142 1838 2331	18 59 24 40
4 TH ☾	0607 1230 1914	12 58 24	19 F ☽	0505 1233	17 62
5 F	0011 0610 1352	39 10 69	20 SA	0443 1354	13 64
6 SA	0610 1530	5 81	21 SU	0430 1543	7 69
7 SU	0550 1648	-1 94	22 M	0413 1703	1 77
8 M S	0337 1752	-8 103	23 TU N	0335 1803	-3 85
9 TU	0356 1847	-13 110	24 W	0329 1851	-6 94
10 W	0422 0833 1056 1934	-13 -2 -5 112	25 TH	0336 1932	-8 101
11 TH ●	0445 0839 1214 2017	-9 4 -8 111	26 F	0348 0817 1139 2010	-7 11 2 106
12 F	0501 0855 1325 2055	-3 12 -9 107	27 SA ○	0400 0827 1241 2045	-4 19 -3 106
13 SA	0506 0915 1432 2130	3 22 -9 100	28 SU	0412 0849 1336 2120	0 29 -7 100
14 SU	0501 0938 1526 2202	8 31 -6 91			
15 M E	0500 1003 1611 2232	12 40 0 80			

3 月

日期	潮时 时分	潮高 cm	日期	潮时 时分	潮高 cm
1 M E	0420 0917 1434 2153	5 42 -7 89	16 TU	0342 0934 1609 2204	13 63 0 61
2 TU P	0424 0949 1537 2224	9 55 -3 72	17 W	0353 1000 1642 2225	14 70 5 49
3 W	0423 1025 1645 2251	11 68 4 53	18 TH A	0355 1029 1720 2237	15 74 11 37
4 TH	0422 1107 1813 2308	9 77 13 33	19 F	0341 1102 1819 2228	13 76 18 26
5 F	0423 1158	4 84	20 SA	0321 1143	9 75
6 SA ☾	0426 1307	-3 87	21 SU ☽	0310 1241	4 72
7 SU S	0425 1442	-8 89	22 M N	0301 1423	-1 71
8 M	0353 1618	-11 92	23 TU	0243 1610	-5 75
9 TU	0322 1738	-11 96	24 W	0233 1729	-7 82
10 W	0328 1838	-9 98	25 TH	0235 1825	-7 89
11 TH	0338 0809 1132 1926	-4 12 4 98	26 F	0242 0759 1023 1910	-5 16 14 94
12 F	0343 0816 1302 2005	1 22 1 95	27 SA	0251 0743 1215 1950	-1 26 7 94
13 SA ●	0340 0832 1407 2040	6 34 -2 90	28 SU ○E	0258 0800 1326 2027	3 40 0 88
14 SU E	0331 0851 1455 2111	10 45 -3 82	29 M	0300 0826 1425 2102	8 56 -6 76
15 M	0333 0912 1535 2139	12 55 -2 73	30 TU P	0257 0855 1522 2134	11 72 -8 60
			31 W	0251 0929 1623 2201	10 87 -5 41

4 月

日期	潮时 时分	潮高 cm	日期	潮时 时分	潮高 cm
1 TH	0248 1005 1742 2219	5 98 0 23	16 F	0226 1003 1703 2150	8 91 5 20
2 F	0251 1046 1944 2206	-3 103 7 9	17 SA	0212 1037 1811 2119	4 90 12 14
3 SA	0302 1135	-11 103	18 SU N	0208 1116	-1 86
4 SU ☾ S	0316 1236	-15 97	19 M	0210 1207	-4 82
5 M	0324 1358	-15 90	20 TU ☽	0203 1322	-6 78
6 TU	0252 1537	-11 85	21 W	0141 1458	-6 77
7 W	0226 1714	-6 83	22 TH	0131 1632	-5 78
8 TH	0222 0750 1011 1822	0 18 16 81	23 F	0131 1745	-2 80
9 F	0218 0737 1216 1908	6 31 13 79	24 SA	0134 0656 1114 1841	2 31 19 79
10 SA	0210 0747 1327 1946	10 44 8 74	25 SU E	0136 0706 1250 1927	6 47 9 72
11 SU E	0205 0803 1417 2018	11 56 4 67	26 M	0135 0732 1357 2008	10 65 -1 60
12 M ●	0210 0821 1456 2046	12 67 1 59	27 TU ○P	0131 0802 1502 2045	12 85 -9 44
13 TU	0221 0842 1529 2112	12 77 -1 50	28 W	0127 0835 1612 2116	8 101 -12 27
14 W A	0232 0906 1557 2132	11 84 -1 40	29 TH	0128 0911 1725 2138	1 114 -11 11
15 TH	0236 0933 1627 2147	10 89 1 30	30 F	0137 0950 1846 2140	-9 120 -7 0

时　区：－0800　　　　潮高基准面：在平均海面下 34　cm

菲律宾—霍洛岛(和乐)

PHILIPPINE－JOLO

2021 年潮汐表　　6° 04′ N　　121° 00′ E

5 月

日期	潮时 时分	潮高 cm	日期	潮时 时分	潮高 cm
1 SA S	0154 1032	-17 119	16 SU	0124 1023	-4 99
2 SU	0220 1119	-22 112	17 M	0139 1103	-7 96
3 M ☾	0246 1213	-20 101	18 TU	0156 1150	-7 91
4 TU	0301 1319	-13 88	19 W ☽	0154 1246	-5 86
5 W	0138 1438	-3 77	20 TH	0030 1356	-1 80
6 TH	0108 1619	4 68	21 F	0014 1521	2 73
7 F	0057 0657 1057 1745	10 35 26 62	22 SA E	0010 0608 0904 1654	6 32 29 65
8 SA E	0048 0700 1235 1838	12 49 21 57	23 SU	0009 0606 1155 1809	10 50 20 55
9 SU	0046 0713 1336 1918	13 63 14 51	24 M	0007 0633 1324 1907	13 70 7 43
10 M	0052 0730 1421 1951	12 75 8 43	25 TU	0005 0706 1445 1955	12 90 -6 28
11 TU ● A	0103 0751 1456 2019	11 85 2 35	26 W ○ P	0006 0742 1600 2035	7 109 -15 13
12 W	0115 0815 1525 2042	9 93 -2 27	27 TH	0014 0820 1704 2103	-2 122 -19 0
13 TH	0122 0843 1551 2100	7 98 -4 20	28 F S	0032 0859 1806 2118	-12 130 -17 -8
14 F	0120 0913 1622 2110	4 101 -3 13	29 SA	0100 0940	-21 130
15 SA N	0117 0946 1706 2108	0 101 1 8	30 SU	0135 1022	-25 124
			31 M	0212 1107	-23 113

6 月

日期	潮时 时分	潮高 cm	日期	潮时 时分	潮高 cm
1 TU	0245 1154	-16 99	16 W	0216 1135	-6 98
2 W ☾	0306 1244 2352	-3 84 9	17 TH	0250 1220 2155	1 89 8
3 TH	1339 2332	69 14	18 F ☽	1311 2203	77 11
4 F E	0610 0833 1444 2322	33 31 56 16	19 SA E	1415 2211	61 14
5 SA	0604 1118 1617 2322	49 32 45 16	20 SU	0445 1029 1553 2216	48 29 43 15
6 SU	0617 1251 1745 2330	64 24 36 14	21 M	0524 1252 1741 2221	69 15 28 13
7 M	0635 1357 1842 2343	76 16 28 12	22 TU	0604 1434 1902 2229	89 -1 14 7
8 TU A	0658 1446 1925 2357	86 7 21 9	23 W P	0646 1542 2004 2250	107 -14 3 -2
9 W	0725 1522 1957	95 1 15	24 TH ○	0728 1638 2043 2325	122 -22 -6 -11
10 TH ●	0008 0756 1550 2020	6 101 -4 10	25 F S	0810 1730 2103	130 -22 -11
11 F	0014 0828 1619 2036	2 105 -6 6	26 SA	0008 0852 1822 2116	-19 132 -17 -11
12 SA N	0025 0902 1653 2049	-3 107 -5 4	27 SU	0054 0934 1919 2128	-24 128 -9 -7
13 SU	0046 0938 1738 2100	-7 107 -2 3	28 M	0140 1015	-23 119
14 M	0113 1015 1834 2110	-9 106 1 3	29 TU	0225 1055	-17 107
15 TU	0144 1054	-9 103	30 W	0308 1134 2057 2349	-5 92 15 18

7 月

日期	潮时 时分	潮高 cm	日期	潮时 时分	潮高 cm
1 TH ☾ E	0355 1212 2047	10 76 19	16 F E	0332 1154 1914	9 81 12
2 F	0130 0634 1249 2051	29 26 61 20	17 SA ☽	0036 0511 1231 1929	35 21 63 14
3 SA	0425 0858 1322 2105	43 35 46 19	18 SU	0202 0810 1310 1937	48 30 42 14
4 SU	0459 2122	58 18	19 M	0338 1934	65 11
5 M A	0529 2131	71 16	20 TU	0445 1445	83 2
6 TU	0600 1535	81 10	21 W P	0541 1527	100 -12
7 W	0633 1549	90 2	22 TH S	0632 1610	113 -20
8 TH	0708 1608	97 -3	23 F	0720 1652 2050 2314	122 -21 -9 -13
9 F N	0744 1627 2044 2323	102 -6 1 -1	24 SA ○	0805 1729 2057	126 -17 -6
10 SA ●	0820 1645 2042	106 -7 2	25 SU	0017 0847 1756 2114	-17 124 -9 1
11 SU	0006 0856 1705 2059	-5 109 -5 4	26 M	0115 0927 1811 2137	-18 118 1 11
12 M	0044 0931 1729 2126	-8 110 -3 7	27 TU	0216 1004 1809 2207	-15 108 8 21
13 TU	0121 1006 1756 2200	-10 109 0 12	28 W	0325 1039 1802 2242	-7 95 14 31
14 W	0158 1042 1824 2242	-7 104 4 18	29 TH E	0434 1111 1807 2325	3 80 17 40
15 TH	0240 1117 1851 2332	-2 95 8 25	30 F	0536 1140 1818	15 65 18
			31 SA ☾	0017 0650 1203 1824	47 26 50 18

8 月

日期	潮时 时分	潮高 cm	日期	潮时 时分	潮高 cm
1 SU	0129 0912 1205 1810	54 33 36 16	16 M	0102 1726	71 4
2 M A	0314 1737	62 12	17 TU P	0236 1654	80 -3
3 TU	0430 1712	71 6	18 W S	0407 1522	91 -11
4 W	0525 1646	79 1	19 TH	0520 1539	101 -17
5 TH N	0613 1621	87 -4	20 F	0622 1605	109 -16
6 F	0656 1618	94 -6	21 SA	0714 1628 2027 2339	113 -12 2 -6
7 SA	0735 1620 2051 2315	100 -6 4 2	22 SU ○	0759 1643 2038	113 -4 12
8 SU ●	0812 1626 2037	105 -5 8	23 M	0059 0839 1645 2058	-9 108 3 24
9 M	0014 0846 1636 2054	-3 108 -3 15	24 TU	0214 0915 1634 2122	-9 100 9 36
10 TU	0059 0920 1649 2120	-6 107 0 23	25 W E	0315 0948 1628 2148	-7 90 13 47
11 W	0142 0953 1705 2151	-7 103 4 33	26 TH	0406 1018 1635 2217	-2 77 14 56
12 TH E	0230 1025 1719 2226	-4 93 8 42	27 F	0451 1044 1646 2249	5 63 15 63
13 F	0329 1056 1730 2306	3 78 11 52	28 SA	0538 1105 1651 2326	13 49 15 66
14 SA	0448 1125 1735 2356	12 60 12 62	29 SU	0645 1113 1638	22 36 14
15 SU ☽	0633 1146 1734	21 39 10	30 M ☾ A	0011 1610	68 10
			31 TU	0117 1551	68 4

时　区：－0800　　　　潮高基准面：在平均海面下 34　cm

菲律宾—霍洛岛(和乐)

PHILIPPINE－JOLO

2021 年潮汐表　　6° 04′ N　　121° 00′ E

9 月

日期	潮时时分	潮高 cm	日期	潮时时分	潮高 cm
1 W	0306 1542	70 -2	16 TH	0325 1500	93 -15
2 TH N	0441 1536	75 -5	17 F	0457 1506	95 -11
3 F	0549 1531	82 -6	18 SA	0609 1515 2002 2243	97 -5 11 7
4 SA	0638 1529	89 -5	19 SU	0703 1518 1958	96 2 23
5 SU	0719 1530 2011 2338	96 -3 14 7	20 M ○	0034 0746 1510 2014	4 93 8 37
6 M	0755 1534 2012	99 0 23	21 TU E	0150 0823 1458 2035	0 86 11 51
7 TU ●	0048 0830 1541 2033	2 99 3 35	22 W	0246 0856 1459 2058	-2 78 12 63
8 W E	0143 0903 1549 2100	-3 95 6 48	23 TH	0331 0926 1510 2122	-3 67 13 73
9 TH	0236 0935 1555 2130	-4 84 9 61	24 F	0410 0952 1522 2148	-1 55 13 79
10 F	0330 1005 1556 2204	-3 69 11 73	25 SA	0447 1013 1527 2217	3 43 12 83
11 SA P	0429 1032 1553 2243	2 50 9 83	26 SU A	0529 1024 1514 2249	9 31 10 84
12 SU	0547 1050 1549 2328	9 31 4 89	27 M	0639 1009 1448 2327	16 21 6 81
13 M ☽	1547	-3	28 TU	1433	1
14 TU	0025 1542	91 -10	29 W ☾ N	0017 1428	77 -4
15 W S	0146 1517	92 -14	30 TH	0138 1427	74 -6

10 月

日期	潮时时分	潮高 cm	日期	潮时时分	潮高 cm
1 F	0328 1426	74 -6	16 SA	0417 1357	84 0
2 SA	0500 1422	78 -4	17 SU	0543 1348 1918 2339	79 6 31 18
3 SU	0603 1420	83 -1	18 M	0641 1336 1928	75 10 47
4 M	0650 1421 1928	87 3 30	19 TU E	0109 0725 1330 1946	13 69 12 62
5 TU	0019 0731 1425 1943	13 86 6 45	20 W ○	0209 0801 1336 2008	7 61 11 75
6 W ●E	0126 0808 1428 2008	5 81 9 61	21 TH	0257 0832 1349 2031	3 52 10 85
7 TH	0221 0843 1428 2038	-2 70 11 77	22 F	0335 0900 1402 2055	0 42 9 92
8 F P	0316 0916 1423 2110	-6 55 10 92	23 SA	0407 0922 1410 2123	-1 32 8 96
9 SA	0416 0944 1418 2146	-6 37 5 103	24 SU A	0440 0936 1402 2153	0 23 6 98
10 SU	0533 1003 1418 2225	-3 19 -3 110	25 M	0523 0935 1345 2226	4 14 2 96
11 M	0722 0957 1426 2310	1 5 -12 110	26 TU N	1338 2304	-3 92
12 TU S	1440	-18	27 W	1342 2350	-6 87
13 W ☽	0004 1453	106 -19	28 TH ☾	1345	-7
14 TH	0113 1437	98 -15	29 F	0052 1332	82 -6
15 F	0238 1406	90 -8	30 SA	0212 1316	78 -2
			31 SU	0342 1307	76 1

11 月

日期	潮时时分	潮高 cm	日期	潮时时分	潮高 cm
1 M	0507 1305 1843 2250	75 5 33 26	16 TU	0011 0601 1209 1854	25 52 13 68
2 TU E	0610 1305 1848	71 9 50	17 W	0128 0652 1218 1916	18 44 11 81
3 W	0040 0702 1305 1913	16 64 11 68	18 TH	0227 0732 1233 1940	11 36 9 91
4 TH ●	0149 0746 1303 1944	4 53 12 87	19 F ○	0312 0806 1248 2006	4 28 7 98
5 F P	0257 0826 1259 2017	-5 38 9 104	20 SA	0347 0833 1300 2034	0 20 5 103
6 SA	0411 0859 1258 2053	-12 22 1 118	21 SU A	0417 0852 1302 2105	-3 13 2 105
7 SU	0523 0924 1305 2132	-14 6 -9 125	22 M N	0452 0859 1258 2138	-2 8 -2 105
8 M S	0639 0929 1323 2213	-12 -5 -19 126	23 TU	0544 0848 1304 2214	1 4 -6 103
9 TU	1350 2259	-25 121	24 W	1322 2253	-8 99
10 W	1423 2349	-24 111	25 TH	1346 2336	-8 95
11 TH ☽	1452	-17	26 F	1406	-4
12 F	0047 1421	98 -5	27 SA ☾	0025 1221	89 2
13 SA	0152 1244	84 4	28 SU	0121 1147	82 6
14 SU	0310 1224 1833 2157	71 11 34 29	29 M	0229 1138	73 9
15 M E	0447 1211 1836	60 13 52	30 TU E	0356 1136 1743 2328	62 12 50 26

12 月

日期	潮时时分	潮高 cm	日期	潮时时分	潮高 cm
1 W	0526 1136 1811	50 14 69	16 TH	0219 0606 1109 1846	18 23 11 89
2 TH	0109 0637 1135 1846	12 37 13 89	17 F	0318 0712 1130 1916	9 16 8 97
3 F	0240 0734 1134 1923	-2 23 9 108	18 SA A	0355 0803 1148 1947	2 10 5 102
4 SA ●P	0357 0821 1139 2002	-14 9 0 122	19 SU ○	0424 0831 1200 2021	-2 6 2 105
5 SU	0500 0855 1157 2042	-21 -4 -11 132	20 M N	0451 0840 1213 2055	-4 3 -2 107
6 M S	0601 0912 1229 2124	-21 -13 -21 135	21 TU	0518 0844 1235 2131	-3 2 -6 107
7 TU	1309 2207	-27 131	22 W	0551 0851 1304 2207	-1 2 -8 106
8 W	1352 2251	-27 121	23 TH	0630 0908 1337 2243	2 4 -8 104
9 TH	1434 2336	-20 107	24 F	0714 0948 1412 2321	6 7 -5 99
10 F	1514	-7	25 SA	0758 1111 1450	8 11 2
11 SA ☽	0022 1114 1314 1539	91 11 13 11	26 SU	0001 0834 1242 1537	91 11 18 13
12 SU E	0109 1042 1710 1945	75 16 31 29	27 M ☾E	0044 0900 1425 1733	79 14 29 27
13 M	0159 1028 1725 2237	59 17 50 34	28 TU	0134 0918 1558 2127	63 16 46 32
14 TU	0258 1032 1751	44 16 66	29 W	0246 0928 1652	44 17 65
15 W	0040 0435 1048 1819	27 32 13 79	30 TH	0027 0448 0930 1739	19 26 15 85
			31 F	0228 0640 0930 1824	2 12 9 103

时　区：－0800　　　　潮高基准面：在平均海面下 34　cm

加里曼丹—山打根

KALIMANTAN－SANDAKAN

2021 年潮汐表　　5° 50′ N　　118° 07′ E

1 月

日期	潮时 时分	潮高 cm	日期	潮时 时分	潮高 cm
1 F	0636 1422 1728	29 131 119	16 SA	0021 0710 1442 1839	264 37 134 101
2 SA	0019 0713 1451 1805	258 34 130 117	17 SU	0057 0741 1454 1919	250 47 140 100
3 SU	0050 0750 1516 1848	252 40 132 116	18 M	0131 0810 1509 1959	231 57 148 103
4 M	0124 0830 1544 1937	242 50 138 116	19 TU E	0204 0839 1534 2043	210 69 156 110
5 TU	0203 0914 1620 2037	225 63 148 118	20 W ☽	0238 0908 1609 2141	187 82 162 116
6 W ☾ E	0252 1004 1704 2200	204 78 160 120	21 TH A	0318 0938 1656 2323	163 96 167 119
7 TH	0403 1102 1755 2357	178 93 175 112	22 F	0419 1009 1758	141 111 172
8 F	0553 1207 1852	155 107 193	23 SA	0135 0727 1046 1914	107 126 124 182
9 SA P	0145 0840 1309 1950	90 145 117 212	24 SU	0246 2018	87 195
10 SU	0258 1027 1404 2045	64 145 124 233	25 M	0330 1135 1407 2106	68 139 136 211
11 M	0354 1139 1454 2134	43 145 127 251	26 TU N	0407 1207 1501 2147	51 141 134 228
12 TU S	0442 1238 1542 2220	29 142 125 264	27 W	0443 1235 1544 2226	38 140 129 242
13 W ●	0524 1326 1629 2302	22 137 120 271	28 TH ○	0517 1300 1624 2303	30 138 121 252
14 TH	0603 1402 1714 2343	23 133 113 271	29 F	0551 1319 1703 2340	26 136 111 257
15 F	0638 1427 1757	29 131 106	30 SA	0625 1335 1742	27 138 102
			31 SU	0015 0658 1349 1822	255 31 143 93

2 月

日期	潮时 时分	潮高 cm	日期	潮时 时分	潮高 cm
1 M	0051 0731 1408 1904	247 39 151 87	16 TU	0116 0730 1354 1940	210 58 171 77
2 TU E	0126 0805 1433 1949	231 50 162 86	17 W	0143 0752 1419 2015	190 67 178 82
3 W P	0203 0838 1505 2040	209 64 174 88	18 TH A	0210 0812 1448 2057	169 79 181 90
4 TH ☾	0244 0911 1545 2147	182 81 184 92	19 F ☽	0239 0826 1521 2158	147 92 181 97
5 F	0339 0943 1635 2331	151 98 193 93	20 SA	0321 0825 1603	126 104 179
6 SA	0600 1012 1743	124 114 201	21 SU	0020 1711	98 178
7 SU	0150 1909	79 211	22 M	0233 1905	82 183
8 M S	0316 2026	58 226	23 TU N	0321 2028	64 198
9 TU	0407 1210 1447 2126	41 139 130 240	24 W	0357 1239 1452 2123	48 141 137 216
10 W	0445 1234 1550 2216	31 139 118 251	25 TH	0429 1222 1543 2209	36 139 124 232
11 TH ●	0518 1255 1639 2259	28 138 105 256	26 F	0501 1223 1624 2251	29 140 107 242
12 F	0548 1311 1721 2339	30 139 91 253	27 SA ○	0532 1228 1702 2332	26 144 89 245
13 SA	0616 1320 1758	35 143 81	28 SU	0603 1239 1741	28 153 73
14 SU	0014 0642 1326 1833	243 42 151 75			
15 M E	0047 0707 1336 1906	229 50 161 74			

3 月

日期	潮时 时分	潮高 cm	日期	潮时 时分	潮高 cm
1 M E	0012 0633 1256 1820	239 34 165 60	16 TU	0037 0629 1248 1848	197 57 185 49
2 TU P	0050 0703 1319 1901	224 45 180 53	17 W	0103 0649 1310 1919	179 64 194 51
3 W	0127 0731 1346 1945	202 58 194 53	18 TH A	0128 0707 1334 1952	161 73 198 55
4 TH	0203 0756 1417 2033	175 72 204 58	19 F	0151 0720 1359 2030	143 82 199 62
5 F	0240 0816 1453 2135	144 87 210 68	20 SA	0218 0724 1425 2117	125 92 196 71
6 SA ☾	0334 0820 1538 2323	115 100 209 76	21 SU ☽	0256 0651 1452 2242	108 99 190 80
7 SU S	1644	204	22 M N	1531	182
8 M	0251 1834	64 202	23 TU	0212 1722	72 176
9 TU	0336 2013	48 211	24 W	0300 1937	57 184
10 W	0405 1146 1502 2120	38 140 121 222	25 TH	0333 1202 1447 2053	45 141 133 200
11 TH	0432 1154 1556 2211	34 143 101 229	26 F	0403 1120 1534 2148	35 141 111 214
12 F	0457 1205 1638 2255	34 146 83 230	27 SA	0433 1123 1613 2238	31 148 86 221
13 SA ●	0522 1214 1713 2333	38 153 68 224	28 SU ○E	0502 1131 1652 2325	32 161 61 219
14 SU E	0546 1222 1746	44 162 57	29 M	0532 1148 1732	38 177 41
15 M	0007 0608 1232 1817	212 51 173 51	30 TU P	0010 0600 1212 1812	207 48 195 28
			31 W	0055 0627 1240 1854	187 60 212 22

4 月

日期	潮时 时分	潮高 cm	日期	潮时 时分	潮高 cm
1 TH	0139 0650 1309 1938	160 74 225 25	16 F	0130 0621 1300 1934	132 84 214 33
2 F	0227 0709 1341 2027	132 85 231 35	17 SA	0157 0628 1324 2011	117 91 212 40
3 SA	0348 0712 1417 2131	106 95 229 49	18 SU N	0233 0614 1346 2055	104 97 206 50
4 SU ☾ S	1501 2349	218 60	19 M	1409 2202	198 61
5 M	1606	202	20 TU ☽	1441	188
6 TU	0243 1803	51 189	21 W	0055 1606	64 176
7 W	0311 1058 1349 1954	44 139 129 190	22 TH	0211 1838	55 174
8 TH	0335 1053 1502 2108	41 145 106 196	23 F	0249 1038 1424 2016	47 140 122 182
9 F	0359 1101 1549 2202	42 152 83 199	24 SA	0322 1014 1514 2127	43 149 93 190
10 SA	0423 1111 1626 2247	45 161 64 197	25 SU E	0354 1019 1556 2227	43 165 62 192
11 SU E	0447 1122 1659 2327	51 171 49 189	26 M	0424 1038 1638 2324	49 184 35 184
12 M ●	0509 1134 1730	57 182 39	27 TU ○P	0454 1104 1720	59 205 15
13 TU	0002 0530 1151 1800	177 64 194 32	28 W	0019 0521 1134 1803	169 71 225 3
14 W A	0034 0549 1212 1830	162 71 204 29	29 TH	0115 0546 1207 1847	147 82 239 2
15 TH	0103 0607 1236 1901	147 77 211 29	30 F	0219 0607 1241 1933	124 91 247 8

时　区：－0800　　　　潮高基准面：在平均海面下 131　cm

加里曼丹—山打根

KALIMANTAN－SANDAKAN

2021年潮汐表　　5° 50′ N　　118° 07′ E

5　月

日期	潮时 时分	潮高 cm	日期	潮时 时分	潮高 cm
1 SA S	0348 0616 1316 2025	105 98 247 21	16 SU	0306 0536 1300 1959	105 101 220 28
2 SU	1355 2130	237 37	17 M	1324 2042	214 38
3 M ☾	1442 2323	218 49	18 TU	1351 2140	204 49
4 TU	1546	196	19 W ☽	1430 2312	192 57
5 W	0127 1727	51 176	20 TH	1549	177
6 TH	0211 0942 1338 1920	51 141 117 168	21 F	0051 1751	58 167
7 F	0244 0950 1446 2046	53 152 94 168	22 SA E	0148 0847 1350 1938	58 145 107 165
8 SA E	0313 1004 1531 2149	56 163 72 167	23 SU	0231 0858 1450 2109	60 164 75 165
9 SU	0340 1019 1608 2239	62 175 54 164	24 M	0307 0922 1538 2226	66 186 44 161
10 M	0405 1036 1641 2323	68 187 39 157	25 TU	0340 0953 1625 2335	75 209 18 152
11 TU ●A	0428 1055 1712	75 199 28	26 W ○P	0411 1028 1710	85 230 1
12 W	0003 0450 1117 1743	147 82 210 20	27 TH	0042 0440 1105 1756	138 95 247 -6
13 TH	0042 0509 1143 1814	136 88 219 17	28 F S	0153 0506 1143 1843	123 101 257 -4
14 F	0121 0525 1210 1847	124 93 223 17	29 SA	0314 0527 1223 1930	111 104 259 5
15 SA N	0204 0537 1236 1921	114 98 224 21	30 SU	1303 2020	252 18
			31 M	1345 2114	237 33

6　月

日期	潮时 时分	潮高 cm	日期	潮时 时分	潮高 cm
1 TU	1432 2218	215 47	16 W	1349 2118	210 45
2 W ☾	1528 2335	190 58	17 TH	1433 2216	196 55
3 TH	0752 1110 1644	133 122 167	18 F ☽	0606 0910 1542 2326	127 119 178 66
4 F E	0043 0816 1304 1822	66 146 110 151	19 SA E	0636 1123 1718	142 114 161
5 SA	0135 0841 1418 2009	71 159 91 143	20 SU	0033 0712 1316 1910	75 161 93 148
6 SU	0215 0905 1508 2134	77 172 70 141	21 M	0128 0753 1429 2112	84 182 64 142
7 M	0250 0929 1548 2234	83 185 52 140	22 TU	0213 0836 1526 2244	93 205 36 138
8 TU A	0320 0954 1622 2325	89 198 37 136	23 W P	0253 0920 1617	102 227 15
9 W	0346 1022 1655	95 211 25	24 TH ○	0002 0329 1004 1706	132 108 246 3
10 TH ●	0011 0410 1051 1729	131 100 221 18	25 F S	0115 0405 1048 1753	125 111 259 -1
11 F	0058 0432 1121 1802	124 104 229 15	26 SA	0223 0443 1131 1838	119 111 265 3
12 SA N	0149 0452 1151 1837	117 106 232 16	27 SU	0318 0527 1214 1921	115 108 262 13
13 SU	0246 0509 1220 1913	112 107 232 20	28 M	0357 0617 1256 2001	113 105 251 25
14 M	1248 1950	228 26	29 TU	0424 0709 1337 2040	115 103 234 38
15 TU	1316 2031	221 35	30 W	0447 0802 1419 2119	122 105 211 52

7　月

日期	潮时 时分	潮高 cm	日期	潮时 时分	潮高 cm
1 TH ☾E	0513 0904 1504 2202	131 109 186 65	16 F E	0344 0818 1430 2130	141 101 195 63
2 F	0546 1024 1557 2252	142 112 161 78	17 SA ☽	0420 0925 1528 2216	153 102 172 78
3 SA	0627 1211 1709 2353	153 108 140 90	18 SU	0504 1059 1652 2308	167 99 147 94
4 SU	0713 1344 1913	165 94 126	19 M	0558 1252 1919	182 84 129
5 M A	0054 0759 1445 2131	99 177 75 126	20 TU	0006 0700 1422 2201	108 200 61 128
6 TU	0146 0840 1530 2243	106 190 57 128	21 W P	0106 0803 1527 2332	118 219 38 130
7 W	0229 0918 1608 2337	111 204 42 129	22 TH S	0206 0901 1621	123 238 22
8 TH	0306 0954 1643	115 217 31	23 F	0036 0306 0954 1707	130 122 253 14
9 F N	0026 0339 1030 1718	128 116 229 24	24 SA ○	0123 0403 1041 1749	128 117 263 13
10 SA ●	0113 0411 1105 1753	125 115 237 21	25 SU	0157 0456 1126 1825	126 108 265 19
11 SU	0153 0445 1138 1827	122 112 241 22	26 M	0220 0543 1208 1859	125 99 258 28
12 M	0224 0521 1210 1901	120 109 241 25	27 TU	0235 0627 1247 1929	128 92 245 38
13 TU	0245 0559 1242 1936	120 105 236 31	28 W	0245 0710 1324 1958	135 88 226 49
14 W	0259 0640 1313 2011	123 103 227 39	29 TH E	0256 0752 1358 2025	146 90 203 61
15 TH	0317 0725 1348 2049	130 101 213 49	30 F	0317 0837 1432 2052	157 95 179 73
			31 SA ☾	0347 0932 1510 2118	165 101 155 87

8　月

日期	潮时 时分	潮高 cm	日期	潮时 时分	潮高 cm
1 SU	0426 1057 1604 2141	171 105 133 100	16 M	0356 1039 1648 2129	198 88 125 110
2 M A	0519 1305 1820 2149	175 98 116 113	17 TU P	0455 1256	205 80
3 TU	0632 1429	181 81	18 W S	0616 1446	212 60
4 W	0747 1520	191 64	19 TH	0744 1544	224 42
5 TH N	0845 1559	205 49	20 F	0854 1625	239 31
6 F	0020 0240 0931 1633	135 132 220 38	21 SA	0023 0322 0950 1700	140 125 252 27
7 SA	0038 0332 1011 1707	135 127 233 32	22 SU ○	0040 0417 1038 1731	140 110 257 30
8 SU ●	0056 0413 1049 1738	133 119 242 30	23 M	0054 0501 1121 1800	142 95 255 37
9 M	0109 0451 1126 1810	132 109 247 30	24 TU	0104 0541 1200 1826	147 82 245 46
10 TU	0118 0528 1201 1841	135 99 245 34	25 W E	0110 0618 1235 1850	157 75 228 55
11 W	0128 0606 1235 1911	141 90 238 41	26 TH	0119 0654 1306 1913	169 72 208 64
12 TH E	0144 0646 1309 1942	152 84 224 50	27 F	0137 0729 1334 1934	181 74 187 73
13 F	0207 0729 1343 2012	164 80 204 63	28 SA	0202 0807 1400 1952	191 80 165 84
14 SA	0237 0817 1421 2042	177 81 180 78	29 SU	0232 0850 1430 2005	195 88 144 96
15 SU ☽	0313 0915 1509 2110	189 84 152 95	30 M ☾A	0305 0950 1515 2000	195 96 124 108
			31 TU	0347 1215	191 98

时　区：－0800　　　　潮高基准面：在平均海面下 131　cm

加里曼丹—山打根

KALIMANTAN－SANDAKAN

2021年潮汐表　　5° 50′ N　　118° 07′ E

9 月

日期	潮时 时分	潮高 cm	日期	潮时 时分	潮高 cm
1 W	0449 1426	188 83	16 TH	0543 1512	216 56
2 TH N	0638 1513	189 68	17 F	0733 1543 2328	221 46 153
3 F	0808 1547	201 55	18 SA	0233 0840 1610 2332	138 232 42 156
4 SA	0030 0248 0906 1617	149 145 217 46	19 SU	0333 0946 1637 2341	116 239 43 161
5 SU	0009 0333 0952 1646	147 131 231 41	20 M ○	0417 1034 1702 2349	95 240 49 168
6 M	0003 0410 1033 1714	147 115 240 39	21 TU E	0454 1115 1725 2357	78 233 57 179
7 TU ●	0003 0445 1113 1742	152 97 243 42	22 W	0529 1151 1748	66 220 66
8 W E	0010 0522 1151 1810	162 81 238 48	23 TH	0008 0602 1223 1808	192 59 202 74
9 TH	0027 0600 1229 1838	176 68 224 58	24 F	0025 0634 1251 1827	205 57 183 81
10 F	0050 0639 1305 1904	192 59 204 70	25 SA	0048 0706 1315 1844	215 59 164 89
11 SA P	0118 0721 1341 1929	207 57 179 84	26 SU A	0114 0741 1339 1855	221 64 147 98
12 SU	0149 0808 1417 1947	219 61 151 98	27 M	0142 0819 1407 1855	221 72 130 107
13 M ☽	0223 0905 1516 1949	225 70 123 110	28 TU	0210 0907 1500 1731	216 82 114 113
14 TU	0305 1033	226 80	29 W ☾ N	0239 1037	208 91
15 W S	0403 1421	221 73	30 TH	0318 1411	198 83

10 月

日期	潮时 时分	潮高 cm	日期	潮时 时分	潮高 cm
1 F	0458 1452	189 71	16 SA	0114 0718 1513 2228	152 209 57 166
2 SA	0716 1520 2343	194 61 159	17 SU	0238 0840 1537 2235	128 214 58 174
3 SU	0245 0834 1547 2309	150 207 55 159	18 M	0327 0940 1601 2245	103 216 63 185
4 M	0322 0929 1613 2257	127 220 52 166	19 TU E	0406 1028 1625 2256	81 213 70 196
5 TU	0356 1017 1640 2301	103 227 54 179	20 W ○	0441 1110 1647 2310	64 203 79 209
6 W ●E	0432 1102 1707 2318	78 226 60 197	21 TH	0513 1147 1708 2327	53 190 86 222
7 TH	0510 1147 1734 2342	57 215 70 216	22 F	0545 1220 1726 2349	46 174 93 233
8 F P	0549 1231 1800	42 197 82	23 SA	0616 1250 1743	43 158 100
9 SA	0010 0630 1317 1822	233 35 172 94	24 SU A	0015 0647 1318 1756	240 45 144 106
10 SU	0040 0714 1409 1839	247 36 145 106	25 M	0041 0721 1347 1800	241 49 131 113
11 M	0113 0802 1549 1839	254 45 121 114	26 TU N	0108 0757 1437 1724	238 58 119 117
12 TU S	0149 0901	253 59	27 W	0132 0841	230 69
13 W ☽	0231 1046	244 72	28 TH ☾	0155 0943	220 80
14 TH	0330 1422	227 65	29 F	0222 1252	208 85
15 F	0518 1449 2241	212 59 159	30 SA	0325 1401	194 78
			31 SU	0606 1434 2224	187 73 163

11 月

日期	潮时 时分	潮高 cm	日期	潮时 时分	潮高 cm
1 M	0214 0751 1503 2154	146 194 70 171	16 TU	0312 0931 1518 2156	93 186 86 202
2 TU E	0258 0904 1532 2154	117 202 71 187	17 W	0351 1025 1544 2214	73 181 93 215
3 W	0337 1004 1600 2210	86 204 76 208	18 TH	0426 1110 1607 2234	57 174 99 228
4 TH ●	0417 1100 1628 2236	57 199 85 229	19 F ○	0458 1151 1629 2258	45 164 106 239
5 F P	0457 1155 1654 2306	35 185 96 250	20 SA	0529 1229 1648 2325	38 153 111 248
6 SA	0539 1252 1718 2339	22 165 107 266	21 SU A	0601 1307 1705 2353	35 142 115 252
7 SU	0623 1359 1738	18 144 116	22 M N	0634 1349 1717	36 133 119
8 M S	0014 0709 1535 1745	275 23 126 121	23 TU	0021 0708 1451 1716	251 41 125 122
9 TU	0051 0759	275 35	24 W	0047 0744	246 49
10 W	0130 0900	266 51	25 TH	0112 0824	237 59
11 TH ☽	0215 1031	249 66	26 F	0136 0013	227 70
12 F	0315 1254	225 72	27 SA ☾	0207 1025	214 81
13 SA	0450 1347 2118	203 73 163	28 SU	0304 1212	198 87
14 SU	0105 0646 1421 2125	142 190 76 175	29 M	0502 1320 2028	183 88 163
15 M E	0223 0821 1451 2139	117 187 80 189	30 TU E	0123 0701 1405 2033	134 178 90 182

12 月

日期	潮时 时分	潮高 cm	日期	潮时 时分	潮高 cm
1 W	0228 0844 1442 2056	102 178 95 204	16 TH	0336 1028 1500 2138	71 155 112 221
2 TH	0317 1005 1515 2128	70 176 102 228	17 F	0412 1118 1530 2208	55 153 117 233
3 F	0403 1113 1546 2203	41 170 111 251	18 SA A	0446 1202 1558 2238	43 148 120 244
4 SA ●P	0448 1219 1615 2241	21 158 119 270	19 SU ○	0519 1245 1623 2309	36 143 122 251
5 SU	0534 1330 1642 2321	11 144 124 283	20 M N	0552 1328 1646 2340	33 137 123 255
6 M S	0621 1450 1706	11 133 126	21 TU	0625 1412 1709	33 132 123
7 TU	0001 0708	287 18	22 W	0010 0659 1456 1732	253 38 128 123
8 W	0042 0756	281 32	23 TH	0038 0733 1534 1759	248 44 127 123
9 TH	0124 0846	267 47	24 F	0104 0808 1601 1834	240 53 128 124
10 F	0210 0941	245 64	25 SA	0132 0847 1626 1923	229 63 133 126
11 SA ☽	0303 1047 1914 2218	218 78 149 139	26 SU	0206 0933 1659 2030	215 74 142 130
12 SU E	0412 1159 1942	191 89 163	27 M ☾E	0256 1030 1739 2216	197 87 154 130
13 M	0024 0547 1300 2011	131 169 96 178	28 TU	0419 1138 1826	176 99 171
14 TU	0155 0746 1347 2041	112 158 102 193	29 W	0029 0614 1244 1916	117 159 109 191
15 W	0253 0924 1426 2109	90 156 107 207	30 TH	0201 0847 1338 2006	89 152 117 214
			31 F	0304 1031 1424 2055	60 151 124 238

时　区：－0800　　　　潮高基准面：在平均海面下 131　cm

加里曼丹—纳闽岛(拉布安)

KALIMANTAN－LABUAN

2021 年潮汐表　　5° 17′ N　　115° 15′ E

1 月

日期	潮时 时分	潮高 cm
1 F	0710 2338	27 235
2 SA	0748	29
3 SU	0016 0827	230 36
4 M	0057 0908	220 49
5 TU	0142 0950 1731 1949	205 65 148 146
6 W ☾ E	0237 1032 1749 2243	185 84 157 142
7 TH	0355 1116 1818	163 104 171
8 F	0116 0627 1201 1852	123 144 122 187
9 SA P	0239 0954 1243 1931	96 143 138 204
10 SU	0338 2012	69 221
11 M	0428 2053	46 234
12 TU S	0513 2136	29 243
13 W ●	0556 2218	19 246
14 TH	0637 2259	18 244
15 F	0716 2340	23 235
16 SA	0751	34
17 SU	0019 0824	223 48
18 M	0056 0854 1625 1852	206 64 141 138
19 TU E	0132 0920 1640 2018	188 81 146 139
20 W ☽	0207 0941 1706 2220	169 96 154 138
21 TH A	0244 0949 1739	149 111 162
22 F	0104 0346 0917 1815	127 130 122 172
23 SA	0237 1853	110 182
24 SU	0323 1930	91 194
25 M	0357 2009	72 205
26 TU N	0430 2049	55 215
27 W	0504 2130	40 224
28 TH ○	0538 2212	30 229
29 F	0613 2254	25 231
30 SA	0648 1415 1638 2337	26 140 135 228
31 SU	0723 1426 1733	33 140 129

2 月

日期	潮时 时分	潮高 cm
1 M	0019 0757 1439 1829	219 45 142 123
2 TU E	0103 0829 1457 1933	206 62 147 119
3 W P	0150 0859 1522 2053	187 82 156 116
4 TH ☾	0246 0924 1556 2240	163 102 167 110
5 F	0416 0932 1641	139 120 179
6 SA	0057 1738	96 191
7 SU	0234 1840	73 204
8 M S	0337 1939	52 215
9 TU	0425 2033	36 224
10 W	0507 2124	27 229
11 TH ●	0544 2211	25 229
12 F	0618 1405 1612 2255	29 140 137 225
13 SA	0649 1400 1705 2336	38 138 128 216
14 SU	0716 1400 1754	50 139 121
15 M E	0015 0741 1406 1843	203 63 144 117
16 TU	0051 0803 1420 1933	188 78 150 115
17 W	0125 0818 1438 2028	172 92 155 114
18 TH A	0159 0821 1459 2137	154 105 161 113
19 F ☽	0236 0800 1524 2320	137 114 168 109
20 SA	0339 0641 1559	119 117 174
21 SU	0128 1652	97 181
22 M	0239 1807	79 189
23 TU N	0324 1918	62 198
24 W	0402 2019	47 208
25 TH	0437 2114	36 215
26 F	0512 1253 1522 2204	31 144 138 219
27 SA ○	0546 1251 1621 2253	32 143 126 219
28 SU	0619 1256 1714 2340	39 145 113 213

3 月

日期	潮时 时分	潮高 cm
1 M E	0650 1306 1806	52 151 101
2 TU P	0026 0719 1321 1900	202 68 159 92
3 W	0115 0744 1343 1959	185 87 169 86
4 TH	0209 0802 1410 2108	163 105 179 82
5 F	0323 0759 1443 2238	140 120 187 79
6 SA ☾	1527	193
7 SU S	0041 1630	71 196
8 M	0221 1753	57 199
9 TU	0323 1913	45 203
10 W	0409 2021	39 206
11 TH	0446 1254 1508 2119	39 149 145 208
12 F	0517 1240 1602 2209	44 145 132 206
13 SA ●	0545 1231 1648 2254	52 145 119 201
14 SU E	0610 1230 1732 2335	63 150 108 193
15 M	0633 1238 1814	74 157 100
16 TU	0014 0653 1253 1856	182 86 163 94
17 W	0050 0708 1310 1938	169 97 169 91
18 TH A	0127 0712 1329 2023	155 108 174 89
19 F	0207 0659 1348 2118	140 116 179 88
20 SA	0303 0621 1410 2230	125 119 183 85
21 SU ☽	1440	187
22 M N	0010 1527	78 189
23 TU	0139 1646	67 190
24 W	0237 1828	55 192
25 TH	0322 1954	47 198
26 F	0401 1151 1450 2102	43 150 142 203
27 SA	0437 1138 1550 2201	46 151 124 205
28 SU ○E	0510 1138 1641 2255	54 156 105 202
29 M	0541 1147 1730 2348	67 165 86 194
30 TU P	0610 1203 1821	82 177 71
31 W	0042 0634 1225 1913	180 99 188 60

4 月

日期	潮时 时分	潮高 cm
1 TH	0142 0652 1251 2010	163 115 199 54
2 F	0300 0653 1321 2114	144 128 206 52
3 SA	1355 2235	208 54
4 SU ☾S	1436	206
5 M	0018 1534	53 200
6 TU	0148 1708	51 192
7 W	0249 1851	50 187
8 TH	0332 1148 1448 2012	54 156 148 186
9 F	0406 1127 1539 2117	62 153 131 185
10 SA	0434 1114 1621 2211	72 157 115 182
11 SU E	0459 1113 1701 2257	82 164 100 178
12 M ●	0522 1123 1740 2340	92 173 89 171
13 TU	0543 1141 1818	101 181 80
14 W A	0022 0559 1200 1856	163 110 187 73
15 TH	0104 0606 1220 1935	152 119 191 69
16 F	0152 0559 1240 2017	142 125 195 66
17 SA	0301 0530 1301 2105	131 128 198 63
18 SU N	1325 2205	201 62
19 M	1356 2320	201 60
20 TU ☽	1443	198
21 W	0040 1600	57 192
22 TH	0144 1749	55 187
23 F	0234 1059 1357 1933	56 156 150 186
24 SA	0316 1029 1506 2055	62 158 128 187
25 SU E	0353 1023 1558 2203	72 166 104 187
26 M	0426 1032 1648 2306	85 179 80 182
27 TU ○P	0457 1050 1737	100 194 59
28 W	0009 0523 1114 1827	174 115 208 42
29 TH	0117 0543 1143 1919	162 128 219 32
30 F	0239 0551 1215 2014	149 138 226 29

时　区：－0800　　　　潮高基准面：在平均海面下 139　cm

加里曼丹—纳闽岛(拉布安)

KALIMANTAN—LABUAN

2021 年潮汐表　　5° 17′ N　　115° 15′ E

5 月

日期	潮时时分	潮高 cm	日期	潮时时分	潮高 cm
1 SA S	1249 2114	228 31	16 SU	1232 2054	215 44
2 SU	1326 2223	223 38	17 M	1302 2145	214 45
3 M ☾	1408 2343	213 47	18 TU	1339 2244	210 49
4 TU	1502	198	19 W ☽	1429 2348	203 54
5 W	0057 1630	56 183	20 TH	1541	191
6 TH	0154 1056 1353 1828	66 160 155 171	21 F	0047 1723	63 179
7 F	0237 1018 1458 2004	77 159 136 166	22 SA E	0139 0915 1402 1919	73 160 138 172
8 SA E	0311 1000 1543 2118	89 165 117 164	23 SU	0223 0904 1506 2056	87 171 111 169
9 SU	0339 1000 1623 2217	100 175 100 162	24 M	0302 0915 1559 2219	102 187 84 167
10 M	0404 1013 1701 2309	110 186 85 159	25 TU	0335 0937 1650 2336	117 204 58 164
11 TU ●A	0427 1033 1737 2359	119 195 73 155	26 W ○P	0405 1006 1740	130 221 37
12 W	0444 1055 1814	126 202 64	27 TH	0054 0429 1039 1830	159 141 234 22
13 TH	0049 0455 1118 1850	149 132 207 56	28 F S	0217 0442 1115 1920	153 147 242 15
14 F	0147 0452 1142 1928	143 136 211 50	29 SA	1153 2012	244 16
15 SA N	1206 2008	213 46	30 SU	1232 2106	239 23
			31 M	1314 2201	228 36

6 月

日期	潮时时分	潮高 cm	日期	潮时时分	潮高 cm
1 TU	1358 2259	212 51	16 W	1339 2211	214 49
2 W ☾	1449 2354	193 68	17 TH	1429 2300	202 62
3 TH	1601	173	18 F ☽	1534 2349	185 78
4 F E	0044 0901 1336 1758	84 158 144 157	19 SA E	0725 1158 1709	157 144 168
5 SA	0125 0839 1447 1953	99 166 125 149	20 SU	0037 0730 1353 1918	95 170 121 155
6 SU	0200 0844 1536 2127	112 178 107 147	21 M	0121 0752 1503 2125	112 187 94 151
7 M	0230 0901 1617 2244	123 190 90 147	22 TU	0200 0822 1600 2314	128 206 66 153
8 TU A	0256 0925 1654 2349	132 200 75 147	23 W P	0234 0857 1652	141 224 42
9 W	0315 0951 1730	138 209 63	24 TH ○	0042 0302 0936 1742	154 149 238 24
10 TH ●	0050 0327 1018 1805	147 142 216 51	25 F S	1016 1830	248 13
11 F	1046 1841	221 42	26 SA	1059 1917	252 11
12 SA N	1115 1919	224 36	27 SU	1142 2003	249 17
13 SU	1146 1958	226 33	28 M	1225 2048	239 29
14 M	1220 2039	225 34	29 TU	1309 2130	225 45
15 TU	1257 2124	222 39	30 W	1352 2210	206 64

7 月

日期	潮时时分	潮高 cm	日期	潮时时分	潮高 cm
1 TH ☾ E	1438 2247	185 83	16 F E	0437 0755 1430 2209	147 138 193 80
2 F	0637 1025 1533 2321	152 146 164 100	17 SA ☽	0500 0944 1532 2245	156 135 172 99
3 SA	0648 1258 1715 2351	162 135 145 116	18 SU	0531 1156 1715 2320	169 124 151 118
4 SU	0712 1428 1952	174 118 135	19 M	0610 1349 2021 2351	184 103 140 135
5 M A	0013 0740 1526	128 185 101	20 TU	0655 1505	202 77
6 TU	0811 1608	197 84	21 W P	0742 1604	219 52
7 W	0842 1645	207 69	22 TH S	0830 1655	234 33
8 TH	0915 1719	216 55	23 F	0918 1741	245 20
9 F N	0949 1754	223 43	24 SA ○	1005 1825	250 16
10 SA ●	1024 1829	228 35	25 SU	1052 1905	250 20
11 SU	1101 1006	232 30	26 M	1137 1043	243 31
12 M	1138 1942	232 30	27 TU	1221 2018	231 46
13 TU	1217 2019	229 36	28 W	0337 0624 1304 2050	142 136 215 64
14 W	1257 2056	222 47	29 TH E	0348 0728 1344 2117	146 134 196 82
15 TH	0421 0631 1341 2133	142 139 210 62	30 F	0406 0840 1425 2140	153 133 175 99
			31 SA ☾	0432 1009 1510 2152	161 131 155 114

8 月

日期	潮时时分	潮高 cm	日期	潮时时分	潮高 cm
1 SU	0506 1210 1635 2128	170 125 136 126	16 M	0412 1157	188 102
2 M A	0547 1401	179 112	17 TU P	0505 1350	200 83
3 TU	0632 1510	189 95	18 W S	0608 1507	212 62
4 W	0716 1552	198 79	19 TH	0712 1602	223 44
5 TH N	0801 1628	208 63	20 F	0813 1649	232 33
6 F	0844 1701	217 50	21 SA	0909 1730	239 30
7 SA	0927 1735	225 41	22 SU ○	1001 1806	240 34
8 SU ●	1010 1809	231 36	23 M	0143 0419 1050 1840	152 146 237 44
9 M	1053 1843	233 36	24 TU	0145 0513 1135 1910	151 135 228 57
10 TU	0204 0442 1135 1916	148 141 231 42	25 W E	0149 0604 1218 1938	153 126 216 73
11 W	0213 0535 1217 1948	148 134 225 53	26 TH	0158 0654 1259 2001	158 120 199 89
12 TH E	0225 0629 1300 2019	150 127 214 69	27 F	0213 0746 1338 2020	165 117 181 104
13 F	0240 0728 1345 2047	156 121 198 87	28 SA	0233 0842 1419 2027	172 116 163 118
14 SA	0302 0836 1438 2112	165 117 177 106	29 SU	0257 0949 1508 2004	178 115 144 128
15 SU ☽	0332 1002 1554 2126	176 112 154 124	30 M ☾ A	0324 1120	183 112
			31 TU	0400 1313	188 102

时　区：−0800　　潮高基准面：在平均海面下 139　cm

加里曼丹—纳闽岛(拉布安)

KALIMANTAN—LABUAN

2021 年潮汐表　　　5° 17′ N　　　115° 15′ E

9 月

日期	潮时 时分	潮高 cm	日期	潮时 时分	潮高 cm
1 W	0453 1430	193 88	16 TH	0525 1452	214 55
2 TH N	0604 1517	198 73	17 F	0649 1544	217 48
3 F	0714 1555	206 61	18 SA	0803 1626	220 48
4 SA	0815 1631	214 52	19 SU	0025 0309 0907 1701	167 160 222 54
5 SU	0910 1705	221 48	20 M ○	0020 0402 1002 1732	164 145 221 65
6 M	0042 0329 1001 1738	158 151 226 49	21 TU E	0017 0449 1051 1800	164 130 216 77
7 TU ●	0040 0423 1048 1809	158 139 226 57	22 W	0019 0533 1137 1825	169 117 207 91
8 W E	0045 0512 1135 1839	160 125 222 69	23 TH	0028 0617 1220 1847	177 107 195 105
9 TH	0054 0601 1221 1907	166 112 212 84	24 F	0043 0701 1302 1904	184 100 181 117
10 F	0108 0652 1309 1932	174 101 198 101	25 SA	0102 0746 1346 1910	191 97 165 129
11 SA P	0128 0748 1404 1952	184 93 179 119	26 SU A	0123 0833 1441 1851	195 95 150 137
12 SU	0154 0851 1519 1957	194 88 158 134	27 M	0143 0928	198 95
13 M ☽	0227 1011	203 84	28 TU	0205 1038	200 93
14 TU	0309 1156	209 78	29 W ☾ N	0232 1209	201 88
15 W S	0406 1341	212 66	30 TH	0313 1329	201 79

10 月

日期	潮时 时分	潮高 cm	日期	潮时 时分	潮高 cm
1 F	0429 1425	200 70	16 SA	0628 1507 2316	202 65 176
2 SA	0618 1509	201 64	17 SU	0249 0758 1545 2304	164 199 75 175
3 SU	0747 1548 2335	205 63 169	18 M	0337 0910 1617 2257	144 198 87 178
4 M	0303 0856 1623 2324	157 210 67 170	19 TU E	0419 1009 1645 2258	125 196 100 186
5 TU	0351 0955 1656 2323	139 213 76 175	20 W ○	0459 1100 1709 2308	108 191 112 195
6 W ●E	0437 1049 1726 2331	119 211 89 184	21 TH	0538 1147 1730 2325	95 183 124 204
7 TH	0523 1142 1753 2345	99 205 104 195	22 F	0618 1234 1747 2346	86 174 134 210
8 F P	0610 1237 1817	82 193 120	23 SA	0657 1325 1753	79 164 142
9 SA	0006 0701 1339 1835	207 69 178 135	24 SU A	0007 0736 1430 1735	214 75 154 147
10 SU	0032 0755 1500 1839	218 61 162 147	25 M	0028 0818	216 73
11 M	0102 0856	225 58	26 TU N	0047 0905	216 72
12 TU S	0136 1009	228 58	27 W	0108 1002	216 71
13 W ☽	0216 1142	225 59	28 TH ☾	0133 1111	214 71
14 TH	0311 1311	218 58	29 F	0208 1224	209 70
15 F	0440 1418	208 60	30 SA	0317 1325	201 71
			31 SU	0518 1415 2240	193 74 176

11 月

日期	潮时 时分	潮高 cm	日期	潮时 时分	潮高 cm
1 M	0222 0719 1456 2213	166 191 82 177	16 TU	0342 0921 1521 2142	124 172 118 194
2 TU E	0310 0846 1532 2205	143 192 93 184	17 W	0421 1028 1546 2154	104 170 129 205
3 W	0354 0956 1604 2211	118 192 107 197	18 TH	0458 1125 1607 2214	88 168 139 215
4 TH ●	0438 1100 1633 2227	92 190 122 212	19 F ○	0534 1220 1623 2236	76 164 146 222
5 F P	0524 1205 1658 2250	69 184 137 226	20 SA	0610 1318 1627 2300	66 159 151 226
6 SA	0612 1315 1717 2319	50 175 149 239	21 SU A	0646 2324	59 228
7 SU	0702 1440 1723 2350	38 166 158 246	22 M N	0722 2347	54 229
8 M S	0755	32	23 TU	0800	51
9 TU	0025 0852	247 34	24 W	0011 0842	228 51
10 W	0101 0957	242 41	25 TH	0037 0929	225 53
11 TH ☽	0142 1111	230 51	26 F	0107 1022	220 59
12 F	0232 1225	214 62	27 SA ☾	0146 1121	210 66
13 SA	0356 1326 2219	195 75 178	28 SU	0248 1219	197 77
14 SU	0202 0607 1414 2154	168 180 89 178	29 M	0432 1311 2102	181 89 173
15 M E	0259 0757 1451 2141	145 174 104 184	30 TU E	0208 0654 1354 2044	150 171 104 183

12 月

日期	潮时 时分	潮高 cm	日期	潮时 时分	潮高 cm
1 W	0301 0847 1431 2051	122 169 119 198	16 TH	0417 1132 1425 2104	88 152 146 212
2 TH	0348 1016 1504 2110	93 169 134 216	17 F	0452 2130	73 221
3 F	0435 1137 1531 2138	65 169 147 234	18 SA A	0525 2158	61 227
4 SA ●P	0522 1255 1553 2211	41 167 157 248	19 SU ○	0558 2226	51 230
5 SU	0610 2247	24 256	20 M N	0631 2255	43 232
6 M S	0659 2325	15 258	21 TU	0705 2325	38 232
7 TU	0749	15	22 W	0740 2355	36 230
8 W	0005 0840	253 22	23 TH	0818	39
9 TH	0045 0933	241 36	24 F	0028 0857	225 45
10 F	0128 1028	224 54	25 SA	0105 0938	216 56
11 SA ☽	0216 1123	202 74	26 SU	0148 1021	203 70
12 SU E	0322 1215 2036	178 93 168	27 M ☾E	0243 1105 1855 2314	186 87 158 150
13 M	0144 0538 1259 2017	150 158 111 176	28 TU	0408 1149 1855	165 105 171
14 TU	0252 0805 1336 2022	127 149 126 188	29 W	0139 0646 1231 1916	128 149 123 188
15 W	0338 1007 1404 2040	106 149 138 201	30 TH	0249 0935 1310 1948	98 147 138 208
			31 F	0343 1133 1343 2025	69 153 150 226

时　区：－0800　　　　潮高基准面：在平均海面下 139　cm

加里曼丹—米　里

KALIMANTAN－MIRI

2021 年潮汐表　　4° 24′ N　　113° 59′ E

1 月

日期	潮时 时分	潮高 cm	日期	潮时 时分	潮高 cm
1 F	0902 2339	46 220	16 SA	0954	49
2 SA	0940	47	17 SU	0032 1025	195 61
3 SU	0024 1018	216 52	18 M	0114 1045	182 74
4 M	0109 1055	206 61	19 TU E	0150 1044 1843 2137	165 87 134 132
5 TU	0155 1129	191 72	20 W ☽	0218 1024 1838 2333	148 96 137 125
6 W ☾ E	0239 1156 1931 2259	171 86 142 138	21 TH A	0233 0953 1835	130 101 143
7 TH	0318 1210 1919	146 100 148	22 F	0853 1835	101 151
8 F	1156 1926	113 158	23 SA	0549 1846	92 160
9 SA P	0517 1943	94 171	24 SU	0551 1913	78 170
10 SU	0554 2011	70 184	25 M	0608 1951	65 180
11 M	0635 2047	52 196	26 TU N	0632 2034	54 190
12 TU S	0717 2129	39 205	27 W	0659 2121	45 198
13 W ●	0758 2214	33 210	28 TH ○	0729 2210	39 203
14 TH	0839 2301	33 210	29 F	0801 2259	37 205
15 F	0918 2348	39 205	30 SA	0833 2349	38 202
			31 SU	0905	44

2 月

日期	潮时 时分	潮高 cm	日期	潮时 时分	潮高 cm
1 M	0039 0936	194 54	16 TU	0138 0903 1618 2059	153 82 125 104
2 TU E	0127 1001 1715 1954	180 67 127 123	17 W	0219 0853 1621 2204	137 90 129 100
3 W P	0215 1017 1716 2158	160 82 131 116	18 TH A	0257 0839 1606 2317	121 95 135 95
4 TH ☾	0304 1013 1722	137 95 139	19 F ☽	0348 0812 1551	105 96 143
5 F	0004 0457 0919 1736	105 111 104 150	20 SA	0059 1614	88 152
6 SA	0404 1803	86 162	21 SU	0407 1701	76 159
7 SU	0455 1845	63 173	22 M	0440 1805	63 166
8 M S	0538 1935	45 182	23 TU N	0511 1911	52 173
9 TU	0619 2030	34 188	24 W	0542 2014	43 179
10 W	0657 2126	28 191	25 TH	0614 2115	37 183
11 TH ●	0734 2221	29 190	26 F	0646 2216	35 184
12 F	0808 2316	36 186	27 SA ○	0717 2315	37 182
13 SA	0837	46	28 SU	0747 1508 1752	44 121 117
14 SU	0007 0859 1556 1854	178 59 122 115			
15 M E	0055 0907 1607 1957	166 71 123 109			

3 月

日期	潮时 时分	潮高 cm	日期	潮时 时分	潮高 cm
1 M E	0014 0815 1503 1905	176 55 120 106	16 TU	0129 0735 1413 2016	141 86 127 79
2 TU P	0113 0837 1505 2010	164 69 124 96	17 W	0220 0734 1353 2107	129 93 134 75
3 W	0214 0848 1506 2120	148 84 131 87	18 TH A	0317 0731 1342 2201	118 98 142 73
4 TH	0326 0839 1508 2243	128 97 141 79	19 F	0427 0717 1355 2305	107 101 150 70
5 F	0508 0757 1521	109 104 152	20 SA	1420	157
6 SA ☾	0044 1550	70 161	21 SU ☽	0029 1455	66 162
7 SU S	0259 1641	56 168	22 M N	0206 1543	60 165
8 M	0409 1753	42 172	23 TU	0313 1657	52 166
9 TU	0459 1910	33 173	24 W	0402 1833	45 166
10 W	0541 2023	30 173	25 TH	0443 2000	41 167
11 TH	0618 2132	33 171	26 F	0519 2118	41 167
12 F	0649 1413 1635 2238	41 119 117 166	27 SA	0554 1330 1644 2232	45 122 118 165
13 SA ●	0714 1400 1745 2340	52 118 104 160	28 SU ○E	0625 1312 1749 2344	53 121 102 160
14 SU E	0729 1407 1839	64 120 93	29 M	0652 1310 1844	65 125 87
15 M	0036 0735 1414 1928	151 76 123 85	30 TU P	0053 0713 1310 1939	152 80 132 74
			31 W	0202 0723 1311 2038	140 95 142 64

4 月

日期	潮时 时分	潮高 cm	日期	潮时 时分	潮高 cm
1 TH	0316 0714 1319 2147	127 107 155 56	16 F	1233 2159	166 57
2 F	1337 2313	166 51	17 SA	1259 2302	173 56
3 SA	1404	175	18 SU N	1330	177
4 SU ☾ S	0053 1442	45 178	19 M	0011 1408	54 178
5 M	0217 1538	39 176	20 TU ☽	0117 1458	51 176
6 TU	0321 1707	36 170	21 W	0213 1611	49 171
7 W	0411 1850	38 163	22 TH	0302 1757	49 163
8 TH	0452 2022	43 157	23 F	0345 1950	52 157
9 F	0524 1237 1610 2145	53 122 115 152	24 SA	0424 1147 1558 2130	58 128 120 152
10 SA	0547 1228 1709 2259	65 123 99 146	25 SU E	0458 1128 1705 2300	68 129 100 148
11 SU E	0559 1220 1759	77 120 85	26 M	0526 1124 1802	82 130 82
12 M ●	0004 0604 1225 1846	140 88 132 74	27 TU ○P	0020 0547 1126 1858	143 97 147 65
13 TU	0102 0607 1212 1932	132 96 139 66	28 W	0135 0554 1136 1956	137 111 160 52
14 W A	0159 0611 1206 2018	125 103 149 61	29 TH	0254 0542 1152 2100	130 122 174 44
15 TH	0259 0612 1215 2106	119 108 158 59	30 F	1216 2213	186 39

时　区：－0800　　潮高基准面：在平均海面下 122　cm

加里曼丹—米　　里

KALIMANTAN－MIRI

2021 年潮汐表　　4° 24′ N　　113° 59′ E

5 月

日期	潮时时分	潮高 cm	日期	潮时时分	潮高 cm
1 SA S	1245 2329	194 37	16 SU	1224 2256	195 51
2 SU	1321	196	17 M	1301 2349	196 51
3 M ☾	0039 1404	37 191	18 TU	1346	193
4 TU	0142 1500	40 181	19 W ☽	0039 1439	53 185
5 W	0235 1621	46 167	20 TH	0125 1546	56 173
6 TH	0319 1824	56 153	21 F	0208 1720	62 158
7 F	0353 1122 1514 2022	68 131 124 142	22 SA E	0247 1013 1428 1952	72 135 129 144
8 SA E	0414 1101 1621 2201	81 132 106 135	23 SU	0322 0947 1608 2201	84 139 108 138
9 SU	0422 1051 1715 2321	93 136 89 130	24 M	0349 0946 1717 2341	98 148 86 134
10 M	0423 1039 1805	102 144 76	25 TU	0405 0955 1820	113 161 67
11 TU ●A	0029 0426 1035 1852	125 109 155 66	26 W ○P	0111 0403 1012 1921	133 126 176 51
12 W	0135 0429 1043 1938	122 115 165 59	27 TH	1036 2022	190 40
13 TH	1100 2024	175 55	28 F S	1106 2123	202 34
14 F	1124 2112	184 52	29 SA	1140 2223	209 33
15 SA N	1152 2203	191 51	30 SU	1219 2321	210 36
			31 M	1302	205

6 月

日期	潮时时分	潮高 cm	日期	潮时时分	潮高 cm
1 TU	0014 1348	43 194	16 W	1341 2355	197 60
2 W ☾	0103 1439	53 178	17 TH	1433	183
3 TH	0144 1538	66 159	18 F ☽	0032 1530	69 165
4 F E	0214 1014 1329 1721	80 138 135 139	19 SA E	0105 0830 1215 1647	80 139 134 143
5 SA	0227 0935 1529 2025	93 139 117 126	20 SU	0132 0813 1454 2039	94 145 115 127
6 SU	0223 0915 1644 2239	104 145 99 120	21 M	0149 0818 1644 2317	108 155 92 125
7 M	0213 0907 1740	112 154 84	22 TU	0145 0833 1752	121 169 70
8 TU A	0913 1827	165 71	23 W P	0857 1848	184 51
9 W	0929 1911	176 62	24 TH ○	0928 1941	197 38
10 TH ●	0952 1952	187 55	25 F S	1004 2031	208 32
11 F	1021 2032	195 51	26 SA	1045 2121	214 31
12 SA N	1053 2113	202 49	27 SU	1129 2208	215 35
13 SU	1129 2153	207 48	28 M	1214 2254	210 45
14 M	1209 2235	208 50	29 TU	1300 2334	199 57
15 TU	1253 2315	205 53	30 W	1346	184

7 月

日期	潮时时分	潮高 cm	日期	潮时时分	潮高 cm
1 TH ☾E	0007 1429	72 165	16 F E	1435 2320	167 84
2 F	0025 0826 1107 1508	86 138 136 144	17 SA ☽	0632 1046 1528 2333	138 129 144 98
3 SA	0017 0750 2353	99 141 107	18 SU	0634 1305 1830 2324	146 114 120 111
4 SU	0742 1712	148 104	19 M	0646 1612	157 92
5 M A	0743 1734	158 88	20 TU	0709 1716	171 69
6 TU	0755 1805	168 74	21 W P	0742 1804	184 50
7 W	0817 1838	179 63	22 TH S	0822 1849	196 37
8 TH	0847 1910	188 55	23 F	0907 1932	204 30
9 F N	0921 1943	197 49	24 SA ○	0955 2015	209 30
10 SA ●	1000 2015	204 46	25 SU	1045 2055	209 36
11 SU	1041 2048	208 45	26 M	1136 2132	204 47
12 M	1125 2121	210 47	27 TU	1225 2203	194 61
13 TU	1211 2154	207 52	28 W	1313 2223	180 76
14 W	1258 2226	199 60	29 TH E	0541 0800 1357 2221	131 129 163 90
15 TH	1346 2256	186 71	30 F	0543 0946 1438 2201	134 123 144 100
			31 SA ☾	0549 1122 1512 2130	139 115 124 105

8 月

日期	潮时时分	潮高 cm	日期	潮时时分	潮高 cm
1 SU	0555 1316 1816 2019	146 105 106 105	16 M	0449 1356	158 88
2 M A	0603 1640	155 89	17 TU P	0523 1600	170 68
3 TU	0623 1709	164 75	18 W S	0611 1657	180 51
4 W	0655 1739	174 64	19 TH	0707 1743	189 39
5 TH N	0735 1808	182 55	20 F	0806 1824	195 34
6 F	0819 1837	189 49	21 SA	0905 1903	198 35
7 SA	0906 1906	196 45	22 SU ○	1004 1938	197 43
8 SU ●	0954 1935	200 45	23 M	1102 2008	193 54
9 M	1044 2004	201 47	24 TU	0314 0538 1158 2029	128 124 184 68
10 TU	1134 2032	199 53	25 W E	0315 0647 1252 2037	127 115 173 83
11 W	1225 2059	192 63	26 TH	0323 0747 1344 2033	129 107 159 95
12 TH E	0426 0633 1317 2123	130 128 180 75	27 F	0330 0848 1436 2025	134 102 143 103
13 F	0421 0810 1410 2139	132 121 162 89	28 SA	0325 0952 1538 2012	140 97 127 108
14 SA	0424 0946 1513 2139	138 112 141 102	29 SU	0306 1105 1711 1944	148 94 113 109
15 SU ☽	0431 1127 1722 2102	147 102 119 112	30 M ☾A	0312 1243	156 88
			31 TU	0343 1504	163 79

时　区：－0800　　　　潮高基准面：在平均海面下 122　cm

加里曼丹—米　　里

KALIMANTAN－MIRI

2021 年潮汐表　　　　4° 24′ N　　　　113° 59′ E

9 月

日期	潮时 时分	潮高 cm	日期	潮时 时分	潮高 cm
1 W	0433 1603	169 69	16 TH	0513 1621	185 46
2 TH N	0544 1642	174 61	17 F	0642 1707	186 44
3 F	0656 1715	179 55	18 SA	0802 1746	185 47
4 SA	0800 1745	183 52	19 SU	0917 1819	183 56
5 SU	0900 1815	187 51	20 M ○	0129 0425 1027 1844	131 127 180 69
6 M	1000 1844	189 54	21 TU E	0120 0527 1131 1900	130 112 174 83
7 TU ●	1059 1912	188 61	22 W	0122 0619 1231 1905	132 98 166 96
8 W E	0213 0548 1159 1937	130 120 182 72	23 TH	0122 0707 1327 1905	137 88 156 106
9 TH	0208 0649 1259 1958	131 109 173 85	24 F	0109 0755 1422 1905	144 82 144 113
10 F	0207 0749 1403 2011	137 99 159 100	25 SA	0055 0846 1522 1903	153 79 133 118
11 SA P	0207 0853 1517 2008	146 90 142 112	26 SU A	0101 0941 1637 1849	162 78 124 121
12 SU	0216 1009 1655 1937	157 83 125 120	27 M	0119 1046	170 78
13 M ☽	0236 1151	168 76	28 TU	0146 1211	175 77
14 TU	0308 1359	178 66	29 W ☾ N	0219 1341	178 74
15 W S	0357 1523	183 54	30 TH	0303 1447	178 69

10 月

日期	潮时 时分	潮高 cm	日期	潮时 时分	潮高 cm
1 F	0415 1535	177 65	16 SA	0615 1622	177 63
2 SA	0607 1614	175 63	17 SU	0805 1656 2358	171 74 139
3 SU	0742 1648	175 65	18 M	0357 0938 1720 2345	128 166 87 139
4 M	0903 1720	176 69	19 TU E	0451 1055 1731 2339	110 162 101 144
5 TU	0028 0426 1017 1749	136 127 175 77	20 W ○	0539 1200 1734 2327	93 156 112 152
6 W ●E	0013 0524 1129 1815	137 111 172 89	21 TH	0625 1300 1735 2318	81 150 121 162
7 TH	0008 0616 1238 1836	143 95 166 103	22 F	0710 1358 1739 2324	72 144 127 173
8 F P	0010 0709 1347 1847	152 82 157 117	23 SA	0756 1500 1741 2339	68 138 131 182
9 SA	0019 0806 1501 1843	165 72 146 129	24 SU A	0843	67
10 SU	0035 0910	178 65	25 M	0001 0935	189 68
11 M	0057 1030	189 62	26 TU N	0027 1036	194 70
12 TU S	0126 1209	197 59	27 W	0056 1145	196 71
13 W ☽	0202 1336	199 55	28 TH ☾	0130 1249	195 72
14 TH	0250 1444	195 54	29 F	0213 1344	191 72
15 F	0412 1539	187 56	30 SA	0315 1430	183 74
			31 SU	0501 1511	173 78

11 月

日期	潮时 时分	潮高 cm	日期	潮时 时分	潮高 cm
1 M	0719 1548 2249	165 85 145	16 TU	0413 1005 1550 2206	117 146 115 154
2 TU E	0338 0914 1620 2229	132 161 94 148	17 W	0505 1128 1545 2155	99 142 125 164
3 W	0439 1047 1647 2227	112 159 107 157	18 TH	0553 1238 1542 2158	83 139 131 176
4 TH ●	0535 1208 1707 2236	92 156 121 170	19 F ○	0640 2212	72 188
5 F P	0630 1324 1715 2253	75 153 135 184	20 SA	0725 2234	65 197
6 SA	0727 1448 1702 2315	62 149 144 198	21 SU A	0810 2259	62 204
7 SU	0828 2341	53 210	22 M N	0856 2327	61 209
8 M S	0937	49	23 TU	0943 2358	62 212
9 TU	0012 1052	217 49	24 W	1031	65
10 W	0047 1204	218 51	25 TH	0032 1119	211 67
11 TH ☽	0127 1308	213 56	26 F	0112 1204	207 71
12 F	0215 1403	201 64	27 SA ☾	0159 1247	198 76
13 SA	0320 1450	184 75	28 SU	0256 1326	185 83
14 SU	0520 1526 2252	165 88 148	29 M	0410 1402 2125	168 92 149
15 M E	0312 0807 1546 2224	139 152 102 148	30 TU E	0202 0640 1434 2100	142 150 104 154

12 月

日期	潮时 时分	潮高 cm	日期	潮时 时分	潮高 cm
1 W	0347 0946 1458 2102	120 142 117 165	16 TH	0551 2047	87 179
2 TH	0500 1139 1510 2116	97 142 131 179	17 F	0632 2108	73 190
3 F	0602 2138	76 194	18 SA A	0711 2135	63 200
4 SA ●P	0701 2206	58 209	19 SU ○	0750 2205	57 207
5 SU	0759 2239	46 221	20 M N	0826 2238	54 212
6 M S	0857 2315	39 228	21 TU	0902 2313	53 215
7 TU	0955 2355	38 229	22 W	0936 2351	55 215
8 W	1051	42	23 TH	1010	58
9 TH	0037 1144	223 51	24 F	0031 1042	212 63
10 F	0121 1232	211 63	25 SA	0115 1114	204 69
11 SA ☽	0206 1313	193 77	26 SU	0202 1144	191 78
12 SU E	0252 1342 2205	172 93 149	27 M ☾E	0250 1210 1946 2307	173 89 144 140
13 M	0106 0337 1349 2104	147 149 107 150	28 TU	0341 1230 1931	150 102 151
14 TU	0428 0813 1326 2042	125 129 118 157	29 W	0212 0728 1237 1939	123 125 115 162
15 W	0509 2037	104 168	30 TH	0452 1959	99 177
			31 F	0548 2028	74 191

时　区：－0800　　　　潮高基准面：在平均海面下 122 cm

加里曼丹—沙捞越河

KALIMANTAN－SUNGAI SARAWAK

2021 年潮汐表　　1° 45′ N　　110° 30′ E

1 月

日期	潮时 时分	潮高 cm	日期	潮时 时分	潮高 cm
1 F	0449 1133 1827	456 68 514	16 SA	0014 0547 1222 1908	223 469 59 519
2 SA	0008 0530 1212 1907	251 458 69 513	17 SU	0057 0633 1303 1948	219 460 86 504
3 SU	0050 0614 1255 1949	248 457 79 507	18 M	0140 0720 1344 2026	217 444 119 485
4 M	0135 0703 1339 2032	244 451 98 497	19 TU E	0224 0809 1424 2103	216 424 156 464
5 TU	0224 0757 1428 2117	238 441 125 485	20 W ☽	0311 0903 1506 2141	215 404 195 444
6 W ☾ E	0318 0902 1522 2204	227 429 159 472	21 TH A	0401 1006 1553 2220	214 386 231 426
7 TH	0419 1017 1624 2255	211 420 195 462	22 F	0458 1119 1649 2303	210 377 263 411
8 F	0525 1141 1737 2348	188 422 226 454	23 SA	0559 1239 1801 2352	200 381 284 401
9 SA P	0632 1304 1853	157 438 245	24 SU	0659 1351 1916	184 398 292
10 SU	0044 0735 1417 2004	451 122 464 252	25 M	0045 0752 1448 2020	398 162 423 287
11 M	0139 0831 1519 2105	453 88 492 250	26 TU N	0139 0839 1534 2110	403 136 449 275
12 TU S	0233 0922 1613 2158	458 60 515 243	27 W	0229 0921 1614 2153	415 110 475 260
13 W ●	0324 1010 1701 2246	465 41 529 235	28 TH ○	0315 1001 1652 2233	431 85 497 244
14 TH	0413 1055 1746 2331	471 35 534 228	29 F	0400 1041 1729 2312	450 65 513 227
15 F	0501 1139 1828	473 42 530	30 SA	0443 1121 1806 2351	467 53 522 212
			31 SU	0527 1201 1843	480 52 524

2 月

日期	潮时 时分	潮高 cm	日期	潮时 时分	潮高 cm
1 M	0031 0612 1242 1920	198 485 63 518	16 TU	0105 0701 1314 1936	172 461 129 477
2 TU E	0112 0700 1324 1957	185 482 88 506	17 W	0141 0742 1348 2005	170 444 163 458
3 W P	0157 0753 1408 2036	175 470 124 488	18 TH A	0218 0827 1422 2033	173 423 200 437
4 TH ☾	0245 0852 1457 2117	168 452 168 467	19 F ☽	0258 0918 1501 2102	179 402 236 416
5 F	0339 1002 1555 2204	162 433 215 445	20 SA	0343 1022 1548 2137	186 384 269 397
6 SA	0444 1125 1708 2259	156 423 256 425	21 SU	0440 1144 1658 2226	192 378 295 380
7 SU	0559 1256 1838	145 430 278	22 M	0552 1311 1833 2338	189 389 305 372
8 M S	0006 0714 1416 2001	413 125 451 277	23 TU N	0707 1420 1955	174 413 295
9 TU	0118 0820 1519 2105	413 100 477 263	24 W	0059 0808 1509 2050	379 148 442 273
10 W	0225 0915 1608 2156	425 78 498 243	25 TH	0207 0858 1550 2133	400 117 471 246
11 TH ●	0323 1004 1651 2238	442 62 511 223	26 F	0302 0942 1626 2212	429 87 496 216
12 F	0413 1047 1729 2317	459 56 516 204	27 SA ○	0350 1024 1701 2250	461 64 515 187
13 SA	0457 1127 1803 2353	471 61 515 189	28 SU	0435 1104 1736 2328	488 51 526 160
14 SU	0539 1204 1836	476 75 507			
15 M E	0029 0620 1240 1907	178 472 99 494			

3 月

日期	潮时 时分	潮高 cm	日期	潮时 时分	潮高 cm
1 M E	0520 1144 1810	508 53 528	16 TU	0604 1213 1823	482 128 481
2 TU P	0007 0606 1224 1845	137 516 70 521	17 W	0030 0641 1244 1847	131 474 154 467
3 W	0047 0654 1306 1920	120 512 101 505	18 TH A	0101 0718 1315 1912	130 460 183 450
4 TH	0129 0745 1349 1956	112 497 144 482	19 F	0133 0759 1348 1936	136 442 215 431
5 F	0215 0843 1438 2035	112 473 193 455	20 SA	0207 0844 1424 2002	146 421 247 411
6 SA ☾	0307 0951 1536 2120	121 447 242 425	21 SU ☽	0246 0941 1510 2034	160 401 276 391
7 SU S	0410 1116 1654 2220	134 430 280 398	22 M N	0336 1057 1618 2121	175 390 300 373
8 M	0531 1250 1838 2344	143 431 293 382	23 TU	0448 1227 1758 2244	185 394 306 361
9 TU	0659 1410 2006	137 448 278	24 W	0617 1341 1925	179 414 290
10 W	0116 0811 1508 2104	386 121 468 252	25 TH	0027 0732 1433 2022	369 157 442 259
11 TH	0229 0908 1552 2147	407 103 485 224	26 F	0146 0829 1514 2105	398 127 469 222
12 F	0325 0954 1629 2223	433 91 495 197	27 SA	0245 0917 1550 2145	437 99 494 181
13 SA ●	0410 1033 1701 2256	456 88 498 173	28 SU ○E	0336 1000 1625 2223	475 79 512 141
14 SU E	0450 1109 1730 2328	473 94 497 153	29 M	0423 1042 1700 2302	508 72 523 106
15 M	0527 1142 1757 2359	482 108 491 139	30 TU P	0509 1123 1734 2341	530 79 523 79
			31 W	0557 1205 1809	538 101 514

4 月

日期	潮时 时分	潮高 cm	日期	潮时 时分	潮高 cm
1 TH	0022 0646 1248 1844	63 533 136 496	16 F	0026 0659 1248 1826	102 470 212 438
2 F	0104 0739 1334 1921	61 515 178 470	17 SA	0057 0739 1323 1852	109 455 237 422
3 SA	0150 0837 1425 2002	72 489 223 439	18 SU N	0131 0824 1403 1921	121 438 261 405
4 SU ☾ S	0242 0946 1528 2051	95 462 263 407	19 M	0209 0918 1452 1957	137 422 282 388
5 M	0346 1108 1654 2200	123 443 287 378	20 TU ☽	0258 1025 1600 2052	155 410 296 372
6 TU	0509 1235 1838 2340	146 440 285 365	21 W	0406 1143 1728 2219	170 411 295 362
7 W	0640 1347 1956	152 449 261	22 TH	0531 1251 1847	173 425 272
8 TH	0117 0754 1441 2047	377 145 462 229	23 F	0000 0650 1344 1945	373 162 445 236
9 F	0226 0850 1521 2125	403 136 471 198	24 SA	0121 0753 1428 2031	404 142 467 191
10 SA	0317 0933 1555 2158	431 131 476 169	25 SU E	0224 0845 1506 2114	444 125 487 143
11 SU E	0359 1011 1623 2229	454 132 478 143	26 M	0318 0932 1543 2155	483 114 502 98
12 M ●	0437 1044 1649 2258	471 140 477 122	27 TU ○P	0409 1017 1620 2236	516 114 510 60
13 TU	0512 1115 1714 2327	480 152 472 108	28 W	0458 1102 1656 2317	537 126 509 34
14 W A	0547 1145 1738 2357	483 169 464 101	29 TH	0548 1147 1734 2359	545 148 499 24
15 TH	0622 1216 1802	479 189 452	30 F	0640 1233 1813	540 177 480

时　区：－0800

潮高基准面：在平均海面下 310　cm

加里曼丹—沙捞越河

KALIMANTAN－SUNGAI SARAWAK

2021 年潮汐表　　1° 45′ N　　110° 30′ E

5 月

日期	潮时 时分	潮高 cm	日期	潮时 时分	潮高 cm
1	0045	30	16	0032	90
	0734	523		0727	465
SA	1323	211	SU	1308	253
S	1855	455		1822	413
2	0133	50	17	0108	101
	0833	500		0812	453
SU	1419	242	M	1351	266
	1942	425		1859	401
3	0227	82	18	0150	116
	0938	475		0902	442
M	1525	265	TU	1443	276
☾	2039	395		1944	389
4	0330	117	19	0239	133
	1051	457		0959	434
TU	1648	273	W	1544	278
	2157	370	☽	2046	378
5	0447	147	20	0340	149
	1204	449		1059	432
W	1815	262	TH	1655	268
	2334	363		2207	373
6	0610	165	21	0452	161
	1307	448		1157	437
TH	1924	236	F	1804	242
				2336	384
7	0102	376	22	0605	165
	0721	171		1249	448
F	1357	451	SA	1903	203
	2014	205	E		
8	0208	399	23	0055	410
	0818	174		0712	164
SA	1437	453	SU	1335	461
E	2053	174		1955	156
9	0259	422	24	0202	444
	0902	177		0811	161
SU	1510	454	M	1418	473
	2127	146		2042	108
10	0341	443	25	0302	479
	0940	182		0904	161
M	1538	454	TU	1500	483
	2158	121		2128	64
11	0419	459	26	0357	508
	1014	190		0954	166
TU	1604	452	W	1541	487
●A	2227	102	○P	2212	30
12	0455	471	27	0449	529
	1047	199		1043	176
W	1630	448	TH	1623	486
	2257	89		2257	10
13	0531	477	28	0542	538
	1120	210		1132	191
TH	1656	442	F	1706	478
	2327	83	S	2343	6
14	0608	478	29	0634	535
	1153	223		1222	208
F	1722	434	SA	1751	463
	2358	84			
15	0646	473	30	0031	17
	1229	238		0728	523
SA	1751	424	SU	1314	224
N				1839	443
			31	0121	41
				0824	505
			M	1411	238
				1933	419

6 月

日期	潮时 时分	潮高 cm	日期	潮时 时分	潮高 cm
1	0214	75	16	0137	94
	0922	484		0842	462
TU	1514	246	W	1428	251
	2034	395		1943	401
2	0312	112	17	0225	110
	1021	466		0928	455
W	1622	245	TH	1521	243
☾	2148	376		2043	395
3	0416	147	18	0318	131
	1119	451		1016	449
TH	1732	232	F	1619	227
	2310	369	☽	2155	391
4	0525	177	19	0417	154
	1213	441		1104	446
F	1836	211	SA	1720	202
E			E	2313	396
5	0029	374	20	0524	175
	0632	198		1154	446
SA	1300	434	SU	1822	168
	1929	185			
6	0137	388	21	0032	412
	0732	212		0633	192
SU	1340	430	M	1243	448
	2012	159		1920	127
7	0233	407	22	0145	437
	0822	221		0740	203
M	1416	428	TU	1331	452
	2050	134		2014	86
8	0319	425	23	0250	466
	0905	227		0841	209
TU	1448	426	W	1420	457
A	2124	112	P	2106	49
9	0401	442	24	0349	493
	0944	232		0937	211
W	1518	425	TH	1509	461
	2157	95	○	2155	22
10	0439	457	25	0444	513
	1021	235		1030	213
TH	1549	424	F	1558	462
●	2230	82	S	2243	7
11	0517	467	26	0536	524
	1058	239		1121	214
F	1620	422	SA	1648	460
	2303	75		2331	6
12	0556	474	27	0627	525
	1136	243		1211	215
SA	1654	420	SU	1739	453
N	2338	72			
13	0635	476	28	0020	18
	1215	247		0716	517
SU	1729	417	M	1302	216
				1831	442
14	0015	75	29	0108	42
	0715	474		0804	503
M	1256	251	TU	1353	216
	1808	413		1925	426
15	0054	82	30	0157	75
	0758	469		0852	485
TU	1340	253	W	1446	214
	1852	408		2022	408

7 月

日期	潮时 时分	潮高 cm	日期	潮时 时分	潮高 cm
1	0247	112	16	0207	99
	0939	465		0850	469
TH	1541	210	F	1450	196
☾ E	2125	390	E	2036	420
2	0338	152	17	0254	129
	1024	447		0931	458
F	1638	202	SA	1542	181
	2234	377	☽	2141	412
3	0432	189	18	0347	164
	1109	430		1014	447
SA	1737	190	SU	1640	163
	2346	372		2255	408
4	0532	221	19	0450	199
	1153	416		1102	436
SU	1833	174	M	1744	140
5	0057	377	20	0016	413
	0634	243		0602	228
M	1235	406	TU	1155	429
A	1925	155		1850	113
6	0201	390	21	0135	431
	0735	256		0719	244
TU	1316	400	W	1253	427
	2010	136	P	1953	83
7	0255	408	22	0246	456
	0830	261		0829	246
W	1357	399	TH	1353	430
	2052	117	S	2051	55
8	0342	428	23	0346	481
	0917	260		0929	239
TH	1437	400	F	1452	437
	2130	99		2145	33
9	0423	446	24	0439	500
	1000	255		1022	227
F	1517	405	SA	1548	447
N	2207	84	○	2234	21
10	0502	462	25	0526	512
	1040	249		1111	214
SA	1557	412	SU	1641	455
●	2245	71		2322	21
11	0540	474	26	0610	514
	1110	242		1156	202
SU	1638	419	M	1732	458
	2323	63			
12	0618	482	27	0007	34
	1158	235		0652	508
M	1719	426	TU	1241	192
				1821	454
13	0001	60	28	0050	57
	0656	485		0732	496
TU	1238	228	W	1324	184
	1803	430		1910	444
14	0041	65	29	0132	89
	0733	483		0810	479
W	1319	220	TH	1408	180
	1849	431	E	2001	427
15	0123	78	30	0214	126
	0812	477		0847	460
TH	1403	209	F	1454	177
	1939	428		2054	408
			31	0256	167
				0923	439
			SA	1541	176
			☾	2153	390

8 月

日期	潮时 时分	潮高 cm	日期	潮时 时分	潮高 cm
1	0341	207	16	0322	195
	1000	418		0928	440
SU	1633	175	M	1603	135
	2259	377		2244	422
2	0432	242	17	0426	237
	1039	400		1017	421
M	1730	172	TU	1712	129
A			P		
3	0014	374	18	0009	420
	0536	268		0548	266
TU	1123	386	W	1118	407
	1831	165	S	1829	117
4	0128	383	19	0134	434
	0651	282		0716	274
W	1215	377	TH	1232	402
	1929	151		1942	98
5	0230	401	20	0244	457
	0801	282		0830	263
TH	1312	377	F	1346	410
N	2020	133		2044	76
6	0320	423	21	0340	480
	0856	272		0926	242
F	1407	385	SA	1452	428
	2106	112		2138	59
7	0402	446	22	0426	496
	0940	258		1013	218
SA	1458	401	SU	1548	448
	2147	91	○	2225	50
8	0439	466	23	0506	505
	1020	241		1055	195
SU	1544	419	M	1637	465
●	2226	73		2308	53
9	0515	483	24	0543	506
	1057	223		1134	176
M	1628	438	TU	1723	474
	2305	60		2348	67
10	0550	494	25	0618	500
	1135	206		1212	161
TU	1711	454	W	1807	474
	2344	56	E		
11	0625	498	26	0026	90
	1213	188		0650	489
W	1755	465	TH	1249	151
				1850	465
12	0023	63	27	0102	121
	0659	497		0721	473
TH	1252	172	F	1327	147
E	1841	468		1935	450
13	0103	82	28	0138	157
	0733	489		0750	454
F	1333	158	SA	1405	150
	1931	463		2021	430
14	0145	112	29	0215	195
	0809	476		0819	433
SA	1417	147	SU	1445	157
	2025	450		2113	409
15	0231	151	30	0255	232
	0846	459		0849	411
SU	1506	139	M	1530	167
☽	2129	434	☾ A	2215	391
			31	0343	265
				0924	390
			TU	1624	177
				2331	383

时　区：－0800　　　　潮高基准面：在平均海面下 310　cm

加里曼丹—沙捞越河

KALIMANTAN－SUNGAI SARAWAK

2021 年潮汐表　　1° 45′ N　　110° 30′ E

9 月

日期	潮时 时分	潮高 cm	日期	潮时 时分	潮高 cm
1 W	0449 1009 1732	291 373 181	16 TH	0009 0554 1101 1816	438 293 387 136
2 TH N	0053 0618 1117 1846	389 301 363 173	17 F	0132 0727 1234 1934	451 283 388 124
3 F	0201 0739 1239 1949	407 293 366 155	18 SA	0234 0831 1355 2037	470 257 408 108
4 SA	0251 0835 1348 2040	431 274 385 130	19 SU	0322 0918 1456 2127	486 226 435 97
5 SU	0331 0917 1443 2123	456 249 412 105	20 M ○	0402 0957 1546 2210	497 196 461 94
6 M	0407 0954 1531 2204	478 221 443 84	21 TU E	0436 1033 1630 2248	502 169 480 101
7 TU ●	0440 1030 1615 2243	496 192 471 72	22 W	0507 1107 1710 2323	500 147 491 117
8 W E	0513 1106 1659 2321	508 164 493 72	23 TH	0535 1140 1750 2357	494 131 492 140
9 TH	0546 1143 1744	512 139 506	24 F	0602 1213 1829	483 122 485
10 F	0001 0618 1222 1830	85 508 119 508	25 SA	0030 0628 1245 1909	168 468 122 471
11 SA P	0041 0652 1302 1921	112 497 107 498	26 SU A	0104 0654 1319 1952	199 450 130 452
12 SU	0124 0726 1346 2016	149 479 104 480	27 M	0139 0719 1355 2040	231 430 143 432
13 M ☽	0211 0804 1435 2121	194 456 110 458	28 TU	0218 0746 1434 2138	263 410 161 413
14 TU	0306 0847 1534 2240	239 430 122 441	29 W ☾ N	0307 0819 1524 2253	290 389 179 403
15 W S	0418 0943 1649	276 405 134	30 TH	0418 0908 1634	310 370 192

10 月

日期	潮时 时分	潮高 cm	日期	潮时 时分	潮高 cm
1 F	0016 0554 1031 1759	407 313 359 191	16 SA	0114 0724 1243 1920	470 271 390 154
2 SA	0123 0714 1213 1911	424 295 367 175	17 SU	0209 0818 1357 2020	481 238 417 148
3 SU	0212 0806 1329 2007	446 267 395 151	18 M	0252 0859 1452 2108	490 203 446 145
4 M	0251 0846 1425 2053	470 232 431 128	19 TU E	0327 0935 1538 2148	494 171 471 149
5 TU	0325 0923 1514 2136	492 193 469 111	20 W ○	0358 1007 1618 2223	495 144 489 160
6 W ●E	0358 0959 1600 2216	508 154 502 104	21 TH	0425 1038 1656 2256	491 122 499 176
7 TH	0431 1036 1645 2257	519 118 527 110	22 F	0450 1108 1733 2328	485 108 501 195
8 F P	0504 1114 1732 2338	521 89 540 129	23 SA	0515 1139 1810	476 102 497
9 SA	0537 1154 1820	515 71 539	24 SU A	0001 0540 1210 1848	217 463 105 486
10 SU	0021 0612 1236 1913	159 500 66 527	25 M	0034 0605 1242 1930	241 448 116 471
11 M	0106 0649 1321 2011	197 479 74 506	26 TU N	0111 0631 1316 2016	265 430 132 454
12 TU S	0158 0730 1412 2118	238 451 94 482	27 W	0153 0700 1355 2111	287 412 152 438
13 W ☽	0300 0819 1514 2237	275 421 121 465	28 TH ☾	0245 0737 1443 2218	307 393 173 428
14 TH	0423 0927 1633	298 393 146	29 F	0356 0832 1548 2330	317 376 190 430
15 F	0001 0603 1104 1803	461 296 379 157	30 SA	0522 1002 1709	312 367 197
			31 SU	0033 0635 1144 1825	441 288 377 189

11 月

日期	潮时 时分	潮高 cm	日期	潮时 时分	潮高 cm
1 M	0122 0727 1302 1927	459 253 407 175	16 TU	0211 0831 1439 2040	479 183 446 199
2 TU E	0202 0810 1403 2019	478 210 446 160	17 W	0245 0907 1525 2121	479 152 468 207
3 W	0239 0850 1455 2105	496 163 485 151	18 TH	0315 0939 1605 2157	477 127 484 217
4 TH ●	0314 0929 1544 2149	511 118 520 151	19 F ○	0342 1010 1642 2231	474 108 495 228
5 F P	0348 1009 1633 2233	519 78 544 161	20 SA	0408 1040 1718 2304	469 96 500 240
6 SA	0424 1049 1722 2318	520 50 557 180	21 SU A	0434 1111 1755 2338	462 93 499 253
7 SU	0501 1132 1813	513 36 556	22 M N	0501 1143 1833	453 96 494
8 M S	0004 0540 1216 1907	206 498 38 544	23 TU	0014 0530 1216 1914	267 443 106 485
9 TU	0054 0622 1304 2006	236 476 56 525	24 W	0052 0601 1251 1958	281 430 120 473
10 W	0150 0709 1358 2111	264 448 86 503	25 TH	0136 0637 1331 2047	293 417 137 462
11 TH ☽	0257 0807 1500 2223	285 419 121 486	26 F	0226 0721 1418 2141	302 403 156 453
12 F	0418 0925 1615 2334	292 394 154 478	27 SA ☾	0327 0820 1514 2238	303 390 175 450
13 SA	0546 1103 1737	279 385 176	28 SU	0435 0940 1622 2333	293 383 190 453
14 SU	0038 0657 1234 1852	477 251 397 186	29 M	0542 1110 1734	268 391 198
15 M E	0129 0749 1344 1952	478 217 421 192	30 TU E	0022 0641 1231 1842	462 231 415 200

12 月

日期	潮时 时分	潮高 cm	日期	潮时 时分	潮高 cm
1 W	0107 0731 1339 1942	473 185 449 200	16 TH	0157 0835 1509 2053	448 146 451 255
2 TH	0149 0817 1438 2036	485 136 485 199	17 F	0231 0911 1552 2134	446 124 468 260
3 F	0229 0902 1532 2127	496 90 518 202	18 SA A	0303 0945 1630 2211	445 107 482 263
4 SA ●P	0310 0946 1625 2215	504 52 543 209	19 SU ○	0334 1018 1707 2247	444 96 491 265
5 SU	0352 1031 1716 2304	506 27 557 219	20 M N	0406 1051 1744 2323	443 90 497 266
6 M S	0435 1117 1808 2354	502 18 559 233	21 TU	0439 1125 1820 2359	442 89 498 269
7 TU	0521 1204 1901	491 25 551	22 W	0514 1200 1858	439 93 495
8 W	0046 0609 1253 1956	246 474 46 535	23 TH	0038 0551 1237 1937	271 436 102 489
9 TH	0142 0703 1346 2053	258 452 79 516	24 F	0119 0631 1316 2018	273 430 115 481
10 F	0243 0804 1443 2152	265 428 117 496	25 SA	0203 0718 1359 2100	271 422 133 472
11 SA ☽	0350 0917 1546 2250	263 406 157 480	26 SU	0251 0812 1446 2144	265 413 155 464
12 SU E	0502 1041 1655 2346	251 395 192 468	27 M ☾ E	0346 0919 1541 2230	252 406 181 458
13 M	0609 1205 1806	229 398 218	28 TU	0446 1038 1645 2318	231 405 207 455
14 TU	0036 0707 1319 1911	459 201 412 236	29 W	0549 1200 1756	200 417 228
15 W	0119 0755 1419 2007	453 172 431 248	30 TH	0008 0650 1318 1908	456 162 441 240
			31 F	0059 0747 1426 2013	461 119 472 243

时　区：－0800　　　　潮高基准面：在平均海面下 310　cm

加里曼丹—巴里托河（外拦门沙）

KALIMANTAN－SUNGAI BARITO（OUTER BAR）

2021 年潮汐表　　　3° 34′ S　　　114° 29′ E

1 月

日期	潮时 时分	潮高 cm	日期	潮时 时分	潮高 cm
1 F	1144 2113	29 292	16 SA	1232 2117	43 299
2 SA	1223 2142	32 295	17 SU	1312 2151	63 289
3 SU	1305 2211	41 293	18 M	1350 2221	86 276
4 M	1348 2239	56 287	19 TU E	0645 0922 1425 2247	132 135 111 261
5 TU	1434 2304	77 277	20 W ☽	0651 1137 1453 2307	122 143 135 247
6 W ☾ E	0712 0956 1523 2328	135 141 104 265	21 TH A	0706 2320	111 234
7 TH	0710 1218 1620 2350	116 153 135 253	22 F	0724 2324	100 224
8 F	0728 1414 1737	93 178 167	23 SA	0743 2313	88 219
9 SA P	0008 0755 1549 1923	241 69 208 196	24 SU	0804 1732	75 223
10 SU	0021 0828 1657 2127	230 47 239 215	25 M	0828 1754	62 241
11 M	0021 0904 1749	222 29 266	26 TU N	0855 1820	49 257
12 TU S	0943 1836	17 286	27 W	0926 1848	39 269
13 W ●	1025 1920	13 300	28 TH ○	1000 1917	32 278
14 TH	1107 2001	17 306	29 F	1038 1946	29 283
15 F	1150 2040	27 305	30 SA	1117 2017	33 284
			31 SU	1159 2047	42 281

2 月

日期	潮时 时分	潮高 cm	日期	潮时 时分	潮高 cm
1 M	1243 2117	59 274	16 TU	0429 0747 1323 2120	145 153 119 240
2 TU E	1330 2145	83 264	17 W	0454 0953 1402 2141	134 157 142 227
3 W P	0524 0845 1421 2212	144 154 112 252	18 TH A	0521 1157 1451 2157	123 169 165 217
4 TH ☾	0542 1108 1524 2236	122 164 144 239	19 F ☽	0548 1357 1626 2203	111 187 185 208
5 F	0610 1307 1657 2257	98 188 175 228	20 SA	0616 1458 1849 2150	99 207 199 203
6 SA	0643 1440 1857 2313	75 217 198 219	21 SU	0643 1535	86 225
7 SU	0719 1544 2107 2315	54 245 209 212	22 M	0711 1607	74 241
8 M S	0757 1634	37 267	23 TU N	0741 1637	61 253
9 TU	0837 1718	27 283	24 W	0814 1707	51 262
10 W	0918 1759	24 290	25 TH	0849 1736	44 268
11 TH ●	1000 1838	28 281	26 F	0928 1806	42 260
12 F	1042 1915	39 287	27 SA ○	1009 1836	46 267
13 SA	1124 1951	55 278	28 SU	1054 1907	57 261
14 SU	1204 2023	75 266			
15 M E	1244 2053	97 253			

3 月

日期	潮时 时分	潮高 cm	日期	潮时 时分	潮高 cm
1 M E	0206 0419 1141 1939	177 181 74 252	16 TU	0202 0706 1229 1927	141 173 139 215
2 TU P	0229 0602 1234 2010	161 176 98 241	17 W	0232 0843 1328 1943	132 178 159 204
3 W	0302 0800 1337 2040	141 177 127 229	18 TH A	0306 1025 1455 1952	122 190 176 195
4 TH	0342 0959 1458 2109	120 188 156 217	19 F	0341 1153 1724 1931	112 205 187 188
5 F	0425 1144 1651 2135	99 210 179 206	20 SA	0418 1255	102 222
6 SA ☾	0509 1308 1902 2156	78 235 190 197	21 SU ☽	0455 1340	92 236
7 SU S	0554 1412	61 257	22 M N	0532 1418	82 249
8 M	0639 1503	49 274	23 TU	0609 1451	73 257
9 TU	0723 1547	43 282	24 W	0647 1522	65 262
10 W	0806 1628	43 284	25 TH	0726 1551	61 263
11 TH	0849 1705	50 279	26 F	0808 1619 2314	61 261 179
12 F	0932 1740	62 269	27 SA	0120 0853 1648 2321	183 67 255 170
13 SA ●	0048 0311 1015 1811	168 173 78 256	28 SU ○ E	0247 0941 1718 2345	184 79 246 156
14 SU E	0109 0424 1058 1840	160 171 97 242	29 M	0411 1034 1748	186 99 235
15 M	0134 0540 1142 1905	151 171 118 228	30 TU P	0019 0542 1137 1819	138 191 122 223
			31 W	0059 0721 1254 1848	119 200 148 210

4 月

日期	潮时 时分	潮高 cm	日期	潮时 时分	潮高 cm
1 TH	0144 0900 1438 1915	100 217 170 197	16 F	0138 1034	94 228
2 F	0232 1028 1659 1936	83 239 181 185	17 SA	0215 1124	87 243
3 SA	0322 1140	69 260	18 SU N	0255 1206	81 255
4 SU ☾ S	0414 1239	59 277	19 M	0337 1242	76 265
5 M	0505 1329	53 288	20 TU ☽	0420 1315	71 270
6 TU	0554 1414	54 291	21 W	0504 1345	69 271
7 W	0642 1453 2231	59 286 155	22 TH	0549 1413	69 269
8 TH	0036 0729 1528 2246	158 70 275 150	23 F	0635 1439 2150	74 263 156
9 F	0153 0814 1559 2304	161 86 261 145	24 SA	0046 0723 1505 2156	165 85 254 144
10 SA	0304 0858 1625 2323	166 104 244 137	25 SU E	0216 0816 1531 2217	172 101 243 127
11 SU E	0413 0943 1646 2344	172 124 228 129	26 M	0344 0915 1557 2248	182 123 230 107
12 M ●	0525 1033 1701	179 145 214	27 TU ○ P	0514 1026 1622 2326	197 149 217 87
13 TU	0007 0642 1133 1709	120 187 164 202	28 W	0644 1201 1644	216 172 204
14 W A	0034 0807 1301 1704	111 199 180 193	29 TH	0009 0808 1416 1653	69 239 186 191
15 TH	0104 0929	102 213	30 F	0055 0922	54 263

时　区：－0800　　　　潮高基准面：在平均海面下 160 cm

加里曼丹—巴里托河(外拦门沙)

KALIMANTAN－SUNGAI BARITO(OUTER BAR)

2021 年潮汐表　　3° 34′ S　　114° 29′ E

5 月

日期	潮时 时分	潮高 cm	日期	潮时 时分	潮高 cm
1 SA S	0144 1024	44 284	16 SU	0117 1051	56 271
2 SU	0235 1117	40 298	17 M	0156 1124	54 279
3 M ☾	0326 1204	42 304	18 TU	0237 1154	54 282
4 TU	0417 1246	50 303	19 W ☽	0320 1222	56 281
5 W	0507 1324 2124 2353	63 294 133 138	20 TH	0405 1248	63 276
6 TH	0555 1357 2136	80 280 127	21 F	0452 1312 2101 2339	74 268 138 144
7 F	0122 0642 1425 2151	144 100 262 121	22 SA E	0543 1334 2056	91 257 124
8 SA E	0241 0727 1446 2207	154 122 244 113	23 SU	0129 0638 1356 2111	154 113 245 104
9 SU	0356 0813 1500 2225	165 144 227 104	24 M	0309 0741 1417 2138	170 140 233 81
10 M	0514 0904 1504 2245	179 166 213 94	25 TU	0443 0901 1436 2213	193 168 221 59
11 TU ●A	0636 1018 1453 2308	194 186 203 84	26 W ○P	0609 1051 1446 2253	220 192 209 39
12 W	0754 2335	212 75	27 TH	0722 2337	249 24
13 TH	0853	229	28 F S	0823	274
14 F	0006 0938	67 246	29 SA	0023 0916	16 295
15 SA N	0040 1016	61 260	30 SU	0111 1004	15 307
			31 M	0159 1047	22 312

6 月

日期	潮时 时分	潮高 cm	日期	潮时 时分	潮高 cm
1 TU	0247 1127	34 309	16 W	0157 1109	37 282
2 W ☾	0333 1203	52 298	17 TH	0238 1134	48 276
3 TH	0418 1235 2035	75 283 113	18 F ☽	0320 1157	64 266
4 F E	0018 0501 1302 2049	128 99 264 105	19 SA E	0406 1217 2001	86 255 113
5 SA	0154 0542 1321 2105	139 124 246 96	20 SU	0028 0457 1236 2013	137 113 243 91
6 SU	0331 0621 1331 2122	155 149 229 86	21 M	0228 0601 1254 2037	157 144 232 66
7 M	1329 2140	216 75	22 TU	0413 0730 1308 2109	185 175 222 42
8 TU A	1308 2202	209 64	23 W P	0533 0932 1312 2147	216 200 213 21
9 W	0744 2227	216 53	24 TH ○	0633 2229	246 5
10 TH ●	0815 2256	235 44	25 F S	0724 2313	272 -3
11 F	0845 2329	251 36	26 SA	0810 2358	290 -3
12 SA N	0915	265	27 SU	0853	301
13 SU	0003 0944	32 276	28 M	0045 0934	4 304
14 M	0040 1014	30 282	29 TU	0130 1012	19 299
15 TU	0118 1042	31 284	30 W	0214 1048	40 289

7 月

日期	潮时 时分	潮高 cm	日期	潮时 时分	潮高 cm
1 TH ☾E	0256 1120 1930 2237	64 274 113 121	16 F E	0210 1045	57 253
2 F	0335 1147 1942	90 257 102	17 SA ☽	0253 1106 1851 2317	82 242 111 133
3 SA	0034 0410 1207 2000	129 117 240 91	18 SU	0342 1125 1905	112 231 88
4 SU	1219 2018	224 79	19 M	0130 0447 1142 1932	152 144 221 63
5 M A	1219 2038	213 67	20 TU	0323 0631 1156 2004	181 174 212 38
6 TU	1200 2100	206 55	21 W P	0436 0837 1202 2042	212 196 206 17
7 W	0652 2125	211 44	22 TH S	0528 2123	239 1
8 TH	0713 2153	228 33	23 F	0613 2206	261 -6
9 F N	0738 2224	244 24	24 SA ○	0656 2250	275 -6
10 SA ●	0805 2258	256 18	25 SU	0737 2336	282 2
11 SU	0833 2334	265 15	26 M	0817	282
12 M	0901	271	27 TU	0021 0855	18 276
13 TU	0011 0929	17 272	28 W	0106 0930	38 265
14 W	0049 0956	25 269	29 TH E	0149 1003 1749 2052	62 251 121 128
15 TH	0129 1021	38 262	30 F	0230 1032 1811 2253	88 236 109 132
			31 SA ☾	0311 1055 1836	114 221 97

8 月

日期	潮时 时分	潮高 cm	日期	潮时 时分	潮高 cm
1 SU	0051 0353 1110 1900	144 139 208 84	16 M	0015 0430 1032 1810	165 148 199 66
2 M A	1116 1925	198 72	17 TU P	0156 0625 1050 1849	190 171 192 43
3 TU	0420 0654 1105 1950	184 181 192 60	18 W S	0307 0824 1102 1930	216 183 188 25
4 W	0459 2016	202 48	19 TH	0400 2013	238 12
5 TH N	0532 2045	218 36	20 F	0446 2056	253 6
6 F	0603 2116	231 27	21 SA	0529 2141	261 9
7 SA	0633 2150	241 20	22 SU ○	0609 2227	262 18
8 SU ●	0702 2226	248 18	23 M	0648 2314	257 34
9 M	0732 2305	250 20	24 TU	0725 1427 1643	247 150 155
10 TU	0801 2345	250 28	25 W E	0000 0800 1455 1808	54 235 139 149
11 W	0829	246	26 TH	0047 0833 1528 1944	76 221 127 147
12 TH E	0028 0857	42 238	27 F	0136 0902 1603 2128	100 208 115 151
13 F	0113 0924 1643 1949	63 229 135 143	28 SA	0231 0928 1638 2311	123 195 104 160
14 SA	0203 0949 1704 2212	89 218 113 147	29 SU	0341 0947 1713	143 184 93
15 SU ☽	0303 1011 1734	119 208 90	30 M ☾A	0046 0519 0958 1747	175 160 176 82
			31 TU	0159 0726 0952 1820	191 169 171 71

时　区：－0800　　　　潮高基准面：在平均海面下 160　cm

加里曼丹—巴里托河(外拦门沙)

KALIMANTAN－SUNGAI BARITO(OUTER BAR)

2021 年潮汐表　　3° 34′ S　　114° 29′ E

9 月

日期	潮时 时分	潮高 cm	日期	潮时 时分	潮高 cm
1 W	0252 1852	206 60	16 TH	0224 1853	251 28
2 TH N	0333 1925	218 50	17 F	0310 1940	259 28
3 F	0408 1959	227 42	18 SA	0352 2027	260 34
4 SA	0441 2034	233 36	19 SU	0431 1122 1406 2114	254 152 160 46
5 SU	0512 2112	235 35	20 M ○	0507 1147 1517 2202	243 146 161 64
6 M	0542 2153	234 38	21 TU E	0540 1214 1628 2251	228 137 163 84
7 TU ●	0611 2237	230 48	22 W	0611 1243 1742 2345	213 127 165 105
8 W E	0641 1306 1608 2324	224 159 168 63	23 TH	0638 1314 1904	198 118 169
9 TH	0711 1334 1738	215 144 164	24 F	0045 0701 1348 2033	126 185 108 176
10 F	0018 0740 1411 1925	85 205 126 165	25 SA	0201 0718 1425 2201	145 173 100 187
11 SA P	0122 0809 1454 2119	110 104 106 175	26 SU A	0349 0724 1504 2316	157 104 92 201
12 SU	0246 0837 1540 2302	135 184 86 193	27 M	1545	84
13 M ☽	0438 0902 1628	155 176 66	28 TU	0016 1626	214 77
14 TU	0026 0646 0926 1717	216 164 169 49	29 W ☾ N	0103 1707	226 70
15 W S	0131 1806	236 36	30 TH	0144 1747	234 64

10 月

日期	潮时 时分	潮高 cm	日期	潮时 时分	潮高 cm
1 F	0219 1826	240 59	16 SA	0218 0943 1229 1903	274 137 145 59
2 SA	0251 1905	242 56	17 SU	0254 1001 1346 1952	262 132 151 76
3 SU	0321 1946	240 58	18 M	0325 1021 1457 2042	246 125 159 96
4 M	0348 1030 1319 2030	235 157 164 64	19 TU E	0352 1042 1608 2134	228 117 168 119
5 TU	0415 1038 1435 2117	227 149 169 77	20 W ○	0413 1105 1721 2232	210 108 178 141
6 W ●E	0443 1100 1554 2211	217 136 173 95	21 TH	0426 1131 1839 2349	195 98 189 160
7 TH	0510 1133 1720 2314	206 120 180 117	22 F	0428 1159 2000	183 90 202
8 F P	0537 1213 1856	195 103 191	23 SA	1231 2113	82 216
9 SA	0038 0602 1258 2032	140 183 85 208	24 SU A	1306 2212	77 231
10 SU	0232 0624 1348 2158	159 173 68 229	25 M	1345 2259	72 243
11 M	1440 2308	55 250	26 TU N	1427 2340	69 253
12 TU S	1535	45	27 W	1510	67
13 W ☽	0005 1629	267 40	28 TH ☾	0016 1554	260 66
14 TH	0055 1722	277 40	29 F	0048 1638	263 67
15 F	0139 1813	279 47	30 SA	0118 1723	262 69
			31 SU	0144 1808	257 76

11 月

日期	潮时 时分	潮高 cm	日期	潮时 时分	潮高 cm
1 M	0209 0923 1239 1855	249 141 152 87	16 TU	0216 0935 1547 2004	240 100 170 147
2 TU E	0231 0926 1402 1945	239 131 162 104	17 W	0229 0954 1707 2106	222 90 186 171
3 W	0253 0943 1526 2043	228 115 174 126	18 TH	0229 1016 1829 2239	208 80 204 192
4 TH ●	0315 1011 1655 2156	216 96 190 151	19 F ○	0203 1040 1941	199 71 222
5 F P	0334 1047 1824 2337	204 76 211 174	20 SA	1108 2035	63 240
6 SA	0346 1130 1947	193 58 236	21 SU A	1139 2118	58 255
7 SU	1216 2059	44 261	22 M N	1214 2156	54 268
8 M S	1306 2158	34 282	23 TU	1251 2230	52 277
9 TU	1358 2249	30 297	24 W	1330 2302	53 282
10 W	1452 2335	32 304	25 TH	1410 2332	56 284
11 TH ☽	1545	41	26 F	1452 2359	61 281
12 F	0016 1638	303 55	27 SA ☾	1535	70
13 SA	0054 0847 1138 1729	294 125 134 74	28 SU	0023 1621	275 83
14 SU	0127 0859 1309 1820	279 118 143 97	29 M	0045 0842 1130 1709	265 134 140 100
15 M E	0155 0916 1429 1911	260 109 155 122	30 TU E	0104 0833 1318 1802	255 121 152 123

12 月

日期	潮时 时分	潮高 cm	日期	潮时 时分	潮高 cm
1 W	0122 0845 1456 1903	243 103 171 149	16 TH	0100 0915 1821 2120	221 71 215 210
2 TH	0138 0908 1629 2024	232 80 195 178	17 F	0022 0938 1910	215 61 235
3 F	0150 0941 1753 2220	222 58 224 202	18 SA A	1003 1948	52 253
4 SA ●P	0150 1019 1902	214 38 253	19 SU ○	1032 2020	45 268
5 SU	1102 2000	22 280	20 M N	1103 2051	40 279
6 M S	1149 2051	14 301	21 TU	1137 2122	38 287
7 TU	1237 2137	12 315	22 W	1213 2151	39 292
8 W	1326 2219	19 320	23 TH	1249 2219	44 292
9 TH	1416 2259	33 317	24 F	1327 2246	52 289
10 F	1506 2335	54 307	25 SA	1405 2309	64 281
11 SA ☽	0756 1007 1555	125 129 79	26 SU	1445 2330	82 272
12 SU E	0008 0800 1206 1643	291 115 136 106	27 M ☾ E	1527 2348	104 260
13 M	0035 0816 1345 1731	271 104 151 135	28 TU	0741 1223 1614	121 146 131
14 TU	0055 0835 1523 1824	252 93 170 163	29 W	0004 0748 1425 1716	250 100 168 162
15 W	0106 0854 1704 1931	234 82 192 189	30 TH	0017 0809 1608 1855	240 76 198 193
			31 F	0027 0839 1718 2108	232 51 230 217

时　区：－0800　　　　潮高基准面：在平均海面下 160　cm

加里曼丹—巴厘巴板

KALIMANTAN—BALIK PAPAN

2021 年潮汐表　　1° 16′ S　　116° 48′ E

1 月

日期	潮时 时分	潮高 cm	日期	潮时 时分	潮高 cm
1 F	0119 0705 1254 1919	34 211 29 282	16 SA	0140 0730 1322 1943	24 224 24 282
2 SA	0142 0730 1322 1945	31 217 26 279	17 SU	0204 0755 1348 2008	28 223 29 271
3 SU	0207 0756 1351 2012	33 219 29 270	18 M	0227 0819 1413 2031	37 218 40 254
4 M	0233 0825 1421 2040	38 217 40 254	19 TU E	0248 0842 1437 2050	49 211 55 233
5 TU	0300 0856 1453 2108	48 210 57 231	20 W ☽	0306 0905 1459 2106	62 201 75 209
6 W ☾ E	0328 0932 1528 2136	62 199 81 204	21 TH A	0321 0928 1518 2113	76 189 98 186
7 TH	0359 1018 1612 2205	78 184 109 175	22 F	0330 0953 1529 2055	89 174 124 164
8 F	0440 1146 1825 2242	97 168 136 144	23 SA	0327 1029 1427 1838	102 156 148 157
9 SA P	0637 1530 2254	114 179 114	24 SU	0217 1717	112 180
10 SU	0410 0934 1636 2324	142 104 209 86	25 M	0036 0558 1034 1724	104 138 113 205
11 M	0503 1036 1715 2353	163 83 236 63	26 TU N	0017 0546 1104 1742	88 154 91 229
12 TU S	0538 1118 1749	182 62 258	27 W	0020 0555 1130 1802	72 172 69 250
13 W ●	0020 0608 1153 1819	44 199 45 275	28 TH ○	0032 0612 1156 1824	57 189 48 266
14 TH	0048 0636 1224 1849	31 212 32 284	29 F	0049 0632 1222 1847	44 206 31 279
15 F	0114 0704 1254 1916	24 220 25 287	30 SA	0108 0654 1248 1911	33 221 19 285
			31 SU	0129 0718 1316 1936	26 232 13 285

2 月

日期	潮时 时分	潮高 cm	日期	潮时 时分	潮高 cm
1 M	0152 0744 1344 2001	23 239 14 277	16 TU	0203 0758 1359 2011	32 238 26 256
2 TU E	0215 0812 1413 2026	25 239 24 262	17 W	0220 0819 1421 2028	40 233 41 237
3 W P	0239 0841 1442 2051	32 234 41 241	18 TH A	0235 0838 1440 2041	49 224 60 217
4 TH ☾	0304 0912 1513 2114	44 222 66 215	19 F ☽	0247 0858 1457 2047	59 212 82 196
5 F	0329 0946 1545 2133	61 204 96 186	20 SA	0257 0916 1507 2041	71 195 108 177
6 SA	0353 1032 1628 2131	81 181 129 156	21 SU	0259 0931 1453 1955	85 174 133 164
7 SU	0416 1457	104 165	22 M	0238 0925 1232 1807	99 150 144 171
8 M S	0032 0455 0914 1645 2343	120 129 118 196 95	23 TU N	0114 0649 1059 1734	104 138 123 195
9 TU	0514 1039 1719 2356	154 92 226 71	24 W	0022 0548 1106 1739	95 152 96 219
10 W	0538 1119 1749	178 67 250	25 TH	0011 0545 1126 1754	79 173 69 241
11 TH ●	0017 0603 1151 1816	51 199 45 269	26 F	0017 0557 1148 1813	63 196 45 259
12 F	0040 0628 1220 1843	36 216 29 280	27 SA ○	0030 0615 1213 1835	47 218 24 273
13 SA	0103 0652 1247 1908	27 228 18 284	28 SU	0047 0637 1239 1857	33 237 9 281
14 SU	0124 0715 1313 1931	24 235 15 280			
15 M E	0145 0737 1337 1952	26 239 18 271			

3 月

日期	潮时 时分	潮高 cm	日期	潮时 时分	潮高 cm
1 M E	0107 0701 1306 1921	23 252 2 282	16 TU	0118 0715 1322 1932	29 255 11 260
2 TU P	0129 0726 1333 1945	17 260 2 275	17 W	0134 0735 1344 1950	31 256 19 247
3 W	0151 0753 1401 2008	17 261 12 261	18 TH A	0149 0754 1404 2005	35 252 32 232
4 TH	0214 0820 1429 2032	23 255 30 241	19 F	0204 0813 1423 2018	42 243 50 216
5 F	0237 0848 1456 2053	35 241 55 217	20 SA	0218 0832 1440 2028	51 230 71 198
6 SA ☾	0259 0917 1523 2109	53 219 85 189	21 SU ☽	0230 0850 1453 2029	63 211 95 181
7 SU S	0319 0948 1548 2106	74 193 118 162	22 M N	0238 0905 1452 2009	78 187 120 167
8 M	0326 1036 1522 1724	99 162 152 153	23 TU	0232 0905 1344 1839	95 161 140 163
9 TU	0118 0633 0948 1653 2343	118 132 129 185 99	24 W	0123 0708 1117 1729	109 142 128 181
10 W	0518 1047 1717 2346	156 97 215 77	25 TH	0003 0531 1100 1724 2344	104 155 100 204 88
11 TH	0531 1118 1742	182 69 239	26 F	0522 1115 1737 2348	179 71 226 70
12 F	0003 0551 1146 1807	57 205 44 257	27 SA	0534 1136 1755	206 44 245
13 SA ●	0022 0612 1211 1830	43 224 26 268	28 SU ○E	0002 0554 1201 1817	52 231 22 259
14 SU E	0041 0633 1236 1852	34 239 15 271	29 M	0020 0617 1227 1839	36 253 6 266
15 M	0100 0654 1300 1913	29 249 10 268	30 TU P	0041 0641 1254 1903	24 269 - 2 268
			31 W	0103 0707 1321 1927	17 277 - 1 262

4 月

日期	潮时 时分	潮高 cm	日期	潮时 时分	潮高 cm
1 TH	0127 0734 1348 1951	16 278 8 250	16 F	0122 0734 1351 1947	35 265 31 221
2 F	0150 0801 1416 2015	22 270 25 233	17 SA	0139 0755 1412 2002	40 256 46 209
3 SA	0213 0828 1443 2037	34 253 49 212	18 SU N	0156 0815 1431 2017	48 242 65 196
4 SU ☾ S	0236 0855 1510 2055	52 230 77 187	19 M	0213 0836 1450 2028	60 222 86 181
5 M	0255 0922 1535 2101	75 201 109 162	20 TU ☽	0229 0856 1504 2031	77 198 110 165
6 TU	0303 0949 1543 1856	100 169 141 144	21 W	0238 0911 1457 1940	98 170 133 151
7 W	0124 0717 1017 1640 2319	122 139 136 172 107	22 TH	0154 0801 1119 1701 2321	120 143 138 161 118
8 TH	0504 1043 1702 2321	159 103 199 86	23 F	0453 1038 1654 2300	155 109 183 100
9 F	0512 1109 1726 2337	186 74 221 68	24 SA	0450 1056 1711 2311	184 79 204 80
10 SA	0531 1134 1750 2355	209 50 236 55	25 SU E	0508 1121 1732 2329	213 52 222 60
11 SU E	0551 1159 1812	230 31 245	26 M	0532 1148 1756 2351	240 29 235 43
12 M ●	0013 0612 1223 1834	45 246 19 248	27 TU ○P	0557 1215 1821	262 13 244
13 TU	0031 0632 1246 1853	39 258 14 246	28 W	0015 0624 1243 1846	30 278 5 246
14 W A	0048 0653 1308 1912	35 266 14 241	29 TH	0040 0651 1311 1912	22 286 4 244
15 TH	0105 0713 1330 1930	34 268 20 232	30 F	0105 0719 1340 1938	21 286 12 236

时　区：－0800　　　　潮高基准面：在平均海面下 140　cm

加里曼丹—巴厘巴板

KALIMANTAN－BALIK PAPAN

2021 年潮汐表　　1° 16′ S　　116° 48′ E

5 月

日期	潮时 时分	潮高 cm
1 SA S	0131 0747 1408 2004	26 277 26 222
2 SU	0157 0815 1437 2029	37 260 47 205
3 M ☾	0222 0844 1507 2054	54 237 72 185
4 TU	0245 0912 1538 2115	76 209 99 163
5 W	0305 0942 1624 2115	101 178 126 141
6 TH	0237 1539 2231	127 154 119
7 F	0437 1027 1636 2244	157 115 176 100
8 SA E	0448 1056 1705 2304	183 87 194 84
9 SU	0508 1123 1731 2324	208 64 207 71
10 M	0530 1148 1754 2343	229 46 215 60
11 TU ● A	0552 1212 1815	247 33 219
12 W	0003 0614 1236 1836	51 261 26 220
13 TH	0022 0636 1259 1855	44 270 25 219
14 F	0041 0659 1322 1915	39 273 28 216
15 SA N	0102 0722 1344 1935	37 271 35 211
16 SU	0123 0745 1407 1955	39 264 45 204
17 M	0145 0809 1431 2016	46 251 59 195
18 TU	0209 0834 1456 2039	57 233 76 183
19 W ☽	0234 0901 1523 2105	74 210 95 169
20 TH	0302 0930 1558 2141	96 183 115 153
21 F	0337 1020 1958	122 154 132
22 SA E	0330 0955 1557 2153	152 123 158 112
23 SU	0412 1036 1638 2226	183 94 177 91
24 M	0443 1108 1709 2256	213 67 194 71
25 TU	0513 1138 1738 2325	240 44 208 53
26 W ○ P	0543 1208 1806 2354	263 28 219 38
27 TH	0612 1237 1834	279 18 225
28 F S	0023 0642 1307 1902	29 287 15 227
29 SA	0051 0712 1336 1930	26 288 18 224
30 SU	0120 0741 1406 1959	29 280 28 216
31 M	0149 0810 1436 2027	38 266 44 204

6 月

日期	潮时 时分	潮高 cm
1 TU	0217 0840 1507 2056	53 246 63 189
2 W ☾	0245 0909 1538 2127	72 221 85 172
3 TH	0313 0939 1615 2208	95 192 107 155
4 F E	0343 1012 1737	120 163 126
5 SA	0327 1012 1548 2146	147 134 148 119
6 SU	0422 1053 1647 2226	173 107 162 104
7 M	0449 1121 1716 2253	198 84 174 90
8 TU A	0514 1146 1740 2317	221 66 184 76
9 W	0539 1210 1802 2340	241 52 191 63
10 TH ●	0604 1233 1823	257 42 197
11 F	0003 0628 1256 1844	52 268 37 203
12 SA N	0027 0652 1318 1906	43 274 35 206
13 SU	0051 0716 1341 1928	37 276 37 208
14 M	0116 0741 1405 1952	36 272 41 207
15 TU	0143 0807 1430 2018	39 262 49 204
16 W	0211 0834 1456 2047	49 247 60 197
17 TH	0241 0902 1525 2121	64 226 74 186
18 F ☽	0315 0932 1558 2207	85 201 90 173
19 SA E	0400 1007 1647 2349	110 173 107 161
20 SU	0629 1146 1928	135 144 118
21 M	0324 1025 1600 2135	176 113 150 104
22 TU	0424 1105 1651 2227	206 86 168 83
23 W P	0502 1137 1727 2307	234 62 185 63
24 TH ○	0536 1208 1758 2342	257 43 200 46
25 F S	0608 1237 1828	274 30 211
26 SA	0014 0630 1306 1857	34 285 23 219
27 SU	0046 0709 1335 1926	27 288 22 222
28 M	0116 0738 1403 1954	27 284 27 219
29 TU	0145 0807 1431 2022	32 273 37 213
30 W	0214 0834 1457 2049	43 256 51 203

7 月

日期	潮时 时分	潮高 cm
1 TH ☾ E	0241 0900 1522 2117	60 234 68 191
2 F	0308 0923 1545 2147	80 208 86 177
3 SA	0334 0939 1604 2228	104 181 103 162
4 SU	0400 0925 1608	130 154 118
5 M A	0422 1239 1735 2134	158 122 134 125
6 TU	0449 1153 1728 2231	184 102 147 108
7 W	0513 1202 1741 2302	209 83 160 90
8 TH	0537 1217 1758 2329	231 67 173 72
9 F N	0601 1235 1817 2355	250 55 185 56
10 SA ●	0624 1254 1836	264 45 197
11 SU	0020 0640 1314 1858	42 275 38 208
12 M	0046 0712 1334 1920	31 280 34 216
13 TU	0112 0736 1356 1945	26 280 33 221
14 W	0140 0801 1420 2011	26 273 36 222
15 TH	0208 0826 1444 2040	33 260 42 219
16 F E	0238 0852 1509 2112	47 241 53 210
17 SA ☽	0310 0918 1536 2148	68 217 67 196
18 SU	0345 0942 1605 2240	95 189 85 179
19 M	0438 0959 1645	125 159 104
20 TU	0137 1219 1501 2025	167 127 129 116
21 W P	0419 1124 1651 2214	194 100 150 96
22 TH S	0503 1145 1726 2302	223 75 172 72
23 F	0537 1210 1755 2339	249 54 192 51
24 SA ○	0608 1236 1823	269 38 209
25 SU	0012 0637 1302 1851	34 282 27 222
26 M	0043 0705 1327 1917	23 288 23 229
27 TU	0112 0732 1352 1943	18 287 24 232
28 W	0139 0758 1415 2008	21 278 30 229
29 TH E	0205 0821 1436 2031	29 263 41 223
30 F	0229 0842 1455 2054	44 242 54 213
31 SA ☾	0252 0859 1511 2117	63 219 67 201

8 月

日期	潮时 时分	潮高 cm
1 SU	0312 0909 1521 2138	87 194 81 185
2 M A	0326 0902 1520 2200	113 171 95 167
3 TU	0311 0748 1444	139 157 106
4 W	0539 1303 1838 2242	172 105 137 123
5 TH N	0529 1226 1756 2305	198 91 150 99
6 F	0542 1223 1756 2328	221 77 167 76
7 SA	0559 1230 1808 2351	242 63 185 55
8 SU ●	0619 1243 1825	260 50 203
9 M	0015 0640 1259 1844	36 273 38 220
10 TU	0040 0702 1318 1907	21 281 30 233
11 W	0105 0725 1338 1931	13 283 24 242
12 TH E	0132 0748 1400 1956	11 278 24 246
13 F	0159 0812 1422 2023	17 266 28 244
14 SA	0227 0835 1445 2052	31 248 37 234
15 SU ☽	0256 0858 1508 2123	53 224 51 218
16 M	0326 0917 1531 2158	81 197 70 196
17 TU P	0357 0925 1550 2257	113 169 92 170
18 W S	1520	116
19 TH	0432 1150 1709 2221	182 106 144 104
20 F	0507 1148 1726 2305	213 81 171 76
21 SA	0536 1205 1749 2339	240 59 195 50
22 SU ○	0604 1226 1814	262 42 216
23 M	0008 0630 1248 1838	30 276 30 232
24 TU	0036 0656 1310 1902	16 283 24 242
25 W E	0102 0720 1331 1925	10 282 23 247
26 TH	0127 0742 1350 1947	10 274 27 248
27 F	0151 0802 1408 2008	18 260 34 244
28 SA	0213 0820 1424 2028	31 242 44 235
29 SU	0233 0834 1437 2046	50 222 55 222
30 M ☾ A	0251 0842 1446 2104	73 200 67 205
31 TU	0302 0840 1450 2117	98 181 80 184

时　区：－0800　　　　潮高基准面：在平均海面下 140　cm

加里曼丹—巴厘巴板

KALIMANTAN—BALIK PAPAN

2021 年潮汐表　　1° 16′ S　　116° 48′ E

9 月

日期	潮时 时分	潮高 cm	日期	潮时 时分	潮高 cm
1 W	0257 0809 1436 2114	124 166 94 160	16 TH	0356 0810 1448	137 149 114
2 TH N	0135 0635 1333 1930 2327	142 167 103 142 130	17 F	0440 1143 1712 2230	171 110 148 109
3 F	0542 1230 1800 2311	187 98 150 104	18 SA	0502 1132 1716 2303	202 87 176 78
4 SA	0539 1211 1744 2323	210 85 170 77	19 SU	0527 1146 1735 2332	228 66 202 50
5 SU	0550 1211 1750 2342	232 70 192 52	20 M ○	0552 1205 1757 2359	248 49 224 29
6 M	0606 1221 1806	250 54 215	21 TU E	0616 1225 1819	262 37 242
7 TU ●	0004 0625 1235 1825	30 264 40 235	22 W	0025 0640 1245 1841	15 268 30 254
8 W E	0028 0646 1253 1847	14 273 28 252	23 TH	0049 0702 1304 1903	7 267 28 261
9 TH	0054 0708 1313 1911	3 276 20 264	24 F	0113 0722 1322 1924	7 259 29 263
10 F	0120 0731 1335 1937	1 273 17 268	25 SA	0136 0741 1338 1944	14 248 33 260
11 SA P	0147 0754 1357 2003	7 262 20 265	26 SU A	0157 0758 1353 2004	26 233 40 251
12 SU	0214 0817 1420 2030	21 245 29 253	27 M	0217 0812 1407 2022	43 216 49 238
13 M ☽	0242 0838 1442 2058	43 223 44 234	28 TU	0234 0822 1420 2040	65 199 60 219
14 TU	0309 0857 1503 2128	71 198 64 208	29 W ☾ N	0248 0826 1429 2055	88 183 74 196
15 W S	0335 0907 1518 2202	103 172 89 177	30 TH	0252 0814 1428 2059	113 168 91 170

10 月

日期	潮时 时分	潮高 cm	日期	潮时 时分	潮高 cm
1 F	0218 0711 1344 1954 2350	135 161 107 147 134	16 SA	0357 1105 1648 2218	157 118 150 116
2 SA	0540 1212 1742 2302	172 109 151 109	17 SU	0439 1100 1653 2251	185 96 179 85
3 SU	0521 1140 1717 2309	193 96 174 81	18 M	0508 1117 1713 2319	208 76 205 58
4 M	0529 1138 1725 2327	214 79 200 54	19 TU E	0534 1137 1736 2346	226 61 228 37
5 TU	0545 1149 1742 2350	232 61 226 31	20 W ○	0558 1157 1758	237 49 247
6 W ●E	0604 1205 1803	246 45 249	21 TH	0012 0621 1217 1821	22 242 41 260
7 TH	0015 0626 1225 1827	14 256 31 267	22 F	0037 0643 1236 1843	15 241 37 269
8 F P	0041 0649 1247 1852	3 259 21 279	23 SA	0100 0703 1254 1904	14 237 35 272
9 SA	0108 0713 1310 1919	0 257 17 282	24 SU A	0123 0722 1312 1926	19 229 36 269
10 SU	0135 0737 1334 1946	5 249 20 278	25 M	0145 0740 1330 1947	29 219 40 261
11 M	0203 0801 1358 2013	19 235 29 264	26 TU N	0206 0757 1347 2008	43 208 47 247
12 TU S	0231 0825 1422 2041	39 217 44 243	27 W	0227 0812 1405 2029	61 195 58 229
13 W ☽	0259 0847 1445 2110	66 195 65 215	28 TH ☾	0246 0825 1422 2050	81 182 73 206
14 TH	0328 0905 1504 2142	95 171 90 183	29 F	0303 0834 1436 2107	102 168 93 180
15 F	0402 0852 1455	127 147 118	30 SA	0312 0820 1428 2100	124 153 115 152
			31 SU	0127 0534 1141 1707 2236	142 150 126 147 121

11 月

日期	潮时 时分	潮高 cm	日期	潮时 时分	潮高 cm
1 M	0445 1049 1640 2247	169 110 174 92	16 TU	0442 1040 1650 2308	181 93 201 74
2 TU E	0458 1055 1655 2310	189 91 203 65	17 W	0514 1105 1715 2337	195 78 224 54
3 W	0519 1112 1718 2336	206 71 231 42	18 TH	0541 1128 1740	205 65 244
4 TH ●	0542 1134 1743	220 53 255	19 F ○	0004 0605 1150 1805	39 211 55 259
5 F P	0003 0607 1158 1810	23 231 38 274	20 SA	0029 0627 1212 1828	30 213 47 269
6 SA	0031 0632 1223 1837	12 236 27 285	21 SU A	0054 0649 1233 1852	27 213 42 274
7 SU	0059 0658 1249 1906	8 237 22 288	22 M N	0117 0709 1254 1916	29 211 40 273
8 M S	0128 0724 1316 1935	11 233 23 283	23 TU	0140 0729 1315 1939	35 207 40 267
9 TU	0157 0751 1344 2004	22 224 31 270	24 W	0203 0750 1338 2003	44 202 45 255
10 W	0227 0819 1411 2034	39 210 46 249	25 TH	0226 0811 1402 2027	56 196 54 239
11 TH ☽	0258 0847 1439 2105	61 193 66 223	26 F	0250 0834 1427 2053	70 187 69 219
12 F	0331 0916 1507 2139	85 173 90 193	27 SA ☾	0315 0900 1455 2120	86 175 88 195
13 SA	0415 0953 1538 2236	111 152 118 162	28 SU	0345 0935 1528 2152	104 161 112 167
14 SU	0820 1549 2139	129 146 129	29 M	0435 1124 1857	121 147 137
15 M E	0354 1010 1623 2235	162 110 174 100	30 TU E	0224 0859 1549 2225	144 123 170 110

12 月

日期	潮时 时分	潮高 cm	日期	潮时 时分	潮高 cm
1 W	0417 0959 1626 2258	160 104 200 83	16 TH	0504 1034 1704 2341	163 98 214 74
2 TH	0453 1034 1658 2328	177 83 228 59	17 F	0533 1105 1731	174 83 235
3 F	0523 1106 1729 2357	192 64 253 40	18 SA A	0007 0557 1131 1757	58 183 69 253
4 SA ●P	0552 1137 1759	205 47 272	19 SU ○	0031 0619 1156 1823	47 190 57 265
5 SU	0027 0621 1207 1830	26 215 34 284	20 M N	0054 0640 1221 1847	40 197 47 273
6 M S	0056 0649 1238 1900	19 221 27 289	21 TU	0116 0701 1245 1911	37 202 39 275
7 TU	0126 0718 1308 1930	19 222 25 286	22 W	0138 0723 1310 1935	38 205 36 273
8 W	0156 0747 1338 2001	25 219 31 275	23 TH	0200 0746 1335 2000	40 207 37 266
9 TH	0226 0817 1408 2031	36 211 42 258	24 F	0222 0810 1402 2025	46 206 44 253
10 F	0257 0847 1439 2101	52 199 60 235	25 SA	0246 0836 1430 2050	54 202 56 235
11 SA ☽	0328 0920 1510 2132	71 185 82 208	26 SU	0311 0907 1501 2116	65 195 74 213
12 SU E	0402 1000 1545 2204	91 168 107 178	27 M ☾E	0338 0944 1537 2143	78 183 98 187
13 M	0446 1115 1656 2258	111 153 133 149	28 TU	0411 1040 1632 2210	94 170 125 158
14 TU	0740 1543 2239	125 163 120	29 W	0503 1349 2235	110 164 129
15 W	0419 0953 1633 2313	149 113 189 95	30 TH	0249 0832 1605 2304	134 115 190 101
			31 F	0437 1002 1650 2332	151 96 220 76

时　区：−0800　　　　潮高基准面：在平均海面下 140　cm

加里曼丹—库堤河

KALIMANTAN—SUNGAI KUTEI

2021 年潮汐表　　0° 42′ S　　117° 30′ E

1 月

日期	潮时 时分	潮高 cm	日期	潮时 时分	潮高 cm
1 F	0154 0730 1305 1945	69 198 69 293	16 SA	0226 0808 1350 2022	62 210 65 285
2 SA	0226 0802 1338 2017	68 199 69 290	17 SU	0253 0840 1423 2050	65 213 73 272
3 SU	0259 0837 1414 2052	70 199 74 281	18 M	0320 0912 1456 2117	70 213 85 255
4 M	0333 0915 1453 2129	75 198 84 266	19 TU E	0347 0946 1529 2144	76 210 99 237
5 TU	0410 1000 1539 2210	83 197 98 245	20 W ☽	0415 1024 1605 2209	84 205 116 218
6 W ☾ E	0452 1056 1637 2258	92 196 117 220	21 TH A	0445 1111 1649 2235	93 198 135 197
7 TH	0541 1213 1805	100 197 134	22 F	0522 1219 1804 2303	103 192 153 176
8 F	0003 0644 1353 2026	194 107 207 138	23 SA	0616 1417 2221	114 193 155
9 SA P	0145 0804 1525 2224	174 108 226 122	24 SU	0027 0755 1606 2341	155 122 207 134
10 SU	0337 0921 1630 2329	169 103 250 102	25 M	0412 0940 1701	153 118 227
11 M	0452 1024 1721	173 92 271	26 TU N	0008 0523 1044 1739	114 164 107 247
12 TU S	0015 0544 1115 1804	85 181 81 288	27 W	0033 0602 1128 1812	95 176 94 265
13 W ●	0053 0626 1159 1843	72 190 71 297	28 TH ○	0058 0634 1205 1842	79 188 81 281
14 TH	0127 0702 1238 1918	65 198 64 299	29 F	0123 0703 1239 1912	66 200 69 292
15 F	0158 0736 1315 1951	62 205 62 295	30 SA	0149 0732 1312 1943	57 211 59 298
			31 SU	0215 0801 1345 2013	52 220 54 297

2 月

日期	潮时 时分	潮高 cm	日期	潮时 时分	潮高 cm
1 M	0242 0832 1420 2044	51 227 55 288	16 TU	0245 0847 1442 2051	54 242 67 258
2 TU E	0310 0904 1456 2116	55 231 62 271	17 W	0306 0913 1509 2111	58 240 79 243
3 W P	0338 0940 1536 2148	62 231 77 247	18 TH A	0327 0940 1536 2131	65 233 95 226
4 TH ☾	0408 1020 1620 2220	72 228 98 219	19 F ☽	0348 1009 1604 2147	76 222 114 206
5 F	0439 1111 1719 2253	85 220 123 189	20 SA	0408 1044 1638 2155	89 209 136 184
6 SA	0515 1229 1918 2336	99 212 144 158	21 SU	0427 1140 1751 2114	105 193 158 164
7 SU	0612 1445 2318	114 214 130	22 M	0436 1517	122 190
8 M S	0334 0830 1630	141 122 234	23 TU N	0108 0614 0856 1656	131 141 139 213
9 TU	0002 0522 1025 1728	106 156 111 256	24 W	0021 0553 1046 1733	112 160 122 237
10 W	0031 0605 1126 1809	87 174 93 273	25 TH	0028 0609 1130 1803	91 180 100 260
11 TH ●	0057 0637 1210 1844	72 193 76 284	26 F	0044 0630 1204 1832	73 199 79 279
12 F	0121 0705 1246 1914	62 209 64 288	27 SA ○	0104 0653 1237 1900	58 219 60 292
13 SA	0143 0731 1318 1941	56 223 57 286	28 SU	0126 0718 1308 1929	47 237 45 298
14 SU	0204 0757 1347 2006	53 234 56 280			
15 M E	0225 0822 1415 2029	52 240 59 271			

3 月

日期	潮时 时分	潮高 cm	日期	潮时 时分	潮高 cm
1 M E	0149 0744 1340 1957	40 252 37 295	16 TU	0148 0755 1358 2001	47 267 54 263
2 TU P	0213 0812 1413 2026	39 263 38 284	17 W	0206 0816 1421 2020	47 268 60 253
3 W	0237 0842 1447 2054	42 267 47 264	18 TH A	0225 0838 1445 2039	51 265 70 240
4 TH	0302 0914 1523 2121	50 265 65 239	19 F	0243 0901 1510 2057	59 257 85 223
5 F	0325 0948 1602 2145	62 256 90 210	20 SA	0301 0925 1535 2112	71 245 103 204
6 SA ☾	0349 1028 1649 2203	77 239 120 181	21 SU ☽	0316 0952 1605 2120	85 228 125 184
7 SU S	0409 1125 1828 2134	95 218 148 154	22 M N	0327 1025 1649 2053	102 209 150 164
8 M	0415 1409	116 204	23 TU	0317 1158	120 188
9 TU	0030 1638	123 222	24 W	0052 1628 2352	127 205 110
10 W	0008 0554 1051 1729	103 165 121 244	25 TH	0548 1041 1708 2355	170 130 231 90
11 TH	0021 0610 1139 1804	86 180 98 260	26 F	0550 1120 1739	194 103 254
12 F	0038 0630 1213 1833	72 212 78 270	27 SA	0010 0606 1152 1808	72 219 77 272
13 SA ●	0056 0651 1243 1858	62 232 64 274	28 SU ○ E	0029 0628 1224 1837	56 244 54 283
14 SU E	0113 0712 1309 1920	54 248 55 273	29 M	0051 0653 1256 1906	44 267 39 286
15 M	0130 0733 1334 1941	49 260 52 270	30 TU P	0114 0720 1328 1934	37 284 31 280
			31 W	0138 0748 1401 2002	36 295 33 267

4 月

日期	潮时 时分	潮高 cm	日期	潮时 时分	潮高 cm
1 TH	0202 0818 1435 2030	39 297 45 246	16 F	0146 0808 1426 2011	53 279 70 224
2 F	0225 0849 1511 2055	48 290 65 222	17 SA	0204 0831 1452 2030	61 270 83 208
3 SA	0248 0922 1549 2118	62 274 92 195	18 SU N	0222 0855 1521 2049	73 258 99 191
4 SU ☾ S	0309 0959 1637 2133	80 250 121 169	19 M	0238 0923 1558 2105	87 240 119 172
5 M	0322 1047	101 222	20 TU ☽	0252 0958 1706 2106	104 219 139 152
6 TU	0252 1335 2336	124 198 121	21 W	0247 1115 2306	123 196 129
7 W	0613 0940 1621 2330	158 151 212 104	22 TH	1516 2243	199 110
8 TH	0536 1056 1708 2344	183 125 229 89	23 F	0458 1010 1621 2300	177 132 219 91
9 F	0548 1133 1741	208 101 241	24 SA	0509 1054 1701 2322	205 103 237 73
10 SA	0000 0606 1203 1807	76 231 82 248	25 SU E	0530 1131 1735 2346	234 76 250 58
11 SU E	0017 0625 1228 1830	66 251 68 251	26 M	0556 1205 1808	262 54 257
12 M ●	0033 0645 1252 1851	58 266 60 252	27 TU ○ P	0011 0625 1240 1839	46 285 39 256
13 TU	0051 0705 1315 1911	52 276 56 249	28 W	0036 0654 1315 1910	39 301 34 249
14 W A	0109 0725 1338 1931	49 282 57 244	29 TH	0103 0726 1350 1940	37 309 38 235
15 TH	0127 0746 1401 1951	49 283 61 235	30 F	0129 0758 1427 2009	41 307 50 217

时　区：－0800　　　　潮高基准面：在平均海面下 140　cm

加里曼丹—库堤河

KALIMANTAN－SUNGAI KUTEI

2021 年潮汐表　　0° 42′ S　　117° 30′ E

5 月

日期	星期	标记	潮时 时分	潮高 cm	潮时 时分	潮高 cm	潮时 时分	潮高 cm	潮时 时分	潮高 cm
1	SA	S	0155	50	0831	295	1505	69	2038	197
2	SU		0221	65	0906	275	1548	91	2108	175
3	M	☾	0245	85	0945	248	1644	114	2141	155
4	TU		0305	108	1036	218	1840	129	2307	138
5	W		0240	133	1239	193	2146	119		
6	TH		0446	162	0914	149	1522	193	2222	104
7	F		0450	188	1033	125	1623	202	2246	91
8	SA	E	0510	213	1111	104	1700	209	2308	79
9	SU		0531	234	1141	87	1730	214	2329	69
10	M		0553	251	1208	75	1755	217	2350	60
11	TU	●A	0614	265	1233	67	1818	218		
12	W		0010	54	0637	274	1257	62	1841	216
13	TH		0031	51	0659	278	1322	61	1904	212
14	F		0053	51	0722	279	1349	63	1928	205
15	SA	N	0114	55	0747	275	1417	68	1952	195
16	SU		0135	62	0813	268	1448	77	2018	183
17	M		0158	72	0842	256	1525	89	2047	169
18	TU		0222	85	0916	240	1613	102	2125	155
19	W	☽	0250	101	1001	220	1729	113	2241	142
20	TH		0330	121	1120	199	1939	113		
21	F		0225	148	0626	140	1341	190	2104	101
22	SA	E	0338	175	0915	124	1516	196	2150	85
23	SU		0416	204	1020	98	1614	204	2226	70
24	M		0451	233	1107	74	1658	211	2258	56
25	TU		0525	260	1148	55	1738	213	2330	45
26	W	○P	0559	281	1228	42	1814	211		
27	TH		0002	38	0634	295	1307	37	1850	205
28	F	S	0034	35	0710	299	1346	39	1924	196
29	SA		0106	38	0746	295	1426	48	2000	184
30	SU		0138	46	0823	281	1507	60	2036	172
31	M		0211	60	0901	261	1552	74	2118	159

6 月

日期	星期	标记	潮时 时分	潮高 cm	潮时 时分	潮高 cm	潮时 时分	潮高 cm	潮时 时分	潮高 cm
1	TU		0246	79	0942	236	1644	88	2213	149
2	W	☾	0327	101	1031	209	1751	97	2349	144
3	TH		0435	123	1142	185	1918	100		
4	F	E	0223	155	0727	134	1330	170	2035	94
5	SA		0338	176	0940	122	1503	166	2126	85
6	SU		0419	197	1038	105	1602	168	2205	75
7	M		0451	215	1117	90	1644	171	2237	66
8	TU	A	0520	230	1149	78	1719	173	2307	58
9	W		0548	242	1219	68	1751	175	2335	52
10	TH	●	0615	251	1248	61	1821	175		
11	F		0003	49	0642	256	1317	56	1850	173
12	SA	N	0030	47	0709	259	1347	54	1919	170
13	SU		0057	48	0738	258	1420	54	1950	165
14	M		0125	52	0809	254	1454	57	2024	159
15	TU		0156	58	0842	245	1533	62	2103	153
16	W		0231	67	0920	232	1616	68	2152	148
17	TH		0315	80	1005	214	1708	74	2259	146
18	F	☽	0416	95	1103	195	1811	78		
19	SA	E	0031	151	0556	108	1222	176	1921	78
20	SU		0208	166	0808	106	1357	164	2028	72
21	M		0320	190	0945	90	1520	160	2125	62
22	TU		0414	215	1051	71	1624	160	2213	52
23	W	P	0501	239	1143	53	1716	161	2258	41
24	TH	○	0544	257	1228	40	1801	163	2339	32
25	F	S	0625	269	1310	32	1843	163		
26	SA		0019	27	0705	273	1349	29	1922	163
27	SU		0058	27	0743	269	1427	31	2001	161
28	M		0137	32	0821	258	1504	37	2040	159
29	TU		0216	42	0857	241	1540	44	2122	156
30	W		0256	56	0933	220	1617	51	2207	153

7 月

日期	星期	标记	潮时 时分	潮高 cm	潮时 时分	潮高 cm	潮时 时分	潮高 cm	潮时 时分	潮高 cm
1	TH	☾E	0339	72	1010	198	1656	59	2302	151
2	F		0431	90	1049	175	1740	65		
3	SA		0013	150	0545	105	1138	154	1833	69
4	SU		0142	155	0745	113	1250	137	1938	71
5	M	A	0308	166	0952	105	1430	127	2046	69
6	TU		0410	181	1102	90	1556	126	2145	63
7	W		0455	196	1146	75	1656	130	2234	56
8	TH		0532	209	1220	61	1741	135	2315	49
9	F	N	0605	221	1251	49	1818	140	2351	42
10	SA	●	0636	231	1320	39	1852	145		
11	SU		0024	36	0706	238	1349	31	1924	148
12	M		0057	32	0737	242	1419	27	1955	151
13	TU		0130	29	0808	241	1449	25	2028	154
14	W		0205	30	0841	235	1520	27	2104	156
15	TH		0242	35	0915	223	1553	31	2143	157
16	F	E	0324	45	0951	206	1628	37	2229	158
17	SA	☽	0414	59	1032	183	1707	44	2327	158
18	SU		0519	76	1119	158	1754	52		
19	M		0046	161	0701	89	1228	133	1857	58
20	TU		0223	171	0924	85	1421	115	2020	58
21	W	P	0349	190	1101	66	1609	114	2141	52
22	TH	S	0453	211	1157	46	1719	121	2245	40
23	F		0543	229	1238	30	1808	132	2338	28
24	SA	○	0626	242	1314	19	1848	143		
25	SU		0023	18	0704	248	1346	12	1924	154
26	M		0103	12	0740	246	1415	10	1958	162
27	TU		0141	12	0812	238	1443	11	2030	167
28	W		0216	17	0842	224	1509	15	2102	169
29	TH	E	0250	27	0910	208	1534	20	2135	168
30	F		0324	40	0936	189	1601	26	2211	163
31	SA	☾	0359	57	1000	169	1628	35	2252	156

8 月

日期	星期	标记	潮时 时分	潮高 cm	潮时 时分	潮高 cm	潮时 时分	潮高 cm	潮时 时分	潮高 cm
1	SU		0439	75	1024	149	1658	45	2345	148
2	M	A	0537	94	1044	128	1737	56		
3	TU		0115	143	0813	105	1044	107	1845	67
4	W		0328	149	1156	86	1527	93	2054	71
5	TH	N	0444	166	1208	67	1714	103	2223	62
6	F		0527	185	1228	48	1755	117	2315	49
7	SA		0601	202	1250	32	1826	130	2353	36
8	SU	●	0631	218	1312	19	1853	143		
9	M		0027	23	0700	229	1336	9	1919	155
10	TU		0059	12	0728	236	1400	2	1946	166
11	W		0131	4	0757	237	1424	0	2014	175
12	TH	E	0203	2	0826	231	1449	1	2044	181
13	F		0238	6	0856	217	1515	6	2117	184
14	SA		0315	17	0925	197	1542	14	2153	182
15	SU	☽	0356	36	0955	172	1610	25	2237	175
16	M		0446	59	1026	143	1641	38	2338	165
17	TU	P	0608	84	1058	113	1722	54		
18	W	S	0129	159	1042	85	1300	86	1900	69
19	TH		0347	172	1142	59	1656	95	2144	64
20	F		0500	195	1211	38	1745	116	2301	46
21	SA		0547	214	1237	22	1818	137	2350	27
22	SU	○	0624	228	1302	10	1847	157		
23	M		0029	12	0657	234	1325	3	1914	174
24	TU		0103	2	0726	233	1346	-1	1941	186
25	W	E	0134	0	0751	227	1407	-2	2006	195
26	TH		0203	3	0815	216	1427	0	2031	198
27	F		0231	11	0837	203	1447	4	2057	196
28	SA		0257	24	0857	188	1508	12	2123	189
29	SU		0324	40	0915	171	1527	22	2151	178
30	M	☾A	0352	60	0931	152	1546	36	2223	163
31	TU		0424	82	0937	132	1601	52	2309	146

时　区：－0800　　　　潮高基准面：在平均海面下 140　cm

加里曼丹—库堤河

KALIMANTAN－SUNGAI KUTEI

2021 年潮汐表　　0° 42′ S　　117° 30′ E

9 月

日期	潮时 时分	潮高 cm	日期	潮时 时分	潮高 cm
1 W	0521 0902 1600	104 113 69	16 TH	0041 1233	161 79
2 TH N	0217 1314	135 78	17 F	0359 1143 1735 2223	172 60 118 82
3 F	0443 1213 1753 2237	156 62 110 77	18 SA	0501 1156 1749 2316	195 42 145 57
4 SA	0519 1215 1801 2319	180 44 130 57	19 SU	0539 1214 1809 2354	213 28 170 35
5 SU	0548 1228 1817 2351	201 27 150 36	20 M ○	0611 1232 1831	224 18 193
6 M	0615 1246 1837	220 12 169	21 TU E	0025 0637 1251 1853	19 228 10 212
7 TU ●	0021 0642 1305 1900	17 233 2 188	22 W	0053 0701 1308 1914	10 227 6 225
8 W E	0051 0708 1327 1924	2 240 -5 204	23 TH	0119 0723 1326 1936	8 223 4 233
9 TH	0121 0736 1349 1950	-7 239 -7 217	24 F	0143 0743 1344 1958	11 215 5 235
10 F	0152 0803 1411 2018	-9 231 -5 224	25 SA	0207 0802 1402 2020	18 205 10 232
11 SA P	0225 0830 1434 2047	-2 214 1 224	26 SU A	0231 0820 1420 2042	30 193 19 223
12 SU	0259 0856 1457 2120	13 192 12 217	27 M	0255 0837 1436 2105	45 178 31 210
13 M ☽	0337 0920 1520 2158	36 165 26 202	28 TU	0320 0851 1450 2130	64 160 46 193
14 TU	0422 0940 1540 2247	65 137 45 181	29 W ☾ N	0348 0857 1458 2157	86 141 64 173
15 W S	0539 0936 1549	95 110 66	30 TH	0429 0828 1440 2249	110 124 82 151

10 月

日期	潮时 时分	潮高 cm	日期	潮时 时分	潮高 cm
1 F	1230	88	16 SA	0343 1101 1715 2231	183 76 156 102
2 SA	0413 1135 1744 2236	163 73 137 99	17 SU	0440 1117 1726 2312	200 61 184 76
3 SU	0451 1136 1738 2307	188 55 160 73	18 M	0516 1135 1744 2344	212 49 210 56
4 M	0520 1149 1750 2336	210 38 185 48	19 TU E	0545 1153 1805	220 40 232
5 TU	0547 1207 1809	227 24 210	20 W ○	0011 0609 1210 1825	43 223 32 249
6 W ●E	0005 0615 1227 1832	27 239 13 233	21 TH	0037 0631 1228 1846	35 223 27 261
7 TH	0035 0642 1248 1857	11 244 6 252	22 F	0100 0652 1246 1907	33 220 25 267
8 F P	0106 0710 1311 1924	2 240 4 265	23 SA	0123 0712 1305 1929	35 215 26 268
9 SA	0138 0737 1334 1952	3 229 7 270	24 SU A	0147 0731 1323 1950	41 207 31 264
10 SU	0212 0804 1357 2023	13 212 15 265	25 M	0211 0751 1341 2013	51 197 40 255
11 M	0247 0830 1420 2055	31 189 28 252	26 TU N	0236 0810 1358 2036	64 183 52 242
12 TU S	0326 0854 1440 2131	56 165 46 230	27 W	0305 0828 1414 2101	81 168 68 224
13 W ☽	0413 0913 1455 2217	85 140 68 202	28 TH ☾	0340 0843 1424 2131	100 151 86 204
14 TH	0551 0853 1436	112 117 92	29 F	0443 0843 1412 2223	120 133 106 181
15 F	0013 1106 1832 2043	175 93 130 129	30 SA	1058	112
			31 SU	0248 1025 1655 2159	176 95 162 124

11 月

日期	潮时 时分	潮高 cm	日期	潮时 时分	潮高 cm
1 M	0359 1039 1655 2239	195 78 189 96	16 TU	0439 1045 1712 2326	202 77 234 86
2 TU E	0439 1059 1713 2313	213 62 218 70	17 W	0511 1108 1736 2355	207 67 253 74
3 W	0513 1122 1737 2346	227 48 246 49	18 TH	0538 1129 1759	209 59 268
4 TH ●	0544 1146 1803	235 37 271	19 F ○	0021 0602 1151 1822	67 211 54 278
5 F P	0019 0615 1211 1832	34 237 29 290	20 SA	0046 0626 1213 1845	64 210 51 283
6 SA	0053 0645 1237 1902	27 232 26 301	21 SU A	0111 0649 1235 1908	63 207 52 284
7 SU	0128 0715 1303 1934	28 221 29 302	22 M N	0137 0712 1257 1933	66 202 56 280
8 M S	0205 0745 1330 2008	38 206 37 294	23 TU	0204 0737 1318 1958	72 195 63 273
9 TU	0244 0816 1356 2043	56 188 51 276	24 W	0235 0802 1341 2026	80 185 74 262
10 W	0327 0847 1422 2122	77 168 71 251	25 TH	0309 0831 1404 2057	91 174 87 247
11 TH ☽	0421 0924 1446 2211	100 149 96 222	26 F	0352 0907 1430 2136	104 162 104 229
12 F	0557 1042 1453 2348	117 133 123 194	27 SA ☾	0455 1009 1503 2236	115 150 124 209
13 SA	0858 1623 2013	113 154 147	28 SU	0644 1326 1642	120 151 147
14 SU	0240 0951 1627 2209	187 100 183 124	29 M	0041 0828 1519 2043	194 113 176 142
15 M E	0356 1020 1649 2253	195 88 210 103	30 TU E	0240 0922 1558 2200	195 100 205 118

12 月

日期	潮时 时分	潮高 cm	日期	潮时 时分	潮高 cm
1 W	0347 1000 1632 2248	202 86 235 95	16 TH	0432 1019 1709 2345	182 93 250 102
2 TH	0435 1035 1705 2330	210 73 263 74	17 F	0510 1052 1739	186 85 263
3 F	0516 1107 1740	214 61 287	18 SA A	0016 0543 1123 1807	93 190 78 273
4 SA ●P	0010 0554 1140 1815	60 216 53 304	19 SU ○	0044 0614 1153 1835	85 193 74 280
5 SU	0049 0630 1213 1851	52 213 48 314	20 M N	0112 0643 1221 1902	80 194 72 284
6 M S	0129 0706 1246 1927	51 208 48 314	21 TU	0141 0713 1249 1930	77 194 73 284
7 TU	0208 0742 1320 2005	57 200 55 304	22 W	0210 0743 1317 1958	77 192 76 281
8 W	0249 0819 1355 2044	68 190 68 287	23 TH	0241 0814 1347 2029	79 190 81 275
9 TH	0332 0901 1432 2124	81 181 86 264	24 F	0314 0849 1420 2102	83 187 89 264
10 F	0419 0951 1514 2210	95 172 107 237	25 SA	0351 0929 1458 2140	89 183 101 249
11 SA ☽	0515 1105 1612 2307	107 167 131 211	26 SU	0432 1020 1545 2224	97 181 116 230
12 SU E	0627 1310 1815	115 172 150	27 M ☾E	0521 1130 1655 2322	104 182 132 209
13 M	0036 0748 1502 2107	190 115 190 145	28 TU	0622 1306 1854	109 189 142
14 TU	0225 0854 1558 2225	180 109 213 130	29 W	0048 0735 1441 2109	190 109 208 134
15 W	0341 0941 1636 2311	180 101 233 115	30 TH	0234 0846 1550 2234	180 104 233 115
			31 F	0358 0946 1642 2330	179 94 259 95

时　区：－0800　　　　潮高基准面：在平均海面下 140　cm

爪　哇—雅加达（丹戎不碌）

JAVA－DJAKARTA（TANJUNG PRIOK）

2021 年潮汐表　　6° 06′ S　　106° 52′ E

1 月

日期	潮时 时分	潮高 cm	日期	潮时 时分	潮高 cm
1 F	1059 2145	111 17	16 SA	1129 2141	102 25
2 SA	1121 2217	109 19	17 SU	1131 2158	95 30
3 SU	1140 2241	104 24	18 M	1109 2200	87 36
4 M	1150 2247	96 30	19 TU E	1005 2145	82 41
5 TU	1120 2219	87 36	20 W ☽	0851 2047	82 44
6 W ☾ E	0943 2139	81 39	21 TH A	0830 1833	85 42
7 TH	0809 2115	85 39	22 F	0829 1742	89 36
8 F	0802 1810	94 34	23 SA	0832 1735	93 30
9 SA P	0818 1756	104 26	24 SU	0838 1747	97 25
10 SU	0844 1812	111 19	25 M	0851 1808	101 22
11 M	0915 1841	116 15	26 TU N	0909 1834	105 20
12 TU S	0948 1917	118 14	27 W	0932 1903	109 19
13 W ●	1021 1957	118 15	28 TH ○	0957 1935	111 19
14 TH	1050 2036	114 17	29 F	1022 2006	111 21
15 F	1114 2112	109 21	30 SA	1046 2034	108 25
			31 SU	1105 2050	102 30

2 月

日期	潮时 时分	潮高 cm	日期	潮时 时分	潮高 cm
1 M	1117 2044	93 36	16 TU	1005 1930	76 47
2 TU E	1101 2018	83 41	17 W	0823 1804	74 47
3 W P	0911 1950	76 43	18 TH A	0733 1653	76 43
4 TH ☾	0703 1831	81 40	19 F ☽	0730 1616	80 37
5 F	0703 1701	89 33	20 SA	0734 1617	84 31
6 SA	0725 1658	97 25	21 SU	0741 1631	88 27
7 SU	0755 1712	104 20	22 M	0755 1651	93 23
8 M S	0830 1734	109 18	23 TU N	0815 1714	98 22
9 TU	0905 1802	112 18	24 W	0840 1739	103 22
10 W	0938 1832	111 20	25 TH	0907 1805	105 23
11 TH ●	1008 1901	109 23	26 F	0935 1828	105 27
12 F	1032 1926	104 28	27 SA ○	1003 1847	102 32
13 SA	1048 1944	98 33	28 SU	1028 1855	95 39
14 SU	1054 1951	90 38			
15 M E	1044 1949	83 43			

3 月

日期	潮时 时分	潮高 cm	日期	潮时 时分	潮高 cm
1 M E	1047 1849	84 45	16 TU	0011 0452 0940 1641 2346	66 61 65 52 69
2 TU P	1047 1827	72 48	17 W	1534 2343	49 73
3 W	0339 1719	68 47	18 TH A	1433 2355	44 75
4 TH	0432 1542	76 40	19 F	1429	38
5 F	0520 1528	84 32	20 SA	0019 1444	77 32
6 SA ☾	0607 1538	91 26	21 SU ☽	0554 1506	79 28
7 SU S	0652 1557	96 22	22 M N	0626 1529	84 24
8 M	0735 1620	100 20	23 TU	0657 1552	88 23
9 TU	0815 1644	101 21	24 W	0728 1614	93 24
10 W	0852 1707	101 24	25 TH	0801 1633	95 27
11 TH	0924 1728 2344	98 29 54	26 F	0834 1647 2309	95 32 56
12 F	0209 0952 1745 2356	52 93 34 56	27 SA	0208 0909 1656 2255	53 90 39 61
13 SA ●	0247 1012 1755	52 87 40	28 SU ○ E	0311 0944 1657 2257	52 83 45 67
14 SU E	0009 0323 1021 1756	59 54 79 46	29 M	0427 1018 1640 2311	52 72 50 75
15 M	0017 0400 1013 1743	62 57 72 50	30 TU P	0610 1049 1546 2336	52 59 51 82
			31 W	1410	46

4 月

日期	潮时 时分	潮高 cm	日期	潮时 时分	潮高 cm
1 TH	0010 1255	88 37	16 F	1232 2303	34 87
2 F	0057 1320	90 29	17 SA	1300 2326	29 87
3 SA	0214 1353	90 24	18 SU N	1330	26
4 SU ☾ S	0458 1425	90 21	19 M	0000 1359	86 23
5 M	0612 1454	91 21	20 TU ☽	0124 1425	84 23
6 TU	0706 1520	91 23	21 W	0532 1446	84 24
7 W	0751 1541 2239	89 27 65	22 TH	0625 1500 2314	84 28 68
8 TH	0200 0831 1557 2240	60 85 32 67	23 F	0122 0712 1506 2213	67 82 35 68
9 F	0250 0907 1607 2248	57 80 38 70	24 SA	0225 0758 1505 2153	60 77 41 73
10 SA	0338 0940 1608 2255	54 73 45 72	25 SU E	0331 0848 1450 2155	53 68 47 82
11 SU E	0429 1009 1553 2256	53 66 50 76	26 M	0447 0949 1414 2209	46 58 50 90
12 M ●	0531 1030 1506 2245	52 58 52 79	27 TU ○ P	0620 2234	40 98
13 TU	0704 0910 1348 2233	51 51 51 82	28 W	0818 2305	34 102
14 W A	1139 2235	44 85	29 TH	1000 2343	27 103
15 TH	1204 2246	39 87	30 F	1106	21

时　区：－0700　　　　潮高基准面：在平均海面下 60　cm

爪　哇—雅加达(丹戎不碌)

JAVA—DJAKARTA(TANJUNG PRIOK)

2021 年潮汐表　　6° 06′ S　　106° 52′ E

5 月

日期	潮时 时分	潮高 cm	日期	潮时 时分	潮高 cm
1 SA S	0025 1158	101 18	16 SU	1151 2323	22 95
2 SU	0113 1243	97 18	17 M	1225 2355	21 94
3 M ☾	0220 1321	91 20	18 TU	1255	21
4 TU	0453 1351 2259	85 23 75	19 W ☽	0030 1317	90 24
5 W	0107 0611 1414 2204	74 80 28 75	20 TH	0057 1329 2310	85 29 78
6 TH	0233 0709 1429 2155	67 74 33 77	21 F	1329 2145	36 76
7 F	0330 0802 1434 2200	60 68 40 81	22 SA E	0339 0539 1314 2107	65 65 42 81
8 SA E	0423 0902 1426 2206	54 61 45 84	23 SU	0415 0729 1236 2104	54 56 45 90
9 SU	0518 1020 1354 2209	48 54 49 87	24 M	0514 0923 1154 2118	42 46 45 100
10 M	0624 2204	43 90	25 TU	0618 2142	32 108
11 TU ● A	0756 2158	39 92	26 W ○ P	0724 2214	23 113
12 W	0917 2201	34 94	27 TH	0828 2250	18 114
13 TH	1004 2213	31 95	28 F S	0927 2328	14 112
14 F	1041 2231	27 96	29 SA	1020	14
15 SA N	1117 2255	25 96	30 SU	0004 1108	107 15
			31 M	0036 1149	100 18

6 月

日期	潮时 时分	潮高 cm	日期	潮时 时分	潮高 cm
1 TU	0053 1222 2354	92 22 84	16 W	1145 2350	25 92
2 W ☾	1246 2200	28 81	17 TH	1154 2306	31 84
3 TH	1300 2121	34 83	18 F ☽	1137 2140	38 80
4 F E	1301 2118	40 86	19 SA E	1036 2026	42 83
5 SA	1242 2122	45 90	20 SU	1000 2016	42 92
6 SU	0610 2127	43 93	21 M	0603 2028	37 103
7 M	0638 2129	36 96	22 TU	0606 2053	26 111
8 TU A	0712 2130	30 98	23 W P	0636 2126	18 117
9 W	0748 2137	27 100	24 TH ○	0717 2202	14 119
10 TH ●	0826 2152	24 101	25 F S	0803 2238	12 117
11 F	0902 2212	22 102	26 SA	0850 2313	12 113
12 SA N	0939 2235	21 102	27 SU	0935 2340	15 106
13 SU	1015 2300	20 102	28 M	1014 2356	19 98
14 M	1050 2323	20 101	29 TU	1046 2345	24 89
15 TU	1121 2343	21 98	30 W	1107 2232	30 83

7 月

日期	潮时 时分	潮高 cm	日期	潮时 时分	潮高 cm
1 TH ☾ E	1113 2104	36 82	16 F E	0858 2127	40 78
2 F	1053 2037	42 85	17 SA ☽	0825 1934	42 81
3 SA	0912 2038	45 89	18 SU	0733 1921	40 90
4 SU	0608 2043	39 92	19 M	0534 1935	32 99
5 M A	0601 2049	32 95	20 TU	0529 2002	24 107
6 TU	0615 2055	27 98	21 W P	0544 2037	17 113
7 W	0637 2107	23 101	22 TH S	0611 2114	14 116
8 TH	0704 2125	21 103	23 F	0645 2150	13 115
9 F N	0733 2146	21 104	24 SA ○	0721 2223	15 112
10 SA ●	0804 2209	20 105	25 SU	0756 2250	19 106
11 SU	0837 2232	20 105	26 M	0826 2307	24 08
12 M	0908 2252	22 103	27 TU	0847 2307	29 90
13 TU	0936 2308	24 99	28 W	0854 2236	35 82
14 W	0953 2315	29 93	29 TH E	0844 2110	41 77
15 TH	0944 2247	35 84	30 F	0813 1948	45 79
			31 SA ☾	0609 1941	44 83

8 月

日期	潮时 时分	潮高 cm	日期	潮时 时分	潮高 cm
1 SU	0513 1947	38 87	16 M	0424 1826	30 93
2 M A	0500 1955	31 90	17 TU P	0427 1903	23 100
3 TU	0507 2006	26 93	18 W S	0441 1943	18 105
4 W	0524 2022	23 97	19 TH	0502 2023	16 108
5 TH N	0546 2042	21 100	20 F	0527 2100	16 107
6 F	0610 2105	21 102	21 SA	0553 2134	19 104
7 SA	0635 2129	21 104	22 SU ○	0617 2201	24 99
8 SU ●	0701 2152	23 103	23 M	0637 2220	29 91
9 M	0725 2214	26 101	24 TU	0648 2224	35 83
10 TU	0744 2232	30 95	25 W E	0650 2206	41 75
11 W	0750 2241	35 87	26 TH	0638 2057	45 69
12 TH E	0736 2221	41 78	27 F	0539 1758	47 71
13 F	0707 2012	44 72	28 SA	0423 1754	44 75
14 SA	0620 1759	44 77	29 SU	0344 1803	38 79
15 SU ☽	0448 1801	38 85	30 M ☾ A	0336 1821	32 82
			31 TU	0347 1845	27 86

时　区：−0700　　　　潮高基准面：在平均海面下 60　cm

爪　哇—雅加达(丹戎不碌)

JAVA－DJAKARTA(TANJUNG PRIOK)

2021 年潮汐表　　6° 06′ S　　106° 52′ E

9 月

日期	潮时时分	潮高 cm	日期	潮时时分	潮高 cm
1 W	0405 1911	23 89	16 TH	0346 1921	17 98
2 TH N	0426 1938	21 93	17 F	0407 2004	19 96
3 F	0447 2005	21 96	18 SA	0427 2041	23 93
4 SA	0508 2033	23 98	19 SU	0443 1134 1411 2112	28 60 58 87
5 SU	0527 2100	25 97	20 M ○	0454 1137 1512 2135	34 64 58 79
6 M	0543 2126	30 93	21 TU E	0459 1147 1615 2144	40 67 58 71
7 TU ●	0554 2150	35 86	22 W	0450 1154 1735 2125	45 71 59 63
8 W E	0555 1227 1528 2207	41 60 58 77	23 TH	0412 1152	48 76
9 TH	0539 1214 1746 2159	46 67 61 66	24 F	0313 1143	47 80
10 F	0452 1222	48 75	25 SA	0207 1143	43 83
11 SA P	0339 1251	44 82	26 SU A	0141 1155	36 85
12 SU	0252 1341	36 87	27 M	0154 1218	31 86
13 M ☽	0250 1539	27 91	28 TU	0215 1254	26 85
14 TU	0305 1733	21 95	29 W ☾ N	0238 1643	23 84
15 W S	0325 1832	18 97	30 TH	0302 1755	21 86

10 月

日期	潮时时分	潮高 cm	日期	潮时时分	潮高 cm
1 F	0323 1838	21 88	16 SA	0301 1057 1344 1933	24 70 68 81
2 SA	0341 1916	23 89	17 SU	0313 1034 1459 2014	30 73 63 74
3 SU	0354 1951	26 87	18 M	0319 1037 1604 2051	36 76 58 66
4 M	0403 1118 1423 2026	32 64 60 82	19 TU E	0315 1044 1712 2121	41 81 54 58
5 TU	0405 1051 1530 2100	38 68 57 75	20 W ○	0252 1049 1843 2054	46 84 50 50
6 W ●E	0355 1044 1653 2133	44 74 54 64	21 TH	0206 1048 2242	47 88 43
7 TH	0323 1052 1846 2157	48 83 50 52	22 F	1044 2308	91 36
8 F P	0232 1111	47 90	23 SA	1046 2337	93 31
9 SA	0050 1140	40 96	24 SU A	1058	95
10 SU	0016 1217	30 99	25 M	0006 1117	27 95
11 M	0044 1304	23 100	26 TU N	0036 1142	24 94
12 TU S	0119 1404	18 97	27 W	0105 1214	21 93
13 W ☽	0152 1602	16 93	28 TH ☾	0132 1257	20 90
14 TH	0221 1746	17 90	29 F	0156 1404	20 87
15 F	0244 1846	20 86	30 SA	0214 1625	22 83
			31 SU	0224 1131 1338 1801	26 75 74 78

11 月

日期	潮时时分	潮高 cm	日期	潮时时分	潮高 cm
1 M	0228 1028 1446 1859	32 74 66 71	16 TU	0142 0956 1833 2148	41 90 46 48
2 TU E	0222 0954 1555 1954	39 78 57 62	17 W	0109 1004 1936	44 94 39
3 W	0200 0947 1716 2057	44 86 48 52	18 TH	1008 2029	97 33
4 TH ●	0122 0957 1850	45 96 38	19 F ○	1011 2112	99 28
5 F P	1019 2028	104 29	20 SA	1016 2150	101 25
6 SA	1049 2143	110 21	21 SU A	1029 2225	102 22
7 SU	1125 2240	112 16	22 M N	1048 2259	102 20
8 M S	1204 2330	111 13	23 TU	1111 2330	102 19
9 TU	1245	107	24 W	1135	101
10 W	0013 1327	13 101	25 TH	0000 1200	18 99
11 TH ☽	0049 1405	15 92	26 F	0027 1223	19 96
12 F	0117 1431	19 83	27 SA ☾	0047 1229	21 90
13 SA	0137 1032	24 79	28 SU	0059 1123	26 84
14 SU	0148 0952	30 81	29 M	0058 1011	33 80
15 M E	0152 0950 1738 1941	36 86 55 55	30 TU E	0039 0913 2346	39 83 42

12 月

日期	潮时时分	潮高 cm	日期	潮时时分	潮高 cm
1 W	0859 1813 2017 2310	92 41 42 41	16 TH	0932 1914	101 27
2 TH	0908 1836	103 30	17 F	0942 1943	103 23
3 F	0931 1920	112 20	18 SA A	0953 2016	105 21
4 SA ●P	1002 2011	119 14	19 SU ○	1008 2050	106 20
5 SU	1038 2104	122 10	20 M N	1027 2123	106 19
6 M S	1116 2153	121 9	21 TU	1047 2155	107 18
7 TU	1153 2239	116 11	22 W	1108 2225	106 18
8 W	1225 2318	109 14	23 TH	1127 2253	105 20
9 TH	1247 2348	100 19	24 F	1142 2316	102 23
10 F	1241	91	25 SA	1147 2327	96 29
11 SA ☽	0010 1046	24 84	26 SU	1116 2311	89 35
12 SU E	0022 0924	30 85	27 M ☾E	1009 2210	83 40
13 M	0022 0909	36 89	28 TU	0840 2135	84 40
14 TU	0002 0913 1851	41 94 40	29 W	0814 1834	92 36
15 W	0923 1852	98 32	30 TH	0821 1807	102 26
			31 F	0844 1826	112 17

时　区：－0700　　　　潮高基准面：在平均海面下 60　cm

爪 哇—泗 水

JAVA—SURABAYA

2021 年潮汐表　　7° 12′ S　　112° 44′ E

1 月

日期	潮时 时分	潮高 cm	日期	潮时 时分	潮高 cm
1 F	0641 2327	52 285	16 SA	0713	41
2 SA	0706	53	17 SU	0011 0743 1401 1608	262 53 165 158
3 SU	0006 0736	278 58	18 M	0047 0816 1432 1657	241 67 170 161
4 M	0045 0812	264 67	19 TU E	0119 0848 1504 1959	216 83 177 165
5 TU	0124 0850 1736 2041	244 80 186 178	20 W ☽	0137 0920 1542 2318	190 100 184 164
6 W ☾ E	0202 0931 1807 2311	217 94 199 171	21 TH A	0128 0950 1634	166 115 192
7 TH	0237 1013 1840	186 110 215	22 F	0458 0738 1019 1744	131 136 128 203
8 F	1056 1914	125 233	23 SA	0450 1844	110 216
9 SA P	0422 0844 1138 1949	118 148 138 251	24 SU	0507 1931	92 230
10 SU	0447 0959 1218 2024	89 153 147 267	25 M	0524 2012	76 245
11 M	0517 2101	65 281	26 TU N	0539 2050	64 259
12 TU S	0544 2138	48 290	27 W	0552 1151 1417 2127	54 164 159 271
13 W ●	0607 2215	37 293	28 TH ○	0605 1221 1512 2204	47 166 158 280
14 TH	0625 2254	33 289	29 F	0619 1247 1559 2242	43 167 155 284
15 F	0646 2332	35 279	30 SA	0632 1311 1646 2320	44 169 151 282
			31 SU	0649 1331 1736 2359	48 172 148 273

2 月

日期	潮时 时分	潮高 cm	日期	潮时 时分	潮高 cm
1 M	0711 1352 1830	56 178 147	16 TU	0037 0729 1320 1904	226 74 191 135
2 TU E	0036 0737 1419 1929	255 68 185 147	17 W	0109 0755 1346 1944	203 90 197 134
3 W P	0113 0805 1456 2036	229 83 193 147	18 TH A	0128 0819 1416 2036	178 107 201 135
4 TH ☾	0146 0833 1553 2207	198 100 201 145	19 F ☽	0124 0835 1451	154 122 203
5 F	0210 0855 1721	163 117 211	20 SA	0421 1542	122 203
6 SA	0445 1832	122 225	21 SU	0420 1737	101 206
7 SU	0429 1923	92 240	22 M	0435 1858	82 218
8 M S	0449 2007	66 255	23 TU N	0451 1951	66 233
9 TU	0513 2048	48 266	24 W	0504 1131 1509 2035	55 172 167 248
10 W	0534 2127	37 273	25 TH	0517 1131 1552 2115	47 175 160 262
11 TH ●	0549 2206	33 275	26 F	0530 1143 1623 2153	44 177 151 270
12 F	0557 1200 1646 2245	34 165 152 271	27 SA ○	0543 1155 1650 2232	45 181 141 273
13 SA	0611 1213 1725 2324	39 170 146 261	28 SU	0556 1206 1722 2311	49 187 131 267
14 SU	0634 1233 1759	47 177 140			
15 M E	0001 0701 1256 1831	246 59 184 137			

3 月

日期	潮时 时分	潮高 cm	日期	潮时 时分	潮高 cm
1 M E	0613 1221 1759 2350	58 196 123 253	16 TU	0617 1203 1826	79 215 115
2 TU P	0634 1244 1843	69 206 119	17 W	0033 0643 1227 1852	205 94 221 112
3 W	0029 0658 1313 1934	230 84 214 118	18 TH A	0110 0706 1253 1925	184 109 225 111
4 TH	0107 0720 1347 2033	201 101 219 120	19 F	0147 0719 1322 2009	161 125 225 113
5 F	0142 0735 1426 2212	167 117 221 120	20 SA	1355	222
6 SA ☾	0206 0512 1525	133 127 218	21 SU ☽	0242 1434	116 216
7 SU S	0330 1745	100 220	22 M N	0309 1538	96 209
8 M	0349 1859	74 229	23 TU	0330 1818	80 212
9 TU	0415 1952	56 239	24 W	0347 1149 1441 1925	68 191 182 225
10 W	0438 1242 1554 2037	46 185 174 247	25 TH	0403 1046 1526 2015	60 192 169 238
11 TH	0453 1233 1625 2118	43 180 161 251	26 F	0419 1044 1558 2059	57 196 155 249
12 F	0458 1111 1650 2158	46 180 149 251	27 SA	0434 1048 1626 2141	59 202 140 254
13 SA ●	0507 1110 1713 2237	50 187 138 246	28 SU ○E	0449 1055 1654 2222	64 211 125 252
14 SU E	0527 1123 1737 2316	58 196 128 237	29 M	0507 1109 1725 2304	73 223 111 241
15 M	0551 1141 1801 2355	67 206 120 223	30 TU P	0528 1132 1802 2347	84 236 101 223
			31 W	0551 1200 1846	98 246 96

4 月

日期	潮时 时分	潮高 cm	日期	潮时 时分	潮高 cm
1 TH	0033 0612 1231 1936	198 114 251 95	16 F	0138 0604 1211 1907	169 137 253 97
2 F	0123 0625 1305 2041	170 129 251 98	17 SA	0258 0525 1242 1953	155 150 249 99
3 SA	0247 0449 1341 2318	142 140 245 95	18 SU N	1315 2340	242 102
4 SU ☾ S	1418	234	19 M	1352	233
5 M	0104 1627	82 219	20 TU ☽	0056 1441	92 221
6 TU	0221 1144 1516 1831	69 209 200 218	21 W	0142 1113 1336 1719	83 210 203 212
7 W	0303 1135 1552 1935	62 207 182 222	22 TH	0216 1002 1432 1851	77 208 188 217
8 TH	0326 1125 1622 2026	62 204 165 225	23 F	0244 0943 1510 1952	76 212 169 225
9 F	0338 1030 1646 2110	66 202 149 226	24 SA	0308 0943 1542 2043	79 220 149 230
10 SA	0353 1014 1704 2152	72 208 136 224	25 SU E	0329 0949 1612 2131	86 232 128 230
11 SU E	0413 1020 1718 2233	79 219 125 219	26 M	0350 1003 1643 2219	95 247 109 223
12 M ●	0438 1035 1732 2314	87 230 115 210	27 TU ○P	0413 1025 1719 2307	106 262 93 210
13 TU	0504 1054 1750 2357	97 241 106 199	28 W	0436 1054 1800 2359	119 274 83 192
14 W A	0529 1117 1810	109 249 100	29 TH	0458 1126 1847	132 281 77
15 TH	0043 0552 1143 1834	185 123 253 97	30 F	0100 0512 1200 1943	173 145 282 77

时　区：－0700　　潮高基准面：在平均海面下 159　cm

爪　哇—泗　水

JAVA－SURABAYA

2021 年潮汐表　　7° 12′ S　　112° 44′ E

5　月

日期	潮时 时分	潮高 cm	日期	潮时 时分	潮高 cm
1 SA S	1236 2119	276 79	16 SU	1215 1948	266 89
2 SU	1313 2303	262 76	17 M	1252 2241	257 91
3 M ☾	1349	243	18 TU	1333 2344	246 88
4 TU	0009 1102	74 222	19 W ☽	1423	231
5 W	0059 1037 1521 1755	74 220 197 205	20 TH	0027 1008 1249 1546	88 211 206 215
6 TH	0137 1020 1550 1920	78 218 174 202	21 F	0102 0839 1346 1808	91 215 186 206
7 F	0205 0942 1621 2019	85 217 154 202	22 SA E	0132 0835 1432 1929	96 224 162 205
8 SA E	0230 0920 1647 2108	93 222 138 200	23 SU	0159 0842 1513 2034	105 238 138 203
9 SU	0254 0920 1707 2153	101 233 125 197	24 M	0224 0859 1552 2133	114 255 115 199
10 M	0319 0932 1715 2236	109 245 115 193	25 TU	0249 0923 1632 2229	125 272 94 192
11 TU ●A	0345 0950 1722 2320	118 257 105 187	26 W ○P	0314 0952 1715 2325	135 287 78 182
12 W	0410 1013 1734	127 267 97	27 TH	0336 1025 1802	145 297 67
13 TH	0008 0430 1039 1752	180 137 272 90	28 F S	0024 0347 1101 1855	171 154 300 62
14 F	0101 0436 1109 1818	172 148 274 87	29 SA	1139 1959	296 62
15 SA N	0206 0421 1141 1856	165 157 272 86	30 SU	1219 2115	284 64
			31 M	1259 2222	265 69

6　月

日期	潮时 时分	潮高 cm	日期	潮时 时分	潮高 cm
1 TU	1339 2315	242 76	16 W	1324 2210	250 87
2 W ☾	1415 2357	216 85	17 TH	1409 2300	233 94
3 TH	0920	213	18 F ☽	0727 1122 1502 2340	200 192 210 103
4 F E	0033 0846 1550 1907	96 214 164 180	19 SA E	0721 1248 1701	211 172 187
5 SA	0103 0824 1624 2019	107 219 143 177	20 SU	0014 0733 1351 1920	114 226 148 175
6 SU	0131 0818 1655 2113	116 229 126 176	21 M	0045 0755 1452 2048	124 244 123 172
7 M	0158 0829 1721 2200	125 242 113 174	22 TU	0114 0823 1600 2154	134 263 98 169
8 TU A	0224 0849 1738 2244	132 255 103 172	23 W P	0140 0855 1658 2252	143 280 77 166
9 W	0247 0913 1739 2329	138 267 95 169	24 TH ○	0202 0930 1743 2347	150 293 61 162
10 TH ●	0301 0942 1741	145 275 87	25 F S	0213 1007 1824	155 300 51
11 F	0018 0305 1013 1759	166 151 280 81	26 SA	1046 1905	300 47
12 SA N	0111 0313 1047 1827	164 157 281 77	27 SU	1126 1947	293 50
13 SU	1123 1907	279 76	28 M	1208 2031	278 57
14 M	1201 1957	273 77	29 TU	1249 2117	257 68
15 TU	1241 2100	264 81	30 W	1330 2201	231 82

7　月

日期	潮时 时分	潮高 cm	日期	潮时 时分	潮高 cm
1 TH ☾E	1404 2242	204 96	16 F E	0440 0811 1351 2114	177 170 221 97
2 F	0741 2320	193 110	17 SA ☽	0520 0955 1430 2150	189 165 192 111
3 SA	0717 1612 1908 2354	198 149 156 122	18 SU	0601 1207 1505 2226	205 150 160 124
4 SU	0703 1634 2028	209 126 155	19 M	0641 1345 2010 2301	222 127 146 136
5 M A	0026 0719 1704 2124	131 222 108 156	20 TU	0720 1627	241 98
6 TU	0055 0746 1731 2211	138 236 95 157	21 W P	0759 1659	259 72
7 W	0117 0816 1753 2254	144 249 84 157	22 TH S	0837 1729	274 53
8 TH	0129 0849 1809 2337	148 261 76 158	23 F	0916 1756	285 41
9 F N	0145 0923 1820	151 269 70	24 SA ○	0956 1819	290 36
10 SA ●	0958 1832	275 65	25 SU	1036 1840	287 38
11 SU	1034 1850	278 62	26 M	1116 1906	278 44
12 M	1112 1910	277 62	27 TU	1157 1935	261 55
13 TU	1151 1935	271 66	28 W	1238 2007	240 70
14 W	1230 2005	261 73	29 TH E	0211 0432 1316 2040	167 159 214 86
15 TH	1311 2039	244 84	30 F	0243 0824 1347 2113	174 160 186 103
			31 SA ☾	0319 1117 1345 2143	182 155 159 118

8　月

日期	潮时 时分	潮高 cm	日期	潮时 时分	潮高 cm
1 SU	0406 1614 1931 2210	190 129 139 131	16 M	0427 1621	205 124
2 M A	0516 1625	199 107	17 TU P	0555 1557	218 94
3 TU	0622 1649	211 88	18 W S	0655 1619	234 67
4 W	0712 1712	223 74	19 TH	0743 1644	249 48
5 TH N	0755 1731	236 64	20 F	0826 1708	261 36
6 F	0833 1744	248 57	21 SA	0907 1726	269 32
7 SA	0911 1755	259 52	22 SU ○	0947 1737 2342	270 34 164
8 SU ●	0005 0211 0947 1806	161 156 267 50	23 M	0434 1027 1753 2352	152 266 40 169
9 M	0029 0306 1024 1819	162 153 270 51	24 TU	0515 1108 1817	144 255 50
10 TU	0050 0402 1102 1835	163 149 269 55	25 W E	0011 0554 1148 1844	176 137 238 64
11 W	0107 0502 1140 1855	166 146 261 63	26 TH	0033 0631 1228 1913	183 133 217 80
12 TH E	0124 0603 1218 1919	172 143 245 74	27 F	0059 0711 1307 1940	190 130 192 97
13 F	0147 0706 1256 1945	180 141 223 88	28 SA	0126 0755 1341 2005	196 130 165 113
14 SA	0220 0814 1332 2011	189 140 194 104	29 SU	0155 0852 1341 2022	200 129 139 129
15 SU ☽	0307 0937 1404 2032	197 137 161 119	30 M ☾A	0230 1515	201 114
			31 TU	0318 1541	201 92

时　区：－0700　　　　潮高基准面：在平均海面下 159　cm

爪　哇—泗　水

JAVA－SURABAYA

2021 年潮汐表　　7° 12′ S　　112° 44′ E

9 月

日期	潮时 时分	潮高 cm	日期	潮时 时分	潮高 cm
1 W	0511 1606	201 75	16 TH	0630 1530	224 52
2 TH N	0641 1626	210 62	17 F	0017 0243 0728 1557	190 186 234 42
3 F	0735 1641 2317	223 54 173	18 SA	0007 0344 0816 1616 2336	188 172 242 40 185
4 SA	0305 0819 1652 2312	164 236 49 175	19 SU	0418 0859 1627 2250	158 246 43 186
5 SU	0347 0858 1704 2321	156 247 48 177	20 M ○	0445 0941 1642 2249	145 244 50 192
6 M	0418 0936 1717 2332	148 255 50 180	21 TU E	0508 1022 1703 2300	133 238 59 201
7 TU ●	0443 1014 1732 2340	138 257 56 186	22 W	0531 1103 1728 2319	122 227 71 210
8 W E	0508 1052 1748 2353	129 252 65 195	23 TH	0556 1145 1755 2340	113 212 86 218
9 TH	0541 1131 1808	120 239 77	24 F	0622 1228 1822	107 193 101
10 F	0014 0622 1210 1831	204 114 218 91	25 SA	0004 0652 1317 1844	224 104 172 118
11 SA P	0041 0712 1250 1851	213 112 191 107	26 SU A	0030 0727 1423 1853	227 104 151 134
12 SU	0114 0813 1332 1902	219 112 160 123	27 M	0058 0813	225 106
13 M ☽	0152 0955	221 111	28 TU	0130 1255	220 102
14 TU	0239 1259	219 95	29 W ☾ N	0206 1414	213 86
15 W S	0456 1454	216 71	30 TH	0259 1447 2314	203 74 195

10 月

日期	潮时 时分	潮高 cm	日期	潮时 时分	潮高 cm
1 F	0142 0557 1509 2249	187 201 65 196	16 SA	0334 0713 1443 2235	179 214 57 210
2 SA	0241 0709 1528 2220	176 211 60 197	17 SU	0406 0809 1505 2204	158 217 63 211
3 SU	0320 0801 1546 2220	162 223 59 200	18 M	0435 0857 1526 2153	140 217 71 217
4 M	0351 0845 1604 2224	148 233 63 205	19 TU E	0459 0942 1549 2159	125 215 80 227
5 TU	0418 0926 1621 2230	133 237 70 214	20 W ○	0516 1025 1613 2214	113 209 91 238
6 W ●E	0442 1007 1638 2242	118 235 80 226	21 TH	0529 1108 1639 2233	102 200 103 248
7 TH	0509 1049 1658 2303	104 226 92 238	22 F	0545 1153 1705 2256	94 189 116 255
8 F P	0543 1132 1719 2329	93 210 106 248	23 SA	0605 1243 1727 2321	87 176 130 258
9 SA	0624 1220 1738	86 188 121	24 SU A	0630 1343 1729 2348	84 163 144 256
10 SU	0000 0713 1319 1744	254 84 163 135	25 M	0702	85
11 M	0034 0817	255 86	26 TU N	0018 0745	250 88
12 TU S	0109 1047	249 84	27 W	0049 1116	241 91
13 W ☽	0144 1221	237 73	28 TH ☾	0122 1225	228 84
14 TH	0218 1326 2312	220 62 213	29 F	0201 1309 2219	214 79 212
15 F	0301 0557 1411 2258	200 211 57 211	30 SA	0146 0349 1344 2131	197 199 77 213
			31 SU	0232 0630 1413 2120	179 199 79 216

11 月

日期	潮时 时分	潮高 cm	日期	潮时 时分	潮高 cm
1 M	0305 0738 1439 2120	160 206 84 223	16 TU	0442 0904 1430 2102	124 188 104 239
2 TU E	0335 0833 1501 2125	139 211 91 235	17 W	0508 0952 1457 2114	109 187 114 251
3 W	0403 0922 1522 2139	118 212 102 250	18 TH	0526 1036 1523 2133	97 183 123 263
4 TH ●	0431 1011 1543 2200	98 208 113 265	19 F ○	0531 1120 1548 2156	88 179 132 272
5 F P	0503 1101 1604 2227	81 198 125 278	20 SA	0537 1206 1609 2222	80 174 142 277
6 SA	0540 1155 1624 2258	69 184 138 286	21 SU A	0552 1258 1609 2251	73 168 151 278
7 SU	0624 1259 1632 2332	62 169 149 287	22 M N	0616 2322	70 274
8 M S	0716	61	23 TU	0648 2355	70 266
9 TU	0008 0828	281 63	24 W	0729	73
10 W	0045 1017	268 65	25 TH	0030 0826	255 79
11 TH ☽	0121 1128	248 65	26 F	0108 1048	242 84
12 F	0143 1221 2209	223 68 221	27 SA ☾	0150 1144 2111	225 87 210
13 SA	1302 2138	74 221	28 SU	0039 0244 1225 2018	201 206 93 213
14 SU	0340 0658 1336 2114	168 190 83 223	29 M	0140 0514 1259 2014	180 188 101 222
15 M E	0411 0809 1404 2101	144 189 93 229	30 TU E	0228 0711 1328 2021	156 184 110 236

12 月

日期	潮时 时分	潮高 cm	日期	潮时 时分	潮高 cm
1 W	0309 0831 1354 2037	130 184 121 253	16 TH	0525 1007 1402 2035	94 164 137 256
2 TH	0348 0935 1419 2101	105 184 131 271	17 F	0549 1050 1428 2101	83 164 144 268
3 F	0426 1033 1443 2130	82 181 141 288	18 SA A	0604 1132 1448 2130	75 164 149 276
4 SA ●P	0505 1128 1505 2203	63 176 150 300	19 SU ○	0605 1215 1452 2202	68 164 154 281
5 SU	0547 1225 1519 2239	50 169 157 305	20 M N	0608 1301 1501 2236	63 164 158 282
6 M S	0632 2317	43 303	21 TU	0626 2310	59 279
7 TU	0722 2357	42 292	22 W	0652 2346	58 273
8 W	0818	47	23 TH	0724	61
9 TH	0037 0921	274 55	24 F	0024 0800	264 67
10 F	0115 1021	249 67	25 SA	0102 0840	250 76
11 SA ☽	0148 1111 2047	219 80 209	26 SU	0141 0924 1850 2126	231 88 191 186
12 SU E	1153 2018	94 213	27 M ☾E	0222 1010 1845	208 101 202
13 M	0401 0643 1229 2004	157 164 107 219	28 TU	0015 0306 1057 1903	171 181 115 217
14 TU	0424 0819 1302 2001	131 163 120 230	29 W	0135 0651 1140 1929	147 157 128 236
15 W	0455 0919 1333 2014	109 163 130 243	30 TH	0307 0857 1220 2001	119 157 140 256
			31 F	0425 1007 1255 2036	90 160 148 275

时　区：－0700　　　　潮高基准面：在平均海面下 159 cm

爪　哇—卡朗查芒

JAVA－KARANG DJAMUANG

2021 年潮汐表　　6° 56′ S　　112° 44′ E

1 月

日期	潮时 时分	潮高 cm	日期	潮时 时分	潮高 cm
1 F	0846 2215	5 206	16 SA	0849 2151	13 198
2 SA	0917 2231	9 201	17 SU	0912 2209	21 191
3 SU	0949 2237	17 192	18 M	0930 2220	33 181
4 M	1018 2232	29 181	19 TU E	0939 2218	47 169
5 TU	1038 2219	43 171	20 W ☽	0933 2153	60 158
6 W ☾ E	1031 2157	59 163	21 TH A	0849 2114	70 153
7 TH	0935 2129	71 160	22 F	0714 2029	71 154
8 F	0722 2111	71 161	23 SA	0622 1957	61 161
9 SA P	0644 2059	59 166	24 SU	0611 1951	47 172
10 SU	0642 2047	44 173	25 M	0617 2001	33 182
11 M	0654 2037	30 182	26 TU N	0633 2021	21 190
12 TU S	0712 2039	19 191	27 W	0655 2046	13 195
13 W ●	0734 2052	11 197	28 TH ○	0719 2114	8 197
14 TH	0758 2111	7 201	29 F	0745 2142	9 195
15 F	0824 2131	8 201	30 SA	0812 2207	13 189
			31 SU	0838 2222	22 179

2 月

日期	潮时 时分	潮高 cm	日期	潮时 时分	潮高 cm
1 M	0901 2217	35 167	16 TU	0821 2155	58 148
2 TU E	0913 2151	50 155	17 W	0810 2055	71 137
3 W P	0900 2110	65 147	18 TH A	0717 1902	80 134
4 TH ☾	0811 2012	76 145	19 F ☽	0547 1638	78 141
5 F	0625 1944	75 148	20 SA	0505 1622	67 152
6 SA	0543 1930	63 154	21 SU	0458 1646	53 162
7 SU	0541 1911	48 162	22 M	0507 1727	40 169
8 M S	0553 1900	35 171	23 TU N	0524 1822	29 174
9 TU	0611 1916	24 178	24 W	0546 1920	21 177
10 W	0633 1946	17 183	25 TH	0611 2014	18 177
11 TH ●	0656 2019	14 185	26 F	0636 2103	20 174
12 F	0720 2051	16 184	27 SA ○	0701 2148	26 168
13 SA	0743 2121	22 179	28 SU	0724 2226	36 158
14 SU	0802 2146	32 171			
15 M E	0816 2201	44 160			

3 月

日期	潮时 时分	潮高 cm	日期	潮时 时分	潮高 cm
1 M E	0742 2251	50 145	16 TU	0653 1452 1937 2245	75 126 118 121
2 TU P	0746 2216	65 131	17 W	0628 1344	87 131
3 W	0726 1607	79 128	18 TH A	0510 1322	91 142
4 TH	0632 1528	87 133	19 F	0327 1327	83 153
5 F	0439 1450	83 142	20 SA	0301 1342	69 163
6 SA ☾	0404 1434	69 152	21 SU ☽	0307 1402	56 169
7 SU S	0411 1433	54 162	22 M N	0326 1424	44 173
8 M	0429 1448	42 168	23 TU	0351 1444	36 172
9 TU	0453 1513	33 172	24 W	0418 1459	31 169
10 W	0518 1546	28 171	25 TH	0446 1458	30 162
11 TH	0543 1631	27 167	26 F	0514 1444	34 154
12 F	0607 1842	30 161	27 SA	0539 1425 1817 2116	42 145 138 141
13 SA ●	0628 2042	38 154	28 SU ○E	0601 1403 1838 2228	53 138 126 133
14 SU E	0645 2139	49 145	29 M	0613 1345 1916 2328	68 135 113 122
15 M	0655 2221	62 134	30 TU P	0608 1328 2008	82 135 100
			31 W	0031 0532 1307 2125	109 94 140 89

4 月

日期	潮时 时分	潮高 cm	日期	潮时 时分	潮高 cm
1 TH	1244 2327	149 77	16 F	1154 2249	173 54
2 F	1230	160	17 SA	1209	182
3 SA	0100 1228	64 170	18 SU N	0002 1226	45 187
4 SU ☾S	0153 1237	52 177	19 M	0059 1240	38 188
5 M	0235 1254	43 182	20 TU ☽	0145 1250	34 185
6 TU	0311 1314	37 182	21 W	0225 1253	34 179
7 W	0344 1335	35 178	22 TH	0301 1250	37 171
8 TH	0414 1352	37 171	23 F	0334 1244	43 163
9 F	0440 1359	44 161	24 SA	0402 1231	54 155
10 SA	0501 1349	53 150	25 SU E	0422 1216 1931 2225	67 150 103 107
11 SU E	0514 1328	66 142	26 M	0427 1201 1933	82 149 88
12 M ●	0516 1257 1939 2307	79 137 104 109	27 TU ○P	0020 0354 1146 1957	101 95 152 74
13 TU	0459 1210 2002	91 141 89	28 W	1128 2032	159 61
14 W A	0128 0352 1146 2043	99 98 151 76	29 TH	1114 2117	169 50
15 TH	1145 2138	163 64	30 F	1109 2214	180 42

时　区：－0700　　　　潮高基准面：在平均海面下 110　cm

爪　哇—卡朗查芒

JAVA－KARANG DJAMUANG

2021 年潮汐表　　　6° 56′ S　　　112° 44′ E

5 月

日期	潮时 时分	潮高 cm	日期	潮时 时分	潮高 cm
1 SA S	1113 2318	189 35	16 SU	1120 2249	203 22
2 SU	1125	195	17 M	1135 2337	202 23
3 M ☾	0017 1141	32 198	18 TU	1145	198
4 TU	0107 1159	31 196	19 W ☽	0023 1148	27 190
5 W	0148 1216	34 191	20 TH	0104 1144	34 181
6 TH	0223 1229	40 182	21 F	0140 1135	45 171
7 F	0251 1231	50 170	22 SA E	0207 1120	58 164
8 SA F	0308 1218	62 160	23 SU	0217 1102 1953	73 160 84
9 SU	0311 1155	75 152	24 M	1047 1929	160 70
10 M	0251 1120 1947	87 151 81	25 TU	1033 1937	165 54
11 TU ●A	1044 1940	157 60	26 W ○P	1019 1959	173 40
12 W	1031 2008	169 51	27 TH	1009 2027	183 29
13 TH	1035 2039	181 39	28 F S	1009 2101	194 21
14 F	1047 2117	191 30	29 SA	1017 2140	202 16
15 SA N	1103 2201	199 25	30 SU	1030 2222	206 16
			31 M	1046 2304	208 19

6 月

日期	潮时 时分	潮高 cm	日期	潮时 时分	潮高 cm
1 TU	1103 2342	205 26	16 W	1106 2315	194 29
2 W ☾	1120	199	17 TH	1101 2343	183 42
3 TH	0013 1131	36 189	18 F ☽	1049 2351	173 58
4 F E	0030 1132	48 177	19 SA E	1028 2256	165 71
5 SA	0030 1117 2359	62 166 74	20 SU	1004 1946	162 73
6 SU	1051 2041	159 77	21 M	0946 1907	163 60
7 M	1014 1936	159 66	22 TU	0933 1907	168 44
8 TU A	0941 1926	166 51	23 W P	0921 1922	177 30
9 W	0932 1936	178 36	24 TH ○	0913 1943	187 18
10 TH ●	0938 1957	190 24	25 F S	0916 2008	196 10
11 F	0952 2023	200 15	26 SA	0927 2037	203 7
12 SA N	1009 2054	207 10	27 SU	0943 2107	207 7
13 SU	1028 2128	210 9	28 M	1000 2137	207 12
14 M	1047 2204	209 12	29 TU	1018 2204	204 21
15 TU	1100 2241	203 19	30 W	1035 2225	197 32

7 月

日期	潮时 时分	潮高 cm	日期	潮时 时分	潮高 cm
1 TH ☾E	1047 2233	187 46	16 F E	1015 2153	164 60
2 F	1048 2225	175 59	17 SA ☽	0944 2102	156 71
3 SA	1030 2134	164 70	18 SU	0904 1903	153 72
4 SU	0957 1946	157 70	19 M	0838 1820	155 59
5 M A	0916 1858	158 60	20 TU	0825 1818	162 44
6 TU	0841 1847	165 45	21 W P	0813 1830	170 30
7 W	0832 1853	177 31	22 TH S	0808 1849	179 19
8 TH	0840 1910	188 19	23 F	0815 1912	188 11
9 F N	0857 1932	198 10	24 SA ○	0833 1937	193 8
10 SA ●	0919 1957	204 6	25 SU	0855 2002	196 10
11 SU	0943 2024	206 6	26 M	0918 2027	195 15
12 M	1006 2053	204 10	27 TU	0939 2048	191 25
13 TU	1026 2121	198 19	28 W	0958 2103	184 38
14 W	1038 2146	188 30	29 TH E	1011 2108	173 52
15 TH	1033 2203	176 45	30 F	1011 2056	161 65
			31 SA ☾	0944 2000	150 74

8 月

日期	潮时 时分	潮高 cm	日期	潮时 时分	潮高 cm
1 SU	0850 1832	144 72	16 M	0602 1705	141 64
2 M A	0743 1754	146 61	17 TU P	0458 1706	150 49
3 TU	0657 1746	156 47	18 W S	0449 1720	160 36
4 W	0653 1754	167 34	19 TH	0512 1741	168 26
5 TH N	0714 1810	177 22	20 F	0554 1804	174 20
6 F	0744 1831	185 15	21 SA	0647 1829	177 18
7 SA	0818 1854	190 12	22 SU ○	0739 1853	177 21
8 SU ●	0853 1918	191 13	23 M	0823 1915	174 28
9 M	0927 1943	189 18	24 TU	0901 1933	169 39
10 TU	0959 2006	182 28	25 W E	0931 1944	160 53
11 W	1024 2025	172 41	26 TH	0951 1943	149 67
12 TH E	1030 2033	158 56	27 F	0949 1921	136 79
13 F	0956 2016	145 70	28 SA	0735 1810	126 85
14 SA	0843 1926	135 80	29 SU	0246 1647	132 79
15 SU ☽	0643 1744	135 77	30 M ☾A	0236 1621	145 66
			31 TU	0252 1621	156 52

时　区：－0700　　　　潮高基准面：在平均海面下 110　cm

爪　哇—卡朗查芒

JAVA－KARANG DJAMUANG

2021 年潮汐表　　6° 56′ S　　112° 44′ E

9 月

日期	潮时 时分	潮高 cm	日期	潮时 时分	潮高 cm
1 W	0319 1633	165 39	16 TH	0159 1614	174 33
2 TH N	0355 1652	171 30	17 F	0221 1642	175 30
3 F	0444 1715	173 24	18 SA	0245 1710	173 31
4 SA	0553 1739	172 23	19 SU	0309 1734	167 36
5 SU	0719 1803	170 26	20 M ○	0328 1755	158 45
6 M	0832 1827	165 33	21 TU E	0328 1810	147 57
7 TU ●	0931 1847	158 44	22 W	0258 0701 0920 1815	137 132 133 71
8 W E	1022 1901	148 58	23 TH	0223 0720 1022 1805	130 119 122 84
9 TH	0321 0550 1105 1859	127 125 135 73	24 F	0127 0812 1106 1721	130 106 108 93
10 F	0246 0732 1134 1832	127 116 120 85	25 SA	0039 1444	139 92
11 SA P	0218 1727	131 91	26 SU A	0030 1335	151 78
12 SU	0154 1520	139 82	27 M	0039 1342	163 64
13 M ☽	0141 1459	150 67	28 TU	0055 1409	172 51
14 TU	0136 1518	160 52	29 W ☾ N	0116 1439	178 41
15 W S	0143 1545	169 41	30 TH	0137 1509	180 35

10 月

日期	潮时 时分	潮高 cm	日期	潮时 时分	潮高 cm
1 F	0155 1538	178 32	16 SA	0100 1535	183 39
2 SA	0205 1607	173 33	17 SU	0114 1602	175 48
3 SU	0202 1634	165 39	18 M	0118 1622	164 59
4 M	0150 1659	155 48	19 TU E	0107 1631	154 72
5 TU	0132 1718	146 60	20 W ○	0046 1625	146 86
6 W ● E	0111 0656 1017 1726	141 117 122 75	21 TH	0012 0753 1239 1546 2326	143 93 100 96 148
7 TH	0050 0721 1135 1711	139 102 112 89	22 F	0805 2307	79 159
8 F P	0031 0802 1312 1616	142 88 101 98	23 SA	0836 2309	65 172
9 SA	0013 0856 2359	149 75 159	24 SU A	0920 2320	53 183
10 SU	1011 2354	64 170	25 M	1014 2337	43 191
11 M	1139 2357	54 180	26 TU N	1114 2354	36 196
12 TU S	1249	44	27 W	1210	32
13 W ☽	0008 1341	186 37	28 TH ☾	0011 1258	195 30
14 TH	0024 1425	189 34	29 F	0023 1339	191 32
15 F	0042 1502	188 35	30 SA	0027 1416	184 37
			31 SU	0023 1448	175 46

11 月

日期	潮时 时分	潮高 cm	日期	潮时 时分	潮高 cm
1 M	0013 1515 2357	165 57 158	16 TU	1403 2326	79 156
2 TU E	1531 2338	72 154	17 W	0840 2250	85 155
3 W	0734 1020 1524 2321	95 98 86 154	18 TH	0748 2213	73 162
4 TH ●	0727 2306	79 159	19 F ○	0745 2202	58 174
5 F P	0746 2252	64 167	20 SA	0801 2207	43 187
6 SA	0816 2243	50 178	21 SU A	0828 2220	30 198
7 SU	0856 2243	39 189	22 M N	0902 2237	22 205
8 M S	0943 2250	30 197	23 TU	0940 2256	17 209
9 TU	1037 2303	26 202	24 W	1020 2313	16 207
10 W	1132 2318	24 203	25 TH	1102 2325	18 202
11 TH ☽	1222 2334	26 200	26 F	1142 2329	24 193
12 F	1305 2350	31 194	27 SA ☾	1219 2323	33 183
13 SA	1340	40	28 SU	1251 2311	45 173
14 SU	0001 1406	185 51	29 M	1312 2252	59 166
15 M E	0002 1417 2349	173 65 163	30 TU E	1259 2231	74 162

12 月

日期	潮时 时分	潮高 cm	日期	潮时 时分	潮高 cm
1 W	0747 2215	79 164	16 TH	0724 2117	61 169
2 TH	0717 2202	64 169	17 F	0717 2106	46 181
3 F	0724 2151	48 178	18 SA A	0726 2113	31 193
4 SA ●P	0744 2144	33 189	19 SU ○	0746 2128	18 203
5 SU	0811 2147	21 199	20 M N	0811 2147	9 210
6 M S	0844 2157	13 206	21 TU	0840 2208	5 213
7 TU	0919 2211	9 210	22 W	0910 2229	5 211
8 W	0958 2226	9 210	23 TH	0941 2245	9 204
9 TH	1036 2242	14 207	24 F	1012 2251	17 194
10 F	1110 2257	23 200	25 SA	1041 2245	28 183
11 SA ☽	1136 2308	34 190	26 SU	1102 2228	42 172
12 SU E	1147 2308	48 178	27 M ☾ E	1102 2203	57 165
13 M	1136 2253	62 168	28 TU	1008 2135	70 162
14 TU	1034 2227	73 161	29 W	0731 2116	71 164
15 W	0806 2151	72 161	30 TH	0649 2105	57 170
			31 F	0650 2056	41 179

时　区：－0700　　潮高基准面：在平均海面下 110 cm

东部群岛—班达港

EASTERN ARCHIPELAGO—BANDA HARBOUR

2021 年潮汐表　　4° 32′ S　　129° 53′ E

1 月

日期	潮时 时分	潮高 cm	日期	潮时 时分	潮高 cm
1 F	0229 0929 1620 2138	206 11 197 112	16 SA	0316 1000 1646 2223	212 4 214 96
2 SA	0309 1001 1647 2216	207 13 202 103	17 SU	0357 1034 1715 2301	207 14 213 90
3 SU	0351 1035 1716 2257	206 17 206 93	18 M	0437 1106 1743 2339	200 27 210 85
4 M	0436 1110 1748 2342	202 26 209 85	19 TU E	0519 1137 1812	189 44 208
5 TU	0523 1147 1823	193 38 211	20 W ☽	0021 0603 1206 1841	81 176 62 205
6 W ☾E	0033 0617 1227 1903	78 181 53 212	21 TH A	0109 0654 1235 1913	78 160 82 201
7 TH	0133 0721 1312 1949	72 168 71 211	22 F	0206 0800 1304 1949	76 145 101 196
8 F	0241 0841 1406 2042	65 156 91 209	23 SA	0316 0942 1336 2034	73 135 121 191
9 SA P	0355 1020 1515 2143	55 153 109 207	24 SU	0437 2132	66 187
10 SU	0509 1201 1642 2249	42 160 121 207	25 M	0551 1353 1644 2243	55 153 149 186
11 M	0615 1318 1809 2354	27 175 125 208	26 TU N	0647 1423 1834 2352	43 166 146 189
12 TU S	0711 1414 1920	14 189 122	27 W	0730 1446 1932	32 177 137
13 W ●	0053 0800 1459 2016	210 4 201 116	28 TH ○	0049 0806 1507 2013	195 23 187 124
14 TH	0145 0844 1539 2103	212 -1 209 109	29 F	0139 0839 1529 2050	202 17 196 109
15 F	0232 0924 1614 2145	213 -1 213 102	30 SA	0223 0912 1553 2126	208 13 205 94
			31 SU	0306 0944 1618 2203	212 13 213 80

2 月

日期	潮时 时分	潮高 cm	日期	潮时 时分	潮高 cm
1 M	0349 1016 1647 2243	212 18 220 68	16 TU	0424 1037 1701 2309	201 39 214 64
2 TU E	0432 1050 1717 2326	208 27 224 59	17 W	0501 1103 1725 2346	192 54 213 61
3 W P	0518 1125 1751	199 40 226	18 TH A	0541 1127 1750	179 70 211
4 TH ☾	0013 0607 1201 1828	54 186 57 224	19 F ☽	0027 0625 1150 1817	61 163 88 207
5 F	0107 0705 1241 1910	53 170 77 219	20 SA	0116 0720 1211 1847	64 146 105 201
6 SA	0209 0820 1327 2000	52 155 99 211	21 SU	0216 0846 1225 1926	68 133 121 193
7 SU	0324 1006 1432 2103	51 148 120 202	22 M	0338 2024	69 185
8 M S	0448 1206 1618 2221	45 157 134 197	23 TU N	0510 2158	64 180
9 TU	0604 1323 1810 2341	34 173 134 196	24 W	0617 1355 1810 2331	53 161 143 183
10 W	0704 1412 1922	23 188 125	25 TH	0703 1409 1909	43 174 127
11 TH ●	0048 0752 1450 2013	200 14 199 113	26 F	0038 0741 1428 1950	192 33 186 108
12 F	0142 0833 1521 2053	205 11 207 101	27 SA ○	0130 0815 1450 2028	202 26 199 88
13 SA	0227 0909 1549 2129	208 12 211 89	28 SU	0216 0848 1515 2105	211 22 211 69
14 SU	0308 0941 1614 2202	209 18 213 79			
15 M E	0347 1010 1638 2235	207 27 214 71			

3 月

日期	潮时 时分	潮高 cm	日期	潮时 时分	潮高 cm
1 M E	0259 0921 1543 2143	217 22 222 53	16 TU	0335 0942 1555 2206	204 49 212 51
2 TU P	0342 0954 1613 2223	218 27 229 41	17 W	0411 1007 1616 2239	199 60 214 45
3 W	0425 1028 1645 2305	213 37 233 34	18 TH A	0447 1031 1639 2313	191 73 214 44
4 TH	0510 1103 1719 2351	203 51 232 33	19 F	0525 1054 1703 2351	179 86 212 47
5 F	0558 1139 1755	190 68 227	20 SA	0606 1116 1729	165 99 208
6 SA ☾	0041 0655 1219 1837	37 173 89 217	21 SU ☽	0034 0655 1137 1759	54 151 112 201
7 SU S	0141 0808 1306 1926	44 158 110 205	22 M N	0126 0806 1200 1838	62 139 123 191
8 M	0256 0958 1417 2034	50 152 129 192	23 TU	0236 1020 1237 1941	69 137 135 180
9 TU	0426 1157 1628 2208	51 160 138 184	24 W	0408 1208 1514 2129	71 147 142 173
10 W	0548 1306 1815 2338	45 175 129 185	25 TH	0527 1240 1737 2313	66 159 129 178
11 TH	0648 1349 1916	37 187 114	26 F	0621 1306 1837	57 173 108
12 F	0045 0735 1421 1958	192 31 196 99	27 SA	0023 0704 1333 1921	189 49 188 85
13 SA ●	0137 0813 1448 2033	199 30 202 85	28 SU ○E	0117 0742 1402 2001	201 43 203 62
14 SU E	0221 0846 1512 2105	204 33 206 71	29 M	0204 0818 1432 2041	211 40 217 42
15 M	0259 0916 1534 2135	206 40 209 60	30 TU P	0249 0854 1504 2121	217 41 227 27
			31 W	0333 0930 1538 2202	218 46 234 17

4 月

日期	潮时 时分	潮高 cm	日期	潮时 时分	潮高 cm
1 TH	0417 1007 1612 2244	214 56 235 14	16 F	0439 1004 1557 2246	188 95 211 31
2 F	0503 1045 1648 2330	206 69 231 17	17 SA	0516 1028 1623 2322	179 104 209 36
3 SA	0553 1124 1727	193 85 223	18 SU N	0556 1055 1652	169 112 204
4 SU ☾S	0019 0650 1209 1810	26 179 102 209	19 M	0001 0641 1126 1727	45 160 119 196
5 M	0116 0802 1304 1903	38 167 118 194	20 TU ☽	0047 0737 1210 1814	55 153 125 185
6 TU	0227 0939 1431 2018	51 162 130 179	21 W	0144 0852 1323 1926	66 151 129 174
7 W	0354 1116 1637 2200	58 167 129 172	22 TH	0258 1010 1521 2110	73 156 125 167
8 TH	0516 1220 1801 2331	58 177 115 175	23 F	0418 1108 1659 2250	75 167 108 171
9 F	0618 1302 1853	56 185 98	24 SA	0523 1153 1801	73 180 85
10 SA	0037 0705 1335 1933	183 56 192 81	25 SU E	0003 0616 1233 1850	182 69 195 61
11 SU E	0128 0744 1401 2006	191 58 197 66	26 M	0101 0702 1311 1934	194 66 209 38
12 M ●	0211 0817 1425 2038	196 62 201 52	27 TU ○P	0152 0745 1349 2017	204 64 221 20
13 TU	0250 0846 1447 2109	199 69 205 41	28 W	0240 0827 1426 2100	212 66 230 7
14 W A	0327 0913 1510 2140	198 77 209 33	29 TH	0326 0908 1504 2143	214 71 233 0
15 TH	0403 0939 1533 2212	194 86 211 30	30 F	0413 0950 1543 2226	213 78 232 1

时　区：-0900　　　　潮高基准面：在平均海面下 130 cm

东部群岛—班达港

EASTERN ARCHIPELAGO－BANDA HARBOUR

2021 年潮汐表　　4° 32′ S　　129° 53′ E

5 月

日期	潮时 时分	潮高 cm	日期	潮时 时分	潮高 cm
1 SA S	0500 1032 1623 2312	207 88 225 7	16 SU	0512 1016 1554 2259	182 118 204 29
2 SU	0551 1118 1705 2359	199 99 214 19	17 M	0548 1050 1630 2336	178 119 198 37
3 M ☾	0646 1209 1752	189 110 200	18 TU	0626 1132 1713	174 119 190
4 TU	0053 0749 1312 1849	34 181 118 184	19 W ☽	0017 0709 1226 1807	48 172 117 180
5 W	0154 0901 1438 2005	51 176 121 170	20 TH	0105 0758 1337 1918	59 173 113 169
6 TH	0307 1013 1615 2142	64 176 114 163	21 F	0202 0853 1503 2049	71 177 103 163
7 F	0423 1112 1727 2311	74 179 99 165	22 SA E	0309 0950 1622 2223	80 184 86 164
8 SA E	0528 1157 1819	79 184 82	23 SU	0418 1045 1726 2342	86 193 64 172
9 SU	0022 0621 1234 1901	172 84 189 65	24 M	0523 1135 1821	89 204 42
10 M	0117 0705 1305 1937	180 89 193 50	25 TU	0047 0620 1223 1910	183 90 214 22
11 TU ●A	0204 0743 1333 2012	186 94 198 37	26 W ○P	0144 0713 1309 1957	195 91 222 6
12 W	0246 0816 1400 2045	190 100 202 28	27 TH	0235 0803 1353 2042	204 92 227 -4
13 TH	0325 0847 1426 2118	191 106 205 22	28 F S	0324 0852 1437 2127	210 94 228 -8
14 F	0401 0916 1454 2151	190 111 206 20	29 SA	0411 0939 1520 2211	212 97 225 -6
15 SA N	0437 0945 1523 2224	186 115 206 23	30 SU	0457 1026 1604 2256	211 100 217 3
			31 M	0544 1115 1650 2340	207 104 206 16

6 月

日期	潮时 时分	潮高 cm	日期	潮时 时分	潮高 cm
1 TU	0632 1208 1739	201 107 193	16 W	0602 1135 1709 2351	191 107 189 42
2 W ☾	0027 0721 1307 1835	33 195 108 178	17 TH	0636 1226 1802	193 100 179
3 TH	0116 0811 1416 1943	51 190 106 165	18 F ☽	0031 0715 1326 1906	54 195 91 168
4 F E	0210 0902 1530 2107	70 186 98 156	19 SA E	0117 0759 1435 2025	68 198 81 159
5 SA	0311 0953 1640 2239	86 185 85 154	20 SU	0212 0850 1546 2154	83 202 67 156
6 SU	0416 1040 1738	100 186 70	21 M	0316 0946 1654 2324	96 206 50 161
7 M	0003 0520 1124 1827	159 111 188 54	22 TU	0429 1044 1756	106 210 32
8 TU A	0111 0617 1204 1911	167 118 191 40	23 W P	0040 0542 1142 1852	173 112 215 15
9 W	0204 0707 1241 1950	175 123 195 29	24 TH ○	0143 0650 1237 1943	186 113 219 2
10 TH ●	0249 0750 1317 2026	182 126 198 21	25 F S	0236 0750 1329 2030	198 111 221 -6
11 F	0327 0829 1352 2101	186 127 200 17	26 SA	0323 0844 1419 2115	207 108 221 -8
12 SA N	0402 0904 1427 2134	188 126 202 16	27 SU	0407 0933 1507 2158	212 104 218 -5
13 SU	0433 0938 1503 2207	189 124 202 18	28 M	0448 1020 1553 2239	214 101 212 4
14 M	0502 1013 1541 2240	189 119 200 24	29 TU	0527 1106 1638 2318	213 98 203 18
15 TU	0531 1051 1623 2314	190 113 196 31	30 W	0604 1152 1725 2356	210 95 191 35

7 月

日期	潮时 时分	潮高 cm	日期	潮时 时分	潮高 cm
1 TH ☾E	0640 1241 1815	205 92 178	16 F E	0600 1209 1754	211 76 182
2 F	0034 0717 1335 1913	54 201 88 164	17 SA ☽	0001 0635 1302 1851	53 213 69 169
3 SA	0113 0754 1437 2024	74 197 83 151	18 SU	0040 0715 1404 2001	69 214 62 157
4 SU	0155 0835 1545 2158	95 193 75 144	19 M	0126 0802 1513 2131	87 213 54 150
5 M A	0245 0920 1654 2348	114 191 64 147	20 TU	0225 0858 1627 2315	106 211 44 154
6 TU	0353 1011 1756	130 189 51	21 W P	0344 1004 1738	121 208 31
7 W	0118 0519 1105 1848	157 140 189 39	22 TH S	0043 0519 1114 1840	166 128 208 18
8 TH	0214 0637 1158 1932	168 143 191 29	23 F	0146 0643 1220 1934	182 126 210 7
9 F N	0253 0734 1247 2011	178 140 194 22	24 SA ○	0234 0748 1319 2021	196 118 212 0
10 SA ●	0323 0818 1332 2046	185 135 197 17	25 SU	0316 0840 1411 2103	207 109 214 -1
11 SU	0349 0855 1414 2118	190 127 200 16	26 M	0352 0925 1459 2142	213 99 213 3
12 M	0413 0929 1455 2149	194 117 202 18	27 TU	0426 1006 1543 2218	216 91 210 13
13 TU	0437 1004 1537 2220	198 106 201 22	28 W	0456 1045 1625 2251	216 84 203 26
14 W	0502 1042 1619 2252	203 95 198 29	29 TH E	0525 1124 1707 2322	214 78 193 42
15 TH	0529 1123 1704 2325	207 85 192 40	30 F	0553 1205 1751 2352	212 74 180 61
			31 SA ☾	0622 1251 1841	208 71 165

8 月

日期	潮时 时分	潮高 cm	日期	潮时 时分	潮高 cm
1 SU	0020 0652 1344 1943	80 205 70 149	16 M	0010 0636 1333 1944	77 221 48 158
2 M A	0048 0726 1448 2113	100 200 68 138	17 TU P	0053 0723 1443 2117	96 215 48 149
3 TU	0117 0806 1606	120 194 64	18 W S	0150 0821 1604 2317	116 206 45 153
4 W	0901 1725	188 56	19 TH	0323 0938 1725	132 198 37
5 TH N	0148 0401 1013 1827	153 151 184 45	20 F	0045 0524 1104 1831	168 134 196 26
6 F	0217 0620 1129 1914	165 150 185 35	21 SA	0140 0649 1218 1924	184 125 200 18
7 SA	0238 0722 1232 1952	175 140 189 28	22 SU ○	0220 0745 1318 2008	197 111 205 13
8 SU ●	0258 0803 1323 2026	184 127 196 23	23 M	0255 0830 1408 2046	206 97 209 14
9 M	0318 0837 1408 2056	192 113 201 21	24 TU	0325 0908 1451 2121	211 84 210 20
10 TU	0338 0911 1450 2126	199 97 206 22	25 W E	0352 0943 1532 2152	214 73 208 29
11 W	0400 0945 1531 2156	207 82 207 26	26 TH	0416 1017 1610 2220	215 64 203 42
12 TH E	0425 1022 1612 2227	214 69 204 34	27 F	0440 1051 1648 2246	215 58 193 57
13 F	0452 1102 1656 2259	220 58 197 45	28 SA	0504 1128 1729 2312	214 55 181 74
14 SA	0523 1146 1742 2333	224 52 186 59	29 SU	0529 1208 1813 2335	212 55 166 91
15 SU ☽	0557 1236 1836	224 49 172	30 M ☾A	0556 1255 1908 2357	208 58 150 108
			31 TU	0626 1353 2032	201 63 137

时　区：－0900　　　　潮高基准面：在平均海面下 130　cm

东部群岛—班达港

EASTERN ARCHIPELAGO－BANDA HARBOUR

2021 年潮汐表　　4° 32′ S　　129° 53′ E

9 月

日期	潮时 时分	潮高 cm	日期	潮时 时分	潮高 cm
1 W	0013 0702 1511	124 193 67	16 TH	0143 0757 1542 2307	125 194 50 160
2 TH N	0758 1646	183 64	17 F	0340 0929 1708	135 184 47
3 F	0933 1758	176 57	18 SA	0024 0538 1106 1815	173 127 184 40
4 SA	0141 0605 1113 1847	162 144 178 48	19 SU	0113 0646 1219 1906	186 111 191 36
5 SU	0154 0659 1222 1924	173 128 186 41	20 M ○	0149 0732 1316 1948	196 94 198 34
6 M	0211 0737 1314 1957	183 109 195 36	21 TU E	0220 0810 1402 2023	203 78 204 38
7 TU ●	0231 0811 1359 2028	194 89 204 33	22 W	0246 0844 1443 2055	207 65 206 45
8 W E	0253 0845 1441 2059	205 70 210 34	23 TH	0309 0916 1521 2123	210 53 205 54
9 TH	0318 0921 1522 2130	216 53 212 38	24 F	0331 0947 1557 2149	213 44 200 66
10 F	0345 0958 1603 2202	224 40 209 46	25 SA	0353 1020 1634 2214	214 39 192 79
11 SA P	0415 1038 1646 2235	229 32 202 57	26 SU A	0416 1054 1713 2237	214 30 181 92
12 SU	0448 1122 1733 2311	231 29 190 72	27 M	0441 1132 1755 2301	212 41 168 104
13 M ☽	0523 1210 1827 2350	228 32 176 89	28 TU	0507 1214 1846 2324	207 49 154 117
14 TU	0603 1306 1935	220 39 163	29 W ☾ N	0537 1305 1957 2350	199 59 143 128
15 W S	0036 0652 1415 2111	108 208 46 155	30 TH	0615 1412 2205	188 68 141

10 月

日期	潮时 时分	潮高 cm	日期	潮时 时分	潮高 cm
1 F	0031 0715 1542 2349	138 176 73 149	16 SA	0359 0926 1636 2338	126 171 60 178
2 SA	0317 0907 1705	143 167 71	17 SU	0530 1103 1744	112 173 60
3 SU	0021 0531 1057 1801	160 129 171 65	18 M	0027 0627 1214 1837	187 94 181 61
4 M	0046 0624 1207 1843	172 108 181 60	19 TU E	0103 0709 1310 1919	193 76 189 63
5 TU	0110 0704 1301 1920	185 85 192 55	20 W ○	0133 0745 1355 1955	199 60 195 69
6 W ●E	0137 0741 1347 1954	199 63 202 53	21 TH	0159 0818 1436 2026	203 46 198 76
7 TH	0205 0818 1430 2029	212 42 209 54	22 F	0223 0850 1514 2055	206 35 198 84
8 F P	0235 0856 1512 2103	223 26 212 57	23 SA	0246 0922 1551 2122	209 27 195 93
9 SA	0307 0936 1555 2139	230 15 211 65	24 SU A	0310 0954 1628 2148	211 24 189 102
10 SU	0341 1017 1640 2217	234 10 205 75	25 M	0335 1028 1706 2214	211 25 181 110
11 M	0417 1101 1729 2257	232 12 196 88	26 TU N	0402 1104 1746 2242	208 31 172 117
12 TU S	0456 1149 1823 2343	224 20 184 102	27 W	0431 1143 1831 2315	202 41 164 123
13 W ☽	0540 1244 1930	212 32 173	28 TH ☾	0506 1226 1925 2359	193 53 157 128
14 TH	0039 0633 1349 2056	116 196 45 168	29 F	0550 1319 2033	182 65 155
15 F	0200 0745 1511 2229	127 181 56 170	30 SA	0111 0658 1427 2145	131 169 76 158
			31 SU	0306 0843 1545 2241	126 160 82 166

11 月

日期	潮时 时分	潮高 cm	日期	潮时 时分	潮高 cm
1 M	0443 1029 1654 2325	109 163 83 178	16 TU	0555 1201 1752	79 168 90
2 TU E	0543 1145 1748	87 172 81	17 W	0004 0640 1302 1841	190 61 177 96
3 W	0004 0630 1244 1835	191 63 184 79	18 TH	0039 0719 1353 1923	194 46 184 102
4 TH ●	0041 0712 1334 1918	205 40 195 78	19 F ○	0109 0755 1436 2000	198 33 189 107
5 F P	0118 0754 1421 1959	217 20 204 78	20 SA	0138 0830 1516 2033	202 23 191 113
6 SA	0156 0835 1506 2041	227 6 210 80	21 SU A	0207 0903 1553 2104	205 17 191 117
7 SU	0234 0917 1552 2123	232 -3 211 85	22 M N	0236 0937 1629 2135	206 16 189 120
8 M S	0314 1001 1638 2207	232 -5 209 91	23 TU	0306 1010 1703 2207	206 18 186 122
9 TU	0355 1045 1727 2254	228 1 203 99	24 W	0338 1044 1738 2241	203 25 181 122
10 W	0438 1133 1820 2346	218 12 196 107	25 TH	0414 1119 1813 2321	197 34 178 121
11 TH ☽	0526 1223 1918	204 27 189	26 F	0454 1156 1850	189 46 176
12 F	0047 0623 1321 2023	114 187 44 183	27 SA ☾	0010 0544 1238 1933	118 178 59 175
13 SA	0207 0735 1428 2131	116 172 61 181	28 SU	0115 0648 1327 2021	114 166 72 178
14 SU	0340 0908 1542 2233	110 162 74 183	29 M	0234 0813 1426 2113	105 157 84 183
15 M E	0457 1044 1653 2323	96 162 83 186	30 TU E	0354 0950 1534 2207	89 155 94 191

12 月

日期	潮时 时分	潮高 cm	日期	潮时 时分	潮高 cm
1 W	0501 1117 1643 2259	69 161 100 200	16 TH	0609 1302 1754 2339	54 163 125 191
2 TH	0557 1228 1746 2349	47 172 102 210	17 F	0656 1400 1853	40 173 130
3 F	0647 1326 1843	26 185 102	18 SA A	0022 0738 1446 1942	193 28 182 132
4 SA ●P	0038 0734 1417 1936	219 8 197 101	19 SU ○	0101 0816 1524 2023	196 19 188 132
5 SU	0124 0820 1505 2027	226 -5 206 100	20 M N	0139 0852 1557 2059	199 14 191 130
6 M S	0211 0905 1551 2116	229 -11 212 99	21 TU	0216 0925 1626 2133	201 13 192 126
7 TU	0256 0949 1636 2205	228 -11 214 99	22 W	0253 0957 1653 2206	201 16 193 120
8 W	0342 1033 1721 2254	222 -5 213 100	23 TH	0331 1028 1719 2241	200 21 193 113
9 TH	0429 1117 1806 2345	213 7 209 101	24 F	0410 1059 1745 2319	196 30 194 106
10 F	0519 1202 1852	200 24 203	25 SA	0452 1131 1814	189 40 195
11 SA ☽	0041 0612 1248 1939	101 184 44 198	26 SU	0004 0539 1204 1846	98 180 53 197
12 SU E	0144 0715 1337 2027	100 169 64 193	27 M ☾E	0056 0634 1242 1924	91 168 67 200
13 M	0256 0833 1433 2117	94 157 85 189	28 TU	0158 0743 1326 2008	82 157 83 202
14 TU	0408 1007 1536 2206	83 151 102 188	29 W	0308 0910 1422 2102	71 149 99 204
15 W	0514 1143 1646 2254	69 154 116 189	30 TH	0420 1049 1535 2202	57 150 113 207
			31 F	0528 1218 1658 2306	40 161 121 211

时　区：－0900　　　　潮高基准面：在平均海面下 130　cm

巴布亚新几内亚—莫尔兹比港

PAPUA NEW GUINEA－PORT MORESBY

2021 年潮汐表　　9° 29′ S　　147° 08′ E

1 月

日期	潮时时分	潮高 cm	日期	潮时时分	潮高 cm
1 F	0332 1050 1714 2136	50 230 123 158	16 SA	0436 1145 1829 2312	56 231 113 154
2 SA	0410 1138 1815 2227	59 226 125 150	17 SU	0511 1230 1939	77 213 120
3 SU	0455 1233 1933 2348	72 221 123 141	18 M	0008 0547 1325 2119	142 101 196 119
4 M	0552 1334 2059	88 216 114	19 TU E	0210 0637 1443 2241	136 123 183 110
5 TU	0146 0711 1440 2203	139 105 212 100	20 W ☽	0513 0922 1610 2325	148 140 176 99
6 W ☾ E	0354 0900 1544 2249	151 116 209 83	21 TH A	0615 1133 1711 2357	167 138 173 89
7 TH	0513 1039 1642 2329	174 116 207 66	22 F	0648 1234 1752	184 130 172
8 F	0608 1152 1734	199 110 204	23 SA	0023 0713 1314 1824	80 199 123 171
9 SA P	0008 0654 1252 1821	48 223 102 202	24 SU	0045 0737 1344 1849	71 212 117 171
10 SU	0046 0737 1345 1906	33 245 93 200	25 M	0107 0759 1409 1912	62 223 113 173
11 M	0126 0819 1434 1950	22 260 88 196	26 TU N	0129 0822 1433 1936	53 233 109 177
12 TU S	0205 0900 1521 2031	16 269 86 192	27 W	0154 0848 1459 2003	45 241 105 181
13 W ●	0244 0941 1605 2111	16 269 88 185	28 TH ○	0222 0916 1528 2034	38 248 103 185
14 TH	0323 1022 1650 2150	23 261 95 176	29 F	0254 0949 1603 2110	35 252 102 186
15 F	0400 1103 1737 2229	37 248 104 165	30 SA	0330 1025 1642 2150	38 251 103 184
			31 SU	0408 1104 1727 2237	47 245 104 177

2 月

日期	潮时时分	潮高 cm	日期	潮时时分	潮高 cm
1 M	0450 1147 1819 2336	63 234 106 168	16 TU	0458 1136 1834 2358	104 191 122 152
2 TU E	0539 1237 1923	85 219 106	17 W	0519 1153 2001	127 173 126
3 W P	0102 0645 1339 2044	161 110 202 102	18 TH A	1138 2223	157 120
4 TH ☾	0321 0848 1502 2206	165 129 187 91	19 F ☽	0619 1311 1651 2320	168 142 148 109
5 F	0511 1105 1631 2310	187 128 180 75	20 SA	0634 1313 1750 2354	186 130 152 97
6 SA	0613 1224 1740 2359	212 114 180 59	21 SU	0654 1326 1822	201 120 157
7 SU	0659 1317 1832	236 99 184	22 M	0021 0714 1340 1845	85 215 111 164
8 M S	0043 0739 1359 1916	43 254 87 190	23 TU N	0045 0734 1355 1907	72 228 104 173
9 TU	0123 0815 1435 1954	32 265 80 195	24 W	0110 0757 1413 1930	59 240 97 184
10 W	0200 0849 1509 2029	25 269 78 198	25 TH	0138 0821 1435 1958	46 252 90 196
11 TH ●	0236 0922 1542 2101	24 267 81 198	26 F	0208 0849 1502 2029	36 261 84 206
12 F	0309 0953 1613 2132	30 258 87 194	27 SA ○	0241 0920 1533 2105	31 266 79 212
13 SA	0340 1023 1644 2202	42 244 96 187	28 SU	0317 0953 1608 2145	33 264 77 212
14 SU	0408 1050 1716 2232	60 227 106 177			
15 M E	0434 1115 1750 2307	81 209 115 165			

3 月

日期	潮时时分	潮高 cm	日期	潮时时分	潮高 cm
1 M E	0357 1028 1647 2230	45 254 78 207	16 TU	0406 1011 1638 2238	94 202 98 184
2 TU P	0440 1106 1730 2326	66 235 83 196	17 W	0430 1019 1656 2317	114 186 105 173
3 W	0530 1148 1822	93 210 90	18 TH A	0453 1014 1712	134 171 112
4 TH	0046 0645 1245 1934	185 122 183 97	19 F	0037 0521 0916 1726	162 153 160 120
5 F	0308 0935 1439 2122	185 137 161 96	20 SA	0524 1515 1814 2144	171 126 128 125
6 SA ☾	0504 1152 1646 2254	205 120 158 84	21 SU ☽	0553 1334 1805 2308	187 121 137 113
7 SU S	0607 1246 1757 2354	228 100 167 69	22 M N	0616 1318 1818 2345	202 113 147 99
8 M	0651 1322 1844	246 85 179	23 TU	0637 1319 1833	216 104 159
9 TU	0038 0727 1353 1920	54 257 75 190	24 W	0014 0659 1328 1851	83 231 95 174
10 W	0116 0758 1420 1951	44 262 71 200	25 TH	0043 0722 1343 1915	68 245 85 191
11 TH	0150 0827 1446 2019	39 262 71 207	26 F	0113 0747 1404 1944	53 258 73 208
12 F	0221 0854 1511 2047	40 256 73 209	27 SA	0146 0815 1431 2017	42 267 62 223
13 SA ●	0250 0918 1535 2113	47 246 78 208	28 SU ○E	0223 0846 1502 2055	38 270 54 233
14 SU E	0317 0939 1557 2140	59 233 85 203	29 M	0302 0919 1536 2137	42 263 50 236
15 M	0342 0957 1618 2208	75 218 91 194	30 TU P	0345 0954 1614 2225	56 247 52 231
			31 W	0434 1031 1655 2324	79 222 60 220

4 月

日期	潮时时分	潮高 cm	日期	潮时时分	潮高 cm
1 TH	0536 1112 1742	106 191 73	16 F	0457 0920 1618	141 164 94
2 F	0048 0718 1213 1848	208 129 160 89	17 SA	0008 0612 0824 1628	181 154 156 103
3 SA	0256 1038 1449 2042	207 125 141 98	18 SU N	0241 1606	178 113
4 SU ☾ S	0440 1156 1657 2232	221 103 148 91	19 M	0434 1319 1800 2132	188 116 126 121
5 M	0543 1235 1759 2338	236 86 164 78	20 TU ☽	0518 1246 1751 2251	202 109 140 108
6 TU	0628 1305 1839	246 75 179	21 W	0548 1243 1805 2333	216 100 156 93
7 W	0024 0703 1331 1911	67 251 69 192	22 TH	0614 1251 1826	230 88 175
8 TH	0101 0733 1356 1940	61 250 66 203	23 F	0009 0640 1308 1854	78 243 74 196
9 F	0133 0758 1418 2007	60 246 66 210	24 SA	0045 0709 1331 1927	65 254 58 216
10 SA	0203 0821 1439 2033	63 238 67 213	25 SU E	0124 0739 1400 2004	57 260 44 235
11 SU E	0231 0840 1459 2059	71 228 70 214	26 M	0206 0813 1432 2046	55 258 33 247
12 M ●	0258 0857 1518 2126	82 216 73 211	27 TU ○P	0251 0848 1508 2132	60 246 29 252
13 TU	0324 0911 1534 2154	96 203 77 206	28 W	0342 0926 1547 2224	74 226 32 249
14 W A	0351 0921 1550 2225	110 190 82 199	29 TH	0441 1007 1630 2327	92 200 44 239
15 TH	0420 0926 1604 2304	126 176 87 190	30 F	0556 1056 1719	112 170 61

时　区：－1000　　　　潮高基准面：在平均海面下 142　cm

巴布亚新几内亚—莫尔兹比港

PAPUA NEW GUINEA－PORT MORESBY

2021 年潮汐表　　9° 29′ S　　147° 08′ E

5 月

日期	潮时 时分	潮高 cm	日期	潮时 时分	潮高 cm
1 SA S	0050 0751 1217 1824	229 122 144 80	16 SU	1627	92
2 SU	0231 1020 1443 2006	224 111 134 94	17 M	0123 1709	192 104
3 M ☾	0402 1125 1636 2156	228 94 145 95	18 TU	0256 1224 1458 1925	195 118 121 114
4 TU	0507 1205 1739 2309	233 81 161 89	19 W ☽	0403 1150 1646 2137	203 110 135 111
5 W	0555 1236 1822 2359	236 74 177 84	20 TH	0448 1154 1724 2244	213 98 153 102
6 TH	0632 1303 1857	234 69 189	21 F	0524 1209 1759 2334	224 83 175 91
7 F	0040 0702 1328 1928	82 230 66 199	22 SA E	0557 1231 1835	233 66 198
8 SA E	0115 0727 1350 1957	84 223 65 207	23 SU	0021 0631 1259 1914	82 239 48 221
9 SU	0148 0748 1410 2024	89 215 64 212	24 M	0108 0707 1331 1957	76 239 32 241
10 M	0218 0806 1429 2052	96 205 64 215	25 TU	0158 0745 1408 2042	75 233 21 255
11 TU ●A	0249 0821 1446 2120	104 195 64 215	26 W ○P	0251 0820 1447 2131	78 220 17 262
12 W	0319 0834 1502 2149	112 184 66 213	27 TH	0349 0910 1530 2226	85 202 22 261
13 TH	0352 0845 1520 2221	121 174 69 209	28 F S	0453 0958 1616 2327	95 180 34 253
14 F	0429 0855 1539 2302	131 164 75 203	29 SA	0607 1057 1707	104 159 51
15 SA N	0519 0859 1601 2359	139 155 82 196	30 SU	0036 0738 1217 1808	242 108 143 71
			31 M	0153 0921 1401 1926	231 104 136 88

6 月

日期	潮时 时分	潮高 cm	日期	潮时 时分	潮高 cm
1 TU	0312 1036 1549 2102	225 95 142 99	16 W	0144 0948 1315 1848	204 123 129 103
2 W ☾	0420 1125 1707 2229	220 86 156 102	17 TH	0247 1026 1522 2028	205 110 137 110
3 TH	0514 1202 1802 2332	216 79 170 103	18 F ☽	0343 1056 1644 2200	208 96 155 110
4 F E	0556 1233 1844	211 74 183	19 SA E	0432 1125 1738 2311	211 79 176 106
5 SA	0022 0629 1300 1920	104 205 69 195	20 SU	0517 1157 1825	213 61 200
6 SU	0105 0657 1323 1952	106 198 65 204	21 M	0012 0601 1232 1911	99 213 43 224
7 M	0143 0719 1344 2021	108 190 62 211	22 TU	0109 0646 1311 1956	93 210 28 245
8 TU A	0218 0739 1404 2048	111 182 60 216	23 W P	0205 0731 1352 2043	87 204 17 261
9 W	0252 0757 1423 2116	114 175 59 219	24 TH ○	0301 0818 1435 2131	84 196 13 268
10 TH ●	0325 0814 1442 2145	117 168 59 219	25 F S	0356 0906 1519 2221	84 186 16 267
11 F	0400 0833 1505 2218	121 162 60 218	26 SA	0453 0956 1605 2312	87 174 27 259
12 SA N	0438 0854 1531 2257	125 156 64 214	27 SU	0551 1049 1652	93 162 43
13 SU	0525 0918 1603 2344	130 150 71 210	28 M	0007 0655 1149 1742	245 99 151 64
14 M	0630 0947 1641	133 142 81	29 TU	0105 0810 1303 1839	229 103 143 85
15 TU	0041 0807 1044 1732	206 131 134 92	30 W	0210 0931 1444 1954	213 102 141 105

7 月

日期	潮时 时分	潮高 cm	日期	潮时 时分	潮高 cm
1 TH ☾E	0320 1037 1633 2138	200 96 150 119	16 F E	0142 0852 1429 1946	204 105 146 114
2 F	0425 1125 1748 2312	191 88 164 122	17 SA ☽	0243 0954 1622 2143	196 92 161 122
3 SA	0519 1202 1839	184 81 180	18 SU	0349 1046 1735 2319	189 77 184 118
4 SU	0019 0600 1232 1916	121 178 74 193	19 M	0454 1132 1828	185 60 208
5 M A	0110 0634 1258 1947	118 173 68 204	20 TU	0030 0551 1217 1914	108 184 43 232
6 TU	0151 0701 1322 2014	115 168 62 213	21 W P	0128 0643 1300 1958	95 184 29 252
7 W	0226 0725 1343 2040	113 165 58 219	22 TH S	0218 0732 1344 2040	84 185 18 265
8 TH	0255 0747 1406 2105	112 162 54 224	23 F	0304 0817 1426 2122	77 186 13 270
9 F N	0323 0809 1430 2133	111 161 51 227	24 SA ○	0348 0901 1508 2203	75 185 15 267
10 SA ●	0352 0834 1457 2203	112 161 50 228	25 SU	0431 0943 1549 2244	77 181 25 256
11 SU	0424 0904 1527 2238	113 160 52 226	26 M	0515 1025 1629 2325	84 173 42 239
12 M	0502 0939 1602 2316	115 158 58 223	27 TU	0601 1110 1708	93 163 64
13 TU	0546 1022 1641 2359	116 153 68 218	28 W	0007 0654 1203 1748	219 102 152 89
14 W	0639 1119 1725	116 148 81	29 TH E	0051 0802 1325 1837	198 107 143 114
15 TH	0048 0742 1239 1822	211 113 144 98	30 F	0148 0930 1604 2036	179 106 146 134
			31 SA ☾	0318 1043 1748 2331	164 99 163 134

8 月

日期	潮时 时分	潮高 cm	日期	潮时 时分	潮高 cm
1 SU	0447 1131 1835	157 90 180	16 M	0333 1020 1740	162 78 199
2 M A	0047 0545 1205 1906	125 154 81 195	17 TU P	0002 0501 1121 1831	114 160 62 222
3 TU	0128 0624 1234 1932	116 154 72 207	18 W S	0058 0604 1212 1913	97 165 46 243
4 W	0157 0654 1259 1956	109 155 65 216	19 TH	0140 0653 1256 1950	82 174 32 257
5 TH N	0220 0718 1324 2019	105 157 57 224	20 F	0216 0734 1337 2026	72 183 21 265
6 F	0240 0739 1348 2042	102 161 50 230	21 SA	0250 0812 1415 2101	66 190 18 265
7 SA	0301 0802 1414 2108	99 166 44 235	22 SU ○	0323 0847 1451 2134	66 193 21 258
8 SU ●	0325 0829 1443 2135	98 171 41 238	23 M	0356 0922 1526 2205	70 192 33 244
9 M	0352 0859 1514 2206	96 175 41 238	24 TU	0429 0956 1559 2234	77 186 51 226
10 TU	0424 0935 1549 2239	96 176 48 234	25 W E	0502 1031 1630 2300	87 176 74 205
11 W	0501 1017 1627 2316	95 173 60 225	26 TH	0537 1111 1700 2321	96 163 99 183
12 TH E	0544 1108 1710 2356	95 167 79 211	27 F	0616 1212 1731 2332	105 151 124 163
13 F	0634 1217 1805	95 161 102	28 SA	0719 1535 1906 2204	111 149 146 147
14 SA	0045 0738 1409 1939	193 94 159 124	29 SU	0930 1745	111 167
15 SU ☽	0153 0900 1623 2223	175 89 174 129	30 M ☾A	0129 0447 1053 1817	128 133 102 183
			31 TU	0119 0552 1137 1841	116 137 91 197

时　区：－1000　　　　潮高基准面：在平均海面下 142　cm

巴布亚新几内亚—莫尔兹比港

PAPUA NEW GUINEA－PORT MORESBY

2021年潮汐表　　9° 29′ S　　147° 08′ E

9 月

日期	潮时 时分	潮高 cm	日期	潮时 时分	潮高 cm
1 W	0129 0624 1208 1904	106 143 80 209	16 TH	0059 0616 1207 1858	77 163 50 249
2 TH N	0141 0646 1235 1925	99 149 70 219	17 F	0129 0655 1248 1932	66 177 38 256
3 F	0155 0705 1259 1946	94 157 59 228	18 SA	0157 0728 1324 2002	59 189 32 257
4 SA	0209 0724 1324 2008	90 167 49 236	19 SU	0224 0800 1358 2031	57 198 32 252
5 SU	0226 0746 1351 2032	85 178 41 243	20 M ○	0250 0830 1430 2057	58 202 39 241
6 M	0247 0813 1421 2058	80 188 37 247	21 TU E	0316 0900 1501 2120	63 202 52 226
7 TU ●	0313 0845 1454 2127	75 195 38 246	22 W	0341 0930 1530 2139	69 197 71 208
8 W E	0344 0922 1530 2158	71 199 47 238	23 TH	0404 1001 1558 2152	77 188 92 189
9 TH	0418 1005 1611 2232	70 197 64 222	24 F	0424 1036 1625 2156	85 177 113 171
10 F	0457 1056 1659 2309	72 190 88 200	25 SA	0441 1123 1655 2136	93 165 134 156
11 SA P	0543 1209 1808 2355	77 180 115 174	26 SU A	0453 1350	102 157
12 SU	0643 1416 2043	84 178 132	27 M	0443 1702	110 170
13 M ☽	0128 0819 1624 2330	149 88 195 115	28 TU	0158 0626 0946 1737	111 119 115 185
14 TU	0401 1006 1733	141 80 217	29 W ☾ N	0113 0610 1059 1802	104 128 104 198
15 W S	0024 0525 1116 1820	94 150 65 236	30 TH	0107 0618 1135 1824	97 138 91 210

10 月

日期	潮时 时分	潮高 cm	日期	潮时 时分	潮高 cm
1 F	0111 0630 1203 1846	91 149 79 221	16 SA	0106 0646 1233 1905	56 184 53 247
2 SA	0119 0645 1229 1906	85 161 67 231	17 SU	0131 0718 1309 1933	53 196 52 242
3 SU	0131 0703 1255 1928	78 176 56 240	18 M	0155 0747 1341 1957	52 204 57 232
4 M	0147 0726 1324 1952	69 191 47 247	19 TU E	0217 0816 1412 2018	53 209 66 220
5 TU	0209 0756 1357 2018	60 205 43 249	20 W ○	0238 0845 1442 2035	56 209 79 206
6 W ●E	0235 0830 1434 2048	51 217 47 244	21 TH	0258 0914 1511 2048	60 206 95 190
7 TH	0306 0910 1516 2120	45 222 59 230	22 F	0314 0944 1541 2054	65 200 111 175
8 F P	0341 0956 1604 2154	44 221 78 209	23 SA	0328 1017 1614 2052	72 191 127 162
9 SA	0419 1052 1705 2231	50 213 102 181	24 SU A	0339 1101 1701 2029	79 182 141 151
10 SU	0505 1213 1845 2322	61 203 123 151	25 M	0345 1226	87 173
11 M	0606 1417 2215	76 201 118	26 TU N	0333 1521	96 175
12 TU S	0200 0751 1604 2331	128 87 215 95	27 W	0202 1634	102 187
13 W ☽	0422 0950 1710	135 83 231	28 TH ☾	0051 0617 0948 1710	100 123 115 198
14 TH	0008 0529 1104 1756	76 152 71 242	29 F	0035 0559 1047 1737	94 135 104 210
15 F	0038 0612 1153 1834	64 169 59 247	30 SA	0035 0605 1123 1759	88 148 92 220
			31 SU	0041 0620 1153 1821	79 164 80 230

11 月

日期	潮时 时分	潮高 cm	日期	潮时 时分	潮高 cm
1 M	0052 0641 1225 1845	69 183 70 238	16 TU	0128 0741 1330 1925	51 207 86 210
2 TU E	0110 0708 1259 1912	55 202 63 243	17 W	0149 0811 1404 1944	50 212 94 199
3 W	0133 0741 1338 1941	41 221 61 242	18 TH	0209 0840 1436 1959	51 214 103 186
4 TH ●	0202 0820 1422 2014	29 235 65 232	19 F ○	0227 0909 1509 2011	53 214 113 175
5 F P	0236 0904 1511 2049	23 243 76 215	20 SA	0243 0939 1544 2019	56 211 123 164
6 SA	0313 0954 1610 2128	24 243 92 191	21 SU A	0258 1012 1624 2023	61 205 132 155
7 SU	0354 1055 1726 2214	33 236 108 163	22 M N	0314 1053 1724 2012	68 198 141 147
8 M S	0443 1216 1920 2330	49 227 117 136	23 TU	0331 1152	77 191
9 TU	0547 1356 2152	68 224 105	24 W	0346 1323	88 187
10 W	0203 0724 1528 2258	125 84 228 86	25 TH	0348 1459	100 191
11 TH ☽	0404 0917 1635 2338	136 87 234 72	26 F	0031 1559 2356	107 199 101
12 F	0511 1037 1725	155 82 237	27 SA ☾	0516 0926 1637 2353	129 114 207 92
13 SA	0010 0558 1133 1804	62 172 77 235	28 SU	0531 1030 1707 2359	146 107 216 80
14 SU	0039 0635 1217 1836	56 187 76 230	29 M	0554 1117 1736	165 98 223
15 M E	0105 0709 1255 1903	53 198 79 221	30 TU E	0015 0623 1159 1805	64 187 90 228

12 月

日期	潮时 时分	潮高 cm	日期	潮时 时分	潮高 cm
1 W	0037 0656 1244 1838	47 211 84 229	16 TH	0130 0812 1410 1925	52 216 111 181
2 TH	0105 0734 1331 1914	30 232 81 225	17 F	0150 0840 1445 1943	51 221 114 173
3 F	0139 0817 1422 1953	17 250 82 215	18 SA A	0210 0908 1517 1959	51 223 118 166
4 SA ●P	0216 0904 1519 2035	10 260 87 199	19 SU ○	0229 0935 1550 2015	52 222 123 161
5 SU	0258 0956 1622 2122	12 262 95 180	20 M N	0250 1006 1625 2032	55 220 128 156
6 M S	0343 1055 1734 2217	22 257 103 159	21 TU	0313 1041 1709 2048	60 215 133 150
7 TU	0434 1203 1902 2333	38 248 107 142	22 W	0339 1124 1810 2101	67 210 137 144
8 W	0533 1318 2045	58 238 103	23 TH	0409 1216	78 204
9 TH	0117 0647 1437 2207	133 79 231 92	24 F	0446 1318	90 201
10 F	0313 0822 1549 2301	138 94 226 81	25 SA	0543 1422 2243	105 201 115
11 SA ☽	0442 0957 1647 2341	153 100 221 72	26 SU	0311 0729 1520 2255	128 117 202 101
12 SU E	0543 1110 1733	170 102 215	27 M ☾E	0446 0928 1609 2315	146 121 205 85
13 M	0014 0630 1205 1809	65 186 103 207	28 TU	0533 1049 1653 2341	168 118 207 67
14 TU	0042 0708 1252 1839	59 199 105 198	29 W	0613 1151 1736	193 110 208
15 W	0107 0742 1333 1904	55 209 108 189	30 TH	0012 0653 1246 1819	47 219 102 208
			31 F	0047 0735 1339 1903	29 243 94 205

时　区：－1000　　　　潮高基准面：在平均海面下 142 cm

巴布亚新几内亚—德雷杰港

PAPUA NEW GUINEA – DREGER HARBOUR

2021 年潮汐表　　6° 39′ S　　147° 53′ E

1 月

日期	潮时 时分	潮高 cm	日期	潮时 时分	潮高 cm
1 F	0022 1545	73 165	16 SA	0029 1623	80 155
2 SA	0045 1626	73 164	17 SU	0030 1641	84 150
3 SU	0110 1705	76 160	18 M	0037 1658	87 145
4 M	0135 1737	81 153	19 TU E	0046 0809 1011 1713	89 117 117 138
5 TU	0157 1757	87 143	20 W ☽	0053 0838 1112 1718	91 123 121 131
6 W ☾ E	0213 1745	93 133	21 TH A	0050 1003	92 127
7 TH	0216 1242	98 129	22 F	0025 1219 2332	92 132 91
8 F	0012 1302 2323	100 136 92	23 SA	1302 2311	137 86
9 SA P	1327 2319	142 83	24 SU	1334 2313	141 80
10 SU	1353 2331	148 75	25 M	1401 2321	145 76
11 M	1419 2348	154 71	26 TU N	1422 2328	149 73
12 TU S	1445	158	27 W	1439 2334	154 71
13 W ●	0007 1512	69 160	28 TH ○	1459 2342	158 71
14 TH	0023 1538	71 160	29 F	1527 2354	161 73
15 F	0030 1602	75 159	30 SA	1600	162
			31 SU	0007 0706 0917 1634	76 112 110 159

2 月

日期	潮时 时分	潮高 cm	日期	潮时 时分	潮高 cm
1 M	0019 0725 1026 1704	81 116 110 153	16 TU	0559 1120 1658 2337	129 111 137 91
2 TU E	0028 0746 1128 1727	87 120 111 144	17 W	0617 1206 1710 2336	133 112 130 92
3 W P	0032 0807 1229 1733	93 125 113 133	18 TH A	0642 1257 1713 2329	137 114 123 92
4 TH ☾	0020 0823 1341 1707 2330	97 129 117 123 96	19 F ☽	0710 2302	138 91
5 F	0828 2250	133 89	20 SA	0740 2229	139 87
6 SA	0825 2244	136 79	21 SU	0813 2225	139 81
7 SU	1235 2253	140 72	22 M	0852 2231	138 76
8 M S	1336 2308	145 68	23 TU N	1342 2239	140 73
9 TU	1416 2323	149 68	24 W	1415 2246	146 72
10 W	1450 2336	153 71	25 TH	1442 2253	150 73
11 TH ●	1519 2341	154 76	26 F	1508 2301	154 76
12 F	1545 2333	154 82	27 SA ○	0529 0824 1536 2309	119 115 156 81
13 SA	1608 2326	152 86	28 SU	0538 0931 1604 2315	122 110 154 86
14 SU	0600 0929 1628 2328	117 112 148 89			
15 M E	0551 1031 1644 2333	123 111 143 90			

3 月

日期	潮时 时分	潮高 cm	日期	潮时 时分	潮高 cm
1 M E	0551 1024 1632 2318	127 106 149 92	16 TU	0442 1103 1636 2229	141 103 133 96
2 TU P	0603 1110 1655 2317	131 104 141 97	17 W	0456 1138 1652 2233	146 102 127 96
3 W	0610 1156 1708 2307	136 104 130 100	18 TH A	0515 1216 1705 2233	149 103 121 96
4 TH	0611 1245 1700 2237	141 106 120 98	19 F	0538 1300 1710 2221	150 105 113 96
5 F	0607 1348 1622 2158	145 109 112 91	20 SA	0603 2144	150 92
6 SA ☾	0609 2150	148 81	21 SU ☽	0629 2126	149 87
7 SU S	0625 2200	149 74	22 M N	0656 2129	146 82
8 M	0652 2215	148 71	23 TU	0725 2137	143 78
9 TU	0727 1102 1323 2231	144 137 139 72	24 W	0803 2145	139 77
10 W	0808 1045 1410 2244	138 135 142 76	25 TH	1357 2153	141 79
11 TH	1444 2248	145 82	26 F	0425 0816 1432 2202	130 126 145 83
12 F	1512 2235	146 89	27 SA	0419 0855 1504 2209	131 118 147 88
13 SA ●	0451 0908 1537 2220	125 116 145 93	28 SU ○ E	0425 0931 1535 2212	134 110 146 95
14 SU E	0436 0951 1559 2219	130 110 142 95	29 M	0433 1008 1604 2211	139 103 142 100
15 M	0435 1028 1619 2223	136 106 138 96	30 TU P	0440 1046 1632 2207	144 98 134 104
			31 W	0443 1126 1650 2158	149 95 124 106

4 月

日期	潮时 时分	潮高 cm	日期	潮时 时分	潮高 cm
1 TH	0444 1208 1652 2133	154 95 114 104	16 F	0420 1218 1717 2130	162 93 110 102
2 F	0444 1257 1628 2045	158 98 105 96	17 SA	0442 1306 1733 2054	162 95 103 100
3 SA	0449 2037	160 87	18 SU N	0506 1457 1727 2004	161 96 97 95
4 SU ☾ S	0502 2054	161 80	19 M	0531 2002	158 90
5 M	0524 2114	158 78	20 TU ☽	0552 2010	153 86
6 TU	0549 2133	153 79	21 W	0555 2021	148 85
7 W	0610 2147	146 84	22 TH	0514 2035	141 87
8 TH	0558 1046 1355 2161	138 126 133 01	23 F	0333 1008 1330 2040	138 129 133 01
9 F	0414 1035 1430 2127	135 122 134 97	24 SA	0319 0910 1420 2058	140 120 135 96
10 SA	0349 1008 1458 2101	137 116 134 101	25 SU E	0323 0928 1503 2100	144 111 134 103
11 SU E	0337 0955 1524 2100	141 109 133 102	26 M	0329 0956 1545 2053	148 102 131 108
12 M ●	0335 1013 1549 2108	147 103 130 102	27 TU ○ P	0334 1028 1632 2045	154 95 125 112
13 TU	0341 1039 1613 2117	152 98 127 102	28 W	0337 1104 1731 2036	159 90 117 112
14 W A	0350 1109 1636 2125	157 95 122 102	29 TH	0340 1144	164 87
15 TH	0402 1141 1658 2131	160 93 116 102	30 F	0344 1228	168 88

时　区：－1000　　　　潮高基准面：在平均海面下 117　cm

巴布亚新几内亚—德雷杰港

PAPUA NEW GUINEA－DREGER HARBOUR

2021 年潮汐表　　6° 39′ S　　147° 53′ E

5月						6月						7月						8月					
日期	潮时 时分	潮高 cm	日期	潮时 时分	潮高 cm	日期	潮时 时分	潮高 cm	日期	潮时 时分	潮高 cm	日期	潮时 时分	潮高 cm	日期	潮时 时分	潮高 cm	日期	潮时 时分	潮高 cm	日期	潮时 时分	潮高 cm
1 SA S	0350 1323 1620 1831	170 90 93 92	16 SU	0402 1314	169 85	1 TU	0405 1430	163 93	16 W	0507 1411	161 85	1 TH ☾ E	0432 1322	147 93	16 F E	0536 1312 2148	145 91 130	1 SU	1140 2034	87 143	16 M	1037 2008	85 147
2 SU	0403 1919	169 87	17 M	0433 1420	167 87	2 W ☾	0427 1452	156 97	17 TH	0538 1444	152 91	2 F	0439 1319	140 94	17 SA ☽	0129 0535 1305 2228	125 133 96 135	2 M A	1110 2111	84 144	17 TU P	1025 2022	75 149
3 M ☾	0423 1956	166 86	18 TU	0504 1557	162 89	3 TH	0438 1516	148 101	18 F ☽	0545 1512	142 97	3 SA	0133 1251	136 95	18 SU	1158 2316	96 141	3 TU	1053 2154	80 145	18 W S	1030 2046	67 149
4 TU	0445 2024	161 88	19 W ☽	0529 1732	156 91	4 F E	0315 1544	142 103	19 SA E	0122 1529	136 103	4 SU	0053 1201	140 93	19 M	1111	89	4 W	1054	75	19 TH	1043	62
5 W	0503 2043	153 93	20 TH	0530 1829	147 93	5 SA	0218 1615	143 104	20 SU	0115 1149	142 106	5 M A	0054 1126	146 90	20 TU	0007 1102	147 80	5 TH N	0105 1101	148 71	20 F	0130 1059	150 62
6 TH	0453 2043	145 100	21 F	0325 1903	140 98	6 SU	0202 1120 1437 1649	147 102 106 105	21 M	0127 1106	148 97	6 TU	0112 1121	151 85	21 W P	0053 1108	153 71	6 F	0142 1107	151 68	21 SA	0216 1113	153 65
7 F	0327 1100 1330 1909	142 118 120 105	22 SA E	0224 1919	142 103	7 M	0159 1115	153 98	22 TU	0142 1102	155 87	7 W	0134 1125	154 80	22 TH S	0133 1123	158 66	7 SA	0208 1112	154 67	22 SU ○	0252 1120	154 71
8 SA E	0301 1049 1414 1902	143 113 120 106	23 SU	0224 0959 1430 1912	146 112 120 109	8 TU A	0206 1114	157 93	23 W P	0158 1118	161 78	8 TH	0150 1129	157 76	23 F	0210 1140	161 64	8 SU ●	0230 1118	157 67	23 M	0321 1116	153 77
9 SU	0248 1040 1449 1917	148 108 120 106	24 M	0232 1004 1539 1854	152 101 119 113	9 W	0214 1111	161 88	24 TH ○	0214 1141	166 73	9 F N	0159 1133	160 73	24 SA ○	0244 1156	163 66	9 M	0258 1127	160 69	24 TU	0344 1107 1818 2152	149 83 124 118
10 M	0246 1025 1522 1934	153 102 119 106	25 TU	0239 1030	158 92	10 TH ●	0219 1118	164 83	25 F S	0232 1207	169 70	10 SA ●	0213 1141	163 71	25 SU	0315 1206	163 70	10 TU	0331 1136 1848 2128	160 73 122 117	25 W E	0403 1104 1800 2248	145 87 130 115
11 TU ●A	0250 1030 1558 1950	158 96 117 106	26 W ○P	0245 1102	164 85	11 F	0226 1137	167 79	26 SA	0252 1230	170 71	11 SU	0240 1156	166 70	26 M	0341 1207	160 76	11 W	0404 1145 1900 2237	158 77 126 115	26 TH	0417 1105 1757 2335	139 88 136 113
12 W	0256 1051 1638 2004	162 91 114 107	27 TH	0252 1138	168 80	12 SA N	0244 1202	170 77	27 SU	0312 1248	169 75	12 M	0318 1213	167 71	27 TU	0401 1206	156 82	12 TH E	0436 1152 1915 2335	152 83 131 113	27 F	0428 1105 1808	132 88 142
13 TH	0303 1118 1724 2017	166 88 111 107	28 F S	0300 1216	172 79	13 SU	0313 1231	171 76	28 M	0332 1259	166 80	13 TU	0358 1231	166 74	28 W	0416 1207 1951 2159	150 86 122 121	13 F	0503 1156 1931	143 88 136	28 SA	0022 0438 1103 1829	113 125 87 147
14 F	0316 1150	168 85	29 SA	0310 1256	173 80	14 M	0349 1303	170 77	29 TU	0353 1307	161 85	14 W	0438 1248	162 79	29 TH E	0429 1209 1933 2332	144 88 128 123	14 SA	0033 0516 1149 1945	113 132 91 140	29 SU	0121 0437 1057 1854	113 118 86 149
15 SA N	0336 1227	169 84	30 SU	0324 1333	172 83	15 TU	0429 1336	166 80	30 W	0413 1316	154 90	15 TH	0512 1303 2115 2343	154 85 125 123	30 F	0441 1206 1940	137 89 135	15 SU ☽	0141 0458 1118 1957	114 121 91 144	30 M ☾ A	1038 1921	84 149
			31 M	0343 1405	168 88										31 SA ☾	0106 0443 1158 2003	125 130 88 139				31 TU	1012 1951	80 148

时　区：－1000　　　　潮高基准面：在平均海面下 117　cm

巴布亚新几内亚—德雷杰港

PAPUA NEW GUINEA－DREGER HARBOUR

2021 年潮汐表　　6° 39′ S　　147° 53′ E

9 月						10 月						11 月						12 月					
日期	潮时 时分	潮高 cm	日期	潮时 时分	潮高 cm	日期	潮时 时分	潮高 cm	日期	潮时 时分	潮高 cm	日期	潮时 时分	潮高 cm	日期	潮时 时分	潮高 cm	日期	潮时 时分	潮高 cm	日期	潮时 时分	潮高 cm
1 W	1006 2023	75 146	16 TH	0951 1912	64 150	1 F	0916 1951	72 142	16 SA	0927 1818 2258	75 140 128	1 M	0820 1520 2101	84 135 123	16 TU	0129 0628 1452 2307	114 100 141 106	1 W	0631 1423 2224	100 143 103	16 TH	1402 2342	149 89
2 TH N	1011 2103	70 144	17 F	1008 1940 2258	64 144 138	2 SA	0923 2048	71 137	17 SU	0102 0935 1649 2245	129 83 134 123	2 TU E	0123 0828 1517 2115	128 89 139 114	17 W	0212 0639 1443 2305	111 99 146 101	2 TH	0246 0616 1432 2238	109 103 150 93	17 F	1414 2347	154 85
3 F	1019	67	18 SA	0124 1023 2009 2242	141 68 137 134	3 SU	0930 1653 2000	73 131 130	18 M	0152 0918 1601 2237	129 91 134 117	3 W	0211 0828 1521 2145	126 95 143 104	18 TH	0248 0656 1444 2258	109 99 152 96	3 F	1441 2310	156 85	18 SA A	1427 2350	157 81
4 SA	0131 1025	144 67	19 SU	0210 1030	142 75	4 M	0148 0936 1619 2045	139 77 131 122	19 TU E	0225 0840 1542 2216	127 95 138 111	4 TH ●	0253 0819 1527 2220	122 100 149 96	19 F ○	0324 0714 1451 2307	106 98 157 91	4 SA ●P	1452 2349	162 78	19 SU ○	1439 2358	160 78
5 SU	0206 1031	147 68	20 M ○	0243 1022 1711 2127	142 83 128 121	5 TU	0222 0942 1619 2122	140 82 134 114	20 W ○	0252 0831 1533 2219	125 97 144 104	5 F P	0335 0813 1531 2300	116 102 156 90	20 SA	0405 0731 1501 2331	103 97 160 87	5 SU	1508	166	20 M N	1456	162
6 M	0234 1036 1729 2025	150 72 125 121	21 TU E	0309 1002 1648 2158	140 89 132 114	6 W ●E	0253 0943 1626 2159	139 88 139 106	21 TH	0316 0837 1534 2242	121 97 150 99	6 SA	0425 0808 1538 2345	108 102 161 85	21 SU A	0455 0745 1515	100 97 163	6 M S	0033 1526	75 167	21 TU	0016 1522	76 163
7 TU ●	0301 1042 1730 2131	151 76 128 115	22 W	0331 0955 1637 2232	136 91 138 108	7 TH	0322 0941 1632 2237	135 93 145 99	22 F	0339 0845 1543 2312	117 96 155 95	7 SU	1549	165	22 M N	0004 1536	84 164	7 TU	0122 1544	74 166	22 W	0041 1558	75 163
8 W E	0330 1046 1739 2220	150 81 132 110	23 TH	0350 0956 1639 2306	131 92 144 104	8 F P	0350 0938 1638 2318	127 96 151 95	23 SA	0401 0855 1557 2348	112 94 159 93	8 M S	0039 1600	84 167	23 TU	0046 1604	82 164	8 W	0216 1601	76 163	23 TH	0109 1637	75 161
9 TH	0358 1048 1750 2305	145 86 138 105	24 F	0406 1000 1650 2343	126 91 150 102	9 SA	0413 0934 1645	118 97 156	24 SU A	0421 0903 1616	106 93 161	9 TU	0554 1613	83 166	24 W	0137 1638	81 162	9 TH	0328 1618	81 158	24 F	0140 1716	78 158
10 F	0425 1049 1800 2352	137 90 143 103	25 SA	0419 1004 1709	119 90 154	10 SU	0004 0424 0919 1654	93 107 96 160	25 M	0032 0440 0904 1640	91 100 93 161	10 W	0643 1629	78 163	25 TH	0244 1714	81 159	10 F	0557 1637	86 152	25 SA	0210 1751	82 151
11 SA P	0444 1044 1810	126 93 148	26 SU A	0025 0430 1005 1732	101 113 89 156	11 M	0103 0406 0830 1702	93 98 89 162	26 TU N	0137 0454 0830 1707	91 94 91 160	11 TH ☽	0724 1640	77 158	26 F	0401 1749	82 153	11 SA ☽	0316 1654	92 145	26 SU	0239 1816	87 142
12 SU	0043 0445 1024 1818	103 115 92 152	27 M	0124 0431 0956 1757	102 106 88 155	12 TU S	0811 1711	80 162	27 W	0740 1736	87 157	12 F	0757 1708	79 152	27 SA ☾	0510 1819	83 146	12 SU E	0318 1658	96 138	27 M ☾E	0301 1812	92 132
13 M ☽	0154 0402 0946 1823	104 106 86 154	28 TU	0925 1824	85 154	13 W ☽	0826 1726	73 159	28 TH ☾	0739 1805	82 153	13 SA	0822 1721	84 144	28 SU	0558 1819	86 137	13 M	0330 1440	98 134	28 TU	0314 1305	97 131
14 TU	0930 1831	76 155	29 W ☾N	0907 1851	80 151	14 TH	0847 1747	70 155	29 F	0744 1830	79 147	14 SU	0832 1624	92 137	29 M	0630 1432	90 133	14 TU	0348 1409	99 138	29 W	0315 1316 2341	101 138 96
15 W S	0936 1848	68 154	30 TH	0909 1919	75 147	15 F	0909 1808	71 148	30 SA	0754 1835	78 141	15 M E	0704 1511 2310	98 137 112	30 TU E	0644 1418	95 137	15 W	0002 0210 0411 1359 2340	98 99 98 143 94	30 TH	1335 2324	145 87
									31 SU	0807 1614	80 135										31 F	1358 2329	152 78

时　区：－1000　　　　潮高基准面：在平均海面下 117　cm

俾斯麦群岛—泽阿德勒港

BISMARCK ARCHIPELAGO－SEEADLER HARBOUR

2021 年潮汐表　　　　2° 01′ S　　　　147° 16′ E

1 月

日期	潮时 时分	潮高 cm	日期	潮时 时分	潮高 cm
1 F	0217 1503	26 118	16 SA	0320 1413	32 108
2 SA	0258 1515	28 116	17 SU	0407 1346	41 105
3 SU	0342 1506	33 111	18 M	0458 1347	51 103
4 M	0428 1423	38 108	19 TU E	0558 1351 2203	60 101 67
5 TU	0515 1356	46 106	20 W ☽	0255 0700 1355 2147	72 68 100 59
6 W ☾ E	0600 1351 2123	54 107 64	21 TH A	0445 0747 1359 2151	77 75 100 51
7 TH	0157 0639 1356 2140	76 63 109 51	22 F	0559 0816 1406 2204	82 81 101 43
8 F	0340 0711 1405 2210	80 72 112 39	23 SA	1413 2223	103 37
9 SA P	0507 0733 1419 2246	84 81 116 28	24 SU	1416 2248	105 31
10 SU	1437 2328	119 21	25 M	1415 2315	108 28
11 M	1457	121	26 TU N	1416 2347	111 26
12 TU S	0013 1517	17 121	27 W	1428	114
13 W ●	0100 1532	16 119	28 TH ○	0021 1446	26 116
14 TH	0147 1530	19 116	29 F	0058 1508	28 116
15 F	0234 1507	24 112	30 SA	0137 1526	32 112
			31 SU	0218 1529	38 107

2 月

日期	潮时 时分	潮高 cm	日期	潮时 时分	潮高 cm
1 M	0301 1418	45 100	16 TU	0510 1248 2109	70 92 72
2 TU E	0347 1251	54 98	17 W	0334 0659 1245 2034	78 76 91 64
3 W P	0440 1240 2013	64 99 64	18 TH A	0422 0759 1249 2035	85 80 92 55
4 TH ☾	0133 0544 1248 2037	80 73 103 50	19 F ☽	0455 0837 1259 2049	90 84 93 47
5 F	0315 0643 1304 2109	85 81 107 37	20 SA	0526 0857 1312 2107	93 88 96 39
6 SA	0430 0721 1325 2145	90 87 112 27	21 SU	0558 0903 1324 2130	94 91 99 34
7 SU	0532 0744 1350 2223	94 92 115 21	22 M	0637 0844 1335 2156	95 94 103 30
8 M S	1417 2304	117 19	23 TU N	1348 2225	106 29
9 TU	1446 2346	117 21	24 W	1408 2257	110 30
10 W	1515	116	25 TH	1436 2333	111 33
11 TH ●	0028 1540	25 112	26 F	1511	111
12 F	0111 1553	32 108	27 SA ○	0011 1552	38 108
13 SA	0151 1539	41 102	28 SU	0051 1643	46 101
14 SU	0231 1454	51 97			
15 M E	0313 1257	60 94			

3 月

日期	潮时 时分	潮高 cm	日期	潮时 时分	潮高 cm
1 M E	0132 1825	55 91	16 TU	0948 1811	85 74
2 TU P	0213 1011 1725 2216	66 89 78 85	17 W	0321 0754 1008 1825	89 83 84 66
3 W	0258 1027 1821	76 92 63	18 TH A	0338 1848	95 58
4 TH	0104 0538 1053 1907	88 86 96 49	19 F	0401 1913	100 50
5 F	0253 0708 1127 1950	95 92 100 36	20 SA	0424 1939	102 43
6 SA ☾	0351 0752 1207 2031	101 95 105 27	21 SU ☽	0444 2005	103 37
7 SU S	0432 0822 1247 2112	104 97 108 23	22 M N	0457 0934 1206 2033	103 94 95 34
8 M	0507 0846 1328 2151	104 97 110 23	23 TU	0505 0916 1241 2101	102 96 99 33
9 TU	0542 0906 1406 2230	102 96 110 27	24 W	0516 0851 1318 2131	100 96 102 34
10 W	0617 0926 1442 2307	100 95 108 34	25 TH	0533 0832 1359 2204	98 94 105 38
11 TH	0653 0949 1516 2344	97 93 105 42	26 F	0553 0851 1447 2239	95 91 105 44
12 F	0731 1017 1546	94 92 101	27 SA	0612 0933 1544 2316	93 87 102 53
13 SA ●	0019 0810 1103 1612	52 91 89 95	28 SU ○E	0625 1044 1701 2355	91 82 97 64
14 SU E	0050 0850 1232 1627	62 89 87 89	29 M	0632 1231 1904	91 75 92
15 M	0111 0924 2303	71 86 79	30 TU P	0032 0639 1408 2144	76 93 66 91
			31 W	0104 0647 1550	87 95 55

4 月

日期	潮时 时分	潮高 cm	日期	潮时 时分	潮高 cm
1 TH	0420 1714	99 43	16 F	0309 1717	108 47
2 F	0311 1814	106 33	17 SA	0332 1756	111 42
3 SA	0311 1906	111 27	18 SU N	0351 1831	111 38
4 SU ☾ S	0334 0835 1100 1951	113 100 102 24	19 M	0404 1905	110 35
5 M	0359 0856 1214 2033	113 97 102 26	20 TU ☽	0405 1937	109 35
6 TU	0424 0920 1312 2112	111 94 101 32	21 W	0404 2009	107 36
7 W	0449 0948 1401 2147	107 90 99 40	22 TH	0409 0933 1300 2040	105 92 96 40
8 TH	0513 1019 1445 2218	104 87 95 50	23 F	0419 0936 1405 2112	103 88 96 47
9 F	0536 1058 1528 2244	100 83 91 60	24 SA	0429 1004 1513 2145	101 82 94 57
10 SA	0556 1144 1618 2259	96 80 87 70	25 SU E	0436 1057 1641 2217	100 73 91 68
11 SU E	0608 1236 1813 2218	93 76 82 79	26 M	0442 1201 1850 2246	100 63 90 81
12 M ●	0556 1330	91 71	27 TU ○P	0449 1305	102 53
13 TU	0315 1428	92 65	28 W	0450 1413	106 42
14 W A	0240 1534	98 59	29 TH	0412 1524	109 33
15 TH	0249 1631	104 53	30 F	0316 1633	113 26

时　区：－1000　　　　潮高基准面：在平均海面下 73 cm

俾斯麦群岛—泽阿德勒港

BISMARCK ARCHIPELAGO－SEEADLER HARBOUR

2021 年潮汐表　　2° 01′ S　　147° 16′ E

5 月

日期	潮时 时分	潮高 cm	日期	潮时 时分	潮高 cm
1 SA S	0239 1733	117 22	16 SU	0307 1653	115 34
2 SU	0240 1825	119 23	17 M	0324 1734	114 33
3 M ☾	0256 1912	118 27	18 TU	0328 1813	112 34
4 TU	0317 0921 1150 1953	116 91 93 34	19 W ☽	0319 1849	110 37
5 W	0337 0945 1305 2030	113 85 90 44	20 TH	0312 1924	108 41
6 TH	0356 1017 1409 2100	109 79 86 54	21 F	0314 0955 1315 1957	107 82 86 48
7 F	0413 1053 1516 2121	106 73 83 64	22 SA E	0319 1007 1436 2028	106 74 86 57
8 SA E	0425 1132 1709 2121	103 68 80 74	23 SU	0325 1038 1613 2056	105 64 85 68
9 SU	0429 1210	100 63	24 M	0332 1121 1811 2120	107 52 86 80
10 M	0417 1249	98 58	25 TU	0341 1211	109 41
11 TU ●A	0311 1327	98 53	26 W ○P	0350 1305	112 30
12 W	0208 1405	103 48	27 TH	0354 1404	115 22
13 TH	0206 1446	108 43	28 F S	0330 1504	117 17
14 F	0222 1528	112 39	29 SA	0245 1603	117 16
15 SA N	0245 1611	114 36	30 SU	0201 1658	118 19
			31 M	0201 1749	117 25

6 月

日期	潮时 时分	潮高 cm	日期	潮时 时分	潮高 cm
1 TU	0215 1834	115 34	16 W	0251 1731	109 36
2 W ☾	0233 0932 1140 1916	113 82 83 44	17 TH	0231 1811	107 42
3 TH	0250 0951 1321 1951	110 73 79 54	18 F ☽	0222 0948 1221 1848	105 76 78 49
4 F E	0306 1020 1515 2018	108 65 76 64	19 SA E	0222 0940 1405 1921	105 66 78 58
5 SA	0318 1051 1714 2026	105 58 77 73	20 SU	0227 1001 1545 1950	106 55 79 67
6 SU	0326 1122	103 52	21 M	0234 1034 1724 2013	108 42 83 78
7 M	0326 1153	101 47	22 TU	0245 1115	112 31
8 TU A	0309 1225	101 41	23 W P	0300 1202	115 21
9 W	0212 1259	103 37	24 TH ○	0318 1254	117 15
10 TH ●	0144 1334	107 33	25 F S	0334 1348	118 11
11 F	0150 1410	111 30	26 SA	0332 1442	116 12
12 SA N	0208 1448	113 28	27 SU	0238 1535	113 16
13 SU	0230 1527	114 28	28 M	0124 1626	111 23
14 M	0250 1608	114 30	29 TU	0122 1715	109 33
15 TU	0300 1650	112 32	30 W	0134 1803	107 44

7 月

日期	潮时 时分	潮高 cm	日期	潮时 时分	潮高 cm
1 TH ☾E	0150 0917 1211 1849	106 71 74 54	16 F E	0130 0911 1131 1742	100 72 73 53
2 F	0206 0934 1450 1931	104 61 73 64	17 SA ☽	0126 0852 1339 1823	100 61 74 61
3 SA	0220 0958 1639 2005	103 52 76 72	18 SU	0130 0910 1515 1858	102 48 78 70
4 SU	0231 1023	102 44	19 M	0139 0940 1639 1924	106 35 82 78
5 M A	0240 1049	101 38	20 TU	0153 1016	110 24
6 TU	0243 1117	100 33	21 W P	0212 1057	114 16
7 W	0232 1147	101 29	22 TH S	0236 1144	116 11
8 TH	0201 1220	103 26	23 F	0304 1233	117 10
9 F N	0149 1256	106 24	24 SA ○	0334 1324	115 13
10 SA ●	0156 1333	109 24	25 SU	0401 1414	110 18
11 SU	0211 1411	110 25	26 M	0323 1504	104 26
12 M	0228 1450	110 28	27 TU	0038 1555	101 36
13 TU	0239 1531	108 32	28 W	0037 1650	99 47
14 W	0231 1613	104 38	29 TH E	0050 1754	98 57
15 TH	0155 1657	101 45	30 F	0105 0835 1409 1859	97 62 73 65
			31 SA ☾	0120 0854 1556 1952	96 51 78 72

8 月

日期	潮时 时分	潮高 cm	日期	潮时 时分	潮高 cm
1 SU	0133 0916 1710 2031	96 42 82 78	16 M	0034 0835 1556 1917	100 31 87 83
2 M A	0147 0939 1811 2055	96 35 86 83	17 TU P	0055 0911 1656 1942	105 20 91 88
3 TU	0158 1004	97 29	18 W S	0122 0950 1751 2001	109 14 93 91
4 W	0207 1031	98 25	19 TH	0152 1032	112 11
5 TH N	0208 1101	100 23	20 F	0225 1116	113 13
6 F	0203 1134	103 23	21 SA	0301 1202	111 18
7 SA	0206 1210	105 24	22 SU ○	0338 1249	107 26
8 SU ●	0217 1249	106 27	23 M	0413 1337	101 35
9 M	0232 1329	105 31	24 TU	0434 1427 2318	93 46 90
10 TU	0242 1410	103 37	25 W E	1528 2330	56 89
11 W	0231 1452	98 44	26 TH	0706 0945 1714 2346	74 75 65 88
12 TH E	0114 1538	92 53	27 F	0710 1347 1844	64 78 71
13 F	0018 0732 1058 1632	91 71 74 61	28 SA	0003 0733 1519 1945	87 54 84 75
14 SA	0011 0736 1311 1741	92 58 77 70	29 SU	0021 0757 1609 2027	88 45 89 79
15 SU ☽	0019 0802 1444 1840	96 44 82 77	30 M ☾A	0038 0821 1646 2054	89 37 91 82
			31 TU	0056 0846 1719 2108	91 31 92 86

时　区：－1000　　　　潮高基准面：在平均海面下 73 cm

俾斯麦群岛—泽阿德勒港

BISMARCK ARCHIPELAGO－SEEADLER HARBOUR

2021 年潮汐表　　2° 01′ S　　147° 16′ E

9 月

日期	潮时 时分	潮高 cm	日期	潮时 时分	潮高 cm
1 W	0113 0912 1753 2109	93 26 92 88	16 TH	0059 0919 1709 2047	105 15 99 91
2 TH N	0128 0939 1834 2034	96 24 91 90	17 F	0142 0959 1744 2112	106 19 97 89
3 F	0142 1009	99 24	18 SA	0223 1039 1819 2144	104 26 94 87
4 SA	0158 1041	101 27	19 SU	0304 1119 1855 2229	101 36 91 85
5 SU	0219 1116	102 31	20 M ○	0345 1159 1934 2345	95 47 88 82
6 M	0248 1155	101 37	21 TU E	0430 1239 2012	88 58 85
7 TU ●	0324 1235	97 45	22 W	0123 0545 1322 2049	78 81 68 83
8 W E	0413 1317 2200	91 54 82	23 TH	0358 1159 1706 2122	71 79 77 82
9 TH	0159 0644 1400 2150	81 82 64 83	24 F	0508 1409 1909 2150	63 87 79 81
10 F	0502 1027 1449 2200	69 80 74 85	25 SA	0548 1448	55 93
11 SA P	0550 1245 1753 2222	56 85 82 89	26 SU A	0621 1520	47 98
12 SU	0634 1418 1856 2254	42 92 87 94	27 M	0651 1548	40 100
13 M ☽	0717 1517 1934 2333	29 97 90 99	28 TU	0720 1612	34 101
14 TU	0758 1558 2002	20 100 92	29 W ☾ N	0748 1630 2132	30 100 87
15 W S	0016 0839 1635 2025	103 15 101 92	30 TH	0010 0816 1643 2119	89 28 98 89

10 月

日期	潮时 时分	潮高 cm	日期	潮时 时分	潮高 cm
1 F	0041 0845 1656 2109	92 28 96 89	16 SA	0141 0919 1643 2158	95 34 102 80
2 SA	0113 0914 1711 2051	95 31 93 88	17 SU	0231 0952 1705 2242	92 44 98 76
3 SU	0150 0944 1728 2054	96 36 90 85	18 M	0322 1019 1724 2335	87 56 95 72
4 M	0233 1015 1744 2127	95 43 88 81	19 TU E	0429 1034 1737	81 67 92
5 TU	0327 1047 1752 2236	93 52 86 76	20 W ○	0034 0717 0947 1728	67 78 77 89
6 W ●E	0444 1121 1751	88 62 86	21 TH	0134 1451	62 90
7 TH	0027 0709 1152 1749	69 84 74 88	22 F	0236 1409	56 97
8 F P	0158 0951 1212 1734	59 86 85 91	23 SA	0333 1419	50 103
9 SA	0326 1547	48 97	24 SU A	0422 1440	44 107
10 SU	0443 1458	37 103	25 M	0503 1505	39 110
11 M	0543 1449	27 108	26 TU N	0540 1527	35 110
12 TU S	0634 1508	20 111	27 W	0616 1543	32 109
13 W ☽	0720 1531 2032 2340	17 110 94 98	28 TH ☾	0649 1550	31 106
14 TH	0803 1555 2055	19 108 90	29 F	0720 1549	32 104
15 F	0045 0843 1620 2123	98 25 105 85	30 SA	0751 1551 2151	34 102 86
			31 SU	0051 0819 1557 2153	88 39 100 82

11 月

日期	潮时 时分	潮高 cm	日期	潮时 时分	潮高 cm
1 M	0154 0847 1602 2213	88 46 98 76	16 TU	0519 0856 1604 2357	77 72 102 56
2 TU E	0300 0914 1605 2253	87 55 97 68	17 W	1555	100
3 W	0427 0939 1606 2345	84 66 98 58	18 TH	0036 1506	50 100
4 TH ●	0641 0958 1608	84 78 101	19 F ○	0115 1402	45 104
5 F P	0043 1604	47 105	20 SA	0153 1357	41 109
6 SA	0145 1544	36 110	21 SU A	0232 1411	36 113
7 SU	0251 1518	27 114	22 M N	0311 1433	33 115
8 M S	0359 1453	20 117	23 TU	0352 1456	32 116
9 TU	0500 1436	17 118	24 W	0433 1515	31 115
10 W	0554 1441	17 117	25 TH	0513 1526	32 113
11 TH ☽	0643 1456	21 115	26 F	0551 1521	34 110
12 F	0726 1514 2128	29 112 82	27 SA ☾	0627 1508	37 107
13 SA	0041 0804 1531 2159	87 39 110 74	28 SU	0700 1502 2224	42 106 78
14 SU	0156 0836 1547 2237	83 50 107 67	29 M	0058 0730 1501 2216	80 49 105 70
15 M E	0317 0858 1559 2316	79 62 104 61	30 TU E	0226 0758 1502 2234	79 57 105 60

12 月

日期	潮时 时分	潮高 cm	日期	潮时 时分	潮高 cm
1 W	0404 0821 1505 2305	80 67 107 49	16 TH	1501	105
2 TH	0557 0839 1510 2346	82 78 111 37	17 F	0012 1420	36 107
3 F	1519	115	18 SA A	0043 1353	33 110
4 SA ●P	0035 1527	26 120	19 SU ○	0115 1358	30 114
5 SU	0129 1529	18 122	20 M N	0148 1416	28 117
6 M S	0227 1519	13 122	21 TU	0222 1438	28 118
7 TU	0327 1451	12 120	22 W	0258 1459	29 117
8 W	0424 1414	15 118	23 TH	0336 1514	32 115
9 TH	0517 1410	22 116	24 F	0415 1515	36 111
10 F	0607 1420	32 114	25 SA	0456 1452	40 108
11 SA ☽	0651 1434 2149	43 112 72	26 SU	0536 1425	46 106
12 SU E	0107 0730 1448 2212	76 54 110 62	27 M ☾E	0614 1413 2156	53 105 66
13 M	0327 0759 1500 2242	75 65 109 53	28 TU	0157 0648 1411 2159	74 61 107 55
14 TU	0520 0803 1509 2312	77 75 107 47	29 W	0340 0716 1414 2220	77 70 110 43
15 W	1511 2342	106 41	30 TH	0511 0737 1422 2253	82 78 115 31
			31 F	1436 2333	120 21

时　区：－1000　　　　潮高基准面：在平均海面下 73　cm

瓦努阿图—维拉港

VANUATU－VILA HARBOUR

2021 年潮汐表　　17° 45′ S　　168° 18′ E

1 月

日期	潮时 时分	潮高 cm	日期	潮时 时分	潮高 cm
1 F	0106 0749 1300 1845	23 129 78 141	16 SA	0147 0829 1407 1949	20 134 74 139
2 SA	0145 0828 1345 1928	24 130 78 139	17 SU	0228 0909 1457 2033	28 131 75 131
3 SU	0226 0911 1438 2015	27 131 78 135	18 M	0307 0949 1549 2120	38 129 76 122
4 M	0310 0958 1538 2108	32 132 78 128	19 TU E	0346 1031 1646 2212	48 126 76 112
5 TU	0357 1048 1644 2211	38 134 75 121	20 W ☽	0426 1117 1751 2320	58 125 74 104
6 W ☾ E	0448 1141 1753 2326	45 137 70 115	21 TH A	0509 1206 1905	67 125 70
7 TH	0543 1235 1904	54 141 61	22 F	0049 0603 1257 2013	100 75 126 62
8 F	0055 0645 1327 2012	112 62 145 50	23 SA	0219 0709 1346 2106	102 80 128 54
9 SA P	0223 0753 1417 2112	113 68 148 38	24 SU	0327 0819 1430 2149	106 83 131 45
10 SU	0337 0859 1506 2205	118 72 151 27	25 M	0419 0916 1512 2226	112 83 134 37
11 M	0439 0959 1554 2252	125 74 153 18	26 TU N	0502 1004 1553 2302	118 82 138 31
12 TU S	0533 1053 1642 2338	130 74 154 13	27 W	0539 1045 1633 2337	123 80 141 26
13 W ●	0621 1144 1730	134 74 153	28 TH ○	0614 1125 1713	128 77 144
14 TH	0022 0706 1232 1818	11 136 73 150	29 F	0012 0648 1206 1754	22 132 74 146
15 F	0105 0748 1319 1904	14 136 73 146	30 SA	0049 0723 1248 1836	21 136 71 146
			31 SU	0126 0800 1335 1920	22 139 69 144

2 月

日期	潮时 时分	潮高 cm	日期	潮时 时分	潮高 cm
1 M	0205 0838 1425 2007	26 140 67 138	16 TU	0226 0852 1504 2050	44 131 66 121
2 TU E	0246 0920 1519 2059	33 141 65 130	17 W	0257 0924 1550 2138	54 128 67 111
3 W P	0329 1005 1618 2200	42 141 63 120	18 TH A	0330 1000 1644 2240	64 125 67 103
4 TH ☾	0415 1056 1724 2319	53 140 60 112	19 F ☽	0407 1043 1752	73 122 66
5 F	0510 1152 1839	65 138 54	20 SA	0013 0456 1138 1915	99 82 120 62
6 SA	0100 0620 1254 1956	109 75 138 46	21 SU	0155 0618 1243 2025	100 88 120 55
7 SU	0234 0746 1355 2102	112 80 140 37	22 M	0306 0756 1347 2115	106 89 122 47
8 M S	0345 0903 1453 2156	118 80 142 28	23 TU N	0356 0901 1442 2157	113 86 127 40
9 TU	0441 1003 1546 2243	125 78 145 22	24 W	0435 0948 1530 2235	119 81 132 33
10 W	0527 1053 1637 2327	131 74 147 18	25 TH	0509 1029 1615 2311	126 75 139 27
11 TH ●	0607 1138 1724	135 70 148	26 F	0541 1109 1658 2347	132 69 144 23
12 F	0007 0644 1220 1808	18 137 67 147	27 SA ○	0614 1150 1742	138 63 147
13 SA	0045 0718 1301 1850	21 137 66 143	28 SU	0024 0648 1234 1826	22 144 58 147
14 SU	0121 0750 1341 1929	27 136 65 137			
15 M E	0154 0821 1422 2009	35 134 65 130			

3 月

日期	潮时 时分	潮高 cm	日期	潮时 时分	潮高 cm
1 M E	0101 0723 1319 1912	25 147 53 143	16 TU	0117 0732 1349 1949	45 135 52 125
2 TU P	0139 0800 1407 2001	30 148 49 137	17 W	0145 0757 1425 2030	53 132 52 117
3 W	0219 0840 1458 2055	40 147 47 127	18 TH A	0213 0824 1504 2117	61 129 53 110
4 TH	0301 0923 1553 2201	51 143 46 118	19 F	0244 0854 1548 2218	70 124 54 103
5 F	0349 1012 1657 2330	64 137 47 110	20 SA	0319 0931 1644 2345	78 119 56 100
6 SA ☾	0450 1113 1815	76 132 46	21 SU ☽	0408 1022 1801	86 114 56
7 SU S	0116 0623 1226 1938	110 84 128 42	22 M N	0122 0543 1136 1925	102 91 112 53
8 M	0240 0804 1340 2046	115 84 128 36	23 TU	0230 0739 1259 2028	107 89 113 47
9 TU	0341 0913 1445 2141	122 78 131 31	24 W	0317 0842 1408 2116	114 83 118 41
10 W	0428 1004 1542 2227	128 72 135 27	25 TH	0354 0928 1504 2157	122 75 125 34
11 TH	0506 1047 1631 2307	132 66 139 26	26 F	0427 1000 1554 2236	130 60 133 29
12 F	0540 1126 1716 2344	135 61 140 28	27 SA	0500 1050 1641 2314	138 56 139 27
13 SA ●	0611 1203 1756	137 57 140	28 SU ○E	0534 1132 1728 2353	144 47 142 28
14 SU E	0017 0639 1238 1835	32 137 54 137	29 M	0608 1215 1816	150 39 142
15 M	0048 0706 1313 1912	37 137 52 131	30 TU P	0032 0644 1301 1905	32 152 33 138
			31 W	0112 0722 1348 1958	40 151 29 132

4 月

日期	潮时 时分	潮高 cm	日期	潮时 时分	潮高 cm
1 TH	0153 0801 1437 2057	50 147 28 124	16 F	0138 0735 1428 2104	67 127 38 108
2 F	0239 0845 1531 2210	62 140 30 116	17 SA	0210 0805 1508 2202	74 122 41 104
3 SA	0333 0937 1634 2342	73 132 33 112	18 SU N	0248 0841 1557 2316	80 116 44 102
4 SU ☾ S	0452 1043 1752	82 123 37	19 M	0342 0931 1702	86 111 47
5 M	0115 0644 1205 1913	113 84 118 37	20 TU ☽	0036 0523 1044 1821	104 88 107 47
6 TU	0226 0810 1326 2021	118 78 117 35	21 W	0140 0707 1212 1930	109 85 107 44
7 W	0319 0908 1435 2115	124 70 120 34	22 TH	0227 0811 1330 2025	116 76 111 40
8 TH	0400 0954 1532 2159	128 62 124 34	23 F	0306 0859 1435 2112	125 66 118 36
9 F	0433 1033 1621 2238	132 55 127 35	24 SA	0341 0944 1531 2155	133 54 125 34
10 SA	0503 1108 1703 2311	134 49 129 39	25 SU E	0416 1027 1624 2238	141 42 130 34
11 SU E	0530 1142 1743 2342	136 44 129 43	26 M	0452 1111 1716 2320	148 30 133 37
12 M ●	0555 1214 1820	136 41 127	27 TU ○P	0529 1155 1807	152 21 134
13 TU	0011 0619 1246 1858	48 136 38 123	28 W	0002 0607 1241 1901	43 153 14 132
14 W A	0040 0644 1319 1936	54 134 37 118	29 TH	0046 0647 1328 1957	50 150 11 127
15 TH	0108 0709 1352 2017	60 131 37 113	30 F	0133 0730 1418 2059	59 144 12 121

时　区：－1100　　　　潮高基准面：在平均海面下 87　cm

瓦努阿图—维拉港

VANUATU－VILA HARBOUR

2021 年潮汐表　　17° 45′ S　　168° 18′ E

5 月

日期	潮时 时分	潮高 cm	日期	潮时 时分	潮高 cm
1	0224	69	16	0148	74
SA	0818	135	SU	0735	120
S	1512	17		1443	31
	2212	116		2143	105
2	0329	76	17	0231	78
SU	0914	126	M	0815	116
	1615	24		1529	34
	2332	114		2242	105
3	0459	80	18	0331	81
M	1022	117	TU	0907	111
☾	1726	30		1626	37
				2346	107
4	0049	115	19	0458	82
TU	0636	78	W	1014	107
	1143	111	☽	1731	39
	1839	34			
5	0153	118	20	0045	112
W	0750	71	TH	0624	77
	1304	109		1134	106
	1943	37		1834	40
6	0242	122	21	0134	119
TH	0847	62	F	0731	68
	1415	110		1253	107
	2037	39		1932	40
7	0321	126	22	0217	127
F	0933	54	SA	0827	57
	1514	113	E	1406	111
	2121	42		2025	40
8	0353	129	23	0256	136
SA	1011	47	SU	0917	43
E	1604	115		1510	116
	2159	45		2114	41
9	0421	131	24	0335	143
SU	1046	40	M	1004	30
	1649	117		1610	121
	2233	49		2203	44
10	0447	133	25	0414	148
M	1119	34	TU	1051	17
	1729	117		1707	124
	2306	53		2251	48
11	0512	133	26	0454	150
TU	1151	30	W	1137	8
●A	1808	117	○P	1803	126
	2337	57		2339	53
12	0537	133	27	0536	150
W	1222	27	TH	1224	2
	1847	116		1858	126
13	0008	61	28	0028	59
TH	0604	131	F	0621	146
	1254	25	S	1312	1
	1926	113		1954	124
14	0040	66	29	0119	64
F	0632	128	SA	0709	140
	1327	26		1402	4
	2007	111		2053	121
15	0112	70	30	0216	69
SA	0702	124	SU	0801	132
N	1403	28		1456	11
	2052	108		2155	118
			31	0324	73
			M	0858	123
				1554	19
				2301	116

6 月

日期	潮时 时分	潮高 cm	日期	潮时 时分	潮高 cm
1	0442	74	16	0320	75
TU	1002	115	W	0854	115
	1655	27		1557	31
				2258	113
2	0006	115	17	0431	74
W	0601	71	TH	0953	111
☾	1113	108		1650	35
	1756	35		2351	117
3	0105	117	18	0543	69
TH	0712	66	F	1104	106
	1230	103	☽	1746	39
	1854	41			
4	0155	119	19	0042	123
F	0813	59	SA	0652	61
E	1344	101	E	1223	104
	1947	47		1843	43
5	0234	122	20	0130	130
SA	0904	51	SU	0755	50
	1450	102		1344	105
	2034	52		1941	48
6	0307	125	21	0215	136
SU	0946	43	M	0853	37
	1545	104		1458	108
	2117	56		2040	52
7	0337	128	22	0259	142
M	1023	35	TU	0946	23
	1634	107		1604	113
	2156	59		2137	56
8	0405	130	23	0343	145
TU	1057	29	W	1035	12
A	1717	109	P	1704	119
	2233	62		2231	59
9	0434	130	24	0429	147
W	1129	24	TH	1123	3
	1758	111	○	1800	123
	2309	64		2324	61
10	0504	130	25	0516	146
TH	1202	21	F	1211	-1
●	1837	112	S	1853	125
	2344	67			
11	0535	129	26	0016	63
F	1235	19	SA	0606	144
	1915	112		1258	-1
				1944	125
12	0019	68	27	0109	64
SA	0608	127	SU	0656	139
N	1309	19		1347	3
	1954	111		2034	124
13	0055	70	28	0205	66
SU	0643	125	M	0748	133
	1345	21		1436	10
	2034	111		2125	121
14	0135	72	29	0304	67
M	0721	122	TU	0840	125
	1425	24		1526	20
	2118	110		2216	118
15	0222	74	30	0407	67
TU	0804	119	W	0935	116
	1509	27		1615	30
	2206	111		2309	116

7 月

日期	潮时 时分	潮高 cm	日期	潮时 时分	潮高 cm
1	0513	66	16	0405	64
TH	1036	107	F	0937	114
☾ E	1704	40	E	1614	36
				2301	125
2	0002	116	17	0509	60
F	0621	63	SA	1044	107
	1146	100	☽	1704	45
	1754	49		2353	128
3	0052	117	18	0618	54
SA	0729	58	SU	1207	102
	1306	96		1801	53
	1846	57			
4	0137	119	19	0046	131
SU	0829	51	M	0728	44
	1424	95		1338	102
	1941	63		1908	61
5	0217	121	20	0139	135
M	0918	43	TU	0834	33
A	1528	98		1500	106
	2035	66		2020	65
6	0253	124	21	0232	138
TU	0959	35	W	0932	22
	1620	102	P	1607	112
	2124	69		2127	67
7	0329	126	22	0323	141
W	1035	29	TH	1024	12
	1705	106	S	1704	119
	2208	69		2225	66
8	0404	128	23	0415	143
TH	1110	23	F	1112	5
	1745	110		1754	124
	2248	70		2318	64
9	0439	129	24	0506	144
F	1143	19	SA	1158	2
N	1822	113	○	1840	128
	2326	69			
10	0515	130	25	0008	63
SA	1217	17	SU	0556	143
●	1857	115		1243	3
				1923	129
11	0004	69	26	0057	61
SU	0552	130	M	0644	140
	1252	17		1327	8
	1932	117		2004	128
12	0042	68	27	0146	60
M	0631	130	TU	0732	135
	1328	18		1409	16
	2008	118		2044	126
13	0124	67	28	0236	60
TU	0711	128	W	0818	127
	1406	20		1449	26
	2046	120		2123	124
14	0212	67	29	0327	61
W	0754	125	TH	0906	117
	1446	24	E	1528	37
	2127	121		2203	121
15	0306	66	30	0421	61
TH	0842	121	F	0958	107
	1528	29		1607	49
	2212	123		2246	118
			31	0521	61
			SA	1103	99
			☾	1649	59
				2334	117

8 月

日期	潮时 时分	潮高 cm	日期	潮时 时分	潮高 cm
1	0631	58	16	0549	46
SU	1229	94	M	1210	102
	1739	68		1732	68
2	0026	116	17	0007	130
M	0744	53	TU	0707	40
A	1400	94	P	1350	104
	1846	74		1858	75
3	0120	117	18	0112	131
TU	0844	46	W	0820	32
	1511	98	S	1508	110
	2002	77		2025	76
4	0210	120	19	0216	133
W	0931	38	TH	0921	24
	1605	104		1607	118
	2104	77		2132	72
5	0256	123	20	0314	137
TH	1011	31	F	1013	16
N	1647	109		1656	125
	2152	75		2225	67
6	0339	126	21	0409	140
F	1047	26	SA	1059	12
	1724	114		1738	130
	2232	72		2312	62
7	0419	130	22	0459	143
SA	1121	21	SU	1142	11
	1757	119	○	1816	134
	2310	69		2357	58
8	0459	133	23	0546	143
SU	1155	18	M	1222	13
●	1829	123		1852	135
	2349	66			
9	0538	136	24	0039	55
M	1230	17	TU	0630	141
	1901	127		1259	19
				1925	135
10	0029	62	25	0121	53
TU	0618	137	W	0713	135
	1305	18	E	1334	28
	1935	130		1957	133
11	0111	59	26	0203	53
W	0659	135	TH	0755	127
	1340	21		1408	38
	2010	133		2029	130
12	0158	57	27	0246	53
TH	0743	131	F	0839	118
E	1418	27		1440	48
	2047	134		2100	127
13	0248	54	28	0331	54
F	0831	124	SA	0928	109
	1457	36		1512	59
	2128	134		2135	123
14	0342	52	29	0422	55
SA	0928	116	SU	1030	100
	1540	46		1549	69
	2214	133		2216	119
15	0441	50	30	0524	56
SU	1038	107	M	1158	96
☽	1629	57	☾ A	1638	78
	2306	131		2309	115
			31	0644	54
			TU	1336	97
				1800	84

时　区：－1100　　　　潮高基准面：在平均海面下 87　cm

瓦努阿图—维拉港

VANUATU－VILA HARBOUR

2021年潮汐表　　17° 45′ S　　168° 18′ E

9 月

日期	潮时 时分	潮高 cm	日期	潮时 时分	潮高 cm
1	0016	114	16	0056	125
W	0758	49	TH	0804	33
	1448	102		1504	119
	1943	85		2038	77
2	0125	115	17	0208	128
TH	0854	43	F	0904	28
N	1538	109		1554	126
	2049	81		2134	70
3	0224	119	18	0309	132
F	0938	36	SA	0955	24
	1617	115		1635	132
	2135	76		2220	62
4	0314	125	19	0403	137
SA	1016	31	SU	1038	23
	1650	122		1710	137
	2214	71		2301	56
5	0358	131	20	0451	140
SU	1051	26	M	1117	24
	1721	128	○	1743	139
	2252	64		2340	50
6	0440	136	21	0535	140
M	1125	23	TU	1153	28
	1751	134	E	1813	141
	2331	58			
7	0522	140	22	0018	47
TU	1200	22	W	0616	138
●	1823	140		1226	35
				1842	140
8	0011	52	23	0055	44
W	0604	141	TH	0656	133
E	1235	24		1257	43
	1856	144		1909	139
9	0054	47	24	0132	43
TH	0648	139	F	0736	126
	1311	29		1327	51
	1930	146		1937	136
10	0140	42	25	0209	43
F	0735	134	SA	0819	119
	1349	37		1357	60
	2007	146		2005	131
11	0227	39	26	0248	45
SA	0826	126	SU	0907	111
P	1429	48	A	1429	69
	2047	143		2035	126
12	0319	38	27	0331	48
SU	0927	117	M	1007	105
	1513	60		1505	78
	2132	137		2112	120
13	0417	39	28	0424	51
M	1046	110	TU	1129	102
☽	1608	72		1556	85
	2228	131		2202	115
14	0527	39	29	0536	52
TU	1227	108	W	1300	103
	1729	81	☾ N	1730	90
	2338	127		2314	111
15	0648	37	30	0658	51
W	1358	112	TH	1408	108
S	1918	83		1923	88

10 月

日期	潮时 时分	潮高 cm	日期	潮时 时分	潮高 cm
1	0037	111	16	0159	123
F	0804	47	SA	0838	35
	1456	115		1526	133
	2026	82		2124	64
2	0148	116	17	0301	127
SA	0853	42	SU	0927	35
	1533	122		1603	137
	2111	74		2207	55
3	0245	123	18	0354	131
SU	0934	37	M	1009	37
	1605	130		1635	141
	2151	66		2245	48
4	0335	130	19	0441	133
M	1012	33	TU	1046	41
	1637	138	E	1704	143
	2230	56		2321	42
5	0421	136	20	0524	133
TU	1049	31	W	1120	46
	1708	145	○	1731	144
	2310	47		2356	38
6	0506	140	21	0604	132
W	1126	32	TH	1152	51
● E	1741	151		1758	143
	2351	38			
7	0552	141	22	0029	35
TH	1204	36	F	0644	129
	1815	154		1222	58
				1825	141
8	0034	31	23	0103	34
F	0640	139	SA	0724	125
P	1242	42		1253	64
	1851	155		1852	138
9	0119	26	24	0137	34
SA	0731	134	SU	0806	120
	1323	51	A	1325	71
	1930	152		1920	133
10	0207	24	25	0213	37
SU	0827	128	M	0853	115
	1407	62		1358	77
	2012	146		1951	128
11	0258	26	26	0253	40
M	0033	121	TU	0040	111
	1458	73	N	1438	84
	2101	138		2028	122
12	0357	29	27	0340	45
TU	1056	116	W	1056	108
S	1607	82		1533	89
	2202	129		2117	116
13	0507	34	28	0441	49
W	1227	117	TH	1210	110
☽	1751	86	☾	1706	92
	2320	123		2225	112
14	0627	36	29	0554	50
TH	1343	121	F	1314	114
	1927	82		1846	89
				2348	111
15	0044	121	30	0703	49
F	0739	36	SA	1403	121
	1441	127		1951	81
	2033	73			
			31	0107	114
			SU	0758	47
				1442	129
				2040	71

11 月

日期	潮时 时分	潮高 cm	日期	潮时 时分	潮高 cm
1	0212	119	16	0343	122
M	0845	44	TU	0934	53
	1517	138		1556	142
	2123	59		2227	43
2	0309	126	17	0431	124
TU	0929	43	W	1012	58
E	1551	146		1625	144
	2205	47		2302	37
3	0402	132	18	0515	125
W	1011	44	TH	1047	62
	1625	153		1652	144
	2248	35		2335	32
4	0453	136	19	0557	126
TH	1052	46	F	1121	66
●	1701	158	○	1720	143
	2331	24			
5	0544	138	20	0008	29
F	1135	51	SA	0637	125
P	1738	159		1155	70
				1748	141
6	0015	17	21	0041	28
SA	0636	138	SU	0716	124
	1218	57	A	1228	74
	1818	158		1818	138
7	0101	13	22	0114	29
SU	0730	135	M	0757	122
	1304	65	N	1302	78
	1901	153		1850	134
8	0149	13	23	0150	31
M	0829	131	TU	0840	119
S	1355	73		1339	82
	1948	146		1924	129
9	0242	17	24	0228	35
TU	0935	127	W	0927	117
	1456	80		1422	85
	2042	137		2003	125
10	0341	23	25	0312	40
W	1049	124	TH	1020	116
	1616	84		1517	88
	2147	128		2050	120
11	0447	30	26	0403	44
TH	1205	124	F	1118	117
☽	1749	83		1635	89
	2304	121		2150	116
12	0558	36	27	0501	47
F	1311	127	SA	1215	121
	1910	77	☾	1757	86
				2303	113
13	0025	118	28	0602	49
SA	0704	41	SU	1306	127
	1406	131		1906	78
	2014	69			
14	0141	118	29	0023	112
SU	0802	45	M	0659	51
	1449	136		1350	135
	2105	60		2003	67
15	0247	120	30	0138	115
M	0851	49	TU	0753	53
E	1525	139	E	1429	143
	2149	51		2055	54

12 月

日期	潮时 时分	潮高 cm	日期	潮时 时分	潮高 cm
1	0247	119	16	0424	116
W	0844	55	TH	0940	72
	1507	150		1549	141
	2142	40		2246	35
2	0348	125	17	0510	119
TH	0934	58	F	1020	75
	1546	156		1620	141
	2228	27		2319	30
3	0446	130	18	0552	122
F	1023	61	SA	1059	77
	1626	159	A	1652	141
	2314	16		2352	27
4	0541	134	19	0630	124
SA	1112	65	SU	1135	78
● P	1709	160	○	1724	140
	2359	9			
5	0635	136	20	0025	26
SU	1202	69	M	0708	124
	1754	158	N	1211	79
				1758	138
6	0047	6	21	0058	26
M	0730	136	TU	0744	124
S	1254	73		1247	81
	1843	153		1833	136
7	0136	7	22	0133	28
TU	0826	135	W	0822	124
	1350	77		1325	82
	1935	147		1909	133
8	0229	13	23	0210	32
W	0924	133	TH	0901	123
	1453	79		1408	83
	2031	139		1948	130
9	0324	21	24	0249	35
TH	1024	130	F	0943	123
	1606	81		1501	84
	2132	130		2032	126
10	0422	30	25	0332	40
F	1126	129	SA	1029	125
	1723	79		1603	84
	2240	121		2124	121
11	0521	40	26	0418	45
SA	1227	130	SU	1119	128
☽	1836	74		1712	80
	2356	115		2228	115
12	0619	49	27	0509	50
SU	1320	132	M	1209	132
E	1943	67	☾ E	1820	74
				2345	111
13	0115	111	28	0603	56
M	0715	56	TU	1258	138
	1406	135		1927	63
	2041	59			
14	0229	111	29	0111	110
TU	0807	63	W	0702	62
	1443	137		1344	144
	2129	50		2028	50
15	0331	113	30	0233	113
W	0856	68	TH	0805	67
	1517	140		1430	149
	2210	42		2123	37
			31	0343	119
			F	0907	71
				1516	154
				2214	24

时　区：－1100　　　　潮高基准面：在平均海面下 87　cm

澳大利亚—特温岛

AUSTRALIA－TWIN ISLAND

2021 年潮汐表　　10° 28′ S　　142° 26′ E

1 月

日期	潮时 时分	潮高 cm	日期	潮时 时分	潮高 cm
1 F	0021 0457 1316 2056	167 62 319 116	16 SA	0158 0606 1413 2223	164 86 310 96
2 SA	0053 0520 1354 2209	156 69 306 121	17 SU	0234 0603 1439 2352	145 99 279 112
3 SU	0129 0543 1441	140 81 288	18 M	0326 0559 1452	126 112 247
4 M	0010 0234 0602 1548	118 123 100 268	19 TU E	0224 1314	110 221
5 TU	0135 1713	102 252	20 W ☽	0305 1122 1707 2114	102 229 185 193
6 W ☾ E	0215 1033 1407 1838	87 204 182 242	21 TH A	0323 1053 1701 2143	98 244 161 193
7 TH	0246 1017 1515 1957	75 227 154 235	22 F	0336 1038 1715 2203	97 260 140 189
8 F	0315 1009 1610 2101	67 258 125 228	23 SA	0349 1034 1731 2219	96 278 122 185
9 SA P	0344 1020 1701 2154	60 293 98 221	24 SU	0404 1040 1747 2232	94 294 107 182
10 SU	0416 1047 1751 2241	55 325 74 214	25 M	0422 1052 1805 2248	90 308 96 183
11 M	0450 1120 1838 2325	51 349 55 208	26 TU N	0439 1111 1824 2308	84 319 88 187
12 TU S	0525 1156 1921	49 364 44	27 W	0456 1135 1846 2333	76 328 83 194
13 W ●	0007 0557 1232 2002	202 50 366 44	28 TH ○	0509 1203 1912	69 335 80
14 TH	0046 0623 1308 2043	194 58 357 55	29 F	0002 0517 1234 1945	199 64 339 82
15 F	0123 0628 1341 2128	182 71 337 74	30 SA	0034 0526 1307 2024	199 64 336 87
			31 SU	0109 0542 1343 2112	192 71 325 97

2 月

日期	潮时 时分	潮高 cm	日期	潮时 时分	潮高 cm
1 M	0150 0559 1422 2213	179 86 303 108	16 TU	0154 0556 1318 1856	170 113 257 143
2 TU E	0243 0616 1507 2339	164 110 272 115	17 W	0141 0552 1226 1845 2224	159 131 242 143 168
3 W P	0411 0626 1610	154 141 234	18 TH A	0434 1128 1827 2233	145 243 140 181
4 TH ☾	0120 1010 1438 1800	111 218 180 201	19 F ☽	0337 1046 1747 2244	142 251 128 190
5 F	0221 1006 1548 2103	102 249 139 196	20 SA	0334 1022 1731 2253	137 264 112 194
6 SA	0303 1008 1635 2149	93 280 100 202	21 SU	0345 1016 1729 2259	131 277 97 196
7 SU	0341 1019 1715 2225	85 309 69 208	22 M	0402 1019 1732 2259	122 290 86 197
8 M S	0417 1042 1752 2259	75 333 46 215	23 TU N	0421 1030 1741 2259	111 303 78 203
9 TU	0453 1111 1828 2331	65 350 33 222	24 W	0442 1050 1756 2308	96 316 72 214
10 W	0527 1143 1901	57 358 31	25 TH	0503 1115 1817 2329	80 329 66 228
11 TH ●	0003 0557 1215 1933	225 54 356 39	26 F	0525 1145 1844 2357	67 341 63 238
12 F	0033 0620 1245 2004	224 58 346 55	27 SA ○	0546 1217 1916	61 348 62
13 SA	0101 0623 1310 2033	216 71 328 77	28 SU	0030 0602 1250 1952	243 65 346 66
14 SU	0125 0559 1327 2059	202 85 304 102			
15 M E	0144 0554 1332 2122	186 98 279 127			

3 月

日期	潮时 时分	潮高 cm	日期	潮时 时分	潮高 cm
1 M E	0106 0606 1323 2031	240 82 330 78	16 TU	0113 0539 1236 1813	230 118 273 104
2 TU P	0147 0611 1356 2114	231 107 298 96	17 W	0127 0545 1223 1805	221 135 257 103
3 W	0234 0621 1429 2207	216 140 254 119	18 TH A	0137 0551 1145 1802	212 154 245 103
4 TH	0340 0628 1503 2344	203 175 202 139	19 F	0128 0545 1103 1753 2359	205 173 241 102 205
5 F	0919 1530 2127	236 149 177	20 SA	0448 1011 1732 2337	184 245 98 211
6 SA ☾	0151 0931 1602 2202	138 269 102 196	21 SU ☽	0348 0949 1714 2322	179 256 90 214
7 SU S	0254 0944 1633 2224	125 297 65 212	22 M N	0342 0944 1704 2310	166 267 84 214
8 M	0338 1002 1703 2242	109 319 41 226	23 TU	0353 0945 1700 2257	150 280 78 215
9 TU	0416 1026 1733 2301	92 334 30 238	24 W	0409 0957 1706 2244	129 295 73 223
10 W	0451 1054 1803 2323	77 341 28 248	25 TH	0428 1020 1720 2250	107 312 68 240
11 TH	0522 1123 1832 2347	67 342 35 253	26 F	0450 1048 1743 2312	86 328 60 259
12 F	0548 1150 1858	66 336 48	27 SA	0518 1120 1811 2343	71 340 53 275
13 SA ●	0012 0606 1213 1919	254 74 324 63	28 SU ○E	0550 1154 1844	67 345 49
14 SU E	0035 0606 1230 1933	249 89 308 81	29 M	0019 0627 1227 1917	286 75 336 52
15 M	0056 0543 1238 1926	240 104 290 98	30 TU P	0057 0710 1300 1951	290 97 311 65
			31 W	0138 0804 1333 2022	285 128 270 88

4 月

日期	潮时 时分	潮高 cm	日期	潮时 时分	潮高 cm
1 TH	0224 0923 1403 1854	273 160 218 117	16 F	0127 0559 1111 1728	260 177 225 77
2 F	0323 1825	258 132	17 SA	0139 0609 1028 1725	249 192 219 81
3 SA	0805 1515 2153	249 112 182	18 SU N	0117 0607 0913 1711	236 208 225 85
4 SU ☾ S	0109 0837 1540 2210	167 279 72 208	19 M	0003 0416 0900 1650 2337	230 213 237 88 224
5 M	0235 0904 1609 2222	150 302 45 227	20 TU ☽	0316 0850 1630 2306	195 251 87 218
6 TU	0325 0932 1637 2233	128 316 33 243	21 W	0323 0852 1620 2238	171 269 83 217
7 W	0403 1000 1705 2246	107 323 32 255	22 TH	0339 0913 1626 2217	145 288 77 230
8 TH	0436 1028 1731 2304	93 322 39 265	23 F	0400 0943 1642 2225	119 305 69 253
9 F	0505 1054 1756 2325	87 316 50 271	24 SA	0429 1017 1707 2252	98 318 59 279
10 SA	0530 1116 1815 2348	91 305 62 274	25 SU E	0505 1052 1736 2327	84 324 50 302
11 SU E	0548 1134 1827	102 292 72	26 M	0549 1129 1809	81 319 44
12 M ●	0011 0555 1146 1823	275 118 278 80	27 TU ○P	0005 0638 1205 1841	321 87 302 46
13 TU	0032 0542 1152 1734	275 134 265 81	28 W	0046 0732 1242 1911	332 100 271 59
14 W A	0052 0537 1154 1723	272 148 252 77	29 TH	0128 0833 1319 1930	332 118 229 82
15 TH	0110 0546 1144 1726	267 162 237 75	30 F	0213 0958 1400 1819	321 134 182 106

时　区：－1000　　　　潮高基准面：在平均海面下 175　cm

澳大利亚—特温岛

AUSTRALIA－TWIN ISLAND

2021 年潮汐表　　10° 28′ S　　142° 26′ E

5 月

日期	潮时 时分	潮高 cm	日期	潮时 时分	潮高 cm
1 SA S	0310 1231 1518 1756	302 126 136 123	16 SU	0139 1714	279 80
2 SU	0436 1418	283 91	17 M	0205 1708	261 91
3 M ☾	0641 1502 2157	282 63 207	18 TU	0316 1628	241 100
4 TU	0159 0806 1535 2206	165 292 47 227	19 W ☽	0636 1543 2305	244 99 205
5 W	0258 0851 1605 2215	143 299 43 242	20 TH	0230 0739 1535 2220	185 262 92 206
6 TH	0340 0925 1632 2226	125 298 48 255	21 F	0259 0823 1545 2147	157 278 82 226
7 F	0415 0954 1656 2243	115 291 57 267	22 SA E	0332 0904 1605 2202	132 290 72 257
8 SA E	0446 1018 1715 2304	114 280 67 277	23 SU	0412 0946 1631 2234	112 294 61 290
9 SU	0514 1038 1728 2326	120 266 73 287	24 M	0500 1027 1702 2312	98 289 52 320
10 M	0539 1054 1730 2350	129 253 76 295	25 TU	0553 1109 1735 2353	90 276 47 344
11 TU ● A	0602 1108 1706	140 241 74	26 W ○ P	0649 1151 1809	85 256 48
12 W	0012 0624 1120 1646	301 150 230 68	27 TH	0034 0745 1234 1841	358 85 229 58
13 TH	0034 0645 1130 1650	303 159 217 65	28 F S	0117 0846 1319 1906	360 89 198 77
14 F	0056 0708 1133 1658	300 167 204 66	29 SA	0203 0957 1412 1835	349 95 166 101
15 SA N	0117 0741 1108 1707	292 177 191 71	30 SU	0255 1127 1535 1815	327 97 140 123
			31 M	0402 1303	302 88

6 月

日期	潮时 时分	潮高 cm	日期	潮时 时分	潮高 cm
1 TU	0523 1414 2149	283 74 191	16 W	0323 1743	262 119
2 W ☾	0102 0648 1500 2158	173 274 65 212	17 TH	0508 1436	254 111
3 TH	0224 0759 1533 2206	160 269 65 230	18 F ☽	0632 1449 2216	256 98 199
4 F E	0317 0846 1559 2214	148 263 69 246	19 SA E	0230 0737 1509 2135	166 260 87 225
5 SA	0359 0919 1619 2228	140 252 76 263	20 SU	0322 0833 1533 2149	142 259 77 262
6 SU	0437 0944 1633 2247	137 239 80 280	21 M	0414 0925 1602 2223	120 254 68 299
7 M	0512 1007 1642 2309	137 225 82 295	22 TU	0509 1015 1635 2302	100 245 60 331
8 TU A	0546 1028 1643 2332	137 213 80 307	23 W P	0604 1102 1712 2342	81 234 54 355
9 W	0618 1049 1627 2355	137 203 76 315	24 TH ○	0657 1149 1752	66 223 52
10 TH ●	0648 1112 1623	137 195 71	25 F S	0024 0748 1235 1829	369 57 210 57
11 F	0019 0716 1135 1634	318 137 188 69	26 SA	0106 0838 1321 1902	370 57 195 69
12 SA N	0043 0747 1157 1650	315 139 180 70	27 SU	0149 0931 1410 1923	357 66 177 89
13 SU	0109 0825 1216 1708	308 144 169 75	28 M	0234 1032 1506 1849	334 81 159 112
14 M	0138 0930 1223 1729	295 150 156 85	29 TU	0324 1148 1619 1837	305 93 146 132
15 TU	0217 1748	280 99	30 W	0422 1317	275 95

7 月

日期	潮时 时分	潮高 cm	日期	潮时 时分	潮高 cm
1 TH ☾ E	0530 1423 2221	250 92 202	16 F E	0410 1320	257 118
2 F	0158 0650 1503 2219	183 232 90 224	17 SA ☽	0536 1406 2211	238 106 210
3 SA	0321 0818 1529 2218	169 221 91 244	18 SU	0239 0706 1440 2146	170 225 96 239
4 SU	0414 0906 1547 2222	154 211 93 266	19 M	0341 0829 1512 2149	139 219 88 276
5 M A	0455 0937 1601 2235	141 200 94 285	20 TU	0433 0931 1547 2218	108 216 79 311
6 TU	0530 1003 1614 2253	130 191 92 301	21 W P	0523 1022 1625 2253	80 215 70 339
7 W	0600 1029 1625 2315	121 185 88 312	22 TH S	0609 1108 1705 2332	57 216 60 359
8 TH	0626 1054 1631 2338	114 182 84 318	23 F	0653 1150 1745	42 218 53
9 F N	0650 1120 1634	109 183 80	24 SA ○	0012 0735 1231 1822	368 36 217 53
10 SA ●	0003 0714 1147 1645	321 107 184 76	25 SU	0050 0815 1310 1853	366 42 211 61
11 SU	0030 0741 1216 1702	321 108 183 74	26 M	0128 0856 1347 1905	352 57 199 79
12 M	0100 0815 1246 1722	317 113 178 76	27 TU	0203 0941 1425 1836	329 79 181 101
13 TU	0133 0903 1319 1745	309 121 168 84	28 W	0235 1036 1509 1828	298 103 163 121
14 W	0212 1012 1403 1809	296 128 155 99	29 TH E	0303 1158 1618 1820	263 120 150 140
15 TH	0301 1154 1527 1831	278 128 143 122	30 F	0316 1342 2317	227 122 215
			31 SA ☾	1438 2230	119 234

8 月

日期	潮时 时分	潮高 cm	日期	潮时 时分	潮高 cm
1 SU	0453 0935 1505 2215	164 186 117 254	16 M	0320 0841 1423 2138	149 186 113 266
2 M A	0506 1000 1526 2212	139 185 114 274	17 TU P	0406 0928 1505 2145	109 195 103 298
3 TU	0522 1019 1545 2220	120 184 110 291	18 W S	0444 1003 1544 2210	75 205 90 325
4 W	0537 1034 1606 2235	105 183 105 303	19 TH	0521 1035 1623 2242	51 216 76 345
5 TH N	0552 1047 1626 2255	96 185 98 311	20 F	0558 1109 1701 2318	35 227 62 356
6 F	0609 1103 1644 2319	90 190 89 318	21 SA	0633 1142 1737 2353	29 235 53 359
7 SA	0627 1123 1658 2345	87 197 81 323	22 SU ○	0708 1215 1808	32 238 53
8 SU ●	0650 1148 1706	86 204 74	23 M	0027 0742 1247 1829	352 44 234 65
9 M	0014 0718 1217 1715	327 86 207 72	24 TU	0056 0815 1317 1824	336 62 223 85
10 TU	0045 0753 1250 1729	328 90 205 75	25 W E	0120 0845 1345 1802	312 86 207 105
11 W	0118 0835 1327 1747	322 97 196 88	26 TH	0133 0912 1412 1800	283 111 190 126
12 TH E	0152 0926 1413 1807	305 108 184 109	27 F	0128 0934 1441 1759	253 135 176 147
13 F	0230 1028 1518 1824	278 119 174 139	28 SA	0038 0640 2301	231 139 232
14 SA	0318 1156 2157	241 125 207	29 SU	0620 1023 1422 2209	136 173 155 246
15 SU ☽	0154 0447 1327 2143	190 202 121 236	30 M ☾ A	0529 1033 1455 2151	124 185 147 263
			31 TU	0512 1040 1518 2150	106 192 139 279

时　区：－1000　　潮高基准面：在平均海面下 175　cm

澳大利亚—特温岛

AUSTRALIA－TWIN ISLAND

2021年潮汐表　　10° 28′ S　　142° 26′ E

9 月

日期	潮时 时分	潮高 cm	日期	潮时 时分	潮高 cm
1 W	0512 1047 1540 2157	92 196 130 291	16 TH	0431 1015 1541 2152	42 221 97 333
2 TH N	0515 1049 1601 2211	83 199 118 300	17 F	0501 1033 1617 2223	28 236 79 343
3 F	0522 1048 1621 2230	78 203 104 308	18 SA	0532 1057 1651 2256	25 248 66 345
4 SA	0535 1054 1640 2254	76 212 90 317	19 SU	0603 1124 1722 2326	30 257 63 339
5 SU	0553 1110 1658 2322	74 223 79 326	20 M ○	0633 1152 1748 2354	40 259 70 326
6 M	0617 1136 1714 2352	72 234 72 332	21 TU E	0700 1220 1802	54 256 87
7 TU ●	0647 1207 1725	70 240 75	22 W	0015 0721 1247 1748	307 71 249 108
8 W E	0023 0721 1243 1734	332 72 241 88	23 TH	0028 0726 1311 1734	284 89 239 128
9 TH	0055 0759 1323 1747	320 79 236 110	24 F	0029 0602 1332 1738	261 99 228 148
10 F	0126 0840 1408 1802	294 94 226 140	25 SA	0012 0550 1350 1743 2315	241 98 217 168 230
11 SA P	0157 0927 1507 1817	254 114 216 175	26 SU A	0545 1403 1734 2213	97 207 187 233
12 SU	0224 1036 2049	205 135 229	27 M	0529 1158 1548 2125	95 199 193 245
13 M ☽	0627 0910 1252 2058	150 166 144 262	28 TU	0505 1120 1502 2116	88 206 181 259
14 TU	0333 0940 1411 2108	105 187 133 291	29 W ☾ N	0451 1102 1515 2118	80 212 166 271
15 W S	0401 0959 1500 2126	68 205 116 315	30 TH	0444 1052 1531 2124	74 214 149 282

10 月

日期	潮时 时分	潮高 cm	日期	潮时 时分	潮高 cm
1 F	0442 1043 1548 2137	71 214 131 292	16 SA	0433 1020 1604 2157	21 252 89 326
2 SA	0446 1032 1605 2157	71 219 112 303	17 SU	0501 1040 1637 2227	27 263 83 318
3 SU	0457 1033 1624 2223	69 232 95 314	18 M	0528 1104 1706 2253	38 272 87 304
4 M	0515 1051 1647 2253	66 248 83 323	19 TU E	0551 1131 1732 2314	50 277 100 286
5 TU	0539 1119 1715 2325	60 264 80 325	20 W ○	0607 1157 1751 2330	61 279 118 266
6 W ●E	0609 1154 1750 2357	56 277 88 316	21 TH	0605 1222 1754 2337	71 278 139 247
7 TH	0641 1232 1836	56 284 107	22 F	0512 1245 1737 2336	73 275 156 229
8 F P	0030 0713 1314 1942	294 65 284 133	23 SA	0502 1306 1741 2314	68 269 171 215
9 SA	0102 0740 1359 2109	258 83 277 158	24 SU A	0504 1323 1751 2219	66 260 186 209
10 SU	0133 0618 1456	210 104 265	25 M	0504 1336 1758 2053	67 247 201 214
11 M	0604 1631	119 256	26 TU N	0456 1327 1740 2033	69 232 213 226
12 TU S	0240 0929 1208 1951	108 171 163 277	27 W	0441 1141 1538 2033	69 227 211 239
13 W ☽	0307 0943 1353 2023	66 198 149 301	28 TH ☾	0428 1117 1501 2033	70 224 192 252
14 TH	0336 0956 1448 2055	38 219 126 318	29 F	0414 1056 1510 2038	70 219 170 266
15 F	0405 1006 1529 2126	23 237 104 326	30 SA	0406 1036 1524 2054	70 216 147 280
			31 SU	0408 1014 1542 2119	69 223 126 293

11 月

日期	潮时 时分	潮高 cm	日期	潮时 时分	潮高 cm
1 M	0420 1012 1607 2150	64 242 108 301	16 TU	0452 1051 1702 2219	47 280 116 258
2 TU E	0438 1033 1640 2223	57 266 97 303	17 W	0507 1115 1735 2238	56 291 127 238
3 W	0502 1105 1722 2259	49 291 94 296	18 TH	0510 1140 1807 2253	62 299 138 220
4 TH ●	0530 1142 1814 2335	44 312 98 278	19 F ○	0444 1204 1838 2304	63 304 148 204
5 F P	0558 1222 1912	45 326 106	20 SA	0424 1227 1908 2310	58 304 157 191
6 SA	0012 0623 1304 2018	250 54 330 117	21 SU A	0428 1247 1940 2259	54 300 165 179
7 SU	0051 0609 1350 2145	212 72 324 123	22 M N	0436 1306	54 290
8 M S	0135 0549 1445 2356	168 91 309 111	23 TU	0442 1325	57 277
9 TU	0252 0538 1605	126 109 292	24 W	0445 1343	62 259
10 W	0137 1752	79 287	25 TH	0439 1404	70 239
11 TH ☽	0227 0934 1318 1921	49 196 160 295	26 F	0417 1150 1414 1821	76 224 216 235
12 F	0304 0946 1425 2015	30 219 139 302	27 SA ☾	0347 1116 1434 1924	79 213 192 249
13 SA	0336 0957 1512 2055	23 238 121 301	28 SU	0332 1043 1457 2004	76 209 167 263
14 SU	0405 1011 1551 2127	27 254 111 292	29 M	0336 1011 1525 2042	71 220 144 271
15 M E	0431 1029 1628 2155	36 268 110 277	30 TU E	0348 1000 1601 2120	63 246 124 272

12 月

日期	潮时 时分	潮高 cm	日期	潮时 时分	潮高 cm
1 W	0407 1021 1645 2200	54 279 109 266	16 TH	0433 1107 1801 2223	65 303 128 193
2 TH	0431 1054 1736 2242	46 312 97 252	17 F	0437 1129 1837 2244	68 314 127 181
3 F	0459 1132 1832 2325	41 339 88 234	18 SA A	0423 1151 1907 2304	67 320 127 171
4 SA ●P	0530 1213 1930	41 357 81	19 SU ○	0411 1213 1933 2324	63 320 128 165
5 SU	0010 0601 1255 2030	210 48 363 78	20 M N	0419 1234 1959 2341	60 315 132 159
6 M S	0056 0624 1341 2138	184 63 356 78	21 TU	0432 1255 2032 2352	59 307 137 152
7 TU	0150 0611 1432 2257	156 84 338 77	22 W	0448 1318	61 296
8 W	0307 0603 1534	132 107 314	23 TH	0505 1345	66 281
9 TH	0025 1649	69 293	24 F	0520 1423	76 263
10 F	0140 0936 1217 1809	56 181 169 278	25 SA	0516 1546	91 245
11 SA ☽	0232 0950 1358 1925	45 208 161 269	26 SU	0320 1749	97 236
12 SU E	0310 1005 1502 2024	41 231 148 260	27 M ☾ E	0259 1101 1445 1911	90 210 185 236
13 M	0340 1017 1553 2103	45 251 138 246	28 TU	0308 1027 1530 2014	81 224 157 235
14 TU	0404 1030 1639 2134	52 270 132 228	29 W	0324 1005 1615 2107	73 253 130 231
15 W	0422 1047 1721 2200	60 288 130 210	30 TH	0347 1018 1703 2156	64 290 104 224
			31 F	0415 1049 1753 2244	55 326 80 217

时　区：－1000　　　　潮高基准面：在平均海面下175　cm

澳大利亚—星期四岛

AUSTRALIA–THURSDAY ISLAND

2021 年潮汐表　　10° 35′ S　　142° 13′ E

1 月

日期	潮时 时分	潮高 cm	日期	潮时 时分	潮高 cm
1 F	0052 0400 1401 2248	139 103 320 120	16 SA	1455	313
2 SA	0128 0427 1442	132 103 313	17 SU	0005 1529	106 285
3 SU	0010 0219 0444 1531	114 121 108 302	18 M	0149 1043 1306 1559	104 251 245 254
4 M	0120 1633	103 287	19 TU E	0256 1043 1654 2043	98 267 224 235
5 TU	0210 1052 1332 1802	90 241 230 271	20 W ☽	0330 1052 1704 2141	96 280 195 230
6 W ☾ E	0249 1046 1455 1958	81 256 208 257	21 TH A	0356 1101 1729 2225	100 291 169 221
7 TH	0324 1052 1603 2111	80 275 180 244	22 F	0417 1108 1753 2303	111 300 146 209
8 F	0358 1101 1703 2205	86 297 148 227	23 SA	0433 1115 1816 2335	125 309 127 196
9 SA P	0431 1115 1755 2251	98 319 118 210	24 SU	0444 1123 1838 2350	139 317 113 183
10 SU	0503 1135 1843 2332	113 340 92 193	25 M	0448 1135 1900 2343	150 324 104 174
11 M	0534 1202 1926	128 366 75	26 TU N	0441 1153 1922 2349	155 330 100 170
12 TU S	0009 0600 1234 2009	179 141 365 67	27 W	0305 1217 1947	151 335 100
13 W ●	0043 0329 1309 2052	168 147 365 71	28 TH ○	0006 0318 1244 2018	170 140 339 103
14 TH	0115 0342 1345 2141	158 139 356 82	29 F	0032 0347 1314 2055	171 130 341 109
15 F	0148 0401 1420 2241	147 132 338 96	30 SA	0102 0416 1346 2142	169 124 339 115
			31 SU	0140 0441 1421 2246	164 124 330 120

2 月

日期	潮时 时分	潮高 cm	日期	潮时 时分	潮高 cm
1 M	0225 0459 1458	154 131 311	16 TU	0430 1102 1807 2019	145 250 202 211
2 TU E	0010 1540	120 281	17 W	0314 1022 1749 2128	143 264 181 217
3 W P	0125 0959 1330 1638	115 245 225 242	18 TH A	0327 1019 1739 2217	139 278 158 223
4 TH ☾	0222 1006 1523 2116	110 272 191 232	19 F ☽	0349 1022 1737 2256	140 290 134 225
5 F	0310 1021 1633 2215	110 299 148 228	20 SA	0409 1028 1742 2329	145 300 114 223
6 SA	0351 1039 1719 2303	115 322 109 221	21 SU	0428 1037 1752 2357	152 309 99 216
7 SU	0430 1059 1758 2342	123 341 79 213	22 M	0443 1049 1805	158 317 90
8 M S	0506 1122 1833	132 354 62	23 TU N	0011 0455 1105 1821 2353	207 161 323 86 200
9 TU	0006 0540 1149 1908	203 140 360 58	24 W	0507 1126 1843 2346	160 330 86 199
10 W	0021 0610 1219 1943	196 146 360 65	25 TH	0519 1151 1909	155 337 89
11 TH ●	0037 0632 1249 2019	191 153 354 79	26 F	0000 0530 1220 1940	202 150 343 94
12 F	0057 0405 1318 2058	186 155 340 99	27 SA ○	0025 0432 1250 2015	205 146 345 101
13 SA	0120 0417 1344 2144	181 148 321 121	28 SU	0057 0436 1321 2056	206 145 339 112
14 SU	0144 0431 1404 2251	172 144 297 140			
15 M E	0209 0439 1410	162 144 269			

3 月

日期	潮时 时分	潮高 cm	日期	潮时 时分	潮高 cm
1 M E	0135 0451 1353 2145	204 152 321 125	16 TU	0140 0441 1251 1727	205 174 243 170
2 TU P	0219 0503 1425 2254	198 166 289 139	17 W	0159 0442 1020 1720 2210	199 181 237 152 204
3 W	0826 1043 1456	222 213 245	18 TH A	0427 0924 1720 2232	186 249 133 221
4 TH	0030 0848 1742 2057	148 255 185 217	19 F	0355 0918 1719 2255	186 262 115 233
5 F	0152 0913 1611 2159	149 287 142 229	20 SA	0351 0924 1717 2317	183 275 101 240
6 SA ☾	0255 0939 1638 2248	147 315 97 237	21 SU ☽	0404 0935 1715 2338	181 286 89 240
7 SU S	0346 1006 1709 2327	145 334 65 239	22 M N	0418 0948 1717 2353	179 295 81 234
8 M	0428 1033 1740 2357	144 345 49 234	23 TU	0430 1005 1725 2356	175 304 77 226
9 TU	0505 1101 1811	143 348 47	24 W	0442 1025 1741 2334	169 313 75 219
10 W	0011 0538 1129 1842	225 144 344 57	25 TH	0457 1050 1803 2329	160 322 77 222
11 TH	0013 0607 1156 1912	218 147 336 75	26 F	0518 1118 1831 2345	151 329 81 229
12 F	0019 0630 1220 1942	215 154 323 96	27 SA	0548 1149 1903	145 332 87
13 SA ●	0034 0642 1242 2011	215 163 307 119	28 SU ○E	0014 0626 1220 1936	237 145 328 96
14 SU E	0054 0425 1259 2039	214 167 287 141	29 M	0048 0712 1253 2012	244 151 312 110
15 M	0117 0433 1306 2106	210 169 265 163	30 TU P	0127 0809 1325 2051	249 163 283 129
			31 W	0211 0923 1356 2138	249 176 241 154

4 月

日期	潮时 时分	潮高 cm	日期	潮时 时分	潮高 cm
1 TH	0306 1721 2022 2307	246 160 190 178	16 F	0154 0452 0715 1651 2325	238 221 232 96 240
2 F	0732 1646 2134	270 133 214	17 SA	0432 0742 1656 2322	223 244 87 247
3 SA	0112 0812 1550 2220	187 297 91 235	18 SU N	0357 0806 1654 2328	219 256 83 249
4 SU ☾ S	0233 0851 1615 2256	180 317 57 248	19 M	0344 0829 1642 2337	211 267 79 245
5 M	0331 0928 1645 2326	169 328 39 252	20 TU ☽	0348 0851 1635 2343	201 278 75 237
6 TU	0416 1002 1715 2349	158 330 36 248	21 W	0356 0914 1642 2337	189 289 71 228
7 W	0453 1034 1744	151 325 47	22 TH	0411 0940 1701 2313	175 299 70 227
8 TH	0001 0526 1102 1812	239 149 313 66	23 F	0433 1010 1726 2311	161 306 72 230
9 F	0000 0555 1125 1838	234 151 298 88	24 SA	0506 1042 1755 2331	150 308 76 250
10 SA	0002 0621 1144 1901	233 158 281 110	25 SU E	0546 1117 1826	142 303 84
11 SU E	0015 0644 1159 1917	237 167 262 131	26 M	0002 0635 1153 1857	266 138 288 95
12 M ●	0035 0707 1209 1914	242 178 243 148	27 TU ○P	0039 0728 1229 1929	281 137 262 112
13 TU	0058 0736 1210 1639	245 190 224 144	28 W	0119 0830 1305 1958	292 137 227 133
14 W A	0122 0827 1130 1637	246 201 208 126	29 TH	0203 0948 1341 1650	297 136 184 139
15 TH	0143 1643	243 109	30 F	0257 1143 1420 1639	295 124 139 124

时　区：－1000　　　　潮高基准面：在平均海面下 187　cm

澳大利亚—星期四岛

AUSTRALIA－THURSDAY ISLAND

2021 年潮汐表　　10° 35′ S　　142° 13′ E

5 月

日期	潮时时分	潮高 cm	日期	潮时时分	潮高 cm
1 SA S	0444 1348 2202	289 95 214	16 SU	0214 1641	257 81
2 SU	0018 0700 1505 2223	207 299 62 235	17 M	0307 1638 2340	246 84 242
3 M ☾	0158 0757 1543 2250	200 307 41 248	18 TU	0225 0709 1603 2336	231 254 84 234
4 TU	0305 0847 1617 2316	184 308 34 252	19 W ☽	0245 0746 1548 2332	215 265 77 227
5 W	0355 0930 1648 2339	169 303 40 250	20 TH	0307 0821 1601 2323	197 275 71 223
6 TH	0436 1005 1717 2353	160 291 56 245	21 F	0337 0857 1624 2302	178 280 69 229
7 F	0513 1032 1742 2354	156 274 77 243	22 SA E	0414 0935 1652 2301	162 280 72 245
8 SA E	0547 1051 1803 2354	156 254 99 247	23 SU	0500 1014 1721 2322	146 272 79 267
9 SU	0620 1106 1815	159 234 119	24 M	0551 1055 1751 2354	132 256 89 290
10 M	0004 0655 1119 1807	256 162 214 135	25 TU	0645 1137 1821	118 234 102
11 TU ●A	0023 0733 1130 1551	266 164 196 132	26 W ○P	0030 0742 1219 1849	311 105 208 118
12 W	0045 0818 1137 1548	273 166 180 115	27 TH	0111 0842 1300 1619	326 95 178 130
13 TH	0109 1559	275 99	28 F S	0154 0949 1344 1617	331 88 146 121
14 F	0132 1614	273 88	29 SA	0245 1109	325 82
15 SA N	0153 1630	267 82	30 SU	0348 1241	312 73
			31 M	0521 1411 2219	297 60 223

6 月

日期	潮时时分	潮高 cm	日期	潮时时分	潮高 cm
1 TU	0109 0653 1510 2242	206 288 49 237	16 W	0437 1447	258 94
2 W ☾	0232 0806 1550 2307	194 279 47 245	17 TH	0616 1501 2318	256 83 217
3 TH	0335 0904 1623 2329	179 268 54 249	18 F ☽	0224 0729 1526 2307	199 255 76 224
4 F E	0426 0947 1651 2344	167 252 68 251	19 SA E	0319 0828 1555 2258	179 251 75 238
5 SA	0511 1017 1714 2350	158 232 87 255	20 SU	0415 0920 1625 2300	156 241 81 261
6 SU	0554 1035 1729 2351	151 210 107 263	21 M	0510 1009 1655 2318	132 226 90 287
7 M	0635 1050 1729 2358	144 190 125 273	22 TU	0605 1057 1727 2347	107 208 102 312
8 TU A	0716 1106 1609	137 172 134	23 W P	0657 1141 1757	83 190 114
9 W	0014 0754 1125 1500	283 131 158 122	24 TH ○	0022 0747 1224 1825	332 65 173 125
10 TH ●	0035 0830 1145 1511	290 126 147 107	25 F S	0101 0837 1306 1557	344 56 156 127
11 F	0059 0908 1204 1533	291 125 139 96	26 SA	0143 0929 1348 1609	345 56 139 121
12 SA N	0124 0957 1223 1558	289 126 133 89	27 SU	0227 1030	335 64
13 SU	0152 1624	283 86	28 M	0314 1145	316 73
14 M	0227 1645	275 89	29 TU	0408 1316	290 75
15 TU	0317 1652	266 95	30 W	0520 1437 2235	263 71 229

7 月

日期	潮时时分	潮高 cm	日期	潮时时分	潮高 cm
1 TH ☾E	0208 0744 1528 2256	202 242 68 244	16 F E	0438 1420 2242	245 94 220
2 F	0339 0913 1602 2313	185 231 73 254	17 SA ☽	0216 0636 1500 2238	196 223 89 238
3 SA	0444 1007 1630 2326	164 217 84 262	18 SU	0336 0903 1535 2242	167 213 91 260
4 SU	0533 1048 1651 2332	144 200 100 270	19 M	0439 1001 1610 2252	132 204 98 284
5 M A	0613 1119 1704 2337	126 182 117 279	20 TU	0531 1048 1645 2311	98 193 107 308
6 TU	0646 1136 1704 2347	111 165 132 288	21 W P	0616 1127 1720 2339	68 183 116 328
7 W	0715 1138 1613	100 151 140	22 TH S	0658 1202 1754	47 175 123
8 TH	0003 0741 1147 1430	294 94 143 130	23 F	0012 0738 1233 1826	341 37 168 128
9 F N	0024 0805 1203 1454	298 93 140 118	24 SA ○	0048 0818 1304 1607	346 39 161 134
10 SA ●	0048 0831 1223 1527	299 96 140 108	25 SU	0125 0902 1335 1619	341 51 153 127
11 SU	0114 0903 1247 1601	297 102 139 100	26 M	0202 0951 1407 1634	327 69 143 122
12 M	0144 0946 1316 1632	294 109 137 97	27 TU	0236 1055 1443 1644	303 88 130 119
13 TU	0217 1049 1351 1658	289 114 130 98	28 W	0308 1225	273 100
14 W	0255 1217 1443 1714	280 112 120 106	29 TH E	0333 1406 2224	238 100 231
15 TH	0339 1331	266 103	30 F	0609 0843 1510 2234	196 207 97 249
			31 SA ☾	0521 0949 1546 2244	166 205 98 263

8 月

日期	潮时时分	潮高 cm	日期	潮时时分	潮高 cm
1 SU	0530 1039 1614 2253	136 201 106 274	16 M	0421 1013 1526 2212	129 200 115 286
2 M A	0549 1122 1637 2301	111 195 118 283	17 TU P	0459 1100 1607 2232	87 200 119 308
3 TU	0609 1200 1655 2310	91 185 130 290	18 W S	0534 1136 1646 2256	55 197 122 324
4 W	0629 1233 1705 2324	78 174 141 296	19 TH	0608 1200 1722 2325	35 191 124 334
5 TH N	0649 1239 1703 2342	72 163 146 299	20 F	0643 1212 1755 2356	28 186 126 337
6 F	0709 1206 1626	71 156 145	21 SA	0717 1227 1825	32 182 128
7 SA	0004 0731 1207 1519	302 75 156 134	22 SU ○	0028 0753 1246 1849	333 46 180 134
8 SU ●	0029 0756 1223 1543	304 83 159 122	23 M	0059 0830 1310 1622	321 67 176 137
9 M	0055 0826 1247 1611	305 91 161 113	24 TU	0127 0911 1337 1632	302 90 169 135
10 TU	0123 0904 1318 1637	304 100 159 110	25 W E	0149 1001 1406 1641	276 114 161 137
11 W	0153 0951 1356 1659	297 109 154 115	26 TH	0200 1125 1437 1640	246 133 150 141
12 TH E	0224 1100 1444 1712	282 116 147 127	27 F	0110 0552 0814 1327 2149	217 169 182 139 236
13 F	0256 1232 2154	256 118 210	28 SA	0538 0931 1501 2153	146 193 135 253
14 SA	0026 0331 1344 2145	206 219 116 235	29 SU	0529 1022 1537 2200	120 203 134 267
15 SU ☽	0306 0916 1440 2156	174 197 114 261	30 M ☾A	0527 1101 1604 2209	96 210 136 277
			31 TU	0533 1134 1628 2220	77 211 141 286

时　区：－1000　　　　潮高基准面：在平均海面下 187　cm

澳大利亚—星期四岛

AUSTRALIA—THURSDAY ISLAND

2021 年潮汐表　　10° 35′ S　　142° 13′ E

9 月

日期	潮时时分	潮高 cm	日期	潮时时分	潮高 cm
1 W	0543 1202 1647 2234	64 206 146 292	16 TH	0516 1143 1641 2234	25 219 133 327
2 TH N	0557 1222 1700 2251	58 197 149 296	17 F	0547 1159 1716 2304	21 213 130 326
3 F	0612 1219 1708 2311	59 186 148 299	18 SA	0619 1204 1747 2333	30 206 130 318
4 SA	0631 1152 1714 2334	63 180 144 303	19 SU	0650 1210 1816	47 203 134
5 SU	0653 1152 1718 2359	71 182 139 306	20 M ○	0000 0721 1224 1842	305 69 204 143
6 M	0719 1210 1620	79 187 135	21 TU E	0024 0751 1246 1901	287 93 204 158
7 TU ●	0026 0749 1238 1620	307 88 191 132	22 W	0042 0820 1311 1625	264 117 204 163
8 W E	0054 0824 1312 1636	302 98 193 137	23 TH	0052 0843 1338 1633	239 141 201 171
9 TH	0122 0903 1352 1653	287 111 192 150	24 F	0037 0503 1405 1634 2031	214 143 195 179 215
10 F	0150 0953 1440 1703	260 127 189 169	25 SA	0500 1021 1227 2035	122 189 185 232
11 SA P	0216 1120 2019	222 143 226	26 SU A	0500 1030 1526 2046	101 208 182 248
12 SU	0543 0855 1308 2042	150 185 150 257	27 M	0500 1051 1535 2100	82 224 176 260
13 M ☽	0446 0954 1421 2108	121 202 148 285	28 TU	0501 1113 1556 2115	67 233 172 271
14 TU	0421 1039 1517 2135	78 215 143 307	29 W ☾ N	0503 1133 1614 2132	57 234 168 279
15 W S	0446 1115 1602 2204	44 221 137 321	30 TH	0508 1150 1628 2150	53 228 165 285

10 月

日期	潮时时分	潮高 cm	日期	潮时时分	潮高 cm
1 F	0517 1200 1638 2209	54 217 160 290	16 SA	0520 1149 1704 2237	26 234 141 304
2 SA	0530 1149 1648 2231	58 207 153 295	17 SU	0550 1154 1738 2303	45 229 142 286
3 SU	0548 1127 1704 2256	64 205 147 298	18 M	0618 1157 1811 2325	69 229 148 265
4 M	0612 1133 1729 2323	72 211 142 298	19 TU E	0643 1209 1845 2341	94 233 157 242
5 TU	0639 1156 1805 2352	80 221 141 293	20 W ○	0701 1229 1922 2351	117 240 168 219
6 W ●E	0708 1228 1852	90 231 146	21 TH	0657 1253 2012 2350	138 245 178 197
7 TH	0023 0739 1304 1949	279 103 239 154	22 F	0408 1318	127 246
8 F P	0053 0811 1346 2101	253 120 244 162	23 SA	0411 1342	107 243
9 SA	0124 0844 1435 2310	217 143 245 159	24 SU A	0418 1359	88 237
10 SU	0152 0504 1856	172 131 253	25 M	0426 1103 1609 1912	74 239 224 242
11 M	0446 0936 1223 1936	112 196 186 280	26 TU N	0432 1105 1537 1944	65 249 217 252
12 TU S	0331 1010 1356 2016	77 219 182 301	27 W	0433 1115 1539 2011	59 253 207 261
13 W ☽	0349 1041 1459 2055	42 235 169 315	28 TH ☾	0430 1128 1547 2036	58 250 198 269
14 TH	0418 1109 1547 2132	22 242 155 320	29 F	0428 1138 1556 2059	57 241 188 277
15 F	0449 1133 1627 2207	17 240 145 316	30 SA	0433 1142 1606 2122	59 231 177 283
			31 SU	0446 1128 1624 2147	62 225 166 286

11 月

日期	潮时时分	潮高 cm	日期	潮时时分	潮高 cm
1 M	0506 1111 1651 2216	68 230 156 284	16 TU	0544 1156 1821 2251	88 260 157 221
2 TU E	0530 1120 1730 2248	75 243 149 276	17 W	0558 1204 1907 2303	113 268 158 197
3 W	0556 1145 1818 2323	85 261 143 261	18 TH	0547 1220 2000 2313	133 278 158 176
4 TH ●	0624 1219 1913 2359	97 278 139 237	19 F ○	0317 1242 2114 2314	125 285 155 159
5 F P	0650 1257 2015	113 293 133	20 SA	0318 1305	107 287
6 SA	0037 0433 1340 2132	206 130 302 126	21 SU A	0331 1329	91 283
7 SU	0116 0424 1430 2317	168 122 304 110	22 M N	0346 1349	79 275
8 M S	0200 0421 1543	128 110 299	23 TU	0402 1406	72 265
9 TU	0102 1810	84 302	24 W	0414 1121	70 261
10 W	0222 1010 1317 1918	54 231 207 310	25 TH	0415 1122 1447 1853	71 259 241 257
11 TH ☽	0310 1033 1430 2012	31 246 192 312	26 F	0358 1127 1457 1932	72 253 228 264
12 F	0348 1058 1526 2059	22 255 176 306	27 SA ☾	0345 1130 1512 2004	71 246 213 270
13 SA	0422 1123 1613 2140	26 257 164 293	28 SU	0350 1130 1535 2036	69 242 197 272
14 SU	0453 1143 1656 2212	41 256 158 272	29 M	0407 1119 1607 2110	69 243 180 269
15 M E	0521 1153 1738 2235	63 256 157 247	30 TU E	0428 1106 1650 2147	74 256 164 259

12 月

日期	潮时时分	潮高 cm	日期	潮时时分	潮高 cm
1 W	0452 1115 1739 2228	83 277 148 242	16 TH	0518 1201 1931 2305	128 302 136 165
2 TH	0518 1139 1833 2311	95 301 130 221	17 F	0322 1215 2014 2321	141 310 129 150
3 F	0543 1212 1929 2354	109 324 112 196	18 SA A	0231 1234 2054 2339	127 314 124 138
4 SA ●P	0601 1251 2028	124 341 96	19 SU ○	0243 1257 2138 2355	113 314 123 131
5 SU	0039 0351 1333 2132	170 125 351 84	20 M N	0306 1320	101 309
6 M S	0126 0356 1421 2244	143 119 349 75	21 TU	0332 1345	93 301
7 TU	1519	339	22 W	0358 1412	89 293
8 W	0005 1633	66 324	23 TH	0419 1448	89 283
9 TH	0127 1006 1221 1804	55 230 221 309	24 F	0428 1543	93 273
10 F	0233 1025 1356 1928	45 248 213 296	25 SA	0327 1711	96 264
11 SA ☽	0320 1050 1509 2036	41 263 198 282	26 SU	0300 1122 1430 1853	89 249 231 258
12 SU E	0357 1114 1610 2129	47 274 183 262	27 M ☾E	0315 1112 1521 2003	85 254 209 252
13 M	0429 1134 1705 2208	61 281 169 238	28 TU	0337 1106 1612 2059	85 265 184 241
14 TU	0454 1148 1756 2235	82 286 158 211	29 W	0402 1102 1704 2149	90 285 156 227
15 W	0513 1154 1845 2251	106 293 147 186	30 TH	0428 1111 1755 2236	100 310 127 211
			31 F	0456 1134 1844 2322	113 335 100 195

时　区：－1000　　　　潮高基准面：在平均海面下 187　cm

澳大利亚—古兹岛

AUSTRALIA－GOOD'S ISLAND

2021 年潮汐表　　10° 34′ S　　142° 10′ E

1 月

日期	潮时 时分	潮高 cm	日期	潮时 时分	潮高 cm
1	0134	92	16	0212	79
F	0943	322	SA	0919	328
	1242	311		1244	297
	1608	330		1753	329
2	0216	86	17	0255	82
SA	0951	325	SU	0952	334
	1320	307		1403	284
	1709	330		1900	316
3	0249	81	18	0323	89
SU	1009	328	M	1019	341
	1353	299		1558	265
	1811	328		2008	302
4	0312	79	19	0340	98
M	1029	332	TU	1041	348
	1431	287	E	1658	241
	1914	322		2111	288
5	0326	78	20	0356	111
TU	1048	338	W	1058	356
	1520	269	☽	1740	215
	2019	313		2207	273
6	0341	83	21	0414	127
W	1106	347	TH	1114	363
☾ E	1622	245	A	1816	191
	2124	299		2259	258
7	0404	95	22	0432	147
TH	1123	358	F	1129	366
	1726	214		1850	170
	2231	281		2353	244
8	0433	117	23	0449	172
F	1143	368	SA	1142	367
	1822	180		1924	153
	2343	260			
9	0507	149	24	0059	233
SA	1207	376	SU	0459	200
P	1914	147		1152	365
				1958	140
10	0113	243	25	1205	361
SU	0545	188	M	2036	132
	1236	379			
	2007	119			
11	0339	243	26	1227	357
M	0628	228	TU	2122	128
	1310	378	N		
	2104	101			
12	1352	372	27	1259	352
TU	2216	90	W	2234	125
S					
13	1442	363	28	1344	346
W	2348	85	TH		
●			○		
14	0752	309	29	0004	120
TH	0953	303	F	1442	340
	1542	353			
15	0112	81	30	0111	111
F	0839	320	SA	1558	334
	1126	304			
	1647	342			
			31	0158	104
			SU	0914	314
				1241	304
				1720	328

2 月

日期	潮时 时分	潮高 cm	日期	潮时 时分	潮高 cm
1	0232	100	16	0305	128
M	0930	321	TU	0939	330
	1410	288		1611	222
	1837	320		2030	288
2	0255	102	17	0314	139
TU	0948	332	W	0953	340
E	1530	263		1643	194
	1949	312		2127	282
3	0308	108	18	0329	150
W	1004	346	TH	1006	350
P	1623	230	A	1711	168
	2056	303		2217	278
4	0323	118	19	0349	163
TH	1021	362	F	1019	359
☾	1704	193	☽	1738	146
	2159	294		2303	273
5	0346	134	20	0412	179
F	1038	379	SA	1033	364
	1739	157		1804	129
	2300	283		2350	267
6	0415	157	21	0434	198
SA	1100	391	SU	1045	366
	1815	126		1831	119
7	0002	270	22	0041	261
SU	0450	184	M	0452	219
	1127	396		1059	365
	1853	104		1857	115
8	0118	258	23	0150	253
M	0529	214	TU	0506	238
S	1158	393	N	1119	361
	1935	94		1925	116
9	0329	255	24	1147	355
TU	0613	242	W	1957	120
	1235	382			
	2024	95			
10	1320	367	25	1225	347
W	2125	104	TH	2040	126
11	1421	349	26	1318	337
TH	2340	113	F	2157	133
●					
12	1540	332	27	1440	325
F			SA		
			○		
13	0123	111	28	0037	130
SA	0816	307	SU	1630	314
	1118	293			
	1701	318			
14	0213	112			
SU	0853	314			
	1439	276			
	1816	306			
15	0247	118			
M	0920	321			
E	1532	250			
	1926	296			

3 月

日期	潮时 时分	潮高 cm	日期	潮时 时分	潮高 cm
1	0129	126	16	0222	159
M	0804	298	TU	0819	300
E	1345	268		1513	189
	1800	308		1955	279
2	0204	129	17	0233	171
TU	0826	310	W	0832	308
P	1448	234		1543	161
	1917	304		2053	281
3	0229	138	18	0245	182
W	0846	327	TH	0845	318
	1535	195	A	1610	135
	2026	301		2144	285
4	0246	151	19	0307	191
TH	0905	346	F	0900	328
	1613	155		1635	113
	2129	300		2227	289
5	0306	165	20	0333	200
F	0926	365	SA	0915	336
	1648	119		1700	97
	2226	298		2307	291
6	0332	179	21	0359	210
SA	0950	381	SU	0930	342
☾	1720	90	☽	1724	88
	2319	294		2346	289
7	0405	195	22	0424	221
SU	1018	389	M	0947	345
S	1752	73	N	1747	86
8	0013	285	23	0027	281
M	0443	212	TU	0444	231
	1051	388		1008	345
	1827	69		1809	88
9	0117	274	24	0116	270
TU	0524	229	W	0504	240
	1127	376		1035	343
	1906	77		1835	93
10	0259	265	25	0231	258
W	0610	245	TH	0529	247
	1210	356		1108	335
	1951	95		1907	102
11	0450	270	26	1152	322
TH	0701	259	F	1949	116
	1305	332			
	2047	118			
12	0557	278	27	1304	304
F	0801	269	SA	2042	132
	1429	308			
	2342	138			
13	0649	285	28	0552	266
SA	0939	273	SU	0815	252
●	1611	292	○E	1517	286
				2202	149
14	0110	140	29	0620	275
SU	0730	291	M	1245	237
E	1354	246		1714	283
	1738	283			
15	0155	147	30	0039	158
M	0800	295	TU	0645	287
	1437	217	P	1341	198
	1850	280		1836	286
			31	0122	169
			W	0708	302
				1428	155
				1947	292

4 月

日期	潮时 时分	潮高 cm	日期	潮时 时分	潮高 cm
1	0153	184	16	0219	218
TH	0731	320	F	0724	292
	1510	113		1535	83
	2053	299		2200	293
2	0219	198	17	0248	223
F	0758	339	SA	0743	300
	1547	78		1601	70
	2151	305		2234	300
3	0247	208	18	0317	227
SA	0828	356	SU	0803	307
	1622	51	N	1626	62
	2242	308		2307	301
4	0319	215	19	0344	230
SU	0902	365	M	0826	313
☾ S	1655	37		1649	59
	2329	305		2340	297
5	0356	220	20	0406	234
M	0940	365	TU	0852	317
	1728	35	☽	1710	60
6	0016	297	21	0014	288
TU	0437	225	W	0425	236
	1021	355		0922	319
	1803	46		1730	64
7	0110	285	22	0052	276
W	0521	231	TH	0448	236
	1105	336		0956	315
	1841	67		1755	71
8	0224	273	23	0137	264
TH	0610	238	F	0523	234
	1158	309		1037	303
	1922	95		1829	85
9	0359	269	24	0237	257
F	0708	244	SA	0613	229
	1312	280		1134	282
	2010	126		1910	106
10	0504	271	25	0337	256
SA	1157	241	SU	0715	221
	1502	257	E	1329	257
	2118	156		1957	133
11	0549	272	26	0420	262
SU	1253	210	M	0834	205
E	1653	250		1606	247
				2053	164
12	0021	173	27	0451	272
M	0619	273	TU	1222	165
●	1334	179	○P	1744	258
	1812	253		2224	193
13	0111	186	28	0519	286
TU	0637	274	W	1310	121
	1409	151		1859	273
	1922	261			
14	0135	200	29	0023	211
W	0651	278	TH	0548	301
A	1440	125		1356	81
	2026	272		2007	288
15	0154	211	30	0109	225
TH	0706	284	F	0620	317
	1508	102		1439	48
	2119	283		2110	300

时　区：－1000　　　　潮高基准面：在平均海面下 213　cm

澳大利亚—古兹岛
AUSTRALIA－GOOD'S ISLAND

2021 年潮汐表　　10° 34′ S　　142° 10′ E

5 月

日期	潮时 时分	潮高 cm	日期	潮时 时分	潮高 cm
1 SA S	0146 0656 1520 2203	234 329 24 308	16 SU	0227 0625 1532 2234	242 278 49 300
2 SU	0223 0737 1558 2248	236 337 12 311	17 M	0257 0656 1559 2302	242 284 46 298
3 M ☾	0302 0822 1633 2329	233 337 10 308	18 TU	0322 0732 1621 2330	241 289 45 293
4 TU	0344 0910 1708	229 329 19	19 W ☽	0341 0810 1638 2358	238 293 46 285
5 W	0010 0430 1002 1741	301 226 312 37	20 TH	0401 0850 1656	233 291 49
6 TH	0054 0522 1058 1816	291 224 288 64	21 F	0026 0433 0936 1720	278 225 282 59
7 F	0145 0623 1203 1851	280 222 259 96	22 SA E	0054 0520 1034 1753	272 213 264 78
8 SA E	0245 1012 1328 1928	272 214 230 131	23 SU	0124 0620 1200 1832	270 197 239 107
9 SU	0341 1135 1536 2010	267 182 214 167	24 M	0157 0731 1412 1917	271 173 218 144
10 M	0418 1222 1723 2125	263 151 221 199	25 TU	0234 1014 1635 2008	277 142 225 182
11 TU ●A	0442 1258 1849 2334	261 123 238 220	26 W ○P	0314 1132 1802 2114	285 101 247 217
12 W	0500 1330 2014	261 99 258	27 TH	0355 1227 1914 2304	296 65 268 241
13 TH	0034 0517 1401 2105	231 263 80 276	28 F S	0438 1319 2020	306 37 285
14 F	0117 0536 1431 2138	238 268 66 289	29 SA	0020 0522 1410 2116	250 313 18 297
15 SA N	0154 0558 1502 2206	241 273 56 297	30 SU	0111 0610 1457 2202	250 315 7 302
			31 M	0158 0701 1541 2242	244 313 5 304

6 月

日期	潮时 时分	潮高 cm	日期	潮时 时分	潮高 cm
1 TU	0245 0757 1618 2319	235 304 10 303	16 W	0258 0700 1559 2312	243 272 44 285
2 W ☾	0337 0858 1651 2354	225 290 23 300	17 TH	0321 0753 1612 2333	235 270 45 283
3 TH	0437 1002 1720	216 271 43	18 F ☽	0353 0851 1625 2351	222 263 51 284
4 F E	0027 0553 1105 1747	296 205 246 70	19 SA E	0440 0954 1648	204 250 64
5 SA	0100 0740 1210 1814	290 188 219 103	20 SU	0009 0539 1105 1720	287 179 232 89
6 SU	0130 0924 1336 1841	283 164 196 139	21 M	0029 0643 1233 1757	292 149 212 123
7 M	0158 1033 1554 1907	276 137 190 175	22 TU	0054 0748 1441 1841	297 116 202 163
8 TU A	0223 1123	270 111	23 W P	0126 0857 1651 1931	302 85 219 201
9 W	0242 1203	265 90	24 TH ○	0205 1015 1815 2034	306 59 244 232
10 TH ●	0253 1240 2046 2339	263 75 262 250	25 F S	0252 1134 1921 2203	307 40 264 251
11 F	0305 1318 2111	263 63 278	26 SA	0345 1247 2019 2333	307 27 278 255
12 SA N	0039 0341 1357 2136	253 264 56 287	27 SU	0443 1353 2108	304 20 285
13 SU	0124 0429 1436 2201	252 266 51 290	28 M	0039 0542 1449 2150	250 297 17 290
14 M	0201 0519 1511 2225	250 268 47 289	29 TU	0139 0646 1533 2227	240 287 20 293
15 TU	0233 0609 1539 2249	247 270 45 287	30 W	0245 0756 1608 2258	227 274 29 297

7 月

日期	潮时 时分	潮高 cm	日期	潮时 时分	潮高 cm
1 TH ☾E	0416 0907 1632 2325	210 259 43 300	16 F E	0412 0819 1546 2253	216 250 61 288
2 F	0539 1012 1652 2349	188 241 63 302	17 SA ☽	0457 0924 1557 2306	191 242 71 297
3 SA	0636 1110 1712	164 221 88	18 SU	0534 1028 1620 2321	160 232 90 307
4 SU	0009 0725 1211 1734	302 141 201 118	19 M	0610 1135 1651 2340	126 219 116 317
5 M A	0028 0810 1328 1754	298 120 185 151	20 TU	0649 1253 1728	93 208 149
6 TU	0044 0854 1600 1804	293 103 187 184	21 W P	0006 0732 1451 1812	322 67 205 183
7 W	0054 0941	286 89	22 TH S	0038 0820 1700 1904	323 49 222 214
8 TH	0058 1034	281 80	23 F	0119 0918	318 42
9 F N	0111 1134	277 73	24 SA ○	0211 1040 1915 2123	309 43 257 249
10 SA ●	0142 1235 2105 2353	273 68 270 260	25 SU	0317 1238 2006 2257	299 43 267 250
11 SU	0230 1331 2126	269 63 275	26 M	0430 1355 2051	288 40 273
12 M	0050 0332 1417 2146	257 266 58 276	27 TU	0029 0545 1447 2129	242 276 42 279
13 TU	0137 0446 1455 2204	253 263 54 276	28 W	0243 0659 1524 2200	226 263 49 285
14 W	0224 0600 1523 2222	246 260 53 277	29 TH E	0407 0814 1548 2224	200 251 62 293
15 TH	0317 0710 1540 2239	234 255 55 281	30 F	0456 0921 1602 2243	171 240 78 301
			31 SA ☾	0535 1019 1617 2259	143 229 97 307

8 月

日期	潮时 时分	潮高 cm	日期	潮时 时分	潮高 cm
1 SU	0609 1112 1637 2314	118 217 118 310	16 M	0528 1055 1558 2231	99 235 131 327
2 M A	0640 1206 1659 2328	98 206 142 309	17 TU P	0557 1153 1631 2255	70 229 153 336
3 TU	0711 1310 1720 2339	84 199 169 305	18 W S	0629 1301 1709 2325	48 222 177 336
4 W	0743 1506 1729 2347	76 198 196 299	19 TH	0706 1446 1755	37 218 201
5 TH N	0818	74	20 F	0002 0750	329 39
6 F	0001 0859	293 77	21 SA	0048 0844	314 50
7 SA	0026 1002	286 81	22 SU ○	0153 1004 1852 2102	296 65 252 243
8 SU ●	0103 1147	278 82	23 M	0322 1249 1939	278 70 260
9 M	0156 1306 2136	270 77 261	24 TU	0041 0452 1352 2019	240 265 72 266
10 TU	0033 0327 1355 2104	256 261 72 262	25 W E	0225 0613 1434 2051	214 256 80 272
11 W	0159 0515 1430 2116	244 254 71 266	26 TH	0317 0727 1501 2114	185 248 94 279
12 TH E	0303 0638 1457 2132	225 249 75 273	27 F	0358 0835 1514 2131	154 242 111 288
13 F	0350 0750 1512 2146	199 245 84 284	28 SA	0433 0934 1525 2145	125 239 126 298
14 SA	0428 0857 1519 2159	168 242 97 298	29 SU	0502 1025 1544 2159	99 237 141 306
15 SU ☽	0500 0958 1533 2213	133 239 112 313	30 M ☾A	0529 1112 1609 2214	78 235 156 311
			31 TU	0555 1158 1636 2226	65 232 173 311

时　区：－1000　　　　潮高基准面：在平均海面下 213　cm

澳大利亚—古兹岛

AUSTRALIA－GOOD'S ISLAND

2021 年潮汐表　　10° 34′ S　　142° 10′ E

9 月

日期	潮时 时分	潮高 cm	日期	潮时 时分	潮高 cm
1 W	0621 1249 1701 2237	59 227 192 308	16 TH	0603 1259 1700 2252	23 246 202 334
2 TH N	0648 1358 1720 2253	60 222 209 304	17 F	0640 1424 1747 2335	30 237 215 317
3 F	0716 2315	67 297	18 SA	0723 1616 1840	48 239 226
4 SA	0747 2345	77 287	19 SU	0033 0815 1724 1944	293 73 247 234
5 SU	0826	88	20 M ○	0205 0929 1813	268 99 254
6 M	0025 0931	275 100	21 TU E	0036 0358 1233 1853	229 251 111 259
7 TU ●	0145 1222 1924	260 101 249	22 W	0130 0532 1329 1924	198 246 122 263
8 W E	0111 0428 1315 1942	238 250 102 254	23 TH	0215 0646 1404 1945	166 246 137 267
9 TH	0202 0601 1352 2001	211 248 108 263	24 F	0254 0754 1423 2000	136 248 154 273
10 F	0246 0715 1419 2019	179 249 120 276	25 SA	0327 0856 1434 2014	108 253 169 282
11 SA P	0325 0822 1437 2035	143 251 135 292	26 SU A	0356 0948 1453 2030	84 259 180 291
12 SU	0400 0923 1451 2052	106 255 150 311	27 M	0422 1031 1520 2047	65 265 189 299
13 M ☽	0431 1019 1512 2115	73 258 164 328	28 TU	0447 1109 1549 2104	53 268 197 304
14 TU	0501 1110 1542 2143	46 259 177 340	29 W ☾ N	0512 1147 1617 2120	48 267 206 306
15 W S	0530 1201 1618 2215	29 254 189 342	30 TH	0536 1227 1642 2140	49 261 216 306

10 月

日期	潮时 时分	潮高 cm	日期	潮时 时分	潮高 cm
1 F	0559 1315 1701 2203	56 250 224 302	16 SA	0614 1351 1745 2322	41 266 227 292
2 SA	0623 1425 1721 2231	66 240 230 294	17 SU	0654 1516 1847	70 261 230
3 SU	0651 2303	79 281	18 M	0041 0739 1626 2333	262 104 262 220
4 M	0727 2341	96 261	19 TU E	0239 0833 1711	237 139 264
5 TU	0812 1731 2001	115 244 230	20 W ○	0027 0443 1112 1742	184 232 169 265
6 W ●E	0302 0911 1754	241 136 250	21 TH	0109 0607 1238 1801	151 241 187 266
7 TH	0049 0511 1212 1815	200 242 152 260	22 F	0146 0721 1313 1814	122 253 204 269
8 F P	0129 0630 1300 1834	163 252 167 274	23 SA	0218 0829 1334 1829	97 268 218 275
9 SA	0209 0738 1332 1854	123 263 183 291	24 SU A	0248 0922 1358 1846	77 282 227 283
10 SU	0248 0842 1357 1918	86 274 198 310	25 M	0315 1000 1428 1907	62 292 232 290
11 M	0324 0940 1422 1947	53 284 209 327	26 TU N	0342 1032 1459 1929	53 299 234 297
12 TU S	0358 1030 1452 2021	29 290 215 339	27 W	0408 1103 1529 1954	48 301 236 301
13 W ☽	0430 1115 1528 2100	15 290 218 343	28 TH ☾	0432 1134 1555 2021	48 298 238 304
14 TH	0502 1200 1608 2141	12 285 220 336	29 F	0453 1206 1617 2050	52 291 240 304
15 F	0537 1249 1653 2227	21 276 223 318	30 SA	0513 1241 1639 2122	59 281 241 300
			31 SU	0534 1319 1710 2156	69 271 238 288

11 月

日期	潮时 时分	潮高 cm	日期	潮时 时分	潮高 cm
1 M	0602 1404 1758 2238	85 263 233 267	16 TU	0056 0653 1446 2306	234 135 291 184
2 TU E	0637 1453 1901	107 262 221	17 W	0312 0728 1525 2355	216 176 287 149
3 W	0032 0719 1533 2319	238 137 265 198	18 TH	0519 0808 1552	227 214 285
4 TH ●	0353 0808 1604	229 171 275	19 F ○	0034 0702 1001 1612	120 251 247 285
5 F P	0003 0535 0907 1632	157 246 205 288	20 SA	0107 0830 1149 1630	98 277 264 287
6 SA	0045 0648 1120 1702	115 268 233 304	21 SU A	0138 0908 1243 1649	82 298 272 291
7 SU	0126 0754 1231 1735	78 288 248 321	22 M N	0208 0937 1324 1712	71 312 274 296
8 M S	0208 0855 1312 1812	48 303 256 335	23 TU	0238 1003 1401 1743	64 320 273 300
9 TU	0248 0947 1350 1854	26 314 258 343	24 W	0308 1027 1434 1819	61 323 271 304
10 W	0327 1031 1429 1939	14 318 255 345	25 TH	0335 1053 1504 1857	60 323 269 307
11 TH ☽	0403 1111 1512 2027	12 318 249 338	26 F	0358 1118 1530 1936	61 320 266 308
12 F	0438 1150 1559 2120	20 314 243 322	27 SA ☾	0415 1144 1553 2017	63 316 262 304
13 SA	0511 1229 1654 2219	37 309 239 297	28 SU	0430 1208 1624 2101	68 311 253 295
14 SU	0545 1312 1802 2328	63 302 234 266	29 M	0450 1230 1708 2155	78 308 240 277
15 M E	0619 1359 2143	97 296 219	30 TU E	0517 1251 1807 2312	97 308 221 251

12 月

日期	潮时 时分	潮高 cm	日期	潮时 时分	潮高 cm
1 W	0552 1314 1917	126 311 194	16 TH	0323 0619 1339 2252	212 202 327 135
2 TH	0118 0631 1343 2109	227 164 317 161	17 F	1353 2337	323 115
3 F	0413 0717 1419 2250	231 206 326 122	18 SA A	1357	320
4 SA ●P	0550 0809 1500 2346	259 245 336 87	19 SU ○	0017 1408	101 320
5 SU	0703 0921 1546	286 276 346	20 M N	0056 0915 1148 1445	92 316 305 318
6 M S	0039 0807 1111 1634	59 307 292 353	21 TU	0134 0936 1244 1538	87 325 304 317
7 TU	0131 0900 1222 1725	41 322 294 357	22 W	0212 0957 1328 1635	83 330 300 316
8 W	0221 0944 1316 1817	30 330 288 354	23 TH	0246 1018 1407 1731	81 331 296 315
9 TH	0306 1023 1407 1914	27 334 279 344	24 F	0314 1038 1442 1826	79 331 291 312
10 F	0345 1058 1502 2015	32 337 268 328	25 SA	0333 1057 1516 1923	79 332 282 308
11 SA ☽	0418 1131 1607 2121	44 339 255 306	26 SU	0345 1115 1553 2021	80 334 269 299
12 SU E	0446 1201 1735 2229	64 341 240 279	27 M ☾E	0356 1130 1639 2123	85 338 249 286
13 M	0512 1229 1922 2337	91 340 217 249	28 TU	0415 1143 1732 2229	97 344 223 268
14 TU	0538 1256 2049	125 337 189	29 W	0442 1158 1826 2346	120 352 190 248
15 W	0059 0602 1319 2157	222 163 333 160	30 TH	0515 1218 1919	153 361 155
			31 F	0132 0552 1246 2013	233 192 368 123

时　区：－1000　　　　潮高基准面：在平均海面下 213 cm

澳大利亚—布比岛

AUSTRALIA—BOOBY ISLAND

2021 年潮汐表　　10° 36′ S　　141° 55′ E

1 月

日期	潮时 时分	潮高 cm	日期	潮时 时分	潮高 cm
1 F	0043 0838 1220 1640	91 363 318 367	16 SA	0121 0851 1254 1803	77 376 301 377
2 SA	0125 0910 1301 1731	87 368 314 367	17 SU	0211 0925 1357 1857	83 378 291 364
3 SU	0202 0940 1343 1823	85 371 308 365	18 M	0250 0956 1503 1950	94 381 278 346
4 M	0234 1007 1433 1918	84 376 298 359	19 TU E	0321 1023 1609 2044	109 386 261 326
5 TU	0305 1032 1530 2018	85 383 282 348	20 W ☽	0347 1046 1709 2140	128 391 240 305
6 W ☾ E	0338 1054 1631 2123	94 392 258 333	21 TH A	0411 1105 1800 2241	152 395 217 287
7 TH	0413 1118 1731 2233	112 403 225 315	22 F	0433 1122 1844 2352	179 397 193 275
8 F	0453 1144 1828 2355	141 411 188 299	23 SA	0454 1138 1923	209 397 172
9 SA P	0537 1214 1924	180 415 152	24 SU	0120 0513 1157 2000	271 241 395 153
10 SU	0136 0630 1249 2019	292 225 415 120	25 M	0301 0524 1221 2039	277 271 391 138
11 M	0332 0734 1328 2114	299 266 410 96	26 TU N	1253 2121	386 128
12 TU S	0540 0844 1415 2212	323 296 404 81	27 W	1338 2210	380 121
13 W ●	0647 0952 1509 2313	349 311 397 75	28 TH ○	0710 0944 1436 2306	339 323 376 116
14 TH	0733 1056 1608	365 314 391	29 F	0739 1042 1542	350 321 376
15 F	0019 0814 1155 1707	75 373 309 385	30 SA	0010 0808 1136 1646	110 358 316 378
			31 SU	0104 0836 1232 1745	105 364 307 378

2 月

日期	潮时 时分	潮高 cm	日期	潮时 时分	潮高 cm
1 M	0142 0901 1333 1842	102 371 292 373	16 TU	0224 0910 1503 1957	135 373 244 338
2 TU E	0213 0923 1436 1940	104 382 271 363	17 W	0246 0926 1551 2050	151 380 222 322
3 W P	0243 0944 1534 2041	113 395 242 349	18 TH A	0308 0941 1635 2145	170 387 199 310
4 TH ☾	0315 1005 1629 2145	130 409 208 335	19 F ☽	0329 0957 1713 2243	191 393 177 303
5 F	0350 1029 1721 2254	156 421 172 321	20 SA	0352 1014 1749 2344	214 397 158 299
6 SA	0428 1057 1812	189 428 140	21 SU	0417 1034 1824	238 398 143
7 SU	0014 0512 1129 1902	311 226 428 116	22 M	0053 0445 1058 1900	298 262 395 133
8 M S	0145 0608 1206 1953	307 262 421 101	23 TU N	0214 0519 1128 1940	298 284 389 128
9 TU	0336 0716 1251 2046	312 290 409 97	24 W	0408 0640 1208 2024	304 302 381 126
10 W	0535 0825 1351 2143	329 305 396 101	25 TH	0550 0802 1305 2114	318 310 373 126
11 TH ●	0630 0931 1503 2250	345 309 385 107	26 F	0623 0906 1426 2209	329 310 368 127
12 F	0712 1036 1612	354 305 379	27 SA ○	0652 1006 1548 2315	338 303 370 126
13 SA	0014 0749 1147 1714	112 360 296 374	28 SU	0718 1111 1658	346 290 373
14 SU	0117 0821 1304 1811	115 363 282 365			
15 M E	0156 0848 1408 1904	123 368 264 353			

3 月

日期	潮时 时分	潮高 cm	日期	潮时 时分	潮高 cm
1 M E	0023 0742 1229 1801	125 355 269 372	16 TU	0124 0747 1406 1919	166 351 208 332
2 TU P	0109 0802 1339 1902	129 367 239 367	17 W	0149 0800 1445 2013	181 356 184 326
3 W	0145 0822 1435 2003	140 382 204 358	18 TH A	0211 0814 1521 2106	197 364 162 322
4 TH	0219 0844 1525 2107	158 398 168 349	19 F	0235 0830 1556 2158	214 371 143 321
5 F	0254 0909 1614 2212	181 412 134 342	20 SA	0301 0849 1629 2249	230 376 127 322
6 SA ☾	0331 0938 1702 2320	208 421 107 336	21 SU ☽	0330 0911 1701 2340	246 379 116 322
7 SU S	0413 1011 1750	235 422 90	22 M N	0401 0936 1735	261 378 110
8 M	0030 0502 1048 1838	330 260 415 84	23 TU	0033 0438 1006 1812	320 275 374 108
9 TU	0143 0602 1131 1928	325 280 401 89	24 W	0133 0526 1043 1854	316 286 368 109
10 W	0311 0710 1229 2019	323 291 382 102	25 TH	0244 0632 1130 1940	312 291 359 114
11 TH	0453 0817 1350 2115	328 293 365 119	26 F	0401 0739 1244 2029	313 280 348 120
12 F	0553 0925 1513 2222	335 288 355 134	27 SA	0458 0842 1427 2123	318 281 343 129
13 SA ●	0634 1051 1624 2353	340 277 350 145	28 SU ○E	0535 0948 1554 2222	325 263 346 140
14 SU E	0707 1226 1726	344 256 345	29 M	0602 1108 1709 2330	335 235 350 153
15 M	0051 0731 1322 1824	154 347 232 340	30 TU P	0626 1232 1818	347 198 354
			31 W	0030 0649 1328 1925	168 362 157 355

4 月

日期	潮时 时分	潮高 cm	日期	潮时 时分	潮高 cm
1 TH	0117 0714 1417 2030	188 377 118 356	16 F	0142 0700 1446 2123	236 342 104 329
2 F	0157 0743 1504 2134	209 391 85 356	17 SA	0212 0721 1518 2208	247 347 93 334
3 SA	0237 0815 1551 2235	230 399 63 355	18 SU N	0244 0745 1549 2250	256 349 86 336
4 SU ☾ S	0319 0851 1639 2332	247 401 52 352	19 M	0316 0813 1622 2332	264 349 83 335
5 M	0405 0931 1726	261 394 53	20 TU ☽	0351 0845 1656	269 348 82
6 TU	0028 0500 1016 1814	345 270 380 63	21 W	0014 0431 0923 1734	330 273 345 84
7 W	0126 0603 1110 1903	337 274 360 82	22 TH	0059 0520 1008 1815	324 273 338 89
8 TH	0231 0710 1226 1952	329 272 338 105	23 F	0147 0620 1108 1901	318 268 327 98
9 F	0342 0821 1401 2044	325 264 321 130	24 SA	0237 0723 1241 1950	315 255 314 114
10 SA	0445 0957 1523 2142	325 249 313 155	25 SU E	0322 0827 1428 2043	317 233 309 135
11 SU E	0528 1130 1635 2258	326 223 310 175	26 M	0401 0937 1600 2142	323 202 313 161
12 M ●	0554 1229 1743	327 194 310	27 TU ○P	0435 1100 1723 2249	332 162 323 188
13 TU	0003 0612 1308 1845	192 328 166 313	28 W	0507 1209 1839 2357	344 117 337 211
14 W A	0042 0627 1343 1942	208 331 142 318	29 TH	0539 1303 1949	357 76 350
15 TH	0113 0642 1415 2035	223 336 121 323	30 F	0052 0612 1352 2052	230 367 45 359

时　区：－1000　　　　潮高基准面：在平均海面下 239　cm

澳大利亚—布比岛

AUSTRALIA－BOOBY ISLAND

2021 年潮汐表　　10° 36′ S　　141° 55′ E

5 月

日期	潮时 时分	潮高 cm	日期	潮时 时分	潮高 cm
1 SA S	0138	246	16 SU	0155	261
	0649	374		0616	322
	1440	26		1446	65
	2148	363		2205	337
2 SU	0222	256	17 M	0229	263
	0729	375		0649	322
	1528	20		1519	64
	2239	362		2241	336
3 M ☾	0308	260	18 TU	0302	264
	0814	369		0727	321
	1617	24		1552	64
	2326	356		2316	333
4 TU	0359	260	19 W ☽	0338	263
	0904	356		0810	320
	1706	36		1625	64
				2350	329
5 W	0012	348	20 TH	0420	258
	0459	256		0858	316
	0959	337		1701	67
	1752	55			
6 TH	0100	339	21 F	0023	326
	0607	249		0512	249
	1105	314		0956	308
	1837	80		1741	75
7 F	0149	331	22 SA E	0056	324
	0719	238		0610	232
	1234	292		1110	295
	1922	109		1825	92
8 SA E	0238	325	23 SU	0130	324
	0846	220		0712	207
	1405	277		1246	282
	2007	141		1913	119
9 SU	0322	320	24 M	0206	327
	1022	194		0815	173
	1528	271		1431	278
	2057	173		2008	154
10 M	0358	316	25 TU	0243	331
	1120	164		0921	134
	1649	274		1610	287
	2157	202		2109	191
11 TU ●A	0424	313	26 W ○P	0321	337
	1201	136		1030	92
	1807	285		1744	306
	2306	224		2219	222
12 W	0446	313	27 TH	0400	344
	1236	111		1134	55
	1913	300		1902	329
				2330	243
13 TH	0001	240	28 F S	0440	349
	0505	314		1231	26
	1308	91		2005	347
	2004	315			
14 F	0044	250	29 SA	0028	254
	0525	317		0524	353
	1340	76		1325	10
	2048	327		2057	356
15 SA N	0121	257	30 SU	0118	258
	0549	320		0611	353
	1413	68		1419	5
	2128	334		2143	357
			31 M	0206	255
				0702	347
				1511	10
				2226	353

6 月

日期	潮时 时分	潮高 cm	日期	潮时 时分	潮高 cm
1 TU	0256	250	16 W	0246	255
	0755	336		0710	303
	1601	21		1528	56
	2307	348		2252	326
2 W ☾	0355	241	17 TH	0327	248
	0853	320		0802	300
	1647	38		1557	58
	2347	343		2318	327
3 TH	0502	230	18 F ☽	0415	235
	0955	299		0901	293
	1728	60		1630	64
				2342	330
4 F E	0026	338	19 SA E	0509	214
	0614	215		1007	283
	1107	276		1707	79
	1807	89			
5 SA	0104	333	20 SU	0006	335
	0729	195		0606	186
	1232	255		1122	270
	1844	121		1750	106
6 SU	0138	327	21 M	0034	339
	0841	171		0702	151
	1400	243		1253	260
	1923	157		1839	143
7 M	0208	320	22 TU	0105	341
	0943	145		0800	113
	1528	242		1438	260
	2008	193		1937	185
8 TU A	0234	314	23 W P	0141	342
	1032	120		0858	77
	1710	255		1628	275
	2105	224		2043	222
9 W	0256	308	24 TH ○	0223	342
	1113	98		0958	47
	1835	277		1808	301
	2217	247		2155	247
10 TH ●	0319	306	25 F S	0309	341
	1151	80		1059	26
	1926	299		1913	323
	2324	258		2303	258
11 F	0344	305	26 SA	0401	340
	1228	67		1203	15
	2006	315		2003	337
12 SA N	0016	262	27 SU	0002	258
	0416	304		0458	338
	1307	60		1307	11
	2043	324		2047	341
13 SU	0058	263	28 M	0056	252
	0454	304		0555	334
	1346	57		1407	14
	2117	328		2127	340
14 M	0135	261	29 TU	0151	243
	0537	304		0653	326
	1424	56		1500	22
	2151	328		2205	338
15 TU	0210	259	30 W	0251	231
	0622	304		0752	313
	1458	56		1544	36
	2223	327		2241	337

7 月

日期	潮时 时分	潮高 cm	日期	潮时 时分	潮高 cm
1 TH ☾E	0358	217	16 F E	0328	222
	0851	294		0816	288
	1622	55		1528	67
	2314	338		2234	332
2 F	0507	198	17 SA ☽	0419	198
	0954	272		0917	279
	1655	80		1558	82
	2344	338		2253	341
3 SA	0612	176	18 SU	0509	166
	1103	251		1023	269
	1726	110		1634	106
				2315	350
4 SU	0009	336	19 M	0559	130
	0709	153		1137	260
	1222	235		1716	140
	1757	144		2342	354
5 M A	0031	332	20 TU	0649	95
	0759	130		1306	255
	1347	228		1807	180
	1831	180			
6 TU	0050	325	21 W P	0014	354
	0843	110		0741	65
	1521	233		1450	259
	1916	214		1911	217
7 W	0108	318	22 TH S	0052	350
	0924	93		0834	44
	1740	253		1653	276
	2019	242		2022	244
8 TH	0130	312	23 F	0140	343
	1006	80		0930	32
	1840	278		1816	299
	2132	260		2131	257
9 F N	0201	306	24 SA ○	0240	335
	1053	71		1032	29
	1918	297		1906	314
	2242	266		2236	258
10 SA ●	0245	301	25 SU	0348	330
	1144	66		1144	31
	1951	309		1949	321
	2341	265		2340	251
11 SU	0339	298	26 M	0455	327
	1239	62		1301	34
	2024	315		2027	324
12 M	0030	261	27 TU	0045	239
	0437	298		0557	322
	1329	60		1400	39
	2056	317		2102	325
13 TU	0113	256	28 W	0153	223
	0533	299		0656	312
	1409	58		1444	50
	2126	318		2134	328
14 W	0155	250	29 TH E	0258	205
	0626	298		0753	296
	1438	58		1517	67
	2152	320		2202	332
15 TH	0240	239	30 F	0359	184
	0720	295		0852	277
	1502	60		1545	89
	2215	325		2226	336
			31 SA ☾	0455	160
				0953	259
				1610	115
				2245	339

8 月

日期	潮时 时分	潮高 cm	日期	潮时 时分	潮高 cm
1 SU	0545	137	16 M	0458	107
	1059	244		1044	272
	1635	144		1606	154
	2302	339		2224	363
2 M A	0627	115	17 TU P	0544	76
	1211	236		1158	268
	1702	175		1650	186
	2318	337		2254	364
3 TU	0705	98	18 W S	0631	52
	1328	236		1321	268
	1733	205		1745	218
	2336	332		2330	359
4 W	0742	85	19 TH	0720	39
	1458	242		1456	271
	1821	233		1855	242
	2358	324			
5 TH N	0820	78	20 F	0014	348
				0812	36
				1653	283
				2006	255
6 F	0027	315	21 SA	0115	334
	0902	75		0907	42
	1820	278		1759	297
	2049	266		2113	256
7 SA	0109	306	22 SU ○	0237	323
	0950	75		1010	53
	1853	292		1844	306
	2154	268		2221	248
8 SU ●	0213	299	23 M	0356	318
	1049	76		1132	63
	1924	300		1922	311
	2257	264		2343	234
9 M	0335	297	24 TU	0504	315
	1204	74		1254	70
	1953	304		1955	314
	2359	256			
10 TU	0445	299	25 W E	0104	214
	1303	71		0605	310
	2020	308		1342	80
				2023	317
11 W	0059	244	26 TH	0204	191
	0544	301		0704	299
	1340	71		1414	96
	2044	312		2046	321
12 TH E	0152	227	27 F	0255	166
	0640	299		0801	286
	1406	76		1439	116
	2103	320		2103	326
13 F	0240	204	28 SA	0341	142
	0736	293		0859	273
	1429	85		1501	139
	2120	330		2118	332
14 SA	0327	175	29 SU	0423	120
	0835	285		0958	264
	1457	101		1525	162
	2137	343		2134	337
15 SU ☽	0412	142	30 M ☾A	0502	100
	0937	277		1058	260
	1529	125		1551	186
	2158	355		2151	338
			31 TU	0538	85
				1200	260
				1619	209
				2211	337

时　区：－1000　　　　潮高基准面：在平均海面下 239 cm

澳大利亚—布比岛

AUSTRALIA—BOOBY ISLAND

2021 年潮汐表　　10° 36′ S　　141° 55′ E

9 月

日期	潮时 时分	潮高 cm	日期	潮时 时分	潮高 cm
1 W	0613	76	16 TH	0609	30
	1304	261		1321	294
	1653	231		1738	246
	2233	332		2254	351
2 TH N	0648	72	17 F	0658	35
	1416	263		1438	292
	1744	250		1849	254
	2301	324		2351	333
3 F	0727	73	18 SA	0749	49
	1606	269		1609	294
	1900	263		1958	253
	2337	314			
4 SA	0809	78	19 SU	0117	315
	1733	279		0844	68
	2009	267		1717	299
				2110	245
5 SU	0030	303	20 M ○	0252	305
	0856	84		0945	89
	1808	287		1801	304
	2111	264		2250	227
6 M	0206	295	21 TU E	0409	302
	0949	90		1107	107
	1836	293		1836	308
	2215	254			
7 TU ●	0341	296	22 W	0019	200
	1052	95		0518	300
	1900	298		1223	122
	2342	237		1901	310
8 W E	0453	301	23 TH	0111	172
	1204	99		0621	297
	1920	305		1305	139
				1918	312
9 TH	0052	211	24 F	0153	145
	0555	304		0720	294
	1251	106		1334	159
	1937	314		1931	317
10 F	0140	180	25 SA	0231	120
	0656	303		0817	291
	1325	119		1359	178
	1954	326		1945	323
11 SA P	0224	146	26 SU A	0307	100
	0756	301		0913	290
	1357	137		1424	197
	2013	341		2002	328
12 SU	0307	111	27 M	0341	84
	0859	298		1006	292
	1430	159		1452	214
	2035	355		2021	332
13 M ☽	0351	79	28 TU	0415	73
	1002	297		1056	295
	1507	183		1523	230
	2103	364		2043	333
14 TU	0435	53	29 W ☾ N	0448	67
	1107	297		1145	297
	1548	208		1558	243
	2134	367		2108	330
15 W S	0521	36	30 TH	0523	67
	1213	296		1236	296
	1637	230		1638	255
	2211	363		2136	325

10 月

日期	潮时 时分	潮高 cm	日期	潮时 时分	潮高 cm
1 F	0559	70	16 SA	0635	50
	1332	292		1402	318
	1729	264		1851	254
	2210	318		2348	309
2 SA	0639	76	17 SU	0724	75
	1436	288		1504	315
	1834	267		2007	241
	2252	307			
3 SU	0722	86	18 M	0135	291
	1544	288		0815	104
	1938	263		1602	314
				2153	220
4 M	0004	294	19 TU E	0305	284
	0808	97		0909	135
	1635	290		1646	314
	2040	250		2323	189
5 TU	0209	287	20 W ○	0425	284
	0857	111		1016	164
	1708	295		1716	314
	2150	229			
6 W ●E	0344	291	21 TH	0012	156
	0952	127		0540	289
	1732	303		1129	188
	2325	198		1736	315
7 TH	0500	299	22 F	0051	127
	1054	144		0648	297
	1753	314		1219	208
				1752	317
8 F P	0025	158	23 SA	0124	103
	0609	309		0747	306
	1158	163		1255	226
	1814	327		1808	321
9 SA	0111	118	24 SU A	0156	85
	0716	317		0839	316
	1249	183		1326	240
	1837	342		1826	326
10 SU	0154	81	25 M	0227	72
	0820	325		0925	324
	1331	204		1358	251
	1904	355		1846	329
11 M	0237	51	26 TU N	0258	65
	0923	331		1007	330
	1411	223		1431	260
	1936	365		1909	331
12 TU S	0322	30	27 W	0330	63
	1021	335		1047	332
	1453	239		1506	266
	2011	368		1937	329
13 W ☽	0408	20	28 TH ☾	0403	65
	1116	335		1127	332
	1539	251		1543	271
	2052	364		2008	326
14 TH	0457	21	29 F	0437	69
	1209	331		1208	328
	1634	258		1624	274
	2138	352		2044	321
15 F	0546	31	30 SA	0513	76
	1304	325		1249	323
	1739	259		1715	273
	2232	332		2127	313
			31 SU	0552	84
				1332	318
				1815	266
				2223	300

11 月

日期	潮时 时分	潮高 cm	日期	潮时 时分	潮高 cm
1 M	0633	98	16 TU	0141	271
	1413	316		0736	147
	1916	251		1446	342
				2204	187
2 TU E	0000	284	17 W	0314	267
	0719	117		0823	185
	1450	317		1519	338
	2019	226		2300	154
3 W	0205	278	18 TH	0447	274
	0809	142		0917	221
	1523	322		1546	335
	2128	191		2341	125
4 TH ●	0346	285	19 F ○	0616	292
	0904	172		1024	250
	1553	331		1607	333
	2243	149			
5 F P	0512	302	20 SA	0016	101
	1007	203		0721	313
	1624	343		1129	269
	2343	104		1626	334
6 SA	0630	323	21 SU A	0047	84
	1116	230		0808	332
	1655	355		1218	281
				1645	336
7 SU	0032	65	22 M N	0118	73
	0739	343		0848	345
	1218	250		1258	287
	1729	366		1708	338
8 M S	0119	35	23 TU	0150	68
	0839	358		0924	353
	1307	265		1335	290
	1806	373		1736	339
9 TU	0206	18	24 W	0223	68
	0933	367		0958	357
	1353	274		1410	292
	1847	375		1809	338
10 W	0255	12	25 TH	0255	71
	1021	369		1033	357
	1439	277		1447	292
	1933	370		1845	335
11 TH ☽	0344	17	26 F	0327	75
	1107	366		1106	356
	1530	276		1525	291
	2023	358		1926	331
12 F	0434	30	27 SA ☾	0358	79
	1151	360		1138	354
	1633	270		1609	287
	2119	339		2013	324
13 SA	0522	50	28 SU	0430	85
	1236	355		1207	353
	1746	260		1702	277
	2226	314		2111	313
14 SU	0607	77	29 M	0505	96
	1321	350		1234	353
	1905	243		1800	258
	2357	288		2226	297
15 M E	0652	110	30 TU E	0545	115
	1405	346		1300	356
	2038	219		1859	230

12 月

日期	潮时 时分	潮高 cm	日期	潮时 时分	潮高 cm
1 W	0003	281	16 TH	0315	261
	0630	145		0727	230
	1328	361		1359	368
	1959	193		2212	139
2 TH	0158	276	17 F	0531	279
	0722	183		0819	266
	1400	367		1420	362
	2059	151		2252	118
3 F	0349	287	18 SA A	0649	308
	0822	224		0927	293
	1436	373		1441	358
	2159	108		2329	102
4 SA ●P	0531	312	19 SU ○	0733	332
	0931	260		1039	309
	1514	380		1507	356
	2258	70			
5 SU	0652	342	20 M N	0007	92
	1042	285		0807	350
	1555	386		1138	314
	2353	42		1540	355
6 M S	0752	366	21 TU	0045	86
	1146	299		0839	360
	1640	390		1225	314
				1619	353
7 TU	0048	25	22 W	0124	85
	0842	380		0911	366
	1239	303		1307	313
	1728	391		1702	352
8 W	0142	20	23 TH	0202	86
	0926	385		0942	368
	1329	300		1346	311
	1821	386		1746	350
9 TH	0236	24	24 F	0234	88
	1008	384		1012	368
	1422	294		1426	307
	1916	374		1832	345
10 F	0327	36	25 SA	0301	90
	1047	383		1038	370
	1523	284		1510	300
	2014	356		1923	339
11 SA ☽	0413	55	26 SU	0325	94
	1125	382		1101	374
	1636	270		1600	287
	2116	331		2021	328
12 SU E	0455	80	27 M ☾E	0352	101
	1202	382		1120	380
	1756	250		1654	265
	2227	303		2127	315
13 M	0533	111	28 TU	0424	117
	1236	381		1139	388
	1915	223		1747	235
	2355	277		2240	300
14 TU	0609	148	29 W	0502	143
	1308	379		1201	396
	2026	194		1840	198
15 W	0134	262	30 TH	0005	288
	0646	189		0546	181
	1335	374		1229	402
	2124	165		1934	158
			31 F	0152	284
				0639	225
				1302	405
				2028	120

时　区：－1000　　潮高基准面：在平均海面下 239 cm

澳大利亚—汤斯维尔

AUSTRALIA－TOWNSVILLE

2021 年潮汐表　　19° 15′ S　　146° 50′ E

1 月

日期	潮时 时分	潮高 cm	日期	潮时 时分	潮高 cm
1 F	0329 1034 1716 2154	76 324 156 229	16 SA	0427 1131 1831 2325	85 327 145 233
2 SA	0407 1121 1817 2252	87 318 158 217	17 SU	0503 1214 1943	114 301 153
3 SU	0457 1214 1930	104 310 155	18 M	0022 0543 1302 2110	215 145 275 153
4 M	0006 0606 1315 2049	206 125 300 144	19 TU E	0149 0643 1416 2225	203 174 252 143
5 TU	0145 0742 1425 2159	202 144 293 126	20 W ☽	0433 0950 1607 2320	211 193 241 131
6 W ☾ E	0346 0926 1536 2254	218 153 290 104	21 TH A	0551 1150 1709 2359	235 186 238 119
7 TH	0503 1056 1636 2339	248 151 290 83	22 F	0631 1248 1749	259 174 238
8 F	0557 1208 1726	281 142 292	23 SA	0031 0659 1326 1818	108 279 163 238
9 SA P	0020 0642 1306 1811	63 313 129 293	24 SU	0057 0724 1355 1843	99 297 154 241
10 SU	0057 0725 1356 1855	46 341 118 293	25 M	0120 0746 1419 1906	90 313 147 245
11 M	0133 0806 1441 1938	34 362 109 291	26 TU N	0142 0808 1442 1930	81 327 141 253
12 TU S	0209 0848 1523 2022	28 374 107 287	27 W	0204 0833 1506 1958	71 340 137 262
13 W ●	0244 0929 1605 2106	30 376 110 280	28 TH ○	0228 0901 1532 2031	62 350 133 269
14 TH	0318 1009 1648 2151	41 367 119 268	29 F	0256 0934 1602 2110	57 357 131 273
15 F	0353 1050 1736 2237	59 350 132 252	30 SA	0328 1011 1638 2154	58 357 132 270
			31 SU	0404 1052 1722 2244	69 349 135 261

2 月

日期	潮时 时分	潮高 cm	日期	潮时 时分	潮高 cm
1 M	0446 1136 1819 2343	90 334 138 248	16 TU	0447 1140 1849	147 271 169
2 TU E	0540 1226 1932	120 311 139	17 W	0023 0509 1206 2042	224 177 243 173
3 W P	0100 0707 1328 2055	235 152 285 133	18 TH A	0208 0517 1237 2231	211 207 217 164
4 TH ☾	0302 0916 1452 2215	236 172 265 119	19 F ☽	0609 1242 1719 2330	235 194 209 150
5 F	0500 1111 1621 2321	263 166 258 100	20 SA	0626 1306 1759	260 174 217
6 SA	0604 1227 1727	297 147 262	21 SU	0008 0645 1326 1822	135 282 158 226
7 SU	0013 0650 1320 1817	80 328 127 271	22 M	0036 0703 1344 1841	120 302 146 237
8 M S	0056 0730 1402 1900	62 353 112 281	23 TU N	0101 0722 1402 1900	105 321 136 251
9 TU	0133 0806 1438 1940	50 369 103 290	24 W	0124 0742 1420 1922	88 339 127 268
10 W	0206 0840 1512 2018	43 377 101 296	25 TH	0147 0806 1441 1950	72 357 118 286
11 TH ●	0236 0913 1543 2056	43 376 105 297	26 F	0213 0833 1503 2023	57 371 110 301
12 F	0304 0945 1614 2133	52 366 115 291	27 SA ○	0242 0905 1529 2101	49 379 103 311
13 SA	0331 1016 1644 2211	68 349 129 279	28 SU	0314 0941 1600 2144	50 378 100 312
14 SU	0357 1045 1715 2249	90 326 143 262			
15 M E	0422 1113 1752 2330	118 299 158 243			

3 月

日期	潮时 时分	潮高 cm	日期	潮时 时分	潮高 cm
1 M E	0350 1019 1636 2232	64 364 103 305	16 TU	0352 1016 1622 2254	132 287 140 268
2 TU P	0433 1100 1721 2327	92 338 112 289	17 W	0413 1030 1630 2335	157 262 151 249
3 W	0529 1146 1823	129 303 125	18 TH A	0433 1029 1628	184 237 161
4 TH	0036 0713 1244 1954	270 165 265 135	19 F	0036 0442 0916 1604	232 210 218 172
5 F	0232 0935 1421 2137	261 177 233 132	20 SA	0543 1438 1837 2229	236 177 191 176
6 SA ☾	0455 1129 1632 2305	284 157 231 117	21 SU ☽	0552 1304 1822 2329	260 164 204 158
7 SU S	0600 1233 1742	315 131 247	22 M N	0609 1306 1820	282 149 219
8 M	0006 0644 1316 1827	97 341 110 265	23 TU	0004 0626 1317 1828	138 303 136 236
9 TU	0050 0720 1352 1904	79 358 97 283	24 W	0031 0645 1332 1843	118 324 124 258
10 W	0126 0752 1422 1938	67 367 92 297	25 TH	0057 0706 1349 1906	97 345 111 281
11 TH	0156 0821 1450 2010	63 368 93 306	26 F	0123 0731 1409 1934	77 364 97 305
12 F	0222 0847 1514 2042	65 362 99 309	27 SA	0151 0800 1431 2009	61 379 83 326
13 SA ●	0245 0912 1535 2114	74 351 108 306	28 SU ○E	0223 0833 1456 2048	53 384 71 341
14 SU E	0308 0935 1554 2146	89 333 119 297	29 M	0258 0909 1525 2132	57 376 66 345
15 M	0330 0957 1609 2219	108 312 129 284	30 TU P	0339 0948 1559 2221	75 355 71 338
			31 W	0429 1030 1639 2316	105 321 85 322

4 月

日期	潮时 时分	潮高 cm	日期	潮时 时分	潮高 cm
1 TH	0543 1117 1731	141 280 107	16 F	0435 0934 1537 2359	190 224 137 254
2 F	0024 0739 1218 1903	300 165 237 130	17 SA	1532	150
3 SA	0214 0947 1416 2101	285 161 207 138	18 SU N	0134 1454	243 163
4 SU ☾S	0430 1121 1646 2242	300 135 219 128	19 M	0438 1230 1807 2216	257 156 192 169
5 M	0536 1216 1745 2348	323 111 244 111	20 TU ☽	0511 1227 1751 2313	278 142 210 149
6 TU	0620 1256 1824	339 94 267	21 W	0535 1239 1759 2351	299 127 233 128
7 W	0035 0656 1330 1857	97 347 86 285	22 TH	0559 1255 1818	321 112 259
8 TH	0111 0726 1358 1927	89 348 85 298	23 F	0024 0625 1314 1844	107 341 95 287
9 F	0140 0751 1423 1957	88 343 88 307	24 SA	0056 0654 1335 1916	88 357 76 315
10 SA	0204 0813 1443 2026	93 334 93 311	25 SU E	0130 0726 1358 1954	75 367 58 340
11 SU E	0227 0833 1458 2056	103 321 99 310	26 M	0207 0801 1426 2036	70 366 44 356
12 M ●	0248 0852 1511 2126	116 305 105 305	27 TU ○P	0249 0840 1457 2123	76 352 39 363
13 TU	0311 0910 1521 2157	132 286 111 296	28 W	0338 0922 1532 2213	93 327 46 358
14 W A	0334 0925 1529 2230	150 266 117 284	29 TH	0441 1008 1613 2310	117 292 65 342
15 TH	0401 0935 1534 2308	170 245 126 269	30 F	0606 1101 1708	138 253 92

时　区：－1000　　　　潮高基准面：在平均海面下 193　cm

澳大利亚—汤斯维尔

AUSTRALIA－TOWNSVILLE

2021 年潮汐表　　19° 15′ S　　146° 50′ E

5 月

日期	潮时 时分	潮高 cm	日期	潮时 时分	潮高 cm
1 SA S	0017	321	16 SU	0722	187
	0745	147		0930	192
	1212	217		1541	137
	1835	119			
2 SU	0152	304	17 M	0051	262
	0929	138		1555	156
	1413	199			
	2024	135			
3 M ☾	0349	306	18 TU	0231	263
	1049	118		1113	155
	1627	216		1637	177
	2207	134		2041	161
4 TU	0458	316	19 W ☽	0353	276
	1144	100		1128	138
	1726	241		1655	201
	2320	124		2207	150
5 W	0546	322	20 TH	0437	293
	1226	88		1150	121
	1807	262		1721	227
				2304	135
6 TH	0011	116	21 F	0512	310
	0623	322		1213	102
	1301	83		1751	256
	1842	279		2351	119
7 F	0051	113	22 SA E	0545	325
	0652	316		1237	82
	1331	82		1824	286
	1913	291			
8 SA E	0124	116	23 SU	0034	106
	0717	308		0620	335
	1354	85		1303	61
	1944	299		1902	316
9 SU	0152	122	24 M	0117	96
	0737	297		0656	337
	1413	88		1331	42
	2013	304		1944	343
10 M	0217	131	25 TU	0203	92
	0756	284		0736	332
	1427	91		1403	29
	2042	306		2029	361
11 TU ●A	0243	140	26 W ○P	0254	95
	0814	270		0810	317
	1439	94		1438	25
	2112	305		2117	370
12 W	0310	151	27 TH	0350	103
	0831	256		0906	294
	1449	97		1518	33
	2142	300		2209	367
13 TH	0342	162	28 F S	0455	114
	0848	241		0957	267
	1500	102		1604	52
	2215	293		2305	354
14 F	0424	174	29 SA	0608	123
	0905	225		1056	239
	1511	110		1700	78
	2253	283			
15 SA N	0535	184	30 SU	0007	334
	0922	209		0727	127
	1525	122		1206	215
	2342	271		1813	106
			31 M	0122	314
				0851	123
				1341	203
				1941	127

6 月

日期	潮时 时分	潮高 cm	日期	潮时 时分	潮高 cm
1 TU	0254	301	16 W	0124	278
	1006	113		0915	150
	1539	212		1346	182
	2117	138		1934	145
2 W ☾	0410	297	17 TH	0234	279
	1105	101		1013	134
	1653	231		1541	198
	2242	140		2106	147
3 TH	0504	294	18 F ☽	0337	285
	1152	92		1056	115
	1744	250		1645	224
	2346	138		2225	143
4 F E	0546	288	19 SA E	0427	292
	1231	87		1132	94
	1825	266		1731	254
				2331	135
5 SA	0035	138	20 SU	0511	297
	0618	279		1206	73
	1303	85		1814	285
	1902	279			
6 SU	0117	139	21 M	0029	125
	0644	269		0554	300
	1328	84		1239	53
	1934	289		1857	316
7 M	0153	143	22 TU	0123	115
	0707	259		0636	299
	1349	85		1314	36
	2005	297		1941	343
8 TU A	0225	146	23 W P	0215	106
	0728	249		0721	294
	1405	86		1351	24
	2034	302		2027	363
9 W	0256	150	24 TH ○	0306	100
	0749	240		0808	286
	1421	87		1431	21
	2102	304		2115	372
10 TH ●	0327	154	25 F S	0358	99
	0810	231		0858	274
	1437	88		1513	27
	2132	304		2204	371
11 F	0402	158	26 SA	0452	102
	0834	223		0951	259
	1456	91		1558	43
	2205	301		2254	359
12 SA N	0444	162	27 SU	0549	108
	0903	215		1046	243
	1519	97		1646	67
	2242	296		2346	339
13 SU	0535	165	28 M	0652	115
	0941	205		1147	227
	1550	107		1741	95
	2327	289			
14 M	0639	166	29 TU	0042	315
	1034	193		0803	119
	1636	121		1257	213
				1846	123
15 TU	0021	282	30 W	0148	290
	0756	162		0917	118
	1157	183		1432	208
	1755	135		2013	146

7 月

日期	潮时 时分	潮高 cm	日期	潮时 时分	潮高 cm
1 TH ☾E	0306	272	16 F E	0133	280
	1023	112		0902	126
	1615	218		1440	206
	2159	159		2028	151
2 F	0417	259	17 SA ☽	0240	269
	1117	104		1004	110
	1725	236		1622	228
	2328	160		2212	156
3 SA	0510	250	18 SU	0350	263
	1201	97		1058	91
	1816	255		1727	259
				2340	148
4 SU	0034	156	19 M	0451	262
	0550	242		1145	72
	1237	91		1817	292
	1856	271			
5 M A	0124	151	20 TU	0046	133
	0623	235		0543	263
	1306	88		1228	53
	1930	285		1901	323
6 TU	0203	147	21 W P	0140	116
	0650	229		0631	266
	1330	85		1309	37
	1959	296		1944	348
7 W	0235	144	22 TH S	0225	101
	0715	224		0718	270
	1351	83		1348	26
	2025	304		2026	366
8 TH	0302	142	23 F	0308	91
	0739	222		0805	272
	1412	80		1426	21
	2051	309		2109	374
9 F N	0329	142	24 SA ○	0349	88
	0805	222		0852	272
	1434	78		1504	26
	2119	313		2151	371
10 SA ●	0357	142	25 SU	0431	91
	0834	223		0939	266
	1458	77		1542	40
	2149	314		2232	357
11 SU	0428	142	26 M	0516	100
	0908	223		1027	256
	1526	79		1620	63
	2224	313		2313	335
12 M	0505	144	27 TU	0606	112
	0950	220		1117	241
	1600	86		1659	93
	2303	309		2354	306
13 TU	0551	144	28 W	0705	123
	1040	214		1212	224
	1641	98		1743	126
	2347	302			
14 W	0648	143	29 TH E	0038	275
	1142	207		0817	129
	1733	115		1323	210
				1847	158
15 TH	0036	292	30 F	0131	246
	0755	137		0934	128
	1257	202		1532	209
	1848	135		2122	179
			31 SA ☾	0308	223
				1041	121
				1722	229
				2340	174

8 月

日期	潮时 时分	潮高 cm	日期	潮时 时分	潮高 cm
1 SU	0448	214	16 M	0332	229
	1133	112		1035	94
	1817	251		1733	276
2 M A	0051	159	17 TU P	0003	140
	0542	211		0453	230
	1214	103		1136	76
	1852	271		1822	308
3 TU	0133	146	18 W S	0100	117
	0619	211		0550	240
	1246	95		1225	57
	1920	287		1903	335
4 W	0202	136	19 TH	0143	97
	0647	213		0637	253
	1312	87		1306	41
	1945	300		1941	355
5 TH N	0226	130	20 F	0220	84
	0711	217		0719	266
	1336	80		1343	31
	2007	310		2016	367
6 F	0247	126	21 SA	0254	77
	0734	223		0800	276
	1359	73		1417	28
	2029	319		2051	369
7 SA	0308	124	22 SU ○	0327	78
	0758	231		0840	281
	1422	66		1448	34
	2054	327		2125	361
8 SU ●	0330	122	23 M	0359	84
	0826	240		0921	279
	1446	61		1519	49
	2121	332		2158	344
9 M	0354	120	24 TU	0432	96
	0900	246		1001	270
	1514	61		1548	73
	2153	333		2230	319
10 TU	0423	118	25 W E	0506	110
	0940	248		1044	255
	1545	68		1617	103
	2229	327		2300	289
11 W	0459	118	26 TH	0545	125
	1026	245		1129	237
	1623	84		1646	136
	2308	315		2328	256
12 TH E	0546	119	27 F	0641	139
	1121	237		1226	218
	1709	109		1720	169
	2352	294		2356	224
13 F	0647	120	28 SA	0812	146
	1228	227		1414	208
	1823	140		2222	192
14 SA	0044	269	29 SU	0027	194
	0802	118		0953	142
	1405	223		1736	229
	2030	162			
15 SU ☽	0155	243	30 M ☾A	0036	168
	0921	109		0521	185
	1618	242		1104	131
	2235	160		1808	253
			31 TU	0102	147
				0603	193
				1149	118
				1833	274

时　区：－1000　　　　潮高基准面：在平均海面下 193　cm

澳大利亚—汤斯维尔

AUSTRALIA－TOWNSVILLE

2021 年潮汐表　　19° 15′ S　　146° 50′ E

9 月

日期	潮时 时分	潮高 cm	日期	潮时 时分	潮高 cm
1 W	0123 0627 1223 1856	131 202 106 291	16 TH	0052 0601 1218 1851	91 239 64 344
2 TH N	0142 0645 1250 1916	121 212 93 305	17 F	0128 0640 1258 1924	75 259 50 354
3 F	0200 0702 1313 1935	114 223 81 317	18 SA	0201 0715 1331 1955	67 275 44 357
4 SA	0217 0720 1336 1955	109 236 69 329	19 SU	0230 0750 1401 2023	66 287 46 352
5 SU	0234 0742 1359 2018	104 251 59 340	20 M ○	0257 0824 1428 2050	70 292 56 339
6 M	0253 0809 1424 2045	98 266 52 346	21 TU E	0321 0900 1453 2116	78 290 73 320
7 TU ●	0314 0843 1453 2116	92 277 52 345	22 W	0342 0935 1518 2140	89 282 96 295
8 W E	0339 0923 1526 2151	86 282 63 335	23 TH	0400 1013 1542 2201	102 268 123 266
9 TH	0409 1009 1605 2230	86 280 85 313	24 F	0414 1052 1606 2216	115 252 151 236
10 F	0447 1102 1657 2313	90 270 117 282	25 SA	0421 1140 1631 2206	128 234 180 208
11 SA P	0540 1208 1840	101 256 151	26 SU A	0410 1254	141 219
12 SU	0006 0705 1347 2100	245 111 247 162	27 M	0324 1714	151 232
13 M ☽	0128 0847 1616 2259	211 113 265 143	28 TU	0127 0616 1019 1737	150 174 153 254
14 TU	0349 1019 1728	201 101 297	29 W ☾N	0048 0617 1116 1758	133 188 137 273
15 W S	0007 0512 1128 1813	115 218 82 325	30 TH	0056 0622 1151 1817	119 202 120 290

10 月

日期	潮时 时分	潮高 cm	日期	潮时 时分	潮高 cm
1 F	0110 0630 1219 1835	109 216 104 306	16 SA	0104 0633 1243 1858	62 268 70 340
2 SA	0124 0641 1243 1854	101 233 88 321	17 SU	0135 0706 1317 1925	58 284 70 335
3 SU	0139 0658 1308 1914	93 252 74 335	18 M	0202 0738 1345 1950	60 293 76 324
4 M	0155 0720 1333 1938	84 272 62 346	19 TU E	0225 0809 1411 2012	65 298 89 309
5 TU	0213 0750 1401 2007	72 292 55 350	20 W ○	0243 0842 1435 2032	73 297 106 289
6 W ●E	0234 0825 1434 2039	60 308 58 345	21 TH	0257 0915 1500 2051	81 291 125 267
7 TH	0259 0907 1511 2116	53 316 72 327	22 F	0307 0948 1525 2106	90 281 145 243
8 F P	0328 0954 1559 2156	52 315 98 297	23 SA	0314 1025 1555 2111	99 268 167 220
9 SA	0404 1049 1712 2243	62 304 130 259	24 SU A	0316 1107 1651 2048	110 253 188 200
10 SU	0450 1156 1912 2343	82 287 151 218	25 M	0311 1205	121 238
11 M	0617 1335 2115	105 275 145	26 TU N	0253 1544	134 232
12 TU S	0127 0817 1553 2250	187 116 287 118	27 W	0140 1642	141 251
13 W ☽	0410 0958 1704 2347	195 109 311 92	28 TH ☾	0016 0604 1014 1708	130 182 154 270
14 TH	0516 1111 1750	222 92 330	29 F	0019 0558 1104 1729	117 198 137 287
15 F	0029 0558 1203 1827	72 248 78 339	30 SA	0030 0602 1139 1749	106 217 120 304
			31 SU	0045 0614 1209 1810	95 238 103 319

11 月

日期	潮时 时分	潮高 cm	日期	潮时 时分	潮高 cm
1 M	0100 0634 1238 1834	82 263 89 332	16 TU	0136 0729 1338 1918	61 294 112 292
2 TU E	0117 0700 1310 1901	66 289 78 341	17 W	0158 0800 1407 1938	65 300 123 277
3 W	0137 0733 1344 1933	50 313 74 341	18 TH	0214 0831 1435 1957	71 301 136 261
4 TH ●	0200 0812 1424 2009	35 333 77 330	19 F ○	0227 0902 1505 2015	76 300 148 244
5 F P	0228 0856 1511 2049	26 344 91 309	20 SA	0238 0934 1538 2031	82 294 161 228
6 SA	0301 0946 1612 2134	28 344 111 278	21 SU A	0248 1008 1623 2042	89 285 173 212
7 SU	0340 1042 1736 2227	43 334 130 241	22 M N	0257 1046 1739 2044	99 274 183 196
8 M S	0430 1148 1914 2336	68 317 137 206	23 TU	0305 1135	112 262
9 TU	0552 1316 2055	96 302 127	24 W	0310 1245	127 253
10 W	0123 0742 1510 2218	186 115 302 106	25 TH	0255 1433 2329	144 254 143
11 TH ☽	0349 0925 1626 2315	198 117 313 85	26 F	0523 0823 1551 2331	169 160 267 128
12 F	0458 1044 1717	226 109 320	27 SA ☾	0513 0952 1629 2346	189 152 282 113
13 SA	0000 0543 1142 1756	70 251 102 321	28 SU	0525 1049 1659	213 139 297
14 SU	0037 0621 1227 1828	62 271 100 315	29 M	0004 0547 1134 1728	96 239 126 309
15 M E	0109 0656 1305 1855	59 285 104 305	30 TU E	0023 0614 1216 1758	78 268 114 319

12 月

日期	潮时 时分	潮高 cm	日期	潮时 时分	潮高 cm
1 W	0045 0646 1257 1832	58 299 105 323	16 TH	0139 0758 1421 1918	72 303 145 251
2 TH	0109 0723 1341 1909	38 328 100 321	17 F	0158 0828 1452 1940	74 308 150 242
3 F	0138 0805 1429 1949	22 351 99 310	18 SA A	0215 0856 1522 2002	77 310 155 234
4 SA ●P	0212 0851 1523 2034	14 366 103 293	19 SU ○	0232 0925 1553 2024	80 309 160 226
5 SU	0250 0941 1625 2124	17 369 112 269	20 M N	0250 0956 1629 2047	85 305 166 218
6 M S	0334 1036 1734 2221	31 361 120 243	21 TU	0311 1030 1713 2114	92 298 172 209
7 TU	0426 1136 1850 2328	56 345 125 219	22 W	0335 1110 1811 2149	102 291 176 198
8 W	0532 1246 2014	85 325 122	23 TH	0406 1157 1930 2253	116 283 174 185
9 TH	0052 0656 1411 2133	203 111 310 111	24 F	0451 1254 2108	132 277 164
10 F	0249 0833 1536 2238	204 129 303 97	25 SA	0046 0622 1402 2210	176 150 275 147
11 SA ☽	0424 1006 1638 2329	224 135 299 85	26 SU	0322 0820 1510 2249	184 160 278 127
12 SU E	0524 1120 1724	246 136 293	27 M ☾E	0441 0956 1605 2321	210 160 284 106
13 M	0012 0611 1217 1801	76 266 136 284	28 TU	0525 1111 1650 2351	241 153 290 85
14 TU	0047 0651 1305 1831	72 282 137 273	29 W	0603 1211 1732	274 142 295
15 W	0116 0727 1345 1856	71 294 141 262	30 TH	0022 0642 1304 1814	63 308 129 299
			31 F	0055 0722 1354 1857	42 340 117 300

时　区：－1000　　　　潮高基准面：在平均海面下 193　cm

澳大利亚—麦凯外港

AUSTRALIA－MACKAY OUTER HARBOUR

2021 年潮汐表　　21° 06′ S　　149° 14′ E

1 月

日期	星期	潮时 时分	潮高 cm
1	F	0546 1207 1843	97 557 129
2	SA	0021 0624 1247 1926	419 108 549 133
3	SU	0107 0708 1333 2016	414 124 536 137
4	M	0203 0802 1428 2113	409 145 519 137
5	TU	0310 0908 1530 2215	410 165 502 131
6	W ☾ E	0422 1023 1638 2320	424 176 488 117
7	TH	0537 1146 1749	452 173 480
8	F	0026 0648 1308 1900	98 492 153 478
9	SA P	0126 0750 1416 2003	78 534 126 478
10	SU	0221 0844 1515 2059	62 570 102 478
11	M	0312 0933 1609 2151	52 605 85 477
12	TU S	0400 1020 1659 2239	48 608 76 473
13	W ●	0445 1104 1744 2324	51 609 77 467
14	TH	0527 1145 1826	61 599 86
15	F	0006 0606 1223 1904	458 79 579 102
16	SA	0046 0643 1300 1941	446 104 552 122
17	SU	0127 0720 1338 2020	430 136 519 144
18	M	0212 0801 1419 2103	412 171 482 164
19	TU E	0305 0852 1509 2156	397 207 445 179
20	W ☽	0411 0959 1611 2301	391 235 413 185
21	TH A	0532 1132 1732	401 244 395
22	F	0011 0646 1301 1850	178 428 226 395
23	SA	0108 0738 1400 1946	162 462 199 404
24	SU	0154 0820 1444 2031	143 494 172 416
25	M	0234 0857 1524 2110	125 522 149 428
26	TU N	0312 0933 1601 2146	108 546 131 440
27	W	0350 1008 1638 2221	92 566 115 452
28	TH ○	0427 1043 1715 2257	79 582 104 462
29	F	0504 1118 1751 2333	70 591 96 470
30	SA	0541 1155 1828	69 593 92
31	SU	0012 0620 1233 1907	473 77 585 94

2 月

日期	星期	潮时 时分	潮高 cm
1	M	0054 0701 1314 1949	471 95 565 102
2	TU E	0143 0748 1401 2036	464 123 535 114
3	W P	0239 0845 1456 2132	456 156 497 127
4	TH ☾	0347 0957 1604 2240	453 185 459 136
5	F	0509 1134 1729 2359	462 194 435 134
6	SA	0635 1309 1857	491 173 435
7	SU	0113 0744 1419 2005	117 530 138 449
8	M S	0215 0839 1516 2101	96 565 107 466
9	TU	0308 0928 1606 2150	78 589 87 480
10	W	0356 1012 1650 2233	66 600 77 488
11	TH ●	0439 1051 1728 2311	62 600 77 490
12	F	0516 1126 1801 2345	67 590 86 487
13	SA	0549 1158 1831	81 572 99
14	SU	0017 0619 1227 1857	480 101 548 115
15	M E	0049 0648 1255 1925	468 128 517 134
16	TU	0122 0720 1326 1955	451 161 479 157
17	W	0202 0758 1402 2033	431 198 437 183
18	TH A	0253 0851 1450 2126	411 235 394 208
19	F ☽	0405 1016 1608 2248	398 261 359 221
20	SA	0547 1226 1813	408 252 354
21	SU	0021 0701 1335 1925	211 439 219 375
22	M	0122 0749 1420 2011	185 477 184 403
23	TU N	0209 0829 1459 2049	153 514 151 432
24	W	0250 0907 1537 2125	120 549 122 460
25	TH	0331 0944 1614 2202	90 579 96 485
26	F	0411 1021 1652 2239	66 602 75 506
27	SA ○	0450 1058 1729 2316	51 614 61 521
28	SU	0529 1135 1805 2355	47 612 56 529

3 月

日期	星期	潮时 时分	潮高 cm
1	M E	0608 1213 1841	56 596 60
2	TU P	0036 0649 1252 1919	527 79 565 75
3	W	0121 0735 1336 2002	517 114 520 100
4	TH	0213 0830 1430 2054	500 155 467 132
5	F	0319 0947 1543 2206	480 192 418 161
6	SA ☾	0449 1139 1730 2343	473 199 396 168
7	SU S	0626 1313 1903	493 168 413
8	M	0107 0736 1417 2007	148 528 129 445
9	TU	0211 0831 1508 2058	118 559 98 475
10	W	0303 0917 1552 2141	93 579 80 496
11	TH	0347 0956 1630 2217	78 585 74 508
12	F	0426 1031 1702 2250	74 581 77 512
13	SA ●	0459 1101 1729 2319	79 568 85 512
14	SU E	0527 1127 1752 2346	91 549 95 509
15	M	0554 1152 1814	108 526 107
16	TU	0013 0620 1216 1836	501 130 497 123
17	W	0042 0648 1241 1859	487 158 462 146
18	TH A	0113 0721 1309 1926	467 191 421 174
19	F	0151 0803 1345 2003	442 226 379 206
20	SA	0245 0911 1446 2105	418 256 341 236
21	SU ☽	0418 1132 1719 2310	405 258 328 243
22	M N	0605 1258 1852	425 224 358
23	TU	0040 0707 1345 1940	213 465 184 399
24	W	0135 0753 1425 2019	171 509 143 441
25	TH	0222 0834 1505 2057	127 551 105 482
26	F	0305 0914 1544 2136	89 585 72 517
27	SA	0349 0953 1622 2216	60 607 47 545
28	SU ○ E	0431 1032 1700 2255	43 613 32 565
29	M	0513 1111 1737 2335	39 603 28 576
30	TU P	0555 1150 1813	50 576 37
31	W	0017 0638 1231 1851	574 75 535 60

4 月

日期	星期	潮时 时分	潮高 cm
1	TH	0102 0726 1317 1932	560 112 483 95
2	F	0153 0825 1414 2025	534 153 428 139
3	SA	0300 0950 1539 2143	503 185 384 178
4	SU ☾ S	0433 1140 1733 2328	485 182 380 187
5	M	0608 1302 1858	496 149 412
6	TU	0054 0718 1400 1957	164 523 115 452
7	W	0157 0811 1447 2042	133 546 90 485
8	TH	0247 0854 1526 2121	108 558 77 507
9	F	0328 0930 1559 2154	95 558 74 519
10	SA	0404 1002 1627 2224	92 549 77 526
11	SU E	0436 1030 1652 2251	97 533 82 528
12	M ●	0504 1055 1714 2318	107 513 90 528
13	TU	0531 1120 1735 2344	120 490 100 523
14	W A	0558 1144 1756	137 463 115
15	TH	0010 0626 1208 1818	512 158 433 136
16	F	0038 0657 1234 1843	494 184 401 162
17	SA	0111 0735 1308 1914	471 211 368 192
18	SU N	0157 0834 1404 2006	446 236 338 222
19	M	0311 1025 1609 2153	426 242 326 239
20	TU ☽	0456 1200 1757 2344	432 214 355 217
21	W	0613 1257 1855	466 172 401
22	TH	0052 0708 1344 1942	175 509 127 451
23	F	0146 0755 1427 2025	131 548 86 498
24	SA	0235 0839 1508 2108	92 576 51 539
25	SU E	0323 0922 1549 2151	64 589 27 572
26	M	0410 1005 1629 2233	49 585 15 595
27	TU ○ P	0457 1047 1708 2316	46 566 15 606
28	W	0543 1130 1747	55 534 29
29	TH	0000 0630 1215 1827	603 76 493 55
30	F	0047 0722 1306 1912	586 107 447 94

时　区：－1000　　　　潮高基准面：在平均海面下 300　cm

澳大利亚—麦凯外港

AUSTRALIA－MACKAY OUTER HARBOUR

2021 年潮汐表　　21° 06′ S　　149° 14′ E

5 月

日期	潮时 时分	潮高 cm	日期	潮时 时分	潮高 cm
1 SA S	0140 0826 1410 2007	556 140 403 139	16 SU	0050 0723 1256 1856	493 190 366 172
2 SU	0247 0948 1537 2126	521 161 377 177	17 M	0135 0819 1354 1948	473 205 348 195
3 M ☾	0410 1117 1713 2301	496 158 382 189	18 TU	0240 0940 1528 2115	457 206 345 210
4 TU	0535 1231 1832	494 136 413	19 W ☽	0403 1101 1658 2249	458 186 368 199
5 W	0025 0644 1328 1930	174 506 111 450	20 TH	0518 1205 1806	478 150 410
6 TH	0129 0738 1412 2015	150 518 92 481	21 F	0004 0620 1258 1903	170 507 109 459
7 F	0220 0821 1450 2052	131 522 81 504	22 SA E	0108 0715 1347 1953	135 533 71 507
8 SA E	0302 0857 1521 2126	119 518 78 519	23 SU	0206 0805 1433 2041	103 548 42 550
9 SU	0338 0930 1550 2156	116 506 79 529	24 M	0301 0854 1518 2128	79 549 22 584
10 M	0412 0959 1616 2225	117 490 82 535	25 TU	0354 0941 1602 2215	63 538 14 607
11 TU ●A	0443 1028 1640 2254	122 471 88 536	26 W ○P	0445 1029 1645 2301	57 517 17 617
12 W	0513 1055 1705 2321	130 451 98 533	27 TH	0535 1117 1728 2347	61 490 31 614
13 TH	0543 1122 1728 2348	141 429 111 524	28 F S	0626 1207 1812	74 461 56
14 F	0612 1148 1753	155 407 129	29 SA	0036 0720 1302 1900	597 93 430 89
15 SA N	0017 0644 1218 1821	510 172 386 149	30 SU	0129 0819 1404 1956	568 116 404 127
			31 M	0228 0925 1516 2103	534 133 389 162

6 月

日期	潮时 时分	潮高 cm	日期	潮时 时分	潮高 cm
1 TU	0336 1035 1633 2220	503 140 389 183	16 W	0219 0908 1458 2051	491 163 375 174
2 W ☾	0447 1143 1747 2338	484 134 407 186	17 TH	0324 1012 1613 2207	484 150 390 177
3 TH	0555 1241 1850	477 120 436	18 F ☽	0431 1115 1723 2323	486 127 422 166
4 F E	0049 0654 1329 1940	175 476 106 465	19 SA E	0536 1215 1828	492 98 463
5 SA	0146 0742 1408 2021	160 475 95 490	20 SU	0037 0639 1311 1927	145 499 70 508
6 SU	0233 0823 1443 2057	147 470 88 510	21 M	0146 0738 1404 2022	120 501 48 549
7 M	0313 0900 1514 2131	137 460 86 524	22 TU	0247 0834 1454 2113	96 497 33 583
8 TU A	0351 0935 1545 2203	132 448 87 533	23 W P	0345 0928 1543 2203	77 488 27 605
9 W	0426 1008 1615 2234	130 435 91 537	24 TH ○	0439 1021 1631 2251	65 477 27 615
10 TH ●	0500 1040 1644 2304	131 421 97 537	25 F S	0531 1112 1718 2338	60 465 36 613
11 F	0532 1110 1712 2334	135 409 106 532	26 SA	0621 1202 1804	64 451 53
12 SA N	0604 1141 1742	142 399 116	27 SU	0025 0710 1253 1850	598 76 437 78
13 SU	0005 0638 1214 1814	524 150 390 128	28 M	0112 0759 1345 1938	572 93 421 110
14 M	0040 0717 1254 1852	514 159 381 144	29 TU	0201 0849 1440 2030	538 113 407 145
15 TU	0124 0807 1349 1943	502 165 374 161	30 W	0253 0942 1541 2130	501 130 398 177

7 月

日期	潮时 时分	潮高 cm	日期	潮时 时分	潮高 cm
1 TH ☾E	0350 1040 1649 2240	467 139 400 199	16 F E	0249 0931 1536 2136	495 121 415 165
2 F	0454 1141 1801	441 138 416	17 SA ☽	0351 1031 1647 2254	474 115 433 172
3 SA	0000 0602 1238 1903	203 427 130 442	18 SU	0500 1137 1803	457 103 463
4 SU	0113 0704 1327 1951	190 421 119 471	19 M	0022 0615 1244 1912	162 448 87 504
5 M A	0209 0755 1408 2032	170 420 109 496	20 TU	0141 0727 1346 2012	135 448 68 544
6 TU	0254 0839 1445 2109	152 419 101 515	21 W P	0246 0830 1442 2106	105 453 52 576
7 W	0334 0918 1521 2143	138 417 96 529	22 TH S	0343 0926 1535 2156	79 459 40 598
8 TH	0411 0955 1556 2217	128 415 92 538	23 F	0436 1018 1624 2243	61 463 34 608
9 F N	0447 1029 1629 2249	122 414 90 543	24 SA ○	0525 1106 1710 2327	52 465 36 605
10 SA ●	0521 1101 1702 2321	118 414 90 546	25 SU	0609 1151 1753	53 463 48
11 SU	0555 1134 1736 2354	117 414 92 545	26 M	0008 0649 1233 1833	590 63 455 69
12 M	0629 1208 1810	117 414 98	27 TU	0047 0727 1314 1912	564 80 443 99
13 TU	0029 0706 1247 1848	540 119 412 110	28 W	0125 0804 1358 1952	529 102 427 136
14 W	0109 0748 1335 1934	530 121 410 127	29 TH E	0204 0844 1447 2039	489 124 410 175
15 TH	0155 0836 1431 2029	514 122 409 148	30 F	0249 0931 1546 2140	445 146 398 209
			31 SA ☾	0346 1030 1703 2308	405 161 398 226

8 月

日期	潮时 时分	潮高 cm	日期	潮时 时分	潮高 cm
1 SU	0504 1141 1823	376 164 418	16 M	0438 1109 1750	408 125 463
2 M A	0047 0632 1247 1923	214 369 155 447	17 TU P	0028 0614 1232 1908	170 400 113 501
3 TU	0151 0736 1339 2008	187 377 139 477	18 W S	0147 0732 1341 2009	133 416 90 541
4 W	0237 0824 1422 2047	160 390 122 503	19 TH	0248 0833 1439 2101	96 439 65 573
5 TH N	0316 0903 1501 2122	137 403 105 525	20 F	0340 0925 1531 2148	66 460 46 592
6 F	0353 0939 1538 2157	119 416 89 543	21 SA	0427 1011 1618 2231	49 475 36 597
7 SA	0428 1012 1614 2230	105 428 76 556	22 SU ○	0509 1053 1659 2309	43 482 37 589
8 SU ●	0502 1045 1650 2303	93 439 66 565	23 M	0545 1130 1736 2343	47 483 49 570
9 M	0536 1119 1725 2337	84 448 63 567	24 TU	0617 1205 1810	59 477 71
10 TU	0610 1154 1801	79 453 69	25 W E	0014 0646 1239 1841	542 76 466 100
11 W	0011 0644 1232 1838	561 78 455 83	26 TH	0044 0714 1313 1914	507 97 449 135
12 TH E	0048 0721 1315 1920	544 82 452 106	27 F	0115 0744 1353 1952	465 122 429 175
13 F	0129 0803 1405 2011	517 92 445 136	28 SA	0150 0819 1442 2044	419 151 406 214
14 SA	0218 0852 1506 2115	480 106 440 167	29 SU	0237 0909 1553 2212	371 181 390 241
15 SU ☽	0319 0952 1621 2243	440 120 442 185	30 M ☾A	0358 1029 1735	332 201 395
			31 TU	0026 0611 1208 1851	229 327 196 423

时　区：－1000　　　　潮高基准面：在平均海面下 300　cm

澳大利亚—麦凯外港
AUSTRALIA—MACKAY OUTER HARBOUR

2021年潮汐表　　21° 06′ S　　149° 14′ E

9 月

日期	潮时 时分	潮高 cm	日期	潮时 时分	潮高 cm
1 W	0133 0721 1311 1940	196 349 172 458	16 TH	0147 0738 1339 2002	113 416 102 542
2 TH N	0216 0805 1358 2019	162 377 142 492	17 F	0241 0831 1435 2050	76 452 71 568
3 F	0251 0841 1438 2055	132 405 111 523	18 SA	0327 0916 1523 2133	51 480 51 579
4 SA	0325 0914 1516 2130	106 431 83 549	19 SU	0407 0956 1605 2210	40 496 44 575
5 SU	0359 0948 1554 2204	83 455 61 568	20 M ○	0442 1032 1642 2243	40 503 49 560
6 M	0434 1022 1631 2238	64 476 47 578	21 TU E	0513 1104 1714 2312	48 504 64 536
7 TU ●	0508 1057 1708 2312	50 491 43 577	22 W	0539 1134 1744 2339	61 499 85 508
8 W E	0542 1133 1746 2347	43 500 50 563	23 TH	0602 1203 1812	76 490 110
9 TH	0616 1211 1825	45 503 69	24 F	0005 0625 1232 1842	474 96 475 140
10 F	0024 0651 1253 1907	535 56 497 99	25 SA	0031 0648 1305 1915	435 121 453 175
11 SA P	0104 0730 1341 1958	495 77 483 136	26 SU A	0059 0715 1344 1959	392 153 427 211
12 SU	0153 0817 1442 2108	445 106 465 172	27 M	0135 0750 1439 2115	347 188 399 241
13 M ☽	0300 0922 1605 2255	396 137 453 185	28 TU	0243 0853 1621 2348	308 222 385 236
14 TU	0442 1056 1746	366 152 468	29 W ☾ N	0538 1109 1802	302 230 405
15 W S	0039 0628 1230 1904	157 380 135 505	30 TH	0100 0653 1233 1900	201 335 201 442

10 月

日期	潮时 时分	潮高 cm	日期	潮时 时分	潮高 cm
1 F	0140 0734 1324 1942	164 374 160 482	16 SA	0220 0817 1421 2030	64 471 85 551
2 SA	0214 0809 1407 2019	127 414 120 521	17 SU	0301 0858 1506 2109	47 498 69 553
3 SU	0249 0843 1447 2055	93 452 84 551	18 M	0337 0934 1545 2143	41 514 66 541
4 M	0324 0918 1527 2132	63 486 57 570	19 TU E	0409 1007 1620 2213	45 521 74 521
5 TU	0400 0954 1608 2208	39 515 41 576	20 W ○	0436 1037 1652 2241	55 522 87 496
6 W ●E	0435 1031 1649 2245	24 536 38 566	21 TH	0500 1105 1721 2307	67 519 104 468
7 TH	0511 1110 1730 2323	19 548 46 542	22 F	0522 1132 1749 2333	81 512 124 438
8 F P	0546 1150 1812	25 550 66	23 SA	0543 1200 1818 2358	99 499 146 405
9 SA	0002 0622 1233 1859	506 43 541 97	24 SU A	0605 1228 1850	123 479 173
10 SU	0046 0702 1323 1955	459 74 520 134	25 M	0025 0629 1301 1929	372 151 454 201
11 M	0141 0752 1426 2116	408 114 491 165	26 TU N	0058 0659 1345 2032	338 184 426 226
12 TU S	0301 0904 1555 2303	365 153 471 165	27 W	0154 0747 1501 2231	308 216 404 230
13 W ☽	0455 1048 1733	356 168 480	28 TH ☾	0420 0940 1647 2357	300 236 408 203
14 TH	0030 0626 1220 1847	133 388 147 508	29 F	0555 1132 1800	331 216 438
15 F	0131 0729 1327 1944	94 432 113 536	30 SA	0047 0647 1237 1852	164 376 176 478
			31 SU	0128 0728 1327 1936	122 424 134 515

11 月

日期	潮时 时分	潮高 cm	日期	潮时 时分	潮高 cm
1 M	0206 0807 1414 2017	83 471 97 542	16 TU	0303 0909 1523 2114	55 521 100 499
2 TU E	0245 0846 1500 2058	49 513 69 556	17 W	0333 0942 1559 2146	59 530 104 479
3 W	0324 0927 1546 2139	25 547 52 554	18 TH	0401 1013 1633 2216	67 534 112 457
4 TH ●	0402 1008 1631 2220	12 573 47 537	19 F ○	0427 1042 1704 2245	77 534 122 434
5 F P	0441 1050 1717 2303	10 587 53 509	20 SA	0452 1110 1734 2313	90 528 134 411
6 SA	0520 1133 1805 2348	20 589 69 473	21 SU A	0516 1138 1804 2340	106 518 149 390
7 SU	0600 1220 1857	42 577 93	22 M N	0541 1206 1836	125 502 167
8 M S	0039 0645 1312 1959	432 76 553 121	23 TU	0009 0607 1238 1913	369 146 483 186
9 TU	0141 0739 1416 2117	393 117 521 141	24 W	0044 0639 1319 2006	349 170 462 202
10 W	0305 0854 1537 2244	367 155 497 140	25 TH	0136 0724 1417 2122	332 195 444 207
11 TH ☽	0440 1026 1702 2359	371 171 491 120	26 F	0306 0843 1536 2241	326 214 438 192
12 F	0601 1152 1815	401 160 501	27 SA ☾	0438 1021 1652 2344	345 211 452 160
13 SA	0100 0704 1302 1913	93 441 137 513	28 SU	0547 1139 1755	384 187 477
14 SU	0148 0753 1357 2000	71 477 116 518	29 M	0036 0642 1244 1850	121 433 154 502
15 M E	0228 0834 1443 2039	59 504 103 513	30 TU E	0123 0731 1342 1939	83 483 121 519

12 月

日期	潮时 时分	潮高 cm	日期	潮时 时分	潮高 cm
1 W	0207 0818 1436 2027	52 529 94 524	16 TH	0302 0921 1543 2126	83 531 132 444
2 TH	0251 0904 1528 2115	30 567 75 518	17 F	0334 0954 1619 2201	86 539 130 431
3 F	0335 0950 1619 2203	18 596 64 503	18 SA A	0404 1025 1653 2233	92 542 132 419
4 SA ●P	0419 1036 1710 2252	17 612 62 482	19 SU ○	0434 1055 1724 2303	99 540 137 408
5 SU	0503 1123 1802 2342	26 616 68 458	20 M N	0502 1125 1755 2332	108 535 144 399
6 M S	0548 1212 1856	44 605 82	21 TU	0530 1154 1827	118 527 154
7 TU	0037 0637 1304 1954	433 72 582 100	22 W	0002 0600 1226 1902	390 131 516 163
8 W	0138 0731 1402 2058	410 107 551 117	23 TH	0037 0633 1303 1944	382 146 503 171
9 TH	0246 0835 1507 2204	395 142 520 126	24 F	0122 0715 1349 2037	374 164 489 175
10 F	0401 0949 1616 2312	393 169 495 124	25 SA	0223 0813 1447 2138	370 183 477 169
11 SA ☽	0516 1107 1726	407 180 481	26 SU	0335 0926 1553 2241	378 195 471 152
12 SU E	0014 0626 1224 1830	114 435 175 476	27 M ☾ E	0448 1044 1700 2342	402 194 472 127
13 M	0107 0722 1329 1924	100 467 160 472	28 TU	0557 1203 1805	440 178 476
14 TU	0151 0807 1420 2010	89 495 147 466	29 W	0041 0700 1317 1909	99 486 152 482
15 W	0228 0846 1504 2050	83 517 137 456	30 TH	0136 0756 1421 2008	73 533 122 485
			31 F	0228 0849 1520 2103	52 574 96 485

时　区：－1000　　　　潮高基准面：在平均海面下 300 cm

澳大利亚—布里斯班沙渚

AUSTRALIA—BRISBANE BAR

2021 年潮汐表　　27° 22′ S　　153° 10′ E

1 月

日期	潮时 时分	潮高 cm	日期	潮时 时分	潮高 cm
1 F	0426 1057 1736 2311	31 246 51 175	16 SA	0513 1143 1826	46 250 57
2 SA	0505 1136 1816 2354	34 247 50 177	17 SU	0000 0549 1217 1859	187 56 240 62
3 SU	0547 1217 1859	38 246 49	18 M	0039 0626 1251 1933	185 66 228 67
4 M	0042 0634 1302 1946	178 45 241 49	19 TU E	0121 0708 1327 2011	183 78 214 70
5 TU	0136 0727 1352 2037	178 55 232 48	20 W ☽	0211 0759 1410 2056	181 89 200 71
6 W ☾ E	0239 0831 1449 2131	181 64 220 45	21 TH A	0312 0903 1504 2147	182 98 185 70
7 TH	0349 0944 1552 2229	189 71 206 42	22 F	0421 1022 1611 2243	186 101 172 67
8 F	0501 1105 1701 2328	201 73 195 38	23 SA	0528 1144 1723 2340	195 96 166 62
9 SA P	0608 1226 1810	217 68 187	24 SU	0626 1253 1828	207 87 164
10 SU	0027 0709 1339 1915	34 233 60 183	25 M	0034 0716 1350 1923	56 218 77 167
11 M	0124 0804 1442 2015	31 247 51 182	26 TU N	0123 0801 1437 2012	49 229 67 173
12 TU S	0218 0856 1537 2109	29 257 45 183	27 W	0210 0843 1521 2056	43 240 60 180
13 W ●	0308 0943 1627 2158	29 261 43 185	28 TH ○	0254 0923 1602 2138	37 249 53 187
14 TH	0354 1027 1711 2242	32 261 45 187	29 F	0337 1003 1641 2219	33 257 48 194
15 F	0435 1107 1750 2322	38 257 50 188	30 SA	0419 1042 1720 2301	31 262 44 200
			31 SU	0500 1121 1758 2343	31 264 41 204

2 月

日期	潮时 时分	潮高 cm	日期	潮时 时分	潮高 cm
1 M	0542 1200 1837	36 260 40	16 TU	0004 0601 1210 1839	209 67 228 62
2 TU E	0028 0627 1242 1917	206 44 249 41	17 W	0041 0638 1242 1911	207 77 214 64
3 W P	0118 0718 1327 2001	206 56 233 44	18 TH A	0123 0722 1319 1949	202 87 197 68
4 TH ☾	0215 0817 1419 2050	206 68 213 47	19 F ☽	0214 0819 1406 2036	197 97 180 73
5 F	0321 0929 1523 2148	207 79 194 51	20 SA	0316 0932 1510 2135	194 103 164 76
6 SA	0435 1055 1639 2255	213 82 179 53	21 SU	0429 1101 1635 2245	196 101 156 76
7 SU	0548 1222 1800	223 76 174	22 M	0539 1220 1756 2354	203 92 158 70
8 M S	0005 0654 1335 1910	52 236 65 177	23 TU N	0639 1320 1859	214 81 167
9 TU	0111 0752 1434 2010	48 247 56 185	24 W	0054 0729 1410 1950	61 228 69 180
10 W	0209 0842 1524 2100	44 256 50 194	25 TH	0147 0815 1454 2035	51 242 58 193
11 TH ●	0259 0927 1607 2143	42 260 49 201	26 F	0236 0859 1536 2119	41 255 49 205
12 F	0343 1007 1644 2222	42 259 50 206	27 SA ○	0323 0940 1617 2202	33 264 41 216
13 SA	0421 1042 1716 2257	45 256 54 209	28 SU	0407 1021 1655 2244	29 268 35 225
14 SU	0455 1113 1745 2330	51 249 57 210			
15 M E	0528 1141 1812	58 240 60			

3 月

日期	潮时 时分	潮高 cm	日期	潮时 时分	潮高 cm
1 M E	0451 1100 1732 2327	30 265 32 230	16 TU	0507 1107 1726 2332	60 228 53 227
2 TU P	0534 1140 1808	35 256 32	17 W	0539 1135 1752	67 216 55
3 W	0011 0620 1221 1845	231 45 239 36	18 TH A	0006 0615 1206 1821	224 74 202 59
4 TH	0059 0710 1305 1926	230 58 218 43	19 F	0043 0656 1241 1855	218 83 186 65
5 F	0152 0809 1358 2014	225 71 196 52	20 SA	0127 0745 1325 1937	210 91 170 73
6 SA ☾	0256 0924 1506 2115	221 81 176 62	21 SU ☽	0220 0850 1426 2034	202 98 157 81
7 SU S	0413 1055 1634 2233	219 83 166 68	22 M N	0328 1015 1553 2151	197 98 151 84
8 M	0532 1218 1759 2354	224 75 170 67	23 TU	0446 1138 1723 2313	200 90 157 79
9 TU	0640 1324 1906	233 65 182	24 W	0556 1242 1830	211 78 171
10 W	0103 0736 1416 1959	61 242 57 195	25 TH	0023 0653 1334 1922	68 226 65 188
11 TH	0200 0823 1459 2043	54 248 53 207	26 F	0122 0743 1420 2010	55 241 53 206
12 F	0247 0904 1536 2121	50 250 52 216	27 SA	0215 0829 1504 2056	42 253 41 222
13 SA ●	0327 0940 1608 2156	49 248 52 222	28 SU ○E	0305 0913 1545 2140	34 259 32 235
14 SU E	0402 1011 1636 2229	51 244 53 226	29 M	0352 0956 1624 2224	29 258 26 244
15 M	0435 1040 1702 2300	55 237 53 228	30 TU P	0439 1037 1700 2308	30 250 25 249
			31 W	0525 1119 1737 2352	36 235 27 249

4 月

日期	潮时 时分	潮高 cm	日期	潮时 时分	潮高 cm
1 TH	0614 1202 1814	46 216 35	16 F	0557 1138 1741	71 184 55
2 F	0040 0706 1250 1855	245 58 196 46	17 SA	0011 0635 1214 1813	225 77 172 63
3 SA	0133 0809 1347 1946	237 70 176 60	18 SU N	0050 0721 1259 1854	217 84 161 72
4 SU ☾S	0237 0926 1503 2054	227 77 163 73	19 M	0138 0820 1359 1950	209 88 153 80
5 M	0353 1050 1633 2220	220 77 162 80	20 TU ☽	0241 0935 1521 2109	203 88 152 85
6 TU	0512 1202 1753 2344	220 71 173 77	21 W	0357 1053 1648 2234	204 82 160 81
7 W	0619 1259 1852	225 63 189	22 TH	0511 1158 1756 2349	212 70 177 70
8 TH	0050 0712 1345 1938	69 230 58 204	23 F	0613 1252 1852	224 57 196
9 F	0143 0756 1424 2018	62 233 54 216	24 SA	0053 0707 1341 1942	57 235 44 216
10 SA	0227 0834 1457 2054	58 233 52 226	25 SU E	0151 0756 1426 2030	45 241 33 233
11 SU E	0306 0908 1527 2128	56 230 50 233	26 M	0245 0843 1509 2117	37 241 25 247
12 M ●	0341 0938 1554 2201	56 224 49 237	27 TU ○P	0337 0929 1549 2204	33 234 21 256
13 TU	0415 1008 1620 2233	58 217 47 239	28 W	0428 1015 1628 2250	34 222 22 261
14 W A	0449 1037 1646 2305	61 207 47 237	29 TH	0518 1101 1707 2336	38 208 27 259
15 TH	0522 1107 1713 2337	66 196 50 232	30 F	0610 1149 1748	46 192 36

时　区：−1000　　　　潮高基准面：在平均海面下 127　cm

澳大利亚—布里斯班沙渚

AUSTRALIA－BRISBANE BAR

2021 年潮汐表　　27° 22′ S　　153° 10′ E

5 月

日期	潮时 时分	潮高 cm	日期	潮时 时分	潮高 cm
1 SA S	0025	252	16 SU	0621	71
	0706	55		1158	163
	1242	177		1747	59
	1832	50			
2 SU	0118	241	17 M	0025	223
	0809	64		0705	75
	1343	165		1244	158
	1927	65		1830	67
3 M ☾	0219	229	18 TU	0112	217
	0919	70		0759	77
	1458	160		1342	156
	2038	79		1926	74
4 TU	0330	218	19 W ☽	0209	213
	1030	71		0904	75
	1619	165		1455	157
	2202	85		2039	78
5 W	0443	214	20 TH	0318	212
	1131	67		1012	69
	1730	177		1614	167
	2320	83		2159	76
6 TH	0546	214	21 F	0428	214
	1222	63		1114	58
	1825	192		1722	183
				2315	69
7 F	0023	77	22 SA E	0532	219
	0637	215		1209	46
	1305	58		1822	203
	1909	207			
8 SA E	0115	70	23 SU	0024	59
	0720	215		0630	222
	1341	54		1259	35
	1949	220		1915	223
9 SU	0201	65	24 M	0128	50
	0758	212		0723	220
	1414	49		1347	26
	2025	230		2006	240
10 M	0242	62	25 TU	0228	43
	0833	208		0815	215
	1445	46		1433	21
	2100	237		2056	254
11 TU ● A	0321	60	26 W ○ P	0325	38
	0906	201		0906	206
	1514	43		1517	19
	2135	241		2145	262
12 W	0358	60	27 TH	0420	37
	0940	193		0957	196
	1544	42		1601	21
	2208	241		2234	265
13 TH	0434	61	28 F S	0514	39
	1012	185		1048	186
	1613	44		1644	28
	2241	239		2322	262
14 F	0509	64	29 SA	0607	44
	1046	177		1140	177
	1642	47		1729	39
	2313	235			
15 SA N	0544	67	30 SU	0010	254
	1120	170		0701	51
	1712	53		1233	170
	2347	229		1817	52
			31 M	0101	243
				0757	58
				1331	165
				1911	66

6 月

日期	潮时 时分	潮高 cm	日期	潮时 时分	潮高 cm
1 TU	0155	229	16 W	0053	228
	0855	64		0742	63
	1435	164		1327	164
	2014	79		1912	64
2 W ☾	0254	217	17 TH	0145	223
	0953	67		0836	60
	1544	168		1431	167
	2125	87		2017	69
3 TH	0357	208	18 F ☽	0244	218
	1046	66		0933	54
	1650	177		1542	175
	2238	89		2130	71
4 F E	0457	202	19 SA E	0348	213
	1133	62		1030	46
	1747	191		1651	190
	2344	85		2246	69
5 SA	0550	198	20 SU	0453	208
	1215	57		1126	37
	1834	205		1754	208
6 SU	0041	79	21 M	0001	63
	0637	195		0555	202
	1254	51		1219	29
	1917	218		1851	226
7 M	0132	72	22 TU	0111	55
	0719	191		0655	196
	1330	45		1311	23
	1956	228		1946	243
8 TU A	0218	66	23 W P	0217	47
	0759	186		0753	189
	1405	41		1403	20
	2034	235		2039	255
9 W	0301	62	24 TH ○	0317	41
	0839	180		0850	184
	1440	38		1453	20
	2111	239		2130	262
10 TH ●	0342	60	25 F S	0414	37
	0917	175		0945	180
	1514	38		1542	23
	2147	240		2220	265
11 F	0420	59	26 SA	0507	38
	0054	171		1037	178
	1548	40		1629	29
	2221	238		2307	261
12 SA N	0457	60	27 SU	0556	41
	1031	168		1127	176
	1621	43		1715	38
	2255	236		2353	254
13 SU	0533	62	28 M	0644	47
	1108	166		1216	174
	1656	47		1801	50
	2330	234			
14 M	0611	63	29 TU	0037	242
	1147	164		0729	54
	1734	52		1304	171
				1847	63
15 TU	0009	231	30 W	0120	229
	0653	63		0814	60
	1233	163		1357	170
	1818	58		1939	76

7 月

日期	潮时 时分	潮高 cm	日期	潮时 时分	潮高 cm
1 TH ☾ E	0206	214	16 F E	0121	227
	0900	63		0805	43
	1455	172		1407	179
	2038	86		1959	62
2 F	0257	201	17 SA ☽	0213	215
	0946	64		0855	40
	1558	177		1512	185
	2145	92		2108	68
3 SA	0354	189	18 SU	0313	201
	1034	61		0949	37
	1700	187		1622	195
	2257	91		2226	70
4 SU	0453	180	19 M	0420	188
	1121	55		1047	33
	1755	199		1730	210
				2347	65
5 M A	0006	85	20 TU	0530	178
	0550	174		1147	29
	1206	49		1833	226
	1844	211			
6 TU	0105	76	21 W P	0104	56
	0643	170		0640	173
	1249	43		1247	25
	1928	222		1932	241
7 W	0157	68	22 TH S	0211	46
	0731	167		0743	173
	1331	39		1345	23
	2009	229		2026	252
8 TH	0243	61	23 F	0310	38
	0816	166		0842	175
	1412	36		1439	22
	2048	234		2117	258
9 F N	0325	57	24 SA ○	0403	34
	0857	166		0934	179
	1452	35		1530	23
	2126	237		2205	260
10 SA ●	0404	55	25 SU	0451	34
	0937	168		1023	182
	1530	35		1617	28
	2202	239		2248	256
11 SU	0442	53	26 M	0533	37
	1016	170		1107	184
	1608	36		1700	36
	2238	241		2328	248
12 M	0519	52	27 TU	0612	43
	1054	172		1148	184
	1646	38		1739	46
	2315	241			
13 TU	0556	50	28 W	0004	237
	1135	174		0647	49
	1726	41		1229	182
	2353	240		1819	58
14 W	0636	48	29 TH E	0038	223
	1219	175		0721	53
	1810	47		1312	180
				1901	70
15 TH	0035	236	30 F	0114	207
	0718	46		0758	57
	1309	176		1401	179
	1900	54		1951	81
			31 SA ☾	0156	191
				0839	58
				1459	179
				2054	89

8 月

日期	潮时 时分	潮高 cm	日期	潮时 时分	潮高 cm
1 SU	0248	174	16 M	0245	179
	0927	58		0910	35
	1605	183		1557	199
	2211	92		2218	68
2 M A	0353	161	17 TU P	0400	163
	1021	56		1015	37
	1710	191		1712	209
	2332	86		2347	62
3 TU	0506	153	18 W S	0522	157
	1118	52		1126	36
	1808	201		1821	222
4 W	0040	77	19 TH	0102	51
	0612	152		0637	160
	1213	47		1235	32
	1858	211		1921	234
5 TH N	0134	66	20 F	0204	40
	0707	154		0740	169
	1303	41		1337	27
	1943	220		2014	244
6 F	0220	58	21 SA	0257	32
	0755	160		0833	178
	1349	35		1432	24
	2024	228		2101	249
7 SA	0302	51	22 SU ○	0343	29
	0837	167		0920	187
	1433	30		1520	24
	2103	235		2144	249
8 SU ●	0342	46	23 M	0423	30
	0918	174		1002	193
	1515	27		1602	28
	2141	241		2222	244
9 M	0420	41	24 TU	0459	33
	0958	180		1040	196
	1556	25		1640	35
	2218	245		2255	235
10 TU	0457	37	25 W E	0530	37
	1038	185		1116	196
	1637	26		1715	44
	2255	245		2326	223
11 W	0533	33	26 TH	0557	40
	1119	189		1152	195
	1718	30		1750	53
	2333	242		2355	210
12 TH E	0610	30	27 F	0625	43
	1202	191		1230	193
	1801	37		1828	64
13 F	0013	232	28 SA	0027	194
	0648	29		0656	47
	1250	192		1312	189
	1849	46		1913	74
14 SA	0056	217	29 SU	0104	176
	0729	30		0732	51
	1343	193		1403	184
	1946	56		2011	83
15 SU ☽	0145	198	30 M ☾ A	0152	158
	0816	32		0819	56
	1446	194		1505	180
	2055	65		2128	87
			31 TU	0258	143
				0918	60
				1617	181
				2257	84

时　区：－1000　　　　潮高基准面：在平均海面下 127　cm

澳大利亚—布里斯班沙渚

AUSTRALIA－BRISBANE BAR

2021 年潮汐表　　27° 22′ S　　153° 10′ E

9 月

日期	潮时 时分	潮高 cm	日期	潮时 时分	潮高 cm
1 W	0425 1028 1726	135 60 188	16 TH	0526 1118 1809	147 45 215
2 TH N	0011 0545 1136 1823	74 138 54 198	17 F	0055 0637 1231 1907	43 159 39 226
3 F	0106 0644 1235 1911	63 148 46 210	18 SA	0148 0732 1331 1957	33 175 32 232
4 SA	0151 0731 1326 1955	52 160 36 222	19 SU	0234 0819 1421 2040	28 188 28 234
5 SU	0233 0814 1413 2035	43 172 27 232	20 M ○	0313 0900 1505 2117	26 198 27 232
6 M	0312 0856 1458 2115	34 184 21 239	21 TU E	0348 0937 1544 2151	27 204 31 225
7 TU ●	0350 0937 1541 2153	26 194 18 242	22 W	0417 1012 1619 2220	28 208 36 215
8 W E	0428 1018 1624 2231	20 202 18 239	23 TH	0444 1045 1653 2249	30 209 43 204
9 TH	0503 1100 1707 2310	16 207 23 230	24 F	0509 1118 1727 2317	31 208 51 190
10 F	0539 1143 1752 2350	15 209 31 214	25 SA	0534 1153 1803 2348	33 205 59 175
11 SA P	0614 1229 1842	17 209 41	26 SU A	0602 1230 1845	38 199 67
12 SU	0033 0653 1321 1940	195 22 206 53	27 M	0023 0635 1314 1936	159 45 190 75
13 M ☽	0124 0740 1423 2053	173 30 202 61	28 TU	0108 0716 1407 2046	143 54 182 81
14 TU	0230 0839 1538 2223	154 39 201 62	29 W ☾ N	0211 0814 1516 2214	130 63 177 80
15 W S	0357 0955 1658 2348	144 46 206 54	30 TH	0342 0932 1633 2331	125 67 180 71

10 月

日期	潮时 时分	潮高 cm	日期	潮时 时分	潮高 cm
1 F	0511 1054 1739	132 62 189	16 SA	0034 0626 1220 1846	39 166 48 215
2 SA	0028 0614 1202 1833	59 147 52 203	17 SU	0122 0716 1317 1932	32 183 41 218
3 SU	0114 0703 1258 1920	47 164 39 216	18 M	0202 0758 1404 2011	28 197 37 216
4 M	0157 0748 1349 2003	34 181 28 226	19 TU E	0237 0836 1446 2046	26 208 37 211
5 TU	0237 0831 1438 2044	23 196 21 231	20 W ○	0307 0912 1524 2118	25 215 38 203
6 W ●E	0316 0914 1525 2125	14 209 17 229	21 TH	0335 0945 1600 2148	24 219 42 194
7 TH	0354 0957 1611 2206	7 219 17 221	22 F	0401 1018 1635 2218	24 221 46 183
8 F P	0430 1041 1658 2247	4 225 21 207	23 SA	0427 1050 1709 2248	25 219 51 171
9 SA	0506 1125 1746 2330	6 227 29 190	24 SU A	0453 1123 1745 2320	29 215 56 159
10 SU	0543 1212 1839	11 225 39	25 M	0521 1157 1824 2356	35 208 63 148
11 M	0018 0623 1304 1941	171 21 218 49	26 TU N	0553 1236 1909	43 199 69
12 TU S	0115 0713 1406 2058	153 34 210 56	27 W	0039 0631 1322 2008	137 53 191 74
13 W ☽	0229 0818 1521 2223	140 48 204 55	28 TH ☾	0137 0724 1421 2123	129 63 184 74
14 TH	0400 0943 1641 2336	138 56 204 48	29 F	0258 0840 1534 2239	127 69 184 68
15 F	0523 1110 1750	149 55 209	30 SA	0426 1006 1647 2339	135 67 190 56
			31 SU	0536 1122 1747	151 59 201

11 月

日期	潮时 时分	潮高 cm	日期	潮时 时分	潮高 cm
1 M	0030 0630 1225 1839	42 170 47 210	16 TU	0122 0732 1342 1937	34 204 53 198
2 TU E	0115 0719 1323 1927	29 190 36 216	17 W	0156 0810 1426 2014	30 215 50 192
3 W	0158 0806 1417 2013	17 208 28 216	18 TH	0227 0847 1506 2049	27 223 49 184
4 TH ●	0239 0851 1510 2058	8 223 24 210	19 F ○	0257 0922 1545 2123	25 228 49 177
5 F P	0319 0937 1601 2144	2 235 23 199	20 SA	0327 0956 1622 2157	25 229 51 169
6 SA	0359 1023 1652 2230	1 241 25 186	21 SU A	0356 1029 1657 2230	27 228 54 161
7 SU	0438 1110 1745 2319	5 243 31 172	22 M N	0426 1101 1732 2304	31 224 57 155
8 M S	0519 1159 1841	13 239 38	23 TU	0456 1134 1808 2340	37 219 62 149
9 TU	0012 0604 1252 1943	158 25 231 46	24 W	0529 1210 1849	44 213 66
10 W	0112 0657 1351 2053	148 40 220 51	25 TH	0022 0608 1252 1939	145 52 207 68
11 TH ☽	0224 0804 1459 2203	142 55 211 52	26 F	0114 0657 1343 2039	141 60 202 68
12 F	0345 0925 1612 2306	145 65 205 49	27 SA ☾	0220 0802 1445 2144	141 67 199 63
13 SA	0501 1046 1717 2359	157 67 203 44	28 SU	0338 0920 1553 2245	147 70 199 53
14 SU	0602 1155 1812	173 63 203	29 M	0452 1038 1658 2340	161 66 202 41
15 M E	0044 0650 1252 1858	39 189 58 201	30 TU E	0554 1150 1757	180 59 203

12 月

日期	潮时 时分	潮高 cm	日期	潮时 时分	潮高 cm
1 W	0030 0649 1257 1852	29 200 50 202	16 TH	0114 0744 1406 1945	39 219 65 177
2 TH	0118 0741 1400 1944	18 220 42 197	17 F	0151 0823 1451 2026	35 228 60 172
3 F	0204 0831 1459 2037	11 236 35 191	18 SA A	0227 0901 1532 2106	33 233 57 169
4 SA ●P	0250 0921 1555 2129	7 249 31 183	19 SU ○	0302 0937 1610 2143	32 235 57 167
5 SU	0335 1011 1650 2221	7 256 31 176	20 M N	0337 1012 1646 2219	33 235 58 165
6 M S	0420 1100 1744 2314	11 258 33 170	21 TU	0410 1045 1720 2253	36 234 59 165
7 TU	0507 1149 1838	19 254 38	22 W	0444 1118 1755 2329	40 233 61 164
8 W	0007 0555 1239 1933	164 31 245 45	23 TH	0518 1153 1832	44 231 62
9 TH	0102 0646 1330 2028	160 46 233 51	24 F	0009 0557 1231 1914	164 50 228 61
10 F	0203 0744 1426 2124	158 60 220 55	25 SA	0055 0643 1315 2002	163 57 223 60
11 SA ☽	0310 0851 1526 2218	160 73 208 56	26 SU	0151 0738 1407 2055	164 65 217 56
12 SU E	0419 1003 1627 2309	168 80 198 54	27 M ☾E	0257 0845 1505 2151	168 71 209 50
13 M	0522 1115 1724 2354	180 81 191 50	28 TU	0409 1000 1610 2248	177 74 200 43
14 TU	0616 1220 1815	194 77 186	29 W	0518 1120 1716 2344	193 71 193 35
15 W	0036 0702 1317 1902	45 208 71 181	30 TH	0621 1238 1822	211 64 187
			31 F	0040 0720 1349 1925	28 230 55 183

时　区：－1000　　　　潮高基准面：在平均海面下 127　cm

澳大利亚—纽卡斯尔

AUSTRALIA－NEWCASTLE

2021 年潮汐表　　32° 56′ S　　151° 47′ E

1 月

日期	星期	标记	潮时 时分	潮高 cm	潮时 时分	潮高 cm	潮时 时分	潮高 cm	潮时 时分	潮高 cm
1	F		0304	51	0937	185	1620	28	2222	130
2	SA		0348	52	1018	183	1702	28	2308	131
3	SU		0435	55	1101	177	1746	30	2357	133
4	M		0526	58	1146	170	1833	32		
5	TU		0049	135	0625	62	1234	160	1923	35
6	W	☾ E	0144	139	0732	65	1331	149	2015	39
7	TH		0243	145	0847	65	1437	139	2108	41
8	F		0342	154	1005	60	1552	132	2203	43
9	SA	P	0441	165	1122	51	1706	129	2258	44
10	SU		0538	176	1229	39	1814	129	2354	44
11	M		0632	187	1320	20	1915	131		
12	TU	S	0047	43	0724	195	1417	21	2010	133
13	W	●	0138	43	0814	198	1504	17	2100	135
14	TH		0226	43	0901	197	1548	18	2148	136
15	F		0312	45	0945	191	1631	23	2233	136
16	SA		0357	50	1026	181	1713	28	2317	136
17	SU		0442	56	1104	169	1753	35		
18	M		0001	135	0528	63	1139	156	1832	41
19	TU	E	0046	135	0619	70	1215	143	1911	47
20	W	☽	0133	135	0717	76	1257	131	1953	52
21	TH	A	0225	136	0824	79	1352	122	2038	56
22	F		0318	140	0939	78	1507	115	2127	60
23	SA		0411	145	1052	72	1626	113	2217	62
24	SU		0501	152	1154	63	1732	115	2308	62
25	M		0547	161	1242	54	1826	118	2355	60
26	TU	N	0631	169	1324	45	1912	123		
27	W		0041	57	0714	177	1402	37	1955	128
28	TH	○	0124	52	0756	184	1439	30	2037	132
29	F		0207	47	0838	188	1517	25	2119	137
30	SA		0251	43	0920	190	1556	22	2201	141
31	SU		0335	41	1002	188	1635	22	2245	144

2 月

日期	星期	标记	潮时 时分	潮高 cm	潮时 时分	潮高 cm	潮时 时分	潮高 cm	潮时 时分	潮高 cm
1	M		0422	42	1045	181	1717	24	2330	147
2	TU	E	0514	46	1128	170	1801	29		
3	W	P	0018	149	0612	52	1216	157	1847	36
4	TH	☾	0110	151	0720	57	1311	141	1938	44
5	F		0209	153	0837	60	1421	128	2035	51
6	SA		0314	158	1002	58	1546	120	2137	56
7	SU		0421	165	1122	50	1709	119	2242	58
8	M	S	0524	173	1226	40	1816	124	2344	56
9	TU		0622	181	1317	32	1910	130		
10	W		0039	51	0714	187	1402	27	1958	135
11	TH	●	0129	47	0801	189	1444	25	2041	140
12	F		0215	44	0845	187	1523	26	2122	143
13	SA		0258	43	0926	181	1600	29	2202	144
14	SU		0339	46	1002	173	1636	34	2240	144
15	M	E	0420	50	1035	163	1708	39	2318	143
16	TU		0501	56	1106	152	1740	44	2355	142
17	W		0545	63	1138	141	1812	50		
18	TH	A	0034	141	0634	69	1215	130	1847	56
19	F	☽	0118	141	0733	74	1302	120	1930	63
20	SA		0209	141	0845	75	1412	111	2024	69
21	SU		0310	144	1007	72	1552	109	2126	73
22	M		0413	149	1118	64	1712	113	2231	73
23	TU	N	0511	157	1211	55	1808	120	2330	68
24	W		0602	166	1254	45	1852	128		
25	TH		0021	60	0648	175	1332	36	1932	135
26	F		0107	51	0733	183	1409	29	2012	143
27	SA	○	0151	42	0817	188	1446	24	2052	150
28	SU		0236	35	0900	189	1524	21	2134	157

3 月

日期	星期	标记	潮时 时分	潮高 cm	潮时 时分	潮高 cm	潮时 时分	潮高 cm	潮时 时分	潮高 cm
1	M	E	0322	31	0944	186	1603	22	2218	161
2	TU	P	0412	32	1028	177	1644	26	2303	164
3	W		0506	36	1114	164	1728	34	2350	165
4	TH		0607	43	1205	148	1815	44		
5	F		0042	164	0716	50	1305	132	1908	55
6	SA	☾	0141	162	0835	55	1424	119	2011	65
7	SU	S	0250	161	1000	54	1558	116	2122	70
8	M		0405	163	1114	49	1716	121	2235	70
9	TU		0512	167	1212	43	1813	128	2339	65
10	W		0610	172	1258	38	1858	136		
11	TH		0033	58	0700	175	1339	36	1938	144
12	F		0121	51	0744	176	1416	35	2016	149
13	SA	●	0204	46	0825	174	1451	36	2053	152
14	SU	E	0244	44	0903	169	1523	38	2128	154
15	M		0323	45	0936	162	1554	42	2203	155
16	TU		0401	48	1008	154	1622	46	2236	154
17	W		0438	52	1038	146	1649	51	2309	153
18	TH	A	0518	57	1110	137	1717	57	2343	152
19	F		0603	63	1147	128	1750	64		
20	SA		0021	150	0656	67	1233	119	1832	72
21	SU	☽	0108	148	0802	70	1341	112	1930	79
22	M	N	0207	147	0921	69	1529	111	2044	83
23	TU		0322	149	1035	63	1651	117	2200	81
24	W		0431	155	1131	55	1743	126	2305	74
25	TH		0528	163	1215	45	1824	137	2358	63
26	F		0618	172	1254	37	1902	147		
27	SA		0046	50	0704	179	1331	30	1941	158
28	SU	○E	0133	39	0750	184	1409	25	2022	167
29	M		0221	30	0837	183	1448	24	2105	175
30	TU	P	0311	25	0924	178	1529	27	2150	181
31	W		0404	25	1014	168	1612	34	2237	183

4 月

日期	星期	标记	潮时 时分	潮高 cm	潮时 时分	潮高 cm	潮时 时分	潮高 cm	潮时 时分	潮高 cm
1	TH		0502	29	1105	154	1658	45	2325	181
2	F		0604	36	1201	139	1748	56		
3	SA		0018	176	0713	44	1308	126	1845	68
4	SU	☾ S	0118	169	0829	50	1433	120	1954	77
5	M		0230	163	0946	51	1600	121	2112	80
6	TU		0346	160	1052	50	1705	128	2227	78
7	W		0453	161	1144	48	1753	137	2330	71
8	TH		0549	162	1228	46	1834	146		
9	F		0023	64	0637	163	1305	45	1911	153
10	SA		0109	56	0720	162	1340	44	1946	159
11	SU	E	0151	51	0759	160	1412	45	2020	162
12	M	●	0230	48	0835	156	1442	47	2054	165
13	TU		0307	47	0908	152	1509	51	2126	166
14	W	A	0343	48	0941	146	1536	55	2157	166
15	TH		0419	50	1014	140	1603	60	2229	165
16	F		0457	54	1049	133	1632	65	2304	163
17	SA		0539	58	1128	127	1708	72	2342	160
18	SU	N	0629	62	1217	120	1753	79		
19	M		0026	156	0730	65	1324	116	1854	85
20	TU	☽	0122	153	0841	65	1500	117	2010	88
21	W		0234	152	0949	60	1615	124	2127	85
22	TH		0348	156	1044	53	1705	135	2234	76
23	F		0448	162	1129	45	1746	147	2330	64
24	SA		0541	168	1210	38	1826	159		
25	SU	E	0023	51	0632	173	1249	32	1907	172
26	M		0115	38	0722	174	1330	29	1950	184
27	TU	○P	0208	28	0814	171	1412	31	2037	192
28	W		0303	23	0907	165	1457	36	2125	197
29	TH		0359	22	1002	156	1543	44	2214	197
30	F		0457	25	1058	145	1633	54	2305	193

时　区：－1000　　　　潮高基准面：在平均海面下 101　cm

澳大利亚—纽卡斯尔
AUSTRALIA—NEWCASTLE

2021 年潮汐表　　32° 56′ S　　151° 47′ E

5 月

日期	潮时 时分	潮高 cm	日期	潮时 时分	潮高 cm
1 SA S	0558 1158 1726 2358	32 135 66 184	16 SU	0521 1115 1643 2316	53 127 74 169
2 SU	0703 1307 1827	40 128 75	17 M	0608 1205 1732	56 124 79
3 M ☾	0057 0812 1424 1938	173 47 126 82	18 TU	0001 0703 1307 1831	164 58 122 84
4 TU	0205 0917 1535 2055	163 51 130 84	19 W ☽	0053 0804 1421 1941	160 58 125 85
5 W	0317 1015 1632 2208	156 54 136 82	20 TH	0156 0903 1527 2053	157 55 131 82
6 TH	0421 1104 1719 2311	152 54 144 76	21 F	0304 0955 1619 2200	157 50 142 74
7 F	0516 1147 1800	151 53 152	22 SA E	0407 1042 1705 2302	159 44 155 63
8 SA E	0005 0604 1224 1837	69 150 52 159	23 SU	0505 1126 1749	161 39 169
9 SU	0052 0647 1258 1913	62 149 51 165	24 M	0002 0601 1210 1835	51 162 36 182
10 M	0134 0726 1330 1946	57 147 52 169	25 TU	0101 0658 1255 1924	39 160 35 194
11 TU ●A	0212 0804 1359 2019	52 145 54 172	26 W ○P	0159 0756 1342 2014	28 157 37 203
12 W	0249 0840 1427 2051	50 142 57 174	27 TH	0256 0854 1431 2105	22 151 42 206
13 TH	0324 0916 1455 2124	48 138 61 175	28 F S	0352 0952 1521 2156	20 146 49 204
14 F	0401 0953 1527 2159	49 134 65 174	29 SA	0447 1049 1613 2247	22 140 57 197
15 SA N	0439 1032 1602 2236	50 131 69 172	30 SU	0544 1148 1707 2339	29 135 66 186
			31 M	0642 1250 1807	37 132 73

6 月

日期	潮时 时分	潮高 cm	日期	潮时 时分	潮高 cm
1 TU	0034 0741 1353 1913	173 45 132 79	16 W	0635 1244 1811	48 129 74
2 W ☾	0133 0837 1453 2025	160 51 135 82	17 TH	0030 0727 1342 1915	164 48 132 75
3 TH	0236 0928 1547 2136	149 55 140 82	18 F ☽	0124 0819 1440 2024	158 47 138 74
4 F E	0337 1015 1636 2241	142 56 146 78	19 SA E	0226 0909 1535 2133	153 46 148 69
5 SA	0433 1058 1720 2339	138 56 153 73	20 SU	0331 0959 1628 2243	149 44 160 60
6 SU	0524 1137 1800	136 56 160	21 M	0437 1048 1719 2351	147 42 173 49
7 M	0029 0611 1213 1837	66 136 56 166	22 TU	0541 1138 1811	145 41 186
8 TU A	0113 0654 1247 1912	60 135 57 171	23 W P	0055 0645 1229 1904	37 144 41 197
9 W	0152 0735 1319 1947	54 134 58 176	24 TH ○	0154 0745 1321 1957	26 143 42 204
10 TH ●	0229 0815 1352 2022	49 133 59 179	25 F S	0248 0844 1413 2049	20 141 44 207
11 F	0306 0854 1426 2059	46 132 61 180	26 SA	0340 0939 1504 2140	18 140 48 203
12 SA N	0343 0935 1503 2137	45 131 63 180	27 SU	0431 1033 1555 2230	20 138 52 195
13 SU	0421 1017 1544 2217	44 129 65 178	28 M	0522 1126 1647 2317	26 137 59 182
14 M	0502 1102 1628 2258	45 129 68 175	29 TU	0611 1218 1742	34 136 65
15 TU	0547 1150 1716 2342	47 128 71 169	30 W	0004 0701 1311 1842	168 42 137 72

7 月

日期	潮时 时分	潮高 cm	日期	潮时 时分	潮高 cm
1 TH ☾E	0052 0748 1405 1948	153 48 138 77	16 F E	0007 0649 1307 1855	162 38 140 63
2 F	0143 0834 1457 2056	140 53 140 79	17 SA ☽	0057 0738 1401 2005	152 41 145 64
3 SA	0241 0920 1548 2204	130 56 145 77	18 SU	0157 0829 1459 2120	142 44 152 62
4 SU	0343 1004 1636 2308	125 58 150 73	19 M	0308 0923 1559 2238	134 46 162 55
5 M A	0444 1047 1721	123 59 156	20 TU	0424 1019 1659 2351	129 48 173 44
6 TU	0003 0539 1129 1801	66 123 59 163	21 W P	0537 1117 1756	129 47 184
7 W	0049 0628 1209 1841	58 124 59 169	22 TH S	0053 0642 1215 1852	32 131 46 193
8 TH	0130 0713 1248 1919	51 126 59 175	23 F	0147 0739 1309 1945	23 134 43 199
9 F N	0208 0755 1327 1959	45 127 57 180	24 SA ○	0236 0832 1401 2036	18 137 41 199
10 SA ●	0245 0836 1406 2039	40 128 56 182	25 SU	0322 0922 1450 2124	17 139 41 195
11 SU	0322 0918 1447 2119	37 130 54 183	26 M	0407 1010 1539 2209	20 140 44 186
12 M	0400 1000 1529 2200	35 131 54 182	27 TU	0451 1056 1627 2251	25 141 49 173
13 TU	0440 1044 1613 2241	34 133 55 177	28 W	0533 1142 1717 2330	32 140 56 158
14 W	0520 1129 1701 2323	35 135 57 171	29 TH E	0614 1227 1810	38 140 63
15 TH	0604 1216 1754	36 137 60	30 F	0008 0654 1314 1908	144 45 139 70
			31 SA ☾	0049 0735 1403 2013	131 51 140 74

8 月

日期	潮时 时分	潮高 cm	日期	潮时 时分	潮高 cm
1 SU	0141 0818 1455 2123	120 56 142 74	16 M	0142 0756 1433 2121	126 48 156 54
2 M A	0251 0906 1548 2234	112 60 145 69	17 TU P	0305 0858 1541 2244	117 54 162 47
3 TU	0409 0957 1639 2336	110 63 151 62	18 W S	0433 1004 1647 2352	115 56 170 37
4 W	0517 1049 1727	112 64 158	19 TH	0544 1110 1748	120 54 178
5 TH N	0025 0611 1139 1812	53 117 62 165	20 F	0047 0641 1209 1842	28 127 49 185
6 F	0107 0656 1225 1855	45 121 58 172	21 SA	0134 0730 1302 1933	21 134 42 188
7 SA	0145 0738 1308 1937	38 126 53 178	22 SU ○	0217 0815 1351 2020	18 139 37 187
8 SU ●	0221 0818 1350 2019	32 130 47 182	23 M	0258 0859 1438 2104	18 143 35 182
9 M	0257 0857 1431 2100	28 134 43 183	24 TU	0337 0941 1523 2145	21 146 37 172
10 TU	0333 0938 1513 2140	25 138 40 181	25 W E	0415 1023 1608 2222	26 146 42 160
11 W	0410 1020 1558 2221	23 142 40 176	26 TH	0450 1103 1653 2256	32 146 48 147
12 TH E	0448 1103 1647 2302	24 145 42 167	27 F	0523 1142 1740 2330	38 144 56 135
13 F	0529 1148 1742 2347	27 148 47 155	28 SA	0556 1222 1832	45 143 62
14 SA	0613 1236 1845	33 150 52	29 SU	0006 0631 1305 1931	123 52 141 67
15 SU ☽	0038 0701 1331 1959	140 40 152 55	30 M ☾A	0053 0714 1354 2041	112 59 140 68
			31 TU	0204 0807 1453 2158	105 65 142 65

时　区：－1000　　潮高基准面：在平均海面下 101　cm

澳大利亚—纽卡斯尔
AUSTRALIA－NEWCASTLE

2021 年潮汐表　　32° 56′ S　　151° 47′ E

9 月

日期	潮时 时分	潮高 cm	日期	潮时 时分	潮高 cm
1 W	0345 0910 1556 2305	103 69 146 57	16 TH	0445 1000 1639 2342	114 64 165 34
2 TH N	0503 1016 1654 2357	108 69 152 48	17 F	0545 1108 1738	122 59 170
3 F	0556 1115 1744	115 65 160	18 SA	0030 0632 1205 1830	28 131 51 173
4 SA	0039 0638 1205 1830	40 123 58 168	19 SU	0112 0714 1256 1918	24 140 43 174
5 SU	0115 0716 1250 1913	32 130 49 175	20 M ○	0151 0753 1342 2001	23 147 37 171
6 M	0150 0753 1332 1955	25 137 40 179	21 TU E	0227 0832 1426 2042	23 151 34 166
7 TU ●	0224 0830 1414 2036	21 144 32 180	22 W	0302 0911 1509 2119	26 154 35 157
8 W E	0259 0910 1458 2118	18 151 28 177	23 TH	0334 0948 1551 2154	31 155 38 147
9 TH	0335 0951 1546 2200	17 156 27 169	24 F	0405 1023 1632 2226	36 154 43 137
10 F	0414 1035 1638 2245	20 160 30 158	25 SA	0433 1057 1713 2259	42 152 49 127
11 SA P	0455 1120 1736 2334	27 162 36 143	26 SU A	0502 1132 1759 2336	49 148 55 118
12 SU	0540 1210 1843	36 161 42	27 M	0535 1210 1852	57 146 60
13 M ☽	0031 0632 1307 2000	127 47 160 47	28 TU	0023 0617 1256 1958	109 65 144 62
14 TU	0145 0733 1413 2125	114 57 159 46	29 W ☾ N	0134 0714 1355 2116	103 72 142 60
15 W S	0321 0845 1528 2242	109 63 160 41	30 TH	0325 0829 1508 2226	103 77 143 54

10 月

日期	潮时 时分	潮高 cm	日期	潮时 时分	潮高 cm
1 F	0443 0946 1617 2319	110 75 148 46	16 SA	0528 1102 1722	130 62 158
2 SA	0532 1050 1712	119 69 155	17 SU	0003 0611 1158 1812	33 140 54 159
3 SU	0001 0611 1142 1759	38 129 59 163	18 M	0042 0650 1248 1857	31 149 46 158
4 M	0037 0646 1228 1843	30 139 47 169	19 TU E	0118 0727 1333 1939	31 156 40 154
5 TU	0111 0721 1312 1926	23 149 36 172	20 W ○	0152 0803 1416 2017	32 161 37 149
6 W ●E	0145 0759 1358 2010	19 159 26 172	21 TH	0223 0839 1456 2053	34 163 36 143
7 TH	0221 0839 1446 2056	17 168 20 167	22 F	0253 0912 1535 2128	39 164 37 136
8 F P	0259 0922 1537 2144	19 174 19 158	23 SA	0321 0945 1612 2202	44 163 40 130
9 SA	0340 1008 1633 2235	24 178 21 146	24 SU A	0348 1017 1650 2237	50 161 44 123
10 SU	0425 1056 1734 2330	34 177 27 132	25 M	0418 1051 1732 2317	56 159 48 117
11 M	0514 1140 1841	45 173 33	26 TU N	0453 1129 1820	63 155 52
12 TU S	0034 0611 1246 1957	120 57 167 38	27 W	0006 0538 1212 1919	111 71 150 55
13 W ☽	0157 0719 1356 2115	113 66 161 40	28 TH ☾	0114 0636 1307 2029	107 77 146 55
14 TH	0327 0838 1513 2223	114 71 158 38	29 F	0251 0752 1416 2136	108 81 144 52
15 F	0436 0955 1623 2317	121 69 158 36	30 SA	0404 0911 1530 2229	115 79 145 45
			31 SU	0453 1017 1630 2312	125 71 150 38

11 月

日期	潮时 时分	潮高 cm	日期	潮时 时分	潮高 cm
1 M	0532 1113 1721 2350	136 60 155 31	16 TU	0004 0621 1238 1831	40 155 52 140
2 TU E	0608 1204 1809	149 48 160	17 W	0040 0658 1323 1913	40 162 46 138
3 W	0026 0646 1254 1857	26 162 35 161	18 TH	0113 0734 1404 1952	41 167 41 135
4 TH ●	0104 0727 1345 1947	22 175 24 159	19 F ○	0144 0807 1442 2030	44 171 39 132
5 F P	0144 0810 1438 2039	22 185 16 154	20 SA	0214 0840 1518 2106	47 172 38 128
6 SA	0227 0857 1533 2133	26 192 13 147	21 SU A	0243 0913 1554 2143	51 172 38 125
7 SU	0313 0946 1629 2229	33 194 14 138	22 M N	0314 0946 1630 2221	56 171 40 122
8 M S	0402 1037 1728 2329	42 191 19 129	23 TU	0349 1022 1710 2304	61 168 42 119
9 TU	0455 1130 1832	53 183 25	24 W	0428 1100 1754 2352	66 164 45 116
10 W	0036 0555 1227 1940	122 63 173 32	25 TH	0514 1143 1845	71 158 48
11 TH ☽	0151 0705 1334 2047	120 70 162 37	26 F	0051 0609 1231 1942	115 76 152 49
12 F	0304 0824 1446 2147	123 73 153 40	27 SA ☾	0202 0715 1329 2040	116 79 147 48
13 SA	0405 0940 1554 2239	130 72 148 41	28 SU	0308 0829 1435 2131	122 78 145 44
14 SU	0456 1048 1653 2324	138 66 144 41	29 M	0401 0938 1540 2217	132 72 145 39
15 M E	0540 1147 1745	147 59 142	30 TU E	0446 1042 1639 2300	144 62 146 35

12 月

日期	潮时 时分	潮高 cm	日期	潮时 时分	潮高 cm
1 W	0529 1142 1736 2343	158 50 147 31	16 TH	0627 1309 1848	164 52 125
2 TH	0613 1241 1833	173 37 147	17 F	0035 0703 1349 1930	51 169 46 125
3 F	0027 0659 1338 1931	30 187 24 145	18 SA A	0109 0738 1426 2009	52 174 41 125
4 SA ●P	0114 0748 1433 2029	31 197 15 142	19 SU ○	0142 0813 1501 2048	54 176 38 124
5 SU	0203 0838 1527 2126	34 203 9 139	20 M N	0217 0848 1536 2127	55 178 36 124
6 M S	0254 0930 1621 2223	39 204 9 135	21 TU	0252 0924 1611 2207	57 178 36 124
7 TU	0346 1021 1716 2322	46 199 13 132	22 W	0330 1002 1649 2249	59 176 37 123
8 W	0440 1113 1813	54 189 21	23 TH	0411 1041 1729 2333	61 172 38 123
9 TH	0022 0539 1207 1911	130 61 176 29	24 F	0455 1121 1812	65 166 40
10 F	0124 0645 1304 2007	130 68 161 37	25 SA	0022 0545 1203 1858	124 68 159 41
11 SA ☽	0225 0758 1407 2101	132 73 147 43	26 SU	0115 0643 1251 1947	126 72 151 42
12 SU E	0322 0913 1511 2150	137 73 136 46	27 M ☾ E	0211 0751 1347 2036	131 73 144 42
13 M	0416 1024 1613 2236	143 71 129 48	28 TU	0307 0903 1453 2125	139 70 138 42
14 TU	0504 1129 1711 2319	150 66 126 49	29 W	0401 1016 1603 2216	150 63 134 41
15 W	0548 1224 1802 2358	157 59 125 50	30 TH	0453 1128 1713 2308	164 51 133 40
			31 F	0546 1234 1820	178 38 133

时　区：－1000　　　　潮高基准面：在平均海面下 101　cm

澳大利亚—悉　尼

AUSTRALIA－SYDNEY

2021 年潮汐表　　33° 51′ S　　151° 14′ E

1 月

日期	潮时 时分	潮高 cm	日期	潮时 时分	潮高 cm
1 F	0312 0938 1620 2218	44 184 26 133	16 SA	0400 1025 1707 2303	36 176 22 129
2 SA	0353 1019 1701 2301	45 182 27 132	17 SU	0442 1105 1745 2345	42 165 29 128
3 SU	0436 1101 1745 2348	46 178 28 132	18 M	0525 1144 1823	49 153 37
4 M	0525 1148 1831	49 171 31	19 TU E	0030 0611 1225 1902	127 58 141 45
5 TU	0039 0620 1239 1919	133 52 161 33	20 W ☽	0121 0706 1312 1946	127 66 130 51
6 W ☾ E	0136 0724 1337 2011	136 55 150 36	21 TH A	0219 0818 1413 2037	130 72 121 56
7 TH	0238 0838 1444 2106	141 55 140 38	22 F	0320 0940 1527 2134	135 72 115 59
8 F	0341 0958 1557 2202	150 51 132 39	23 SA	0419 1052 1640 2230	142 67 115 59
9 SA P	0443 1112 1710 2259	160 42 127 39	24 SU	0513 1149 1742 2321	150 59 117 58
10 SU	0541 1218 1817 2355	170 31 127 38	25 M	0600 1238 1834	158 50 122
11 M	0635 1316 1916	180 22 128	26 TU N	0009 0643 1321 1919	55 167 42 127
12 TU S	0049 0726 1409 2008	36 186 14 130	27 W	0053 0724 1402 1959	50 174 33 132
13 W ●	0140 0814 1459 2056	34 190 11 132	28 TH ○	0134 0803 1441 2038	44 181 26 136
14 TH	0230 0900 1544 2140	33 189 11 132	29 F	0216 0842 1520 2117	39 187 21 139
15 F	0316 0944 1627 2222	33 184 15 131	30 SA	0257 0921 1559 2157	34 189 17 142
			31 SU	0340 1002 1639 2238	32 188 17 144

2 月

日期	潮时 时分	潮高 cm	日期	潮时 时分	潮高 cm
1 M	0425 1045 1719 2323	32 182 20 145	16 TU	0455 1106 1730 2340	44 151 38 139
2 TU E	0513 1130 1800	35 171 25	17 W	0535 1141 1801	53 140 46
3 W P	0012 0607 1221 1845	146 41 157 32	18 TH A	0022 0622 1222 1836	139 62 129 55
4 TH ☾	0107 0711 1320 1935	148 48 142 41	19 F ☽	0112 0724 1318 1922	139 69 120 63
5 F	0209 0828 1430 2034	150 52 129 48	20 SA	0212 0846 1436 2027	140 73 114 70
6 SA	0316 0954 1551 2140	154 51 120 52	21 SU	0320 1008 1600 2141	142 70 113 72
7 SU	0425 1111 1709 2246	160 44 119 51	22 M	0424 1112 1710 2244	147 63 117 68
8 M S	0529 1217 1816 2348	167 35 122 47	23 TU N	0521 1203 1805 2338	155 54 123 62
9 TU	0627 1312 1911	174 27 127	24 W	0610 1248 1851	164 44 130
10 W	0044 0718 1400 1957	42 179 21 132	25 TH	0025 0655 1330 1932	53 173 34 137
11 TH ●	0135 0804 1444 2039	36 182 18 135	26 F	0110 0736 1410 2011	43 182 24 145
12 F	0220 0846 1522 2117	32 181 17 137	27 SA ○	0155 0818 1449 2050	33 188 17 151
13 SA	0302 0924 1558 2153	31 177 19 138	28 SU	0239 0859 1528 2130	26 190 13 157
14 SU	0341 0959 1630 2228	32 170 24 139			
15 M E	0418 1032 1701 2303	37 161 30 139			

3 月

日期	潮时 时分	潮高 cm	日期	潮时 时分	潮高 cm
1 M E	0325 0941 1607 2212	21 187 13 162	16 TU	0355 1001 1614 2224	37 154 35 155
2 TU P	0413 1026 1646 2256	21 178 18 164	17 W	0431 1033 1640 2258	43 146 43 156
3 W	0503 1113 1726 2345	26 164 27 165	18 TH A	0509 1108 1708 2334	50 137 51 155
4 TH	0558 1207 1810	34 148 39	19 F	0552 1150 1741	58 129 61
5 F	0039 0704 1310 1902	163 43 132 51	20 SA	0017 0646 1244 1822	153 66 122 71
6 SA ☾	0142 0824 1427 2007	161 49 121 60	21 SU ☽	0110 0757 1356 1923	150 71 117 78
7 SU S	0253 0949 1550 2125	159 50 117 64	22 M N	0215 0917 1518 2046	148 70 117 81
8 M	0407 1105 1707 2239	160 45 119 61	23 TU	0326 1024 1630 2201	149 64 121 76
9 TU	0517 1206 1809 2343	163 39 125 54	24 W	0431 1118 1727 2300	155 55 128 67
10 W	0616 1257 1858	167 33 132	25 TH	0527 1205 1815 2353	163 44 137 55
11 TH	0038 0705 1339 1939	46 170 29 138	26 F	0617 1248 1858	172 33 147
12 F	0125 0747 1416 2016	40 172 26 143	27 SA	0042 0704 1330 1939	43 180 23 157
13 SA ●	0206 0824 1450 2050	35 170 25 147	28 SU ○E	0131 0749 1411 2020	31 184 16 168
14 SU E	0244 0858 1520 2122	33 167 26 150	29 M	0221 0834 1451 2102	22 184 14 176
15 M	0320 0930 1548 2153	34 161 30 153	30 TU P	0310 0920 1531 2145	16 178 17 182
			31 W	0401 1008 1611 2230	16 167 25 185

4 月

日期	潮时 时分	潮高 cm	日期	潮时 时分	潮高 cm
1 TH	0454 1100 1653 2319	21 153 36 182	16 F	0451 1048 1630 2259	49 134 59 169
2 F	0552 1158 1740	29 138 49	17 SA	0533 1132 1704 2340	55 129 67 165
3 SA	0015 0659 1306 1836	177 39 127 62	18 SU N	0622 1224 1747	62 124 76
4 SU ☾S	0119 0817 1424 1950	169 46 120 70	19 M	0029 0723 1328 1845	160 66 122 81
5 M	0232 0937 1543 2114	162 48 120 72	20 TU ☽	0128 0832 1439 2001	156 66 123 83
6 TU	0347 1045 1654 2229	159 47 125 67	21 W	0235 0935 1546 2117	155 60 127 78
7 W	0457 1141 1750 2331	159 43 132 60	22 TH	0341 1030 1644 2221	158 52 135 68
8 TH	0554 1226 1835	160 40 139	23 F	0441 1118 1735 2319	163 42 145 56
9 F	0023 0641 1305 1913	53 160 36 146	24 SA	0537 1203 1822	169 32 158
10 SA	0108 0720 1338 1948	47 159 34 152	25 SU E	0015 0629 1246 1906	43 173 24 171
11 SU E	0148 0756 1409 2020	42 157 33 158	26 M	0110 0720 1330 1950	30 174 20 183
12 M ●	0225 0829 1437 2050	40 154 34 163	27 TU ○P	0204 0811 1413 2035	21 170 21 193
13 TU	0301 0901 1504 2121	39 150 38 167	28 W	0257 0902 1456 2120	15 163 26 198
14 W A	0337 0935 1531 2151	40 145 43 170	29 TH	0351 0955 1540 2208	14 153 34 199
15 TH	0413 1010 1559 2224	44 140 50 170	30 F	0447 1051 1627 2259	18 143 45 193

时　区：－1000　　　　潮高基准面：在平均海面下 97　cm

澳大利亚—悉　尼

AUSTRALIA－SYDNEY

2021 年潮汐表　　33° 51′ S　　151° 14′ E

5 月

日期	潮时 时分	潮高 cm	日期	潮时 时分	潮高 cm
1 SA S	0546 1152 1719 2356	26 133 57 184	16 SU	0520 1119 1644 2318	52 129 69 172
2 SU	0652 1259 1821	36 126 67	17 M	0606 1209 1729	56 127 75
3 M ☾	0100 0803 1410 1936	173 43 124 73	18 TU	0005 0700 1305 1825	168 58 126 78
4 TU	0210 0912 1521 2055	163 47 126 74	19 W ☽	0059 0757 1406 1932	164 57 128 78
5 W	0320 1012 1625 2207	157 48 131 70	20 TH	0158 0853 1507 2042	162 53 134 74
6 TH	0426 1102 1719 2309	152 47 138 65	21 F	0300 0945 1604 2149	161 46 142 66
7 F	0521 1144 1804	150 45 145	22 SA E	0401 1033 1658 2252	161 38 154 55
8 SA E	0001 0608 1221 1842	59 148 43 153	23 SU	0501 1120 1748 2354	161 32 167 42
9 SU	0046 0649 1254 1917	54 146 41 160	24 M	0600 1206 1836	160 29 181
10 M	0128 0726 1325 1949	49 144 41 167	25 TU	0054 0658 1252 1924	30 158 28 193
11 TU ●A	0207 0803 1356 2021	46 143 43 173	26 W ○P	0151 0754 1340 2012	21 154 30 201
12 W	0244 0839 1427 2053	43 140 46 177	27 TH	0248 0849 1428 2101	14 148 34 205
13 TH	0321 0916 1458 2125	42 138 51 179	28 F S	0343 0945 1518 2151	13 142 41 202
14 F	0359 0955 1530 2200	44 135 57 179	29 SA	0440 1041 1611 2244	17 136 48 195
15 SA N	0438 1035 1605 2237	47 132 63 176	30 SU	0537 1140 1706 2340	24 132 56 184
			31 M	0636 1240 1808	32 128 63

6 月

日期	潮时 时分	潮高 cm	日期	潮时 时分	潮高 cm
1 TU	0040 0737 1343 1915	172 40 128 69	16 W	0637 1242 1810	47 131 68
2 W ☾	0142 0835 1446 2026	160 45 130 71	17 TH	0036 0726 1337 1911	168 46 134 69
3 TH	0244 0928 1546 2135	151 48 134 71	18 F ☽	0130 0816 1434 2017	163 44 140 67
4 F E	0345 1015 1640 2239	143 49 141 69	19 SA E	0228 0905 1531 2127	157 41 149 61
5 SA	0440 1056 1726 2334	138 49 149 64	20 SU	0331 0954 1626 2236	152 38 160 52
6 SU	0531 1134 1807	135 48 157	21 M	0437 1044 1720 2342	147 36 173 41
7 M	0023 0617 1211 1845	59 134 48 164	22 TU	0542 1134 1813	143 36 184
8 TU A	0107 0700 1247 1920	53 133 48 171	23 W P	0045 0645 1225 1905	30 141 36 194
9 W	0149 0742 1323 1955	48 133 50 177	24 TH ○	0144 0744 1318 1956	21 139 37 200
10 TH ●	0229 0822 1359 2030	44 133 52 181	25 F S	0240 0840 1412 2047	15 138 38 202
11 F	0307 0902 1435 2105	42 133 55 182	26 SA	0335 0934 1505 2138	13 136 40 198
12 SA N	0346 0942 1512 2142	41 133 58 182	27 SU	0428 1027 1559 2229	16 134 44 190
13 SU	0426 1023 1551 2221	43 132 61 180	28 M	0520 1119 1652 2321	21 132 49 179
14 M	0507 1105 1632 2302	45 131 64 177	29 TU	0610 1211 1747	29 130 55
15 TU	0551 1151 1718 2347	46 130 66 173	30 W	0012 0659 1306 1844	166 37 130 62

7 月

日期	潮时 时分	潮高 cm	日期	潮时 时分	潮高 cm
1 TH ☾E	0105 0748 1402 1948	153 44 132 68	16 F E	0014 0652 1308 1854	166 37 141 59
2 F	0200 0835 1459 2057	141 48 136 71	17 SA ☽	0106 0738 1403 2001	156 39 147 59
3 SA	0257 0921 1554 2205	132 52 142 71	18 SU	0206 0828 1502 2116	146 41 154 56
4 SU	0357 1006 1645 2306	126 53 149 66	19 M	0314 0921 1602 2231	137 43 163 49
5 M A	0455 1050 1730 2359	124 54 157 60	20 TU	0426 1017 1701 2339	131 44 173 39
6 TU	0549 1133 1813	123 54 164	21 W P	0536 1114 1758	129 43 182
7 W	0046 0638 1215 1853	54 125 54 171	22 TH S	0041 0640 1211 1853	29 129 42 189
8 TH	0130 0723 1256 1931	47 128 54 176	23 F	0138 0738 1307 1946	21 131 39 193
9 F N	0211 0806 1337 2009	42 130 53 180	24 SA ○	0232 0830 1402 2036	15 133 36 194
10 SA ●	0250 0845 1417 2047	38 132 52 183	25 SU	0322 0918 1454 2124	14 135 35 190
11 SU	0330 0924 1456 2124	36 133 51 184	26 M	0408 1004 1544 2209	15 135 37 182
12 M	0408 1004 1537 2203	34 133 51 183	27 TU	0452 1049 1631 2253	20 134 41 170
13 TU	0448 1045 1619 2244	34 134 52 180	28 W	0533 1134 1718 2336	27 134 48 157
14 W	0528 1128 1705 2327	34 135 54 174	29 TH E	0612 1221 1808	35 134 57
15 TH	0609 1216 1756	35 137 56	30 F	0019 0651 1311 1904	144 43 135 65
			31 SA ☾	0108 0732 1406 2012	132 50 137 70

8 月

日期	潮时 时分	潮高 cm	日期	潮时 时分	潮高 cm
1 SU	0206 0819 1502 2127	122 56 142 71	16 M	0153 0754 1437 2113	132 48 159 52
2 M A	0313 0913 1558 2235	117 60 147 67	17 TU P	0309 0857 1543 2231	123 52 164 46
3 TU	0421 1008 1651 2332	115 62 154 61	18 W S	0426 1004 1648 2338	120 53 170 37
4 W	0522 1059 1739	117 61 161	19 TH	0536 1107 1749	122 49 176
5 TH N	0021 0615 1147 1824	53 121 59 167	20 F	0036 0636 1206 1845	29 126 44 181
6 F	0105 0701 1232 1906	46 126 55 173	21 SA	0129 0727 1301 1935	22 131 37 183
7 SA	0146 0742 1314 1945	39 130 50 179	22 SU ○	0216 0813 1353 2021	17 135 32 182
8 SU ●	0225 0821 1356 2023	33 133 45 183	23 M	0259 0855 1440 2103	16 138 30 178
9 M	0303 0859 1437 2101	28 137 41 185	24 TU	0338 0935 1524 2142	17 139 32 169
10 TU	0340 0937 1519 2140	24 140 39 184	25 W E	0413 1013 1606 2219	22 140 36 159
11 W	0418 1017 1603 2221	23 143 38 179	26 TH	0446 1052 1647 2255	28 141 43 147
12 TH E	0455 1100 1650 2304	24 146 40 170	27 F	0517 1131 1731 2333	37 141 52 135
13 F	0534 1146 1741 2352	28 148 45 158	28 SA	0548 1214 1821	45 142 60
14 SA	0615 1237 1841	34 151 50	29 SU	0017 0623 1304 1924	125 54 142 67
15 SU ☽	0047 0701 1334 1952	145 41 155 53	30 M ☾A	0115 0709 1402 2042	116 63 143 70
			31 TU	0231 0812 1505 2157	112 69 145 68

时　区：－1000　　　　潮高基准面：在平均海面下 97　cm

澳大利亚—悉　尼

AUSTRALIA—SYDNEY

2021 年潮汐表　　33° 51′ S　　151° 14′ E

9 月

日期	潮时 时分	潮高 cm	日期	潮时 时分	潮高 cm
1 W	0347 0924 1606 2257	112 71 149 62	16 TH	0427 1000 1639 2331	118 59 164 37
2 TH N	0452 1026 1702 2346	116 68 155 54	17 F	0532 1106 1741	123 52 168
3 F	0546 1118 1750	121 62 162	18 SA	0024 0626 1203 1834	30 129 44 170
4 SA	0030 0631 1204 1834	45 127 54 169	19 SU	0109 0711 1255 1920	25 136 36 171
5 SU	0110 0711 1248 1915	36 133 46 176	20 M ○	0150 0751 1341 2000	22 141 32 168
6 M	0149 0750 1331 1954	28 140 38 181	21 TU E	0226 0828 1423 2038	21 145 30 163
7 TU ●	0226 0827 1414 2034	21 146 31 183	22 W	0258 0903 1503 2112	23 148 31 156
8 W E	0303 0906 1459 2115	17 152 27 180	23 TH	0328 0936 1542 2146	27 151 34 147
9 TH	0340 0946 1546 2158	17 158 26 173	24 F	0356 1009 1620 2220	33 153 40 138
10 F	0417 1029 1636 2244	20 162 28 161	25 SA	0423 1043 1700 2257	41 153 47 130
11 SA P	0456 1115 1730 2336	28 164 34 146	26 SU A	0452 1121 1745 2341	50 152 55 122
12 SU	0538 1207 1832	38 164 41	27 M	0525 1205 1840	59 150 62
13 M ☽	0037 0627 1307 1947	132 48 162 47	28 TU	0037 0609 1259 1951	116 68 147 67
14 TU	0150 0729 1416 2111	121 57 161 47	29 W ☾ N	0150 0712 1405 2108	112 75 145 66
15 W S	0311 0845 1529 2228	116 61 161 43	30 TH	0307 0835 1514 2211	113 77 146 61

10 月

日期	潮时 时分	潮高 cm	日期	潮时 时分	潮高 cm
1 F	0413 0947 1615 2302	118 73 151 53	16 SA	0518 1101 1726 2358	128 53 157 34
2 SA	0508 1043 1709 2346	124 64 157 44	17 SU	0607 1157 1816	136 45 157
3 SU	0554 1132 1756	132 54 164	18 M	0039 0648 1245 1859	31 143 39 155
4 M	0026 0635 1219 1840	34 141 43 171	19 TU E	0114 0725 1328 1937	29 149 35 151
5 TU	0105 0715 1306 1923	25 151 32 175	20 W ○	0146 0759 1408 2012	28 155 32 147
6 W ●E	0143 0754 1353 2007	19 161 24 175	21 TH	0216 0832 1446 2046	30 159 32 142
7 TH	0222 0834 1442 2051	16 170 18 170	22 F	0244 0903 1523 2121	34 163 33 137
8 F P	0300 0916 1532 2138	18 177 16 161	23 SA	0312 0934 1559 2157	40 165 37 131
9 SA	0340 1000 1624 2229	24 180 18 149	24 SU A	0341 1007 1638 2235	47 165 42 126
10 SU	0422 1048 1721 2326	33 180 25 136	25 M	0412 1042 1719 2319	55 163 49 122
11 M	0508 1142 1825	45 175 33	26 TU N	0448 1123 1808	63 158 55
12 TU S	0032 0603 1245 1941	125 56 168 40	27 W	0011 0532 1212 1907	118 71 153 60
13 W ☽	0148 0714 1357 2101	118 64 161 43	28 TH ☾	0114 0630 1312 2015	116 77 148 61
14 TH	0306 0838 1513 2212	118 66 158 41	29 F	0223 0746 1418 2118	117 78 147 58
15 F	0418 0956 1625 2310	122 61 157 37	30 SA	0328 0901 1522 2211	121 74 148 50
			31 SU	0424 1004 1621 2257	128 66 152 41

11 月

日期	潮时 时分	潮高 cm	日期	潮时 时分	潮高 cm
1 M	0513 1100 1714 2338	138 54 157 32	16 TU	0000 0623 1233 1835	37 149 45 137
2 TU E	0558 1153 1805	150 42 161	17 W	0035 0659 1316 1914	36 156 40 135
3 W	0019 0641 1245 1855	25 163 30 162	18 TH	0108 0733 1355 1952	36 163 36 133
4 TH ●	0101 0723 1337 1944	21 175 19 161	19 F ○	0139 0805 1432 2029	38 168 33 131
5 F P	0142 0806 1429 2034	20 186 11 156	20 SA	0210 0837 1509 2106	41 172 33 130
6 SA	0225 0850 1522 2126	23 193 8 148	21 SU A	0242 0909 1546 2143	46 174 34 128
7 SU	0310 0937 1617 2221	30 194 10 139	22 M N	0315 0943 1623 2222	51 173 37 126
8 M S	0357 1028 1714 2320	38 190 17 130	23 TU	0350 1019 1703 2303	56 170 42 123
9 TU	0449 1124 1818	48 182 25	24 W	0428 1059 1747 2349	62 165 47 121
10 W	0025 0550 1227 1927	123 57 171 33	25 TH	0511 1143 1836	67 160 51
11 TH ☽	0135 0703 1337 2038	120 63 160 38	26 F	0042 0603 1234 1930	120 71 155 52
12 F	0247 0824 1450 2142	121 65 152 40	27 SA ☾	0140 0705 1330 2026	121 73 150 50
13 SA	0354 0940 1559 2236	126 61 147 40	28 SU	0241 0815 1431 2118	125 71 148 45
14 SU	0453 1047 1700 2322	133 56 143 38	29 M	0339 0925 1533 2206	133 65 147 39
15 M E	0541 1144 1751	141 50 140	30 TU E	0433 1030 1635 2253	144 55 147 33

12 月

日期	潮时 时分	潮高 cm	日期	潮时 时分	潮高 cm
1 W	0523 1131 1735 2338	157 42 147 29	16 TH	0633 1303 1855	159 45 123
2 TH	0610 1230 1833	171 29 146	17 F	0035 0709 1343 1937	44 166 39 124
3 F	0024 0657 1326 1929	27 184 17 145	18 SA A	0112 0744 1421 2016	45 171 35 126
4 SA ●P	0112 0745 1421 2024	27 194 8 142	19 SU ○	0149 0819 1458 2054	46 175 32 127
5 SU	0201 0833 1516 2119	29 200 4 138	20 M N	0225 0853 1534 2131	47 177 31 128
6 M S	0251 0923 1611 2213	33 200 5 134	21 TU	0301 0928 1611 2207	49 177 33 128
7 TU	0344 1016 1707 2309	37 195 11 130	22 W	0337 1004 1649 2246	51 176 35 127
8 W	0439 1111 1804	43 185 19	23 TH	0415 1042 1728 2326	54 172 38 126
9 TH	0008 0538 1209 1903	126 50 171 28	24 F	0455 1122 1809	57 167 40
10 F	0109 0644 1311 2002	124 56 158 35	25 SA	0012 0541 1205 1852	125 61 161 42
11 SA ☽	0213 0756 1416 2059	125 61 145 40	26 SU	0102 0635 1254 1939	127 64 154 42
12 SU E	0317 0911 1521 2151	128 63 135 43	27 M ☾ E	0157 0739 1349 2028	131 65 147 42
13 M	0417 1023 1624 2237	135 61 128 44	28 TU	0256 0851 1453 2119	138 62 140 40
14 TU	0509 1126 1721 2319	143 57 124 44	29 W	0355 1006 1604 2212	148 55 135 39
15 W	0554 1218 1810 2358	151 51 123 44	30 TH	0452 1117 1715 2305	161 43 132 37
			31 F	0547 1221 1821 2359	174 30 132 35

时　区：－1000　　　　潮高基准面：在平均海面下 97 cm

澳大利亚—菲利浦港

AUSTRALIA – PORT PHILLIP HEADS

2021 年潮汐表　　38° 18′ S　　144° 37′ E

1 月

日期	潮时 时分	潮高 cm	日期	潮时 时分	潮高 cm
1 F	0138 0723 1310 1912	152 67 125 20	16 SA	0216 0750 1359 1958	159 55 136 16
2 SA	0218 0800 1355 1951	156 61 129 18	17 SU	0300 0838 1449 2044	159 48 137 20
3 SU	0256 0837 1440 2030	158 55 131 18	18 M	0340 0923 1536 2127	158 43 136 26
4 M	0334 0915 1524 2109	158 50 133 21	19 TU E	0417 1006 1620 2206	155 39 133 33
5 TU	0412 0954 1611 2150	157 45 133 26	20 W ☽	0450 1046 1703 2243	151 36 130 42
6 W ☾ E	0450 1035 1701 2233	155 39 132 33	21 TH A	0521 1123 1746 2319	146 35 127 50
7 TH	0527 1118 1758 2319	151 34 131 42	22 F	0549 1200 1832 2356	141 34 124 59
8 F	0606 1203 1901	146 30 131	23 SA	0619 1237 1924	135 35 122
9 SA P	0009 0648 1253 2010	53 140 26 132	24 SU	0036 0651 1317 2023	68 128 36 120
10 SU	0105 0737 1348 2122	64 134 24 135	25 M	0123 0732 1403 2129	77 121 37 121
11 M	0210 0837 1451 2232	74 129 23 140	26 TU N	0223 0825 1459 2236	84 116 37 124
12 TU S	0327 0947 1601 2337	78 126 21 146	27 W	0344 0933 1604 2336	86 112 35 130
13 W ●	0449 1058 1710	77 127 18	28 TH ○	0509 1045 1706	83 112 32
14 TH	0035 0559 1205 1812	152 71 130 15	29 F	0028 0609 1150 1800	136 76 117 27
15 F	0128 0658 1305 1908	157 63 133 14	30 SA	0114 0655 1248 1848	143 67 123 23
			31 SU	0155 0737 1340 1933	149 58 130 21

2 月

日期	潮时 时分	潮高 cm	日期	潮时 时分	潮高 cm
1 M	0235 0817 1430 2016	154 48 137 21	16 TU	0314 0903 1522 2112	152 36 141 33
2 TU E	0313 0858 1519 2059	157 39 141 24	17 W	0346 0940 1601 2147	150 31 141 38
3 W P	0351 0939 1609 2143	157 31 144 30	18 TH A	0415 1015 1638 2220	148 28 140 44
4 TH ☾	0429 1020 1700 2226	156 24 144 37	19 F ☽	0442 1048 1715 2253	145 27 138 50
5 F	0506 1102 1753 2310	153 20 143 46	20 SA	0509 1120 1755 2326	141 27 134 57
6 SA	0543 1146 1849 2355	148 17 140 55	21 SU	0537 1154 1839	136 28 130
7 SU	0623 1232 1951	142 18 136	22 M	0001 0608 1229 1930	64 129 31 125
8 M S	0046 0709 1324 2058	64 134 21 133	23 TU N	0040 0642 1310 2032	71 123 34 121
9 TU	0144 0808 1425 2208	73 127 25 133	24 W	0127 0728 1400 2141	78 116 37 120
10 W	0256 0924 1538 2316	78 122 28 136	25 TH	0232 0838 1504 2250	83 111 39 123
11 TH ●	0422 1043 1655	76 122 28	26 F	0358 1005 1617 2349	83 110 38 128
12 F	0018 0542 1155 1803	140 70 125 26	27 SA ○	0519 1124 1725	75 116 35
13 SA	0111 0646 1258 1900	145 60 130 25	28 SU	0040 0618 1230 1823	136 64 126 32
14 SU	0157 0737 1352 1950	149 50 135 25			
15 M E	0238 0822 1440 2033	151 42 139 28			

3 月

日期	潮时 时分	潮高 cm	日期	潮时 时分	潮高 cm
1 M E	0124 0705 1328 1915	143 51 137 30	16 TU	0208 0756 1425 2017	144 38 146 41
2 TU P	0205 0750 1421 2003	149 37 148 31	17 W	0241 0832 1503 2052	145 32 150 44
3 W	0245 0834 1512 2049	154 26 156 34	18 TH A	0310 0906 1538 2125	145 27 152 47
4 TH	0324 0917 1601 2133	156 17 159 38	19 F	0338 0938 1612 2157	144 25 152 50
5 F	0403 0959 1650 2216	155 12 159 44	20 SA	0405 1010 1646 2228	143 25 149 53
6 SA ☾	0442 1042 1740 2258	153 11 154 50	21 SU ☽	0434 1042 1723 2259	140 25 145 58
7 SU S	0521 1125 1833 2341	148 13 147 57	22 M N	0503 1114 1803 2332	135 27 139 63
8 M	0602 1210 1930	141 18 140	23 TU	0533 1147 1849	130 30 133
9 TU	0028 0650 1301 2034	64 133 25 133	24 W	0007 0605 1225 1943	69 124 34 127
10 W	0124 0753 1401 2143	71 125 33 129	25 TH	0049 0647 1312 2047	74 118 39 123
11 TH	0234 0813 1517 2252	75 110 39 130	26 F	0146 0750 1412 2156	78 113 44 122
12 F	0404 1037 1641 2354	74 119 41 133	27 SA	0301 0936 1528 2259	77 113 48 126
13 SA ●	0528 1150 1753	66 124 40	28 SU ○E	0424 1103 1647 2355	70 121 48 133
14 SU E	0047 0630 1252 1851	138 56 131 39	29 M	0533 1214 1756	57 135 47
15 M	0131 0717 1342 1937	142 46 139 40	30 TU P	0044 0628 1315 1855	140 41 150 46
			31 W	0129 0718 1409 1947	146 27 163 46

4 月

日期	潮时 时分	潮高 cm	日期	潮时 时分	潮高 cm
1 TH	0212 0804 1459 2034	151 16 171 47	16 F	0231 0829 1512 2100	141 29 161 58
2 F	0254 0850 1548 2119	154 10 173 50	17 SA	0301 0902 1546 2132	142 27 161 59
3 SA	0336 0935 1636 2201	154 8 170 53	18 SU N	0331 0934 1621 2203	141 27 158 61
4 SU ☾ S	0418 1019 1724 2244	151 11 163 57	19 M	0403 1006 1657 2234	138 29 154 63
5 M	0501 1103 1815 2327	146 17 154 61	20 TU ☽	0433 1038 1736 2306	135 31 148 66
6 TU	0547 1150 1909	139 25 144	21 W	0504 1112 1817 2342	130 34 142 70
7 W	0015 0640 1240 2010	66 131 36 136	22 TH	0538 1149 1905	125 38 136
8 TH	0111 0748 1339 2115	70 123 46 131	23 F	0024 0625 1235 2000	72 121 44 131
9 F	0222 0910 1454 2220	73 119 54 130	24 SA	0118 0742 1334 2101	73 118 52 129
10 SA	0348 1031 1620 2320	70 120 58 131	25 SU E	0225 0920 1448 2204	69 121 60 130
11 SU E	0506 1142 1736	63 127 58	26 M	0339 1046 1610 2303	61 132 65 134
12 M ●	0011 0602 1239 1833	134 54 137 58	27 TU ○P	0449 1158 1726 2358	48 147 65 139
13 TU	0053 0645 1325 1917	136 45 146 57	28 W	0550 1258 1831	34 162 64
14 W A	0129 0722 1404 1954	138 38 153 57	29 TH	0048 0644 1352 1925	145 22 174 63
15 TH	0201 0756 1439 2028	140 32 159 58	30 F	0137 0735 1442 2014	150 13 180 62

时　区：－1000　　　　潮高基准面：在平均海面下 94　cm

澳大利亚—菲利浦港

AUSTRALIA－PORT PHILLIP HEADS

2021 年潮汐表　　38° 18′ S　　144° 37′ E

5 月

日期	潮时 时分	潮高 cm	日期	潮时 时分	潮高 cm
1	0224	153	16	0227	140
SA	0823	10	SU	0829	32
S	1531	180		1523	165
	2100	62		2106	69
2	0310	153	17	0301	140
SU	0911	12	M	0902	32
	1619	175		1559	163
	2145	62		2138	69
3	0357	150	18	0336	138
M	0958	18	TU	0935	34
☾	1707	168		1636	159
	2230	63		2211	69
4	0445	145	19	0410	135
TU	1044	27	W	1008	36
	1757	159	☽	1713	155
	2317	65		2246	70
5	0537	138	20	0445	131
W	1131	37	TH	1043	39
	1849	150		1752	150
				2324	69
6	0007	67	21	0527	128
TH	0636	130	F	1123	44
	1221	48		1834	145
	1944	143			
7	0104	69	22	0007	68
F	0746	124	SA	0624	126
	1317	59	E	1211	52
	2041	137		1920	141
8	0210	69	23	0059	64
SA	0903	122	SU	0743	126
E	1424	68		1308	62
	2138	134		2013	138
9	0322	66	24	0158	59
SU	1018	125	M	0910	132
	1545	74		1418	72
	2233	132		2111	137
10	0429	61	25	0304	51
M	1123	132	TU	1030	143
	1703	76		1537	79
	2322	132		2212	138
11	0522	54	26	0412	40
TU	1216	142	W	1139	156
●A	1803	76	○P	1655	81
				2313	141
12	0004	133	27	0516	29
W	0605	46	TH	1239	169
	1259	151		1803	79
	1848	75			
13	0042	134	28	0010	145
TH	0643	40	F	0615	21
	1337	158	S	1334	177
	1926	73		1900	76
14	0117	137	29	0105	149
F	0719	35	SA	0709	16
	1413	163		1425	181
	2001	71		1952	72
15	0152	139	30	0158	151
SA	0754	33	SU	0801	16
N	1448	165		1514	179
	2033	69		2040	69
			31	0250	152
			M	0851	20
				1602	175
				2129	67

6 月

日期	潮时 时分	潮高 cm	日期	潮时 时分	潮高 cm
1	0342	149	16	0316	138
TU	0940	27	W	0909	37
	1650	169		1616	161
	2219	65		2153	70
2	0434	144	17	0356	136
W	1027	36	TH	0945	39
☾	1738	162		1653	159
	2309	64		2230	67
3	0530	138	18	0439	134
TH	1114	47	F	1024	44
	1825	156	☽	1730	156
				2310	63
4	0000	64	19	0529	133
F	0630	131	SA	1106	50
E	1202	57	E	1807	152
	1912	149		2354	58
5	0052	64	20	0630	133
SA	0735	127	SU	1154	59
	1251	68		1847	148
	1958	143			
6	0146	63	21	0041	52
SU	0842	126	M	0743	135
	1347	78		1249	70
	2045	138		1932	144
7	0242	61	22	0135	46
M	0949	129	TU	0859	140
	1454	86		1353	80
	2132	133		2025	141
8	0338	58	23	0236	40
TU	1050	135	W	1012	148
A	1612	90	P	1507	87
	2219	131		2128	139
9	0432	53	24	0341	34
W	1143	143	TH	1120	158
	1720	90	○	1625	89
	2305	130		2235	140
10	0521	48	25	0448	28
TH	1228	151	F	1221	166
●	1813	87	S	1736	86
	2350	131		2340	143
11	0604	42	26	0551	23
F	1309	157	SA	1316	171
	1854	84		1837	81
12	0034	134	27	0042	146
SA	0645	38	SU	0649	21
N	1347	161		1408	174
	1932	80		1932	75
13	0116	136	28	0141	148
SU	0723	36	M	0744	22
	1425	163		1457	173
	2007	77		2025	69
14	0157	138	29	0237	149
M	0759	35	TU	0835	27
	1502	164		1544	171
	2042	74		2117	64
15	0237	138	30	0331	147
TU	0835	35	W	0925	34
	1539	163		1629	167
	2117	72		2208	60

7 月

日期	潮时 时分	潮高 cm	日期	潮时 时分	潮高 cm
1	0425	143	16	0350	140
TH	1011	43	F	0929	41
☾ E	1712	163	E	1630	161
	2257	57		2215	54
2	0518	138	17	0438	140
F	1055	52	SA	1011	46
	1752	158	☽	1705	158
	2342	55		2255	48
3	0612	134	18	0531	140
SA	1138	62	SU	1054	54
	1830	152		1740	154
				2337	43
4	0026	54	19	0630	140
SU	0708	131	M	1141	63
	1220	72		1817	150
	1906	145			
5	0109	54	20	0023	38
M	0805	130	TU	0734	141
A	1306	81		1232	73
	1942	139		1858	145
6	0154	53	21	0113	35
TU	0905	131	W	0843	143
	1400	89	P	1331	82
	2022	133		1950	140
7	0243	52	22	0211	33
W	1005	134	TH	0953	146
	1507	94	S	1439	88
	2109	129		2056	137
8	0338	50	23	0317	31
TH	1102	139	F	1101	151
	1625	95		1557	89
	2204	127		2211	136
9	0434	47	24	0428	29
F	1153	145	SA	1203	156
N	1731	93	○	1714	85
	2301	127		2324	137
10	0526	43	25	0536	27
SA	1240	150	SU	1300	160
●	1821	88		1820	77
	2355	129			
11	0613	39	26	0031	141
SU	1322	154	M	0637	26
	1903	82		1351	164
				1919	69
12	0046	132	27	0132	145
M	0655	36	TU	0732	27
	1401	158		1438	165
	1942	77		2012	61
13	0133	135	28	0228	147
TU	0734	35	W	0823	31
	1440	160		1521	165
	2019	71		2102	54
14	0219	138	29	0320	147
W	0812	35	TH	0910	38
	1517	161	E	1601	163
	2057	66		2149	49
15	0304	139	30	0409	145
TH	0850	37	F	0952	45
	1554	162		1638	159
	2136	60		2231	45
			31	0456	142
			SA	1032	53
			☾	1711	155
				2310	43

8 月

日期	潮时 时分	潮高 cm	日期	潮时 时分	潮高 cm
1	0541	138	16	0524	149
SU	1109	61	M	1043	55
	1741	149		1713	152
	2348	43		2317	27
2	0627	135	17	0619	147
M	1147	69	TU	1127	63
A	1810	144	P	1750	147
3	0025	43	18	0001	26
TU	0716	132	W	0719	143
	1226	77	S	1215	71
	1841	138		1832	142
4	0105	44	19	0051	27
W	0811	130	TH	0824	140
	1311	85		1310	78
	1919	131		1927	135
5	0150	45	20	0149	30
TH	0912	130	F	0933	139
N	1406	91		1416	83
	2007	126		2041	130
6	0243	46	21	0258	33
F	1015	131	SA	1042	140
	1519	94		1537	84
	2109	122		2203	129
7	0345	45	22	0416	34
SA	1115	135	SU	1145	144
	1641	92	○	1701	78
	2218	120		2320	132
8	0446	42	23	0528	33
SU	1207	139	M	1241	149
●	1745	86		1810	68
	2324	123			
9	0540	39	24	0028	137
M	1252	145	TU	0630	32
	1833	78		1330	154
				1907	57
10	0023	128	25	0127	143
TU	0628	36	W	0724	33
	1333	150	E	1413	156
	1914	69		1955	48
11	0116	134	26	0219	147
W	0711	35	TH	0810	36
	1412	155		1452	157
	1954	60		2039	40
12	0206	141	27	0305	150
TH	0753	35	F	0852	41
E	1449	158		1527	155
	2033	51		2119	36
13	0255	146	28	0347	149
F	0835	38	SA	0930	46
	1526	159		1558	152
	2113	43		2156	33
14	0343	149	29	0426	147
SA	0917	42	SU	1005	52
	1602	159		1627	149
	2153	36		2231	32
15	0433	150	30	0504	144
SU	0959	48	M	1040	58
☽	1638	156	☾ A	1654	145
	2234	30		2306	33
			31	0544	140
			TU	1114	64
				1723	140
				2341	34

时　区：－1000　　　　潮高基准面：在平均海面下 94　cm

澳大利亚—菲利浦港

AUSTRALIA—PORT PHILLIP HEADS

2021 年潮汐表　　38° 18′ S　　144° 37′ E

9 月

日期	潮时 时分	潮高 cm	日期	潮时 时分	潮高 cm
1	0627	135	16	0659	143
	1150	70		1159	67
W	1754	134	TH	1816	136
2	0018	36	17	0030	27
	0717	130		0803	136
TH	1229	77	F	1253	72
N	1830	127		1920	128
3	0059	40	18	0130	34
	0817	126		0911	132
F	1316	83	SA	1401	76
	1917	121		2042	123
4	0148	43	19	0243	40
	0923	124		1020	132
SA	1419	87	SU	1526	74
	2023	116		2206	123
5	0250	45	20	0407	43
	1029	125		1122	136
SU	1541	86	M	1652	67
	2144	114	○	2322	129
6	0400	45	21	0523	42
	1126	130		1217	140
M	1700	79	TU	1758	55
	2300	119	E		
7	0506	43	22	0025	137
	1215	136		0624	41
TU	1755	68	W	1303	144
●				1847	45
8	0005	128	23	0118	145
	0601	40		0712	41
W	1257	142	TH	1343	146
E	1841	56		1929	36
9	0102	139	24	0204	152
	0650	39		0754	43
TH	1337	148	F	1418	147
	1922	43		2007	30
10	0154	149	25	0244	155
	0736	39		0831	45
F	1415	152	SA	1449	146
	2004	32		2043	26
11	0244	157	26	0320	156
	0821	41		0005	40
SA	1454	155	SU	1517	145
P	2046	23	A	2117	24
12	0332	161	27	0354	155
	0904	44		0938	51
SU	1532	155	M	1545	142
	2128	18		2151	25
13	0420	161	28	0429	151
	0946	49		1011	55
M	1610	152	TU	1614	139
☽	2210	16		2224	26
14	0510	157	29	0506	146
	1029	55		1044	59
TU	1648	148	W	1645	135
	2254	17	☾ N	2258	29
15	0602	150	30	0546	140
	1112	61		1118	64
W	1729	143	TH	1717	129
S	2340	21		2334	33

10 月

日期	潮时 时分	潮高 cm	日期	潮时 时分	潮高 cm
1	0631	132	16	0011	32
	1154	69		0740	135
F	1753	123	SA	1244	65
				1923	122
2	0012	37	17	0111	42
	0725	126		0845	130
SA	1237	74	SU	1353	67
	1839	116		2047	119
3	0058	42	18	0226	51
	0828	121		0950	129
SU	1333	77	M	1517	64
	1949	112		2208	122
4	0157	47	19	0353	55
	0933	121		1050	130
M	1446	76	TU	1635	56
	2119	112	E	2318	129
5	0310	51	20	0512	55
	1034	124		1143	133
TU	1605	69	W	1734	46
	2242	120	○		
6	0427	52	21	0016	139
	1127	129		0610	54
W	1709	56	TH	1227	135
●E	2350	133		1819	36
7	0533	50	22	0103	148
	1214	135		0656	53
TH	1801	41	F	1306	136
				1857	29
8	0048	148	23	0144	156
	0629	48		0734	52
F	1258	141	SA	1339	137
P	1848	27		1933	24
9	0140	161	24	0219	160
	0719	47		0808	52
SA	1340	146	SU	1410	138
	1933	16	A	2007	21
10	0229	169	25	0253	161
	0805	47		0841	52
SU	1421	149	M	1440	138
	2017	9		2041	20
11	0317	172	26	0326	160
	0040	49		0913	53
M	1503	150	TU	1511	137
	2102	6	N	2115	21
12	0404	169	27	0400	156
	0931	51		0945	54
TU	1544	148	W	1543	134
S	2146	8		2148	24
13	0452	162	28	0436	151
	1014	54		1018	57
W	1628	144	TH	1615	130
☽	2232	14	☾	2221	27
14	0543	153	29	0514	144
	1058	58		1052	60
TH	1715	137	F	1649	125
	2319	22		2255	31
15	0638	143	30	0555	137
	1147	62		1128	63
F	1811	130	SA	1726	119
				2332	37
			31	0641	131
				1210	65
			SU	1815	114

11 月

日期	潮时 时分	潮高 cm	日期	潮时 时分	潮高 cm
1	0016	43	16	0200	61
	0734	125		0910	129
M	1301	66	TU	1454	53
	1929	112		2158	122
2	0112	51	17	0321	68
	0833	122		1006	127
TU	1403	63	W	1602	47
E	2101	115		2303	130
3	0224	59	18	0443	69
	0934	122		1057	126
W	1514	55	TH	1657	40
	2224	125		2357	140
4	0346	63	19	0545	68
	1032	125		1143	126
TH	1622	42	F	1743	33
●	2333	140	○		
5	0503	63	20	0042	148
	1126	130		0632	65
F	1721	28	SA	1223	128
P				1823	27
6	0031	156	21	0120	155
	0606	61		0710	62
SA	1216	136	SU	1300	129
	1814	15	A	1900	23
7	0124	169	22	0156	160
	0659	58		0745	60
SU	1305	141	M	1334	131
	1904	6	N	1936	20
8	0213	176	23	0230	161
	0746	56		0818	57
M	1352	145	TU	1409	133
S	1952	2		2012	19
9	0301	176	24	0304	160
	0831	54		0851	56
TU	1438	146	W	1444	133
	2039	2		2046	20
10	0348	172	25	0339	157
	0916	53		0924	55
W	1526	144	TH	1519	131
	2126	8		2119	23
11	0436	165	26	0414	153
	1002	53		0958	56
TH	1615	140	F	1555	127
☽	2214	16		2152	27
12	0526	156	27	0451	149
	1050	54		1033	56
F	1709	133	SA	1632	123
	2303	27	☾	2226	31
13	0618	147	28	0528	143
	1142	55		1110	56
SA	1811	126	SU	1713	119
	2354	39		2303	37
14	0713	139	29	0606	138
	1239	56		1150	55
SU	1925	120	M	1807	116
				2347	45
15	0052	51	30	0648	133
	0811	133		1237	52
M	1344	56	TU	1919	116
E	2043	119	E		

12 月

日期	潮时 时分	潮高 cm	日期	潮时 时分	潮高 cm
1	0040	55	16	0230	75
	0736	128		0907	125
W	1331	47	TH	1513	41
	2043	121		2232	128
2	0147	66	17	0349	80
	0832	125		0957	121
TH	1433	40	F	1610	38
	2203	131		2327	135
3	0305	73	18	0504	79
	0934	125		1047	119
F	1539	30	SA	1702	33
	2312	145	A		
4	0427	75	19	0014	142
	1037	127		0601	76
SA	1644	20	SU	1135	120
●P			○	1749	28
5	0013	158	20	0056	148
	0538	73		0644	71
SU	1138	131	M	1221	122
	1744	10	N	1832	24
6	0107	168	21	0134	153
	0636	67		0722	66
M	1235	136	TU	1303	125
S	1840	4		1911	21
7	0158	173	22	0211	155
	0727	62		0758	62
TU	1329	141	W	1344	128
	1932	2		1948	20
8	0246	173	23	0246	156
	0816	57		0833	58
W	1422	143	TH	1424	129
	2023	4		2024	21
9	0334	170	24	0322	155
	0904	53		0908	55
TH	1515	142	F	1504	129
	2113	11		2058	23
10	0421	165	25	0356	154
	0954	49		0943	52
F	1609	138	SA	1543	127
	2201	20		2131	27
11	0508	158	26	0431	152
	1045	47		1018	50
SA	1707	132	SU	1624	126
☽	2250	32		2207	31
12	0555	151	27	0505	148
	1136	45		1054	46
SU	1808	126	M	1710	124
E	2338	44	☾ E	2245	38
13	0642	144	28	0538	144
	1228	45		1133	42
M	1914	122	TU	1804	123
				2329	47
14	0028	56	29	0612	139
	0729	137		1215	37
TU	1321	44	W	1909	124
	2022	120			
15	0124	67	30	0019	57
	0817	131		0650	134
W	1416	43	TH	1303	32
	2129	123		2023	127
			31	0117	68
				0738	129
			F	1359	27
				2138	134

时　区：−1000　　潮高基准面：在平均海面下 94　cm

澳大利亚—菲利浦港(墨尔本)

AUSTRALIA－PORT PHILLIP(MELBOURNE)

2021 年潮汐表　　37° 52′ S　　144° 55′ E

1 月

日期	潮时时分	潮高cm	日期	潮时时分	潮高cm
1 F	0509	87	16 SA	0526	91
	1105	44		1136	39
	1551	74		1649	81
	2251	13		2338	17
2 SA	0544	87	17 SU	0605	90
	1143	41		1221	35
	1638	75		1743	80
	2331	13			
3 SU	0616	87	18 M	0020	20
	1220	39		0641	90
	1724	77		1303	32
				1831	80
4 M	0010	15	19 TU E	0057	23
	0645	87		0715	89
	1257	37		1342	31
	1809	78		1916	78
5 TU	0048	17	20 W ☽	0131	26
	0715	87		0746	88
	1336	35		1419	30
	1856	79		2000	76
6 W ☾ E	0128	20	21 TH A	0203	29
	0746	88		0817	87
	1416	32		1454	29
	1946	79		2046	75
7 TH	0209	25	22 F	0236	32
	0819	88		0848	86
	1500	29		1530	27
	2043	79		2136	73
8 F	0253	31	23 SA	0313	36
	0857	89		0920	84
	1548	25		1610	25
	2148	78		2235	71
9 SA P	0342	38	24 SU	0356	41
	0939	89		0956	81
	1641	22		1654	23
	2303	78		2343	70
10 SU	0440	45	25 M	0449	46
	1026	87		1036	78
	1740	19		1746	21
11 M	0023	79	26 TU N	0100	71
	0551	52		0555	51
	1120	86		1123	74
	1844	17		1845	19
12 TU S	0141	82	27 W	0217	73
	0714	55		0718	53
	1220	83		1219	71
	1951	15		1948	17
13 W ●	0252	85	28 TH ○	0319	76
	0839	54		0845	51
	1327	81		1325	69
	2058	13		2049	14
14 TH	0353	88	29 F	0406	78
	0950	50		0949	46
	1439	80		1435	69
	2158	13		2143	13
15 F	0443	90	30 SA	0444	80
	1047	45		1036	41
	1548	80		1538	72
	2251	14		2231	13
			31 SU	0516	81
				1118	36
				1633	75
				2316	14

2 月

日期	潮时时分	潮高cm	日期	潮时时分	潮高cm
1 M	0545	83	16 TU	0008	23
	1157	32		0610	85
	1723	78		1242	26
	2359	17		1825	80
2 TU E	0614	84	17 W	0043	26
	1238	29		0639	85
	1811	81		1316	24
				1905	80
3 W P	0041	20	18 TH A	0114	28
	0644	86		0707	85
	1318	26		1347	24
	1900	83		1944	80
4 TH ☾	0123	25	19 F ☽	0143	31
	0717	87		0735	85
	1401	23		1417	24
	1951	83		2023	79
5 F	0204	30	20 SA	0215	33
	0752	89		0805	85
	1444	22		1450	23
	2047	82		2107	77
6 SA	0246	36	21 SU	0249	36
	0831	90		0837	83
	1531	20		1526	22
	2146	81		2156	74
7 SU	0331	41	22 M	0329	40
	0913	90		0911	81
	1621	19		1608	21
	2250	80		2253	71
8 M S	0422	47	23 TU N	0414	44
	1001	88		0950	77
	1717	18		1658	20
9 TU	0001	78	24 W	0005	68
	0524	51		0510	48
	1054	85		1035	73
	1821	18		1756	19
10 W	0119	78	25 TH	0130	68
	0645	53		0622	50
	1157	81		1134	70
	1933	17		1903	18
11 TH ●	0233	80	26 F	0239	69
	0818	51		0748	49
	1314	77		1250	68
	2045	17		2013	17
12 F	0333	82	27 SA ○	0327	72
	0934	45		0902	44
	1440	76		1417	69
	2147	17		2116	16
13 SA	0421	84	28 SU	0402	74
	1033	38		0957	37
	1553	77		1528	74
	2241	18		2211	17
14 SU	0503	85			
	1122	32			
	1651	78			
	2328	20			
15 M E	0538	85			
	1204	28			
	1741	80			

3 月

日期	潮时时分	潮高cm	日期	潮时时分	潮高cm
1 M E	0434	77	16 TU	0502	82
	1044	30		1138	23
	1626	79		1731	83
	2300	19		2352	29
2 TU P	0504	80	17 W	0531	82
	1129	25		1212	22
	1718	84		1811	85
	2348	23			
3 W	0536	83	18 TH A	0024	32
	1213	21		0558	83
	1809	87		1243	21
				1848	86
4 TH	0033	27	19 F	0053	34
	0610	86		0625	84
	1258	19		1312	21
	1901	89		1925	86
5 F	0116	32	20 SA	0123	36
	0646	88		0653	85
	1342	18		1341	21
	1953	89		2002	84
6 SA ☾	0157	37	21 SU ☽	0155	37
	0725	90		0724	85
	1426	18		1413	21
	2045	87		2041	82
7 SU S	0238	41	22 M N	0229	39
	0807	90		0756	83
	1511	18		1448	21
	2138	85		2124	79
8 M	0321	45	23 TU	0307	42
	0852	90		0831	81
	1558	19		1528	21
	2233	82		2212	75
9 TU	0409	48	24 W	0349	45
	0941	87		0911	77
	1652	21		1614	21
	2336	80		2308	71
10 W	0508	50	25 TH	0439	47
	1037	83		0959	74
	1756	22		1708	21
11 TH	0050	78	26 F	0018	69
	0627	50		0541	47
	1147	77		1102	71
	1912	23		1815	23
12 F	0202	78	27 SA	0130	69
	0801	46		0655	45
	1320	74		1227	70
	2028	24		1930	24
13 SA ●	0302	79	28 SU ○E	0222	71
	0916	40		0809	39
	1447	75		1403	74
	2133	24		2042	25
14 SU E	0349	80	29 M	0303	74
	1013	33		0912	32
	1553	78		1516	81
	2228	25		2145	27
15 M	0428	81	30 TU P	0341	77
	1059	27		1006	25
	1646	81		1615	87
	2314	27		2242	30
			31 W	0417	81
				1058	20
				1710	92
				2333	34

4 月

日期	潮时时分	潮高cm	日期	潮时时分	潮高cm
1 TH	0454	85	16 F	0001	41
	1147	17		0512	84
	1804	95		1206	21
				1830	92
2 F	0020	38	17 SA	0032	42
	0533	89		0542	85
	1234	16		1236	21
	1857	96		1906	92
3 SA	0104	42	18 SU N	0103	43
	0615	91		0613	86
	1320	16		1307	22
	1948	95		1943	90
4 SU ☾S	0145	45	19 M	0136	44
	0658	92		0646	85
	1404	18		1339	22
	2037	93		2020	88
5 M	0226	47	20 TU ☽	0211	45
	0745	92		0720	83
	1447	20		1413	22
	2124	91		2058	85
6 TU	0310	48	21 W	0249	47
	0833	89		0758	81
	1533	23		1451	22
	2213	88		2137	82
7 W	0359	49	22 TH	0329	47
	0926	85		0841	79
	1623	26		1534	23
	2308	85		2220	79
8 TH	0500	48	23 F	0416	47
	1027	80		0935	77
	1723	29		1626	25
				2308	77
9 F	0013	82	24 SA	0512	44
	0618	46		1044	75
	1147	75		1729	29
	1838	32			
10 SA	0120	81	25 SU E	0004	76
	0742	42		0617	40
	1327	74		1215	76
	1959	34		1844	34
11 SU E	0217	80	26 M	0103	76
	0850	36		0725	34
	1444	77		1349	81
	2109	35		2004	38
12 M ●	0303	80	27 TU ○P	0156	79
	0942	30		0830	28
	1543	82		1501	89
	2206	36		2116	41
13 TU	0341	80	28 W	0243	82
	1026	25		0930	22
	1632	86		1602	95
	2252	38		2219	44
14 W A	0414	81	29 TH	0329	86
	1102	22		1026	18
	1714	90		1659	99
	2329	39		2314	47
15 TH	0444	82	30 F	0413	90
	1135	21		1119	16
	1753	92		1754	101
				2359	49

时　区：－1000　　潮高基准面：在平均海面下 58 cm

澳大利亚—菲利浦港(墨尔本)

AUSTRALIA－PORT PHILLIP(MELBOURNE)

2021 年潮汐表　　37° 52′ S　　144° 55′ E

5 月

日期	潮时 时分	潮高 cm	日期	潮时 时分	潮高 cm
1 SA S	0459 1209 1847	92 17 102	16 SU	0011 0504 1203 1849	49 85 22 96
2 SU	0047 0546 1256 1935	50 94 19 100	17 M	0045 0540 1236 1924	49 85 23 94
3 M ☾	0130 0636 1340 2020	51 94 21 99	18 TU	0120 0615 1309 1958	49 84 23 92
4 TU	0213 0727 1422 2104	51 92 24 97	19 W ☽	0155 0653 1344 2030	49 83 23 91
5 W	0300 0819 1505 2149	50 88 28 95	20 TH	0233 0735 1421 2103	49 82 24 89
6 TH	0352 0916 1551 2237	48 84 32 92	21 F	0313 0824 1503 2138	47 81 27 88
7 F	0453 1022 1644 2330	46 79 37 89	22 SA E	0357 0923 1552 2218	44 80 31 87
8 SA E	0601 1148 1751	43 76 42	23 SU	0449 1036 1651 2305	40 80 38 86
9 SU	0026 0710 1317 1912	86 39 77 46	24 M	0547 1206 1804 2358	34 82 45 86
10 M	0118 0809 1426 2029	84 33 81 49	25 TU	0650 1333 1925	29 87 51
11 TU ●A	0204 0850 1523 2132	82 20 87 50	26 W ○P	0055 0755 1445 2044	86 24 94 55
12 W	0244 0942 1611 2222	82 25 92 50	27 TH	0151 0858 1548 2154	88 20 99 56
13 TH	0320 1020 1654 2302	82 23 95 50	28 F S	0245 0958 1646 2252	90 18 102 56
14 F	0355 1055 1734 2337	83 22 97 49	29 SA	0338 1054 1740 2343	93 18 104 55
15 SA N	0430 1130 1812	85 22 97	30 SU	0432 1146 1829	94 19 103
			31 M	0029 0527 1233 1915	54 94 22 103

6 月

日期	潮时 时分	潮高 cm	日期	潮时 时分	潮高 cm
1 TU	0115 0622 1317 1957	52 93 25 101	16 W	0103 0558 1245 1929	49 83 24 94
2 W ☾	0201 0717 1358 2038	50 90 29 100	17 TH	0139 0641 1321 1958	48 83 25 93
3 TH	0249 0811 1439 2118	48 86 33 99	18 F ☽	0215 0726 1359 2028	46 83 27 94
4 F E	0340 0908 1520 2159	45 82 37 97	19 SA E	0255 0818 1441 2101	42 83 31 94
5 SA	0434 1014 1605 2241	43 79 42 94	20 SU	0338 0919 1528 2139	38 83 37 94
6 SU	0528 1132 1700 2325	39 78 48 90	21 M	0427 1031 1623 2222	34 83 45 93
7 M	0622 1250 1808	36 79 54	22 TU	0522 1154 1730 2312	29 85 53 92
8 TU A	0010 0715 1357 1927	87 32 83 58	23 W P	0623 1315 1849	25 89 59
9 W	0056 0805 1456 2044	84 28 88 59	24 TH ○	0008 0728 1429 2012	91 21 93 62
10 TH ●	0142 0852 1547 2146	82 25 93 58	25 F S	0109 0833 1535 2128	91 19 97 61
11 F	0227 0936 1633 2234	82 22 96 56	26 SA	0211 0936 1633 2231	91 18 99 58
12 SA N	0311 1018 1715 2314	82 21 97 53	27 SU	0315 1034 1723 2325	91 19 101 54
13 SU	0355 1058 1753 2351	82 22 97 52	28 M	0419 1127 1808	91 21 101
14 M	0437 1135 1828	83 22 96	29 TU	0014 0521 1215 1849	50 90 24 100
15 TU	0027 0518 1210 1900	50 83 23 94	30 W	0101 0618 1258 1928	47 89 28 100

7 月

日期	潮时 时分	潮高 cm	日期	潮时 时分	潮高 cm
1 TH ☾E	0147 0711 1338 2005	44 87 32 99	16 F E	0118 0637 1306 1922	40 83 27 93
2 F	0232 0803 1415 2041	41 84 35 98	17 SA ☽	0156 0724 1345 1954	37 84 30 94
3 SA	0317 0856 1452 2116	39 82 39 97	18 SU	0236 0817 1427 2028	34 84 35 95
4 SU	0400 0954 1531 2151	37 80 44 94	19 M	0319 0916 1511 2106	31 84 42 96
5 M A	0443 1059 1615 2228	35 79 49 91	20 TU	0407 1024 1602 2150	27 84 49 95
6 TU	0528 1209 1711 2308	32 79 55 88	21 W P	0501 1139 1702 2239	24 84 56 94
7 W	0617 1318 1820 2353	29 81 59 84	22 TH S	0601 1258 1816 2336	21 85 61 91
8 TH	0710 1425 1943	26 84 61	23 F	0708 1415 1943	20 87 62
9 F N	0044 0806 1524 2104	81 23 88 60	24 SA ○	0041 0817 1522 2107	89 18 90 59
10 SA ●	0139 0859 1613 2204	79 21 90 56	25 SU	0154 0923 1616 2214	87 18 92 53
11 SU	0236 0948 1654 2249	78 20 91 52	26 M	0311 1022 1702 2310	86 19 94 47
12 M	0331 1032 1730 2329	78 20 92 48	27 TU	0421 1114 1743 2359	86 22 95 41
13 TU	0422 1112 1800	79 21 91	28 W	0521 1201 1820	86 25 95
14 W	0005 0508 1150 1828	45 80 22 91	29 TH E	0045 0614 1242 1855	37 86 29 95
15 TH	0041 0552 1228 1854	42 82 24 92	30 F	0127 0703 1318 1928	35 85 32 95
			31 SA ☾	0206 0749 1351 1959	33 83 36 94

8 月

日期	潮时 时分	潮高 cm	日期	潮时 时分	潮高 cm
1 SU	0242 0835 1424 2030	32 82 39 94	16 M	0216 0815 1416 1958	25 85 39 94
2 M A	0318 0925 1459 2103	31 80 42 92	17 TU P	0300 0913 1458 2038	24 84 45 94
3 TU	0355 1019 1539 2137	29 78 46 89	18 W S	0348 1014 1545 2124	22 82 50 93
4 W	0437 1122 1627 2216	27 77 51 86	19 TH	0441 1122 1640 2216	21 80 55 91
5 TH N	0525 1235 1727 2300	25 76 56 81	20 F	0543 1239 1752 2316	20 80 57 87
6 F	0622 1353 1843 2353	23 77 58 77	21 SA	0653 1359 1924	20 81 56
7 SA	0724 1459 2014	21 79 57	22 SU ○	0029 0807 1503 2054	83 19 83 51
8 SU ●	0057 0826 1548 2127	73 19 81 52	23 M	0158 0915 1554 2201	80 19 85 44
9 M	0210 0921 1626 2217	72 18 83 47	24 TU	0320 1013 1636 2255	81 20 87 37
10 TU	0318 1008 1657 2258	74 18 84 41	25 W E	0425 1103 1714 2342	83 23 88 31
11 W	0413 1052 1723 2337	77 19 85 36	26 TH	0518 1147 1747	84 26 89
12 TH E	0502 1134 1749	80 21 87	27 F	0023 0605 1224 1817	28 85 30 90
13 F	0015 0548 1215 1817	32 83 25 89	28 SA	0059 0648 1257 1846	26 85 33 90
14 SA	0054 0634 1255 1847	30 85 29 91	29 SU	0132 0729 1327 1915	26 84 35 90
15 SU ☽	0134 0723 1335 1921	27 86 34 93	30 M ☾A	0203 0809 1357 1945	26 83 38 90
			31 TU	0235 0852 1431 2017	25 81 40 89

时　区：－1000　　　　潮高基准面：在平均海面下 58 cm

澳大利亚—菲利浦港(墨尔本)

AUSTRALIA－PORT PHILLIP(MELBOURNE)

2021 年潮汐表　　37° 52′ S　　144° 55′ E

9 月

日期	潮时 时分	潮高 cm	日期	潮时 时分	潮高 cm
1 W	0311 0941 1509 2052	24 78 44 86	16 TH	0327 1002 1532 2104	20 82 50 90
2 TH N	0351 1037 1552 2130	23 74 47 82	17 F	0419 1103 1629 2200	20 79 52 86
3 F	0439 1146 1646 2214	22 71 51 77	18 SA	0521 1216 1743 2307	22 77 52 81
4 SA	0535 1312 1754 2310	21 70 53 72	19 SU	0635 1332 1919	23 77 49
5 SU	0640 1422 1920	20 71 52	20 M ○	0037 0754 1433 2041	76 24 79 42
6 M	0023 0748 1509 2038	69 19 73 46	21 TU E	0214 0903 1522 2144	76 24 81 34
7 TU ●	0154 0850 1543 2134	70 18 75 40	22 W	0325 1000 1602 2234	80 25 83 28
8 W E	0306 0944 1612 2220	74 19 78 33	23 TH	0421 1049 1637 2316	83 27 84 23
9 TH	0403 1032 1639 2303	79 21 81 27	24 F	0509 1130 1707 2352	86 30 85 21
10 F	0453 1118 1708 2345	84 24 84 23	25 SA	0551 1204 1735	87 33 86
11 SA P	0541 1201 1739	87 29 87	26 SU A	0025 0629 1233 1802	20 87 35 87
12 SU	0028 0630 1244 1813	20 89 34 90	27 M	0054 0706 1302 1831	20 87 37 88
13 M ☽	0111 0720 1324 1850	19 88 39 92	28 TU	0124 0744 1333 1902	21 85 39 87
14 TU	0155 0813 1404 1930	19 87 43 93	29 W ☾ N	0155 0824 1407 1935	21 82 41 85
15 W S	0239 0906 1446 2015	19 85 47 92	30 TH	0230 0908 1444 2010	20 79 43 82

10 月

日期	潮时 时分	潮高 cm	日期	潮时 时分	潮高 cm
1 F	0309 0956 1526 2049	20 75 46 78	16 SA	0354 1039 1627 2153	23 82 48 80
2 SA	0353 1052 1615 2135	20 71 48 74	17 SU	0453 1143 1744 2311	26 80 46 75
3 SU	0446 1202 1717 2236	21 68 48 70	18 M	0607 1250 1909	30 79 41
4 M	0549 1313 1831	22 67 45	19 TU E	0054 0728 1349 2021	73 32 79 34
5 TU	0000 0702 1403 1945	68 23 69 39	20 W ○	0217 0841 1437 2117	76 34 79 27
6 W ● E	0139 0813 1442 2046	71 25 72 32	21 TH	0319 0941 1517 2203	81 35 80 22
7 TH	0252 0915 1516 2139	77 26 76 25	22 F	0410 1029 1552 2242	86 36 81 19
8 F P	0350 1010 1550 2228	84 29 80 19	23 SA	0454 1108 1623 2316	89 37 82 17
9 SA	0442 1101 1625 2316	89 33 84 15	24 SU A	0533 1141 1653 2348	91 39 84 17
10 SU	0533 1147 1702	92 37 88	25 M	0610 1211 1723	91 40 85
11 M	0002 0624 1230 1740	14 93 41 91	26 TU N	0018 0646 1242 1754	17 90 40 85
12 TU S	0048 0715 1312 1822	14 92 44 92	27 W	0049 0723 1314 1826	18 88 41 84
13 W ☽	0133 0805 1353 1908	16 90 47 91	28 TH ☾	0120 0800 1348 1900	18 85 42 82
14 TH	0217 0854 1437 1957	17 87 48 89	29 F	0154 0838 1426 1937	18 82 44 79
15 F	0303 0944 1526 2051	20 85 48 85	30 SA	0230 0918 1507 2018	19 78 44 75
			31 SU	0311 0959 1553 2109	20 75 44 72

11 月

日期	潮时 时分	潮高 cm	日期	潮时 时分	潮高 cm
1 M	0359 1045 1647 2215	22 73 42 70	16 TU	0526 1157 1844	38 82 34
2 TU E	0459 1138 1751 2345	26 71 38 70	17 W	0053 0646 1252 1946	73 42 80 28
3 W	0612 1235 1858	31 72 31	18 TH	0205 0805 1340 2038	78 45 79 23
4 TH ●	0123 0731 1328 2001	75 35 74 25	19 F ○	0304 0912 1423 2123	83 45 78 19
5 F P	0236 0844 1415 2100	82 38 77 18	20 SA	0353 1004 1502 2203	88 45 78 16
6 SA	0336 0947 1500 2155	89 41 81 14	21 SU A	0437 1045 1539 2239	92 44 79 15
7 SU	0431 1042 1544 2248	94 43 85 11	22 M N	0517 1121 1615 2314	93 44 80 15
8 M S	0525 1131 1628 2338	96 45 89 11	23 TU	0554 1154 1651 2347	93 43 81 15
9 TU	0616 1216 1714	96 46 91	24 W	0630 1226 1726	91 42 81
10 W	0026 0705 1259 1803	13 95 47 91	25 TH	0019 0704 1300 1801	16 89 42 79
11 TH ☽	0111 0751 1343 1855	15 93 47 89	26 F	0051 0737 1335 1838	17 87 42 78
12 F	0155 0836 1431 1949	19 91 46 85	27 SA ☾	0124 0809 1411 1917	18 85 42 76
13 SA	0240 0921 1524 2046	22 89 44 81	28 SU	0159 0840 1450 2001	19 83 41 74
14 SU	0326 1008 1625 2153	27 87 42 76	29 M	0238 0913 1533 2056	21 81 39 73
15 M E	0420 1101 1734 2319	32 85 38 72	30 TU E	0324 0950 1622 2205	25 80 35 72

12 月

日期	潮时 时分	潮高 cm	日期	潮时 时分	潮高 cm
1 W	0419 1033 1717 2332	32 79 30 73	16 TH	0028 0548 1147 1856	74 48 82 25
2 TH	0528 1124 1820	39 78 24	17 F	0138 0707 1235 1949	77 52 79 21
3 F	0104 0649 1221 1924	78 46 79 19	18 SA A	0239 0828 1324 2038	82 53 76 18
4 SA ● P	0220 0810 1318 2027	84 50 80 14	19 SU ○	0333 0933 1412 2124	86 51 75 15
5 SU	0324 0923 1414 2128	90 51 83 11	20 M N	0420 1022 1500 2207	89 48 75 14
6 M S	0422 1023 1509 2225	94 51 85 10	21 TU	0501 1102 1547 2246	90 45 75 14
7 TU	0516 1115 1604 2319	96 49 87 11	22 W	0539 1138 1631 2323	90 43 75 15
8 W	0604 1202 1701	96 47 88	23 TH	0612 1213 1712 2357	89 41 75 16
9 TH	0008 0649 1249 1757	13 95 44 87	24 F	0643 1247 1751	87 39 75
10 F	0054 0731 1336 1853	17 94 42 85	25 SA	0031 0711 1321 1829	17 86 38 75
11 SA ☽	0138 0812 1425 1949	21 93 40 82	26 SU	0104 0737 1355 1910	18 85 37 75
12 SU E	0220 0852 1517 2047	25 92 37 78	27 M ☾ E	0139 0805 1432 1956	20 85 34 75
13 M	0302 0934 1611 2153	30 90 35 74	28 TU	0218 0835 1512 2051	24 85 31 75
14 TU	0348 1016 1706 2310	36 88 32 73	29 W	0301 0910 1557 2157	29 85 27 75
15 W	0441 1100 1802	42 85 29	30 TH	0352 0950 1650 2317	37 85 23 76
			31 F	0453 1037 1749	45 84 19

时　区：－1000　　　　潮高基准面：在平均海面下 58 cm

澳大利亚—莫西河(德文波特)

AUSTRALIA－MERSEY RIVER(DEVONPORT)

2021 年潮汐表 41° 11′ S 146° 22′ E

1 月

日期		潮时 时分	潮高 cm	潮时 时分	潮高 cm	潮时 时分	潮高 cm	潮时 时分	潮高 cm
1	F	0059	307	0711	109	1252	311	1930	42
2	SA	0147	314	0801	102	1341	315	2018	38
3	SU	0233	320	0849	94	1430	317	2104	36
4	M	0317	324	0935	88	1518	318	2148	37
5	TU	0359	329	1020	80	1605	319	2233	40
6	W ☾ E	0440	332	1105	72	1653	319	2318	47
7	TH	0522	336	1151	63	1744	320		
8	F	0005	56	0606	338	1240	53	1837	319
9	SA P	0057	68	0654	338	1334	45	1936	318
10	SU	0154	81	0745	336	1431	40	2038	316
11	M	0255	93	0842	332	1532	36	2143	315
12	TU S	0358	101	0943	328	1634	35	2249	315
13	W ●	0504	105	1046	325	1738	35	2353	317
14	TH	0611	103	1150	323	1840	35		
15	F	0055	321	0714	96	1253	323	1938	35
16	SA	0152	325	0810	87	1352	323	2030	37
17	SU	0242	328	0901	80	1446	321	2116	42
18	M	0327	329	0946	75	1534	316	2158	50
19	TU E	0408	328	1028	72	1619	309	2238	60
20	W ☽	0446	323	1108	73	1701	301	2316	72
21	TH A	0522	317	1147	73	1743	294	2355	84
22	F	0557	310	1226	73	1826	287		
23	SA	0035	96	0633	303	1306	72	1911	283
24	SU	0118	106	0712	299	1349	70	1959	282
25	M	0204	114	0755	296	1435	67	2049	282
26	TU N	0254	118	0843	296	1523	63	2141	285
27	W	0346	120	0934	298	1615	59	2234	289
28	TH ○	0440	119	1028	301	1710	54	2328	295
29	F	0538	115	1124	307	1806	49		
30	SA	0022	303	0636	108	1220	312	1902	43
31	SU	0116	311	0733	97	1317	318	1956	38

2 月

日期		潮时 时分	潮高 cm	潮时 时分	潮高 cm	潮时 时分	潮高 cm	潮时 时分	潮高 cm
1	M	0206	320	0826	85	1412	324	2046	36
2	TU E	0254	329	0916	72	1506	329	2135	38
3	W P	0339	336	1004	60	1557	332	2223	43
4	TH ☾	0423	341	1052	49	1648	333	2310	52
5	F	0507	343	1140	41	1740	331	2359	63
6	SA	0552	343	1230	35	1833	328		
7	SU	0050	75	0639	340	1322	34	1928	322
8	M S	0143	86	0730	335	1416	36	2025	316
9	TU	0239	96	0825	328	1512	41	2124	309
10	W	0338	103	0925	321	1613	48	2225	304
11	TH ●	0441	106	1027	314	1716	53	2328	303
12	F	0548	105	1132	311	1820	56		
13	SA	0030	305	0652	98	1236	310	1918	57
14	SU	0125	309	0748	89	1335	311	2009	58
15	M E	0214	314	0837	81	1426	311	2054	62
16	TU	0258	317	0920	75	1513	310	2134	67
17	W	0336	317	1000	71	1556	308	2213	75
18	TH A	0412	316	1037	68	1637	305	2250	83
19	F ☽	0447	313	1113	66	1717	302	2327	90
20	SA	0521	310	1150	64	1757	299		
21	SU	0006	97	0557	306	1228	63	1838	296
22	M	0047	103	0635	303	1309	62	1921	293
23	TU N	0129	108	0717	301	1353	61	2006	291
24	W	0215	111	0803	301	1441	60	2054	291
25	TH	0303	113	0853	301	1532	59	2146	292
26	F	0357	113	0948	304	1629	57	2242	295
27	SA ○	0457	109	1047	308	1731	55	2341	302
28	SU	0602	101	1151	315	1834	50		

3 月

日期		潮时 时分	潮高 cm	潮时 时分	潮高 cm	潮时 时分	潮高 cm	潮时 时分	潮高 cm
1	M E	0040	312	0705	87	1255	324	1933	47
2	TU P	0135	323	0802	69	1357	334	2028	45
3	W	0227	333	0856	52	1454	342	2120	48
4	TH	0316	341	0947	38	1549	346	2211	54
5	F	0403	345	1037	28	1643	346	2301	63
6	SA ☾	0450	346	1126	25	1735	342	2351	72
7	SU S	0537	344	1216	26	1826	335		
8	M	0041	80	0626	338	1307	32	1917	325
9	TU	0131	88	0717	330	1358	42	2008	315
10	W	0223	94	0811	320	1452	54	2102	305
11	TH	0318	100	0908	310	1550	66	2159	297
12	F	0419	104	1010	301	1653	75	2259	293
13	SA ●	0526	103	1115	296	1757	81	2359	293
14	SU E	0628	98	1219	296	1855	83		
15	M	0053	296	0722	91	1315	299	1945	85
16	TU	0141	300	0808	83	1405	303	2028	87
17	W	0222	303	0849	76	1450	307	2108	90
18	TH A	0300	307	0926	69	1531	310	2146	92
19	F	0336	308	1002	64	1611	311	2223	95
20	SA	0411	309	1037	61	1649	311	2300	98
21	SU ☽	0446	308	1114	59	1726	309	2338	101
22	M N	0522	306	1152	59	1804	306		
23	TU	0016	104	0600	303	1231	60	1843	303
24	W	0056	106	0641	302	1313	60	1925	301
25	TH	0139	107	0726	302	1359	60	2011	300
26	F	0225	107	0816	303	1451	62	2102	300
27	SA	0318	105	0912	306	1549	63	2158	303
28	SU ○E	0420	99	1016	312	1656	65	2259	309
29	M	0529	88	1126	320	1804	65		
30	TU P	0002	317	0636	70	1235	332	1909	64
31	W	0101	328	0736	51	1340	344	2008	64

4 月

日期		潮时 时分	潮高 cm	潮时 时分	潮高 cm	潮时 时分	潮高 cm	潮时 时分	潮高 cm
1	TH	0156	337	0832	34	1441	352	2104	66
2	F	0249	343	0926	22	1538	356	2157	70
3	SA	0341	346	1018	18	1633	354	2249	75
4	SU ☾ S	0431	345	1109	20	1725	348	2339	79
5	M	0522	340	1159	28	1813	339		
6	TU	0027	84	0612	332	1248	40	1900	327
7	W	0116	88	0703	321	1337	55	1947	316
8	TH	0205	93	0756	309	1428	71	2037	304
9	F	0259	98	0851	297	1524	86	2130	294
10	SA	0358	102	0952	288	1626	98	2227	288
11	SU E	0501	102	1057	284	1729	106	2323	285
12	M ●	0559	98	1158	287	1826	110		
13	TU	0014	286	0649	92	1252	293	1915	111
14	W A	0100	290	0732	84	1340	301	1958	111
15	TH	0141	295	0811	75	1423	308	2038	110
16	F	0219	300	0849	68	1503	314	2117	109
17	SA	0257	304	0926	62	1541	316	2154	107
18	SU N	0334	306	1002	60	1619	316	2232	107
19	M	0411	305	1039	60	1655	314	2309	107
20	TU ☽	0448	303	1117	61	1731	312	2347	108
21	W	0527	301	1155	62	1808	310		
22	TH	0025	107	0608	300	1237	62	1849	310
23	F	0107	105	0654	302	1323	64	1934	311
24	SA	0154	101	0746	306	1415	67	2024	313
25	SU E	0248	94	0845	310	1515	72	2120	316
26	M	0351	84	0952	317	1624	79	2221	320
27	TU ○P	0500	70	1105	326	1736	83	2325	326
28	W	0608	52	1216	338	1844	85		
29	TH	0026	333	0710	36	1322	349	1946	85
30	F	0125	340	0808	23	1424	357	2045	85

时 区：－1000　　　　潮高基准面：在平均海面下 195 cm

澳大利亚—莫西河(德文波特)

AUSTRALIA－MERSEY RIVER(DEVONPORT)

2021 年潮汐表　　41° 11′ S　　146° 22′ E

5 月

日期	潮时 时分	潮高 cm	日期	潮时 时分	潮高 cm
1 SA S	0222 0905 1523 2140	343 17 358 85	16 SU	0220 0851 1510 2124	305 61 318 115
2 SU	0318 0958 1618 2232	344 18 356 84	17 M	0300 0930 1548 2203	306 60 318 113
3 M ☾	0413 1050 1708 2322	341 25 349 84	18 TU	0340 1009 1625 2242	304 61 317 112
4 TU	0506 1139 1754	335 37 339	19 W ☽	0419 1046 1701 2320	301 63 316 110
5 W	0010 0556 1226 1839	85 324 53 329	20 TH	0459 1125 1739 2359	300 64 317 107
6 TH	0058 0647 1313 1923	87 312 70 317	21 F	0542 1207 1820	301 65 320
7 F	0147 0738 1402 2009	91 298 87 305	22 SA E	0042 0630 1254 1905	100 305 68 324
8 SA E	0238 0833 1455 2058	96 287 103 295	23 SU	0130 0725 1348 1955	90 310 75 327
9 SU	0333 0932 1553 2149	99 279 117 287	24 M	0226 0826 1450 2050	79 315 84 329
10 M	0429 1033 1652 2240	99 278 126 283	25 TU	0329 0935 1559 2150	66 322 93 332
11 TU ●A	0520 1131 1747 2329	96 283 130 283	26 W ○P	0436 1047 1710 2253	52 331 100 334
12 W	0607 1221 1836	89 292 131	27 TH	0542 1156 1818 2356	39 340 103 338
13 TH	0014 0650 1307 1921	287 81 302 128	28 F S	0645 1302 1923	28 348 102
14 F	0057 0731 1350 2003	294 72 310 124	29 SA	0057 0746 1405 2023	341 21 353 98
15 SA N	0139 0811 1431 2044	300 65 316 119	30 SU	0158 0843 1504 2120	342 20 354 92
			31 M	0258 0937 1557 2212	341 25 351 87

6 月

日期	潮时 时分	潮高 cm	日期	潮时 时分	潮高 cm
1 TU	0354 1028 1645 2302	337 35 346 84	16 W	0313 0943 1558 2217	305 60 320 109
2 W ☾	0447 1116 1730 2349	329 48 339 83	17 TH	0356 1023 1636 2258	303 63 322 105
3 TH	0538 1201 1813	317 64 329	18 F ☽	0439 1104 1715 2340	303 65 325 97
4 F E	0036 0627 1246 1855	85 304 82 319	19 SA E	0526 1148 1757	305 69 330
5 SA	0124 0717 1333 1937	89 291 99 308	20 SU	0025 0616 1236 1842	87 309 75 334
6 SU	0212 0809 1422 2021	92 282 115 297	21 M	0115 0713 1331 1931	74 314 84 337
7 M	0301 0905 1515 2107	94 277 127 290	22 TU	0211 0815 1433 2025	61 319 95 338
8 TU A	0349 1002 1609 2154	93 279 136 286	23 W P	0312 0922 1539 2125	49 324 105 338
9 W	0435 1055 1701 2242	88 285 139 288	24 TH ○	0415 1030 1647 2227	40 330 111 337
10 TH ●	0521 1144 1751 2329	81 294 138 292	25 F S	0519 1137 1754 2331	33 335 112 338
11 F	0607 1230 1838	73 303 134	26 SA	0623 1242 1900	28 340 109
12 SA N	0016 0652 1314 1925	299 66 310 127	27 SU	0035 0725 1344 2002	338 27 343 101
13 SU	0101 0737 1357 2010	305 61 315 121	28 M	0138 0823 1441 2058	338 29 345 92
14 M	0146 0820 1439 2054	308 59 318 116	29 TU	0239 0916 1532 2150	336 35 345 84
15 TU	0230 0902 1519 2136	307 59 319 112	30 W	0335 1005 1618 2239	330 45 342 80

7 月

日期	潮时 时分	潮高 cm	日期	潮时 时分	潮高 cm
1 TH ☾ E	0427 1050 1702 2325	321 58 337 79	16 F E	0340 1006 1613 2240	310 60 330 87
2 F	0516 1134 1742	310 74 329	17 SA ☽	0427 1050 1654 2325	311 66 334 77
3 SA	0010 0603 1217 1822	80 299 90 319	18 SU	0516 1136 1737	314 74 337
4 SU	0054 0651 1301 1901	83 289 105 309	19 M	0012 0609 1226 1822	66 316 83 339
5 M A	0138 0741 1347 1942	85 283 119 300	20 TU	0103 0705 1321 1912	55 319 93 340
6 TU	0221 0832 1435 2024	84 281 129 294	21 W P	0158 0806 1420 2006	46 321 102 338
7 W	0305 0923 1524 2110	81 283 135 292	22 TH S	0256 0909 1522 2105	39 322 110 336
8 TH	0350 1014 1614 2158	77 288 137 294	23 F	0357 1013 1626 2208	36 323 113 333
9 F N	0437 1102 1705 2248	71 295 135 298	24 SA ○	0500 1117 1733 2312	36 324 112 331
10 SA ●	0526 1150 1756 2337	65 301 130 304	25 SU	0604 1220 1840	36 327 106
11 SU	0615 1237 1847	60 307 124	26 M	0018 0706 1321 1941	330 38 331 95
12 M	0027 0705 1323 1937	308 57 313 117	27 TU	0122 0803 1415 2037	329 41 335 85
13 TU	0117 0752 1408 2026	310 55 317 109	28 W	0221 0854 1504 2127	327 47 337 77
14 W	0205 0838 1451 2112	311 55 322 103	29 TH E	0315 0940 1548 2213	322 56 336 73
15 TH	0253 0922 1533 2156	310 57 326 95	30 F	0404 1023 1629 2256	315 68 332 72
			31 SA ☾	0451 1105 1707 2337	307 82 325 73

8 月

日期	潮时 时分	潮高 cm	日期	潮时 时分	潮高 cm
1 SU	0536 1145 1744	299 95 317	16 M	0510 1128 1719 2359	325 78 341 44
2 M A	0017 0620 1227 1821	74 293 107 309	17 TU P	0603 1219 1806	324 88 340
3 TU	0057 0706 1310 1900	74 289 117 302	18 W S	0050 0658 1312 1856	39 322 97 337
4 W	0138 0753 1355 1942	72 287 124 298	19 TH	0144 0755 1407 1951	37 319 103 332
5 TH N	0222 0841 1442 2028	70 287 127 297	20 F	0240 0853 1505 2050	38 315 108 327
6 F	0307 0929 1530 2117	67 289 128 297	21 SA	0339 0953 1608 2153	42 312 109 322
7 SA	0356 1018 1621 2208	64 292 127 300	22 SU ○	0442 1056 1715 2258	47 311 106 318
8 SU ●	0447 1108 1714 2301	61 296 123 304	23 M	0547 1158 1822	51 314 98
9 M	0540 1158 1811 2355	58 303 116 308	24 TU	0005 0648 1256 1922	317 54 318 87
10 TU	0634 1249 1906	55 310 106	25 W E	0108 0743 1348 2014	317 57 323 77
11 W	0050 0726 1337 1959	312 52 319 95	26 TH	0204 0831 1434 2101	316 62 326 70
12 TH E	0145 0816 1424 2049	316 52 326 83	27 F	0254 0915 1515 2143	315 70 326 66
13 F	0237 0904 1508 2136	320 54 333 71	28 SA	0340 0956 1553 2222	312 80 323 64
14 SA	0328 0952 1551 2223	323 60 338 60	29 SU	0423 1035 1629 2259	308 89 319 64
15 SU ☽	0419 1039 1634 2310	325 68 341 51	30 M ☾ A	0505 1113 1705 2336	304 98 313 63
			31 TU	0546 1153 1741	300 106 308

时　区：－1000　　　　潮高基准面：在平均海面下 195　cm

澳大利亚—莫西河（德文波特）

AUSTRALIA－MERSEY RIVER（DEVONPORT）

2021 年潮汐表　　41° 11′ S　　146° 22′ E

9 月

日期	潮时 时分	潮高 cm	日期	潮时 时分	潮高 cm
1 W	0015 0628 1234 1820	63 297 111 303	16 TH	0035 0647 1300 1843	31 323 94 330
2 TH N	0055 0711 1316 1902	62 293 116 299	17 F	0127 0740 1353 1939	38 315 98 322
3 F	0138 0755 1400 1947	62 290 119 296	18 SA	0222 0834 1449 2037	47 308 101 314
4 SA	0224 0842 1447 2036	62 288 119 296	19 SU	0320 0931 1551 2140	57 302 101 306
5 SU	0313 0930 1538 2128	62 289 118 297	20 M ○	0424 1032 1658 2247	66 300 98 302
6 M	0406 1022 1634 2225	62 293 113 301	21 TU E	0529 1133 1803 2353	72 301 90 302
7 TU ●	0504 1117 1736 2325	60 300 104 307	22 W	0629 1228 1859	75 305 81
8 W E	0604 1211 1836	58 310 91	23 TH	0053 0721 1317 1948	304 78 309 72
9 TH	0027 0701 1304 1933	316 55 321 74	24 F	0145 0807 1400 2030	308 82 312 65
10 F	0126 0756 1354 2025	325 55 331 57	25 SA	0231 0849 1439 2109	311 86 314 60
11 SA P	0223 0847 1442 2115	333 68 339 43	26 SU A	0314 0028 1516 2145	313 01 314 57
12 SU	0317 0938 1528 2204	338 64 343 33	27 M	0354 1005 1551 2220	313 95 313 55
13 M ☽	0410 1028 1614 2254	339 72 344 28	28 TU	0432 1042 1627 2256	311 99 310 54
14 TU	0503 1118 1702 2344	336 81 341 28	29 W ☾ N	0511 1120 1704 2334	308 103 306 55
15 W S	0555 1209 1751	330 89 337	30 TH	0549 1158 1742	303 106 301

10 月

日期	潮时 时分	潮高 cm	日期	潮时 时分	潮高 cm
1 F	0013 0629 1238 1823	58 298 109 296	16 SA	0108 0720 1337 1926	45 314 90 312
2 SA	0055 0710 1320 1907	60 293 111 293	17 SU	0201 0811 1432 2024	59 305 92 300
3 SU	0140 0754 1406 1956	63 291 111 293	18 M	0259 0905 1534 2127	74 297 93 291
4 M	0230 0842 1457 2050	65 291 108 295	19 TU E	0402 1004 1639 2234	86 292 91 287
5 TU	0325 0936 1557 2151	67 295 101 300	20 W ○	0506 1102 1739 2338	94 291 85 289
6 W ●E	0427 1033 1702 2258	68 303 88 309	21 TH	0605 1154 1830	98 292 78
7 TH	0533 1132 1806	68 313 71	22 F	0034 0655 1241 1915	296 100 296 70
8 F P	0006 0636 1229 1905	322 66 325 51	23 SA	0122 0740 1323 1955	303 101 300 63
9 SA	0109 0735 1323 2000	335 66 335 33	24 SU A	0205 0820 1402 2032	310 101 305 56
10 SU	0208 0830 1415 2053	345 67 342 20	25 M	0245 0858 1439 2108	315 100 308 51
11 M	0304 0023 1505 2145	350 71 345 14	26 TU N	0323 0935 1516 2144	317 99 309 49
12 TU S	0359 1015 1556 2236	349 76 344 15	27 W	0400 1011 1553 2221	316 99 308 49
13 W ☽	0451 1105 1647 2327	343 81 340 21	28 TH ☾	0437 1048 1630 2258	313 100 303 52
14 TH	0542 1155 1739	335 84 333	29 F	0513 1126 1708 2336	308 102 298 56
15 F	0017 0631 1245 1831	32 325 87 323	30 SA	0550 1204 1748	303 104 294
			31 SU	0016 0629 1245 1832	60 300 103 292

11 月

日期	潮时 时分	潮高 cm	日期	潮时 时分	潮高 cm
1 M	0059 0712 1330 1922	63 300 100 293	16 TU	0233 0836 1512 2110	89 297 85 281
2 TU E	0149 0800 1423 2019	67 302 94 296	17 W	0333 0929 1610 2214	103 289 85 278
3 W	0247 0853 1524 2124	73 305 84 303	18 TH	0434 1023 1705 2314	113 285 82 282
4 TH ●	0353 0952 1630 2235	78 311 69 313	19 F ○	0531 1114 1753	118 285 76
5 F P	0504 1054 1736 2345	81 319 50 327	20 SA	0006 0621 1200 1836	290 118 288 68
6 SA	0611 1155 1838	82 328 31	21 SU A	0052 0705 1243 1917	300 116 294 60
7 SU	0050 0713 1253 1936	341 81 337 16	22 M N	0135 0747 1325 1956	308 111 301 53
8 M S	0151 0811 1349 2032	350 80 343 7	23 TU	0215 0827 1406 2035	314 106 306 48
9 TU	0249 0906 1445 2126	354 79 346 6	24 W	0253 0905 1445 2114	317 102 308 46
10 W	0345 0959 1540 2219	352 77 344 11	25 TH	0331 0943 1524 2151	317 99 306 48
11 TH ☽	0436 1050 1633 2309	346 76 339 21	26 F	0407 1021 1602 2228	314 99 302 51
12 F	0525 1140 1726 2358	338 76 330 36	27 SA ☾	0443 1058 1641 2305	312 99 297 55
13 SA	0611 1229 1818	328 77 317	28 SU	0519 1137 1721 2345	310 98 294 59
14 SU	0048 0657 1320 1912	53 318 79 303	29 M	0557 1218 1806	311 94 295
15 M E	0138 0745 1414 2008	71 307 83 290	30 TU E	0029 0640 1304 1858	63 313 86 297

12 月

日期	潮时 时分	潮高 cm	日期	潮时 时分	潮高 cm
1 W	0119 0726 1357 1956	70 316 76 302	16 TH	0257 0850 1532 2143	112 291 79 276
2 TH	0218 0819 1457 2103	79 319 64 308	17 F	0352 0939 1621 2238	122 285 77 280
3 F	0325 0918 1603 2214	88 322 50 318	18 SA A	0446 1029 1708 2329	127 284 73 287
4 SA ●P	0436 1021 1709 2324	95 326 34 329	19 SU ○	0536 1117 1754	127 287 66
5 SU	0544 1124 1813	97 332 21	20 M N	0016 0624 1204 1839	295 123 294 58
6 M S	0030 0649 1226 1915	339 95 338 11	21 TU	0101 0710 1250 1924	303 117 300 52
7 TU	0133 0751 1327 2014	346 89 342 5	22 W	0144 0754 1335 2007	308 109 305 48
8 W	0233 0849 1428 2110	349 82 345 6	23 TH	0225 0837 1418 2048	312 103 307 47
9 TH	0328 0942 1526 2202	349 74 344 13	24 F	0304 0918 1500 2128	313 98 305 48
10 F	0418 1033 1620 2251	347 68 338 25	25 SA	0342 0958 1541 2206	315 95 302 51
11 SA ☽	0505 1123 1713 2338	341 66 327 42	26 SU	0418 1037 1621 2244	316 92 300 55
12 SU E	0549 1211 1803	333 66 313	27 M ☾E	0455 1117 1704 2325	319 87 300 60
13 M	0025 0632 1300 1855	60 323 69 298	28 TU	0533 1159 1750	322 79 302
14 TU	0113 0717 1351 1948	79 312 74 286	29 W	0009 0615 1245 1842	66 326 69 306
15 W	0204 0802 1442 2045	97 300 77 278	30 TH	0100 0701 1338 1941	75 328 57 310
			31 F	0158 0753 1437 2045	85 330 46 314

时　区：－1000　　　　潮高基准面：在平均海面下 195　cm

澳大利亚—阿德莱德外港

AUSTRALIA－PORT ADELAIDE(OUTER HARBOUR)

2021 年潮汐表　　34° 47′ S　　138° 29′ E

1 月

日期	潮时 时分	潮高 cm	日期	潮时 时分	潮高 cm
1 F	0530 1216 1814 2339	249 20 175 63	16 SA	0552 1231 1824 2359	242 32 180 55
2 SA	0559 1244 1841	247 23 175	17 SU	0618 1249 1848	238 30 191
3 SU	0009 0630 1313 1911	61 243 25 178	18 M	0031 0646 1310 1917	51 233 27 201
4 M	0044 0702 1343 1945	62 236 29 181	19 TU E	0105 0715 1334 1950	51 225 27 208
5 TU	0122 0736 1413 2023	66 223 38 183	20 W ☽	0142 0744 1400 2026	57 212 33 208
6 W ☾ E	0204 0811 1442 2109	76 202 51 182	21 TH A	0223 0814 1426 2107	70 191 46 201
7 TH	0259 0849 1511 2211	91 173 71 179	22 F	0312 0844 1450 2202	88 164 67 189
8 F	0443 0942 1535 2351	108 138 94 179	23 SA	0441 0918 1505 2343	107 132 92 179
9 SA P	0854	99	24 SU	0930	99
10 SU	0147 1000 1643 2033	193 66 137 114	25 M	0200 1004 1636 2056	186 69 143 112
11 M	0304 1036 1704 2134	214 41 150 103	26 TU N	0319 1033 1655 2150	206 44 161 95
12 TU S	0352 1107 1723 2212	231 27 158 91	27 W	0403 1100 1716 2225	223 27 172 79
13 W ●	0427 1134 1737 2241	242 23 161 81	28 TH ○	0438 1127 1737 2255	236 18 179 68
14 TH	0458 1156 1750 2306	246 25 164 71	29 F	0508 1152 1757 2323	244 14 182 59
15 F	0526 1214 1805 2331	245 30 170 62	30 SA	0537 1217 1818 2352	246 14 186 52
			31 SU	0604 1240 1839	245 15 192

2 月

日期	潮时 时分	潮高 cm	日期	潮时 时分	潮高 cm
1 M	0021 0631 1301 1903	48 241 18 200	16 TU	0031 0634 1246 1858	36 232 18 227
2 TU E	0051 0657 1320 1928	45 233 21 210	17 W	0058 0657 1304 1923	36 224 18 234
3 W P	0123 0722 1337 1954	47 219 27 217	18 TH A	0127 0720 1323 1948	41 212 23 234
4 TH ☾	0156 0746 1351 2022	55 200 36 218	19 F ☽	0157 0742 1340 2014	51 194 34 227
5 F	0231 0805 1358 2052	71 174 49 211	20 SA	0229 0800 1352 2039	68 172 51 212
6 SA	0311 0808 1354 2128	94 144 64 195	21 SU	0305 0806 1351 2106	90 145 71 190
7 SU	1322 2315	76 174	22 M	0426 0715 1309 2232	116 121 87 163
8 M S	1124 1859 2123	69 146 142	23 TU N	1055 1751 2142	77 147 133
9 TU	0332 1109 1749 2210	187 48 153 115	24 W	0334 1047 1718 2210	181 52 162 104
10 W	0415 1120 1741 2237	211 33 164 91	25 TH	0413 1102 1722 2236	208 31 177 79
11 TH ●	0444 1136 1742 2301	227 26 174 71	26 F	0443 1122 1734 2301	229 18 189 59
12 F	0509 1150 1748 2322	236 24 183 57	27 SA ○	0510 1143 1748 2327	241 12 198 45
13 SA	0531 1203 1759 2343	239 24 194 47	28 SU	0535 1202 1804 2354	245 13 206 37
14 SU	0551 1216 1815	239 24 205			
15 M E	0006 0613 1229 1835	40 236 21 217			

3 月

日期	潮时 时分	潮高 cm	日期	潮时 时分	潮高 cm
1 M E	0558 1219 1820	241 17 216	16 TU	0557 1200 1811	230 24 241
2 TU P	0018 0619 1232 1838	33 232 22 227	17 W	0019 0616 1213 1830	28 223 24 249
3 W	0044 0639 1242 1856	32 220 26 239	18 TH A	0042 0635 1228 1850	30 214 25 253
4 TH	0109 0657 1251 1916	36 205 28 246	19 F	0106 0653 1243 1910	35 204 28 253
5 F	0134 0711 1258 1937	46 188 30 246	20 SA	0131 0712 1258 1930	43 191 36 246
6 SA ☾	0157 0721 1304 1955	61 169 36 236	21 SU ☽	0156 0728 1310 1949	56 174 48 231
7 SU S	0217 0718 1305 2008	84 151 46 214	22 M N	0221 0737 1313 2005	76 153 65 208
8 M	0229 0640 1252 1958	111 138 58 186	23 TU	0247 0719 1252 2002	103 131 81 179
9 TU	0204 0449 1200 1846 2302	139 148 63 165 140	24 W	1113 1803 2225	81 158 139
10 W	0423 1117 1745 2236	175 54 166 109	25 TH	0338 1035 1707 2212	170 59 170 106
11 TH	0431 1111 1726 2245	200 42 178 80	26 F	0405 1042 1702 2229	202 38 189 75
12 F	0446 1117 1722 2301	219 33 193 58	27 SA	0431 1058 1710 2252	225 25 206 50
13 SA ●	0503 1127 1727 2318	231 28 207 42	28 SU ○E	0457 1116 1722 2317	238 21 220 34
14 SU E	0520 1137 1738 2337	235 25 220 34	29 M	0521 1132 1736 2343	239 24 232 26
15 M	0538 1148 1753 2357	235 24 231 29	30 TU P	0542 1145 1750	229 32 244
			31 W	0007 0601 1153 1806	25 214 38 254

4 月

日期	潮时 时分	潮高 cm	日期	潮时 时分	潮高 cm
1 TH	0031 0616 1158 1822	29 198 40 263	16 F	0027 0614 1154 1819	32 201 42 266
2 F	0052 0629 1203 1840	37 184 38 266	17 SA	0049 0633 1210 1839	37 193 45 263
3 SA	0112 0639 1212 1859	49 173 37 261	18 SU N	0112 0653 1227 1901	44 184 50 255
4 SU ☾ S	0130 0648 1224 1917	64 163 40 246	19 M	0138 0713 1243 1924	55 171 60 240
5 M	0146 0649 1233 1929	83 154 50 222	20 TU ☽	0207 0734 1255 1947	72 154 76 217
6 TU	0155 0631 1230 1921	105 144 66 191	21 W	0245 0743 1244 2004	96 131 96 186
7 W	0140 0508 1143 1814 2309	129 145 79 168 135	22 TH	1011 1730 2144	100 158 147
8 TH	0414 1044 1707 2221	165 75 172 106	23 F	0230 0938 1622 2138	164 76 175 109
9 F	0409 1032 1645 2226	189 61 191 76	24 SA	0328 0954 1618 2203	195 55 201 74
10 SA	0421 1037 1644 2241	210 48 212 53	25 SU E	0403 1015 1628 2231	217 43 225 46
11 SU E	0439 1048 1653 2301	223 39 231 37	26 M	0433 1035 1644 2300	227 41 244 29
12 M ●	0458 1101 1708 2322	229 35 246 29	27 TU ○P	0500 1052 1700 2328	224 47 259 23
13 TU	0518 1114 1725 2343	227 35 256 26	28 W	0523 1104 1717 2355	210 54 269 26
14 W A	0538 1127 1743	220 38 262	29 TH	0541 1112 1735	193 59 275
15 TH	0005 0556 1140 1801	28 210 40 265	30 F	0019 0556 1117 1754	35 177 59 276

时　区：－0930　　　　潮高基准面：在平均海面下 134　cm

澳大利亚—阿德莱德外港

AUSTRALIA－PORT ADELAIDE(OUTER HARBOUR)

2021 年潮汐表　　34° 47′ S　　138° 29′ E

5 月

日期	潮时 时分	潮高 cm	日期	潮时 时分	潮高 cm
1 SA S	0040 0608 1126 1814	47 167 56 273	16 SU	0040 0625 1151 1823	43 184 65 265
2 SU	0100 0622 1142 1837	60 162 54 262	17 M	0107 0651 1214 1850	48 178 69 257
3 M ☾	0119 0638 1204 1901	72 159 59 244	18 TU	0138 0722 1241 1923	56 170 79 243
4 TU	0140 0656 1225 1924	86 154 72 218	19 W ☽	0218 0803 1309 2001	68 158 94 222
5 W	0205 0711 1238 1938	103 143 94 188	20 TH	0317 0908 1334 2057	85 143 117 193
6 TH	0240 0621 1120 1805 2233	124 129 117 158 148	21 F	0528 1531 1756	99 147 144
7 F	0107 0909 1556 2130	149 104 170 116	22 SA E	0001 0739 1449 2035	171 91 179 113
8 SA E	0305 0917 1541 2148	174 84 200 84	23 SU	0223 0841 1513 2128	183 78 211 78
9 SU	0336 0938 1554 2212	195 67 228 58	24 M	0325 0919 1538 2208	198 70 239 49
10 M	0405 0959 1613 2237	210 56 251 40	25 TU	0408 0948 1603 2244	205 69 261 32
11 TU ●A	0432 1020 1635 2303	217 52 265 31	26 W ○P	0441 1011 1627 2317	200 72 275 28
12 W	0457 1039 1656 2328	215 53 272 29	27 TH	0509 1028 1651 2348	188 77 281 33
13 TH	0521 1056 1717 2352	208 56 274 33	28 F S	0531 1041 1714	173 79 281
14 F	0542 1113 1737	199 60 273	29 SA	0015 0549 1054 1739	45 163 78 275
15 SA N	0016 0603 1130 1759	38 190 63 270	30 SU	0039 0606 1112 1806	57 159 75 267
			31 M	0101 0628 1141 1836	67 161 74 255

6 月

日期	潮时 时分	潮高 cm	日期	潮时 时分	潮高 cm
1 TU	0124 0659 1216 1909	74 164 80 239	16 W	0145 0740 1301 1931	50 179 86 246
2 W ☾	0154 0740 1258 1947	79 166 92 219	17 TH	0224 0826 1346 2014	56 177 97 230
3 TH	0234 0838 1348 2034	87 164 112 195	18 F ☽	0312 0927 1448 2108	66 176 113 206
4 F E	0337 1028 1539 2212	98 162 136 169	19 SA E	0414 1055 1651 2238	81 178 126 178
5 SA	0537 1258 1942	105 178 126	20 SU	0540 1236 1919	94 192 115
6 SU	0102 0722 1415 2059	162 98 207 96	21 M	0056 0708 1356 2100	163 100 215 86
7 M	0238 0826 1459 2142	176 86 235 69	22 TU	0253 0817 1450 2156	167 99 240 59
8 TU A	0331 0910 1534 2216	190 77 256 49	23 W P	0359 0906 1532 2240	173 98 260 42
9 W	0410 0943 1605 2248	199 72 269 38	24 TH ○	0442 0942 1608 2317	174 96 272 36
10 TH ●	0443 1011 1633 2317	200 72 275 35	25 F S	0513 1011 1640 2350	169 95 275 41
11 F	0512 1035 1659 2345	196 73 274 38	26 SA	0537 1035 1710	164 92 272
12 SA N	0537 1058 1724	189 75 271	27 SU	0018 0556 1059 1740	50 161 88 265
13 SU	0012 0602 1123 1751	42 184 77 267	28 M	0040 0617 1128 1810	58 165 83 258
14 M	0039 0630 1150 1821	45 181 78 262	29 TU	0100 0643 1204 1841	62 174 80 249
15 TU	0110 0701 1223 1854	48 180 80 256	30 W	0122 0715 1246 1915	62 184 81 240

7 月

日期	潮时 时分	潮高 cm	日期	潮时 时分	潮高 cm
1 TH ☾ E	0150 0756 1332 1951	60 193 88 226	16 F E	0204 0813 1355 2001	43 203 82 231
2 F	0222 0844 1425 2031	62 198 100 208	17 SA ☽	0233 0854 1444 2038	51 206 94 206
3 SA	0301 0945 1537 2123	70 199 115 183	18 SU	0303 0945 1554 2122	67 206 109 174
4 SU	0354 1108 1739 2300	84 200 124 158	19 M	0333 1056 1804 2249	88 205 119 138
5 M A	0520 1244 2008	100 208 110	20 TU	0403 1235 2122	111 208 97
6 TU	0129 0706 1406 2124	151 106 225 83	21 W P	0426 0701 1417 2218	133 128 222 68
7 W	0315 0827 1503 2208	164 101 243 60	22 TH S	0453 0851 1526 2255	150 123 240 48
8 TH	0407 0919 1546 2243	177 93 256 46	23 F	0515 0946 1612 2327	161 110 254 40
9 F N	0444 0958 1622 2314	184 87 263 40	24 SA ○	0533 1024 1648 2353	165 98 259 41
10 SA ●	0514 1030 1653 2343	186 82 265 38	25 SU	0547 1053 1718	168 88 259
11 SU	0541 1059 1723	185 79 264	26 M	0014 0600 1119 1744	46 173 80 255
12 M	0011 0606 1128 1752	39 184 77 262	27 TU	0029 0616 1147 1809	51 183 73 250
13 TU	0038 0633 1200 1822	40 186 75 259	28 W	0043 0637 1217 1834	50 196 68 245
14 W	0106 0703 1234 1853	40 191 75 255	29 TH E	0100 0704 1251 1901	46 209 67 238
15 TH	0134 0736 1312 1926	40 197 76 246	30 F	0122 0736 1328 1930	42 220 70 228
			31 SA ☾	0146 0812 1408 1959	42 224 80 210

8 月

日期	潮时 时分	潮高 cm	日期	潮时 时分	潮高 cm
1 SU	0213 0852 1455 2030	50 222 95 186	16 M	0149 0837 1453 2004	54 226 97 164
2 M A	0239 0943 1603 2103	67 212 114 157	17 TU P	0152 0913 1601 1934	69 212 123 135
3 TU	0303 1102 1859 2302	91 200 123 126	18 W S	0134 1024 2350	84 191 85
4 W	0300 1308 2149	116 199 94	19 TH	1458 2302	193 63
5 TH N	0418 0803 1453 2220	142 125 215 68	20 F	0546 0944 1559 2311	156 130 219 46
6 F	0436 0923 1546 2248	162 108 233 49	21 SA	0533 1017 1631 2327	167 104 237 38
7 SA	0458 1004 1624 2314	175 92 247 38	22 SU ○	0533 1043 1656 2342	176 83 247 37
8 SU ●	0520 1036 1655 2339	183 79 255 33	23 M	0537 1105 1718 2353	185 68 249 39
9 M	0540 1105 1723	188 70 258	24 TU	0545 1125 1737	194 58 246
10 TU	0003 0601 1133 1749	31 193 64 257	25 W E	0002 0557 1147 1755	41 206 52 242
11 W	0024 0622 1201 1814	32 199 60 253	26 TH	0012 0615 1210 1815	39 219 50 236
12 TH E	0045 0645 1232 1839	32 207 58 246	27 F	0026 0637 1237 1836	35 231 50 229
13 F	0104 0710 1304 1904	34 217 59 234	28 SA	0043 0702 1306 1859	32 239 54 218
14 SA	0122 0737 1337 1929	37 226 64 217	29 SU	0102 0728 1337 1921	34 240 63 202
15 SU ☽	0138 0805 1413 1951	43 230 77 193	30 M ☾ A	0121 0756 1410 1941	42 234 78 182
			31 TU	0136 0824 1445 1950	57 220 99 157

时　区：－0930　　　　潮高基准面：在平均海面下 134　cm

澳大利亚—阿德莱德外港

AUSTRALIA－PORT ADELAIDE(OUTER HARBOUR)

2021 年潮汐表　　34° 47′ S　　138° 29′ E

9 月

日期	潮时 时分	潮高 cm	日期	潮时 时分	潮高 cm
1 W	0141 0854 1547 1911	75 198 125 133	16 TH	0036 0744 1348 1633 2350	63 191 143 152 67
2 TH N	0113 1031 2255	94 171 90	17 F	0635 1046 1608 2306	168 145 180 59
3 F	0547 0911 1517 2235	147 139 188 67	18 SA	0531 1017 1617 2258	167 114 205 48
4 SA	0459 0946 1556 2246	162 110 214 46	19 SU	0511 1026 1632 2303	178 84 224 40
5 SU	0500 1013 1625 2304	178 85 235 32	20 M ○	0506 1042 1647 2311	192 61 235 36
6 M	0511 1038 1651 2323	191 65 247 26	21 TU E	0508 1059 1703 2319	206 45 238 35
7 TU ●	0525 1103 1715 2340	201 51 251 25	22 W	0517 1117 1719 2327	219 37 235 35
8 W E	0540 1128 1736 2356	209 43 247 28	23 TH	0530 1135 1736 2336	231 34 229 34
9 TH	0556 1153 1757	218 40 238	24 F	0546 1156 1753 2348	241 34 221 33
10 F	0009 0614 1219 1816	32 229 40 226	25 SA	0605 1219 1811	248 36 212
11 SA P	0021 0633 1245 1834	36 239 44 211	26 SU A	0003 0625 1243 1830	33 252 42 201
12 SU	0030 0653 1311 1851	38 247 52 194	27 M	0019 0646 1308 1848	36 250 51 189
13 M ☽	0038 0714 1336 1902	40 247 67 175	28 TU	0035 0707 1333 1904	43 241 64 173
14 TU	0045 0734 1358 1901	45 238 88 156	29 W ☾ N	0048 0727 1358 1913	54 226 83 155
15 W S	0047 0749 1411 1826	53 218 115 142	30 TH	0054 0743 1422 1854	68 203 108 135

10 月

日期	潮时 时分	潮高 cm	日期	潮时 时分	潮高 cm
1 F	0036 0741 2303	84 175 86	16 SA	0551 1050 1603 2231	165 130 165 73
2 SA	0544 1001 1524 2218	155 137 170 67	17 SU	0450 1005 1558 2216	168 102 187 62
3 SU	0443 0948 1547 2221	166 104 200 47	18 M	0427 1009 1608 2219	185 72 205 50
4 M	0436 1005 1611 2235	185 74 224 33	19 TU E	0423 1023 1623 2228	207 48 217 42
5 TU	0443 1027 1635 2251	203 49 237 26	20 W ○	0431 1042 1640 2239	227 31 223 37
6 W ● E	0455 1051 1658 2307	219 32 239 28	21 TH	0445 1101 1659 2251	243 22 221 37
7 TH	0509 1116 1719 2319	232 23 230 34	22 F	0501 1122 1718 2304	253 20 214 38
8 F P	0524 1141 1738 2329	242 22 216 41	23 SA	0518 1143 1736 2317	258 23 205 41
9 SA	0540 1205 1754 2335	252 27 198 44	24 SU A	0537 1204 1754 2331	260 28 195 43
10 SU	0556 1228 1807 2340	258 36 182 44	25 M	0556 1227 1813 2347	258 35 185 46
11 M	0615 1249 1818 2348	260 49 169 42	26 TU N	0616 1250 1832	252 44 175
12 TU S	0634 1308 1825 2358	254 65 158 44	27 W	0005 0638 1315 1852	51 242 55 164
13 W ☽	0651 1323 1824	240 84 149	28 TH ☾	0022 0701 1343 1911	60 227 71 149
14 TH	0007 0703 1330 1802	51 216 106 142	29 F	0036 0723 1417 1922	74 205 93 130
15 F	0004 0655 1309 1645 2325	64 187 128 146 76	30 SA	0031 0740 2213	92 176 101
			31 SU	0520 0936 1413 2117	148 139 153 80

11 月

日期	潮时 时分	潮高 cm	日期	潮时 时分	潮高 cm
1 M	0357 0917 1509 2130	164 103 182 59	16 TU	0323 0936 1527 2119	186 75 177 68
2 TU E	0351 0940 1542 2150	190 68 205 45	17 W	0333 0958 1553 2140	216 48 194 56
3 W	0401 1007 1612 2210	216 39 218 40	18 TH	0352 1022 1618 2202	239 28 202 49
4 TH ●	0417 1036 1639 2228	237 19 217 43	19 F ○	0414 1047 1644 2222	255 17 204 48
5 F P	0435 1104 1704 2243	252 11 206 49	20 SA	0436 1112 1708 2241	263 15 199 50
6 SA	0454 1132 1724 2253	262 13 189 56	21 SU A	0458 1136 1730 2258	264 18 190 53
7 SU	0512 1158 1741 2300	267 22 171 58	22 M N	0520 1159 1751 2316	261 25 181 56
8 M S	0532 1221 1754 2307	266 36 158 56	23 TU	0542 1223 1812 2337	255 32 174 59
9 TU	0552 1242 1806 2320	260 51 150 54	24 W	0606 1249 1836	248 39 168
10 W	0614 1301 1818 2339	248 66 146 57	25 TH	0000 0632 1318 1905	62 238 47 162
11 TH ☽	0637 1319 1833	230 80 143	26 F	0027 0703 1353 1942	70 226 57 153
12 F	0000 0658 1338 1845	67 205 96 136	27 SA ☾	0057 0738 1439 2035	82 207 72 141
13 SA	0014 0709 1356 1812 2331	86 177 114 125 108	28 SU	0131 0824 1611 2303	102 182 89 134
14 SU	0550 1205 1507 2103	150 133 135 103	29 M	0232 1042 1842	127 154 91
15 M E	0347 0926 1504 2101	158 106 157 85	30 TU E	0204 0804 1353 2007	158 107 159 80

12 月

日期	潮时 时分	潮高 cm	日期	潮时 时分	潮高 cm
1 W	0242 0907 1508 2054	190 71 176 70	16 TH	0237 0936 1529 2054	211 60 164 78
2 TH	0313 0948 1554 2128	219 40 187 66	17 F	0318 1009 1608 2134	234 36 178 70
3 F	0341 1025 1630 2155	243 18 188 67	18 SA A	0352 1040 1641 2205	249 22 185 65
4 SA ● P	0408 1100 1701 2217	259 9 179 70	19 SU ○	0422 1109 1710 2233	256 16 185 63
5 SU	0434 1133 1727 2234	266 12 166 73	20 M N	0450 1137 1736 2257	257 18 181 63
6 M S	0500 1203 1747 2249	266 23 153 72	21 TU	0517 1202 1800 2322	253 22 176 63
7 TU	0526 1229 1804 2306	259 38 146 70	22 W	0544 1228 1824 2348	248 27 173 63
8 W	0553 1252 1823 2330	249 51 146 68	23 TH	0611 1254 1851	243 30 173
9 TH	0621 1312 1848	236 60 150	24 F	0018 0641 1323 1922	64 237 33 174
10 F	0003 0652 1334 1922	70 221 66 155	25 SA	0052 0713 1355 2000	67 229 37 175
11 SA ☽	0043 0725 1402 2009	79 202 72 157	26 SU	0132 0749 1431 2045	74 216 45 174
12 SU E	0131 0801 1441 2123	95 180 81 155	27 M ☾ E	0220 0830 1513 2147	86 195 60 171
13 M	0242 0853 1554 2345	116 153 94 161	28 TU	0337 0927 1612 2318	102 166 80 173
14 TU	0710 1205 1824	119 134 99	29 W	0607 1136 1756	107 138 98
15 W	0138 0856 1430 1959	184 89 145 90	30 TH	0102 0839 1449 1942	187 82 137 103
			31 F	0221 0947 1610 2054	209 50 152 99

时　区：－0930　　　　潮高基准面：在平均海面下 134　cm

澳大利亚—沃拉鲁

AUSTRALIA－WALLAROO

2021 年潮汐表　　33° 54′ S　　137° 36′ E

1 月

日期	潮时 时分	潮高 cm	日期	潮时 时分	潮高 cm
1 F	0534 1329 1942 2203	181 28 82 79	16 SA	0558 1344 1933 2315	168 38 85 77
2 SA	0604 1403	178 30	17 SU	0624 1357 1958	159 41 93
3 SU	0633 1439	171 35	18 M	0013 0648 1412 2040	82 147 44 101
4 M	0702 1513	158 42	19 TU E	0111 0709 1426 2134	88 134 46 109
5 TU	0729 1540	142 50	20 W ☽	0217 0727 1438 2230	94 120 50 118
6 W ☾ E	0749 1550	122 59	21 TH A	0352 0732 1442 2321	98 105 55 126
7 TH	0103 1534	112 66	22 F	1431	59
8 F	0106 1332	124 66	23 SA	0008 1323	133 59
9 SA P	0126 1158	138 50	24 SU	0100 1150	138 51
10 SU	0159 1159	151 35	25 M	0157 1145	144 41
11 M	0242 1216	162 25	26 TU N	0254 1154	151 33
12 TU S	0329 1236	170 20	27 W	0345 1209	159 28
13 W ●	0414 1256	176 22	28 TH ○	0427 1228	167 25
14 TH	0454 1314	177 27	29 F	0504 1250 1906 2253	173 24 90 82
15 F	0528 1330 1937 2158	174 33 78 76	30 SA	0537 1314 1915 2335	174 25 92 78
			31 SU	0608 1337 1937	170 29 96

2 月

日期	潮时 时分	潮高 cm	日期	潮时 时分	潮高 cm
1 M	0016 0635 1358 2007	77 160 35 101	16 TU	0059 0638 1324 1944	69 136 39 127
2 TU E	0101 0659 1414 2042	80 145 42 109	17 W	0137 0656 1336 2019	74 125 41 133
3 W P	0153 0718 1420 2117	85 126 49 119	18 TH A	0220 0713 1347 2055	79 111 45 137
4 TH ☾	0302 0725 1416 2151	89 106 53 130	19 F ☽	0317 0722 1352 2129	84 97 49 141
5 F	1356 2229	53 140	20 SA	1345 2202	53 142
6 SA	1303 2320	47 148	21 SU	1303 2248	54 142
7 SU	1214	36	22 M	1136	47
8 M S	0037 1207	151 28	23 TU N	0036 1131	140 39
9 TU	0204 1212	154 24	24 W	0220 1139	143 33
10 W	0323 1222	157 25	25 TH	0336 1152	151 29
11 TH ●	0421 1232	160 20	26 F	0426 1209 1846 2258	159 27 97 84
12 F	0502 1242 1852 2311	161 33 91 77	27 SA ○	0505 1226 1828 2333	164 28 103 73
13 SA	0533 1251 1839 2350	158 37 100 70	28 SU	0538 1243 1836	163 31 111
14 SU	0558 1300 1850	153 39 110			
15 M E	0024 0619 1311 1913	68 146 39 119			

3 月

日期	潮时 时分	潮高 cm	日期	潮时 时分	潮高 cm
1 M E	0007 0606 1258 1852	65 156 36 121	16 TU	0028 0606 1226 1837	57 132 43 147
2 TU P	0043 0629 1309 1913	63 142 42 131	17 W	0058 0623 1238 1904	58 123 43 154
3 W	0121 0646 1313 1937	65 124 46 141	18 TH A	0131 0639 1249 1932	62 113 44 157
4 TH	0206 0653 1311 2005	71 104 48 150	19 F	0209 0655 1257 2001	68 100 48 159
5 F	0309 0643 1303 2036	77 86 46 157	20 SA	0258 0703 1300 2028	73 87 52 158
6 SA ☾	1245 2111	41 160	21 SU ☽	1250 2053	55 156
7 SU S	1217 2153	36 157	22 M N	1135 2121	54 151
8 M	1151 2309	32 149	23 TU	1049 2212	47 143
9 TU	1142	31	24 W	1053	41
10 W	0130 1142	142 33	25 TH	0136 1106	138 37
11 TH	0331 1146 1942 2221	142 37 99 95	26 F	0325 1120 1838 2232	143 37 107 95
12 F	0428 1152 1816 2302	144 41 102 79	27 SA	0421 1136 1751 2306	149 38 113 77
13 SA ●	0504 1159 1756 2333	144 44 113 67	28 SU ○E	0501 1150 1748 2340	151 42 124 63
14 SU E	0530 1206 1759	142 45 126	29 M	0534 1201 1757	145 47 138
15 M	0001 0549 1215 1815	59 138 45 138	30 TU P	0013 0601 1208 1812	55 133 52 152
			31 W	0049 0619 1210 1832	53 116 55 164

4 月

日期	潮时 时分	潮高 cm	日期	潮时 时分	潮高 cm
1 TH	0128 0625 1205 1855	57 97 54 174	16 F	0125 0628 1157 1854	57 99 56 179
2 F	0217 0616 1157 1923	63 80 49 179	17 SA	0204 0644 1202 1920	62 88 59 177
3 SA	1144 1954	43 178	18 SU N	0302 0655 1157 1945	67 77 62 174
4 SU ☾S	1127 2028	39 172	19 M	1112 2012	62 168
5 M	1106 2105	37 161	20 TU ☽	0931 2041	56 160
6 TU	1051 2153	39 146	21 W	0937 2118	51 147
7 W	1046	44	22 TH	0955	49
8 TH	0035 1048 1905 2159	130 49 111 107	23 F	0029 1015 1824 2156	134 50 119 112
9 F	0332 1054 1740 2238	127 55 113 89	24 SA	0308 1034 1713 2234	133 54 122 91
10 SA	0425 1101 1715 2307	128 59 124 74	25 SU E	0413 1049 1700 2310	134 61 134 72
11 SU E	0458 1109 1714 2333	127 61 138 63	26 M	0500 1100 1705 2345	130 67 151 58
12 M ●	0522 1118 1725 2358	125 60 152 56	27 TU ○P	0538 1105 1718	120 72 168
13 TU	0539 1127 1743	121 58 163	28 W	0022 0609 1102 1736	50 105 73 183
14 W A	0024 0555 1138 1805	53 115 56 172	29 TH	0102 0627 1051 1758	49 88 69 193
15 TH	0053 0611 1148 1829	54 108 55 177	30 F	0150 0617 1036 1823	53 72 61 198

时　区：－0930　　　　潮高基准面：在平均海面下 97　cm

澳大利亚—沃拉鲁

AUSTRALIA－WALLAROO

2021 年潮汐表　　33° 54′ S　　137° 36′ E

5 月

日期	潮时时分	潮高cm	日期	潮时时分	潮高cm
1 SA S	0311 0536 1013 1852	59 61 53 196	16 SU	0215 0718 1053 1850	59 80 73 189
2 SU	0949 1923	47 189	17 M	0326 1917	61 183
3 M ☾	0935 1955	46 176	18 TU	0512 1946	60 175
4 TU	0926 2028	49 160	19 W ☽	0644 2018	58 163
5 W	0918 2053	55 142	20 TH	0742 2051	58 147
6 TH	0917 1851	62 124	21 F	0823 1820	62 129
7 F	0925 1657 2230	69 124 104	22 SA E	0856 1623 2214	70 130 107
8 SA E	0313 0939 1628 2249	112 75 133 87	23 SU	0251 0920 1604 2249	116 80 140 85
9 SU	0418 0953 1626 2313	111 79 146 74	24 M	0421 0934 1607 2328	112 89 156 66
10 M	0459 1007 1635 2336	110 81 159 63	25 TU	0531 0935 1621	106 95 174
11 TU ●A	0526 1020 1652	108 81 172	26 W ○P	0007 0641 0913 1642	52 97 94 190
12 W	0001 0546 1032 1713	56 105 78 182	27 TH	0049 1706	45 202
13 TH	0027 0604 1042 1735	53 100 75 189	28 F S	0136 1734	44 207
14 F	0056 0622 1051 1759	53 95 73 193	29 SA	0233 1803	47 206
15 SA N	0130 0644 1056 1824	56 88 72 193	30 SU	0350 1833	52 199
			31 M	0653 1903	55 186

6 月

日期	潮时时分	潮高cm	日期	潮时时分	潮高cm
1 TU	0638 1932	59 171	16 W	0408 1935	55 173
2 W ☾	0631 1958	63 154	17 TH	0500 2005	58 158
3 TH	0636 2006	69 137	18 F ☽	0542 2028	65 139
4 F E	0647 1607	75 130	19 SA E	0609 1509	74 130
5 SA	0700 1525	82 137	20 SU	0611 1446	86 140
6 SU	0713 1522 2337	89 148 84	21 M	0004 0310 0511 1453 2344	92 95 94 154 71
7 M	0514 0720 1535 2339	95 95 160 71	22 TU	1513	170
8 TU A	1556 2355	171 62	23 W P	0009 1541	54 185
9 W	1620	181	24 TH ○	0042 1615	42 197
10 TH ●	0016 1646	55 189	25 F S	0116 1650	37 203
11 F	0040 0658 0915 1713	52 93 91 195	26 SA	0151 1725	38 204
12 SA N	0108 0710 0933 1740	51 90 87 197	27 SU	0226 1757	44 199
13 SU	0142 0740 0941 1807	52 86 84 196	28 M	0257 1827	51 189
14 M	0222 1835	53 192	29 TU	0322 1854	58 176
15 TU	0312 1905	54 184	30 W	0341 1918	63 161

7 月

日期	潮时时分	潮高cm	日期	潮时时分	潮高cm
1 TH ☾E	0353 1937	67 145	16 F E	0331 1950	59 144
2 F	0400 1942	70 129	17 SA ☽	0345 1229 1603 1957	67 124 117 124
3 SA	0400 1333	74 133	18 SU	0340 1240	75 136
4 SU	0347 1342	77 144	19 M	0307 1301	78 149
5 M A	0302 1407	80 153	20 TU	0037 1335	70 161
6 TU	0026 1441	74 162	21 W P	0014 1422	53 172
7 W	0006 1518	64 170	22 TH S	0026 1516	41 181
8 TH	0012 1555	56 178	23 F	0046 1607	35 187
9 F N	0027 1630	51 185	24 SA ○	0107 1652	35 190
10 SA ●	0045 1703	48 190	25 SU	0126 1729	39 188
11 SU	0107 1734	47 193	26 M	0142 1759	46 182
12 M	0133 1804	46 192	27 TU	0153 0744 1053 1824	53 91 88 173
13 TU	0202 1832	47 187	28 W	0202 0753 1207 1845	57 100 91 161
14 W	0233 1900	49 177	29 TH E	0211 0831 1304 1904	59 110 97 148
15 TH	0305 1927	53 162	30 F	0221 0924 1405 1920	60 120 104 134
			31 SA ☾	0230 1020 1523 1927	62 130 109 119

8 月

日期	潮时时分	潮高cm	日期	潮时时分	潮高cm
1 SU	0236 1108	64 139	16 M	0201 1014	66 147
2 M A	0234 1153	67 146	17 TU P	0124 1106	61 154
3 TU	0210 1243	69 150	18 W S	0012 1219	51 159
4 W	0017 1342 2356	66 155 57	19 TH	0001 1348	41 162
5 TH N	1446	160	20 F	0008 1514	36 165
6 F	0002 1541	51 167	21 SA	0020 1617	36 169
7 SA	0013 1626	46 174	22 SU ○	0031 1700	40 171
8 SU ●	0028 1702	44 181	23 M	0040 0640 1056 1732	46 94 82 168
9 M	0046 0646 1046 1734	43 97 90 183	24 TU	0048 0618 1137 1756	51 103 74 162
10 TU	0105 0648 1128 1802	43 101 84 181	25 W E	0054 0625 1211 1815	54 115 70 154
11 W	0126 0709 1207 1829	44 105 83 174	26 TH	0101 0646 1245 1831	55 125 72 143
12 TH E	0146 0739 1248 1853	48 111 85 160	27 F	0110 0717 1320 1847	54 134 77 132
13 F	0203 0815 1333 1913	53 118 90 142	28 SA	0121 0753 1401 1901	53 140 84 119
14 SA	0213 0855 1430 1924	59 127 96 122	29 SU	0132 0832 1452 1910	55 144 90 106
15 SU ☽	0213 0934 1616 1908	64 137 100 103	30 M ☾A	0139 0913	59 146
			31 TU	0138 0957	62 146

时　区：－0930　　　　潮高基准面：在平均海面下 97　cm

澳大利亚—沃拉鲁

AUSTRALIA－WALLAROO

2021年潮汐表　　33° 54′ S　　137° 36′ E

9 月

日期	潮时 时分	潮高 cm	日期	潮时 时分	潮高 cm
1 W	0113 1100 2328	64 145 59	16 TH	1100 2320	149 39
2 TH N	1237 2321	143 52	17 F	1330 2326	143 40
3 F	1420 2330	146 47	18 SA	1531 2333	145 45
4 SA	1536 2342	153 45	19 SU	0652 0959 1626 2340	97 92 148 51
5 SU	0747 0959 1623 2356	101 98 162 44	20 M ○	0538 1043 1703 2346	102 75 148 56
6 M	0602 1042 1659	101 84 167	21 TU E	0522 1115 1728 2352	114 62 144 58
7 TU ●	0011 0551 1116 1730	44 108 71 168	22 W	0527 1144 1747 2358	128 54 139 58
8 W E	0027 0600 1149 1757	45 117 63 163	23 TH	0543 1212 1802	141 51 132
9 TH	0041 0618 1223 1821	48 127 60 151	24 F	0007 0605 1240 1816	55 151 53 123
10 F	0053 0640 1259 1839	53 136 63 134	25 SA	0017 0631 1311 1831	53 157 58 113
11 SA P	0059 0705 1339 1850	57 145 69 114	26 SU A	0028 0700 1345 1846	53 159 64 102
12 SU	0059 0734 1430 1846	59 152 77 95	27 M	0037 0730 1428 1856	56 159 72 90
13 M ☽	0052 0805	58 158	28 TU	0042 0759 1554 1830	59 156 78 79
14 TU	0033 0841 2351	54 160 47	29 W ☾ N	0034 0827 2256	62 151 62
15 W S	0927 2322	157 41	30 TH	0857 2220	144 55

10 月

日期	潮时 时分	潮高 cm	日期	潮时 时分	潮高 cm
1 F	1016 2230	134 50	16 SA	1259 2223	122 53
2 SA	1347 2244	131 48	17 SU	0545 0943 1539 2230	106 97 122 60
3 SU	0701 0935 1527 2259	107 104 138 48	18 M	0449 1019 1627 2237	111 77 123 66
4 M	0528 1013 1616 2314	106 86 145 50	19 TU E	0434 1048 1700 2245	123 61 121 69
5 TU	0505 1046 1654 2328	114 68 148 53	20 W ○	0437 1115 1724 2253	137 49 118 68
6 W ●E	0507 1118 1726 2340	126 54 145 57	21 TH	0450 1141 1742 2303	152 41 114 66
7 TH	0519 1151 1754 2348	140 44 135 61	22 F	0509 1207 1757 2313	163 39 109 63
8 F P	0537 1225 1816 2351	154 42 119 63	23 SA	0532 1234 1812 2324	171 40 102 60
9 SA	0557 1301 1829 2348	165 45 100 62	24 SU A	0556 1303 1828 2334	175 44 94 60
10 SU	0621 1343 1827 2338	173 53 82 58	25 M	0621 1336 1848 2340	175 50 85 62
11 M	0647 1445 1800 2319	176 62 68 51	26 TU N	0647 1420 1907 2337	171 57 76 64
12 TU S	0717 2241	174 45	27 W	0712 1553 1918 2250	165 63 66 65
13 W ☽	0750 2218	167 41	28 TH ☾	0737 2038	156 59
14 TH	0826 2216	154 41	29 F	0802 2054	146 54
15 F	0913 2218	137 46	30 SA	0826 2118	132 53
			31 SU	0644 0925 1228 2142	117 116 118 55

11 月

日期	潮时 时分	潮高 cm	日期	潮时 时分	潮高 cm
1 M	0458 0942 1510 2203	112 96 120 60	16 TU	0342 1034 1633 2111	128 68 97 80
2 TU E	0421 1014 1610 2220	118 76 123 66	17 W	0344 1057 1714 2128	141 53 97 82
3 W	0417 1047 1655 2233	131 56 121 72	18 TH	0358 1120 1742 2145	154 42 96 81
4 TH ●	0426 1122 1735 2240	147 41 115 76	19 F ○	0418 1144 1800 2201	166 36 94 78
5 F P	0442 1157 1810 2238	164 32 102 77	20 SA	0442 1209 1815 2216	176 33 91 74
6 SA	0502 1235 1840 2228	179 29 87 72	21 SU A	0506 1235 1831 2229	181 33 87 71
7 SU	0525 1316 1859 2210	189 34 70 64	22 M N	0532 1305 1853 2239	183 36 82 69
8 M S	0550 1409 1837 2137	192 42 57 54	23 TU	0557 1340 1925 2242	181 41 77 69
9 TU	0617 2052	189 46	24 W	0622 1426	176 46
10 W	0646 2051	180 43	25 TH	0648 1534	169 50
11 TH ☽	0716 2052	165 46	26 F	0715 1704	158 53
12 F	0743 2045	147 52	27 SA ☾	0742 1820	145 55
13 SA	0755 2040	127 60	28 SU	0806 1916	129 60
14 SU	0506 2044	114 68	29 M	0442 1959	115 68
15 M E	0401 1021 1536 2056	117 86 97 75	30 TU E	0330 1002 1453 2030	119 88 98 77

12 月

日期	潮时 时分	潮高 cm	日期	潮时 时分	潮高 cm
1 W	0319 1028 1627 2048	131 66 98 87	16 TH	0254 1126	149 48
2 TH	0327 1103 1747 2048	146 46 96 92	17 F	0321 1140	159 39
3 F	0345 1141	163 31	18 SA A	0351 1159	168 33
4 SA ●P	0409 1220	179 22	19 SU ○	0422 1220	174 30
5 SU	0437 1301	191 21	20 M N	0452 1244 1906 2134	179 30 84 80
6 M S	0506 1345	196 25	21 TU	0521 1311 1917 2200	180 32 82 77
7 TU	0536 1436	195 33	22 W	0549 1342 1947 2215	179 34 80 77
8 W	0606 1533	187 41	23 TH	0616 1417	174 37
9 TH	0635 1628	173 48	24 F	0644 1456	167 40
10 F	0702 1703	156 55	25 SA	0712 1537	155 45
11 SA ☽	0723 1717	137 61	26 SU	0741 1611	140 52
12 SU E	0720 1716	118 67	27 M ☾E	0804 1632	122 62
13 M	0305 1649	116 72	28 TU	0152 1626	114 72
14 TU	0230 1302	126 72	29 W	0147 1203	125 73
15 W	0234 1130	138 61	30 TH	0203 1124	139 53
			31 F	0230 1143	154 34

时　区：－0930　　　　潮高基准面：在平均海面下 97 cm

澳大利亚—怀阿拉

AUSTRALIA－WHYALLA

2021 年潮汐表　　33° 01′ S　　137° 36′ E

1 月

日期	潮时 时分	潮高 cm	日期	潮时 时分	潮高 cm
1 F	0132 0724 1508 2114	129 293 31 207	16 SA	0151 0747 1518 2117	123 281 44 208
2 SA	0202 0754 1535 2143	127 291 33 205	17 SU	0227 0815 1531 2137	115 273 44 219
3 SU	0234 0823 1559 2214	130 284 37 204	18 M	0303 0842 1544 2202	113 261 45 228
4 M	0308 0852 1621 2246	134 270 46 203	19 TU E	0340 0909 1559 2230	115 243 49 232
5 TU	0346 0920 1642 2322	141 248 62 202	20 W ☽	0420 0936 1614 2301	122 220 62 232
6 W ☾ E	0435 0949 1659	148 217 85	21 TH A	0505 1001 1625 2336	131 192 82 228
7 TH	0007 0551 1015 1704	204 154 179 112	22 F	0612 1020 1619	139 160 107
8 F	0113 1359	208 131	23 SA	0022 1351	222 120
9 SA P	0240 1210	218 96	24 SU	0154 1221	218 95
10 SU	0346 1236 2014 2241	233 63 190 182	25 M	0341 1240 1957 2314	224 70 194 177
11 M	0439 1311 2020 2333	250 40 196 177	26 TU N	0450 1309 1955	239 51 204
12 TU S	0525 1345 2033	265 29 196	27 W	0005 0542 1340 2006	163 255 38 211
13 W ●	0010 0606 1416 2044	166 276 28 194	28 TH ○	0043 0625 1409 2023	148 270 31 215
14 TH	0043 0644 1443 2053	151 282 33 193	29 F	0118 0703 1436 2044	132 280 28 219
15 F	0117 0717 1503 2103	136 284 40 198	30 SA	0152 0736 1500 2106	120 285 27 223
			31 SU	0225 0806 1521 2128	111 283 29 228

2 月

日期	潮时 时分	潮高 cm	日期	潮时 时分	潮高 cm
1 M	0257 0832 1537 2149	107 273 34 233	16 TU	0311 0841 1513 2130	83 250 38 260
2 TU E	0329 0857 1549 2209	106 257 42 238	17 W	0340 0903 1525 2151	86 236 40 265
3 W P	0402 0921 1556 2228	109 234 54 243	18 TH A	0410 0926 1535 2213	92 216 50 264
4 TH ☾	0439 0942 1557 2247	114 203 70 246	19 F ☽	0443 0947 1541 2233	102 191 67 258
5 F	0525 0956 1545 2308	123 169 86 245	20 SA	0522 1002 1535 2253	114 163 88 248
6 SA	0704 0925 1453 2334	133 136 95 239	21 SU	0635 0945 1447 2312	127 136 102 234
7 SU	1333	82	22 M	1313 2328	93 215
8 M S	0019 1316	226 59	23 TU N	1256 2034	72 202
9 TU	0425 1328 2038	229 43 201	24 W	0007 0445 1311 1959	191 222 52 209
10 W	0012 0542 1348 2024	183 245 36 202	25 TH	0031 0550 1333 1957	165 244 39 217
11 TH ●	0045 0629 1409 2023	157 259 36 206	26 F	0059 0634 1357 2007	138 264 32 225
12 F	0115 0704 1426 2027	131 268 40 214	27 SA ○	0128 0710 1419 2022	114 276 30 233
13 SA	0144 0733 1441 2037	110 271 44 225	28 SU	0158 0741 1438 2039	95 279 33 242
14 SU	0213 0757 1452 2051	94 268 44 238			
15 M E	0242 0819 1502 2109	85 261 41 251			

3 月

日期	潮时 时分	潮高 cm	日期	潮时 时分	潮高 cm
1 M E	0229 0808 1452 2055	81 272 38 252	16 TU	0237 0813 1427 2034	59 247 50 277
2 TU P	0259 0832 1501 2109	75 256 45 263	17 W	0303 0832 1437 2052	59 235 47 286
3 W	0328 0852 1505 2123	74 234 51 274	18 TH A	0329 0852 1447 2110	64 220 48 291
4 TH	0357 0909 1504 2137	79 207 57 282	19 F	0356 0913 1456 2127	71 203 56 290
5 F	0428 0922 1459 2152	89 179 63 284	20 SA	0424 0932 1501 2144	81 181 69 284
6 SA ☾	0503 0926 1447 2207	103 152 68 279	21 SU ☽	0456 0947 1455 2200	94 157 86 272
7 SU S	0558 0855 1419 2220	122 131 71 263	22 M N	0546 0941 1419 2210	111 133 98 254
8 M	1339 2219	67 239	23 TU	1301 2157	93 230
9 TU	1317 2116	58 215	24 W	1237 2023	74 214
10 W	0123 0504 1317 2010	196 211 51 208	25 TH	0049 0444 1247 1935	189 211 57 217
11 TH	0047 0604 1328 1949	165 232 49 213	26 F	0036 0547 1306 1926	156 237 46 226
12 F	0058 0639 1342 1945	131 249 50 223	27 SA	0054 0628 1327 1932	122 258 44 237
13 SA ●	0119 0708 1355 1951	101 258 53 236	28 SU ○E	0121 0703 1346 1944	92 268 48 250
14 SU E	0144 0732 1407 2002	79 260 55 250	29 M	0150 0735 1402 1957	68 265 56 264
15 M	0210 0753 1417 2017	65 255 54 264	30 TU P	0221 0803 1412 2011	54 250 65 279
			31 W	0251 0825 1415 2023	49 226 72 294

4 月

日期	潮时 时分	潮高 cm	日期	潮时 时分	潮高 cm
1 TH	0321 0843 1413 2036	52 199 73 307	16 F	0318 0845 1411 2030	52 202 72 310
2 F	0350 0855 1410 2051	61 173 71 314	17 SA	0344 0907 1420 2048	59 186 78 309
3 SA	0419 0903 1406 2107	75 151 69 311	18 SU N	0412 0930 1425 2106	68 169 90 302
4 SU ☾ S	0450 0904 1359 2123	93 133 70 298	19 M	0446 0953 1420 2123	80 149 104 287
5 M	0537 0837 1341 2134	114 123 74 274	20 TU ☽	0537 1012 1336 2135	96 127 114 265
6 TU	1309 2124	78 242	21 W	1135 2120	105 236
7 W	1242 2019	77 217	22 TH	1134 1938	87 217
8 TH	0120 0507 1236 1919	179 197 74 215	23 F	0038 0415 1156 1844	184 202 74 223
9 F	0038 0554 1245 1858	145 219 73 226	24 SA	0017 0525 1220 1835	147 226 69 236
10 SA	0045 0626 1258 1858	109 235 74 241	25 SU E	0036 0611 1243 1841	107 244 73 252
11 SU E	0106 0655 1312 1906	80 244 75 257	26 M	0104 0651 1302 1854	73 248 83 269
12 M ●	0131 0720 1326 1920	59 244 76 272	27 TU ○P	0136 0728 1316 1908	49 239 94 287
13 TU	0157 0743 1338 1936	48 238 75 286	28 W	0210 0800 1323 1922	37 219 103 305
14 W A	0224 0804 1349 1954	44 228 73 297	29 TH	0244 0826 1324 1938	35 193 106 319
15 TH	0251 0825 1400 2012	46 215 71 306	30 F	0317 0845 1322 1955	42 167 101 328

时　区：－0930　　　　潮高基准面：在平均海面下 161　cm

澳大利亚—怀阿拉

AUSTRALIA—WHYALLA

2021 年潮汐表　　33° 01′ S　　137° 36′ E

5 月

日期	潮时 时分	潮高 cm	日期	潮时 时分	潮高 cm
1	0349	54	16	0339	52
SA	0857	146	SU	0918	179
S	1321	94		1355	110
	2014	329		2021	315
2	0419	69	17	0410	58
SU	0908	133	M	0951	168
	1324	91		1405	120
	2034	319		2043	306
3	0450	85	18	0445	66
M	0920	126	TU	1035	155
☾	1324	95		1405	134
	2053	298		2105	288
4	0532	102	19	0533	79
TU	0932	121	W	2125	262
	1307	105	☽		
	2107	268			
5	1157	113	20	0651	94
W	2053	233	TH	2123	228
6	1102	110	21	0913	102
TH	1915	211	F	1806	210
7	0109	169	22	0004	181
F	0417	178	SA	0316	189
	1117	106	E	1035	101
	1806	219		1725	225
				2346	138
8	0013	135	23	0458	205
SA	0524	198	SU	1117	105
E	1139	104		1729	244
	1755	237			
9	0023	99	24	0013	96
SU	0604	214	M	0557	218
	1202	103		1147	114
	1803	256		1743	265
10	0046	71	25	0047	62
M	0638	223	TU	0647	219
	1222	105		1209	125
	1818	272		1801	285
11	0113	52	26	0125	40
TU	0708	225	W	0733	210
●A	1241	105	○P	1224	135
	1835	287		1821	303
12	0142	42	27	0204	30
W	0736	220	TH	0813	192
	1257	105		1233	138
	1855	299		1842	318
13	0212	40	28	0243	31
TH	0801	211	F	0847	172
	1312	103	S	1238	135
	1915	309		1904	327
14	0242	42	29	0320	40
F	0825	200	SA	0910	154
	1327	102		1244	127
	1937	316		1928	328
15	0310	47	30	0352	52
SA	0850	190	SU	0927	145
N	1342	104		1256	121
	1959	318		1954	322
			31	0418	64
			M	0946	143
				1315	122
				2020	307

6 月

日期	潮时 时分	潮高 cm	日期	潮时 时分	潮高 cm
1	0442	75	16	0437	52
TU	1018	147	W	1101	181
	1335	132		1448	155
	2046	283		2108	279
2	0507	85	17	0512	62
W	1117	154	TH	1209	181
☾	1345	149		1526	170
	2109	252		2139	253
3	0541	98	18	0553	79
TH	2115	217	F	1404	189
			☽	1656	183
				2215	217
4	0640	114	19	0649	102
F	1633	199	SA	1513	206
E			E	2150	174
5	0843	127	20	0000	176
SA	1624	221	SU	0820	125
	2342	134		1548	225
				2316	131
6	0443	172	21	0441	174
SU	1009	131	M	0948	142
	1643	242		1619	246
	2358	100		2359	91
7	0547	189	22	0615	187
M	1057	133	TU	1040	153
	1706	260		1649	267
8	0026	73	23	0043	59
TU	0631	201	W	0718	193
A	1131	134	P	1115	161
	1730	276		1719	286
9	0058	55	24	0127	40
W	0707	207	TH	0807	191
	1159	134	○	1140	163
	1756	289		1751	301
10	0131	46	25	0209	32
TH	0738	206	F	0844	182
●	1223	132	S	1200	159
	1822	300		1822	310
11	0205	43	26	0248	34
F	0807	202	SA	0811	172
	1246	129		1222	151
	1849	308		1854	313
12	0237	43	27	0320	42
SA	0834	196	SU	0927	166
N	1309	127		1249	143
	1917	312		1925	310
13	0308	45	28	0344	51
SU	0903	191	M	0939	168
	1331	128		1324	137
	1944	312		1955	301
14	0338	46	29	0401	59
M	0936	187	TU	0955	176
	1355	133		1405	137
	2011	307		2025	286
15	0407	48	30	0414	63
TU	1013	184	W	1022	188
	1420	143		1453	143
	2039	297		2055	266

7 月

日期	潮时 时分	潮高 cm	日期	潮时 时分	潮高 cm
1	0430	67	16	0435	53
TH	1100	199	F	1110	213
☾E	1549	153	E	1622	147
	2125	240		2145	241
2	0450	76	17	0454	71
F	1149	207	SA	1149	216
	1658	164	☽	1720	152
	2155	208		2217	206
3	0513	93	18	0509	96
SA	1258	214	SU	1238	220
	1902	167		1910	154
	2220	174		2245	165
4	0539	116	19	0506	123
SU	1419	224	M	1347	227
	2328	139			
5	0340	145	20	0030	123
M	0609	142	TU	1504	239
A	1523	236			
	2345	107			
6	0630	166	21	0030	86
TU	0940	158	W	1610	254
	1612	250	P		
7	0019	81	22	0105	57
W	0658	184	TH	0824	188
	1047	158	S	1041	182
	1653	264		1705	270
8	0055	63	23	0141	41
TH	0723	195	F	0832	190
	1131	154		1136	173
	1732	277		1753	283
9	0131	52	24	0215	35
F	0748	200	SA	0843	187
N	1208	147	○	1218	159
	1809	288		1835	291
10	0205	47	25	0243	39
SA	0812	201	SU	0852	185
●	1241	139		1256	143
	1844	296		1910	293
11	0237	44	26	0305	47
SU	0837	201	M	0900	188
	1314	133		1334	129
	1917	300		1940	290
12	0305	43	27	0319	53
M	0904	202	TU	0910	197
	1348	131		1411	119
	1947	300		2007	282
13	0330	41	28	0329	55
TU	0933	204	W	0926	211
	1422	131		1448	115
	2016	295		2033	269
14	0353	41	29	0338	54
W	1003	207	TH	0949	225
	1458	135	E	1526	117
	2045	285		2058	253
15	0414	44	30	0350	53
TH	1036	210	F	1016	234
	1537	141		1605	123
	2115	267		2124	232
			31	0404	60
			SA	1047	238
			☾	1648	131
				2151	206

8 月

日期	潮时 时分	潮高 cm	日期	潮时 时分	潮高 cm
1	0417	75	16	0348	85
SU	1122	236	M	1053	244
	1745	141		1803	134
	2213	175		2147	152
2	0422	98	17	0317	98
M	1207	230	TU	1119	239
A			P		
3	0343	120	18	0150	93
TU	1325	224	W	1201	227
			S		
4	0041	110	19	0114	71
W	1522	228	TH	1618	230
5	0040	85	20	0122	51
TH	0752	183	F	0830	196
N	1028	175		1148	182
	1640	242		1736	250
6	0105	66	21	0141	42
F	0739	194	SA	0810	195
	1137	161		1225	155
	1735	259		1823	268
7	0134	54	22	0202	42
SA	0747	201	SU	0808	197
	1220	145	○	1255	129
	1818	275		1858	278
8	0202	47	23	0220	48
SU	0803	205	M	0810	202
●	1257	128		1325	106
	1856	286		1925	280
9	0227	43	24	0234	55
M	0822	210	TU	0817	213
	1332	115		1354	90
	1927	292		1948	276
10	0250	41	25	0243	58
TU	0843	216	W	0829	227
	1406	106	E	1423	81
	1955	291		2009	267
11	0309	40	26	0251	56
W	0905	222	TH	0846	242
	1438	102		1452	79
	2021	284		2029	255
12	0325	41	27	0300	51
TH	0928	230	F	0906	253
E	1510	102		1521	83
	2046	270		2050	240
13	0338	45	28	0310	49
F	0949	236	SA	0928	260
	1542	105		1551	91
	2110	249		2111	221
14	0347	54	29	0321	55
SA	1010	242	SU	0951	260
	1617	112		1622	102
	2132	221		2132	198
15	0352	68	30	0329	69
SU	1031	245	M	1013	254
☽	1658	121	☾A	1659	116
	2150	187		2147	172
			31	0327	87
			TU	1034	243
				1757	132
				2134	146

时　区：−0930　　潮高基准面：在平均海面下 161　cm

澳大利亚—怀阿拉

AUSTRALIA－WHYALLA

2021 年潮汐表　　33° 01′ S　　137° 36′ E

9 月

日期	潮时 时分	潮高 cm	日期	潮时 时分	潮高 cm
1	0254	104	16	0130	74
W	1053	227	TH	0947	233
2	0121	101	17	0107	63
TH	1105	206	F	0845	210
N				1301	187
				1720	213
3	0052	82	18	0107	55
F	0809	193	SA	0748	202
	1148	181		1229	155
	1658	222		1802	239
4	0102	65	19	0117	53
SA	0732	199	SU	0726	205
	1210	153		1238	120
	1750	247		1833	257
5	0122	53	20	0131	57
SU	0728	207	M	0721	213
	1236	126	○	1259	89
	1828	269		1900	267
6	0143	46	21	0143	63
M	0737	214	TU	0724	225
	1305	101	E	1323	66
	1900	282		1923	268
7	0204	45	22	0154	67
TU	0751	223	W	0733	240
●	1335	82		1349	52
	1928	287		1943	261
8	0222	46	23	0203	68
W	0807	233	TH	0747	255
E	1405	70		1415	47
	1954	281		2002	251
9	0236	49	24	0211	65
TH	0825	244	F	0804	268
	1435	65		1441	50
	2018	267		2020	238
10	0247	54	25	0221	60
F	0841	255	SA	0823	277
	1504	66		1507	57
	2039	246		2039	223
11	0253	59	26	0231	59
SA	0857	265	SU	0842	281
P	1533	73	A	1533	67
	2057	220		2059	206
12	0254	65	27	0241	64
SU	0912	272	M	0901	279
	1602	84		1600	79
	2111	191		2117	186
13	0250	71	28	0246	76
M	0927	275	TU	0918	272
☽	1634	100		1628	95
	2117	162		2131	163
14	0239	77	29	0242	91
TU	0941	269	W	0932	258
	1717	122	☾ N	1707	115
	2054	139		2123	141
15	0211	79	30	0212	103
W	0952	255	TH	0939	239
S					

10 月

日期	潮时 时分	潮高 cm	日期	潮时 时分	潮高 cm
1	0059	100	16	0032	80
F	0916	216	SA	0746	210
				1256	163
				1725	197
2	0028	84	17	0027	79
SA	0745	203	SU	0653	207
	1226	171		1220	129
	1705	208		1756	221
3	0034	69	18	0033	80
SU	0702	207	M	0632	217
	1215	139		1226	92
	1747	238		1823	239
4	0051	60	19	0045	82
M	0653	216	TU	0630	232
	1231	105	E	1245	62
	1820	261		1849	248
5	0110	57	20	0058	86
TU	0658	228	W	0638	249
	1256	74	○	1309	41
	1852	273		1913	249
6	0128	60	21	0110	87
W	0709	241	TH	0651	264
●E	1324	52		1336	30
	1921	273		1934	243
7	0144	66	22	0122	87
TH	0724	255	F	0707	277
	1354	38		1402	29
	1949	261		1955	232
8	0155	74	23	0134	84
F	0738	270	SA	0725	287
P	1425	35		1429	34
	2013	239		2015	220
9	0202	80	24	0146	81
SA	0753	284	SU	0745	294
	1455	40	A	1455	42
	2033	212		2036	206
10	0203	84	25	0158	81
SU	0808	295	M	0804	296
	1524	52		1521	52
	2047	184		2057	191
11	0200	83	26	0209	86
M	0823	300	TU	0823	293
	1553	69	N	1547	64
	2056	158		2119	175
12	0154	81	27	0216	96
TU	0839	298	W	0841	285
S	1621	89		1615	78
	2055	138		2140	157
13	0144	80	28	0213	108
W	0853	285	TH	0857	269
☽	1654	113	☾	1653	97
	2027	127		2157	137
14	0124	81	29	0142	120
TH	0901	263	F	0907	247
				1845	118
				2103	120
				2350	116
15	0055	81	30	0848	220
F	0847	233	SA	2325	100
			31	0705	204
			SU	1222	166
				1633	191
				2342	88

11 月

日期	潮时 时分	潮高 cm	日期	潮时 时分	潮高 cm
1	0611	210	16	0528	226
M	1157	130	TU	1207	83
	1725	220		1809	210
				2349	115
2	0004	83	17	0537	245
TU	0603	225	W	1228	53
E	1213	91		1839	223
	1804	242			
3	0025	84	18	0009	115
W	0609	241	TH	0552	262
	1239	57		1254	34
	1841	252		1906	227
4	0044	91	19	0028	114
TH	0623	259	F	0612	276
●	1310	32	○	1323	25
	1916	248		1932	225
5	0100	101	20	0047	112
F	0638	277	SA	0633	287
P	1344	19		1353	24
	1949	231		1957	217
6	0111	109	21	0104	110
SA	0655	294	SU	0655	295
	1418	18	A	1422	29
	2018	207		2020	208
7	0116	114	22	0121	107
SU	0713	306	M	0718	299
	1453	27	N	1450	37
	2042	180		2044	198
8	0117	112	23	0138	107
M	0731	313	TU	0741	300
S	1525	42		1518	44
	2058	156		2110	189
9	0115	107	24	0154	112
TU	0750	313	W	0804	296
	1556	61		1545	53
	2109	140		2139	179
10	0115	102	25	0209	120
W	0810	303	TH	0826	286
	1624	80		1615	62
	2117	130		2214	168
11	0113	103	26	0219	133
TH	0828	283	F	0848	270
☽	1653	100		1651	76
	2122	126		2309	157
12	0100	109	27	0212	147
F	0839	255	SA	0908	246
	1752	120	☾	1744	94
	2054	124			
13	0014	117	28	0915	214
SA	0824	221	SU	1937	113
	2310	119			
14	0652	199	29	0534	191
SU	1258	151	M	1231	168
	1657	169		1502	171
	2311	117		2205	117
15	0540	207	30	0449	207
M	1201	118	TU	1128	128
E	1737	192	E	1657	192
	2328	116		2258	119

12 月

日期	潮时 时分	潮高 cm	日期	潮时 时分	潮高 cm
1	0457	227	16	0439	243
W	1151	86	TH	1215	61
	1755	212		1849	197
	2331	125		2323	146
2	0515	248	17	0510	258
TH	1225	50	F	1245	42
	1844	221		1917	208
	2358	133		2355	142
3	0536	269	18	0540	271
F	1302	26	SA	1318	32
	1928	219	A	1943	212
4	0018	141	19	0023	137
SA	0559	288	SU	0610	281
●P	1342	14	○	1351	30
	2010	206		2008	211
5	0033	145	20	0049	131
SU	0624	302	M	0640	288
	1422	15	N	1423	32
	2046	188		2032	207
6	0043	144	21	0114	126
M	0649	310	TU	0709	292
S	1501	24		1452	36
	2114	170		2056	204
7	0051	138	22	0140	124
TU	0714	311	W	0737	292
	1534	38		1519	39
	2133	157		2122	201
8	0103	131	23	0207	125
W	0740	304	TH	0804	288
	1601	54		1544	41
	2148	152		2151	199
9	0122	128	24	0236	131
TH	0806	289	F	0831	280
	1620	68		1608	45
	2206	155		2225	196
10	0148	132	25	0308	139
F	0831	267	SA	0859	265
	1635	81		1634	54
	2239	162		2305	194
11	0220	144	26	0349	149
SA	0854	238	SU	0929	243
☽	1651	94		1702	70
	2339	170		2358	193
12	0305	162	27	0449	158
SU	0906	204	M	1003	211
E	1712	111	☾ E	1733	95
13	0242	184	28	0115	196
M	1744	132	TU	0647	161
				1047	172
				1810	125
14	0333	205	29	0237	208
TU	1148	122	W	1052	129
	1742	156		1702	157
	2129	148		2025	154
15	0408	225	30	0333	225
W	1149	88	TH	1143	87
	1819	179		1856	181
	2241	148		2221	167
			31	0417	245
			F	1228	52
				1937	198
				2313	172

时　区：－0930　　潮高基准面：在平均海面下 161　cm

澳大利亚—林肯港

AUSTRALIA－PORT LINCOLN

2021 年潮汐表　　34° 43′ S　　135° 52′ E

1 月 日期	潮时 时分	潮高 cm	日期	潮时 时分	潮高 cm	2 月 日期	潮时 时分	潮高 cm	日期	潮时 时分	潮高 cm	3 月 日期	潮时 时分	潮高 cm	日期	潮时 时分	潮高 cm	4 月 日期	潮时 时分	潮高 cm	日期	潮时 时分	潮高 cm
1 F	0246 0957 1542 2032	171 18 81 38	16 SA	0309 1005 1542 2101	162 28 87 36	1 M	0347 1032 1622 2206	156 18 102 34	16 TU	0350 1010 1617 2221	142 17 127 36	1 M E	0317 0944 1542 2139	158 14 122 20	16 TU	0316 0921 1530 2146	143 17 146 24	1 TH	0335 0913 1547 2229	110 26 166 40	16 F	0338 0914 1543 2222	113 31 171 41
2 SA	0315 1024 1603 2102	167 21 81 39	17 SU	0334 1020 1605 2138	155 28 95 40	2 TU E	0410 1046 1645 2240	144 23 108 42	17 W	0410 1027 1643 2250	132 19 129 46	2 TU P	0340 0956 1559 2209	146 18 131 25	17 W	0336 0937 1551 2212	135 17 151 30	2 F	0338 0912 1608 2254	96 24 166 56	17 SA	0350 0923 1604 2246	103 34 166 51
3 SU	0344 1050 1628 2134	160 26 81 44	18 M	0358 1037 1634 2213	145 28 101 47	3 W P	0431 1058 1712 2317	127 28 113 54	18 TH A	0427 1041 1710 2320	118 23 129 58	3 W	0357 1004 1617 2238	131 21 138 36	18 TH A	0355 0951 1612 2237	124 20 152 39	3 SA	0330 0911 1630 2317	86 22 159 72	18 SU N	0356 0927 1625 2311	93 38 159 62
4 M	0412 1117 1659 2209	148 32 83 52	19 TU E	0421 1057 1709 2250	134 29 105 58	4 TH ☾	0446 1102 1746	110 32 117	19 F ☽	0439 1051 1738 2356	104 29 126 71	4 TH	0409 1006 1639 2307	113 23 142 50	19 F	0409 1002 1634 2302	111 24 150 51	4 SU ☾ S	0241 0912 1653	83 22 147	19 M	0346 0925 1648 2351	84 43 148 75
5 TU	0440 1144 1743 2256	134 39 85 64	20 W ☽	0441 1118 1751 2331	121 32 106 70	5 F	0006 0448 1056 1830	69 92 34 118	20 SA	0432 1053 1811	91 35 120	5 F	0413 1003 1703 2340	98 23 141 67	20 SA	0416 1007 1656 2328	99 30 144 64	5 M	0910 1715	27 130	20 TU ☽	0235 0900 1713	80 48 135
6 W ☾ E	0507 1211 1856	116 45 90	21 TH A	0457 1137 1845	106 38 106	6 SA	1040 2002	34 117	21 SU	1038 1859	40 113	6 SA ☾	0354 0958 1732	86 22 135	21 SU ☽	0405 1005 1719	87 35 136	6 TU	0848 1724 2029	35 111 105	21 W	0801 1741	49 118
7 TH	0022 0529 1236 2116	77 97 51 101	22 F	0035 0449 1149 2037	83 92 44 108	7 SU	1012 2338	33 126	22 M	0925 2329	41 117	7 SU S	0952 1805	23 124	22 M N	0005 0248 0945 1745	77 82 39 124	7 W	0026 0812 1553 1910	112 41 97 91	22 TH	0724 1559 1805 2340	46 101 99 120
8 F	1239 2245	56 118	23 SA	1137 2234	50 117	8 M S	0924	30	23 TU N	0846	35	8 M	0933	26	23 TU	0847 1822 2030 2301	40 110 107 110	8 TH	0046 0749 1420 1908	121 43 98 74	23 F	0709 1343 1839	41 104 78
9 SA P	0916 2341	54 134	24 SU	0913 2345	51 129	9 TU	0040 0908	138 26	24 W	0032 0836 1454 1829	131 27 77 69	9 TU	0019 0859	118 29	24 W	0816	36	9 F	0106 0739 1359 1927	127 42 110 58	24 SA	0030 0717 1335 1912	132 37 118 59
10 SU	0828	40	25 M	0836	41	10 W	0120 0908 1506 1849	148 23 72 59	25 TH	0112 0840 1443 1922	144 19 85 54	10 W	0055 0840 1517 1850	129 30 82 73	25 TH	0022 0803 1433 1852	125 29 90 73	10 SA	0127 0742 1400 1951	132 38 123 46	25 SU E	0111 0732 1346 1946	138 35 134 42
11 M	0027 0844 1446 1703	149 30 63 59	26 TU N	0032 0835 1431 1759	140 31 72 61	11 TH ●	0152 0912 1505 1940	155 23 80 47	26 F	0147 0854 1453 2001	155 13 93 40	11 TH	0123 0833 1439 1928	138 29 89 56	26 F	0100 0806 1418 1926	139 23 100 54	11 SU E	0149 0754 1409 2016	135 34 137 36	26 M	0148 0748 1402 2020	138 36 150 31
12 TU S	0107 0906 1502 1803	159 24 64 54	27 W	0111 0849 1445 1858	151 22 77 53	12 F	0219 0919 1510 2019	158 22 89 37	27 SA ○	0220 0911 1509 2036	162 10 103 28	12 F	0148 0833 1437 1958	144 27 101 43	27 SA	0135 0819 1426 1959	150 19 112 37	12 M ●	0212 0809 1423 2041	137 30 150 29	27 TU ○P	0222 0802 1420 2054	131 39 164 26
13 W ●	0142 0927 1513 1854	166 23 66 48	28 TH ○	0147 0909 1504 1944	160 16 82 44	13 SA	0244 0927 1519 2052	158 21 100 30	28 SU	0250 0929 1526 2109	164 10 112 21	13 SA ●	0211 0840 1443 2026	148 25 113 32	28 SU ○E	0208 0835 1440 2031	155 18 126 25	13 TU	0236 0827 1441 2107	135 28 160 26	28 W	0249 0812 1440 2126	119 40 176 29
14 TH	0214 0942 1521 1940	168 24 71 41	29 F	0220 0931 1524 2024	166 12 87 36	14 SU	0307 0939 1534 2123	155 19 111 28				14 SU E	0233 0851 1455 2053	149 21 126 25	29 M	0238 0851 1456 2103	152 20 139 19	14 W A	0259 0844 1502 2133	131 27 167 27	29 TH	0306 0817 1500 2156	103 39 183 38
15 F	0243 0954 1528 2022	167 26 78 37	30 SA	0252 0953 1543 2100	168 12 92 31	15 M E	0329 0954 1554 2152	150 17 120 30				15 M	0255 0905 1511 2120	147 18 137 23	30 TU P	0304 0903 1512 2133	142 24 150 20	15 TH	0320 0900 1522 2158	123 28 171 32	30 F	0310 0820 1521 2224	90 36 184 51
			31 SU	0321 1013 1602 2133	165 14 97 30										31 W	0324 0911 1529 2202	127 26 160 27						

时　区：－0930　　潮高基准面：在平均海面下 86 cm

澳大利亚—林肯港

AUSTRALIA—PORT LINCOLN

2021 年潮汐表　　34° 43′ S　　135° 52′ E

5 月

日期	潮时 时分	潮高 cm	日期	潮时 时分	潮高 cm
1 SA S	0306 0823 1544 2248	81 31 179 65	16 SU	0340 0851 1544 2240	96 47 175 54
2 SU	0248 0830 1607 2309	79 30 167 78	17 M	0352 0900 1609 2313	89 50 167 63
3 M ☾	0147 0839 1631	83 35 152	18 TU	0400 0903 1636	83 55 156
4 TU	0841 1651	44 134	19 W ☽	0009 0340 0844 1708	72 77 63 141
5 W	0805 1653	56 116	20 TH	0703 1755	67 125
6 TH	0709 1457 1916	63 105 96	21 F	0541 2205	63 115
7 F	0003 0632 1323 1855	108 62 113 82	22 SA E	0552 1235 1809 2339	59 115 84 118
8 SA E	0024 0631 1310 1911	113 57 127 68	23 SU	0611 1239 1853	57 133 65
9 SU	0049 0644 1315 1935	117 52 142 57	24 M	0040 0631 1257 1934	118 56 151 50
10 M	0118 0703 1329 2001	120 48 155 47	25 TU	0129 0649 1321 2013	114 57 168 41
11 TU ●A	0148 0724 1349 2028	122 45 167 40	26 W ○P	0211 0703 1346 2052	105 57 181 38
12 W	0218 0745 1411 2055	120 44 176 36	27 TH	0242 0714 1413 2130	94 55 190 41
13 TH	0245 0805 1434 2122	116 43 181 36	28 F S	0258 0724 1440 2205	83 50 192 49
14 F	0308 0824 1458 2148	110 43 183 40	29 SA	0258 0736 1506 2234	76 45 189 60
15 SA N	0326 0839 1521 2213	103 44 181 46	30 SU	0254 0753 1533 2256	75 43 180 69
			31 M	0257 0814 1559 2315	79 45 167 76

6 月

日期	潮时 时分	潮高 cm	日期	潮时 时分	潮高 cm
1 TU	0306 0835 1625 2343	83 53 152 81	16 W	0437 0923 1638	89 65 158
2 W ☾	0331 0853 1650	85 66 137	17 TH	0005 0523 0947 1713	63 87 76 144
3 TH	0040 0503 0812 1711	83 84 82 121	18 F ☽	0101 0811 1019 1757	68 90 89 128
4 F E	0357 1445	80 109	19 SA E	0220 1029 1410 1911	72 105 100 110
5 SA	0432 1207 1840 2219	75 121 92 99	20 SU	0343 1103 1743 2210	73 124 87 98
6 SU	0505 1207 1856 2344	70 137 79 101	21 M	0430 1137 1850	73 143 70
7 M	0537 1225 1922	66 151 67	22 TU	0022 0504 1213 1942	92 73 160 56
8 TU A	0044 0607 1250 1951	103 63 163 57	23 W P	0140 0531 1250 2030	88 71 174 47
9 W	0131 0636 1318 2021	104 60 173 49	24 TH ○	0229 0557 1327 2115	83 68 184 44
10 TH ●	0209 0704 1347 2050	104 58 180 45	25 F S	0303 0624 1403 2154	78 63 189 46
11 F	0240 0731 1415 2120	103 56 184 43	26 SA	0320 0654 1436 2222	75 58 189 52
12 SA N	0306 0756 1443 2148	100 55 185 45	27 SU	0321 0727 1505 2238	75 54 183 58
13 SU	0327 0819 1511 2217	97 54 183 48	28 M	0322 0804 1532 2247	81 53 175 63
14 M	0346 0840 1538 2247	94 55 177 53	29 TU	0341 0842 1558 2259	89 57 163 65
15 TU	0407 0901 1607 2322	91 59 169 58	30 W	0414 0924 1623 2317	96 65 151 65

7 月

日期	潮时 时分	潮高 cm	日期	潮时 时分	潮高 cm
1 TH ☾E	0501 1009 1648 2343	102 77 138 64	16 F E	0523 1059 1704 2356	107 71 139 56
2 F	0607 1108 1711	107 91 125	17 SA ☽	0612 1159 1731	111 83 122
3 SA	0017 0806 1252 1727	66 113 103 111	18 SU	0019 0727 1342 1751	61 117 93 102
4 SU	0102 0948	69 124	19 M	0037 0919 2350	66 128 69
5 M A	0211 1054 2003 2216	72 137 82 84	20 TU	1047 2101	142 62
6 TU	0348 1142 1943	74 149 70	21 W P	1154 2051	156 50
7 W	0052 0459 1223 2005	85 73 159 60	22 TH S	1248 2111	168 42
8 TH	0145 0550 1300 2032	89 71 168 51	23 F	0306 0516 1331 2133	75 72 176 40
9 F N	0220 0635 1336 2059	92 67 175 45	24 SA ○	0316 0628 1408 2150	77 66 179 42
10 SA ●	0247 0715 1409 2126	94 62 180 42	25 SU	0323 0726 1439 2200	80 59 178 46
11 SU	0311 0753 1441 2153	95 58 181 41	26 M	0326 0813 1506 2206	87 54 173 48
12 M	0333 0829 1511 2218	97 54 180 42	27 TU	0332 0854 1529 2214	97 51 166 48
13 TU	0354 0904 1540 2242	99 54 175 44	28 W	0350 0932 1551 2227	108 52 157 47
14 W	0418 0938 1608 2306	101 56 166 47	29 TH E	0418 1008 1613 2243	117 58 146 45
15 TH	0447 1015 1636 2331	103 62 154 52	30 F	0452 1044 1634 2302	123 68 134 46
			31 SA ☾	0531 1125 1651 2322	125 80 121 49

8 月

日期	潮时 时分	潮高 cm	日期	潮时 时分	潮高 cm
1 SU	0618 1220 1658 2339	126 92 108 54	16 M	0600 1304 1559 2235	132 88 91 47
2 M A	0728 2342	125 61	17 TU P	0655 2205	129 46
3 TU	0944 2252	128 66	18 W S	1045 2113	131 42
4 W	1118 2043	137 59	19 TH	1219 2056	144 37
5 TH N	1216 2035	147 50	20 F	1305 2057	155 34
6 F	0223 0530 1258 2043	82 76 157 42	21 SA	0258 0634 1340 2103	81 71 162 34
7 SA	0231 0642 1335 2059	88 68 166 36	22 SU ○	0253 0728 1410 2110	87 58 165 36
8 SU ●	0246 0732 1409 2118	93 58 172 32	23 M	0256 0807 1435 2116	96 47 164 37
9 M	0304 0813 1440 2138	99 49 175 30	24 TU	0301 0840 1456 2124	107 40 160 36
10 TU	0323 0849 1509 2157	105 42 173 31	25 W E	0312 0910 1516 2136	119 37 154 33
11 W	0343 0923 1536 2215	111 40 167 33	26 TH	0331 0939 1536 2150	130 38 145 31
12 TH E	0403 0955 1600 2231	117 42 156 36	27 F	0355 1007 1555 2206	137 44 135 31
13 F	0426 1027 1621 2243	123 49 141 40	28 SA	0422 1036 1613 2220	141 53 123 33
14 SA	0451 1102 1638 2251	128 59 124 43	29 SU	0450 1107 1625 2232	140 65 110 38
15 SU ☽	0522 1146 1647 2250	131 73 106 46	30 M ☾A	0519 1142 1619 2235	136 78 97 44
			31 TU	0550 2219	129 50

时　区：－0930　　　　潮高基准面：在平均海面下 86 cm

澳大利亚—林肯港

AUSTRALIA－PORT LINCOLN

2021 年潮汐表　　34° 43′ S　　135° 52′ E

9 月

日期	潮时 时分	潮高 cm	日期	潮时 时分	潮高 cm
1 W	0632 2102	120 50	16 TH	1203 2031	119 31
2 TH N	1125 2028	121 45	17 F	1240 2018	132 32
3 F	1222 2019	133 38	18 SA	0250 0641 1309 2013	86 75 141 33
4 SA	0232 0620 1258 2022	85 76 146 31	19 SU	0217 0714 1334 2014	93 58 145 33
5 SU	0219 0709 1331 2033	92 61 156 26	20 M ○	0214 0743 1357 2020	104 44 147 32
6 M	0227 0745 1402 2049	100 46 163 23	21 TU E	0218 0810 1418 2029	117 33 146 30
7 TU ●	0241 0819 1432 2106	110 34 164 22	22 W	0227 0836 1438 2041	129 27 143 27
8 W E	0258 0851 1459 2122	120 26 160 24	23 TH	0243 0902 1458 2056	141 24 137 24
9 TH	0316 0921 1523 2135	130 24 150 27	24 F	0303 0928 1517 2112	150 26 129 24
10 F	0334 0951 1542 2144	138 27 135 30	25 SA	0325 0954 1536 2126	155 31 119 25
11 SA P	0353 1010 1555 2147	145 37 118 31	26 SU A	0348 1019 1551 2138	156 40 107 29
12 SU	0415 1049 1601 2144	148 50 101 32	27 M	0411 1044 1558 2143	152 51 95 34
13 M ☽	0439 1121 1545 2136	147 67 88 31	28 TU	0433 1109 1540 2138	144 64 85 40
14 TU	0505 2124	141 30	29 W ☾ N	0455 1138 1413 2107	134 78 82 43
15 W S	0535 2059	129 31	30 TH	0516 2012	121 42

10 月

日期	潮时 时分	潮高 cm	日期	潮时 时分	潮高 cm
1 F	0533 0814 1137 1950	106 102 106 38	16 SA	0305 0705 1234 1925	94 83 115 39
2 SA	0350 0623 1214 1939	92 89 120 33	17 SU	0149 0657 1254 1916	97 65 121 39
3 SU	0200 0642 1244 1941	92 70 133 27	18 M	0132 0714 1314 1918	109 50 124 36
4 M	0147 0710 1315 1952	102 52 143 23	19 TU E	0132 0736 1334 1928	123 38 125 33
5 TU	0154 0740 1346 2008	114 35 147 21	20 W ○	0139 0759 1355 1942	137 28 124 29
6 W ●E	0207 0811 1416 2024	128 22 146 22	21 TH	0153 0824 1417 1959	149 22 122 27
7 TH	0224 0841 1443 2037	141 15 137 25	22 F	0212 0849 1440 2017	159 19 118 25
8 F P	0242 0912 1505 2046	152 14 123 27	23 SA	0234 0915 1502 2034	166 20 111 26
9 SA	0301 0941 1520 2050	161 20 106 28	24 SU A	0257 0940 1521 2048	168 24 102 28
10 SU	0321 1009 1525 2048	165 32 90 26	25 M	0319 1004 1536 2058	166 32 92 32
11 M	0342 1034 1516 2045	164 48 79 24	26 TU N	0341 1027 1542 2102	160 42 82 36
12 TU S	0403 1058 1415 2041	157 65 75 23	27 W	0402 1050 1527 2056	151 54 74 41
13 W ☽	0425 2031	144 25	28 TH ☾	0422 1118 1411 2021	139 66 71 44
14 TH	0443 2008	126 31	29 F	0441 1930	124 45
15 F	0433 0815 1215 1944	107 97 107 36	30 SA	0445 1857	108 42
			31 SU	0300 0635 1132 1842	94 88 105 37

11 月

日期	潮时 时分	潮高 cm	日期	潮时 时分	潮高 cm
1 M	0112 0630 1213 1848	100 68 116 33	16 TU	0045 0704 1242 1816	121 53 98 44
2 TU E	0104 0656 1249 1902	113 49 123 31	17 W	0049 0724 1306 1835	136 41 100 39
3 W	0113 0727 1325 1919	129 31 124 31	18 TH	0103 0748 1334 1856	149 32 102 36
4 TH ●	0129 0759 1400 1934	146 19 118 32	19 F ○	0123 0813 1403 1919	160 24 101 34
5 F P	0149 0833 1430 1946	160 12 107 33	20 SA	0147 0840 1431 1941	168 20 99 33
6 SA	0211 0906 1452 1954	171 13 92 33	21 SU A	0212 0907 1457 2002	173 19 94 33
7 SU	0234 0937 1503 1957	177 21 78 30	22 M N	0237 0933 1518 2020	173 22 88 35
8 M S	0257 1007 1500 1959	177 34 67 26	23 TU	0302 0959 1535 2034	170 28 82 37
9 TU	0320 1034 1441 2003	171 48 63 24	24 W	0326 1024 1549 2044	163 36 76 41
10 W	0344 1056 1325 2008	159 63 67 27	25 TH	0350 1052 1601 2048	153 45 70 46
11 TH ☽	0405 2003	142 35	26 F	0414 1132 1612 2032	141 53 65 53
12 F	0420 1933	123 45	27 SA ☾	0441 1852	127 58
13 SA	0358 0944 1155 1846	104 86 88 52	28 SU	0512 1700	110 54
14 SU	0209 0728 1208 1807	97 80 92 53	29 M	0855 1718	92 50
15 M E	0056 0655 1223 1804	106 66 95 49	30 TU E	0009 0603 1116 1739	104 71 94 47

12 月

日期	潮时 时分	潮高 cm	日期	潮时 时分	潮高 cm
1 W	0011 0640 1221 1800	121 51 96 46	16 TH	0007 0725 1251 1738	138 48 78 50
2 TH	0029 0718 1313 1821	140 34 94 45	17 F	0033 0748 1333 1813	150 38 81 47
3 F	0054 0757 1358 1839	157 21 87 45	18 SA A	0102 0815 1409 1846	160 29 84 45
4 SA ●P	0122 0836 1436 1854	171 16 78 43	19 SU ○	0132 0843 1440 1917	167 23 85 42
5 SU	0152 0915 1504 1907	179 17 68 39	20 M N	0202 0911 1506 1947	170 20 84 40
6 M S	0221 0953 1515 1920	182 24 59 35	21 TU	0231 0938 1528 2014	171 21 83 39
7 TU	0250 1026 1511 1937	178 34 56 32	22 W	0259 1004 1548 2039	168 24 81 40
8 W	0317 1051 1510 1956	168 45 59 33	23 TH	0326 1030 1608 2104	162 28 80 43
9 TH	0343 1106 1521 2018	154 54 64 40	24 F	0353 1057 1633 2130	154 33 79 49
10 F	0406 1119 1552 2037	138 60 69 52	25 SA	0420 1128 1710 2200	143 38 79 58
11 SA ☽	0426 1138 1703 2034	121 62 72 68	26 SU	0449 1204 1813 2250	130 44 80 70
12 SU E	0437 1225	105 63	27 M ☾E	0521 1249 2052	113 49 88
13 M	0224 1458 2348	94 62 108	28 TU	0105 0600 1347 2219	82 94 55 105
14 TU	1616 2348	58 124	29 W	1502 2308	58 123
15 W	0714 1153 1700	60 73 53	30 TH	0654 1237 1611 2351	54 68 59 141
			31 F	0741 1350 1700	36 68 58

时　区：－0930　　　　潮高基准面：在平均海面下 86　cm

澳大利亚—利尔蒙斯

AUSTRALIA—LEARMONTH

2021 年潮汐表　　22° 11′ S　　114° 05′ E

1 月

日期	潮时 时分	潮高 cm	日期	潮时 时分	潮高 cm
1	0629	26	16	0042	260
F	1258	222	SA	0712	30
	1826	87		1334	227
				1914	78
2	0033	256	17	0121	253
SA	0704	25	SU	0746	39
	1331	225		1405	229
	1904	83		1954	78
3	0110	254	18	0158	242
SU	0739	29	M	0819	51
	1405	227		1437	229
	1944	80		2034	81
4	0150	247	19	0236	228
M	0815	37	TU	0849	65
	1441	227	E	1510	227
	2027	80		2115	88
5	0232	235	20	0315	211
TU	0853	50	W	0920	80
	1520	226	☽	1546	222
	2117	83		2159	97
6	0320	218	21	0357	194
W	0933	67	TH	0950	95
☾E	1603	225	A	1626	216
	2215	87		2253	106
7	0417	199	22	0447	178
TH	1019	85	F	1025	110
	1654	224		1713	209
	2329	90			
8	0531	181	23	0007	112
F	1115	103	SA	0556	166
	1755	224		1113	125
				1810	204
9	0059	87	24	0142	110
SA	0708	170	SU	0736	161
P	1230	117		1242	136
	1905	226		1921	202
10	0226	75	25	0259	100
SU	0856	172	M	0923	168
	1357	123		1425	138
	2020	232		2037	207
11	0334	58	26	0353	85
M	1016	183	TU	1027	182
	1512	120	N	1535	132
	2128	242		2139	218
12	0429	43	27	0435	69
TU	1110	196	W	1108	197
S	1613	111		1624	121
	2226	251		2229	231
13	0516	32	28	0511	53
W	1152	207	TH	1143	210
●	1705	101	○	1705	108
	2316	259		2312	244
14	0558	26	29	0545	41
TH	1229	216	F	1214	222
	1751	91		1743	93
				2352	255
15	0001	262	30	0618	32
F	0636	25	SA	1244	233
	1302	223		1820	80
	1834	83			
			31	0029	262
			SU	0651	29
				1314	242
				1857	68

2 月

日期	潮时 时分	潮高 cm	日期	潮时 时分	潮高 cm
1	0106	264	16	0145	252
M	0723	30	TU	0753	55
	1344	248		1406	252
	1935	60		2011	66
2	0144	258	17	0216	240
TU	0756	38	W	0818	66
E	1415	253		1433	250
	2015	57		2042	73
3	0222	246	18	0246	226
W	0829	50	TH	0841	79
P	1447	254	A	1501	244
	2059	61		2114	84
4	0303	229	19	0318	211
TH	0903	66	F	0904	93
☾	1523	252	☽	1530	235
	2148	69		2149	96
5	0350	207	20	0354	194
F	0939	86	SA	0928	109
	1605	246		1604	224
	2248	81		2235	109
6	0447	184	21	0442	178
SA	1021	107	SU	0957	126
	1655	237		1647	212
				2351	119
7	0011	90	22	0610	164
SU	0614	166	M	1043	144
	1122	128		1756	202
	1805	227			
8	0155	90	23	0204	117
M	0846	164	TU	0900	167
S	1312	141	N	1320	155
	1943	223		1951	200
9	0323	78	24	0330	102
TU	1023	180	W	1019	184
	1501	136		1521	146
	2122	230		2125	212
10	0424	63	25	0419	84
W	1110	198	TH	1055	203
	1614	120		1617	128
	2230	242		2222	230
11	0511	51	26	0456	67
TH	1146	214	F	1125	220
●	1707	102		1657	107
	2321	254		2306	248
12	0550	43	27	0529	53
F	1216	228	SA	1153	237
	1751	85	○	1733	85
				2345	263
13	0003	261	28	0600	44
SA	0625	40	SU	1220	252
	1245	239		1808	65
	1830	72			
14	0040	263			
SU	0657	41			
	1312	247			
	1906	64			
15	0114	260			
M	0726	46			
E	1339	251			
	1939	62			

3 月

日期	潮时 时分	潮高 cm	日期	潮时 时分	潮高 cm
1	0021	271	16	0057	266
M	0630	40	TU	0658	60
E	1247	265		1306	271
	1843	50		1916	52
2	0056	273	17	0124	260
TU	0700	41	W	0722	67
P	1314	274		1330	272
	1919	40		1943	56
3	0131	267	18	0151	251
W	0730	48	TH	0743	75
	1343	280	A	1354	268
	1957	39		2009	63
4	0206	254	19	0217	239
TH	0801	60	F	0804	86
	1413	280		1418	261
	2037	46		2036	74
5	0243	236	20	0245	225
F	0831	77	SA	0826	99
	1446	275		1443	251
	2120	60		2106	87
6	0323	213	21	0317	209
SA	0903	97	SU	0850	115
☾	1522	262	☽	1511	238
	2213	80		2143	102
7	0411	190	22	0359	192
SU	0937	119	M	0918	132
S	1607	244	N	1546	222
	2327	100		2240	118
8	0530	169	23	0515	175
M	1025	141	TU	0958	151
	1714	224		1647	206
9	0127	109	24	0045	128
TU	0901	168	W	0824	175
	1254	157		1237	165
	1928	212		1916	198
10	0315	100	25	0256	117
W	1020	189	TH	0949	194
	1512	143		1511	150
	2133	223		2111	212
11	0417	85	26	0353	100
TH	1056	210	F	1024	214
	1619	119		1603	125
	2236	240		2210	232
12	0459	71	27	0430	83
F	1125	229	SA	1053	234
	1705	95		1642	98
	2320	255		2254	251
13	0534	62	28	0503	70
SA	1152	245	SU	1120	254
●	1743	75	○E	1717	72
	2357	264		2332	265
14	0605	57	29	0533	62
SU	1217	257	M	1147	271
E	1816	61		1751	50
15	0028	267	30	0007	273
M	0633	57	TU	0603	58
	1242	266	P	1215	286
	1847	53		1826	34
			31	0042	274
			W	0633	59
				1242	296
				1901	27

4 月

日期	潮时 时分	潮高 cm	日期	潮时 时分	潮高 cm
1	0116	267	16	0126	253
TH	0703	66	F	0711	88
	1311	300		1317	276
	1938	29		1939	56
2	0150	254	17	0153	244
F	0733	78	SA	0734	97
	1341	296		1342	269
	2016	40		2006	65
3	0225	236	18	0222	232
SA	0803	93	SU	0758	108
	1413	285	N	1408	258
	2056	59		2037	78
4	0302	216	19	0256	217
SU	0835	111	M	0827	122
☾S	1449	266		1437	244
	2144	84		2116	93
5	0348	195	20	0340	201
M	0910	132	TU	0902	138
	1532	242	☽	1514	226
	2251	109		2209	111
6	0507	177	21	0456	187
TU	1006	153	W	0959	154
	1642	216		1618	207
				2343	126
7	0057	124	22	0716	187
W	0837	179	TH	1225	162
	1317	161		1847	197
	1940	203			
8	0256	117	23	0154	124
TH	0947	200	F	0848	202
	1517	138		1441	143
	2135	218		2044	209
9	0355	104	24	0306	112
F	1022	222	SA	0934	223
	1612	110		1537	114
	2229	236		2148	227
10	0435	92	25	0351	100
SA	1051	241	SU	1009	244
	1651	86	E	1618	85
	2308	250		2235	243
11	0508	83	26	0428	89
SU	1118	256	M	1041	264
E	1725	67		1655	58
	2340	259		2315	255
12	0537	77	27	0501	82
M	1143	268	TU	1111	282
●	1755	54	○P	1732	37
				2352	262
13	0009	263	28	0534	78
TU	0603	76	W	1142	295
	1207	276		1808	24
	1823	48			
14	0035	262	29	0028	261
W	0627	77	TH	0606	79
A	1230	280		1213	302
	1849	47		1844	19
15	0101	259	30	0103	255
TH	0649	82	F	0639	84
	1254	280		1244	302
	1914	50		1921	25

时　区：−0800　　　　潮高基准面：在平均海面下 149　cm

澳大利亚—利尔蒙斯

AUSTRALIA—LEARMONTH

2021 年潮汐表　　22° 11′ S　　114° 05′ E

5 月

日期	潮时 时分	潮高 cm	日期	潮时 时分	潮高 cm
1 SA S	0137 0711 1316 1959	244 93 294 39	16 SU	0137 0712 1316 1947	237 102 265 54
2 SU	0213 0745 1351 2039	230 105 279 60	17 M	0210 0742 1347 2022	229 109 255 65
3 M ☾	0252 0822 1429 2125	214 120 257 85	18 TU	0248 0818 1422 2102	218 119 241 79
4 TU	0341 0909 1518 2227	199 137 230 110	19 W ☽	0335 0904 1508 2152	207 130 224 96
5 W	0501 1032 1640	187 152 204	20 TH	0440 1010 1617 2302	199 139 205 111
6 TH	0013 0719 1320 1926	127 190 149 194	21 F	0607 1158 1809	198 140 194
7 F	0209 0846 1458 2113	127 206 125 206	22 SA E	0035 0729 1351 2000	119 208 124 197
8 SA E	0314 0932 1549 2207	118 224 100 221	23 SU	0200 0830 1500 2116	117 224 98 209
9 SU	0358 1008 1628 2246	108 241 79 232	24 M	0300 0918 1550 2212	111 243 71 221
10 M	0433 1038 1701 2318	100 254 63 240	25 TU	0347 0959 1634 2259	104 261 46 231
11 TU ●A	0503 1105 1731 2347	95 264 52 245	26 W ○P	0428 1037 1714 2341	97 276 28 237
12 W	0530 1131 1758	93 271 46	27 TH	0507 1114 1753	93 287 18
13 TH	0013 0555 1157 1824	247 92 274 43	28 F S	0019 0545 1150 1832	238 92 291 16
14 F	0040 0619 1222 1849	246 93 274 44	29 SA	0056 0622 1227 1910	235 93 288 22
15 SA N	0108 0645 1249 1917	243 97 271 47	30 SU	0133 0700 1304 1949	229 97 278 36
			31 M	0210 0740 1344 2030	221 104 261 55

6 月

日期	潮时 时分	潮高 cm	日期	潮时 时分	潮高 cm
1 TU	0251 0825 1427 2113	212 113 240 76	16 W	0241 0817 1421 2051	218 99 236 58
2 W ☾	0339 0921 1521 2205	204 123 216 97	17 TH	0323 0905 1508 2134	214 103 220 72
3 TH	0441 1042 1638 2316	198 131 194 115	18 F ☽	0411 1004 1608 2225	211 107 203 88
4 F E	0601 1239 1830	198 128 181	19 SA E	0508 1121 1727 2327	210 108 187 102
5 SA	0051 0722 1415 2020	124 204 113 183	20 SU	0612 1255 1903	214 100 179
6 SU	0211 0826 1515 2131	123 215 94 192	21 M	0043 0719 1419 2038	112 221 82 181
7 M	0308 0914 1559 2218	118 226 77 202	22 TU	0200 0823 1523 2153	115 233 60 189
8 TU A	0351 0954 1635 2254	113 236 64 210	23 W P	0305 0920 1616 2250	113 245 40 200
9 W	0427 1028 1706 2326	108 245 53 217	24 TH ○	0400 1011 1702 2337	107 257 25 208
10 TH ●	0458 1059 1735 2356	103 251 45 222	25 F S	0448 1057 1745	100 265 16
11 F	0528 1130 1804	100 255 39	26 SA	0018 0533 1141 1825	214 93 268 14
12 SA N	0026 0557 1200 1833	226 97 258 35	27 SU	0055 0617 1224 1904	217 88 266 18
13 SU	0057 0628 1232 1904	227 95 258 35	28 M	0131 0700 1305 1943	218 85 257 28
14 M	0130 0700 1305 1937	226 95 255 39	29 TU	0206 0743 1347 2020	217 85 244 43
15 TU	0204 0736 1341 2012	223 96 247 47	30 W	0243 0829 1431 2058	215 88 227 59

7 月

日期	潮时 时分	潮高 cm	日期	潮时 时分	潮高 cm
1 TH ☾ E	0322 0920 1519 2138	212 94 207 77	16 F E	0257 0853 1459 2109	225 66 219 50
2 F	0407 1019 1614 2221	208 100 187 93	17 SA ☽	0335 0943 1546 2148	224 69 200 66
3 SA	0457 1135 1722 2315	204 105 170 109	18 SU	0417 1044 1645 2232	223 74 179 85
4 SU	0556 1307 1850	202 103 160	19 M	0508 1202 1804 2330	220 77 161 103
5 M A	0031 0702 1427 2029	119 201 94 160	20 TU	0611 1336 1958	217 73 153
6 TU	0154 0807 1525 2145	123 204 81 168	21 W P	0054 0728 1500 2148	116 217 59 161
7 W	0301 0905 1610 2235	121 210 68 179	22 TH S	0229 0850 1605 2254	119 222 43 175
8 TH	0352 0954 1646 2313	115 217 56 190	23 F	0344 1000 1657 2339	111 231 28 190
9 F N	0433 1035 1719 2346	108 226 44 200	24 SA ○	0444 1057 1741	98 241 18
10 SA ●	0510 1113 1751	100 234 34	25 SU	0016 0534 1145 1820	202 83 247 14
11 SU	0018 0544 1149 1822	208 91 241 26	26 M	0049 0619 1228 1857	211 70 249 15
12 M	0049 0619 1225 1854	215 83 246 22	27 TU	0120 0700 1308 1931	218 61 245 21
13 TU	0120 0654 1301 1926	219 75 247 22	28 W	0150 0740 1346 2004	223 56 236 31
14 W	0151 0730 1338 1959	223 69 243 27	29 TH E	0221 0820 1423 2034	224 57 222 44
15 TH	0223 0810 1417 2033	224 66 234 36	30 F	0252 0859 1500 2104	223 63 205 59
			31 SA ☾	0326 0941 1539 2132	218 72 186 74

8 月

日期	潮时 时分	潮高 cm	日期	潮时 时分	潮高 cm
1 SU	0402 1029 1623 2201	211 83 168 90	16 M	0333 1009 1608 2146	235 51 174 78
2 M A	0443 1132 1720 2236	202 93 151 106	17 TU P	0415 1116 1713 2229	225 65 151 100
3 TU	0534 1307 1851 2339	192 97 141 121	18 W S	0511 1255 1924 2350	212 74 137 120
4 W	0644 1444 2113	185 90 144	19 TH	0640 1446 2203	199 68 149
5 TH N	0155 0813 1547 2228	128 185 76 159	20 F	0214 0842 1601 2256	124 200 52 169
6 F	0326 0929 1631 2306	122 193 60 174	21 SA	0349 1008 1653 2332	109 213 37 188
7 SA	0420 1023 1707 2337	109 206 45 189	22 SU ○	0449 1105 1734	87 227 25
8 SU ●	0501 1105 1739	94 220 31	23 M	0002 0535 1149 1809	205 65 238 19
9 M	0005 0536 1143 1809	202 78 233 20	24 TU	0030 0615 1227 1841	218 48 243 18
10 TU	0032 0609 1219 1838	214 62 242 14	25 W E	0057 0651 1302 1911	229 36 241 21
11 W	0059 0643 1254 1908	224 48 246 13	26 TH	0123 0726 1334 1938	235 31 234 29
12 TH E	0127 0718 1328 1938	232 37 244 17	27 F	0150 0759 1404 2004	238 33 222 40
13 F	0155 0755 1404 2008	239 31 234 26	28 SA	0216 0830 1434 2027	236 40 208 52
14 SA	0225 0834 1441 2039	242 32 219 40	29 SU	0243 0901 1503 2049	230 52 191 67
15 SU ☽	0257 0918 1521 2111	241 39 198 57	30 M ☾ A	0312 0934 1536 2110	220 66 174 82
			31 TU	0342 1014 1616 2133	207 81 156 99

时　区：－0800　　　　潮高基准面：在平均海面下 149　cm

澳大利亚—利尔蒙斯

AUSTRALIA－LEARMONTH

2021 年潮汐表　　22° 11′ S　　114° 05′ E

9 月

日期	潮时 时分	潮高 cm	日期	潮时 时分	潮高 cm
1 W	0420 1116 1725 2201	192 95 140 117	16 TH	0426 1219 1920 2316	205 84 136 129
2 TH N	0518 1335 2041	177 100 137	17 F	0611 1435 2159	185 82 155
3 F	0002 0719 1524 2217	134 170 87 155	18 SA	0233 0858 1552 2237	126 188 67 178
4 SA	0315 0913 1613 2248	126 180 69 174	19 SU	0357 1015 1639 2307	100 206 52 199
5 SU	0412 1013 1648 2314	107 198 51 192	20 M ○	0447 1104 1715 2334	72 223 41 218
6 M	0449 1055 1718 2339	86 216 37 209	21 TU E	0526 1142 1747	48 235 34
7 TU ●	0522 1132 1746	63 232 26	22 W	0000 0601 1216 1817	233 31 240 32
8 W E	0004 0554 1207 1814	224 42 243 20	23 TH	0026 0634 1246 1843	244 20 239 34
9 TH	0029 0626 1240 1842	239 24 247 18	24 F	0050 0704 1314 1908	250 18 233 40
10 F	0055 0700 1313 1910	250 12 244 23	25 SA	0115 0732 1340 1930	251 21 224 49
11 SA P	0122 0735 1347 1939	258 7 234 32	26 SU A	0139 0759 1406 1952	247 30 213 60
12 SU	0150 0813 1421 2009	260 11 217 46	27 M	0203 0825 1433 2013	240 42 199 72
13 M ☽	0220 0853 1458 2038	256 23 196 64	28 TU	0228 0853 1503 2035	228 56 184 87
14 TU	0254 0939 1539 2110	245 43 173 85	29 W ☾ N	0255 0927 1541 2100	214 72 167 104
15 W S	0333 1039 1638 2146	228 65 149 107	30 TH	0327 1014 1644 2133	197 90 151 122

10 月

日期	潮时 时分	潮高 cm	日期	潮时 时分	潮高 cm
1 F	0416 1154 1937 2325	179 104 145 139	16 SA	0620 1407 2112	175 96 169
2 SA	0633 1435 2131	166 98 162	17 SU	0243 0900 1524 2155	118 184 85 192
3 SU	0259 0850 1537 2206	127 176 82 182	18 M	0349 1007 1610 2228	89 202 72 212
4 M	0352 0953 1614 2234	103 196 66 202	19 TU E	0432 1051 1646 2257	62 218 63 230
5 TU	0427 1037 1645 2301	77 215 53 222	20 W ○	0508 1126 1718 2325	40 228 57 244
6 W ●E	0500 1114 1714 2327	50 231 44 240	21 TH	0541 1157 1746 2350	26 233 55 253
7 TH	0533 1149 1743 2353	27 241 38 256	22 F	0611 1225 1812	18 233 56
8 F P	0606 1223 1812	9 244 38	23 SA	0015 0639 1251 1836	258 17 230 60
9 SA	0020 0641 1257 1842	268 -2 240 42	24 SU A	0040 0705 1317 1859	257 21 224 66
10 SU	0049 0716 1330 1911	274 -3 229 51	25 M	0104 0731 1344 1922	253 28 215 74
11 M	0118 0753 1404 1942	273 5 214 64	26 TU N	0129 0757 1413 1947	245 39 205 85
12 TU S	0150 0832 1441 2013	264 22 195 81	27 W	0156 0826 1445 2014	234 52 193 98
13 W ☽	0224 0916 1523 2048	248 46 175 100	28 TH ☾	0225 0901 1528 2049	219 67 179 112
14 TH	0304 1013 1626 2137	224 72 157 120	29 F	0300 0948 1633 2140	202 84 167 127
15 F	0401 1149 1911 2358	197 94 151 135	30 SA	0355 1103 1830 2338	184 99 163 137
			31 SU	0600 1307 2011	170 104 175

11 月

日期	潮时 时分	潮高 cm	日期	潮时 时分	潮高 cm
1 M	0211 0808 1434 2104	123 177 96 193	16 TU	0323 0942 1528 2140	83 192 94 219
2 TU E	0315 0921 1524 2142	97 193 85 213	17 W	0408 1028 1609 2215	61 205 87 234
3 W	0357 1011 1603 2215	69 209 76 233	18 TH	0445 1105 1643 2247	43 213 82 245
4 TH ●	0434 1053 1637 2247	43 222 69 252	19 F ○	0517 1136 1714 2316	32 219 79 252
5 F P	0511 1132 1710 2318	20 230 64 267	20 SA	0547 1205 1742 2344	26 221 79 255
6 SA	0547 1209 1743 2349	4 232 64 277	21 SU A	0615 1232 1808	25 221 80
7 SU	0623 1244 1816	-3 229 66	22 M N	0011 0642 1300 1835	255 27 219 83
8 M S	0022 0701 1320 1850	279 -1 221 73	23 TU	0038 0710 1330 1902	252 31 215 87
9 TU	0055 0739 1356 1925	274 10 210 83	24 W	0107 0739 1402 1933	246 38 209 93
10 W	0130 0819 1435 2004	262 29 197 95	25 TH	0138 0811 1439 2008	236 48 202 101
11 TH ☽	0209 0903 1522 2050	242 52 184 110	26 F	0213 0849 1523 2051	224 60 194 110
12 F	0255 0957 1629 2202	217 77 173 124	27 SA ☾	0256 0933 1618 2149	209 74 188 119
13 SA	0405 1118 1817	190 98 172	28 SU	0355 1030 1729 2316	193 89 186 122
14 SU	0018 0620 1311 1958	128 173 106 184	29 M	0525 1146 1845	180 100 192
15 M E	0220 0832 1435 2058	108 179 102 202	30 TU E	0105 0711 1311 1949	112 177 105 205

12 月

日期	潮时 时分	潮高 cm	日期	潮时 时分	潮高 cm
1 W	0226 0837 1420 2042	91 184 103 221	16 TH	0338 1000 1524 2130	71 185 110 226
2 TH	0322 0943 1513 2127	66 195 99 238	17 F	0419 1043 1607 2210	57 194 106 234
3 F	0409 1035 1559 2209	42 205 94 254	18 SA A	0455 1118 1644 2246	48 202 101 241
4 SA ●P	0451 1120 1641 2248	23 213 89 266	19 SU ○	0527 1150 1717 2320	41 208 97 245
5 SU	0532 1201 1721 2327	10 217 87 273	20 M N	0558 1220 1749 2352	36 213 94 248
6 M S	0612 1240 1800	5 218 86	21 TU	0627 1250 1820	34 216 92
7 TU	0006 0651 1318 1841	273 8 215 87	22 W	0024 0657 1321 1852	249 33 218 90
8 W	0045 0731 1355 1923	267 19 211 91	23 TH	0058 0728 1354 1927	247 36 218 90
9 TH	0127 0812 1436 2009	254 35 205 97	24 F	0133 0801 1429 2005	242 42 216 91
10 F	0211 0854 1521 2103	235 54 200 104	25 SA	0211 0836 1506 2048	233 51 214 94
11 SA ☽	0303 0942 1615 2213	213 75 196 112	26 SU	0253 0914 1548 2139	221 63 212 97
12 SU E	0410 1040 1721 2349	191 95 195 113	27 M ☾E	0344 0957 1635 2242	206 77 212 99
13 M	0543 1156 1835	175 109 199	28 TU	0448 1047 1730	190 93 213
14 TU	0131 0731 1322 1944	103 170 115 207	29 W	0003 0610 1150 1832	97 177 107 218
15 W	0245 0900 1432 2042	87 176 114 217	30 TH	0132 0746 1307 1937	87 173 116 225
			31 F	0248 0917 1422 2041	70 178 119 236

时　区：－0800　　　　潮高基准面：在平均海面下 149 cm

澳大利亚—黑德兰港

AUSTRALIA－PORT HEDLAND

2021 年潮汐表　　20° 18′ S　　118° 35′ E

1 月

日期		潮时 时分	潮高 cm
1	F	0610	110
		1232	611
		1819	189
2	SA	0027	659
		0644	107
		1305	615
		1854	188
3	SU	0102	653
		0718	114
		1338	613
		1930	195
4	M	0136	638
		0753	131
		1412	605
		2009	208
5	TU	0213	614
		0830	157
		1448	593
		2051	227
6	W ☾ E	0253	581
		0910	192
		1530	578
		2142	250
7	TH	0341	541
		0958	232
		1622	561
		2249	270
8	F	0446	500
		1102	272
		1732	547
9	SA P	0020	273
		0628	474
		1232	296
		1903	549
10	SU	0151	248
		0817	486
		1402	290
		2025	572
11	M	0301	207
		0933	520
		1513	264
		2128	605
12	TU S	0359	164
		1029	559
		1610	230
		2222	637
13	W ●	0448	127
		1116	594
		1700	198
		2310	662
14	TH	0532	101
		1157	621
		1744	172
		2354	676
15	F	0612	88
		1235	638
		1825	158
16	SA	0034	679
		0648	88
		1310	645
		1902	156
17	SU	0110	670
		0722	101
		1342	643
		1937	167
18	M	0143	650
		0754	125
		1412	631
		2011	188
19	TU E	0214	619
		0824	158
		1441	611
		2044	217
20	W ☽	0244	581
		0853	198
		1511	585
		2119	251
21	TH A	0316	537
		0923	243
		1545	554
		2201	285
22	F	0354	490
		0958	289
		1627	521
		2304	315
23	SA	0452	446
		1052	333
		1741	493
24	SU	0056	324
		0720	424
		1256	358
		1938	492
25	M	0234	298
		0914	452
		1440	343
		2057	519
26	TU N	0335	257
		1007	492
		1541	309
		2149	557
27	W	0420	213
		1046	533
		1627	270
		2233	596
28	TH ○	0457	171
		1121	571
		1705	231
		2312	632
29	F	0532	134
		1154	604
		1741	195
		2350	660
30	SA	0605	105
		1227	632
		1816	166
31	SU	0026	678
		0638	87
		1259	652
		1850	146

2 月

日期		潮时 时分	潮高 cm
1	M	0101	684
		0710	82
		1331	664
		1924	138
2	TU E	0135	676
		0742	91
		1401	666
		1959	142
3	W P	0208	654
		0814	114
		1432	658
		2036	160
4	TH ☾	0242	619
		0847	152
		1504	638
		2117	191
5	F	0318	572
		0924	202
		1541	607
		2206	232
6	SA	0402	517
		1008	259
		1629	565
		2318	274
7	SU	0515	461
		1120	316
		1756	526
8	M S	0114	288
		0756	445
		1333	338
		2005	525
9	TU	0256	257
		0943	489
		1513	307
		2132	562
10	W	0405	207
		1039	543
		1617	255
		2231	607
11	TH ●	0452	157
		1120	592
		1704	204
		2316	646
12	F	0531	118
		1155	631
		1743	162
		2355	673
13	SA	0605	93
		1226	658
		1818	135
14	SU	0029	685
		0635	83
		1255	673
		1849	124
15	M E	0100	684
		0704	88
		1321	677
		1918	127
16	TU	0127	669
		0730	106
		1346	670
		1946	143
17	W	0153	644
		0754	134
		1409	653
		2012	168
18	TH A	0217	611
		0817	170
		1432	628
		2038	200
19	F ☽	0240	570
		0839	211
		1456	594
		2107	238
20	SA	0305	525
		0902	258
		1522	555
		2142	281
21	SU	0334	475
		0927	307
		1555	511
		2240	324
22	M	0422	423
		1006	359
		1715	468
23	TU N	0128	340
		0900	416
		1355	383
		2023	478
24	W	0326	297
		1009	469
		1536	339
		2139	527
25	TH	0414	240
		1042	523
		1622	282
		2226	581
26	F	0449	184
		1111	576
		1657	224
		2305	632
27	SA ○	0520	133
		1141	624
		1730	169
		2342	673
28	SU	0550	93
		1211	666
		1803	123

3 月

日期		潮时 时分	潮高 cm
1	M E	0017	700
		0620	66
		1241	697
		1835	90
2	TU P	0051	711
		0651	56
		1310	716
		1907	75
3	W	0123	704
		0721	64
		1339	720
		1940	81
4	TH	0154	678
		0751	92
		1407	705
		2014	108
5	F	0224	637
		0821	137
		1436	674
		2050	154
6	SA ☾	0255	582
		0853	196
		1508	626
		2131	215
7	SU S	0329	519
		0928	265
		1546	565
		2231	281
8	M	0424	451
		1024	336
		1701	500
9	TU	0054	320
		0817	429
		1336	367
		2014	492
10	W	0309	282
		1000	492
		1528	313
		2147	545
11	TH	0408	222
		1039	555
		1621	247
		2235	600
12	F	0446	168
		1110	608
		1658	188
		2312	643
13	SA ●	0517	126
		1139	648
		1730	143
		2345	671
14	SU E	0546	100
		1205	677
		1800	114
15	M	0014	684
		0613	90
		1230	693
		1827	100
16	TU	0041	683
		0638	93
		1253	697
		1853	100
17	W	0105	671
		0701	107
		1315	691
		1917	112
18	TH A	0128	650
		0723	131
		1336	675
		1940	134
19	F	0149	622
		0743	162
		1356	650
		2003	165
20	SA	0210	587
		0804	199
		1417	617
		2028	203
21	SU ☽	0231	545
		0824	243
		1439	577
		2056	249
22	M N	0254	497
		0843	292
		1504	530
		2134	301
23	TU	0323	444
		0901	346
		1541	478
		2327	351
24	W	1026	405
		1246	401
		1938	454
25	TH	0307	318
		0959	464
		1522	348
		2123	510
26	F	0353	254
		1021	526
		1603	278
		2210	574
27	SA	0424	192
		1046	588
		1636	206
		2247	631
28	SU ○ E	0454	135
		1113	646
		1708	138
		2323	677
29	M	0524	90
		1142	695
		1740	83
		2358	706
30	TU P	0554	62
		1212	730
		1813	47
31	W	0031	716
		0625	53
		1242	749
		1845	34

4 月

日期		潮时 时分	潮高 cm
1	TH	0104	705
		0655	66
		1312	746
		1918	48
2	F	0135	676
		0726	98
		1341	722
		1952	86
3	SA	0206	631
		0757	148
		1411	679
		2027	145
4	SU ☾ S	0236	575
		0829	211
		1443	619
		2107	216
5	M	0311	511
		0905	283
		1522	549
		2206	290
6	TU	0413	447
		1013	354
		1647	480
7	W	0046	330
		0831	441
		1349	363
		2023	482
8	TH	0257	289
		0940	506
		1520	300
		2139	539
9	F	0347	232
		1014	566
		1603	235
		2220	589
10	SA	0421	183
		1043	614
		1637	179
		2253	627
11	SU E	0451	147
		1109	651
		1707	137
		2323	651
12	M ●	0518	125
		1134	676
		1734	110
		2350	662
13	TU	0544	116
		1157	690
		1800	96
14	W A	0016	663
		0608	117
		1220	695
		1825	94
15	TH	0040	654
		0631	127
		1243	690
		1848	103
16	F	0103	639
		0653	145
		1305	676
		1912	121
17	SA	0125	616
		0714	170
		1327	653
		1936	149
18	SU N	0146	587
		0736	203
		1349	621
		2001	185
19	M	0209	550
		0758	243
		1412	583
		2030	231
20	TU ☽	0234	507
		0822	289
		1439	538
		2109	283
21	W	0309	458
		0851	342
		1522	487
		2239	334
22	TH	0544	415
		1144	390
		1828	453
23	F	0156	324
		0900	463
		1435	342
		2042	500
24	SA	0305	266
		0934	528
		1525	267
		2136	561
25	SU E	0344	205
		1003	594
		1603	189
		2217	617
26	M	0418	151
		1034	654
		1638	119
		2255	660
27	TU ○ P	0452	109
		1105	703
		1713	64
		2331	686
28	W	0525	83
		1139	736
		1748	32
29	TH	0008	693
		0558	77
		1212	748
		1823	27
30	F	0043	681
		0632	90
		1246	739
		1858	48

时　区：－0800　　　　潮高基准面：在平均海面下 395　cm

澳大利亚—黑德兰港

AUSTRALIA－PORT HEDLAND

2021 年潮汐表　　20° 18′ S　　118° 35′ E

5 月

日期	潮时 时分	潮高 cm
1 SA S	0117 0706 1320 1934	653 123 709 92
2 SU	0151 0741 1355 2013	613 171 662 151
3 M ☾	0227 0819 1432 2057	564 229 602 218
4 TU	0310 0907 1520 2201	511 291 537 282
5 W	0426 1038 1651	463 345 480
6 TH	0006 0721 1314 1939	317 459 344 476
7 F	0204 0849 1441 2102	295 507 293 518
8 SA E	0305 0931 1529 2147	253 556 238 558
9 SU	0344 1003 1605 2223	215 597 190 590
10 M	0417 1031 1637 2254	186 628 152 611
11 TU ●A	0446 1058 1705 2322	167 651 126 623
12 W	0513 1123 1732 2349	156 666 110 627
13 TH	0538 1149 1758	153 672 105
14 F	0015 0604 1214 1824	625 156 670 109
15 SA N	0040 0629 1240 1850	616 167 660 123
16 SU	0106 0654 1306 1918	601 185 641 145
17 M	0131 0721 1333 1948	579 211 615 177
18 TU	0159 0749 1401 2023	550 244 582 215
19 W ☽	0231 0824 1437 2109	515 283 544 258
20 TH	0319 0919 1532 2225	479 325 501 298
21 F	0456 1115 1728	454 349 472
22 SA E	0025 0714 1325 1937	306 474 318 491
23 SU	0158 0825 1435 2050	273 527 253 538
24 M	0254 0911 1524 2140	227 587 182 584
25 TU	0338 0951 1606 2224	182 641 119 620
26 W ○P	0419 1030 1646 2306	145 684 73 643
27 TH	0458 1109 1726 2347	122 711 48 651
28 F S	0536 1148 1805	115 719 47
29 SA	0026 0615 1228 1845	646 123 709 67
30 SU	0105 0654 1308 1925	628 146 682 102
31 M	0144 0735 1348 2007	602 180 643 149

6 月

日期	潮时 时分	潮高 cm
1 TU	0225 0820 1431 2053	568 223 595 200
2 W ☾	0311 0913 1520 2148	533 267 544 249
3 TH	0413 1024 1628 2303	501 304 497 287
4 F E	0544 1205 1813	484 317 472
5 SA	0043 0726 1341 2000	299 496 295 482
6 SU	0203 0831 1443 2104	284 525 256 509
7 M	0257 0915 1528 2148	260 557 216 536
8 TU A	0338 0950 1605 2224	236 585 182 558
9 W	0413 1022 1637 2256	216 608 155 575
10 TH ●	0445 1053 1708 2326	200 626 135 587
11 F	0515 1124 1738 2356	188 638 124 594
12 SA N	0544 1154 1808	181 643 121
13 SU	0025 0615 1225 1838	595 182 641 125
14 M	0055 0646 1256 1911	590 189 630 138
15 TU	0126 0718 1328 1945	578 204 613 158
16 W	0158 0754 1402 2022	561 225 589 184
17 TH	0235 0835 1441 2106	541 249 559 215
18 F ☽	0320 0928 1533 2201	521 273 526 247
19 SA E	0421 1042 1646 2315	506 289 496 271
20 SU	0544 1216 1826	505 280 485
21 M	0045 0710 1342 2000	274 528 242 503
22 TU	0201 0818 1446 2108	254 565 191 535
23 W P	0301 0914 1539 2202	223 606 142 568
24 TH ○	0352 1003 1628 2250	192 641 104 594
25 F S	0440 1051 1713 2335	166 666 80 611
26 SA	0525 1137 1757	148 679 72
27 SU	0018 0609 1221 1839	620 141 678 78
28 M	0059 0652 1304 1919	620 144 664 97
29 TU	0139 0734 1345 1958	611 160 640 125
30 W	0217 0815 1425 2037	595 185 605 162

7 月

日期	潮时 时分	潮高 cm
1 TH ☾E	0256 0859 1505 2118	573 217 564 204
2 F	0338 0947 1550 2203	546 250 520 247
3 SA	0427 1048 1648 2302	518 280 478 286
4 SU	0534 1213 1820	496 294 450
5 M A	0031 0702 1342 2006	309 490 281 453
6 TU	0158 0817 1447 2114	306 505 252 477
7 W	0259 0911 1536 2201	287 531 219 506
8 TH	0346 0954 1616 2238	262 559 187 532
9 F N	0426 1032 1653 2312	236 585 160 556
10 SA ●	0502 1108 1727 2345	211 608 137 575
11 SU	0536 1144 1800	190 625 121
12 M	0017 0609 1218 1833	589 176 634 112
13 TU	0050 0643 1252 1905	598 168 635 111
14 W	0122 0717 1326 1939	600 167 627 119
15 TH	0154 0752 1400 2013	597 173 611 137
16 F E	0228 0830 1437 2049	589 186 585 164
17 SA ☽	0304 0913 1518 2130	576 205 552 199
18 SU	0346 1006 1608 2221	559 227 513 239
19 M	0439 1118 1722 2333	539 246 476 274
20 TU	0557 1252 1915	524 245 462
21 W P	0111 0734 1418 2050	286 530 219 484
22 TH S	0236 0853 1527 2157	268 558 179 523
23 F	0343 0955 1623 2249	232 595 137 562
24 SA ○	0438 1049 1711 2334	191 629 103 596
25 SU	0525 1136 1754	154 654 79
26 M	0015 0608 1219 1832	622 127 667 70
27 TU	0052 0647 1259 1907	637 115 665 75
28 W	0126 0723 1334 1940	640 117 650 94
29 TH E	0157 0757 1407 2011	632 134 623 125
30 F	0227 0830 1438 2041	614 162 585 165
31 SA ☾	0256 0905 1509 2111	587 198 541 211

8 月

日期	潮时 时分	潮高 cm
1 SU	0328 0943 1544 2144	553 237 493 259
2 M A	0404 1033 1633 2230	515 275 445 307
3 TU	0501 1205 1829	477 301 411
4 W	0018 0700 1404 2049	341 459 291 428
5 TH N	0225 0838 1519 2152	331 480 256 467
6 F	0333 0938 1608 2231	297 517 214 507
7 SA	0419 1022 1646 2305	256 557 173 545
8 SU ●	0456 1101 1720 2337	214 595 136 579
9 M	0530 1137 1751	176 625 105
10 TU	0008 0602 1212 1822	607 144 647 83
11 W	0039 0634 1246 1852	629 120 657 73
12 TH E	0109 0706 1318 1922	643 107 655 76
13 F	0138 0738 1350 1952	648 106 639 94
14 SA	0207 0812 1422 2024	643 118 610 126
15 SU ☽	0237 0849 1455 2057	626 145 570 170
16 M	0310 0931 1533 2136	597 185 518 225
17 TU P	0350 1028 1628 2232	557 232 462 283
18 W S	0454 1209 1845	509 268 423
19 TH	0036 0711 1413 2105	323 486 256 454
20 F	0239 0900 1535 2211	300 519 207 511
21 SA	0353 1006 1628 2254	243 571 152 566
22 SU ○	0443 1055 1709 2330	183 618 106 612
23 M	0523 1136 1744	131 653 73
24 TU	0003 0559 1212 1816	645 95 671 58
25 W E	0034 0631 1245 1846	665 77 673 60
26 TH	0102 0701 1314 1914	671 77 660 77
27 F	0127 0730 1341 1939	664 92 635 106
28 SA	0152 0757 1406 2003	645 120 600 145
29 SU	0215 0823 1430 2026	616 157 558 190
30 M ☾A	0238 0851 1455 2048	579 200 511 239
31 TU	0304 0922 1523 2111	535 247 460 291

时　区：－0800　　潮高基准面：在平均海面下 395　cm

澳大利亚—黑德兰港

AUSTRALIA－PORT HEDLAND

2021 年潮汐表　　20° 18′ S　　118° 35′ E

9 月

日期	潮时 时分	潮高 cm	日期	潮时 时分	潮高 cm
1 W	0334 1010 1608 2142	487 297 407 343	16 TH	0409 1144 1903	487 298 406
2 TH N	0438 1303 2103	438 326 398	17 F	0047 0727 1430 2129	352 457 277 465
3 F	0206 0816 1519 2158	365 442 285 451	18 SA	0301 0921 1541 2211	300 511 216 532
4 SA	0336 0933 1604 2226	315 493 231 503	19 SU	0357 1012 1621 2243	226 573 157 591
5 SU	0415 1015 1635 2253	258 547 178 554	20 M ○	0436 1051 1654 2312	160 622 110 637
6 M	0445 1051 1704 2320	201 597 130 600	21 TU E	0509 1124 1724 2340	107 656 80 669
7 TU ●	0515 1125 1732 2348	148 639 90 640	22 W	0539 1155 1752	72 672 67
8 W E	0545 1158 1800	101 667 61	23 TH	0006 0608 1223 1819	686 56 672 71
9 TH	0016 0615 1230 1829	672 66 681 49	24 F	0030 0635 1249 1844	689 57 659 87
10 F	0044 0646 1302 1858	691 47 678 53	25 SA	0054 0700 1313 1907	680 72 637 114
11 SA P	0112 0717 1332 1927	697 48 659 75	26 SU A	0116 0724 1335 1928	661 98 606 149
12 SU	0140 0749 1401 1957	685 70 623 115	27 M	0137 0747 1357 1948	632 133 569 189
13 M ☽	0208 0822 1431 2027	657 111 574 169	28 TU	0158 0810 1419 2008	595 176 527 234
14 TU	0238 0900 1504 2100	613 170 515 235	29 W ☾ N	0220 0836 1441 2026	551 226 479 284
15 W S	0313 0949 1549 2147	554 239 449 306	30 TH	0243 0908 1509 2039	501 282 427 337

10 月

日期	潮时 时分	潮高 cm	日期	潮时 时分	潮高 cm
1 F	0312 1037 2213	447 338 395	16 SA	0111 0744 1418 2107	350 455 286 491
2 SA	0151 0744 1501 2146	384 421 309 452	17 SU	0253 0914 1518 2145	285 514 230 554
3 SU	0323 0920 1540 2203	324 481 249 510	18 M	0340 0958 1556 2216	214 570 178 606
4 M	0353 0958 1608 2225	257 543 191 568	19 TU E	0415 1032 1628 2243	153 613 140 646
5 TU	0421 1031 1635 2250	188 600 139 623	20 W ○	0446 1103 1657 2309	106 640 116 672
6 W ●E	0449 1103 1703 2316	123 645 95 670	21 TH	0515 1132 1724 2334	76 653 106 685
7 TH	0519 1136 1732 2345	67 676 66 705	22 F	0542 1159 1750 2358	62 653 109 687
8 F P	0550 1208 1802	28 690 54	23 SA	0608 1224 1814	63 644 122
9 SA	0014 0622 1240 1832	725 11 684 61	24 SU A	0021 0632 1248 1837	679 75 627 143
10 SU	0043 0654 1312 1902	725 20 661 88	25 M	0044 0656 1311 1900	661 97 604 170
11 M	0113 0727 1342 1933	705 63 622 133	26 TU N	0107 0719 1333 1922	635 129 575 204
12 TU S	0143 0801 1413 2005	665 108 571 192	27 W	0130 0744 1356 1944	602 168 540 243
13 W ☽	0215 0839 1448 2042	609 178 511 260	28 TH ☾	0154 0811 1422 2007	562 215 499 289
14 TH	0253 0930 1543 2144	541 254 449 331	29 F	0219 0845 1457 2035	516 268 453 339
15 F	0402 1139 1926	469 313 427	30 SA	0256 0954 1704 2336	464 322 411 383
			31 SU	0559 1327 2041	424 328 453

11 月

日期	潮时 时分	潮高 cm	日期	潮时 时分	潮高 cm
1 M	0229 0834 1445 2113	333 468 277 513	16 TU	0306 0928 1518 2137	227 542 225 595
2 TU E	0311 0923 1523 2141	261 529 222 574	17 W	0345 1006 1555 2208	176 576 195 627
3 W	0345 1000 1557 2209	187 585 171 632	18 TH	0418 1039 1627 2237	136 600 176 649
4 TH ●	0418 1035 1629 2239	117 630 129 681	19 F ○	0449 1109 1656 2304	109 614 166 662
5 F P	0451 1110 1702 2311	60 660 100 715	20 SA	0517 1137 1724 2330	94 619 163 666
6 SA	0525 1145 1735 2344	24 673 89 731	21 SU A	0544 1204 1751 2357	91 618 168 663
7 SU	0600 1221 1809	12 668 97	22 M N	0611 1230 1817	97 611 179
8 M S	0019 0635 1256 1843	727 27 648 122	23 TU	0023 0637 1255 1843	652 112 598 196
9 TU	0053 0711 1331 1919	702 65 614 163	24 W	0050 0705 1321 1910	633 135 580 220
10 W	0129 0750 1408 1959	659 120 571 216	25 TH	0117 0734 1349 1939	607 165 555 250
11 TH ☽	0208 0833 1452 2048	602 186 523 275	26 F	0145 0806 1421 2013	575 202 525 286
12 F	0255 0930 1600 2210	538 252 479 327	27 SA ☾	0217 0846 1504 2103	537 244 493 323
13 SA	0415 1109 1821	478 300 465	28 SU	0304 0945 1618 2238	495 285 467 349
14 SU	0035 0655 1318 2010	333 461 297 505	29 M	0436 1125 1825	459 312 472
15 M E	0213 0836 1432 2101	285 499 262 554	30 TU E	0054 0700 1317 1953	329 461 298 514

12 月

日期	潮时 时分	潮高 cm	日期	潮时 时分	潮高 cm
1 W	0212 0828 1424 2043	270 503 261 568	16 TH	0311 0937 1518 2131	225 520 265 584
2 TH	0302 0922 1512 2124	201 550 220 620	17 F	0352 1017 1558 2207	189 546 245 606
3 F	0345 1006 1554 2204	137 591 183 665	18 SA A	0427 1051 1634 2240	161 566 228 624
4 SA ●P	0425 1047 1635 2243	86 621 156 697	19 SU ○	0500 1122 1706 2311	141 582 215 637
5 SU	0505 1128 1715 2324	54 637 141 712	20 M N	0531 1151 1737 2343	129 593 206 644
6 M S	0545 1209 1755	44 641 140	21 TU	0601 1220 1808	124 599 203
7 TU	0005 0625 1249 1836	709 54 634 153	22 W	0014 0631 1249 1839	644 126 599 206
8 W	0046 0706 1329 1919	690 82 617 178	23 TH	0044 0701 1319 1910	636 134 594 216
9 TH	0128 0748 1411 2004	657 122 593 213	24 F	0115 0733 1350 1943	622 150 583 232
10 F	0211 0832 1456 2055	613 169 565 251	25 SA	0146 0806 1423 2020	601 172 569 251
11 SA ☽	0259 0921 1550 2158	563 219 536 288	26 SU	0221 0842 1500 2105	573 200 552 273
12 SU E	0358 1021 1703 2325	513 265 515 308	27 M ☾ E	0302 0925 1547 2203	541 233 536 291
13 M	0526 1145 1836	475 296 513	28 TU	0357 1021 1649 2324	506 268 526 297
14 TU	0105 0722 1319 1955	298 469 301 532	29 W	0520 1139 1812	477 293 528
15 W	0219 0844 1428 2050	264 492 285 558	30 TH	0100 0714 1312 1937	276 475 295 552
			31 F	0217 0842 1427 2043	232 502 275 589

时　区：－0800　　潮高基准面：在平均海面下 395 cm

澳大利亚—达尔文

AUSTRALIA－DARWIN

2021 年潮汐表　　12° 28′ S　　130° 51′ E

1 月

日期	潮时时分	潮高 cm	日期	潮时时分	潮高 cm
1 F	0127 0649 1336 2016	276 635 108 741	16 SA	0216 0746 1425 2053	241 658 114 753
2 SA	0203 0726 1409 2049	268 637 117 739	17 SU	0255 0827 1458 2122	237 643 153 732
3 SU	0242 0806 1443 2122	266 629 138 729	18 M	0334 0908 1526 2149	242 618 200 704
4 M	0325 0851 1520 2156	268 611 171 713	19 TU E	0414 0949 1554 2214	253 586 249 671
5 TU	0415 0943 1603 2234	271 587 215 689	20 W ☽	0456 1033 1623 2241	266 553 298 635
6 W ☾ E	0511 1044 1654 2317	270 562 267 661	21 TH A	0543 1124 1700 2312	280 522 347 596
7 TH	0614 1156 1758	262 544 321	22 F	0639 1233 1756 2354	289 499 394 556
8 F	0007 0721 1325 1920	631 244 544 364	23 SA	0745 1429 1930	288 502 428
9 SA P	0108 0830 1509 2057	606 216 574 380	24 SU	0104 0857 1611 2135	524 274 541 425
10 SU	0220 0937 1629 2219	593 180 625 366	25 M	0248 1002 1705 2248	516 247 590 396
11 M	0332 1037 1729 2320	597 142 677 337	26 TU N	0358 1054 1748 2333	534 212 636 361
12 TU S	0433 1131 1819	614 109 719	27 W	0446 1139 1825	564 176 677
13 W ●	0010 0527 1221 1903	305 634 86 749	28 TH ○	0011 0528 1218 1859	327 598 142 711
14 TH	0055 0616 1307 1944	276 651 78 764	29 F	0046 0608 1255 1931	292 632 117 739
15 F	0136 0702 1349 2020	254 660 88 765	30 SA	0122 0648 1330 2002	260 660 103 759
			31 SU	0159 0730 1404 2032	232 678 105 769

2 月

日期	潮时时分	潮高 cm	日期	潮时时分	潮高 cm
1 M	0237 0814 1438 2102	209 683 124 766	16 TU	0307 0853 1456 2107	187 671 202 720
2 TU E	0316 0859 1512 2131	194 675 161 751	17 W	0338 0927 1519 2125	194 646 243 691
3 W P	0358 0945 1549 2201	188 655 212 723	18 TH A	0410 1003 1543 2144	209 614 287 655
4 TH ☾	0443 1035 1629 2234	190 625 273 683	19 F ☽	0444 1043 1613 2205	231 578 334 613
5 F	0534 1131 1718 2312	200 591 339 635	20 SA	0525 1131 1652 2229	257 540 384 565
6 SA	0632 1246 1829	213 560 399	21 SU	0620 1248 1758 2302	283 508 433 517
7 SU	0004 0744 1445 2033	584 223 556 428	22 M	0739 1524 2042	297 515 453
8 M S	0134 0908 1628 2222	545 217 596 403	23 TU N	0112 0912 1647 2244	478 286 561 418
9 TU	0324 1027 1731 2327	547 193 646 354	24 W	0337 1029 1733 2327	502 250 611 372
10 W	0437 1131 1819	579 159 692	25 TH	0434 1122 1808	550 203 660
11 TH ●	0014 0533 1222 1858	304 618 129 727	26 F	0002 0519 1205 1840	323 605 157 705
12 F	0054 0621 1304 1932	260 654 112 749	27 SA ○	0035 0602 1242 1910	272 657 121 744
13 SA	0130 0703 1339 2001	226 679 114 757	28 SU	0110 0645 1316 1938	221 702 101 772
14 SU	0204 0742 1408 2026	202 690 133 754			
15 M E	0236 0818 1433 2048	190 687 164 741			

3 月

日期	潮时时分	潮高 cm	日期	潮时时分	潮高 cm
1 M E	0145 0729 1350 2006	173 732 104 787	16 TU	0209 0802 1405 2007	149 722 187 729
2 TU P	0221 0812 1423 2032	135 746 128 784	17 W	0236 0834 1426 2023	142 712 217 713
3 W	0257 0855 1456 2058	112 740 172 764	18 TH A	0302 0906 1449 2039	147 692 250 687
4 TH	0334 0938 1530 2125	108 716 229 727	19 F	0328 0939 1514 2057	163 662 288 652
5 F	0414 1022 1606 2153	125 676 295 675	20 SA	0356 1014 1543 2116	191 623 330 610
6 SA ☾	0458 1112 1649 2226	159 624 362 613	21 SU ☽	0427 1054 1616 2136	228 579 376 563
7 SU S	0553 1219 1757 2312	204 572 423 546	22 M N	0509 1150 1706 2200	268 535 423 515
8 M	0711 1428 2049	246 548 442	23 TU	0627 1356 1945 2240	302 511 454 466
9 TU	0128 0854 1627 2243	494 261 582 389	24 W	0818 1604 2231	309 544 415
10 W	0344 1028 1727 2332	520 237 630 328	25 TH	0315 0954 1659 2307	486 276 595 360
11 TH	0451 1131 1808	574 197 674	26 F	0417 1056 1735 2339	550 225 647 300
12 F	0009 0539 1215 1841	273 627 164 707	27 SA	0505 1141 1806	620 174 696
13 SA ●	0042 0619 1250 1908	228 672 147 728	28 SU ○ E	0013 0550 1219 1835	234 685 137 738
14 SU E	0112 0655 1318 1931	192 702 147 738	29 M	0047 0635 1254 1903	169 739 120 767
15 M	0141 0729 1343 1950	166 719 162 737	30 TU P	0121 0720 1329 1930	110 776 126 780
			31 W	0157 0803 1403 1957	67 791 154 773

4 月

日期	潮时时分	潮高 cm	日期	潮时时分	潮高 cm
1 TH	0232 0846 1437 2024	48 782 200 747	16 F	0228 0847 1425 2001	121 713 261 662
2 F	0309 0927 1511 2052	56 751 256 703	17 SA	0252 0919 1452 2021	139 685 291 631
3 SA	0347 1010 1549 2121	91 702 316 643	18 SU N	0317 0953 1523 2044	169 649 326 592
4 SU ☾ S	0430 1059 1635 2156	147 641 376 573	19 M	0344 1030 1559 2109	207 607 365 550
5 M	0527 1205 1804 2249	214 582 424 500	20 TU ☽	0421 1120 1653 2143	250 565 405 504
6 TU	0654 1404 2114	272 552 411	21 W	0535 1248 1909 2307	291 535 427 460
7 W	0214 0844 1601 2234	471 291 576 349	22 TH	0728 1441 2125	308 545 393
8 TH	0356 1016 1659 2314	521 269 615 291	23 F	0237 0905 1554 2222	487 288 585 333
9 F	0449 1114 1738 2347	581 234 650 243	24 SA	0349 1016 1640 2302	556 246 632 264
10 SA	0529 1153 1807	635 206 675	25 SU E	0443 1107 1716 2339	631 203 676 191
11 SU E	0017 0604 1224 1831	202 678 193 690	26 M	0533 1150 1749	700 173 712
12 M ●	0045 0637 1250 1850	169 709 192 698	27 TU ○ P	0016 0620 1229 1820	121 755 161 737
13 TU	0112 0710 1313 1907	143 729 201 700	28 W	0053 0706 1306 1851	63 791 168 746
14 W A	0138 0742 1336 1924	124 736 217 696	29 TH	0130 0751 1342 1923	27 803 192 737
15 TH	0203 0815 1400 1941	116 731 237 684	30 F	0207 0834 1419 1955	19 790 229 709

时　区：－0930　　　　潮高基准面：在平均海面下 419　cm

澳大利亚—达尔文

AUSTRALIA－DARWIN

2021 年潮汐表　　12° 28′ S　　130° 51′ E

5 月

日期	潮时 时分	潮高 cm	日期	潮时 时分	潮高 cm
1	0246	41	16	0225	133
	0916	756		0903	688
SA	1458	274	SU	1438	287
S	2028	663		2001	606
2	0327	90	17	0252	160
	1000	706		0936	660
SU	1541	321	M	1512	313
	2106	603		2031	575
3	0415	156	18	0322	193
	1049	648		1014	627
M	1640	364	TU	1555	342
☾	2152	536		2107	539
4	0516	226	19	0404	231
	1153	596		1101	596
TU	1823	388	W	1700	369
	2325	476	☽	2200	502
5	0639	282	20	0513	268
	1322	565		1206	572
W	2035	366	TH	1840	375
				2348	477
6	0206	475	21	0645	291
	0813	308		1325	568
TH	1502	569	F	2014	345
	2152	317			
7	0336	520	22	0150	502
	0939	300		0813	291
F	1607	591	SA	1437	586
	2237	269	E	2124	291
8	0427	573	23	0313	560
	1038	278		0930	272
SA	1648	612	SU	1533	615
E	2311	228		2216	224
9	0506	620	24	0417	629
	1118	259		1030	246
SU	1718	628	M	1619	646
	2342	193		2300	155
10	0541	661	25	0513	692
	1150	246		1120	225
M	1742	639	TU	1700	672
				2343	93
11	0011	162	26	0604	742
	0616	604		1204	214
TU	1218	240	W	1739	691
●A	1803	647	○P		
12	0039	137	27	0024	46
	0650	716		0652	773
W	1244	240	TH	1246	214
	1824	652		1817	698
13	0106	119	28	0106	23
	0724	726		0738	783
TH	1311	244	F	1326	225
	1845	652	S	1857	691
14	0132	111	29	0148	26
	0757	724		0823	771
F	1338	253	SA	1408	244
	1909	645		1938	668
15	0159	116	30	0231	55
	0830	711		0907	743
SA	1407	267	SU	1452	268
N	1934	629		2021	631
			31	0317	104
				0951	703
			M	1542	295
				2109	583

6 月

日期	潮时 时分	潮高 cm	日期	潮时 时分	潮高 cm
1	0407	165	16	0316	177
	1037	657		0959	652
TU	1645	319	W	1558	298
	2208	531		2121	552
2	0503	227	17	0359	208
	1128	615		1040	632
W	1803	329	TH	1658	308
☾	2331	493		2221	528
3	0606	280	18	0456	243
	1229	582		1128	612
TH	1929	321	F	1808	303
			☽	2340	515
4	0111	484	19	0606	276
	0716	317		1225	596
F	1339	564	SA	1919	280
E	2046	295	E		
5	0244	506	20	0107	526
	0835	332		0723	300
SA	1448	562	SU	1327	590
	2142	263		2026	241
6	0349	545	21	0235	560
	0945	327		0843	308
SU	1541	567	M	1429	594
	2225	230		2127	191
7	0436	588	22	0353	611
	1036	313		0956	299
M	1620	576	TU	1527	607
	2301	199		2223	139
8	0517	628	23	0456	663
	1116	297		1056	282
TU	1651	585	W	1620	623
A	2334	170	P	2314	93
9	0555	662	24	0552	707
	1150	283		1147	264
W	1720	595	TH	1709	640
			○		
10	0006	146	25	0003	60
	0632	687		0642	736
TH	1221	272	F	1234	249
●	1749	604	S	1758	652
11	0038	128	26	0051	45
	0708	701		0730	750
F	1252	264	SA	1319	239
	1819	612		1846	655
12	0109	120	27	0138	50
	0742	704		0814	748
SA	1323	261	SU	1404	235
N	1849	614		1934	647
13	0139	121	28	0224	74
	0816	699		0856	732
SU	1356	263	M	1450	237
	1921	609		2023	627
14	0209	132	29	0309	114
	0849	687		0935	705
M	1431	271	TU	1538	245
	1956	597		2113	597
15	0241	151	30	0351	166
	0923	671		1013	672
TU	1510	284	W	1629	257
	2034	577		2205	562

7 月

日期	潮时 时分	潮高 cm	日期	潮时 时分	潮高 cm
1	0433	221	16	0348	190
	1050	637		1011	667
TH	1724	267	F	1641	230
☾ E	2302	528	E	2222	577
2	0516	274	17	0432	232
	1130	600		1048	643
F	1823	274	SA	1735	226
			☽	2322	559
3	0006	504	18	0527	279
	0605	320		1131	613
SA	1214	567	SU	1833	218
	1925	273			
4	0124	497	19	0032	549
	0708	355		0635	324
SU	1309	540	M	1223	584
	2029	262		1937	203
5	0254	514	20	0202	553
	0832	370		0803	353
M	1417	525	TU	1331	562
A	2127	242		2046	181
6	0404	549	21	0338	584
	0952	361		0935	352
TU	1521	525	W	1449	558
	2217	217	P	2155	153
7	0456	589	22	0451	628
	1048	340		1047	326
W	1611	535	TH	1601	574
	2301	190	S	2258	120
8	0539	625	23	0548	671
	1130	317		1144	292
TH	1652	552	F	1701	601
	2341	164		2355	91
9	0618	654	24	0638	705
	1206	294		1233	256
F	1729	572	SA	1756	629
N			○		
10	0019	143	25	0047	73
	0655	675		0723	728
SA	1241	274	SU	1317	225
●	1805	592		1847	649
11	0054	127	26	0133	71
	0730	689		0803	736
SU	1315	258	M	1400	202
	1842	608		1935	658
12	0128	120	27	0214	89
	0803	696		0838	731
M	1350	245	TU	1440	189
	1919	618		2020	653
13	0201	122	28	0250	123
	0834	698		0909	714
TU	1427	236	W	1520	188
	1959	618		2103	634
14	0234	135	29	0322	170
	0906	695		0937	688
W	1508	232	TH	1559	196
	2042	610	E	2145	605
15	0309	157	30	0351	221
	0937	685		1002	654
TH	1552	231	F	1640	210
	2129	595		2227	571
			31	0421	272
				1028	616
			SA	1723	229
			☾	2314	538

8 月

日期	潮时 时分	潮高 cm	日期	潮时 时分	潮高 cm
1	0457	320	16	0451	302
	1056	574		1039	612
SU	1812	246	M	1752	179
2	0012	510	17	0005	566
	0546	365		0553	360
M	1132	530	TU	1125	561
A	1911	258	P	1857	196
3	0142	497	18	0140	544
	0708	398		0739	398
TU	1233	491	W	1242	516
	2021	259	S	2019	203
4	0334	518	19	0338	563
	0915	400		0943	384
W	1430	476	TH	1446	509
	2134	244		2145	189
5	0441	557	20	0455	608
	1037	371		1059	335
TH	1549	494	F	1610	544
N	2235	217		2259	156
6	0528	597	21	0549	654
	1123	337		1150	281
F	1638	526	SA	1710	593
	2325	184		2357	121
7	0607	633	22	0632	693
	1200	303		1232	231
SA	1719	563	SU	1801	639
			○		
8	0007	152	23	0043	98
	0642	664		0710	720
SU	1234	270	M	1310	189
●	1758	600		1847	672
9	0043	126	24	0122	94
	0714	690		0741	733
M	1308	237	TU	1346	159
	1837	632		1929	690
10	0117	110	25	0154	111
	0744	710		0809	731
TU	1342	206	W	1420	141
	1917	655	E	2007	690
11	0149	108	26	0222	143
	0812	723		0831	718
W	1418	180	TH	1452	137
	1959	666		2044	676
12	0221	120	27	0247	185
	0840	725		0851	695
TH	1455	162	F	1523	145
E	2042	665		2119	650
13	0254	149	28	0310	230
	0907	715		0909	663
F	1533	152	SA	1554	164
	2126	653		2155	617
14	0328	191	29	0335	276
	0935	692		0927	624
SA	1614	153	SU	1628	191
	2212	630		2234	579
15	0406	244	30	0405	322
	1005	657		0946	578
SU	1659	162	M	1707	224
☽	2303	599	☾ A	2320	538
			31	0444	370
				1007	528
			TU	1759	258

时　区：－0930　　　　潮高基准面：在平均海面下 419 cm

澳大利亚—达尔文

AUSTRALIA－DARWIN

2021 年潮汐表　　12° 28′ S　　130° 51′ E

9 月

日期	潮时 时分	潮高 cm	日期	潮时 时分	潮高 cm
1 W	0032 0552 1032 1917	503 414 478 281	16 TH	0131 0803 1225 2011	542 420 465 244
2 TH N	0255 0903 1332 2053	500 426 434 278	17 F	0342 1013 1518 2150	562 369 489 228
3 F	0426 1050 1541 2214	538 383 468 248	18 SA	0452 1107 1629 2301	608 304 551 189
4 SA	0514 1121 1630 2309	583 339 520 205	19 SU	0538 1145 1718 2350	652 243 614 153
5 SU	0549 1150 1710 2350	626 295 575 163	20 M ○	0613 1219 1800	687 192 665
6 M	0620 1220 1749	666 248 629	21 TU E	0028 0643 1252 1838	133 709 152 701
7 TU ●	0025 0648 1251 1829	129 701 199 675	22 W	0100 0708 1322 1914	133 719 124 720
8 W E	0057 0715 1324 1911	109 728 153 708	23 TH	0127 0729 1351 1949	150 717 107 723
9 TH	0129 0740 1358 1953	108 743 114 726	24 F	0151 0746 1418 2022	178 706 103 712
10 F	0201 0805 1432 2034	126 744 88 727	25 SA	0213 0803 1445 2055	211 687 112 690
11 SA P	0233 0830 1507 2116	163 729 81 710	26 SU A	0236 0819 1511 2128	248 658 134 658
12 SU	0306 0855 1544 2159	213 697 94 676	27 M	0301 0836 1537 2203	286 621 168 618
13 M ☽	0342 0923 1625 2246	273 651 125 630	28 TU	0330 0853 1605 2243	328 576 210 572
14 TU	0423 0954 1715 2346	335 592 171 578	29 W ☾ N	0404 0909 1645 2340	372 528 256 527
15 W S	0526 1035 1829	394 526 219	30 TH	0500 0924 1808	416 479 298

10 月

日期	潮时 时分	潮高 cm	日期	潮时 时分	潮高 cm
1 F	0142 2005	503 309	16 SA	0319 1008 1537 2142	571 330 502 266
2 SA	0348 1047 1526 2140	531 381 457 280	17 SU	0425 1049 1633 2246	608 265 571 233
3 SU	0440 1100 1615 2240	577 331 524 233	18 M	0507 1124 1713 2330	643 211 631 206
4 M	0514 1125 1655 2322	623 276 594 187	19 TU E	0539 1155 1749	667 167 680
5 TU	0542 1154 1735 2358	666 216 660 152	20 W ○	0004 0605 1224 1823	192 682 133 714
6 W ● E	0609 1225 1817	703 155 716	21 TH	0032 0626 1253 1856	193 687 108 734
7 TH	0032 0635 1258 1859	134 730 98 756	22 F	0058 0644 1319 1929	203 686 94 741
8 F P	0106 0701 1331 1941	136 745 54 776	23 SA	0122 0702 1345 2002	221 678 91 735
9 SA	0139 0727 1405 2023	158 743 31 774	24 SU A	0146 0720 1409 2034	242 664 100 716
10 SU	0212 0753 1439 2104	196 722 35 751	25 M	0211 0739 1433 2106	267 641 123 687
11 M	0247 0821 1516 2147	246 684 65 708	26 TU N	0238 0759 1456 2140	296 609 157 650
12 TU S	0324 0850 1557 2234	302 629 120 652	27 W	0309 0821 1519 2217	330 569 200 607
13 W ☽	0411 0924 1650 2336	359 562 188 594	28 TH ☾	0345 0843 1548 2305	367 525 247 565
14 TH	0535 1012 1816	407 488 253	29 F	0442 0909 1653	405 479 296
15 F	0119 0838 1339 2006	557 396 446 281	30 SA	0027 0716 0956 1903	535 419 431 323
			31 SU	0217 0933 1440 2043	540 377 456 310

11 月

日期	潮时 时分	潮高 cm	日期	潮时 时分	潮高 cm
1 M	0332 1012 1546 2155	573 319 528 273	16 TU	0419 1051 1657 2259	616 204 622 280
2 TU E	0415 1045 1633 2246	614 254 605 234	17 W	0452 1123 1732 2335	629 167 667 267
3 W	0449 1118 1717 2328	654 185 677 203	18 TH	0519 1153 1806	637 138 702
4 TH ●	0520 1152 1801	687 117 738	19 F ○	0005 0541 1222 1840	261 642 117 726
5 F P	0006 0550 1227 1845	187 712 59 780	20 SA	0032 0603 1249 1913	260 644 103 738
6 SA	0043 0621 1303 1928	188 724 20 800	21 SU A	0059 0626 1316 1946	263 643 100 737
7 SU	0119 0652 1339 2011	204 721 7 796	22 M N	0127 0650 1342 2018	271 636 108 725
8 M S	0156 0725 1417 2054	234 700 23 770	23 TU	0155 0716 1407 2050	282 621 128 703
9 TU	0235 0759 1457 2138	272 660 67 727	24 W	0226 0742 1432 2123	299 598 157 676
10 W	0319 0837 1542 2226	314 605 133 674	25 TH	0300 0811 1458 2158	322 568 192 645
11 TH ☽	0417 0923 1641 2325	355 538 207 622	26 F	0341 0845 1530 2240	348 532 232 614
12 F	0556 1045 1802	378 474 273	27 SA ☾	0443 0931 1623 2335	372 493 276 589
13 SA	0045 0801 1334 1936	587 355 462 310	28 SU	0619 1104 1757	378 460 314
14 SU	0219 0925 1521 2107	581 302 511 314	29 M	0047 0753 1323 1933	577 350 472 328
15 M E	0332 1013 1617 2213	597 248 569 298	30 TU E	0200 0903 1459 2057	584 298 528 319

12 月

日期	潮时 时分	潮高 cm	日期	潮时 时分	潮高 cm
1 W	0300 0954 1605 2204	605 234 600 297	16 TH	0356 1046 1715 2307	579 194 632 341
2 TH	0348 1037 1658 2257	631 167 671 273	17 F	0432 1122 1752 2343	585 168 670 324
3 F	0429 1118 1747 2342	656 103 730 256	18 SA A	0504 1155 1827	593 145 699
4 SA ● P	0509 1159 1834	677 52 772	19 SU ○	0015 0535 1227 1902	309 603 130 718
5 SU	0025 0549 1240 1919	248 690 21 793	20 M N	0046 0605 1257 1935	297 612 122 725
6 M S	0106 0629 1322 2003	249 691 16 794	21 TU	0116 0636 1327 2007	289 617 124 724
7 TU	0148 0711 1405 2047	259 677 38 776	22 W	0148 0708 1356 2038	286 616 135 716
8 W	0233 0756 1450 2131	274 647 83 743	23 TH	0221 0742 1424 2108	288 607 153 703
9 TH	0323 0844 1538 2215	294 603 144 703	24 F	0258 0818 1453 2140	295 589 179 687
10 F	0424 0942 1630 2302	312 553 212 661	25 SA	0342 0900 1527 2214	305 565 211 669
11 SA ☽	0537 1059 1729 2355	320 508 277 623	26 SU	0434 0952 1609 2253	313 539 251 647
12 SU E	0658 1236 1836	313 488 331	27 M ☾ E	0537 1059 1708 2340	313 517 295 625
13 M	0057 0816 1423 1956	595 289 502 363	28 TU	0644 1222 1825	297 512 336
14 TU	0206 0919 1543 2120	580 257 542 370	29 W	0036 0752 1359 1953	607 265 533 362
15 W	0309 1007 1634 2222	577 224 588 358	30 TH	0140 0856 1533 2122	597 221 583 363
			31 F	0246 0955 1642 2232	600 170 643 345

时　区：－0930　　　　潮高基准面：在平均海面下 419 cm

澳大利亚—韦　帕

AUSTRALIA－WEIPA

2021 年潮汐表　　12° 40′ S　　141° 52′ E

1 月

日期	潮时 时分	潮高 cm	日期	潮时 时分	潮高 cm
1 F	0130 1650	71 293	16 SA	0215 0903 1119 1818	64 242 237 302
2 SA	0208 1734	69 293	17 SU	0254 0943 1326 1905	76 244 237 291
3 SU	0246 1824	71 289	18 M	0331 1032 1502 1948	93 247 233 277
4 M	0323 1919	77 282	19 TU E	0402 1125 1619 2029	114 252 227 259
5 TU	0400 1148 1556 2018	87 242 239 269	20 W ☽	0426 1210 1738 2112	136 258 217 240
6 W ☾ E	0436 1210 1728 2124	103 250 224 251	21 TH A	0440 1239 1854 2204	157 264 203 219
7 TH	0510 1233 1849 2245	123 259 201 229	22 F	0446 1256 1958 2326	175 269 184 201
8 F	0542 1256 2002	147 270 172	23 SA	0443 1305 2052	190 274 163
9 SA P	0057 0608 1319 2107	211 172 281 142	24 SU	1316 2139	280 144
10 SU	0301 0628 1345 2207	207 194 293 113	25 M	1334 2224	285 126
11 M	1416 2303	303 89	26 TU N	1400 2308	289 111
12 TU S	1455 2356	309 71	27 W	1434 2351	293 99
13 W ●	1542	312	28 TH ○	1518	296
14 TH	0045 1633	61 312	29 F	0033 1608	90 299
15 F	0132 1727	59 308	30 SA	0112 1700	84 301
			31 SU	0149 0826 1040 1753	82 239 235 301

2 月

日期	潮时 时分	潮高 cm	日期	潮时 时分	潮高 cm
1 M	0225 0848 1312 1844	85 243 233 297	16 TU	0255 0903 1449 1934	122 253 206 270
2 TU E	0258 0917 1448 1937	94 249 222 286	17 W	0312 0926 1540 2013	142 258 198 254
3 W P	0330 0948 1557 2031	110 257 207 268	18 TH A	0321 0946 1632 2056	160 263 189 235
4 TH ☾	0359 1020 1704 2132	131 266 189 245	19 F ☽	0323 1007 1729 2148	176 267 178 217
5 F	0425 1052 1814 2257	156 275 169 221	20 SA	0314 1032 1831 2306	189 271 166 202
6 SA	0443 1125 1929	180 285 148	21 SU	0157 1059 1936	197 274 153
7 SU	0151 0445 1201 2041	208 201 293 128	22 M	1132 2039	277 140
8 M S	1245 2148	299 110	23 TU N	1211 2138	278 128
9 TU	1338 2251	303 96	24 W	1303 2233	280 117
10 W	1440 2346	304 87	25 TH	1409 2323	283 107
11 TH ●	1542	304	26 F	1515	288
12 F	0035 0720 0928 1639	83 239 235 304	27 SA ○	0007 0656 0905 1614	100 232 229 293
13 SA	0118 0743 1112 1730	84 242 230 301	28 SU	0047 0658 1054 1708	95 235 223 295
14 SU	0156 0809 1251 1815	92 245 223 294			
15 M E	0228 0837 1355 1855	105 249 214 284			

3 月

日期	潮时 时分	潮高 cm	日期	潮时 时分	潮高 cm
1 M E	0122 0714 1246 1800	96 241 209 294	16 TU	0151 0724 1348 1845	133 249 172 258
2 TU P	0155 0737 1353 1852	104 250 190 285	17 W	0206 0739 1430 1925	149 254 160 247
3 W	0225 0802 1450 1945	118 260 171 270	18 TH A	0211 0756 1511 2007	164 260 150 233
4 TH	0253 0830 1545 2043	139 270 152 249	19 F	0211 0816 1553 2054	176 264 141 220
5 F	0316 0900 1643 2155	162 279 137 226	20 SA	0204 0837 1639 2153	187 266 135 207
6 SA ☾	0329 0933 1746	185 285 126	21 SU ☽	0139 0901 1729	195 266 130
7 SU S	0026 0317 1010 1856	210 204 288 118	22 M N	0928 1825	264 126
8 M	1057 2011	288 111	23 TU	1006 1929	261 123
9 TU	1159 2124	284 106	24 W	1101 2037	259 119
10 W	1332 2232	281 102	25 TH	1223 2142	257 114
11 TH	1451 2320	280 101	26 F	1404 2240	260 109
12 F	0614 0956 1552	234 224 280	27 SA	0536 0900 1515 2328	222 214 265 106
13 SA ●	0017 0630 1113 1642	102 236 211 278	28 SU ○E	0533 1043 1615	225 198 269
14 SU E	0055 0650 1214 1727	108 239 198 275	29 M	0009 0548 1158 1710	108 232 176 270
15 M	0127 0709 1304 1806	119 243 185 268	30 TU P	0045 0609 1257 1805	115 242 151 265
			31 W	0117 0634 1349 1902	128 255 125 254

4 月

日期	潮时 时分	潮高 cm	日期	潮时 时分	潮高 cm
1 TH	0146 0701 1440 2004	146 266 102 239	16 F	0101 0647 1446 2018	176 253 95 209
2 F	0209 0731 1531 2120	167 276 87 222	17 SA	0059 0706 1525 2113	183 254 89 203
3 SA	0222 0803 1624 2312	186 280 80 209	18 SU N	0055 0724 1606 2226	188 253 88 196
4 SU ☾ S	0214 0840 1722	201 279 81	19 M	0044 0743 1651	193 250 90
5 M	0924 1828	273 86	20 TU ☽	0809 1740	245 93
6 TU	1021 1940	263 93	21 W	0857 1835	239 96
7 W	1154 2053	251 100	22 TH	1018 1934	232 99
8 TH	0502 0843 1349 2201	225 216 246 105	23 F	1214 2038	227 102
9 F	0506 0947 1500 2259	225 200 244 111	24 SA	0418 0847 1400 2139	209 194 228 107
10 SA	0521 1042 1555 2345	226 183 242 119	25 SU E	0411 0958 1512 2233	212 172 232 113
11 SU E	0537 1131 1642	228 166 239	26 M	0425 1100 1615 2319	219 145 233 123
12 M ●	0020 0551 1215 1724	130 231 149 235	27 TU ○P	0446 1157 1716 2358	229 114 232 137
13 TU	0046 0602 1255 1805	143 236 132 229	28 W	0511 1249 1819	242 83 227
14 W A	0101 0614 1333 1846	156 242 117 223	29 TH	0031 0539 1339 1929	153 255 57 220
15 TH	0104 0629 1409 1930	167 248 104 216	30 F	0058 0610 1427 2047	169 265 40 212

时　区：－1000　　　　潮高基准面：在平均海面下 185　cm

澳大利亚—韦　帕

AUSTRALIA－WEIPA

2021 年潮汐表　　12° 40′ S　　141° 52′ E

5 月

日期	潮时 时分	潮高 cm	日期	潮时 时分	潮高 cm
1 SA S	0115 0644 1516 2209	183 269 32 205	16 SU	0004 0607 1503 2137	181 238 50 190
2 SU	0119 0723 1608	193 267 36	17 M	0013 0629 1542	184 236 53
3 M ☾	0809 1702	259 47	18 TU	0656 1624	232 59
4 TU	0904 1802	245 63	19 W ☽	0737 1708	225 65
5 W	1017 1907	229 79	20 TH	0845 1755	216 73
6 TH	0344 0755 1215 2014	211 195 216 94	21 F	1018 1843	207 82
7 F	0354 0859 1350 2117	213 176 208 108	22 SA E	0249 0746 1213 1934	195 177 199 94
8 SA E	0411 0952 1459 2212	215 157 203 121	23 SU	0247 0854 1354 2026	199 152 196 109
9 SU	0427 1039 1558 2256	217 138 200 135	24 M	0302 0954 1512 2118	207 123 196 125
10 M	0439 1122 1651 2327	219 119 197 149	25 TU	0323 1052 1623 2208	217 90 196 143
11 TU ●A	0446 1201 1741 2344	222 100 196 161	26 W ○P	0348 1145 1737 2251	230 58 197 159
12 W	0455 1237 1830 2344	227 82 195 170	27 TH	0417 1237 1856 2325	242 30 198 172
13 TH	0509 1313 1916 2342	232 68 195 175	28 F S	0451 1326 2007 2353	252 10 199 180
14 F	0527 1348 2002 2351	237 57 194 179	29 SA	0531 1415 2107	256 1 197
15 SA N	0547 1425 2047	239 51 193	30 SU	0016 0615 1503 2206	184 255 3 193
			31 M	0041 0706 1552	186 248 15

6 月

日期	潮时 时分	潮高 cm	日期	潮时 时分	潮高 cm
1 TU	0803 1642	236 32	16 W	0010 0700 1600	177 218 42
2 W ☾	0126 0404 0906 1734	190 189 220 53	17 TH	0758 1639	211 52
3 TH	0201 0619 1017 1828	194 179 203 75	18 F ☽	0005 0428 0905 1718	181 179 201 64
4 F E	0228 0740 1152 1922	199 162 186 97	19 SA E	0042 0606 1023 1756	185 164 188 80
5 SA	0253 0841 1334 2015	203 143 174 117	20 SU	0106 0725 1206 1834	191 141 175 100
6 SU	0313 0934 1501 2100	206 123 168 135	21 M	0128 0834 1355 1911	199 113 168 121
7 M	0325 1019 1626 2130	208 103 167 151	22 TU	0151 0937 1528 1947	210 82 168 142
8 TU A	0330 1100 1746 2115	211 83 170 163	23 W P	0218 1036 1700 2026	222 51 173 160
9 W	0336 1138 1845 2121	215 65 175 170	24 TH ○	0251 1132 1825 2110	234 25 180 172
10 TH ●	0350 1215 1923 2154	220 49 179 174	25 F S	0331 1225 1925 2159	242 5 186 178
11 F	0410 1251 1952 2230	223 38 183 176	26 SA	0418 1315 2009 2251	246 -6 188 179
12 SA N	0434 1329 2019 2302	225 31 184 177	27 SU	0511 1403 2050 2348	246 -7 188 177
13 SU	0502 1406 2049 2328	226 29 184 177	28 M	0608 1449 2132	242 1 186
14 M	0534 1444 2125 2349	225 31 183 177	29 TU	0108 0706 1534 2220	174 234 17 184
15 TU	0613 1522 2208	222 35 180	30 W	0249 0803 1617 2318	170 221 38 185

7 月

日期	潮时 时分	潮高 cm	日期	潮时 时分	潮高 cm
1 TH ☾E	0418 0856 1657	163 205 62	16 F E	0323 0811 1604 2224	161 206 58 187
2 F	0020 0543 0949 1733	189 154 186 87	17 SA ☽	0436 0910 1635 2257	148 192 77 194
3 SA	0106 0700 1054 1759	193 140 166 111	18 SU	0545 1021 1703 2327	130 175 99 202
4 SU	0137 0805 1305 1805	198 122 150 131	19 M	0657 1212 1727 2358	107 158 122 212
5 M A	0153 0900 1556 1800	201 103 149 146	20 TU	0809 1432 1745	82 153 144
6 TU	0159 0947	205 84	21 W P	0032 0917	222 57
7 W	0206 1029	209 66	22 TH S	0113 1020	231 35
8 TH	0222 1110	213 51	23 F	0204 1120	237 18
9 F N	0247 1151	216 39	24 SA ○	0303 1214 1917 2125	240 8 184 179
10 SA ●	0320 1231 1946 2146	218 31 180 176	25 SU	0408 1304 1943 2247	240 5 185 174
11 SU	0400 1310 2001 2230	219 27 181 174	26 M	0511 1350 2013	239 9 187
12 M	0446 1348 2021 2310	220 26 181 172	27 TU	0031 0609 1431 2044	166 234 21 188
13 TU	0535 1424 2047 2353	220 29 181 170	28 W	0149 0702 1508 2118	157 226 39 190
14 W	0625 1459 2117	219 34 181	29 TH E	0254 0748 1540 2154	148 213 62 192
15 TH	0131 0717 1532 2150	168 215 44 183	30 F	0354 0832 1604 2227	140 195 87 195
			31 SA ☾	0456 0917 1616 2254	132 176 110 198

8 月

日期	潮时 时分	潮高 cm	日期	潮时 时分	潮高 cm
1 SU	0601 1010 1611 2312	121 156 129 202	16 M	0524 1034 1551 2206	93 163 133 225
2 M A	0707 2331	108 206	17 TU P	0631 2242	77 231
3 TU	0807 2354	93 210	18 W S	0743 2326	62 234
4 W	0900	78	19 TH	0856	48
5 TH N	0024 0951	213 65	20 F	0023 1004	235 38
6 F	0103 1039	215 54	21 SA	0143 1107	233 32
7 SA	0154 1125	215 46	22 SU ○	0308 1202 1842 2226	233 30 190 177
8 SU ●	0255 1208 1914 2132	216 41 183 178	23 M	0417 1248 1902 2355	233 33 193 163
9 M	0355 1248 1920 2233	219 38 183 173	24 TU	0515 1329 1925	232 43 196
10 TU	0451 1324 1933	221 39 185	25 W E	0059 0605 1403 1948	149 226 58 201
11 W	0003 0542 1357 1952	166 223 43 189	26 TH	0152 0649 1430 2009	136 217 78 205
12 TH E	0127 0632 1428 2016	156 221 52 194	27 F	0240 0730 1448 2028	125 203 101 210
13 F	0230 0722 1456 2041	143 214 67 201	28 SA	0327 0812 1451 2045	115 187 121 214
14 SA	0327 0815 1522 2107	127 201 87 209	29 SU	0413 0857 1437 2104	107 171 138 218
15 SU ☽	0424 0914 1542 2135	110 183 110 217	30 M ☾A	0503 0954 1326 2125	100 156 147 220
			31 TU	0557 2148	92 220

时　区：－1000　　　　潮高基准面：在平均海面下 185　cm

澳大利亚—韦　帕

AUSTRALIA－WEIPA

2021 年潮汐表　　12° 40′ S　　141° 52′ E

9　月

日期	潮时 时分	潮高 cm	日期	潮时 时分	潮高 cm
1 W	0657 2216	85 219	16 TH	0720 2242	53 236
2 TH N	0800 2256	78 217	17 F	0834	54
3 F	0901 2355	72 214	18 SA	0005 0945 1744 2114	227 55 202 195
4 SA	0958	67	19 SU	0211 1047 1743 2223	223 58 203 179
5 SU	0129 1050 1827 2101	213 63 192 187	20 M ○	0327 1140 1756 2321	223 64 206 160
6 M	0257 1136 1817 2225	215 60 191 177	21 TU E	0425 1223 1814	223 74 210
7 TU ●	0358 1215 1820 2342	220 60 194 163	22 W	0013 0515 1257 1831	142 220 89 215
8 W E	0452 1249 1833	224 65 201	23 TH	0059 0559 1323 1846	125 213 107 221
9 TH	0043 0543 1320 1852	145 224 74 209	24 F	0142 0640 1336 1900	110 204 126 227
10 F	0137 0634 1348 1915	125 219 89 219	25 SA	0221 0722 1332 1915	97 194 143 233
11 SA P	0227 0727 1411 1939	104 208 108 230	26 SU A	0300 0807 1310 1931	88 183 155 237
12 SU	0318 0825 1426 2005	85 192 131 238	27 M	0339 0901 1237 1947	81 173 163 238
13 M ☽	0409 0941 1423 2034	70 175 152 244	28 TU	0421 2000	78 237
14 TU	0506 2107	60 246	29 W ☾ N	0507 2005	77 233
15 W S	0609 2148	55 243	30 TH	0600 2006	79 228

10　月

日期	潮时 时分	潮高 cm	日期	潮时 时分	潮高 cm
1 F	0659 2014	80 221	16 SA	0808 1643 2058	69 221 202
2 SA	0802 1849	82 212	17 SU	0102 0916 1642 2153	216 81 223 180
3 SU	0903 1739 2134	83 207 198	18 M	0235 1015 1654 2242	213 93 225 159
4 M	0137 0959 1714 2214	209 84 205 182	19 TU E	0339 1104 1708 2327	212 107 228 138
5 TU	0257 1047 1706 2303	213 87 208 162	20 W ○	0433 1143 1721	210 124 232
6 W ●E	0357 1127 1716 2353	218 94 215 138	21 TH	0009 0521 1210 1731	118 206 141 237
7 TH	0452 1202 1733	220 105 226	22 F	0048 0606 1222 1742	100 201 158 244
8 F P	0042 0546 1233 1754	112 218 120 238	23 SA	0124 0652 1206 1755	85 197 172 250
9 SA	0130 0643 1257 1818	85 212 138 251	24 SU A	0159 0743 1144 1810	74 193 179 255
10 SU	0217 0748 1311 1844	62 202 158 260	25 M	0235 0841 1137 1825	66 190 184 256
11 M	0305 0915 1305 1913	46 192 176 266	26 TU N	0312 1834	64 266
12 TU S	0355 1945	39 265	27 W	0351 1838	66 252
13 W ☽	0450 2024	40 258	28 TH ☾	0434 1841	71 247
14 TH	0550 2113	47 245	29 F	0521 1844	78 240
15 F	0658 1736 1938 2226	58 223 221 228	30 SA	0611 1749	85 231
			31 SU	0704 1650	92 226

11　月

日期	潮时 时分	潮高 cm	日期	潮时 时分	潮高 cm
1 M	0757 1617 2144	99 223 192	16 TU	0243 0927 1605 2236	205 134 249 143
2 TU E	0134 0848 1555 2216	207 108 225 168	17 W	0353 1010 1617 2317	202 154 252 122
3 W	0252 0936 1601 2258	210 120 232 140	18 TH	0501 1039 1624 2355	200 173 256 102
4 TH ●	0356 1019 1616 2344	213 135 243 109	19 F ○	0610 1035 1631	201 189 261
5 F P	0458 1056 1636	214 153 257	20 SA	0030 0715 0955 1642	86 203 198 266
6 SA	0031 0604 1124 1700	78 213 171 270	21 SU A	0104 1658	72 271
7 SU	0118 0720 1140 1728	51 211 187 281	22 M N	0139 1714	64 273
8 M S	0205 0851 1145 1800	32 210 200 287	23 TU	0214 1731	60 272
9 TU	0253 1836	24 286	24 W	0251 1745	62 270
10 W	0343 1917	26 277	25 TH	0330 1801	67 265
11 TH ☽	0436 2008	37 262	26 F	0409 1817	75 258
12 F	0533 1611 1817 2113	54 236 234 243	27 SA ☾	0451 1822	83 248
13 SA	0633 1533 1959 2256	73 238 214 223	28 SU	0532 1601	93 240
14 SU	0735 1536 2059	93 242 190	29 M	0614 1520 2047 2303	105 238 211 214
15 M E	0119 0834 1550 2150	211 114 246 166	30 TU E	0655 1443 2115	119 241 185

12　月

日期	潮时 时分	潮高 cm	日期	潮时 时分	潮高 cm
1 W	0120 0733 1445 2156	207 136 249 154	16 TH	0442 0738 1519 2257	199 193 272 118
2 TH	0248 0810 1458 2242	206 156 261 120	17 F	1523 2334	276 101
3 F	0405 0844 1517 2329	209 177 275 87	18 SA A	1533	280
4 SA ●P	0526 0914 1542	213 196 288	19 SU ○	0010 1550	86 284
5 SU	0018 0657 0943 1614	58 218 211 300	20 M N	0046 1613	76 286
6 M S	0106 1651	37 306	21 TU	0122 1639	71 286
7 TU	0155 1735	26 306	22 W	0159 1709	70 285
8 W	0243 1824	25 299	23 TH	0235 1742	73 281
9 TH	0332 1920	34 286	24 F	0311 1821	78 276
10 F	0421 2022	51 268	25 SA	0346 1909	86 267
11 SA ☽	0511 1404 1808 2128	73 246 229 246	26 SU	0420 2010	96 255
12 SU E	0600 1416 1932 2253	99 253 208 224	27 M ☾E	0454 1333 1813 2125	109 246 229 238
13 M	0648 1437 2036	125 260 185	28 TU	0526 1309 1932 2259	125 252 204 220
14 TU	0104 0732 1457 2130	207 150 266 161	29 W	0556 1317 2032	145 262 174
15 W	0254 0803 1512 2216	199 174 269 139	30 TH	0110 0623 1332 2127	207 167 274 142
			31 F	0301 0646 1353 2221	205 189 287 110

时　区：－1000　　潮高基准面：在平均海面下 185　cm

新西兰—奥克兰

NEW ZEALAND—AUCKLAND

2021 年潮汐表　　36° 51′ S　　174° 46′ E

1 月

日期	潮时 时分	潮高 cm	日期	潮时 时分	潮高 cm
1 F	0233 0855 1500 2116	53 309 69 299	16 SA	0313 0943 1544 2201	44 331 57 312
2 SA	0314 0939 1544 2201	48 314 63 302	17 SU	0356 1030 1629 2247	51 325 62 305
3 SU	0355 1024 1628 2247	45 316 59 304	18 M	0437 1115 1712 2330	62 316 69 296
4 M	0438 1111 1714 2334	46 318 56 303	19 TU E	0520 1159 1756	74 306 76
5 TU	0524 1158 1803	50 317 55	20 W ☽	0013 0605 1241 1840	286 87 295 83
6 W ☾ E	0023 0615 1247 1854	300 56 315 56	21 TH A	0057 0655 1323 1927	276 98 284 89
7 TH	0115 0712 1338 1949	296 63 311 56	22 F	0145 0748 1409 2015	268 106 275 93
8 F	0212 0813 1433 2046	293 68 306 57	23 SA	0238 0844 1458 2106	262 112 268 96
9 SA P	0315 0915 1531 2144	293 70 302 56	24 SU	0338 0938 1552 2200	261 113 264 95
10 SU	0419 1016 1632 2245	298 70 301 54	25 M	0437 1033 1648 2255	265 111 266 92
11 M	0522 1117 1733 2346	308 68 303 51	26 TU N	0531 1126 1742 2350	274 106 272 84
12 TU S	0619 1216 1832	319 64 307	27 W	0619 1218 1833	285 97 281
13 W ●	0044 0713 1314 1928	46 328 60 312	28 TH ○	0041 0704 1308 1922	74 296 86 291
14 TH	0139 0805 1407 2022	42 333 57 315	29 F	0127 0748 1354 2009	62 308 74 302
15 F	0228 0854 1457 2113	41 334 55 315	30 SA	0211 0833 1439 2056	50 318 62 311
			31 SU	0253 0918 1523 2143	41 326 52 318

2 月

日期	潮时 时分	潮高 cm	日期	潮时 时分	潮高 cm
1 M	0335 1005 1607 2230	36 332 45 321	16 TU	0409 1045 1639 2300	67 313 69 300
2 TU E	0419 1051 1653 2317	36 334 42 321	17 W	0448 1123 1718 2338	76 305 74 292
3 W P	0505 1139 1741	41 332 43	18 TH A	0529 1201 1759	87 295 81
4 TH ☾	0005 0557 1227 1832	316 50 326 48	19 F ☽	0018 0615 1240 1843	283 97 285 87
5 F	0057 0653 1317 1925	309 61 316 54	20 SA	0101 0707 1323 1930	274 105 275 93
6 SA	0152 0754 1411 2022	301 71 305 62	21 SU	0151 0801 1411 2022	266 112 267 98
7 SU	0254 0856 1510 2123	295 78 296 68	22 M	0249 0857 1507 2118	262 114 262 100
8 M S	0400 0958 1613 2227	295 82 291 71	23 TU N	0352 0953 1608 2218	264 113 263 97
9 TU	0504 1101 1718 2333	301 83 292 70	24 W	0451 1051 1708 2317	271 107 270 89
10 W	0603 1203 1818	310 79 298	25 TH	0544 1147 1804	284 96 282
11 TH ●	0033 0657 1301 1915	65 318 73 304	26 F	0012 0633 1239 1856	75 298 81 296
12 F	0125 0747 1352 2006	59 324 68 310	27 SA ○	0101 0720 1328 1946	60 313 65 311
13 SA	0211 0835 1438 2054	56 326 64 312	28 SU	0146 0807 1414 2035	44 326 49 323
14 SU	0252 0921 1520 2139	56 325 63 311			
15 M E	0331 1004 1600 2220	60 320 65 307			

3 月

日期	潮时 时分	潮高 cm	日期	潮时 时分	潮高 cm
1 M E	0229 0854 1459 2123	33 336 37 333	16 TU	0304 0933 1528 2151	68 312 66 307
2 TU P	0313 0942 1544 2210	27 343 29 337	17 W	0340 1011 1605 2228	73 306 68 302
3 W	0359 1030 1631 2258	28 343 28 336	18 TH A	0417 1048 1642 2305	79 299 72 296
4 TH	0448 1118 1719 2347	36 338 33 329	19 F	0458 1125 1721 2343	87 291 77 288
5 F	0541 1207 1810	48 328 43	20 SA	0543 1203 1804	95 283 84
6 SA ☾	0039 0639 1258 1905	318 61 314 56	21 SU ☽	0025 0633 1245 1851	280 103 275 91
7 SU S	0135 0739 1353 2003	306 73 300 69	22 M N	0113 0726 1333 1943	272 108 267 97
8 M	0237 0841 1453 2107	297 83 288 80	23 TU	0208 0821 1429 2041	267 110 263 99
9 TU	0343 0944 1559 2215	293 88 283 85	24 W	0310 0918 1531 2143	267 108 264 97
10 W	0447 1048 1705 2322	296 89 285 84	25 TH	0411 1016 1634 2244	274 101 272 87
11 TH	0545 1149 1806	302 86 291	26 F	0507 1114 1734 2340	287 88 285 72
12 F	0020 0638 1243 1900	78 309 80 299	27 SA	0559 1208 1829	303 70 302
13 SA ●	0108 0726 1331 1948	72 314 73 305	28 SU ○E	0031 0649 1258 1921	55 319 52 319
14 SU E	0150 0811 1413 2032	67 316 69 309	29 M	0118 0738 1346 2011	39 333 35 333
15 M	0228 0854 1452 2113	66 315 66 309	30 TU P	0204 0828 1433 2100	28 342 22 344
			31 W	0251 0917 1520 2149	23 346 17 348

4 月

日期	潮时 时分	潮高 cm	日期	潮时 时分	潮高 cm
1 TH	0339 1007 1608 2238	26 344 19 345	16 F	0350 1014 1609 2235	83 293 69 298
2 F	0431 1057 1658 2329	35 337 28 336	17 SA	0431 1052 1649 2314	88 287 73 292
3 SA	0526 1147 1750	48 324 42	18 SU N	0516 1132 1731 2356	94 281 80 285
4 SU ☾ S	0022 0625 1240 1846	324 62 309 59	19 M	0604 1216 1817	99 275 86
5 M	0119 0726 1337 1946	310 74 295 75	20 TU ☽	0043 0656 1304 1909	278 102 269 92
6 TU	0220 0827 1439 2052	299 83 284 87	21 W	0136 0750 1358 2007	274 102 266 94
7 W	0324 0929 1545 2200	294 89 279 92	22 TH	0234 0846 1458 2109	276 98 268 90
8 TH	0426 1031 1650 2304	294 90 281 91	23 F	0333 0944 1602 2210	283 89 276 80
9 F	0523 1128 1748 2358	297 87 287 87	24 SA	0430 1041 1703 2306	294 75 289 66
10 SA	0613 1219 1840	301 82 294	25 SU E	0525 1135 1801 2359	309 58 306 51
11 SU E	0043 0700 1304 1925	81 304 76 300	26 M	0617 1228 1855	323 40 324
12 M ●	0123 0742 1344 2006	77 306 71 304	27 TU ○P	0049 0709 1318 1947	37 335 25 339
13 TU	0200 0822 1421 2045	75 305 68 306	28 W	0139 0801 1407 2037	28 342 15 349
14 W A	0235 0900 1457 2122	76 302 66 305	29 TH	0229 0852 1456 2128	26 344 12 352
15 TH	0312 0938 1532 2158	78 298 66 302	30 F	0321 0944 1546 2218	30 340 16 348

时　区：－1200　　潮高基准面：在平均海面下 181 cm

新西兰—奥克兰

NEW ZEALAND－AUCKLAND

2021年潮汐表　　36° 51′ S　　174° 46′ E

5 月

日期	潮时 时分	潮高 cm	日期	潮时 时分	潮高 cm
1 SA S	0415 1036 1637 2310	39 331 27 339	16 SU	0408 1025 1622 2248	88 286 69 294
2 SU	0511 1129 1730	50 319 43	17 M	0452 1107 1704 2332	90 282 73 290
3 M ☾	0004 0610 1223 1826	326 62 305 61	18 TU	0539 1152 1749	92 278 78
4 TU	0101 0709 1320 1927	313 73 292 77	19 W ☽	0019 0629 1240 1840	287 92 275 82
5 W	0201 0808 1420 2031	302 82 282 89	20 TH	0110 0722 1332 1936	286 90 273 84
6 TH	0301 0907 1523 2136	295 87 277 96	21 F	0204 0816 1430 2037	288 84 275 81
7 F	0359 1005 1626 2235	292 89 277 96	22 SA E	0259 0913 1532 2137	293 75 281 73
8 SA E	0453 1058 1723 2326	292 88 281 94	23 SU	0356 1009 1634 2235	302 63 293 62
9 SU	0542 1147 1813	293 84 287	24 M	0452 1104 1734 2330	312 48 308 51
10 M	0011 0627 1231 1857	90 295 79 293	25 TU	0547 1158 1829	322 34 325
11 TU ●A	0051 0709 1311 1937	86 295 74 298	26 W ○P	0023 0641 1251 1923	41 330 23 339
12 W	0129 0749 1349 2015	84 295 69 301	27 TH	0116 0735 1344 2015	35 335 16 348
13 TH	0207 0828 1426 2052	83 294 66 303	28 F S	0209 0829 1435 2106	33 336 14 350
14 F	0246 0906 1504 2129	83 292 65 301	29 SA	0304 0923 1526 2158	36 332 19 347
15 SA N	0326 0945 1542 2208	85 289 66 299	30 SU	0358 1016 1618 2252	43 325 30 338
			31 M	0454 1110 1709 2345	51 315 45 327

6 月

日期	潮时 时分	潮高 cm	日期	潮时 时分	潮高 cm
1 TU	0549 1204 1803	62 303 62	16 W	0515 1131 1724 2357	80 286 67 298
2 W ☾	0040 0645 1258 1900	315 71 291 78	17 TH	0603 1218 1813	78 284 70
3 TH	0135 0741 1354 2001	303 80 281 91	18 F ☽	0045 0654 1309 1908	298 75 282 72
4 F E	0230 0836 1453 2101	294 86 274 98	19 SA E	0136 0747 1405 2007	299 70 282 72
5 SA	0324 0929 1553 2157	288 89 271 101	20 SU	0229 0843 1505 2108	301 63 286 69
6 SU	0416 1020 1649 2248	285 89 274 100	21 M	0325 0939 1608 2207	304 55 294 63
7 M	0505 1108 1740 2334	283 86 279 97	22 TU	0423 1035 1709 2304	309 46 307 56
8 TU A	0552 1154 1825	284 82 286	23 W P	0521 1132 1807	314 37 321
9 W	0018 0635 1237 1906	94 285 77 292	24 TH ○	0001 0618 1229 1901	49 319 29 334
10 TH ●	0100 0717 1319 1945	90 286 72 297	25 F S	0057 0714 1324 1954	44 324 24 342
11 F	0141 0757 1400 2024	87 288 67 300	26 SA	0153 0800 1417 2046	42 326 22 344
12 SA N	0223 0838 1439 2103	85 289 64 301	27 SU	0247 0904 1508 2139	42 325 26 341
13 SU	0304 0919 1519 2143	84 289 62 300	28 M	0340 0957 1557 2231	45 320 34 334
14 M	0347 1002 1558 2226	82 289 62 299	29 TU	0432 1049 1645 2323	51 313 47 325
15 TU	0430 1046 1640 2310	81 288 64 298	30 W	0523 1140 1735	60 302 63

7 月

日期	潮时 时分	潮高 cm	日期	潮时 时分	潮高 cm
1 TH ☾E	0013 0614 1231 1827	313 69 291 78	16 F E	0537 1158 1748	59 294 57
2 F	0103 0705 1321 1922	302 77 279 91	17 SA ☽	0021 0627 1248 1843	309 58 291 62
3 SA	0152 0757 1415 2019	290 84 270 100	18 SU	0110 0719 1342 1943	306 57 288 66
4 SU	0242 0847 1512 2115	281 88 265 104	19 M	0203 0815 1442 2044	302 56 288 68
5 M A	0333 0937 1609 2207	274 90 265 105	20 TU	0259 0912 1545 2145	299 54 292 67
6 TU	0424 1027 1703 2257	271 89 270 103	21 W P	0359 1012 1649 2245	298 51 302 64
7 W	0514 1117 1752 2345	271 86 277 99	22 TH S	0500 1113 1748 2345	300 47 314 59
8 TH	0601 1205 1835	274 80 285	23 F	0600 1213 1843	305 41 325
9 F N	0032 0647 1252 1917	94 279 74 292	24 SA ○	0043 0658 1310 1936	53 311 35 332
10 SA ●	0117 0730 1335 1957	88 284 66 298	25 SU	0139 0754 1401 2027	48 316 31 335
11 SU	0200 0014 1416 2038	82 209 59 302	26 M	0231 0847 1449 2118	45 318 32 334
12 M	0243 0857 1456 2120	76 293 54 305	27 TU	0320 0938 1534 2207	45 315 39 328
13 TU	0325 0941 1536 2203	70 296 51 308	28 W	0407 1026 1618 2255	49 310 50 319
14 W	0407 1026 1616 2248	65 297 50 309	29 TH E	0452 1113 1702 2341	56 300 63 308
15 TH	0451 1111 1700 2334	61 297 52 310	30 F	0538 1158 1749	65 289 78
			31 SA ☾	0025 0624 1243 1840	296 74 277 90

8 月

日期	潮时 时分	潮高 cm	日期	潮时 时分	潮高 cm
1 SU	0109 0711 1332 1935	283 81 267 100	16 M	0047 0653 1321 1923	306 47 293 63
2 M A	0155 0801 1425 2031	272 87 260 106	17 TU P	0140 0750 1422 2025	297 53 288 69
3 TU	0245 0852 1524 2126	263 91 258 108	18 W S	0238 0851 1527 2128	289 58 288 71
4 W	0339 0946 1623 2220	259 92 261 106	19 TH	0341 0955 1632 2231	284 60 294 70
5 TH N	0435 1041 1717 2313	259 89 268 101	20 F	0446 1101 1732 2333	286 58 304 65
6 F	0529 1135 1804	265 83 278	21 SA	0548 1203 1827	293 52 314
7 SA	0004 0618 1225 1847	94 273 73 287	22 SU ○	0031 0646 1257 1919	58 301 44 322
8 SU ●	0052 0705 1311 1929	84 282 62 287	23 M	0124 0739 1345 2008	51 308 39 325
9 M	0136 0750 1352 2012	73 291 51 305	24 TU	0212 0829 1429 2055	46 312 39 324
10 TU	0219 0835 1432 2055	61 299 42 312	25 W E	0256 0916 1509 2141	44 311 43 319
11 W	0300 0920 1512 2139	51 306 36 317	26 TH	0338 1000 1549 2224	47 306 52 310
12 TH E	0342 1005 1553 2225	44 309 35 320	27 F	0418 1042 1629 2305	53 298 63 300
13 F	0425 1051 1638 2311	39 309 38 319	28 SA	0459 1123 1712 2345	60 288 76 288
14 SA	0511 1138 1727 2358	39 306 45 314	29 SU	0541 1204 1800	69 277 88
15 SU ☽	0600 1227 1822	42 300 55	30 M ☾A	0026 0626 1248 1853	276 77 266 98
			31 TU	0109 0715 1338 1949	265 85 258 104

时　区：－1200　　　　潮高基准面：在平均海面下 181　cm

新西兰—奥克兰

NEW ZEALAND－AUCKLAND

2021 年潮汐表　　36° 51′ S　　174° 46′ E

9 月

日期	星期	潮时 时分	潮高 cm	潮时 时分	潮高 cm	潮时 时分	潮高 cm	潮时 时分	潮高 cm
1	W	0159	255	0808	91	1437	253	2046	107
2	TH N	0255	250	0905	94	1540	254	2143	105
3	F	0356	251	1005	91	1638	261	2239	99
4	SA	0455	258	1104	83	1729	272	2333	89
5	SU	0549	269	1156	70	1815	284		
6	M	0022	75	0638	283	1243	55	1859	298
7	TU ●	0108	59	0725	296	1325	41	1943	310
8	W E	0151	44	0811	308	1406	29	2028	320
9	TH	0233	31	0857	317	1448	22	2114	326
10	F	0316	22	0943	322	1531	21	2200	327
11	SA P	0400	20	1030	322	1617	27	2248	324
12	SU	0447	23	1117	317	1708	37	2336	315
13	M ☽	0537	32	1208	308	1805	49		
14	TU	0027	303	0631	43	1303	297	1907	60
15	W S	0122	290	0730	55	1404	288	2011	69
16	TH	0222	280	0835	65	1510	285	2115	73
17	F	0328	275	0944	69	1616	288	2219	72
18	SA	0435	277	1051	67	1716	296	2320	67
19	SU	0537	285	1151	61	1810	304		
20	M ○	0016	60	0633	294	1242	53	1900	310
21	TU E	0105	53	0723	302	1326	48	1946	313
22	W	0149	48	0809	306	1406	47	2030	312
23	TH	0229	46	0852	306	1443	50	2111	307
24	F	0307	47	0932	303	1520	56	2151	300
25	SA	0345	51	1010	297	1559	65	2229	291
26	SU A	0422	57	1048	288	1640	75	2308	281
27	M	0502	65	1127	279	1725	85	2347	271
28	TU	0545	74	1209	269	1816	93		
29	W ☾ N	0030	261	0633	82	1257	260	1911	100
30	TH	0118	253	0727	90	1353	253	2008	102

10 月

日期	星期	潮时 时分	潮高 cm	潮时 时分	潮高 cm	潮时 时分	潮高 cm	潮时 时分	潮高 cm
1	F	0214	249	0826	93	1455	253	2105	101
2	SA	0316	249	0928	91	1555	259	2202	94
3	SU	0418	256	1029	81	1650	270	2257	81
4	M	0516	269	1122	67	1739	285	2348	65
5	TU	0609	285	1211	50	1827	300		
6	W ●E	0036	46	0658	302	1255	34	1913	314
7	TH	0121	29	0746	317	1339	22	2000	325
8	F P	0206	16	0833	328	1424	15	2048	330
9	SA	0251	8	0920	333	1510	15	2137	330
10	SU	0337	8	1008	333	1600	22	2226	325
11	M	0425	15	1058	326	1654	33	2317	314
12	TU S	0517	27	1150	315	1752	46		
13	W ☽	0010	301	0612	43	1247	302	1853	58
14	TH	0106	288	0713	58	1348	292	1956	67
15	F	0208	277	0820	70	1453	286	2100	72
16	SA	0314	272	0930	76	1556	286	2202	73
17	SU	0420	274	1036	75	1655	290	2301	70
18	M	0521	281	1133	70	1748	295	2354	64
19	TU E	0615	289	1221	64	1836	299		
20	W ○	0041	59	0703	296	1302	60	1920	300
21	TH	0122	54	0746	300	1341	59	2002	299
22	F	0201	52	0825	302	1418	60	2041	296
23	SA	0238	51	0903	300	1454	64	2119	291
24	SU A	0314	53	0940	296	1533	69	2157	285
25	M	0351	57	1017	291	1614	76	2235	278
26	TU N	0430	63	1055	283	1658	83	2315	271
27	W	0512	71	1137	275	1746	89	2358	264
28	TH ☾	0558	79	1224	267	1837	94		
29	F	0045	258	0650	86	1316	261	1931	95
30	SA	0138	254	0747	89	1413	261	2026	92
31	SU	0237	254	0849	87	1511	265	2123	85

11 月

日期	星期	潮时 时分	潮高 cm	潮时 时分	潮高 cm	潮时 时分	潮高 cm	潮时 时分	潮高 cm
1	M	0340	260	0949	79	1607	275	2218	72
2	TU E	0440	272	1045	66	1700	289	2311	56
3	W	0537	289	1136	50	1752	303		
4	TH ●	0002	38	0630	307	1225	35	1842	316
5	F P	0051	22	0720	323	1313	24	1933	325
6	SA	0139	10	0809	335	1402	18	2023	330
7	SU	0228	4	0859	341	1452	18	2115	330
8	M S	0317	6	0949	341	1545	24	2207	324
9	TU	0407	14	1040	334	1640	33	2300	315
10	W	0459	27	1134	323	1738	44	2354	303
11	TH ☽	0555	44	1230	311	1837	55		
12	F	0051	291	0654	61	1329	299	1937	65
13	SA	0150	281	0759	75	1430	291	2037	71
14	SU	0253	274	0907	83	1530	286	2137	75
15	M E	0357	273	1010	85	1626	285	2232	75
16	TU	0457	276	1104	83	1719	286	2324	72
17	W	0551	283	1152	80	1807	287		
18	TH	0010	69	0638	289	1234	77	1851	288
19	F ○	0052	65	0720	294	1314	75	1932	288
20	SA	0132	62	0759	298	1353	74	2012	287
21	SU A	0210	60	0836	299	1432	74	2051	285
22	M N	0248	59	0913	297	1512	76	2130	282
23	TU	0326	60	0951	294	1553	79	2209	279
24	W	0405	63	1030	289	1636	82	2250	276
25	TH	0445	68	1112	284	1720	85	2333	272
26	F	0529	74	1157	280	1807	86		
27	SA ☾	0019	268	0617	79	1245	277	1857	85
28	SU	0108	265	0710	82	1336	277	1949	82
29	M	0203	265	0809	82	1430	280	2044	75
30	TU E	0303	268	0909	77	1526	286	2139	65

12 月

日期	星期	潮时 时分	潮高 cm	潮时 时分	潮高 cm	潮时 时分	潮高 cm	潮时 时分	潮高 cm
1	W	0405	278	1007	67	1622	294	2234	52
2	TH	0505	292	1102	56	1717	304	2328	38
3	F	0602	309	1156	45	1813	314		
4	SA ●P	0022	26	0655	326	1249	35	1907	322
5	SU	0115	16	0747	338	1343	30	2001	327
6	M S	0208	11	0839	345	1437	28	2056	328
7	TU	0300	12	0931	346	1532	30	2150	325
8	W	0351	18	1024	341	1626	36	2244	319
9	TH	0442	31	1117	332	1721	45	2337	309
10	F	0535	47	1212	321	1816	55		
11	SA ☽	0031	298	0631	64	1306	309	1912	64
12	SU E	0127	287	0730	79	1401	297	2007	73
13	M	0225	277	0833	90	1455	288	2102	79
14	TU	0325	271	0932	96	1549	281	2155	83
15	W	0425	271	1027	98	1642	277	2246	84
16	TH	0520	275	1117	98	1732	276	2335	82
17	F	0609	281	1203	95	1819	277		
18	SA A	0021	79	0652	288	1248	92	1903	279
19	SU ○	0105	74	0732	293	1331	88	1945	281
20	M N	0147	70	0811	297	1413	85	2026	283
21	TU	0227	66	0849	298	1454	83	2107	285
22	W	0305	63	0929	298	1534	81	2148	285
23	TH	0344	62	1009	298	1615	79	2229	285
24	F	0422	63	1051	297	1656	78	2311	284
25	SA	0503	66	1134	296	1740	76	2355	282
26	SU	0547	70	1219	296	1826	74		
27	M ☾ E	0042	280	0637	74	1306	295	1915	71
28	TU	0133	278	0734	76	1356	295	2008	67
29	W	0230	279	0833	76	1450	295	2103	61
30	TH	0333	284	0933	72	1547	297	2200	54
31	F	0436	294	1032	66	1647	301	2259	46

时　区：－1200　　　　潮高基准面：在平均海面下 181　cm

新西兰—惠灵顿
NEW ZEALAND－WELLINGTON

2021 年潮汐表　　41° 17′ S　　174° 47′ E

1 月

日期	潮时 时分	潮高 cm	日期	潮时 时分	潮高 cm
1	0016	73	16	0056	61
	0625	162		0713	173
F	1253	71	SA	1346	60
	1901	151		1942	162
2	0104	71	17	0150	62
	0711	164		0806	171
SA	1342	69	SU	1440	61
	1945	153		2031	161
3	0150	68	18	0242	64
	0758	166		0856	168
SU	1430	66	M	1529	62
	2029	156		2119	159
4	0237	65	19	0332	66
	0846	168		0946	165
M	1516	64	TU	1614	64
	2113	159	E	2207	158
5	0326	62	20	0421	68
	0935	170		1034	161
TU	1601	61	W	1657	66
	2200	163	☽	2253	156
6	0416	59	21	0508	71
	1027	171		1120	157
W	1647	59	TH	1738	68
☾ E	2250	167	A	2339	156
7	0509	56	22	0553	73
	1120	171		1203	153
TH	1735	57	F	1817	70
	2343	171			
8	0603	54	23	0023	156
	1214	171		0637	74
F	1824	56	SA	1246	150
				1857	72
9	0038	175	24	0107	157
	0658	52		0720	75
SA	1308	170	SU	1329	148
P	1916	56		1938	73
10	0134	178	25	0151	158
	0754	52		0803	75
SU	1405	169	M	1413	148
	2010	56		2021	73
11	0231	179	26	0236	159
	0852	53		0848	74
M	1502	167	TU	1500	147
	2107	57	N	2106	72
12	0329	179	27	0322	161
	0950	55		0934	73
TU	1601	165	W	1550	148
S	2205	58		2154	71
13	0427	179	28	0410	162
	1050	57		1024	72
W	1700	164	TH	1641	149
●	2303	59	○	2244	70
14	0524	177	29	0459	164
	1150	58		1117	71
TH	1757	163	F	1732	151
				2335	68
15	0001	60	30	0549	166
	0619	175		1212	69
F	1250	60	SA	1822	154
	1851	163			
			31	0027	66
				0640	167
			SU	1307	67
				1912	157

2 月

日期	潮时 时分	潮高 cm	日期	潮时 时分	潮高 cm
1	0120	64	16	0213	69
	0731	169		0826	160
M	1401	65	TU	1457	68
	2001	161		2048	155
2	0215	61	17	0303	71
	0824	170		0915	157
TU	1452	62	W	1542	69
E	2051	165		2135	155
3	0310	58	18	0353	72
	0918	171		1003	155
W	1542	59	TH	1625	70
P	2143	170	A	2220	155
4	0405	54	19	0440	73
	1013	172		1048	152
TH	1631	57	F	1705	71
☾	2236	174	☽	2305	156
5	0500	52	20	0524	73
	1108	172		1131	151
F	1721	55	SA	1744	72
	2330	177		2349	157
6	0554	50	21	0606	72
	1202	171		1213	150
SA	1811	55	SU	1822	72
7	0025	179	22	0031	159
	0648	50		0646	71
SU	1256	170	M	1253	149
	1902	55		1901	70
8	0121	180	23	0115	161
	0741	51		0726	70
M	1351	168	TU	1336	150
S	1955	56	N	1942	69
9	0216	179	24	0159	163
	0835	54		0808	69
TU	1446	165	W	1420	151
	2049	58		2025	67
10	0311	177	25	0244	165
	0930	58		0852	69
W	1542	163	TH	1508	152
	2144	60		2113	65
11	0406	174	26	0332	167
	1026	61		0942	60
TH	1637	160	F	1559	153
●	2240	62		2204	64
12	0500	171	27	0423	168
	1124	64		1036	68
F	1730	159	SA	1653	156
	2334	64	○	2259	63
13	0553	168	28	0516	169
	1221	66		1134	67
SA	1822	158	SU	1747	159
				2356	61
14	0028	66			
	0644	165			
SU	1317	67			
	1912	157			
15	0121	67			
	0735	163			
M	1409	67			
E	2001	156			

3 月

日期	潮时 时分	潮高 cm	日期	潮时 时分	潮高 cm
1	0611	169	16	0053	73
	1234	65		0705	154
M	1841	163	TU	1334	73
E				1929	152
2	0056	58	17	0145	74
	0708	170		0757	152
TU	1332	62	W	1423	74
P	1936	168		2016	152
3	0156	55	18	0236	74
	0805	171		0847	151
W	1428	59	TH	1509	74
	2031	172	A	2102	153
4	0256	52	19	0326	74
	0903	172		0934	150
TH	1522	57	F	1552	75
	2126	176		2147	154
5	0353	49	20	0412	73
	0959	173		1018	149
F	1615	55	SA	1632	74
	2221	179		2231	155
6	0449	47	21	0454	72
	1055	173		1059	149
SA	1706	54	SU	1709	73
☾	2317	181	☽	2314	158
7	0543	47	22	0534	71
	1149	171		1138	149
SU	1757	54	M	1746	71
S			N	2357	161
8	0012	180	23	0612	69
	0635	49		1217	150
M	1242	169	TU	1824	68
	1849	55			
9	0107	179	24	0039	164
	0726	52		0651	67
TU	1335	166	W	1258	151
	1940	57		1904	65
10	0201	176	25	0123	166
	0817	56		0732	66
W	1428	163	TH	1342	153
	2032	60		1948	63
11	0253	172	26	0209	169
	0909	61		0816	65
TH	1520	160	F	1431	155
	2124	63		2037	61
12	0344	168	27	0259	170
	1002	65		0906	64
F	1612	157	SA	1524	158
	2217	66		2131	60
13	0434	164	28	0351	170
	1056	68		1001	64
SA	1703	155	SU	1620	161
●	2309	69	○E	2230	58
14	0524	160	29	0447	170
	1150	71		1101	63
SU	1752	154	M	1717	166
E				2332	56
15	0001	71	30	0546	171
	0614	157		1204	61
M	1243	72	TU	1815	170
	1841	153	P		
			31	0035	53
				0647	172
			W	1305	59
				1913	175

4 月

日期	潮时 时分	潮高 cm	日期	潮时 时分	潮高 cm
1	0138	50	16	0209	76
	0747	173		0819	147
TH	1404	56	F	1434	78
	2011	179		2030	152
2	0239	47	17	0258	75
	0846	174		0905	147
F	1501	54	SA	1517	77
	2108	181		2114	154
3	0338	46	18	0342	73
	0942	174		0946	148
SA	1556	53	SU	1556	75
	2205	182	N	2157	156
4	0434	46	19	0424	72
	1037	173		1025	148
SU	1649	52	M	1633	73
☾ S	2302	181		2239	159
5	0527	47	20	0502	70
	1131	171		1102	149
M	1741	53	TU	1710	70
	2358	179	☽	2322	162
6	0619	51	21	0540	68
	1224	167		1141	150
TU	1832	55	W	1748	67
7	0053	176	22	0005	165
	0709	55		0619	66
W	1316	164	TH	1223	152
	1923	58		1830	64
8	0144	172	23	0051	168
	0759	59		0700	64
TH	1407	160	F	1309	155
	2013	62		1916	61
9	0234	167	24	0139	170
	0848	64		0746	62
F	1458	157	SA	1401	159
	2103	66		2009	59
10	0321	162	25	0230	171
	0937	68		0838	61
SA	1546	155	SU	1456	163
	2154	70	E	2107	57
11	0407	157	26	0325	171
	1027	71		0934	60
SU	1635	153	M	1554	168
E	2244	73		2209	55
12	0455	153	27	0424	171
	1118	74		1035	59
M	1723	152	TU	1653	173
●	2335	76	○P	2313	52
13	0545	150	28	0525	171
	1209	76		1137	57
TU	1810	151	W	1753	178
14	0026	77	29	0016	50
	0637	148		0627	172
W	1259	77	TH	1239	56
A	1858	151		1852	181
15	0118	77	30	0119	47
	0729	147		0728	174
TH	1348	78	F	1340	54
	1944	151		1950	183

时　区：－1200　　　　潮高基准面：在平均海面下 111 cm

新西兰—惠灵顿

NEW ZEALAND—WELLINGTON

2021 年潮汐表　　41° 17′ S　　174° 47′ E

5 月

日期	潮时 时分	潮高 cm	日期	潮时 时分	潮高 cm
1 SA S	0221	46	16 SU	0228	75
	0826	174		0833	147
	1438	52		1439	77
	2048	184		2040	156
2 SU	0320	46	17 M	0312	73
	0921	174		0912	148
	1534	52		1519	75
	2146	182		2122	158
3 M ☾	0416	48	18 TU	0353	71
	1016	172		0950	148
	1629	52		1557	73
	2244	180		2205	161
4 TU	0509	50	19 W ☽	0432	70
	1109	169		1028	149
	1721	54		1635	70
	2340	177		2249	164
5 W	0600	54	20 TH	0511	67
	1202	165		1109	151
	1812	57		1717	66
				2335	166
6 TH	0033	173	21 F	0551	65
	0650	58		1154	154
	1254	161		1803	63
	1903	61			
7 F	0123	168	22 SA E	0023	169
	0737	62		0635	63
	1344	158		1244	159
	1952	66		1854	60
8 SA E	0210	163	23 SU	0114	170
	0824	66		0723	60
	1433	156		1338	164
	2042	71		1950	58
9 SU	0255	157	24 M	0208	171
	0910	70		0816	59
	1520	154		1435	170
	2131	74		2050	55
10 M	0340	152	25 TU	0305	171
	0957	73		0913	57
	1607	153		1534	175
	2220	77		2152	53
11 TU ●A	0427	148	26 W ○P	0405	171
	1045	76		1013	56
	1653	152		1633	180
	2310	78		2255	50
12 W	0518	145	27 TH	0506	171
	1134	78		1114	54
	1740	152		1733	183
				2358	49
13 TH	0000	79	28 F S	0608	172
	0611	144		1215	53
	1223	79		1832	185
	1827	152			
14 F	0051	78	29 SA	0100	48
	0702	145		0707	173
	1311	79		1315	52
	1912	153		1930	185
15 SA N	0141	76	30 SU	0201	48
	0750	146		0803	173
	1357	78		1413	52
	1957	154		2027	184
			31 M	0259	49
				0858	172
				1510	52
				2124	181

6 月

日期	潮时 时分	潮高 cm	日期	潮时 时分	潮高 cm
1 TU	0355	51	16 W	0322	70
	0951	169		0918	150
	1604	54		1524	71
	2221	178		2134	163
2 W ☾	0448	54	17 TH	0403	68
	1044	166		0959	152
	1657	57		1608	68
	2316	173		2220	165
3 TH	0538	57	18 F ☽	0445	66
	1136	162		1043	155
	1749	61		1655	65
				2310	166
4 F E	0008	169	19 SA E	0528	64
	0626	61		1132	159
	1228	159		1747	62
	1839	66			
5 SA	0057	163	20 SU	0001	168
	0711	64		0614	61
	1318	157		1226	165
	1929	70		1841	59
6 SU	0143	158	21 M	0055	169
	0756	68		0705	59
	1406	156		1321	171
	2018	74		1939	56
7 M	0227	153	22 TU	0151	169
	0841	71		0758	57
	1452	155		1419	176
	2106	77		2038	53
8 TU A	0313	148	23 W P	0249	170
	0926	74		0855	55
	1538	154		1517	181
	2154	78		2137	51
9 W	0400	145	24 TH ○	0348	170
	1012	76		0954	54
	1624	154		1616	184
	2243	79		2238	50
10 TH ●	0451	144	25 F S	0449	170
	1100	77		1053	53
	1709	155		1714	185
	2331	78		2339	50
11 F	0542	144	26 SA	0548	171
	1147	77		1152	52
	1755	156		1812	185
12 SA N	0020	76	27 SU	0040	51
	0631	146		0645	171
	1234	77		1250	52
	1840	157		1908	184
13 SU	0109	75	28 M	0140	51
	0717	147		0740	170
	1319	76		1348	53
	1923	158		2004	181
14 M	0156	73	29 TU	0237	53
	0759	148		0833	169
	1401	75		1443	55
	2006	160		2059	178
15 TU	0240	71	30 W	0331	54
	0838	149		0925	166
	1443	73		1538	58
	2049	161		2153	174

7 月

日期	潮时 时分	潮高 cm	日期	潮时 时分	潮高 cm
1 TH ☾ E	0422	57	16 F E	0338	66
	1016	163		0936	157
	1631	61		1550	65
	2247	169		2200	165
2 F	0511	60	17 SA ☽	0423	64
	1108	161		1024	161
	1723	65		1643	62
	2338	163		2252	166
3 SA	0557	63	18 SU	0509	62
	1159	159		1116	166
	1813	69		1737	58
				2346	167
4 SU	0026	158	19 M	0558	59
	0641	67		1211	172
	1248	157		1832	55
	1903	73			
5 M A	0113	153	20 TU	0042	168
	0724	70		0649	57
	1335	157		1307	176
	1950	75		1928	53
6 TU	0158	149	21 W P	0138	168
	0808	72		0743	56
	1421	156		1404	180
	2037	77		2024	51
7 W	0244	147	22 TH S	0235	168
	0852	74		0839	54
	1506	157		1501	182
	2123	77		2121	51
8 TH	0331	145	23 F	0333	168
	0938	74		0936	54
	1551	158		1559	183
	2209	76		2220	52
9 F N	0420	145	24 SA ○	0431	168
	1024	74		1034	53
	1636	159		1655	183
	2256	75		2319	53
10 SA ●	0509	146	25 SU	0528	168
	1110	74		1131	54
	1721	160		1751	181
	2345	74			
11 SU	0556	148	26 M	0019	55
	1156	73		0623	167
	1806	161		1228	55
				1846	179
12 M	0033	72	27 TU	0117	56
	0641	149		0715	166
	1242	72		1323	56
	1850	162		1939	176
13 TU	0122	71	28 W	0212	57
	0725	150		0807	165
	1327	71		1418	59
	1935	163		2032	172
14 W	0208	69	29 TH E	0304	58
	0807	152		0857	163
	1413	70		1511	62
	2021	164		2125	167
15 TH	0254	68	30 F	0353	60
	0850	154		0947	161
	1500	68		1604	65
	2109	165		2216	163
			31 SA ☾	0440	63
				1037	159
				1655	68
				2306	158

8 月

日期	潮时 时分	潮高 cm	日期	潮时 时分	潮高 cm
1 SU	0524	66	16 M	0453	58
	1126	158		1101	174
	1745	71		1727	52
	2354	153		2334	168
2 M A	0607	69	17 TU P	0543	57
	1214	158		1157	177
	1833	73		1821	50
3 TU	0040	150	18 W S	0029	168
	0650	71		0635	55
	1301	158		1253	179
	1918	74		1915	50
4 W	0125	147	19 TH	0124	167
	0732	72		0728	55
	1346	158		1350	180
	2001	74		2009	51
5 TH N	0210	146	20 F	0220	166
	0815	72		0823	55
	1430	159		1446	180
	2045	74		2104	53
6 F	0256	146	21 SA	0316	166
	0900	72		0919	55
	1515	161		1542	179
	2129	73		2201	56
7 SA	0343	147	22 SU ○	0412	165
	0945	71		1016	56
	1600	162		1636	177
	2216	72		2259	58
8 SU ●	0431	148	23 M	0507	164
	1032	70		1112	57
	1646	163		1730	174
	2305	71		2356	59
9 M	0518	150	24 TU	0559	163
	1120	69		1206	59
	1732	164		1823	171
	2356	70			
10 TU	0605	152	25 W E	0052	61
	1208	68		0650	162
	1819	165		1300	61
				1915	168
11 W	0047	68	26 TH	0145	62
	0652	154		0740	161
	1258	66		1354	63
	1908	165		2006	164
12 TH E	0138	67	27 F	0235	63
	0739	157		0829	160
	1350	64		1446	66
	1959	166		2057	160
13 F	0227	65	28 SA	0323	65
	0827	161		0917	159
	1444	62		1538	68
	2051	166		2147	157
14 SA	0316	63	29 SU	0408	67
	0916	165		1005	158
	1538	58		1628	70
	2145	167		2235	153
15 SU ☽	0404	60	30 M ☾A	0451	69
	1008	169		1052	157
	1633	55		1715	71
	2239	168		2321	151
			31 TU	0533	71
				1139	158
				1759	71

时　区：－1200　　潮高基准面：在平均海面下 111　cm

新西兰—惠灵顿

NEW ZEALAND—WELLINGTON

2021 年潮汐表　　41° 17′ S　　174° 47′ E

9 月

日期	潮时 时分	潮高 cm	日期	潮时 时分	潮高 cm
1 W	0005 0613 1224 1841	148 71 158 72	16 TH	0013 0620 1239 1859	169 54 179 50
2 TH N	0048 0654 1308 1922	147 71 160 71	17 F	0107 0713 1335 1952	167 54 178 53
3 F	0131 0735 1352 2003	147 70 161 71	18 SA	0202 0808 1430 2045	165 56 175 57
4 SA	0215 0818 1437 2046	147 69 162 70	19 SU	0257 0903 1523 2140	163 58 172 60
5 SU	0301 0904 1522 2133	148 68 164 70	20 M ○	0352 0958 1616 2236	161 60 168 63
6 M	0350 0953 1609 2224	150 66 164 69	21 TU E	0444 1053 1708 2331	160 63 165 65
7 TU ●	0440 1045 1659 2318	152 65 165 68	22 W	0535 1146 1759	159 65 161
8 W E	0530 1139 1751	156 63 166	23 TH	0025 0625 1239 1851	67 159 66 158
9 TH	0013 0622 1235 1845	66 160 61 167	24 F	0116 0713 1331 1943	68 158 68 156
10 F	0108 0713 1332 1940	64 164 57 168	25 SA	0205 0801 1422 2033	69 157 69 154
11 SA P	0202 0805 1429 2036	61 169 54 169	26 SU A	0252 0847 1512 2121	70 157 70 152
12 SU	0254 0858 1525 2131	59 173 51 170	27 M	0336 0933 1559 2205	71 157 70 151
13 M ☽	0346 0951 1620 2225	56 177 48 171	28 TU	0418 1018 1643 2247	72 157 70 150
14 TU	0437 1046 1714 2319	55 179 47 170	29 W ☾ N	0457 1102 1724 2328	71 158 70 148
15 W S	0528 1142 1807	54 180 48	30 TH	0536 1146 1803	71 159 70

10 月

日期	潮时 时分	潮高 cm	日期	潮时 时分	潮高 cm
1 F	0007 0613 1229 1842	148 69 161 69	16 SA	0048 0657 1318 1933	166 55 174 56
2 SA	0048 0653 1312 1922	148 68 162 69	17 SU	0142 0750 1411 2025	163 59 170 60
3 SU	0132 0736 1357 2004	148 67 164 68	18 M	0236 0844 1502 2118	161 62 165 64
4 M	0219 0823 1444 2052	150 66 164 68	19 TU E	0328 0939 1553 2211	158 66 160 68
5 TU	0309 0916 1534 2145	153 64 165 67	20 W ○	0419 1033 1643 2303	157 69 155 70
6 W ●E	0403 1013 1628 2242	157 62 165 66	21 TH	0509 1126 1735 2355	156 71 152 72
7 TH	0458 1113 1725 2341	161 59 166 64	22 F	0558 1218 1828	155 72 150
8 F P	0554 1213 1824	167 55 168	23 SA	0045 0646 1309 1920	74 155 72 149
9 SA	0040 0649 1313 1923	61 172 51 170	24 SU A	0134 0732 1358 2009	74 155 72 150
10 SU	0137 0744 1412 2019	58 177 48 172	25 M	0220 0817 1446 2053	74 155 71 150
11 M	0233 0839 1509 2114	55 181 45 174	26 TU N	0303 0901 1530 2134	74 156 70 150
12 TU S	0326 0934 1604 2207	52 182 44 174	27 W	0343 0944 1612 2213	73 157 70 149
13 W ☽	0419 1030 1658 2300	51 182 45 172	28 TH ☾	0421 1026 1650 2250	72 159 69 148
14 TH	0512 1127 1750 2354	51 181 48 170	29 F	0457 1108 1728 2327	70 160 69 148
15 F	0604 1223 1842	52 178 51	30 SA	0534 1150 1805	69 162 68
			31 SU	0007 0613 1233 1844	149 67 163 67

11 月

日期	潮时 时分	潮高 cm	日期	潮时 时分	潮高 cm
1 M	0051 0657 1319 1927	151 66 164 66	16 TU	0211 0823 1437 2051	159 67 159 68
2 TU E	0140 0748 1409 2016	154 64 165 65	17 W	0302 0916 1526 2141	157 71 153 72
3 W	0234 0845 1502 2110	158 62 165 64	18 TH	0352 1009 1616 2231	155 75 148 75
4 TH ●	0331 0946 1600 2210	163 60 165 63	19 F ○	0440 1101 1709 2321	154 76 146 77
5 F P	0429 1049 1701 2311	169 56 166 61	20 SA	0528 1152 1803	154 77 145
6 SA	0528 1152 1803	175 52 169	21 SU A	0011 0615 1242 1853	77 154 76 146
7 SU	0012 0626 1253 1902	58 180 48 172	22 M N	0059 0701 1331 1940	77 155 74 147
8 M S	0112 0723 1353 1959	54 183 45 174	23 TU	0144 0745 1417 2022	77 156 73 148
9 TU	0209 0820 1451 2054	51 185 44 176	24 W	0227 0828 1500 2101	75 157 71 149
10 W	0305 0916 1547 2147	50 185 44 175	25 TH	0306 0909 1541 2138	74 158 70 148
11 TH ☽	0359 1013 1640 2239	49 183 46 172	26 F	0343 0950 1618 2214	72 160 70 148
12 F	0452 1109 1732 2333	50 180 50 169	27 SA ☾	0420 1032 1655 2251	71 161 69 149
13 SA	0545 1205 1822	53 176 54	28 SU	0459 1114 1732 2333	69 163 68 152
14 SU	0026 0637 1258 1912	165 57 171 58	29 M	0541 1159 1812	66 164 66
15 M E	0119 0730 1348 2001	162 62 165 63	30 TU E	0019 0629 1248 1857	155 64 165 64

12 月

日期	潮时 时分	潮高 cm	日期	潮时 时分	潮高 cm
1 W	0110 0723 1340 1947	160 62 165 63	16 TH	0232 0849 1456 2107	157 75 149 74
2 TH	0206 0821 1436 2042	165 60 166 61	17 F	0320 0938 1546 2155	155 78 145 76
3 F	0304 0923 1535 2142	171 57 166 59	18 SA A	0407 1028 1637 2243	155 79 143 78
4 SA ●P	0404 1026 1638 2244	176 54 167 57	19 SU ○	0454 1118 1729 2332	154 79 143 78
5 SU	0504 1128 1740 2345	181 51 169 54	20 M N	0540 1207 1819	155 77 144
6 M S	0603 1231 1839	184 49 172	21 TU	0020 0626 1257 1905	78 156 76 146
7 TU	0045 0702 1332 1936	52 186 47 174	22 W	0105 0710 1344 1947	77 157 74 147
8 W	0144 0759 1431 2031	50 186 47 174	23 TH	0148 0753 1428 2026	76 158 72 148
9 TH	0242 0856 1527 2124	49 185 48 173	24 F	0229 0835 1509 2104	74 159 71 148
10 F	0337 0953 1621 2217	50 182 49 171	25 SA	0309 0917 1548 2142	73 161 70 150
11 SA ☽	0431 1048 1711 2309	52 178 52 168	26 SU	0350 1001 1626 2222	71 162 69 152
12 SU E	0524 1142 1800	56 173 56	27 M ☾E	0434 1046 1705 2307	68 163 67 157
13 M	0002 0616 1233 1847	165 61 167 61	28 TU	0521 1134 1747 2355	65 164 65 162
14 TU	0053 0708 1322 1934	162 66 160 66	29 W	0612 1225 1834	62 165 62
15 W	0143 0758 1409 2020	159 71 154 70	30 TH	0048 0706 1318 1925	168 58 166 60
			31 F	0144 0803 1414 2020	173 56 167 58

时　区：－1200　　　　潮高基准面：在平均海面下 111　cm

新西兰—利特尔顿港

NEW ZEALAND－PORT LYTTELTON

2021 年潮汐表　　43° 36′ S　　172° 43′ E

1 月

日期	潮时 时分	潮高 cm	日期	潮时 时分	潮高 cm
1 F	0600 1213 1825	227 57 210	16 SA	0036 0652 1313 1917	34 246 38 229
2 SA	0027 0642 1300 1911	49 228 52 211	17 SU	0124 0739 1402 2006	39 236 42 222
3 SU	0114 0726 1348 1958	44 227 47 212	18 M	0211 0827 1451 2053	45 226 47 216
4 M	0201 0814 1437 2047	40 225 42 214	19 TU E	0257 0916 1538 2140	52 218 51 211
5 TU	0250 0906 1528 2137	37 223 39 216	20 W ☽	0345 1005 1626 2226	59 211 55 208
6 W ☾ E	0343 1000 1620 2230	36 222 36 219	21 TH A	0434 1053 1713 2312	65 207 59 206
7 TH	0439 1057 1715 2324	37 222 34 223	22 F	0527 1141 1759 2359	70 204 61 205
8 F	0539 1154 1811	39 224 31	23 SA	0619 1228 1844	73 203 63
9 SA P	0022 0641 1252 1906	229 39 227 29	24 SU	0048 0710 1315 1927	206 74 202 64
10 SU	0122 0741 1351 2002	235 37 231 28	25 M	0138 0757 1402 2010	208 73 203 64
11 M	0224 0840 1449 2058	243 36 234 27	26 TU N	0228 0842 1449 2054	212 71 204 62
12 TU S	0325 0938 1547 2154	250 34 237 27	27 W	0315 0926 1535 2139	217 66 207 57
13 W ●	0422 1034 1643 2250	255 34 239 29	28 TH ○	0400 1012 1620 2226	223 60 210 50
14 TH	0514 1128 1736 2344	256 34 238 31	29 F	0444 1058 1705 2314	228 53 214 43
15 F	0604 1222 1827	253 36 234	30 SA	0527 1146 1751	232 46 217
			31 SU	0002 0612 1235 1839	35 234 39 220

2 月

日期	潮时 时分	潮高 cm	日期	潮时 时分	潮高 cm
1 M	0051 0659 1324 1930	29 234 35 222	16 TU	0138 0755 1413 2019	48 216 51 213
2 TU E	0140 0751 1415 2022	27 231 32 224	17 W	0220 0842 1456 2104	55 210 56 210
3 W P	0232 0846 1507 2117	28 228 32 226	18 TH A	0305 0930 1541 2150	62 206 61 209
4 TH ☾	0327 0944 1602 2212	32 226 33 228	19 F ☽	0353 1018 1627 2236	69 203 65 207
5 F	0426 1043 1657 2309	37 225 34 230	20 SA	0445 1106 1713 2323	75 200 69 206
6 SA	0527 1141 1754	41 225 35	21 SU	0538 1153 1758	77 199 70
7 SU	0008 0629 1240 1850	233 42 226 35	22 M	0011 0628 1240 1843	205 77 198 69
8 M S	0111 0729 1340 1946	236 42 227 35	23 TU N	0101 0716 1327 1928	206 73 200 65
9 TU	0214 0826 1438 2042	239 40 229 35	24 W	0151 0802 1413 2014	210 67 203 59
10 W	0313 0922 1534 2139	243 39 231 35	25 TH	0239 0848 1459 2104	216 59 207 50
11 TH ●	0406 1017 1626 2233	244 38 230 35	26 F	0325 0937 1544 2155	223 50 213 39
12 F	0455 1109 1715 2325	242 38 228 36	27 SA ○	0410 1027 1631 2246	230 41 219 29
13 SA	0541 1158 1802	238 39 225	28 SU	0456 1118 1720 2338	235 33 224 22
14 SU	0012 0625 1245 1848	38 231 42 220			
15 M E	0056 0709 1329 1933	42 223 46 216			

3 月

日期	潮时 时分	潮高 cm	日期	潮时 时分	潮高 cm
1 M E	0544 1209 1811	238 27 228	16 TU	0027 0638 1254 1901	45 212 50 212
2 TU P	0029 0635 1301 1906	18 238 24 231	17 W	0106 0723 1334 1946	51 208 55 211
3 W	0121 0731 1353 2003	19 235 25 234	18 TH A	0146 0810 1414 2032	58 204 60 211
4 TH	0215 0830 1447 2100	24 232 27 235	19 F	0229 0859 1457 2117	65 200 66 209
5 F	0313 0930 1543 2158	31 229 31 236	20 SA	0317 0948 1542 2202	72 197 71 207
6 SA ☾	0414 1030 1641 2256	38 227 35 236	21 SU ☽	0408 1035 1628 2248	76 195 73 204
7 SU S	0516 1129 1738 2357	41 225 37 234	22 M N	0459 1121 1714 2334	77 194 72 203
8 M	0617 1229 1835	42 224 39	23 TU	0548 1207 1800	73 195 68
9 TU	0101 0716 1328 1932	233 41 223 40	24 W	0023 0635 1252 1848	204 66 197 61
10 W	0203 0812 1425 2029	232 40 223 40	25 TH	0112 0723 1337 1938	207 57 202 51
11 TH	0259 0906 1517 2124	232 39 222 39	26 F	0202 0812 1424 2031	214 48 209 40
12 F	0348 0958 1605 2216	230 39 221 39	27 SA	0250 0904 1512 2126	222 38 217 29
13 SA ●	0433 1046 1650 2303	226 40 218 39	28 SU ○E	0339 0957 1601 2221	231 29 225 20
14 SU E	0515 1131 1734 2346	222 42 215 41	29 M	0428 1050 1653 2315	237 23 232 14
15 M	0556 1214 1817	217 45 213	30 TU P	0519 1144 1749	240 19 238
			31 W	0009 0614 1237 1846	13 240 18 242

4 月

日期	潮时 时分	潮高 cm	日期	潮时 时分	潮高 cm
1 TH	0103 0713 1332 1946	17 238 21 245	16 F	0117 0743 1337 2000	62 199 65 212
2 F	0200 0815 1428 2044	23 235 25 245	17 SA	0200 0832 1419 2045	68 197 70 210
3 SA	0300 0916 1525 2143	31 232 30 243	18 SU N	0246 0919 1504 2128	72 194 73 206
4 SU ☾ S	0402 1016 1623 2242	36 229 35 238	19 M	0334 1005 1549 2212	74 193 73 203
5 M	0504 1115 1721 2343	39 225 39 233	20 TU ☽	0423 1049 1635 2258	71 192 70 201
6 TU	0603 1214 1819	40 222 42	21 W	0511 1132 1723 2346	65 194 63 203
7 W	0046 0701 1312 1917	227 39 219 43	22 TH	0559 1217 1813	56 199 54
8 TH	0145 0755 1406 2013	223 38 217 43	23 F	0036 0649 1303 1907	207 47 205 44
9 F	0238 0846 1455 2106	220 39 214 42	24 SA	0128 0740 1352 2003	214 37 214 34
10 SA	0324 0934 1539 2155	216 40 212 42	25 SU E	0219 0834 1443 2101	223 29 224 24
11 SU E	0406 1019 1622 2238	213 42 211 43	26 M	0311 0929 1536 2159	231 22 233 17
12 M ●	0446 1101 1704 2319	210 46 211 45	27 TU ○P	0403 1024 1632 2255	237 18 242 14
13 TU	0526 1140 1746 2358	207 50 212 49	28 W	0458 1119 1730 2350	241 16 249 14
14 W A	0609 1218 1830	205 54 213	29 TH	0556 1214 1829	242 17 254
15 TH	0036 0655 1257 1915	55 202 60 213	30 F	0047 0657 1311 1928	18 241 20 256

时　区：－1200　　　　潮高基准面：在平均海面下 135　cm

新西兰—利特尔顿港

NEW ZEALAND－PORT LYTTELTON

2021 年潮汐表　　43° 36′ S　　172° 43′ E

5 月

日期	潮时 时分	潮高 cm	日期	潮时 时分	潮高 cm
1 SA S	0145 0759 1408 2026	24 239 26 253	16 SU	0133 0803 1347 2011	68 197 71 212
2 SU	0245 0859 1506 2124	30 235 32 247	17 M	0218 0848 1431 2053	69 195 71 208
3 M ☾	0346 0958 1604 2223	35 231 37 238	18 TU	0304 0932 1516 2136	67 194 68 205
4 TU	0447 1055 1702 2323	37 225 42 229	19 W ☽	0351 1015 1603 2222	63 195 63 204
5 W	0545 1152 1800	38 220 45	20 TH	0439 1058 1652 2312	56 198 56 205
6 TH	0024 0640 1247 1858	221 38 215 47	21 F	0529 1144 1745	48 204 48
7 F	0120 0732 1338 1952	215 39 211 47	22 SA E	0005 0620 1233 1842	210 40 212 41
8 SA E	0209 0821 1425 2043	211 40 209 47	23 SU	0059 0713 1325 1941	217 32 221 34
9 SU	0253 0906 1509 2129	208 43 209 48	24 M	0153 0808 1419 2041	225 26 232 27
10 M	0334 0947 1551 2211	206 47 210 50	25 TU	0247 0904 1516 2139	232 21 243 22
11 TU ●A	0415 1027 1634 2251	205 51 212 52	26 W ○P	0343 1000 1615 2236	238 18 253 20
12 W	0457 1106 1717 2330	204 55 215 56	27 TH	0441 1056 1714 2333	242 18 260 20
13 TH	0541 1144 1801	203 60 217	28 F S	0540 1153 1812	244 19 264
14 F	0009 0628 1224 1845	61 201 65 217	29 SA	0030 0640 1250 1909	22 244 23 263
15 SA N	0050 0715 1305 1928	65 199 68 215	30 SU	0128 0740 1347 2005	26 242 28 257
			31 M	0227 0837 1444 2101	31 237 34 247

6 月

日期	潮时 时分	潮高 cm	日期	潮时 时分	潮高 cm
1 TU	0326 0934 1540 2158	34 231 41 235	16 W	0236 0856 1447 2103	59 201 58 210
2 W ☾	0424 1029 1637 2256	37 224 46 225	17 TH	0323 0940 1535 2152	54 203 54 209
3 TH	0520 1123 1734 2352	40 217 51 216	18 F ☽	0412 1026 1627 2245	49 206 50 211
4 F E	0613 1214 1831	42 212 54	19 SA E	0503 1115 1722 2340	44 212 47 214
5 SA	0045 0703 1303 1924	211 44 209 56	20 SU	0556 1207 1822	38 220 43
6 SU	0132 0749 1349 2013	207 46 208 57	21 M	0035 0651 1303 1923	220 33 229 39
7 M	0217 0832 1434 2058	206 50 210 58	22 TU	0132 0746 1401 2023	227 29 240 34
8 TU A	0300 0913 1520 2141	205 53 213 59	23 W P	0229 0842 1502 2122	233 25 250 30
9 W	0343 0953 1605 2222	205 57 217 61	24 TH ○	0327 0939 1601 2219	239 23 260 27
10 TH ●	0427 1032 1649 2302	205 61 220 63	25 F S	0426 1036 1659 2316	244 23 266 26
11 F	0512 1112 1732 2342	205 64 222 65	26 SA	0524 1133 1754	246 24 267
12 SA N	0558 1153 1814	204 66 222	27 SU	0013 0621 1230 1848	27 245 27 263
13 SU	0024 0644 1235 1855	66 203 66 220	28 M	0109 0717 1325 1941	29 242 32 254
14 M	0106 0728 1318 1935	65 201 65 217	29 TU	0205 0812 1419 2034	33 236 38 242
15 TU	0150 0812 1402 2018	63 201 62 213	30 W	0300 0905 1512 2128	37 229 45 230

7 月

日期	潮时 时分	潮高 cm	日期	潮时 时分	潮高 cm
1 TH ☾ E	0354 0957 1606 2222	42 221 53 220	16 F E	0258 0909 1513 2127	47 212 47 216
2 F	0447 1047 1700 2315	46 215 59 213	17 SA ☽	0348 1000 1607 2223	45 216 48 217
3 SA	0538 1136 1756	49 211 63	18 SU	0442 1052 1706 2320	43 221 48 219
4 SU	0005 0627 1223 1849	209 53 210 66	19 M	0537 1148 1808	41 228 47
5 M A	0052 0712 1311 1939	207 56 211 68	20 TU	0018 0632 1247 1909	223 37 236 45
6 TU	0139 0755 1400 2025	206 59 213 68	21 W P	0117 0728 1349 2009	228 34 244 40
7 W	0225 0837 1448 2109	206 61 217 69	22 TH S	0217 0825 1451 2107	234 31 253 36
8 TH	0311 0918 1535 2151	207 64 221 69	23 F	0316 0922 1549 2204	239 29 260 32
9 F N	0356 0959 1619 2232	207 64 224 67	24 SA ○	0413 1019 1644 2300	243 28 263 30
10 SA ●	0440 1041 1701 2313	208 64 226 65	25 SU	0508 1116 1735 2354	244 28 261 30
11 SU	0524 1123 1741 2355	208 61 227 61	26 M	0601 1210 1825	242 30 254
12 M	0607 1207 1820	208 57 226	27 TU	0047 0652 1301 1914	32 237 35 245
13 TU	0038 0650 1251 1902	57 209 53 223	28 W	0138 0743 1350 2004	36 231 42 234
14 W	0123 0735 1336 1946	53 209 50 221	29 TH E	0228 0833 1439 2055	42 225 50 224
15 TH	0209 0821 1423 2034	50 210 47 218	30 F	0318 0922 1528 2146	48 219 59 216
			31 SA ☾	0407 1009 1621 2236	54 215 67 211

8 月

日期	潮时 时分	潮高 cm	日期	潮时 时分	潮高 cm
1 SU	0457 1057 1716 2325	59 213 72 208	16 M	0423 1036 1654 2307	42 230 49 222
2 M A	0545 1145 1810	63 212 76	17 TU P	0520 1134 1756	42 234 49
3 TU	0014 0631 1234 1902	206 66 212 77	18 W S	0007 0616 1236 1857	224 41 239 46
4 W	0103 0715 1325 1949	205 68 214 76	19 TH	0107 0713 1340 1956	228 38 244 42
5 TH N	0151 0758 1415 2033	205 68 217 74	20 F	0207 0811 1441 2053	232 36 248 37
6 F	0238 0841 1503 2116	206 67 220 70	21 SA	0305 0908 1537 2148	235 34 251 34
7 SA	0323 0924 1546 2158	207 63 224 65	22 SU ○	0358 1005 1627 2242	237 32 251 32
8 SU ●	0405 1008 1626 2241	210 58 228 58	23 M	0449 1059 1715 2333	237 32 247 32
9 M	0447 1053 1706 2325	212 51 230 52	24 TU	0538 1149 1801	234 34 241
10 TU	0530 1139 1747	215 44 231	25 W E	0022 0626 1236 1846	35 230 38 232
11 W	0010 0614 1225 1831	46 217 39 230	26 TH	0108 0713 1320 1933	40 225 45 224
12 TH E	0057 0702 1312 1919	42 219 37 228	27 F	0153 0800 1404 2021	46 222 54 217
13 F	0145 0752 1402 2011	40 221 38 225	28 SA	0238 0847 1451 2110	53 219 63 211
14 SA	0235 0845 1454 2109	40 223 42 222	29 SU	0324 0933 1541 2200	60 217 72 207
15 SU ☽	0328 0940 1552 2208	42 227 47 221	30 M ☾ A	0411 1021 1635 2250	66 215 78 204
			31 TU	0459 1109 1731 2340	71 213 80 202

时　区：－1200　　　　潮高基准面：在平均海面下 135　cm

新西兰—利特尔顿港

NEW ZEALAND—PORT LYTTELTON

2021 年潮汐表　　43° 36′ S　　172° 43′ E

9 月

日期	潮时时分	潮高 cm	日期	潮时时分	潮高 cm
1 W	0546 1158 1823	73 212 80	16 TH	0602 1227 1846	41 238 42
2 TH N	0029 0632 1249 1910	201 73 211 77	17 F	0058 0700 1331 1943	226 40 239 38
3 F	0117 0717 1339 1954	201 71 213 71	18 SA	0157 0758 1429 2038	227 38 239 35
4 SA	0203 0801 1426 2037	203 65 217 64	19 SU	0251 0856 1521 2132	229 36 238 33
5 SU	0246 0848 1509 2121	206 57 222 56	20 M ○	0341 0950 1608 2222	228 35 236 32
6 M	0329 0935 1551 2207	211 48 227 47	21 TU E	0429 1041 1652 2309	227 35 231 34
7 TU ●	0412 1024 1633 2254	216 39 232 40	22 W	0514 1127 1735 2353	225 38 226 38
8 W E	0457 1113 1717 2342	221 32 235 34	23 TH	0559 1209 1818	223 43 221
9 TH	0544 1202 1804	225 28 235	24 F	0035 0643 1250 1902	44 222 50 215
10 F	0031 0636 1252 1856	31 229 28 233	25 SA	0116 0729 1332 1950	50 221 58 210
11 SA P	0122 0730 1344 1953	31 233 32 230	26 SU A	0158 0814 1417 2039	58 220 67 206
12 SU	0214 0827 1440 2054	34 235 39 227	27 M	0241 0900 1505 2129	65 218 74 202
13 M ☽	0309 0925 1541 2155	37 238 44 225	28 TU	0326 0947 1558 2219	71 215 79 199
14 TU	0406 1023 1644 2256	40 239 47 224	29 W ☾ N	0414 1034 1651 2307	75 211 80 196
15 W S	0504 1123 1746 2357	41 239 46 225	30 TH	0500 1122 1741 2353	76 208 77 195

10 月

日期	潮时时分	潮高 cm	日期	潮时时分	潮高 cm
1 F	0547 1211 1827	73 207 71	16 SA	0043 0646 1316 1928	223 40 231 34
2 SA	0040 0633 1300 1912	196 68 208 63	17 SU	0140 0744 1411 2021	221 40 228 33
3 SU	0125 0721 1347 1957	200 59 213 54	18 M	0232 0840 1500 2111	220 39 225 33
4 M	0209 0811 1432 2045	205 50 220 44	19 TU E	0320 0932 1545 2158	219 39 222 35
5 TU	0253 0903 1517 2134	212 40 227 36	20 W ○	0405 1019 1626 2241	219 41 219 38
6 W ●E	0339 0956 1602 2224	220 31 233 29	21 TH	0448 1102 1708 2322	219 44 216 43
7 TH	0428 1048 1650 2315	228 25 237 24	22 F	0532 1143 1750	220 49 212
8 F P	0520 1140 1742	235 22 238	23 SA	0002 0615 1223 1835	49 221 55 209
9 SA	0007 0616 1234 1838	23 241 24 237	24 SU A	0041 0700 1304 1923	55 222 63 206
10 SU	0100 0713 1329 1939	24 246 29 235	25 M	0121 0745 1347 2012	62 221 69 202
11 M	0154 0812 1428 2041	27 248 35 232	26 TU N	0203 0829 1434 2100	67 218 74 198
12 TU S	0251 0910 1530 2142	32 248 39 229	27 W	0247 0914 1523 2148	72 214 76 195
13 W ☽	0349 1009 1632 2243	35 245 41 227	28 TH ☾	0332 0959 1612 2233	73 209 74 193
14 TH	0448 1111 1733 2343	38 240 39 224	29 F	0418 1045 1659 2318	72 205 69 193
15 F	0547 1214 1832	40 235 37	30 SA	0504 1132 1745	68 204 62
			31 SU	0002 0552 1220 1832	195 61 206 53

11 月

日期	潮时时分	潮高 cm	日期	潮时时分	潮高 cm
1 M	0046 0643 1308 1920	199 53 212 44	16 TU	0205 0819 1432 2045	213 45 216 37
2 TU E	0132 0738 1356 2011	207 44 219 36	17 W	0252 0908 1516 2129	213 47 214 40
3 W	0220 0834 1445 2103	216 36 227 29	18 TH	0337 0953 1558 2211	214 49 212 45
4 TH ●	0311 0930 1535 2156	227 29 234 23	19 F ○	0421 1035 1640 2251	217 53 210 50
5 F P	0405 1026 1627 2250	237 24 239 20	20 SA	0505 1116 1724 2330	220 57 208 55
6 SA	0501 1121 1723 2344	247 23 241 19	21 SU A	0549 1157 1810	223 62 206
7 SU	0559 1217 1823	254 24 241	22 M N	0010 0632 1238 1857	60 223 66 204
8 M S	0039 0658 1315 1924	20 259 27 240	23 TU	0050 0715 1321 1944	64 222 69 201
9 TU	0136 0756 1415 2025	23 259 30 238	24 W	0132 0758 1405 2030	67 218 71 198
10 W	0233 0854 1515 2125	27 255 33 234	25 TH	0214 0840 1449 2114	68 213 70 195
11 TH ☽	0331 0952 1616 2224	31 248 34 229	26 F	0257 0923 1535 2157	67 208 66 194
12 F	0430 1053 1715 2323	35 239 34 224	27 SA ☾	0341 1007 1621 2239	64 205 60 195
13 SA	0528 1155 1813	39 231 33	28 SU	0428 1054 1708 2323	59 204 54 198
14 SU	0020 0628 1253 1907	219 42 224 33	29 M	0518 1142 1757	54 207 46
15 M E	0114 0725 1345 1958	215 44 219 34	30 TU E	0009 0612 1233 1848	204 49 213 39

12 月

日期	潮时时分	潮高 cm	日期	潮时时分	潮高 cm
1 W	0058 0710 1324 1941	212 43 220 33	16 TH	0219 0839 1443 2057	211 57 209 49
2 TH	0151 0809 1417 2035	223 38 228 27	17 F	0306 0925 1527 2139	214 60 209 54
3 F	0247 0908 1512 2130	235 32 235 23	18 SA A	0353 1008 1612 2219	218 62 208 58
4 SA ●P	0345 1006 1609 2226	246 28 240 19	19 SU ○	0438 1049 1658 2300	221 65 207 61
5 SU	0445 1103 1708 2323	257 25 244 18	20 M N	0521 1131 1743 2341	223 66 206 62
6 M S	0543 1201 1808	264 25 246	21 TU	0603 1212 1827	223 67 204
7 TU	0020 0641 1300 1908	18 267 25 245	22 W	0022 0644 1253 1911	63 221 66 202
8 W	0117 0737 1358 2006	20 264 27 242	23 TH	0103 0724 1335 1954	61 217 64 200
9 TH	0214 0834 1457 2104	24 256 29 236	24 F	0144 0805 1418 2037	59 213 61 199
10 F	0311 0931 1555 2200	29 245 31 229	25 SA	0227 0847 1502 2119	57 209 57 199
11 SA ☽	0407 1029 1652 2256	35 235 33 222	26 SU	0311 0932 1548 2203	54 207 53 201
12 SU E	0505 1127 1747 2349	42 225 35 216	27 M ☾E	0358 1020 1636 2248	52 207 49 205
13 M	0602 1221 1839	47 218 38	28 TU	0451 1111 1727 2337	51 210 45 211
14 TU	0041 0659 1311 1928	212 52 214 41	29 W	0548 1204 1820	49 215 40
15 W	0130 0751 1358 2014	210 55 211 45	30 TH	0030 0648 1258 1915	220 46 221 35
			31 F	0127 0749 1355 2011	230 42 228 30

时　区：−1200　　　　潮高基准面：在平均海面下 135　cm

新西兰—布拉夫

NEW ZEALAND－BLUFF

2021 年潮汐表　　46° 36′ S　　168° 21′ E

1 月

日期	潮时 时分	潮高 cm	日期	潮时 时分	潮高 cm
1 F	0310 0922 1524 2140	268 81 263 70	16 SA	0402 1012 1619 2236	275 73 270 69
2 SA	0353 1004 1607 2225	269 80 264 70	17 SU	0447 1057 1705 2322	268 81 262 80
3 SU	0437 1049 1653 2313	269 80 263 72	18 M	0531 1143 1752	259 89 253
4 M	0525 1138 1744	266 82 262	19 TU E	0009 0616 1230 1840	90 250 98 245
5 TU	0005 0615 1230 1838	75 263 85 261	20 W ☽	0057 0704 1319 1930	101 241 106 238
6 W ☾ E	0101 0710 1327 1937	79 259 86 260	21 TH A	0147 0755 1411 2024	109 234 111 233
7 TH	0200 0809 1428 2041	82 256 85 261	22 F	0240 0850 1506 2121	115 230 113 232
8 F	0302 0913 1531 2146	83 256 81 264	23 SA	0335 0948 1601 2217	117 229 112 233
9 SA P	0405 1017 1633 2250	82 260 75 269	24 SU	0430 1042 1653 2309	116 233 107 238
10 SU	0506 1118 1733 2349	79 266 67 274	25 M	0522 1132 1742 2356	111 239 99 245
11 M	0605 1214 1829	74 272 60	26 TU N	0610 1217 1828	103 247 90
12 TU S	0045 0659 1306 1922	279 69 278 54	27 W	0041 0654 1259 1912	254 94 256 80
13 W ●	0137 0751 1356 2013	282 66 280 53	28 TH ○	0124 0737 1341 1955	263 84 264 70
14 TH	0227 0840 1444 2102	282 66 280 55	29 F	0207 0819 1422 2038	271 76 271 62
15 F	0315 0926 1532 2149	279 68 276 61	30 SA	0249 0901 1504 2121	278 69 276 57
			31 SU	0332 0944 1548 2207	281 65 279 56

2 月

日期	潮时 时分	潮高 cm	日期	潮时 时分	潮高 cm
1 M	0417 1029 1634 2254	281 65 278 59	16 TU	0452 1104 1710 2327	259 88 254 91
2 TU E	0503 1116 1723 2344	277 68 275 65	17 W	0532 1145 1752	250 97 245
3 W P	0552 1208 1817	271 73 270	18 TH A	0009 0613 1229 1839	102 240 106 236
4 TH ☾	0038 0646 1304 1916	74 263 79 264	19 F ☽	0054 0700 1317 1931	112 232 113 230
5 F	0137 0746 1406 2022	83 255 83 259	20 SA	0144 0755 1412 2030	120 225 117 227
6 SA	0241 0854 1512 2132	89 251 84 258	21 SU	0243 0859 1513 2133	124 223 117 228
7 SU	0348 1003 1618 2239	92 252 81 261	22 M	0346 1002 1613 2232	122 227 111 234
8 M S	0454 1106 1720 2340	89 258 74 266	23 TU N	0446 1058 1709 2325	115 235 102 244
9 TU	0553 1203 1817	83 265 67	24 W	0538 1147 1759	104 246 89
10 W	0034 0647 1254 1909	271 77 272 62	25 TH	0012 0626 1232 1845	255 91 259 76
11 TH ●	0124 0736 1341 1957	275 72 276 59	26 F	0057 0710 1315 1930	267 78 271 63
12 F	0210 0820 1425 2042	276 69 277 60	27 SA ○	0141 0754 1358 2015	278 66 281 52
13 SA	0253 0903 1508 2125	276 69 275 64	28 SU	0225 0837 1441 2100	287 57 289 46
14 SU	0334 0944 1549 2206	273 73 270 71			
15 M E	0413 1024 1629 2247	267 80 262 81			

3 月

日期	潮时 时分	潮高 cm	日期	潮时 时分	潮高 cm
1 M E	0309 0921 1526 2146	291 53 292 46	16 TU	0338 0951 1554 2211	265 80 261 84
2 TU P	0354 1007 1614 2233	290 53 290 51	17 W	0414 1027 1632 2248	258 87 253 94
3 W	0441 1055 1704 2324	284 58 284 61	18 TH A	0450 1105 1712 2326	249 96 245 104
4 TH	0531 1147 1800	275 66 274	19 F	0530 1145 1756	240 104 237
5 F	0018 0626 1245 1901	73 263 75 264	20 SA	0008 0615 1232 1846	113 231 111 230
6 SA ☾	0119 0730 1349 2011	86 253 83 257	21 SU ☽	0057 0709 1327 1946	121 225 116 226
7 SU S	0226 0842 1458 2123	95 248 87 254	22 M N	0156 0814 1430 2051	125 223 116 228
8 M	0336 0953 1607 2230	98 249 84 256	23 TU	0303 0921 1535 2154	123 227 111 234
9 TU	0443 1056 1709 2329	94 255 79 261	24 W	0408 1021 1634 2250	115 236 99 245
10 W	0540 1150 1803	87 262 72	25 TH	0504 1113 1727 2340	102 250 85 259
11 TH	0020 0631 1238 1852	266 80 268 67	26 F	0554 1200 1816	87 264 70
12 F	0106 0716 1322 1937	270 74 273 64	27 SA	0027 0641 1246 1903	272 71 278 56
13 SA ●	0147 0757 1402 2018	272 71 274 65	28 SU ○E	0113 0726 1331 1949	284 57 290 46
14 SU E	0226 0836 1440 2057	272 71 272 69	29 M	0158 0811 1417 2036	293 48 297 41
15 M	0303 0914 1518 2135	270 74 268 76	30 TU P	0244 0858 1505 2124	296 43 299 42
			31 W	0331 0946 1555 2214	294 45 295 49

4 月

日期	潮时 时分	潮高 cm	日期	潮时 时分	潮高 cm
1 TH	0420 1036 1648 2306	287 52 286 61	16 F	0416 1031 1640 2253	248 94 245 104
2 F	0513 1130 1746	275 62 275	17 SA	0455 1112 1723 2335	240 101 239 112
3 SA	0002 0612 1230 1851	76 263 74 264	18 SU N	0540 1158 1814	233 107 233
4 SU ☾S	0104 0719 1336 2001	89 253 83 256	19 M	0023 0634 1253 1911	118 228 111 230
5 M	0213 0832 1446 2111	97 248 87 253	20 TU ☽	0121 0736 1355 2014	121 227 111 232
6 TU	0323 0940 1553 2215	99 250 85 255	21 W	0226 0841 1459 2116	118 232 105 239
7 W	0427 1040 1652 2311	95 255 81 259	22 TH	0331 0942 1559 2214	110 242 94 249
8 TH	0521 1131 1743 2359	88 261 76 263	23 F	0428 1036 1654 2307	97 255 80 262
9 F	0608 1216 1829	82 266 72	24 SA	0521 1127 1745 2356	81 270 66 276
10 SA	0042 0651 1257 1911	267 77 268 71	25 SU E	0610 1216 1835	66 283 54
11 SU E	0120 0730 1335 1951	268 75 269 73	26 M	0044 0658 1305 1924	287 52 294 46
12 M ●	0156 0808 1412 2028	268 75 267 77	27 TU ○P	0132 0747 1355 2014	294 43 299 43
13 TU	0231 0844 1448 2104	266 77 263 82	28 W	0220 0836 1445 2104	297 40 300 46
14 W A	0305 0919 1523 2139	261 81 258 89	29 TH	0309 0926 1538 2155	294 42 295 53
15 TH	0340 0954 1600 2215	255 87 252 97	30 F	0401 1019 1634 2249	286 50 286 64

时　区：－1200　　　　潮高基准面：在平均海面下 174　cm

新西兰—布拉夫

NEW ZEALAND－BLUFF

2021 年潮汐表　　46° 36′ S　　168° 21′ E

5 月

日期	潮时 时分	潮高 cm	日期	潮时 时分	潮高 cm
1 SA S	0457 1115 1734 2346	274 61 275 77	16 SU	0429 1047 1700 2310	243 95 244 107
2 SU	0559 1215 1838	263 73 264	17 M	0515 1134 1749 2358	238 100 240 111
3 M ☾	0049 0706 1321 1945	89 255 82 257	18 TU	0606 1226 1843	235 102 239
4 TU	0155 0814 1428 2050	95 251 86 254	19 W ☽	0053 0704 1325 1940	112 236 101 240
5 W	0301 0918 1531 2150	97 252 86 254	20 TH	0153 0804 1426 2040	110 240 96 245
6 TH	0401 1015 1627 2244	94 255 84 256	21 F	0255 0904 1525 2138	103 249 87 253
7 F	0454 1104 1716 2330	90 258 81 259	22 SA E	0353 1001 1621 2233	91 260 77 264
8 SA E	0540 1149 1801	86 261 80	23 SU	0449 1056 1715 2326	78 272 66 275
9 SU	0012 0622 1229 1842	261 82 262 80	24 M	0542 1150 1808	64 283 58
10 M	0050 0701 1307 1921	262 80 262 82	25 TU	0018 0633 1243 1901	285 52 291 52
11 TU ●A	0126 0738 1344 1958	262 79 261 85	26 W ○P	0108 0725 1335 1953	291 44 295 50
12 W	0201 0815 1420 2035	261 80 259 89	27 TH	0159 0817 1429 2046	293 41 295 53
13 TH	0236 0850 1457 2111	258 83 256 93	28 F S	0251 0909 1524 2139	290 43 291 58
14 F	0311 0927 1535 2148	253 86 252 98	29 SA	0345 1003 1620 2233	284 50 284 67
15 SA N	0348 1005 1616 2227	248 91 248 102	30 SU	0442 1059 1719 2329	275 60 275 77
			31 M	0542 1158 1818	266 71 266

6 月

日期	潮时 时分	潮高 cm	日期	潮时 时分	潮高 cm
1 TU	0028 0644 1259 1919	86 258 80 258	16 W	0541 1202 1815	246 90 250
2 W ☾	0129 0746 1400 2018	93 253 86 253	17 TH	0027 0634 1257 1908	100 247 90 249
3 TH	0230 0845 1459 2115	96 251 89 250	18 F ☽	0123 0731 1354 2005	99 250 88 251
4 F E	0327 0940 1553 2208	97 251 90 250	19 SA E	0222 0830 1453 2104	94 255 84 255
5 SA	0419 1030 1643 2256	95 251 91 251	20 SU	0321 0931 1552 2203	87 262 78 262
6 SU	0506 1116 1729 2339	93 252 91 253	21 M	0420 1031 1650 2301	77 270 72 270
7 M	0550 1159 1812	90 254 92	22 TU	0517 1129 1747 2356	66 278 67 278
8 TU A	0019 0631 1239 1852	254 87 254 92	23 W P	0613 1226 1843	56 284 62
9 W	0057 0710 1318 1931	255 85 255 93	24 TH ○	0050 0708 1321 1937	284 49 288 59
10 TH ●	0134 0748 1356 2009	256 83 255 94	25 F S	0142 0801 1415 2030	287 45 289 59
11 F	0210 0825 1435 2047	255 83 255 94	26 SA	0235 0854 1509 2122	287 46 287 62
12 SA N	0248 0904 1515 2126	254 83 255 95	27 SU	0328 0947 1603 2213	283 51 282 67
13 SU	0327 0944 1556 2206	252 84 254 96	28 M	0422 1040 1656 2305	276 60 275 75
14 M	0408 1026 1639 2249	249 86 252 98	29 TU	0517 1133 1750 2359	268 70 266 83
15 TU	0453 1112 1725 2335	247 88 251 99	30 W	0612 1228 1842	260 80 258

7 月

日期	潮时 时分	潮高 cm	日期	潮时 时分	潮高 cm
1 TH ☾E	0053 0707 1323 1936	91 253 89 250	16 F E	0001 0606 1230 1838	87 259 80 257
2 F	0149 0802 1418 2030	98 248 96 244	17 SA ☽	0054 0702 1326 1934	88 258 83 254
3 SA	0244 0857 1512 2124	102 244 100 241	18 SU	0153 0803 1425 2035	88 258 85 254
4 SU	0338 0950 1604 2216	103 242 103 241	19 M	0255 0907 1528 2140	85 260 85 256
5 M A	0428 1040 1654 2305	102 243 104 243	20 TU	0358 1013 1631 2243	79 265 82 262
6 TU	0516 1127 1740 2349	99 245 103 246	21 W P	0500 1116 1732 2342	71 270 77 270
7 W	0600 1211 1824	95 247 101	22 TH S	0559 1214 1829	62 277 71
8 TH	0030 0642 1253 1906	249 90 251 97	23 F	0037 0654 1309 1923	278 54 281 66
9 F N	0109 0723 1333 1946	253 85 255 93	24 SA ○	0129 0747 1401 2014	283 50 284 62
10 SA ●	0148 0802 1413 2025	256 81 259 90	25 SU	0219 0838 1452 2102	285 49 283 62
11 SU	0227 0842 1454 2104	258 77 262 87	26 M	0309 0927 1540 2150	283 53 280 66
12 M	0306 0923 1535 2145	260 75 264 85	27 TU	0357 1015 1627 2237	278 60 274 73
13 TU	0347 1005 1617 2227	261 74 264 84	28 W	0445 1103 1714 2324	270 70 266 82
14 W	0430 1050 1701 2312	261 74 263 85	29 TH E	0533 1151 1800	261 82 256
15 TH	0516 1138 1747	260 77 261	30 F	0012 0622 1240 1848	92 251 93 246
			31 SA ☾	0102 0714 1330 1940	101 243 103 238

8 月

日期	潮时 时分	潮高 cm	日期	潮时 时分	潮高 cm
1 SU	0155 0808 1424 2035	108 236 111 232	16 M	0129 0743 1404 2015	85 258 90 250
2 M A	0250 0905 1520 2133	111 233 115 231	17 TU P	0235 0854 1511 2126	86 256 93 251
3 TU	0347 1002 1616 2229	111 233 115 233	18 W S	0343 1004 1619 2233	83 259 91 257
4 W	0440 1055 1708 2318	107 237 112 238	19 TH	0449 1108 1722 2333	76 264 84 266
5 TH N	0529 1142 1756	101 243 106	20 F	0548 1205 1818	67 271 76
6 F	0003 0615 1227 1840	245 93 250 98	21 SA	0026 0642 1257 1908	274 59 277 68
7 SA	0044 0657 1308 1920	253 84 257 89	22 SU ○	0115 0732 1345 1955	281 54 280 64
8 SU ●	0124 0738 1349 2000	260 76 265 81	23 M	0201 0819 1430 2040	284 53 281 63
9 M	0203 0819 1429 2040	267 68 271 75	24 TU	0246 0904 1513 2123	283 56 278 66
10 TU	0242 0900 1510 2121	272 63 275 71	25 W E	0328 0947 1554 2205	278 63 272 72
11 W	0323 0942 1552 2203	275 60 277 69	26 TH	0411 1029 1635 2246	270 73 264 82
12 TH E	0406 1027 1635 2248	276 61 274 71	27 F	0453 1111 1716 2329	260 85 254 92
13 F	0452 1114 1721 2336	274 66 269 75	28 SA	0537 1154 1759	250 97 243
14 SA	0543 1206 1812	269 74 262	29 SU	0014 0624 1240 1848	103 239 109 233
15 SU ☽	0030 0639 1302 1909	80 263 82 255	30 M ☾A	0104 0717 1332 1944	111 231 118 226
			31 TU	0200 0817 1431 2048	117 227 123 224

时　区：－1200　　　　潮高基准面：在平均海面下 174 cm

新西兰—布拉夫

NEW ZEALAND—BLUFF

2021 年潮汐表　　46° 36′ S　　168° 21′ E

9 月

日期	潮时 时分	潮高 cm	日期	潮时 时分	潮高 cm
1 W	0302	118	16 TH	0334	86
	0920	227		0957	255
	1534	123		1610	94
	2151	226		2226	255
2 TH	0403	114	17 F	0439	79
N	1019	232		1100	261
	1634	117		1711	86
	2246	234		2323	265
3 F	0457	105	18 SA	0536	70
	1111	240		1153	268
	1725	107		1803	77
	2333	244			
4 SA	0545	94	19 SU	0013	273
	1157	250		0627	63
	1810	96		1241	273
				1850	70
5 SU	0016	256	20 M	0058	279
	0629	81	○	0714	59
	1240	261		1325	277
	1852	83		1934	65
6 M	0056	267	21 TU	0140	281
	0711	69	E	0757	58
	1321	272		1405	277
	1932	72		2015	65
7 TU	0136	277	22 W	0220	280
●	0753	59		0838	62
	1402	280		1443	275
	2013	63		2054	68
8 W	0217	285	23 TH	0259	275
E	0835	52		0917	69
	1443	285		1520	269
	2055	57		2133	74
9 TH	0259	289	24 F	0337	268
	0919	50		0955	78
	1526	286		1557	261
	2139	56		2211	83
10 F	0343	288	25 SA	0416	258
	1005	52		1033	89
	1610	282		1635	252
	2225	59		2249	93
11 SA	0431	284	26 SU	0456	248
P	1053	60	A	1113	101
	1658	274		1716	242
	2315	66		2331	103
12 SU	0524	275	27 M	0541	239
	1145	72		1155	111
	1751	264		1802	232
13 M	0010	75	28 TU	0018	112
☽	0624	265		0632	230
	1243	84		1244	120
	1853	254		1857	224
14 TU	0113	84	29 W	0113	118
	0732	257	☾ N	0732	225
	1349	94		1343	126
	2004	248		2002	221
15 W	0223	88	30 TH	0217	120
S	0846	253		0837	225
	1501	98		1449	125
	2119	249		2109	225

10 月

日期	潮时 时分	潮高 cm	日期	潮时 时分	潮高 cm
1 F	0322	115	16 SA	0424	80
	0940	230		1043	259
	1553	118		1653	86
	2208	233		2306	264
2 SA	0420	105	17 SU	0518	73
	1034	240		1135	265
	1648	107		1743	79
	2258	245		2354	270
3 SU	0511	92	18 M	0607	69
	1123	252		1220	269
	1735	93		1828	73
	2342	259			
4 M	0557	78	19 TU	0037	274
	1208	265	E	0651	67
	1819	78		1301	271
				1909	70
5 TU	0025	273	20 W	0117	275
	0641	64	○	0732	68
	1251	277		1338	272
	1903	64		1949	69
6 W	0108	285	21 TH	0155	273
● E	0725	53		0811	72
	1334	286		1414	269
	1946	54		2026	72
7 TH	0151	293	22 F	0231	269
	0810	47		0848	78
	1417	292		1449	264
	2030	47		2103	77
8 F	0236	297	23 SA	0308	263
P	0857	45		0925	85
	1502	292		1525	258
	2117	47		2139	84
9 SA	0324	295	24 SU	0345	256
	0945	50	A	1001	94
	1549	286		1601	250
	2205	52		2217	92
10 SU	0415	289	25 M	0425	248
	1035	59		1039	102
	1640	277		1641	241
	2258	61		2257	100
11 M	0511	278	26 TU	0508	240
	1129	72	N	1120	110
	1737	265		1726	233
	2355	72		2342	108
12 TU	0614	267	27 W	0557	233
S	1229	85		1207	117
	1843	255		1818	227
13 W	0100	82	28 TH	0035	114
☽	0724	258	☾	0653	229
	1337	94		1302	122
	1956	250		1919	225
14 TH	0212	87	29 F	0136	116
	0836	254		0754	228
	1448	97		1405	121
	2108	251		2023	228
15 F	0322	85	30 SA	0240	112
	0944	255		0855	233
	1555	94		1509	115
	2212	257		2123	236
			31 SU	0339	102
				0952	241
				1606	104
				2216	248

11 月

日期	潮时 时分	潮高 cm	日期	潮时 时分	潮高 cm
1 M	0432	90	16 TU	0541	79
	1044	253		1153	261
	1657	90		1802	80
	2305	262			
2 TU	0522	76	17 W	0012	265
E	1133	266		0625	79
	1746	75		1234	263
	2353	275		1843	77
3 W	0611	63	18 TH	0052	266
	1220	278		0706	80
	1833	60		1311	263
				1923	77
4 TH	0040	287	19 F	0130	264
●	0659	54	○	0745	83
	1306	287		1347	262
	1920	49		2000	78
5 F	0128	296	20 SA	0208	262
P	0747	48		0823	87
	1353	292		1423	259
	2008	43		2037	80
6 SA	0217	299	21 SU	0245	259
	0837	47	A	0859	91
	1441	292		1458	255
	2058	42		2114	84
7 SU	0309	297	22 M	0322	255
	0927	52	N	0936	96
	1532	287		1535	249
	2149	47		2151	89
8 M	0403	290	23 TU	0402	250
S	1020	60		1014	101
	1626	278		1615	244
	2244	57		2231	95
9 TU	0501	280	24 W	0443	245
	1115	71		1054	106
	1726	268		1658	239
	2343	68		2315	101
10 W	0603	270	25 TH	0529	241
	1216	82		1138	110
	1831	259		1746	235
11 TH	0047	78	26 F	0004	105
☽	0709	261		0618	238
	1321	90		1229	113
	1940	255		1840	234
12 F	0155	83	27 SA	0059	106
	0816	256	☾	0712	237
	1428	94		1325	113
	2047	254		1937	236
13 SA	0300	85	28 SU	0158	104
	0920	255		0809	239
	1531	92		1425	108
	2147	257		2036	242
14 SU	0400	83	29 M	0256	97
	1017	256		0907	244
	1627	88		1524	100
	2241	261		2133	251
15 M	0453	80	30 TU	0353	88
E	1108	259	E	1004	253
	1717	84		1620	88
	2329	264		2229	262

12 月

日期	潮时 时分	潮高 cm	日期	潮时 时分	潮高 cm
1 W	0448	78	16 TH	0558	93
	1059	264		1206	252
	1714	74		1816	87
	2323	274			
2 TH	0542	68	17 F	0027	255
	1151	275		0641	93
	1806	61		1246	253
				1857	85
3 F	0016	284	18 SA	0108	256
	0635	60	A	0721	94
	1242	283		1323	254
	1858	50		1937	84
4 SA	0109	292	19 SU	0147	256
● P	0728	55	○	0800	94
	1333	289		1400	254
	1950	44		2015	83
5 SU	0203	295	20 M	0225	256
	0820	53	N	0838	94
	1425	290		1437	253
	2043	42		2052	83
6 M	0257	295	21 TU	0303	256
S	0912	55		0915	94
	1518	287		1515	252
	2136	45		2130	85
7 TU	0352	290	22 W	0342	255
	1006	60		0952	95
	1613	281		1554	250
	2230	53		2210	87
8 W	0449	283	23 TH	0422	254
	1100	68		1031	97
	1711	273		1634	248
	2327	63		2251	89
9 TH	0547	274	24 F	0503	251
	1157	77		1113	98
	1812	266		1718	246
				2336	92
10 F	0027	73	25 SA	0547	249
	0646	265		1159	100
	1256	85		1805	246
	1914	259			
11 SA	0128	81	26 SU	0026	94
☽	0745	257		0635	247
	1357	91		1250	101
	2015	255		1857	246
12 SU	0229	87	27 M	0120	94
E	0845	252	☾ E	0728	246
	1457	93		1346	99
	2114	253		1954	249
13 M	0327	90	28 TU	0218	93
	0942	250		0825	247
	1553	94		1445	95
	2209	253		2055	253
14 TU	0421	91	29 W	0317	90
	1035	249		0927	251
	1645	92		1546	87
	2259	253		2158	260
15 W	0511	92	30 TH	0418	84
	1123	251		1029	259
	1732	90		1646	76
	2345	254		2259	269
			31 F	0518	77
				1128	268
				1745	65
				2359	278

时　区：－1200　　　　潮高基准面：在平均海面下 174　cm

新西兰—韦斯特波特(西港)

NEW ZEALAND－WESTPORT

2021 年潮汐表　　41° 45′ S　　171° 36′ E

1 月

日期	潮时 时分	潮高 cm	日期	潮时 时分	潮高 cm
1 F	0558 1209 1820	48 306 43	16 SA	0047 0649 1301 1914	309 40 313 41
2 SA	0033 0638 1249 1903	300 48 307 42	17 SU	0128 0729 1341 1956	299 50 301 53
3 SU	0115 0720 1332 1949	298 50 304 45	18 M	0207 0810 1422 2038	287 63 288 67
4 M	0201 0806 1420 2038	294 55 299 51	19 TU E	0248 0852 1505 2122	274 77 275 80
5 TU	0250 0857 1513 2133	287 62 293 57	20 W ☽	0331 0938 1553 2211	262 90 263 91
6 W ☾ E	0344 0954 1613 2232	281 68 287 62	21 TH A	0421 1033 1648 2306	251 100 253 100
7 TH	0445 1058 1719 2336	277 72 284 65	22 F	0520 1135 1749	245 106 248
8 F	0551 1207 1826	276 70 286	23 SA	0007 0625 1239 1851	104 243 106 248
9 SA P	0041 0659 1314 1931	63 282 63 292	24 SU	0109 0728 1340 1949	102 249 100 254
10 SU	0145 0803 1416 2033	58 292 52 300	25 M	0206 0824 1433 2043	95 259 89 263
11 M	0246 0903 1515 2132	49 304 40 308	26 TU N	0257 0912 1520 2131	84 272 75 276
12 TU S	0342 0958 1608 2226	40 315 31 315	27 W	0342 0955 1602 2215	71 286 61 288
13 W ●	0434 1048 1659 2317	33 322 25 318	28 TH ○	0423 1035 1643 2256	57 300 46 301
14 TH	0522 1135 1746	30 324 25	29 F	0502 1113 1723 2336	45 312 34 311
15 F	0003 0606 1219 1831	316 32 321 31	30 SA	0541 1152 1804	35 321 25
			31 SU	0017 0621 1233 1846	317 30 326 22

2 月

日期	潮时 时分	潮高 cm	日期	潮时 时分	潮高 cm
1 M	0058 0702 1315 1930	318 29 325 25	16 TU	0129 0733 1342 1956	295 55 295 59
2 TU E	0141 0747 1401 2017	314 34 318 33	17 W	0204 0809 1419 2034	283 67 282 73
3 W P	0227 0835 1452 2108	305 44 307 45	18 TH A	0241 0849 1501 2116	270 82 268 87
4 TH ☾	0318 0930 1549 2205	293 57 293 60	19 F ☽	0325 0937 1551 2207	257 96 254 100
5 F	0417 1033 1655 2310	280 69 282 72	20 SA	0420 1037 1653 2310	244 108 244 110
6 SA	0526 1145 1807	271 76 275	21 SU	0530 1149 1804	237 113 240
7 SU	0021 0641 1258 1919	78 270 75 275	22 M	0022 0644 1300 1913	112 239 109 244
8 M S	0132 0752 1407 2026	75 277 66 282	23 TU N	0130 0750 1401 2014	106 250 96 256
9 TU	0237 0855 1507 2127	67 290 54 293	24 W	0228 0843 1452 2106	92 266 78 272
10 W	0333 0950 1600 2219	55 303 43 303	25 TH	0316 0929 1537 2151	74 286 58 291
11 TH ●	0423 1037 1647 2304	44 314 34 310	26 F	0359 1010 1619 2233	54 306 38 309
12 F	0506 1119 1730 2345	37 319 31 312	27 SA ○	0439 1050 1701 2314	36 324 21 324
13 SA	0546 1158 1809	35 319 32	28 SU	0519 1131 1742 2354	21 337 9 333
14 SU	0021 0623 1233 1845	310 37 315 38			
15 M E	0056 0658 1308 1921	304 44 307 48			

3 月

日期	潮时 时分	潮高 cm	日期	潮时 时分	潮高 cm
1 M E	0600 1212 1825	12 343 6	16 TU	0022 0625 1234 1846	305 43 308 46
2 TU P	0036 0642 1255 1909	335 12 341 10	17 W	0053 0658 1306 1919	299 51 298 56
3 W	0119 0726 1342 1956	329 19 330 23	18 TH A	0125 0732 1341 1954	289 63 286 68
4 TH	0205 0815 1432 2046	316 34 313 42	19 F	0201 0809 1420 2033	276 77 272 83
5 F	0256 0910 1531 2144	298 53 293 63	20 SA	0242 0854 1507 2120	262 92 256 98
6 SA ☾	0357 1015 1639 2252	279 71 275 80	21 SU ☽	0333 0951 1607 2221	247 106 243 111
7 SU S	0510 1131 1755	265 82 265	22 M N	0442 1104 1720 2336	237 113 237 115
8 M	0007 0630 1249 1912	89 262 83 265	23 TU	0601 1219 1834	238 109 241
9 TU	0122 0744 1359 2020	87 270 75 273	24 W	0050 0711 1325 1939	109 249 95 255
10 W	0227 0846 1457 2117	77 283 62 284	25 TH	0152 0808 1419 2033	93 268 75 274
11 TH	0321 0937 1546 2204	63 296 50 295	26 F	0243 0856 1507 2121	71 291 52 296
12 F	0406 1019 1628 2244	51 307 41 304	27 SA	0328 0940 1551 2205	48 314 30 316
13 SA ●	0445 1056 1706 2319	42 314 37 308	28 SU ○E	0411 1023 1634 2247	26 334 11 333
14 SU E	0520 1130 1741 2351	38 316 36 308	29 M	0453 1106 1718 2330	10 348 0 343
15 M	0553 1202 1813	38 314 39	30 TU P	0536 1149 1802	1 352 -2
			31 W	0013 0621 1235 1848	344 2 347 5

4 月

日期	潮时 时分	潮高 cm	日期	潮时 时分	潮高 cm
1 TH	0058 0707 1324 1936	335 13 333 22	16 F	0054 0701 1310 1922	290 63 285 67
2 F	0147 0758 1417 2029	319 32 312 44	17 SA	0130 0740 1350 2001	279 75 272 80
3 SA	0241 0856 1518 2129	298 53 289 67	18 SU N	0211 0825 1437 2048	266 89 258 94
4 SU ☾S	0344 1005 1629 2238	278 73 270 86	19 M	0301 0920 1535 2146	253 100 247 106
5 M	0500 1122 1746 2355	264 84 260 94	20 TU ☽	0406 1029 1645 2256	245 105 242 110
6 TU	0620 1238 1900	262 85 261	21 W	0520 1141 1756	246 101 246
7 W	0108 0730 1344 2004	91 269 77 268	22 TH	0008 0629 1245 1900	104 257 88 259
8 TH	0209 0827 1438 2056	81 280 67 279	23 F	0111 0728 1342 1956	88 275 68 278
9 F	0259 0913 1523 2139	69 291 57 288	24 SA	0206 0819 1432 2046	66 298 46 300
10 SA	0340 0952 1602 2215	58 300 49 296	25 SU E	0255 0907 1520 2133	43 320 25 320
11 SU E	0417 1027 1637 2248	49 306 44 302	26 M	0341 0954 1607 2220	22 338 9 336
12 M ●	0450 1059 1710 2319	44 309 42 304	27 TU ○P	0427 1040 1654 2306	7 349 0 344
13 TU	0522 1130 1742 2350	43 308 44 303	28 W	0514 1128 1741 2352	0 351 0 344
14 W A	0554 1202 1814	46 304 48	29 TH	0601 1217 1829	3 344 9
15 TH	0021 0627 1234 1847	298 53 296 56	30 F	0041 0652 1309 1920	335 15 328 26

时　区：－1200　　　潮高基准面：在平均海面下 176　cm

新西兰—韦斯特波特(西港)

NEW ZEALAND－WESTPORT

2021 年潮汐表　　41° 45′ S　　171° 36′ E

5 月

日期	潮时 时分	潮高 cm	日期	潮时 时分	潮高 cm
1	0132	318	16	0108	281
	0746	34		0719	73
SA	1406	307	SU	1330	273
S	2015	48		1939	77
2	0229	299	17	0150	272
	0846	54		0805	81
SU	1508	286	M	1418	263
	2115	69		2025	87
3	0334	280	18	0239	264
	0954	72		0859	88
M	1617	270	TU	1512	256
☾	2223	85		2119	95
4	0446	268	19	0338	259
	1106	81		1000	91
TU	1728	261	W	1614	253
	2334	93	☽	2222	98
5	0558	265	20	0443	260
	1215	83		1104	87
W	1835	260	TH	1718	256
				2328	93
6	0041	92	21	0548	269
	0701	269		1206	77
TH	1315	79	F	1820	267
	1934	265			
7	0139	85	22	0031	80
	0754	276		0648	284
F	1407	73	SA	1304	61
	2023	272	E	1918	283
8	0226	75	23	0129	62
	0839	283		0743	301
SA	1450	66	SU	1358	44
E	2105	280		2012	301
9	0308	66	24	0223	42
	0918	290		0836	319
SU	1529	60	M	1451	28
	2142	288		2104	318
10	0345	59	25	0314	24
	0953	295		0927	332
M	1605	55	TU	1542	15
	2216	294		2155	331
11	0419	54	26	0405	12
	1027	298		1019	340
TU	1639	51	W	1632	9
●A	2249	297	○P	2245	339
12	0453	52	27	0455	7
	1100	299		1111	341
W	1712	51	TH	1723	9
	2322	298		2335	338
13	0527	53	28	0546	10
	1135	296		1204	334
TH	1746	53	F	1814	17
	2355	295	S		
14	0602	57	29	0027	331
	1210	291		0639	20
F	1821	59	SA	1258	321
				1906	31
15	0030	290	30	0120	318
	0639	64		0735	35
SA	1248	283	SU	1355	305
N	1858	67		2000	48
			31	0216	302
				0833	51
			M	1453	288
				2057	66

6 月

日期	潮时 时分	潮高 cm	日期	潮时 时分	潮高 cm
1	0316	286	16	0219	279
	0935	66		0838	71
TU	1554	273	W	1450	270
	2158	80		2055	80
2	0419	274	17	0312	276
	1038	77		0932	73
W	1656	263	TH	1544	267
☾	2300	89		2151	82
3	0522	268	18	0410	276
	1139	83		1030	72
TH	1756	259	F	1642	268
			☽	2252	80
4	0001	92	19	0511	279
	0620	266		1129	68
F	1235	84	SA	1743	274
E	1851	259	E	2355	73
5	0057	90	20	0613	287
	0712	268		1229	60
SA	1325	82	SU	1844	283
	1941	264			
6	0147	84	21	0057	62
	0758	273		0713	298
SU	1411	77	M	1328	50
	2026	270		1943	296
7	0232	77	22	0157	47
	0840	277		0811	309
M	1454	72	TU	1426	39
	2107	277		2041	309
8	0313	70	23	0253	33
	0920	282		0908	319
TU	1533	66	W	1522	29
A	2145	284	P	2136	321
9	0351	65	24	0348	23
	0959	286		1004	325
W	1611	62	TH	1616	22
	2222	289	○	2230	329
10	0428	61	25	0442	17
	1036	289		1059	328
TH	1648	59	F	1709	20
●	2259	292	S	2322	332
11	0505	59	26	0535	17
	1114	289		1153	325
F	1725	58	SA	1800	24
	2335	293			
12	0543	59	27	0014	328
	1153	288		0627	22
SA	1802	60	SU	1246	317
N				1850	33
13	0012	292	28	0105	319
	0622	60		0719	33
SU	1233	285	M	1337	306
	1840	64		1940	45
14	0051	288	29	0156	306
	0703	64		0811	47
M	1315	280	TU	1428	292
	1921	69		2030	60
15	0133	284	30	0247	292
	0748	67		0904	61
TU	1400	275	W	1519	278
	2005	75		2122	75

7 月

日期	潮时 时分	潮高 cm	日期	潮时 时分	潮高 cm
1	0340	279	16	0245	293
	0957	74		0903	56
TH	1611	265	F	1514	282
☾ E	2216	86	E	2121	67
2	0434	268	17	0339	288
	1050	84		0958	61
F	1704	257	SA	1609	278
	2312	94	☽	2220	71
3	0529	261	18	0440	284
	1144	90		1057	65
SA	1759	253	SU	1710	276
				2326	72
4	0009	97	19	0545	283
	0623	259		1201	66
SU	1238	92	M	1817	278
	1853	254			
5	0104	95	20	0033	67
	0714	260		0651	287
M	1330	90	TU	1306	63
A	1945	259		1923	286
6	0155	89	21	0139	57
	0804	264		0755	294
TU	1419	85	W	1409	55
	2034	266	P	2026	298
7	0243	82	22	0240	45
	0851	269		0857	303
W	1505	79	TH	1509	45
	2119	275	S	2125	310
8	0326	74	23	0338	33
	0935	276		0956	312
TH	1547	71	F	1605	35
	2200	283		2220	321
9	0407	66	24	0432	25
	1017	282		1050	318
F	1627	65	SA	1657	28
N	2239	290	○	2311	327
10	0447	59	25	0523	21
	1058	288		1141	320
SA	1706	59	SU	1745	27
●	2317	296		2358	327
11	0526	53	26	0611	23
	1138	292		1228	317
SU	1744	55	M	1830	32
	2354	300			
12	0605	49	27	0043	321
	1217	294		0656	31
M	1822	53	TU	1312	308
				1913	41
13	0032	301	28	0126	310
	0645	47		0741	43
TU	1258	294	W	1354	296
	1901	54		1956	54
14	0113	301	29	0209	296
	0728	48		0824	57
W	1340	292	TH	1435	282
	1944	57	E	2039	69
15	0157	298	30	0253	282
	0814	51		0908	72
TH	1424	287	F	1518	268
	2030	62		2125	83
			31	0339	268
				0955	86
			SA	1606	256
			☾	2217	95

8 月

日期	潮时 时分	潮高 cm	日期	潮时 时分	潮高 cm
1	0432	256	16	0415	282
	1048	97		1031	70
SU	1701	248	M	1645	272
	2316	103		2304	75
2	0530	249	17	0526	274
	1146	103		1141	78
M	1804	244	TU	1759	269
A			P		
3	0019	105	18	0019	76
	0631	247		0640	274
TU	1247	103	W	1253	77
	1906	247	S	1913	275
4	0120	101	19	0130	68
	0730	251		0750	280
W	1346	98	TH	1401	68
	2004	256		2020	288
5	0215	92	20	0234	54
	0825	259		0854	292
TH	1439	89	F	1502	55
N	2054	267		2119	303
6	0303	80	21	0331	41
	0914	269		0950	304
F	1525	77	SA	1555	42
	2138	280		2210	316
7	0346	66	22	0421	30
	0958	281		1039	313
SA	1607	65	SU	1642	32
	2218	293	○	2255	325
8	0426	53	23	0506	24
	1039	293		1123	318
SU	1645	53	M	1724	28
●	2255	305		2337	326
9	0505	42	24	0548	24
	1118	302		1202	316
M	1722	43	TU	1804	30
	2332	314			
10	0543	33	25	0015	322
	1156	309		0627	31
TU	1800	37	W	1239	310
			E	1841	38
11	0010	319	26	0052	312
	0623	28		0705	41
W	1235	312	TH	1314	299
	1838	35		1918	50
12	0050	320	27	0128	299
	0704	29		0742	55
TH	1315	310	F	1349	286
E	1920	38		1955	64
13	0133	315	28	0205	284
	0748	34		0819	70
F	1358	304	SA	1427	272
	2005	45		2035	80
14	0220	306	29	0247	269
	0836	45		0901	86
SA	1445	293	SU	1510	258
	2055	56		2122	95
15	0313	294	30	0336	254
	0930	58		0951	100
SU	1540	282	M	1604	245
☽	2155	67	☾ A	2222	107
			31	0438	243
				1053	110
			TU	1714	237
				2334	113

时　区：－1200　　　潮高基准面：在平均海面下 176　cm

新西兰—韦斯特波特(西港)

NEW ZEALAND—WESTPORT

2021 年潮汐表　　41° 45′ S　　171° 36′ E

9 月

日期	潮时 时分	潮高 cm	日期	潮时 时分	潮高 cm
1 W	0548 1205 1828	238 113 239	16 TH	0013 0636 1247 1910	82 265 86 270
2 TH N	0045 0657 1314 1934	109 242 108 249	17 F	0126 0747 1355 2015	73 274 75 285
3 F	0146 0758 1412 2027	98 253 95 264	18 SA	0228 0847 1452 2109	59 287 60 300
4 SA	0237 0849 1459 2112	81 268 78 282	19 SU	0319 0937 1540 2154	45 299 46 313
5 SU	0321 0934 1541 2151	63 285 61 300	20 M ○	0404 1020 1622 2234	35 309 36 320
6 M	0401 1013 1619 2229	45 301 44 316	21 TU E	0444 1058 1659 2310	29 314 31 322
7 TU ●	0439 1052 1656 2307	29 315 29 329	22 W	0521 1132 1734 2344	29 314 32 319
8 W E	0518 1130 1734 2345	17 325 20 336	23 TH	0556 1205 1808	34 309 38
9 TH	0558 1209 1814	12 329 17	24 F	0017 0629 1236 1841	311 42 301 48
10 F	0026 0640 1249 1856	336 14 325 22	25 SA	0049 0702 1309 1915	300 54 290 61
11 SA P	0110 0724 1333 1942	328 24 315 33	26 SU A	0124 0737 1344 1953	286 68 277 77
12 SU	0158 0813 1422 2035	313 40 300 50	27 M	0203 0816 1424 2038	270 83 261 93
13 M ☽	0253 0908 1519 2137	295 60 282 68	28 TU	0250 0903 1516 2135	254 99 247 107
14 TU	0400 1013 1630 2253	277 78 268 80	29 W ☾ N	0351 1005 1626 2249	241 112 236 115
15 W S	0518 1129 1752	265 88 263	30 TH	0506 1121 1747	234 118 236

10 月

日期	潮时 时分	潮高 cm	日期	潮时 时分	潮高 cm
1 F	0006 0621 1235 1857	112 238 112 246	16 SA	0114 0736 1341 2000	74 271 78 283
2 SA	0111 0724 1337 1953	99 251 97 264	17 SU	0212 0831 1434 2049	62 283 64 296
3 SU	0203 0817 1426 2038	80 268 77 285	18 M	0300 0916 1518 2131	52 293 52 305
4 M	0248 0902 1508 2119	59 288 56 306	19 TU E	0341 0955 1557 2208	44 301 44 311
5 TU	0330 0943 1548 2159	38 308 35 325	20 W ○	0418 1030 1632 2241	39 306 39 313
6 W ●E	0411 1022 1628 2239	20 324 18 340	21 TH	0452 1102 1705 2314	38 308 39 311
7 TH	0452 1103 1709 2321	8 335 8 346	22 F	0525 1133 1738 2345	41 306 43 306
8 F P	0534 1144 1751	3 339 6	23 SA	0557 1204 1811	46 300 50
9 SA	0004 0618 1227 1836	344 7 334 13	24 SU A	0018 0630 1237 1845	297 55 292 61
10 SU	0051 0704 1314 1925	333 20 321 28	25 M	0053 0705 1312 1923	286 67 280 74
11 M	0142 0755 1405 2021	315 40 303 49	26 TU N	0132 0744 1353 2007	272 80 267 88
12 TU S	0242 0853 1507 2128	293 63 282 68	27 W	0219 0829 1442 2102	258 95 253 101
13 W ☽	0352 1002 1623 2246	273 82 268 81	28 TH ☾	0316 0926 1546 2209	245 107 243 108
14 TH	0511 1120 1745	263 91 264	29 F	0426 1036 1701 2322	238 114 242 106
15 F	0005 0628 1236 1859	82 263 89 271	30 SA	0538 1149 1811	241 110 250
			31 SU	0027 0642 1253 1909	95 252 96 267

11 月

日期	潮时 时分	潮高 cm	日期	潮时 时分	潮高 cm
1 M	0122 0737 1346 1959	77 269 77 287	16 TU	0231 0847 1450 2102	64 282 64 292
2 TU E	0211 0825 1433 2045	57 289 54 308	17 W	0312 0926 1529 2139	58 289 57 296
3 W	0257 0910 1517 2129	36 310 33 327	18 TH	0349 1001 1605 2214	54 295 52 299
4 TH ●	0342 0954 1601 2213	19 327 15 341	19 F ○	0425 1035 1640 2247	51 299 50 299
5 F P	0427 1038 1646 2259	7 338 5 347	20 SA	0458 1108 1714 2321	51 299 51 297
6 SA	0512 1123 1733 2347	3 342 3 344	21 SU A	0532 1141 1748 2356	53 297 55 292
7 SU	0600 1210 1821	8 337 11	22 M N	0606 1215 1824	58 292 61
8 M S	0038 0649 1300 1914	332 21 324 26	23 TU	0033 0642 1251 1903	284 65 285 70
9 TU	0133 0743 1356 2013	314 40 307 45	24 W	0113 0721 1332 1947	275 75 275 79
10 W	0234 0842 1459 2119	294 61 288 63	25 TH	0158 0805 1418 2037	265 86 265 87
11 TH ☽	0343 0948 1611 2232	276 78 274 75	26 F	0249 0855 1512 2134	256 96 258 93
12 F	0455 1101 1726 2344	266 88 269 79	27 SA ☾	0347 0954 1615 2237	250 101 255 93
13 SA	0606 1212 1834	264 88 272	28 SU	0450 1059 1720 2339	250 101 260 86
14 SU	0049 0709 1314 1932	76 268 82 278	29 M	0553 1204 1822	257 92 271
15 M E	0144 0802 1406 2020	70 275 73 285	30 TU E	0038 0652 1303 1918	74 270 76 287

12 月

日期	潮时 时分	潮高 cm	日期	潮时 时分	潮高 cm
1 W	0133 0747 1357 2010	58 287 57 304	16 TH	0240 0855 1501 2110	76 274 73 278
2 TH	0225 0838 1449 2101	42 305 37 320	17 F	0322 0935 1541 2149	70 281 67 283
3 F	0316 0929 1539 2152	27 322 21 332	18 SA A	0401 1013 1619 2227	65 288 62 287
4 SA ●P	0406 1018 1629 2244	15 334 10 338	19 SU ○	0438 1049 1656 2305	61 293 58 289
5 SU	0456 1108 1720 2336	10 339 7 337	20 M N	0514 1124 1732 2342	58 295 57 289
6 M S	0547 1159 1812	13 337 12	21 TU	0550 1200 1809	58 295 57
7 TU	0030 0638 1252 1906	329 22 328 23	22 W	0020 0626 1236 1848	287 61 293 60
8 W	0126 0731 1346 2003	316 36 315 38	23 TH	0059 0704 1314 1929	284 65 288 64
9 TH	0223 0827 1445 2103	300 53 299 54	24 F	0140 0744 1356 2013	278 71 283 69
10 F	0323 0926 1547 2206	284 70 284 68	25 SA	0224 0828 1442 2102	272 78 277 73
11 SA ☽	0425 1029 1651 2309	271 82 274 77	26 SU	0312 0917 1534 2155	267 84 273 77
12 SU E	0527 1133 1754	263 89 269	27 M ☾E	0406 1014 1634 2253	263 87 271 77
13 M	0009 0628 1234 1851	82 260 90 268	28 TU	0505 1118 1737 2355	264 85 275 73
14 TU	0105 0723 1329 1942	83 262 86 270	29 W	0609 1223 1840	269 77 282
15 W	0155 0812 1418 2028	80 267 80 274	30 TH	0057 0712 1326 1941	65 280 63 294
			31 F	0157 0813 1426 2041	54 295 47 307

时　区：－1200　　潮高基准面：在平均海面下 176　cm

萨摩亚群岛—阿皮亚

SAMOA－APIA

2021 年潮汐表　　13° 49′ S　　171° 46′ W

1 月

日期	潮时 时分	潮高 cm	日期	潮时 时分	潮高 cm
1 F	0234 0831 1433 2042	7 85 16 98	16 SA	0335 0930 1545 2142	9 83 18 89
2 SA	0320 0921 1524 2133	9 85 18 95	17 SU	0423 1018 1638 2229	14 80 23 83
3 SU	0411 1014 1622 2228	10 85 19 92	18 M	0514 1108 1739 2319	19 77 27 77
4 M	0507 1111 1730 2328	12 86 20 89	19 TU E	0608 1202 1844	22 76 29
5 TU	0609 1211 1842	12 89 18	20 W ☽	0015 0703 1300 1948	72 24 76 29
6 W ☾ E	0033 0711 1314 1952	87 11 92 14	21 TH A	0116 0755 1358 2046	70 24 78 26
7 TH	0141 0811 1416 2056	86 10 96 8	22 F	0218 0844 1450 2136	69 24 81 22
8 F	0247 0909 1516 2155	87 7 102 2	23 SA	0311 0929 1534 2220	71 22 86 18
9 SA P	0348 1004 1610 2250	90 5 106 -3	24 SU	0357 1011 1613 2259	74 20 91 13
10 SU	0444 1057 1701 2341	92 3 109 -7	25 M	0437 1050 1651 2336	78 17 95 9
11 M	0535 1149 1750	93 2 110	26 TU N	0516 1129 1730	82 13 100
12 TU S	0030 0624 1238 1838	-8 93 3 109	27 W	0012 0556 1208 1810	5 86 10 103
13 W ●	0117 0711 1325 1925	-6 92 5 106	28 TH ○	0049 0638 1247 1851	2 89 7 105
14 TH	0203 0758 1411 2011	-2 89 8 101	29 F	0127 0721 1329 1935	1 91 6 105
15 F	0249 0844 1457 2057	3 86 12 95	30 SA	0208 0807 1413 2022	1 92 7 103
			31 SU	0251 0856 1503 2111	2 92 10 99

2 月

日期	潮时 时分	潮高 cm	日期	潮时 时分	潮高 cm
1 M	0340 0947 1600 2204	5 92 13 93	16 TU	0417 1014 1648 2228	21 80 27 76
2 TU E	0436 1043 1709 2303	9 91 16 87	17 W	0508 1103 1754 2322	25 77 30 70
3 W P	0539 1144 1824	12 90 17	18 TH A	0605 1201 1904	28 76 31
4 TH ☾	0012 0646 1252 1939	82 14 91 14	19 F ☽	0029 0705 1307 2009	67 30 76 28
5 F	0128 0754 1401 2048	80 15 93 9	20 SA	0140 0804 1409 2104	67 29 79 24
6 SA	0242 0858 1506 2149	81 13 97 4	21 SU	0240 0857 1501 2151	70 26 85 19
7 SU	0345 0957 1602 2243	85 10 101 -1	22 M	0328 0944 1545 2231	75 21 91 14
8 M S	0438 1051 1652 2331	88 7 104 -4	23 TU N	0409 1026 1626 2308	81 15 97 8
9 TU	0525 1139 1738	91 5 106	24 W	0449 1106 1706 2344	87 10 103 3
10 W	0016 0609 1223 1821	-5 92 4 105	25 TH	0530 1145 1748	92 4 107
11 TH ●	0057 0650 1305 1903	-3 91 5 103	26 F	0021 0612 1226 1830	-1 97 1 110
12 F	0137 0730 1344 1943	0 90 8 99	27 SA ○	0059 0657 1309 1915	-3 100 0 109
13 SA	0215 0810 1424 2022	5 88 12 94	28 SU	0140 0744 1355 2002	-3 101 1 106
14 SU	0254 0849 1506 2101	10 86 17 88			
15 M E	0334 0930 1553 2142	16 83 23 82			

3 月

日期	潮时 时分	潮高 cm	日期	潮时 时分	潮高 cm
1 M E	0224 0832 1445 2051	-1 101 5 100	16 TU	0246 0847 1516 2104	19 87 22 80
2 TU P	0313 0923 1545 2145	4 99 9 93	17 W	0324 0928 1607 2149	24 84 26 75
3 W	0410 1018 1654 2247	10 96 14 85	18 TH A	0410 1014 1710 2243	28 81 29 70
4 TH	0516 1121 1812	16 92 15	19 F	0507 1109 1819 2349	32 78 30 67
5 F	0001 0629 1234 1929	79 19 90 14	20 SA	0614 1216 1927	34 77 29
6 SA ☾	0124 0743 1350 2039	78 20 91 11	21 SU ☽	0102 0721 1325 2025	67 32 80 25
7 SU S	0240 0851 1457 2139	80 18 94 6	22 M N	0204 0821 1423 2113	72 28 85 20
8 M	0340 0950 1552 2230	84 14 98 3	23 TU	0254 0912 1512 2155	78 22 92 14
9 TU	0428 1041 1640 2315	88 10 101 1	24 W	0337 0957 1556 2234	85 14 99 8
10 W	0510 1125 1722 2354	91 8 102 1	25 TH	0420 1039 1639 2312	92 7 105 2
11 TH	0549 1205 1801	92 7 101	26 F	0503 1122 1723 2351	99 1 110 -3
12 F	0031 0625 1242 1837	2 93 8 99	27 SA	0547 1205 1808	105 -3 111
13 SA ●	0106 0700 1318 1912	5 92 10 96	28 SU ○E	0031 0633 1250 1855	-5 108 -5 110
14 SU E	0139 0734 1354 1948	9 91 13 91	29 M	0114 0721 1339 1944	-5 109 -3 106
15 M	0212 0810 1433 2025	14 90 18 86	30 TU P	0201 0810 1433 2035	-1 108 1 99
			31 W	0253 0902 1534 2132	5 104 6 91

4 月

日期	潮时 时分	潮高 cm	日期	潮时 时分	潮高 cm
1 TH	0352 0958 1644 2237	12 99 10 84	16 F	0326 0936 1634 2214	29 84 25 70
2 F	0501 1103 1759 2354	19 93 13 79	17 SA	0422 1029 1737 2316	32 81 26 68
3 SA	0616 1219 1914	22 90 13	18 SU N	0528 1132 1841	33 80 26
4 SU ☾S	0118 0731 1336 2022	78 23 90 11	19 M	0023 0637 1240 1940	69 31 81 23
5 M	0229 0839 1442 2120	81 20 92 8	20 TU ☽	0123 0740 1341 2031	74 27 86 18
6 TU	0325 0936 1536 2209	85 17 94 6	21 W	0216 0836 1435 2116	80 20 92 12
7 W	0411 1024 1621 2251	88 13 95 5	22 TH	0303 0926 1524 2158	88 12 98 5
8 TH	0449 1106 1659 2327	90 11 95 6	23 F	0350 1013 1611 2240	96 4 103 -1
9 F	0524 1143 1735	92 10 94	24 SA	0436 1059 1659 2322	103 -2 107 -5
10 SA	0001 0556 1219 1808	7 93 11 92	25 SU E	0524 1146 1747	109 -7 107
11 SU E	0032 0628 1254 1842	10 94 12 90	26 M	0006 0612 1235 1837	-7 112 -8 105
12 M ●	0102 0701 1329 1917	13 93 14 86	27 TU ○P	0052 0701 1328 1928	-5 113 -7 101
13 TU	0132 0735 1407 1954	16 92 17 82	28 W	0142 0752 1424 2023	-1 110 -4 95
14 W A	0205 0811 1449 2035	21 90 20 78	29 TH	0237 0845 1525 2121	5 105 1 88
15 TH	0242 0851 1537 2121	25 87 23 73	30 F	0339 0942 1631 2228	11 99 5 82

时　区：＋1100　　　　潮高基准面：在平均海面下 49　cm

萨摩亚群岛—阿皮亚

SAMOA－APIA

2021 年潮汐表　　13° 49′ S　　171° 46′ W

5 月

日期	潮时 时分	潮高 cm
1 SA S	0446 1047 1741 2342	17 93 9 78
2 SU	0558 1200 1851	21 88 10
3 M ☾	0058 0710 1312 1956	78 21 87 10
4 TU	0204 0816 1415 2052	80 20 87 9
5 W	0258 0912 1508 2139	82 17 87 8
6 TH	0344 1001 1553 2220	85 15 87 8
7 F	0422 1043 1631 2256	87 13 86 9
8 SA E	0456 1121 1706 2328	89 12 84 10
9 SU	0527 1157 1740 2359	91 11 83 12
10 M	0559 1233 1815	92 11 81
11 TU ●A	0029 0631 1309 1851	14 92 11 79
12 W	0101 0705 1347 1931	16 92 12 77
13 TH	0135 0742 1428 2013	19 90 14 74
14 F	0214 0822 1513 2059	22 88 15 71
15 SA N	0258 0907 1603 2150	25 85 17 70
16 SU	0350 0959 1657 2246	27 83 19 69
17 M	0449 1057 1755 2345	27 82 19 71
18 TU	0554 1159 1853	26 82 17
19 W ☽	0043 0700 1300 1947	75 22 85 13
20 TH	0138 0801 1357 2036	81 16 88 7
21 F	0231 0857 1452 2123	88 8 92 2
22 SA E	0322 0950 1545 2210	96 1 96 -4
23 SU	0413 1041 1637 2257	103 -6 98 -7
24 M	0503 1132 1729 2345	108 -10 99 -8
25 TU	0553 1224 1822	111 -12 98
26 W ○P	0036 0644 1318 1915	-7 111 -12 94
27 TH	0129 0735 1414 2011	-3 108 -10 90
28 F S	0225 0829 1512 2109	1 103 -6 85
29 SA	0323 0926 1612 2211	7 97 -1 80
30 SU	0425 1027 1715 2317	12 91 4 77
31 M	0531 1132 1819	16 86 7

6 月

日期	潮时 时分	潮高 cm
1 TU	0023 0638 1236 1921	75 18 82 9
2 W ☾	0125 0744 1336 2015	76 18 79 10
3 TH	0221 0842 1430 2103	77 17 77 10
4 F E	0309 0933 1518 2145	79 16 76 10
5 SA	0350 1018 1559 2222	82 14 75 10
6 SU	0425 1059 1638 2256	84 12 74 11
7 M	0458 1137 1714 2329	86 10 74 12
8 TU A	0531 1214 1752	88 8 74
9 W	0003 0605 1251 1830	13 89 7 73
10 TH ●	0038 0640 1328 1910	14 90 6 73
11 F	0114 0718 1407 1952	15 89 6 72
12 SA N	0154 0759 1447 2036	16 88 7 71
13 SU	0236 0844 1531 2124	17 87 9 71
14 M	0323 0933 1619 2215	18 85 10 72
15 TU	0416 1026 1712 2309	18 83 11 73
16 W	0518 1123 1808	18 82 10
17 TH	0006 0626 1223 1905	76 16 82 8
18 F ☽	0104 0732 1324 2000	81 11 82 4
19 SA E	0202 0835 1426 2054	87 5 84 0
20 SU	0259 0933 1525 2146	93 -1 86 -4
21 M	0353 1028 1622 2239	99 -8 89 -6
22 TU	0446 1122 1716 2331	104 -13 90 -8
23 W P	0538 1215 1809	107 -15 90
24 TH ○	0024 0629 1308 1902	-8 107 -16 89
25 F S	0117 0720 1400 1956	-6 105 -14 86
26 SA	0209 0813 2050	-3 100 83
27 SU	0302 0906 1546 2145	1 95 -4 79
28 M	0357 1000 1642 2241	7 88 2 76
29 TU	0456 1055 1740 2338	12 82 6 73
30 W	0600 1151 1837	16 76 10

7 月

日期	潮时 时分	潮高 cm
1 TH ☾E	0036 0705 1248 1932	72 18 71 12
2 F	0134 0807 1346 2022	72 18 68 13
3 SA	0228 0903 1441 2107	74 17 66 13
4 SU	0315 0952 1529 2149	76 14 66 13
5 M A	0354 1036 1612 2228	79 11 67 13
6 TU	0431 1116 1652 2305	82 8 69 12
7 W	0505 1153 1730 2342	85 5 71 11
8 TH	0541 1228 1808	88 2 72
9 F N	0018 0617 1304 1847	10 90 1 74
10 SA ●	0055 0656 1340 1928	9 91 0 75
11 SU	0133 0737 1417 2011	8 91 0 76
12 M	0213 0821 1458 2057	9 90 2 77
13 TU	0257 0907 1542 2145	10 88 3 77
14 W	0349 0957 1632 2237	11 85 5 78
15 TH	0449 1052 1729 2333	13 81 6 79
16 F E	0600 1153 1830	12 78 7
17 SA ☽	0034 0712 1300 1932	82 10 76 6
18 SU	0138 0820 1409 2033	86 5 77 3
19 M	0241 0922 1515 2132	91 -2 80 0
20 TU	0339 1020 1613 2228	96 -8 83 -3
21 W P	0434 1114 1707 2322	101 -13 86 -5
22 TH S	0525 1205 1758	104 -15 88
23 F	0013 0615 1253 1847	-7 104 -15 88
24 SA ○	0102 0704 1340 1935	-7 102 -13 86
25 SU	0149 0752 1426 2023	-4 99 -8 84
26 M	0236 0840 1513 2111	0 93 -2 80
27 TU	0325 0926 1602 2159	6 87 4 77
28 W	0418 1013 1653 2248	12 80 10 74
29 TH E	0517 1102 1747 2341	18 73 14 71
30 F	0624 1157 1843	21 67 17
31 SA ☾	0040 0730 1300 1938	70 22 63 19

8 月

日期	潮时 时分	潮高 cm
1 SU	0142 0831 1405 2030	71 20 62 19
2 M A	0237 0924 1502 2119	74 17 63 18
3 TU	0323 1010 1547 2202	78 13 66 16
4 W	0403 1050 1627 2242	82 9 70 13
5 TH N	0440 1126 1704 2319	86 5 74 10
6 F	0516 1200 1741 2355	91 2 78 7
7 SA	0554 1234 1820	94 -1 81
8 SU ●	0031 0633 1309 1900	4 96 -2 84
9 M	0109 0714 1345 1943	3 97 -2 85
10 TU	0149 0757 1424 2028	3 95 -1 86
11 W	0234 0843 1508 2116	5 92 1 86
12 TH E	0326 0933 1558 2208	8 87 5 86
13 F	0429 1028 1657 2305	11 82 9 85
14 SA	0543 1133 1804	12 77 12
15 SU ☽	0010 0659 1247 1914	85 11 74 12
16 M	0121 0811 1404 2022	87 7 75 11
17 TU P	0230 0915 1511 2125	91 1 79 7
18 W S	0330 1012 1607 2222	96 -4 84 3
19 TH	0424 1103 1657 2313	100 -8 88 -1
20 F	0513 1150 1743 2359	103 -10 90 -3
21 SA	0559 1233 1827	104 -9 91
22 SU ○	0043 0643 1314 1910	-3 102 -6 90
23 M	0125 0726 1355 1951	0 98 -1 88
24 TU	0207 0807 1435 2032	4 93 5 85
25 W E	0251 0848 1517 2114	10 86 11 82
26 TH	0339 0930 1601 2158	16 79 17 78
27 F	0436 1016 1653 2247	22 72 22 75
28 SA	0541 1110 1751 2345	25 67 26 73
29 SU	0651 1218 1854	26 63 27
30 M ☾A	0052 0756 1331 1954	73 25 63 27
31 TU	0157 0852 1432 2048	75 21 66 24

时　区：＋1100　　　　潮高基准面：在平均海面下 49　cm

萨摩亚群岛—阿皮亚

SAMOA－APIA

2021 年潮汐表　　13° 49′ S　　171° 46′ W

9月						10月						11月						12月					
日期	潮时 时分	潮高 cm	日期	潮时 时分	潮高 cm	日期	潮时 时分	潮高 cm	日期	潮时 时分	潮高 cm	日期	潮时 时分	潮高 cm	日期	潮时 时分	潮高 cm	日期	潮时 时分	潮高 cm	日期	潮时 时分	潮高 cm
1	0250	80	16	0321	97	1	0257	90	16	0355	99	1	0347	102	16	0452	90	1	0410	100	16	0506	79
	0939	17		1000	1		0940	17		1024	6		1014	7		1110	14		1027	3		1118	19
W	1518	71	TH	1558	89	F	1521	84	SA	1624	96	M	1610	104	TU	1710	97	W	1634	111	TH	1718	95
	2134	20		2213	9		2141	18		2242	11		2234	5		2342	14		2304	-2			
2	0333	85	17	0412	101	2	0338	96	17	0438	100	2	0432	106	17	0527	88	2	0501	102	17	0003	13
	1018	13		1047	-1		1016	11		1104	6		1054	3		1143	17		1115	1		0542	79
TH	1557	76	F	1643	92	SA	1600	91	SU	1702	97	TU	1655	110	W	1742	98	TH	1723	115	F	1153	20
N	2214	16		2259	5		2221	11		2323	10	E	2319	0					2356	-5		1751	95
3	0411	91	18	0458	103	3	0418	102	18	0516	98	3	0519	107	18	0020	14	3	0553	102	18	0040	12
	1053	8		1129	-2		1051	6		1140	8		1136	1		0602	86		1205	0		0619	79
F	1634	82	SA	1724	95	SU	1640	97	M	1737	98	W	1742	114	TH	1215	20	F	1814	117	SA	1228	21
	2251	10		2342	3		2300	6								1815	98				A	1825	96
4	0449	97	19	0539	103	4	0459	106	19	0001	10	4	0007	-2	19	0057	15	4	0049	-6	19	0116	12
	1127	4		1208	0		1126	2		0552	96		0607	107		0639	83		0646	101		0657	79
SA	1711	87	SU	1803	95	M	1721	103	TU	1213	11	TH	1221	1	F	1248	23	SA	1258	2	SU	1304	22
	2328	6					2340	1	E	1810	98	●	1830	116	○	1849	97	●P	1905	115	○	1902	95
5	0527	101	20	0022	4	5	0542	108	20	0038	12	5	0057	-2	20	0135	16	5	0144	-5	20	0153	12
	1200	0		0619	100		1204	0		0627	92		0658	104		0717	81		0741	98		0737	79
SU	1750	92	M	1245	3	TU	1805	107	W	1245	15	F	1310	4	SA	1324	26	SU	1354	6	M	1342	23
			○	1840	95				○	1844	97	P	1920	114		1925	95		1959	112	N	1942	94
6	0005	2	21	0100	6	6	0023	-1	21	0115	15	6	0152	0	21	0216	18	6	0240	-2	21	0231	13
	0607	103		0656	97		0626	108		0703	88		0752	99		0759	79		0838	94		0820	78
M	1235	-2	TU	1320	8	W	1244	0	TH	1318	20	SA	1404	9	SU	1403	29	M	1452	10	TU	1421	24
	1832	96	E	1917	94	●E	1851	109		1918	96		2013	111	A	2005	92	S	2056	106		2024	93
7	0045	0	22	0139	10	7	0110	0	22	0155	18	7	0252	3	22	0259	20	7	0340	2	22	0312	15
	0649	104		0734	91		0714	104		0741	84		0850	94		0844	77		0940	90		0905	78
TU	1313	-2	W	1355	13	TH	1328	3	F	1352	24	SU	1505	15	M	1447	31	TU	1553	15	W	1504	25
●	1916	98		1953	91		1939	109		1955	93		2110	105	N	2050	90		2157	100		2111	90
8	0127	1	23	0220	15	8	0201	3	23	0238	21	8	0357	8	23	0347	22	8	0442	7	23	0355	17
	0734	101		0811	86		0804	99		0822	80		0955	88		0934	75		1045	86		0953	78
W	1353	0	TH	1431	19	F	1418	8	SA	1431	29	M	1612	20	TU	1537	33	W	1659	19	TH	1552	26
E	2002	98		2031	88	P	2029	106		2034	90	S	2214	99		2140	87		2301	95		2200	88
9	0215	4	24	0305	20	9	0300	7	24	0327	25	9	0506	11	24	0439	24	9	0546	11	24	0444	19
	0821	97		0852	80		0900	93		0908	75		1107	85		1029	74		1151	85		1043	79
TH	1439	4	F	1511	24	SA	1515	14	SU	1518	33	TU	1724	23	W	1633	34	TH	1808	22	F	1649	27
	2051	97		2112	85		2124	101	A	2120	86		2325	95		2237	85					2254	86
10	0310	8	25	0358	25	10	0408	11	25	0423	28	10	0616	13	25	0535	25	10	0006	90	25	0537	19
	0913	90		0938	74		1003	86		1002	72		1222	85		1125	75		0650	13		1136	81
F	1532	9	SA	1600	30	SU	1623	20	M	1615	36	W	1837	24	TH	1735	33	F	1255	84	SA	1754	26
	2143	95		2159	81		2227	96		2214	83					2337	85		1916	23		2352	85
11	0417	12	26	0501	28	11	0522	14	26	0525	29	11	0039	93	26	0631	24	11	0110	86	26	0633	18
	1012	83		1033	69		1118	82		1105	71		0723	13		1221	79		0748	15		1233	85
SA	1636	15	SU	1700	33	M	1739	24	TU	1720	37	TH	1331	86	F	1839	30	SA	1355	86	SU	1902	22
P	2243	91	A	2255	78		2341	93	N	2318	81	☽	1946	23				☽	2019	22			
12	0533	14	27	0609	30	12	0638	14	27	0627	29	12	0146	93	27	0036	87	12	0210	84	27	0052	85
	1123	78		1140	67		1240	81		1210	72		0822	12		0723	21		0840	15		0728	15
SU	1749	19	M	1808	35	TU	1856	24	W	1827	36	F	1429	89	SA	1314	84	SU	1448	87	M	1330	90
	2353	89				S							2046	20	☾	1939	25	E	2114	20	☾E	2006	17
13	0651	13	28	0003	77	13	0059	92	28	0024	83	13	0243	93	28	0133	90	13	0303	82	28	0155	86
	1245	76		0715	29		0748	12		0725	27		0913	12		0811	17		0925	16		0822	12
M	1905	20	TU	1253	68	W	1354	84	TH	1309	76	SA	1518	92	SU	1405	91	M	1533	90	TU	1428	96
☽				1914	34	☽	2006	22	☾	1927	32		2137	17		2033	18		2202	18		2105	10
14	0110	90	29	0113	79	14	0209	95	29	0124	86	14	0332	92	29	0226	93	14	0349	81	29	0256	89
	0803	10		0812	26		0848	10		0814	23		0957	12		0857	12		1006	17		0916	8
TU	1403	79	W	1354	72	TH	1453	89	F	1358	82	SU	1600	94	M	1455	98	TU	1611	92	W	1524	103
	2017	18	☾N	2011	30		2106	18		2020	26		2223	15		2125	11		2246	16		2201	3
15	0221	93	30	0210	84	15	0307	97	30	0216	92	15	0414	91	30	0318	97	15	0429	80	30	0354	92
	0906	5		0900	22		0940	7		0856	18		1035	13		0942	7		1043	18		1009	4
W	1507	84	TH	1441	77	F	1542	93	SA	1443	89	M	1637	96	TU	1545	105	W	1646	93	TH	1618	109
S	2119	13		2059	24		2158	14		2106	19	E	2304	14	E	2214	4		2326	14		2255	-4
									31	0302	97										31	0449	95
										0936	13											1102	1
									SU	1527	96										F	1710	113
										2151	11											2348	-8

时　区：＋1100　　　　潮高基准面：在平均海面下 49 cm

斐济群岛—苏瓦港

FIJI ISLANDS－SUVA HARBOUR

2021 年潮汐表　　18° 08′ S　　178° 26′ E

1 月

日期	潮时 时分	潮高 cm	日期	潮时 时分	潮高 cm
1 F	0158 0808 1355 2002	44 161 69 181	16 SA	0246 0857 1500 2055	34 174 62 184
2 SA	0240 0852 1442 2045	42 163 68 180	17 SU	0331 0943 1548 2142	40 172 66 176
3 SU	0324 0937 1532 2132	43 165 69 178	18 M	0414 1028 1636 2229	48 169 70 168
4 M	0411 1025 1626 2224	45 168 69 173	19 TU E	0458 1115 1726 2320	57 166 75 160
5 TU	0500 1117 1724 2322	48 170 68 168	20 W ☽	0542 1203 1819	65 163 78
6 W ☾ E	0551 1212 1825	52 173 67	21 TH A	0015 0628 1254 1915	152 72 161 80
7 TH	0027 0647 1311 1930	164 56 177 63	22 F	0114 0716 1345 2012	147 78 161 79
8 F	0136 0744 1410 2034	161 59 182 57	23 SA	0214 0806 1436 2107	144 81 162 76
9 SA P	0245 0843 1508 2137	161 60 187 50	24 SU	0311 0856 1524 2158	144 82 165 70
10 SU	0349 0942 1603 2235	163 59 192 43	25 M	0403 0944 1609 2244	146 81 169 64
11 M	0448 1040 1656 2331	166 58 195 36	26 TU N	0451 1031 1652 2327	149 78 174 57
12 TU S	0543 1135 1747	170 57 197	27 W	0535 1117 1734	154 74 179
13 W ●	0023 0635 1229 1836	31 173 56 197	28 TH ○	0009 0618 1203 1816	50 160 69 185
14 TH	0112 0724 1321 1923	29 174 57 195	29 F	0050 0659 1248 1858	44 166 65 189
15 F	0200 0811 1411 2009	30 175 59 190	30 SA	0132 0741 1335 1941	39 171 61 190
			31 SU	0215 0824 1423 2026	37 176 58 190

2 月

日期	潮时 时分	潮高 cm	日期	潮时 时分	潮高 cm
1 M	0259 0908 1513 2114	38 179 57 186	16 TU	0333 0943 1555 2152	54 171 67 167
2 TU E	0344 0955 1606 2206	42 181 58 179	17 W	0411 1024 1639 2237	61 167 72 159
3 W P	0432 1046 1702 2304	47 181 59 172	18 TH A	0450 1109 1726 2328	69 163 76 151
4 TH ☾	0524 1142 1804	53 181 60	19 F ☽	0533 1157 1819	76 159 78
5 F	0009 0621 1242 1909	164 59 180 59	20 SA	0025 0620 1250 1918	145 81 157 79
6 SA	0120 0722 1346 2017	159 64 181 57	21 SU	0127 0713 1346 2019	141 84 157 76
7 SU	0232 0825 1448 2122	157 67 182 52	22 M	0230 0809 1440 2116	140 85 160 71
8 M S	0338 0929 1547 2223	159 67 185 46	23 TU N	0327 0905 1531 2207	143 83 165 63
9 TU	0438 1029 1642 2318	163 65 187 41	24 W	0418 0959 1619 2253	149 78 172 55
10 W	0531 1125 1733	167 62 189	25 TH	0504 1049 1705 2337	157 71 180 47
11 TH ●	0007 0619 1217 1820	38 172 59 190	26 F	0547 1138 1750	166 64 187
12 F	0053 0703 1304 1904	36 175 58 189	27 SA ○	0020 0629 1227 1835	40 174 56 192
13 SA	0136 0745 1349 1946	38 176 58 186	28 SU	0103 0711 1315 1920	36 182 50 194
14 SU	0216 0824 1432 2028	41 176 60 181			
15 M E	0255 0904 1513 2109	47 174 63 175			

3 月

日期	潮时 时分	潮高 cm	日期	潮时 时分	潮高 cm
1 M E	0147 0755 1404 2008	34 188 46 193	16 TU	0217 0825 1440 2039	53 174 58 168
2 TU P	0232 0840 1454 2057	35 191 44 188	17 W	0252 0901 1518 2119	58 170 61 162
3 W	0318 0927 1547 2150	40 190 45 180	18 TH A	0327 0939 1558 2203	64 166 65 155
4 TH	0408 1019 1643 2250	46 187 48 171	19 F	0405 1021 1643 2251	70 161 69 147
5 F	0502 1116 1745 2356	54 183 51 162	20 SA	0446 1107 1734 2346	76 156 72 141
6 SA ☾	0601 1219 1853	62 178 53	21 SU ☽	0533 1159 1832	81 153 73
7 SU S	0109 0706 1325 2002	156 68 175 53	22 M N	0048 0628 1257 1933	138 84 153 71
8 M	0221 0815 1432 2108	155 70 174 51	23 TU	0151 0729 1356 2032	138 84 156 66
9 TU	0328 0921 1533 2208	157 69 176 48	24 W	0250 0831 1453 2126	143 80 162 59
10 W	0426 1021 1629 2301	161 66 178 45	25 TH	0342 0929 1546 2215	151 74 169 51
11 TH	0515 1115 1718 2347	166 62 180 43	26 F	0430 1023 1636 2302	161 65 177 44
12 F	0558 1202 1803	171 58 180	27 SA	0514 1115 1724 2347	172 54 185 37
13 SA ●	0028 0637 1245 1844	43 174 56 180	28 SU ○E	0558 1205 1813	182 45 190
14 SU E	0106 0714 1325 1923	45 176 55 178	29 M	0033 0642 1255 1901	33 190 37 191
15 M	0142 0749 1403 2001	48 176 56 174	30 TU P	0119 0727 1345 1951	32 195 32 189
			31 W	0206 0814 1436 2043	33 197 30 184

4 月

日期	潮时 时分	潮高 cm	日期	潮时 时分	潮高 cm
1 TH	0255 0903 1530 2138	39 194 32 175	16 F	0250 0902 1527 2137	64 163 56 148
2 F	0347 0956 1628 2239	46 188 36 166	17 SA	0328 0942 1611 2225	69 158 59 143
3 SA	0444 1054 1730 2346	54 181 41 159	18 SU N	0411 1026 1700 2318	74 154 62 139
4 SU ☾ S	0547 1158 1837	62 173 45	19 M	0500 1117 1756	78 151 62
5 M	0058 0655 1306 1945	154 67 168 48	20 TU ☽	0017 0556 1214 1854	137 80 151 61
6 TU	0208 0805 1414 2049	154 68 166 48	21 W	0116 0659 1315 1951	140 79 153 58
7 W	0311 0910 1517 2146	156 66 166 48	22 TH	0213 0801 1416 2045	146 74 158 53
8 TH	0405 1008 1612 2235	161 62 167 48	23 F	0306 0901 1513 2137	155 66 165 47
9 F	0450 1058 1659 2319	165 58 168 48	24 SA	0355 0958 1608 2226	166 56 172 40
10 SA	0530 1142 1742 2357	169 55 169 50	25 SU E	0442 1052 1701 2315	177 44 178 35
11 SU E	0606 1221 1821	171 52 168	26 M	0528 1144 1752	187 34 182
12 M ●	0033 0640 1258 1859	52 173 51 166	27 TU ○P	0003 0615 1235 1844	32 195 26 183
13 TU	0107 0715 1334 1936	54 173 51 163	28 W	0052 0702 1327 1936	31 198 21 181
14 W A	0141 0749 1410 2014	57 171 52 159	29 TH	0142 0751 1420 2030	34 198 19 176
15 TH	0215 0825 1448 2054	60 167 54 154	30 F	0234 0842 1515 2128	38 193 21 170

时　区：－1200　　　　潮高基准面：在平均海面下 110　cm

斐济群岛—苏瓦港

FIJI ISLANDS—SUVA HARBOUR

2021年潮汐表　　18° 08′ S　　178° 26′ E

5 月

日期	星期	潮时 时分	潮高 cm
1	SA S	0330 0936 1613 2229	46 186 26 163
2	SU	0429 1035 1715 2333	53 177 32 158
3	M ☾	0534 1137 1818	59 169 37
4	TU	0040 0641 1244 1920	155 63 162 42
5	W	0144 0748 1350 2020	155 64 158 46
6	TH	0243 0850 1452 2114	157 62 157 49
7	F	0334 0945 1547 2202	160 58 157 51
8	SA E	0417 1033 1635 2244	163 55 157 54
9	SU	0456 1116 1717 2322	166 52 157 55
10	M	0532 1155 1757 2357	168 49 156 57
11	TU ●A	0607 1232 1835	169 47 155
12	W	0032 0642 1308 1913	58 169 46 153
13	TH	0107 0718 1345 1952	59 167 46 151
14	F	0143 0754 1423 2033	61 165 46 148
15	SA N	0221 0832 1504 2117	64 162 47 145
16	SU	0302 0912 1547 2204	67 158 49 142
17	M	0347 0955 1635 2254	71 155 50 141
18	TU	0437 1044 1726 2347	73 153 51 142
19	W ☽	0533 1140 1819	74 152 51
20	TH	0042 0634 1240 1913	146 71 152 50
21	F	0137 0736 1343 2007	152 66 155 47
22	SA E	0230 0836 1445 2100	161 58 159 44
23	SU	0321 0935 1544 2153	171 47 164 40
24	M	0412 1031 1640 2245	181 36 169 37
25	TU	0501 1125 1735 2337	190 26 172 34
26	W ○P	0551 1219 1829	196 19 174
27	TH	0029 0641 1312 1923	34 198 14 173
28	F S	0122 0732 1406 2019	36 196 12 171
29	SA	0217 0823 1501 2115	40 191 14 167
30	SU	0314 0917 1557 2213	45 184 19 164
31	M	0414 1013 1654 2313	51 175 25 160

6 月

日期	星期	潮时 时分	潮高 cm
1	TU	0516 1113 1751	56 166 33
2	W ☾	0012 0618 1215 1847	158 59 158 40
3	TH	0111 0721 1318 1942	157 60 153 47
4	F E	0205 0820 1419 2033	158 59 149 53
5	SA	0254 0914 1515 2120	159 57 148 57
6	SU	0339 1003 1604 2203	161 54 147 60
7	M	0419 1047 1649 2243	163 51 147 61
8	TU A	0458 1128 1731 2322	165 48 147 61
9	W	0535 1206 1812 2359	166 46 147 61
10	TH ●	0613 1245 1852	166 43 147
11	F	0038 0650 1323 1933	61 166 41 147
12	SA N	0117 0728 1402 2014	62 166 40 147
13	SU	0158 0807 1443 2057	63 164 39 147
14	M	0241 0847 1526 2141	64 163 40 147
15	TU	0328 0931 1610 2228	66 160 41 148
16	W	0418 1018 1657 2317	67 158 43 151
17	TH	0513 1112 1747	66 155 44
18	F ☽	0009 0611 1212 1839	155 64 154 46
19	SA E	0103 0713 1316 1933	161 59 153 46
20	SU	0158 0814 1421 2028	168 51 154 46
21	M	0252 0915 1524 2124	176 43 157 44
22	TU	0346 1013 1625 2220	183 33 160 42
23	W P	0439 1110 1722 2316	190 24 164 40
24	TH ○	0531 1205 1817	194 17 167
25	F S	0011 0623 1258 1912	40 195 12 169
26	SA	0107 0714 1351 2005	40 194 11 170
27	SU	0202 0805 1443 2058	42 189 13 169
28	M	0258 0856 1535 2150	46 182 18 167
29	TU	0354 0949 1626 2243	50 174 25 164
30	W	0450 1043 1717 2336	54 165 34 162

7 月

日期	星期	潮时 时分	潮高 cm
1	TH ☾ E	0547 1140 1807	58 156 44
2	F	0029 0644 1240 1857	160 60 149 52
3	SA	0120 0741 1340 1947	159 61 144 59
4	SU	0210 0836 1437 2035	158 60 141 64
5	M A	0257 0928 1531 2122	159 58 140 66
6	TU	0342 1016 1620 2206	160 54 140 67
7	W	0425 1100 1705 2249	162 50 141 66
8	TH	0506 1141 1748 2331	164 46 144 65
9	F N	0546 1221 1830	167 42 146
10	SA ●	0012 0625 1300 1911	63 169 38 149
11	SU	0054 0704 1340 1951	62 170 35 152
12	M	0138 0744 1420 2032	60 171 34 155
13	TU	0222 0825 1501 2114	60 170 34 158
14	W	0309 0909 1544 2158	59 168 36 160
15	TH	0359 0957 1630 2246	59 165 39 163
16	F E	0452 1050 1718 2337	58 160 43 165
17	SA ☽	0550 1150 1810	57 155 47
18	SU	0032 0652 1256 1906	168 54 152 50
19	M	0131 0756 1405 2004	172 49 150 51
20	TU	0230 0900 1512 2105	177 42 152 51
21	W P	0328 1001 1615 2205	182 34 156 50
22	TH S	0423 1058 1713 2303	187 26 161 48
23	F	0517 1153 1807	190 20 165
24	SA ○	0000 0608 1244 1858	46 191 16 170
25	SU	0055 0658 1334 1947	44 190 15 172
26	M	0147 0747 1421 2034	45 187 18 173
27	TU	0238 0834 1508 2120	46 181 24 171
28	W	0328 0922 1553 2207	50 174 32 169
29	TH E	0418 1012 1638 2254	54 165 42 165
30	F	0509 1104 1723 2342	58 156 51 161
31	SA ☾	0602 1159 1810	62 148 60

8 月

日期	星期	潮时 时分	潮高 cm
1	SU	0033 0658 1258 1859	158 64 141 67
2	M A	0125 0755 1359 1950	156 65 137 71
3	TU	0217 0852 1457 2042	156 63 136 73
4	W	0307 0944 1551 2132	157 59 137 73
5	TH N	0353 1031 1639 2220	160 54 141 71
6	F	0437 1114 1723 2305	164 48 145 67
7	SA	0519 1154 1804 2349	168 43 151 63
8	SU ●	0600 1234 1844	173 38 157
9	M	0033 0640 1313 1923	59 176 34 162
10	TU	0117 0721 1353 2003	55 178 32 167
11	W	0202 0804 1434 2044	52 178 33 171
12	TH E	0249 0849 1517 2128	50 175 35 173
13	F	0339 0938 1603 2216	50 170 40 173
14	SA	0433 1033 1652 2309	50 163 46 173
15	SU ☽	0531 1135 1747	51 156 52
16	M	0007 0635 1245 1847	173 50 151 57
17	TU P	0110 0743 1358 1951	173 48 149 59
18	W S	0214 0849 1507 2056	175 43 151 59
19	TH	0315 0951 1609 2159	178 37 156 57
20	F	0413 1048 1704 2258	181 31 162 53
21	SA	0506 1140 1754 2352	184 26 168 49
22	SU ○	0556 1227 1840	186 24 173
23	M	0042 0643 1312 1923	46 186 25 176
24	TU	0130 0728 1355 2005	45 183 29 176
25	W E	0215 0812 1436 2046	47 178 35 174
26	TH	0259 0856 1517 2127	49 171 43 171
27	F	0343 0941 1557 2210	54 163 51 166
28	SA	0429 1029 1639 2255	59 154 60 160
29	SU	0519 1122 1724 2345	63 146 68 155
30	M ☾A	0614 1220 1814	67 139 75
31	TU	0040 0713 1323 1909	152 68 135 79

时　区：－1200　　　　潮高基准面：在平均海面下 110 cm

斐济群岛—苏瓦港

FIJI ISLANDS－SUVA HARBOUR

2021 年潮汐表　　18° 08′ S　　178° 26′ E

9 月

日期	潮时 时分	潮高 cm	日期	潮时 时分	潮高 cm
1 W	0136 0814 1425 2006	151 67 135 80	16 TH	0202 0839 1501 2054	170 44 154 63
2 TH N	0231 0909 1521 2101	153 63 138 78	17 F	0307 0940 1600 2157	172 40 160 59
3 F	0321 0958 1610 2152	157 57 143 74	18 SA	0405 1034 1652 2252	175 37 167 54
4 SA	0408 1042 1653 2240	163 51 150 68	19 SU	0456 1122 1737 2342	178 35 172 50
5 SU	0452 1122 1733 2325	169 44 158 61	20 M ○	0544 1206 1818	179 35 176
6 M	0534 1202 1812	176 39 166	21 TU E	0027 0627 1247 1856	47 179 38 178
7 TU ●	0010 0617 1242 1852	54 180 35 174	22 W	0110 0709 1325 1933	46 176 42 178
8 W E	0055 0700 1324 1932	48 183 34 180	23 TH	0150 0749 1403 2010	47 172 47 175
9 TH	0141 0745 1406 2015	43 182 35 183	24 F	0230 0830 1440 2048	49 166 54 171
10 F	0229 0833 1451 2100	40 179 38 183	25 SA	0310 0913 1518 2128	53 159 61 165
11 SA P	0320 0924 1539 2150	40 172 44 181	26 SU A	0353 0958 1558 2211	58 151 68 159
12 SU	0415 1022 1632 2245	42 164 51 177	27 M	0439 1050 1642 2300	63 144 75 153
13 M ☽	0516 1128 1731 2347	45 156 58 173	28 TU	0532 1148 1733 2354	67 138 81 149
14 TU	0623 1241 1837	47 151 63	29 W ☾ N	0631 1251 1831	69 135 84
15 W S	0054 0732 1354 1946	171 46 151 65	30 TH	0053 0732 1352 1932	148 68 136 84

10 月

日期	潮时 时分	潮高 cm	日期	潮时 时分	潮高 cm
1 F	0151 0828 1447 2030	150 64 141 81	16 SA	0255 0921 1544 2149	167 44 166 59
2 SA	0246 0918 1535 2124	154 59 148 75	17 SU	0352 1013 1631 2241	169 44 171 54
3 SU	0336 1003 1618 2213	161 53 157 67	18 M	0443 1058 1713 2326	170 45 175 50
4 M	0423 1045 1659 2300	169 47 167 57	19 TU E	0528 1140 1751	171 48 178
5 TU	0508 1127 1739 2346	175 42 177 48	20 W ○	0008 0610 1218 1826	48 170 51 178
6 W ●E	0554 1210 1820	180 38 185	21 TH	0047 0649 1254 1901	47 167 54 177
7 TH	0033 0640 1254 1903	40 183 37 190	22 F	0125 0728 1329 1937	47 164 59 174
8 F P	0121 0728 1339 1948	34 182 38 192	23 SA	0203 0807 1405 2013	49 159 63 170
9 SA	0212 0819 1428 2036	31 178 42 191	24 SU A	0241 0849 1442 2052	52 154 69 164
10 SU	0304 0914 1519 2128	31 172 48 186	25 M	0322 0934 1522 2133	56 148 74 158
11 M	0402 1015 1616 2226	34 164 56 180	26 TU N	0407 1023 1606 2218	60 143 80 153
12 TU S	0504 1122 1720 2330	38 158 62 173	27 W	0457 1118 1657 2309	63 139 84 149
13 W ☽	0610 1234 1830	42 155 67	28 TH ☾	0551 1217 1755	65 138 87
14 TH	0039 0718 1344 1942	168 44 156 67	29 F	0006 0647 1314 1856	148 65 141 86
15 F	0149 0823 1449 2049	166 44 160 64	30 SA	0106 0741 1408 1956	149 63 146 82
			31 SU	0205 0832 1456 2051	153 60 155 74

11 月

日期	潮时 时分	潮高 cm	日期	潮时 时分	潮高 cm
1 M	0300 0920 1540 2144	159 55 165 64	16 TU	0423 1028 1643 2305	162 57 175 53
2 TU E	0352 1006 1624 2234	166 50 175 53	17 W	0508 1108 1721 2346	162 60 177 51
3 W	0442 1052 1707 2323	172 46 185 43	18 TH	0549 1146 1756	161 62 177
4 TH ●	0532 1138 1751	177 43 193	19 F ○	0025 0628 1222 1832	50 159 65 176
5 F P	0013 0622 1226 1837	34 179 41 198	20 SA	0102 0707 1258 1907	49 157 67 174
6 SA	0104 0714 1315 1925	27 179 42 199	21 SU A	0139 0747 1334 1944	50 154 70 170
7 SU	0156 0807 1407 2016	24 176 46 197	22 M N	0218 0828 1412 2021	51 151 73 166
8 M S	0251 0905 1503 2110	24 172 52 191	23 TU	0258 0911 1453 2101	53 148 77 162
9 TU	0349 1006 1604 2208	27 167 58 183	24 W	0340 0957 1537 2143	56 146 81 158
10 W	0450 1111 1709 2311	32 163 64 175	25 TH	0425 1046 1626 2230	58 145 84 155
11 TH ☽	0553 1218 1818	37 162 67	26 F	0513 1138 1720 2322	60 145 86 153
12 F	0019 0656 1323 1927	168 42 163 67	27 SA ☾	0603 1230 1818	61 149 84
13 SA	0128 0757 1424 2031	164 46 166 64	28 SU	0020 0654 1322 1918	153 62 154 80
14 SU	0234 0853 1517 2129	163 50 170 60	29 M	0121 0745 1412 2017	154 60 162 72
15 M E	0332 0943 1603 2220	162 53 173 56	30 TU E	0223 0837 1501 2114	158 58 172 62

12 月

日期	潮时 时分	潮高 cm	日期	潮时 时分	潮高 cm
1 W	0321 0927 1550 2209	162 55 182 51	16 TH	0442 1034 1649 2322	154 71 174 57
2 TH	0418 1018 1638 2302	167 51 191 40	17 F	0525 1114 1727	153 72 174
3 F	0512 1110 1727 2356	171 48 198 31	18 SA A	0002 0606 1152 1805	54 153 73 174
4 SA ●P	0606 1202 1816	174 47 203	19 SU ○	0040 0646 1230 1841	53 153 73 174
5 SU	0049 0701 1256 1907	24 176 47 203	20 M N	0118 0725 1308 1918	51 153 74 173
6 M S	0143 0756 1351 1958	21 176 49 201	21 TU	0155 0805 1347 1955	51 153 75 171
7 TU	0237 0852 1449 2052	20 175 53 195	22 W	0233 0846 1428 2034	51 153 77 170
8 W	0333 0950 1549 2148	23 173 58 187	23 TH	0313 0927 1511 2113	52 154 78 167
9 TH	0430 1049 1651 2248	29 171 62 178	24 F	0354 1010 1558 2157	53 154 80 164
10 F	0527 1149 1755 2351	36 169 66 169	25 SA	0437 1056 1648 2245	56 156 80 161
11 SA ☽	0624 1249 1859	44 169 67	26 SU	0522 1144 1743 2341	58 159 79 159
12 SU E	0057 0720 1346 2001	163 52 169 66	27 M ☾E	0611 1235 1842	61 163 76
13 M	0201 0814 1439 2059	159 59 170 64	28 TU	0043 0703 1330 1944	157 62 170 70
14 TU	0301 0905 1526 2151	156 64 172 62	29 W	0149 0758 1425 2046	157 62 177 61
15 W	0354 0951 1609 2238	155 68 173 59	30 TH	0255 0854 1520 2147	158 60 185 51
			31 F	0358 0951 1613 2244	162 58 193 41

时　区：－1200　　　　潮高基准面：在平均海面下 110 cm

加罗林群岛—杜布隆岛
CAROLINE ISLANDS－DUBLON ISLAND

2021 年潮汐表　　7° 22′ N　　151° 33′ E

1 月

日期	潮时 时分	潮高 cm	日期	潮时 时分	潮高 cm
1 F	0412 0638 1526 2354	23 22 93 14	16 SA	0009 0419 0711 1551	14 20 17 80
2 SA	0437 0705 1555	24 22 91	17 SU	0015 0420 0746 1606	19 24 20 74
3 SU	0028 1621	16 85	18 M	0010 0433 0817 1614	23 29 24 68
4 M	0104 1639	19 77	19 TU E	0002 0503 0844 1614 2354	25 34 30 62 25
5 TU	0140 1638	22 68	20 W ☽	0552 0900 1603 2345	38 36 56 25
6 W ☾ E	0210 1550	25 60	21 TH A	1525 2327	51 24
7 TH	0223 1326	28 59	22 F	1242 2255	51 21
8 F	0139 1247 2233	29 65 23	23 SA	1211 2228	57 17
9 SA P	1254 2222	72 15	24 SU	1233 2213	64 13
10 SU	1311 2230	79 9	25 M	1301 2210	70 9
11 M	1336 2246	84 5	26 TU N	1331 2216	76 6
12 TU S	1404 2307	88 4	27 W	1401 2229	82 5
13 W ●	1434 2330	90 5	28 TH ○	1431 2245	86 5
14 TH	1503 2352	89 9	29 F	0421 0656 1459 2303	23 21 88 6
15 F	1529	85	30 SA	0419 0740 1527 2322	24 20 87 9
			31 SU	0433 0818 1551 2338	28 21 82 12

2 月

日期	潮时 时分	潮高 cm	日期	潮时 时分	潮高 cm
1 M	0457 0854 1611 2351	31 24 75 15	16 TU	0414 0930 1557 2241	41 24 60 21
2 TU E	0529 0926 1620 2355	35 30 65 18	17 W	0434 1004 1600 2237	46 27 54 21
3 W P	0610 0951 1610 2344	39 36 56 20	18 TH A	0457 1039 1555 2231	49 32 48 19
4 TH ☾	1505 2308	49 18	19 F ☽	0525 1119 1523 2219	50 37 44 18
5 F	1209 2221	51 14	20 SA	0559 2201	50 15
6 SA	1209 2204	59 7	21 SU	1115 2147	50 12
7 SU	1236 2206	65 2	22 M	1218 2140	58 8
8 M S	1307 2217	72 -1	23 TU N	1255 2141	66 6
9 TU	1338 2231	76 -1	24 W	1328 2148	73 5
10 W	1409 2245	80 1	25 TH	1358 2159	79 5
11 TH ●	1438 2257	80 5	26 F	0402 0707 1427 2210	31 26 82 7
12 F	0422 0714 1503 2302	22 19 79 10	27 SA ○	0349 0744 1453 2221	33 23 82 9
13 SA	0402 0751 1523 2259	25 18 76 15	28 SU	0350 0821 1517 2229	37 21 79 13
14 SU	0356 0825 1539 2252	30 19 71 19			
15 M E	0401 0857 1550 2245	36 21 66 21			

3 月

日期	潮时 时分	潮高 cm	日期	潮时 时分	潮高 cm
1 M E	0401 0858 1537 2232	42 22 72 16	16 TU	0330 0918 1526 2133	54 23 58 23
2 TU P	0418 0937 1550 2230	48 25 63 18	17 W	0343 0948 1534 2132	59 24 53 23
3 W	0439 1016 1552 2219	53 29 53 18	18 TH A	0400 1019 1540 2131	63 27 48 21
4 TH	0502 1059 1533 2201	56 35 45 16	19 F	0418 1053 1539 2128	64 30 43 20
5 F	0529 2138	57 11	20 SA	0438 1133 1512 2121	64 35 40 18
6 SA ☾	0604 2124	57 7	21 SU ☽	0501 2109	62 16
7 SU S	1125 2124	56 3	22 M N	0527 2058	59 14
8 M	1229 2131	63 1	23 TU	1146 2052	58 12
9 TU	1308 2142	68 2	24 W	1237 2054	66 10
10 W	1341 2152	72 5	25 TH	0405 0616 1313 2101	44 42 73 11
11 TH	0412 0645 1409 2159	34 31 74 9	26 F	0329 0655 1344 2110	43 37 77 12
12 F	0349 0720 1433 2159	34 27 74 15	27 SA	0314 0731 1413 2117	46 31 77 15
13 SA ●	0332 0750 1452 2152	37 24 71 19	28 SU ○E	0310 0807 1438 2121	50 27 74 19
14 SU E	0322 0819 1507 2143	42 22 68 22	29 M	0315 0844 1459 2119	57 25 68 21
15 M	0322 0848 1517 2136	49 22 63 23	30 TU P	0326 0922 1515 2114	64 25 59 22
			31 W	0342 1004 1523 2106	70 26 50 21

4 月

日期	潮时 时分	潮高 cm	日期	潮时 时分	潮高 cm
1 TH	0402 1051 1518 2055	74 29 41 17	16 F	0332 1037 1517 2031	78 28 42 23
2 F	0424 1159 1446 2045	75 34 36 14	17 SA	0352 1118 1518 2032	78 31 38 22
3 SA	0448 2037	73 10	18 SU N	0414 1236 1449 2028	76 35 36 21
4 SU ☾ S	0512 2035	69 7	19 M	0439 2015	73 20
5 M	0534 2039	63 7	20 TU ☽	0507 1959	68 19
6 TU	1209 2047	62 8	21 W	0535 1952	63 18
7 W	0454 0659 1256 2054	50 49 66 12	22 TH	1153 1955	66 18
8 TH	0345 0709 1329 2057	47 43 67 17	23 F	0303 0648 1243 2003	54 49 69 19
9 F	0315 0728 1355 2053	47 37 67 22	24 SA	0236 0721 1322 2009	56 42 69 22
10 SA	0256 0749 1415 2043	50 33 65 26	25 SU E	0229 0757 1354 2011	62 35 66 25
11 SU E	0245 0813 1431 2033	56 30 62 28	26 M	0231 0835 1421 2007	68 30 59 27
12 M ●	0243 0839 1443 2026	62 27 58 28	27 TU ○P	0240 0914 1442 1959	76 26 52 26
13 TU	0248 0906 1452 2024	68 26 54 28	28 W	0254 0957 1455 1953	83 24 43 24
14 W A	0300 0934 1501 2025	73 26 50 26	29 TH	0314 1046 1458 1949	87 24 35 20
15 TH	0315 1004 1509 2028	76 26 45 25	30 F	0337 1147 1444 1947	89 26 30 16

时　区：－1000　　　　潮高基准面：在平均海面下 46 cm

加罗林群岛—杜布隆岛

CAROLINE ISLANDS－DUBLON ISLAND

2021 年潮汐表　　7° 22′ N　　151° 33′ E

5 月

日期	潮时时分	潮高cm	日期	潮时时分	潮高cm
1 SA S	0402 1945	88 13	16 SU	0341 1210 1507 1946	86 28 32 23
2 SU	0427 1945	83 11	17 M	0409 1939	83 23
3 M ☾	0448 1948	76 12	18 TU	0438 1906	79 23
4 TU	0501 1952	69 14	19 W ☽	0508 1840	73 23
5 W	0452 0858 1101 1954	62 58 58 19	20 TH	0529 1838	66 23
6 TH	0405 0751 1220 1952	56 52 59 23	21 F	0422 0717 1030 1846	59 58 60 24
7 F	0255 0750 1300 1942	55 46 58 28	22 SA E	0204 0728 1204 1855	60 49 58 26
8 SA E	0221 0802 1328 1929	58 41 56 31	23 SU	0146 0800 1301 1857	66 41 54 29
9 SU	0205 0819 1351 1918	64 36 53 32	24 M	0147 0836 1345 1851	72 33 48 30
10 M	0202 0840 1410 1912	70 32 49 32	25 TU	0155 0913 1420 1841	80 26 41 29
11 TU ●A	0208 0905 1425 1912	76 28 45 30	26 W ○P	0210 0954 1446 1835	87 21 33 25
12 W	0220 0932 1436 1914	81 26 42 29	27 TH	0231 1038 1501 1835	93 18 27 21
13 TH	0236 1002 1445 1920	84 25 38 27	28 F S	0256 1129 1501 1842	95 18 22 17
14 F	0254 1035 1453 1929	86 25 36 25	29 SA	0324 1850	95 14
15 SA N	0316 1115 1502 1939	86 26 33 23	30 SU	0353 1858	91 14
			31 M	0420 1903	85 15

6 月

日期	潮时时分	潮高cm	日期	潮时时分	潮高cm
1 TU	0439 1903	77 18	16 W	0445 1436	80 25
2 W ☾	0445 1857	69 23	17 TH	0508 1607	73 26
3 TH	0428 1843	63 28	18 F ☽	0507 1650	65 28
4 F E	0341 1824	58 32	19 SA E	0311 1712	58 30
5 SA	0204 0950 1220 1802	58 43 44 34	20 SU	0103 1719	62 32
6 SU	0124 0910 1315 1745	63 38 41 35	21 M	0059 0920 1334 1708	69 31 36 32
7 M	0117 0905 1355 1738	69 32 38 34	22 TU	0110 0938	77 22
8 TU A	0124 0918 1428 1739	75 27 35 32	23 W P	0127 1006	84 15
9 W	0139 0938 1452 1746	80 23 32 30	24 TH ○	0151 1038	90 11
10 TH ●	0159 1003 1506 1758	84 21 30 27	25 F S	0219 1115	94 10
11 F	0221 1032 1514 1818	87 19 28 25	26 SA	0250 1155	94 11
12 SA N	0246 1104 1522 1841	89 20 27 23	27 SU	0322 1240	92 14
13 SU	0314 1141 1538 1903	89 20 26 23	28 M	0351 1332 1614 1842	88 19 20 19
14 M	0344 1226 1607 1917	88 22 26 24	29 TU	0415 1901	81 22
15 TU	0415 1320	85 23	30 W	0431 1905	74 28

7 月

日期	潮时时分	潮高cm	日期	潮时时分	潮高cm
1 TH ☾E	0431 1351	66 33	16 F E	0447 1309	68 28
2 F	0411 1315	60 34	17 SA ☽	0420 1309	59 30
3 SA	0323 1234	56 34	18 SU	0019 1213 2359	56 31 63
4 SU	0057 1116	56 31	19 M	1016	25
5 M A	0024 1042	62 27	20 TU	0018 1003	70 17
6 TU	0034 1023	69 23	21 W P	0043 1011	77 11
7 W	0055 1012	74 19	22 TH S	0113 1027	83 7
8 TH	0121 1015	79 16	23 F	0145 1047	88 6
9 F N	0149 1027	83 15	24 SA ○	0218 1109	91 7
10 SA ●	0217 1045	86 14	25 SU	0250 1129	91 11
11 SU	0247 1107 1617 1838	89 15 26 25	26 M	0319 1145 1633 1928	88 17 27 25
12 M	0317 1131 1632 1924	89 16 28 26	27 TU	0344 1150 1632 2012	83 23 32 27
13 TU	0346 1158 1703 1958	88 18 31 28	28 W	0401 1145 1642 2052	76 27 38 32
14 W	0414 1225 1753 2016	84 21 34 33	29 TH E	0410 1133 1703 2132	69 30 44 37
15 TH	0437 1251	77 24	30 F	0409 1120 1736 2216	62 31 49 43
			31 SA ☾	0352 1104 1823 2314	56 30 52 48

8 月

日期	潮时时分	潮高cm	日期	潮时时分	潮高cm
1 SU	0304 1043 2006	52 27 55	16 M	0950 2239	23 66
2 M A	1022 2312	24 61	17 TU P	0933 2345	17 72
3 TU	1008 2359	21 66	18 W S	0935	11
4 W	1001	18	19 TH	0031 0946	78 9
5 TH N	0038 1000	72 16	20 F	0110 1000	83 8
6 F	0112 1004	78 14	21 SA	0145 1015	87 11
7 SA	0144 1012	83 14	22 SU ○	0217 1026 1621 1914	88 15 38 34
8 SU ●	0215 1023 1621 1905	88 15 35 32	23 M	0245 1032 1601 1954	87 21 41 32
9 M	0245 1037 1608 1950	90 17 37 31	24 TU	0308 1029 1552 2030	83 26 46 32
10 TU	0312 1051 1617 2032	89 19 42 31	25 W E	0326 1021 1555 2105	78 31 53 34
11 W	0338 1105 1637 2113	86 22 46 34	26 TH	0337 1012 1606 2140	72 33 59 37
12 TH E	0359 1116 1703 2155	79 25 51 38	27 F	0342 1004 1623 2216	65 33 64 40
13 F	0412 1118 1733 2241	71 28 55 44	28 SA	0342 0956 1642 2254	59 32 67 44
14 SA	0409 1107 1810 2346	61 29 59 50	29 SU	0330 0947 1704 2340	54 30 69 48
15 SU ☽	0314 1034 1912	53 28 61	30 M ☾A	0247 0936 1728	51 28 68
			31 TU	0926 1800	25 67

时　区：－1000　　　　潮高基准面：在平均海面下 46 cm

加罗林群岛—杜布隆岛

CAROLINE ISLANDS－DUBLON ISLAND

2021 年潮汐表　　7° 22′ N　　151° 33′ E

9 月

日期	潮时时分	潮高 cm	日期	潮时时分	潮高 cm
1 W	0919 2328	23 67	16 TH	0854	15
2 TH N	0916	21	17 F	0026 0905	80 15
3 F	0025 0917	74 20	18 SA	0108 0916 1602 1843	84 18 54 51
4 SA	0104 0921	81 19	19 SU	0142 0923 1538 1919	85 23 54 46
5 SU	0136 0928 1549 1905	86 20 49 43	20 M ○	0209 0923 1521 1950	84 29 58 42
6 M	0206 0937 1533 1943	90 22 52 40	21 TU E	0231 0916 1511 2021	81 34 63 40
7 TU ●	0234 0946 1532 2021	90 25 57 37	22 W	0248 0906 1511 2052	77 37 70 39
8 W E	0258 0953 1542 2059	87 29 63 37	23 TH	0300 0858 1518 2123	71 38 76 39
9 TH	0319 0955 1558 2140	80 31 69 39	24 F	0307 0853 1530 2155	66 37 81 40
10 F	0334 0952 1617 2224	72 33 74 42	25 SA	0312 0850 1545 2227	61 36 84 42
11 SA P	0339 0942 1639 2317	62 32 78 46	26 SU A	0313 0847 1601 2302	56 34 85 45
12 SU	0324 0924 1703	54 30 79	27 M	0308 0844 1618 2349	53 33 84 49
13 M ☽	0902 1731	25 78	28 TU	0230 0840 1638	50 31 82
14 TU	0848 1806	20 75	29 W ☾ N	0834 1659	30 79
15 W S	0847 2322	16 75	30 TH	0827 1723	28 74

10 月

日期	潮时时分	潮高 cm	日期	潮时时分	潮高 cm
1 F	0822 2358	28 77	16 SA	0009 0815 1534 1923	77 25 66 61
2 SA	0821 1553 1823	27 63 62	17 SU	0054 0818 1459 1938	78 30 67 55
3 SU	0043 0826 1510 1855	83 28 63 55	18 M	0126 0814 1441 1959	77 35 70 50
4 M	0118 0833 1452 1929	86 30 66 49	19 TU E	0152 0804 1431 2022	74 39 76 46
5 TU	0150 0839 1448 2005	86 32 72 45	20 W ○	0211 0754 1429 2048	70 41 82 42
6 W ●E	0217 0843 1454 2043	83 35 78 41	21 TH	0225 0747 1435 2116	65 41 88 40
7 TH	0240 0841 1505 2123	77 37 85 39	22 F	0234 0744 1446 2144	60 40 93 39
8 F P	0257 0835 1521 2207	68 37 92 40	23 SA	0240 0744 1500 2214	56 38 95 39
9 SA	0306 0827 1541 2301	59 35 96 41	24 SU A	0245 0746 1516 2248	52 36 96 41
10 SU	0304 0818 1603	51 32 97	25 M	0249 0749 1534 2331	49 34 96 43
11 M	0026 0232 0808 1627	44 45 27 95	26 TU N	0248 0753 1554	47 33 94
12 TU S	0800 1651	23 91	27 W	0753 1617	32 90
13 W ☽	0757 1711	21 84	28 TH ☾	0743 1642	32 86
14 TH	0800 1720	20 77	29 F	0727 1704	32 80
15 F	0808 1647 1924	22 70 68	30 SA	0717 1650 1925 2253	32 73 72 75
			31 SU	0718 1448 1901	32 70 64

11 月

日期	潮时时分	潮高 cm	日期	潮时时分	潮高 cm
1 M	0007 0725 1413 1925	77 33 73 56	16 TU	0105 0651 1352 2040	60 40 78 45
2 TU E	0054 0731 1406 1959	76 36 79 49	17 W	0136 0639 1349 2059	56 40 84 40
3 W	0132 0733 1409 2036	72 38 86 42	18 TH	0159 0632 1356 2122	52 40 90 36
4 TH ●	0204 0730 1419 2116	66 39 93 37	19 F ○	0217 0631 1408 2147	47 38 94 34
5 F P	0228 0722 1434 2159	58 38 100 34	20 SA	0228 0634 1424 2215	44 35 97 32
6 SA	0244 0715 1454 2249	49 35 105 32	21 SU A	0232 0640 1442 2246	41 33 98 32
7 SU	0248 0711 1517 2351	41 30 107 33	22 M N	0234 0651 1502 2321	39 31 98 33
8 M S	0236 0710 1543	36 26 106	23 TU	0240 0704 1525	37 30 97
9 TU	0710 1609	23 101	24 W	0008 0248 0715 1551	34 37 29 94
10 W	0708 1632	21 94	25 TH	0715 1618	30 91
11 TH ☽	0708 1640	21 80	26 F	0642 1645	31 85
12 F	0711 1639	24 78	27 SA ☾	0603 1702	32 78
13 SA	0713 1556 2045 2317	28 71 65 66	28 SU	0557 1626	32 70
14 SU	0712 1443 2017	32 70 58	29 M	0606 1349 1955 2311	32 69 58 60
15 M E	0025 0704 1406 2025	63 37 73 51	30 TU E	0616 1326 2011	34 75 48

12 月

日期	潮时时分	潮高 cm	日期	潮时时分	潮高 cm
1 W	0038 0620 1327 2042	55 36 82 38	16 TH	1318 2209	81 27
2 TH	0135 0615 1337 2118	49 37 90 30	17 F	1334 2214	86 23
3 F	0219 0604 1353 2157	42 35 97 24	18 SA A	1354 2228	89 21
4 SA ●P	0254 0555 1414 2240	35 31 102 20	19 SU ○	1416 2247	91 20
5 SU	0316 0555 1440 2328	29 26 106 18	20 M N	0335 0537 1439 2310	26 25 92 20
6 M S	0326 0603 1509	23 21 106	21 TU	0331 0612 1505 2336	26 24 93 21
7 TU	0031 0314 0614 1539	19 20 18 102	22 W	0340 0643 1532	26 23 92
8 W	0624 1606	17 96	23 TH	0008 0408 0708 1600	22 27 25 89
9 TH	0626 1627	19 88	24 F	0046 0504 0712 1627	23 28 27 85
10 F	0621 1634	22 79	25 SA	0130 1649	25 78
11 SA ☽	0612 1617	27 71	26 SU	0220 1653	27 69
12 SU E	0559 1532	31 66	27 M ☾ E	0315 1553	29 61
13 M	0541 1404	35 65	28 TU	0357 1256	31 62
14 TU	0515 1318 2232	37 70 37	29 W	0410 1246 2202	33 69 29
15 W	0129 0444 1311 2216	39 37 76 32	30 TH	1257 2159	77 20
			31 F	1316 2216	84 12

时　区：－1000　　　　潮高基准面：在平均海面下 46　cm

马里亚纳群岛—关　岛

MARIANAS ISLANDS－GUAM

2021 年潮汐表　　13° 26′ N　　144° 39′ E

1 月

日期	潮时 时分	潮高 cm	日期	潮时 时分	潮高 cm
1 F	0245 1021 1527 2001	-21 71 46 64	16 SA	0333 1053 1627 2112	-18 70 37 58
2 SA	0324 1057 1612 2050	-20 71 44 62	17 SU	0411 1126 1718 2205	-11 69 33 53
3 SU	0406 1133 1701 2146	-16 70 40 59	18 M	0448 1158 1812 2303	-3 67 29 47
4 M	0450 1210 1756 2252	-10 69 35 55	19 TU E	0525 1230 1909	6 66 24
5 TU	0538 1247 1855	-2 67 28	20 W ☽	0011 0602 1302 2007	42 15 64 19
6 W ☾ E	0010 0630 1326 1959	51 8 66 19	21 TH A	0134 0642 1336 2102	39 23 63 13
7 TH	0142 0729 1406 2103	48 19 65 10	22 F	0316 0731 1411 2152	39 31 62 7
8 F	0323 0835 1448 2203	49 28 65 0	23 SA	0456 0836 1449 2236	43 38 61 1
9 SA P	0500 0949 1532 2259	54 36 66 -9	24 SU	0607 0955 1529 2316	49 42 61 -6
10 SU	0620 1102 1618 2352	59 42 67 -17	25 M	0656 1110 1612 2354	55 45 61 -12
11 M	0722 1209 1706	65 45 68	26 TU N	0734 1212 1656	61 46 62
12 TU S	0040 0815 1308 1755	-23 69 46 68	27 W	0032 0808 1302 1742	-17 65 45 63
13 W ●	0127 0900 1400 1843	-26 71 45 68	28 TH ○	0110 0841 1345 1829	-21 68 43 64
14 TH	0211 0941 1450 1932	-26 72 43 66	29 F	0148 0913 1425 1917	-23 70 40 65
15 F	0253 1018 1538 2022	-23 71 40 63	30 SA	0228 0944 1505 2007	-23 71 36 64
			31 SU	0308 1016 1547 2100	-19 70 32 63

2 月

日期	潮时 时分	潮高 cm	日期	潮时 时分	潮高 cm
1 M	0350 1048 1632 2157	-13 68 26 60	16 TU	0414 1057 1718 2250	6 64 19 48
2 TU E	0433 1121 1722 2301	-5 67 20 56	17 W	0443 1122 1802 2349	14 63 16 44
3 W P	0518 1155 1818	5 65 14	18 TH A	0513 1149 1851	22 62 13
4 TH ☾	0016 0606 1232 1922	52 17 63 7	19 F ☽	0103 0546 1218 1945	41 29 60 9
5 F	0148 0702 1313 2031	49 28 62 1	20 SA	0240 0629 1253 2041	42 36 59 5
6 SA	0337 0813 1400 2140	50 37 62 -6	21 SU	0430 0742 1337 2136	46 42 58 0
7 SU	0519 0942 1454 2244	55 44 62 -13	22 M	0541 0926 1431 2228	51 46 57 -6
8 M S	0631 1110 1553 2340	61 46 62 -18	23 TU N	0623 1055 1532 2316	57 46 58 -11
9 TU	0723 1219 1653	65 45 63	24 W	0657 1156 1633	62 44 59
10 W	0031 0805 1312 1750	-21 68 43 64	25 TH	0001 0728 1240 1731	-15 66 40 62
11 TH ●	0117 0841 1357 1844	-22 69 39 63	26 F	0044 0758 1320 1826	-18 69 35 65
12 F	0158 0912 1438 1935	-20 69 35 62	27 SA ○	0126 0828 1358 1919	-18 70 29 67
13 SA	0236 0941 1518 2023	-15 68 30 60	28 SU	0208 0858 1437 2012	-16 70 23 68
14 SU	0311 1007 1556 2111	-9 67 26 56			
15 M E	0344 1032 1636 2159	-2 66 22 52			

3 月

日期	潮时 时分	潮高 cm	日期	潮时 时分	潮高 cm
1 M E	0250 0927 1517 2106	-11 69 16 67	16 TU	0314 0933 1556 2156	12 65 12 54
2 TU P	0331 0958 1602 2204	-3 68 10 64	17 W	0340 0953 1629 2243	19 64 10 52
3 W	0414 1030 1650 2308	7 66 5 60	18 TH A	0406 1014 1705 2337	25 62 8 49
4 TH	0458 1104 1746	17 65 1	19 F	0434 1037 1746	32 61 6
5 F	0024 0547 1141 1849	56 28 63 -2	20 SA	0044 0507 1103 1835	48 38 60 4
6 SA ☾	0159 0648 1224 2001	54 38 61 -5	21 SU ☽	0212 0557 1136 1932	49 44 58 2
7 SU S	0349 0816 1320 2116	56 45 59 -8	22 M N	0347 0725 1225 2034	52 48 56 0
8 M	0517 1008 1429 2225	60 47 58 -11	23 TU	0451 0921 1341 2137	57 49 55 -3
9 TU	0616 1130 1546 2325	64 45 58 -13	24 W	0532 1043 1504 2234	61 45 56 -6
10 W	0658 1224 1657	67 40 59	25 TH	0606 1133 1620 2327	65 40 58 -8
11 TH	0016 0733 1307 1759	-13 68 35 60	26 F	0637 1213 1725	68 33 62
12 F	0101 0803 1344 1853	-11 68 29 61	27 SA	0015 0706 1251 1825	-8 69 25 67
13 SA ●	0140 0829 1419 1942	-7 68 24 61	28 SU ○E	0101 0736 1329 1920	-6 70 16 70
14 SU E	0215 0852 1451 2028	-2 67 19 59	29 M	0145 0806 1409 2015	-2 71 8 72
15 M	0246 0913 1523 2111	5 66 15 57	30 TU P	0228 0836 1451 2111	5 70 1 71
			31 W	0311 0908 1536 2211	13 70 -4 69

4 月

日期	潮时 时分	潮高 cm	日期	潮时 时分	潮高 cm
1 TH	0354 0940 1625 2316	23 68 -7 66	16 F	0337 0911 1622 2334	39 65 1 57
2 F	0442 1015 1719	32 67 -9	17 SA	0409 0932 1700	44 64 0
3 SA	0033 0537 1055 1821	63 41 64 -8	18 SU N	0035 0451 0957 1745	57 48 62 0
4 SU ☾ S	0205 0653 1144 1932	62 47 61 -7	19 M	0146 0556 1031 1839	59 52 60 0
5 M	0337 0845 1252 2047	63 49 57 -5	20 TU ☽	0255 0732 1132 1941	61 52 57 1
6 TU	0447 1025 1420 2158	66 46 55 -4	21 W	0350 0914 1309 2047	64 49 55 2
7 W	0536 1127 1550 2259	68 40 55 -3	22 TH	0432 1017 1447 2151	67 43 55 2
8 TH	0614 1211 1706 2351	69 33 57 0	23 F	0507 1102 1611 2249	69 34 59 4
9 F	0646 1249 1808	70 26 59	24 SA	0540 1143 1721 2343	71 25 64 7
10 SA	0036 0713 1323 1901	4 70 19 60	25 SU E	0612 1223 1824	72 14 69
11 SU E	0114 0736 1354 1948	9 69 14 61	26 M	0032 0643 1303 1923	11 73 5 73
12 M ●	0148 0757 1423 2032	15 68 10 61	27 TU ○P	0119 0715 1345 2020	17 74 -4 75
13 TU	0217 0816 1451 2114	21 67 6 60	28 W	0205 0747 1429 2118	24 74 -10 76
14 W A	0244 0834 1520 2157	27 66 4 59	29 TH	0250 0821 1515 2218	31 74 -14 74
15 TH	0310 0852 1549 2242	33 65 2 58	30 F	0338 0857 1605 2323	39 73 -15 73

时　区：－1000　　　　潮高基准面：在平均海面下 43　cm

马里亚纳群岛—关　岛

MARIANAS ISLANDS－GUAM

2021 年潮汐表　　13° 26′ N　　144° 39′ E

5　月

日期	潮时 时分	潮高 cm	日期	潮时 时分	潮高 cm
1	0430	46	16	0402	54
	0935	70		0845	68
SA	1658	-13	SU	1628	-5
S					
2	0036	71	17	0022	68
	0536	50		0453	56
SU	1020	67	M	0917	66
	1757	-10		1711	-3
3	0152	70	18	0114	69
	0706	52		0601	56
M	1118	62	TU	1003	63
☾	1902	-4		1802	0
4	0302	71	19	0204	70
	0851	49		0723	53
TU	1237	56	W	1117	59
	2011	1	☽	1900	4
5	0359	72	20	0249	71
	1009	42		0841	47
W	1416	53	TH	1257	56
	2120	6		2003	8
6	0443	72	21	0330	72
	1103	34		0940	39
TH	1551	54	F	1436	56
	2222	11		2108	14
7	0519	73	22	0407	73
	1146	26		1028	28
F	1709	56	SA	1605	60
	2315	16	E	2211	19
8	0550	73	23	0442	74
	1223	19		1114	17
SA	1812	59	SU	1721	65
E				2309	24
9	0001	21	24	0517	76
	0616	72		1158	6
SU	1256	12	M	1828	70
	1906	61			
10	0042	27	25	0003	30
	0640	72		0552	77
M	1327	7	TU	1242	-4
	1954	63		1929	75
11	0117	32	26	0054	36
	0701	71		0028	79
TU	1355	3	W	1327	-12
●A	2038	64	○P	2028	78
12	0148	38	27	0144	42
	0720	70		0705	80
W	1422	0	TH	1413	-17
	2120	65		2126	79
13	0218	43	28	0233	47
	0740	70		0744	79
TH	1449	-2	F	1500	-19
	2202	66	S	2224	79
14	0248	47	29	0325	51
	0759	69		0825	78
F	1518	-4	SA	1549	-17
	2245	66		2322	79
15	0322	51	30	0424	54
	0820	69		0910	74
SA	1551	-5	SU	1639	-13
N	2332	67			
			31	0021	78
				0533	54
			M	1002	69
				1733	-7

6　月

日期	潮时 时分	潮高 cm	日期	潮时 时分	潮高 cm
1	0119	77	16	0032	76
	0655	52		0547	55
TU	1106	63	W	1010	66
	1829	1		1735	3
2	0212	76	17	0111	75
	0821	47		0650	50
W	1227	57	TH	1124	62
☾	1929	9		1827	10
3	0300	76	18	0150	75
	0932	39		0756	43
TH	1403	54	F	1254	59
	2030	17	☽	1924	18
4	0341	76	19	0229	75
	1027	30		0858	33
F	1540	54	SA	1430	59
E	2131	25	E	2027	26
5	0417	76	20	0308	76
	1112	22		0955	23
SA	1704	56	SU	1604	62
	2227	31		2132	34
6	0449	76	21	0348	77
	1151	15		1048	12
SU	1812	60	M	1728	67
	2319	37		2237	41
7	0517	75	22	0428	79
	1226	9		1138	1
M	1908	63	TU	1839	72
				2339	47
8	0004	42	23	0509	81
	0544	75		1227	-7
TU	1257	4	W	1942	77
A	1957	67	P		
9	0046	47	24	0036	52
	0608	75		0552	83
W	1327	0	TH	1315	-14
	2040	69	○	2038	80
10	0124	51	25	0131	55
	0632	74		0636	83
TH	1355	-3	F	1402	-17
●	2120	72	S	2130	82
11	0201	54	26	0224	56
	0656	74		0721	83
F	1424	-5	SA	1448	-17
	2159	74		2219	83
12	0237	57	27	0317	56
	0723	74		0809	81
SA	1455	-7	SU	1535	-14
N	2237	75		2305	82
13	0316	59	28	0413	55
	0752	73		0900	77
SU	1529	-7	M	1621	-8
	2315	76		2349	81
14	0400	59	29	0514	52
	0828	72		0956	71
M	1607	-6	TU	1707	0
	2353	76			
15	0450	58	30	0032	80
	0913	69		0620	48
TU	1649	-2	W	1059	65
				1754	9

7　月

日期	潮时 时分	潮高 cm	日期	潮时 时分	潮高 cm
1	0113	79	16	0017	78
	0730	43		0611	42
TH	1213	59	F	1132	67
☾E	1842	19	E	1800	19
2	0153	78	17	0053	77
	0838	36		0712	34
F	1340	55	SA	1255	63
	1933	28	☽	1852	29
3	0232	77	18	0131	77
	0938	29		0817	26
SA	1519	54	SU	1431	62
	2029	37		1952	39
4	0308	77	19	0212	77
	1029	22		0923	17
SU	1653	57	M	1614	64
	2129	44		2102	48
5	0344	77	20	0258	78
	1113	15		1026	8
M	1808	61	TU	1745	69
A	2231	49		2218	55
6	0418	76	21	0347	80
	1151	9		1123	0
TU	1905	66	W	1856	75
	2329	54	P	2330	58
7	0451	76	22	0438	81
	1225	4		1216	-7
W	1951	71	TH	1951	79
			S		
8	0021	57	23	0034	59
	0523	76		0531	83
TH	1257	0	F	1306	-11
	2030	75		2037	82
9	0107	58	24	0128	58
	0556	76		0624	84
F	1329	-4	SA	1353	-12
N	2105	78	○	2118	83
10	0148	59	25	0218	56
	0630	77		0716	83
SA	1401	-6	SU	1437	-10
●	2137	80		2155	83
11	0227	59	26	0306	53
	0707	77		0808	81
SU	1435	-7	M	1519	-5
	2208	81		2230	83
12	0305	58	27	0354	49
	0748	77		0900	78
M	1511	-6	TU	1559	2
	2239	81		2304	81
13	0345	56	28	0443	45
	0833	76		0953	73
TU	1549	-3	W	1638	10
	2311	80		2336	80
14	0428	52	29	0535	41
	0924	74		1051	67
W	1630	2	TH	1717	19
	2344	79	E		
15	0516	48	30	0009	79
	1023	71		0632	36
TH	1713	10	F	1155	62
				1755	29
			31	0042	78
				0732	32
			SA	1313	57
			☾	1836	37

8　月

日期	潮时 时分	潮高 cm	日期	潮时 时分	潮高 cm
1	0117	76	16	0036	76
	0834	27		0742	18
SU	1451	56	M	1442	65
	1924	46		1930	51
2	0154	75	17	0121	76
	0932	22		0856	12
M	1637	58	TU	1633	68
A	2027	52	P	2054	58
3	0234	74	18	0217	76
	1023	17		1007	6
TU	1756	64	W	1758	73
	2148	57	S	2229	61
4	0317	74	19	0321	76
	1107	11		1111	1
W	1848	69	TH	1855	77
	2305	59		2345	60
5	0402	74	20	0427	78
	1147	6		1207	-3
TH	1927	74	F	1938	80
N					
6	0006	60	21	0041	57
	0448	75		0531	79
F	1224	2	SA	1256	-5
	1959	78		2015	81
7	0052	59	22	0127	52
	0533	76		0629	81
SA	1301	-2	SU	1341	-3
	2028	80	○	2047	82
8	0130	57	23	0208	47
	0619	78		0722	81
SU	1337	-4	M	1422	0
●	2056	82		2116	81
9	0205	54	24	0248	42
	0705	79		0813	80
M	1414	-4	TU	1500	6
	2124	82		2143	80
10	0241	50	25	0328	37
	0752	80		0902	77
TU	1452	-2	W	1535	14
	2152	82	E	2209	79
11	0318	45	26	0408	33
	0842	80		0951	73
W	1531	3	TH	1608	22
	2221	81		2235	78
12	0358	40	27	0450	30
	0934	78		1043	68
TH	1611	11	F	1640	30
E	2251	79		2302	76
13	0443	34	28	0535	27
	1033	75		1140	64
F	1653	20	SA	1711	38
	2323	78		2329	75
14	0535	29	29	0624	25
	1140	71		1250	60
SA	1738	30	SU	1746	45
	2357	77		2359	73
15	0634	23	30	0719	23
	1301	67		1421	59
SU	1828	41	M	1831	52
☽			☾A		
			31	0035	71
				0819	21
			TU	1608	61
				1944	57

时　区：－1000　　　　潮高基准面：在平均海面下 43　cm

马里亚纳群岛—关　岛

MARIANAS ISLANDS－GUAM

2021 年潮汐表　　13° 26′ N　　144° 39′ E

9 月

日期	潮时 时分	潮高 cm
1 W	0119 0918 1723 2129	70 17 66 60
2 TH N	0217 1013 1807 2255	69 13 71 59
3 F	0321 1102 1841 2348	69 9 75 56
4 SA	0424 1147 1910	71 5 78
5 SU	0027 0521 1229 1937	52 74 2 80
6 M	0102 0614 1310 2004	47 77 1 81
7 TU ●	0136 0705 1351 2032	41 80 3 81
8 W E	0211 0756 1431 2100	35 82 7 80
9 TH	0249 0847 1511 2128	28 83 14 79
10 F	0330 0941 1552 2158	22 81 22 78
11 SA P	0415 1041 1635 2230	17 78 32 76
12 SU	0505 1149 1721 2304	13 74 42 75
13 M ☽	0604 1313 1817 2345	11 70 51 73
14 TU	0713 1457 1936	9 69 58
15 W S	0038 0830 1635 2127	71 8 72 60
16 TH	0151 0947 1741 2257	70 5 75 57
17 F	0316 1055 1827 2354	70 4 78 52
18 SA	0435 1152 1903	71 3 79
19 SU	0038 0542 1241 1934	46 74 5 79
20 M ○	0116 0640 1324 2001	39 76 8 78
21 TU E	0151 0732 1402 2026	33 77 13 77
22 W	0226 0820 1437 2049	27 76 19 76
23 TH	0300 0906 1508 2111	23 74 26 75
24 F	0334 0952 1537 2132	19 71 33 74
25 SA	0408 1039 1606 2154	17 68 40 73
26 SU A	0445 1132 1636 2217	16 65 46 71
27 M	0525 1235 1712 2243	16 63 51 69
28 TU	0612 1353 1805 2314	15 63 56 67
29 W ☾ N	0706 1520 1934	15 65 59
30 TH	0002 0808 1623 2130	64 14 68 58

10 月

日期	潮时 时分	潮高 cm
1 F	0120 0912 1706 2239	62 12 71 54
2 SA	0249 1011 1740 2320	63 10 74 48
3 SU	0406 1105 1810 2355	65 9 76 41
4 M	0512 1154 1839	70 8 77
5 TU	0030 0610 1240 1907	33 75 10 78
6 W ●E	0105 0705 1324 1936	24 79 13 78
7 TH	0143 0758 1407 2006	16 82 19 78
8 F P	0222 0852 1450 2036	8 83 26 77
9 SA	0305 0948 1533 2108	3 82 34 76
10 SU	0351 1050 1620 2141	-1 79 43 74
11 M	0443 1200 1714 2219	-2 76 50 72
12 TU S	0541 1322 1824 2306	-1 73 56 69
13 W ☽	0648 1451 2008	1 73 57
14 TH	0012 0803 1605 2152	65 4 74 53
15 F	0145 0920 1659 2256	62 6 75 47
16 SA	0323 1029 1741 2342	62 8 76 39
17 SU	0447 1127 1814	64 11 76
18 M	0021 0554 1217 1843	31 67 15 75
19 TU E	0056 0651 1300 1908	23 70 20 74
20 W ○	0130 0741 1338 1931	17 71 26 73
21 TH	0202 0828 1411 1952	11 72 32 72
22 F	0233 0912 1442 2012	8 71 38 71
23 SA	0303 0956 1511 2032	5 69 43 70
24 SU A	0333 1041 1541 2052	4 68 48 69
25 M	0405 1130 1615 2112	4 67 52 67
26 TU N	0441 1225 1700 2135	4 66 55 65
27 W	0522 1325 1804 2206	5 67 57 62
28 TH ☾	0611 1424 1938 2303	6 68 56 59
29 F	0709 1516 2109	8 69 52
30 SA	0043 0813 1557 2202	56 10 71 45
31 SU	0226 0918 1633 2243	56 12 72 37

11 月

日期	潮时 时分	潮高 cm
1 M	0352 1019 1706 2320	59 14 73 27
2 TU E	0504 1115 1738 2358	65 17 74 17
3 W	0607 1207 1810	70 20 75
4 TH ●	0037 0705 1255 1842	6 75 25 75
5 F P	0118 0802 1343 1915	-3 79 31 76
6 SA	0201 0858 1429 1949	-10 80 38 75
7 SU	0246 0957 1518 2025	-14 80 44 74
8 M S	0334 1058 1611 2104	-16 79 49 72
9 TU	0426 1204 1715 2149	-14 77 53 68
10 W	0522 1313 1837 2246	-10 75 53 63
11 TH ☽	0624 1420 2014	-4 74 50
12 F	0005 0732 1517 2134	58 2 73 42
13 SA	0145 0843 1605 2231	54 9 73 34
14 SU	0327 0951 1644 2316	54 14 73 24
15 M E	0452 1051 1717 2356	57 20 72 16
16 TU	0601 1144 1746	61 26 71
17 W	0033 0659 1230 1813	8 64 31 71
18 TH	0107 0750 1310 1836	2 66 37 70
19 F ○	0138 0837 1347 1858	-2 67 42 69
20 SA	0208 0920 1421 1919	-5 68 46 68
21 SU A	0236 1002 1454 1940	-6 68 50 66
22 M N	0305 1043 1529 2001	-7 69 52 65
23 TU	0335 1124 1609 2025	-7 69 54 63
24 W	0409 1206 1659 2056	-7 69 54 61
25 TH	0448 1248 1801 2141	-5 69 53 58
26 F	0533 1331 1912 2252	-1 69 49 54
27 SA ☾	0625 1411 2018	3 69 43
28 SU	0028 0724 1450 2113	51 8 69 34
29 M	0208 0828 1528 2201	51 14 69 24
30 TU E	0340 0933 1604 2246	54 20 70 13

12 月

日期	潮时 时分	潮高 cm
1 W	0500 1035 1640 2330	59 26 71 2
2 TH	0609 1133 1716	65 32 72
3 F	0014 0712 1229 1754	-9 70 37 73
4 SA ●P	0100 0811 1322 1832	-17 74 42 74
5 SU	0146 0907 1414 1913	-23 77 46 74
6 M S	0233 1003 1508 1956	-26 77 48 72
7 TU	0321 1057 1606 2044	-25 77 49 69
8 W	0411 1151 1711 2138	-21 76 48 64
9 TH	0503 1244 1825 2243	-15 74 45 58
10 F	0558 1334 1942	-6 72 39
11 SA ☽	0003 0656 1420 2053	52 3 71 31
12 SU E	0138 0758 1502 2152	48 12 70 22
13 M	0320 0902 1541 2243	48 21 69 13
14 TU	0451 1005 1616 2326	51 28 68 5
15 W	0605 1104 1648	55 35 67
16 TH	0006 0705 1157 1718	-2 59 40 67
17 F	0041 0757 1246 1746	-7 62 44 66
18 SA A	0113 0841 1329 1812	-11 65 47 65
19 SU ○	0143 0921 1409 1838	-13 67 49 64
20 M N	0212 0956 1447 1905	-15 69 51 63
21 TU	0241 1029 1524 1935	-16 69 51 62
22 W	0312 1101 1603 2011	-15 70 50 60
23 TH	0346 1132 1645 2055	-14 69 48 58
24 F	0424 1204 1733 2150	-10 69 44 55
25 SA	0505 1237 1827 2259	-5 68 39 51
26 SU	0551 1311 1924	2 67 31
27 M ☾E	0023 0643 1347 2022	48 10 66 22
28 TU	0157 0742 1425 2120	47 19 66 12
29 W	0335 0848 1505 2214	50 28 67 1
30 TH	0505 0957 1546 2307	55 35 68 -9
31 F	0621 1106 1630 2358	61 41 69 -18

时　区：－1000　　　　潮高基准面：在平均海面下 43 cm

夏威夷群岛—火奴鲁鲁(檀香山)

HAWAIIAN ISLANDS－HONOLULU

2021 年潮汐表　　21° 18′ N　　157° 52′ W

1 月

日期	潮时 时分	潮高 cm	日期	潮时 时分	潮高 cm
1 F	0552 1320 1757 2251	70 5 20 3	16 SA	0627 1348 1859 2355	63 4 24 8
2 SA	0628 1357 1854 2340	67 4 22 7	17 SU	0659 1423 2001	56 4 26
3 SU	0706 1435 2002	62 2 25	18 M	0054 0731 1456 2116	14 49 4 30
4 M	0051 0746 1515 2124	13 56 0 30	19 TU E	0210 0805 1529 2239	19 42 3 35
5 TU	0230 0831 1557 2255	19 48 -2 37	20 W ☽	0342 0846 1604 2342	22 35 3 41
6 W ☾ E	0416 0927 1640	21 39 -4	21 TH A	0519 0948 1642	22 29 2
7 TH	0007 0556 1040 1723	46 20 32 -6	22 F	0031 0700 1120 1724	47 19 25 1
8 F	0101 0734 1159 1808	56 17 26 -7	23 SA	0113 0827 1235 1808	53 16 23 0
9 SA P	0149 0856 1306 1854	64 12 23 -8	24 SU	0154 0921 1329 1853	59 12 22 -1
10 SU	0233 0953 1401 1939	70 8 21 -9	25 M	0233 1000 1414 1936	64 9 21 -2
11 M	0316 1038 1450 2023	75 5 20 -9	26 TU N	0311 1034 1454 2017	68 6 21 -4
12 TU S	0358 1118 1536 2105	77 3 20 -9	27 W	0347 1104 1533 2056	70 5 21 -4
13 W ●	0439 1157 1623 2145	76 3 20 -6	28 TH ○	0421 1132 1613 2136	72 3 23 -4
14 TH	0517 1235 1712 2226	74 3 21 -2	29 F	0454 1159 1656 2217	71 2 24 -2
15 F	0553 1312 1803 2308	69 3 22 3	30 SA	0527 1227 1744 2303	68 1 27 2
			31 SU	0600 1258 1838 2359	63 -1 31 7

2 月

日期	潮时 时分	潮高 cm	日期	潮时 时分	潮高 cm
1 M	0635 1331 1938	56 -2 35	16 TU	0045 0643 1328 2005	14 42 4 37
2 TU E	0109 0711 1410 2050	13 47 -2 39	17 W	0153 0712 1401 2111	18 35 4 40
3 W P	0241 0751 1454 2215	18 38 -3 45	18 TH A	0319 0746 1440 2228	20 28 5 43
4 TH ☾	0430 0842 1543 2335	20 29 -3 52	19 F ☽	0506 0838 1529 2337	19 23 5 48
5 F	0624 1019 1639	17 22 -3	20 SA	0704 1049 1626	17 19 5
6 SA	0038 0811 1201 1737	58 13 19 -3	21 SU	0032 0818 1224 1727	52 13 19 4
7 SU	0131 0907 1310 1834	64 8 18 -4	22 M	0119 0857 1320 1826	57 9 20 2
8 M S	0218 0946 1401 1928	68 5 20 -5	23 TU N	0202 0928 1403 1920	62 6 22 0
9 TU	0301 1020 1445 2016	70 4 21 -6	24 W	0241 0954 1442 2008	65 4 24 -2
10 W	0341 1051 1526 2100	71 3 23 -6	25 TH	0317 1019 1520 2053	67 2 27 -3
11 TH ●	0417 1120 1608 2141	69 3 25 -4	26 F	0351 1042 1559 2137	67 0 31 -3
12 F	0450 1147 1651 2222	66 3 27 0	27 SA ○	0425 1106 1642 2223	65 -2 35 -1
13 SA	0520 1212 1736 2304	61 3 30 4	28 SU	0458 1132 1728 2314	60 -3 40 3
14 SU	0548 1236 1822 2350	55 3 32 9			
15 M E	0615 1301 1910	49 4 35			

3 月

日期	潮时 时分	潮高 cm	日期	潮时 时分	潮高 cm
1 M E	0531 1200 1818	53 -4 44	16 TU	0536 1150 1829	38 3 44
2 TU P	0012 0605 1231 1915	8 45 -4 48	17 W	0042 0603 1214 1914	13 33 4 46
3 W	0126 0642 1306 2020	13 36 -4 50	18 TH A	0147 0632 1242 2008	16 27 5 46
4 TH	0304 0722 1349 2140	16 27 -2 53	19 F	0315 0705 1319 2115	17 22 6 47
5 F	0500 0823 1444 2302	15 19 1 56	20 SA	0508 0756 1412 2232	16 18 8 49
6 SA ☾	0655 1043 1555	11 15 3	21 SU ☽	0647 1035 1524 2339	13 15 9 52
7 SU S	0011 0807 1224 1714	59 7 16 3	22 M N	0739 1224 1646	9 17 9
8 M	0107 0846 1324 1825	62 4 19 2	23 TU	0033 0811 1315 1802	55 6 21 7
9 TU	0155 0917 1408 1924	63 3 22 1	24 W	0119 0837 1353 1905	58 3 25 5
10 W	0237 0945 1445 2014	63 2 26 0	25 TH	0200 0901 1429 1959	60 1 30 2
11 TH	0314 1009 1521 2058	61 2 29 0	26 F	0238 0924 1506 2050	60 -1 36 0
12 F	0346 1031 1557 2140	59 3 33 1	27 SA	0315 0948 1545 2139	58 -4 43 0
13 SA ●	0416 1050 1633 2221	55 3 37 4	28 SU ○ E	0351 1013 1626 2230	53 -6 49 1
14 SU E	0443 1110 1710 2303	50 3 40 6	29 M	0427 1039 1711 2326	47 -7 54 4
15 M	0510 1129 1749 2349	44 3 42 10	30 TU P	0505 1108 1800	40 -7 58
			31 W	0029 0544 1139 1855	7 32 -6 59

4 月

日期	潮时 时分	潮高 cm	日期	潮时 时分	潮高 cm
1 TH	0151 0626 1213 1956	10 24 -4 59	16 F	0157 0607 1133 1926	13 20 4 53
2 F	0334 0720 1253 2108	11 18 0 59	17 SA	0327 0647 1200 2024	13 17 6 52
3 SA	0512 0857 1349 2226	9 13 4 58	18 SU N	0453 0756 1242 2130	12 14 9 52
4 SU ☾ S	0631 1122 1517 2336	6 13 8 58	19 M	0554 1026 1418 2237	9 14 12 52
5 M	0725 1245 1702	3 18 10	20 TU ☽	0635 1222 1610 2336	6 18 13 53
6 TU	0033 0802 1334 1820	57 2 23 9	21 W	0707 1304 1739	3 24 12
7 W	0121 0832 1411 1921	55 1 28 8	22 TH	0027 0735 1340 1850	53 0 31 10
8 TH	0202 0856 1444 2012	53 1 33 7	23 F	0112 0801 1414 1952	52 -3 39 7
9 F	0237 0916 1514 2059	50 1 38 7	24 SA	0155 0828 1451 2050	49 -5 47 5
10 SA	0308 0935 1544 2142	46 1 43 7	25 SU E	0236 0855 1530 2146	45 -8 55 3
11 SU E	0338 0952 1615 2225	42 1 47 7	26 M	0318 0923 1612 2242	40 -9 62 3
12 M ●	0406 1010 1647 2309	37 1 50 9	27 TU ○ P	0401 0953 1657 2342	34 -10 67 4
13 TU	0435 1029 1721 2356	33 1 52 10	28 W	0445 1024 1745	28 -9 69
14 W A	0504 1049 1758	28 2 53	29 TH	0051 0533 1058 1838	5 22 -7 68
15 TH	0049 0534 1110 1839	12 24 3 53	30 F	0212 0627 1135 1935	5 17 -3 66

时　区：＋1000　　　　潮高基准面：在平均海面下 24　cm

夏威夷群岛—火奴鲁鲁(檀香山)

HAWAIIAN ISLANDS—HONOLULU

2021 年潮汐表　　21° 18′ N　　157° 52′ W

5 月

日期	潮时 时分	潮高 cm	日期	潮时 时分	潮高 cm
1	0335	5	16	0316	10
	0737	13		0646	14
SA	1216	2	SU	1115	6
S	2038	62		1948	57
2	0446	3	17	0410	8
	0924	12		0801	13
SU	1312	8	M	1152	9
	2145	58		2040	55
3	0544	2	18	0452	6
	1133	16		0953	15
M	1453	13	TU	1331	14
☾	2251	55		2137	53
4	0629	1	19	0528	3
	1243	22		1148	21
TU	1649	15	W	1545	16
	2348	51	☽	2234	50
5	0705	0	20	0601	0
	1326	29		1239	29
W	1808	15	TH	1720	16
				2330	47
6	0036	47	21	0632	-3
	0734	0		1318	38
TH	1400	35	F	1838	15
	1914	14			
7	0117	43	22	0023	43
	0758	0		0704	-6
F	1430	41	SA	1356	48
	2011	13	E	1950	12
8	0153	39	23	0113	39
	0818	-1		0735	-9
SA	1459	47	SU	1435	57
E	2103	12		2057	9
9	0227	35	24	0202	34
	0838	-1		0808	-11
SU	1527	52	M	1516	66
	2151	10		2200	6
10	0301	31	25	0251	28
	0857	-1		0842	-12
M	1557	56	TU	1559	72
	2237	10		2300	4
11	0334	27	26	0340	24
	0917	-1		0917	-11
TU	1628	58	W	1645	75
●A	2323	9	○P	2359	3
12	0408	24	27	0431	20
	0939	0		0954	-10
W	1701	60	TH	1733	76
13	0012	10	28	0102	2
	0442	21		0525	17
TH	1001	0	F	1032	-7
	1737	60	S	1822	74
14	0106	10	29	0207	2
	0517	18		0626	15
F	1024	2	SA	1113	-2
	1817	60		1913	69
15	0210	10	30	0308	2
	0556	16		0737	15
SA	1048	3	SU	1159	4
N	1900	58		2006	64
			31	0403	1
				0911	16
			M	1300	11
				2059	58

6 月

日期	潮时 时分	潮高 cm	日期	潮时 时分	潮高 cm
1	0450	1	16	0348	4
	1104	21		0913	21
TU	1436	17	W	1338	16
	2153	51		2043	53
2	0530	0	17	0423	1
	1215	27		1049	28
W	1625	20	TH	1531	20
☾	2247	45		2134	47
3	0603	0	18	0459	-2
	1259	35		1201	37
TH	1749	20	F	1708	20
	2338	40	☽	2234	41
4	0631	0	19	0535	-4
	1334	41		1252	47
F	1903	19	SA	1836	19
E			E	2338	35
5	0024	35	20	0613	-7
	0656	-1		1337	57
SA	1405	48	SU	2002	16
	2012	17			
6	0108	31	21	0040	30
	0720	-1		0651	-9
SU	1436	54	M	1420	66
	2113	15		2117	12
7	0149	27	22	0138	25
	0744	-2		0731	-10
M	1507	59	TU	1504	73
	2206	12		2218	8
8	0229	24	23	0231	22
	0810	-2		0812	-11
TU	1539	62	W	1548	77
A	2253	10	P	2311	5
9	0309	22	24	0323	20
	0837	-2		0854	-10
W	1612	65	TH	1634	80
	2338	9	○		
10	0347	19	25	0000	3
	0904	-1		0416	19
TH	1647	66	F	0936	-8
●			S	1719	79
11	0022	9	26	0049	3
	0425	18		0512	18
F	0932	0	SA	1018	-5
	1723	66		1803	76
12	0107	9	27	0137	3
	0505	16		0611	19
SA	1000	1	SU	1102	1
N	1800	66		1846	70
13	0151	8	28	0225	3
	0549	16		0716	20
SU	1031	3	M	1151	7
	1837	64		1927	63
14	0233	7	29	0309	3
	0643	16		0833	22
M	1108	6	TU	1252	14
	1916	61		2007	56
15	0312	6	30	0349	3
	0749	17		1005	27
TU	1200	11	W	1415	20
	1958	58		2047	48

7 月

日期	潮时 时分	潮高 cm	日期	潮时 时分	潮高 cm
1	0423	3	16	0318	1
	1125	33		1001	38
TH	1555	23	F	1529	23
☾ E	2130	41	E	2039	42
2	0454	2	17	0359	0
	1216	40		1122	46
F	1726	24	SA	1711	24
	2224	35	☽	2139	34
3	0524	2	18	0442	-2
	1257	47		1226	55
SA	1854	23	SU	1855	22
	2328	30		2305	28
4	0554	1	19	0529	-3
	1333	53		1318	64
SU	2021	20	M	2034	17
5	0029	27	20	0025	24
	0626	1		0618	-5
M	1408	59	TU	1406	71
A	2125	17		2136	12
6	0121	24	21	0128	22
	0701	0		0707	-6
TU	1443	63	W	1451	76
	2212	14	P	2221	9
7	0207	23	22	0221	22
	0736	-1		0756	-7
W	1520	67	TH	1536	79
	2252	11	S	2300	7
8	0248	21	23	0311	22
	0812	-1		0842	-6
TH	1556	70	F	1618	80
	2329	10		2338	6
9	0328	20	24	0401	23
	0847	-1		0927	-4
F	1631	71	SA	1659	78
N			○		
10	0003	9	25	0014	6
	0408	20		0453	25
SA	0921	0	SU	1011	0
●	1705	71		1737	74
11	0034	9	26	0050	6
	0450	20		0547	26
SU	0956	2	M	1056	5
	1738	70		1812	67
12	0104	8	27	0124	6
	0536	21		0644	29
M	1034	4	TU	1144	11
	1810	67		1844	60
13	0134	7	28	0157	7
	0628	23		0745	32
TU	1120	9	W	1242	17
	1843	63		1914	52
14	0206	5	29	0229	7
	0727	27		0854	35
W	1222	14	TH	1355	23
	1918	57	E	1944	44
15	0240	3	30	0300	7
	0837	31		1012	40
TH	1348	19	F	1527	26
	1955	50		2017	37
			31	0333	7
				1119	45
			SA	1707	26
			☾	2103	31

8 月

日期	潮时 时分	潮高 cm	日期	潮时 时分	潮高 cm
1	0410	7	16	0352	4
	1210	51		1159	62
SU	1855	24	M	1942	20
	2235	27		2308	23
2	0452	6	17	0453	3
	1255	56		1257	68
M	2030	21	TU	2047	15
A			P		
3	0005	25	18	0035	22
	0538	6		0556	3
TU	1336	61	W	1348	72
	2118	17	S	2126	12
4	0105	24	19	0133	24
	0627	5		0657	2
W	1417	66	TH	1434	75
	2154	15		2159	10
5	0152	24	20	0221	26
	0714	3		0751	1
TH	1455	70	F	1516	76
N	2225	13		2229	9
6	0233	25	21	0305	29
	0758	2		0840	1
F	1532	72	SA	1555	74
	2253	11		2257	9
7	0312	26	22	0349	32
	0839	2		0924	3
SA	1606	73	SU	1630	71
	2319	10	○	2324	9
8	0352	27	23	0434	35
	0918	3		1008	6
SU	1638	72	M	1702	66
●	2342	9		2349	9
9	0433	29	24	0521	38
	0959	4		1052	10
M	1708	70	TU	1731	60
10	0005	8	25	0013	9
	0519	32		0608	40
TU	1043	7	W	1140	15
	1738	66	E	1758	53
11	0030	6	26	0036	10
	0608	36		0656	43
W	1134	12	TH	1235	20
	1808	59		1825	46
12	0058	5	27	0101	10
	0702	41		0748	46
TH	1238	17	F	1343	24
E	1841	52		1852	39
13	0131	4	28	0130	11
	0806	45		0850	48
F	1400	22	SA	1512	26
	1915	43		1922	33
14	0210	3	29	0207	12
	0922	50		1002	51
SA	1545	25	SU	1703	26
	1954	35		2002	28
15	0257	3	30	0254	12
	1046	56		1112	54
SU	1740	24	M	1859	23
☽	2057	27	☾ A	2205	24
			31	0352	13
				1209	58
			TU	2008	20
				2351	24

时　区：＋1000　　潮高基准面：在平均海面下 24　cm

夏威夷群岛—火奴鲁鲁(檀香山)

HAWAIIAN ISLANDS—HONOLULU

2021 年潮汐表　　21° 18′ N　　157° 52′ W

9 月

日期	潮时 时分	潮高 cm	日期	潮时 时分	潮高 cm
1 W	0456 1258 2044	12 62 17	16 TH	0058 0550 1323 2050	25 11 69 10
2 TH N	0101 0601 1342 2113	26 11 66 14	17 F	0147 0657 1408 2118	29 10 69 9
3 F	0145 0659 1421 2138	28 9 69 13	18 SA	0227 0753 1448 2143	34 9 67 9
4 SA	0223 0749 1458 2200	31 8 70 11	19 SU	0305 0841 1523 2205	38 9 64 9
5 SU	0300 0835 1531 2221	34 6 70 10	20 M ○	0341 0926 1554 2225	42 10 59 10
6 M	0337 0919 1603 2242	38 6 67 8	21 TU E	0418 1010 1623 2244	46 12 54 10
7 TU ●	0417 1004 1633 2304	43 8 63 6	22 W	0455 1054 1650 2303	50 15 48 10
8 W E	0500 1053 1704 2328	48 11 57 5	23 TH	0533 1142 1717 2323	53 18 43 10
9 TH	0547 1148 1737 2355	52 15 50 4	24 F	0613 1236 1744 2345	54 21 37 11
10 F	0639 1256 1811	56 19 42	25 SA	0657 1343 1814	55 23 32
11 SA P	0027 0739 1426 1848	4 59 22 34	26 SU A	0011 0748 1518 1848	12 56 24 28
12 SU	0105 0851 1622 1935	5 61 22 26	27 M	0045 0851 1705 1940	14 56 23 24
13 M ☽	0154 1013 1815 2134	8 63 19 21	28 TU	0134 1004 1827 2211	16 57 20 22
14 TU	0302 1129 1935 2347	10 66 15 21	29 W ☾ N	0248 1113 1916	18 59 17
15 W S	0429 1231 2018	11 68 12	30 TH	0013 0417 1208 1948	24 18 61 14

10 月

日期	潮时 时分	潮高 cm	日期	潮时 时分	潮高 cm
1 F	0102 0538 1255 2014	28 17 63 12	16 SA	0155 0659 1333 2026	36 17 59 7
2 SA	0140 0644 1336 2037	33 15 64 10	17 SU	0229 0756 1410 2049	42 16 55 7
3 SU	0213 0741 1414 2059	38 13 63 8	18 M	0301 0847 1444 2108	48 15 50 7
4 M	0247 0832 1449 2120	44 11 61 6	19 TU E	0331 0934 1514 2126	53 15 46 7
5 TU	0322 0922 1524 2143	51 10 56 4	20 W ○	0401 1019 1544 2144	57 15 41 7
6 W ●E	0401 1012 1559 2208	57 10 51 2	21 TH	0432 1104 1614 2203	60 16 36 7
7 TH	0442 1106 1635 2234	63 12 44 1	22 F	0506 1152 1645 2223	62 17 32 8
8 F P	0529 1206 1714 2303	67 14 37 1	23 SA	0542 1247 1717 2244	63 18 28 9
9 SA	0620 1322 1756 2335	69 17 30 3	24 SU A	0622 1357 1753 2307	62 19 25 10
10 SU	0718 1501 1847	69 17 24	25 M	0708 1525 1837 2332	61 19 22 13
11 M	0013 0825 1637 2011	6 68 15 20	26 TU N	0802 1639 1947	60 17 20
12 TU S	0102 0941 1753 2236	11 67 12 19	27 W	0004 0903 1732 2210	16 59 15 20
13 W ☽	0222 1054 1848	15 66 10	28 TH ☾	0133 1007 1810	19 58 12
14 TH	0021 0421 1157 1929	24 18 64 8	29 F	0021 0340 1107 1840	25 21 58 9
15 F	0115 0551 1249 2000	30 18 62 7	30 SA	0056 0515 1158 1907	31 21 57 7
			31 SU	0127 0629 1244 1933	38 19 55 4

11 月

日期	潮时 时分	潮高 cm	日期	潮时 时分	潮高 cm
1 M	0158 0733 1327 1959	46 16 52 2	16 TU	0246 0857 1405 2013	55 18 37 3
2 TU E	0232 0832 1408 2025	54 14 48 -1	17 W	0315 0948 1439 2034	60 16 33 3
3 W	0307 0929 1450 2052	62 12 43 -3	18 TH	0344 1035 1514 2055	64 15 29 3
4 TH ●	0346 1025 1532 2121	69 10 37 -4	19 F ○	0414 1121 1549 2118	66 14 26 3
5 F P	0429 1124 1616 2153	75 10 31 -4	20 SA	0447 1209 1624 2142	68 14 24 4
6 SA	0516 1229 1704 2226	77 10 26 -2	21 SU A	0523 1301 1702 2207	68 14 21 5
7 SU	0606 1344 1758 2303	77 10 22 1	22 M N	0602 1359 1744 2232	67 14 20 7
8 M S	0702 1503 1906 2344	75 9 19 6	23 TU	0643 1458 1835 2259	65 13 18 10
9 TU	0801 1611 2041	71 8 18	24 W	0727 1548 1944 2332	62 12 18 13
10 W	0037 0905 1708 2251	12 67 6 21	25 TH	0815 1628 2124	60 10 20
11 TH ☽	0208 1010 1754	18 62 5	26 F	0047 0900 1702 2332	18 57 7 25
12 F	0019 0416 1111 1833	28 21 57 4	27 SA ☾	0312 1000 1733	22 53 4
13 SA	0108 0545 1204 1904	35 22 52 3	28 SU	0024 0452 1056 1804	33 22 49 1
14 SU	0145 0657 1250 1930	42 21 47 3	29 M	0101 0614 1151 1835	42 21 45 -2
15 M E	0217 0800 1329 1953	49 20 42 3	30 TU E	0137 0729 1244 1906	51 18 40 -4

12 月

日期	潮时 时分	潮高 cm	日期	潮时 时分	潮高 cm
1 W	0214 0839 1335 1939	61 14 35 -7	16 TH	0255 1005 1415 1953	63 14 25 -1
2 TH	0253 0943 1424 2013	70 11 30 -8	17 F	0326 1048 1454 2022	66 12 23 -1
3 F	0335 1042 1514 2050	77 8 26 -9	18 SA A	0400 1129 1532 2052	69 10 21 -1
4 SA ●P	0419 1139 1605 2128	81 5 22 -8	19 SU ○	0434 1209 1611 2123	70 10 20 0
5 SU	0506 1236 1659 2208	82 4 20 -6	20 M N	0510 1249 1651 2153	70 9 19 1
6 M S	0554 1335 1758 2250	81 4 18 -1	21 TU	0545 1328 1735 2224	68 9 18 4
7 TU	0644 1433 1906 2337	77 3 18 5	22 W	0620 1406 1824 2300	66 8 18 7
8 W	0734 1527 2030	71 3 20	23 TH	0655 1442 1923 2347	63 7 20 11
9 TH	0036 0825 1615 2216	12 63 2 24	24 F	0732 1516 2036	59 5 23
10 F	0205 0917 1657 2345	19 55 2 31	25 SA	0107 0812 1551 2205	17 53 3 28
11 SA ☽	0400 1012 1733	22 48 1	26 SU	0256 0857 1626 2329	21 47 0 36
12 SU E	0039 0532 1108 1805	38 23 41 1	27 M ☾ E	0436 0953 1703	22 40 -2
13 M	0118 0653 1202 1832	46 22 35 0	28 TU	0026 0609 1101 1742	46 21 34 -5
14 TU	0152 0810 1250 1859	52 20 31 0	29 W	0113 0740 1212 1823	56 17 28 -7
15 W	0224 0914 1334 1925	58 17 27 -1	30 TH	0157 0859 1315 1905	65 13 25 -9
			31 F	0241 0959 1411 1949	73 8 22 -11

时　区：+1000　　　　潮高基准面：在平均海面下 24 cm

南　极—长城站

ANTARCTICA－GREAT WALL STATION

2021年潮汐表　　62° 13′ S　　58° 57′ W

1 月

日期	潮时 时分	潮高 cm	日期	潮时 时分	潮高 cm
1 F	0207 0708 1422 2126	327 398 200 392	16 SA	0234 0809 1502 2141	312 409 222 390
2 SA	0238 0747 1458 2153	320 395 206 384	17 SU	0311 0853 1534 2202	299 398 238 386
3 SU	0312 0831 1535 2222	311 387 218 376	18 M	0349 0935 1603 2223	289 384 255 382
4 M	0352 0922 1614 2252	302 376 235 369	19 TU E	0430 1018 1632 2246	284 368 273 378
5 TU	0441 1022 1656 2325	291 364 257 364	20 W ☽	0517 1107 1700 2311	282 352 291 373
6 W ☾E	0542 1139 1745	281 352 282	21 TH A	0613 1225 1730 2342	281 339 310 368
7 TH	0002 0655 1325 1846	362 269 346 308	22 F	0729 1435 1817	279 334 329
8 F	0045 0813 1535 2014	362 255 353 331	23 SA	0022 0857 1756 2016	363 272 349 346
9 SA P	0139 0925 1730 2155	366 239 371 346	24 SU	0129 1008 1829 2300	360 258 367 348
10 SU	0241 1030 1831 2310	374 223 389 352	25 M	0253 1103 1858 2356	361 242 382 345
11 M	0346 1128 1916	385 209 400	26 TU N	0405 1148 1927	367 225 392
12 TU S	0003 0448 1220 1954	353 397 199 405	27 W	0033 0501 1228 1954	340 376 211 396
13 W ●	0045 0544 1307 2026	349 408 196 405	28 TH ○	0103 0548 1306 2020	332 385 201 396
14 TH	0122 0635 1350 2054	339 414 199 401	29 F	0131 0633 1342 2043	321 392 196 392
15 F	0158 0724 1428 2118	326 415 208 395	30 SA	0159 0717 1417 2103	308 396 198 388
			31 SU	0229 0802 1451 2123	292 396 207 383

2 月

日期	潮时 时分	潮高 cm	日期	潮时 时分	潮高 cm
1 M	0302 0848 1525 2144	276 392 222 380	16 TU	0324 0926 1536 2136	260 389 259 389
2 TU E	0339 0937 1558 2207	262 385 243 379	17 W	0356 1002 1559 2155	257 377 275 386
3 W P	0420 1030 1632 2231	252 374 268 378	18 TH A	0430 1041 1619 2214	258 363 293 382
4 TH ☾	0509 1134 1706 2256	246 361 295 377	19 F ☽	0510 1131 1630 2233	263 349 311 376
5 F	0607 1301 1743 2322	246 350 322 377	20 SA	0602 1316 1619 2250	268 337 329 370
6 SA	0726 1630 1833 2357	246 348 347 375	21 SU	0719 2259	271 363
7 SU	0900 1822 2115	243 368 364	22 M	0916 1854	264 366
8 M S	0130 1026 1858 2323	372 234 383 361	23 TU N	1039 1901	249 377
9 TU	0332 1136 1926	376 223 392	24 W	0021 0330 1136 1919	345 353 231 384
10 W	0014 0459 1228 1950	349 387 214 395	25 TH	0033 0456 1219 1938	333 364 216 387
11 TH ●	0049 0600 1310 2010	334 398 211 395	26 F	0053 0553 1257 1955	317 378 206 386
12 F	0121 0650 1346 2028	316 406 213 394	27 SA ○	0116 0641 1333 2010	298 390 204 384
13 SA	0152 0733 1417 2045	297 408 220 392	28 SU	0142 0726 1406 2024	276 399 210 384
14 SU	0222 0813 1445 2101	280 406 231 391			
15 M E	0253 0851 1511 2118	267 399 244 390			

3 月

日期	潮时 时分	潮高 cm	日期	潮时 时分	潮高 cm
1 M E	0211 0811 1438 2041	255 404 223 385	16 TU	0228 0844 1448 2036	242 404 261 393
2 TU P	0243 0855 1509 2101	236 404 242 388	17 W	0256 0917 1511 2053	237 397 275 393
3 W	0318 0941 1539 2123	223 398 265 391	18 TH A	0324 0950 1533 2110	237 387 290 391
4 TH	0357 1031 1607 2145	218 386 290 393	19 F	0355 1026 1551 2127	240 375 306 387
5 F	0442 1128 1631 2207	222 369 314 392	20 SA	0429 1111 1603 2143	247 361 322 381
6 SA ☾	0536 1247 1640 2228	233 352 335 388	21 SU ☽	0510 1229 1557 2153	254 346 336 374
7 SU S	0652 2249	247 380	22 M N	0608 2134	262 366
8 M	0846 1855	254 370	23 TU	0801 1844	266 365
9 TU	1032 1850 2351	249 378 349	24 W	1005 1836	256 371
10 W	0401 1141 1906	366 239 383	25 TH	0016 0320 1114 1846	335 342 241 374
11 TH	0014 0522 1226 1922	329 379 233 386	26 F	0010 0459 1201 1858	317 358 230 375
12 F	0041 0614 1301 1936	307 392 232 387	27 SA	0025 0556 1240 1908	294 377 226 376
13 SA ●	0107 0657 1331 1948	285 401 234 388	28 SU ○E	0048 0644 1314 1920	268 394 229 378
14 SU E	0134 0735 1358 2002	266 406 241 390	29 M	0115 0729 1347 1935	241 408 241 384
15 M	0201 0810 1423 2019	252 407 250 392	30 TU P	0146 0813 1419 1955	218 416 257 391
			31 W	0220 0857 1449 2018	202 416 277 399

4 月

日期	潮时 时分	潮高 cm	日期	潮时 时分	潮高 cm
1 TH	0257 0943 1517 2041	195 408 298 404	16 F	0258 0944 1512 2029	224 395 311 394
2 F	0338 1032 1543 2106	199 393 317 406	17 SA	0329 1021 1533 2047	229 384 323 389
3 SA	0424 1128 1604 2130	213 373 334 401	18 SU N	0402 1106 1550 2105	235 370 334 383
4 SU ☾S	0518 1246 1605 2154	232 355 347 391	19 M	0442 1215 1602 2117	244 355 343 373
5 M	0635 2216	254 374	20 TU ☽	0535 2117	254 361
6 TU	0833 1755 2330	266 365 352	21 W	0702 1731	263 356
7 W	0153 1020 1806 2324	354 266 370 328	22 TH	0911 1731 2310	264 359 322
8 TH	0425 1123 1820 2349	361 262 373 303	23 F	0324 1035 1741 2321	339 258 361 296
9 F	0532 1205 1833	375 259 377	24 SA	0455 1129 1751 2344	358 255 364 267
10 SA	0015 0618 1238 1845	280 388 259 381	25 SU E	0553 1211 1804	381 258 369
11 SU E	0042 0656 1306 1900	261 398 263 385	26 M	0012 0642 1249 1822	238 401 268 378
12 M ●	0108 0730 1333 1917	245 405 269 389	27 TU ○P	0045 0728 1323 1844	212 416 282 389
13 TU	0135 0804 1359 1935	233 408 277 393	28 W	0120 0813 1355 1909	193 422 298 401
14 W A	0202 0837 1425 1953	226 408 287 395	29 TH	0159 0858 1426 1937	183 419 314 410
15 TH	0229 0910 1449 2011	223 403 299 396	30 F	0241 0945 1455 2007	184 409 328 415

时　区：＋0400　　　　潮高基准面：在平均海面下 323　cm

南 极 — 长城站

ANTARCTICA－GREAT WALL STATION

2021 年潮汐表　　62° 13′ S　　58° 57′ W

5 月

日期	潮时 时分	潮高 cm	日期	潮时 时分	潮高 cm
1 SA S	0326 1035 1524 2039	195 392 338 412	16 SU	0312 1020 1522 2021	220 385 332 388
2 SU	0414 1130 1555 2113	214 375 345 401	17 M	0348 1104 1551 2046	227 373 336 379
3 M ☾	0509 1241 1641 2154	237 360 348 383	18 TU	0429 1159 1631 2117	236 360 338 367
4 TU	0621 1505 1840 2318	261 354 348 361	19 W ☽	0520 1321 1804 2208	247 350 337 350
5 W	0800 1612 2117	277 356 331	20 TH	0630 1459 2011	260 347 324
6 TH	0223 0931 1643 2231	349 284 360 307	21 F	0032 0808 1541 2131	336 271 348 301
7 F	0420 1038 1704 2309	357 286 365 283	22 SA E	0313 0937 1608 2218	341 278 351 272
8 SA E	0526 1125 1725 2341	369 287 371 263	23 SU	0443 1045 1630 2258	361 286 358 243
9 SU	0611 1202 1746	381 289 377	24 M	0547 1136 1656 2337	383 296 369 216
10 M	0011 0648 1235 1808	247 392 293 383	25 TU	0640 1218 1724	402 308 382
11 TU ●A	0040 0723 1305 1830	233 401 298 389	26 W ○P	0018 0729 1256 1756	195 414 321 397
12 W	0108 0758 1334 1851	224 406 305 393	27 TH	0101 0816 1330 1830	181 417 332 409
13 TH	0138 0832 1402 1912	218 407 313 396	28 F S	0145 0902 1404 1907	178 412 339 417
14 F	0208 0907 1430 1933	215 404 320 396	29 SA	0231 0947 1438 1948	184 402 342 417
15 SA N	0239 0942 1456 1956	216 396 327 394	30 SU	0318 1032 1516 2033	199 388 341 409
			31 M	0406 1117 1604 2125	219 375 336 393

6 月

日期	潮时 时分	潮高 cm	日期	潮时 时分	潮高 cm
1 TU	0456 1203 1708 2228	241 364 330 373	16 W	0418 1123 1643 2148	228 361 316 360
2 W ☾	0550 1253 1834 2357	264 357 321 354	17 TH	0504 1203 1750 2302	242 354 307 346
3 TH	0656 1351 2008	284 355 307	18 F ☽	0558 1247 1909	260 349 293
4 F E	0200 0816 1448 2125	344 298 356 289	19 SA E	0047 0707 1332 2021	338 280 348 273
5 SA	0349 0931 1535 2221	347 306 361 271	20 SU	0251 0829 1418 2123	343 299 352 249
6 SU	0509 1031 1613 2303	358 311 367 255	21 M	0432 0951 1504 2218	360 315 360 226
7 M	0601 1120 1647 2339	371 314 373 241	22 TU	0549 1057 1550 2310	380 328 372 205
8 TU A	0642 1201 1717	383 318 380	23 W P	0647 1149 1635	395 338 386
9 W	0013 0719 1238 1745	228 393 322 386	24 TH ○	0001 0737 1233 1721	190 404 345 400
10 TH ●	0046 0754 1312 1811	219 400 325 390	25 F S	0051 0822 1312 1809	182 405 346 410
11 F	0118 0830 1344 1839	212 401 328 393	26 SA	0139 0902 1351 1858	181 400 342 414
12 SA N	0152 0904 1414 1908	208 398 329 393	27 SU	0226 0938 1430 1950	189 392 333 411
13 SU	0226 0938 1445 1939	208 391 329 390	28 M	0310 1010 1513 2042	204 383 321 401
14 M	0301 1012 1516 2014	211 381 326 383	29 TU	0351 1040 1600 2136	222 375 310 385
15 TU	0338 1046 1554 2055	217 371 322 373	30 W	0430 1109 1653 2231	243 369 299 368

7 月

日期	潮时 时分	潮高 cm	日期	潮时 时分	潮高 cm
1 TH ☾E	0507 1139 1753 2339	264 365 292 350	16 F E	0440 1104 1716 2311	244 360 269 351
2 F	0547 1213 1903	284 362 285	17 SA ☽	0522 1134 1815	267 358 259
3 SA	0111 0633 1255 2018	338 302 360 277	18 SU	0038 0612 1209 1925	343 293 357 248
4 SU	0257 0738 1347 2127	336 317 360 266	19 M	0230 0716 1251 2041	343 318 360 235
5 M A	0459 0921 1444 2224	345 328 362 253	20 TU	0449 0848 1348 2152	355 339 365 221
6 TU	0603 1041 1539 2310	360 333 366 239	21 W P	0614 1028 1457 2259	373 350 373 206
7 W	0644 1138 1626 2351	374 334 372 226	22 TH S	0705 1137 1609 2358	386 352 383 195
8 TH	0719 1222 1706	385 334 378	23 F	0745 1226 1715	392 347 395
9 F N	0029 0752 1258 1744	214 392 332 383	24 SA ○	0050 0817 1306 1814	189 393 337 403
10 SA ●	0105 0824 1331 1822	205 393 328 387	25 SU	0136 0844 1344 1908	190 389 321 406
11 SU	0141 0854 1402 1900	200 389 321 388	26 M	0217 0907 1421 1958	198 384 304 404
12 M	0216 0921 1433 1941	199 383 313 385	27 TU	0253 0928 1459 2045	212 380 287 395
13 TU	0251 0946 1506 2024	202 376 303 380	28 W	0326 0948 1537 2130	229 378 275 382
14 W	0326 1010 1542 2112	211 369 292 371	29 TH E	0356 1008 1618 2215	247 376 267 367
15 TH	0402 1035 1625 2206	225 364 280 361	30 F	0424 1030 1702 2304	266 374 265 352
			31 SA ☾	0452 1054 1753	284 371 266

8 月

日期	潮时 时分	潮高 cm	日期	潮时 时分	潮高 cm
1 SU	0014 0519 1121 1859	338 303 367 267	16 M	0024 0517 1052 1839	348 311 371 234
2 M A	0157 0551 1154 2023	330 321 363 265	17 TU P	0223 0554 1120 2011	341 335 370 234
3 TU	1246 2142	358 255	18 W S	1205 2143	367 228
4 W	0623 1025 1416 2244	356 346 356 242	19 TH	0641 1044 1436 2302	371 358 367 217
5 TH N	0649 1138 1541 2334	370 341 359 226	20 F	0708 1149 1621	380 346 375
6 F	0716 1219 1645	379 334 366	21 SA	0002 0731 1226 1732	208 383 329 388
7 SA	0016 0742 1250 1735	212 384 325 374	22 SU ○	0048 0750 1259 1827	204 383 308 397
8 SU ●	0053 0806 1318 1820	201 384 313 381	23 M	0127 0806 1330 1914	207 382 287 402
9 M	0129 0827 1345 1904	196 381 298 385	24 TU	0200 0821 1402 1958	216 381 268 402
10 TU	0203 0845 1414 1947	197 376 282 386	25 W E	0229 0836 1433 2038	228 382 253 396
11 W	0235 0903 1445 2032	204 373 266 384	26 TH	0256 0854 1505 2116	243 384 244 386
12 TH E	0308 0922 1519 2118	217 371 252 379	27 F	0321 0913 1539 2154	259 385 242 374
13 F	0339 0943 1557 2209	236 371 240 370	28 SA	0344 0933 1615 2234	275 384 245 360
14 SA	0411 1006 1641 2307	259 371 234 359	29 SU	0404 0953 1655 2326	292 380 251 346
15 SU ☽	0444 1029 1733	284 371 232	30 M ☾A	0416 1012 1744	309 375 258
			31 TU	0103 0408 1031 1855	334 326 368 263

时　区：＋0400　　潮高基准面：在平均海面下 323　cm

南 极—长城站

ANTARCTICA－GREAT WALL STATION

2021 年潮汐表　　62° 13′ S　　58° 57′ W

9 月

日期		潮时 时分	潮高 cm
1	W	1044 2049	360 261
2	TH N	0638 2218	358 248
3	F	0641 1200 1515 2317	368 338 346 231
4	SA	0656 1213 1641	374 324 356
5	SU	0001 0713 1233 1736	217 376 307 369
6	M	0038 0729 1255 1823	208 375 288 381
7	TU ●	0112 0742 1320 1906	206 374 267 390
8	W E	0144 0756 1347 1949	212 374 245 396
9	TH	0215 0812 1418 2033	224 377 227 397
10	F	0244 0831 1451 2117	242 380 214 393
11	SA P	0313 0852 1529 2205	263 384 208 383
12	SU	0340 0914 1611 2301	286 387 210 368
13	M ☽	0404 0935 1702	309 388 219
14	TU	0014 0418 0957 1808	351 329 385 233
15	W S	1018 1957	378 244
16	TH	1033 2146	365 243
17	F	0625 1121 1513 2307	369 346 359 235
18	SA	0638 1144 1649 2357	373 324 372 230
19	SU	0652 1211 1748	375 299 387
20	M ○	0036 0703 1239 1834	230 377 275 398
21	TU E	0107 0715 1307 1914	235 380 254 404
22	W	0135 0729 1335 1951	243 384 238 406
23	TH	0201 0747 1404 2027	254 389 228 403
24	F	0226 0806 1433 2101	266 392 225 396
25	SA	0249 0825 1503 2136	280 393 226 386
26	SU A	0310 0843 1535 2213	294 392 232 373
27	M	0328 0902 1610 2259	309 388 240 359
28	TU	0341 0919 1651	323 381 250
29	W ☾ N	0020 0341 0931 1748	345 335 372 260
30	TH	0916 1933	361 266

10 月

日期		潮时 时分	潮高 cm
1	F	0615 2143	358 258
2	SA	0605 1145 1514 2252	363 328 338 245
3	SU	0613 1145 1642 2337	366 308 353 235
4	M	0623 1200 1736	367 285 371
5	TU	0015 0634 1222 1822	231 369 259 389
6	W ● E	0048 0646 1247 1905	235 372 233 403
7	TH	0120 0701 1317 1948	246 379 211 412
8	F P	0150 0721 1350 2030	261 387 195 413
9	SA	0219 0743 1426 2115	280 395 187 406
10	SU	0246 0806 1506 2203	299 402 190 393
11	M	0311 0831 1551 2258	317 405 202 374
12	TU S	0331 0856 1643	332 402 221
13	W ☽	0012 0341 0922 1751	355 344 391 244
14	TH	0949 1947	374 260
15	F	0526 0916 1307 2137	359 351 353 264
16	SA	0530 1046 1549 2250	362 325 359 262
17	SU	0541 1115 1703 2336	366 297 374 261
18	M	0552 1143 1753	370 272 388
19	TU E	0011 0605 1212 1833	264 376 250 400
20	W ○	0041 0622 1240 1909	269 383 234 407
21	TH	0108 0642 1308 1943	277 390 223 411
22	F	0134 0702 1336 2017	286 396 217 410
23	SA	0159 0722 1405 2051	296 400 216 405
24	SU A	0223 0742 1435 2125	306 400 219 396
25	M	0246 0802 1506 2202	316 398 225 384
26	TU N	0307 0822 1540 2245	326 393 234 370
27	W	0327 0842 1618 2349	334 384 245 356
28	TH ☾	0345 0857 1709	341 372 256
29	F	0901 1828	358 267
30	SA	0437 2040	351 270
31	SU	0447 1043 1512 2209	354 316 336 266

11 月

日期		潮时 时分	潮高 cm
1	M	0501 1054 1636 2303	356 291 356 264
2	TU E	0514 1116 1731 2344	360 262 378 267
3	W	0529 1144 1818	366 233 399
4	TH ●	0021 0546 1215 1903	276 376 207 414
5	F P	0054 0608 1250 1946	289 388 188 422
6	SA	0125 0634 1327 2030	305 401 177 421
7	SU	0154 0701 1408 2115	319 412 177 411
8	M S	0222 0731 1453 2204	331 417 187 395
9	TU	0249 0804 1541 2257	339 416 205 377
10	W	0320 0840 1634 2359	344 406 230 361
11	TH ☽	0402 0924 1738	345 387 255
12	F	0148 0548 1050 1915	352 344 364 276
13	SA	0313 0818 1345 2052	352 328 350 288
14	SU	0351 0947 1552 2207	356 303 358 293
15	M E	0419 1035 1704 2258	362 277 372 296
16	TU	0444 1111 1751 2337	370 256 385 299
17	W	0509 1144 1830	379 239 397
18	TH	0011 0535 1214 1905	304 387 227 406
19	F ○	0041 0559 1245 1939	309 394 218 411
20	SA	0110 0623 1315 2013	315 400 214 412
21	SU A	0138 0646 1346 2047	321 403 213 408
22	M N	0205 0709 1417 2120	327 403 215 401
23	TU	0232 0734 1449 2155	331 400 221 390
24	W	0259 0800 1524 2234	333 393 229 377
25	TH	0327 0828 1601 2319	335 382 239 364
26	F	0405 0901 1646	335 368 251
27	SA ☾	0018 0517 0950 1747	353 333 351 266
28	SU	0136 0728 1158 1916	347 322 335 280
29	M	0245 0856 1448 2057	346 300 338 290
30	TU E	0321 0948 1622 2214	350 273 358 298

12 月

日期		潮时 时分	潮高 cm
1	W	0349 1029 1726 2308	357 244 381 307
2	TH	0418 1108 1819 2351	368 217 402 318
3	F	0449 1149 1906	382 194 415
4	SA ● P	0029 0522 1231 1951	329 398 179 420
5	SU	0102 0557 1316 2036	339 412 173 417
6	M S	0135 0635 1402 2119	345 421 178 407
7	TU	0208 0717 1448 2201	345 423 191 394
8	W	0246 0804 1536 2242	341 416 212 380
9	TH	0331 0858 1623 2322	334 401 236 369
10	F	0431 1003 1713	326 381 262
11	SA ☽	0004 0550 1128 1810	362 316 360 286
12	SU E	0049 0722 1325 1926	359 303 348 306
13	M	0143 0844 1526 2053	359 286 350 318
14	TU	0240 0949 1700 2205	363 269 362 325
15	W	0331 1038 1754 2300	370 254 376 328
16	TH	0414 1119 1834 2344	377 240 388 331
17	F	0451 1155 1909	385 229 399
18	SA A	0022 0524 1230 1942	333 392 220 405
19	SU ○	0056 0554 1303 2015	334 397 214 407
20	M N	0127 0623 1335 2046	334 400 211 405
21	TU	0157 0654 1408 2117	333 400 211 398
22	W	0226 0726 1442 2145	329 396 214 389
23	TH	0257 0801 1515 2214	324 389 221 379
24	F	0330 0840 1551 2244	319 379 231 369
25	SA	0410 0928 1629 2317	312 366 246 362
26	SU	0505 1031 1713 2354	304 352 265 356
27	M ☾ E	0617 1159 1810	293 341 287
28	TU	0036 0735 1407 1927	354 277 341 309
29	W	0123 0846 1608 2102	355 257 356 328
30	TH	0213 0947 1736 2228	361 234 378 341
31	F	0306 1043 1834 2328	372 212 396 349

时　区：＋0400　　　　潮高基准面：在平均海面下 323 cm

潮 流 预 报 表

日 本 — 关门海峡(早鞆濑户)

JAPAN－KANMON KAIKYO(HAYATOMO SETO)

33° 58′ N　　130° 58′ E

2021 年潮流表　　流速单位:kn　　(＋)表示流向 270°　　(－)表示流向 090°　　时区:－0900

1 月

日期	转流时分	最大流时分	流速
1 F		0427	-8.0
	0745	1102	5.7
	1459	1721	-4.7
	1951	2228	3.6
2 SA	0036	0508	-8.1
	0824	1139	5.8
	1535	1801	-4.7
	2031	2309	3.5
3 SU	0119	0551	-8.1
	0904	1218	5.9
	1611	1844	-4.6
	2116	2354	3.4
4 M	0208	0636	-7.9
	0949	1300	5.7
	1648	1930	-4.5
	2208		
5 TU		0049	3.2
	0306	0725	-7.4
	1037	1347	5.4
	1725	2022	-4.5
	2311		
6 W ☾ E		0156	3.1
	0418	0821	-6.5
	1132	1440	4.8
	1805	2121	-4.7
7 TH	0026	0311	3.2
	0548	0930	-5.4
	1238	1539	4.0
	1846	2226	-5.2
8 F	0143	0430	3.8
	0727	1053	-4.5
	1356	1642	3.4
	1928	2331	-5.9
9 SA P	0251	0548	4.6
	0910	1217	-4.1
	1514	1746	3.0
	2012		
10 SU		0032	-6.7
	0349	0700	5.4
	1044	1330	-4.3
	1620	1845	2.8
	2056		
11 M		0127	-7.3
	0442	0801	6.1
	1156	1428	-4.7
	1713	1938	2.9
	2141		
12 TU S		0219	-7.7
	0533	0854	6.4
	1251	1517	-5.0
	1758	2026	3.0
	2226		
13 W ●		0307	-7.8
	0621	0941	6.4
	1337	1600	-5.2
	1838	2110	3.3
	2311		
14 TH		0352	-7.8
	0707	1024	6.4
	1416	1641	-5.3
	1917	2152	3.4
	2357		
15 F		0434	-7.7
	0749	1104	6.3
	1451	1720	-5.4
	1957	2233	3.5
16 SA	0042	0514	-7.6
	0828	1142	6.2
	1523	1758	-5.3
	2038	2313	3.5
17 SU	0126	0551	-7.4
	0905	1218	6.0
	1553	1836	-5.2
	2120	2355	3.3
18 M	0210	0627	-7.0
	0941	1253	5.6
	1624	1914	-4.9
	2206		
19 TU E		0040	3.0
	0256	0703	-6.3
	1018	1329	5.0
	1653	1953	-4.6
	2259		
20 W ☽		0131	2.5
	0350	0743	-5.3
	1059	1408	4.1
	1722	2037	-4.3
21 TH A	0004	0234	2.2
	0503	0833	-3.9
	1149	1454	3.0
	1751	2129	-4.3
22 F	0122	0350	2.2
	0644	0950	-2.6
	1304	1550	2.0
	1824	2232	-4.6
23 SA	0232	0520	2.8
	0847	1138	-2.0
	1449	1655	1.5
	1905	2335	-5.1
24 SU	0328	0644	3.7
	1032	1314	-2.4
	1606	1800	1.4
	1957		
25 M		0032	-5.9
	0415	0742	4.7
	1134	1409	-3.2
	1656	1856	1.7
	2050		
26 TU N		0123	-6.5
	0458	0827	5.4
	1218	1447	-3.9
	1734	1943	2.3
	2141		
27 W		0210	-7.1
	0537	0904	5.7
	1255	1522	-4.5
	1807	2026	2.8
	2228		
28 TH ○		0255	-7.4
	0615	0939	5.8
	1331	1557	-5.0
	1839	2107	3.3
	2313		
29 F		0338	-7.6
	0652	1013	5.9
	1405	1632	-5.3
	1911	2147	3.7
	2355		
30 SA		0421	-7.9
	0728	1047	6.0
	1438	1709	-5.5
	1944	2228	3.9
31 SU	0039	0502	-8.1
	0805	1121	6.1
	1509	1746	-5.6
	2021	2310	4.1

2 月

日期	转流时分	最大流时分	流速
1 M	0124	0544	-8.2
	0843	1157	6.2
	1537	1825	-5.7
	2101	2354	4.2
2 TU E	0214	0626	-8.0
	0923	1234	6.1
	1603	1906	-5.6
	2148		
3 W P		0043	4.2
	0311	0710	-7.3
	1006	1313	5.6
	1631	1950	-5.6
	2243		
4 TH ☾		0140	4.1
	0419	0759	-6.2
	1054	1358	4.7
	1702	2040	-5.5
	2350		
5 F		0245	3.9
	0544	0900	-4.6
	1153	1450	3.5
	1739	2140	-5.5
6 SA	0108	0401	3.9
	0728	1022	-3.2
	1316	1554	2.4
	1826	2252	-5.6
7 SU	0228	0534	4.3
	0925	1205	-2.8
	1503	1712	1.8
	1926		
8 M S		0008	-6.0
	0337	0702	5.0
	1100	1333	-3.4
	1625	1835	1.8
	2033		
9 TU		0117	-6.4
	0437	0806	5.7
	1201	1430	-4.3
	1721	1940	2.2
	2136		
10 W		0215	-6.8
	0530	0854	6.0
	1245	1513	-5.1
	1803	2030	2.8
	2233		
11 TH ●		0305	-7.1
	0617	0935	6.1
	1321	1551	-5.6
	1838	2113	3.4
	2323		
12 F		0347	-7.1
	0656	1010	6.0
	1351	1626	-6.0
	1911	2152	3.8
13 SA	0008	0425	-7.1
	0729	1043	6.0
	1416	1700	-6.1
	1944	2229	4.1
14 SU	0048	0500	-7.1
	0800	1113	6.0
	1439	1732	-6.1
	2018	2304	4.2
15 M E	0127	0532	-7.0
	0829	1142	5.9
	1502	1803	-6.0
	2053	2340	4.1
16 TU	0207	0602	-6.8
	0859	1210	5.7
	1524	1834	-5.8
	2130		
17 W		0018	3.9
	0249	0634	-6.2
	0930	1238	5.1
	1545	1904	-5.5
	2211		
18 TH A		0100	3.5
	0338	0709	-5.1
	1003	1308	4.2
	1603	1937	-5.3
	2300		
19 F ☽		0151	3.1
	0443	0749	-3.7
	1038	1341	3.1
	1621	2015	-5.0
20 SA	0003	0254	2.8
	0616	0844	-2.2
	1124	1428	1.8
	1643	2106	-4.8
21 SU	0122	0415	2.8
	0823	1028	-1.0
	1328	1542	0.8
	1719	2218	-4.8
22 M	0238	0614	3.4
	1024	1306	-1.5
	1549	1708	0.6
	1839	2342	-5.1
23 TU N	0339	0725	4.3
	1120	1358	-2.7
	1645	1832	1.2
	2018		
24 W		0056	-5.7
	0429	0809	5.1
	1157	1432	-3.9
	1720	1933	2.1
	2130		
25 TH		0155	-6.3
	0513	0845	5.6
	1231	1505	-4.9
	1752	2020	3.1
	2228		
26 F		0244	-6.9
	0553	0918	5.8
	1302	1538	-5.6
	1823	2102	3.9
	2318		
27 SA ○		0329	-7.4
	0630	0950	6.0
	1333	1612	-6.1
	1854	2142	4.4
28 SU	0003	0410	-7.7
	0705	1023	6.1
	1402	1648	-6.4
	1927	2223	4.8

3 月

日期	转流时分	最大流时分	流速
1 M E	0047	0451	-7.9
	0740	1056	6.3
	1425	1724	-6.6
	2002	2303	5.1
2 TU P	0133	0530	-7.9
	0816	1129	6.2
	1445	1800	-6.6
	2042	2346	5.2
3 W	0224	0611	-7.5
	0854	1203	6.0
	1506	1838	-6.6
	2128		
4 TH		0033	5.2
	0323	0653	-6.6
	0933	1238	5.4
	1531	1919	-6.5
	2221		
5 F		0125	4.9
	0434	0739	-5.2
	1017	1317	4.3
	1601	2004	-6.2
	2326		
6 SA ☾		0226	4.5
	0600	0837	-3.5
	1112	1406	3.0
	1638	2102	-5.7
7 SU S	0045	0345	4.1
	0745	1005	-2.1
	1246	1514	1.6
	1728	2223	-5.2
8 M	0210	0541	4.2
	0944	1211	-2.1
	1509	1657	1.0
	1858	2357	-5.3
9 TU	0327	0705	4.9
	1100	1334	-3.3
	1634	1847	1.5
	2037		
10 W		0115	-5.8
	0431	0800	5.5
	1147	1421	-4.6
	1721	1946	2.6
	2156		
11 TH		0213	-6.3
	0524	0841	5.7
	1222	1458	-5.6
	1755	2030	3.5
	2259		
12 F		0258	-6.6
	0606	0915	5.7
	1250	1531	-6.2
	1825	2108	4.2
	2348		
13 SA ●		0336	-6.6
	0638	0945	5.6
	1311	1602	-6.6
	1853	2143	4.7
14 SU E	0027	0409	-6.6
	0704	1012	5.6
	1328	1632	-6.7
	1922	2216	4.9
15 M	0100	0440	-6.6
	0728	1038	5.6
	1344	1701	-6.7
	1952	2249	4.9
16 TU	0133	0509	-6.5
	0753	1104	5.6
	1402	1728	-6.6
	2023	2322	4.8
17 W	0209	0538	-6.2
	0820	1128	5.4
	1420	1756	-6.5
	2057	2357	4.7
18 TH A	0250	0609	-5.6
	0848	1153	5.0
	1439	1823	-6.4
	2133		
19 F		0035	4.4
	0339	0643	-4.6
	0916	1218	4.2
	1456	1853	-6.2
	2215		
20 SA		0118	4.0
	0442	0721	-3.4
	0946	1244	3.2
	1516	1928	-5.9
	2306		
21 SU ☽		0212	3.5
	0604	0808	-1.9
	1022	1319	2.0
	1539	2013	-5.4
22 M N	0014	0323	3.2
	0752	0927	-0.8
	1140	1435	0.8
	1613	2116	-4.8
23 TU	0137	0514	3.3
	0947	1223	-1.2
	1515	1626	0.4
	1742	2254	-4.6
24 W	0254	0647	4.1
	1041	1325	-2.7
	1615	1813	1.2
	2002		
25 TH		0030	-5.1
	0354	0734	4.8
	1116	1401	-4.1
	1651	1918	2.6
	2126		
26 F		0136	-5.9
	0443	0811	5.4
	1147	1435	-5.4
	1723	2005	3.9
	2229		
27 SA		0227	-6.7
	0525	0845	5.7
	1216	1509	-6.3
	1754	2047	4.9
	2322		
28 SU ○E		0312	-7.2
	0603	0918	5.9
	1241	1544	-6.9
	1827	2128	5.5
29 M	0010	0353	-7.5
	0638	0951	6.0
	1301	1620	-7.2
	1901	2209	5.9
30 TU P	0058	0433	-7.5
	0713	1024	6.0
	1319	1656	-7.4
	1940	2250	6.0
31 W	0150	0513	-7.2
	0748	1057	5.9
	1341	1733	-7.5
	2023	2334	6.0

日 本 — 关门海峡(早鞆濑户)

JAPAN－KANMON KAIKYO(HAYATOMO SETO)

33° 58′ N　　130° 58′ E

2021 年潮流表　　流速单位:kn　　(＋)表示流向 270°　　(－)表示流向 090°　　时区:－0900

4 月

日期	转流时分	最大流时分	流速
1 TH	0247	0554	-6.5
	0824	1130	5.5
	1407	1810	-7.5
	2112		
2 F		0021	5.9
	0351	0636	-5.5
	0904	1205	4.9
	1438	1850	-7.2
	2208		
3 SA		0113	5.5
	0459	0724	-4.1
	0949	1244	3.8
	1512	1936	-6.7
	2312		
4 SU ☾ S		0216	4.9
	0617	0824	-2.6
	1048	1333	2.5
	1552	2035	-5.8
5 M	0027	0342	4.4
	0752	1001	-1.7
	1240	1448	1.2
	1651	2205	-5.1
6 TU	0150	0533	4.5
	0930	1200	-2.2
	1507	1707	0.8
	1854	2345	-5.0
7 W	0308	0643	4.9
	1030	1311	-3.6
	1618	1841	2.0
	2045		
8 TH		0101	-5.4
	0413	0733	5.2
	1110	1355	-4.9
	1658	1934	3.3
	2211		
9 F		0156	-5.8
	0504	0812	5.2
	1139	1430	-6.0
	1730	2015	4.3
	2315		
10 SA		0239	-6.1
	0543	0844	5.1
	1159	1501	-6.6
	1758	2051	5.1
11 SU E	0002	0315	-6.1
	0611	0911	5.0
	1213	1531	-7.0
	1826	2125	5.4
12 M ●	0039	0347	-6.1
	0635	0936	5.0
	1225	1559	-7.1
	1855	2157	5.5
13 TU	0112	0416	-6.0
	0657	1000	5.0
	1241	1626	-7.2
	1925	2229	5.5
14 W A	0144	0446	-5.8
	0721	1025	5.1
	1300	1653	-7.2
	1956	2302	5.4
15 TH	0221	0516	-5.4
	0747	1049	4.9
	1322	1720	-7.2
	2028	2337	5.2
16 F	0302	0548	-4.9
	0815	1115	4.6
	1344	1749	-7.1
	2104		
17 SA		0013	5.0
	0350	0622	-4.1
	0844	1141	4.0
	1407	1820	-7.0
	2144		
18 SU N		0054	4.7
	0446	0701	-3.1
	0917	1210	3.2
	1433	1857	-6.6
	2232		
19 M		0143	4.3
	0552	0748	-2.1
	1002	1248	2.2
	1505	1942	-6.0
	2331		
20 TU ☽		0246	3.9
	0709	0859	-1.4
	1129	1401	1.1
	1553	2043	-5.2
21 W	0044	0409	3.7
	0829	1107	-1.6
	1410	1555	0.8
	1741	2218	-4.7
22 TH	0204	0542	4.1
	0929	1227	-3.0
	1525	1741	1.8
	1949	2358	-5.0
23 F	0313	0642	4.6
	1010	1315	-4.5
	1608	1849	3.4
	2113		
24 SA		0108	-5.8
	0408	0726	5.1
	1041	1356	-5.9
	1645	1939	4.8
	2220		
25 SU E		0202	-6.5
	0453	0804	5.3
	1106	1434	-6.9
	1720	2024	5.8
	2319		
26 M		0249	-6.9
	0533	0840	5.5
	1127	1511	-7.5
	1756	2107	6.4
27 TU ○P	0016	0332	-7.0
	0610	0915	5.4
	1149	1548	-7.9
	1835	2151	6.6
28 W	0113	0414	-6.8
	0646	0950	5.3
	1215	1626	-8.1
	1918	2235	6.6
29 TH	0212	0456	-6.3
	0722	1024	5.1
	1246	1705	-8.1
	2007	2321	6.5
30 F	0310	0538	-5.5
	0802	1100	4.8
	1320	1745	-8.0
	2100		

5 月

日期	转流时分	最大流时分	流速
1 SA S		0010	6.3
	0408	0623	-4.6
	0845	1138	4.2
	1357	1827	-7.7
	2158		
2 SU		0105	5.9
	0508	0714	-3.5
	0937	1220	3.3
	1438	1915	-7.0
	2259		
3 M ☾		0209	5.4
	0613	0818	-2.6
	1046	1314	2.2
	1527	2017	-6.1
4 TU	0006	0330	4.9
	0725	0946	-2.3
	1234	1437	1.2
	1644	2143	-5.2
5 W	0119	0454	4.7
	0837	1117	-2.8
	1434	1645	1.2
	1843	2312	-4.8
6 TH	0234	0559	4.6
	0931	1226	-4.0
	1540	1811	2.4
	2030		
7 F		0027	-4.9
	0339	0650	4.5
	1008	1314	-5.1
	1622	1906	3.6
	2158		
8 SA E		0126	-5.1
	0431	0730	4.4
	1033	1352	-6.1
	1656	1949	4.7
	2304		
9 SU		0212	-5.4
	0510	0803	4.3
	1050	1424	-6.8
	1727	2027	5.4
	2354		
10 M		0249	-5.5
	0541	0831	4.2
	1104	1454	-7.2
	1757	2102	5.8
11 TU ●A	0036	0322	-5.4
	0607	0857	4.2
	1122	1522	-7.4
	1827	2136	5.9
12 W	0114	0354	-5.3
	0632	0922	4.3
	1143	1550	-7.5
	1859	2210	5.8
13 TH	0151	0425	-5.1
	0658	0948	4.3
	1208	1619	-7.5
	1932	2244	5.6
14 F	0229	0457	-4.8
	0725	1016	4.2
	1234	1649	-7.6
	2006	2319	5.4
15 SA N	0309	0531	-4.4
	0755	1045	4.0
	1302	1721	-7.5
	2043	2355	5.3
16 SU	0352	0608	-3.9
	0829	1117	3.7
	1332	1757	-7.4
	2123		
17 M		0035	5.2
	0438	0649	-3.3
	0911	1152	3.1
	1407	1837	-7.1
	2209		
18 TU		0121	4.9
	0529	0737	-2.8
	1006	1239	2.4
	1451	1925	-6.6
	2303		
19 W ☽		0217	4.6
	0624	0842	-2.5
	1126	1350	1.7
	1556	2025	-5.9
20 TH	0006	0325	4.4
	0721	1009	-2.8
	1309	1529	1.7
	1740	2149	-5.3
21 F	0118	0437	4.3
	0812	1125	-3.8
	1429	1701	2.7
	1927	2320	-5.2
22 SA E	0229	0541	4.5
	0853	1223	-5.1
	1522	1811	4.1
	2052		
23 SU		0034	-5.5
	0330	0634	4.6
	0927	1311	-6.3
	1606	1908	5.4
	2206		
24 M		0134	-5.9
	0422	0719	4.7
	0956	1355	-7.3
	1647	1958	6.3
	2315		
25 TU		0226	-6.2
	0506	0800	4.6
	1024	1436	-7.9
	1729	2046	6.8
26 W ○P	0021	0313	-6.1
	0547	0839	4.5
	1054	1517	-8.2
	1813	2133	6.9
27 TH	0124	0358	-5.8
	0626	0917	4.4
	1127	1559	-8.3
	1902	2222	6.8
28 F S	0221	0442	-5.4
	0707	0956	4.2
	1205	1641	-8.3
	1954	2311	6.7
29 SA	0314	0527	-4.8
	0751	1037	3.9
	1246	1725	-8.2
	2049		
30 SU		0002	6.4
	0405	0615	-4.3
	0840	1120	3.6
	1331	1811	-7.8
	2144		
31 M		0055	6.2
	0455	0706	-3.8
	0937	1208	3.0
	1420	1900	-7.3
	2238		

6 月

日期	转流时分	最大流时分	流速
1 TU		0152	5.8
	0545	0805	-3.4
	1044	1305	2.3
	1518	1958	-6.4
	2334		
2 W ☾		0253	5.3
	0636	0912	-3.3
	1209	1422	1.7
	1636	2106	-5.5
3 TH	0035	0356	4.7
	0726	1021	-3.6
	1342	1557	1.7
	1812	2222	-4.7
4 F E	0142	0458	4.1
	0811	1126	-4.3
	1451	1723	2.5
	1952	2338	-4.2
5 SA	0250	0552	3.7
	0847	1221	-5.1
	1540	1827	3.6
	2127		
6 SU		0046	-4.2
	0349	0638	3.4
	0915	1305	-5.9
	1620	1918	4.6
	2243		
7 M		0141	-4.4
	0436	0715	3.2
	0938	1341	-6.6
	1655	2002	5.4
	2340		
8 TU A		0225	-4.5
	0514	0748	3.2
	1002	1414	-7.1
	1729	2041	5.8
9 W	0027	0301	-4.6
	0546	0818	3.3
	1028	1445	-7.4
	1802	2118	5.9
10 TH ●	0108	0336	-4.6
	0616	0848	3.4
	1056	1517	-7.5
	1836	2153	5.8
11 F	0147	0409	-4.6
	0645	0919	3.5
	1127	1550	-7.6
	1911	2228	5.6
12 SA N	0225	0444	-4.4
	0716	0952	3.5
	1159	1625	-7.6
	1947	2304	5.5
13 SU	0303	0520	-4.3
	0749	1026	3.5
	1234	1703	-7.6
	2025	2340	5.5
14 M	0341	0558	-4.1
	0827	1103	3.3
	1312	1743	-7.6
	2105		
15 TU		0019	5.5
	0420	0639	-3.9
	0911	1144	3.1
	1356	1826	-7.5
	2149		
16 W		0102	5.5
	0500	0726	-3.8
	1004	1235	2.8
	1450	1914	-7.1
	2237		
17 TH		0150	5.3
	0541	0820	-3.8
	1108	1342	2.5
	1559	2011	-6.5
	2332		
18 F ☽		0245	4.9
	0623	0923	-4.1
	1223	1502	2.7
	1728	2120	-5.7
19 SA E	0034	0345	4.5
	0705	1029	-4.7
	1337	1621	3.4
	1902	2240	-5.1
20 SU	0144	0445	4.2
	0745	1131	-5.6
	1440	1733	4.5
	2032	2359	-4.9
21 M	0254	0542	3.9
	0823	1226	-6.5
	1533	1838	5.5
	2158		
22 TU		0108	-4.9
	0354	0635	3.7
	0859	1317	-7.3
	1621	1937	6.2
	2318		
23 W P		0208	-5.1
	0447	0724	3.5
	0936	1405	-7.8
	1710	2031	6.6
24 TH ○	0028	0300	-5.1
	0534	0809	3.5
	1014	1453	-8.0
	1759	2123	6.7
25 F S	0127	0348	-5.0
	0619	0854	3.4
	1056	1539	-8.1
	1851	2213	6.7
26 SA	0218	0434	-4.9
	0703	0939	3.4
	1140	1626	-8.0
	1943	2302	6.5
27 SU	0304	0519	-4.9
	0749	1024	3.4
	1228	1712	-7.9
	2034	2349	6.4
28 M	0346	0604	-4.8
	0838	1111	3.3
	1319	1758	-7.7
	2122		
29 TU		0035	6.3
	0425	0650	-4.7
	0929	1200	3.1
	1413	1843	-7.3
	2207		
30 W		0120	5.9
	0503	0737	-4.5
	1026	1254	2.7
	1510	1930	-6.6
	2252		

日 本 — 关门海峡(早鞆濑户)

JAPAN－KANMON KAIKYO(HAYATOMO SETO)

33° 58′ N　　130° 58′ E

2021 年潮流表　　流速单位:kn　　(＋)表示流向 270°　　(－)表示流向 090°　　时区:－0900

7 月

日期	转流时分	最大流时分	流速
1 TH ☾ E		0205	5.4
	0540	0828	-4.4
	1130	1356	2.4
	1615	2020	-5.6
	2340		
2 F		0252	4.6
	0616	0923	-4.3
	1244	1507	2.2
	1735	2121	-4.4
3 SA	0037	0343	3.7
	0651	1020	-4.5
	1356	1625	2.5
	1908	2236	-3.4
4 SU	0148	0438	2.9
	0725	1117	-4.9
	1455	1742	3.2
	2052	2359	-3.0
5 M A	0304	0533	2.4
	0758	1209	-5.5
	1542	1848	4.2
	2225		
6 TU		0114	-3.1
	0407	0623	2.1
	0832	1254	-6.2
	1624	1941	5.0
	2330		
7 W		0208	-3.5
	0455	0706	2.2
	0908	1334	-6.7
	1703	2026	5.5
8 TH	0019	0249	-3.9
	0534	0745	2.4
	0945	1413	-7.1
	1740	2105	5.7
9 F N	0059	0324	-4.2
	0607	0823	2.7
	1023	1451	-7.3
	1817	2141	5.7
10 SA ●	0136	0358	-4.4
	0639	0900	2.9
	1103	1531	-7.4
	1853	2216	5.6
11 SU	0212	0433	-4.6
	0711	0938	3.2
	1142	1612	-7.4
	1930	2250	5.6
12 M	0246	0509	-4.7
	0745	1017	3.3
	1223	1653	-7.6
	2006	2325	5.7
13 TU	0320	0547	-4.8
	0821	1057	3.4
	1307	1735	-7.7
	2044		
14 W		0001	5.8
	0352	0626	-4.8
	0902	1141	3.4
	1355	1817	-7.7
	2125		
15 TH		0038	5.9
	0423	0707	-4.9
	0948	1231	3.4
	1449	1903	-7.4
	2208		
16 F E		0120	5.7
	0455	0753	-5.0
	1041	1329	3.4
	1554	1953	-6.7
	2256		
17 SA ☽		0205	5.2
	0527	0843	-5.1
	1144	1436	3.6
	1713	2051	-5.6
	2352		
18 SU		0257	4.4
	0603	0941	-5.4
	1255	1547	3.9
	1845	2204	-4.5
19 M	0100	0355	3.6
	0643	1043	-5.8
	1405	1702	4.5
	2025	2330	-3.7
20 TU	0221	0457	2.9
	0727	1147	-6.4
	1509	1819	5.2
	2206		
21 W P		0053	-3.7
	0339	0601	2.6
	0815	1249	-6.9
	1607	1929	5.8
	2329		
22 TH S		0202	-4.1
	0443	0702	2.5
	0905	1347	-7.3
	1701	2029	6.3
23 F	0032	0256	-4.5
	0535	0758	2.7
	0956	1441	-7.5
	1754	2121	6.4
24 SA ○	0122	0343	-4.9
	0620	0849	2.9
	1047	1532	-7.6
	1844	2207	6.4
25 SU	0204	0425	-5.2
	0702	0936	3.3
	1138	1619	-7.6
	1930	2248	6.3
26 M	0241	0505	-5.4
	0743	1021	3.5
	1228	1702	-7.6
	2013	2327	6.2
27 TU	0313	0545	-5.5
	0825	1105	3.6
	1318	1742	-7.4
	2051		
28 W		0004	6.1
	0343	0623	-5.5
	0909	1148	3.6
	1407	1820	-7.1
	2127		
29 TH E		0039	5.9
	0411	0701	-5.4
	0955	1234	3.4
	1457	1857	-6.5
	2203		
30 F		0114	5.4
	0439	0740	-5.2
	1046	1323	3.1
	1552	1936	-5.5
	2241		
31 SA ☾		0150	4.5
	0505	0821	-4.9
	1145	1420	2.8
	1701	2021	-4.1
	2325		

8 月

日期	转流时分	最大流时分	流速
1 SU		0231	3.4
	0531	0907	-4.7
	1253	1528	2.7
	1831	2124	-2.7
2 M A	0027	0321	2.3
	0558	1001	-4.8
	1403	1651	2.9
	2025	2304	-1.7
3 TU	0211	0422	1.4
	0633	1103	-5.0
	1503	1823	3.7
	2218		
4 W		0100	-1.9
	0346	0530	1.1
	0722	1204	-5.5
	1554	1928	4.6
	2324		
5 TH N		0202	-2.8
	0445	0634	1.3
	0822	1300	-6.0
	1639	2016	5.2
6 F	0008	0240	-3.6
	0525	0727	1.8
	0919	1351	-6.5
	1720	2054	5.6
7 SA	0043	0313	-4.3
	0557	0812	2.5
	1012	1437	-6.9
	1758	2127	5.7
8 SU ●	0116	0345	-4.8
	0628	0853	3.1
	1059	1521	-7.1
	1834	2159	5.7
9 M	0147	0418	-5.2
	0659	0933	3.5
	1143	1604	-7.3
	1909	2230	5.7
10 TU	0218	0452	-5.5
	0730	1013	3.8
	1225	1644	-7.6
	1943	2302	5.9
11 W	0247	0528	-5.6
	0804	1054	4.0
	1309	1725	-7.7
	2018	2335	6.0
12 TH E	0312	0604	-5.7
	0842	1136	4.2
	1355	1805	-7.7
	2055		
13 F		0009	6.0
	0335	0642	-5.8
	0924	1221	4.3
	1448	1846	-7.2
	2135		
14 SA		0045	5.7
	0358	0722	-5.8
	1014	1313	4.3
	1551	1932	-6.3
	2219		
15 SU ☽		0125	5.0
	0426	0806	-5.8
	1113	1412	4.2
	1710	2025	-4.9
	2309		
16 M		0211	4.0
	0500	0859	-5.8
	1224	1522	4.1
	1847	2135	-3.3
17 TU P	0017	0310	2.8
	0542	1004	-5.7
	1343	1645	4.3
	2040	2314	-2.4
18 W S	0203	0422	1.9
	0639	1121	-5.9
	1458	1823	4.8
	2226		
19 TH		0057	-2.8
	0344	0548	1.6
	0752	1239	-6.2
	1603	1937	5.5
	2336		
20 F		0204	-3.8
	0451	0708	2.0
	0904	1346	-6.7
	1701	2030	6.0
21 SA	0025	0251	-4.7
	0538	0806	2.7
	1008	1441	-7.0
	1752	2114	6.2
22 SU ○	0103	0331	-5.4
	0616	0853	3.4
	1104	1528	-7.2
	1835	2151	6.1
23 M	0136	0408	-5.9
	0651	0935	3.9
	1153	1609	-7.2
	1912	2225	6.0
24 TU	0203	0443	-6.2
	0726	1014	4.3
	1238	1646	-7.1
	1944	2256	5.9
25 W E	0226	0517	-6.3
	0802	1053	4.4
	1320	1720	-7.0
	2013	2326	5.9
26 TH	0247	0549	-6.2
	0839	1130	4.3
	1401	1752	-6.7
	2043	2355	5.7
27 F	0308	0621	-6.1
	0918	1209	4.1
	1445	1824	-6.0
	2114		
28 SA		0023	5.2
	0328	0652	-5.8
	1001	1251	3.8
	1536	1858	-5.1
	2146		
29 SU		0052	4.4
	0347	0723	-5.5
	1049	1339	3.4
	1640	1937	-3.7
	2220		
30 M ☾ A		0123	3.3
	0405	0759	-5.2
	1148	1438	3.0
	1808	2026	-2.1
	2300		
31 TU		0204	2.0
	0423	0844	-4.9
	1301	1557	2.9
	2005	2156	-0.9

9 月

日期	转流时分	最大流时分	流速
1 W	0037	0311	0.8
	0449	0947	-4.7
	1416	1801	3.4
	2215		
2 TH N		0102	-1.2
	0334	0440	0.4
	0556	1113	-4.8
	1520	1911	4.3
	2309		
3 F		0151	-2.4
	0434	0614	0.9
	0753	1235	-5.3
	1612	1956	5.0
	2343		
4 SA		0221	-3.6
	0507	0718	1.9
	0913	1337	-6.0
	1657	2031	5.4
5 SU	0012	0250	-4.7
	0536	0805	3.0
	1014	1426	-6.6
	1736	2101	5.6
6 M	0040	0321	-5.5
	0605	0846	3.9
	1104	1510	-7.1
	1811	2131	5.8
7 TU ●	0107	0353	-6.0
	0635	0925	4.5
	1149	1551	-7.4
	1844	2201	5.9
8 W E	0132	0427	-6.4
	0707	1004	4.8
	1230	1630	-7.5
	1916	2232	6.0
9 TH	0153	0501	-6.5
	0740	1043	5.0
	1313	1709	-7.5
	1949	2303	6.0
10 F	0210	0537	-6.6
	0817	1124	5.1
	1359	1747	-7.2
	2024	2335	5.9
11 SA P	0230	0613	-6.7
	0900	1208	5.1
	1455	1828	-6.4
	2101		
12 SU		0009	5.4
	0255	0651	-6.6
	0951	1257	4.9
	1604	1912	-5.2
	2143		
13 M ☽		0045	4.6
	0325	0733	-6.4
	1051	1355	4.6
	1728	2004	-3.7
	2232		
14 TU		0129	3.4
	0401	0825	-6.0
	1205	1507	4.2
	1907	2119	-2.2
	2346		
15 W S		0231	2.0
	0447	0937	-5.5
	1330	1652	4.2
	2102	2320	-1.7
16 TH	0210	0404	1.1
	0609	1114	-5.4
	1452	1832	4.8
	2230		
17 F		0101	-2.8
	0355	0608	1.4
	0759	1241	-5.8
	1601	1933	5.5
	2321		
18 SA		0155	-4.2
	0450	0718	2.5
	0927	1345	-6.4
	1658	2017	5.8
	2358		
19 SU		0234	-5.4
	0528	0807	3.7
	1035	1435	-6.8
	1744	2053	5.8
20 M ○	0028	0309	-6.2
	0600	0847	4.5
	1130	1516	-6.9
	1820	2125	5.7
21 TU E	0050	0342	-6.7
	0631	0925	5.0
	1214	1552	-6.8
	1847	2153	5.5
22 W	0107	0414	-6.9
	0702	1000	5.2
	1250	1624	-6.7
	1911	2220	5.5
23 TH	0120	0444	-6.9
	0734	1034	5.1
	1324	1655	-6.4
	1936	2246	5.5
24 F	0137	0512	-6.8
	0808	1108	5.0
	1400	1725	-6.0
	2003	2311	5.4
25 SA	0157	0540	-6.7
	0843	1144	4.7
	1442	1756	-5.4
	2031	2336	5.0
26 SU A	0217	0608	-6.5
	0921	1222	4.4
	1532	1829	-4.5
	2100		
27 M		0001	4.2
	0237	0636	-6.3
	1003	1305	4.0
	1635	1905	-3.3
	2129		
28 TU		0027	3.2
	0255	0709	-6.0
	1054	1357	3.6
	1753	1950	-1.9
	2203		
29 W ☾ N		0057	2.0
	0315	0751	-5.5
	1159	1506	3.2
	1934	2101	-0.7
	2308		
30 TH		0200	0.8
	0341	0850	-4.9
	1319	1711	3.3
	2132		

日　本 — 关门海峡(早鞆濑户)

JAPAN－KANMON KAIKYO(HAYATOMO SETO)

33° 58′ N　　130° 58′ E

2021 年潮流表　　流速单位:kn　　(＋)表示流向 270°　　(－)表示流向 090°　　时区:－0900

10 月

日期	转流时分	最大流时分	最大流流速
1 F		0013	-1.0
	0306	0357	0.2
	0449	1024	-4.5
	1437	1833	4.0
	2224		
2 SA		0111	-2.4
	0404	0555	1.0
	0738	1208	-4.9
	1538	1918	4.6
	2255		
3 SU		0144	-3.9
	0435	0701	2.5
	0908	1316	-5.7
	1627	1953	5.1
	2321		
4 M		0216	-5.2
	0505	0747	3.9
	1013	1407	-6.5
	1707	2024	5.5
	2346		
5 TU		0248	-6.2
	0535	0828	4.9
	1106	1451	-7.0
	1743	2055	5.7
6 W ●E	0006	0321	-6.9
	0606	0908	5.6
	1152	1531	-7.3
	1815	2126	5.8
7 TH	0023	0356	-7.3
	0639	0947	5.9
	1237	1611	-7.2
	1846	2157	5.8
8 F P	0041	0431	-7.5
	0715	1027	5.9
	1324	1650	-6.9
	1919	2229	5.7
9 SA	0104	0507	-7.5
	0755	1109	5.9
	1419	1729	-6.3
	1954	2301	5.4
10 SU	0131	0543	-7.5
	0842	1154	5.7
	1523	1811	-5.4
	2032	2335	4.9
11 M	0202	0623	-7.4
	0937	1245	5.4
	1632	1857	-4.2
	2116		
12 TU S		0012	4.0
	0237	0706	-6.9
	1040	1345	4.9
	1748	1953	-2.8
	2211		
13 W ☽		0057	2.8
	0316	0801	-6.2
	1154	1504	4.5
	1916	2117	-1.8
	2342		
14 TH		0207	1.4
	0410	0923	-5.4
	1316	1657	4.5
	2052	2315	-2.0
15 F	0218	0406	0.8
	0607	1106	-5.2
	1438	1814	4.9
	2159		
16 SA		0037	-3.3
	0344	0609	1.8
	0809	1228	-5.6
	1547	1907	5.2
	2242		
17 SU		0127	-4.8
	0430	0708	3.3
	0941	1330	-6.1
	1641	1948	5.3
	2313		
18 M		0206	-6.0
	0505	0753	4.5
	1050	1417	-6.4
	1724	2022	5.2
	2334		
19 TU E		0239	-6.8
	0537	0831	5.4
	1143	1456	-6.4
	1755	2051	5.0
	2348		
20 W ○		0311	-7.2
	0607	0907	5.8
	1224	1530	-6.3
	1819	2117	5.0
	2359		
21 TH		0340	-7.4
	0637	0940	5.8
	1259	1601	-6.1
	1842	2141	5.0
22 F	0015	0408	-7.4
	0708	1014	5.7
	1332	1631	-5.8
	1905	2206	5.0
23 SA	0036	0435	-7.4
	0740	1047	5.5
	1408	1701	-5.4
	1931	2230	4.8
24 SU A	0058	0502	-7.3
	0813	1121	5.2
	1449	1732	-4.8
	1959	2256	4.5
25 M	0121	0530	-7.2
	0850	1158	5.0
	1536	1806	-4.0
	2029	2322	4.0
26 TU N	0145	0600	-7.1
	0930	1238	4.6
	1631	1844	-3.1
	2101	2351	3.2
27 W	0209	0635	-6.7
	1016	1324	4.2
	1734	1929	-2.1
	2143		
28 TH ☾		0025	2.2
	0238	0718	-6.2
	1113	1425	3.8
	1847	2032	-1.3
	2300		
29 F		0124	1.1
	0317	0815	-5.4
	1223	1548	3.5
	2004	2237	-1.4
30 SA	0147	0320	0.6
	0448	0943	-4.7
	1343	1722	3.8
	2104		
31 SU		0003	-2.7
	0310	0517	1.4
	0718	1130	-4.8
	1454	1820	4.3
	2143		

11 月

日期	转流时分	最大流时分	最大流流速
1 M		0052	-4.3
	0352	0628	3.1
	0850	1243	-5.5
	1549	1903	4.7
	2211		
2 TU E		0132	-5.7
	0428	0719	4.6
	1000	1339	-6.2
	1634	1940	5.1
	2235		
3 W		0209	-6.9
	0502	0803	5.7
	1059	1426	-6.7
	1712	2014	5.2
	2256		
4 TH ●		0246	-7.6
	0536	0845	6.4
	1154	1509	-6.8
	1747	2048	5.3
	2318		
5 F P		0323	-8.1
	0613	0927	6.6
	1248	1551	-6.6
	1821	2122	5.2
	2344		
6 SA		0400	-8.3
	0653	1011	6.6
	1346	1632	-6.1
	1856	2156	5.0
7 SU	0013	0438	-8.3
	0739	1056	6.4
	1444	1715	-5.4
	1934	2231	4.7
8 M S	0047	0518	-8.2
	0831	1144	6.2
	1543	1759	-4.6
	2016	2308	4.2
9 TU	0124	0600	-8.0
	0929	1237	5.9
	1643	1849	-3.7
	2106	2350	3.4
10 W	0205	0648	-7.4
	1030	1338	5.4
	1746	1948	-2.8
	2211		
11 TH ☽		0042	2.4
	0252	0746	-6.6
	1136	1455	5.0
	1855	2109	-2.4
	2347		
12 F		0157	1.4
	0400	0907	-5.7
	1250	1621	4.7
	2004	2238	-2.8
13 SA	0153	0355	1.2
	0600	1037	-5.2
	1406	1731	4.6
	2100	2352	-3.8
14 SU	0311	0539	2.2
	0755	1156	-5.1
	1515	1825	4.5
	2141		
15 M E		0047	-5.1
	0400	0641	3.6
	0930	1301	-5.3
	1611	1908	4.4
	2209		
16 TU		0129	-6.2
	0438	0729	4.8
	1043	1352	-5.5
	1655	1943	4.3
	2228		
17 W		0204	-7.0
	0511	0810	5.6
	1138	1432	-5.6
	1728	2012	4.1
	2243		
18 TH		0236	-7.5
	0543	0847	6.0
	1222	1508	-5.5
	1755	2039	4.1
	2301		
19 F ○		0305	-7.7
	0614	0922	6.0
	1300	1540	-5.4
	1820	2105	4.2
	2323		
20 SA		0333	-7.7
	0646	0956	5.9
	1336	1611	-5.1
	1846	2131	4.2
	2347		
21 SU A		0401	-7.7
	0718	1029	5.7
	1412	1643	-4.8
	1913	2158	4.1
22 M N	0014	0430	-7.7
	0752	1103	5.5
	1451	1716	-4.4
	1943	2227	4.0
23 TU	0042	0501	-7.7
	0828	1139	5.3
	1533	1751	-3.9
	2016	2257	3.6
24 W	0111	0536	-7.6
	0907	1217	5.1
	1617	1830	-3.4
	2054	2331	3.1
25 TH	0144	0614	-7.4
	0950	1300	4.8
	1705	1915	-2.8
	2143		
26 F		0012	2.4
	0223	0659	-6.8
	1040	1351	4.5
	1757	2011	-2.5
	2253		
27 SA ☾		0112	1.7
	0317	0754	-6.1
	1138	1454	4.1
	1850	2131	-2.6
28 SU	0033	0249	1.4
	0448	0909	-5.3
	1247	1604	4.0
	1940	2252	-3.4
29 M	0206	0428	2.1
	0646	1043	-4.9
	1400	1710	4.0
	2023	2354	-4.7
30 TU E	0304	0545	3.4
	0822	1203	-5.1
	1506	1805	4.2
	2058		

12 月

日期	转流时分	最大流时分	最大流流速
1 W		0044	-6.1
	0349	0645	4.8
	0942	1308	-5.5
	1559	1852	4.3
	2128		
2 TH		0129	-7.2
	0430	0736	5.9
	1053	1402	-5.8
	1645	1933	4.4
	2157		
3 F		0211	-8.0
	0510	0824	6.6
	1158	1450	-5.9
	1726	2012	4.4
	2227		
4 SA ●P		0252	-8.4
	0553	0911	6.8
	1300	1536	-5.7
	1805	2051	4.3
	2301		
5 SU		0333	-8.6
	0639	0959	6.8
	1357	1620	-5.3
	1844	2130	4.1
	2337		
6 M S		0416	-8.6
	0730	1048	6.7
	1451	1706	-4.9
	1927	2211	3.9
7 TU	0018	0500	-8.5
	0824	1138	6.5
	1543	1752	-4.4
	2014	2254	3.6
8 W	0102	0547	-8.3
	0919	1230	6.2
	1632	1842	-4.0
	2108	2341	3.2
9 TH	0151	0637	-7.8
	1013	1324	5.9
	1721	1937	-3.7
	2211		
10 F		0037	2.5
	0248	0732	-7.1
	1108	1422	5.4
	1810	2040	-3.5
	2320		
11 SA ☽		0148	1.9
	0359	0836	-6.1
	1208	1523	4.8
	1858	2147	-3.7
12 SU E	0104	0317	1.8
	0534	0949	-5.1
	1315	1626	4.1
	1944	2255	-4.2
13 M	0225	0451	2.3
	0718	1106	-4.4
	1426	1726	3.6
	2023	2355	-5.1
14 TU	0323	0605	3.3
	0902	1222	-4.1
	1531	1817	3.2
	2054		
15 W		0045	-5.9
	0407	0703	4.4
	1027	1325	-4.2
	1624	1859	3.0
	2121		
16 TH		0126	-6.7
	0445	0750	5.2
	1129	1413	-4.5
	1706	1934	3.0
	2146		
17 F		0201	-7.2
	0521	0832	5.7
	1216	1452	-4.6
	1740	2006	3.1
	2213		
18 SA A		0232	-7.5
	0554	0909	5.9
	1256	1527	-4.7
	1810	2036	3.2
	2242		
19 SU ○		0303	-7.6
	0627	0944	5.8
	1333	1559	-4.7
	1839	2106	3.4
	2313		
20 M N		0335	-7.7
	0701	1017	5.7
	1408	1632	-4.6
	1908	2138	3.5
	2345		
21 TU		0409	-7.7
	0735	1051	5.6
	1443	1705	-4.5
	1939	2210	3.5
22 W	0019	0444	-7.8
	0810	1124	5.5
	1518	1741	-4.3
	2013	2245	3.4
23 TH	0055	0523	-7.8
	0847	1200	5.5
	1554	1819	-4.1
	2051	2323	3.2
24 F	0135	0603	-7.7
	0927	1238	5.4
	1630	1901	-3.9
	2136		
25 SA		0007	2.9
	0222	0648	-7.4
	1010	1320	5.2
	1707	1948	-3.8
	2232		
26 SU		0104	2.6
	0320	0738	-6.7
	1058	1409	4.8
	1746	2044	-3.9
	2342		
27 M ☾E		0220	2.4
	0437	0839	-5.8
	1155	1505	4.2
	1826	2149	-4.4
28 TU	0102	0342	2.8
	0614	0956	-4.8
	1303	1606	3.8
	1907	2255	-5.1
29 W	0213	0500	3.7
	0754	1121	-4.3
	1419	1707	3.4
	1948	2355	-6.1
30 TH	0311	0611	4.7
	0929	1239	-4.3
	1529	1805	3.3
	2029		
31 F		0049	-7.0
	0403	0714	5.7
	1055	1345	-4.6
	1627	1857	3.2
	2110		

日 本—来岛海峡(中航道)

JAPAN—KURUSHIMA KAIKYO(NAKA SUIDO)

34° 07′ N　　133° 00′ E

2021 年潮流表　　流速单位:kn　　(+)表示流向 180°　　(−)表示流向 000°　　时区:−0900

1 月

日期	转流时分	最大流时分	最大流流速
1 F	0005	0326	-6.2
	0635	0952	7.8
	1314	1617	-5.7
	1926	2205	4.9
2 SA	0043	0403	-6.3
	0712	1029	7.9
	1351	1655	-5.7
	2004	2244	5.0
3 SU	0123	0443	-6.2
	0753	1109	7.7
	1430	1735	-5.6
	2044	2326	4.9
4 M	0208	0528	-6.0
	0837	1152	7.2
	1513	1819	-5.4
	2128		
5 TU		0012	4.8
	0300	0620	-5.5
	0927	1239	6.5
	1559	1909	-5.2
	2217		
6 W ☾ E		0105	4.7
	0402	0720	-5.0
	1025	1332	5.6
	1650	2005	-4.9
	2312		
7 TH		0207	4.6
	0516	0830	-4.5
	1131	1435	4.8
	1748	2106	-4.9
8 F	0014	0320	4.8
	0640	0946	-4.3
	1248	1547	4.2
	1850	2211	-5.0
9 SA P	0120	0437	5.4
	0802	1102	-4.4
	1408	1702	4.0
	1952	2315	-5.5
10 SU	0224	0548	6.3
	0914	1213	-4.9
	1521	1809	4.2
	2051		
11 M		0015	-6.1
	0324	0649	7.3
	1015	1315	-5.5
	1622	1906	4.6
	2145		
12 TU S		0110	-6.7
	0419	0741	8.2
	1109	1409	-6.0
	1715	1956	5.1
	2235		
13 W ●		0201	-7.3
	0509	0828	8.8
	1156	1456	-6.4
	1800	2041	5.5
	2322		
14 TH		0248	-7.6
	0556	0912	9.0
	1239	1540	-6.5
	1842	2123	5.8
15 F	0007	0332	-7.6
	0640	0952	8.8
	1318	1620	-6.4
	1920	2204	5.9
16 SA	0050	0414	-7.3
	0722	1031	8.2
	1354	1657	-6.2
	1958	2243	5.8
17 SU	0132	0455	-6.7
	0801	1107	7.5
	1427	1734	-5.8
	2035	2321	5.5
18 M	0215	0535	-5.9
	0839	1143	6.5
	1459	1810	-5.3
	2114		
19 TU E		0001	5.0
	0300	0616	-4.9
	0917	1219	5.5
	1531	1847	-4.9
	2155		
20 W ☽		0044	4.4
	0350	0700	-3.9
	0956	1256	4.5
	1605	1929	-4.4
	2242		
21 TH A		0132	3.8
	0449	0751	-3.0
	1040	1340	3.6
	1645	2018	-3.9
	2335		
22 F		0232	3.3
	0603	0855	-2.2
	1136	1434	2.7
	1736	2116	-3.6
23 SA	0038	0347	3.2
	0730	1012	-1.9
	1253	1549	2.2
	1840	2224	-3.5
24 SU	0146	0508	3.5
	0848	1131	-2.2
	1423	1714	2.2
	1952	2331	-3.8
25 M	0248	0614	4.3
	0946	1239	-2.9
	1539	1823	2.6
	2058		
26 TU N		0029	-4.3
	0341	0705	5.2
	1032	1331	-3.8
	1635	1916	3.3
	2152		
27 W		0119	-5.0
	0427	0748	6.2
	1112	1415	-4.7
	1720	2001	4.1
	2239		
28 TH ○		0202	-5.7
	0508	0827	7.2
	1149	1453	-5.5
	1759	2040	4.8
	2321		
29 F		0242	-6.3
	0547	0904	7.9
	1224	1529	-6.1
	1835	2118	5.5
30 SA	0000	0320	-6.8
	0626	0940	8.4
	1259	1604	-6.5
	1910	2155	6.0
31 SU	0040	0358	-7.2
	0705	1017	8.6
	1334	1639	-6.7
	1945	2232	6.3

2 月

日期	转流时分	最大流时分	最大流流速
1 M	0120	0437	-7.3
	0745	1055	8.4
	1410	1715	-6.7
	2021	2311	6.5
2 TU E	0203	0519	-7.0
	0828	1134	7.8
	1447	1754	-6.5
	2059	2353	6.4
3 W P	0251	0605	-6.5
	0913	1216	6.9
	1525	1835	-6.0
	2142		
4 TH ☾		0039	6.1
	0345	0657	-5.6
	1004	1302	5.8
	1608	1923	-5.5
	2231		
5 F		0134	5.7
	0451	0759	-4.7
	1103	1356	4.5
	1657	2020	-5.0
	2330		
6 SA		0241	5.2
	0612	0915	-3.9
	1217	1505	3.4
	1758	2129	-4.7
7 SU	0040	0404	5.1
	0744	1040	-3.6
	1346	1630	2.9
	1912	2246	-4.7
8 M S	0157	0529	5.7
	0906	1202	-4.0
	1511	1752	3.1
	2027	2359	-5.3
9 TU	0309	0639	6.5
	1012	1310	-4.7
	1617	1857	3.9
	2134		
10 W		0103	-6.1
	0411	0734	7.4
	1104	1403	-5.5
	1707	1949	4.7
	2230		
11 TH ●		0156	-6.8
	0504	0821	8.1
	1147	1447	-6.1
	1749	2033	5.5
	2319		
12 F		0243	-7.3
	0550	0902	8.3
	1224	1526	-6.5
	1826	2113	6.1
13 SA	0003	0325	-7.5
	0631	0938	8.3
	1257	1600	-6.6
	1900	2149	6.5
14 SU	0043	0402	-7.3
	0708	1011	7.9
	1326	1632	-6.5
	1932	2224	6.6
15 M E	0121	0437	-6.8
	0741	1042	7.3
	1352	1701	-6.3
	2004	2257	6.4
16 TU	0158	0509	-6.0
	0812	1111	6.5
	1416	1728	-6.0
	2035	2329	5.9
17 W	0233	0540	-5.2
	0842	1140	5.7
	1441	1756	-5.5
	2108		
18 TH A		0003	5.3
	0311	0612	-4.2
	0912	1210	4.8
	1507	1827	-4.9
	2144		
19 F ☽		0041	4.6
	0353	0649	-3.3
	0946	1244	3.9
	1538	1904	-4.2
	2227		
20 SA		0126	3.9
	0448	0740	-2.4
	1031	1327	2.9
	1618	1954	-3.5
	2322		
21 SU		0227	3.2
	0610	0857	-1.7
	1143	1432	1.9
	1719	2110	-3.0
22 M	0035	0359	3.0
	0753	1042	-1.8
	1337	1619	1.5
	1854	2243	-3.0
23 TU N	0158	0534	3.6
	0912	1210	-2.6
	1517	1757	2.1
	2029		
24 W		0001	-3.7
	0309	0639	4.8
	1006	1309	-3.8
	1617	1859	3.2
	2136		
25 TH		0100	-4.7
	0404	0727	6.1
	1048	1353	-5.0
	1700	1945	4.4
	2227		
26 F		0147	-5.8
	0450	0808	7.3
	1126	1432	-6.1
	1737	2024	5.6
	2311		
27 SA ○		0228	-6.8
	0533	0846	8.3
	1201	1507	-6.9
	1812	2101	6.6
	2351		
28 SU		0307	-7.7
	0613	0922	8.9
	1236	1541	-7.4
	1845	2137	7.4

3 月

日期	转流时分	最大流时分	最大流流速
1 M E	0030	0345	-8.1
	0653	0958	9.0
	1309	1614	-7.7
	1918	2214	7.9
2 TU P	0110	0424	-8.2
	0732	1035	8.7
	1342	1648	-7.6
	1952	2251	8.1
3 W	0152	0504	-7.8
	0813	1111	7.9
	1415	1723	-7.3
	2028	2330	7.9
4 TH	0237	0547	-7.0
	0856	1150	6.8
	1450	1802	-6.7
	2109		
5 F		0014	7.3
	0329	0635	-5.9
	0943	1233	5.5
	1527	1846	-5.9
	2156		
6 SA ☾		0105	6.4
	0431	0734	-4.6
	1039	1323	4.0
	1612	1941	-5.0
	2254		
7 SU S		0209	5.4
	0552	0851	-3.5
	1154	1430	2.7
	1714	2056	-4.2
8 M	0009	0337	4.8
	0731	1026	-3.1
	1333	1608	2.1
	1844	2227	-4.1
9 TU	0138	0516	5.0
	0859	1155	-3.5
	1505	1745	2.6
	2019	2352	-4.7
10 W	0300	0631	5.9
	1002	1301	-4.4
	1607	1852	3.8
	2133		
11 TH		0058	-5.6
	0404	0725	6.7
	1049	1349	-5.4
	1652	1941	5.0
	2229		
12 F		0150	-6.5
	0456	0808	7.3
	1126	1429	-6.1
	1729	2021	6.0
	2315		
13 SA ●		0234	-7.1
	0539	0844	7.6
	1158	1503	-6.6
	1802	2057	6.7
	2356		
14 SU E		0311	-7.3
	0616	0916	7.6
	1226	1533	-6.8
	1833	2130	7.1
15 M	0032	0344	-7.1
	0648	0945	7.3
	1250	1600	-6.8
	1902	2200	7.2
16 TU	0105	0414	-6.6
	0717	1012	6.8
	1312	1624	-6.6
	1930	2229	7.0
17 W	0136	0440	-5.9
	0743	1037	6.2
	1333	1646	-6.3
	1957	2257	6.6
18 TH A	0205	0506	-5.2
	0808	1103	5.6
	1355	1709	-5.9
	2025	2326	6.0
19 F	0236	0532	-4.4
	0835	1130	4.8
	1419	1734	-5.3
	2055	2359	5.3
20 SA	0311	0603	-3.6
	0907	1202	3.9
	1448	1805	-4.5
	2131		
21 SU ☽		0038	4.5
	0357	0647	-2.8
	0951	1242	2.9
	1524	1849	-3.6
	2219		
22 M N		0131	3.7
	0507	0801	-2.0
	1104	1343	1.8
	1619	2004	-2.8
	2330		
23 TU		0255	3.1
	0655	0958	-1.9
	1305	1534	1.3
	1808	2159	-2.6
24 W	0107	0449	3.5
	0830	1136	-2.8
	1451	1732	2.0
	2007	2333	-3.4
25 TH	0234	0607	4.7
	0930	1237	-4.1
	1549	1836	3.5
	2119		
26 F		0036	-4.7
	0338	0659	6.1
	1015	1322	-5.4
	1630	1922	5.0
	2211		
27 SA		0125	-6.1
	0428	0742	7.4
	1055	1401	-6.6
	1706	2001	6.5
	2255		
28 SU ○ E		0208	-7.3
	0513	0821	8.3
	1130	1437	-7.5
	1741	2038	7.8
	2336		
29 M		0248	-8.2
	0555	0859	8.8
	1205	1511	-8.1
	1814	2115	8.7
30 TU P	0016	0327	-8.7
	0636	0935	8.8
	1237	1544	-8.3
	1848	2152	9.2
31 W	0057	0407	-8.6
	0716	1011	8.4
	1310	1618	-8.2
	1923	2229	9.3

日 本—来岛海峡(中航道)

JAPAN－KURUSHIMA KAIKYO(NAKA SUIDO)

34° 07′ N　　133° 00′ E

2021 年潮流表　　流速单位:kn　　(＋)表示流向 180°　　(－)表示流向 000°　　时区:－0900

4 月

日期	转流时分	最大流时分	流速
1 TH	0139	0447	-8.1
	0756	1048	7.5
	1342	1654	-7.8
	2000	2309	8.8
2 F	0224	0530	-7.1
	0839	1126	6.3
	1416	1732	-7.0
	2041	2352	8.0
3 SA	0315	0618	-5.7
	0926	1208	5.0
	1453	1816	-6.0
	2129		
4 SU ☾ S		0042	6.8
	0416	0717	-4.3
	1022	1258	3.5
	1539	1913	-4.8
	2228		
5 M		0145	5.4
	0536	0836	-3.3
	1139	1407	2.3
	1645	2035	-3.9
	2346		
6 TU		0315	4.5
	0714	1012	-3.0
	1320	1554	1.9
	1833	2215	-3.7
7 W	0121	0458	4.5
	0837	1136	-3.5
	1447	1735	2.7
	2017	2341	-4.3
8 TH	0246	0613	5.2
	0936	1237	-4.5
	1544	1838	4.1
	2129		
9 F		0045	-5.2
	0350	0705	6.0
	1019	1323	-5.4
	1626	1924	5.4
	2222		
10 SA		0135	-6.1
	0439	0745	6.5
	1054	1400	-6.1
	1701	2002	6.4
	2300		
11 SU E		0216	-6.5
	0520	0819	6.7
	1123	1432	-6.6
	1734	2035	7.1
	2343		
12 M ●		0251	-6.7
	0554	0849	6.7
	1148	1500	-6.9
	1803	2106	7.5
13 TU	0016	0322	-6.5
	0624	0916	6.4
	1211	1525	-6.8
	1831	2134	7.5
14 W A	0046	0349	-6.1
	0651	0941	6.1
	1232	1547	-6.7
	1857	2201	7.3
15 TH	0113	0413	-5.6
	0716	1006	5.7
	1253	1608	-6.3
	1922	2228	6.9
16 F	0140	0437	-5.0
	0741	1032	5.1
	1316	1630	-5.9
	1947	2256	6.4
17 SA	0209	0503	-4.5
	0810	1100	4.5
	1341	1655	-5.4
	2016	2328	5.8
18 SU N	0244	0536	-3.9
	0846	1134	3.7
	1412	1727	-4.6
	2051		
19 M		0007	5.1
	0329	0622	-3.1
	0935	1217	2.8
	1451	1812	-3.7
	2138		
20 TU ☽		0059	4.3
	0434	0736	-2.5
	1051	1321	1.9
	1551	1928	-2.9
	2248		
21 W		0217	3.7
	0608	0923	-2.4
	1238	1505	1.5
	1742	2124	-2.6
22 TH	0024	0401	3.7
	0741	1053	-3.2
	1409	1655	2.4
	1940	2259	-3.5
23 F	0156	0526	4.7
	0846	1156	-4.5
	1508	1803	4.0
	2054		
24 SA		0006	-4.8
	0307	0624	5.9
	0935	1244	-5.7
	1552	1851	5.7
	2148		
25 SU E		0058	-6.2
	0402	0711	7.0
	1017	1325	-6.9
	1630	1933	7.3
	2235		
26 M		0144	-7.4
	0450	0753	7.8
	1055	1403	-7.8
	1707	2013	8.6
	2318		
27 TU ○P		0227	-8.2
	0535	0832	8.1
	1130	1439	-8.3
	1743	2052	9.5
28 W	0001	0309	-8.6
	0617	0910	8.1
	1204	1515	-8.6
	1820	2130	10.0
29 TH	0044	0350	-8.4
	0659	0948	7.6
	1238	1552	-8.4
	1858	2210	9.9
30 F	0128	0432	-7.7
	0741	1026	6.8
	1313	1629	-7.9
	1938	2251	9.3

5 月

日期	转流时分	最大流时分	流速
1 SA S	0214	0516	-6.7
	0825	1106	5.7
	1349	1710	-7.1
	2021	2336	8.2
2 SU	0305	0606	-5.5
	0913	1150	4.6
	1430	1757	-6.0
	2111		
3 M ☾		0026	6.9
	0404	0706	-4.3
	1010	1242	3.4
	1521	1858	-4.8
	2210		
4 TU		0127	5.5
	0516	0820	-3.5
	1122	1352	2.5
	1635	2020	-3.8
	2325		
5 W		0248	4.5
	0640	0943	-3.3
	1250	1531	2.3
	1824	2154	-3.5
6 TH	0055	0423	4.2
	0755	1059	-3.7
	1409	1707	3.1
	2003	2316	-3.9
7 F	0218	0538	4.5
	0852	1158	-4.5
	1506	1811	4.3
	2113		
8 SA E		0020	-4.6
	0323	0631	4.9
	0935	1245	-5.2
	1551	1858	5.5
	2206		
9 SU		0111	-5.2
	0413	0713	5.3
	1011	1324	-5.9
	1629	1937	6.4
	2249		
10 M		0153	-5.6
	0454	0747	5.5
	1041	1357	-6.3
	1702	2010	7.0
	2320		
11 TU ●A		0228	-5.7
	0529	0818	5.5
	1108	1427	-6.5
	1733	2041	7.3
	2359		
12 W		0259	-5.6
	0600	0847	5.4
	1133	1453	-6.5
	1801	2110	7.3
13 TH	0028	0327	-5.4
	0628	0914	5.2
	1157	1516	-6.4
	1828	2137	7.2
14 F	0055	0352	-5.1
	0656	0941	4.9
	1221	1539	-6.1
	1853	2205	7.0
15 SA N	0123	0419	-4.8
	0726	1010	4.6
	1248	1604	-5.8
	1921	2235	6.7
16 SU	0154	0449	-4.5
	0759	1042	4.1
	1317	1633	-5.3
	1952	2310	6.3
17 M	0230	0526	-4.1
	0841	1120	3.5
	1353	1710	-4.7
	2030	2351	5.7
18 TU	0316	0616	-3.6
	0933	1208	2.9
	1439	1800	-4.0
	2119		
19 W ☽		0043	5.0
	0416	0725	-3.3
	1041	1311	2.4
	1545	1915	-3.3
	2226		
20 TH		0151	4.5
	0530	0847	-3.3
	1201	1436	2.3
	1722	2052	-3.2
	2350		
21 F		0316	4.3
	0649	1004	-3.8
	1317	1608	3.1
	1905	2220	-3.7
22 SA E	0117	0439	4.7
	0755	1108	-4.7
	1418	1721	4.4
	2023	2330	-4.8
23 SU	0232	0544	5.4
	0849	1200	-5.8
	1508	1817	6.1
	2122		
24 M		0029	-5.9
	0334	0637	6.2
	0936	1247	-6.8
	1553	1905	7.6
	2214		
25 TU		0120	-6.9
	0427	0724	6.7
	1017	1330	-7.6
	1635	1949	8.8
	2302		
26 W ○P		0207	-7.6
	0516	0807	7.0
	1057	1411	-8.2
	1716	2031	9.7
	2348		
27 TH		0253	-7.8
	0601	0848	7.0
	1135	1451	-8.4
	1758	2113	10.0
28 F S	0034	0337	-7.7
	0645	0929	6.7
	1212	1531	-8.3
	1840	2155	9.9
29 SA	0119	0421	-7.2
	0729	1009	6.1
	1251	1613	-7.9
	1923	2238	9.3
30 SU	0206	0507	-6.4
	0813	1052	5.4
	1332	1658	-7.1
	2009	2323	8.3
31 M	0254	0556	-5.5
	0900	1137	4.6
	1418	1747	-6.1
	2058		

6 月

日期	转流时分	最大流时分	流速
1 TU		0012	7.0
	0346	0651	-4.7
	0953	1229	3.8
	1513	1846	-5.0
	2154		
2 W ☾		0106	5.7
	0444	0752	-4.0
	1054	1332	3.2
	1625	1957	-4.0
	2258		
3 TH		0210	4.6
	0548	0859	-3.8
	1204	1451	3.0
	1759	2117	-3.5
4 F E	0013	0327	3.8
	0652	1006	-3.9
	1315	1619	3.3
	1932	2235	-3.4
5 SA	0132	0442	3.6
	0750	1106	-4.3
	1417	1730	4.2
	2046	2343	-3.7
6 SU	0241	0544	3.7
	0839	1158	-4.8
	1509	1824	5.0
	2143		
7 M		0039	-4.0
	0338	0632	4.0
	0921	1243	-5.3
	1553	1907	5.8
	2229		
8 TU A		0125	-4.4
	0424	0713	4.2
	0957	1321	-5.7
	1631	1945	6.3
	2308		
9 W		0205	-4.6
	0504	0749	4.4
	1031	1355	-5.9
	1705	2018	6.7
	2342		
10 TH ●		0239	-4.8
	0539	0822	4.4
	1102	1426	-6.0
	1736	2049	6.9
11 F	0012	0311	-4.8
	0613	0854	4.5
	1132	1454	-5.9
	1806	2120	7.0
12 SA N	0042	0341	-4.9
	0646	0926	4.4
	1202	1522	-5.8
	1835	2151	7.1
13 SU	0112	0412	-4.9
	0720	0959	4.3
	1234	1553	-5.7
	1906	2224	7.0
14 M	0145	0446	-4.8
	0757	1035	4.1
	1309	1627	-5.4
	1941	2300	6.8
15 TU	0223	0525	-4.7
	0838	1115	3.9
	1350	1708	-5.1
	2022	2342	6.4
16 W	0306	0611	-4.5
	0925	1202	3.7
	1439	1800	-4.7
	2111		
17 TH		0030	5.9
	0356	0706	-4.3
	1018	1257	3.5
	1541	1904	-4.2
	2210		
18 F ☽		0127	5.3
	0453	0808	-4.2
	1119	1403	3.5
	1700	2020	-3.9
	2320		
19 SA E		0234	4.8
	0556	0913	-4.4
	1223	1520	3.9
	1828	2139	-4.1
20 SU	0038	0349	4.5
	0700	1017	-4.9
	1326	1636	4.8
	1950	2254	-4.6
21 M	0157	0501	4.7
	0800	1116	-5.5
	1425	1742	6.1
	2058		
22 TU		0000	-5.3
	0307	0603	5.0
	0854	1211	-6.3
	1519	1839	7.4
	2158		
23 W P		0100	-6.0
	0408	0658	5.4
	0943	1302	-7.0
	1609	1929	8.5
	2251		
24 TH ○		0153	-6.6
	0501	0746	5.7
	1029	1349	-7.6
	1657	2017	9.3
	2341		
25 F S		0242	-6.9
	0549	0832	5.9
	1113	1435	-8.0
	1743	2102	9.6
26 SA	0027	0329	-7.0
	0634	0915	6.0
	1156	1520	-8.1
	1829	2145	9.6
27 SU	0112	0413	-6.8
	0717	0958	5.9
	1239	1605	-7.8
	1914	2228	9.1
28 M	0155	0457	-6.4
	0800	1040	5.7
	1324	1650	-7.2
	1959	2310	8.2
29 TU	0237	0541	-5.9
	0842	1124	5.3
	1412	1737	-6.4
	2045	2353	7.2
30 W	0319	0625	-5.3
	0927	1210	4.8
	1504	1828	-5.4
	2132		

日 本—来岛海峡(中航道)

JAPAN－KURUSHIMA KAIKYO(NAKA SUIDO)

34° 07′ N　　133° 00′ E

2021 年潮流表　　流速单位:kn　　(＋)表示流向 180°　　(－)表示流向 000°　　时区:－0900

7 月

日期	转流时分	最大流时分	最大流流速
1 TH ☾ E		0037	6.0
	0401	0713	-4.8
	1016	1302	4.2
	1604	1924	-4.3
	2223		
2 F		0125	4.8
	0446	0804	-4.3
	1111	1401	3.8
	1717	2027	-3.4
	2320		
3 SA		0220	3.8
	0536	0901	-4.0
	1212	1513	3.5
	1842	2138	-2.8
4 SU	0026	0325	3.0
	0630	1001	-4.0
	1317	1631	3.7
	2004	2251	-2.6
5 M A	0141	0438	2.7
	0728	1102	-4.1
	1419	1741	4.2
	2113	2359	-2.8
6 TU	0253	0544	2.7
	0824	1157	-4.4
	1513	1835	4.8
	2207		
7 W		0057	-3.2
	0354	0639	3.0
	0915	1247	-4.7
	1600	1920	5.5
	2249		
8 TH		0144	-3.7
	0444	0724	3.4
	1000	1329	-5.1
	1640	1958	6.1
	2326		
9 F N		0224	-4.2
	0526	0805	3.8
	1041	1407	-5.4
	1716	2033	6.6
	2359		
10 SA ●		0300	-4.7
	0603	0842	4.1
	1118	1442	-5.7
	1750	2107	7.1
11 SU	0030	0333	-5.1
	0639	0917	4.4
	1154	1516	-5.9
	1824	2140	7.4
12 M	0102	0406	-5.4
	0713	0952	4.7
	1230	1550	-6.0
	1859	2215	7.6
13 TU	0135	0440	-5.6
	0748	1029	4.9
	1308	1627	-6.1
	1936	2251	7.6
14 W	0210	0515	-5.7
	0824	1107	5.0
	1350	1707	-6.0
	2016	2330	7.3
15 TH	0248	0554	-5.6
	0903	1149	5.1
	1436	1753	-5.7
	2101		

日期	转流时分	最大流时分	最大流流速
16 F E		0012	6.7
	0329	0637	-5.4
	0947	1236	5.0
	1530	1846	-5.2
	2152		
17 SA ☽		0100	5.9
	0414	0727	-5.1
	1036	1330	4.8
	1636	1949	-4.6
	2252		
18 SU		0155	5.0
	0506	0824	-4.9
	1133	1436	4.8
	1754	2101	-4.2
19 M	0003	0301	4.2
	0605	0928	-4.8
	1237	1553	5.1
	1920	2221	-4.1
20 TU	0124	0418	3.7
	0710	1035	-5.0
	1346	1711	5.8
	2040	2338	-4.4
21 W P	0246	0534	3.7
	0816	1142	-5.6
	1452	1819	6.8
	2148		
22 TH S		0047	-5.0
	0356	0639	4.2
	0917	1243	-6.3
	1552	1917	7.8
	2246		
23 F		0146	-5.7
	0452	0734	4.8
	1012	1338	-7.0
	1646	2008	8.6
	2335		
24 SA ○		0236	-6.3
	0540	0822	5.4
	1102	1428	-7.6
	1736	2053	9.1
25 SU	0020	0320	-6.7
	0623	0906	6.0
	1149	1514	-7.9
	1822	2135	9.1
26 M	0100	0401	-6.8
	0702	0947	6.3
	1234	1558	-7.9
	1905	2214	8.8
27 TU	0136	0439	-6.7
	0740	1027	6.4
	1318	1639	-7.4
	1946	2252	8.1
28 W	0210	0516	-6.4
	0816	1105	6.2
	1401	1720	-6.7
	2025	2328	7.2
29 TH E	0242	0551	-6.0
	0854	1145	5.8
	1446	1800	-5.7
	2104		
30 F		0003	6.1
	0313	0627	-5.5
	0933	1226	5.2
	1533	1843	-4.6
	2142		
31 SA ☾		0039	5.0
	0345	0706	-4.9
	1017	1311	4.5
	1627	1930	-3.4
	2223		

8 月

日期	转流时分	最大流时分	最大流流速
1 SU		0118	3.9
	0420	0750	-4.3
	1106	1404	3.8
	1735	2028	-2.4
	2313		
2 M A		0206	2.8
	0503	0845	-3.7
	1206	1513	3.3
	1903	2144	-1.8
3 TU	0023	0313	2.0
	0602	0953	-3.3
	1317	1642	3.2
	2033	2312	-1.8
4 W	0201	0446	1.7
	0721	1109	-3.3
	1428	1800	3.8
	2141		
5 TH N		0029	-2.4
	0329	0609	2.0
	0838	1216	-3.8
	1529	1856	4.7
	2228		
6 F		0126	-3.3
	0429	0707	2.8
	0940	1310	-4.4
	1617	1939	5.6
	2306		
7 SA		0208	-4.2
	0513	0752	3.6
	1029	1354	-5.1
	1659	2017	6.5
	2340		
8 SU ●		0245	-5.1
	0550	0830	4.4
	1111	1432	-5.8
	1736	2052	7.3
9 M	0012	0318	-5.8
	0623	0906	5.2
	1149	1508	-6.4
	1813	2126	7.9
10 TU	0044	0350	-6.3
	0655	0940	5.8
	1226	1543	-6.9
	1849	2200	8.3
11 W	0116	0421	-6.6
	0727	1015	6.3
	1303	1619	-7.1
	1926	2235	8.2
12 TH E	0148	0453	-6.7
	0759	1051	6.6
	1343	1657	-7.1
	2005	2311	7.9
13 F	0221	0528	-6.6
	0834	1129	6.7
	1426	1739	-6.7
	2047	2349	7.1
14 SA	0256	0605	-6.3
	0912	1211	6.5
	1515	1825	-5.9
	2133		
15 SU ☽		0031	6.1
	0335	0648	-5.8
	0957	1259	6.0
	1613	1921	-5.0
	2227		

日期	转流时分	最大流时分	最大流流速
16 M		0120	4.8
	0418	0739	-5.2
	1050	1359	5.5
	1727	2030	-4.0
	2334		
17 TU P		0220	3.6
	0513	0844	-4.6
	1156	1516	5.1
	1858	2156	-3.4
18 W S	0100	0342	2.7
	0625	1003	-4.4
	1315	1647	5.2
	2030	2326	-3.6
19 TH	0235	0515	2.7
	0749	1124	-4.8
	1435	1808	6.1
	2143		
20 F		0041	-4.4
	0350	0631	3.5
	0905	1235	-5.7
	1544	1910	7.1
	2240		
21 SA		0139	-5.3
	0444	0727	4.5
	1007	1334	-6.6
	1641	2000	8.0
	2325		
22 SU ○		0226	-6.1
	0528	0814	5.6
	1059	1423	-7.4
	1730	2042	8.5
23 M	0004	0305	-6.7
	0605	0855	6.4
	1146	1507	-7.8
	1813	2120	8.6
24 TU	0038	0341	-7.0
	0640	0932	7.0
	1228	1546	-7.8
	1852	2155	8.3
25 W E	0108	0413	-7.0
	0713	1008	7.2
	1307	1622	-7.4
	1928	2227	7.7
26 TH	0135	0443	-6.9
	0745	1041	7.1
	1345	1656	-6.7
	2000	2257	6.9
27 F	0200	0512	-6.5
	0817	1115	6.7
	1422	1728	-5.8
	2031	2326	6.0
28 SA	0225	0540	-6.0
	0850	1148	6.0
	1459	1800	-4.7
	2101	2355	5.0
29 SU	0250	0609	-5.3
	0925	1224	5.2
	1540	1835	-3.6
	2132		
30 M ☾ A		0026	4.0
	0317	0642	-4.5
	1005	1305	4.2
	1630	1919	-2.5
	2211		
31 TU		0104	2.9
	0351	0725	-3.6
	1054	1359	3.3
	1743	2029	-1.6
	2313		

9 月

日期	转流时分	最大流时分	最大流流速
1 W		0157	1.8
	0439	0833	-2.8
	1203	1524	2.7
	1934	2219	-1.4
2 TH N	0109	0341	1.1
	0613	1017	-2.5
	1334	1716	3.1
	2103	2359	-2.1
3 F	0308	0544	1.5
	0811	1148	-3.0
	1454	1828	4.1
	2157		
4 SA		0100	-3.3
	0409	0650	2.7
	0926	1250	-4.0
	1551	1915	5.4
	2237		
5 SU		0143	-4.5
	0450	0734	3.9
	1017	1336	-5.2
	1637	1955	6.6
	2312		
6 M		0218	-5.7
	0524	0812	5.2
	1059	1415	-6.3
	1718	2031	7.6
	2345		
7 TU ●		0251	-6.6
	0556	0846	6.3
	1137	1452	-7.2
	1756	2105	8.3
8 W E	0016	0323	-7.2
	0627	0920	7.2
	1214	1528	-7.8
	1834	2139	8.6
9 TH	0048	0353	-7.6
	0658	0954	7.8
	1252	1604	-8.0
	1912	2214	8.5
10 F	0119	0425	-7.6
	0729	1029	8.2
	1331	1641	-7.8
	1950	2249	7.9
11 SA P	0150	0458	-7.4
	0803	1107	8.1
	1413	1721	-7.2
	2031	2325	7.0
12 SU	0223	0533	-6.9
	0841	1147	7.7
	1500	1806	-6.2
	2115		
13 M ☽		0005	5.8
	0257	0613	-6.2
	0924	1234	6.9
	1556	1859	-5.0
	2207		
14 TU		0051	4.4
	0338	0703	-5.3
	1017	1331	5.9
	1709	2009	-3.7
	2314		
15 W S		0150	3.0
	0431	0811	-4.4
	1125	1449	5.0
	1844	2142	-3.0

日期	转流时分	最大流时分	最大流流速
16 TH	0048	0318	2.1
	0554	0943	-3.9
	1254	1631	4.8
	2021	2318	-3.3
17 F	0229	0507	2.3
	0740	1116	-4.3
	1424	1758	5.5
	2132		
18 SA		0031	-4.2
	0339	0624	3.5
	0904	1230	-5.3
	1536	1859	6.5
	2223		
19 SU		0124	-5.2
	0427	0718	4.8
	1006	1326	-6.4
	1632	1945	7.3
	2303		
20 M ○		0205	-6.1
	0506	0801	6.1
	1055	1413	-7.2
	1718	2024	7.7
	2337		
21 TU E		0241	-6.8
	0541	0838	7.1
	1138	1453	-7.5
	1758	2059	7.8
22 W	0006	0313	-7.1
	0613	0912	7.6
	1217	1528	-7.5
	1833	2129	7.5
23 TH	0032	0342	-7.2
	0644	0944	7.8
	1252	1601	-7.0
	1904	2158	7.0
24 F	0056	0408	-7.1
	0713	1015	7.6
	1325	1630	-6.3
	1933	2224	6.4
25 SA	0118	0432	-6.7
	0741	1044	7.2
	1356	1656	-5.5
	1959	2250	5.6
26 SU A	0139	0455	-6.1
	0810	1114	6.5
	1427	1723	-4.6
	2025	2316	4.8
27 M	0202	0519	-5.5
	0839	1145	5.6
	1501	1752	-3.7
	2055	2346	3.9
28 TU	0228	0547	-4.6
	0913	1220	4.7
	1542	1830	-2.8
	2133		
29 W ☾ N		0021	2.9
	0300	0624	-3.7
	0955	1307	3.7
	1642	1933	-1.9
	2236		
30 TH		0113	1.8
	0345	0726	-2.7
	1058	1420	2.9
	1824	2129	-1.6

日　本—来岛海峡(中航道)

JAPAN－KURUSHIMA KAIKYO(NAKA SUIDO)

34° 07′ N　　133° 00′ E

2021 年潮流表　　流速单位:kn　　(＋)表示流向 180°　　(－)表示流向 000°　　时区:－0900

10 月

日期	转流时分	最大流时分	流速
1 F	0035	0254	1.0
	0521	0926	-2.1
	1234	1618	2.9
	2009	2317	-2.3
2 SA	0235	0512	1.5
	0746	1113	-2.7
	1411	1747	4.0
	2112		
3 SU		0021	-3.6
	0334	0622	2.9
	0905	1220	-4.0
	1519	1841	5.3
	2157		
4 M		0105	-4.9
	0414	0707	4.5
	0957	1309	-5.4
	1610	1924	6.6
	2235		
5 TU		0143	-6.1
	0449	0745	6.0
	1039	1351	-6.6
	1654	2002	7.6
	2310		
6 W ●E		0217	-7.1
	0522	0820	7.4
	1119	1430	-7.6
	1735	2039	8.2
	2343		
7 TH		0250	-7.8
	0554	0856	8.4
	1158	1508	-8.2
	1815	2114	8.4
8 F P	0015	0322	-8.2
	0626	0931	9.1
	1237	1546	-8.4
	1855	2149	8.2
9 SA	0046	0355	-8.2
	0700	1008	9.3
	1318	1625	-8.0
	1934	2225	7.5
10 SU	0118	0429	-7.9
	0736	1046	9.1
	1401	1706	-7.2
	2016	2303	6.5
11 M	0151	0506	-7.3
	0815	1128	8.4
	1449	1752	-6.1
	2101	2343	5.2
12 TU S	0227	0548	-6.3
	0900	1215	7.3
	1546	1847	-4.8
	2154		
13 W ☽		0030	3.9
	0310	0640	-5.2
	0955	1313	6.0
	1657	1959	-3.6
	2303		
14 TH		0132	2.7
	0409	0754	-4.2
	1106	1431	4.9
	1829	2129	-3.1
15 F	0036	0305	2.0
	0545	0931	-3.7
	1237	1612	4.5
	1958	2257	-3.4
16 SA	0208	0454	2.6
	0738	1104	-4.1
	1408	1738	5.0
	2103		
17 SU		0005	-4.3
	0312	0608	3.9
	0859	1215	-5.1
	1520	1837	5.8
	2151		
18 M		0055	-5.3
	0359	0659	5.3
	0957	1310	-6.0
	1615	1921	6.3
	2229		
19 TU E		0135	-6.1
	0437	0740	6.5
	1045	1355	-6.6
	1700	1959	6.6
	2301		
20 W ○		0210	-6.7
	0512	0817	7.3
	1126	1434	-6.8
	1737	2031	6.6
	2329		
21 TH		0241	-7.0
	0544	0850	7.8
	1202	1508	-6.7
	1811	2101	6.4
	2354		
22 F		0309	-7.1
	0614	0920	7.9
	1235	1538	-6.2
	1840	2128	6.0
23 SA	0017	0334	-6.9
	0642	0949	7.6
	1305	1605	-5.7
	1907	2154	5.5
24 SU A	0039	0356	-6.5
	0709	1017	7.2
	1333	1630	-5.0
	1933	2220	5.0
25 M	0101	0418	-6.0
	0735	1045	6.6
	1402	1655	-4.4
	2001	2247	4.3
26 TU N	0126	0442	-5.4
	0803	1115	5.9
	1434	1725	-3.8
	2034	2319	3.6
27 W	0154	0511	-4.6
	0835	1151	5.1
	1514	1806	-3.1
	2119	2359	2.8
28 TH ☾	0230	0550	-3.7
	0917	1237	4.3
	1610	1910	-2.5
	2226		
29 F		0055	1.9
	0323	0654	-2.8
	1018	1344	3.6
	1732	2049	-2.3
30 SA	0005	0226	1.4
	0500	0846	-2.3
	1146	1521	3.4
	1906	2223	-2.9
31 SU	0141	0423	2.0
	0710	1029	-2.9
	1323	1654	4.1
	2017	2329	-4.0

11 月

日期	转流时分	最大流时分	流速
1 M	0244	0539	3.4
	0832	1141	-4.0
	1439	1758	5.1
	2109		
2 TU E		0019	-5.2
	0329	0630	5.0
	0928	1235	-5.4
	1538	1847	6.2
	2152		
3 W		0101	-6.3
	0408	0712	6.7
	1015	1322	-6.6
	1627	1930	7.0
	2230		
4 TH ●		0140	-7.3
	0445	0752	8.1
	1058	1406	-7.6
	1713	2010	7.5
	2306		
5 F P		0216	-8.0
	0521	0831	9.1
	1141	1447	-8.1
	1756	2049	7.6
	2341		
6 SA		0253	-8.3
	0558	0910	9.8
	1224	1529	-8.1
	1838	2127	7.3
7 SU	0015	0329	-8.3
	0636	0949	9.9
	1307	1611	-7.7
	1921	2205	6.7
8 M S	0050	0407	-8.0
	0715	1030	9.5
	1353	1655	-6.9
	2004	2245	5.9
9 TU	0127	0447	-7.4
	0758	1114	8.7
	1442	1744	-5.9
	2051	2329	4.9
10 W	0208	0534	-6.4
	0846	1203	7.5
	1537	1839	-4.8
	2145		
11 TH ☽		0019	3.9
	0257	0630	-5.3
	0943	1259	6.2
	1643	1947	-4.0
	2250		
12 F		0121	3.0
	0403	0744	-4.3
	1051	1410	5.0
	1759	2104	-3.6
13 SA	0008	0246	2.6
	0539	0913	-3.8
	1214	1537	4.4
	1914	2219	-3.8
14 SU	0127	0423	3.1
	0722	1038	-4.0
	1339	1659	4.4
	2016	2323	-4.4
15 M E	0231	0537	4.2
	0841	1148	-4.5
	1452	1801	4.8
	2105		
16 TU		0015	-5.1
	0321	0631	5.4
	0941	1245	-5.1
	1549	1848	5.1
	2145		
17 W		0058	-5.8
	0404	0715	6.4
	1029	1332	-5.5
	1635	1927	5.2
	2219		
18 TH		0136	-6.3
	0441	0753	7.0
	1111	1412	-5.6
	1714	2002	5.3
	2249		
19 F ○		0209	-6.5
	0516	0827	7.4
	1147	1447	-5.5
	1748	2033	5.2
	2317		
20 SA		0238	-6.5
	0547	0858	7.4
	1220	1518	-5.3
	1819	2102	4.9
	2343		
21 SU A		0305	-6.3
	0616	0927	7.2
	1249	1547	-5.0
	1848	2130	4.7
22 M N	0008	0330	-6.0
	0644	0956	7.0
	1317	1614	-4.6
	1918	2159	4.3
23 TU	0035	0354	-5.6
	0711	1025	6.6
	1346	1642	-4.3
	1950	2231	3.9
24 W	0104	0422	-5.2
	0741	1058	6.2
	1419	1716	-4.0
	2028	2307	3.5
25 TH	0138	0456	-4.6
	0815	1136	5.7
	1500	1800	-3.6
	2116	2350	3.0
26 F	0221	0541	-4.0
	0859	1222	5.1
	1550	1859	-3.3
	2215		
27 SA ☾		0046	2.5
	0319	0645	-3.4
	0957	1320	4.5
	1654	2012	-3.3
	2327		
28 SU		0200	2.4
	0444	0812	-3.0
	1111	1435	4.2
	1808	2127	-3.6
29 M	0041	0328	2.8
	0626	0942	-3.3
	1236	1557	4.3
	1917	2233	-4.3
30 TU E	0145	0447	3.9
	0751	1057	-4.1
	1356	1709	4.8
	2015	2329	-5.2

12 月

日期	转流时分	最大流时分	流速
1 W	0239	0548	5.3
	0856	1200	-5.1
	1503	1808	5.4
	2105		
2 TH		0018	-6.2
	0326	0639	6.9
	0950	1254	-6.2
	1601	1858	6.0
	2150		
3 F		0104	-7.0
	0410	0726	8.2
	1040	1344	-6.9
	1652	1943	6.4
	2231		
4 SA ●P		0147	-7.7
	0453	0810	9.2
	1128	1431	-7.4
	1740	2027	6.5
	2311		
5 SU		0228	-8.1
	0536	0853	9.8
	1214	1517	-7.5
	1825	2109	6.4
	2351		
6 M S		0310	-8.2
	0619	0936	9.9
	1300	1602	-7.2
	1910	2150	6.1
7 TU	0031	0353	-8.0
	0703	1019	9.6
	1346	1648	-6.7
	1954	2233	5.7
8 W	0113	0438	-7.5
	0749	1104	8.8
	1434	1736	-6.0
	2041	2318	5.1
9 TH	0200	0527	-6.7
	0838	1151	7.7
	1523	1827	-5.3
	2130		
10 F		0008	4.5
	0253	0623	-5.7
	0931	1243	6.5
	1616	1923	-4.6
	2225		
11 SA ☽		0105	3.9
	0358	0727	-4.7
	1031	1340	5.3
	1714	2024	-4.2
	2327		
12 SU E		0214	3.5
	0519	0840	-4.0
	1139	1448	4.3
	1814	2128	-4.1
13 M	0034	0334	3.6
	0650	0957	-3.6
	1254	1602	3.8
	1913	2230	-4.3
14 TU	0139	0452	4.2
	0812	1109	-3.6
	1409	1710	3.6
	2006	2327	-4.7
15 W	0238	0556	4.9
	0918	1213	-3.9
	1514	1807	3.7
	2053		
16 TH		0017	-5.1
	0328	0647	5.7
	1012	1306	-4.1
	1607	1854	3.8
	2135		
17 F		0101	-5.5
	0412	0729	6.2
	1057	1352	-4.4
	1652	1934	3.9
	2213		
18 SA A		0140	-5.7
	0451	0807	6.6
	1135	1431	-4.5
	1731	2010	4.0
	2248		
19 SU ○		0215	-5.8
	0525	0840	6.8
	1208	1506	-4.6
	1806	2044	4.1
	2320		
20 M N		0246	-5.7
	0557	0912	6.8
	1238	1537	-4.6
	1840	2117	4.1
	2352		
21 TU		0316	-5.6
	0627	0942	6.8
	1307	1607	-4.6
	1913	2150	4.1
22 W	0024	0345	-5.5
	0657	1014	6.8
	1336	1638	-4.7
	1947	2224	4.0
23 TH	0058	0417	-5.3
	0730	1047	6.6
	1409	1712	-4.6
	2024	2301	3.9
24 F	0136	0454	-5.0
	0806	1125	6.4
	1446	1752	-4.6
	2105	2343	3.8
25 SA	0221	0539	-4.7
	0849	1207	6.0
	1529	1838	-4.5
	2152		
26 SU		0031	3.7
	0315	0634	-4.3
	0941	1257	5.5
	1618	1932	-4.4
	2245		
27 M ☾E		0129	3.7
	0423	0741	-4.0
	1042	1355	4.9
	1715	2033	-4.4
	2344		
28 TU		0238	3.8
	0545	0857	-3.8
	1155	1504	4.4
	1817	2136	-4.6
29 W	0047	0354	4.4
	0710	1014	-4.0
	1314	1618	4.2
	1920	2239	-5.1
30 TH	0149	0506	5.4
	0826	1126	-4.6
	1431	1728	4.4
	2019	2338	-5.7
31 F	0248	0609	6.6
	0931	1231	-5.3
	1539	1829	4.7
	2113		

日　本—友岛水道

JAPAN－TOMOGASHIMA SUIDO

34° 16′ N　　135° 00′ E

2021 年潮流表　　流速单位:kn　　(＋)表示流向 355°　　(－)表示流向 175°　　时区:－0900

1 月

日期	转流时分	最大流时分	流速
1 F		0158	-3.2
	0502	0913	3.4
	1305	1516	-1.6
	1824	2017	0.4
	2219		
2 SA		0238	-3.1
	0544	0954	3.3
	1341	1555	-1.6
	1905	2121	0.5
	2324		
3 SU		0322	-2.9
	0630	1036	3.1
	1416	1637	-1.7
	1954	2229	0.7
4 M	0035	0410	-2.6
	0721	1121	2.8
	1452	1723	-1.8
	2048	2334	1.0
5 TU	0150	0506	-2.2
	0819	1207	2.6
	1529	1816	-1.9
	2145		
6 W ☾ E		0036	1.4
	0310	0614	-1.8
	0926	1256	2.2
	1607	1915	-2.0
	2239		
7 TH		0137	1.8
	0438	0739	-1.6
	1038	1346	1.9
	1647	2016	-2.2
	2332		
8 F		0238	2.2
	0611	0906	-1.5
	1151	1436	1.6
	1727	2114	-2.5
9 SA P	0021	0338	2.5
	0736	1017	-1.6
	1259	1525	1.2
	1807	2206	-2.7
10 SU	0108	0439	2.9
	0845	1115	-1.7
	1403	1614	0.9
	1845	2252	-3.0
11 M	0153	0537	3.2
	0942	1206	-1.8
	1502	1701	0.7
	1920	2335	-3.1
12 TU S	0235	0632	3.4
	1033	1251	-1.8
	1555	1744	0.5
	1953		
13 W ●		0016	-3.2
	0316	0721	3.5
	1117	1332	-1.8
	1639	1824	0.4
	2028		
14 TH		0054	-3.3
	0356	0805	3.5
	1157	1410	-1.8
	1715	1904	0.4
	2111		
15 F		0133	-3.3
	0436	0845	3.4
	1234	1446	-1.7
	1746	1948	0.5
	2203		
16 SA		0212	-3.2
	0516	0923	3.3
	1307	1521	-1.7
	1820	2041	0.7
	2302		
17 SU		0253	-3.0
	0559	1001	3.0
	1339	1558	-1.8
	1900	2142	0.9
18 M	0005	0338	-2.8
	0646	1041	2.8
	1410	1638	-1.8
	1947	2246	1.2
19 TU E	0113	0428	-2.4
	0737	1125	2.5
	1443	1723	-1.9
	2042	2348	1.4
20 W ☽	0226	0526	-2.0
	0837	1212	2.2
	1518	1815	-2.0
	2141		
21 TH A		0050	1.8
	0347	0639	-1.6
	0947	1301	1.8
	1556	1915	-2.1
	2239		
22 F		0152	2.1
	0517	0809	-1.4
	1102	1352	1.5
	1635	2019	-2.3
	2335		
23 SA		0253	2.5
	0648	0933	-1.4
	1216	1444	1.2
	1717	2120	-2.5
24 SU	0028	0356	2.8
	0806	1040	-1.6
	1325	1536	0.9
	1759	2215	-2.8
25 M	0117	0458	3.1
	0909	1134	-1.7
	1428	1627	0.7
	1843	2303	-3.0
26 TU N	0204	0556	3.3
	1001	1222	-1.8
	1523	1717	0.6
	1927	2347	-3.2
27 W	0248	0649	3.5
	1046	1303	-1.8
	1608	1803	0.5
	2012		
28 TH ○		0028	-3.3
	0330	0736	3.5
	1126	1341	-1.8
	1643	1846	0.6
	2059		
29 F		0108	-3.3
	0410	0816	3.4
	1202	1416	-1.8
	1712	1928	0.7
	2149		
30 SA		0146	-3.3
	0450	0853	3.2
	1234	1449	-1.8
	1741	2013	0.9
	2243		
31 SU		0226	-3.1
	0531	0928	3.0
	1303	1523	-1.9
	1815	2104	1.1
	2340		

2 月

日期	转流时分	最大流时分	流速
1 M		0308	-2.9
	0614	1004	2.7
	1331	1559	-1.9
	1855	2200	1.3
2 TU E	0040	0354	-2.6
	0700	1043	2.4
	1400	1638	-2.0
	1944	2300	1.6
3 W P	0146	0445	-2.2
	0753	1127	2.1
	1431	1722	-2.1
	2040		
4 TH ☾		0002	1.8
	0259	0547	-1.8
	0856	1215	1.7
	1505	1815	-2.1
	2141		
5 F		0104	2.1
	0423	0707	-1.4
	1012	1306	1.4
	1543	1918	-2.2
	2243		
6 SA		0207	2.4
	0555	0841	-1.3
	1132	1400	1.1
	1625	2027	-2.4
	2342		
7 SU		0310	2.7
	0721	1000	-1.4
	1247	1455	0.9
	1712	2131	-2.6
8 M S	0038	0414	3.0
	0830	1100	-1.6
	1353	1551	0.7
	1803	2227	-2.8
9 TU	0129	0516	3.2
	0925	1150	-1.8
	1450	1645	0.6
	1857	2316	-3.0
10 W	0217	0612	3.4
	1012	1233	-1.9
	1535	1737	0.6
	1952		
11 TH ●		0000	-3.2
	0301	0702	3.4
	1053	1311	-1.9
	1610	1823	0.7
	2045		
12 F		0042	-3.3
	0344	0744	3.3
	1128	1345	-1.9
	1639	1904	0.9
	2136		
13 SA		0121	-3.3
	0424	0822	3.1
	1200	1417	-1.9
	1706	1945	1.1
	2226		
14 SU		0201	-3.2
	0504	0855	2.9
	1227	1449	-2.0
	1735	2029	1.3
	2319		
15 M E		0241	-3.0
	0545	0928	2.6
	1253	1522	-2.1
	1810	2119	1.5
16 TU	0014	0323	-2.7
	0628	1003	2.3
	1319	1557	-2.1
	1852	2214	1.8
17 W	0113	0410	-2.3
	0716	1043	2.0
	1346	1636	-2.2
	1943	2314	2.0
18 TH A	0219	0504	-1.9
	0812	1129	1.6
	1417	1722	-2.2
	2041		
19 F ☽		0017	2.2
	0334	0611	-1.5
	0922	1221	1.3
	1452	1817	-2.2
	2146		
20 SA		0120	2.4
	0500	0741	-1.2
	1045	1316	1.0
	1533	1925	-2.2
	2251		
21 SU		0224	2.7
	0630	0914	-1.3
	1207	1414	0.8
	1622	2040	-2.4
	2353		
22 M		0329	2.9
	0747	1023	-1.5
	1318	1514	0.7
	1718	2146	-2.6
23 TU N	0050	0432	3.1
	0846	1116	-1.7
	1416	1612	0.7
	1823	2242	-2.9
24 W	0142	0532	3.3
	0935	1201	-1.9
	1502	1708	0.7
	1927	2331	-3.1
25 TH	0231	0625	3.3
	1017	1240	-2.0
	1538	1759	0.9
	2026		
26 F		0015	-3.2
	0316	0711	3.3
	1053	1314	-2.0
	1607	1843	1.1
	2119		
27 SA ○		0056	-3.2
	0358	0750	3.1
	1124	1346	-2.1
	1633	1922	1.3
	2209		
28 SU		0135	-3.2
	0438	0824	2.8
	1152	1417	-2.1
	1701	2002	1.5
	2258		

3 月

日期	转流时分	最大流时分	流速
1 M E		0214	-3.0
	0517	0854	2.5
	1216	1447	-2.2
	1732	2045	1.8
	2350		
2 TU P		0255	-2.8
	0558	0925	2.1
	1238	1520	-2.3
	1809	2134	2.0
3 W	0044	0338	-2.4
	0641	1000	1.8
	1302	1555	-2.3
	1853	2230	2.2
4 TH	0144	0427	-2.0
	0732	1043	1.5
	1329	1636	-2.3
	1945	2330	2.3
5 F	0251	0525	-1.6
	0835	1133	1.2
	1401	1724	-2.3
	2047		
6 SA ☾		0033	2.5
	0409	0641	-1.3
	0958	1231	0.9
	1441	1824	-2.2
	2155		
7 SU S		0137	2.6
	0536	0819	-1.2
	1126	1332	0.7
	1529	1940	-2.2
	2303		
8 M		0241	2.8
	0658	0941	-1.4
	1242	1434	0.6
	1630	2059	-2.4
9 TU	0006	0345	3.0
	0802	1040	-1.6
	1341	1536	0.7
	1743	2204	-2.6
10 W	0104	0447	3.1
	0854	1126	-1.9
	1427	1635	0.8
	1857	2258	-2.9
11 TH	0157	0543	3.2
	0937	1206	-2.0
	1504	1729	1.0
	2003	2346	-3.1
12 F	0245	0632	3.1
	1015	1242	-2.1
	1534	1815	1.2
	2100		
13 SA ●		0029	-3.1
	0329	0713	2.9
	1047	1314	-2.2
	1601	1856	1.5
	2151		
14 SU E		0110	-3.1
	0411	0749	2.7
	1115	1345	-2.2
	1628	1934	1.8
	2240		
15 M		0149	-3.0
	0451	0820	2.3
	1138	1414	-2.3
	1657	2013	2.0
	2328		
16 TU		0228	-2.8
	0530	0848	2.0
	1159	1445	-2.4
	1731	2057	2.2
17 W	0019	0309	-2.5
	0612	0919	1.7
	1220	1518	-2.4
	1810	2148	2.4
18 TH A	0114	0354	-2.1
	0658	0957	1.3
	1243	1555	-2.5
	1856	2245	2.5
19 F	0215	0446	-1.7
	0755	1045	1.0
	1312	1637	-2.4
	1951	2347	2.6
20 SA	0324	0550	-1.4
	0911	1143	0.8
	1349	1729	-2.3
	2056		
21 SU ☽		0051	2.7
	0442	0718	-1.2
	1044	1248	0.6
	1436	1836	-2.2
	2207		
22 M N		0155	2.8
	0604	0853	-1.3
	1205	1353	0.5
	1539	2000	-2.2
	2317		
23 TU		0259	2.9
	0714	1000	-1.5
	1306	1458	0.6
	1657	2119	-2.4
24 W	0021	0400	3.0
	0810	1050	-1.8
	1352	1600	0.8
	1820	2222	-2.6
25 TH	0119	0458	3.1
	0856	1132	-2.1
	1430	1657	1.1
	1934	2314	-2.9
26 F	0211	0550	3.0
	0935	1209	-2.2
	1502	1747	1.4
	2036		
27 SA		0000	-3.0
	0259	0636	2.8
	1008	1242	-2.3
	1530	1830	1.7
	2130		
28 SU ○E		0043	-3.0
	0343	0714	2.5
	1036	1313	-2.4
	1557	1910	2.0
	2220		
29 M		0123	-2.9
	0424	0746	2.2
	1100	1342	-2.4
	1626	1948	2.2
	2308		
30 TU P		0202	-2.8
	0503	0813	1.8
	1120	1412	-2.5
	1657	2028	2.4
	2356		
31 W		0242	-2.5
	0543	0840	1.5
	1138	1443	-2.6
	1733	2113	2.6

海流微弱。

日 本—友岛水道

JAPAN—TOMOGASHIMA SUIDO

34° 16′ N　　135° 00′ E

2021 年潮流表　　流速单位:kn　　(+)表示流向 355°　　(−)表示流向 175°　　时区:−0900

4 月

日期	转流时分	最大流时分	流速
1 TH	0048	0325	-2.2
	0627	0912	1.2
	1157	1517	-2.6
	1814	2205	2.7
2 F	0143	0412	-1.8
	0718	0955	0.9
	1222	1556	-2.6
	1903	2304	2.8
3 SA	0246	0508	-1.5
	0827	1053	0.6
	1255	1643	-2.5
	2001		
4 SU ☾ S		0006	2.8
	0355	0621	-1.2
	1001	1201	0.5
	1341	1740	-2.3
	2110		
5 M		0109	2.9
	0510	0755	-1.2
	1128	1311	0.4
	1445	1856	-2.1
	2223		
6 TU		0211	2.9
	0621	0914	-1.4
	1230	1417	0.6
	1606	2025	-2.2
	2333		
7 W		0312	3.0
	0721	1010	-1.8
	1316	1521	0.8
	1737	2140	-2.4
8 TH	0037	0410	3.0
	0810	1054	-2.0
	1354	1619	1.2
	1900	2239	-2.6
9 F	0133	0504	2.9
	0851	1133	-2.3
	1428	1712	1.5
	2009	2329	-2.8
10 SA	0225	0552	2.7
	0927	1208	-2.4
	1458	1759	1.9
	2107		
11 SU E		0015	-2.9
	0312	0633	2.4
	0956	1240	-2.5
	1527	1841	2.2
	2159		
12 M ●		0057	-2.8
	0356	0708	2.0
	1021	1311	-2.6
	1555	1920	2.4
	2247		
13 TU		0137	-2.7
	0437	0737	1.7
	1041	1340	-2.6
	1626	1959	2.6
	2335		
14 W A		0217	-2.5
	0517	0802	1.3
	1057	1411	-2.7
	1659	2041	2.8
15 TH	0024	0258	-2.2
	0559	0830	1.0
	1113	1443	-2.7
	1738	2129	2.9
16 F	0116	0342	-1.9
	0647	0908	0.8
	1134	1520	-2.7
	1822	2224	2.9
17 SA	0212	0432	-1.6
	0748	1001	0.5
	1203	1602	-2.6
	1913	2323	2.9
18 SU N	0313	0533	-1.3
	0915	1111	0.4
	1247	1653	-2.4
	2015		
19 M		0024	2.9
	0420	0653	-1.2
	1047	1225	0.3
	1351	1757	-2.2
	2127		
20 TU ☽		0126	2.9
	0528	0821	-1.4
	1152	1335	0.5
	1514	1921	-2.1
	2241		
21 W		0225	2.9
	0629	0926	-1.7
	1239	1440	0.8
	1647	2049	-2.1
	2350		
22 TH		0323	2.9
	0721	1015	-2.0
	1318	1541	1.1
	1818	2159	-2.4
23 F	0052	0417	2.8
	0805	1056	-2.2
	1353	1636	1.6
	1935	2255	-2.6
24 SA	0148	0507	2.6
	0842	1133	-2.5
	1425	1727	1.9
	2039	2344	-2.7
25 SU E	0239	0552	2.3
	0914	1207	-2.6
	1456	1813	2.3
	2134		
26 M		0029	-2.7
	0326	0630	1.9
	0941	1239	-2.7
	1526	1854	2.6
	2225		
27 TU ○P		0111	-2.6
	0410	0701	1.5
	1001	1309	-2.8
	1557	1935	2.8
	2314		
28 W		0151	-2.4
	0451	0727	1.2
	1017	1340	-2.8
	1629	2015	3.0
29 TH	0002	0232	-2.2
	0533	0752	0.9
	1030	1412	-2.9
	1705	2100	3.0
30 F	0051	0314	-1.9
	0618	0823	0.6
	1046	1447	-2.9
	1746	2149	3.1

5 月

日期	转流时分	最大流时分	流速
1 SA S	0143	0401	-1.6
	0714	0909	0.4
	1110	1526	-2.8
	1833	2244	3.1
2 SU	0238	0454	-1.4
	0832	1018	0.3
	1151	1612	-2.6
	1927	2342	3.1
3 M ☾	0336	0600	-1.3
	1005	1138	0.2
	1255	1708	-2.3
	2032		
4 TU		0041	3.0
	0436	0719	-1.3
	1111	1251	0.4
	1420	1820	-2.1
	2145		
5 W		0139	2.9
	0535	0834	-1.6
	1158	1357	0.7
	1555	1950	-2.0
	2259		
6 TH		0235	2.8
	0628	0930	-1.9
	1238	1459	1.1
	1731	2112	-2.1
7 F	0006	0329	2.7
	0715	1015	-2.2
	1315	1556	1.6
	1857	2217	-2.3
8 SA E	0107	0420	2.5
	0755	1056	-2.4
	1350	1649	2.0
	2008	2311	-2.5
9 SU	0202	0506	2.2
	0830	1132	-2.6
	1424	1739	2.4
	2108	2359	-2.5
10 M	0253	0548	1.8
	0858	1206	-2.8
	1456	1825	2.7
	2202		
11 TU ●A		0044	-2.5
	0341	0623	1.4
	0921	1238	-2.9
	1528	1908	2.9
	2252		
12 W		0126	-2.3
	0425	0652	1.1
	0937	1310	-2.9
	1601	1949	3.1
	2340		
13 TH		0207	-2.1
	0508	0718	0.8
	0949	1342	-3.0
	1636	2032	3.2
14 F	0028	0248	-1.9
	0553	0747	0.6
	1002	1416	-3.0
	1714	2118	3.2
15 SA N	0116	0332	-1.7
	0643	0826	0.4
	1024	1454	-2.9
	1758	2209	3.2
16 SU	0206	0419	-1.5
	0749	0926	0.2
	1102	1537	-2.8
	1847	2303	3.2
17 M	0257	0514	-1.4
	0913	1046	0.2
	1205	1627	-2.5
	1944	2358	3.1
18 TU	0350	0620	-1.4
	1023	1203	0.4
	1329	1728	-2.2
	2051		
19 W ☽		0054	3.0
	0444	0734	-1.5
	1113	1312	0.6
	1502	1846	-2.0
	2205		
20 TH		0149	2.8
	0535	0839	-1.8
	1156	1415	1.0
	1638	2015	-1.9
	2316		
21 F		0242	2.6
	0623	0931	-2.1
	1236	1514	1.5
	1810	2132	-2.0
22 SA E	0022	0333	2.4
	0705	1015	-2.4
	1314	1610	2.0
	1930	2234	-2.2
23 SU	0122	0421	2.1
	0742	1055	-2.6
	1350	1703	2.4
	2037	2327	-2.3
24 M	0217	0505	1.7
	0814	1132	-2.8
	1425	1753	2.8
	2135		
25 TU		0015	-2.3
	0309	0545	1.3
	0839	1207	-2.9
	1459	1840	3.0
	2228		
26 W ○P		0059	-2.2
	0357	0617	1.0
	0859	1240	-3.0
	1534	1925	3.2
	2317		
27 TH		0142	-2.1
	0443	0645	0.7
	0912	1313	-3.1
	1609	2008	3.3
28 F S	0005	0223	-1.9
	0529	0713	0.5
	0922	1347	-3.1
	1646	2052	3.4
29 SA	0051	0305	-1.7
	0616	0748	0.3
	0940	1424	-3.1
	1726	2138	3.3
30 SU	0136	0348	-1.6
	0711	0838	0.2
	1017	1504	-2.9
	1812	2227	3.3
31 M	0222	0436	-1.5
	0818	0954	0.2
	1120	1550	-2.7
	1903	2318	3.2

6 月

日期	转流时分	最大流时分	流速
1 TU	0308	0530	-1.4
	0926	1115	0.3
	1243	1644	-2.4
	2003		
2 W ☾		0011	3.0
	0356	0633	-1.5
	1021	1225	0.6
	1413	1751	-2.1
	2111		
3 TH		0103	2.8
	0443	0739	-1.7
	1108	1329	1.0
	1545	1913	-1.9
	2223		
4 F E		0155	2.6
	0529	0839	-2.0
	1152	1430	1.5
	1719	2040	-1.8
	2333		
5 SA		0246	2.3
	0612	0930	-2.3
	1234	1527	1.9
	1847	2153	-1.9
6 SU	0038	0335	2.0
	0651	1015	-2.6
	1314	1623	2.4
	2003	2253	-2.1
7 M	0138	0421	1.7
	0726	1056	-2.8
	1352	1717	2.8
	2107	2345	-2.1
8 TU A	0235	0504	1.3
	0756	1134	-2.9
	1429	1809	3.1
	2203		
9 W		0032	-2.1
	0327	0542	0.9
	0818	1210	-3.1
	1506	1857	3.3
	2254		
10 TH ●		0116	-2.0
	0417	0615	0.6
	0835	1245	-3.1
	1542	1943	3.4
	2341		
11 F		0158	-1.8
	0504	0646	0.4
	0849	1320	-3.2
	1619	2027	3.5
12 SA N	0026	0238	-1.7
	0549	0719	0.3
	0909	1356	-3.2
	1658	2110	3.4
13 SU	0108	0319	-1.6
	0635	0804	0.3
	0947	1436	-3.1
	1741	2155	3.4
14 M	0150	0402	-1.5
	0726	0908	0.3
	1048	1519	-2.9
	1828	2241	3.2
15 TU	0231	0448	-1.5
	0824	1025	0.4
	1205	1607	-2.7
	1921	2330	3.1
16 W	0312	0539	-1.6
	0921	1137	0.6
	1327	1704	-2.3
	2021		
17 TH		0020	2.8
	0354	0638	-1.7
	1014	1242	1.0
	1453	1814	-2.0
	2129		
18 F ☽		0110	2.6
	0437	0740	-1.9
	1103	1343	1.4
	1624	1938	-1.7
	2241		
19 SA E		0200	2.3
	0519	0838	-2.1
	1150	1443	1.8
	1757	2103	-1.7
	2351		
20 SU		0249	1.9
	0559	0930	-2.4
	1234	1541	2.3
	1922	2213	-1.8
21 M	0056	0337	1.6
	0637	1017	-2.7
	1317	1639	2.7
	2033	2311	-1.9
22 TU	0157	0423	1.2
	0711	1059	-2.9
	1357	1735	3.0
	2133		
23 W P		0002	-1.9
	0255	0506	0.9
	0739	1139	-3.1
	1437	1828	3.3
	2227		
24 TH ○		0049	-1.9
	0349	0544	0.6
	0802	1217	-3.2
	1515	1917	3.4
	2315		
25 F S		0131	-1.8
	0439	0619	0.4
	0821	1253	-3.2
	1553	2002	3.5
	2359		
26 SA		0212	-1.7
	0523	0653	0.3
	0845	1330	-3.2
	1632	2044	3.5
27 SU	0040	0251	-1.6
	0602	0734	0.3
	0924	1409	-3.2
	1713	2126	3.4
28 M	0118	0329	-1.6
	0641	0828	0.4
	1023	1449	-3.1
	1756	2208	3.3
29 TU	0155	0410	-1.6
	0726	0937	0.5
	1134	1534	-2.8
	1844	2251	3.1
30 W	0231	0454	-1.6
	0817	1048	0.7
	1250	1625	-2.5
	1938	2338	2.8

海流微弱。

日 本—友岛水道

JAPAN—TOMOGASHIMA SUIDO

34° 16′ N　　135° 00′ E

2021年潮流表　　流速单位:kn　　(+)表示流向355°　　(−)表示流向175°　　时区:−0900

7 月

日期	转流时分	最大流时分	流速
1	0309	0543	-1.7
	0912	1154	1.0
TH	1408	1725	-2.1
☾ E	2039		
2		0025	2.5
	0347	0638	-1.8
F	1007	1256	1.4
	1532	1838	-1.8
	2149		
3		0115	2.2
	0426	0739	-2.0
SA	1059	1357	1.8
	1703	2006	-1.6
	2301		
4		0204	1.9
	0506	0838	-2.3
SU	1150	1457	2.2
	1835	2128	-1.6
5	0012	0253	1.5
	0545	0932	-2.5
M	1237	1556	2.6
A	1955	2235	-1.7
6	0118	0342	1.2
	0622	1021	-2.8
TU	1322	1656	3.0
	2102	2331	-1.8
7	0220	0429	0.9
	0656	1106	-3.0
W	1405	1753	3.2
	2158		
8		0020	-1.8
	0318	0513	0.6
TH	0727	1147	-3.1
	1447	1846	3.4
	2247		
9		0104	-1.8
	0410	0554	0.5
F	0756	1226	-3.2
N	1527	1934	3.5
	2331		
10		0145	-1.8
	0454	0633	0.4
SA	0829	1305	-3.3
●	1607	2017	3.5
11	0012	0222	-1.7
	0530	0713	0.4
SU	0912	1343	-3.3
	1647	2057	3.4
12	0048	0259	-1.7
	0602	0800	0.5
M	1007	1423	-3.2
	1728	2136	3.3
13	0122	0335	-1.7
	0638	0857	0.6
TU	1110	1505	-3.0
	1812	2215	3.1
14	0154	0414	-1.7
	0720	1001	0.8
W	1217	1551	-2.7
	1900	2257	2.8
15	0227	0456	-1.8
	0810	1105	1.1
TH	1328	1643	-2.3
	1954	2342	2.5
16	0300	0543	-1.9
	0906	1208	1.4
F	1444	1745	-1.9
E	2057		
17		0029	2.2
	0336	0637	-2.0
SA	1004	1309	1.8
☽	1608	1903	-1.6
	2208		
18		0118	1.8
	0414	0738	-2.2
SU	1100	1410	2.1
	1741	2034	-1.4
	2323		
19		0208	1.5
	0453	0841	-2.4
M	1153	1512	2.5
	1910	2153	-1.5
20	0036	0259	1.1
	0533	0938	-2.6
TU	1244	1614	2.9
	2024	2256	-1.6
21	0143	0350	0.9
	0613	1030	-2.9
W	1331	1715	3.2
P	2124	2349	-1.7
22	0245	0440	0.7
	0653	1116	-3.1
TH	1417	1812	3.4
S	2216		
23		0035	-1.8
	0339	0527	0.5
F	0733	1158	-3.2
	1459	1904	3.5
	2301		
24		0116	-1.8
	0423	0611	0.5
SA	0815	1239	-3.3
○	1541	1949	3.5
	2341		
25		0154	-1.8
	0458	0652	0.5
SU	0902	1318	-3.3
	1621	2029	3.4
26	0016	0228	-1.8
	0526	0735	0.6
M	0954	1357	-3.2
	1701	2106	3.2
27	0048	0302	-1.8
	0556	0823	0.8
TU	1050	1437	-3.1
	1743	2141	3.0
28	0117	0337	-1.8
	0631	0918	1.0
W	1150	1520	-2.9
	1827	2219	2.7
29	0146	0414	-1.9
	0714	1018	1.3
TH	1254	1608	-2.5
E	1916	2300	2.4
30	0216	0455	-2.0
	0805	1119	1.5
F	1403	1702	-2.1
	2012	2345	2.1
31	0248	0541	-2.1
	0903	1221	1.8
SA	1520	1808	-1.7
☾	2118		

8 月

日期	转流时分	最大流时分	流速
1		0033	1.7
	0323	0636	-2.1
SU	1003	1323	2.1
	1646	1934	-1.4
	2234		
2		0124	1.4
	0400	0741	-2.2
M	1103	1426	2.5
A	1820	2106	-1.3
	2353		
3		0217	1.1
	0441	0848	-2.4
TU	1200	1529	2.8
	1943	2219	-1.4
4	0106	0311	0.8
	0526	0949	-2.7
W	1253	1633	3.1
	2049	2316	-1.6
5	0211	0405	0.7
	0614	1041	-2.9
TH	1343	1734	3.3
N	2142		
6		0005	-1.8
	0306	0458	0.6
F	0705	1128	-3.1
	1430	1829	3.4
	2228		
7		0047	-1.8
	0351	0548	0.6
SA	0757	1212	-3.2
	1514	1917	3.5
	2308		
8		0124	-1.9
	0425	0633	0.6
SU	0849	1252	-3.3
●	1555	1959	3.4
	2343		
9		0158	-1.9
	0453	0715	0.8
M	0941	1332	-3.3
	1636	2036	3.2
10	0014	0231	-1.9
	0520	0757	1.0
TU	1033	1411	-3.2
	1716	2109	2.9
11	0042	0303	-1.9
	0550	0843	1.2
W	1127	1452	-3.0
	1757	2143	2.6
12	0108	0336	-2.0
	0627	0935	1.5
TH	1225	1535	-2.7
E	1841	2219	2.3
13	0134	0412	-2.1
	0711	1033	1.7
F	1327	1624	-2.3
	1931	2300	2.0
14	0202	0453	-2.2
	0804	1133	1.9
SA	1436	1721	-1.8
	2030	2347	1.6
15	0233	0541	-2.2
	0904	1235	2.2
SU	1555	1833	-1.4
☽	2143		
16		0038	1.3
	0309	0639	-2.2
M	1008	1339	2.4
	1725	2008	-1.2
	2307		
17		0133	1.0
	0350	0749	-2.3
TU	1112	1443	2.7
P	1854	2135	-1.3
18	0026	0230	0.8
	0437	0901	-2.5
W	1211	1547	2.9
S	2007	2240	-1.5
19	0136	0328	0.6
	0532	1003	-2.7
TH	1306	1651	3.2
	2104	2331	-1.7
20	0233	0426	0.6
	0634	1056	-2.9
F	1357	1750	3.3
	2151		
21		0015	-1.9
	0317	0520	0.7
SA	0736	1143	-3.1
	1444	1841	3.4
	2232		
22		0053	-1.9
	0352	0609	0.8
SU	0833	1226	-3.2
○	1528	1925	3.3
	2308		
23		0127	-2.0
	0420	0651	1.0
M	0926	1307	-3.2
	1609	2003	3.1
	2339		
24		0159	-2.0
	0446	0731	1.2
TU	1017	1346	-3.2
	1650	2037	2.8
25	0006	0229	-2.0
	0513	0812	1.5
W	1108	1425	-3.0
E	1730	2108	2.5
26	0030	0300	-2.1
	0546	0857	1.7
TH	1200	1507	-2.7
	1811	2140	2.2
27	0053	0333	-2.2
	0624	0949	1.9
F	1257	1551	-2.4
	1856	2217	1.8
28	0118	0410	-2.3
	0711	1047	2.1
SA	1359	1642	-2.0
	1949	2301	1.5
29	0145	0452	-2.3
	0805	1148	2.3
SU	1510	1744	-1.5
	2056	2352	1.2
30	0218	0542	-2.3
	0909	1252	2.5
M	1631	1907	-1.2
☾ A	2220		
31		0049	0.9
	0258	0646	-2.2
TU	1017	1356	2.7
	1801	2045	-1.2
	2346		

9 月

日期	转流时分	最大流时分	流速
1		0149	0.7
	0345	0803	-2.3
W	1123	1501	2.9
	1921	2201	-1.4
2	0100	0250	0.6
	0445	0918	-2.5
TH	1224	1606	3.1
N	2023	2257	-1.6
3	0158	0351	0.6
	0556	1020	-2.7
F	1320	1707	3.2
	2113	2342	-1.9
4	0243	0450	0.8
	0708	1112	-3.0
SA	1411	1802	3.3
	2155		
5		0021	-2.0
	0319	0542	0.9
SU	0812	1158	-3.1
	1458	1849	3.2
	2231		
6		0056	-2.1
	0348	0628	1.2
M	0908	1240	-3.2
	1542	1930	3.0
	2303		
7		0127	-2.1
	0414	0708	1.4
TU	0959	1320	-3.1
●	1623	2004	2.7
	2329		
8		0157	-2.2
	0440	0746	1.7
W	1048	1359	-3.0
E	1703	2034	2.4
	2352		
9		0227	-2.2
	0510	0826	1.9
TH	1138	1439	-2.8
	1742	2103	2.0
10	0013	0258	-2.3
	0544	0912	2.1
F	1230	1521	-2.5
	1824	2135	1.7
11	0034	0331	-2.4
	0625	1005	2.3
SA	1327	1608	-2.1
P	1912	2214	1.3
12	0058	0410	-2.4
	0714	1103	2.4
SU	1431	1702	-1.7
	2012	2303	1.0
13	0127	0454	-2.4
	0812	1206	2.6
M	1544	1811	-1.3
☽	2133		
14		0001	0.7
	0204	0549	-2.3
TU	0919	1310	2.7
	1707	1946	-1.1
	2306		
15		0105	0.6
	0252	0700	-2.2
W	1030	1414	2.8
S	1829	2116	-1.3
16	0024	0210	0.5
	0355	0825	-2.3
TH	1138	1518	3.0
	1936	2218	-1.6
17	0123	0314	0.6
	0513	0938	-2.5
F	1239	1620	3.1
	2029	2306	-1.8
18	0208	0414	0.8
	0635	1037	-2.7
SA	1335	1717	3.1
	2113	2346	-2.0
19	0244	0510	1.1
	0746	1128	-3.0
SU	1426	1807	3.0
	2151		
20		0022	-2.2
	0315	0558	1.3
M	0847	1213	-3.1
○	1512	1851	2.8
	2224		
21		0055	-2.3
	0342	0641	1.6
TU	0940	1254	-3.1
E	1556	1928	2.5
	2251		
22		0125	-2.3
	0409	0719	1.9
W	1029	1334	-3.0
	1636	1959	2.2
	2314		
23		0154	-2.4
	0437	0757	2.2
TH	1117	1413	-2.8
	1716	2026	1.8
	2333		
24		0224	-2.5
	0509	0839	2.4
F	1207	1454	-2.5
	1756	2054	1.5
	2352		
25		0256	-2.5
	0546	0926	2.5
SA	1300	1537	-2.1
	1841	2128	1.2
26	0012	0331	-2.6
	0629	1021	2.6
SU	1358	1626	-1.8
A	1934	2213	0.9
27	0038	0411	-2.5
	0721	1121	2.7
M	1503	1726	-1.4
	2048	2312	0.6
28	0112	0459	-2.4
	0822	1224	2.8
TU	1616	1845	-1.2
	2223		
29		0019	0.5
	0159	0600	-2.2
W	0932	1328	2.9
☾ N	1734	2022	-1.2
	2347		
30		0128	0.4
	0303	0721	-2.1
TH	1045	1431	2.9
	1845	2136	-1.5

海流微弱。

日 本 一 友 岛 水 道

JAPAN－TOMOGASHIMA SUIDO

34° 16′ N　　135° 00′ E

2021 年潮流表　　流速单位:kn　　(＋)表示流向 355°　　(－)表示流向 175°　　时区:－0900

10 月

日期	转流时分	最大流时分	流速
1 F	0048	0234	0.6
	0424	0848	-2.2
	1153	1533	3.0
	1943	2228	-1.8
2 SA	0133	0337	0.8
	0554	0957	-2.5
	1255	1631	3.0
	2030	2311	-2.0
3 SU	0209	0435	1.1
	0714	1054	-2.7
	1350	1724	2.9
	2109	2348	-2.2
4 M	0242	0527	1.5
	0820	1142	-2.9
	1440	1811	2.7
	2143		
5 TU		0022	-2.4
	0311	0613	1.8
	0917	1226	-2.9
	1526	1850	2.4
	2212		
6 W ●E		0053	-2.4
	0338	0654	2.1
	1008	1308	-2.9
	1608	1924	2.0
	2235		
7 TH		0123	-2.5
	0407	0732	2.4
	1057	1348	-2.7
	1649	1951	1.7
	2254		
8 F P		0152	-2.6
	0437	0811	2.6
	1145	1428	-2.5
	1729	2016	1.3
	2310		
9 SA		0223	-2.7
	0512	0855	2.7
	1235	1509	-2.2
	1811	2044	1.0
	2326		
10 SU		0256	-2.7
	0551	0944	2.8
	1329	1555	-1.8
	1900	2123	0.7
	2347		
11 M		0333	-2.7
	0637	1041	2.9
	1428	1648	-1.5
	2006	2220	0.5
12 TU S	0017	0417	-2.6
	0732	1141	2.9
	1532	1754	-1.3
	2140	2331	0.3
13 W ☽	0102	0510	-2.4
	0837	1243	2.9
	1643	1921	-1.2
	2310		
14 TH		0044	0.3
	0207	0619	-2.2
	0950	1345	2.9
	1752	2046	-1.4
15 F	0011	0153	0.5
	0332	0748	-2.1
	1103	1445	2.9
	1852	2145	-1.7

日期	转流时分	最大流时分	流速
16 SA	0055	0257	0.8
	0507	0911	-2.2
	1210	1542	2.9
	1942	2231	-2.0
17 SU	0133	0356	1.2
	0636	1016	-2.5
	1310	1636	2.8
	2024	2311	-2.3
18 M	0206	0451	1.6
	0750	1110	-2.7
	1404	1725	2.6
	2100	2347	-2.4
19 TU E	0238	0540	1.9
	0852	1157	-2.8
	1453	1808	2.3
	2130		
20 W ○		0020	-2.6
	0308	0624	2.3
	0946	1241	-2.7
	1539	1844	1.9
	2155		
21 TH		0051	-2.6
	0337	0705	2.5
	1036	1322	-2.6
	1622	1914	1.5
	2214		
22 F		0121	-2.7
	0407	0744	2.8
	1124	1402	-2.4
	1703	1939	1.2
	2229		
23 SA		0151	-2.8
	0440	0825	2.9
	1213	1443	-2.1
	1745	2005	0.9
	2242		
24 SU A		0223	-2.8
	0517	0911	3.0
	1303	1526	-1.9
	1831	2038	0.6
	2259		
25 M		0259	-2.8
	0559	1003	3.0
	1357	1614	-1.6
	1930	2127	0.4
	2325		
26 TU N		0339	-2.7
	0648	1100	3.0
	1454	1711	-1.4
	2054	2239	0.3
27 W	0007	0427	-2.5
	0746	1200	3.0
	1556	1822	-1.2
	2228	2357	0.3
28 TH ☾	0113	0526	-2.3
	0854	1300	3.0
	1659	1947	-1.3
	2331		
29 F		0109	0.4
	0240	0644	-2.1
	1008	1358	2.9
	1758	2057	-1.6
30 SA	0016	0215	0.7
	0416	0815	-2.0
	1120	1455	2.8
	1851	2149	-1.9
31 SU	0055	0316	1.1
	0551	0932	-2.2
	1226	1549	2.7
	1936	2232	-2.2

11 月

日期	转流时分	最大流时分	流速
1 M	0130	0413	1.6
	0713	1033	-2.4
	1324	1639	2.5
	2014	2311	-2.4
2 TU E	0204	0505	2.0
	0821	1125	-2.5
	1418	1725	2.2
	2046	2346	-2.6
3 W	0236	0553	2.4
	0920	1212	-2.6
	1507	1805	1.8
	2113		
4 TH ●		0018	-2.7
	0307	0637	2.7
	1013	1255	-2.5
	1554	1837	1.4
	2134		
5 F P		0050	-2.8
	0339	0719	2.9
	1103	1337	-2.3
	1637	1904	1.0
	2148		
6 SA		0121	-2.9
	0412	0801	3.1
	1151	1418	-2.1
	1720	1928	0.8
	2159		
7 SU		0153	-3.0
	0447	0844	3.2
	1240	1500	-1.8
	1805	1957	0.5
	2211		
8 M S		0227	-3.0
	0527	0932	3.2
	1329	1545	-1.6
	1858	2038	0.3
	2232		
9 TU		0305	-2.9
	0611	1024	3.2
	1421	1635	-1.4
	2012	2143	0.2
	2311		
10 W		0350	-2.7
	0703	1120	3.1
	1515	1734	-1.3
	2142	2308	0.2
11 TH ☽	0018	0442	-2.5
	0803	1216	3.1
	1610	1845	-1.3
	2247		
12 F		0023	0.3
	0147	0548	-2.2
	0913	1313	3.0
	1705	2000	-1.5
	2333		
13 SA		0131	0.7
	0323	0712	-2.0
	1027	1408	2.8
	1757	2100	-1.8
14 SU	0013	0233	1.1
	0500	0840	-2.0
	1137	1501	2.6
	1843	2149	-2.1
15 M E	0051	0331	1.5
	0631	0952	-2.1
	1241	1551	2.4
	1924	2231	-2.4

日期	转流时分	最大流时分	流速
16 TU	0128	0426	2.0
	0747	1050	-2.3
	1339	1639	2.1
	2000	2310	-2.6
17 W	0203	0517	2.4
	0852	1141	-2.4
	1433	1721	1.7
	2029	2345	-2.8
18 TH	0237	0606	2.8
	0948	1228	-2.3
	1523	1759	1.3
	2053		
19 F ○		0019	-2.9
	0310	0651	3.0
	1040	1311	-2.2
	1610	1829	1.0
	2109		
20 SA		0051	-3.0
	0344	0735	3.2
	1129	1353	-2.0
	1656	1856	0.7
	2120		
21 SU A		0124	-3.0
	0419	0818	3.3
	1216	1434	-1.8
	1741	1924	0.5
	2130		
22 M N		0158	-3.1
	0457	0903	3.3
	1303	1517	-1.6
	1829	2001	0.3
	2149		
23 TU		0235	-3.0
	0539	0951	3.3
	1350	1602	-1.5
	1930	2056	0.2
	2227		
24 W		0317	-2.9
	0626	1042	3.2
	1438	1652	-1.4
	2045	2215	0.2
	2333		
25 TH		0405	-2.7
	0720	1135	3.1
	1527	1751	-1.4
	2152	2335	0.3
26 F	0100	0501	-2.4
	0822	1229	3.0
	1616	1858	-1.5
	2244		
27 SA ☾		0044	0.6
	0232	0612	-2.1
	0933	1322	2.8
	1704	2004	-1.7
	2328		
28 SU		0148	1.0
	0406	0738	-1.9
	1045	1414	2.6
	1750	2100	-2.0
29 M	0010	0248	1.5
	0541	0902	-1.9
	1154	1505	2.3
	1833	2148	-2.3
30 TU E	0049	0345	2.0
	0706	1010	-2.0
	1257	1553	2.0
	1911	2231	-2.6

12 月

日期	转流时分	最大流时分	流速
1 W	0128	0440	2.4
	0818	1107	-2.1
	1355	1638	1.6
	1943	2310	-2.8
2 TH	0205	0533	2.8
	0920	1158	-2.2
	1450	1719	1.2
	2010	2346	-3.0
3 F	0241	0623	3.1
	1015	1244	-2.1
	1542	1755	0.9
	2030		
4 SA ●P		0021	-3.1
	0316	0710	3.3
	1105	1328	-2.0
	1631	1825	0.6
	2043		
5 SU		0055	-3.1
	0352	0755	3.4
	1153	1409	-1.8
	1717	1853	0.4
	2052		
6 M S		0130	-3.2
	0430	0839	3.4
	1238	1450	-1.7
	1804	1927	0.3
	2109		
7 TU		0207	-3.1
	0509	0923	3.4
	1322	1532	-1.5
	1854	2014	0.2
	2148		
8 W		0246	-3.0
	0553	1009	3.3
	1404	1616	-1.5
	1950	2124	0.2
	2254		
9 TH		0331	-2.8
	0642	1057	3.2
	1447	1705	-1.5
	2050	2245	0.3
10 F	0018	0422	-2.6
	0737	1147	3.0
	1530	1801	-1.5
	2146	2357	0.6
11 SA ☽	0146	0522	-2.2
	0841	1237	2.8
	1613	1902	-1.7
	2236		
12 SU E		0101	1.0
	0315	0638	-1.9
	0952	1328	2.6
	1656	2003	-1.9
	2322		
13 M		0202	1.4
	0447	0805	-1.8
	1103	1418	2.3
	1738	2059	-2.2
14 TU	0007	0301	1.9
	0620	0925	-1.8
	1211	1507	1.9
	1818	2148	-2.5
15 W	0049	0358	2.4
	0741	1031	-1.9
	1315	1554	1.6
	1854	2232	-2.7

日期	转流时分	最大流时分	流速
16 TH	0130	0455	2.8
	0849	1126	-2.0
	1414	1639	1.2
	1925	2313	-2.9
17 F	0210	0549	3.1
	0948	1216	-2.0
	1510	1719	0.9
	1950	2351	-3.1
18 SA A	0248	0640	3.3
	1040	1301	-1.9
	1603	1755	0.6
	2008		
19 SU ○		0027	-3.2
	0326	0728	3.5
	1128	1344	-1.8
	1652	1828	0.4
	2024		
20 M N		0104	-3.2
	0404	0813	3.5
	1212	1424	-1.7
	1737	1903	0.3
	2046		
21 TU		0140	-3.2
	0443	0856	3.5
	1254	1503	-1.6
	1818	1946	0.3
	2128		
22 W		0219	-3.1
	0524	0938	3.4
	1333	1543	-1.5
	1901	2044	0.3
	2230		
23 TH		0301	-3.0
	0609	1022	3.3
	1411	1625	-1.5
	1949	2157	0.4
	2345		
24 F		0348	-2.8
	0659	1107	3.1
	1449	1712	-1.6
	2042	2308	0.7
25 SA	0104	0441	-2.4
	0755	1154	2.8
	1527	1804	-1.7
	2137		
26 SU		0013	1.0
	0226	0544	-2.1
	0859	1243	2.5
	1606	1902	-1.8
	2229		
27 M ☾E		0115	1.4
	0353	0702	-1.7
	1010	1332	2.2
	1646	2002	-2.1
	2319		
28 TU		0215	1.8
	0526	0830	-1.6
	1122	1421	1.9
	1725	2059	-2.3
29 W	0007	0315	2.3
	0656	0948	-1.6
	1231	1510	1.5
	1803	2150	-2.6
30 TH	0052	0414	2.7
	0813	1051	-1.7
	1336	1557	1.2
	1838	2236	-2.8
31 F	0136	0512	3.0
	0917	1145	-1.8
	1437	1643	0.8
	1909	2319	-3.0

海流微弱。

日 本—明石海峡

JAPAN—AKASHI KAIKYO

34° 37′ N　　135° 02′ E

2021 年潮流表　　流速单位:kn　　(+)表示流向 270°　　(—)表示流向 090°　　时区:—0900

1 月

日期	转流 时分	最大流 时分	最大流 流速
1 F		0236	-4.0
	0557	0921	5.7
	1309	1617	-3.1
	1919	2126	2.0
	2333		
2 SA		0317	-3.9
	0634	0958	5.6
	1346	1657	-3.2
	1959	2207	2.0
3 SU	0018	0403	-3.7
	0715	1038	5.4
	1427	1739	-3.2
	2042	2251	2.0
4 M	0108	0455	-3.4
	0801	1122	4.9
	1513	1824	-3.1
	2128	2342	1.9
5 TU	0210	0556	-3.1
	0854	1213	4.2
	1602	1913	-3.0
	2218		
6 W ☾ E		0043	1.9
	0329	0704	-2.8
	0957	1313	3.4
	1655	2005	-2.9
	2311		
7 TH		0159	2.1
	0507	0818	-2.6
	1114	1428	2.7
	1748	2058	-2.9
8 F	0007	0325	2.7
	0640	0938	-2.6
	1247	1551	2.3
	1839	2153	-3.0
9 SA P	0104	0439	3.7
	0801	1059	-2.8
	1422	1701	2.0
	1927	2247	-3.3
10 SU	0159	0538	4.7
	0910	1215	-3.2
	1540	1758	1.9
	2011	2340	-3.7
11 M	0251	0630	5.7
	1011	1320	-3.6
	1641	1846	1.9
	2051		
12 TU S		0031	-4.1
	0341	0717	6.4
	1106	1415	-3.9
	1730	1930	1.9
	2131		
13 W ●		0119	-4.5
	0429	0802	6.9
	1157	1503	-4.0
	1812	2010	2.0
	2211		
14 TH		0207	-4.7
	0516	0844	6.9
	1244	1546	-3.8
	1848	2048	2.1
	2253		
15 F		0253	-4.8
	0602	0926	6.6
	1328	1626	-3.6
	1921	2126	2.2
	2337		
16 SA		0340	-4.7
	0648	1006	6.0
	1409	1704	-3.2
	1952	2204	2.3
17 SU	0024	0426	-4.3
	0733	1044	5.1
	1445	1740	-2.9
	2024	2244	2.3
18 M	0117	0515	-3.7
	0818	1122	4.1
	1515	1815	-2.6
	2059	2328	2.2
19 TU E	0219	0606	-2.9
	0903	1159	3.0
	1540	1851	-2.3
	2139		
20 W ☽		0019	2.1
	0339	0702	-2.1
	0950	1236	2.0
	1600	1929	-2.2
	2227		
21 TH A		0126	1.9
	0523	0807	-1.4
	1045	1321	1.2
	1619	2012	-2.2
	2325		
22 F		0305	2.0
	0712	0925	-0.9
	1206	1429	0.6
	1646	2102	-2.3
23 SA	0031	0434	2.5
	0841	1058	-0.8
	1418	1605	0.3
	1733	2156	-2.4
24 SU	0135	0531	3.1
	0940	1222	-1.1
	1536	1713	0.5
	1839	2252	-2.7
25 M	0229	0614	3.7
	1019	1312	-1.6
	1616	1803	0.8
	1942	2344	-3.0
26 TU N	0314	0650	4.3
	1048	1348	-2.1
	1647	1845	1.2
	2037		
27 W		0031	-3.3
	0354	0723	4.9
	1115	1419	-2.6
	1718	1923	1.7
	2126		
28 TH ○		0114	-3.7
	0431	0757	5.3
	1142	1449	-3.0
	1749	2000	2.1
	2211		
29 F		0154	-4.0
	0508	0830	5.7
	1212	1521	-3.4
	1821	2037	2.5
	2254		
30 SA		0234	-4.2
	0546	0905	5.9
	1244	1553	-3.7
	1854	2114	2.8
	2338		
31 SU		0315	-4.3
	0625	0942	5.9
	1318	1628	-3.8
	1928	2153	3.0

2 月

日期	转流 时分	最大流 时分	最大流 流速
1 M	0022	0359	-4.3
	0707	1020	5.6
	1354	1704	-3.7
	2003	2233	3.1
2 TU E	0111	0447	-4.1
	0753	1101	5.0
	1432	1743	-3.5
	2040	2317	3.2
3 W P	0208	0540	-3.7
	0843	1145	4.1
	1512	1825	-3.2
	2121		
4 TH ☾		0008	3.1
	0318	0643	-3.2
	0943	1235	3.1
	1554	1913	-3.0
	2209		
5 F		0112	3.1
	0446	0755	-2.7
	1058	1340	2.0
	1641	2007	-2.8
	2306		
6 SA		0239	3.2
	0625	0920	-2.3
	1242	1511	1.2
	1735	2108	-2.7
7 SU	0014	0412	3.8
	0756	1054	-2.4
	1440	1642	1.0
	1835	2214	-2.9
8 M S	0126	0524	4.7
	0911	1219	-2.9
	1557	1748	1.1
	1936	2321	-3.4
9 TU	0233	0621	5.6
	1012	1321	-3.3
	1645	1838	1.4
	2032		
10 W		0022	-3.9
	0332	0710	6.2
	1104	1409	-3.7
	1720	1920	1.9
	2123		
11 TH ●		0116	-4.5
	0425	0754	6.5
	1148	1449	-3.8
	1750	1959	2.3
	2212		
12 F		0205	-4.9
	0513	0834	6.5
	1226	1524	-3.7
	1816	2035	2.8
	2258		
13 SA		0251	-5.0
	0558	0910	6.1
	1259	1556	-3.6
	1842	2110	3.2
	2345		
14 SU		0333	-4.9
	0640	0944	5.4
	1326	1626	-3.4
	1908	2145	3.4
15 M E	0032	0415	-4.4
	0720	1016	4.5
	1347	1653	-3.1
	1936	2220	3.5
16 TU	0120	0456	-3.7
	0758	1045	3.6
	1401	1719	-2.9
	2007	2257	3.3
17 W	0213	0538	-2.8
	0833	1111	2.7
	1411	1746	-2.7
	2042	2337	3.0
18 TH A	0315	0624	-1.9
	0907	1136	1.8
	1419	1815	-2.5
	2124		
19 F ☽		0025	2.6
	0442	0719	-1.1
	0942	1202	1.1
	1426	1854	-2.3
	2214		
20 SA		0133	2.2
	0640	0833	-0.5
	1037	1234	0.5
	1430	1948	-2.1
	2320		
21 SU		0333	2.1
	0825	1019	-0.4
		1400	-0.1
		2059	-2.0
22 M	0039	0501	2.6
	0919	1209	-0.9
	1618	1652	0.0
	1725	2216	-2.1
23 TU N	0152	0550	3.3
	0951	1253	-1.6
	1612	1753	0.6
	1928	2325	-2.5
24 W	0248	0629	4.0
	1017	1324	-2.3
	1632	1835	1.3
	2037		
25 TH		0020	-3.0
	0334	0703	4.7
	1043	1352	-2.9
	1657	1913	2.1
	2128		
26 F		0106	-3.6
	0415	0737	5.3
	1111	1421	-3.5
	1724	1948	2.8
	2213		
27 SA ○		0146	-4.2
	0454	0811	5.7
	1141	1450	-3.9
	1751	2022	3.4
	2255		
28 SU		0226	-4.6
	0534	0846	5.9
	1212	1521	-4.1
	1820	2057	3.9
	2337		

3 月

日期	转流 时分	最大流 时分	最大流 流速
1 M E		0307	-4.8
	0615	0921	5.8
	1243	1552	-4.2
	1850	2133	4.3
2 TU P	0021	0349	-4.8
	0658	0958	5.4
	1315	1624	-4.0
	1921	2211	4.5
3 W	0109	0435	-4.6
	0744	1036	4.6
	1346	1659	-3.8
	1955	2252	4.5
4 TH	0203	0527	-4.0
	0835	1116	3.5
	1417	1737	-3.4
	2033	2339	4.3
5 F	0310	0628	-3.3
	0934	1201	2.3
	1447	1822	-3.0
	2119		
6 SA ☾		0038	3.9
	0437	0742	-2.6
	1054	1258	1.2
	1519	1919	-2.6
	2218		
7 SU S		0202	3.6
	0621	0913	-2.1
	1312	1437	0.3
	1603	2030	-2.5
	2334		
8 M		0352	3.9
	0755	1055	-2.2
	1522	1636	0.3
	1745	2152	-2.6
9 TU	0103	0514	4.6
	0907	1216	-2.7
	1602	1743	0.8
	1921	2312	-3.1
10 W	0223	0612	5.3
	1003	1309	-3.2
	1628	1829	1.6
	2031		
11 TH		0018	-3.9
	0326	0659	5.7
	1046	1348	-3.5
	1651	1908	2.4
	2127		
12 F		0113	-4.5
	0420	0739	5.8
	1122	1421	-3.7
	1714	1943	3.1
	2217		
13 SA ●		0159	-4.9
	0507	0815	5.6
	1151	1450	-3.7
	1737	2017	3.8
	2303		
14 SU E		0242	-5.0
	0549	0847	5.1
	1213	1516	-3.7
	1801	2050	4.3
	2348		
15 M		0321	-4.7
	0628	0916	4.5
	1229	1540	-3.6
	1826	2122	4.5
16 TU	0031	0358	-4.2
	0703	0942	3.7
	1241	1601	-3.5
	1854	2154	4.5
17 W	0114	0434	-3.4
	0734	1006	3.0
	1250	1622	-3.3
	1924	2228	4.2
18 TH A	0200	0510	-2.6
	0803	1029	2.3
	1259	1642	-3.2
	1956	2302	3.8
19 F	0251	0549	-1.8
	0831	1052	1.7
	1310	1705	-2.9
	2033	2341	3.2
20 SA	0400	0639	-1.1
	0904	1116	1.1
	1321	1738	-2.5
	2117		
21 SU ☽		0031	2.6
	0544	0752	-0.6
	1001	1147	0.4
	1326	1836	-2.0
	2214		
22 M N		0159	2.1
	0727	0935	-0.6
		1252	-0.2
		2010	-1.6
	2334		
23 TU		0413	2.3
	0824	1120	-1.1
		1644	-0.0
		2148	-1.7
24 W	0106	0516	3.0
	0900	1210	-1.9
	1545	1742	0.8
	1933	2307	-2.2
25 TH	0216	0559	3.8
	0932	1244	-2.6
	1601	1820	1.8
	2039		
26 F		0004	-2.9
	0310	0637	4.5
	1002	1314	-3.3
	1624	1855	2.7
	2127		
27 SA		0051	-3.6
	0356	0713	5.1
	1033	1344	-3.9
	1649	1928	3.6
	2210		
28 SU ○E		0133	-4.3
	0439	0748	5.4
	1104	1413	-4.2
	1715	2002	4.4
	2251		
29 M		0214	-4.8
	0522	0823	5.5
	1134	1443	-4.4
	1742	2036	5.0
	2333		
30 TU P		0255	-5.1
	0605	0859	5.2
	1203	1513	-4.4
	1811	2112	5.5
31 W	0017	0339	-5.0
	0650	0935	4.6
	1231	1544	-4.3
	1843	2150	5.6

日 本—明石海峡

JAPAN—AKASHI KAIKYO

34° 37′ N　　135° 02′ E

2021年潮流表　　流速单位:kn　　(+)表示流向270°　　(−)表示流向090°　　时区:−0900

4月

日期	转流时分	最大流时分	流速
1 TH	0106	0426	-4.6
	0738	1012	3.7
	1257	1617	-4.0
	1917	2231	5.5
2 F	0202	0519	-3.9
	0830	1050	2.6
	1321	1654	-3.6
	1956	2318	5.1
3 SA	0310	0622	-3.1
	0933	1132	1.5
	1342	1740	-3.1
	2044		
4 SU ☾ S		0015	4.5
	0438	0738	-2.4
	1106	1226	0.5
	1354	1842	-2.6
	2146		
5 M		0138	3.9
	0618	0909	-2.1
		1413	-0.2
		2006	-2.3
	2309		
6 TU		0335	3.8
	0744	1044	-2.2
	1531	1628	0.2
	1723	2139	-2.5
7 W	0047	0458	4.3
	0848	1152	-2.6
	1533	1730	1.1
	1922	2303	-3.0
8 TH	0212	0555	4.7
	0935	1238	-3.0
	1550	1813	2.1
	2034		
9 F		0009	-3.7
	0318	0639	4.9
	1012	1313	-3.3
	1610	1849	3.1
	2130		
10 SA		0103	-4.3
	0411	0716	4.8
	1039	1342	-3.5
	1632	1923	4.0
	2219		
11 SU E		0148	-4.5
	0456	0749	4.4
	1100	1408	-3.7
	1657	1956	4.6
	2304		
12 M ●		0229	-4.5
	0536	0817	4.0
	1115	1431	-3.8
	1722	2028	5.1
	2346		
13 TU		0306	-4.2
	0611	0843	3.4
	1127	1452	-3.8
	1750	2059	5.2
14 W A	0026	0341	-3.6
	0642	0907	2.9
	1138	1511	-3.8
	1818	2130	5.1
15 TH	0106	0414	-3.0
	0711	0930	2.4
	1151	1530	-3.7
	1848	2202	4.8
16 F	0147	0448	-2.3
	0739	0955	2.0
	1207	1550	-3.5
	1920	2235	4.3
17 SA	0231	0527	-1.7
	0811	1022	1.5
	1225	1615	-3.1
	1954	2311	3.7
18 SU N	0327	0617	-1.3
	0855	1053	0.9
	1243	1648	-2.6
	2034	2356	3.1
19 M	0445	0728	-1.0
	1013	1136	0.4
	1257	1748	-1.9
	2125		
20 TU ☽		0103	2.6
	0610	0853	-1.6
		1303	-0.2
		1938	-1.5
	2239		
21 W		0300	2.4
	0714	1013	-1.6
	1455	1617	0.2
	1732	2119	-1.5
22 TH	0013	0428	2.9
	0801	1111	-2.3
	1457	1715	1.2
	1927	2238	-2.1
23 F	0137	0522	3.6
	0841	1153	-3.0
	1518	1754	2.3
	2029	2339	-2.8
24 SA	0242	0605	4.2
	0917	1229	-3.6
	1543	1830	3.3
	2116		
25 SU E		0030	-3.6
	0335	0644	4.6
	0951	1302	-4.0
	1609	1905	4.3
	2200		
26 M		0116	-4.3
	0424	0722	4.8
	1023	1334	-4.4
	1637	1940	5.2
	2244		
27 TU ○P		0200	-4.8
	0511	0759	4.6
	1053	1405	-4.5
	1707	2016	5.9
	2329		
28 W		0246	-5.0
	0558	0836	4.2
	1121	1437	-4.5
	1738	2053	6.4
29 TH	0016	0333	-4.8
	0646	0913	3.6
	1147	1509	-4.4
	1812	2133	6.5
30 F	0108	0423	-4.3
	0736	0950	2.7
	1211	1544	-4.2
	1851	2216	6.2

5月

日期	转流时分	最大流时分	流速
1 SA S	0206	0519	-3.7
	0831	1029	1.8
	1232	1624	-3.8
	1934	2304	5.7
2 SU	0316	0622	-3.0
	0937	1112	0.9
	1252	1714	-3.3
	2025		
3 M ☾		0002	4.9
	0438	0733	-2.4
	1113	1208	0.2
	1306	1824	-2.7
	2129		
4 TU		0120	4.1
	0603	0851	-2.1
		1350	-0.1
		1952	-2.4
	2251		
5 W		0308	3.7
	0715	1006	-2.2
	1420	1601	0.5
	1733	2122	-2.4
6 TH	0028	0431	3.7
	0810	1107	-2.4
	1437	1704	1.5
	1921	2245	-2.8
7 F	0156	0528	3.7
	0851	1151	-2.8
	1459	1748	2.6
	2032	2353	-3.3
8 SA E	0304	0611	3.6
	0921	1226	-3.1
	1525	1826	3.6
	2129		
9 SU		0048	-3.6
	0358	0646	3.4
	0942	1255	-3.4
	1552	1901	4.5
	2218		
10 M		0134	-3.7
	0442	0717	3.1
	0959	1321	-3.7
	1620	1935	5.1
	2303		
11 TU ●A		0215	-3.6
	0520	0744	2.8
	1014	1345	-3.9
	1650	2007	5.4
	2344		
12 W		0252	-3.4
	0553	0810	2.5
	1029	1407	-4.0
	1720	2038	5.5
13 TH	0022	0326	-3.0
	0623	0835	2.2
	1046	1429	-4.0
	1750	2109	5.4
14 F	0059	0400	-2.6
	0653	0902	2.0
	1108	1452	-3.9
	1821	2141	5.1
15 SA N	0135	0435	-2.2
	0726	0932	1.7
	1132	1519	-3.6
	1853	2214	4.7
16 SU	0215	0515	-2.0
	0806	1006	1.3
	1200	1550	-3.2
	1927	2251	4.2
17 M	0302	0605	-1.8
	0859	1046	0.9
	1231	1633	-2.6
	2007	2336	3.7
18 TU	0359	0705	-1.7
	1013	1139	0.5
	1309	1740	-2.1
	2057		
19 W ☽		0033	3.2
	0505	0810	-1.8
	1151	1304	0.2
	1426	1915	-1.7
	2203		
20 TH		0156	2.9
	0608	0914	-2.2
	1309	1516	0.6
	1721	2045	-1.7
	2328		
21 F		0329	2.9
	0702	1011	-2.6
	1351	1631	1.6
	1903	2203	-2.1
22 SA E	0057	0437	3.3
	0749	1059	-3.1
	1425	1720	2.7
	2008	2310	-2.8
23 SU	0214	0530	3.6
	0830	1141	-3.6
	1457	1801	3.8
	2102		
24 M		0008	-3.5
	0317	0616	3.8
	0907	1220	-4.0
	1529	1841	4.9
	2151		
25 TU		0101	-4.1
	0414	0658	3.7
	0940	1256	-4.3
	1602	1920	5.8
	2240		
26 W ○P		0152	-4.5
	0506	0737	3.5
	1011	1331	-4.5
	1637	1959	6.5
	2329		
27 TH		0242	-4.6
	0556	0816	3.1
	1040	1407	-4.6
	1714	2040	6.9
28 F S	0020	0333	-4.4
	0646	0855	2.6
	1107	1445	-4.6
	1754	2122	6.9
29 SA	0114	0425	-4.0
	0737	0933	2.0
	1135	1526	-4.4
	1837	2207	6.6
30 SU	0212	0518	-3.5
	0829	1014	1.4
	1204	1612	-4.0
	1925	2255	5.9
31 M	0315	0615	-3.0
	0925	1059	0.9
	1239	1709	-3.5
	2018	2350	5.0

6月

日期	转流时分	最大流时分	流速
1 TU	0422	0713	-2.5
	1029	1154	0.6
	1328	1817	-3.0
	2119		
2 W ☾		0057	4.1
	0528	0813	-2.2
	1137	1315	0.5
	1507	1935	-2.6
	2233		
3 TH		0222	3.3
	0626	0911	-2.1
	1237	1508	1.0
	1729	2056	-2.3
4 F E	0000	0346	2.8
	0712	1005	-2.3
	1323	1626	1.9
	1912	2217	-2.3
5 SA	0131	0447	2.5
	0747	1051	-2.5
	1402	1719	2.9
	2027	2331	-2.5
6 SU	0246	0534	2.2
	0814	1130	-2.9
	1439	1802	3.8
	2128		
7 M		0033	-2.7
	0344	0611	2.0
	0835	1205	-3.2
	1515	1840	4.5
	2219		
8 TU A		0123	-2.8
	0429	0643	1.9
	0855	1236	-3.5
	1549	1915	5.0
	2303		
9 W		0205	-2.7
	0506	0713	1.8
	0917	1305	-3.8
	1623	1948	5.3
	2342		
10 TH ●		0242	-2.7
	0539	0742	1.7
	0942	1333	-4.0
	1656	2020	5.4
11 F	0017	0316	-2.6
	0610	0812	1.7
	1011	1402	-4.0
	1729	2052	5.4
12 SA N	0049	0350	-2.5
	0643	0845	1.7
	1043	1433	-3.9
	1801	2124	5.3
13 SU	0121	0424	-2.5
	0719	0920	1.6
	1118	1507	-3.7
	1835	2159	5.1
14 M	0156	0503	-2.5
	0800	0959	1.5
	1157	1547	-3.3
	1911	2236	4.8
15 TU	0235	0546	-2.5
	0848	1043	1.3
	1241	1636	-2.9
	1952	2319	4.4
16 W	0321	0634	-2.5
	0942	1134	1.1
	1337	1739	-2.5
	2041		
17 TH		0009	3.9
	0413	0726	-2.5
	1041	1240	1.1
	1500	1853	-2.2
	2141		
18 F ☽		0112	3.4
	0509	0820	-2.6
	1141	1407	1.3
	1652	2010	-2.1
	2255		
19 SA E		0230	2.9
	0604	0914	-2.8
	1236	1535	2.0
	1830	2127	-2.3
20 SU	0023	0349	2.8
	0655	1005	-3.1
	1325	1640	3.0
	1946	2242	-2.7
21 M	0151	0455	2.7
	0741	1054	-3.4
	1409	1733	4.1
	2049	2351	-3.2
22 TU	0308	0550	2.7
	0822	1140	-3.7
	1452	1820	5.2
	2147		
23 W P		0054	-3.7
	0412	0637	2.6
	0859	1224	-4.1
	1534	1905	6.1
	2241		
24 TH ○		0152	-4.0
	0508	0721	2.4
	0934	1307	-4.4
	1617	1949	6.8
	2333		
25 F S		0244	-4.2
	0559	0802	2.2
	1008	1351	-4.6
	1701	2032	7.1
26 SA	0025	0334	-4.1
	0645	0842	2.1
	1043	1435	-4.7
	1746	2116	7.0
27 SU	0117	0421	-3.9
	0728	0922	1.9
	1120	1522	-4.6
	1833	2200	6.6
28 M	0208	0507	-3.5
	0808	1002	1.7
	1202	1612	-4.4
	1921	2245	5.9
29 TU	0258	0553	-3.1
	0848	1045	1.6
	1252	1706	-3.9
	2012	2332	4.9
30 W	0346	0637	-2.7
	0929	1134	1.5
	1355	1805	-3.3
	2107		

日　本—明石海峡

JAPAN－AKASHI KAIKYO

34° 37′ N　　135° 02′ E

2021 年潮流表　　流速单位：kn　　(＋)表示流向 270°　　(－)表示流向 090°　　时区：－0900

7 月

日期	转流时分	最大流时分	流速
1 TH ☾ E		0022	3.8
	0432	0722	-2.3
	1014	1234	1.5
	1522	1911	-2.7
	2208		
2 F		0120	2.7
	0513	0808	-2.2
	1105	1356	1.6
	1712	2022	-2.1
	2320		
3 SA		0230	1.8
	0548	0855	-2.2
	1201	1533	2.1
	1857	2142	-1.7
4 SU	0052	0345	1.2
	0618	0942	-2.3
	1259	1645	2.8
	2023	2306	-1.6
5 M A	0229	0446	0.9
	0648	1029	-2.6
	1353	1739	3.5
	2130		
6 TU		0023	-1.7
	0339	0534	0.9
	0719	1115	-2.9
	1441	1822	4.1
	2223		
7 W		0118	-1.9
	0425	0613	0.9
	0756	1157	-3.2
	1524	1859	4.6
	2304		
8 TH		0200	-2.1
	0459	0649	1.1
	0835	1237	-3.5
	1603	1933	5.0
	2336		
9 F N		0234	-2.3
	0529	0724	1.4
	0916	1315	-3.7
	1639	2005	5.2
10 SA ●	0004	0305	-2.5
	0559	0759	1.6
	0957	1351	-3.8
	1713	2037	5.4
11 SU	0030	0335	-2.8
	0630	0835	1.9
	1039	1428	-3.9
	1747	2109	5.5
12 M	0058	0406	-3.0
	0703	0912	2.1
	1121	1506	-3.8
	1822	2143	5.4
13 TU	0129	0439	-3.1
	0739	0950	2.2
	1205	1548	-3.7
	1900	2220	5.3
14 W	0204	0515	-3.2
	0817	1031	2.2
	1253	1634	-3.5
	1942	2259	4.9
15 TH	0242	0555	-3.1
	0858	1117	2.2
	1348	1728	-3.2
	2029	2343	4.3

日期	转流时分	最大流时分	流速
16 F E	0325	0639	-3.0
	0942	1209	2.2
	1456	1830	-2.8
	2124		
17 SA ☽		0035	3.5
	0411	0727	-2.9
	1031	1314	2.3
	1624	1940	-2.5
	2232		
18 SU		0138	2.7
	0502	0819	-2.8
	1125	1436	2.6
	1801	2058	-2.3
	2359		
19 M		0300	2.0
	0555	0914	-2.9
	1224	1601	3.3
	1929	2222	-2.4
20 TU	0144	0424	1.7
	0648	1011	-3.1
	1324	1709	4.2
	2043	2345	-2.8
21 W P	0315	0531	1.6
	0738	1108	-3.4
	1421	1806	5.3
	2148		
22 TH S		0056	-3.3
	0422	0624	1.7
	0825	1204	-3.8
	1515	1856	6.1
	2244		
23 F		0154	-3.7
	0512	0711	1.8
	0910	1257	-4.3
	1607	1942	6.7
	2335		
24 SA ○		0242	-4.0
	0553	0752	2.0
	0954	1347	-4.7
	1656	2026	7.0
25 SU	0022	0325	-4.0
	0629	0831	2.2
	1038	1435	-5.0
	1744	2107	6.9
26 M	0106	0405	-3.8
	0700	0910	2.5
	1124	1522	-5.0
	1830	2148	6.3
27 TU	0145	0442	-3.5
	0731	0948	2.6
	1212	1609	-4.7
	1916	2227	5.5
28 W	0221	0517	-3.2
	0801	1027	2.7
	1304	1656	-4.2
	2002	2304	4.5
29 TH E	0251	0551	-2.9
	0833	1108	2.7
	1403	1746	-3.4
	2048	2340	3.4
30 F	0315	0625	-2.6
	0910	1155	2.6
	1514	1841	-2.6
	2135		
31 SA ☾		0016	2.2
	0333	0701	-2.4
	0953	1253	2.4
	1648	1943	-1.7
	2229		

8 月

日期	转流时分	最大流时分	流速
1 SU		0054	1.3
	0345	0741	-2.2
	1046	1417	2.3
	1839	2100	-1.0
	2349		
2 M A		0146	0.5
	0352	0830	-2.2
	1152	1604	2.5
	2023	2241	-0.8
3 TU	0324	0332	0.0
	0340	0927	-2.3
	1305	1717	3.0
	2137		
4 W		0026	-1.0
	0425	0501	0.1
	0535	1030	-2.4
	1410	1806	3.6
	2221		
5 TH N		0118	-1.5
	0435	0555	0.4
	0711	1131	-2.7
	1502	1844	4.1
	2251		
6 F		0150	-1.9
	0452	0637	0.9
	0819	1223	-3.1
	1545	1917	4.6
	2314		
7 SA		0216	-2.4
	0514	0714	1.5
	0913	1307	-3.5
	1623	1948	5.0
	2336		
8 SU ●		0242	-2.8
	0539	0750	2.0
	1001	1346	-3.8
	1659	2019	5.4
9 M	0000	0308	-3.2
	0606	0824	2.5
	1044	1424	-4.1
	1734	2051	5.6
10 TU	0027	0336	-3.5
	0635	0859	2.9
	1126	1501	-4.2
	1810	2124	5.7
11 W	0056	0406	-3.7
	0706	0935	3.2
	1209	1541	-4.3
	1849	2159	5.5
12 TH E	0127	0438	-3.7
	0737	1012	3.4
	1254	1624	-4.1
	1931	2236	5.0
13 F	0200	0513	-3.6
	0812	1053	3.5
	1345	1713	-3.8
	2017	2316	4.2
14 SA	0235	0551	-3.4
	0849	1138	3.4
	1446	1810	-3.3
	2111		
15 SU ☽		0001	3.2
	0312	0634	-3.1
	0932	1233	3.3
	1604	1917	-2.7
	2218		

日期	转流时分	最大流时分	流速
16 M		0055	2.1
	0353	0725	-2.8
	1024	1347	3.2
	1742	2039	-2.3
	2352		
17 TU P		0213	1.1
	0442	0826	-2.6
	1130	1526	3.5
	1921	2214	-2.2
18 W S	0206	0402	0.7
	0548	0936	-2.7
	1246	1653	4.3
	2042	2348	-2.6
19 TH	0338	0522	0.8
	0701	1048	-3.1
	1401	1757	5.2
	2147		
20 F		0057	-3.2
	0427	0618	1.3
	0807	1156	-3.7
	1506	1848	6.0
	2240		
21 SA		0146	-3.6
	0502	0702	1.8
	0904	1254	-4.3
	1602	1934	6.5
	2325		
22 SU ○		0227	-3.9
	0530	0741	2.4
	0955	1345	-4.9
	1653	2015	6.6
23 M	0004	0302	-3.9
	0556	0818	3.0
	1044	1432	-5.2
	1740	2053	6.3
24 TU	0037	0335	-3.8
	0622	0853	3.5
	1131	1516	-5.2
	1824	2128	5.6
25 W E	0105	0404	-3.6
	0647	0928	3.8
	1218	1559	-4.8
	1906	2200	4.8
26 TH	0127	0432	-3.4
	0715	1004	4.0
	1307	1641	-4.2
	1946	2230	3.8
27 F	0142	0458	-3.1
	0744	1040	3.9
	1359	1724	-3.3
	2024	2257	2.8
28 SA	0152	0524	-2.9
	0818	1119	3.6
	1459	1810	-2.3
	2100	2322	1.9
29 SU	0156	0551	-2.7
	0857	1204	3.1
	1620	1905	-1.3
	2138	2345	1.1
30 M ☾ A	0156	0624	-2.4
	0944	1303	2.5
	1817	2018	-0.6
	2232		
31 TU		0008	0.4
	0142	0714	-2.1
	1046	1455	2.2
	2017	2211	-0.4

9 月

日期	转流时分	最大流时分	流速
1 W		0037	-0.3
		0828	-1.9
	1208	1650	2.5
	2122		
2 TH N		0031	-0.9
		0445	-0.3
		0956	-1.9
	1334	1744	3.1
	2152		
3 F		0058	-1.5
	0429	0548	0.4
	0704	1114	-2.2
	1437	1821	3.7
	2213		
4 SA		0120	-2.1
	0429	0628	1.1
	0825	1212	-2.7
	1524	1854	4.3
	2234		
5 SU		0143	-2.7
	0446	0702	1.9
	0920	1257	-3.3
	1604	1925	4.8
	2257		
6 M		0207	-3.3
	0508	0735	2.7
	1004	1335	-3.8
	1642	1956	5.3
	2322		
7 TU ●		0232	-3.7
	0533	0807	3.4
	1044	1412	-4.3
	1719	2028	5.5
	2349		
8 W E		0259	-4.0
	0559	0840	4.0
	1124	1450	-4.6
	1757	2101	5.5
9 TH	0017	0327	-4.2
	0627	0914	4.4
	1205	1529	-4.7
	1838	2136	5.2
10 F	0046	0357	-4.1
	0656	0950	4.7
	1249	1612	-4.5
	1921	2212	4.6
11 SA P	0115	0429	-3.9
	0728	1029	4.8
	1339	1700	-4.1
	2009	2250	3.6
12 SU	0144	0504	-3.6
	0804	1112	4.6
	1439	1757	-3.4
	2104	2331	2.5
13 M ☽	0212	0545	-3.2
	0846	1204	4.2
	1557	1906	-2.7
	2215		
14 TU		0020	1.4
	0239	0638	-2.8
	0939	1314	3.8
	1737	2032	-2.2
15 W S	0014	0136	0.4
	0306	0747	-2.4
	1050	1501	3.7
	1917	2214	-2.1

日期	转流时分	最大流时分	流速
16 TH	0315	0354	0.1
	0430	0912	-2.5
	1220	1640	4.3
	2036	2343	-2.6
17 F	0345	0517	0.6
	0646	1038	-2.9
	1348	1746	5.0
	2134		
18 SA		0042	-3.1
	0408	0608	1.4
	0807	1151	-3.6
	1459	1836	5.6
	2220		
19 SU		0123	-3.5
	0431	0649	2.3
	0908	1249	-4.4
	1557	1919	5.8
	2258		
20 M ○		0158	-3.7
	0453	0725	3.2
	1000	1339	-4.9
	1647	1956	5.7
	2328		
21 TU E		0228	-3.8
	0516	0800	4.0
	1048	1424	-5.2
	1732	2030	5.2
	2353		
22 W		0255	-3.8
	0540	0833	4.6
	1133	1505	-5.0
	1814	2100	4.6
23 TH	0011	0320	-3.7
	0606	0906	4.9
	1218	1545	-4.5
	1852	2128	3.8
24 F	0023	0343	-3.7
	0634	0940	5.0
	1304	1623	-3.8
	1926	2153	3.0
25 SA	0032	0403	-3.5
	0704	1013	4.7
	1351	1702	-2.9
	1958	2216	2.2
26 SU A	0040	0423	-3.3
	0737	1048	4.2
	1444	1743	-2.0
	2029	2238	1.5
27 M	0047	0445	-3.0
	0813	1127	3.6
	1553	1833	-1.2
	2102	2301	0.9
28 TU	0052	0511	-2.6
	0855	1213	2.8
	1736	1943	-0.6
	2155	2325	0.3
29 W ☾ N	0048	0557	-2.0
	0948	1327	2.2
	1922	2124	-0.5
30 TH		0004	-0.3
		0736	-1.5
	1104	1554	2.2
	2019	2317	-1.0

日　本—明石海峡

JAPAN—AKASHI KAIKYO

34°37′ N　　135°02′ E

2021 年潮流表　　流速单位:kn　　(+)表示流向 270°　　(−)表示流向 090°　　时区:−0900

10 月

日期	转流时分	最大流时分	流速
1 F		0439	-0.3
		0926	-1.5
	1241	1704	2.7
	2051		
2 SA		0002	-1.7
	0346	0534	0.6
	0718	1052	-1.9
	1400	1746	3.3
	2118		
3 SU		0030	-2.4
	0350	0609	1.6
	0829	1151	-2.5
	1455	1822	3.9
	2144		
4 M		0057	-3.0
	0408	0641	2.5
	0917	1237	-3.2
	1540	1855	4.5
	2211		
5 TU		0123	-3.6
	0430	0713	3.5
	0958	1317	-3.9
	1622	1929	4.9
	2239		
6 W ●E		0151	-4.1
	0455	0745	4.3
	1037	1356	-4.4
	1703	2002	5.1
	2307		
7 TH		0218	-4.3
	0521	0818	5.0
	1117	1435	-4.8
	1745	2037	4.9
	2336		
8 F P		0247	-4.4
	0549	0852	5.5
	1159	1517	-4.8
	1829	2112	4.4
9 SA	0003	0317	-4.4
	0619	0929	5.8
	1246	1603	-4.6
	1915	2148	3.7
10 SU	0029	0349	-4.1
	0652	1008	5.8
	1338	1654	-4.0
	2006	2226	2.8
11 M	0054	0424	-3.8
	0730	1053	5.5
	1440	1753	-3.3
	2105	2307	1.7
12 TU S	0116	0506	-3.3
	0815	1145	4.9
	1600	1905	-2.6
	2226	2356	0.7
13 W ☽	0133	0604	-2.8
	0912	1255	4.3
	1735	2029	-2.2
14 TH		0114	-0.1
		0725	-2.4
	1027	1442	3.9
	1905	2200	-2.2
15 F		0343	-0.0
		0859	-2.4
	1202	1621	4.1
	2014	2316	-2.6

日期	转流时分	最大流时分	流速
16 SA	0309	0501	0.9
	0647	1027	-2.9
	1336	1726	4.5
	2105		
17 SU		0007	-3.0
	0326	0549	1.9
	0808	1140	-3.6
	1450	1815	4.7
	2145		
18 M		0046	-3.3
	0347	0628	3.0
	0909	1238	-4.2
	1548	1855	4.7
	2215		
19 TU E		0118	-3.5
	0410	0704	4.0
	1001	1328	-4.6
	1638	1930	4.4
	2239		
20 W ○		0146	-3.7
	0436	0739	4.8
	1048	1412	-4.6
	1721	2001	3.9
	2256		
21 TH		0211	-3.9
	0503	0812	5.4
	1133	1453	-4.3
	1800	2029	3.3
	2309		
22 F		0234	-3.9
	0531	0845	5.6
	1217	1531	-3.8
	1835	2054	2.8
	2321		
23 SA		0255	-3.9
	0601	0918	5.5
	1300	1608	-3.2
	1907	2119	2.2
	2332		
24 SU A		0315	-3.8
	0632	0950	5.1
	1344	1645	-2.4
	1937	2143	1.7
	2346		
25 M		0336	-3.6
	0705	1024	4.6
	1431	1725	-1.8
	2009	2208	1.3
26 TU N	0002	0359	-3.2
	0740	1100	3.9
	1527	1814	-1.3
	2050	2238	0.8
27 W	0019	0428	-2.7
	0818	1142	3.2
	1638	1917	-1.0
	2159	2316	0.3
28 TH ☾	0031	0517	-2.0
	0905	1239	2.6
	1754	2033	-1.0
29 F		0025	-0.2
		0704	-1.4
	1010	1419	2.3
	1854	2149	-1.4
30 SA	0328	0351	0.0
	0414	0852	-1.3
	1139	1601	2.5
	1938	2246	-2.0
31 SU	0240	0459	1.0
	0709	1015	-1.7
	1309	1659	3.0
	2016	2328	-2.7

11 月

日期	转流时分	最大流时分	流速
1 M	0258	0538	2.0
	0815	1118	-2.4
	1418	1743	3.5
	2050		
2 TU E		0004	-3.3
	0322	0613	3.1
	0903	1210	-3.1
	1513	1822	4.0
	2123		
3 W		0036	-3.8
	0348	0647	4.1
	0946	1256	-3.8
	1603	1900	4.2
	2155		
4 TH ●		0108	-4.2
	0415	0721	5.0
	1028	1340	-4.3
	1650	1937	4.2
	2225		
5 F P		0139	-4.4
	0445	0757	5.8
	1111	1425	-4.6
	1737	2014	3.9
	2253		
6 SA		0211	-4.5
	0516	0834	6.3
	1157	1511	-4.6
	1825	2051	3.4
	2320		
7 SU		0243	-4.5
	0550	0913	6.6
	1247	1601	-4.3
	1915	2128	2.7
	2346		
8 M S		0319	-4.3
	0628	0955	6.5
	1343	1655	-3.8
	2008	2207	1.9
9 TU	0011	0358	-4.0
	0710	1041	6.1
	1447	1755	-3.2
	2110	2250	1.2
10 W	0036	0447	-3.5
	0800	1135	5.3
	1602	1902	-2.7
	2227	2342	0.5
11 TH ☽	0102	0552	-3.0
	0900	1243	4.5
	1722	2013	-2.3
12 F	0017	0100	0.1
	0145	0714	-2.6
	1014	1416	3.9
	1835	2124	-2.3
13 SA	0130	0307	0.4
	0438	0843	-2.5
	1145	1550	3.7
	1935	2227	-2.4
14 SU	0201	0429	1.3
	0644	1007	-2.8
	1318	1656	3.6
	2020	2317	-2.7
15 M E	0230	0521	2.5
	0804	1122	-3.2
	1435	1746	3.5
	2054	2357	-3.0

日期	转流时分	最大流时分	流速
16 TU	0258	0604	3.6
	0906	1223	-3.6
	1537	1826	3.3
	2119		
17 W		0030	-3.3
	0328	0643	4.5
	1000	1316	-3.8
	1627	1900	2.9
	2139		
18 TH		0100	-3.6
	0359	0719	5.2
	1049	1402	-3.7
	1710	1930	2.6
	2155		
19 F ○		0127	-3.9
	0431	0753	5.6
	1135	1443	-3.4
	1748	1958	2.2
	2210		
20 SA		0153	-4.0
	0504	0827	5.7
	1217	1522	-3.1
	1821	2024	1.9
	2228		
21 SU A		0217	-4.0
	0537	0859	5.6
	1258	1558	-2.6
	1852	2052	1.7
	2249		
22 M N		0242	-3.9
	0609	0932	5.3
	1337	1635	-2.2
	1924	2121	1.4
	2313		
23 TU		0309	-3.7
	0643	1005	4.8
	1415	1713	-1.9
	2001	2153	1.2
	2341		
24 W		0339	-3.3
	0717	1040	4.3
	1457	1757	-1.7
	2047	2231	0.9
25 TH	0014	0419	-2.7
	0755	1121	3.8
	1544	1848	-1.7
	2148	2320	0.6
26 F	0054	0518	-2.1
	0839	1210	3.2
	1638	1945	-1.8
	2308		
27 SA ☾		0030	0.4
	0202	0644	-1.7
	0935	1316	2.8
	1734	2043	-2.0
28 SU	0027	0225	0.5
	0437	0812	-1.5
	1050	1444	2.6
	1827	2137	-2.4
29 M	0118	0401	1.3
	0636	0931	-1.8
	1217	1602	2.8
	1914	2227	-2.9
30 TU E	0157	0456	2.3
	0748	1041	-2.3
	1340	1700	3.0
	1957	2310	-3.3

12 月

日期	转流时分	最大流时分	流速
1 W	0231	0540	3.4
	0843	1142	-2.9
	1450	1749	3.2
	2035	2350	-3.7
2 TH	0305	0620	4.5
	0933	1238	-3.5
	1550	1833	3.2
	2110		
3 F		0028	-4.1
	0339	0700	5.5
	1022	1331	-4.0
	1645	1915	3.1
	2143		
4 SA ●P		0105	-4.3
	0415	0740	6.3
	1110	1422	-4.2
	1736	1955	2.9
	2214		
5 SU		0143	-4.5
	0452	0821	6.8
	1200	1512	-4.3
	1827	2034	2.5
	2244		
6 M S		0222	-4.6
	0533	0903	7.0
	1253	1604	-4.1
	1916	2114	2.0
	2315		
7 TU		0304	-4.5
	0616	0947	6.8
	1348	1656	-3.7
	2006	2155	1.6
	2348		
8 W		0351	-4.3
	0703	1034	6.3
	1447	1749	-3.3
	2058	2239	1.2
9 TH	0027	0445	-3.9
	0755	1126	5.5
	1549	1843	-2.8
	2152	2330	1.0
10 F	0118	0549	-3.4
	0854	1225	4.6
	1650	1938	-2.5
	2248		
11 SA ☽		0036	0.9
	0240	0702	-2.9
	1001	1337	3.7
	1747	2034	-2.3
	2345		
12 SU E		0209	1.1
	0442	0819	-2.6
	1121	1500	2.9
	1836	2127	-2.3
13 M	0038	0342	1.8
	0631	0939	-2.4
	1252	1612	2.4
	1916	2216	-2.5
14 TU	0125	0448	2.8
	0756	1059	-2.5
	1418	1708	2.1
	1946	2300	-2.8
15 W	0209	0539	3.7
	0906	1210	-2.6
	1528	1752	1.8
	2011	2340	-3.1

日期	转流时分	最大流时分	流速
16 TH	0250	0623	4.5
	1004	1309	-2.7
	1622	1828	1.6
	2034		
17 F		0016	-3.4
	0330	0702	5.1
	1055	1357	-2.7
	1704	1901	1.5
	2057		
18 SA A		0050	-3.7
	0408	0738	5.4
	1139	1439	-2.7
	1739	1932	1.4
	2123		
19 SU ○		0123	-3.9
	0444	0812	5.5
	1217	1515	-2.6
	1810	2003	1.4
	2154		
20 M N		0155	-4.0
	0520	0845	5.5
	1251	1549	-2.5
	1840	2035	1.5
	2228		
21 TU		0227	-3.9
	0554	0917	5.3
	1321	1621	-2.4
	1912	2109	1.5
	2305		
22 W		0301	-3.7
	0627	0949	5.0
	1350	1654	-2.4
	1947	2146	1.5
	2345		
23 TH		0339	-3.4
	0702	1023	4.7
	1422	1731	-2.4
	2028	2227	1.5
24 F	0030	0423	-3.0
	0739	1101	4.3
	1458	1811	-2.5
	2114	2314	1.4
25 SA	0123	0517	-2.6
	0821	1144	3.9
	1540	1856	-2.5
	2205		
26 SU		0010	1.3
	0234	0622	-2.2
	0912	1236	3.4
	1628	1945	-2.6
	2300		
27 M ☾E		0121	1.4
	0411	0734	-2.0
	1016	1341	2.8
	1720	2036	-2.7
	2356		
28 TU		0249	1.8
	0554	0850	-1.9
	1136	1501	2.4
	1812	2128	-2.9
29 W	0049	0407	2.6
	0718	1006	-2.2
	1310	1617	2.2
	1902	2219	-3.1
30 TH	0138	0507	3.6
	0826	1121	-2.6
	1437	1720	2.2
	1947	2309	-3.5
31 F	0224	0558	4.7
	0926	1229	-3.1
	1549	1813	2.2
	2029	2356	-3.8

日 本—东京湾口

JAPAN－TOKYO WAN ENTRANCE

35° 17′ N　　139° 44′ E

2021 年潮流表　　流速单位:kn　　(＋)表示流向 315°　　(－)表示流向 135°　　时区:－0900

1 月

日期	转流时分	最大流时分	流速
1	0046	0439	1.7
	0814	1022	-0.7
F	1323	1611	0.5
	1814	2148	-1.7
2	0122	0513	1.7
	0845	1057	-0.7
SA	1407	1654	0.5
	1853	2222	-1.5
3	0159	0549	1.6
	0917	1133	-0.7
SU	1457	1740	0.5
	1939	2258	-1.4
4	0239	0627	1.5
	0948	1216	-0.7
M	1555	1831	0.6
	2030	2338	-1.1
5	0324	0707	1.4
	1022	1311	-0.7
TU	1659	1925	0.6
	2132		
6		0029	-0.8
	0417	0750	1.2
W	1059	1433	-0.8
☾ E	1803	2024	0.7
	2254		
7		0201	-0.5
	0522	0837	1.0
TH	1142	1555	-0.9
	1905	2130	0.7
8	0113	0427	-0.4
	0633	0927	0.9
F	1232	1657	-1.2
	2004	2248	0.9
9	0328	0544	-0.5
	0744	1024	0.7
SA	1330	1750	-1.4
P	2100		
10		0025	1.1
	0438	0643	-0.6
SU	0853	1128	0.6
	1431	1837	-1.6
	2154		
11		0144	1.4
	0531	0735	-0.7
M	0958	1243	0.6
	1528	1922	-1.8
	2244		
12		0238	1.6
	0617	0822	-0.7
TU	1100	1355	0.6
S	1620	2004	-1.8
	2331		
13		0323	1.8
	0658	0907	-0.8
W	1157	1453	0.6
●	1707	2043	-1.8
14	0014	0403	1.8
	0736	0949	-0.8
TH	1249	1541	0.7
	1749	2120	-1.7
15	0054	0439	1.8
	0809	1027	-0.8
F	1337	1623	0.7
	1829	2153	-1.6
16	0129	0512	1.7
	0839	1102	-0.8
SA	1421	1703	0.6
	1906	2224	-1.4
17	0200	0542	1.6
	0904	1134	-0.7
SU	1505	1741	0.6
	1943	2252	-1.2
18	0228	0611	1.4
	0926	1204	-0.7
M	1549	1819	0.6
	2022	2319	-1.0
19	0253	0639	1.3
	0948	1237	-0.7
TU	1638	1900	0.5
E	2106	2348	-0.7
20	0320	0710	1.1
	1013	1321	-0.8
W	1730	1946	0.5
☽	2200		
21		0024	-0.5
	0353	0746	1.0
TH	1043	1438	-0.8
A	1825	2038	0.5
	2321		
22		0120	-0.2
	0444	0827	0.8
F	1120	1603	-0.9
	1920	2140	0.6
23	0257	0448	-0.1
	0605	0914	0.7
SA	1207	1704	-1.0
	2014	2258	0.7
24	0416	0558	-0.2
	0731	1009	0.6
SU	1306	1755	-1.2
	2104		
25		0040	0.9
	0500	0652	-0.4
M	0848	1115	0.5
	1416	1840	-1.4
	2152		
26		0149	1.2
	0538	0739	-0.6
TU	0959	1233	0.5
N	1520	1921	-1.5
	2237		
27		0234	1.5
	0614	0821	-0.7
W	1100	1348	0.5
	1614	2000	-1.7
	2319		
28		0313	1.7
	0648	0900	-0.8
TH	1152	1444	0.6
○	1701	2036	-1.7
	2359		
29		0349	1.8
	0719	0936	-0.9
F	1236	1530	0.7
	1744	2112	-1.7
30	0037	0423	1.8
	0749	1009	-0.9
SA	1315	1611	0.8
	1825	2146	-1.7
31	0113	0456	1.7
	0816	1041	-0.9
SU	1352	1651	0.8
	1907	2220	-1.6

2 月

日期	转流时分	最大流时分	流速
1	0149	0529	1.6
	0841	1112	-1.0
M	1431	1731	0.9
	1951	2255	-1.4
2	0225	0602	1.5
	0906	1144	-1.0
TU	1516	1815	0.9
E	2040	2332	-1.1
3	0302	0637	1.3
	0932	1221	-1.0
W	1610	1903	0.9
P	2135		
4		0014	-0.8
	0343	0714	1.1
TH	1001	1308	-1.0
☾	1712	1957	0.9
	2248		
5		0113	-0.4
	0435	0757	0.9
F	1035	1429	-0.9
	1821	2100	0.8
6	0113	0404	-0.2
	0548	0845	0.7
SA	1118	1614	-1.0
	1929	2217	0.9
7	0348	0536	-0.3
	0715	0943	0.5
SU	1217	1725	-1.2
	2035		
8		0009	1.0
	0445	0638	-0.4
M	0840	1056	0.4
S	1345	1821	-1.4
	2135		
9		0139	1.3
	0528	0729	-0.6
TU	0957	1233	0.4
	1513	1910	-1.6
	2229		
10		0229	1.5
	0604	0814	-0.7
W	1101	1358	0.6
	1618	1954	-1.7
	2317		
11		0309	1.7
	0637	0854	-0.9
TH	1154	1453	0.7
●	1710	2034	-1.7
	2359		
12		0345	1.7
	0707	0930	-1.0
F	1238	1536	0.8
	1754	2111	-1.6
13	0036	0416	1.7
	0733	1002	-1.0
SA	1316	1613	0.9
	1834	2143	-1.5
14	0108	0445	1.6
	0756	1030	-1.0
SU	1350	1647	0.9
	1910	2211	-1.4
15	0134	0510	1.5
	0815	1054	-1.0
M	1422	1719	0.9
E	1944	2237	-1.2
16	0156	0534	1.3
	0833	1116	-1.0
TU	1455	1752	0.9
	2018	2301	-1.0
17	0215	0558	1.2
	0851	1139	-1.0
W	1531	1826	0.8
	2056	2327	-0.8
18	0234	0625	1.1
	0912	1206	-1.0
TH	1615	1907	0.8
A	2142	2356	-0.6
19	0256	0658	0.9
	0938	1240	-1.0
F	1710	1955	0.7
☽	2246		
20		0035	-0.3
	0323	0738	0.7
SA	1011	1331	-0.9
	1814	2052	0.7
21	0237	0405	-0.0
	0447	0829	0.6
SU	1052	1556	-0.8
	1920	2204	0.8
22	0408	0542	-0.2
	0707	0930	0.4
M	1150	1721	-1.0
	2023	2342	0.9
23	0441	0638	-0.4
	0843	1047	0.3
TU	1324	1817	-1.2
N	2120		
24		0116	1.2
	0513	0724	-0.6
W	0957	1222	0.4
	1507	1904	-1.4
	2211		
25		0208	1.4
	0545	0804	-0.8
TH	1054	1345	0.6
	1614	1947	-1.6
	2258		
26		0248	1.6
	0615	0840	-1.0
F	1139	1439	0.8
	1706	2026	-1.7
	2341		
27		0325	1.7
	0644	0914	-1.1
SA	1217	1522	1.0
○	1751	2104	-1.7
28	0022	0358	1.7
	0711	0945	-1.2
SU	1252	1601	1.1
	1834	2140	-1.7

3 月

日期	转流时分	最大流时分	流速
1	0059	0430	1.7
	0735	1014	-1.3
M	1326	1638	1.2
E	1916	2214	-1.5
2	0134	0501	1.5
	0758	1042	-1.3
TU	1401	1717	1.2
P	1959	2248	-1.3
3	0207	0532	1.3
	0820	1110	-1.3
W	1441	1758	1.2
	2045	2322	-1.0
4	0239	0604	1.1
	0842	1140	-1.2
TH	1528	1842	1.1
	2138	2358	-0.7
5	0312	0639	0.9
	0908	1215	-1.1
F	1626	1933	1.0
	2248		
6		0044	-0.3
	0353	0720	0.7
SA	0938	1301	-1.0
☾	1737	2034	0.9
7	0218	0408	-0.1
	0520	0811	0.4
SU	1017	1521	-0.9
S	1855	2150	0.8
8	0356	0536	-0.2
	0716	0917	0.3
M	1115	1707	-1.0
	2008	2347	0.9
9	0433	0632	-0.4
	0853	1046	0.2
TU	1320	1809	-1.2
	2114		
10		0123	1.2
	0504	0717	-0.7
W	1005	1249	0.4
	1521	1859	-1.3
	2209		
11		0208	1.4
	0532	0755	-0.9
TH	1056	1400	0.6
	1626	1943	-1.5
	2256		
12		0244	1.5
	0559	0830	-1.1
F	1138	1446	0.9
	1716	2022	-1.5
	2336		
13		0316	1.6
	0624	0901	-1.2
SA	1214	1523	1.0
●	1758	2057	-1.5
14	0010	0344	1.5
	0647	0929	-1.3
SU	1245	1556	1.1
E	1835	2127	-1.4
15	0039	0410	1.4
	0707	0953	-1.3
M	1314	1626	1.2
	1909	2154	-1.2
16	0103	0433	1.3
	0724	1015	-1.3
TU	1341	1655	1.2
	1941	2218	-1.1
17	0123	0454	1.2
	0740	1035	-1.3
W	1407	1724	1.1
	2013	2241	-0.9
18	0140	0515	1.0
	0757	1055	-1.3
TH	1436	1755	1.1
A	2048	2306	-0.7
19	0158	0541	0.9
	0817	1119	-1.3
F	1511	1833	1.0
	2131	2335	-0.5
20	0218	0613	0.7
	0841	1148	-1.2
SA	1600	1919	1.0
	2229		
21		0012	-0.3
	0244	0657	0.6
SU	0912	1224	-1.0
☽	1706	2016	0.9
22	0022	0117	-0.0
	0429	0755	0.4
M	0952	1320	-0.8
N	1823	2125	0.9
23	0328	0528	-0.2
	0715	0907	0.3
TU	1054	1645	-0.8
	1938	2249	1.0
24	0400	0619	-0.5
	0846	1034	0.3
W	1253	1754	-1.0
	2044		
25		0021	1.1
	0432	0700	-0.8
TH	0948	1214	0.4
	1505	1846	-1.3
	2141		
26		0126	1.4
	0502	0737	-1.1
F	1034	1332	0.7
	1615	1931	-1.5
	2232		
27		0212	1.5
	0532	0812	-1.3
SA	1113	1423	1.0
	1708	2012	-1.6
	2318		
28		0251	1.6
	0600	0844	-1.4
SU	1149	1506	1.3
○E	1754	2051	-1.6
29	0001	0326	1.6
	0626	0915	-1.5
M	1224	1545	1.5
	1838	2128	-1.5
30	0039	0359	1.4
	0650	0944	-1.6
TU	1259	1623	1.5
P	1921	2203	-1.4
31	0115	0431	1.3
	0713	1012	-1.6
W	1334	1702	1.5
	2005	2237	-1.1

日 本—东京湾口

JAPAN—TOKYO WAN ENTRANCE

35° 17′ N   139° 44′ E

2021年潮流表   流速单位:kn   (+)表示流向315°   (−)表示流向135°   时区:−0900

4 月

日期	转流 时分	最大流 时分	最大流 流速
1	0148	0501	1.1
	0734	1039	-1.5
TH	1412	1742	1.5
	2052	2311	-0.8
2	0218	0533	0.8
	0756	1107	-1.4
F	1456	1826	1.3
	2145	2347	-0.5
3	0249	0609	0.6
	0820	1137	-1.3
SA	1550	1916	1.2
	2258		
4		0035	-0.2
	0338	0653	0.4
SU	0849	1213	-1.0
☾ S	1659	2014	1.0
5	0233	0421	-0.1
	0547	0751	0.2
M	0927	1310	-0.7
	1819	2126	0.9
6	0325	0530	-0.3
	0746	0908	0.1
TU	1031	1649	-0.8
	1936	2258	0.9
7	0354	0616	-0.6
	0907	1050	0.2
W	1338	1754	-0.9
	2042		
8		0036	1.0
	0421	0653	-0.9
TH	0957	1255	0.5
	1532	1844	-1.1
	2137		
9		0127	1.2
	0446	0727	-1.1
F	1036	1350	0.8
	1630	1926	-1.2
	2223		
10		0204	1.3
	0511	0758	-1.3
SA	1111	1429	1.0
	1716	2004	-1.3
	2303		
11		0236	1.3
	0535	0827	-1.4
SU	1143	1504	1.2
E	1756	2038	-1.2
	2337		
12		0304	1.3
	0557	0854	-1.5
M	1213	1535	1.3
●	1832	2108	-1.2
13	0006	0330	1.2
	0616	0917	-1.6
TU	1239	1604	1.4
	1905	2135	-1.1
14	0031	0352	1.1
	0634	0939	-1.6
W	1304	1632	1.4
A	1937	2200	-0.9
15	0052	0413	0.9
	0650	0959	-1.5
TH	1329	1700	1.3
	2010	2224	-0.8
16	0112	0435	0.8
	0706	1021	-1.5
F	1355	1732	1.3
	2045	2251	-0.6
17	0132	0501	0.7
	0726	1045	-1.4
SA	1427	1809	1.2
	2128	2322	-0.5
18	0159	0537	0.5
	0751	1114	-1.3
SU	1510	1855	1.2
N	2223		
19		0003	-0.3
	0245	0628	0.4
M	0824	1149	-1.1
	1610	1950	1.1
	2351		
20		0331	-0.1
	0526	0736	0.2
TU	0910	1236	-0.9
☽	1730	2054	1.0
21	0208	0503	-0.4
	0722	0854	0.2
W	1024	1557	-0.7
	1853	2205	1.0
22	0300	0549	-0.7
	0833	1020	0.3
TH	1243	1727	-0.9
	2005	2320	1.1
23	0337	0628	-1.0
	0923	1151	0.6
F	1502	1824	-1.1
	2107		
24		0029	1.2
	0410	0705	-1.3
SA	1005	1308	0.9
	1612	1912	-1.3
	2201		
25		0125	1.3
	0442	0739	-1.5
SU	1044	1402	1.3
E	1706	1955	-1.4
	2250		
26		0210	1.3
	0511	0812	-1.7
M	1121	1447	1.5
	1754	2036	-1.4
	2335		
27		0250	1.3
	0539	0844	-1.8
TU	1158	1529	1.7
○P	1840	2115	-1.3
28	0017	0326	1.2
	0605	0915	-1.8
W	1235	1610	1.8
	1926	2153	-1.1
29	0055	0401	1.0
	0629	0945	-1.8
TH	1313	1650	1.7
	2011	2229	-0.9
30	0131	0434	0.8
	0653	1014	-1.7
F	1352	1732	1.6
	2059	2306	-0.6

5 月

日期	转流 时分	最大流 时分	最大流 流速
1	0207	0509	0.6
	0717	1043	-1.5
SA	1435	1816	1.5
S	2154	2348	-0.4
2	0254	0550	0.4
	0744	1113	-1.3
SU	1525	1903	1.3
	2306		
3		0108	-0.2
	0424	0641	0.3
M	0816	1146	-1.0
☾	1626	1957	1.1
4	0114	0407	-0.2
	0621	0745	0.1
TU	0859	1230	-0.7
	1738	2056	1.0
5	0219	0503	-0.5
	0750	0902	0.1
W	1018	1621	-0.6
	1851	2202	0.9
6	0254	0544	-0.7
	0847	1035	0.2
TH	1353	1729	-0.7
	1956	2313	0.9
7	0322	0619	-1.0
	0929	1229	0.5
F	1532	1820	-0.8
	2052		
8		0017	1.0
	0350	0652	-1.2
SA	1005	1327	0.8
E	1627	1903	-0.9
	2139		
9		0106	1.0
	0416	0723	-1.4
SU	1039	1406	1.1
	1711	1941	-1.0
	2222		
10		0144	1.0
	0442	0752	-1.6
M	1111	1441	1.3
	1751	2016	-1.0
	2250		
11		0218	1.0
	0506	0820	-1.7
TU	1141	1514	1.4
●A	1828	2049	-0.9
	2333		
12		0247	0.9
	0527	0845	-1.7
W	1209	1545	1.5
	1903	2119	-0.9
13	0003	0313	0.8
	0547	0909	-1.7
TH	1235	1614	1.5
	1937	2147	-0.8
14	0030	0338	0.7
	0605	0932	-1.6
F	1301	1645	1.5
	2011	2215	-0.6
15	0056	0404	0.6
	0624	0955	-1.6
SA	1329	1717	1.5
N	2047	2245	-0.5
16	0126	0436	0.5
	0647	1022	-1.5
SU	1402	1755	1.4
	2128	2319	-0.4
17	0209	0519	0.4
	0717	1052	-1.4
M	1442	1839	1.3
	2216		
18		0006	-0.3
	0336	0618	0.3
TU	0758	1130	-1.2
	1535	1929	1.3
	2317		
19		0204	-0.3
	0536	0727	0.2
W	0855	1218	-0.9
☽	1647	2025	1.2
20	0031	0417	-0.5
	0659	0840	0.3
TH	1019	1425	-0.6
	1808	2124	1.1
21	0138	0508	-0.8
	0759	0956	0.4
F	1233	1654	-0.7
	1922	2226	1.1
22	0229	0550	-1.1
	0847	1117	0.7
SA	1453	1758	-0.9
E	2028	2329	1.1
23	0310	0629	-1.4
	0932	1237	1.0
SU	1608	1851	-1.0
	2126		
24		0029	1.1
	0347	0706	-1.6
M	1014	1340	1.4
	1704	1937	-1.1
	2220		
25		0124	1.0
	0421	0743	-1.8
TU	1056	1431	1.6
	1755	2022	-1.1
	2309		
26		0212	1.0
	0454	0818	-1.9
W	1137	1517	1.8
○P	1843	2104	-1.0
	2356		
27		0256	0.9
	0525	0852	-1.9
TH	1218	1601	1.9
	1931	2145	-0.9
28	0040	0337	0.8
	0555	0925	-1.9
F	1259	1643	1.8
S	2017	2226	-0.7
29	0125	0417	0.6
	0625	0958	-1.7
SA	1340	1725	1.7
	2104	2308	-0.5
30	0215	0459	0.5
	0656	1029	-1.5
SU	1421	1807	1.6
	2151	2358	-0.4
31	0319	0545	0.4
	0729	1101	-1.3
M	1506	1849	1.4
	2242		

6 月

日期	转流 时分	最大流 时分	最大流 流速
1		0129	-0.3
	0442	0638	0.3
TU	0809	1135	-1.0
	1555	1933	1.2
	2338		
2		0318	-0.4
	0603	0736	0.2
W	0901	1217	-0.7
☾	1651	2019	1.0
3	0033	0416	-0.6
	0710	0841	0.2
TH	1020	1525	-0.4
	1754	2108	0.9
4	0120	0459	-0.8
	0803	0953	0.3
F	1319	1652	-0.4
E	1856	2159	0.9
5	0201	0537	-1.0
	0847	1121	0.5
SA	1521	1748	-0.5
	1954	2252	0.8
6	0238	0613	-1.3
	0927	1247	0.8
SU	1619	1835	-0.6
	2047	2347	0.8
7	0313	0647	-1.4
	1004	1339	1.0
M	1705	1917	-0.7
	2136		
8		0039	0.8
	0345	0719	-1.6
TU	1039	1419	1.3
A	1746	1956	-0.7
	2222		
9		0126	0.7
	0416	0750	-1.7
W	1112	1456	1.4
	1825	2033	-0.7
	2305		
10		0207	0.7
	0443	0819	-1.7
TH	1144	1530	1.5
●	1902	2107	-0.7
	2345		
11		0244	0.6
	0509	0847	-1.7
F	1214	1603	1.6
	1937	2141	-0.6
12	0023	0319	0.5
	0534	0914	-1.7
SA	1244	1636	1.6
N	2011	2213	-0.6
13	0101	0354	0.5
	0601	0941	-1.6
SU	1315	1709	1.6
	2045	2245	-0.6
14	0143	0434	0.4
	0632	1011	-1.5
M	1349	1745	1.5
	2119	2322	-0.5
15	0236	0521	0.4
	0711	1044	-1.4
TU	1427	1824	1.5
	2156		
16		0006	-0.5
	0347	0615	0.4
W	0800	1122	-1.2
	1514	1907	1.4
	2236		
17		0112	-0.5
	0504	0715	0.4
TH	0901	1211	-0.9
	1612	1954	1.3
	2321		
18		0258	-0.6
	0613	0818	0.5
F	1019	1331	-0.6
☽	1723	2044	1.1
19	0011	0412	-0.8
	0713	0925	0.6
SA	1217	1613	-0.5
E	1837	2137	1.0
20	0105	0506	-1.1
	0808	1039	0.8
SU	1445	1733	-0.6
	1946	2234	0.9
21	0158	0553	-1.4
	0859	1204	1.0
M	1607	1832	-0.7
	2051	2335	0.8
22	0247	0636	-1.6
	0948	1322	1.3
TU	1707	1923	-0.8
	2151		
23		0038	0.8
	0333	0718	-1.8
W	1036	1421	1.6
P	1759	2011	-0.8
	2248		
24		0141	0.7
	0416	0758	-1.9
TH	1122	1510	1.8
○	1846	2057	-0.8
	2343		
25		0237	0.7
	0457	0837	-1.9
F	1206	1555	1.9
S	1931	2141	-0.8
26	0035	0327	0.6
	0537	0914	-1.9
SA	1249	1636	1.9
	2013	2224	-0.7
27	0127	0413	0.6
	0616	0949	-1.7
SU	1330	1715	1.8
	2052	2306	-0.6
28	0220	0457	0.5
	0654	1023	-1.5
M	1409	1752	1.6
	2127	2350	-0.6
29	0315	0542	0.5
	0734	1056	-1.3
TU	1445	1827	1.5
	2158		
30		0038	-0.6
	0413	0627	0.4
W	0816	1128	-1.0
	1522	1902	1.3
	2227		

日　本—东京湾口

JAPAN－TOKYO WAN ENTRANCE

35° 17′ N　　139° 44′ E

2021 年潮流表　　流速单位:kn　　(＋)表示流向 315°　　(－)表示流向 135°　　时区:－0900

7 月

日期	转流时分	最大流时分	流速
1		0141	-0.6
	0512	0715	0.4
TH	0906	1203	-0.7
☾ E	1600	1937	1.1
	2258		
2		0254	-0.7
	0610	0807	0.4
F	1010	1252	-0.4
	1645	2015	1.0
	2332		
3		0355	-0.8
	0704	0904	0.4
SA	1154	1548	-0.2
	1741	2057	0.9
4	0013	0445	-1.0
	0754	1011	0.5
SU	1504	1709	-0.2
	1846	2143	0.7
5	0101	0530	-1.1
	0841	1137	0.7
M	1615	1807	-0.3
A	1951	2235	0.6
6	0153	0611	-1.3
	0926	1306	0.9
TU	1702	1856	-0.4
	2054	2333	0.6
7	0244	0649	-1.5
	1007	1400	1.2
W	1742	1940	-0.5
	2154		
8		0038	0.5
	0330	0726	-1.6
TH	1046	1441	1.4
	1820	2021	-0.6
	2251		
9		0141	0.5
	0411	0800	-1.6
F	1123	1518	1.6
N	1855	2100	-0.7
	2343		
10		0233	0.5
	0449	0833	-1.7
SA	1158	1552	1.7
●	1928	2136	-0.7
11	0029	0317	0.5
	0526	0905	-1.7
SU	1232	1625	1.7
	1958	2209	-0.7
12	0110	0358	0.5
	0602	0936	-1.6
M	1306	1657	1.7
	2027	2241	-0.7
13	0150	0438	0.6
	0641	1008	-1.6
TU	1340	1730	1.6
	2054	2313	-0.8
14	0232	0520	0.6
	0724	1042	-1.4
W	1416	1804	1.5
	2121	2348	-0.8
15	0320	0606	0.6
	0812	1119	-1.2
TH	1456	1841	1.4
	2150		

日期	转流时分	最大流时分	流速
16		0029	-0.8
	0416	0657	0.7
F	0908	1202	-1.0
E	1542	1921	1.2
	2223		
17		0124	-0.8
	0519	0752	0.7
SA	1017	1300	-0.6
☽	1638	2004	1.1
	2300		
18		0249	-0.9
	0624	0853	0.8
SU	1159	1522	-0.3
	1748	2053	0.9
	2344		
19		0414	-1.0
	0728	1004	0.8
M	1450	1713	-0.4
	1905	2147	0.7
20	0038	0519	-1.3
	0828	1134	1.0
TU	1617	1820	-0.5
	2021	2249	0.6
21	0144	0612	-1.5
	0926	1313	1.3
W	1713	1915	-0.6
P	2133		
22		0005	0.5
	0254	0700	-1.7
TH	1020	1416	1.5
S	1759	2005	-0.7
	2240		
23		0127	0.5
	0356	0745	-1.8
F	1110	1504	1.7
	1840	2050	-0.8
	2340		
24		0234	0.6
	0449	0828	-1.8
SA	1156	1545	1.8
○	1917	2132	-0.8
25	0033	0326	0.7
	0537	0907	-1.8
SU	1239	1623	1.8
	1951	2211	-0.9
26	0120	0410	0.7
	0621	0944	-1.7
M	1317	1657	1.8
	2020	2246	-0.9
27	0203	0450	0.8
	0701	1017	-1.5
TU	1350	1728	1.6
	2045	2318	-0.9
28	0244	0528	0.7
	0740	1047	-1.3
W	1419	1756	1.5
	2107	2347	-0.9
29	0326	0606	0.7
	0819	1114	-1.0
TH	1445	1824	1.3
E	2127		
30		0016	-0.9
	0410	0645	0.7
F	0901	1142	-0.8
	1509	1853	1.1
	2149		
31		0050	-0.8
	0500	0728	0.6
SA	0951	1213	-0.5
☾	1534	1925	1.0
	2215		

8 月

日期	转流时分	最大流时分	流速
1		0139	-0.8
	0555	0817	0.6
SU	1100	1254	-0.2
	1608	2002	0.8
	2247		
2		0314	-0.8
	0652	0914	0.6
M	1458	1624	-0.1
A	1721	2047	0.6
	2327		
3		0437	-0.9
	0749	1027	0.7
TU	1619	1744	-0.1
	1901	2141	0.5
4	0020	0535	-1.1
	0844	1214	0.8
W	1656	1840	-0.3
	2028	2246	0.4
5	0135	0623	-1.3
	0934	1336	1.1
TH	1730	1927	-0.5
N	2145		
6		0008	0.4
	0256	0707	-1.4
F	1020	1422	1.4
	1802	2009	-0.7
	2250		
7		0134	0.4
	0358	0746	-1.6
SA	1103	1459	1.6
	1832	2047	-0.8
	2341		
8		0232	0.6
	0448	0823	-1.6
SU	1142	1534	1.7
●	1902	2121	-0.9
9	0023	0316	0.7
	0532	0858	-1.7
M	1219	1606	1.7
	1929	2152	-1.0
10	0058	0355	0.8
	0613	0932	-1.7
TU	1255	1637	1.7
	1954	2221	-1.0
11	0131	0432	0.9
	0654	1005	-1.6
W	1329	1707	1.6
	2017	2249	-1.1
12	0206	0510	0.9
	0736	1038	-1.4
TH	1402	1738	1.5
E	2039	2318	-1.1
13	0244	0551	1.0
	0821	1112	-1.2
F	1436	1810	1.3
	2103	2349	-1.1
14	0330	0636	1.0
	0912	1150	-0.9
SA	1512	1846	1.1
	2129		
15		0027	-1.1
	0428	0726	0.9
SU	1014	1234	-0.5
☽	1555	1926	0.9
	2159		

日期	转流时分	最大流时分	流速
16		0117	-1.0
	0536	0825	0.9
M	1152	1410	-0.2
	1659	2012	0.7
	2236		
17		0302	-1.0
	0649	0935	0.9
TU	1522	1707	-0.2
P	1836	2109	0.5
	2326		
18		0449	-1.1
	0800	1111	0.9
W	1628	1817	-0.3
S	2012	2219	0.4
19	0046	0556	-1.3
	0906	1308	1.2
TH	1709	1910	-0.5
	2136	2355	0.4
20	0238	0650	-1.5
	1005	1408	1.4
F	1744	1956	-0.7
	2243		
21		0135	0.5
	0358	0737	-1.6
SA	1057	1450	1.6
	1817	2036	-0.9
	2336		
22		0235	0.7
	0456	0819	-1.7
SU	1142	1526	1.7
○	1846	2112	-1.0
23	0019	0321	0.9
	0544	0858	-1.7
M	1221	1559	1.7
	1913	2145	-1.1
24	0058	0359	1.0
	0626	0933	-1.6
TU	1256	1629	1.6
	1936	2214	-1.2
25	0132	0435	1.0
	0705	1004	-1.4
W	1324	1655	1.5
E	1956	2239	-1.2
26	0205	0508	1.0
	0740	1030	-1.2
TH	1348	1720	1.3
	2014	2302	-1.2
27	0237	0540	1.0
	0815	1055	-1.0
F	1407	1743	1.2
	2031	2323	-1.2
28	0311	0613	0.9
	0851	1118	-0.8
SA	1424	1807	1.0
	2050	2347	-1.1
29	0351	0650	0.9
	0933	1145	-0.6
SU	1439	1836	0.9
	2113		
30		0015	-1.0
	0441	0735	0.8
M	1030	1217	-0.3
☾ A	1453	1913	0.7
	2141		
31		0052	-0.9
	0542	0829	0.7
TU	1226	1305	-0.0
	1358	2001	0.5
	2216		

9 月

日期	转流时分	最大流时分	流速
1		0202	-0.8
	0650	0936	0.7
W	1613	1729	-0.1
	1839	2102	0.3
	2305		
2		0456	-0.9
	0757	1106	0.8
TH	1632	1826	-0.3
N	2028	2218	0.3
3	0030	0559	-1.1
	0857	1252	1.1
F	1659	1910	-0.6
	2146	2357	0.3
4	0241	0648	-1.3
	0950	1348	1.3
SA	1727	1949	-0.8
	2241		
5		0129	0.5
	0358	0731	-1.5
SU	1038	1429	1.5
	1755	2023	-1.0
	2323		
6		0223	0.7
	0452	0811	-1.6
M	1121	1504	1.6
	1822	2055	-1.2
	2359		
7		0305	1.0
	0538	0848	-1.6
TU	1201	1537	1.7
●	1848	2125	-1.3
8	0032	0343	1.1
	0620	0923	-1.6
W	1238	1608	1.6
E	1911	2153	-1.4
9	0104	0419	1.3
	0701	0957	-1.5
TH	1312	1638	1.5
	1933	2220	-1.4
10	0136	0456	1.3
	0743	1029	-1.3
F	1345	1708	1.3
	1953	2246	-1.4
11	0212	0534	1.3
	0827	1102	-1.1
SA	1415	1738	1.1
P	2015	2314	-1.4
12	0254	0617	1.2
	0916	1137	-0.8
SU	1445	1812	0.9
	2038	2345	-1.3
13	0346	0705	1.1
	1018	1216	-0.4
M	1518	1851	0.6
☽	2106		
14		0022	-1.1
	0453	0803	1.0
TU	1210	1339	-0.1
	1627	1940	0.4
	2140		
15		0119	-0.9
	0612	0913	0.9
W	1536	1713	-0.2
S	1845	2045	0.3
	2230		

日期	转流时分	最大流时分	流速
16		0428	-0.9
	0732	1047	0.9
TH	1612	1813	-0.4
	2032	2210	0.2
17	0009	0544	-1.1
	0844	1246	1.1
F	1642	1858	-0.7
	2146		
18		0011	0.3
	0252	0639	-1.3
SA	0944	1343	1.3
	1710	1936	-0.9
	2237		
19		0140	0.6
	0409	0726	-1.4
SU	1035	1422	1.5
	1737	2011	-1.1
	2318		
20		0228	0.9
	0502	0807	-1.5
M	1118	1456	1.5
○	1803	2043	-1.3
	2355		
21		0307	1.1
	0547	0844	-1.5
TU	1155	1526	1.5
E	1826	2112	-1.4
22	0028	0342	1.2
	0627	0917	-1.4
W	1227	1553	1.4
	1847	2138	-1.4
23	0058	0414	1.3
	0703	0945	-1.2
TH	1253	1617	1.3
	1905	2201	-1.5
24	0126	0444	1.3
	0737	1011	-1.1
F	1314	1639	1.1
	1922	2221	-1.4
25	0153	0513	1.2
	0809	1034	-0.9
SA	1331	1700	1.0
	1938	2241	-1.4
26	0221	0544	1.2
	0844	1057	-0.7
SU	1346	1723	0.8
A	1955	2303	-1.3
27	0253	0619	1.1
	0923	1123	-0.5
M	1402	1751	0.7
	2017	2329	-1.2
28	0334	0701	1.0
	1015	1156	-0.3
TU	1420	1831	0.5
	2044	2359	-1.1
29	0432	0753	0.9
	1144	1246	-0.1
W	1431	1927	0.3
☾ N	2119		
30		0041	-0.9
	0548	0858	0.9
TH	1515	1713	-0.2
	1856	2039	0.2
	2212		

日 本—东京湾口

JAPAN－TOKYO WAN ENTRANCE

35° 17′ N　　139° 44′ E

2021 年潮流表　　流速单位:kn　　(＋)表示流向 315°　　(－)表示流向 135°　　时区:－0900

10 月

日期	转流时分	最大流时分	流速
1 F		0401	-0.7
	0706	1014	0.9
	1542	1803	-0.5
	2033	2205	0.2
	2353		
2 SA		0532	-0.9
	0815	1141	1.0
	1610	1843	-0.8
	2133	2344	0.4
3 SU	0238	0626	-1.1
	0915	1254	1.2
	1639	1919	-1.0
	2217		
4 M		0110	0.7
	0357	0712	-1.3
	1007	1345	1.4
	1708	1952	-1.3
	2255		
5 TU		0203	1.0
	0452	0754	-1.5
	1054	1426	1.5
	1735	2024	-1.5
	2329		
6 W ●E		0246	1.3
	0539	0833	-1.5
	1137	1502	1.5
	1801	2054	-1.6
7 TH	0003	0325	1.5
	0623	0910	-1.5
	1216	1535	1.4
	1825	2122	-1.6
8 F P	0036	0403	1.6
	0706	0945	-1.3
	1253	1607	1.2
	1847	2150	-1.7
9 SA	0111	0441	1.6
	0749	1020	-1.1
	1326	1637	1.0
	1908	2217	-1.6
10 SU	0147	0521	1.6
	0835	1054	-0.9
	1357	1709	0.8
	1930	2245	-1.5
11 M	0228	0604	1.4
	0926	1129	-0.6
	1429	1743	0.6
	1954	2315	-1.4
12 TU S	0317	0652	1.3
	1030	1213	-0.3
	1512	1827	0.4
	2021	2348	-1.2
13 W ☽	0420	0748	1.1
	1302	1545	-0.1
	1715	1924	0.2
	2057		
14 TH		0032	-0.9
	0539	0854	1.0
	1455	1707	-0.3
	1921	2039	0.1
	2154		
15 F		0409	-0.7
	0700	1013	0.9
	1528	1754	-0.6
	2044	2212	0.2
16 SA	0016	0528	-0.8
	0811	1146	1.0
	1556	1832	-0.8
	2135		
17 SU		0016	0.4
	0308	0623	-1.0
	0911	1255	1.1
	1622	1907	-1.1
	2215		
18 M		0128	0.7
	0414	0708	-1.2
	1001	1338	1.2
	1648	1939	-1.3
	2251		
19 TU E		0212	1.0
	0503	0748	-1.2
	1044	1414	1.2
	1712	2009	-1.5
	2325		
20 W ○		0248	1.3
	0546	0824	-1.2
	1121	1445	1.2
	1735	2037	-1.6
	2356		
21 TH		0322	1.4
	0624	0857	-1.1
	1153	1512	1.1
	1756	2103	-1.6
22 F	0026	0353	1.5
	0700	0926	-1.0
	1220	1537	1.0
	1815	2126	-1.6
23 SA	0052	0423	1.4
	0734	0953	-0.9
	1243	1559	0.9
	1831	2147	-1.6
24 SU A	0118	0452	1.4
	0807	1017	-0.7
	1302	1620	0.7
	1848	2207	-1.5
25 M	0143	0522	1.3
	0842	1043	-0.6
	1322	1644	0.6
	1906	2230	-1.5
26 TU N	0212	0556	1.3
	0921	1112	-0.5
	1346	1716	0.5
	1928	2257	-1.4
27 W	0249	0638	1.2
	1010	1149	-0.3
	1428	1804	0.3
	1958	2329	-1.2
28 TH ☾	0339	0728	1.1
	1119	1251	-0.1
	1659	1910	0.2
	2040		
29 F		0009	-0.9
	0450	0827	1.1
	1313	1640	-0.3
	1901	2027	0.2
	2146		
30 SA		0121	-0.6
	0613	0931	1.0
	1424	1728	-0.6
	2012	2148	0.2
	2343		
31 SU		0457	-0.7
	0729	1040	1.1
	1505	1807	-0.9
	2102	2315	0.5

11 月

日期	转流时分	最大流时分	流速
1 M	0229	0559	-0.9
	0834	1148	1.1
	1541	1843	-1.2
	2143		
2 TU E		0037	0.8
	0351	0650	-1.1
	0931	1248	1.2
	1613	1917	-1.5
	2222		
3 W		0137	1.2
	0448	0734	-1.2
	1022	1338	1.2
	1644	1951	-1.7
	2259		
4 TH ●		0225	1.5
	0538	0816	-1.3
	1109	1421	1.2
	1712	2023	-1.8
	2337		
5 F P		0309	1.7
	0625	0857	-1.2
	1153	1500	1.1
	1739	2054	-1.9
6 SA	0014	0350	1.8
	0711	0935	-1.1
	1234	1536	0.9
	1804	2125	-1.8
7 SU	0051	0432	1.8
	0757	1013	-0.9
	1312	1612	0.8
	1829	2155	-1.8
8 M S	0131	0514	1.7
	0845	1052	-0.7
	1351	1648	0.6
	1855	2226	-1.6
9 TU	0213	0557	1.6
	0937	1134	-0.4
	1439	1730	0.4
	1923	2257	-1.4
10 W	0300	0644	1.4
	1040	1239	-0.2
	1602	1821	0.3
	1956	2331	-1.1
11 TH ☽	0357	0735	1.2
	1210	1530	-0.3
	1751	1923	0.2
	2041		
12 F		0013	-0.8
	0505	0830	1.1
	1335	1635	-0.5
	1918	2035	0.1
	2154		
13 SA		0335	-0.5
	0617	0929	1.0
	1419	1719	-0.7
	2018	2158	0.2
14 SU	0038	0502	-0.6
	0725	1032	0.9
	1451	1756	-1.0
	2103	2341	0.5
15 M E	0309	0558	-0.7
	0824	1136	0.9
	1521	1831	-1.2
	2143		
16 TU		0102	0.8
	0412	0644	-0.8
	0915	1232	0.9
	1550	1903	-1.4
	2219		
17 W		0149	1.1
	0500	0725	-0.9
	1000	1317	0.9
	1617	1934	-1.6
	2254		
18 TH		0227	1.3
	0543	0803	-0.9
	1041	1356	0.9
	1643	2004	-1.7
	2326		
19 F ○		0303	1.4
	0622	0838	-0.9
	1118	1429	0.8
	1707	2031	-1.7
	2357		
20 SA		0336	1.5
	0659	0910	-0.8
	1151	1458	0.7
	1729	2057	-1.7
21 SU A	0025	0407	1.5
	0734	0940	-0.7
	1221	1525	0.6
	1748	2120	-1.7
22 M N	0052	0437	1.5
	0809	1008	-0.6
	1249	1552	0.5
	1807	2144	-1.6
23 TU	0119	0509	1.5
	0843	1037	-0.5
	1319	1622	0.4
	1830	2209	-1.5
24 W	0148	0543	1.4
	0919	1110	-0.4
	1402	1703	0.4
	1858	2238	-1.4
25 TH	0223	0622	1.4
	1000	1152	-0.4
	1519	1758	0.3
	1937	2312	-1.2
26 F	0308	0707	1.3
	1048	1301	-0.3
	1707	1902	0.2
	2031	2355	-1.0
27 SA ☾	0408	0757	1.2
	1145	1536	-0.5
	1829	2011	0.3
	2146		
28 SU		0101	-0.7
	0523	0851	1.2
	1247	1637	-0.7
	1930	2122	0.4
	2334		
29 M		0408	-0.6
	0640	0948	1.1
	1343	1722	-1.0
	2020	2237	0.6
30 TU E	0212	0528	-0.7
	0749	1047	1.0
	1431	1803	-1.3
	2106	2357	0.9

12 月

日期	转流时分	最大流时分	流速
1 W	0344	0626	-0.8
	0851	1147	1.0
	1512	1842	-1.5
	2150		
2 TH		0110	1.2
	0446	0716	-1.0
	0949	1245	0.9
	1550	1920	-1.7
	2233		
3 F		0208	1.5
	0539	0802	-1.0
	1042	1340	0.9
	1625	1957	-1.9
	2315		
4 SA ●P		0257	1.7
	0629	0846	-1.0
	1132	1429	0.8
	1659	2033	-1.9
	2357		
5 SU		0343	1.9
	0717	0929	-0.9
	1221	1514	0.7
	1732	2108	-1.9
6 M S	0039	0427	1.9
	0804	1012	-0.7
	1309	1559	0.6
	1805	2142	-1.8
7 TU	0122	0509	1.8
	0850	1056	-0.6
	1401	1643	0.5
	1839	2216	-1.6
8 W	0204	0551	1.7
	0936	1145	-0.5
	1503	1730	0.4
	1916	2250	-1.4
9 TH	0248	0632	1.5
	1021	1252	-0.4
	1615	1822	0.3
	1959	2326	-1.1
10 F	0335	0714	1.3
	1106	1430	-0.4
	1729	1917	0.3
	2052		
11 SA ☽		0009	-0.8
	0426	0757	1.1
	1151	1540	-0.6
	1835	2017	0.3
	2203		
12 SU E		0154	-0.5
	0524	0842	1.0
	1236	1629	-0.8
	1931	2123	0.4
13 M	0010	0419	-0.4
	0624	0929	0.9
	1319	1712	-1.0
	2019	2240	0.5
14 TU	0258	0525	-0.4
	0723	1019	0.8
	1401	1750	-1.2
	2103		
15 W		0015	0.7
	0408	0616	-0.5
	0819	1112	0.7
	1440	1827	-1.4
	2144		
16 TH		0122	1.0
	0458	0702	-0.6
	0912	1207	0.7
	1518	1902	-1.5
	2223		
17 F		0208	1.2
	0541	0744	-0.6
	1002	1300	0.6
	1552	1935	-1.6
	2259		
18 SA A		0247	1.4
	0621	0823	-0.6
	1049	1349	0.6
	1624	2007	-1.7
	2332		
19 SU ○		0323	1.5
	0658	0859	-0.6
	1134	1431	0.5
	1653	2036	-1.7
20 M N	0004	0356	1.6
	0733	0934	-0.6
	1216	1509	0.5
	1720	2103	-1.6
21 TU	0034	0427	1.6
	0805	1006	-0.6
	1256	1545	0.4
	1748	2131	-1.6
22 W	0104	0459	1.6
	0836	1037	-0.6
	1338	1623	0.4
	1820	2159	-1.5
23 TH	0135	0531	1.6
	0905	1110	-0.6
	1425	1707	0.4
	1858	2230	-1.4
24 F	0209	0606	1.5
	0936	1148	-0.6
	1523	1756	0.4
	1944	2306	-1.3
25 SA	0249	0644	1.4
	1009	1236	-0.6
	1629	1850	0.4
	2040	2348	-1.0
26 SU	0337	0726	1.3
	1046	1347	-0.6
	1735	1948	0.5
	2148		
27 M ☾E		0045	-0.7
	0437	0812	1.2
	1128	1520	-0.8
	1837	2050	0.6
	2321		
28 TU		0252	-0.5
	0549	0902	1.0
	1216	1628	-1.0
	1934	2159	0.7
29 W	0152	0456	-0.5
	0702	0955	0.9
	1308	1722	-1.2
	2029	2319	0.9
30 TH	0344	0605	-0.6
	0812	1053	0.8
	1403	1810	-1.5
	2121		
31 F		0048	1.2
	0450	0701	-0.7
	0918	1157	0.7
	1457	1855	-1.7
	2211		

加拿大—西摩海峡

CANADA－SEYMOUR NARROWS

50° 08′ N　　125° 21′ W

2021 年潮流表　　流速单位:kn　　(+)表示流向 180°　　(−)表示流向 000°　　时区:0800

1 月

日期	转流时分	最大流时分	流速
1 F	0004	0326	13.0
	0703	1011	-10.3
	1323	1547	6.1
	1823	2152	-9.8
2 SA	0047	0408	12.6
	0743	1051	-10.3
	1406	1635	6.3
	1916	2238	-9.3
3 SU	0133	0454	11.8
	0824	1135	-10.3
	1452	1728	6.6
	2015	2330	-8.6
4 M	0225	0544	10.8
	0907	1222	-10.2
	1542	1826	7.0
	2122		
5 TU		0029	-7.9
	0323	0638	9.6
	0953	1313	-10.1
	1635	1929	7.7
	2234		
6 W		0135	-7.3
☾ E	0430	0738	8.4
	1042	1409	-10.1
	1730	2033	8.7
	2350		
7 TH		0248	-7.1
	0543	0841	7.5
	1134	1507	-10.3
	1825	2136	10.0
8 F	0102	0401	-7.6
	0659	0944	7.0
	1228	1606	-10.7
	1919	2235	11.5
9 SA	0209	0508	-8.5
P	0809	1045	6.8
	1324	1703	-11.3
	2011	2330	12.9
10 SU	0307	0608	-9.7
	0912	1143	6.9
	1419	1757	-11.9
	2101		
11 M		0022	14.1
	0400	0701	-10.8
	1008	1237	7.2
	1513	1848	-12.3
	2149		
12 TU		0110	14.9
S	0448	0750	-11.6
	1058	1328	7.5
	1606	1937	-12.5
	2235		
13 W		0157	15.1
●	0533	0836	-12.2
	1146	1416	7.8
	1657	2025	-12.4
	2321		
14 TH		0241	14.9
	0616	0920	-12.4
	1231	1504	8.0
	1748	2111	-11.8
15 F	0006	0325	14.1
	0657	1003	-12.2
	1315	1551	7.9
	1839	2157	-10.9
16 SA	0051	0408	12.9
	0737	1045	-11.7
	1359	1639	7.7
	1931	2243	-9.7
17 SU	0136	0452	11.4
	0817	1128	-10.9
	1445	1728	7.3
	2026	2332	-8.3
18 M	0223	0537	9.7
	0856	1212	-10.0
	1532	1820	6.9
	2125		
19 TU		0024	-6.9
E	0314	0624	8.0
	0936	1258	-9.1
	1621	1916	6.7
	2229		
20 W		0122	-5.7
☽	0412	0715	6.4
	1017	1348	-8.3
	1712	2015	6.6
	2339		
21 TH		0229	-4.9
A	0519	0812	5.0
	1102	1442	-7.7
	1804	2115	7.0
22 F	0049	0342	-4.7
	0634	0912	4.1
	1149	1539	-7.4
	1855	2211	7.7
23 SA	0154	0449	-5.2
	0747	1012	3.7
	1240	1633	-7.6
	1942	2302	8.6
24 SU	0247	0546	-6.1
	0849	1107	3.8
	1332	1723	-8.0
	2026	2348	9.7
25 M	0333	0634	-7.2
	0940	1156	4.2
	1422	1809	-8.7
	2108		
26 TU		0030	10.9
N	0413	0716	-8.3
	1023	1241	4.9
	1510	1852	-9.4
	2149		
27 W		0109	11.9
	0450	0755	-9.3
	1102	1323	5.7
	1556	1933	-10.1
	2229		
28 TH		0148	12.8
○	0526	0832	-10.2
	1138	1404	6.6
	1642	2014	-10.7
	2310		
29 F		0227	13.3
	0601	0908	-10.9
	1215	1446	7.4
	1728	2055	-11.0
	2351		
30 SA		0307	13.4
	0637	0945	-11.4
	1252	1528	8.1
	1816	2138	-11.0
31 SU	0034	0348	13.0
	0713	1023	-11.6
	1332	1613	8.7
	1907	2223	-10.7

2 月

日期	转流时分	最大流时分	流速
1 M	0120	0431	12.2
	0751	1103	-11.6
	1414	1702	9.0
	2002	2312	-10.0
2 TU	0209	0517	11.0
E	0831	1147	-11.3
	1500	1755	9.2
	2102		
3 W		0006	-9.0
P	0304	0607	9.5
	0913	1234	-10.8
	1550	1853	9.4
	2210		
4 TH		0108	-8.0
☾	0407	0704	7.9
	1000	1328	-10.3
	1646	1958	9.7
	2323		
5 F		0220	-7.3
	0521	0809	6.5
	1054	1429	-9.9
	1746	2105	10.2
6 SA	0038	0337	-7.3
	0641	0918	5.8
	1154	1535	-9.9
	1848	2210	11.1
7 SU	0149	0450	-8.1
	0756	1027	5.7
	1259	1641	-10.2
	1948	2311	12.2
8 M	0250	0553	-9.2
S	0901	1130	6.2
	1405	1742	-10.9
	2044		
9 TU		0006	13.2
	0343	0646	-10.5
	0955	1226	7.0
	1506	1837	-11.6
	2136		
10 W		0056	13.9
	0430	0734	-11.5
	1042	1317	7.9
	1601	1927	-12.1
	2224		
11 TH		0142	14.1
●	0513	0817	-12.3
	1125	1403	8.7
	1653	2014	-12.2
	2310		
12 F		0225	13.9
	0552	0858	-12.5
	1205	1447	9.2
	1741	2058	-12.0
	2353		
13 SA		0306	13.3
	0629	0937	-12.4
	1244	1529	9.3
	1828	2141	-11.3
14 SU	0036	0345	12.2
	0705	1015	-11.9
	1323	1611	9.2
	1914	2223	-10.2
15 M	0118	0423	10.7
E	0740	1052	-11.0
	1402	1653	8.7
	2001	2306	-8.9
16 TU	0200	0502	9.1
	0813	1130	-10.0
	1442	1737	8.1
	2051	2351	-7.4
17 W	0246	0543	7.3
	0847	1210	-8.8
	1525	1825	7.4
	2146		
18 TH		0042	-6.0
A	0338	0629	5.6
	0923	1254	-7.7
	1612	1920	6.8
	2250		
19 F		0143	-4.9
☽	0442	0723	4.1
	1004	1345	-6.7
	1705	2022	6.6
20 SA	0001	0257	-4.3
	0602	0828	3.1
	1054	1446	-6.2
	1803	2126	7.0
21 SU	0112	0415	-4.7
	0724	0938	2.7
	1155	1552	-6.3
	1901	2226	7.8
22 M	0213	0519	-5.7
	0829	1042	3.2
	1302	1654	-7.0
	1955	2319	9.0
23 TU	0302	0609	-7.0
N	0918	1136	4.1
	1404	1747	-8.0
	2044		
24 W		0005	10.3
	0343	0651	-8.4
	0957	1222	5.4
	1459	1833	-9.2
	2130		
25 TH		0047	11.5
	0421	0728	-9.7
	1033	1304	6.8
	1548	1917	-10.4
	2213		
26 F		0126	12.5
	0456	0804	-10.9
	1107	1345	8.3
	1634	1959	-11.4
	2255		
27 SA		0206	13.1
○	0530	0839	-11.8
	1142	1425	9.6
	1720	2040	-12.0
	2338		
28 SU		0245	13.2
	0605	0915	-12.4
	1218	1506	10.6
	1807	2123	-12.2

3 月

日期	转流时分	最大流时分	流速
1 M	0021	0325	12.7
E	0639	0952	-12.6
	1256	1549	11.2
	1855	2207	-11.8
2 TU	0106	0406	11.8
P	0715	1030	-12.4
	1336	1635	11.4
	1947	2254	-11.0
3 W	0154	0450	10.4
	0754	1112	-11.9
	1420	1725	11.2
	2044	2346	-9.8
4 TH	0248	0539	8.7
	0836	1159	-11.0
	1510	1821	10.8
	2147		
5 F		0046	-8.5
	0351	0636	6.9
	0924	1253	-10.0
	1606	1925	10.3
	2258		
6 SA		0157	-7.6
☾	0506	0744	5.5
	1022	1357	-9.1
	1711	2036	10.1
7 SU	0013	0316	-7.4
S	0629	0900	4.9
	1132	1511	-8.7
	1820	2147	10.5
8 M	0124	0431	-8.1
	0745	1015	5.2
	1249	1625	-9.0
	1928	2252	11.2
9 TU	0226	0534	-9.3
	0846	1120	6.3
	1402	1730	-9.9
	2029	2348	11.9
10 W	0318	0626	-10.6
	0935	1215	7.6
	1504	1826	-10.8
	2123		
11 TH		0038	12.5
	0404	0711	-11.6
	1018	1303	8.9
	1558	1915	-11.6
	2212		
12 F		0122	12.7
	0444	0752	-12.3
	1057	1346	9.9
	1646	2000	-12.0
	2256		
13 SA		0203	12.5
●	0521	0830	-12.6
	1133	1425	10.6
	1731	2041	-11.9
	2338		
14 SU		0241	11.8
E	0555	0906	-12.3
	1208	1503	10.8
	1813	2121	-11.3
15 M	0019	0317	10.8
	0627	0940	-11.7
	1243	1540	10.5
	1854	2200	-10.4
16 TU	0058	0352	9.5
	0658	1014	-10.8
	1317	1617	10.0
	1935	2240	-9.2
17 W	0139	0428	8.0
	0728	1048	-9.7
	1352	1656	9.2
	2019	2321	-7.8
18 TH	0222	0506	6.4
A	0758	1123	-8.4
	1430	1739	8.3
	2108		
19 F		0008	-6.5
	0313	0548	4.8
	0831	1203	-7.2
	1513	1829	7.5
	2205		
20 SA		0104	-5.3
	0416	0642	3.3
	0911	1251	-6.1
	1605	1929	6.9
	2312		
21 SU		0215	-4.7
☽	0538	0751	2.4
	1007	1355	-5.4
	1708	2039	6.8
22 M	0024	0336	-4.9
N	0700	0910	2.4
	1123	1513	-5.4
	1817	2147	7.4
23 TU	0128	0443	-5.9
	0802	1019	3.3
	1245	1625	-6.2
	1922	2245	8.5
24 W	0220	0535	-7.4
	0846	1114	4.8
	1353	1724	-7.6
	2019	2335	9.7
25 TH	0304	0617	-8.9
	0924	1200	6.6
	1450	1814	-9.2
	2109		
26 F		0019	10.9
	0342	0655	-10.3
	0958	1242	8.5
	1539	1859	-10.7
	2155		
27 SA		0100	11.8
	0418	0731	-11.6
	1033	1322	10.4
	1625	1942	-11.8
	2240		
28 SU		0140	12.3
○E	0453	0807	-12.6
	1107	1402	11.9
	1711	2024	-12.6
	2323		
29 M		0220	12.2
	0528	0843	-13.1
	1143	1443	12.9
	1756	2107	-12.7
30 TU	0008	0300	11.7
P	0603	0920	-13.2
	1221	1525	13.5
	1843	2151	-12.4
31 W	0054	0342	10.6
	0640	0959	-12.8
	1302	1610	13.4
	1933	2239	-11.5

加拿大—西摩海峡

CANADA－SEYMOUR NARROWS

50° 08′ N　　125° 21′ W

2021 年潮流表　　流速单位:kn　　(＋)表示流向 180°　　(－)表示流向 000°　　时区：0800

4 月

日期	转流时分	最大流时分	流速
1 TH	0143	0427	9.2
	0719	1042	-12.0
	1345	1659	12.8
	2028	2330	-10.3
2 F	0238	0517	7.5
	0803	1129	-10.7
	1435	1753	11.8
	2127		
3 SA		0029	-9.0
	0342	0616	5.9
	0855	1225	-9.3
	1532	1857	10.7
	2234		
4 SU ☾ S		0138	-8.1
	0458	0728	4.8
	1002	1332	-8.1
	1639	2009	9.9
	2345		
5 M		0254	-7.9
	0618	0848	4.7
	1123	1452	-7.5
	1754	2122	9.7
6 TU	0053	0407	-8.5
	0727	1004	5.5
	1247	1610	-7.9
	1907	2228	10.0
7 W	0153	0508	-9.6
	0822	1106	7.0
	1400	1716	-8.9
	2011	2324	10.4
8 TH	0244	0558	-10.7
	0908	1158	8.6
	1500	1811	-10.0
	2107		
9 F		0013	10.8
	0328	0642	-11.6
	0947	1242	10.0
	1550	1859	-10.8
	2155		
10 SA		0057	10.8
	0407	0721	-12.1
	1024	1323	11.0
	1635	1942	-11.3
	2240		
11 SU E		0136	10.6
	0442	0758	-12.2
	1058	1400	11.6
	1716	2022	-11.3
	2321		
12 M ●		0212	10.0
	0515	0832	-11.9
	1131	1435	11.8
	1755	2101	-10.9
13 TU	0001	0247	9.1
	0546	0905	-11.3
	1203	1509	11.6
	1833	2139	-10.2
14 W A	0040	0321	8.0
	0615	0937	-10.4
	1235	1544	11.1
	1912	2217	-9.3
15 TH	0121	0356	6.7
	0643	1009	-9.3
	1308	1620	10.4
	1953	2257	-8.2
16 F	0205	0434	5.3
	0713	1043	-8.2
	1344	1701	9.5
	2038	2342	-7.1
17 SA	0256	0517	4.0
	0747	1122	-7.0
	1424	1748	8.5
	2130		
18 SU N		0034	-6.2
	0359	0612	3.0
	0832	1210	-5.9
	1515	1846	7.7
	2230		
19 M		0139	-5.6
	0514	0723	2.4
	0937	1315	-5.2
	1619	1955	7.3
	2335		
20 TU ☽		0252	-5.8
	0627	0843	2.8
	1104	1436	-5.1
	1734	2105	7.5
21 W	0036	0359	-6.7
	0723	0951	4.1
	1230	1554	-5.9
	1847	2207	8.2
22 TH	0130	0452	-8.1
	0807	1047	6.0
	1340	1658	-7.4
	1951	2300	9.1
23 F	0217	0537	-9.5
	0845	1134	8.1
	1437	1751	-9.0
	2046	2347	10.0
24 SA	0258	0617	-11.0
	0922	1217	10.3
	1527	1839	-10.6
	2136		
25 SU E		0031	10.6
	0336	0656	-12.2
	0958	1259	12.2
	1614	1924	-11.8
	2223		
26 M		0113	10.9
	0414	0734	-13.0
	1035	1340	13.7
	1700	2008	-12.5
	2309		
27 TU ○P		0155	10.7
	0450	0812	-13.5
	1112	1421	14.7
	1746	2052	-12.7
	2356		
28 W		0237	10.1
	0528	0851	-13.4
	1152	1504	15.0
	1833	2138	-12.4
29 TH	0044	0321	9.2
	0607	0933	-12.8
	1233	1549	14.6
	1921	2226	-11.7
30 F	0135	0408	7.9
	0650	1017	-11.7
	1318	1638	13.7
	2013	2317	-10.7

5 月

日期	转流时分	最大流时分	流速
1 SA S	0231	0500	6.6
	0739	1107	-10.3
	1407	1731	12.4
	2109		
2 SU		0014	-9.6
	0335	0602	5.4
	0838	1204	-8.7
	1504	1832	10.9
	2210		
3 M ☾		0118	-8.9
	0446	0715	4.8
	0952	1313	-7.4
	1611	1941	9.7
	2312		
4 TU		0228	-8.6
	0557	0833	5.1
	1118	1432	-6.8
	1726	2052	9.0
5 W	0014	0335	-9.0
	0659	0944	6.2
	1241	1549	-7.0
	1841	2157	8.8
6 TH	0111	0434	-9.7
	0750	1044	7.7
	1351	1656	-7.9
	1948	2253	8.8
7 F	0201	0524	-10.5
	0834	1134	9.2
	1448	1751	-8.8
	2046	2342	8.8
8 SA E	0245	0608	-11.1
	0914	1217	10.5
	1537	1839	-9.7
	2136		
9 SU		0026	8.7
	0325	0647	-11.5
	0950	1256	11.4
	1620	1923	-10.2
	2221		
10 M		0106	8.4
	0400	0724	-11.5
	1023	1333	12.0
	1700	2003	-10.3
	2303		
11 TU ●A		0143	7.9
	0433	0758	-11.2
	1056	1407	12.2
	1738	2041	-10.2
	2344		
12 W		0218	7.2
	0504	0831	-10.6
	1128	1441	12.2
	1815	2119	-9.8
13 TH	0024	0253	6.4
	0533	0903	-9.9
	1200	1516	11.9
	1852	2157	-9.3
14 F	0106	0329	5.6
	0604	0936	-9.1
	1233	1552	11.3
	1931	2237	-8.6
15 SA N	0151	0409	4.7
	0637	1012	-8.2
	1309	1632	10.6
	2014	2321	-7.9
16 SU	0241	0454	3.9
	0718	1053	-7.2
	1351	1719	9.7
	2101		
17 M		0010	-7.3
	0338	0550	3.3
	0811	1143	-6.3
	1441	1813	8.8
	2153		
18 TU		0106	-7.0
	0441	0657	3.2
	0922	1246	-5.6
	1542	1916	8.2
	2248		
19 W ☽		0207	-7.2
	0542	0810	3.9
	1047	1401	-5.4
	1655	2023	7.9
	2344		
20 TH		0309	-7.8
	0635	0917	5.4
	1209	1519	-6.0
	1811	2126	8.0
21 F	0037	0405	-8.9
	0722	1014	7.3
	1320	1627	-7.2
	1920	2222	8.4
22 SA E	0126	0454	-10.1
	0805	1104	9.5
	1420	1726	-8.7
	2021	2314	8.8
23 SU	0211	0539	-11.3
	0845	1151	11.6
	1513	1818	-10.1
	2116		
24 M		0002	9.1
	0254	0622	-12.3
	0926	1235	13.4
	1602	1906	-11.3
	2208		
25 TU		0048	9.2
	0336	0704	-13.0
	1006	1319	14.8
	1649	1953	-12.0
	2257		
26 W ○P		0133	9.0
	0417	0746	-13.3
	1047	1403	15.6
	1736	2040	-12.4
	2346		
27 TH		0218	8.6
	0459	0829	-13.2
	1129	1447	15.7
	1823	2127	-12.3
28 F S	0036	0305	8.0
	0544	0913	-12.5
	1212	1533	15.2
	1910	2214	-11.8
29 SA	0127	0355	7.2
	0632	1000	-11.4
	1258	1621	14.1
	1959	2304	-11.2
30 SU	0221	0449	6.4
	0727	1052	-10.1
	1348	1713	12.6
	2049	2357	-10.4
31 M	0320	0549	5.8
	0830	1148	-8.6
	1443	1809	11.0
	2142		

6 月

日期	转流时分	最大流时分	流速
1 TU		0054	-9.8
	0421	0657	5.6
	0943	1253	-7.2
	1545	1911	9.5
	2235		
2 W ☾		0154	-9.4
	0523	0808	5.9
	1103	1405	-6.4
	1656	2015	8.3
	2330		
3 TH		0255	-9.3
	0620	0914	6.8
	1222	1520	-6.3
	1809	2118	7.6
4 F E	0022	0353	-9.5
	0711	1013	8.0
	1331	1628	-6.7
	1919	2215	7.1
5 SA	0112	0445	-9.9
	0757	1104	9.2
	1430	1727	-7.5
	2020	2307	6.8
6 SU	0158	0531	-10.2
	0838	1149	10.2
	1520	1817	-8.2
	2115	2353	6.6
7 M	0239	0613	-10.4
	0915	1229	11.1
	1603	1903	-8.8
	2203		
8 TU A		0035	6.3
	0317	0651	-10.4
	0951	1306	11.8
	1643	1944	-9.2
	2247		
9 W		0115	6.1
	0353	0727	-10.3
	1025	1342	12.2
	1721	2023	-9.5
	2329		
10 TH ●		0152	5.8
	0427	0802	-10.0
	1058	1417	12.4
	1757	2101	-9.5
11 F	0010	0230	5.5
	0501	0837	-9.7
	1132	1453	12.3
	1834	2139	-9.4
12 SA N	0051	0308	5.1
	0537	0913	-9.2
	1208	1530	12.1
	1912	2218	-9.2
13 SU	0134	0350	4.9
	0617	0952	-8.7
	1246	1611	11.6
	1951	2259	-9.0
14 M	0218	0436	4.6
	0704	1035	-8.0
	1329	1655	10.8
	2033	2343	-8.8
15 TU	0306	0528	4.6
	0801	1125	-7.3
	1418	1745	10.0
	2118		
16 W		0031	-8.6
	0358	0628	4.9
	0909	1223	-6.7
	1516	1841	9.1
	2205		
17 TH		0124	-8.6
	0451	0733	5.6
	1025	1330	-6.3
	1623	1942	8.3
	2254		
18 F ☽		0219	-8.9
	0545	0837	6.8
	1142	1443	-6.3
	1736	2044	7.7
	2345		
19 SA E		0316	-9.5
	0636	0938	8.5
	1255	1555	-7.0
	1850	2144	7.5
20 SU	0036	0411	-10.3
	0725	1034	10.4
	1400	1700	-8.1
	1958	2242	7.4
21 M	0127	0503	-11.2
	0812	1126	12.2
	1457	1758	-9.4
	2059	2335	7.5
22 TU	0216	0552	-12.0
	0857	1215	13.8
	1550	1851	-10.6
	2155		
23 W P		0027	7.6
	0305	0640	-12.6
	0943	1302	15.0
	1639	1941	-11.5
	2247		
24 TH ○		0116	7.7
	0353	0727	-12.9
	1027	1348	15.6
	1726	2029	-12.1
	2337		
25 F S		0205	7.8
	0442	0814	-12.8
	1112	1434	15.7
	1811	2115	-12.3
26 SA	0025	0254	7.7
	0532	0901	-12.3
	1158	1519	15.1
	1856	2201	-12.2
27 SU	0114	0343	7.5
	0624	0949	-11.5
	1244	1606	14.1
	1940	2247	-11.8
28 M	0202	0435	7.2
	0720	1039	-10.3
	1332	1654	12.6
	2024	2334	-11.2
29 TU	0253	0530	6.9
	0820	1131	-8.9
	1424	1744	10.9
	2109		
30 W		0023	-10.5
	0345	0629	6.8
	0926	1229	-7.5
	1520	1837	9.2
	2155		

加拿大—西摩海峡

CANADA－SEYMOUR NARROWS

50° 08′ N　　125° 21′ W

2021 年潮流表　　流速单位:kn　　(+)表示流向 180°　　(−)表示流向 000°　　时区：0800

7 月

日期	转流时分	最大流时分	最大流流速
1 TH ☾ E		0114	-9.8
	0439	0731	6.8
	1037	1333	-6.4
	1623	1934	7.6
	2241		
2 F		0209	-9.2
	0534	0834	7.1
	1151	1443	-5.7
	1732	2033	6.3
	2330		
3 SA		0306	-8.8
	0626	0934	7.7
	1302	1554	-5.6
	1845	2133	5.4
4 SU	0019	0401	-8.7
	0716	1029	8.5
	1405	1659	-6.1
	1954	2229	4.9
5 M A	0108	0452	-8.8
	0801	1118	9.4
	1458	1755	-6.8
	2055	2321	4.7
6 TU	0155	0539	-8.9
	0842	1202	10.3
	1544	1843	-7.6
	2147		
7 W		0008	4.7
	0239	0622	-9.2
	0921	1242	11.1
	1625	1926	-8.4
	2233		
8 TH		0051	4.8
	0321	0701	-9.4
	0958	1320	11.8
	1702	2005	-9.0
	2314		
9 F N		0132	5.1
	0401	0740	-9.6
	1035	1356	12.3
	1738	2043	-9.5
	2352		
10 SA ●		0211	5.4
	0441	0817	-9.7
	1112	1433	12.6
	1813	2119	-9.9
11 SU	0030	0250	5.7
	0523	0856	-9.8
	1150	1511	12.6
	1848	2156	-10.1
12 M	0107	0332	6.1
	0608	0936	-9.6
	1231	1550	12.3
	1924	2233	-10.2
13 TU	0146	0415	6.4
	0657	1019	-9.3
	1314	1633	11.7
	2002	2313	-10.2
14 W	0228	0503	6.7
	0751	1107	-8.7
	1401	1718	10.8
	2041	2355	-10.1
15 TH	0313	0556	7.1
	0852	1200	-8.0
	1455	1808	9.6
	2123		

日期	转流时分	最大流时分	最大流流速
16 F E		0042	-9.9
	0402	0655	7.6
	1000	1301	-7.3
	1556	1904	8.3
	2208		
17 SA ☽		0133	-9.8
	0455	0758	8.3
	1114	1411	-6.8
	1707	2005	7.2
	2258		
18 SU		0231	-9.8
	0551	0902	9.4
	1228	1526	-6.9
	1824	2110	6.4
	2352		
19 M		0331	-10.1
	0647	1004	10.7
	1339	1638	-7.7
	1940	2214	6.1
20 TU	0049	0432	-10.6
	0742	1103	12.1
	1441	1742	-8.8
	2047	2315	6.2
21 W P	0148	0529	-11.2
	0835	1157	13.5
	1536	1838	-10.1
	2145		
22 TH S		0012	6.7
	0246	0624	-11.9
	0925	1247	14.5
	1626	1928	-11.3
	2237		
23 F		0105	7.3
	0342	0715	-12.4
	1014	1335	15.1
	1711	2015	-12.1
	2324		
24 SA ○		0155	7.9
	0435	0803	-12.6
	1101	1420	15.1
	1754	2059	-12.6
25 SU	0008	0242	8.4
	0528	0851	-12.4
	1147	1504	14.6
	1835	2141	-12.7
26 M	0051	0329	8.7
	0619	0937	-11.8
	1232	1548	13.6
	1914	2222	-12.4
27 TU	0134	0416	8.7
	0711	1023	-10.7
	1318	1631	12.2
	1953	2304	-11.7
28 W	0217	0503	8.4
	0804	1111	-9.4
	1404	1715	10.5
	2032	2346	-10.8
29 TH E	0302	0554	8.0
	0901	1201	-7.9
	1454	1800	8.6
	2111		
30 F		0031	-9.8
	0350	0647	7.6
	1003	1257	-6.5
	1550	1850	6.8
	2151		
31 SA ☾		0119	-8.7
	0441	0746	7.3
	1111	1402	-5.4
	1656	1946	5.1
	2235		

8 月

日期	转流时分	最大流时分	最大流流速
1 SU		0213	-7.8
	0534	0847	7.2
	1223	1516	-4.8
	1812	2049	3.9
	2323		
2 M A		0312	-7.3
	0629	0949	7.6
	1333	1629	-5.1
	1931	2153	3.3
3 TU	0018	0412	-7.2
	0722	1045	8.3
	1432	1732	-5.9
	2039	2254	3.3
4 W	0116	0508	-7.4
	0810	1134	9.2
	1520	1823	-6.9
	2132	2347	3.7
5 TH N	0211	0557	-8.0
	0855	1218	10.2
	1601	1906	-8.0
	2215		
6 F		0032	4.5
	0301	0641	-8.7
	0936	1258	11.2
	1638	1943	-9.0
	2252		
7 SA		0113	5.3
	0347	0722	-9.5
	1016	1335	12.0
	1712	2019	-9.9
	2326		
8 SU ●		0152	6.3
	0431	0801	-10.2
	1056	1412	12.6
	1745	2053	-10.6
	2359		
9 M		0231	7.3
	0515	0841	-10.6
	1136	1450	12.8
	1818	2127	-11.2
10 TU	0033	0310	8.1
	0600	0921	-10.8
	1216	1528	12.6
	1852	2202	-11.4
11 W	0109	0352	8.8
	0647	1003	-10.7
	1259	1608	12.0
	1926	2239	-11.5
12 TH E	0147	0436	9.3
	0738	1048	-10.1
	1345	1651	10.9
	2003	2319	-11.2
13 F	0229	0525	9.5
	0834	1139	-9.2
	1437	1737	9.4
	2042		
14 SA		0003	-10.8
	0316	0619	9.6
	0936	1236	-8.2
	1535	1830	7.8
	2126		
15 SU ☽		0053	-10.2
	0409	0721	9.6
	1047	1343	-7.3
	1646	1932	6.3
	2216		

日期	转流时分	最大流时分	最大流流速
16 M		0151	9.6
	0509	0828	9.9
	1202	1500	-7.0
	1807	2043	5.3
	2316		
17 TU P		0258	-9.3
	0613	0937	10.6
	1316	1618	-7.5
	1927	2155	5.1
18 W S	0024	0408	-9.5
	0716	1042	11.6
	1422	1725	-8.7
	2036	2303	5.7
19 TH	0135	0514	-10.2
	0817	1140	12.7
	1517	1822	-10.1
	2132		
20 F		0002	6.7
	0241	0612	-11.1
	0912	1232	13.5
	1606	1911	-11.4
	2219		
21 SA		0055	7.9
	0340	0705	-12.0
	1003	1320	14.1
	1649	1955	-12.4
	2302		
22 SU ○		0142	9.0
	0433	0753	-12.5
	1050	1404	14.1
	1729	2036	-12.9
	2342		
23 M		0226	9.9
	0523	0839	-12.5
	1135	1445	13.6
	1807	2115	-13.0
24 TU	0020	0309	10.3
	0610	0922	-12.0
	1218	1525	12.6
	1842	2153	-12.6
25 W E	0058	0350	10.3
	0656	1005	-11.1
	1301	1604	11.2
	1917	2230	-11.8
26 TH	0137	0432	9.9
	0743	1048	-9.8
	1345	1643	9.5
	1951	2308	-10.7
27 F	0216	0515	9.2
	0832	1133	-8.3
	1430	1724	7.6
	2025	2347	-9.4
28 SA	0258	0602	8.3
	0926	1223	-6.7
	1522	1808	5.8
	2100		
29 SU		0029	-8.1
	0344	0655	7.5
	1027	1321	-5.4
	1625	1901	4.1
	2140		
30 M ☾ A		0119	-6.8
	0437	0756	6.9
	1138	1435	-4.6
	1745	2007	2.8
	2230		
31 TU		0221	-5.9
	0537	0903	6.9
	1251	1556	-4.7
	1913	2122	2.3
	2335		

9 月

日期	转流时分	最大流时分	最大流流速
1 W		0332	-5.7
	0639	1008	7.4
	1355	1704	-5.5
	2022	2231	2.7
2 TH N	0048	0439	-6.2
	0737	1103	8.3
	1446	1756	-6.8
	2110	2327	3.7
3 F	0155	0534	-7.2
	0829	1150	9.5
	1528	1838	-8.1
	2147		
4 SA		0012	5.0
	0250	0621	-8.4
	0915	1232	10.6
	1604	1914	-9.3
	2220		
5 SU		0052	6.5
	0338	0704	-9.6
	0958	1310	11.6
	1638	1948	-10.5
	2251		
6 M		0130	8.0
	0422	0744	-10.7
	1039	1348	12.2
	1710	2021	-11.4
	2323		
7 TU ●		0208	9.4
	0505	0823	-11.5
	1120	1425	12.4
	1742	2054	-12.0
	2356		
8 W E		0246	10.6
	0549	0904	-11.8
	1202	1503	12.2
	1815	2129	-12.4
9 TH	0031	0326	11.4
	0634	0946	-11.7
	1245	1542	11.4
	1849	2205	-12.3
10 F	0109	0409	11.8
	0723	1031	-11.1
	1331	1624	10.2
	1925	2244	-11.9
11 SA P	0150	0456	11.7
	0816	1120	-10.1
	1422	1710	8.6
	2004	2328	-11.1
12 SU	0236	0548	11.2
	0916	1216	-8.8
	1522	1804	6.9
	2049		
13 M ☽		0018	-10.0
	0330	0649	10.6
	1023	1322	-7.8
	1634	1908	5.4
	2145		
14 TU		0119	-9.0
	0432	0758	10.2
	1137	1439	-7.3
	1756	2025	4.6
	2254		
15 W S		0233	-8.3
	0542	0912	10.2
	1250	1558	-7.8
	1916	2144	4.8

日期	转流时分	最大流时分	最大流流速
16 TH	0015	0351	-8.5
	0654	1021	10.8
	1355	1705	-9.0
	2020	2253	6.0
17 F	0134	0502	-9.3
	0800	1121	11.6
	1450	1800	-10.4
	2110	2351	7.6
18 SA	0241	0602	-10.5
	0858	1213	12.2
	1537	1847	-11.6
	2154		
19 SU		0040	9.1
	0337	0653	-11.5
	0950	1259	12.6
	1619	1929	-12.5
	2233		
20 M ○		0124	10.5
	0427	0740	-12.2
	1037	1342	12.5
	1657	2007	-12.9
	2310		
21 TU E		0205	11.4
	0513	0823	-12.3
	1121	1421	11.9
	1732	2044	-12.9
	2346		
22 W		0244	11.8
	0557	0904	-11.9
	1203	1458	11.0
	1805	2120	-12.3
23 TH	0021	0322	11.6
	0639	0945	-11.1
	1244	1535	9.6
	1837	2154	-11.4
24 F	0056	0400	11.1
	0721	1025	-9.9
	1326	1611	8.1
	1908	2229	-10.2
25 SA	0131	0438	10.2
	0805	1107	-8.5
	1410	1650	6.4
	1939	2305	-8.8
26 SU A	0209	0520	9.1
	0853	1153	-7.0
	1501	1732	4.7
	2012	2343	-7.4
27 M	0250	0608	8.0
	0947	1247	-5.8
	1604	1824	3.2
	2051		
28 TU		0030	-6.0
	0339	0706	7.1
	1051	1356	-4.9
	1725	1933	2.2
	2146		
29 W ☾ N		0131	-5.0
	0441	0815	6.7
	1201	1516	-4.9
	1850	2054	2.0
	2305		
30 TH		0251	-4.7
	0552	0926	6.9
	1306	1626	-5.8
	1951	2206	2.9

加拿大—西摩海峡

CANADA－SEYMOUR NARROWS

50° 08′ N　　125° 21′ W

2021 年潮流表　　流速单位:kn　　(＋)表示流向 180°　　(－)表示流向 000°　　时区:0800

10 月

日期	转流时分	最大流时分	流速
1 F	0031	0408	-5.4
	0701	1026	7.7
	1400	1718	-7.0
	2034	2301	4.3
2 SA	0142	0509	-6.6
	0800	1117	8.8
	1443	1800	-8.4
	2109	2346	6.2
3 SU	0238	0559	-8.2
	0851	1200	9.8
	1521	1837	-9.8
	2141		
4 M		0026	8.1
	0325	0643	-9.7
	0938	1241	10.7
	1556	1911	-11.0
	2213		
5 TU		0104	10.0
	0410	0724	-11.0
	1021	1319	11.3
	1630	1945	-12.0
	2246		
6 W		0142	11.6
● E	0453	0805	-11.9
	1104	1358	11.4
	1703	2020	-12.7
	2320		
7 TH		0221	12.9
	0537	0847	-12.3
	1148	1437	11.0
	1737	2056	-12.9
	2356		
8 F		0302	13.6
P	0622	0930	-12.2
	1232	1518	10.2
	1812	2133	-12.7
9 SA	0035	0345	13.8
	0710	1015	-11.6
	1320	1601	9.0
	1850	2214	-12.0
10 SU	0117	0431	13.3
	0801	1105	-10.6
	1413	1649	7.5
	1932	2300	-10.9
11 M	0204	0523	12.4
	0858	1201	-9.4
	1514	1745	6.0
	2023	2352	-9.6
12 TU	0258	0623	11.3
S	1001	1305	-8.5
	1626	1853	4.8
	2126		
13 W		0056	-8.3
☽	0402	0732	10.3
	1109	1418	-8.1
	1745	2014	4.6
	2247		
14 TH		0214	-7.5
	0516	0846	9.8
	1217	1532	-8.5
	1856	2132	5.4
15 F	0014	0336	-7.6
	0632	0955	9.9
	1320	1637	-9.5
	1953	2238	6.9
16 SA	0132	0447	-8.5
	0742	1055	10.2
	1413	1730	-10.6
	2041	2332	8.7
17 SU	0236	0546	-9.7
	0842	1147	10.5
	1500	1816	-11.6
	2122		
18 M		0019	10.3
	0330	0637	-10.7
	0934	1233	10.6
	1541	1857	-12.3
	2200		
19 TU		0102	11.5
E	0417	0723	-11.4
	1021	1315	10.4
	1618	1935	-12.5
	2236		
20 W		0141	12.3
○	0500	0805	-11.6
	1105	1354	9.8
	1653	2011	-12.3
	2311		
21 TH		0218	12.6
	0541	0845	-11.3
	1147	1430	9.0
	1725	2046	-11.7
	2344		
22 F		0253	12.4
	0620	0925	-10.7
	1228	1506	7.9
	1756	2120	-10.7
23 SA	0017	0329	11.9
	0700	1004	-9.7
	1310	1542	6.6
	1827	2153	-9.6
24 SU	0051	0406	11.0
A	0741	1045	-8.6
	1355	1621	5.2
	1858	2228	-8.3
25 M	0126	0445	9.9
	0825	1129	-7.5
	1446	1704	3.9
	1932	2306	-7.0
26 TU	0205	0530	8.8
N	0914	1220	-6.5
	1547	1757	2.8
	2015	2352	-5.8
27 W	0252	0625	7.8
	1010	1320	-5.9
	1700	1905	2.3
	2119		
28 TH		0053	-4.8
☾	0352	0730	7.1
	1110	1430	-5.8
	1810	2023	2.5
	2245		
29 F		0211	-4.5
	0505	0839	7.0
	1210	1535	-6.5
	1905	2133	3.7
30 SA	0012	0331	-5.1
	0621	0942	7.4
	1304	1630	-7.6
	1948	2228	5.5
31 SU	0123	0437	-6.4
	0727	1037	8.1
	1350	1715	-8.9
	2025	2314	7.5

11 月

日期	转流时分	最大流时分	流速
1 M	0220	0531	-8.0
	0824	1124	8.9
	1432	1755	-10.2
	2100	2357	9.7
2 TU	0309	0619	-9.5
E	0915	1208	9.5
	1510	1833	-11.4
	2135		
3 W		0037	11.7
	0356	0704	-10.8
	1003	1250	9.8
	1547	1910	-12.3
	2211		
4 TH		0118	13.3
●	0440	0747	-11.7
	1049	1331	9.8
	1623	1948	-12.9
	2248		
5 F		0159	14.5
P	0525	0831	-12.2
	1135	1413	9.5
	1701	2027	-13.1
	2327		
6 SA		0241	15.1
	0611	0916	-12.2
	1222	1457	8.7
	1740	2108	-12.7
7 SU	0008	0325	15.0
	0659	1003	-11.7
	1312	1543	7.8
	1823	2151	-11.9
8 M	0051	0412	14.3
S	0749	1053	-11.0
	1407	1634	6.7
	1911	2240	-10.7
9 TU	0140	0504	13.1
	0842	1148	-10.2
	1507	1733	5.7
	2009	2335	-9.2
10 W	0234	0602	11.7
	0939	1248	-9.4
	1614	1842	5.1
	2120		
11 TH		0040	-7.9
☽	0337	0707	10.3
	1039	1353	-9.1
	1722	1958	5.3
	2243		
12 F		0155	-7.0
	0450	0816	9.4
	1139	1500	-9.3
	1825	2111	6.3
13 SA	0007	0314	-7.0
	0607	0923	8.9
	1237	1601	-9.8
	1919	2214	7.8
14 SU	0122	0426	-7.7
	0718	1023	8.7
	1329	1654	-10.5
	2006	2307	9.4
15 M	0224	0526	-8.7
E	0820	1116	8.6
	1416	1741	-11.2
	2048	2354	10.8
16 TU	0316	0618	-9.5
	0915	1203	8.4
	1458	1824	-11.5
	2127		
17 W		0036	11.8
	0403	0704	-10.2
	1004	1246	8.1
	1537	1903	-11.6
	2203		
18 TH		0115	12.5
	0445	0747	-10.4
	1049	1326	7.6
	1613	1940	-11.3
	2238		
19 F		0152	12.7
○	0525	0828	-10.4
	1132	1404	7.0
	1646	2015	-10.8
	2311		
20 SA		0228	12.6
	0603	0907	-10.1
	1215	1441	6.2
	1719	2049	-10.0
	2345		
21 SU		0303	12.2
A	0642	0946	-9.5
	1257	1518	5.4
	1751	2124	-9.1
22 M	0019	0340	11.6
N	0720	1026	-8.9
	1342	1558	4.6
	1826	2200	-8.1
23 TU	0054	0419	10.7
	0801	1109	-8.2
	1430	1642	3.8
	1906	2240	-7.1
24 W	0134	0502	9.8
	0845	1155	-7.6
	1523	1734	3.3
	1956	2327	-6.2
25 TH	0220	0552	8.8
	0932	1246	-7.2
	1621	1836	3.2
	2103		
26 F		0024	-5.4
	0317	0650	8.0
	1023	1342	-7.1
	1718	1945	3.7
	2223		
27 SA		0134	-5.0
☾	0425	0753	7.5
	1115	1440	-7.5
	1810	2051	4.9
	2344		
28 SU		0249	-5.3
	0539	0856	7.4
	1206	1536	-8.3
	1857	2149	6.7
29 M	0056	0400	-6.3
	0651	0954	7.5
	1254	1626	-9.3
	1939	2240	8.7
30 TU	0157	0501	-7.6
E	0755	1046	7.8
	1340	1712	-10.5
	2020	2327	10.8

12 月

日期	转流时分	最大流时分	流速
1 W	0251	0555	-9.0
	0853	1136	8.0
	1424	1756	-11.5
	2101		
2 TH		0012	12.7
	0341	0645	-10.2
	0946	1223	8.2
	1506	1838	-12.3
	2141		
3 F		0056	14.2
	0429	0732	-11.2
	1036	1309	8.2
	1549	1921	-12.8
	2222		
4 SA		0140	15.3
● P	0515	0819	-11.8
	1125	1355	8.1
	1633	2005	-12.9
	2305		
5 SU		0225	15.7
	0601	0905	-12.1
	1214	1442	7.7
	1718	2050	-12.5
	2348		
6 M		0310	15.5
S	0648	0953	-12.0
	1304	1531	7.3
	1807	2137	-11.8
7 TU	0034	0358	14.7
	0735	1041	-11.6
	1357	1624	6.8
	1901	2227	-10.6
8 W	0123	0448	13.4
	0824	1131	-11.0
	1451	1721	6.3
	2003	2322	-9.3
9 TH	0217	0542	11.9
	0914	1225	-10.5
	1549	1825	6.2
	2113		
10 F		0023	-8.0
	0316	0640	10.3
	1005	1321	-10.0
	1648	1933	6.5
	2229		
11 SA		0132	-7.0
☽	0423	0742	8.9
	1057	1420	-9.8
	1745	2040	7.2
	2348		
12 SU		0245	-6.6
E	0536	0845	7.8
	1149	1519	-9.8
	1839	2142	8.2
13 M	0101	0357	-6.8
	0648	0945	7.1
	1240	1614	-9.9
	1928	2237	9.4
14 TU	0204	0501	-7.3
	0755	1041	6.6
	1329	1704	-10.2
	2013	2326	10.4
15 W	0259	0556	-8.1
	0855	1131	6.3
	1414	1750	-10.3
	2054		
16 TH		0010	11.3
	0347	0645	-8.7
	0948	1218	6.0
	1457	1832	-10.3
	2133		
17 F		0051	11.9
	0430	0730	-9.2
	1035	1301	5.8
	1536	1912	-10.2
	2209		
18 SA		0129	12.3
A	0509	0811	-9.5
	1119	1341	5.5
	1614	1949	-9.9
	2245		
19 SU		0206	12.4
○	0547	0851	-9.6
	1201	1420	5.3
	1650	2026	-9.6
	2320		
20 M		0242	12.3
N	0624	0929	-9.5
	1242	1459	5.0
	1727	2102	-9.1
	2355		
21 TU		0319	12.0
	0700	1007	-9.4
	1323	1539	4.8
	1807	2140	-8.6
22 W	0033	0357	11.5
	0737	1046	-9.1
	1404	1622	4.7
	1852	2221	-8.0
23 TH	0114	0438	10.8
	0816	1126	-8.9
	1448	1710	4.7
	1945	2307	-7.3
24 F	0159	0524	9.9
	0856	1209	-8.7
	1534	1804	4.9
	2046	2359	-6.6
25 SA	0251	0614	9.0
	0939	1257	-8.6
	1623	1904	5.5
	2156		
26 SU		0100	-6.1
	0352	0710	8.0
	1024	1348	-8.7
	1714	2006	6.4
	2311		
27 M		0210	-5.9
☾ E	0502	0811	7.3
	1112	1443	-9.0
	1805	2107	7.8
28 TU	0024	0322	-6.3
	0616	0912	6.8
	1201	1538	-9.6
	1855	2205	9.5
29 W	0132	0431	-7.1
	0728	1011	6.6
	1252	1632	-10.3
	1944	2259	11.3
30 TH	0233	0533	-8.3
	0833	1107	6.6
	1344	1724	-11.2
	2031	2350	13.0
31 F	0327	0628	-9.6
	0932	1201	6.8
	1435	1814	-11.9
	2118		

胡 安·德富卡海峡口

JUAN DE FUCA STRAIT－ENTRANCE

48° 27′ N   124° 35′ W

2021 年潮流表　　流速单位:kn　　(＋)表示流向 115°　　(－)表示流向 290°　　时区:0800

1 月

日期	转流时分	最大流时分	流速
1 F	0033	0332	1.2
	0642	1005	-1.2
		1512	-0.1
		2109	-1.9
2 SA	0112	0409	1.2
	0715	1044	-1.3
		1600	-0.1
		2153	-1.8
3 SU	0154	0448	1.1
	0748	1125	-1.4
		1655	-0.1
		2242	-1.6
4 M	0241	0529	1.0
	0821	1210	-1.5
	1735	1756	0.0
	1818	2339	-1.4
5 TU	0335	0615	0.8
	0854	1259	-1.6
	1800	1907	0.1
	2015		
6 W ☾ E		0046	-1.2
	0436	0705	0.7
	0929	1352	-1.7
	1840	2022	0.3
	2207		
7 TH		0205	-1.1
	0548	0801	0.5
	1005	1446	-1.9
	1923	2133	0.5
	2354		
8 F		0326	-1.0
	0709	0902	0.3
	1044	1540	-2.0
	2008	2239	0.8
9 SA P	0125	0442	-1.0
	0832	1003	0.2
	1127	1634	-2.2
	2053	2337	1.1
10 SU	0240	0551	-1.1
	0948	1102	0.2
	1213	1726	-2.3
	2139		
11 M		0031	1.3
	0342	0652	-1.2
	1054	1159	0.1
	1302	1817	-2.3
	2224		
12 TU S		0121	1.4
	0434	0747	-1.3
	1153	1254	0.1
	1354	1907	-2.3
	2308		
13 W ●		0207	1.4
	0520	0835	-1.3
	1247	1347	0.1
	1445	1954	-2.2
	2353		
14 TH		0251	1.4
	0600	0920	-1.4
	1340	1438	0.1
	1535	2040	-2.1
15 F	0036	0332	1.3
	0637	1002	-1.5
	1432	1528	0.1
	1623	2124	-1.9
16 SA	0120	0411	1.2
	0709	1043	-1.5
	1526	1617	0.1
	1709	2208	-1.7
17 SU	0204	0449	1.0
	0739	1125	-1.5
	1622	1709	0.1
	1756	2254	-1.5
18 M	0251	0528	0.8
	0807	1207	-1.5
	1721	1804	0.1
	1848	2343	-1.2
19 TU E	0341	0607	0.6
	0832	1252	-1.5
	1816	1906	0.1
	1958		
20 W ☽		0041	-1.0
	0441	0651	0.4
	0856	1339	-1.5
	1900	2013	0.1
	2129		
21 TH A		0150	-0.9
	0555	0740	0.2
	0918	1428	-1.6
	1939	2120	0.2
	2307		
22 F		0305	-0.8
	0734	0835	0.1
	0932	1517	-1.6
	2014	2220	0.4
23 SA	0039	0419	-0.8
		0933	-0.0
		1605	-1.7
	2047	2313	0.6
24 SU	0154	0526	-0.8
		1028	-0.1
		1650	-1.7
	2120	2359	0.8
25 M	0253	0622	-0.9
		1120	-0.1
		1734	-1.8
	2153		
26 TU N		0041	0.9
	0342	0709	-1.0
		1207	-0.1
		1816	-1.9
	2227		
27 W		0119	1.1
	0424	0748	-1.1
		1252	-0.1
		1856	-2.0
	2301		
28 TH ○		0156	1.2
	0501	0824	-1.3
	1322	1335	0.0
	1349	1937	-2.0
	2337		
29 F		0232	1.2
	0535	0859	-1.4
	1329	1419	0.1
	1507	2018	-2.0
30 SA	0014	0307	1.2
	0607	0934	-1.5
	1354	1503	0.2
	1610	2100	-1.9
31 SU	0054	0343	1.2
	0637	1009	-1.6
	1427	1550	0.3
	1712	2145	-1.8

2 月

日期	转流时分	最大流时分	流速
1 M	0137	0420	1.1
	0706	1048	-1.7
	1507	1641	0.3
	1815	2234	-1.6
2 TU E	0224	0500	0.9
	0736	1130	-1.7
	1554	1737	0.4
	1925	2329	-1.4
3 W P	0317	0542	0.7
	0805	1217	-1.8
	1647	1843	0.4
	2044		
4 TH ☾		0034	-1.2
	0421	0631	0.5
	0836	1310	-1.9
	1745	1956	0.5
	2215		
5 F		0151	-1.0
	0542	0728	0.3
	0908	1409	-1.9
	1844	2111	0.7
	2351		
6 SA		0315	-0.9
	0724	0835	0.1
	0942	1511	-2.0
	1942	2221	0.8
7 SU	0119	0438	-0.9
	0912	0946	0.0
	1020	1613	-2.0
	2036	2324	1.0
8 M S	0230	0550	-1.0
	1029	1055	0.0
	1120	1713	-2.1
	2126		
9 TU		0019	1.2
	0327	0648	-1.2
	1113	1157	0.1
	1241	1809	-2.1
	2214		
10 W		0108	1.2
	0413	0736	-1.3
	1150	1253	0.1
	1355	1900	-2.1
	2259		
11 TH ●		0151	1.3
	0453	0818	-1.4
	1227	1344	0.2
	1459	1947	-2.0
	2342		
12 F		0231	1.2
	0526	0856	-1.5
	1304	1430	0.3
	1555	2030	-1.9
13 SA	0023	0307	1.1
	0556	0931	-1.6
	1342	1513	0.3
	1645	2111	-1.8
14 SU	0104	0341	1.0
	0621	1005	-1.6
	1421	1556	0.3
	1731	2150	-1.6
15 M E	0144	0413	0.8
	0645	1039	-1.6
	1503	1638	0.3
	1817	2231	-1.4
16 TU	0226	0445	0.6
	0705	1114	-1.6
	1548	1724	0.3
	1904	2314	-1.2
17 W	0314	0519	0.4
	0724	1152	-1.5
	1638	1815	0.3
	1957		
18 TH A		0005	-1.0
	0414	0556	0.3
	0737	1234	-1.5
	1732	1915	0.2
	2103		
19 F ☽		0107	-0.9
	0545	0641	0.1
	0736	1323	-1.5
	1827	2022	0.3
	2224		
20 SA		0223	-0.8
		0738	-0.1
		1418	-1.5
	1917	2130	0.4
	2353		
21 SU		0345	-0.7
		0848	-0.2
		1515	-1.5
	2002	2230	0.5
22 M	0112	0459	-0.8
		0957	-0.2
		1611	-1.6
	2043	2322	0.7
23 TU N	0213	0555	-1.0
		1058	-0.2
		1704	-1.7
	2122		
24 W		0007	0.9
	0302	0638	-1.1
		1150	-0.1
		1753	-1.8
	2200		
25 TH		0047	1.0
	0342	0715	-1.3
	1147	1238	0.1
	1328	1839	-1.9
	2238		
26 F		0125	1.1
	0418	0749	-1.4
	1159	1322	0.2
	1443	1923	-1.9
	2317		
27 SA ○		0201	1.1
	0450	0822	-1.6
	1223	1406	0.4
	1547	2007	-1.9
	2357		
28 SU		0237	1.1
	0520	0856	-1.7
	1253	1450	0.6
	1645	2051	-1.9

3 月

日期	转流时分	最大流时分	流速
1 M E	0039	0313	1.1
	0549	0932	-1.8
	1330	1536	0.7
	1743	2137	-1.8
2 TU P	0124	0351	0.9
	0618	1011	-1.9
	1412	1625	0.7
	1843	2227	-1.6
3 W	0213	0430	0.7
	0646	1053	-2.0
	1501	1720	0.8
	1946	2322	-1.4
4 TH	0311	0514	0.5
	0714	1140	-1.9
	1557	1822	0.8
	2057		
5 F		0027	-1.2
	0425	0605	0.3
	0740	1235	-1.9
	1701	1933	0.7
	2217		
6 SA ☾		0145	-1.0
	0613	0707	0.1
	0800	1337	-1.8
	1809	2048	0.8
	2342		
7 SU S		0312	-0.9
		0824	-0.1
		1447	-1.8
	1916	2201	0.8
8 M	0100	0435	-1.0
		0945	-0.1
		1558	-1.8
	2018	2305	0.9
9 TU	0204	0541	-1.2
		1058	-0.0
		1705	-1.8
	2113		
10 W		0000	1.0
	0255	0632	-1.3
	1058	1200	0.1
	1300	1803	-1.8
	2203		
11 TH		0047	1.0
	0336	0713	-1.5
	1124	1252	0.3
	1418	1853	-1.8
	2248		
12 F		0127	1.0
	0410	0750	-1.6
	1154	1337	0.4
	1519	1938	-1.8
	2330		
13 SA ●		0203	0.9
	0438	0822	-1.6
	1224	1417	0.5
	1611	2018	-1.7
14 SU E	0010	0236	0.8
	0502	0853	-1.7
	1256	1455	0.5
	1657	2056	-1.6
15 M	0049	0306	0.7
	0523	0922	-1.7
	1329	1532	0.6
	1740	2133	-1.5
16 TU	0129	0335	0.6
	0541	0952	-1.7
	1404	1610	0.6
	1822	2211	-1.3
17 W	0212	0405	0.4
	0556	1023	-1.7
	1442	1649	0.5
	1905	2252	-1.2
18 TH A	0305	0436	0.2
	0606	1057	-1.6
	1525	1734	0.5
	1952	2340	-1.0
19 F	0421	0510	0.1
	0559	1135	-1.5
	1614	1826	0.4
	2048		
20 SA		0039	-0.9
		0553	-0.1
		1220	-1.4
	1710	1928	0.4
	2155		
21 SU ☽		0152	-0.8
		0652	-0.3
		1317	-1.4
	1810	2035	0.5
	2310		
22 M N		0314	-0.8
		0812	-0.3
		1423	-1.4
	1907	2140	0.5
23 TU	0021	0424	-0.9
		0932	-0.3
		1532	-1.4
	1958	2236	0.7
24 W	0120	0515	-1.1
		1038	-0.1
		1634	-1.5
	2045	2324	0.8
25 TH	0207	0556	-1.3
	1044	1132	0.1
	1219	1730	-1.6
	2129		
26 F		0007	0.9
	0247	0632	-1.5
	1046	1220	0.3
	1354	1820	-1.7
	2212		
27 SA		0047	0.9
	0322	0707	-1.7
	1106	1305	0.6
	1503	1907	-1.8
	2255		
28 SU ○E		0125	1.0
	0355	0742	-1.9
	1135	1349	0.8
	1604	1954	-1.8
	2339		
29 M		0203	0.9
	0426	0818	-2.0
	1209	1434	1.0
	1702	2041	-1.8
30 TU P	0025	0242	0.8
	0456	0856	-2.1
	1249	1521	1.1
	1758	2130	-1.7
31 W	0115	0322	0.7
	0526	0937	-2.2
	1333	1610	1.1
	1856	2222	-1.5

胡 安·德富卡海峡口

JUAN DE FUCA STRAIT－ENTRANCE

48° 27′ N　　124° 35′ W

2021 年潮流表　　流速单位:kn　　(＋)表示流向 115°　　(－)表示流向 290°　　时区：0800

4 月

日期	转流时分	最大流时分	流速
1 TH	0211	0404	0.5
	0554	1020	-2.1
	1423	1704	1.1
	1956	2319	-1.3
2 F	0321	0451	0.3
	0619	1109	-2.0
	1520	1804	1.0
	2101		
3 SA		0026	-1.2
	0501	0548	0.1
	0633	1205	-1.9
	1624	1911	0.9
	2211		
4 SU		0143	-1.1
		0659	-0.1
		1311	-1.7
☾ S	1735	2024	0.9
	2322		
5 M		0306	-1.1
		0825	-0.2
		1427	-1.6
	1847	2134	0.8
6 TU	0027	0419	-1.2
		0949	-0.1
		1545	-1.5
	1954	2236	0.8
7 W	0122	0516	-1.4
	1010	1058	0.1
	1147	1654	-1.5
	2054	2330	0.8
8 TH	0207	0602	-1.5
	1025	1155	0.3
	1325	1752	-1.5
	2146		
9 F		0015	0.8
	0243	0639	-1.6
	1051	1242	0.4
	1435	1841	-1.5
	2233		
10 SA		0053	0.7
	0313	0713	-1.7
	1118	1323	0.6
	1531	1924	-1.5
	2317		
11 SU		0128	0.6
	0338	0743	-1.8
E	1146	1400	0.7
	1619	2004	-1.5
	2358		
12 M		0159	0.5
	0358	0812	-1.8
●	1215	1436	0.8
	1702	2041	-1.4
13 TU	0040	0229	0.4
	0416	0840	-1.8
	1245	1510	0.8
	1742	2118	-1.3
14 W	0125	0257	0.3
	0429	0908	-1.8
A	1317	1545	0.8
	1823	2157	-1.2
15 TH	0217	0327	0.1
	0435	0938	-1.7
	1351	1622	0.8
	1905	2239	-1.1
16 F		0358	0.0
		1010	-1.7
	1430	1703	0.7
	1949	2326	-1.0
17 SA		0434	-0.1
		1046	-1.6
	1514	1750	0.7
	2039		
18 SU		0023	-0.9
		0520	-0.3
		1130	-1.5
N	1606	1845	0.6
	2134		
19 M		0129	-0.9
		0624	-0.4
		1226	-1.4
	1704	1945	0.6
	2232		
20 TU		0240	-1.0
		0747	-0.4
		1336	-1.3
☽	1807	2047	0.6
	2329		
21 W		0340	-1.1
		0908	-0.3
		1452	-1.3
	1907	2144	0.6
22 TH	0019	0428	-1.3
		1015	-0.0
		1603	-1.3
	2003	2235	0.7
23 F	0104	0509	-1.5
	0941	1110	0.2
	1240	1704	-1.4
	2055	2321	0.7
24 SA	0144	0547	-1.7
	0957	1159	0.6
	1404	1759	-1.5
	2145		
25 SU		0004	0.7
	0220	0625	-1.9
	1025	1246	0.8
E	1512	1850	-1.6
	2234		
26 M		0046	0.7
	0255	0703	-2.1
	1058	1332	1.1
	1613	1941	-1.6
	2324		
27 TU		0128	0.7
	0329	0743	-2.3
	1136	1419	1.3
○P	1710	2031	-1.6
28 W	0016	0211	0.6
	0402	0824	-2.3
	1219	1507	1.4
	1806	2123	-1.5
29 TH	0113	0255	0.4
	0433	0907	-2.3
	1305	1557	1.4
	1902	2218	-1.4
30 F	0220	0342	0.3
	0502	0954	-2.2
	1355	1650	1.3
	1958	2317	-1.3

5 月

日期	转流时分	最大流时分	流速
1 SA	0351	0436	0.1
	0520	1044	-2.0
	1451	1747	1.2
S	2056		
2 SU		0023	-1.2
		0539	-0.1
		1142	-1.8
	1553	1849	1.0
	2154		
3 M		0134	-1.2
		0657	-0.2
		1249	-1.6
☾	1702	1954	0.9
	2250		
4 TU		0245	-1.3
		0822	-0.2
		1406	-1.4
	1813	2058	0.8
	2342		
5 W		0348	-1.4
		0941	-0.0
		1524	-1.3
	1923	2157	0.7
6 TH	0027	0439	-1.5
	0927	1046	0.2
	1206	1634	-1.3
	2027	2248	0.6
7 F	0106	0521	-1.7
	0949	1139	0.4
	1333	1732	-1.3
	2124	2333	0.5
8 SA	0138	0558	-1.8
	1016	1224	0.6
	1438	1822	-1.3
E	2216		
9 SU		0012	0.4
	0205	0632	-1.8
	1043	1304	0.7
	1532	1907	-1.3
	2304		
10 M		0047	0.3
	0228	0702	-1.9
	1112	1341	0.8
	1619	1949	-1.2
	2352		
11 TU		0120	0.2
	0246	0732	-1.9
	1140	1416	0.9
●A	1702	2029	-1.2
12 W	0044	0151	0.1
	0257	0801	-1.9
	1210	1450	0.9
	1742	2108	-1.2
13 TH	0149	0222	0.0
	0255	0830	-1.8
	1240	1525	1.0
	1822	2148	-1.1
14 F		0254	-0.1
		0901	-1.8
	1313	1601	1.0
	1903	2231	-1.1
15 SA		0329	-0.2
		0934	-1.7
	1350	1640	0.9
N	1944	2317	-1.0
16 SU		0410	-0.3
		1011	-1.6
	1431	1723	0.9
	2027		
17 M		0008	-1.0
		0501	-0.4
		1056	-1.5
	1519	1810	0.8
	2111		
18 TU		0103	-1.1
		0607	-0.4
		1151	-1.4
	1613	1902	0.7
	2155		
19 W		0159	-1.2
		0724	-0.3
		1259	-1.3
☽	1714	1957	0.7
	2238		
20 TH		0251	-1.3
		0841	-0.1
		1417	-1.2
	1817	2052	0.6
	2320		
21 F		0338	-1.5
	0842	0948	0.1
	1055	1532	-1.2
	1921	2144	0.6
22 SA	0001	0422	-1.7
	0851	1046	0.4
	1245	1638	-1.2
E	2021	2234	0.6
23 SU	0040	0504	-2.0
	0918	1138	0.8
	1407	1738	-1.3
	2120	2322	0.5
24 M	0119	0546	-2.2
	0952	1228	1.1
	1516	1835	-1.4
	2217		
25 TU		0009	0.5
	0156	0629	-2.3
	1030	1317	1.3
	1617	1930	-1.4
	2314		
26 W		0056	0.4
	0234	0713	-2.4
	1112	1406	1.5
○P	1713	2024	-1.4
27 TH	0015	0144	0.3
	0310	0758	-2.4
	1156	1454	1.5
	1807	2119	-1.4
28 F	0121	0234	0.2
	0345	0845	-2.3
	1244	1544	1.5
S	1859	2214	-1.4
29 SA	0239	0327	0.1
	0415	0934	-2.2
	1334	1635	1.4
	1949	2310	-1.4
30 SU		0426	-0.0
		1026	-2.0
	1427	1727	1.3
	2038		
31 M		0009	-1.4
		0532	-0.1
		1122	-1.7
	1525	1822	1.1
	2124		

6 月

日期	转流时分	最大流时分	流速
1 TU		0111	-1.4
		0646	-0.1
		1226	-1.5
	1628	1918	0.9
	2208		
2 W		0210	-1.5
		0805	-0.1
		1338	-1.2
☾	1735	2014	0.7
	2248		
3 TH		0305	-1.6
	0825	0918	0.1
	1011	1454	-1.1
	1845	2109	0.6
	2325		
4 F		0353	-1.7
	0845	1020	0.3
	1200	1603	-1.0
E	1954	2159	0.4
	2357		
5 SA		0436	-1.7
	0913	1114	0.5
	1323	1704	-1.0
	2059	2245	0.3
6 SU	0026	0514	-1.8
	0941	1200	0.6
	1429	1759	-1.0
	2201	2327	0.2
7 M	0051	0550	-1.9
	1011	1241	0.8
	1524	1848	-1.0
	2301		
8 TU		0006	0.1
	0110	0623	-1.9
	1040	1319	0.9
A	1612	1934	-1.1
9 W	0007	0043	0.0
	0118	0656	-1.9
	1110	1355	1.0
	1655	2017	-1.1
10 TH		0119	-0.0
		0728	-1.9
	1140	1431	1.1
●	1736	2059	-1.1
11 F		0155	-0.1
		0800	-1.9
	1211	1506	1.1
	1815	2139	-1.1
12 SA		0232	-0.2
		0834	-1.9
	1245	1542	1.1
N	1853	2219	-1.1
13 SU		0312	-0.3
		0910	-1.8
	1321	1619	1.1
	1929	2300	-1.1
14 M		0357	-0.3
		0950	-1.7
	1401	1658	1.0
	2004	2342	-1.2
15 TU		0449	-0.3
		1036	-1.6
	1446	1739	0.9
	2039		
16 W		0027	-1.3
		0550	-0.2
		1129	-1.4
	1536	1824	0.8
	2113		
17 TH		0115	-1.4
		0659	-0.1
		1233	-1.3
	1633	1912	0.7
	2148		
18 F		0203	-1.5
	0731	0812	0.0
	0854	1347	-1.1
☽	1736	2004	0.6
	2224		
19 SA		0251	-1.7
	0739	0920	0.3
	1106	1504	-1.1
E	1845	2058	0.5
	2301		
20 SU		0339	-1.9
	0809	1022	0.6
	1246	1616	-1.1
	1956	2153	0.4
	2341		
21 M		0427	-2.1
	0846	1119	0.9
	1407	1722	-1.1
	2105	2247	0.3
22 TU	0021	0515	-2.3
	0927	1213	1.2
	1516	1825	-1.2
	2212	2340	0.3
23 W	0104	0603	-2.4
	1010	1304	1.4
	1616	1923	-1.2
P	2317		
24 TH		0033	0.2
	0147	0651	-2.4
	1055	1354	1.5
○	1710	2019	-1.3
25 F	0021	0127	0.2
	0232	0740	-2.4
	1141	1442	1.5
S	1759	2111	-1.4
26 SA	0126	0222	0.1
	0316	0830	-2.3
	1228	1530	1.5
	1844	2202	-1.4
27 SU	0235	0318	0.1
	0400	0919	-2.1
	1317	1616	1.4
	1927	2252	-1.5
28 M	0349	0415	0.0
	0442	1010	-1.9
	1407	1703	1.2
	2006	2342	-1.5
29 TU		0516	-0.0
		1103	-1.6
	1459	1749	1.0
	2042		
30 W		0033	-1.5
		0621	-0.0
		1200	-1.4
	1555	1837	0.8
	2116		

胡 安·德富卡海峡口

JUAN DE FUCA STRAIT－ENTRANCE

48° 27′ N　　124° 35′ W

2021 年潮流表　　流速单位:kn　　(＋)表示流向 115°　　(－)表示流向 290°　　时区:0800

7 月

日期	转流时分	最大流时分	流速
1		0124	-1.6
	0650	0731	0.0
TH	0812	1305	-1.1
☾ E	1657	1925	0.6
	2148		
2		0214	-1.6
	0726	0840	0.1
F	0956	1415	-1.0
	1806	2016	0.4
	2217		
3		0302	-1.7
	0800	0944	0.3
SA	1133	1526	-0.9
	1923	2107	0.2
	2243		
4		0347	-1.7
	0834	1040	0.4
SU	1258	1632	-0.9
	2044	2157	0.1
	2306		
5		0430	-1.8
	0907	1130	0.6
M	1408	1734	-0.9
A	2209	2245	0.0
	2321		
6		0510	-1.8
	0939	1214	0.8
TU	1506	1829	-0.9
		2331	-0.0
7		0549	-1.9
	1010	1255	0.9
W	1555	1918	-1.0
8		0014	-0.1
		0626	-1.9
TH	1042	1333	1.0
	1639	2002	-1.0
9		0055	-0.1
		0703	-1.9
F	1114	1409	1.1
N	1718	2041	-1.1
10		0136	-0.1
		0739	-1.9
SA	1147	1444	1.2
●	1754	2118	-1.2
11		0217	-0.1
		0816	-1.9
SU	1222	1519	1.2
	1827	2153	-1.2
12		0300	-0.1
		0855	-1.8
M	1259	1554	1.1
	1858	2229	-1.3
13		0345	-0.1
		0937	-1.7
TU	1338	1630	1.1
	1928	2305	-1.4
14		0435	-0.0
		1023	-1.6
W	1422	1708	0.9
	1957	2345	-1.5
15	0457	0530	0.0
	0603	1114	-1.4
TH	1510	1748	0.8
	2026		
16		0029	-1.6
	0525	0633	0.1
F	0743	1214	-1.2
E	1606	1833	0.6
	2056		
17		0117	-1.7
	0604	0743	0.3
SA	0926	1326	-1.1
☽	1710	1923	0.5
	2129		
18		0208	-1.8
	0648	0854	0.5
SU	1108	1444	-1.0
	1827	2021	0.3
	2204		
19		0302	-2.0
	0734	1001	0.7
M	1244	1602	-0.9
	1953	2122	0.2
	2244		
20		0357	-2.1
	0822	1103	1.0
TU	1404	1715	-1.0
	2115	2224	0.1
	2330		
21		0452	-2.2
	0909	1200	1.2
W	1511	1820	-1.1
P	2226	2325	0.1
22	0023	0546	-2.3
	0956	1253	1.3
TH	1606	1918	-1.2
S	2325		
23		0024	0.1
	0122	0639	-2.3
F	1043	1342	1.4
	1654	2009	-1.3
24	0018	0121	0.1
	0223	0730	-2.2
SA	1130	1427	1.4
○	1737	2056	-1.4
25	0107	0216	0.2
	0323	0820	-2.1
SU	1216	1511	1.4
	1815	2139	-1.5
26	0155	0308	0.2
	0420	0907	-2.0
M	1301	1552	1.2
	1849	2222	-1.6
27	0245	0400	0.2
	0515	0954	-1.8
TU	1348	1632	1.1
	1921	2303	-1.6
28	0336	0452	0.2
	0609	1042	-1.5
W	1435	1711	0.8
	1949	2346	-1.6
29	0430	0547	0.2
	0707	1132	-1.3
TH	1527	1751	0.6
E	2015		
30		0030	-1.6
	0525	0647	0.2
F	0812	1229	-1.1
	1626	1834	0.4
	2039		
31		0117	-1.6
	0618	0751	0.2
SA	0928	1334	-0.9
☾	1739	1922	0.2
	2059		

8 月

日期	转流时分	最大流时分	流速
1		0206	-1.6
	0707	0857	0.3
SU	1055	1447	-0.8
	1918	2015	0.1
	2110		
2		0256	-1.6
	0750	0959	0.4
M	1221	1601	-0.8
A		2114	-0.1
3		0345	-1.6
	0829	1054	0.6
TU	1335	1709	-0.8
		2211	-0.1
4		0433	-1.7
	0905	1143	0.7
W	1435	1808	-0.9
		2305	-0.1
5		0518	-1.7
	0940	1226	0.9
TH	1525	1855	-1.0
N		2354	-0.1
6		0601	-1.8
	1015	1305	1.0
F	1607	1935	-1.1
7		0039	-0.1
		0643	-1.9
SA	1050	1341	1.1
	1643	2010	-1.2
8		0122	-0.0
		0723	-1.9
SU	1125	1416	1.1
●	1716	2043	-1.3
9	0118	0204	0.1
	0249	0803	-1.9
M	1201	1450	1.1
	1745	2115	-1.4
10	0137	0246	0.2
	0353	0843	-1.8
TU	1239	1524	1.1
	1813	2148	-1.5
11	0205	0329	0.3
	0453	0926	-1.8
W	1319	1558	1.0
	1840	2223	-1.6
12	0240	0417	0.3
	0554	1011	-1.6
TH	1403	1634	0.8
E	1906	2301	-1.7
13	0322	0509	0.4
	0700	1103	-1.4
F	1453	1714	0.7
	1933	2345	-1.8
14	0411	0609	0.5
	0813	1202	-1.2
SA	1552	1758	0.5
	2000		
15		0034	-1.8
	0506	0717	0.5
SU	0937	1314	-1.0
☽	1707	1851	0.3
	2030		
16		0130	-1.9
	0605	0831	0.6
M	1109	1435	-0.9
	1846	1955	0.1
	2100		
17		0232	-1.9
	0704	0943	0.8
TU	1238	1558	-0.9
P	2042	2108	0.0
	2132		
18		0336	-2.0
	0801	1048	1.0
W	1353	1714	-1.0
S	2207	2219	0.0
	2232		
19		0439	-2.0
	0855	1147	1.1
TH	1454	1815	-1.2
	2241	2326	0.1
20	0010	0539	-2.1
	0945	1238	1.2
F	1543	1906	-1.3
	2317		
21		0026	0.2
	0133	0634	-2.1
SA	1033	1324	1.2
	1624	1950	-1.4
	2353		
22		0120	0.3
	0244	0724	-2.0
SU	1119	1406	1.2
○	1700	2030	-1.6
23	0031	0209	0.4
	0345	0811	-1.9
M	1204	1445	1.1
	1731	2107	-1.6
24	0110	0255	0.4
	0439	0855	-1.8
TU	1247	1521	1.0
	1759	2143	-1.7
25	0150	0339	0.4
	0530	0937	-1.6
W	1330	1556	0.8
E	1823	2218	-1.7
26	0233	0423	0.4
	0618	1020	-1.4
TH	1415	1630	0.6
	1845	2254	-1.6
27	0318	0510	0.4
	0707	1105	-1.2
F	1506	1705	0.4
	1903	2333	-1.6
28	0408	0601	0.4
	0800	1156	-1.0
SA	1609	1743	0.2
	1915		
29		0016	-1.5
	0503	0659	0.3
SU	0902	1258	-0.9
	1752	1828	0.0
	1904		
30		0104	-1.5
	0600	0805	0.3
M	1016	1413	-0.8
☾ A		1927	-0.1
31		0159	-1.4
	0655	0911	0.4
TU	1138	1533	-0.8
		2037	-0.2

9 月

日期	转流时分	最大流时分	流速
1		0258	-1.5
	0744	1012	0.5
W	1252	1645	-0.9
		2147	-0.2
2		0356	-1.5
	0827	1104	0.7
TH	1352	1739	-1.0
N		2247	-0.2
3		0450	-1.6
	0907	1149	0.8
F	1440	1821	-1.1
		2339	-0.1
4		0538	-1.7
	0945	1229	0.9
SA	1519	1857	-1.3
	2333		
5		0024	0.1
	0114	0623	-1.8
SU	1023	1306	1.0
	1553	1929	-1.4
	2342		
6		0106	0.2
	0228	0706	-1.8
M	1101	1341	1.0
	1624	2000	-1.5
7	0003	0147	0.4
	0329	0748	-1.8
TU	1140	1415	1.0
●	1652	2032	-1.7
8	0030	0229	0.6
	0426	0830	-1.8
W	1220	1449	0.9
E	1718	2106	-1.8
9	0103	0312	0.7
	0522	0915	-1.7
TH	1303	1524	0.8
	1744	2141	-1.9
10	0142	0358	0.8
	0619	1002	-1.6
F	1351	1602	0.7
	1810	2221	-1.9
11	0227	0450	0.8
	0720	1055	-1.4
SA	1447	1643	0.5
P	1835	2306	-1.9
12	0320	0548	0.8
	0828	1157	-1.2
SU	1559	1730	0.2
	1859	2357	-1.9
13	0420	0656	0.8
	0943	1311	-1.0
M	1747	1830	0.0
☽	1912		
14		0058	-1.8
	0528	0810	0.8
TU	1105	1436	-0.9
		1947	-0.1
15		0208	-1.8
	0636	0923	0.9
W	1223	1559	-1.0
S		2111	-0.1
16		0322	-1.8
	0741	1030	0.9
TH	1329	1707	-1.2
		2227	-0.0
17		0432	-1.8
	0840	1127	1.0
F	1421	1800	-1.4
	2225	2332	0.1
18	0038	0535	-1.8
	0933	1216	1.0
SA	1504	1844	-1.5
	2251		
19		0027	0.3
	0201	0629	-1.8
SU	1022	1300	1.0
	1540	1922	-1.6
	2322		
20		0115	0.5
	0307	0717	-1.8
M	1108	1338	0.9
○	1610	1956	-1.7
	2355		
21		0158	0.6
	0402	0800	-1.7
TU	1151	1413	0.8
E	1635	2029	-1.8
22	0028	0238	0.7
	0451	0841	-1.6
W	1233	1445	0.7
	1657	2100	-1.8
23	0103	0317	0.7
	0536	0921	-1.5
TH	1316	1516	0.5
	1715	2131	-1.8
24	0139	0355	0.7
	0619	1001	-1.3
F	1404	1547	0.3
	1729	2203	-1.7
25	0219	0436	0.6
	0702	1043	-1.1
SA	1502	1619	0.2
	1736	2237	-1.6
26	0302	0520	0.6
	0750	1132	-1.0
SU		1655	-0.0
A		2316	-1.5
27	0352	0612	0.5
	0843	1232	-0.9
M		1740	-0.2
28		0002	-1.4
	0448	0712	0.5
TU	0946	1346	-0.8
		1844	-0.3
29		0059	-1.3
	0549	0818	0.5
W	1056	1506	-0.9
☾ N		2007	-0.4
30		0207	-1.3
	0647	0922	0.5
TH	1202	1612	-1.0
		2126	-0.3

胡 安·德富卡海峡口

JUAN DE FUCA STRAIT－ENTRANCE

48° 27′ N   124° 35′ W

2021年潮流表   流速单位:kn   (＋)表示流向115°   (－)表示流向290°   时区:0800

10 月

日期	转流时分	最大流时分	流速
1 F		0316	-1.3
	0740	1017	0.6
	1257	1700	-1.1
		2229	-0.2
2 SA		0419	-1.4
	0828	1104	0.7
	1342	1738	-1.3
	2235	2320	0.1
3 SU	0004	0513	-1.5
	0912	1146	0.8
	1420	1812	-1.5
	2231		
4 M		0005	0.3
	0138	0602	-1.6
	0954	1224	0.8
	1454	1844	-1.7
	2248		
5 TU		0047	0.5
	0246	0648	-1.7
	1036	1300	0.8
	1524	1917	-1.8
	2313		
6 W ●E		0128	0.8
	0345	0732	-1.7
	1119	1337	0.8
	1553	1951	-2.0
	2344		
7 TH		0211	1.0
	0441	0818	-1.7
	1203	1413	0.7
	1620	2026	-2.1
8 F P	0021	0255	1.1
	0536	0905	-1.6
	1252	1451	0.6
	1647	2105	-2.1
9 SA	0102	0342	1.1
	0632	0955	-1.5
	1347	1532	0.4
	1714	2147	-2.1
10 SU	0149	0434	1.1
	0731	1051	-1.3
	1456	1617	0.2
	1736	2234	-2.1
11 M	0243	0531	1.1
	0834	1156	-1.2
	1645	1712	0.0
	1739	2328	-1.9
12 TU S	0345	0636	1.0
	0941	1311	-1.1
		1823	-0.1
13 W ☽		0033	-1.7
	0454	0748	0.9
	1050	1433	-1.1
		1950	-0.2
14 TH		0149	-1.6
	0608	0859	0.9
	1155	1547	-1.2
		2118	-0.1
15 F		0310	-1.5
	0718	1003	0.9
	1250	1646	-1.4
	2141	2231	0.1
	2322		

日期	转流时分	最大流时分	流速
16 SA		0424	-1.5
	0821	1058	0.8
	1336	1732	-1.6
	2156	2331	0.3
17 SU	0107	0526	-1.5
	0918	1146	0.8
	1413	1812	-1.7
	2222		
18 M		0020	0.5
	0221	0619	-1.5
	1008	1227	0.7
	1444	1847	-1.8
	2251		
19 TU E		0104	0.7
	0320	0706	-1.5
	1055	1304	0.6
	1510	1920	-1.9
	2321		
20 W ○		0143	0.8
	0411	0748	-1.4
	1140	1337	0.5
	1531	1950	-1.9
	2352		
21 TH		0220	0.9
	0455	0828	-1.4
	1225	1408	0.4
	1548	2019	-1.9
22 F	0024	0256	0.9
	0537	0907	-1.3
	1314	1438	0.2
	1600	2049	-1.8
23 SA	0057	0331	0.9
	0618	0946	-1.2
	1414	1508	0.1
	1601	2119	-1.8
24 SU A	0132	0409	0.8
	0659	1029	-1.1
		1540	-0.1
		2151	-1.7
25 M	0210	0449	0.8
	0742	1117	-1.0
		1617	-0.2
		2227	-1.6
26 TU N	0254	0535	0.7
	0829	1214	-0.9
		1705	-0.3
		2310	-1.4
27 W	0345	0627	0.6
	0921	1320	-0.9
		1811	-0.4
28 TH ☾		0004	-1.3
	0443	0726	0.6
	1015	1429	-1.0
		1937	-0.4
29 F		0114	-1.2
	0545	0826	0.6
	1108	1526	-1.1
		2058	-0.3
30 SA		0232	-1.2
	0646	0922	0.6
	1155	1611	-1.3
		2203	-0.1
31 SU		0344	-1.2
	0743	1012	0.6
	1237	1650	-1.5
	2133	2255	0.2

11 月

日期	转流时分	最大流时分	流速
1 M	0019	0444	-1.3
	0835	1057	0.6
	1314	1725	-1.7
	2142	2342	0.5
2 TU E	0145	0538	-1.4
	0924	1139	0.6
	1349	1800	-1.9
	2205		
3 W		0026	0.8
	0253	0628	-1.5
	1012	1219	0.6
	1421	1836	-2.1
	2235		
4 TH ●		0110	1.1
	0352	0717	-1.5
	1101	1259	0.6
	1453	1914	-2.2
	2311		
5 F P		0154	1.3
	0448	0807	-1.5
	1152	1340	0.5
	1524	1954	-2.3
	2350		
6 SA		0241	1.4
	0543	0858	-1.5
	1248	1423	0.4
	1555	2036	-2.3
7 SU	0034	0329	1.4
	0638	0951	-1.4
	1355	1509	0.2
	1622	2121	-2.3
8 M S	0123	0421	1.4
	0733	1049	-1.3
	1526	1602	0.0
	1638	2211	-2.1
9 TU	0217	0516	1.3
	0830	1153	-1.3
		1704	-0.1
		2307	-1.9
10 W	0317	0616	1.1
	0926	1302	-1.3
		1821	-0.2
11 TH ☽		0013	-1.6
	0424	0720	1.0
	1021	1414	-1.3
		1948	-0.2
12 F		0130	-1.4
	0536	0825	0.8
	1113	1518	-1.4
		2112	-0.0
13 SA		0252	-1.3
	0648	0926	0.7
	1159	1611	-1.6
	2100	2221	0.2
	2344		
14 SU		0407	-1.3
	0756	1020	0.6
	1238	1656	-1.7
	2124	2318	0.4
15 M E	0117	0510	-1.2
	0858	1107	0.5
	1312	1735	-1.8
	2152		

日期	转流时分	最大流时分	流速
16 TU		0006	0.6
	0227	0604	-1.2
	0954	1149	0.4
	1340	1810	-1.9
	2222		
17 W		0048	0.8
	0324	0652	-1.2
	1047	1227	0.3
	1403	1843	-2.0
	2252		
18 TH		0127	0.9
	0412	0736	-1.2
	1138	1301	0.2
	1421	1914	-2.0
	2322		
19 F ○		0203	1.0
	0455	0817	-1.2
	1233	1333	0.1
	1432	1944	-2.0
	2353		
20 SA		0237	1.0
	0536	0857	-1.1
	1353	1405	0.0
	1417	2014	-1.9
21 SU A	0024	0312	1.0
	0615	0938	-1.1
		1438	-0.1
		2044	-1.8
22 M N	0057	0348	1.0
	0653	1019	-1.1
		1513	-0.2
		2117	-1.7
23 TU	0133	0425	1.0
	0732	1104	-1.0
		1554	-0.3
		2153	-1.6
24 W	0212	0506	0.9
	0812	1153	-1.0
		1644	-0.4
		2235	-1.5
25 TH	0258	0550	0.8
	0852	1246	-1.1
		1747	-0.4
		2327	-1.3
26 F	0350	0639	0.7
	0932	1340	-1.2
		1902	-0.4
27 SA ☾		0031	-1.2
	0448	0731	0.6
	1012	1431	-1.3
		2020	-0.2
28 SU		0147	-1.1
	0551	0824	0.6
	1051	1517	-1.5
	2050	2129	0.0
	2208		
29 M		0305	-1.1
	0655	0917	0.5
	1129	1559	-1.7
	2039	2226	0.3
30 TU E	0017	0414	-1.1
	0758	1006	0.5
	1206	1640	-1.9
	2101	2318	0.7

12 月

日期	转流时分	最大流时分	流速
1 W	0144	0515	-1.2
	0857	1054	0.4
	1243	1720	-2.1
	2131		
2 TH		0006	1.0
	0254	0611	-1.2
	0955	1140	0.4
	1321	1802	-2.3
	2207		
3 F		0054	1.3
	0355	0706	-1.3
	1052	1227	0.3
	1358	1845	-2.4
	2247		
4 SA ●P		0141	1.4
	0451	0800	-1.3
	1150	1315	0.3
	1436	1930	-2.4
	2330		
5 SU		0229	1.6
	0544	0853	-1.4
	1253	1404	0.2
	1513	2016	-2.4
6 M S	0015	0318	1.6
	0635	0947	-1.4
	1406	1457	0.1
	1548	2105	-2.3
7 TU	0104	0407	1.5
	0724	1041	-1.4
	1543	1555	0.0
	1607	2156	-2.1
8 W	0156	0458	1.4
	0812	1138	-1.4
		1659	-0.1
		2252	-1.8
9 TH	0253	0551	1.2
	0857	1238	-1.4
		1811	-0.1
		2354	-1.6
10 F	0354	0646	1.0
	0940	1338	-1.5
		1930	-0.0
11 SA ☽		0106	-1.3
	0501	0743	0.8
	1020	1435	-1.6
	1952	2048	0.1
	2145		
12 SU E		0224	-1.1
	0614	0840	0.6
	1058	1527	-1.7
	2019	2157	0.3
	2339		
13 M		0339	-1.0
	0728	0934	0.4
	1131	1613	-1.8
	2050	2255	0.5
14 TU	0109	0447	-1.0
	0840	1024	0.3
	1201	1655	-1.9
	2123	2345	0.7
15 W	0220	0546	-1.0
	0948	1109	0.2
	1226	1733	-1.9
	2154		

日期	转流时分	最大流时分	流速
16 TH		0029	0.8
	0317	0638	-1.0
	1054	1151	0.1
	1246	1809	-1.9
	2226		
17 F		0108	1.0
	0405	0726	-1.0
	1209	1229	0.0
	1250	1843	-2.0
	2257		
18 SA A		0145	1.0
	0448	0809	-1.1
		1307	-0.1
		1916	-1.9
	2327		
19 SU ○		0220	1.1
	0527	0849	-1.1
		1343	-0.1
		1949	-1.9
	2359		
20 M N		0254	1.1
	0604	0927	-1.1
		1420	-0.2
		2022	-1.9
21 TU	0031	0328	1.1
	0639	1005	-1.1
		1459	-0.2
		2056	-1.8
22 W	0106	0403	1.1
	0712	1042	-1.1
		1542	-0.3
		2134	-1.7
23 TH	0143	0439	1.0
	0744	1121	-1.2
		1629	-0.3
		2215	-1.6
24 F	0225	0516	0.9
	0815	1202	-1.2
		1724	-0.2
		2303	-1.4
25 SA	0311	0557	0.8
	0845	1246	-1.3
		1828	-0.2
26 SU		0001	-1.2
	0404	0641	0.7
	0915	1332	-1.5
		1939	-0.0
27 M ☾E		0110	-1.1
	0505	0730	0.5
	0947	1420	-1.6
	1923	2050	0.2
	2220		
28 TU		0229	-1.0
	0615	0823	0.4
	1021	1509	-1.8
	1950	2155	0.5
29 W	0011	0346	-0.9
	0730	0919	0.3
	1059	1558	-2.0
	2025	2254	0.8
30 TH	0140	0456	-1.0
	0844	1015	0.2
	1140	1647	-2.2
	2104	2349	1.1
31 F	0252	0600	-1.1
	0953	1111	0.2
	1225	1736	-2.3
	2146		

巽他海峡—桑义昂外

SUNDA STRAIT－OFF SANGIANG

5° 58′ S　　105° 55′ E

2021 年潮流表　　流速单位:kn　　(＋)表示流向 035°　　(－)表示流向 215°　　时区:－0700

1 月

日期	转流时分	最大流时分	流速	日期	转流时分	最大流时分	流速
1 F	0656 1941	1457	-2.0	16 SA	0643 2040	0036 1621	2.2 -1.5
2 SA	0700 2016	0029 1537	2.2 -1.9	17 SU	0633 2106	0109 1708	1.8 -1.0
3 SU	0703 2052	0100 1624	2.2 -1.6	18 M	0617 2112	0134 0943 1427 1754	1.5 -0.7 -0.4 -0.5
4 M	0703 2129	0133 1719	2.1 -1.3	19 TU E	0601 1950	0151 0946	1.2 -0.9
5 TU	0658 2201	0204 1024 1422 1828	1.8 -0.8 -0.5 -0.8	20 W ☽	0548 1507	0156 1000	1.0 -1.2
6 W ☾ E	0650 2216	0232 1018 1619 1957	1.5 -1.0 -0.1 -0.3	21 TH A	0538 1518	0149 1020	0.8 -1.4
7 TH	0639 1456	0256 1030 1744 2151	1.2 -1.3 0.5 0.2	22 F	0535 1540	0114 1042 2031	0.8 -1.6 1.0
8 F	0625 1509	0310 1051 1852	0.8 -1.6 1.1	23 SA	0537 1603	1105 2055	-1.7 1.2
9 SA P	0608 1541	0015 0303 1119 1952	0.5 0.6 -2.0 1.6	24 SU	0544 1625	1128 2116	-1.8 1.4
10 SU	0551 1621	1152 2047	-2.3 2.1	25 M	0551 1646	1152 2135	-1.9 1.6
11 M	0542 1705	1231 2139	-2.5 2.4	26 TU N	0558 1709	1218 2155	-2.0 1.7
12 TU S	0550 1751	1313 2229	-2.6 2.6	27 W	0604 1735	1247 2219	-2.0 1.9
13 W ●	0609 1837	1358 2316	-2.5 2.6	28 TH ○	0608 1805	1321 2247	-2.0 2.0
14 TH	0630 1922	1444 2358	-2.3 2.4	29 F	0612 1839	1400 2318	-1.9 2.0
15 F	0643 2003	1532	-2.0	30 SA	0613 1917	1445 2350	-1.8 2.0
				31 SU	0607 1956	1538	-1.5

2 月

日期	转流时分	最大流时分	流速	日期	转流时分	最大流时分	流速
1 M	0555 2036	0023 1639	1.8 -1.2	16 TU	0422 1227 1814 1904	0035 0758 1441 1840	0.9 -0.8 0.2 -0.0
2 TU E	0541 2113	0054 0838 1253 1752	1.6 -0.6 -0.2 -0.8	17 W	0407 1251	0041 0819 1612 1959	0.7 -1.0 0.5 0.3
3 W P	0525 1300 1632 2137	0122 0841 1441 1921	1.3 -0.8 0.2 -0.3	18 TH A	0359 1323	0033 0843 1723 2153 2356	0.6 -1.2 0.7 0.5 0.6
4 TH ☾	0510 1303	0145 0859 1608 2107	0.9 -1.2 0.7 0.1	19 F ☽	0359 1354	0909 1815	-1.4 0.9
5 F	0454 1335	0200 0925 1721 2317	0.6 -1.5 1.2 0.3	20 SA	0405 1422	0935 1853	-1.5 1.1
6 SA	0440 1416	0155 0958 1826	0.4 -1.9 1.6	21 SU	0415 1448	1001 1922	-1.6 1.2
7 SU	0431 1503	1037 1925	-2.2 2.0	22 M	0425 1514	1029 1948	-1.6 1.4
8 M S	0435 1552	1120 2020	-2.3 2.2	23 TU N	0435 1541	1059 2015	-1.7 1.5
9 TU	0455 1641	1207 2112	-2.4 2.3	24 W	0445 1612	1134 2045	-1.7 1.6
10 W	0524 1731	1256 2201	-2.3 2.2	25 TH	0454 1647	1214 2117	-1.7 1.7
11 TH ●	0550 1819	1348 2244	-2.1 2.0	26 F	0500 1727	1300 2152	-1.6 1.7
12 F	0559 1905	1442 2323	-1.7 1.7	27 SA ○	0453 1811	1353 2227	-1.5 1.6
13 SA	0538 1945	1537 2355	-1.3 1.4	28 SU	0430 1857	1455 2302	-1.2 1.4
14 SU	0508 2015	0744 1044 1634	-0.3 -0.2 -0.9				
15 M E	0442 2026	0020 0743 1253 1734	1.1 -0.5 -0.0 -0.4				

3 月

日期	转流时分	最大流时分	流速	日期	转流时分	最大流时分	流速
1 M E	0406 1945	0620 1002 1607 2335	-0.3 -0.1 -0.9 1.1	16 TU	0145 0939	0548 1310 1854 2255	-0.8 0.6 0.1 0.3
2 TU P	0344 0943 1350 2033	0625 1147 1728	-0.5 0.2 -0.6	17 W	0124 1024	0615 1418	-1.0 0.8
3 W	0325 1012 1648 2118	0003 0644 1316 1902	0.8 -0.8 0.6 -0.3	18 TH A	0112 1105	0643 1516	-1.1 1.0
4 TH	0304 1054 1957 2141	0026 0711 1434 2047	0.5 -1.1 1.0 -0.0	19 F	0112 1142	0712 1602	-1.2 1.1
5 F	0241 1143	0041 0744 1545	0.3 -1.5 1.4	20 SA	0119 1214	0742 1640	-1.3 1.2
6 SA ☾	0213 1235	0824 1650	-1.8 1.8	21 SU ☽	0128 1244	0812 1713	-1.4 1.3
7 SU S	0152 1328	0909 1750	-2.0 2.0	22 M N	0133 1315	0844 1744	-1.4 1.4
8 M	0212 1422	0958 1847	-2.1 2.1	23 TU	0134 1347	0920 1816	-1.4 1.4
9 TU	0254 1517	1051 1940	-2.0 2.0	24 W	0132 1424	1001 1851	-1.4 1.5
10 W	0339 1611	1147 2029	-1.9 1.8	25 TH	0132 1506	1050 1928	-1.3 1.5
11 TH	0410 1704	1247 2113	-1.6 1.6	26 F	0134 1553	1147 2006	-1.2 1.4
12 F	0346 1755	1350 2152	-1.3 1.2	27 SA	0132 1643	0349 0623 1253 2044	-0.2 -0.2 -1.0 1.2
13 SA ●	0307 0736 0927 1841	0456 0834 1456 2223	-0.2 0.0 -0.9 0.9	28 SU ○E	0126 0708 0909 1739	0346 0810 1408 2120	-0.3 0.0 -0.8 0.9
14 SU E	0236 0807 1225 1919	0505 1018 1608 2245	-0.4 0.2 -0.5 0.6	29 M	0114 0704 1213 1840	0358 0939 1534 2152	-0.5 0.4 -0.6 0.6
15 M	0209 0852 1514 1937	0524 1150 1725 2257	-0.6 0.4 -0.2 0.4	30 TU P	0057 0735 1444 1950	0418 1059 1710 2219	-0.7 0.8 -0.4 0.3
				31 W	0031 0818 1703 2137 2333	0445 1211 1857 2238	-1.0 1.2 -0.2 0.0

预报值中不包括海流。10～3 月在中等强度西南风作用下，海流流向一般为 35°，流速 0. 5Kn。4～9 月在轻微东风作用下，流速 0.7Kn；在轻微北风作用下，流速 1.3Kn。流向均为 215°。

巽他海峡—桑义昂外

SUNDA STRAIT－OFF SANGIANG

5° 58′ S　　105° 55′ E

2021 年潮流表　　流速单位:kn　　(＋)表示流向 035°　　(－)表示流向 215°　　时区:－0700

4 月

日期	转流时分	最大流时分	流速
1 TH	0907 1904	0517 1318	-1.3 1.6
2 F	0958 2036	0556 1420	-1.6 1.9
3 SA	1052 2146	0640 1520	-1.8 2.1
4 SU ☾ S	1147 2243	0729 1616	-1.9 2.2
5 M	1242 2329	0823 1710	-1.9 2.1
6 TU	1337	0921 1759	-1.7 1.9
7 W	0001 1432	1024 1845	-1.5 1.6
8 TH	0013 1525	0233 0507 1132 1925	-0.3 -0.2 -1.1 1.3
9 F	0009 0614 0739 1616 2352	0232 0657 1247 1958	-0.4 0.0 -0.8 0.9
10 SA	0603 1104 1701 2327	0243 0831 1410 2022	-0.5 0.3 -0.4 0.6
11 SU E	0634 1404 1731 2253	0300 0953 1544 2032	-0.7 0.6 -0.1 0.3
12 M ●	0714 2208	0322 1105 1742 2016	-0.9 0.9 0.1 0.1
13 TU	0756 2119	0347 1207	-1.1 1.1
14 W A	0835 2112	0414 1301	-1.3 1.3
15 TH	0911 2126	0442 1345	-1.4 1.4
16 F	0944 2140	0510 1422	-1.4 1.4
17 SA	1014 2150	0538 1454	-1.4 1.5
18 SU N	1043 2158	0608 1524	-1.4 1.6
19 M	1113 2206	0641 1554	-1.4 1.6
20 TU ☽	1147 2218	0720 1627	-1.3 1.6
21 W	1225 2230	0807 1701	-1.2 1.6
22 TH	1307 2241	0903 1737	-1.1 1.5
23 F	1353 2246	0153 0457 1011 1814	-0.5 -0.4 -0.9 1.3
24 SA	1442 2244	0148 0638 1133 1848	-0.6 -0.1 -0.6 1.1
25 SU E	0553 1019 1535 2233	0157 0800 1308 1920	-0.7 0.3 -0.3 0.7
26 M	0556 1323 1634 2209	0214 0911 1456 1945	-0.9 0.7 -0.1 0.4
27 TU ○P	0624 1606 1808 2111	0236 1016 1702 1955	-1.2 1.2 -0.0 0.1
28 W	0702 1742	0304 1117	-1.5 1.7
29 TH	0747 1841	0338 1215	-1.8 2.0
30 F	0834 1933	0417 1310	-2.0 2.3

5 月

日期	转流时分	最大流时分	流速
1 SA S	0924 2020	0500 1403	-2.1 2.5
2 SU	1015 2100	0549 1454	-2.0 2.5
3 M ☾	1106 2131	0642 1542	-1.9 2.3
4 TU	1155 2149	0740 1625	-1.6 2.0
5 W	1242 2154	0844 1704	-1.2 1.6
6 TH	1322 2146	0057 0506 0957 1735	-0.6 -0.3 -0.8 1.2
7 F	0543 0803 1348 2129	0100 0651 1122 1757	-0.7 0.1 -0.3 0.8
8 SA E	0520 2103	0113 0817 1305 1804	-0.9 0.5 0.1 0.5
9 SU	0542 2030	0130 0929 1529 1732	-1.2 0.9 0.3 0.3
10 M	0613 1958	0152 1029	-1.4 1.2
11 TU ●A	0647 1945	0215 1120	-1.5 1.4
12 W	0720 1950	0240 1202	-1.7 1.6
13 TH	0751 2001	0305 1238	-1.7 1.7
14 F	0818 2010	0330 1308	-1.7 1.8
15 SA N	0844 2017	0356 1335	-1.7 1.9
16 SU	0909 2023	0422 1401	-1.7 1.9
17 M	0937 2031	0452 1429	-1.6 1.9
18 TU	1008 2040	0527 1459	-1.5 1.9
19 W ☽	1042 2049	0610 1530	-1.3 1.9
20 TH	1118 2056	0704 1603	-1.0 1.7
21 F	1154 2058	0034 0446 0815 1634	-0.8 -0.6 -0.7 1.5
22 SA E	1223 2053	0029 0622 0951 1703	-0.9 -0.2 -0.3 1.1
23 SU	0504 2040	0037 0734 1147 1725	-1.1 0.4 0.0 0.8
24 M	0503 2015	0053 0835 1405 1732	-1.4 0.9 0.3 0.5
25 TU	0527 1929	0116 0932	-1.7 1.5
26 W ○P	0602 1827	0144 1026	-2.0 2.0
27 TH	0643 1829	0218 1118	-2.2 2.4
28 F S	0727 1856	0257 1208	-2.4 2.6
29 SA	0814 1928	0339 1257	-2.4 2.7
30 SU	0900 1956	0425 1343	-2.3 2.7
31 M	0946 2016	0514 1426	-2.0 2.5

6 月

日期	转流时分	最大流时分	流速
1 TU	1028 2024	0607 1505	-1.6 2.1
2 W ☾	1105 2022	0704 1537 2347	-1.1 1.7 -0.8
3 TH	1127 2010	0433 0809 1601 2348	-0.4 -0.6 1.3 -1.0
4 F E	0526 0751 1047 1953	0631 0931 1614	0.0 -0.1 1.0
5 SA	0438 1933	0001 0757 1126 1606	-1.2 0.5 0.4 0.7
6 SU	0454 1914	0019 0902	-1.5 1.0
7 M	0521 1902	0040 0953	-1.7 1.3
8 TU A	0551 1901	0104 1035	-1.9 1.6
9 W	0620 1907	0128 1111	-2.0 1.8
10 TH ●	0647 1915	0152 1141	-2.0 1.9
11 F	0711 1921	0216 1206	-2.0 2.0
12 SA N	0734 1925	0240 1229	-2.0 2.0
13 SU	0758 1928	0306 1253	-1.9 2.1
14 M	0825 1932	0334 1319	-1.8 2.1
15 TU	0854 1937	0408 1346	-1.7 2.1
16 W	0926 1941	0447 1416	-1.5 2.0
17 TH	0958 1942	0535 1446 2328	-1.2 1.8 -0.9
18 F ☽	1027 1938	0342 0638 1514 2317	-0.7 -0.7 1.6 -1.0
19 SA E	1037 1930	0533 0812 1538 2324	-0.2 -0.3 1.2 -1.3
20 SU	0406 1917	0646 1017 1554 2341	0.4 0.2 0.9 -1.6
21 M	0403 1858	0744 1251 1548	1.0 0.5 0.6
22 TU	0427 1833	0005 0837	-1.9 1.6
23 W P	0502 1811	0035 0929	-2.2 2.1
24 TH ○	0543 1810	0110 1019	-2.5 2.5
25 F S	0627 1828	0150 1108	-2.6 2.7
26 SA	0712 1851	0233 1155	-2.6 2.8
27 SU	0757 1911	0319 1239	-2.4 2.7
28 M	0841 1921	0407 1319	-2.1 2.4
29 TU	0921 1919	0457 1354	-1.7 2.1
30 W	0952 1909	0550 1423 2235	-1.2 1.7 -0.8

预报值中不包括海流。10～3 月在中等强度西南风作用下，海流流向一般为 35°，流速 0. 5Kn。4～9 月在轻微东风作用下，流速 0.7Kn；在轻微北风作用下，流速 1.3Kn。流向均为 215°。

巽他海峡—桑义昂外

SUNDA STRAIT－OFF SANGIANG

5° 58′ S　　　105° 55′ E

2021年潮流表　　流速单位:kn　　(＋)表示流向035°　　(－)表示流向215°　　时区:－0700

7 月

日期	转流时分	最大流时分	最大流流速
1 TH ☾ E		0319	-0.4
		0646	-0.6
	1006	1443	1.3
	1854	2236	-1.0
2 F	0446	0534	0.0
	0633	0753	-0.0
	0851	1452	1.0
	1837	2249	-1.3
3 SA	0341	0713	0.5
		0934	0.5
		1441	0.8
	1822	2309	-1.5
4 SU	0356	0817	0.9
	1812	2332	-1.8
5 M A	0423	0904	1.3
	1810	2357	-1.9
6 TU	0452	0943	1.5
	1816		
7 W		0022	-2.0
	0520	1015	1.7
	1824		
8 TH		0047	-2.1
	0545	1041	1.8
	1833		
9 F N		0112	-2.1
	0609	1103	1.9
	1840		
10 SA ●		0137	-2.0
	0632	1125	2.0
	1844		
11 SU		0204	-2.0
	0656	1147	2.1
	1846		
12 M		0236	-1.9
	0723	1212	2.1
	1846		
13 TU		0312	-1.8
	0754	1240	2.1
	1845		
14 W		0355	-1.5
	0827	1309	1.9
	1842		
15 TH		0446	-1.2
	0900	1337	1.7
	1835	2207	-0.7
16 F E		0153	-0.6
		0552	-0.8
	0929	1404	1.5
	1825	2155	-0.9
17 SA ☽		0354	-0.1
		0718	-0.3
	0942	1426	1.2
	1813	2204	-1.2
18 SU	0236	0519	0.4
		0912	0.2
		1441	0.9
	1759	2224	-1.6
19 M	0245	0625	1.0
		1135	0.5
		1435	0.6
	1744	2251	-1.9
20 TU	0315	0724	1.6
	1730	2325	-2.2
21 W P	0354	0819	2.0
	1725		
22 TH S		0003	-2.5
	0438	0911	2.4
	1735		
23 F		0046	-2.6
	0524	1001	2.5
	1756		
24 SA ○		0133	-2.6
	0611	1048	2.5
	1820		
25 SU		0222	-2.4
	0658	1132	2.4
	1835		
26 M		0314	-2.0
	0743	1212	2.2
	1832		
27 TU		0408	-1.6
	0824	1246	1.8
	1815		
28 W		0504	-1.1
	0857	1314	1.5
	1753	2100	-0.6
29 TH E		0139	-0.2
		0604	-0.6
	0913	1333	1.1
	1733	2107	-0.9
30 F	0206	0343	0.1
	0551	0713	-0.1
	0823	1341	0.9
	1716	2125	-1.2
31 SA ☾	0204	0524	0.5
		0842	0.4
		1332	0.7
	1704	2149	-1.4

8 月

日期	转流时分	最大流时分	最大流流速
1 SU	0231	0642	0.9
	1659	2215	-1.6
2 M A	0304	0739	1.1
	1703	2243	-1.8
3 TU	0336	0822	1.3
	1713	2310	-1.8
4 W	0406	0855	1.5
	1726	2337	-1.9
5 TH N	0432	0921	1.6
	1738		
6 F		0004	-1.9
	0457	0944	1.7
	1748		
7 SA		0033	-1.9
	0522	1007	1.7
	1755		
8 SU ●		0104	-1.8
	0550	1031	1.8
	1759		
9 M		0141	-1.8
	0620	1058	1.8
	1757		
10 TU		0224	-1.6
	0655	1128	1.8
	1746		
11 W		0314	-1.4
	0732	1158	1.6
	1730		
12 TH E		0414	-1.1
	0810	1227	1.4
	1712	2006	-0.5
13 F		0023	-0.2
		0527	-0.7
	0846	1254	1.1
	1655	2009	-0.8
14 SA	0020	0209	0.2
	0408	0655	-0.3
	0912	1316	0.9
	1638	2026	-1.1
15 SU ☽	0027	0334	0.6
		0840	0.1
		1330	0.6
	1622	2053	-1.4
16 M	0100	0447	1.1
		1048	0.3
		1327	0.4
	1607	2126	-1.8
17 TU P	0142	0551	1.6
	1559	2205	-2.1
18 W S	0230	0651	1.9
	1605	2250	-2.3
19 TH	0320	0747	2.2
	1629	2338	-2.3
20 F	0411	0840	2.2
	1704		
21 SA		0030	-2.3
	0503	0929	2.2
	1740		
22 SU ○		0126	-2.1
	0554	1015	2.0
	1801		
23 M		0224	-1.7
	0644	1055	1.7
	1721		
24 TU		0326	-1.3
	0730	1130	1.3
	1636	1843	-0.2
		2227	-0.0
25 W E		0432	-0.9
	0809	1157	1.0
	1604	1852	-0.5
	2224		
26 TH		0020	0.2
	0218	0543	-0.4
	0834	1215	0.7
	1539	1912	-0.8
	2303		
27 F		0158	0.4
	0604	0703	-0.0
	0802	1221	0.5
	1519	1937	-1.0
	2348		
28 SA		0323	0.7
		0841	0.3
		1209	0.4
	1507	2007	-1.2
29 SU	0032	0435	0.9
	1506	2038	-1.4
30 M ☾ A	0114	0535	1.1
	1516	2109	-1.5
31 TU	0151	0622	1.2
	1532	2140	-1.6

9 月

日期	转流时分	最大流时分	最大流流速
1 W	0225	0700	1.3
	1548	2210	-1.6
2 TH N	0254	0730	1.4
	1603	2241	-1.6
3 F	0323	0757	1.4
	1614	2315	-1.5
4 SA	0352	0824	1.5
	1622	2353	-1.5
5 SU	0425	0853	1.5
	1621		
6 M		0038	-1.4
	0502	0925	1.5
	1605		
7 TU ●		0131	-1.3
	0543	0957	1.4
	1541		
8 W E		0233	-1.0
	0628	1030	1.2
	1519	1738	-0.3
	2130	2149	0.0
	2208		
9 TH		0345	-0.8
	0716	1101	0.9
	1458	1746	-0.5
	2101	2326	0.3
10 F	0151	0509	-0.5
	0805	1128	0.7
	1438	1805	-0.8
	2133		
11 SA P		0049	0.7
	0439	0643	-0.2
	0854	1150	0.4
	1415	1832	-1.1
	2216		
12 SU		0203	1.1
	0734	0831	-0.0
	0935	1203	0.2
	1346	1906	-1.4
	2304		
13 M ☽		0311	1.5
	1254	1946	-1.7
	2356		
14 TU		0414	1.8
	1220	2032	-1.9
15 W S	0050	0514	2.0
	1302	2123	-2.0
16 TH	0146	0611	2.1
	1353	2218	-2.0
17 F	0242	0704	2.0
	1441	2317	-1.9
18 SA	0338	0754	1.8
	1509		
19 SU		0021	-1.6
	0434	0839	1.5
	1447	1604	-0.1
		1830	-0.0
20 M ○		0130	-1.3
	0530	0919	1.2
	1413	1604	-0.2
	1821	2024	0.2
	2211		
21 TU E		0244	-0.9
	0624	0952	0.8
	1342	1617	-0.4
	1908	2201	0.4
22 W	0050	0405	-0.5
	0713	1015	0.5
	1312	1638	-0.7
	1959	2327	0.7
23 TH	0330	0535	-0.2
	0753	1027	0.3
	1237	1705	-0.9
	2051		
24 F		0043	0.9
		0722	0.0
		1018	0.1
	1157	1735	-1.1
	2140		
25 SA		0150	1.1
	1123	1807	-1.3
	2227		
26 SU A		0248	1.2
	1129	1840	-1.4
	2309		
27 M		0338	1.3
	1152	1913	-1.4
	2347		
28 TU		0420	1.4
	1213	1945	-1.4
29 W ☾ N	0020	0454	1.4
	1227	2018	-1.3
30 TH	0051	0525	1.4
	1233	2053	-1.3

预报值中不包括海流。10～3月在中等强度西南风作用下，海流流向一般为35°，流速0.5Kn。4～9月在轻微东风作用下，流速0.7Kn；在轻微北风作用下，流速1.3Kn。流向均为215°。

巽他海峡—桑义昂外

SUNDA STRAIT－OFF SANGIANG

5° 58′ S　　105° 55′ E

2021 年潮流表　　流速单位:kn　　(＋)表示流向 035°　　(－)表示流向 215°　　时区:－0700

10 月

日期	星期/注	转流时分	最大流时分	流速
1	F	0121	0554	1.4
		1233	2132	-1.2
2	SA	0154	0624	1.4
		1233	2218	-1.1
3	SU	0231	0656	1.3
		1233	2315	-1.0
4	M	0314	0730	1.2
		1233	1512	-0.3
			1834	-0.2
5	TU		0022	-0.8
		0401	0805	1.1
		1229	1512	-0.4
		1905	2010	0.1
		2114		
6	W ●E		0141	-0.6
		0453	0838	0.8
		1219	1524	-0.6
		1848	2131	0.4
7	TH	0024	0312	-0.4
		0552	0907	0.5
		1202	1543	-0.8
		1913	2243	0.8
8	F P	0258	0454	-0.2
		0705	0931	0.2
		1131	1608	-1.1
		1951	2350	1.2
9	SA	0515	0650	-0.1
			0942	-0.0
			1640	-1.4
		2036		
10	SU		0052	1.6
		0700	1718	-1.7
		2125		
11	M		0152	2.0
		0815	1801	-1.9
		2217		
12	TU S		0249	2.2
		0915	1850	-2.0
		2310		
13	W ☽		0344	2.3
		1007	1944	-1.9
14	TH	0005	0436	2.2
		1049	2044	-1.8
15	F	0100	0525	2.0
		1118	2149	-1.5
16	SA	0155	0610	1.7
		1130	1358	-0.3
			1651	-0.2
			2301	-1.1
17	SU	0250	0650	1.3
		1125	1358	-0.4
		1739	1841	0.1
		1941		
18	M		0022	-0.7
		0343	0723	0.9
		1108	1409	-0.6
		1732	2014	0.4
		2309		
19	TU E		0153	-0.4
		0432	0747	0.5
		1040	1426	-0.8
		1803	2135	0.8
20	W ○	0220	0340	-0.1
		0509	0755	0.2
		0958	1449	-1.1
		1844	2246	1.1
21	TH	0843	1515	-1.3
		1927	2348	1.4
22	F	0747	1545	-1.5
		2009		
23	SA		0042	1.5
		0813	1615	-1.5
		2048		
24	SU A		0129	1.6
		0843	1645	-1.6
		2124		
25	M		0209	1.7
		0908	1714	-1.5
		2156		
26	TU N		0243	1.7
		0926	1743	-1.5
		2225		
27	W		0312	1.7
		0937	1812	-1.4
		2252		
28	TH ☾		0338	1.7
		0944	1845	-1.3
		2320		
29	F		0406	1.6
		0950	1925	-1.1
		2350		
30	SA		0434	1.6
		0956	2015	-0.9
31	SU	0024	0505	1.5
		1002	1335	-0.6
			1710	-0.5
			2121	-0.7

11 月

日期	星期/注	转流时分	最大流时分	流速
1	M	0101	0536	1.3
		1005	1327	-0.7
			1847	-0.2
			2246	-0.4
2	TU E	0139	0607	1.0
		1002	1333	-0.9
		1757	2002	0.2
		2236		
3	W		0029	-0.1
		0210	0633	0.7
		0951	1348	-1.1
		1748	2105	0.7
4	TH ●		0229	0.1
			0652	0.4
		0929	1408	-1.3
		1808	2203	1.2
5	F P	0841	1435	-1.6
		1842	2259	1.7
6	SA	0638	1507	-1.9
		1923	2353	2.1
7	SU	0647	1545	-2.1
		2008		
8	M S		0046	2.4
		0724	1627	-2.2
		2056		
9	TU		0137	2.6
		0803	1715	-2.2
		2145		
10	W		0226	2.6
		0839	1808	-2.0
		2235		
11	TH ☽		0313	2.4
		0908	1905	-1.7
		2324		
12	F		0356	2.1
		0924	2009	-1.3
13	SA	0010	0434	1.8
		0927	1232	-0.7
			1636	-0.4
			2124	-0.8
14	SU	0051	0506	1.3
		0918	1233	-0.8
		1720	1826	0.1
		1935	2253	-0.3
15	M E	0116	0528	0.9
		0900	1245	-1.0
		1653	1954	0.5
16	TU		0043	0.1
			0535	0.6
		0832	1304	-1.3
		1715	2106	1.0
17	W	0756	1326	-1.5
		1748	2208	1.4
18	TH	0722	1352	-1.7
		1825	2301	1.7
19	F ○	0713	1420	-1.9
		1901	2347	1.8
20	SA	0724	1447	-1.9
		1936		
21	SU A		0027	1.9
		0742	1514	-1.9
		2006		
22	M N		0100	2.0
		0757	1540	-1.8
		2033		
23	TU		0128	2.0
		0808	1601	1.7
		2057		
24	W		0152	2.0
		0814	1629	-1.6
		2121		
25	TH		0216	1.9
		0818	1656	-1.5
		2145		
26	F		0240	1.9
		0822	1728	-1.3
		2212		
27	SA ☾		0307	1.8
		0826	1808	-1.0
		2240		
28	SU		0334	1.7
		0829	1222	-0.9
		2306		
29	M		0401	1.5
		0828	1212	-1.0
			1839	-0.2
			2042	-0.2
		2317		
30	TU E		0426	1.2
		0823	1217	-1.2
		1708	1937	0.3
			2254	0.2

12 月

日期	星期/注	转流时分	最大流时分	流速
1	W		0444	0.9
		0811	1230	-1.4
		1653	2029	0.9
2	TH		0127	0.4
			0443	0.6
		0750	1252	-1.7
		1711	2118	1.4
3	F	0718	1319	-2.0
		1742	2208	1.9
4	SA ●P	0639	1351	-2.3
		1821	2257	2.4
5	SU	0631	1429	-2.5
		1903	2346	2.7
6	M S	0650	1511	-2.5
		1949		
7	TU		0033	2.8
		0717	1557	-2.4
		2035		
8	W		0118	2.8
		0742	1647	-2.2
		2121		
9	TH		0201	2.6
		0800	1741	-1.8
		2204		
10	F		0239	2.2
		0806	1839	-1.3
		2243		
11	SA ☽		0312	1.8
		0801	1121	-0.8
			1548	-0.4
			1947	-0.7
		2309		
12	SU E		0338	1.4
		0748	1121	-1.0
		1649	1749	0.0
		1857	2112	-0.1
		2250		
13	M		0352	1.0
		0730	1133	-1.3
		1604	1919	0.6
			2310	0.4
14	TU		0347	0.7
		0708	1152	-1.5
		1623	2028	1.1
15	W	0647	1216	-1.8
		1654	2125	1.5
16	TH	0634	1243	-2.0
		1728	2213	1.7
17	F	0635	1310	-2.1
		1802	2254	1.9
18	SA A	0646	1338	-2.1
		1833	2329	2.0
19	SU ○	0659	1403	-2.1
		1901	2358	2.1
20	M N	0710	1428	-2.0
		1926		
21	TU		0022	2.1
		0716	1452	-1.9
		1948		
22	W		0044	2.1
		0719	1516	-1.8
		2011		
23	TH		0106	2.1
		0720	1544	-1.6
		2035		
24	F		0129	2.0
		0720	1616	-1.4
		2101		
25	SA		0154	1.9
		0719	1653	-1.1
		2127		
26	SU		0220	1.8
		0717	1114	-0.9
		2150		
27	M ☾E		0244	1.5
		0712	1058	-1.0
		2149		
28	TU		0306	1.2
		0704	1102	-1.3
		1600	1839	0.3
			2124	0.2
29	W		0320	0.9
		0652	1117	-1.6
		1547	1929	0.9
30	TH		0005	0.6
			0312	0.7
		0636	1140	-1.9
		1607	2018	1.5
31	F	0617	1209	-2.2
		1639	2107	2.0

预报值中不包括海流。10～3 月在中等强度西南风作用下，海流流向一般为 35°，流速 0.5Kn。4～9 月在轻微东风作用下，流速 0.7Kn；在轻微北风作用下，流速 1.3Kn。流向均为 215°。

邦卡海峡—内梅西斯浅滩外

BANKA STRAIT－OFF NEMESIS BANK

2° 53′ S　　106° 00′ E

2021 年潮流表　　流速单位:kn　　(＋)表示流向 135°　　(－)表示流向 315°　　时区:－0700

1 月

日期	转流时分	最大流时分	流速
1 F	0803 2212	0346 1211	-1.8 1.6
2 SA	0843 2245	0420 1254	-1.8 1.6
3 SU	0925 2325	0457 1338	-1.8 1.6
4 M	1010	0540 1423	-1.7 1.5
5 TU	0009 1056	0627 1506	-1.5 1.3
6 W ☾ E	0053 1144 2207	0723 1546 2322	-1.2 1.1 -0.0
7 TH	1230 2052	0125 0832 1623 2325	-0.0 -0.8 0.9 -0.3
8 F	0248 0559 1313 2025	0426 1006 1655 2351	0.1 -0.4 0.7 -0.6
9 SA P	0332 1007 1343 2015	0628 1155 1724	0.4 -0.1 0.5
10 SU	0419 2017	0026 0753 1342 1751	-1.0 0.8 0.1 0.4
11 M	0506 2033	0104 0857 1513 1816	-1.3 1.2 0.2 0.3
12 TU S	0553 2059	0145 0950 1626 1841	-1.6 1.4 0.2 0.3
13 W ●	0639 2135	0226 1037	-1.8 1.6
14 TH	0723 2215	0308 1121	-2.0 1.7
15 F	0806 2256	0349 1202	-1.9 1.6
16 SA	0846 2334	0429 1241	-1.8 1.5
17 SU	0923	0508 1318	-1.7 1.4
18 M	0006 0956	0546 1352	-1.4 1.2
19 TU E	0022 1026 2000	0622 1426 2149	-1.1 1.1 -0.1
20 W ☽	1053 1951	0014 0659 1500 2235	-0.1 -0.8 0.9 -0.3
21 TH A	1115 1956	0216 0741 1535 2316	-0.1 -0.5 0.8 -0.4
22 F	1129 2005	0453 0845 1611 2352	-0.1 -0.2 0.6 -0.6
23 SA	0436 2014	0653 1044 1647	0.2 0.0 0.5
24 SU	0442 2021	0024 0759 1249 1721	-0.8 0.4 0.1 0.4
25 M	0501 2025	0054 0842 1429 1751	-0.9 0.7 0.2 0.3
26 TU N	0527 2030	0123 0919 1545 1815	-1.1 1.0 0.1 0.2
27 W	0557 2041	0153 0956	-1.3 1.3
28 TH ○	0631 2106	0224 1033	-1.5 1.4
29 F	0708 2145	0258 1110	-1.7 1.6
30 SA	0748 2234	0335 1147	-1.8 1.6
31 SU	0829 2329	0414 1225	-1.9 1.6

2 月

日期	转流时分	最大流时分	流速
1 M	0911	0455 1301 1923 2155	-1.8 1.4 0.3 0.4
2 TU E	0029 0954	0540 1336 1947 2306	-1.6 1.2 0.2 0.3
3 W P	0136 1036 1937 2102	0628 1409 2018	-1.3 1.0 -0.0
4 TH ☾	0301 1115 1839 2334	0034 0724 1439 2059	0.3 -0.9 0.7 -0.3
5 F	0509 1148 1817	0229 0837 1507 2150	0.3 -0.4 0.5 -0.6
6 SA	0126 0909 1146 1810	0442 1027 1533 2245	0.4 -0.1 0.3 -0.9
7 SU	0249 1818	0642 1302 1557 2342	0.8 0.1 0.2 -1.2
8 M S	0354 1845	0802	1.1
9 TU	0449 1931	0036 0857	-1.4 1.4
10 W	0540 2031	0128 0943	-1.6 1.5
11 TH ●	0626 2132	0216 1023 1708 1924	-1.7 1.6 0.2 0.3
12 F	0708 2230	0300 1059 1727 2019	-1.8 1.5 0.2 0.3
13 SA	0747 2323	0341 1131 1748 2111	-1.7 1.4 0.1 0.3
14 SU	0822	0420 1200 1810 2200	-1.6 1.3 0.0 0.3
15 M E	0013 0852 1729 1951	0456 1227 1836 2248	-1.4 1.1 -0.1 0.3
16 TU	0101 0919 1722 2108	0530 1252 1906 2339	-1.1 1.0 -0.2 0.2
17 W	0148 0943 1725 2227	0604 1316 1942	-0.8 0.8 -0.3
18 TH A	0242 1002 1733 2356	0039 0640 1341 2024	0.2 -0.6 0.7 -0.4
19 F ☽	0403 1014 1742	0159 0722 1404 2114	0.1 -0.3 0.5 -0.4
20 SA	0125 0733 0933 1750	0359 0835 1427 2208	0.2 -0.0 0.4 -0.6
21 SU	0230 1754	0611 1119 1444 2301	0.4 0.2 0.2 -0.7
22 M	0318 1752	0726 2350	0.6 -0.9
23 TU N	0400 1750	0812	0.9
24 W	0440 1821	0035 0851	-1.1 1.2
25 TH	0521 1943	0118 0927	-1.3 1.4
26 F	0602 2102	0200 1002 1651 1916	-1.5 1.5 0.1 0.2
27 SA ○	0644 2212	0242 1037 1704 2008	-1.7 1.5 0.1 0.3
28 SU	0727 2320	0325 1110 1719 2100	-1.7 1.5 0.1 0.4

3 月

日期	转流时分	最大流时分	流速
1 M E	0810	0408 1141 1736 2153	-1.7 1.3 0.0 0.5
2 TU P	0027 0852 1642 1913	0454 1211 1756 2252	-1.5 1.1 -0.1 0.6
3 W	0139 0932 1616 2029	0541 1237 1822 2358	-1.2 0.8 -0.3 0.7
4 TH	0301 1009 1557 2149	0634 1259 1855	-0.8 0.6 -0.5
5 F	0450 1036 1543 2315	0117 0738 1316 1939	0.7 -0.4 0.3 -0.7
6 SA ☾	0818 1012 1532	0257 0913 1320 2037	0.7 -0.0 0.2 -0.9
7 SU S	0047 1522	0456 2147	0.8 -1.1
8 M	0212 1518	0642 2302	1.1 -1.2
9 TU	0324 1528	0749	1.3
10 W	0424 1540	0012 0837	-1.3 1.4
11 TH	0516 1532 1658 2028	0112 0916 1612 1903	-1.4 1.4 -0.0 0.1
12 F	0602 1519 1730 2155	0205 0950 1620 2004	-1.5 1.4 -0.1 0.2
13 SA ●	0641 1510 1808 2303	0250 1019 1633 2054	-1.4 1.3 -0.1 0.4
14 SU E	0716 1503 1848	0331 1044 1650 2140	-1.3 1.1 -0.2 0.4
15 M	0003 0746 1500 1929	0408 1106 1708 2223	-1.1 1.0 -0.4 0.5
16 TU	0058 0812 1459 2011	0443 1126 1729 2307	-0.9 0.8 -0.5 0.5
17 W	0153 0834 1501 2054	0517 1144 1753 2353	-0.7 0.7 -0.5 0.5
18 TH A	0253 0852 1503 2141	0553 1159 1819	-0.5 0.5 -0.6
19 F	0410 0902 1503 2234	0046 0634 1211 1848	0.5 -0.3 0.4 -0.6
20 SA	0642 0826 1455 2335	0154 0734 1212 1924	0.5 -0.0 0.3 -0.7
21 SU ☽	1433	0329 2012	0.5 -0.7
22 M N	0044 1356	0523 2116	0.7 -0.8
23 TU	0152 1336	0641 2229	0.9 -0.9
24 W	0253 1347	0731 2339	1.1 -1.1
25 TH	0349 1409	0811	1.3
26 F	0440 1429 1817 1901	0040 0847 1553 1839	-1.3 1.4 -0.1 0.0
27 SA	0528 1439 1721 2127	0135 0921 1553 1941	-1.4 1.4 -0.1 0.2
28 SU ○E	0615 1436 1737 2253	0226 0952 1603 2035	-1.5 1.3 -0.2 0.5
29 M	0700 1425 1813	0314 1020 1617 2127	-1.4 1.1 -0.3 0.7
30 TU P	0011 0743 1411 1859	0403 1046 1635 2222	-1.3 0.9 -0.5 0.9
31 W	0128 0823 1358 1951	0453 1108 1659 2321	-1.0 0.7 -0.7 1.0

预报值中不包括海流。在邦卡外海,4～11 月海流 0.3Kn,流向 315°,12～3 月海流 1Kn ,流向 135°。在苏门答腊外海,4～11 月海流 0.5Kn,12～3 月海流 1Kn,流向 135°。

邦卡海峡—内梅西斯浅滩外

BANKA STRAIT－OFF NEMESIS BANK

2° 53′ S 106° 00′ E

2021 年潮流表　流速单位:kn　(＋)表示流向 135°　(－)表示流向 315°　时区:－0700

4 月

日期	转流时分	最大流时分	流速	日期	转流时分	最大流时分	流速
1 TH	0253	0548	-0.7	16 F		0003	0.8
	0858	1125	0.4		0425	0557	-0.1
	1345	1728	-0.9		0736	1036	0.3
	2048				1301	1721	-1.0
					2115		
2 F		0027	1.1	17 SA		0054	0.8
	0440	0651	-0.3			0659	0.1
	0920	1134	0.3			1030	0.2
	1333	1804	-1.1		1248	1746	-1.0
	2152				2157		
3 SA		0143	1.1	18 SU N		0156	0.9
		0819	0.0		1229	1816	-1.1
		1126	0.2		2247		
	1319	1848	-1.2				
	2302						
4 SU ☾ S		0313	1.1	19 M		0315	0.9
	1305	1944	-1.2		1215	1856	-1.1
					2345		
5 M	0018	0454	1.2	20 TU ☽		0442	1.1
	1302	2057	-1.2		1217	1955	-1.1
6 TU	0135	0617	1.3	21 W	0050	0552	1.2
	1308	2221	-1.2		1231	2115	-1.1
7 W	0246	0715	1.4	22 TH	0156	0643	1.3
	1314	2344	-1.1		1247	2243	-1.1
8 TH	0346	0758	1.4	23 F	0258	0724	1.4
	1316	1525	-0.2		1257		
		1830	-0.1				
9 F		0053	-1.1	24 SA		0002	-1.1
	0438	0833	1.3		0355	0759	1.3
	1316	1523	-0.3		1255	1455	-0.3
	1813	1939	0.1		1747	1853	0.1
	2056				1952		
10 SA		0148	-1.1	25 SU E		0110	-1.1
	0522	0902	1.2		0448	0830	1.2
	1313	1532	-0.4		1245	1456	-0.4
	1816	2030	0.3		1724	1955	0.4
	2234				2208		
11 SU E		0235	-1.0	26 M		0210	-1.1
	0559	0926	1.0		0538	0857	1.0
	1311	1545	-0.5		1232	1508	-0.6
	1837	2115	0.5		1748	2051	0.7
	2347				2343		
12 M ●		0317	-0.8	27 TU ○P		0306	-0.9
	0629	0946	0.9		0623	0921	0.8
	1309	1601	-0.7		1220	1526	-0.8
	1904	2157	0.6		1825	2146	1.0
13 TU	0050	0355	-0.7	28 W	0111	0402	-0.7
	0655	1004	0.7		0702	0941	0.6
	1309	1619	-0.8		1211	1550	-1.1
	1934	2237	0.7		1910	2243	1.2
14 W A	0152	0432	-0.5	29 TH	0244	0501	-0.4
	0717	1019	0.6		0734	0956	0.4
	1308	1639	-0.9		1203	1620	-1.4
	2005	2318	0.7		1959	2342	1.4
15 TH	0258	0512	-0.3	30 F	0439	0607	-0.2
	0733	1030	0.5		0746	1005	0.3
	1306	1659	-0.9		1158	1654	-1.5
	2038				2052		

5 月

日期	转流时分	最大流时分	流速	日期	转流时分	最大流时分	流速
1 SA S		0046	1.4	16 SU		0100	1.2
		0731	0.1		1113	1709	-1.4
		0958	0.2		2136		
	1154	1732	-1.6				
	2148						
2 SU		0156	1.4	17 M		0156	1.2
	1155	1817	-1.6		1113	1740	-1.4
	2248				2221		
3 M ☾		0313	1.4	18 TU		0259	1.3
	1158	1910	-1.5		1125	1821	-1.4
	2352				2313		
4 TU		0431	1.4	19 W ☽		0404	1.3
	1158	2016	-1.3		1143	1916	-1.3
5 W	0056	0536	1.4	20 TH	0010	0503	1.4
	1153	2138	-1.1		1157	2028	-1.2
6 TH	0158	0627	1.3	21 F	0111	0551	1.3
	1148	1452	-0.4		1157	2158	-1.0
		1713	-0.3				
		2307	-0.9				
7 F	0254	0706	1.2	22 SA E	0211	0631	1.2
	1144	1430	-0.5		1140	1408	-0.3
		1856	-0.1			1729	-0.1
						2330	-0.9
8 SA E		0024	-0.7	23 SU	0309	0704	1.1
	0342	0738	1.1		1118	1353	-0.5
	1142	1435	-0.6		1701	1901	0.2
	1813	1957	0.2		2054		
	2142						
9 SU		0125	-0.6	24 M		0051	-0.7
	0422	0804	0.9		0402	0731	0.9
	1140	1447	-0.7		1100	1402	-0.7
	1818	2045	0.4		1712	2007	0.6
	2324				2307		
10 M		0217	-0.5	25 TU		0201	-0.6
	0456	0826	0.8		0449	0755	0.7
	1140	1503	-0.9		1047	1421	-1.0
	1836	2128	0.6		1745	2106	1.0
11 TU ●A	0043	0303	-0.4	26 W ○P	0055	0308	-0.4
	0522	0845	0.7		0527	0815	0.5
	1140	1521	-1.0		1040	1447	-1.4
	1900	2208	0.8		1826	2203	1.3
12 W	0157	0347	-0.2	27 TH	0245	0414	-0.2
	0543	0900	0.5		0550	0832	0.4
	1140	1540	-1.1		1039	1519	-1.6
	1925	2247	0.9		1912	2259	1.5
13 TH	0319	0434	-0.1	28 F S		0523	0.0
	0552	0911	0.4			0843	0.3
	1138	1559	-1.2		1044	1554	-1.8
	1952	2327	1.0		2000	2356	1.6
14 F		0526	0.0	29 SA		0642	0.2
		0915	0.3			0845	0.3
	1132	1620	-1.3		1056	1633	-1.9
	2023				2049		
15 SA N		0011	1.1	30 SU		0054	1.7
		0633	0.2		1113	1714	-1.9
		0905	0.2		2140		
	1123	1642	-1.4				
	2057						
				31 M		0153	1.6
					1128	1759	-1.8
					2232		

6 月

日期	转流时分	最大流时分	流速	日期	转流时分	最大流时分	流速
1 TU		0254	1.6	16 W		0233	1.5
	1130	1848	-1.5		1117	1809	-1.6
	2323				2251		
2 W ☾		0352	1.4	17 TH		0324	1.4
	1106	1943	-1.2		1142	1900	-1.4
					2341		
3 TH	0014	0444	1.3	18 F ☽		0411	1.3
	1038	2052	-0.9		1142	2005	-1.1
4 F E	0102	0528	1.2	19 SA E	0033	0453	1.2
	1025	1337	-0.4		1047	2129	-0.8
		1725	-0.3				
		2218	-0.6				
5 SA	0146	0605	1.0	20 SU	0126	0529	1.0
	1020	1334	-0.6		1000	1240	-0.4
		1903	-0.0		1623	1735	0.1
		2345	-0.4		1846	2309	-0.5
6 SU	0225	0636	0.9	21 M	0217	0559	0.8
	1020	1347	-0.8		0932	1250	-0.7
	1753	2005	0.3		1620	1911	0.5
	2244				2223		
7 M		0058	-0.2	22 TU		0045	-0.3
	0257	0703	0.8		0301	0625	0.6
	1022	1405	-0.9		0918	1313	-1.0
	1803	2053	0.5		1655	2021	0.9
8 TU A	0041	0201	-0.1	23 W P	0058	0211	-0.1
	0320	0726	0.6		0328	0648	0.4
	1025	1425	-1.1		0914	1344	-1.4
	1822	2134	0.7		1738	2121	1.2
9 W	0247	0258	-0.0	24 TH ○		0330	0.1
	0310	0744	0.5			0708	0.4
	1027	1445	-1.2		0920	1420	-1.7
	1844	2213	0.9		1823	2216	1.5
10 TH ●		0355	0.1	25 F S		0444	0.2
		0758	0.4			0725	0.3
	1028	1507	-1.3		0938	1458	-1.9
	1909	2251	1.1		1909	2307	1.7
11 F		0456	0.2	26 SA	1004	1539	-2.1
		0804	0.3		1956	2357	1.8
	1025	1529	-1.5				
	1936	2330	1.2				
12 SA N	1020	1553	-1.6	27 SU	1036	1621	-2.1
	2007				2042		
13 SU		0011	1.4	28 M		0045	1.7
	1020	1619	-1.6		1109	1704	-1.9
	2042				2127		
14 M		0055	1.5	29 TU		0132	1.6
	1029	1650	-1.7		1137	1747	-1.7
	2121				2210		
15 TU		0143	1.5	30 W		0218	1.5
	1050	1726	-1.7		1145	1830	-1.4
	2204				2251		

预报值中不包括海流。在邦卡外海,4～11 月海流 0.3Kn,流向 315°,12～3 月海流 1Kn,流向 135°。在苏门答腊外海,4～11 月海流 0.5Kn,12～3 月海流 1Kn,流向 135°。

邦卡海峡—内梅西斯浅滩外

BANKA STRAIT－OFF NEMESIS BANK

2° 53′ S　　106° 00′ E

2021 年潮流表　　流速单位:kn　　(＋)表示流向 135°　　(－)表示流向 315°　　时区:－0700

7 月

日期	转流时分	最大流时分	流速
1		0301	1.3
	0952	1916	-1.0
TH	2328		
☾ E			
2		0342	1.1
	0906	2008	-0.7
F			
3	0000	0420	0.9
	0856	1209	-0.4
SA		1704	-0.2
		2121	-0.3
4	0026	0456	0.8
	0856	1231	-0.6
SU	1721	1858	0.1
	2101	2302	-0.1
5	0036	0529	0.7
	0901	1256	-0.8
M	1716	2006	0.4
A			
6		0038	0.1
		0559	0.6
TU	0908	1322	-1.0
	1732	2053	0.6
7		0203	0.1
		0625	0.4
W	0915	1347	-1.2
	1754	2131	0.9
8		0317	0.2
		0647	0.3
TH	0920	1413	-1.3
	1819	2207	1.1
9		0425	0.2
		0700	0.3
F	0922	1438	-1.5
N	1846	2243	1.3
10	0925	1505	-1.6
	1916	2319	1.4
SA			
●			
11	0935	1534	-1.7
	1950	2357	1.5
SU			
12	0957	1607	-1.8
	2027		
M			
13		0036	1.6
	1031	1642	-1.8
TU	2106		
14		0116	1.5
	1114	1722	-1.7
W	2148		
15		0156	1.4
	1203	1805	-1.5
TH	2231		
16		0235	1.3
	1257	1855	-1.3
F	2315		
E			
17		0312	1.0
		1024	0.0
SA		1235	0.1
☽	1412	1956	-0.9
	2358		
18		0346	0.8
	0823	1039	-0.2
SU	1337	1525	0.1
	1705	2119	-0.5
19	0037	0416	0.6
	0748	1111	-0.5
M	1450	1746	0.4
	2128	2314	-0.1
20	0057	0443	0.4
	0733	1149	-0.9
TU	1546	1926	0.8
21		0118	0.1
		0508	0.3
W	0733	1232	-1.3
P	1638	2035	1.1
22		0305	0.2
		0533	0.3
TH	0750	1317	-1.6
S	1727	2129	1.4
23	0823	1402	-1.8
	1816	2217	1.6
F			
24	0906	1447	-2.0
	1902	2301	1.7
SA			
○			
25	0955	1531	-2.0
	1946	2342	1.7
SU			
26	1046	1614	-1.9
	2028		
M			
27		0020	1.6
		0655	0.2
TU		0914	0.3
	1135	1656	-1.7
	2107		
28		0055	1.4
		0726	0.1
W		1011	0.3
	1222	1735	-1.5
	2142		
29		0129	1.2
		0802	0.0
TH		1113	0.2
E	1305	1814	-1.1
	2213		
30		0200	1.0
	0705	0844	-0.1
F	1057	1226	0.1
	1343	1853	-0.8
	2238		
31		0230	0.9
	0658	0932	-0.3
SA		1407	-0.0
☾		1935	-0.5
	2256		

8 月

日期	转流时分	最大流时分	流速
1		0300	0.7
	0702	1022	-0.4
SU	1522	1624	0.0
	1730	2037	-0.1
	2252		
2		0331	0.5
	0712	1110	-0.6
M	1546	1837	0.2
A		2238	0.1
3		0404	0.4
	0725	1153	-0.8
TU	1614	1952	0.5
4		0103	0.2
		0440	0.3
W	0737	1231	-0.9
	1643	2035	0.8
5		0255	0.2
		0515	0.2
TH	0747	1305	-1.1
N	1713	2111	1.0
6	0756	1338	-1.3
	1744	2145	1.2
F			
7	0811	1411	-1.5
	1817	2220	1.4
SA			
8	0840	1445	-1.6
	1852	2254	1.5
SU			
●			
9	0925	1521	-1.7
	1930	2329	1.6
M			
10	1018	1558	-1.8
	2009		
TU			
11		0003	1.5
		0635	0.2
W		0853	0.3
	1116	1638	-1.7
	2050		
12		0036	1.4
		0650	0.2
TH		0949	0.4
E	1217	1720	-1.6
	2130		
13		0107	1.2
		0708	0.1
F		1053	0.4
	1326	1805	-1.3
	2210		
14		0136	0.9
	0635	0733	-0.1
SA	0834	1209	0.4
	1447	1857	-0.9
	2247		
15		0201	0.7
	0545	0808	-0.3
SU	1037	1347	0.4
☽	1643	2003	-0.5
	2316		
16		0222	0.4
	0520	0855	-0.5
M	1227	1552	0.5
	2031	2145	-0.1
	2301		
17		0237	0.3
	0508	0953	-0.8
TU	1400	1802	0.7
P			
18	0509	1056	-1.1
	1515	1934	1.1
W			
S			
19	0532	1158	-1.4
	1617	2033	1.4
TH			
20	0626	1256	-1.6
	1711	2120	1.5
F			
21	0745	1350	-1.7
	1801	2200	1.6
SA			
22		0453	0.1
		0704	0.2
SU	0904	1439	-1.8
○	1846	2236	1.6
23		0506	0.1
		0809	0.3
M	1015	1524	-1.7
	1928	2309	1.4
24		0522	0.0
		0905	0.4
TU	1119	1606	-1.6
	2005	2338	1.3
25	0450	0542	-0.1
	0638	0958	0.4
W	1218	1646	-1.4
E	2038		
26		0004	1.1
	0431	0606	-0.2
TH	0750	1049	0.4
	1315	1723	-1.1
	2105		
27		0027	0.9
	0425	0633	-0.3
F	0855	1142	0.4
	1413	1759	-0.8
	2127		
28		0048	0.7
	0426	0704	-0.4
SA	1002	1242	0.3
	1519	1836	-0.5
	2142		
29		0107	0.6
	0431	0742	-0.5
SU	1117	1358	0.3
	1655	1921	-0.2
	2141		
30		0123	0.4
	0439	0828	-0.6
M	1237	1544	0.3
☾ A		2038	0.1
31		0131	0.3
	0444	0923	-0.6
TU	1351	1752	0.5

9 月

日期	转流时分	最大流时分	流速
1	0441	1023	-0.7
	1449	1912	0.7
W			
2	0417	1121	-0.9
	1536	1958	1.0
TH			
N			
3	0307	1212	-1.0
	1619	2035	1.2
F			
4	0258	1259	-1.2
	1700	2110	1.4
SA			
5	0322	1343	-1.4
	1742	2144	1.5
SU			
6	0359	0441	-0.0
	0532	0714	0.1
M	0826	1425	-1.5
	1823	2216	1.5
7		0450	0.0
		0804	0.2
TU	0952	1507	-1.6
●	1905	2247	1.4
8	0459	0501	-0.0
	0502	0852	0.4
W	1104	1550	-1.6
E	1946	2317	1.2
9	0420	0514	-0.1
	0610	0942	0.5
TH	1214	1634	-1.4
	2028	2343	1.0
10	0354	0530	-0.2
	0708	1037	0.6
F	1327	1720	-1.2
	2107		
11		0006	0.7
	0330	0550	-0.4
SA	0810	1138	0.7
P	1449	1812	-0.8
	2142		
12		0023	0.5
	0308	0618	-0.6
SU	0919	1251	0.8
	1635	1913	-0.4
	2206		
13		0034	0.3
	0250	0656	-0.8
M	1035	1421	0.8
☽	2008	2044	-0.0
	2121		
14		0026	0.2
	0232	0746	-1.0
TU	1200	1612	0.9
15	0219	0853	-1.1
	1326	1804	1.1
W			
S			
16	0221	1011	-1.3
	1443	1919	1.3
TH			
17	0238	1129	-1.4
	1549	2010	1.5
F			
18	0254	1239	-1.4
	1646	2051	1.5
SA			
19	0255	0402	-0.1
	0533	0638	0.0
SU	0730	1339	-1.4
	1735	2126	1.4
20	0245	0402	-0.1
	0533	0749	0.2
M	0933	1430	-1.4
○	1819	2155	1.3
21	0234	0412	-0.2
	0603	0844	0.4
TU	1055	1515	-1.3
E	1857	2221	1.1
22	0225	0427	-0.3
	0641	0934	0.5
W	1204	1556	-1.1
	1929	2242	0.9
23	0218	0445	-0.5
	0721	1020	0.6
TH	1308	1635	-0.9
	1955	2300	0.8
24	0214	0506	-0.6
	0803	1106	0.6
F	1410	1712	-0.6
	2015	2316	0.6
25	0214	0529	-0.7
	0846	1155	0.6
SA	1519	1750	-0.4
	2027	2328	0.5
26	0214	0555	-0.8
	0932	1248	0.6
SU	1651	1835	-0.1
A	2023	2335	0.4
27	0213	0623	-0.8
	1021	1354	0.6
M		1940	0.1
		2329	0.3
28	0206	0657	-0.8
	1116	1519	0.6
TU			
29	0145	0740	-0.9
	1218	1701	0.8
W			
☾ N			
30	0114	0838	-0.9
	1323	1818	1.0
TH			

预报值中不包括海流。在邦卡外海,4～11 月海流 0.3Kn,流向 315°,12～3 月海流 1Kn ,流向 135°。在苏门答腊外海,4～11 月海流 0.5Kn,12～3 月海流 1Kn,流向 135°。

邦卡海峡—内梅西斯浅滩外

BANKA STRAIT－OFF NEMESIS BANK

2° 53′ S　　106° 00′ E

2021 年潮流表　　流速单位:kn　　(＋)表示流向 135°　　(－)表示流向 315°　　时区:－0700

10 月

日期	转流时分	最大流时分	流速
1 F	0101	0951	-0.9
	1424	1909	1.2
2 SA	0111	1107	-1.0
	1520	1950	1.3
3 SU	0130	1214	-1.1
	1612	2025	1.4
4 M	0149	0347	-0.2
		0633	-0.1
		1312	-1.2
	1701	2058	1.4
5 TU	0200	0342	-0.2
	0555	0733	0.1
	0855	1404	-1.3
	1748	2128	1.3
6 W ●E	0201	0347	-0.3
	0547	0824	0.4
	1034	1454	-1.3
	1833	2155	1.1
7 TH	0151	0358	-0.4
	0610	0915	0.6
	1156	1543	-1.1
	1916	2218	0.9
8 F P	0137	0413	-0.6
	0647	1008	0.9
	1316	1633	-0.9
	1956	2238	0.6
9 SA	0121	0433	-0.8
	0733	1104	1.0
	1443	1728	-0.6
	2030	2252	0.4
10 SU	0106	0500	-1.0
	0826	1207	1.1
	1633	1832	-0.3
	2048	2258	0.2
11 M	0051	0533	-1.2
	0925	1319	1.2
		1959	0.1
		2245	0.2
12 TU S	0037	0613	-1.4
	1030	1442	1.2
13 W ☽	0032	0704	-1.4
	1141	1615	1.3
14 TH	0039	0810	-1.4
	1255	1741	1.4
15 F	0051	0931	-1.3
	1407	1844	1.4
16 SA	0058	1059	-1.2
	1511	1930	1.4
17 SU	0057	0319	-0.3
		0552	-0.2
		1218	-1.1
	1607	2007	1.3
18 M	0052	0305	-0.3
	0614	0718	0.1
	0818	1323	-1.0
	1655	2037	1.2
19 TU E	0045	0311	-0.5
	0604	0817	0.3
	1022	1417	-0.9
	1735	2101	1.0
20 W ○	0039	0324	-0.6
	0624	0906	0.5
	1147	1504	-0.7
	1808	2121	0.8
21 TH	0034	0340	-0.8
	0653	0951	0.7
	1301	1546	-0.6
	1834	2138	0.7
22 F	0030	0359	-0.9
	0724	1035	0.8
	1411	1628	-0.4
	1851	2151	0.5
23 SA	0029	0419	-1.0
	0757	1118	0.9
	1530	1710	-0.2
	1857	2200	0.4
24 SU A	0028	0441	-1.1
	0832	1204	0.9
		1800	0.0
		2203	0.3
25 M	0024	0504	-1.2
	0908	1254	0.9
		1907	0.2
		2153	0.2
26 TU N	0016	0530	-1.2
	0948	1352	1.0
27 W	0003	0559	-1.2
	1032	1501	1.0
	2351		
28 TH ☾		0634	-1.2
	1124	1618	1.1
	2351		
29 F		0724	-1.1
	1222	1725	1.2
30 SA	0002	0834	-1.1
	1323	1816	1.3
31 SU	0016	1001	-1.0
	1424	1858	1.3

11 月

日期	转流时分	最大流时分	流速
1 M	0027	1127	-1.0
	1521	1933	1.3
2 TU E	0027	0246	-0.3
		0638	-0.1
		1241	-1.0
	1615	2004	1.2
3 W	0019	0241	-0.4
	0530	0741	0.3
	0941	1344	-0.9
	1706	2030	1.0
4 TH ●	0005	0249	-0.6
	0541	0837	0.6
	1127	1444	-0.8
	1751	2053	0.8
	2351		
5 F P		0305	-0.9
	0612	0931	0.9
	1301	1542	-0.6
	1831	2111	0.5
	2338		
6 SA		0327	-1.2
	0653	1027	1.2
	1439	1643	-0.3
	1901	2125	0.4
	2329		
7 SU		0355	-1.4
	0739	1125	1.4
	1646	1751	-0.1
	1903	2131	0.3
	2323		
8 M S		0428	-1.6
	0830	1227	1.5
		1917	0.1
		2122	0.2
	2323		
9 TU		0506	-1.8
	0924	1333	1.6
	2331		
10 W		0550	-1.8
	1022	1444	1.6
	2343		
11 TH ☽		0641	-1.6
	1122	1557	1.5
	2350		
12 F		0741	-1.4
	1224	1703	1.5
	2345		
13 SA		0856	-1.2
	1325	1756	1.4
	2333		
14 SU		1025	-0.9
	1422	1837	1.2
	2323		
15 M E		0211	-0.4
		0625	-0.1
		1151	-0.7
	1513	1911	1.1
	2316		
16 TU		0212	-0.6
	0555	0738	0.2
	0925	1302	-0.5
	1556	1938	0.9
	2311		
17 W		0225	-0.8
	0600	0834	0.4
	1125	1402	-0.4
	1629	2000	0.7
	2307		
18 TH		0242	-1.0
	0621	0921	0.7
	1259	1454	-0.2
	1652	2018	0.6
	2306		
19 F ○		0301	-1.1
	0648	1004	0.8
	1430	1544	-0.1
	1701	2032	0.5
	2306		
20 SA		0322	-1.2
	0716	1046	1.0
		1634	0.0
		2041	0.4
	2306		
21 SU A		0344	-1.3
	0745	1127	1.1
		1731	0.1
		2043	0.3
	2305		
22 M N		0406	-1.4
	0816	1209	1.2
	2301		
23 TU		0430	-1.5
	0849	1254	1.2
	2256		
24 W		0456	-1.5
	0925	1345	1.3
	2256		
25 TH		0527	-1.5
	1006	1440	1.3
	2305		
26 F		0603	-1.4
	1051	1538	1.4
	2319		
27 SA ☾		0650	-1.3
	1142	1633	1.4
	2332		
28 SU		0752	-1.2
	1237	1721	1.3
	2334		
29 M		0913	-1.0
	1335	1801	1.2
	2319		
30 TU E		0204	-0.3
		0449	-0.2
		1047	-0.8
	1431	1835	1.0
	2256		

12 月

日期	转流时分	最大流时分	流速
1 W		0137	-0.4
	0509	0638	0.1
	0805	1216	-0.6
	1524	1902	0.9
	2235		
2 TH		0142	-0.7
	0500	0749	0.5
	1047	1333	-0.5
	1612	1925	0.7
	2219		
3 F		0159	-1.0
	0528	0849	0.9
	1248	1445	-0.3
	1649	1944	0.5
	2209		
4 SA ●P		0224	-1.3
	0608	0947	1.2
	1453	1556	-0.1
	1704	1959	0.4
	2207		
5 SU		0255	-1.7
	0652	1043	1.5
		1709	0.1
		2010	0.3
	2213		
6 M S		0331	-1.9
	0739	1138	1.7
	2229		
7 TU		0410	-2.0
	0829	1234	1.8
	2252		
8 W		0453	-2.0
	0919	1331	1.8
	2316		
9 TH		0539	-1.9
	1010	1427	1.7
	2333		
10 F		0627	-1.7
	1101	1523	1.5
	2318		
11 SA ☽		0721	-1.4
	1150	1613	1.4
	2230		
12 SU E		0824	-1.0
	1238	1658	1.2
	2205		
13 M		0108	-0.4
		0429	-0.3
		0945	-0.6
	1321	1736	1.0
	2153		
14 TU		0105	-0.6
		0632	-0.0
		1117	-0.3
	1358	1808	0.8
	2149		
15 W		0120	-0.8
	0525	0749	0.3
	1050	1240	-0.1
	1423	1835	0.7
	2149		
16 TH		0141	-1.0
	0542	0845	0.6
	1345	1352	-0.0
	1400	1857	0.6
	2151		
17 F		0204	-1.1
	0606	0930	0.8
		1458	0.1
		1916	0.5
	2155		
18 SA A		0228	-1.3
	0633	1010	1.0
		1600	0.2
		1929	0.4
	2159		
19 SU ○		0252	-1.4
	0700	1048	1.2
		1704	0.2
		1934	0.3
	2202		
20 M N		0317	-1.5
	0728	1125	1.3
	2204		
21 TU		0342	-1.6
	0759	1203	1.4
	2207		
22 W		0409	-1.7
	0831	1244	1.5
	2217		
23 TH		0439	-1.7
	0907	1326	1.5
	2237		
24 F		0513	-1.7
	0946	1411	1.5
	2303		
25 SA		0552	-1.6
	1029	1456	1.4
	2330		
26 SU		0637	-1.4
	1114	1540	1.3
	2338		
27 M ☾E		0733	-1.1
	1202	1621	1.1
	2238		
28 TU		0845	-0.8
	1250	1656	0.9
	2139		
29 W		0016	-0.3
		0450	-0.0
		1022	-0.5
	1337	1726	0.7
	2106		
30 TH		0023	-0.6
	0359	0643	0.4
	0952	1208	-0.2
	1416	1751	0.5
	2047		
31 F		0046	-1.0
	0433	0801	0.8
	1311	1346	-0.0
	1422	1813	0.4
	2040		

预报值中不包括海流。在邦卡外海，4～11 月海流 0.3Kn，流向 315°，12～3 月海流 1Kn，流向 135°。在苏门答腊外海，4～11 月海流 0.5Kn，12～3 月海流 1Kn，流向 135°。

邦卡海峡—北部附近

BANKA STRAIT－NORTHERN APPROACHES

1° 24′ S 105° 10′ E

2021 年潮流表　流速单位:kn　(＋)表示流向 045°　(－)表示流向 225°　时区:－0700

1 月

日期	转流时分	最大流时分	流速
1 F		0426	-1.2
	1010	1753	1.0
	2333		
2 SA		0459	-1.3
	1042	1832	1.0
3 SU	0011	0534	-1.3
	1117	1916	0.9
4 M	0052	0610	-1.3
	1151	2002	0.8
5 TU	0133	0645	-1.1
	1220	2048	0.7
6 W ☾ E	0213	0716	-0.9
	1235	1715	0.4
7 TH	0244	0739	-0.6
	1226	1608	0.4
8 F	0232	0741	-0.4
	1139	1540	0.4
	2007	2355	-0.2
9 SA P	1002	1525	0.5
	1948		
10 SU		0038	-0.5
	0808	1525	0.7
	2011		
11 M		0126	-0.8
	0800	1541	0.9
	2049		
12 TU S		0214	-1.1
	0829	1610	1.0
	2134		
13 W ●		0300	-1.3
	0906	1648	1.1
	2220		
14 TH		0344	-1.3
	0944	1733	1.1
	2306		
15 F		0424	-1.3
	1019	1819	1.0
	2349		
16 SA		0501	-1.3
	1049	1905	0.9
17 SU	0028	0534	-1.1
	1110	1945	0.7
18 M	0100	0600	-1.0
	1119	2013	0.5
19 TU E	0122	0621	-0.8
	1118	1527	0.4
20 W ☽	0127	0634	-0.7
	1109	1507	0.5
21 TH A	0049	0637	-0.5
	1055	1507	0.5
	2131		
22 F		0624	-0.4
	1036	1514	0.5
	2031		
23 SA		0539	-0.3
	1009	1521	0.6
	2021		
24 SU		0207	-0.4
	0930	1523	0.6
	2024		
25 M		0152	-0.6
	0851	1523	0.7
	2035		
26 TU N		0205	-0.7
	0832	1529	0.7
	2055		
27 W		0229	-0.9
	0834	1542	0.8
	2122		
28 TH ○		0258	-1.0
	0852	1606	0.9
	2157		
29 F		0332	-1.2
	0919	1642	0.9
	2238		
30 SA		0408	-1.2
	0951	1733	0.9
	2323		
31 SU		0446	-1.2
	1025	1838	0.8

2 月

日期	转流时分	最大流时分	流速
1 M	0010	0523	-1.2
	1057	1953	0.7
2 TU E	0058	0558	-1.0
	1123	2121	0.6
3 W P	0146	0629	-0.8
	1132	1457	0.3
		1830	0.2
		2252	0.4
4 TH ☾	0230	0651	-0.6
	1112	1417	0.3
	1846	1955	-0.0
	2108		
5 F		0028	0.1
	0300	0653	-0.3
	1015	1356	0.4
	1743	2115	-0.3
6 SA		0308	-0.1
		0608	-0.1
	0829	1349	0.5
	1759	2233	-0.6
7 SU	0644	1356	0.7
	1837	2346	-0.8
8 M S	0655	1415	0.9
	1925		
9 TU		0054	-1.0
	0731	1445	1.0
	2017		
10 W		0154	-1.1
	0812	1525	1.0
	2111		
11 TH ●		0246	-1.2
	0851	1613	0.9
	2205		
12 F		0332	-1.2
	0927	1709	0.8
	2255		
13 SA		0411	-1.1
	0955	1815	0.7
	2341		
14 SU		0444	-1.0
	1012	1931	0.5
15 M E	0020	0510	-0.8
	1016	1418	0.4
		1709	0.3
		2051	0.4
16 TU	0050	0530	-0.7
	1009	1335	0.3
		1821	0.2
		2157	0.2
17 W	0108	0543	-0.5
	0954	1322	0.4
		1923	0.0
		2254	0.1
18 TH A	0103	0549	-0.4
	0935	1323	0.4
	1759	2020	-0.1
		2352	-0.0
19 F ☽		0545	-0.3
	0914	1327	0.5
	1751	2113	-0.2
20 SA		0117	-0.2
		0528	-0.2
	0845	1331	0.5
	1759	2205	-0.3
21 SU	0804	1333	0.6
	1814	2257	-0.5
22 M	0724	1339	0.6
	1836	2348	-0.6
23 TU N	0706	1349	0.7
	1907		
24 W		0039	-0.8
	0714	1407	0.8
	1945		
25 TH		0129	-0.9
	0738	1433	0.8
	2032		
26 F		0217	-1.0
	0810	1510	0.8
	2125		
27 SA ○		0303	-1.0
	0845	1613	0.8
	2223		
28 SU		0347	-1.0
	0921	1802	0.7
	2323		

3 月

日期	转流时分	最大流时分	流速
1 M E		0429	-1.0
	0954	2009	0.6
2 TU P	0026	0507	-0.8
	1016	1328	0.3
		1626	0.2
		2148	0.5
3 W	0130	0539	-0.6
	1014	1240	0.2
	1601	1727	-0.1
	1851	2312	0.3
4 TH	0239	0602	-0.4
	0935	1218	0.2
	1508	1826	-0.3
	2152		
5 F		0044	0.2
	0403	0607	-0.1
	0807	1207	0.4
	1524	1928	-0.5
6 SA ☾	0028	0255	0.1
		0527	0.1
		1207	0.5
	1601	2033	-0.7
7 SU S	0307	1219	0.7
	1648	2143	-0.8
8 M	0447	1241	0.8
	1741	2256	-0.9
9 TU	0553	1310	0.9
	1838		
10 W		0011	-1.0
	0647	1345	0.9
	1938		
11 TH		0120	-1.0
	0732	1424	0.8
	2041		
12 F		0219	-0.9
	0811	1510	0.6
	2144		
13 SA ●		0307	-0.8
	0838	1656	0.4
	2244		
14 SU E		0345	-0.7
	0852	1245	0.3
		1559	0.3
		1949	0.3
	2338		
15 M		0413	-0.5
	0849	1200	0.3
		1643	0.1
		2118	0.2
16 TU	0025	0434	-0.4
	0832	1136	0.3
	1529	1721	-0.1
	1924	2227	0.1
17 W	0104	0447	-0.3
	0805	1129	0.3
	1502	1758	-0.2
	2127	2331	0.1
18 TH A	0138	0451	-0.2
	0733	1129	0.4
	1505	1833	-0.3
	2315		
19 F		0040	0.0
	0211	0447	-0.1
	0653	1130	0.4
	1516	1907	-0.4
20 SA	0121	0206	0.0
	0255	0431	-0.0
	0540	1132	0.5
	1533	1944	-0.5
21 SU ☽	0253	1138	0.5
	1555	2024	-0.6
22 M N	0336	1148	0.6
	1623	2112	-0.7
23 TU	0418	1203	0.7
	1658	2207	-0.8
24 W	0501	1224	0.7
	1742	2310	-0.8
25 TH	0545	1248	0.8
	1835		
26 F		0017	-0.8
	0630	1318	0.7
	1938		
27 SA		0123	-0.8
	0713	1353	0.6
	2052		
28 SU ○ E		0223	-0.8
	0752	1651	0.4
	2217		
29 M		0316	-0.7
	0823	1147	0.3
		1507	0.2
		2009	0.4
	2348		
30 TU P		0401	-0.5
	0833	1054	0.2
	1356	1550	-0.1
	1738	2151	0.3
31 W	0126	0438	-0.3
	0805	1030	0.2
	1253	1636	-0.4
	2002	2322	0.3

预报值中不包括海流。4～11 月海流微弱。12～3 月海流流向 225°,流速 0.3～1.0Kn。

邦卡海峡—北部附近

BANKA STRAIT－NORTHERN APPROACHES

1° 24′ S　　105° 10′ E

2021 年潮流表　　流速单位:kn　　(＋)表示流向 045°　　(－)表示流向 225°　　时区:－0700

4 月

日期	转流时分	最大流时分	流速	日期	转流时分	最大流时分	流速
1 TH	0338	0504	-0.1	16 F		0928	0.5
	0630	1017	0.3		1323	1754	-0.7
	1302	1723	-0.6		2323		
	2144						
2 F		0058	0.3	17 SA		0932	0.5
		0506	0.2		1341	1821	-0.8
		1012	0.4				
	1336	1813	-0.8				
	2318						
3 SA		1018	0.6	18 SU	0005	0942	0.6
	1418	1906	-1.0	N	1404	1852	-0.8
4 SU	0050	1036	0.8	19 M	0050	0957	0.7
☾ S	1506	2001	-1.0		1432	1928	-0.9
5 M	0218	1101	0.8	20 TU	0140	1016	0.8
	1556	2101	-1.0	☽	1506	2010	-0.9
6 TU	0336	1131	0.9	21 W	0233	1038	0.8
	1648	2204	-1.0		1546	2100	-0.9
7 W	0441	1159	0.8	22 TH	0326	1103	0.8
	1741	2310	-0.8		1632	2158	-0.9
8 TH	0533	1219	0.6	23 F	0417	1124	0.7
	1838				1727	2303	-0.7
9 F		0018	-0.7	24 SA	0504	1118	0.5
	0611	1159	0.5		1834		
	1940						
10 SA		0120	-0.6	25 SU		0011	-0.6
	0634	1053	0.3	E	0540	1018	0.3
	2052				2011		
11 SU		0210	-0.4	26 M		0118	-0.4
E	0637	1016	0.3		0557	0908	0.2
		1617	0.0		1352	1450	-0.0
		1958	0.1		1550	1951	0.1
	2227				2249		
12 M		0246	-0.3	27 TU		0217	-0.2
●	0619	0947	0.3	○P	0531	0835	0.2
	1326	1621	-0.2		1128	1511	-0.3
	1946	2158	0.1		1855	2204	0.2
13 TU	0016	0310	-0.1	28 W		0302	0.0
	0537	0933	0.3			0817	0.3
	1300	1641	-0.3		1116	1548	-0.6
	2104	2322	0.1		2019	2351	0.3
14 W	0246	0322	-0.0	29 TH		0325	0.3
A	0356	0930	0.3			0807	0.4
	1259	1705	-0.5		1139	1630	-0.9
	2158				2129		
15 TH		0033	0.1	30 F		0810	0.6
		0316	0.1		1216	1714	-1.1
		0928	0.4		2235		
	1309	1729	-0.6				
	2242						

5 月

日期	转流时分	最大流时分	流速	日期	转流时分	最大流时分	流速
1 SA		0827	0.8	16 SU		0750	0.7
S	1258	1800	-1.2		1243	1752	-1.1
	2339				2338		
2 SU		0855	0.9	17 M		0810	0.8
	1343	1847	-1.3		1311	1822	-1.1
3 M	0042	0926	0.9	18 TU	0015	0834	0.9
☾	1428	1935	-1.2		1344	1857	-1.1
4 TU	0140	0957	0.9	19 W	0055	0900	0.9
	1513	2022	-1.1	☽	1420	1936	-1.1
5 W	0231	1021	0.8	20 TH	0138	0926	0.8
	1554	2109	-0.9		1500	2018	-1.0
6 TH	0312	1019	0.6	21 F	0218	0941	0.7
	1630	2154	-0.7		1541	2102	-0.8
7 F	0337	0910	0.5	22 SA	0252	0913	0.5
	1648	2234	-0.5	E	1620	2147	-0.6
8 SA	0343	0827	0.4	23 SU	0309	0740	0.4
E	1521	2303	-0.3		1638	2226	-0.3
9 SU	0324	0750	0.3	24 M	0250	0645	0.3
	1230	1608	-0.2		1114	1432	-0.1
						1933	-0.0
						2237	-0.1
10 M	0220	0733	0.4	25 TU	0106	0621	0.3
	1144	1554	-0.4		1004	1429	-0.5
	2227				1949		
11 TU		0730	0.4	26 W		0604	0.5
●A	1135	1606	-0.5	○P	1006	1501	-0.8
	2149				2025		
12 W		0728	0.5	27 TH		0603	0.7
	1139	1623	-0.7		1033	1540	-1.1
	2158				2111		
13 TH		0726	0.5	28 F		0620	0.8
	1150	1642	-0.8	S	1111	1622	-1.3
	2216				2201		
14 F		0727	0.6	29 SA		0650	1.0
	1203	1702	-0.9		1153	1705	-1.4
	2239				2250		
15 SA		0736	0.7	30 SU		0727	1.0
N	1221	1725	-1.0		1237	1748	-1.4
	2306				2338		
				31 M		0804	1.0
					1320	1830	-1.4

6 月

日期	转流时分	最大流时分	流速	日期	转流时分	最大流时分	流速
1 TU	0022	0839	0.9	16 W		0739	0.9
	1400	1909	-1.2		1319	1839	-1.2
2 W	0059	0903	0.8	17 TH	0026	0812	0.9
☾	1435	1945	-1.0		1357	1914	-1.1
3 TH	0124	0834	0.6	18 F	0057	0831	0.7
	1500	2014	-0.8	☽	1434	1947	-0.9
4 F	0134	0651	0.5	19 SA	0118	0716	0.5
E	1456	2031	-0.6	E	1504	2014	-0.7
5 SA	0126	0559	0.4	20 SU	0117	0525	0.4
	1309	2012	-0.4		1450	2022	-0.4
6 SU	0056	0541	0.5	21 M	0040	0450	0.4
	1104	1652	-0.3		0936	1353	-0.2
					2259		
7 M	0001	0541	0.5	22 TU		0427	0.5
	1032	1523	-0.5		0846	1333	-0.5
	2243				2023		
8 TU		0544	0.6	23 W		0418	0.6
A	1029	1527	-0.6	P	0857	1407	-0.8
	2153				2015		
9 W		0545	0.6	24 TH		0428	0.8
	1035	1540	-0.7	○	0929	1448	-1.1
	2142				2047		
10 TH		0544	0.7	25 F		0453	1.0
●	1046	1557	-0.9	S	1010	1532	-1.3
	2147				2127		
11 F		0546	0.7	26 SA		0528	1.1
	1100	1617	-1.0		1054	1615	-1.4
	2201				2208		
12 SA		0555	0.8	27 SU		0611	1.1
N	1118	1639	-1.1		1139	1657	-1.5
	2221				2249		
13 SU		0611	0.9	28 M		0655	1.1
	1141	1704	-1.2		1223	1736	-1.4
	2247				2324		
14 M		0635	0.9	29 TU		0737	1.0
	1210	1733	-1.2		1304	1812	-1.2
	2318				2352		
15 TU		0705	1.0	30 W		0812	0.8
	1243	1805	-1.3		1339	1843	-1.1
	2352						

预报值中不包括海流。4～11 月海流微弱。12～3 月海流流向 225°,流速 0.3～1.0Kn。

邦卡海峡—北部附近

BANKA STRAIT—NORTHERN APPROACHES

1° 24′ S　　105° 10′ E

2021 年潮流表　　流速单位:kn　　(+)表示流向 045°　　(−)表示流向 225°　　时区:−0700

7 月

日期	转流时分	最大流时分	流速
1 TH ☾ E	0008 1403	0812 1907	0.6 -0.8
2 F	0010 1403 2357	0439 1920	0.5 -0.6
3 SA	1230 2332	0406 1911	0.5 -0.5
4 SU	0945 2256	0402 1820	0.5 -0.4
5 M A	0916 2213	0408 1450	0.6 -0.4
6 TU	0917 2133	0414 1438	0.6 -0.6
7 W	0926 2112	0418 1449	0.7 -0.7
8 TH	0939 2109	0419 1506	0.7 -0.8
9 F N	0955 2117	0421 1526	0.8 -1.0
10 SA ●	1016 2135	0430 1549	0.8 -1.1
11 SU	1043 2159	0447 1616	0.9 -1.2
12 M	1115 2227	0514 1647	0.9 -1.3
13 TU	1152 2259	0551 1719	1.0 -1.3
14 W	1232 2330	0638 1753	0.9 -1.2
15 TH	1314 2356	0730 1826	0.8 -1.1
16 F E	1354	0827 1856	0.6 -0.9
17 SA ☽	0010 1428 2359	0435 1917	0.4 -0.6
18 SU	1433 2313	0337 1920	0.4 -0.4
19 M	0728 2138	0306 1052 1451 1827	0.4 -0.2 -0.1 -0.2
20 TU	0711 1946	0249 1153	0.5 -0.5
21 W P	0736 1936	0248 1250	0.7 -0.8
22 TH S	0815 2005	0303 1344	0.9 -1.1
23 F	0902 2043	0331 1434	1.0 -1.2
24 SA ○	0952 2123	0410 1522	1.1 -1.3
25 SU	1042 2201	0457 1606	1.1 -1.3
26 M	1131 2233	0549 1646	1.0 -1.3
27 TU	1216 2256	0645 1721	0.9 -1.1
28 W	1255 2305	0743 1750	0.7 -1.0
29 TH E	1324 2300	0843 1812	0.5 -0.8
30 F	1337 2243	0245 0734 0939 1825	0.4 0.2 0.3 -0.6
31 SA ☾	1254 2218	0226 1824	0.4 -0.4

8 月

日期	转流时分	最大流时分	流速
1 SU	0732 2149	0225 1803	0.5 -0.3
2 M A	0722 2115	0232 1235	0.5 -0.3
3 TU	0733 2040	0239 1253	0.6 -0.5
4 W	0749 2018	0244 1319	0.6 -0.6
5 TH N	0808 2011	0247 1346	0.7 -0.7
6 F	0831 2018	0253 1414	0.8 -0.8
7 SA	0900 2035	0304 1445	0.8 -1.0
8 SU ●	0935 2100	0322 1518	0.9 -1.1
9 M	1015 2130	0351 1553	0.9 -1.1
10 TU	1100 2202	0436 1629	0.8 -1.1
11 W	1149 2233	0549 1705	0.8 -1.1
12 TH E	1240 2257	0727 1740	0.7 -0.9
13 F	1331 2306	0914 1810	0.5 -0.8
14 SA	1422 2243	0221 0611 1050 1831	0.3 0.2 0.3 -0.5
15 SU ☽	0530 0918 1510 2139	0141 0720 1224 1834	0.3 -0.1 0.2 -0.3
16 M	0454 1932	0118 0830 1452 1755	0.4 -0.3 -0.0 -0.1
17 TU P	0514 1729	0110 0942	0.5 -0.6
18 W S	0553 1807	0115 1055	0.7 -0.8
19 TH	0642 1853	0134 1207	0.9 -1.0
20 F	0737 1939	0204 1315	1.0 -1.1
21 SA	0835 2023	0242 1415	1.0 -1.1
22 SU ○	0934 2102	0330 1507	0.9 -1.1
23 M	1033 2134	0431 1551	0.8 -1.0
24 TU	1128 2154	0555 1628	0.7 -0.9
25 W E	1217 2156	0750 1658	0.5 -0.7
26 TH	1259 2141	0127 0454 0925 1719	0.3 0.2 0.3 -0.6
27 F	1328 2114	0047 0557 1036 1731	0.3 0.0 0.2 -0.4
28 SA	0436 0939 1336 2041	0035 0652 1142 1733	0.3 -0.1 0.1 -0.3
29 SU	0434 2007	0037 0744 1258 1720	0.4 -0.3 -0.0 -0.2
30 M ☾ A	0450 1927	0042 0835	0.5 -0.4
31 TU	0512 1848	0049 0925	0.5 -0.4

9 月

日期	转流时分	最大流时分	流速
1 W	0535 1825	0054 1016	0.6 -0.5
2 TH N	0602 1825	0101 1109	0.6 -0.6
3 F	0633 1841	0112 1204	0.7 -0.7
4 SA	0711 1908	0126 1258	0.7 -0.8
5 SU	0757 1940	0145 1349	0.8 -0.9
6 M	0851 2015	0211 1438	0.8 -0.9
7 TU ●	0952 2050	0244 1524	0.7 -0.9
8 W E	1058 2122	0444 1607	0.6 -0.8
9 TH	1208 2143	0759 1646	0.5 -0.7
10 F	1322 2138	0043 0424 0944 1720	0.2 0.1 0.4 -0.5
11 SA P	0255 0720 1444 2050	0001 0511 1111 1743 2338	0.2 -0.1 0.3 -0.3 0.2
12 SU	0221 0944 1704 1831	0601 1246 1747 2325	-0.4 0.3 -0.0 0.4
13 M ☽	0239 1149	0655 1455 1704 2323	-0.6 0.2 0.2 0.5
14 TU	0316 1355	0754 2334	-0.8 0.7
15 W S	0403 1539	0858 2357	-0.9 0.9
16 TH	0455 1657	1006	-1.0
17 F	0552 1800	0027 1119	0.9 -1.0
18 SA	0653 1852	0102 1233	0.9 -0.9
19 SU	0759 1936	0139 1341	0.8 -0.9
20 M ○	0911 2008	0215 1437	0.6 -0.7
21 TU E	1026 2021	0127 1522 2352	0.4 -0.6 0.3
22 W	1140 2011	0346 0805 1555 2305	0.2 0.3 -0.4 0.2
23 TH	0256 0552 1251 1936	0423 0943 1617 2242	-0.0 0.2 -0.3 0.2
24 F	0156 0822 1400 1843	0501 1103 1628 2237	-0.2 0.2 -0.1 0.3
25 SA	0156 0958 1528 1719	0538 1217 1626 2238	-0.4 0.1 -0.0 0.4
26 SU A	0213 1122	0614 1334 1606 2243	-0.5 0.1 0.1 0.5
27 M	0235 1238	0649 2249	-0.6 0.5
28 TU	0259 1343	0724 2259	-0.6 0.6
29 W ☾ N	0323 1436	0800 2311	-0.7 0.6
30 TH	0350 1524	0841 2325	-0.7 0.7

预报值中不包括海流。4～11 月海流微弱。12～3 月海流流向 225°,流速 0.3～1.0Kn。

邦卡海峡—北部附近

BANKA STRAIT－NORTHERN APPROACHES

1° 24′ S 105° 10′ E

2021 年潮流表　流速单位:kn　(＋)表示流向 045°　(－)表示流向 225°　时区:－0700

10 月

日期	转流时分	最大流时分	流速	日期	转流时分	最大流时分	流速
1 F	0421 1611	0929 2341	-0.8 0.7	16 SA	0459 1644	1023 2339	-0.9 0.7
2 SA	0500 1656	1025 2359	-0.8 0.7	17 SU	0553 1725	1127 2312	-0.7 0.5
3 SU	0547 1742	1130	-0.8	18 M	0652 1746	1230 2206	-0.5 0.3
4 M	0646 1825	0015 1238	0.7 -0.7	19 TU E	0808 1741	1326 2119	-0.3 0.2
5 TU	0800 1904	0019 1343 2347	0.6 -0.7 0.4	20 W ○	0136 0621 1035 1658	0347 0828 1407 2047	-0.1 0.0 -0.1 0.3
6 W ●E	0935 1933	1441 2254	-0.5 0.3	21 TH	0015 0812	0356 1043 1430 2035	-0.3 0.1 0.0 0.3
7 TH	1127 1939	0323 0803 1531 2210	0.1 0.3 -0.4 0.2	22 F	0005 0912	0420 1218 1423 2032	-0.5 0.2 0.1 0.4
8 F P	0105 0614 1333 1857	0343 0953 1612 2147	-0.2 0.3 -0.2 0.2	23 SA	0016 1000	0447 2033	-0.6 0.5
9 SA	0017 0808	0419 1129 1639 2131	-0.4 0.3 0.1 0.3	24 SU A	0035 1041	0514 2040	-0.7 0.6
10 SU	0027 0934	0501 1307 1638 2123	-0.7 0.4 0.3 0.5	25 M	0056 1118	0541 2050	-0.8 0.6
11 M	0059 1055	0547 2130	-0.9 0.7	26 TU N	0118 1154	0608 2104	-0.9 0.7
12 TU S	0141 1215	0636 2149	-1.1 0.8	27 W	0141 1231	0636 2120	-0.9 0.7
13 W ☽	0227 1332	0728 2217	-1.1 0.9	28 TH ☾	0206 1310	0707 2137	-1.0 0.8
14 TH	0316 1445	0823 2249	-1.1 0.9	29 F	0236 1353	0743 2155	-1.0 0.8
15 F	0407 1550	0921 2319	-1.0 0.8	30 SA	0310 1439	0825 2211	-0.9 0.7
				31 SU	0349 1524	0914 2219	-0.9 0.7

11 月

日期	转流时分	最大流时分	流速	日期	转流时分	最大流时分	流速
1 M	0434 1606	1010 2205	-0.7 0.5	16 TU	0223 1424 2330	1009 1853	-0.3 0.4
2 TU E	0525 1636	1112 2117	-0.6 0.4	17 W	1238 2254	0330 1839	-0.2 0.4
3 W	0635 1644	1216 2018	-0.4 0.3	18 TH	0939 2254	0324 1836	-0.5 0.5
4 TH ●	0046 0541 0953 1600 2303	0301 0748 1316 1950	-0.1 0.1 -0.1 0.3	19 F ○	0931 2308	0342 1837	-0.6 0.6
5 F P	0717 2251	0302 1024 1402 1931	-0.4 0.2 0.1 0.3	20 SA	0949 2326	0404 1841	-0.8 0.6
6 SA	0819 2312	0331 1918	-0.7 0.5	21 SU A	1011 2345	0428 1850	-0.9 0.7
7 SU	0919 2347	0410 1923	-1.0 0.7	22 M N	1035	0451 1904	-1.0 0.8
8 M S	1017	0452 1943	-1.2 0.9	23 TU	0005 1100	0515 1921	-1.1 0.8
9 TU	0028 1116	0536 2014	-1.3 1.0	24 W	0027 1127	0539 1940	-1.1 0.9
10 W	0113 1213	0622 2048	1.4 1.0	25 TH	0052 1157	0607 2001	-1.2 0.9
11 TH ☽	0158 1308	0708 2122	-1.3 1.0	26 F	0121 1231	0637 2024	-1.2 0.9
12 F	0242 1357	0754 2148	-1.2 0.8	27 SA ☾	0153 1306	0711 2043	-1.1 0.8
13 SA	0324 1436	0838 2148	-1.0 0.7	28 SU	0228 1340	0748 2048	-1.0 0.7
14 SU	0400 1500	0920 2033	-0.8 0.5	29 M	0303 1407	0826 2015	-0.8 0.5
15 M E	0416 1459	0954 1936	-0.5 0.4	30 TU E	0333 1419	0901 1847	-0.6 0.4

12 月

日期	转流时分	最大流时分	流速	日期	转流时分	最大流时分	流速
1 W	0320 1356 2252	0926 1808	-0.4 0.4	16 TH	1000 2152	0245 1704	-0.5 0.6
2 TH	1220 2143	0242 1744	-0.2 0.4	17 F	0928 2208	0259 1709	-0.7 0.7
3 F	0810 2143	0215 1728	-0.5 0.5	18 SA A	0928 2226	0321 1715	-0.8 0.7
4 SA ●P	0820 2209	0242 1728	-0.8 0.7	19 SU ○	0940 2245	0343 1724	-1.0 0.8
5 SU	0859 2246	0319 1746	-1.1 0.9	20 M N	0956 2306	0406 1736	-1.0 0.8
6 M S	0944 2328	0401 1817	-1.3 1.0	21 TU	1015 2328	0429 1753	-1.1 0.9
7 TU	1031	0444 1856	-1.5 1.1	22 W	1038 2355	0453 1815	-1.2 0.9
8 W	0012 1118	0527 1936	-1.5 1.1	23 TH	1105	0520 1843	-1.2 0.9
9 TH	0056 1201	0609 2015	-1.5 1.0	24 F	0025 1134	0549 1914	-1.2 0.9
10 F	0139 1238	0649 2046	-1.3 0.8	25 SA	0059 1204	0621 1944	-1.2 0.8
11 SA ☽	0217 1304	0726 2043	-1.1 0.6	26 SU	0135 1231	0653 1959	-1.1 0.7
12 SU E	0246 1314	0755 1816	-0.8 0.5	27 M ☾E	0209 1249	0723 1819	-0.9 0.5
13 M	0249 1301	0813 1717	-0.6 0.4	28 TU	0236 1248	0747 1653	-0.7 0.4
14 TU	0044 1223 2211	0757 1700	-0.4 0.5	29 W	0225 1214 2114	0755 1621	-0.4 0.4
15 W	1118 2146	0333 1700	-0.3 0.5	30 TH	1049 2021	0659 1559	-0.2 0.5
				31 F	0831 2032	0106 1552	-0.5 0.7

预报值中不包括海流。4～11 月海流微弱。12～3 月海流流向 225°,流速 0.3～1.0Kn。

林加群岛—贝哈拉海峡

LINGGA ARCHIPELAGO—BERHALA SELAT

0° 52′ S 104° 22′ E

2021 年潮流表　　流速单位:kn　　(+)表示流向 293°　　(−)表示流向 113°　　时区:−0700

1 月

日期	转流时分	最大流时分	流速
1 F		0130	0.8
		0557	0.0
		1141	1.5
	1505	1905	-2.1
	2333		
2 SA		0212	0.8
		0635	0.1
		1217	1.5
	1543	1945	-2.1
3 SU	0014	0254	0.8
		0717	0.1
		1259	1.5
	1625	2027	-2.1
4 M	0055	0335	0.8
		0806	0.1
		1346	1.4
	1712	2112	-1.9
5 TU	0134	0417	0.8
	0825	0904	-0.0
	0942	1442	1.2
	1803	2159	-1.7
6 W ☾ E	0210	0459	0.8
	0840	1013	-0.2
	1143	1550	1.0
	1902	2250	-1.4
7 TH	0243	0542	0.9
	0912	1130	-0.4
	1350	1713	0.8
	2010	2345	-1.1
8 F	0312	0626	1.0
	0952	1248	-0.7
	1558	1846	0.6
	2133		
9 SA P		0042	-0.8
	0338	0712	1.1
	1036	1402	-1.1
	1746	2019	0.6
	2308		
10 SU		0142	-0.5
	0402	0758	1.3
	1122	1506	-1.5
	1910	2142	0.6
11 M	0046	0240	-0.3
	0424	0845	1.5
	1209	1602	-1.9
	2017	2251	0.7
12 TU S	0216	0334	-0.2
	0447	0931	1.6
	1256	1653	-2.1
	2114	2348	0.8
13 W ●	0333	0424	-0.1
	0514	1017	1.7
	1343	1740	-2.3
	2204		
14 TH		0038	0.8
	0432	0512	-0.0
	0550	1102	1.7
	1428	1825	-2.3
	2248		
15 F		0122	0.8
	0512	0558	-0.1
	0642	1146	1.7
	1512	1907	-2.2
	2327		
16 SA		0202	0.8
	0543	0644	-0.1
	0742	1230	1.6
	1554	1947	-2.1
17 SU	0002	0239	0.8
	0614	0731	-0.2
	0846	1314	1.4
	1635	2025	-1.8
18 M	0033	0316	0.8
	0648	0821	-0.2
	0952	1400	1.2
	1714	2103	-1.6
19 TU E	0101	0352	0.8
	0728	0916	-0.3
	1103	1448	0.9
	1752	2140	-1.3
20 W ☽	0127	0431	0.9
	0812	1017	-0.3
	1225	1542	0.6
	1831	2218	-1.1
21 TH A	0154	0512	0.9
	0859	1125	-0.4
	1407	1647	0.4
	1913	2300	-0.8
22 F	0221	0555	0.9
	0946	1237	-0.5
	1607	1808	0.2
	2009	2348	-0.6
23 SA	0249	0641	1.0
	1029	1347	-0.7
	1754	1942	0.2
	2136		
24 SU		0045	-0.4
	0317	0727	1.0
	1109	1445	-1.0
	1905	2108	0.3
	2329		
25 M		0147	-0.3
	0344	0811	1.1
	1145	1532	-1.3
	1954	2215	0.4
26 TU N	0114	0246	-0.1
	0410	0853	1.2
	1220	1614	-1.5
	2035	2307	0.6
27 W	0242	0339	-0.1
	0433	0932	1.3
	1256	1652	-1.8
	2113	2350	0.7
28 TH ○	0350	0425	-0.0
	0459	1011	1.4
	1332	1730	-2.0
	2150		
29 F		0029	0.8
	0435	0506	-0.0
	0537	1050	1.5
	1411	1808	-2.1
	2227		
30 SA		0105	0.8
	0458	0546	-0.1
	0632	1130	1.6
	1451	1846	-2.2
	2303		
31 SU		0140	0.9
	0516	0626	-0.1
	0734	1213	1.6
	1534	1925	-2.1
	2338		

2 月

日期	转流时分	最大流时分	流速
1 M		0214	0.9
	0535	0708	-0.3
	0838	1258	1.6
	1620	2006	-2.0
2 TU E	0011	0247	0.9
	0558	0756	-0.4
	0948	1349	1.4
	1708	2047	-1.7
3 W P	0041	0322	0.9
	0628	0849	-0.5
	1104	1445	1.2
	1800	2130	-1.4
4 TH ☾	0109	0400	0.9
	0708	0951	-0.7
	1233	1552	1.0
	1858	2215	-1.1
5 F	0133	0442	1.0
	0755	1102	-0.9
	1420	1712	0.7
	2010	2306	-0.7
6 SA	0154	0528	1.0
	0850	1221	-1.1
	1616	1849	0.5
	2145		
7 SU		0005	-0.4
	0213	0621	1.1
	0949	1341	-1.4
	1800	2032	0.5
	2352		
8 M S		0113	-0.1
	0229	0719	1.3
	1049	1451	-1.7
	1918	2154	0.6
9 TU		0224	0.0
		0818	1.4
	1146	1550	-1.9
	2017	2255	0.7
10 W		0326	0.0
		0915	1.5
	1240	1641	-2.1
	2104	2342	0.8
11 TH ●	0340	0420	-0.0
	0459	1008	1.6
	1331	1727	-2.1
	2144		
12 F		0020	0.8
	0353	0508	-0.2
	0619	1056	1.6
	1418	1808	-2.1
	2218		
13 SA		0053	0.9
	0411	0552	-0.3
	0728	1142	1.5
	1501	1845	-1.9
	2247		
14 SU		0123	0.9
	0433	0634	-0.4
	0829	1225	1.4
	1542	1920	-1.7
	2311		
15 M E		0152	0.9
	0459	0716	-0.5
	0926	1307	1.3
	1619	1952	-1.5
	2334		
16 TU		0221	0.9
	0530	0758	-0.6
	1023	1348	1.1
	1654	2023	-1.3
	2354		
17 W		0251	0.9
	0605	0843	-0.6
	1121	1431	0.9
	1729	2054	-1.1
18 TH A	0015	0323	0.9
	0645	0931	-0.7
	1227	1519	0.6
	1805	2127	-0.9
19 F ☽	0037	0359	0.9
	0729	1027	-0.7
	1349	1617	0.4
	1848	2203	-0.6
20 SA	0058	0439	0.9
	0817	1133	-0.7
	1531	1735	0.2
	1952	2249	-0.4
21 SU	0119	0525	0.9
	0907	1246	-0.9
	1716	1920	0.2
	2151	2352	-0.2
22 M	0136	0619	0.9
	0958	1355	-1.1
	1829	2058	0.3
23 TU N	0059	0113	-0.0
	0128	0716	0.9
	1048	1452	-1.3
	1919	2202	0.5
24 W		0229	0.0
		0813	1.0
	1136	1540	-1.6
	2001	2247	0.7
25 TH		0326	0.0
		0904	1.2
	1222	1623	-1.8
	2038	2323	0.8
26 F	0319	0412	-0.1
	0505	0952	1.3
	1308	1704	-1.9
	2114	2356	0.9
27 SA ○	0328	0454	-0.2
	0616	1038	1.5
	1354	1743	-2.0
	2147		
28 SU		0026	0.9
	0341	0533	-0.4
	0720	1124	1.6
	1441	1822	-2.0
	2219		

3 月

日期	转流时分	最大流时分	流速
1 M E		0056	1.0
	0359	0613	-0.6
	0820	1211	1.6
	1528	1901	-1.9
	2247		
2 TU P		0126	1.0
	0422	0656	-0.8
	0922	1259	1.6
	1617	1939	-1.7
	2313		
3 W		0157	1.0
	0451	0742	-1.0
	1027	1352	1.4
	1708	2018	-1.3
	2336		
4 TH		0230	1.1
	0527	0834	-1.1
	1139	1450	1.2
	1803	2059	-1.0
	2356		
5 F		0306	1.1
	0610	0932	-1.2
	1302	1557	0.9
	1908	2142	-0.6
6 SA ☾	0012	0347	1.1
	0701	1039	-1.3
	1440	1720	0.6
	2037	2231	-0.3
7 SU S	0021	0435	1.1
	0801	1158	-1.4
	1626	1905	0.5
		2337	0.0
8 M		0536	1.1
	0909	1320	-1.5
	1757	2045	0.6
9 TU		0104	0.1
		0649	1.1
	1019	1433	-1.7
	1903	2153	0.7
10 W		0227	0.1
		0803	1.2
	1126	1533	-1.8
	1953	2240	0.8
11 TH	0254	0330	-0.0
	0406	0909	1.3
	1226	1623	-1.8
	2032	2315	0.9
12 F	0246	0420	-0.2
	0552	1005	1.3
	1320	1706	-1.8
	2103	2345	0.9
13 SA ●	0258	0504	-0.5
	0704	1054	1.4
	1407	1743	-1.7
	2128		
14 SU E		0012	1.0
	0316	0543	-0.6
	0804	1138	1.3
	1449	1816	-1.5
	2150		
15 M		0037	1.0
	0338	0620	-0.8
	0857	1219	1.2
	1527	1846	-1.4
	2208		
16 TU		0101	1.0
	0404	0657	-0.9
	0947	1258	1.1
	1603	1914	-1.2
	2225		
17 W		0127	1.1
	0433	0733	-1.0
	1037	1337	1.0
	1637	1942	-1.0
	2242		
18 TH A		0153	1.1
	0504	0812	-1.0
	1128	1418	0.8
	1714	2010	-0.8
	2259		
19 F		0222	1.0
	0537	0853	-1.0
	1227	1505	0.6
	1756	2040	-0.6
	2313		
20 SA		0252	1.0
	0614	0941	-1.0
	1337	1603	0.4
	1853	2114	-0.3
	2323		
21 SU ☽		0327	0.9
	0655	1038	-1.0
	1502	1723	0.3
	2038	2159	-0.1
	2315		
22 M N		0410	0.9
	0744	1148	-1.1
	1630	1912	0.3
		2311	0.1
23 TU		0506	0.8
	0842	1301	-1.2
	1740	2042	0.5
24 W		0055	0.2
		0620	0.8
	0946	1406	-1.4
	1833	2134	0.6
25 TH		0216	0.1
		0735	0.9
	1050	1501	-1.5
	1915	2211	0.8
26 F	0234	0312	-0.0
	0349	0840	1.1
	1150	1549	-1.7
	1952	2242	0.9
27 SA	0217	0356	-0.3
	0533	0936	1.3
	1246	1632	-1.8
	2025	2311	1.0
28 SU ○E	0225	0437	-0.5
	0645	1028	1.4
	1339	1713	-1.8
	2054	2339	1.1
29 M	0241	0517	-0.8
	0747	1118	1.5
	1431	1753	-1.7
	2121		
30 TU P		0008	1.1
	0304	0559	-1.1
	0848	1209	1.5
	1523	1831	-1.5
	2144		
31 W		0038	1.2
	0332	0643	-1.4
	0949	1301	1.4
	1616	1909	-1.2
	2205		

海流微弱。

林加群岛—贝哈拉海峡

LINGGA ARCHIPELAGO—BERHALA SELAT

0° 52′ S　　104° 22′ E

2021 年潮流表　　流速单位:kn　　(+)表示流向 293°　　(−)表示流向 113°　　时区:−0700

4 月

日期	转流时分	最大流时分	流速
1 TH	0406 1053 1713 2222	0109 0730 1356 1948	1.3 -1.6 1.3 -0.9
2 F	0446 1204 1817 2234	0142 0820 1456 2027	1.3 -1.7 1.0 -0.5
3 SA	0531 1323 1943 2236	0219 0917 1607 2111	1.3 -1.7 0.8 -0.2
4 SU ☾ S	0622 1450	0300 1022 1734 2206	1.2 -1.7 0.6 0.1
5 M	0723 1618	0351 1136 1915 2328	1.1 -1.6 0.6 0.2
6 TU	0833 1732	0459 1255 2035	1.0 -1.6 0.7
7 W	0949 1827	0111 0627 1406 2127	0.2 0.9 -1.6 0.8
8 TH	1102 1908	0231 0753 1505 2204	0.0 0.9 -1.5 0.9
9 F	0147 0510 1207 1940	0329 0903 1553 2234	-0.2 1.0 -1.5 1.0
10 SA	0154 0633 1303 2005	0414 1000 1634 2301	-0.5 1.1 -1.4 1.0
11 SU E	0211 0735 1351 2025	0453 1048 1708 2325	-0.8 1.1 -1.3 1.1
12 M ●	0232 0827 1433 2042	0529 1131 1739 2349	-1.0 1.1 -1.1 1.2
13 TU	0255 0915 1511 2058	0604 1211 1807	-1.2 1.0 -1.0
14 W A	0321 1001 1549 2112	0013 0637 1250 1834	1.2 -1.3 0.9 -0.8
15 TH	0348 1047 1628 2126	0037 0711 1330 1901	1.2 -1.3 0.8 -0.6
16 F	0416 1135 1714 2136	0102 0746 1413 1929	1.2 -1.4 0.7 -0.4
17 SA	0445 1230 1815 2138	0128 0825 1502 1959	1.2 -1.4 0.6 -0.2
18 SU N	0518 1331 2014 2056	0156 0908 1604 2035	1.1 -1.4 0.5 -0.0
19 M	0556 1441	0228 1000 1725 2124	1.0 -1.4 0.5 0.2
20 TU ☽	0642 1551	0308 1102 1859 2247	0.9 -1.4 0.5 0.3
21 W	0741 1652	0406 1212 2007	0.8 -1.4 0.6
22 TH	0851 1741	0036 0530 1319 2051	0.3 0.8 -1.4 0.8
23 F	1007 1822	0154 0701 1418 2124	0.1 0.8 -1.5 0.9
24 SA	0118 0420 1118 1856	0249 0817 1509 2153	-0.2 1.0 -1.5 1.0
25 SU E	0116 0553 1224 1925	0335 0921 1556 2222	-0.5 1.1 -1.5 1.1
26 M	0130 0704 1325 1951	0418 1019 1639 2252	-0.9 1.3 -1.4 1.2
27 TU ○P	0154 0807 1423 2013	0502 1114 1719 2322	-1.3 1.3 -1.2 1.4
28 W	0223 0909 1521 2033	0546 1209 1759 2354	-1.7 1.3 -1.0 1.5
29 TH	0258 1010 1622 2049	0631 1304 1838	-1.9 1.2 -0.7
30 F	0336 1114 1728 2102	0028 0719 1402 1917	1.5 -2.1 1.1 -0.4

5 月

日期	转流时分	最大流时分	流速
1 SA S	0418 1222 1856 2059	0103 0810 1505 1958	1.6 -2.1 0.9 -0.1
2 SU	0504 1333	0142 0905 1617 2047	1.5 -2.0 0.8 0.1
3 M ☾	0555 1444	0226 1005 1738 2152	1.3 -1.9 0.7 0.3
4 TU	0653 1552	0320 1112 1857 2327	1.1 -1.7 0.7 0.3
5 W	0759 1648	0433 1222 1958	0.9 -1.6 0.8
6 TH	0914 1733	0106 0608 1327 2042	0.1 0.7 -1.4 0.9
7 F	0049 0354 1029 1807	0220 0737 1423 2116	-0.2 0.7 -1.3 1.0
8 SA E	0052 0543 1137 1834	0314 0850 1511 2146	-0.5 0.7 -1.1 1.1
9 SU	0108 0656 1236 1855	0359 0948 1551 2213	-0.8 0.8 -1.0 1.2
10 M	0130 0753 1327 1914	0437 1038 1626 2239	-1.0 0.8 -0.9 1.2
11 TU ●A	0155 0842 1413 1930	0513 1123 1657 2304	-1.3 0.8 -0.7 1.3
12 W	0220 0928 1458 1945	0546 1205 1727 2329	-1.4 0.8 -0.6 1.3
13 TH	0246 1012 1545 1957	0619 1246 1756 2354	-1.5 0.7 -0.4 1.3
14 F	0312 1055 1639 2005	0652 1328 1825	-1.6 0.7 -0.3
15 SA N	0339 1141 1749 2000	0019 0726 1415 1856	1.3 -1.7 0.7 -0.1
16 SU	0408 1230	0045 0804 1507 1929	1.3 -1.7 0.6 0.1
17 M	0441 1323	0114 0846 1607 2010	1.2 -1.7 0.6 0.2
18 TU	0519 1419	0148 0934 1716 2105	1.1 -1.7 0.6 0.3
19 W ☽	0606 1513	0232 1029 1822 2227	1.0 -1.6 0.7 0.4
20 TH	0703 1603	0332 1130 1914	0.9 -1.5 0.7
21 F	0812 1646	0003 0458 1232 1954	0.2 0.8 -1.5 0.8
22 SA E	0030 0210 0930 1722	0120 0633 1332 2029	-0.0 0.8 -1.4 1.0
23 SU	0006 0437 1049 1752	0220 0756 1426 2101	-0.4 0.8 -1.2 1.1
24 M	0020 0608 1204 1818	0312 0909 1516 2133	-0.9 0.9 -1.1 1.3
25 TU	0045 0721 1315 1840	0401 1014 1601 2207	-1.3 1.0 -0.9 1.4
26 W ○P	0117 0826 1422 1900	0448 1114 1645 2242	-1.7 1.1 -0.7 1.6
27 TH	0154 0928 1529 1918	0535 1212 1727 2318	-2.1 1.1 -0.5 1.7
28 F S	0234 1029 1640 1932	0622 1310 1808 2356	-2.3 1.0 -0.3 1.8
29 SA	0316 1128 1806 1935	0710 1408 1851	-2.4 1.0 -0.1
30 SU	0400 1227	0036 0800 1508 1938	1.7 -2.3 0.9 0.1
31 M	0447 1325	0119 0852 1610 2033	1.6 -2.2 0.8 0.2

6 月

日期	转流时分	最大流时分	流速
1 TU	0536 1419	0206 0946 1714 2143	1.4 -2.0 0.8 0.2
2 W ☾	0629 1509	0303 1042 1811 2309	1.1 -1.7 0.8 0.1
3 TH	0727 1551 2335	0414 1140 1901	0.8 -1.4 0.9
4 F E	0139 0831 1626 2338	0036 0541 1236 1944	-0.1 0.6 -1.2 0.9
5 SA	0415 0942 1655 2359	0150 0709 1329 2021	-0.3 0.5 -1.0 1.0
6 SU	0557 1053 1719	0249 0827 1418 2054	-0.7 0.5 -0.8 1.1
7 M	0026 0709 1200 1741	0336 0932 1501 2126	-0.9 0.5 -0.7 1.2
8 TU A	0053 0805 1301 1801	0417 1027 1540 2155	-1.2 0.5 -0.5 1.3
9 W	0121 0853 1400 1818	0454 1116 1616 2224	-1.4 0.6 -0.4 1.4
10 TH ●	0148 0936 1500 1833	0528 1201 1651 2252	-1.6 0.6 -0.3 1.4
11 F	0215 1016 1604 1841	0601 1245 1725 2319	-1.7 0.6 -0.2 1.4
12 SA N	0242 1057 1729 1829	0635 1330 1759 2347	-1.8 0.7 -0.0 1.4
13 SU	0311 1138	0710 1415 1835	-1.9 0.7 0.1
14 M	0343 1221	0018 0747 1503 1913	1.4 -2.0 0.7 0.2
15 TU	0419 1305	0051 0828 1552 1957	1.4 -1.9 0.7 0.2
16 W	0500 1349	0131 0912 1641 2053	1.3 -1.9 0.7 0.3
17 TH	0547 1432	0219 1000 1727 2203	1.2 -1.7 0.7 0.2
18 F ☽	0642 1511 2256 2349	0321 1053 1810 2323	1.0 -1.6 0.8 -0.0
19 SA E	0747 1545 2236	0441 1148 1851	0.8 -1.3 0.9
20 SU	0249 0903 1615 2258	0040 0612 1245 1930	-0.3 0.7 -1.1 1.0
21 M	0452 1028 1640 2330	0150 0741 1342 2009	-0.7 0.7 -0.9 1.2
22 TU	0625 1155 1703	0251 0904 1436 2048	-1.2 0.7 -0.7 1.4
23 W P	0008 0739 1318 1725	0346 1016 1527 2129	-1.6 0.8 -0.4 1.6
24 TH ○	0049 0844 1438 1745	0437 1120 1615 2210	-2.0 0.9 -0.3 1.7
25 F S	0133 0943 1555 1804	0526 1219 1701 2253	-2.3 0.9 -0.1 1.8
26 SA	0217 1037 1714 1820	0614 1313 1747 2336	-2.4 0.9 -0.0 1.8
27 SU	0302 1128	0701 1404 1835	-2.4 0.9 0.0
28 M	0348 1215	0021 0748 1453 1925	1.8 -2.3 0.9 0.0
29 TU	0434 1258	0107 0834 1540 2021	1.6 -2.1 0.8 0.0
30 W	0520 1337 2040 2206	0157 0920 1625 2123	1.4 -1.9 0.8 -0.0

海流微弱。

林加群岛—贝哈拉海峡

LINGGA ARCHIPELAGO－BERHALA SELAT

0° 52′ S 104° 22′ E

2021 年潮流表　　流速单位:kn　　(+)表示流向 293°　　(－)表示流向 113°　　时区:－0700

7 月

日期	转流时分	最大流时分	流速
1		0251	1.1
	0607	1005	-1.6
TH	1412	1710	0.8
☾ E	2112	2234	-0.1
	2356		
2		0353	0.8
	0654	1051	-1.3
F	1442	1754	0.9
	2148	2349	-0.3
3	0200	0507	0.5
	0746	1138	-1.0
SA	1510	1837	1.0
	2226		
4		0104	-0.5
	0409	0630	0.3
SU	0845	1226	-0.8
	1536	1919	1.0
	2304		
5		0211	-0.7
	0557	0756	0.3
M	0959	1317	-0.6
A	1601	1959	1.1
	2340		
6		0306	-1.0
	0714	0914	0.3
TU	1124	1408	-0.4
	1626	2038	1.2
7	0014	0351	-1.2
	0808	1018	0.4
W	1250	1458	-0.3
	1649	2114	1.3
8	0045	0431	-1.5
	0851	1111	0.5
TH	1410	1544	-0.2
	1709	2148	1.3
9	0116	0507	-1.7
	0929	1157	0.6
F	1527	1627	-0.1
N	1723	2222	1.4
10	0146	0542	-1.8
	1005	1240	0.7
SA		1707	0.0
●		2254	1.4
11	0218	0617	-2.0
	1042	1320	0.7
SU		1745	0.1
		2328	1.5
12	0252	0652	-2.1
	1119	1359	0.8
M		1823	0.1
13		0004	1.5
	0328	0729	-2.1
TU	1156	1436	0.8
		1903	0.1
14		0043	1.5
	0408	0808	-2.0
W	1233	1513	0.8
		1947	0.0
15		0127	1.4
	0451	0849	-1.9
TH	1308	1549	0.8
	1939	2037	-0.1
	2134		

日期	转流时分	最大流时分	流速
16		0218	1.2
	0539	0931	-1.7
F	1340	1626	0.8
E	1958	2138	-0.2
	2314		
17		0319	1.0
	0632	1017	-1.4
SA	1410	1705	0.8
☽	2029	2247	-0.4
18	0106	0433	0.8
	0734	1107	-1.1
SU	1435	1747	0.9
	2110		
19		0004	-0.7
	0311	0602	0.6
M	0850	1201	-0.8
	1458	1832	1.1
	2157		
20		0122	-1.0
	0508	0739	0.5
TU	1026	1300	-0.5
	1520	1920	1.2
	2247		
21		0232	-1.4
	0642	0911	0.6
W	1214	1402	-0.2
P	1540	2010	1.4
	2338		
22		0333	-1.8
	0754	1026	0.7
TH	1359	1502	-0.1
S	1601	2101	1.6
23	0028	0428	-2.1
	0853	1127	0.8
F	1527	1558	-0.0
	1628	2151	1.7
24	0118	0518	-2.3
	0943	1218	0.8
SA	1619	1649	-0.0
○	1719	2240	1.8
25	0207	0604	-2.3
	1027	1301	0.9
SU	1647	1738	-0.1
	1828	2328	1.8
26	0254	0648	-2.3
	1107	1341	0.9
M	1712	1826	-0.2
	1937		
27		0015	1.7
	0339	0730	-2.1
TU	1142	1417	0.9
	1739	1914	-0.3
	2044		
28		0102	1.5
	0423	0809	-1.9
W	1213	1452	0.9
	1811	2003	-0.3
	2152		
29		0149	1.3
	0505	0846	-1.6
TH	1239	1527	0.9
E	1847	2056	-0.4
	2301		
30		0238	1.0
	0545	0923	-1.3
F	1304	1603	0.9
	1930	2152	-0.5
31	0019	0331	0.7
	0624	0959	-1.1
SA	1327	1642	0.9
☾	2017	2256	-0.5

8 月

日期	转流时分	最大流时分	流速
1	0152	0433	0.5
	0706	1038	-0.8
SU	1349	1723	1.0
	2107		
2		0007	-0.6
	0347	0550	0.2
M	0757	1121	-0.5
A	1413	1809	1.0
	2156		
3		0121	-0.8
	0542	0726	0.2
TU	0920	1216	-0.3
	1437	1858	1.0
	2243		
4		0226	-1.0
	0700	0900	0.2
W	1124	1322	-0.2
	1502	1947	1.1
	2325		
5		0318	-1.2
	0749	1010	0.4
TH	1326	1429	-0.1
N	1527	2034	1.1
6	0005	0402	-1.5
	0828	1101	0.5
F	1504	1527	-0.0
	1549	2118	1.2
7	0042	0441	-1.7
	0903	1142	0.7
SA		1615	0.0
		2159	1.3
8	0119	0518	-1.9
	0937	1218	0.8
SU	1629	1656	-0.0
●	1723	2238	1.4
9	0157	0554	-2.0
	1011	1251	0.8
M	1642	1735	-0.1
	1825	2317	1.5
10	0236	0631	-2.1
	1045	1322	0.9
TU	1655	1812	-0.2
	1926	2358	1.5
11	0318	0707	-2.0
	1116	1352	0.9
W	1709	1851	-0.3
	2027		
12		0041	1.5
	0401	0744	-1.9
TH	1146	1422	0.9
E	1728	1933	-0.4
	2131		
13		0128	1.4
	0447	0822	-1.7
F	1213	1453	0.9
	1754	2021	-0.6
	2241		
14		0220	1.3
	0535	0901	-1.4
SA	1237	1526	0.9
	1828	2116	-0.8
15	0001	0321	1.0
	0630	0942	-1.1
SU	1257	1603	1.0
☽	1912	2221	-0.9

日期	转流时分	最大流时分	流速
16	0138	0434	0.7
	0735	1028	-0.7
M	1314	1646	1.0
	2006	2336	-1.1
17	0331	0605	0.5
	0904	1121	-0.3
TU	1328	1737	1.1
P	2106		
18		0058	-1.3
	0522	0753	0.5
W	1120	1227	-0.1
S	1331	1837	1.2
	2210		
19		0215	-1.6
	0649	0926	0.6
TH		1345	0.1
		1942	1.3
	2313		
20		0321	-1.8
	0752	1032	0.7
F		1457	0.1
		2045	1.4
21	0012	0416	-2.0
	0841	1120	0.8
SA	1534	1557	-0.0
	1620	2144	1.5
22	0108	0505	-2.1
	0922	1158	0.9
SU	1531	1648	-0.2
○	1802	2237	1.6
23	0159	0548	-2.1
	0956	1232	0.9
M	1546	1734	-0.4
	1917	2326	1.6
24	0246	0628	-2.0
	1026	1302	0.9
TU	1606	1817	-0.5
	2022		
25		0012	1.5
	0330	0704	-1.8
W	1050	1330	0.9
E	1631	1900	-0.7
	2121		
26		0056	1.4
	0410	0737	-1.5
TH	1112	1358	1.0
	1701	1942	-0.8
	2219		
27		0140	1.2
	0448	0808	-1.3
F	1130	1427	1.0
	1735	2026	-0.8
	2318		
28		0224	0.9
	0524	0838	-1.0
SA	1148	1458	1.0
	1814	2113	-0.8
29	0022	0311	0.7
	0600	0908	-0.8
SU	1206	1532	1.0
	1857	2206	-0.8
30	0140	0407	0.4
	0642	0941	-0.5
M	1223	1610	1.0
☾ A	1945	2308	-0.8
31	0317	0521	0.3
	0743	1022	-0.3
TU	1239	1654	0.9
	2037		

9 月

日期	转流时分	最大流时分	流速
1		0021	-0.9
	0502	0707	0.2
W	0951	1122	-0.1
	1242	1748	0.9
	2131		
2		0134	-1.0
	0617	0850	0.3
TH		1251	0.1
N		1851	0.9
	2226		
3		0235	-1.2
	0706	0954	0.5
F		1416	0.1
		1954	0.9
	2317		
4		0325	-1.5
	0746	1037	0.7
SA		1517	0.0
		2050	1.1
5	0006	0408	-1.7
	0822	1111	0.8
SU	1515	1604	-0.1
	1652	2139	1.2
6	0052	0448	-1.8
	0855	1141	0.9
M	1516	1643	-0.2
	1807	2224	1.4
7	0138	0526	-1.9
	0927	1208	0.9
TU	1525	1719	-0.4
●	1909	2308	1.5
8	0223	0603	-1.9
	0956	1235	1.0
W	1539	1756	-0.6
E	2007	2353	1.5
9	0309	0639	-1.8
	1022	1302	1.0
TH	1558	1836	-0.8
	2106		
10		0039	1.5
	0356	0715	-1.6
F	1045	1330	1.0
	1623	1918	-1.0
	2207		
11		0129	1.4
	0445	0752	-1.3
SA	1105	1359	1.1
P	1655	2006	-1.2
	2314		
12		0224	1.2
	0538	0829	-1.0
SU	1121	1432	1.1
	1735	2059	-1.3
13	0032	0327	0.9
	0640	0908	-0.6
M	1133	1509	1.1
☽	1822	2202	-1.4
14	0203	0444	0.7
	0804	0953	-0.3
TU	1137	1554	1.1
	1919	2315	-1.5
15	0346	0624	0.5
		1051	0.0
W		1650	1.1
S	2025		

日期	转流时分	最大流时分	流速
16		0038	-1.5
	0522	0812	0.5
TH		1217	0.2
		1803	1.1
	2138		
17		0157	-1.7
	0634	0928	0.7
F		1352	0.2
		1926	1.1
	2251		
18		0303	-1.8
	0726	1016	0.8
SA		1504	0.0
		2040	1.2
	2358		
19		0357	-1.8
	0807	1053	0.9
SU	1427	1559	-0.2
	1728	2143	1.3
20	0057	0444	-1.8
	0840	1123	0.9
M	1436	1645	-0.5
○	1849	2236	1.4
21	0149	0523	-1.7
	0906	1150	1.0
TU	1453	1726	-0.7
E	1954	2324	1.4
22	0236	0558	-1.5
	0927	1215	1.0
W	1515	1805	-0.9
	2050		
23		0008	1.3
	0317	0630	-1.3
TH	0945	1240	1.1
	1541	1843	-1.1
	2142		
24		0049	1.1
	0356	0658	-1.1
F	1000	1305	1.1
	1610	1920	-1.2
	2234		
25		0130	1.0
	0432	0725	-0.9
SA	1014	1331	1.1
	1642	1959	-1.2
	2326		
26		0212	0.8
	0508	0752	-0.7
SU	1028	1359	1.1
A	1715	2040	-1.2
27	0024	0258	0.6
	0550	0820	-0.5
M	1039	1429	1.1
	1752	2125	-1.1
28	0131	0354	0.4
	0648	0852	-0.2
TU	1045	1502	1.0
	1832	2219	-1.1
29	0250	0511	0.3
	0846	0934	-0.0
W	1019	1542	0.9
☾ N	1919	2325	-1.1
30	0413	0700	0.3
		1043	0.2
TH		1636	0.8
	2015		

海流微弱。

林加群岛—贝哈拉海峡

LINGGA ARCHIPELAGO－BERHALA SELAT

0°52′ S　　104°22′ E

2021 年潮流表　　流速单位:kn　　(＋)表示流向 293°　　(－)表示流向 113°　　时区:－0700

10 月

日期	转流时分	最大流时分	流速	日期	转流时分	最大流时分	流速
		0038	-1.2			0131	-1.6
1	0522	0831	0.5	16	0558	0901	0.8
F		1236	0.3	SA		1359	0.1
		1749	0.7			1916	0.9
	2119				2228		
		0145	-1.3			0235	-1.6
2	0613	0922	0.6	17	0642	0940	0.9
SA		1406	0.2	SU	1331	1504	-0.2
		1912	0.8		1636	2035	1.0
	2224				2339		
		0241	-1.4			0328	-1.5
3	0655	0957	0.8	18	0715	1011	1.0
SU		1502	0.0	M	1334	1553	-0.5
		2021	0.9		1812	2139	1.0
	2326						
		0329	-1.6		0041	0412	-1.4
4	0730	1027	0.9	19	0741	1039	1.1
M	1410	1545	-0.2	TU	1349	1636	-0.8
	1719	2118	1.1	E	1921	2232	1.1
5	0024	0412	-1.6	20	0134	0449	-1.2
	0802	1053	1.0		0801	1104	1.1
TU	1412	1623	-0.5	W	1411	1714	-1.1
	1831	2210	1.3	○	2018	2319	1.1
6	0117	0452	-1.6	21	0221	0521	-1.0
	0830	1119	1.1		0817	1129	1.2
W	1424	1701	-0.8	TH	1436	1750	-1.3
●E	1933	2259	1.4		2110		
7	0209	0530	-1.5			0002	1.0
	0854	1145	1.1	22	0303	0550	-0.9
TH	1443	1740	-1.1	F	0831	1153	1.3
	2031	2349	1.4		1502	1825	-1.4
					2158		
8	0301	0607	-1.4			0043	0.9
	0915	1212	1.2	23	0342	0617	-0.7
F	1509	1821	-1.4	SA	0843	1217	1.3
P	2130				1531	1900	-1.5
					2246		
		0039	1.4			0124	0.8
9	0353	0643	-1.1	24	0423	0643	-0.5
SA	0933	1241	1.3	SU	0854	1243	1.3
	1540	1906	-1.6	A	1600	1936	-1.5
	2233				2335		
		0133	1.3			0207	0.7
10	0449	0719	-0.8	25	0509	0710	-0.3
SU	0948	1313	1.4	M	0903	1309	1.3
	1617	1954	-1.8		1630	2013	-1.5
	2340						
		0231	1.1	26	0027	0255	0.6
11	0553	0757	-0.5		0612	0740	-0.2
M	0957	1347	1.4	TU	0902	1337	1.2
	1700	2048	-1.8	N	1702	2055	-1.5
12	0056	0338	0.8	27	0124	0354	0.5
	0717	0838	-0.2			0814	0.0
TU	0955	1426	1.3	W		1408	1.1
S	1749	2148	-1.8		1738	2143	-1.4
13	0219	0501	0.7	28	0227	0512	0.5
		0927	0.1			0901	0.2
W		1513	1.2	TH		1445	1.0
☽	1846	2259	-1.7	☾	1821	2241	-1.4
14	0345	0640	0.6	29	0331	0641	0.5
		1040	0.3			1020	0.3
TH		1616	1.1	F		1537	0.8
	1953				1914	2346	-1.4
		0017	-1.7	30	0429	0749	0.6
15	0500	0805	0.7			1214	0.3
F		1227	0.3	SA		1655	0.7
		1742	1.0		2019		
	2109						
						0052	-1.4
				31	0517	0833	0.8
				SU		1338	0.2
						1830	0.7
					2133		

11 月

日期	转流时分	最大流时分	流速	日期	转流时分	最大流时分	流速
		0151	-1.4			0246	-1.1
1	0557	0905	0.9	16	0609	0923	1.1
M	1319	1434	-0.1	TU	1246	1538	-0.8
	1549	1951	0.8		1838	2129	0.7
	2247						
		0243	-1.4	17	0017	0329	-1.0
2	0631	0934	1.0		0630	0951	1.2
TU	1305	1519	-0.5	W	1309	1621	-1.1
E	1733	2057	0.9		1943	2225	0.8
	2355						
		0330	-1.4	18	0114	0406	-0.8
3	0659	1001	1.1		0647	1018	1.3
W	1315	1601	-0.9	TH	1335	1659	-1.3
	1847	2157	1.1		2037	2314	0.7
4	0058	0413	-1.3	19	0205	0439	-0.6
	0723	1028	1.2		0702	1045	1.4
TH	1334	1642	-1.3	F	1403	1735	-1.5
●	1950	2253	1.2	○	2126	2358	0.7
5	0158	0453	-1.1	20	0252	0509	-0.5
	0743	1057	1.4		0715	1111	1.4
F	1402	1725	-1.6	SA	1431	1809	-1.6
P	2051	2347	1.2		2211		
6	0257	0532	-0.9			0040	0.7
	0801	1128	1.5	21	0341	0538	-0.3
SA	1434	1810	-1.9	SU	0726	1137	1.4
	2152			A	1458	1842	-1.7
					2255		
		0043	1.2			0123	0.7
7	0359	0610	-0.6	22	0436	0608	-0.2
SU	0816	1201	1.6	M	0733	1203	1.4
	1512	1856	-2.1	N	1527	1917	-1.8
	2255				2338		
		0140	1.1			0208	0.6
8	0507	0648	-0.3	23	0551	0639	-0.1
M	0826	1236	1.6	TU	0725	1230	1.4
S	1553	1945	-2.2		1556	1953	-1.8
9	0000	0241	0.9	24	0023	0257	0.6
	0634	0729	-0.1			0713	0.1
TU	0823	1315	1.6	W		1300	1.3
	1638	2039	-2.2		1628	2032	-1.7
10	0108	0350	0.8	25	0111	0353	0.6
		0816	0.1			0753	0.2
W		1358	1.5	TH		1332	1.2
	1728	2137	-2.1		1704	2117	-1.7
11	0217	0507	0.7	26	0200	0456	0.6
		0915	0.3			0845	0.3
TH		1449	1.3	F		1412	1.1
☽	1824	2241	-1.9		1746	2207	-1.6
12	0323	0624	0.7	27	0250	0558	0.6
		1042	0.3			1000	0.4
F		1557	1.0	SA		1505	0.9
	1927	2348	-1.7	☾	1836	2302	-1.5
13	0420	0727	0.8	28	0337	0649	0.7
		1223	0.2			1132	0.3
SA		1727	0.8	SU		1621	0.8
	2040				1938		
		0055	-1.5			0001	-1.4
14	0506	0814	0.9	29	0419	0730	0.8
SU	1231	1346	-0.1	M		1252	0.0
	1503	1903	0.7			1754	0.7
	2157				2051		
		0155	-1.3			0059	-1.3
15	0541	0851	1.0	30	0454	0804	0.9
M	1229	1449	-0.5	TU	1152	1356	-0.3
E	1715	2023	0.7	E	1604	1923	0.7
	2311				2211		

12 月

日期	转流时分	最大流时分	流速	日期	转流时分	最大流时分	流速
		0154	-1.2			0239	-0.6
1	0522	0835	1.0	16	0512	0903	1.2
W	1201	1450	-0.8	TH	1231	1601	-1.2
	1745	2040	0.8		1959	2218	0.5
	2330						
		0245	-1.0	17	0054	0320	-0.4
2	0547	0907	1.2		0530	0935	1.3
TH	1224	1539	-1.2	F	1302	1641	-1.5
	1901	2149	0.9		2050	2310	0.5
3	0045	0332	-0.8	18	0158	0358	-0.3
	0608	0940	1.4		0547	1006	1.4
F	1254	1626	-1.6	SA	1332	1717	-1.6
	2008	2252	1.0	A	2134	2357	0.6
4	0156	0416	-0.6	19	0301	0435	-0.2
	0627	1015	1.6		0601	1036	1.4
SA	1330	1713	-2.0	SU	1402	1752	-1.8
●P	2110	2351	1.0	○	2213		
5	0307	0459	-0.4			0040	0.6
	0644	1052	1.7	20	0408	0510	-0.1
SU	1410	1800	-2.3	M	0609	1105	1.4
	2210			N	1431	1825	-1.9
					2251		
		0049	1.0			0122	0.7
6	0421	0541	-0.2	21		0546	0.0
M	0657	1131	1.8	TU		1135	1.4
S	1452	1848	-2.4		1500	1859	-1.9
	2309				2328		
		0146	1.0			0205	0.7
7	0548	0625	-0.0	22		0622	0.1
TU	0700	1212	1.8	W		1206	1.4
	1537	1937	-2.4		1532	1935	-2.0
8	0006	0244	0.9	23	0007	0248	0.7
		0712	0.1			0700	0.2
W		1256	1.7	TH		1239	1.4
	1624	2028	-2.3		1606	2012	-1.9
9	0101	0344	0.8	24	0046	0331	0.7
		0805	0.2			0743	0.2
TH		1344	1.5	F		1316	1.3
	1714	2121	-2.1		1643	2052	-1.9
10	0154	0442	0.8	25	0126	0415	0.7
		0910	0.2			0833	0.2
F		1439	1.3	SA		1400	1.2
	1807	2216	-1.9		1726	2136	-1.7
11	0242	0538	0.8	26	0205	0458	0.7
		1030	0.1			0934	0.1
SA		1546	1.0	SU		1455	1.0
☽	1904	2312	-1.6		1816	2223	-1.5
12	0324	0629	0.8	27	0241	0539	0.7
	1053	1155	-0.1		1028	1046	-0.0
SU	1259	1709	0.7	M	1105	1605	0.8
E	2007			☾E	1913	2314	-1.3
		0008	-1.3	28	0313	0618	0.8
13	0359	0713	0.9		1006	1203	-0.3
M	1104	1315	-0.3	TU	1403	1731	0.6
	1537	1839	0.5		2023		
	2117						
		0102	-1.0			0008	-1.1
14	0428	0753	1.0	29	0341	0657	0.9
TU	1130	1421	-0.7	W	1028	1316	-0.6
	1732	2003	0.5		1616	1904	0.6
	2232				2146		
		0153	-0.8			0104	-0.8
15	0452	0829	1.1	30	0405	0736	1.1
W	1200	1516	-1.0	TH	1101	1421	-1.1
	1855	2116	0.5		1758	2032	0.6
	2345				2319		
						0200	-0.6
				31	0427	0817	1.3
				F	1140	1520	-1.5
					1918	2151	0.7

海流微弱。

林加群岛—东部附近

LINGGA ARCHIPELAGO—EASTERN APPROACHES

0° 17′ S　　105° 10′ E

2021 年潮流表　　流速单位:kn　　(+)表示流向 022°　　(−)表示流向 202°　　时区:−0700

1 月

日期	转流时分	最大流时分	流速
1 F	0952 2251	0324 1751	-2.0 1.8
2 SA	1020 2326	0356 1824	-2.2 1.9
3 SU	1052	0429 1903	-2.2 1.8
4 M	0003 1122	0503 1945	-2.1 1.6
5 TU	0041 1142	0534 2028	-1.9 1.3
6 W ☾ E	0117 1143	0602 2110	-1.6 0.9
7 TH	0144 1119	0622 1500	-1.2 0.6
8 F	0140 1035 1936	0628 1433	-0.8 0.7
9 SA P	0938 1913	0601 1435 2357	-0.5 1.0 -0.8
10 SU	0842 1938	1452	1.4
11 M	0818 2015	0038 1520	-1.3 1.7
12 TU S	0831 2057	0122 1556	-1.8 1.9
13 W ●	0859 2140	0205 1638	-2.1 2.0
14 TH	0932 2222	0246 1721	-2.2 2.0
15 F	1003 2302	0323 1804	-2.2 1.9
16 SA	1027 2336	0357 1845	-2.1 1.6
17 SU	1038	0425 1923	-1.8 1.3
18 M	0004 1031	0447 1953	-1.6 1.0
19 TU E	0022 1015	0503 2007	-1.4 0.7
20 W ☽	0026 0959	0514 1355	-1.2 0.7
21 TH A	0007 0947 2237	0521 1356	-1.0 0.8
22 F	0940 2017	0523 1409	-0.9 1.0
23 SA	0932 1952	0513 1426	-0.8 1.1
24 SU	0921 1954	0404 1445	-0.7 1.2
25 M	0901 2005	0114 1503	-0.9 1.3
26 TU N	0837 2023	0112 1523	-1.2 1.4
27 W	0824 2047	0130 1545	-1.4 1.5
28 TH ○	0831 2118	0157 1614	-1.7 1.6
29 F	0852 2154	0227 1650	-1.9 1.7
30 SA	0921 2233	0300 1734	-2.0 1.7
31 SU	0953 2315	0333 1824	-2.0 1.6

2 月

日期	转流时分	最大流时分	流速
1 M	1022 2356	0406 1917	-1.9 1.5
2 TU E	1037	0436 2015	-1.7 1.2
3 W P	0036 1025	0501 2117	-1.4 0.8
4 TH ☾	0109 0945	0517 1242 1752 2230	-1.0 0.4 0.0 0.3
5 F	0117 0851 1648	0520 1237 1957	-0.6 0.7 -0.4
6 SA	0753 1717	0018 0449 1248 2150	-0.2 -0.4 1.0 -0.8
7 SU	0707 1802	1312 2309	1.3 -1.3
8 M S	0659 1851	1347	1.6
9 TU	0721 1943	0009 1430	-1.6 1.7
10 W	0753 2033	0100 1520	-1.8 1.8
11 TH ●	0829 2122	0145 1614	-1.9 1.7
12 F	0900 2206	0224 1709	-1.9 1.6
13 SA	0923 2245	0257 1803	-1.7 1.3
14 SU	0926 2317	0324 1854	-1.5 1.1
15 M E	0909 2338	0345 1941	-1.3 0.8
16 TU	0843 2348	0359 1147 1544 2023	-1.1 0.4 0.3 0.5
17 W	0823 2341	0408 1144 1714 2101	-0.9 0.6 0.1 0.3
18 TH A	0810 1717 2033 2234	0415 1154 1837 2139	-0.8 0.7 -0.1 0.0
19 F ☽	0802 1709	0420 1210 2011 2225	-0.7 0.8 -0.2 -0.2
20 SA	0755 1723	0415 1229 2143	-0.6 0.9 -0.5
21 SU	0742 1743	0009 0338 1249 2237	-0.4 -0.5 1.0 -0.7
22 M	0721 1807	1308 2317	1.1 -1.0
23 TU N	0657 1837	1331 2355	1.2 -1.2
24 W	0651 1913	1359	1.3
25 TH	0705 1955	0034 1439	-1.5 1.4
26 F	0731 2041	0112 1532	-1.6 1.4
27 SA ○	0804 2131	0150 1636	-1.7 1.4
28 SU	0838 2221	0226 1744	-1.7 1.3

3 月

日期	转流时分	最大流时分	流速
1 M E	0906 2312	0300 1854	-1.6 1.2
2 TU P	0909	0331 1122 1332 2006	-1.3 0.2 0.1 0.9
3 W	0002 0833 1322 1707	0354 1042 1520 2121	-1.0 0.2 -0.1 0.6
4 TH	0049 0736 1334 2009	0409 1032 1644 2244	-0.6 0.5 -0.5 0.3
5 F	0127 0628 1416	0407 1038 1806	-0.3 0.8 -0.8
6 SA ☾	0508 1507	0040 0326 1056 1930	-0.0 -0.1 1.1 -1.1
7 SU S	0427 1603	1123 2056	1.3 -1.3
8 M	0455 1702	1159 2217	1.5 -1.5
9 TU	0535 1803	1244 2325	1.5 -1.6
10 W	0617 1903	1339	1.5
11 TH	0656 2001	0020 1445	-1.6 1.3
12 F	0727 2055	0106 1601	-1.5 1.1
13 SA ●	0741 2143	0142 1718	-1.3 0.9
14 SU E	0731 2222	0210 1028 1228 1831	-1.1 0.3 0.2 0.7
15 M	0702 2251	0229 0943 1414 1935	-0.9 0.3 0.0 0.5
16 TU	0633 1315 1726 2308	0242 0936 1517 2031	-0.7 0.5 -0.2 0.3
17 W	0611 1326 1932 2310	0250 0941 1610 2123	-0.5 0.6 -0.3 0.1
18 TH A	0556 1349	0256 0954 1659 2218	-0.4 0.7 -0.5 -0.0
19 F	0544 1414	0259 1010 1746 2325	-0.3 0.8 -0.6 -0.1
20 SA	0530 1440	0252 1027 1835	-0.3 0.9 -0.7
21 SU ☽	0503 1509	1043 1928	1.0 -0.9
22 M N	0428 1541	1100 2026	1.1 -1.0
23 TU	0416 1619	1119 2129	1.2 -1.2
24 W	0433 1705	1146 2230	1.2 -1.3
25 TH	0503 1758	1225 2325	1.2 -1.4
26 F	0539 1858	1327	1.2
27 SA	0615 2001	0014 1502	-1.4 1.0
28 SU ○ E	0645 2108	0058 1647	-1.3 0.9
29 M	0656 2215	0136 0929 1219 1825	-1.1 0.2 0.2 0.8
30 TU P	0633 1119 1558 2326	0207 0846 1345 1955	-0.8 0.2 -0.2 0.6
31 W	0541 1118 1827	0229 0832 1451 2123	-0.5 0.4 -0.6 0.4

预报值中不包括海流。4～11 月海流流向 22°,流速 0～0.5Kn 。12～3 月海流流向 202 °,流速 0.5～1.0Kn。

林加群岛—东部附近

LINGGA ARCHIPELAGO－EASTERN APPROACHES

0° 17′ S　　105° 10′ E

2021 年潮流表　　流速单位:kn　　(＋)表示流向 022°　　(－)表示流向 202°　　时区:－0700

4 月

日期	转流时分	最大流时分	流速
1 TH	0053	0239	-0.1
	0420	0834	0.7
	1150	1553	-1.0
	2038	2304	0.3
2 F		0226	0.1
		0847	1.0
	1234	1655	-1.3
	2255		
3 SA		0909	1.3
	1323	1758	-1.5
4 SU ☾ S	0100	0938	1.5
	1415	1903	-1.6
5 M	0222	1012	1.6
	1509	2011	-1.6
6 TU	0321	1050	1.5
	1605	2119	-1.6
7 W	0409	1133	1.3
	1703	2222	-1.4
8 TH	0445	1223	1.0
	1802	2315	-1.2
9 F	0505	1346	0.7
	1900	2357	-1.0
10 SA	0504	0849	0.4
		1229	0.3
		1601	0.4
	1954		
11 SU E		0026	-0.7
	0441	0752	0.4
	1301	1332	-0.0
	1403	1804	0.2
	2041		
12 M ●		0044	-0.5
	0411	0740	0.5
	1127	1415	-0.3
	1746	1932	0.1
	2117		
13 TU		0054	-0.3
	0340	0743	0.7
	1128	1454	-0.6
	2002	2045	0.0
	2130		
14 W A		0058	-0.2
	0312	0753	0.8
	1145	1529	-0.8
		2155	-0.0
15 TH		0057	-0.1
	0245	0807	0.9
	1206	1603	-0.9
16 F	0204	0823	1.0
	1228	1637	-1.1
17 SA	0028	0838	1.1
	1251	1713	-1.2
18 SU N	0025	0852	1.2
	1316	1751	-1.3
19 M	0052	0907	1.3
	1345	1834	-1.4
20 TU ☽	0128	0926	1.3
	1420	1922	-1.5
21 W	0208	0949	1.3
	1501	2014	-1.5
22 TH	0250	1019	1.3
	1549	2110	-1.4
23 F	0328	1056	1.1
	1645	2207	-1.3
24 SA	0400	1147	0.8
	1749	2258	-1.1
25 SU E	0416	0821	0.5
		1135	0.4
		1453	0.5
	1903	2340	-0.8
26 M	0406	0708	0.4
	1139	1240	-0.0
	1343	1739	0.3
	2032		
27 TU ○P		0011	-0.5
	0325	0647	0.5
	1005	1330	-0.5
	1724	1944	0.2
	2235		
28 W		0027	-0.1
	0204	0644	0.8
	1013	1420	-1.0
	1924	2156	0.2
29 TH		0015	0.2
		0654	1.1
	1044	1511	-1.5
	2100		
30 F		0713	1.4
	1124	1602	-1.8
	2221		

5 月

日期	转流时分	最大流时分	流速
1 SA S		0739	1.6
	1207	1655	-2.0
	2333		
2 SU		0810	1.8
	1253	1747	-2.0
3 M ☾	0033	0844	1.8
	1339	1838	-2.0
4 TU	0125	0917	1.6
	1424	1928	-1.8
5 W	0205	0946	1.4
	1507	2015	-1.5
6 TH	0230	0959	1.0
	1545	2057	-1.2
7 F	0236	0852	0.7
	1609	2130	-0.9
8 SA E	0223	0626	0.6
	1536	2151	-0.6
9 SU	0158	0604	0.7
	1103	1421	-0.2
		1653	-0.2
		2153	-0.4
10 M	0127	0603	0.8
	1027	1415	-0.6
11 TU ●A	0054	0611	1.0
	1029	1435	-0.8
12 W	0018	0624	1.1
	1043	1459	-1.1
	2335		
13 TH		0639	1.2
	1100	1524	-1.3
	2259		
14 F		0655	1.3
	1118	1550	-1.4
	2250		
15 SA N		0709	1.4
	1138	1619	-1.6
	2301		
16 SU		0724	1.5
	1201	1650	-1.7
	2324		
17 M		0741	1.6
	1228	1725	-1.8
	2356		
18 TU		0802	1.6
	1259	1803	-1.8
19 W ☽	0031	0827	1.6
	1334	1843	-1.8
20 TH	0108	0855	1.5
	1413	1924	-1.7
21 F	0140	0923	1.2
	1455	2005	-1.4
22 SA E	0200	0934	0.9
	1535	2043	-1.1
23 SU	0201	0613	0.6
	1604	2112	-0.8
24 M	0136	0524	0.6
	1021	1250	-0.2
		1557	-0.1
		2122	-0.4
25 TU	0041	0510	0.8
	0912	1309	-0.7
	2250		
26 W ○P		0513	1.1
	0920	1348	-1.3
	2050		
27 TH		0529	1.4
	0949	1432	-1.7
	2115		
28 F S		0554	1.7
	1027	1517	-2.1
	2158		
29 SA		0625	2.0
	1108	1603	-2.3
	2243		
30 SU		0700	2.0
	1150	1648	-2.3
	2327		
31 M		0735	2.0
	1232	1730	-2.2

6 月

日期	转流时分	最大流时分	流速
1 TU	0006	0809	1.8
	1311	1810	-2.0
2 W ☾	0034	0837	1.5
	1344	1844	-1.7
3 TH	0046	0846	1.1
	1408	1910	-1.4
4 F E	0042	0710	0.8
	1409	1926	-1.0
5 SA	0025	0449	0.7
	1300	1929	-0.8
6 SU	0002	0436	0.9
	1020	1907	-0.6
	2338		
7 M		0440	1.0
	0941	1446	-0.7
	2316		
8 TU A		0452	1.2
	0940	1421	-0.9
	2256		
9 W		0507	1.3
	0950	1431	-1.2
	2234		
10 TH ●		0524	1.4
	1005	1448	-1.4
	2215		
11 F		0541	1.5
	1022	1509	-1.6
	2206		
12 SA N		0557	1.6
	1041	1534	-1.8
	2212		
13 SU		0614	1.7
	1103	1602	-2.0
	2230		
14 M		0634	1.7
	1129	1632	-2.1
	2256		
15 TU		0659	1.8
	1200	1705	-2.1
	2326		
16 W		0728	1.7
	1234	1739	-2.0
	2357		
17 TH		0801	1.6
	1309	1812	-1.8
18 F ☽	0022	0834	1.3
	1344	1843	-1.6
19 SA E	0032	0856	0.9
	1412	1907	-1.2
20 SU	0021	0434	0.6
	1413	1920	-0.9
	2345		
21 M		0348	0.7
	0921	1902	-0.5
	2248		
22 TU		0339	1.0
	0811	1240	-0.8
	2136		
23 W P		0348	1.3
	0822	1311	-1.3
	2050		
24 TH ○		0410	1.6
	0853	1351	-1.8
	2056		
25 F S		0441	1.9
	0932	1434	-2.2
	2125		
26 SA		0518	2.1
	1014	1516	-2.4
	2201		
27 SU		0558	2.1
	1056	1557	-2.4
	2237		
28 M		0639	2.0
	1137	1634	-2.3
	2307		
29 TU		0718	1.8
	1214	1708	-2.0
	2327		
30 W		0753	1.5
	1246	1735	-1.7
	2330		

预报值中不包括海流。4～11 月海流流向 22°,流速 0～0.5Kn 。12～3 月海流流向 202 °,流速 0.5～1.0Kn。

林加群岛—东部附近

LINGGA ARCHIPELAGO－EASTERN APPROACHES

0° 17′ S　　105° 10′ E

2021年潮流表　　流速单位:kn　　(＋)表示流向022°　　(－)表示流向202°　　时区:－0700

7月

日期	转流时分	最大流时分	流速	日期	转流时分	最大流时分	流速
1 TH ☾ E	1306 2317	0817 1756	1.1 -1.4	16 F E	1256 2321	0812 1739	1.3 -1.5
2 F	1307 2257	0757 1807	0.7 -1.2	17 SA ☽	1325 2256	0858 1758	0.9 -1.2
3 SA	1222 2236	0310 1808	0.7 -0.9	18 SU	1328 2210	0228 0640 0945 1804	0.5 0.3 0.4 -0.8
4 SU	0943 2219	0303 1755	0.9 -0.8	19 M	0706 2113	0158 1741	0.7 -0.5
5 M A	0845 2207	0312 1701	1.1 -0.8	20 TU	0638 2019	0159 1124	1.0 -0.7
6 TU	0841 2156	0329 1413	1.2 -0.9	21 W P	0705 1956	0216 1211	1.3 -1.3
7 W	0850 2142	0348 1355	1.3 -1.1	22 TH S	0744 2008	0245 1257	1.6 -1.7
8 TH	0905 2126	0408 1404	1.4 -1.4	23 F	0829 2036	0324 1342	1.9 -2.0
9 F N	0922 2117	0428 1423	1.5 -1.6	24 SA ○	0916 2111	0409 1424	2.0 -2.2
10 SA ●	0943 2121	0447 1446	1.6 -1.8	25 SU	1001 2145	0457 1504	2.0 -2.2
11 SU	1008 2137	0509 1513	1.7 -2.0	26 M	1045 2214	0547 1540	1.9 -2.1
12 M	1037 2202	0536 1542	1.8 -2.1	27 TU	1125 2228	0635 1611	1.7 -1.9
13 TU	1109 2230	0608 1613	1.8 -2.1	28 W	1158 2220	0722 1635	1.4 -1.6
14 W	1145 2259	0645 1644	1.7 -2.0	29 TH E	1221 2157	0803 1652	1.0 -1.3
15 TH	1221 2319	0727 1714	1.6 -1.8	30 F	1228 2131	0130 0407 0837 1701	0.5 0.4 0.6 -1.1
				31 SA ☾	1203 2111	0106 0645 0846 1703	0.6 0.3 0.3 -0.9

8月

日期	转流时分	最大流时分	流速	日期	转流时分	最大流时分	流速
1 SU	0802 2057	0110 1657	0.8 -0.8	16 M	0351 1917	0659 1159 1630	-0.4 -0.1 -0.3
2 M A	0657 2049	0126 1636	1.0 -0.7	17 TU P	0428 1829	0008 0847	1.0 -0.8
3 TU	0705 2042	0147 1446	1.1 -0.7	18 W S	0517 1823	0031 1020	1.3 -1.2
4 W	0722 2032	0211 1246	1.2 -0.9	19 TH	0611 1848	0106 1131	1.6 -1.6
5 TH N	0742 2018	0235 1255	1.3 -1.2	20 F	0707 1924	0151 1229	1.7 -1.8
6 F	0805 2009	0259 1316	1.4 -1.4	21 SA	0803 2003	0245 1318	1.8 -1.9
7 SA	0831 2014	0325 1343	1.4 -1.6	22 SU ○	0857 2039	0346 1401	1.7 -1.9
8 SU ●	0902 2032	0355 1412	1.5 -1.8	23 M	0948 2107	0450 1438	1.5 -1.7
9 M	0937 2058	0433 1444	1.6 -1.9	24 TU	1034 2113	0554 1509	1.3 -1.5
10 TU	1016 2129	0518 1516	1.6 -1.9	25 W E	1113 2050	0656 1531 2326	1.0 -1.2 0.3
11 W	1057 2158	0609 1547	1.5 -1.8	26 TH	1141 2013	0149 0754 1545 2258	0.2 0.8 -0.9 0.4
12 TH E	1139 2214	0704 1616	1.4 -1.6	27 F	1154 1942	0338 0846 1552 2258	0.0 0.5 -0.7 0.6
13 F	1220 2202	0803 1640	1.1 -1.3	28 SA	0309 0657 1142 1920	0456 0934 1553 2310	-0.1 0.2 -0.6 0.7
14 SA	1255 2118	0043 0310 0907 1655	0.3 0.2 0.8 -0.9	29 SU	0329 1909	0608 1022 1551 2329	-0.3 -0.1 -0.5 0.9
15 SU ☽	0404 0623 1313 2020	0004 0513 1020 1657 2358	0.4 -0.0 0.4 -0.6 0.6	30 M ☾ A	0400 1903	0721 1121 1538 2351	-0.4 -0.3 -0.5 1.0
				31 TU	0432 1857	0838	-0.6

9月

日期	转流时分	最大流时分	流速	日期	转流时分	最大流时分	流速
1 W	0503 1843	0013 0947	1.1 -0.8	16 TH	0418 1653	0929	-1.5
2 TH N	0535 1828	0036 1042	1.1 -1.0	17 F	0520 1740	0002 1043	1.6 -1.6
3 F	0609 1824	0100 1128	1.2 -1.2	18 SA	0624 1823	0056 1146	1.5 -1.6
4 SA	0647 1836	0129 1209	1.2 -1.4	19 SU	0728 1857	0205 1237	1.3 -1.5
5 SU	0730 1900	0208 1249	1.3 -1.5	20 M ○	0830 1915	0332 1318	1.1 -1.3
6 M	0817 1932	0302 1327	1.3 -1.6	21 TU E	0927 1902	0506 1349 2135	0.8 -1.0 0.2
7 TU ●	0907 2004	0411 1404	1.2 -1.5	22 W	1016 1823	0044 0633 1410 2100	0.1 0.6 -0.7 0.3
8 W E	0959 2030	0525 1438	1.1 -1.4	23 TH	0014 0403 1054 1741	0210 0748 1421 2054	-0.1 0.4 -0.5 0.5
9 TH	1052 2033	0640 1508 2241	1.0 -1.2 0.2	24 F	0013 0627 1117 1706	0310 0852 1423 2100	-0.4 0.2 -0.4 0.7
10 F	1145 1956	0135 0755 1530 2206	0.1 0.8 -0.9 0.2	25 SA	0038 0837 1110 1642	0401 0951 1421 2115	-0.6 0.1 -0.3 0.8
11 SA P	0036 0518 1238 1854	0303 0911 1543 2155	-0.2 0.6 -0.5 0.5	26 SU A	0109 1628	0448 1052 1414 2134	-0.7 -0.1 -0.2 1.0
12 SU	0051 0759 1331 1736	0418 1035 1540 2159	-0.6 0.3 -0.2 0.8	27 M	0140 1617	0533 2154	-0.8 1.1
13 M ☽	0133 1121 1423 1523	0531 1231 1455 2216	-0.9 0.0 -0.0 1.1	28 TU	0211 1559	0618 2214	-0.9 1.1
14 TU	0223 1514	0647 2243	-1.2 1.4	29 W ☾ N	0241 1538	0705 2232	-1.0 1.1
15 W S	0319 1604	0807 2318	-1.4 1.5	30 TH	0313 1537	0757 2250	-1.1 1.2

预报值中不包括海流。4～11月海流流向22°,流速0～0.5Kn 。12～3月海流流向202 °,流速0.5～1.0Kn。

林加群岛—东部附近

LINGGA ARCHIPELAGO—EASTERN APPROACHES

0° 17′ S　　105° 10′ E

2021 年潮流表　　流速单位:kn　　(+)表示流向 022°　　(−)表示流向 202°　　时区:−0700

10 月

日期	转流时分	最大流时分	流速
1 F	0348 1554	0853 2312	-1.2 1.2
2 SA	0430 1623	0953 2342	-1.3 1.1
3 SU	0520 1656	1050	-1.3
4 M	0618 1730	0029 1141	1.1 -1.3
5 TU	0722 1757	0204 1226	0.9 -1.2
6 W ●E	0831 1807	0411 1305 2053	0.7 -1.0 0.3
7 TH	0943 1745 2306	0034 0604 1335 2015	0.2 0.6 -0.7 0.3
8 F P	0408 1103 1650 2256	0140 0742 1356 2000	-0.3 0.5 -0.4 0.5
9 SA	0632 1254 1509 2324	0238 0916 1403 2001	-0.7 0.4 -0.1 0.7
10 SU	0834	0334 1107 1341 2013	-1.1 0.3 0.2 1.1
11 M	0004 1035	0432 2035	-1.4 1.4
12 TU S	0051 1221	0531 2104	-1.7 1.6
13 W ☽	0141 1341	0632 2138	-1.8 1.7
14 TH	0234 1443	0735 2216	-1.8 1.6
15 F	0329 1533	0840 2258	-1.7 1.4
16 SA	0426 1612	0943 2343	-1.5 1.1
17 SU	0525 1634	1040	-1.3
18 M	0624 1631	0052 1124 2013	0.7 -1.0 0.4
19 TU E	0723 1602 2337	0028 0331 1156 1917	0.3 0.4 -0.7 0.4
20 W ○	0323 0817 1519 2247	0123 0605 1213 1904	-0.1 0.1 -0.4 0.6
21 TH	0649 0855 1429 2257	0206 0750 1215 1907	-0.5 0.0 -0.2 0.8
22 F	1335 2319	0246 0928 1201 1919	-0.7 -0.0 -0.1 0.9
23 SA	1238 2344	0323 1936	-1.0 1.1
24 SU A	1207	0358 1954	-1.1 1.2
25 M	0010 1208	0431 2013	-1.3 1.3
26 TU N	0035 1219	0505 2031	-1.4 1.3
27 W	0101 1237	0540 2047	-1.4 1.4
28 TH ☾	0128 1304	0618 2104	-1.5 1.4
29 F	0158 1336	0659 2124	-1.5 1.3
30 SA	0233 1412	0745 2146	-1.5 1.3
31 SU	0314 1447	0834 2211	-1.4 1.1

11 月

日期	转流时分	最大流时分	流速
1 M	0402 1515	0925 2223	-1.3 0.8
2 TU E	0456 1530	1013 1946	-1.1 0.6
3 W	0558 1520	1055 1844	-0.8 0.5
4 TH ●	0004 0142 0716 1439 2158	0051 0459 1123 1821	-0.0 0.1 -0.4 0.6
5 F P	0557 0924 1310 2157	0125 0731 1133 1816	-0.5 0.1 -0.1 0.8
6 SA	0746 2223	0208 1824	-1.0 1.1
7 SU	0904 2301	0255 1843	-1.5 1.5
8 M S	1012 2343	0344 1910	-1.9 1.7
9 TU	1113	0434 1942	-2.1 1.9
10 W	0028 1210	0524 2018	-2.2 1.9
11 TH ☽	0114 1259	0614 2053	-2.1 1.8
12 F	0200 1340	0703 2126	-1.9 1.5
13 SA	0244 1406	0749 2147	-1.6 1.1
14 SU	0322 1413	0829 2059	-1.3 0.7
15 M E	0347 1357	0900 1759	-0.9 0.6
16 TU	0307 1324 2228	0914 1734	-0.6 0.7
17 W	1240 2156	0210 0450 0856 1731	-0.3 -0.3 -0.4 0.9
18 TH	1150 2203	0202 1739	-0.7 1.1
19 F ○	1109 2222	0226 1754	-1.0 1.2
20 SA	1051 2244	0252 1812	-1.2 1.4
21 SU A	1049 2306	0319 1832	-1.4 1.5
22 M N	1053 2328	0346 1850	-1.6 1.5
23 TU	1102 2350	0413 1908	-1.7 1.6
24 W	1117	0442 1926	-1.8 1.6
25 TH	0015 1140	0513 1945	-1.9 1.6
26 F	0043 1208	0546 2007	-1.9 1.6
27 SA ☾	0114 1238	0622 2031	-1.8 1.4
28 SU	0148 1306	0658 2054	-1.7 1.2
29 M	0223 1325	0734 2058	-1.5 0.9
30 TU E	0256 1326	0806 1751	-1.2 0.7

12 月

日期	转流时分	最大流时分	流速
1 W	0310 1302 2237	0828 1702	-0.8 0.7
2 TH	1209 2101	0828 1644	-0.5 0.8
3 F	1038 2102	0105 1645	-0.7 1.1
4 SA ●P	0906 2128	0136 1700	-1.2 1.5
5 SU	0911 2205	0216 1725	-1.7 1.8
6 M S	0945 2246	0300 1757	-2.1 2.0
7 TU	1027 2329	0345 1834	-2.4 2.1
8 W	1109	0429 1913	-2.4 2.1
9 TH	0011 1147	0512 1951	-2.4 1.9
10 F	0053 1217	0551 2025	-2.1 1.6
11 SA ☽	0129 1231	0626 2047	-1.8 1.2
12 SU E	0157 1226	0653 1957	-1.4 0.7
13 M	0204 1204	0709 1618	-1.1 0.7
14 TU	0055 1132 2137	0707 1602	-0.8 0.9
15 W	1059 2104	0633 1605	-0.6 1.1
16 TH	1030 2110	0214 1619	-0.8 1.3
17 F	1013 2128	0204 1637	-1.1 1.4
18 SA A	1005 2148	0220 1658	-1.3 1.5
19 SU ○	1001 2209	0241 1719	-1.5 1.6
20 M N	1001 2230	0303 1739	-1.7 1.7
21 TU	1007 2252	0327 1759	-1.8 1.7
22 W	1020 2317	0352 1819	-2.0 1.7
23 TH	1040 2345	0420 1843	-2.0 1.7
24 F	1105	0450 1911	-2.0 1.7
25 SA	0016 1131	0520 1942	-2.0 1.5
26 SU	0048 1152	0551 2013	-1.8 1.3
27 M ☾E	0120 1202	0618 2036	-1.6 0.9
28 TU	0146 1152	0640 1608	-1.3 0.6
29 W	0146 1118 2127	0650 1520	-0.9 0.7
30 TH	1023 1950	0633 1509	-0.6 1.0
31 F	0919 1957	0031 1517	-0.7 1.3

预报值中不包括海流。4～11 月海流流向 22°,流速 0～0.5Kn 。12～3 月海流流向 202 °,流速 0.5～1.0Kn。

林加群岛—东北部附近

LINGGA ARCHIPELAGO－NORTH－EASTERN APPROACHES

0° 37′ N　　104° 25′ E

2021 年潮流表　　流速单位：kn　　（＋）表示流向 060°　　（－）表示流向 240°　　时区：－0700

1 月

日期	转流时分	最大流时分	流速
1		0215	-1.4
	1238	1758	2.3
F	2242		
2		0254	-1.5
	1311	1834	2.3
SA	2320		
3		0331	-1.5
	1349	1913	2.2
SU	2359		
4		0406	-1.5
	1432	1954	2.0
M			
5	0038	0438	-1.3
	1519	2038	1.7
TU			
6	0113	0505	-1.2
	1609	2126	1.3
W			
☾ E			
7	0143	0528	-1.0
	1111	1221	0.1
TH	1344	1542	-0.1
	1714	2218	0.8
8	0159	0548	-0.9
	0950	1256	0.5
F	1708	1838	-0.1
	2016	2322	0.2
9	0143	0606	-0.8
	0937	1338	1.0
SA	1812	2113	-0.4
P			
10		0051	-0.2
		0622	-0.8
SU	0947	1423	1.5
	1904	2252	-0.8
11		0238	-0.6
		0638	-0.8
M	1012	1509	1.9
	1953	2357	-1.1
12		0422	-0.8
		0653	-0.9
TU	1046	1555	2.2
S	2040		
13		0048	-1.4
	1127	1640	2.4
W	2125		
●			
14		0132	-1.5
	1211	1723	2.4
TH	2207		
15		0210	-1.5
	1254	1803	2.3
F	2246		

日期	转流时分	最大流时分	流速
16		0242	-1.4
	1337	1842	2.1
SA	2320		
17		0309	-1.3
	1416	1917	1.9
SU	2348		
18		0333	-1.2
	1448	1949	1.5
M			
19	0010	0353	-1.1
		1032	-0.2
TU		1241	-0.2
E	1509	2018	1.2
20	0025	0413	-1.0
	1003	1129	0.1
W	1351	1401	-0.0
☽	1412	2044	0.9
21	0033	0434	-1.0
	0923	1219	0.3
TH		1548	0.2
A		2105	0.6
22	0032	0456	-0.9
	0923	1303	0.6
F		1851	0.2
		2110	0.2
23	0009	0519	-0.9
	0933	1341	0.8
SA	2037		
24		0541	-0.8
	0947	1416	1.1
SU	1940		
25		0601	-0.8
	1003	1448	1.3
M	1948		
26		0010	-0.7
		0223	-0.7
TU		0615	-0.8
N	1020	1521	1.6
	2010		
27		0020	-1.0
	1042	1555	1.8
W	2038		
28		0047	-1.2
	1111	1630	2.0
TH	2110		
○			
29		0117	-1.4
	1147	1707	2.2
F	2146		
30		0148	-1.5
	1230	1745	2.2
SA	2223		
31		0218	-1.4
	1317	1825	2.2
SU	2300		

2 月

日期	转流时分	最大流时分	流速
1		0246	-1.4
		0806	-0.7
M		1039	-0.8
	1409	1905	2.0
	2336		
2		0310	-1.2
		0829	-0.5
TU		1154	-0.7
E	1505	1946	1.7
3	0007	0331	-1.0
		0904	-0.2
W		1314	-0.5
P	1607	2028	1.2
4	0031	0349	-0.9
	0805	0949	0.2
TH	1145	1448	-0.4
☾	1723	2112	0.7
5	0040	0404	-0.7
	0736	1045	0.6
F	1422	1651	-0.3
	1935	2158	0.2
6	0008	0416	-0.7
	0739	1146	1.0
SA	1624	1935	-0.4
		2256	-0.3
7		0423	-0.7
	0801	1250	1.3
SU	1746	2214	-0.7
8		0111	-0.7
		0421	-0.8
M	0837	1350	1.7
S	1847	2321	-1.1
9	0924	1447	1.9
	1940		
TU			
10		0003	-1.3
	1017	1540	2.1
W	2027		
11		0037	-1.4
	1112	1628	2.1
TH	2109		
●			
12		0106	-1.3
	1207	1711	2.1
F	2146		
13		0130	-1.3
		0646	-0.6
SA		0940	-0.7
	1259	1750	1.9
	2218		
14		0150	-1.1
		0708	-0.4
SU		1045	-0.7
	1347	1826	1.7
	2243		
15		0206	-1.0
		0737	-0.2
M		1144	-0.5
E	1431	1857	1.4
	2301		

日期	转流时分	最大流时分	流速
16		0222	-1.0
	0728	0811	0.0
TU	0855	1240	-0.4
	1511	1925	1.1
	2313		
17		0237	-0.9
	0653	0849	0.2
W	1107	1337	-0.3
	1547	1951	0.8
	2319		
18		0253	-0.9
	0653	0932	0.4
TH	1258	1440	-0.1
A	1621	2014	0.5
	2318		
19		0310	-0.8
	0704	1019	0.6
F	1507	1602	-0.0
☽	1701	2033	0.2
	2257		
20		0326	-0.8
	0720	1111	0.7
SA	1655	1831	-0.0
		2032	-0.0
21		0340	-0.7
	0738	1204	0.9
SU	1734		
22		0346	-0.7
	0759	1256	1.1
M	1808		
23		0316	-0.7
	0825	1346	1.3
TU	1843	2320	-0.9
N			
24	0900	1434	1.5
	1920	2340	-1.1
W			
25	0945	1520	1.7
	1958		
TH			
26		0007	-1.3
	1039	1604	1.9
F	2037		
27		0033	-1.3
	1139	1648	2.0
SA	2115		
○			
28		0058	-1.3
		0623	-0.5
SU		0935	-0.7
	1242	1731	1.9
	2153		

3 月

日期	转流时分	最大流时分	流速
1		0121	-1.2
		0636	-0.3
M		1044	-0.8
E	1345	1814	1.8
	2228		
2		0141	-1.0
		0658	-0.1
TU		1151	-0.8
P	1452	1856	1.5
	2258		
3		0158	-0.8
	0540	0728	0.3
W	0919	1259	-0.8
	1603	1939	1.0
	2317		
4		0211	-0.7
	0516	0806	0.6
TH	1059	1413	-0.7
	1730	2022	0.6
	2318		
5		0220	-0.6
	0513	0851	0.9
F	1234	1543	-0.6
	1954	2107	0.1
	2221		
6		0226	-0.6
	0527	0946	1.2
SA	1413	1742	-0.6
☾		2201	-0.4
7		0224	-0.7
	0555	1051	1.4
SU	1548	2022	-0.8
S			
8	0637	1203	1.6
	1709	2205	-1.1
M			
9	0731	1316	1.7
	1814	2251	-1.2
TU			
10	0837	1422	1.7
	1909	2323	-1.3
W			
11	0951	1520	1.7
	1955	2349	-1.2
TH			
12		0552	-0.5
		0758	-0.5
F	1106	1611	1.7
	2033		
13		0009	-1.1
		0547	-0.3
SA		0927	-0.5
●	1216	1654	1.5
	2104		
14		0025	-1.0
		0601	-0.0
SU		1034	-0.6
E	1318	1732	1.3
	2127		
15		0039	-0.9
	0444	0623	0.2
M	0809	1131	-0.6
	1415	1805	1.1
	2143		

日期	转流时分	最大流时分	流速
16		0052	-0.8
	0425	0649	0.4
TU	0923	1223	-0.5
	1507	1834	0.8
	2152		
17		0104	-0.8
	0424	0718	0.6
W	1026	1312	-0.5
	1600	1901	0.6
	2154		
18		0116	-0.7
	0431	0748	0.8
TH	1124	1403	-0.4
A	1701	1927	0.3
	2146		
19		0128	-0.7
	0442	0821	0.9
F	1223	1502	-0.4
	1837	1954	0.1
	2107		
20		0138	-0.7
	0455	0857	1.0
SA	1325	1620	-0.4
		2022	-0.2
21		0142	-0.6
	0510	0938	1.1
SU	1431	1825	-0.5
☽		2051	-0.4
22		0132	-0.6
	0528	1028	1.1
M	1537	2113	-0.7
N			
23	0553	1127	1.2
	1637	2146	-0.9
TU			
24	0630	1234	1.3
	1731	2215	-1.1
W			
25	0726	1341	1.5
	1821	2243	-1.2
TH			
26	0846	1441	1.6
	1908	2308	-1.2
F			
27	1020	1536	1.6
	1951	2331	-1.2
SA			
28		0517	-0.2
		0910	-0.5
SU	1151	1627	1.5
○E	2032	2351	-1.0
29	0430	0526	0.1
	0625	1023	-0.7
M	1315	1715	1.4
	2106		
30		0008	-0.9
	0337	0547	0.4
TU	0800	1129	-0.8
P	1435	1802	1.1
	2133		
31		0022	-0.7
	0316	0616	0.8
W	0911	1234	-1.0
	1600	1848	0.7
	2147		

预报值中不包括海流。4～11 月海流微弱 。12～3 月海流流向 240°，流速 0.3～0.7Kn。

林加群岛—东北部附近

LINGGA ARCHIPELAGO－NORTH－EASTERN APPROACHES

0° 37′ N　　104° 25′ E

2021 年潮流表　　流速单位:kn　　(+)表示流向 060°　　(－)表示流向 240°　　时区:－0700

4 月

日期	转流时分	最大流时分	流速
1 TH		0032	-0.6
	0309	0650	1.1
	1019	1342	-1.0
	1746	1935	0.3
	2132		
2 F		0040	-0.6
	0316	0730	1.4
	1128	1457	-1.0
		2026	-0.2
3 SA		0044	-0.6
	0334	0815	1.6
	1241	1626	-1.0
		2131	-0.5
4 SU ☾ S		0039	-0.7
	0403	0907	1.7
	1357	1816	-1.1
5 M	0440	1007	1.7
	1513	2006	-1.2
6 TU	0524	1118	1.6
	1624	2112	-1.2
7 W	0619	1234	1.5
	1725	2151	-1.2
8 TH	0733	1347	1.4
	1816	2218	-1.1
9 F	0921	1450	1.2
	1857	2239	-1.0
10 SA	0354	0458	0.1
	0608	0903	-0.3
	1112	1543	1.0
	1928	2255	-0.9
11 SU E	0256	0507	0.3
	0732	1016	-0.4
	1243	1628	0.8
	1949	2308	-0.8
12 M ●	0236	0525	0.6
	0827	1114	-0.5
	1359	1706	0.6
	2002	2320	-0.8
13 TU	0230	0547	0.8
	0913	1204	-0.6
	1509	1739	0.4
	2005	2331	-0.7
14 W A	0234	0611	1.0
	0956	1251	-0.6
	1625	1811	0.2
	1956	2342	-0.7
15 TH	0242	0637	1.2
	1036	1338	-0.7
		1842	-0.0
		2351	-0.7
16 F	0253	0703	1.3
	1116	1428	-0.7
		1916	-0.2
		2356	-0.7
17 SA	0303	0731	1.4
	1158	1526	-0.8
		1957	-0.4
		2354	-0.7
18 SU N	0315	0802	1.4
	1243	1639	-0.8
		2101	-0.6
		2327	-0.7
19 M	0330	0839	1.5
	1334	1814	-0.9
20 TU ☽	0350	0923	1.5
	1430	1942	-1.1
21 W	0418	1020	1.5
	1528	2032	-1.2
22 TH	0456	1130	1.4
	1626	2107	-1.2
23 F	0551	1247	1.3
	1719	2134	-1.2
24 SA	0750	1359	1.2
	1808	2157	-1.1
25 SU E	0319	0422	0.1
	0532	0821	-0.3
	1027	1505	1.1
	1850	2215	-1.0
26 M	0209	0424	0.4
	0652	0947	-0.5
	1230	1604	0.9
	1924	2231	-0.8
27 TU ○P	0142	0444	0.8
	0750	1059	-0.8
	1416	1659	0.6
	1945	2244	-0.7
28 W	0131	0512	1.2
	0845	1205	-1.0
	1607	1752	0.3
	1942	2256	-0.7
29 TH	0133	0546	1.6
	0941	1310	-1.2
		1846	-0.1
		2305	-0.7
30 F	0147	0624	1.9
	1038	1417	-1.3
		1943	-0.5
		2311	-0.7

5 月

日期	转流时分	最大流时分	流速
1 SA S	0209	0706	2.1
	1136	1530	-1.4
		2059	-0.8
		2303	-0.8
2 SU	0240	0751	2.1
	1236	1650	-1.4
3 M ☾	0314	0840	2.1
	1337	1812	-1.4
4 TU	0350	0933	1.9
	1436	1919	-1.3
5 W	0424	1034	1.6
	1531	2005	-1.3
6 TH	0448	1143	1.3
	1619	2037	-1.2
7 F	0327	1256	1.0
	1657	2100	-1.0
8 SA E	0147	0412	0.3
		0815	0.0
		1402	0.7
	1725	2118	-0.9
9 SU	0115	0414	0.6
	0801	0949	-0.2
	1138	1459	0.4
	1740	2134	-0.9
10 M	0103	0431	0.9
	0827	1053	-0.4
	1344	1548	0.2
	1741	2147	-0.8
11 TU ●A	0104	0452	1.1
	0858	1145	-0.5
	1601	1631	0.0
	1701	2159	-0.8
12 W	0110	0515	1.3
	0929	1231	-0.7
		1712	-0.2
		2211	-0.8
13 TH	0120	0539	1.5
	0959	1316	-0.8
		1754	-0.3
		2219	-0.8
14 F	0131	0603	1.6
	1030	1401	-0.9
		1840	-0.5
		2223	-0.7
15 SA N	0142	0629	1.7
	1103	1450	-1.0
		1937	-0.7
		2215	-0.7
16 SU	0154	0657	1.8
	1138	1544	-1.1
17 M	0211	0728	1.9
	1218	1645	-1.2
18 TU	0232	0804	1.9
	1302	1747	-1.3
19 W ☽	0259	0847	1.8
	1350	1842	-1.3
20 TH	0331	0939	1.6
	1440	1922	-1.3
21 F	0404	1043	1.4
	1529	1953	-1.2
22 SA E	0426	1158	1.1
	1614	2016	-1.1
23 SU	0138	0331	0.1
	0641	0657	-0.0
	0713	1317	0.8
	1652	2035	-1.0
24 M	0034	0322	0.5
	0642	0857	-0.3
	1119	1432	0.5
	1718	2052	-0.8
25 TU	0009	0341	1.0
	0725	1024	-0.6
	1405	1541	0.2
	1716	2107	-0.8
26 W ○P	0004	0411	1.5
	0813	1135	-1.0
		1646	-0.2
		2121	-0.8
27 TH	0013	0447	1.9
	0902	1239	-1.3
		1750	-0.5
		2134	-0.8
28 F S	0034	0526	2.2
	0953	1341	-1.4
		1857	-0.7
		2143	-0.9
29 SA	0103	0607	2.4
	1044	1443	-1.6
30 SU	0137	0650	2.5
	1135	1544	-1.6
31 M	0213	0734	2.4
	1224	1644	-1.5

6 月

日期	转流时分	最大流时分	流速
1 TU	0249	0819	2.1
	1312	1736	-1.4
2 W ☾	0321	0905	1.8
	1355	1819	-1.3
3 TH	0339	0952	1.4
	1432	1851	-1.2
4 F E	0225	1043	1.0
	1459	1916	-1.1
5 SA	0024	0323	0.3
		0617	0.2
		1139	0.6
	1514	1936	-1.0
	2352		
6 SU		0316	0.6
		0901	0.1
		1242	0.3
	1511	1954	-0.9
	2345		
7 M		0333	0.9
	0830	1028	-0.2
		1349	-0.0
		2012	-0.9
	2349		
8 TU A		0356	1.2
	0839	1126	-0.4
		1453	-0.3
		2028	-0.9
	2359		
9 W		0421	1.4
	0859	1213	-0.6
		1555	-0.4
		2042	-0.9
10 TH ●	0011	0445	1.6
	0922	1254	-0.8
		1658	-0.6
		2054	-0.8
11 F	0024	0510	1.8
	0948	1334	-1.0
		1804	-0.7
		2057	-0.8
12 SA N	0037	0536	1.9
	1016	1415	-1.2
13 SU	0053	0604	2.0
	1047	1457	-1.3
14 M	0113	0634	2.1
	1121	1541	-1.4
15 TU	0138	0708	2.1
	1159	1625	-1.5
16 W	0209	0746	2.1
	1239	1706	-1.4
17 TH	0244	0828	1.9
	1320	1742	-1.4
18 F ☽	0322	0915	1.6
	1359	1811	-1.2
19 SA E	0357	1010	1.2
	1434	1834	-1.1
20 SU	0034	0214	0.1
		0433	0.0
		1115	0.8
	1500	1854	-0.9
	2305		
21 M		0205	0.5
	0612	0738	-0.1
	0912	1234	0.3
	1502	1912	-0.8
	2241		
22 TU		0231	1.0
	0647	0941	-0.5
		1402	-0.1
		1929	-0.8
	2241		
23 W P		0307	1.5
	0732	1104	-0.9
		1529	-0.5
		1944	-0.8
	2258		
24 TH ○		0346	1.9
	0819	1210	-1.2
		1652	-0.8
		1959	-0.9
	2326		
25 F S		0429	2.3
	0907	1307	-1.5
		1813	-0.9
		2014	-1.0
26 SA	0002	0512	2.5
	0954	1359	-1.6
27 SU	0042	0555	2.6
	1040	1447	-1.6
28 M	0123	0638	2.5
	1124	1530	-1.6
29 TU	0204	0720	2.3
	1204	1607	-1.4
30 W	0243	0800	1.9
	1239	1639	-1.3

预报值中不包括海流。4～11 月海流微弱 。12～3 月海流流向 240°,流速 0.3～0.7Kn。

林加群岛—东北部附近

LINGGA ARCHIPELAGO－NORTH－EASTERN APPROACHES

0° 37′ N　　104° 25′ E

2021 年潮流表　　流速单位:kn　　(＋)表示流向 060°　　(－)表示流向 240°　　时区:－0700

7 月

日期		转流时分	最大流时分	流速
1	TH	0313	0838	1.5
	☾ E	1307	1705	-1.2
2	F	0318	0913	1.1
		1326	1728	-1.1
		2301		
3	SA		0945	0.7
		1332	1749	-1.0
		2224		
4	SU		0147	0.5
			0643	0.2
			1011	0.3
		1319	1809	-0.9
		2221		
5	M A		0216	0.8
		1126	1830	-0.9
		2230		
6	TU		0247	1.1
		0812	1850	-0.9
		2244		
7	W		0317	1.3
		0819	1909	-0.9
		2301		
8	TH		0346	1.5
		0837	1234	-0.8
			1551	-0.7
			1924	-0.8
		2318		
9	F N		0414	1.7
		0859	1301	-1.0
		2336		
10	SA ●		0443	1.9
		0925	1332	-1.2
		2357		
11	SU		0513	2.1
		0955	1405	-1.4
12	M	0023	0545	2.2
		1027	1438	-1.5
13	TU	0055	0619	2.2
		1102	1511	-1.5
14	W	0133	0656	2.1
		1139	1542	-1.4
15	TH	0216	0735	2.0
		1215	1610	-1.3
16	F E	0303	0816	1.7
		1248	1634	-1.1
17	SA ☽	0357	0859	1.3
		1315	1654	-1.0
		2254	2326	0.0
18	SU	0001	0303	-0.2
		0504	0946	0.8
		1329	1711	-0.8
		2111		
19	M		0009	0.4
		0403	0544	-0.1
		0729	1041	0.3
		1310	1725	-0.8
		2057		
20	TU		0057	0.9
		0534	0835	-0.3
			1158	-0.2
			1738	-0.7
		2107		
21	W P		0147	1.4
		0633	1034	-0.8
			1400	-0.6
			1748	-0.8
		2134		
22	TH S		0237	1.8
		0726	1141	-1.1
		2212		
23	F		0327	2.1
		0815	1230	-1.4
		2258		
24	SA ○		0415	2.4
		0902	1312	-1.5
		2347		
25	SU		0502	2.4
		0946	1348	-1.5
26	M	0037	0546	2.4
		1027	1419	-1.4
			1940	-0.8
			2142	-0.9
27	TU	0126	0627	2.2
		1103	1446	-1.3
			2008	-0.6
			2250	-0.7
28	W	0213	0705	1.9
		1133	1508	-1.2
			2045	-0.4
			2357	-0.5
29	TH E	0256	0740	1.5
		1155	1527	-1.0
			2129	-0.1
30	F		0106	-0.3
		0333	0811	1.1
		1209	1544	-1.0
		2034	2221	0.1
31	SA ☾	0034	0222	-0.1
		0355	0838	0.8
		1212	1602	-0.9
		2020	2317	0.4

8 月

日期		转流时分	最大流时分	流速
1	SU		0359	0.1
			0858	0.4
		1200	1619	-0.9
		2027		
2	M A		0011	0.7
			0646	0.1
			0859	0.1
		1106	1638	-0.8
		2045		
3	TU		0101	0.9
		0708	1656	-0.8
		2106		
4	W		0146	1.1
		0710	1712	-0.8
		2129		
5	TH N		0226	1.3
		0729	1217	-0.7
			1449	-0.7
			1713	-0.7
		2153		
6	F		0303	1.5
		0754	1213	-1.0
		2219		
7	SA		0339	1.7
		0822	1234	-1.2
		2250		
8	SU ●		0415	1.9
		0853	1300	-1.3
		2328		
9	M		0451	2.0
		0927	1328	-1.4
10	TU	0012	0528	2.1
		1002	1355	-1.4
11	W	0101	0607	2.0
		1038	1420	-1.3
			1942	-0.6
			2237	-0.7
12	TH E	0154	0646	1.9
		1112	1442	-1.1
			1959	-0.4
			2348	-0.7
13	F	0252	0725	1.6
		1142	1500	-1.0
			2027	-0.1
14	SA		0102	-0.6
		0356	0806	1.2
		1205	1514	-0.8
		1906	2105	0.2
		2314		
15	SU ☽		0225	-0.5
		0514	0848	0.7
		1211	1525	-0.7
		1843	2154	0.6
16	M	0126	0413	-0.4
		0721	0931	0.2
		1135	1531	-0.6
		1846	2254	1.0
17	TU P	0325	0640	-0.4
			1023	-0.3
			1532	-0.7
		1909		
18	W S		0000	1.3
		0458	0939	-0.8
			1236	-0.7
			1520	-0.8
		1947		
19	TH		0108	1.6
		0608	1055	-1.1
		2038		
20	F		0211	1.9
		0706	1137	-1.3
		2138		
21	SA		0309	2.0
		0757	1212	-1.4
		2242		
22	SU ○		0403	2.1
		0843	1240	-1.4
		2346		
23	M		0451	2.0
		0924	1304	-1.3
			1822	-0.5
			2137	-0.7
24	TU	0047	0534	1.9
		0958	1324	-1.1
			1841	-0.3
			2246	-0.7
25	W E	0145	0613	1.6
		1025	1340	-1.0
			1907	-0.0
			2349	-0.6
26	TH	0239	0647	1.3
		1044	1353	-0.9
		1756	1939	0.2
		2130		
27	F		0047	-0.5
		0330	0718	1.0
		1053	1406	-0.8
		1744	2015	0.4
		2305		
28	SA		0146	-0.4
		0420	0744	0.7
		1053	1419	-0.8
		1750	2055	0.6
29	SU	0034	0249	-0.3
		0516	0807	0.4
		1039	1432	-0.8
		1805	2140	0.7
30	M ☾ A	0208	0410	-0.2
		0652	0826	0.1
		0948	1445	-0.7
		1826	2230	0.9
31	TU	0341	1455	-0.7
		1849	2325	1.0

9 月

日期		转流时分	最大流时分	流速
1	W	0449	1451	-0.7
		1914		
2	TH N		0022	1.1
		0536	1116	-0.7
		1944		
3	F		0118	1.3
		0616	1058	-0.9
		2021		
4	SA		0210	1.4
		0655	1118	-1.1
		2110		
5	SU		0258	1.6
		0733	1143	-1.2
		2209		
6	M		0344	1.7
		0812	1208	-1.3
		2315		
7	TU ●		0428	1.8
		0850	1232	-1.2
			1810	-0.4
			2129	-0.6
8	W E	0023	0511	1.7
		0927	1254	-1.1
			1817	-0.2
			2237	-0.7
9	TH	0131	0553	1.6
		1001	1311	-1.0
		1743	1834	0.1
		1927	2340	-0.8
10	F	0240	0636	1.3
		1030	1325	-0.8
		1649	1900	0.4
		2112		
11	SA P		0045	-0.8
		0354	0718	0.9
		1048	1335	-0.6
		1628	1933	0.7
		2236		
12	SU		0155	-0.8
		0524	0801	0.5
		1045	1341	-0.6
		1624	2014	1.0
		2359		
13	M ☽		0318	-0.8
		0812	0846	0.0
		0920	1343	-0.6
		1637	2103	1.3
14	TU	0127	0504	-0.8
			0941	-0.4
			1338	-0.6
		1704	2203	1.5
15	W S	0258	0728	-0.9
		1744	2313	1.6
16	TH	0422	0926	-1.1
		1837		
17	F		0030	1.7
		0533	1019	-1.3
		1945		
18	SA		0144	1.7
		0633	1053	-1.3
		2108		
19	SU		0249	1.7
		0723	1120	-1.2
			1739	-0.4
			1940	-0.4
		2238		
20	M ○		0346	1.6
		0806	1141	-1.1
			1724	-0.2
			2119	-0.5
21	TU E	0002	0435	1.4
		0840	1157	-0.9
		1633	1736	0.1
		1842	2230	-0.6
22	W	0117	0517	1.2
		0905	1210	-0.8
		1546	1758	0.4
		2016	2330	-0.6
23	TH	0224	0554	0.9
		0920	1221	-0.7
		1531	1824	0.6
		2122		
24	F		0025	-0.7
		0327	0626	0.6
		0924	1231	-0.7
		1532	1853	0.8
		2220		
25	SA		0116	-0.6
		0433	0655	0.4
		0916	1241	-0.7
		1541	1924	1.0
		2315		
26	SU A		0209	-0.6
		0556	0721	0.1
		0846	1251	-0.7
		1556	1957	1.1
27	M	0010	0308	-0.5
			0748	-0.1
			1259	-0.7
		1613	2032	1.2
28	TU	0106	0422	-0.5
			0817	-0.3
			1301	-0.6
		1631	2111	1.2
29	W ☾ N	0205	0614	-0.6
			0901	-0.5
			1241	-0.6
		1650	2156	1.2
30	TH	0305	0827	-0.8
		1712	2252	1.2

预报值中不包括海流。4～11 月海流微弱 。12～3 月海流流向 240°,流速 0.3～0.7Kn。

林加群岛—东北部附近

LINGGA ARCHIPELAGO—NORTH—EASTERN APPROACHES

0° 37′ N　　104° 25′ E

2021 年潮流表　　流速单位:kn　　(+)表示流向 060°　　(−)表示流向 240°　　时区:−0700

10 月

日期	转流时分	最大流时分	最大流流速
1 F	0403	0914	-1.0
	1740	2358	1.3
2 SA	0457	0946	-1.1
	1825		
3 SU		0107	1.3
	0548	1015	-1.2
	1944		
4 M		0212	1.4
	0635	1040	-1.2
	2138		
5 TU		0310	1.4
	0719	1103	-1.1
		1706	-0.1
		2100	-0.4
	2326		
6 W ●E		0403	1.3
	0759	1122	-1.0
	1537	1709	0.2
	1848	2212	-0.6
7 TH	0058	0452	1.2
	0834	1137	-0.8
	1458	1726	0.5
	1957	2317	-0.8
8 F P	0224	0540	0.9
	0900	1148	-0.7
	1438	1751	0.9
	2059		
9 SA		0020	-1.0
	0354	0627	0.6
	0910	1157	-0.6
	1431	1823	1.2
	2200		
10 SU		0125	-1.1
	0551	0715	0.2
	0844	1203	-0.6
	1436	1900	1.6
	2303		
11 M		0237	-1.1
		0807	-0.3
		1205	-0.6
	1454	1943	1.8
12 TU S	0009	0359	-1.1
		0916	-0.6
		1156	-0.7
	1523	2032	1.9
13 W ☽	0120	0538	-1.2
	1559	2128	1.9
14 TH	0233	0724	-1.3
	1642	2234	1.8
15 F	0343	0835	-1.3
	1732	2350	1.6
16 SA	0447	0918	-1.3
	1839		
17 SU		0109	1.4
	0541	0947	-1.2
	2035		
18 M		0220	1.2
	0626	1009	-1.0
	1507	1634	0.1
	1814	2048	-0.2
	2253		
19 TU E		0320	1.0
	0659	1025	-0.9
	1414	1642	0.4
	1925	2208	-0.4
20 W ○	0042	0410	0.7
	0721	1038	-0.8
	1353	1700	0.7
	2018	2310	-0.6
21 TH	0213	0453	0.5
	0729	1048	-0.7
	1348	1724	1.0
	2104		
22 F		0004	-0.7
	0341	0530	0.2
	0719	1057	-0.7
	1353	1750	1.2
	2147		
23 SA		0053	-0.8
		0604	-0.0
		1106	-0.7
	1404	1817	1.4
	2228		
24 SU A		0141	-0.8
		0636	-0.2
		1115	-0.7
	1419	1845	1.5
	2308		
25 M		0231	-0.8
		0711	-0.4
		1120	-0.7
	1434	1914	1.6
	2347		
26 TU N		0326	-0.9
		0756	-0.6
		1117	-0.7
	1449	1944	1.6
27 W	0029	0433	-0.9
	1505	2018	1.6
28 TH ☾	0114	0552	-1.0
	1522	2058	1.5
29 F	0203	0707	-1.1
	1544	2148	1.5
30 SA	0255	0758	-1.2
	1610	2251	1.4
31 SU	0349	0835	-1.2
	1639		

11 月

日期	转流时分	最大流时分	最大流流速
1 M		0006	1.2
	0441	0903	-1.2
	1649		
2 TU E		0122	1.1
	0529	0926	-1.1
	1434	1614	0.1
	1818	2003	-0.1
	2135		
3 W		0231	0.9
	0611	0944	-0.9
	1338	1608	0.4
	1856	2133	-0.4
4 TH ●	0007	0334	0.7
	0644	0958	-0.8
	1311	1623	0.8
	1942	2246	-0.7
5 F P	0205	0433	0.4
	0701	1011	-0.7
	1259	1649	1.3
	2031	2351	-1.0
6 SA	0415	0529	0.1
	0645	1021	-0.7
	1300	1722	1.7
	2123		
7 SU		0055	-1.2
		0625	-0.2
		1029	-0.7
	1314	1759	2.0
	2217		
8 M S		0201	-1.4
		0726	-0.6
		1034	-0.8
	1338	1840	2.2
	2312		
9 TU		0310	-1.5
	1409	1924	2.3
10 W	0009	0423	-1.5
	1445	2012	2.2
11 TH ☽	0108	0539	-1.5
	1523	2103	2.0
12 F	0205	0645	-1.4
	1600	2201	1.7
13 SA	0259	0732	-1.3
	1628	2307	1.4
14 SU	0347	0806	-1.2
	1525		
15 M E		0020	1.0
	0426	0829	-1.0
	1318	1546	0.3
		1950	0.0
16 TU		0133	0.6
	0453	0847	-0.9
	1240	1548	0.6
	1942	2137	-0.2
	2339		
17 W		0237	0.3
	0502	0901	-0.8
	1227	1606	0.9
	2011	2248	-0.4
18 TH	0223	0331	0.1
	0437	0914	-0.8
	1227	1630	1.2
	2045	2344	-0.6
19 F ○		0420	-0.2
		0925	-0.8
	1236	1656	1.5
	2118		
20 SA		0033	-0.8
		0504	-0.4
		0936	-0.8
	1250	1722	1.6
	2151		
21 SU A		0119	-0.9
		0548	-0.5
		0945	-0.8
	1305	1749	1.8
	2223		
22 M N		0203	-1.0
		0637	-0.7
		0949	-0.8
	1321	1815	1.9
	2255		
23 TU		0249	-1.1
	1337	1843	1.9
	2328		
24 W		0337	-1.2
	1354	1913	1.9
25 TH	0003	0429	-1.3
	1413	1946	1.9
26 F	0042	0521	-1.3
	1436	2025	1.8
27 SA ☾	0124	0609	-1.3
	1503	2111	1.6
28 SU	0209	0649	-1.3
	1528	2206	1.4
29 M	0253	0719	-1.2
	1529	2313	1.1
30 TU E	0335	0743	-1.1
	1314	1528	0.2
		1814	0.1

12 月

日期	转流时分	最大流时分	最大流流速
1 W		0030	0.8
	0409	0802	-0.9
	1209	1504	0.5
	1847	2035	-0.2
	2231		
2 TH		0150	0.4
	0429	0818	-0.8
	1142	1520	1.0
	1915	2209	-0.5
3 F	0205	0306	0.1
	0405	0833	-0.8
	1135	1548	1.5
	1958	2322	-0.9
4 SA ●P		0418	-0.3
		0846	-0.8
	1144	1623	1.9
	2044		
5 SU		0026	-1.2
		0528	-0.6
		0858	-0.8
	1206	1702	2.3
	2133		
6 M S		0127	-1.5
		0641	-0.8
		0906	-0.9
	1236	1744	2.5
	2223		
7 TU		0226	-1.6
	1312	1828	2.6
	2313		
8 W		0324	-1.7
	1351	1912	2.5
9 TH	0002	0419	-1.6
	1431	1958	2.3
10 F	0049	0508	-1.5
	1508	2044	1.9
11 SA ☽	0132	0548	-1.4
	1538	2131	1.5
12 SU E	0209	0620	-1.2
	1513	2219	1.1
13 M	0236	0644	-1.1
	1157	1441	0.3
		1736	0.2
		2312	0.6
14 TU	0247	0704	-1.0
	1118	1442	0.6
		2039	0.1
15 W		0011	0.2
	0230	0721	-0.9
	1109	1505	1.0
	2004	2225	-0.2
16 TH		0121	-0.1
		0737	-0.9
	1115	1533	1.3
	2022	2333	-0.5
17 F		0233	-0.4
		0752	-0.9
	1128	1602	1.5
	2048		
18 SA A		0021	-0.7
		0343	-0.6
		0806	-0.9
	1145	1630	1.7
	2115		
19 SU ○		0102	-0.9
		0452	-0.7
		0818	-0.9
	1203	1657	1.9
	2141		
20 M N		0138	-1.1
		0606	-0.8
		0823	-0.9
	1221	1725	2.0
	2209		
21 TU		0214	-1.2
	1240	1753	2.1
	2238		
22 W		0250	-1.3
	1300	1822	2.1
	2309		
23 TH		0326	-1.4
	1324	1854	2.1
	2342		
24 F		0404	-1.5
	1353	1929	2.0
25 SA	0018	0439	-1.4
	1426	2007	1.9
26 SU	0055	0511	-1.3
	1501	2049	1.6
27 M ☾E	0130	0538	-1.2
	1535	2136	1.2
28 TU	0201	0601	-1.1
	1232	2231	0.8
29 W	0222	0619	-0.9
	1039	1338	0.4
	1837	1852	-0.0
	1908	2340	0.3
30 TH	0219	0636	-0.8
	1012	1404	0.9
	1832	2121	-0.3
31 F		0109	-0.1
		0651	-0.8
	1012	1440	1.4
	1914	2253	-0.8

预报值中不包括海流。4～11 月海流微弱 。12～3 月海流流向 240°,流速 0.3～0.7Kn。

马六甲海峡—兄弟灯标外

MALACCA STRAIT－OFF THE BROTHERS LIGHT

1° 14′ N　　103° 19′ E

2021 年潮流表　　流速单位：kn　　(＋)表示流向 300°　　(－)表示流向 120°　　时区：－0800

1 月

日期	转流时分	最大流时分	流速
1	0327	0618	0.6
F	0940	1135	-0.3
	1322	1733	1.1
	2100		
2		0030	-1.1
SA	0414	0700	0.6
	1019	1212	-0.3
	1358	1814	1.2
	2144		
3		0115	-1.2
SU	0504	0747	0.6
	1104	1256	-0.3
	1441	1900	1.2
	2233		
4		0205	-1.2
M	0558	0841	0.6
	1200	1347	-0.2
	1529	1953	1.2
	2327		
5		0300	-1.2
TU	0656	0941	0.6
	1307	1448	-0.2
	1624	2053	1.1
6	0028	0403	-1.1
W	0758	1049	0.6
☾ E	1427	1600	-0.2
	1731	2202	1.0
7	0136	0512	-1.0
TH	0903	1201	0.6
	1547	1725	-0.2
	1901	2323	0.9
8	0252	0625	-0.9
F	1006	1313	0.7
	1654	1853	-0.2
	2049		
9		0050	0.8
SA	0413	0737	-0.8
P	1104	1416	0.7
	1747	2010	-0.4
	2233		
10		0213	0.8
SU	0532	0843	-0.8
	1154	1509	0.8
	1831	2115	-0.6
	2359		
11		0325	0.8
M	0645	0940	-0.7
	1235	1553	0.8
	1910	2210	-0.7
12	0110	0427	0.8
TU	0752	1030	-0.5
S	1307	1630	0.8
	1943	2256	-0.8
13	0210	0521	0.8
W	0854	1111	-0.4
●	1327	1701	0.8
	2013	2336	-0.9
14	0303	0609	0.7
TH	0951	1143	-0.2
	1334	1726	0.8
	2041		
15		0012	-1.0
F	0351	0652	0.7
	1045	1208	-0.1
	1330	1749	0.9
	2109		
16		0046	-1.0
SA	0436	0731	0.6
	1137	1228	-0.0
	1319	1812	0.9
	2141		
17		0120	-1.0
SU	0520	0808	0.5
	1234	1249	-0.0
	1305	1841	0.9
	2217		
18		0156	-1.0
M	0605	0846	0.4
		1315	0.0
		1916	0.9
	2259		
19		0238	-0.9
TU	0653	0930	0.4
E		1350	0.0
		1959	0.9
	2347		
20		0326	-0.8
W	0744	1021	0.3
☽		1439	0.0
		2051	0.8
21	0044	0424	-0.7
TH	0838	1123	0.3
A		1549	0.1
		2158	0.7
22	0153	0531	-0.6
F	0932	1230	0.3
		1724	0.0
		2324	0.6
23	0314	0641	-0.5
SA	1019	1328	0.4
	1720	1858	-0.1
	2033		
24		0059	0.5
SU	0440	0746	-0.4
	1056	1412	0.4
	1740	2010	-0.3
	2236		
25		0221	0.5
M	0558	0840	-0.3
	1121	1447	0.5
	1804	2104	-0.4
26	0000	0325	0.5
TU	0704	0921	-0.3
N	1135	1515	0.6
	1830	2147	-0.6
27	0103	0415	0.6
W	0756	0952	-0.2
	1145	1541	0.7
	1858	2225	-0.8
28	0154	0456	0.6
TH	0835	1019	-0.2
○	1159	1608	0.8
	1930	2301	-0.9
29	0239	0532	0.6
F	0904	1047	-0.2
	1224	1640	1.0
	2006	2337	-1.1
30	0321	0608	0.6
SA	0931	1119	-0.2
	1301	1718	1.1
	2047		
31		0017	-1.2
SU	0403	0646	0.6
	1001	1157	-0.3
	1345	1800	1.2
	2131		

2 月

日期	转流时分	最大流时分	流速
1		0100	-1.2
M	0446	0728	0.7
	1038	1240	-0.3
	1435	1848	1.2
	2220		
2		0147	-1.2
TU	0533	0815	0.6
E	1123	1330	-0.3
	1530	1940	1.2
	2315		
3		0239	-1.1
W	0624	0908	0.6
P	1218	1428	-0.3
	1631	2040	1.1
4	0015	0338	-1.0
TH	0719	1008	0.6
☾	1323	1536	-0.3
	1743	2148	1.0
5	0124	0445	-0.9
F	0819	1115	0.6
	1436	1656	-0.3
	1911	2309	0.9
6	0243	0557	-0.7
SA	0921	1227	0.6
	1547	1821	-0.4
	2052		
7		0038	0.8
SU	0409	0712	-0.6
	1020	1334	0.7
	1651	1942	-0.5
	2231		
8		0205	0.8
M	0535	0823	-0.5
S	1113	1433	0.7
	1745	2052	-0.7
	2356		
9		0319	0.8
TU	0653	0925	-0.5
	1157	1522	0.8
	1831	2150	-0.8
10	0106	0423	0.8
W	0804	1017	-0.4
	1230	1603	0.8
	1912	2239	-0.9
11	0205	0518	0.8
TH	0908	1059	-0.2
●	1250	1636	0.8
	1947	2321	-1.0
12	0257	0605	0.7
F	1007	1130	-0.1
	1253	1703	0.8
	2019	2356	-1.0
13	0342	0644	0.6
SA	1100	1151	-0.0
	1242	1726	0.8
	2049		
14		0028	-1.0
SU	0422	0715	0.5
	1134	1205	-0.0
	1235	1750	0.9
	2121		
15		0057	-0.9
M	0457	0740	0.4
E	1128	1220	-0.0
	1311	1819	0.9
	2157		
16		0128	-0.9
TU	0529	0803	0.4
	1121	1244	-0.1
	1402	1855	0.9
	2238		
17		0203	-0.8
W	0600	0830	0.3
	1132	1320	-0.2
	1459	1939	0.9
	2326		
18		0244	-0.7
TH	0633	0905	0.3
A	1202	1408	-0.2
	1603	2032	0.8
19	0023	0333	-0.6
F	0710	0950	0.3
☽	1250	1510	-0.2
	1719	2137	0.7
20	0132	0432	-0.4
SA	0751	1045	0.3
	1352	1628	-0.2
	1854	2300	0.6
21	0256	0540	-0.3
SU	0834	1148	0.4
	1500	1756	-0.3
	2045		
22		0034	0.5
M	0431	0651	-0.2
	0915	1249	0.4
	1602	1918	-0.5
	2228		
23		0159	0.5
TU	0559	0756	-0.2
N	0952	1343	0.5
	1656	2024	-0.6
	2348		
24		0307	0.6
W	0710	0848	-0.1
	1024	1429	0.6
	1743	2118	-0.8
25	0051	0401	0.6
TH	0801	0929	-0.1
	1055	1509	0.7
	1827	2204	-0.9
26	0142	0444	0.6
F	0835	1004	-0.1
	1129	1548	0.9
	1909	2244	-1.0
27	0226	0521	0.6
SA	0858	1036	-0.2
○	1210	1627	1.0
	1951	2323	-1.1
28	0305	0555	0.7
SU	0917	1110	-0.3
	1257	1708	1.1
	2035		

3 月

日期	转流时分	最大流时分	流速
1		0002	-1.1
M	0343	0629	0.7
E	0941	1147	-0.3
	1347	1752	1.2
	2121		
2		0043	-1.1
TU	0421	0706	0.7
P	1011	1230	-0.4
	1441	1840	1.2
	2211		
3		0128	-1.1
W	0501	0746	0.7
	1049	1318	-0.5
	1539	1932	1.2
	2305		
4		0217	-1.0
TH	0544	0832	0.7
	1135	1413	-0.5
	1643	2031	1.1
5	0006	0312	-0.8
F	0631	0925	0.6
	1230	1516	-0.5
	1755	2139	0.9
6	0117	0415	-0.7
SA	0723	1025	0.6
☾	1334	1629	-0.6
	1919	2259	0.8
7	0241	0527	-0.5
SU	0821	1133	0.6
S	1443	1750	-0.6
	2053		
8		0029	0.8
M	0414	0645	-0.4
	0921	1244	0.6
	1551	1911	-0.7
	2226		
9		0156	0.8
TU	0547	0802	-0.3
	1019	1349	0.6
	1654	2024	-0.8
	2347		
10		0312	0.8
W	0709	0909	-0.3
	1109	1446	0.7
	1750	2126	-0.9
11	0055	0416	0.8
TH	0820	1003	-0.2
	1148	1533	0.7
	1838	2217	-1.0
12	0152	0510	0.8
F	0922	1047	-0.1
	1212	1612	0.7
	1920	2301	-1.0
13	0242	0554	0.7
SA	1016	1118	-0.1
●	1219	1643	0.7
	1957	2337	-0.9
14	0324	0628	0.6
SU	1052	1136	-0.0
E	1220	1709	0.8
	2031		
15		0007	-0.9
M	0357	0650	0.5
	1046	1147	-0.1
	1246	1734	0.8
	2105		
16		0032	-0.8
TU	0420	0703	0.4
	1021	1200	-0.1
	1334	1804	0.8
	2141		
17		0057	-0.7
W	0435	0714	0.4
	1012	1225	-0.3
	1429	1841	0.9
	2222		
18		0126	-0.6
TH	0450	0732	0.4
A	1024	1302	-0.4
	1528	1926	0.8
	2309		
19		0201	-0.5
F	0509	0801	0.5
	1056	1350	-0.5
	1633	2019	0.8
20	0005	0244	-0.4
SA	0534	0839	0.5
	1141	1447	-0.5
	1747	2123	0.7
21	0115	0336	-0.3
SU	0603	0928	0.5
☽	1238	1556	-0.6
	1911	2241	0.6
22	0243	0438	-0.2
M	0637	1028	0.5
N	1343	1713	-0.6
	2045		
23		0011	0.6
TU	0431	0552	-0.1
	0714	1136	0.5
	1453	1834	-0.7
	2215		
24		0137	0.6
W	0616	0709	-0.0
	0802	1245	0.6
	1601	1947	-0.8
	2330		
25		0247	0.6
TH	0723	0816	-0.0
	0908	1347	0.7
	1704	2049	-0.9
26	0032	0342	0.7
F	0759	0908	-0.1
	1016	1442	0.8
	1759	2141	-1.0
27	0122	0427	0.7
SA	0823	0951	-0.1
	1116	1532	0.9
	1851	2226	-1.0
28	0205	0504	0.7
SU	0842	1028	-0.2
○E	1212	1618	1.0
	1939	2307	-1.1
29	0242	0537	0.7
M	0859	1105	-0.3
	1305	1703	1.0
	2026	2346	-1.0
30	0316	0609	0.7
TU	0920	1142	-0.5
P	1359	1748	1.1
	2114		
31		0026	-1.0
W	0349	0641	0.7
	0946	1223	-0.6
	1454	1836	1.1
	2204		

预报值中包括海流。

马六甲海峡—兄弟灯标外

MALACCA STRAIT－OFF THE BROTHERS LIGHT

1° 14′ N　　103° 19′ E

2021 年潮流表　　流速单位:kn　　(＋)表示流向 300°　　(－)表示流向 120°　　时区:－0800

4 月

日期	转流时分	最大流时分	流速
1 TH		0108	-0.9
	0421	0717	0.7
	1019	1309	-0.7
	1552	1928	1.1
	2259		
2 F		0154	-0.8
	0456	0757	0.7
	1100	1401	-0.7
	1655	2025	1.0
3 SA	0001	0245	-0.6
	0534	0843	0.7
	1148	1459	-0.8
	1805	2131	0.9
4 SU ☾ S	0115	0343	-0.4
	0615	0935	0.7
	1243	1605	-0.8
	1924	2250	0.8
5 M	0246	0451	-0.3
	0700	1037	0.6
	1346	1720	-0.8
	2051		
6 TU		0019	0.7
	0434	0612	-0.1
	0752	1146	0.6
	1454	1839	-0.8
	2217		
7 W		0146	0.7
	0621	0736	-0.1
	0853	1258	0.6
	1603	1953	-0.9
	2333		
8 TH		0302	0.8
	0743	0849	-0.1
	0957	1404	0.6
	1707	2058	-0.9
9 F	0037	0404	0.8
	0844	0948	-0.1
	1052	1501	0.6
	1804	2152	-0.9
10 SA	0132	0455	0.8
	0931	1032	-0.1
	1134	1548	0.6
	1854	2238	-0.9
11 SU E	0219	0535	0.7
	1003	1103	-0.1
	1204	1626	0.6
	1938	2315	-0.8
12 M ●	0255	0603	0.6
	1010	1121	-0.1
	1233	1656	0.7
	2017	2343	-0.7
13 TU	0319	0616	0.5
	0950	1132	-0.2
	1312	1724	0.7
	2053		
14 W A		0004	-0.6
	0328	0620	0.5
	0928	1147	-0.3
	1359	1755	0.7
	2129		
15 TH		0023	-0.5
	0329	0626	0.5
	0925	1212	-0.4
	1452	1832	0.8
	2208		

日期	转流时分	最大流时分	流速
16 F		0048	-0.5
	0335	0643	0.6
	0944	1249	-0.6
	1548	1916	0.8
	2253		
17 SA		0120	-0.4
	0349	0712	0.7
	1019	1336	-0.7
	1650	2008	0.7
	2348		
18 SU N		0159	-0.3
	0411	0750	0.7
	1105	1430	-0.8
	1758	2110	0.7
19 M	0057	0247	-0.2
	0437	0837	0.7
	1159	1532	-0.8
	1914	2224	0.6
20 TU ☽	0229	0346	-0.1
	0502	0934	0.7
	1301	1643	-0.9
	2036	2348	0.6
21 W		0459	0.0
		1042	0.7
	1409	1759	-0.9
	2157		
22 TH		0111	0.6
		0624	0.0
		1158	0.7
	1521	1914	-0.9
	2308		
23 F		0222	0.7
		0743	0.0
		1313	0.7
	1631	2020	-1.0
24 SA	0007	0319	0.7
	0739	0847	-0.1
	0955	1420	0.8
	1736	2117	-1.0
25 SU E	0057	0405	0.8
	0758	0938	-0.2
	1116	1519	0.8
	1835	2206	-1.0
26 M	0139	0444	0.8
	0818	1021	-0.3
	1222	1612	0.9
	1929	2250	-1.0
27 TU ○P	0215	0517	0.8
	0837	1100	-0.4
	1320	1701	1.0
	2021	2331	-0.9
28 W	0245	0547	0.8
	0858	1139	-0.6
	1415	1748	1.0
	2111		
29 TH		0009	-0.8
	0312	0617	0.8
	0924	1219	-0.7
	1510	1835	1.0
	2202		
30 F		0048	-0.7
	0338	0649	0.8
	0955	1302	-0.8
	1606	1925	0.9
	2257		

5 月

日期	转流时分	最大流时分	流速
1 SA S		0130	-0.5
	0403	0723	0.8
	1031	1349	-0.9
	1706	2021	0.9
2 SU	0000	0215	-0.4
	0430	0803	0.8
	1115	1442	-0.9
	1812	2124	0.8
3 M ☾	0118	0306	-0.2
	0455	0848	0.8
	1204	1542	-0.9
	1925	2239	0.7
4 TU	0306	0408	-0.1
	0511	0942	0.7
	1300	1649	-0.9
	2043		
5 W		0004	0.7
		0527	0.1
		1045	0.6
	1404	1804	-0.9
	2202		
6 TH		0131	0.7
		0659	0.1
		1159	0.6
	1514	1919	-0.9
	2313		
7 F		0247	0.7
		0822	0.1
		1316	0.5
	1625	2027	-0.9
8 SA E	0015	0347	0.7
		0925	0.0
		1426	0.5
	1732	2125	-0.9
9 SU	0107	0433	0.7
	0923	1011	-0.0
	1059	1524	0.6
	1831	2212	-0.8
10 M	0149	0508	0.7
	0924	1043	-0.1
	1203	1610	0.6
	1923	2249	-0.7
11 TU ●A	0218	0529	0.6
	0915	1103	-0.2
	1252	1646	0.6
	2007	2316	-0.6
12 W	0230	0536	0.5
	0857	1117	-0.3
	1336	1718	0.6
	2045	2333	-0.4
13 TH	0226	0536	0.5
	0845	1135	-0.4
	1421	1749	0.6
	2120	2349	-0.4
14 F	0220	0544	0.6
	0852	1202	-0.6
	1509	1824	0.7
	2156		
15 SA N		0011	-0.3
	0225	0604	0.7
	0918	1238	-0.8
	1600	1906	0.7
	2238		

日期	转流时分	最大流时分	流速
16 SU		0042	-0.3
	0242	0635	0.9
	0955	1322	-0.9
	1657	1956	0.7
	2330		
17 M		0121	-0.2
	0308	0716	0.9
	1041	1413	-1.0
	1759	2055	0.6
18 TU	0035	0208	-0.2
	0338	0803	1.0
	1134	1511	-1.1
	1907	2203	0.6
19 W ☽	0202	0305	-0.1
	0407	0900	0.9
	1234	1617	-1.0
	2020	2320	0.6
20 TH		0416	0.0
		1007	0.9
	1340	1729	-1.0
	2133		
21 F		0039	0.6
		0543	0.0
		1124	0.8
	1452	1844	-1.0
	2240		
22 SA E		0151	0.7
	0643	0711	-0.0
	0738	1246	0.8
	1607	1953	-1.0
	2339		
23 SU		0250	0.7
	0657	0823	-0.1
	0949	1402	0.8
	1718	2054	-1.0
24 M	0028	0339	0.8
	0723	0922	-0.3
	1121	1510	0.8
	1824	2147	-0.9
25 TU	0110	0420	0.8
	0748	1011	-0.4
	1233	1608	0.9
	1924	2234	-0.8
26 W ○P	0145	0454	0.8
	0813	1054	-0.6
	1335	1700	0.9
	2019	2316	-0.7
27 TH	0212	0525	0.8
	0837	1134	-0.7
	1431	1749	0.9
	2112	2353	-0.6
28 F S	0234	0553	0.9
	0903	1214	-0.9
	1524	1836	0.9
	2205		
29 SA		0029	-0.5
	0252	0622	0.9
	0933	1254	-1.0
	1617	1924	0.8
	2300		
30 SU		0105	-0.3
	0308	0653	0.9
	1008	1337	-1.0
	1713	2016	0.7
31 M	0002	0143	-0.2
	0322	0728	0.9
	1048	1425	-1.0
	1813	2114	0.7

6 月

日期	转流时分	最大流时分	流速
1 TU	0126	0226	-0.1
	0325	0807	0.9
	1133	1518	-1.0
	1918	2222	0.6
2 W ☾		0318	0.1
		0854	0.8
	1225	1619	-1.0
	2029	2341	0.6
3 TH		0427	0.2
		0950	0.7
	1325	1728	-0.9
	2141		
4 F E		0106	0.6
		0600	0.2
		1100	0.6
	1434	1843	-0.9
	2249		
5 SA		0222	0.6
		0735	0.2
		1225	0.5
	1549	1953	-0.8
	2347		
6 SU		0319	0.6
		0847	0.1
		1349	0.5
	1705	2054	-0.7
7 M	0035	0401	0.6
	0839	0938	-0.0
	1038	1459	0.5
	1812	2143	-0.6
8 TU A	0110	0430	0.6
	0825	1014	-0.2
	1204	1554	0.5
	1911	2221	-0.5
9 W	0130	0446	0.5
	0816	1039	-0.3
	1303	1636	0.6
	2001	2246	-0.4
10 TH ●	0132	0452	0.5
	0808	1059	-0.4
	1350	1711	0.6
	2041	2302	-0.3
11 F	0121	0456	0.6
	0810	1121	-0.6
	1434	1743	0.6
	2115	2317	-0.2
12 SA N	0116	0509	0.7
	0827	1150	-0.8
	1518	1817	0.6
	2146	2339	-0.2
13 SU	0127	0534	0.9
	0858	1226	-1.0
	1605	1856	0.6
	2222		
14 M		0010	-0.2
	0153	0608	1.0
	0937	1308	-1.1
	1656	1942	0.6
	2307		
15 TU		0050	-0.2
	0228	0651	1.1
	1024	1357	-1.2
	1751	2036	0.6

日期	转流时分	最大流时分	流速
16 W	0003	0138	-0.2
	0308	0740	1.1
	1116	1452	-1.2
	1852	2137	0.6
17 TH	0114	0234	-0.1
	0351	0837	1.1
	1214	1554	-1.1
	1957	2247	0.6
18 F ☽	0244	0344	-0.1
	0442	0943	1.0
	1320	1702	-1.1
	2104		
19 SA E		0001	0.6
	0416	0508	-0.0
	0558	1100	0.9
	1432	1815	-1.0
	2208		
20 SU		0113	0.6
	0518	0637	-0.1
	0755	1225	0.8
	1550	1927	-0.9
	2306		
21 M		0216	0.7
	0603	0757	-0.2
	0951	1348	0.8
	1707	2031	-0.9
	2356		
22 TU		0309	0.8
	0641	0903	-0.4
	1125	1502	0.8
	1818	2129	-0.8
23 W P	0039	0353	0.8
	0715	0958	-0.6
	1241	1605	0.8
	1923	2219	-0.7
24 TH ○	0113	0430	0.8
	0746	1045	-0.7
	1344	1700	0.8
	2023	2302	-0.6
25 F S	0139	0502	0.9
	0815	1127	-0.9
	1441	1750	0.8
	2119	2338	-0.4
26 SA	0156	0530	0.9
	0843	1206	-1.0
	1532	1837	0.8
	2213		
27 SU		0011	-0.3
	0206	0557	0.9
	0914	1244	-1.0
	1623	1922	0.7
	2306		
28 M		0041	-0.2
	0212	0626	0.9
	0947	1323	-1.1
	1713	2008	0.6
29 TU	0005	0111	-0.1
	0215	0657	1.0
	1025	1405	-1.1
	1806	2057	0.6
30 W		0145	0.0
		0734	0.9
	1108	1452	-1.0
	1903	2153	0.5

预报值中包括海流。

马六甲海峡—兄弟灯标外

MALACCA STRAIT—OFF THE BROTHERS LIGHT

1° 14′ N　　103° 19′ E

2021年潮流表　　流速单位:kn　　(+)表示流向300°　　(−)表示流向120°　　时区:−0800

7 月

日期	转流时分	最大流时分	流速	日期	转流时分	最大流时分	流速
1		0225	0.1	16	0022	0212	-0.2
		0816	0.9		0356	0822	1.1
TH	1157	1546	-0.9	F	1200	1530	-1.1
☾ E	2005	2300	0.4	E	1925	2209	0.6
2		0319	0.1	17	0131	0319	-0.2
		0908	0.8		0501	0928	1.0
F	1254	1649	-0.8	SA	1305	1636	-1.0
	2109			☽	2026	2317	0.6
3		0017	0.4	18	0248	0438	-0.2
		0437	0.2		0624	1044	0.9
SA		1013	0.6	SU	1419	1747	-0.9
	1402	1800	-0.7		2128		
	2212						
4		0132	0.4	19		0029	0.6
		0618	0.2		0401	0605	-0.3
SU		1138	0.5	M	0806	1210	0.8
	1521	1913	-0.6		1540	1900	-0.8
	2307				2227		
5		0229	0.5	20		0136	0.7
		0747	0.0		0503	0729	-0.4
M		1313	0.5	TU	0953	1337	0.8
A	1643	2017	-0.6		1701	2009	-0.7
	2350				2319		
6		0309	0.5	21		0234	0.7
	0711	0849	-0.1		0554	0840	-0.5
TU	1027	1434	0.5	W	1126	1455	0.8
	1800	2109	-0.5	P	1818	2111	-0.6
7	0018	0337	0.5	22	0004	0323	0.8
	0709	0934	-0.3		0637	0940	-0.7
W	1159	1536	0.5	TH	1242	1601	0.8
	1906	2149	-0.4	S	1928	2204	-0.5
8	0031	0355	0.5	23	0039	0404	0.8
	0713	1009	-0.4		0716	1031	-0.9
TH	1303	1624	0.5	F	1346	1659	0.8
	2000	2215	-0.2		2032	2249	-0.4
9	0027	0407	0.6	24	0104	0439	0.9
	0723	1037	-0.6		0751	1116	-1.0
F	1353	1702	0.5	SA	1442	1749	0.8
N	2043	2233	-0.2	○	2131	2325	-0.3
10	0019	0420	0.7	25	0119	0509	0.9
	0740	1106	-0.8		0823	1155	-1.0
SA	1437	1735	0.5	SU	1533	1834	0.7
●	2113	2250	-0.2		2224	2355	-0.2
11	0023	0441	0.8	26	0124	0536	0.9
	0806	1137	-0.9		0855	1231	-1.1
SU	1518	1807	0.6	M	1619	1915	0.6
	2136	2314	-0.2		2313		
12	0047	0511	1.0	27		0019	-0.1
	0841	1213	-1.1		0124	0603	0.9
M	1600	1844	0.6	TU	0929	1307	-1.1
	2203	2347	-0.2		1704	1953	0.6
					2355		
13	0125	0549	1.1	28		0042	-0.0
	0922	1254	-1.2		0128	0633	1.0
TU	1645	1925	0.6	W	1006	1344	-1.0
	2239				1748	2030	0.5
14		0028	-0.2	29	0031	0108	-0.0
	0210	0634	1.2		0145	0708	0.9
W	1009	1340	-1.2	TH	1047	1424	-0.9
	1734	2013	0.6	E	1834	2111	0.4
	2325						
15		0116	-0.3	30	0109	0142	-0.0
	0300	0725	1.2		0214	0750	0.9
TH	1101	1432	-1.2	F	1135	1511	-0.8
	1827	2107	0.6		1922	2158	0.3
				31	0205	0227	-0.0
					0248	0840	0.8
				SA	1231	1605	-0.7
				☾	2014	2253	0.3

8 月

日期	转流时分	最大流时分	流速	日期	转流时分	最大流时分	流速
1		0328	0.0	16	0141	0414	-0.4
		0942	0.7		0639	1033	0.9
SU	1338	1709	-0.6	M	1411	1718	-0.7
	2108	2358	0.3		2037	2339	0.6
2	0408	0454	-0.0	17	0253	0536	-0.5
	0539	1104	0.6		0814	1200	0.8
M	1500	1821	-0.4	TU	1536	1833	-0.6
A	2157			P	2137		
3		0100	0.3	18		0049	0.6
	0441	0629	-0.1		0402	0700	-0.6
TU	0813	1241	0.5	W	0954	1329	0.8
	1630	1930	-0.3	S	1704	1947	-0.5
	2236				2234		
4		0150	0.4	19		0153	0.7
	0513	0749	-0.2		0503	0815	-0.7
W	1019	1409	0.5	TH	1123	1448	0.8
	1756	2028	-0.3		1826	2054	-0.4
	2302				2323		
5		0229	0.4	20		0249	0.7
	0543	0848	-0.4		0557	0919	-0.8
TH	1148	1517	0.5	F	1238	1556	0.8
N	1909	2112	-0.2		1939	2150	-0.3
	2314						
6		0258	0.5	21	0002	0336	0.8
	0611	0934	-0.6		0643	1013	-1.0
F	1254	1609	0.5	SA	1340	1654	0.8
	2007	2144	-0.1		2044	2237	-0.3
	2318						
7		0324	0.6	22	0030	0415	0.8
	0641	1012	-0.7		0725	1100	-1.0
SA	1345	1650	0.6	SU	1435	1744	0.8
	2048	2208	-0.1	○	2142	2314	-0.2
	2325						
8		0350	0.8	23	0046	0448	0.8
	0712	1047	-0.9		0802	1140	-1.0
SU	1429	1724	0.6	M	1523	1827	0.7
●	2109	2230	-0.1		2231	2342	-0.1
	2348						
9		0420	0.9	24	0051	0517	0.8
	0747	1121	-1.0		0837	1215	-1.0
M	1508	1755	0.6	TU	1606	1901	0.6
	2123	2258	-0.2		2305		
10	0028	0456	1.0	25		0001	-0.1
	0826	1158	-1.1		0057	0545	0.9
TU	1546	1827	0.6	W	0912	1247	-1.0
	2142	2333	-0.2	E	1643	1929	0.5
					2313		
11	0116	0537	1.2	26		0019	-0.1
	0910	1238	-1.1		0122	0614	0.9
W	1625	1904	0.6	TH	0949	1319	-0.9
	2210				1715	1952	0.4
					2311		
12		0014	-0.3	27		0041	-0.1
	0209	0623	1.2		0206	0649	0.9
TH	0958	1322	-1.2	F	1030	1352	-0.8
E	1707	1946	0.6		1745	2017	0.4
	2248				2318		
13		0102	-0.4	28		0113	-0.2
	0306	0715	1.2		0300	0731	0.9
F	1050	1411	-1.1	SA	1117	1431	-0.7
	1753	2034	0.6		1815	2047	0.3
	2336				2340		
14		0156	-0.4	29		0156	-0.2
	0408	0812	1.2		0401	0821	0.8
SA	1148	1506	-1.0	SU	1212	1516	-0.5
	1843	2128	0.6		1846	2125	0.3
15	0034	0300	-0.4	30	0019	0251	-0.3
	0518	0917	1.0		0512	0922	0.7
SU	1255	1609	-0.9	M	1319	1610	-0.4
☽	1938	2231	0.6	☾ A	1920	2213	0.3
				31	0114	0402	-0.3
					0640	1040	0.6
				TU	1444	1714	-0.3
					1956	2311	0.3

9 月

日期	转流时分	最大流时分	流速	日期	转流时分	最大流时分	流速
1	0218	0526	-0.3	16	0305	0630	-0.7
	0825	1213	0.5		0952	1320	0.8
W	1626	1826	-0.1	TH	1716	1922	-0.3
	2031				2132		
2		0014	0.4	17		0107	0.6
	0324	0650	-0.5		0413	0747	-0.8
TH	1008	1344	0.5	F	1116	1440	0.8
N	1808	1936	-0.1		1843	2035	-0.2
	2104				2229		
3		0112	0.5	18		0210	0.7
	0424	0801	-0.6		0514	0854	-0.9
F	1132	1456	0.5	SA	1227	1548	0.8
	1930	2031	-0.0		1955	2136	-0.2
	2132				2318		
4		0202	0.6	19		0305	0.7
	0516	0859	-0.7		0610	0951	-1.0
SA	1237	1551	0.6	SU	1327	1645	0.8
	2023	2114	-0.0		2056	2225	-0.2
	2204				2355		
5		0245	0.7	20		0351	0.7
	0603	0945	-0.9		0658	1040	-1.0
SU	1328	1633	0.6	M	1420	1733	0.8
	2048	2147	-0.1	○	2146	2303	-0.1
	2246						
6		0325	0.8	21	0020	0430	0.7
	0647	1026	-1.0		0742	1121	-1.0
M	1411	1708	0.6	TU	1505	1812	0.7
	2057	2217	-0.1	E	2222	2330	-0.1
	2335						
7		0405	0.9	22	0038	0503	0.8
	0730	1104	-1.0		0821	1156	-0.9
TU	1449	1738	0.6	W	1542	1839	0.6
●	2105	2249	-0.2		2232	2347	-0.1
8	0028	0446	1.0	23	0102	0532	0.8
	0814	1141	-1.1		0858	1225	-0.8
W	1523	1808	0.6	TH	1609	1856	0.5
E	2119	2325	-0.3		2220		
9	0123	0530	1.1	24		0002	-0.2
	0900	1221	-1.1		0140	0602	0.8
TH	1557	1841	0.7	F	0936	1250	-0.7
	2144				1626	1907	0.4
					2208		
10		0006	-0.4	25		0023	-0.3
	0219	0617	1.2		0229	0636	0.8
F	0948	1303	-1.0	SA	1015	1317	-0.6
	1632	1918	0.7		1637	1921	0.4
	2217				2214		
11		0052	-0.5	26		0054	-0.4
	0318	0708	1.2		0324	0717	0.8
SA	1041	1349	-0.9	SU	1100	1347	-0.5
P	1711	2000	0.7	A	1648	1943	0.4
	2300				2238		
12		0145	-0.6	27		0136	-0.5
	0422	0805	1.1		0426	0807	0.7
SU	1140	1441	-0.8	M	1154	1425	-0.4
	1754	2048	0.7		1704	2015	0.5
	2350				2316		
13		0245	-0.6	28		0229	-0.5
	0531	0909	1.0		0535	0906	0.7
M	1248	1540	-0.7	TU	1301	1510	-0.2
☽	1841	2144	0.7		1723	2056	0.5
14	0049	0353	-0.7	29	0007	0331	-0.6
	0651	1025	0.9		0655	1020	0.6
TU	1407	1647	-0.5	W	1431	1606	-0.1
	1933	2248	0.6	☾ N	1742	2149	0.5
15	0155	0509	-0.7	30	0108	0444	-0.6
	0820	1151	0.8		0824	1148	0.5
W	1540	1803	-0.4	TH	1651	1715	-0.0
S	2031	2358	0.6		1739	2253	0.5

预报值中包括海流。

马六甲海峡—兄弟灯标外

MALACCA STRAIT－OFF THE BROTHERS LIGHT

1° 14′ N　　103° 19′ E

2021 年潮流表　　流速单位:kn　　(＋)表示流向 300°　　(－)表示流向 120°　　时区:－0800

10 月

日期	转流时分	最大流时分	流速
1 F	0215	0603	-0.7
	0955	1317	0.5
		1835	0.1
2 SA		0003	0.6
	0325	0719	-0.8
	1112	1431	0.6
		1948	0.1
3 SU		0112	0.6
	0431	0824	-0.9
	1214	1528	0.6
		2045	0.0
4 M		0212	0.7
	0531	0918	-0.9
	1305	1612	0.6
	2027	2130	-0.1
	2231		
5 TU		0306	0.8
	0626	1004	-1.0
	1347	1647	0.7
	2032	2208	-0.2
	2341		
6 W ●E		0354	0.9
	0716	1046	-1.0
	1423	1718	0.7
	2042	2244	-0.3
7 TH	0041	0440	1.0
	0804	1124	-1.0
	1454	1747	0.7
	2057	2321	-0.4
8 F P	0138	0527	1.0
	0852	1203	-0.9
	1523	1817	0.7
	2121		
9 SA		0001	-0.6
	0235	0614	1.1
	0942	1243	-0.9
	1552	1850	0.8
	2152		
10 SU		0046	-0.7
	0333	0705	1.0
	1035	1326	-0.7
	1624	1928	0.8
	2231		
11 M		0136	-0.8
	0435	0800	1.0
	1135	1414	-0.6
	1658	2011	0.8
	2316		
12 TU S		0231	-0.9
	0543	0904	0.9
	1244	1508	-0.4
	1735	2100	0.8
13 W ☽	0009	0334	-0.9
	0658	1017	0.8
	1409	1612	-0.3
	1816	2157	0.7
14 TH	0109	0444	-0.9
	0821	1142	0.7
	1555	1727	-0.1
	1901	2304	0.7
15 F	0215	0601	-0.9
	0945	1310	0.7
	1750	1852	-0.1
	1955		

日期	转流时分	最大流时分	流速
16 SA		0016	0.6
	0325	0718	-0.9
	1103	1430	0.8
	1921	2013	-0.0
	2106		
17 SU		0128	0.6
	0433	0827	-1.0
	1211	1536	0.8
	2019	2119	-0.1
	2219		
18 M		0232	0.6
	0537	0927	-1.0
	1309	1631	0.8
	2102	2210	-0.1
	2320		
19 TU E		0328	0.7
	0634	1018	-1.0
	1358	1716	0.8
	2134	2250	-0.1
20 W ○	0006	0414	0.7
	0724	1101	-0.9
	1439	1749	0.7
	2150	2317	-0.1
21 TH	0045	0452	0.7
	0809	1135	-0.8
	1508	1810	0.6
	2146	2335	-0.2
22 F	0122	0524	0.7
	0849	1200	-0.6
	1522	1817	0.5
	2130	2349	-0.3
23 SA	0204	0554	0.7
	0926	1219	-0.5
	1521	1821	0.5
	2122		
24 SU A		0009	-0.4
	0251	0627	0.7
	1003	1238	-0.4
	1518	1831	0.5
	2133		
25 M		0040	-0.6
	0343	0707	0.7
	1045	1303	-0.3
	1522	1852	0.6
	2202		
26 TU N		0121	-0.7
	0440	0754	0.7
	1136	1336	-0.2
	1535	1925	0.7
	2242		
27 W		0210	-0.8
	0544	0851	0.6
	1240	1417	-0.2
	1552	2007	0.8
	2332		
28 TH ☾		0308	-0.9
	0656	1000	0.5
	1413	1508	-0.0
	1603	2058	0.8
29 F	0030	0413	-0.9
	0815	1121	0.5
		1614	0.1
		2200	0.7
30 SA	0135	0527	-0.9
	0935	1245	0.5
		1737	0.1
		2314	0.7
31 SU	0245	0643	-0.9
	1046	1359	0.6
		1905	0.1

11 月

日期	转流时分	最大流时分	流速
1 M		0033	0.7
	0358	0752	-0.9
	1146	1458	0.6
		2016	0.0
2 TU E		0146	0.7
	0506	0852	-1.0
	1236	1545	0.7
	1948	2112	-0.1
	2235		
3 W		0251	0.8
	0608	0942	-1.0
	1318	1622	0.7
	2000	2157	-0.3
	2353		
4 TH ●		0347	0.9
	0705	1027	-0.9
	1352	1655	0.7
	2016	2238	-0.4
5 F P	0057	0438	0.9
	0758	1108	-0.9
	1421	1724	0.8
	2036	2317	-0.6
6 SA	0155	0526	0.9
	0849	1146	-0.8
	1446	1753	0.8
	2100	2358	-0.7
7 SU	0252	0614	0.9
	0939	1224	-0.7
	1510	1824	0.8
	2131		
8 M S		0040	-0.9
	0348	0704	0.9
	1033	1303	-0.5
	1534	1858	0.9
	2207		
9 TU		0127	-1.0
	0447	0757	0.9
	1133	1346	-0.4
	1559	1936	0.9
	2250		
10 W		0218	-1.0
	0550	0858	0.8
	1244	1435	-0.2
	1624	2020	0.9
	2338		
11 TH ☽		0315	-1.0
	0700	1008	0.7
	1418	1532	-0.1
	1645	2111	0.8
12 F	0033	0419	-1.0
	0815	1128	0.7
		1643	0.0
		2211	0.7
13 SA	0134	0531	-1.0
	0933	1254	0.7
		1812	0.1
		2323	0.6
14 SU	0243	0647	-1.0
	1046	1414	0.7
		1942	0.1
15 M E		0042	0.6
	0356	0759	-0.9
	1150	1519	0.7
		2054	0.0

日期	转流时分	最大流时分	流速
16 TU		0159	0.6
	0508	0901	-0.9
	1245	1610	0.7
	2052	2149	-0.1
	2248		
17 W		0305	0.6
	0613	0954	-0.8
	1331	1650	0.7
	2100	2230	-0.1
18 TH	0002	0400	0.6
	0711	1038	-0.7
	1405	1718	0.6
	2104	2300	-0.2
19 F ○	0057	0443	0.6
	0801	1111	-0.6
	1424	1732	0.5
	2056	2319	-0.3
20 SA	0142	0518	0.6
	0844	1131	-0.4
	1422	1735	0.5
	2045	2336	-0.4
21 SU A	0224	0549	0.6
	0921	1144	-0.3
	1408	1736	0.6
	2046	2357	-0.6
22 M N	0307	0620	0.6
	0955	1159	-0.2
	1401	1749	0.7
	2104		
23 TU		0027	-0.8
	0355	0657	0.6
	1031	1222	-0.2
	1409	1814	0.8
	2137		
24 W		0106	-0.9
	0446	0741	0.6
	1115	1254	-0.2
	1430	1850	0.9
	2219		
25 TH		0153	-1.0
	0544	0834	0.6
	1212	1336	-0.1
	1456	1934	1.0
	2300		
26 F		0246	-1.0
	0648	0936	0.5
	1331	1426	-0.1
	1521	2026	1.0
27 SA ☾	0005	0348	-1.0
	0757	1049	0.5
		1530	0.0
		2128	0.9
28 SU	0108	0456	-1.0
	0908	1207	0.5
		1652	0.1
		2242	0.8
29 M	0218	0610	-1.0
	1015	1320	0.6
		1825	0.0
30 TU E		0004	0.8
	0333	0721	-1.0
	1113	1422	0.6
	1840	1947	-0.1
	2053		

12 月

日期	转流时分	最大流时分	流速
1 W		0126	0.8
	0447	0825	-0.9
	1203	1513	0.7
	1859	2051	-0.2
	2243		
2 TH		0239	0.8
	0556	0921	-0.9
	1245	1554	0.8
	1923	2145	-0.4
3 F	0005	0342	0.8
	0659	1009	-0.8
	1320	1630	0.8
	1948	2231	-0.6
4 SA ●P	0112	0437	0.9
	0757	1052	-0.7
	1347	1701	0.8
	2013	2313	-0.7
5 SU	0211	0528	0.9
	0851	1130	-0.6
	1408	1730	0.9
	2041	2353	-0.9
6 M S	0306	0615	0.8
	0943	1206	-0.5
	1427	1759	0.9
	2112		
7 TU		0034	-1.0
	0359	0703	0.8
	1036	1241	-0.3
	1444	1831	1.0
	2147		
8 W		0117	-1.1
	0454	0754	0.8
	1134	1319	-0.2
	1500	1906	1.0
	2227		
9 TH		0203	-1.1
	0552	0849	0.7
	1245	1400	-0.1
	1514	1946	1.0
	2312		
10 F		0255	-1.1
	0654	0952	0.6
		1449	0.0
		2032	0.9
11 SA ☽	0004	0353	-1.1
	0802	1105	0.6
		1551	0.1
		2127	0.8
12 SU E	0102	0500	-1.0
	0913	1227	0.5
		1715	0.2
		2234	0.7
13 M	0209	0613	-0.9
	1021	1347	0.6
		1853	0.2
		2357	0.6
14 TU	0325	0727	-0.8
	1123	1450	0.6
		2016	0.1
15 W		0126	0.5
	0444	0833	-0.8
	1215	1539	0.6
	2007	2117	-0.1
	2228		

日期	转流时分	最大流时分	流速
16 TH		0244	0.5
	0558	0928	-0.7
	1255	1614	0.6
	2005	2202	-0.2
	2359		
17 F		0346	0.6
	0703	1012	-0.5
	1321	1637	0.6
	2007	2235	-0.3
18 SA A	0103	0434	0.6
	0800	1043	-0.4
	1328	1648	0.5
	2005	2259	-0.4
19 SU ○	0153	0512	0.5
	0847	1101	-0.3
	1314	1651	0.6
	2005	2319	-0.6
20 M N	0235	0543	0.5
	0924	1111	-0.2
	1255	1658	0.7
	2017	2343	-0.8
21 TU	0316	0613	0.5
	0950	1124	-0.1
	1255	1716	0.8
	2042		
22 W		0013	-0.9
	0357	0646	0.5
	1015	1148	-0.1
	1316	1746	1.0
	2118		
23 TH		0051	-1.0
	0443	0725	0.5
	1049	1223	-0.2
	1351	1826	1.1
	2201		
24 F		0135	-1.1
	0533	0813	0.5
	1134	1306	-0.2
	1433	1912	1.1
	2251		
25 SA		0226	-1.1
	0629	0908	0.5
	1233	1358	-0.1
	1518	2006	1.1
	2346		
26 SU		0323	-1.1
	0729	1011	0.5
	1350	1501	-0.1
	1609	2108	1.0
27 M ☾E	0049	0428	-1.0
	0833	1122	0.5
	1519	1619	-0.1
	1718	2221	0.9
28 TU	0159	0539	-1.0
	0936	1234	0.6
	1632	1750	-0.1
	1905	2345	0.8
29 W	0316	0652	-0.9
	1034	1340	0.6
	1724	1916	-0.2
	2106		
30 TH		0112	0.8
	0435	0800	-0.8
	1126	1436	0.7
	1806	2029	-0.4
	2250		
31 F		0231	0.8
	0550	0900	-0.7
	1209	1523	0.8
	1843	2129	-0.6

预报值中包括海流。

新加坡海峡—德里安海峡南口

SINGAPORE STRAIT－SOUTHERN APPROACHES TO DOERIAN STRAIT

0° 40′ N　　103° 42′ E

2021 年潮流表　　流速单位:kn　　(＋)表示流向 000°　　(－)表示流向 180°　　时区:－0700

1 月

日期	转流时分	最大流时分	流速
1 F		0131	-2.5
	0519	0830	1.7
	1142	1342	-0.8
	1552	1936	1.6
	2233		
2 SA		0203	-2.7
	0554	0905	1.7
	1218	1415	-0.8
	1618	2007	1.7
	2306		
3 SU		0238	-2.8
	0632	0941	1.8
	1256	1450	-0.8
	1652	2043	1.8
	2344		
4 M		0317	-2.9
	0714	1021	1.8
	1337	1531	-0.7
	1732	2126	1.8
5 TU	0028	0403	-2.8
	0802	1105	1.7
	1424	1620	-0.7
	1823	2217	1.8
6 W ☾ E	0118	0455	-2.6
	0854	1154	1.6
	1518	1719	-0.7
	1928	2314	1.7
7 TH	0215	0557	-2.3
	0950	1248	1.5
	1619	1835	-0.7
	2052		
8 F		0021	1.5
	0323	0710	-2.0
	1047	1349	1.5
	1724	1959	-0.9
	2228		
9 SA P		0139	1.3
	0449	0826	-1.8
	1144	1454	1.4
	1823	2114	-1.3
10 SU	0004	0315	1.2
	0627	0936	-1.6
	1238	1601	1.5
	1915	2217	-1.7
11 M	0132	0456	1.4
	0758	1038	-1.4
	1325	1701	1.5
	2000	2311	-2.2
12 TU S	0247	0614	1.6
	0914	1132	-1.2
	1404	1751	1.6
	2042	2359	-2.6
13 W ●	0351	0714	1.9
	1018	1218	-1.0
	1436	1834	1.7
	2120		
14 TH		0043	-2.9
	0446	0804	2.0
	1113	1259	-0.8
	1500	1910	1.7
	2156		
15 F		0122	-3.1
	0534	0847	2.0
	1200	1335	-0.6
	1522	1944	1.8
	2232		
16 SA		0159	-3.1
	0616	0926	1.9
	1239	1408	-0.5
	1548	2015	1.8
	2307		
17 SU		0234	-3.1
	0653	1001	1.8
	1311	1441	-0.5
	1621	2049	1.7
	2343		
18 M		0309	-2.9
	0726	1034	1.7
	1341	1517	-0.6
	1704	2127	1.6
19 TU E	0022	0345	-2.7
	0758	1107	1.6
	1412	1557	-0.6
	1757	2212	1.5
20 W ☽	0103	0423	-2.4
	0831	1143	1.5
	1449	1645	-0.7
	1904	2305	1.3
21 TH A	0149	0507	-2.0
	0908	1224	1.5
	1534	1743	-0.7
	2031		
22 F		0007	1.0
	0243	0559	-1.5
	0952	1311	1.4
	1627	1902	-0.8
	2218		
23 SA		0118	0.9
	0351	0707	-1.2
	1042	1406	1.3
	1726	2036	-0.9
	2358		
24 SU		0240	0.8
	0523	0836	-0.9
	1139	1506	1.3
	1826	2151	-1.2
25 M	0120	0406	0.9
	0708	0958	-0.8
	1237	1607	1.3
	1918	2248	-1.5
26 TU N	0223	0522	1.1
	0832	1101	-0.8
	1331	1703	1.3
	2003	2333	-1.8
27 W	0313	0620	1.4
	0932	1150	-0.8
	1416	1749	1.4
	2042		
28 TH ○		0010	-2.1
	0355	0705	1.6
	1019	1228	-0.8
	1451	1828	1.5
	2116		
29 F		0044	-2.4
	0431	0743	1.8
	1056	1300	-0.8
	1519	1900	1.6
	2148		
30 SA		0116	-2.6
	0506	0817	1.9
	1128	1330	-0.9
	1545	1931	1.8
	2222		
31 SU		0148	-2.8
	0540	0849	1.9
	1158	1400	-1.0
	1614	2003	1.9
	2258		

2 月

日期	转流时分	最大流时分	流速
1 M		0223	-3.0
	0616	0921	1.9
	1227	1433	-1.1
	1649	2039	2.1
	2337		
2 TU E		0301	-3.0
	0654	0956	1.9
	1259	1510	-1.1
	1731	2120	2.2
3 W P	0020	0343	-2.9
	0735	1034	1.8
	1335	1553	-1.2
	1822	2207	2.1
4 TH ☾	0109	0430	-2.6
	0819	1116	1.7
	1417	1644	-1.1
	1923	2300	1.9
5 F	0203	0524	-2.2
	0908	1203	1.5
	1507	1749	-1.1
	2040		
6 SA		0003	1.6
	0309	0632	-1.6
	1001	1256	1.3
	1607	1915	-1.2
	2215		
7 SU		0121	1.3
	0441	0757	-1.2
	1058	1358	1.2
	1717	2046	-1.4
	2358		
8 M S		0306	1.1
	0641	0923	-0.9
	1156	1512	1.2
	1827	2200	-1.8
9 TU	0133	0504	1.3
	0824	1034	-0.8
	1251	1629	1.2
	1928	2301	-2.3
10 W	0250	0620	1.7
	0937	1131	-0.7
	1340	1732	1.4
	2019	2351	-2.7
11 TH ●	0350	0714	2.0
	1032	1218	-0.7
	1421	1822	1.5
	2104		
12 F		0034	-2.9
	0439	0757	2.1
	1113	1256	-0.7
	1455	1902	1.7
	2144		
13 SA		0112	-3.0
	0519	0833	2.1
	1145	1328	-0.7
	1527	1936	1.7
	2222		
14 SU		0145	-3.0
	0551	0903	2.0
	1209	1357	-0.8
	1601	2008	1.8
	2257		
15 M E		0216	-2.9
	0617	0930	1.9
	1228	1426	-1.0
	1638	2039	1.8
	2332		
16 TU		0246	-2.7
	0639	0953	1.7
	1248	1456	-1.1
	1720	2112	1.7
17 W	0007	0317	-2.5
	0700	1017	1.7
	1311	1531	-1.3
	1807	2150	1.6
18 TH A	0045	0350	-2.2
	0723	1045	1.6
	1341	1610	-1.3
	1900	2235	1.4
19 F ☽	0128	0427	-1.8
	0752	1119	1.4
	1417	1655	-1.3
	2003	2329	1.2
20 SA	0218	0511	-1.4
	0829	1202	1.3
	1502	1751	-1.2
	2123		
21 SU		0037	0.9
	0324	0607	-0.9
	0917	1257	1.1
	1558	1906	-1.1
	2301		
22 M		0202	0.8
	0500	0733	-0.6
	1025	1407	1.0
	1706	2043	-1.2
23 TU N	0035	0339	0.9
	0704	0926	-0.4
	1151	1525	0.9
	1819	2204	-1.4
24 W	0148	0501	1.2
	0830	1045	-0.6
	1307	1635	1.0
	1921	2300	-1.8
25 TH	0243	0559	1.5
	0923	1135	-0.7
	1402	1730	1.2
	2011	2344	-2.1
26 F	0328	0643	1.8
	1002	1213	-0.9
	1440	1812	1.5
	2053		
27 SA ○		0021	-2.4
	0407	0720	2.0
	1033	1243	-1.0
	1511	1848	1.7
	2132		
28 SU		0056	-2.7
	0442	0753	2.1
	1059	1311	-1.2
	1540	1921	2.0
	2210		

3 月

日期	转流时分	最大流时分	流速
1 M E		0129	-2.9
	0516	0824	2.1
	1124	1341	-1.3
	1611	1954	2.2
	2248		
2 TU P		0204	-3.0
	0549	0854	2.1
	1150	1412	-1.5
	1648	2031	2.3
	2329		
3 W		0241	-2.9
	0623	0926	2.0
	1217	1448	-1.7
	1731	2112	2.4
4 TH	0013	0320	-2.7
	0658	1000	1.9
	1249	1527	-1.7
	1821	2158	2.2
5 F	0101	0402	-2.3
	0736	1037	1.7
	1325	1614	-1.7
	1921	2251	2.0
6 SA ☾	0157	0451	-1.7
	0817	1120	1.5
	1407	1711	-1.6
	2038	2355	1.6
7 SU S	0307	0554	-1.1
	0903	1210	1.2
	1500	1833	-1.5
	2214		
8 M		0117	1.3
	0501	0736	-0.6
	1000	1310	1.0
	1608	2020	-1.6
	2358		
9 TU		0313	1.2
	0732	0924	-0.4
	1113	1428	0.9
	1735	2145	-2.0
10 W	0129	0509	1.5
	0857	1039	-0.4
	1229	1600	1.0
	1855	2248	-2.4
11 TH	0238	0613	1.8
	0947	1133	-0.6
	1333	1715	1.2
	1958	2338	-2.7
12 F	0331	0658	2.1
	1022	1214	-0.8
	1424	1809	1.4
	2049		
13 SA ●		0020	-2.8
	0412	0734	2.1
	1049	1247	-0.9
	1506	1851	1.6
	2132		
14 SU E		0055	-2.8
	0446	0804	2.1
	1110	1315	-1.1
	1541	1926	1.7
	2211		
15 M		0126	-2.7
	0511	0828	2.0
	1127	1341	-1.3
	1615	1957	1.8
	2246		
16 TU		0153	-2.6
	0529	0848	1.9
	1142	1407	-1.5
	1649	2026	1.8
	2320		
17 W		0220	-2.3
	0544	0905	1.8
	1159	1434	-1.7
	1725	2056	1.7
	2353		
18 TH A		0248	-2.1
	0600	0922	1.7
	1219	1504	-1.8
	1805	2130	1.6
19 F	0030	0319	-1.8
	0621	0944	1.6
	1245	1539	-1.9
	1849	2210	1.5
20 SA	0112	0354	-1.5
	0646	1012	1.5
	1317	1618	-1.8
	1940	2259	1.3
21 SU ☽	0202	0435	-1.1
	0718	1049	1.2
	1355	1706	-1.6
	2045		
22 M N		0005	1.1
	0312	0527	-0.7
	0757	1141	1.0
	1444	1808	-1.4
	2211		
23 TU		0131	0.9
	0458	0649	-0.3
	0859	1258	0.7
	1549	1938	-1.3
	2346		
24 W		0310	1.0
	0708	0856	-0.2
	1056	1436	0.7
	1713	2113	-1.5
25 TH	0105	0433	1.3
	0819	1022	-0.5
	1239	1601	0.8
	1834	2221	-1.8
26 F	0204	0530	1.6
	0900	1111	-0.7
	1340	1702	1.2
	1938	2311	-2.2
27 SA	0252	0614	1.9
	0931	1146	-1.0
	1422	1749	1.5
	2029	2353	-2.5
28 SU ○E	0333	0650	2.1
	0958	1218	-1.2
	1457	1829	1.8
	2114		
29 M		0030	-2.7
	0410	0723	2.2
	1023	1247	-1.5
	1530	1906	2.1
	2156		
30 TU P		0106	-2.8
	0443	0754	2.2
	1047	1318	-1.8
	1607	1943	2.3
	2239		
31 W		0141	-2.8
	0514	0823	2.1
	1112	1351	-2.0
	1647	2023	2.4
	2322		

预报值中不包括海流。4～11 月海流流向 360°，流速 0.3Kn；12～3 月海流流向 360°，流速 0.7Kn。

新加坡海峡—德里安海峡南口

SINGAPORE STRAIT－SOUTHERN APPROACHES TO DOERIAN STRAIT

0° 40′ N　　103° 42′ E

2021 年潮流表　　流速单位:kn　　(＋)表示流向 000°　　(－)表示流向 180°　　时区:－0700

4 月

日期	转流时分	最大流时分	流速	日期	转流时分	最大流时分	流速
1		0218	-2.6	16		0221	-1.6
	0544	0853	2.0		0507	0831	1.7
TH	1139	1426	-2.2	F	1135	1441	-2.2
	1732	2105	2.4		1759	2115	1.6
2	0008	0255	-2.2	17	0020	0252	-1.4
	0613	0925	1.8		0527	0850	1.6
F	1209	1506	-2.3	SA	1200	1513	-2.2
	1824	2154	2.2		1839	2154	1.5
3	0059	0335	-1.7	18	0103	0326	-1.1
	0642	1000	1.7		0553	0917	1.5
SA	1243	1550	-2.2	SU	1229	1550	-2.2
	1927	2249	1.9	N	1926	2242	1.3
4	0159	0420	-1.1	19	0157	0407	-0.8
	0711	1041	1.4		0622	0952	1.3
SU	1323	1644	-2.1	M	1305	1635	-2.0
☾ S	2046	2356	1.5		2024	2345	1.2
5	0323	0518	-0.5	20	0311	0500	-0.5
	0739	1129	1.2		0657	1040	1.0
M	1412	1801	-1.9	TU	1350	1733	-1.8
	2219			☽	2139		
6		0121	1.3	21		0105	1.1
	0649	0725	-0.0		0501	0621	-0.2
TU	0801	1233	0.9	W	0748	1155	0.8
	1515	1954	-1.8		1451	1853	-1.6
	2351				2303		
7		0312	1.3	22		0235	1.2
	0841	0932	-0.1		0655	0818	-0.2
W	1023	1354	0.8	TH	0949	1336	0.7
	1642	2125	-2.1		1615	2025	-1.7
8	0108	0450	1.6	23	0019	0353	1.4
	0905	1037	-0.4		0748	0942	-0.4
TH	1216	1529	0.9	F	1150	1511	0.8
	1818	2227	-2.3		1746	2138	-1.9
9	0208	0546	1.9	24	0121	0451	1.7
	0929	1123	-0.7		0823	1033	-0.8
F	1331	1651	1.1	SA	1302	1624	1.1
	1932	2316	-2.5		1901	2234	-2.2
10	0255	0626	2.1	25	0211	0537	1.9
	0951	1159	-1.0		0853	1113	-1.1
SA	1426	1750	1.3	SU	1353	1719	1.5
	2030	2357	-2.5	E	2002	2321	-2.4
11	0332	0658	2.1	26	0254	0616	2.1
	1011	1229	-1.3		0920	1148	-1.5
SU	1510	1835	1.5	M	1437	1807	1.9
E	2117				2054		
12		0031	-2.5	27		0002	-2.5
	0400	0724	2.0		0332	0650	2.1
M	1028	1256	-1.5	TU	0946	1222	-1.9
●	1548	1912	1.7	○P	1520	1851	2.1
	2158				2143		
13		0101	-2.3	28		0041	-2.5
	0421	0745	1.9		0405	0722	2.1
TU	1043	1321	-1.8	W	1012	1257	-2.2
	1621	1944	1.7		1603	1934	2.3
	2235				2230		
14		0128	-2.1	29		0118	-2.3
	0437	0801	1.8		0434	0753	2.0
W	1059	1346	-2.0	TH	1038	1332	-2.5
A	1653	2014	1.7		1648	2019	2.3
	2309				2318		
15		0154	-1.9	30		0155	-2.0
	0451	0815	1.8		0459	0823	1.9
TH	1115	1412	-2.1	F	1107	1410	-2.6
	1725	2043	1.7		1738	2106	2.2
	2343						

5 月

日期	转流时分	最大流时分	流速	日期	转流时分	最大流时分	流速
1	0008	0232	-1.6	16	0018	0230	-1.0
	0521	0853	1.8		0445	0815	1.6
SA	1138	1450	-2.7	SU	1126	1453	-2.5
S	1834	2157	2.0		1834	2147	1.5
2	0104	0311	-1.1	17	0103	0305	-0.8
	0541	0927	1.6		0511	0843	1.5
SU	1213	1534	-2.6	M	1157	1530	-2.4
	1940	2255	1.8		1918	2234	1.4
3	0212	0354	-0.6	18	0157	0348	-0.6
	0554	1008	1.4		0542	0921	1.4
M	1253	1627	-2.4	TU	1234	1615	-2.3
☾	2055				2012	2330	1.4
4		0000	1.5	19	0307	0441	-0.4
	0407	0450	-0.1		0619	1012	1.2
TU	0536	1058	1.2	W	1320	1710	-2.1
	1341	1735	-2.2	☽	2116		
	2215						
5		0116	1.4	20		0036	1.3
		0706	0.3		0437	0553	-0.2
W		1204	1.0	TH	0715	1120	1.0
	1440	1917	-2.0		1419	1821	-2.0
	2329				2227		
6		0242	1.4	21		0150	1.4
		0919	0.0		0604	0729	-0.2
TH		1324	0.8	F	0858	1245	0.9
	1558	2050	-2.0		1535	1942	-2.0
					2335		
7	0033	0401	1.6	22		0302	1.5
	0837	1016	-0.4		0658	0851	-0.5
F	1158	1452	0.8	SA	1052	1414	1.0
	1734	2155	-2.1	E	1703	2056	-2.1
8	0125	0457	1.8	23	0035	0404	1.7
	0849	1058	-0.8		0736	0950	-0.8
SA	1318	1615	1.0	SU	1217	1537	1.2
E	1859	2245	-2.2		1826	2158	-2.2
9	0208	0538	1.9	24	0128	0455	1.8
	0907	1134	-1.2		0810	1038	-1.3
SU	1418	1722	1.2	M	1323	1648	1.5
	2006	2327	-2.1		1937	2250	-2.2
10	0242	0610	2.0	25	0213	0539	1.9
	0926	1205	-1.6		0841	1120	-1.7
M	1505	1813	1.4	TU	1420	1748	1.8
	2059				2039	2336	-2.2
11		0003	-2.0	26	0252	0617	2.0
	0310	0638	1.9		0911	1201	-2.1
TU	0945	1234	-1.9	W	1513	1841	2.0
●A	1545	1855	1.5	○P	2135		
	2145						
12		0035	-1.8	27		0019	-2.0
	0332	0700	1.9		0324	0652	2.0
W	1003	1301	-2.1	TH	0941	1240	-2.5
	1621	1932	1.6		1605	1932	2.1
	2225				2229		
13		0104	-1.6	28		0058	-1.7
	0349	0719	1.8		0351	0725	1.9
TH	1021	1326	-2.2	F	1011	1319	-2.8
	1652	2004	1.6	S	1657	2022	2.1
	2302				2322		
14		0131	-1.4	29		0137	-1.4
	0405	0735	1.7		0412	0756	1.9
F	1040	1353	-2.4	SA	1043	1358	-2.9
	1723	2036	1.6		1752	2112	2.1
	2339						
15		0159	-1.2	30	0017	0214	-1.0
	0423	0753	1.7		0430	0828	1.8
SA	1101	1421	-2.4	SU	1117	1440	-3.0
N	1756	2109	1.5		1848	2203	1.9
				31	0116	0253	-0.6
					0444	0903	1.7
				M	1154	1524	-2.9
					1949	2256	1.8

6 月

日期	转流时分	最大流时分	流速	日期	转流时分	最大流时分	流速
1	0227	0335	-0.3	16	0147	0332	-0.6
	0451	0945	1.5		0521	0911	1.6
TU	1235	1612	-2.7	W	1219	1559	-2.6
	2051	2353	1.6		1958	2309	1.6
2		0428	0.0	17	0240	0420	-0.5
		1037	1.3		0605	1001	1.5
W	1322	1710	-2.4	TH	1306	1651	-2.5
☾	2153				2053		
3		0052	1.5	18		0002	1.5
		0554	0.2		0342	0521	-0.4
TH		1141	1.1	F	0705	1101	1.4
	1416	1825	-2.1	☽	1401	1752	-2.3
	2252				2151		
4		0153	1.5	19		0100	1.5
		0824	0.0		0448	0636	-0.4
F		1253	0.9	SA	0828	1209	1.3
E	1523	1954	-1.9	E	1508	1904	-2.1
	2345				2252		
5		0254	1.5	20		0203	1.5
	0735	0933	-0.4		0549	0757	-0.6
SA	1124	1412	0.8	SU	1006	1327	1.2
	1646	2108	-1.8		1628	2017	-2.0
					2350		
6	0032	0349	1.6	21		0307	1.5
	0750	1021	-0.9		0640	0907	-1.0
SU	1253	1533	0.9	M	1138	1453	1.2
	1818	2205	-1.7		1757	2124	-1.9
7	0114	0436	1.7	22	0044	0407	1.6
	0813	1101	-1.3		0723	1006	-1.4
M	1359	1648	1.0	TU	1300	1621	1.4
	1938	2253	-1.6		1920	2223	-1.8
8	0150	0516	1.8	23	0131	0500	1.7
	0838	1137	-1.7		0803	1057	-1.9
TU	1453	1750	1.2	W	1412	1738	1.6
A	2042	2334	-1.4	P	2034	2316	-1.7
9	0222	0551	1.8	24	0212	0547	1.8
	0903	1211	-2.0		0840	1144	-2.3
W	1538	1840	1.4	TH	1516	1842	1.8
	2135			○	2139		
10		0011	-1.3	25		0003	-1.4
	0248	0621	1.7		0245	0628	1.8
TH	0927	1241	-2.2	F	0916	1228	-2.7
●	1616	1922	1.5	S	1615	1938	2.0
	2221				2238		
11		0044	-1.1	26		0046	-1.2
	0311	0647	1.7		0311	0705	1.8
F	0951	1309	-2.3	SA	0952	1310	-3.0
	1650	1959	1.5		1711	2029	2.0
	2303				2334		
12		0115	-1.0	27		0125	-0.9
	0332	0710	1.6		0332	0740	1.8
SA	1013	1337	-2.5	SU	1027	1351	-3.1
N	1722	2033	1.5		1803	2116	2.0
	2342						
13		0145	-0.8	28	0027	0203	-0.6
	0353	0732	1.6		0351	0814	1.8
SU	1038	1407	-2.6	M	1104	1431	-3.1
	1754	2107	1.6		1853	2201	1.9
14	0020	0216	-0.8	29	0118	0240	-0.4
	0416	0758	1.6		0412	0850	1.7
M	1106	1439	-2.6	TU	1142	1512	-3.1
	1830	2143	1.6		1941	2245	1.8
15	0101	0251	-0.7	30	0209	0320	-0.3
	0445	0831	1.6		0439	0931	1.6
TU	1139	1516	-2.6	W	1223	1555	-2.8
	1911	2223	1.6		2027	2328	1.7

预报值中不包括海流。4～11 月海流流向 360°,流速 0.3Kn;12～3 月海流流向 360°,流速 0.7Kn。

新加坡海峡—德里安海峡南口

SINGAPORE STRAIT－SOUTHERN APPROACHES TO DOERIAN STRAIT

0° 40′ N　　103° 42′ E

2021 年潮流表　　流速单位:kn　　(＋)表示流向 000°　　(－)表示流向 180°　　时区:－0700

7 月

日期	转流时分	最大流时分	流速
1 TH ☾ E	0300 0518 1307 2113	0405 1020 1641	-0.2 1.5 -2.5
2 F	 0353 0623 1356 2158	0012 0502 1116 1733	1.6 -0.2 1.3 -2.1
3 SA	 0447 0825 1453 2243	0058 0624 1220 1837	1.5 -0.2 1.0 -1.7
4 SU	 0538 1038 1603 2328	0147 0811 1332 1956	1.5 -0.5 0.9 -1.4
5 M A	 0624 1216 1734	0239 0926 1451 2113	1.5 -0.9 0.8 -1.2
6 TU	0014 0707 1333 1911	0332 1021 1614 2216	1.5 -1.3 0.9 -1.0
7 W	0058 0746 1434 2030	0424 1107 1728 2309	1.5 -1.6 1.1 -1.0
8 TH	0139 0823 1524 2132	0511 1147 1826 2354	1.5 -1.9 1.3 -0.9
9 F N	0217 0856 1606 2222	0553 1222 1912	1.5 -2.2 1.5
10 SA ●	 0249 0926 1642 2303	0032 0628 1254 1951	-0.8 1.5 -2.3 1.6
11 SU	 0315 0954 1714 2339	0105 0658 1324 2025	-0.8 1.5 -2.5 1.7
12 M	 0340 1023 1746	0135 0726 1354 2057	-0.7 1.6 -2.6 1.7
13 TU	0011 0407 1054 1819	0205 0755 1426 2128	-0.7 1.7 -2.7 1.7
14 W	0043 0438 1129 1856	0237 0828 1502 2202	-0.8 1.8 -2.8 1.7
15 TH	0117 0517 1210 1937	0313 0907 1542 2240	-0.8 1.8 -2.8 1.7
16 F E	0154 0603 1256 2023	0355 0952 1628 2323	-0.8 1.9 -2.7 1.6
17 SA ☽	0238 0659 1348 2113	0445 1044 1722	-0.8 1.8 -2.4
18 SU	 0329 0810 1449 2208	0011 0547 1144 1826	1.5 -0.8 1.6 -2.1
19 M	 0428 0937 1605 2304	0105 0705 1255 1940	1.4 -0.9 1.4 -1.7
20 TU	 0532 1114 1742 2359	0206 0826 1423 2057	1.3 -1.1 1.2 -1.5
21 W P	 0632 1248 1922	0314 0939 1610 2206	1.3 -1.5 1.3 -1.3
22 TH S	0052 0726 1413 2047	0422 1041 1742 2305	1.4 -2.0 1.5 -1.1
23 F	0137 0814 1524 2155	0522 1134 1849 2357	1.5 -2.4 1.8 -0.9
24 SA ○	0215 0858 1623 2253	0611 1222 1943	1.6 -2.8 2.0
25 SU	 0246 0938 1714 2341	0041 0654 1304 2028	-0.8 1.7 -3.1 2.1
26 M	 0314 1017 1759	0120 0731 1344 2108	-0.7 1.8 -3.2 2.1
27 TU	0021 0342 1054 1838	0155 0807 1420 2144	-0.6 1.8 -3.2 2.0
28 W	0053 0416 1132 1912	0229 0842 1456 2218	-0.6 1.8 -3.0 1.8
29 TH E	0122 0458 1211 1944	0303 0919 1531 2250	-0.7 1.8 -2.8 1.7
30 F	0150 0548 1251 2014	0340 1001 1608 2323	-0.7 1.6 -2.4 1.6
31 SA ☾	0222 0649 1335 2047	0423 1050 1648 2359	-0.8 1.4 -2.0 1.5

8 月

日期	转流时分	最大流时分	流速
1 SU	0300 0808 1426 2124	0515 1146 1734	-0.8 1.2 -1.6
2 M A	 0347 0946 1529 2209	0042 0622 1253 1833	1.4 -0.9 0.9 -1.1
3 TU	 0443 1130 1658 2304	0132 0756 1412 2002	1.3 -1.0 0.8 -0.7
4 W	 0547 1259 1855	0231 0926 1543 2140	1.2 -1.2 0.8 -0.6
5 TH N	0007 0648 1408 2030	0336 1031 1707 2251	1.2 -1.5 1.0 -0.6
6 F	0108 0742 1501 2131	0439 1121 1809 2343	1.2 -1.8 1.3 -0.7
7 SA	0200 0826 1545 2216	0533 1201 1856	1.3 -2.1 1.6
8 SU ●	 0241 0904 1622 2251	0023 0615 1236 1933	-0.7 1.4 -2.3 1.7
9 M	 0313 0938 1655 2320	0055 0650 1307 2006	-0.8 1.5 -2.5 1.8
10 TU	 0339 1010 1726 2344	0123 0721 1338 2035	-0.9 1.7 -2.7 1.9
11 W	 0406 1044 1758	0149 0750 1409 2104	-1.0 1.9 -2.8 1.9
12 TH E	0009 0437 1121 1831	0218 0822 1443 2133	-1.1 2.0 -2.9 1.9
13 F	0035 0515 1201 1907	0251 0859 1521 2206	-1.2 2.2 -2.8 1.8
14 SA	0105 0600 1246 1947	0328 0941 1603 2243	-1.3 2.2 -2.6 1.7
15 SU ☽	0140 0653 1337 2030	0412 1030 1651 2325	-1.3 2.0 -2.2 1.5
16 M	0222 0800 1437 2119	0506 1127 1749	-1.3 1.8 -1.7
17 TU P	 0314 0924 1556 2214	0014 0618 1238 1907	1.3 -1.3 1.4 -1.2
18 W S	 0419 1106 1753 2314	0111 0751 1412 2040	1.2 -1.4 1.2 -0.8
19 TH	 0536 1249 1952	0222 0920 1619 2202	1.1 -1.7 1.2 -0.7
20 F	0016 0650 1416 2113	0346 1030 1751 2307	1.1 -2.1 1.6 -0.7
21 SA	0114 0751 1523 2210	0503 1126 1850 2358	1.3 -2.6 1.9 -0.7
22 SU ○	0203 0842 1616 2253	0600 1214 1936	1.5 -2.9 2.1
23 M	 0244 0927 1659 2326	0039 0646 1255 2014	-0.7 1.7 -3.0 2.2
24 TU	 0320 1008 1735 2351	0114 0725 1331 2046	-0.8 1.8 -3.1 2.1
25 W E	 0355 1045 1804	0144 0759 1403 2114	-0.9 1.9 -2.9 1.9
26 TH	0011 0432 1122 1826	0213 0832 1433 2138	-1.1 1.9 -2.7 1.8
27 F	0030 0512 1158 1845	0242 0905 1503 2201	-1.2 1.8 -2.5 1.7
28 SA	0051 0557 1235 1904	0314 0941 1534 2226	-1.4 1.7 -2.1 1.6
29 SU	0117 0647 1316 1927	0351 1023 1608 2255	-1.5 1.5 -1.8 1.5
30 M ☾ A	0149 0747 1404 1956	0432 1114 1648 2333	-1.5 1.3 -1.3 1.3
31 TU	0230 0903 1506 2035	0523 1218 1737	-1.4 1.0 -0.9

9 月

日期	转流时分	最大流时分	流速
1 W	 0320 1039 1641 2133	0023 0630 1339 1853	1.1 -1.2 0.8 -0.4
2 TH N	 0425 1215 1859 2311	0130 0809 1515 2106	0.9 -1.2 0.9 -0.3
3 F	 0543 1331 2030	0251 0944 1643 2238	0.8 -1.4 1.1 -0.4
4 SA	0047 0656 1428 2119	0410 1047 1744 2330	0.9 -1.7 1.5 -0.6
5 SU	0151 0753 1513 2154	0512 1133 1829	1.1 -2.0 1.7
6 M	 0234 0839 1552 2222	0007 0558 1210 1906	-0.8 1.4 -2.3 1.9
7 TU ●	 0305 0918 1626 2245	0035 0635 1243 1937	-1.0 1.6 -2.6 2.0
8 W E	 0332 0955 1657 2307	0101 0707 1315 2005	-1.1 1.9 -2.7 2.0
9 TH	 0400 1032 1727 2328	0127 0738 1347 2033	-1.3 2.1 -2.8 2.0
10 F	 0433 1111 1757 2352	0155 0812 1421 2101	-1.6 2.3 -2.8 2.0
11 SA P	 0512 1153 1829	0226 0849 1457 2131	-1.7 2.4 -2.6 1.9
12 SU	0019 0557 1238 1903	0303 0932 1536 2205	-1.9 2.3 -2.3 1.7
13 M ☽	0052 0652 1330 1940	0345 1021 1620 2244	-1.9 2.1 -1.8 1.5
14 TU	0130 0800 1435 2020	0435 1121 1715 2330	-1.8 1.8 -1.2 1.3
15 W S	0217 0927 1611 2110	0543 1236 1837	-1.7 1.4 -0.6
16 TH	 0318 1111 1851 2221	0027 0723 1419 2040	1.1 -1.6 1.2 -0.3
17 F	 0441 1249 2034 2349	0140 0905 1628 2209	0.9 -1.9 1.4 -0.3
18 SA	 0614 1406 2126	0315 1018 1746 2309	0.9 -2.3 1.8 -0.5
19 SU	0105 0728 1504 2202	0444 1113 1835 2354	1.1 -2.6 2.1 -0.7
20 M ○	0204 0826 1550 2230	0547 1159 1914	1.4 -2.8 2.2
21 TU E	 0251 0915 1627 2253	0030 0634 1237 1946	-1.0 1.6 -2.9 2.2
22 W	 0331 0957 1655 2310	0100 0714 1311 2013	-1.2 1.8 -2.7 2.0
23 TH	 0407 1035 1715 2326	0127 0748 1340 2034	-1.4 1.8 -2.5 1.9
24 F	 0442 1110 1730 2342	0153 0819 1407 2051	-1.6 1.8 -2.3 1.8
25 SA	 0518 1145 1742	0220 0850 1434 2107	-1.8 1.8 -2.0 1.7
26 SU A	0001 0557 1221 1758	0249 0923 1503 2125	-2.0 1.7 -1.7 1.6
27 M	0024 0640 1302 1819	0322 1002 1535 2149	-2.0 1.5 -1.4 1.5
28 TU	0054 0730 1351 1845	0400 1050 1613 2223	-2.0 1.3 -1.0 1.3
29 W ☾ N	0131 0833 1457 1916	0445 1152 1701 2311	-1.8 1.1 -0.6 1.0
30 TH	0216 0955 1640 1959	0542 1312 1813	-1.6 1.0 -0.2

预报值中不包括海流。4～11 月海流流向 360°,流速 0.3Kn;12～3 月海流流向 360°,流速 0.7Kn。

新加坡海峡—德里安海峡南口

SINGAPORE STRAIT－SOUTHERN APPROACHES TO DOERIAN STRAIT

0° 40′ N　　103° 42′ E

2021 年潮流表　　流速单位:kn　　(＋)表示流向 000°　　(－)表示流向 180°　　时区:－0700

10 月

日期	转流时分	最大流时分	最大流流速
1 F		0024	0.8
	0315	0703	-1.4
	1127	1446	1.0
	1911	2029	-0.1
	2154		
2 SA		0201	0.6
	0436	0846	-1.5
	1245	1610	1.3
	2015	2211	-0.3
3 SU	0016	0332	0.8
	0603	1001	-1.7
	1345	1710	1.6
	2050	2301	-0.6
4 M	0126	0440	1.0
	0714	1054	-2.0
	1433	1754	1.8
	2118	2336	-0.9
5 TU	0211	0530	1.4
	0809	1136	-2.3
	1513	1831	2.0
	2143		
6 W ●E		0005	-1.2
	0245	0611	1.7
	0855	1213	-2.5
	1549	1903	2.1
	2205		
7 TH		0032	-1.5
	0317	0648	2.0
	0938	1248	-2.6
	1621	1932	2.1
	2227		
8 F P		0101	-1.7
	0351	0724	2.2
	1019	1322	-2.6
	1650	2000	2.0
	2249		
9 SA		0131	-2.0
	0428	0801	2.4
	1102	1356	-2.5
	1718	2028	2.0
	2314		
10 SU		0205	-2.2
	0511	0842	2.4
	1146	1432	-2.2
	1745	2057	1.9
	2342		
11 M		0242	-2.4
	0600	0928	2.2
	1235	1511	-1.7
	1812	2130	1.7
12 TU S	0015	0325	-2.4
	0659	1022	2.0
	1332	1553	-1.2
	1839	2209	1.5
13 W ☽	0054	0415	-2.3
	0811	1125	1.7
	1448	1645	-0.6
	1905	2255	1.3
14 TH	0140	0521	-2.1
	0939	1244	1.4
	1717	1814	-0.1
	1917	2354	1.0
15 F	0238	0701	-1.9
	1112	1424	1.3
		2048	0.0
16 SA		0111	0.9
	0357	0845	-2.1
	1234	1612	1.5
	2048	2207	-0.2
	2329		
17 SU		0245	0.8
	0536	0957	-2.3
	1339	1719	1.8
	2110	2258	-0.6
18 M	0059	0417	1.0
	0701	1052	-2.5
	1430	1804	2.0
	2132	2338	-0.9
19 TU E	0203	0526	1.3
	0807	1136	-2.5
	1511	1839	2.1
	2153		
20 W ○		0012	-1.3
	0253	0617	1.5
	0859	1214	-2.5
	1543	1908	2.1
	2211		
21 TH		0041	-1.6
	0335	0659	1.7
	0944	1246	-2.3
	1606	1931	2.0
	2228		
22 F		0107	-1.8
	0412	0735	1.7
	1024	1314	-2.0
	1622	1949	1.8
	2243		
23 SA		0133	-2.0
	0446	0808	1.7
	1101	1341	-1.7
	1633	2002	1.8
	2300		
24 SU A		0159	-2.2
	0520	0839	1.6
	1136	1407	-1.5
	1646	2015	1.7
	2320		
25 M		0228	-2.3
	0555	0912	1.5
	1213	1436	-1.3
	1703	2033	1.7
	2344		
26 TU N		0300	-2.4
	0634	0949	1.4
	1255	1509	-1.0
	1725	2057	1.6
27 W	0013	0336	-2.3
	0719	1036	1.3
	1347	1548	-0.7
	1752	2130	1.4
28 TH ☾	0047	0418	-2.2
	0815	1135	1.2
	1456	1637	-0.4
	1823	2215	1.1
29 F	0130	0511	-1.9
	0923	1247	1.1
	1638	1747	-0.1
	1902	2325	0.8
30 SA	0225	0622	-1.7
	1041	1408	1.2
	1842	1939	-0.1
	2041		
31 SU		0102	0.7
	0340	0751	-1.7
	1154	1524	1.4
	1933	2119	-0.3
	2315		

11 月

日期	转流时分	最大流时分	最大流流速
1 M		0237	0.7
	0509	0910	-1.8
	1256	1625	1.6
	2006	2214	-0.6
2 TU E	0038	0354	1.0
	0630	1010	-2.1
	1347	1713	1.8
	2034	2255	-1.0
3 W	0134	0454	1.3
	0736	1058	-2.2
	1430	1752	2.0
	2100	2330	-1.4
4 TH ●	0219	0544	1.7
	0831	1141	-2.3
	1508	1827	2.0
	2125		
5 F P		0003	-1.7
	0301	0629	2.0
	0921	1220	-2.3
	1541	1858	2.0
	2150		
6 SA		0037	-2.1
	0343	0712	2.2
	1009	1257	-2.2
	1609	1928	2.0
	2216		
7 SU		0111	-2.4
	0428	0757	2.2
	1057	1334	-1.9
	1634	1958	1.9
	2244		
8 M S		0149	-2.6
	0517	0843	2.2
	1147	1411	-1.6
	1657	2029	1.8
	2315		
9 TU		0229	-2.8
	0612	0934	2.1
	1241	1450	-1.1
	1718	2102	1.7
	2351		
10 W		0313	-2.8
	0714	1030	1.9
	1346	1532	-0.7
	1735	2142	1.6
11 TH ☽	0031	0403	-2.6
	0825	1132	1.6
	1517	1623	-0.2
	1739	2231	1.4
12 F	0118	0506	-2.4
	0942	1243	1.5
		1751	0.2
		2333	1.1
13 SA	0214	0634	-2.2
	1057	1403	1.5
		2032	0.1
14 SU		0048	0.9
	0325	0812	-2.1
	1203	1524	1.6
	2021	2144	-0.2
	2307		
15 M E		0212	0.9
	0455	0925	-2.2
	1259	1628	1.7
	2030	2233	-0.7
16 TU	0043	0340	1.0
	0627	1021	-2.2
	1345	1715	1.9
	2048	2312	-1.1
17 W	0152	0456	1.1
	0742	1107	-2.1
	1422	1751	1.9
	2108	2347	-1.5
18 TH	0247	0556	1.3
	0843	1146	-1.9
	1452	1821	1.9
	2128		
19 F ○		0019	-1.9
	0333	0644	1.5
	0933	1220	-1.7
	1514	1845	1.8
	2148		
20 SA		0047	-2.1
	0413	0725	1.5
	1018	1251	-1.4
	1531	1905	1.8
	2207		
21 SU A		0115	-2.3
	0448	0801	1.5
	1058	1319	-1.2
	1546	1922	1.7
	2227		
22 M N		0142	-2.4
	0521	0834	1.5
	1136	1347	-1.0
	1602	1939	1.7
	2249		
23 TU		0211	-2.5
	0554	0908	1.5
	1215	1417	-0.9
	1622	2000	1.6
	2314		
24 W		0243	-2.6
	0630	0944	1.5
	1257	1451	-0.7
	1647	2027	1.6
	2344		
25 TH		0318	-2.5
	0711	1027	1.4
	1347	1531	-0.6
	1718	2104	1.4
26 F	0020	0400	-2.4
	0800	1117	1.4
	1448	1619	-0.4
	1755	2151	1.3
27 SA ☾	0103	0449	-2.3
	0856	1216	1.3
	1604	1722	-0.2
	1845	2254	1.1
28 SU	0156	0551	-2.1
	1000	1320	1.4
	1726	1845	-0.2
	2010		
29 M		0011	0.9
	0303	0705	-2.0
	1104	1427	1.4
	1827	2012	-0.4
	2206		
30 TU E		0136	0.9
	0423	0821	-1.9
	1204	1530	1.5
	1909	2119	-0.7
	2341		

12 月

日期	转流时分	最大流时分	最大流流速
1 W		0259	1.1
	0548	0926	-2.0
	1258	1624	1.7
	1944	2211	-1.1
2 TH	0053	0414	1.3
	0705	1022	-2.0
	1345	1710	1.8
	2016	2256	-1.5
3 F	0154	0520	1.6
	0812	1111	-2.0
	1425	1751	1.8
	2047	2338	-2.0
4 SA ●P	0250	0617	1.8
	0911	1155	-1.9
	1459	1828	1.9
	2118		
5 SU		0018	-2.4
	0343	0710	2.0
	1007	1237	-1.6
	1528	1902	1.9
	2149		
6 M S		0058	-2.7
	0437	0801	2.1
	1102	1317	-1.4
	1551	1935	1.9
	2222		
7 TU		0139	-2.9
	0531	0851	2.1
	1157	1356	-1.0
	1612	2009	1.8
	2257		
8 W		0221	-3.1
	0627	0942	2.0
	1254	1435	-0.7
	1630	2045	1.8
	2336		
9 TH		0305	-3.0
	0726	1034	1.9
	1359	1518	-0.4
	1646	2127	1.7
10 F	0017	0353	-2.9
	0826	1128	1.7
	1523	1607	-0.1
	1655	2217	1.5
11 SA ☽	0104	0448	-2.6
	0926	1223	1.6
		1716	0.1
		2315	1.3
12 SU E	0156	0555	-2.3
	1023	1321	1.5
		1923	0.1
13 M		0023	1.1
	0258	0717	-2.0
	1117	1421	1.5
	1906	2056	-0.3
	2236		
14 TU		0138	0.9
	0414	0837	-1.8
	1206	1518	1.6
	1925	2153	-0.8
15 W	0018	0259	0.9
	0547	0940	-1.6
	1250	1609	1.6
	1950	2239	-1.2
16 TH	0135	0423	1.0
	0716	1033	-1.5
	1328	1654	1.7
	2017	2319	-1.6
17 F	0236	0535	1.1
	0830	1118	-1.3
	1401	1732	1.7
	2045	2356	-2.0
18 SA A	0327	0631	1.3
	0929	1158	-1.1
	1428	1804	1.7
	2111		
19 SU ○		0029	-2.2
	0410	0717	1.4
	1019	1233	-1.0
	1452	1833	1.6
	2137		
20 M N		0100	-2.4
	0447	0756	1.5
	1103	1305	-0.8
	1514	1858	1.6
	2202		
21 TU		0129	-2.5
	0520	0831	1.5
	1142	1336	-0.7
	1535	1922	1.6
	2228		
22 W		0158	-2.6
	0551	0904	1.6
	1218	1407	-0.7
	1600	1948	1.6
	2256		
23 TH		0229	-2.7
	0623	0937	1.6
	1254	1440	-0.6
	1630	2018	1.6
	2327		
24 F		0304	-2.7
	0659	1012	1.6
	1333	1517	-0.6
	1706	2056	1.6
25 SA	0004	0343	-2.6
	0740	1052	1.6
	1416	1600	-0.5
	1749	2141	1.5
26 SU	0047	0428	-2.5
	0827	1136	1.5
	1506	1651	-0.5
	1842	2234	1.4
27 M ☾E	0137	0521	-2.4
	0919	1227	1.5
	1603	1754	-0.5
	1952	2336	1.3
28 TU	0237	0624	-2.1
	1015	1323	1.4
	1702	1909	-0.6
	2120		
29 W		0047	1.2
	0349	0735	-1.9
	1113	1424	1.4
	1758	2025	-0.8
	2254		
30 TH		0209	1.2
	0515	0847	-1.8
	1208	1527	1.4
	1847	2131	-1.2
31 F	0022	0340	1.2
	0644	0951	-1.6
	1259	1625	1.5
	1932	2228	-1.7

预报值中不包括海流。4～11 月海流流向 360°,流速 0.3Kn；12～3 月海流流向 360°,流速 0.7Kn。

新加坡海峡—德里安海峡北口

SINGAPORE STRAIT－NORTHERN APPROACHES TO DOERIAN STRAIT

1° 00′ N　　103° 34′ E

2021 年潮流表　　流速单位:kn　　(＋)表示流向 158°　　(－)表示流向 338°　　时区:－0700

1 月

日期	转流时分	最大流时分	流速
1 F		0058	2.1
	0528	0735	-0.6
	1019	1200	0.3
	1330	1823	-2.0
	2147		
2 SA		0134	2.3
	0607	0814	-0.7
	1106	1235	0.2
	1357	1859	-2.0
	2222		
3 SU		0211	2.3
	0646	0855	-0.7
	1154	1315	0.2
	1430	1939	-2.0
	2300		
4 M		0251	2.3
	0724	0937	-0.8
	1244	1400	0.2
	1514	2024	-1.8
	2342		
5 TU		0334	2.2
	0803	1022	-0.9
	1338	1455	0.2
	1614	2116	-1.6
6 W	0029	0421	2.0
☾ E	0841	1109	-0.9
	1432	1602	0.2
	1747	2218	-1.3
7 TH	0125	0514	1.7
	0920	1159	-1.0
	1524	1727	0.4
	1956	2335	-1.1
8 F	0232	0613	1.4
	0958	1252	-1.1
	1615	1906	0.7
	2158		
9 SA		0100	-0.9
P	0354	0717	1.1
	1037	1346	-1.2
	1704	2027	1.1
	2345		
10 SU		0228	-0.9
	0526	0825	0.8
	1115	1441	-1.4
	1753	2132	1.5
11 M	0109	0351	-1.0
	0654	0928	0.6
	1153	1534	-1.6
	1842	2229	1.9
12 TU	0217	0459	-1.2
S	0813	1024	0.5
	1230	1625	-1.8
	1930	2321	2.2
13 W	0317	0556	-1.3
●	0918	1112	0.4
	1306	1712	-1.9
	2017		
14 TH		0009	2.4
	0411	0646	-1.3
	1009	1154	0.4
	1341	1758	-2.0
	2104		
15 F		0054	2.4
	0501	0732	-1.2
	1050	1231	0.4
	1416	1841	-2.0
	2149		
16 SA		0137	2.4
	0549	0816	-1.1
	1125	1306	0.4
	1453	1922	-2.0
	2234		
17 SU		0220	2.2
	0635	0858	-1.0
	1157	1342	0.4
	1532	2003	-1.8
	2317		
18 M		0301	2.0
	0718	0940	-0.9
	1231	1421	0.4
	1615	2044	-1.6
19 TU	0001	0343	1.8
E	0800	1022	-0.7
	1311	1504	0.3
	1703	2127	-1.4
20 W	0044	0425	1.5
☽	0838	1106	-0.6
	1400	1558	0.3
	1802	2214	-1.1
21 TH	0129	0510	1.2
A	0913	1154	-0.6
	1500	1707	0.3
	1918	2312	-0.8
22 F	0217	0558	1.0
	0943	1244	-0.6
	1606	1834	0.4
	2058		
23 SA		0025	-0.5
	0312	0647	0.8
	1008	1336	-0.7
	1705	1956	0.5
	2320		
24 SU		0153	-0.3
	0421	0738	0.6
	1029	1426	-0.9
	1753	2105	0.8
25 M	0120	0329	-0.3
	0542	0829	0.4
	1048	1508	-1.0
	1835	2202	1.1
26 TU	0233	0444	-0.3
N	0703	0916	0.3
	1109	1546	-1.3
	1911	2250	1.5
27 W	0322	0535	-0.4
	0812	0959	0.2
	1133	1620	-1.5
	1946	2331	1.8
28 TH	0359	0615	-0.6
○	0904	1039	0.2
	1204	1655	-1.7
	2019		
29 F		0008	2.1
	0431	0647	-0.7
	0942	1116	0.2
	1242	1730	-1.9
	2053		
30 SA		0042	2.3
	0501	0717	-0.8
	1013	1154	0.3
	1327	1808	-2.1
	2128		
31 SU		0115	2.4
	0531	0748	-0.9
	1043	1232	0.4
	1416	1848	-2.1
	2206		

2 月

日期	转流时分	最大流时分	流速
1 M		0148	2.4
	0602	0821	-1.0
	1114	1313	0.5
	1508	1930	-2.1
	2245		
2 TU		0222	2.3
E	0633	0856	-1.1
	1149	1357	0.6
	1607	2017	-1.9
	2329		
3 W		0259	2.0
P	0706	0935	-1.1
	1227	1446	0.7
	1714	2110	-1.7
4 TH	0018	0340	1.7
☾	0740	1017	-1.1
	1311	1542	0.8
	1837	2211	-1.4
5 F	0115	0426	1.3
	0815	1105	-1.1
	1403	1648	0.9
	2016	2325	-1.1
6 SA	0227	0521	0.9
	0852	1159	-1.1
	1502	1818	1.0
	2203		
7 SU		0051	-0.9
	0401	0635	0.5
	0931	1301	-1.1
	1608	2002	1.3
	2346		
8 M		0228	-0.8
S	0554	0813	0.3
	1017	1408	-1.2
	1716	2118	1.6
9 TU	0110	0356	-1.0
	0737	0929	0.2
	1110	1514	-1.4
	1819	2221	1.9
10 W	0216	0500	-1.1
	0842	1027	0.3
	1208	1613	-1.6
	1917	2316	2.1
11 TH	0311	0551	-1.2
●	0921	1113	0.3
	1303	1705	-1.8
	2010		
12 F		0004	2.3
	0359	0634	-1.3
	0949	1150	0.5
	1351	1751	-2.0
	2058		
13 SA		0046	2.3
	0441	0712	-1.2
	1014	1223	0.6
	1434	1833	-2.0
	2143		
14 SU		0123	2.2
	0520	0748	-1.1
	1038	1255	0.7
	1513	1913	-2.0
	2224		
15 M		0157	2.0
E	0555	0822	-1.0
	1103	1326	0.7
	1552	1949	-1.9
	2303		
16 TU		0228	1.8
	0626	0855	-0.9
	1131	1400	0.8
	1630	2025	-1.6
	2340		
17 W		0258	1.6
	0654	0927	-0.8
	1203	1436	0.7
	1712	2059	-1.4
18 TH	0016	0328	1.3
A	0718	0959	-0.7
	1241	1517	0.7
	1803	2136	-1.0
19 F	0051	0400	1.0
☽	0741	1032	-0.7
	1327	1609	0.6
	1911	2221	-0.7
20 SA	0128	0433	0.7
	0801	1111	-0.6
	1427	1731	0.5
	2051	2331	-0.4
21 SU	0212	0514	0.4
	0819	1202	-0.7
	1539	1927	0.7
	2338		
22 M		0129	-0.1
	0338	0617	0.2
	0834	1308	-0.8
	1648	2041	1.0
23 TU	0140	0352	-0.2
N	0656	0757	0.0
	0844	1411	-0.9
	1744	2139	1.3
24 W	0229	0457	-0.4
		0902	-0.0
		1504	-1.2
	1831	2226	1.7
25 TH	0301	0532	-0.5
	0916	0952	0.0
	1027	1550	-1.4
	1912	2307	1.9
26 F	0328	0558	-0.7
	0920	1035	0.1
	1146	1633	-1.7
	1951	2342	2.2
27 SA	0353	0621	-0.9
○	0929	1114	0.3
	1252	1714	-1.9
	2030		
28 SU		0015	2.3
	0417	0645	-1.1
	0945	1151	0.5
	1351	1756	-2.0
	2109		

3 月

日期	转流时分	最大流时分	流速
1 M		0047	2.3
E	0443	0712	-1.2
	1007	1229	0.8
	1446	1839	-2.1
	2150		
2 TU		0119	2.2
P	0509	0743	-1.3
	1033	1308	1.0
	1541	1924	-2.0
	2233		
3 W		0151	2.0
	0536	0816	-1.4
	1104	1349	1.2
	1640	2013	-1.9
	2320		
4 TH		0226	1.7
	0604	0852	-1.4
	1140	1433	1.3
	1745	2106	-1.6
5 F	0012	0304	1.3
	0631	0932	-1.3
	1221	1522	1.4
	1902	2207	-1.3
6 SA	0114	0345	0.9
☾	0657	1017	-1.2
	1309	1622	1.3
	2032	2321	-1.0
7 SU	0237	0435	0.4
S	0718	1111	-1.1
	1409	1750	1.3
	2212		
8 M		0053	-0.8
	0453	0555	0.1
	0725	1221	-1.0
	1523	1948	1.4
	2350		
9 TU		0238	-0.8
		0825	-0.0
		1343	-1.0
	1645	2105	1.7
10 W	0106	0359	-1.0
	0834	0937	0.1
	1039	1500	-1.2
	1801	2208	1.9
11 TH	0204	0453	-1.1
	0842	1028	0.3
	1212	1604	-1.5
	1905	2302	2.0
12 F	0252	0534	-1.2
	0855	1107	0.5
	1314	1657	-1.7
	1959	2346	2.1
13 SA	0331	0610	-1.3
●	0912	1139	0.7
	1402	1742	-1.9
	2047		
14 SU		0023	2.0
E	0406	0642	-1.3
	0932	1209	0.9
	1444	1822	-1.9
	2129		
15 M		0055	1.9
	0435	0713	-1.2
	0955	1237	1.0
	1521	1858	-1.9
	2207		
16 TU		0122	1.7
	0500	0741	-1.2
	1020	1307	1.1
	1558	1931	-1.7
	2241		
17 W		0147	1.5
	0521	0807	-1.1
	1047	1338	1.1
	1635	2003	-1.5
	2313		
18 TH		0211	1.3
A	0538	0830	-1.0
	1116	1411	1.1
	1718	2035	-1.2
	2344		
19 F		0234	1.0
	0552	0852	-0.9
	1149	1448	1.0
	1813	2110	-0.9
20 SA	0014	0257	0.8
	0601	0915	-0.9
	1227	1535	0.9
	1929	2156	-0.5
21 SU	0046	0318	0.5
☽	0601	0943	-0.9
	1316	1649	0.9
	2118	2313	-0.2
22 M	0132	0338	0.2
N	0534	1021	-0.9
	1417	1902	1.0
23 TU	0003	1120	-0.8
	1530	2011	1.3
24 W	0114	0447	-0.3
		0748	-0.3
		1301	-0.9
	1640	2104	1.6
25 TH	0147	0448	-0.5
		0858	-0.2
		1420	-1.1
	1740	2150	1.8
26 F	0213	0503	-0.8
		0948	-0.0
		1520	-1.3
	1832	2230	2.0
27 SA	0237	0521	-1.0
	0853	1030	0.3
	1202	1611	-1.5
	1919	2307	2.1
28 SU	0300	0541	-1.2
○E	0854	1108	0.6
	1316	1659	-1.7
	2005	2341	2.1
29 M	0323	0606	-1.4
	0908	1144	0.9
	1416	1745	-1.9
	2050		
30 TU		0015	2.0
P	0347	0634	-1.6
	0930	1220	1.3
	1511	1832	-1.9
	2136		
31 W		0048	1.9
	0411	0705	-1.7
	0958	1258	1.6
	1606	1920	-1.9
	2224		

预报值中不包括海流。4～11 月海流流向 338°,流速 0.3Kn。12～3 月海流流向 338°,流速 0.7Kn。方向 158°的潮流开始向南流，然后转向东南流。方向 338°的潮流开始向北流，然后转向西北流。

新加坡海峡—德里安海峡北口

SINGAPORE STRAIT－NORTHERN APPROACHES TO DOERIAN STRAIT

1° 00′ N　　103° 34′ E

2021 年潮流表　　流速单位：kn　　（＋）表示流向 158°　　（－）表示流向 338°　　时区：－0700

4 月

日期	转流时分	最大流时分	流速
1		0121	1.6
	0434	0739	-1.7
TH	1030	1338	1.8
	1704	2010	-1.7
	2316		
2		0156	1.2
	0455	0815	-1.6
F	1106	1420	1.9
	1809	2105	-1.5
3	0013	0232	0.8
	0510	0854	-1.5
SA	1147	1508	1.8
	1924	2208	-1.2
4	0125	0311	0.4
	0512	0937	-1.3
SU	1234	1608	1.7
☾ S	2048	2324	-0.9
5	0328	0358	0.0
	0430	1030	-1.1
M	1333	1745	1.6
	2220		
6		0101	-0.8
		0526	-0.3
TU		1148	-0.9
	1449	1933	1.6
	2345		
7		0241	-0.8
		0825	-0.2
W		1321	-0.9
	1618	2044	1.7
8	0049	0347	-1.0
	0825	0927	0.1
TH	1032	1444	-1.1
	1740	2143	1.8
9	0139	0431	-1.1
	0807	1013	0.4
F	1216	1550	-1.3
	1846	2233	1.8
10	0218	0506	-1.2
	0815	1048	0.7
SA	1317	1643	-1.5
	1940	2314	1.7
11	0250	0537	-1.3
	0833	1119	0.9
SU	1405	1727	-1.7
E	2027	2348	1.7
12	0317	0606	-1.3
	0855	1149	1.2
M	1446	1806	-1.7
●	2107		
13		0016	1.5
	0339	0633	-1.3
TU	0920	1218	1.3
	1525	1841	-1.6
	2143		
14		0040	1.4
	0357	0658	-1.3
W	0946	1248	1.4
A	1603	1913	-1.4
	2215		
15		0103	1.2
	0410	0720	-1.3
TH	1013	1319	1.4
	1645	1945	-1.2
	2245		

日期	转流时分	最大流时分	流速
16		0125	1.0
	0418	0740	-1.3
F	1042	1352	1.4
	1735	2019	-0.9
	2314		
17		0145	0.8
	0421	0801	-1.3
SA	1114	1431	1.4
	1839	2100	-0.6
	2346		
18		0205	0.5
	0418	0827	-1.3
SU	1150	1519	1.3
N	1959	2156	-0.4
19	0028	0223	0.3
	0404	0858	-1.2
M	1233	1633	1.3
	2141	2328	-0.2
20	0225	0238	0.0
	0250	0936	-1.2
TU	1324	1829	1.4
☽	2321		
21		1027	-1.0
	1425	1932	1.6
W			
22	0013	0418	-0.5
		0737	-0.5
TH		1152	-0.9
	1534	2022	1.8
23	0045	0356	-0.7
		0843	-0.2
F		1334	-1.0
	1644	2106	1.9
24	0112	0411	-1.0
	0830	0932	0.1
SA	1032	1448	-1.1
	1748	2147	1.9
25	0137	0431	-1.2
	0804	1015	0.5
SU	1222	1550	-1.3
E	1846	2227	1.9
26	0201	0456	-1.4
	0810	1054	1.0
M	1334	1646	-1.5
	1941	2305	1.8
27	0225	0525	-1.7
	0830	1132	1.4
TU	1434	1738	-1.6
○P	2035	2342	1.6
28	0249	0557	-1.8
	0857	1209	1.8
W	1529	1828	-1.7
	2128		
29		0018	1.4
	0312	0631	-1.9
TH	0928	1248	2.1
	1625	1919	-1.7
	2223		
30		0054	1.1
	0331	0707	-1.9
F	1003	1328	2.2
	1724	2011	-1.5
	2320		

5 月

日期	转流时分	最大流时分	流速
1		0129	0.7
	0345	0744	-1.8
SA	1042	1412	2.3
S	1828	2107	-1.3
2	0026	0205	0.4
	0349	0823	-1.7
SU	1124	1501	2.1
	1938	2211	-1.0
3	0156	0244	0.1
	0332	0907	-1.4
M	1213	1605	1.9
☾	2055	2327	-0.8
4		0332	-0.2
		1001	-1.2
TU	1312	1743	1.8
	2214		
5		0054	-0.8
		0532	-0.4
W		1122	-1.0
	1425	1907	1.7
	2324		
6		0218	-0.8
		0752	-0.2
TH		1255	-0.9
	1551	2009	1.6
7	0018	0315	-1.0
	0728	0851	0.1
F	1022	1418	-1.0
	1712	2103	1.6
8	0100	0356	-1.1
	0720	0939	0.5
SA	1208	1527	-1.1
E	1818	2150	1.5
9	0133	0429	-1.2
	0735	1019	0.8
SU	1312	1622	-1.2
	1912	2230	1.4
10	0200	0500	-1.3
	0757	1054	1.1
M	1402	1708	-1.3
	1959	2303	1.3
11	0221	0528	-1.4
	0823	1128	1.3
TU	1448	1748	-1.3
●A	2040	2332	1.1
12	0237	0554	-1.4
	0851	1200	1.4
W	1531	1825	-1.2
	2116	2357	1.0
13	0248	0617	-1.5
	0919	1232	1.6
TH	1615	1900	-1.0
	2150		
14		0020	0.8
	0255	0638	-1.5
F	0947	1306	1.6
	1704	1936	-0.9
	2222		
15		0042	0.7
	0259	0700	-1.5
SA	1017	1342	1.7
N	1759	2015	-0.7
	2257		

日期	转流时分	最大流时分	流速
16		0104	0.5
	0301	0725	-1.6
SU	1049	1422	1.7
	1902	2103	-0.5
	2340		
17		0126	0.3
	0259	0755	-1.6
M	1124	1511	1.7
	2010	2204	-0.4
18	0051	0150	0.1
	0242	0830	-1.5
TU	1204	1617	1.7
	2119	2323	-0.3
19		0218	-0.1
		0911	-1.4
W	1249	1739	1.8
☽	2218		
20		0047	-0.4
		0308	-0.3
TH		1002	-1.2
	1342	1841	1.8
	2302		
21		0151	-0.6
		0642	-0.4
F		1117	-1.0
	1443	1931	1.8
	2337		
22		0232	-0.8
		0809	-0.1
SA		1256	-0.9
E	1555	2017	1.7
23	0007	0305	-1.1
	0707	0904	0.3
SU	1053	1420	-0.9
	1709	2102	1.6
24	0034	0337	-1.4
	0707	0952	0.8
M	1235	1532	-1.1
	1820	2147	1.5
25	0101	0412	-1.6
	0727	1036	1.3
TU	1347	1636	-1.3
	1926	2231	1.3
26	0128	0448	-1.8
	0756	1118	1.8
W	1447	1734	-1.4
○P	2030	2314	1.1
27	0153	0525	-2.0
	0829	1159	2.2
TH	1544	1828	-1.5
	2131	2354	0.8
28	0215	0603	-2.1
	0905	1240	2.4
F	1640	1920	-1.5
S	2232		
29		0032	0.6
	0234	0642	-2.1
SA	0945	1323	2.5
	1737	2013	-1.4
	2334		
30		0109	0.4
	0247	0722	-2.0
SU	1027	1409	2.5
	1837	2108	-1.2
31	0043	0146	0.2
	0252	0804	-1.8
M	1112	1501	2.3
	1940	2208	-1.0

6 月

日期	转流时分	最大流时分	流速
1		0227	-0.0
		0850	-1.6
TU	1202	1605	2.1
	2046	2313	-0.8
2		0319	-0.2
		0945	-1.3
W	1259	1722	1.8
☾	2150		
3		0020	-0.7
		0453	-0.2
TH		1059	-1.1
	1405	1829	1.6
	2248		
4		0127	-0.8
		0650	-0.0
F		1222	-0.9
E	1521	1925	1.5
	2335		
5		0224	-0.9
	0613	0757	0.2
SA	0950	1341	-0.8
	1636	2015	1.3
6	0012	0309	-1.0
	0628	0853	0.5
SU	1146	1454	-0.9
	1742	2100	1.2
7	0040	0348	-1.1
	0655	0944	0.8
M	1302	1556	-0.9
	1838	2140	1.0
8	0102	0421	-1.2
	0725	1030	1.1
TU	1402	1649	-0.9
A	1928	2216	0.9
9	0118	0451	-1.4
	0756	1110	1.3
W	1455	1734	-0.8
	2013	2248	0.7
10	0130	0517	-1.5
	0827	1147	1.5
TH	1545	1816	-0.8
●	2054	2316	0.6
11	0138	0541	-1.6
	0857	1223	1.7
F	1634	1855	-0.7
	2133	2343	0.5
12	0146	0605	-1.7
	0926	1259	1.8
SA	1723	1935	-0.6
N	2213		
13		0009	0.4
	0154	0631	-1.8
SU	0957	1336	2.0
	1811	2017	-0.6
	2257		
14		0035	0.3
	0204	0701	-1.8
M	1029	1415	2.1
	1900	2102	-0.5
	2350		
15		0105	0.1
	0212	0735	-1.8
TU	1103	1459	2.1
	1948	2151	-0.5

日期	转流时分	最大流时分	流速
16	0107	0139	0.0
	0210	0813	-1.7
W	1142	1547	2.1
	2033	2243	-0.5
17		0224	-0.1
		0857	-1.6
TH	1224	1640	2.0
	2115	2336	-0.6
18		0329	-0.2
		0950	-1.3
F	1312	1735	1.8
☽	2153		
19		0026	-0.8
		0510	-0.1
SA		1100	-1.1
E	1410	1829	1.6
	2228		
20		0114	-0.9
	0525	0712	0.2
SU	0845	1229	-0.9
	1521	1923	1.4
	2301		
21		0201	-1.2
	0540	0826	0.6
M	1101	1358	-0.8
	1644	2017	1.2
	2333		
22		0247	-1.4
	0611	0926	1.1
TU	1240	1520	-0.9
	1808	2112	1.0
23	0004	0332	-1.6
	0647	1018	1.6
W	1354	1633	-1.1
P	1927	2205	0.8
24	0034	0417	-1.8
	0726	1107	2.0
TH	1456	1734	-1.2
○	2040	2254	0.6
25	0103	0501	-2.0
	0807	1152	2.4
F	1552	1829	-1.3
S	2146	2339	0.5
26	0130	0544	-2.1
	0850	1237	2.6
SA	1646	1920	-1.3
	2244		
27		0019	0.3
	0156	0627	-2.1
SU	0934	1322	2.6
	1739	2010	-1.3
	2337		
28		0058	0.3
	0222	0711	-2.0
M	1020	1408	2.5
	1831	2059	-1.1
29	0025	0137	0.2
	0252	0755	-1.9
TU	1106	1457	2.3
	1924	2148	-1.0
30	0113	0218	0.1
	0328	0841	-1.7
W	1155	1550	2.0
	2017	2238	-0.8

预报值中不包括海流。4～11 月海流流向 338°，流速 0.3Kn。12～3 月海流流向 338°，流速 0.7Kn。方向 158°的潮流开始向南流，然后转向东南流。方向 338°的潮流开始向北流，然后转向西北流。

新加坡海峡—德里安海峡北口

SINGAPORE STRAIT－NORTHERN APPROACHES TO DOERIAN STRAIT

1° 00′ N　　　103° 34′ E

2021 年潮流表　　流速单位:kn　　(＋)表示流向 158°　　(－)表示流向 338°　　时区:－0700

7 月

日期	转流时分	最大流时分	流速
1 TH ☾ E	0203	0308	0.1
	0417	0933	-1.4
	1247	1646	1.7
	2108	2331	-0.7
2 F	0257	0412	0.1
	0533	1033	-1.2
	1344	1741	1.5
	2155		
3 SA		0024	-0.7
	0353	0533	0.2
	0714	1142	-0.9
	1445	1832	1.2
	2236		
4 SU		0119	-0.7
	0444	0654	0.3
	0908	1256	-0.7
	1552	1921	1.0
	2309		
5 M A		0212	-0.8
	0531	0806	0.5
	1117	1414	-0.6
	1659	2008	0.8
	2334		
6 TU		0300	-0.9
	0614	0911	0.8
	1257	1532	-0.5
	1802	2052	0.6
	2352		
7 W		0340	-1.1
	0653	1008	1.0
	1411	1637	-0.5
	1902	2133	0.5
8 TH	0006	0414	-1.3
	0730	1056	1.3
	1511	1730	-0.5
	1957	2211	0.4
9 F N	0019	0444	-1.4
	0803	1138	1.6
	1600	1815	-0.6
	2048	2245	0.3
10 SA ●	0034	0511	-1.6
	0835	1216	1.8
	1643	1855	-0.6
	2134	2318	0.3
11 SU	0053	0540	-1.8
	0906	1251	2.1
	1721	1931	-0.6
	2216	2349	0.2
12 M	0115	0610	-1.9
	0937	1325	2.2
	1756	2005	-0.7
	2255		
13 TU		0023	0.2
	0143	0644	-2.0
	1010	1359	2.3
	1831	2040	-0.7
	2334		
14 W		0059	0.2
	0218	0721	-2.0
	1045	1434	2.3
	1904	2115	-0.8
15 TH	0013	0140	0.2
	0302	0802	-1.9
	1123	1511	2.2
	1938	2154	-0.8

日期	转流时分	最大流时分	流速
16 F E	0056	0228	0.3
	0358	0848	-1.7
	1205	1551	1.9
	2012	2235	-0.9
17 SA ☽	0143	0325	0.3
	0514	0943	-1.4
	1253	1635	1.7
	2046	2321	-0.9
18 SU	0235	0436	0.4
	0704	1051	-1.1
	1351	1726	1.3
	2120		
19 M		0010	-1.0
	0329	0606	0.6
	0908	1214	-0.9
	1506	1825	1.0
	2154		
20 TU		0105	-1.1
	0424	0747	0.9
	1106	1346	-0.8
	1640	1937	0.7
	2230		
21 W P		0202	-1.3
	0518	0902	1.3
	1242	1518	-0.8
	1821	2051	0.5
	2308		
22 TH S		0259	-1.5
	0611	1004	1.8
	1356	1635	-1.0
	1953	2156	0.4
	2348		
23 F		0354	-1.7
	0703	1058	2.1
	1456	1735	-1.2
	2104	2250	0.3
24 SA ○	0031	0446	-1.9
	0753	1148	2.4
	1550	1826	-1.3
	2155	2336	0.3
25 SU	0115	0534	-2.0
	0841	1234	2.5
	1639	1912	-1.3
	2234		
26 M		0016	0.4
	0200	0620	-2.1
	0929	1318	2.5
	1725	1954	-1.2
	2305		
27 TU		0053	0.4
	0245	0705	-2.1
	1015	1400	2.4
	1809	2034	-1.1
	2333		
28 W		0129	0.5
	0329	0748	-2.0
	1100	1440	2.1
	1850	2114	-1.0
29 TH E	0003	0207	0.5
	0415	0831	-1.8
	1145	1520	1.8
	1930	2153	-0.8
30 F	0036	0247	0.5
	0505	0915	-1.5
	1230	1559	1.5
	2007	2234	-0.7
31 SA ☾	0115	0334	0.5
	0601	1003	-1.2
	1316	1641	1.2
	2040	2318	-0.6

8 月

日期	转流时分	最大流时分	流速
1 SU	0206	0432	0.5
	0710	1058	-0.9
	1405	1725	0.9
	2109		
2 M A		0007	-0.6
	0309	0551	0.5
	0843	1208	-0.6
	1500	1816	0.7
	2133		
3 TU		0102	-0.7
	0419	0726	0.6
	1102	1337	-0.3
	1612	1912	0.4
	2155		
4 W		0200	-0.8
	0522	0844	0.8
	1311	1524	-0.3
	1743	2010	0.3
	2216		
5 TH N		0252	-0.9
	0614	0948	1.1
	1428	1642	-0.3
	1913	2103	0.2
	2240		
6 F		0335	-1.1
	0657	1039	1.4
	1517	1734	-0.4
	2022	2150	0.2
	2310		
7 SA		0412	-1.4
	0734	1121	1.7
	1554	1813	-0.6
	2110	2231	0.2
	2346		
8 SU ●		0445	-1.6
	0808	1158	2.0
	1624	1843	-0.7
	2141	2308	0.2
9 M	0029	0519	-1.8
	0842	1231	2.2
	1651	1909	-0.8
	2205	2343	0.3
10 TU	0115	0554	-2.0
	0915	1302	2.3
	1717	1935	-0.9
	2228		
11 W		0019	0.4
	0204	0631	-2.0
	0950	1332	2.3
	1743	2002	-1.0
	2253		
12 TH E		0057	0.5
	0255	0711	-2.0
	1026	1402	2.2
	1809	2032	-1.1
	2322		
13 F		0137	0.7
	0351	0754	-1.9
	1106	1435	2.0
	1837	2106	-1.1
	2356		
14 SA		0222	0.8
	0453	0843	-1.7
	1151	1510	1.7
	1906	2144	-1.2
15 SU ☽	0035	0312	0.9
	0609	0939	-1.4
	1242	1549	1.3
	1935	2226	-1.1

日期	转流时分	最大流时分	流速
16 M	0122	0411	1.0
	0742	1046	-1.1
	1345	1635	0.9
	2005	2316	-1.1
17 TU P	0217	0527	1.1
	0926	1209	-0.8
	1513	1734	0.5
	2036		
18 W S		0015	-1.1
	0322	0718	1.2
	1113	1348	-0.7
	1716	1911	0.2
	2113		
19 TH		0124	-1.2
	0432	0845	1.6
	1243	1526	-0.9
	1933	2056	0.1
	2208		
20 F		0235	-1.3
	0541	0951	1.9
	1351	1637	-1.1
	2038	2203	0.2
	2323		
21 SA		0340	-1.5
	0644	1048	2.2
	1446	1729	-1.2
	2110	2254	0.3
22 SU ○	0034	0438	-1.7
	0741	1139	2.3
	1533	1812	-1.3
	2134	2335	0.5
23 M	0133	0528	-1.9
	0833	1223	2.4
	1616	1850	-1.3
	2156		
24 TU		0010	0.6
	0223	0614	-2.1
	0921	1302	2.3
	1654	1926	-1.3
	2218		
25 W E		0043	0.8
	0308	0657	-2.1
	1006	1337	2.1
	1728	1959	-1.2
	2242		
26 TH		0115	0.9
	0350	0737	-2.0
	1048	1409	1.8
	1759	2032	-1.1
	2308		
27 F		0148	1.0
	0432	0816	-1.7
	1128	1439	1.5
	1826	2103	-0.9
	2338		
28 SA		0224	1.0
	0516	0854	-1.4
	1206	1508	1.2
	1848	2134	-0.8
29 SU	0013	0303	0.9
	0607	0934	-1.1
	1244	1538	0.9
	1907	2206	-0.7
30 M ☾ A	0055	0351	0.8
	0714	1021	-0.7
	1322	1608	0.6
	1923	2240	-0.7
31 TU	0148	0501	0.7
	0850	1130	-0.4
	1410	1644	0.3
	1935	2327	-0.7

9 月

日期	转流时分	最大流时分	流速
1 W	0256	0659	0.8
	1130	1324	-0.2
	1551	1739	0.1
	1936		
2 TH N		0036	-0.7
	0412	0819	1.0
	1327	1552	-0.2
		1943	-0.1
3 F		0149	-0.8
	0518	0919	1.3
	1417	1654	-0.4
		2052	-0.1
4 SA		0249	-1.0
	0610	1008	1.6
	1449	1727	-0.6
		2143	-0.0
5 SU		0336	-1.3
	0654	1049	1.9
	1515	1751	-0.7
	2121	2226	0.1
	2328		
6 M		0418	-1.5
	0734	1125	2.1
	1538	1811	-0.9
	2123	2303	0.3
7 TU ●	0040	0458	-1.7
	0812	1158	2.2
	1600	1831	-1.0
	2133	2339	0.5
8 W E	0139	0538	-1.8
	0849	1228	2.2
	1622	1854	-1.2
	2149		
9 TH		0014	0.8
	0234	0619	-1.9
	0928	1257	2.1
	1644	1920	-1.3
	2212		
10 F		0050	1.0
	0328	0702	-1.9
	1009	1328	1.9
	1707	1950	-1.4
	2240		
11 SA P		0129	1.3
	0424	0749	-1.8
	1053	1400	1.7
	1730	2023	-1.5
	2313		
12 SU		0211	1.4
	0528	0841	-1.6
	1142	1434	1.3
	1752	2100	-1.4
	2352		
13 M ☽		0258	1.5
	0643	0939	-1.3
	1240	1512	0.9
	1810	2142	-1.3
14 TU	0037	0353	1.5
	0809	1049	-1.0
	1357	1556	0.5
	1820	2230	-1.2
15 W S	0130	0508	1.5
	0943	1216	-0.8
	1607	1655	0.1
	1752	2333	-1.1

日期	转流时分	最大流时分	流速
16 TH	0237	0705	1.6
	1118	1401	-0.8
		1940	-0.2
17 F		0054	-1.0
	0356	0829	1.8
	1235	1530	-1.0
		2108	-0.0
18 SA		0217	-1.1
	0516	0933	2.0
	1334	1627	-1.1
	2036	2205	0.2
	2332		
19 SU		0330	-1.4
	0627	1029	2.1
	1422	1710	-1.3
	2040	2248	0.5
20 M ○	0052	0429	-1.6
	0728	1117	2.1
	1503	1746	-1.4
	2053	2324	0.7
21 TU E	0148	0520	-1.8
	0821	1158	2.1
	1538	1819	-1.4
	2112	2356	1.0
22 W	0235	0604	-1.9
	0908	1233	1.9
	1608	1850	-1.4
	2135		
23 TH		0026	1.2
	0318	0645	-1.9
	0951	1303	1.7
	1634	1919	-1.3
	2200		
24 F		0057	1.3
	0358	0722	-1.7
	1029	1330	1.5
	1655	1947	-1.2
	2228		
25 SA		0128	1.3
	0440	0758	-1.5
	1104	1354	1.2
	1710	2012	-1.1
	2258		
26 SU A		0202	1.3
	0525	0834	-1.2
	1137	1417	0.9
	1721	2035	-1.1
	2330		
27 M		0239	1.2
	0622	0913	-0.9
	1210	1440	0.7
	1726	2057	-1.0
28 TU	0008	0326	1.1
	0737	1003	-0.5
	1247	1501	0.4
	1720	2123	-0.9
29 W ☾ N	0054	0437	1.0
	0925	1125	-0.2
	1347	1521	0.1
	1646	2157	-0.9
30 TH	0150	0639	1.1
	1147	2247	-0.9

预报值中不包括海流。4～11 月海流流向 338°,流速 0.3Kn。12～3 月海流流向 338°,流速 0.7Kn。方向 158°的潮流开始向南流,然后转向东南流。方向 338°的潮流开始向北流,然后转向西北流。

新加坡海峡—德里安海峡北口

SINGAPORE STRAIT—NORTHERN APPROACHES TO DOERIAN STRAIT

1° 00′ N　　103° 34′ E

2021 年潮流表　　流速单位:kn　　(+)表示流向 158°　　(−)表示流向 338°　　时区:−0700

10 月

日期	转流时分	最大流时分	流速
1 F	0258	0749	1.4
	1255	1649	-0.4
		1938	-0.3
2 SA		0025	-0.8
	0408	0841	1.6
	1330	1640	-0.6
		2044	-0.2
3 SU		0154	-0.9
	0511	0926	1.9
	1356	1653	-0.8
		2134	-0.1
4 M		0257	-1.1
	0604	1007	2.0
	1418	1708	-1.0
	2049	2216	0.2
	2341		
5 TU		0349	-1.3
	0653	1043	2.0
	1439	1725	-1.2
	2043	2253	0.5
6 W ●E	0100	0437	-1.5
	0738	1117	2.0
	1459	1746	-1.4
	2052	2328	0.9
7 TH	0202	0523	-1.6
	0823	1149	1.9
	1519	1810	-1.5
	2111		
8 F P		0004	1.3
	0257	0610	-1.7
	0908	1221	1.8
	1540	1839	-1.7
	2136		
9 SA		0040	1.6
	0353	0658	-1.7
	0956	1254	1.5
	1600	1912	-1.8
	2207		
10 SU		0119	1.9
	0451	0748	-1.6
	1046	1328	1.2
	1618	1947	-1.8
	2242		
11 M		0201	2.0
	0556	0842	-1.4
	1144	1403	0.8
	1631	2025	-1.7
	2322		
12 TU S		0248	2.0
	0708	0943	-1.1
	1254	1441	0.4
	1634	2106	-1.5
13 W ☽	0007	0344	1.9
	0827	1057	-0.9
	1446	1525	0.0
	1605	2155	-1.3
14 TH	0100	0505	1.8
	0951	1226	-0.8
		1632	-0.3
		2301	-1.1
15 F	0207	0653	1.8
	1110	1402	-0.9
		1948	-0.3
16 SA		0032	-1.0
	0329	0806	1.9
	1214	1513	-1.0
	2048	2056	0.0
	2104		
17 SU		0200	-1.0
	0454	0906	1.9
	1305	1601	-1.2
	1950	2147	0.3
	2344		
18 M		0315	-1.2
	0607	0958	1.9
	1346	1638	-1.3
	1954	2227	0.7
19 TU E	0057	0415	-1.4
	0709	1044	1.8
	1420	1711	-1.4
	2011	2302	1.0
20 W ○	0152	0506	-1.6
	0802	1123	1.6
	1449	1742	-1.4
	2034	2335	1.3
21 TH	0239	0550	-1.6
	0848	1155	1.5
	1513	1811	-1.5
	2100		
22 F		0006	1.5
	0322	0629	-1.6
	0929	1222	1.3
	1531	1838	-1.4
	2128		
23 SA		0038	1.6
	0405	0707	-1.4
	1005	1246	1.1
	1543	1903	-1.4
	2157		
24 SU A		0110	1.6
	0451	0743	-1.2
	1038	1309	0.9
	1551	1925	-1.4
	2228		
25 M		0145	1.6
	0543	0821	-0.9
	1111	1330	0.6
	1552	1947	-1.3
	2301		
26 TU N		0225	1.5
	0647	0905	-0.6
	1146	1351	0.4
	1549	2011	-1.3
	2337		
27 W		0314	1.5
	0805	1005	-0.3
	1237	1410	0.2
	1533	2041	-1.3
28 TH ☾	0018	0430	1.5
	0942	1139	-0.2
		1427	-0.1
		2117	-1.2
29 F	0106	0609	1.6
	1106	2204	-1.1
30 SA	0201	0709	1.7
	1154	1555	-0.5
		1916	-0.5
		2314	-0.9
31 SU	0304	0757	1.9
	1226	1542	-0.7
		2022	-0.3

11 月

日期	转流时分	最大流时分	流速
1 M		0059	-0.9
	0409	0840	1.9
	1251	1555	-0.9
	2033	2111	0.0
	2149		
2 TU E		0217	-0.9
	0513	0920	1.9
	1313	1612	-1.2
	1952	2155	0.4
	2357		
3 W		0321	-1.1
	0612	0958	1.8
	1334	1633	-1.4
	1954	2235	0.9
4 TH ●	0116	0419	-1.2
	0708	1035	1.7
	1355	1700	-1.6
	2011	2313	1.3
5 F P	0219	0513	-1.4
	0802	1112	1.5
	1416	1730	-1.8
	2036	2351	1.8
6 SA	0316	0605	-1.4
	0857	1148	1.3
	1436	1804	-2.0
	2106		
7 SU		0030	2.1
	0413	0657	-1.5
	0953	1225	1.0
	1455	1840	-2.0
	2141		
8 M S		0110	2.3
	0512	0750	-1.4
	1053	1301	0.7
	1510	1917	-2.0
	2219		
9 TU		0154	2.4
	0615	0846	-1.2
	1200	1339	0.4
	1518	1958	-1.8
	2301		
10 W		0243	2.4
	0721	0949	-1.1
	1329	1419	0.1
	1510	2041	-1.6
	2349		
11 TH ☽		0342	2.2
	0831	1100	-0.9
		1508	-0.2
		2133	-1.4
12 F	0043	0505	2.0
	0942	1218	-0.9
		1629	-0.3
		2244	-1.1
13 SA	0150	0630	1.9
	1048	1334	-0.9
		1913	-0.2
14 SU		0013	-1.0
	0309	0735	1.8
	1143	1435	-1.0
	1901	2018	0.1
	2136		
15 M E		0138	-1.0
	0431	0830	1.7
	1227	1521	-1.1
	1851	2110	0.5
	2338		
16 TU		0253	-1.1
	0544	0919	1.5
	1302	1559	-1.2
	1907	2155	0.8
17 W	0052	0356	-1.2
	0645	1003	1.4
	1331	1633	-1.4
	1932	2236	1.2
18 TH	0149	0448	-1.3
	0738	1040	1.2
	1355	1705	-1.4
	2001	2313	1.4
19 F ○	0240	0534	-1.2
	0824	1112	1.0
	1412	1734	-1.5
	2031	2348	1.6
20 SA	0328	0616	-1.1
	0905	1139	0.9
	1424	1801	-1.5
	2102		
21 SU A		0023	1.7
	0417	0655	-1.0
	0942	1204	0.7
	1432	1825	-1.6
	2134		
22 M N		0058	1.7
	0507	0735	-0.8
	1018	1228	0.6
	1436	1848	-1.6
	2205		
23 TU		0136	1.8
	0603	0817	-0.6
	1056	1251	0.4
	1439	1913	-1.6
	2238		
24 W		0217	1.8
	0703	0907	-0.5
	1144	1315	0.2
	1437	1942	-1.6
	2313		
25 TH		0307	1.8
	0808	1008	-0.4
	1309	1340	0.0
	1410	2015	-1.5
	2352		
26 F		0411	1.8
	0911	1120	-0.3
		1410	-0.2
		2054	-1.4
27 SA ☾	0034	0522	1.9
	1003	1232	-0.4
		1459	-0.3
		2141	-1.3
28 SU	0121	0618	1.9
	1043	1330	-0.6
		1735	-0.4
		2244	-1.1
29 M	0215	0705	1.8
	1115	1408	-0.8
		1939	-0.2
30 TU E		0015	-0.9
	0318	0749	1.7
	1141	1439	-1.0
	1853	2036	0.2
	2211		

12 月

日期	转流时分	最大流时分	流速
1 W		0142	-0.8
	0428	0831	1.6
	1205	1510	-1.3
	1847	2127	0.7
2 TH	0006	0258	-0.9
	0539	0913	1.4
	1229	1543	-1.5
	1905	2213	1.2
3 F	0127	0407	-1.0
	0649	0957	1.2
	1253	1619	-1.8
	1932	2257	1.7
4 SA ●P	0231	0508	-1.1
	0756	1041	1.0
	1316	1656	-2.0
	2006	2339	2.1
5 SU	0330	0605	-1.3
	0901	1123	0.8
	1339	1736	-2.1
	2042		
6 M S		0022	2.4
	0426	0659	-1.3
	1006	1205	0.5
	1359	1816	-2.1
	2122		
7 TU		0105	2.6
	0522	0752	-1.3
	1111	1245	0.3
	1418	1858	-2.1
	2205		
8 W		0151	2.6
	0619	0847	-1.2
	1220	1325	0.2
	1431	1942	-2.0
	2250		
9 TH		0241	2.5
	0717	0944	-1.1
	1348	1409	0.0
	1430	2029	-1.7
	2340		
10 F		0340	2.3
	0817	1043	-0.9
		1502	-0.1
		2123	-1.5
11 SA ☽	0035	0449	2.0
	0916	1144	-0.9
		1619	-0.1
		2231	-1.2
12 SU E	0138	0556	1.8
	1011	1244	-0.8
	1722	1806	0.0
	1847	2350	-1.0
13 M	0250	0655	1.6
	1100	1340	-0.9
	1722	1921	0.3
	2120		
14 TU		0108	-0.9
	0406	0747	1.3
	1140	1431	-1.0
	1749	2022	0.6
	2317		
15 W		0224	-0.9
	0516	0834	1.1
	1212	1515	-1.1
	1822	2119	0.9
16 TH	0040	0333	-0.9
	0619	0918	0.9
	1237	1554	-1.2
	1857	2209	1.1
17 F	0147	0432	-0.9
	0714	0957	0.8
	1256	1630	-1.3
	1934	2255	1.4
18 SA A	0246	0523	-0.8
	0803	1031	0.6
	1309	1701	-1.5
	2009	2336	1.6
19 SU ○	0340	0609	-0.8
	0847	1102	0.5
	1319	1729	-1.6
	2043		
20 M N		0015	1.7
	0431	0652	-0.7
	0929	1131	0.4
	1328	1756	-1.7
	2115		
21 TU		0052	1.9
	0520	0733	-0.6
	1011	1158	0.3
	1339	1822	-1.7
	2147		
22 W		0130	2.0
	0607	0815	-0.6
	1056	1226	0.2
	1350	1850	-1.8
	2220		
23 TH		0209	2.1
	0653	0858	-0.5
	1148	1256	0.1
	1400	1922	-1.8
	2253		
24 F		0251	2.1
	0736	0943	-0.5
	1256	1331	0.0
	1404	1958	-1.7
	2329		
25 SA		0335	2.1
	0817	1028	-0.5
		1413	-0.1
		2039	-1.6
26 SU	0008	0422	2.0
	0855	1114	-0.6
		1510	-0.1
		2127	-1.4
27 M ☾E	0052	0509	1.8
	0929	1158	-0.7
		1632	-0.1
		2227	-1.1
28 TU	0142	0557	1.6
	1000	1242	-0.9
	1646	1822	0.1
	1957	2347	-0.9
29 W	0243	0646	1.4
	1029	1327	-1.1
	1708	1951	0.5
	2219		
30 TH		0116	-0.7
	0359	0738	1.1
	1057	1412	-1.3
	1741	2056	1.0
31 F	0010	0243	-0.7
	0525	0833	0.9
	1126	1459	-1.5
	1819	2153	1.5

预报值中不包括海流。4～11 月海流流向 338°,流速 0.3Kn。12～3 月海流流向 338°,流速 0.7Kn。方向 158°的潮流开始向南流，然后转向东南流。方向 338°的潮流开始向北流，然后转向西北流。

新加坡海峡—菲利浦水道

SINGAPORE STRAIT－PHILLIP CHANNEL

1° 06′ N　　103° 44′ E

2021 年潮流表　　流速单位:kn　　(＋)表示流向 206°　　(－)表示流向 026°　　时区:－0800

1 月

日期	转流时分	最大流时分	流速
1 F		0131	2.0
	1243	1749	-2.6
	2224		
2 SA		0209	2.0
	1333	1847	-2.6
	2311		
3 SU		0251	1.9
	1423	1938	-2.4
	2354		
4 M		0329	1.9
	1514	2023	-2.2
5 TU	0029	0401	1.9
	1608	2105	-1.7
6 W ☾ E	0053	0430	1.8
	1727	2149	-1.0
7 TH	0101	0459	1.8
	1049	1241	-0.1
	1428	1733	0.4
	2053	2243	-0.2
8 F	0024	0527	1.6
	0937	1253	-0.8
	1628	1958	0.9
9 SA P		0011	0.5
		0554	1.4
	0924	1324	-1.5
	1728	2113	1.5
10 SU		0212	1.0
		0617	1.2
	0933	1401	-2.0
	1819	2207	2.0
11 M	0956	1443	-2.4
	1908	2253	2.3
12 TU S	1032	1531	-2.6
	1959	2336	2.3
13 W ●	1119	1626	-2.7
	2052		
14 TH		0021	2.2
	1211	1727	-2.7
	2145		
15 F		0108	2.0
	1304	1823	-2.7
	2235		
16 SA		0158	1.9
	1353	1910	-2.6
	2318		
17 SU		0246	1.8
	1435	1949	-2.3
	2351		
18 M		0322	1.8
	1508	2020	-1.9
19 TU E	0011	0344	1.8
	1530	2045	-1.3
20 W ☽	0015	0358	1.8
	1516	2104	-0.6
	2343		
21 TH A		0409	1.8
	1036	1335	-0.4
	1824		
22 F		0420	1.7
	0933	1343	-0.8
	1743		
23 SA		0429	1.6
	0917	1345	-1.2
	1748		
24 SU		0428	1.5
	0913	1343	-1.5
	1808	2300	1.7
25 M	0922	1401	-1.8
	1836	2315	1.9
26 TU N	0946	1434	-2.1
	1913	2336	1.9
27 W	1024	1517	-2.3
	1957		
28 TH ○		0001	1.9
	1110	1607	-2.5
	2044		
29 F		0029	1.8
	1159	1701	-2.6
	2132		
30 SA		0100	1.8
	1248	1754	-2.7
	2217		
31 SU		0131	1.7
		0705	1.3
		0958	1.3
	1337	1841	-2.6
	2255		

2 月

日期	转流时分	最大流时分	流速
1 M		0200	1.7
		0741	1.1
		1113	1.2
	1429	1925	-2.3
	2326		
2 TU E		0227	1.7
		0824	0.7
		1239	1.0
	1529	2006	-1.7
	2347		
3 W P		0254	1.7
		0909	0.2
		1407	0.8
	1656	2049	-1.0
	2353		
4 TH ☾		0321	1.5
	0802	0955	-0.3
	1233	1549	0.7
	2006	2139	-0.2
	2310		
5 F		0345	1.4
	0737	1045	-0.9
	1431	1833	1.0
		2255	0.5
6 SA		0404	1.2
	0738	1140	-1.4
	1550	2003	1.5
7 SU		0145	1.0
		0348	1.0
	0759	1238	-1.8
	1656	2103	1.9
8 M S	0837	1338	-2.1
	1758	2152	2.1
9 TU	0929	1438	-2.3
	1859	2237	2.1
10 W	1029	1538	-2.5
	1958	2320	1.9
11 TH ●	1126	1635	-2.7
	2053		
12 F		0003	1.7
	1218	1725	-2.7
	2141		
13 SA		0042	1.6
		0803	1.1
		1004	1.2
	1303	1808	-2.6
	2219		
14 SU		0114	1.6
		0827	1.0
		1046	1.0
	1343	1844	-2.3
	2246		
15 M E		0139	1.5
		0855	0.7
		1138	0.8
	1420	1913	-1.9
	2301		
16 TU		0200	1.6
		0907	0.4
		1240	0.5
	1458	1938	-1.2
	2259		
17 W		0216	1.6
	0826	0918	-0.0
	1041	1351	0.3
	1554	2000	-0.5
	2225		
18 TH A		0230	1.6
	0712	0936	-0.4
	1332	1520	0.2
		2019	0.2
19 F ☽		0242	1.5
	0654	1003	-0.8
	1442		
20 SA		0249	1.4
	0648	1037	-1.1
	1530		
21 SU		0056	1.3
	0657	1121	-1.4
	1616	2136	1.5
22 M	0724	1216	-1.6
	1704	2201	1.7
23 TU N	0809	1316	-1.8
	1757	2226	1.7
24 W	0909	1415	-2.1
	1851	2252	1.6
25 TH	1009	1511	-2.3
	1943	2316	1.5
26 F	1105	1603	-2.5
	2031	2338	1.5
27 SA ○		0423	1.0
		0902	1.2
	1157	1652	-2.6
	2114		
28 SU		0003	1.5
		0510	0.8
		1003	1.2
	1250	1738	-2.5
	2150		

3 月

日期	转流时分	最大流时分	流速
1 M E		0029	1.5
		0602	0.5
		1106	1.2
	1347	1823	-2.1
	2219		
2 TU P		0056	1.4
		0650	0.0
		1213	1.1
	1459	1909	-1.5
	2242		
3 W		0123	1.4
	0518	0733	-0.5
	0959	1325	1.1
	1648	1959	-0.9
	2251		
4 TH		0149	1.2
	0458	0814	-1.0
	1135	1444	1.2
	1944	2057	-0.1
	2215		
5 F		0212	1.0
	0458	0856	-1.3
	1251	1627	1.3
		2218	0.5
6 SA ☾		0228	0.8
	0511	0944	-1.6
	1401	1828	1.6
7 SU S	0537	1045	-1.7
	1513	1939	1.8
8 M	0625	1205	-1.8
	1630	2037	1.9
9 TU	0748	1329	-2.0
	1746	2128	1.8
10 W	0918	1439	-2.2
	1854	2214	1.7
11 TH	1029	1537	-2.4
	1952	2253	1.5
12 F		0614	0.7
		0850	0.9
	1124	1624	-2.5
	2038	2325	1.4
13 SA ●		0613	0.7
		0938	0.9
	1210	1703	-2.4
	2112	2351	1.3
14 SU E		0613	0.5
		1026	0.8
	1253	1737	-2.0
	2135		
15 M		0012	1.3
		0630	0.1
		1120	0.7
	1339	1807	-1.5
	2145		
16 TU		0030	1.3
	0441	0652	-0.3
	0928	1219	0.6
	1440	1835	-0.9
	2137		
17 W		0044	1.3
	0407	0715	-0.7
	1059	1322	0.5
	1650	1903	-0.2
	2048		
18 TH A		0056	1.2
	0358	0739	-1.1
	1156	1432	0.7
		1937	0.3
19 F		0104	1.2
	0400	0805	-1.4
	1239	1808	0.9
		2023	0.8
20 SA		0055	1.1
	0411	0837	-1.6
	1321	1910	1.2
		2124	1.1
		2325	1.2
21 SU ☽	0430	0917	-1.7
	1410	1954	1.4
22 M N	0501	1010	-1.7
	1509	2033	1.5
23 TU	0549	1120	-1.7
	1618	2107	1.5
24 W	0700	1241	-1.8
	1726	2135	1.4
25 TH	0828	1353	-2.0
	1825	2153	1.4
26 F	0946	1451	-2.2
	1915	2211	1.3
27 SA		0335	0.5
		0820	0.9
	1052	1540	-2.3
	1956	2233	1.3
28 SU ○ E		0404	0.2
		0926	1.0
	1156	1626	-2.1
	2031	2258	1.3
29 M	0256	0444	-0.3
	0654	1030	1.1
	1308	1714	-1.7
	2101	2325	1.2
30 TU P	0228	0524	-0.8
	0836	1136	1.2
	1440	1808	-1.1
	2126	2353	1.1
31 W	0222	0605	-1.3
	0947	1242	1.4
	1650	1911	-0.5
	2140		

海流微弱。

新加坡海峡—菲利浦水道

SINGAPORE STRAIT－PHILLIP CHANNEL

1° 06′ N　　103° 44′ E

2021 年潮流表　　流速单位:kn　　(＋)表示流向 206°　　(－)表示流向 026°　　时区:－0800

4 月

日期	转流时分	最大流时分	流速	日期	转流时分	最大流时分	流速
1 TH	0228 1046	0019 0645 1350 2026	0.9 -1.8 1.6 0.0	16 F	0155 1125	0632 1451	-2.1 1.3
2 F	0240 1140	0043 0726 1503 2214	0.7 -2.0 1.8 0.4	17 SA	0211 1158	0701 1543	-2.3 1.4
3 SA	0257 1236	0057 0812 1631	0.5 -2.2 1.9	18 SU N	0234 1238	0739 1757	-2.2 1.5
4 SU ☾ S	0320 1340	0907 1804	-2.1 1.9	19 M	0305 1330	0828 1858	-2.1 1.5
5 M	0354 1453	1017 1915	-2.0 1.8	20 TU ☽	0346 1436	0931 1944	-2.0 1.4
6 TU	0453 1615	1148 2013	-1.9 1.7	21 W	0439 1545	1043 2014	-1.9 1.4
7 W	0648 1731	1317 2102	-2.0 1.6	22 TH	0548 1648	1201 2029	-1.9 1.3
8 TH	0853 1832	1423 2140	-2.1 1.4	23 F	0722 1739	1313 2043	-1.9 1.3
9 F	1008 1918	0526 0812 1513 2209	0.3 0.4 -2.1 1.3	24 SA	0908 1820	0422 0719 1413 2104	0.1 0.4 -1.8 1.3
10 SA	1107 1949	0526 0910 1553 2231	0.1 0.5 -1.9 1.2	25 SU E	0113 0615 1047 1854	0323 0842 1505 2129	-0.3 0.6 -1.5 1.2
11 SU E	0320 0729 1205 2007	0527 1006 1628 2248	-0.2 0.5 -1.5 1.2	26 M	0036 0727 1232 1923	0344 0951 1559 2156	-1.0 0.9 -1.1 1.1
12 M ●	0213 0849 1316 2010	0530 1103 1700 2301	-0.6 0.5 -0.9 1.1	27 TU ○P	0025 0821 1437 1943	0414 1056 1701 2223	-1.6 1.2 -0.6 0.9
13 TU	0149 0944 1507 1944	0536 1203 1733 2310	-1.1 0.6 -0.3 1.0	28 W	0028 0910 1722 1933	0448 1159 1823 2250	-2.1 1.6 -0.1 0.7
14 W A	0143 1024	0549 1302 1814 2316	-1.5 0.8 0.2 1.0	29 TH	0039 0956	0526 1300 2015 2314	-2.5 1.9 0.2 0.5
15 TH	0146 1056	0607 1359 1911 2312	-1.9 1.0 0.6 0.9	30 F	0054 1043	0607 1400	-2.7 2.1

5 月

日期	转流时分	最大流时分	流速	日期	转流时分	最大流时分	流速
1 SA S	0112 1133	0656 1502	-2.7 2.1	16 SU	0100 1137	0624 1511	-2.8 1.6
2 SU	0139 1229	0753 1618	-2.6 2.0	17 M	0137 1223	0714 1601	-2.7 1.5
3 M ☾	0219 1334	0857 1749	-2.4 1.8	18 TU	0221 1318	0812 1818	-2.5 1.4
4 TU	0308 1445	1007 1857	-2.2 1.7	19 W ☽	0306 1415	0911 1849	-2.4 1.4
5 W	0357 1554	1125 1948	-2.1 1.6	20 TH	0348 1508	1011 1856	-2.2 1.4
6 TH	0420 1653	1241 2025	-1.9 1.5	21 F	0416 1553	1113 1912	-1.9 1.4
7 F	0306 1736	1342 2052	-1.7 1.4	22 SA E	0215 1628 2336	1221 1935	-1.5 1.3
8 SA E	0202 0825 0901 1802	0449 0843 1430 2111	-0.4 0.0 -1.3 1.3	23 SU	0654 0849 1655 2302	0306 0751 1329 2001	-0.6 0.1 -1.0 1.3
9 SU	0103 0833 1111 1811	0446 0951 1511 2124	-0.8 0.2 -0.8 1.2	24 M	0714 1200 1706 2255	0252 0913 1436 2028	-1.3 0.6 -0.5 1.1
10 M	0026 0859 1334 1750	0446 1055 1551 2131	-1.3 0.4 -0.3 1.0	25 TU	0748 2300	0313 1020 1548 2055	-2.1 1.1 0.0 0.9
11 TU ●A	0010 0923	0443 1156 1637 2131	-1.7 0.8 0.2 0.9	26 W ○P	0826 2313	0343 1118 1749 2122	-2.7 1.6 0.4 0.7
12 W	0004 0944	0444 1250 1759 2126	-2.1 1.1 0.7 0.9	27 TH	0906 2331	0418 1212	-3.0 2.0
13 TH	0006 1005	0454 1332	-2.5 1.4	28 F S	0951 2358	0500 1303	-3.2 2.1
14 F	0015 1029	0515 1406	-2.7 1.6	29 SA	1040	0552 1355	-3.2 2.1
15 SA N	0033 1059	0545 1435	-2.8 1.6	30 SU	0036 1134	0653 1453	-3.1 1.9
				31 M	0127 1232	0755 1612	-2.9 1.7

6 月

日期	转流时分	最大流时分	流速	日期	转流时分	最大流时分	流速
1 TU	0219 1331	0854 1738	-2.8 1.6	16 W	0205 1305	0806 1627	-2.8 1.4
2 W ☾	0259 1426	0948 1831	-2.5 1.5	17 TH	0243 1344	0853 1700	-2.5 1.4
3 TH	0301 1511	1040 1906	-2.1 1.5	18 F ☽	0304 1417	0938 1729	-2.1 1.4
4 F E	0132 1543	1133 1931	-1.6 1.4	19 SA E	0113 1441 2207	1026 1758	-1.5 1.3
5 SA	0032 1559 2336	0418 0803 1228 1947	-0.7 -0.4 -1.0 1.3	20 SU	1449 2136	0217 0634 1129 1826	-0.7 -0.2 -0.8 1.2
6 SU	1548 2306	0354 0931 1328 1955	-1.1 -0.0 -0.4 1.2	21 M	0642 1144 1408 2131	0150 0835 1300 1855	-1.4 0.3 -0.1 1.1
7 M	0840 2252	0355 1048 1431 1952	-1.6 0.4 0.2 1.0	22 TU	0700 2140	0210 0945 1437 1923	-2.1 1.0 0.4 0.8
8 TU A	0845 2244	0355 1147 1553 1942	-2.1 0.9 0.7 0.9	23 W P	0734 2158	0241 1038	-2.7 1.5
9 W	0857 2244	0352 1226	-2.4 1.3	24 TH ○	0814 2225	0318 1124	-3.2 1.9
10 TH ●	0914 2254	0357 1256	-2.8 1.5	25 F S	0900 2303	0403 1208	-3.4 2.0
11 F	0938 2316	0416 1321	-3.0 1.7	26 SA	0950 2354	0457 1255	-3.4 1.9
12 SA N	1009 2350	0447 1346	-3.1 1.7	27 SU	1044	0559 1345	-3.4 1.8
13 SU	1048	0529 1416	-3.1 1.6	28 M	0050 1139	0659 1443	-3.3 1.6
14 M	0033 1132	0621 1454	-3.0 1.5	29 TU	0141 1229	0752 1552	-3.2 1.5
15 TU	0120 1219	0715 1540	-3.0 1.4	30 W	0221 1312	0836 1651	-2.9 1.4

海流微弱。

新加坡海峡—菲利浦水道

SINGAPORE STRAIT－PHILLIP CHANNEL

1° 06′ N　　103° 44′ E

2021 年潮流表　　流速单位:kn　　(+)表示流向 206°　　(−)表示流向 026°　　时区:−0800

7 月

日期	转流时分	最大流时分	流速	日期	转流时分	最大流时分	流速
1 TH ☾ E	0237 1344	0914 1723	-2.4 1.4	16 F E	0236 1259	0831 1548 2214	-2.2 1.3 0.0
2 F	0037 1404 2256	0946 1741	-1.8 1.3	17 SA ☽	0243 1313 2012	0159 0911 1615 2312	0.0 -1.5 1.2 -0.6
3 SA	1408 2158	1012 1748	-1.0 1.2	18 SU	1307 1952	0435 0959 1642	-0.1 -0.7 1.1
4 SU	1316 2139	0237 1749	-1.1 1.1	19 M	0515 1954	0000 0736 1116 1705	-1.3 0.3 0.1 0.9
5 M A	0756 2129	0245 1747	-1.6 1.0	20 TU	0546 2010	0044 0856 1338 1714	-2.0 1.0 0.6 0.7
6 TU	0750 2124	0252 1129 1522 1737	-2.0 1.0 0.9 1.0	21 W P	0627 2037	0129 0948	-2.5 1.5
7 W	0759 2128	0255 1144	-2.4 1.4	22 TH S	0713 2120	0216 1031	-2.9 1.7
8 TH	0817 2144	0303 1204	-2.7 1.6	23 F	0804 2215	0309 1112	-3.1 1.8
9 F N	0843 2215	0325 1228	-2.9 1.6	24 SA ○	0858 2315	0407 1155	-3.3 1.7
10 SA ●	0918 2256	0359 1253	-3.0 1.6	25 SU	0953	0507 1240	-3.4 1.5
11 SU	0959 2344	0443 1322	-3.1 1.5	26 M	0012 1044	0603 1325	-3.4 1.4
12 M	1042	0534 1353	-3.2 1.4	27 TU	0102 1128	0651 1406	-3.3 1.3
13 TU	0032 1124	0625 1425	-3.2 1.4	28 W	0143 1203	0731 1440	-3.0 1.3
14 W	0118 1202	0711 1453	-3.0 1.4	29 TH E	0211 1227	0805 1506	-2.5 1.2
15 TH	0200 1234	0752 1521	-2.7 1.3	30 F	0205 1239 2012	0833 1525	-1.8 1.2
				31 SA ☾	1233 1949	0010 0235 0857 1539	-0.4 -0.3 -1.0 1.2

8 月

日期	转流时分	最大流时分	流速	日期	转流时分	最大流时分	流速
1 SU	1115 1939	0033 1550	-0.9 1.1	16 M	0240 1750	0541 1022 1516 2245	0.7 0.2 0.7 -1.9
2 M A	0627 1934	0053 1555	-1.3 1.0	17 TU P	0347 1810	0733 2349	1.1 -2.2
3 TU	0623 1936	0109 1219	-1.7 1.0	18 W S	0450 1847	0835	1.5
4 W	0638 1952	0125 1038	-2.0 1.3	19 TH	0553 1956	0059 0924	-2.4 1.7
5 TH N	0703 2025	0151 1100	-2.3 1.5	20 F	0656 2120	0209 1009	-2.7 1.6
6 F	0737 2113	0226 1124	-2.5 1.5	21 SA	0756 2233	0314 1052	-2.9 1.5
7 SA	0817 2207	0308 1151	-2.7 1.4	22 SU ○	0853 2332	0413 1133 1848 2118	-3.1 1.3 0.6 0.8
8 SU ●	0900 2300	0355 1218	-2.9 1.3	23 M	0941	0504 1210 1827 2206	-3.1 1.2 0.6 0.8
9 M	0943 2350	0443 1242	-3.1 1.3	24 TU	0022 1021	0548 1241 1838 2255	-3.0 1.1 0.4 0.7
10 TU	1022	0529 1304 1820 2148	-3.1 1.2 0.7 0.8	25 W E	0105 1050	0627 1307 1915 2350	-2.7 1.1 0.1 0.5
11 W	0038 1055	0613 1327 1901 2301	-3.0 1.2 0.5 0.7	26 TH	0145 1108 1743 2251	0700 1330 1952	-2.1 1.1 -0.3
12 TH E	0127 1124	0655 1352 1943	-2.6 1.2 0.1	27 F	0226 1114 1716	0051 0730 1348 2026	0.3 -1.5 1.1 -0.7
13 F	0222 1146 1813 2320	0023 0736 1417 2025	0.5 -2.0 1.2 -0.4	28 SA	0046 0324 1056 1707	0201 0759 1403 2057	0.2 -0.7 1.1 -1.1
14 SA	0333 1159 1744	0146 0819 1441 2107	0.4 -1.3 1.1 -1.0	29 SU	0205 1707	0536 0828 1413 2128	0.2 0.0 1.0 -1.4
15 SU ☽	0120 0557 1146 1740	0319 0910 1503 2152	0.4 -0.5 0.9 -1.5	30 M ☾ A	0257 1713	1413 2204	0.9 -1.6
				31 TU	0340 1727	0825 2250	1.0 -1.8

9 月

日期	转流时分	最大流时分	流速	日期	转流时分	最大流时分	流速
1 W	0424 1753	0906 2347	1.3 -1.9	16 TH	0407 1748	0806	1.7
2 TH N	0513 1838	0940	1.4	17 F	0525 2002	0049 0859	-2.2 1.6
3 F	0604 1946	0054 1011	-2.0 1.4	18 SA	0636 2140	0208 0944	-2.4 1.5
4 SA	0656 2102	0158 1039	-2.2 1.3	19 SU	0735 2247	0309 1022 1741 2038	-2.6 1.3 0.4 0.7
5 SU	0743 2209	0253 1102	-2.5 1.3	20 M ○	0822 2342	0400 1054 1726 2131	-2.6 1.2 0.3 0.7
6 M	0826 2306	0341 1119 1628 2040	-2.6 1.2 0.6 0.8	21 TU E	0858	0442 1120 1729 2225	-2.4 1.1 0.0 0.7
7 TU ●	0903	0425 1136 1651 2144	-2.7 1.2 0.3 0.8	22 W	0034 0923 1524 2039	0520 1142 1752 2322	-2.0 1.1 -0.3 0.6
8 W E	0002 0935 1659 1809	0508 1158 1733 2250	-2.5 1.2 -0.0 0.8	23 TH	0133 0935 1455 2206	0555 1201 1820	-1.4 1.0 -0.8
9 TH	0103 1003 1547 2100	0553 1222 1815 2358	-2.1 1.1 -0.5 0.8	24 F	0256 0930 1451 2308	0024 0631 1217 1847	0.6 -0.8 1.0 -1.2
10 F	0219 1026 1528 2229	0641 1247 1856	-1.5 1.0 -1.0	25 SA	0550 0827 1456 2354	0130 0710 1228 1914	0.7 -0.1 1.0 -1.6
11 SA P	0410 1039 1527 2338	0109 0734 1311 1935	0.9 -0.9 0.9 -1.5	26 SU A	1506	0244 0757 1232 1942	0.8 0.4 0.9 -1.8
12 SU	0709 1015 1535	0224 0837 1332 2015	1.1 -0.2 0.7 -1.8	27 M	0033 1520	0530 0857 1123 2014	1.1 0.9 0.9 -1.9
13 M ☽	0039 1548	0352 1006 1340 2101	1.3 0.3 0.5 -2.0	28 TU	0112 1541	0639 2054	1.3 -1.9
14 TU	0141 1607	0545 2158	1.5 -2.1	29 W ☾ N	0157 1610	0728 2145	1.5 -1.8
15 W S	0250 1639	0706 2316	1.7 -2.1	30 TH	0254 1652	0813 2251	1.5 -1.8

海流微弱。

新加坡海峡—菲利浦水道

SINGAPORE STRAIT－PHILLIP CHANNEL

1° 06′ N　　103° 44′ E

2021年潮流表　　流速单位:kn　　(＋)表示流向206°　　(－)表示流向026°　　时区:－0800

10 月

日期	转流时分	最大流时分	流速
1 F	0359 1754	0852	1.5
2 SA	0504 1919	0008 0922	-1.8 1.4
3 SU	0600 2051	0122 0940	-1.9 1.3
4 M	0645 2211	0221 0950 1654 1955	-2.0 1.3 0.4 0.6
5 TU	0723 1522 1632 2327	0309 1005 1555 2109	-2.0 1.3 -0.0 0.7
6 W ●E	0755 1358 1922	0355 1026 1621 2216	-1.8 1.2 -0.5 0.9
7 TH	0051 0821 1337 2035	0443 1051 1655 2322	-1.4 1.1 -1.1 1.1
8 F P	0242 0841 1334 2133	0540 1116 1732	-0.8 1.0 -1.6
9 SA	0516 0838 1342 2224	0028 0651 1141 1809	1.4 -0.2 0.8 -2.0
10 SU	1355 2314	0134 0824 1202 1850	1.7 0.2 0.6 -2.3
11 M	1413	0241 1937	1.9 -2.3
12 TU S	0006 1438	0357 2034	2.0 -2.2
13 W ☽	0107 1517	0528 2143	2.0 -2.1
14 TH	0217 1619	0645 2308	1.9 -2.0
15 F	0336 1801	0745	1.8
16 SA	0452 2020	0039 0833	-2.0 1.7
17 SU	0554 2150	0150 0910 1702 1953	-2.0 1.5 0.2 0.4
18 M	0641 2303	0245 0938 1656 2059	-1.9 1.4 0.0 0.6
19 TU E	0712 1426 1919	0330 1001 1654 2200	-1.6 1.3 -0.3 0.7
20 W ○	0021 0729 1333 2028	0410 1019 1659 2301	-1.2 1.2 -0.8 0.8
21 TH	0204 0724 1315 2119	0451 1033 1710	-0.6 1.1 -1.3
22 F	1313 2159	0004 0538 1042 1726	1.0 0.1 1.0 -1.7
23 SA	1319 2232	0107 0644 1043 1747	1.2 0.6 0.9 -2.0
24 SU A	1331 2303	0207 1812	1.4 -2.2
25 M	1350 2335	0305 1843	1.6 -2.2
26 TU N	1417	0422 1922	1.7 -2.2
27 W	0014 1452	0551 2011	1.7 -2.0
28 TH ☾	0101 1535	0648 2110	1.7 -1.9
29 F	0159 1626	0734 2215	1.7 -1.8
30 SA	0300 1726	0804 2323	1.6 -1.7
31 SU	0356 1848	0814	1.6

11 月

日期	转流时分	最大流时分	流速
1 M	0442 2044	0031 0818 1634 1843	-1.5 1.5 0.2 0.3
2 TU E	0517 1323 1745 2250	0133 0833 1523 2025	-1.3 1.5 -0.2 0.5
3 W	0542 1226 1858	0230 0855 1523 2139	-1.0 1.5 -0.9 0.9
4 TH ●	0106 0552 1208 1949	0326 0920 1547 2245	-0.5 1.3 -1.5 1.4
5 F P	1208 2035	0432 0946 1618 2346	0.0 1.1 -2.1 1.8
6 SA	1219 2120	0615 1011 1653	0.4 0.9 -2.5
7 SU	1237 2206	0045 1735	2.2 -2.6
8 M S	1304 2256	0142 1826	2.4 -2.6
9 TU	1342 2352	0240 1929	2.4 -2.5
10 W	1434	0351 2036	2.3 -2.3
11 TH ☽	0054 1536	0522 2145	2.1 -2.1
12 F	0200 1645	0632 2255	2.0 -1.9
13 SA	0304 1812	0721	1.9
14 SU	0357 2019	0007 0757	-1.7 1.8
15 M E	0436 1435 1803 2215	0111 0822 1615 2025	-1.4 1.7 -0.2 0.3
16 TU	0457 1312 1911	0205 0842 1613 2138	-0.9 1.6 -0.6 0.6
17 W	0040 0448 1223 1955	0254 0856 1615 2247	-0.3 1.4 -1.1 1.0
18 TH	1204 2030	0346 0903 1618 2352	0.3 1.3 -1.6 1.3
19 F ○	1159 2059	0458 0900 1624	0.8 1.1 -2.0
20 SA	1203 2126	0048 1637	1.7 -2.3
21 SU A	1216 2155	0132 1659	1.9 -2.4
22 M N	1238 2226	0210 1730	2.0 -2.4
23 TU	1310 2304	0246 1811	2.0 -2.4
24 W	1351 2347	0330 1903	2.0 -2.3
25 TH	1436	0531 1958	1.9 -2.2
26 F	0034 1522	0623 2051	1.9 -2.0
27 SA ☾	0122 1609	0647 2142	1.8 -1.8
28 SU	0204 1700	0635 2234	1.8 -1.4
29 M	0236 1823	0638 2333	1.8 -0.9
30 TU E	0256 1227 1713 2202	0659 1500 1930	1.7 -0.2 0.3

12 月

日期	转流时分	最大流时分	流速
1 W	0249 1114 1812	0043 0723 1426 2104	-0.4 1.7 -1.0 0.9
2 TH	1055 1855	0159 0749 1445 2210	0.2 1.5 -1.7 1.5
3 F	1057 1936	0319 0815 1514 2305	0.7 1.3 -2.3 2.0
4 SA ●P	1111 2020	0631 0839 1549 2356	1.0 1.1 -2.6 2.4
5 SU	1136 2106	1631	-2.8
6 M S	1212 2158	0045 1727	2.5 -2.8
7 TU	1301 2253	0136 1834	2.5 -2.7
8 W	1359 2351	0235 1940	2.4 -2.6
9 TH	1459	0354 2039	2.2 -2.4
10 F	0047 1556	0517 2132	2.1 -2.2
11 SA ☽	0136 1648	0605 2222	2.0 -1.8
12 SU E	0214 1741	0636 2311	1.9 -1.2
13 M	0238 1335 1752 2054	0659 1514 1936	1.9 -0.2 0.1
14 TU	0237 1208 1835	0007 0715 1514 2108	-0.5 1.7 -0.7 0.6
15 W	1120 1907	0116 0724 1521 2230	0.2 1.6 -1.2 1.1
16 TH	1102 1934	0236 0720 1528 2333	0.8 1.4 -1.6 1.6
17 F	1058 2000	0430 0651 1533	1.3 1.3 -2.0
18 SA A	1102 2026	0016 1544	2.0 -2.3
19 SU ○	1116 2056	0048 1604	2.1 -2.4
20 M N	1141 2130	0119 1636	2.2 -2.5
21 TU	1217 2210	0151 1719	2.1 -2.5
22 W	1259 2252	0231 1811	2.0 -2.5
23 TH	1344 2333	0344 1902	2.0 -2.4
24 F	1429	0508 1948	1.9 -2.3
25 SA	0010 1513	0416 2029	1.9 -2.0
26 SU	0040 1558	0429 2108	1.9 -1.5
27 M ☾E	0058 1700	0451 2150	1.9 -0.9
28 TU	0058 1126 1533 2055	0517 1346 1752 2242	1.8 -0.1 0.2 -0.1
29 W	0006 0956 1700	0543 1310 2025	1.7 -0.9 0.8
30 TH	0940 1748	0012 0610 1335 2134	0.6 1.5 -1.6 1.5
31 F	0946 1833	0204 0633 1409 2222	1.1 1.3 -2.2 2.0

海流微弱。

新加坡海峡—布法罗礁

SINGAPORE STRAIT－BUFFALO ROCK

1° 10′ N　　　103° 48′ E

2021 年潮流表　　流速单位:kn　　(＋)表示流向 065°　　(－)表示流向 245°　　时区:－0800

1 月

日期	转流时分	最大流时分	流速
1 F		0803	-1.5
	1256	1708	1.3
	2220		
2 SA		0838	-1.5
	1340	1752	1.3
	2309		
3 SU		0914	-1.4
	1425	1838	1.2
	2344		
4 M		0956	-1.2
	1515	1924	1.0
5 TU	0006	1050	-0.9
	1614	2011	0.7
6 W ☾ E	0016	0454	-0.7
		0949	-0.5
		1247	-0.6
	1746	2104	0.4
7 TH	0010	0446	-0.7
		1112	-0.1
		1634	-0.4
		2221	-0.0
8 F		0457	-0.7
	0919	1207	0.3
	1502	1924	-0.6
9 SA P		0010	-0.3
		0519	-0.7
	0911	1257	0.8
	1634	2057	-0.9
10 SU		0152	-0.6
		0548	-0.8
	0934	1345	1.1
	1738	2157	-1.2
11 M		0257	-0.7
		0622	-0.9
	1010	1432	1.4
	1835	2250	-1.3
12 TU S		0331	-0.9
		0655	-1.0
	1054	1517	1.6
	1932	2348	-1.2
13 W ●		0343	-1.0
		0725	-1.2
	1141	1602	1.7
	2031		
14 TH		0103	-1.1
		0327	-1.1
		0754	-1.4
	1227	1648	1.7
	2133		
15 F		0823	-1.5
	1313	1733	1.6
	2232		
16 SA		0854	-1.5
	1359	1816	1.4
	2320		
17 SU		0929	-1.4
	1445	1857	1.2
	2349		
18 M		1014	-1.1
	1535	1934	0.9
	2356		
19 TU E		0458	-0.7
		0720	-0.7
		1125	-0.8
	1636	2005	0.5
	2334		
20 W ☽		0356	-0.6
		0920	-0.3
		1327	-0.4
	1827	2030	0.1
	2220		
21 TH A		0328	-0.6
	0915	1033	0.1
	1200	1723	-0.3
		2035	-0.2
22 F		0312	-0.7
	0816	1130	0.4
	1514		
23 SA		0305	-0.8
	0822	1223	0.6
	1635		
24 SU		0305	-0.9
	0850	1312	0.9
	1729	2259	-1.0
25 M	0932	1357	1.0
	1815	2322	-1.0
26 TU N		0210	-0.9
		0524	-1.0
	1018	1438	1.2
	1900		
27 W		0626	-1.2
	1102	1515	1.3
	1945		
28 TH ○		0710	-1.3
	1143	1550	1.3
	2030		
29 F		0747	-1.4
	1221	1624	1.4
	2114		
30 SA		0820	-1.5
	1258	1657	1.3
	2152		
31 SU		0856	-1.4
	1338	1731	1.2
	2221		

2 月

日期	转流时分	最大流时分	流速
1 M		0939	-1.3
	1423	1807	0.9
	2236		
2 TU E		1038	-1.0
	1523	1846	0.6
	2237		
3 W P		0218	-0.5
		0627	-0.3
		1212	-0.7
	1702	1932	0.2
	2210		
4 TH ☾		0218	-0.5
		0823	-0.0
		1440	-0.5
		2039	-0.1
5 F		0226	-0.5
	0651	0956	0.3
	1258	1814	-0.6
		2304	-0.5
6 SA		0236	-0.6
	0713	1118	0.6
	1503	2008	-0.9
7 SU	0801	1231	0.9
	1627	2111	-1.1
8 M S	0903	1335	1.2
	1736	2202	-1.3
9 TU		0313	-0.8
		0610	-0.9
	1005	1431	1.5
	1838	2251	-1.3
10 W		0317	-0.9
		0702	-1.1
	1101	1519	1.6
	1936	2342	-1.2
11 TH ●		0315	-0.9
		0740	-1.3
	1149	1601	1.7
	2030		
12 F		0036	-1.0
		0302	-0.9
		0812	-1.5
	1233	1639	1.6
	2118		
13 SA		0842	-1.5
	1314	1712	1.4
	2155		
14 SU		0917	-1.4
	1355	1741	1.1
	2213		
15 M E		1000	-1.1
	1442	1806	0.7
	2202		
16 TU		0124	-0.4
		0501	-0.3
		1101	-0.8
	1546	1826	0.3
	2113		
17 W		0100	-0.5
		0629	-0.1
		1228	-0.6
		1836	-0.0
18 TH A		0042	-0.6
	0518	0744	0.2
	1014	1443	-0.4
		1803	-0.3
19 F ☽		0029	-0.7
	0523	0852	0.4
	1245		
20 SA		0018	-0.8
	0554	1001	0.6
	1434	2359	-0.9
21 SU	0645	1117	0.7
	1555	2254	-1.0
22 M	0754	1234	0.8
	1700	2245	-1.0
23 TU N	0907	1337	1.0
	1755	2301	-1.0
24 W		0159	-0.9
		0521	-1.0
	1008	1425	1.1
	1842	2322	-0.9
25 TH		0147	-0.8
		0631	-1.1
	1057	1503	1.2
	1923	2343	-0.8
26 F		0153	-0.8
		0718	-1.3
	1138	1534	1.3
	1957	2356	-0.7
27 SA ○		0209	-0.6
		0758	-1.4
	1216	1602	1.2
	2024	2355	-0.6
28 SU		0237	-0.5
		0837	-1.3
	1256	1630	1.1
	2041	2344	-0.5

3 月

日期	转流时分	最大流时分	流速
1 M E		0315	-0.3
		0923	-1.2
	1344	1659	0.8
	2046	2345	-0.4
2 TU P		0407	-0.1
		1023	-1.0
	1452	1732	0.4
	2032	2347	-0.4
3 W	0340	0509	0.1
	0634	1145	-0.8
	1717	1814	0.0
	1912	2349	-0.5
4 TH	0329	0620	0.3
	0905	1342	-0.7
		1918	-0.3
		2344	-0.5
5 F	0353	0739	0.5
	1119	1656	-0.8
6 SA ☾	0440	0909	0.7
	1315	1857	-1.0
7 SU S	0552	1045	0.9
	1455	2008	-1.2
8 M	0722	1213	1.1
	1619	2103	-1.3
9 TU	0849	1325	1.3
	1730	2152	-1.3
10 W		0253	-0.8
		0607	-0.9
	1001	1421	1.5
	1829	2233	-1.2
11 TH		0253	-0.8
		0703	-1.1
	1058	1506	1.5
	1918	2306	-1.1
12 F		0259	-0.8
		0746	-1.3
	1146	1542	1.5
	1956	2327	-0.9
13 SA ●		0308	-0.6
		0825	-1.3
	1230	1612	1.3
	2019	2333	-0.7
14 SU E		0323	-0.4
		0904	-1.2
	1315	1635	0.9
	2020	2325	-0.5
15 M		0347	-0.1
		0949	-1.0
	1409	1652	0.5
	1948	2305	-0.5
16 TU	0248	0422	0.1
	0553	1045	-0.8
	1540	1701	0.1
	1824	2238	-0.6
17 W	0221	0504	0.4
	0747	1158	-0.7
		1658	-0.3
		2219	-0.7
18 TH A	0228	0551	0.6
	0927	1348	-0.5
		1620	-0.5
		2213	-0.9
19 F	0254	0642	0.7
	1100	2216	-1.0
20 SA	0333	0741	0.7
	1226	2224	-1.0
21 SU ☽	0427	0853	0.7
	1352	2228	-1.0
22 M N	0540	1024	0.7
	1515	2219	-1.0
23 TU	0707	1155	0.8
	1625	2217	-1.0
24 W	0833	1304	0.9
	1720	2221	-0.9
25 TH		0145	-0.8
		0503	-0.9
	0941	1353	1.0
	1801	2224	-0.9
26 F		0152	-0.7
		0625	-1.0
	1036	1430	1.1
	1830	2221	-0.8
27 SA		0215	-0.5
		0723	-1.1
	1125	1501	1.0
	1850	2212	-0.7
28 SU ○E		0241	-0.3
		0814	-1.1
	1215	1529	0.9
	1859	2206	-0.6
29 M		0311	-0.0
		0908	-1.1
	1316	1558	0.6
	1853	2204	-0.6
30 TU P	0138	0344	0.3
	0544	1009	-1.0
	1446	1629	0.2
	1817	2202	-0.6
31 W	0121	0423	0.5
	0715	1123	-0.9
		1706	-0.2
		2155	-0.6

预报值中包括流向 245°,流速 0.3Kn 的海流。

新加坡海峡—布法罗礁

SINGAPORE STRAIT－BUFFALO ROCK

1° 10′ N　　103° 48′ E

2021 年潮流表　　流速单位:kn　　(＋)表示流向 065°　　(－)表示流向 245°　　时区:－0800

4 月

日期	转流时分	最大流时分	流速	日期	转流时分	最大流时分	流速
1 TH	0127	0509	0.7	16 F	0118	0519	1.0
	0843	1304	-0.9		0955	2050	-1.2
		1801	-0.6				
		2132	-0.7				
2 F	0153	0607	0.9	17 SA	0154	0605	1.0
	1015	1549	-0.9		1101	2108	-1.2
3 SA	0238	0721	0.9	18 SU N	0243	0704	0.9
	1149	1750	-1.1		1212	2134	-1.2
4 SU ☾ S	0347	0853	1.0	19 M	0346	0819	0.9
	1322	1900	-1.2		1327	2201	-1.1
5 M	0522	1030	1.1	20 TU ☽	0501	0945	0.8
	1450	1957	-1.3		1438	2155	-1.0
6 TU	0702	1154	1.2	21 W	0621	1105	0.9
	1606	2045	-1.3		1536	2130	-1.0
7 W	0830	1302	1.3	22 TH	0742	1210	0.9
	1707	2122	-1.2		1620	2113	-0.9
8 TH		0225	-0.7	23 F		0145	-0.7
		0550	-0.9			0433	-0.7
	0943	1354	1.3		0900	1302	0.9
	1754	2148	-1.1		1650	2057	-0.8
9 F		0234	-0.6	24 SA		0156	-0.4
		0659	-1.0			0624	-0.7
	1045	1436	1.2		1016	1345	0.8
	1826	2201	-1.0		1708	2048	-0.8
10 SA		0251	-0.4	25 SU E		0219	-0.1
		0757	-1.0			0742	-0.8
	1143	1508	1.0		1133	1423	0.6
	1840	2203	-0.8		1713	2046	-0.8
11 SU E		0310	-0.1	26 M	0047	0245	0.3
		0850	-1.0		0443	0850	-0.9
	1244	1533	0.6		1303	1459	0.3
	1829	2153	-0.7		1657	2046	-0.8
12 M ●	0137	0329	0.2	27 TU ○P	0016	0312	0.6
	0518	0943	-0.9		0604	0955	-0.9
	1403	1550	0.2			1534	-0.1
	1737	2129	-0.7			2045	-0.8
13 TU	0059	0350	0.5	28 W	0009	0343	0.9
	0639	1040	-0.8		0710	1105	-1.0
		1555	-0.2			1612	-0.4
		2101	-0.8			2039	-0.8
14 W A	0047	0414	0.8	29 TH	0018	0419	1.1
	0747	1149	-0.7		0815	1231	-1.0
		1544	-0.5			1657	-0.8
		2045	-0.9			2024	-0.9
15 TH	0055	0443	0.9	30 F	0043	0505	1.2
	0851	2043	-1.1		0925	1438	-1.1

5 月

日期	转流时分	最大流时分	流速	日期	转流时分	最大流时分	流速
1 SA S	0123	0605	1.2	16 SU	0131	0550	1.2
	1044	1703	-1.2		1104	2049	-1.3
2 SU	0223	0723	1.2	17 M	0226	0651	1.1
	1207	1810	-1.3		1208	2128	-1.3
3 M ☾	0343	0849	1.2	18 TU	0326	0759	1.0
	1328	1858	-1.3		1306	2205	-1.2
4 TU	0512	1011	1.2	19 W ☽	0429	0904	1.0
	1438	1938	-1.3		1353	2120	-1.0
5 W	0638	1121	1.2	20 TH	0534	1006	0.9
	1535	2007	-1.2		1429	2001	-0.9
6 TH	0800	1220	1.1	21 F	0649	1105	0.7
	1618	2026	-1.1		1455	1924	-0.8
7 F		0155	-0.5	22 SA E		0121	-0.4
		0537	-0.7			0434	-0.5
	0921	1310	0.9		0831	1204	0.5
	1645	2036	-1.0		1509	1919	-0.8
8 SA E		0213	-0.2	23 SU		0137	-0.0
		0709	-0.7			0654	-0.5
	1045	1352	0.6		1048	1301	0.2
	1652	2038	-0.9		1506	1924	-0.8
					2331		
9 SU	0105	0235	0.1	24 M		0203	0.4
	0405	0826	-0.8		0442	0827	-0.7
	1221	1426	0.3			1355	-0.0
	1628	2031	-0.8			1931	-0.8
					2309		
10 M	0013	0256	0.5	25 TU		0232	0.8
	0540	0935	-0.8		0552	0941	-0.9
		1451	-0.1			1446	-0.3
		2011	-0.8			1938	-0.9
	2351				2310		
11 TU ●A		0315	0.8	26 W ○P		0303	1.1
	0642	1039	-0.8		0648	1047	-1.1
		1503	-0.5			1532	-0.6
		1949	-0.9			1941	-0.9
	2345				2326		
12 W		0335	1.1	27 TH		0338	1.4
	0733	1147	-0.9		0742	1157	-1.2
		1454	-0.7			1614	-0.9
		1938	-1.1			1941	-1.0
	2353				2354		
13 TH		0357	1.2	28 F S		0419	1.5
	0819	1940	-1.2		0842	1329	-1.2
						1650	-1.1
						1941	-1.2
14 F	0014	0425	1.3	29 SA	0036	0510	1.5
	0907	1953	-1.3		0950	1935	-1.3
15 SA N	0047	0502	1.2	30 SU	0129	0613	1.5
	1002	2016	-1.4		1105	1828	-1.3
				31 M	0233	0725	1.4
					1218	1838	-1.3

6 月

日期	转流时分	最大流时分	流速	日期	转流时分	最大流时分	流速
1 TU	0344	0836	1.4	16 W	0307	0729	1.1
	1319	1850	-1.3		1230	2215	-1.1
2 W ☾	0455	0938	1.2	17 TH	0359	0817	0.9
	1406	1858	-1.2		1252	1937	-0.8
3 TH	0609	1033	1.0	18 F ☽	0459	0904	0.7
	1438	1902	-1.0		1304	1743	-0.8
4 F E		0057	-0.6	19 SA E	0629	0959	0.4
		0310	-0.6		1301	1738	-0.8
	0732	1123	0.7				
	1454	1905	-0.9				
5 SA		0112	-0.2	20 SU		0021	-0.0
		0549	-0.5			0535	-0.3
	0926	1212	0.4		1015	1112	0.0
	1446	1905	-0.9		1204	1749	-0.8
	2336				2209		
6 SU		0139	0.2	21 M		0059	0.4
	0348	0747	-0.6		0400	0758	-0.6
		1300	-0.0			1240	-0.3
		1900	-0.8			1806	-0.8
	2256				2156		
7 M		0205	0.6	22 TU		0137	0.8
	0522	0919	-0.7		0515	0923	-0.9
		1344	-0.4			1401	-0.5
		1848	-0.9			1825	-0.8
	2245				2209		
8 TU A		0230	0.9	23 W P		0216	1.2
	0619	1031	-0.9		0611	1024	-1.1
		1416	-0.7			1503	-0.7
		1838	-1.0			1846	-0.9
	2249				2237		
9 W		0254	1.2	24 TH ○		0256	1.4
	0703	1135	-1.0		0703	1120	-1.2
		1425	-0.9			1544	-0.9
		1838	-1.1			1907	-1.1
	2304				2314		
10 TH ●		0318	1.3	25 F S		0339	1.6
	0744	1850	-1.3		0759	1226	-1.2
	2329					1604	-1.1
						1930	-1.2
					2359		
11 F		0345	1.4	26 SA		0427	1.7
	0826	1914	-1.4		0901	1956	-1.4
12 SA N	0002	0418	1.4	27 SU	0048	0519	1.6
	0915	1944	-1.4		1009	2026	-1.4
13 SU	0043	0459	1.3	28 M	0141	0615	1.6
	1010	2019	-1.5		1115	2059	-1.4
14 M	0128	0547	1.2	29 TU	0237	0712	1.5
	1107	2056	-1.4		1209	2136	-1.3
15 TU	0217	0639	1.2	30 W	0334	0804	1.3
	1155	2136	-1.3		1246	1815	-1.0

预报值中包括流向 245°，流速 0.3Kn 的海流。

新加坡海峡—布法罗礁

SINGAPORE STRAIT—BUFFALO ROCK

1° 10′ N　　103° 48′ E

2021 年潮流表　　流速单位:kn　　(+)表示流向 065°　　(−)表示流向 245°　　时区:−0800

7 月

日期	转流时分	最大流时分	流速	日期	转流时分	最大流时分	流速
1 TH ☾ E	0436 1306	0851 1738 2243	1.0 -0.9 -0.6	16 F E	0346 1125	0727 1545 2017	0.7 -0.6 -0.4
2 F	0550 1304	0058 0934 1724 2327	-0.7 0.6 -0.8 -0.2	17 SA ☽	0511 1103	0027 0808 1535 2207	-0.6 0.3 -0.6 -0.1
3 SA	0754 1225 2201	0343 1015 1715	-0.4 0.2 -0.8	18 SU	2017	0336 0905 1543 2319	-0.4 -0.1 -0.6 0.3
4 SU	0230 2125	0009 0646 1102 1706	0.2 -0.4 -0.2 -0.8	19 M	0227 2021	0714 1111 1603	-0.5 -0.5 -0.7
5 M A	0427 2126	0049 0900 1206 1659	0.6 -0.6 -0.6 -0.8	20 TU	0408 2054	0019 0855 1331 1641	0.7 -0.9 -0.7 -0.7
6 TU	0530 2144	0126 1019 1322 1704	0.9 -0.9 -0.8 -0.9	21 W P	0515 2140	0115 0948 1449 1736	1.1 -1.1 -0.8 -0.8
7 W	0618 2213	0202 1111 1409 1726	1.1 -1.0 -1.0 -1.0	22 TH S	0614 2231	0208 1037 1519 1830	1.4 -1.3 -0.9 -1.0
8 TH	0700 2248	0236 1803	1.3 -1.2	23 F	0712 2322	0258 1129 1531 1913	1.6 -1.3 -1.0 -1.2
9 F N	0743 2327	0309 1843	1.3 -1.3	24 SA ○	0811	0345 1231 1528 1948	1.7 -1.2 -1.1 -1.4
10 SA ●	0829	0343 1921	1.4 -1.4	25 SU	0011 0911	0431 2020	1.7 -1.5
11 SU	0006 0918	0419 1955	1.4 -1.5	26 M	0057 1007	0515 2054	1.7 -1.5
12 M	0045 1006	0455 2029	1.3 -1.5	27 TU	0143 1054	0558 2133	1.5 -1.4
13 TU	0125 1046	0533 2105	1.3 -1.4	28 W	0232 1125	0639 2226	1.2 -1.1
14 W	0206 1113	0611 2147	1.1 -1.2	29 TH E	0326 1133	0717 1546 1908 2353	0.9 -0.6 -0.5 -0.8
15 TH	0251 1126	0649 2245	0.9 -0.9	30 F	0438 1111	0753 1513 2045	0.5 -0.6 -0.2
				31 SA ☾	0707 0938 1942	0153 0824 1452 2154	-0.5 0.1 -0.6 0.2

8 月

日期	转流时分	最大流时分	流速	日期	转流时分	最大流时分	流速
1 SU	0023 1920	0522 0849 1436 2252	-0.4 -0.3 -0.7 0.5	16 M	0027 1811	0610 1013 1255 2229	-0.6 -0.6 -0.6 0.7
2 M A	0246 1938	1426 2349	-0.8 0.7	17 TU P	0229 1910	0801 2351	-0.9 0.9
3 TU	0409 2016	1359	-0.9	18 W S	0357 2022	0855	-1.1
4 W	0510 2106	0045 1042	0.9 -1.0	19 TH	0509 2134	0104 0943 1505 1730	1.2 -1.2 -0.8 -0.8
5 TH N	0601 2158	0138 1112 1415 1652	1.1 -1.0 -1.0 -1.0	20 F	0614 2235	0205 1030 1502 1839	1.4 -1.3 -0.9 -1.1
6 F	0649 2246	0224 1805	1.2 -1.2	21 SA	0712 2327	0256 1116 1504 1926	1.6 -1.2 -0.9 -1.3
7 SA	0734 2328	0303 1854	1.3 -1.3	22 SU ○	0805	0340 1200 1505 2003	1.7 -1.0 -0.9 -1.4
8 SU ●	0816	0337 1931	1.3 -1.4	23 M	0014 0851	0419 1238 1505 2039	1.6 -0.9 -0.8 -1.4
9 M	0005 0854	0407 2006	1.3 -1.5	24 TU	0058 0926	0453 1300 1519 2118	1.4 -0.7 -0.6 -1.3
10 TU	0040 0924	0435 2041	1.3 -1.4	25 W E	0143 0945	0523 1258 1601 2207	1.1 -0.5 -0.4 -1.1
11 W	0117 0943	0503 2123	1.1 -1.2	26 TH	0238 0933	0551 1243 1705 2315	0.7 -0.4 -0.2 -0.8
12 TH E	0201 0947	0532 1311 1605 2222	0.8 -0.4 -0.4 -1.0	27 F	0401 0834 1632 1957	0615 1224 1817	0.2 -0.5 0.1
13 F	0259 0933	0604 1302 1748 2351	0.5 -0.4 -0.2 -0.7	28 SA	1617 2239	0050 0631 1203 1926	-0.6 -0.2 -0.6 0.4
14 SA	0447 0841 1740 2117	0641 1304 1928	0.1 -0.5 0.1	29 SU	1637	1145 2031	-0.7 0.6
15 SU ☽	1736	0211 0730 1308 2101	-0.5 -0.2 -0.5 0.4	30 M ☾ A	0041 1716	1126 2138	-0.9 0.7
				31 TU	0214 1812	1044 2252	-1.0 0.8

9 月

日期	转流时分	最大流时分	流速	日期	转流时分	最大流时分	流速
1 W	0332 1923	1011	-1.0	16 TH	0347 2010	0838	-1.3
2 TH N	0439 2039	0008 1024	0.9 -1.0	17 F	0459 2128	0053 0925 1438 1734	1.3 -1.3 -0.8 -0.9
3 F	0536 2144	0114 1045 1351 1645	1.0 -1.0 -0.9 -1.0	18 SA	0600 2230	0153 1004 1437 1841	1.5 -1.2 -0.8 -1.1
4 SA	0623 2236	0204 1105 1334 1807	1.1 -0.9 -0.8 -1.1	19 SU	0648 2324	0240 1034 1448 1932	1.5 -1.1 -0.7 -1.2
5 SU	0701 2318	0242 1121 1343 1858	1.2 -0.8 -0.7 -1.2	20 M ○	0726	0319 1052 1502 2018	1.5 -0.9 -0.5 -1.3
6 M	0730 2356	0312 1125 1402 1940	1.2 -0.7 -0.6 -1.3	21 TU E	0014 0749	0351 1059 1521 2104	1.2 -0.7 -0.3 -1.2
7 TU ●	0749	0338 1113 1429 2021	1.1 -0.6 -0.4 -1.2	22 W	0107 0749 1514 1615	0417 1052 1545 2155	0.9 -0.6 0.0 -1.0
8 W E	0037 0756	0401 1057 1504 2107	0.9 -0.5 -0.2 -1.1	23 TH	0213 0712 1353 1830	0438 1032 1615 2256	0.4 -0.5 0.3 -0.9
9 TH	0126 0748 1503 1630	0425 1048 1547 2206	0.6 -0.5 0.0 -0.9	24 F	1338 2005	0449 1001 1652	-0.0 -0.6 0.6
10 F	0241 0714 1416 1855	0451 1044 1639 2327	0.3 -0.5 0.3 -0.8	25 SA	1350 2136	0016 0443 0936 1735	-0.7 -0.4 -0.8 0.7
11 SA P	1421 2056	0523 1037 1740	-0.1 -0.5 0.5	26 SU A	1418 2302	0925 1826	-0.9 0.8
12 SU	1450 2256	0126 0608 1018 1854	-0.7 -0.5 -0.6 0.6	27 M	1501	0921 1926	-1.1 0.9
13 M ☽	1540	0516 2023	-0.8 0.8	28 TU	0022 1559	0921 2039	-1.1 0.8
14 TU	0045 1657	0651 2204	-1.0 0.9	29 W ☾ N	0140 1712	0928 2204	-1.1 0.8
15 W S	0223 1835	0747 2337	-1.2 1.1	30 TH	0254 1838	0938 2327	-1.1 0.9

预报值中包括流向 245°,流速 0.3Kn 的海流。

新加坡海峡—布法罗礁

SINGAPORE STRAIT—BUFFALO ROCK

1° 10′ N　　103° 48′ E

2021 年潮流表　　流速单位:kn　　(+)表示流向 065°　　(−)表示流向 245°　　时区:−0800

10 月

日期	转流时分	最大流时分	流速	日期	转流时分	最大流时分	流速
1 F	0400 2001	0951	-1.0	16 SA	0434 2111	0029 0850 1409 1723	1.3 -1.3 -0.7 -0.8
2 SA	0452 2111	0034 0957 1347 1620	0.9 -0.9 -0.8 -0.9	17 SU	0521 2220	0124 0914 1418 1841	1.3 -1.1 -0.5 -0.9
3 SU	0530 2210	0124 0957 1343 1758	1.0 -0.9 -0.7 -0.9	18 M	0553 2327	0209 0928 1437 1946	1.2 -1.0 -0.3 -1.0
4 M	0555 2304	0202 0948 1403 1903	1.0 -0.8 -0.5 -0.9	19 TU E	0608 1404 1549	0246 0931 1457 2047	0.9 -0.9 0.1 -1.0
5 TU	0608	0233 0934 1427 1959	0.9 -0.7 -0.2 -1.0	20 W ○	0040 0555 1254 1737	0315 0923 1518 2146	0.5 -0.7 0.4 -0.9
6 W ●E	0000 0608 1332 1614	0300 0923 1454 2055	0.7 -0.7 0.1 -0.9	21 TH	0229 0445 1225 1849	0337 0901 1539 2248	0.1 -0.7 0.7 -0.9
7 TH	0109 0548 1246 1752	0325 0916 1522 2157	0.4 -0.6 0.4 -0.9	22 F	1218 1952	0346 0831 1602	-0.3 -0.8 1.0
8 F P	0330 0412 1234 1911	0351 0909 1556 2311	0.0 -0.7 0.7 -0.9	23 SA	1228 2052	0003 0330 0812 1630	-0.8 -0.7 -1.0 1.1
9 SA	1243 2029	0420 0857 1637	-0.4 -0.7 0.9	24 SU A	1252 2154	0807 1705	-1.2 1.2
10 SU	1309 2153	0056 0453 0832 1730	-0.9 -0.7 -0.8 1.0	25 M	1329 2300	0813 1750	-1.3 1.1
11 M	1353 2324	0445 1841	-1.0 1.0	26 TU N	1420	0829 1850	-1.3 1.0
12 TU S	1500	0600 2016	-1.2 1.0	27 W	0009 1522	0855 2004	-1.3 0.9
13 W ☽	0055 1636	0646 2155	-1.3 1.1	28 TH ☾	0117 1634	0919 2122	-1.2 0.9
14 TH	0221 1821	0733 2320	-1.3 1.2	29 F	0217 1748	0920 2233	-1.1 0.9
15 F	0334 1952	0816	-1.3	30 SA	0306 1904	0902 2334	-1.0 0.8
				31 SU	0342 2024	0842	-0.9

11 月

日期	转流时分	最大流时分	流速	日期	转流时分	最大流时分	流速
1 M	0406 2150	0025 0821 1347 1759	0.7 -0.8 -0.4 -0.6	16 TU	0420 1221 1615	0128 0809 1417 2020	0.6 -0.9 0.3 -0.8
2 TU E	0417 2326	0110 0808 1404 1928	0.6 -0.8 -0.0 -0.7	17 W	0026 0350 1140 1740	0209 0804 1440 2133	0.2 -0.8 0.6 -0.9
3 W	0411 1206 1650	0150 0804 1426 2042	0.3 -0.8 0.4 -0.8	18 TH	1124 1839	0241 0747 1501 2240	-0.2 -0.9 1.0 -0.9
4 TH ●	0131 0322 1139 1802	0226 0803 1451 2149	0.1 -0.8 0.7 -0.9	19 F ○	1122 1929	0300 0724 1523 2352	-0.6 -1.0 1.2 -1.0
5 F P	1134 1902	0301 0800 1520 2259	-0.3 -0.8 1.0 -1.0	20 SA	1134 2016	0250 0712 1546	-0.9 -1.1 1.3
6 SA	1146 2000	0335 0754 1554	-0.6 -0.9 1.2	21 SU A	1158 2105	0715 1615	-1.3 1.4
7 SU	1212 2106	0028 0408 0742 1637	-1.0 -0.9 -1.0 1.3	22 M N	1233 2201	0731 1651	-1.4 1.3
8 M S	1253 2223	0707 1735	-1.1 1.3	23 TU	1316 2303	0758 1738	-1.5 1.2
9 TU	1351 2346	0545 1852	-1.3 1.3	24 W	1408	0831 1836	-1.4 1.1
10 W	1507	0613 2020	-1.4 1.3	25 TH	0004 1504	0907 1937	-1.4 1.1
11 TH ☽	0105 1635	0646 2141	-1.4 1.3	26 F	0053 1601	0939 2035	-1.2 1.0
12 F	0212 1802	0716 2250	-1.3 1.3	27 SA ☾	0129 1658	0919 2128	-1.0 0.8
13 SA	0306 1926	0739 2349	-1.3 1.1	28 SU	0154 1805	0745 2220	-0.9 0.6
14 SU	0346 2053	0755 1337 1715	-1.2 -0.5 -0.7	29 M	0207 1949	0650 2316	-0.8 0.4
15 M E	0413 2229	0041 0805 1354 1856	0.9 -1.0 -0.1 -0.7	30 TU E	0207 1256 1346 2300	0639 1321 1637	-0.8 0.0 -0.4

12 月

日期	转流时分	最大流时分	流速	日期	转流时分	最大流时分	流速
1 W	0127 1057 1639	0018 0641 1343 2027	0.1 -0.8 0.4 -0.6	16 TH	1021 1808	0141 0627 1415 2225	-0.5 -0.9 1.0 -1.0
2 TH	1037 1744	0121 0649 1411 2144	-0.2 -0.8 0.8 -0.9	17 F	1031 1855	0225 0616 1443 2330	-0.8 -1.0 1.2 -1.1
3 F	1042 1836	0218 0657 1442 2247	-0.5 -0.9 1.2 -1.0	18 SA A	1051 1939	0238 0618 1511	-1.0 -1.1 1.4
4 SA ●P	1101 1928	0307 0705 1518 2353	-0.7 -1.0 1.4 -1.1	19 SU ○	1120 2024	0635 1541	-1.3 1.4
5 SU	1133 2025	0344 0713 1559	-0.9 -1.1 1.5	20 M N	1156 2115	0703 1614	-1.4 1.4
6 M S	1216 2133	0123 0402 0724 1650	-1.2 -1.1 -1.2 1.5	21 TU	1236 2210	0736 1652	-1.5 1.4
7 TU	1309 2247	0737 1751	-1.3 1.5	22 W	1319 2303	0811 1735	-1.6 1.3
8 W	1410 2359	0745 1900	-1.4 1.5	23 TH	1402 2344	0846 1819	-1.5 1.2
9 TH	1517	0709 2009	-1.4 1.4	24 F	1446	0922 1901	-1.4 1.1
10 F	0059 1626	0647 2111	-1.3 1.3	25 SA	0009 1532	1000 1940	-1.2 0.9
11 SA ☽	0144 1740	0640 2207	-1.2 1.1	26 SU	0019 1624	1042 2017	-0.9 0.6
12 SU E	0214 1909	0638 1236 1443 2259	-1.1 -0.6 -0.6 0.7	27 M ☾E	0016 1745 2353	0506 2056	-0.7 0.3
13 M	0229 2114	0639 1247 1734 2351	-0.9 -0.2 -0.5 0.3	28 TU		0448 1147 1652 2155	-0.7 -0.1 -0.3 -0.1
14 TU	0218 1102 1536	0640 1316 1937	-0.9 0.3 -0.6	29 W	0935 1541	0454 1231 2019 2353	-0.7 0.3 -0.5 -0.4
15 W	1027 1709	0046 0637 1346 2112	-0.1 -0.8 0.7 -0.8	30 TH	0923 1659	0512 1313 2137	-0.7 0.7 -0.8
				31 F	0942 1755	0142 0539 1356 2225	-0.6 -0.8 1.1 -1.1

预报值中包括流向 245°,流速 0.3Kn 的海流。

新加坡港—西锚地

SINGAPORE HARBOUR－WESTERN ROADS

1° 14′ N　　103° 49′ E

2021 年潮流表　　流速单位:kn　　(＋)表示流向 125°　　(－)表示流向 305°　　时区:－0800

1 月

日期	星期	转流时分	最大流时分	流速
1	F		0820	-1.8
		1157	1716	2.5
		2221		
2	SA		0857	-1.8
		1237	1759	2.4
		2307		
3	SU		0937	-1.7
		1320	1843	2.2
		2353		
4	M		1019	-1.4
		1405	1928	1.8
5	TU	0035	1107	-1.1
		1453	2013	1.4
6	W	0103	0626	-0.6
	☾ E		0928	-0.5
			1206	-0.6
		1548	2056	0.9
7	TH	0109	0505	-0.5
		0928	1049	0.1
		1245	1536	-0.1
		1741	2131	0.4
8	F	0036	0500	-0.6
		0814	1209	0.7
		1647	1844	-0.2
			2154	-0.0
9	SA		0521	-0.9
	P	0827	1311	1.3
		1747	2004	-0.4
			2204	-0.3
10	SU		0550	-1.2
		0900	1403	1.8
		1840		
11	M		0624	-1.4
		0940	1452	2.2
		1933		
12	TU		0700	-1.7
	S	1023	1538	2.4
		2025		
13	W		0738	-1.8
	●	1107	1621	2.5
		2116		
14	TH		0814	-1.9
		1150	1701	2.5
		2207		
15	F		0850	-1.9
		1232	1739	2.4
		2257		
16	SA		0926	-1.8
		1313	1814	2.2
		2345		
17	SU		1000	-1.6
		1352	1847	1.8
18	M	0026	1035	-1.4
		1428	1919	1.5
19	TU	0045	1111	-1.0
	E	1500	1948	1.1
20	W	0022	0530	-0.3
	☽		0755	-0.2
			1149	-0.6
		1519	2017	0.7
		2343		
21	TH		0446	-0.3
	A	0756	0917	0.1
		1041	1235	-0.1
		1438	2042	0.3
		2303		
22	F		0217	-0.4
		0736	1029	0.5
		1821		
23	SA		0238	-0.6
		0751	1139	0.9
		1809		
24	SU		0319	-0.9
		0816	1242	1.3
		1830		
25	M		0422	-1.1
		0844	1332	1.6
		1856		
26	TU		0523	-1.3
	N	0916	1416	1.9
		1925		
27	W		0613	-1.4
		0951	1458	2.2
		1958		
28	TH		0700	-1.6
	○	1029	1540	2.3
		2033		
29	F		0747	-1.7
		1111	1622	2.4
		2111		
30	SA		0833	-1.7
		1154	1704	2.3
		2150		
31	SU		0920	-1.7
		1240	1746	2.1
		2227		

2 月

日期	星期	转流时分	最大流时分	流速
1	M		1007	-1.5
		1328	1827	1.7
		2300		
2	TU		1057	-1.2
	E	1416	1906	1.2
		2318		
3	W		0101	-0.3
	P		0402	-0.1
			1152	-0.8
		1508	1940	0.7
		2311		
4	TH		0122	-0.3
	☾	0513	0831	0.2
		1046	1313	-0.3
		1627	2004	0.2
		2211		
5	F		0145	-0.5
		0549	0959	0.7
		1555		
6	SA		0214	-0.7
		0645	1134	1.1
		1702		
7	SU		0327	-0.9
		0741	1255	1.6
		1752		
8	M		0501	-1.2
	S	0834	1354	2.0
		1840		
9	TU		0559	-1.4
		0924	1442	2.2
		1926		
10	W		0647	-1.6
		1012	1525	2.4
		2011		
11	TH		0730	-1.8
	●	1059	1605	2.3
		2054		
12	F		0811	-1.8
		1143	1641	2.2
		2135		
13	SA		0850	-1.8
		1226	1714	2.0
		2210		
14	SU		0928	-1.7
		1307	1743	1.7
		2232	2348	-0.1
15	M		0207	-0.0
	E		1005	-1.5
		1345	1810	1.3
		2230	2343	-0.1
16	TU	0132	0316	0.1
		0511	1042	-1.2
		1419	1832	0.9
		2211	2345	-0.2
17	W	0153	0456	0.2
		0746	1120	-0.8
		1447	1851	0.5
		2144	2354	-0.4
18	TH	0237	0709	0.4
	A	0942	1202	-0.4
		1453	1849	0.2
		2055		
19	F		0008	-0.6
	☽	0335	0830	0.6
			1257	0.0
			1519	0.1
		1713		
20	SA		0027	-0.8
		0449	0943	0.8
		1707		
21	SU		0049	-0.9
		0601	1052	1.1
		1725		
22	M		0114	-1.0
		0700	1155	1.4
		1748		
23	TU		0145	-1.1
	N	0751	1251	1.7
		1815		
24	W		0228	-1.2
		0839	1341	2.0
		1845		
25	TH		0558	-1.3
		0927	1428	2.1
		1918		
26	F		0703	-1.4
		1016	1515	2.1
		1953		
27	SA		0757	-1.5
	○	1106	1601	2.0
		2028	2229	-0.5
28	SU		0052	-0.4
			0848	-1.6
		1158	1645	1.8
		2059	2245	-0.5

3 月

日期	星期	转流时分	最大流时分	流速
1	M		0154	-0.1
	E		0939	-1.5
		1252	1727	1.4
		2122	2303	-0.4
2	TU	0119	0300	0.2
	P	0540	1031	-1.3
		1349	1805	0.9
		2130	2321	-0.4
3	W	0126	0429	0.4
		0810	1127	-0.9
		1456	1834	0.4
		2108	2338	-0.5
4	TH	0159	0637	0.7
		1009	1235	-0.5
			1742	-0.1
			2350	-0.7
5	F	0251	0805	1.0
		1302	2354	-0.9
6	SA	0403	0930	1.2
	☾	1541	2346	-1.0
7	SU	0534	1100	1.5
	S	1642	2353	-1.1
8	M	0658	1225	1.8
		1730		
9	TU		0026	-1.2
		0806	1328	2.0
		1814		
10	W		0546	-1.2
		0905	1417	2.1
		1854		
11	TH		0642	-1.4
		0957	1458	2.0
		1931		
12	F		0728	-1.5
		1046	1535	1.9
		2004	2158	-0.4
13	SA		0030	-0.2
	●		0810	-1.5
		1133	1607	1.6
		2028	2204	-0.3
14	SU	0048	0125	0.0
	E	0203	0850	-1.5
		1217	1635	1.3
		2038	2209	-0.3
15	M	0005	0219	0.3
		0459	0930	-1.4
		1301	1657	1.0
		2033	2214	-0.3
16	TU	0011	0315	0.5
		0636	1008	-1.1
		1343	1713	0.6
		2014	2222	-0.5
17	W	0034	0415	0.7
		0755	1048	-0.9
		1427	1710	0.3
		1935	2234	-0.7
18	TH	0106	0523	0.8
	A	0914	1130	-0.5
			1551	-0.0
			2249	-0.8
19	F	0142	0637	1.0
		1049	1220	-0.2
			1451	-0.0
			2304	-1.0
20	SA	0223	0749	1.1
		1519	2320	-1.1
21	SU	0311	0858	1.2
	☽	1556	2335	-1.2
22	M	0409	1004	1.4
	N	1625	2347	-1.2
23	TU	0526	1105	1.6
		1653	2358	-1.2
24	W	0648	1203	1.8
		1724		
25	TH		0024	-1.0
		0801	1257	1.9
		1756	2109	-0.9
			2358	-0.8
26	F		0601	-1.0
		0905	1350	1.8
		1828	2101	-0.8
27	SA		0038	-0.5
			0711	-1.2
		1007	1441	1.7
		1859	2109	-0.7
28	SU		0122	-0.2
	○ E		0809	-1.3
		1108	1531	1.4
		1924	2125	-0.6
29	M	0004	0213	0.2
		0501	0903	-1.3
		1212	1617	1.0
		1939	2143	-0.6
		2357		
30	TU		0313	0.6
	P	0646	0958	-1.2
		1324	1657	0.5
		1935	2202	-0.7
31	W	0016	0421	1.0
		0810	1055	-1.0
		1616	1723	0.0
		1810	2220	-0.8

海流微弱。

新加坡港—西锚地

SINGAPORE HARBOUR—WESTERN ROADS

1° 14′ N　　103° 49′ E

2021 年潮流表　　流速单位:kn　　(＋)表示流向 125°　　(－)表示流向 305°　　时区:－0800

4 月

日期	转流时分	最大流时分	流速
1	0048	0530	1.3
TH	0937	1201	-0.7
		1523	-0.4
		2234	-1.0
2	0129	0641	1.5
F	1121	2241	-1.1
3	0219	0752	1.6
SA	1342	2235	-1.3
4	0320	0906	1.7
SU ☾ S	1513	2227	-1.3
5	0440	1022	1.8
M	1610	2240	-1.3
6	0613	1137	1.8
TU	1655	2312	-1.1
7	0733	1241	1.8
W	1733	2046	-0.9
8		0254	-0.8
TH		0537	-0.9
	0838	1331	1.7
	1805	2040	-0.7
		2350	-0.5
9		0638	-1.1
F	0936	1410	1.5
	1830	2043	-0.6
10		0033	-0.2
SA		0726	-1.1
	1029	1442	1.3
	1846	2049	-0.5
	2328		
11		0117	0.2
SU E	0347	0810	-1.2
	1120	1506	0.9
	1848	2054	-0.5
	2312		
12		0203	0.6
M ●	0529	0853	-1.1
	1211	1521	0.6
	1835	2101	-0.6
	2321		
13		0251	0.9
TU	0641	0934	-0.9
	1309	1521	0.3
	1755	2110	-0.8
	2341		
14		0340	1.1
W A	0747	1016	-0.8
		1502	-0.0
		2123	-1.0
15	0008	0431	1.3
TH	0853	1100	-0.5
		1421	-0.2
		2139	-1.1

日期	转流时分	最大流时分	流速
16	0039	0523	1.5
F	1004	2155	-1.3
17	0111	0618	1.5
SA	1133	2209	-1.4
18	0147	0717	1.6
SU N	1339	2216	-1.4
19	0226	0819	1.7
M	1443	2204	-1.4
20	0313	0920	1.7
TU ☽	1523	2111	-1.4
21	0416	1019	1.7
W	1558	2049	-1.2
22	0546	1116	1.7
TH	1631	2017	-1.1
23	0725	1210	1.6
F	1701	1958	-0.9
24		0150	-0.4
SA		0611	-0.7
	0849	1302	1.4
	1726	2000	-0.8
25	0012	0141	0.1
SU E	0307	0722	-0.9
	1005	1352	1.0
	1743	2012	-0.8
	2255		
26		0211	0.6
M	0519	0822	-1.0
	1123	1439	0.6
	1745	2030	-0.9
	2257		
27		0256	1.1
TU ○P	0638	0920	-1.0
	1315	1511	0.1
	1659	2050	-1.0
	2320		
28		0349	1.5
W	0751	1020	-0.9
		1430	-0.3
		2111	-1.2
	2353		
29		0444	1.8
TH	0904	1127	-0.8
		1356	-0.6
		2130	-1.3
30	0032	0542	2.0
F	1024	2146	-1.5

5 月

日期	转流时分	最大流时分	流速
1	0115	0641	2.1
SA S	1157	2154	-1.5
2	0203	0741	2.1
SU	1332	2153	-1.5
3	0257	0842	2.0
M ☾	1441	2143	-1.5
4	0401	0942	1.9
TU	1532	2036	-1.3
5	0524	1039	1.7
W	1611	1953	-1.1
6	0650	1130	1.5
TH	1641	1942	-0.9
7		0247	-0.5
F		0528	-0.6
	0804	1212	1.3
	1701	1942	-0.8
8		0052	-0.1
SA E		0636	-0.7
	0909	1243	1.0
	1707	1945	-0.7
	2245		
9		0105	0.3
SU	0412	0728	-0.7
	1009	1304	0.6
	1656	1948	-0.7
	2229		
10		0141	0.7
M	0533	0816	-0.7
	1113	1317	0.3
	1611	1954	-0.9
	2230		
11		0223	1.1
TU ●A	0638	0902	-0.6
	1257	1322	0.0
	1348	2003	-1.0
	2254		
12		0307	1.4
W	0738	0949	-0.6
		1313	-0.2
		2017	-1.2
	2319		
13		0351	1.6
TH	0836	1038	-0.5
		1248	-0.3
		2034	-1.4
	2347		
14		0436	1.8
F	0934	2052	-1.5
15	0016	0519	2.0
SA N	1034	2109	-1.6

日期	转流时分	最大流时分	流速
16	0048	0605	2.0
SU	1138	2121	-1.7
17	0122	0654	2.0
M	1244	2116	-1.7
18	0200	0747	2.0
TU	1341	2031	-1.6
19	0244	0842	1.9
W ☽	1427	2017	-1.4
20	0338	0938	1.7
TH	1504	1950	-1.1
21	0459	1031	1.5
F	1533	1911	-0.9
22	0658	1120	1.1
SA E	1552	1858	-0.8
	2310		
23		0115	0.1
SU	0315	0627	-0.5
	0845	1203	0.7
	1556	1904	-0.9
	2200		
24		0139	0.7
M	0508	0739	-0.7
	1027	1233	0.3
	1525	1920	-1.0
	2202		
25		0221	1.3
TU	0620	0842	-0.8
		1244	-0.2
		1941	-1.2
	2227		
26		0310	1.8
W ○P	0726	0945	-0.8
		1241	-0.5
		2005	-1.4
	2301		
27		0401	2.2
TH	0831	2030	-1.6
	2342		
28		0454	2.4
F S	0937	2056	-1.7
29	0025	0545	2.5
SA	1048	2121	-1.8
30	0109	0635	2.5
SU	1201	2144	-1.7
31	0155	0725	2.3
M	1310	2206	-1.6

6 月

日期	转流时分	最大流时分	流速
1	0242	0813	2.1
TU	1406	2226	-1.4
2	0333	0900	1.8
W ☾	1450	1922	-1.1
3	0436	0944	1.5
TH	1520	1855	-0.9
4	0556	1022	1.2
F E	1535	1847	-0.8
5		0241	-0.2
SA		0523	-0.3
	0723	1055	0.8
	1529	1846	-0.7
	2203		
6		0032	0.3
SU	0419	0642	-0.3
	0843	1120	0.5
	1447	1847	-0.8
	2143		
7		0109	0.7
M	0536	0741	-0.4
	1006	1138	0.2
	1319	1850	-0.9
	2149		
8		0149	1.1
TU A	0634	0836	-0.4
		1146	-0.1
		1858	-1.1
	2207		
9		0231	1.5
W	0727	0934	-0.4
		1136	-0.3
		1912	-1.3
	2231		
10		0313	1.8
TH ●	0817	1932	-1.5
	2258		
11		0354	2.0
F	0903	1955	-1.7
	2327		
12		0433	2.2
SA N	0947	2019	-1.8
	2358		
13		0513	2.3
SU	1031	2043	-1.8
14	0032	0553	2.3
M	1116	2108	-1.8
15	0108	0635	2.2
TU	1204	2131	-1.6

日期	转流时分	最大流时分	流速
16	0147	0721	2.0
W	1251	2154	-1.4
17	0230	0810	1.8
TH	1333	1946	-1.1
18	0320	0859	1.4
F ☽	1402	1846	-0.8
19	0429	0945	1.0
SA E	1413	1757	-0.7
	2230		
20		0006	0.1
SU	0218	0511	-0.1
	0657	1025	0.5
	1355	1752	-0.8
	2059		
21		0048	0.7
M	0454	0700	-0.3
	0940	1051	0.1
	1210	1807	-1.0
	2103		
22		0136	1.3
TU	0558	0812	-0.5
		1104	-0.3
		1831	-1.2
	2131		
23		0226	1.8
W P	0657	1900	-1.5
	2209		
24		0317	2.3
TH ○	0755	1933	-1.7
	2252		
25		0406	2.5
F S	0852	2008	-1.9
	2336		
26		0454	2.7
SA	0950	2043	-1.9
27	0021	0539	2.7
SU	1048	2118	-1.9
28	0105	0622	2.5
M	1145	2152	-1.8
29	0149	0702	2.2
TU	1240	2224	-1.5
30	0231	0740	1.9
W	1326	2258	-1.2

海流微弱。

新加坡港—西锚地

SINGAPORE HARBOUR—WESTERN ROADS

1° 14′ N　　103° 49′ E

2021 年潮流表　　流速单位:kn　　(+)表示流向 125°　　(−)表示流向 305°　　时区:−0800

7 月

日期	转流时分	最大流时分	流速
1 TH ☾ E	0313	0817	1.5
	1356	2333	-0.8
2 F	0355	0851	1.1
	1402	1752	-0.5
		2132	-0.3
3 SA		0014	-0.4
	0442	0922	0.7
	1326	1742	-0.5
	2101	2243	0.2
4 SU	0450	0546	-0.0
	0635	0949	0.4
	1222	1738	-0.6
	2040	2352	0.6
5 M A	0545	0716	-0.1
	0906	1009	0.1
	1105	1735	-0.8
	2050		
6 TU		0054	1.0
	0628	1742	-1.0
	2111		
7 W		0143	1.4
	0707	1800	-1.3
	2137		
8 TH		0225	1.8
	0744	1826	-1.5
	2206		
9 F N		0305	2.0
	0819	1858	-1.6
	2237		
10 SA ●		0344	2.2
	0854	1933	-1.7
	2310		
11 SU		0422	2.3
	0928	2010	-1.8
	2345		
12 M		0459	2.4
	1004	2049	-1.8
13 TU	0022	0538	2.3
	1042	2129	-1.7
14 W	0102	0617	2.1
	1121	2212	-1.5
15 TH	0145	0657	1.8
	1156	2259	-1.1
16 F E	0229	0738	1.3
	1219	2356	-0.7
17 SA ☽	0317	0817	0.8
	1218	1516	-0.3
	2035	2146	0.1
	2300		
18 SU		0135	-0.1
	0420	0850	0.3
	1133	1538	-0.5
	1921	2309	0.6
19 M	0434	0649	-0.2
		0909	-0.1
		1616	-0.7
	1944		
20 TU		0028	1.2
	0529	1701	-1.0
	2024		
21 W P		0131	1.8
	0620	1748	-1.3
	2110		
22 TH S		0226	2.2
	0711	1834	-1.6
	2158		
23 F		0315	2.5
	0801	1918	-1.8
	2245		
24 SA ○		0401	2.6
	0851	2001	-1.9
	2332		
25 SU		0444	2.6
	0939	2042	-1.9
26 M	0018	0523	2.5
	1026	2121	-1.9
27 TU	0102	0559	2.2
	1110	2158	-1.7
28 W	0143	0632	1.9
	1147	2235	-1.4
29 TH E	0223	0702	1.5
	1203	2311	-1.0
30 F	0259	0730	1.0
	1143	1337	-0.1
		1919	-0.1
		2350	-0.6
31 SA ☾	0327	0755	0.6
	1105	1317	-0.3
	1822	2043	0.2
	2248		

8 月

日期	转流时分	最大流时分	流速
1 SU		0035	-0.2
	0253	0814	0.2
	1016	1322	-0.5
	1840	2156	0.5
2 M A	0542	1340	-0.7
	1913	2308	0.9
3 TU	0555	1408	-0.9
	1950		
4 W		0018	1.3
	0621	1450	-1.1
	2026		
5 TH N		0114	1.6
	0650	1615	-1.2
	2102		
6 F		0200	1.9
	0718	1747	-1.4
	2138		
7 SA		0241	2.1
	0747	1843	-1.5
	2216		
8 SU ●		0321	2.2
	0818	1931	-1.6
	2255		
9 M		0401	2.2
	0850	2018	-1.6
	2337		
10 TU		0440	2.2
	0923	2105	-1.6
11 W	0021	0519	1.9
	0954	2152	-1.5
12 TH E	0107	0556	1.6
	1020	1154	-0.3
		1440	-0.1
		2242	-1.2
13 F	0155	0631	1.1
	1032	1212	-0.3
	1430	1559	0.1
	1824	2336	-0.8
14 SA	0247	0657	0.6
	1017	1228	-0.4
	1459	1927	0.4
	2220		
15 SU ☽		0048	-0.4
	0406	0633	0.1
	0838	1242	-0.6
	1602	2106	0.7
16 M	0303	1249	-0.8
	1727	2236	1.2
17 TU P	0433	1245	-1.0
	1846		
18 W S		0007	1.6
	0525	1255	-1.2
	1953		
19 TH		0118	2.0
	0612	1717	-1.3
	2052		
20 F		0213	2.3
	0658	1824	-1.5
	2147		
21 SA		0301	2.4
	0742	1915	-1.7
	2238		
22 SU ○		0343	2.4
	0824	2001	-1.8
	2326		
23 M		0422	2.2
	0902	2043	-1.8
24 TU	0012	0457	2.0
	0934	1111	-0.3
		1331	-0.1
		2123	-1.6
25 W E	0057	0527	1.6
	0953	1116	-0.2
	1325	1435	0.1
	1549	2202	-1.4
26 TH	0139	0553	1.2
	0953	1119	-0.2
	1310	1543	0.3
	1830	2240	-1.2
27 F	0219	0613	0.8
	0935	1122	-0.3
	1331	1708	0.4
	2012	2319	-0.8
28 SA	0256	0626	0.4
	0902	1129	-0.5
	1409	1841	0.6
	2151		
29 SU		0002	-0.4
	0327	0547	0.1
	0736	1141	-0.7
	1458	2000	0.8
30 M ☾ A	0413	1157	-0.9
	1559	2113	1.0
31 TU	0441	1218	-1.0
	1714	2222	1.2

9 月

日期	转流时分	最大流时分	流速
1 W	0511	1243	-1.1
	1826	2328	1.4
2 TH N	0537	1314	-1.2
	1926		
3 F		0026	1.7
	0603	1354	-1.1
	2018		
4 SA		0116	1.8
	0629	1725	-1.1
	2107		
5 SU		0203	2.0
	0658	1844	-1.3
	2156		
6 M		0247	2.0
	0728	0954	-0.6
		1156	-0.6
		1940	-1.4
	2246		
7 TU ●		0331	1.8
	0758	0958	-0.6
		1256	-0.3
		2032	-1.4
	2337		
8 W E		0414	1.6
	0824	1012	-0.5
	1331	1352	0.0
	1414	2123	-1.4
9 TH	0032	0455	1.2
	0842	1029	-0.5
	1237	1452	0.3
	1815	2215	-1.2
10 F	0130	0530	0.7
	0844	1046	-0.5
	1249	1604	0.6
	2007	2310	-1.0
11 SA P	0247	0547	0.2
	0805	1101	-0.6
	1320	1745	0.9
	2152		
12 SU		0016	-0.6
		0401	-0.2
		1112	-0.8
	1405	1920	1.2
13 M ☽	0009	1113	-1.0
	1503	2045	1.4
14 TU	0256	1101	-1.2
	1622	2210	1.6
15 W S	0408	1103	-1.3
	1759	2336	1.9
16 TH	0500	1132	-1.3
	1923		
17 F		0050	2.0
	0544	1221	-1.2
	2033		
18 SA		0146	2.1
	0624	1823	-1.3
	2132		
19 SU		0232	2.0
	0701	0926	-0.7
		1144	-0.6
		1916	-1.4
	2226		
20 M ○		0312	1.8
	0731	0931	-0.5
		1240	-0.2
		2001	-1.5
	2317		
21 TU E		0346	1.6
	0754	0939	-0.4
	1213	1332	0.1
	1512	2044	-1.4
22 W	0005	0415	1.2
	0803	0947	-0.4
	1150	1424	0.4
	1731	2126	-1.3
23 TH	0053	0437	0.8
	0757	0954	-0.5
	1159	1518	0.7
	1852	2206	-1.1
24 F	0144	0447	0.5
	0733	1002	-0.6
	1221	1614	0.9
	2004	2247	-0.8
25 SA	0248	0434	0.1
	0623	1012	-0.8
	1252	1714	1.1
	2119	2331	-0.5
26 SU A		0325	-0.1
		1026	-1.0
	1327	1819	1.2
	2251		
27 M		1041	-1.1
	1406	1926	1.3
28 TU	0243	1057	-1.3
	1449	2033	1.4
29 W ☾ N	0337	1114	-1.3
	1540	2137	1.5
30 TH	0410	1128	-1.3
	1646	2237	1.6

海流微弱。

新加坡港—西锚地

SINGAPORE HARBOUR－WESTERN ROADS

1° 14′ N　　103° 49′ E

2021 年潮流表　　流速单位:kn　　(＋)表示流向 125°　　(－)表示流向 305°　　时区:－0800

10 月

日期	转流 时分	最大流 时分	流速	日期	转流 时分	最大流 时分	流速
1 F	0438 1809	1138 2333	-1.2 1.7	16 SA	0503 2007	0002 0828	1.9 -1.0
2 SA	0505 1928	0930	-1.0	17 SU	0535 2112	0058 0819 1411 1822	1.7 -0.8 -0.5 -0.9
3 SU	0532 2037	0025 0854 1457 1727	1.7 -0.9 -0.8 -0.8	18 M	0600 2210	0142 0821 1254 1916	1.5 -0.7 -0.1 -1.0
4 M	0600 2141	0114 0839 1300 1851	1.6 -0.8 -0.5 -1.0	19 TU E	0614 1111 1617 2305	0216 0827 1323 2003	1.2 -0.6 0.3 -1.1
5 TU	0626 2244	0203 0843 1327 1951	1.5 -0.7 -0.1 -1.1	20 W ○	0614 1058 1741	0238 0834 1403 2048	0.8 -0.6 0.7 -1.0
6 W ●E	0646 1132 1711 2352	0252 0856 1406 2047	1.2 -0.7 0.4 -1.2	21 TH	0003 0553 1108 1849	0247 0841 1447 2132	0.4 -0.7 1.0 -0.9
7 TH	0656 1128 1842	0337 0913 1456 2142	0.8 -0.7 0.8 -1.1	22 F	0117 0434 1129 1953	0243 0850 1534 2217	0.1 -0.9 1.3 -0.7
8 F P	0115 0638 1147 2001	0415 0931 1554 2240	0.3 -0.8 1.2 -1.0	23 SA	1156 2057	0227 0902 1623 2304	-0.2 -1.1 1.5 -0.5
9 SA	1218 2122	0338 0948 1700 2347	-0.2 -0.9 1.5 -0.7	24 SU A	1227 2208	0152 0917 1714	-0.3 -1.3 1.6
10 SU	1258 2255	0238 1001 1808	-0.5 -1.1 1.7	25 M	1300 2335	0934 1805	-1.4 1.7
11 M	1345	1008 1919	-1.3 1.9	26 TU N	1334	0951 1900	-1.5 1.7
12 TU S	0052 1439	0956 2031	-1.4 1.9	27 W	0126 1410	1004 1957	-1.5 1.7
13 W ☽	0233 1548	0933 2144	-1.5 2.0	28 TH ☾	0226 1451	1005 2054	-1.5 1.7
14 TH	0336 1717	0935 2256	-1.5 1.9	29 F	0304 1541	0900 2149	-1.4 1.7
15 F	0424 1850	0913	-1.3	30 SA	0335 1653	0833 2242	-1.2 1.6
				31 SU	0403 1835	0806 2332	-1.0 1.5

11 月

日期	转流 时分	最大流 时分	流速	日期	转流 时分	最大流 时分	流速
1 M	0429 2013	0742 1354 1741	-0.9 -0.4 -0.5	16 TU	0437 1028 1626 2153	0013 0725 1315 1920	0.9 -0.8 0.4 -0.6
2 TU E	0450 1138 1520 2137	0021 0737 1329 1903	1.2 -0.8 0.1 -0.7	17 W	0418 1013 1741 2305	0033 0729 1341 2011	0.5 -0.8 0.8 -0.6
3 W	0501 1031 1716 2304	0105 0745 1354 2006	0.8 -0.8 0.6 -0.9	18 TH	0302 1022 1843	0045 0735 1418 2101	0.2 -0.9 1.2 -0.6
4 TH ●	0450 1031 1831	0142 0801 1435 2106	0.4 -0.9 1.2 -0.9	19 F ○	1042 1943	0050 0744 1500 2152	-0.1 -1.1 1.5 -0.5
5 F P	1053 1941	0152 0819 1526 2207	-0.1 -1.0 1.6 -0.9	20 SA	1108 2041	0042 0757 1545	-0.3 -1.3 1.8
6 SA	1126 2050	0135 0840 1621	-0.5 -1.2 2.0	21 SU A	1137 2139	0814 1628	-1.5 2.0
7 SU	1205 2204	0859 1718	-1.4 2.2	22 M N	1207 2237	0834 1712	-1.7 2.1
8 M S	1249 2326	0916 1816	-1.6 2.4	23 TU	1239 2336	0855 1755	-1.7 2.1
9 TU	1336	0928 1915	-1.7 2.3	24 W	1311	0914 1839	-1.7 2.1
10 W	0052 1428	0922 2015	-1.7 2.2	25 TH	0032 1345	0927 1926	-1.7 2.0
11 TH ☽	0205 1527	0830 2113	-1.6 2.0	26 F	0120 1423	0859 2015	-1.5 1.8
12 F	0259 1641	0806 2209	-1.4 1.8	27 SA ☾	0200 1507	0809 2106	-1.3 1.6
13 SA	0341 1810	0738 2300	-1.1 1.5	28 SU	0233 1605	0745 2155	-1.1 1.4
14 SU	0412 1933	0723 1450 1700 2342	-0.9 -0.4 -0.5 1.2	29 M	0257 1749	0702 2242	-0.9 1.0
15 M E	0432 2046	0721 1341 1822	-0.8 -0.1 -0.6	30 TU E	0311 1057 1510 2004	0637 1256 1804 2321	-0.8 0.1 -0.3 0.6

12 月

日期	转流 时分	最大流 时分	流速	日期	转流 时分	最大流 时分	流速
1 W	0305 0936 1704 2213	0637 1317 1925 2350	-0.8 0.7 -0.5 0.2	16 TH	0019 0934 1838	0631 1345 2038 2317	-1.0 1.2 -0.3 -0.2
2 TH	0153 0936 1812	0650 1358 2032	-1.0 1.3 -0.7	17 F	0954 1931	0639 1426	-1.2 1.6
3 F	1000 1914	0000 0710 1447 2138 2358	-0.3 -1.2 1.8 -0.8 -0.6	18 SA A	1021 2021	0653 1507	-1.4 1.9
4 SA ●P	1035 2016	0734 1539	-1.4 2.3	19 SU ○	1049 2108	0714 1548	-1.6 2.1
5 SU	1116 2119	0801 1632	-1.7 2.6	20 M N	1120 2150	0739 1627	-1.7 2.2
6 M S	1201 2224	0831 1725	-1.8 2.7	21 TU	1151 2230	0807 1704	-1.8 2.3
7 TU	1247 2330	0901 1815	-1.9 2.7	22 W	1223 2308	0837 1742	-1.8 2.3
8 W	1334	0931 1905	-1.8 2.5	23 TH	1256 2346	0907 1819	-1.8 2.2
9 TH	0036 1423	0959 1953	-1.7 2.3	24 F	1332	0938 1859	-1.6 2.0
10 F	0133 1513	1026 2038	-1.4 1.9	25 SA	0024 1410	1012 1941	-1.4 1.7
11 SA ☽	0219 1610	0708 2121	-1.1 1.5	26 SU	0058 1452	1053 2025	-1.0 1.3
12 SU E	0251 1723	0637 2159	-0.9 1.2	27 M ☾E	0121 1540	0655 2108	-0.7 0.9
13 M	0306 1854	0626 1438 1700 2230	-0.8 -0.1 -0.2 0.8	28 TU	0125 1032 1209 1724	0534 1116 1446 2146	-0.5 0.0 -0.1 0.4
14 TU	0257 0943 1627 2024	0625 1235 1832 2254	-0.7 0.3 -0.3 0.4	29 W	0055 0829 1652	0515 1212 1853 2211	-0.6 0.6 -0.2 -0.0
15 W	0200 0925 1741 2203	0627 1307 1938 2310	-0.8 0.8 -0.3 0.1	30 TH	0833 1748	0528 1307 2012 2222	-0.9 1.3 -0.5 -0.4
				31 F	0902 1842	0555 1401	-1.1 1.8

海流微弱。

新加坡海峡—霍斯伯格灯塔外

SINGAPORE STRAIT－OFF HORSBURGH LIGHTHOUSE

1° 20′ N　　104° 20′ E

2021 年潮流表　　流速单位:kn　　(＋)表示流向 056°　　(－)表示流向 236°　　时区:－0800

1 月

日期	转流时分	最大流时分	流速
1 F		0010	-1.9
		0354	-1.1
		0808	-1.7
	1213	1630	3.7
	2129		
2 SA		0047	-2.0
		0438	-1.1
		0841	-1.6
	1248	1706	3.5
	2202		
3 SU		0121	-1.9
		0523	-0.9
		0933	-1.5
	1330	1746	3.2
	2236		
4 M		0152	-1.7
		0613	-0.6
		1046	-1.2
	1419	1828	2.6
	2307		
5 TU		0221	-1.5
		0710	-0.2
		1218	-1.0
	1520	1917	1.9
	2334		
6 W ☾ E		0247	-1.2
	0636	0815	0.3
	1009	1355	-0.7
	1641	2014	1.2
	2355		
7 TH		0313	-1.0
	0631	0925	0.8
	1243	1544	-0.7
	1843	2126	0.6
8 F	0006	0342	-1.0
	0652	1032	1.4
	1430	1743	-0.8
	2126	2245	0.2
9 SA P	0003	0418	-1.0
	0731	1133	1.9
	1553	1915	-1.1
		2352	-0.1
10 SU		0508	-1.1
	0824	1230	2.3
	1701	2018	-1.4
11 M		0046	-0.2
		0608	-1.3
	0923	1323	2.7
	1801	2109	-1.5
12 TU S		0130	-0.2
		0710	-1.5
	1021	1414	2.9
	1857	2153	-1.5
13 W ●		0209	-0.1
		0807	-1.8
	1117	1503	3.0
	1948	2234	-1.4
14 TH		0246	-0.0
		0858	-2.0
	1208	1550	3.1
	2036	2314	-1.3
15 F	0241	0324	0.1
	0408	0944	-2.2
	1255	1634	3.0
	2120	2354	-1.3
16 SA	0310	0404	0.1
	0500	1027	-2.1
	1338	1715	2.9
	2200		
17 SU		0034	-1.2
	0353	0447	0.1
	0542	1106	-2.0
	1416	1754	2.7
	2235		
18 M		0115	-1.2
	0455	0535	0.1
	0616	1144	-1.6
	1450	1831	2.5
	2306		
19 TU E		0158	-1.3
		0632	-0.0
		1222	-1.2
	1519	1907	2.2
	2333		
20 W ☽		0241	-1.3
		0748	-0.0
		1303	-0.8
	1543	1944	1.8
	2355		
21 TH A		0326	-1.4
	0816	0938	0.1
	1116	1401	-0.3
	1555	2023	1.3
22 F	0012	0408	-1.4
	0831	1118	0.5
		1557	0.1
		2110	0.8
23 SA	0021	0448	-1.5
	0848	1217	1.0
		1853	0.0
		2213	0.3
24 SU	0010	0522	-1.4
	0906	1255	1.6
	1813	2030	-0.5
		2328	-0.2
25 M		0549	-1.4
	0926	1327	2.2
	1831	2123	-1.0
26 TU N		0039	-0.6
		0610	-1.4
	0947	1357	2.7
	1855	2203	-1.5
27 W		0142	-0.8
		0629	-1.4
	1013	1428	3.2
	1923	2237	-1.8
28 TH ○		0234	-0.9
		0658	-1.4
	1045	1501	3.4
	1952	2309	-2.0
29 F		0318	-0.9
		0744	-1.5
	1122	1535	3.5
	2022	2337	-2.1
30 SA		0355	-0.7
		0842	-1.5
	1205	1611	3.4
	2052		
31 SU		0004	-1.9
		0430	-0.4
		0944	-1.5
	1254	1648	3.1
	2121		

2 月

日期	转流时分	最大流时分	流速
1 M		0027	-1.7
	0451	0506	0.0
	0520	1046	-1.5
	1348	1726	2.6
	2146		
2 TU E		0048	-1.5
	0404	0544	0.5
	0736	1149	-1.4
	1447	1807	1.9
	2205		
3 W P		0107	-1.2
	0401	0628	0.9
	0914	1255	-1.3
	1556	1851	1.3
	2215		
4 TH ☾		0126	-1.0
	0414	0719	1.3
	1050	1408	-1.1
	1723	1940	0.6
	2214		
5 F		0146	-1.0
	0441	0821	1.5
	1227	1537	-0.9
	1946	2043	0.1
	2142		
6 SA		0215	-1.0
	0526	0938	1.7
	1407	1728	-0.9
		2205	-0.3
7 SU		0303	-1.0
	0633	1059	1.9
	1541	1906	-1.0
		2323	-0.4
8 M S		0420	-1.1
	0756	1212	2.2
	1700	2010	-1.1
9 TU		0022	-0.3
		0556	-1.3
	0915	1316	2.4
	1803	2058	-1.2
10 W		0110	-0.1
		0713	-1.6
	1023	1412	2.6
	1856	2138	-1.2
11 TH ●	0118	0152	0.1
	0227	0812	-1.9
	1119	1500	2.8
	1941	2215	-1.2
12 F	0121	0233	0.2
	0347	0900	-2.2
	1207	1542	2.8
	2019	2250	-1.3
13 SA	0145	0313	0.4
	0446	0943	-2.2
	1249	1619	2.8
	2051	2325	-1.3
14 SU	0218	0354	0.5
	0537	1022	-2.1
	1325	1652	2.7
	2119	2359	-1.4
15 M E	0257	0437	0.5
	0625	1058	-1.9
	1357	1723	2.5
	2143		
16 TU		0034	-1.4
	0341	0522	0.5
	0716	1134	-1.5
	1426	1752	2.3
	2203		
17 W		0107	-1.5
	0426	0611	0.5
	0816	1211	-1.1
	1453	1821	1.9
	2218		
18 TH A		0140	-1.4
	0511	0709	0.5
	0945	1256	-0.6
	1517	1848	1.4
	2227		
19 F ☽		0210	-1.4
	0551	0823	0.6
	1220	1404	-0.2
	1536	1915	0.8
	2223		
20 SA		0236	-1.3
	0625	0954	0.9
		1627	0.0
		1938	0.2
	2138		
21 SU		0256	-1.2
	0656	1108	1.4
	1652		
22 M		0305	-1.1
	0726	1200	1.9
	1714	2051	-1.0
		2337	-0.9
23 TU N		0310	-1.1
	0801	1242	2.4
	1742	2115	-1.5
24 W		0128	-1.0
		0338	-1.0
	0842	1321	2.8
	1811	2140	-1.9
25 TH		0223	-0.9
		0527	-1.0
	0930	1358	3.0
	1841	2205	-2.1
26 F		0250	-0.7
		0720	-1.1
	1023	1436	3.1
	1910	2228	-2.1
27 SA ○		0313	-0.3
		0830	-1.3
	1119	1513	3.0
	1939	2249	-1.9
28 SU	0244	0339	0.1
	0437	0928	-1.5
	1216	1551	2.7
	2004	2309	-1.7

3 月

日期	转流时分	最大流时分	流速
1 M E	0216	0407	0.7
	0613	1022	-1.7
	1315	1628	2.3
	2024	2326	-1.4
2 TU P	0210	0439	1.2
	0725	1114	-1.8
	1415	1706	1.7
	2037	2341	-1.2
3 W	0216	0514	1.7
	0831	1207	-1.7
	1520	1745	1.1
	2040	2355	-1.1
4 TH	0231	0554	2.0
	0937	1304	-1.6
	1633	1824	0.6
	2032		
5 F		0010	-1.1
	0257	0641	2.1
	1049	1407	-1.3
	1819	1907	0.1
	1958		
6 SA ☾		0033	-1.1
	0337	0739	2.1
	1212	1525	-1.1
		2001	-0.3
7 SU S		0110	-1.0
	0435	0858	1.9
	1350	1710	-0.9
		2125	-0.5
8 M		0216	-1.0
	0559	1034	1.9
	1530	1852	-0.9
		2300	-0.4
9 TU		0406	-1.0
	0743	1201	2.0
	1651	1953	-1.0
10 W		0007	-0.2
		0600	-1.3
	0913	1309	2.2
	1750	2035	-1.1
11 TH	0017	0058	0.1
	0140	0715	-1.6
	1020	1402	2.4
	1834	2111	-1.1
12 F	0013	0143	0.3
	0318	0810	-1.9
	1112	1444	2.5
	1908	2145	-1.3
13 SA ●	0034	0225	0.6
	0424	0855	-2.1
	1155	1519	2.5
	1936	2216	-1.4
14 SU E	0103	0305	0.8
	0520	0935	-2.0
	1232	1550	2.5
	1959	2247	-1.5
15 M	0136	0345	0.9
	0612	1013	-1.9
	1306	1618	2.3
	2018	2317	-1.6
16 TU	0210	0425	1.0
	0704	1050	-1.6
	1337	1645	2.1
	2033	2345	-1.6
17 W	0243	0506	1.1
	0802	1129	-1.3
	1409	1711	1.7
	2042		
18 TH A		0011	-1.6
	0314	0548	1.2
	0910	1214	-0.9
	1444	1736	1.3
	2043		
19 F		0031	-1.5
	0342	0634	1.3
	1039	1311	-0.6
	1529	1800	0.7
	2029		
20 SA		0044	-1.4
	0406	0727	1.4
	1231	1439	-0.3
	1708	1819	0.1
	1924		
21 SU ☽		0043	-1.2
	0429	0832	1.6
	1416		
22 M N		0024	-1.2
	0453	0946	1.8
	1519	2319	-1.2
23 TU	0525	1055	2.1
	1604	2021	-1.6
24 W	0616	1152	2.4
	1641	2037	-1.9
25 TH	0734	1242	2.6
	1716	2056	-2.0
26 F		0238	-0.5
		0625	-0.6
	0903	1327	2.6
	1748	2116	-2.0
27 SA	0213	0231	0.0
	0250	0755	-1.0
	1022	1409	2.5
	1817	2135	-1.8
28 SU ○E	0057	0247	0.6
	0459	0854	-1.3
	1133	1450	2.2
	1841	2152	-1.6
29 M	0043	0311	1.3
	0604	0946	-1.7
	1239	1529	1.8
	1857	2207	-1.4
30 TU P	0043	0340	1.9
	0658	1035	-2.0
	1342	1607	1.3
	1904	2220	-1.3
31 W	0052	0412	2.4
	0751	1123	-2.1
	1447	1644	0.8
	1903	2233	-1.2

预报值中不包括海流。4～11 月海流流向 56°,流速 0～0.3Kn。12～3 月海流流向 236°,流速 0.5～1.0Kn。方向 56°的潮流开始 方向偏北,然后转向偏东。方向 236°的潮流开始方向偏南,然后转西。

新加坡海峡—霍斯伯格灯塔外

SINGAPORE STRAIT－OFF HORSBURGH LIGHTHOUSE

1°20′ N　　104°20′ E

2021 年潮流表　　流速单位：kn　　(＋)表示流向 056°　　(－)表示流向 236°　　时区：－0800

4 月

日期	转流时分	最大流时分	流速
1 TH	0110	0448	2.7
	0844	1212	-2.0
	1557	1719	0.4
	1853	2248	-1.2
2 F	0138	0529	2.8
	0942	1304	-1.7
	1740	1756	0.0
	1811	2310	-1.2
3 SA	0216	0616	2.6
	1047	1402	-1.4
		1835	-0.3
		2343	-1.2
4 SU ☾ S	0306	0714	2.3
	1205	1514	-1.1
		1924	-0.4
5 M		0035	-1.1
	0412	0833	2.0
	1338	1649	-0.8
		2051	-0.5
6 TU		0202	-1.0
	0543	1016	1.8
	1511	1824	-0.8
		2243	-0.3
7 W		0405	-1.0
	0731	1145	1.8
	1622	1921	-0.9
		2358	-0.0
8 TH		0553	-1.2
	0859	1249	1.9
	1711	2001	-1.1
	2317		
9 F		0051	0.3
	0231	0705	-1.4
	1002	1335	2.1
	1745	2035	-1.3
	2333		
10 SA		0136	0.6
	0352	0758	-1.6
	1051	1412	2.1
	1811	2107	-1.5
	2359		
11 SU E		0218	0.9
	0456	0844	-1.7
	1133	1443	2.1
	1832	2137	-1.6
12 M ●	0029	0257	1.2
	0553	0926	-1.6
	1210	1512	2.0
	1848	2204	-1.8
13 TU	0058	0335	1.4
	0649	1007	-1.5
	1247	1539	1.8
	1859	2230	-1.8
14 W A	0126	0412	1.6
	0745	1050	-1.3
	1326	1605	1.4
	1905	2251	-1.8
15 TH	0150	0448	1.8
	0845	1137	-1.1
	1412	1631	1.0
	1901	2307	-1.7
16 F	0212	0525	2.0
	0950	1232	-0.9
	1516	1657	0.4
	1840	2312	-1.6
17 SA	0231	0603	2.2
	1059	1341	-0.8
		1721	-0.1
		2302	-1.5
18 SU N	0248	0646	2.3
	1209	1515	-0.9
		1740	-0.7
		2240	-1.4
19 M	0305	0736	2.3
	1313	2206	-1.4
20 TU ☽	0326	0839	2.3
	1407	1914	-1.6
21 W	0356	0951	2.3
	1455	1921	-1.8
22 TH	0446	1100	2.2
	1536	1940	-1.9
23 F	0645	1201	2.1
	1613	1958	-1.8
24 SA	0027	0146	0.2
	0325	0656	-0.5
	0903	1254	1.9
	1643	2016	-1.7
	2335		
25 SU E		0153	0.9
	0446	0808	-1.1
	1039	1342	1.6
	1706	2032	-1.5
	2322		
26 M		0214	1.6
	0538	0903	-1.5
	1158	1426	1.2
	1719	2047	-1.4
	2325		
27 TU ○P		0242	2.3
	0625	0952	-1.9
	1309	1506	0.8
	1723	2101	-1.3
	2339		
28 W		0315	2.8
	0712	1039	-2.1
	1418	1543	0.4
	1719	2117	-1.4
29 TH	0002	0351	3.2
	0800	1125	-2.1
	1532	1618	0.1
	1707	2137	-1.4
30 F	0035	0430	3.3
	0851	1211	-2.0
		1652	-0.1
		2204	-1.5

5 月

日期	转流时分	最大流时分	流速
1 SA S	0115	0513	3.1
	0947	1301	-1.7
		1727	-0.3
		2240	-1.5
2 SU	0203	0602	2.8
	1050	1356	-1.3
		1806	-0.4
		2327	-1.4
3 M ☾	0259	0702	2.4
	1204	1501	-1.0
		1857	-0.4
4 TU		0033	-1.2
	0406	0819	2.0
	1323	1620	-0.8
		2025	-0.4
5 W		0202	-1.0
	0528	0952	1.8
	1435	1741	-0.9
		2226	-0.2
6 TH		0346	-0.9
	0700	1111	1.7
	1530	1837	-1.0
	2242	2347	0.1
7 F	0055	0526	-1.0
	0821	1208	1.7
	1608	1919	-1.2
	2242		
8 SA E		0043	0.5
	0300	0643	-1.0
	0924	1251	1.7
	1636	1954	-1.5
	2304		
9 SU		0129	0.9
	0424	0743	-1.1
	1016	1327	1.7
	1656	2025	-1.7
	2330		
10 M		0210	1.2
	0533	0834	-1.1
	1103	1359	1.5
	1712	2053	-1.9
	2356		
11 TU ●A		0248	1.6
	0633	0922	-1.1
	1150	1429	1.3
	1722	2118	-1.9
12 W	0020	0323	1.9
	0728	1011	-1.1
	1241	1458	1.0
	1725	2138	-1.9
13 TH	0042	0356	2.3
	0821	1101	-1.1
	1343	1528	0.6
	1716	2152	-1.9
14 F	0101	0429	2.6
	0912	1155	-1.1
	1520	1558	0.1
	1635	2155	-1.8
15 SA N	0118	0503	2.8
	1001	1254	-1.2
		1628	-0.4
		2145	-1.7
16 SU	0135	0538	3.0
	1050	1400	-1.3
		1700	-0.9
		2131	-1.7
17 M	0153	0616	3.0
	1137	1514	-1.5
		1741	-1.3
		2121	-1.6
18 TU	0214	0700	2.9
	1224	1632	-1.6
19 W ☽	0240	0752	2.7
	1308	1727	-1.7
20 TH	0316	0856	2.3
	1349	1759	-1.7
21 F	0414	1010	1.9
	1427	1824	-1.6
	2325		
22 SA E		0045	0.1
	0226	0504	-0.2
	0654	1120	1.4
	1457	1845	-1.4
	2214		
23 SU		0048	0.8
	0406	0703	-0.7
	0927	1222	1.0
	1518	1903	-1.3
	2202		
24 M		0111	1.6
	0458	0811	-1.2
	1112	1314	0.7
	1528	1921	-1.3
	2209		
25 TU		0142	2.3
	0544	0905	-1.7
	1240	1400	0.3
	1528	1940	-1.3
	2229		
26 W ○P		0218	2.9
	0630	0953	-2.0
	1408	1440	0.1
	1514	2003	-1.4
	2300		
27 TH		0256	3.3
	0718	1038	-2.1
		1517	-0.1
		2033	-1.6
	2339		
28 F S		0336	3.4
	0807	1122	-2.0
		1551	-0.2
		2110	-1.7
29 SA	0024	0420	3.4
	0859	1207	-1.8
		1626	-0.3
		2153	-1.7
30 SU	0114	0507	3.2
	0954	1253	-1.5
		1702	-0.3
		2243	-1.7
31 M	0206	0558	2.8
	1054	1343	-1.2
		1744	-0.3
		2338	-1.6

6 月

日期	转流时分	最大流时分	流速
1 TU	0302	0656	2.4
	1155	1439	-1.0
		1838	-0.3
2 W ☾		0039	-1.4
	0400	0801	2.1
	1253	1542	-0.9
		2001	-0.3
3 TH		0148	-1.1
	0501	0912	1.8
	1343	1647	-1.0
		2159	-0.1
4 F E		0308	-0.8
	0606	1017	1.6
	1422	1744	-1.2
	2157	2331	0.2
5 SA	0114	0442	-0.6
	0714	1110	1.5
	1452	1829	-1.4
	2210		
6 SU		0034	0.6
	0335	0615	-0.5
	0823	1155	1.3
	1514	1906	-1.7
	2233		
7 M		0121	1.1
	0512	0731	-0.5
	0932	1235	1.1
	1530	1938	-1.8
	2257		
8 TU A		0201	1.5
	0619	0834	-0.6
	1042	1312	0.9
	1540	2005	-1.9
	2319		
9 W		0236	2.0
	0711	0931	-0.8
	1157	1348	0.5
	1540	2027	-2.0
	2339		
10 TH ●		0308	2.4
	0754	1025	-1.0
	1331	1424	0.1
	1518	2042	-1.9
	2357		
11 F		0338	2.9
	0833	1117	-1.3
		1501	-0.3
		2048	-1.8
12 SA N	0015	0409	3.2
	0910	1208	-1.5
		1538	-0.7
		2043	-1.8
13 SU	0034	0441	3.4
	0947	1258	-1.7
		1619	-1.1
		2040	-1.8
14 M	0056	0515	3.5
	1024	1346	-1.8
		1706	-1.3
		2048	-1.7
15 TU	0121	0551	3.4
	1101	1432	-1.8
		1806	-1.3
		2105	-1.5
16 W	0153	0632	3.1
	1137	1514	-1.7
17 TH	0232	0718	2.6
	1211	1550	-1.6
18 F ☽	0324	0814	1.9
	1242	1620	-1.4
		2235	-0.0
19 SA E		0237	-0.3
	0454	0923	1.3
	1306	1646	-1.2
	2030	2312	0.7
20 SU	0232	0514	-0.4
	0740	1039	0.7
	1320	1710	-1.1
	2025	2352	1.4
21 M	0353	0702	-0.9
	1020	1149	0.3
	1320	1735	-1.1
	2042		
22 TU		0033	2.1
	0451	0810	-1.3
		1247	-0.1
		1806	-1.2
	2114		
23 W P		0116	2.7
	0543	0904	-1.7
		1335	-0.2
		1845	-1.4
	2156		
24 TH ○		0200	3.1
	0634	0950	-1.8
		1415	-0.3
		1932	-1.6
	2245		
25 F S		0245	3.3
	0724	1033	-1.8
		1452	-0.3
		2023	-1.7
	2337		
26 SA		0331	3.4
	0815	1114	-1.7
		1527	-0.2
		2114	-1.9
27 SU	0029	0418	3.2
	0906	1155	-1.5
		1604	-0.1
		2206	-2.0
28 M	0121	0505	3.0
	0956	1236	-1.3
		1643	-0.0
		2255	-1.9
29 TU	0211	0553	2.8
	1044	1320	-1.1
	1718	1728	0.0
	1738	2344	-1.8
30 W	0258	0641	2.5
	1128	1406	-1.1
		1822	-0.0

预报值中不包括海流。4～11 月海流流向 56°，流速 0～0.3Kn。12～3 月海流流向 236°，流速 0.5～1.0Kn。方向 56°的潮流开始 方向偏北，然后转向偏东。方向 236°的潮流开始方向偏南，然后转西。

新加坡海峡—霍斯伯格灯塔外

SINGAPORE STRAIT－OFF HORSBURGH LIGHTHOUSE

1° 20′ N　　104° 20′ E

2021 年潮流表　　流速单位:kn　　(＋)表示流向 056°　　(－)表示流向 236°　　时区:－0800

7 月

日期	转流时分	最大流时分	最大流流速
1		0032	-1.5
	0343	0730	2.1
TH	1208	1456	-1.1
☾ E		1934	-0.1
2		0123	-1.1
	0424	0819	1.8
F	1241	1549	-1.2
	2100	2119	0.0
	2139		
3		0224	-0.7
	0502	0909	1.5
SA	1308	1641	-1.3
	2102	2305	0.3
4	0138	0350	-0.2
	0541	1000	1.2
SU	1329	1729	-1.5
	2127		
5		0018	0.8
	0501	0554	-0.1
M	0645	1051	0.9
A	1344	1810	-1.6
	2150		
6		0108	1.3
	0614	0739	-0.2
TU	0905	1142	0.5
	1350	1843	-1.7
	2212		
7		0146	1.8
	0648	0852	-0.5
W	1125	1231	0.1
	1335	1911	-1.8
	2233		
8		0217	2.4
	0718	0949	-0.9
TH		1320	-0.2
		1931	-1.7
	2253		
9		0247	2.8
	0747	1037	-1.3
F		1408	-0.6
N		1944	-1.7
	2314		
10		0317	3.2
	0816	1119	-1.7
SA		1455	-0.9
●		1951	-1.7
	2337		
11		0347	3.5
	0846	1158	-1.9
SU		1541	-1.0
		2004	-1.7
12	0004	0419	3.6
	0917	1233	-2.0
M		1626	-1.1
		2033	-1.6
13	0036	0453	3.6
	0948	1305	-1.9
TU		1710	-0.9
		2121	-1.5
14	0114	0529	3.2
	1018	1334	-1.8
W		1756	-0.6
		2229	-1.2
15	0200	0607	2.7
	1045	1400	-1.5
TH		1847	-0.2
		2352	-1.0

日期	转流时分	最大流时分	最大流流速
16	0254	0650	2.1
	1107	1422	-1.3
F	1810	1943	0.3
E	2132		
17		0122	-0.8
	0406	0738	1.3
SA	1121	1441	-1.1
☽	1800	2047	0.8
18	0008	0304	-0.6
	0555	0839	0.6
SU	1120	1501	-1.0
	1814	2155	1.3
19	0202	0508	-0.7
	0920	0958	0.0
M	1035	1525	-1.0
	1847	2300	1.8
20	0330	0657	-1.0
		1119	-0.3
TU		1605	-1.0
	1939		
21		0000	2.3
	0440	0807	-1.3
W		1223	-0.5
P		1708	-1.2
	2041		
22		0057	2.7
	0541	0858	-1.5
TH		1313	-0.4
S		1825	-1.4
	2146		
23		0151	2.9
	0636	0940	-1.5
F		1354	-0.3
		1936	-1.7
	2249		
24		0242	3.0
	0728	1019	-1.5
SA		1432	-0.1
○		2036	-1.9
	2346		
25		0330	3.1
	0815	1056	-1.4
SU	1427	1509	0.1
	1553	2128	-2.1
26	0038	0415	3.0
	0859	1132	-1.3
M	1436	1548	0.3
	1703	2214	-2.2
27	0125	0457	2.9
	0938	1208	-1.2
TU	1502	1629	0.4
	1759	2257	-2.1
28	0207	0537	2.6
	1013	1246	-1.2
W	1542	1714	0.4
	1850	2338	-1.9
29	0245	0614	2.4
	1042	1325	-1.2
TH	1633	1804	0.3
E	1943		
30		0017	-1.5
	0318	0649	2.1
F	1107	1405	-1.2
	1736	1906	0.3
	2049		
31		0059	-1.0
	0346	0724	1.7
SA	1128	1447	-1.3
☾	1841	2030	0.3
	2247		

8 月

日期	转流时分	最大流时分	最大流流速
1		0151	-0.5
	0408	0800	1.3
SU	1144	1530	-1.4
	1935	2218	0.5
2	0250	0319	-0.0
	0347	0839	0.8
M	1152	1612	-1.4
A	2014	2344	1.0
3		0612	0.1
		0934	0.3
TU	1141	1652	-1.4
	2045		
4		0038	1.5
	0610	0819	-0.3
W		1053	-0.2
		1727	-1.4
	2111		
5		0116	2.1
	0625	0915	-0.9
TH		1215	-0.6
N		1757	-1.4
	2136		
6		0148	2.6
	0648	0953	-1.4
F		1326	-0.8
		1825	-1.4
	2204		
7		0219	3.0
	0714	1026	-1.8
SA		1424	-0.9
		1857	-1.4
	2234		
8		0251	3.3
	0741	1056	-2.0
SU		1510	-0.9
●		1942	-1.4
	2310		
9		0323	3.5
	0809	1123	-2.1
M		1546	-0.7
		2036	-1.4
	2351		
10		0356	3.4
	0836	1148	-2.0
TU		1619	-0.4
		2133	-1.4
11	0037	0431	3.1
	0902	1210	-1.8
W	1629	1652	0.0
	1715	2231	-1.4
12	0129	0507	2.6
	0923	1229	-1.5
TH	1545	1727	0.5
E	1922	2331	-1.4
13	0226	0544	2.0
	0938	1244	-1.3
F	1539	1806	1.0
	2055		
14		0033	-1.3
	0332	0623	1.3
SA	0942	1257	-1.1
	1545	1851	1.4
	2225		
15		0143	-1.1
	0456	0706	0.6
SU	0930	1309	-1.0
☽	1605	1946	1.7
	2357		

日期	转流时分	最大流时分	最大流流速
16		0307	-1.0
		0758	-0.0
M		1327	-1.0
	1640	2055	1.9
17	0133	0457	-0.9
		0916	-0.4
TU		1359	-1.0
P	1737	2217	2.0
18	0308	0649	-1.1
		1054	-0.6
W		1503	-1.0
S	1859	2337	2.2
19	0429	0757	-1.2
		1205	-0.5
TH		1654	-1.1
	2031		
20		0047	2.4
	0536	0842	-1.3
F		1256	-0.3
		1840	-1.4
	2152		
21		0147	2.6
	0631	0920	-1.3
SA		1338	-0.0
		1951	-1.8
	2257		
22		0239	2.7
	0718	0954	-1.2
SU	1259	1417	0.3
○	1539	2044	-2.1
	2351		
23		0323	2.7
	0757	1027	-1.2
M	1312	1456	0.5
	1645	2130	-2.3
24	0037	0402	2.7
	0830	1100	-1.2
TU	1337	1536	0.7
	1741	2211	-2.3
25	0117	0437	2.6
	0857	1132	-1.3
W	1411	1617	0.8
E	1832	2250	-2.1
26	0153	0508	2.4
	0920	1205	-1.3
TH	1451	1659	0.9
	1923	2327	-1.8
27	0224	0537	2.1
	0938	1237	-1.4
F	1534	1746	0.8
	2020		
28		0005	-1.3
	0253	0605	1.8
SA	0952	1309	-1.4
	1619	1838	0.8
	2135		
29		0048	-0.8
	0319	0632	1.4
SU	1000	1340	-1.4
	1705	1943	0.8
	2333		
30		0147	-0.3
	0344	0656	0.9
M	0957	1408	-1.3
☾ A	1748	2109	1.0
31	0314	0339	-0.0
	0404	0715	0.3
TU	0921	1431	-1.2
	1828	2239	1.3

9 月

日期	转流时分	最大流时分	最大流流速
1	0438	1443	-1.1
	1905	2344	1.8
W			
2	0503	0854	-0.9
		1058	-0.9
TH		1445	-1.1
N	1943		
3		0030	2.2
	0530	0906	-1.4
F	2025		
4		0109	2.6
	0557	0928	-1.8
SA		1437	-0.9
		1700	-0.9
	2113		
5		0145	2.9
	0625	0951	-2.0
SU		1451	-0.7
		1909	-1.0
	2205		
6		0221	3.0
	0653	1013	-2.1
M		1508	-0.3
		2018	-1.1
	2300		
7		0257	2.9
	0719	1034	-2.0
TU	1435	1530	0.1
●	1629	2115	-1.4
	2357		
8		0332	2.7
	0742	1051	-1.8
W	1403	1555	0.7
E	1805	2207	-1.6
9	0055	0408	2.2
	0759	1106	-1.5
TH	1354	1624	1.3
	1915	2259	-1.7
10	0156	0444	1.7
	0807	1118	-1.3
F	1356	1656	1.8
	2018	2351	-1.7
11	0302	0521	1.1
	0804	1127	-1.2
SA	1406	1733	2.2
P	2121		
12		0046	-1.6
	0419	0557	0.5
SU	0747	1135	-1.2
	1427	1815	2.4
	2228		
13		0148	-1.4
		0636	-0.1
M		1149	-1.2
☽	1500	1906	2.3
	2344		
14		0303	-1.2
		0723	-0.4
TU		1214	-1.1
	1548	2014	2.2
15	0113	0441	-1.0
		0838	-0.7
W		1304	-1.0
S	1700	2146	2.0

日期	转流时分	最大流时分	最大流流速
16	0249	0629	-1.0
		1034	-0.6
TH		1448	-0.9
	1844	2322	2.0
17	0414	0732	-1.0
		1151	-0.4
F		1714	-1.1
	2034		
18		0039	2.1
	0519	0813	-1.1
SA		1242	-0.0
		1850	-1.4
	2155		
19		0138	2.2
	0608	0848	-1.1
SU	1147	1325	0.4
	1508	1952	-1.8
	2256		
20		0224	2.3
	0645	0920	-1.2
M	1201	1405	0.7
○	1618	2041	-2.1
	2344		
21		0302	2.3
	0714	0951	-1.3
TU	1226	1445	1.0
E	1715	2123	-2.1
22	0025	0334	2.3
	0736	1021	-1.4
W	1258	1525	1.2
	1808	2202	-2.0
23	0100	0403	2.2
	0754	1051	-1.5
TH	1333	1605	1.3
	1900	2241	-1.8
24	0133	0430	1.9
	0807	1119	-1.6
F	1408	1645	1.4
	1956	2320	-1.5
25	0205	0456	1.6
	0816	1145	-1.6
SA	1443	1728	1.4
	2100		
26		0004	-1.1
	0239	0521	1.2
SU	0818	1208	-1.6
A	1515	1813	1.5
	2221		
27		0058	-0.7
	0322	0544	0.7
M	0807	1224	-1.5
	1544	1904	1.5
28	0005	0216	-0.4
	0444	0602	0.2
TU	0716	1228	-1.3
	1611	2006	1.6
29	0151	1213	-1.2
	1637	2121	1.8
W			
☾ N			
30	0301	1119	-1.2
	1707	2233	2.1
TH			

预报值中不包括海流。4～11 月海流流向 56°,流速 0～0.3Kn。12～3 月海流流向 236°,流速 0.5～1.0Kn。方向 56°的潮流开始 方向偏北,然后转向偏东。方向 236°的潮流开始方向偏南,然后转西。

新加坡海峡—霍斯伯格灯塔外

SINGAPORE STRAIT－OFF HORSBURGH LIGHTHOUSE

1° 20′ N　　104° 20′ E

2021年潮流表　　流速单位:kn　　(＋)表示流向056°　　(－)表示流向236°　　时区:－0800

10 月

日期	转流时分	最大流时分	流速	日期	转流时分	最大流时分	流速
1 F	0346	0816	-1.5	16 SA	0345	0651	-0.9
	1748	2333	2.3			1133	-0.1
						1716	-1.1
					2026		
2 SA	0423	0825	-1.9	17 SU		0020	1.8
	1858				0441	0733	-1.0
					1047	1227	0.3
					1412	1841	-1.4
					2142		
3 SU		0022	2.5	18 M		0112	1.9
	0456	0843	-2.0		0519	0808	-1.1
		1517	-0.4		1059	1313	0.7
		1749	-0.5		1538	1940	-1.6
	2029				2238		
4 M		0107	2.5	19 TU E		0153	1.9
	0527	0901	-2.0		0546	0840	-1.3
		1432	-0.0		1124	1355	1.1
		1937	-0.7		1644	2029	-1.7
	2154				2323		
5 TU		0149	2.4	20 W ○		0226	1.9
	0553	0918	-1.9		0607	0910	-1.5
	1251	1440	0.6		1155	1436	1.4
	1656	2039	-1.1		1742	2113	-1.7
	2308						
6 W ●E		0229	2.1	21 TH	0002	0255	1.8
	0615	0934	-1.7		0622	0939	-1.7
	1232	1500	1.2		1228	1515	1.6
	1759	2132	-1.5		1839	2155	-1.6
7 TH	0018	0307	1.7	22 F	0040	0323	1.6
	0628	0947	-1.5		0632	1006	-1.8
	1228	1526	1.9		1259	1554	1.8
	1851	2221	-1.8		1936	2238	-1.4
8 F P	0125	0345	1.2	23 SA	0118	0349	1.3
	0630	0956	-1.4		0638	1030	-1.8
	1233	1556	2.5		1328	1632	2.0
	1941	2310	-2.0		2036	2325	-1.1
9 SA	0235	0421	0.7	24 SU A	0202	0415	0.9
	0622	1005	-1.3		0636	1049	-1.8
	1248	1630	2.9		1355	1710	2.1
	2033	2359	-2.0		2140		
10 SU	0356	0456	0.2	25 M		0019	-0.9
	0600	1014	-1.3		0302	0440	0.4
	1312	1708	3.0		0620	1059	-1.7
	2127				1418	1750	2.3
					2248		
11 M		0051	-1.8	26 TU N		0124	-0.8
		0531	-0.2			0504	-0.1
		1030	-1.4			1055	-1.6
	1346	1752	3.0		1438	1832	2.4
	2228				2356		
12 TU S		0147	-1.6	27 W		0251	-0.8
		0608	-0.5			0524	-0.7
		1057	-1.3			1035	-1.5
	1431	1844	2.7		1457	1920	2.4
	2338						
13 W ☽		0254	-1.2	28 TH ☾	0057	1004	-1.5
		0654	-0.6		1516	2017	2.4
		1140	-1.2				
	1530	1952	2.2				
14 TH	0101	0417	-1.0	29 F	0149	0718	-1.6
		0808	-0.6		1540	2124	2.3
		1257	-1.0				
	1650	2127	1.9				
15 F	0229	0549	-0.9	30 SA	0234	0707	-1.8
		1011	-0.5		1614	2232	2.2
		1509	-0.9				
	1840	2306	1.8				
				31 SU	0313	0724	-1.9
					1727	2333	2.1

11 月

日期	转流时分	最大流时分	流速	日期	转流时分	最大流时分	流速
1 M	0347	0742	-1.9	16 TU		0028	1.5
	1245	1355	0.1		0408	0723	-1.3
	1524	1824	-0.3		1027	1302	0.9
	2011				1602	1923	-1.1
					2203		
2 TU E		0027	1.8	17 W		0107	1.5
	0415	0758	-1.7		0429	0757	-1.6
	1131	1347	0.7		1058	1347	1.3
	1648	1949	-0.8		1715	2017	-1.2
	2206				2253		
3 W		0116	1.5	18 TH		0140	1.3
	0435	0813	-1.6		0444	0828	-1.8
	1112	1403	1.5		1129	1428	1.7
	1735	2049	-1.3		1819	2108	-1.1
	2336				2340		
4 TH ●		0201	1.1	19 F ○		0211	1.2
	0444	0825	-1.4		0454	0855	-1.9
	1110	1429	2.2		1158	1507	2.0
	1819	2140	-1.7		1918	2158	-1.1
5 F P	0056	0242	0.6	20 SA	0030	0241	0.9
	0442	0836	-1.4		0459	0919	-2.0
	1120	1459	2.8		1225	1543	2.4
	1904	2228	-2.0		2014	2249	-1.1
6 SA	0218	0320	0.2	21 SU A	0130	0310	0.5
	0427	0846	-1.4		0454	0938	-2.0
	1140	1533	3.3		1249	1618	2.6
	1950	2314	-2.1		2106	2342	-1.1
7 SU		0356	-0.1	22 M N	0302	0340	0.1
		0902	-1.5		0419	0948	-1.9
	1210	1611	3.5		1310	1653	2.9
	2039				2155		
8 M S		0001	-2.0	23 TU		0040	-1.2
		0431	-0.4			0411	-0.4
		0926	-1.6			0944	-1.8
	1248	1653	3.4		1329	1728	3.0
	2132				2241		
9 TU		0049	-1.8	24 W		0143	-1.3
		0506	-0.5			0444	-0.9
		1001	-1.6			0931	-1.7
	1334	1740	3.1		1347	1805	3.1
	2230				2326		
10 W		0140	-1.5	25 TH		0252	-1.5
		0545	-0.5			0524	-1.3
		1049	-1.5			0918	-1.7
	1429	1834	2.7		1407	1845	3.0
	2335						
11 TH ☽		0237	-1.2	26 F	0008	0404	-1.6
		0632	-0.5			0641	-1.5
		1154	-1.3			0854	-1.6
	1533	1943	2.2		1430	1931	2.8
12 F	0047	0344	-0.9	27 SA ☾	0048	0501	-1.7
		0745	-0.4		1457	2027	2.4
		1323	-1.1				
	1651	2109	1.8				
13 SA	0158	0457	-0.8	28 SU	0126	0536	-1.7
		0937	-0.2		1534	2132	1.9
		1507	-1.0				
	1823	2234	1.6				
14 SU	0256	0558	-0.9	29 M	0159	0602	-1.6
	0958	1108	0.1		1236	1300	0.0
	1219	1651	-1.0		1327	1542	-0.1
	1954	2340	1.6		1707	2242	1.5
15 M E	0338	0645	-1.1	30 TU E	0226	0622	-1.5
	1000	1211	0.5		1010	1240	0.7
	1433	1817	-1.1		1609	1835	-0.4
	2106				2036	2345	1.0

12 月

日期	转流时分	最大流时分	流速	日期	转流时分	最大流时分	流速
1 W	0242	0638	-1.4	16 TH		0013	1.0
	0948	1258	1.5		0300	0710	-1.7
	1655	1956	-0.9		1030	1340	1.6
	2249				1803	2017	-0.6
					2227		
2 TH		0045	0.5	17 F		0052	0.8
	0245	0653	-1.3		0311	0742	-1.9
	0950	1327	2.2		1058	1420	2.0
	1739	2054	-1.5		1901	2117	-0.7
					2343		
3 F	0043	0135	0.1	18 SA A		0129	0.5
	0228	0708	-1.3		0314	0809	-2.0
	1007	1401	2.9		1124	1456	2.4
	1823	2144	-1.9		1947	2212	-0.9
4 SA ●P		0218	-0.2	19 SU ○	0117	0206	0.1
		0727	-1.4		0255	0831	-2.0
	1035	1438	3.3		1147	1530	2.8
	1908	2229	-2.0		2027	2304	-1.2
5 SU		0257	-0.4	20 M N		0244	-0.3
		0755	-1.6			0844	-1.9
	1113	1518	3.6		1209	1601	3.2
	1955	2312	-2.0		2104	2354	-1.4
6 M S		0333	-0.5	21 TU		0323	-0.7
		0833	-1.7			0848	-1.9
	1158	1601	3.6		1229	1633	3.4
	2044	2355	-1.9		2138		
7 TU		0408	-0.5	22 W		0042	-1.6
		0921	-1.8			0404	-1.0
	1248	1647	3.4			0845	-1.8
	2136				1251	1705	3.5
					2212		
8 W		0038	-1.6	23 TH		0129	-1.8
		0445	-0.4			0451	-1.2
		1015	-1.8			0848	-1.7
	1342	1736	3.0		1314	1739	3.4
	2230				2246		
9 TH		0122	-1.3	24 F		0212	-1.8
		0526	-0.3			0548	-1.3
		1114	-1.7			0902	-1.5
	1438	1830	2.6		1342	1815	3.2
	2327				2318		
10 F		0210	-1.1	25 SA		0251	-1.8
		0615	-0.2			0703	-1.1
		1218	-1.5			0928	-1.2
	1538	1931	2.2		1415	1856	2.7
					2349		
11 SA ☽	0022	0303	-0.9	26 SU		0324	-1.6
		0722	-0.1		1458	1942	2.1
		1326	-1.3				
	1640	2037	1.8				
12 SU E	0111	0400	-0.9	27 M ☾E	0015	0352	-1.5
		0857	-0.0			1008	-0.2
		1441	-1.0			1339	-0.3
	1746	2144	1.6		1601	2039	1.4
13 M	0151	0458	-1.0	28 TU	0033	0415	-1.3
	0850	1038	0.3		0815	1050	0.6
	1232	1608	-0.7		1411	1623	-0.3
	1855	2242	1.4		1826	2152	0.7
14 TU	0221	0550	-1.2	29 W	0039	0434	-1.1
	0924	1153	0.6		0802	1130	1.3
	1453	1744	-0.6		1543	1841	-0.6
	2006	2331	1.2		2200	2310	0.1
15 W	0244	0633	-1.5	30 TH	0017	0453	-1.1
	0958	1252	1.1		0814	1212	2.0
	1644	1908	-0.5		1641	2001	-1.2
	2116						
				31 F		0018	-0.3
						0517	-1.2
					0843	1255	2.6
					1731	2056	-1.6

预报值中不包括海流。4～11月海流流向56°,流速0～0.3Kn。12～3月海流流向236°,流速0.5～1.0Kn。方向56°的潮流开始 方向偏北,然后转向偏东。方向236°的潮流开始方向偏南,然后转西。

廖内海峡—丹戎塔洛外

SELAT RIAU－OFF TANJUNG TALOH

1° 00′ N　　104° 12′ E

2021 年潮流表　　流速单位:kn　　(＋)表示流向 000°　　(－)表示流向 180°　　时区:－0700

1 月

日期	转流时分	最大流时分	流速
1		0031	-4.0
	0616	1633	3.4
F	2039		
2		0106	-4.3
	0650	1707	3.5
SA	2115		
3		0142	-4.4
	0725	1746	3.4
SU	2154		
4		0221	-4.2
	0757	1831	3.1
M	2236		
5		0300	-3.9
	0822	1923	2.5
TU	2320		
6		0339	-3.3
	0838	1132	1.1
W		1507	0.7
☾ E		2027	1.8
7	0004	0418	-2.7
	0843	1147	1.3
TH		1704	0.1
		2152	1.0
8	0048	0454	-1.9
	0840	1210	1.7
F	1612	1850	-0.7
	2214	2351	0.2
9	0124	0527	-1.2
	0829	1239	2.1
SA	1635	2013	-1.7
P			
10		0219	-0.1
		0554	-0.5
SU	0804	1313	2.7
	1712	2118	-2.7
11	0413	1352	3.1
	1755	2213	-3.5
M			
12	0427	1434	3.5
	1840	2302	-4.1
TU			
S			
13	0506	1518	3.8
	1925	2347	-4.4
W			
●			
14	0544	1602	3.8
	2009		
TH			
15		0029	-4.5
	0618	1646	3.7
F	2050		

日期	转流时分	最大流时分	流速
16		0107	-4.3
	0644	1729	3.3
SA	2128		
17		0142	-3.9
	0702	0940	0.8
SU		1152	0.7
		1811	2.8
	2202		
18		0214	-3.5
	0713	0954	1.0
M		1310	0.6
		1851	2.2
	2231		
19		0242	-3.0
	0720	1015	1.2
TU		1429	0.5
E		1930	1.6
	2252		
20		0307	-2.6
	0726	1041	1.4
W		1557	0.3
☽		2010	0.9
	2303		
21		0331	-2.1
	0734	1111	1.7
TH	1723	1738	-0.0
A	1755	2058	0.2
	2247		
22		0354	-1.7
	0744	1144	1.9
F	1643	1922	-0.5
		2218	-0.3
23		0414	-1.3
	0753	1218	2.1
SA	1658	2033	-1.1
24		0051	-0.7
		0428	-0.9
SU	0756	1252	2.2
	1719	2117	-1.7
25	0745	1325	2.4
	1742	2153	-2.3
M			
26	0629	1358	2.6
	1808	2227	-2.8
TU			
N			
27	0445	1431	2.8
	1837	2300	-3.4
W			
28	0450	1506	3.0
	1909	2334	-3.8
TH			
○			
29	0513	1543	3.2
	1945		
F			
30		0009	-4.1
	0542	1625	3.4
SA	2025		
31		0045	-4.2
	0612	1710	3.3
SU	2106		

2 月

日期	转流时分	最大流时分	流速
1		0120	-4.1
	0638	0906	0.8
M		1137	0.6
		1758	3.1
	2149		
2		0156	-3.7
	0657	0916	0.8
TU		1246	0.3
E		1851	2.7
	2233		
3		0231	-3.2
	0707	0932	1.0
W	1311	1358	-0.1
P	1444	1949	2.1
	2317		
4		0303	-2.5
	0707	0952	1.2
TH	1315	1519	-0.5
☾	1723	2057	1.3
	2359		
5		0333	-1.7
	0700	1018	1.6
F	1353	1649	-1.1
	2019	2226	0.5
6	0034	0356	-1.0
	0644	1051	2.0
SA	1443	1826	-1.7
7		0044	-0.1
		0405	-0.4
SU	0611	1132	2.4
	1539	1953	-2.5
8	0411	1221	2.8
	1635	2104	-3.1
M			
S			
9	0342	1315	3.1
	1730	2201	-3.7
TU			
10	0412	1412	3.3
	1823	2250	-3.9
W			
11	0442	1507	3.3
	1912	2332	-4.0
TH			
●			
12	0508	1600	3.2
	1957		
F			
13		0008	-3.8
	0527	0746	0.7
SA		1026	0.5
		1649	3.0
	2037		
14		0040	-3.5
	0537	0753	0.8
SU		1130	0.2
		1734	2.6
	2112		
15		0108	-3.1
	0542	0806	1.0
M	1200	1227	-0.0
E	1253	1816	2.2
	2142		

日期	转流时分	最大流时分	流速
16		0133	-2.7
	0545	0824	1.2
TU	1203	1322	-0.2
	1439	1856	1.7
	2207		
17		0155	-2.3
	0549	0847	1.4
W	1233	1418	-0.4
	1604	1935	1.1
	2225		
18		0215	-2.0
	0555	0913	1.6
TH	1311	1518	-0.5
A	1739	2017	0.6
	2236		
19		0235	-1.6
	0604	0942	1.7
F	1352	1626	-0.7
☽	1959	2110	0.1
	2218		
20		0253	-1.2
	0610	1014	1.8
SA	1432	1745	-0.9
		2233	-0.3
21		0303	-0.8
	0610	1049	1.9
SU	1511	1906	-1.4
22	0550	1127	2.0
	1550	2012	-1.9
M			
23	0423	1211	2.1
	1630	2102	-2.4
TU			
N			
24	0319	1259	2.3
	1711	2145	-3.0
W			
25	0327	1351	2.5
	1755	2224	-3.4
TH			
26	0351	1443	2.7
	1840	2302	-3.7
F			
27	0417	0705	0.9
		0919	0.8
SA		1537	2.9
○	1926	2339	-3.8
28	0443	0707	0.9
		1021	0.4
SU		1629	3.0
	2013		

3 月

日期	转流时分	最大流时分	流速
1		0015	-3.6
	0504	0717	0.9
M		1115	0.0
E		1723	2.9
	2101		
2		0050	-3.3
	0517	0730	0.9
TU	1015	1209	-0.5
P	1352	1817	2.6
	2149		
3		0123	-2.7
	0521	0746	1.1
W	1030	1306	-1.0
	1532	1914	2.1
	2237		
4		0153	-2.0
	0518	0807	1.4
TH	1103	1408	-1.5
	1713	2018	1.5
	2326		
5		0219	-1.3
	0507	0831	1.8
F	1148	1516	-1.9
	1912	2134	0.8
6	0016	0238	-0.6
	0445	0902	2.1
SA	1242	1634	-2.2
☾	2158	2326	0.2
7	0122	0242	-0.1
	0348	0940	2.4
SU	1344	1801	-2.6
S			
8	0101	1029	2.6
	1450	1927	-2.9
M			
9	0201	1132	2.6
	1557	2039	-3.2
TU			
10	0241	1246	2.6
	1702	2136	-3.4
W			
11	0312	1401	2.6
	1801	2223	-3.3
TH			
12	0335	0615	0.8
		0903	0.6
F		1509	2.5
	1854	2301	-3.1
13	0349	0614	0.8
		1011	0.2
SA		1606	2.3
●	1940	2333	-2.8
14	0355	0621	1.0
	0934	1104	-0.3
SU	1228	1656	2.1
E	2019	2359	-2.5
15	0357	0634	1.2
	0939	1150	-0.7
M	1357	1741	1.8
	2052		

日期	转流时分	最大流时分	流速
16		0022	-2.1
	0358	0650	1.4
TU	1000	1234	-1.0
	1508	1822	1.4
	2120		
17		0043	-1.8
	0401	0709	1.6
W	1028	1316	-1.2
	1614	1902	1.1
	2145		
18		0102	-1.5
	0405	0730	1.8
TH	1059	1359	-1.3
A	1723	1944	0.7
	2208		
19		0120	-1.2
	0410	0753	1.9
F	1131	1444	-1.5
	1845	2033	0.4
	2229		
20		0137	-0.8
	0411	0818	1.9
SA	1205	1535	-1.6
	2048	2140	0.1
	2235		
21		0147	-0.5
	0359	0844	2.0
SU	1243	1636	-1.8
☽			
22	0311	0913	2.0
	1325	1746	-2.0
M			
N			
23	0102	0949	2.0
	1414	1858	-2.3
TU			
24	0113	1041	2.0
	1509	2001	-2.7
W			
25	0140	1154	2.0
	1609	2053	-3.0
TH			
26	0209	1316	2.1
	1710	2139	-3.2
F			
27	0237	0532	1.0
		0854	0.7
SA		1431	2.2
	1809	2221	-3.2
28	0259	0534	1.0
		0951	0.1
SU		1538	2.3
○E	1907	2300	-3.0
29	0315	0543	1.1
	0844	1040	-0.5
M	1228	1639	2.3
	2004	2336	-2.6
30	0324	0556	1.3
	0843	1129	-1.3
TU	1404	1739	2.2
P	2100		
31		0008	-2.0
	0324	0614	1.6
W	0904	1219	-1.9
	1530	1839	1.9
	2157		

预报值中不包括海流。4～11 月海流 0～0.3Kn,流向 0°,12～3 月海流 0.3～0.7Kn, 流向 180°。

廖内海峡—丹戎塔洛外

SELAT RIAU－OFF TANJUNG TALOH

1° 00′ N　　104° 12′ E

2021 年潮流表　　流速单位:kn　　(+)表示流向 000°　　(－)表示流向 180°　　时区:－0700

4 月

日期	转流时分	最大流时分	流速
1 TH		0038	-1.3
	0317	0634	1.9
	0937	1312	-2.5
	1657	1943	1.4
	2259		
2 F		0102	-0.7
	0300	0659	2.3
	1018	1408	-2.9
	1832	2057	0.9
3 SA	0024	0121	-0.1
	0214	0727	2.6
	1106	1510	-3.2
	2024	2236	0.5
4 SU ☾ S		0124	0.3
		0801	2.8
	1159	1619	-3.2
	2226		
5 M		0840	2.8
	1258	1734	-3.2
	2353		
6 TU		0931	2.5
	1403	1851	-3.1
7 W	0047	1043	2.2
	1511	1959	-3.0
8 TH	0122	1222	1.8
	1621	2053	-2.8
9 F	0144	0448	1.1
		0848	0.6
		1358	1.6
	1725	2137	-2.5
10 SA	0157	0449	1.2
	0904	0950	-0.1
	1035	1513	1.4
	1821	2211	-2.2
11 SU E	0202	0457	1.4
	0823	1037	-0.7
	1253	1614	1.3
	1909	2239	-1.8
12 M ●	0203	0510	1.6
	0829	1117	-1.2
	1414	1705	1.1
	1950	2303	-1.5
13 TU	0203	0526	1.8
	0848	1154	-1.6
	1520	1750	0.9
	2026	2324	-1.2
14 W A	0205	0545	2.1
	0911	1230	-1.9
	1619	1833	0.8
	2100	2343	-0.9
15 TH	0206	0604	2.2
	0935	1305	-2.1
	1718	1918	0.6
	2137		
16 F		0001	-0.6
	0205	0624	2.3
	1001	1341	-2.3
	1821	2010	0.4
	2224		
17 SA		0017	-0.3
	0152	0644	2.4
	1028	1420	-2.5
	1934	2117	0.3
18 SU N	0010	0025	-0.0
	0040	0704	2.4
	1057	1503	-2.6
	2056		
19 M		0726	2.4
	1131	1553	-2.7
	2208		
20 TU ☽		0752	2.3
	1211	1652	-2.8
	2303		
21 W		0826	2.2
	1300	1756	-2.9
	2346		
22 TH		0920	2.0
	1400	1859	-2.9
23 F	0021	1057	1.7
	1508	1956	-2.9
24 SA	0049	0410	1.2
		0810	0.8
		1253	1.5
	1622	2046	-2.7
25 SU E	0110	0407	1.3
		0909	0.0
		1427	1.5
	1736	2130	-2.4
26 M	0121	0416	1.5
	0735	0958	-0.8
	1221	1545	1.5
	1847	2209	-1.9
27 TU ○ P	0125	0430	1.7
	0737	1045	-1.8
	1358	1655	1.5
	1958	2244	-1.3
28 W	0122	0449	2.1
	0758	1133	-2.6
	1521	1802	1.4
	2111	2314	-0.7
29 TH	0108	0512	2.6
	0831	1222	-3.3
	1641	1910	1.2
	2246	2339	-0.1
30 F	0029	0538	3.0
	0910	1312	-3.8
	1802	2026	0.9
		2350	0.4

5 月

日期	转流时分	最大流时分	流速
1 SA S		0608	3.3
	0953	1405	-4.1
	1929		
2 SU		0640	3.4
	1039	1501	-4.1
	2052		
3 M ☾		0716	3.2
	1129	1601	-3.9
	2203		
4 TU		0756	2.9
	1220	1703	-3.5
	2254		
5 W		0843	2.3
	1315	1805	-3.1
	2329		
6 TH		0955	1.6
	1413	1902	-2.6
	2350		
7 F		0322	1.3
		0816	0.7
		1157	1.0
	1514	1950	-2.2
8 SA E	0001	0325	1.5
	0820	0921	-0.1
	1028	1351	0.6
	1615	2030	-1.8
9 SU	0006	0337	1.7
	0732	1006	-0.8
	1310	1516	0.4
	1714	2102	-1.4
10 M	0007	0352	2.0
	0736	1043	-1.4
	1438	1622	0.4
	1809	2129	-1.0
11 TU ● A	0007	0410	2.3
	0752	1118	-1.9
	1543	1718	0.3
	1901	2153	-0.7
12 W	0007	0430	2.5
	0812	1150	-2.4
	1637	1809	0.3
	1957	2214	-0.5
13 TH	0003	0450	2.6
	0834	1221	-2.7
	1726	1902	0.3
	2107	2233	-0.2
	2346		
14 F		0509	2.8
	0856	1253	-3.0
	1813	2001	0.3
		2247	0.1
15 SA N		0528	2.8
	0919	1326	-3.2
	1901		
16 SU		0548	2.9
	0945	1401	-3.4
	1950		
17 M		0609	2.9
	1015	1441	-3.5
	2039		
18 TU		0633	2.9
	1049	1525	-3.5
	2125		
19 W ☽		0703	2.7
	1129	1615	-3.5
	2207		
20 TH		0741	2.4
	1216	1708	-3.3
	2241		
21 F		0841	1.9
	1311	1803	-3.0
	2307		
22 SA E		0250	1.3
		0645	1.0
		1029	1.3
	1415	1856	-2.6
	2323		
23 SU		0242	1.4
		0812	0.2
		1242	0.9
	1532	1945	-2.0
	2330		
24 M		0251	1.7
	0636	0908	-0.8
	1156	1432	0.8
	1658	2028	-1.4
	2329		
25 TU		0307	2.1
	0636	0958	-1.9
	1349	1603	0.7
	1831	2106	-0.8
	2319		
26 W ○ P		0329	2.6
	0659	1046	-2.9
	1514	1724	0.8
	2018	2138	-0.2
	2249		
27 TH		0355	3.1
	0732	1134	-3.7
	1629	1843	0.8
		2203	0.3
28 F S		0426	3.5
	0811	1222	-4.3
	1740	2005	0.8
		2221	0.6
29 SA		0459	3.8
	0853	1310	-4.6
	1847		
30 SU		0534	3.9
	0937	1359	-4.7
	1947		
31 M		0611	3.7
	1021	1448	-4.4
	2039		

6 月

日期	转流时分	最大流时分	流速
1 TU		0650	3.3
	1105	1537	-4.0
	2120		
2 W ☾		0731	2.6
	1148	1625	-3.5
	2148		
3 TH		0816	1.8
	1227	1710	-2.9
	2204		
4 F E		0146	1.4
		0633	0.9
		0918	1.0
	1300	1752	-2.3
	2213		
5 SA		0155	1.6
		0832	0.1
		1121	0.2
	1316	1829	-1.7
	2217		
6 SU		0212	1.9
	0644	0925	-0.7
		1333	-0.2
		1902	-1.3
	2219		
7 M		0233	2.2
	0643	1004	-1.4
		1518	-0.3
		1932	-0.9
	2220		
8 TU A		0255	2.5
	0658	1037	-2.0
		1640	-0.3
		1959	-0.6
	2219		
9 W		0318	2.7
	0718	1109	-2.4
		1752	-0.1
		2024	-0.3
	2207		
10 TH ●		0341	2.9
	0739	1138	-2.9
	1754		
11 F		0403	3.0
	0801	1208	-3.3
	1803		
12 SA N		0424	3.1
	0823	1238	-3.6
	1828		
13 SU		0446	3.2
	0849	1311	-3.9
	1900		
14 M		0510	3.2
	0917	1345	-4.0
	1935		
15 TU		0537	3.2
	0950	1422	-4.1
	2012		
16 W		0610	3.1
	1026	1502	-4.0
	2047		
17 TH		0649	2.8
	1107	1544	-3.7
	2116		
18 F ☽		0739	2.3
	1151	1628	-3.2
	2136		
19 SA E		0107	1.2
		0409	1.0
		0848	1.6
	1239	1711	-2.7
	2146		
20 SU		0105	1.4
		0627	0.3
		1035	0.8
	1330	1754	-2.0
	2147		
21 M		0119	1.7
	0527	0756	-0.7
	1101	1250	0.3
	1431	1834	-1.3
	2139		
22 TU		0140	2.1
	0529	0859	-1.8
	1357	1458	0.1
	1603	1910	-0.6
	2120		
23 W P		0207	2.7
	0556	0954	-2.8
	1525	1651	0.2
	1905	1940	-0.0
	2012		
24 TH ○		0240	3.2
	0633	1044	-3.7
	1626		
25 F S		0316	3.7
	0714	1132	-4.4
	1720		
26 SA		0355	4.0
	0757	1219	-4.8
	1809		
27 SU		0436	4.1
	0841	1304	-4.8
	1854		
28 M		0518	3.9
	0925	1347	-4.7
	1931		
29 TU		0600	3.5
	1006	1428	-4.2
	2000		
30 W		0643	2.9
	1044	1506	-3.7
	2019	2328	1.1

预报值中不包括海流。4～11 月海流 0～0.3Kn,流向 0°,12～3 月海流 0.3～0.7Kn，流向 180°。

廖内海峡—丹戎塔洛外

SELAT RIAU－OFF TANJUNG TALOH

1° 00′ N　　104° 12′ E

2021 年潮流表　　流速单位:kn　　(＋)表示流向 000°　　(－)表示流向 180°　　时区:－0700

7 月

日期	转流时分	最大流时分	流速
1		0148	1.0
		0727	2.2
TH	1117	1541	-3.1
☾ E	2029	2343	1.3
2		0350	0.8
		0813	1.3
F	1141	1611	-2.5
	2034		
3		0005	1.5
		0601	0.3
SA		0908	0.5
	1145	1638	-1.9
	2038		
4		0031	1.8
	0540	0756	-0.3
SU		1041	-0.2
		1702	-1.5
	2041		
5		0100	2.1
	0537	0902	-1.0
M		1306	-0.7
A		1721	-1.1
	2045		
6		0130	2.4
	0555	0944	-1.6
TU	2044		
7		0200	2.6
	0617	1018	-2.2
W	2030		
8		0229	2.8
	0640	1049	-2.7
TH	1847		
9		0256	2.9
	0703	1119	-3.2
F N	1734		
10		0323	3.0
	0728	1149	-3.6
SA ●	1742		
11		0350	3.2
	0755	1220	-3.9
SU	1804		
12		0420	3.3
	0825	1252	-4.2
M	1833		
13		0453	3.3
	0859	1326	-4.3
TU	1904		
14		0531	3.3
	0936	1401	-4.1
W	1933		
15		0614	3.0
	1015	1437	-3.8
TH	1956		

日期	转流时分	最大流时分	流速
16		0703	2.6
	1057	1512	-3.3
F E	2010	2257	1.0
17		0231	0.6
		0801	1.9
SA	1138	1547	-2.7
☽	2013	2310	1.2
18		0414	0.1
		0915	1.1
SU	1218	1620	-1.9
	2008	2331	1.6
19	0331	0600	-0.6
	0904	1100	0.3
M	1248	1648	-1.2
	1954	2359	2.0
20	0357	0733	-1.6
		1330	-0.2
TU		1707	-0.5
	1928		
21		0035	2.5
	0438	0846	-2.5
W P	1758		
22		0116	3.1
	0524	0946	-3.4
TH S	1617		
23		0202	3.5
	0612	1038	-4.1
F	1648		
24		0251	3.8
	0700	1125	-4.5
SA ○	1724		
25		0340	3.9
	0747	1209	-4.6
SU	1757		
26		0429	3.8
	0832	1249	-4.4
M	1823		
27		0517	3.4
	0914	1325	-4.0
TU	1841	2106	0.8
		2348	0.6
28		0603	2.9
	0952	1358	-3.5
W	1851	2120	0.9
29		0100	0.4
		0648	2.3
TH	1024	1426	-3.0
E	1856	2140	1.1
30		0213	0.2
		0732	1.6
F	1049	1451	-2.5
	1858	2204	1.4
31	0258	0332	-0.0
	0406	0817	0.9
SA	1101	1512	-2.0
☾	1901	2232	1.7

8 月

日期	转流时分	最大流时分	流速
1	0309	0501	-0.3
	0722	0908	0.2
SU	1040	1529	-1.6
	1905	2305	1.9
2	0342	0639	-0.7
		1025	-0.4
M		1541	-1.2
A	1910	2341	2.1
3	0417	0804	-1.2
		1300	-0.7
TU		1533	-0.8
	1910		
4		0019	2.2
	0449	0900	-1.8
W	1854		
5		0058	2.4
	0520	0940	-2.3
TH N	1738		
6		0136	2.5
	0550	1015	-2.8
F	1633		
7		0213	2.6
	0621	1048	-3.3
SA	1634		
8		0250	2.8
	0654	1120	-3.7
SU ●	1653		
9		0329	3.0
	0729	1153	-3.9
M	1719		
10		0411	3.1
	0807	1227	-4.0
TU	1746		
11		0455	3.1
	0847	1300	-3.9
W	1810	2036	0.8
		2330	0.5
12		0542	3.0
	0929	1333	-3.6
TH E	1827	2045	0.8
13		0030	0.2
		0632	2.6
F	1012	1405	-3.1
	1835	2058	0.9
14	0011	0134	-0.2
	0251	0727	2.1
SA	1054	1435	-2.4
	1833	2115	1.2
15	0025	0244	-0.7
	0502	0831	1.4
SU	1136	1501	-1.7
☽	1823	2137	1.6

日期	转流时分	最大流时分	流速
16	0103	0405	-1.2
	0734	0952	0.6
M	1212	1522	-1.0
	1804	2207	2.0
17	0155	0536	-1.8
		1156	-0.0
TU		1526	-0.4
P	1728	2246	2.4
18	0253	0709	-2.4
	1539	2335	2.8
W S			
19	0354	0828	-3.1
	1515		
TH			
20		0034	3.0
	0454	0931	-3.6
F	1544		
21		0137	3.2
	0552	1023	-3.9
SA	1615		
22		0241	3.3
	0646	1108	-4.0
SU ○	1642		
23		0340	3.2
	0736	1147	-3.8
M	1701	1917	0.7
		2218	0.4
24		0435	3.0
	0821	1221	-3.5
TU	1711	1924	0.8
		2322	0.0
25		0525	2.6
	0901	1251	-3.0
W	1714	1936	1.0
E	2244		
26		0018	-0.3
	0146	0612	2.2
TH	0935	1316	-2.5
	1714	1953	1.2
	2305		
27		0112	-0.6
	0315	0656	1.6
F	1003	1337	-2.1
	1714	2014	1.5
	2340		
28		0206	-0.8
	0438	0738	1.1
SA	1022	1355	-1.7
	1715	2038	1.7
29	0020	0302	-1.0
	0612	0823	0.5
SU	1030	1411	-1.3
	1719	2106	1.9
30	0104	0405	-1.1
	0847	0917	0.0
M	0948	1424	-1.0
☾ A	1723	2137	2.0
31	0149	0518	-1.3
		1043	-0.4
TU		1426	-0.7
	1719	2212	2.0

9 月

日期	转流时分	最大流时分	流速
1	0233	0637	-1.5
	1652	2251	2.0
W			
2	0318	0747	-1.9
	1527	2337	2.0
TH N			
3	0402	0841	-2.4
	1451		
F			
4		0030	2.1
	0446	0926	-2.8
SA	1500		
5		0127	2.2
	0531	1005	-3.2
SU	1522		
6		0224	2.4
	0617	1042	-3.4
M	1547	1842	1.0
		2127	0.8
7		0319	2.5
	0703	1118	-3.5
TU	1611	1844	1.0
●		2220	0.4
8		0413	2.6
	0751	1152	-3.4
W	1631	1852	1.0
E	2230	2307	-0.1
	2344		
9		0506	2.6
	0838	1225	-3.0
TH	1643	1902	1.0
	2151	2356	-0.6
10	0149	0559	2.4
	0927	1256	-2.5
F	1645	1916	1.2
	2201		
11		0047	-1.2
	0323	0656	2.0
SA	1016	1324	-1.8
P	1639	1933	1.5
	2229		
12		0142	-1.7
	0458	0757	1.5
SU	1106	1348	-1.1
	1625	1955	1.9
	2310		
13		0244	-2.2
	0648	0911	0.8
M	1201	1405	-0.5
☽	1557	2022	2.3
	2359		
14		0355	-2.5
	0914	1056	0.3
TU	1343	1406	-0.0
	1427	2057	2.6
15	0058	0516	-2.8
	1205	2141	2.7
W S			

日期	转流时分	最大流时分	流速
16	0203	0642	-3.1
	1320	2240	2.7
TH			
17	0312	0800	-3.3
	1405	2358	2.6
F			
18	0421	0903	-3.4
	1439		
SA			
19		0125	2.5
	0527	0954	-3.4
SU	1504	1752	0.9
		2049	0.7
20		0244	2.3
	0627	1036	-3.1
M	1519	1747	0.9
○		2200	0.1
21		0350	2.2
	0720	1110	-2.7
TU	1524	1754	1.1
E	2101	2254	-0.5
22	0041	0447	2.0
	0805	1139	-2.3
W	1524	1806	1.3
	2107	2341	-1.0
23	0212	0537	1.7
	0844	1202	-1.9
TH	1521	1821	1.6
	2129		
24		0025	-1.4
	0326	0622	1.3
F	0916	1222	-1.5
	1519	1840	1.8
	2158		
25		0108	-1.7
	0436	0706	0.9
SA	0942	1239	-1.2
	1519	1901	2.0
	2231		
26		0150	-1.8
	0548	0750	0.6
SU	1004	1254	-0.9
A	1520	1924	2.2
	2304		
27		0235	-1.9
	0714	0842	0.3
M	1021	1307	-0.6
	1517	1948	2.2
	2339		
28		0322	-2.0
	0939	0953	0.0
TU	1007	1312	-0.3
	1459	2014	2.2
29	0016	0417	-2.1
	1333	2041	2.1
W ☾ N			
30	0055	0521	-2.2
	1216	2113	2.0
TH			

预报值中不包括海流。4～11 月海流 0～0.3Kn，流向 0°，12～3 月海流 0.3～0.7Kn，流向 180°。

廖内海峡—丹戎塔洛外

SELAT RIAU－OFF TANJUNG TALOH

1° 00′ N　　104° 12′ E

2021 年潮流表　　流速单位:kn　　(＋)表示流向 000°　　(－)表示流向 180°　　时区:－0700

10 月

日期	转流时分	最大流时分	流速	日期	转流时分	最大流时分	流速
1	0140	0628	-2.4	16	0228	0719	-3.2
	1238	2156	1.9		1248	2330	1.9
F				SA			
2	0233	0731	-2.6	17	0339	0819	-2.9
	1306	2307	1.8		1312	1625	1.2
SA				SU		2030	0.7
3	0331	0825	-2.8	18		0123	1.5
	1335	1733	1.2		0449	0906	-2.5
SU		1948	1.1	M	1325	1623	1.3
					2042	2136	-0.1
					2231		
4		0041	1.7	19		0252	1.3
	0434	0912	-3.0		0554	0945	-2.1
M	1402	1712	1.2	TU	1329	1631	1.5
		2101	0.7	E	1958	2225	-0.8
5		0206	1.8	20	0058	0402	1.1
	0536	0954	-2.9		0650	1015	-1.6
TU	1424	1713	1.2	W	1326	1644	1.7
		2149	0.2	○	2004	2307	-1.5
6		0317	1.9	21	0226	0500	1.0
	0636	1033	-2.7		0739	1039	-1.2
W	1439	1720	1.3	TH	1321	1700	2.0
●E	2035	2232	-0.5		2024	2346	-2.0
7	0023	0421	1.9	22	0337	0552	0.8
	0736	1108	-2.3		0820	1058	-0.9
TH	1447	1731	1.4	F	1317	1718	2.3
	2027	2316	-1.3		2049		
8	0159	0521	1.9	23		0023	-2.3
	0834	1139	-1.8		0441	0640	0.6
F	1445	1745	1.7	SA	0858	1115	-0.6
P	2042				1312	1738	2.5
					2116		
9		0002	-2.1	24		0059	-2.6
	0323	0622	1.7		0543	0728	0.4
SA	0935	1207	-1.1	SU	0938	1130	-0.3
	1435	1804	2.1	A	1305	1759	2.6
	2111				2144		
10		0051	-2.7	25		0134	-2.7
	0447	0726	1.3		0647	0824	0.3
SU	1043	1230	-0.5	M	1040	1142	-0.1
	1411	1826	2.5		1238	1821	2.7
	2149				2212		
11		0144	-3.2	26		0211	-2.8
	0617	0841	0.9		0752	0937	0.2
M		1247	0.0	TU		1144	0.2
		1853	2.8	N		1842	2.6
	2234				2240		
12		0242	-3.5	27		0252	-2.9
	0800	1021	0.6		0855	1903	2.5
TU		1246	0.5	W	2311		
S		1925	3.0				
	2324						
13		0345	-3.6	28		0337	-2.9
	0949	2002	3.0		0947	1926	2.4
W				TH	2346		
☽				☾			
14	0019	0456	-3.6	29		0428	-3.0
	1114	2048	2.8		1032	1952	2.2
TH				F			
15	0121	0610	-3.4	30	0028	0525	-3.0
	1210	2151	2.4		1111	2029	2.0
F				SA			
				31	0120	0625	-2.9
					1145	2149	1.6
				SU			

11 月

日期	转流时分	最大流时分	流速	日期	转流时分	最大流时分	流速
1	0222	0721	-2.8	16		0120	0.5
	1213	1551	1.4		0338	0758	-1.7
M		2018	0.9	TU	1133	1509	1.8
					1906	2150	-0.9
2		0004	1.2	17	0116	0300	0.3
	0334	0811	-2.6		0442	0831	-1.2
TU	1233	1546	1.4	W	1129	1525	2.1
E		2106	0.1		1911	2231	-1.6
3		0155	1.1	18	0258	0418	0.2
	0450	0856	-2.2		0544	0858	-0.8
W	1245	1553	1.6	TH	1122	1544	2.4
	1929	2149	-0.8		1930	2308	-2.2
4	0015	0321	1.1	19	0411	0523	0.2
	0608	0936	-1.7		0645	0919	-0.5
TH	1247	1605	1.9	F	1113	1605	2.7
●	1922	2232	-1.7	○	1953	2342	-2.7
5	0154	0435	1.2	20	0509	0622	0.2
	0725	1010	-1.1		0754	0938	-0.2
F	1241	1622	2.2	SA	1058	1626	2.9
P	1939	2316	-2.6		2018		
6	0316	0546	1.1	21		0015	-3.0
	0848	1040	-0.5		0555	0721	0.2
SA	1221	1643	2.7	SU		0953	0.0
	2008			A		1648	3.0
					2043		
7		0003	-3.4	22		0047	-3.2
	0434	0658	1.0		0634	1709	3.1
SU		1103	0.0	M	2107		
		1709	3.1	N			
	2045						
8		0052	-4.0	23		0119	-3.4
	0553	0817	0.9		0710	1730	3.0
M		1120	0.5	TU	2133		
S		1738	3.5				
	2127						
9		0143	-4.4	24		0152	-3.6
	0712	1811	3.6		0746	1752	3.0
TU	2212			W	2200		
10		0236	-4.4	25		0228	-3.6
	0828	1847	3.5		0823	1815	2.9
W	2300			TH	2231		
11		0333	-4.3	26		0308	-3.6
	0933	1927	3.2		0901	1841	2.7
TH	2351			F	2306		
☽							
12		0431	-3.9	27		0351	-3.5
	1024	2013	2.6		0937	1914	2.4
F				SA	2347		
				☾			
13	0043	0531	-3.4	28		0438	-3.3
	1059	2116	1.8		1008	2000	1.9
SA				SU			
14	0139	0627	-2.9	29	0033	0528	-3.0
	1121	1456	1.4		1033	1428	1.4
SU		1942	0.8	M		1827	1.2
		2311	1.0			2127	1.3
15	0237	0717	-2.3	30	0128	0617	-2.5
	1131	1458	1.5		1049	1418	1.5
M	2003	2101	-0.1	TU		1959	0.3
E	2203			E		2347	0.7

12 月

日期	转流时分	最大流时分	流速	日期	转流时分	最大流时分	流速
1	0234	0704	-2.0	16		0314	-0.4
	1055	1425	1.7			0652	-0.8
W	1829	2053	-0.7	TH	0935	1427	2.6
	2344				1834	2224	-2.1
2		0155	0.5	17		0459	-0.3
	0357	0747	-1.4			0709	-0.4
TH	1052	1440	2.1	F	0924	1453	2.8
	1819	2141	-1.7		1858	2259	-2.7
3	0149	0339	0.4	18	0856	1519	3.0
	0538	0824	-0.7		1923	2331	-3.1
F	1038	1501	2.6	SA			
	1838	2228	-2.8	A			
4	0314	0509	0.5	19	0620	1544	3.1
	0747	0856	-0.1		1948		
SA	0956	1527	3.1	SU			
●P	1909	2315	-3.7	○			
5	0426	0635	0.6	20		0001	-3.4
		0920	0.4		0614	1608	3.2
SU		1557	3.6	M	2013		
	1947			N			
6		0002	-4.4	21		0031	-3.7
	0531	1632	3.9		0628	1632	3.2
M	2029			TU	2038		
S							
7		0050	-4.8	22		0101	-3.9
	0632	1709	4.1		0651	1657	3.2
TU	2113			W	2105		
8		0138	-4.9	23		0133	-4.0
	0728	1749	3.9		0719	1724	3.2
W	2159			TH	2135		
9		0226	-4.8	24		0207	-4.1
	0817	1830	3.5		0750	1755	3.0
TH	2244			F	2209		
10		0314	-4.3	25		0243	-3.9
	0856	1915	2.9		0820	1832	2.7
F	2328			SA	2245		
11		0401	-3.8	26		0320	-3.7
	0923	2004	2.1		0846	1918	2.3
SA				SU	2325		
☽							
12	0009	0445	-3.1	27		0359	-3.2
	0940	1310	1.4		0905	1233	1.2
SU		1731	0.9	M		1532	1.0
E		2108	1.2	☾E		2017	1.6
13	0044	0525	-2.4	28	0007	0438	-2.7
	0946	1322	1.6		0915	1234	1.3
M		1943	0.1	TU		1745	0.4
		2255	0.3			2147	0.9
14	0101	0600	-1.7	29	0050	0516	-2.0
	0946	1340	1.9		0914	1247	1.6
TU	1808	2057	-0.7	W	1708	1923	-0.5
					2215	2357	0.2
15		0111	-0.2	30	0128	0551	-1.3
		0629	-1.2		0905	1307	2.1
W	0942	1402	2.2	TH	1704	2033	-1.5
	1814	2145	-1.5				
				31		0220	-0.1
						0622	-0.6
				F	0843	1335	2.6
					1730	2130	-2.6

预报值中不包括海流。4～11 月海流 0～0.3Kn,流向 0°,12～3 月海流 0.3～0.7Kn，流向 180°。

菲律宾群岛—巴西兰海峡(三宝颜外)

PHILIPPINE ISLANDS—BASILAN STRAIT(OFF ZAMBOANGA)

6° 54′ N　　122° 04′ E

2021年潮流表　　流速单位:kn　　(+)表示流向270°　　(−)表示流向090°　　时区:−0800

1 月

日期	转流时分	最大流时分	流速
1 F		0300	-5.7
	0700	0945	3.0
	1258	1522	-1.8
	1746	2053	2.8
	2334		
2 SA		0336	-5.7
	0736	1020	2.9
	1330	1557	-1.9
	1824	2130	2.8
3 SU	0013	0413	-5.5
	0813	1056	2.8
	1404	1636	-1.9
	1910	2212	2.6
4 M	0053	0452	-5.0
	0851	1135	2.6
	1440	1721	-2.0
	2008	2300	2.1
5 TU	0137	0535	-4.3
	0931	1217	2.4
	1520	1817	-2.1
	2124	2359	1.6
6 W ☾ E	0227	0624	-3.4
	1013	1304	2.1
	1606	1925	-2.3
	2305		
7 TH		0120	1.0
	0333	0725	-2.5
	1059	1359	1.9
	1658	2046	-2.7
8 F	0102	0306	0.8
	0518	0846	-1.6
	1152	1503	1.8
	1756	2207	-3.4
9 SA P	0233	0455	1.1
	0735	1021	-1.2
	1254	1611	1.9
	1856	2316	-4.2
10 SU	0335	0614	1.8
	0921	1142	-1.1
	1358	1714	2.1
	1954		
11 M		0013	-4.9
	0424	0710	2.4
	1029	1242	-1.3
	1455	1810	2.4
	2048		
12 TU S		0102	-5.6
	0509	0757	2.9
	1116	1331	-1.5
	1545	1858	2.8
	2138		
13 W ●		0147	-5.9
	0550	0837	3.1
	1153	1411	-1.7
	1630	1943	3.0
	2225		
14 TH		0228	-6.1
	0629	0913	3.2
	1224	1448	-1.9
	1712	2024	3.2
	2309		
15 F		0306	-6.0
	0705	0947	3.1
	1252	1523	-2.1
	1753	2102	3.2
	2349		
16 SA		0342	-5.7
	0740	1019	2.9
	1318	1557	-2.3
	1835	2140	3.0
17 SU	0027	0416	-5.2
	0811	1049	2.6
	1344	1631	-2.4
	1920	2219	2.7
18 M	0103	0450	-4.5
	0841	1119	2.4
	1411	1708	-2.4
	2010	2259	2.2
19 TU E	0139	0523	-3.8
	0910	1149	2.1
	1440	1750	-2.4
	2110	2344	1.6
20 W ☽	0214	0557	-2.9
	0939	1222	1.8
	1512	1839	-2.3
	2226		
21 TH A		0039	1.0
	0254	0637	-2.1
	1011	1301	1.5
	1550	1941	-2.3
22 F	0013	0159	0.5
	0352	0732	-1.3
	1051	1350	1.2
	1637	2102	-2.4
23 SA	0210	0358	0.4
	0601	0907	-0.7
	1152	1500	0.9
	1737	2227	-2.8
24 SU	0318	0544	0.8
	0839	1101	-0.6
	1318	1621	1.0
	1846	2333	-3.4
25 M	0401	0644	1.5
	1000	1214	-0.8
	1431	1728	1.3
	1951		
26 TU N		0024	-4.0
	0437	0725	2.0
	1044	1301	-1.1
	1521	1819	1.7
	2046		
27 W		0106	-4.7
	0511	0800	2.5
	1117	1337	-1.4
	1600	1901	2.2
	2133		
28 TH ○		0144	-5.2
	0543	0831	2.9
	1144	1409	-1.8
	1635	1939	2.7
	2217		
29 F		0219	-5.7
	0615	0901	3.1
	1210	1441	-2.1
	1711	2016	3.1
	2258		
30 SA		0254	-5.9
	0646	0930	3.3
	1235	1512	-2.5
	1749	2053	3.3
	2337		
31 SU		0328	-5.9
	0716	1000	3.3
	1301	1546	-2.8
	1830	2131	3.3

2 月

日期	转流时分	最大流时分	流速
1 M	0017	0402	-5.6
	0746	1030	3.3
	1327	1622	-3.1
	1917	2213	3.1
2 TU E	0058	0437	-5.0
	0815	1101	3.1
	1356	1702	-3.3
	2011	2258	2.7
3 W P	0140	0513	-4.1
	0844	1134	2.9
	1428	1747	-3.4
	2117	2350	2.0
4 TH ☾	0227	0552	-3.1
	0914	1210	2.5
	1505	1841	-3.3
	2241		
5 F		0058	1.3
	0324	0639	-2.0
	0945	1252	2.0
	1549	1952	-3.3
6 SA	0036	0238	0.7
	0459	0747	-0.9
	1022	1351	1.6
	1647	2125	-3.4
7 SU	0230	0456	0.9
	0811	0954	-0.3
	1130	1520	1.3
	1805	2258	-3.8
8 M S	0340	0627	1.5
	1004	1147	-0.5
	1331	1657	1.5
	1929		
9 TU		0009	-4.5
	0429	0718	2.2
	1045	1250	-0.9
	1456	1808	2.0
	2041		
10 W		0102	-5.1
	0509	0757	2.6
	1113	1333	-1.5
	1553	1901	2.5
	2139		
11 TH ●		0145	-5.5
	0545	0829	2.9
	1137	1407	-2.0
	1638	1945	3.0
	2227		
12 F		0222	-5.7
	0616	0858	3.1
	1158	1439	-2.5
	1717	2023	3.3
	2309		
13 SA		0256	-5.6
	0644	0924	3.1
	1219	1508	-2.9
	1755	2058	3.4
	2346		
14 SU		0326	-5.4
	0709	0948	3.1
	1239	1537	-3.2
	1833	2131	3.3
15 M E	0020	0354	-4.9
	0732	1012	3.0
	1300	1605	-3.4
	1911	2204	3.1
16 TU	0052	0421	-4.4
	0753	1034	2.8
	1321	1635	-3.5
	1952	2238	2.6
17 W	0124	0447	-3.7
	0814	1058	2.5
	1344	1707	-3.4
	2038	2314	2.1
18 TH A	0155	0515	-2.9
	0834	1121	2.2
	1407	1742	-3.2
	2132	2356	1.5
19 F ☽	0229	0544	-2.1
	0856	1147	1.8
	1433	1825	-2.9
	2248		
20 SA		0052	0.8
	0309	0618	-1.2
	0917	1217	1.3
	1503	1927	-2.6
21 SU	0057	0235	0.3
	0436	0715	-0.4
	0940	1304	0.8
	1548	2113	-2.5
22 M	0258	0536	0.6
	0947	1035	-0.0
	1122	1506	0.5
	1719	2302	-2.9
23 TU N	0348	0641	1.3
	1016	1215	-0.5
	1419	1705	0.8
	1913		
24 W		0008	-3.7
	0424	0715	1.9
	1036	1255	-1.0
	1516	1809	1.5
	2030		
25 TH		0053	-4.5
	0455	0744	2.5
	1056	1325	-1.6
	1555	1854	2.3
	2126		
26 F		0131	-5.1
	0524	0810	3.0
	1115	1354	-2.3
	1632	1933	3.0
	2213		
27 SA ○		0205	-5.6
	0551	0836	3.3
	1136	1423	-3.0
	1709	2010	3.5
	2256		
28 SU		0238	-5.8
	0618	0902	3.6
	1157	1454	-3.6
	1748	2048	3.9
	2337		

3 月

日期	转流时分	最大流时分	流速
1 M E		0311	-5.7
	0644	0929	3.7
	1220	1526	-4.1
	1830	2126	3.9
2 TU P	0018	0343	-5.2
	0709	0955	3.7
	1245	1600	-4.5
	1915	2207	3.6
3 W	0058	0415	-4.5
	0733	1023	3.5
	1312	1637	-4.7
	2006	2250	3.1
4 TH	0140	0448	-3.5
	0757	1051	3.2
	1341	1717	-4.5
	2104	2338	2.3
5 F	0225	0523	-2.5
	0819	1121	2.7
	1414	1804	-4.2
	2220		
6 SA ☾		0039	1.4
	0319	0601	-1.3
	0838	1156	2.0
	1452	1908	-3.6
7 SU S	0016	0220	0.7
	0506	0657	-0.3
	0844	1243	1.3
	1545	2051	-3.2
8 M	0230	0519	0.8
		1009	0.2
		1442	0.8
	1719	2251	-3.4
9 TU	0339	0634	1.5
	1019	1209	-0.5
	1403	1704	1.0
	1920		
10 W		0007	-4.0
	0422	0712	2.1
	1029	1253	-1.2
	1520	1816	1.8
	2043		
11 TH		0057	-4.6
	0455	0741	2.5
	1045	1325	-2.0
	1606	1904	2.5
	2141		
12 F		0135	-4.9
	0523	0806	2.8
	1102	1353	-2.7
	1643	1942	3.0
	2226		
13 SA ●		0207	-5.1
	0547	0829	3.1
	1119	1420	-3.3
	1718	2016	3.4
	2304		
14 SU E		0235	-5.0
	0609	0850	3.2
	1137	1445	-3.8
	1751	2047	3.6
	2337		
15 M		0301	-4.8
	0628	0910	3.2
	1155	1510	-4.2
	1824	2116	3.5
16 TU	0008	0326	-4.4
	0646	0930	3.2
	1214	1536	-4.4
	1857	2146	3.3
17 W	0038	0350	-3.9
	0704	0950	3.0
	1233	1602	-4.4
	1931	2216	3.0
18 TH A	0108	0414	-3.3
	0722	1010	2.8
	1253	1629	-4.3
	2009	2248	2.5
19 F	0139	0439	-2.6
	0740	1031	2.4
	1313	1658	-4.0
	2054	2324	1.8
20 SA	0211	0504	-1.9
	0756	1051	1.9
	1335	1733	-3.5
	2155		
21 SU ☽		0011	1.1
	0250	0531	-1.1
	0808	1113	1.4
	1358	1822	-3.0
	2340		
22 M N		0135	0.4
	0406	0606	-0.3
	0759	1139	0.9
	1429	1955	-2.5
23 TU	0215	0522	0.5
		1034	0.2
		1314	0.3
	1539	2223	-2.7
24 W	0317	0618	1.3
	1000	1205	-0.5
	1421	1643	0.6
	1836	2341	-3.4
25 TH	0353	0646	1.9
	1001	1234	-1.3
	1510	1754	1.4
	2012		
26 F		0029	-4.2
	0422	0711	2.5
	1014	1301	-2.2
	1548	1841	2.4
	2114		
27 SA		0107	-4.8
	0449	0736	3.1
	1031	1329	-3.1
	1625	1921	3.2
	2205		
28 SU ○ E		0142	-5.2
	0515	0801	3.5
	1051	1359	-4.0
	1703	2000	3.8
	2250		
29 M		0216	-5.2
	0539	0826	3.8
	1113	1430	-4.8
	1743	2038	4.2
	2333		
30 TU P		0248	-4.9
	0603	0852	3.9
	1138	1502	-5.4
	1824	2117	4.2
31 W	0015	0321	-4.4
	0627	0919	3.9
	1204	1536	-5.7
	1909	2158	3.9

海流微弱。

菲律宾群岛—巴西兰海峡(三宝颜外)

PHILIPPINE ISLANDS－BASILAN STRAIT(OFF ZAMBOANGA)

6° 54′ N　　122° 04′ E

2021年潮流表　　流速单位:kn　　(＋)表示流向270°　　(－)表示流向090°　　时区:－0800

4月

日期	转流时分	最大流时分	流速
1 TH	0058	0353	-3.6
	0649	0945	3.6
	1232	1612	-5.7
	1957	2240	3.3
2 F	0141	0425	-2.7
	0711	1013	3.2
	1302	1651	-5.3
	2053	2328	2.4
3 SA	0227	0459	-1.8
	0731	1043	2.6
	1334	1736	-4.6
	2206		
4 SU ☾ S		0028	1.5
	0326	0536	-0.8
	0744	1114	1.9
	1410	1837	-3.7
	2357		
5 M		0213	0.7
		0637	0.0
		1157	1.0
	1457	2025	-3.0
6 TU	0208	0512	0.9
		1049	0.0
		1440	0.4
	1643	2237	-3.0
7 W	0315	0610	1.5
	0934	1202	-0.9
	1439	1710	0.9
	1915	2351	-3.5
8 TH	0354	0642	2.0
	0944	1236	-1.8
	1530	1013	1.7
	2039		
9 F		0037	-3.9
	0422	0707	2.4
	0959	1303	-2.7
	1607	1856	2.4
	2134		
10 SA		0112	-4.1
	0446	0729	2.7
	1016	1329	-3.4
	1640	1931	2.9
	2217		
11 SU E		0142	-4.2
	0506	0750	3.0
	1034	1354	-4.1
	1711	2002	3.3
	2253		
12 M ●		0208	-4.1
	0524	0810	3.1
	1052	1418	-4.6
	1741	2031	3.5
	2325		
13 TU		0233	-3.9
	0542	0829	3.2
	1111	1442	-4.9
	1811	2100	3.5
	2356		
14 W A		0257	-3.6
	0600	0849	3.2
	1130	1506	-5.1
	1841	2128	3.4
15 TH	0026	0321	-3.2
	0618	0909	3.0
	1150	1531	-5.1
	1913	2157	3.1
16 F	0057	0346	-2.7
	0637	0929	2.8
	1210	1558	-4.9
	1948	2228	2.6
17 SA	0128	0411	-2.1
	0654	0950	2.4
	1231	1627	-4.5
	2030	2305	2.0
18 SU N	0204	0437	-1.5
	0710	1012	2.0
	1255	1702	-4.0
	2127	2352	1.4
19 M	0249	0507	-0.8
	0723	1037	1.5
	1321	1749	-3.4
	2254		
20 TU ☽		0110	0.7
	0427	0554	-0.2
	0719	1108	0.9
	1354	1910	-2.8
21 W	0059	0354	0.7
		0924	0.1
		1247	0.3
	1457	2126	-2.7
22 TH	0218	0520	1.3
	0851	1119	-0.7
	1402	1610	0.5
	1757	2257	-3.2
23 F	0302	0556	1.9
	0901	1156	-1.7
	1455	1730	1.4
	1948	2353	-3.7
24 SA	0334	0625	2.5
	0919	1228	-2.8
	1535	1822	2.4
	2058		
25 SU E		0036	-4.1
	0403	0652	3.0
	0940	1259	-3.9
	1615	1906	3.2
	2154		
26 M		0114	-4.2
	0430	0719	3.4
	1004	1332	-5.0
	1655	1948	3.8
	2244		
27 TU ○P		0150	-4.1
	0455	0747	3.7
	1030	1405	-5.8
	1736	2028	4.2
	2330		
28 W		0225	-3.8
	0521	0816	3.9
	1059	1440	-6.4
	1818	2109	4.2
29 TH	0015	0300	-3.3
	0546	0845	3.8
	1129	1516	-6.5
	1903	2150	3.8
30 F	0059	0334	-2.7
	0610	0915	3.6
	1201	1553	-6.3
	1951	2234	3.2

5月

日期	转流时分	最大流时分	流速
1 SA S	0144	0408	-2.0
	0634	0946	3.1
	1234	1634	-5.6
	2046	2322	2.4
2 SU	0232	0445	-1.3
	0659	1019	2.5
	1309	1720	-4.7
	2154		
3 M ☾		0023	1.5
	0337	0530	-0.6
	0724	1057	1.7
	1348	1820	-3.7
	2327		
4 TU		0156	0.9
	0549	0654	-0.1
	0801	1155	0.8
	1435	1955	-2.9
5 W	0113	0405	1.0
	0751	1002	-0.4
	1232	1436	0.3
	1618	2155	-2.7
6 TH	0222	0513	1.3
	0818	1121	-1.3
	1436	1650	0.7
	1850	2313	-2.8
7 F	0303	0551	1.8
	0841	1200	-2.2
	1523	1754	1.5
	2019		
8 SA E		0002	-3.0
	0332	0619	2.1
	0903	1231	-3.1
	1558	1838	2.1
	2118		
9 SU		0039	-3.1
	0356	0643	2.5
	0924	1259	-3.9
	1630	1914	2.6
	2203		
10 M		0111	-3.1
	0417	0706	2.7
	0946	1325	-4.5
	1700	1946	3.0
	2241		
11 TU ●A		0139	-3.0
	0438	0729	2.9
	1008	1350	-5.0
	1729	2016	3.2
	2315		
12 W		0206	-2.9
	0458	0751	3.0
	1030	1416	-5.3
	1758	2045	3.3
	2348		
13 TH		0233	-2.7
	0519	0814	2.9
	1052	1442	-5.4
	1828	2114	3.2
14 F	0020	0259	-2.4
	0540	0836	2.8
	1115	1509	-5.4
	1901	2145	3.0
15 SA N	0052	0326	-2.1
	0601	0900	2.7
	1139	1538	-5.2
	1937	2219	2.6
16 SU	0127	0354	-1.7
	0622	0925	2.4
	1206	1610	-4.9
	2020	2257	2.2
17 M	0207	0425	-1.2
	0644	0953	2.1
	1235	1648	-4.4
	2113	2346	1.7
18 TU	0259	0505	-0.8
	0712	1027	1.6
	1309	1737	-3.8
	2220		
19 W ☽		0053	1.2
	0419	0608	-0.4
	0800	1117	1.1
	1352	1845	-3.2
	2342		
20 TH		0226	1.1
	0606	0811	-0.4
	1027	1259	0.5
	1501	2022	-2.8
21 F	0057	0352	1.4
	0707	1006	-1.1
	1322	1526	0.6
	1718	2158	-2.8
22 SA E	0152	0447	1.8
	0744	1106	-2.2
	1433	1700	1.3
	1919	2307	-2.9
23 SU	0234	0528	2.3
	0815	1149	-3.4
	1522	1802	2.2
	2043		
24 M		0001	-3.0
	0309	0604	2.8
	0847	1229	-4.6
	1606	1853	3.0
	2147		
25 TU		0046	-3.0
	0341	0638	3.2
	0919	1307	-5.6
	1648	1938	3.6
	2242		
26 W ○P		0127	-2.9
	0411	0712	3.5
	0953	1344	-6.3
	1731	2021	3.9
	2332		
27 TH		0207	-2.7
	0442	0746	3.6
	1028	1423	-6.7
	1815	2104	3.8
28 F S	0018	0244	-2.4
	0512	0820	3.6
	1105	1502	-6.7
	1900	2146	3.5
29 SA	0101	0322	-2.0
	0543	0856	3.4
	1143	1542	-6.3
	1948	2230	3.0
30 SU	0145	0400	-1.6
	0617	0933	3.0
	1221	1625	-5.7
	2039	2317	2.4
31 M	0230	0441	-1.2
	0655	1013	2.4
	1301	1711	-4.8
	2136		

6月

日期	转流时分	最大流时分	流速
1 TU		0010	1.8
	0322	0532	-0.9
	0746	1100	1.7
	1343	1805	-3.8
	2241		
2 W ☾		0114	1.3
	0425	0646	-0.7
	0914	1206	1.0
	1432	1913	-3.0
	2352		
3 TH		0231	1.1
	0537	0836	-0.9
	1155	1357	0.4
	1548	2042	-2.3
4 F E	0056	0343	1.2
	0636	1010	-1.6
	1404	1602	0.5
	1755	2207	-2.0
5 SA	0146	0437	1.4
	0720	1108	-2.4
	1504	1723	1.0
	1943	2312	-2.0
6 SU	0225	0518	1.7
	0756	1150	-3.3
	1544	1816	1.6
	2056	2359	-2.0
7 M	0257	0552	2.0
	0829	1225	-4.0
	1618	1857	2.1
	2150		
8 TU A		0040	-2.0
	0327	0623	2.2
	0859	1256	-4.6
	1649	1932	2.5
	2234		
9 W		0114	-2.0
	0356	0652	2.4
	0928	1326	-5.0
	1720	2005	2.8
	2312		
10 TH ●		0146	-2.0
	0423	0721	2.6
	0957	1356	-5.3
	1750	2036	2.9
	2346		
11 F		0217	-2.0
	0449	0749	2.6
	1025	1426	-5.4
	1822	2108	3.0
12 SA N	0020	0247	-1.9
	0515	0817	2.6
	1055	1457	-5.5
	1856	2140	2.9
13 SU	0053	0317	-1.7
	0541	0846	2.6
	1125	1529	-5.4
	1932	2215	2.7
14 M	0128	0348	-1.6
	0610	0917	2.5
	1158	1604	-5.2
	2012	2253	2.4
15 TU	0205	0424	-1.4
	0645	0953	2.3
	1234	1643	-4.8
	2056	2335	2.1
16 W	0247	0508	-1.2
	0731	1035	1.9
	1313	1727	-4.3
	2143		
17 TH		0024	1.9
	0335	0604	-1.2
	0840	1130	1.4
	1400	1820	-3.6
	2236		
18 F ☽		0121	1.7
	0430	0721	-1.3
	1028	1251	0.9
	1503	1927	-2.9
	2331		
19 SA E		0223	1.6
	0527	0851	-1.8
	1238	1442	0.7
	1644	2051	-2.3
20 SU	0027	0327	1.8
	0620	1010	-2.7
	1411	1629	1.1
	1852	2216	-1.9
21 M	0121	0424	2.0
	0710	1110	-3.8
	1511	1747	1.8
	2036	2327	-1.8
22 TU	0209	0515	2.3
	0757	1201	-4.8
	1601	1846	2.5
	2152		
23 W P		0025	-1.8
	0264	0602	2.7
	0842	1248	-5.7
	1647	1935	3.1
	2251		
24 TH ○		0113	-1.8
	0336	0646	3.0
	0927	1332	-6.3
	1731	2020	3.4
	2339		
25 F S		0157	-1.9
	0416	0728	3.2
	1011	1414	-6.5
	1815	2103	3.5
26 SA	0021	0238	-1.9
	0455	0809	3.4
	1054	1456	-6.5
	1858	2143	3.3
27 SU	0058	0316	-1.9
	0536	0850	3.3
	1137	1537	-6.2
	1941	2223	3.0
28 M	0133	0355	-1.8
	0618	0931	3.1
	1219	1618	-5.6
	2023	2302	2.6
29 TU	0206	0435	-1.8
	0706	1014	2.6
	1300	1658	-4.8
	2105	2341	2.2
30 W	0240	0519	-1.7
	0802	1100	2.0
	1341	1740	-4.0
	2145		

海流微弱。

菲律宾群岛—巴西兰海峡(三宝颜外)

PHILIPPINE ISLANDS－BASILAN STRAIT(OFF ZAMBOANGA)

6° 54′ N　　122° 04′ E

2021 年潮流表　　流速单位:kn　　(＋)表示流向 270°　　(－)表示流向 090°　　时区:－0800

7 月

日期	转流时分	最大流时分	流速
1		0022	1.8
	0317	0612	-1.7
TH	0915	1154	1.4
☾ E	1424	1825	-3.1
	2226		
2		0106	1.5
	0359	0716	-1.8
F	1055	1306	0.8
	1514	1919	-2.2
	2309		
3		0156	1.3
	0446	0836	-2.0
SA	1300	1445	0.4
	1634	2031	-1.5
	2358		
4		0255	1.2
	0540	0955	-2.4
SU	1435	1635	0.6
	1844	2159	-1.1
5	0055	0357	1.2
	0635	1100	-3.0
M	1528	1752	1.1
A	2036	2317	-1.0
6	0152	0454	1.4
	0726	1150	-3.6
TU	1607	1844	1.6
	2148		
7		0015	-1.1
	0243	0543	1.6
W	0813	1232	-4.2
	1641	1925	2.1
	2236		
8		0100	-1.3
	0326	0625	1.9
TH	0856	1310	-4.7
	1713	2000	2.5
	2314		
9		0137	-1.5
	0402	0702	2.2
F	0935	1345	-5.1
N	1745	2032	2.7
	2347		
10		0210	-1.6
	0435	0737	2.4
SA	1012	1418	-5.4
●	1817	2103	2.9
11	0017	0241	-1.8
	0506	0810	2.7
SU	1048	1451	-5.6
	1849	2134	3.0
12	0045	0311	-1.9
	0538	0843	2.8
M	1124	1524	-5.6
	1922	2205	3.0
13	0113	0343	-2.0
	0614	0918	2.9
TU	1201	1558	-5.5
	1954	2237	2.9
14	0141	0418	-2.1
	0656	0956	2.7
W	1239	1633	-5.1
	2027	2310	2.7
15	0211	0457	-2.3
	0746	1039	2.4
TH	1319	1710	-4.5
	2101	2345	2.5

日期	转流时分	最大流时分	流速
16	0244	0543	-2.4
	0849	1130	1.9
F	1404	1752	-3.6
E	2136		
17		0024	2.3
	0322	0639	-2.5
SA	1012	1235	1.3
☽	1458	1841	-2.7
	2213		
18		0110	2.0
	0407	0749	-2.7
SU	1200	1406	0.8
	1618	1946	-1.7
	2257		
19		0206	1.8
	0501	0913	-3.2
M	1352	1604	0.9
	1836	2122	-1.0
	2354		
20		0317	1.6
	0605	1035	-3.8
TU	1509	1745	1.4
	2056	2305	-0.7
21	0108	0433	1.8
	0713	1144	-4.6
W	1604	1851	2.1
P	2216		
22		0019	-0.9
	0221	0540	2.1
TH	0817	1240	-5.3
S	1651	1940	2.7
	2305		
23		0113	-1.3
	0322	0637	2.6
F	0915	1328	-5.9
	1733	2021	3.1
	2341		
24		0156	-1.6
	0412	0726	3.0
SA	1007	1412	-6.2
○	1813	2058	3.3
25	0011	0234	-2.0
	0458	0810	3.3
SU	1054	1452	-6.2
	1849	2132	3.3
26	0038	0310	-2.3
	0541	0850	3.4
M	1138	1529	-5.9
	1923	2204	3.1
27	0103	0344	-2.5
	0624	0930	3.3
TU	1218	1603	-5.4
	1954	2233	2.9
28	0127	0418	-2.7
	0709	1008	3.0
W	1255	1636	-4.8
	2022	2301	2.6
29	0152	0453	-2.8
	0757	1047	2.5
TH	1331	1707	-4.0
E	2048	2328	2.3
30	0217	0530	-2.8
	0852	1130	1.9
F	1406	1739	-3.1
	2112	2357	2.0
31	0245	0613	-2.7
	0959	1219	1.2
SA	1443	1813	-2.2
☾	2137		

8 月

日期	转流时分	最大流时分	流速
1		0028	1.7
	0317	0706	-2.6
SU	1133	1326	0.6
	1529	1855	-1.3
	2205		
2		0107	1.3
	0356	0818	-2.5
M	1343	1518	0.3
A	1709	2009	-0.6
	2248		
3		0207	0.9
	0451	0954	-2.6
TU	1513	1735	0.6
	2039	2235	-0.3
4	0026	0344	0.8
	0608	1117	-3.1
W	1558	1842	1.2
	2205		
5		0009	-0.5
	0216	0512	1.0
TH	0729	1215	-3.7
N	1633	1922	1.8
	2242		
6		0058	-0.9
	0317	0611	1.4
F	0833	1259	-4.3
	1705	1953	2.3
	2310		
7		0132	-1.4
	0357	0654	2.0
SA	0924	1336	-4.9
	1735	2022	2.7
	2334		
8		0202	-1.8
	0431	0732	2.5
SU	1007	1409	-5.4
●	1803	2049	3.0
	2356		
9		0230	-2.2
	0504	0807	2.9
M	1047	1441	-5.7
	1831	2115	3.2
10	0017	0259	-2.6
	0539	0841	3.3
TU	1125	1512	-5.7
	1858	2141	3.3
11	0039	0329	-3.0
	0617	0917	3.4
W	1203	1543	-5.5
	1924	2208	3.3
12	0102	0401	-3.4
	0659	0954	3.3
TH	1241	1615	-5.0
E	1949	2235	3.2
13	0127	0436	-3.6
	0747	1035	3.0
F	1321	1648	-4.2
	2014	2303	3.0
14	0155	0515	-3.8
	0843	1121	2.4
SA	1403	1722	-3.3
	2039	2334	2.7
15	0227	0601	-3.7
	0953	1218	1.6
SU	1452	1801	-2.2
☽	2104		

日期	转流时分	最大流时分	流速
16		0008	2.3
	0304	0700	-3.5
M	1131	1338	0.9
	1604	1851	-1.1
	2129		
17		0053	1.7
	0352	0823	-3.4
TU	1341	1555	0.7
P	1907	2032	-0.2
	2153		
18		0209	1.3
	0503	1010	-3.6
W	1513	1803	1.3
S	2215	2314	-0.1
19	0013	0409	1.2
	0640	1138	-4.2
TH	1608	1901	2.0
	2239		
20		0032	-0.7
	0228	0541	1.6
F	0809	1239	-4.9
	1650	1940	2.6
	2301		
21		0117	-1.4
	0336	0642	2.3
SA	0916	1327	-5.4
	1726	2012	3.0
	2322		
22		0153	-2.0
	0424	0729	2.9
SU	1010	1406	-5.7
○	1758	2041	3.2
	2342		
23		0224	-2.6
	0505	0810	3.4
M	1055	1441	-5.7
	1826	2108	3.3
24	0002	0254	-3.1
	0544	0846	3.6
TU	1135	1512	-5.4
	1851	2132	3.3
25	0022	0323	-3.5
	0622	0921	3.6
W	1211	1540	-5.0
E	1913	2154	3.2
26	0041	0351	-3.8
	0701	0954	3.3
TH	1244	1607	-4.4
	1933	2216	3.0
27	0102	0420	-3.9
	0741	1027	2.9
F	1316	1633	-3.7
	1952	2237	2.7
28	0123	0450	-3.9
	0824	1102	2.3
SA	1347	1658	-2.9
	2010	2259	2.4
29	0145	0522	-3.6
	0913	1140	1.7
SU	1419	1724	-2.1
	2027	2322	2.0
30	0208	0600	-3.3
	1020	1229	1.0
M	1453	1752	-1.3
☾ A	2043	2346	1.4
31	0234	0651	-2.8
	1215	1353	0.3
TU	1551	1828	-0.4
	2049		

9 月

日期	转流时分	最大流时分	流速
1		0016	0.9
	0307	0825	-2.4
W	1452	1735	0.4
		2156	0.2
2		0149	0.3
	0416	1041	-2.6
TH	1543	1839	1.1
N	2224		
3		0018	-0.3
	0222	0450	0.5
F	0643	1157	-3.3
	1616	1908	1.7
	2230		
4		0051	-1.0
	0318	0600	1.2
SA	0815	1243	-4.1
	1644	1933	2.3
	2244		
5		0117	-1.6
	0353	0645	2.0
SU	0914	1319	-4.7
	1710	1957	2.8
	2300		
6		0143	-2.3
	0425	0723	2.7
M	1000	1351	-5.2
	1735	2020	3.2
	2317		
7		0209	-3.0
	0459	0758	3.3
TU	1042	1422	-5.4
●	1759	2043	3.4
	2335		
8		0237	-3.7
	0535	0833	3.8
W	1122	1452	-5.4
E	1822	2107	3.6
	2356		
9		0306	-4.3
	0613	0909	3.9
TH	1201	1522	-5.0
	1844	2131	3.7
10	0018	0337	-4.8
	0655	0946	3.8
F	1240	1553	-4.4
	1906	2156	3.6
11	0043	0411	-5.0
	0740	1027	3.4
SA	1320	1624	-3.6
P	1928	2222	3.3
12	0111	0448	-5.0
	0833	1111	2.7
SU	1403	1656	-2.6
	1948	2250	2.9
13	0141	0530	-4.6
	0938	1204	1.8
M	1452	1730	-1.5
☽	2005	2320	2.3
14	0215	0623	-4.0
	1112	1323	0.9
TU	1611	1812	-0.5
	2009	2356	1.6
15	0258	0746	-3.4
	1333	1613	0.7
W		2020	0.3
S			

日期	转流时分	最大流时分	流速
16		0110	0.8
	0410	0958	-3.3
TH	1507	1810	1.3
	2227	2347	-0.2
17	0110	0417	0.7
	0626	1136	-3.8
F	1557	1851	2.0
	2215		
18		0036	-1.1
	0301	0551	1.5
SA	0812	1233	-4.4
	1633	1921	2.5
	2228		
19		0109	-2.0
	0351	0645	2.3
SU	0919	1315	-4.8
	1702	1947	2.9
	2244		
20		0138	-2.8
	0430	0727	3.0
M	1009	1350	-4.9
○	1727	2010	3.1
	2300		
21		0205	-3.5
	0506	0802	3.4
TU	1051	1420	-4.9
E	1749	2032	3.3
	2318		
22		0230	-4.1
	0540	0835	3.6
W	1127	1447	-4.6
	1809	2052	3.3
	2336		
23		0256	-4.5
	0613	0906	3.6
TH	1200	1512	-4.2
	1827	2112	3.3
	2355		
24		0321	-4.8
	0646	0936	3.5
F	1231	1536	-3.7
	1844	2132	3.1
25	0014	0347	-4.8
	0721	1006	3.1
SA	1301	1600	-3.2
	1901	2151	2.9
26	0034	0413	-4.7
	0757	1037	2.6
SU	1331	1624	-2.5
A	1918	2212	2.5
27	0054	0442	-4.3
	0839	1111	2.0
M	1402	1648	-1.8
	1934	2232	2.1
28	0115	0514	-3.8
	0933	1153	1.3
TU	1437	1713	-1.1
	1946	2253	1.5
29	0138	0557	-3.2
	1103	1302	0.6
W	1537	1742	-0.4
☾ N	1941	2313	0.9
30	0202	0712	-2.5
	1344	1653	0.4
TH		2108	0.3
		2320	0.3

海流微弱。

菲律宾群岛—巴西兰海峡(三宝颜外)

PHILIPPINE ISLANDS－BASILAN STRAIT(OFF ZAMBOANGA)

6° 54′ N　　122° 04′ E

2021 年潮流表　　流速单位:kn　　(＋)表示流向 270°　　(－)表示流向 090°　　时区:－0800

10 月

日期	转流时分	最大流时分	流速
1 F	0236	0948	-2.4
	1501	1806	1.1
	2152		
2 SA		0002	-0.4
	0231	0421	0.3
	0550	1122	-3.0
	1537	1831	1.7
	2145		
3 SU		0023	-1.2
	0308	0540	1.1
	0750	1212	-3.7
	1605	1854	2.3
	2155		
4 M		0047	-2.1
	0340	0627	2.0
	0857	1250	-4.3
	1631	1917	2.8
	2210		
5 TU		0113	-3.0
	0414	0707	2.9
	0948	1324	-4.7
	1654	1940	3.2
	2228		
6 W ●E		0140	-4.0
	0449	0744	3.6
	1034	1356	-4.7
	1717	2003	3.5
	2248		
7 TH		0210	-4.8
	0526	0821	4.0
	1117	1428	-4.5
	1739	2028	3.7
	2311		
8 F P		0240	-5.5
	0605	0859	4.2
	1158	1459	-4.1
	1801	2053	3.8
	2337		
9 SA		0313	-6.0
	0648	0937	4.0
	1240	1531	-3.5
	1823	2120	3.7
10 SU	0005	0348	-6.0
	0733	1018	3.5
	1323	1603	-2.7
	1844	2147	3.4
11 M	0035	0425	-5.7
	0825	1104	2.7
	1408	1636	-1.8
	1905	2217	2.9
12 TU S	0107	0508	-5.1
	0929	1159	1.8
	1504	1713	-1.0
	1921	2248	2.2
13 W ☽	0142	0602	-4.2
	1100	1321	1.0
	1651	1804	-0.2
	1917	2327	1.3
14 TH	0224	0726	-3.3
	1307	1603	0.8
		2120	0.2
15 F		0109	0.5
	0338	0942	-3.0
	1435	1736	1.4
	2112	2334	-0.7

日期	转流时分	最大流时分	流速
16 SA	0209	0428	0.6
	0622	1116	-3.3
	1523	1815	1.9
	2121		
17 SU		0014	-1.7
	0312	0548	1.4
	0808	1211	-3.6
	1556	1843	2.3
	2136		
18 M		0044	-2.6
	0352	0637	2.2
	0913	1251	-3.9
	1623	1908	2.7
	2154		
19 TU E		0112	-3.5
	0427	0716	2.8
	1002	1324	-3.9
	1644	1930	2.9
	2212		
20 W ○		0138	-4.2
	0500	0750	3.2
	1042	1352	-3.8
	1704	1951	3.1
	2232		
21 TH		0203	-4.8
	0531	0820	3.4
	1117	1419	-3.6
	1722	2011	3.2
	2251		
22 F		0228	-5.2
	0601	0850	3.5
	1149	1444	-3.3
	1741	2031	3.1
	2312		
23 SA		0252	-5.3
	0632	0918	3.4
	1220	1508	-2.9
	1759	2052	3.0
	2332		
24 SU A		0318	-5.3
	0703	0947	3.1
	1250	1533	-2.5
	1818	2113	2.8
	2354		
25 M		0345	-5.1
	0738	1018	2.7
	1321	1558	-2.0
	1837	2135	2.5
26 TU N	0016	0414	-4.7
	0818	1053	2.1
	1355	1625	-1.5
	1855	2158	2.1
27 W	0040	0447	-4.2
	0909	1137	1.5
	1439	1656	-0.9
	1912	2223	1.6
28 TH ☾	0105	0530	-3.5
	1023	1244	0.9
	1555	1740	-0.3
	1924	2254	1.0
29 F	0135	0637	-2.9
	1213	1452	0.7
		2005	0.1
30 SA		0003	0.3
	0218	0837	-2.5
	1345	1645	1.1
	2020	2252	-0.6
31 SU	0149	0330	0.3
	0457	1024	-2.8
	1435	1729	1.6
	2033	2334	-1.5

11 月

日期	转流时分	最大流时分	流速
1 M	0242	0507	1.0
	0716	1127	-3.2
	1510	1800	2.1
	2051		
2 TU E		0006	-2.6
	0321	0602	2.0
	0835	1213	-3.5
	1538	1827	2.6
	2112		
3 W		0038	-3.7
	0359	0648	2.8
	0935	1252	-3.7
	1605	1854	3.1
	2136		
4 TH ●		0110	-4.8
	0438	0729	3.5
	1026	1329	-3.6
	1630	1922	3.4
	2202		
5 F P		0143	-5.7
	0517	0810	4.0
	1114	1404	-3.4
	1655	1950	3.6
	2231		
6 SA		0217	-6.4
	0559	0850	4.1
	1159	1439	-3.0
	1720	2020	3.7
	2303		
7 SU		0253	-6.6
	0643	0931	3.9
	1243	1514	-2.5
	1745	2051	3.6
	2336		
8 M S		0331	-6.5
	0730	1015	3.4
	1329	1550	-1.9
	1812	2124	3.2
9 TU	0011	0412	-6.0
	0822	1102	2.7
	1417	1628	-1.3
	1840	2159	2.7
10 W	0049	0458	-5.2
	0924	1159	1.9
	1517	1714	-0.8
	1912	2240	2.0
11 TH ☽	0129	0553	-4.2
	1041	1315	1.3
	1649	1825	-0.3
	2004	2335	1.1
12 F	0216	0711	-3.3
	1214	1500	1.1
	1845	2051	-0.4
	2306		
13 SA		0135	0.4
	0333	0900	-2.7
	1334	1627	1.3
	1937	2240	-1.2
14 SU	0201	0406	0.6
	0559	1032	-2.6
	1426	1716	1.6
	2008	2332	-2.2
15 M E	0302	0528	1.2
	0748	1133	-2.7
	1502	1751	2.0
	2034		

日期	转流时分	最大流时分	流速
16 TU		0008	-3.1
	0343	0620	1.9
	0859	1217	-2.7
	1529	1819	2.3
	2059		
17 W		0040	-3.9
	0418	0700	2.4
	0950	1253	-2.7
	1553	1845	2.5
	2123		
18 TH		0108	-4.6
	0450	0735	2.8
	1033	1324	-2.6
	1616	1909	2.7
	2147		
19 F ○		0136	-5.1
	0521	0807	3.0
	1109	1353	-2.5
	1638	1933	2.8
	2212		
20 SA		0203	-5.3
	0551	0837	3.1
	1142	1421	-2.4
	1701	1958	2.8
	2236		
21 SU A		0230	-5.5
	0621	0906	3.1
	1214	1448	-2.2
	1724	2023	2.8
	2301		
22 M N		0258	-5.4
	0653	0937	2.9
	1246	1516	-1.9
	1747	2048	2.6
	2327		
23 TU		0327	-5.2
	0728	1010	2.6
	1320	1545	-1.6
	1811	2115	2.4
	2354		
24 W		0400	-4.9
	0808	1047	2.2
	1358	1617	-1.3
	1837	2144	2.1
25 TH	0024	0436	-4.5
	0856	1132	1.8
	1444	1656	-0.9
	1909	2218	1.7
26 F	0057	0520	-4.0
	0953	1228	1.4
	1546	1751	-0.6
	1959	2304	1.2
27 SA ☾	0137	0618	-3.4
	1101	1341	1.2
	1706	1922	-0.6
	2150		
28 SU		0024	0.6
	0233	0736	-2.8
	1211	1501	1.3
	1815	2115	-1.0
29 M	0037	0234	0.4
	0420	0910	-2.5
	1311	1604	1.5
	1901	2229	-2.0
30 TU E	0208	0424	0.9
	0635	1029	-2.5
	1357	1652	1.9
	1937	2319	-3.1

12 月

日期	转流时分	最大流时分	流速
1 W	0301	0536	1.7
	0813	1130	-2.5
	1436	1731	2.3
	2012		
2 TH		0001	-4.2
	0346	0631	2.5
	0926	1220	-2.5
	1510	1808	2.7
	2047		
3 F		0042	-5.3
	0429	0718	3.2
	1025	1305	-2.4
	1543	1844	3.1
	2124		
4 SA ●P		0121	-6.1
	0513	0803	3.6
	1117	1346	-2.3
	1615	1921	3.3
	2202		
5 SU		0202	-6.6
	0557	0847	3.7
	1205	1426	-2.1
	1648	1958	3.5
	2241		
6 M S		0242	-6.8
	0642	0930	3.6
	1249	1505	-1.9
	1722	2036	3.4
	2322		
7 TU		0324	-6.6
	0729	1014	3.2
	1333	1545	-1.6
	1759	2116	3.1
8 W	0004	0408	-6.0
	0819	1100	2.7
	1416	1628	-1.4
	1842	2159	2.7
9 TH	0046	0454	-5.3
	0911	1150	2.2
	1503	1718	-1.2
	1936	2247	2.0
10 F	0131	0544	-4.3
	1007	1245	1.7
	1555	1822	-1.0
	2055	2349	1.3
11 SA ☽	0220	0643	-3.4
	1107	1347	1.4
	1652	1948	-1.2
	2300		
12 SU E		0118	0.7
	0324	0756	-2.5
	1206	1453	1.3
	1749	2122	-1.7
13 M	0119	0315	0.5
	0508	0921	-2.0
	1300	1553	1.4
	1838	2233	-2.4
14 TU	0240	0453	0.9
	0709	1036	-1.7
	1346	1642	1.6
	1921	2324	-3.2
15 W	0330	0558	1.4
	0838	1135	-1.6
	1425	1723	1.8
	1959		

日期	转流时分	最大流时分	流速
16 TH		0005	-3.9
	0408	0645	1.9
	0942	1222	-1.6
	1501	1800	2.0
	2035		
17 F		0041	-4.4
	0442	0724	2.3
	1029	1301	-1.6
	1534	1834	2.2
	2109		
18 SA A		0114	-4.9
	0514	0758	2.6
	1108	1336	-1.7
	1606	1906	2.4
	2142		
19 SU ○		0146	-5.1
	0545	0830	2.7
	1142	1408	-1.7
	1636	1937	2.5
	2214		
20 M N		0217	-5.3
	0617	0902	2.8
	1214	1439	-1.7
	1705	2008	2.5
	2245		
21 TU		0249	-5.4
	0649	0934	2.8
	1246	1509	-1.7
	1734	2038	2.5
	2317		
22 W		0321	-5.3
	0723	1007	2.7
	1318	1541	-1.6
	1805	2110	2.5
	2350		
23 TH		0355	-5.2
	0800	1041	2.5
	1352	1615	-1.5
	1840	2144	2.3
24 F	0024	0431	-4.9
	0838	1119	2.3
	1427	1654	-1.5
	1924	2224	2.0
25 SA	0102	0510	-4.4
	0918	1159	2.1
	1505	1741	-1.5
	2023	2312	1.6
26 SU	0144	0554	-3.8
	1001	1244	1.8
	1548	1842	-1.6
	2148		
27 M ☾E		0017	1.1
	0237	0648	-3.0
	1047	1336	1.7
	1636	1957	-1.9
	2341		
28 TU		0149	0.8
	0354	0757	-2.2
	1137	1433	1.6
	1727	2119	-2.5
29 W	0130	0339	0.8
	0554	0922	-1.7
	1230	1535	1.7
	1821	2230	-3.4
30 TH	0244	0514	1.4
	0759	1047	-1.4
	1324	1634	2.0
	1915	2330	-4.4
31 F	0340	0623	2.1
	0931	1156	-1.3
	1416	1729	2.3
	2007		

海流微弱。

泗水海峡—森美兰甘

SURABAYA STRAIT－SEMBILANGAN

7° 06′ S　　112° 40′ E

2021 年潮流表　　流速单位：kn　　（＋）表示流向 000°　　（－）表示流向 180°　　时区：－0700

1 月

日期	转流时分	最大流时分	流速
1		0138	1.6
F	0424	0742	-2.1
	1050	1408	2.3
	1731	2029	-1.8
	2340		
2		0223	1.4
SA	0505	0821	-1.8
	1126	1449	2.2
	1815	2117	-1.7
3	0035	0313	1.2
SU	0552	0906	-1.6
	1206	1535	2.0
	1903	2211	-1.7
4	0139	0412	1.0
M	0649	0959	-1.3
	1254	1628	1.9
	1957	2312	-1.7
5	0250	0521	0.9
TU	0801	1103	-1.1
	1350	1729	1.8
	2055		
6		0019	-1.7
W	0401	0638	1.0
☾ E	0926	1218	-1.0
	1458	1836	1.7
	2156		
7		0125	-1.9
TH	0504	0750	1.2
	1048	1334	-1.1
	1611	1943	1.8
	2255		
8		0225	-2.1
F	0558	0852	1.5
	1156	1442	-1.3
	1721	2045	1.9
	2351		
9		0319	-2.4
SA	0646	0945	1.9
P	1254	1541	-1.5
	1825	2141	2.1
10	0042	0407	-2.6
SU	0730	1033	2.2
	1344	1634	-1.8
	1923	2232	2.2
11	0131	0453	-2.8
M	0812	1118	2.5
	1431	1723	-2.1
	2017	2321	2.3
12	0217	0537	-2.9
TU	0852	1201	2.7
S	1515	1810	-2.3
	2108		
13		0008	2.3
W	0303	0620	-2.8
●	0932	1243	2.8
	1559	1856	-2.4
	2159		
14		0055	2.2
TH	0347	0702	-2.7
	1011	1325	2.8
	1643	1942	-2.4
	2250		
15		0141	2.0
F	0432	0745	-2.5
	1051	1407	2.7
	1727	2029	-2.3
	2342		
16		0229	1.8
SA	0518	0828	-2.2
	1131	1451	2.5
	1812	2117	-2.1
17	0037	0319	1.5
SU	0606	0913	-1.8
	1211	1536	2.3
	1859	2209	-2.0
18	0137	0415	1.2
M	0700	1002	-1.4
	1255	1625	2.0
	1950	2306	-1.8
19	0243	0518	1.0
TU	0804	1059	-1.1
E	1344	1719	1.7
	2044		
20		0008	-1.7
W	0353	0630	0.9
☽	0921	1206	-0.8
	1442	1821	1.5
	2141		
21		0113	-1.7
TH	0459	0743	0.9
A	1044	1321	-0.7
	1550	1926	1.4
	2238		
22		0213	-1.7
F	0554	0846	1.1
	1155	1430	-0.8
	1701	2027	1.4
	2331		
23		0305	-1.8
SA	0639	0937	1.3
	1250	1529	-1.0
	1805	2122	1.4
24	0020	0350	-2.0
SU	0716	1019	1.6
	1333	1616	-1.2
	1900	2209	1.6
25	0103	0430	-2.1
M	0750	1056	1.9
	1410	1658	-1.5
	1948	2251	1.7
26	0143	0506	-2.2
TU	0821	1129	2.1
N	1444	1736	-1.7
	2032	2330	1.8
27	0221	0540	-2.3
W	0851	1202	2.3
	1518	1813	-1.9
	2114		
28		0009	1.8
TH	0259	0615	-2.4
○	0922	1236	2.5
	1552	1850	-2.1
	2155		
29		0047	1.9
F	0336	0649	-2.4
	0955	1310	2.6
	1627	1928	-2.2
	2237		
30		0126	1.8
SA	0414	0726	-2.3
	1028	1346	2.6
	1704	2007	-2.3
	2321		
31		0207	1.7
SU	0455	0804	-2.1
	1104	1425	2.6
	1744	2050	-2.2

2 月

日期	转流时分	最大流时分	流速
1	0008	0251	1.6
M	0539	0846	-1.9
	1144	1507	2.4
	1828	2137	-2.1
2	0100	0342	1.4
TU	0629	0934	-1.6
E	1228	1554	2.2
	1917	2230	-2.0
3	0201	0441	1.2
W	0731	1030	-1.4
P	1321	1651	1.9
	2013	2333	-1.9
4	0309	0552	1.1
TH	0847	1141	-1.1
☾	1427	1758	1.7
	2117		
5		0044	-1.8
F	0421	0712	1.2
	1016	1305	-1.0
	1547	1915	1.6
	2226		
6		0156	-1.9
SA	0529	0828	1.4
	1138	1426	-1.2
	1711	2030	1.6
	2333		
7		0302	-2.1
SU	0626	0931	1.8
	1243	1535	-1.5
	1825	2136	1.8
8	0034	0358	-2.3
M	0716	1024	2.1
S	1337	1632	-1.8
	1927	2231	2.0
9	0127	0447	-2.5
TU	0759	1109	2.4
	1423	1720	-2.1
	2021	2321	2.1
10	0215	0531	-2.6
W	0839	1151	2.7
	1504	1804	-2.4
	2109		
11		0005	2.2
TH	0300	0611	-2.6
●	0917	1230	2.8
	1544	1846	-2.5
	2154		
12		0047	2.2
F	0341	0650	-2.6
	0953	1307	2.8
	1622	1926	-2.6
	2237		
13		0128	2.1
SA	0421	0728	-2.4
	1028	1344	2.8
	1659	2005	-2.5
	2320		
14		0208	1.9
SU	0500	0805	-2.2
	1103	1420	2.6
	1737	2044	-2.4
15	0003	0249	1.7
M	0540	0842	-1.9
E	1138	1458	2.3
	1816	2125	-2.1
16	0049	0332	1.4
TU	0623	0922	-1.5
	1214	1537	2.0
	1857	2210	-1.9
17	0141	0421	1.1
W	0712	1007	-1.2
	1254	1622	1.7
	1943	2302	-1.6
18	0240	0520	0.9
TH	0815	1103	-0.8
A	1344	1717	1.3
	2037		
19		0005	-1.4
F	0349	0635	0.8
☽	0940	1220	-0.6
	1454	1827	1.1
	2141		
20		0117	-1.3
SA	0459	0756	0.9
	1111	1350	-0.6
	1625	1949	1.0
	2251		
21		0226	-1.4
SU	0557	0902	1.1
	1219	1504	-0.8
	1749	2059	1.1
	2354		
22		0322	-1.5
M	0642	0951	1.4
	1306	1558	-1.2
	1852	2154	1.3
23	0046	0407	-1.7
TU	0719	1030	1.8
N	1344	1641	-1.5
	1940	2238	1.5
24	0130	0446	-1.9
W	0752	1105	2.1
	1418	1718	-1.9
	2021	2317	1.8
25	0209	0521	-2.1
TH	0824	1138	2.4
	1450	1753	-2.2
	2100	2354	2.0
26	0246	0555	-2.3
F	0856	1211	2.6
	1523	1827	-2.5
	2137		
27		0030	2.1
SA	0323	0630	-2.4
○	0929	1245	2.8
	1557	1903	-2.6
	2215		
28		0107	2.2
SU	0401	0706	-2.4
	1004	1320	2.9
	1634	1940	-2.7
	2254		

3 月

日期	转流时分	最大流时分	流速
1		0146	2.2
M	0441	0744	-2.4
E	1041	1358	2.8
	1712	2020	-2.7
	2337		
2		0228	2.1
TU	0524	0825	-2.2
P	1122	1439	2.6
	1754	2104	-2.5
3	0024	0314	1.9
W	0612	0912	-1.9
	1207	1526	2.3
	1842	2154	-2.2
4	0118	0409	1.6
TH	0710	1007	-1.5
	1301	1621	1.9
	1937	2254	-1.9
5	0223	0517	1.4
F	0823	1118	-1.2
	1410	1731	1.6
	2045		
6		0009	-1.7
SA	0339	0641	1.3
☾	0954	1248	-1.1
	1541	1859	1.4
	2206		
7		0133	-1.6
SU	0457	0807	1.4
S	1123	1420	-1.2
	1716	2026	1.4
	2327		
8		0249	-1.8
M	0604	0917	1.8
	1231	1531	-1.6
	1833	2136	1.6
9	0034	0349	-2.0
TU	0657	1011	2.1
	1323	1626	-2.0
	1931	2231	1.9
10	0128	0439	-2.2
W	0742	1056	2.4
	1407	1712	-2.3
	2019	2317	2.1
11	0214	0521	-2.3
TH	0821	1135	2.7
	1445	1751	-2.6
	2101	2357	2.3
12	0255	0558	-2.4
F	0857	1210	2.8
	1521	1828	-2.7
	2139		
13		0034	2.3
SA	0332	0633	-2.4
●	0930	1244	2.8
	1554	1902	-2.7
	2215		
14		0109	2.3
SU	0407	0706	-2.3
E	1002	1316	2.7
	1627	1935	-2.6
	2251		
15		0143	2.1
M	0442	0739	-2.1
	1033	1348	2.5
	1659	2009	-2.5
	2326		
16		0218	1.9
TU	0516	0812	-1.9
	1105	1421	2.3
	1733	2043	-2.2
17	0003	0254	1.7
W	0554	0847	-1.6
	1139	1455	1.9
	1808	2120	-1.9
18	0043	0334	1.4
TH	0636	0927	-1.2
A	1217	1535	1.6
	1848	2203	-1.5
19	0130	0423	1.1
F	0731	1018	-0.9
	1305	1624	1.2
	1937	2258	-1.2
20	0229	0529	0.9
SA	0847	1131	-0.6
	1418	1736	0.8
	2045		
21		0014	-1.0
SU	0343	0657	0.9
☽	1024	1314	-0.6
	1606	1916	0.7
	2213		
22		0141	-1.0
M	0456	0818	1.0
N	1141	1440	-0.9
	1741	2041	0.9
	2333		
23		0250	-1.1
TU	0553	0915	1.4
	1231	1535	-1.3
	1841	2138	1.2
24	0031	0340	-1.4
W	0637	0957	1.7
	1310	1616	-1.7
	1925	2221	1.5
25	0116	0420	-1.7
TH	0715	1033	2.1
	1344	1652	-2.1
	2002	2258	1.8
26	0154	0456	-2.0
F	0750	1106	2.5
	1417	1725	-2.5
	2037	2333	2.1
27	0231	0531	-2.2
SA	0824	1140	2.8
	1450	1759	-2.8
	2112		
28		0008	2.4
SU	0307	0606	-2.4
○ E	0900	1215	2.9
	1525	1835	-3.0
	2148		
29		0045	2.5
M	0345	0643	-2.5
	0938	1252	3.0
	1602	1912	-3.0
	2226		
30		0123	2.6
TU	0426	0723	-2.4
P	1017	1332	2.9
	1642	1952	-2.9
	2307		
31		0205	2.5
W	0510	0806	-2.3
	1101	1414	2.7
	1725	2036	-2.7
	2352		

预报值中包括海流。

泗水海峡—森美兰甘

SURABAYA STRAIT—SEMBILANGAN

7° 06′ S　　112° 40′ E

2021 年潮流表　　流速单位:kn　　(+)表示流向 000°　　(-)表示流向 180°　　时区:-0700

4 月

日期	转流时分	最大流时分	最大流流速
1 TH		0251	2.3
	0559	0854	-2.0
	1149	1502	2.3
	1813	2125	-2.3
2 F	0043	0345	2.0
	0658	0952	-1.6
	1248	1600	1.8
	1910	2225	-1.9
3 SA	0144	0452	1.7
	0812	1106	-1.3
	1406	1716	1.4
	2024	2342	-1.5
4 SU ☾ S	0258	0616	1.5
	0941	1241	-1.2
	1545	1853	1.2
	2156		
5 M		0112	-1.4
	0420	0744	1.6
	1106	1411	-1.4
	1720	2023	1.4
	2324		
6 TU		0232	-1.5
	0531	0855	1.9
	1211	1519	-1.8
	1830	2131	1.7
7 W	0032	0334	-1.7
	0628	0949	2.2
	1301	1611	-2.2
	1923	2223	2.0
8 TH	0125	0422	-1.9
	0714	1032	2.4
	1342	1653	-2.5
	2005	2305	2.2
9 F	0208	0503	-2.0
	0753	1110	2.6
	1419	1729	-2.7
	2043	2341	2.3
10 SA	0246	0538	-2.1
	0828	1143	2.7
	1452	1803	-2.8
	2116		
11 SU E		0015	2.4
	0320	0611	-2.1
	0900	1215	2.7
	1523	1834	-2.7
	2148		
12 M ●		0046	2.4
	0352	0642	-2.0
	0931	1245	2.6
	1554	1904	-2.6
	2218		
13 TU		0117	2.3
	0424	0713	-1.9
	1002	1316	2.4
	1624	1934	-2.5
	2249		
14 W A		0149	2.1
	0458	0746	-1.7
	1034	1347	2.1
	1655	2006	-2.2
	2321		
15 TH		0222	1.9
	0535	0821	-1.5
	1109	1421	1.8
	1729	2040	-1.9
	2354		
16 F		0259	1.7
	0617	0901	-1.2
	1149	1500	1.4
	1807	2118	-1.5
17 SA	0033	0344	1.4
	0711	0952	-0.9
	1242	1549	1.0
	1854	2207	-1.1
18 SU N	0119	0442	1.2
	0821	1105	-0.7
	1401	1703	0.7
	2003	2317	-0.8
19 M	0221	0601	1.1
	0947	1243	-0.7
	1552	1848	0.6
	2144		
20 TU ☽		0049	-0.7
	0337	0724	1.2
	1059	1406	-1.0
	1721	2017	0.8
	2314		
21 W		0207	-0.8
	0447	0827	1.5
	1150	1501	-1.4
	1816	2113	1.2
22 TH	0014	0303	-1.1
	0541	0914	1.8
	1231	1543	-1.8
	1857	2155	1.6
23 F	0058	0346	-1.4
	0627	0954	2.2
	1307	1619	-2.2
	1933	2232	1.9
24 SA	0136	0425	-1.7
	0708	1031	2.5
	1342	1654	-2.6
	2007	2308	2.3
25 SU E	0213	0503	-2.0
	0748	1108	2.8
	1418	1729	-2.9
	2042	2344	2.6
26 M	0251	0541	-2.2
	0828	1146	3.0
	1455	1806	-3.1
	2119		
27 TU ○P		0022	2.8
	0331	0621	-2.3
	0910	1226	3.0
	1535	1845	-3.1
	2157		
28 W		0102	2.8
	0414	0704	-2.3
	0954	1308	2.9
	1616	1927	-2.9
	2238		
29 TH		0145	2.8
	0501	0750	-2.2
	1042	1354	2.6
	1702	2012	-2.6
	2323		
30 F		0233	2.6
	0553	0842	-1.9
	1136	1446	2.2
	1753	2103	-2.2

5 月

日期	转流时分	最大流时分	最大流流速
1 SA S	0012	0328	2.3
	0655	0944	-1.6
	1241	1548	1.7
	1855	2203	-1.8
2 SU	0110	0434	2.0
	0808	1101	-1.4
	1404	1708	1.4
	2014	2319	-1.4
3 M ☾	0218	0553	1.9
	0928	1229	-1.4
	1540	1843	1.3
	2149		
4 TU		0046	-1.2
	0334	0714	1.9
	1043	1351	-1.6
	1705	2008	1.4
	2316		
5 W		0205	-1.2
	0446	0822	2.1
	1143	1455	-1.9
	1810	2113	1.7
6 TH	0023	0307	-1.4
	0545	0916	2.3
	1232	1545	-2.2
	1859	2203	2.0
7 F	0114	0356	-1.5
	0634	1000	2.4
	1314	1626	-2.4
	1940	2244	2.2
8 SA E	0157	0437	-1.6
	0715	1038	2.5
	1350	1701	-2.6
	2015	2319	2.3
9 SU	0233	0513	-1.7
	0751	1112	2.6
	1422	1734	-2.6
	2046	2351	2.4
10 M	0307	0546	-1.7
	0824	1144	2.5
	1453	1804	-2.6
	2116		
11 TU ●A		0022	2.4
	0339	0618	-1.7
	0857	1215	2.4
	1524	1834	-2.5
	2144		
12 W		0053	2.4
	0412	0651	-1.6
	0930	1247	2.3
	1555	1904	-2.3
	2213		
13 TH		0124	2.3
	0447	0725	-1.5
	1006	1320	2.0
	1628	1936	-2.0
	2243		
14 F		0158	2.1
	0526	0803	-1.3
	1045	1357	1.7
	1703	2010	-1.7
	2314		
15 SA N		0235	2.0
	0611	0847	-1.1
	1130	1439	1.4
	1743	2048	-1.4
	2348		
16 SU		0319	1.8
	0704	0940	-0.9
	1227	1531	1.0
	1833	2134	-1.0
17 M	0027	0412	1.6
	0807	1048	-0.8
	1345	1642	0.8
	1944	2236	-0.7
18 TU	0116	0517	1.5
	0916	1208	-0.9
	1519	1814	0.7
	2119	2356	-0.6
19 W ☽	0219	0629	1.5
	1018	1322	-1.1
	1638	1937	0.9
	2247		
20 TH		0115	-0.6
	0330	0734	1.7
	1109	1419	-1.4
	1734	2036	1.2
	2350		
21 F		0217	-0.8
	0436	0827	2.0
	1153	1504	-1.8
	1818	2122	1.6
22 SA E	0037	0308	-1.1
	0532	0913	2.3
	1233	1544	-2.2
	1857	2203	2.0
23 SU	0118	0353	-1.4
	0622	0955	2.6
	1312	1623	-2.5
	1934	2242	2.4
24 M	0158	0436	-1.7
	0710	1037	2.8
	1351	1701	-2.8
	2012	2321	2.7
25 TU	0239	0519	-1.9
	0757	1120	2.9
	1432	1741	-2.9
	2050		
26 W ○P		0002	2.9
	0322	0603	-2.1
	0844	1204	2.9
	1514	1823	-2.9
	2131		
27 TH		0045	3.0
	0407	0650	-2.1
	0934	1250	2.8
	1559	1907	-2.8
	2213		
28 F S		0130	3.0
	0457	0740	-2.0
	1027	1340	2.5
	1648	1954	-2.5
	2257		
29 SA		0219	2.9
	0551	0835	-1.8
	1125	1435	2.2
	1743	2046	-2.1
	2345		
30 SU		0314	2.6
	0651	0937	-1.7
	1232	1539	1.8
	1847	2145	-1.6
31 M	0037	0415	2.4
	0758	1048	-1.5
	1350	1654	1.5
	2004	2254	-1.3

6 月

日期	转流时分	最大流时分	最大流流速
1 TU	0136	0524	2.2
	0908	1205	-1.5
	1515	1819	1.4
	2133		
2 W ☾		0011	-1.0
	0241	0635	2.2
	1014	1318	-1.7
	1632	1938	1.5
	2257		
3 TH		0126	-1.0
	0347	0740	2.2
	1111	1420	-1.9
	1734	2042	1.7
4 F E	0006	0230	-1.0
	0449	0835	2.3
	1201	1511	-2.1
	1824	2134	1.9
5 SA	0059	0322	-1.1
	0542	0923	2.3
	1243	1553	-2.2
	1905	2216	2.1
6 SU	0143	0406	-1.2
	0627	1003	2.4
	1321	1630	-2.3
	1941	2253	2.3
7 M	0222	0445	-1.3
	0709	1040	2.4
	1356	1704	-2.3
	2013	2327	2.4
8 TU A	0256	0522	-1.3
	0747	1115	2.3
	1429	1736	-2.3
	2042	2359	2.4
9 W	0330	0557	-1.3
	0825	1150	2.3
	1502	1808	-2.2
	2111		
10 TH ●		0031	2.5
	0405	0633	-1.3
	0903	1225	2.1
	1536	1840	-2.1
	2140		
11 F		0104	2.5
	0441	0710	-1.3
	0944	1302	2.0
	1611	1913	-1.9
	2210		
12 SA N		0139	2.4
	0521	0751	-1.3
	1027	1341	1.7
	1650	1948	-1.6
	2241		
13 SU		0217	2.3
	0604	0835	-1.2
	1116	1426	1.5
	1733	2027	-1.4
	2314		
14 M		0259	2.2
	0652	0926	-1.1
	1211	1517	1.2
	1825	2112	-1.1
	2349		
15 TU		0346	2.1
	0745	1023	-1.0
	1317	1619	1.1
	1929	2205	-0.8
16 W	0030	0439	2.0
	0841	1128	-1.1
	1430	1732	1.0
	2048	2310	-0.6
17 TH	0121	0540	1.9
	0937	1232	-1.2
	1541	1847	1.1
	2211		
18 F ☽		0021	-0.6
	0223	0642	2.0
	1029	1331	-1.4
	1642	1952	1.4
	2321		
19 SA E		0130	-0.6
	0332	0741	2.1
	1118	1424	-1.7
	1734	2047	1.7
20 SU	0016	0230	-0.8
	0439	0835	2.3
	1204	1511	-2.0
	1820	2134	2.1
21 M	0104	0324	-1.1
	0541	0925	2.5
	1248	1555	-2.3
	1903	2219	2.4
22 TU	0148	0414	-1.4
	0639	1014	2.7
	1332	1639	-2.5
	1944	2303	2.7
23 W P	0232	0503	-1.6
	0733	1102	2.8
	1417	1723	-2.6
	2026	2347	3.0
24 TH ○	0318	0552	-1.8
	0827	1150	2.8
	1503	1807	-2.6
	2108		
25 F S		0032	3.1
	0404	0641	-1.9
	0921	1239	2.7
	1551	1853	-2.5
	2150		
26 SA		0118	3.2
	0453	0732	-1.9
	1016	1331	2.5
	1642	1940	-2.3
	2234		
27 SU		0206	3.1
	0545	0825	-1.9
	1114	1425	2.2
	1736	2030	-1.9
	2318		
28 M		0256	2.9
	0639	0922	-1.8
	1216	1524	1.9
	1837	2123	-1.6
29 TU	0004	0350	2.7
	0737	1024	-1.6
	1322	1630	1.7
	1946	2223	-1.2
30 W	0053	0448	2.5
	0837	1129	-1.6
	1433	1741	1.5
	2104	2328	-0.9

预报值中包括海流。

泗水海峡—森美兰甘

SURABAYA STRAIT－SEMBILANGAN

7° 06′ S　　112° 40′ E

2021 年潮流表　　流速单位:kn　　(＋)表示流向 000°　　(－)表示流向 180°　　时区:－0700

7 月

日期	转流时分	最大流时分	流速
1	0145	0549	2.3
	0937	1234	-1.6
TH	1543	1854	1.5
☾ E	2226		
2		0037	-0.7
	0242	0651	2.2
F	1034	1336	-1.6
	1646	2001	1.6
	2341		
3		0144	-0.6
	0343	0749	2.2
SA	1126	1431	-1.7
	1740	2059	1.8
4	0042	0243	-0.7
	0442	0842	2.1
SU	1213	1518	-1.8
	1825	2146	2.0
5	0130	0335	-0.8
	0538	0930	2.1
M	1255	1600	-1.9
A	1904	2227	2.1
6	0210	0420	-0.9
	0629	1013	2.2
TU	1334	1637	-1.9
	1938	2304	2.3
7	0246	0501	-1.0
	0717	1053	2.2
W	1411	1712	-1.9
	2010	2338	2.4
8	0320	0540	-1.2
	0802	1131	2.2
TH	1447	1746	-1.9
	2041		
9		0011	2.6
	0354	0618	-1.3
F	0845	1210	2.1
N	1524	1820	-1.9
	2111		
10		0045	2.6
	0428	0656	-1.3
SA	0929	1249	2.0
●	1601	1855	-1.8
	2142		
11		0120	2.7
	0505	0736	-1.4
SU	1014	1329	1.9
	1641	1931	-1.6
	2214		
12		0156	2.7
	0544	0817	-1.4
M	1100	1411	1.8
	1723	2009	-1.4
	2246		
13		0235	2.6
	0625	0902	-1.4
TU	1148	1458	1.6
	1811	2050	-1.2
	2321		
14		0316	2.5
	0711	0950	-1.3
W	1242	1550	1.5
	1906	2137	-1.0
	2359		
15		0403	2.4
	0800	1044	-1.3
TH	1340	1649	1.4
	2012	2231	-0.8

日期	转流时分	最大流时分	流速
16	0043	0456	2.2
	0853	1143	-1.3
F	1444	1757	1.3
E	2129	2336	-0.6
17	0137	0556	2.1
	0950	1245	-1.4
SA	1549	1907	1.5
☽	2248		
18		0049	-0.6
	0245	0701	2.1
SU	1046	1346	-1.5
	1651	2013	1.7
	2357		
19		0201	-0.7
	0401	0806	2.2
M	1142	1444	-1.7
	1746	2111	2.0
20	0053	0306	-0.9
	0516	0907	2.3
TU	1234	1536	-1.9
	1837	2203	2.4
21	0142	0404	-1.2
	0624	1003	2.5
W	1324	1625	-2.1
P	1923	2251	2.7
22	0228	0456	-1.5
	0725	1055	2.6
TH	1413	1712	-2.3
S	2008	2336	3.0
23	0312	0546	-1.7
	0822	1145	2.7
F	1500	1757	-2.3
	2050		
24		0021	3.2
	0356	0634	-1.9
SA	0916	1234	2.6
○	1547	1842	-2.3
	2132		
25		0104	3.3
	0441	0721	-2.0
SU	1008	1322	2.6
	1635	1926	-2.1
	2212		
26		0148	3.3
	0526	0809	-2.0
M	1059	1411	2.4
	1724	2011	-1.9
	2252		
27		0232	3.1
	0613	0858	-1.9
TU	1151	1501	2.1
	1817	2057	-1.6
	2332		
28		0318	2.9
	0702	0948	-1.8
W	1245	1555	1.9
	1915	2146	-1.2
29	0012	0406	2.6
	0754	1043	-1.6
TH	1343	1654	1.6
E	2022	2240	-0.9
30	0054	0458	2.3
	0850	1141	-1.4
F	1444	1800	1.5
	2141	2342	-0.6
31	0140	0557	2.1
	0949	1244	-1.3
SA	1547	1911	1.4
☾	2306		

8 月

日期	转流时分	最大流时分	流速
1		0053	-0.4
	0237	0700	1.9
SU	1048	1346	-1.3
	1648	2018	1.5
2	0020	0204	-0.4
	0347	0804	1.8
M	1144	1442	-1.3
A	1741	2115	1.7
3	0114	0308	-0.5
	0501	0902	1.8
TU	1234	1531	-1.4
	1826	2201	2.0
4	0154	0400	-0.7
	0606	0953	1.9
W	1318	1614	-1.5
	1906	2240	2.2
5	0227	0444	-1.0
	0702	1038	2.0
TH	1358	1652	-1.6
N	1941	2316	2.4
6	0258	0524	-1.2
	0751	1118	2.1
F	1435	1727	-1.7
	2014	2349	2.6
7	0329	0601	-1.4
	0836	1157	2.2
SA	1512	1802	-1.8
	2046		
8		0022	2.8
	0401	0637	-1.6
SU	0918	1234	2.2
●	1548	1836	-1.8
	2118		
9		0055	2.9
	0434	0713	-1.7
M	0959	1312	2.2
	1625	1910	-1.8
	2150		
10		0129	3.0
	0509	0750	-1.8
TU	1040	1350	2.1
	1704	1947	-1.7
	2223		
11		0206	2.9
	0546	0830	-1.8
W	1122	1432	2.0
	1747	2026	-1.5
	2259		
12		0245	2.8
	0628	0913	-1.7
TH	1208	1517	1.9
E	1835	2109	-1.3
	2337		
13		0328	2.6
	0714	1001	-1.6
F	1258	1610	1.7
	1934	2200	-1.0
14	0020	0418	2.3
	0808	1057	-1.4
SA	1356	1713	1.6
	2048	2302	-0.7
15	0113	0519	2.1
	0910	1203	-1.3
SU	1504	1828	1.5
☽	2215		

日期	转流时分	最大流时分	流速
16		0020	-0.6
	0223	0633	1.9
M	1019	1315	-1.3
	1615	1947	1.7
	2337		
17		0145	-0.7
	0351	0751	1.9
TU	1127	1425	-1.5
P	1722	2056	2.0
18	0041	0300	-0.9
	0518	0903	2.0
W	1229	1526	-1.7
S	1819	2153	2.3
19	0132	0402	-1.3
	0632	1003	2.3
TH	1323	1619	-1.9
	1910	2242	2.7
20	0216	0453	-1.7
	0732	1055	2.5
F	1411	1706	-2.1
	1954	2325	3.0
21	0257	0540	-2.0
	0825	1142	2.6
SA	1457	1749	-2.2
	2036		
22		0006	3.2
	0337	0623	-2.2
SU	0912	1226	2.7
○	1540	1829	-2.2
	2114		
23		0046	3.3
	0416	0704	-2.3
M	0957	1308	2.6
	1622	1909	-2.1
	2151		
24		0124	3.2
	0455	0744	-2.3
TU	1040	1350	2.5
	1704	1948	-1.9
	2227		
25		0202	3.1
	0535	0825	-2.1
W	1123	1431	2.3
E	1748	2027	-1.6
	2302		
26		0241	2.8
	0617	0907	-1.9
TH	1206	1515	2.0
	1836	2108	-1.3
	2336		
27		0321	2.5
	0701	0952	-1.6
F	1252	1603	1.7
	1931	2153	-0.9
28	0012	0406	2.1
	0752	1042	-1.3
SA	1343	1700	1.4
	2042	2249	-0.6
29	0053	0500	1.7
	0851	1143	-1.1
SU	1443	1811	1.3
	2213		
30		0002	-0.4
	0150	0610	1.5
M	1001	1254	-0.9
☾ A	1550	1931	1.3
	2343		
31		0130	-0.3
	0316	0731	1.4
TU	1113	1406	-1.0
	1656	2041	1.5

9 月

日期	转流时分	最大流时分	流速
1	0042	0247	-0.5
	0452	0844	1.4
W	1214	1505	-1.1
	1751	2133	1.8
2	0121	0343	-0.8
	0606	0941	1.6
TH	1302	1552	-1.3
N	1835	2214	2.1
3	0153	0426	-1.2
	0701	1026	1.8
F	1342	1631	-1.5
	1913	2249	2.4
4	0222	0503	-1.5
	0746	1104	2.0
SA	1418	1706	-1.7
	1948	2321	2.6
5	0251	0537	-1.8
	0826	1139	2.2
SU	1452	1739	-1.8
	2021	2353	2.9
6	0321	0610	-2.1
	0903	1214	2.4
M	1526	1812	-1.9
	2054		
7		0025	3.0
	0353	0644	-2.2
TU	0940	1249	2.5
●	1600	1846	-2.0
	2127		
8		0059	3.1
	0426	0719	-2.3
W	1017	1325	2.5
E	1637	1922	-1.9
	2203		
9		0134	3.0
	0502	0756	-2.3
TH	1056	1404	2.4
	1718	2001	-1.8
	2240		
10		0213	2.9
	0542	0837	-2.1
F	1138	1447	2.2
	1805	2044	-1.5
	2321		
11		0256	2.6
	0628	0923	-1.9
SA	1225	1537	2.0
P	1901	2135	-1.2
12	0008	0348	2.2
	0723	1018	-1.6
SU	1321	1639	1.7
	2013	2240	-0.9
13	0107	0453	1.8
	0831	1128	-1.3
M	1429	1758	1.6
☽	2144		
14		0007	-0.8
	0231	0619	1.6
TU	0954	1252	-1.2
	1549	1927	1.7
	2312		
15		0143	-0.9
	0413	0751	1.6
W	1117	1414	-1.3
S	1705	2042	2.0

日期	转流时分	最大流时分	流速
16	0019	0300	-1.2
	0541	0907	1.8
TH	1225	1519	-1.6
	1807	2140	2.3
17	0110	0358	-1.7
	0647	1005	2.1
F	1319	1611	-1.8
	1858	2228	2.7
18	0153	0445	-2.1
	0740	1053	2.4
SA	1405	1656	-2.0
	1941	2309	2.9
19	0231	0527	-2.4
	0824	1135	2.6
SU	1447	1735	-2.1
	2020	2346	3.1
20	0307	0604	-2.5
	0905	1213	2.7
M	1525	1812	-2.2
○	2056		
21		0022	3.1
	0342	0640	-2.6
TU	0942	1249	2.6
E	1602	1847	-2.1
	2130		
22		0056	3.0
	0417	0715	-2.5
W	1018	1325	2.5
	1638	1921	-1.9
	2202		
23		0129	2.9
	0451	0749	-2.3
TH	1054	1400	2.3
	1716	1956	-1.7
	2235		
24		0203	2.6
	0527	0825	-2.1
F	1130	1437	2.0
	1756	2033	-1.4
	2308		
25		0239	2.2
	0605	0902	-1.7
SA	1207	1518	1.7
	1844	2114	-1.0
	2344		
26		0319	1.8
	0648	0945	-1.4
SU	1249	1606	1.4
A	1944	2205	-0.7
27	0028	0409	1.4
	0743	1039	-1.0
M	1341	1711	1.2
	2108	2319	-0.5
28	0135	0523	1.0
	0859	1155	-0.8
TU	1449	1837	1.1
	2243		
29		0101	-0.4
	0322	0704	0.9
W	1032	1324	-0.7
☾ N	1606	2000	1.3
	2350		
30		0226	-0.7
	0505	0830	1.1
TH	1147	1435	-0.9
	1712	2057	1.6

预报值中包括海流。

泗水海峡—森美兰甘

SURABAYA STRAIT－SEMBILANGAN

7° 06′ S　　112° 40′ E

2021 年潮流表　　流速单位:kn　　(＋)表示流向 000°　　(－)表示流向 180°　　时区:－0700

10 月

日期	转流时分	最大流时分	流速
1 F	0033	0321	-1.1
	0612	0927	1.4
	1239	1525	-1.1
	1802	2140	1.9
2 SA	0107	0402	-1.5
	0659	1008	1.7
	1319	1604	-1.4
	1843	2215	2.3
3 SU	0137	0436	-1.9
	0737	1044	2.0
	1353	1639	-1.6
	1919	2248	2.6
4 M	0207	0508	-2.2
	0811	1117	2.3
	1425	1712	-1.9
	1954	2320	2.8
5 TU	0238	0540	-2.5
	0845	1149	2.5
	1458	1746	-2.1
	2029	2353	3.0
6 W ●E	0310	0613	-2.7
	0919	1223	2.6
	1533	1821	-2.2
	2105		
7 TH		0028	3.1
	0344	0648	-2.8
	0955	1259	2.7
	1610	1858	-2.2
	2143		
8 F P		0105	3.0
	0421	0725	-2.7
	1033	1338	2.6
	1652	1939	-2.0
	2225		
9 SA		0145	2.8
	0502	0806	-2.5
	1114	1422	2.4
	1739	2025	-1.8
	2311		
10 SU		0231	2.4
	0548	0852	-2.1
	1201	1513	2.1
	1836	2119	-1.5
11 M	0006	0326	1.9
	0643	0948	-1.7
	1256	1615	1.8
	1948	2230	-1.2
12 TU S	0118	0438	1.5
	0756	1101	-1.4
	1405	1736	1.7
	2116		
13 W ☽		0003	-1.0
	0257	0614	1.3
	0929	1232	-1.2
	1528	1906	1.7
	2241		
14 TH		0138	-1.3
	0439	0751	1.4
	1102	1359	-1.3
	1646	2022	2.0
	2348		
15 F		0250	-1.7
	0555	0904	1.7
	1213	1505	-1.5
	1750	2119	2.3
16 SA	0039	0344	-2.1
	0652	0958	2.1
	1307	1556	-1.8
	1840	2206	2.6
17 SU	0121	0428	-2.4
	0737	1042	2.3
	1351	1639	-1.9
	1923	2246	2.8
18 M	0159	0506	-2.7
	0816	1120	2.5
	1430	1717	-2.0
	2001	2321	2.9
19 TU E	0233	0541	-2.8
	0852	1155	2.6
	1505	1751	-2.1
	2035	2354	2.8
20 W ○	0306	0614	-2.8
	0925	1228	2.6
	1539	1824	-2.0
	2108		
21 TH		0026	2.7
	0337	0645	-2.7
	0956	1300	2.4
	1612	1856	-1.9
	2140		
22 F		0057	2.5
	0408	0716	-2.5
	1027	1332	2.3
	1647	1929	-1.7
	2213		
23 SA		0129	2.2
	0439	0748	-2.2
	1059	1405	2.1
	1724	2005	-1.4
	2249		
24 SU A		0203	1.9
	0513	0821	-1.9
	1132	1442	1.8
	1807	2046	-1.2
	2330		
25 M		0242	1.5
	0551	0859	-1.5
	1209	1526	1.5
	1901	2137	-0.9
26 TU N	0023	0332	1.1
	0638	0947	-1.1
	1253	1623	1.3
	2011	2250	-0.7
27 W	0144	0446	0.7
	0748	1055	-0.8
	1352	1742	1.1
	2135		
28 TH ☾		0030	-0.7
	0339	0635	0.6
	0932	1229	-0.6
	1509	1906	1.2
	2246		
29 F		0154	-1.0
	0510	0806	0.8
	1105	1351	-0.7
	1622	2010	1.5
	2336		
30 SA		0248	-1.4
	0605	0902	1.1
	1204	1447	-1.0
	1720	2057	1.8
31 SU	0015	0329	-1.8
	0645	0942	1.5
	1246	1530	-1.3
	1806	2136	2.1

11 月

日期	转流时分	最大流时分	流速
1 M	0049	0403	-2.2
	0719	1017	1.8
	1322	1607	-1.6
	1846	2211	2.4
2 TU E	0122	0436	-2.5
	0751	1050	2.2
	1356	1643	-1.8
	1925	2246	2.7
3 W	0156	0509	-2.8
	0823	1124	2.5
	1431	1719	-2.1
	2004	2322	2.8
4 TH ●	0231	0543	-3.0
	0857	1159	2.7
	1508	1757	-2.2
	2045		
5 F P		0000	2.9
	0307	0620	-3.0
	0934	1237	2.7
	1548	1838	-2.3
	2128		
6 SA		0040	2.8
	0347	0659	-2.9
	1013	1318	2.7
	1632	1922	-2.2
	2214		
7 SU		0124	2.5
	0430	0742	-2.7
	1055	1404	2.6
	1722	2012	-2.0
	2307		
8 M S		0214	2.2
	0518	0830	-2.3
	1142	1456	2.3
	1820	2111	-1.7
9 TU	0011	0313	1.7
	0615	0927	-1.9
	1237	1559	2.0
	1929	2225	-1.5
10 W	0132	0429	1.3
	0728	1039	-1.5
	1343	1715	1.8
	2048	2353	-1.4
11 TH ☽	0311	0605	1.1
	0902	1207	-1.2
	1500	1837	1.8
	2205		
12 F		0119	-1.7
	0442	0736	1.3
	1036	1332	-1.3
	1616	1951	2.0
	2310		
13 SA		0227	-2.0
	0550	0846	1.6
	1150	1439	-1.4
	1721	2049	2.2
14 SU	0002	0320	-2.4
	0642	0939	1.9
	1245	1532	-1.6
	1814	2137	2.4
15 M E	0046	0404	-2.6
	0724	1023	2.1
	1331	1616	-1.8
	1858	2217	2.5
16 TU	0124	0442	-2.8
	0801	1101	2.3
	1410	1655	-1.8
	1938	2254	2.5
17 W	0159	0516	-2.8
	0834	1135	2.4
	1445	1729	-1.9
	2013	2327	2.5
18 TH	0231	0547	-2.8
	0905	1206	2.4
	1518	1803	-1.8
	2048	2359	2.4
19 F ○	0301	0618	-2.7
	0935	1237	2.3
	1551	1836	-1.8
	2122		
20 SA		0031	2.2
	0332	0648	-2.5
	1004	1309	2.2
	1625	1910	-1.7
	2159		
21 SU A		0104	1.9
	0403	0719	-2.3
	1034	1342	2.1
	1702	1947	-1.5
	2239		
22 M N		0140	1.6
	0435	0752	-1.9
	1105	1418	1.9
	1743	2030	-1.3
	2326		
23 TU		0220	1.3
	0511	0829	-1.6
	1140	1500	1.7
	1832	2121	-1.1
24 W	0026	0310	0.9
	0554	0912	-1.2
	1219	1550	1.5
	1929	2226	-1.0
25 TH	0147	0418	0.6
	0652	1009	-0.9
	1308	1652	1.4
	2035	2346	-1.0
26 F	0325	0549	0.5
	0820	1126	-0.7
	1409	1803	1.3
	2140		
27 SA ☾		0103	-1.2
	0446	0718	0.6
	1000	1249	-0.7
	1520	1910	1.4
	2235		
28 SU		0202	-1.5
	0539	0821	0.9
	1114	1356	-0.8
	1625	2006	1.7
	2322		
29 M		0247	-1.9
	0619	0908	1.3
	1207	1449	-1.1
	1721	2052	1.9
30 TU E	0003	0327	-2.2
	0654	0947	1.6
	1250	1533	-1.4
	1811	2135	2.2

12 月

日期	转流时分	最大流时分	流速
1 W	0041	0404	-2.6
	0727	1024	2.0
	1329	1615	-1.7
	1857	2215	2.4
2 TH	0120	0441	-2.8
	0801	1101	2.3
	1409	1657	-2.0
	1943	2257	2.6
3 F	0159	0519	-3.0
	0838	1140	2.6
	1450	1740	-2.2
	2029	2339	2.6
4 SA ●P	0240	0559	-3.1
	0916	1221	2.8
	1534	1825	-2.3
	2118		
5 SU		0024	2.5
	0323	0641	-3.0
	0956	1304	2.8
	1620	1913	-2.2
	2210		
6 M S		0112	2.3
	0409	0726	-2.8
	1040	1351	2.7
	1711	2006	-2.1
	2308		
7 TU		0205	2.0
	0459	0815	-2.4
	1127	1443	2.5
	1807	2105	-2.0
8 W	0014	0305	1.7
	0557	0911	-2.0
	1218	1541	2.3
	1908	2212	-1.9
9 TH	0132	0417	1.3
	0705	1016	-1.6
	1317	1647	2.1
	2015	2328	-1.8
10 F	0257	0539	1.2
	0828	1132	-1.3
	1424	1759	2.0
	2123		
11 SA ☽		0044	-1.9
	0419	0703	1.2
	0958	1251	-1.2
	1534	1908	2.0
	2226		
12 SU E		0152	-2.1
	0526	0815	1.4
	1116	1402	-1.2
	1640	2010	2.0
	2321		
13 M		0248	-2.3
	0619	0913	1.6
	1218	1501	-1.3
	1738	2102	2.1
14 TU	0009	0335	-2.5
	0703	0959	1.9
	1308	1550	-1.4
	1829	2147	2.1
15 W	0050	0415	-2.6
	0741	1039	2.0
	1350	1632	-1.5
	1913	2227	2.1
16 TH	0127	0451	-2.6
	0814	1115	2.1
	1427	1710	-1.6
	1954	2303	2.1
17 F	0202	0524	-2.6
	0845	1148	2.2
	1501	1746	-1.7
	2033	2338	2.0
18 SA A	0234	0556	-2.5
	0914	1219	2.2
	1535	1821	-1.7
	2112		
19 SU ○		0013	1.9
	0307	0627	-2.4
	0943	1251	2.2
	1609	1858	-1.7
	2153		
20 M N		0049	1.7
	0340	0659	-2.2
	1013	1325	2.2
	1645	1936	-1.7
	2236		
21 TU		0127	1.5
	0414	0733	-2.0
	1044	1400	2.1
	1724	2018	-1.6
	2324		
22 W		0208	1.3
	0451	0809	-1.8
	1116	1438	2.0
	1806	2104	-1.5
23 TH	0019	0255	1.0
	0532	0849	-1.5
	1152	1521	1.8
	1853	2156	-1.4
24 F	0123	0350	0.8
	0621	0936	-1.2
	1232	1609	1.7
	1944	2256	-1.4
25 SA	0236	0457	0.6
	0725	1033	-0.9
	1320	1705	1.6
	2038		
26 SU		0001	-1.4
	0350	0613	0.6
	0847	1142	-0.8
	1419	1807	1.5
	2134		
27 M ☾E		0104	-1.6
	0452	0726	0.8
	1012	1257	-0.8
	1526	1910	1.6
	2228		
28 TU		0200	-1.8
	0541	0825	1.1
	1123	1404	-0.9
	1635	2009	1.7
	2319		
29 W		0250	-2.1
	0623	0916	1.4
	1220	1502	-1.2
	1738	2102	1.9
30 TH	0007	0335	-2.4
	0703	1001	1.8
	1308	1554	-1.5
	1836	2152	2.1
31 F	0054	0419	-2.6
	0741	1043	2.2
	1354	1643	-1.8
	1930	2241	2.3

预报值中包括海流。

澳大利亚—托里斯海峡(哈蒙德礁灯塔)

AUSTRALIA－TORRES STRAIT(HAMMOND ROCK LIGHTHOUSE)

10° 30′ S　　142° 13′ E

2021 年潮流表　　流速单位:kn　　(+)表示流向 080°　　(−)表示流向 260°　　时区:−1000

1 月

日期		转流时分	最大流时分	流速
1	F		0120	-3.4
		0414	0801	5.0
		1232	1357	-0.7
		1523	1928	3.9
		2250		
2	SA		0154	-3.4
		0450	0836	4.9
		1311	1431	-0.6
		1552	2003	3.9
		2329		
3	SU		0232	-3.4
		0529	0916	4.8
		1353	1510	-0.6
		1629	2046	4.0
4	M	0016	0316	-3.2
		0613	1001	4.7
		1440	1558	-0.6
		1717	2137	3.9
5	TU	0113	0410	-2.9
		0702	1054	4.5
		1530	1655	-0.6
		1821	2242	3.8
6	W ☾ E	0224	0513	-2.6
		0758	1154	4.4
		1622	1802	-0.9
		1944	2359	3.9
7	TH	0348	0627	-2.2
		0901	1300	4.4
		1712	1915	-1.4
		2117		
8	F		0124	4.2
		0517	0745	-2.1
		1010	1407	4.6
		1801	2025	-2.1
		2247		
9	SA P		0245	4.9
		0640	0900	-2.1
		1119	1510	4.9
		1848	2129	-3.0
10	SU	0004	0356	5.7
		0752	1008	-2.3
		1223	1608	5.2
		1935	2227	-4.0
11	M	0111	0458	6.5
		0855	1108	-2.6
		1322	1701	5.6
		2022	2321	-4.7
12	TU S	0211	0554	7.2
		0953	1203	-2.7
		1415	1752	5.8
		2109		
13	W ●		0011	-5.3
		0306	0647	7.6
		1048	1255	-2.7
		1505	1841	5.9
		2157		
14	TH		0101	-5.5
		0357	0738	7.6
		1141	1344	-2.5
		1551	1929	5.8
		2245		
15	F		0149	-5.3
		0446	0827	7.4
		1235	1433	-2.2
		1635	2016	5.5
		2336		
16	SA		0237	-4.8
		0533	0916	6.8
		1329	1522	-1.8
		1718	2105	5.0
17	SU	0029	0325	-4.0
		0617	1004	6.1
		1427	1612	-1.3
		1800	2155	4.5
18	M	0128	0415	-3.1
		0659	1054	5.3
		1529	1704	-0.9
		1843	2250	3.9
19	TU E	0236	0510	-2.1
		0739	1147	4.6
		1635	1801	-0.6
		1929	2354	3.4
20	W ☽	0401	0611	-1.2
		0817	1243	3.9
		1741	1904	-0.5
		2027		
21	TH A		0108	3.2
		0545	0721	-0.6
		0854	1343	3.5
		1836	2007	-0.5
		2137		
22	F		0225	3.2
		0734	0834	-0.2
		0933	1441	3.3
		1915	2104	-0.7
		2249		
23	SA		0331	3.5
		0853	0938	-0.1
		1023	1531	3.2
		1945	2150	-1.1
		2350		
24	SU		0422	3.9
		0937	1028	-0.2
		1119	1611	3.3
		2009	2228	-1.5
25	M	0041	0502	4.3
		1005	1107	-0.3
		1209	1645	3.5
		2030	2300	-1.9
26	TU N	0123	0536	4.7
		1028	1139	-0.5
		1251	1714	3.7
		2052	2331	-2.4
27	W	0202	0607	5.1
		1048	1208	-0.6
		1328	1743	4.1
		2115		
28	TH ○		0000	-2.9
		0238	0636	5.5
		1110	1235	-0.8
		1402	1812	4.4
		2141		
29	F		0031	-3.3
		0314	0707	5.7
		1132	1304	-1.0
		1437	1843	4.8
		2212		
30	SA		0104	-3.7
		0351	0739	5.9
		1158	1335	-1.2
		1513	1917	5.2
		2247		
31	SU		0141	-3.9
		0430	0814	6.0
		1228	1410	-1.3
		1552	1956	5.4
		2329		

2 月

日期		转流时分	最大流时分	流速
1	M		0220	-3.9
		0510	0852	5.9
		1303	1449	-1.4
		1636	2040	5.4
2	TU E	0017	0305	-3.7
		0552	0935	5.7
		1344	1534	-1.5
		1725	2130	5.3
3	W P	0115	0356	-3.2
		0638	1024	5.3
		1433	1628	-1.5
		1823	2231	5.0
4	TH ☾	0226	0457	-2.5
		0728	1122	4.8
		1531	1733	-1.5
		1934	2347	4.8
5	F	0355	0611	-1.8
		0827	1230	4.5
		1635	1849	-1.7
		2101		
6	SA		0116	4.8
		0536	0738	-1.4
		0939	1347	4.4
		1740	2010	-2.2
		2235		
7	SU		0245	5.3
		0707	0903	-1.4
		1059	1501	4.6
		1839	2123	-3.0
		2359		
8	M S		0401	6.0
		0817	1015	-1.7
		1214	1606	5.0
		1933	2226	-3.9
9	TU	0110	0503	6.8
		0914	1115	-2.1
		1319	1703	5.4
		2024	2321	-4.6
10	W	0210	0557	7.4
		1004	1207	-2.4
		1413	1753	5.8
		2112		
11	TH ●		0011	-5.1
		0303	0646	7.6
		1049	1253	-2.5
		1501	1839	5.9
		2158		
12	F		0057	-5.1
		0350	0730	7.5
		1133	1336	-2.5
		1543	1923	5.9
		2244		
13	SA		0140	-4.9
		0432	0812	7.1
		1215	1416	-2.2
		1620	2004	5.7
		2330		
14	SU		0222	-4.3
		0510	0851	6.4
		1256	1454	-1.9
		1654	2044	5.2
15	M E	0018	0301	-3.4
		0544	0928	5.5
		1338	1530	-1.5
		1725	2123	4.7
16	TU	0109	0340	-2.5
		0612	1003	4.7
		1421	1606	-1.0
		1752	2204	4.1
17	W	0208	0420	-1.5
		0633	1038	3.8
		1511	1644	-0.6
		1818	2250	3.5
18	TH A	0330	0504	-0.6
		0640	1116	3.1
		1613	1728	-0.3
		1844	2348	3.0
19	F ☽		0603	0.2
			1203	2.5
		1732	1827	-0.1
		1922		
20	SA		0113	2.7
			0730	0.6
			1311	2.2
		1833	1943	-0.2
		2052		
21	SU		0245	2.9
			0902	0.6
			1428	2.2
		1903	2053	-0.5
		2237		
22	M		0349	3.3
			1001	0.3
			1526	2.4
		1925	2144	-1.1
		2353		
23	TU N		0431	3.8
		1020	1039	-0.0
		1058	1607	2.9
		1947	2223	-1.8
24	W	0049	0504	4.4
		0955	1109	-0.5
		1223	1641	3.4
		2011	2258	-2.5
25	TH	0135	0534	5.0
		1001	1136	-0.9
		1312	1714	4.1
		2039	2332	-3.3
26	F	0217	0604	5.5
		1014	1204	-1.4
		1355	1747	4.8
		2110		
27	SA ○		0006	-4.0
		0256	0636	5.9
		1034	1234	-2.0
		1435	1823	5.4
		2146		
28	SU		0043	-4.5
		0336	0709	6.2
		1059	1308	-2.4
		1517	1901	5.9
		2226		

3 月

日期		转流时分	最大流时分	流速
1	M E		0122	-4.8
		0416	0745	6.3
		1128	1344	-2.8
		1600	1943	6.2
		2311		
2	TU P		0204	-4.7
		0457	0825	6.2
		1204	1425	-3.0
		1646	2029	6.3
3	W	0002	0250	-4.3
		0541	0908	5.8
		1245	1512	-3.0
		1738	2122	6.0
4	TH	0102	0343	-3.6
		0627	0958	5.2
		1334	1606	-2.9
		1837	2225	5.5
5	F	0216	0447	-2.7
		0720	1057	4.5
		1434	1713	-2.7
		1949	2343	5.0
6	SA ☾	0350	0606	-1.8
		0825	1210	3.9
		1545	1834	-2.7
		2116		
7	SU S		0117	4.9
		0536	0741	-1.5
		0949	1337	3.6
		1703	2001	-3.0
		2249		
8	M		0248	5.3
		0703	0909	-1.7
		1119	1459	3.9
		1815	2119	-3.7
9	TU	0011	0402	6.0
		0807	1019	-2.2
		1236	1606	4.4
		1917	2223	-4.5
10	W	0118	0501	6.6
		0858	1115	-2.7
		1337	1702	5.0
		2011	2317	-5.0
11	TH	0214	0551	7.0
		0941	1201	-3.1
		1426	1750	5.3
		2100		
12	F		0005	-5.3
		0303	0635	6.9
		1020	1243	-3.3
		1509	1833	5.5
		2146		
13	SA ●		0048	-5.2
		0345	0714	6.6
		1056	1319	-3.2
		1546	1912	5.5
		2229		
14	SU E		0127	-4.7
		0423	0749	5.9
		1128	1352	-3.0
		1618	1948	5.2
		2310		
15	M		0203	-4.0
		0455	0820	5.1
		1156	1421	-2.6
		1648	2022	4.7
		2351		
16	TU		0235	-3.2
		0521	0847	4.3
		1221	1447	-2.3
		1714	2053	4.2
17	W	0032	0305	-2.3
		0542	0910	3.5
		1243	1511	-1.9
		1740	2124	3.6
18	TH A	0118	0334	-1.4
		0554	0930	2.8
		1305	1535	-1.6
		1806	2157	3.0
19	F	0217	0404	-0.7
		0555	0949	2.2
		1329	1603	-1.3
		1837	2240	2.5
20	SA	0413	0444	-0.0
		0515	1013	1.7
		1402	1642	-1.0
		1921	2346	2.1
21	SU ☽		0555	0.4
			1055	1.3
		1457	1749	-0.8
		2034		
22	M N		0132	2.0
			0806	0.5
			1234	1.1
		1618	1926	-1.0
		2214		
23	TU		0258	2.4
			0921	0.1
			1418	1.3
		1729	2043	-1.5
		2334		
24	W		0345	3.0
		0828	0958	-0.4
		1129	1517	1.9
		1820	2136	-2.3
25	TH	0033	0421	3.6
		0828	1027	-1.1
		1228	1600	2.7
		1903	2218	-3.2
26	F	0120	0453	4.3
		0840	1056	-1.9
		1313	1640	3.7
		1944	2258	-4.1
27	SA	0202	0526	4.9
		0900	1127	-2.7
		1355	1719	4.6
		2026	2337	-4.9
28	SU ○E	0243	0600	5.4
		0925	1202	-3.5
		1437	1800	5.4
		2110		
29	M		0018	-5.4
		0324	0637	5.7
		0955	1239	-4.2
		1520	1843	6.0
		2156		
30	TU P		0101	-5.6
		0406	0716	5.8
		1029	1319	-4.7
		1607	1929	6.3
		2246		
31	W		0147	-5.5
		0450	0758	5.6
		1108	1404	-4.9
		1657	2019	6.3
		2341		

预报值中包括海流。

澳大利亚—托里斯海峡(哈蒙德礁灯塔)

AUSTRALIA－TORRES STRAIT(HAMMOND ROCK LIGHTHOUSE)

10° 30′ S　　142° 13′ E

2021 年潮流表　　流速单位:kn　　(＋)表示流向 080°　　(－)表示流向 260°　　时区:－1000

4 月

日期	转流时分	最大流时分	流速
1 TH		0237	-4.9
	0536	0844	5.1
	1150	1453	-4.9
	1753	2116	5.8
2 F	0044	0333	-4.1
	0629	0936	4.4
	1240	1551	-4.6
	1857	2223	5.2
3 SA	0200	0442	-3.1
	0731	1039	3.6
	1339	1700	-4.2
	2013	2344	4.7
4 SU ☾ S	0333	0608	-2.4
	0851	1158	2.9
	1453	1824	-4.0
	2140		
5 M		0116	4.6
	0510	0743	-2.3
	1025	1329	2.8
	1617	1951	-4.3
	2307		
6 TU		0242	5.0
	0629	0905	-2.7
	1152	1451	3.1
	1737	2108	-4.8
7 W	0021	0350	5.5
	0729	1009	-3.3
	1259	1557	3.7
	1846	2211	-5.3
8 TH	0123	0446	5.9
	0817	1101	-3.9
	1352	1652	4.2
	1944	2305	-5.6
9 F	0216	0533	5.9
	0858	1145	-4.2
	1437	1739	4.6
	2035	2351	-5.5
10 SA	0302	0614	5.6
	0932	1222	-4.3
	1516	1820	4.7
	2120		
11 SU E		0032	-5.2
	0342	0649	5.0
	1002	1255	-4.2
	1551	1857	4.5
	2201		
12 M ●		0109	-4.6
	0417	0720	4.3
	1025	1324	-3.9
	1622	1931	4.2
	2239		
13 TU		0141	-3.9
	0447	0745	3.5
	1043	1348	-3.6
	1651	2000	3.8
	2314		
14 W A		0209	-3.1
	0512	0805	2.8
	1056	1409	-3.4
	1718	2028	3.3
	2347		
15 TH		0234	-2.4
	0531	0821	2.2
	1105	1427	-3.1
	1745	2055	2.8
16 F	0020	0258	-1.7
	0547	0834	1.7
	1112	1447	-2.8
	1815	2124	2.3
17 SA	0058	0324	-1.2
	0601	0848	1.3
	1120	1512	-2.6
	1853	2202	1.9
18 SU N	0150	0358	-0.7
	0617	0908	0.9
	1134	1546	-2.4
	1945	2256	1.6
19 M	0310	0455	-0.3
	0650	0942	0.6
	1200	1642	-2.2
	2056		
20 TU ☽		0019	1.4
	0454	0635	-0.2
	0832	1101	0.4
	1257	1807	-2.2
	2217		
21 W		0145	1.6
	0549	0807	-0.6
	1043	1257	0.5
	1452	1935	-2.6
	2325		
22 TH		0245	2.1
	0620	0857	-1.2
	1145	1419	1.1
	1635	2042	-3.3
23 F	0018	0328	2.8
	0647	0935	-2.1
	1228	1516	2.1
	1749	2135	-4.1
24 SA	0104	0407	3.4
	0716	1012	-3.0
	1309	1605	3.1
	1849	2222	-4.9
25 SU E	0146	0446	4.1
	0747	1050	-4.1
	1351	1651	4.2
	1943	2308	-5.6
26 M	0228	0525	4.6
	0822	1130	-5.0
	1435	1738	5.0
	2036	2354	-6.0
27 TU ○P	0311	0605	4.9
	0859	1213	-5.8
	1522	1827	5.6
	2129		
28 W		0042	-6.1
	0356	0648	5.0
	0938	1258	-6.4
	1612	1918	5.9
	2224		
29 TH		0132	-5.8
	0444	0734	4.7
	1021	1347	-6.6
	1707	2013	5.8
	2324		
30 F		0226	-5.2
	0536	0824	4.2
	1107	1440	-6.5
	1807	2113	5.4

5 月

日期	转流时分	最大流时分	流速
1 SA S	0029	0328	-4.4
	0636	0920	3.5
	1157	1540	-6.1
	1915	2223	4.9
2 SU	0145	0440	-3.6
	0748	1027	2.7
	1256	1651	-5.7
	2031	2342	4.5
3 M ☾	0309	0604	-3.2
	0915	1147	2.2
	1408	1811	-5.4
	2152		
4 TU		0105	4.4
	0432	0731	-3.3
	1046	1314	2.1
	1532	1933	-5.3
	2309		
5 W		0222	4.5
	0543	0846	-3.7
	1203	1433	2.4
	1655	2047	-5.5
6 TH	0018	0326	4.7
	0641	0946	-4.3
	1304	1539	2.9
	1808	2150	-5.6
7 F	0117	0420	4.7
	0727	1036	-4.7
	1354	1634	3.4
	1911	2244	-5.6
8 SA E	0209	0506	4.5
	0806	1119	-4.9
	1437	1721	3.7
	2004	2331	-5.4
9 SU	0255	0545	4.0
	0837	1156	-5.0
	1516	1803	3.7
	2050		
10 M		0012	-4.9
	0336	0619	3.4
	0902	1227	-4.9
	1551	1840	3.6
	2131		
11 TU ●A		0048	-4.3
	0411	0647	2.8
	0920	1254	-4.7
	1623	1912	3.3
	2207		
12 W		0119	-3.7
	0442	0709	2.2
	0932	1317	-4.5
	1653	1942	2.9
	2238		
13 TH		0147	-3.1
	0509	0727	1.6
	0939	1337	-4.3
	1722	2009	2.6
	2308		
14 F		0211	-2.5
	0533	0742	1.2
	0945	1357	-4.1
	1753	2037	2.2
	2337		
15 SA N		0236	-2.0
	0555	0757	0.9
	0951	1419	-3.9
	1826	2107	1.9
16 SU	0008	0303	-1.7
	0621	0816	0.7
	1002	1447	-3.8
	1907	2145	1.6
17 M	0045	0338	-1.3
	0656	0843	0.5
	1019	1524	-3.6
	1957	2232	1.4
18 TU	0134	0427	-1.2
	0753	0925	0.3
	1049	1615	-3.5
	2057	2333	1.3
19 W ☽	0235	0536	-1.2
	0916	1034	0.2
	1145	1724	-3.4
	2201		
20 TH		0041	1.4
	0338	0650	-1.5
	1032	1204	0.4
	1328	1842	-3.6
	2301		
21 F		0142	1.7
	0434	0752	-2.1
	1124	1328	0.9
	1522	1953	-4.0
	2353		
22 SA E		0235	2.2
	0522	0844	-3.0
	1210	1436	1.8
	1653	2055	-4.6
23 SU	0040	0322	2.8
	0606	0931	-4.0
	1255	1535	2.8
	1808	2151	-5.2
24 M	0126	0408	3.3
	0649	1018	-5.1
	1342	1630	3.8
	1914	2244	-5.6
25 TU	0211	0453	3.8
	0732	1105	-6.1
	1431	1723	4.6
	2015	2336	-5.8
26 W ○P	0258	0539	4.1
	0816	1153	-6.9
	1522	1817	5.2
	2114		
27 TH		0028	-5.8
	0346	0627	4.1
	0901	1243	-7.4
	1615	1912	5.5
	2214		
28 F S		0123	-5.5
	0438	0717	4.0
	0948	1335	-7.6
	1713	2010	5.4
	2316		
29 SA		0220	-5.1
	0534	0810	3.6
	1038	1431	-7.5
	1814	2111	5.1
30 SU	0021	0323	-4.5
	0638	0909	3.0
	1131	1532	-7.1
	1919	2218	4.7
31 M	0131	0433	-4.0
	0751	1014	2.4
	1230	1639	-6.6
	2029	2329	4.3

6 月

日期	转流时分	最大流时分	流速
1 TU	0243	0549	-3.8
	0913	1129	2.0
	1338	1752	-6.0
	2142		
2 W ☾		0042	4.1
	0353	0704	-3.8
	1036	1249	1.8
	1455	1907	-5.6
	2253		
3 TH		0151	3.9
	0456	0814	-4.1
	1149	1405	2.0
	1616	2018	-5.4
	2359		
4 F E		0253	3.7
	0550	0913	-4.5
	1249	1512	2.3
	1732	2122	-5.2
5 SA	0059	0346	3.5
	0635	1004	-4.8
	1340	1610	2.7
	1838	2218	-4.9
6 SU	0153	0432	3.1
	0712	1048	-5.0
	1425	1659	2.9
	1935	2307	-4.6
7 M	0240	0512	2.7
	0742	1125	-5.0
	1505	1743	2.9
	2024	2349	-4.2
8 TU A	0322	0545	2.3
	0806	1157	-5.0
	1541	1820	2.9
	2106		
9 W		0026	-3.7
	0358	0613	1.8
	0823	1225	-4.9
	1614	1854	2.8
	2143		
10 TH ●		0058	-3.3
	0430	0637	1.5
	0837	1249	-4.8
	1644	1924	2.6
	2215		
11 F		0126	-2.9
	0458	0657	1.2
	0849	1313	-4.8
	1714	1953	2.4
	2245		
12 SA N		0153	-2.6
	0522	0716	1.0
	0903	1336	-4.7
	1745	2022	2.2
	2315		
13 SU		0219	-2.3
	0546	0738	0.9
	0921	1403	-4.7
	1818	2053	2.0
	2346		
14 M		0248	-2.1
	0611	0803	0.8
	0946	1434	-4.6
	1855	2128	1.9
15 TU	0019	0321	-1.9
	0644	0837	0.8
	1020	1512	-4.5
	1938	2209	1.8
16 W	0058	0403	-1.9
	0727	0921	0.8
	1105	1559	-4.4
	2028	2257	1.7
17 TH	0142	0455	-2.0
	0825	1020	0.8
	1206	1657	-4.3
	2122	2352	1.7
18 F ☽	0233	0555	-2.2
	0932	1132	0.9
	1325	1805	-4.2
	2220		
19 SA E		0050	1.8
	0328	0659	-2.8
	1038	1251	1.3
	1457	1916	-4.3
	2316		
20 SU		0149	2.1
	0423	0801	-3.5
	1140	1407	1.9
	1629	2025	-4.4
21 M	0011	0245	2.5
	0517	0900	-4.5
	1237	1515	2.7
	1751	2129	-4.7
22 TU	0103	0339	2.9
	0610	0955	-5.5
	1332	1618	3.6
	1905	2230	-4.9
23 W P	0154	0431	3.3
	0701	1049	-6.5
	1427	1718	4.4
	2012	2327	-5.1
24 TH ○	0245	0523	3.6
	0752	1142	-7.2
	1521	1815	5.0
	2115		
25 F S		0023	-5.1
	0337	0614	3.7
	0842	1235	-7.8
	1616	1911	5.3
	2216		
26 SA		0119	-5.0
	0430	0707	3.7
	0933	1328	-7.9
	1711	2008	5.4
	2315		
27 SU		0216	-4.8
	0526	0800	3.5
	1025	1423	-7.8
	1809	2105	5.2
28 M	0014	0314	-4.5
	0626	0857	3.1
	1119	1520	-7.3
	1908	2204	4.7
29 TU	0113	0415	-4.2
	0731	0957	2.6
	1216	1620	-6.6
	2010	2305	4.2
30 W	0212	0519	-3.9
	0842	1103	2.2
	1318	1725	-5.9
	2115		

预报值中包括海流。

澳大利亚—托里斯海峡(哈蒙德礁灯塔)

AUSTRALIA－TORRES STRAIT(HAMMOND ROCK LIGHTHOUSE)

10° 30′ S　　142° 13′ E

2021 年潮流表　　流速单位:kn　　(＋)表示流向 080°　　(－)表示流向 260°　　时区:－1000

7 月

日期	转流时分	最大流时分	流速
1 TH ☾ E		0007	3.6
	0310	0626	-3.8
	0957	1215	1.9
	1427	1833	-5.1
	2222		
2 F		0110	3.1
	0405	0731	-3.8
	1111	1329	1.8
	1543	1943	-4.5
	2328		
3 SA		0211	2.7
	0456	0832	-4.0
	1217	1439	1.9
	1701	2050	-4.1
4 SU	0031	0307	2.3
	0540	0926	-4.2
	1314	1542	2.1
	1812	2150	-3.7
5 M A	0128	0355	2.0
	0619	1013	-4.4
	1401	1636	2.3
	1914	2243	-3.5
6 TU	0217	0437	1.8
	0651	1052	-4.5
	1442	1721	2.5
	2006	2327	-3.3
7 W	0259	0512	1.6
	0719	1126	-4.7
	1517	1759	2.6
	2050		
8 TH		0004	-3.1
	0333	0542	1.4
	0743	1156	-4.8
	1549	1833	2.7
	2127		
9 F N		0036	-2.9
	0401	0608	1.4
	0807	1224	-4.9
	1618	1903	2.7
	2200		
10 SA ●		0104	-2.8
	0424	0632	1.4
	0831	1250	-5.0
	1647	1932	2.8
	2230		
11 SU		0130	-2.6
	0445	0656	1.4
	0857	1317	-5.1
	1717	2000	2.7
	2259		
12 M		0156	-2.6
	0507	0723	1.5
	0928	1347	-5.2
	1748	2030	2.7
	2327		
13 TU		0224	-2.5
	0532	0753	1.6
	1002	1420	-5.2
	1823	2103	2.6
	2357		
14 W		0256	-2.5
	0603	0829	1.7
	1043	1458	-5.1
	1902	2140	2.5
15 TH	0031	0334	-2.6
	0644	0912	1.8
	1130	1542	-4.9
	1947	2222	2.3
16 F E	0109	0419	-2.7
	0736	1006	1.8
	1226	1635	-4.6
	2038	2312	2.2
17 SA ☽	0153	0515	-2.9
	0841	1111	1.8
	1335	1738	-4.2
	2137		
18 SU		0009	2.0
	0246	0621	-3.3
	0957	1229	1.9
	1458	1852	-3.9
	2241		
19 M		0113	2.0
	0345	0731	-3.8
	1113	1353	2.3
	1631	2010	-3.8
	2346		
20 TU		0220	2.2
	0448	0841	-4.6
	1224	1511	2.9
	1800	2124	-3.9
21 W P	0048	0323	2.5
	0550	0945	-5.5
	1327	1620	3.8
	1918	2230	-4.1
22 TH S	0145	0422	3.0
	0649	1044	-6.5
	1424	1721	4.6
	2025	2329	-4.4
23 F	0239	0518	3.4
	0745	1139	-7.2
	1519	1817	5.2
	2125		
24 SA ○		0024	-4.6
	0330	0610	3.7
	0839	1232	-7.7
	1611	1910	5.5
	2219		
25 SU		0116	-4.7
	0420	0701	3.8
	0931	1323	-7.8
	1703	2000	5.5
	2310		
26 M		0206	-4.6
	0511	0752	3.7
	1022	1413	-7.5
	1754	2050	5.1
	2359		
27 TU		0256	-4.4
	0603	0843	3.5
	1113	1504	-6.9
	1846	2140	4.6
28 W	0046	0347	-4.1
	0658	0935	3.0
	1205	1556	-6.0
	1940	2230	3.8
29 TH E	0131	0439	-3.8
	0758	1031	2.5
	1259	1651	-5.0
	2037	2323	3.0
30 F	0217	0535	-3.5
	0904	1133	2.0
	1400	1752	-4.0
	2139		
31 SA ☾		0019	2.2
	0302	0636	-3.2
	1018	1245	1.6
	1510	1900	-3.2
	2248		

8 月

日期	转流时分	最大流时分	流速
1 SU		0118	1.6
	0348	0739	-3.2
	1133	1402	1.5
	1632	2015	-2.7
	2359		
2 M A		0219	1.3
	0434	0841	-3.3
	1237	1513	1.7
	1753	2124	-2.5
3 TU	0105	0315	1.1
	0519	0934	-3.5
	1329	1611	2.0
	1901	2221	-2.5
4 W	0155	0402	1.1
	0601	1018	-3.8
	1410	1657	2.3
	1953	2304	-2.5
5 TH N	0231	0440	1.2
	0639	1055	-4.2
	1443	1733	2.6
	2033	2339	-2.6
6 F	0259	0511	1.4
	0714	1126	-4.5
	1513	1804	2.9
	2107		
7 SA		0007	-2.7
	0320	0539	1.6
	0747	1155	-4.9
	1542	1833	3.1
	2136		
8 SU ●		0033	-2.8
	0340	0606	1.9
	0820	1224	-5.2
	1610	1900	3.3
	2202		
9 M		0058	-3.0
	0401	0633	2.3
	0854	1254	-5.5
	1640	1928	3.4
	2229		
10 TU		0124	-3.1
	0424	0703	2.6
	0930	1325	-5.7
	1711	1958	3.4
	2255		
11 W		0153	-3.3
	0453	0737	2.9
	1009	1400	-5.7
	1746	2030	3.4
	2324		
12 TH E		0225	-3.4
	0528	0815	3.0
	1052	1439	-5.5
	1825	2107	3.2
	2357		
13 F		0303	-3.5
	0611	0900	3.0
	1141	1524	-5.1
	1909	2148	2.9
14 SA	0034	0349	-3.6
	0705	0953	2.8
	1237	1617	-4.5
	2001	2238	2.5
15 SU ☽	0118	0445	-3.6
	0812	1100	2.6
	1346	1723	-3.8
	2104	2338	2.1
16 M	0212	0555	-3.7
	0934	1223	2.4
	1514	1844	-3.2
	2219		
17 TU P		0051	1.9
	0319	0716	-4.1
	1101	1356	2.7
	1655	2014	-3.1
	2338		
18 W S		0211	2.0
	0433	0836	-4.7
	1219	1520	3.4
	1826	2134	-3.3
19 TH	0048	0323	2.4
	0546	0946	-5.6
	1325	1627	4.2
	1938	2239	-3.8
20 F	0147	0425	2.9
	0651	1045	-6.5
	1422	1724	5.0
	2036	2334	-4.3
21 SA	0238	0519	3.5
	0749	1139	-7.1
	1514	1815	5.5
	2127		
22 SU ○		0022	-4.6
	0325	0609	3.9
	0842	1228	-7.4
	1602	1901	5.6
	2211		
23 M		0107	-4.8
	0410	0656	4.1
	0932	1314	-7.3
	1649	1945	5.3
	2252		
24 TU		0150	-4.7
	0454	0741	4.1
	1019	1359	-6.9
	1734	2027	4.8
	2330		
25 W E		0231	-4.5
	0538	0825	3.8
	1105	1443	-6.1
	1819	2107	4.0
26 TH	0004	0311	-4.1
	0623	0909	3.3
	1151	1526	-5.0
	1904	2147	3.1
27 F	0036	0352	-3.7
	0712	0955	2.6
	1238	1612	-3.9
	1953	2227	2.2
28 SA	0105	0434	-3.2
	0808	1047	2.0
	1329	1703	-2.9
	2049	2310	1.3
29 SU	0133	0524	-2.8
	0916	1151	1.4
	1434	1809	-2.1
	2203		
30 M ☾ A		0003	0.7
	0201	0625	-2.5
	1037	1315	1.2
	1603	1937	-1.6
	2344		
31 TU		0114	0.3
	0239	0740	-2.5
	1154	1442	1.3
	1737	2104	-1.5

9 月

日期	转流时分	最大流时分	流速
1 W	0108	0228	0.3
	0343	0847	-2.8
	1250	1544	1.7
	1846	2202	-1.8
2 TH N	0146	0325	0.5
	0457	0938	-3.2
	1331	1627	2.1
	1932	2239	-2.1
3 F	0206	0405	0.9
	0555	1017	-3.7
	1403	1659	2.6
	2005	2307	-2.4
4 SA	0222	0437	1.4
	0643	1051	-4.3
	1432	1727	3.0
	2032	2331	-2.8
5 SU	0238	0506	1.9
	0724	1122	-4.9
	1501	1754	3.4
	2057	2355	-3.1
6 M	0257	0536	2.6
	0803	1153	-5.4
	1530	1821	3.7
	2121		
7 TU ●		0020	-3.6
	0321	0607	3.2
	0842	1225	-5.8
	1601	1850	3.9
	2147		
8 W E		0048	-4.0
	0349	0640	3.7
	0922	1300	-6.0
	1634	1921	4.0
	2215		
9 TH		0119	-4.3
	0423	0718	4.0
	1005	1337	-6.0
	1711	1956	3.9
	2246		
10 F		0155	-4.6
	0503	0800	4.2
	1051	1419	-5.7
	1751	2034	3.6
	2320		
11 SA P		0237	-4.7
	0551	0848	4.0
	1143	1507	-5.0
	1838	2118	3.2
	2359		
12 SU		0325	-4.6
	0648	0945	3.6
	1245	1605	-4.2
	1934	2211	2.6
13 M ☽	0046	0426	-4.4
	0800	1057	3.2
	1402	1718	-3.3
	2046	2318	2.0
14 TU	0145	0542	-4.2
	0927	1229	3.0
	1541	1852	-2.8
	2216		
15 W S		0043	1.7
	0302	0711	-4.4
	1057	1405	3.3
	1722	2027	-2.9
	2345		
16 TH		0213	1.9
	0429	0836	-5.0
	1215	1524	4.1
	1842	2142	-3.5
17 F	0054	0327	2.5
	0548	0945	-5.9
	1319	1626	4.8
	1942	2241	-4.1
18 SA	0148	0426	3.2
	0655	1043	-6.6
	1414	1718	5.4
	2031	2329	-4.6
19 SU	0235	0518	3.8
	0752	1133	-6.9
	1503	1804	5.6
	2113		
20 M ○		0012	-5.0
	0317	0604	4.2
	0843	1219	-7.0
	1548	1845	5.4
	2150		
21 TU E		0051	-5.1
	0357	0647	4.4
	0930	1302	-6.6
	1630	1923	4.8
	2222		
22 W		0128	-4.9
	0436	0727	4.2
	1014	1342	-5.9
	1710	1958	4.1
	2250		
23 TH		0201	-4.6
	0513	0806	3.8
	1056	1419	-5.0
	1748	2029	3.2
	2314		
24 F		0232	-4.2
	0551	0843	3.3
	1136	1456	-3.9
	1824	2058	2.3
	2332		
25 SA		0302	-3.7
	0631	0921	2.6
	1217	1531	-2.9
	1902	2124	1.5
	2344		
26 SU A		0332	-3.3
	0715	1002	2.0
	1302	1611	-2.0
	1945	2148	0.8
	2349		
27 M		0405	-2.8
	0811	1054	1.4
	1401	1705	-1.2
	2054	2218	0.3
	2339		
28 TU		0450	-2.4
	0924	1214	1.0
	1535	1845	-0.8
		2313	-0.2
29 W ☾ N		0604	-2.2
	1049	1356	1.1
	1722	2045	-0.9
30 TH		0107	-0.3
		0737	-2.3
	1155	1504	1.5
	1824	2135	-1.3

预报值中包括海流。

澳大利亚—托里斯海峡(哈蒙德礁灯塔)

AUSTRALIA－TORRES STRAIT(HAMMOND ROCK LIGHTHOUSE)

10° 30′ S　　142° 13′ E

2021 年潮流表　　流速单位:kn　　(＋)表示流向 080°　　(－)表示流向 260°　　时区:－1000

10 月

日期	转流时分	最大流时分	流速
1 F	0157	0231	0.0
	0305	0844	-2.7
	1239	1545	2.0
	1858	2202	-1.7
2 SA	0129	0319	0.7
	0502	0930	-3.3
	1313	1615	2.5
	1924	2224	-2.2
3 SU	0135	0356	1.4
	0605	1008	-4.0
	1345	1643	3.0
	1947	2247	-2.8
4 M	0152	0429	2.3
	0655	1043	-4.7
	1415	1710	3.5
	2011	2312	-3.5
5 TU	0215	0503	3.1
	0741	1118	-5.4
	1447	1740	4.0
	2037	2341	-4.2
6 W ●E	0244	0539	4.0
	0825	1155	-5.8
	1521	1812	4.3
	2105		
7 TH		0014	-4.8
	0319	0618	4.6
	0911	1234	-6.0
	1557	1846	4.4
	2137		
8 F P		0050	-5.4
	0359	0700	5.0
	0958	1316	-5.9
	1637	1924	4.3
	2212		
9 SA		0130	-5.6
	0445	0747	5.1
	1050	1402	-5.4
	1721	2006	4.0
	2250		
10 SU		0216	-5.7
	0537	0840	4.8
	1149	1455	-4.6
	1811	2054	3.4
	2334		
11 M		0310	-5.4
	0639	0944	4.4
	1258	1600	-3.7
	1912	2152	2.7
12 TU S	0026	0415	-5.1
	0753	1101	3.9
	1425	1722	-2.9
	2033	2307	2.0
13 W ☽	0133	0536	-4.8
	0919	1234	3.8
	1604	1900	-2.7
	2211		
14 TH		0040	1.8
	0258	0706	-4.8
	1046	1403	4.1
	1732	2028	-3.1
	2338		
15 F		0210	2.2
	0430	0828	-5.3
	1200	1515	4.8
	1838	2135	-3.8
16 SA	0044	0322	2.9
	0550	0936	-5.9
	1302	1613	5.3
	1930	2229	-4.4
17 SU	0136	0420	3.7
	0657	1033	-6.3
	1356	1702	5.5
	2014	2314	-4.9
18 M	0221	0510	4.2
	0753	1122	-6.3
	1443	1745	5.4
	2051	2354	-5.1
19 TU E	0302	0555	4.5
	0844	1207	-6.0
	1526	1823	4.9
	2123		
20 W ○		0030	-5.1
	0339	0635	4.6
	0930	1247	-5.4
	1605	1857	4.3
	2150		
21 TH		0103	-4.9
	0415	0713	4.3
	1013	1324	-4.6
	1640	1926	3.5
	2212		
22 F		0132	-4.6
	0448	0748	3.9
	1053	1357	-3.7
	1710	1951	2.7
	2228		
23 SA		0157	-4.2
	0520	0821	3.4
	1132	1428	-2.8
	1736	2011	2.0
	2239		
24 SU A		0220	-3.7
	0553	0853	2.8
	1211	1457	-1.9
	1758	2026	1.4
	2246		
25 M		0242	-3.3
	0627	0928	2.2
	1256	1527	-1.2
	1817	2040	0.9
	2250		
26 TU N		0307	-2.9
	0708	1010	1.8
	1357	1607	-0.6
	1839	2057	0.6
	2254		
27 W		0341	-2.5
	0801	1110	1.4
	1534	1718	-0.3
	1929	2126	0.2
	2259		
28 TH ☾		0436	-2.2
	0910	1237	1.3
	1718	1924	-0.3
		2253	-0.0
29 F		0603	-2.1
	1022	1355	1.6
	1759	2031	-0.7
	2345		
30 SA		0101	0.2
	0211	0729	-2.4
	1120	1443	2.0
	1821	2102	-1.2
31 SU	0000	0216	0.8
	0418	0831	-2.9
	1206	1519	2.6
	1841	2130	-1.9

11 月

日期	转流时分	最大流时分	流速
1 M	0024	0306	1.7
	0534	0919	-3.6
	1245	1552	3.2
	1904	2158	-2.7
2 TU E	0055	0349	2.7
	0632	1003	-4.3
	1323	1625	3.7
	1929	2230	-3.6
3 W	0130	0431	3.8
	0724	1045	-4.8
	1400	1700	4.3
	1959	2306	-4.5
4 TH ●	0208	0514	4.7
	0815	1128	-5.2
	1439	1737	4.6
	2033	2344	-5.3
5 F P	0251	0559	5.4
	0906	1212	-5.3
	1519	1816	4.8
	2110		
6 SA		0027	-5.9
	0338	0648	5.8
	1000	1259	-5.1
	1603	1859	4.8
	2150		
7 SU		0113	-6.3
	0429	0740	5.9
	1058	1351	-4.6
	1650	1946	4.4
	2235		
8 M S		0203	-6.2
	0525	0838	5.7
	1203	1449	-3.8
	1743	2039	3.9
	2325		
9 TU		0301	-5.9
	0628	0944	5.3
	1318	1558	-3.1
	1847	2142	3.2
10 W	0024	0408	-5.5
	0740	1101	4.9
	1444	1720	-2.6
	2007	2259	2.7
11 TH ☽	0137	0527	-5.0
	0859	1225	4.8
	1611	1850	-2.6
	2140		
12 F		0029	2.5
	0304	0652	-4.9
	1018	1345	5.0
	1725	2009	-3.0
	2304		
13 SA		0154	2.9
	0432	0810	-5.0
	1129	1453	5.3
	1824	2114	-3.6
14 SU	0012	0306	3.5
	0551	0918	-5.2
	1231	1549	5.5
	1913	2207	-4.2
15 M E	0107	0405	4.2
	0659	1016	-5.2
	1325	1638	5.4
	1954	2252	-4.6
16 TU	0154	0456	4.7
	0757	1106	-5.0
	1413	1721	5.1
	2030	2332	-4.7
17 W	0235	0542	4.9
	0850	1152	-4.5
	1454	1758	4.6
	2101		
18 TH		0008	-4.7
	0313	0623	4.8
	0939	1232	-3.9
	1529	1830	3.9
	2127		
19 F ○		0039	-4.5
	0346	0700	4.6
	1024	1308	-3.1
	1559	1857	3.3
	2147		
20 SA		0106	-4.1
	0417	0734	4.2
	1106	1339	-2.4
	1621	1918	2.7
	2204		
21 SU A		0129	-3.8
	0445	0805	3.8
	1148	1407	-1.7
	1635	1935	2.2
	2218		
22 M N		0151	-3.5
	0512	0835	3.4
	1232	1433	-1.1
	1643	1950	1.9
	2233		
23 TU		0213	-3.1
	0540	0906	3.0
	1323	1500	-0.6
	1644	2006	1.6
	2251		
24 W		0238	-2.9
	0611	0941	2.6
	1430	1533	-0.2
	1638	2028	1.4
	2317		
25 TH		0310	-2.6
	0649	1025	2.4
		1618	0.1
		2102	1.2
	2350		
26 F		0355	-2.3
	0736	1121	2.2
		1723	0.1
		2203	1.1
27 SA ☾	0058	0458	-2.1
	0834	1225	2.3
	1748	1836	-0.1
	1926	2333	1.2
28 SU	0226	0615	-2.1
	0937	1324	2.5
	1747	1937	-0.6
	2131		
29 M		0103	1.6
	0400	0728	-2.3
	1038	1415	3.0
	1804	2025	-1.4
	2249		
30 TU E		0213	2.4
	0518	0830	-2.8
	1132	1459	3.5
	1829	2109	-2.3
	2349		

12 月

日期	转流时分	最大流时分	流速
1 W		0311	3.4
	0624	0925	-3.2
	1221	1542	4.1
	1900	2153	-3.3
2 TH	0042	0405	4.5
	0723	1017	-3.7
	1308	1625	4.6
	1935	2237	-4.3
3 F	0134	0457	5.4
	0820	1107	-4.0
	1355	1709	5.0
	2015	2324	-5.2
4 SA ●P	0226	0549	6.2
	0916	1158	-4.0
	1441	1755	5.3
	2058		
5 SU		0012	-5.9
	0319	0642	6.6
	1015	1250	-3.9
	1529	1843	5.3
	2144		
6 M S		0103	-6.3
	0414	0738	6.8
	1116	1346	-3.5
	1619	1934	5.1
	2235		
7 TU		0157	-6.3
	0511	0837	6.7
	1223	1445	-3.1
	1714	2030	4.8
	2330		
8 W		0255	-6.0
	0612	0940	6.4
	1334	1552	-2.6
	1815	2133	4.3
9 TH	0033	0400	-5.4
	0716	1049	6.1
	1450	1705	-2.3
	1927	2245	3.8
10 F	0146	0511	-4.8
	0824	1202	5.8
	1604	1822	-2.2
	2047		
11 SA ☽		0006	3.6
	0308	0628	-4.3
	0935	1314	5.6
	1710	1936	-2.5
	2208		
12 SU E		0127	3.7
	0434	0744	-4.0
	1043	1421	5.4
	1807	2041	-2.9
	2321		
13 M		0241	4.1
	0555	0853	-3.7
	1146	1519	5.3
	1856	2138	-3.3
14 TU	0022	0345	4.6
	0707	0955	-3.5
	1241	1610	5.1
	1939	2226	-3.6
15 W	0114	0440	5.0
	0810	1049	-3.2
	1329	1655	4.7
	2016	2308	-3.7
16 TH	0158	0528	5.2
	0907	1137	-2.8
	1409	1733	4.3
	2048	2345	-3.7
17 F	0237	0611	5.2
	0959	1218	-2.3
	1442	1805	3.9
	2117		
18 SA A		0017	-3.6
	0311	0648	5.0
	1047	1253	-1.8
	1506	1832	3.5
	2141		
19 SU ○		0045	-3.4
	0340	0721	4.8
	1132	1324	-1.3
	1521	1854	3.2
	2203		
20 M N		0109	-3.2
	0407	0751	4.5
	1216	1351	-0.8
	1530	1914	2.9
	2224		
21 TU		0132	-3.0
	0432	0818	4.3
	1301	1415	-0.5
	1532	1933	2.8
	2247		
22 W		0156	-2.9
	0457	0846	4.0
	1352	1439	-0.2
	1528	1954	2.7
	2313		
23 TH		0223	-2.7
	0524	0915	3.8
		1506	0.0
		2021	2.7
	2346		
24 F		0254	-2.5
	0555	0949	3.6
		1538	0.1
		2056	2.7
25 SA	0028	0333	-2.3
	0631	1028	3.5
		1620	0.1
		2143	2.7
26 SU	0123	0421	-2.0
	0714	1116	3.4
		1713	0.0
		2247	2.7
27 M ☾E	0233	0523	-1.8
	0806	1211	3.4
	1704	1817	-0.3
	1929		
28 TU		0006	2.9
	0356	0634	-1.7
	0907	1310	3.5
	1730	1923	-0.9
	2116		
29 W		0128	3.4
	0520	0748	-1.7
	1012	1410	3.8
	1803	2026	-1.8
	2246		
30 TH		0243	4.1
	0635	0857	-1.9
	1117	1506	4.3
	1842	2124	-2.8
31 F	0001	0350	5.1
	0741	1000	-2.2
	1218	1600	4.8
	1925	2220	-3.8

预报值中包括海流。

附属港资料
（差比数表）

中　国　南　岸

序号	地　名	位置 纬度	位置 经度	标准时间 时 分	潮时差 高潮 时 分	潮时差 低潮 时 分	潮高 比值	潮高 改正数 (m)	潮差 平均 (m)	潮差 大潮 (m)	平均潮位 (m)	潮汐类型
	中国，南海诸岛 China，South China Sea Islands	N	E									
		(°) (′)	(°) (′)		主港：马尼拉 MANILA No. 2208 p. 226							
001	南沙群岛 Nansha Qundao	11 27	114 19	-0800	-0010	-0016	0.87	+0.7	0.9	1.2	1.1	D
002	西沙群岛 Xisha Qundao	16 33	111 37	-0800	-0104	-0108	0.87	+0.8	0.9	1.2	1.2	D
					主港：香港 XIANGGANG No. 84 p. 28							
003	东沙群岛 Dongsha Qundao	20 42	116 43	-0800	+0001	+0022	0.56	-0.1	0.8	1.0	0.7	D
					主港：马尼拉 MANILA No. 2208 p. 226							
004	黄岩岛 Huangyan Dao	15 08	117 45	-0800	+0030	+0025	1.05	+0.4	1.0	1.4	0.9	D
	中国南岸 China，South Coast				主港：北海 BEIHAI No. 8 p. 1							
	北部湾 *Beibu Wan*											
005	三娘湾 Sanniang Wan	21 38	108 47	-0800	-0010	-0003	0.99	+0.5	2.8	4.0	3.1	D
006	大风江 Dafeng Jiang	21 38	108 52	-0800	+0015	+0031	0.98	-0.1	2.8	4.0	2.4	D
007	北海外 Off Beihai	21 29	108 59	-0800	-0002	+0004	1.11	+0.1	3.2	4.4	2.9	D
008	**北海 BEIHAI**	21 29	109 05	-0800	（主　港）				2.9	4.0	2.6	D
009	涠洲岛 Weizhou Dao	21 02	109 07	-0800	-0019	-0007	0.91	+0.1	2.6	3.8	2.4	D
	雷州半岛 *Reizhou Bandao*				主港：海口 HAIKOU No. 28 p. 7							
010	滘尾角 Kuwei Jiao	20 13	109 56	-0800	-0151	-0021	1.14	+0.2	1.7	2.4	1.9	D
	海南岛西岸 *Hainan Dao，West Coast*				主港：东方 DONG FANG No. 15 p. 4							
011	洋浦 Yangpu	19 44	109 11	-0800	+0024	-0129	1.21	-0.1	1.9	3.0	2.0	D
012	海头 Haitou	19 31	108 56	-0800	+0113	-0220	1.48	-0.1	2.4	3.6	2.1	D
013	昌化港 Changhua Gang	19 20	108 42	-0800	+0046	-0219	1.14	+0.1	1.8	2.8	1.8	D
014	四更沙角 Sigengshajiao	19 13	108 38	-0800	+0018	-0039	0.99	+0.1	1.6	2.4	1.5	D
015	**东方（八所）DONG FANG（BASUO）**	19 07	108 37	-0800	（主　港）				1.6	2.4	1.5	D
016	北黎湾 Beili Wan	19 06	108 42	-0800	+0032	-0336	0.96	+0.0	1.5	2.3	1.3	D
017	感恩角 Ganen Jiao	18 49	108 38	-0800	-0126	-0002	0.83	-0.1	1.3	1.9	1.1	D
					主港：北海 BEIHAI No. 8 p. 1							
018	莺歌海 Yinggehai	18 30	108 43	-0800	-0530	-0614	0.38	-0.1	1.1	1.5	0.7	D
	海南岛南岸 *Hainandao，South Coast*				主港：汕尾 SHANWEI No. 95 p. 31							
019	三亚湾 Sanya Wan	18 14	109 30	-0800	+0210	+0253	0.82	+0.1	1.0	1.4	0.9	D
	海南岛东岸 *Hainandao，East Coast*				主港：闸坡 ZHAPO No. 43 p. 16							
021	清澜港 Qinglan Gang	19 34	110 49	-0800	+0049	-0011	0.49	+0.2	1.1	1.4	1.0	D
022	七洲列岛（南士） Qizhou Liedao（Nanshi）	19 55	111 12	-0800	+0034	+0034	0.58	+0.1	1.3	1.6	1.1	D
	海南岛北岸 *Hainandao North Coast*				主港：硇洲 NAOZHOU No. 34 p. 10							
023	抱虎角 Baohu Jiao	20 01	110 54	-0800	-0015	-0002	0.51	+0.1	1.3	1.5	1.1	D

中　国　南　岸

序号	地　　名	位置		标准时间	潮时差		潮高		潮差		平均潮位	潮汐类型
		纬度	经度	时 分	高潮 时 分	低潮 时 分	比值	改正数 (m)	平均 (m)	大潮 (m)	(m)	
	中国南岸 China，South Coast	N	E									
	海南岛北岸 *Hainandao North Coast*	(°) (′)	(°) (′)		**主港：沙捞越河 KEPPEL HARBOUR** No. 2364 p. 244							
024	**木栏头** Mulantou	20 10	110 40	-0800	+0649	+0612	0.29	+0.1	1.1	1.2	1.0	D
					主港：海口 HAIKOU No. 28 p. 7							
025	东溪村 Dongxicun	20 02	110 37	-0800	+0230	+0113	0.79	-0.1	1.2	1.3	1.2	D
026	铺前 Puqian	20 02	110 34	-0800	+0205	+0105	0.73	+0.1	1.1	1.3	1.3	D
027	海口市 Haikoushi	20 03	110 20	-0800	+0052	+0030	0.65	+0.4	1.0	1.3	1.4	D
028	**海口（秀英）HAIKOU（XIUYING）**	20 01	110 16	-0800	（主　港）				1.4	2.0	1.5	D
028a	澄迈湾 Dengmai Wan	19 57	110 07	-0800	-0115	-0025	1.32	+0.1	1.9	2.8	2.0	D
	雷州半岛 *Leizhou Bandao*											
029	海安 Haian	20 16	110 13	-0800	+0004	+0004	0.87	+0.3	1.3	1.7	1.7	D
030	赤坎仔（红坎湾）Chikanzi（Hongkan Wan）	20 19	110 24	-0800	+0113	+0005	0.79	+0.1	1.1	1.3	1.4	D
					主港：硇洲 NAOZHOU No. 34 p. 10							
031	下港 Xia Gang	20 31	110 32	-0800	+0026	+0043	0.74	-0.2	1.8	2.1	1.2	D
032	外罗门 Wailuomen	20 35	110 28	-0800	+0038	+0054	0.88	+0.0	2.2	2.5	1.6	D
					主港：湛江 ZHANJIANG No. 37 p. 13							
033	雷州港 Leizhou Gang	20 51	110 12	-0800	+0030	+0050	1.05	-0.3	3.0	3.3	2.0	D
	硇洲岛 *Naozhou Dao*											
034	**北港 BEI GANG**	20 57	110 35	-0800	（主　港）				2.4	2.7	1.9	D
	东海岛 *Donghai Dao*											
036	大黄江 Dahuang Jiang	21 06	110 32	-0800	-0013	+0012	0.95	+0.0	2.7	3.1	2.0	D
037	**湛江 ZHANJIANG**	21 10	110 24	-0800	（主　港）				2.8	3.1	2.2	D
038	调顺岛 Tiaoshun Dao	21 11	110 24	-0800	-0011	+0002	0.98	+0.3	2.8	3.1	2.5	D
039	三合窝 Sanhewo	21 14	110 35	-0800	-0037	-0014	0.84	+0.2	2.4	2.7	2.0	D
					主港：闸坡 ZHAPO No. 43 p. 16							
040	黄坡 Huangpo	21 21	110 37	-0800	+0148	+0218	0.69	+0.1	1.5	1.8	1.2	D
041	电白 Dianbai	21 30	111 16	-0800	+0013	+0000	1.02	+0.0	2.2	2.6	1.7	D
042	双鱼嘴 Shuangyuzui	21 31	111 40	-0800	+0002	+0004	0.96	+0.1	2.1	2.5	1.7	D
	海陵山岛 *Hailingshan Dao*											
043	**闸坡 ZHAPO**	21 35	111 50	-0800	（主　港）				2.2	2.6	1.7	D
044	南鹏岛 Nanpeng Dao	21 33	112 12	-0800	-0017	-0008	0.89	+0.0	2.0	2.3	1.6	D
045	下川岛（南澳）Xiachuan Dao（Nanao）	21 37	112 34	-0800	+0047	+0038	0.88	+0.0	2.0	2.3	1.5	D
	上川岛 *Shangchuan Dao*											
046	*沙堤 Shadi*	21 37	112 45	-0800	-0042	-0015	0.80	+0.0	1.8	2.2	1.4	*D*

中　国　南　岸

序号	地　　名	位置 纬度	位置 经度	标准时间 时 分	潮时差 高潮 时 分	潮时差 低潮 时 分	潮高 比值	潮高 改正数 (m)	潮差 平均 (m)	潮差 大潮 (m)	平均潮位 (m)	潮汐类型
	中国南岸 China, South Coast	N	E									
	上川岛 *Shangchuan Dao*	(°) (′)	(°) (′)		主港：闸坡 ZHAPO No. 43 p. 16							
047	三洲湾 Sanzhou Wan	21 45	112 46	-0800	-0045	-0012	0.90	+0.0	2.0	2.3	1.6	D
048	铜鼓 Tonggu	21 53	112 52	-0800	-0051	-0026	0.84	+0.0	1.9	2.2	1.5	D
049	荷包岛 Hebao Dao	21 52	113 09	-0800	-0038	-0020	0.78	+0.1	1.8	2.1	1.4	D
050	高栏岛 Gaolan Dao	21 54	113 17	-0800	+0032	+0028	0.75	+0.1	1.7	1.9	1.4	D
					主港：澳门 AOMEN No. 59 p. 19							
051	南水 Nanshui	22 02	113 14	-0800	-0010	+0016	1.07	-0.5	1.8	2.1	1.4	D
052	三灶岛 Sanzao Dao	22 02	113 24	-0800	-0024	-0011	0.98	-0.3	1.7	2.0	1.5	D
	佳逢列岛 *Jiapeng Liedao*				主港：香港 XIANGGANG No. 84 p. 28							
053	蚊尾洲 Wenweizhou	21 49	113 56	-0800	+0006	+0029	0.82	-0.2	1.2	1.6	0.9	D
054	庙湾岛 Miaowan Dao	21 52	114 01	-0800	+0006	+0006	0.97	-0.1	1.4	1.7	1.2	D
	担杆列岛 *Dangan Liedao*											
055	担杆岛 Dangan Dao	22 04	114 18	-0800	+0014	+0001	0.95	-0.1	1.4	1.7	1.2	D
	珠江口 *Zhujiangkou*				主港：澳门 AOMEN No. 59 p. 19							
056	外伶仃岛 Wailingding Dao	22 06	114 02	-0800	+0004	+0016	1.03	-0.1	1.5	1.9	1.3	D
057	桂山岛 Guishan Dao	22 08	113 49	-0800	+0002	-0013	0.98	-0.4	1.7	2.0	1.4	D
058	东澳岛 Dongao Dao	22 01	113 42	-0800	-0004	-0023	0.95	-0.4	1.6	1.9	1.3	D
059	澳门 AOMEN (MACAU)	22 13	113 33	-0800	(主　港)				1.7	2.0	2.0	D
060	珠海 Zhuhai	22 17	113 35	-0800	+0027	+0018	0.93	-0.2	1.6	1.8	1.5	D
061	内伶仃岛 Neilingding Dao	22 25	113 47	-0800	+0046	+0019	1.11	-0.3	1.9	2.2	1.7	D
062	赤湾 Chiwan	22 28	113 52	-0800	+0046	+0031	1.18	-0.6	2.0	2.3	1.5	D
064	舢舨洲 Shanbanzhou	22 43	113 39	-0800	+0143	+0144	1.31	-0.4	2.2	2.5	1.9	D
066	万倾沙东 Wanqingsha (East)	22 44	113 32	-0800	+0230	+0240	0.98	-0.3	1.7	1.9	1.4	D
	珠江 *Zhu Jiang*				主港：黄埔 HUANGPU No. 74 p. 22							
067	三沙口 Sanshakou	22 53	113 31	-0800	-0049	-0051	0.97	+0.2	2.1	2.4	1.7	D
068	泥洲头 Nizhoutou	22 54	113 34	-0800	-0035	-0056	1.03	+0.2	2.2	2.5	1.9	D
069	泗盛围 Sishengwei	22 55	113 36	-0800	-0059	-0107	1.01	+0.1	2.2	2.5	1.7	D
070	海沁 Haixin	22 58	113 32	-0800	-0046	-0054	0.99	+0.2	2.2	2.5	1.8	D
					主港：广州 GUANGZHOU No. 76 p. 25							
071	墩头基 Duntouji	23 03	113 31	-0800	-0131	-0135	1.22	+0.0	2.1	2.3	1.6	D
					主港：黄埔 HUANGPU No. 74 p. 22							
072	大盛 Dasheng	23 03	113 32	-0800	-0014	-0020	0.96	+0.1	2.1	2.3	1.6	D
073	赤沙灯桩 Chisha (Lighthouse)	23 03	113 30	-0800	+0007	-0027	1.00	+0.0	2.1	2.4	1.6	D

中 国 南 岸

序号	地名	位置 纬度 (°) (′)	位置 经度 (°) (′)	标准时间 时 分	潮时差 高潮 时 分	潮时差 低潮 时 分	潮高 比值	潮高 改正数 (m)	潮差 平均 (m)	潮差 大潮 (m)	平均潮位 (m)	潮汐类型
	中国南岸 China，South Coast	N	E									
	珠江 *Zhu Jiang*				**主港：黄埔 HUANGPU** No. 74 p. 22							
074	**黄埔 HUANGPU**	23 06	113 27	-0800	（主 港）				2.1	2.4	1.6	D
075	琶洲 Bazhou	23 07	113 22	-0800	+0043	+0014	0.90	+0.1	1.9	2.2	1.5	D
076	**广州 GUANGZHOU**	23 05	113 14	-0800	（主 港）				1.7	1.9	1.3	D
					主港：香港 XIANGGANG No. 84 p. 28							
077	深圳湾 Shenzhen Wan	22 29	114 01	-0800	+0141	+0156	1.43	-0.2	2.1	2.4	1.8	D
078	炮台峰湾 Paotaifeng Wan	22 23	113 59	-0800	+0036	+0038	1.18	-0.1	1.7	2.1	1.5	D
079	兄弟屿 Xiongdi Yu	22 20	113 58	-0800	+0051	+0055	1.20	-0.1	1.7	2.1	1.5	D
080	南头 Nantou	22 14	114 00	-0800	+0010	+0011	1.03	+0.0	1.5	1.8	1.4	D
081	急水门 Jishui Men	22 21	114 03	-0800	+0015	+0014	1.18	-0.1	1.7	2.0	1.5	D
	香港岛 *Xianggang Dao*											
082	大潭湾 Datan Wan	22 14	114 14	-0800	-0010	+0003	1.03	-0.1	1.5	1.8	1.3	D
083	鸭巴甸 Yabadian	22 15	114 09	-0800	-0004	+0008	1.03	-0.1	1.5	1.9	1.3	D
084	**香港 XIANGGANG (HONG KONG)**	22 18	114 10	-0800	（主 港）				1.5	1.8	1.4	D
085	太古船坞 Taigu Shipyard	22 17	114 13	-0800	-0002	+0010	1.01	+0.0	1.5	1.8	1.4	D
086	季港 Ji Gang	22 24	114 12	-0800	-0016	-0006	1.02	-0.1	1.5	1.8	1.3	D
087	横栏岛 Henglan Dao	22 11	114 18	-0800	-0008	+0013	0.90	+0.1	1.3	1.7	1.3	D
088	避风港 Bifong Gang	22 23	114 17	-0800	-0017	-0005	0.95	+0.0	1.4	1.7	1.3	D
089	沱泞岛 Tuoning Dao	22 27	114 38	-0800	-0023	-0007	0.91	+0.0	1.3	1.6	1.2	D
090	长港 Chang Gang	22 28	114 20	-0800	-0024	-0014	1.02	-0.1	1.5	1.8	1.3	D
091	大浦 Dapu	22 28	114 11	-0800	+0042	+0011	0.98	-0.1	1.4	1.7	1.3	D
092	坪洲岛 Pingzhou Dao	22 33	114 26	-0800	+0000	+0005	1.07	-0.2	1.6	1.8	1.2	D
	大亚湾 *Daya Wan*											
093	尊洲岛 Zunzhou Dao	22 44	114 44	-0800	-0033	-0022	0.95	+0.5	1.4	1.7	1.8	D
094	江牡岛 Jiangmu Dao	22 44	115 11	-0800	-0045	-0014	0.87	-0.2	1.3	1.6	1.0	D
095	**汕尾 SHANWEI**	22 45	115 21	-0800	（主 港）				1.3	1.6	1.0	D
					主港：拉布安 LABUAN No. 2316 p. 238							
096	大澳湾 Daao Wan	22 48	115 48	-0800	-0214	-0225	0.81	-0.4	1.1	1.4	0.8	D
097	田尾山 Tianwei Shan	22 45	115 49	-0800	-0232	-0302	0.70	-0.1	1.0	1.3	0.8	D
098	甲子港 Jiazi Gang	22 51	116 05	-0800	-0151	-0218	0.50	+0.1	0.7	1.0	0.9	D
					主港：汕头 SHANTOU No. 104 p. 34							
099	石碑山角 Shibeshan Jiao	22 56	116 29	-0800	-0009	-0026	0.74	-0.1	1.0	1.2	0.9	D

中国：东岸，澎湖列岛，台湾西岸和北岸

序号	地名	位置		标准时间	潮时差		潮高		潮差		平均潮位	潮汐类型
		纬度	经度	时 分	高潮 时 分	低潮 时 分	比值	改正数 (m)	平均 (m)	大潮 (m)	(m)	
	中国东岸 China, East Coast	N (°) (′)	E (°) (′)		主港：汕头 SHANTOU No. 104 p. 34							
100	海门湾 Haimen Wan	23 11	116 37	-0800	+0026	-0027	0.73	+0.1	1.0	1.3	1.1	D
101	达豪码头 Dahao Dock	23 15	116 45	-0800	+0015	-0019	0.87	-0.1	1.2	1.5	1.1	D
102	表角 Biaojiao	23 15	116 45	-0800	+0009	-0005	1.04	+0.0	1.4	1.7	1.4	D
103	达豪 Dahao	23 15	116 55	-0800	-0011	+0021	0.74	-0.1	1.0	1.3	0.9	D
104	**汕头（妈屿）SHANTOU (MAYU)**	23 20	116 45	-0800	（主 港）				1.3	1.5	1.4	D
105	南澳岛（云澳湾）Nanao Dao (Yunao Wan)	23 24	117 03	-0800	-0046	-0034	1.17	-0.1	1.6	1.8	1.5	D
					主港：东山 DONGSHAN No. 137 p. 46							
106	案屿 An Yu	23 28	117 01	-0800	+0031	+0039	0.70	-0.1	1.9	2.2	1.4	D
	中国，澎湖列岛 China, Penghu Liedao				主港：马公 MAGONG No. 110 p. 37							
107	吉贝屿 Jibei Yu	23 44	119 36	-0800	+0014	+0018	1.35	-0.2	2.5	3.0	2.0	S
108	小门屿 Xiaomen Yu	23 44	119 36	-0800	+0018	+0024	1.34	-0.2	2.8	2.9	2.0	D
109	奎壁山 Kuibi Shan	23 36	119 40	-0800	+0001	+0006	1.15	-0.1	2.1	2.7	1.8	S
110	**马公 MAGONG**	23 33	119 34	-0800	（主 港）				2.1	2.3	1.6	D
111	桶盘屿 Tongpan Yu	23 31	119 30	-0800	+0007	+0012	1.00	-0.1	2.1	2.3	1.6	D
112	将军澳屿 Jiangjunao Yu	23 22	119 31	-0800	-0009	+0002	0.69	+0.0	1.5	1.7	1.1	D
113	大屿 Dayu	23 13	119 25	-0800	-0004	+0013	0.65	+0.0	1.5	1.6	1.1	D
	中国，台湾西岸 China, Taiwan, west Coast											
114	布袋 Budai	23 23	120 09	-0800	-0032	-0021	0.69	-0.1	1.5	1.7	1.1	D
					主港：崇武 CHONGWU No. 145 p. 52							
115	海口 Haikou	23 42	120 10	-0800	-0004	-0007	0.56	-0.3	2.3	2.8	1.7	S
116	沙山 Shashan	23 55	120 18	-0800	-0007	-0009	0.71	-0.3	2.9	3.5	2.2	S
117	涂葛堀 Tugeku	24 11	120 29	-0800	-0015	-0017	0.73	-0.4	3.0	3.7	2.2	S
118	大安 Daan	24 23	120 34	-0800	+0037	+0035	0.86	-0.4	3.6	4.5	2.7	S
119	后龙 Houlong	24 37	120 45	-0800	-0023	-0025	0.81	-0.4	3.4	4.3	2.5	S
	中国，台湾北岸 China, Taiwan, North Coast											
120	淡水 Danshui	25 11	121 26	-0800	-0032	-0033	0.50	-0.2	2.1	2.6	1.6	S
121	**基隆 JILONG**	25 09	121 44	-0800	（主 港）				0.7	0.9	0.6	D
					主港：那霸 NAHA No. 1069 p. 112							
122	钓鱼岛 Diaoyu Dao	25 44	123 28	-0800	+0000	+0000	0.80	+0.0	1.3	1.4	1.1	D
123	黄尾屿 Huangwei Yu	25 56	123 41	-0800	-0025	-0016	0.81	+0.1	1.3	1.4	1.1	D

中国：台湾东岸和西岸

序号	地名	位置 纬度	位置 经度	标准时间 时 分	潮时差 高潮 时 分	潮时差 低潮 时 分	潮高 比值	潮高 改正数 (m)	潮差 平均 (m)	潮差 大潮 (m)	平均潮位 (m)	潮汐类型
	中国，台湾东岸 China，Taiwan，East Coast	N	E									
		(°) (′)	(°) (′)		**主港：那霸 NAHA** No. 1069p. 112							
124	苏澳湾 Suao Wan	24 35	121 52	-0800	-0113	-0102	0.78	+0.1	1.3	1.4	1.0	D
125	成广澳 Chengguang Ao	23 07	121 24	-0800	-0118	-0119	0.87	+0.0	1.1	1.5	1.0	S
126	加露兰 Jialulan	22 50	121 11	-0800	-0112	-0103	0.75	+0.0	1.2	1.3	0.9	D
127	火烧岛（南寮湾）Huoshao Dao (Nanliao Wan)	22 40	121 29	-0800	-0120	-0120	0.72	+0.0	0.9	1.2	0.9	S
128	兰屿（八代湾）Lan Yu (Badai Wan)	22 02	121 34	-0800	-0102	-0102	0.76	+0.0	1.0	1.3	0.9	S
					主港：高雄 GAOXIONG No. 132 p. 43							
129	大坂埒 Dabanlie	21 58	120 45	-0800	-0138	-0155	1.55	-0.1	1.0	1.1	0.8	D
	中国，台湾西岸 China，Taiwan，west Coast											
130	车城 Checheng	22 04	120 41	-0800	-0107	-0112	1.33	-0.1	0.8	1.0	0.7	D
131	东港 Donggang	22 28	120 27	-0800	+0003	-0004	1.15	+0.0	0.7	0.9	0.7	D
132	**高雄 GAOXIONG**	22 36	121 17	-0800	（主	港）			0.6	0.8	0.6	D
133	安平 Anping	23 01	120 10	-0800	+0057	+0043	1.15	-0.1	0.7	0.9	0.6	D
134	国圣 Guosheng	23 06	120 04	-0800	+0145	+0116	1.40	-0.1	0.9	1.1	0.7	D
	中国东岸 China，East Coast				**主港：东山 DONGSHAN** No. 137 p. 46							
	诏安湾 Zhaoan Wan											
135	长山尾 Changshanwei	23 36	117 17	-0800	+0015	+0025	0.75	+0.5	2.1	2.3	2.2	D
136	大岸岛 Dachan Dao	23 45	117 21	-0800	+0107	+0105	0.78	-0.1	2.1	2.3	1.7	D
137	**东山 DONGSHAN**	23 47	117 31	-0800	（主	港）			2.6	2.8	2.2	D
138	古雷头 Guleitou	23 45	117 35	-0800	-0012	-0014	0.99	+0.0	2.6	2.7	2.2	D
					主港：厦门 XIAMEN No. 141 p. 49							
139	前岩 Qianyan	23 55	117 52	-0800	+0007	+0012	0.80	-0.3	3.5	3.6	2.4	D
140	大担岛 Dadan Dao	24 23	118 10	-0800	-0004	+0002	0.99	-0.1	3.8	4.6	3.3	S
141	**厦门 XIAMEN**	24 27	118 04	-0800	（主	港）			3.8	4.8	3.3	S
142	五通道 Wutongdao	24 32	118 11	-0800	+0004	-0003	1.03	-0.1	3.9	4.8	3.3	S
143	石圳（中外屿）Shizhen（Zhongwai Yu）	24 33	118 30	-0800	-0055	-0042	0.99	+0.0	3.8	4.8	3.3	S
					主港：崇武 CHONGWU No. 145 p. 52							
144	泉州（石湖）Quanzhou（Shihu）	24 49	118 42	-0800	+0014	+0006	1.01	+0.1	4.2	5.3	3.7	S
145	**崇武 CHONGWU**	24 55	118 55	-0800	（主	港）			4.2	5.2	3.5	S
146	湄州湾口 Meizhou Wan entrance	25 05	119 03	-0800	-0015	-0017	1.00	+0.1	4.2	5.2	3.6	S
147	梯吴 Tiwu	25 08	119 02	-0800	+0001	-0001	1.13	+0.2	4.7	5.9	4.1	S
148	南日岛 Nanri Dao	25 16	119 28	-0800	-0018	-0012	1.09	-0.1	4.6	5.7	3.8	S

中　国　东　岸

序号	地　名	位置 纬度 (°) (′)	位置 经度 (°) (′)	标准时间 时 分	潮时差 高潮 时 分	潮时差 低潮 时 分	潮高 比值	潮高 改正数 (m)	潮差 平均 (m)	潮差 大潮 (m)	平均潮位 (m)	潮汐类型
	中国东岸 China, East Coast	N	E									
					主港：川石 CHUANSHI No. 156 p. 55							
149	兴化水道 Xinhua Shuidao	25 20	119 35	-0800	+0033	+0007	1.02	+0.0	4.3	5.5	3.6	S
150	平潭岛（娘宫）Pingtan Dao (Niang-Gong)	25 29	119 41	-0800	+0021	+0005	1.04	+0.3	4.4	5.6	4.0	S
151	洛山列岛 Luoshan Liedao	25 45	119 41	-0800	+0013	-0014	1.03	-0.2	4.4	5.6	3.4	S
	白犬列岛 *Baiquan Liedao*											
152	西犬岛 Xiquan Dao	25 58	119 55	-0800	-0008	-0034	1.03	-0.3	4.4	5.6	3.3	S
153	梅花 Meihua	26 02	119 41	-0800	+0001	+0008	0.98	+0.0	4.2	5.2	3.5	S
154	壶江 Hujiang	26 07	119 38	-0800	-0006	+0005	0.99	-0.3	4.2	5.3	3.2	S
	闽江口 *Minjiangkou*											
155	青屿 Qingyu	26 08	119 38	-0800	+0004	+0009	1.00	+0.0	4.3	5.3	3.5	S
156	**川石 CHUANSHI**	26 08	119 40	-0800	（主　港）				4.2	5.4	3.5	S
	闽江 *Min Jiang*											
157	马尾 Mawei	25 58	119 28	-0800	+0122	+0129	0.84	-0.1	3.6	4.4	3.0	S
	马祖列岛 *Mazu Liedao*											
158	马祖澳 Mazu Ao	26 10	119 55	-0800	-0018	-0045	1.12	-0.8	4.7	6.1	3.1	S
160	西洋岛 Xiyang Dao	26 30	120 03	-0800	-0024	-0051	1.05	-0.3	4.5	5.8	3.4	S
161	沙埕 Shacheng	27 10	120 25	-0800	-0050	-0115	0.96	-0.8	4.1	5.2	2.6	S
162	南麂山 Nanji Shan	27 27	121 05	-0800	-0115	-0144	0.83	+0.2	3.5	4.6	3.2	S
163	北麂山 Beiji Shan	27 38	121 12	-0800	-0120	-0153	0.86	-0.2	3.6	4.7	2.8	S
164	洞头岛 Dongtou Dao	27 49	121 09	-0800	-0132	-0200	0.93	-0.3	3.9	5.2	3.0	S
165	状元岙山 Zhuangyuanao Shan	27 54	121 07	-0800	-0117	*	0.94	-0.6	4.0	5.3	2.7	S
					主港：海门 HAIMEN No. 175 p. 61							
166	黄大岙 Huangda Ao	27 58	121 08	-0800	-0003	-0034	1.10	+0.3	4.1	5.4	3.6	S
167	鹿西岛 Luxi Dao	27 59	121 10	-0800	+0001	*	1.03	+0.2	3.8	4.9	3.2	S
168	玉环岛（坎门）Yuhuan Dao(Kanmen)	28 05	121 17	-0800	-0011	-0045	1.07	+0.1	4.0	5.2	3.3	S
					主港：川石 CHUANSHI No. 156 p. 55							
169	披山岛 Pishan Dao	28 06	121 31	-0800	-0142	-0211	0.86	+0.2	3.6	4.7	3.2	S
	瓯江 *Ou Jiang*				主港：海门 HAIMEN No. 175 p. 61							
170	黄华 Huanghua	27 59	120 56	-0800	+0015	-0001	1.15	+0.1	4.3	5.5	3.6	S
171	龙湾 Longwan	27 58	120 48	-0800	+0023	+0023	1.18	+0.1	4.4	5.6	3.7	S
173	**温州 WENZHOU**	28 02	120 39	-0800	（主　港）				3.5	4.4	3.0	S
	台山列岛 *Taishan Liedao*											
174	下大陈山 Xiadachen Shan	28 27	121 54	-0800	-0029	-0102	0.90	+0.3	3.3	4.4	3.0	S

中 国 东 岸

序号	地名	位置 纬度	置 经度	标准时间 时 分	潮时差 高潮 时 分	低潮 时 分	潮高 比值	改正数 (m)	潮差 平均 (m)	大潮 (m)	平均潮位 (m)	潮汐类型
	中国东岸 China, East Coast	N	E									
	灵江 *Ling Jiang*	(°) (′)	(°) (′)		主港：海门 HAIMEN No. 175 p. 61							
175	**海门 HAIMEN**	28 41	121 27	-0800	（主 港）				3.7	4.8	2.9	S
176	檀头山 Tantou Shan	29 12	122 01	-0800	-0020	-0050	0.86	+0.1	3.2	4.2	2.7	S
	韭山列岛 *Jiushan Liedao*				主港：吴 KURE No. 715 p. 118							
177	南韭山 Nanjiu Shan	29 32	122 11	-0800	-0044	-0053	1.32	+0.0	2.9	4.0	2.6	S
	象山浦 *Xiangshan Pu*											
178	礁山角 Jiaoshan Jiao	29 39	121 54	-0800	-0028	-0030	1.16	+0.2	2.6	3.4	2.5	S
	六横岛 *Liuheng Dao*				主港：绿华山 LUHUASHAN No. 219 p. 67							
179	黄岩头 Huangyan Tou	29 43	122 03	-0800	-0059	-0103	1.18	-0.5	3.0	4.1	2.6	S
180	蟑螂山 Zhanglang Shan	29 47	122 06	-0800	-0107	-0052	0.90	+0.2	2.3	3.1	2.6	S
181	梅山水道 Meishan Shuidao	29 49	121 58	-0800	-0038	-0038	1.12	-0.5	2.9	3.8	2.4	S
182	虾岐岛 Xiaqi Dao	29 46	122 13	-0800	-0041	-0039	1.05	-0.4	2.7	3.5	2.3	S
183	清磁门 Qingci Men	29 51	122 19	-0800	-0042	-0057	0.97	-0.3	2.5	3.3	2.2	S
184	登步岛 Dengbu Dao	29 53	122 19	-0800	-0032	-0038	0.97	-0.3	2.4	3.4	2.2	S
185	后门山 Houmen Shan	29 53	122 25	-0800	-0108	-0104	1.02	-0.3	2.6	3.5	2.4	S
186	白沙山 Baisha Shan	29 57	122 27	-0800	-0038	-0029	0.98	+0.0	2.5	3.3	2.6	S
187	普陀山 Putuo Shan	30 01	122 23	-0800	-0036	-0051	0.90	+0.1	2.3	3.2	2.4	S
	舟山岛 *Zhoushan Dao*											
188	沈家门 Shenjia Men	29 57	122 18	-0800	-0046	-0045	0.97	+0.0	2.5	3.3	2.5	S
189	岑港 Cengang	30 04	121 59	-0800	+0035	+0029	0.82	-0.2	2.1	2.7	2.0	S
190	小洋猫 Xiaoyangmao	29 54	122 09	-0800	-0017	-0032	0.93	-0.4	2.3	3.2	2.0	S
191	崎头角 Qitou Jiao	29 54	122 07	-0800	-0022	-0037	0.85	+0.2	2.1	3.0	2.4	S
					主港：镇海 ZHENHAI No. 195 p. 64							
192	穿山（神马村）Chuan Shan (Shenma Cun)	29 53	121 59	-0800	-0138	-0113	1.12	-0.6	1.9	2.6	1.7	S
193	金塘（大浦口）Jintong (Dapu Ko)	30 00	121 50	-0800	-0028	-0030	1.11	-0.1	2.4	2.6	2.2	D
194	虎蹲山 Hudun Shan	29 58	121 44	-0800	-0013	-0015	0.98	+0.0	2.1	2.3	2.0	D
	甬江 *Yong Jiang*											
195	**镇海 ZHENHAI**	29 57	121 43	-0800	（主 港）				2.2	2.3	2.1	D
196	宁波 Ningpo	29 53	121 34	-0800	+0044	+0052	0.83	+0.1	1.8	2.0	1.8	D
197	菜花山 Caihua Shan	30 07	121 52	-0800	-0037	-0020	1.03	+0.0	2.3	2.4	2.1	D
198	西堠门 Xihou Men	30 06	121 54	-0800	-0125	-0115	1.36	-0.6	2.3	3.1	2.1	S
199	长白山 Changbai Shan	30 12	122 03	-0800	-0053	-0037	1.08	-0.1	1.8	2.4	2.1	S
200	鱼腥脑 Yuxingnao	30 21	121 51	-0800	+0004	+0014	1.40	-0.4	2.4	3.2	2.4	S
201	两头洞 Liangtoudong	30 18	122 03	-0800	-0053	-0027	1.18	-0.2	2.0	2.7	2.2	S

中 国 东 岸

序号	地 名	位置 纬度	置 经度	标准时间 时 分	潮时差 高潮 时 分	低潮 时 分	潮高 比值	改正数 (m)	潮差 平均 (m)	大潮 (m)	平均潮位 (m)	潮汐类型
	中国东岸 Chian, East Coast	N	E									
		(°) (′)	(°) (′)		主港：镇海 ZHENHAI No. 195 p. 64							
202	岱山 Daishan	30 14	122 12	-0800	-0137	-0119	1. 16	-0. 5	2. 0	2. 7	1. 9	S
					主港：绿华山 LUHUASHAN No. 219 p. 67							
203	长涂 Changtu	30 43	122 27	-0800	-0015	-0006	0. 89	+0. 0	2. 3	3. 0	2. 4	S
204	大西寨岛 Daxizhai Dao	30 14	122 29	-0800	-0048	-0041	0. 93	+0. 0	2. 4	3. 2	2. 4	S
	中亍山列岛 *Zhongjieshan Liedao*											
205	庙子湖岛 Miaozihu Dao	30 11	122 41	-0800	-0054	-0054	0. 96	-0. 4	2. 4	3. 3	2. 1	S
206	清滨岛 Qingbin Dao	30 13	122 42	-0800	-0054	-0050	1. 01	+0. 0	2. 6	3. 5	2. 6	S
	大衢山 *Daqu Shan*											
207	下三星 Xiasanxing	30 25	122 32	-0800	-0029	-0022	0. 90	+0. 0	2. 3	3. 1	2. 4	S
208	小衢山 Xiaoqu Shan	30 30	122 16	-0800	+0016	+0016	0. 88	+0. 2	2. 2	3. 1	2. 5	S
	崎岖列岛 *Qiqu Liedao*											
209	唐脑山 Tangnao Shan	30 36	121 57	-0800	+0113	+0121	0. 98	-0. 1	2. 5	3. 3	2. 5	S
	嵊泗列岛 *Shengsi Liedao*											
210	白节山 Baijie Shan	30 37	122 25	-0800	+0001	-0014	1. 00	-0. 1	2. 5	3. 4	2. 5	S
211	马迹岛 Maji Dao	30 41	122 24	-0800	+0007	+0000	1. 03	-0. 1	2. 6	3. 6	2. 6	S
212	泗礁山 Sijiao Shan	30 43	122 27	-0800	+0003	-0013	0. 92	-0. 1	2. 3	3. 2	2. 3	S
213	嵊山 Sheng Shan	30 43	122 48	-0800	-0023	-0023	0. 94	-0. 1	2. 4	3. 3	2. 4	S
214	大戢山 Daji Shan	30 49	122 10	-0800	+0006	-0010	1. 06	-0. 2	2. 7	3. 6	2. 5	S
	杭州湾 *Hangzhou Wan*											
215	滩浒山 Tanhu Shan	30 36	121 38	-0800	+0201	+0146	1. 29	-0. 7	3. 2	4. 4	2. 7	S
					主港：吴淞 WUSONG No. 229 p. 70							
216	金山嘴 Jinshanzui	30 44	121 22	-0800	-0010	-0038	1. 61	-0. 3	3. 6	4. 8	3. 1	S
218	乍浦 Zhapu	30 36	121 05	-0800	+0043	-0004	1. 97	-0. 6	4. 5	5. 9	3. 5	S
218a	海宁 Haining	30 25	120 32	—0800	+0159	+0446	1. 69	+0. 0	3. 9	5. 1	3. 4	S
	马鞍列岛 *Maan Liedao*											
219	**绿华山 LUHUASHAN**	30 49	122 36	-0800	（主 港）				2. 5	3. 5	2. 6	S
	长江口 *Changjiangkou*											
220	佘山 She Shan	31 25	122 14	-0800	-0138	-0226	1. 09	+0. 1	2. 5	3. 4	2. 3	S
221	中浚 Zhongjun	31 07	121 54	-0800	-0124	-0142	1. 17	-0. 1	2. 6	3. 6	2. 3	S
222	铜沙沙嘴 Tongsha Shazui	31 06	122 01	-0800	-0157	-0221	1. 21	+0. 2	2. 8	3. 6	2. 6	S
223	九段立标 Jiuduan Beacon	31 16	121 43	-0800	-0050	-0120	1. 05	+0. 2	2. 4	3. 2	2. 3	S
224	横沙 Hengsha	31 17	121 51	-0800	-0049	-0101	1. 11	-0. 1	2. 5	3. 4	2. 1	S
	崇明岛 *Chongming Dao*											
225	七滧港 Qixiao Gang	31 28	121 44	-0800	-0038	-0047	1. 12	-0. 2	2. 5	3. 4	2. 1	S

中国：东岸，山东东南岸

序号	地名	位置 纬度	位置 经度	标准时间 时 分	潮时差 高潮 时 分	潮时差 低潮 时 分	潮高 比值	潮高 改正数 (m)	潮差 平均 (m)	潮差 大潮 (m)	平均潮位 (m)	潮汐类型
	中国东岸 Chian, East Coast	N	E									
	崇明岛 *Chongming Dao*	(°) (′)	(°) (′)		主港：吴淞 WUSONG No. 229 p. 70							
226	老米行 Laomihuang	31 30	121 40	-0800	-0040	-0049	1.15	-0.2	2.6	3.0	2.1	S
227	堡镇 Bao Zhen	31 32	121 38	-0800	+0028	+0023	0.95	-0.2	2.1	2.9	1.7	S
228	十滧港 Shixiao Gang	31 28	121 47	-0800	-0022	-0030	1.12	-0.2	2.5	3.4	2.0	S
	黄浦江 *Huangpu Jiang*											
229	**吴淞 WUSONG**	31 24	121 31	-0800	（主港）				2.3	3.0	2.0	S
230	高桥 Gaoqiao	31 22	121 35	-0800	-0006	-0021	1.05	-0.2	2.4	3.2	2.0	S
231	上海港 Shanghai Gang	31 15	121 29	-0800	+0041	+0045	0.83	+0.2	1.9	2.5	1.8	S
232	建源码头 Jianyuan Dock	31 12	121 30	-0800	+0055	+0106	0.80	*	*	*	*	S
	长江 *Chang Jiang*											
233	徐陆泾 Xulujing	31 46	120 56	-0800	+0258	+0302	0.82	-0.2	1.9	2.5	1.5	S
234	江阴 Jiangyin	31 57	120 18	-0800	+0514	+0536	0.68	-0.2	1.5	2.1	1.2	S
					主港：连云港 LIANYUN GANG No. 242 p. 73							
235	吕四 Lusi	32 08	121 35	-0800	+0611	+0541	1.06	+0.0	3.6	4.9	3.1	S
236	小羊口 Xiaoyangkou	32 33	120 59	-0800	+0427	+0355	0.69	+0.9	2.3	3.0	2.9	S
237	川水港外 off Chuanshui Gang	32 58	121 07	-0800	+0626	+0604	1.22	+0.1	4.0	5.2	3.6	S
238	陈家坞 Chenjiawu	33 06	121 13	-0800	+0534	+0522	1.00	+0.1	3.4	4.4	3.0	S
239	新洋港 Xinyang Gang	33 37	120 28	-0800	+0541	+0646	0.52	+0.5	1.8	2.2	2.0	S
240	袴套口 Kuataokou	34 04	120 22	-0800	+0154	+0241	0.57	-0.1	2.2	2.4	1.5	D
241	开山岛 Kaishan Dao	34 32	119 52	-0800	+0020	+0016	0.85	+0.3	3.3	3.5	2.7	D
242	**连云港 LIANYUN GANG**	34 45	119 28	-0800	（主港）				3.3	4.3	2.9	S
243	秦山岛 Qinshan Dao	34 52	119 17	-0800	-0004	+0003	1.02	-0.2	3.4	4.4	2.8	S
	中国，山东东南岸 China, Shandong, South-east Coast											
244	平山岛 Pingshan Dao	35 08	119 54	-0800	-0021	-0041	0.75	+0.0	2.5	3.2	2.2	S
					主港：青岛 QINGDAO No. 250 p. 76							
245	石臼所 Shijiu Suo	35 25	119 35	-0800	+0107	+0054	1.09	+0.1	2.9	3.7	2.7	S
246	黄家塘湾 Huangjiatang Wan	35 32	119 45	-0800	+0039	+0007	0.93	-0.1	2.5	3.2	2.1	S
247	灵山岛 Lingshan Dao	35 46	120 10	-0800	+0021	+0008	0.86	+0.2	2.3	2.9	2.3	S
248	唐岛湾 Tangdao Wan	35 55	120 09	-0800	+0013	+0006	0.91	+0.2	2.4	3.2	2.4	S
	胶州湾 *Jiaozhou Wan*											
249	黄岛 Huang Dao	36 05	120 19	-0800	-0007	-0003	0.98	+0.0	2.6	3.3	2.3	S
250	**青岛（大港）QINGDAO (DA GANG)**	36 05	120 18	-0800	（主港）				2.7	3.4	2.4	S
251	青岛（前海）Qingdao (Qianhai)	36 03	120 19	-0800	-0005	-0009	0.93	+0.2	2.5	3.2	2.4	S

中国：山东东南岸和北岸

序号	地名	位置		标准时间	潮时差		潮高		潮差		平均潮位	潮汐类型
		纬度	经度	时 分	高潮 时 分	低潮 时 分	比值	改正数 (m)	平均 (m)	大潮 (m)	(m)	
	中国，山东东南岸 China, Shandong, South-east Coast	N	E									
	胶州湾 *Jiaozhou Wan*	(°) (′)	(°) (′)		主港：**青岛 QINGDAO** No. 250 p. 76							
252	麦岛 Mai Dao	36 04	120 25	-0800	-0012	-0015	0.90	+0.0	2.4	3.0	2.2	S
253	董家湾 Dongjia Wan	36 06	120 32	-0800	-0005	-0037	0.96	-0.2	3.0	3.1	2.1	D
253a	女岛 Nü Dao	36 23	120 50	-0800	-0024	-0057	0.90	-0.1	2.8	2.9	2.0	D
254	千里岩 Qianliyan	36 15	121 23	-0800	-0110	-0125	0.72	+0.1	2.0	2.5	1.8	S
255	海阳 Haiyang	36 41	121 14	-0800	-0108	-0132	0.85	+0.1	2.6	2.8	2.1	D
256	古龙嘴 Gulongzui	36 45	121 38	-0800	-0141	-0208	0.84	+0.1	2.3	2.9	2.1	S
257	靖海角 Jinghai Jiao	36 51	122 11	-0800	-0152	-0226	0.72	+0.3	2.3	2.4	2.0	D
					主港：**石岛 SHIDAO** No. 260 p. 79							
258	苏山岛 Sushan Dao	36 46	122 15	-0800	+0014	+0030	1.17	-0.1	1.9	2.6	1.8	S
259	王家湾 Wangjia Wan	36 51	122 24	-0800	-0013	+0016	1.09	-0.4	2.1	2.3	1.4	D
260	**石岛 SHIDAO**	36 53	122 26	-0800	（主港）				1.6	2.1	1.7	S
261	镆铘岛 Moye Dao	36 54	122 30	-0800	-0001	+0010	0.93	+0.1	1.5	2.0	1.6	S
262	耳岩（黑石）Eryan (Heishi)	36 59	122 34	-0800	-0020	-0017	0.82	+0.0	1.3	1.7	1.4	S
	桑沟湾 *Sanggou Wan*											
264	褚岛 Chu Dao	37 03	122 32	-0800	-0038	-0046	0.68	+0.1	1.4	1.5	1.3	D
266	马他角 Mata Jiao	37 12	122 37	-0800	-0102	-0058	0.59	+0.2	1.2	1.3	1.2	D
267	瓦屋石 Wawushi	37 13	122 36	-0800	-0031	-0055	0.59	+0.2	1.2	1.3	1.2	D
					主港：**塘沽 TANGGU** No. 301 p. 85							
268	俚岛湾 Lidao Wan	37 16	122 33	-0800	+0950	+0940	0.46	-0.2	1.5	1.7	0.9	D
269	成山角 Chengshan Jiao	37 23	122 40	-0800	+0856	+0918	0.32	+0.1	1.1	1.3	0.9	D
	中国，山东北岸 China, Shandong, North Coast											
271	马兰湾 Malan Wan	37 25	122 39	-0800	+0833	+0831	0.38	+0.2	1.3	1.5	1.1	D
272	海驴岛 Hailü Dao	37 27	122 40	-0800	+0811	+0830	0.33	+0.1	1.1	1.3	0.9	D
					主港：**烟台 YANTAI** No. 278 p. 82							
273	鸡鸣岛（王家庄）Jiming Dao (Wangjia Zhuang)	37 25	122 28	-0800	+0034	+0101	0.74	+0.1	1.5	1.6	1.2	D
274	出岛 Chu Dao	37 34	122 05	-0800	+0010	+0007	0.90	-0.1	1.4	1.8	1.2	S
275	养马岛 Yangma Dao	37 29	121 38	-0800	+0030	+0032	0.81	-0.1	1.6	1.7	1.1	D
276	崆峒岛 Kongdong Dao	37 33	121 30	-0800	+0010	+0004	0.98	-0.1	1.6	1.9	1.4	S
278	**烟台 YANTAI**	37 33	121 23	-0800	（主港）				1.6	2.0	1.5	S
279	八角 Bajiao	37 39	121 08	-0800	+0004	+0000	0.98	-0.1	1.6	1.9	1.3	S
280	蓬莱 Penglai	37 50	120 44	-0800	+0018	+0022	0.65	+0.0	1.0	1.3	1.0	S
281	南长山岛 Nanchangshan Dao	37 55	120 43	-0800	+0011	+0009	0.69	-0.1	1.1	1.4	0.9	S

中国：山东北岸和渤海湾

序号	地名	位置 纬度	置 经度	标准时间 时 分	潮时差 高潮 时 分	低潮 时 分	潮高 比值	改正数 (m)	潮差 平均 (m)	大潮 (m)	平均潮位 (m)	潮汐类型
	中国，山东北岸 China, Shandong, North Coast	N	E									
		(°) (′)	(°) (′)		主港：烟台 YANTAI No. 278 p. 82							
282	堂栾子 Tangluanzi	37 59	120 41	-0800	-0012	-0028	0.72	-0.2	1.1	1.4	0.9	S
	庙岛列岛 Miaodao Liedao											
282a	砣矶岛 Tuoji Dao	38 10	120 45	-0800	+0018	+0019	0.70	-0.2	1.1	1.4	0.9	S
283	大钦岛 Daqin Dao	38 18	120 48	-0800	+0032	+0035	0.63	-0.1	1.0	1.3	0.8	S
					主港：大连 DALIAN No. 330 p. 91							
284	北隍城岛 Beihuangcheng Dao	38 22	120 54	-0800	+0027	+0028	0.60	+0.0	1.3	1.6	1.0	S
285	南隍城岛 Nanhuangcheng Dao	38 21	120 54	-0800	+0028	+0024	0.59	+0.0	1.2	1.6	1.0	S
	莱州湾 Laizhou Wan											
286	屺㟂岛（高角）Jimu Dao (Gaojiao)	37 41	120 13	-0800	+1223	+1213	0.47	+0.1	1.2	1.3	0.9	D
287	龙口 Longkou	37 39	120 19	-0800	+1345	+1335	0.43	+0.0	1.1	1.2	0.7	D
288	虎河口 Huhekou	37 19	119 48	-0800	+1204	+1148	0.47	+0.1	1.2	1.4	0.9	D
289	潍河口 Weihekou	37 11	119 31	-0800	+1315	+1422	0.53	+0.0	1.4	1.5	0.9	D
290	小清河口 Xiaoqinghekou	37 20	119 03	-0800	+1041	+1025	0.47	+0.1	1.2	1.4	0.9	D
291	甜水沟口 Tianshuigoukou	37 43	119 05	-0800	+1311	+1334	0.50	-0.1	1.3	1.4	0.7	D
	中国，渤海湾 China, Bohai Wan				主港：塘沽 TANGGU No. 301 p. 85							
292	黄河口（东）Huanghekou (east)	38 09	118 52	-0800	+0234	-0031	0.20	+0.5	0.9	1.1	0.9	D
293	湾湾沟口 Wanwangoukou	38 11	118 27	-0800	+0124	+0003	0.62	-0.1	2.0	2.2	1.3	D
294	东风港 Dongfeng Gang	38 15	118 10	-0800	+0217	+0215	0.71	+0.0	2.1	2.2	1.7	D
295	大口河（外拦门沙）Dakou He (Bar)	38 15	117 51	-0800	+0043	+0037	0.95	+0.1	2.8	3.0	2.4	D
296	埕口外海 Off Chengkou	38 27	118 26	-0800	+0056	-0011	0.56	+0.7	1.8	2.0	2.0	D
	岐河 Qi He											
297	岐口 Qikou	38 36	117 43	-0800	+0003	+0019	1.03	+0.0	3.0	3.2	2.5	D
298	拦门沙 Bar	38 34	117 35	-0800	+0101	+0034	0.82	+0.6	2.4	2.5	2.5	D
	海河 Hai He											
299	拦门沙 Bar	38 56	117 50	-0800	+0002	-0001	0.90	+0.3	2.6	2.8	2.4	D
300	大沽 Dagu	39 00	117 43	-0800	+0007	+0031	0.77	+0.6	2.2	2.2	2.4	D
301	**塘沽（新港）TANGGU (XINGANG)**	39 00	117 43	-0800	（主港）				2.9	3.1	2.4	D
302	涧河口 Jianhekou	39 14	118 04	-0800	-0015	-0012	1.04	+0.0	3.0	3.2	2.5	D
302	南堡 Nanbao	39 03	118 19	-0800	+0005	+0030	0.52	+0.3	1.5	1.6	1.5	D
	曹妃甸滩 Caofeidian Tan											
304	南沟坨 Nangoutuo	39 00	118 34	-0800	-0041	-0025	0.53	+0.5	1.5	1.6	1.8	D
305	曹妃甸 Caofeidian	38 57	118 31	-0800	-0019	-0040	0.63	+0.3	1.9	2.1	1.8	D

中国：渤海湾和辽东湾

序号	地名	位置		标准时间	潮时差		潮高		潮差		平均潮位	潮汐类型
		纬度	经度	时 分	高潮 时 分	低潮 时 分	比值	改正数 (m)	平均 (m)	大潮 (m)	(m)	
	中国，渤海湾 China，Bohai Wan	N	E									
	曹妃甸滩 Caofeidian Tan	(°) (′)	(°) (′)		主港：塘沽 TANGGU No. 301 p. 85							
306	臭水沟外 Off Choushui Gou	38 58	119 26	-0800	-0206	-0150	0.26	+0.8	0.8	0.8	1.4	D
	中国，辽东湾 China，Liaodong Wan											
307	大清河口 Daqinghekou	39 10	118 52	-0800	-0122	-0122	0.43	+0.4	1.4	1.6	1.4	D
					主港：班达 BANDA No. 2550 p. 265							
308	湖林口 Hulinkou	39 15	109 07	-0800	+1201	+1202	0.70	+0.4	1.1	1.3	1.3	D
309	滦河口 Luanhekou	39 25	119 17	-0800	+1037	+1103	0.65	+0.4	1.1	1.3	1.2	D
					主港：松轮岛 MATSUWA TO No. 1149 p. 136							
310	七里海 Qilihai	39 35	119 17	-0800	-0438	-0432	1.14	+0.4	1.0	1.2	1.3	D
					主港：秦皇岛 QINHUANGDAO No. 312 p. 88							
311	大蒲河（拦门沙）Dapu He（Bar）	39 40	119 21	-0800	+0241	+0100	1.39	-0.4	1.1	1.3	0.9	D
312	**秦皇岛 QINHUANGDAO**	39 55	119 37	-0800	（主港）				0.8	1.1	0.9	D
313	宁海 Ninghai	39 58	119 48	-0800	-0120	+0120	0.99	+0.0	0.8	1.2	0.8	D
					主港：美里 MIRI No. 2329 p. 241							
314	环海寺 Huanhaisi	40 00	119 55	-0800	+0838	+1016	0.71	+0.1	0.8	1.1	0.8	D
315	新立屯 Xinlitun	40 08	120 12	-0800	+0748	+0842	0.84	+0.0	0.9	1.3	0.8	D
					主港：硇洲 NAOZHOU No. 34 p. 10							
316	团山角 Tuanshan Jiao	40 14	120 28	-0800	+0713	+0642	0.57	-0.3	1.4	1.6	0.8	D
					主港：大连 DALIAN No. 330 p. 91							
317	长山寺 Changshansi	40 23	120 35	-0800	+0806	+0730	0.63	+0.2	1.6	1.7	1.2	D
	辽河 Liao He											
318	拦门沙 Bar	40 32	122 04	-0800	+0811	+0806	1.13	+0.2	2.7	2.9	2.0	D
319	四道沟 Sidaogou	40 38	122 10	-0800	+0804	+0846	1.22	+0.1	2.9	3.0	2.0	D
320	营口内港 Yingkou Neigang	40 40	122 13	-0800	+0743	+0825	1.26	+0.0	3.0	3.1	2.0	D
321	鲅鱼圈 Bayuquan	40 18	122 05	-0800	+0644	+0656	1.22	+0.0	3.0	3.1	1.9	D
322	长兴岛 Changxing Dao	39 39	121 28	-0800	+0521	+0500	0.58	+0.4	1.6	1.8	1.3	D
323	西中岛 Xizhong Dao	39 23	121 14	-0800	+0351	+0306	0.53	+0.3	1.5	1.8	1.2	D
	普兰店湾 Pulandian Wan											
324	簸箕岛 Boqi Dao	39 23	121 45	-0800	+0359	+0343	0.74	+0.2	1.9	2.1	1.4	D
325	长山岛 Changshan Dao	39 19	121 40	-0800	+0340	+0307	0.69	+0.2	1.8	2.0	1.3	D
326	葫芦套 Hulutao	39 16	121 36	-0800	+0311	+0236	0.65	+0.2	1.8	1.9	1.3	D
327	营城子湾 Yingchengzi Wan	38 58	121 19	-0800	+0226	+0202	0.59	+0.2	1.6	1.7	1.2	D
328	羊头洼 Yangtouwa	38 47	121 08	-0800	+0115	+0116	0.61	+0.2	1.6	1.7	1.2	D

中国：辽宁南岸，朝鲜半岛西岸

序号	地名	位置		标准时间	潮时差		潮高		潮差		平均潮位	潮汐类型
		纬度	经度	时 分	高潮 时 分	低潮 时 分	比值	改正数 (m)	平均 (m)	大潮 (m)	(m)	
	中国，辽宁南岸 China，Liaoning South Coast	N	E									
		(°) (′)	(°) (′)		主港：大连 DALIAN No. 330 p. 91							
329	迂岩 Yuyan	38 34	121 19	-0800	+0107	+0103	0.92	-0.1	1.9	2.4	1.4	S
330	大连 DALIAN	38 55	121 40	-0800	（主 港）				2.0	2.6	1.6	S
331	三山岛 Sanshan Dao	38 53	121 49	-0800	-0032	-0032	1.01	-0.1	2.1	2.6	1.6	S
332	大孤口 Dagukou	38 58	121 50	-0800	-0006	-0009	1.03	+0.1	2.1	2.6	1.8	S
333	常江澳 Changjiang Ao	39 05	122 03	-0800	-0022	-0026	1.18	+0.0	2.4	3.0	1.9	S
334	广鹿岛 Guanglu Dao	39 12	122 18	-0800	-0029	-0032	1.34	+0.1	3.2	3.3	2.3	D
	里长山列岛 *Lichangshan Liedao*											
335	大长山岛 Dachangshan Dao	39 16	122 35	-0800	-0043	-0046	1.35	+0.1	2.8	3.5	2.3	S
336	小长山岛 Xiaochangshan Dao	39 14	122 40	-0800	-0054	-0054	1.29	+0.2	2.6	3.3	2.3	S
	外长山列岛 *Waichangshan Liedao*											
337	獐子岛 Zhangzi Dao	39 03	122 45	-0800	-0052	-0055	1.21	+0.0	2.5	3.1	2.0	S
	石城列岛 *Shicheng Liedao*											
338	大王家岛 Dawangjia Dao	39 27	123 04	-0800	-0116	-0109	1.60	+0.0	3.3	4.2	2.6	S
339	小王家岛 Xiaowangjia Dao	39 32	123 05	-0800	-0106	-0109	1.62	+0.2	3.3	4.2	2.8	S
	大洋河 *Dayang He*											
340	大孤山 Dagushan	39 46	123 33	-0800	-0059	-0103	1.92	-0.1	4.0	4.7	3.0	S
341	石山子 Shishanzi	39 58	123 40	-0800	+0006	+0125	1.07	+0.3	2.5	2.7	2.0	D
					主港：南浦 NAMPO No. 514 p. 94							
342	大鹿岛 Dalu Dao	39 45	123 45	-0800	-0047	-0026	1.01	+0.2	3.8	4.8	3.3	S
	鸭绿江 *Yalu Jiang*											
343	赵氏沟 Zhaoshigou	39 53	124 12	-0800	-0052	+0008	1.09	+0.2	4.1	5.3	3.5	S
344	三道浪头 Sandaolangtou	40 02	124 20	-0800	+0026	+0227	0.89	-0.1	3.9	4.1	2.5	D
345	丹东 Dandong	40 07	124 24	-0800	+0121	+0320	0.59	-0.1	2.6	2.7	1.5	D
	朝鲜半岛西岸 Korea Peninsula West Coast											
501	龟岩浦 Yonam Po	39 56	124 21	-0900	+0140	+0140	0.86	+0.0	3.3	4.1	2.7	S
502	斗流浦 Duryu Po	39 56	124 20	-0900	+0043	+0159	0.96	-0.1	3.7	4.5	2.8	S
503	薪岛 Sin Do	39 48	124 16	-0900	+0025	+0033	1.17	+0.0	4.4	5.8	3.5	S
504	多狮岛 Dasa Do	39 48	124 25	-0900	+0030	+0030	1.19	+0.0	4.5	5.7	3.5	S
	盘城列岛 *Pansong Yolto*											
505	水运岛 Suun Do	39 42	124 25	-0900	+0010	+0018	1.13	+0.0	4.3	5.5	3.4	S
506	丹岛 Weon Do	39 41	124 27	-0900	+0005	+0005	1.14	+0.0	4.2	5.4	3.5	S
507	椴岛 Ga Do	39 31	124 40	-0900	+0006	+0014	1.14	+0.0	4.3	5.6	3.5	S

序号	地名	位置		标准时间	潮时差		潮高		潮差		平均潮位	潮汐类型
		纬度	经度	时 分	高潮 时 分	低潮 时 分	比值	改正数 (m)	平均 (m)	大潮 (m)	(m)	
	朝鲜半岛西岸 Korea Peninsula West Coast	N	E									
		(°) (′)	(°) (′)		**主港：南浦 NAMPO** No. 514 p. 94							
508	大和岛 Daehwa Do	39 27	124 37	-0900	+0005	+0005	1.09	+0.0	4.2	5.3	3.3	S
509	云雾岛 Unmu Do	39 25	125 07	-0900	+0006	+0014	1.22	+0.1	4.7	6.0	3.8	S
510	蜡岛 Nab Do	39 16	124 43	-0900	-0010	-0002	1.06	+0.1	4.0	5.3	3.3	S
	大同江 *Daedonggang*											
511	席岛 Seog Do	38 38	125 00	-0900	-0046	-0038	0.86	+0.1	3.3	4.2	2.7	S
512	避岛 Pi Do	38 40	125 10	-0900	-0031	-0023	1.07	+0.0	4.1	5.0	3.2	S
513	渔隐洞 Eeoundong	38 40	125 11	-0900	-0030	-0030	0.90	+0.0	3.5	4.3	2.8	S
514	**南浦 NAMPO**	38 43	125 24	-0900	（主港）				3.8	4.9	3.3	S
515	外岩浦 Oeampo	38 39	125 34	-0900	+0010	+0007	1.13	+0.0	4.3	5.5	3.5	S
516	铁岛 Cheol Do	38 39	125 35	-0900	+0020	+0020	1.10	+0.0	4.2	5.3	3.3	S
517	石海洞 Seoghoedong	38 31	125 40	-0900	+0015	+0015	1.26	+0.0	4.9	6.0	3.8	S
518	兼二浦 Gyeomipo	38 44	125 38	-0900	+0030	+0030	1.19	+0.0	4.6	5.7	3.6	S
519	仁皇川 Inhwangcheon	38 49	125 33	-0900	+0038	+0052	1.23	-0.2	4.7	5.9	3.6	S
520	住马洞 Jumadong	38 53	125 34	-0900	+0100	+0100	1.20	+0.0	4.7	5.8	3.6	S
523	石湖亭 Seoghojeong	38 57	125 38	-0900	+0120	+0200	1.02	+0.0	4.2	5.1	3.4	S
524	上万景台 Sangmangyeongdae	39 00	125 41	-0900	+0148	+0318	0.67	+0.3	2.5	3.3	2.1	S
525	平壤 Pyeongang	39 01	125 45	-0900	+0305	+0425	0.18	+0.0	0.9	1.1	0.6	S
526	清岩里 Cheongamri	39 03	125 47	-0900	+0315	+0520	0.17	+0.0	0.8	1.0	0.6	S
527	寺洞 Sadong	39 01	125 49	-0900	+0410	+0410	0.11	+0.0	0.3	0.6	0.5	S
528	龟首里 Yongsuri	38 27	124 56	-0900	-0130	-0130	0.77	+0.0	2.9	3.7	2.5	S
529	萝金浦 Monggeumpo	38 11	124 47	-0900	-0135	-0137	0.64	+0.2	2.9	3.0	2.1	D
530	海安面 Haeanmyeon	38 07	124 43	-0900	-0230	-0230	0.61	+0.0	2.9	3.2	2.1	D
531	月乃岛 Weolnae Do	38 03	124 49	-0900	-0258	-0306	0.60	+0.3	2.9	3.1	2.1	D
532	大青岛 Daecheong Do	37 50	124 43	-0900	-0317	-0308	0.56	+0.3	2.1	2.9	2.0	S
533	麒麟岛 Girin Do	37 50	125 03	-0900	-0330	-0330	0.77	+0.0	3.7	2.5	2.8	S
534	巡威岛 Sunwi Do	37 45	125 20	-0900	-0344	-0336	0.90	+0.2	3.4	4.5	2.9	S
					主港：仁川 INCHON No. 547 p. 97							
535	龟湖岛 Yongho Do	37 47	125 20	-0900	+0035	+0035	0.55	+0.0	3.4	4.4	2.9	S
536	登山串 Deungsan Got	37 41	125 22	-0900	+0025	+0025	0.62	+0.0	3.9	5.0	3.2	S
537	茂岛 Mu Do	37 44	125 35	-0900	+0019	+0023	0.73	+0.2	4.5	5.9	3.6	S
538	大延平岛 Daeyeonpyeong Do	37 37	125 43	-0900	+0010	+0010	0.73	+0.0	4.7	5.9	3.6	S
539	小延平岛 Soyeonpyeong Do	37 40	125 43	-0900	+0015	+0015	0.76	+0.0	4.7	6.1	3.7	S
540	海州 Haeju	38 00	125 42	-0900	+0045	+0045	0.81	+0.0	5.1	6.4	4.0	S

朝鲜半岛西岸

序号	地名	位置		标准时间	潮时差		潮高		潮差		平均潮位	潮汐类型
		纬度	经度	时 分	高潮 时 分	低潮 时 分	比值	改正数 (m)	平均 (m)	大潮 (m)	(m)	
	朝鲜半岛西岸 Korea Peninsula West Coast	N (°) (′)	E (°) (′)									
					主港：仁川 INCHON No. 547 p. 97							
541	盘伊浦 Banipo	37 47	126 03	-0900	+0035	+0035	0.87	+0.0	5.5	7.0	4.3	S
542	注文岛 Jumun Do	37 39	126 15	-0900	+0017	+0021	0.93	+0.2	5.7	7.4	4.4	S
543	阿此岛 Acha Do	37 40	126 15	-0900	+0025	+0025	0.95	+0.0	6.0	7.7	4.6	S
544	长峰岛 Jangbong Do	37 32	126 23	-0900	+0010	+0010	0.99	+0.0	6.2	8.1	4.7	S
546	永宗岛 Yeongjong Do	37 30	126 34	-0900	+0009	+0008	1.01	+0.1	6.2	8.2	4.8	S
547	**仁川 INCHON**	37 28	126 36	-0900	（主港）				6.1	8.1	4.6	S
548	大舞衣岛 Daemueui Do	37 23	126 27	-0900	-0006	-0002	0.95	+0.2	5.9	7.7	4.5	S
549	德积岛 Deogjeog Do	37 15	126 07	-0900	-0010	-0010	0.85	+0.0	5.4	6.9	4.2	S
550	苏爷岛 Saya Do	37 14	126 10	-0900	-0014	-0010	0.86	+0.2	5.3	6.9	4.1	S
551	屈业岛 Guleob Do	37 12	126 00	-0900	-0020	-0020	0.81	+0.0	5.0	6.5	4.0	S
552	汉津里（牙山）Hanjin（Asan）	36 58	126 47	-0900	-0007	-0005	1.03	+0.0	6.4	8.3	4.8	S
					主港：群山 GUNSAN No. 559 p. 100							
553	牛舞岛 Umu Do	37 02	126 27	-0900	+0115	+0037	1.22	+0.3	5.5	7.1	4.2	S
554	茅项里 Mohangri	36 47	126 08	-0900	+0046	+0008	1.02	+0.3	4.6	6.0	3.6	S
555	蔬岛 So Do	36 23	126 26	-0900	+0033	-0005	1.06	+0.3	4.8	6.3	3.8	S
556	外烟岛 Oeyeon Do	36 13	126 02	-0900	+0008	-0030	0.83	+0.4	3.7	5.0	3.1	S
557	於青岛 Eocheong Do	36 07	125 59	-0900	+0000	-0038	0.83	+0.3	3.8	4.9	3.0	S
558	竹岛 Jug Do	36 02	126 32	-0900	-0006	-0044	0.99	+0.3	4.5	5.9	3.5	S
559	**群山 GUNSAN**	35 59	126 43	-0800	（主港）				4.5	5.8	3.3	S
560	大长里 Dae-Jangri	35 49	126 24	-0900	-0012	-0050	0.95	+0.3	4.3	5.5	3.4	S
561	鞍马岛 Anma Do	35 21	126 01	-0900	-0043	-0121	0.79	+0.2	3.5	4.5	2.8	S
562	咸平湾 Hampyeong Man	35 09	126 21	-0900	-0050	-0127	0.87	+0.3	3.9	5.0	3.2	S
563	荏子岛 Imja Do	35 03	126 05	-0900	-0114	-0152	0.67	+0.2	3.0	4.1	2.4	S
564	大黑山岛 Daeheugsan Do	34 41	125 26	-0900	-0146	-0223	0.48	+0.2	2.1	2.8	1.8	S
	罗州群岛 Naju Gundo											
565	慈恩岛 Chaun Do	34 53	126 06	-0900	-0139	-0217	0.66	+0.3	3.0	3.8	2.5	S
566	飞禽水道 Bigeum Sudo	34 43	125 56	-0900	-0206	-0244	0.58	+0.3	2.6	3.4	2.2	S
567	陵山岛 Neungsan Do	34 36	126 01	-0900	-0225	-0302	0.55	+0.3	2.5	3.2	2.1	S
568	下台岛 Hatae Do	34 32	126 03	-0900	-0240	-0317	0.51	+0.3	2.3	3.0	2.0	S
569	萝滩 Mong Tan	34 53	126 32	-0900	+0021	-0030	0.60	+0.4	3.3	3.5	2.4	D
570	木浦 Mog Po	34 47	126 23	-0900	-0013	-0137	0.58	+0.1	2.6	3.3	2.2	S
					主港：西归浦 SEOGWI PO No. 583 p. 103							
571	时下岛 Siha Do	34 42	126 15	-0900	+0358	+0416	1.53	-0.2	3.1	3.3	2.3	D

朝鲜半岛西岸和南岸

序号	地名	位置		标准时间	潮时差		潮高		潮差		平均潮位	潮汐类型
		纬度	经度	时 分	高潮 时 分	低潮 时 分	比值	改正数 (m)	平均 (m)	大潮 (m)	(m)	
	朝鲜半岛西岸 Korea Peninsula West Coast	N (°) (′)	E (°) (′)		主港：西归浦 SEOGWI PO No. 583 p. 103							
572	素浦江口 Sopo Ganggu	34 30	126 12	-0900	+0409	+0408	1.42	-0.1	2.4	3.1	2.1	S
573	上鸟岛 Sangjo Do	34 20	126 04	-0900	+0238	+0237	1.19	-0.1	2.0	2.6	1.8	S
574	下鸟岛 Hajo Do	34 18	126 03	-0900	+0346	+0322	1.09	-0.2	1.8	2.4	1.6	S
575	甲岛 Gab Do	34 23	126 16	-0900	+0139	+0139	1.39	-0.1	2.3	3.1	2.1	S
576	上马岛 Sangma Do	34 27	126 25	-0900	+0131	+0131	1.47	-0.1	2.5	3.3	2.2	S
577	於兰镇 Eoranjin	34 21	126 29	-0900	+0131	+0131	1.34	-0.1	2.2	3.0	2.0	S
578	右水营 Usuyong	34 35	126 19	-0900	+0401	+0340	1.43	-0.3	2.4	3.0	2.0	S
579	Baikpachin	34 32	126 20	-0900	+0149	+0220	1.34	-0.1	2.3	3.0	2.0	S
	朝鲜半岛南岸 Korea Peninsula South Coast											
	济州岛 *Jeju Do*											
580	Hoasgunpo	33 14	126 20	-0900	+0029	+0029	1.01	+0.0	1.7	2.3	1.6	S
581	禾北里 Hwabuk-ni	33 31	126 35	-0900	+0102	+0102	0.87	+0.1	1.4	1.9	1.4	S
582	遮归岛 Chagwi Do	33 18	126 09	-0900	+0109	+0109	0.99	+0.0	1.7	2.2	1.5	S
583	**西归浦 SEOGWI PO**	33 14	126 33	-0900	（主港）				1.7	2.2	1.5	S
584	牛岛水道 Udo Sudo	33 30	126 51	-0900	+0004	+0004	0.87	+0.0	1.4	2.0	1.4	S
585	上楸子岛 Sangchuja Do	33 57	126 17	-0900	+0131	+0131	1.08	+0.0	1.8	2.4	1.6	S
586	所安 Soan	34 09	126 38	-0900	+0052	+0052	1.31	-0.1	2.2	2.9	1.9	S
587	莞岛 Wan Do	34 19	126 45	-0900	+0116	+0130	1.30	+0.1	2.2	3.0	2.1	S
588	东港 Donghang	34 21	126 53	-0900	+0021	+0021	1.17	-0.1	2.0	2.7	1.7	S
589	Chunran-do	34 11	126 51	-0900	+0035	+0035	1.23	-0.1	2.0	2.7	1.8	S
590	马岛水道 Mado Sudo	34 26	126 51	-0900	+0027	+0026	1.47	-0.1	2.5	3.5	2.2	S
591	Tracg. I	34 26	127 05	-0900	+0013	+0012	1.36	-0.1	2.3	3.1	2.0	S
592	居金水道 Geogeum Sudo	34 30	127 09	-0900	+0004	+0004	1.42	-0.1	2.4	3.3	2.1	S
593	巽竹岛 Seonjug Do	34 17	127 22	-0900	+0006	+0006	1.23	+0.0	2.0	2.8	1.8	S
594	巨文岛 Geomun Do	34 00	127 18	-0900	-0014	-0015	1.19	-0.1	2.0	2.7	1.8	S
595	泗洋岛 Sayang Do	34 28	127 27	-0900	-0027	-0027	1.34	-0.1	2.3	3.1	1.9	S
					主港：绿华山 LUHUASHAN No. 219 p. 67							
596	早登岛 Chobal Do	34 38	127 34	-0900	-0023	-0039	0.94	-0.4	2.4	3.3	2.0	S
597	丽水 Yeosu	34 44	127 45	-0900	-0059	-0114	0.86	-0.4	2.2	3.0	1.8	S
598	光阳湾 Gwangyang Man	34 51	127 45	-0900	-0046	-0102	0.91	-0.4	2.3	3.2	1.9	S
600	露梁里 Noryangri	34 57	127 53	-0900	-0048	-0104	0.89	-0.5	2.3	3.1	1.8	S
	南海岛 *Namhae Do*											
601	平山里 Pyeongsanri	34 46	127 51	-0900	-0105	-0120	0.84	-0.4	2.2	3.0	1.8	S
602	弥助湾 Mijo Man	34 43	128 03	-0900	-0109	-0124	0.75	-0.3	1.9	2.6	1.6	S

朝鲜半岛南岸和东岸

序号	地名	位置		标准时间	潮时差		潮高		潮差		平均潮位	潮汐类型
		纬度	经度	时 分	高潮 时 分	低潮 时 分	比值	改正数 (m)	平均 (m)	大潮 (m)	(m)	
	朝鲜半岛南岸 Korea Peninsula South Coast	N	E									
		(°) (′)	(°) (′)		主港：绿华山 LUHUASHAN No. 219 p. 67							
603	晋州湾 Jinju Man	35 03	128 03	-0900	-0036	-0051	0.89	-0.7	2.3	3.1	1.6	S
604	三千浦 Samcheon Po	34 56	128 04	-0900	-0105	-0120	0.78	-0.4	2.0	2.7	1.6	S
605	蛇梁岛 Saryang Do	34 51	128 14	-0900	-0107	-0122	0.75	-0.4	1.9	2.6	1.6	S
606	欲知岛 Yogzi Do	34 39	128 16	-0900	-0105	-0120	0.71	-0.4	1.8	2.5	1.5	S
607	固城湾 Goseong Man	34 55	128 21	-0900	-0100	-0116	0.77	-0.4	2.0	2.6	1.6	S
608	忠武 Chungmu	34 51	128 25	-0900	-0054	-0124	0.68	-0.3	1.7	2.4	1.4	S
	巨济岛 *Geoje Do*											
609	竹林浦 Jugrim Po	34 50	128 35	-0900	-0113	-0128	0.68	-0.3	1.7	2.4	1.4	S
610	猪仇里 Jeguri	34 43	128 36	-0900	-0115	-0131	0.63	-0.3	1.6	2.2	1.3	S
611	多大浦 Tajang Po	34 44	128 37	-0900	-0130	-0130	0.57	+0.0	1.5	2.0	1.1	S
612	知世浦 Jise Po	34 50	128 43	-0900	-0131	-0147	0.50	-0.3	1.3	1.7	1.0	S
	镇海湾 *Jinhae Man*				主港：釜山 BUSAN No. 622 p. 106							
613	松真浦 Songjin Po	35 00	128 41	-0900	+0016	+0017	1.64	+0.0	1.4	1.9	1.1	S
614	加助岛 Gajo Do	34 57	128 32	-0900	+0010	+0010	1.70	+0.0	1.5	1.9	1.1	S
615	辕门浦 Weonmun Po	34 55	128 28	-0900	+0025	+0025	1.75	+0.0	1.5	2.1	1.1	S
616	见乃梁 Gyeonnaeryang	34 53	128 28	-0900	+0027	+0027	1.77	+0.0	1.5	2.1	1.2	S
617	运丰浦 Unpung Po	35 06	128 29	-0900	+0014	+0015	1.72	+0.0	1.4	2.0	1.1	S
618	马山 Masan	35 11	128 34	-0900	+0016	+0017	1.58	+0.0	1.3	1.8	1.0	S
619	镇海 Jinhae	35 09	128 38	-0900	+0015	+0015	1.60	+0.0	1.4	1.9	1.0	S
620	天城里 Chinseongri	35 01	128 49	-0900	+0012	+0013	1.44	+0.0	1.2	1.7	1.0	S
621	影岛 Yeong Do	35 05	129 03	-0900	-0004	-0004	1.02	+0.0	0.9	1.2	0.6	S
622	釜山 BUSAN	35 06	129 02	-0900	（主港）				0.8	1.2	0.6	S
	朝鲜半岛东岸 Korea Peninsula East Coast											
623	蔚山湾 Ulsan Man	35 30	129 23	-0900	-0054	-0054	0.44	0.0	0.4	0.5	0.3	S
					主港：舞鹤 MAIZURU No. 945 p. 121							
624	甘浦 Kampo	35 48	129 30	-0900	+0327	+0306	0.74	+0.0	0.2	0.2	0.2	D
625	迎日湾 Yeongil Man	36 03	129 22	-0900	+0120	+0204	0.57	+0.0	0.1	0.2	0.1	D
626	Kanggu-hang	36 21	129 24	-0900	+0047	+0154	0.65	+0.0	0.2	0.2	0.1	D
627	丑山港 Chugsan Hang	36 31	129 26	-0900	+0057	+0118	0.65	+0.0	0.2	0.2	0.1	D
628	竹边湾 Jugbyeon Man	37 04	129 26	-0900	+0101	+0107	0.75	+0.0	0.2	0.2	0.2	D
629	Mukho	37 22	129 07	-0900	+0123	+0121	0.84	+0.0	0.2	0.2	0.2	D
630	道洞 Dodong	37 29	130 54	-0900	+0050	+0108	0.67	+0.0	0.2	0.2	0.1	D
631	注文津 Jumunjin	37 54	128 50	-0900	+0048	+0057	0.93	+0.0	0.2	0.3	0.2	D
632	Sokcho	38 12	128 36	-0900	+0111	+0101	0.93	+0.0	0.2	0.3	0.2	D

朝鲜半岛东岸，日本：濑户内海

序号	地名	位置 纬度	位置 经度	标准时间 时 分	潮时差 高潮 时 分	潮时差 低潮 时 分	潮高 比值	潮高 改正数 (m)	潮差 平均 (m)	潮差 大潮 (m)	平均潮位 (m)	潮汐类型
	朝鲜半岛东岸 Korea Peninsula East Coast	N	E									
		(°) (′)	(°) (′)		主港：舞鹤 MAIZURU No. 945 p. 121							
633	长箭 Jangjeon	38 45	128 12	-0900	+0049	+0049	1.02	+0.0	0.2	0.3	0.2	D
634	元山 Weonsan	39 12	127 28	-0900	+0110	+0110	1.33	+0.0	0.1	0.1	0.2	D
635	松田湾 Songjeon Man	39 22	127 27	-0900	+0105	+0052	1.22	+0.0	0.3	0.3	0.2	D
636	西湖津 Seohojin	39 49	127 38	-0900	+0055	+0048	1.11	+0.0	0.3	0.3	0.2	D
637	新浦 Sin Po	40 00	128 12	-0900	+0053	+0051	1.15	+0.0	0.3	0.3	0.2	D
638	遮湖 Chaho	40 12	128 38	-0900	+0043	+0049	1.06	+0.0	0.3	0.3	0.2	D
639	城津 Seongjin	40 40	129 13	-0900	+0053	+0056	1.17	+0.0	0.3	0.3	0.2	D
640	大良化湾 Daeyanghwa Man	41 10	129 44	-0900	+0055	+0055	1.02	+0.0	0.2	0.3	0.2	D
641	清津 Cheongjin	41 47	129 50	-0900	+0045	+0045	1.22	+0.0	0.1	0.1	0.2	D
642	沙津 Sajin	41 59	130 00	-0900	+0055	+0055	1.02	+0.0	0.2	0.3	0.2	D
643	大榆洞 Daeyudong	42 10	130 12	-0900	+0045	+0045	1.22	+0.0	0.1	0.1	0.2	D
644	雄基 Ung-gi	42 20	130 25	-0900	+0059	+0058	1.02	+0.0	0.2	0.3	0.2	D
	日本，濑户内海 Japan，Seto Naikai											
	纪伊水道 *KII SUIDO*				主港：横滨 YOKOHAMA No. 826 p. 127							
651	比井湾 Hii Wan	33 55	135 06	-0900	+0117	+0112	0.96	+0.0	1.3	1.3	1.1	D
					主港：那霸 NAHA No. 1069 p. 112							
652	下津 Simotu	34 07	135 08	-0900	-0047	-0103	0.84	+0.1	1.3	1.4	1.1	D
653	海南 Kainan	34 08	135 12	-0900	-0040	-0057	0.82	+0.1	1.3	1.3	1.1	D
654	和歌山 Wakayama	34 13	135 09	-0900	-0044	-0102	0.84	+0.1	1.3	1.4	1.1	D
					主港：横滨 YOKOHAMA No. 826 p. 127							
656	橘 Tatibana	33 52	134 39	-0900	+0102	+0059	0.95	+0.0	1.3	1.3	1.1	D
					主港：那霸 NAHA No. 1069 p. 112							
657	小松岛 Komatusima	33 59	134 37	-0900	-0122	-0115	0.77	+0.1	1.2	1.2	1.0	D
	鸣门海峡 *NARUTO KAIKYO* 抚养濑户 *Muya-no-Seto*				主港：神户 KOBE No. 671 p. 124							
658	土佐泊 Tosadomari	34 11	134 38	-0900	-0003	-0005	1.03	+0.0	1.1	1.2	0.9	D
	北泊濑户 *Kitadomari-no-Seto*											
659	堂之浦 Donoura	34 13	134 35	-0900	+0011	+0015	0.94	+0.0	1.0	1.0	0.9	D
660	北泊 Kitadomari	34 14	134 35	-0900	+0233	+0150	0.73	+0.1	0.8	1.0	0.7	D
					主港：那霸 NAHA No. 1069 p. 112							
661	福良 Hukura	34 15	134 42	-0900	-0037	-0053	0.80	+0.1	1.2	1.3	1.1	D
					主港：神户 KOBE No. 671 p. 124							
662	孙□ Mago Saki	34 14	134 39	-0900	+0402	+0346	0.98	+0.0	1.1	1.4	0.9	D

日本：瀬户内海

序号	地名	位置 纬度	置 经度	标准时间 时 分	潮时差 高潮 时 分	低潮 时 分	潮高 比值	改正数 (m)	潮差 平均 (m)	大潮 (m)	平均潮位 (m)	潮汐类型
	日本，濑户内海 Japan，Seto Naikai	N	E									
		(°) (′)	(°) (′)		**主港：神户 KOBE** No. 671 p. 124							
663	纲代 Aziro	34 14	134 38	-0900	+0403	+0350	1.03	-0.1	1.3	1.5	0.9	D
	淡路岛 *Awazi Sima*											
664	阿那贺浦 Anaga Ura	34 16	134 40	-0900	+0407	+0350	0.96	+0.0	1.2	1.5	0.9	D
	友岛水道 *TOMOGASIMA SUIDO*				**主港：那霸 NAHA** No. 1069 p. 112							
665	冲之岛 Oki-no-Sima	34 17	135 00	-0900	-0102	-0045	0.74	+0.2	1.2	1.3	1.0	D
	淡路岛 *Awazi Sima*											
666	yura 由良	34 16	134 57	-0900	-0107	-0044	0.64	+0.2	1.1	1.2	0.9	D
	大阪湾 *OSAKA WAN* 淡路岛 *Awazi Sima*				**主港：神户 KOBE** No. 671 p. 124							
667	洲本 Sumoto	34 20	134 55	-0900	-0032	-0028	0.94	+0.1	1.0	1.1	1.0	D
668	深日 Huke	34 19	135 08	-0900	-0019	-0003	1.03	+0.0	1.0	1.1	1.0	D
669	堺 Sakai	34 35	135 28	-0900	-0003	-0003	1.00	+0.0	1.1	1.2	1.0	D
670	大阪 Osaka	34 39	135 26	-0900	-0005	-0005	1.00	+0.0	1.0	1.2	1.0	D
670a	尼崎 Amagasaki	34 42	135 24	-0900	-0005	+0027	0.99	+0.0	1.0	1.1	1.0	D
671	**神户 KOBE**	34 41	135 12	-0900	（主 港）				1.1	1.2	1.0	D
671a	割藻岛 Karumo Sima	34 39	135 10	-0900	-0001	-0001	1.04	+0.0	1.1	1.2	1.0	D
	明石海峡 *AKASHI KAIKYO*											
672	明石 Akashi	34 39	135 00	-0900	+0136	+0055	0.66	+0.1	0.7	0.9	0.7	D
	淡路岛 *Awazi Sima*											
673	岩屋 Iwaya	34 36	135 01	-0900	+0943	+0024	0.63	+0.1	0.7	0.9	0.7	D
673a	江崎 Ezaski	34 36	134 59	-0900	+0050	+0050	0.65	+0.0	0.7	0.8	0.7	D
	播磨滩 *HARIMA NADA* 淡路岛 *Awazi Sima*											
674	室津 Murotu	34 32	134 52	-0900	+0408	+0331	0.76	+0.1	1.0	1.2	0.8	D
675	江井 Ei	34 28	134 49	-0900	+0404	+0334	0.82	+0.0	1.0	1.3	0.8	D
676	引田 Hiketa	34 14	134 24	-0900	+0352	+0342	1.05	+0.0	1.3	1.5	1.0	D
	上豆岛 *Syodo Sima*											
677	坂手 Sakate	34 27	134 19	-0900	+0334	+0328	1.10	+0.0	1.3	1.5	1.0	D
678	家岛 Ie Sima	34 41	134 32	-0900	+0328	+0312	0.95	+0.0	1.1	1.4	0.9	D
679	高砂 Takasago	34 44	134 48	-0900	+0319	+0251	0.89	+0.1	1.1	1.4	0.9	D
	姬路 *Himezi*											
680	饰磨 Sikama	34 47	134 40	-0900	+0321	+0306	0.96	+0.1	1.1	1.4	1.0	D
681	相生 Aioi	34 48	134 28	-0900	+0336	+0319	+0.0	1.10	1.3	1.6	1.0	D
682	片上 Katakami	34 44	134 13	-0900	+0348	+0327	1.15	-0.1	1.4	1.6	1.0	D

日 本：濑 户 内 海

序号	地名	位置 纬度	置 经度	标准时间 时 分	潮时差 高潮 时 分	潮时差 低潮 时 分	潮高 比值	潮高 改正数 (m)	潮差 平均 (m)	潮差 大潮 (m)	平均潮位 (m)	潮汐类型
	日本，濑户内海 Japan，Seto Naikai	N	E									
		(°) (′)	(°) (′)		主港：神户 KOBE No. 671 p. 124							
683	大多府岛 Otabu Sima	34 41	134 18	-0900	＋0328	＋0322	1.13	-0.1	1.3	1.5	1.0	D
					主港：吴 KURE No. 715 p. 118							
684	牛窗 Usimado	34 37	134 10	-0900	＋0143	＋0114	0.50	＋0.2	1.5	1.7	1.2	D
	备赞濑户 *BISAN SETO*											
	小豆岛 *Syodo Sima*											
685	入部（池田湾）Nyube	34 29	134 12	-0900	＋0132	＋0102	0.51	＋0.2	1.6	1.8	1.2	D
686	宇野 Uno	34 30	133 57	-0900	＋0133	＋0116	0.66	＋0.1	1.9	2.1	1.4	D
686a	小串（罔山水道）Kogusi	34 36	134 02	-0900	＋0142	＋0117	0.53	＋0.2	1.6	1.8	1.2	D
687	宫之浦（直岛）Miyanoura	34 27	133 58	-0900	＋0144	＋0128	0.69	＋0.2	2.0	2.2	1.5	D
					主港：神户 KOBE No. 671 p. 124							
689	男木岛 Ogi Sima	34 26	134 03	-0900	＋0327	＋0406	1.55	-0.1	1.7	1.9	1.3	D
690	高松 Takamatu	34 21	134 03	-0900	＋0330	＋0346	1.66	-0.2	1.9	2.1	1.4	D
					主港：吴 KURE No. 715 p. 118							
691	丸龟 Marugame	34 18	133 48	-0900	＋0134	＋0144	0.92	＋0.0	2.5	2.7	1.8	D
692	锅岛 Nabe Sima	34 23	133 49	-0900	＋0136	＋0128	0.87	＋0.1	2.4	2.6	1.8	D
693	下津井 Simotui	34 26	133 48	-0900	＋0142	＋0133	0.83	＋0.2	2.3	2.4	1.8	D
695	水岛 Mizusima	34 31	133 44	-0900	＋0135	＋0135	0.98	＋0.0	2.1	2.8	1.9	S
696	佐柳 Sanagi	34 20	133 38	-0900	＋0136	＋0135	1.05	-0.1	2.3	3.0	2.0	S
697	栗岛 Awasima	34 16	133 38	-0900	＋0140	＋0152	1.05	＋0.0	2.3	3.0	2.1	S
	备后滩 *BINGO NADA*											
698	鞆 Tomo	34 23	133 22	-0900	＋0135	＋0135	1.05	＋0.0	2.3	3.0	2.1	S
	二原濑户 *MIHARA SETO*											
699	尾道 Onomiti	34 24	133 12	-0900	＋0123	＋0122	1.02	＋0.0	2.2	2.9	2.0	S
700	系崎 Itozaki	34 23	133 06	-0900	＋0115	＋0114	0.99	＋0.0	2.2	2.9	2.0	S
701	江之浦（布割濑户）Enoura	34 21	133 12	-0900	＋0129	＋0129	1.02	＋0.0	2.2	2.9	2.0	S
702	小佐木岛 Ko-Sagi Sima	34 22	133 06	-0900	＋0113	＋0112	1.01	＋0.0	2.2	2.9	2.0	S
703	忠海 Tadanoumi	34 20	133 00	-0900	＋0038	＋0037	1.07	-0.1	2.3	3.1	2.0	S
704	濑户田（生口岛）Setoda	34 18	133 05	-0900	＋0056	＋0055	1.01	＋0.0	2.2	2.9	2.0	S
	燧滩 *HIUTI NADA*											
705	观音寺 Kan-onzi	34 08	133 38	-0900	＋0127	＋0131	1.06	＋0.0	2.3	3.1	2.1	S
706	多喜滨 Takihama	33 59	133 21	-0900	＋0129	＋0129	1.08	＋0.0	2.4	3.1	2.1	S
	来岛海峡 *KURUSHIMA KAIKYO*											
707	今治 Imabari	34 04	133 00	-0900	＋0113	＋0112	0.99	＋0.0	2.2	2.8	2.0	S

日 本：瀬 户 内 海

序号	地名	位置 纬度	位置 经度	标准时间 时 分	潮时差 高潮 时 分	潮时差 低潮 时 分	潮高 比值	潮高 改正数 (m)	潮差 平均 (m)	潮差 大潮 (m)	平均潮位 (m)	潮汐类型
	日本，瀬户内海 Japan，Seto Naikai	N	E									
	来岛海峡 *KURUSIMA KAIKYO*	(°) (′)	(°) (′)		主港：吴 KURE No. 715 p. 118							
708	波止浜 Hasihama	34 07	132 58	-0900	+0034	+0033	1.06	+0.0	2.3	3.1	2.1	S
	安芸滩 *AKI NADA*											
709	御手洗（大崎下岛）Mitarai	34 11	132 52	-0900	+0017	+0016	1.05	+0.0	2.3	3.1	2.1	S
710	小用（猫瀬户）Koyo	34 14	132 43	-0900	+0021	+0020	0.91	+0.2	2.0	2.7	2.0	S
	广岛湾 *HIROSIMA WAN*											
711	鹿老渡小瀬户 Karoto-Ko Seto	34 04	132 33	-0900	-0006	-0007	0.89	+0.1	2.0	2.6	1.8	S
712	美能（那沙美瀬户）Mino	34 15	132 23	-0900	-0012	-0013	0.93	+0.2	2.0	2.8	2.0	S
713	江田内 Eta Uti	34 15	132 28	-0900	+0000	+0000	1.01	+0.0	2.2	3.0	2.0	S
714	广岛 Hirosima	34 21	132 28	-0900	-0004	-0005	0.99	+0.1	2.2	2.9	2.0	S
715	吴 KURE	34 14	132 33	-0900		（主 港）			2.2	2.9	2.0	S
716	音户瀬户 Ondo Seto	34 12	132 32	-0900	+0002	+0002	0.90	+0.2	2.0	2.6	2.0	S
717	严岛 Itukusima	34 18	132 19	-0900	-0004	-0005	1.00	+0.1	2.2	2.9	2.0	S
718	大野瀬户 Ono Seto	34 16	132 16	-0900	-0004	-0005	0.97	+0.1	2.1	2.8	2.0	S
719	岩国 Iwakuni	34 11	132 14	-0900	-0006	-0007	0.93	+0.1	2.0	2.8	1.9	S
720	土居（屋代岛）Doi	33 55	132 18	-0900	-0004	-0005	0.90	+0.1	2.0	2.6	1.9	S
	KUDAKO SUIDO											
721	情岛（诸岛水道）Nasake Sima	33 57	132 28	-0900	-0029	-0029	0.96	+0.1	2.1	2.7	1.9	S
722	宇和间 Uwama	33 58	132 35	-0900	-0016	-0017	0.85	+0.3	1.8	2.5	1.9	S
	钓岛水道 *TURUSIMA SUIDO*											
723	大浦（关户瀬户）Oura	33 59	132 38	-0900	-0014	-0015	0.95	+0.1	2.1	2.7	1.9	S
724	兴居岛 Gogo Sima	33 55	132 41	-0900	-0020	-0021	0.93	+0.1	2.0	2.7	1.9	S
725	松山 Matuyama	33 52	132 43	-0900	-0029	-0029	0.97	+0.1	2.1	2.8	1.9	S
	伊予滩 *IYO NADA*											
726	大田（大田瀬户）Obatake	33 57	132 10	-0900	-0043	-0044	0.87	+0.1	1.9	2.6	1.8	S
727	冲家室岛 Oki-Kamuro Sima	33 51	132 22	-0900	-0035	-0036	0.88	+0.1	1.9	2.5	1.8	S
728	青岛 Ao Sima	33 44	132 29	-0900	-0049	-0050	0.90	+0.1	2.0	2.6	1.8	S
729	长滨 Nagahama	33 37	132 29	-0900	-0110	-0111	0.88	+0.1	1.9	2.6	1.8	S
730	三机 Mitukue	33 27	132 14	-0900	-0101	-0108	0.85	+0.1	2.3	2.4	1.8	D
731	佐贺关 Saganoseki	33 15	131 53	-0900	-0055	-0111	0.54	+0.3	1.5	1.7	1.3	D
	别府湾 *Beppu Wan*											
732	别府港 Beppu Ko	33 17	131 30	-0900	-0103	-0114	0.60	+0.1	1.7	1.8	1.3	D
733	西大分 Nisi-Oita	33 15	131 36	-0900	-0059	-0111	0.58	+0.2	1.6	1.7	1.3	D
734	龟川 Kamegawa	33 20	131 30	-0900	-0103	-0114	0.60	+0.1	1.7	1.8	1.3	D

日本：濑户内海，丰后水道

序号	地名	位置		标准时间	潮时差		潮高		潮差		平均潮位	潮汐类型
		纬度	经度	时 分	高潮 时 分	低潮 时 分	比值	改正数 (m)	平均 (m)	大潮 (m)	(m)	
	日本，濑户内海 Japan, Seto Naikai	N	E									
	周防滩 *SUO NADA*	(°) (′)	(°) (′)		主港：吴 KURE No. 715 p. 118							
735	姬岛 Hime Sima	33 44	131 38	-0900	-0041	-0042	0.86	+0.1	1.9	2.5	1.8	S
736	香香地 Kakazi	33 41	131 31	-0900	-0039	-0040	0.92	+0.1	2.0	2.7	1.9	S
737	宇岛 Unosima	33 38	131 08	-0900	-0047	-0048	1.06	+0.0	2.3	3.1	2.1	S
738	室津（上关海峡）Murotu	33 50	132 07	-0900	-0052	-0052	0.80	+0.1	1.8	2.4	1.6	S
739	德山 Tokuyama	34 01	131 49	-0900	-0053	-0054	0.87	+0.1	1.9	2.5	1.8	S
740	三田尻 Mitaziri	34 02	131 35	-0900	-0047	-0048	0.85	+0.1	1.9	2.6	1.8	S
741	宇部 Ube	33 56	131 15	-0900	-0043	-0044	1.02	+0.1	2.2	3.0	2.1	S
742	割屋 Kariya	33 57	131 10	-0900	-0043	-0044	1.08	+0.0	2.4	3.3	2.1	S
743	小野田 Onoda	33 58	131 11	-0900	-0044	-0039	1.05	+0.0	2.3	3.1	2.1	S
	关门海峡 *KANMON KAIKYO*											
744	青滨 Aohama	33 57	131 01	-0900	-0041	-0042	1.07	+0.0	2.4	3.2	2.1	S
745	长府 Tyohu	34 00	131 00	-0900	-0040	-0038	1.08	+0.0	2.4	3.3	2.1	S
746	岩黑 Iwaguro	33 58	130 59	-0900	-0030	-0032	1.05	+0.1	2.3	3.1	2.1	S
747	田野浦 Tanoura	33 57	130 59	-0900	-0034	-0037	1.04	+0.0	2.3	3.1	2.0	S
748	前田 Maeda	33 58	130 58	-0900	-0032	-0038	1.02	+0.0	2.2	3.1	2.0	S
					主港：下关 SIMONOSEKI No. 749 p. 115							
749	下关 SIMONOSEKI	33 57	130 58qq	-0900	（主港）				1.6	2.1	1.4	S
750	门司 Mozi	33 56	130 58	-0900	+0009	+0001	0.93	+0.0	1.5	2.0	1.3	S
					主港：那霸 NAHA No. 1069 p. 112							
751	田之首 Tanokubi	33 55	130 55	-0900	+0047	+0031	0.65	+0.1	1.0	1.4	1.0	S
752	砂津 Sunatu	33 53	130 54	-0900	+0225	+0225	0.74	+0.2	0.9	1.3	1.1	S
753	南风泊 Haedomari	33 57	130 52	-0900	+0238	+0237	0.64	+0.0	0.8	1.1	0.8	S
754	伊崎（小濑户）Izaki	33 57	130 55	-0900	+0323	+0323	0.60	+0.0	0.8	1.0	0.8	S
755	若松 Wakamatu	33 55	130 49	-0900	+0252	+0251	0.64	+0.0	0.8	1.1	0.8	S
	日本，丰后水道 Japan, Bungo Suido											
756	下浦（佐贺关）Sita Ura	33 14	131 52	-0900	+0042	+0027	0.98	+0.1	1.5	1.6	1.2	D
	佐伯 *Saiki*											*D*
757	葛 Kazura	32 59	131 54	-0900	+0011	-0005	0.79	+0.1	1.2	1.3	1.1	D
758	长岛 Nagasima	32 58	131 55	-0900	-0018	-0006	0.80	+0.1	1.2	1.3	1.1	D
759	八幡滨 Yawatahama	33 27	132 24	-0900	+0015	+0003	1.04	+0.1	1.6	1.7	1.3	D
760	奥地湾 Okuti Wan	33 20	132 23	-0900	-0129	-0151	0.84	+0.2	1.6	1.7	1.3	D
761	宇和岛 Uwazima	33 14	132 33	-0900	+0012	+0000	1.08	+0.0	1.7	1.8	1.3	D

日本：丰后水道，四国南岸，南方诸岛，本州南岸

序号	地名	位置 纬度	位置 经度	标准时间 时 分	潮时差 高潮 时 分	潮时差 低潮 时 分	潮高 比值	潮高 改正数 (m)	潮差 平均 (m)	潮差 大潮 (m)	平均潮位 (m)	潮汐类型
	日本，丰后水道 Japan，Bungo Suido	N	E									
		(°) (′)	(°) (′)		主港：那霸 NAHA No. 1069 p. 112							
762	能登（日振岛）Noto	33 10	132 16	-0900	-0136	-0159	0.79	+0.2	1.5	1.6	1.2	D
763	柏崎 Kasiwazaki	33 01	132 29	-0900	-0221	-0241	0.77	+0.2	1.5	1.5	1.2	D
	日本，四国南岸 Japan，Sikoku，South Coast											
764	片岛（宿毛湾）Katasima	32 54	132 42	-0900	-0114	-0111	0.94	+0.1	1.4	1.5	1.2	D
765	水浦（宇和岛湾）Mizugaura	33 12	132 27	-0900	-0132	-0155	0.82	+0.2	1.6	1.6	1.3	D
766	土佐清水 Tosa-Simizu	32 46	132 57	-0900	-0113	-0113	0.86	+0.1	1.1	1.4	1.1	S
767	吴 Kure	33 20	133 15	-0900	-0107	-0106	0.87	+0.1	1.1	1.5	1.1	S
768	须崎 Susaki	33 24	133 17	-0900	-0121	-0120	0.91	+0.0	1.4	1.4	1.1	D
769	高知 Koti	33 30	133 35	-0900	-0119	-0116	0.87	+0.1	1.3	1.4	1.1	D
770	室津 Murotu	33 17	134 09	-0900	-0129	-0126	0.97	+0.1	1.5	1.5	1.2	D
771	甲浦 Kannoura	33 33	134 18	-0900	-0130	-0129	0.88	+0.1	1.3	1.4	1.1	D
	日本，南方诸岛 Japan，Nampo Syoto											
	硫黄列岛 *Kazan Retto*				主港：横滨 YOKOHAMA No. 826 p. 127							
772	（西硫黄岛）Nisi	24 48	141 18	-0900	+0142	+0136	0.51	+0.0	0.7	0.7	0.6	D
773	（北硫黄岛）Isino	25 26	141 18	-0900	+0139	+0139	0.51	+0.0	0.5	0.7	0.6	D
	小笠原群岛 *Ogasawara Gunto*											
774	冲（母岛）Oki	26 38	142 09	-0900	+0108	+0106	0.63	+0.0	0.8	0.9	0.7	D
775	二见（父岛）Hutami	27 06	142 11	-0900	+0053	+0056	0.60	+0.0	0.8	0.9	0.7	D
775a	聟岛 Mukosima	27 41	142 08	-0900	+0050	+0050	0.63	-0.1	0.8	0.9	0.7	D
776	鸟岛 Tori Sima	30 29	140 19	-0900	+0036	+0046	0.63	+0.0	0.9	1.0	0.8	D
777	神凑（八丈岛）Kaminato	33 08	139 48	-0900	+0004	+0014	0.71	+0.0	1.0	1.1	0.8	D
778	式根岛 Sikine Sima	34 19	139 13	-0900	+0002	+0009	0.83	+0.0	1.1	1.2	1.0	D
	大岛 *O Sima*											
779	波浮 Habu	34 41	139 26	-0900	-0034	-0023	0.79	+0.0	1.1	1.2	0.9	D
779a	冈田 Okada	34 47	139 24	-0900	-0022	-0013	0.77	+0.0	1.1	1.2	0.9	D
	日本，本州南岸 Japan，Honsyu，South Coast											
780	三尾 Mio	33 53	135 05	-0900	+0058	+0055	0.99	+0.0	1.3	1.4	1.1	D
781	田边 Tanabe	33 43	135 22	-0900	+0056	+0050	1.03	-0.1	1.4	1.4	1.1	D
782	周参见 Susami	33 33	135 30	-0900	+0103	+0107	1.00	+0.0	1.4	1.5	1.1	D
783	串本 Kusimoto	33 28	135 46	-0900	+0055	+0056	0.95	+0.0	1.3	1.3	1.1	D
784	浦神 Uragami	33 33	135 54	-0900	+0046	+0046	0.96	-0.1	1.3	1.3	1.1	D

日 本：本 州 南 岸

序号	地名	位置 纬度	位置 经度	标准时间 时 分	潮时差 高潮 时 分	潮时差 低潮 时 分	潮高 比值	潮高 改正数 (m)	潮差 平均 (m)	潮差 大潮 (m)	平均潮位 (m)	潮汐类型
	日本，本州南岸 Japan，Honsyu，South Coast	N (°) (′)	E (°) (′)		主港：横滨 YOKOHAMA No. 826 p. 127							
785	纪伊胜浦 Kii-Katuura	33 37	135 57	-0900	+0051	+0047	0. 99	-0. 1	1. 3	1. 4	1. 1	D
786	二木岛 Nigisima	33 56	136 11	-0900	+0046	+0101	0. 85	+0. 0	1. 1	1. 2	0. 9	D
787	Hikimoto Ura	34 04	136 15	-0900	+0039	+0043	0. 97	+0. 0	1. 3	1. 4	1. 1	D
788	长岛 Nagasima	34 12	136 20	-0900	+0041	+0034	0. 95	+0. 0	1. 3	1. 4	1. 1	D
789	吉津 Yosizu	34 16	136 30	-0900	+0049	+0050	0. 97	+0. 0	1. 3	1. 4	1. 1	D
790	五所 Gokasyo	34 19	136 40	-0900	+0038	+0033	0. 93	+0. 0	1. 2	1. 3	1. 0	D
791	滨岛 Hamazima	34 18	136 46	-0900	+0049	+0050	0. 94	+0. 0	1. 2	1. 3	1. 0	D
792	的矢 Matova	34 22	136 52	-0900	+0045	+0043	0. 92	+0. 0	1. 2	1. 3	1. 0	D
793	鸟羽港 Toba Ko	34 28	136 46	-0900	+0051	+0057	1. 08	-0. 1	1. 4	1. 5	1. 2	D
794	松阪 Matusaka	34 36	136 34	-0900	+0106	+0106	1. 20	-0. 1	1. 3	1. 8	1. 3	D
795	津 Tu	34 43	136 32	-0900	+0102	+0103	1. 27	-0. 1	1. 4	1. 9	1. 4	S
796	四日市 Yokkaiti	34 57	136 38	-0900	+0100	+0101	1. 27	-0. 2	1. 4	1. 9	1. 3	S
797	名古屋 Nagoya Ko	35 05	136 51	-0900	+0100	+0101	1. 36	-0. 1	1. 5	2. 0	1. 4	S
798	常滑 Tokoname	34 53	136 51	-0900	+0126	+0128	1. 17	-0. 1	1. 3	1. 7	1. 3	S
799	师崎 Morozaki	34 42	136 59	-0900	+0112	+0105	1. 14	-0. 1	1. 2	1. 7	1. 3	S
	衣浦 *Kinuura*											
800	寺津 Terazu	34 49	137 00	-0900	+0104	+0043	1. 21	+0. 0	1. 6	1. 7	1. 3	D
801	蒲郡 Gamagori	34 49	137 14	-0900	+0058	+0058	1. 29	-0. 1	1. 4	1. 9	1. 4	S
802	三谷 Miya	34 49	137 15	-0900	+0056	+0056	1. 29	-0. 1	1. 4	1. 9	1. 4	S
803	佐久岛 Saku Sima	34 44	137 03	-0900	+0048	+0053	1. 16	-0. 1	1. 5	1. 6	1. 3	D
804	筱岛 Sino Sima	34 41	137 00	-0900	+0058	+0058	1. 19	-0. 1	1. 3	1. 8	1. 3	S
805	御前埼 Omae Saki	34 36	138 13	-0900	+0020	+0021	0. 83	+0. 0	1. 1	1. 2	0. 9	D
806	清水港 Simizu Ko	35 00	138 30	-0900	+0032	+0030	0. 85	+0. 0	1. 1	1. 2	1. 0	D
807	三津（内浦湾）Mito	35 01	138 54	-0900	+0033	+0030	0. 81	+0. 1	1. 1	1. 2	1. 0	D
808	田子 Tago	34 48	138 46	-0900	+0028	+0031	0. 88	+0. 0	1. 2	1. 3	1. 0	D
809	妻良子浦 Mera-Koura	34 40	138 47	-0900	+0023	+0026	0. 86	+0. 0	1. 2	1. 3	1. 0	D
810	小稻 Koine	34 37	138 53	-0900	+0012	+0017	0. 86	+0. 0	1. 2	1. 3	1. 0	D
811	下田 Simoda	34 40	138 57	-0900	+0014	+0007	0. 87	+0. 0	1. 2	1. 3	1. 0	D
812	网代 Aziro	35 03	139 05	-0900	-0024	-0016	0. 79	+0. 0	1. 1	1. 2	0. 9	D
813	真鹤 Manazuru	35 09	139 09	-0900	-0010	-0010	0. 82	+0. 0	1. 1	1. 2	1. 0	D
814	江之岛 E-no-sima	35 18	139 29	-0900	-0010	-0026	0. 72	+0. 1	1. 1	1. 3	0. 9	D
815	小田和湾 Odawa Wan	35 13	139 37	-0900	-0021	-0017	0. 80	+0. 0	1. 1	1. 2	0. 9	D

日本：本州南岸，东京湾，本州东岸

序号	地名	位置 纬度	位置 经度	标准时间 时 分	潮时差 高潮 时 分	潮时差 低潮 时 分	潮高 比值	潮高 改正数 (m)	潮差 平均 (m)	潮差 大潮 (m)	平均潮位 (m)	潮汐类型
	日本，本州南岸 Japan，Honsyu，South Coast	N	E									
	三崎 *Misaki*	(°) (′)	(°) (′)		主港：横滨 YOKOHAMA No. 826 p. 127							
816	油壶 Aburatubo	35 10	139 37	-0900	-0014	-0004	0.78	+0.0	1.1	1.2	0.9	D
817	诸矶 Moroiso	35 09	139 37	-0900	-0021	-0013	0.79	+0.0	1.1	1.2	0.9	D
818	向崎 Mukogasaki	35 08	139 37	-0900	-0009	-0008	0.85	+0.0	1.2	1.3	1.0	D
819	城岛 Zyo-ga-Sima	35 08	139 37	-0900	-0023	-0017	0.82	+0.1	1.1	1.2	1.0	D
	日本，东京湾 Japan，Tokyo Wan											
820	金田湾 Kaneda Wan	35 12	139 41	-0900	-0048	-0040	0.81	+0.1	1.1	1.2	1.0	D
	横须贺 *Yokosuka*											
821	浦贺 Uraga	35 14	139 43	-0900	-0018	-0009	0.84	+0.0	1.2	1.3	1.0	D
822	走水 Hasirimizu	35 15	139 44	-0900	-0013	-0003	0.90	+0.1	1.3	1.4	1.1	D
823	横须贺 Yokosuka	35 17	139 40	-0900	-0008	-0005	0.92	+0.0	1.3	1.3	1.1	D
824	长浦 Naga Ura	35 19	139 39	-0900	-0008	-0003	0.95	+0.0	1.3	1.4	1.1	D
	横滨 *YOKOHAMA*											
825	根岸 Negisi	35 24	139 38	-0900	-0004	+0001	0.92	+0.0	1.3	1.4	1.1	D
826	**新山下（第二区）SIN-YAMASITA**	35 26	139 40	-0900	（主 港）				1.3	1.4	1.2	D
826a	新港（第一区）Sinko	35 27	139 38	-0900	+0005	+0005	0.99	+0.0	1.3	1.4	1.2	D
827	末广（鹤见）Suehiro	35 29	139 42	-0900	+0003	+0004	1.00	+0.0	1.4	1.4	1.2	D
	川崎 *Kawasaki*											
828	盐滨运河 Siohama Unga	35 31	139 45	-0900	+0005	+0004	1.00	+0.0	1.3	1.4	1.1	D
	东京 *Tokyo*											
829	羽田 Haneda	35 33	139 46	-0900	+0024	+0023	1.08	-0.1	1.4	1.5	1.2	D
830	芝浦 Sibaura	35 38	139 45	-0900	+0010	+0007	1.02	+0.0	1.4	1.4	1.2	D
831	筑地 Tukizi	35 40	139 46	-0900	+0020	+0013	1.07	-0.1	1.4	1.5	1.2	D
	千叶 *Tiba*											
832	寒川 Samugawa	35 36	140 07	-0900	+0000	-0001	1.08	+0.0	1.4	1.5	1.2	D
833	第一海堡 Daiiti Kaiho	35 19	139 46	-0900	-0016	-0013	0.96	+0.0	1.3	1.4	1.1	D
834	岩井袋 Iwaihukuro	35 06	139 50	-0900	-0016	-0008	0.78	+0.1	1.1	1.1	1.0	D
835	船形（馆山湾）Hunakata	35 02	139 51	-0900	-0022	-0018	0.84	+0.0	1.1	1.2	1.0	D
	日本，本州东岸 Japan，Honsyu，East Coast				主港：釜石 KAMAISI No. 853 p. 130							
836	布良 Mera	34 55	139 50	-0900	+0113	+0100	1.13	-0.1	1.1	1.2	0.9	D
837	白滨 Sirahama	34 55	139 56	-0900	+0117	+0105	1.07	+0.0	1.0	1.2	0.9	D
838	鸭川 Kamogawa	35 05	140 06	-0900	+0115	+0103	1.11	+0.0	1.1	1.2	0.9	D

日本：本州东岸和北岸

序号	地名	位置		标准时间	潮时差		潮高		潮差		平均潮位	潮汐类型
		纬度	经度		高潮	低潮	比值	改正数	平均	大潮		
				时 分	时 分	时 分		(m)	(m)	(m)	(m)	
	日本，本州东岸 Japan, Honsyu, East Coast	N	E									
		(°) (′)	(°) (′)		主港：釜石 KAMAISI No. 853 p. 130							
839	上总胜浦 Kazusa-Katuura	35 08	140 19	-0900	+0105	+0054	1.10	+0.0	1.1	1.2	0.9	D
841	犬吠 Inubo Saki	35 42	140 51	-0900	+0044	+0040	1.05	+0.0	1.0	1.2	0.9	D
842	鹿岛 Kasima	35 56	140 42	-0900	+0003	+0019	1.00	+0.0	1.0	1.1	0.8	D
843	大津 Otu	36 51	140 48	-0900	+0013	+0010	0.99	+0.0	1.0	1.1	0.8	D
844	小名滨 Onahama	36 56	140 55	-0900	+0035	+0032	0.98	+0.0	1.0	1.1	0.8	D
845	四仓 Yotukura	37 06	141 00	-0900	+0031	+0034	1.17	+0.0	1.2	1.4	1.0	D
846	花渊滨（盐釜）Hanabutihama	38 18	141 05	-0900	+0012	+0010	1.09	+0.0	1.1	1.2	1.0	D
847	石滨（松岛湾）Isihama	38 19	141 07	-0900	+0021	+0017	1.09	+0.0	1.1	1.3	0.9	D
848	野蒜湾 Nobiru Wan	38 21	141 09	-0900	+0017	+0013	1.05	+0.0	1.1	1.2	0.9	D
849	荻滨 Oginohama	38 23	141 26	-0900	+0010	+0005	1.11	+0.0	1.1	1.3	0.9	D
850	鲇川 Ayukawa	38 18	141 31	-0900	+0010	+0010	1.03	+0.0	1.0	1.2	0.9	D
851	气仙沼 Kesennuma	38 53	141 37	-0900	+0001	-0002	1.01	+0.0	1.0	1.2	0.9	D
852	大船渡 Ohunato	39 03	141 44	-0900	+0001	-0014	1.03	+0.0	1.0	1.1	0.9	D
853	釜石 KAMAISI	39 16	141 54	-0900	（主港）				1.0	1.2	0.9	D
854	山田 Yamada	39 28	141 58	-0900	-0010	-0007	1.00	+0.0	1.0	1.2	0.9	D
855	宫古 Miyako	39 39	141 58	-0900	-0001	+0003	0.95	+0.0	1.0	1.1	0.8	D
856	久慈 Kuzi	40 11	141 49	-0900	-0011	-0013	1.04	+0.0	1.0	1.2	0.9	D
857	八户 Hatinohe	40 32	141 32	-0900	-0010	-0012	0.97	+0.0	1.0	1.1	0.8	D
858	泊 Tomari	41 06	141 23	-0900	-0009	-0012	1.06	+0.0	1.1	1.2	0.9	D
859	尻屋 Siriya	41 24	141 27	-0900	-0020	-0017	1.11	-0.2	1.1	1.3	0.8	D
	日本，本州北岸 Japan, Honsyu, North Coast											
860	尻屋岬 Siriyamisaki	41 23	141 27	-0900	-0020	-0017	1.11	+0.0	1.1	1.3	1.0	D
861	大田 Ohata	41 25	141 10	-0900	-0011	-0021	0.84	+0.0	0.8	0.9	0.7	D
862	大间 Oma	41 32	140 54	-0900	+0004	-0020	0.58	-0.1	0.6	0.6	0.5	D
863	大凑 Ominato	41 15	141 09	-0900	-0013	-0008	0.54	-0.1	0.4	0.6	0.4	S
864	小凑 Kominato	40 57	140 59	-0900	-0014	-0010	0.50	+0.0	0.4	0.5	0.4	S
865	茂浦 Moura	40 57	140 52	-0900	-0015	-0010	0.50	-0.1	0.4	0.5	0.4	S
866	浅虫 Asamusi	40 54	140 52	-0900	-0017	-0012	0.52	+0.0	0.4	0.6	0.4	S
867	青森 Aomori	40 50	140 46	-0900	-0019	-0014	0.54	-0.1	0.4	0.6	0.4	S
868	三厩 Minmaya	41 12	140 25	-0900	-0012	-0008	0.38	+0.0	0.3	0.4	0.3	S
869	龙飞 Tappi Saki	41 16	140 20	-0900	+0025	+0011	0.41	+0.0	0.4	0.5	0.3	D

日本：北海道南岸和西岸

序号	地名	位置 纬度	位置 经度	标准时间 时 分	潮时差 高潮 时 分	潮时差 低潮 时 分	潮高 比值	潮高 改正数 (m)	潮差 平均 (m)	潮差 大潮 (m)	平均潮位 (m)	潮汐类型
	日本，北海道南岸 Japan，Hokkaido，South Coast	N	E									
		(°) (′)	(°) (′)		主港：釜石 KAMAISI No. 853 p. 130							
870	花咲 Hanasaki	43 17	145 35	-0900	-0008	+0002	0.93	+0.0	1.0	1.2	0.8	D
871	落石 Otiisi	43 11	145 31	-0900	-0022	-0018	0.97	+0.0	1.0	1.2	0.8	D
872	雾多布（滨中湾）Kiritappu	43 04	145 10	-0900	-0029	-0026	0.93	+0.0	1.0	1.1	0.8	D
873	厚岸湖 Akkesi Ko	43 02	144 52	-0900	-0025	-0026	0.99	+0.0	1.0	1.1	0.8	D
874	钏路 Kusiro	42 58	144 22	-0900	-0024	-0020	0.99	+0.0	1.0	1.1	0.9	D
875	留边芯津 Rubesibetu	42 13	143 20	-0900	-0027	-0022	0.96	+0.0	1.0	1.2	0.8	D
876	庶野 Syoya	42 01	143 17	-0900	-0018	-0019	1.07	+0.0	1.1	1.2	0.9	D
877	歌露 Utaro	41 58	143 12	-0900	-0018	-0021	1.02	+0.0	1.0	1.1	0.9	D
878	襟裳 Erimo	42 01	143 09	-0900	-0016	-0015	1.01	+0.0	1.0	1.2	0.9	D
879	室兰 Muroran	42 19	140 58	-0900	-0010	-0015	1.10	+0.1	1.1	1.2	1.0	D
880	有珠湾 Usu Wan	42 31	140 46	-0900	-0010	-0018	1.11	+0.0	1.1	1.2	0.9	D
881	森 Mori	42 07	140 36	-0900	-0014	-0024	0.99	+0.0	1.0	1.1	0.8	D
882	臼尻 Usuziri	41 56	140 57	-0900	-0016	-0022	0.97	+0.0	1.0	1.1	0.8	D
883	汐首岬 Siokubi Misaki	41 43	140 58	-0900	+0014	+0020	1.02	+0.0	1.1	1.2	0.9	D
884	函馆 Hakodate	41 47	140 44	-0900	+0022	+0011	0.70	+0.0	0.7	0.8	0.6	D
885	涌元 Wakimoto	41 34	140 25	-0900	+0023	+0026	0.63	+0.0	0.7	0.8	0.6	D
886	吉冈 Yosioka	41 27	140 14	-0900	+0054	+0052	0.46	+0.0	0.5	0.6	0.4	D
	日本，北海道西岸 Japan，Hokkaido，West Coast				主港：科尔萨科夫 KORSAKOV No. 1116 p. 133							
887	清部 Kiyobe	41 32	140 00	-0900	+1113	+0945	0.27	+0.0	0.2	0.3	0.2	D
888	江差 Esasi	41 52	140 06	-0900	+1051	+1114	0.34	+0.0	0.3	0.4	0.2	D
888a	福山 Fukuyama	41 26	140 06	-0900	+1036	+0959	0.28	+0.0	0.2	0.3	0.2	D
	奥尻岛 Okusiri To											
889	青苗 Aonae	42 04	139 27	-0900	+1019	+1006	0.25	+0.0	0.2	0.3	0.2	D
890	濑棚 Setana	42 28	139 50	-0900	+1025	+1024	0.25	+0.0	0.2	0.3	0.2	D
891	寿都 Suttu	42 47	140 16	-0900	+1043	+1034	0.23	+0.0	0.2	0.3	0.2	D
892	岩内 Iwanai	42 59	140 30	-0900	+1057	+1016	0.23	+0.0	0.2	0.2	0.2	D
893	神威岬 Kamui Misaki	43 20	140 24	-0900	+1029	+1019	0.22	+0.0	0.2	0.2	0.2	D
894	小樽 Otaru	43 13	141 01	-0900	+1024	+1030	0.20	+0.0	0.2	0.2	0.2	D
895	滨益 Hamamasu	43 36	141 23	-0900	+1009	+1007	0.23	+0.0	0.2	0.3	0.2	D
896	留萌 Rumoi	43 57	141 38	-0900	+1029	+1031	0.19	+0.0	0.2	0.2	0.2	D

日本：北海道西岸和北岸，本州西北岸

序号	地名	位置 纬度	位置 经度	标准时间 时 分	潮时差 高潮 时 分	潮时差 低潮 时 分	潮高 比值	潮高 改正数 (m)	潮差 平均 (m)	潮差 大潮 (m)	平均潮位 (m)	潮汐类型
	日本，北海道西岸 Japan，Hokkaido，West Coast	N	E									
		(°) (′)	(°) (′)		主港：科尔萨科夫 KORSAKOV No. 1116 p. 133							
897	苫前 Tomamae	44 19	141 39	-0900	+1138	+1041	0. 22	+0. 0	0. 2	0. 2	0. 2	D
	利尻岛 *Risiri To*											
898	鸳泊 Osidomari	45 14	141 14	-0900	+1014	+1104	0. 20	+0. 0	0. 2	0. 2	0. 2	D
899	稚内 Wakkanai	45 25	141 41	-0900	+0953	+1055	0. 25	+0. 0	0. 2	0. 3	0. 2	D
	日本，北海道北岸 Japan，Hokkaido，North Coast											
900	宗谷岬 Soya Misaki	45 31	141 57	-0900	-0220	-0259	0. 25	+0. 0	0. 2	0. 2	0. 2	D
901	枝幸 Esasi	44 57	142 35	-0900	-0251	-0259	0. 79	+0. 0	0. 7	0. 9	0. 6	D
902	雄武 Omu	44 35	142 58	-0900	-0249	-0245	0. 86	+0. 0	0. 8	1. 0	0. 7	D
903	纹别 Monbetu	44 21	143 22	-0900	-0246	-0242	0. 92	+0. 1	0. 8	1. 0	0. 7	D
904	网走 Abasiri	44 01	144 17	-0900	-0220	-0216	0. 93	+0. 0	0. 8	1. 0	0. 7	D
905	Koiseboi	44 03	144 57	-0900	-0226	-0229	0. 88	+0. 0	0. 8	1. 0	0. 6	D
					主港：釜石 KAMAISI No. 853 p. 130							
906	根室 Nemuro	43 20	145 35	-0900	-0037	-0037	1. 03	+0. 0	1. 0	1. 2	0. 9	D
	日本，本州西北岸 Japan，Honsyu，North-west Coast											
917	小泊 Kodomari	41 08	140 18	-0900	+1205	+1155	0. 25	+0. 0	0. 3	0. 3	0. 2	D
918	深浦 Hukaura	40 38	139 56	-0900	+1148	+1213	0. 19	+0. 0	0. 2	0. 2	0. 2	D
920	岩崎 Iwasaki	40 35	139 55	-0900	+1154	+1219	0. 19	+0. 0	0. 2	0. 2	0. 2	D
920a	男鹿 Oga	39 56	139 42	-0900	+1155	+1219	0. 19	+0. 0	0. 2	0. 2	0. 2	D
921	船川 Hunagawa	39 53	139 51	-0900	+1153	+1206	0. 21	+0. 0	0. 2	0. 3	0. 2	D
922	秋田 Akita	39 45	140 04	-0900	+1135	+1200	0. 19	+0. 0	0. 2	0. 3	0. 2	D
923	加茂 Kamo	38 48	139 45	-0900	+1118	+1158	0. 20	+0. 0	0. 2	0. 3	0. 2	D
924	粟岛 Awa Sima	38 28	139 15	-0900	+1143	+1156	0. 21	+0. 0	0. 2	0. 3	0. 2	D
	佐渡岛 *Sado Sima*											
925	两津 Ryotu	38 05	138 26	-0900	+1110	+1132	0. 22	+0. 0	0. 2	0. 3	0. 2	D
926	小木 Ogi	37 49	138 17	-0900	+1130	+1148	0. 21	+0. 0	0. 2	0. 3	0. 2	D
927	新泻 Niigata	37 57	139 03	-0900	+1133	+1154	0. 18	+0. 0	0. 2	0. 2	0. 2	D
928	寺泊 Teradomari	37 38	138 46	-0900	+1130	+1155	0. 22	+0. 0	0. 2	0. 3	0. 2	D
929	出云崎 Izumozaki	37 33	138 40	-0900	+1145	+1153	0. 20	+0. 0	0. 2	0. 3	0. 2	D
930	柏崎 Kasiwazaki	37 22	138 32	-0900	+1126	+1136	0. 24	+0. 0	0. 3	0. 3	0. 2	D
931	直江津 Naoetu	37 11	138 11	-0900	+1132	+1146	0. 21	+0. 0	0. 2	0. 3	0. 2	D
932	能生 No	37 06	138 00	-0900	+1126	+1149	0. 25	+0. 0	0. 3	0. 3	0. 2	D
933	伏木 Husiki	36 48	137 04	-0900	+1134	+1150	0. 20	+0. 0	0. 2	0. 3	0. 2	D

日 本：本 州 西 北 岸

序号	地 名	位置 纬度	位置 经度	标准时间 时 分	潮时差 高潮 时 分	潮时差 低潮 时 分	潮高 比值	潮高 改正数 (m)	潮差 平均 (m)	潮差 大潮 (m)	平均潮位 (m)	潮汐类型
	日本，本州西北岸 Japan, Honsyu, North-west Coast	N	E									
		(°) (′)	(°) (′)		**主港：釜石 KAMAISI** No. 853 p. 130							
934	阿尾 Ao	36 53	136 59	-0900	+1133	+1150	0.24	+0.0	0.3	0.3	0.2	D
935	七尾 Nanao	37 02	136 58	-0900	+1119	+1145	0.22	+0.0	0.2	0.3	0.2	D
	七尾北湾 *Nanao-Hoku Wan*											
936	中居入 Nakai Iri	37 14	136 57	-0900	+1150	+1200	0.24	+0.0	0.3	0.3	0.2	D
937	曾良 Sora	37 11	137 01	-0900	+1156	+1211	0.24	+0.0	0.3	0.3	0.2	D
938	松波 Matunami	37 21	137 15	-0900	+1130	+1146	0.24	+0.0	0.3	0.3	0.2	D
939	轮岛 Wazima	37 24	136 51	-0900	+1134	+1147	0.21	+0.0	0.2	0.3	0.2	D
					主港：舞鹤 MAIZURU No. 945 p. 121							
940	三国 Mikuni	36 15	136 08	-0900	-0001	+0009	0.91	+0.0	0.2	0.3	0.2	D
941	敦贺 Turuga	35 40	136 04	-0900	-0016	+0001	0.95	+0.0	0.2	0.3	0.2	D
942	小滨 Obama	35 30	135 44	-0900	-0018	-0009	0.91	+0.0	0.2	0.3	0.2	D
943	内浦湾 Utiura Wan	35 33	135 30	-0900	-0016	-0007	0.91	+0.0	0.2	0.3	0.2	D
	舞鹤 *MAIZURU*											
944	西港 Nisi Ko	35 27	135 19	-0900	-0015	-0006	0.91	+0.0	0.2	0.2	0.2	D
945	**东港 HIGASI KO**	35 29	135 24	-0900	（主 港）				0.2	0.3	0.2	D
	宫津湾 *Miyazu Wan*											
946	田井 Tai	35 35	135 14	-0900	-0023	-0008	0.95	+0.0	0.2	0.3	0.2	D
947	伊根 Ine	35 40	135 17	-0900	-0009	-0004	1.06	+0.0	0.3	0.3	0.2	D
948	津居山 Tuiyama	35 39	134 50	-0900	-0007	+0008	0.80	+0.0	0.2	0.2	0.2	D
949	柴山 Sibayama	35 39	134 40	-0900	-0024	-0014	0.91	+0.0	0.2	0.3	0.2	D
950	赤碕 Akasaki	35 31	133 40	-0900	-0018	-0010	0.93	+0.0	0.2	0.3	0.2	D
	岛后 *Dogo*											
951	西乡 Saigo	36 12	133 20	-0900	-0015	-0004	0.90	+0.0	0.2	0.3	0.2	D
	隐岐诸岛 *Oki Syoto*											
952	菱浦 Hisi Ura	36 06	133 05	-0900	-0042	-0023	0.84	+0.0	0.2	0.3	0.2	D
953	日之津浦 Hinotu Ura	36 05	133 04	-0900	-0018	+0012	0.85	+0.0	0.2	0.3	0.2	D
	美保湾 *Miho Wan*											
954	境 Sakai	35 33	133 15	-0900	+0012	+0036	0.49	+0.0	0.1	0.2	0.1	D
	中海 *Naka Umi*											
955	米子 Yonago	35 26	133 19	-0900	+0204	+0232	0.71	+0.0	0.2	0.2	0.1	D
956	大根岛 Daikon Sima	35 30	133 10	-0900	+0226	+0253	0.71	+0.0	0.2	0.2	0.2	D
957	七类 Sitirui	35 34	133 14	-0900	-0039	-0045	0.87	+0.0	0.2	0.2	0.2	D
958	加贺 Kaga	35 34	133 03	-0900	-0025	-0034	0.83	+0.0	0.2	0.2	0.2	D

日本：本州西北岸，九州北岸

序号	地名	位置		标准时间	潮时差		潮高		潮差		平均潮位	潮汐类型
		纬度	经度	时 分	高潮 时 分	低潮 时 分	比值	改正数 (m)	平均 (m)	大潮 (m)	(m)	
	日本，本州西北岸 Japan，Honsyn，North-west Coast	N	E									
		(°) (′)	(°) (′)		主港：舞鹤 MAIZURU No. 945 p. 121							
959	鹭 Sagi	35 27	132 41	-0900	-0046	-0051	0. 93	+0. 0	0. 2	0. 3	0. 2	D
960	外之浦（滨田）To-no-Ura	34 55	132 04	-0900	-0202	-0148	1. 16	+0. 1	0. 3	0. 4	0. 3	D
961	江崎 Esaki	34 38	131 39	-0900	-0232	-0220	1. 56	+0. 0	0. 4	0. 5	0. 4	D
					主港：宿务 CEBU No. 2188 p. 223							
962	Hagi	34 28	131 25	-0900	+0004	-0003	0. 40	+0. 2	0. 6	0. 6	0. 5	D
					主港：硇洲 NAOZHOU No. 34 p. 10							
963	大泊（仙崎）Odomari	34 24	131 11	-0900	-0017	-0003	0. 26	+0. 0	0. 6	0. 7	0. 5	D
964	油谷 Yuya	34 24	130 57	-0900	-0040	-0035	0. 31	+0. 0	0. 7	0. 8	0. 6	D
					主港：那霸 NAHA No. 1069 p. 112							
965	特牛 Kottoi	34 19	130 54	-0900	+0303	+0301	0. 56	+0. 1	0. 7	1. 0	0. 7	S
966	吉母 Yosimo	34 05	130 52	-0900	+0245	+0242	0. 55	+0. 1	0. 7	1. 0	0. 7	S
	日本，九州北岸 Japan，Kyusyu，North Coast											
967	岩屋 Iwaya	33 56	130 41	-0900	+0242	+0240	0. 65	+0. 1	0. 8	1. 1	0. 8	S
					主港：佐世保 SASEBO No. 997 p. 109							
968	神凑 Konominato	33 51	130 29	-0900	+0118	+0115	0. 55	+0. 0	1. 0	1. 4	1. 0	S
969	津屋崎 Tuyazaki	33 47	130 27	-0900	+0118	+0115	0. 59	+0. 1	1. 0	1. 4	1. 1	S
	博多 *Hakata*											
970	福冈港池 Hukuoka	33 36	130 24	-0900	+0109	+0107	0. 65	+0. 0	1. 2	1. 6	1. 1	S
971	唐津 Karatu	33 28	129 57	-0900	+0108	+0100	0. 70	+0. 0	1. 3	1. 7	1. 2	S
972	呼子 Yobuko	33 32	129 53	0900	+0042	+0041	0. 71	+0. 0	1. 3	1. 8	1. 2	S
973	假屋 Kariya	33 29	129 50	-0900	+0101	+0059	0. 76	+0. 0	1. 4	1. 9	1. 3	S
	伊万里湾 *Imari Wan*				主港：下关 SIMONOSEKI No. 749 p. 115							
974	新御厨 Sin-Mikuriya	33 22	129 40	-0900	+0020	+0011	1. 03	+0. 0	1. 6	2. 3	1. 4	S
975	大飞岛 O-Tobi Sima	33 22	129 50	-0900	+0001	-0007	1. 00	+0. 1	1. 6	2. 2	1. 4	S
976	波濑 Hase	33 19	129 48	-0900	+0021	+0014	1. 00	+0. 0	1. 6	2. 2	1. 4	S
	壹岐岛 *Iki Sima*											
977	乡之浦 Gonoura	33 44	129 41	-0900	+0036	+0028	0. 91	+0. 0	1. 4	2. 0	1. 3	S
978	胜本 Katumoto	33 51	129 41	-0900	+0032	+0024	0. 83	+0. 1	1. 3	1. 8	1. 2	S
979	芦边 Asibe	33 48	129 46	-0900	+0030	+0022	0. 70	+0. 1	1. 1	1. 5	1. 0	S
	对马 *Tusima*											
980	严原 Izuhara	34 12	129 18	-0900	-0003	-0011	0. 71	+0. 0	1. 1	1. 6	0. 9	S
981	高滨 Takahama	34 15	129 19	-0900	+0003	-0005	0. 63	+0. 0	1. 0	1. 4	0. 9	S

日本：九州北岸和西岸

序号	地名	位置 纬度	位置 经度	标准时间 时 分	潮时差 高潮 时 分	潮时差 低潮 时 分	潮高 比值	潮高 改正数 (m)	潮差 平均 (m)	潮差 大潮 (m)	平均潮位 (m)	潮汐类型
	日本，九州北岸 Japan，Kyusyu，North Coast	N	E									
	对马 *Tusima*	(°) (′)	(°) (′)		主港：下关 SIMONOSEKI No. 749 p. 115							
982	茂浦 Modo Ura	34 18	129 23	-0900	-0005	-0013	0. 66	-0. 1	1. 1	1. 5	0. 8	S
983	小鹿湾 Osika Wan	34 31	129 27	-0900	-0014	-0022	0. 55	-0. 1	0. 9	1. 2	0. 7	S
984	网代（比田胜）Aziro	34 39	129 29	-0900	-0007	-0015	0. 46	+0. 0	0. 7	1. 0	0. 6	S
					主港：佐世保 SASEBO No. 997 p. 109							
985	大河内湾 Okawati Wan	34 41	129 25	-0900	+0023	+0023	0. 53	-0. 1	1. 0	1. 4	0. 8	S
986	佐须奈 Sasuna	34 39	129 23	-0900	+0025	+0025	0. 52	-0. 1	1. 0	1. 3	0. 8	S
987	纲湾 Tuna Wan	34 25	129 16	-0900	+0029	+0029	0. 71	-0. 1	1. 3	1. 8	1. 1	S
988	尾崎浦 Ozaki Ura	34 19	129 13	-0900	+0027	+0027	0. 75	-0. 1	1. 4	1. 9	1. 2	S
989	箕形 Mikata	34 17	129 16	-0900	+0029	+0029	0. 78	-0. 1	1. 4	2. 0	1. 2	S
990	竹敷 Takesiki	34 18	129 18	-0900	+0037	+0037	0. 77	-0. 1	1. 4	2. 0	1. 2	S
	日本，九州西岸 Japan，Kyusyu，West Coast											
991	黑子岛（平户濑户）Kuroko Sima	33 22	129 34	-0900	+0019	+0018	0. 97	+0. 0	1. 8	2. 4	1. 6	S
	平户岛 *Hirado Sima*											
992	薄香湾 Usuka Wan	33 23	129 32	-0900	+0040	+0039	0. 88	+0. 0	1. 6	2. 2	1. 4	S
993	志志伎湾 Siziki Wan	33 12	129 23	-0900	+0017	+0017	0. 95	+0. 0	1. 7	2. 3	1. 6	S
994	楠泊 Kusudomari	33 13	129 35	-0900	-0008	-0008	1. 00	+0. 1	1. 8	2. 4	1. 7	S
995	相浦 Ainoura	33 11	129 38	-0900	+0002	+0002	1. 04	+0. 0	1. 9	2. 6	1. 7	S
996	高后湾 Kogo Saki	33 06	129 41	-0900	-0006	-0006	0. 98	+0. 0	1. 8	2. 4	1. 6	S
997	**佐世保 SASEBO**	33 09	129 44	-0900	（主港）				1. 8	2. 5	1. 7	S
	针尾濑户 *Hario Seto*											
998	伊之浦 Inoura	33 03	129 45	-0900	+0015	+0014	0. 67	+0. 0	1. 2	1. 7	1. 1	S
	早岐濑户 *Haiki Seto*											
999	早岐突堤（北侧）Haiki Jetty	33 08	129 48	-0900	-0004	-0004	0. 85	+0. 1	1. 5	2. 2	1. 5	S
1000	早岐突堤（南侧）Haiki Jetty	33 08	129 48	-0900	+0124	+0121	0. 28	+0. 1	0. 5	0. 7	0. 5	S
	大村湾 *Omura Wan*											
1001	小串湾 Ogusi Wan	33 04	129 49	-0900	+0238	+0259	0. 26	+0. 0	0. 6	0. 7	0. 5	D
1002	大村 Omura	32 54	129 57	-0900	+0242	+0302	0. 29	+0. 0	0. 7	0. 7	0. 5	D
1003	面高湾 Omodaka Wan	33 04	129 40	-0900	-0006	-0008	1. 03	+0. 0	1. 9	2. 6	1. 7	S
1004	马込　（寺岛水道）Magome	33 02	129 37	-0900	-0014	-0015	1. 01	+0. 0	1. 8	2. 5	1. 7	S
1005	松岛 Matusima	32 56	129 37	-0900	-0021	-0021	1. 04	+0. 0	1. 9	2. 6	1. 7	S
	长崎 *Nagasaki*											
1006	松枝 Matugae	32 44	129 52	-0900	-0027	-0027	0. 93	+0. 2	1. 7	2. 3	1. 7	S

日 本：九 州 西 岸

序号	地名	位置 纬度	位置 经度	标准时间 时 分	潮时差 高潮 时 分	潮时差 低潮 时 分	潮高 比值	潮高 改正数 (m)	潮差 平均 (m)	潮差 大潮 (m)	平均潮位 (m)	潮汐类型
	日本，九州西岸 Japan，Kyusyu，West Coast	N	E									
		(°) (′)	(°) (′)		主港：佐世保 SASEBO No. 997 p. 109							
1007	深堀 Hukahori	32 41	129 49	-0900	-0025	-0025	1.00	+0.0	1.8	2.4	1.7	S
1008	高岛 Taka Sima	32 39	129 45	-0900	-0037	-0030	0.98	+0.0	1.8	2.4	1.6	S
1009	桦岛水道 Kabasima Suido	32 33	129 47	-0900	-0029	-0029	1.02	+0.0	1.8	2.5	1.7	S
	宇久岛 *Uku Sima*											
1010	神之浦 Ko-no-Ura	33 16	129 05	-0900	+0023	+0023	0.92	+0.0	1.7	2.3	1.5	S
	中通岛 *Nakadori Sima*											
1011	有川 Arikawa	32 59	129 07	-0900	+0006	+0006	0.87	+0.0	1.6	2.1	1.4	S
	若松濑户 *Wakamatu Seto*											
1012	若松 Wakamatu	32 53	129 00	-0900	+0019	+0019	0.99	+0.0	1.8	2.4	1.6	S
	福江岛 *Hukue Sima*											
1013	户岐浦 Togi Ura	32 45	128 50	-0900	+0006	+0006	0.92	+0.0	1.7	2.2	1.6	S
1014	福江 Hukue	32 42	128 51	-0900	+0000	+0000	0.96	+0.0	1.7	2.3	1.6	S
1015	富江 Tomie	32 37	128 46	-0900	-0023	-0023	0.97	+0.0	1.7	2.3	1.6	S
1016	玉之浦 Tamanoura	32 37	128 37	-0900	+0004	+0004	0.97	+0.0	1.8	2.4	1.6	S
1017	水之浦 Mizu-no-Ura	32 45	128 45	-0900	+0016	+0017	0.93	+0.0	1.7	2.2	1.5	S
	男女群岛 *Danzyo Gunto*											
1018	女岛 Me Sima	32 00	128 21	-0900	-0035	-0019	0.87	+0.2	2.0	2.0	1.6	D
					主港：下关 SIMONOSEKI No. 749 p. 115							
1019	口之津 Kutinotu	32 36	130 12	-0900	+0016	-0002	1.41	+0.1	2.2	3.0	1.9	S
	岛原湾 *Simabara Wan*											
1020	岛原 Simabara	32 47	130 22	-0900	+0005	-0003	1.95	-0.2	3.1	4.1	2.5	S
1021	竹崎岛 Takezaki Sima	32 57	130 13	-0900	+0007	-0001	2.13	-0.1	3.4	4.6	2.8	S
1021a	小浦 Oura	32 59	130 13	-0900	+0028	+0020	2.09	-0.1	3.3	4.5	2.8	S
1022	住之江 Suminoe	33 12	130 13	-0900	+0035	+0054	2.17	-0.2	3.5	4.7	2.8	S
1023	若津（筑后川）Wakatu	33 13	130 21	-0900	+0013	+0006	2.15	-0.2	3.4	4.6	2.7	S
1024	三池 Miike	33 00	130 23	-0900	+0023	+0016	2.06	+0.0	3.3	4.4	2.8	S
1025	三角 Misumi	32 37	130 27	-0900	+0015	+0008	1.64	+0.0	2.6	3.5	2.2	S
1026	藏藏之濑户 Zozo-no-Seto	32 34	130 28	-0900	-0012	-0019	1.59	+0.0	2.5	3.4	2.2	S
1027	柳之濑户 Yanagi-no-Seto	32 32	130 25	-0900	-0008	-0015	1.61	+0.1	2.5	3.4	2.2	S
	八代海 *Yatusiro Kai*											
1028	八代 Yatusiro	32 30	130 35	-0900	-0011	-0007	1.57	+0.0	2.5	3.3	2.2	S
1029	加贺岛 Kaga Sima	32 31	130 32	-0900	-0008	-0015	1.56	+0.0	2.5	3.3	2.1	S
1030	池之浦（天草上岛）Ike-no-Ura	32 23	130 21	-0900	-0010	-0017	1.43	+0.0	2.2	3.0	2.0	S

日本：九州西岸，南岸和东岸，西南诸岛

序号	地名	位置		标准时间	潮时差		潮高		潮差		平均潮位	潮汐类型
		纬度	经度	时 分	高潮 时 分	低潮 时 分	比值	改正数 (m)	平均 (m)	大潮 (m)	(m)	
	日本，九州西岸 Japan，Kyusyu，West Coast	N	E									
	八代海 *Yatusiro*	(°) (′)	(°) (′)		主港：下关 SIMONOSEKI No. 749 p. 115							
1031	袋浦 Hukuro Ura	32 11	130 22	-0900	-0012	-0019	1.42	+0.0	2.2	3.0	2.0	S
	天草下岛 *Amakusa-Simo Sima*				主港：佐世保 SASEBO No. 997 p. 109							
1032	富冈 Tomioka	32 32	130 02	-0900	-0027	-0027	1.14	+0.0	2.1	2.8	1.9	S
1033	崎津岛 Sakitu Wan	32 19	130 01	-0900	-0039	-0039	0.99	+0.0	1.8	2.5	1.7	S
1034	牛深 Usibuka	32 12	130 01	-0900	-0035	-0035	1.01	+0.0	1.8	2.4	1.7	S
1035	阿久根 Akune	32 02	130 11	-0900	-0045	-0046	0.96	+0.0	1.7	2.3	1.6	S
1036	中河原浦 Nakagawara Ura	31 51	129 51	-0900	-0044	-0043	0.92	+0.1	1.6	2.2	1.6	S
	日本，九州南岸 Japan，Kyusyu，south Coast				主港：那霸 NAHA No. 1069 p. 112							
1037	坊泊 Bodomari	31 17	130 13	-0900	+0008	+0009	1.27	+0.0	1.6	2.1	1.5	S
1038	山川 Yamagawa	31 12	130 38	-0900	-0003	-0001	1.31	+0.0	1.6	2.2	1.5	S
1039	喜入 Kiire	31 23	130 33	-0900	+0002	+0003	1.31	-0.1	1.6	2.2	1.5	S
1040	鹿儿岛 Kagosima	31 36	130 34	-0900	+0002	+0003	1.34	+0.0	1.7	2.2	1.6	S
1041	鹿屋 Kanoya	31 24	130 46	-0900	-0002	-0002	1.40	-0.0	1.7	2.3	1.6	S
	日本，九州东岸 Japan，Kyusyu，East Coast											
1042	大泊 Odomari	31 01	130 41	-0900	-0025	-0024	1.19	+0.0	1.5	2.0	1.4	S
	志布志湾 *Sibusi Wan*											
1043	福岛 Hukusima	31 27	131 12	-0900	-0100	-0100	0.96	+0.0	1.2	1.6	1.2	S
1044	外之浦 Tonoura	31 31	131 22	-0900	-0113	-0111	0.96	+0.0	1.5	1.5	1.2	D
1045	内海 Utiumi	31 45	131 28	-0900	-0113	-0110	0.92	+0.1	1.4	1.5	1.2	D
1046	美美津 Mimitsu	32 20	131 37	-0900	-0102	-0059	0.91	+0.0	1.4	1.5	1.1	D
1047	细岛 Hososima	32 25	131 40	-0900	-0054	-0053	0.87	+0.0	1.3	1.4	1.1	D
1048	土土吕 Totoro	32 30	131 41	-0900	-0104	-0104	0.95	+0.0	1.2	1.6	1.2	S
1049	猪串 Inokusi	32 48	131 55	-0900	-0112	-0108	0.88	+0.1	1.4	1.4	1.1	D
	日本，西南诸岛 Japan，Nansei Syoto											
	种子岛 *Tanega--Sima*				主港：佐世保 SASEBO No. 997 p. 109							
1050	西之表 Nisinoomote	30 44	131 00	-0900	-0135	-0135	0.68	+0.2	1.2	1.6	1.3	S
1051	大浦 O Ura	30 27	130 58	-0900	-0221	-0212	0.70	+0.1	1.5	1.6	1.2	D
1052	一凑（屋久岛）Isso	30 27	130 31	-0900	-0129	-0129	0.78	+0.0	1.4	1.8	1.3	S
1053	口永良部岛 Kuti-Erabu Sima	30 28	130 11	-0900	-0131	-0131	0.76	+0.1	1.4	1.9	1.3	S
	吐噶喇群岛 *Tokara retto*				主港：那霸 NAHA No. 1069 p. 112							
1054	中之岛 Naka-no-Sima	29 50	129 51	-0900	-0017	-0016	1.01	+0.0	1.5	1.6	1.2	D

日本：西南诸岛，西伯利亚

序号	地名	位置 纬度	经度	标准时间 时 分	潮时差 高潮 时 分	低潮 时 分	潮高 比值	改正数 (m)	潮差 平均 (m)	大潮 (m)	平均潮位 (m)	潮汐类型
	日本，西南诸岛 Japan，Nansei Syoto	N	E									
	吐噶喇群岛 *Tokara retto*	(°) (′)	(°) (′)		主港：**那霸 NAHA** No. 1069 p. 112							
1055	宝岛 Takano--Sima	29 09	129 12	-0900	+0008	+0009	0.97	+0.0	1.5	1.5	1.2	D
	奄美大岛 *Amami-O Sima*											
1056	笠利湾 Kasari Wan	28 27	129 39	-0900	-0004	-0004	1.04	+0.0	1.3	1.7	1.2	S
1057	宇检（烧内湾）Uken	28 17	129 14	-0900	-0007	-0006	0.99	+0.0	1.5	1.6	1.2	D
1058	西古见湾 Nisikomi Wan	28 15	129 10	-0900	-0007	-0007	1.00	+0.0	1.5	1.6	1.2	D
1059	久慈湾 Kuzi Wan	28 14	129 15	-0900	-0008	-0008	0.98	+0.0	1.2	1.6	1.2	S
1060	古仁屋 Koniya	28 09	129 19	-0900	-0013	-0012	0.96	+0.0	1.5	1.5	1.2	D
1061	住用湾 Sumiyo Wan	28 14	129 25	-0900	-0040	-0036	0.99	+0.0	1.5	1.6	1.2	D
1062	喜界 Somachi	28 20	130 00	-0900	+0038	+0018	0.76	+0.1	1.2	1.3	1.0	D
1063	请岛 Uke Sima	28 02	129 14	-0900	-0028	-0025	0.98	+0.0	1.5	1.6	1.2	D
1064	山村湾（德之岛）Sanmura Wan	27 52	128 58	-0900	-0031	-0031	0.91	+0.0	1.1	1.5	1.1	S
1065	和泊（冲永良部岛）Wadomari	27 24	128 40	-0900	-0035	-0029	0.88	+0.0	1.4	1.5	1.1	D
1066	我喜屋（伊平屋岛）Gakiya	27 03	127 58	-0900	-0008	-0008	0.90	+0.0	1.1	1.5	1.1	S
	冲绳岛 *Okinawa Sima*											
1067	运天 Unten	26 40	128 01	-0900	-0006	-0006	0.91	+0.0	1.1	1.5	1.1	S
1068	濑底 Sesoko	26 38	127 53	-0900	+0014	+0015	0.98	+0.0	1.2	1.6	1.1	S
1069	**那霸 NAHA**	26 13	127 40	-0900	（主港）				1.2	1.7	1.2	S
1070	马天（中城湾）Baten	26 11	127 47	-0900	-0031	-0029	0.96	+0.0	1.5	1.5	1.2	D
1071	楚久（大浦湾）Sukku	26 33	128 02	-0900	-0037	-0037	0.98	+0.0	1.2	1.7	1.2	S
1072	座间味（庆良间列岛）Zamami	26 13	127 18	-0900	-0006	-0006	0.98	+0.0	1.2	1.6	1.2	S
1073	仪间（久米岛）Gima	26 20	126 44	-0900	0006	-0006	0.98	+0.0	1.2	1.6	1.2	S
1074	南大东岛 Minami-Daito Sima	25 49	131 14	-0900	-0040	-0035	0.81	+0.0	1.3	1.3	1.0	D
	先岛群岛 *Sakisima Gunto*											
1075	平良（宫古岛）Hirara	24 48	125 17	-0900	+0010	+0011	0.91	+0.0	1.4	1.5	1.1	D
1076	石垣（石垣岛）Isigaki	24 20	124 10	-0900	-0002	+0008	0.82	+0.1	1.3	1.4	1.0	D
1077	船浮（西表岛）Hunauki	24 20	123 44	-0900	+0013	+0024	0.80	+0.1	1.3	1.4	1.0	D
1078	与那国岛 Yonakuni Sima	24 25	123 00	-0900	-0006	+0004	0.75	+0.1	1.2	1.3	1.0	D
	西伯利亚 Siberia											
	日本海 *JAPAN SEA*				主港：**釜山 BUSAN** No. 622 p. 106							
1080	Furugelma Island	42 28	130 56	-1000	-0507	-0355	0.28	+0.5	0.4	0.5	0.7	D
1081	Vladivostok	43 07	131 54	-1000	-0506	-0410	0.21	+0.3	0.3	0.3	0.4	D
1082	Bukhta Nakhodka	42 49	132 54	-1000	-0529	-0417	0.28	+0.4	0.4	0.5	0.6	D

西伯利亚，萨哈林岛西岸

序号	地名	位置 纬度	置 经度	标准时间 时 分	潮时差 高潮 时 分	低潮 时 分	潮高 比值	改正数 (m)	潮差 平均 (m)	大潮 (m)	平均潮位 (m)	潮汐类型
	西伯利亚 Siberia	N	E									
	日本海 *JAPAN SEA*	(°) (′)	(°) (′)		主港：釜山 BUSAN No. 622 p. 106							
1082a	Syaukhskaya Bay	42 54	133 53	-1000	-0532	-0419	0.28	+0.4	0.4	0.5	0.6	D
1083	St. Olga Bay	43 43	135 15	-1000	-0343	-0344	0.31	+0.7	0.4	0.5	0.9	D
1084	Tiutcho Bay	44 21	135 51	-1000	-0411	-0336	0.15	+0.3	0.2	0.2	0.4	D
	鞑靼海峡 *STRAIT OF TARTARY*											
1085	Cape Vystryechni	48 09	139 44	-1000	-0913	-1121	0.07	+0.0	0.1	0.1	0.1	D
1085a	Sovetskava	49 00	140 16	-1000	-1002	-1021	0.50	+0.0	0.5	0.5	0.4	D
1086	Vanina Bay	49 06	140 17	-1000	-0957	-1017	0.46	+0.1	0.5	0.5	0.4	D
1087	Datta Bay	49 17	140 24	-1000	-1017	-1013	0.67	+0.0	0.6	0.5	0.6	D
1088	Starka Bay	50 08	140 34	-1000	+0204	+0204	1.23	+0.0	1.0	1.4	0.8	S
1088a	De Kastri Bay	51 27	140 52	-1000	+0154	+0154	1.80	+0.1	1.5	1.9	1.2	S
1089	Taba Bay	51 37	140 53	-1000	+0143	+0147	1.87	+0.0	2.0	1.3	1.6	S
1090	Cape Sushcheva	51 42	141 07	-1000	+0133	+0133	1.55	+0.1	1.3	1.7	1.1	S
1091	Cape Chikhacheva	51 47	141 12	-1000	+0212	+0212	1.90	+0.0	1.6	2.1	1.2	S
1092	Cape Muraveva	52 09	141 33	-1000	+0300	+0300	1.36	+0.3	1.1	1.5	1.1	S
1093	Cape Lazareva	52 15	141 33	-1000	+0402	+0402	1.78	+0.1	1.5	2.0	1.2	S
					主港：和乐 JOLO No. 2283 p. 232							
1093a	Cape Dzhaore	52 40	141 17	-1000	+0510	+0510	0.93	+0.3	0.8	1.0	0.6	D
1094	Uyuzyut Island	52 49	141 13	-1000	+0450	+0450	0.71	+0.3	0.6	0.8	0.5	D
1095	Nikolayevsk	53 08	140 45	-1000	+0615	+0615	0.32	+0.8	0.3	0.3	0.9	D
1096	Amur River Entrance	52 52	141 14	-1000	+0455	+0455	0.54	+0.2	0.5	0.6	0.4	D
	萨哈林湾 *SAKHALIN GULF*											
1097	Cheushi Island	53 17	141 26	-1000	-0041	-0032	1.41	+0.5	1.1	1.6	1.0	D
1098	Baidukov Island	53 18	141 25	-1000	-0135	-0135	1.48	+0.6	1.2	1.7	1.1	D
	萨哈林岛西岸 Sakhalin，West Coast											
1099	Kuegda Harbour	54 19	142 36	-1100	+0134	+0209	0.59	+0.2	0.5	0.7	0.4	D
1100	Baikal Inlet	53 32	142 14	-1100	+0044	+0047	1.41	+0.9	1.3	1.7	1.4	D
1100a	Tamlevo	53 21	141 47	-1100	-0029	-0011	1.41	+0.6	1.2	1.6	1.0	D
1101	Baldukov Island	53 18	141 28	-1100	-0141	-0140	1.57	+0.4	1.3	1.6	0.9	D
					主港：釜山 BUSAN No. 622 p. 106							
1102	Cape Pogobi	52 13	141 39	-1100	-0752	-0748	1.34	+0.0	1.1	1.4	0.9	S
1103	Cape Tuik	51 44	141 41	-1100	+0246	+0245	1.96	+0.1	1.6	2.1	1.4	S
1103a	Viyakhtu Bay	51 35	141 54	-1100	+0239	+0239	2.23	+0.0	1.9	2.4	1.4	S
1104	Aleksandrovsk	50 54	142 07	-1100	+0221	+0221	1.67	+0.0	1.4	1.8	1.1	S

萨哈林岛西岸和东岸

序号	地名	位置 纬度	位置 经度	标准时间 时 分	潮时差 高潮 时 分	潮时差 低潮 时 分	潮高 比值	潮高 改正数 (m)	潮差 平均 (m)	潮差 大潮 (m)	平均潮位 (m)	潮汐类型
	萨哈林岛西岸 Sakhalin, West Coast	N	E									
		(°) (′)	(°) (′)		主港：釜山 BUSAN No. 622 p. 106							
1105	Pilevo Point	50 02	142 09	-1100	+0229	+0229	1.12	+0.0	0.9	1.2	0.7	S
1106	Anbetsu	49 59	142 10	-1100	+0209	+0209	1.15	+0.0	1.0	1.3	0.7	S
1107	Kitasoya	49 46	142 10	-1100	+0206	+0206	1.00	+0.0	0.8	1.1	0.7	S
1108	Nayoshi	49 27	142 07	-1100	+0218	+0219	0.73	+0.0	0.6	0.8	0.5	S
1108a	Toro Numa	49 10	142 04	-1100	+0149	+0149	0.71	+0.0	0.6	0.8	0.5	S
1109	Ushiro Wan	48 56	141 59	-1100	+0137	+0138	0.58	+0.0	0.5	0.6	0.4	S
1110	Notsu Misaki	48 09	142 10	-1100	-1127	-1203	0.28	+0.1	0.3	0.4	0.2	D
					主港：科尔萨科夫 KORSAKOV No. 1116 p. 133							
1111	Noda	47 26	141 58	-1100	+0453	+0409	0.24	+0.0	0.2	0.3	0.2	D
1112	Kholmsk (Maoko Ko)	47 02	142 01	-1100	+0504	+0419	0.24	+0.0	0.2	0.3	0.2	D
1113	Port Nevel'sk	46 40	141 51	-1100	+0512	+0407	0.27	+0.0	0.2	0.3	0.2	D
1114	Kaiba To	46 15	141 16	-1100	+0404	+0311	0.16	+0.0	0.1	0.2	0.1	D
1115	Soni Misaki	46 03	141 55	-1100	+0245	+0120	0.43	+0.0	0.4	0.5	0.3	D
	萨哈林岛东岸 Sakhalin, East Coast											
	Aniwa Wan											
1115a	Cape Crillon	45 54	142 05	-1100	+0032	+0104	0.95	+0.0	0.8	1.1	0.7	D
1116	PORT KORSAKOV	46 39	142 45	-1100	(主港)				0.9	1.1	0.7	D
1117	Tobuchi Ko	46 30	143 20	-1100	+0031	+0045	0.84	+0.0	0.7	0.9	0.6	D
1118	Minabetsu	46 23	143 35	-1100	-0050	-0038	0.93	+0.0	0.8	1.1	0.7	D
1119	Bukhta Morovinova	46 49	143 26	-1100	-0024	-0021	0.87	+0.0	0.8	1.0	0.6	D
1120	Tomunai	46 51	143 10	-1100	-0025	-0024	0.86	+0.0	0.8	0.9	0.6	D
1120a	Onto Numa	46 52	143 08	-1100	+0151	+0151	0.47	+0.0	0.4	0.5	0.4	D
1121	Nosamu	47 14	143 02	-1100	-0025	-0027	0.85	+0.0	0.7	0.9	0.6	D
1122	Sakaehama	47 25	142 49	-1100	-0014	-0028	0.91	+0.0	0.8	1.0	0.7	D
1123	Kitanoborippo	48 06	142 34	-1100	-0011	-0030	0.89	+0.0	0.8	0.9	0.6	D
1124	Sirutoru	48 38	142 48	-1100	-0005	-0029	0.98	+0.0	0.8	1.0	0.7	D
	Taraika Wan											
1125	Shikuka	49 14	143 08	-1100	-0014	-0046	1.01	+0.0	0.9	1.0	0.7	D
1125a	Ozero Nevskoye	49 19	143 19	-1100	-0014	-0049	0.93	+0.0	0.9	1.0	0.7	D
1126	Noto	49 07	144 14	-1100	-0042	-0104	1.00	+0.0	0.9	1.0	0.7	D
1126a	Mys Obshirnyy	48 42	144 39	-1100	-0045	-0104	0.87	+0.0	0.8	0.9	0.6	D

萨哈林岛东岸，千岛群岛

序号	地名	位置		标准时间	潮时差		潮高		潮差		平均潮位	潮汐类型
		纬度	经度	时 分	高潮 时 分	低潮 时 分	比值	改正数 (m)	平均 (m)	大潮 (m)	(m)	
	萨哈林岛东岸 Sakhalin, East Coast	N	E									
	Taraika Wan	(°) (′)	(°) (′)		主港：科尔萨科夫 KORSAKOV No. 1116 p. 133							
1127	Ostrov Tyuleniy	48 30	144 37	-1100	-0053	-0058	0.89	+0.0	0.8	1.0	0.7	D
1128	karuho Misaki	49 03	144 23	-1100	-0025	-0025	0.53	+0.0	0.5	0.6	0.4	D
1129	Lunski Bay	51 18	143 30	-1100	+0728	+0642	0.61	-0.2	0.6	0.7	0.3	D
1130	Anuchina Harbour	51 58	143 11	-1100	+0430	+0619	1.22	+0.0	1.1	1.6	1.0	D
1131	Chaivo Bay	52 23	143 12	-1100	+0307	+0613	1.08	+0.0	1.0	1.5	0.9	D
1132	Kyakrvo	52 52	143 19	-1100	-0141	+0505	1.05	+0.0	0.9	1.4	0.8	D
1133	Urkt Road	53 34	143 04	-1100	-0048	+0516	0.89	+0.0	0.8	1.2	0.7	D
	千岛群岛 Kuril Islands				主港：釜石 KAMAISI No. 853 p. 130							
	Suisho Shoto											
1134	Suisho Shima	43 25	145 54	-1100	+0126	+0130	1.03	+0.0	1.1	1.3	0.9	D
1135	Taraku Shima	43 38	146 21	-1100	+0055	+0107	0.97	+0.0	1.0	1.2	0.9	D
1136	Shakotan Ko	43 52	146 49	-1100	+0106	+0107	0.92	+0.0	0.9	1.1	0.8	D
	Kunashiri											
1137	Tomari Wan	43 44	145 27	-1100	+0127	+0139	1.03	+0.0	1.1	1.3	0.9	D
1138	Furukamappu Wan	44 02	145 51	-1100	+0052	+0052	1.02	+0.0	1.0	1.1	0.9	D
	Yetorofu Shima											
1139	Hitokappi Wan	44 56	147 38	-1100	+0055	+0108	0.98	+0.0	1.0	1.1	0.9	D
					主港：科尔萨科夫 KORSAKOV No. 1116 p. 133							
1140	Moyoro Wan	45 26	148 51	-1100	-0018	-0047	0.96	+0.0	0.8	1.0	0.7	D
1140a	Shibetoro	45 30	148 37	-1100	-0027	-0017	0.85	+0.0	0.8	1.0	0.6	D
1140b	Shamambe Byochi	45 20	148 01	-1100	-0020	-0020	0.97	+0.0	0.9	1.1	0.7	D
1141	Shana Wan	45 16	147 52	-1100	-0029	-0017	0.91	+0.0	0.8	1.0	0.7	D
1142	Naibo Wan	44 46	147 12	-1100	-0025	-0020	0.95	+0.0	0.8	1.1	0.7	D
	Uruppo To				主港：釜石 KAMAISI No. 853 p. 130							
1143	Karansaki	45 49	149 57	-1100	+0044	+0059	0.89	+0.0	0.9	1.1	0.8	D
					主港：科尔萨科夫 KORSAKOV No. 1116 p. 133							
1144	Tsurigane Wan	46 06	150 10	-1100	-0015	-0021	0.86	+0.0	0.8	1.0	0.6	D
1144a	Tokotan Wan	45 51	149 44	-1100	-0033	-0015	1.00	+0.0	0.9	1.2	0.8	D
	Chirihoi To				主港：松轮岛 MATSUWA TO No. 1149 p. 136							
1145	Suna Wan	46 32	150 54	-1100	+0050	+0029	0.91	+0.0	0.9	1.1	0.7	D
	Shimushiru To											
1146	Burotan Wan	47 09	152 15	-1100	+0113	+0119	0.79	+0.0	0.7	1.0	0.6	D

千岛群岛，西伯利亚：鄂霍次克海

序号	地名	位置		标准时间	潮时差		潮高		潮差		平均潮位	潮汐类型
		纬度	经度	时 分	高潮 时 分	低潮 时 分	比值	改正数 (m)	平均 (m)	大潮 (m)	(m)	
	千岛群岛 Kuril Islands	N	E									
	Shimushiru To	(°) (′)	(°) (′)		主港：松轮岛 MATSUWA TO No. 1149 p. 136							
1147	Shimushiru Wan	46 52	151 53	-1100	+0024	+0040	1.09	+0.0	1.0	1.3	0.8	D
1148	Ushishiro To	47 32	152 49	-1100	-0004	+0000	1.19	+0.0	1.0	1.4	0.9	D
1149	MATSUWA TO (YAMATO WAN)	48 05	153 16	-1100	（主 港）				0.9	1.2	0.8	D
	Shasukotan To				主港：幌筵岛 ZALIV TUKHARKA No. 1153 p. 139							
1150	Otome Wan	48 47	154 03	-1100	+0010	+0101	0.86	+0.1	1.1	1.5	1.1	D
1150a	Higashi Ura	48 47	154 05	-1100	+0025	+0025	0.80	+0.0	1.0	1.3	0.9	D
1151	Harumukotan To	49 10	154 29	-1100	+0043	+0110	0.79	+0.1	1.0	1.3	1.0	D
	Onekotan To											
1152	Shiomi Wan	49 31	154 44	-1100	+0214	+0127	0.87	+0.1	1.2	1.5	1.1	D
					主港：松轮岛 MATSUWA TO No. 1149 p. 136							
1152a	Kuroishi Wan	49 29	154 50	-1100	+0007	+0018	1.03	+0.0	1.0	1.3	0.8	D
	Ostrov Paramushir				主港：幌筵岛 ZALIV TUKHARKA No. 1153 p. 139							
1153	ZALIV TUKHARKA	50 11	155 39	-1100	（主 港）				1.3	1.6	1.2	D
1154	Bukhta Kakumabetsu	50 23	155 35	-1100	+0148	+0121	1.09	+0.1	1.5	2.0	1.3	D
1154a	Kujira Wan	50 17	155 20	-1100	+0130	+0130	1.02	+0.0	1.4	1.7	1.2	D
1155	Mys Kapustnyy	50 04	155 13	-1100	+0125	+0125	1.02	+0.0	1.4	1.7	1.2	D
1156	Yotsuiwa	50 17	155 55	-1100	-0025	-0025	0.92	+0.0	1.3	1.5	1.0	D
1157	Banjo Zaki	50 45	156 08	-1100	+0135	+0135	1.09	+0.0	1.5	1.9	1.3	D
1158	Araido To	50 50	155 39	-1100	+0155	+0155	1.21	+0.0	1.6	2.0	1.3	D
	Ostrov Shimushu											
1159	Zakiv Kataoka Wan	50 43	156 12	-1100	+0147	+0102	0.96	+0.1	1.4	1.8	1.2	D
1159a	Nakagawa Wan	50 39	156 24	-1100	-0020	-0020	0.91	+0.0	1.3	1.5	1.1	D
1159b	Kotomari Zaki	50 49	156 30	-1100	+0040	+0040	0.85	+0.0	1.2	1.5	1.0	D
	西伯利亚（鄂霍次克海） Siberia，Sea of Okhotsk											
	Shantarski Islands				主港：布里斯班 BRISBANE BAR No. 2894 p. 298							
1160	Abrek Bay	54 24	137 37	-1000	+0653	+0652	2.18	+0.0	3.9	4.1	2.6	D
1161	Lebyajya Bay	54 54	136 46	-1000	+0641	+0637	2.59	+0.1	4.7	5.0	3.2	D
1162	Ayan Bay	56 27	138 09	-1000	+0346	+0325	1.30	+0.2	2.6	2.9	1.7	D
					主港：吴淞 WUSONG No. 229 p. 70							
1163	Udskaya Bay	54 42	135 18	-1000	+0422	+0303	0.96	-0.2	2.1	3.0	1.8	S
					主港：下关 SIMONOSEKI No. 749 p. 115							
1164	Okhotsk	59 21	143 10	-1000	+0302	+0255	1.28	+0.5	2.3	2.3	2.3	S

西伯利亚：鄂霍次克海，白令海

序号	地名	位置 纬度	位置 经度	标准时间 时 分	潮时差 高潮 时 分	潮时差 低潮 时 分	潮高 比值	潮高 改正数 (m)	潮差 平均 (m)	潮差 大潮 (m)	平均潮位 (m)	潮汐类型
	西伯利亚（鄂霍次克海） Siberia, Sea of Okhotsk	N	E									
		(°) (′)	(°) (′)		主港：克佩尔港 KEPPEL HARBOUR No. 1998 p. 199							
1165	Nagaeva Bay	59 31	150 41	-1100	+0958	+1000	1.53	+0.4	3.3	3.4	2.9	D
					主港：德雷杰港 DREGER HARBOUR No. 2665 p. 271							
1166	Udacha Bay	59 13	155 09	-1100	+0220	+0541	4.71	-2.8	2.8	4.2	2.6	D
	Penjinski Bay				主港：丁加奴 TRENGGANU No. 2053 p. 208							
1167	Matuga Bay	61 41	160 15	-1200	-0609	-0629	3.63	+0.7	5.3	6.9	4.3	D
1168	Astronomicheski Point	62 23	164 30	-1200	-0010	-0017	4.93	+0.4	7.0	9.2	5.7	D
	Kamchatka				主港：幌筵岛 ZALIV TUKHARKA No. 1153 p. 139							
1169	Oblukovina River Entrance	55 19	155 34	-1200	+0453	+0459	2.36	+0.6	3.2	3.8	3.3	D
1170	Kompakova River Entrance	54 40	155 42	-1200	+0343	+0349	2.98	+0.8	4.1	4.8	4.3	D
1171	Ust Bolsheretsk	52 46	156 14	-1200	+0435	+0421	1.11	+0.3	1.5	1.8	1.6	D
1172	Golygina River Entrance	51 53	156 31	-1200	+0128	+0134	1.07	+0.3	1.5	1.7	1.5	D
	西伯利亚（白令海） Siberia, Bering Sea											
1173	Vestnik Bay	51 33	157 42	-1200	+0143	+0115	0.84	+0.3	1.2	1.3	1.3	D
1174	Akhomten Bay	52 26	158 28	-1200	+0108	+0040	0.89	+0.3	1.2	1.4	1.3	D
1175	Tarya Bay	52 55	158 30	-1200	+0133	+0105	1.00	+0.3	1.3	1.6	1.4	D
1176	Petropavlovsk	53 01	158 38	-1200	+0031	+0019	0.90	+0.3	1.2	1.5	1.4	D
1177	Morzhovaya Bay	53 14	159 57	-1200	+0030	+0009	0.92	+0.4	1.2	1.6	1.4	D
1178	Cape Kryugera	56 01	161 57	-1200	-0011	-0007	1.05	+0.3	1.4	1.7	1.5	D
1179	Nikolskoe	55 12	165 59	-1200	-0117	-0010	0.82	+0.4	1.1	1.3	1.4	D
1180	Sibir	60 27	166 14	-1200	-0027	-0023	1.04	+0.3	1.4	1.7	1.5	D
1181	Lavrova Harbour	60 23	167 04	-1200	-0114	-0035	0.80	+0.3	1.1	1.3	1.2	D
1182	Cape Olyutorski	59 55	170 20	-1200	-0029	-0023	0.84	+0.2	1.2	1.4	1.2	D
1183	Glubokaya Bay	61 00	172 07	-1200	-0055	-0037	0.96	+0.2	1.3	1.5	1.3	D
1184	Anastasii Bay	61 25	172 56	-1200	-0100	-0029	1.02	+0.3	1.4	1.6	1.5	D
					主港：釜山 BUSAN No. 622 p. 106							
1185	Ugolnaya Bay	63 04	179 23	-1300	+0404	+0414	0.46	+0.0	0.4	0.4	0.3	D
	Anad yr Bay											
1186	Strelka Spit	64 25	178 15	-1300	+0422	+0511	0.96	+0.1	0.9	1.0	0.7	D
1187	Anadyr River Entrance	64 44	177 26	-1300	+0337	+0347	1.26	+0.0	1.2	1.3	0.9	D
1188	Anadyr Bay	64 48	177 10	-1300	+0414	+0404	1.53	+0.0	1.5	1.6	1.0	D
1189	Melkaya Bay	64 47	177 34	-1300	+0415	+0425	1.41	+0.1	1.2	1.6	1.0	S

西伯利亚：白令海，阿拉斯加（白令海）

序号	地名	位置 纬度	位置 经度	标准时间 时 分	潮时差 高潮 时 分	潮时差 低潮 时 分	潮高 比值	潮高 改正数 (m)	潮差 平均 (m)	潮差 大潮 (m)	平均潮位 (m)	潮汐类型
	西伯利亚（白令海） Siberia，Bering Sea	N	W									
	Anadyr Bay	(°) (′)	(°) (′)		主港：釜山 BUSAN No. 622 p. 106							
1190	Salomatova Spit	64 38	178 01	-1300	+0319	+0327	1. 83	+0. 1	1. 5	1. 9	1. 3	S
1191	Russkaya Koshka Spit	64 35	178 31	-1300	+0248	+0252	1. 72	+0. 0	1. 4	1. 8	1. 2	S
	Kresta Bay											
1192	Cape Razdelny	66 11	181 00	-1300	+0055	+0109	2. 48	+0. 2	2. 0	2. 6	1. 8	S
1193	Engaugin Bay	66 09	180 26	-1300	+0052	+0056	2. 52	+0. 1	2. 1	2. 6	1. 7	S
	Providence Bay											
1194	Emma Bay	64 25	186 47	-1300	-0216	-0206	0. 82	+0. 1	0. 7	0. 9	0. 6	S
1195	Plover Harbour	64 22	186 38	-1300	-0203	-0146	0. 82	+0. 1	0. 7	0. 9	0. 6	S
	Penkegnei Bay											
1196	Alera Bay	64 49	187 05	-1300	-0054	-0050	0. 25	+0. 0	0. 2	0. 3	0. 2	S
1197	Cape Uellen	66 10	190 10	-1300	+0023	+0022	0. 15	+0. 2	0. 1	0. 2	0. 3	S
	阿拉斯加（白令海） Alaska（Bering sea）				主港：惠灵顿 WELLINGTON No. 3177 p. 343							
1200	Port Clarence	65 13	166 28	+1100	+0203	+0323	0. 30	+0. 0	0. 4	0. 5	0. 2	D
	Norton Sound				主港：维多利亚 VICTORIA No. 1477 p. 148							
1201	Nome	64 30	165 24	+1100	-1129	-1222	0. 20	-0. 1	0. 4	0. 4	0. 3	D
					主港：马尼拉 MANILA No. 2208 p. 226							
1202	St. Michael	63 29	162 02	+1100	-0150	-0117	1. 07	+0. 1	1. 1	1. 4	0. 6	D
	yukon River											
1203	Kwikluak Pass	62 37	164 51	+1100	-0636	-0603	0. 49	+0. 0	0. 5	0. 7	0. 2	D
	Kushkokwim Bay				土港：德雷杰港 DREGER HARBOUR No. 2665 p. 271							
1204	Apokak	60 08	162 10	+1100	+0826	+0857	2. 57	-1. 2	1. 5	2. 2	1. 7	D
					主港：檀香山 HONOLULU No. 3374 p. 367							
1205	Goodnews Bay	59 03	161 49	+1000	-0850	-0850	4. 20	+0. 0	2. 7	3. 1	1. 2	D
					主港：阿斯托里亚 ASTORIA No. 1563 p. 157							
1206	Cape Romanzof	61 49	166 05	+1100	-0130	-0130	0. 90	+0. 0	2. 0	2. 1	1. 0	D
	Bristal Bay				主港：西雅图 SEATTLE No. 1534 p. 154							
1207	Clark Point	58 51	158 33	+1100	+0940	+0940	1. 60	+0. 0	5. 7	6. 4	3. 2	D
1208	Protection Point	58 30	158 42	+1100	+0920	+0920	1. 35	+0. 0	5. 2	5. 7	2. 7	D
1209	Port Moller	55 59	160 34	+1100	+0450	+0450	*	*	3. 3	3. 6	1. 9	D
	St. lawrence Island											
1210	Fossil River Entrance	63 28	170 02	+1100	+0620	+0620	0. 15	+0. 0	+0. 5	0. 6	0. 2	D

阿拉斯加（白令海），阿留申群岛，阿拉斯加

序号	地名	位置 纬度	位置 经度	标准时间 时 分	潮时差 高潮 时 分	潮时差 低潮 时 分	潮高 比值	潮高 改正数 (m)	潮差 平均 (m)	潮差 大潮 (m)	平均潮位 (m)	潮汐类型
	阿拉斯加（白令海） Alaska (Bering Sea)	N	W									
		(°) (′)	(°) (′)		主港：阿斯托里亚 ASTORIA No. 1563 p. 157							
1211	Tachikuga Bay	60 04	167 14	+1100	-0630	-0630	0.55	+0.0	1.3	1.4	0.7	D
	Pribilof Islands				主港：维多利亚 VICTORIA No. 1477 p. 148							
1212	St. Paul Island	57 07	170 16	+1100	+0229	+0150	0.53	-0.4	0.9	1.1	0.6	D
	阿留申群岛 Aleutian Islands											
	Attu Island											
1213	Massacre Bay	52 50	173 12	+1100	+0155	+0147	0.55	-0.4	1.0	1.3	0.6	D
1214	Kiska Island	51 59	177 33	+1100	+0055	+0105	0.62	-0.5	1.1	1.4	0.6	D
	Amchitka Island											
1215	Constantine Harbour	51 25	179 17	+1100	+0049	+0103	0.46	-0.4	0.8	1.1	0.5	D
1216	Tonaga Island	51 38	177 47	+1100	+0109	+0150	0.68	-0.5	1.2	1.6	0.7	D
	Adak Island											
1217	Sweeper Cove	51 51	176 39	+1100	+0051	+0126	0.62	-0.5	1.1	1.5	0.6	D
	Unalaska Island											
1218	Dutch Harbour	53 54	166 32	+1100	+0132	+0104	0.57	-0.4	1.0	1.2	0.7	D
1219	Kashega Bay	53 28	167 05	+1100	+0052	+0045	0.54	-0.5	0.9	1.2	0.6	D
1220	Unalga Island	53 59	166 10	+1100	+0059	+0053	0.50	-0.4	0.9	1.1	0.6	D
	Unimak Island											
1221	Tigalda Island	54 07	164 49	+1100	-0058	-0004	0.48	-0.3	0.8	1.1	0.6	D
1222	Isanotski Strait	54 52	163 24	+1100	-0044	-0054	0.71	-0.5	1.2	1.5	0.8	D
	阿拉斯加 Alaska				主港：托菲诺 TOFINO No. 1468 p. 145							
1234	Morzhovoi Bay	55 01	162 58	+1100	+0000	+0010	0.64	-0.2	1.7	1.8	1.1	D
1235	King Cove	55 04	162 19	+1100	-0006	+0008	0.77	-0.5	2.0	2.3	1.1	D
1236	Dolgoi Island	55 07	161 48	+1100	+0000	+0015	0.68	-0.3	1.8	2.0	1.1	D
	Shumagin Islands											
1237	Popof Island	55 20	160 30	+1100	-0100	+0005	0.72	-0.3	1.9	2.1	1.2	D
1238	Nagai Island	55 08	159 51	+1100	-0010	+0000	0.72	-0.3	1.9	2.1	1.2	D
	Shelikof Strait				主港：鲁珀特王子港 PRINCE RUPERT No. 1372 p. 142							
1239	Kanatak Lagoon	57 31	156 04	+1000	+0000	+0000	0.68	-0.8	2.8	3.6	1.9	S
1240	Katmai Bay	58 00	154 59	+1000	-0005	-0005	0.77	-0.9	3.1	4.0	2.0	S
	Kodiak Island											
1241	Uganik Passage	57 48	153 18	+1000	+0000	+0000	0.85	-1.0	3.4	4.4	2.3	S

阿 拉 斯 加

序号	地 名	位置 纬度	位置 经度	标准时间 时 分	潮时差 高潮 时 分	潮时差 低潮 时 分	潮高 比值	潮高 改正数 (m)	潮差 平均 (m)	潮差 大潮 (m)	平均潮位 (m)	潮汐类型
	阿 拉 斯 加 Alaska	N	W									
	Kodiak Island	(°) (′)	(°) (′)		主港：鲁珀特王子港 PRINCE RUPERT No. 1372 p. 142							
1242	Uyak Bay	57 38	154 00	+1000	-0005	-0005	0.81	-1.0	3.3	4.2	2.2	S
					主港：托菲诺 TOFINO No. 1468 p. 145							
1243	Lazy Bay	56 54	154 15	+1000	+0030	+0030	1.20	-0.7	3.2	3.4	1.9	D
1245	Yhree Saints Bay	57 07	153 31	+1000	+0005	+0005	0.90	-0.6	2.4	2.6	1.3	D
1246	Ugak Bay	57 29	152 44	+1000	+0000	+0000	0.92	-0.6	2.5	2.6	1.3	D
1247	Kodiak	57 47	152 24	+1000	+0025	+0028	1.01	-0.8	2.7	2.9	1.3	D
	Afognak Island											
1248	Seal Bay	58 22	152 15	+1000	+0055	+0055	1.29	-0.9	3.4	3.7	1.8	D
					主港：鲁珀特王子港 PRINCE RUPERT No. 1372 p. 142							
1249	Shuyak Strait	58 27	152 36	+1000	+0015	+0015	0.80	-1.0	3.2	4.1	2.1	S
1250	Malina Bay	58 11	152 57	+1000	-0005	-0005	0.91	-1.2	3.7	4.7	2.3	S
	Cook Inlet											
1251	Shaw Island	59 00	153 23	+1000	+0000	+0000	0.87	-1.1	3.5	4.6	2.3	S
1252	Iliamna Bay	59 36	153 37	+1000	+0008	+0008	0.91	-1.1	3.7	4.8	2.4	S
1253	Snug Harbour	60 06	152 34	+1000	+0102	+0102	0.98	-1.2	4.0	5.3	2.6	S
1254	Drift River	60 34	152 08	+1000	+0134	+0147	1.18	-1.4	4.8	6.3	3.1	S
1255	North Foreland	61 02	151 11	+1000	+0345	+0345	1.22	-1.4	5.0	6.4	3.3	S
1256	Fire Island	61 09	150 15	+1000	+0433	+0449	1.61	-2.0	7.0	9.0	4.4	S
1257	Anchorage, Knik Arm	61 14	149 54	+1000	+0452	+0509	1.76	-2.0	7.6	9.4	5.0	S
1258	Nikiski	60 41	151 24	+1000	+0219	+0277	1.26	-1.5	5.1	6.7	3.4	S
1259	Chinulna Point	60 31	151 18	+1000	+0149	+0207	1.32	-1.9	5.4	7.0	3.3	S
1260	Cape Ninilchik	60 01	151 44	+1000	+0050	+0050	1.19	-1.3	4.8	6.2	3.2	S
1261	Homer	59 36	151 25	+1000	+0001	+0002	1.19	-1.5	4.9	6.4	3.0	S
1262	Seldovia	59 26	151 43	+1000	-0004	-0003	1.15	-1.5	4.7	6.1	2.9	S
1263	Port Chatham	59 13	151 44	+1000	-0026	-0026	0.89	-1.1	3.6	4.7	2.3	S
1264	Ushagat Island	58 57	152 16	+1000	-0005	-0005	0.83	-1.0	3.4	4.3	2.2	S
	Kenai Peninsula				主港：托菲诺 TOFINO No. 1468 p. 145							
1265	Picnic Harbour	59 15	151 26	+1000	+0010	+0010	1.42	-0.9	3.8	4.1	2.0	D
1266	Nuka Passage	59 24	150 40	+1000	+0000	+0000	1.25	-0.8	3.3	3.6	1.9	D
1267	Two Arm Bay	59 40	150 07	+1000	-0010	-0010	1.14	-0.7	3.0	3.3	1.7	D
1268	Seward (Resurrection Bay)	60 06	149 27	+1000	-0019	-0020	1.19	-0.8	3.2	3.4	1.7	D

阿 拉 斯 加

序号	地名	位置 纬度	位置 经度	标准时间 时分	潮时差 高潮 时分	潮时差 低潮 时分	潮高 比值	潮高 改正数 (m)	潮差 平均 (m)	潮差 大潮 (m)	平均潮位 (m)	潮汐类型
	阿拉斯加 Alaska	N	W									
	PRINCE WILLIAM SOUND	(°) (′)	(°) (′)		主港：托菲诺 TOFINO No. 1468 p. 145							
1269	Port Baimbridge	60 04	148 12	+1000	-0015	-0015	1.12	-0.7	3.0	3.2	1.7	D
1270	Macleod Harbour	59 53	147 46	+1000	-0015	-0015	1.21	-0.7	3.2	3.5	1.8	D
1271	Port Chalmers	60 14	147 14	+1000	-0005	-0005	1.26	-0.8	3.3	3.6	1.9	D
1272	Chenega Island	60 20	148 09	+1000	-0005	-0005	1.23	-0.7	3.3	3.5	1.9	D
1273	Smith Island	60 32	147 19	+1000	-0010	-0010	1.27	-0.8	3.4	3.6	1.9	D
1274	Whittier	60 47	148 40	+1000	-0010	-0010	1.34	-0.9	3.6	3.8	1.9	D
	Valdez Arm											
1275	Rocky Point	60 57	146 46	+1000	-0008	-0010	1.36	-0.9	3.6	3.8	1.9	D
1276	Valdez	61 08	146 21	+1000	-0021	-0023	1.39	-1.0	3.7	3.9	1.9	D
	Orca Bay											
1277	Windy Bay	60 34	145 58	+1000	-0013	-0017	1.37	-0.8	3.6	3.8	1.9	D
1278	Port Etches	60 20	146 33	+1000	-0010	-0010	1.26	-0.9	3.3	3.6	1.8	D
	Orca Inlet											
1279	Whitshed Point	60 28	145 55	+1000	-0008	+0009	1.35	-1.0	3.6	3.8	2.0	D
1280	Cordova	60 33	145 46	+1000	-0012	-0015	1.41	-0.9	3.7	3.9	2.0	D
1281	Middleton Island	59 28	146 19	+1000	-0030	-0028	1.18	-0.8	3.1	3.3	1.7	D
1282	Controller Bay	60 05	144 48	+1000	-0023	-0023	1.03	-0.6	2.7	2.9	1.6	D
1283	Yakutat Bay	59 34	139 46	+0800	+0126	+0127	1.14	-0.8	3.0	3.3	1.6	D
1284	Lituya Bay	58 37	137 37	+0800	+0215	*	*	*	*	*	1.4	*
1285	Cape Spencer	58 12	136 40	+0800	+0115	+0115	1.12	-0.7	3.0	3.2	1.7	D
1286	Surveyor Seamount	56 05	144 20	+0800	+0122	+0127	1.00	-0.1	2.6	2.9	2.0	D
	Glacier Bay				主港：鲁珀特王子港 PRINCE RUPERT No. 1372 p. 142							
1287	Bartlett Cove	58 27	135 54	+0800	+0055	+0055	0.95	-1.2	3.8	4.9	2.4	S
1288	Swanson Harbour	58 13	135 07	+0800	+0030	+0030	0.92	-1.0	3.8	4.8	2.5	S
1289	William Henry Bay	58 43	135 14	+0800	+0030	+0030	0.94	-1.1	3.8	4.9	2.5	S
1290	Pyramid Harbour	59 11	135 28	+0800	+0035	+0035	0.95	-1.1	3.9	5.0	2.6	S
1291	Skagway	59 27	135 18	+0800	+0034	+0035	1.05	-1.4	4.3	5.5	2.7	S
1292	Fritz Cove	58 19	134 36	+0800	+0040	+0040	0.95	-1.2	3.9	5.0	2.5	S
1293	Juneau	58 18	134 24	+0800	+0030	+0027	1.03	-1.3	4.2	5.4	2.7	S
	Stephens Passage											
1294	Taku Point	58 24	134 01	+0800	+0050	+0050	1.00	-1.2	4.1	5.2	2.6	S
1295	Taku Harbour	58 04	134 00	+0800	+0030	+0030	0.95	-1.1	3.9	5.0	2.4	S
1296	Windham Bay	57 33	133 30	+0800	+0025	+0025	0.95	-1.1	3.8	4.9	2.5	S
1297	Cleveland Passage	57 13	133 30	+0800	+0020	+0020	0.91	-1.1	3.7	4.7	2.4	S

阿拉斯加：奇卡哥夫岛，巴拉诺夫岛

序号	地名	位置 纬度	位置 经度	标准时间 时 分	潮时差 高潮 时 分	潮时差 低潮 时 分	潮高 比值	潮高 改正数 (m)	潮差 平均 (m)	潮差 大潮 (m)	平均潮位 (m)	潮汐类型
	奇卡哥夫岛 Chicagof Island	N	W									
		(°) (′)	(°) (′)		主港：托菲诺 TOFINO No. 1468 p. 145							
1298	Slocum Arm	57 33	135 56	+0800	+0110	+0110	1.10	-0.7	2.9	3.1	1.6	D
1299	Kimshan Cove	57 41	136 06	+0800	+0113	+0117	1.14	-0.8	3.0	3.3	1.7	D
1300	Lisianski Strait	58 00	136 20	+0800	+0125	+0125	1.12	-0.7	3.0	3.2	1.7	D
1301	Takanis Bay	57 55	136 31	+0800	+0115	+0115	1.03	-0.6	2.7	2.9	1.6	D
	Cross Sound											
1302	Port Althorp	58 07	136 17	+0800	+0054	+0053	1.11	-0.7	2.9	3.1	1.7	D
1303	Granite Cove	58 12	136 24	+0800	+0121	+0119	1.22	-0.9	3.2	3.5	1.7	D
	Icy Strait				主港：鲁珀特王子港 PRINCE RUPERT No. 1372 p. 142							
1304	Lemesurier Island	58 19	136 02	+0800	+0025	+0025	0.77	-0.8	3.1	4.0	2.1	S
1305	Hoonah	58 07	135 27	+0800	+0035	+0035	0.94	-1.2	3.8	4.9	2.4	S
	Chatham Strait											
1306	Freshwater Bay	57 51	135 01	+0800	+0035	+0035	0.84	-0.9	3.4	4.4	2.3	S
	Peril Strait				主港：托菲诺 TOFINO No. 1468 p. 145							
1307	Sergius Narrows	57 24	135 38	+0800	+0133	+0127	1.46	-1.0	3.9	4.1	2.1	D
1308	Kakul Narrows	57 22	135 41	+0800	+0120	+0120	1.05	-0.6	2.8	3.0	1.6	D
	巴拉诺夫岛 Baranof Island				主港：鲁珀特王子港 PRINCE RUPERT No. 1372 p. 142							
1309	Nismeni Cove	57 34	135 25	+0800	+0040	+0040	0.88	-1.0	3.6	4.6	2.3	S
1310	Fairway Island	57 27	134 53	+0800	+0025	+0025	0.83	-0.9	3.4	4.3	2.3	S
	Chatham Strait											
1311	Kasnyku Bay	57 13	134 52	+0800	+0030	+0030	0.83	-0.9	3.4	4.3	2.3	S
					主港：托菲诺 TOFINO No. 1468 p. 145							
1312	Port Walter	56 23	134 40	+0800	+0120	+0120	1.23	-0.8	3.3	3.5	1.8	D
1313	Cape Ommaney	56 10	134 40	+0800	+0105	+0105	1.03	-0.6	2.7	2.9	1.6	D
1314	Port Banks	56 34	134 59	+0800	+0105	+0105	1.03	-0.6	2.7	2.9	1.6	D
	Sitka Sound											
1315	Biorka Island	56 51	135 31	+0800	+0100	+0100	1.06	-0.7	2.8	3.0	1.6	D
1316	Sitka	57 03	135 20	+0800	+0110	+0110	1.13	-0.8	3.0	3.2	1.6	D
1317	Whitestone Narrows	57 15	135 34	+0800	+0115	+0115	1.03	-0.6	2.7	2.9	1.6	D
	Kruzof Island											
1318	Gilmer Bay	57 13	135 50	+0800	+0110	+0110	1.10	-0.7	2.9	3.2	1.6	D

阿拉斯加：阿德默勒尔蒂岛，库尤岛和库普列阿诺夫岛，威尔士王子岛

序号	地名	位置 纬度	位置 经度	标准时间 时 分	潮时差 高潮 时 分	潮时差 低潮 时 分	潮高 比值	潮高 改正数 (m)	潮差 平均 (m)	潮差 大潮 (m)	平均潮位 (m)	潮汐类型
	阿德默勒尔蒂岛 Admiralty Island	N	W									
	Chatham Strait	(°) (′)	(°) (′)		主港：鲁珀特王子港 PRINCE RUPERT No. 1372 p. 142							
1319	Favourite Bay	57 29	134 42	+0800	+0050	+0050	0.79	-0.9	3.2	4.1	2.1	S
	Lynn Canal											
1320	Funter Bay	58 15	134 55	+0800	+0040	+0040	0.90	-1.1	3.7	4.7	2.4	S
1321	Barlow Cove	58 20	134 53	+0800	+0030	+0030	0.92	-1.1	3.8	4.8	2.5	S
	Stephens Passage											
1322	Windfall Harbour	57 52	134 16	+0800	+0055	+0055	0.95	-1.1	3.9	5.0	2.6	S
1323	Gambier Bay	57 29	133 54	+0800	+0025	+0025	0.92	-1.2	3.8	4.8	2.3	S
1324	Pybus Bay	57 19	134 00	+0800	+0020	+0020	0.88	-1.0	3.6	4.6	2.3	S
	库尤岛 Kuiu Island											
1325	Security Bay	56 51	134 21	+0800	+0010	+0010	0.80	-0.9	3.3	4.2	2.2	S
					主港：托菲诺 TOFINO No. 1468 p. 145							
1326	Table Bay	56 10	134 15	+0800	+0100	+0100	1.20	-0.8	3.2	3.4	1.8	D
	Summer Strait											
1327	Port Mc Arthur	56 04	134 07	+0800	+0105	+0105	1.04	-0.6	2.8	3.0	1.7	D
1328	Seclusion Harbour	56 33	133 52	+0800	+0120	+0120	1.36	-0.9	3.6	3.9	2.0	D
	库普列阿诺夫岛 Kupreanof Island				主港：鲁珀特王子港 PRINCE RUPERT No. 1372 p. 142							
1329	Hamilton Bay	56 55	133 50	+0800	+0015	+0015	0.82	-0.9	3.3	4.3	2.2	S
	Wrangell Narrows											
1330	Finger Point	56 41	132 56	+0800	+0045	+0045	1.01	-1.3	4.1	5.2	2.6	S
1331	Petersburg	56 49	132 58	+0800	+0037	+0037	0.99	-1.2	4.0	5.2	2.6	S
1332	Portage Bay	57 00	133 19	+0800	+0020	+0020	0.92	-1.1	3.8	4.8	2.5	S
1333	Ideal Cove	56 40	132 38	+0800	+0030	+0030	0.97	-1.1	3.9	5.0	2.7	S
1334	Wrangell Harbour	56 28	132 22	+0800	+0025	+0025	0.98	-1.3	4.0	5.1	2.5	S
	Zarembo Island											
1335	St. John Harbour	56 26	132 57	+0800	+0020	+0020	0.88	-1.0	3.6	4.6	2.3	S
	威尔士王子岛 Prince of Wales Island				主港：托菲诺 TOFINO No. 1468 p. 145							
1336	Port Protection	56 19	133 36	+0800	+0110	+0110	1.42	-1.0	3.8	4.1	2.0	D
					主港：鲁珀特王子港 PRINCE RUPERT No. 1372 p. 142							
1337	Exchange Cove	56 12	133 04	+0800	+0015	+0015	0.90	-1.1	3.7	4.7	2.4	S
1338	Ratz Harbour	55 53	132 36	+0800	+0025	+0025	0.95	-1.1	3.9	5.0	2.5	S

阿拉斯加：威尔士王子岛，勒维拉格吉多岛

序号	地名	位置 纬度	位置 经度	标准时间 时 分	潮时差 高潮 时 分	潮时差 低潮 时 分	潮高 比值	潮高 改正数 (m)	潮差 平均 (m)	潮差 大潮 (m)	平均潮位 (m)	潮汐类型
	威尔士王子岛 Prince of Wales Island	N	W									
		(°) (′)	(°) (′)		主港：鲁珀特王子港 PRINCE RUPERT No. 1372 p. 142							
1339	Kasaan Bay	55 32	132 24	+0800	+0005	+0005	0.92	-1.1	3.8	4.8	2.4	S
1340	Chasina Anchorage	55 16	132 03	+0800	+0005	+0005	0.92	-1.2	3.7	4.8	2.3	S
1341	Cape Chacon	54 42	132 01	+0800	-0005	-0005	0.80	-0.9	3.2	4.1	2.2	S
	Cordova Bay											
1342	Keete Inlet	55 05	132 30	+0800	+0010	+0010	0.73	-0.8	3.0	3.8	2.0	S
1343	Tlevak Narrows	55 16	133 07	+0800	+0015	+0015	0.77	-0.9	3.1	4.0	2.1	S
	Bucareli Bay				主港：托菲诺 TOFINO No. 1468 p. 145							
1344	Craig Cannery	55 29	133 09	+0800	+0100	+0100	1.16	-0.9	3.1	3.3	1.6	D
	Kosciusco Island											
1345	Tokeen Bay	56 00	133 27	+0800	+0110	+0110	1.16	-0.7	3.1	3.3	1.7	D
	Heceta Island											
1346	Port Alice	55 48	133 36	+0800	+0058	+0056	1.23	-0.9	3.3	3.4	1.7	D
	Noyes Island											
1347	Steamboat Bay	55 33	133 38	+0800	+0105	+0105	1.10	-0.7	2.9	3.2	1.6	D
	Suemez Island											
1348	Port Santa Cruz	55 17	133 24	+0800	+0100	+0100	1.08	-0.7	2.9	3.1	1.6	D
	Dall Island											
1349	Sea Otter Harbour	55 07	133 10	+0800	+0120	+0120	1.03	-0.7	2.7	2.9	1.5	D
1350	Forrester Island	54 50	133 32	+0800	+0055	+0055	1.08	-0.5	2.9	3.1	1.7	D
1351	Cape Muzon	54 40	132 40	+0800	+0000	+0000	0.70	-0.7	2.8	3.6	1.9	S
1352	Howkan Narrows	54 52	132 48	+0800	+0020	+0020	0.73	-0.9	3.0	3.8	2.0	S
	Etolin Island											
1353	Olive Bay	56 11	132 19	+0800	+0025	+0025	1.00	-1.2	4.1	5.2	2.7	S
	Cleveland Peninsula											
1354	Union Bay	55 45	132 12	+0800	+0025	+0025	1.00	-1.2	4.1	5.2	2.6	S
1355	Bell Arm	55 58	131 31	+0800	+0010	+0010	0.95	-1.1	3.9	5.0	2.5	S
1356	Burroughs Bay	56 02	131 06	+0800	+0010	+0010	0.96	-1.2	3.9	5.0	2.5	S
1357	Smeaton Bay	55 22	130 38	+0800	+0020	+0020	0.92	-1.1	3.8	4.8	2.5	S
1358	Boca de Quadra	55 07	130 48	+0800	+0015	+0015	0.90	-1.1	3.7	4.7	2.4	S
	勒维拉格吉多岛 Revillagigedo Island											
1359	Naha Bay	55 36	131 38	+0800	+0010	+0010	0.95	-1.1	3.8	4.9	2.5	S
1360	Ketchikan	55 21	131 39	+0800	+0004	+0004	0.97	-1.3	3.9	5.0	2.4	S

阿拉斯加：勒维拉格吉多岛，加拿大：格雷厄姆岛

序号	地名	位置 纬度	位置 经度	标准时间 时 分	潮时差 高潮 时 分	潮时差 低潮 时 分	潮高 比值	潮高 改正数 (m)	潮差 平均 (m)	潮差 大潮 (m)	平均潮位 (m)	潮汐类型
	勒维拉格吉多岛 Revillagigedo Island	N (°) (′)	W (°) (′)									
					主港：鲁珀特王子港 PRINCE RUPERT No. 1372 p. 142							
1361	Gnat Cove	55 23	131 20	+0800	+0010	+0010	0.92	-1.1	3.8	4.8	2.4	S
	Annette Island											
1362	Port Chester	55 08	131 34	+0800	+0000	+0000	0.89	-1.2	3.6	4.6	2.3	S
1363	Mary Island Anchorage	55 06	131 12	+0800	+0005	+0005	0.92	-1.1	3.8	4.8	2.4	S
1364	Cape Fox	54 46	130 51	+0800	-0005	-0005	0.87	-1.1	3.5	4.5	2.3	S
	Pearse and Portland Canals											
1365	Haystack Island	54 43	130 37	+0800	+0000	+0000	0.92	-1.2	3.8	4.8	2.3	S
1366	Davis River	55 46	130 10	+0800	+0000	+0000	1.05	-1.4	4.3	5.5	2.6	S
1367	Stewart	55 55	130 00	+0800	+0002	+0002	1.05	-0.1	4.3	5.5	4.0	S
	加拿大 Canada											
	Portland Inlet											
1368	Kumeon Bay	54 43	130 14	+0800	+0002	+0002	0.97	+0.0	3.9	5.1	3.7	S
1369	Mill Bay	55 00	129 54	+0800	+0001	+0019	0.97	-0.3	3.9	5.1	3.4	S
1370	Granby Bay	55 25	129 48	+0800	+0008	+0008	1.01	+0.0	4.1	5.2	3.8	S
1371	Port Simpson	54 34	130 26	+0800	-0002	-0002	0.96	+0.0	3.9	5.0	3.7	S
1372	PRINCE RUPERT	54 19	130 19	+0800	（主 港）				4.1	5.2	3.8	S
	格雷厄姆岛 Graham Island											
1373	Masset	54 00	132 09	+0800	+0014	+0019	0.58	-0.2	2.8	3.0	2.0	D
1374	Richards Island	53 41	132 21	+0800	+0501	+0518	0.25	-0.2	1.2	1.3	0.6	D
1375	Naden Harbour	54 02	132 34	+0800	-0018	-0030	0.74	-0.2	3.6	3.8	2.6	D
1376	Dadens	54 11	132 59	+0800	-0023	-0014	0.70	+0.2	3.4	3.6	2.9	D
					主港：托菲诺 TOFINO No. 1468 p. 145							
1377	Otard Bay	53 46	133 00	+0800	+0053	+0053	0.99	+0.3	2.6	2.8	2.3	D
1378	Port Louis	53 41	132 58	+0800	+0036	+0040	1.10	+0.2	2.9	3.1	2.5	D
1379	Shields Bay	53 19	132 25	+0800	+0037	+0040	1.09	+0.2	2.9	3.1	2.6	D
1380	Bowie Seamount	53 18	135 39	+0800	+0050	+0054	1.06	-0.2	2.8	3.0	2.1	D
1381	Armentieres Channel	53 07	132 23	+0800	+0035	+0038	1.02	+0.3	2.7	2.9	2.5	D
	Skidegate Inlet				主港：鲁珀特王子港 PRINCE RUPERT No. 1372 p. 142							
1382	Skidegate Channel	53 09	132 15	+0800	+0009	+0041	0.80	-0.6	3.2	4.1	2.4	S
1383	Queen Charlotte	53 15	132 04	+0800	+0000	+0016	1.04	+0.0	4.2	5.4	4.0	S

加拿大：莫尔兹比岛

序号	地名	位置		标准时间	潮时差		潮高		潮差		平均潮位	潮汐类型
		纬度	经度	时 分	高潮 时 分	低潮 时 分	比值	改正数 (m)	平均 (m)	大潮 (m)	(m)	
	莫尔兹比岛 Moresby Island	N	W									
	Skidegate Inlet	(°) (′)	(°) (′)		主港：鲁珀特王子港 PRINCE RUPERT No. 1372 p. 142							
1384	Shingle Bay	53 15	131 49	+0800	-0007	+0011	1.02	+0.1	4.1	5.3	4.0	S
1385	Pacofi	52 50	131 53	+0800	+0002	+0001	0.80	+0.4	3.2	4.1	3.5	S
					主港：托菲诺 TOFINO No. 1468 p. 145							
1386	Sedgwick Bay	52 38	131 34	+0800	+0102	+0057	1.37	+0.0	3.6	3.8	2.9	D
1387	Burnaby Island	52 26	131 23	+0800	+0100	+0054	1.38	+0.0	3.7	3.9	2.9	D
1388	Rose Harbour	52 09	131 05	+0800	+0047	+0046	1.20	+0.1	3.2	3.4	2.7	D
1389	Cape St. james	51 56	131 01	+0800	+0045	+0049	1.10	+0.0	2.9	3.1	2.3	D
1390	Tasu Sound	52 45	132 02	+0800	+0026	+0031	1.12	-0.1	3.0	3.2	2.3	D
	加拿大 Canada											
	Porcher Island				主港：鲁珀特王子港 PRINCE RUPERT No. 1372 p. 142							
1391	Kitkatla Island	53 48	130 21	+0800	-0012	-0004	0.97	-0.1	4.0	5.1	3.7	S
1392	Godfrey Point	54 00	130 15	+0800	+0000	+0000	0.95	+0.2	3.9	4.9	3.8	S
1393	Humpback Bay	54 05	130 24	+0800	-0015	-0011	0.91	+0.2	3.7	4.7	3.7	S
	Stephens Island											
1394	Qlawdzeet Anchorage	54 13	130 46	+0800	-0005	-0005	0.97	+0.0	3.9	5.0	3.7	S
1395	Khyex Point	54 14	129 48	+0800	+0053	+0139	0.95	-1.0	3.8	4.9	2.6	S
1396	Kwinitsa	54 13	129 35	+0800	+0144	+0315	0.54	-0.5	2.2	2.8	1.5	S
1397	Port Essington	54 10	129 58	+0800	+0022	+0041	1.05	-0.5	4.3	5.5	3.5	S
1398	Ecstall River	54 00	129 46	+0800	+0141	+0251	0.92	+0.3	3.8	4.6	3.9	S
1399	Claxton	54 05	130 05	+0800	+0006	+0006	0.97	+0.1	4.0	5.0	3.8	S
1400	Lowe Inlet	53 33	129 35	+0800	-0014	-0014	0.87	+0.1	3.5	4.5	3.5	S
	Pitt Island											
1401	Mink Trap Bay	53 27	129 49	+0800	-0018	-0017	0.87	-0.1	3.5	4.5	3.3	S
1402	Port Stephens	53 21	129 43	+0800	-0029	-0025	0.76	+0.1	3.1	3.9	3.0	S
1403	Port Canaveral	53 35	130 09	+0800	-0022	-0019	0.76	+0.1	3.1	3.9	3.0	S
	Banks Island											
1404	Griffith Harbout	53 36	130 33	+0800	-0012	-0012	0.94	+0.1	3.8	4.9	3.7	S
	Estevan Island											
1405	Gillen Harbour	52 59	129 36	+0800	-0030	-0028	0.75	+0.0	3.1	3.9	2.9	S
1406	Block Islands	53 09	129 46	+0800	-0025	-0015	0.80	+0.1	3.2	4.1	3.2	S
1407	Devlin Bay	53 04	129 36	+0800	-0022	+0004	0.79	+0.0	3.2	4.1	3.0	S

加 拿 大

序号	地名	位置		标准时间	潮时差		潮高		潮差		平均潮位	潮汐类型
		纬度	经度	时 分	高潮 时 分	低潮 时 分	比值	改正数 (m)	平均 (m)	大潮 (m)	(m)	
	加拿大 Canada	N (°) (′)	W (°) (′)		主港：鲁珀特王子港 PRINCE RUPERT No. 1372 p. 142							
1408	Hartley Bay	53 26	129 15	+0800	-0026	-0027	0.83	+0.0	3.3	4.3	3.2	S
1409	Kitimat	53 59	128 43	+0800	-0023	-0017	0.87	+0.0	3.5	4.5	3.3	S
1410	Kemano Bay	53 31	128 07	+0800	-0021	-0015	0.89	+0.0	3.6	4.6	3.5	S
1411	Swanson Bay	53 01	128 30	+0800	-0032	-0029	0.76	-0.1	3.1	3.9	2.8	S
	Princess Royal Island											
1412	Barnard Harbour	53 05	129 07	+0800	-0022	-0022	0.81	+0.0	3.3	4.2	3.1	S
1413	Surf Inlet	53 02	128 54	+0800	-0024	-0025	0.74	+0.3	3.0	3.8	3.1	S
1414	Butedale	53 10	128 42	+0800	-0024	-0024	0.79	+0.0	3.2	4.1	3.1	S
1415	Borrowman Bay	52 44	129 17	+0800	-0033	-0026	0.79	-0.1	3.8	4.1	2.9	D
1416	McKenney Island	52 39	129 29	+0800	-0029	-0024	0.76	-0.1	3.7	3.9	2.8	D
	Swindle Island											
1417	Meyers Passage	52 36	128 37	+0800	-0036	-0031	0.71	+0.1	3.5	3.7	2.8	D
1418	Klemtu Passage	52 36	128 31	+0800	-0035	-0028	0.75	+0.0	3.6	3.8	2.9	D
1419	Griffin Passage	52 45	128 22	+0800	-0036	-0031	0.72	+0.0	3.5	3.7	2.8	D
1420	Tom Bay	52 24	128 16	+0800	-0033	-0025	0.73	+0.1	3.5	3.7	3.0	D
	QUEEN CHARLOTTE SOUND											
1421	Port Blackney	52 19	128 21	+0800	-0041	-0033	0.72	0.0	3.5	3.7	2.8	D
1422	Bellabella	52 10	128 08	+0800	-0040	-0032	0.72	+0.1	3.5	3.7	2.9	D
	Cousins Inlet											
1423	Ocean Falls	52 21	127 41	+0800	-0043	-0033	0.75	+0.0	3.6	3.8	2.9	D
1424	Bella Coola	52 23	126 48	+0800	-0036	-0031	0.77	-0.1	3.7	3.9	2.9	D
1425	Namu Harbour	51 52	127 52	+0800	-0038	-0029	0.70	-0.1	3.4	3.6	2.6	D
1426	Addenbroke Island	51 36	127 49	+0800	-0043	-0034	0.68	+0.1	3.3	3.5	2.7	D
	Rivers Inlet											
1427	Wadhams	51 31	127 31	+0800	-0047	-0038	0.70	+0.0	3.4	3.6	2.7	D
1428	Kildala	51 42	127 21	+0800	-0047	-0041	0.62	+0.2	2.5	3.2	2.7	D
1429	Goose Islands Anchorage	52 00	128 25	+0800	-0049	-0035	0.69	+0.0	3.3	3.5	2.7	D
	Hecate Island											
1430	Adams (Welcome) Harbour	51 40	128 06	+0800	-0035	-0035	0.67	+0.2	2.7	3.5	2.7	D
	QUEEN CHARLOTTE STRAIT											
1431	Egg Island	51 15	127 50	+0800	-0045	-0036	0.66	+0.0	3.2	3.4	2.6	D

加 拿 大

序号	地名	位置 纬度	位置 经度	标准时间 时 分	潮时差 高潮 时 分	潮时差 低潮 时 分	潮高 比值	潮高 改正数 (m)	潮差 平均 (m)	潮差 大潮 (m)	平均潮位 (m)	潮汐类型
	加拿大 Canada	N	W									
	QUEEN CHARLOTTE STRAIT	(°) (′)	(°) (′)		主港：鲁珀特王子港 PRINCE RUPERT No. 1372 p. 142							
1432	Treadwell Bay	51 06	127 32	+0800	-0018	-0006	0.51	+0.3	2.4	2.6	2.2	D
1433	Blunden Harbour	50 54	127 17	+0800	-0031	-0022	0.72	+0.1	3.5	3.7	2.9	D
1434	Drury Inlet	50 54	127 00	+0800	-0005	-0006	0.74	-0.3	3.0	3.9	2.5	D
					主港：托菲诺 TOFINO No. 1468 p. 145							
1435	Jessie Point	50 57	126 48	+0800	+0052	+0050	1.36	+0.2	3.6	3.8	3.1	D
1436	Sunday Harbour	50 43	126 42	+0800	+0033	0034	1.36	+0.0	3.6	3.8	2.9	D
	Knight Inlet											
1437	Lagoon Cove	50 36	126 19	+0800	+0051	+0047	1.46	+0.3	3.9	4.1	3.4	D
1438	Glendale Cove	50 40	125 44	+0800	+0038	+0035	1.49	+0.1	4.0	4.3	3.3	D
	Chatham Channel											
1439	Root Point	50 35	126 12	+0800	+0054	+0104	1.33	+0.1	3.5	3.8	2.9	D
	Swanson Island											
1440	Farewell Harbour	50 36	126 42	+0800	+0048	+0105	1.22	+0.2	3.2	3.5	2.8	D
	Johnstone Strait				主港：托菲诺 TOFINO No. 1468 p. 145							
1441	Port Harvey	50 34	126 16	+0800	+0052	+0056	1.23	+0.2	3.3	3.5	2.8	D
1442	Port Neville	50 30	126 05	+0800	+0105	+0110	1.28	+0.2	3.4	3.7	3.0	D
1443	Yorke Island	50 27	125 59	+0800	+0105	+0111	1.23	+0.3	3.3	3.6	2.9	D
1444	Salmon River	50 24	125 58	+0800	+0106	+0113	1.22	+0.2	3.2	3.5	2.9	D
1445	Helmcken Island	50 24	125 52	+0800	+0117	+0132	1.14	+0.0	3.0	3.4	2.4	D
1446	Knox Bay	50 24	125 36	+0800	+0129	+0145	1.07	+0.2	2.9	3.2	2.6	D
1447	Rock Bay	50 20	125 29	+0800	+0151	+0209	1.08	+0.1	2.9	3.2	2.6	D
	Wellbore Channel											
1448	Carterer Point	50 27	125 45	+0800	+0123	+0130	1.23	+0.1	3.3	3.5	2.7	D
	Loughborough Inlet											
1449	Sydney Bay	50 31	125 35	+0800	+0120	+0135	1.17	-0.2	3.1	3.4	2.3	D
	Cordero Channel											
1450	Cordero Islands	50 26	125 29	+0800	+0152	+0215	1.03	+0.5	2.7	3.1	2.8	D
1451	Shoal Bay	50 28	125 22	+0800	+0156	+0221	1.08	+0.3	2.9	3.2	2.7	D
					主港：温哥华 VANCOUVER No. 1509 p. 151							
1452	Mermaid Bay	50 24	125 11	+0800	-0156	-0140	0.80	+0.3	2.5	2.9	2.8	D
	Okisolio Channel											
1453	Owen Bay	50 19	125 13	+0800	-0223	-0219	0.87	+0.1	2.7	3.1	2.7	D
1454	Brown Bay	50 10	125 22	+0800	-0230	-0232	0.90	0.0	2.9	3.2	2.8	D

加拿大：温哥华岛

序号	地名	位置 纬度	置 经度	标准时间 时 分	潮时差 高潮 时 分	低潮 时 分	潮高 比值	改正数 (m)	潮差 平均 (m)	大潮 (m)	平均潮位 (m)	潮汐类型
	温哥华岛 Vancouver Island	N	W									
	Cormorant Island	(°) (′)	(°) (′)		主港：托菲诺 TOFINO No. 1468 p. 145							
1455	Alert Bay	50 35	126 56	+0800	+0040	+0041	1.31	+0.2	3.5	3.7	3.0	D
1456	Port McNeill	50 36	127 05	+0800	+0039	+0037	1.31	+0.2	3.5	3.7	3.0	D
					主港：鲁珀特王子港 PRINCE RUPERT No. 1372 p. 142							
1457	Port Hardy	50 43	127 29	+0800	-0040	-0031	0.70	+0.2	3.4	3.6	2.9	D
1458	Shushartie Bay	50 51	127 51	+0800	-0045	-0036	0.70	+0.0	3.4	3.6	2.8	D
1459	Cape Scott	50 47	128 25	+0800	+0008	+0008	1.11	-0.1	2.9	3.1	2.3	D
	Quatsino Sound											
1460	Quatsino	50 32	127 37	+0800	+0007	+0009	1.07	+0.2	2.8	3.1	2.4	D
1461	Potr Alice	50 23	127 27	+0800	+0013	+0013	1.04	+0.2	2.8	3.0	2.5	D
1462	Klaskish Inlet	50 15	127 44	+0008	+0010	+0008	0.99	+0.3	2.6	2.8	2.3	D
1463	Nasparti Inlet	50 06	127 43	+0800	+0007	+0006	0.99	+0.3	2.6	2.8	2.3	D
	Kyuquot Sound											
1464	Easy Inlet	50 08	127 18	+0800	+0005	+0005	0.94	+0.2	2.5	2.7	2.2	D
	Esperanz Inlet											
1465	Ceepeecee	49 52	126 43	+0800	-0005	+0000	1.06	+0.0	2.8	3.1	2.3	D
	Nootka Sound											
1466	Nootka	49 37	126 37	+0800	-0006	-0002	1.01	+0.0	2.7	2.9	2.2	D
1467	Riley Cove	49 23	126 13	+0800	-0001	+0000	1.01	+0.0	2.7	2.9	2.1	D
1468	**TOFINO**	49 09	125 55	+0800	（主港）				2.7	2.9	2.1	D
	Barkley Sound											
1469	Ucluelet	48 57	125 33	+0800	-0002	-0008	0.96	+0.0	2.5	2.7	2.1	D
1470	Bamfield Inlet	48 50	125 08	+0800	-0014	-0008	0.99	+0.1	2.6	2.9	2.2	D
1471	Port Alberni	49 14	124 49	+0800	-0009	-0006	0.98	-0.1	2.6	2.8	2.0	D
1472	Carmanah Point	48 37	124 45	+0800	+0000	-0003	0.80	+0.2	2.1	2.3	1.9	D
1473	Port San Juan (Port Renfrew)	48 33	124 25	+0800	-0008	+0010	0.84	+0.2	2.2	2.5	2.0	D
					主港：维多利亚 VICTORIA No. 1477 p. 148							
1474	Glacier Point	48 24	123 58	+0800	-0107	-0141	1.11	+0.0	1.9	2.3	1.9	D
1475	Sooke	48 22	123 44	+0800	-0030	-0053	1.07	+0.1	1.9	2.3	2.0	D
1476	Esquimalt	48 26	123 25	+0800	-0005	-0005	1.02	-0.1	1.8	2.3	1.9	D
1477	**VICTORIA**	48 26	123 23	+0800	（主港）				1.7	2.2	1.9	D
1478	Sidney	48 39	123 24	+0800	+0111	+0126	1.28	-0.4	2.2	2.8	2.1	D

加拿大：温哥华岛

序号	地名	位置 纬度	位置 经度	标准时间 时 分	潮时差 高潮 时 分	潮时差 低潮 时 分	潮高 比值	潮高 改正数 (m)	潮差 平均 (m)	潮差 大潮 (m)	平均潮位 (m)	潮汐类型
	温哥华岛 Vancouver Island	N	W									
	Saanich Inlet	(°) (′)	(°) (′)		主港：温哥华 VANCOUVER No. 1509 p. 151							
1479	Brentwood Bay	48 35	123 28	+0800	-0014	-0044	0.79	-0.2	2.5	3.0	2.3	D
1480	Cowichan Harbour	48 45	123 37	+0800	-0023	-0045	0.73	+0.1	2.3	2.8	2.4	D
1481	Fulford Harbour	48 46	123 27	+0800	-0021	-0045	0.73	+0.0	2.3	2.8	2.3	D
1482	Bedwill Harbour	48 44	123 14	+0800	-0018	-0044	0.71	+0.0	2.2	2.7	2.2	D
1483	Miners Bay	48 51	123 18	+0800	-0002	-0013	0.83	+0.0	2.6	3.1	2.6	D
1484	Porlier Pass	49 01	123 35	+0800	-0017	-0028	0.86	-0.1	2.7	3.2	2.6	D
1485	Maple Bay	48 49	123 36	+0800	-0023	-0037	0.76	+0.2	2.4	2.9	2.6	D
1486	Crofton	48 52	123 39	+0800	-0018	-0040	0.83	-0.1	2.6	3.2	2.5	D
1487	Chemainus	48 56	123 42	+0800	-0020	-0041	0.85	-0.1	2.7	3.2	2.5	D
1488	Ladysmith	48 59	123 47	+0800	-0026	-0039	0.82	-0.1	2.6	3.1	2.5	D
1489	Gabriola Pass	49 08	123 43	+0800	-0019	-0028	0.80	-0.1	2.5	3.0	2.4	D
1490	Harmac	49 08	123 51	+0800	+0000	-0002	1.01	-0.1	3.2	3.7	3.0	D
1491	Nanaimo	49 10	123 56	+0800	-0001	-0005	0.97	+0.0	3.1	3.6	3.0	D
1492	Nanoose	49 16	124 10	+0800	-0014	-0034	0.95	+0.1	3.0	3.5	3.0	D
1493	Comox	49 40	124 55	+0800	-0004	-0002	1.08	-0.6	3.4	4.0	2.7	D
1494	Campbell River	50 01	125 14	+0800	-0040	-0010	0.87	+0.4	2.8	3.2	2.9	D
1495	Duncan Bay	50 05	125 18	+0800	-0113	-0050	0.73	-0.1	2.3	2.8	2.2	D
1496	Bloedel	50 07	125 23	+0800	-0143	-0129	0.72	+0.3	2.3	2.7	2.5	D
	加拿大 Canada											
	Quadra Island											
1497	Canoe Pass	50 08	125 21	+0800	-0158	-0244	0.90	+0.3	2.8	3.2	3.0	D
1498	Cape Mudge	50 00	125 11	+0800	-0011	-0017	0.97	-0.2	3.1	3.6	2.7	D
	Sutil Channel											
1499	Whaletown Bay	50 06	125 03	+0800	-0001	-0002	1.08	-0.2	3.4	4.0	3.2	D
	Deer Passage											
1500	Redonda Bay	50 16	124 59	+0800	+0003	+0005	1.05	+0.0	3.3	3.9	3.3	D
	Stuart Island											
1501	Yuculta Landing	50 24	125 08	+0800	-0036	-0030	0.83	+0.5	2.6	3.1	3.1	D
	Bute Inlet											
1502	Waddington Harbour	50 56	124 51	+0800	+0000	+0006	1.08	-0.3	3.4	3.9	3.1	D
1503	Lund	49 59	124 46	+0800	-0007	-0006	1.06	+0.1	3.4	3.9	3.4	D
	Jervis Inlet											
1504	Egmont Point	49 47	123 59	+0800	-0012	-0022	0.92	+0.2	2.9	3.4	3.0	D

加拿大，美国

序号	地名	位置 纬度	位置 经度	标准时间	潮时差 高潮	潮时差 低潮	潮高 比值	潮高 改正数	潮差 平均	潮差 大潮	平均潮位	潮汐类型
				时 分	时 分	时 分		(m)	(m)	(m)	(m)	
	加拿大 Canada	N	W									
	Sechelt Inlet	(°) (′)	(°) (′)		主港：温哥华 VANCOUVER No. 1509 p. 151							
1505	Porpoise Bay	49 29	123 45	+0800	+0247	+0220	0.55	-0.1	1.7	2.1	1.7	D
1506	Pender Harbour	49 38	124 02	+0800	-0008	-0003	0.97	-0.3	3.1	3.6	2.7	D
1507	Squamish	49 42	123 09	+0800	-0010	-0011	1.02	+0.0	3.2	3.7	3.1	D
	Burrard Inlet											
1508	Atkinson Point	49 19	123 15	+0800	-0012	-0012	1.00	+0.0	3.1	3.7	3.1	D
1509	VANCOUVER	49 17	123 07	+0800	（主港）				3.2	3.7	3.1	D
1510	Lake Buntzen	49 22	122 53	+0800	+0054	+0053	0.99	-0.1	3.1	3.7	3.0	D
	Fraser River											
1511	Sand Heads	49 07	123 18	+0800	+0007	+0003	0.95	+0.1	3.0	3.5	3.0	D
1512	Steveston, Garry Point	49 07	123 12	+0800	-0005	+0015	0.79	+0.6	2.5	2.9	3.0	D
1513	New Westminster	49 12	122 55	+0800	+0044	+0225	*	*	*	*	1.3	D
1514	Port Coquitlam	49 14	122 46	+0800	+0215	+0345	*	*	*	*	*	D
1515	Port Haney	49 13	122 36	+0800	+0158	+0414	*	*	*	*	*	D
1516	Sumas	49 08	122 05	+0800	+0409	+0713	*	*	*	*	*	D
1517	Tsawwassen	49 00	123 08	+0800	-0023	-0019	0.84	+0.4	2.7	3.1	3.0	D
	美国 United States											
1518	Blaine	49 00	122 46	+0800	-0013	-0024	0.87	-1.0	2.8	3.3	1.7	D
1519	Ferndale	48 50	122 43	+0800	-0018	-0027	0.82	-0.9	2.6	3.0	1.5	D
1520	Point Migley	48 45	122 43	+0800	-0015	-0035	0.77	-0.6	2.4	2.9	1.7	D
1521	Bellingham	48 45	122 30	+0800	-0028	-0045	0.77	-0.8	2.4	2.9	1.6	D
1522	Anacortes	48 31	122 37	+0800	-0050	-0055	0.71	-0.5	2.2	2.7	1.6	D
					主港：维多利亚 VICTORIA No. 1477 p. 148							
1523	Aleck Bay	48 26	122 51	+0800	+0100	+0055	1.07	-0.6	2.3	2.7	1.4	D
					主港：温哥华 VANCOUVER No. 1509 p. 151							
1524	Peavine Pass	48 36	122 48	+0800	-0036	-0110	0.73	-0.6	2.3	2.8	1.6	D
1525	Echo Bay	48 45	122 54	+0800	-0008	-0022	0.79	-0.9	2.5	3.0	1.5	D
1526	Alden Point	48 47	122 58	+0800	-0005	+0000	0.82	-0.7	2.6	3.0	1.8	D
1527	Turn Point	48 41	123 14	+0800	-0045	-0040	0.74	-0.5	2.4	2.7	1.7	D
	San Juan Island											
1528	Friday Harbour	48 33	123 00	+0800	-0022	-0049	0.71	-0.7	2.2	2.7	1.5	D
					主港：维多利亚 VICTORIA No. 1477 p. 148							
1529	Kanaka Bay	48 29	123 05	+0800	+0052	+0049	1.13	-0.7	2.0	3.1	1.4	D

美　国

序号	地　名	位置 纬度	置 经度	标准时间 时 分	潮时差 高潮 时 分	低潮 时 分	潮高 比值	改正数 (m)	潮差 平均 (m)	大潮 (m)	平均潮位 (m)	潮汐类型
	美　国 United States	N	W									
	Whidbey Island	(°) (′)	(°) (′)		主港：温哥华 VANCOUVER No. 1509 p. 151							
1530	Reservation Bay	48 25	122 40	+0800	-0104	-0129	0.72	-0.8	2.2	2.7	1.3	D
1531	Yokeko Point	48 25	122 37	+0800	-0043	-0040	1.04	-1.3	3.3	3.8	1.9	D
1532	Partridge Point	48 14	122 46	+0800	-0120	-0140	0.69	-0.8	2.2	2.7	1.2	D
	PUGET SOUND				主港：西雅图 SEATTLE No. 1534 p. 154							
1533	Everett	47 59	122 13	+0800	-0001	-0002	0.97	+0.0	3.3	3.7	2.0	D
1534	SEATTLE	47 36	122 20	+0800	（主　港）				3.4	3.8	2.0	D
1535	Tacoma	47 17	122 25	+0800	-0001	+0002	1.04	+0.0	3.5	4.0	2.1	D
1536	Steilacoom	47 10	122 36	+0800	+0022	+0035	1.16	+0.0	4.0	4.5	2.3	D
1537	Olympia	47 03	122 54	+0800	+0019	+0045	1.26	-0.1	4.1	4.6	2.5	D
1538	Vaughn	47 20	122 46	+0800	+0035	+0047	1.23	+0.0	4.3	4.8	2.5	D
1539	Bremerton	47 33	122 38	+0800	+0010	+0013	1.01	+0.0	3.4	3.8	2.1	D
1540	Tracyton	47 37	122 40	+0800	+0030	+0056	1.08	+0.0	3.8	4.2	2.2	D
1541	Point No Point	47 55	122 32	+0800	-0016	-0016	0.92	+0.0	3.2	3.5	1.9	D
	Hood Canal				主港：温哥华 VANCOUVER No. 1509 p. 151							
1542	Seabeck	47 38	122 50	+0800	-0055	-0045	1.03	-1.1	3.3	4.0	2.1	D
1543	Union	47 21	123 06	+0800	-0100	-0040	1.04	-1.1	3.3	4.0	2.1	D
	Admiralty Intet											
1544	Port Ludlow	47 55	122 41	+0800	-0120	-0110	0.88	-0.9	2.8	3.4	1.8	D
1545	Port Townsend	48 08	122 46	+0800	-0117	-0132	0.77	-0.9	2.4	2.9	1.5	D
1546	Port Discovery	48 04	122 55	+0800	-0200	-0145	0.68	-0.8	2.1	2.6	1.2	D
1547	New Dungeness Bay	48 11	123 07	+0800	-0205	-0205	0.65	-0.8	2.0	2.5	1.2	D
	Juan de Fuca Strait				主港：维多利亚 VICTORIA No. 1477 p. 148							
1548	Port Angeles	48 07	123 26	+0800	+0005	-0024	1.16	-0.9	2.0	2.5	1.3	D
1549	Crescent Bay	48 10	123 43	+0800	-0108	-0104	1.04	-0.6	1.8	2.2	1.3	D
					主港：托菲诺 TOFINO No. 1468 p. 145							
1550	Clallam Bay	48 16	124 18	+0800	+0035	+0045	0.70	-0.3	1.9	2.0	1.2	D
1551	Neah Bay	48 22	124 37	+0800	-0002	+0014	0.87	-0.5	2.5	2.8	1.3	D
1552	Cape Flattery	48 23	124 44	+0800	-0005	+0005	0.77	-0.4	2.0	2.2	1.2	D
1553	Union Seamount	49 32	132 41	+0800	+0019	+0025	0.94	+0.0	2.6	2.8	2.0	D
1554	Destruction Island	47 40	122 29	+0800	-0020	-0010	0.85	-0.5	2.3	2.4	1.3	D
1555	Point Grenville	47 18	124 16	+0800	-0020	-0010	0.83	0.4	2.2	2.4	1.3	D
	Grays Harbour											
1556	Point Chehalis	46 55	124 07	+0800	-0013	+0002	0.94	-0.5	2.5	2.7	1.3	D
1557	Aberdeen	46 58	123 51	+0800	+0040	+0052	1.06	-0.6	2.8	3.0	1.7	D

序号	地名	位置 纬度	位置 经度	标准时间 时 分	潮时差 高潮 时 分	潮时差 低潮 时 分	潮高 比值	潮高 改正数 (m)	潮差 平均 (m)	潮差 大潮 (m)	平均潮位 (m)	潮汐类型
	美 国 United States	N	W									
	Willapa Bay	(°) (′)	(°) (′)		主港：托菲诺 TOFINO No. 1468 p. 145							
1558	Entrance	46 43	124 04	+0800	+0000	+0010	0.76	-0.3	2.0	2.2	1.3	D
					主港：阿斯托里亚 ASTORIA No. 1563 p. 157							
1559	Raymond	46 41	123 45	+0800	-0008	-0009	1.17	+0.1	2.9	3.1	1.6	D
1560	Cobb Seamount	46 46	130 49	+0800	-0056	-0052	0.92	+0.7	2.3	2.5	1.9	D
	Columbia River											
1561	Entrance (North Jetty)	46 16	124 05	+0800	-0046	-0110	0.90	+0.0	2.3	2.5	1.2	D
1562	Point Adams	46 12	123 57	+0800	-0027	-0048	1.00	+0.0	2.5	2.7	1.3	D
1563	ASTORIA	46 13	123 46	+0800	(主 港)				2.5	2.7	1.3	D
1564	Harrington Point	46 16	123 39	+0800	+0019	+0042	0.96	+0.0	2.3	2.5	1.2	D
1565	Eagle Cliff	46 10	123 14	+0800	+0141	+0251	*	*	1.7	1.8	*	D
1566	Saint Helens	45 52	122 48	+0800	+0329	+0534	*	*	0.8	0.8	*	D
1567	Portland	45 31	122 40	+0800	+0503	+0727	*	*	0.7	0.8	*	D
	Tillamook Bay											
1568	Tillamook	45 28	123 51	+0800	-0127	-0122	0.99	+0.0	2.5	2.8	1.3	D
1569	Nestucca Bay Entrance	45 09	123 59	+0800	-0055	-0055	0.89	+0.0	2.3	2.5	1.2	D
	Yaquina River											
1570	Newport	44 38	124 03	+0800	-0115	-0110	0.98	+0.1	2.5	2.7	1.3	D
1571	Yaquina	44 38	124 02	+0800	-0118	-0113	0.97	+0.0	2.4	2.7	1.3	D
	Siuslaw River											
1572	Entrance	44 01	124 08	+0800	-0115	-0120	0.80	+0.1	2.1	2.3	1.1	D
1573	Florence	43 58	124 06	+0800	-0039	-0032	0.77	+0.1	2.0	2.2	1.1	D
	Umpqua River											
1574	Entrance	43 40	124 13	+0800	-0120	-0115	0.77	+0.2	1.9	2.2	1.2	D
1575	Gardiner	43 44	124 07	+0800	-0029	-0022	0.80	+0.1	2.0	2.3	1.1	D
	Coos Bay											
1576	Entrance	43 21	124 19	+0800	-0126	-0120	0.85	+0.1	2.1	2.4	1.2	D
1577	Port of Coos Bay	43 23	124 13	+0800	-0002	+0003	0.82	+0.1	2.1	2.3	1.2	D
1578	Bandon	43 07	124 25	+0800	-0136	-0129	0.83	+0.0	2.1	2.3	1.1	D
1579	Port Orford	42 44	124 30	+0800	-0155	-0143	0.86	+0.1	2.2	2.5	1.2	D
1580	Wedderburn	42 26	124 25	+0800	-0157	-0134	0.62	+0.1	1.5	1.7	0.9	D
1581	Chetco Cove	42 03	124 17	+0800	-0201	-0152	0.84	+0.0	2.1	2.4	1.1	D
1582	Crescent City	41 45	124 12	+0800	-0204	-0154	0.81	+0.1	2.1	2.3	1.1	D
					主港：圣弗朗西斯科 SAN FRANCISCO No. 1600 p. 160							
1583	Trinidad Harbour	41 03	124 09	+0800	-0007	-0010	1.07	+0.0	1.8	2.1	1.1	D

美　国

序号	地　名	位置 纬度	位置 经度	标准时间 时 分	潮时差 高潮 时 分	潮时差 低潮 时 分	潮高 比值	潮高 改正数 (m)	潮差 平均 (m)	潮差 大潮 (m)	平均潮位 (m)	潮汐类型
	美　国 United States	N	W									
	Humboldt Bay	(°) (′)	(°) (′)		主港：圣弗朗西斯科 SAN FRANCISCO No. 1600 p. 160							
1584	South Jetty Landing	40 45	124 14	+0800	+0031	+0027	1.13	+0.0	1.9	2.2	1.0	D
1585	Eureka	40 48	124 10	+0800	+0058	+0105	1.08	+0.2	1.8	2.1	1.1	D
1586	Cape Mendocino	40 26	124 25	+0800	-0032	-0005	0.95	+0.1	1.6	1.8	0.9	D
1587	Shelter Cove	40 02	124 04	+0800	-0043	-0023	1.00	+0.0	1.7	1.9	1.0	D
1588	Fort Bragg Landing	39 27	123 49	+0800	-0034	-0026	0.93	+0.0	1.6	1.8	0.9	D
1589	Point Arena	38 57	123 44	+0800	-0046	-0027	0.93	+0.0	1.6	1.8	0.9	D
1590	Fort Ross Cove	38 31	123 15	+0800	-0055	-0036	0.93	+0.0	1.6	1.8	0.9	D
1591	Point Reyes	38 00	123 01	+0800	-0105	-0037	0.93	+0.0	1.6	1.8	0.9	D
1592	Southeast Farallon Island	37 42	123 00	+0800	-0043	-0039	1.00	+0.0	1.7	2.0	0.9	D
1593	Point San Quentin	37 57	122 29	+0800	+0042	+0039	1.00	+0.0	1.7	1.9	0.9	D
	Carquinez Strait											
1594	Mare Island	38 04	122 15	+0800	+0141	+0203	0.97	+0.1	1.6	1.8	0.9	D
	Suisun Bay											
1595	Port Chicago	38 04	122 02	+0800	+0230	+0314	0.86	+0.1	1.5	1.7	0.9	D
	Sacramento River											
1696	Three Mile Slough	38 06	121 42	+0800	+0355	+0343	0.70	+0.1	1.3	1.5	0.7	D
1597	Walnut Grove	38 14	121 31	+0800	+0552	+0552	0.43	+0.1	0.9	1.0	0.5	D
	San Joaguin River											
1598	Three Mile Slough	38 05	121 41	+0800	+0451	+0445	0.43	+0.2	1.0	1.1	0.6	D
1599	Stockton	37 58	121 17	+0800	+0635	+0745	0.52	+0.2	0.7	0.9	0.6	D
1600	SAN FRANCISCO (Golden Gate)	37 48	122 28	+0800	（主　港）				1.7	1.9	0.9	D
1601	Oakland (Grove Street)	37 48	122 17	+0800	+0033	+0027	0.98	+0.1	1.7	1.9	1.0	D
1602	Dumbarton Bridge	37 30	122 07	+0800	+0048	+0127	1.52	-0.1	2.6	2.9	1.3	D
1603	Point Lobos	37 47	122 31	+0800	-0053	-0040	0.83	+0.2	1.4	1.6	0.9	D
1604	Halfmoon Bay	37 30	122 29	+0800	-0110	-0056	0.87	+0.0	1.5	1.7	0.8	D
1605	Ano Nuevo Island	37 06	122 20	+0800	-0128	-0110	0.78	+0.1	1.3	1.5	0.8	D
	Monterey Bay											
1606	Santa Cruz	36 58	122 01	+0800	-0110	-0110	0.84	+0.1	1.4	1.6	0.8	D
1607	Monterey	36 36	121 54	+0800	-0105	-0059	0.93	+0.0	1.6	1.9	0.9	D
1608	Carmel Cove	36 31	121 56	+0800	-0115	-0115	0.78	+0.1	1.3	1.5	0.8	D
1609	San Simeon	35 38	121 11	+0800	-0125	-0120	0.78	+0.1	1.3	1.5	0.8	D
					主港：洛杉矶 LOS ANGELES No. 1618 p. 163							
1610	Morro Bay	35 22	120 52	+0800	+0123	+0136	0.76	+0.1	1.3	1.5	0.7	D
1611	Avila, San Luis Obispo Bay	35 10	120 44	+0800	+0041	+0044	0.96	+0.0	1.6	1.8	0.9	D

美 国，墨 西 哥

序号	地名	位置 纬度	位置 经度	标准时间 时 分	潮时差 高潮 时 分	潮时差 低潮 时 分	潮高 比值	潮高 改正数 (m)	潮差 平均 (m)	潮差 大潮 (m)	平均潮位 (m)	潮汐类型
	美 国 United States	N	W									
		(°) (′)	(°) (′)		主港：洛杉矶 LOS ANGELES No. 1618 p. 163							
1612	Point Arguello	34 35	120 39	+0800	+0044	+0041	0.96	+0.0	1.6	1.8	0.8	D
1613	Santa Barbara	34 25	119 41	+0800	+0018	+0022	0.97	+0.0	1.6	1.8	0.9	D
1614	Port Hueneme	34 09	119 12	+0800	+0006	+0009	0.98	+0.0	1.6	1.8	0.9	D
	San Miguel Island											
1615	Cuyler Harbour	34 03	120 21	+0800	+0032	+0032	0.96	+0.0	1.6	1.8	0.8	D
	Santa Cruz Island											
1616	Prisoners Harbour	34 01	119 41	+0800	+0024	+0024	0.93	+0.0	1.5	1.7	0.8	D
1617	Santa Monica	34 00	118 30	+0800	+0002	+0002	1.00	+0.0	1.7	1.9	0.9	D
1618	LOS ANGELES HARBOUR	33 43	118 16	+0800	（主 港）				1.7	1.9	0。9	D
1619	San Nicholas Island	33 16	119 30	+0800	+0009	+0019	0.91	+0.0	1.5	1.7	0.8	D
	Santa Catalina Island											
1620	Avalon	33 21	118 19	+0800	+0000	-0002	0.96	+0.0	1.6	1.8	0.8	D
	San Clemente Island											
1621	Wilson Cove	33 00	118 33	+0800	-0008	-0005	0.95	+0.0	1.6	1.8	0.8	D
					主港：圣迭戈 SAN DIEGO No. 1625 p. 166							
1622	Dana Point	33 27	117 43	+0800	+0000	+0000	0.80	+0.1	1.4	1.5	0.8	D
1623	La Jolla	32 52	117 15	+0800	-0017	-0014	0.92	+0.0	1.6	1.8	0.8	D
	San Diego Bay											
1624	Point Loma	32 40	117 14	+0800	-0012	-0006	0.80	+0.1	1.4	1.5	0.8	D
1625	SAN DIEGO	32 43	117 10	+0800	（主 港）				1.7	1.9	0.9	D
	墨 西 哥 MEXICO											
	Bahia de Todos Santos											
1626	Ensenada	31 51	116 38	+0800	-0027	-0025	0.92	+0.4	1.6	1.8	1.2	D
1627	Bahia Colnett	30 57	116 15	+0800	-0015	-0015	1.02	+0.2	1.8	2.0	0.9	D
1628	Bahia San Quentin	30 25	115 54	+0800	-0020	-0020	0.77	+0.1	1.3	1.5	0.8	D
1629	Bahia Rosario	29 54	115 43	+0800	-0025	-0025	0.98	+0.1	1.7	1.9	1.0	D
1630	Guadalupe Island	28 53	116 18	+0800	-0036	-0033	0.81	+0.0	1.4	1.5	0.7	D
1630a	Playa Maria Bay	28 55	114 48	+0800	-0036	-0030	1.28	+0.0	2.2	2.5	1.1	D
					主港：蒙特港 PUERTO MONTT No. 1803 p. 178							
1631	Bahia Playa Maria	28 55	114 32	+0800	+0715	+0715	0.41	-0.2	1.6	2.2	1.1	S
1632	Isla Cerros	28 12	115 14	+0800	+0720	+0720	0.42	-0.2	1.7	2.2	1.2	S
1633	Puerto San Bartolome	27 40	114 51	+0700	+0815	+0815	0.43	-0.3	1.7	2.3	1.2	S

墨西哥，危地马拉

序号	地名	位置		标准时间	潮时差		潮高		潮差		平均潮位	潮汐类型
		纬度	经度	时 分	高潮 时 分	低潮 时 分	比值	改正数 (m)	平均 (m)	大潮 (m)	(m)	
	墨西哥 MEXICO	N	W									
		(°) (′)	(°) (′)		主港：蒙特港 PUERTO MONTT No. 1803 p. 178							
1634	Punta Abreojos	26 43	113 34	+0700	+0815	+0815	0. 35	-0. 3	1. 4	2. 0	1. 0	S
1635	Bahia San Juanico	26 15	112 28	+0700	+0740	+0740	0. 29	-0. 2	1. 2	1. 7	0. 9	S
1636	San Carlos	24 47	112 07	+0700	+0745	+0745	0. 31	-0. 2	1. 2	1. 8	0. 9	S
					主港：圣迭戈 SAN DIEGO No. 1625 p. 166							
1637	Bahia Magdalena	24 38	112 09	+0700	+0004	+0007	0. 89	+0. 0	1. 1	1. 6	0. 8	S
1638	Isla Santa Margarita	24 24	111 49	+0700	-0040	-0040	0. 79	+0. 2	1. 4	1. 5	0. 8	D
	Gulf of California											
1639	Bahia San Jose′del Cabo	23 03	109 04	+0700	-0030	-0030	0. 63	+0. 2	1. 1	1. 2	0. 7	D
1640	Muertos Bay	23 57	109 50	+0700	-0045	-0032	0. 66	+0. 0	1. 2	1. 3	0. 6	D
1641	La Paz	24 10	110 19	+0700	-0023	+0000	0. 58	+0. 3	1. 0	1. 1	0. 9	D
1642	Santa Rosalia	27 20	112 16	+0700	*	*	0. 78	+0. 2	1. 3	1. 5	0. 6	D
					主港：达尔文 DARWIN No. 3091 p. 334							
1643	Puerto Penasco	31 21	113 34	+0700	-0341	-0346	0. 84	+0. 0	3. 5	5. 1	3. 5	S
					主港：圣迭戈 SAN DIEGO No. 1625 p. 166							
1644	Guaymas	27 55	110 54	+0700	-0009	+0101	0. 44	+0. 3	0. 8	1. 0	0. 8	D
1645	Topolobampo	25 36	109 03	+0700	+0027	+0038	0. 65	+0. 3	1. 1	1. 2	0. 9	D
1646	Mazalan	23 11	106 26	+0700	-0046	-0044	0. 68	+0. 0	1. 2	1. 3	0. 6	D
	Pacific Coast											
1647	Puerto San Blas	21 32	105 19	+0600	+0045	+0045	0. 48	+0. 1	0. 6	0. 9	0. 5	S
1649	Puerto Vallarta	20 37	105 15	+0600	+0009	+0010	0. 58	+0. 0	0. 7	1. 0	0. 6	S
1650	Bahia de Chamela	19 35	105 09	+0600	+0036	+0050	0. 41	+0. 0	0. 5	0. 7	0. 6	S
1652	Manzanillo	19 03	104 20	+0600	+0007	+0021	0. 38	+0. 3	0. 4	0. 6	0. 6	S
1653	Isla Socorro	18 43	110 57	+0600	+0013	+0015	0. 63	+0. 3	0. 8	1. 1	0. 9	S
1655	Melchor Ocampo (Port Lazaro Cardenas)	17 55	102 10	+0600	+0355	+0236	0. 29	+0. 0	0. 5	0. 5	0. 3	D
1656	Bahia Sihuatanejo	17 36	101 33	+0600	+0004	+0020	0. 41	+0. 0	0. 7	0. 8	0. 3	D
1658	Acapulco	16 50	99 56	+0600	+0433	+0351	0. 34	+0. 2	0. 6	0. 7	0. 5	D
1660	Puerto Angel	15 40	96 30	+0600	+0437	+0430	0. 57	+0. 2	1. 0	1. 1	0. 7	D
					主港：拉乌尼翁 LA UNION No. 1669 p. 169							
1662	Puerto Salina Cruz	16 10	95 12	+0600	-0023	-0020	0. 43	+0. 2	1. 1	1. 2	0. 8	S
1663	Puerto Arista (La Puerta)	15 56	93 50	+0600	-0015	-0010	0. 45	+0. 0	1. 1	1. 3	0. 7	S
	危地马拉 Guatemala											
1665	Champerico	14 18	91 56	+0600	+0005	+0005	0. 71	+0. 1	1. 7	2. 1	1. 2	S
1666	San Jose	13 55	90 50	+0600	-0024	-0009	0. 60	+0. 0	1. 5	1. 7	0. 9	S

萨尔瓦多，洪都拉斯，尼加拉瓜，哥斯达黎加，巴拿马

序号	地名	位置 纬度	经度	标准时间 时 分	潮时差 高潮 时 分	低潮 时 分	潮高 比值	改正数 (m)	潮差 平均 (m)	大潮 (m)	平均潮位 (m)	潮汐类型
	萨尔瓦多 Salvador	N	W									
		(°) (′)	(°) (′)		主港：拉乌尼翁 LA UNION No. 1669 p. 169							
1667	Acajutla	13 35	89 51	+0600	-0015	-0015	0.64	+0.0	1.6	1.9	1.0	S
1668	La Libertad	13 29	89 19	+0600	-0015	-0015	0.64	+0.0	1.6	1.9	0.9	S
	Golfo de Fonseca											
1669	LA UNION	13 20	87 49	+0600	（主港）				2.4	2.9	1.6	S
	洪都拉斯 Honduras											
1670	Puerto Amapala	13 18	87 39	+0600	-0005	-0005	0.95	+0.1	2.3	2.8	1.5	S
	尼加拉瓜 Nicaragua											
1671	Puerto Corinto	12 28	87 12	+0600	-0010	-0010	0.81	-0.1	2.0	2.4	1.2	S
1672	San Juan del Sur	11 15	85 53	+0600	-0024	-0009	0.76	+0.0	1.8	2.2	1.2	S
	哥斯达黎加 Costa Rica											
1673	Bahia Elena	10 56	85 49	+0600	-0010	-0010	0.90	+0.0	2.2	2.6	1.4	S
1674	Puerto Culebra	10 38	85 40	+0600	-0010	-0010	0.89	+0.1	2.2	2.6	1.4	S
	Golfo de Nicoya											
1675	Puntarenas	9 58	84 50	+0600	-0020	-0005	0.92	+0.0	2.3	2.7	1.4	S
1676	Puerto Herradura	9 38	84 39	+0600	-0015	-0015	0.89	+0.1	2.2	2.6	1.4	S
1677	Bahia Uvita	9 09	83 45	+0600	-0030	-0030	0.89	+0.1	2.2	2.6	1.4	S
	Golfo Dulce											
1678	Bahia del Rincon	8 42	83 29	+0600	-0010	-0010	0.89	+0.1	2.2	2.6	1.4	S
	Isla del Coco											
1679	Chatham Bay	5 33	87 03	+0600	-0035	-0035	0.71	+0.3	1.7	2.1	1.4	S
	巴拿马 Panama				主港：巴尔博亚 BALBOA No. 1686 p. 172							
1680	Puerto Armuelles	8 16	82 51	+0500	-0003	-0004	0.60	+0.0	2.3	3.0	1.5	S
1681	Isla Parida	8 08	82 19	+0500	-0005	-0005	0.63	+0.2	2.4	3.2	1.7	S
1682	Bahia Honda	7 46	81 31	+0500	-0005	-0005	0.64	+0.1	2.4	3.2	1.7	S
1683	Isla Coiba	7 24	81 39	+0500	-0005	-0005	0.68	+0.2	2.6	3.4	1.8	S
1684	Isla Cebaco	7 31	81 13	+0500	-0005	-0005	0.64	+0.1	2.4	3.2	1.7	S
1685	Cabo Maia	7 28	80 00	+0500	-0005	-0005	0.62	+0.2	2.4	3.1	1.7	S
1685a	Bahia de Chame	8 41	79 45	+0500	-0002	-0003	0.99	+0.0	3.8	4.9	2.5	S
1685b	Taboga	8 48	79 33	+0500	-0005	-0006	0.99	+0.0	3.8	4.9	2.5	S
	Canal Zone											
1685c	Naos Island	8 55	79 32	+0500	+0001	+0000	0.98	+0.0	3.8	4.8	2.4	S

巴拿马，哥伦比亚，厄瓜多尔

序号	地名	位置 纬度	位置 经度	标准时间 时 分	潮时差 高潮 时 分	潮时差 低潮 时 分	潮高 比值	潮高 改正数 (m)	潮差 平均 (m)	潮差 大潮 (m)	平均潮位 (m)	潮汐类型
	巴 拿 马 Panama	N	W									
		(°) (′)	(°) (′)		主港：巴尔博亚 BALBOA No. 1685 p. 172							
1686	BALBOA	8 57	79 34	+0500	（主 港）				3.8	5.0	2.6	S
1687	Rio Chepo	8 59	79 07	+0500	-0001	-0002	0.99	+0.0	3.8	4.9	2.5	S
	Isla del Rey											
1688	St. Elmo Bay	8 18	78 54	+0500	-0005	-0005	0.80	+0.3	3.0	4.0	2.2	S
1689	Punta Garachinè	8 05	78 25	+0500	-0005	-0005	0.80	+0.3	3.0	4.0	2.2	S
1690	Bahia Pinas	7 34	78 11	+0500	-0005	-0005	0.78	+0.3	3.0	3.9	2.1	S
	哥伦比亚 Colombia											
1691	Bahia Octavia	6 52	77 40	+0500	+0005	-0005	0.80	+0.1	3.1	4.0	2.0	S
1692	Puerto Utria	6 00	77 21	+0500	+0015	+0000	0.78	+0.1	3.0	3.9	2.0	S
1693	Puerto Cuevita (Cabita)	5 28	77 31	+0500	+0020	+0000	0.78	+0.1	3.0	3.9	2.0	S
1694	Punta Chirambira	4 17	77 30	+0500	+0020	+0000	0.76	+0.1	2.9	3.8	1.9	S
1695	Buenaventura	3 54	77 05	+0500	+0026	+0002	0.81	+0.0	3.1	3.9	2.0	S
1696	Rio Sanguianga	2 40	78 19	+0500	+0020	+0006	0.76	+0.2	2.9	3.8	2.0	S
1697	Puerto Tumaco	1 50	78 44	+0500	+0015	+0000	0.76	+0.1	2.9	3.8	1.9	S
	厄瓜多尔 Ecuador											
	Archipelago de Colon (*Islas Galapagps*)				主港：拉乌尼翁 LA UNION No. 1669 p. 169							
1698	Bahia Darwin	0 19	89 57	+0600	-0020	-0008	0.63	+0.0	1.5	1.8	0.9	S
		S	W									
1699	Caleta Aeolian	0 26	90 17	+0600	-0020	-0005	0.60	+0.0	1.5	1.8	0.9	S
1700	Bahia Post Office	1 15	90 27	+0600	-0015	-0007	0.48	+0.0	1.2	1.4	0.8	S
		N	W		主港：巴尔博亚 BALBOA No. 1686 p. 172							
1701	Rio Santiago	1 13	79 07	+0500	+0015	+0015	0.76	+0.1	2.9	3.8	1.9	S
1702	Bahia Atacames	0 53	79 52	+0500	+0025	+0025	0.76	+0.2	2.9	3.8	2.0	S
1703	Punta Pedernales	0 04	80 07	+0500	+0020	+0020	0.65	+0.2	2.5	3.3	1.7	S
		S	W									
1704	Cabo Pasado	0 22	80 30	+0500	+0005	+0005	0.64	+0.0	2.4	3.2	1.6	S
1705	Manta	0 57	80 44	+0500	-0011	-0013	0.51	+0.2	1.9	2.6	1.5	S
1706	Puerto Cayo	1 21	80 45	+0500	+0000	+0000	0.51	+0.0	1.9	2.6	1.2	S
1707	La Libertad	2 12	80 55	+0500	+0009	+0007	0.43	+0.0	1.6	2.2	1.1	S
	Golfo de Guayaquil											
1708	Posorja	2 43	80 14	+0500	+0155	*	0.51	-0.2	1.9	2.6	1.1	S

厄瓜多尔，秘鲁，智利

序号	地名	位置 纬度	位置 经度	标准时间 时 分	潮时差 高潮 时 分	潮时差 低潮 时 分	潮高 比值	潮高 改正数 (m)	潮差 平均 (m)	潮差 大潮 (m)	平均潮位 (m)	潮汐类型
	厄瓜多尔 Ecuador	S	W									
	Golfo de Guayaquil	(°) (′)	(°) (′)		主港：巴尔博亚 BALBOA No. 1686 p. 172							
1709	Isla Santa Clara	3 11	80 26	+0500	+0000	*	0.42	-0.2	1.6	2.1	0.9	S
1710	Guayaquil	2 12	79 52	+0500	+0337	+0419	0.76	+0.0	2.9	3.8	1.9	S
1711	Punta Mandinga	2 44	79 54	+0500	+0130	*	0.81	-0.4	3.1	4.0	1.6	S
	秘鲁 Peru											
1712	Caleta Zorritos	3 40	80 40	+0500	+0056	+0055	0.33	+0.1	1.2	1.6	1.0	S
					主港：绿华山 LUHUASHAN No. 219 p. 67							
1713	Lobitos	4 27	81 17	+0500	+0623	+0606	0.42	-0.2	1.1	1.4	0.9	S
1714	Bahia de Talara	4 35	81 17	+0500	+0623	+0606	0.46	-0.4	1.2	1.5	0.8	S
1715	Puerto de Paita	5 05	81 07	+0500	+0631	+0615	0.40	-0.3	1.1	1.4	0.8	S
1716	Puerto Bayovar	5 48	81 02	+0500	+0642	+0625	0.37	-0.2	1.0	1.2	0.7	S
					主港：瓦尔帕莱索 VALPARAISO No. 1766 p. 175							
1717	Puerto Eten	6 57	79 52	+0500	-0603	-0622	0.88	-0.2	1.0	1.0	0.6	D
1718	Puerto Chicama	7 42	79 27	+0500	-0546	-0607	0.82	-0.2	0.9	1.0	0.6	D
1719	Salaverry	8 13	78 59	+0500	-0533	-0554	0.84	-0.2	0.9	1.0	0.6	D
1720	Chimbote	9 00	78 35	+0500	-0520	-0546	0.72	+0.0	0.8	0.9	0.7	D
1721	Bahia Ferrol	9 08	78 36	+0500	-0507	-0520	0.81	-0.1	0.9	0.9	0.7	D
1722	Bahia Huarmey	10 05	78 09	+0500	-0507	-0533	0.70	-0.2	0.8	0.8	0.5	D
1723	Puerto Huacho	11 08	77 37	+0500	-0442	-0511	0.66	-0.2	0.7	0.8	0.4	D
1724	Callao	12 04	77 10	+0500	-0417	-0448	0.65	-0.1	0.7	0.8	0.5	D
1725	Pisco	13 43	76 14	+0500	-0340	-0414	0.62	-0.2	0.7	0.8	0.4	D
1726	San Juan	15 21	75 09	+0500	-0250	-0234	0.63	-0.2	0.7	0.8	0.4	D
1727	Matarani	17 00	72 07	+0500	-0216	-0208	0.73	-0.2	0.8	0.9	0.4	D
1728	Puerto de Ilo	17 38	71 21	+0500	-0217	-0207	0.74	-0.2	0.8	0.9	0.4	D
	智利 Chile											
1729	Arica	18 28	70 20	+0400	-0107	-0114	0.84	-0.1	0.9	1.0	0.7	D
1730	Caleta junin	19 39	70 11	+0400	-0110	-0110	1.00	-0.3	1.1	1.2	0.6	D
1731	Iquique	20 13	70 10	+0400	-0104	-0112	0.86	+0.0	1.0	1.0	0.8	D
1732	Antofagasta	23 39	70 25	+0400	-0048	-0046	0.89	+0.0	1.0	1.0	0.8	D
1733	Chanaral de las Animas	26 21	70 38	+0400	-0029	-0032	0.93	+0.2	1.0	1.1	1.0	D
1735	Puerto Caldera	27 04	70 52	+0400	-0032	-0031	0.91	+0.0	1.0	1.1	0.8	D
1737	Carrizal Bajo	28 04	71 11	+0400	-0052	-0057	0.76	-0.1	0.8	0.9	0.6	D

智　利

序号	地名	位置 纬度	经度	标准时间 时 分	潮时差 高潮 时 分	低潮 时 分	潮高 比值	改正数 (m)	潮差 平均 (m)	大潮 (m)	平均潮位 (m)	潮汐类型
	智　利 Chile	S	W									
		(°) (′)	(°) (′)		主港：瓦尔帕莱索 VALPARAISO No. 1766 p. 175							
1740	Puerto Huasco	28 28	71 13	+0400	-0030	-0031	0.90	-0.1	0.8	1.1	0.7	S
1742	Bahia de Totoralillo	29 29	71 20	+0400	-0050	-0050	1.22	-0.2	1.3	1.5	0.8	D
1744	Coquimbo	29 56	71 20	+0400	-0020	-0019	0.94	+0.1	1.0	1.1	0.9	D
1745	Bahia Tongoy	30 15	71 32	+0400	-0040	-0040	1.22	-0.2	1.3	1.5	0.8	D
1746	Caleta Oscuro	31 25	71 37	+0400	-0025	-0025	1.16	-0.2	1.3	1.4	0.7	D
1748	Los Vilos	31 54	71 32	+0400	-0020	-0020	1.16	+0.1	1.3	1.4	1.1	D
1750	Plchidangui	32 09	71 33	+0400	-0030	-0030	1.22	-0.3	1.3	1.5	0.7	D
1752	Puerto Papudo	32 30	71 28	+0400	-0025	-0025	1.22	-0.3	1.3	1.5	0.7	D
1755	Zapallar	32 32	71 29	+0400	-0025	-0025	1.22	-0.3	1.3	1.5	0.7	D
1760	Quintero	32 46	71 32	+0400	-0005	-0005	1.22	+0.1	1.3	1.5	1.3	D
1766	VALPARAISO	33 02	71 38	+0400	（主　港）				1.1	1.2	0.9	D
1767	Rada Quintay	33 11	71 42	+0400	-0005	-0005	1.24	-0.3	1.4	1.5	0.7	D
1768	Algarrobo	33 21	71 41	+0400	+0000	+0000	1.00	+0.0	1.1	1.2	0.9	D
1769	Puerto San Antonio	33 35	71 38	+0400	-0005	-0005	1.24	-0.2	1.4	1.5	0.8	D
1780	Rada Topocalma	34 07	72 00	+0400	+0005	+0005	1.22	-0.1	1.3	1.5	0.9	D
1781	Rada Pichilemu	34 23	71 59	+0400	+0010	+0010	1.24	-0.3	1.4	1.5	0.7	D
1782	Rada de Llico	34 45	72 07	+0400	+0015	+0015	1.22	-0.3	1.3	1.5	0.7	D
1783	Puerto Constitucion	35 19	72 24	+0400	+0025	+0025	1.22	-0.2	1.3	1.5	0.8	D
1784	Rada Curanipe	35 49	72 37	+0400	+0050	+0050	1.00	-0.2	1.1	1.2	0.6	D
1785	Rada Buchupureo	36 04	72 47	+0400	+0030	+0030	0.51	+0.0	0.6	0.6	0.3	D
1786	Bahia Coliumo	36 32	72 58	+0400	+0030	+0030	1.22	-0.3	1.3	1.5	0.7	D
	Bakia Concepcion											
1787	Talcahuano	36 41	73 06	+0400	+0024	+0024	1.08	-0.1	1.2	1.3	0.9	D
	Golfo de Arauco											
1788	Coronel	37 02	73 10	+0400	+0008	+0008	1.56	-0.6	1.7	1.9	0.8	D
1789	Bahia Lota, Bahia Arcuco	37 06	73 10	+0400	+0020	+0020	1.22	-0.3	1.3	1.5	0.7	D
1790	Isla Santa Maria	36 59	73 32	+0400	+0030	+0030	1.49	-0.3	1.6	1.8	0.9	D
1791	Puerto Yane	37 22	73 40	+0400	+0035	+0035	1.22	-0.3	1.3	1.5	0.7	D
1792	Puerto Lebu	37 37	73 40	+0400	+0035	+0034	1.00	-0.1	1.1	1.1	0.9	D
	Isla Mocha											
1793	Caleta de la Hacienda	38 20	73 56	+0400	+0025	+0025	1.27	-0.3	1.4	1.5	0.8	D
1794	Rio Imperial	38 48	73 23	+0400	+0030	+0030	1.22	-0.3	1.3	1.5	0.7	D
1795	Caleta Queule	39 23	73 14	+0400	+0045	+0045	1.28	-0.4	1.4	1.5	0.7	D

智　　利

序号	地　　名	位　　置		标准时间	潮时差		潮高		潮差		平均潮位	潮汐类型
		纬度	经度	时 分	高潮 时 分	低潮 时 分	比值	改正数 (m)	平均 (m)	大潮 (m)	(m)	
	智　利 Chile	S	W									
	Rio Valdivia	(°) (′)	(°) (′)		主港：瓦尔帕莱索 VALPARAISO No. 1766 p. 175							
1796	Puerto Corral	39 53	73 28	+0400	+0055	+0058	1.02	+0.2	1.1	1.2	1.1	D
1797	Valdivia	39 49	73 15	+0400	+0155	+0155	1.00	-0.2	1.1	1.2	0.6	D
1798	Caleto Mansa	40 34	73 44	+0400	+0108	+0112	1.04	+0.0	1.2	1.2	0.9	D
1799	Maullin	41 37	73 36	+0400	+0315	+0315	1.85	-0.4	1.9	2.4	1.2	S
1800	Carelmapu	41 45	73 42	+0400	+0312	+0310	2.16	+0.1	2.1	2.7	1.9	S
1801	Bahia de Ancud	41 52	73 50	+0400	+0200	+0159	1.44	+0.2	1.4	1.8	1.3	S
					主港：蒙特港 PUERTO MONTT No. 1803 p. 178							
1802	Roca Remolinos	41 48	73 31	+0400	+0025	+0025	0.90	-0.8	3.6	5.0	2.4	S
1803	PUERTO MONTT	41 29	72 58	+0400	（主　港）				4.0	5.5	3.6	S
	Gulfo de Ancud											
1804	Paso Tautil	41 44	73 04	+0400	+0005	+0005	0.98	-0.1	4.0	5.4	3.4	S
1805	Paso Lagartija	41 50	73 19	+0400	+0020	+0020	0.94	-0.8	3.8	5.0	2.5	S
1806	Bahia Linao	41 56	73 33	+0400	+0020	+0020	0.98	-0.9	4.0	5.2	2.6	S
1807	Quemchi	42 09	73 29	+0400	+0015	+0015	1.19	-0.7	4.8	6.0	3.5	S
	Gulfo de Corcouado											
1808	Castro	42 29	73 46	+0400	-0005	-0005	1.10	-1.1	4.5	5.6	2.8	S
1809	Queilen	42 54	73 29	+0400	+0030	+0030	0.98	-0.9	4.0	5.0	2.5	S
1810	Puerto Quellon	43 07	73 38	+0400	+0015	+0015	0.94	-0.8	3.8	4.8	2.5	S
					主港：合恩角 CAPE HORN No. 1834 p. 181							
1811	Puerto San Pedro	43 20	73 42	+0400	-0220	-0220	1.57	-0.6	2.2	2.7	1.4	S
1812	Bahia Tictoc	43 37	72 56	+0400	-0300	-0300	1.53	-0.5	2.1	2.6	1.5	S
1813	Puerto Melinka	43 54	73 45	+0400	-0320	-0320	1.47	-0.7	2.0	2.5	1.2	S
1814	Puerto Low	43 49	74 01	+0400	-0255	-0255	1.41	-0.6	2.0	2.4	1.2	S
	Isla Guafo											
1815	Punta Caleta	43 37	74 36	+0400	-0400	-0400	1.32	-0.5	1.6	2.3	1.2	S
	Isla Huamblin											
1816	East Anchorage	44 49	75 02	+0400	-0345	-0345	1.41	-0.6	2.0	2.3	1.2	S
1817	Puerto Americano	45 03	73 45	+0400	-0145	-0145	1.19	-0.4	1.6	2.0	1.1	S
1818	Puerto Lagunas	45 17	73 46	+0400	-0200	-0200	1.26	-0.5	1.7	2.2	1.1	S
	Darwin Channel											
1819	Puerto Italiano	45 22	74 08	+0400	-0250	-0250	1.15	-0.4	1.8	2.1	1.0	D
1820	Rada Vallenar	45 19	74 32	+0400	-0250	-0250	1.11	-0.5	1.8	2.0	0.9	D
1821	Puerto Yates	45 26	74 26	+0400	-0230	-0230	1.40	+0.0	2.2	2.5	1.7	D

智利，麦哲伦海峡

序号	地名	位置 纬度	置 经度	标准时间 时 分	潮时差 高潮 时 分	低潮 时 分	潮高 比值	改正数 (m)	潮差 平均 (m)	大潮 (m)	平均潮位 (m)	潮汐类型
	智 利 Chile	S	W									
		(°) (′)	(°) (′)		主港：合恩角 CAPE HORN No. 1834 p. 181							
1822	Puerto Refugio	45 52	74 47	+0400	-0220	-0220	1.01	-0.4	1.6	1.8	0.8	D
	Bahia San Andres											
1823	Caleta Pascuas	46 36	75 31	+0400	-0215	-0215	1.01	-0.6	1.6	1.8	0.7	D
	Golfo Tres Montes											
1824	Port Slight	46 49	75 33	+0400	-0331	-0331	0.65	+0.0	1.0	1.2	0.8	D
	Golfo de Penas											
1825	Puerto Barroso	46 49	75 17	+0400	-0350	-0350	1.20	-0.6	1.9	2.2	0.9	D
	Canal Fallos											
1826	Puerto Barbara	48 02	75 24	+0400	-0248	-0248	1.20	-0.6	1.9	2.2	0.9	D
	Isla Wellington											
1827	Angostura Inglesa	48 59	74 24	+0400	-0250	-0250	1.20	-0.6	1.9	2.2	0.9	D
	Isla Madre de Dio											
1828	Port Henry	50 00	75 20	+0400	-0305	-0305	1.05	-0.5	1.7	1.9	0.8	D
	Queen Adelaide Archipelago											
1829	Los Evangelistas	52 24	75 06	+0400	-0209	-0209	0.94	-0.1	1.5	1.7	1.0	D
1830	Islas Week	53 12	74 21	+0400	-0117	-0117	1.00	-0.5	1.6	1.8	0.7	D
1831	Rada Noir	54 29	73 00	+0400	-0053	-0053	1.01	-0.3	1.6	1.8	1.0	D
	Seno Ano Nuevo											
1832	Indian Bay	55 30	69 06	+0400	+0030	+0030	1.05	+0.0	1.7	1.9	1.4	D
1833	Islas Diego Ramirez	56 28	68 43	+0400	+0019	+0019	1.05	-0.2	1.7	1.9	1.1	D
1834	CAPE HORN	55 31	68 05	+0400	（主 港）				1.6	1.8	1.4	D
	Hermite Islands											
1835	St. Martin Cove	55 51	67 34	+0400	+0008	-0003	1.03	+0.1	1.6	1.9	1.5	D
	Bahia Nassau											
1836	Paso Goree	55 19	67 14	+0400	+0013	+0013	1.34	-0.3	2.1	2.4	1.4	D
	智利，麦哲伦海峡 Chile，Magellan Strait											
1837	Cabo Pillar	52 43	74 42	+0400	-0234	-0234	0.88	-0.5	1.4	1.6	0.6	D
1838	Bahia Tuesday	52 51	74 27	+0400	-0223	-0224	0.96	-0.1	1.5	1.7	1.1	D
	Canal Smyth											
1839	Punta Ancud	52 43	73 49	+0400	-0136	-0136	0.84	-0.1	1.3	1.5	0.9	D
1840	Islote Pollo	52 23	73 41	+0400	-0206	-0206	0.84	-0.1	1.3	1.5	0.9	D
1841	Puerto Tamar	52 56	73 46	+0400	-0130	-0130	0.98	-0.1	1.6	1.8	1.1	D

智利，麦哲伦海峡，阿根廷，南极

序号	地名	位置 纬度	位置 经度	标准时间	潮时差 高潮	潮时差 低潮	潮高 比值	潮高 改正数	潮差 平均	潮差 大潮	平均潮位	潮汐类型
				时 分	时 分	时 分		(m)	(m)	(m)	(m)	
	智利，麦哲伦海峡 Chile, Magellan Strait	S	W									
		(°) (′)	(°) (′)		主港：合恩角 CAPE HORN No. 1834 p. 181							
1842	Caleta Sylvia	52 58	73 33	+0400	-0211	-0212	0.92	-0.5	1.5	1.7	0.7	D
1843	Puerto Angosto	53 14	73 22	+0400	-0230	-0230	0.88	-0.5	1.4	1.6	0.6	D
1844	Caleta Playa Parda	53 19	73 01	+0400	-0205	-0205	0.86	-0.5	1.4	1.5	0.6	D
1845	Bahia Swallow	53 30	72 47	+0400	-0155	-0155	1.05	-0.6	1.7	1.9	0.7	D
1846	Bahia Borja	53 32	72 30	+0400	-0200	-0200	1.05	-0.6	1.7	1.9	0.7	D
					主港：菲利浦港 PORT PHILLIP No. 2939 p. 307							
1847	Caleta Percy	52 53	70 15	+0400	+0001	+0044	1.31	+0.1	1.5	1.6	1.4	D
1848	Puntas Arenas	53 09	70 54	+0400	+0049	+0053	1.39	+0.0	1.6	1.8	1.2	D
					主港：蒙特港 PUERTO MONTT No. 1803 p. 178							
1849	Cabo San Simon	52 45	70 18	+0400	-0311	-0303	1.21	-0.4	4.9	6.2	3.9	S
1850	Bahia Felipe	52 47	69 57	+0400	-0348	-0344	0.90	-0.3	3.7	4.6	2.9	S
1851	Bahia Santiago	52 31	69 52	+0400	-0349	-0345	1.06	-0.5	4.3	5.4	3.2	S
					主港：仁川 INCHON No. 547 p. 97							
1852	Primera Angostura	52 34	69 42	+0400	+0430	+0507	0.84	-0.1	5.2	6.9	3.7	S
1853	Punta Delgada	52 28	69 32	+0400	+0416	+0447	0.86	+1.0	5.3	6.5	5.0	S
					主港：蒙特港 PUERTO MONTT No. 1803 p. 178							
1854	Banco Direcion	52 24	69 26	+0400	-0421	-0421	2.12	-1.1	8.5	10.4	6.4	S
1855	Bahia Posesion	52 16	69 10	+0400	-0431	-0433	2.08	-1.3	8.4	10.2	5.8	S
1856	Punta Catalina	52 32	68 46	+0400	-0458	-0458	1.72	-1.0	7.0	8.7	5.1	S
1857	Dungeness	52 24	69 26	+0400	-0505	-0505	1.80	-1.3	7.3	9.1	5.1	S
	阿根廷 Argentina											
	Beagle Channel				主港：合恩角 CAPE HORN No. 1834 p. 181							
1858	Bahia Ushuaia	54 49	68 13	+0400	+0008	+0002	0.94	-0.1	1.5	1.7	1.1	D
1859	Bahia Aguirre	54 55	65 58	+0400	+0028	+0028	0.90	0.0	1.4	1.6	1.1	D
1860	Bahia Buen Suceso	54 49	65 13	+0400	+0055	+0054	1.11	0.0	1.7	2.0	1.5	D
	南极 Antarctica											
	South Georgia				主港：克佩尔港 KEPPEL HARBOUR No. 1998 p. 199							
1862	Moltke Harbour	54 31	36 01	+0200	-0324	-0322	0.30	-0.1	0.5	0.7	0.4	S
1863	King Edward	54 17	36 30	+0200	-0346	-0344	0.31	+0.1	0.5	0.7	0.6	S
1864	Leith Harbour	54 08	36 41	+0200	-0409	-0407	0.34	+0.2	0.6	0.8	0.8	S

南　极

序号	地名	位置 纬度 (°) (′)	位置 经度 (°) (′)	标准时间 时 分	潮时差 高潮 时 分	潮时差 低潮 时 分	潮高 比值	潮高 改正数 (m)	潮差 平均 (m)	潮差 大潮 (m)	平均潮位 (m)	潮汐类型
	南　极 Antarctica	S	W									
	South Georgia	(°) (′)	(°) (′)		主港：克佩尔港 KEPPEL HARBOUR No. 1998 p. 199							
1865	Elsehul	54 01	37 57	+0200	-0357	-0354	0.34	+0.1	0.6	0.8	0.6	S
	South Orkney Island											
1867	Scotia Bay	60 44	44 39	+0300	-0512	-0509	0.61	+0.1	1.0	1.5	1.1	S
					主港：横滨 YOKOHAMA No. 826 p. 127							
1868	Signy	60 43	45 36	+0300	-1106	-1110	0.89	+0.2	1.2	1.2	1.3	D
1870	Elephant Island	61 14	55 08	+0300	-1056	-1050	0.93	+0.2	1.3	1.4	1.3	D
1871	Clarence Island	61 19	54 06	+0300	-0937	-0945	1.19	+0.0	1.6	1.7	1.4	D
1872	Hope Bay	63 24	56 59	+0300	-1054	-1109	1.43	-0.1	2.0	2.2	1.5	D
					主港：瓦尔帕莱索 VALPARAISO No. 1766 p. 175							
1875	Shackleton Base	77 59	37 10	+0200	+0520	+0522	1.57	+0.3	1.5	2.2	1.7	S
	South Shetlands											
1877	Gibbs Island	61 29	55 30	+0300	-1039	-1032	0.97	+0.2	1.4	1.4	1.3	D
1878	Potter Cove	62 14	58 40	+0300	-1031	-1043	1.05	+0.2	1.4	1.5	1.4	D
					主港：釜石 KAMAISI No. 853 p. 130							
1879	Admiralty Bay	62 03	58 24	+0300	-0752	-0805	1.32	+0.0	1.3	1.3	1.1	D
1880	Harmony Cove	62 19	59 12	+0300	-0808	-0813	1.36	+0.0	1.5	1.7	1.2	D
1881	Discovery Bay	62 29	59 38	+0300	-0848	-0857	1.49	+0.2	1.5	1.6	1.5	D
	Deception Island											
1882	Port Foste	62 58	60 34	+0300	-0815	-0828	1.37	+0.0	1.3	1.5	1.2	D
	Gerlache Strait											
1883	Covadonga Harbour	63 19	57 55	+0300	-0855	-0900	1.35	+0.2	1.3	1.5	1.4	D
1884	Nansen Island	64 33	62 01	+0300	-0853	-0840	1.44	+0.1	1.5	1.7	1.3	D
1885	Andvord	64 47	62 43	+0300	-0854	-0829	1.15	+0.1	1.2	1.4	1.1	D
	Wiencke				主港：松轮岛 MATSUWA TO No. 1149 p. 136							
1886	Port Lockroy	64 50	63 31	+0300	-0926	-0954	1.18	+0.2	1.1	1.3	1.1	D
	Booth Island											
1888	Port Charcot	65 04	64 02	+0300	-0925	-0945	1.24	+0.0	1.1	1.3	1.0	D
	Peterman Island											
1890	Port Circumcision	65 10	64 09	+0300	-0919	-0931	1.15	+0.1	1.1	1.3	1.0	D
	Argentine Island											
1892	Stella Creek	65 15	64 16	+0300	-0914	-0932	1.40	+0.1	1.3	1.6	1.2	D

南极，苏门答腊：东岸和东北岸

序号	地名	位置 纬度	位置 经度	标准时间	潮时差 高潮	潮时差 低潮	潮高 比值	潮高 改正数	潮差 平均	潮差 大潮	平均潮位	潮汐类型
		(°) (′)	(°) (′)	时 分	时 分	时 分		(m)	(m)	(m)	(m)	
	南 极 Antarctica	S	W									
					主港：松轮岛 MATSUWA TO No. 1149 p. 136							
1894	Prospect Point	66 00	65 21	+0300	-0941	-0940	1.12	+0.0	1.0	1.3	0.9	D
	Lent Islands											
1896	Detaille Island	66 53	66 48	+0300	-0943	-0940	1.05	+0.1	1.0	1.2	0.9	D
	Adelaide Island											
1897	Rothera Point	67 34	68 08	+0300	-0957	-0955	1.00	+0.1	1.0	1.1	0.9	D
	Marguerite Bay											
1898	Stonington	68 11	67 00	+0300	-0934	-0848	0.87	+0.2	1.0	1.1	0.9	D
	Ross Island	S	E		主港：哑门 CUA CAM No. 2137 p. 220							
1900	Scott Base	77 52	166 48	-1000	-0448	-0510	0.31	+0.1	0.6	0.9	0.6	D
	Commonwealth Bay				主港：和乐 JOLO No. 2283 p. 232							
1904	Cape Denison	67 00	142 40	-1000	+0251	+0316	1.33	+0.6	1.1	1.4	1.0	D
	Adelie Land											
1906	Port Martin	66 49	141 23	-1000	+0358	+0416	1.31	+0.5	1.1	1.3	0.9	D
					主港：宿务 CEBU No. 2188 p. 223							
1908	Wilkes Station	66 15	110 31	-0700	+0153	+0159	0.73	+0.1	1.1	1.2	0.6	D
					主港：德雷杰港 DREGER HARBOUR No. 2665 p. 271							
1912	Mawson	67 36	62 53	-0500	+1045	+1106	1.09	-0.7	0.7	1.0	0.6	D
	Dronning Maudland				主港：釜石 KAMAISI No. 853 p. 130							
1918	Breidbay	70 20	24 36	-0200	-0951	-0955	1.06	+0.2	1.0	1.0	1.1	D
	苏门答腊东岸 Sumatera，East Coast				主港：基隆 JILONG No. 121 p. 40							
1921	Sungei Tulang Bawang	4 25	105 51	-0700	-0650	-0655	1.39	+0.1	0.9	1.2	0.9	D
	Air Musi				主港：穆西河 AIR MUSI No. 1922 p. 184							
1922	OUTER BAR	2 14	104 56	-0700	（主 港）				2.2	3.1	1.9	D
1923	Sungsang	2 22	104 54	-0700	+0037	+0055	1.03	+0.0	2.3	3.1	1.9	D
1924	Peradjin	2 56	104 53	-0700	+0335	+0359	0.86	-0.1	1.9	2.6	1.6	D
1925	Palembang	2 59	104 46	-0700	+0402	+0431	0.80	-0.2	1.8	2.4	1.4	D
1926	Tjebia	1 12	105 15	-0700	-0031	-0147	0.76	+0.0	1.7	2.5	1.5	D
	苏门答腊东北岸 Sumatera，North-east Coast				主港：头顿角 MUI VUNG TAU No. 2102 p. 214							
1927	Kuala Niur	1 00	103 47	-0700	-1057	-1048	1.02	-0.5	2.5	3.0	2.0	D
	Indragiri River											
1928	Kuala Ladjau	0 23	103 35	-0700	-1134	-1122	1.13	-0.2	2.8	3.3	2.5	D
1929	Tembilahan	0 20	103 09	-0700	-0832	-0842	1.35	-0.2	3.3	3.7	3.0	D

苏门答腊东北岸

序号	地名	位置 纬度	位置 经度	标准时间 时 分	潮时差 高潮 时 分	潮时差 低潮 时 分	潮高 比值	潮高 改正数 (m)	潮差 平均 (m)	潮差 大潮 (m)	平均潮位 (m)	潮汐类型
	苏门答腊东北岸 Sumatera, North-east Coast	N	E									
	Sungei Kateman	(°) (′)	(°) (′)		主港：黄埔 HUANGPO No. 74 p. 22							
1930	Guntung	0 18	103 36	-0700	+1131	+1116	0.97	+0.1	2.2	2.4	1.6	D
	Mendol				主港：克佩尔港 KEPPEL HARBOUR No. 1998 p. 199							
1932	Bandong	0 32	103 18	-0700	-0010	-0008	1.27	+0.0	2.2	3.2	2.1	S
	Gelam Strait											
1933	Tanjong Balai	0 59	103 26	-0700	-0052	-0050	0.98	+0.1	1.7	2.4	1.7	S
1934	Pulau Kenipaan	0 55	103 20	-0700	-0036	-0033	1.11	-0.2	2.0	2.6	1.6	S
1935	Brothers Light	1 11	103 21	-0700	-0112	-0038	1.08	-0.1	1.9	2.7	1.7	S
					主港：瓜拉巴株巴辖 KUALA BATU PAHAT No. 1988 p. 196							
1936	Tanjong Medang Dalam	0 51	103 09	-0700	+0039	+0017	1.13	+0.4	2.2	2.3	2.1	D
	Kampar River											
1937	Pulau Muda	0 17	102 53	-0700	+0304	+0234	1.44	-0.1	2.7	3.7	2.1	S
	Straat Ajer Hitam											
1938	Tebing Tingi	1 01	102 43	-0700	+0009	-0023	1.30	-0.1	2.6	2.7	1.9	D
1939	Bengkalis	1 28	102 06	-0700	-0225	-0253	0.97	+0.2	1.6	2.3	1.7	S
1940	Pakning	1 21	102 10	-0700	-0156	-0147	1.00	+0.3	1.7	2.4	1.8	S
1941	Siak River Mouth	1 15	102 10	-0700	-0113	-0140	0.89	+0.4	1.5	2.2	1.8	S
					主港：波德申 PORT DICKSON No. 1980 p. 193							
1942	Tanjong Lebang	1 41	101 44	-0700	-0013	-0023	1.12	+0.0	2.0	2.8	1.7	S
1943	Tanjong Medang	2 08	101 39	-0700	-0050	-0059	1.13	+0.0	2.0	2.8	1.7	S
1944	Tanjong Ketam	2 00	101 19	-0700	-0108	-0118	1.47	-0.1	2.6	3.6	2.1	S
	Sungei Rokan				主港：巴生港 PORT KELANG No. 1976 p. 190							
1945	Bagan Si Api Api	2 10	100 48	-0700	-0120	-0058	1.28	-0.9	3.7	5.3	2.7	S
	Sungei Panai											
1946	Berombang	2 37	100 07	-0700	-0126	-0137	0.87	-0.3	2.6	3.4	2.2	S
1947	Labuan Bilik	2 31	100 10	-0700	-0103	-0114	0.91	-0.4	2.7	3.7	2.2	S
	Sungei Asahan											
1948	Bagan	3 00	99 54	-0700	-0218	-0229	0.79	-0.1	2.3	3.2	2.1	S
1949	Tanjong Tiram	3 15	99 35	-0700	-0245	-0256	0.52	-0.2	1.5	2.1	1.3	S
					主港：槟城 PINANG No. 1965 p. 187							
1950	Belawan and Deli River Bar	3 50	98 43	-0700	+0023	+0007	1.05	-0.1	1.3	1.9	1.5	S
	Aru Bay											
1951	Sembilan Channel	4 08	98 15	-0700	-0016	-0031	1.10	-0.2	1.4	2.0	1.5	S
1952	Langsa Bay	4 33	98 02	-0700	-0128	-0143	0.93	+0.1	1.2	1.8	1.5	S
1953	Idi	4 58	97 47	-0700	-0211	-0227	0.77	-0.2	1.0	1.5	1.0	S
1954	Lho Somawe	5 11	97 09	-0700	-0313	-0329	0.76	-0.2	1.0	1.5	1.0	S
1955	Sigli	5 23	95 57	-0700	-0318	-0333	0.58	+0.1	0.8	1.2	1.0	S

苏门答腊东北岸，西马来西亚西岸

序号	地名	位置		标准时间	潮时差		潮高		潮差		平均潮位	潮汐类型
		纬度	经度	时 分	高潮 时 分	低潮 时 分	比值	改正数 (m)	平均 (m)	大潮 (m)	(m)	
	苏门答腊东北岸 Sumatera, North-east Coast	N	E									
	Pulau We	(°) (′)	(°) (′)		主港：槟城 PINANG No. 1965 p. 187							
1956	Sabang	5 54	95 20	-0700	-0339	-0353	0.73	-0.3	1.0	1.4	0.8	S
1957	Ulee Lhoe	5 33	95 19	-0700	-0251	-0306	0.66	+0.0	0.9	1.2	1.0	S
	西马来西亚西岸 West Malaysia, West Coast											
1958	Pulau Butang	6 32	99 11	-0800	-0121	-0136	1.15	-0.1	1.6	2.2	1.7	S
	Langkawi											
1959	Pelabohan Bass (Bass Harbour)	6 18	99 47	-0800	-0039	-0055	1.20	-0.1	1.6	2.3	1.8	S
1960	Pulau Bras Besah	6 13	99 43	-0800	-0048	-0103	1.13	+0.0	1.5	2.1	1.7	S
1961	Telok Datai	6 26	99 40	-0800	-0102	-0117	1.21	-0.2	1.6	2.3	1.7	S
1962	Kedah River	6 07	100 18	-0800	-0022	-0038	1.22	-0.3	1.6	2.2	1.6	S
1963	Pulau Bidan	5 45	100 17	-0800	-0022	-0038	1.14	-0.2	1.5	2.1	1.6	S
	Merbau Riuer											
1964	Tanjong Dawai	5 40	100 21	-0800	-0010	-0026	1.18	-0.2	1.5	2.2	1.6	S
	Pulau Pinang											
1965	PINANG (Georgetown)	5 25	100 21	-0800	（主 港）				1.3	1.8	1.6	S
1966	Pulau Rimau	5 15	100 17	-0800	+0037	+0020	0.93	-0.1	1.2	1.7	1.4	S
					主港：巴生港 PORT KELANG No. 1976 p. 190							
1967	Port Weld	4 50	100 37	-0800	-0329	-0340	0.45	-0.1	1.3	1.8	1.2	S
	Dinding Channel											
1968	Lumut Pier	4 14	100 37	-0800	-0150	-0200	0.56	+0.0	1.6	2.2	1.6	S
1969	Pulan Katak	4 09	100 37	-0800	-0133	-0144	0.57	+0.0	1.7	2.2	1.6	S
1970	Pulau Jarak	3 59	100 06	-0800	-0235	-0246	0.44	-0.2	1.3	1.8	1.1	S
	Perak River											
1971	Bagan Datoh	4 00	100 45	-0800	-0135	-0123	0.59	+0.0	1.7	2.4	1.7	S
1972	Telok Anson	4 01	101 01	-0800	+0015	+0030	0.82	+0.1	2.4	3.3	*	S
1973	Kuala Bernam	3 48	100 48	-0800	-0106	-0117	0.71	+0.2	2.1	2.9	2.2	S
1974	Selangor	3 21	101 15	-0800	-0029	-0020	0.96	-0.1	2.8	3.9	2.6	S
	Selat Kelang											
1975	Pulau Angsa	3 11	101 13	-0800	-0029	-0040	0.95	+0.2	2.8	4.0	2.9	S
1976	PORT KELANG	3 02	101 21	-0800	（主 港）				2.9	4.1	2.9	S
1977	Pintu Gedong	2 54	101 15	-0800	+0008	+0008	0.90	+0.1	2.6	3.7	2.6	S
1978	One Fathom Bank	2 53	101 00	-0800	-0021	-0032	0.92	-0.2	2.7	3.8	2.4	S
	Aruah Islands											
1979	Pulau Jemur	2 53	100 34	-0800	-0052	-0055	0.95	-0.3	2.8	3.8	2.4	S

西马来西亚西岸，新加坡，西马来西亚南岸

序号	地名	位置 纬度 (°) (′)	位置 经度 (°) (′)	标准时间 时 分	潮时差 高潮 时 分	潮时差 低潮 时 分	潮高 比值	潮高 改正数 (m)	潮差 平均 (m)	潮差 大潮 (m)	平均潮位 (m)	潮汐类型
	西马来西亚西岸 West Malaysia, West Coast	N	E									
					主港：瓜拉巴株巴辖 KUALA BATU PAHAT No. 1988 p. 196							
1980	PORT DICKSON	2 31	101 47	-0800	（主	港）			1.8	2.5	1.5	S
1981	Cape Rachado	2 25	101 51	-0800	-0257	-0325	0.93	+0.1	1.6	2.2	1.5	S
1982	Tanjong Keling	2 13	102 10	-0800	-0145	-0212	0.75	+0.3	1.3	1.8	1.5	S
1983	Melaka	2 11	102 15	-0800	-0139	-0147	0.76	+0.1	1.3	1.8	1.2	S
1984	Pulau Undan	2 03	102 20	-0800	-0123	-0122	0.84	+0.0	1.4	2.0	1.3	S
1985	Muar	2 03	102 36	-0800	-0057	-0047	0.82	+0.0	1.4	1.9	1.2	S
1986	Parit Jawa	1 56	102 38	-0800	-0019	-0048	0.82	+0.2	1.4	2.0	1.5	S
1987	Tanjong Tohor	1 51	102 43	-0800	-0009	-0037	0.90	+0.2	1.5	2.1	1.6	S
1988	KUALA BATU PAHAT	1 46	102 53	-0800	（主	港）			1.7	2.3	1.5	S
1989	Tanjong Laboh	1 44	102 59	-0800	+0046	+0017	1.02	+0.2	1.7	2.4	1.8	S
1990	Pulau Pisang	1 28	103 15	-0800	+0046	+0053	1.14	+0.0	1.9	2.7	1.7	S
					主港：克佩尔港 KEPPEL HARBOUR No. 1998 p. 199							
1991	Tanjong Piai	1 16	103 31	-0800	+0005	+0008	1.08	+0.2	1.9	2.6	2.0	S
	Johore Strait（西）											
1992	Tanjong Bunga	1 23	103 39	-0800	+0010	+0015	1.11	+0.1	2.4	2.5	1.9	D
1993	Putri Narrows	1 26	103 41	-0800	+0019	+0030	1.18	+0.2	2.6	2.7	2.1	D
1994	Johore Bahru（Causeway 西侧）	1 27	103 46	-0800	+0032	+0050	1.28	+0.0	2.8	2.9	2.2	D
	新加坡 Republic of Singapore											
1995	Sultan Shoal	1 14	103 39	-0800	+0004	+0031	1.03	+0.0	1.8	2.5	1.7	S
1996	Pulau Bukom	1 14	103 46	-0800	+0005	+0015	1.01	+0.1	1.7	2.4	1.7	S
1997	Raffles Lighthouse	1 10	103 45	-0800	+0002	+0025	0.91	+0.2	1.6	2.2	1.7	S
1998	KEPPEL HARBOUR	1 16	103 49	-0800	（主	港）			2.2	2.3	1.6	D
1999	Jurong Wharf	1 18	103 43	-0800	+0001	+0019	1.03	-0.1	1.8	2.5	1.6	S
	Johore Strait（东）											
2000	Sungei Changi	1 24	103 59	-0800	-0007	-0009	1.04	-0.2	2.2	2.4	1.5	D
2001	Tanjong Punggol	1 25	103 55	-0800	-0001	-0011	1.13	-0.1	2.4	2.6	1.8	D
2002	Sembawang Shipyard	1 28	103 50	-0800	+0008	-0019	1.06	+0.2	2.3	2.4	2.0	D
	西马来西亚南岸 West Malaysia, South Coast											
	Sungei Johore											
2003	Telok Sengat	1 34	104 02	-0800	+0018	+0001	1.27	-0.2	2.8	2.9	1.9	D
2004	Tanjong Surat	1 28	104 02	-0800	+0011	-0001	1.13	-0.1	2.4	2.6	1.8	D

西马来西亚南岸，廖内群岛，林加群岛

序号	地名	位置 纬度	置 经度	标准时间 时 分	潮时差 高潮 时 分	潮时差 低潮 时 分	潮高 比值	潮高 改正数 (m)	潮差 平均 (m)	潮差 大潮 (m)	平均潮位 (m)	潮汐类型
	西马来西亚南岸 West Malaysia, South Coast	N	E									
	Sungei Lebam	(°) (′)	(°) (′)		主港：克佩尔港 KEPPEL HARBOUR No. 1998 p. 199							
2005	Tanjong Serindet	1 31	104 06	-0800	+0017	+0001	1.24	-0.2	2.7	2.8	1.9	D
2006	Tanjong Pengelih	1 22	104 05	-0800	-0002	-0010	0.98	+0.2	2.1	2.3	1.8	D
					主港：霍斯伯格灯塔 HORSBURGH LT No. 2009 p. 202							
2007	Tanjong Ayam	1 20	104 12	-0800	+0018	+0022	1.13	-0.1	1.7	1.8	1.7	D
2008	Ramunia Jetty	1 22	104 15	-0800	+0042	+0039	1.09	-0.3	1.8	2.0	1.3	D
2009	HORSBURGH LIGHTHOUSE	1 20	104 24	-0800	（主 港）				1.7	1.9	1.6	D
	廖内群岛 Riau Kepulauan											
	Pulau Bintang				主港：克佩尔港 KEPPEL HARBOUR No. 1998 p. 199							
2010	Tanjong Uban	1 04	104 13	-0700	-0128	-0115	0.86	+0.1	1.9	2.1	1.5	D
2011	Tanjong Pinang	0 55	104 26	-0700	-0042	+0001	0.64	+0.2	1.4	1.6	1.2	D
	Kidjang Strait				主港：韦帕 WEIPA No. 3116 p. 337							
2012	Dendang	0 51	104 37	-0700	-0656	-0737	0.90	-0.2	1.3	1.7	1.3	D
2013	Entrance（北）	0 54	104 40	-0700	-0731	-0830	0.92	-0.2	1.3	1.6	1.3	D
					主港：克佩尔港 KEPPEL HARBOUR No. 1998 p. 199							
2014	Batu Ampal	1 10	104 00	-0700	-0058	-0059	0.97	+0.1	2.0	2.2	1.7	D
2015	Pulau Sambo	1 10	103 54	-0700	-0048	-0050	0.99	+0.1	2.1	2.2	1.7	D
2016	Sekupang	1 08	103 56	-0700	-0051	-0048	0.94	+0.0	2.1	2.2	1.5	D
	Bulan Strait				主港：韦帕 WEIPA No. 3116 p. 337							
2017	Bojan	1 01	103 55	-0700	-0613	-0703	0.87	-0.3	1.3	1.6	1.1	D
	林加群岛 Lingga Kepulauan											
	Lingga				主港：海口 HAIKOU No. 28 p. 7							
2018	Tanjong Boetoen	0 16	104 38	-0700	+0301	+0408	1.04	-0.2	1.5	2.2	1.5	D
	Singkep				主港：穆西河 AIR MUSI No. 1922 p. 184							
2019	Dabo	0 30	104 34	-0700	-0138	-0236	0.67	+0.1	1.5	2.2	1.6	D
	Straat Berhala				主港：头顿角 MUI VUNG TOU No. 2102 p. 214							
2020	Pulau Beralas	0 30	104 02	-0700	-1204	-1139	0.93	-0.3	2.3	2.8	2.0	D
					主港：宇岛 HON NIEU No. 2133 p. 217							
2021	Pulau Berhala	0 52	104 24	-0700	+0214	+0238	1.21	-0.4	2.1	2.8	2.0	D

邦加岛，勿里洞岛，西马来西亚东岸

序号	地名	位置 纬度	置 经度	标准时间 时 分	潮时差 高潮 时 分	潮时差 低潮 时 分	潮高 比值	潮高 改正数 (m)	潮差 平均 (m)	潮差 大潮 (m)	平均潮位 (m)	潮汐类型
	邦加岛 Pulau Banka	N	E									
		(°) (′)	(°) (′)		主港：穆西河 AIR MUSI No. 1922 p. 184							
2022	Baai Klabat	1 42	105 42	-0700	+0058	-0019	0.79	+0.0	1.8	2.6	1.5	D
2023	Bulu Bay	1 45	105 24	-0700	-0016	-0040	0.93	-0.1	2.1	3.0	1.7	D
2024	Tanjong Kelian	2 05	105 07	-0700	-0007	-0013	1.04	-0.1	2.3	3.2	1.9	D
2025	Pulau Nangka	2 23	105 46	-0700	-0017	+0022	1.13	-0.4	2.5	3.3	1.8	D
2026	Pulau Besar	2 53	106 08	-0700	-0027	-0011	0.84	-0.2	1.9	2.5	1.5	D
2027	Dapoer Island	3 08	106 31	-0700	-0119	-0120	0.66	-0.2	1.5	1.9	1.2	D
2028	Pangkal Balam	2 05	106 10	-0700	+0012	-0259	0.59	+0.0	1.3	2.0	1.2	D
	Gaspar Strait				主港：卡朗查芒 KARANG DJAMUANG No. 2504p. 262							
2029	Akbar Shoal	2 39	107 15	-0700	+1328	+1328	0.92	+0.4	1.3	2.1	1.3	D
2030	Pulau Tjelaka (Chelaka)	2 52	107 01	-0700	+1232	+1232	0.92	+0.2	1.5	2.1	1.3	D
2031	Pulau Simedang (浅滩)	3 19	107 13	-0700	+1256	+1256	0.83	+0.3	1.2	1.6	1.3	D
	勿里洞岛 Belitung Pulau											
2032	Pulau Selio	3 12	107 33	-0700	+1244	+1244	0.83	+0.3	1.2	1.7	1.0	D
2033	Pulau Ru	3 00	107 30	-0700	+1300	+1300	0.92	+0.4	1.3	1.8	1.3	D
2034	Tanjong Pandan	2 45	107 38	-0700	+1124	+1124	1.25	+0.2	1.6	2.3	1.5	D
2035	Pulau Langkuas	2 32	107 37	-0700	+1216	+1216	0.92	+0.5	1.4	2.1	1.3	D
2036	Tanjong Satai	2 34	107 56	-0700	+1240	+1240	0.92	-0.2	1.6	2.1	0.8	D
2037	Telok Pering	2 40	108 09	-0700	+1116	+1116	0.83	+0.0	1.2	1.8	0.8	D
2038	Sungai Manggar	2 50	108 18	-0700	+1236	+1236	0.67	+0.2	1.0	1.4	0.8	D
2039	Gantung	2 58	108 10	-0700	+1328	+1328	0.67	+0.2	0.9	1.3	0.8	D
2040	Selanduk Island (附近)	3 04	108 16	-0700	+1224	+1224	0.67	+0.2	0.9	1.3	0.8	D
2041	Tanjong Batu Itam	3 14	108 05	-0700	+1200	+1200	0.58	+0.2	0.9	1.3	0.8	D
	西马来西亚东岸 West Malaysia, East Coast				主港：霍斯伯格灯塔 HORSBURGH LI No. 2009 p. 202							
2042	Tanjong Penawar	1 30	104 17	-0800	-0030	-0030	0.94	+0.1	1.7	1.9	1.6	D
2043	Sedili Kechil	1 51	104 09	-0800	-0035	-0047	1.06	-0.1	1.8	2.0	1.5	D
					主港：宜兰角 TANJUNG GELANG No. 2050 p. 205							
2044	Pulau Babi Besar	2 26	103 59	-0800	+0033	+0041	1.00	-0.5	2.0	2.3	1.6	D
	Pulau Tioman											
2045	Telok Tekek	2 48	104 08	-0800	+0026	+0034	1.13	-0.7	2.1	2.4	1.6	D
2046	Kuala Rompin	2 49	103 28	-0800	+0033	+0043	0.96	-0.5	1.9	2.3	1.5	D
2047	Pulau Varella	3 15	103 40	-0800	+0011	+0019	1.19	-0.7	2.2	2.5	1.7	D
2048	Pahang	3 32	103 28	-0800	+0023	+0040	1.06	-0.7	1.9	2.3	1.5	D

西马来西亚东岸，泰国

序号	地名	位置		标准时间	潮时差		潮高		潮差		平均潮位	潮汐类型
		纬度	经度	时 分	高潮 时 分	低潮 时 分	比值	改正数 (m)	平均 (m)	大潮 (m)	(m)	
	西马来西亚东岸 West Malaysia, East Coast	N	E									
		(°) (′)	(°) (′)		主港：宜兰角 TANJUNG GELANG No. 2050 p. 205							
2049	Kuantan	3 50	103 20	-0800	+0016	+0019	1.18	-0.8	2.1	2.5	1.6	D
2050	TANJUNG GELANG	3 58	103 26	-0800	（主港）				2.0	2.4	1.9	D
2051	Sungei Kemaman	4 13	103 26	-0800	+0013	+0002	0.99	-1.1	2.0	2.4	1.0	D
					主港：丁加奴 TRENGGANU No. 2053 p. 208							
2052	Kuala Dungun	4 47	103 26	-0800	+0004	+0019	1.24	+0.0	1.8	2.3	1.3	D
2053	TRENGGANU	5 21	103 08	-0800	（主港）				1.5	1.8	1.0	D
2054	Setiu	5 40	102 46	-0800	-0021	-0010	0.83	+0.4	1.2	1.5	1.2	D
2055	Sungei Besut	5 50	102 37	-0800	-0012	-0006	0.86	+0.5	1.3	1.6	1.3	D
2056	Tumpat	6 12	102 10	-0800	+0019	+0033	0.59	+0.5	0.9	1.1	1.1	D
	泰国 Thailand											
2059	Bang Nara	6 28	101 49	-0700	-0042	+0004	0.37	+0.2	0.5	0.6	0.6	D
					主港：广州 GUANGZHOU No. 76 p. 25							
2060	Laem Ta Chi	6 56	101 17	-0700	-0440	-0526	0.37	+0.3	0.6	0.7	0.8	D
					主港：塘沽 TANGGU No. 301 p. 85							
2061	Songkhla Roads	7 13	100 36	-0700	+0708	+0644	0.19	+0.0	0.5	0.6	0.5	D
					主港：丁加奴 TRENGGANU No. 2053 p. 208							
2062	Hua Hin	12 34	99 58	-0700	+0923	+0929	1.05	+0.3	1.5	2.0	1.5	D
					主港：北海 BEIHAI No. 8 p. 1							
2063	Koh Prap	9 13	99 25	-0700	+0537	+0526	0.43	+0.8	1.2	1.6	1.8	D
2064	H. Lluang Suan (Langsuan Roads)	9 57	99 10	-0700	+0450	+0500	0.32	+0.2	0.9	1.3	0.9	D
					主港：米里 MIRI No. 2329 p. 241							
2065	Ao Chumphon	10 27	99 15	-0700	+1224	+1345	0.89	+0.0	0.9	1.4	0.9	D
					主港：卡朗查芒 KARANG DJAMUANG No. 2504 p. 262							
2066	Ko Raet (Ko Lak)	11 48	99 49	-0700	-1115	-0926	0.99	+0.5	1.2	1.8	1.5	D
					主港：曼谷 BANGKOK BAR No. 2069 p. 211							
2067	Mae Klong Bar	13 21	99 59	-0700	+0019	+0004	0.90	-0.3	2.1	2.6	2.1	D
2068	Samut Sakon (Tachin)	13 33	100 15	-0700	+0009	+0006	0.96	-0.4	2.2	2.6	2.1	D
2069	BANGKOK BAR	13 27	100 36	-0700	（主港）				2.3	2.7	2.6	D
2070	Bangkok	13 45	100 30	-0700	+0205	+0237	0.59	+0.3	1.4	1.7	1.8	D
2071	Bang Pa-kong	13 30	101 00	-0700	+0039	+0041	0.92	-0.2	2.1	2.5	2.1	D
2072	Ko Sichang	13 10	100 47	-0700	-0001	+0000	1.00	-1.1	2.3	2.8	1.5	D
2073	Chong Khram	12 42	100 50	-0700	-0009	-0034	0.65	-0.2	1.5	2.0	1.5	D

泰国，柬埔寨，越南，湄公河和三角洲

序号	地名	位置 纬度 (°) (′)	位置 经度 (°) (′)	标准时间 时 分	潮时差 高潮 时 分	潮时差 低潮 时 分	潮高 比值	潮高 改正数 (m)	潮差 平均 (m)	潮差 大潮 (m)	平均潮位 (m)	潮汐类型
	泰国 Thailand	N	E									
					主港：曼谷 BANGKOK BAR No. 2069 p. 211							
2074	Ao Sattahip	12 39	100 55	-0700	+0026	-0037	0.69	-0.3	1.6	2.1	1.5	D
2075	Chong Samet	12 35	101 26	-0700	+0044	-0039	0.69	-0.3	1.6	2.2	1.5	D
	Chandaburi River											
2076	Lem Sing	12 28	102 04	-0700	+0249	-0108	0.62	-0.5	1.4	2.1	1.1	D
					主港：米里 MIRI No. 2329 p. 241							
2077	Ko Mak	11 48	102 29	-0700	-1335	-1240	0.82	+0.1	0.9	1.3	1.1	D
2078	Ao Trat	12 07	102 34	-0700	-1144	-1005	1.20	-0.4	1.3	1.9	1.1	D
	柬埔寨 Cambodia											
2079	贡岛 Cone Island	11 25	103 00	-0700	-1139	-1100	0.91	-0.1	1.0	1.4	1.0	D
	磅逊 *Kompong Som*											
2080	西哈努克城 Sihanoukville	10 38	103 29	-0700	-1235	-1245	0.66	+0.2	0.7	0.9	1.1	D
					主港：秦皇岛 QINHUANGDAO No. 312 p. 88							
2081	云壤 Re`am	10 30	103 36	-0700	+0132	+0127	0.71	+0.2	0.5	0.7	0.8	D
	越南 Vietnam				主港：米里 MIRI No. 2329 p. 241							
2082	河仙 Hatien	10 22	104 28	-0700	+0526	*	0.58	+0.1	0.6	0.8	0.8	D
2083	达马群岛 Tammassu	9 50	104 45	-0700	-0725	*	0.55	+0.2	0.6	0.8	0.8	D
2084	布罗班洋岛 Pulau Panjang	9 18	103 28	-0700	+0313	*	0.27	+0.2	0.4	0.5	0.5	D
2085	金瓯角外 M. Ca Mau (off)	8 39	104 45	-0700	-0925	*	0.82	-0.2	0.9	1.2	0.8	D
					主港：头顿角 MUI VUNG TAU No. 2102 p. 214							
2086	昆仑岛 Poulo Condore	8 40	106 38	-0700	+0035	+0033	1.02	-0.2	2.5	2.9	2.3	D
	湄公河和三角洲 Mekong River and Delta											
	后江 *Hau Kiang*											
2087	巴塔门 Cua Batak	9 28	106 13	-0700	+0115	+0145	1.35	-0.2	3.3	3.8	2.9	D
2088	末拔 Mak Bat	9 43	106 09	-0700	+0130	+0235	*	*	*	*	*	*
2089	芹苴 Cantho	10 02	105 47	-0700	+0330	+0450	*	*	*	*	3.5	*
2090	龙川 Cho Long Xuyen	10 24	105 26	-0700	+0510	+0645	*	*	*	*	*	*
2091	朱笃 Chaudoc	10 43	105 07	-0700	+0740	+0915	*	*	*	*	*	*
	小江 *Tieu Kiang*											
2092	小门河 Song Cua Tieu	10 15	106 47	-0700	+0010	+0035	1.08	-0.1	2.6	3.0	*	D
2093	美萩 Mytho	10 22	106 21	-0700	+0130	+0255	*	*	*	*	*	*
2094	丐舨 Caibe`	10 20	106 02	-0700	+0240	+0415	*	*	*	*	*	*

湄公河和三角洲，越南

序号	地名	位置 纬度 (°)(′)	位置 经度 (°)(′)	标准时间 时 分	潮时差 高潮 时 分	潮时差 低潮 时 分	潮高 比值	潮高 改正数 (m)	潮差 平均 (m)	潮差 大潮 (m)	平均潮位 (m)	潮汐类型
	湄公河和三角洲 Mekong River and Delta	N	E									
	小江 *Tieu Kiang*	(°) (′)	(°) (′)		主港：头顿角 MUI VUNG TAU No. 2102 p. 214							
2095	米昌岛 Culao Mi Xuong	10 24	105 41	-0700	+0450	+0605	*	*	*	*	*	*
2096	Bouthan	10 48	105 21	-0700	+0540	+0825	*	*	*	*	*	*
2097	金边 Pnom Penh	11 34	104 56	-0700	+0930	+1215	*	*	*	*	*	*
2098	磅龙 Kompon-Luom	11 50	104 48	-0700	+1040	+1325	*	*	*	*	*	*
2099	芽舨河 Song Nha Be	10 23	106 48	-0700	+0028	+0125	1.00	+0.0	2.5	2.8	2.4	D
	威古河 *Song Vaico*											
2100	河口 Entrance	10 30	106 44	-0700	+0040	*	*	*	*	*	*	*
2101	Rach-la Entrance	10 26	106 35	-0700	+0110	+0145	*	*	*	*	*	*
	越南 Vietnam											
	西贡河 *Saigon River*											
2102	头顿角 MUI VUNG TAU	10 20	107 04	-0700	（主港）				2.5	2.8	2.4	D
2103	芹热 Can-Gio	10 25	106 59	-0700	+0018	+0010	1.08	+0.0	2.7	3.0	2.6	D
2104	Les Quatre Bras	10 32	106 55	-0700	+0006	+0018	1.15	-0.2	2.8	3.2	*	D
2105	Banc de Corail	10 37	106 51	-0700	+0051	+0123	0.96	+0.5	2.4	2.7	*	D
2106	Pointe du Lazaret	10 40	106 46	-0700	+0129	+0233	1.00	+0.3	2.5	2.8	*	D
2107	西贡 Saigon	10 46	106 41	-0700	+0210	+0245	1.04	-0.3	2.6	2.9	2.3	D
2108	土龙木 Thu Dau Mot	10 59	106 39	-0700	+0410	+0445	*	*	*	*	*	*
2109	边和 Bien Hoa	10 56	106 49	-0700	+0340	+0435	*	*	*	*	*	*
2110	新县 Tan Huyen	11 04	106 48	-0700	+0455	*	*	*	*	*	*	*
2111	巴钳角 Cap Ba Ke`	10 30	107 30	-0700	-0041	-0034	0.79	+.4	1.9	2.3	2.3	D
2112	格嗄角 Pointe de Ke` Ga	10 42	107 59	-0700	-0201	-0123	0.59	+0.7	1.4	1.8	2.2	D
					主港：米里 MIRI No. 2329 p. 241							
2113	藩切 Fan Thiet	10 55	108 06	-0700	-0009	-0053	1.23	+0.5	1.3	1.8	2.1	D
2114	Pulau Cecir de Mer	10 30	108 57	-0700	-0059	-0122	0.94	+0.4	1.0	1.3	1.6	D
2115	拉干角 Pointe de Lagan	11 10	108 42	-0700	-0102	-0123	1.12	+0.7	1.2	1.6	2.1	D
2116	巴打浪角 Cap Padaran	11 22	109 01	-0700	-0120	-0135	1.08	-0.3	1.2	1.5	1.0	D
2117	金兰 Cam Ranh	11 53	109 12	-0700	-0117	-0139	1.00	+0.0	1.1	1.4	1.2	D
2118	芽庄 Nhatrang	12 12	109 12	-0700	-0142	-0152	0.96	+0.2	1.0	1.4	1.3	D
2119	达约港 Port Dayot	12 40	109 23	-0700	-0124	-0157	0.98	+0.1	1.0	1.4	1.3	D
2120	拉湾 Vung Ro	12 52	109 24	-0700	-0121	-0154	0.99	+0.1	1.1	1.4	1.3	D
2121	春台湾 Baie de Xuan Day	13 22	109 16	-0700	-0118	-0151	0.99	+0.0	1.1	1.4	1.2	D

越　南

序号	地名	位置 纬度 (°)(′)	位置 经度 (°)(′)	标准时间 时 分	潮时差 高潮 时 分	潮时差 低潮 时 分	潮高 比值	潮高 改正数 (m)	潮差 平均 (m)	潮差 大潮 (m)	平均潮位 (m)	潮汐类型
	越南 Vietnam	N	E									
					主港：米里 MIRI No. 2329 p. 241							
2122	归仁 Qui Nhon	13 45	109 13	-0700	-0127	-0140	0.95	+0.1	1.0	1.4	1.3	D
2123	三关 Tam Kwam	14 35	109 03	-0700	-0110	-0142	0.99	+0.0	1.1	1.4	1.2	D
					主港：拉布安 LABUAN No. 2316 p. 238							
2124	Kikuik	15 24	108 45	-0700	-0059	-0052	0.65	+0.3	0.9	1.2	1.2	D
2125	占岛 Culao Cham	15 57	108 29	-0700	-0049	-0100	0.57	+0.3	0.8	1.0	1.1	D
2126	岘港 Da Nang (Tourane)	16 05	108 11	-0700	-0042	-0106	0.51	+0.2	0.7	0.8	0.9	D
2127	春梅 Chon May (Chumai)	16 19	107 59	-0700	-0016	-0056	0.44	+0.2	0.6	0.7	0.8	D
	顺化河 *Riviere Hue*´				**主港：拉乌尼翁 LA UNION** No. 1669 p. 169							
2128	顺安口 Thuan An	16 34	107 38	-0700	-0406	-0354	0.15	+0.3	0.4	0.4	0.5	S
					主港：宇岛 HON NIEU No. 2133 p. 217							
2129	洞海 Dong Hoi	17 30	106 36	-0700	+0036	+0043	0.40	-0.2	0.7	0.9	0.6	D
2130	广溪 Quang Khe	17 42	106 28	-0700	+0006	+0033	0.49	+0.0	0.9	1.1	0.9	D
2131	泳寺 Vung Chua	17 56	106 29	-0700	+0036	+0049	0.59	-0.4	1.0	1.3	0.8	D
2132	格梭口 Cua Shott	18 28	105 54	-0700	+0056	+0047	0.67	-0.1	1.2	1.7	1.2	D
2133	**宇岛 HON NIEU**	18 48	105 46	-0700	(主　港)				1.8	2.4	1.8	D
2134	昏湄岛 Hon Me´	19 26	105 53	-0700	+0046	-0008	0.97	+0.1	1.7	2.5	1.9	D
2135	昏涅岛 Hon Ne´	19 55	105 59	-0700	+0034	-0045	1.08	+0.0	1.9	2.9	2.0	D
					主港：哑门 CUA CAM No. 2137 p. 220							
2136	巴拉口 Cua Ba Lat	20 21	106 38	-0700	-0049	+0014	0.98	+0.1	1.9	2.9	1.9	D
	哑门 *Cua Cam*											
2137	**昏瑶岛 APPROACHES (HON DAU)**	20 40	106 49	-0700	(主　港)				1.9	3.0	1.9	D
2138	涂山 Do Son	20 43	106 47	-0700	+0010	-0033	0.96	+0.1	1.9	2.9	1.9	D
2139	海防 Haiphong	20 52	106 40	-0700	+0103	+0107	0.94	+0.1	1.8	2.8	1.9	D
2140	楠潮口 Cua Nam Trieu	20 46	106 50	-0700	+0008	-0045	0.95	+0.0	1.8	2.8	1.8	D
2141	龙州群岛 Iles Norway	20 38	107 07	-0700	+0008	-0045	0.95	+0.1	1.8	2.8	1.9	D
2142	白龙尾岛 Ile Bach Long Vi	20 08	107 43	-0700	-0027	-0141	0.92	+0.3	1.8	2.8	2.0	D
	吉婆岛 *Ile de la Cac Ba*											
2143	阿波湾 Apowan	20 43	107 03	-0700	-0006	-0058	0.78	+0.6	1.5	2.0	2.0	D
2144	勒苗水道 Passe des Hydres	20 46	107 08	-0700	+0000	-0133	0.97	+0.3	1.9	2.9	2.1	D
2145	鸿基 Hongay	20 57	107 04	-0700	+0026	-0019	1.18	-0.3	2.3	3.6	1.9	D
2146	锦普 Cam Pha	21 02	107 22	-0700	+0027	-0229	1.02	+0.3	2.0	3.0	2.2	D
2147	盖宝 Ke Bao	21 08	107 29	-0700	+0028	-0255	1.07	+0.3	2.1	3.1	2.2	D

越南，菲律宾群岛

序号	地名	位置 纬度	位置 经度	标准时间 时 分	潮时差 高潮 时 分	潮时差 低潮 时 分	潮高 比值	潮高 改正数 (m)	潮差 平均 (m)	潮差 大潮 (m)	平均潮位 (m)	潮汐类型
	越 南 Vietnam	N	E									
		(°) (′)	(°) (′)		主港：北海 BEIHAI No. 8 p. 1							
2148	Sha Pak Wan	20 58	107 44	-0700	-0131	-0026	0.77	-0.1	2.2	3.3	1.9	D
2149	天门 Tsieng Mun	21 08	107 37	-0700	-0122	-0008	0.74	+0.1	2.1	3.2	2.0	D
2150	罗祝山岛 Loc Chuc San	21 15	107 57	-0700	-0133	-0048	0.79	+0.3	2.3	3.3	2.4	D
	菲律宾群岛 Philippine Islands											
	Balabak Island				主港：拉布安 LABUAN No. 2316 p. 238							
2151	Balabak	08 00	117 04	-0800	+0001	-0009	0.87	-0.6	1.2	1.5	0.6	D
	Palawan				主港：马尼拉 MANILA No. 2208 p. 226							
2152	Eran Bay	09 03	117 44	-0800	+0024	+0019	1.06	+0.0	1.1	1.4	0.6	D
2153	Ulugan Bay	10 04	118 46	-0800	+0009	+0010	1.07	+0.0	1.1	1.4	0.6	D
2154	Pankol	10 53	119 25	-0800	+0032	+0023	1.12	+0.1	1.1	1.5	0.6	D
					主港：拉布安 LABUAN No. 2316 p. 238							
2155	Paly Island	10 40	119 42	-0800	+0001	-0030	0.94	-0.5	1.3	1.5	0.7	D
2156	Puerto Princesa	09 44	118 42	-0800	-0015	-0036	0.94	-0.6	1.3	1.6	0.6	D
2157	Islnad Bay	09 06	118 07	-0800	-0004	-0036	0.94	-0.7	1.3	1.5	0.6	D
2158	Linapakan Island	11 28	119 46	-0800	-0027	-0022	0.78	-0.4	1.1	1.4	0.6	D
	Kulion Island											
2159	Halsey Harbour	11 48	119 57	-0800	-0021	-0030	0.83	-0.6	1.1	1.5	0.5	D
	Busuanga											
2160	Koron	12 01	120 12	-0800	-0028	-0023	0.78	-0.3	1.1	1.4	0.7	D
2161	Cuyo Island	10 51	121 00	-0800	-0010	-0041	0.94	-0.5	1.3	1.5	0.7	D
2162	Apo Island	12 40	120 24	-0800	-0035	-0031	0.78	-0.5	1.1	1.4	0.5	D
	Mindoro											
2163	Mangarin	12 21	121 06	-0800	-0019	-0035	0.82	-0.5	1.1	1.4	0.6	D
2164	Paluan	13 25	120 28	-0800	-0043	-0038	0.77	-0.5	1.1	1.4	0.5	D
					主港：山打根 SANDAKAN No. 2305 p. 235							
2165	Calapan	13 26	121 11	-0800	-0013	+0001	0.91	-0.3	1.3	1.6	0.7	D
2166	Mansalai	12 31	121 26	-0800	-0006	-0001	0.99	-0.3	1.5	1.7	0.8	D
	Marinduque											
2167	Port Balanacan	13 32	121 52	-0800	-0001	+0003	0.99	-0.4	1.5	1.7	0.7	D
2168	Maestre de Campo Island	12 55	121 44	-0800	-0004	+0000	0.99	-0.3	1.5	1.7	0.8	D
	Tablas Island											
2169	Port Look	12 16	121 59	-0800	-0003	+0006	0.97	-0.3	1.4	1.7	0.8	D

菲 律 宾 群 岛

序号	地 名	位置 纬度	置 经度	标准时间 时 分	潮时差 高潮 时 分	低潮 时 分	潮高 比值	改正数 (m)	潮差 平均 (m)	大潮 (m)	平均潮位 (m)	潮汐类型
	菲律宾群岛 Philippine Islands	N	E									
		(°) (′)	(°) (′)		主港：山打根 SANDAKAN No. 2305 p. 235							
2170	Romblon Island	12 35	122 16	-0800	+0006	+0000	1. 12	-0. 4	1. 6	1. 9	0. 8	D
	Panay											
2171	Tibiao	11 17	122 02	-0800	-0019	-0016	0. 99	-0. 3	1. 4	1. 7	0. 8	D
2172	Aniniy	10 26	121 55	-0800	-0017	-0013	0. 98	-0. 4	1. 4	1. 7	0. 7	D
2173	Iloilo	10 40	122 35	-0800	+0008	+0017	1. 05	-0. 4	1. 5	1. 8	0. 8	D
					主港：硇洲 NAOZHOU No. 34 p. 10							
2174	Banate	11 00	122 49	-0800	+0018	+0040	0. 68	-0. 2	1. 6	1. 9	1. 1	D
2175	Estancia	11 28	123 09	-0800	+0020	+0032	0. 77	-0. 5	1. 9	2. 1	1. 0	D
					主港：宿务 CEBU No. 2188 p. 223							
2176	Capiz Landing	11 36	122 43	-0800	+0006	+0003	1. 12	+0. 0	1. 7	1. 9	0. 8	D
	Negros				主港：硇洲 NAOZHOU No. 34 p. 10							
2177	Cadiz	10 57	123 19	-0800	+0027	+0039	0. 78	-0. 5	1. 9	2. 1	1. 0	D
2178	Bakalod	10 40	122 57	-0800	+0013	+0035	0. 68	-0. 4	1. 6	1. 9	0. 9	D
					主港：山打根 SANDAKAN No. 2305 p. 235							
2179	Himamaylan	10 06	122 52	-0800	-0001	+0002	0. 99	-0. 3	1. 5	1. 7	0. 8	D
2180	Campomanes Bay	9 42	122 25	-0800	-0014	-0010	0. 99	-0. 4	1. 5	1. 7	0. 7	D
2181	Bonbonon	9 03	123 07	-0800	-0016	-0012	0. 98	-0. 3	1. 4	1. 7	0. 7	D
					主港：宿务 CEBU No. 2188 p. 223							
2182	Bais	9 36	123 08	-0800	+0004	+0001	1. 15	+0. 0	1. 7	1. 9	0. 8	D
2183	San Carlos	10 29	123 25	-0800	+0012	+0011	1. 23	+0. 0	1. 8	2. 0	0. 9	D
2184	Bantayan Island	11 10	123 43	-0800	+0020	+0011	1. 15	+0. 1	1. 7	1. 9	0. 9	D
	Cebu Island											
2185	Balamban Bay	10 30	123 43	-0800	+0012	+0011	1. 23	+0. 0	1. 8	2. 0	0. 9	D
2186	Moalbual	9 56	123 24	-0800	+0008	+0007	1. 23	-0. 1	1. 8	2. 0	0. 8	D
2187	Bolhoon	9 38	123 29	-0800	-0015	-0013	0. 98	+0. 0	1. 4	1. 7	0. 7	D
2188	CEBU	10 18	123 55	-0800	（主 港）				1. 5	1. 7	0. 7	D
2189	Bogo Bay	11 04	124 00	-0800	+0018	+0010	1. 11	+0. 0	1. 6	1. 9	0. 8	D
	Bohol				主港：山打根 SANDAKAN No. 2305 p. 235							
2190	Garcia Hernandez	9 37	124 18	-0800	-0011	+0006	0. 86	-0. 3	1. 3	1. 5	0. 6	D
2191	Cogton	9 50	124 31	-0800	-0009	+0006	0. 77	-0. 3	1. 1	1. 3	0. 6	D
	Sikihor Island											
2192	Port Kanoan	9 15	123 35	-0800	-0012	-0008	0. 98	-0. 5	1. 4	1. 7	0. 6	D

菲 律 宾 群 岛

序号	地名	位置		标准时间	潮时差		潮高		潮差		平均潮位	潮汐类型
		纬度	经度	时 分	高潮 时 分	低潮 时 分	比值	改正数 (m)	平均 (m)	大潮 (m)	(m)	
	菲律宾群岛 Philippine Islands	N	E									
	Masbate	(°) (′)	(°) (′)		主港：山打根 SANDAKAN No. 2305 p. 235							
2193	Kataingan	12 00	124 00	-0800	+0015	+0019	0.98	-0.4	1.4	1.7	0.7	D
					主港：宿务 CEBU No. 2188 p. 223							
2194	Nin Bay	12 14	123 17	-0800	+0002	-0004	1.10	+0.0	1.6	1.9	0.8	D
2195	Port Barrera	12 22	123 37	-0800	+0004	+0007	0.98	+0.1	1.5	1.7	0.8	D
	Burias											
2196	San Pascual	13 08	122 59	-0800	+0001	-0005	1.11	+0.1	1.6	1.9	0.9	D
	Tikao Island				主港：山打根 SANDAKAN No. 2305 p. 235							
2197	Batuan Bay	12 25	123 46	-0800	+0015	+0025	0.80	-0.3	1.2	1.4	0.6	D
	Luzon											
2198	Butag Bay	12 37	123 56	-0800	+0010	+0020	0.82	-0.3	1.2	1.3	0.6	D
					主港：宿务 CEBU No. 2188 p. 223							
2199	Bagatao Island	12 50	123 48	-0800	+0006	+0009	0.98	+0.1	1.4	1.7	0.8	D
2200	Sorsogon	12 58	124 00	-0800	+0027	+0030	0.98	-0.1	1.5	1.7	0.6	D
2201	Pasakao	13 30	123 02	-0800	+0000	+0003	1.19	-0.1	1.8	2.1	0.8	D
2202	Guinayangan	13 54	122 27	-0800	+0012	+0015	1.20	+0.0	1.8	2.1	0.9	D
2203	Port Pusgo	13 32	122 36	-0800	+0001	+0001	1.13	+0.0	1.7	1.9	0.8	D
2204	Aguasa Bay	13 17	122 31	-0800	+0000	-0007	1.11	+0.0	1.6	1.9	0.8	D
					主港：山打根 SANDAKAN No. 2305 p. 235							
2205	Lucena	13 54	121 36	-0800	+0004	+0016	0.94	-0.3	1.4	1.7	0.7	D
					主港：拉布安 LABUAN No. 2316 p. 238							
2206	Anilao	13 46	120 55	-0800	-0024	-0039	0.79	-0.5	1.1	1.4	0.6	D
	Lubang Island				主港：马尼拉 MANILA No. 2208 p. 226							
2207	Port Tilig	13 49	120 12	-0800	-0013	-0017	1.06	+0.0	1.1	1.4	0.5	D
	Luzon											
2208	MANILA	14 35	120 58	-0800	（主 港）				1.0	1.3	0.5	D
2209	Olongapo	14 49	120 17	-0800	-0018	-0018	0.89	+0.0	0.9	1.2	0.4	D
2210	Port Masinloc	15 31	119 55	-0800	-0059	+0003	0.77	+0.0	0.8	1.1	0.4	D
2211	Santa Cruz	15 46	119 54	-0800	-0103	-0031	0.75	+0.0	0.7	1.1	0.3	D
2212	Bolinao	16 24	119 54	-0800	-0051	-0004	0.71	-0.1	0.7	1.0	0.3	D
2213	Sual	16 04	120 06	-0800	-0047	+0023	0.71	+0.0	0.7	1.0	0.3	D
2214	San Fernando	16 37	120 18	-0800	-0103	+0005	0.64	+0.0	0.6	0.9	0.3	D
2215	Port Salomague	17 47	120 25	-0800	-0140	-0031	0.52	+0.1	0.5	0.8	0.3	D
					主港：岘门 CUA CAM No. 2137 p. 220							
2216	Nagabungan	18 29	120 34	-0800	-0908	-0610	0.26	-0.1	0.5	0.7	0.3	D

菲 律 宾 群 岛

序号	地名	位置 纬度	经度	标准时间 时 分	潮时差 高潮 时 分	低潮 时 分	潮高 比值	改正数 (m)	潮差 平均 (m)	大潮 (m)	平均潮位 (m)	潮汐类型
	菲律宾群岛 Philippine Islands	N	E									
	Luzon	(°) (′)	(°) (′)		主港：高雄 GAOXIONG No. 132 p. 43							
2217	Claveria Bay	18 37	121 06	-0800	-0103	-0136	1. 03	-0. 4	0. 6	0. 7	0. 2	D
					主港：那霸 NAHA No. 1069 p. 112							
2218	Aparri	18 21	121 38	-0800	-0108	-0108	0. 68	-0. 3	0. 9	1. 2	0. 5	S
2219	Port S. Vicente	18 31	122 08	-0800	-0147	-0148	0. 62	-0. 2	0. 9	1. 2	0. 6	S
	Batan Island											
2220	Basco	20 27	121 58	-0800	-0044	-0046	0. 43	-0. 1	0. 5	0. 8	0. 4	S
2221	Babuyan Island	19 34	121 56	-0800	-0130	-0131	0. 68	-0. 3	0. 9	1. 2	0. 6	S
	Fuga Island				主港：瓦尔帕莱索 VALPARAISO No. 1766 p. 175							
2222	Musa Bay	18 52	121 17	-0800	-0430	-0414	0. 60	-0. 2	0. 7	0. 8	0. 3	D
					主港：那霸 NAHA No. 1069 p. 112							
2223	Port San Pio Quinto	18 54	121 52	-0800	-0112	-0112	0. 68	-0. 3	0. 9	1. 2	0. 5	S
	Luzon											
2224	Patunungan Bay	18 24	122 18	-0800	-0143	-0144	0. 68	-0. 2	0. 9	1. 3	0. 6	S
2225	Port Bikobian	17 16	122 26	-0800	-0118	-0118	0. 80	-0. 3	1. 0	1. 4	0. 6	S
2226	Diapitan Bay	16 24	122 13	-0800	-0120	-0120	0. 82	-0. 3	1. 0	1. 4	0. 6	S
2227	Busok Busok	16 14	122 08	-0800	-0133	-0133	0. 82	-0. 3	1. 1	1. 5	0. 7	S
2228	Baler Bay	15 45	121 35	-0800	-0130	-0131	0. 75	-0. 2	1. 1	1. 4	0. 7	S
2229	Umiray River Entrance	15 12	121 26	-0800	-0133	-0133	0. 81	-0. 3	1. 1	1. 5	0. 7	S
	Polillo Islands											
2230	Hook Bay	14 56	121 50	-0800	-0133	-0133	0. 83	-0. 2	1. 2	1. 5	0. 7	S
2231	Burdeos Bay	14 54	121 58	-0800	-0128	-0129	0. 81	-0. 2	1. 1	1. 6	0. 7	S
	Luzon											
2232	Port Lampon	14 40	121 37	-0800	-0118	-0118	1. 00	-0. 4	1. 3	1. 7	0. 8	S
2233	Antimonan	14 00	121 55	-0800	-0118	-0118	1. 04	-0. 4	1. 3	1. 8	0. 8	S
2234	Port Jose Panganiban	14 18	122 41	-0800	-0118	-0118	1. 01	-0. 4	1. 3	1. 6	0. 8	S
2235	Kabgan Island	13 46	123 16	-0800	-0116	-0116	1. 18	-0. 5	1. 5	2. 0	0. 9	S
2236	Borabod	13 56	123 39	-0800	-0118	-0118	0. 97	-0. 4	1. 2	1. 7	0. 8	S
2237	Port Anahao	13 57	124 20	-0800	-0120	-0120	0. 86	-0. 3	1. 1	1. 4	0. 7	S
2238	Tabako	13 22	123 44	-0800	-0132	-0133	0. 84	-0. 3	1. 2	1. 6	0. 7	S
2239	Legaspi	13 09	123 45	-0800	-0130	-0131	0. 75	-0. 2	1. 1	1. 4	0. 7	S
					主港：瓦尔帕莱索 VALPARAISO No. 1766 p. 175							
2240	Biri Island	12 39	124 22	-0800	-0518	-0525	0. 63	-0. 2	0. 7	0. 7	0. 3	D

菲 律 宾 群 岛

序号	地名	位置 纬度	位置 经度	标准时间 时 分	潮时差 高潮 时 分	潮时差 低潮 时 分	潮高 比值	潮高 改正数 (m)	潮差 平均 (m)	潮差 大潮 (m)	平均潮位 (m)	潮汐类型
	菲律宾群岛 Philippine Islands	N	E									
	Samar Island	(°) (′)	(°) (′)		主港：宿务 CEBU No. 2188 p. 223							
2241	S. Rita Island	11 27	124 57	-0800	+0024	+0018	0.87	+0.0	1.3	1.4	0.6	D
					主港：硇洲 NAOZHOU No. 34 p. 10							
2242	Katbalogan	11 47	124 52	-0800	+0011	+0030	0.64	-0.5	1.6	1.7	0.8	D
					主港：宿务 CEBU No. 2188 p. 223							
2243	Kalbayog	12 04	124 35	-0800	+0020	+0014	0.82	-0.0	1.2	1.3	0.6	D
					主港：那霸 NAHA No. 1069 p. 112							
2244	Laoang Island	12 34	125 01	-0800	-0124	-0118	0.90	-0.3	1.4	1.5	0.8	D
2245	Hilaban Island	12 02	125 34	-0800	-0126	-0119	0.91	-0.4	1.4	1.5	0.7	D
					主港：拉布安 LABUAN No. 2316 p. 238							
2246	S. Elena River	11 21	124 59	-0800	-0047	-0052	0.57	-0.3	0.8	1.0	0.4	D
	Leyte				主港：高雄 GAOXIONG No. 132 p. 43							
2247	Tacloban	11 15	125 00	-0800	-0044	-0050	1.03	-0.4	0.6	0.8	0.3	D
					主港：广州 GUANGZHOU No. 76 p. 25							
2248	Guiuan	11 02	125 43	-0800	-0822	-0943	0.45	-0.2	0.7	0.8	0.4	D
					主港：马尼拉 MANILA No. 2208 p. 226							
2249	Hinunangan Bay	10 24	125 12	-0800	-0201	-0204	0.64	+0.0	0.6	0.9	0.3	D
					主港：拉布安 LABUAN No. 2316 p. 238							
2250	Liloan	10 09	125 07	-0800	-0013	-0044	0.94	-0.7	1.3	1.5	0.6	D
					主港：山打根 SANDAKAN No. 2305 p. 235							
2251	Maasin	10 08	124 50	-0800	-0011	+0006	0.86	-0.2	1.3	1.5	0.7	D
					主港：宿务 CEBU No. 2188 p. 223							
2252	Baybay	10 41	124 48	-0800	-0003	+0000	0.98	+0.2	1.5	1.7	0.9	D
2253	Palompon	11 03	124 23	-0800	+0013	+0006	1.11	+0.1	1.6	1.9	0.9	D
	Dinagat				主港：马尼拉 MANILA No. 2208 p. 226							
2254	Puerto Princesa	10 06	125 29	-0800	-0035	-0051	0.97	+0.0	1.0	1.2	0.5	D
	Siargao Island				主港：那霸 NAHA No. 1069 p. 112							
2255	Port Pilar	9 52	126 06	-0800	-0119	-0112	0.91	-0.5	1.4	1.5	0.6	D
	Mindanao				主港：拉布安 LABUAN No. 2316 p. 238							
2256	Surigao	9 47	125 30	-0800	-0004	-0015	0.74	-0.5	1.0	1.3	0.5	D
					主港：那霸 NAHA No. 1069 p. 112							
2257	Dahikan Bay	9 27	125 56	-0800	-0118	-0118	0.95	-0.3	1.2	1.6	0.8	S
2258	Tandag	9 05	126 12	-0800	-0127	-0123	1.05	-0.5	1.6	1.7	0.7	D
2259	Hinatuan	8 22	126 20	-0800	-0129	-0129	0.88	-0.2	1.3	1.6	0.8	S

菲律宾群岛，苏禄群岛

序号	地名	位置 纬度	位置 经度	标准时间 时 分	潮时差 高潮 时 分	潮时差 低潮 时 分	潮高 比值	潮高 改正数 (m)	潮差 平均 (m)	潮差 大潮 (m)	平均潮位 (m)	潮汐类型
	菲律宾群岛 Philippine Islands	N	E									
	Mindanao	(°) (′)	(°) (′)		主港：那霸 NAHA No. 1069 p. 112							
2260	Karaga	7 17	126 35	-0800	-0133	-0133	0.88	-0.3	1.3	1.6	0.8	S
2261	Mati	6 57	126 13	-0800	-0134	-0135	0.84	-0.2	1.2	1.6	0.8	S
					主港：达沃 DAVAO No. 2263 p. 229							
2262	Sigaboi	6 38	126 04	-0800	+0000	+0000	0.90	+0.1	1.1	1.6	0.8	S
2263	DAVAO	7 05	125 38	-0800	（主港）				1.2	1.8	0.8	S
2264	Balut Island	5 25	125 26	-0800	+0002	+0002	1.00	-0.1	1.3	1.8	0.7	S
2265	Port Lebak	6 32	124 03	-0800	+0004	+0004	1.10	+0.0	1.4	2.0	0.9	S
2266	Pollok Harbour	7 21	124 13	-0800	+0010	+0010	1.08	+0.0	1.4	2.0	0.9	S
2267	Margosatubig	7 35	123 10	-0800	+0008	+0008	1.10	-0.1	1.4	2.0	0.8	S
2268	Tikauan Point	7 45	122 44	-0800	+0015	+0017	1.26	-0.1	1.6	2.2	0.9	S
					主港：库堤河 SUNGAI KUTEI No. 2411 p. 253							
2269	Zamboanga	6 54	122 04	-0800	+0025	-0003	0.54	-0.3	1.0	1.1	0.4	D
					主港：山打根 SANDAKAN No. 2305 p. 235							
2270	Sibuko Bay	7 19	122 04	-0800	-0044	-0026	0.87	-0.3	1.3	1.5	0.6	D
2271	Port S. Maria	7 46	122 07	-0800	-0034	-0008	0.84	-0.3	1.2	1.5	0.6	D
2272	Dapitan	8 40	123 25	-0800	-0031	-0013	0.86	-0.3	1.3	1.5	0.6	D
2273	Plaridel	8 37	123 43	-0800	-0020	-0002	0.86	-0.3	1.3	1.5	0.6	D
2274	Qzamiz	8 09	123 51	-0800	+0000	+0014	1.07	-0.6	1.6	1.9	0.6	D
2275	Iligan	8 14	124 14	-0800	-0007	+0010	0.87	-0.3	1.3	1.5	0.6	D
2276	Macabalan Point	8 30	124 40	-0800	-0008	+0010	0.86	-0.4	1.3	1.5	0.6	D
	Kamigin Island											
2277	Mambahao	9 15	124 43	-0800	-0007	+0010	0.86	-0.3	1.3	1.5	0.6	D
	Mindanao											
2278	Nasipit Harbour	8 59	125 20	-0800	-0010	+0007	0.87	-0.3	1.3	1.5	0.6	D
	苏禄群岛 Sulu Archipelago											
	Basilan				主港：库堤河 SUNGAI KUTEI No. 2411 p. 253							
2279	Balas	6 41	122 08	-0800	-0002	-0001	0.82	-0.5	1.1	1.6	0.7	S
2280	Port Holland	6 33	121 52	-0800	+0049	+0014	0.46	-0.2	0.9	1.0	0.4	D
					主港：和乐 JOLO No. 2283 p. 232							
2281	Dassalan Island	6 44	121 28	-0800	+0014	+0000	1.03	+0.1	0.9	1.1	0.4	D
					主港：库堤河 SUNGAI KUTEI No. 2411 p. 253							
2282	Bulan Island	6 09	121 50	-0800	-0016	-0016	0.84	-0.5	1.2	1.7	0.7	S

苏禄群岛，加里曼丹：沙巴

序号	地名	位置		标准时间	潮时差		潮高		潮差		平均潮位	潮汐类型
		纬度	经度	时 分	高潮 时 分	低潮 时 分	比值	改正数 (m)	平均 (m)	大潮 (m)	(m)	
	苏禄群岛 Sulu Archipelago	N	E									
		(°) (′)	(°) (′)		主港：库堤河 SUNGAI KUTEI No. 2411 p. 253							
2283	JOLO	6 04	121 00	-0800	（主　港）				0.8	1.1	0.3	D
2284	Maimbung	5 56	121 02	-0800	+0000	+0000	0.66	-0.4	0.9	1.3	0.5	S
					主港：马尼拉 MANILA No. 2208 p. 226							
2285	Pearl Bank	5 51	119 44	-0800	-0008	-0015	1.01	+0.0	1.0	1.3	0.5	D
2286	Lahatlahat Island	5 39	120 17	-0800	-0146	-0144	0.71	+0.0	0.7	0.9	0.3	D
					主港：和乐 JOLO No. 2283 p. 232							
2287	Tapul Island	5 42	120 53	-0800	-0126	-0108	1.00	+0.0	0.9	1.1	0.4	D
					主港：库堤河 SUNGAI KUTEI No. 2411 p. 253							
2289	South Ubian Island	5 12	120 30	-0800	-0028	-0047	0.60	-0.4	1.0	1.1	0.5	D
2290	Gallo Malo Channel	5 08	120 14	-0800	-0005	-0006	1.05	-0.6	1.5	2.1	0.9	S
2291	Tandungan Channel	5 13	120 19	-0800	+0008	-0003	0.71	-0.4	1.2	1.2	0.6	D
					主港：马尼拉 MANILA No. 2208 p. 226							
2292	Basbas Channel	5 21	120 13	-0800	-0213	-0220	0.70	+0.0	0.7	0.9	0.3	D
					主港：库堤河 SUNGAI KUTEI No. 2411 p. 253							
2293	Port Bongao	5 02	119 46	-0800	-0043	-0044	0.71	-0.5	1.0	1.4	0.6	S
2294	Tumindao Island	4 47	119 26	-0800	-0012	-0012	0.69	-0.5	1.0	1.4	0.5	S
	沙　巴 Sabah											
	Sibuko Bay				主港：达沃 DAVAO No. 2263 p. 229							
2295	Wallace Bay	4 15	117 40	-0800	+0055	+0020	1.82	+0.4	2.3	3.4	1.9	S
2296	Tawau	4 14	117 53	-0800	+0017	-0004	1.35	+0.4	1.7	2.4	1.5	S
2297	Pakalangan	4 21	118 34	-0800	+0008	+0008	1.08	+0.3	1.4	1.9	1.2	S
	Daruel Bay				主港：库堤河 SUNGAI KUTEI No. 2411 p. 253							
2298	Semporna	4 29	118 37	-0800	-0020	-0020	0.81	-0.1	1.1	1.6	1.0	S
2299	Kunak	4 41	118 15	-0800	-0033	-0032	0.82	-0.2	1.2	1.7	1.0	S
2300	Lahad Datu	5 02	118 20	-0800	-0029	-0028	0.80	-0.1	1.1	1.5	1.0	S
2301	Bakapit	4 57	118 35	-0800	-0018	-0018	0.81	-0.1	1.1	1.7	1.0	S
					主港：宿务 CEBU No. 2188 p. 223							
2302	Dent Haven	5 15	119 15	-0800	-0455	-0531	0.57	+0.5	0.8	0.9	0.9	D
					主港：北海 BEIHAI No. 8 p. 1							
2303	Tambisan Island	5 27	119 07	-0800	-0928	-0904	0.33	+0.1	0.9	1.3	0.9	D
					主港：山打根 SANDAKAN No. 2305 p. 235							
2304	Kinabatangan	5 42	118 34	-0800	-0057	-0036	0.82	+0.0	1.2	1.5	0.9	D

加里曼丹：沙巴，沙捞越

序号	地名	位置 纬度	位置 经度	标准时间	潮时差 高潮	潮时差 低潮	潮高 比值	潮高 改正数	潮差 平均	潮差 大潮	平均潮位	潮汐类型
				时 分	时 分	时 分		(m)	(m)	(m)	(m)	
	沙 巴 Sabah	N	E									
		(°) (′)	(°) (′)		主港：山打根 SANDAKAN No. 2305 p. 235							
2305	SANDAKAN	5 50	118 07	-0800	（主 港）				1.5	1.7	1.1	D
2306	Labuk Bay	6 14	117 43	-0800	+0004	+0010	1.14	+0.2	1.7	1.9	1.5	D
2307	Lankayan Island	6 30	117 55	-0800	-0014	+0004	0.92	+0.2	1.4	1.6	1.2	D
2308	Tigabu Island	6 54	117 29	-0800	-0013	+0011	0.96	+0.1	1.4	1.7	1.2	D
2309	Banggi Island	7 07	117 05	-0800	-0016	+0015	0.87	+0.2	1.3	1.6	1.2	D
					主港：拉布安 LABUAN No. 2316 p. 238							
2310	Kudat	6 53	116 51	-0800	-0005	-0013	1.03	-0.2	1.4	1.7	1.2	D
2311	Mantanani Ialand	6 43	116 21	-0800	-0007	+0000	0.87	-0.1	1.2	1.6	1.1	D
2312	Pulau Mangalum	6 12	115 36	-0800	+0001	+0000	0.87	-0.1	1.2	1.6	1.1	D
2313	Kota Kinabalu	5 59	116 04	-0800	-0005	-0003	0.90	-0.1	1.2	1.6	1.1	D
2314	Kuala Papar	5 45	115 54	-0800	-0030	-0021	0.84	-0.1	1.1	1.5	1.1	D
2315	Pulau Tega	5 42	115 40	-0800	-0011	-0017	0.92	-0.2	1.2	1.6	1.1	D
	Brunei Bay											
2316	LABUAN (Victoria Harbour)	5 17	115 15	-0800	（主 港）				1.4	1.8	1.3	D
2317	Weston	5 13	115 36	-0800	+0058	+0040	1.10	+0.0	1.5	1.9	1.6	D
2318	Sipitang	5 05	115 33	-0800	+0008	+0003	1.00	+0.0	1.4	1.8	1.4	D
2319	Kuala Lawas	4 57	115 25	-0800	+0023	+0012	1.03	+0.0	1.4	1.8	1.5	D
2320	Pasar Lawas	4 52	115 24	-0800	+0020	+0022	1.15	-0.2	1.6	2.0	1.5	D
2321	Punang	4 53	115 21	-0800	+0011	-0008	1.07	-0.2	1.5	1.9	1.4	D
2322	Tanjong Sapo	5 00	115 08	-0800	+0027	+0014	1.07	-0.1	1.5	1.8	1.4	D
2323	Muara Harbour	5 02	115 04	-0800	+0052	+0041	1.07	-0.1	1.4	1.8	1.3	D
					主港：山打根 SANDAKAN No. 2305 p. 235							
2324	Kuala Limbang	4 51	115 01	-0800	+0058	+0118	1.03	+0.5	1.5	1.9	1.7	D
2325	Bandar Limbang	4 45	115 00	-0800	+0134	+0155	0.95	+0.4	1.4	1.7	1.5	D
2326	Datu Gandi	4 54	114 59	-0800	+0053	+0111	1.12	+0.2	1.7	2.0	1.6	D
					主港：米里 MIRI No. 2329 p. 241							
2327	Seria	4 37	114 39	-0800	-0021	-0046	1.06	+0.0	1.1	1.5	1.2	D
	沙捞越 Sarawak											
2328	Kuala Baram	4 35	113 59	-0800	-0008	-0016	0.99	-0.3	1.1	1.4	0.9	D
2329	MIRI	4 24	113 59	-0800	（主 港）				1.1	1.5	1.2	D
2330	Kuala Niah	3 58	113 42	-0800	+0000	-0001	1.04	-0.1	1.1	1.5	1.2	D
2331	Kuala Similajau	3 31	113 18	-0800	+0009	+0109	0.97	-0.1	1.0	1.5	1.2	D

加里曼丹：沙捞越

序号	地名	位置		标准时间	潮时差		潮高		潮差		平均潮位	潮汐类型
		纬度	经度	时 分	高潮 时 分	低潮 时 分	比值	改正数 (m)	平均 (m)	大潮 (m)	(m)	
	沙捞越 Sarawak	N	E									
		(°) (′)	(°) (′)		主港：米里 MIRI No. 2329 p. 241							
2333	Kuala Bintulu	3 11	113 02	-0800	-0116	+0144	1.01	-0.1	1.1	1.6	1.2	D
					主港：霍斯伯格灯塔 HORSBURGH LT No. 2009 p. 202							
2336	Batang Mukah	2 54	112 05	-0800	-0634	-0727	0.77	+0.4	1.4	1.8	1.6	D
2337	Kenyana	2 47	112 12	-0800	-0419	-0523	0.60	+0.6	1.1	1.5	1.5	D
2338	Kuala Oya	2 52	111 53	-0800	-0625	-0712	0.82	+0.3	1.5	1.9	1.6	D
2339	Igan	2 50	111 42	-0800	-0635	-0600	0.96	+0.1	1.7	2.1	1.6	D
2340	Kut	2 43	111 50	-0800	-0520	-0445	0.89	+0.3	1.8	2.1	1.7	D
2341	Kuala Matu	2 43	111 28	-0800	-0620	-0637	1.17	+0.3	2.0	2.4	2.1	D
					主港：沙捞越河 SUNGAI SARAWAK No. 2364 p. 244							
2342	Tanjong Sidau	2 26	111 35	-0800	+0113	+0145	0.88	-0.2	3.1	3.4	2.6	D
2343	Singat	2 23	111 35	-0800	+0112	+0148	0.93	-0.3	3.3	3.5	2.7	D
2344	Kuala Paloh	2 27	111 14	-0800	+0100	+0050	0.85	+0.1	3.0	3.3	2.7	D
2345	Tanjong Bekakong	2 22	111 23	-0800	+0041	+0035	0.81	+0.1	2.9	3.2	2.6	D
2346	Kampong Sepenah	2 21	111 30	-0800	+0116	+0111	0.77	+0.0	2.7	3.0	2.4	D
2347	Tanjong Kamis	2 21	111 36	-0800	+0150	+0143	0.84	+0.0	3.0	3.2	2.6	D
	Batang Rajang											
2348	Rajang	2 09	111 15	-0800	+0017	+0015	1.04	-0.2	3.7	3.9	3.1	D
2349	Tanjong Mani	2 09	111 22	-0800	+0032	+0029	1.12	-0.5	4.0	4.2	3.0	D
2350	Sarikei	2 08	111 31	-0800	+0100	+0114	1.03	-0.3	3.6	3.9	2.9	D
2351	Leba An	2 18	111 40	-0800	+0206	+0223	0.82	+0.2	2.9	3.2	2.8	D
2352	Sibu	2 17	111 50	-0800	+0311	+0343	0.53	+0.8	1.9	2.1	2.4	D
2353	Rantau Panjang	2 26	111 50	-0800	+0305	+0312	0.50	+1.5	1.8	2.0	2.9	D
	Sungei Krian											
2354	Kabong	1 48	111 07	-0800	+0023	+0015	1.02	+0.3	3.6	3.9	3.3	D
	Sungei Saribas											
2355	Pusa	1 37	111 17	-0800	+0048	+0106	1.36	-0.2	3.9	5.0	4.1	S
	Batang Lupar											
2356	Triso Darat	1 31	111 00	-0800	+0052	+0117	1.23	-0.2	3.6	4.5	3.5	S
2357	Simanggang	1 14	111 27	-0800	+0220	+0426	0.79	+0.0	2.5	3.2	2.2	S
	Batang Sadong											
2358	Kuala Sadong	1 33	110 46	-0800	+0020	+0105	1.16	-0.4	4.1	4.4	3.2	D
2359	Sungei Ensengie	1 25	110 39	-0800	+0050	+0235	1.35	-0.7	4.8	5.1	3.5	D
2360	Simunjan	1 24	110 45	-0800	+0115	+0325	1.42	-0.9	5.0	5.4	3.5	D

加里曼丹：沙捞越，吐朱群岛，婆罗洲（加里曼丹）

序号	地名	位置 纬度	位置 经度	标准时间 时 分	潮时差 高潮 时 分	潮时差 低潮 时 分	潮高 比值	潮高 改正数 (m)	潮差 平均 (m)	潮差 大潮 (m)	平均潮位 (m)	潮汐类型
	沙捞越 Sarawak	N	E									
					主港：沙捞越河 SUNGAI SARAWAK							
	Sungei Sarawak	(°) (′)	(°) (′)		No. 2364 p. 244							
2361	Sungei Biawak	1 34	110 23	-0800	+0013	+0016	1.13	+0.1	4.0	4.2	3.6	D
2362	Kuching	1 34	110 21	-0800	+0057	+0114	1.03	-0.1	3.6	3.9	3.1	D
2363	Batu Kitang	1 27	110 17	-0800	+0222	+0310	0.61	+0.0	2.1	2.3	1.8	D
2364	PALAULAKEI	1 45	110 30	-0800	（主 港）				3.5	3.8	3.1	D
2365	Santubong	1 43	110 19	-0800	+0006	+0006	0.95	+0.0	3.4	3.6	2.9	D
2366	Pulau Satang	1 47	110 10	-0800	-0004	+0003	0.89	-0.2	3.1	3.4	2.6	D
	Sungei Lundu											
2367	Kuala Lundu	1 42	109 55	-0800	+0015	+0041	0.79	+0.0	2.8	3.0	2.4	D
2368	Pasar Lundu	1 40	109 51	-0800	+0054	+0133	0.78	+0.2	2.8	2.9	2.7	D
2369	Sematan	1 48	109 47	-0800	+0002	+0008	0.85	+0.0	3.0	3.3	2.7	D
2370	Telok Serabang	2 00	109 40	-0800	-0002	-0006	0.81	+0.0	2.9	3.1	2.5	D
	吐朱群岛 Tudjuh Kepulauan											
	Anambas Kepulauan				主港：丁加奴 TRENGGANU No. 2053 p. 208							
2371	Selat Peninting	3 14	106 15	-0700	-0005	-0022	0.78	+0.2	1.1	1.5	1.0	D
2372	Impul Passage	3 04	105 40	-0700	-0038	-0049	0.81	+0.1	1.2	1.6	1.0	D
	Natuna Kepulauan				主港：卡朗查芒 KARANG DJAMUANG No. 2504 p. 262							
2373	Pulau Laut	4 45	108 00	-0700	+0135	+0103	0.67	-0.1	0.8	1.1	0.7	D
					主港：马尼拉 MANILA No. 2208 p. 226							
2374	Sedanau	3 48	108 02	-0700	+0407	+0418	0.95	+0.6	1.1	1.4	1.0	D
					主港：头顿角 MUI VUNG TAU No. 2102 p. 214							
2375	Subi Kechil	3 03	108 51	-0700	+0135	+0132	0.61	+0.0	1.5	1.7	1.4	D
					主港：克佩尔港 KEPPEL HARBOUR No. 1998 p. 199							
2376	Pulau Serasan	2 30	109 00	-0700	+0350	+0353	0.71	+0.3	1.4	1.9	1.4	S
2377	South Haycock	2 16	108 54	-0700	+0356	+0359	0.48	+0.0	0.9	1.2	0.8	S
	Tambelan Kepulauan				主港：穆西河 AIR MUSI No. 1922 p. 184							
2378	Tambelan Bay	0 59	107 34	-0700	-0341	-0331	0.27	+0.1	0.6	0.9	0.6	D
	Badas Kepulauan				主港：哑门 CUA CAM No. 2137 p. 220							
2379	Tebon	0 35	107 06	-0700	+0141	-0043	0.38	+0.0	0.7	1.1	0.7	D
	婆罗洲（加里曼丹） Borneo											
					主港：沙捞越河 SUNGAI SARAWAK No. 2364 p. 244							
2380	Tanjong Datu	2 05	109 39	-0800	+0006	+0000	0.67	-0.1	2.4	2.5	1.9	D

婆罗洲（加里曼丹）

序号	地名	位置 纬度	位置 经度	标准时间	潮时差 高潮	潮时差 低潮	潮高 比值	潮高 改正数	潮差 平均	潮差 大潮	平均潮位	潮汐类型
				时 分	时 分	时 分		(m)	(m)	(m)	(m)	
	婆罗洲（加里曼丹）Borneo	N	E									
		(°) (′)	(°) (′)		主港：克佩尔港 KEPPEL HARBOUR No. 1998 p. 199							
2381	Sungei Paloh	1 46	109 16	-0800	-0737	-0737	0.74	+0.1	1.6	1.6	1.3	D
					主港：宿务 CEBU No. 2188 p. 223							
2382	Pemangkat	1 11	108 59	-0800	+0556	+0546	0.56	+0.2	0.8	1.0	0.6	D
					主港：穆西河 AIR MUSI No. 1922 p. 184							
2383	Pulau Temaju	0 30	108 52	-0800	-0208	-0105	0.43	+0.0	1.0	1.3	0.8	D
2384	Pontianak (Outer Bar)	0 05	109 08	-0800	-0116	-0041	0.50	+0.0	1.1	1.5	0.9	D
		S	E									
2385	Pontianak	0 01	109 20	-0800	-0023	-0001	0.38	+0.1	0.8	1.2	0.8	D
2386	Tanjong Saleh	0 05	109 10	-0800	-0100	-0005	0.31	+0.2	0.7	0.8	0.8	D
					主港：米里 MIRI No. 2329 p. 241							
2387	Sukadana	1 14	109 57	-0800	+1220	+1304	1.56	-0.5	1.7	2.3	1.2	D
2388	Pawan River Entrance	1 46	109 54	-0800	+1238	+1248	1.30	-0.3	1.4	1.9	1.1	D
	JAVA SEA											
2389	Tanjong Kwala Jelai	2 59	110 44	-0800	-0228	-0327	0.46	+0.0	0.5	0.6	0.5	D
	Sungei Kota Waringin				主港：巴里托河 SUNGAI BARITO No. 2397 p. 247							
2390	Kuala Sapu	2 54	111 26	-0800	+0049	+0108	0.54	+0.5	1.0	1.2	1.0	D
2391	Sungei Aru Tobal	3 10	111 48	-0800	+0114	+0130	0.54	+0.1	1.0	1.2	0.7	D
2392	Kwala Pembuang	3 25	112 34	-0800	+0031	+0041	0.65	+0.6	1.2	1.5	1.3	D
2393	Sampit Baai	3 00	113 03	-0800	+0024	+0100	1.12	+0.0	2.0	2.4	1.4	D
	Sungei Mendawai											
2394	Pegatan	3 17	113 21	-0800	+0016	+0038	1.07	+0.0	1.9	2.4	1.3	D
	Sungei Kahajan											
2395	Tanjong Damaran	3 19	114 05	-0800	+0006	+0020	1.12	+0.1	2.0	2.6	1.5	D
2396	Pangkoh	3 05	114 10	-0800	+0130	+0202	0.91	+0.3	1.7	2.1	1.5	D
	Sungei Barito											
2397	OUTER BAR	3 34	114 29	-0800	（主港）				1.8	2.3	1.3	D
2398	Banjermasin	3 20	114 36	-0800	+0117	+0117	0.92	+0.1	1.7	2.1	1.3	D
2399	Sungei Tabanio	3 45	114 36	-0800	+0029	+0008	0.80	+0.3	1.4	1.8	1.3	D
	Laut Strait				主港：巴厘巴板 BALIK PAPAN No. 2406 p. 250							
2400	Kampong Baru	3 25	116 01	-0800	+0019	+0026	0.76	+0.4	1.2	1.8	1.4	S
	MAKASSAR STRAIT											
2401	Klumpang Bay	3 01	116 13	-0800	-0029	-0024	0.91	+0.1	1.4	2.1	1.4	S

婆罗洲（加里曼丹）

序号	地名	位置 纬度	位置 经度	标准时间 时 分	潮时差 高潮 时 分	潮时差 低潮 时 分	潮高 比值	潮高 改正数 (m)	潮差 平均 (m)	潮差 大潮 (m)	平均潮位 (m)	潮汐类型
	婆罗洲（加里曼丹） Borneo	S	E									
	MAKASSAR STRAIT	(°) (′)	(°) (′)		主港：巴厘巴板 BALIK PAPAN No. 2406 p. 250							
2402	Tanjong Pamukan	2 34	116 29	-0800	+0005	+0003	0.95	+0.1	1.5	2.1	1.4	S
					主港：库堤河 SUNGAI KUTEI No. 2411 p. 253							
2403	Aru Bank	2 15	116 40	-0800	-0046	-0045	1.05	+0.5	1.5	2.3	2.0	S
	Pasir River											
2404	Outer Bar	1 52	116 29	-0800	-0028	-0029	1.12	-0.2	1.5	2.3	1.4	S
2405	Tanahgro got	1 54	116 13	-0800	+0054	+0056	1.16	-0.2	1.6	2.4	1.4	S
2406	BALIK PAPAN	1 16	116 48	-0800	（主港）				1.5	2.4	1.4	S
	Sungei Kutei											
2407	Muara Jawa (Outer Bar)	0 58	117 14	-0800	-0100	*	*	*	*	*	*	*
2408	Muara Pegah (Outer Bar)	0 59	117 19	-0800	-0043	-0043	0.88	+0.1	1.2	1.8	1.3	S
2409	Muara Bekapai (Outer Bar)	0 57	117 31	-0800	-0030	*	*	*	*	*	*	*
2410	Muara Bajor (Outer Bar)	0 36	117 42	-0800	-0037	-0037	0.78	+0.3	1.1	1.6	1.4	S
2411	MUARA BAJOR	0 42	117 30	-0800	（主港）				1.4	2.1	1.4	S
2412	Tanjong Dewa	0 37	117 17	-0800	+0055	+0056	0.80	+0.2	1.1	1.6	1.3	S
2413	Tanjung Marangkaju	0 11	117 27	-0800	-0033	-0034	0.89	+0.1	1.2	1.9	1.3	S
2414	Samarinda	0 30	117 08	-0800	+0118	+0118	0.71	+0.3	1.0	1.4	1.3	S
		N	E									
2415	Beras Basah	0 04	117 33	-0800	-0033	-0033	1.03	-0.1	1.5	2.1	1.3	S
2416	Telok Lombok	0 23	117 34	-0800	-0031	-0031	0.94	-0.1	1.3	1.9	1.2	S
2417	Miang Besar	0 45	118 00	-0800	-0039	-0039	0.86	+0.0	1.2	1.7	1.2	S
	Sungei Sankulirang											
2418	Benoa Baru	1 00	118 01	-0800	-0016	-0016	1.18	-0.5	1.7	2.5	1.2	S
	CELEBES SEA											
	Sungei Berau				主港：达沃 DAVAO No. 2263 p. 229							
2419	Tanjong Birai	2 03	117 54	-0800	+0010	+0010	1.51	+0.4	1.9	2.7	1.6	S
2420	Muara Kassei	2 11	117 55	-0800	+0014	+0015	1.51	+0.6	1.9	2.7	1.8	S
2421	Kampong Sokkan	2 11	117 41	-0800	+0055	+0124	1.62	+0.4	2.0	3.0	1.7	S
2422	Tanjong Redeb	2 10	117 29	-0800	+0212	+0255	1.07	+0.2	1.3	1.9	1.0	S
	Sungei Bulungan											
2423	Tanjong Selor	2 49	117 22	-0800	+0230	+0232	0.58	+0.1	0.7	1.0	0.6	S
2424	Muara Biwan	2 55	117 42	-0800	+0020	+0021	1.43	+0.7	1.8	2.6	1.8	S

婆罗洲（加里曼丹），苏拉威西北岸和西岸

序号	地名	位置		标准时间	潮时差		潮高		潮差		平均潮位	潮汐类型
		纬度	经度	时 分	高潮 时 分	低潮 时 分	比值	改正数 (m)	平均 (m)	大潮 (m)	(m)	
	婆罗洲（加里曼丹） Borneo	N	E									
	Sungei Sesayap	(°) (′)	(°) (′)		主港：达沃 DAVAO No. 2263 p. 229							
2425	Linkas	3 17	117 35	-0800	-0029	-0028	1.56	+0.5	1.9	2.8	1.7	S
2426	Bunyu	3 28	117 50	-0800	+0020	+0021	1.41	+0.6	1.8	2.5	1.7	S
	Nanusa Eilanden				主港：那霸 NAHA No. 1069 p. 112							
2427	Karatoeng	4 43	127 05	-0800	-0116	-0117	0.92	-0.1	1.2	1.6	1.0	S
	Talaud Eilanden				主港：达沃 DAVAO No. 2263 p. 229							
2428	Lirung	3 56	126 42	-0800	-0022	-0023	0.83	+0.3	1.0	1.5	1.0	S
	Sangi Eilanden											
2429	Tahoena	3 34	125 27	-0800	-0022	-0022	0.95	+0.4	1.2	1.7	1.2	S
2430	Menalu	3 31	125 37	-0800	-0018	-0018	1.02	+0.5	1.3	1.8	1.3	S
	苏拉威西北岸 Sulawesi，North Coast											
2431	Menado	1 30	124 50	-0800	-0001	-0001	1.01	+0.4	1.3	1.8	1.2	S
2432	Kwandang Bay	0 47	122 50	-0800	-0008	-0008	0.92	+0.5	1.1	1.6	1.2	S
2433	Baai van Toli Toli	1 02	120 49	-0800	-0016	-0016	0.83	+0.5	1.0	1.6	1.2	S
	苏拉威西西岸 Sulawesi，West Coast											
	MAKASSAR STRAIT	S	E		主港：库堤河 SUNGAI KUTEI No. 2411 p. 253							
2434	Donggala	0 37	119 44	-0800	-0034	-0035	0.84	+0.0	1.2	1.8	1.2	S
2435	Tobintah	1 56	119 18	-0800	-0042	-0040	0.59	+0.1	0.8	1.2	0.9	S
					主港：丁加奴 TRENGGANU No. 2053 p. 208							
2436	Majene	3 33	118 59	-0800	-0351	-0302	0.63	+0.2	0.9	0.8	0.8	D
2437	Pare Pare Bay	4 00	119 37	-0800	-0415	-0410	0.61	+0.2	0.9	1.0	0.8	D
2438	Tanjong Lasonrae	4 13	119 36	-0800	-0412	-0336	0.64	+0.1	0.9	0.9	0.8	D
2439	Ujung Padang（Makassar）	5 09	119 24	-0800	-0457	-0527	0.50	+0.2	0.7	0.9	0.8	D
2440	Lima Island	5 00	117 00	-0800	-0302	-0348	0.53	+0.2	0.8	1.0	0.7	D
2441	Pulau Kalu Kalukuang	5 12	117 42	-0800	-0417	-0439	0.48	+0.1	0.7	0.9	0.6	D
2442	Pulau Dewakang Besar	5 25	118 23	-0800	-0625	-0602	0.44	+0.1	0.6	0.7	0.6	D
2443	De Bril Bank	6 05	118 55	-0800	-0706	-0637	0.60	+0.0	0.9	1.1	0.8	D
	FLORES SEA				主港：泗水 SURABAYA No. 2502 p. 259							
2444	Bonthain	5 32	119 51	-0800	+0015	+0030	0.46	+0.5	0.8	0.9	1.2	D
	Salayar Islands				主港：班达 BANDA No. 2550 p. 265							
2445	Benteng	6 07	120 28	-0800	-0146	-0121	0.80	-0.1	1.3	1.5	1.0	D
	Tiger Islands											
2446	Pasi Telu Tengah	7 04	121 06	-0800	-0031	-0016	0.72	+0.3	1.2	1.3	1.3	D

苏拉威西西岸和东岸

序号	地名	位置 纬度	位置 经度	标准时间 时 分	潮时差 高潮 时 分	潮时差 低潮 时 分	潮高 比值	潮高 改正数 (m)	潮差 平均 (m)	潮差 大潮 (m)	平均潮位 (m)	潮汐类型
	苏拉威西西岸 Sulawesi, West Coast	S	E									
	Tiger Islands	(°) (′)	(°) (′)		主港：班达 BANDA No. 2550 p. 265							
2447	Bone Rate	7 17	121 06	-0800	-0126	-0112	0.85	+0.2	1.4	1.6	1.3	D
	Gulf of Boni											
2448	Kajang	5 17	120 23	-0800	-0136	-0129	0.58	+0.4	1.0	1.0	1.2	D
2449	Kolaka	4 03	121 36	-0800	-0109	-0106	0.98	-0.1	1.6	1.8	1.2	D
	Kabaena Island											
2450	Pulau Baleara	5 10	121 48	-0800	-0130	-0120	1.04	+0.0	1.7	1.9	1.4	D
	Tioro Strait											
2451	Pulau Galla Besar	4 53	122 16	-0800	-0054	-0054	1.18	-0.1	1.9	2.1	1.4	D
2452	Tampona Woh	5 13	122 18	-0800	-0105	-0059	1.02	+0.1	1.7	1.9	1.4	D
	Buton Island											
2453	Buton	5 28	122 37	-0800	-0105	-0058	0.97	-0.1	1.6	1.8	1.2	D
2454	Bola	5 42	122 38	-0800	-0103	-0058	0.90	+0.2	1.5	1.7	1.4	D
2455	Wadjo Baai	5 31	122 51	-0800	-0105	-0057	0.90	+0.2	1.5	1.6	1.4	D
	苏拉威西东岸 Sulawesi, East Coast											
	BANDA SEA											
2456	Lasolo Bay	3 44	122 20	-0800	-0029	-0026	0.85	+0.1	1.4	1.5	1.2	D
2457	Kokoila	3 28	122 55	-0800	-0036	-0035	0.95	+0.0	1.6	1.7	1.2	D
2458	Salabangka	3 03	122 33	-0800	-0039	-0034	0.87	+0.3	1.4	1.6	1.5	D
2459	Bungku	2 32	121 58	-0800	-0126	-0122	0.79	+0.1	1.3	1.4	1.2	D
2460	Lingkobu	2 04	121 33	-0800	-0144	-0139	0.84	+0.0	1.4	1.5	1.2	D
2461	Mumu	1 41	121 56	-0800	-0052	-0044	0.81	+0.1	1.3	1.4	1.1	D
	Peleng Strait				主港：头顿角 MUI VUNG TAU No. 2102 p. 214							
2462	Kintong	1 09	122 40	-0800	-0027	-0020	0.42	+0.0	1.0	1.1	1.0	D
2463	Telok Lamala	0 54	123 09	-0800	-0028	-0030	0.34	+0.2	0.8	0.9	1.0	D
	Gulf of Tomini				主港：库堤河 SUNGAI KUTEI No. 2411 p. 253							
2464	Togian Bay	0 24	122 00	-0800	-0158	-0157	0.45	+0.2	0.6	0.9	0.8	S
					主港：阿德莱德外港 PORT ADELAIDE No. 2991 p. 316							
2465	Tobelombangi	0 56	122 00	-0800	-1156	-1230	0.42	+0.2	0.8	0.7	0.8	D
					主港：库堤河 SUNGAI KUTEI No. 2411 p. 253							
2466	Poso	1 22	120 46	-0800	-0154	-0154	0.46	+0.2	0.6	0.9	0.8	S
		N	E		主港：林肯港 PORT LINCOLN No. 3005 p. 325							
2467	Menelili	0 03	120 06	-0800	-1148	-1230	0.46	+0.1	0.8	0.9	0.8	D

苏拉威西东岸，马鲁古群岛，爪哇北岸

序号	地名	位置 纬度	位置 经度	标准时间 时 分	潮时差 高潮 时 分	潮时差 低潮 时 分	潮高 比值	潮高 改正数 (m)	潮差 平均 (m)	潮差 大潮 (m)	平均潮位 (m)	潮汐类型
	苏拉威西东岸 Sulawesi, East Coast	N	E									
	Gulf of Tomini	(°) (′)	(°) (′)		主港：阿德莱德外港 PORT ADELAIDE No. 2991 p. 316							
2468	Gorontalo	0 30	123 03	-0800	-1211	-1306	0.44	+0.1	0.8	0.7	0.8	D
					主港：库堤河 SUNGAI KUTEI No. 2411 p. 253							
2469	Kema	1 22	125 05	-0800	-0051	-0052	0.48	+0.5	0.6	1.0	1.2	S
2470	Straat Lembeh	1 26	125 12	-0800	-0044	-0047	0.65	-0.1	0.9	1.3	0.8	S
					主港：维拉港 VILA HARBOUR No. 2744 p. 277							
2471	Talisei	1 46	125 05	-0800	+0045	+0046	1.56	+0.0	1.2	1.8	1.2	S
	Banggai Archipelago	S	E		主港：头顿角 MUI VUNG TAU No. 2102 p. 214							
2472	Banggai	1 34	123 28	-0800	-0044	-0048	0.41	+0.0	1.0	1.1	1.0	D
	马鲁古群岛 The Moluccas											
	Kepulauan Sula				主港：科尔萨科夫 PORT KORSAKOV No. 1116 p. 133							
2473	Gela	1 42	124 42	-0800	-0113	-0038	0.79	+0.4	0.4	0.7	1.0	S
					主港：班达 BANDA No. 2550 p. 265							
2474	Teluk Vesuvius	1 54	125 24	-0800	-0057	-0052	0.91	-0.2	1.5	1.6	1.0	D
2475	Sanana	2 00	126 00	-0800	+0030	-0023	0.65	+0.1	1.1	1.3	1.0	D
					主港：怀阿拉 WHYALLA No. 3003 p. 322							
2476	Dofa	1 49	125 24	-0800	+0955	+0852	0.47	+0.3	0.9	0.9	1.0	D
	Bacham				主港：库堤河 SUNGAI KUTEI No. 2411 p. 253							
2477	Sabatang	0 30	127 36	-0900	-0016	-0045	0.47	+0.1	0.8	0.8	0.7	D
	爪哇北岸 Java, North Coast											
	Bawean Island				主港：卡朗查芒 KARANG DJAMUANG No. 2504 p. 262							
2478	Sangkapura Bay	5 50	112 38	-0700	+0031	+0102	0.81	-0.1	1.0	1.4	0.8	D
2479	Rembang	6 43	111 20	-0700	+0013	-0015	0.75	-0.1	0.9	1.2	0.7	D
2480	Karimun Jawa Road	5 53	110 25	-0700	-0009	+0242	0.41	+0.2	0.5	0.5	0.6	D
					主港：星期四岛 THURSDAY ISLAND No. 2801 p. 283							
2481	Semerang	6 58	110 25	-0700	+0703	+0717	0.31	+0.1	0.6	0.7	0.6	D
2482	Tegal	6 51	109 08	-0700	+0803	+0809	0.31	+0.1	0.6	0.6	0.6	D
					主港：洛杉矶 LOS ANGELES No. 1618 p. 163							
2483	Tjirebon	6 42	108 34	-0700	+0057	+0105	0.35	+0.3	0.6	0.6	0.6	D
2484	Boompjes Island	5 54	108 24	-0700	+0055	+0128	0.27	+0.4	0.5	0.5	0.6	D
					主港：雅加达 DJAKARTA No. 2485 p. 256							
2485	DJAKARTA（TANJUNG PRIOK）	6 06	106 52	-0700	（主　港）				0.6	0.8	0.6	D

爪哇北岸、南岸和东岸

序号	地名	位置 纬度	位置 经度	标准时间 时 分	潮时差 高潮 时 分	潮时差 低潮 时 分	潮高 比值	潮高 改正数 (m)	潮差 平均 (m)	潮差 大潮 (m)	平均潮位 (m)	潮汐类型
	爪哇北岸 Java, North Coast	S	E									
		(°) (′)	(°) (′)		主港：雅加达 DJAKARTA No. 2485 p. 256							
2486	Damar Besar (Edam Island)	5 57	106 50	-0700	-0111	-0106	1.00	+0.2	0.6	0.7	0.7	D
					主港：哑门 CUA CAM No. 2137 p. 220							
2487	Thousand Islands	5 35	106 36	-0700	+0543	+0746	0.33	-0.2	0.6	0.7	0.4	D
	SUNDA STRAIT (东)				主港：利尔蒙斯 LEARMONTH No. 3039 p. 328							
2488	Merak Besar	5 56	105 59	-0700	-0344	-0337	0.25	+0.0	0.4	0.6	0.4	S
2489	Karang Tjikonen (Fourth Point)	6 04	105 53	-0700	-0347	-0347	0.36	-0.1	0.5	0.7	0.4	S
2490	Labuhan	6 22	105 49	-0700	-0340	-0331	0.54	-0.1	1.0	1.0	0.7	D
2491	Tanjong Lajar (First Point)	6 45	105 13	-0700	-0338	-0337	0.57	-0.1	1.0	1.1	0.7	D
	爪哇南岸 Java, South Coast											
2492	Genteng Bay	7 24	106 24	-0700	-0308	-0308	0.56	+0.2	0.8	1.1	1.0	S
2493	Tjilauteurem	7 40	107 41	-0700	-0254	-0257	0.62	+0.2	0.9	1.2	1.1	S
2494	Cilacap (Tjilatjap)	7 44	109 00	-0700	-0238	-0239	0.76	+0.0	1.1	1.5	1.1	S
2495	Segoro Wedi Bay	8 18	111 43	-0700	-0225	-0211	0.81	+0.0	1.4	1.6	1.2	D
	爪哇东岸 Java, East Coast											
2496	Benyuwangi	8 12	114 24	-0700	-0131	-0134	0.76	+0.5	1.1	1.5	1.6	S
					主港：泗水 SURABAYA No. 2502 p. 259							
2497	Duiven Island	8 02	114 28	-0700	-0136	-0110	0.53	+0.5	0.9	1.1	1.3	D
	Madura Strait											
2498	Meinderts Reef	7 41	114 26	-0700	-0113	-0047	0.66	-0.1	1.2	1.4	0.9	D
2499	Zwaantjes Reef	7 28	113 07	-0700	-0106	-0107	0.97	-0.1	1.7	1.9	1.4	D
2500	Pasuruan	7 38	112 55	-0700	-0013	-0033	1.14	-0.1	2.0	2.2	1.6	D
	Selat Surabaya											
2501	Karang Kleta	7 20	112 52	-0700	-0013	-0031	1.13	-0.2	2.0	2.2	1.5	D
2502	SURABAYA	7 13	112 44	-0700	(主 港)				1.8	2.0	1.5	D
					主港：卡朗查芒 KARANG DJAMUANG No. 2504 p. 262							
2503	Udjong Pangka	6 52	112 34	-0700	-0131	+0109	0.96	+0.1	1.1	1.5	1.1	D
2504	KARANG DJAMUANG	6 56	112 44	-0700	(主 港)				1.2	1.6	1.1	D
2505	Tandjong Modung	6 54	112 49	-0700	-0211	+0030	0.97	+0.0	1.2	1.5	1.1	D
					主港：米里 MIRI No. 2329 p. 241							
2506	Sembilangan	7 02	112 41	-0700	-0019	-0030	1.17	-0.2	1.3	1.5	1.2	D

马都拉岛，巴厘岛，龙目岛，松巴哇岛

序号	地名	位置 纬度	位置 经度	标准时间 时 分	潮时差 高潮 时 分	潮时差 低潮 时 分	潮高 比值	潮高 改正数 (m)	潮差 平均 (m)	潮差 大潮 (m)	平均潮位 (m)	潮汐类型
	马都拉岛 Madura	S	E									
		(°) (′)	(°) (′)		主港：泗水 SURABAYA No. 2502 p. 259							
2507	Gading	7 12	112 55	-0700	-0008	-0026	1.14	-0.2	2.0	2.2	1.5	D
2508	Kalianget	7 03	113 55	-0700	-0136	-0125	1.19	-0.4	1.4	2.1	1.4	S
					主港：卡朗查芒 KARANG DJAMUANG No. 2504 p. 262							
2509	Ambunten	6 53	113 44	-0700	+0029	-0131	0.62	+0.0	0.7	0.9	0.6	D
					主港：泗水 SURABAYA No. 2502 p. 259							
2510	Sapudi	7 05	114 16	-0700	-0052	-0029	0.68	+0.0	1.2	1.5	1.0	D
2511	Pulau Telango	7 10	114 47	-0700	-0107	-0038	0.70	-0.1	1.2	1.5	1.0	D
	Kepulauan Kangean											
2512	Saubi	7 00	115 27	-0700	-0053	-0053	0.58	+0.2	1.0	1.2	1.1	D
	巴厘岛 Bali											
2513	Buleleng	8 06	115 05	-0700	-0050	-0047	0.66	+0.0	1.2	1.4	1.0	D
2514	Telok Padang	8 32	115 30	-0700	-0120	-0127	0.72	+0.0	1.3	1.4	1.1	D
					主港：利尔蒙斯 LEARMONTH No. 3039 p. 328							
2515	Sanur	8 41	115 16	-0700	-0148	-0120	1.01	-0.1	1.8	2.0	1.3	D
2516	Benoa	8 45	115 13	-0700	-0147	-0154	1.06	-0.3	1.5	2.1	1.3	S
	龙目岛 Lombok											
					主港：拉布安 LABUAN No. 2316 p. 238							
2517	Ampenan	8 34	116 04	-0800	-0025	-0034	0.74	+0.1	1.0	1.0	1.1	D
					主港：泗水 SURABAYA No. 2502 p. 259							
2518	Labuan Tereng	8 43	116 03	-0800	-0027	-0012	0.68	+0.1	1.2	1.4	1.1	D
2519	Tanjong Pandanan	8 45	115 53	-0800	-0100	-0046	0.68	+0.1	1.2	1.3	1.1	D
	Paternoster Islands											
2520	Sailus	7 32	117 27	-0800	+0052	+0057	0.65	+0.0	1.2	1.4	1.1	D
	Postiljon Islands											
2521	Sapuka Besar	7 04	118 13	-0800	+0051	+0051	0.71	+0.0	1.3	1.5	1.1	D
	松巴哇岛 Sumbawa											
					主港：班达 BANDA No. 2550 p. 265							
2522	Bima	8 27	118 43	-0800	-0132	-0113	0.68	+0.0	1.1	1.2	0.9	D
2523	Sepeh Bay	8 34	119 02	-0800	-0140	-0143	0.83	+0.1	1.4	1.5	1.2	D
					主港：利尔蒙斯 LEARMONTH No. 3039 p. 328							
2524	Waworada Bay	8 42	118 49	-0800	-0049	-0049	1.23	-0.2	1.8	2.5	1.6	S
	Komodo											
2525	Telok Slawi	8 36	119 31	-0800	+0004	+0004	1.02	+0.3	1.5	2.0	1.8	S

松巴岛，弗洛勒斯岛，帝汶岛，西南群岛，东南群岛

序号	地名	位置 纬度	位置 经度	标准时间 时 分	潮时差 高潮 时 分	潮时差 低潮 时 分	潮高 比值	潮高 改正数 (m)	潮差 平均 (m)	潮差 大潮 (m)	平均潮位 (m)	潮汐类型
	松 巴 岛 Sumba	S	E									
		(°) (′)	(°) (′)		主港：利尔蒙斯 LEARMONTH No. 3039 p. 328							
2526	Sendikeri Bay	9 46	119 37	-0800	-0108	-0108	1. 35	-0. 4	2. 0	2. 8	1. 6	S
2527	Waingapu Road	9 38	120 15	-0800	-0028	-0029	1. 24	-0. 3	1. 8	2. 5	1. 6	S
	弗洛勒斯岛 Flores											
2528	Linteh	8 40	119 48	-0800	-0012	-0012	1. 28	+0. 0	1. 9	2. 6	1. 9	S
2529	Telok Perapat	8 47	119 50	-0800	-0022	-0022	1. 34	-0. 1	2. 0	2. 8	1. 9	S
2530	Ende	8 47	121 24	-0800	-0032	-0033	1. 27	-0. 1	1. 8	2. 6	1. 8	S
					主港：班达 BANDA No. 2550 p. 265							
2531	Maumere	8 39	122 13	-0800	-0116	-0109	0. 96	+0. 0	1. 6	1. 8	1. 3	D
2532	Labuan Badjo	8 29	119 53	-0800	-0154	-0146	0. 85	+0. 8	1. 4	1. 5	1. 9	D
	Solor											
2533	Lamakera	8 22	123 11	-0800	-0219	-0218	1. 01	+0. 1	1. 3	1. 8	1. 4	S
	Pantar											
2534	Kabir	8 16	124 13	-0800	-0126	-0125	0. 93	+0. 1	1. 5	1. 7	1. 3	D
	Alor											
2535	Kalabahi	8 14	124 32	-0800	-0152	-0151	1. 17	-0. 2	1. 5	2. 0	1. 3	S
	帝 汶 岛 Timor				主港：利尔蒙斯 LEARMONTH No. 3039 p. 328							
2536	Atapoepoe	9 01	124 53	-0800	+0014	+0014	0. 86	+0. 0	1. 2	1. 8	1. 3	S
2537	Kupang	10 10	123 34	-0800	-0018	-0018	0. 70	+0. 1	1. 0	1. 5	1. 1	S
					主港：班达 BANDA No. 2550 p. 265							
2538	Saenamo	8 40	127 00	-0800	-0238	-0224	1. 36	+0. 0	2. 2	2. 3	1. 7	S
	西南群岛 Southwest Islands											
2539	Liran	8 05	125 42	-0900	-0012	-0011	1. 11	+0. 0	1. 8	2. 0	1. 4	D
	Damar											
2540	Telok Solat	7 09	128 40	-0900	-0016	-0009	0. 89	+0. 1	1. 5	1. 5	1. 3	D
	Kisar				主港：塘沽 TANGGU No. 301 p. 85							
2541	Pantai Wonreli	8 06	127 09	-0900	+0930	+0851	0. 45	+0. 2	1. 5	1. 5	1. 3	D
	东南群岛 Southeast Islands											
	Babar				主港：班达 BANDA No. 2550 p. 265							
2542	Tepa Road	8 00	129 35	-0900	-0013	-0011	0. 92	+0. 1	1. 2	1. 5	1. 3	S
	Tanimbar Islands											
2543	Ritabel Bay	7 09	131 43	-0900	+0037	+0031	0. 99	+0. 1	1. 6	1. 8	1. 3	D

东南群岛，塞兰岛，布鲁岛，哈马黑拉岛

序号	地名	位置 纬度	经度	标准时间 时 分	潮时差 高潮 时 分	低潮 时 分	潮高 比值	改正数 (m)	潮差 平均 (m)	大潮 (m)	平均潮位 (m)	潮汐类型
	东南群岛 Southeast Islands	S	E									
	Aru Islands	(°) (′)	(°) (′)		主港：马尼拉 MANILA No. 2208 p. 226							
2544	Barakan	6 35	134 46	-0900	+0617	+0634	1. 63	+0. 5	1. 6	2. 2	1. 2	D
					主港：班达 BANDA No. 2550 p. 265							
2545	Dobo	5 45	134 14	-0900	+0014	+0012	1. 04	+0. 0	1. 7	1. 9	1. 3	D
	Kei Islands											
2546	Bandan Ellat	5 38	132 58	-0900	+0011	+0007	0. 99	+0. 1	1. 6	1. 8	1. 3	D
2547	Tual	5 38	132 43	-0900	-0012	-0012	0. 76	+0. 3	1. 0	1. 3	1. 3	S
2548	Tayandu	5 31	132 17	-0900	+0039	+0032	1. 00	+0. 0	1. 6	1. 7	1. 3	D
	Watubela Islands											
2549	Rumah Lusi	4 48	131 42	-0900	+0014	+0020	1. 04	+0. 0	1. 7	1. 9	1. 3	D
	Banda Islands											
2550	BANDA HARBOUR（Naira）	4 32	129 53	-0900	（主　港）				1. 6	1. 8	1. 3	D
	塞兰岛 Seram											
2551	Pulau Geser	3 53	130 54	-0900	+0000	+0003	0. 96	+0. 1	1. 6	1. 7	1. 3	D
2552	Bula Bay	3 07	130 32	-0900	+0033	+0028	0. 73	+0. 0	1. 2	1. 3	1. 0	D
2553	Tanivel	2 48	128 24	-0900	+0037	+0016	0. 55	+0. 1	0. 9	1. 0	0. 9	D
2554	Ambon	3 41	128 11	-0900	+0006	+0017	0. 90	+0. 0	1. 5	1. 7	1. 1	D
	布鲁岛 Buru Island											
2555	Teluk Kayeli	3 16	127 06	-0900	-0022	-0018	0. 61	+0. 3	1. 0	1. 1	1. 1	D
2556	Teluk Bara	3 00	126 13	-0900	-0021	+0000	0. 81	+0. 1	1. 3	1. 5	1. 2	D
2557	Teluk Tifu	3 43	126 26	-0900	-0049	-0019	0. 78	+0. 2	1. 3	1. 3	1. 1	D
	Obi Islands											
2558	Wai Lower	1 42	127 38	-0900	+0119	+0043	0. 55	-0. 1	1. 0	1. 0	0. 6	D
2559	Laiwui	1 20	127 38	-0900	+0241	+0204	0. 43	+0. 0	0. 8	0. 0	0. 6	D
	Bachan				主港：丁加奴 TRENGGANU No. 2053 p. 208							
2560	Labuha	0 41	127 26	-0900	-0605	-0558	0. 41	+0. 2	0. 6	0. 6	0. 6	D
	哈马黑拉岛 Halmahera	N	E									
					主港：库堤河 SUNGAI KUTEI No. 2411 p. 253							
2561	Ternate	0 47	127 22	-0900	+0015	+0013	0. 48	+0. 2	0. 7	1. 0	0. 9	S
					主港：克佩尔港 KEPPEL HARBOUR No. 1998 p. 199							
2562	Asmiro	2 00	127 48	-0900	-0439	-0438	0. 42	+0. 4	0. 9	1. 2	1. 1	S

哈马黑拉岛，伊里安查亚

序号	地名	位置 纬度	位置 经度	标准时间 时 分	潮时差 高潮 时 分	潮时差 低潮 时 分	潮高 比值	潮高 改正数 (m)	潮差 平均 (m)	潮差 大潮 (m)	平均潮位 (m)	潮汐类型
	哈马黑拉岛 Halmahera	N	E									
		(°) (′)	(°) (′)		主港：那霸 NAHA No. 1069 p. 112							
2563	Galela Bay	1 48	127 49	-0900	-0037	-0037	0.72	+0.2	0.9	1.3	1.1	S
2564	Kau	1 11	127 55	-0900	+0020	+0033	1.08	-0.1	1.7	1.7	1.2	D
2565	Buli	0 54	128 15	-0900	-0036	-0037	0.81	-0.1	1.0	1.3	0.9	S
2566	Bicholi	0 35	128 34	-0900	-0055	-0056	0.74	+0.0	0.9	1.3	0.9	S
					主港：硇洲 NAOZHOU No. 34 p. 10							
2567	Tepeleu	0 20	128 46	-0900	-0456	-0452	0.43	+0.0	1.0	1.1	0.8	D
					主港：库堤河 SUNGAI KUTEI No. 2411 p. 253							
2568	Patani	0 15	128 45	-0900	-0050	-0016	0.35	+0.3	0.6	0.5	0.8	D
					主港：林肯港 PORT LINCOLN No. 3005 p. 325							
2569	Ganei Bay	0 42	128 12	-0900	-0902	-0930	0.63	+0.1	0.7	0.8	0.7	D
	伊里安查亚 Lrian Jaya	S	E		主港：头顿角 MUI VUNG TAU No. 2102 p. 214							
2570	Telok Kaja (Hollandia Baai)	2 32	140 44	-0900	-0706	-0658	0.32	-0.1	0.8	0.9	0.7	D
2571	Jayapura	2 25	140 32	-0900	-0707	-0703	0.38	-0.1	0.9	1.1	0.8	D
2572	Demta Baai	2 21	140 14	-0900	-0659	-0653	0.41	-0.1	1.0	1.2	0.9	D
2573	Sarmi	1 51	138 44	-0900	-0647	-0646	0.44	+0.0	1.1	1.2	1.0	D
	Schouten Eilanden				主港：横滨 YOKOHAMA No. 826 p. 127							
2574	Korim	0 55	136 02	-0900	+0152	+0153	0.86	+0.1	1.2	1.3	1.1	D
2575	Mios Woendi, Soepiori	0 38	135 30	-0900	+0152	+0200	0.98	+0.0	1.3	1.4	1.1	D
2576	Korido	0 51	135 35	-0900	+0207	+0202	1.11	+0.1	1.5	1.5	1.3	D
2577	Biak	1 11	136 04	-0900	+0207	+0204	0.96	+0.0	1.3	1.4	1.1	D
2578	Bosnik	1 11	136 12	-0900	+0156	+0201	0.97	+0.0	1.3	1.4	1.1	D
	Noemfoor											
2579	Jenmanoe	0 56	134 50	-0900	+0224	+0223	0.91	+0.1	1.2	1.3	1.1	D
	Japen Island				主港：那霸 NAHA No. 1069 p. 112							
2580	Seroei	1 53	136 15	-0900	-0018	-0017	1.06	+0.1	1.6	1.7	1.4	D
2581	Moor Eilanden	3 00	134 50	-0900	+0005	+0006	0.94	+0.1	1.2	1.6	1.2	S
2582	Nabire	3 23	135 31	-0900	-0014	-0015	0.97	+0.1	1.2	1.6	*	S
2583	Kwatisore Baai	3 12	134 53	-0900	-0008	-0010	1.02	+0.0	1.6	1.6	1.2	D
2584	Wassior	2 44	134 30	-0900	-0018	-0017	1.06	+0.1	1.6	1.7	1.3	D
	Roon											
2585	Jende	2 22	134 32	-0900	+0011	+0012	0.98	+0.1	1.2	1.6	1.3	S
2586	Sjeri	1 36	134 06	-0900	+0022	+0023	1.02	+0.1	1.3	1.7	1.3	S

伊 里 安 查 亚

序号	地名	位置 纬度 (°) (′)	位置 经度 (°) (′)	标准时间 时 分	潮时差 高潮 时 分	潮时差 低潮 时 分	潮高 比值	潮高 改正数 (m)	潮差 平均 (m)	潮差 大潮 (m)	平均潮位 (m)	潮汐类型
	伊里安查亚 Irian Jaya	S	E									
					主港：克佩尔港 KEPPEL HARBOUR No. 1998 p. 199							
2587	Manokwari	0 52	134 05	-0900	+0740	+0749	0.66	+0.0	1.4	1.6	1.1	D
2588	Dore´ Hoem Baai	0 46	131 32	-0900	+0648	+0659	0.57	+0.3	1.2	1.3	1.2	D
2589	Tanjong Sorong	0 50	131 13	-0900	+0743	+0751	0.57	+0.1	1.2	1.3	1.0	D
	Straat Sele				主港：香港 XIANGGANG No. 84 p. 28							
2590	OenaGinim	1 11	131 07	-0900	-0256	-0313	0.60	+0.2	0.9	0.9	1.0	D
		N	E		主港：那霸 NAHA No. 1069 p. 112							
2591	Ayu Islands	0 30	131 06	-0900	-0045	-0045	0.91	+0.1	1.2	1.5	1.2	S
	Waigeu Island	S	E									
2592	Saonek	0 27	130 46	-0900	-0022	-0023	0.79	+0.3	1.0	1.4	1.2	S
2593	Mutus Island	0 21	130 20	-0900	-0110	-0110	0.51	+0.6	0.7	1.0	1.2	S
2594	Ju Island	0 19	130 08	-0900	-0040	-0041	0.86	+0.2	1.1	1.4	1.2	S
	Batanta											
2595	Dokkor	0 45	130 45	-0900	-0047	-0047	0.67	+0.4	0.9	1.2	1.2	S
	Salawati											
2596	Jef Doif	0 54	131 01	-0900	-0008	-0008	0.75	+0.1	0.9	1.2	1.0	S
					主港：班达 BANDA No. 2550 p. 265							
2597	Straat Lenna (Samake)	1 00	131 06	-0900	-0708	-0706	0.75	+0.0	1.2	1.3	1.0	D
					主港：阿德莱德外港 PORT ADELAIDE No. 2991 p. 316							
2598	Peli Island	1 24	130 55	-0900	+1243	+1156	0.46	+0.3	0.9	0.9	1.0	D
2599	Sailolof	1 17	130 46	-0900	+1310	+1224	0.50	+0.3	1.0	1.1	1.0	D
2600	Schildpad Islands	1 25	130 29	-0900	+1313	+1238	0.52	+0.2	1.0	1.0	1.0	D
	Misool				主港：班达 BANDA No. 2550 p. 265							
2601	Waigama	1 50	129 50	-0900	+0200	+0212	0.40	+0.3	0.5	0.8	0.8	S
2602	Jef Joes Reef	1 46	131 08	-0900	+0039	+0041	0.83	+0.6	1.4	1.5	1.7	D
	Berau Peninsula											
2603	Kobalin	1 32	131 17	-0900	+0056	+0053	0.87	+0.5	1.4	1.5	1.7	D
2604	Karabra River	1 30	131 41	-0900	+0030	+0028	0.97	+0.4	1.6	1.6	1.7	D
2605	Sungei Kaboes (Kaibus)	1 36	131 48	-0900	+0130	+0122	1.11	+0.2	1.8	1.9	1.7	D
2606	Waronge River	1 42	132 00	-0900	+0111	+0103	1.14	+0.2	1.9	2.0	1.7	D
2607	Sungei Kais	2 02	132 02	-0900	+0043	+0046	0.94	+0.5	1.5	1.7	1.7	D
	Mc Cluer Gulf				主港：塘沽 TANGGU No. 301 p. 85							
2608	Sungei Wasian	2 13	133 33	-0900	-0845	-0921	1.18	+0.2	3.7	3.9	3.1	D
2609	Muturi Terminal	2 12	133 40	-0900	-0839	-0914	1.35	+0.0	4.2	4.4	3.2	D
2610	Babo	2 30	133 24	-0900	-0836	-0918	1.07	+0.0	3.4	3.6	2.6	D

伊里安查亚，巴布亚新几内亚

序号	地名	位置 纬度	位置 经度	标准时间 时 分	潮时差 高潮 时 分	潮时差 低潮 时 分	潮高 比值	潮高 改正数 (m)	潮差 平均 (m)	潮差 大潮 (m)	平均潮位 (m)	潮汐类型
	伊里安查亚 Irian Jaya	S	E									
	Mc Cluer Gulf	(°) (′)	(°) (′)		主港：班达 BANDA No. 2550 p. 265							
2611	Modan	2 23	133 54	-0900	+0156	+0139	1.89	-1.3	3.9	4.9	3.6	S
					主港：曼谷 BANGKOK BAR No. 2069 p. 211							
2612	Sekar Bay	2 42	132 25	-0900	+1144	+1155	0.54	+0.1	1.2	1.5	1.5	D
					主港：班达 BANDA No. 2550 p. 265							
2613	Fak Fak	2 56	132 18	-0900	+0009	+0015	0.98	+0.1	1.6	1.8	1.4	D
2614	Kaimana Bay	3 40	133 45	-0900	+0017	+0015	1.14	+0.0	1.9	2.0	1.5	D
	Lakahia Bay											
2615	Lakahia Island	4 04	134 36	-0900	+0021	+0021	1.07	+0.2	1.8	1.9	1.5	D
2616	Etna Bay	3 56	134 40	-0900	+0138	+0130	1.25	+0.0	2.1	2.2	1.5	D
2617	Aidoena	4 27	135 15	-0900	+0028	+0056	0.91	+0.0	1.6	1.9	1.2	D
					主港：宿务 CEBU No. 2188 p. 223							
2618	Uta River	4 34	136 00	-0900	+0341	+0409	1.15	+0.3	1.7	2.2	1.2	D
					主港：马尼拉 MANILA No. 2208 p. 226							
2619	Kaukonau，Sungei Mimika	4 44	136 25	-0900	+0504	+0434	1.87	+0.2	1.7	2.4	1.2	D
					主港：东方 DONGFANG No. 15 p. 4							
2620	Timika	4 46	136 33	-0900	-0014	-0023	1.33	-0.7	2.1	3.2	1.2	D
2621	Aika	4 54	136 48	-0900	-0034	-0005	1.13	-0.1	1.8	2.7	1.5	D
2622	Japoro	5 01	137 12	-0900	-0004	-0107	1.28	-0.2	2.1	3.1	1.8	D
2623	Agats，Flamingo Bay	5 32	138 08	-0900	-0059	-0048	1.78	-0.1	2.8	4.1	3.0	D
					主港：宇岛 HON NIEU No. 2133 p. 217							
2624	Sungei Cook	6 20	138 26	-0900	-0223	-0208	1.58	-0.1	2.8	3.7	3.0	D
					主港：曼谷 BANGKOK BAR No. 2069 p. 211							
2625	Digul River	7 07	138 45	-0900	-0657	-0653	2.03	-1.1	4.7	5.9	4.3	D
	Marianne Strait				主港：头顿角 MUI VUNG TAU No. 2102 p. 214							
2626	Golieb	7 38	139 04	-0900	+0935	+0956	2.12	-0.1	5.2	6.0	5.0	D
2627	Sungei Damboe	8 02	138 54	-0900	+1012	+1038	2.27	-0.2	5.6	6.2	5.2	D
					主港：班达 BANDA No. 2550 p. 265							
2628	Merauke	8 29	140 23	-0900	+1135	+1208	2.27	+0.4	3.7	4.1	3.3	D
	巴布亚新几内亚 Papua New Guinea				主港：莫尔兹比港 PORT MORESBY No. 2639 p. 268							
2629	Daru	9 04	143 12	-1000	+0155	+0152	1.56	-0.6	1.7	2.5	2.0	S
2630	Bamu River Entrance	8 10	143 40	-1000	+0145	*	*	*	*	*	2.5	S

巴布亚新几内亚，路易西亚德群岛

序号	地名	位置 纬度	位置 经度	标准时间 时 分	潮时差 高潮 时 分	潮时差 低潮 时 分	潮高 比值	潮高 改正数 (m)	潮差 平均 (m)	潮差 大潮 (m)	平均潮位 (m)	潮汐类型
	巴布亚新几内亚 Papua New Guinea	S	E									
		(°) (′)	(°) (′)		主港：麦凯外港 MACKAY OUTER HARBOUR No. 2864 p. 295							
2631	Umuda Island	8 30	143 47	-1000	-0002	-0005	0.63	+0.7	2.3	3.4	2.6	S
2632	Goaribari Island	7 45	144 12	-1000	+0002	+0005	0.66	+0.7	2.4	3.4	2.7	S
2633	Omati	7 26	143 58	-1000	+0145	+0238	0.75	-0.2	2.8	4.1	2.0	S
					主港：莫尔兹比港 PORT MORESBY No. 2639 p. 268							
2634	Kikori	7 25	144 15	-1000	+0226	+0314	1.17	-0.7	1.6	2.3	1.2	S
2635	Port Romilly	7 40	144 50	-1000	+0105	+0102	1.66	-0.7	1.9	2.7	2.0	S
2636	Kerema	7 58	145 45	-1000	+0025	+0024	1.13	-0.6	1.2	1.8	1.3	S
2637	Cape Possession	8 36	146 23	-1000	-0005	*	*	*	*	*	1.2	S
2638	Hall Sound	8 50	146 32	-1000	-0010	-0002	0.95	-0.4	1.0	1.5	1.2	S
2639	PORT MORESBY	9 29	147 08	-1000	（主港）				1.1	1.6	1.6	S
2640	Bootless Inlet	9 30	147 15	-1000	-0009	-0010	1.15	-0.4	1.3	1.9	1.5	S
2641	Kaligola Point	10 09	148 16	-1000	-0009	-0014	0.96	-0.2	1.5	1.5	1.4	D
2642	Dedele Point	10 14	148 43	-1000	+0004	*	*	*	*	*	1.2	S
2643	South Cape	10 43	150 15	-1000	-0020	-0015	0.63	+0.1	0.7	1.0	1.1	S
2644	Samarai Island	10 37	150 40	-1000	+0023	+0002	0.70	-0.1	1.1	1.1	1.0	D
	路易西亚德群岛 Louisiade Archipelago											
	Basilaki				主港：曼谷 BANGKOK BAR No. 2069 p. 211							
2645	Pitt Bay	10 37	151 03	-1000	+0545	+0445	0.26	-0.1	0.6	0.7	0.6	D
2646	Shortland Island	10 32	151 05	-1000	+0523	+0416	0.29	+0.1	0.7	0.8	0.8	D
2647	Blakeney Island	10 25	151 13	-1000	+0619	+0426	0.27	+0.0	0.6	0.8	0.6	D
2648	Duchateau Islands	11 17	152 22	-1000	+0349	+0356	0.41	-0.2	0.9	1.0	0.8	D
	Pana Tinani Island				主港：基隆 JILONG No. 121 p. 40							
2650	Hati Lawi Harbour	11 16	153 10	-1000	-0045	-0029	1.23	+0.2	1.0	1.1	0.9	D
	Rossel Island				主港：和乐 JOLO No. 2283 p. 232							
2653	Cape Deliverance	11 24	154 17	-1000	-0920	-0913	0.60	+0.7	0.6	0.7	0.9	D
					主港：德雷杰港 DREGER HARBOUR No. 2665 p. 271							
2654	Goschen Strait，East Cape	10 14	150 53	-1000	-0052	-0052	0.67	-0.4	0.4	0.5	0.4	D
2655	Boia Boia Island	10 13	150 55	-1000	-0050	-0050	0.67	-0.3	0.4	0.5	0.5	D
2658	Kiriwina Islands	8 28	150 58	-1000	-0015	*	0.83	-0.4	0.5	0.6	0.6	D
	巴布亚新几内亚 Papua New Guinea											
2659	Aigura Point	10 08	150 15	-1000	-0048	-0011	1.07	-0.6	0.6	0.8	0.7	D
2660	Iasi-iasi Anchorage	9 40	150 02	-1000	-0100	*	*	*	*	*	*	*

巴布亚新几内亚，俾斯麦群岛，所罗门群岛

序号	地名	位置 纬度 (° ′)	位置 经度 (° ′)	标准时间 时 分	潮时差 高潮 时 分	潮时差 低潮 时 分	潮高 比值	潮高 改正数 (m)	潮差 平均 (m)	潮差 大潮 (m)	平均潮位 (m)	潮汐类型
	巴布亚新几内亚 Papua New Guinea	S	E									
					主港：德雷杰港 DREGER HARBOUR No. 2665 p. 271							
2661	Tufi Harbour	9 05	149 19	-1000	-0026	-0013	1.26	-0.9	0.8	0.9	0.5	D
2662	Port Harvey	8 55	148 35	-1000	-0100	*	*	*	*	*	*	*
2663	Oro Bay	8 53	148 29	-1000	-0006	-0009	1.18	-0.8	0.7	0.8	0.6	D
2664	Lae	6 45	147 00	-1000	+0010	-0050	1.08	-0.1	0.7	0.6	1.2	D
2665	DREGER HARBOUR	6 39	147 53	-1000	（主港）				0.6	0.7	1.2	D
2666	Finsch Harbour	6 33	147 52	-1000	+0004	+0004	0.83	-0.4	0.5	0.6	0.6	D
2667	Madang Harbour	5 13	145 48	-1000	+0030	+0030	1.00	-0.4	0.6	0.7	0.8	D
					主港：釜石 KAMAISI No. 853 p. 130							
2668	Wewak	3 33	143 38	-1000	+0439	+0506	0.68	+0.2	0.7	0.8	0.8	D
2671	Vanimo	2 41	141 18	-1000	+0415	0410	0.92	+0.1	0.9	1.1	0.9	D
	俾斯麦群岛 Bismarck Archipelago											
	Admiralty Islands				主港：泽阿德勒 SEEADLER HARBOUR No. 2672 p. 274							
2672	SEEADLER HARBOUR	2 01	147 16	-1000	（主港）				0.6	0.8	0.5	D
	New Britain											
2673	Kimbe Bay	5 30	150 06	-1000	-0008	+0026	0.86	+0.3	0.5	0.7	0.7	D
2674	Talasea	5 19	150 04	-1000	+0010	+0033	0.89	+0.2	0.5	0.7	0.7	D
					主港：德雷杰港 DREGER HARBOUR No. 2665 p. 271							
2676	Rabaul	4 12	152 11	-1000	+0012	+0131	0.83	-0.6	0.6	0.7	0.5	D
2677	Kokopo	4 21	152 17	-1000	+0000	+0000	0.83	-0.5	0.6	0.7	0.6	D
	Duke of York Group											
2678	Mioko Harbour	4 13	152 28	-1000	-0035	+0120	*	*	*	*	0.5	D
2679	Makada Harbour	4 06	152 26	-1000	-0035	+0120	*	*	*	*	0.5	D
	New Ireland											
2680	Kavieng	2 35	150 48	-1000	-0007	+0037	0.67	-0.1	0.6	0.7	0.6	D
	所罗门群岛 Solomon Islands											
	Bougainville				主港：阿斯托里亚 ASTORIA No. 1563 p. 157							
2681	Kieta	6 12	155 38	-1000	+0125	+0146	0.32	+0.4	0.9	1.0	0.8	D
2682	Anewa Bay	6 11	155 53	-1000	+0118	+0115	0.38	+0.3	0.7	1.0	0.8	S
	Choiseul				主港：山打根 SANDAKAN No. 2305 p. 235							
2683	Choiseul Bay	6 42	156 24	-1100	-0723	-0730	0.65	+0.2	0.9	0.9	0.9	D

所 罗 门 群 岛

序号	地名	位置		标准时间	潮时差		潮高		潮差		平均潮位	潮汐类型
		纬度	经度	时 分	高潮 时 分	低潮 时 分	比值	改正数 (m)	平均 (m)	大潮 (m)	(m)	
	所罗门群岛 Solomon Islands	S	E									
	Choiseul	(°) (′)	(°) (′)		主港：德雷杰港 DREGER HARBOUR No. 2665 p. 271							
2684	Sasamungga	7 02	156 46	-1100	+0010	+0010	0.83	-0.6	0.6	0.7	0.4	D
2685	Katurasele	7 11	156 54	-1100	+0048	+0048	0.67	-0.1	0.6	0.7	0.6	D
2686	Vaghena Island	7 28	157 44	-1100	-0015	-0015	0.83	-0.4	0.6	0.7	0.7	D
					主港：巴厘巴板 BALIK PAPAN No. 2406 p. 250							
2687	Lengambangara Point	7 24	157 47	-1100	-0254	-0257	0.66	-0.3	1.0	1.5	0.7	S
2688	Laena Island	7 18	157 36	-1100	-0228	-0230	0.81	+0.4	1.2	1.9	1.5	S
					主港：库堤河 SUNGAI KUTEI No. 2411 p. 253							
2689	Sikopo Island	7 26	157 58	-1100	-0308	-0317	0.40	+0.1	0.5	0.8	0.7	S
					主港：科尔萨科夫 PORT KORSAKOV No. 1116 p. 133							
2690	Maleivona Island	7 29	158 03	-1100	-0137	-0118	0.75	+0.1	0.7	0.8	0.7	D
	New Georgia Group				主港：德雷杰港 DREGER HARBOUR No. 2665 p. 271							
2692	Simbo Island	8 16	156 31	-1100	*	*	0.50	-0.2	0.3	0.4	0.5	D
2693	Gizo Anchorage	8 06	156 51	-1100	-0008	-0008	0.67	-0.2	0.6	0.8	0.6	D
2694	Blackett Strait	8 08	157 08	-1100	+0025	+0025	0.83	-0.6	0.6	0.8	0.4	D
2695	Munda Point (Musa Zonga Island)	8 20	157 14	-1100	+0040	+0040	0.67	-0.4	1.8	1.9	0.4	D
2696	Viru Harbour	8 30	157 45	-1100	+0000	+0000	1.17	-1.0	0.6	0.8	0.6	D
2697	Marovo Lagoon (Karunohu Island)	8 30	157 58	-1100	+0036	+0036	0.67	-0.2	0.6	0.7	0.4	D
2698	Monggo Passage	8 21	157 52	-1100	+0012	+0012	0.67	-0.2	0.6	0.7	0.4	D
2699	Lolomo Passage	8 11	157 41	-1100	+0012	+0012	0.83	-0.5	0.6	0.7	0.6	D
2700	Lever Harbour	8 01	157 36	-1100	-0027	+0054	0.67	-0.3	0.5	0.7	0.5	D
2701	Hathorn Sound	8 14	157 12	-1100	-0037	+0230	0.83	-0.5	0.7	0.9	0.5	D
	Russell Islands											
2702	Yandina	9 04	159 13	-1100	-0158	+0314	0.67	-0.2	0.5	0.7	0.6	D
	Guadalcanal Island											
2703	Kukum	9 26	160 00	-1100	-0005	-0005	0.83	-0.6	0.6	0.7	0.4	D
					主港：山打根 SANDAKAN No. 2305 p. 235							
2704	Nugu Island	9 17	160 21	-1100	-0734	-0725	0.53	+0.1	0.8	0.8	0.7	D
	Florida Island				主港：沃拉鲁 WALLAROO No. 3000 p. 319							
2705	Mbugana Island	9 11	160 13	-1100	+1054	+1116	0.66	+0.0	0.6	0.8	0.6	D
					主港：松轮岛 MATSUWA TO No. 1149 p. 136							
2706	Tulaghi Harbour	9 06	160 09	-1100	+0007	+0021	0.68	+0.1	0.6	0.7	0.5	D

所 罗 门 群 岛

序号	地名	位置 纬度	置 经度	标准时间	潮时差 高潮	低潮	潮高 比值	改正数	潮差 平均	大潮	平均潮位	潮汐类型
				时 分	时 分	时 分		(m)	(m)	(m)	(m)	
	所罗门群岛 Solomon Islands	S	E									
	Florida Island	(°) (′)	(°) (′)		主港：沃拉鲁 WALLAROO No. 3000 p. 319							
2707	Sandfly Passage	9 00	160 07	-1100	+1102	+1105	0.74	-0.2	0.7	0.8	0.5	D
					主港：香港 XIANGGANG No. 84 p. 28							
2708	Siota	9 03	160 18	-1100	-0556	-0558	0.61	+0.2	0.9	0.9	1.0	D
	S. Isabel Island											
2709	Thousand Ships Bay	8 26	159 42	-1100	-0522	-0505	0.51	+0.0	0.8	0.8	0.7	D
					主港：杜布隆岛 DUBLON ISLAND No. 3542 p. 361							
2710	Palunahukura	7 51	158 43	-1100	-0117	+0142	0.84	+0.3	0.4	0.6	0.8	D
2711	Kolokofa	7 43	158 32	-1100	-0018	+0041	0.89	+0.3	0.4	0.6	0.8	D
					主港：幌筵岛 ZALIV TUKHARKA No. 1153 p. 139							
2712	Matavaghi Point	7 34	158 18	-1100	+0054	+0111	0.47	+0.1	0.8	0.9	0.7	D
					主港：巴厘巴板 BALIK PAPAN No. 2406 p. 250							
2713	Malaghara Island	7 21	158 04	-1100	-0223	-0227	0.61	+0.3	0.9	1.4	1.2	S
					主港：圣迭戈 SAN DIEGO No. 1625 p. 166							
2714	Buala	8 08	159 35	-1100	-0522	-0519	0.61	+0.4	0.9	1.3	1.0	S
	Malaita Island											
2716	Buma，Bina Harbour	8 57	160 45	-1100	+0650	+0650	0.60	+0.3	0.8	1.1	0.8	S
2717	Auki Harbour	8 46	160 42	-1100	+0630	+0640	0.62	+0.2	0.8	1.2	0.8	S
2718	Maluu Harbour	8 20	160 38	-1100	+0710	+0710	0.59	+0.4	1.0	1.1	0.9	D
2719	Lau Lagoon	8 19	160 47	-1100	+0740	+0739	0.61	+0.3	1.1	1.1	0.8	D
					主港：维拉岛 VILA HARBOUR No. 2744 p. 277							
2720	Su′ulofou Harbour	8 27	160 51	-1100	-0132	-0134	1.18	+0.0	0.9	1.3	0.9	S
2721	Kwai	8 45	160 56	-1100	-0204	-0205	1.12	+0.2	0.9	1.3	1.0	S
					主港：圣迭戈 SAN DIEGO No. 1625 p. 166							
2722	Ulawa	9 43	161 58	-1100	+0645	+0639	0.59	+0.5	1.0	1.1	1.0	D
2723	Ugi Island	10 15	161 43	-1100	+0648	+0656	0.45	+0.4	0.8	0.8	0.8	D
	San Cristobal Islands				主港：泗水 SURABAYA No. 2502 p. 259							
2724	Makira	10 26	161 29	-1100	-0728	-0716	0.36	+0.5	0.7	0.8	1.1	D
2725	Star Harbour	10 49	162 17	-1100	-0714	-0737	0.59	+0.1	1.0	1.1	1.0	D
					主港：维拉港 VILA HAROBUR No. 2744 p. 277							
2726	Kira Kira	10 27	161 55	-1100	-0143	-0144	1.14	+0.4	0.9	1.3	1.2	S
					主港：卡朗查芒 KARANG DJAMUANG No. 2504 p. 262							
2728	Rennell Island	11 42	160 19	-1100	-0523	-0722	0.52	+0.1	0.6	0.8	0.7	D

圣克鲁兹群岛，班克斯群岛，瓦努阿图，洛亚尔蒂群岛

序号	地名	位置 纬度	位置 经度	标准时间	潮时差 高潮	潮时差 低潮	潮高 比值	潮高 改正数	潮差 平均	潮差 大潮	平均潮位	潮汐类型
		(°) (′)	(°) (′)	时 分	时 分	时 分		(m)	(m)	(m)	(m)	
	圣克鲁兹群岛 Santa Cruz Islands	S	E									
					主港：瓦尔帕莱索 VALPARAISO No. 1766 p. 175							
2729	Reef Islands	10 18	166 14	-1100	+0555	+0556	0.95	+0.3	0.9	1.3	1.2	S
2730	Ndende Island	10 47	165 49	-1100	+0555	+0552	0.88	+0.2	0.8	1.1	1.0	S
2731	Utupua Island	11 20	166 33	-1100	+0555	*	*	*	*	*	*	*
2732	Vanikolo Island	11 38	166 53	-1100	+0625	*	*	*	*	*	*	*
	班克斯群岛 Banks Islands				主港：维拉港 VILA HARBOUR No. 2744 p. 277							
2733	Port Patteson	13 51	167 34	-1100	+0035	*	*	*	*	*	*	*
	瓦努阿图 Vanuatu											
	Espiritu Santo Island											
2734	Tangoa Ialand	15 35	166 59	-1100	+0001	+0011	0.86	+0.0	0.9	0.9	0.6	D
2735	Port Lautour	15 37	167 10	-1100	+0010	+0010	0.83	+0.2	0.8	0.9	0.8	D
2736	Maewo Island	15 11	168 09	-1100	-0010	*	*	*	*	*	*	*
2737	Pentecost Island	15 40	168 07	-1100	-0010	*	*	*	*	*	*	*
2738	Ambrym Island	16 06	168 08	-1100	-0010	*	*	*	*	*	*	*
	Malekula Island											
2739	Port Sandwich	16 26	167 47	-1100	-0040	-0041	1.12	-0.1	1.1	1.2	0.7	D
2740	South West Bay	16 30	167 26	-1100	-0021	-0019	0.94	+0.1	0.9	1.0	0.9	D
2741	Norsoup Bay	16 04	167 23	-1100	-0041	-0041	1.07	+0.0	1.1	1.1	0.8	D
	Epi Island											
2742	Ringdove Bay	16 38	168 08	-1100	-0018	-0016	0.95	+0.0	0.9	1.0	0.8	D
2743	Emae Ialand	17 03	168 23	-1100	+0009	+0006	1.01	+0.2	1.0	1.1	0.9	D
	Efate Island											
2744	VILA HARBOUR	17 45	168 18	-1100	（主 港）				1.0	1.1	0.8	D
	Eromanga Island											
2745	Dillon Bay	18 49	169 00	-1100	-0006	-0008	0.92	+0.2	0.9	1.0	0.9	D
2746	Tanna Island	19 31	169 27	-1100	-0040	*	*	*	*	*	*	*
2747	Aneitioum Island	20 08	169 49	-1100	+0025	*	*	*	*	*	*	*
	洛亚尔蒂群岛 Iles Loyalty											
2748	Uvea（Uen）Island	20 27	166 37	-1100	-0015	-0005	1.05	+0.4	1.0	1.1	1.2	D
2749	Lifu Island	20 50	167 10	-1100	+0025	*	*	*	*	*	*	*

洛亚尔蒂群岛，新喀里多尼亚

序号	地名	位置 纬度	置 经度	标准时间 时 分	潮时差 高潮 时 分	潮时差 低潮 时 分	潮高 比值	潮高 改正数 (m)	潮差 平均 (m)	潮差 大潮 (m)	平均潮位 (m)	潮汐类型
	洛亚尔蒂群岛 Iles Loyalty	S	E									
		(°) (′)	(°) (′)		主港：维拉港 VILA HARBOUR No. 2744 p. 277							
2750	Mare Island	21 33	167 53	-1100	+0020	*	*	*	*	*	*	*
	DEntrecasteaux Reefs											
2751	Huon Island	18 03	162 58	-1100	-0010	*	*	*	*	*	*	*
	新喀里多尼亚 New Caledonia											
2752	Pam Bay	20 14	164 18	-1100	+0155	*	*	*	*	*	*	*
2753	Port Puebo	20 22	164 36	-1100	-0110	*	1.18	-0.2	1.2	1.2	0.7	D
2754	Port Hyengen	20 41	164 58	-1100	+0020	*	*	*	*	*	*	*
2755	Tuo Bay	20 47	165 14	-1100	+0015	*	*	*	*	*	*	*
2756	Houailou	21 17	165 42	-1100	+0008	+0016	0.90	-0.1	0.9	1.0	0.7	D
2757	Kouaoua	21 24	165 50	-1100	+0009	+0007	0.87	+0.1	0.9	0.9	0.8	D
2758	Amata	21 27	165 59	-1100	+0031	+0025	0.98	-0.2	1.0	1.0	0.6	D
2759	Thio	21 37	166 15	-1100	+0019	+0010	0.95	+0.1	0.9	1.0	0.9	D
2760	Uinné Bay	21 59	166 43	-1100	+0045	*	*	*	*	*	*	*
2761	Port Yate	22 09	166 57	-1100	-0045	*	*	*	*	*	*	*
	Isle of Pines											
2762	Kuto	22 40	167 26	-1100	+0125	+0114	0.91	+0.2	0.9	1.0	0.8	D
2763	Goro	22 19	167 00	-1100	+0118	+0058	0.74	+0.1	0.7	0.8	0.7	D
2764	Baie du Prony	22 19	166 50	-1100	+0136	+0120	0.86	+0.1	0.9	0.9	0.7	D
2765	Ouara	22 25	166 50	-1100	+0134	+0119	0.86	+0.1	0.9	0.9	0.7	D
2766	Ire	22 24	166 47	-1100	+0138	+0125	0.92	+0.1	0.9	1.0	0.8	D
					主港：绿华山 LUHUASHAN No. 219 p. 67							
2767	La Tortue	22 48	166 46	-1100	-0153	-0206	0.31	+0.1	0.8	1.0	0.9	S
2768	Amédée Lighthouse	22 29	166 29	-1100	-0203	-0217	0.33	+0.1	0.8	1.1	1.0	S
2769	Noumea	22 16	166 27	-1100	-0154	-0209	0.34	+0.1	0.9	1.1	1.0	S
2770	Baie, St. Vincent	22 01	166 10	-1100	-0142	-0156	0.36	+0.3	0.9	1.2	1.2	S
2771	Isie Pass	21 54	165 46	-1100	-0135	*	*	*	*	*	*	*
2772	Uarai Bay	21 47	165 45	-1100	-0210	-0210	0.40	-0.2	1.0	1.4	1.0	S
2773	Burail Bay	21 37	165 26	-1100	-0140	*	*	*	*	*	*	*
2774	Poya Bay	21 21	165 04	-1100	-0136	-0203	0.35	+0.1	1.0	1.1	1.0	D
2775	Gomen Bay	20 45	164 25	-1100	-0146	-0213	0.36	-0.1	1.1	1.1	0.9	D
2776	Paagoumene Bay	20 29	164 11	-1100	-0154	-0209	0.38	+0.0	1.0	1.3	1.0	S
2777	Banare	20 14	164 01	-1100	-0145	-0215	0.33	+0.0	1.0	1.0	1.0	D

塔斯曼海，珊瑚海，托雷斯海峡

序号	地名	位置 纬度	位置 经度	标准时间 时 分	潮时差 高潮 时 分	潮时差 低潮 时 分	潮高 比值	潮高 改正数 (m)	潮差 平均 (m)	潮差 大潮 (m)	平均潮位 (m)	潮汐类型
	塔斯曼海 Tasman Sea	S	E									
		(°) (′)	(°) (′)		主港：奥克兰 AUCKLAND No. 3154 p. 340							
2779	Norfolk Island	29 04	167 56	-1130	+0055	+0058	0.53	+0.0	1.2	1.4	0.9	S
					主港：布里斯班沙渚 BRISBANE BAR No. 2894 p. 298							
2780	Lord Howe Island	31 32	159 04	-1030	-0051	-0051	0.81	+0.2	1.2	1.5	1.2	S
2781	Middleton Reef	29 28	159 04	-1030	-0055	*	*	*	*	*	*	*
	珊瑚海 Coral Sea											
2782	Cato Island	23 15	155 32	-1000	-0134	-0142	0.83	+0.0	1.5	1.5	1.1	D
	Frederick Reef											
2783	Observatory Cay	21 02	154 23	-1000	-0130	*	*	*	*	*	*	*
2784	Middle Bellona Reef	21 24	158 51	-1000	-0150	*	*	*	*	*	*	*
	Chesterfield Reef											
2785	Long Island	19 53	158 19	-1000	-0140	*	*	*	*	*	*	*
2786	Marion Reef	19 06	152 24	-1000	-0100	*	*	*	*	*	*	*
2787	Mellish Reef	17 25	155 52	-1000	-0101	-0134	0.66	+0.1	1.2	1.3	1.0	D
	Lihou Reef				主港：汤斯维尔 TOWNSVILLE No. 2850 p. 292							
2788	Observatory Cay	17 08	152 07	-1000	-0200	*	*	*	*	*	*	*
2789	Willis Islands	16 13	150 01	-1000	-0200	*	*	*	*	*	*	*
					主港：莫尔兹比港 PORT MORESBY No. 2639 p. 268							
2790	Osprey Reef	13 53	146 32	-1000	-0030	*	*	*	*	*	*	*
2791	Murray Islands	9 55	144 02	-1000	+0040	*	*	*	*	*	*	*
	Great North-East Channel											
2792	Bramble Cay	9 08	143 52	-1000	+0054	+0052	1.44	-0.6	1.6	2.4	1.7	S
2793	Darnley Island	9 36	143 46	-1000	+0045	+0104	1.35	-0.6	1.5	2.2	1.6	S
2794	Rennel Island	9 46	143 16	-1000	+0123	-0129	1.45	-0.6	1.6	2.3	1.8	S
2795	Dungeness Reef	9 59	142 59	-1000	+0153	+0154	1.53	-0.8	1.7	2.5	1.7	S
	托雷斯海峡 Torres Strait											
	Eastern Approaches				主港：特温岛 TWIN ISLAND No. 2798 p. 280							
2796	Suarji Island	10 10	142 31	-1000	-0016	-0012	1.04	+0.1	1.5	2.3	1.8	S
					主港：古兹岛 GOOD'S ISLAND No. 2804 p. 286							
2797	Hawkesbury Island	10 23	142 08	-1000	+0002	-0014	0.92	+0.0	2.0	2.4	2.0	D

托雷斯海峡，因代沃海峡，澳大利亚东岸

序号	地名	位置		标准时间	潮时差		潮高		潮差		平均潮位	潮汐类型
		纬度	经度	时 分	高潮 时 分	低潮 时 分	比值	改正数 (m)	平均 (m)	大潮 (m)	(m)	
	托雷斯海峡 Torres Strait	S	E									
		(°) (′)	(°) (′)		主港：特温岛 TWIN ISLAND No. 2798 p. 280							
2798	TWIN ISLAND	10 28	142 26	-1000	（主 港）				1.4	2.1	1.7	S
2799	Tuesday Islets (No. 1)	10 33	142 21	-1000	+0006	+0020	1.07	+0.1	2.1	1.9	1.8	D
	Prince of Wales Channel				主港：星期四岛 THURSDAY ISLAND No. 2801 p. 283							
2800	Wednesday Island (Ince Point)	10 30	142 19	-1000	-0024	-0045	1.01	-0.1	1.9	1.9	1.8	D
2801	THURSDAY ISLAND	10 35	142 13	-1000	（主 港）				1.9	2.0	1.8	D
2802	Hammond Rock	10 31	142 13	-1000	+0052	+0043	0.99	-0.0	1.9	2.2	1.8	D
					主港：古兹岛 GOOD´S ISLAND No. 2804 p. 286							
2803	Round Island	10 33	142 12	-1000	-0031	-0030	0.89	-0.1	1.9	2.2	1.8	D
2804	GOOD´S ISLAND	10 34	142 10	-1000	（主 港）				2.1	2.6	2.2	D
					主港：布比岛 BOOBY ISLAND No. 2805 p. 289							
2805	BOOBY ISLAND	10 36	141 55	-1000	（主 港）				2.5	3.0	2.5	D
2806	Proudfoot Shoal	10 31	141 29	-1000	-0008	-0026	0.82	+0.1	2.0	2.3	2.1	D
	因代沃海峡 Endeavour Strait											
2807	Bampfield Head	10 42	142 06	-1000	-0019	+0003	0.97	+0.0	2.4	2.9	2.4	D
					主港：古兹岛 GOOD´S ISLAND No. 2804 p. 286							
2808	Cape Cornwall	10 46	142 11	-1000	-0028	-0023	1.02	-0.4	2.2	2.6	1.8	D
2809	Packe Island	10 45	142 14	-1000	-0018	+0000	0.95	-0.3	2.0	2.4	1.8	D
2810	Herald Camp	10 56	142 09	-1000	-0010	-0017	1.10	-0.6	2.4	2.9	1.8	D
2811	Red Island	10 51	142 22	-1000	-0108	-0040	0.88	-0.1	1.9	2.3	1.8	D
					主港：星期四岛 THURSDAY ISLAND No. 2801 p. 283							
2812	Possession Island	10 44	142 24	-1000	-0020	-0035	0.90	-0.1	1.7	1.7	1.5	D
2813	Meddler Island	10 42	142 23	-1000	-0030	-0054	1.04	-0.4	2.0	2.0	1.5	D
	Albany Island				主港：特温岛 TWIN ISLAND No. 2798 p. 280							
2814	Frederick Point	10 43	142 35	-1000	-0043	-0057	1.06	+0.0	1.5	2.3	1.7	S
	Great Barrier Reef				主港：汤斯维尔 TOWNSVILLE No. 2850 p. 292							
2815	Raine Island	11 36	144 03	-1000	+0005	*	*	*	*	*	*	*
	澳大利亚东岸 Australia, East Coast											
2816	Tern Island	11 00	142 45	-1000	+0142	+0131	1.11	+0.1	1.8	2.6	1.9	S
2817	Cairncross Island	11 15	142 55	-1000	+0117	+0106	1.13	+0.0	1.8	2.6	1.8	S

序号	地名	位置		标准时间	潮时差		潮高		潮差		平均潮位	潮汐类型
		纬度	经度	时分	高潮 时分	低潮 时分	比值	改正数 (m)	平均 (m)	大潮 (m)	(m)	
	澳大利亚东岸 Australia, East Coast	S	E									
		(°) (′)	(°) (′)		主港：汤斯维尔 TOWNSVILLE No. 2850 p. 292							
2818	Hannibal Island	11 36	142 56	-1000	+0102	+0101	1.05	-0.1	1.7	2.5	1.6	S
2819	Cape Grenville	11 58	143 15	-1000	+0045	+0036	0.90	-0.1	1.4	2.0	1.4	S
2820	Sir Charles Hardy Islands	11 55	143 28	-1000	+0025	+0025	0.70	+0.3	1.2	1.8	1.4	S
2821	Piper Island	12 15	143 15	-1000	+0027	+0028	0.77	+0.1	1.4	2.0	1.4	S
2822	Restoration Island	12 37	143 28	-1000	+0023	+0023	0.69	+0.3	1.2	1.8	1.4	S
2823	Night Island	13 11	143 34	-1000	+0019	+0019	0.64	+0.2	1.2	1.8	1.3	S
2824	Morris Island	13 30	143 43	-1000	+0011	+0011	0.70	+0.5	1.3	1.8	1.6	S
2825	Fife Island	13 39	143 43	-1000	+0020	+0020	0.70	+0.4	1.2	1.7	1.5	S
2826	Burkitt Island	13 56	143 45	-1000	+0014	+0014	0.82	+0.5	1.4	2.1	1.8	S
2827	Flinders Island	14 10	144 15	-1000	+0015	+0015	0.74	+0.6	1.3	1.9	1.8	S
2828	Pipon Islands	14 08	144 31	-1000	+0010	+0010	0.63	+0.9	1.1	1.6	1.9	S
2829	Howick Island	14 31	144 59	-1000	+0006	+0006	0.70	+0.3	1.2	1.7	1.4	S
2830	Lizard Island	14 40	145 27	-1000	+0010	+0010	0.63	+0.3	1.2	1.7	1.3	S
2831	Low Wooded Isle	15 05	145 24	-1000	-0012	-0012	0.67	+0.4	1.3	1.8	1.5	S
2832	Cooktown	15 28	145 15	-1000	+0010	+0010	0.70	+0.2	1.2	1.8	1.3	S
2833	Hope Islands	15 45	145 27	-1000	-0010	-0010	0.70	+0.3	1.2	1.7	1.4	S
2834	Bailay Creek	16 12	145 27	-1000	+0016	+0016	0.52	+0.5	1.1	1.6	1.3	S
2835	Trinity Opening	16 30	146 00	-1000	-0026	*	0.79	+0.0	*	*	*	*
2836	Low Islets	16 23	145 34	-1000	+0000	+0000	0.65	+0.4	1.2	1.7	1.5	S
2837	Port Douglas	16 29	145 28	-1000	-0004	-0004	0.71	+0.1	1.3	1.8	1.2	S
2838	Cairns	16 55	145 47	-1000	-0002	-0002	0.70	+0.3	1.3	1.8	1.4	S
2839	Green Island	16 46	145 58	-1000	-0018	-0018	0.67	+0.3	1.2	1.7	1.4	S
2840	Fitzroy Island	16 55	146 00	-1000	-0008	-0008	0.70	+0.1	1.2	1.7	1.2	S
2841	High Island	17 10	146 01	-1000	-0006	-0006	0.70	+0.3	1.3	1.8	1.4	S
2842	Russell Island	17 13	146 06	-1000	-0004	-0004	0.67	+0.4	1.2	1.7	1.4	S
2843	Mourilyan Harbour	17 36	146 08	-1000	+0013	-0006	0.75	+0.1	1.3	1.9	1.3	S
2844	North Barnard Island	17 41	146 11	-1000	-0004	-0004	0.71	+0.3	1.4	2.0	1.5	S
2845	Clump point	17 52	146 07	-1000	+0024	+0005	0.78	+0.7	1.4	2.0	2.0	S
2846	Dunk Island	17 56	146 09	-1000	-0006	-0006	0.78	+0.8	1.4	2.0	2.0	S
2847	Cardwell	18 16	146 01	-1000	-0040	-0059	0.94	+0.4	1.7	2.4	1.9	S
2848	Lucinda	18 31	146 19	-1000	+0012	+0003	0.90	+0.4	1.6	2.3	1.8	S
2849	Rattlesnake Island	19 02	146 37	-1000	-0005	-0005	0.78	+0.1	2.1	2.2	1.4	D

澳大利亚东岸

序号	地名	位置		标准时间	潮时差		潮高		潮差		平均潮位	潮汐类型
		纬度	经度	时 分	高潮 时 分	低潮 时 分	比值	改正数 (m)	平均 (m)	大潮 (m)	(m)	
	澳大利亚东岸 Australia, East Coast	S	E									
		(°) (′)	(°) (′)		主港：汤斯维尔 TOWNSVILLE No. 2850 p. 292							
2850	TOWNSVILLE	19 15	146 50	-1000	（主 港）				1.6	2.3	1.6	S
2851	Cape Bowling Green	19 19	147 25	-1000	+0002	+0006	0.93	+0.3	1.7	2.4	1.8	S
2852	Cape Upstart	19 42	147 45	-1000	+0018	+0012	0.89	+0.2	2.2	2.3	1.6	D
2853	Bowen	20 01	148 15	-1000	+0109	+0051	0.87	+0.3	2.1	2.2	1.8	D
	Whitsunday Passage				主港：麦凯外港 MACKAY OUTER HARBOUR No. 2864 p295							
2854	Double Bay	20 11	148 38	-1000	-0022	-0040	0.60	-0.1	2.4	2.5	1.7	D
2855	Molle Island	20 15	148 50	-1000	-0015	-0018	0.61	-0.2	2.1	2.8	1.7	S
2856	Shute Bay	20 18	148 48	-1000	-0007	-0021	0.65	-0.3	2.6	2.7	1.7	D
2857	Hook Island	20 04	148 56	-1000	-0018	-0036	0.57	+0.0	2.3	2.4	1.6	D
2858	Shaw Island	20 30	149 04	-1000	+0001	-0001	0.77	+0.4	2.8	3.6	2.7	S
2859	East Repulse Island	20 35	148 53	-1000	+0003	+0004	0.79	+0.4	2.8	3.8	2.8	S
	Sir James Smith Group											
2860	Carlisle Island	20 47	149 18	-1000	-0006	-0010	0.83	+0.3	3.0	3.9	2.8	S
2861	St. Bees Island	20 54	149 27	-1000	-0002	-0006	0.89	+0.4	3.2	4.2	3.0	S
2862	Scawfell Island	20 52	149 37	-1000	-0009	-0006	0.84	+0.6	3.0	4.0	3.1	S
2863	Penrith Island	21 00	149 54	-1000	-0016	-0020	0.90	+0.0	3.2	4.3	2.7	S
2864	MACKAY OUTER HARBOUR	21 07	149 14	-1000	（主 港）				3.6	4.7	3.0	S
2865	Hay Point	21 16	149 18	-1000	+0002	+0002	1.04	+0.0	3.7	4.8	3.1	S
2866	Sarina Inlet	21 24	149 20	-1000	+0010	+0006	1.11	+0.1	4.0	5.2	3.4	S
	Percy Islands											
2867	Middle Island Anchorage	21 39	150 15	-1000	-0016	-0020	1.03	+0.2	3.7	5.0	3.4	S
2868	Ball Cay	21 49	151 15	-1000	-0100	-0104	0.69	+0.0	2.5	3.5	2.1	S
2869	Gannet Cay	21 59	152 28	-1000	-0146	-0149	0.38	+0.0	1.4	1.9	1.1	S
	Broad Sound											
2870	Flock Pigeon Island	22 07	149 34	-1000	+0018	+0031	1.37	+0.7	5.0	6.5	4.8	S
2871	McEwin Islet	22 09	149 36	-1000	+0018	+0014	1.39	+0.0	5.0	6.3	4.2	S
	Shoalwater Bay											
2872	Leicester Island	22 14	150 28	-1000	-0035	-0039	1.10	+0.0	4.0	5.2	3.3	S
2873	High Peak Island	21 57	150 41	-1000	-0047	-0051	0.87	+0.1	3.1	4.1	2.8	S
2874	Port Clinton	22 32	150 45	-1000	-0118	-0122	0.81	-0.3	2.9	3.9	2.2	S
	Keppel Bay											
2875	Thompson Point	23 30	150 44	-1000	-0048	-0005	0.78	-0.3	2.8	3.7	2.1	S

澳大利亚东岸

序号	地名	位置 纬度	置 经度	标准时间 时分	潮时差 高潮 时分	低潮 时分	潮高 比值	改正数 (m)	潮差 平均 (m)	大潮 (m)	平均潮位 (m)	潮汐类型
	澳大利亚东岸 Australia，East Coast	S	E									
	Keppel Bay	(°) (′)	(°) (′)		主港：麦凯外港 MACKAY OUTER HARBOUR No. 2864 p. 295							
2876	Rockhampton	23 23	150 31	-1000	+0030	+0230	0. 55	-0. 3	2. 0	2. 5	1. 3	S
2877	Port Alma	23 35	150 52	-1000	-0128	-0125	0. 86	+0. 2	3. 1	4. 1	2. 8	S
2878	Tryon Island	23 15	151 47	-1000	-0210	-0214	0. 51	+0. 1	1. 8	2. 4	1. 6	S
	Port Curtis											
2879	Gatcombe Head	23 53	151 23	-1000	-0202	-0205	0. 62	+0. 0	2. 2	2. 9	1. 8	S
2880	Gladstone	23 50	151 15	-1000	-0153	-0157	0. 70	-0. 1	2. 5	3. 3	2. 0	S
2881	Pancake Creek	24 01	151 45	-1000	-0229	-0232	0. 55	+0. 1	2. 0	2. 5	1. 7	S
					主港：布里斯班沙渚 BRISBANE BAR No. 2894 p. 298							
2882	Lady Musgrave Island	23 54	152 23	-1000	-0122	-0122	0. 96	+0. 1	1. 4	1. 9	1. 3	S
2883	Lady Elliot Island	24 07	152 43	-1000	-0116	-0116	0. 91	+0. 2	1. 4	1. 7	1. 3	S
2884	Bundaberg (Burnett Heads)	24 46	152 23	-1000	-0036	-0037	1. 10	+0. 2	1. 7	2. 0	1. 5	S
2885	Urangan	25 17	152 55	-1000	-0041	-0041	1. 43	+0. 1	2. 2	2. 7	1. 8	S
	Mary River											
2886	Middle Bank	25 30	152 52	-1000	+0020	+0100	1. 74	-0. 4	3. 1	3. 2	1. 7	D
2887	Maryborough	25 33	152 45	-1000	+0125	+0230	1. 39	-0. 2	2. 5	2. 6	1. 4	D
2888	White Cliffs (南)	25 30	153 00	-1000	+0006	*	*	*	*	*	2. 0	*
2889	Sandy Cape	24 41	153 17	-1000	-0110	-0110	0. 97	+0. 0	1. 7	1. 8	1. 2	D
2890	Inskip Point	25 48	153 04	-1000	-0032	-0127	0. 92	-0. 1	1. 6	1. 7	1. 0	D
2891	Wide Bay	25 53	153 07	-1000	-0135	*	*	*	*	*	*	*
	Moreton Bay											
2892	Caloundra Head	26 48	153 09	-1000	-0120	-0125	0. 77	+0. 2	1. 4	1. 5	1. 1	D
2893	Bribie	27 05	153 09	-1000	+0013	+0011	0. 87	+0. 0	1. 5	1. 6	1. 1	D
2894	BRISBANE BAR	27 22	153 10	-1000	(主港)				1. 8	1. 9	1. 2	D
2895	The Quarry	27 26	153 08	-1000	+0025	*	*	*	*	*	*	*
	Moreton Bay											
2896	Brisbane	27 28	153 03	-1000	+0050	+0130	1. 20	-0. 4	2. 1	2. 2	1. 1	D
2897	Ipswich	27 35	152 45	-1000	+0500	*	*	*	*	*	*	*
2898	Cleveland	27 30	153 19	-1000	+0055	*	*	*	*	*	*	*
2899	Sandy Point	27 23	153 27	-1000	-0030	*	*	*	*	*	*	*
2900	Comboyuro Point	27 04	153 22	-1000	-0035	*	*	*	*	*	*	*
	Nerang River											
2901	Southport	27 57	153 26	-1000	-0115	*	*	*	*	*	*	*

澳 大 利 亚 东 岸

序号	地名	位置		标准时间	潮时差		潮高		潮差		平均潮位	潮汐
		纬度	经度	时 分	高潮 时 分	低潮 时 分	比值	改正数 (m)	平均 (m)	大潮 (m)	(m)	类型
	澳大利亚东岸 Australia, East Coast	S	E									
	Nerang River	(°) (′)	(°) (′)		主港：布里斯班沙渚 BRISBANE BAR No. 2894 p. 298							
2902	Nerang	27 58	153 21	-1000	+0120	*	*	*	*	*	*	*
2903	Danger Point	28 10	153 33	-1000	-0127	-0127	0.71	+0.1	1.3	1.3	0.9	D
2904	Cape Byron Bay	28 37	153 37	-1000	-0114	-0128	0.61	+0.2	1.1	1.2	0.9	D
	Richmond River											
2905	Ballina	28 52	153 35	-1000	-0057	-0106	0.49	+0.2	0.9	0.9	0.8	D
2906	Wardell	28 57	153 29	-1000	-0002	*	*	*	*	*	*	*
2907	The Elbow	29 03	153 20	-1000	+0100	*	*	*	*	*	*	*
	Clarence River											
2908	Iluka	29 25	153 21	-1000	-0113	-0112	0.59	+0.2	1.1	1.1	0.9	D
2909	Lawrence	29 29	153 07	-1000	+0140	*	*	*	*	*	*	*
2910	Grafton	29 42	152 57	-1000	+0440	*	*	*	*	*	*	*
					主港：悉尼 SYDNEY No. 2922 p. 304							
2911	N. W. Solitary Island	30 01	153 17	-1000	-0006	-0005	1.00	+0.0	1.3	1.4	0.9	D
2912	Coffs Harbour	30 18	153 09	-1000	-0012	-0012	1.02	+0.0	1.3	1.4	0.9	D
2913	Macleay River Bar	30 52	153 02	-1000	+0012	+0015	0.98	+0.1	1.3	1.3	0.9	D
2914	Port Macquarie Bar	31 25	152 55	-1000	+0010	+0015	0.99	+0.0	1.3	1.4	0.9	D
2915	Harrington Inlet	31 53	152 43	-1000	+0009	+0014	1.00	+0.0	1.3	1.4	0.9	D
2916	Broughton Island	32 37	152 20	-1000	-0008	-0004	1.01	-0.1	1.3	1.4	0.8	D
	Port Stephens											
2917	Nelson's Bay	32 43	152 09	-1000	+0012	+0016	1.03	+0.0	1.3	1.4	1.0	D
2918	Salamander Bay	32 44	152 06	-1000	+0049	+0057	1.10	-0.2	1.4	1.5	0.8	D
2919	NEWCASTLE	32 56	151 47	-1000	（主港）				1.3	1.3	1.0	D
	Broken Bay											
2920	Pittwater	33 36	151 18	-1000	+0015	+0014	0.97	+0.0	1.3	1.3	0.9	D
	Port Jackson											
2921	Camp Cove	33 50	151 17	-1000	+0005	+0006	0.99	+0.0	1.3	1.4	0.9	D
2922	SYDNEY (Fort Denison)	33 51	151 14	-1000	（主港）				1.3	1.4	0.9	D
2923	Botany Bay	34 01	151 08	-1000	+0020	+0022	0.99	-0.2	1.3	1.4	0.8	D
2924	Port Kembla	34 29	150 55	-1000	-0001	+0001	0.97	+0.0	1.3	1.3	0.9	D
2925	Jervis Bay	35 07	150 44	-1000	-0007	-0001	0.98	-0.1	1.3	1.4	0.9	D
2926	Ulladulla Harbour	35 22	150 30	-1000	-0005	+0003	1.03	-0.1	1.3	1.4	0.8	D
2927	Moruya River Bar	35 54	150 08	-1000	+0005	+0007	0.87	+0.0	1.1	1.2	0.8	D

澳大利亚东岸，巴斯海峡

序号	地名	位置 纬度	位置 经度	标准时间 时 分	潮时差 高潮 时 分	潮时差 低潮 时 分	潮高 比值	潮高 改正数 (m)	潮差 平均 (m)	潮差 大潮 (m)	平均潮位 (m)	潮汐类型
	澳大利亚东岸 Australia，East Coast	S	E									
		(°) (′)	(°) (′)		主港：悉尼 SYDNEY No. 2922 p. 304							
2928	Bermagui Bar	36 25	150 05	-1000	-0004	+0010	0.86	+0.1	1.1	1.2	0.9	D
2929	Eden	37 04	149 54	-1000	-0007	+0000	0.94	-0.1	1.2	1.3	0.8	D
2930	Gabo Island	37 34	149 55	-1000	-0009	-0002	0.80	+0.4	1.0	1.1	1.1	D
	巴斯海峡 Bass Strait				主港：莫西河 MERSEY RIVER No. 2953 p. 313							
2931	Rabbit Island	38 55	146 31	-1000	+0022	+0022	0.69	+0.1	1.7	1.8	1.2	D
	Kent Group											
2932	Winter Cove	39 28	147 21	-1000	-0020	-0020	0.79	+0.1	2.0	2.1	1.4	D
2933	Great Glennie Island	39 05	146 14	-1000	-0007	-0008	0.79	+0.2	2.0	2.1	1.4	D
					主港：菲利浦港 PORT PHILLIP No. 2939 p. 307							
2934	Waratah Bay	38 52	146 00	-1000	-0021	+0011	1.79	-0.1	2.0	2.2	1.5	D
2935	Venus Bay	38 40	145 44	-1000	+0000	*	*	*	*	*	*	*
	Westernport											
2936	Woody Point	38 31	145 22	-1000	+0040	*	*	*	*	*	*	*
2937	Mussel Rock	38 27	145 15	-1000	+0025	-0010	1.97	-0.1	2.2	2.4	1.7	D
2938	Stony Point	38 22	145 13	-1000	+0031	+0103	1.94	+0.0	2.2	2.3	1.7	D
	Port Phillip											
2939	PORT PHILLIP	38 18	144 37	-1000		（主	港）		1.1	1.2	0.9	D
2940	Queenscliff	38 19	144 40	-1000	+0024	*	*	*	*	*	0.5	*
					主港：墨尔本 MELBOURNE No. 2943 p. 310							
2941	Schnapper Point	38 13	145 02	-1000	-0025	*	*	*	*	*	0.4	*
2942	Geelong	38 09	144 22	-1000	+0015	+0027	1.14	-0.2	0.7	0.8	0.4	D
2943	MELBOURNE	37 52	144 55	-1000		（主	港）		0.6	0.7	0.6	D
					主港：菲利浦港 PORT PHILLIP No. 2939 p. 307							
2944	Loutit Bay	38 33	143 59	-1000	-0032	-0005	1.40	-0.1	1.6	1.7	1.1	D
2945	Apollo Bay	38 45	143 40	-1000	-0040	-0015	1.20	-0.1	1.4	1.4	1.0	D
	King Island											
2946	Franklin Road	39 41	143 51	-1000	+0040	*	*	*	*	*	*	*
2947	Surprise Bay	40 08	143 54	-1000	+0040	*	*	*	*	*	0.6	*
2948	Grassy	40 04	144 05	-1000	-0016	-0005	0.96	+0.1	1.1	1.2	0.9	D

塔斯马尼亚

序号	地名	位置 纬度 (°) (′)	位置 经度 (°) (′)	标准时间 时 分	潮时差 高潮 时 分	潮时差 低潮 时 分	潮高 比值	潮高 改正数 (m)	潮差 平均 (m)	潮差 大潮 (m)	平均潮位 (m)	潮汐类型
	塔斯马尼亚 Tasmania	S	E									
					主港：莫西河 MERSEY RIVER No. 2953 p. 313							
2949	Stack Island	40 36	144 47	-1000	+0047	+0109	0.73	+0.2	1.8	1.9	1.3	D
2950	Stanley (Circular Head)	40 46	145 18	-1000	+0005	+0023	0.99	+0.6	2.5	2.6	2.2	D
2951	Burnie, Emu Bay	41 03	145 57	-1000	-0016	-0016	0.96	+0.5	2.4	2.5	2.1	D
2952	Leven River	41 09	146 13	-1000	+0010	*	*	*	*	*	*	*
	Mersey River											
2953	DEVONPORT	41 11	146 22	-1000	(主港)				2.5	2.6	1.6	D
	Tamar River											
2954	Georgetown	41 07	146 49	-1000	+0012	+0030	0.95	+0.4	2.4	2.5	2.0	D
2955	Launceston	41 26	147 08	-1000	+0116	+0134	1.29	+0.3	3.3	3.3	2.4	D
2956	Waterhouse Island	40 48	147 38	-1000	-0025	-0025	0.79	+0.1	2.0	2.1	1.4	D
	Furneaux Group											
2957	Preservation Island	40 28	148 04	-1000	-0040	-0040	0.66	+0.1	1.7	1.7	1.2	D
2958	Goose Island	40 18	147 48	-1000	-0025	-0025	0.77	+0.3	1.9	2.0	1.4	D
2959	Big River Cove	40 16	148 06	-1000	-0035	-0013	0.84	+0.2	2.1	2.2	1.6	D
2960	Roden Island	39 54	147 47	-1000	-0025	-0025	0.77	+0.3	1.9	2.0	1.4	D
2961	Lady Barron Harbour	40 13	148 15	-1000	-0106	-0044	0.51	+0.3	1.3	1.4	1.1	D
					主港：合恩角 CAPE HORN No. 1834 p. 181							
2962	Swan Island	40 44	148 07	-1000	+0500	+0450	0.86	-0.3	1.4	1.5	0.9	D
2963	Eddystone Point	41 00	148 21	-1000	+0402	+0401	0.66	+0.1	1.0	1.2	1.0	D
					主港：舞鹤 MAIZURU No. 945 p. 121							
2964	Spring Bay	42 33	147 56	-1000	+0634	+0607	3.74	+0.3	0.9	1.0	1.0	D
2965	Pirates Bay	43 02	147 58	-1000	+0616	+0605	3.42	+0.3	0.8	1.0	0.9	D
2966	Parsons Bay	43 06	147 45	-1000	+0612	+0629	3.46	+0.3	0.9	1.1	0.9	D
2967	Impression Bay	43 03	147 47	-1000	+0621	+0628	3.81	+0.1	1.0	1.2	0.8	D
2968	Hobart	42 53	147 20	-1000	+0558	+0610	3.53	+0.4	0.9	1.1	1.0	D
					主港：秦皇岛 QINHUANGDAO No. 312 p. 88							
2969	Maatsuyker Island	43 40	146 19	-1000	-0117	-0126	0.62	+0.1	0.5	0.7	0.7	D
	Port Davey				主港：丁加奴 TRENGGANU No. 2053 p. 208							
2970	Bramble Cove	43 19	146 00	-1000	+0254	+0307	0.37	+0.3	0.6	0.7	0.7	D
					主港：和乐 JOLO No. 2283 p. 232							
2971	Cape Sorell, Pilot Bay	42 12	145 13	-1000	+0423	+0426	0.49	+0.5	0.6	0.7	0.7	D
2972	Pieman River	41 41	145 06	-1000	+0344	+0400	0.61	+0.4	0.7	0.8	0.6	D

澳大利亚南岸

序号	地名	位置		标准时间	潮时差		潮高		潮差		平均潮位	潮汐类型
		纬度	经度	时 分	高潮 时 分	低潮 时 分	比值	改正数 (m)	平均 (m)	大潮 (m)	(m)	
	澳大利亚南岸 Australia, South Coast	S	E									
		(°) (′)	(°) (′)		主港：林肯港 PORT LINCOLN No. 3005 p. 325							
2973	Port Campbell	38 38	143 00	-1000	-0233	-0250	0.73	-0.3	0.7	0.7	0.5	D
2974	Warrnambool	38 24	142 29	-1000	-0149	-0145	0.67	-0.2	0.6	0.7	0.5	D
2975	Portland	38 21	141 37	-1000	-0125	-0200	0.72	-0.2	0.7	0.7	0.5	D
2976	Port MacDonnel	38 04	140 42	-0930	-0144	-0217	0.71	-0.1	0.7	0.7	0.6	D
	Rivoli Bay											
2977	Beachport	37 30	140 00	-0930	-0115	-0150	0.67	-0.1	0.6	0.7	0.6	D
	Guichen Bay											
2978	Robe	37 10	139 45	-0930	-0134	-0200	0.72	-0.1	0.7	0.7	0.6	D
	Lacepede Bay											
2979	Kingston	36 50	139 51	-0930	-0125	-0152	0.78	-0.1	0.7	0.7	0.7	D
2980	Victor Harbour	35 35	138 38	-0930	-0126	-0156	0.71	-0.1	0.7	0.7	0.6	D
	Kangaroo Island											
2981	Vivonne Bay	36 00	137 09	-0930	-0143	-0204	0.72	-0.1	0.7	0.6	0.6	D
2982	Emu Bay	35 36	137 32	-0930	+0149	+0154	0.97	-0.1	0.9	0.9	0.8	D
	Kangaroo Island				主港：怀阿拉 WHYALLA No. 3003 p. 322							
2983	Kingscote	35 37	137 38	-0930	-0300	-0312	0.56	+0.1	1.0	1.0	0.9	D
					主港：林肯港 PORT LINCOLN No. 3005 p. 325							
2984	American River	35 48	137 46	-0930	+0150	+0159	0.94	+0.0	0.9	0.9	0.9	D
2985	Hog Bay	35 44	137 57	-0930	+0123	+0140	0.88	+0.0	0.8	0.8	0.8	D
2986	Antechamber Bay	35 48	138 05	-0930	+0008	-0024	0.71	+0.0	0.7	0.7	0.6	D
	GULF OF ST. VINCENT											
2987	Cape Jervis	35 37	138 06	-0930	+0146	+0157	0.83	-0.1	0.8	0.8	0.6	D
					主港：阿德莱德外港 PORT ADELAIDE No. 2991 p. 316							
2988	Second Valley	35 51	138 13	-0930	-0005	-0007	0.68	-0.1	0.9	1.3	0.9	S
2989	Port Noarlunga	35 10	138 30	-0930	-0009	-0010	0.82	+0.0	1.0	1.6	1.2	S
2990	Brighton	35 02	138 31	-0930	-0001	-0002	0.89	+0.1	1.2	1.8	1.4	S
	Port Adelaide											
2991	OUTER HARBOUR	34 47	138 29	-0930	（主港）				1.3	2.0	1.5	S
2992	Inner Harbour	34 51	138 30	-0930	+0018	+0018	1.07	-0.1	1.4	2.2	1.5	S
2994	Ardrossan	34 26	137 55	-0930	-0003	+0003	1.24	-0.1	1.6	2.5	1.8	S
2995	Port Vincent	34 46	137 51	-0930	-0033	-0028	1.07	-0.2	1.4	2.1	1.4	S
2996	Edithburgh	35 05	137 45	-0930	-0028	-0029	0.86	-0.1	1.1	1.7	1.2	S

澳大利亚南岸，澳大利亚西岸

序号	地名	位置 纬度	位置 经度	标准时间 时 分	潮时差 高潮 时 分	潮时差 低潮 时 分	潮高 比值	潮高 改正数 (m)	潮差 平均 (m)	潮差 大潮 (m)	平均潮位 (m)	潮汐类型
	澳大利亚南岸 Australia, South Coast	S	E									
	Investigator Strait	(°) (′)	(°) (′)		主港：林肯港 PORT LINCOLN No. 3005 p. 325							
2997	Stenhouse Bay	35 17	136 56	-0930	-0002	-0010	0.71	-0.1	0.7	0.7	0.6	D
	SPENCER GULF				主港：沃拉鲁 WALLAROO No. 3000 p. 319							
2998	Turton Bay	34 56	137 21	-0930	-0145	-0125	0.89	+0.3	0.9	0.9	1.0	D
2999	Port Victoria	34 30	137 27	-0930	-0140	-0121	0.83	+0.2	0.8	0.9	0.9	D
3000	WALLAROO	33 54	137 36	-0930	（主港）				1.0	1.1	0.9	D
					主港：怀阿拉 WHYALLA No. 3003 p. 322							
3001	Port Pirie	33 10	138 01	-0930	+0034	+0028	0.99	+0.2	1.4	2.1	1.7	S
3002	Port Augusta	32 30	137 46	-0930	+0057	+0054	1.30	-0.1	1.9	2.9	1.8	S
3003	WHYALLA	33 01	137 36	-0930	（主港）				1.2	1.8	1.5	S
					主港：林肯港 PORT LINCOLN No. 3005 p. 325							
3004	Franklin Harbour	33 42	136 57	-0930	+0235	+0300	1.10	+0.0	0.7	1.1	1.0	S
3005	PORT LINCOLN	34 43	135 52	-0930	（主港）				0.7	1.0	0.9	S
3007	Elliston	33 38	134 52	-0930	-0128	-0125	1.04	+0.0	0.8	1.1	0.9	S
3010	Thevenard	32 09	133 39	-0930	-0111	-0109	1.20	-0.1	0.9	1.4	1.0	S
3011	Saint Francis Island	32 30	133 18	-0930	-0131	-0130	1.26	0.2	1.0	1.4	1.0	S
	Fowlers Bay											
3012	Port Eyre	32 00	132 27	-0930	-0140	-0138	1.05	+0.2	0.7	1.1	1.1	S
3013	Eucla	31 43	128 52	-0800	-0310	-0306	0.57	+0.3	0.7	1.0	0.8	S
					主港：雅加达 DJAKARTA No. 2485 p. 256							
3016	Esperance	33 52	121 54	-0800	+1232	+1037	1.00	+0.2	0.6	0.6	0.7	D
3017	Mary Ann Haven	33 57	120 07	-0800	+1210	*	*	*	*	*	*	*
	Princess Royal Harbour											
3018	Albany	35 02	117 53	-0800	+1227	+1114	0.86	+0.2	0.5	0.6	0.7	D
3019	Goose Island	35 04	116 44	-0800	+1140	+1140	0.67	+0.3	0.6	0.8	0.6	D
3020	Flinders Bay	34 20	115 10	-0800	+1220	+1143	0.91	+0.1	0.5	0.7	0.6	D
	澳大利亚西岸 Australia, West Coast											
3021	Hamelin Bay	34 11	115 02	-0800	+1120	+1120	0.67	+0.3	0.6	0.8	0.6	D
3022	Busselton	33 39	115 22	-0800	+1105	+1105	0.67	+0.3	0.6	0.8	0.6	D
	Koombana Bay											
3023	Bunbury	33 19	115 39	-0800	+1058	+1018	0.71	+0.2	0.4	0.6	0.6	D
3024	Warnbro Sound	32 20	115 45	-0800	+1010	+1010	0.67	+0.3	0.6	0.8	0.6	D
3025	Fremantle	32 03	115 44	-0800	+1054	+1046	0.69	+0.4	0.4	0.6	0.8	D

澳大利亚西岸和北岸

序号	地名	位置		标准时间	潮时差		潮高		潮差		平均潮位	潮汐类型
		纬度	经度	时 分	高潮 时 分	低潮 时 分	比值	改正数 (m)	平均 (m)	大潮 (m)	(m)	
	澳大利亚西岸 Australia, West Coast	S	E									
		(°) (′)	(°) (′)		主港：雅加达 DJAKARTA No. 2485 p. 256							
3026	Corvantes	30 30	115 04	-0800	+1054	+1028	0.77	+0.3	0.5	0.6	0.8	D
3027	Jurien Bay	30 14	115 00	-0800	+1000	*	*	*	*	*	*	*
	Champion Bay											
3028	Geraldton	28 47	114 35	-0800	+1057	+1000	0.79	+0.4	0.5	0.6	0.8	D
					主港：科尔萨科夫 PORT KORSAKOV No. 1116 p. 133							
3031	Shark Bay	25 35	113 01	-0800	+0631	+0620	0.83	+0.0	0.7	0.9	0.6	D
	Withnell Point				主港：利尔蒙斯 LEARMONTH No. 3039 p. 328							
3032	Freycinet Estuary	26 27	113 45	-0800	+0655	*	*	*	*	*	*	*
3033	Hamelin Pool	26 15	114 13	-0800	+0745	*	*	*	*	*	*	*
3034	Red Cliff Bay	25 48	113 40	-0800	+0204	+0220	0.63	+0.0	1.1	1.2	1.0	D
3035	Carnarvon	24 52	113 39	-0800	-0033	-0005	0.56	+0.0	1.0	1.1	0.9	D
3036	Maud Landing	23 07	113 47	-0800	-0119	-0051	0.53	+0.2	0.9	1.0	1.0	D
3037	Norwegian Bay	22 34	113 42	-0800	-0115	-0050	0.55	+0.0	1.0	1.0	0.8	D
	澳大利亚北岸 Australia, North Coast											
3038	North West Cape	21 49	114 11	-0800	+0004	+0003	0.76	+0.1	1.1	1.5	1.2	S
3039	LEARMONTH	22 11	114 05	-0800	（主港）				1.5	2.1	1.5	S
3040	Long Island	21 36	114 41	-0800	-0045	-0045	0.74	-0.1	1.1	1.5	1.0	S
3041	Onslow, Beadon Point	21 38	115 06	-0800	-0024	-0025	0.86	-0.2	1.3	1.8	1.1	S
3042	Large Islet	21 18	115 30	-0800	+0018	+0018	1.38	-0.2	2.0	2.9	1.8	S
3043	Barrow Island	20 43	115 28	-0800	-0020	-0020	1.21	+0.1	1.8	2.5	1.9	S
3044	Trimouille Island	20 23	115 33	-0800	-0008	-0008	1.14	+0.0	1.7	2.4	1.7	S
3045	North West Island	20 22	115 31	-0800	-0025	-0024	1.01	+0.4	1.5	2.2	1.9	S
					主港：黑德兰港 PORT HEDLAND No. 3052 p. 331							
3046	Fortescue Road	21 00	116 06	-0800	+0026	+0030	0.64	-0.6	2.4	3.4	2.0	S
3047	Steamboat Island	20 50	116 04	-0800	+0035	+0038	0.63	-0.4	2.4	3.3	2.2	S
3048	Dampier (Hampton Harbour)	20 39	116 43	-0800	-0004	+0008	0.66	-0.5	2.5	3.6	2.2	S
3049	Cape Legendre	20 21	116 50	-0800	-0003	+0000	0.71	-0.4	2.7	3.6	2.5	S
3050	Point Samson	20 38	117 12	-0800	-0002	+0009	0.84	-0.6	3.2	4.6	2.9	S
3051	Depuch Island	20 37	117 45	-0800	+0014	+0018	0.95	-1.0	3.6	5.2	2.9	S
3052	PORT HEDLAND	20 18	118 35	-0800	（主港）				3.8	5.5	4.1	S
3053	North Turtle Islet	19 54	118 54	-0800	-0020	-0017	1.06	-1.1	4.0	5.8	3.2	S

澳大利亚北岸

序号	地名	位置 纬度 (°) (′)	位置 经度 (°) (′)	标准时间 时 分	潮时差 高潮 时 分	潮时差 低潮 时 分	潮高 比值	潮高 改正数 (m)	潮差 平均 (m)	潮差 大潮 (m)	平均潮位 (m)	潮汐类型
	澳大利亚北岸 Australia, North Coast	S	E									
					主港：黑德兰港 PORT HEDLAND No. 3052 p. 331							
3054	Lagrange Bay	18 42	121 44	-0800	-0018	-0014	1.42	-1.7	5.4	7.8	4.1	S
3055	Broome	18 00	122 13	-0800	-0018	-0006	1.41	-1.3	5.4	7.8	4.5	S
3056	Red Bluff	17 04	122 19	-0800	+0007	+0019	1.15	-1.3	4.4	6.5	3.5	S
3057	Pender Bay	16 42	122 43	-0800	+0026	+0030	1.24	-1.7	4.7	6.9	3.4	S
3058	Scott Reef	14 03	121 48	-0800	-0034	-0031	0.73	-0.9	2.7	4.0	2.1	S
3059	West Island	12 13	123 01	-0800	+0108	-0104	0.82	-1.0	3.1	4.4	2.4	S
	King Sound											
3060	Karrakatta Bay	16 22	123 02	-0800	+0111	+0101	1.30	-1.7	5.0	7.1	3.6	S
3061	Derby	17 17	123 39	-0800	+0309	+0346	1.72	-2.6	6.6	9.6	4.4	S
3062	Escape Point	17 25	123 33	-0800	+0505	*	*	*	*	*	*	*
	Buccaneer Archipelago											
3063	Bedford Island	16 09	123 19	-0800	+0047	+0055	1.46	-1.7	5.6	8.1	4.3	S
3064	Yampi Sound (Cockatoo Island)	16 05	123 35	-0800	+0034	+0043	1.56	-0.7	5.9	8.6	5.6	S
3065	Macleay Island	15 57	123 41	-0800	+0030	+0035	1.65	-2.1	6.3	9.1	4.6	S
3066	Adele Island	15 31	123 09	-0800	+0019	+0021	1.18	-1.0	4.5	6.4	3.8	S
3067	Browse Island	14 06	123 33	-0800	-0126	-0106	0.81	-0.9	3.1	4.4	2.4	S
	Collier Bay											
3068	Shale Island	16 23	124 20	-0800	+0048	+0102	1.92	-1.3	7.3	10.6	6.5	S
3069	Hall Point	15 40	124 24	-0800	+0025	+0032	1.60	-2.2	6.1	8.9	4.4	S
3070	Degerando Island	15 21	124 11	-0800	+0008	+0012	1.48	-1.8	5.6	8.2	4.2	S
3071	Baudin Island	14 08	125 36	-0800	-0017	-0008	1.03	-0.7	3.9	5.7	3.5	S
	Admiralty Gulf											
3072	Port Warrender	14 32	125 49	-0800	-0008	+0007	1.13	-0.7	4.3	6.5	4.0	S
3073	Troughton Island	13 45	126 08	-0800	-0016	-0009	0.66	-0.1	2.5	3.8	2.5	S
	Vansittart Bay											
3074	Jar Island	14 09	126 14	-0800	-0133	-0129	0.53	-0.8	2.0	2.8	1.4	S
	Napier Broome Bay				主港：利尔蒙斯 LEARMONTH No. 3039 p. 328							
3075	Geranium Harbour	13 56	126 35	-0800	-0131	-0127	1.07	-0.2	1.5	2.3	1.4	S
					主港：达尔文 DARWIN No. 3091 p. 334							
3076	Lesueur Island	13 50	127 17	-0800	+0126	+0019	0.29	+0.3	1.4	1.7	1.4	D
3077	Cape Domett	14 49	128 23	-0800	-0019	-0022	0.89	+0.4	3.9	5.4	4.0	S

澳 大 利 亚 北 岸

序号	地名	位置 纬度	位置 经度	标准时间 时 分	潮时差 高潮 时 分	潮时差 低潮 时 分	潮高 比值	潮高 改正数 (m)	潮差 平均 (m)	潮差 大潮 (m)	平均潮位 (m)	潮汐类型
	澳大利亚北岸 Australia, North Coast	S	E									
	Cambridge Gulf	(°) (′)	(°) (′)		主港：达尔文 DARWIN No. 3091 p. 334							
3078	Lacrosse Island	14 45	128 20	-0800	-0021	-0025	0.85	+0.4	3.8	5.1	3.9	S
3079	Webster Bluff	15 05	128 08	-0800	+0025	*	*	*	*	*	*	*
3080	Wyndham	15 27	128 06	-0800	+0101	+0116	1.19	-0.6	4.9	6.6	4.4	S
	Victoria River											
3081	Turtle Point	14 50	129 14	-0930	+0121	+0118	0.95	-0.5	3.9	5.3	3.5	S
3082	Holdfast Reach	15 14	129 49	-0930	+0320	*	*	*	*	*	*	*
3083	Mosquito Flat	15 25	130 08	-0930	+0605	*	*	*	*	*	*	*
3084	Sandy Island	15 28	130 22	-0930	+0700	*	*	*	*	*	*	*
3085	Pearce Point	14 26	129 22	-0930	+0103	+0059	1.05	-0.7	4.3	5.9	3.7	S
3086	Port Keats	14 03	129 34	-0930	+0003	+0000	1.06	-0.7	4.3	5.9	3.7	S
3087	Daly River	13 22	130 19	-0930	-0056	-0100	0.92	-0.1	4.1	5.7	3.7	S
	Bynoe Harbour											
3088	Tapa Bay	12 27	130 36	-0930	-0021	-0025	0.82	+0.3	3.7	5.2	3.7	S
3089	East Point	12 35	130 34	-0930	-0011	-0018	0.85	+0.3	3.8	5.3	3.8	S
	Port Darwin											
3090	Night Cliff	12 23	130 50	-0930	-0013	-0011	0.96	-0.1	3.9	5.4	3.9	S
3091	DARWIN	12 28	130 51	-0930	（主 港）				4.0	5.6	4.1	S
3092	Cape Hotham	12 03	131 17	-0930	+0047	+0100	0.63	+0.0	2.6	3.4	2.7	S
3093	Two Hills Bay	11 31	132 04	-0930	+0135	+0115	0.58	+0.0	2.3	3.1	2.3	S
	Melville Island											
3094	Cape Keith	11 36	131 28	-0930	+0108	+0119	0.57	-0.1	2.3	3.0	2.3	S
3095	St. Asaph Bay	11 18	130 26	-0930	-0012	-0017	0.58	-0.1	2.6	3.4	2.3	S
					主港：班达 BANDA No. 2550 p. 265							
3096	Cape Don Boat Harbour	11 19	131 46	-0930	+0425	+0326	0.94	+0.1	1.5	1.8	1.4	D
3097	Port Essington	11 22	132 11	-0930	+0310	+0310	1.11	+0.3	1.8	2.0	1.7	D
3098	Cape Croker	11 10	132 34	-0930	+0238	+0236	0.92	+0.3	1.5	1.7	1.4	D
					主港：达尔文 DARWIN No. 3091 p. 334							
3099	North Goulburn Island	11 33	133 26	-0930	+0045	+0043	0.38	-0.2	1.5	2.2	1.4	S
	Liverpool River											
3100	Entrance Island	11 58	134 15	-0930	+0110	+0105	0.55	-0.5	2.3	2.8	1.8	S
	Millingimbi Inlet											
3101	Yabooma Island	11 58	134 54	-0930	+0213	+0220	0.71	-0.9	3.5	3.7	2.1	D

澳大利亚北岸，新西兰北岛

序号	地名	位置		标准时间	潮时差		潮高		潮差		平均潮位	潮汐类型
		纬度	经度	时 分	高潮 时 分	低潮 时 分	比值	改正数 (m)	平均 (m)	大潮 (m)	(m)	
	澳大利亚北岸 Australia, North Coast	S	E									
	Millingimbi Inlet	(°) (′)	(°) (′)		主港：达尔文 DARWIN No. 3091 p. 334							
3102	Guluwuru Island	11 30	136 20	-0930	+0238	+0249	0.43	+0.1	2.1	2.3	1.9	D
	Marchinbar Island											
3103	Jensen Bay	11 11	136 45	-0930	+0142	+0208	0.52	-0.1	2.6	2.8	2.0	D
3104	Arnhem Bay	12 11	136 06	-0930	+0402	+0404	0.84	-0.8	4.1	4.4	2.6	D
	GULF OF CARPENTARIA				主港：班达 BANDA No. 2550 p. 265							
3105	Gove	12 13	136 48	-0930	+0713	+0703	1.27	+0.3	2.1	2.2	1.9	D
					主港：塘沽 TANGGU No. 301 p. 85							
3106	Caledon Bay	12 57	136 40	-0930	-0615	-0700	0.44	+0.1	1.4	1.6	1.2	D
3107	Port Langdon	13 52	136 50	-0930	-0616	-0716	0.23	+0.0	0.8	0.9	0.6	D
					主港：米里 MIRI No. 2329 p. 241							
3108	Milner Bay	13 50	136 30	-0930	-0030	+0107	0.65	-0.1	0.7	1.0	0.6	D
	Sir Edward Pellew Group				主港：布比岛 BOOBY ISLAND No. 2805 p. 289							
3109	Port McArthur	15 45	136 49	-0930	+0931	+0943	0.59	+0.9	1.6	2.0	2.5	D
					主港：韦帕 WEIPA No. 3116 p. 337							
3110	Turtle Island	15 35	137 06	-0930	+0847	+0814	0.93	+0.6	1.4	1.8	2.1	D
					主港：哑门 CUA CAM No. 2137 p. 220							
3111	Bayley Island	16 54	139 04	-1000	-0650	-0853	1.02	+0.0	2.0	3.0	2.0	D
3112	Sweers Island	17 07	139 38	-1000	-0801	-0742	1.18	-0.1	2.3	3.3	2.0	D
3113	Kangaroo Point	17 35	139 45	-1000	-0940	-0940	0.55	+1.0	1.1	1.6	2.0	D
3114	Karumba (Kimberley)	17 30	140 50	-1000	-0854	-0752	1.14	0.2	2.2	3.2	1.8	D
3115	Van Diemen Inlet	16 58	140 58	-1000	-1045	-1045	0.55	+0.7	1.1	1.6	1.7	D
					主港：韦帕 WEIPA No. 3116 p. 337							
3116	WEIPA	12 40	141 53	-1000	（主　港）				1.5	1.9	1.6	D
3117	Pennefather River	12 13	141 47	-1000	+0008	-0039	1.19	-0.3	1.8	2.2	1.7	D
	新西兰北岛 New Zealand, North Island				主港：韦斯特波特 WESTPORT No. 3229 p. 352							
3118	Port Taranaki	39 04	174 02	-1200	-0106	-0106	1.07	-0.1	2.5	3.1	1.8	S
3119	Waitara River Entrance	38 59	174 14	-1200	-0105	-0105	1.05	+0.1	2.5	3.0	2.0	S
3120	Kawhia	38 04	174 49	-1200	-0038	-0058	1.00	-0.2	2.4	2.9	1.6	S
3121	Aotea Harbour	38 00	174 50	-1200	-0110	-0110	1.10	+0.2	2.6	3.2	2.1	S
3122	Raglan	37 48	174 53	-1200	-0040	-0041	0.99	-0.2	2.3	2.8	1.6	S
3123	Waikato River Entrance	37 24	174 45	-1200	-0110	-0110	1.08	+0.2	2.5	3.1	2.1	S

新 西 兰 北 岛

序号	地名	位置		标准时间	潮时差		潮高		潮差		平均潮位	潮汐类型
		纬度	经度	时分	高潮 时分	低潮 时分	比值	改正数 (m)	平均 (m)	大潮 (m)	(m)	
	新西兰北岛 New Zealand，North Island	S	E									
	Manukau Harbour	(°) (′)	(°) (′)		**主港：韦斯特波特 WESTPORT** No. 3229 p. 352							
3124	Paratutai Island	37 03	174 31	-1200	-0038	-0043	0.92	+0.1	2.2	2.7	1.8	S
3125	Cornwallis	37 00	174 36	-1200	-0035	-0035	1.03	+0.2	2.4	3.0	2.0	S
3126	Onehunga	36 56	174 47	-1200	-0015	-0019	1.22	+0.2	2.9	3.5	2.4	S
	Kaipara Harbour											
3127	Pouto Point	36 22	174 11	-1200	-0020	-0020	0.97	+0.2	2.3	2.8	1.9	S
3128	Shelly Beach	36 34	174 23	-1200	-0012	-0012	1.21	+0.3	2.8	3.6	2.4	S
3129	Point Curtis	36 09	174 23	-1200	+0055	*	*	*	*	*	*	*
3130	Te Kopuru	36 02	173 56	-1200	+0050	+0130	*	*	*	*	*	*
	Hokianga Harbour											
3131	Opononi	35 30	173 24	-1200	-0055	-0055	0.91	-0.1	2.1	2.5	1.5	S
3132	Rawene	35 24	173 30	-1200	-0043	-0043	0.97	+0.0	2.3	2.8	1.7	S
3133	Ahipara Bay	35 10	173 07	-1200	-0141	-0141	1.11	+0.1	2.6	3.2	2.0	S
3134	Great Island（Three Kings Islands）	34 09	172 08	-1200	-0135	-0135	1.01	+0.1	2.4	2.9	*	S
3135	Cape Maria van Diemen	34 29	172 38	-1200	-0140	-0140	0.75	+0.0	1.8	2.2	1.4	S
					主港：奥克兰 AUCKLAND No. 3154 p. 340							
3136	Parengarenga	34 31	172 57	-1200	-0007	+0027	0.35	+0.2	0.9	1.0	0.8	S
	Awanui River											
3137	Sheigi Beacon	34 54	173 18	-1200	+0050	+0030	0.68	-0.2	1.7	2.0	1.0	S
3138	Omaia Island	35 00	173 16	-1200	+0120	+0100	0.72	-0.2	1.8	2.1	1.0	S
3139	Dairy Factory Wharf	35 03	173 16	-1200	+0145	+0125	0.70	-0.2	1.8	2.0	1.0	S
3140	Mangonui	34 59	173 32	-1200	+0044	+0041	0.74	+0.2	1.8	2.1	1.6	S
3141	Whangaroa	35 01	173 45	-1200	+0021	+0036	0.70	+0.3	1.7	1.9	1.5	S
	Motukawanui Island											
3142	Waiiti Bay	35 01	173 56	-1200	+0005	+0019	0.62	+0.3	1.5	1.8	1.3	S
3143	Russell	35 16	174 07	-1200	+0024	+0053	0.70	+0.2	1.7	2.0	1.4	S
3144	Opua	35 19	174 07	-1200	+0006	+0104	0.72	+0.1	1.7	2.0	1.3	S
3145	Whangamumu Harbour	35 15	174 18	-1200	+0024	+0100	0.64	+0.1	1.5	1.8	1.2	S
3146	Tutukaka Harbour	35 37	174 32	-1200	+0000	+0000	0.70	+0.1	1.7	1.9	1.3	S
	Whangarei											
3147	Marsden Point	35 50	174 30	-1200	-0001	+0013	0.78	+0.1	1.8	2.1	1.5	S
3148	Port Whangarei	35 45	174 21	-1200	+0032	+0027	0.87	+0.2	2.0	2.4	1.8	S

新 西 兰 北 岛

序号	地 名	位置 纬 度	位置 经 度	标准时间 时 分	潮时差 高潮 时 分	潮时差 低潮 时 分	潮高 比值	潮高 改正数 (m)	潮差 平均 (m)	潮差 大潮 (m)	平均潮位 (m)	潮汐类型
	新西兰北岛 New Zealand, North Island	S	E									
	Kawau Island	(°) (′)	(°) (′)		主港：奥克兰 AUCKLAND No. 3154 p. 340							
3149	Bon Accord Harbour	36 26	174 49	-1200	-0021	-0005	0.74	+0.2	1.8	2.1	1.6	S
	Hauraki Gulf 东侧											
3150	Matakana River	36 23	174 44	-1200	-0018	+0003	*	*	*	*	*	S
3151	Mahurangi Harbour	36 29	174 43	-1200	+0002	+0012	*	*	*	*	*	S
3152	Tiritiri Matangi Island	36 36	174 53	-1200	+0015	-0003	0.86	+0.2	2.1	2.4	1.7	S
3154	AUCKLAND	36 51	174 46	-1200	（主 港）				2.5	2.9	1.8	S
	Waiheke Island											
3155	Man o' War Bay	36 47	175 09	-1200	-0021	-0003	0.95	+0.0	2.3	2.7	1.6	S
3156	Matiata Bay	36 47	174 59	-1200	-0014	-0006	0.89	+0.0	2.2	2.5	1.6	S
3157	Coromandel Harbour	36 47	175 27	-1200	-0016	-0006	0.82	+0.2	2.1	2.4	1.7	S
	Great Barrier Island											
3158	Nagle Cove	36 09	175 19	-1200	-0024	-0011	0.74	+0.0	1.7	2.0	1.3	S
3159	Port Jackson	36 29	175 20	-1200	-0030	-0012	0.76	+0.1	1.9	2.1	1.5	S
3160	Mercury Bay（Whitianga）	36 50	175 43	-1200	-0012	-0002	0.56	+0.3	1.4	1.6	1.3	S
3161	Slipper Island	37 04	175 57	-1200	-0039	-0035	0.59	+0.1	1.5	1.6	1.2	S
3162	Tauranga	37 39	176 11	-1200	-0017	+0000	0.55	+0.2	1.4	1.6	1.1	S
3163	Whale Island	37 54	176 58	-1200	-0045	-0045	0.64	+0.3	1.5	1.7	1.4	S
3164	Ohiwa	37 59	177 07	-1200	+0013	-0004	0.61	+0.0	1.5	1.6	1.2	S
3165	Motunui Island	37 47	177 39	-1200	-0040	-0040	0.58	+0.3	1.4	1.6	1.3	S
3166	Hicks Bay	37 34	178 19	-1200	-0055	-0035	0.60	+0.3	1.4	1.6	1.3	S
3167	East Cape	37 41	178 33	-1200	-0055	-0045	0.58	+0.3	1.4	1.5	1.3	S
3168	Open Bay	38 02	178 20	-1200	-0102	-0102	0.55	+0.3	1.3	1.5	1.2	S
3169	Tolaga Bay	38 23	178 19	-1200	-0114	-0114	0.51	+0.3	1.3	1.4	1.2	S
					主港：利特尔顿 LYTTELTON No. 3205 p. 346							
3170	Gisborne	38 41	178 02	-1200	+0126	+0127	0.74	+0.2	1.3	1.4	1.2	S
3171	Portland Island	39 17	177 52	-1200	+0115	+0115	*	*	*	*	*	*
3172	Waikokopu	39 04	177 50	-1200	+0125	+0125	0.72	+0.0	1.3	1.3	0.9	D
	Wairoa River											
3173	Clyde	39 03	177 26	-1200	+0120	+0120	0.74	+0.0	1.4	1.4	0.9	D
	Napier											
3174	No. 3 Wharf	39 29	176 55	-1200	+0121	+0121	0.73	+0.0	1.4	1.4	0.9	D
3175	Castle Point	40 55	176 13	-1200	+0027	+0042	0.65	-0.2	1.2	1.2	0.6	D

新西兰北岛和南岛

序号	地名	位置 纬度 (°) (′)	位置 经度 (°) (′)	标准时间 时 分	潮时差 高潮 时 分	潮时差 低潮 时 分	潮高 比值	潮高 改正数 (m)	潮差 平均 (m)	潮差 大潮 (m)	平均潮位 (m)	潮汐类型
	新西兰北岛 New Zealand, North Island	S	E									
					主港：利特尔顿 LYTTELTON No. 3205 p. 346							
3176	Cape Palliser	41 37	175 17	-1200	+0010	+0010	1.04	+0.0	1.9	1.9	0.9	D
3177	WELLINGTON	41 17	174 47	-1200	（主 港）				1.0	1.1	1.0	D
					主港：韦斯特波特 WESTPORT No. 3229 p. 352							
3178	Oteranga Bay	41 18	174 37	-1200	-0402	-0402	0.17	+0.3	0.4	0.6	0.6	S
3179	Makara Bay	41 13	174 42	-1200	-0218	-0153	0.30	+0.3	0.7	1.0	0.8	S
3180	Porirua Harbour	41 06	174 52	-1200	-0041	-0041	0.37	+0.1	0.9	1.2	0.8	S
3181	Manawatu River Entrance	40 28	175 13	-1200	-0125	-0125	0.69	+0.1	1.6	2.0	1.3	S
3182	Wanganui River Entrance	39 57	174 49	-1200	-0020	-0020	0.72	+0.2	1.7	2.3	1.5	S
3183	Patea	39 47	174 31	-1200	-0115	-0115	*	*	*	*	*	*
3184	Opunake Bay	39 28	173 51	-1200	-0110	+0110	1.01	+0.1	2.4	2.9	1.8	S
	新西兰南岛 New Zealand, South Island											
	Golden Bay											
3185	Collingwood	40 40	172 40	-1200	-0120	-0120	1.42	-0.2	3.3	4.1	2.3	S
3186	Motupipi River	40 50	172 51	-1200	-0120	-0120	1.50	-0.1	3.5	4.3	2.5	S
	Tasman Bay											
3187	Astrolabe Road	40 58	173 03	-1200	-0115	-0115	1.55	-0.2	3.6	4.5	2.5	S
3188	Nelson	41 16	173 16	-1200	-0048	-0102	1.14	+0.0	2.7	3.4	2.0	S
3189	Croisilles Harbour	41 05	173 42	-1200	-0110	-0110	1.33	-0.2	3.1	3.8	2.2	S
3190	Greville Harbour	40 52	173 48	-1200	-0116	-0116	1.04	-0.2	2.4	3.2	1.6	S
3191	Stephen's Island	40 40	174 01	-1200	-0125	-0125	0.74	+0.1	1.7	2.1	1.4	S
3192	Elmslie Bay	40 56	173 51	-1200	-0145	-0145	0.73	+0.0	1.7	2.2	1.3	S
3193	Pelorus Sound Entrance	40 55	173 59	-1200	-0155	-0215	0.75	+0.0	1.8	2.2	1.3	S
3194	Havelock	41 17	173 46	-1200	-0049	-0049	0.79	+0.0	1.8	2.4	1.4	S
	Queen Charlotte Sound											
3195	Long Island	41 07	174 17	-1200	-0208	-0208	0.46	-0.1	1.1	1.5	0.7	S
3196	East Bay	41 14	174 08	-1200	-0157	-0235	0.43	-0.1	1.0	1.4	0.7	S
3197	Picton	41 17	174 00	-1200	-0157	-0230	0.45	-0.1	1.1	1.5	0.7	S
3198	Okiwa Bay	41 17	173 55	-1200	-0156	-0232	0.46	-0.1	1.1	1.5	0.7	S
3199	Whekenui	41 12	174 18	-1200	-0243	-0243	0.31	+0.2	0.7	1.0	0.7	S
	Tory Channel											
3200	Te Iro Bay	41 14	174 11	-1200	-0215	-0245	0.42	-0.1	1.0	1.4	0.7	S

新 西 兰 南 岛

序号	地名	位置		标准时间	潮时差		潮高		潮差		平均潮位	潮汐类型
		纬度	经度	时 分	高潮 时 分	低潮 时 分	比值	改正数 (m)	平均 (m)	大潮 (m)	(m)	
	新西兰南岛 New Zealand, South Island	S	E									
		(°) (′)	(°) (′)		主港：利特尔顿 LYTTELTON No. 3205 p. 346							
3201	Lucky Bay	41 16	174 17	-1200	+0231	+0231	0.44	+0.4	0.8	0.9	0.9	S
3202	Lake Grassmere Entrance	41 42	174 11	-1200	+0100	+0059	0.70	+0.1	1.2	1.4	1.0	S
3203	Cape Campbell	41 44	174 15	-1200	+0051	+0050	0.73	+0.2	1.4	1.4	1.1	D
3204	Kaikoura Peninsula	42 24	173 42	-1200	+0016	+0016	0.72	+0.2	1.3	1.4	1.1	S
3205	LYTTELTON	43 36	172 43	-1200	（主	港）			1.8	1.9	1.2	S
3206	Akaroa	43 48	172 55	-1200	-0041	-0041	0.97	+0.3	1.7	1.9	1.5	S
3207	Timaru	44 24	171 15	-1200	-0137	-0137	0.88	+0.3	1.6	1.7	1.4	S
					主港：布拉夫 BLUFF No. 3214 p. 349							
3208	Oamaru	45 07	170 59	-1200	+0126	+0126	0.77	+0.0	1.4	1.6	1.3	S
	Otago Harbour											
3209	Entrance	45 47	170 43	-1200	+0119	+0142	0.80	-0.3	1.4	1.6	1.0	S
3210	Port Chalmers	45 49	170 38	-1200	+0208	+0208	0.82	-0.3	1.5	1.6	1.0	S
3211	Dunedin	45 53	170 30	-1200	+0242	+0257	0.83	-0.4	1.5	1.6	1.0	S
3212	Nugget Point	46 27	169 49	-1200	+0059	+0100	0.85	+0.1	1.5	1.7	1.5	S
3213	Waipapa Point	46 39	168 51	-1200	+0016	+0016	1.05	+0.0	1.9	2.1	1.7	S
3214	BLUFF	46 36	168 21	-1200	（主	港）			1.8	2.1	1.6	S
3215	New River Entrance	46 32	168 15	-1200	-0022	-0022	1.12	-0.2	2.0	2.3	1.6	S
3216	Colac Bay	46 22	167 54	-1200	-0139	-0139	0.94	-0.2	1.7	2.0	1.4	S
	Stewart Island											
3217	Paterson Inlet	46 54	168 07	-1200	-0006	-0006	0.92	+0.1	1.6	1.9	1.6	S
					主港：韦斯特波特 WESTPORT No. 3229 p. 352							
3218	Preservation Inlet	46 04	166 41	-1200	+0130	+0130	0.73	-0.1	1.7	2.1	1.2	S
3219	Dusky Sound	45 47	166 32	-1200	+0120	+0120	0.65	+0.0	1.5	1.9	1.2	S
3220	Deep Cove	45 27	167 10	-1200	+0110	+0110	0.60	+0.1	1.4	1.6	1.2	S
3221	Bligh Sound	44 53	167 32	-1200	+0100	+0100	0.63	+0.1	1.5	1.8	1.2	S
3222	Milford Sound	44 40	167 56	-1200	+0055	+0055	0.63	+0.1	1.5	1.8	1.2	S
3223	Jackson's Bay	43 59	168 37	-1200	+0040	+0040	0.63	+0.1	1.5	1.8	1.2	S
3224	Haast River Entrance	43 50	169 03	-1200	+0030	+0030	0.68	+0.0	1.6	2.0	1.2	S
3225	Bruce Bay	43 35	169 36	-1200	+0020	+0020	0.68	+0.0	1.6	2.0	1.2	S
3226	Okarito	43 13	170 11	-1200	+0015	+0015	0.71	+0.0	1.7	2.0	1.2	S
3227	Hokitika River Bar	42 43	170 58	-1200	+0010	+0010	0.71	+0.0	1.7	2.0	1.2	S
3228	Greymouth	42 26	171 13	-1200	+0014	+0014	0.85	+0.5	2.0	2.5	2.0	S

新西兰南岛，新西兰，太平洋群岛，土阿莫土群岛，澳大利斯群岛

序号	地名	位置 纬度	位置 经度	标准时间 时 分	潮时差 高潮 时 分	潮时差 低潮 时 分	潮高 比值	潮高 改正数 (m)	潮差 平均 (m)	潮差 大潮 (m)	平均潮位 (m)	潮汐类型
	新西兰南岛 New Zealand, South Island	S	E									
		(°) (′)	(°) (′)		主港：韦斯特波特 WESTPORT No. 3229 p. 352							
3229	WESTPORT	41 45	171 36	-1200	（主 港）				2.3	2.9	1.8	S
3230	Karamea River Entrance	41 15	172 06	-1200	-0035	-0035	*	*	*	*	*	*
3231	Whanganui Inlet	40 35	172 32	-1200	-0105	-0105	0.96	-0.2	2.2	2.8	1.4	S
					主港：绿华山 LUHUASHAN No. 219 p. 67							
3232	Macquarie Island	54 31	158 58	-1130	-0854	-0918	0.23	-0.1	0.7	0.8	0.5	D
					主港：布拉夫 BLUFF No. 3214 p. 349							
3233	Campbell Island	52 33	169 13	-1200	+0010	+0010	0.47	+0.0	0.8	1.0	0.7	S
	Auckland Islands											
3234	Carnley Harbour	50 52	166 05	-1200	-0047	-0047	0.42	-0.1	0.7	0.9	0.6	S
3235	Antipodes Islands	49 40	178 50	-1200	+0210	*	*	*	*	*	1.1	*
	新西兰 New Zealand	S	W		主港：奥克兰 AUCKLAND No. 3154 p. 340							
3236	Chatham Islands	43 55	176 37	-1245	-0150	-0140	0.24	+0.2	0.6	0.7	0.6	D
3237	Raoul Island	29 15	177 55	-1200	-0033	-0025	0.42	+0.1	1.0	1.2	0.8	S
	太平洋群岛 Pacific Ocean Islands				主港：阿皮亚 APIA No. 3424 p. 355							
3300	Saly Gomez	26 28	105 28	+0700	+0915	*	*	*	*	*	*	*
3301	Isla de Pascua (Hanga Piko)	27 09	109 27	+0700	-0120	-0105	0.61	+0.2	0.5	0.6	0.5	D
	土阿莫土群岛 Tuamoto (Low) Archipelago											
3302	Gambier (Mangareva) Islands	23 07	134 57	+0900	-0412	-0415	0.68	+0.7	0.6	0.6	1.0	D
3303	Morane Atoll	23 08	137 08	+0900	*	*	1.00	+0.0	0.8	0.9	0.5	S
3304	Mururoa	21 50	138 55	+0900	-0502	-0502	0.97	+0.1	0.8	1.0	0.6	S
3305	Fangataufa	22 12	138 46	+0900	-0420	-0420	0.55	+0.3	0.4	0.6	0.6	S
3306	Hao	18 04	140 59	+1000	-0430	*	*	*	*	*	*	*
3307	Ile Makemo	16 38	143 34	+1000	-0235	-0235	0.44	+0.2	0.3	0.4	0.4	S
3308	Tahanea	16 52	144 40	+1000	-0326	-0327	0.50	+0.3	0.4	0.5	0.5	S
3310	Ahé	14 32	146 21	+1000	-0158	-0158	0.28	+0.3	0.2	0.3	0.5	S
3311	Rairoa Atoll	14 57	147 41	+1000	-0415	*	0.40	+0.1	0.3	0.4	*	S
3313	Makatea	15 49	148 17	+1000	-0439	-0439	0.33	+0.1	0.3	0.4	0.3	S
	澳大利斯群岛 Iles Australes											
3314	Rapa	27 36	144 17	+1000	-0655	*	0.74	+0.2	0.6	0.7	0.5	S
3315	Raivavae	23 52	147 41	+1000	-0710	-0730	0.40	+0.3	0.3	0.5	0.5	S

社会群岛，马克萨斯群岛，库克群岛，莱恩群岛

序号	地　　名	位置		标准时间	潮时差		潮高		潮差		平均潮位	潮汐类型
		纬度	经度	时 分	高潮 时 分	低潮 时 分	比值	改正数 (m)	平均 (m)	大潮 (m)	(m)	
	社会群岛 Iles de la Societe	S	W									
		(°) (′)	(°) (′)		主港：巴厘巴板 BALIK PAPAN No. 2406 p. 250							
3317	Tapuaeraha	17 48	149 18	+1000	*	*	0.13	+0.2	0.2	0.3	0.3	S
3318	Papeari	17 46	149 22	+1000	-0505	-0506	0.14	+0.0	0.2	0.3	0.2	S
3319	Matavai	17 31	149 31	+1000	-0412	-0412	0.10	+0.2	0.2	0.2	0.3	S
3320	Maharepa，Moorea	17 29	149 48	+1000	*	*	0.08	+0.2	0.1	0.2	0.3	S
3321	Port de Fare	16 43	151 02	+1000	-0515	*	*	*	*	*	0.2	*
3323	Bora-Bora	16 30	151 47	+1000	-0510	*	*	*	*	*	0.2	*
	马克萨斯群岛 Iles Marquises				主港：阿皮亚 APIA No. 3424 p. 355							
3328	Fatu Hiva	10 27	138 39	-0930	-0310	*	*	*	*	*	*	*
3331	Nukuhiva	8 55	140 06	-0930	-0314	-0314	1.21	+0.5	1.0	1.1	1.1	S
	库克群岛（南） Cook Islands，South				主港：奥克兰 AUCKLAND No. 3154 p. 340							
3336	Rarotonga，Avarua Harbour	21 12	159 46	+1000	+0220	+0230	0.26	-0.1	0.5	0.7	0.3	S
3340	Aitutaki	18 51	159 47	+1000	+0238	+0238	0.17	+0.2	0.3	0.4	0.4	S
	库克群岛（北） Cook Islands，North				主港：阿皮亚 APIA No. 3424 p. 355							
3342	Suvorov Islands	13 15	163 05	+1000	+0051	+0051	0.73	+0.1	0.6	0.6	0.5	S
3343	Tongareva (Penrhyn Island)	9 00	158 03	+1000	-1155	-1155	0.24	+0.3	0.2	0.3	0.4	D
3344	Manihiki	10 25	161 01	+1000	-0901	-0942	0.14	+0.2	0.1	0.1	0.3	D
3347	Pukapuka	10 52	165 53	+1000	+0132	+0132	0.39	+0.3	0.3	0.4	0.5	S
	莱恩群岛 Line Islands											
3349	Caroline Island	10 00	150 14	+0900	-0140	*	*	*	*	*	*	*
		N	W									
3353	Jarvis Island	0 23	160 02	+1000	-0136	-0137	0.67	+0.1	0.5	0.7	0.4	S
3354	Christmas Island	1 59	157 29	+1000	-0201	-0202	0.68	+0.0	0.5	0.7	0.4	S
3355	Fanning Island	3 51	159 22	+1000	-0207	-0209	0.73	-0.1	0.6	0.7	0.3	S
3357	Palmyra Island	5 52	162 06	+1100	-0136	-0138	0.76	+0.1	0.6	0.8	0.5	S
3358	Johnston Island	16 45	169 30	+1000	-0118	-0118	0.71	+0.0	0.6	0.7	0.3	S

夏威夷群岛

序号	地名	位置		标准时间	潮时差		潮高		潮差		平均潮位	潮汐类型
		纬度	经度	时 分	高潮 时 分	低潮 时 分	比值	改正数 (m)	平均 (m)	大潮 (m)	(m)	
	夏威夷群岛 Hawaiian Islands	N	W									
		(°) (′)	(°) (′)		主港：火奴鲁鲁 HONOLULU No. 3374 p. 367							
	Hawaii											
3359	Hilo Bay	19 44	155 04	+1000	-0051	-0042	1.34	+0.0	0.7	0.8	0.3	D
3360	Honuapo	19 05	155 33	+1000	-0030	-0020	1.12	+0.0	0.6	0.7	0.4	D
3361	Napoopoo (Napupu)	19 28	155 55	+1000	-0020	-0015	1.02	+0.0	0.6	0.6	0.3	D
3362	Mahukona	20 11	155 54	+1000	-0030	-0020	1.02	+0.0	0.6	0.6	0.3	D
3363	Kawaihae	20 02	155 50	+1000	-0014	-0001	1.20	+0.0	0.7	0.7	0.3	D
	Maui											
3365	Kihei	20 47	156 28	+1000	+0000	-0025	1.12	+0.0	0.6	0.7	0.3	D
3366	Lahaina	20 52	156 41	+1000	-0035	-0045	1.12	+0.0	0.6	0.7	0.3	D
3367	Kahului	20 54	156 28	+1000	-0121	-0126	1.26	+0.0	0.7	0.8	0.3	D
	Lanai											
3369	Kaumalapau	20 47	157 00	+1000	+0000	+0000	0.95	+0.1	0.5	0.6	0.3	D
	Molokai											
3370	Pukoo Harbour	21 04	156 47	+1000	-0105	-0050	0.95	+0.1	0.5	0.6	0.3	D
3371	Kamalo Harbour	21 03	156 53	+1000	-0040	-0020	1.02	+0.0	0.6	0.6	0.3	D
3372	Kolo	21 06	157 12	+1000	+0000	+0000	1.00	+0.0	0.5	0.6	0.3	D
	Oahu											
3374	HONOLULU	21 18	157 52	+1000	(主 港)				0.5	0.6	0.2	D
3375	Waianae	21 27	158 11	+1000	+0015	+0015	0.81	+0.0	0.4	0.5	0.2	D
3376	Waialua Bay	21 36	158 07	+1000	-0105	-0210	0.83	+0.0	0.5	0.5	0.2	D
3377	Laie Bay	21 39	157 56	+1000	-0150	-0150	1.00	+0.0	0.5	0.6	0.3	D
3378	Mokuoloe	21 26	157 48	+1000	-0103	-0119	1.20	-0.1	0.7	0.8	0.3	D
3379	Waimanalo Bay	21 20	157 42	+1000	-0115	-0115	0.81	+0.0	0.4	0.5	0.2	D
	Kauai											
3381	Nawiliwili	21 58	159 21	+1000	-0015	-0022	1.00	-0.1	0.5	0.6	0.2	D
3382	Waimea Bay	21 57	159 40	+1000	-0020	-0010	0.76	+0.1	0.4	0.5	0.2	D
3383	Hanalei Bay	22 13	159 30	+1000	-0130	-0150	0.95	+0.1	0.5	0.6	0.2	D
	Niihau											
3384	Nonopapa	21 52	160 14	+1000	-0015	-0015	0.76	+0.1	0.4	0.5	0.2	D
3389	French Frigate Shoals	23 52	166 17	+1000	+0016	+0002	0.75	+0.1	0.4	0.5	0.3	D
3391	Laysan Island	25 46	171 45	+1000	+0105	+0105	0.48	+0.0	0.3	0.3	0.2	D
	Midway Islands											
3394	Welles Harbour	28 12	177 22	+1100	+0005	+0016	0.63	+0.0	0.3	0.4	0.2	D

汤加群岛，萨摩亚群岛，托克劳群岛，菲尼克斯群岛，斐济群岛

序号	地　　名	位置 纬度	位置 经度	标准时间 时 分	潮时差 高潮 时 分	潮时差 低潮 时 分	潮高 比值	潮高 改正数 (m)	潮差 平均 (m)	潮差 大潮 (m)	平均潮位 (m)	潮汐类型
	汤加群岛 Tonga Islands	S	W									
		(°) (′)	(°) (′)		主港：苏瓦港 SUVA HARBOUR No. 3450 p. 358							
3397	Niue Island	19 02	169 55	+1100	+0203	+0202	0.56	+0.2	0.7	0.8	0.7	D
3400	Nukualofa	21 08	175 13	-1300	+0046	+0046	0.92	-0.2	1.2	1.2	0.8	D
3404	Nomuka	20 16	174 48	-1300	+0037	+0038	0.90	-0.2	1.0	1.2	0.9	S
3406	Lifuka Island，Pangai	19 48	174 21	-1300	+0040	+0036	0.74	+0.0	0.9	1.0	0.7	S
3411	Neiafu	18 39	173 59	-1300	+0057	+0057	0.78	+0.0	0.9	1.0	0.8	D
	萨摩亚群岛 Samoa Islands				主港：阿皮亚 APIA No. 3424 p. 355							
	Tau Island											
3415	Faleasau Bay	14 14	169 32	+1100	-0025	-0025	1.38	+0.0	1.1	1.3	0.7	S
	Tutuila Island											
3417	Pago Pago	14 17	170 41	+1100	+0014	+0014	0.96	+0.0	0.8	0.9	0.5	S
3418	Leone Bay	14 20	170 47	+1100	+0050	*	*	*	*	*	*	*
	Upolu Island											
3423	Mulifanua	13 49	172 01	+1100	+0000	+0002	1.10	+0.0	0.9	1.0	0.6	S
3424	APIA	13 49	171 46	+1100	（主　港）				0.8	0.9	0.5	S
3425	Saluafata Harbour	13 52	171 37	+1100	+0006	+0006	1.00	+0.3	0.8	0.9	0.8	S
3426	Fangaloa Bay	13 53	171 30	+1100	+0013	*	*	*	*	*	*	*
	托克劳群岛 Tokelau Islands											
	Savaii Island											
3429	Asau Harbour	13 30	172 38	+1100	-0008	-0008	1.10	+0.0	0.9	1.0	0.6	S
3430	Swains Island	11 03	171 05	+1100	*	*	1.00	-0.1	0.8	0.9	0.4	S
3431	Fakaofo	9 23	171 15	+1100	-0020	*	*	*	*	*	*	*
	菲尼克斯群岛 Phoenix Islands											
3437	Hull Island	4 30	172 10	+1100	-0041	-0041	1.16	+0.1	0.9	1.2	0.7	S
3441	Canton Island	2 50	171 43	+1100	-0055	-0055	1.12	+0.1	0.9	1.2	0.6	S
	斐济群岛 Fiji Islands				主港：苏瓦港 SUVA HARBOUR No. 3450 p. 358							
	Viti Levu	S	E									
3450	SUVA HARBOUR	18 08	178 26	-1200	（主　港）				1.1	1.3	1.0	S
3451	Rukua	18 23	178 06	-1200	+0010	+0013	0.91	+0.2	1.0	1.2	1.1	S

斐 济 群 岛

序号	地 名	位置 纬度	置 经度	标准时间 时 分	潮时差 高潮 时 分	低潮 时 分	潮高 比值	改正数 (m)	潮差 平均 (m)	大潮 (m)	平均潮位 (m)	潮汐类型
	斐济群岛 Fiji Islands	S	E									
	Viti Levu	(°) (′)	(°) (′)		主港：苏瓦港 SUVA HARBOUR No. 3450 p. 358							
3452	Lautoka	17 36	177 26	-1200	-0010	-0010	1. 10	+0. 1	1. 3	1. 5	1. 2	S
3453	Vunda Point	17 41	177 23	-1200	-0006	-0006	1. 18	-0. 2	1. 3	1. 6	1. 0	S
	Yasawa Island											
3454	Manunggila Bay	16 42	177 36	-1200	-0030	-0031	0. 97	+0. 0	1. 1	1. 4	0. 9	S
3455	Nabukeru	16 51	177 28	-1200	-0030	-0031	1. 02	+0. 0	1. 2	1. 5	0. 9	S
	Viti Levn											
3456	Vatia Whart	17 24	177 46	-1200	-0020	-0020	1. 19	+0. 1	1. 4	1. 6	1. 2	S
3457	Manava Cay	17 21	177 49	-1200	-0026	-0026	1. 05	+0. 1	1. 2	1. 5	1. 2	S
3458	Ellington Wharf	17 20	178 13	-1200	-0012	-0012	1. 02	+0. 0	1. 2	1. 4	1. 0	S
3459	Nanukuloa	17 27	178 14	-1200	-0012	-0012	0. 97	+0. 3	1. 1	1. 3	1. 2	S
3460	Naingani	17 35	178 40	-1200	-0020	-0020	1. 00	+0. 1	1. 1	1. 4	1. 0	S
3461	Tai Leyu	17 39	178 35	-1200	-0002	-0002	0. 95	+0. 0	1. 1	1. 3	0. 9	S
	Ovalau											
3463	Levuka	17 41	178 50	-1200	-0003	-0003	0. 90	+0. 1	1. 1	1. 2	1. 0	S
	Nairai											
3464	Suthunilevu	17 48	179 23	-1200	+0000	+0000	0. 93	-0. 5	1. 1	1. 2	0. 7	S
	Ngau											
3465	Nawaikama	18 01	179 16	-1200	+0006	+0006	0. 82	+0. 2	0. 9	1. 1	1. 0	S
	Vanua Levu											
3467	Nambouwalu	17 00	178 43	-1200	-0006	-0006	1. 07	-0. 1	1. 2	1. 5	0. 9	S
3468	Ndama	16 53	178 38	-1200	-0020	-0020	1. 06	+0. 1	1. 2	1. 5	1. 1	S
3469	Yandua Island	16 48	178 20	-1200	-0020	-0020	0. 99	+0. 0	1. 1	1. 4	0. 9	S
3470	Koroinasolo Inlet	16 43	178 32	-1200	-0043	-0043	1. 00	+0. 0	1. 1	1. 4	1. 0	S
3471	Ndreketi	16 33	178 51	-1200	-0047	-0047	1. 05	+0. 0	1. 2	1. 5	1. 0	S
3472	Navindamu	16 31	178 55	-1200	-0047	-0047	0. 99	-0. 1	1. 1	1. 4	0. 9	S
3473	Naduri	16 26	179 09	-1200	-0049	-0049	1. 06	-0. 1	1. 2	1. 6	0. 9	S
3474	Malau	16 22	179 22	-1200	-0047	-0047	1. 04	+0. 0	1. 2	1. 5	1. 0	S
3475	Visonggo	16 13	179 41	-1200	-0039	-0039	1. 10	-0. 1	1. 3	1. 6	1. 0	S
3476	Natewa	16 35	179 44	-1200	-0039	-0039	0. 92	+0. 0	1. 1	1. 3	0. 9	S
3477	Ndongoro Creek	16 48	179 05	-1200	+0012	+0012	0. 96	+0. 0	1. 1	1. 3	1. 0	S
3478	Nayavu	16 48	179 05	-1200	-0010	-0010	1. 03	+0. 0	1. 2	1. 3	1. 0	S
3479	Muanithula	16 53	178 55	-1200	+0014	+0019	1. 02	-0. 1	1. 3	1. 4	0. 9	S

斐济群岛，图瓦鲁，基里巴斯

序号	地名	位置 纬度	位置 经度	标准时间 时 分	潮时差 高潮 时 分	潮时差 低潮 时 分	潮高 比值	潮高 改正数 (m)	潮差 平均 (m)	潮差 大潮 (m)	平均潮位 (m)	潮汐类型
	斐济群岛 Fiji Islands	S	W									
	Taveuni	(°) (′)	(°) (′)		主港：苏瓦港 SUVA HARBOUR No. 3450 p. 358							
3480	Veitalathangi Point	16 47	179 50	-1200	-0024	-0024	0.88	-0.1	1.0	1.2	0.8	S
3481	Waiyevo	16 47	179 59	-1200	-0037	-0037	0.92	+0.0	1.1	1.2	0.9	S
3485	Vanuabalavu Island	17 17	178 59	-1200	-0037	-0037	0.85	+0.1	1.0	1.1	1.0	S
	Lakemba Island											
3486	Tumbou	18 14	178 46	-1200	-0002	-0001	0.96	+0.0	1.1	1.3	0.9	S
3487	Wainiyabia	18 12	178 50	-1200	-0004	-0004	0.92	+0.0	1.1	1.2	0.9	S
	Totoya											
3489	Herald Sound	18 59	179 52	-1200	+0050	+0050	1.04	-0.6	1.2	1.4	0.7	S
	Moala	S	E									
3490	Naroi	18 33	179 57	-1200	+0002	+0008	0.87	+0.0	1.1	1.2	0.9	S
3491	Matuku Harbour	19 10	179 45	-1200	+0030	+0015	0.96	-0.3	1.1	1.3	0.9	S
	Kandavu											
3492	Ngaloa Harbour	19 05	178 11	-1200	+0000	-0015	1.26	-0.8	1.4	1.7	0.8	S
		S	W		主港：蒙特港 PUERTO MONTT No. 1803 p. 178							
3496	Iles Wallis (Ile Uea)	13 22	176 11	-1200	+0410	+0410	0.27	+0.0	1.1	1.4	1.0	S
		S	E									
3497	Rotuma Island	12 29	177 07	-1200	+0400	+0359	0.25	+0.2	1.0	1.4	1.1	S
	图瓦鲁 Tuvalu											
3498	Funafuti	8 31	179 12	-1200	+0314	+0314	0.31	-0.1	1.3	1.7	1.0	S
	基里巴斯 Kiribati											
3499	Arorae	2 39	176 50	-1200	+0256	+0256	0.31	-0.1	1.2	1.7	1.0	S
3500	North Beru	1 17	176 00	-1200	+0249	+0249	0.23	-0.2	0.9	1.3	0.6	S
3501	Tabiteuea	1 28	175 03	-1200	+0249	+0249	0.33	-0.1	1.3	1.8	1.1	S
3502	Nonouti	0 40	177 27	-1200	+0315	+0315	0.30	+0.0	1.3	1.7	1.1	S
		N	E									
3503	Abemama	0 29	173 52	-1200	+0308	+0337	0.30	+0.0	1.2	1.7	1.1	S
3505	Tarawa	1 22	172 56	-1200	+0304	+0304	0.31	-0.2	1.2	1.8	0.9	S
3507	Abaiang Atoll	1 49	173 02	-1200	+0310	+0310	0.30	+0.2	1.2	1.7	1.3	S
3508	Butaritari (Makin)	3 02	172 48	-1200	+0235	+0235	0.29	-0.1	1.2	1.7	0.9	S
		S	E									
3509	Ocean Island	0 52	169 35	-1100	+0210	+0210	0.27	+0.1	1.1	1.6	1.0	S
3510	Nauru	0 33	166 55	-1100	+0035	*	*	*	*	*	*	*

马绍尔群岛，加罗林群岛

序号	地名	位置		标准时间	潮时差		潮高		潮差		平均潮位	潮汐类型
		纬度	经度	时 分	高潮 时 分	低潮 时 分	比值	改正数 (m)	平均 (m)	大潮 (m)	(m)	
	马绍尔群岛 Marshall Islands	N	E									
	Mili Atoll	(°) (′)	(°) (′)		主港：达沃 DAVAO No. 2263 p. 229							
3512	Port Rhin	6 14	171 48	-1200	-0123	-0122	0.99	+0.2	1.3	1.8	1.0	S
	Arno Atoll											
3514	Dodo Passage	7 08	171 42	-1200	-0131	-0130	0.99	+0.2	1.3	1.7	1.0	S
	Majuro Atoll											
3515	Djarrit	7 08	171 21	-1200	-0127	-0126	0.92	+0.3	1.2	1.7	1.0	S
	Jaluit Atoll											
3516	South-east Pass	5 55	169 39	-1200	-0135	-0134	0.82	+0.2	1.0	1.5	0.9	S
3517	Ailinglapalap Atoll	7 17	168 45	-1200	-0120	-0120	0.86	+0.2	1.1	1.6	0.9	S
3518	Maloelap Atoll	8 43	171 14	-1200	-0133	-0132	0.88	+0.2	1.1	1.6	0.9	S
3519	Wotje Atoll	9 28	170 14	-1200	-0139	-0139	0.80	+0.2	1.0	1.4	0.9	S
3520	Kwajalein Atoll	8 44	167 44	-1200	-0131	-0130	0.83	+0.3	1.0	1.5	0.9	S
3521	Likiep Atoll	9 49	169 17	-1200	-0129	-0128	0.86	+0.2	1.1	1.5	0.9	S
3522	Rongerik Atoll	11 23	167 31	-1200	-0141	-0141	0.86	+0.2	1.1	1.5	0.9	S
3523	Rongelap Atoll	11 09	166 54	-1200	-0135	-0134	0.79	+0.2	1.0	1.4	0.9	S
3524	Bikini Atoll	11 36	165 33	-1200	-0145	-0145	0.80	+0.3	1.0	1.5	0.9	S
3525	Eniwetok Atoll	11 21	162 21	-1200	-0130	-0131	0.65	+0.3	0.8	1.2	0.8	S
3526	Ujelang Atoll	9 46	160 58	-1200	-0124	-0124	0.67	+0.3	0.8	1.2	0.8	S
3528	Wake Island	19 17	166 37	-1200	-0200	-0159	0.50	+0.0	0.6	0.9	0.4	S
	加罗林群岛 Caroline Islands				主港：杜布隆岛 DUBLON ISLAND No. 3542 p. 361							
3530	Kusaie Island	5 20	163 01	-1200	+0103	+0122	2.08	+0.0	1.0	1.4	0.9	S
3533	Ponape Island	6 59	158 13	-1100	-0018	+0001	1.52	+0.0	0.6	0.9	0.7	S
3537	Oroluk Island	7 40	155 10	-1100	+0004	-0100	1.25	+0.0	0.7	0.7	0.6	D
3539	Nomoi Islands	5 20	153 44	-1100	-0002	-0049	1.30	+0.0	0.7	0.7	0.6	D
	Truk Islands											
3542	DUBLON ISLAND	7 22	151 53	-1100	（主港）				0.5	0.6	0.5	D
3543	Hall Islands	8 36	152 15	-1100	-0030	-0107	1.08	+0.0	0.6	0.6	0.5	D
					主港：德雷杰港 DREGER HARBOUR No. 2665 p. 271							
3544	Namonuito Islands	8 35	149 39	-0900	-0102	-0132	1.05	-0.1	0.6	0.7	0.4	S
3545	Pulap Island	7 39	149 25	-0900	-0153	-0146	0.95	+0.0	0.5	0.6	0.4	D
					主港：泽阿德勒 SEEADLER HARBOUR No. 2672 p. 274							
3546	Puluwat Island	7 22	149 13	-0900	-0145	-0145	0.86	+0.0	0.5	0.6	0.4	D
3549	Lamotrek	7 28	146 23	-0900	+0037	-0026	1.03	+0.0	0.6	0.8	0.5	D

加罗林群岛，帕劳群岛，马里亚纳群岛

序号	地名	位置		标准时间	潮时差		潮高		潮差		平均潮位	潮汐类型
		纬度	经度	时 分	高潮 时 分	低潮 时 分	比值	改正数 (m)	平均 (m)	大潮 (m)	(m)	
	加罗林群岛 Caroline Islands	N	E									
		(°) (′)	(°) (′)		主港：温哥华 VANCOUVER No. 1509 p. 151							
3553	Woleai Island	7 22	143 54	-0900	+0130	+0130	0. 20	-0. 1	0. 6	0. 7	0. 5	D
					主港：横滨 YOKOHAMA No. 826 p. 127							
3555	Ulithi Islands	9 55	139 40	-0900	+0200	+0201	0. 76	-0. 1	1. 0	1. 1	0. 8	D
3556	Yap Island	9 30	138 08	-0900	+0205	+0202	0. 83	+0. 1	1. 1	1. 2	1. 0	D
3557	Ngulu Islet	8 18	137 29	-0900	+0213	+0204	0. 82	-0. 1	1. 1	1. 2	0. 9	D
	帕劳群岛 Palau Islands				主港：那霸 NAHA No. 1069 p. 112							
3559	Garukoru (Ngaregur)	7 45	134 38	-0900	-0020	-0020	0. 91	+0. 0	1. 4	1. 5	1. 1	D
3560	Toagel Mlungui	7 30	134 31	-0900	-0015	-0010	0. 94	+0. 0	1. 4	1. 5	1. 1	D
3561	Malakal Harbour	7 20	134 28	-0900	+0012	+0014	0. 96	+0. 0	1. 5	1. 5	1. 1	D
3562	Ngesebus	7 03	134 16	-0900	+0009	+0018	0. 85	+0. 0	1. 3	1. 4	1. 0	D
3566	Helen Reef	2 59	131 49	-0900	-0001	-0002	0. 87	+0. 0	1. 3	1. 4	1. 1	D
	马里亚纳群岛 Marianas Islands				主港：关岛 GUAM No. 3568 p. 364							
3568	GUAM	13 26	144 39	-1000	（主 港）				0. 7	0. 8	0. 4	D
3569	Rota Island	14 08	145 08	-1000	-0035	+0002	0. 88	+0. 2	0. 6	0. 7	0. 5	D
3570	Saipan	15 12	145 43	-1000	+0016	+0009	0. 81	+0. 1	0. 5	0. 6	0. 5	D
3577	Pagan Island	18 08	145 46	-1000	+0013	+0008	0. 79	+0. 1	0. 5	0. 6	0. 5	D

地 名 索 引

D

H

I

M

N

P

V

W